T0255451

HOPPE-SEYLER/THIERFELDER

HANDBUCH DER PHYSIOLOGISCH- UND PATHOLOGISCH-CHEMISCHEN ANALYSE

FÜR ÄRZTE, BIOLOGEN UND CHEMIKER

ZEHNTE AUFLAGE

HERAUSGEGEBEN VON

KONRAD LANG
MAINZ

EMIL LEHNARTZ
MÜNSTER

UNTER MITARBEIT VON

OTTO HOFFMANN-OSTENHOF
WIEN

GÜNTHER SIEBERT
MAINZ

SECHSTER BAND / TEIL C

Springer-Verlag Berlin Heidelberg GmbH 1966

ENZYME

TEIL C

BEARBEITET VON

R. A. ALBERTY · G. BRATFISCH · F. H. BRUNS · R. CAPUTTO · F. CHATAGNER
M. CHIGA · R. CZOK · R. EHRENREICH · W. FRANKE · H. GIBIAN · D. M. GREENBERG · H. HANSON
W. HASSELBACH · O. HOFFMANN-OSTENHOF · B. KASSELL · K. N. v. KAULLA · A. S. KESTON
H. KRÜGER · A. LAJTHA · M. LASKOWSKI Sr. · M. LASKOWSKI Jr. · F. LEUTHARDT
S. LISSITZKY · R. MICHEL · J. F. MORRISON · R. J. PEANASKY
G. PFLEIDERER · G. W. E. PLAUT · H. REINAUER · H. SCHIEVELBEIN · G. SIEBERT
I. TRAUTSCHOLD · M. F. UTTER · H.-H. WEBER · H. WEIL-MALHERBE · E. WERLE

MIT 63 ABBILDUNGEN

Springer-Verlag Berlin Heidelberg GmbH 1966

Ursprünglich erschienen bei Springer-Verlag Berlin Heidelberg New York 1967.
Softcover reprint of the hardcover 10th edition 1967

Library of Congress Catalog Card Number 54-28 499

ISBN 978-3-662-37579-2 ISBN 978-3-662-38359-9 (eBook)
DOI 10.1007/978-3-662-38359-9

Titel-Nr. 6027

Inhaltsverzeichnis.

Hydrolasen (Fortsetzung).

Seite

Endopeptidases.

Die Gerinnungsfaktoren.

The amidases.

Übersicht über den Inhalt des Bandteiles A.

Übersicht über den Inhalt des Bandteiles B.

Verzeichnis der in diesem Band über die in DIN 1502 und DIN 1502 (Beiblatt) gegebenen Empfehlungen hinaus besonders stark abgekürzten Buch- und Zeitschriftentitel.

Bücher.

Ammon-Dirscherl, Fermente, Hormone, Vitamine,	Fermente, Hormone, Vitamine und die Beziehungen dieser Wirkstoffe zueinander. Hrsg. von R. AMMON und W. DIRSCHERL, 2. Aufl., Leipzig: Thieme 1948; 3. Aufl. Bd. I, Fermente, 1959, Bd. II, Hormone, 1960. Stuttgart Thieme. Bd. III, Vitamine, in Vorbereitung.
Bamann-Myrbäck	Die Methoden der Fermentforschung. Hrsg. E. BAMANN und K. MYRBÄCK. 4 Bde. Leipzig: Thieme 1941.
Biochem. Taschenb. (Rauen)	Biochemisches Taschenbuch. Hrsg. H. M. RAUEN, Berlin-Göttingen-Heidelberg: Springer 1956. 2. Aufl. 2 Bde. 1964.
Boyer-Lardy-Myrbäck	The Enzymes. Ed. P. D. BOYER, H. LARDY and K. MYRBÄCK, 8 Bde. 2. Aufl. New York-London: Academic Press 1959—1963.
Chargaff-Davidson, Nucleic Acids	The Nucleic Acids. Ed. E. CHARGAFF, and J. N. DAVIDSON. 3 Bde. New York-London: Academic Press 1955—1960.
Colowick-Kaplan, Meth. Enzymol.	Methods in Enzymology. Ed. S. P. COLOWICK, and N. O. KAPLAN. New York-London: Academic Press. Bd. I—VII, 1955—1964.
D'Ans-Lax	Taschenbuch für Chemiker und Physiker. Hrsg. J. D'ANS und E. LAX, 2. Aufl. Berlin-Göttingen-Heidelberg: Springer 1949. 3. Aufl., Bd. II, 1964. Bd. I in Vorbereitung.
Handb. Heffter	Handbuch der experimentellen Pharmakologie. Hauptwerk: begründet von A. HEFFTER, fortgeführt von W. HEUBNER, Hrsg. O. EICHLER und A. FARAH. Ergänzungswerk-New Series: Hrsg. W. HEUBNER und J. SCHÜLLER, ab Bd. XI O. EICHLER und A. FARAH, ab 1965 O. EICHLER, A. FARAH, H. HERKEN und A. D. WELCH. Berlin-Göttingen-Heidelberg: Springer.
Hinsberg-Lang	Medizinische Chemie für den klinischen und theoretischen Gebrauch. Von K. HINSBERG und K. LANG. 3. Aufl. München-Berlin-Wien: Urban & Schwarzenberg 1957.
McElroy-Glass, Phosphorus Metabolism	Phosphorus Metabolism. McELROY, W. D., and B. GLASS. Baltimore: John Hopkins Press 1951.
Oppenheimer, Fermente	Die Fermente und ihre Wirkungen. Hrsg. C. OPPENHEIMER, 5. Aufl. Bd. 1—4. Leipzig: Thieme 1924—1929. Suppl. Bd. 1—2. Den Haag: Dr. Junk 1936—1939.
Sumner-Myrbäck	The Enzymes. Chemistry and Mechanism of Action. Ed. J. B. SUMNER, and K. MYRBÄCK, 2 Bde. in 4 Teilen. New York-London: Academic Press 1950—1952.

Zeitschriften.

A.	Justus Liebigs Annalen der Chemie.
A.e.P.P.	Naunyn-Schmiedebergs Archiv für experimentelle Pathologie und Pharmakologie.
Am.Soc.	Journal of the American Chemical Society.
B.	Berichte der Deutschen Chemischen Gesellschaft. Ab 1947 Bd. 80: Chemische Berichte.
B.Z.	Biochemische Zeitschrift.
C.	Chemisches Zentralblatt.
Cr.	Comptes rendus hebdomadaires des séances de l'académie des sciences.
D.m.W.	Deutsche Medizinische Wochenschrift.
Exper.	Experientia.
H.	Hoppe-Seylers Zeitschrift für physiologische Chemie.
Helv.	Helvetica Chimica Acta.
J.biol.Ch.	Journal of Biological Chemistry.
Kli.Wo.	Klinische Wochenschrift.
M.m.W.	Münchener medizinische Wochenschrift.
Naturwiss.	Die Naturwissenschaften.
Soc.	Journal of the Chemical Society, London.

Hydrolasen

(Fortsetzung).

Peptidasen (Exopeptidasen).

Von

Horst Hanson*.

Mit 34 Abbildungen.

A. Einleitung.

Die Feststellung, daß enzymatisch-hydrolytische Vorgänge an Proteinen und Peptiden mit der Freisetzung äquivalenter Mengen von Amino- (bzw. Imino-) und Carboxylgruppen (entsprechend Formulierung 1) einhergehen, rechtfertigt die Kennzeichnung aller proteolytischen Enzyme als Peptidasen (Peptihydrolasen).

$$R'—CO—NH—R'' \xrightarrow{+H_2O} R'—COOH + H_2N—R'' \quad (1)$$

Zunächst[1, 2] wurden unter Peptidasen nur jene Enzyme verstanden, die Peptide verschiedener Molekülgröße, aber nicht Proteine zu zerlegen vermögen. Später[3] wurden dann in dieser Enzymklasse diejenigen proteolytischen Enzyme zusammengefaßt, die die COOH- bzw. NH_2- oder NH(Prolin)-terminale Aminosäure vom Kettenende des Peptids abspalten. Diesen somit bereits als Exopeptidasen definierten, aber erst seit Bergmann[4] so benannten Enzymen stellt dieser die Endopeptidasen, also die Proteinasen der älteren Nomenklatur, gegenüber, nachdem erwiesen war, daß durch diese Enzyme auch niedermolekulare synthetische Peptidsubstrate bestimmter Struktur und mittelständige Peptidbindungen der Proteine hydrolytisch zerlegt werden. Unberücksichtigt bleibt mit der Benennung „Peptidasen“ die in Modellversuchen mit synthetischen Substraten gemachte Beobachtung, daß verschiedene Endo- und Exopeptidasen auch bestimmte Esterbindungen zu lösen vermögen und daß auch Säureamid-(Peptid-)bindungen aufgesprengt werden können, an deren Aufbau nicht unbedingt zwei Aminosäuren beteiligt zu sein brauchen, z.B. Hydrolyse von Halogenacylaminosäuren und Aminosäureamiden. Wie es die reaktionskinetische Betrachtung der Enzymwirkung fordert, kann durch Peptidasen auch die Bildung von Peptidbindungen in Abhängigkeit von den Gleichgewichtskonstanten der Reaktionspartner und ihrer Konzentrationen im System katalysiert werden. Da das Gleichgewicht im System „Peptid$\rightleftarrows$Aminosäuren“ stark auf seiten der Hydrolyse liegt, ist der Nachweis der Fähigkeit der Peptidasen zur Knüpfung von Peptidbindungen nur unter bestimmten Bedingungen möglich.

---

* Physiologisch-Chemisches Institut der Universität Halle a.d. Saale.

[1] Abderhalden, E.: Naturwiss. 12, 716 (1924).
[2] Oppenheimer, Fermente, 5. Aufl., Bd. II.
[3] Grassmann, W.: Ergebn. Enzymforsch. 1, 129 (1932); 5, 79 (1936).
[4] Bergmann, M.: Adv. Enzymol. 2, 49 (1942).

Die folgenden Ausführungen haben die Peptidasen im alten Sinne, also die Exopeptidasen der BERGMANNschen Nomenklatur zum Gegenstand. Zusammenfassende Darstellungen darüber vgl.[1-8].

B. Allgemeine Einteilung und Spezifität.

Zweifellos ist die zweckmäßigste Einteilung der Peptidasen (Exopeptidasen) gegeben durch die Spezifität ihrer Wirkung gegenüber chemisch charakterisierten Peptiden und Peptidderivaten. Die Exopeptidasewirkung erweist sich weitgehend, wenn auch nicht absolut, abhängig von der Länge des Peptids und von der Konstitution und Konfiguration derjenigen COOH- bzw. NH_2- oder NH(Prolin)-terminalen Aminosäure (s. Formel 2), die durch die jeweilige Peptidase von dem die freie COOH-Gruppe tragenden oder dem die freie NH_2- oder NH-Gruppe aufweisenden Ende des Peptids abgesprengt wird. Dementsprechend sind von den ausgesprochenen Dipeptidasen solche Peptidasen zu unterscheiden, die aus einem Tri-, Tetra-, Penta- usw. -peptid, unter Umständen auch aus der Peptidkette eines Proteins oder aus einem Dipeptid, bestimmte C- oder N-terminal stehende Aminosäuren abzuspalten vermögen, also die sog. *Carboxypeptidasen* mit einer

$$\underbrace{H_2N\text{—}\overset{R_1}{\overset{|}{C}}H\text{—}CO}_{\substack{NH_2\text{-terminale}\\ \text{Aminosäure}\\ \text{(N-terminal)}}}\text{—}NH\text{—}\overset{R_2}{\overset{|}{C}}H\text{—}CO\text{—}\underbrace{NH\overset{R_3}{\overset{|}{C}}H\text{—}COOH}_{\substack{COOH\text{-terminale}\\ \text{Aminosäure}\\ \text{(C-terminal)}}} \qquad (2)$$

für ihre Wirkung erforderlichen freien, endständigen COOH-Gruppe im Peptidsubstrat und die sog. *Aminopeptidasen* mit freier endständiger NH_2-Gruppe, ferner die L- *von den* D-*Peptidasen* mit der Abhängigkeit ihrer Wirkung von der Konfiguration der an der sensitiven Peptidbindung beteiligten Aminosäuren. Der Unterschied zwischen den eigentlichen Dipeptidasen und den nicht auf bestimmte Kettenlänge spezifisch eingestellten Polypeptidasen liegt darin begründet, daß Dipeptidasen zu ihrer Wirkung als Anheftungspunkte am Substrat sowohl die zu spaltende Peptidbindung als auch die in Nachbarschaft dazu stehende freie NH_2- und COOH-Gruppe benötigen. Für die Polypeptidasen dagegen genügen in der Regel 2 Haftpunkte, also außer der sensitiven Peptidbindung bei den α-Carboxypeptidasen eine freie α-COOH-Gruppe, bei den Aminopeptidasen eine freie α-NH_2-Gruppe in Nachbarschaft zur aufzuspaltenden Peptidbindung. Bei einer Reihe von Exopeptidasen erfolgt die Bindung von Enzymprotein und Substrat unter Mitwirkung von bestimmten Metallionen (Co^{++}, Mn^{++}, Zn^{++} usw.), die in Form von Chelatkomplexen als Brücke zwischen Enzym und den sensitiven Stellen des Substrats fungieren. Natürlich sind auch die Reste R_1, R_2, R_3 (s. Formulierung 2) für die Bildung des Enzymsubstratkomplexes und damit für die Angreifbarkeit eines Substrats durch die Peptidase von Einfluß. Einzelheiten s. bei den verschiedenen Enzymen im speziellen Teil dieses Beitrages. Die Exopeptidasen benötigen somit für ihre Wirkung am Substrat eine freie α-NH_2- (bzw. >NH-) oder freie α-COOH-Gruppe oder beides, wobei dann diejenige Aminosäure, die die freie, polare, terminal stehende Gruppe trägt, durch das jeweilige Ferment freigesetzt wird.

---

[1] BERGMANN, M.: Adv. Enzymol. 2, 49 (1942).
[2] JOHNSON, M. J., and J. BERGER: Adv. Enzymol. 2, 69 (1942).
[3] GRASSMANN, W., u. H. MÜLLER: Flaschenträger-Lehnartz, Bd. I, S. 1117.
[4] SMITH, E. L.: Adv. Enzymol. 12, 191 (1951).
[5] SMITH, E. L.; in: Sumner-Myrbäck, Enzymes Bd. I/2, S. 793.
[6] GREEN, N. M., and H. NEURATH; in: Neurath-Bailey, Proteins Bd. II B, S. 1057.
[7] HOFFMANN-OSTENHOF, O.: Enzymologie. S. 281. Wien 1954.
[8] SMITH, E. L., H. NEURATH, R. L. HILL, J. S. FRUTON and M. R. POLLOCK; in: Boyer-Lardy-Myrbäck, Enzymes, 2. Aufl. Bd. IV (1960).

Enzyme dieser allgemeinen Klassifizierung, die je nach weiterer Strukturspezifität der am Peptidaufbau beteiligten Aminosäuren oder je nach Beeinflussung durch Effektoren (Inhibitoren oder Aktivatoren) oder je nach Lage ihres p_H-Optimums weitere Unterteilung zuläßt, kommen im Verdauungskanal, im Blut, in den Zellen und Geweben des tierischen Organismus wie auch in Pflanzensäften und -geweben und Mikroorganismen vor.

Der Name „Erepsin", der seit den Untersuchungen COHNHEIMs[1] zunächst für das als einheitlich angenommene Ferment der Darmschleimhaut, das niedermolekulare Abbauprodukte der tryptischen Proteinspaltung weiterabbaute, geprägt wurde und dann, nach Erkennung von Erepsin als Gemisch von Peptidasen, für dieses Enzymgemisch der Darmschleimhaut gebräuchlich wurde, umschließt nicht alle Enzyme, die wir heute unter den Exopeptidasen des Verdauungskanals zusammenfassen. So ist die Carboxypeptidase kein charakteristischer Bestandteil des Erepsinkomplexes des Darmsaftes, sondern des Trypsinkomplexes des Pankreassaftes nach Einwirkung der Darmenterokinase.

Wesentliche Fortschritte im Verständnis der Peptidasespezifitäten erreichte man erst dann, als durch die Anwendung von geeigneten Reinigungs- und Auftrennungsverfahren erkannt wurde, daß die ursprünglich festgestellte, einem einzigen Enzym zugeschriebene proteolytische Aktivität von Sekreten, z.B. dem „Trypsin" des Pankreassaftes oder dem „Erepsin" des Darmsaftes, sowie von Zellen und Geweben mikrobieller, pflanzlicher und tierischer Herkunft, z.B. dem „Papain" der Pflanzen oder dem „Kathepsin" tierischer Gewebe, nicht auf die Wirkung eines einzelnen Enzyms, sondern eines Enzymgemisches zurückzuführen ist. Die darin enthaltenen Enzyme von Endo- und Exopeptidasecharakter sind nach Art und Menge von Sekret zu Sekret, von Organ zu Organ, von Zellart zu Zellart verschieden. Immerhin erlaubt das in den letzten 50 Jahren unter Einsatz der seit E. FISCHER zugänglichen, synthetischen Peptide erhaltene Material auch bei Peptidasen auf Grund gleicher oder ähnlicher Substratspezifität eine Einteilung in nach BERGMANN[2] als homospezifisch gekennzeichnete Enzymgruppen, unabhängig von der Bildungsstätte der Enzyme, von Verschiedenheiten ihrer Aktivierungs- oder Inhibierungseigenschaften wie von der Lage ihrer p_H-Optima.

Seitdem erstmalig durch E. FISCHER und E. ABDERHALDEN[3] die Spaltbarkeit von synthetischen Peptiden durch Extrakte oder Preßsäfte aus Darmschleimhaut und Pankreas gezeigt wurde, entwickelte sich dann durch die zunehmende Zahl analoger Untersuchungen an Peptiden wechselnder Aminosäurezusammensetzung und wechselnder Kettenlänge und an Derivaten von Peptiden und Aminosäuren mit Substitution an den polaren Gruppen, z.B. Benzoylierung der NH_2-Gruppe, und durch Verwendung von für Enzymtrennungen geeigneter Fraktionierungsverfahren, z.B. der zuerst von WILLSTÄTTER und seinem Arbeitskreis der Enzymologie nutzbar gemachten Adsorptions- und Elutionsverfahren, das heutige Einteilungsprinzip der Peptidasen. Ausgangspunkt dafür waren in Bestätigung und Erweiterung der Befunde von IMAI[4] die 1926 mitgeteilten Beobachtungen von v. EULER und JOSEPHSON[5], daß Extrakte der Darmschleimhaut zwar Diglycin gut hydrolysierten, benzoyliertes Diglycin jedoch nicht (erstes Beispiel für die Notwendigkeit der freien NH_2-Gruppen bei der Wirkung der Amino- bzw. Dipeptidasen). WALDSCHMIDT-LEITZ und PURR[6] wiederum wiesen in Pankreasextrakten ein Enzym nach, das auch an der Aminogruppe durch Acylierung besetzte Peptide spaltete, aber nur dann, wenn die terminale COOH-Gruppe frei war; die in Nachbarschaft zu dieser stehende Peptidbindung wurde gelöst unter Freisetzung der beteiligten COOH-terminalen Aminosäure (vgl. Formel 2). (Erstes Beispiel für Carboxypeptidasewirkung.) GRASSMANN und DYCKERHOFF[7] vermochten erstmalig aus einem Hefeautolysat, das sowohl Dipeptide als

[1] COHNHEIM, O.: H. **33**, 451 (1901).
[2] BERGMANN, M.: Adv. Enzymol. **2**, 49 (1942).
[3] FISCHER, E., u. E. ABDERHALDEN: H. **46**, 52 (1905).
[4] IMAI, T.: H. **136**, 205 (1924).
[5] EULER, H. v., u. K. JOSEPHSON: H. **157**, 122 (1926).
[6] WALDSCHMIDT-LEITZ, E., u. A. PURR: B. **62**, 2217 (1929).
[7] GRASSMANN, W., u. H. DYCKERHOFF: H. **179**, 41 (1928).

auch Polypeptide spaltete, die Wirkung gegenüber Dipeptiden von der gegenüber Polypeptiden abzutrennen und damit das erste Beispiel für individuelle Enzyme vom Dipeptidase- und Polypeptidasetyp zu beschreiben. In der Folgezeit zeigte sich, daß diese Beobachtungen nicht in dem Sinne verallgemeinert werden dürfen, daß ein polypeptidspaltendes Enzym nie in der Lage sei, ein Dipeptid oder Aminosäurederivat zu hydrolysieren. Es liegen Befunde an gereinigten Enzymen darüber vor, daß z.B. das vor allem nach den ersten darüber angestellten Versuchen von LINDERSTRØM-LANG[1-3] als Leucinaminopeptidase bezeichnete Enzym sowohl Polypeptide als auch Dipeptide, Peptid- und Aminosäurederivate bestimmter Struktur (L-Leucylglycylglycin, L-Leucylglycin, L-Leucinamid, L-Alanylglycin, Glycyl-L-leucinamid usw.) zu spalten vermag[4-7]. In jüngster Zeit[8] wurden jedoch Beobachtungen über die Auftrennbarkeit der sog. Leucinaminopeptidase (Leucylpeptidase) in Di- und Tripeptidasewirkung unter Anwendung der WILLSTÄTTERschen Adsorptions- und Elutionstechnik mitgeteilt, die die Existenz einer einheitlichen Di- und Polypeptide spaltenden Leucylpeptidase in Pankreas und Niere in Frage stellen. Auch gereinigte und als elektrophoretisch einheitlich anzusprechende Enzympräparationen von Aminosäureacylase und Aminopeptidase der Niere (s. die folgende Tabelle 1, S. 5) erwiesen sich wirksam nicht nur gegenüber den charakteristischen Acylase- und Aminopeptidasesubstraten (Acyl-L-aminosäure und Glycyl-L-aminosäure), sondern die erstere (Acylase) auch gegenüber Chloracetyldehydroalanin, die zweite (renale Aminopeptidase) gegenüber Glycyl-D-aminosäuren und Glycyldehydroaminosäuren[9,10].

Für Dipeptidasen scheint dagegen zuzutreffen, daß sie nur Peptidbindungen in Dipeptiden lösen, also benachbart zur Peptidbindung sowohl die freie COOH- als auch die freie NH_2- bzw. (z.B. beim Prolylglycin) die freie NH-Gruppe benötigen.

Die in den letzten 25 Jahren erzielten Fortschritte in den Erkenntnissen der Spezifität und über die Zahl der in Körperflüssigkeiten, Zellen und Geweben vorkommenden Peptidasen sind ermöglicht worden durch die schonenden Darstellungsverfahren von Enzympräparationen mit Hilfe der modernen Homogenisierungs- und Fraktionierungstechnik von Zellen und Zellbestandteilen (vgl. dieses Handb. Bd. II, S. 537ff.), durch die neuen schonenden Eiweißtrennungsmethoden der Elektrophorese (vgl. dieses Handb. Bd. I, S. 54), der Ultrazentrifugierung (vgl. dieses Handb. Bd. I, S. 95ff.), der chromatographischen Technik (vgl. dieses Handb. Bd. I, S. 122ff.) und weiterhin durch die angestiegene Zahl brauchbarer Verfahren für Peptidsynthesen (zusammenfassende Darstellungen[11,12]).

Dadurch kann die Vielzahl der Peptide und ihrer Derivate eingesetzt werden, ohne die der Spezifitätsbereich von Peptidasen gegeneinander nicht abzugrenzen ist. Dabei ist es das Ziel, für Nachweis, Charakterisierung und Bestimmung einer Peptidase über ein Peptid oder Peptid- bzw. Aminosäurederivat als Substrat zu verfügen, das nur von Peptidasen gleicher Spezifität angegriffen wird, so daß durch Einsatz verschiedener, für die jeweiligen Peptidasen spezifischer Substrate die Möglichkeit besteht, die Aktivitäten der einzelnen, in einem Peptidasegemisch, z.B. einem Organhomogenat, enthaltenen Enzyme zu erfassen.

Diese Entwicklung ist zwar für die Exopeptidasen weit fortgeschritten, hat ihren Abschluß aber sicherlich noch nicht erreicht; es steht zu erwarten, daß mit der Möglichkeit

---

[1] LINDERSTRØM-LANG, K.: H. **182**, 151 (1929).
[2] LINDERSTRØM-LANG, K., u. M. SATO: H. **184**, 83 (1929).
[3] LINDERSTRØM-LANG, K.: H. **188**, 48 (1930).
[4] SMITH, E. L., and M. BERGMANN: J. biol. Ch. **153**, 627 (1944).
[5] SMITH, E. L., and N. B. SLONIM: J. biol. Ch. **176**, 835 (1948).
[6] SMITH, E. L., and D. H. SPACKMAN: J. biol. Ch. **212**, 271 (1955).
[7] DAVIS, N. C.: J. biol. Ch. **223**, 935 (1956).
[8] WALDSCHMIDT-LEITZ, E., u. L. KELLER: H. **309**, 228 (1958).
[9] RAO, K. R., S. M. BIRNBAUM and J. P. GREENSTEIN: J. biol. Ch. **203**, 1 (1953).
[10] ROBINSON, D. S., S. M. BIRNBAUM and J. P. GREENSTEIN: J. biol. Ch. **202**, 1 (1953).
[11] FRUTON, J. S.: The synthesis of peptides. Adv. Protein Chem. **5**, 1 (1949).
[12] GRASSMANN, W., u. E. WÜNSCH: Synthese von Peptiden. Fortschr. Chem. org. Naturstoffe **13**, 444 (1956).

Tabelle 1. *Einteilung der Exopeptidasen.*

Enzym	Notwendige allgemeine Struktur des Substrats für seine Spaltung durch das Enzym[a, b] (allgemeine Substratstruktur)	Zweckmäßiges Substrat für Nachweis und Bestimmung des Enzyms
Dipeptidasen Glycyl-glycin-dipeptidase	$\underline{H}\underline{H}{>}N\text{—}\underline{CH_2}\text{—}\underline{CO} \wr \text{—}\underline{NH\text{—}CH_2\text{—}COOH}$	$H_2N\text{—}CH_2\text{—}CO\text{—}NHCH_2\text{—}COOH$ Glycylglycin
Glycyl-L-leucindipeptidase	$\underline{H}\underline{H}{>}N\text{—}CH_2\text{—}\underline{CO} \wr \text{—}\underline{NH}\text{—}CH(CH_2\text{—}CH(CH_3)_2)\text{—}\underline{COOH}$	$H_2N\text{—}CH_2\text{—}CO\text{—}HN\text{—}CH(CH_2\text{—}CH(CH_3)_2)\text{—}COOH$ Glycyl-L-leucin
Imido-dipeptidase (Prolidase)	$R'''\text{—}\underline{CO} \wr \text{—}\overline{N}(R'')\text{—}R'\text{—}\underline{COOH}$ bei $R' = {<}\begin{smallmatrix}CH_2\text{—}CH_2\\ CH_2\text{—}CH\text{—}\end{smallmatrix}$ (Prolin) (OH bei Hydroxyprolin) entfällt R'' bei $R' = CH_2 : R'' = CH_3$ R = nichtacylierte Reste von Glycin, Phenylalanin, β-Alanin, Prolin usw.	$H_2N\text{—}CH_2CO\text{—}N{<}\begin{smallmatrix}CH_2\text{—}CH_2\\ CH(COOH)\text{—}CH_2\end{smallmatrix}$ Glycyl-L-prolin
Imino-dipeptidase (Prolinase)	$H_2C\text{—}CH_2$ (OH bei Hydroxyprolin) $H_2C\text{—}N(H)\text{—}C(H)\text{—}\underline{CO} \wr \text{—}\underline{NH}\text{—}CH(R)\text{—}\underline{COOH}$ R = alle Reste von α-Aminosäuren	$H_2C\text{—}CH_2$ $H_2C\text{—}N(H)\text{—}C(H)\text{—}CO\text{—}NHCH_2\text{—}COOH$ L-Prolylglycin
Carnosinase	$\underline{H_2N}\text{—}\left(\begin{smallmatrix}CH\\ R\end{smallmatrix}\right)_x\text{—}\underline{CO} \wr \text{—}\underline{NH}\text{—}CH(CH_2\text{—}C{=}CH\text{—}N{=}CH\text{—}NH)\text{—}COOH$ $x = 1 : R = CH_3$ oder C_2H_5 oder H $x = 2 : R = H$	$CH_2(NH_2)\text{—}CH_2\text{—}CO\text{—}NH\text{—}CH(CH_2\text{—}C{=}CH\text{—}N{=}CH\text{—}NH)\text{—}COOH$ β-Alanyl-L-histidin (Carnosin)
Anserinase		$CH_2(NH_2)\text{—}CH_2\text{—}CO\text{—}NHCH(CH_2\text{—}C{=}C(H)\text{—}N(CH_3)\text{—}CH{=}N)\text{—}COOH$ β-Alanyl-L-1-methylhistidin (Anserin)
L-Cysteinyl-glycin-dipeptidase		$CH_2(SH)\text{—}CH(NH_2)\text{—}CO\text{—}NH\text{—}CH_2\text{—}COOH$ L-Cysteinylglycin

Tabelle 1. (Fortsetzung.)

Enzym	Notwendige allgemeine Struktur des Substrates für seine Spaltung durch das Enzym[a, b] (allgemeine Substratstruktur)	Zweckmäßiges Substrat für Nachweis und Bestimmung des Enzyms
Carboxypeptidasen α-Carboxypeptidasen	R'CO ⦚ —NH—CH(R'')—COOH (—O—)[c]	
	für Carboxypeptidase A: R'' = Reste von α-Aminosäuren, außer von Lysin, Arginin, Histidin	für Carboxypeptidase A: C_6H_5—CH_2—O—CO—NHCH_2—CO ⦚ —NH—CH(CH_2—C_6H_5)—COOH Carbobenzoxyglycyl-L-phenylalanin
	für Carboxypeptidase B: R'' = Reste von Lysin, Arginin, Histidin	für Carboxypeptidase B: C_6H_5—CH_2—O—CO—NH—CH_2CO ⦚ NH—CH((CH_2)$_4$—NH_2)—COOH Carbobenzoxyglycyl-L-lysin
γ-Glutaminsäurecarboxypeptidasen (Conjugasen)	R—CO—NH—CH(COOH)—(CH_2)$_2$—CO ⦚ —NH—CH(COOH)—(CH_2)$_2$—COOH	NH_2—C_6H_4—CO—NHCH(COOH)(CH_2)$_2$—CO ⦚ —NH—CH(COOH)(CH_2)$_2$—COOH p-Aminobenzoyl-γ-glutamylglutaminsäure
Aminosäureacylasen[d]	R'CO ⦚ —NH—CH(R'')—COOH	CH_3—CO—NH—CH(COOH)—CH_2—CH_2—S—CH_3 Acetyl-L-methionin (für Acylase I)
Aminopeptidasen L-Leucinaminopeptidasen	R'—CH(NH_2)—CO ⦚ —NH—R'' R' = H oder Rest einer L-α-Aminosäure (einschließlich N-terminalen Prolins) R'' = H oder Rest einer Aminosäure oder eines Peptids	(CH_3)$_2$CH—CH_2—CH(NH_2)—CO—NH_2 L-Leucinamid
Aminotripeptidase	R'—CH(NH_2)—CO ⦚ —NH—CH(R'')CO—NHCH(R''')—COOH R' = H oder Reste von L-α-Aminosäuren R''' = H oder Reste von Aminosäuren, Prolin, Hydroxyprolin und Sarkosin	H_2N—CH_2—CO—NH—CH_2CO—NH—CH_2—COOH Triglycin
Dehydropeptidasen Dehydropeptidase II (mit Aminosäureacylase I-Wirkung verbunden)	R'—CH_2—CO NH—C(=CH_2)—COOH R' = H oder Cl (oder NH_2 bei Glycyldehydroalanin)	ClCH_2CONHC(=CH_2)—COOH Chloracetyldehydroalanin
Dehydropeptidase I (mit Wirkung der renalen Aminopeptidase verbunden)	H—N(R)—CH_2—CO ⦚ —NHC(=CH—R')—COOH R' = H oder Alkyl oder Aryl R = H oder Acyl oder Aryl	H_2N—CH_2CO—NHC(=CH—CH—CH_3—CH_3)—COOH Glycyldehydroleucin

Tabelle 1. (Fortsetzung.)

Enzym	Notwendige allgemeine Struktur des Substrats für seine Spaltung durch das Enzym[a, b] (allgemeine Substratstruktur)	Zweckmäßiges Substrat für Nachweis und Bestimmung des Enzyms
D-Peptidasen	Vorhandensein einer D-Aminosäure als Komponente der sensitiven Peptidbindung	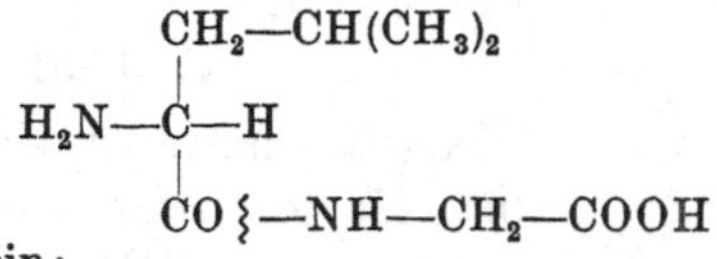 Glycyl-D-leucin: 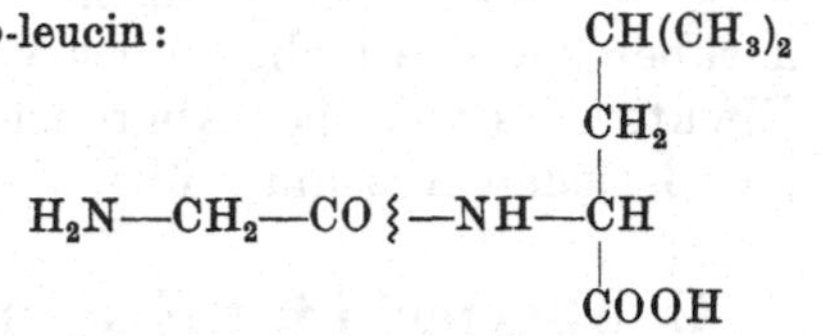 $CH(CH_3)_2$ CH_2 $H_2N—CH_2—CO$ ⌇ $—NH—CH$ $COOH$ $CH_2—CH(CH_3)_2$ D-Leucylglycin: $H_2N—C—H$ CO ⌇ $—NH—CH_2—COOH$ D-Alanylglycylglycin: CH_3 $H_2N—C—H$ CO ⌇ $—NHCH_2CO—NH—CH_2—COOH$ 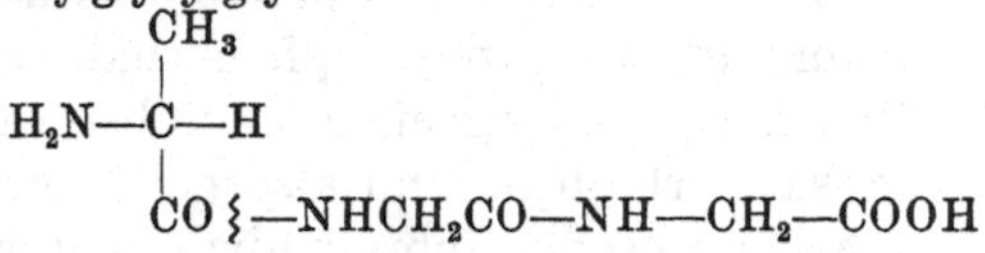
Glutathionase	$HOOC—CH—NH_2(CH_2)_2—CO$ ⌇ $—NH—R$	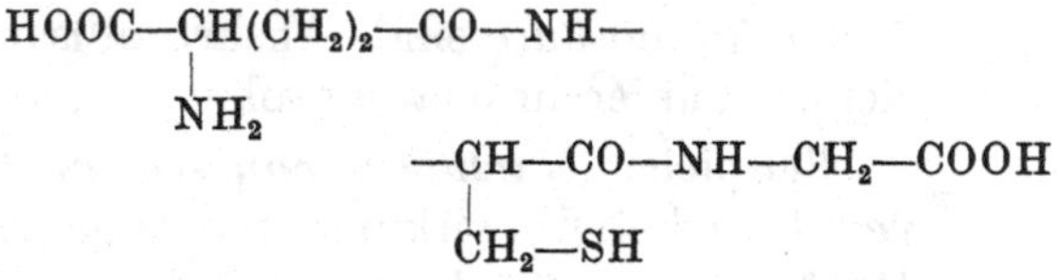 $HOOC—CH(CH_2)_2—CO—NH—$ NH_2 $—CH—CO—NH—CH_2—COOH$ $CH_2—SH$ γ-Glutamyl-cysteinylglycin (Glutathion)
Penicillinase	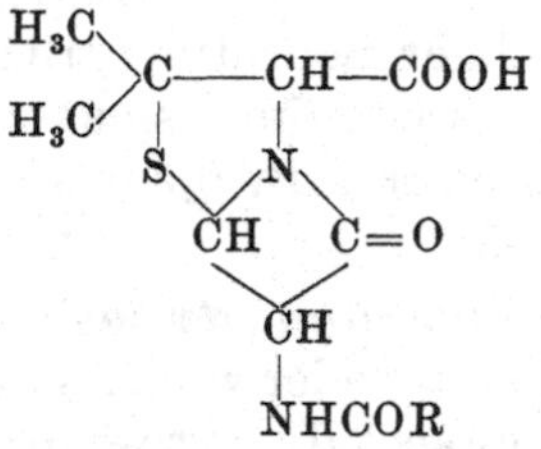 H_3C H_3C >C—CH—COOH S N CH C=O CH NHCOR	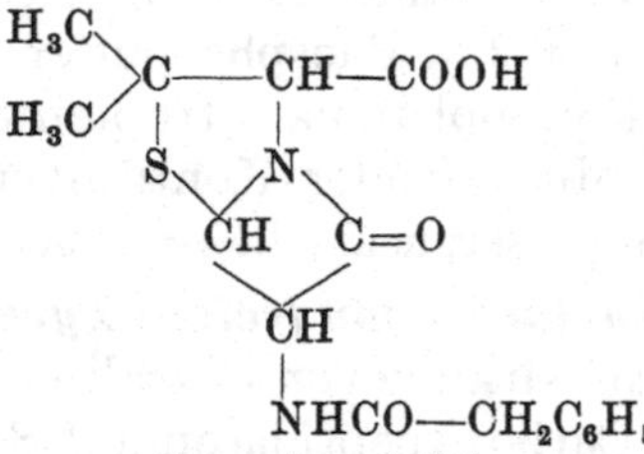 H_3C H_3C >C—CH—COOH S N CH C=O CH $NHCO—CH_2C_6H_5$ Benzylpenicillin

[a] Die unter- oder überstrichenen Atome oder Atomgruppen sind für die Enzymwirkung als unbedingt erforderlich zu betrachten.

[b] ⌇ bedeutet die für das Enzym sensitive Peptidbindung.

[c] Auch Esterbindungen werden gespalten.

[d] Die bisher auch häufig benutzte Bezeichnung dieser Enzyme als „Acylasen" sollte vermieden werden, da zu diesen allgemein Enzyme gerechnet werden, die aliphatische oder cyclische, freie oder substituierte Amide hydrolysieren, ohne daß Aminosäuren im Substrat enthalten zu sein brauchen, z.B. Acetamid, Acetanilid[1].

Ob das Histozym (Hippuricase) zu den Aminosäureacylasen zu zählen ist, ist eine noch nicht eindeutig zu beantwortende Frage[2–6]. Birnbaum[6, 7] hält die Identität der Hippuricase mit einer Aminosäureacylase für wahrscheinlich; nach Trolle[3] muß jedoch die Hippuricase, da sie Ester, z.B. Acetylglycinester spaltet, also zu ihrer Wirkung keine freie COOH-Gruppe benötigt, streng von den unbesetzte COOH-Gruppen benötigenden Carboxypeptidasen unterschieden werden. Nach neuen Untersuchungen[8] ist die Acylase I aus Schweinenieren mit Hippuricase identisch.

[1] Zittle, C. A.: Sumner-Myrbäck, Enzymes Bd. I/2, S. 936ff.
[2] Leuthardt, F.: Sumner-Myrbäck, Enzymes Bd. I/2, S. 951.
[3] Trolle, B.: Bamann-Myrbäck Bd. III, S. 1942.
[4] Grassmann, W., u. H. Müller; in: Flaschenträger-Lehnartz Bd. I, S. 1117.
[5] Greenstein, J. P.: Adv. Protein Chem. 9, 174 (1954).
[6] Birnbaum, S. M.; in: Colowick-Kaplan, Meth. Enzymol. Bd. II, S. 115.
[7] Fu, S. C. J., and S. M. Birnbaum: Am. Soc. 75, 918 (1953).
[8] Bruns, F. H., u. C. Schulze: B.Z. 336, 162 (1962).

des Einsatzes weiterer Peptidkombinationen, z.B. der Cyclopeptide, sich neue zusätzliche Spezifitätsabgrenzungen besonders bei den Gewebspeptidasen ergeben werden.

Der Einteilung der Exopeptidasen, wie sie die Tabelle 1 nach dem gegenwärtigen Stande unseres Wissens auf diesem Gebiet angibt, liegt die Abhängigkeit der Enzymwirkung von der chemischen Struktur der Substrate zugrunde. Weitere Einzelheiten darüber sowie Angaben über Vorkommen und Aktivitätsbeeinflussungen durch p_H und Effektoren sowie über Abgrenzungsmöglichkeiten der Exopeptidasen untereinander sind im speziellen Abschnitt über die einzelnen Peptidasen enthalten.

C. Allgemein für Exopeptidasebestimmungen anwendbare Methoden.

1. Qualitativer Nachweis von Exopeptidasewirkungen.

Das Kennzeichen der Exopeptidasewirkung bei Einsatz von Peptiden mit freier oder substituierter Amino- bzw. COOH-Gruppe oder von solchen Substraten, die eine Aminosäure an der COOH-Gruppe z.B. mit NH_3 oder an der Aminogruppe mit einem Acylrest säureamidartig verknüpft enthalten, ist die Freisetzung einer Aminosäure. Verfahren, die bei Anwendung geeigneter Substrate den Nachweis der freien Aminosäuren im Versuchsansatz erlauben, sind also geeignet, in einfachster Weise qualitativ eine Enzymwirkung nachzuweisen. Gebräuchlich sind Farbreaktionen, die spezifisch für das Vorliegen der freien Aminosäure sind, Auskristallisation einer schwer löslichen Aminosäure, eindimensionale Papierchromatographie.

Beispiele. ***Nachweis von freiem Tryptophan mit der Brom- oder Chlorwasserreaktion*** bei Einwirkung von Organextrakten, frischen Gewebsschnitten, Serum oder Harn auf Glycyl-L-tryptophan bzw. L-Alanyl-L-tryptophan[1-5].

Versuchsansatz: z.B. 0,5 ml Serum + 0,5 ml 0,1 m Glycyl-L-tryptophanlösung + 0,25 ml 0,2 m Phosphatpuffer (p_H 7,8); nach 22stündiger Bebrütung tritt bei Freisetzung von Tryptophan nach tropfenweiser Zugabe von Bromwasser intensive rotvioletteFärbung auf. Mitlaufender Kontrollversuch (0,5 ml Wasser statt z.B. 0,5 ml Serum) darf nach Bromwasserzusatz keine rotviolette Färbung ergeben.

Nachweis von freiem Tyrosin als kristallin im Enzymansatz ausfallendes Produkt. Bei Einwirkung von Extrakten aus Pankreas, Niere, Leber oder von Lösungen von Trypsin oder Carboxypeptidasen auf Seidenpepton- oder Chloracetyl-L-tyrosinlösung: Beschicken eines Objektträgers mit 2 Tropfen 25 %iger Seidenpeptonlösung unter Zugabe von 1 Tropfen der mit Sodalösung schwach alkalisierten ($p_H \sim 8,0$) Enzympräparation, Auflegen eines Deckglases, Aufbewahren bei 37° C in feuchter Kammer. Auftreten kleiner, eventuell auch makroskopisch sichtbarer Tyrosinkristalldrusen nach 1—3—8stündiger Bebrütung, je nach Enzymaktivität. Mikroskopisch: Tyrosinnadeln. Entsprechend kann auch mit einem Organschnitt verfahren werden: Bestreichen der frischen Schnittfläche mit 25 %iger Seidenpeptonlösung, Beobachtung der Tyrosinkristalle nach Aufbewahrung bei 37° C[6]. Reagensglasversuch: Im Versuchsansatz (10 ml) sind enthalten 5 ml 0,1 m Chloracetyl-L-tyrosinlösung (mit n NaOH auf p_H 8,0 eingestellt), 3 ml 0,2 m Phosphatpuffer (p_H 8,0), 2 ml der Lösung einer Carboxypeptidasepräparation. Nach etwa vierstündiger Aufbewahrung bei 37° C beginnt die Abscheidung von kristallinem Tyrosin, im gewählten Beispiel nach 15 Std zwischen 38,6 und 41,0 mg reinem Tyrosin, einer Spaltung von 71,1—75,5 % entsprechend (das ausgefallene Tyrosin abfiltrieren, mit wenig Wasser, darauf mit Alkohol und Äther nachwaschen, trocknen, wiegen)[7, 8].

[1] ABDERHALDEN, E.: H. **66**, 137 (1910).
[2] PFEIFFER, H., u. F. STANDENATH: Fermentforsch. 8, 327 (1926).
[3] STANDENATH, F.: Fermentforsch. **9**, 9 (1926).
[4] ABDERHALDEN, E., u. R. ABDERHALDEN: H. **265**, 253 (1940).
[5] ABDERHALDEN, E., u. G. CAESAR: Fermentforsch. **16**, 255 (1942).
[6] ABDERHALDEN, E.: Physiologisch-chemisches Praktikum. 8. Aufl. S. 50. Frankfurt a.M. 1948.
[7] ABDERHALDEN, E., E. SCHWAB u. J. G. VALDECASAS: Fermentforsch. **13**, 396 (1933).
[8] ABDERHALDEN, E., u. H. HANSON: C. R. Lab. Carlsberg, Sér. chim. **22**, 1 (1938).

Die Umständlichkeit und relative Ungenauigkeit des Wägeverfahrens läßt sich umgehen, wenn dem Ansatz zur Lösung des auskristallisierten Tyrosins vor Entnahme der Titrationsprobe eine bestimmte Menge 0,1 n NaOH zugesetzt wird und dann im Ansatz oder in einem aliquoten Teil unter Zugabe von Alkohol bis zu 90 %iger Konzentration der Überschuß an 0,1 n NaOH mit 0,1 n HCl gegen Phenolphthalein nach dem Prinzip der WILLSTÄTTER-Titration (vgl. S. 17) zurücktitriert wird[1].

Nachweis der abgespaltenen Aminosäure durch eindimensionale Papierchromatographie. Zu 5—20 μl Enzympräparation werden 0,2 ml 0,1 m Substratlösung (in 0,05 m Veronalpuffer p_H 7,8) gegeben. Kontrollansätze mit der Enzympräparation + Veronalpuffer ohne Substrat und die Substratlösung + Veronalpuffer ohne Enzym (eventuell + inaktiviertes Enzym) sollen mitlaufen. Nach Bebrütungszeiten von 20 min bis zu 24 Std werden dem Ansatz Proben von 10—20 μl entnommen und direkt auf Papier zur eindimensionalen Papierchromatographie in Butanol/Eisessig aufgetragen und in üblicher Weise mit Ninhydrin entwickelt. Bei hohem Proteingehalt der Enzympräparation muß unter Umständen der Versuchsansatz (etwa 0,2 ml) mit 0,5 ml absolutem Äthanol enteiweißt und das Filtrat auf dem Uhrgläschen auf dem Wasserbad auf etwa $^1/_3$ eingeengt werden, bevor die Probe auf das Papier aufgetragen wird. In der Regel erübrigt sich die Enteiweißung, da die Proteine des Versuchsansatzes am Startpunkt liegenbleiben. Voraussetzung für gute Anwendbarkeit des Verfahrens sind genügend große Unterschiede zwischen den R_F-Werten des eingesetzten Peptids und der abgespaltenen Aminosäure bzw. Verwendung eines Substrates, das selbst keine Ninhydrinreaktion gibt (z.B. Chloracetyltyrosin, Carbobenzoxyglycyl-L-phenylalanin als Substrate für Carboxypeptidase), aber gute Erfaßbarkeit der freigesetzten Aminosäure (Tyrosin, Phenylalanin) auf dem Papierchromatogramm durch Ninhydrin ermöglicht. Gut geeignete Substrate: (⸾ gespaltene Peptidbindung, — Aminosäure, die im Papierchromatogramm eindeutig als abgespalten erkennbar ist) Leucyl⸾glycylglycin[2], Leucyl⸾glycin[2], Glycyl⸾leucin[3], Glycyl⸾tryptophan[2], Glycyl⸾tyrosin[2], Prolyl⸾glycin[3], Glycyl⸾leucylanilid[2], Alanyl⸾glycylanilid[2], Chloracetyl⸾tyrosin[4], Carbobenzoxyglycyl⸾phenylalanin[4].

Über Kenntlichmachung von papierchromatographisch getrennten Substraten und Spaltprodukten durch Reaktion mit Na-β-naphthochinonsulfonat nach der Peptidaseeinwirkung s.[5].

2. Quantitative Bestimmungen von Exopeptidaseaktivitäten.

a) Enzymkinetische Grundlagen quantitativer Exopeptidasebestimmungen.

Bei quantitativen Bestimmungen von Exopeptidaseaktivitäten kommt es darauf an, die Menge an Amino- bzw. Carboxylgruppen zu erfassen, die bei Spaltung eines in bekannter Konzentration eingesetzten synthetischen Peptidsubstrates durch Hydrolyse der sensitiven Peptidbindung freigesetzt wird. Und zwar werden durch das Enzym, wenn die Möglichkeit einer sekundären Wirkung des gleichen oder eines anderen etwa vorhandenen Enzyms auf eine zweite unter Umständen enthaltende Peptidbindung im Substrat durch entsprechende Substratauswahl ausgeschaltet wird, aus 1 Molekül des eingesetzten Substrates bei seiner hydrolytischen Spaltung 1 NH_2- und 1 COOH-Gruppe freigesetzt. Je nach benutztem Substrat kann die frei gewordene NH_2-Gruppe einer Aminosäure, einem Peptid, einem Amin (z.B. dem Anilin bei eingesetzten Aniliden) oder auch NH_3 (bei Anwendung von Aminosäure- oder Peptidamiden), die frei gewordene COOH-Gruppe einer Aminosäure, einem Peptid oder, bei Einsatz einer acylierten Aminosäure, einer

---

1 WALDSCHMIDT-LEITZ, E., u. G. v. SCHUCKMANN: H. **184**, 56 (1929).
2 HANSON, H., u. M. WENZEL: Naturwiss. **39**, 403 (1952).
3 HANSON, H., u. N. TENDIS: Z. ges. inn. Med. **9**, 224 (1954).
4 HANSON, H., et P. HERMANN: Bull. Soc. Chim. biol. **40**, 1835 (1958).
5 SEMENZA, G.: Exper. **13**, 166 (1957).

Carbonsäure zugehören. Da somit bei entsprechender Auswahl der Substrate in einer der Anzahl der gespaltenen Substratmoleküle äquimolekularen Menge NH_2- und COOH-Gruppen oder NH_3 oder Amin oder eine bestimmte Aminosäure freigesetzt werden, liefert die Zunahme der genannten Atomgruppen oder Moleküle nach einer bestimmten Inkubationszeit des Ansatzes gegenüber dem entsprechend bestimmten Ausgangswert am Anfang der Inkubation ($t=0$; Nullwert) ein exaktes Maß der prozentualen Spaltung des Substrates, bezogen auf die Hydrolyse der gegenüber dem Enzym sensitiven Peptidbindung. Natürlich ist es prinzipiell ebenfalls möglich, durch Bestimmung der Menge des nicht verbrauchten Substrates den Umfang der Hydrolyse zu erfassen; in der Praxis findet ein solches Verfahren für Exopeptidasebestimmungen relativ wenig Anwendung.

Wird nicht mit hochgereinigten oder kristallisierten Enzympräparationen gearbeitet, sondern mit Körperflüssigkeiten (Blut, Harn, Liquor), Sekreten, Organ- oder Gewebshomogenaten, Extrakten, Preßsäften usw., die unter Umständen, ja sogar meistens, noch andere, darunter auch proteolytische Enzyme enthalten neben demjenigen, dessen Aktivität bestimmt werden soll, so ist zu beachten, daß durch den Ablauf autolytischer Prozesse aus den im biologischen Material vorhandenen Amiden, Peptiden und Proteinen und Nucleotiden NH_3, NH_2- und COOH-Gruppen wie auch Aminosäuren frei werden können, die die Aktivitätsbestimmung einer bestimmten Exopeptidase verfälschen können. Das Mitlaufenlassen von Kontrollansätzen mit der Enzympräparation, jedoch unter Weglassen des Substrates bei sonst gleicher Zusammensetzung (p_H, Ionenstärke, Pufferwert usw.) und Behandlung (Temperatur, Inkubationszeit usw.) wie die Hauptversuche, wird weitgehend vor Irrtümern schützen. Auch der zweckentsprechenden Substratauswahl kommt für eine spezifische Enzymbestimmung große Bedeutung zu. Wie im speziellen Teil durch Beispiele belegt ist, werden eine Reihe von häufig benutzten Substraten von mehreren Exopeptidasen gespalten, z. B. Leucylglycylglycin sowohl von Aminotripeptidase als auch von Leucinaminopeptidase. Durch Beachtung der verschiedenartigen Aktivierungs- und Inhibierungsverhältnisse, z.B. Vergleich der Aktivität mit und ohne Zugabe von Metallionen als spezifische Aktivatoren zur Enzympräparation, ist in vielen Fällen eine Differenzierung der Wirkung der verschiedenen Enzyme möglich. Am zweckmäßigsten ist es jedoch, bei der Absicht, eine bestimmte Exopeptidase zu erfassen, das Substrat zu wählen, das nach bisher vorliegenden Ergebnissen eine Aufspaltung durch andere bekannte proteolytische Enzyme nicht erfährt.

Durch Einsatz verschiedener, durch diese Zweckbestimmung charakterisierter Substrate ist es möglich, in einem komplexen, biologischen System die Aktivität verschiedener Exopeptidasen nebeneinander zu erfassen. Dazu wird die Enzympräparation im Einzelansatz mit dem für das jeweilige Enzym charakteristischen Substrat inkubiert. Abgesehen von methodischen Schwierigkeiten der Bestimmung der Enzyme eines biologischen Gemisches durch dessen Einwirkung auf die verschiedenen, für die jeweiligen Enzyme charakteristischen Substrate in *einem* Ansatz ist es auch aus Gründen der zur Zeit nicht genügend zu übersehenden Wechselwirkungen zwischen verschiedenen Enzymen und Substraten nicht üblich und ratsam, die quantitative Bestimmung verschiedener spezifischer Enzymaktivitäten einer Enzympräparation in *einem* Ansatz unter Zugabe der verschiedenen spezifischen Substrate durchzuführen. Überhaupt muß bei der Verwendung von frischen, nicht besonders gereinigten Enzympräparationen von Zell- und Gewebshomogenaten oder Zellbestandteilfraktionen bei der Auswertung von Exopeptidasebestimmungen daran gedacht werden, daß Spaltprodukte der Substrate dem Nachweis durch Reaktion mit anderen, in der Enzympräparation ebenfalls enthaltenen, noch aktiven Enzymsystemen entzogen werden können, z.B. bei Freisetzung einer Aminosäure durch weitere Umsetzung im Sinne der Desaminierung oder Transaminierung. Sicherung durch entsprechende Kontrollversuche ist daher immer zu empfehlen, also z. B. Zugabe der erwarteten Spaltprodukte des Substrates ohne dieses zur Enzympräparation und Inkubation unter den gleichen Bedingungen wie im Hauptversuch mit Substrat, danach Feststellung von eventuellen Konzentrationsänderungen der Spaltprodukte. Während diese letzteren Maßnahmen zur Sicherung der Versuchsergebnisse auf Enzympräparationen mit komplexem, biologischem Charakter beschränkt bleiben können, müssen bei allen Exopeptidasebestimmungen ebenso wie die oben erwähnten Enzymkontrollen auch Substratkontrollen mitlaufen, d.h. wie die Hauptversuche zusammengesetzte Ansätze, die jedoch statt des Enzyms das entsprechende Volumen Pufferlösung vom p_H des Enzymansatzes oder auch hitzeinaktivierte Enzymlösung enthalten. Untersuchungen über den Einfluß des p_H, der Temperatur, von Aktivatoren oder Inhibitoren auf die Exopeptidasewirkung sollten nicht ohne parallellaufende Enzym- und Substratkontrollen unter den gleichen Bedingungen wie die Hauptversuche mit Enzym + Substrat durchgeführt werden. Die Ergebnisse dieser Kontrollen müssen bei der Auswertung der Hauptversuche berücksichtigt werden (vgl. folgendes Beispiel, Tabelle 2).

Tabelle 2. *Enzymatische Spaltung eines Dipeptids* (0,05 mM im Versuchsansatz, z.B. in 0,05 m Lösung).

	Substratkontrolle (0,05 mM Dipeptid ohne Enzym) a	Enzymkontrolle (ohne Substrat) b	Hauptversuch (Enzym +0,05 mM Substrat) c
Zuwachs an Spaltprodukten* nach einer Inkubationszeit t gegenüber Nullwert (t_0)	0,003 mM	0,002 mM	0,025 mM
Korrigierter Zuwachs im Hauptversuch c — (a + b)			0,020 mM
Spaltung des Substrats durch das Enzym**			40 %

* Gemessen als frei gewordene NH_2- oder COOH-Gruppe oder als eine der beiden freigesetzten Aminosäuren des verwendeten Dipeptids.

** Bei einem als Substrat eingesetzten racemischen Dipeptid ist der Hinweis erforderlich, ob die in Prozent angegebene Spaltung unter Zugrundelegung der D,L-Form des Substrats oder nur der L-Form errechnet wurde. Für Enzyme, deren optische Spezifität für Peptide mit L-Aminosäuren gesichert ist, betrüge also in obigem Beispiel bei Einsatz eines racemischen Peptids, z.B. Glycyl-D,L-leucin, bei 40 % Spaltung, bezogen auf das D,L-Peptid, die Hydrolyse der L-Form 80 %.

Zur Beurteilung der spezifischen Enzymaktivität einer Enzympräparation ist jedoch die Angabe der prozentualen Spaltung eines Substrats nicht oder doch nur sehr begrenzt unter bestimmten Bedingungen ausreichend. Für in ihrer Zusammensetzung als weitgehend konstant oder ohne weiteres als vergleichbar anzunehmende Enzymquellen, z.B. Blutplasma, kann die Bestimmung der Hydrolyse in Prozent genügende Vergleichsmöglichkeit, z.B. bei Untersuchung bestimmter Enzymaktivitäten von Plasma verschiedener Individuen oder Species, liefern, wenn die einzelnen Versuchsansätze in den Konzentrationen an Enzymquellen, an Substrat, an $[H^+]$ sowie in der Inkubationstemperatur und -dauer übereinstimmen. Speziell bei letzterer ist auch bei den Exopeptidasebestimmungen auf Erfassung der initialen Spaltung, also auf kurze Inkubationszeiten von 10—60—120—240 min zu achten. Längere Bebrütungsdauern von 6—12—24 bis 48 Std liefern aus verschiedenen Gründen keine kinetisch eindeutig auswertbaren Ergebnisse.

Die Bestimmung der Exopeptidasen hat somit durch Feststellung der initialen Spaltung unter definierten Bedingungen (Substratkonzentration, p_H, Temperatur, eventuell Effektorenkonzentration) unter besonderer Berücksichtigung der Konzentration der Enzympräparation, ausgedrückt z.B. in Milligramm trichloressigsäure-(TCS-)fällbarem N/ml Ansatz, zu erfolgen. Als Maßstab kann die Hydrolysenrate verwendet werden, definiert als

$$R = \underset{(x)}{\%\ \text{Spaltung}}/\underset{(t)}{\text{min}}/\underset{(e)}{\text{mg}}\ \text{TCS-fällbarer N der Enzympräparation} = \frac{x}{t \times e}$$

(vgl. folgendes Beispiel in Tabelle 3).

Tabelle 3. *Enzymatische Spaltung eines Dipeptids (Hydrolysenrate)* (0,05 mM im Versuchsansatz).

	TCS-fällbarer N im Ansatz (in mg/ml Ansatz) (e)	Inkubationsdauer (t) in min	Korrigierter Zuwachs * im Hauptversuch in mMol	Prozent Spaltung des Substrates (x)	Hydrolysenrate
Enzympräparation I	0,15	60	0,020	40	4,4
Enzympräparation II	0,20	50	0,015	30	3,0
Enzympräparation III	0,12	60	0,025	50	6,9

* Nach Abzug eventuell ermittelter Zuwachse in den Kontrollansätzen für Substrat und für Enzympräparation; vgl. Tabelle 2, S. 11.

Die Ermittlung der Hydrolysenrate ist zur quantitativen Beurteilung von Exopeptidaseaktivitäten jedoch nicht uneingeschränkt ausreichend. Allgemein zulässig ist ihre Benutzung für die Aktivitätsbestimmung einer Exopeptidase bei Versuchen, in denen bei übereinstimmenden sonstigen Bedingungen (Substratkonzentration, p_H, Temperatur) auch die Inkubationszeiten gleich oder doch zumindest eng beieinander und in jenem Bereich der initialen Spaltung liegen, in dem diese praktisch linear mit der Zeit verläuft. Beträgt dieser Zeitraum, in dem unter Umständen mehrere Bestimmungen aus dem Ansatz durchzuführen sind, für eine bestimmte Enzymkonzentration nur wenige Minuten, so sind die Fehlermöglichkeiten, die sich aus den Schwierigkeiten der Einhaltung kurzer und genauer Zeitabstände bei der Probeentnahme ergeben können, unter Umständen durch Verdünnung der Enzymlösung zu umgehen. Vergleiche der Aktivitäten verschiedener Enzympräparationen mit Hilfe von Hydrolysenraten, die unter Verwendung sehr unterschiedlicher Inkubationszeiten, z.B. für eine Enzympräparation 30 min, für eine andere 120 min, errechnet wurden, sind nur erlaubt, wenn sich die Kinetik des in der Enzympräparation zu bestimmenden Enzyms im gewählten Zeitbereich nach einer Reaktion nullter Ordnung beschreiben läßt, d.h. wenn die Spaltung der Inkubationszeit linear proportional verläuft. Das gilt für eine Reihe gereinigter Exopeptidasen, braucht aber keineswegs in komplex zusammengesetzten Gemischen von solchem biologischen Material, wie Organhomogenaten, Extrakten usw. zuzutreffen, in denen die Spaltungen auf Grund ineinandergreifender und sich überlagernder Reaktionen von gemischter Ordnung sein können. Läßt sich die Kinetik des zu bestimmenden Enzyms nach einer Reaktion nullter oder erster Ordnung charakterisieren, so werden Aktivität und Konzentration der Exopeptidase in Enzympräparationen, z.B. im Verlaufe zunehmender Reinigung oder bei vergleichender Untersuchung gleichartigen Materials verschiedener Herkunft, wie Blutseren verschiedener Species, am besten durch Bestimmung des proteolytischen Koeffizienten (C) für ein bestimmtes Substrat wiedergegeben: $C = \frac{K}{E}$, wobei sich K bei Reaktionsverlauf nullter Ordnung aus $K_0 = \frac{x}{t}$ und bei Reaktionsverlauf erster Ordnung aus $K_1 = \frac{1}{t} \log \frac{100}{100 - x}$ errechnet und für E = Konzentration der Enzympräparation, z.B. mg Protein-N/ml Ansatz einzusetzen ist (x = % Spaltung des Substrats, eingesetzt meist in 0,05 m-Konzentration, t = Inkubationsdauer in min).

Mit zunehmendem Reinheitsgrad einer Exopeptidase, der durch stufenweise Beseitigung von Beimengungen aus einer Ausgangsenzympräparation erzielt werden kann, wird der proteolytische Koeffizient ansteigen, um in höchstgereinigten oder kristallisierten Enzymen ein konstantes Maximum zu erreichen. Es kann somit zur Charakterisierung einer Exopeptidaseaktivität, zur Definition der Enzymeinheiten bzw. für Konzentrationsangaben ebenso wie die Michaelis-Konstante K_M oder die Wechselzahl des Enzyms auch der proteolytische Koeffizient C unter bestimmten definierten Bedingungen benutzt werden.

Werden durch eine Enzympräparation, z.B. ein Organhomogenat, mehrere Substrate gespalten und interessiert die Frage, ob in der Ausgangspräparation die Hydrolyse der

Substrate durch eine oder mehrere Exopeptidasen bewirkt wird, so ist neben anderen Bestimmungen (p_H-Wirkungskurve, Differenzierung durch Effektoren) ein wichtiges Hilfsmittel zur Beantwortung dieser Frage die Feststellung des sog. proteolytischen Quotienten Q aus den für die einzelnen Substrate bestimmten proteolytischen Koeffizienten C ($C_{SI}/C_{SII}/C_{SIII}\ldots$) ($SI$ = Substrat I, SII = Substrat II usw.). Dieses Verhältnis der einzelnen proteolytischen Koeffizienten zueinander wird bei Fraktionierung der Ausgangsenzympräparation konstant bleiben, wenn *ein* Enzym für die Spaltung der verschiedenen Substrate verantwortlich ist, es wird sich in den einzelnen Fraktionen ändern, wenn die Hydrolyse der Substrate auf die Wirkung verschiedener Exopeptidasen zurückzuführen ist; und zwar wird der Quotient $Q = C_{SI}/C_{SII}$ in einer Fraktion in dem Maße ansteigen, wie eine Anreicherung des das Substrat S_I spaltenden Enzyms unter Verringerung eines anderen, das Substrat S_{II} hydrolysierenden Enzymes erfolgt.

Handelt es sich um vergleichende Untersuchungen über Enzymaktivitäten von biologischem Material verschiedener Herkunft oder sollen an diesem lediglich Größenordnungen der Aktivität ermittelt werden, z.B. im Serum verschiedener Individuen oder Species, so ist in vielen Fällen als Vergleichsmaßstab für enthaltene Exopeptidaseaktivitäten auch die Bestimmung der Reaktionskonstanten K_0 bzw. K_1 und gegebenenfalls die bei gleichen Inkubationszeiten gemessene, initiale, prozentuale Spaltung ausreichend, sofern bei sonst optimalen Bedingungen (p_H, Temperatur, Aktivatoren) die Substratkonzentrationen möglichst gleich gehalten und der Nachweis der Spaltung des jeweiligen Substrats nach nullter bzw. erster Ordnung geführt wurde.

Ergibt die Errechnung der Reaktionskonstanten aus den Einzelmessungen nicht die Möglichkeit, den Spaltungsverlauf eines Peptidasesubstrats einer Reaktion bestimmter Ordnung zuzuordnen, so kann dies der Ausdruck von Auswirkungen sekundärer Art auf den Ablauf der Substratspaltung sein, etwa in dem Sinne, daß in der Enzympräparation mehrere Exopeptidasen gleichzeitig oder hintereinander auf das Substrat oder noch hydrolysierbare Spaltprodukte einwirken. Zum Beispiel kann Leucylglycylglycin sowohl durch Leucinaminopeptidase als auch durch Aminotripeptidase durch Abspaltung des Leucinrestes hydrolysiert werden, das resultierende Dipeptid dann durch die gegebenenfalls vorhandene Glycylglycindipeptidase. Auch die Beeinflussung der Peptidaseaktivität durch die Spaltprodukte des Substrats ist möglich.

Die spezifische Erfassung einer Exopeptidase in komplex zusammengesetzten Enzymgemischen (z.B. Organ- und Gewebshomogenaten, Extrakten usw.) ist außer von der unter Umständen möglichen Spezifität der Bestimmungsmethode, z.B. quantitative Bestimmung einer bestimmten freigesetzten Aminosäure durch Papierchromatographie, auch weitgehend abhängig vom Substrat. Möglichst ist ein solches einzusetzen, das spezifisch nur von der zu bestimmenden Exopeptidase hydrolysiert wird. Andere Enzyme der Enzympräparation sollten weder dieses Substrat noch daraus hervorgehende Spaltprodukte angreifen können. Zur Sicherung der spezifischen Erfassung einer Exopeptidase bei vermuteter Anwesenheit noch anderer Peptidasen kommt somit der Wahl der Bestimmungsmethoden und des Substrats, aber auch der Differenzierung durch spezifische Aktivierungs- und Inhibierungsreaktionen eine entscheidende Bedeutung zu.

Die Kinetik der Exopeptidasen kann durch spezifische Aktivator- und Inhibitoreffekte beträchtlich beeinflußt werden. Für eine Reihe von Exopeptidasen ist bekannt (Einzelheiten vgl. im speziellen Teil; Allgemeines vgl.[1]), daß Metallionen (Mn^{++}, Mg^{++}, Co^{++}, Zn^{++} usw.) Chelate zwischen Enzymprotein und charakteristischen Stellen des Substrates bilden und somit als essentielle Bestandteile des reaktionsfähigen Holoenzyms aufzufassen sind. Es ist danach verständlich, daß ein Metallion zum limitierenden Faktor einer Exopeptidasewirkung werden kann, entweder dadurch, daß von vornherein zu wenig vom Metall vorhanden war, um nach den Gegebenheiten des Massenwirkungsgesetzes eine nahezu vollständige Bindung an die aktiven Stellen des Enzymproteins

[1] Flaschenträger-Lehnartz Bd. I, S. 1131ff.

zu erreichen, oder dadurch, daß Inhibitoren mit höherer Affinität zum Metall dem Enzym das Metall entziehen. Bei solchen Inhibitoren braucht es sich nicht um eine dem Versuchsansatz zugesetzte Substanz zu handeln, vielmehr vermögen auch in der Enzympräparation, z.B. im Organbrei, von vornherein enthaltene oder aber während der Inkubation mit dem Substrat entstehende Spaltprodukte, z.B. Peptide oder Aminosäuren, die hohe Komplexaffinität zum Metall besitzen, als Inhibitoren zu wirken, da sie dem Fermentprotein das Metall entziehen. Für die kinetische Charakterisierung einer Exopeptidase wird man diesen Gesichtspunkten dadurch Rechnung tragen, daß man zur Erzielung maximaler initialer Spaltung optimale Mengen des Metallion-Aktivators zusetzt (ein Zuviel kann durch inaktivierende, z.B. denaturierende Einflüsse auf das Enzym inhibierend wirken). Häufig werden Metallion und Enzympräparation präinkubiert (z.B. 15 min Co^{++} 10^{-3}m + 5 ml Enzympräparation bei 37°C), bevor das Substrat dem Ansatz zugegeben und der Nullwert bestimmt wird.

Zu bedenken ist, daß die angeführten Bedingungen zur Erfassung von Exopeptidasewirkungen nur bedingt Rückschlüsse auf die Wirkungsweise der jeweiligen Exopeptidasen und ihr Zusammenspiel mit anderen Peptidasen und Aktivatoren und Inhibitoren unter physiologischen oder In-vivo-Bedingungen gestatten. Zur Erfassung und Charakterisierung physiologischer Korrelationen müssen also nicht nur die Substratart und -konzentration, $[H^+]$, Temperatur usw., sondern auch Effektoren, wie Metallionen, nach Möglichkeit mit ihren physiologischen Konzentrationsverhältnissen berücksichtigt werden.

b) Allgemeine Zusammensetzung des Spaltungsansatzes und die einzelnen, allgemein für Exopeptidasebestimmungen anwendbaren Methoden.

Die für Exopeptidasebestimmungen geeigneten Methoden müssen erlauben, die bei Hydrolyse von Peptid-, Amid- und Esterbindungen frei werdenden Gruppen (—NH_2, >NH, —COOH, —OH) oder Moleküle (NH_3, Aminosäuren, Alkohol, Amin) oder direkt die Menge des verschwundenen oder nicht gespaltenen Substrats zu erfassen, um daraus die anderen zu Aktivitätsbestimmungen und Enzymcharakterisierungen erforderlichen Daten (prozentuale Spaltung, Hydrolysenraten, Geschwindigkeitskonstanten usw.), wie unter 2a (S. 9) erläutert, errechnen zu können. Die an die Bestimmungsmethode gestellte Anforderung, lediglich den Zuwachs an Atomgruppen oder Molekülen gegenüber einem Ausgangswert des Versuchsansatzes zur Zeit t_0 (Nullwert) bestimmen zu müssen, erleichtert und vereinfacht bei einer Reihe von Methoden das Verfahren ganz erheblich, da auf Absolutbestimmung dieser Gruppen und Substanzen bei der Feststellung des Nullwertes verzichtet werden kann, sondern die Versuchsansätze gewissermaßen nur gegen den Nullwert gemessen zu werden brauchen. Der Unterschiedsbetrag zwischen Nullwert und Versuchswert zur Zeit t muß durch entsprechende Auswahl einer möglichst spezifischen Methode in Form der bei der Spaltung der sensitiven Bindung frei werdenden Atomgruppen oder Moleküle erfaßt werden können.

Wie bereits im Abschnitt 2a ausgeführt, ist dabei Berücksichtigung eines Kontrollversuches mit der Enzympräparation allein und eines solchen mit dem Substrat allein erforderlich. Die Genauigkeit vieler zur Verfügung stehender Methoden ist relativ begrenzt und verschiedentlich mit Fehlermöglichkeiten von $\pm$5—10% belastet, wenn der Zuwachs gegenüber dem Nullwert recht gering ist oder wenn durch Fällung, Trübung oder Eigenfarbe der Untersuchungslösung eine auf möglichst enge Schwankungsbreite begrenzte Reproduzierbarkeit der Ergebnisse erschwert ist.

Lösungen für den Spaltungsansatz. *Substratlösung* (Substrat in möglichst wenig Wasser lösen, auf den für den Spaltungsansatz vorgesehenen p_H mit Säure oder Lauge einstellen und mit so viel Wasser auffüllen, daß die Konzentration z.B. 0,1 m ist): mit 1—2 Tropfen Toluol versetzt, im Kühlschrank in der Regel mehrere Wochen haltbar.

Puffer: je nach voraussichtlich erforderlicher Kapazität 0,05—0,2 m und von einem für den Spaltungsansatz gewünschten p_H-Wert; Phosphat-, Acetat-, Veronal-, Tris- usw. Puffer.

Enzympräparation: je nach Darstellung Homogenat, Extrakt, Sekret (eventuell entsprechend verdünnt) oder daraus hergestellte gereinigte Enzympräparate.

Herstellung des Spaltungsansatzes. Substrat-, Puffer- und Enzymlösung werden getrennt in Eiswasser gekühlt und dann in der genannten Reihenfolge in den vorgesehenen Mischungsverhältnissen in ein in Eiswasser vorgekühltes, geeignet dimensioniertes Gefäß pipettiert, also z.B. 5 Vol. Substratlösung 0,1 m, 4 Vol. Pufferlösung, 1 Vol. Enzympräparation, so daß die Substratkonzentration im Ansatz 0,05 m ist. Sofort danach und nach Ablauf der jeweiligen Inkubationszeit bei der gewünschten Temperatur werden mit zimmerwarmer Pipette, je nach benutzter Methodik (Mikro-, Halbmikro-, Makroverfahren), 0,02—1,0 oder 2,0 ml des Ansatzes zur Bestimmung des Nullwertes und der Spaltungswerte entnommen und unmittelbar durch Titration oder ein sonstiges Verfahren bestimmt. Vor allem muß mit dem Moment der Entnahme der Probe aus dem Spaltungsansatz die Enzymwirkung aufhören, was bei sofort eingeleiteter Bestimmung durch damit verbundene Temperatursenkung und Einwirkung sonstiger, die Enzyme inhibierender oder denaturierend wirkender Faktoren (z.B. Zugabe von Alkohol, Aceton usw.) auch in der überwiegenden Zahl der Fälle ohne weiteres gegeben ist.

Natürlich ist die Herstellung der einzelnen Spaltungsansätze auch in der Weise möglich, daß Enzym-, Puffer- und Substratlösung in Wasserthermostaten getrennt auf die Temperatur gebracht werden, bei der die Enzymeinwirkung auf das Substrat stattfinden soll. Bei diesem Verfahren, das vor allem bei erforderlicher Präinkubation der Enzymlösung mit einem Aktivator ohne Anwesenheit des Substrats zweckmäßig ist, muß dann sofort im Anschluß an die Zugabe der Substratlösung zum Enzym-Puffergemisch die Nullwertbestimmung jedes einzelnen Ansatzes erfolgen. Hohe Anfangsgeschwindigkeiten der Spaltung wirken sich störend aus.

Exopeptidasebestimmung. Folgende Verfahren stehen zur Verfügung: titrimetrische Verfahren; spektrophotometrische und colorimetrische Verfahren; gasometrische Verfahren; polarimetrische Verfahren u.a.

Titrimetrische Verfahren.

Ihr Vorzug liegt in ihrer einfachen und schnellen Durchführbarkeit mit einfachstenLaboratoriumsmitteln (Büretten, Pipetten, gegebenenfalls automatische Pipettiereinrichtung). Ihr Nachteil ist die relativ geringe Genauigkeit, die häufig nicht günstiger als ± 5—10% zu gestalten ist. Ursache dafür sind die meist hohen Nullwerte, die bei Verwendung von Homogenaten, Organbreien usw. als Enzympräparation und bei Zusatz von Peptiden als Substrate auftreten. Erstere erschweren häufig durch die schon bei Beginn der Titration zuweilen vorhandenen oder auftretenden Trübungen und Fällungen durch Proteine, Salze usw. die genaue Erkennung des Indicatorumschlages. Zum Beispiel kann ein Versuchsansatz mit einer Substratkonzentration von 0,05 m eines Peptids bei einer Titrationsprobe von 1 ml und bei Titration nach einem geeigneten Verfahren mit 0,02 n Lauge einen Nullwert von mehr als 2,5 ml aufweisen (auf enthaltenes Peptid entfallen 2,5 ml 0,02 n Lauge und ein je nach Menge und Charakter der Enzympräparation variierender Betrag auf diese). 100%ige Spaltung der sensitiven Peptidbindung des Substrates ergäbe im gewählten Beispiel einen Zuwachs über den Nullwert von 2,5 ml 0,02 n Lauge. Die Genauigkeit wird in der Regel kaum über 0,05—0,1 ml zu steigern sein. Ferner gestatten die Titrationsmethoden im allgemeinen nicht, die Freisetzung eines spezifischen Spaltproduktes, z.B. einer bestimmten Aminosäure, aus dem eingesetzten Substrat zu bestimmen.

Formoltitration nach Sörensen.

Die Formoltitration nach Sörensen[1] (vgl. dazu dieses Handb. Bd. III/1, S. 318) ist für Exopeptidasebestimmungen am gebräuchlichsten in der Mikromodifikation nach Northrop[2].

[1] Sörensen, S. P. L.: B. Z. 7, 45 (1908).
[2] Northrop, J. H.: J. gen. Physiol. 9, 767 (1926).

Für die Bestimmung des Zuwachses an COOH-Gruppen auf Grund der enzymatischen Spaltung des Substrates müssen in einem aliquoten Volumenteil des Spaltungsansatzes der Nullwert zur Zeit t_0 und der Spaltungswert zur Zeit t (= Nullwert + Zuwachs) unter Berücksichtigung der Substrat- und Enzymkontrolle ermittelt werden. Die den Spaltungsansätzen zur Titration entnommenen Mengen werden direkt nach Zusatz von Formol und Indicator titriert. Irgendwelche weiteren Vorbereitungen der Lösungen, wie sie für Absolutbestimmungen nach dem SÖRENSEN-Verfahren zur Entfernung von CO_2, Phosphat, NH_3 und zur Entfärbung notwendig sind, entfallen, da die Störfaktoren, sofern sie in während der Inkubation konstant bleibender Menge vorliegen, im Nullwert mit erfaßt und durch dessen Abzug vom Titrationswert zur Spaltungszeit t ebenfalls mit eliminiert werden. Für die Bestimmung der Hydrolyse von Peptiden ganz allgemein ist die Formoltitration nicht gleichmäßig gut geeignet, da die Bestimmbarkeit von Aminosäuren und Peptiden nicht bei allen mit gleicher Genauigkeit und gleichem p_H des Endpunktes der Titration erfolgen kann. So ergeben sich für prolin- oder hydroxyprolinhaltige Peptide Abweichungen der Titrationswerte je nach Stellung dieser Aminosäuren im Peptid, ob N-terminal oder mittelständig bzw. COOH-terminal, weil diese beiden Aminosäuren in freier Form oder N-terminal mit der Formoltitration nicht quantitativ, sondern nur zu etwa 80% erfaßt werden können.

Reagentien:

1. Formaldehydlösung, 40%ig (gegen Phenolphthalein neutralisiert), frisch bereiten!
2. 0,01 n Natronlauge.
3. Phenolphthalein, 0,1%ig, in 50%igem wäßrigem Äthanol.

Ausführung:

Herstellung des Vergleichsstandards. Zur möglichst sicheren und reproduzierbaren Festlegung des Endpunktes der Titration auch bei eigengefärbten Spaltungsansätzen ist die Titration gegen einen Vergleichsstandard ratsam. Zu diesem Zweck wird dem Spaltungsansatz das gleiche Volumen wie für die eigentliche Titration entnommen, z.B. 0,5 ml, mit H_2O auf 5,0 ml verdünnt, mit 1 Tropfen Phenolphthaleinlösung und 1 ml Formaldehydlösung versetzt und bis zur maximalen Rotfärbung Natronlauge in der Konzentration (0,01 n, 0,1 n oder n) und in der Menge zugegeben, daß das Gesamtvolumen des Vergleichsstandards 10 ml nicht übersteigt. Der p_H der Lösung liegt dann zwischen 8,5 und 9,0.

Titration des Hauptansatzes (Nullwert und Werte nach verschiedenen Inkubationszeiten). 0,5 ml oder ein anderes passend erscheinendes Volumen des Ansatzes werden mit H_2O in einem 20 ml-Erlenmeyer-Kolben auf 5 ml verdünnt, mit 1,0 ml Formaldehydlösung und 4 bis 5 Tropfen Phenolphthaleinlösung versetzt und mit 0,01 n NaOH auf die Farbe des Vergleichsstandards (deutliches Rosarot) titriert. Bei hohen Nullwerten oder starken Zuwachsen, die bei Titration mit 0,01 n NaOH eine zu starke Erhöhung des Titrationsvolumens (eventuell über 10 ml) bedingen würden, sollte im Vergleichsstandard, bei der Nullwertbestimmung und der anschließenden Titration zur Feststellung der Spaltung eine bestimmte Menge, z.B. 1,0 ml 0,05 n NaOH zugegeben werden und die Titration dann mit 0,01 n NaOH zu Ende geführt werden. Natürlich muß gegebenenfalls die Zugabe der konzentrierten Lauge bei der Errechnung des Zuwachses, ausgedrückt in 0,01 n NaOH, berücksichtigt werden.

Berechnung der prozentualen Spaltung aus den verbrauchten Natronlaugemengen. Beispiel: Bei Titration von 0,5 ml-Proben aus einem Spaltungsansatz, der in bezug auf ein Dipeptidsubstrat 0,05 m sei, betrage der Nullwert $V_0 = 2{,}8$ ml 0,01 n NaOH, der Wert V_x nach der Spaltungszeit t 4,0 ml 0,01 n NaOH. 100%ige Hydrolyse des Dipeptids würde einem Verbrauch von $V_{100} = 2{,}5$ ml 0,01 n NaOH über den Nullwert hinaus entsprechen. Somit errechnet sich die prozentuale Spaltung x des Substrates zu

$$x = \frac{100\,(V_x - V_0)}{V_{100}} = \frac{100 \times 1{,}2}{2{,}5} = 48\,\%.$$

Verfahren zur elektrometrischen Durchführung der Titration sind beschrieben[1, 2], werden aber im allgemeinen den vermehrten Aufwand an Gerät und auch Zeit nicht durch ins Gewicht fallend genauere Ergebnisse rechtfertigen. Gründe für Anwendung der potentiometrischen Bestimmung können unter anderem starke, die Feststellung des Indicatorumschlages störende Eigenfärbung oder Trübung des Spaltungsansatzes sein.

Ein Formoltitrationsverfahren mit Verwendung von 0,05 n Tetramethylammoniumhydroxydlösung statt NaOH zur Titration ist von WEIL[3] beschrieben (vgl. Bd. II, S. 399).

***Alkalimetrische Titration in alkoholischer Lösung nach* WILLSTÄTTER *und* WALDSCHMIDT-LEITZ[4].**

Zur Erfassung einer Exopeptidaseaktivität durch Bestimmung des Zuwachses an COOH-Gruppen mit Hilfe alkalimetrischer Titration bei Gegenwart eines Äthanolüberschusses sind sowohl das Makroverfahren nach WILLSTÄTTER u. WALDSCHMIDT-LEITZ[4] als auch die Mikromodifikation nach GRASSMANN und HEYDE[5] (s. auch Bd. III/1, S. 316) in Gebrauch. Beide Verfahren sind in ihrer Handhabung noch einfacher als die Formoltitration, weil das Titrieren auf einen Vergleichsstandard nicht unbedingt notwendig ist. Ebenso wie bei dieser ist die bei Exopeptidasebestimmungen zu erzielende Genauigkeit geringer als bei Titration reiner Aminosäure- und Peptidlösungen. Das Erkennen des Indicatorumschlages kann infolge Anwesenheit störender Substanzen im Spaltungsansatz (z. B. Phosphatpuffer, Proteine der Enzympräparationen) erschwert sein, ist aber bei einiger Übung, je nach Verfahren, auch auf 0,03—0,10 ml genau zu erreichen. Als Indicator ist bei Exopeptidasebestimmungen, bei denen es auf die Erfassung vor allem von Aminosäuren ankommt, Thymolphthalein dem Phenolphthalein vorzuziehen, da die Titration mit ersterem zur quantitativen Aminosäureerfassung eine Äthanolkonzentration von nur 90 % erfordert gegenüber 95—97 % bei Phenolphthalein. Die Verdünnung der dem Spaltungsansatz zu entnehmenden Probe mit Alkohol und damit das Titrationsvolumen ist bei Verwendung von Thymolphthalein geringer als bei Benutzung von Phenolphthalein, ein für die sichere Erkennung des Titrationsendpunktes nicht unwesentlicher Faktor. Konzentrationen an Peptid bzw. freigesetzten Aminosäuren bis 0,01 m im Spaltungsansatz lassen bei Verdünnung bis zum zehnfachen Volumen der entnommenen Titrationsprobe mit Alkohol noch sichere Titrationsergebnisse erwarten. Die Zusammensetzung der Spaltungsansätze kann in bezug auf Volumenanteile an Substratlösung, Pufferlösung und Enzympräparation und hinsichtlich der Substrat-, Puffer- und Enzymkonzentration bei Anwendung von Makro- und Mikroverfahren gleich sein. Die den Spaltungsansätzen zu entnehmenden Titrationsproben zur Feststellung des Nullwertes und der Zunahme werden beim Makroverfahren zweckmäßigerweise 1,0 oder 2,0 ml, beim Mikroverfahren 0,1 oder 0,2 ml betragen. In jeder Hinsicht sparsamer im Verbrauch von häufig kostbaren Peptidsubstraten, von Enzymen und Alkohol ist bei gleicher Leistungsfähigkeit die Mikromethode.

Reagentien:

1. Absoluter Alkohol (kann mit Petroläther vergällt sein).
2. Thymolphthalein: für Makromethode 0,5 %ig in 95 %igem Äthanol; für Mikromethode 0,1 %ig in 95 %igem Äthanol (Phenolphthalein entsprechend).
3. Standardalkali: für Makromethode 0,1 oder 0,05 n KOH in 90 %igem reinem Äthanol; für Mikromethode 0,01 n KOH in 90 %igem Äthanol (KOH in 5 % des Lösungsvolumens H_2O lösen, mit 95 %igem Äthanol zur Marke auffüllen).

(Titer sinkt in den ersten Tagen nach Herstellung der Lösungen etwas ab, bleibt aber dann bei zweckentsprechender Aufbewahrung in Vorratsflasche mit dicht auf-

[1] DUNN, M. S., and A. LOSHAKOFF: J. biol. Ch. **113**, 359 (1936).
[2] BORSOOK, H., and J. W. DUBNOFF: J. biol. Ch. **131**, 163 (1939).
[3] WEIL, L.: Biochem. J. **30**, 5 (1936).
[4] WILLSTÄTTER, R., u. E. WALDSCHMIDT-LEITZ: B. **54**, 2988 (1921).
[5] GRASSMANN, W., u. W. HEYDE: H. **183**, 32 (1929).

gesetzter Bürette und CO_2-Schutzverschluß (Natronkalkrohr) länger konstant; trotzdem ist häufige Titerfeststellung zu empfehlen. Für die Mikromethodik ist die Verwendung einer Mikrobürette mit 0,01 ml-Graduierung bei 5,0 ml Gesamtvolumen mit dickwandig-capillarem, spitz abgeschliffenem Auslaufhahn zu empfehlen.)

Ausführung:

Die dem Spaltungsansatz entnommene Titrationsprobe wird in ein Erlenmeyer-Kölbchen überführt, beim Makroverfahren mit 0,5 ml 0,5 %iger, beim Mikroverfahren mit 2 Tropfen 0,1 %iger Thymolphthaleinlösung versetzt und mit der alkoholischen KOH bis zur ersten auftretenden Blaufärbung titriert, darauf wird das neunfache Volumen der ursprünglich eingesetzten Titrationsprobe an absolutem Alkohol zugegeben und die Titration fortgeführt mit alkoholischer KOH bis zur wieder auftretenden Blaufärbung, entsprechend der Intensität einer 0,0025 m $CuCl_2$-Lösung in überschüssigem NH_3. Feststellung des Gesamtverbrauches an alkoholischer KOH.

Auf gute Tageslichtbeleuchtung des Titrierplatzes ist zu achten (eventuell 200kerzige Tageslichtlampe).

Berechnung der prozentualen Spaltung aus den verbrauchten KOH-Mengen. Analog dem Beispiel der Formoltitration (S. 16).

Über Anwendung von Titrationsverfahren in alkoholischer Lösung im Bereich der enzymatischen Histochemie vgl. dieses Handb., Bd. II, S. 398.

Acidimetrische Titration in acetonhaltiger Lösung nach LINDERSTRØM-LANG[1, 2].

Zur acidimetrischen Bestimmung von Exopeptidaseaktivitäten stehen das Makroverfahren von LINDERSTRØM-LANG[1] und die Mikromodifikation von LINDERSTRØM-LANG und HOLTER[2] zur Verfügung. Letztere ist eingehend in ihrer Anwendung für Peptidasebestimmungen in diesem Handb., Bd. II, S. 395ff. beschrieben, weshalb an dieser Stelle nur kurz das Prinzip der Methode und ein übliches Routineverfahren erörtert seien.

Dadurch, daß 90 % des Titrationsvolumens auf das der Titrationsprobe in entsprechender Menge zugesetzte Aceton entfallen, wird eine so starke Zurückdrängung der Ionisation der Aminosäuren und Peptide erreicht, daß sie mit HCl gegen Naphthylrot (Benzol-azo-α-naphthylamin, rot [3,7—5] gelb) als Indicator titrierbar sind. Während der Inkubation aufgesprengte Peptidbindungen werden gegenüber einem Nullwert des Spaltungsansatzes einen Mehrverbrauch an Säure, also einen Zuwachs ergeben, der der Zahl der hydrolysierten Peptidbindungen direkt proportional ist. Von Vorteil ist, daß ein CO_2-Fehler, der sich bei alkalimetrischer Titration gegen Phenolphthalein oder Thymolphthalein leicht einschleichen kann, hier entfällt. Auch die für Exopeptidasebestimmungen üblichen Puffersubstanzen bewirken keine Störung der Titration. Dagegen besitzen Milchsäure, Brenztraubensäure, Citronensäure, Acetessigsäure nachteiligen Einfluß. Zur Vermeidung des Ausfallens von Peptiden oder Spaltprodukten (Aminosäuren oder Peptid) im hochprozentigen Aceton ist es zweckmäßig, die Titration zuerst ohne Zugabe von Aceton mit HCl bis zum Umschlag des Indicators durchzuführen, dann die entsprechende, zum Erreichen einer 90 %igen Konzentration erforderliche Menge an Aceton zuzugeben und den zurückgeschlagenen Indicator von neuem bis zum Umschlag mit HCl zu titrieren. Der Gesamtverbrauch an HCl wird festgestellt. Der Zuwachs bei einer Spaltung ergibt sich wie üblich durch Abzug des Säureverbrauches des Nullwertes vom Säureverbrauch des Spaltungswertes zur Zeit t.

Reagentien:

1. Aceton, rein.
2. Naphthylrot, 0,1 %ig in Alkohol oder Aceton.
3. Standardsäure: 0,05 n oder 0,01 n HCl in 90 %igem Alkohol.

---

[1] LINDERSTRØM-LANG, K.: H. **173**, 32 (1928).
[2] LINDERSTRØM-LANG, K., u. H. HOLTER: H. **201**, 9 (1931).

Ausführung:

Die Titrationsprobe aus dem Spaltungsansatz, z.B. 0,5 ml, wird in einem Erlenmeyer-Kölbchen mit 3 Tropfen Indicatorlösung versetzt und mit 0,05—0,01 n HCl bis zur deutlichen Rotfärbung titriert, darauf erfolgt Zugabe von Aceton (zehnfaches Volumen der eingesetzten Titrationsprobe, im gewählten Beispiel also 5 ml Aceton) und Titration der wieder in gelb umgeschlagenen Lösung mit 0,01 n HCl bis zur Rotfärbung. Feststellung des Gesamtverbrauches an 0,05 bzw. 0,01 n HCl.

Berechnung der prozentualen Spaltung aus den verbrauchten HCl-Mengen. Analog dem Beispiel S. 16.

Eine weitere Mikromodifikation unter Zuhilfenahme photometrischer Endpunktbestimmung der Titration ist von ZAMECNIK u. Mitarb.[1] beschrieben worden.

Titrimetrische Bestimmung der Esteraseaktivität von Exopeptidasen.

Wenn Exopeptidasen eine Esterasewirkung besitzen, wie z.B. die Carboxypeptidase, kann diese Wirkung ebenfalls mit den vorangehend beschriebenen Verfahren erfaßt werden. Darüber hinaus besteht weiterhin die Möglichkeit der kontinuierlichen Titration des ganzen Spaltungsansatzes durch Verwendung der elektrometrischen Titration. In diesem Fall wird mit Hilfe eines empfindlichen p_H-Meßgerätes im gesamten gepufferten Spaltungsansatz (Substrat + Puffer + Enzym) z.B. 5 oder 10 ml festgestellt, welche Mengen an 0,01 oder 0,02 n NaOH erforderlich sind, um während einer bestimmten Inkubationszeit den p_H-Ausgangswert vom Beginn der Inkubation aufrechtzuerhalten. (Einzelheiten vgl. im Abschnitt über Esterasebestimmungen; ferner[2, 3].)

Jodometrische Titration der Cu-Komplexe der Spaltprodukte (Aminosäuren und Peptide).

Die Methode, die zur Erfassung von Amino-N in Aminosäuren und Peptiden erstmalig von KOBER und SUGIURA[4] angegeben ist und später in ihrer Anwendung zur Verfolgung enzymatisch-proteolytischer Spaltungen mehrere Modifikationen erfahren hat[5, 6], wird heute zumeist nach den Angaben von POPE und STEVENS[7] durchgeführt (vgl. dieses Handb. Bd. III/2, S. 1713, 1852; Bd. V, S. 49). Sie beruht auf der Eigenschaft der Aminosäuren und Peptide, Cu^{++} komplex zu binden, allerdings nicht in konstanten Verhältnissen, und auf der Möglichkeit, dieses Cu^{++} jodometrisch exakt zu bestimmen.

Für Exopeptidasebestimmungen ist das Verfahren, das zur Verfolgung von Proteinhydrolysen gute Dienste zu leisten vermag, jedoch nur mit Einschränkung und Vorsicht anzuwenden und in manchen Fällen überhaupt nicht anwendbar, z.B. für Dipeptidasebestimmungen. Denn von einem eingesetzten Dipeptidmolekül wird 1 M Cu, von den bei der Hydrolyse entstehenden 2 Aminosäuren werden je 0,5 M Cu gebunden, also würden ohne und mit Spaltung des Peptids immer die gleichen Cu-Mengen bestimmt. Neben der bei Aminosäure und Peptid verschiedenen Cu-Bindungsfähigkeit kommen als weitere Nachteile hinzu: schwer lösliche Cu-Komplexe mancher Aminosäuren (Leucin, Phenylalanin, Asparaginsäure, Methionin, Tryptophan, Cystin), in biologischem Material (Homogenate, Extrakte) häufig vorhandene Stoffe, die die Titration infolge eigener guter Komplexbildung mit Cu sehr stören (Zucker, Citronensäure, Glycerin usw.). UTKIN[5] bezeichnet die Methode zur Bestimmung der enzymatischen Spaltung niederer Peptide als unbrauchbar. Auf detaillierte Angaben zur Methodik wird hier unter Hinweis auf die angeführten Originalarbeiten und die anderen Stellen dieses Handbuches verzichtet.

[1] ZAMECNIK, P. C., G. I. LAVIN and M. BERGMANN: J. biol. Ch. **158**, 537 (1945).
[2] DAVIS, N. C., and E. L. SMITH: Meth. biochem. Analysis **2**, 216ff. (1955).
[3] RONA, P., u. R. AMMON: Bamann-Myrbäck Bd. II, S. 1556.
[4] KOBER, P. A., and K. SUGIURA: J. biol. Ch. **13**, 1 (1912/13).
[5] UTKIN, L.: B. Z. **267**, 69 (1933).
[6] HAARMANN, W.: B. Z. **296**, 121 (1938).
[7] POPE, C. G., and M. F. STEVENS: Biochem. J. **33**, 1070 (1939).

Titrimetrische Ammoniakbestimmung nach dem Conway-Verfahren.

Bei Verwendung von Aminosäure- oder Peptidamiden als Substraten für Exopeptidasen steht als einfachstes, sehr genaues ($\pm 0{,}3\,\%$) und zweckmäßiges Verfahren zur Bestimmung des abgespaltenen NH_3 die von CONWAY und O'MALLEY[1] beschriebene Diffusionsmethode zur Verfügung. Sie besitzt durch ihren geringen Aufwand an Gerät und Arbeitszeit gerade für Serien- und Routinebestimmungen von Exopeptidasen Vorzüge gegenüber dem NH_3-Destillations- und colorimetrischen Neßlerisationsverfahren. Angaben über die Diffusionskammer, die Reagentien und die Ausführung s. dieses Handb., Bd. III/1, S. 17. Eine Anwendung der Methodik auf Exopeptidasebestimmung gaben SCHWERT u. Mitarb.[2]. Das im Spaltungsansatz durch enzymatische Amidhydrolyse freigesetzte NH_4^+ wird in der Diffusionskammer durch Alkali (gesättigte K_2CO_3-Lösung) als NH_3 ausgetrieben und von in der gleichen Kammer vorhandener Borsäure (H_3BO_3) absorbiert. In dieser kann es gegen einen geeigneten Indicator (z.B. Tashiro: p_H 5,6 grün, p_H 5,2—5,3 weinrot) mit 0,01 n HCl von grüner auf rote Farbe titriert werden.

Über die Verwendung einer kleinen, zweigekammerten, in der Längsachse rotierenden Flasche als Diffusionskammer bei der NH_3-Bestimmung vgl.[3].

Bei diesem Verfahren wird dann allerdings NH_3 colorimetrisch mit Phenol, Hypochlorit und Nitroprussidnatrium (Dinatriumpentacyanonitrosylferrat) bestimmt.

Reagentien:

Siehe dieses Handb., Bd. III/1, S. 17.

Mit Vorteil wird auch eine 2%ige Borsäurelösung und getrennt davon die Indicatorlösung benutzt. In diesem Fall wird die Indicatorlösung wie folgt hergestellt: 0,16%ige Methylrotlösung in 95%igem Alkohol und 0,04%ige Methylenblaulösung in 95%igem Alkohol je 1 Vol., dazu 1 Vol. 95%igen Alkohol + 2 Vol. H_2O und etwas 0,1 n NaOH bis zum Verschwinden der roten Farbe.

Ausführung:

Aus dem Spaltungsansatz wird zunächst zur Nullwertbestimmung ein aliquoter Teil, z.B. 0,2 ml, in die Conway-Zelle überführt, nachdem in den inneren Gefäßeinsatz 0,75 bis 1,0 ml 2%ige Borsäurelösung, mit 1 Tropfen Indicatorlösung versetzt, eingebracht sind. Nach Aufsetzen des Deckels wird vor vollständig dichtem Verschließen 1 ml gesättigte K_2CO_3-Lösung in den äußeren Ring gebracht, das Gefäß dicht verschlossen und K_2CO_3-Lösung mit der Probe des Spaltungsansatzes vermischt. Nach einstündigem Stehen bei Zimmertemperatur wird die Borsäure im Inneneinsatz mit 0,01 n HCl auf Rotfärbung bei etwa gleichgroßem Titrationsvolumen von Kontrollversuch und Hauptversuch (andernfalls mit H_2O verdünnen) titriert. Ein Kontrollversuch ohne Enzym mit Amidsubstrat bei gleichen Inkubations- und vor allem Diffusionszeiten wie der Hauptversuch ist besonders wichtig, um gegebenenfalls die NH_3-Menge, die aus dem Amid durch die gesättigte K_2CO_3-Lösung frei wird, beim Hauptversuch in Abzug bringen zu können. Entsprechend ist mit einem Kontrollversuch mit Enzym ohne Substrat zu verfahren. Aus dem Spaltungsansatz werden nach entsprechenden Inkubationszeiten weitere Proben entnommen und in der gleichen Weise behandelt.

Bei eigenen Exopeptidasebestimmungen mit Amiden als Substrat und NH_3-Bestimmungen erwies es sich vorteilhaft, die zur NH_3-Absorption eingebrachte Borsäure in kleine, auf angeschmolzenen Glasklötzchen ruhende, herausnehmbare Glasschälchen (s. Abb. 1) zu geben, die am Ende der Diffusionszeit herausgenommen und titriert werden. Ferner bewährte es sich, bei Exopeptidasebestimmungen mit Amiden bei alkalischen p_H-Werten zur Vermeidung jeden NH_3-Verlustes aus dem Spaltungsansatz, speziell bei Überführung einer Probe aus diesem in die Diffusionszelle, die Nullwert- und die nach bestimmten Inkubationszeiten zu verarbeitenden Proben (0,2 ml) sofort nach Fertig-

---

[1] CONWAY, E. J., and E. O'MALLEY: Biochem. J. **36**, 655 (1942).
[2] SCHWERT, G. W., H. NEURATH, S. KAUFMAN and J. E. SNOKE: J. biol. Ch. **172**, 221 (1948).
[3] BROWN, R. H., G. D. DUDA, S. KORKES and P. HANDLER: Arch. Biochem. **66**, 301 (1957).

stellung des Spaltungsansatzes zu entnehmen, in kleine Zylindergefäße von 0,9 cm im Durchmesser und 2,5 cm Höhe zu geben und diese dann einzeln in je eine mit K_2CO_3 und Borsäurelösung beschickte Diffusionskammer einzustellen und das Zylindergefäß (für den Nullwert) sofort, und die anderen für die übrigen Meßwerte nach den entsprechenden Bebrütungszeiten in der dicht verschlossenen Diffusionskammer durch leichtes Anstoßen zum Umkippen und dadurch seinen Inhalt zur Vermischung mit der ebenfalls vorher eingebrachten K_2CO_3-Lösung zu bringen. NH_3-Verluste sind auf diese Weise vermeidbar. Zur Ausschaltung des Transportes der beschickten Diffusionskammern, der den Versuch durch vorzeitiges Umkippen der Zylindergläschen gefährden kann, ist die Ausführung der Beschickung der Diffusionskammer im Brutraum, in dem die weitere Inkubation stattfindet, zweckmäßig.

Berechnung der prozentualen Spaltung. Werden in die Diffusionszellen je 0,2 ml des Spaltungsansatzes, der in bezug auf das Amidsubstrat 0,05 m ist, eingebracht, so können bei 100%iger Spaltung des Substrates 10 μM NH_3 freigesetzt werden, das entspricht einem Verbrauch von 1,0 ml 0,01 n HCl. Ein Zuwachs von 1,0 ml 0,01 n HCl zwischen der Borsäurelösung der Nullwertstitration und derjenigen einer Spaltungstitration würden somit einer 100%igen Hydrolyse der R · CO · NH_2-Bindung entsprechen, sofern auch die gegebenenfalls aus dem Amid nichtenzymatisch durch Alkalisierung mit K_2CO_3 gebildeten oder aus der Enzympräparation freigesetzten NH_3-Mengen berücksichtigt werden.

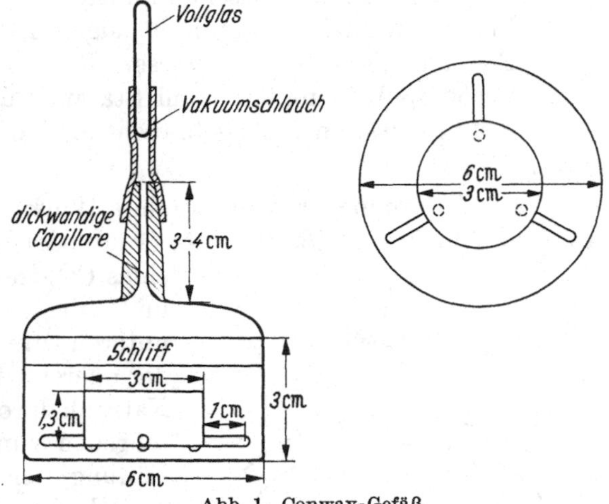

Abb. 1. Conway-Gefäß.

Titrimetrisches Ninhydrinverfahren zur Bestimmung des Carboxyl-C aus freigesetzten α-Aminosäuren.

Dem Verfahren liegt die Freisetzung von 1 M CO_2 aus 1 M α-Aminosäure (einschließlich Prolin und Hydroxyprolin sowie Sarkosin) bei Einwirkung von Ninhydrin zugrunde (zum Reaktionsablauf s. dieses Handb., Bd. III/1, S. 323 und Bd. III/2, S. 1715). Für Exopeptidasebestimmungen ist es somit nur anwendbar, wenn auf Grund des eingesetzten Substrates feststeht, daß bei seiner Spaltung α-Aminosäuren, Prolin, Hydroxyprolin oder Sarkosin frei werden. Wird z.B. Glycylphenylalaninamid lediglich unter Bildung von Glycylphenylalanin und NH_3 aufgesprengt, so ist diese Hydrolyse mit dem Verfahren nicht zu bestimmen, weil das resultierende Dipeptid mit Ninhydrin nicht unter CO_2-Freisetzung reagiert. Andererseits ist bei enzymatischer Spaltung eines aus 2 α-Aminosäuren zusammengesetzten Dipeptids zu beachten, daß bei Reaktion mit Ninhydrin aus den beiden freigesetzten α-Aminosäuren pro hydrolysiertem Dipeptidmolekül 2 Mol CO_2 freigesetzt werden und nicht 1 CO_2, wie es der Fall wäre z.B. bei Spaltung eines Tripeptids in Dipeptid und α-Aminosäure. Besondere Beachtung verdienen auch die Hydrolysen von Asparaginsäurepeptiden, da freie Asparaginsäure bei Reaktion mit Ninhydrin 2 CO_2 bildet. Über die Freisetzung von CO_2 aus α-Aminosäuren und einigen Peptiden vgl. dieses Handb., Bd. V, S. 56, Tabelle 17.

Das Verfahren, das für Exopeptidasebestimmungen zweckmäßigerweise in der Mikromodifikation von VAN SLYKE u. Mitarb.[1] zur Anwendung kommt, erfordert mehr Aufwand an Arbeitszeit und Reagentien, besonders an dem relativ teuren Ninhydrin, als die klassischen titrimetrischen Verfahren, wird jedoch durch Eigenfarbe und Trübung der Spaltungsansätze nicht gestört, ist aber naturgemäß hochempfindlich gegen Fremd-CO_2.

[1] SLYKE, D. D. VAN, D. A. MACFADYEN and P. HAMILTON: J. biol. Ch. **141**, 671 (1941).

Deshalb sind stets einwandfreie Leer- und Kontrollbestimmungen mit Reagentien und Substraten unter Ausschluß enzymatischer Spaltung zur Erfassung und Berücksichtigung des nicht aus α-Aminosäuren stammenden CO_2 mitzuführen. Das titrimetrische Verfahren ist wesentlich einfacher, dafür weniger genau ($\pm 1\%$) als das gasometrisch-manometrische Ninhydrin-CO_2-Verfahren (vgl. später).

Reagentien:

1. Handelsübliches Ninhydrin.
2. Citratpuffer, p_H 2,5: 20,6 g Trinatriumcitrat ($Na_3C_6H_5O_7 \cdot 2\,H_2O$) + 191,5 g Citronensäure ($C_6H_8O_7 \cdot H_2O$) mit H_2O ad 1000 ml.
3. 0,0155 n $Ba(OH)_2$ mit 10% $BaCl_2$: hergestellt durch Verdünnen von 1 Vol. 0,125 n $Ba(OH)_2$ mit 7 Vol. 12%iger $BaCl_2$-Lösung.
4. 0,02855 n HCl (1 ml entsprechen 0,1715 mg Carboxyl-C oder 0,2 mg Carboxyl-N, da auf 1 Mol frei gewordenes CO_2 1 NH_2-Gruppe entfällt).
5. NaOH, 10%ig (verwendet zur CO_2-Freiwaschung eines erforderlichen Luftstromes).
6. Octylalkohol als Antischaummittel.
7. Phenolphthalein, 1%ig, in 95%igem Alkohol.
8. Phenolrot, 0,04%ig, in Wasser.
9. Veronalpuffer, p_H 8,0: 7 ml Stammlösung (10,3 g Veronal-Na ad 500,0 mit H_2O) + 4 ml 0,0714 n HCl: gebraucht als Farbstandard für den Endpunkt der Titration.

Geräte:

2 25 ml-Erlenmeyer-Kolben (ohne Wulstrand), 1 U-Rohr mit Ansatzstück im Mittelteil (vgl. Abb. 2); 1 Mikrobürette (1 ml) oder Rehberg-Bürette; 2 Flaschen zur Erzeugung eines CO_2-freien Luftstromes, beide je etwa 2 l fassend und mit je 1 oberen und unteren Öffnung, über die unteren Öffnungen mit Gummischlauch verbunden. In der oberen Öffnung der einen Flasche befindet sich ein Natronkalkrohrverschluß, in der der anderen ein Glasröhrchen zum Abnehmen des CO_2-freien Luftstromes. Füllung der Flaschen mit zusammen 2,5 l 10%iger NaOH. Wechselseitiges Heben und Senken einer Flasche und Austausch der oberen Stopfen führt zur Aspiration bzw. Ausdrücken CO_2-frei gemachter Luft.

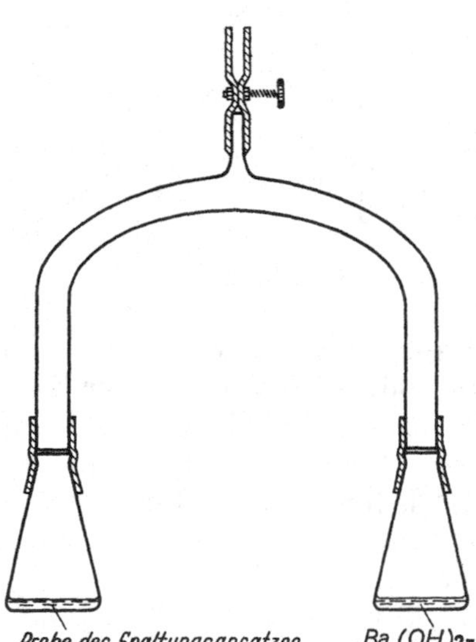

Abb. 2. Gerät zur CO_2-Bestimmung.

Gestielte Glasschälchen (Löffelchen) zum Abmessen von 50 und 100 mg-Mengen Ninhydrin; siedendes Wasserbad.

Ausführung:

0,2 ml-Proben des Spaltungsansatzes werden vor der Bebrütung (Nullwert) und nach den jeweiligen Inkubationszeiten entnommen und in ein 25 ml-Erlenmeyer-Kölbchen, das bereits 2 ml Citratpuffer, ein Siedesteinchen und 1 Tropfen Octylalkohol enthält, überführt. Durch 2 min Erhitzen im siedenden Wasserbad wird das präformierte CO_2 ausgetrieben. Danach das Kölbchen verschließen und in Eiswasser abkühlen lassen. Das zweite Kölbchen wird durch Hindurchleiten von CO_2-freier Luft CO_2-frei gemacht; nach den ersten 100 ml CO_2-freiem Luftstrom wird unter Fortsetzung der CO_2-freien Luftströmung 1 ml der Barytlösung einpipettiert. Das Kölbchen mit der Probe des Spaltungsansatzes wird nun mit 50 mg Ninhydrin versetzt, über das U-Rohr mit dem Erlenmeyer-Kolben mit Barytlösung verbunden und am Ansatz des U-Rohres mit einer Wasserstrahlpumpe (eventuell Ölpumpe) rasch evakuiert. Das Probekölbchen wird dann einschließlich U-Rohr bis zum Ansatzstück 10 min im siedenden Wasserbad erhitzt, während das Barytkölbchen in kaltem Wasser gekühlt und während der Destillation vorsichtig geschüttelt wird. Danach wird abgekühlt und das Vakuum durch Einleiten CO_2-freier

Luft beseitigt. Die Titration schließt sich an, indem unter Einleiten CO_2-freier Luft in die Barytlösung diese nach Zugabe von 1 Tropfen Phenolrot mit 0,02855 n HCl unter Eintauchenlassen der Bürettenspitze auf Farbgleichheit mit einem gleichen Volumen Veronalpuffer, ebenfalls mit 1 Tropfen Indicatorlösung versetzt, titriert wird. Leerbestimmungen, in der gleichen Weise, jedoch ohne Ninhydrinzusatz durchgeführt, müssen parallel laufen.

Berechnung der prozentualen Spaltung. Aus einer 0,2 ml-Probe des Ansatzes, der in bezug auf ein Tripeptidsubstrat 0,05 m ist, werden, da in den 0,2 ml 10 μM Tripeptid enthalten sind, bei 100%iger Abspaltung einer α-Aminosäure bei Reaktion mit Ninhydrin 10 μM CO_2 = 120 μg C gebildet.

Beispiel:

Nullwert (T_0); Leerbestimmung:

Nullwertprobe ohne Ninhydrin 0,320 ml 0,02855 n HCl
Nullwertprobe mit Ninhydrin 0,317 ml 0,02855 n HCl
T_0 0,003 ml 0,02855 n HCl

Probe nach Spaltungszeit t_1 (Spaltungswert T_1):

Spaltungsprobe ohne Ninhydrin 0,305 ml 0,02855 n HCl
Spaltungsprobe mit Ninhydrin 0,175 ml 0,02855 n HCl
T_1 0,130 ml 0,02855 n HCl

mithin Zuwachs (T_1—T_0): 0,127 ml 0,02855 n HCl.

Ein Zuwachs von 1 ml 0,02855 n HCl entspricht 171,5 μg C. Im gewählten Beispiel ergibt sich somit ein Zuwachsbetrag von $0{,}127 \times 171{,}5 = 21{,}6$ μg C.

$$x = \frac{(T_1 - T_0)\,\text{ml} \times 171{,}5 \times 100}{120} = 18\,\% \quad (\%\ \text{Spaltung}).$$

Gasometrische Verfahren.

Bestimmung des Aminostickstoffes nach van Slyke.

Die bei Einwirkung von Peptidasen auf Peptidbindungen freiwerdenden Aminogruppen werden durch Reaktion mit HNO_2 in elementaren N_2 überführt, der als solcher volumetrisch oder manometrisch bestimmt wird. Dabei ist zu beachten, daß nach

$$R{-}NH_2 + HNO_2 \rightarrow R{-}OH + N_2\uparrow + H_2O$$

nur der Amino-N aliphatischer Amine reagiert, die Methode also zur Erfassung der Spaltung z. B. von Glycylanilid nicht anwendbar ist, daß auch der N in Prolin und Hydroxyprolin damit nicht bestimmbar ist (die Hydrolyse von z. B. Glycylprolin ist also nicht festzustellen), und daß vom gemessenen N_2 nur die Hälfte aus der eingesetzten Aminogruppe stammt. Über weitere Einzelheiten der Reaktionsweise von Aminosäuren, Amiden, Peptiden usw. mit HNO_2 vgl. dieses Handb., Bd. III/1, S. 312ff. und Bd. III/2, S. 1712. Da NH_3 während der für die Bestimmungen üblichen Reaktionszeiten zwischen HNO_2 und α-NH_2-Gruppen von 3—5 min zu einem gewissen Prozentsatz ebenfalls unter N_2-Freisetzung reagiert, ist es notwendig, Zugabe von Ammoniumsalzen zu den Spaltungsansätzen, etwa als Puffer, zu vermeiden und von der Anwendung von Aminosäure- und Peptidamiden als Substrate abzusehen.

Für Exopeptidasebestimmungen wird man sich mit Vorteil der volumetrischen und manometrischen Mikromethoden bedienen, deren Genauigkeit und Spezifität in Hinsicht auf Erfassung frei gewordenen Amino-N besser sind als bei den eingangs beschriebenen klassischen titrimetrischen Verfahren, allerdings muß ein deutlich größerer Aufwand an Gerät und Arbeitszeit sowohl für die Einarbeitung in die sichere Beherrschung der Methode als auch für die Einzelbestimmung in Kauf genommen werden. Bei allen zu einer Serie gehörigen Leerwert-, Kontroll- und Hauptversuchsbestimmungen muß auf Einhaltung möglichst gleicher Reaktionsbedingungen geachtet werden (Reaktionsvolumina, Reaktionszeit der Proben mit HNO_2, Schüttelgeschwindigkeit, Temperatur, Zugabe weiterer Substanzen, z.B. Antischaummittel usw.).

α) *Volumetrische Mikrobestimmung des Amino-N.*

Einzelheiten des Gerätes, seiner Handhabung sowie der notwendigen Reagentien für die Mikromethode nach VAN SLYKE, vgl. dieses Handb., Bd. III/1, S. 312ff. und Bd. III/2, S. 1712. Es ist ratsam, zur Überprüfung der Reagentien und der Dichtigkeit des Gerätes vor und nach den eigentlichen Bestimmungen die Leerwerte der benutzten Reagentien im Gerät in der gleichen Weise wie mit den Proben des Spaltungsansatzes zu ermitteln. Bei einwandfreiem Gerät und Reagentien dürfen diese Leerwerte 0,01—0,02 ml N_2 nicht überschreiten.

Zur *Durchführung der Aktivitätsmessung* einer Exopeptidase wird ein aliquoter Teil, z.B. 0,5 ml des Spaltungsansatzes, zur Zeit t_0 (Nullwert) und nach den entsprechenden Inkubationszeiten in die Einfüllbürette des Gerätes überführt, deren unteres, trichterförmig zulaufendes Ende wie auch die Hahndurchbohrung zum Reaktionsgefäß zweckmäßigerweise gasfrei mit H_2O gefüllt sind (1—2 Tropfen H_2O im unteren Bürettenlumen stehend). Die Probe wird nahezu vollständig in das Reaktionsgefäß eingelassen, die Einfüllbürette wird zur quantitativen Überführung der Probe 2—3 mal mit je etwa 0,1—0,2 ml H_2O nachgespült.

Eine Bestimmung erfordert von Beginn des Einfüllens der Reagentien bis zur Wiederherrichtung des Gerätes (Entleeren, Durchspülen usw.) etwa 15—20 min. Zweckmäßigerweise wird man also als minimale Inkubationszeit des Spaltungsansatzes diese Zeitdauer wählen.

Berechnung der prozentualen Spaltung. Das ermittelte und um den Leerwertsbetrag verminderte Stickstoffvolumen, das möglichst im Bereich zwischen 0,3 und 2,0 ml liegen soll, wird unter Berücksichtigung von Temperatur und Luftdruck in mg bzw. μMol umgerechnet und zur Ermittlung des Amino-N durch 2 dividiert [vgl. Tabelle 4 (entnommen[1]), die bereits die Milligramm Amino-N bei dem jeweiligen Luftdruck und der jeweiligen Temperatur angibt, die auf 1 ml gemessenes Stickstoffvolumen entfallen; eine Halbierung der N-Werte erübrigt sich also].

Bei Anwendung von 0,5 ml-Proben eines Spaltungsansatzes, der in bezug auf ein Peptidsubstrat mit reaktionsfähiger α-Aminogruppe 0,05 m ist, und in dem bei Exopeptidaseeinwirkung pro gespaltenes Substratmolekül eine Aminogruppe frei wird, ergibt sich folgende Berechnung für die prozentuale Spaltung:

Beispiel:

	0-Wert in mg NH_2—N (T_0)	60′ Inkubation in mg NH_2—N (T_1)
Substratkontrolle (ohne Enzym)	0,35	0,35
Enzymkontrolle (ohne Substrat)	0,03	0,05
Hauptansatz	0,39	0,62

mithin Zuwachs $T_x = T_1 - T_0 = 0{,}62 - (0{,}39 + 0{,}02\,{*}) = 0{,}21$.

$$x = \frac{(T_1 - T_0) \times 100}{T_{100\,\%}}$$

$$\text{prozentuale Spaltung} = \frac{0{,}21 \times 100}{0{,}35} = 60\,\%$$

$T_{100\,\%}$: Zuwachs an Amino-N in mg bei 100%iger Spaltung einer Peptidbindung eines Substrates.

* Da im gewählten Beispiel die Enzymkontrolle einen geringen Zuwachs zeigt, der im Zuwachs des Hauptansatzes mit enthalten ist, aber nicht auf Substratspaltung zurückzuführen ist, muß auch dieser Zuwachs vom T_1-Wert mit abgezogen werden.

[1] GRASSMANN, W., u. P. STADLER in Bamann-Myrbäck, Bd. II, S. 1113.

Tabelle 4. *Berechnung der Aminostickstoffbestimmungen.*

1 ml in der VAN SLYKE-Analyse gemessener N_2 entsprechen bei der jeweiligen Temperatur und dem jeweiligen Luftdruck der angegebenen Menge Amino-N in mg.

Temperatur °C	728	730	732	734	736	738	740	742	744	746	748	750
	mm											
11	0,5680	0,5695	0,5710	0,5725	0,5745	0,5760	0,5775	0,5790	0,5805	0,5820	0,5840	0,5855
12	0,5655	0,5670	0,5685	0,5700	0,5720	0,5735	0,5750	0,5765	0,5780	0,5795	0,5815	0,5830
13	0,5630	0,5645	0,5660	0,5675	0,5695	0,5710	0,5725	0,5740	0,5755	0,5770	0,5785	0,5805
14	0,5605	0,5620	0,5635	0,5650	0,5665	0,5680	0,5700	0,5715	0,5730	0,5745	0,5760	0,5775
15	0,5580	0,5595	0,5610	0,5625	0,5640	0,5655	0,5670	0,5685	0,5705	0,5720	0,5735	0,5750
16	0,5555	0,5570	0,5585	0,5600	0,5615	0,5630	0,5645	0,5660	0,5675	0,5690	0,5710	0,5725
17	0,5525	0,5540	0,5555	0,5575	0,5590	0,5605	0,5620	0,5635	0,5650	0,5665	0,5680	0,5695
18	0,5500	0,5515	0,5530	0,5545	0,5560	0,5580	0,5595	0,5610	0,5625	0,5640	0,5655	0,5670
19	0,5475	0,5490	0,5505	0,5520	0,5535	0,5550	0,5565	0,5580	0,5595	0,5610	0,5630	0,5645
20	0,5445	0,5460	0,5475	0,5495	0,5510	0,5525	0,5540	0,5555	0,5570	0,5585	0,5600	0,5615
21	0,5420	0,5435	0,5450	0,5465	0,5480	0,5495	0,5510	0,5525	0,5540	0,5555	0,5575	0,5590
22	0,5395	0,5410	0,5425	0,5440	0,5455	0,5470	0,5485	0,5500	0,5515	0,5530	0,5545	0,5560
23	0,5365	0,5380	0,5395	0,5410	0,5425	0,5440	0,5455	0,5470	0,5485	0,5500	0,5515	0,5530
24	0,5335	0,5350	0,5365	0,5380	0,5400	0,5400	0,5415	0,5430	0,5445	0,5460	0,5475	0,5505
25	0,5310	0,5325	0,5340	0,5355	0,5370	0,5385	0,5400	0,5415	0,5430	0,5445	0,5460	0,5475
26	0,5280	0,5295	0,5310	0,5325	0,5340	0,5355	0,5370	0,5385	0,5400	0,5415	0,5430	0,5445
27	0,5250	0,5255	0,5280	0,5295	0,5310	0,5325	0,5340	0,5355	0,5370	0,5385	0,5400	0,5415
28	0,5220	0,5235	0,5250	0,5265	0,5280	0,5295	0,5310	0,5325	0,5340	0,5355	0,5370	0,5385
29	0,5195	0,5210	0,5220	0,5235	0,5250	0,5265	0,5280	0,5295	0,5310	0,5325	0,5340	0,5355
30	0,5160	0,5175	0,5190	0,5205	0,5220	0,5235	0,5250	0,5265	0,5280	0,5295	0,5310	0,5325

Temperatur °C	752	754	756	758	760	762	764	766	768	770	772
	mm										
11	0,5870	0,5885	0,5900	0,5915	0,5935	0,5950	0,5965	0,5980	0,5995	0,6010	0,6030
12	0,5845	0,5860	0,5875	0,5890	0,5905	0,5925	0,5940	0,5955	0,5970	0,5985	0,6000
13	0,5820	0,5835	0,5850	0,5865	0,5880	0,5895	0,5910	0,5930	0,5945	0,5960	0,5975
14	0,5790	0,5805	0,5825	0,5840	0,5855	0,5870	0,5885	0,5900	0,5915	0,5935	0,5950
15	0,5765	0,5780	0,5795	0,5810	0,5830	0,5845	0,5860	0,5875	0,5890	0,5905	0,5920
16	0,5740	0,5755	0,5770	0,5785	0,5800	0,5815	0,5830	0,5850	0,5865	0,5880	0,5895
17	0,5710	0,5730	0,5745	0,5760	0,5775	0,5790	0,5805	0,5820	0,5835	0,5850	0,5865
18	0,5685	0,5700	0,5715	0,5730	0,5745	0,5765	0,5780	0,5795	0,5810	0,5825	0,5840
19	0,5660	0,5675	0,5690	0,5705	0,5720	0,5735	0,5750	0,5765	0,5780	0,5795	0,5810
20	0,5630	0,5645	0,5660	0,5675	0,5690	0,5705	0,5725	0,5740	0,5755	0,5770	0,5785
21	0,5605	0,5620	0,5635	0,5650	0,5655	0,5680	0,5695	0,5710	0,5725	0,5740	0,5755
22	0,5575	0,5590	0,5605	0,5620	0,5635	0,5650	0,5665	0,5680	0,5695	0,5715	0,5730
23	0,5545	0,5560	0,5575	0,5595	0,5610	0,5625	0,5640	0,5655	0,5670	0,5685	0,5700
24	0,5520	0,5535	0,5570	0,5565	0,5580	0,5595	0,5610	0,5625	0,5640	0,5655	0,5670
25	0,5490	0,5505	0,5520	0,5535	0,5550	0,5565	0,5580	0,5595	0,5610	0,5625	0,5640
26	0,5460	0,5470	0,5490	0,5505	0,5520	0,5535	0,5550	0,5565	0,5580	0,5595	0,5610
27	0,5430	0,5445	0,5460	0,5475	0,5490	0,5505	0,5520	0,5535	0,5550	0,5565	0,5580
28	0,5400	0,5415	0,5430	0,5445	0,5460	0,5475	0,5490	0,5505	0,5520	0,5535	0,5550
29	0,5370	0,5385	0,5400	0,5415	0,5430	0,5445	0,5460	0,5475	0,5490	0,5505	0,5520
30	0,5340	0,5355	0,5370	0,5385	0,5400	0,5415	0,5430	0,5445	0,5460	0,5475	0,5490

β) Manometrische Mikrobestimmung des Amino-N.

Mikroverfahren nach VAN SLYKE in der Modifikation von KENDRICK und HANKE[1].

Die Anwendung dieses Verfahrens ist am zweckmäßigsten. Es liefert durch Abwandlung einiger Reagentien (statt Eisessig wird KJ-Eisessig und statt alkalischer Permanganatlösung eine Permanganat-Phosphat-Nitratlösung benutzt) sowie durch eine gewisse Vereinfachung der Arbeitstechnik und dadurch bewirkte Vermeidung von Fehlermöglichkeiten

[1] KENDRICK, A. B., and M. E. HANKE: J. biol. Ch. 117, 161 (1937).

(statt der VAN SLYKE-NEILL-Kammer Verwendung der HARRINGTON-VAN SLYKE-Kammer) genauere Resultate als die Originalvorschrift von VAN SLYKE. Über Einzelheiten des Gerätes, seine Handhabung und die erforderlichen Reagentien vgl. dieses Handb., Bd. II, S. 223ff.; Bd. III/2, S. 1712 und Bd. V, S. 50ff.

Bei der *Durchführung* von Exopeptidasebestimmungen ist es möglich, die Leerbestimmungen für Überprüfung der Reagentien und für Berücksichtigung des hydrostatischen Druckes mit der Nullwertbestimmung des Spaltungsansatzes zu kombinieren und zur Errechnung des durch enzymatische Aufspaltung entstandenen Zuwachses an Amino-N von dem ermittelten N_2-Druckwert der Probe zur Inkubationszeit t_1 den N_2-Druckwert der Null- + Leerwertbestimmung abzuziehen. Voraussetzung ist, daß Enzym- und Substratkontrollen im Verlauf der Inkubationszeit keinen Zuwachs an Amino-N zeigen, und daß sämtliche Bestimmungen unter identischen Bedingungen in bezug auf Reaktionszeit, Schütteldauer, Temperatur, Volumina ausgeführt werden. Die Durchführung einer Bestimmung erfordert etwa 15 min.

Vor Einbringen der Probe des Spaltungsansatzes (0,2 ml) in den Einfülltrichter wird zweckmäßigerweise in die Kammer 1 ml KJ-Eisessiglösung gegeben und der Einfülltrichter mit insgesamt 2 ml H_2O in kleinen Anteilen nachgewaschen, um Essigsäurereste, die bei Zugabe der Proben eiweißhaltiger Spaltungsansätze unerwünschte Fällungen hervorrufen können, aus dem Einfülltrichter zu beseitigen. Nun erfolgt Überführen der 0,2 ml-Proben in den Einfülltrichter und Einlaufenlassen in die Kammer, Nachwaschen des Einfülltrichters mit insgesamt 2 ml H_2O in kleinen Anteilen. Die eigentliche Bestimmung (Entgasung, Nitritzugabe, Messung des N_2-Druckwertes bei der 0,5- oder 2,0-ml-Marke) schließt sich an. Die abzulesenden Druckwerte können sich zwischen maximal 400 mm Hg bei 2 ml Gasvolumen (entsprechend 0,6 mg NH_2—N) und minimal 1 mm Hg bei 0,5 ml Gasvolumen (entsprechend 0,0004 mg Amino-N) bewegen.

Berechnung der prozentualen Spaltung. Geeignet sind z. B. 0,2 ml-Proben aus Spaltungsansätzen, die in bezug auf Substrat 0,05 m sind. Zur Bestimmung des Zuwachses an Amino-N wird der auf den Zuwachs entfallende N-Druckwert P_{N_2} durch Abziehen des N-Druckwertes (P_0) der Null-Leerbestimmung vom N-Druckwert (P_1) der Bestimmung der Probe nach der Inkubationszeit t_1 erhalten. Unter Berücksichtigung der Meßtemperatur und der Tatsache, daß auf 1 M N_2 1 Amino-N entfällt, wird aus der Gleichung

$$\text{mg Amino-N} = P_{N_2} \times F_{\text{Temp.}}$$

der Amino-N-Betrag (T_x) durch Multiplizieren von P_{N_2} mit dem temperaturabhängigen Faktor errechnet (vgl. dieses Handb., Bd. V, S. 52 Tabelle 15).

$$x = \frac{T_x \times 100}{T_{100\,\%}} \quad \text{(prozentuale Spaltung)}$$

$T_{100\%}$ = Zuwachs an Amino-N in mg bei 100 %iger Spaltung einer Peptidbindung eines Substrates.

Eine Anwendung der WARBURG-Apparatur zur Bestimmung des Amino-N nach VAN SLYKE beschreiben WARBURG u. Mitarb.[1].

Manometrisches Ninhydrinverfahren zur Bestimmung des Carboxyl-C aus freigesetzten α-Aminosäuren.

Vergleiche dazu die Ausführungen zum titrimetrischen Ninhydrinverfahren (S. 21) sowie die Beschreibung der erforderlichen Geräte, ihrer Handhabung und der Reagentien in diesem Handb. Bd., III/1, S. 323ff., S. 218ff. und Bd. V, S. 53ff.

Die Anwendung des manometrischen Ninhydrinverfahrens liefert für Exopeptidasebestimmungen in Anbetracht der exakten und weitgehend spezifischen Methodik zur Bestimmung freigesetzter α-Amino- oder Iminosäuren (Prolin, Hydroxyprolin, Sarkosin)

[1] WARBURG, O., W. CHRISTIAN u. A. GRIESE: B. Z. 282, 157 (1935).

zuverlässige Werte, die allerdings auch die höchsten Anforderungen unter den üblichen Methoden an Gerät, sichere Beherrschung der Methode und Arbeitszeit für ihre Einübung und Durchführung stellt. Für eine Bestimmung sind etwa 25 min anzusetzen, ganz abgesehen vom hohen Ninhydrinverbrauch (50—100 mg pro Bestimmung). Das Verfahren wird infolgedessen für tägliche Serienbestimmungen von Exopeptidasen in größerer Zahl zu unrationell.

Seine Anwendung für Exopeptidasebestimmungen folgt am zweckmäßigsten den Angaben von VAN SLYKE u. Mitarb.[1] (vgl. dieses Handb., Bd. V, S. 53).

Da die Spaltungsansätze je nach Art des biologischen Materials als Enzymquelle mehr oder weniger Eiweiß enthalten und zumeist auch besondere Puffersubstanzen, ist die Anwendung eines Citratpuffers von p_H 2,5 stärkerer Kapazität und eine geringfügige Modifikation, so wie von MACFADYEN[2] angegeben, zweckmäßig (20 g Trinatriumcitrat + 191 g Citronensäure zu 1 l mit Wasser gelöst; s. dieses Handb., Bd. V, S. 56). Ferner ist es zur Herabsetzung der Reabsorption von CO_2 ratsam, daß die erforderlichen 0,5 n NaOH und 2 n Milchsäure möglichst mit NaCl gesättigt werden. Zu diesem Zweck werden die starke, carbonatfreie NaOH und die konz. Milchsäure nicht mit Wasser, sondern mit CO_2-freier 25%iger NaCl-Lösung entsprechend verdünnt.

Bei *Durchführung der Bestimmungen* werden zweckmäßigerweise 0,2 ml-Proben des Spaltungsansatzes (in bezug auf Substrat 0,05 m) in das Reaktionsgefäß (THUNBERG-Rohr) einpipettiert, in dem sich bereits 3 ml Citratpuffer befinden. Dann werden die Proben kurz in ein siedendes Wasserbad eingestellt. Bis zu diesem Stadium können mehrere Proben vorbereitet werden, die dann anschließend hintereinander gemeinsam aufgearbeitet werden. Hierzu werden zur Entfernung des präformierten CO_2 die Probenröhrchen nach Zugabe eines Siedesteinchens und eines Tropfen Octylalkohols an der Wasserstrahlpumpe etwa 2 min evakuiert und anschließend verschlossen 10 min im kochenden Wasserbad erhitzt. Nach Abkühlung auf 40° C wird nochmals für 3 min evakuiert. Das Röhrchen wird mit Inhalt auf etwa 10° C gekühlt, mit 100 mg Ninhydrin versetzt, an der Wasserstrahlpumpe schnell evakuiert und 12 min im siedenden Wasserbad erhitzt. Nach Anschluß an das VAN SLYKE-Manometergerät wird die CO_2-Bestimmung vorgenommen (vgl. dieses Handb., Bd. V, S. 53ff.). Die Carboxyl-C-Werte der Proben sollen zwischen 35 und 700 μg liegen.

Berechnung der prozentualen Spaltung. Jede Probe (Nullwert, Spaltungswert) liefert einen bestimmten P_{CO_2}-Wert, der durch Multiplikation mit einem von Meßtemperatur und Meßvolumen (0,5 oder 2,0 ml) abhängigen Faktor in mg Carboxyl-C (T) umzurechnen ist (vgl. dieses Handb., Bd. V, S. 55, Tabelle 16). Der Zuwachs an Carboxyl-C (T_x) bei enzymatischer Freisetzung einer α-Aminosäure ergibt sich somit durch Abzug des Nullwertes T_0 vom Spaltungswert T_1.

$$x = \frac{(T_1 - T_0) \times 100}{T_{100\,\%}} = \frac{T_x \times 100}{T_{100\,\%}} \quad \text{(prozentuale Spaltung).}$$

$T_{100\,\%}$ = Der bei 100% Spaltung der sensitiven Peptidbindung und bei Auftreten von 1 M freier Aminosäure pro Mol gespaltenen Substrats zu erwartende Carboxyl-C. Zu beachten ist, daß bei einem als Substrat eingesetzten Dipeptid aus 2 α-Aminosäuren 2 M α-Aminosäure pro 1 M gespaltenen Substrats in Form ihres Carboxyl-C erfaßt werden, also $T_{100\,\%}$ doppelt so hoch liegt wie z.B. bei 100%iger Abspaltung einer α-Aminosäure aus einem Tripeptid.

Die Benutzung der WARBURG-Apparatur für das manometrische Ninhydrinverfahren zur Bestimmung von Carboxyl-C aus α-Aminosäuren beschreibt SCHLAYER[3].

---

[1] SLYKE, D. D. VAN, R. T. DILLON, D. A. MACFADYEN and P. HAMILTON: J. biol. Ch. **141**, 627 (1941).
[2] MACFADYEN, D. A.: J. biol. Ch. **145**, 387 (1942).
[3] SCHLAYER, C.: B. Z. **297**, 395 (1938).

Manometrische Modifikation des Formolverfahrens nach Sörensen (vgl. diesen Beitrag S. 15).

Unter Verwendung von Diglycin und Triglycin als Substraten und einer Suspension oder eines zellfreien Extraktes von *Clostridium sporogenes* beschreiben Johnstone und Quastel[1] eine auch für andere Peptidsubstrate anwendbare Modifikation des Formolverfahrens von Sörensen zur Bestimmung von Peptidaseaktivitäten (s. S. 15), darin bestehend, daß im Warburg-Gerät die CO_2-Menge manometrisch gemessen wird, die nach Formolzugabe zur Probe des Spaltungsansatzes aus zugesetztem $NaHCO_3$ freigesetzt wird. Die auf Spaltung einer Peptidbindung entfallende CO_2-Menge wird berechnet unter Berücksichtigung des im Reagentienleerversuch und in der Nullwertbestimmung entwickelten CO_2 und unter Anwendung eines empirisch festgestellten Korrekturfaktors. Er ergibt sich aus der Abweichung zwischen der erwarteten CO_2-Menge (auf eine mit Formol reagierende NH_2-Gruppe ein Mol CO_2) und der tatsächlich beobachteten CO_2-Bildung und muß für die jeweilig eingesetzten Peptidsubstrate und die zu erwartenden Spaltprodukte durch parallellaufende Bestimmungen mit den Peptid- bzw. Aminosäurelösungen ermittelt werden. Er wird von Verff. als Formolgleichgewichtskonstante (erwartetes CO_2-Vol./beobachtetes CO_2-Vol.) bezeichnet (vgl. Tabelle 5).

Tabelle 5. *Formolgleichgewichtskonstanten für Peptide und Aminosäuren*

$$K_F = \frac{\text{zu erwartende } CO_2\text{-Entwicklung (auf 1 freie } NH_2\text{-Gruppe 1 M } CO_2)}{\text{beobachtete } CO_2\text{-Entwicklung}}.$$

Substanz	K_F			Substanz	K_F		Substanz	K_F	
Triglycin	1,74	1,80	1,88	Glutaminsäure .	3,10	2,90	Alanin . . .	2,21	1,95
Glycyltyrosin . .	1,79	1,81	1,91	Glutamin . . .	1,14	1,12	Threonin . .	1,30	1,35
Diglycin	1,54	1,54	1,57	Asparaginsäure .	3,60	3,78	Tryptophan .	1,92	2,03
Glycyltryptophan	1,84	1,86	1,92	Asparagin . . .	1,19	1,28	NH_4Cl . . .	1,30	1,20
Glycin	1,17	1,21							

Reagentien:

1. Gasgemisch: aus 93% N_2 und 7% CO_2.
2. Formaldehydlösung: 90 ml reines Formalin + 2 Tropfen Phenolphthalein + Alkali in einer Menge, daß die Lösung schwach rot gefäbt ist. Darauf verdünnen mit H_2O auf 100,0, Zugabe von einigen g Kohle, filtrieren, durchleiten eines Gasgemisches aus 93% N_2 und 7% CO_2, aufbewahren in gut verschlossener Flasche im dunklen Schrank. Lösung muß jede Woche frisch hergestellt werden.
3. 0,028 m $NaHCO_3$-Lösung.
4. Substrate und deren erwartete Spaltprodukte.

Gerät:

Warburg-Apparatur.

Ausführung:

Bestimmung von K_F (vgl. Tabelle 5): Die Lösung des Peptids wird in den Hauptraum des Warburg-Gefäßes gegeben, dazu 0,2 ml 0,028 m $NaHCO_3$; 0,7 ml Formollösung kommen in den Seitenarm des Gefäßes; das Gesamtvolumen wird durch Zugabe von H_2O zum Hauptraum auf 3,2 ml gebracht. Nach Einleiten des Gasgemisches und Temperaturausgleich bei 37° C wird die Formollösung in den Hauptraum eingekippt. Ablesungen werden so lange ausgeführt, bis die Gasentwicklung aufgehört hat (bei einer Lösung von 0,0066 m Triglycin nach 20—25 min). Ein entsprechender Versuch, jedoch statt der Peptidlösung Wasser, wird zur Ermittlung des Reagentienleerwertes durchgeführt. K ergibt sich nach Abzug der μl CO_2 des Reagentienleerwertes von den festgestellten μl CO_2 des Peptidversuches aus dem Quotienten (theoretisch aus der eingesetzten

[1] Johnstone, R. M., and J. H. Quastel: Biochim. biophys. Acta **23**, 88, 372 (1957).

Peptidmenge erwartete μl CO_2: beobachtete μl CO_2). Entsprechend ist K für die bei der enzymatischen Hydrolyse des eingesetzten Peptids anzunehmenden Spaltprodukte zu bestimmen. Unter Berücksichtigung ihrer K-Werte ergeben eingesetzte Gemische von Peptid und Aminosäuren die bei enzymatischen Spaltungen zu erwartenden additiven Werte der CO_2-Bildung.

Bei Durchführung ihrer Peptidasebestimmungen mit *Clostridium sporogenes* machen die Verff. die Ansätze in bezug auf das Substrat (Triglycin) 0,0066 m und in bezug auf den Puffer ($NaHCO_3$, p_H 7,4) 0,028 m, so daß sich die besondere Zugabe von $NaHCO_3$ bei der manometrischen Bestimmung erübrigt. Für diese überführen sie eine 2 ml-Probe eines durch Abzentrifugieren von den suspendierten Zellen oder durch Erhitzen und Abzentrifugieren vom Eiweißniederschlag der Enzympräparation befreiten Anteils des Spaltungsansatzes in den Hauptraum des Warburg-Gefäßes, geben 0,7 ml Formollösung in den Seitenarm, bringen das Gesamtvolumen auf 3,2 ml und verfahren dann wie für die K_F-Bestimmung beschrieben.

Eine Enzymleerwertbestimmung ist entsprechend wie bei Proben des Hauptansatzes im gleichen Volumen, jedoch unter Weglassung des Substrates durchzuführen.

Berechnung der prozentualen Spaltung. Bei Triglycin als Substrat ergibt sich bei Annahme der Aufspaltung des Tripeptids in 3 M Glycin folgende Berechnung:

K'_F: Formolgleichgewichtskonstante für Triglycin;

K''_F: Formolgleichgewichtskonstante für Glycin;

V_{Tr}: das aus der initialen Menge des Tripeptids in der Probe (A Mikromol) unter Berücksichtigung von K_F als gemessen errechnete CO_2-Volumen:

$$V_{Tr} = \frac{22{,}4\,A}{K'_F}\ \mu l\ CO_2.$$

Nach der Spaltungszeit t seien T Mikromole Tripeptid in 3 T Mikromole Glycin gespalten.

Somit nach Formolzugabe zur Zeit t μl CO_2 aus ungespaltenem Tripeptid:

$$\frac{22{,}4\,(A-T)}{K'_F}\ \mu l\ CO_2$$

aus entstandenem Glycin:

$$\frac{3 \times 22{,}4 \times T}{K''_F}\ \mu l\ CO_2.$$

Gesamtvolumen an gebildetem CO_2 zur Zeit t:

$$V_t = \frac{22{,}4\,(A-T)}{K'_F} + \frac{67{,}2 \times T}{K''_F}\ \mu l\ CO_2.$$

Auf das durch die Tripeptidhydrolyse bei Formolzugabe gebildete CO_2 entfällt somit nach der Spaltungszeit t:

$$V_t - V_{Tr} = \frac{22{,}4\,(A-T)}{K'_F} + \frac{67{,}2 \times T}{K''_F} - \frac{22{,}4\,A}{K'_F} = T\left(\frac{67{,}2}{K''_F} - \frac{22{,}4}{K'_F}\right)$$

$$T = \frac{V_t - V_{Tr}}{\dfrac{67{,}2}{K''_F} - \dfrac{22{,}4}{K'_F}}$$

(Mikromol gespaltenes Triglycin).

V_t ergibt sich aus der Messung des CO_2-Volumens V_g, freigesetzt aus der nach der Zeit t dem Spaltungsansatz entnommenen und mit Formol versetzten Probe. Dieser Betrag ist um das Volumen CO_2 aus dem Enzymleerwert (V_L) zu vermindern.

$$V_t = V_g - V_L$$

$$x = \frac{100 \times T}{A}.$$

(prozentuale Spaltung).

***Manometrische Modifikation des Alkoholverfahrens nach* Willstätter *und* Waldschmidt-Leitz.**

Die Zunahme der COOH-Gruppen der bei enzymatischer Spaltung von Peptidbindungen gebildeten Spaltprodukte kann nach Hasse und Burgardt[1] manometrisch dadurch erfaßt werden, daß die freigesetzten COOH-Gruppen bei Zugabe von Alkohol aus $NaHCO_3$ CO_2 frei machen, das im Warburg-Gerät gemessen werden kann. Das Verfahren ist zur Erfassung von Exopeptidaseaktivitäten unter Einsatz von Oligopeptiden als Substraten nicht ausreichend durchgearbeitet, sondern in der Originalarbeit nur am Beispiel der Gelatinespaltung und anderer Proteine durch Proteasen erläutert und angewendet.

Manometrisch-enzymatische Verfahren zur Exopeptidasebestimmung.

Das Prinzip dieser Verfahren besteht darin, daß auf die durch Peptidasen aus den entsprechenden Substraten freigesetzten L- oder D-α-Aminosäuren Enzyme zur Einwirkung gebracht werden, die in spezifischer Weise nur die freien, optisch aktiven Aminosäuren unter Verbrauch von O_2 oder Bildung von NH_3 oder CO_2 abbauen, während peptidgebundene Aminosäuren unangegriffen bleiben. Die verbrauchten oder gebildeten Gasmengen können unter Anwendung der Warburg-Apparatur manometrisch gemessen und auf die stattgehabte Höhe der prozentualen, durch die Peptidase bewirkten Peptidspaltung umgerechnet werden. Siehe auch Bd. VI/A, S. 255ff.

Diesen Verfahren, für deren Durchführung gereinigte, vor allem peptidasefreie L- bzw. D-Aminosäureoxydase- oder L-Aminosäuredecarboxylase-Präparationen zur Verfügung stehen müssen, haften eine Reihe großer Vorzüge, aber auch einige Nachteile an. So können unter bestimmten Bedingungen die Messungen der Peptidaseaktivität in Abhängigkeit von der Inkubationszeit kontinuierlich ohne laufende Entnahme von Proben aus dem Ansatz durchgeführt werden, weil diesen von vornherein auch das die Aminosäure abbauende Enzym (Aminosäureoxydase bzw. -decarboxylase) zugesetzt werden kann. Allerdings sind einwandfreie Ergebnisse in bezug auf die Peptidasebestimmung nur dann zu erwarten, wenn das Verhältnis der Aktivitäten des Aminosäure freisetzenden Enzyms, also der zu bestimmenden Peptidase, und des Aminosäure abbauenden Enzyms, also der Oxydase oder Decarboxylase, so gestaltet wird, daß die Peptidasewirkung die limitierende Reaktion ist, d.h. Oxydase bzw. Decarboxylase müssen in so großer Menge und Aktivität enthalten sein, daß aus der Peptidasewirkung anfallende freie Aminosäuren auch sofort ohne Anreicherung umgesetzt werden. Es erfordert dies nicht nur besondere Berücksichtigung der p_H-Verhältnisse für die Peptidase, sondern auch Einstellung des Reaktionsmilieus auf das p_H-Optimum der Oxydase bzw. Decarboxylase. Soll die Wirkung dieser Enzyme durch laufende Bestimmung von NH_3 oder CO_2 ermittelt werden, so ist dies somit nur bei bestimmten p_H-Werten des Ansatzes möglich. Zu bedenken ist auch, daß die aminosäureabbauenden Enzyme die Peptidasereaktion dadurch beeinflussen können, daß sie laufend eine Herausnahme der freigesetzten Aminosäuren aus dem System Peptidsubstrat-Peptidase-Spaltprodukte bedingen und auf diese Weise eine Beeinflussung der Peptidaseaktivität möglich ist. Es wird also von Fall zu Fall abzuwägen sein, wann die Peptidasebestimmung durch laufende manometrische Messung durchgeführt werden kann und wann, wie bei den meisten anderen Peptidasebestimmungsverfahren, in den vorgesehenen Zeitabständen den Spaltungsansätzen Proben entnommen werden müssen, in denen, gegebenenfalls nach Inaktivierung der Peptidase, die freigesetzte Aminosäure enzymatisch bestimmt wird. Bei allen Versuchen muß auch an die Möglichkeit gedacht werden, daß Bestandteile der Spaltungsansätze, z.B. Puffer, Aktivatoren, Spaltprodukte, hemmenden Einfluß auf Oxydase oder Decarboxylase haben und dadurch Ursache von Fehlresultaten sein können. Entsprechende Kontrollversuche sind deshalb angezeigt. Wesentlichster Vorteil der Methode ist ihre hohe Spezifität und die Erfaßbarkeit von so geringen Spaltungsgraden, wie es bei keinem anderen Verfahren möglich ist. Dadurch,

[1] Hasse, K., u. L. Burgardt: B. Z. **321**, 296 (1950/51); **322**, 221 (1951/52).

daß die Aminosäureoxydasen und Decarboxylasen streng optisch spezifisch wirken, letztere sogar in hohem Grade aminosäurespezifisch, gelingt es, auch geringfügige Spaltungen von L- und D-Peptiden zu erfassen und vor allem auch beim Einsatz der viel leichter und billiger zugänglichen, racemischen Peptide sichere Aussagen darüber zu machen, ob nur das L- oder nur das D-Peptid oder beide in racemischen Substraten durch die Peptidasewirkung hydrolysiert werden.

Verwendung von Aminosäureoxydasen. Die aus einem Peptid durch Peptidase abgespaltenen Aminosäuren reagieren in optisch spezifischer Weise mit der L- bzw. D-Aminosäureoxydase nach folgendem Mechanismus[1]: bei Abwesenheit von Katalase unter Verbrauch von 1 Mol O_2/Mol Aminosäure

$$R—CH—NH_2—COOH + O_2 + H_2O \rightarrow R—CO—COOH + H_2O_2 + NH_3$$
$$\downarrow$$
$$R—COOH + CO_2 + H_2O,$$

bei Anwesenheit von Katalase unter Verbrauch von 0,5 Mol O_2/Mol Aminosäure

$$R—CH—NH_2—COOH + 0{,}5\,O_2 \rightarrow R—CO—COOH + NH_3 .$$

Da die Meßgenauigkeit mit größerem O_2-Verbrauch zunimmt, ist es zweckmäßig, kristallisierte Katalase nur in den Fällen bei fortlaufenden Messungen zuzusetzen, in denen das Peptidasesystem durch entstandenes H_2O_2 beeinflußt wird. Bei Spaltungsansätzen, die fortlaufend oder durch Entnahme von Proben unter Verwendung von Aminosäureoxydasen ohne Katalasewirkung gemessen und entsprechend berechnet werden sollen, ist die Prüfung auch der Peptidaseenzympräparation auf fehlende Katalasewirkung erforderlich.

Die Aminosäureoxydasen sind nicht gegen alle Aminosäuren gleich wirksam (vgl. dazu die Relativzahlen der Tabelle 6).

Es ist somit erforderlich, die einzusetzende Aminosäureoxydasemenge unter Berücksichtigung ihrer Aktivität gegenüber der zu bestimmenden Aminosäure in solchem Überschuß anzuwenden oder die Peptidasepräparation für den Spaltungsansatz so zu verdünnen, daß bei der Bestimmung immer die Peptidasewirkung limitierender Faktor der Gesamtreaktion ist. Zu beachten ist, daß Glykokoll mit der Aminosäureoxydasemethodik nicht bestimmbar ist, was bei Peptidasebestimmungen unter Verwendung glykokollhaltiger Peptide zu berücksichtigen ist. In der Regel wird eine Aminosäureoxydasemenge ausreichend sein, die bei Inkubation mit einer Testlösung, die nur die zu bestimmende Aminosäure in einer der 100%igen Abspaltung aus dem Peptid entsprechenden Konzentration enthält, einen O_2-Verbrauch in 30 min bewirkt, der dem Umsatz der gesamten in der Testlösung enthaltenen Aminosäure entspricht. Natürlich dürfen die eingesetzten Aminosäureoxydasepräparationen keine Peptidaseverunreinigung mit Aktivitäten gegenüber den auf Spaltung zu prüfenden Peptidsubstraten aufweisen, was zweckmäßigerweise vor Anwendung kontrolliert wird. Entsprechend reine Aminosäureoxydase-Präparationen spalten weder Peptide noch N-Acylaminosäuren.

***D-Peptidasebestimmung mit Entnahme von Proben aus dem Spaltungsansatz und Anwendung von D-Aminosäureoxydase nach* HERKEN *u. Mitarb.*[2,3]** (vgl. dazu auch[4]).

Reagentien:

1. D-Aminosäureoxydase aus Schweine- oder Hammelniere nach KREBS[5] oder BENDER und KREBS[6].
2. Puffer (D-Aminosäureoxydaseinkubation möglichst um p_H 8,0).

[1] NEGELEIN, E., u. H. BRÖMEL: B. Z. **300**, 225 (1938/39).
[2] HERKEN, H., u. H. ERXLEBEN: H. **269**, 47 (1941).
[3] HERKEN, H., u. R. MERTEN: H. **270**, 201 (1941).
[4] HERKEN, H.: H. **283**, 277 (1948).
[5] KREBS, H. A.: Biochem. J. **29**, 1630 (1935).
[6] BENDER, A. E., and H. A. KREBS: Biochem. J. **46**, 210 (1950).

Tabelle 6. *Spezifität von Aminosäureoxydasen* (entnommen aus MEISTER[1]).

Die Aktivität gegenüber der am stärksten gespaltenen Aminosäure ist willkürlich gleich 100 gesetzt. Die anderen Werte sind die Prozente der gleich 100 gesetzten Aktivität.

Aminosäure	L-Oxydase (N. crassa)[2]	L-Oxydase (Klapper-schlangengift)[3]	L-Oxydase (Rattenniere)[4, 5]	D-Oxydase (Schafniere)[2]	D-Oxydase (Octopusleber)[6]
Alanin	53	0,4	—	34	53
α-Aminoadipinsäure	78	7	—	0	—
α-Aminobuttersäure	82	20	3	16	(100)
Arginin	—	7	—	—	—
Asparaginsäure	6	< 0,1	0	0,5	25
Cystin	72	26	15	1	—
Glutaminsäure	12	< 0,1	0	0	57
Histidin	47	14	9	3	62
Isoleucin	42	29	71	12	37
Leucin	(100)	92	(100)	7	53
Lysin	18	0,2	0	0,3	—
Methionin	51	(100)	81	42	70
Ornithin	65	0,1	0	2	—
Phenylalanin	53	76	45	14	—
Prolin	0	0	77	78	46
Serin	10	0	0	22	23
Threonin	3	0	0	1	—
Tryptophan	35	82	40	19	16
Tyrosin	31	76	20	(100)	—
Valin	8	4	28	18	34

3. Peptidsubstrat-Stammlösung (z.B. 0,1 m D-Leucylglycin, D-Leucylglycylglycin, D-Valylglycylglycin) (wegen relativ unspezifischer Spaltung von D-Alanylpeptiden sind Peptide mit dieser D-Aminosäure als Substrate tunlichst zu vermeiden).
4. D-Aminosäuretestlösung (zur Aktivitätsprüfung der D-Aminosäureoxydase): z.B. 0,1 m D-Leucin, D-Valin.
5. KOH, 10 %ig.

Gerät:

Warburg-Apparatur.

Ausführung:

Dem Peptidspaltungsansatz, der in bezug auf D- oder racemisches Peptid 0,05 m sei, werden zu Beginn (Nullwert) und nach entsprechenden Inkubationszeiten 0,2 ml-Proben entnommen und in den Hauptraum eines Warburg-Gefäßes überführt, das dann zur Inaktivierung der Peptidase 5 min in ein siedendes Wasserbad gestellt wird. Anschließend werden nach Abkühlung noch 1,8 ml 0,0666 m Pyrophosphatpuffer (p_H 8,3) (NEGELEIN und BRÖMEL[7]) hinzugegeben; in den Einsatz des Gefäßes kommen 0,2 ml 10 %ige KOH, in die Ansatzbirnen 0,5 ml D-Aminosäureoxydaselösung, O_2 im Gasraum. Einsetzen in den Thermostaten bei 38° C.

Kontrollansätze: 1. Peptidasepräparation + Aminosäuretestlösung ohne Zugabe von Peptid. [Dieser Ansatz darf ohne D-Aminosäureoxydase keinen O_2-Verbrauch zeigen, soll aber bei Inkubation mit D-Aminosäureoxydase die zugegebene D-Aminosäure in etwa 30 min unter Verbrauch einer entsprechenden O_2-Menge (Beachtung, ob mit oder ohne Katalasewirkung) umgesetzt haben].

---

[1] MEISTER, A.: Biochemistry of the Amino Acids. S. 153. New York 1957.
[2] BENDER, A. E., and H. A. KREBS: Biochem. J. **46**, 210 (1950).
[3] GREENSTEIN, J. P., S. M. BIRNBAUM and M. C. OTEY: J. biol. Ch. **204**, 307 (1953).
[4] BLANCHARD, M., D. E. GREEN, V. NOCITO and S. RATNER: J. biol. Ch. **155**, 421 (1944).
[5] BLANCHARD, M., D. E. GREEN, V. NOCITO and S. RATNER: J. biol. Ch. **161**, 583 (1945).
[6] BLASCHKO, H., and J. HAWKINS: Biochem. J. **52**, 306 (1952).
[7] NEGELEIN, E., u. H. BRÖMEL: B. Z. **300**, 225 (1938/39).

2. D-Aminosäureoxydase + Peptidlösung ohne Peptidasepräparation. (Dieser Ansatz darf keinen O_2-Verbrauch zeigen, andernfalls ist die D-Aminosäureoxydase mit D-Peptidase verunreinigt.)

Thermobarometer: Probe des Kontrollansatzes der Enzympräparation ohne Peptid.

Einkippen der Aminosäureoxydaselösung nach Temperatur- und Druckausgleich etwa nach 20 min, dann Ablesung an dem Manometer alle 10 min im Verlauf der folgenden 60 min.

Berechnung der prozentualen Spaltung:

$$x = \frac{100 \times V_t}{V_{100}} \quad \text{(prozentuale Spaltung)}$$

V_{100} = Errechneter Verbrauch an O_2 in mm^3 bei angenommener 100 %iger Aufspaltung des in der Probe eingesetzten D-Peptids, unter Freisetzung von 1 M D-Aminosäure pro 1 M D-Peptid oder pro 2 M rac. Peptid. Bei dieser Berechnung ist je nach vorhandener oder abwesender Katalasewirkung pro D-Aminosäuremolekül $^1/_2$ M oder 1 M O_2 einzusetzen.

V_t = Gemessener O_2-Verbrauch der Probe des Hauptansatzes nach einer Inkubationszeit t, gegebenenfalls unter Berücksichtigung eines eventuell vorhandenen O_2-Verbrauches in der Nullwertprobe und im Kontrollansatz der Enzympräparation.

***L-Peptidasebestimmung mit fortlaufender Messung und Anwendung von L-Aminosäureoxydase nach* Zeller *und* Maritz[1].**

Das Verfahren ist nur anwendbar, wenn die zu bestimmende Peptidase bei p_H-Werten, die auch die optimale Aktivität der Aminosäureoxydase gewährleisten, wirksam ist.

Reagentien:

1. L-Aminosäureoxydase: Für Peptidasebestimmungen geben Zeller und Maritz[1] die Verwendung von Ophio-L-aminosäureoxydase aus Viperngift *(Vipera aspis)* an, das hohe Aktivität gegenüber zahlreichen L-Aminosäuren, jedoch nicht gegenüber L-Prolin und N-Methyl-L-leucin, die unangegriffen bleiben, und keine Peptidaseaktivität besitzt. Davis und Smith[2] empfehlen Ophio-L-aminosäureoxydase aus dem Gift der Wassermokassinschlange *(Agkistrodon piscivorus)*, die die L-Formen von Leucin und Methionin stark und in gleichem Umfang, die von α-Aminobuttersäure und Isoleucin etwa nur halb so stark und die von α-Alanin und Valin nur zu etwa 10—20% der Leucinwerte angreift; β-Alanin, Asparaginsäure, Glutaminsäure, Glycin, Glycylglycin, Prolin, Hydroxyprolin, Serin, Threonin werden nicht oxydiert[3,4]. Angaben über die Verwendung von L-Aminosäureoxydasen anderer Herkunft (*N. crassa*, Nieren, s. Tabelle 6, S. 32) zur Peptidasebestimmung liegen nicht vor, obgleich mit diesen auch Aminosäuren, wie Prolin, die von Ophio-L-aminosäureoxydase nicht angegriffen werden, erfaßbar sind. In jedem Fall sind die benutzten L-Aminosäureoxydasepräparationen auf Abwesenheit von Peptidasen zu prüfen, d. h. sie dürfen bei Inkubation mit dem für die Peptidasebestimmung vorgesehenen Peptidsubstrat keinen O_2-Verbrauch zeigen, müssen jedoch hohe Aktivität bei Inkubation gegenüber einer Testlösung der α-Aminosäure besitzen, die aus dem Peptid bei der Peptidasewirkung freigesetzt wird. Zu beachten ist, daß schon 10 min lange Inkubation der Ophio-L-aminosäureoxydase verschiedener Schlangengifte mit anorganischem Phosphat (Puffersubstanz!) bei Abwesenheit freier Aminosäuren zu starker Hemmung der Oxydase führen kann[5]. Über deutliche proteolytische Aktivitäten des Mokassingiftes wurde kürzlich berichtet (Abbau von Hb, Casein und

[1] Zeller, E. A., u. A. Maritz: Helv. physiol. Acta **3**, C 6, C 48 (1945).
[2] Davis, N. C., and E. L. Smith: Meth. biochem. Analysis **2**, S. 243.
[3] Singer, T. P., and E. B. Kearney: Arch. Biochem. **27**, 348 (1950).
[4] Singer, T. P., and E. B. Kearney: Arch. Biochem. **29**, 190 (1950).
[5] Kearney, E. B., and T. P. Singer: Arch. Biochem. **21**, 242 (1949).

Verflüssigung von Gelatine[1]), ferner über die Empfindlichkeit von bestimmten L-γ-Glutamylpeptiden gegenüber Ophio-L-aminosäureoxydase[2, 3]. Zur Herstellung aktiver gereinigter Ophio-L-aminosäureoxydase kann von handelsüblichen getrockneten Schlangengiftpräparaten ausgegangen werden, die entsprechend durch Dialyse, Adsorptions- und Fällungsverfahren zu reinigen sind[4, 5].

2. 0,1 m Phosphatpuffer, p_H 7—7,5 (Optimum der Ophio-L-aminosäureoxydase).
3. Peptidasepräparation.
4. Peptid-Stammlösung (z.B. 0,1 m, eingestellt auf p_H des Gesamtansatzes zwischen p_H 7,0—7,5).
5. KOH, 10%ig.

Gerät:

Warburg-Apparatur.

Ausführung:

In den Hauptraum des WARBURG-Gefäßes werden Peptidstammlösung, z.B. 0,2 ml, L-Aminosäureoxydaselösung, z.B. 0,1 ml, und Puffer, z.B. 1,7 ml, pipettiert, der zentrale Einsatz wird mit 0,2 ml 10%iger KOH versehen; in die Ansatzbirne kommt die Peptidaselösung (z.B. 0,5 ml; Überschuß an Aminosäureoxydaseaktivität muß gewährleistet sein; gegebenenfalls also Verdünnung der Peptidaselösung!). O_2-Atmosphäre. Inkubationstemperatur 38° C. Nach Druck- und Temperaturausgleich darf ein O_2-Verbrauch erst nach Einkippen der Peptidaselösung beginnen. In einem Kontrollansatz überzeuge man sich, daß bei Inkubation von Aminosäureoxydaselösung mit eingekippter Peptidasepräparation bei Fortlassen des Peptids kein O_2 verbraucht wird.

Berechnung der prozentualen Spaltung. Entsprechend wie S. 33 für D-Peptidspaltung beschrieben.

Peptidasebestimmung unter Verwendung von Aminosäuredecarboxylase nach ZAMECNIK *und* STEPHENSON[6].

$$R—CH—NH_2—COOH \xrightarrow{\text{Aminosäuredecarboxylase}} R—CH_2—NH_2 + CO_2 .$$

Das Verfahren beruht auf der Anwendung der nicht nur spezifisch auf die L-Enantiomorphen, sondern darüber hinaus weitgehend aminosäurespezifisch eingestellten Aminosäuredecarboxylasen bakterieller Herkunft zur Bestimmung der durch Peptidasewirkung freigesetzten L-Aminosäure[6, 7]. Es ist zur fortlaufenden Messung einer Peptidaseaktivität nur dann geeignet, wenn der p_H-Wert des Ansatzes sauer ist und in einem Bereich liegt, in dem beide Enzyme nebeneinander noch gut zu wirken vermögen. Da das p_H-Optimum der bakteriellen Aminosäuredecarboxylasen im Gegensatz zu den entsprechenden tierischen und pflanzlichen Enzymen im p_H-Bereich zwischen 4,5—6,0 liegt, können durch kontinuierliche Messung auch nur Peptidasen im p_H-Wirkungsbereich dieser Decarboxylasen erfaßt werden. Bei Bestimmung von Peptidasen, die für ihre Spaltungsaktivität stärker saures oder alkalisches p_H benötigen, muß von der üblichen Methodik der Probeentnahme aus dem Spaltungsansatz Gebrauch gemacht werden.

Reagentien:

1. Mikrobielle Aminosäuredecarboxylasen: Für eine Reihe von L-Aminosäuren sind in einer größeren Anzahl von Mikroorganismen teils absolut aminosäurespezifische, teils nur relativ spezifische Aminosäuredecarboxylasen nachgewiesen und in gereinigter Form dargestellt worden (vgl. Tabelle 7; entnommen[8, 9]).

[1] HADIDIAN, Z.; in: E. E. BUCKLEY and N. PORGES (Hrsgb.): Venoms. S. 205. Washington 1956.
[2] MEISTER, A.; in: E. E. BUCKLEY and N. PORGES (Hrsgb.): Venoms. S. 295. Washington 1956.
[3] OTANI, T. T., and A. MEISTER: Abstr. amer. chem. Soc. **127** (1955).
[4] SINGER, T. P., and E. B. KEARNEY: Arch. Biochem. **29**, 190 (1950).
[5] MEISTER, A.: J. biol. Ch. **197**, 309 (1952).
[6] ZAMECNIK, P. C., and M. L. STEPHENSON: J. biol. Ch. **169**, 349 (1947).
[7] ROWLANDS, D. A., E. F. GALE, J. P. FOLKES and D. H. MARRIAN: Biochem. J. **65**, 519 (1957).
[8] MEISTER, A.: Biochemistry of the Amino Acids. S. 153. New York 1957.
[9] GALE, E. F.: Meth. biochem. Analysis **4**, 285 (1957).

Tabelle 7. *Aminosäuredecarboxylasen in Mikroorganismen.*

Aminosäure	Decarboxylierungsprodukt	Mikroorganismus	Decarboxylasepräparation	Versuchsbedingungen, Puffer	CO_2-Bildung in % der Theorie	Bemerkungen
L-Arginin	Agmatin	E. coli (7020)	Acetontrockenpulver 10 mg je Bestimmung	0,2 m Phosphat-Citratpuffer p_H 5,2	95	spezifisch
L-Asparaginsäure	β-Alanin	Rhizobium leguminosarum				spezifisch, aber oft sehr langsame Reaktion
L-Asparaginsäure	L-Alanin	Clostrid. welchii var. SR 12	Zellsuspension (20 mg/Bestimmung)	0,2 m Acetatpuffer, p_H 4,9 + Brenztraubensäure	96	
3,4-Dihydroxy-L-phenylalanin	3,4-Dihydroxyphenyläthylamin	Streptococcus faecalis				kann auch Phenylalanin und Tyrosin decarboxylieren
L-Glutaminsäure	α-Aminobuttersäure	Clostrid. welchii var. SR 12 (6784)	Zellsuspension 20 mg/Bestimmung	0,2 m Acetatpuffer, p_H 4,5	98	spezifisch
L-Histidin	Histamin	Clostrid. welchii BW 21 (6785)	Acetontrockenpulver 30 mg je Bestimmung oder Extrakt	0,2 m Acetatpuffer, p_H 4,5	96	spezifisch
L-Lysin	Cadaverin	Bact. cadaveris (6578)	Acetontrockenpulver 10 mg je Bestimmung	0,2 m Phosphatpuffer, p_H 6,0 + H_2SO_4-Einkippen	92 98	spezifisch
L-Ornithin	Putrescin	Clostrid. septicum (Pasteur) (547)	Zellsuspension 20—30 mg/Bestimmung	0,2 m Phosphat-Citratpuffer, p_H 5,5 + H_2SO_4-Einkippen	98	spezifisch
L-Phenylalanin	Phenyläthylamin	Streptococcus faecalis				kann auch Tyrosin und Dopa decarboxylieren
L-Tyrosin	Tyramin	Streptococcus faecalis (6782)	Acetontrockenpulver 10 mg je Bestimmung	0,2 m Phosphat-Citratpuffer, p_H 5,5	96	kann auch Tyrosin und Dopa decarboxylieren
L-Leucin		Proteus vulgaris				
L-Valin		Proteus vulgaris				

2. Puffer: Zur Einstellung des gemeinsamen oder getrennten Peptidase- und des Aminosäuredecarboxylaseansatzes (letzterer auf jeden Fall um p_H 5,0).
3. Peptidasepräparation.
4. Peptidstammlösung: z.B. 0,1 m Lösung auf p_H des Peptidaseansatzes eingestellt.
5. 8 n H_2SO_4.

Gerät:

Warburg-Apparatur.

Ausführung:

Bei fortlaufender Messung der CO_2-Bildung werden in den Hauptraum des Warburg-Gefäßes die Peptidasepräparation (0,2 ml) und die spezifische Aminosäuredecarboxylase (0,5 ml) zusammen mit dem Puffer (1,3 ml) gegeben, wobei auf einen deutlichen Überschuß an Aminosäuredecarboxylaseaktivität zur Gewährleistung der Limitierung des Reaktionsablaufes durch die zu bestimmende Peptidase zu achten ist. In eine Ansatzbirne kommt die Peptidstammlösung (1,0 ml), in eine zweite 0,2 ml 8 n H_2SO_4, wenn der

p_H-Wert des Ansatzes über 5,8 liegt oder anzunehmen ist, daß er, eventuell durch Spaltprodukte, über diesen Wert ansteigt. Nach Füllung des Gasraumes mit N_2 (häufig wird auch Luftfüllung genügen) und nach Temperatur- und Druckausgleich sowie nach Feststellung, daß keine CO_2-Bildung stattfindet, wird die Peptidlösung eingekippt und die CO_2-Bildung nach Ablauf verschiedener Inkubationszeiten gemessen. Am Schluß des Versuches muß in den Versuchen, in denen mit einem p_H-Wert über 5,8 zu rechnen ist, zum vollständigen Austreiben des CO_2 durch Einkippen der H_2SO_4 stark angesäuert und das Gesamt-CO_2 bestimmt werden. Entsprechende Kontrollen zur Feststellung, ob die benutzte Enzym- und Substratlösung unter den Versuchsbedingungen Eigen-CO_2-Bildung zeigen, müssen mitlaufen und bei der Berechnung der Spaltung berücksichtigt werden.

Bei *Messung von Proben aus Spaltungsansätzen* wird die Probe, z.B. 0,2 ml, in den Hauptraum des WARBURG-Gefäßes pipettiert. In die eine Ansatzbirne wird die Aminosäuredecarboxylase und genügend Puffer, um nach Einkippen in den Hauptraum den Gesamtinhalt auf den optimalen p_H-Wert der Aminosäuredecarboxylase einzustellen, gegeben. Die zweite Ansatzbirne enthält 20%ige H_2SO_4, um am Ende der Aminosäuredecarboxylaseinkubation (60 min) alles CO_2 auszutreiben. Einkippen von Aminosäuredecarboxylase + Puffer erfolgt nach Füllung des Gasraumes mit N_2 und Temperatur- und Druckausgleich. Proben werden dem Peptidasespaltungsansatz zur Zeit t_0 (Nullwert) und in Abständen je nach Versuchsplan entnommen. Hinzukommen müssen Kontrollbestimmungen über die Eigen-CO_2-Entwicklung der benutzten Lösungen.

Berechnung der prozentualen Spaltung:

$$x = \frac{100 \times V_t}{V_{100}} \quad \text{prozentuale Spaltung}$$

V_t = Das unter Berücksichtigung von Nullwert und Kontrollbestimmungen gemessene, auf die Peptidspaltung entfallende CO_2-Volumen in mm^3.

V_{100} = Das errechnete CO_2-Volumen, das bei 100%iger Abspaltung aus der durch Decarboxylierung bestimmten Aminosäure bei ihrer 100%igen Freisetzung aus dem im Meßansatz eingesetzten Peptid entwickelt würde (1 M CO_2 pro 1 M freie Aminosäure).

In Anbetracht der Geringfügigkeit des Fehlers ist eine besondere rechnerische Korrektur der CO_2-Volumina um die Beträge, die die Aminosäuredecarboxylasewirkung an der 100%igen Freisetzung von CO_2 pro Mol Aminosäure fehlen läßt (vgl. Tabelle 7), in der Regel nicht erforderlich.

Manometrische Ultramikromethode zur Peptidasebestimmung unter Verwendung des Prinzips des Cartesianischen Tauchers (vgl. dieses Handb. Bd. II/2, S. 419ff. [Enzymatische Histochemie]).

Spektrophotometrisch-colorimetrische Verfahren.

Colorimetrische Ninhydrinverfahren zur Exopeptidasebestimmung. Vgl. dazu die Ausführungen zum titrimetrischen (S. 21) und manometrischen (S. 26) Ninhydrinverfahren. Im Unterschied zu diesen werden bei Anwendung der colorimetrischen Methodik nicht nur freigesetzte α-Aminosäuren, sondern allgemein bei Spaltung von Peptidbindungen frei werdende oder von vornherein im Ansatz vorhandene Amino- oder Iminogruppen (Prolin) erfaßt, da mit Ninhydrin unter Farbstoffbildung die NH_2-Gruppen sowohl von Aminosäuren als auch von Peptiden, Proteinen, Aminen usw. reagieren. Vorhandenes oder z.B. bei Amidspaltungen gebildetes NH_3 stört. Die erwünschte Vermeidung hoher Extinktionen bei den Nullwertbestimmungen kann durch Auswahl entsprechender Substrate, die selbst mit Ninhydrin nicht reagieren, wohl aber ihre Spaltprodukte (z.B. acylierte Aminosäuren und Peptide), oder durch Abtrennung der Spaltprodukte von nicht hydrolysiertem Substrat des Ansatzes, z.B. durch Papierchromatographie, und anschließende Ninhydrinreaktion erreicht werden. Zum Ablauf der Ninhydrinreaktion vgl. dieses Handb. Bd. III/1, S. 323 und Bd. III/2, S. 1716, 1718.

***Photometrische Ninhydrinmethode zur Messung von Peptidase-Aktivitäten nach* SCHWARTZ *und* ENGEL[1].**

Die Methode beruht auf dem von MOORE und STEIN[2] ausgearbeiteten Verfahren zur photometrischen Bestimmung von Aminosäuren mit Hilfe der Ninhydrinreaktion (vgl. darüber dieses Handb. Bd. III/2, S. 1718ff., Bd. V, S. 49). Vergleiche dazu auch die von verschiedenen Seiten zum MOORE-STEIN-Verfahren vorgeschlagenen Modifikationen der Reagentien für die Ninhydrinreaktion, die vor allem der Stabilisierung des Diketohydrindyliden-Diketohydrindaminfarbstoffes dienen[3–7] [vgl. dieses Handb. Bd. III/2, S. 1719 (KCN-Pyridin-Phenolreagens); (KCN, gelöst in H_2O/Methylcellosolve + Ninhydrin, gelöst in H_2O/Methylcellosolve); (NaCN, gelöst in Acetatpuffer; Ninhydrin, 3%ig gelöst in Methylcellosolve); (ÄDTA-Ninhydrinreagens)]. Als geeignetes Stabilisierungs- und Elutionsmittel auch für den auf Papier gebildeten Ninhydrinfarbstoff erwies sich eine alkoholische Bicarbonatlösung (500 ml 0,1 n $NaHCO_3$ mit 96%igem, unter Umständen auch vergälltem Äthanol ad 1000 ml)[7].

Zu beachten ist, daß bei kinetischen Messungen an Peptidasepräparationen die Enzymreaktion im Moment der Zugabe des Ninhydrinreagens gestoppt wird. Diese Aufgabe erfüllt das „alte" MOORE-STEIN-Reagens, das neben Ninhydrin $ZnCl_2$ enthält, ohne weiteres, jedoch nicht das modifizierte MOORE-STEIN-Reagens unter Zugabe von Hydrindantin[8]. Es ist infolgedessen für Bestimmung der Kinetik der Peptidasen ungeeignet[9].

Die von SCHWARTZ und ENGEL[1] gegebene Originalvorschrift der Peptidasebestimmung mit Hilfe des photometrischen Ninhydrinverfahrens ist auch für jene Versuche anwendbar, bei denen sowohl das eingesetzte Substrat als auch die gebildeten Spaltprodukte mit Ninhydrin unter Farbstoffbildung reagieren, wobei aber zwar für die einzelne Substanz in bestimmtem Konzentrationsbereich das BEERsche Gesetz gilt, die einzelnen mit Ninhydrin reagierenden Stoffe pro Mol jedoch nicht gleich große Farbausbeute zu ergeben brauchen. Unter diesen Voraussetzungen ergeben sich für die Ermittlung einer Peptidspaltung folgende Überlegungen: Bei Wahl eines mit Ninhydrin sich färbenden Peptidsubstrates, in dem bei Einwirkung des entsprechenden Enzyms eine Peptidbindung gelöst wird, entsteht von jedem der beiden mit Ninhydrin unter Farbstoffbildung reagierenden Spaltprodukte die gleiche Anzahl Moleküle, die vom Peptidsubstrat durch Hydrolyse verschwunden ist. Daraus ergibt sich für die colorimetrische Bestimmung eine Farbausbeute einer im Laufe der enzymatischen Hydrolyse entnommenen Probe

$$D_x = m_0(a_0 - a) + m_1 \times a + m_2 \times a$$

(a_0 Anfangssubstratkonzentration; a Konzentration von jedem der Hydrolysenprodukte nach der Spaltungszeit x; m_0 Steigung der Geraden aus dem Quotienten D_0/a_0; D_0 Extinktion des Substrats in seiner Anfangskonzentration nach Reaktion mit Ninhydrin; m_1 entsprechend m_0, Steigung der Eichgeraden für das Hydrolyseprodukt h_1, aus D_{h_1}/h_1; m_2 Steigung der Eichgeraden für das Hydrolyseprodukt h_2 aus D_{h_2}/h_2; D_x Extinktion einer Probe des Spaltungsansatzes nach der Inkubationszeit t_x), vgl. Abb. 3 als Beispiel der Leucylglycylglycin-Spaltung.

Die prozentuale Hydrolyse x eines Peptids nach der Inkubationszeit t_x ergibt sich

$$x = \frac{a \times 100}{a_0};$$

[1] SCHWARTZ, T. B., and F. L. ENGEL: J. biol. Ch. **184**, 197 (1950).
[2] MOORE, S., and W. H. STEIN: J. biol. Ch. **176**, 367 (1948).
[3] TROLL, W., and R. K. CANNAN: J. biol. Ch. **200**, 803 (1953).
[4] YEMM, E. W., and E. C. COCKING: Analyst **80**, 209 (1955).
[5] ROSEN, H.: Arch. Biochem. **67**, 10 (1957).
[6] MEYER, H.: Biochem. J. **67**, 333 (1957).
[7] BOHLEY, P.: Naturwiss. **49**, 326 (1962).
[8] MOORE, S., and W. H. STEIN: J. biol. Ch. **211**, 907 (1954).
[9] SMITH, E. L., V. J. CHAVRÉ and M. J. PARKER: J. biol. Ch. **230**, 283 (1958).

aus Gl. S. 37 ist

$$a = \frac{D_x - D_0}{m_1 + m_2 - m_0}$$

somit

$$x = \frac{100\,(D_x - D_0)}{a_0\,(m_1 + m_2 - m_0)}$$

$$= K\,(D_x - D_0),\ \text{wenn}\ K = \frac{100}{a_0\,(m_1 + m_2 - m_0)}\ \text{gesetzt wird.}$$

Wird die unbekannte Probe gegen D_0 als Leerwert gemessen, ist

$$x = K \times D_x.$$

Daraus folgt, daß dann, wenn ein Substrat und seine beiden Hydrolyseprodukte in dem Verhältnis gemeinsam gelöst werden, wie es bestimmten Hydrolysegraden entsprechen würde, die Extinktionen dieser Mischungen nach Durchführung der Ninhydrinreaktion

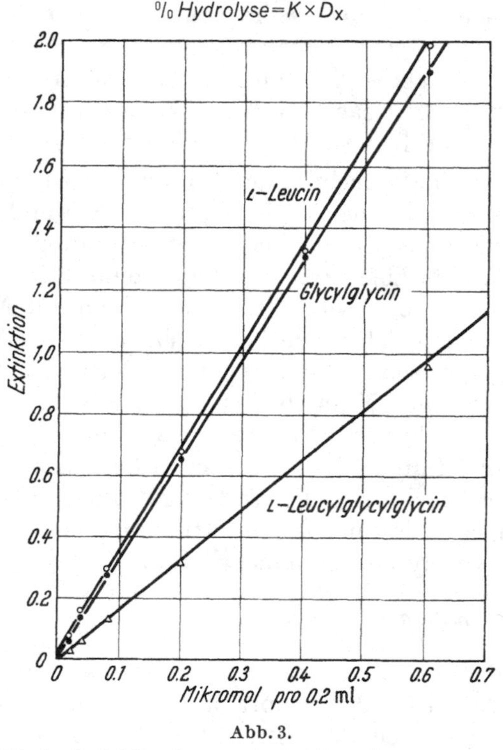

Abb. 3.

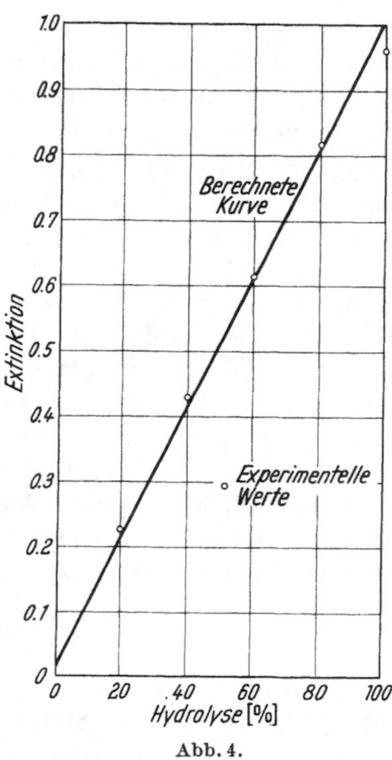

Abb. 4.

Abb. 3. Extinktionskurven der bei Reaktion der genannten Aminosäure bzw. Peptide mit Ninhydrin gebildeten Farbkomplexe (Verfahren nach MOORE und STEIN[1]).

Abb. 4. Standardhydrolysekurve für Leucylglycylglycin [Anfangssubstratkonzentration: 0,2 μM Leucylglycylglycin/0,2 ml; m_0 (für Leucylglycylglycin) 1,64; m_1 (für Glycylglycin) 3,28; m_2 (für Leucin) 3,43; Ninhydrinreaktion nach MOORE und STEIN[2]].

direkt proportional dem Hydrolysegrad sind, sofern im Photometer gegen die Anfangskonzentration des Substrates gemessen wird. Somit ergibt sich die Möglichkeit, aus Standardmischungen von Substrat und Spaltprodukten eine Standardkurve aufzustellen, mit deren Hilfe ohne Schwierigkeiten die prozentuale Hydrolyse eines synthetischen Peptids abgelesen werden kann (vgl. Abb. 4 mit der Standardhydrolysekurve für Leucylglycylglycin).

Reagentien:

1. Ninhydrinreagens: nach der Originalvorschrift von MOORE und STEIN[2], vgl. dieses Handb. Bd. V, S. 49, in der Modifikation von TROLL und CANNAN[3], vgl. dieses Handb.

[1] MOORE, S., and W. H. STEIN: J. biol. Ch. **211**, 907 (1954).
[2] MOORE, S., and W. H. STEIN: J. biol. Ch. **176**, 367 (1948).
[3] TROLL, W., and R. K. CANNAN: J. biol. Ch. **200**, 803 (1953).

Bd. III/2, S. 1719; in der Modifikation von YEMM und COCKING[1]. KCN-Glykolmonomethyläther-Lösung: 5 ml 0,01 m KCN-Lösung auf 250 ml mit Glykolmonomethyläther verdünnen (diese Lösung ist mindestens 1 Monat bei Zimmertemperatur beständig). Ninhydrin-Glykolmonomethyläther-Lösung: 5%ige Lösung von Ninhydrin in Glykolmonomethyläther (die Lösung ist mindestens 6 Monate bei Zimmertemperatur beständig). KCN-Glykolmonomethyläther-Ninhydrin-Lösung: 50 ml der Ninhydrin-Glykolmonomethyläther-Lösung mit 250 ml der KCN-Glykolmonomethyläther-Lösung versetzen. Vor Gebrauch eine Nacht stehenlassen. In verschlossener Flasche bei Zimmertemperatur mindestens 1 Woche beständig.

Modifikation nach ROSEN[2]: Acetat-Cyanidlösung: 20 ml 0,01 m NaCN-Lösung mit Acetatpuffer p_H 5,3—5,4 auf 1 l (2700 g Na-acetat. 3 H_2O + 2 l H_2O + 500 ml Eisessig; mit H_2O ad 7,5 l). Ninhydrinlösung: 3%ig in Glykolmonomethyläther. Zur Durchführung der Ninhydrinreaktion zur Probe je 0,5 ml der beiden Lösungen.

2. Citratpuffer p_H 5,0 nach MOORE und STEIN: vgl. dieses Handb. Bd. V, S. 49.
3. Glykolmonomethyläther (Methylcellosolve).
4. Pikrinsäurelösung, 1%ig.
5. Propanol-Wasser 1:1.
6. Standard-0%-Hydrolyselösung: z.B. 0,025 m Leucylglycylglycin-Lösung.
7. Standardhydrolysegemisch, z.B. für 40%ige Hydrolyse von 0,025 m Leucylglycylglycin: Lösung, die in bezug auf Leucylglycylglycin 0,015 m, auf Leucin und Glycylglycin 0,01 m ist (also 15 μM Leucylglycylglycin + 10 μM Leucin + 10 μM Glycylglycin pro 1 ml Lösung).

Gerät:

Spektrophotometer für Absorptionsmessungen bei 570 und 440 mμ (bei Bestimmungen von Prolin und Hydroxyprolin mit der Ninhydrinreaktion).

Automatisches Pipettiergerät mit Abmessungsmöglichkeiten für 0,05, 0,1, 0,2 und 0,5 ml.

Ausführung:

Da die prozentuale Hydrolyse in einem Spaltungsansatz, der in bezug auf Substrat z.B. 0,025 m ist, gemäß Gl. (S. 38; $x = K \times D_x$) und Abb. 4 bestimmt wird durch Messung der Extinktion einer mit Ninhydrin zur Reaktion gebrachten Probe nach der Spaltungszeit t_x gegenüber der Extinktion einer entsprechend behandelten Probe zur Zeit t_0 (D_0 der Nullwertbestimmung), muß D_0 jedes Spaltungsansatzes in folgender Weise berücksichtigt werden: Das auf 4° C gekühlte Substratpuffergemisch wird mit dem vorgesehenen Volumen der Enzympräparation versetzt, das ganze 1 min bei dieser Temperatur durchmischt und eine Probe, z.B. 0,2 ml, in ein 5 ml-Meßkölbchen überführt, in das vorher zur sofortigen Inaktivierung des Enzyms und Proteinfällung Pikrinsäurelösung, z.B. 1 ml, pipettiert war. Der Spaltungsansatz wird nun im Wasserthermostaten bei 37° C inkubiert und mit den daraus nach den vorgesehenen Spaltungszeiten entnommenen Proben, wie für die Nullwertbestimmung (D_0) beschrieben, verfahren. Die 5 ml-Meßkölbchen mit den inaktivierten Proben werden mit Pikrinsäurelösung zur Marke aufgefüllt. Anschließend wird 15 min bei mäßiger Geschwindigkeit abzentrifugiert. Für die photometrische Analyse werden den klaren, überstehenden Flüssigkeiten in Dreifachbestimmungen je 0,2 ml, bei der Nullwertbestimmung also 0,2 μM Substrat enthaltend, entnommen und in die Photometerröhrchen überführt. Entsprechend werden Dreifachbestimmungen mit je 0,2 ml Wasser, der Standard-0%-Hydrolyselösung und dem Standardhydrolysegemisch, z.B. für 40%ige Hydrolyse, angesetzt. Zu den Röhrchen mit den 0,2 ml Proben wird, der MOORE-STEIN-Vorschrift folgend, je 1 ml Ninhydrinreagens zugesetzt und nach sofortigem Verschließen des Röhrchens der Inhalt durchmischt. Nach Entfernen des Stopfens werden die Röhrchen 20 min im siedenden Wasserbad erhitzt, unter Leitungswasser abgekühlt und mit je 10 ml Propanol-Wasser verdünnt.

[1] YEMM, E. W., and E. C. COCKING: Analyst 80, 209 (1955).
[2] ROSEN, H.: Arch. Biochem. 67, 10 (1957).

Die Extinktionen der Inhalte der einzelnen Photometerröhrchen werden bei 570 mμ bestimmt. Die Röhrchen mit der Standard-0 %-Hydrolyselösung und die mit dem Nullwert des Spaltungsansatzes werden gegen den Wasserleerwert, der dem Durchschnitt der 3 Wasserleerwertbestimmungen am nächsten kommt, gemessen. Die Röhrchen mit dem Standard-40 %-Hydrolysegemisch werden gegen den Durchschnittswert der Standard-0 %-Hydrolyselösung abgelesen, während die Röhrchen mit den eigentlichen Proben der inkubierten Spaltungsansätze gegen den durchschnittlichen Nullwert des Spaltungsansatzes gemessen werden. Die Extinktionen weichen bei den Dreifachbestimmungen in der Regel nicht mehr als 0,01 voneinander ab und erreichen nur selten Schwankungsbreiten bis 0,02.

Tabelle 8. *Beispiel einer enzymatischen Leucylglycylglycin-Spaltung.*

Probe	Extinktion	% Hydrolyse	Bemerkungen
Wasser-Reagentienleerwert . . .	0,059		gemessen gegen Propanol-Wasser
Standard-0 %-Hydrolyselösung .	0,320		gemessen gegen Wasser-Reagentienleerwert
Standard-40 %-Hydrolysegemisch	0,400		gemessen gegen Standard-0 %-Hydrolyselösung
Nullwertbestimmung	0,439		gemessen gegen Wasser-Reagentienleerwert
Inkubation			
30 min	0,128	12,8	gemessen gegen Nullwertbestimmung
60 min	0,246	24,6	gemessen gegen Nullwertbestimmung
90 min	0,336	33,6	gemessen gegen Nullwertbestimmung
120 min	0,435	43,5	gemessen gegen Nullwertbestimmung

Berechnung der prozentualen Hydrolyse. Gemäß x (Prozent Hydrolyse) $= K \times D_x$ wird die durchschnittliche Extinktion der Dreifachbestimmung von Proben des Spaltungsansatzes nach der Inkubationszeit t_x mit k multipliziert, wobei sich k durch Messung der Extinktion des Standardhydrolysegemisches ergibt gemäß $K = \frac{x}{D_x}$ aus Division der gewählten Hydrolyseprozente durch die für dieses Standardhydrolysegemisch ermittelte Extinktion, also für ein Standard-40 %-Hydrolysegemisch: $K = \frac{40}{D_{40}}$.

***Papierchromatographisch-colorimetrisches Ninhydrinverfahren zur Bestimmung von Peptidaseaktivitäten nach* Hanson *und* Haschen[1-4].**

Bei dem Verfahren werden die Proben, die den Spaltungsansätzen in Mengen von 0,01—0,02 ml entnommen werden, vor der eigentlichen colorimetrischen Bestimmung mit Ninhydrin papierchromatographisch aufgetrennt. Dann wird dasjenige primäre Spaltprodukt — in der Regel eine Aminosäure — des eingesetzten Peptidsubstrats, das mit Ninhydrin größte Empfindlichkeit zeigt und sich vor allem von anderen ninhydrinpositiven Substanzen des Spaltungsansatzes eindeutig papierchromatographisch isolieren läßt, mit Hilfe des durch Überführen in den Cu-Komplex stabilisierten Ninhydrinfarbstoffes[5] nach Elution vom Papier colorimetrisch bestimmt. Die Vorzüge des Verfahrens liegen darin, daß allein das bei der enzymatischen Hydrolyse des eingesetzten Substrats freigesetzte Spaltprodukt bestimmt wird und Irrtümer, wie sie bei titrimetrischen und anderen Verfahren durch Miterfassen anderer primärer oder sekundärer Hydrolysesubstanzen auftreten können, weitgehend ausgeschaltet werden, daß weiterhin hohe, die Genauigkeit der Bestimmungen störende Leer- und Nullwerte, wie sie sich bei Titrations-

[1] Hanson, H., u. M. Wenzel: Naturwiss. **39**, 403 (1952).
[2] Haschen, R. J.: Pharmazie **9**, 824 (1954).
[3] Haschen, R. J.: Clin. chim. Acta, Amsterdam **1**, 242 (1956).
[4] Hanson, H., u. R. J. Haschen: H. **310**, 213, 221 (1958).
[5] Kawerau, E., and T. Wieland: Nature **168**, 77 (1951).

und anderen Methoden nachteilig bemerkbar machen, vermieden werden. Schließlich gestattet das Verfahren den Einsatz von sehr kleinen Enzym- und Substratmengen, was sich vor allem bei Untersuchungen an Kleintieren, aber auch an Menschen — es genügt z. B. die durch Einstich in das Ohrläppchen zu gewinnende Blutmenge vollauf für Peptidasebestimmungen des Serums — und für die sparsame Verwendung der relativ teuren Peptidsubstrate sehr vorteilhaft auswirkt. Diese Vorzüge sind verbunden mit einem relativ geringen Aufwand an Gerät, dagegen mit einem größeren Bedarf an Zeit als z.B. bei titrimetrischen Verfahren. Bei Beachtung der der Methode gezogenen Grenzen (Mikropipettierung, bei den meist üblichen Substratkonzentrationen der Ansätze genaue Erfassung der Spaltungen nur zwischen 10 und 40 % Hydrolyse bei absoluter Erfaßbarkeit der freien Aminosäure bis etwa 0,1 μM, Notwendigkeit der Mitführung von Standardeichwerten für jeden bei der Papierchromatographie benutzten Bogen Filtrierpapier) liegt die Genauigkeit des Verfahrens bei ± 3—5 %.

Reagentien:

1. Geeignete Lösungsmittelgemische zur Verteilung auf dem Papier, z.B. Gemisch nach PARTRIDGE und WESTALL[1]. n-Butanol:Eisessig:Wasser = 4:1:5.
2. Gepufferte Ninhydrinlösung: 5 g Ninhydrin in n-Butanol ad 1000,0 (n-Butanol vorher mit m Acetatpuffer p_H 4,7 sättigen).
3. Methanolische $CuSO_4$-Lösung: 246,9 mg $CuSO_4 \cdot 2\,H_2O$ in 100,0 H_2O gelöst; Methanol ad 1000,0 ml. Aufbewahrung in brauner, gut verschlossener Flasche.
4. Drei Standardlösungen, enthaltend diejenigen Mengen an Peptidsubstrat und an zu bestimmender Aminosäure, die bei Annahme einer 10- bzw. 20- bzw. 30 %igen Hydrolyse des spaltbaren Substrates (bei Zusatz von D,L-Peptiden, also z.B. der L-Komponente) noch ungespalten vorliegen bzw. an Spaltprodukt gebildet sind. Auf die Einbeziehung des nach der Substratspaltung außer der freien Aminosäure gebildeten Restspaltproduktes, z.B. von Glycylglycin bei der Leucinabspaltung aus Leucylglycylglycin, in die Standardlösung kann in der Regel verzichtet werden; jedoch ist eine vorausgehende diesbezügliche Überprüfung ratsam.

   Beispiel für Leucylglycylglycin als Substrat: Die Konzentration des D,L-Peptids im Spaltungsansatz ist zu 0,05 m vorgesehen. Zur Herstellung der drei Standardlösungen, entsprechend 10 %iger, 20 %iger und 30 %iger Hydrolyse der L-Komponente, werden aus einer D,L-Leucinstammlösung (16,38 mg D,L-Leucin mit H_2O ad 10,0) 1 ml, 2 ml und 3 ml entnommen und in 5 ml-Meßkölbchen I, II, III überführt. In I sind 58,19, in II 55,125 und in III 52,06 mg D,L-Leucylglycylglycin eingewogen. I, II und III werden mit H_2O zur Marke aufgefüllt. Der Inhalt von I entspricht dann in seinem Gehalt an Leucin und an Tripeptid einer 10 %igen Hydrolyse der L-Komponente des racemischen Leucylglycylglycins, 10 μl I enthalten somit 0,025 μM Leucin und 0,475 μM Leucylglycylglycin, 10 μl von II, einer 20 %igen L-Spaltung entsprechend 0,05 μM Leucin und 0,450 μM Leucylglycylglycin und 10 μl von III, einer 30 %igen Spaltung des L-Peptids entsprechend 0,075 μM Leucin und 0,425 μM Leucylglycylglycin. Bei längerer Aufbewahrung der Stamm- und Standardlösungen, die im Kühlschrank mehrere Wochen ohne merkbare Veränderung möglich ist, empfiehlt sich Reinheits- und Konzentrationskontrolle durch entsprechende Verfahren (van Slyke-Amino-N-Bestimmung, manometrische Ninhydrin-CO_2-Methode, Papierchromatographie).

Gerät:

1. Geeichte Präzisionspipetten zur Abmessung der Spaltungsansätze; z.B. Präzisionspipette nach HIRSCHFELD[2].
2. Geeichte Mikropipetten zur Entnahme von Proben (10 μl und 20μl) aus den Spaltungsansätzen, z.B. Mikropipetten nach ELLERMANN.

[1] PARTRIGE, S.M., and R.G. WESTALL: Biochem. J. **42**, 238 (1948).

[2] HIRSCHFELD, H.: Berlin. klin. Wschr. **1911 II**, 2209.

3. Gefäße für aufsteigende Papierchromatographie (vgl. dieses Handb. Bd. I, S. 217ff.).
4. Filtrierpapier: Papiersorte 2043a oder b (Schleicher & Schüll); Whatman; Bogengröße: 29 × 30 cm.
5. Photometer mit Hg-Dampflampe und Halbmikroküvetten (10 und 20 mm Schichtdicke).

Ausführung:

Die Spaltungsansätze werden bei Verwendung einer geeichten Hirschfeld-Pipette mit einem Verhältnis der Volumina von Pipettencapillare zu Pipettenhauptlumen 1:10 am zweckmäßigsten in der Weise hergestellt, daß die auf 38° C vorgewärmte Substratpufferlösung, in der das Substrat das 1,1fache der Endkonzentration des Spaltungsansatzes beträgt, in die ebenfalls vorgewärmte Hirschfeld-Pipette aufgezogen wird. Dann wird nach Reinigung und Trocknung der Capillare die auf 38° C erwärmte Enzympräparation in dem durch die Abmessungen der Pipette gegebenen Verhältnis 1:10 mit der Substratpufferlösung vermischt (Inkubationszeit t_0), sofort eine Probe für die papierchromatographische Nullwertbestimmung entnommen und der Rest in ein auf 38° C vorgewärmtes Mikroröhrchen entleert, das dann im Wasserbad bei 38° C weiter inkubiert wird.

Natürlich können auch die Einzelkomponenten des Spaltungsansatzes (Pufferlösung, Substratstammlösung, Enzympräparation) in Form ihrer in Eiswasser abgekühlten Lösungen in den vorgesehenen Verhältnissen in einem in Eiswasser hängenden Mikroröhrchen vereinigt und durchmischt werden, wonach sofort mit zimmerwarmer Pipette die Nullwertprobe entnommen und unmittelbar anschließend das Mikroröhrchen in ein Wasserbad von 38° C überführt wird.

Die zur Zeit t_0 und nach verschiedenen Inkubationszeiten mit Hilfe geeichter Mikropipetten (z.B. nach ELLERMANN) entnommenen Proben in Messungen von 10 oder 20 μl werden auf die parallel zur Faserrichtung, in 2 cm Abstand vom unteren Bogenrand durch Bleistift dünn markierte Startlinie eines 29 × 30 cm Chromatographiepapiers aufgesetzt. Die damit verbundene Abkühlung und Ausbreitung im Papier sorgen für raschen Abbruch der enzymatischen Hydrolyse. Der Abstand zwischen den einzelnen Proben soll mindestens 2 cm betragen, wobei die erste und letzte Auftragung möglichst 6 cm vom Rand erfolgen sollen. Um alle Proben eines Spaltungsansatzes, die auf einem Bogen aufgetragen sind, in einwandfreier Weise bestimmen zu können, ist es unter Berücksichtigung der Angaben von FISCHER und DÖRFEL[1] notwendig, Standardmischwerte des zu bestimmenden Spaltproduktes unter gleicher Behandlung wie die Proben des Spaltungsansatzes auf jedem Bogen mitzuführen. Diese Standardlösungen enthalten zweckmäßigerweise das zu ermittelnde Spaltprodukt und das Ausgangssubstrat in den Mengen, die bei den für das Spaltprodukt aufzustellenden Eichkurven einen linearen Verlauf, also Gültigkeit des LAMBERT-BEERschen Gesetzes bei Durchführung der Ninhydrinreaktion ergeben, das sind bei den meistgewählten Substratkonzentrationen im Spaltungsansatz von 0,05 bis 0,02 m Mengen, die einer 5—40%igen Hydrolyse entsprechen (vgl. vorstehend unter Reagentien). Die Auftragung der Proben, z.B. je 10 μl des Spaltungsansatzes und der Standardlösungen auf einem Bogen, erfolgt zweckmäßig in der Weise, daß alternierend, wie es das Beispiel der Abb. 5 zeigt, Proben des Spaltungsansatzes mit zunehmender Inkubationsdauer und die Standardlösungen mit ansteigenden Hydrolysegraden aufgetragen werden. Nach Lufttrocknung von 60 min bei Zimmertemperatur erfolgt die Chromatographie ebenfalls bei Zimmertemperatur aufsteigend eindimensional in zylindrischen Standgefäßen quer zur Faserrichtung des Papiers mit einer Laufstrecke von 20 bis 24 cm in etwa 14—18 Std in einem geeigneten Verteilungssystem, z.B. PARTRIDGE-Gemisch (dabei das zum Zylinder gerollte Papier, in butanolischer Phase stehend, bei Einsetzen der wäßrigen Phase in das Gefäß). Über Einzelheiten der papierchromatographischen Technik vgl. dieses Handb. Bd. I, S. 217ff. und Bd. III/2, S. 1810ff. Das in

[1] FISCHER, F. G., u. H. DÖRFEL: B. Z. **324**, 544 (1953).

Proben der Spaltungsansätze enthaltene Protein bleibt auf der Startlinie liegen, das nicht gespaltene Substrat und die Spaltprodukte verteilen sich in der Laufrichtung entsprechend ihren R_F-Werten.

Die *Entwicklung des Farbstoffes* aus der Reaktion der zu bestimmenden Aminosäure mit Ninhydrin kann nun in der Weise erfolgen, daß nach Lufttrocknung des Bogens ein etwa 10—14 cm breites Band des Papierbogens quer zur Laufrichtung der verteilten Substanzen in Höhe des R_F-Wertes der zu ermittelnden Aminosäure beidseitig mit Ninhydrinlösung besprüht und 30 min bei 80° C im Wärmeschrank erhitzt wird. Die Reaktion wird durch einen Spray mit Wasser und nochmalige Ninhydrinbehandlung zu Ende geführt. Als recht zweckmäßig hat sich erwiesen, die etwa 14 cm breiten Querbänder aus den lufttrockenen Bögen herauszuschneiden und entgegengesetzt zur Laufrichtung

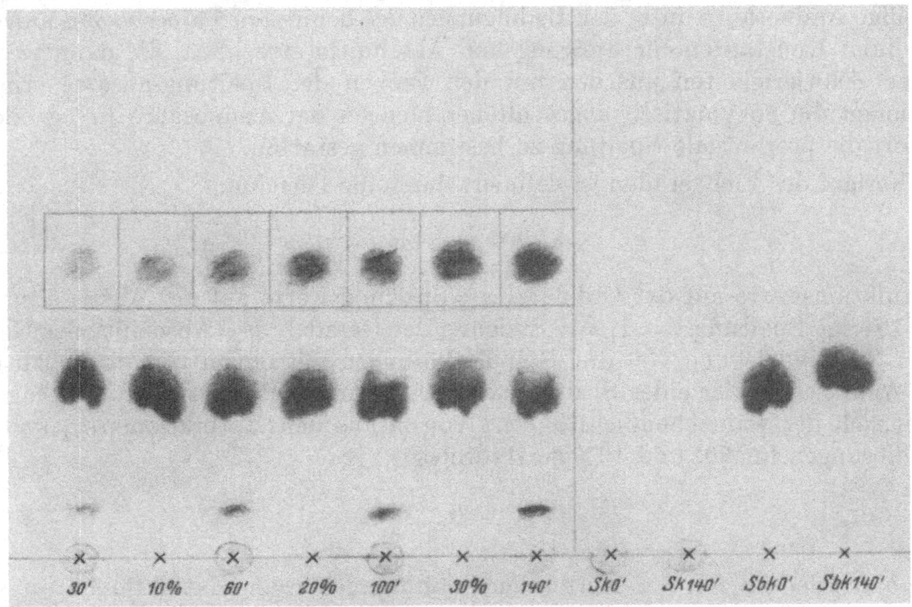

Abb. 5. Spaltung von 0,05 m D,L-Leucylglycylglycin (LGG) durch Rattenserum (1/11 des Ansatzvolumens[1]). 0,027 m Veronalpuffer, p_H 7,8, Temperatur 38° C. Auftragung von 10 μl-Proben. Chromatogramm nach Trennung in Butanol-Eisessig-Wasser 4:1:5 mit Ninhydrin entwickelt und zwecks Haltbarmachung zu Demonstrationszwecken mit Kupferreagens besprüht. 10, 20 und 30 % = diesen Hydrolysegraden entsprechende Standards, die 0,025 μM Leucin (L) + 0,475 μM LGG; 0,05 μM L + 0,450 μM LGG und 0,075 μM L + 0,425 μM LGG/10 μl enthalten. 30, 60 usw. = Bebrütungszeiten. *SK* Serumkontrolle; *SbK* Substratkontrolle. Die Flecke entsprechen — von unten nach oben — Glycylglycin (GG), LGG und L. Eiweiß am Startpunkt zurückgeblieben. Man erkennt die Zunahme des abgespaltenen L-Leucins. Die Flecke werden nach Entwicklung mit Ninhydrin in der eingezeichneten Weise ausgeschnitten, mit Cu^{++} behandelt und gleichzeitig eluiert und das Eluat photometriert.

tangential an der Oberfläche der in flachrandiger Wanne befindlichen Ninhydrinlösung vorbeizuführen. Darauf wird während 1 Std bei Aufhängung im Abzug an der Luft getrocknet, wobei die Ninhydrinfarbstoffflecken schon in Erscheinung treten, Vervollständigung der Ninhydrinreaktion durch einstündige Aufbewahrung bei 37° C.

Zur *colorimetrischen Bestimmung* des Farbstoffgehaltes müssen die Farbflecke sorgfältig in der Art und Größe, zumeist 3 × 4 cm, wie aus Abb. 5 ersichtlich, ausgeschnitten werden. Für den Papierleerwert ist ein gleich großes Stück Papier in der Höhe der angefärbten Flecken auszuschneiden, das der gleichen Behandlung durch Reagentien, Temperatur, Aufbewahrung ausgesetzt war, aber auf dem sich keine durch enzymatische Abspaltung frei gewordene oder mit der Standardlösung zugesetzte Aminosäure befinden darf. Die grob zerschnittenen Papierstücke werden in einwandfrei gereinigten, trockenen Reagensgläsern mit 5 ml methanolischer $CuSO_4$-Lösung versetzt, 1 Std verschlossen unter gelegentlichem Umschütteln bei Zimmertemperatur aufbewahrt. Dabei wird der Ninhydrinfarbstoff in den Cu-Komplex überführt[2] und gleichzeitig in einem Arbeitsgang

[1] HASCHEN, R. J.: Wiss. Z. Univ. Halle-Wittenberg (b) 7, 449 (1958).
[2] KAWERAU, E., and T. WIELAND: Nature **168**, 77 (1951).

vom Papier eluiert[1]. Natürlich läßt sich auch die Stabilisierung des Ninhydrinfarbstoffes durch mehrmaliges Besprühen auf dem Papier mit einem $Cu(NO_3)_2$-Reagens und anschließend die Elution des Farbstoffes mit Methanol durchführen[2, 3].

Die Extinktion der methanolischen Lösungen wird tunlichst bei monochromatischem Licht bestimmt (z.B. einer Hg-Dampflampe) mit Filter S 50 unter Gegenschaltung der alkoholischen Cu^{++}-Lösung unter Berücksichtigung des Papierleerwertes.

Berechnung der prozentualen Spaltung. Die Berechnung der prozentualen Hydrolyse in den Spaltungsansätzen hat von den auf jedem Bogen mitgeführten Eichwerten des zu bestimmenden Spaltproduktes auszugehen. Aus ihren Extinktionen, bezogen auf die in Form der verschiedenen Standardlösungen aufgetragenen μg oder μMol Aminosäure oder auf die sich daraus ergebende prozentuale Spaltung, läßt sich eine Eichgerade für die jeweilige Aminosäure unter den Bedingungen des benutzten Papierbogens aufzeichnen oder in ihren Konstanten für Steigung und Abschnitte errechnen, die dann zuverlässig und ohne Schwierigkeiten aus den mit den Proben der Spaltungsansätze ermittelten Extinktionen die enzymatisch abgespaltenen Mengen der Aminosäure in μg oder μMol oder sofort die prozentuale Spaltung zu bestimmen gestatten.

Der Verlauf der Eichgeraden ist definiert durch die Gleichung

$$y = mx + b$$

(y = Extinktionswerte auf der Ordinate, x = Spaltungswerte auf der Abszisse, und zwar hier für 10%ige Spaltung $x = 1$, m = Steigung der Geraden, b = Abschnitt der Geraden).

Unter Zugrundelegung von drei Standardlösungen mit einem Gehalt der zu bestimmenden Aminosäure, der einer Spaltung von 10, 20 und 30% entspricht (s. Reagentien), errechnet sich der wahrscheinlichste Wert von m aus den Extinktionen y_3 und y_1 der Standardlösungen für 30- und 10%ige Hydrolyse:

$$m = \frac{y_3 - y_1}{2}$$

und von b aus den zu den 3 x-Werten der Spaltung gehörigen Extinktionen:

$$b = \frac{\Sigma y - m \Sigma x}{n}$$

$$= \frac{y_1 + y_2 + y_3}{3} - 2m$$

$$= \frac{4y_1 + y_2 - 2y_3}{3}.$$

Da somit m und b aus den Extinktionen der Standardlösungen zu errechnen sind, läßt sich durch Bestimmung der Extinktion y der papierchromatographisch analysierten Probe des Spaltungsansatzes und durch Umformung von Gl. ($y = mx + b$) in $x = \frac{y-b}{m}$ sowie gemäß Definition von x ($x = 1$ entspricht 10%iger Spaltung) die prozentuale Spaltung als $10 \times x$ ermitteln. Für raschen Überblick der Lage der Meßpunkte der Standardwerte zum Verlauf der errechneten Eichgeraden ist eine graphische Aufzeichnung der Eichgeraden und Einzeichnung der Meßpunkte der Standardlösungen zu empfehlen. Die Fehlerbreite der Bestimmungen liegt bei ± 3—4%.

Über ein im Prinzip gleiches Verfahren der Peptidase-Bestimmung, jedoch mit Elution des Ninhydrinfarbstoffes vom Papier und seiner direkten Photometrierung ohne Stabili-

[1] Giri, K. V., A. N. Radhakrishnan and C. S. Vaidyanathan: Analyt. Chem., Washington **24**, 1677 (1952).

[2] Bode, F., H. J. Hübener, H. Brückner u. K. Hoeres: Naturwiss. **39**, 524 (1952).

[3] Bode, F.: B. Z. **326**, 433 (1954/55).

sierung durch Bildung eines Metallkomplexes berichten MANDL u. Mitarb.[1]. Über die Anwendung von alkoholischer Bicarbonatlösung für die gleichen Zwecke vgl. S. 37.

Colorimetrische Peptidasebestimmung unter Verwendung von β-naphthochinonsulfosaurem Natrium[2].

Das Verfahren beruht auf der Farbreaktion, die Aminosäuren und Peptide mit β-naphthochinonsulfosaurem Na geben[3].

Über den Mechanismus der Reaktion und die verschiedenen, in Abhängigkeit von den eingesetzten Peptiden bzw. frei werdenden Aminosäuren gebildeten Farbqualitäten vgl. dieses Handb. Bd. III/1, S. 275, Bd. III/2, S. 1716 und Bd. V, S. 48.

Bei stattgehabter Peptidhydrolyse ist es möglich, aus dem Extinktionszuwachs gegenüber dem Nullwert auf die Größe der Spaltung durch Bestimmung des Zuwachses an Amino-N in μg/0,1 oder 0,2 ml Spaltungsansatz zu schließen.

Zur genauen Ermittlung der bei enzymatischer Peptidhydrolyse freigesetzten Menge einer bestimmten Aminosäure erscheint zur Aufstellung der erforderlichen Eichkurven die Anwendung von Standardlösungen aus Substraten und den daraus bei der Enzymeinwirkung erwarteten Spaltprodukten in den Verhältnissen bestimmter Hydrolyseprozente zweckmäßiger als die Benutzung einer Aminosäurestandardlösung aus Glykokoll und Prolin, wie sie offenbar von PASCHOUD u. Mitarb. in Anlehnung an die Modifikation des FOLIN-Verfahrens von ANTENER[4] zur Bestimmung des Gesamt-Aminosäuregehaltes im Blut verwendet wird.

Bei der Durchführung der Peptidasebestimmung werden den Spaltungsansätzen, die in bezug auf das Substrat z.B. 0,025 m sind, in den vorgesehenen Zeitabständen Proben von 0,1 oder 0,2 ml entnommen. Die Enzymreaktionen werden sodann durch Überführung der Proben in eisgekühlte Wolframsäurelösung gestoppt. Nach Abzentrifugieren des Niederschlages und Filtrieren wird ein aliquoter Teil des Filtrates mit β-naphthochinonsulfosaurem Na zur Reaktion gebracht[4], die Extinktion in einem Photometer (z.B. nach PULFRICH mit Filter S 50) bestimmt und aus einer Eichkurve, erhalten aus den Reaktionen abgemessener Mengen von Aminosäurestandardlösung mit β-Naphthochinonsulfosäure, die zugehörige Menge an Spaltprodukten entnommen, aus der unter Berücksichtigung der Nullwertbestimmung oder bei Messung im Photometer unter Gegenschaltung der Nullwertlösung die prozentuale Hydrolyse errechnet werden kann.

Über weitere colorimetrische Verfahren für Peptidasebestimmungen, insbesondere auch unter Anwendung spezifischer chromogener Substrate s. im folgenden speziellen Teil bei den einzelnen Peptidasen.

Die direkte Verfolgung der enzymatischen Spaltung im optischen Test (225—234 mμ) ist für einige Dipeptide und Leucinamid beschrieben[5].

Ultramikromethode zur Peptidasebestimmung unter Verwendung des dilatometrischen Prinzips vgl. dieses Handb. Bd. II/2, S. 415ff. (Enzymatische Histochemie).

Peptidasebestimmung durch Polarimetrie. Die Anwendung des polarimetrischen Prinzips zur Peptidasebestimmung ist heute stark in den Hintergrund getreten, da die Vorteile der in den letzten Jahren entwickelten Mikromethoden (kleine Spaltungsansätze mit niedrigen Substratkonzentrationen, daher sparsamer Substratverbrauch, Verwendungsmöglichkeit auch von trüben und opalescenten Enzympräparationen usw.) gegenüber einigen Vorzügen der Polarimetrie (z.B. der Möglichkeit der fortlaufenden Messung) erheblich überwiegen. Voraussetzung für die Anwendung des polarimetrischen Verfahrens ist vor allem, daß die im Verlaufe von enzymatischen Peptidhydrolysen zur Beobachtung

[1] MANDL, I., L. T. FERGUSON and S. F. ZAFFUTO: Arch. Biochem. **69**, 565 (1957).
[2] PASCHOUD, J. M., B. SCHMIDLI u. W. KELLER: Arch. klin. exp. Derm. **201**, 484 (1955).
[3] FOLIN, O.: J. biol. Ch. **51**, 377 (1922).
[4] ANTENER, I.: Schweiz. med. Wschr. **81**, 970 (1951).
[5] SCHMITT, A., u. G. SIEBERT: B. Z. **334**, 96 (1961).

kommenden Änderungen des Drehwinkels so groß sind, daß sie mit Sicherheit am Polarimeter abgelesen werden können. Das ist in der Regel nur bei höheren Substratkonzentrationen im Ansatz z.B. 0,5 m und bei deutlichen Unterschieden in den spezifischen Drehungen der Substrate und der Spaltprodukte und bei größeren Volumina der Ansätze der Fall.

Über polarimetrische Peptidasebestimmung[1, 2].

Zur Technik der Polarimetrie vgl. dieses Handb. Bd. I/1, S. 479ff.

D. Die einzelnen Exopeptidasen.

1. Dipeptidasen

(zur Definition und Spezifität vgl. Abschnitt B, Tabelle 1, S. 5ff.).

Seitdem GRASSMANN und DYCKERHOFF[3] aus Hefeautolysaten eine Enzymlösung gewinnen konnten, die freie Dipeptide, aber nicht Polypeptide und an der Aminogruppe acylierte Dipeptide oder Aminosäureamide spaltete, sind wir berechtigt, von Dipeptidasen zu sprechen. In der Folgezeit wurde über mannigfaltige enzymatische Dipeptidspaltungen durch biologisches Material pflanzlicher, mikrobieller und tierischer Herkunft berichtet, ohne daß immer der Nachweis des Vorliegens absolut auf Dipeptide spezifisch eingestellter Dipeptidasewirkungen geführt wäre. Aus der Feststellung, daß ein Dipeptid von bestimmter Aminosäurezusammensetzung durch komplex zusammengesetztes biologisches Material enzymatisch hydrolysiert wird, kann der Spezifitätscharakter des verantwortlichen Enzyms nicht ohne weiteres abgeleitet werden. Eine solche Schlußfolgerung ist nur dann gerechtfertigt, wenn durch eine Enzympräparation, eventuell nach durchgeführten Reinigungsverfahren, außer dem gespaltenen Peptid kein Tri-, Tetra- bzw. Polypeptid und kein Dipeptid aus anderen Aminosäuren oder aus den gleichen, aber in umgekehrter Reihenfolge stehend, hydrolysiert wird und wenn die Spaltung des Dipeptids bei Acylierung der freien NH_2-Gruppe oder bei Amidierung, Veresterung usw. der COOH-Gruppe unterbleibt, d. h. wenn die in Nachbarschaft zur sensitiven Peptidbindung stehenden beiden polaren Gruppen frei und in ihrer Reaktionsfähigkeit mit den Bindungsstellen am Enzym nicht ausgeschaltet sind. Die Anwesenheit einer spezifisch auf ein bestimmtes Dipeptid eingestellten Dipeptidase in einem biologischen System können wir nur dann annehmen, wenn überhaupt nur dieses eine Dipeptid gespalten wird, was praktisch in rohen Ausgangsmaterialien nicht vorkommt, oder wenn die eindeutige Abtrennung der Spaltungswirkung gegenüber dem einen Dipeptid von der proteolytischen Wirkung gegenüber anderen Peptiden gelingt. Man wird auch dann noch von einer relativ spezifischen Dipeptidase sprechen können, wenn nicht nur ein Dipeptid, sondern mehrere, in der Aminosäurezusammensetzung strukturverwandte oder jedenfalls die Reaktionsfähigkeit mit dem Enzym ermöglichende Dipeptide gespalten werden und wenn bei durchgeführten Fraktionierungs- und Reinigungsschritten der proteolytische Quotient Q (vgl. S. 13) zwischen den verschiedenen Peptiden praktisch unverändert und die p_H-Wirkungskurve und das Verhalten gegenüber Effektoren gleich oder gleichgerichtet bleiben (s. dazu die Ausführung unter C 2a, S. 9). Im Gegensatz zu der außerordentlich großen Zahl von Beobachtungen über Dipeptidspaltungen durch biologisches Material ist der sichere Nachweis spezifischer Dipeptidasen nur für wenige Dipeptide und in einer relativ kleinen Anzahl biologischer Systeme erbracht.

In den folgenden Abschnitten sind diejenigen Dipeptidasen aufgeführt, die von ursprünglich beigemengten Polypeptidase- oder Proteinasewirkungen gereinigt werden konnten und für welche außerdem in einer Reihe von Fällen eine Spezifität für bestimmte Dipeptide nachgewiesen wurde. Die Frage nach der Existenz einer allgemein auf Dipeptide

[1] WALDSCHMIDT-LEITZ, E., u. M. EXNER: H. **282**, 120 (1947).
[2] FRUTON, J. S., V. A. SMITH and P. E. DRISCOLL: J. biol. Ch. **173**, 457 (1948).
[3] GRASSMANN, W., u. H. DYCKERHOFF: H. **179**, 41 (1928).

eingestellten Dipeptidase, wie sie durch die Untersuchungen von GRASSMANN und KLENK[1] zur Diskussion gestellt und besonders durch die Versuchsergebnisse von BERGMANN und ZERVAS[2] nahegelegt wurde, dürfte jetzt dahingehend zu beantworten sein, daß durchaus Dipeptidasen nachweisbar sind, die nur bei Vorliegen bestimmter Aminosäuren im Dipeptid wirksam sind.

Um den Dipeptidasen im engeren Sinne den Angriff auf Dipeptide, die aus 2α-Aminosäuren aufgebaut sind, zu ermöglichen, müssen vorhanden sein: 1. der Peptidwasserstoff (Glycyl-L-prolin, Alanylprolin werden von diesen Enzymen nicht gespalten), 2. mindestens je 1 H-Atom am α- und α'-C-Atom der beiden Aminosäuren (Glycyl-D,L-phenylmethylaminoessigsäure, Glycyl-α-aminoisobuttersäure, Aminoisobutyrylglycin werden zwar von Extrakten aus Darmschleimhaut, aber nicht von bestimmten gereinigten Dipeptidasen hydrolysiert), 3. die Aminosäuren in L-Konfiguration, 4. freie Amino- und Carboxylgruppen; höchstens 1 H-Atom der NH_2-Gruppe kann durch einen Alkylrest ersetzt sein. Darüber hinaus gibt es Dipeptidasen, deren Wirkung an andere strukturelle Besonderheiten des Dipeptids gebunden ist. Vergleiche dazu die folgenden speziellen Ausführungen. Gereinigte Dipeptidasen sind in meist absoluter, nur selten bei bestimmten Dipeptiden (D-Alanin enthaltenden) in relativer Spezifität auf die Spaltung von L-Peptiden eingestellt. Ihr Unvermögen, D-Peptide zu spalten, ist durch die Vorstellungen von der sterischen Behinderung einer Annäherung zwischen D-Peptid und Enzym verständlich[2].

Hefedipeptidase.

Gereinigte Dipeptidase ist sowohl aus Bierhefe[3] als auch aus Bäckerhefe[1] darzustellen. Die nach Vorschrift gewonnenen Dipeptidasepräparationen sind frei von Polypeptidase- und Proteinasewirkungen (vgl. Tabelle 9) und enthalten 30—70% der im Ausgangsmaterial vorhandenen Dipeptidaseaktivität.

Tabelle 9. *Eingesetzte Substrate*[4].

Alagly	Glyleu	Leugly	Glygly	Leuala	Glytyr	Alatyr	Alaser	Leuglu	Alaglygly	Leuglygly	Trigly	Leutrigly
+	+	+	+	+	+	+	+	+	—	—	—	—

+ hydrolysiert; — nicht hydrolysiert.

Darstellung von Dipeptidase aus Bierhefe.

500 g frische Bierhefe werden mit 50 ml Essigester unter Umrühren rasch verflüssigt, darauf mit H_2O ad 1000,0 aufgefüllt und zur Verhütung stärkerer Säuerung laufend mit NH_3 jedoch unter Vermeidung jeden Alkaliüberschusses neutralisiert. Nach $1^1/_2$ Std wird abzentrifugiert und der abgetrennte, gegen Gelatine und Peptid wirkungslose Verflüssigungssaft aufbewahrt. Der Heferückstand wird mit etwa 2 l Wasser gewaschen und anschließend in H_2O unter Zusatz von Toluol in einem Gesamtvolumen von 1000,0 suspendiert. Nach 20stündiger Autolyse wird abzentrifugiert.

400 ml des Verflüssigungssaftes werden mit Essigsäure auf p_H 5,0 gebracht, mit 80 ml 0,5 n Acetatpuffer, p_H 5,0 versetzt und mit einer Suspension von 700 mg Tonerde A* versetzt. Das Volumen wird mit H_2O auf 1600 ml aufgefüllt. Durch diese Vorbehandlung der Tonerde mit Verflüssigungssaft wird eine Beladung ihrer Oberfläche mit die Dipeptidaseadsorption hemmenden Begleitstoffen bewirkt. Das Tonerdegel wird abzentrifugiert

* Tonerden der Sorte A und C[5, 6] verhalten sich den Hefeproteasen gegenüber übereinstimmend und sind zur Trennung in gleicher Weise geeignet.

[1] GRASSMANN, W., u. L. KLENK: H. **186**, 26 (1930).

[2] BERGMANN, M., u. L. ZERVAS: H. **224**, 11 (1934).

[3] GRASSMANN, W., u. W. HAAG: H. **167**, 188 (1927).

[4] GRASSMANN, W., u. H. DYCKERHOFF: H. **179**, 41 (1928).

[5] WILLSTÄTTER, R., u. H. KRAUT: B. **56**, 1117 (1923).

[6] WILLSTÄTTER, R., H. KRAUT u. O. ERBACHER: B. **58**, 2448 (1925).

und zu einem Volumen von 50 ml im Meßkolben suspendiert (1 ml = 14 mg Al_2O_3) und dient zur weiteren Reinigung der Dipeptidase.

70 ml des Autolysates werden bei 0° C mit n Essigsäure auf p_H 5,0 eingestellt und mit 6,6 ml 0,5 n Acetatpuffer p_H 5,0 sowie etwa 170 ml H_2O versetzt; nach Zugabe von 6,4 ml der dargestellten Tonerdesuspension (90 mg Al_2O_3) wird mit H_2O ad 250,0 ml aufgefüllt. Nach Abzentrifugieren wird der Adsorptionsvorgang mit jeweils der gleichen Menge Tonerdesuspension rasch und immer in der Kälte viermal wiederholt. Die letzte Restlösung betrug dann 275 ml, enthielt z. B. 42 % der im Autolysat vorhandenen Dipeptidase und war frei von Proteinasewirkung.

Darstellung eines Dipeptidase-Trockenpräparates aus Bierhefe.

Zur schnellen Gewinnung eines Dipeptidasetrockenpräparates aus Bierhefe werden 100 g Trockenhefe (Löwenbräu, München) langsam unter Rühren in 250 ml Wasser von 40° C eingetragen und 3 Std bei dieser Temperatur langsam gerührt. Nach Zugabe von 50 ml Wasser und weiterem $^1/_2$stündigen Rühren entsteht eine dünnflüssige Lösung, die scharf abzentrifugiert wird. Die überstehende Flüssigkeit wird mit gesättigtem Barytwasser auf p_H 7,8—8,0 gebracht, der entstehende voluminöse Niederschlag abzentrifugiert und mit wenig 0,033 m Phosphatpuffer an der Zentrifuge gewaschen. Lösung und Waschflüssigkeit werden vereinigt und mit Essigsäure auf p_H 7,0 gebracht. Nach Abkühlung auf 0 bis — 2° C wird die Lösung mit 0,5 Vol. Aceton (auf — 10—15° C abgekühlt und mit alkoholischer KOH versetzt) versetzt, wobei der p_H-Wert bei p_H 7,0 (gegen Bromthymolblau) konstant bleiben und die Temperatur nicht über 2—3° C ansteigen soll. Der entstandene Niederschlag wird abzentrifugiert und verworfen, das Überstehende unter den gleichen Bedingungen nochmals mit derselben Menge Aceton versetzt. Dieser abzentrifugierte Niederschlag wird durch Waschen mit kaltem Aceton und Äther möglichst rasch in ein Trockenpräparat überführt (0,7—1,2 Dipeptidase-E/10 mg Präparation; keine Aminopolypeptidaseaktivität[1]).

Darstellung eines Dipeptidase-Trockenpräparates aus Bäckerhefe.

1 kg frische Preßhefe wird mit einem Gemisch von 70 ml Toluol + 15 ml Essigester verflüssigt, mit 1 l H_2O versetzt und der Verflüssigungssaft durch Zentrifugieren abgetrennt. Entsprechend dem Vorgehen bei Bierhefe wird der Heferückstand 20 Std autolysiert. 300 ml des abzentrifugierten Autolysates werden mit Essigsäure in der Kälte auf $p_H \sim 5,0$ eingestellt, mit 5 ml n Acetatpuffer p_H 5,0 und mit 20 ml einer wie bei Bierhefeverfahren (s. S. 47) mit Verflüssigungssaft vorbehandelten Tonerdesuspension der Sorte C_γ (enthaltend 360 mg Al_2O_3) versetzt. Nach Abzentrifugieren wird der Adsorptionsvorgang dreimal hintereinander mit je 20 ml Tonerdesuspension C_γ wiederholt. Die letzte Restlösung wird zweimal hintereinander mit je 50 ml einer Suspension von gewöhnlichem, nicht mit HCl behandeltem Kaolin (1 ml = 300 mg Kaolin) behandelt. 120 ml der durch Abzentrifugieren erhaltenen Lösung werden bei 0° C mit 65 ml reinem Aceton und so viel Alkali (in Form von 0,2 n alkoholischer KOH) versetzt, wie zur Erzielung genau neutraler Reaktion erforderlich ist. Ein sich abscheidender Niederschlag wird sofort abgetrennt. Zum Filtrat werden nochmals 60 ml Aceton zugesetzt. Ein sich bildender Niederschlag von etwa 10 g wird isoliert und schonend getrocknet. Er enthält mit etwa 190 Dipeptidase-E etwa 50 % der anfangs vorhandenen Dipeptidase und besitzt weder Proteinasewirkung gegenüber Gelatine noch Polypeptidasewirkung gegen D,L-Leucylglycylglycin.

Aus *Saccharomyces cerev. ellips.* wurde durch Toluolplasmolyse und Chromatographie an gekühlter Dowex 1-X-8-Säule Glycyclglycin und Alanylglycin spaltende Dipeptidaseaktivität in 25—80facher Anreicherung bei 95 %iger Beseitigung der Endo- und Polypeptidasewirkungen gewonnen[2].

[1] SCHNEIDER, F.: B. Z. **307**, 427 (1940/41).
[2] CORDONNIER, R.: Cr. **253**, 910 (1961).

Eigenschaften. Das p_H-Optimum der Wirkung liegt bei p_H 7,8. Die Beständigkeit des Enzyms, in Lösung auch in den Autolysaten, ist nicht sehr groß. Schon vom 2. Tage an fällt auch bei günstigen p_H-Verhältnissen um den Neutralpunkt die Wirksamkeit stark ab[1]. p_H-Werte bei 4,0 und darunter und bei p_H 9,0 und darüber lassen die Dipeptidaseaktivität schon nach 1 Std auf 0 absinken. Zur Spezifität und Affinität der Dipeptidase gegenüber verschiedenen Peptiden vgl. Tabelle 10[2].

Tabelle 10. *Verhalten von Hefedipeptidase gegenüber Di- und Polypeptiden.*

0,5 mM der rac. oder 0,25 mM der optisch-aktiven Peptide in der Titrationsprobe von 5 ml; p_H 7,8 (0,04 n NH_4Cl/NH_3-Puffer); $t = 40°$ C; Spaltung gemessen in Verbrauch an ml 0,05 n alkoholische KOH in alkoholischer Lösung mit Thymolphthalein als Indicator (100% Spaltung = 5,0 ml 0,05 n Lauge; pro Ansatz 0,5 Dipeptidase-E).

Peptid	Spaltung nach Std (ml 0,05 n KOH)			
	1/2	1	2	4
D,L-Alanylglycin	3,85	4,70	4,85	
Glycyl-L-leucin	2,40	3,15		
D,L-Leucylglycin	1,20	2,40	4,20	
Glycylglycin		0,73	1,07	1,48
D,L-Leucylalanin (0,05 g)		0,17	0,30	0,58
D,L-Alanylglycylglycin		0,08	0,17	
D,L-Leucylglycylglycin		−0,04	0,09	
Triglycin		−0,04	−0,02	0,0
D,L-Leucyltriglycin				0,12

Verschiedene Dipeptide der Glutaminsäure, des Asparagins, Serins und Tyrosins wurden durch Hefedipeptidase ebenfalls hydrolysiert[3]. Auffällig ist die Spaltung von L-Alanyl-aminomalonsäure-diamid[4], das keine freie COOH-Gruppe trägt, und die geringen, aber deutlichen Hydrolysen von Glycyl-o-, -m- und -p-aminobenzoesäure sowie von Alanyl-p-aminobenzoesäure[5].

Eine Sonderstellung nehmen verständlicherweise Peptide mit N-terminalem Prolin, z.B. L-Prolylglycin, ein. Sie wurden von Hefedipeptidaselösung schwach, von einer Präparation aus getrockneter Hefedipeptidase nicht gespalten[6].

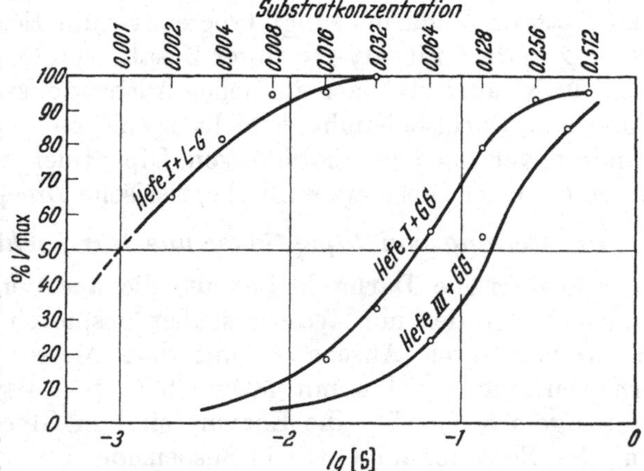

Abb. 6. Anfangsgeschwindigkeiten der Spaltung von Leu-gly und Gly-gly durch Hefedipeptidase in Abhängigkeit von der Substratkonzentration [S].

1 Einheit der Hefedipeptidase umfaßt jene Enzymmenge, die das in 0,225 g D,L-Leucylglycin enthaltene L-Peptid bei p_H 7,8 und $t = 40°$ C in 1 Std zur Hälfte spaltet und ist in nach Vorschrift gereinigten Trockenpräparaten in etwa 5 mg enthalten. Die Reaktionskinetik zeigt bei niedrigen Enzymkonzentrationen einen etwa monomolekularen Verlauf mit jedoch teilweise recht erheblichen Abweichungen (bei höheren Enzymkonzentrationen). Zur Kinetik der Leucylglycin- und Glycylglycin-Spaltung durch Hefedipeptidase vgl. Abb. 6[7].

[1] Willstätter, R., u. W. Grassmann: H. **153**, 250 (1926).
[2] Grassmann, W.: H. **167**, 202 (1927).
[3] Grassmann, W., u. H. Dyckerhoff: B. **61**, 656 (1928).
[4] Schneider, F.: B. Z. **298**, 130 (1938).
[5] Grassmann, W., L. Klenk u. T. Peters-Mayr: B. Z. **280**, 307 (1935).
[6] Grassmann, W., H. Dyckerhoff u. O. v. Schoenebeck: B. **62**, 1307 (1929).
[7] Grassmann, W., u. L. Klenk: H. **186**, 26 (1930).

Die maximale Anfangsgeschwindigkeit der Glycylglycin-Spaltung findet sich bei relativ hohen Konzentrationen des Peptids (m bis 0,25 m); die Hälfte der maximalen Anfangsgeschwindigkeit liegt bei 0,13—0,06 m Lösungen; die Spaltungsgeschwindigkeit des Leucylglycin ist dagegen innerhalb weiter Grenzen von der Substratkonzentration unabhängig und fällt erst unterhalb 0,004 m deutlich ab. Die Affinität der Hefedipeptidase steigt von Glycylglycin über Alanylglycin zum Leucylglycin stetig an (1:4—9:40 bis 90[1]). Durch Cystein (10^{-2} m) wird die Hefedipeptidase erheblich, durch Pyrophosphat (10^{-2} m $Na_4P_2O_7$) praktisch vollständig gehemmt[2]. Vollständig gehemmt wird die Leucylglycinspaltung durch HCN und H_2S[3]. Die Inhibitoren werden 1 Std vor Zugabe des Substrates zur Enzymlösung zugesetzt. In der Reihenfolge Leucin > Valin > Alanin > Glykokoll steigt die Inhibitorwirkung dieser Aminosäuren in 0,025 m Lösung bei der Spaltung von Leucylglycin < Alanylglycin < Glycylglycin[1].

Die *Bestimmung* erfolgt nach einem der unter C 2 beschriebenen Verfahren (S. 9ff.), am einfachsten und schnellsten durch Titration in alkoholischer Lösung mit 0,05 n alkoholischer KOH. Die Zusammensetzung der Ansätze und die Versuchsbedingungen ergeben sich aus den Angaben zur Tabelle 10. Die Ansatz- und Titrationsvolumina und damit die einzusetzenden Peptidmengen können zu Mikrodimensionen herabgesetzt werden (vgl. C 2b, S. 14). Die gebräuchlichsten Substrate (Alanylglycin, Glycylleucin, Leucylglycin) sind handelsübliche Präparate.

Dipeptidase aus Darmschleimhaut.

Das Enzym findet sich im Darmsaft („Darm-Erepsinkomplex“ zusammen mit Pankreaserepsin) sowie im Erepsinkomplex, der aus der Schleimhaut des Dünndarmes zu gewinnen ist. Die enzymatische Hydrolyse der Dipeptide Leu-gly, Gly-gly, Gly-leu und Gly-ala durch wäßrige Homogenate der Mucosa von Duodenum, Jejunum und Ileum des Rattendünndarms steigt progressiv zum Ileum hin an (Versuche mit Leu-gly unter Mg^{++}-Zugabe, mit Gly-gly unter Zusatz von Co^{++})[4]. Wie bei der Hefedipeptidase (Tabelle 9) ist auch die nach ähnlichen Adsorptionsverfahren erhältliche, gereinigte Dipeptidase aus Darmschleimhaut nicht spezifisch gegenüber nur einem Dipeptid wirksam, sondern vermag eine Vielzahl von Dipeptiden aus Glykokoll und L-α-Aminosäuren zu spalten. Über substratspezifische, tierische Dipeptidasen s. die folgenden Abschnitte.

Darstellung von Dipeptidase aus Darmschleimhaut[5–8].

100 g frische Darmschleimhaut, die aus dem an den Magen anschließenden etwa ersten Meter des mit Wasser sauber gespülten und aufgeschnittenen Dünndarms des Schweines durch Abschaben mit dem Messerrücken oder mit einer Glasscherbe zu erhalten sind, werden mit 500 ml 87%igem Glycerin gut verrührt. Nach mindestens eintägigem Stehen — die Enzyme sind in Glycerinextrakt relativ gut haltbar — kann aus der Schleimhaut-Glycerin-Suspension durch Filtration mit Hilfe eines grobporigen Faltenfilters (z.B. S. u. S. Nr. 1117½) oder, nach Verdünnung der Suspension mit Wasser 1:1—1:3, durch 5 min Zentrifugieren ein gut haltbarer Glycerinextrakt bzw. eine Glycerin-Wasser-Rohlösung gewonnen werden. Zur weiteren Reinigung werden 100 ml von letzterer oder des mit Wasser 1:1 verdünnten Glycerinextraktes mit 1,0—1,5 ml n Essigsäure auf p_H etwa 4,8—5,0 unter Kühlung auf 0—5° C versetzt und vom entstandenen Niederschlag abzentrifugiert; bei nicht eingetretener Klärung kann man vorsichtig

---

[1] GRASSMANN, W., L. KLENK u. T. PETERS-MAYR: B. Z. **280**, 307 (1935).
[2] GRASSMANN, W., H. DYCKERHOFF u. O. v. SCHOENEBECK: H. **186**, 183 (1930).
[3] GRASSMANN, W., u. H. DYCKERHOFF: H. **179**, 41 (1928).
[4] ROBINSON, G. B., and B. SHAW: Biochem. J. **77**, 351 (1960).
[5] WALDSCHMIDT-LEITZ, E., u. A. SCHÄFFNER: H. **151**, 31 (1926).
[6] WALDSCHMIDT-LEITZ, E., A. K. BALLS u. J. WALDSCHMIDT-GRASER: B. **62**, 956 (1929).
[7] BALLS, A. K., u. F. KÖHLER: B. **64**, 34 (1931).
[8] BALLS, A. K., u. F. KÖHLER: H. **205**, 157 (1932).

noch einige Tropfen Essigsäure zugeben und nochmals zentrifugieren. Unter Fortsetzung der Kühlung und unter Vermeidung jedes unnötigen Stehenlassens bei saurer Reaktion — die Dipeptidase ist säureempfindlich! — werden nun 100 ml der geklärten Lösung nach Einstellung des p_H auf 4,5—4,8 durch n Acetatpuffer vom p_H 4,0 mit 7,5 ml Tonerdesuspension C_γ (entsprechend 174 mg Al_2O_3) vermischt und abzentrifugiert. Das Adsorbat wird zweimal mit je 50 ml kaltem 20%igem Glycerinwasser, eventuell auf p_H 5,0 mit Acetatpuffer eingestellt, gewaschen und anschließend mit 50 ml 0,1 m Na_2HPO_4-Lösung (20% Glycerin enthaltend) oder 0,05 n NH_3-Lösung, ebenfalls 20% Glycerin enthaltend, eluiert. 20 ml Eluat werden nun, immer unter guter Kühlung, mit n HCl oder Essigsäure auf p_H 5,0 eingestellt und mit 5 ml einer wäßrigen Suspension von 200 mg eines durch Erhitzen künstlich gealterten Eisenhydroxyds (Darstellung[1, 2]) oder freien gepulverten Hämatits adsorbiert. Zu beachten ist, daß durch ein zu lange (14 Tage) fortgesetztes Erhitzen einer Fe_2O_3-Suspension auf dem Wasserbad ein Adsorbens entsteht, das zwar Dipeptidase gut adsorbiert, von dem das Enzym aber nicht wieder zu eluieren ist[2]. Nach zweimaligem Waschen des Adsorbates mit je 20 ml 20%igem Glycerin-Wasser, p_H 4,7 (durch wenig Acetatpuffer), wird die Dipeptidase mit 10 ml 0,1 m Na_2HPO_4-Lösung (20% Glycerin enthaltend) 30 min eluiert und durch Abzentrifugieren vom Adsorbens getrennt. Die Lösung wird durch eine dünne Kieselgurschicht filtriert, sodann neutralisiert. Die Ausbeute an Dipeptidase ist mäßig und überschreitet nicht 20% der Enzymausgangsmenge, jedoch ist die Lösung frei von Polypeptidase und Proteinase.

Eigenschaften. Die Spaltungsaktivität ist optimal bei p_H 7,8—8,0. Eine Inaktivierung der Dipeptidase in einer durch das Tonerde C_γ-Verfahren gereinigten Lösung tritt durch

Tabelle 11. *Spaltung von Dipeptiden durch Dipeptidase*[4].

Die Ansätze enthielten 0,625 mM Substrat und 2×10^{-5} Dipeptidaseeinheiten (als Verunreinigung noch 6×10^{-6} Polypeptidaseeinheiten); p_H 8,0 (n NH_3/NH_4Cl-Puffer); Bebrütungszeiten 26 Std; titriert wurden 2 ml des Ansatzes in 50 ml 95%igem Alkohol nach WILLSTÄTTER und WALDSCHMIDT-LEITZ (vgl. S. 17).

Substrat	Spaltung %	Substrat	Spaltung %
Glycylglycin	10	Glycyl-D,L-leucin . .	22
D,L-Leucylglycin. . . .	8	Glycyl-D,L-alanin . .	14
D,L-Alanylglycin . . .	30	Glycyl-D-alanin . . .	0
Glycyl-L-tyrosin	8		

vierstündige Aufbewahrung bei p_H 3,0 bei 30° C ein[3], gemessen gegenüber Glycyl-L-tyrosin. Tabelle 11 gibt einen Vergleich der Dipeptidasewirkung aus Darmerepsin gegenüber einigen Dipeptiden.

Auf Grund des Befundes, daß Darmerepsin Glycyl-p-nitranilin, Glycyl-m-amino benzoesäure, Glycyl-p-aminobenzoesäure und Glycyl-p-nitranilin-o-carbonsäure spaltet, die aus dem Darmerepsin zu gewinnende Aminopolypeptidase diesen Substraten gegenüber unwirksam ist (vgl. demgegenüber die Befunde der Spaltung von Glycyl-p-nitranilin und Glycyl-p-aminobenzoesäure durch gereinigte Aminopeptidase aus Darmschleimhaut[5] und die teils bestätigenden, teils abweichenden diesbezüglichen Ergebnisse mit Hefedi- und -polypeptidase[6]), wird gefolgert, daß ihre Hydrolyse auf die W-rkung der im Darmerepsin ebenfalls enthaltenen Dipeptidase zurückzuführen ist; Glycylanilin, Glycyl-p-chloranilin, Glycyl-o- und -p-toluidin sowie Glycyl-o-aminobenzoesäure wurden

[1] WILLSTÄTTER, R., H. KRAUT u. W. FREMERY: B. 57, 1498 (1924).
[2] ABDERHALDEN, E., u. P. GREIF: Fermentforsch. 15, 311 (1937).
[3] WALDSCHMIDT-LEITZ, E., u. G. v. SCHUCKMANN: H. 184, 56 (1929).
[4] BALLS, A. K., u. F. KÖHLER: B. 64, 34 (1931).
[5] BERGMANN, M., L. ZERVAS, J. S. FRUTON, F. SCHNEIDER and H. SCHLEICH: J. biol. Ch. **109**, 325 (1935).
[6] GRASSMANN, W., L. KLENK u. T. PETERS-MAYR: B. Z. **280**, 307 (1935).

von Darmerepsin und auch gereinigter Aminopolypeptidase nicht gespalten[1]. Entgegenstehende Befunde hinsichtlich einer deutlichen Hydrolyse von Glycylanilin durch Erepsin s.[2, 3]. Glycyl-o-aminobenzoesäure hemmt die Spaltung der Glycyl-m- und -p-benzoesäure, während Chloracetyltyrosin und Acetursäure die Leucylglycin-Hydrolyse herabsetzen[1]. Zur Frage der Hemmung der Dipeptidspaltung durch freie α-Aminosäuren s.[4, 5]. Durch die Untersuchungen von LINDERSTRØM-LANG u. Mitarb. ergaben sich erstmalig Hinweise, daß die Darmdipeptidase nicht einheitlich ist, d.h. nicht nur ein Enzym für die Spaltung aller Dipeptide aus Glykokoll und α-L-Aminosäuren aufweist, sondern daß wenigstens zwei Dipeptidasen vorhanden sind, die sich durch ihr p_H-Optimum, ihre Spezifität, ihre Stabilität und ihr Verhalten gegenüber Tonerde unterscheiden lassen[6–8]. Die drei untersuchten Dipeptide Glycylglycin, Alanylglycin und Leucylglycin werden in Abhängigkeit von der Darstellung und der Aufbewahrung der Enzympräparationen und je nach dem p_H der Ansätze in verschiedenen Verhältniswerten zueinander gespalten. Eine Dipeptidase I hydrolysiert mit einem p_H-Optimum bei p_H etwa 7,3 Glycylglycin und Leucylglycin etwa gleich schnell, Alanylglycin etwa achtmal schneller und ist in wäßriger Lösung sehr unstabil; eine auch in wäßriger Lösung recht beständige Peptidase II spaltet maximal bei p_H 8,1—8,2, und zwar Leucylglycin fünfmal rascher als Alanylglycin, während Glycylglycin nur gering hydrolysiert wird. Lösungen der Peptidase II erwiesen sich aktiv sowohl gegenüber Leucylglycin wie auch Leucylglycylglycin und Leucylglycylglycylglycin, und zwar mit gleichen p_H-Optima und identischem Verhalten gegen Eisenhydroxyd als Adsorbens, weshalb LINDERSTRØM-LANG das Enzym als Leucylpeptidase bezeichnet, das Peptide mit N-terminalem Leucin unabhängig von der Kettenlänge angreift[8] (vgl. jedoch die der Existenz einer allgemeinen Leucylpeptidase entgegenstehenden, neuen Befunde von WALDSCHMIDT-LEITZ und KELLER[9], wonach die Aktivität der Leucylglycin-Spaltung von der der Leucylglycylglycin-Hydrolyse durch Adsorptionsverfahren an $Fe(OH)_3$ zu trennen ist).

K_M-Werte der Dipeptidase aus Schweinedarm bei verschiedenem p_H und im Vergleich zu Dipeptidase aus Pankreas und Milz mit Glycyl-L-tyrosin als Substrat vgl. Tabelle 12.

Tabelle 12. Nach WALDSCHMITZ-LEITZ und SCHUCKMANN[10].

Herkunft der Dipeptidase	p_H	K_M	Inkubationszeit min	Bemerkungen
Schweinedarm	7,8	0,0026	30	p_H-Optimum
Schweinedarm	7,0	0,0048	46	
Schweinedarm	8,8	0,0046	46	0,001 Dipeptidase-E
Pankreas . .	7,8	0,0026	30	30° C
Milz	7,8	0,0026	30	

Die Kinetik der Darmschleimhautdipeptidase läßt sich als Reaktion 1. Ordnung $\left(K_1 = \frac{1}{t} \log \frac{a}{a-x}\right)$ beschreiben[11]. K_1 wird zur Definition der Dipeptidase-(Erepsin-)E benutzt, indem unter 1 Dipeptidase-(Erepsin-)E das 1000fache derjenigen Enzymmenge verstanden wird, bei der sich ein K_1-Wert von 0,001 für die Spaltung von D,L-Leucyl-

[1] BALLS, A. K., u. F. KÖHLER: B. **64**, 34 (1931).
[2] ABDERHALDEN, E., u. H. BROCKMANN: Fermentforsch. **10**, 159 (1929).
[3] HANSON, H., u. R. CHUDZICKI: Unveröffentl. Versuche, Glycerinextrakt von Meerschweinchendarm (1955).
[4] ABDERHALDEN, E., u. O. HERRMANN: Fermentforsch. **10**, 610 (1929).
[5] BALLS, A. K., u. F. KÖHLER: B. **64**, 294 (1931).
[6] LINDERSTRØM-LANG, K.: H. **182**, 151 (1929).
[7] LINDERSTRØM-LANG, K., u. M. SATO: H. **184**, 83 (1929).
[8] LINDERSTRØM-LANG, K.: H. **188**, 48 (1930).
[9] WALDSCHMIDT-LEITZ, E., u. L. KELLER: H. **309**, 228 (1958).
[10] WALDSCHMIDT-LEITZ, E., u. G. v. SCHUCKMANN: H. **184**, 56 (1929).
[11] WALDSCHMIDT-LEITZ, E., u. A. SCHÄFFNER: H. **151**, 31 (1926).

glycin (0,05 m im Ansatz) bei p_H 8,0 (n NH_3/NH_4Cl-Puffer) und einer Temperatur von 30° C bei z.B. einstündiger Bebrütung ergibt.

Bestimmungsmethoden. Die Bestimmung kann, wie im Abschnitt „Darstellung" angegeben, in Glycerinextrakten und den daraus hergestellten gereinigten Lösungen erfolgen. Auch Darmschleimhaut-Homogenate oder aus diesen durch Aceton-Äther-Behandlung gewonnene Trockenpräparate sowie Darmsaft können verwendet werden. Letztere werden mit z.B. dem zehnfachen Volumen H_2O bei Zimmertemperatur 15 min geschüttelt und in der Kälte filtriert oder zentrifugiert. In Anbetracht der Empfindlichkeit der Peptidasen (vgl. S. 52; LINDERSTRØM-LANG[1-3]) wird man zur Erfassung der gesamten Dipeptidaseaktivitäten am besten von frischem Homogenat oder von Glycerinextrakten Gebrauch machen. Für die Bestimmung im einzelnen kann nach den bei der Hefedipeptidase gemachten Angaben verfahren werden (S. 50). Bei Verwendung von racemischen Dipeptiden ist bei Errechnung der prozentualen Spaltung zu beachten, daß nur die L-Peptide hydrolysiert werden, also eine z.B. titrimetrisch festgestellte 50%ige Spaltung des insgesamt eingesetzten Dipeptids einer 100%igen Zerlegung des L-Peptids entspricht. Die zuverlässigsten Resultate sind zu erhalten mit Enzymmengen, die K_1-Werten zwischen 0,0005—0,005 entsprechen.

Dipeptidase aus Pankreas.

Aus Pankreas ist durch Anwendung der Adsorptions-Elutionstechnik eine Dipeptidase zu gewinnen, deren Lösung frei ist von Polypeptidase- und Proteinasewirkungen, also auch Tripeptide mit N-terminalem Leucin nicht hydrolysiert, dagegen eine größere Zahl von Dipeptiden, darunter auch solche mit N-terminalem Leucin, spaltet[4]. Durch diese Befunde ist die Existenz einer besonderen Leucylpeptidase (vgl. S. 52), also eines Enzyms, das aus allen Di- und Polypeptiden mit N-terminalem Leucin diese Aminosäure absprengt[3], in Frage gestellt.

Darstellung. Aus einem in üblicher Weise durch Aceton-Ätherbehandlung hergestellten Pankreaspulver wird durch Zugabe von 10 Teilen 87%igem Glycerin ein Extrakt bereitet. 10 ml davon werden nach Klärung mit dem gleichen Volumen Wasser verdünnt und unter ständiger Kühlung auf 0—5° C mit 0,2 n Essigsäure auf p_H 4,8 eingestellt. Adsorbiert wird mit 1,0 ml Tonerde C_γ (35,3 mg Al_2O_3). Nach Abzentrifugieren wird zweimal mit je 5 ml 20%igem Glycerin gewaschen, anschließend mit 6,0 ml 0,04 n NH_3 (17% Glycerin enthaltend) eluiert. 5 ml der Tonerdeelution (Dipeptidase und Aminopolypeptidase enthaltend) werden nach Einstellung auf p_H 4,8 durch 0,2 n Essigsäure, dreimal hintereinander mit je 1,0 ml einer Eisenhydroxydsuspension (= 12,6 mg Fe_2O_3), adsorbiert. Aus dem ersten Adsorbat wird, nach Waschen mit 5 ml 20%igem Glycerin, durch 3,0 ml 1%ige Na_2HPO_4-Lösung (20% Glycerin enthaltend) die Dipeptidase eluiert. Das mit Essigsäure neutralisierte Eluat soll Dipeptidaseaktivität (gegenüber Leucylglycin) aufweisen, aber keine Aktivität an Aminopolypeptidase (gegenüber Leucylglycylglycin), an Carboxypeptidase und Proteinase.

Eigenschaften. p_H-Optimum: 7,8. Über aktivierende Wirkung von Metallionen vgl. Tabelle 13.

Zur Aktivität des Glycerinextraktes bzw. der gereinigten Dipeptidaselösung (Eisenhydroxydeluat) gegenüber Di- und Tripeptiden sowie Aminosäureamiden und die aktivierende Wirkung von Mn bei der Spaltung aller Leucylpeptide vgl. Tabelle 14.

Bestimmung. Nach einer der in Teil C beschriebenen Methoden; über die Zusammensetzung der Ansätze vgl. Angaben zu Tabelle 13 und 14.

[1] LINDERSTRØM-LANG, K.: H. **182**, 151 (1929).
[2] LINDERSTRØM-LANG, K., u. M. SATO: H. **184**, 83 (1929).
[3] LINDERSTRØM-LANG, K.: H. **188**, 48 (1930).
[4] WALDSCHMIDT-LEITZ, E., u. L. KELLER: H. **309**, 228 (1958).

Tabelle 13. *Aktivierende Wirkung von Metallionen*[1].

Ansatz: 0,50 ml 0,09 m D,L-Leucylglycin + 0,25 ml Glycerinauszug (1:1 mit Wasser verdünnt) + 0,15 ml 0,1 n NaOH + 0,60 ml H_2O bzw. 0,0025 m Metallsalzlösung; Gesamt-Vol. 1,50 ml; p_H 7,8; 20 min bei 30° C; Titration nach GRASSMANN und HEYDE mit 0,01 n alkoholischer KOH (vgl. S. 17).

Zusatz	Aciditäts-Zuwachs (ml 0,01 n)	Spaltung (%)	k (monomol.)
Ohne	0,75	16,6	0,0119
Mangan(II)-Salz	1,20	26,7	0,0202
Kobalt(II)-Salz	1,14	25,3	0,0190
Magnesiumsalz	0,96	21,3	0,0156
Zinksalz	0,75	16,6	0,0119

Tabelle 14. *Spaltbarkeit von Di- und Tripeptiden sowie Aminosäureamiden durch Glycerinextrakt des Pankreas bzw. durch Eisenhydroxydeluat.*

Ansatz: 0,50 ml 0,09 m Substratlösung + 0,25 ml Glycerinextrakt (1:1 mit Wasser verdünnt) bzw. 0,25 ml Eisenhydroxydeluat mit 0,1 n NaOH und Wasser bzw. 0,15 ml 0,01 m $MnSO_4$ zu 1,50 ml Gesamt-Volumen versetzt; p_H 7,8; 30° C; Titration nach GRASSMANN und HEYDE mit 0,01 n alkoholischer KOH (vgl. S. 17).

Substrat	Glycerinextrakt			Eisenhydroxydeluat		
	in min	Spaltung in %		in min	Spaltung in %	
		ohne Mn	mit Mn		ohne Mn	mit Mn
Dipeptide:						
Glycylglycin	180	13,3	13,3	180	6,0	6,0
D,L-Alanylglycin	60	6,7	6,7	120	4,0	4,0
D,L-Valylglycin	60	8,7	8,7	120	4,7	4,7
D,L-Asparagylglycin	180	8,7	8,7			
D,L-Leucylglycin	20	16,6	26,7	60	7,3	12,0
D,L-Leucyl-L-asparagin	60	13,3	18,6	60	4,7	7,3
D,L-Leucyl-L-tyrosin	20	16,0	26,7			
D,L-Leucyl-L-glutamin	20	16,0	25,3			
D,L-Leucyl-D,L-phenylalanin	20	15,3	26,0			
Glycyl-D,L-leucin	30	14,6	14,6			
Glycyl-D,L-phenylalanin	30	14,0	14,0			
D,L-Isoleucylglycin	60	12,0	12,0			
L-Histidylglycin (0,062 m)	60	15,4	30			
Tripeptide:						
Triglycin	120	6,6	6,6			
Glycyl-D,L-leucylglycin	30	14,6	15,3			
D,L-Leucylglycylglycin	20	18,6	28,7	60	0	0
D,L-Leucylglycyl-L-leucin	20	19,3	30,0			
D,L-Leucylglycyl-L-tyrosin	20	16,6	26,7			
D,L-Leucylglycyl-L-asparagin	20	11,3	18,0			
Amid:						
D,L-Leucinamid	20	10	16,0	60	0	0

Die K_M-Werte betragen für D,L-Leucyl-L-asparagin 0,182 (1 Std bei 30° C, 0,00055 Dipeptidase-E, 0,001 m Mn^{++}, p_H 7,8) und für D,L-Valylglycin 0,087 (2 Std bei 30° C, 0,00055 Dipeptidase-E; 0,001 m Mn^{++}; p_H 7,8).

Beispiel einer Dipeptidase aus einem an der Bildung von Verdauungsenzymen nicht beteiligten Organ (Niere).

Für die enzymatische Spaltung zahlreicher Dipeptide durch tierische und pflanzliche Organe sowie Mikroorganismen sind die in Frage kommenden Enzyme nur in relativ wenigen Fällen in gereinigter Form, d.h. mit spezifischer, nur auf Dipeptide eingestellter Wirkung isoliert worden. Vielmehr wird häufig lediglich auf Grund des Spaltungseffektes

[1] WALDSCHMIDT-LEITZ, E., u. L. KELLER: H. **309**, 228 (1958).

eines Homogenates, Extraktes usw. eines Organs gegenüber Dipeptiden auf das Vorhandensein einer oder mehrerer Dipeptidasen geschlossen, also auf Enzyme, deren Substrate an der sensitiven Peptidbindung den Peptidwasserstoff sowie in α-Stellung dazu die freie COOH-Gruppe und die freie, höchstens 1 H-Atom durch einen Alkylrest substituierte Aminogruppe aufweisen müssen, um durch das Enzym hydrolysierbar zu sein.

Im folgenden wird deshalb die Darstellung einer Nierendipeptidase beschrieben, die nur Dipeptide einschließlich Leucylglycin, aber keine Proteine und Polypeptide einschließlich Leucylglycylglycin spaltet und somit als Beweis dafür angeführt wird, daß eine einheitliche Leucinaminopeptidase[1], die alle Peptide mit N-terminalem Leucin unabhängig von der Kettenlänge hydrolysiert, nicht existiert[2].

Darstellung[2]. Als Ausgangsmaterial wird ein nach SPACKMAN u. Mitarb.[3] dargestelltes und durch Dialyse vom Fällungsmittel $(NH_4)_2SO_4$ befreites Leucinaminopeptidasepräparat aus Schweineniere (s. diesen Beitrag unter D 3 S. 156) verwendet. 20 ml der dialysierten Enzymlösung werden dreimal hintereinander mit je 3 ml Eisenhydroxyd (entsprechend je 37,8 mg Fe_2O_3) bei p_H 4,5 adsorbiert. Das erste Adsorbat wird mit 5,0 ml 1%iger Na_2HPO_4-Lösung eluiert. Das Eluat weist Dipeptidasewirkung auf und ist frei von Polypeptidase (vgl. Tabelle 15).

Eigenschaften. Die Aktivität gegenüber einigen Peptiden zeigt Tabelle 15.

Tabelle 15. *Aktivität der gereinigten Dipeptidase aus Schweineniere*[2].

Ansatz: 0,5 ml Eluat + 0,5 ml 0,09 m Substrat + 0,5 ml H_2O oder + 0,15 ml 0,02 m $MnSO_4$ + 0,35 ml H_2O; p_H 7,8; 30° C; titriert nach GRASSMANN und HEYDE mit 0,01 n alkoholischer KOH (s. S. 17).

Substrat	Inkubationszeit in min	Spaltung in %	
		ohne Mn	mit Mn
Glycylglycin	60	6,7	6,7
Alanylglycin	60	10,0	10,0
Leucylglycin	30	8,0	22,0
Glycylglycylglycin . . .	120	0,0	0,0
Leucylglycylglycin . . .	60	0,0	0,0
Leucinamid	60	0,0	0,0

Die Aktivierbarkeit der Leucylglycinspaltung durch Mn^{++} wird nach[2] nicht auf die Anwesenheit einer besonderen Leucyl-Dipeptidase zurückgeführt, sondern auf die Reaktionsweise der Dipeptidase mit Substraten von bestimmter Struktur, z. B. solchen mit N-terminalem Leucin, Histidin und Tryptophan, die möglicherweise eine Chelatbildung des Metalls durch Reaktion mit dem N-Atom der Aminogruppe einerseits und mit einer aktivierten CH-Gruppe (Verzweigungsstelle in Leucin oder in Nachbarschaft einer Doppelbindung im heterocyclischen Ring des Histidins oder Tryptophans) begünstigen. Über ein spezifisches leucylglycinspaltendes Enzym im menschlichen Uterus vgl.[4].

Zur *Bestimmungsmethodik* vgl. die Angaben zur Tabelle 15 und im allgemeinen Teil dieses Beitrages unter C 2b, S. 14.

Glycylglycin-Dipeptidase.

[3.4.3.1 Glycylglycin-Hydrolyase.]

Ein für die Glycylglycinspaltung spezifisches, bei Pflanzen, Tieren und Mikroorganismen weit verbreitetes Enzym wird angenommen auf Grund seiner meist großen Instabilität und seiner unabhängig von der Herkunft immer festzustellenden Aktivierbarkeit

[1] LINDERSTRØM-LANG, K.: H. **188**, 48 (1930).
[2] WALDSCHMIDT-LEITZ, E., u. L. KELLER: H. **309**, 228 (1958).
[3] SPACKMAN, D. H., E. L. SMITH and D. M. BROWN: J. biol. Ch. **212**, 255 (1955).
[4] SMITH, E. L.: J. biol. Ch. **173**, 553 (1948).

durch Co^{++}, in geringerem Maße auch durch Mn^{++}. In diesen Eigenschaften unterscheidet es sich von Dipeptidasen, die andere einfache Dipeptide hydrolysieren[1]. Spezifitätsstudien an gereinigten Glycylglycin-Dipeptidasepräparationen verschiedener Provenienz liegen nur relativ wenige vor. Dagegen ist die Glycylglycinspaltung mit Beobachtung ihrer Co^{++}-Aktivierbarkeit und der hohen Empfindlichkeit des Enzyms in einer Vielzahl von Extrakten, Homogenaten usw. von Organen und von biologischen Flüssigkeiten (Darmsaft) festgestellt worden: in Darmmucosa, Leber, Niere, Skeletmuskel, Herz, Uterus und Blutserum von Schwein, Kaninchen, Meerschweinchen, Maus, Mensch[1–5]. Die Niere der Ratte besitzt im Vergleich zur Leber etwa zehnfach stärkere Spaltungsaktivität gegenüber Glycylglycin, wobei die Hauptaktivitäten im Cytoplasma und der Mikrosomenfraktion bei $18000 \times g$ lokalisiert sind[6]. Über weitere Spezifizierung der Glycylglycin spaltenden Aktivität der Rattenleber vgl.[7]. Ähnliche Metallaktivierungsverhältnisse der Glycylglycin-Hydrolyse legen das Vorkommen eines entsprechenden Glycylglycin-Dipeptidasesystems in Hefen, Mikroorganismen und pflanzlichem Material nahe[3, 8].

Darstellung. Hochaktive Enzympräparationen sind zu erhalten aus Rattenskeletmuskel und menschlichem Uterus[1]. Die Organe bzw. Gewebe werden zunächst mit kaltem Wasser möglichst blutfrei gewaschen, dann grob zerkleinert und bei 0° C mit Wasser (5 Vol.) im Homogenisator homogenisiert. Die Extrakte werden nach Einstellung auf p_H 7,5 (mit 0,1 n NaOH) durch Zentrifugieren geklärt. Die Verwendung von physiologischer NaCl-Lösung oder von Veronalpuffer p_H 7,8 für die Herstellung der Extrakte bietet keine Vorteile, es wird sogar mehr inaktives Protein gelöst.

Das Rattenmuskelenzym muß sofort benutzt werden, da bereits innerhalb weniger Stunden Aktivitätsverluste eintreten.

Der geklärte Extrakt aus menschlichem Uterus wird durch Behandlung mit 2 Vol. kaltem Aceton gefällt, das Präcipitat abgetrennt, nacheinander mit Aceton und Äther gewaschen und anschließend luftgetrocknet. Das Enzym ist als Trockenpulver gut haltbar, ein wäßriger Extrakt daraus muß jedoch sofort benutzt werden. Entsprechend kann auch aus Acetontrockenpulver der Schweinedarmmucosa eine wirksame Enzympräparation gewonnen werden[9]. Über die Darstellung von Präparationen aus Schweinenieren, die hohe Spaltungsaktivität gegenüber Glycylglycin besitzen, vgl.[10, 11].

Aus Bäckerhefe, die mit Essigester maceriert und unter Zugabe von Wasser und Toluol bei p_H 6,0 autolysiert wird, ist durch $(NH_4)_2SO_4$-Fraktionierung bei 0,6 Sättigung und

Tabelle 16. *Glycylglycin-Spaltung durch Rattenmuskel ohne Aktivator und mit Mn^{++} und Co^{++}.*

Wäßriger Extrakt der Muskulatur der Extremitäten (0,163 mg Protein-N/ml); Glycylglycin 0,05 m; 40° C; p_H 7,8—8,0 (Veronalpuffer).

Inkubationszeit (Std)	Spaltung in %		
	ohne Aktivator	10^{-3} m Mn^{++}	10^{-3} m Co^{++}
3	19	37	83
5		53	97
24	34	96	102

[1] SMITH, E. L.: J. biol. Ch. **173**, 571 (1948).
[2] MASCHMANN, E.: B. Z. **310**, 28 (1941/42).
[3] BERGER, J., and M. J. JOHNSON: J. biol. Ch. **130**, 641, 655 (1939).
[4] GAILEY, F. B., and M. J. JOHNSON: J. biol. Ch. **141**, 921 (1941).
[5] FLEISHER, G. A.: J. biol. Ch. **205**, 925 (1953).
[6] HANSON, H., u. W. BLECH: H. **315**, 191 (1959).
[7] WILCOX, H. G., and M. FRIED: Biochem. J. **87**, 192 (1963).
[8] BERGER, J., and M. J. JOHNSON: J. biol. Ch. **133**, 639 (1940).
[9] SMITH, E. L.: J. biol. Ch. **176**, 9, 21 (1948).
[10] DAVIS, N. C., and E. L. SMITH: J. biol. Ch. **200**, 373 (1953).
[11] ROBINSON, D. S., S. M. BIRNBAUM and J. P. GREENSTEIN: J. biol. Ch. **202**, 1 (1953).

Acetonfällung eine *Hefeglycylglycin-Dipeptidase* mit einem C_0-Wert der gereinigten Präparation von 250 gegenüber etwa 10 des rohen Autolysates zu gewinnen[1].

Tabelle 17. *Substratspezifität der Glycylglycin-Dipeptidase*[2].
(0,05 m Substratkonzentration, 40°C; 0,1 m Phosphatpuffer, p_H 7,6—7,7).

Glycylglycin-Dipeptidase aus	Substrat	Protein-N pro ml Ansatz in mg	Spaltungszeit in Std	Spaltung in %	
				ohne Co^{++}	mit Co^{++} (10^{-3} m)
Rattenmuskel	Glycylglycin	0,20	3	18	93
	Sarkosylglycin	0,60	20	13	63
	N-Dimethylglycin	0,80	20	3	−2
	Glycylsarkosin	0,80	20	1	0
	Glycylglycinamid			0	0
	Glycinamid			0	0
	Triglycin			0	0
	Benzoylglycylglycin			0	0
	β-Alanylglycin			0	0
	β-Alanyl-β-alanin			0	0
	Glycyl-β-alanin				±
	Glycyl-L-alanin			0	0
Menschlicher Uterus . .	Glycylglycin	0,02	3	6	104
	Sarkosylglycin	0,40	3	3	102
	N-Dimethylglycylglycin	0,80	21	2	1
	Glycylsarkosin	0,80	21	−2	2

Tabelle 18[2]. *K_0- und C_0-Werte für Glycylglycin-Dipeptidase.*

Die Ansätze waren in bezug auf die Substrate 0,05 m und in bezug auf $CoCl_2$ 10^{-3} m und bei den Enzympräparationen aus Rattenmuskel mit 0,02 m Veronalpuffer und bei Uterus- und Darmmucosapräparationen mit 0,1 m Phosphatpuffer auf p_H 7,6—7,8 eingestellt.

Enzympräparation aus	Substrate	Protein-N pro ml Ansatz mg	Inkubationszeit min	Spaltung %	K_0	C_0
Rattenmuskel	Glycylglycin	0,059			0,61	10,4
	Sarkosylglycin	0,108	180	17	0,094	
			240	23	0,096	
			300	29	0,097	0,89
Menschlicher Uterus .	Glycylglycin	0,041			0,69	16,8
		0,082			1,28	15,6
	Sarkosylglycin	0,082			0,31	3,8
		0,123			0,41	3,3
		0,205			0,62	3,0
		0,246			0,87	3,5
		0,41	15	19	1,27	
			30	38	1,27	
			45	56	1,24	
			60	75	1,25	3,1
Schweinedarmmucosa .	Glycylglycin	0,0416	30	17	0,57	
			60	38	0,63	
			90	61	0,68	
			120	79	0,66	15,3
	Sarkosylglycin	0,208	90	19	0,21	
			150	36	0,24	
			180	40	0,22	1,07
Schweinedarmmucosa (5 Tage bei 5° C aufbewahrt)	Glycylglycin	0,0416			0,19	4,6
	Sarkosylglycin	0,208			0,06	0,29

[1] Nishi, A.: J. Biochem. **45**, 991 (1958).
[2] Smith, E. L.: J. biol. Ch. **176**, 9, 21 (1948).

Eigenschaften. Das p_H-Optimum liegt bei p_H 7,6. Optimale Aktivierung wird erreicht durch 10^{-3} m Co^{++}, schwach aktivierend wirkt Mn^{++} (vgl. Tabelle 16 und 17).

Außer Glycylglycin wird in geringem Umfang Sarkosylglycin durch Co^{++} aktivierbar gespalten; Dimethylglycylglycin und Glycylsarkosin werden nicht hydrolysiert (vgl. Tabelle 17).

Zu bemerken ist, daß bei Glycylglycin-Dipeptidase-Präparationen, die außer Glycylglycin andere Dipeptide, wie L-Alanylglycin, Glycyl-L-alanin, L-Leucylglycin, Glycyl-L-leucin, spalten, bei weiteren Reinigungen bzw. Co^{++}-Aktivierungen keine Parallelität zwischen der Glycylglycinspaltung und der Hydrolyse der anderen Dipeptide besteht. Mg^{++} ist auf die Glycylglycin-Dipeptidase ohne Wirkung, Zn^{++} sowie Cystein haben stark hemmenden Einfluß. Der Verlauf der Glycylglycin- und Sarkosylglycin-Spaltung durch Dipeptidasepräparationen aus Rattenmuskel, menschlichem Uterus und Schweinedarmmucosa entspricht einer Reaktion nullter Ordnung. Werte für K_0 und C_0 (proteolytischer Koeffizient, vgl. diesen Beitrag C 2a, S. 9) vgl. Tabelle 18.

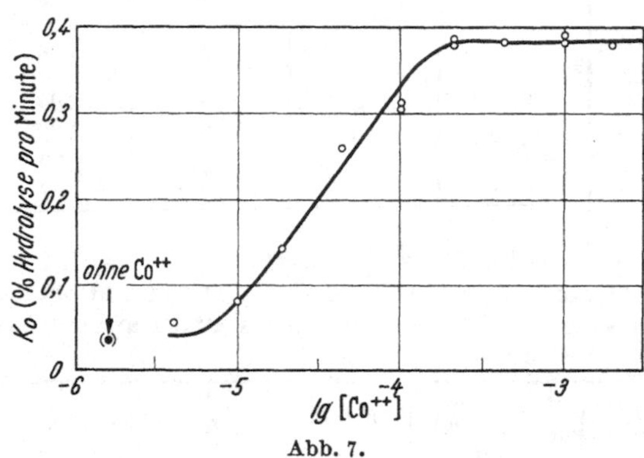

Abb. 7.

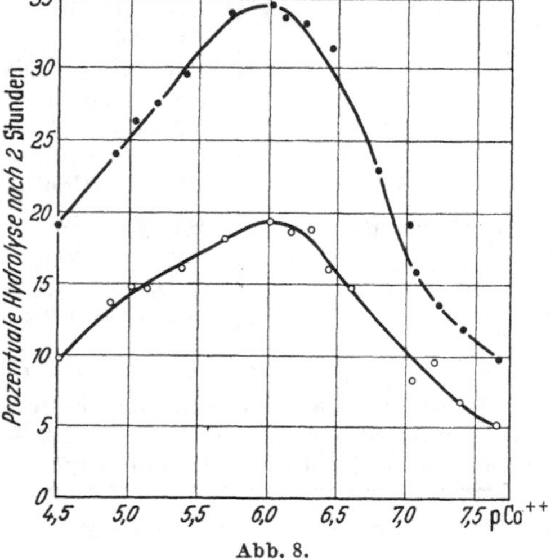

Abb. 8.

Abb. 7. Wirkung der Co^{++}-Konzentration auf die Glycylglycin-Spaltung durch Rattenmuskelenzym[1].

Abb. 8. pCo^{++}-Aktivitätskurve der Glycylglycin-Dipeptidase bei p_H 8,0; 0,05 m Glycylglycin-Anfangskonzentration; 25° C; Enzympräparation aus Rattenmuskel in Verdünnung 1:20 ●—●—●, in Verdünnung 1:40 ○—○—○[2].

Die Abhängigkeit der Glycylglycin-Dipeptidaseaktivierung (K_0-Werte der Glycylglycin-Hydrolyse) von der Co^{++}-Konzentration zeigt Abb. 7[1].

Unter Berücksichtigung der Konzentration der freien Metallionen ergeben sich die pCo^{++}-Aktivitätskurven der Abb. 8[2].

Der glockenförmige Verlauf der Kurven bringt die experimentelle Beobachtung zum Ausdruck, daß überoptimale Co^{++}-Konzentrationen (niedrige pCo^{++}-Werte) fermenthemmende Wirkung besitzen. Aus den ansteigenden pCo^{++}-Werten errechnet sich K_M der Co^{++}-Enzymverbindung nach

$$K_M = \frac{(\text{Enzym})\,(\text{Metall})}{(\text{Metall-Enzym})} = \frac{V_{\max} - V}{V} \times (M)$$

zu $1{,}1 \times 10^{-7}$ m. Der Wert von $K = 2{,}8 \times 10^{-5}$ m nach[1] bei p_H 8,0 und 40° C berücksichtigt nicht die Chelatbildung zwischen Co^{++} und Substrat. Korrektur nach [2] ergibt $9{,}7 \cdot 10^{-8}$ m und zeigt damit weitgehende Annäherung an obigen K_M-Wert von $1{,}1 \times 10^{-7}$. Weitere Erörterungen der Aktivierungsmechanismen des Enzyms durch Metall vgl.[2].

Die Glycinderivate, die durch Glycylglycin-Dipeptidase nicht gespalten werden, zeigen bei p_H 7,6—7,8 bei Anwesenheit von Co^{++} keinen oder einen nur sehr geringen Anstieg im charakteristischen Co^{++}-Absorptionsspektrum zwischen 500 und 520 mμ. Dagegen ergibt Glycylglycin ein ausgesprochenes Absorptionsmaximum bei Gegenwart von Co^{++}

[1] SMITH, E. L.: J. biol. Ch. **173**, 571 (1948).
[2] RABIN, B. R., and E. M. CROOK: Biochim. biophys. Acta **19**, 550 (1956).

bei 520 mμ, und auch das ebenfalls durch die Glycylglycindipeptidase, wenn auch schwer spaltbare Sarkosylglycin läßt an der gleichen Stelle ein deutliches Absorptionsmaximum erkennen. Auf Grund der darin zum Ausdruck kommenden Affinität des Co^{++} zur Komplexbildung mit den durch Glycylglycin-Dipeptidase spaltbaren Substraten ist anzunehmen, daß Co^{++} als Bindeglied zwischen Enzym und spaltbarem Substrat wirkt, indem es zwischen beiden einen Chelatkomplex aus fünfgliedrigen Ringen bildet (vgl. Formel), wozu die durch das Enzym nichthydrolysierbaren β-Alanylglycin und β-Alanyl-β-alanin, ferner Glycinamid, Benzoylglycin, Benzoylphenylglycin, Carbobenzoxyglycylglycinamid nicht befähigt sind[1].

Protein

Co^{++}

H_2N

$CH_2—C—N—CH_2—COO^-$

O H

Für Peptide oder ihre Derivate, die zwar Co-Komplexe bilden, aber durch Glycylglycin-Dipeptidase nicht gespalten werden, wie Glycylglycinamid und Leucylglycin, fehlt wie bei Glycylglycinamid die freie COOH-Gruppe zur Bindung mit Co^{++} oder dem Enzymprotein, oder es ist, wie bei Leucylglycin anzunehmen, die Bildung des Gesamtchelatkomplexes Enzymprotein-Co-Peptid aus Halbkomplexen mit noch für die Bindung des anderen Partners freien Koordinationsstellen am Metall (Enzymprotein-Co- oder Leucylglycin-Co-) nicht möglich. Es ist auch festgestellt worden[2], daß das durch Glycylglycin-Dipeptidase nicht spaltbare Glycylsarkosin eine sogar stärkere Neigung zur Komplexbildung mit Co^{++} besitzt als Glycylglycin. Angaben über Stabilitäts- und Säuredissostuziationskonstanten der Metall-(Co^{++}-, Cu^{++}-, Mn^{++}-)Komplexe von Glycylpeptiden und ihre fenweise Bildung vgl.[2]. Für die Glycylglycin-Dipeptidase sind besondere Aktivierungszeiten (Präinkubation des Substrates oder des Enzyms mit Co^{++}) zur Erreichung der unter den sonstigen Versuchsbedingungen gegebenen optimalen Spaltung nicht unbedingt erforderlich[3], jedoch zweckmäßig, wie aus neueren Versuchen abzuleiten ist[4]. In ihnen ergab sich bei gleichzeitiger Zugabe von $CoCl_2$ und Substrat zum Enzym eine kurze Induktionsperiode gegenüber den Ansätzen, in denen $CoCl_2$ 10 min vor dem Substrat dem Enzym zugesetzt wurde. Versuche mit überlebendem Rattenzwerchfell, bei denen den Tieren vor der Tötung $CoSO_4$ (20 μM/100 g Körpergewicht) intraperitoneal injiziert wird, zeigen, daß auch unter in vivo-Bedingungen in Geweben die Aktivität der Glycylglycin-Dipeptidase zu steigern ist und daß das überlebende Diaphragma, auch beim in vitro-Versuch, Co^{++} rasch und relativ fest zu binden vermag, so daß auch nach fünfmaligen Waschungen des mit Co^{++} präinkubierten Zwerchfells mit Co^{++}-freiem Medium eine höhere Glycylglycin-Dipeptidase-Aktivität vorliegt als im mit Co^{++} nicht vorbehandelten Zwerchfell[5]. Die relativ geringe Neigung des Glycins, mit Co^{++} einen Komplex zu bilden, wirkt sich fördernd auf die Glycylglycinspaltung aus, weil bei Sprengung der Peptidbindung im Glycylglycin-Co-Enzymkomplex das Glycin durch neues, stärker zu Komplexbildung mit Co neigendes Glycylglycin am Enzym ersetzt wird.

Über Aktivierung und Hemmung von Hefeglycylglycin-Dipeptidase durch bivalente Metallionen, SH-Inhibitoren und Aminosäuren vgl. [6, 7].

---

[1] SMITH, E. L.: J. biol. Ch. **173**, 571 (1948).
[2] DATTA, S. P., and B. R. RABIN: Biochim. biophys. Acta **19**, 572 (1956).
[3] SMITH, E. L.: J. biol. Ch. **176**, 9, 21 (1948).
[4] RADEMAKER, W., and J. B. J. SOONS: Biochim. biophys. Acta **24**, 209 (1957).
[5] SCHWARTZ, T. B.: J. biol. Ch. **204**, 61 (1953).
[6] NISHI, A.: J. Biochem. (Tokyo) **45**, 991 (1958).
[7] NISHI, A.: J. Biochem. (Tokyo) **47**, 47 (1960).

Die in einer Glycylglycin-Dipeptidase-Präparation enthaltene Enzymmenge ist zweckmäßig zu bestimmen als $C_0 = K_0/E$ (C_0: proteolytischer Koeffizient; K_0: Reaktionskonstante 0. Ordnung; E: Enzymkonzentration als mg Protein-N/ml; vgl. diesen Beitrag S. 9ff.

Bestimmungsmethoden.

$$\underset{\displaystyle NH_2}{CH_2}\text{—CO—NH—}CH_2\text{—COOH} + H_2O \xrightarrow{\text{Glycylglycin-Dipeptidase}} 2\,\underset{\displaystyle NH_2}{CH_2}\text{—COOH}$$

Die Zusammensetzung der Spaltungsansätze ergibt sich aus den Legenden zu den Tabellen 16—18 (vgl. S. 56/57). Benutzt werden zweckmäßigerweise eine 0,1 m Glycylglycin-Stammlösung (132 mg Dipeptid in 3,4 ml 0,1 n NaOH lösen und mit Wasser ad 10,0 auffüllen), 0,1 m Puffer p_H 7,6 (Veronal-, Tris-, Phosphatpuffer), 0,01 m $CoCl_2$-Lösung.

Beispiel: 0,1—0,2 ml Enzymlösung (Extrakt, Homogenat, gereinigte Präparation) werden nach Zugabe von 0,2 ml Puffer mit 0,1 ml der $CoCl_2$-Lösung 10 min bei 40° C präinkubiert, danach werden 0,5 ml Glycylglycin-Stammlösung zugesetzt und unter Umständen mit H_2O ad 1,0 ml aufgefüllt. Aliquote Teile, deren Menge sich nach dem zu verwendenden Bestimmungsverfahren zu richten hat, werden zur Nullwertbestimmung und zur Ermittlung der Spaltungen nach 30, 60 oder 120 min entnommen.

Über die Bestimmungsverfahren im einzelnen sowie die Berechnung der prozentualen Spaltung, der K_0- und C_0-Werte vgl. diesen Beitrag S. 9ff.

***Mikromethode zur Bestimmung der Glycylglycin-Dipeptidase nach* Rademaker *und* Soons[1].**

Reagentien:

1. 0,01 m $CoCl_2$-Lösung.
2. 0,1 m Phosphatpuffer, p_H 8,1.
3. 0,1 m Glycylglycin-Lösung.
4. Formaldehyd, 33 %ig.
5. Phenolphthalein-Lösung, 0,001 %ig in Äthanol-Wasser, 1:10.
6. 0,01 n NaOH.

Ausführung:

1 g Rattenleber werden in 6 ml Wasser bei 2° C homogenisiert. Nach Abzentrifugieren während 30 min bei 1800 × g und 2° C wird im Überstehenden die Glycylglycin-Dipeptidase wie folgt bestimmt: 1,5 ml Enzympräparation werden mit den Lösungen von $CoCl_2$, Phosphatpuffer p_H 8,1 und Glycylglycin bis zum Gesamtvolumen von 3 ml derart versetzt, daß die Konzentration von $CoCl_2$ im Gesamtansatz 10^{-3} m, von Phosphat 0,017 m und von Glycylglycin 0,037 m ist. Zur Zeit 0 und nach den entsprechenden Bebrütungszeiten werden 0,25 ml des Ansatzes in Photometerröhrchen oder Küvetten eines Photometers mit dem Filter 625 überführt, in die bereits 1 ml 33 %iger Formaldehyd pipettiert war. Es wird nun 5 ml Phenolphthaleinlösung zugegeben. Die Titration wird mit 0,01 n NaOH durchgeführt. Der Endpunkt der Titration (p_H 9,0) ist erreicht, wenn das benutzte Photometer mit Filter 625 eine Extinktion von 0,15 anzeigt. Auftretende Trübungen oder stärkere Volumenzunahme im Photometerröhrchen durch hohen (über 1 ml 0,01 n NaOH) Laugenverbrauch beeinträchtigen die Genauigkeit des Verfahrens.

Zur *Bestimmung der Glycylglycin-Dipeptidase-Aktivität im überlebenden Rattenzwerchfell* vgl.[2].

Glycylglycin ist ein handelsübliches Präparat.

Glycyl-L-leucin-Dipeptidase.

[3.4.3.2 Glycyl-L-leucin-Hydrolyase.]

Eine besondere Glycyl-L-leucin-Dipeptidase ist anzunehmen, weil die Spaltung dieses Substrates durch Präparationen aus tierischen, pflanzlichen und Mikroorganismen in

[1] Rademaker, W., and J. B. J. Soons: Biochim. biophys. Acta 24, 209 (1957).

[2] Schwartz, T. B., F. L. Engel and C. C. Towbin: J. biol. Ch. 197, 381 (1952).

spezifischer Weise durch Mn^{++} und Zn^{++} aktiviert wird und weil Veränderungen am Substrat unter Beseitigung des Charakters eines freien Dipeptids, wie Besetzung der freien Aminogruppe durch einen Acylrest oder der COOH-Gruppe durch einen Amidrest die Fähigkeit der metallaktivierbaren Dipeptidspaltung beseitigen[1]. Enzymaktivitäten der Glycyl-L-leucin-Spaltung sind im biologischen Material weitverbreitet festgestellt worden. Es ist jedoch zu beachten, daß rohe Organextrakte aus Niere, Leber und Darmschleimhaut andere, zuweilen sogar gegenteilige Metallaktivierungseffekte zeigen als gereinigte und dialysierte Präparationen[1-3]. Wenn auch hochgereinigte, spezifisch wirksame Glycyl-L-leucin-Dipeptidase-Präparationen nicht bekannt sind, so können doch Darmschleimhaut und Uterusmuskulatur als bekannteste und für die Enzymgewinnung am häufigsten als Ausgangsmaterial herangezogene Gewebe gelten[1]. Von den Fraktionen der Zellbestandteile tierischer Organe besitzt Cytoplasma sowohl von Leber wie Niere der Ratte mit Abstand die höchsten Aktivitäten gegenüber Glycylleucin; Mitochondrien- und Mikrosomenfraktion zeigen nur $^1/_5$—$^1/_{50}$ dieser Aktivität, die Kerne speziell der Leber noch weniger[4]. Zur Charakterisierung und Bestimmung der Glycyl-L-leucin-Dipeptidase-Aktivitäten in Erythrocyten und im Serum des Menschen vgl.[5, 6].

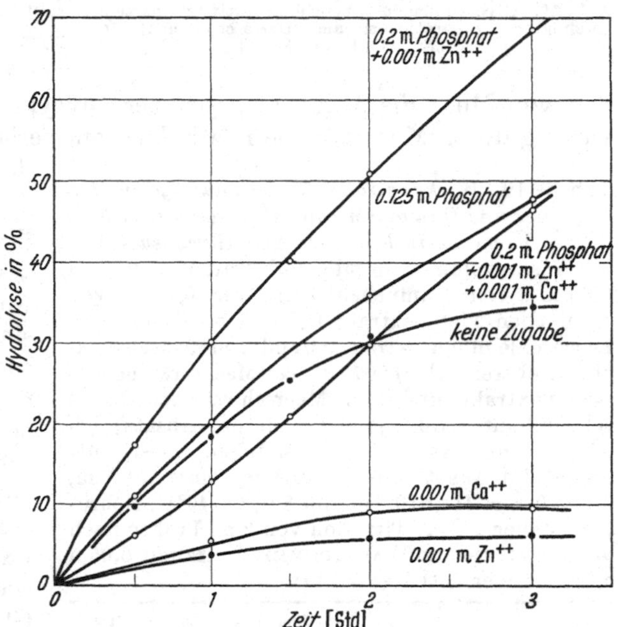

Abb. 9. Beeinflussung der Glycyl-L-leucin-Dipeptidase-Aktivität durch Phosphat, Ca^{++} und Zn^{++}.

Darstellung[1]. Eine beständige Präparation der Glycyl-L-leucin-Dipeptidase aus Darmschleimhaut kann erhalten werden aus einem rohen wäßrigen Extrakt der Mucosa durch ihre Homogenisierung mit kaltem Wasser. Das Homogenat wird unter Kühlung mit $(NH_4)_2SO_4$ bis zur Sättigung von 0,4 versetzt und abzentrifugiert. Das Überstehende wird dann auf eine Sättigung von 0,8 an $(NH_4)_2SO_4$ gebracht. Das Präcipitat wird durch Zentrifugieren abgetrennt und durch Dialyse von $(NH_4)_2SO_4$ befreit.

Zur Gewinnung einer Enzympräparation aus Uterus kann, wie bei der Darstellung der Glycylglycin-Dipeptidase beschrieben (vgl. S. 56), verfahren werden. Ein durch Filtration oder Zentrifugieren geklärter wäßriger Extrakt aus dem Acetontrockenpulver liefert eine bei p_H 7,5—8,0 haltbare und hochaktive Enzymlösung.

Über eine Anreicherung der Glycyl-L-leucin-Dipeptidase-Aktivität in einer Placentapräparation analog dem Verfahren der Darstellung aus Darmschleimhaut unter zusätzlicher Anwendung der Elektrophorese vgl.[7].

Eigenschaften. Die optimale p_H-Wirkung liegt bei p_H 7,8. Als Puffer kommt am zweckmäßigsten Phosphatpuffer zur Anwendung, da mit ihm im Vergleich zu anderen Puffersubstanzen die Enzymaktivität am größten ist. Die Ursache dafür liegt offenbar in der Bindung von Ca^{++}, das sich als Inhibitor der Glycyl-L-leucin-Dipeptidase-Wirkung

[1] SMITH, E. L.: J. biol. Ch. **176**, 9, 21 (1948).
[2] MASCHMANN, E.: B. Z. **310**, 28 (1941/42).
[3] MERTEN, R.: B. Z. **318**, 167, 185 (1948).
[4] HANSON, H., u. W. BLECH: H. **315**, 191 (1959).
[5] HASCHEN, R. J.: B.Z. **334**, 560 (1961).
[6] HASCHEN, R. J.: Clin. chim. Acta, Amsterdam **6**, 521 (1961).
[7] VESCIA, A.: H. **299**, 54 (1955).

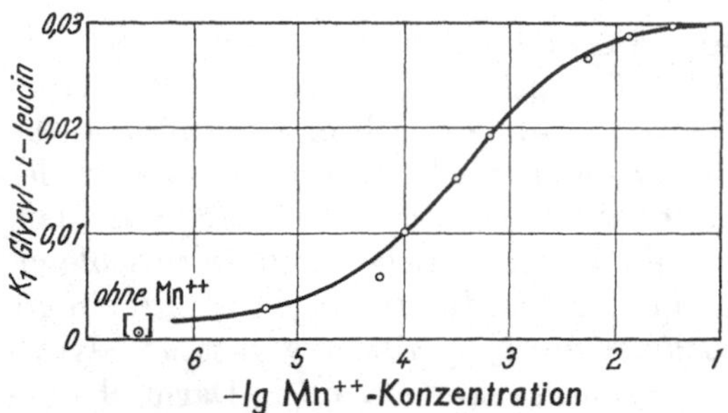

Abb. 10. Glycyl-L-leucin-Dipeptidase-Aktivität partiell gereinigter Präparationen aus Darmschleimhaut in Abhängigkeit von [Mn^{++}].

erwiesen hat. In Gegenwart von Phosphat (oder auch Citrat) wirkt Zn^{++} aktivierend auf die teilweise gereinigte Enzympräparation aus menschlichem Uterus oder Rattenmuskel, bei Fehlen dieser Anionen unter Umständen jedoch hemmend (vgl. Abb. 9[1]).

Teilweise gereinigte Präparationen aus Darmschleimhaut zeigen Aktivierung durch Mn^{++} [1], die jedoch von der Wirkung der Leucinaminopeptidase verschieden ist, da mit fortschreitender Reinigung von Leucinaminopeptidase-Präparationen auch bei Anwesenheit von Mn^{++} die Aktivität gegenüber Glycyl-L-leucin erheblich abnimmt[2]. Die Aktivierung durch Mn^{++} ist eine relativ langsam verlaufende Reaktion und ist abhängig von der Mn^{++}-Konzentration (vgl. Abb. 10[1]). K_M des Mn-Proteinkomplexes bei p_H 8,0 und 40° C: $1{,}8 \times 10^{-4}$ m [1].

Tabelle 19. *Wirkung roher Glycerinauszüge aus Leber, Niere und Dünndarmschleimhaut des Kaninchens und Meerschweinchens gegenüber Glycylleucin*[3].

Ansatzvolumen 5 ml; Substratkonzentration 0,05 m; von Kaninchenleberauszug 0,1 ml, von Kaninchen-Nierenextrakt 0,015 ml, von Kaninchen-Darmschleimhautextrakt 0,04 ml, von Meerschweinchen-Leberextrakt 0,0075 ml, von Meerschweinchen-Nierenextrakt und von Meerschweinchen-Darmschleimhautextrakt je 0,015 ml pro Ansatz; bei Aktivierungsversuchen mit Metallen waren enthalten im Ansatz: Mg^{++} 10^{-2} m, Mn^{++} 10^{-3} m, Co^{++} 10^{-3} m, Zn^{++} 10^{-4} m; p_H 8,0; $t = 40°$ C; Bebrütungsdauer 1 Std; Titration von 2 ml-Proben nach WILLSTÄTTER und WALDSCHMIDT-LEITZ mit 0,05 n alkoholischer KOH (s. S. 17).

Organ	Zusatz	Spaltung (ml 0,05 n KOH)	
		Kaninchen	Meerschweinchen
Leber	—	1,71	0,60
	Mg	1,64	—
	Mn	0,67	—
	Co	0,66	—
	Zn	—	1,22
Niere	—	1,33	0,64
	Mg	1,30	—
	Mn	0,88	—
	Co	0,58	—
	Zn	—	1,12
Schleimhaut	—	1,95	0,74
	Mg	1,84	—
	Mn	0,64	—
	Co	0,56	—
	Zn	—	1,34

Diese Aktivierungsverhältnisse an teilweise gereinigten Enzympräparationen sind jedoch nicht ohne weiteres auf Versuche unter Verwendung von rohen, wäßrigen oder Glycerinauszügen aus Muskeln oder drüsigen Organen zu übertragen. In rohen Glycerinauszügen aus Leber, Niere, Dünndarmschleimhaut von Kaninchen, Meerschweinchen, Maus sowie wäßrigen Extrakten aus menschlichem Uterus erwiesen sich Zn^{++} als die Aktivität der Glycyl-L-leucin-Spaltung meist stark bis schwach fördernd, Mn^{++} (und Co^{++}) als deutlich hemmend[3-5]. Diese Wirkungen sind allerdings nicht sehr spezifisch, da auch die Spaltungen anderer Dipeptide durch diese Metalle gefördert bzw. gehemmt werden (vgl. Tabelle 19 und 20).

Die Glycylleucin-Spaltung durch rohe Glycerinauszüge aus Kaninchenniere erwies sich durch Cystein, HCN und Pyrophosphat in 10^{-2} m-Konzentration als stark hemmbar[3], durch solche aus Meerschweinchenniere durch Fe^{++}-Cystein und Mn^{++}-Cystein[4]. ÄDTA und o-Phenanthrolin hemmen die Hydrolyse von Gly-leu durch Hämolysate menschlicher Erythrocyten stark[6].

In bezug auf die Substratspezifität liegt auch bei den partiell gereinigten Präparationen aus Darmschleimhaut und Uterus keine absolute Spezifität vor. Acyliertes und amidiertes

[1] SMITH, E. L.: J. biol. Ch. **176**, 9, 21 (1948).
[2] SMITH, E. L., and M. BERGMANN: J. biol. Ch. **153**, 627 (1944).
[3] MASCHMANN, E.: B. Z. **310**, 28 (1941/42).
[4] MERTEN, R.: B. Z. **318**, 167, 185 (1948).
[5] SMITH, E. L.: J. biol. Ch. **173**, 553 (1948).
[6] HASCHEN, R. J.: B. Z. **334**, 560 (1961).

Glycyl-L-leucin (Carbobenzoxyglycyl-L-leucinamid, Glycyl-L-leucinamid) werden zwar nicht gespalten, jedoch erweist sich das an der NH_2-Gruppe methylierte L-Peptid, also das Sarkosyl-L-leucin, entsprechend dem Spezifitätsverhalten bei der Glycylglycin-Dipeptidase auch durch Glycyl-L-leucin-Dipeptidase als schwach hydrolysierbar[1] (vgl. Tabelle 21).

Da die proteolytischen Quotienten Q aus $C_{1_{GL}}/C_{1_{SL}}$ für die Präparationen aus Darmschleimhaut und Uterus sehr voneinander abweichen (17 bzw. 74), ist zu folgern, daß die in den beiden Organen enthaltenen Glycyl-L-leucyl-Dipeptidasen nicht vollständig homospezifisch sind[1].

Die partiell gereinigten Präparationen aus Darm und Uterus sind optisch spezifisch. Glycyl-D-leucin wird nicht gespalten. Es gilt dies jedoch nicht für Rohauszüge vor allem der Niere[3] sowie für ein gereinigtes Nierenaminopeptidase-Präparat[4], die neben anderen Glycyl-L- und -D-dipeptiden auch Glycyl-D-leucin spalten. In normalen und pathologischen nichtneoplastischen menschlichen Geweben wird die Hydrolyse von Glycyl-L-leucin durch D-Leucin bei p_H 7,2 gehemmt, im neoplastischen Gewebe durch 0,01—0,04 m D-Leucin aktiviert[5].

Tabelle 20[2]. *Wirkung von wäßrigem Uterushomogenat auf Glycyl-L-leucin.*

Substratkonzentration 0,05 m; 0,132 mg Protein-N/ml Ansatz, p_H 8,0 bis 8,2 (Veronalpuffer); $t = 40°$ C, Ansatz 2,5 ml; Titration von 0,2 ml-Proben nach GRASSMANN und HEYDE (vgl. S. 17).

Bebrütungszeit (Std)	Ohne Aktivator	Spaltung in %	
		10^{-3} m Mn^{++}	10^{-3} m Zn^{++}
0,75	38	10	60
2	59	22	100
3,5	76	38	

Tabelle 21[1]. *Spaltung von Glycyl-L-leucin und Sarkosyl-L-leucin durch partiell gereinigte Präparationen aus Schweinedünndarmmucosa und menschlichem Uterus.*

Ansatzvolumen 2,5 ml; Substratkonzentration 0,05 m; p_H 7,7 in 0,1 m Phosphatpuffer; $t = 40°$ C. Die Darmschleimhautpräparation wurde vor Zugabe zum Ansatz 3 Std bei 40° C mit 0,02 m Mn^{++} präinkubiert. Titriert wurden 0,2 ml-Proben des Ansatzes nach GRASSMANN und HEYDE (vgl. S. 17). $C_1 = K_1/E$ (K_1 Reaktionskonstante 1. Ordnung, E = Enzymkonzentration in mg Protein-N/ml Ansatz).

Enzympräparation	Substrat	Metall im Ansatz	Protein-N ml Ansatz mg	Bebrütungszeit Std	Spaltung %	C_1
Darmschleimhaut	Glycyl-L-leucin	0,002 m Mn^{++}	0,103			0,031
	Sarkosyl-L-leucin	0,007 m Mn^{++}	0,326			0,0018
	Sarkosyl-L-leucin	—	1,03			0,00015
Uterus	Glycyl-L-leucin	0,001 m Zn^{++}	0,0197			0,31
	Sarkosyl-L-leucin	0,001 m Zn^{++}	0,59	0,5	16	0,0043
	Sarkosyl-L-leucin	0,001 m Zn^{++}		1,0	31	0,0046
	Sarkosyl-L-leucin	0,001 m Zn^{++}		1,5	40	0,0043
	Sarkosyl-L-leucin	0,001 m Zn^{++}		2,0	46	0,0038
	Sarkosyl-L-leucin	0,001 m Zn^{++}		2,5	56	0,0040
	Sarkosyl-L-leucin	—	0,59	1,0	18	0,0025
	Sarkosyl-L-leucin			2,0	30	0,0022
	Sarkosyl-L-leucin			2,5	35	0,0021

Der Verlauf der Glycyl-L-leucin-Spaltung durch partiell gereinigte Darmmucosa- und Uteruspräparationen entspricht einer Reaktion 1. Ordnung. Glycyl-L-leucin-Dipeptidase-Einheiten errechnen sich aus den C_1-Werten (vgl. Tabelle 21) durch deren Multiplikation mit der Protein-N-Menge in mg der in ihrem Enzymgehalt zu bestimmenden Präparation.

[1] SMITH, E. L.: J. biol. Ch. **176**, 9, 21 (1948).
[2] SMITH, E. L.: J. biol. Ch. **173**, 553 (1948).
[3] MERTEN, R.: B. Z. **318**, 167, 185 (1948).
[4] ROBINSON, D. S., S. M. BIRNBAUM and J. P. GREENSTEIN: J. biol. Ch. **202**, 1 (1953).
[5] VESCIA, A., A. ALBANO and A. IACONO: Nature **170**, 804 (1952).

Bestimmungsmethoden.

$$\underset{\text{Glycyl-L-leucin}}{\underset{NH_2}{CH_2}\!-\!CO\!-\!NH\!-\!\underset{CH(CH_3)_2}{\underset{|}{CH_2}}\!\!\!\!\!\!\!\!\!\!\!\!\!\!\!CH\!-\!COOH} + H_2O \xrightarrow{\text{Glycyl-L-leucin-Dipeptidase}} \underset{\text{Glycin}}{\underset{NH_2}{CH_2}\!-\!COOH} + \underset{\text{L-Leucin}}{H_2N\!-\!\underset{CH(CH_3)_2}{\underset{|}{CH_2}}\!\!\!\!\!\!\!\!\!\!\!\!\!\!\!CH\!-\!COOH}$$

Die Zusammensetzung der Spaltungsansätze, die am häufigsten benutzten Titrationsmethoden sowie die zur Verwendung gelangenden Präparationen sind aus den Angaben in den Tabellen 19 und 20 zu ersehen.

Glycyl-L-leucin-Stammlösung 0,1 m: 188 mg fein zerriebenes Dipeptid + 3,36 ml 0,1 n $NaOH + H_2O$ ad 10,0; 0,3 m Phosphatpuffer p_H 7,8; 0,01 m $ZnCl_2$-Lösung (für Präparation aus Uterus); 0,25 m $MnCl_2$- oder $MnSO_4$-Lösung (für teilweise gereinigte Präparationen aus Darmschleimhaut).

Beispiel. Gereinigte Darmschleimhautpräparation: 0,1—0,2 ml Enzymlösung mit 0,2—0,3 ml Phosphatpuffer + 0,1 ml Mn^{++}-Lösung 1—2 Std bei 40° C präinkubieren, dann Zugabe von 0,5 ml Substratstammlösung; Gesamtvolumen des Ansatzes 1,0 ml.

Sonstige Glycyl-L-leucin-Dipeptidase-Präparationen: 0,5 ml Substratstammlösung + 0,1 ml Zn^{++}-Lösung; nach 10 min Zugabe von 0,1—0,2 ml Enzymlösung + 0,4—0,3 ml Pufferlösung; Gesamtvolumen des Ansatzes 1,0 ml.

Aliquote Teile des Ansatzes in einer sich nach dem Bestimmungsverfahren richtenden Menge nach den jeweiligen Bebrütungszeiten für die Einzelbestimmungen entnommen.

Über die Bestimmungsverfahren im einzelnen sowie Berechnung der prozentualen Spaltung der K_1- und C_1-Werte vgl. diesen Beitrag Abschnitt C 2a, S. 9. Glycyl-L-leucin ist ein handelsübliches Präparat.

L-Cysteinylglycin-Dipeptidase.

[3.4.3.5 L-Cysteinylglycin-Hydrolyase.]

Über Vorkommen und Eigenschaften des Enzyms liegen eingehendere Untersuchungen an der Niere von Schwein und Ratte vor. Das Enzym wird in seiner Funktion mit dem Stoffwechsel des Glutathions in Zusammenhang gebracht[1]. Leber und Muskulatur vermögen das Dipeptid ebenfalls zu spalten[2]. Partiell gereinigte Enzympräparationen sind aus Schweinenieren dargestellt worden[3, 4].

Darstellung. Da das zuerst[3] beschriebene und anschließend ergänzte[5] Verfahren zu Präparationen führt, die noch Peptidaseaktivität gegenüber Glycylglycin, L-Leucylglycin und Glycyl-L-cystein sowie Leucinamid besitzen, wird die Darstellung nach einer Methode[4] beschrieben, die von obigen Präparationen ausgeht, sie aber durch Anwendung chromatographischer Verfahren so weit reinigt, daß Wirkungen gegenüber Glycylglycin und Leucylglycin nicht mehr festzustellen sind, die Cysteinylglycinaseaktivität jedoch erheblich gesteigert ist.

***Darstellung von L-Cysteinylglycin-Dipeptidase nach* SEMENZA[4].**

Alle Maßnahmen werden bei + 4° C durchgeführt. Die von Fremdgeweben befreiten Schweinenieren werden nach grober Zerkleinerung mit 5 Vol. Aceton homogenisiert. Der nach Abzentrifugieren verbleibende Rückstand wird in 2 Vol. einer Lösung, die in bezug auf NaCl 0,9%ig und auf Na-citrat 0,01 m ist, homogenisiert und filtriert. Das Filtrat

[1] BINKLEY, F.: Nature **167**, 888 (1951).
[2] BINKLEY, F., and K. NAKAMURA: J. biol. Ch. **173**, 411 (1948).
[3] BINKLEY, F.: Exp. Cell Res., Suppl. **2**, 145 (1952).
[4] SEMENZA, G.: Biochim. biophys. Acta **24**, 401 (1957).
[5] BINKLEY, F., V. ALEXANDER, F. E. BELL and C. LEA: J. biol. Ch. **228**, 559 (1957).

wird zunächst 24stündiger Autolyse, dann nach Zugabe von $MnCl_2$ bis zu 0,01 m und NaCl bis 1,0 m weiterer 48stündiger Autolyse unterworfen. Nun wird das Begleitmaterial durch Zugabe von 0,5 Vol. Alkohol entfernt. Das Enzym wird durch weiteren Zusatz von 0,5 Vol. Alkohol ausgefällt. Der Niederschlag wird in 1 Vol. Wasser suspendiert und mit einem Gemisch Chloroform: Octanol 9:1 geschüttelt. Die obere Phase wird abgetrennt und einem Adsorptions-Elutionsverfahren an DEAE-Cellulose unterworfen. Entsprechende Verfahren sind auch unter Verwendung von Calciumphosphat (Hydroxylapatit) und Dowex 2-X 8 (Cl^-) 200—400 mesh beschrieben.

100 ml der Enzymlösung (Protein 40,0 μg/ml; 120 Enzym-E/ml), in bezug auf THAM-HCl-Puffer (Tris-(hydroxymethyl)-aminomethan), p_H 7,3, 0,04 m gemacht, werden auf die DEAE-Cellulosesäule (1 × 15 cm) gebracht, die vorher mit dem gleichen Puffer behandelt wurde. Nach Waschen mit 0,04 m THAM-Puffer wird zunächst mit 0,4 m THAM-Puffer (für Röhrchen 70—75 eines Fraktionensammlers), anschließend mit 1 m THAM-Puffer (Röhrchen 76—79) eluiert. Durchflußgeschwindigkeit: 0,2 ml/min; jede Fraktion etwa 2 ml. Zur Rechromatographie werden die Fraktionen 70—74 vereinigt und nach Bestimmung ihrer [Cl^-] mit so viel 1 m THAM-HCl-Puffer, p_H 7,3, versetzt, daß [Cl^-] o,24 n ist. Die Lösung wird auf die gleiche Säule gebracht, nachdem diese mit 1%iger NaOH gewaschen und mit 0,26 m THAM-HCl-Puffer, p_H 7,3, (= 0,24 n Cl^-) äquilibriert ist. 90% der Enzymaktivität passieren unadsorbiert. Diese Fraktion wird mit Wasser so verdünnt, daß die [Cl^-] gleich der einer 0,04 m THAM-HCl-Pufferlösung, p_H 7,3, ist, und danach wieder auf die mit 1%iger NaOH gewaschene und mit 0,04 m Pufferlösung äquilibrierte Säule gebracht. Die Elution wird durch stufenweises Ansteigen der Pufferkonzentration bewirkt, beginnend mit 0,10 m, dann 0,15 (beim 5. Röhrchen des Sammlers), 0,20 m (beim 12. Röhrchen) und 0,26 m (18. Röhrchen) THAM-HCl. Die größten Enzymaktivitäten finden sich zwischen 16. und 21. Röhrchen. 80% der eingesetzten Enzymaktivität werden wiedergefunden; eine 25fache Reinigung und ein proteolytischer Koeffizient C_1 von etwa 2000 können erreicht werden.

Eigenschaften. p_H-Optimum der Enzymwirkung liegt bei 8,0—8,5. Das Enzym ist sehr säureempfindlich, so daß der p_H-Wert seiner Lösungen möglichst immer über 7 liegen soll. Mn^{++}, Fe^{++}, Co^{++} wirken aktivierend; ohne Einfluß bzw. hemmend sind Mg^{++}, Ca^{++}, Pb^{++}. Phosphat und Metaphosphat hemmen. Das durch die chromatographischen Verfahren gereinigte Enzym ist sehr chloroformempfindlich; in 6 m Harnstofflösung ist das Enzym inaktiv, der Effekt ist durch Verdünnung mit Wasser reversibel. Trypsin, Chymotrypsin, Ribonuclease sind ohne Wirkung auf die Aktivität, die elektrophoretische Beweglichkeit und Nichtdialysierbarkeit des Enzyms. In 6 m U^+-Lösung wird durch Trypsin und Chymotrypsin die Cysteinylglycin-Dipeptidase-Aktivität reduziert. Durch Na-p-Chlormercuribenzoat wird das Enzym partiell gehemmt. Die papierelektrophoretische Untersuchung (Whatman-Papier 54; 42 cm langer Streifen) in 0,04 m THAM-HCl-Puffer, p_H 8,2, + 0,0005 m $MnCl_2$ ergibt bei 400 V und 1,5 mA in 4,5 Std eine anodische Wanderung des Enzyms von 9 cm. Das Enzym hat im UV-Spektrum ein Maximum bei 280 mμ und ein Minimum bei 250 mμ. Sein resistentes Verhalten gegenüber Ribonuclease, seine Angreifbarkeit durch proteolytische Enzyme unter bestimmten Bedingungen sowie die chromatographischen Befunde, daß die enzymaktivsten Fraktionen auch immer einen Eiweißgipfel besitzen, jedoch keinen Anhalt für das Vorliegen von essentiellen Nucleotidbestandteilen bieten, machen die ältere Annahme[1] eines Polynucleotidcharakters des Enzyms sehr unwahrscheinlich, sondern erhärten vielmehr seine Eiweißnatur[2], obgleich Peptidase-Enzymproteine offenbar als Ribonucleoproteid-Komplexe vorliegen können[3].

Eine Enzym-E wird nach [2] definiert als diejenige Enzymmenge, die 10% des Substrats (= 50 μg) in 10 min bei 37° C hydrolysiert.

---

[1] BINKLEY, F.: Exp. Cell Res., Suppl. **2**, 145 (1952).
[2] SEMENZA, G.: Biochim. biophys. Acta, **24**, 401 (1957).
[3] MATHESON, A. T., and C. S. HANES: Biochim. biophys. Acta **33**, 292 (1959).

Bestimmungsmethoden.

$$\underset{\substack{|\\SH}}{CH_2}-\underset{\substack{|\\NH_2}}{CH}-CO-NH-CH_2-COOH \xrightarrow[+\text{Enzym}]{+H_2O} \underset{\substack{|\\SH}}{CH_2}-\underset{\substack{|\\NH_2}}{CH}-COOH + \underset{\substack{|\\NH_2}}{CH_2}-COOH$$

L-Cysteinylglycin L-Cystein Glycin

***Bestimmung nach* Olson *und* Binkley[1] *in der Modifikation nach* Semenza[2].**

Dem Verfahren liegt die spektrophotometrische Cysteinylglycin- bzw. Cysteinbestimmung nach dem Prinzip von Sullivan und Hess zugrunde, wonach die in den Ansätzen auf Cysteinylglycin und abgespaltenes Cystein entfallenden Mengen durch Absorptionsmessungen bei 500 und 580 mμ feststellbar sind (Verhältnis der Extinktionen bei 500 und 580 mμ für Cystein 3,4, für Cysteinylglycin 1,3)[3]. Enzympräparation, z.B. 0,001 mg Protein-N/ml Ansatz, in 0,2 m THAM-HCl-Puffer, p_H 7,3, gelöst + 1 ml 5×10^{-3} m Mn^{++} + 1,0 ml Substratlösung (Glutathion-Partialhydrolysat) + 2 ml 0,1 m Histidinpuffer bzw. 0,2 m THAM-HCl-Puffer, p_H 7,3, H_2O ad 9,5 ml. Nach Semenza[2] kann auch mit $^1/_{10}$ des Ansatzvolumens gearbeitet werden. Inkubation bei 37° C für 0, 10, 20 min usw., Enteiweißung durch Zugabe von $^1/_{20}$ des Ansatzvolumens an 50%iger Trichloressigsäure und Bestimmung nach Filtration oder Zentrifugieren im Spektrophotometer nach Sullivan.

Als *Substratlösung* (L-Cysteinylglycin) dient zweckmäßigerweise ein Partialhydrolysat von Glutathion, dessen γ-Glutamylrest durch 60 min Erhitzen des SH-Tripeptids, z.B. 250 mg gelöst in 9 ml H_2O + 1 ml konz. HCl, bei 94°C abgesprengt wird. Überführen der Lösung in ein 25 ml-Meßkölbchen, unter Kühlung Zugabe von NaOH bis zu p_H 7,1—7,5, Auffüllen mit Wasser bis zur Marke. Eine Kontrolle der Zusammensetzung des Partialhydrolysates ist durch Papierelektrophorese möglich: In 0,0125 m Borax-NaOH-Puffer, p_H 10,1, wanderten bei 440 V und 8,1 mA auf Whatman Nr. 1 in 2 Std anodisch:

Cystein 11,5 cm,	Cysteinylglycin 10 cm,	Glycin 10 cm,
	Glutathion 11,5 cm,	Glutaminsäure 12,0 cm.

Synthese von L-Cysteinylglycin vgl.[1,4].

***Qualitativer papierchromatographischer Test für Cysteinylglycinase-Aktivität nach* Semenza[5].**

Das nach Papierelektrophorese auf dem Papier zu testende oder aus einer Enzymlösung in Form eines Tropfens auf Filterpapier gebrachte Enzym wird mit der Substrat-Puffer-Aktivatorlösung inkubiert und gebildetes Cystein durch Reaktion mit β-Naphthochinonsulfosäurereagens kenntlich gemacht (vgl. S. 45).

Reagentien:

1. Substrat-Puffer-Aktivatorlösung: neutralisiertes Glutathion-Partialhydrolysat (aus 3—4 mg Glutathion/ml), entsprechend 1,5—2 mg Cysteinylglycin/ml, in 0,02 m THAM-HCl-Puffer, p_H 8,1, + 0,0005 m $MnCl_2$.
2. Naphthochinonsulfosäurereagens: 0,3 g β-naphthochinon-4-sulfosaures Na in 10 ml Wasser gelöst und mit destilliertem Aceton auf 100 ml aufgefüllt (frisch herstellen!).
3. Alkoholische NaOH: 2 ml 4 n NaOH ad 100,0 mit 95%igem Äthanol.

Ausführung:

Das enzymtragende Filtrierpapier wird mit der Substratpufferlösung getränkt und bei Zimmertemperatur 30—45 min inkubiert. Die Enzymreaktion wird sodann durch 5 min Erhitzen auf 110° C gestoppt. Darauf wird das Papier mit dem Naphthochinon-

---

[1] Olson, C. K., and F. Binkley: J. biol. Ch. **186**, 731 (1950).
[2] Semenza, G.: Biochim. biophys. Acta **24**, 401 (1957).
[3] Binkley, F., S. Fujii and J. R. Kimmel: J. biol. Ch. **186**, 159 (1950).
[4] Fodor, P. J., A. Miller and H. Waelsch: J. biol. Ch. **202**, 551 (1953).
[5] Semenza, G.: Exper. **13**, 166 (1957).

sulfosäurereagens besprüht und 3—5 min bei 100° C erhitzt. Zur besseren Differenzierung wird das Papier in die alkoholische NaOH eingetaucht. Innerhalb 10—15 min wird das Papier blaßgelb durch ungespaltenes Cysteinylglycin gefärbt, während entstandenes Cystein durch einen grünlichblauen Fleck erkennbar ist.

Prolinase (Iminodipeptidase).

[3.4.3.6.]

Vorkommen. Nach den ersten, über die enzymatische Spaltbarkeit von Prolylpeptiden angestellten Versuchen konnte zunächst angenommen werden, daß ein besonderes, auf die Abspaltung von N-terminalem Prolin aus Poly- und Dipeptiden eingestelltes Enzym existiert[1, 2]. Es konnte in Glycerinauszügen der Darmschleimhaut, Leber, Lunge, Niere, Milz und gering in Gehirn und Pankreas sowie im Autolysat der Hefe[1], ferner im Blutplasma[3] sowie in wäßrigen Extrakten von Muskelgewebe[4] und Augenlinse[5] nachgewiesen werden. Die zuletzt an gereinigter Schweinenierenprolinase erhobenen Befunde sprechen für das Vorliegen einer spezifischen Dipeptidase[6] neben einer Proliniminopeptidase auch in der Schweineniere. Über eine Proliniminopeptidase aus zellfreien Extrakten einer Prolin bedürftigen Mutante von *E. coli*, die N-terminales L-Prolin auch aus höhermolekularen Peptiden und Proteinen abspaltet, vgl. [7].

Darstellung. Zur Gewinnung partiell gereinigter Iminodipeptidase-Präparationen können frische Schweinenieren Verwendung finden.

Darstellung eines partiell gereinigten Prolinase-Präparates aus Schweineniere. 2,5 kg gefrorene Rindensubstanz werden in der Kälte im Fleischwolf zerkleinert und anschließend in kleinen Portionen mit dem gleichen Volumen 53,3 %igem Alkohol bei — 5° C jeweils 1 min homogenisiert. Die Alkoholkonzentration des gesamten Homogenats wird dann durch Zugabe von 1 l 95 %igem Alkohol bei — 5° C auf etwa 40—45 % erhöht. Es wird 1 Std bei 2500 Umdrehungen zentrifugiert und die lösliche Fraktion verworfen bzw. zur Prolidasedarstellung verwendet. Der Niederschlag wird bei — 5° C nacheinander mit absolutem Alkohol, Aceton und Äther gewaschen und in üblicher Weise an der Luft getrocknet. Es resultieren etwa 500 g Acetontrockenpulver, das bei Aufbewahrung bei 5° C seine Aktivität etwa 6 Wochen behält.

Ein wäßriger Extrakt aus dem Pulver durch Zugabe von 20 Vol. Wasser bei Zimmertemperatur und Einstellen auf p_H 7,8 mit 0,1 n NaOH lieferte nach Klarfiltration eine Präparation (II), die sich in ihrer enzymatischen Wirksamkeit praktisch nicht von der wasserlöslichen Fraktion des Ausgangsorganbreies (I) unterscheidet, jedoch erwies sich für weitere Reinigungsschritte die Entwässerung und Entfettung durch Alkohol/Aceton als unerläßlich. Der klar filtrierte wäßrige Acetonpulverextrakt wurde auf 2° C abgekühlt und durch Zugabe von absolutem Alkohol bei — 10° C auf eine Alkoholkonzentration von 47 %[8] und durch Zusatz von festem $MnCl_2$ auf 0,02 m $MnCl_2$ gebracht. Der ausfallende Niederschlag wird nach Aufbewahrung während einer Nacht in der Kälte durch Zentrifugieren abgetrennt, in Wasser gelöst und gefriergetrocknet.

Das Pulver wird mit 60 Vol. 0,02 m $MnCl_2$-Lösung bei p_H 7,8 30 min extrahiert und filtriert (III). Das klare rötliche Filtrat wird bei — 30° C langsam mit absolutem Alkohol bis zur Konzentration von 35 % versetzt. Nach 1 Std wird abzentrifugiert. Die klare bernsteinfarbene Flüssigkeit wird lyophilisiert.

[1] GRASSMANN, W., O. v. SCHOENEBECK u. G. AUERBACH: H. 210, 1 (1932).
[2] GRASSMANN, W., H. DYCKERHOFF u. O. v. SCHOENEBECK: B. 62, 1307 (1929).
[3] ABDERHALDEN, E., u. H. HANSON: Fermentforsch. 15, 382 (1938).
[4] BERGER, J., and M. J. JOHNSON: J. biol. Ch. 133, 639 (1940).
[5] HANSON, H., u. H. KIRSCHKE: Z. Vit.-, Horm.- u. Ferm.-Forsch. 11, 343 (1960/61).
[6] DAVIS, N. C., and E. L. SMITH: J. biol. Ch. 200, 373 (1953).
[7] SARID, S., A. BERGER and E. KATCHALSKI: J. biol. Ch. 234, 1740 (1959).
[8] DAVIS, N. C., and E. ADAMS: Arch. Biochem. 57, 301 (1955).

Das Pulver wird bei 0° C mit 10 Vol. kalter 0,02 m $MnCl_2$-Lösung bei p_H 7,8 (mit NaOH eingestellt) extrahiert und zentrifugiert. Zur klaren überstehenden Flüssigkeit (IV) wird das gleiche Volumen 95 %igen Alkohols bei — 20° C zugesetzt. 30 min später wird der Niederschlag abzentrifugiert, einmal mit kaltem 48 %igem Alkohol gewaschen, in Wasser gelöst und gefriergetrocknet (V).

Den Grad der Reinigung und die bei den einzelnen Schritten (I—V) erzielten Enzymausbeuten zeigt Tabelle 22.

Tabelle 22. *Reinigung der Iminodipeptidase*[1, 2].

Präparation	Aktivität $[C_0]$	Gewicht der Trockenpräparation in g	Ausbeute in E	Ausbeute in %
Organbrei	14*	2500 (feucht)	175000	(100)
II	14*	500	91000	52
III	59*	10	25000	14
IV	108*	5,5	17000	9,7
V	394**	0,63	14000	8,0

* Bestimmt bei $p_H = 8,0$ mit L-Prolylglycin oder L-Hydroxy-prolylglycin.

** Bestimmt bei $p_H = 8,5$ mit L-Prolylglycin; C_0 für L-Hydroxy-prolylglycin bei diesem p_H beträgt 570.

Durch sorgfältige Einhaltung der erforderlichen p_H-Werte und Temperaturen während der Alkoholzugabe können Präparationen von erheblich höheren Reinheitsgraden erhalten werden[3].

Eigenschaften. Die reinsten bisher erhaltenen Präparationen von Iminodipeptidase aus Schweinenieren sind frei von Aminotripeptidase und Leucinaminopeptidase, enthalten jedoch neben geringer Imidodipeptidase-(Prolidase-)wirkung Glycylglycin-Dipeptidase.

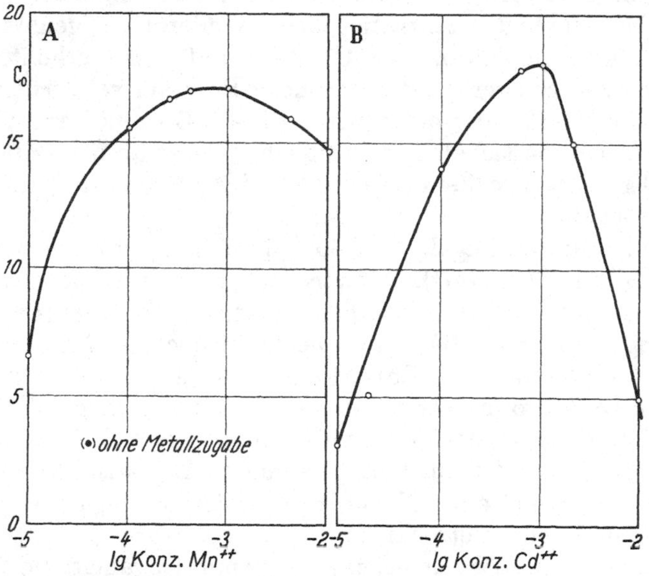

In frischen Extrakten und Breien von Organen liegt das p_H-Optimum der Prolinasewirkung bei p_H 8,0. Partiell gereinigte Präparationen weisen mit ansteigendem p_H eine Aktivitätszunahme bis mindestens p_H 9,2 auf. Im sauren Bereich (unter p_H 6,0) ist das Enzym praktisch unwirksam. Gegen stärker alkalische p_H-Werte ist es äußerst empfindlich[3]. Mn^{++} stabilisiert das Enzym und verstärkt es in seiner Aktivität gegenüber L-Prolyl- und L-Hydroxy-prolyldipeptiden. Cd^{++} wirkt ebenfalls aktivierend, L-Prolyldipeptiden gegenüber im allgemeinen stärker als bei L-Hydroxyprolyldipeptiden. Über optimale Konzentrationen der beiden Ionen und über die Wirkung gegenüber verschiedenen Substraten vgl. Abb. 11 und Tabelle 23[4].

Abb. 11. Iminodipeptidase-Aktivität als Funktion der Konzentration von Mn^{++} (*A*) und Cd^{++} (*B*). (0,05 m L-Prolylglycin in 0,04 m Veronalpuffer bei p_H 8,0).

Eine Präinkubation der Enzympräparation bis zu 3 Std bei 40° C mit Mn^{++} oder Cd^{++} hat keine Steigerung der Wirksamkeit gegenüber L-Prolylglycin zur Folge. Andere

[1] Smith, E. L.; in: Colowick-Kaplan, Meth. Enzymol. Bd. II, S. 97.

[2] Davis, N. C., and E. L. Smith: J. biol. Ch. **200**, 373 (1953).

[3] Davis, N. C., and E. Adams: Arch. Biochem. **57**, 301 (1955).

[4] Neuman, R. E., and E. L. Smith: J. biol. Ch. **193**, 97 (1951).

Tabelle 23. *Iminodipeptidase-Wirkung auf Prolyl- und Hydroxyprolylpeptide.*
0,05 m Substratkonzentration in 0,04 m Veronalpuffer, p_H 8,0, bei 40° C, C_0 = % Hydrolyse/min/mg Protein-N pro ml. Bei gut spaltbaren Substraten 0,0256 mg Protein-N pro ml, sonst höher. Titration nach GRASSMANN und HEYDE.

Substrate	C_0 ohne Aktivator	10^{-3} m Mn^{++}	10^{-3} m Cd^{++}
L-Prolylglycin	2,8	16,8	18,0
L-Prolyl-L-tyrosin	1,3	5,0	5,5
L-Prolyl-L-asparaginsäure	1,0	1,8	2,2
L-Prolyl-β-alanin	< 0,1	< 0,1	< 0,1
L-Hydroxy-prolylglycin	1,3	11,7	6,5
L-Hydroxy-prolyl-L-alanin	1,3	12,5	6,4
L-Hydroxy-prolyl-L-leucin *	1,9	8,4	8,3
L-Hydroxy-prolyl-L-phenylalanin *	0,8	6,2	1,6
L-Hydroxy-prolyl-L-tyrosin	1,7	5,9	2,0
L-Hydroxy-prolyl-L-asparaginsäure	0,7	1,5	1,9
L-Hydroxy-prolyl-L-glutaminsäure	0,8	2,9	2,7

* Infolge ihrer Schwerlöslichkeit waren diese Substrate zu Beginn der Versuche nur zum Teil gelöst.

Tabelle 24. *Spezifität roher und gereinigter Iminodipeptidase-Präparationen.*
Substratkonzentration 0,05 m; 0,04 m Veronalpuffer, p_H 8,0, bei rohen Enzympräparationen, 0,04 m Tris-Kakodylatpuffer, p_H 8,5, bei gereinigten Enzympräparationen. C_0 (proteolytischer Koeffizient): % Hydrolyse/min/mg Protein-N/ml. In allen Ansätzen war 10^{-3} m $MnCl_2$ enthalten. Die Hydrolyse wurde durch Titration nach GRASSMANN und HEYDE bestimmt.

Substrat	C_0		mg Protein-N/ml	
	rohe Enzympräparation	gereinigte Enzympräparation	rohe Enzympräparation	gereinigte Enzympräparation
L-Prolylglycin	17	390	0,026	0,0043
L-Prolylglycin		960		0,0011
L-Prolyl-L-tyrosin	5	510	0,026	0,0043
L-Prolyl-L-asparaginsäure	2	0	0,026	0,043
L-Prolyl-β-alanin	< 0,1		> 0,026	
L-Hydroxy-prolylglycin	12	570	0,026	0,0043
L-Hydroxy-prolylglycin		1570		0,0011
L-Methoxy-prolylglycin		1750		0,0011
L-allo-Hydroxy-prolylglycin		1270		0,0011
L-Hydroxy-prolyl-L-alanin	13	250	0,026	0,0043
L-Hydroxy-prolyl-L-leucin	8	120	0,026	0,0043
L-Hydroxy-prolyl-L-phenylalanin	6	330	0,026	0,0043
L-Hydroxy-prolyl-L-tyrosin	6	360	0,026	0,0043
L-Hydroxy-prolyl-L-asparaginsäure	2	0	0,026	0,043
L-Hydroxy-prolyl-L-glutaminsäure	3	0	0,026	0,043
L-Prolyl-L-prolin		100		0,0043
L-Prolyl-L-hydroxy-prolin		18		0,0043
Glycyl-L-prolin	1,7	230	0,051	0,0043
L-Prolylglycylglycin		0		0,026
L-Hydroxy-prolylglycylglycin	5	0	0,026	0,026
Glycyl-L-prolylglycin	1	0	0,026	0,026
L-Prolinamid	1	0	0,026	0,026
L-Hydroxy-prolinamid	1	0	0,026	0,026
Triglycin	3	0	0,026	0,026
Carbobenzoxy-L-prolyl-L-alanin	0			
Carbobenzoxy-L-prolyl-L-leucin	0			
Carbobenzoxy-L-prolyl-L-phenylalanin	0			

Kationen (10^{-3} m) haben keine (Mg^{++}, Hg^{++}, Ba^{++}) oder nur gering aktivierende (Zn^{++}, Fe^{++}, Co^{++}) Wirkung; Ag^{+} (10^{-4} m) hemmte die Spaltung von D,L-Prolyl-D,L-alanin durch Glycerinauszug der Darmschleimhaut stark[1]. Die Mn^{++}-Aktivierung wird durch

[1] GRASSMANN, W., O. v. SCHOENEBECK u. G. AUERBACH: H. 210, 1 (1932).

Fluorid, Pyrophosphat, Citrat und Phosphat (10^{-2} m) stark gehemmt; die Cd^{++}-Wirkung wird lediglich durch Pyrophosphat stark abgeschwächt, Citrat und Fluorid wirken nur schwach hemmend. Die Prolylglycinspaltung durch Auszüge aus Darmschleimhaut und Lunge sowie durch Blutplasma wurde durch HCN und H_2S partiell inhibiert[1–3].

Über Substratspezifität von rohen und gereinigten Iminodipeptidase-Präparationen aus Schweinenieren orientiert Tabelle 24[4–6].

Über die enzymatische Hydrolyse von Prolyl- und Hydroxyprolylnaphthylamiden durch tierische Organe und Körperflüssigkeiten vgl. [7].

Die initiale Spaltung (15—120 min) von Prolylglycin entspricht bei 60—80%iger Hydrolyse einem Reaktionsverlauf 0. Ordnung. Die Spaltung von L-Prolylglycinderivaten mit Substitution in der 4-Stellung des Pyrrolidinringes (L-Hydroxy-prolylglycin, allo-L-Hydroxy-prolylglycin, L-Methoxy-prolylglycin) läßt sich besser nach einer Reaktion 1. Ordnung beschreiben, wenngleich auch für diese Substrate bei Spaltungszeiten von 15—30 min mit K_0-Werten gearbeitet werden kann[6]. Als Maß der Enzymeinheit dient C_0 (proteolytischer Koeffizient: % Hydrolyse/min/mg Protein-N/ml). Die in einer Präparation enthaltene Menge an Iminodipeptidase ergibt sich aus C_0 multipliziert mit dem Protein-N-Gehalt in mg.

Bestimmung.

```
        R1                                                R1
        |                                                 |
   H—C——CH2       R2                              H—C——CH2             R2
     |    | /H     |            Enzym               |    | /H              |
   H2C\  /C—CO—NHCH—COOH     ————————>          H2C\  /C——COOH + H2N—CH—COOH
        N                     +H2O                   N
        |                                            |
        H                                            H
      Prolyl-glycin                                 Prolin            Glycin
```

R_1 = H, OH oder CH_3; R_2 = H oder anderer aliphatischer oder cyclischer Aminosäurerest mit Ausnahme von Asparaginsäure und Glutaminsäure.

Die Bestimmung des Enzymes kann nach einem der unter den allgemeinen Bestimmungsmethoden beschriebenen Verfahren unter Verwendung von L-Prolyl- oder L-Hydroxy-prolylglycin als Substraten erfolgen. L-Hydroxy-prolylglycin ist geeigneter, da es im Gegensatz zu L-Prolylglycin von Iminopeptidase nicht angegriffen wird[8].

Die mit 0,1 n NaOH auf p_H 7—8 eingestellten Substratstammlösungen sind auch bei Aufbewahrung im Kühlschrank nur einige Tage unverändert haltbar, da in der Nähe des Neutralpunktes die Gefahr der Diketopiperazinbildung besteht. Ein Spaltungsansatz von 1—2,5 ml Gesamtvolumen besteht z.B. zu 40% des Ansatzvolumens aus 0,2 m Trispuffer (p_H 8,0 oder 8,5), zu 40% aus 0,125 m Substratstammlösung, zu 10% aus 0,01 m $MnSO_4$-Lösung und zu 10% aus der Enzympräparation, die gegebenenfalls so zu verdünnen ist, daß in 15 min eine Hydrolyse zwischen 10 und 15% eintritt. Weitere Angaben sind den Legenden der Tabelle 23 und 24 zu entnehmen; die Inkubationsdauer wird in der Regel 15—120 min betragen.

Darstellung der Substrate. L-Prolylglycin (Mol.-Gew. 172,17) wird über Carbobenzoxy-L-prolin (F 75—78° C, $[\alpha]_D^{20} = -38{,}6°$, in Alkohol), N-Carbobenzoxy-L-prolylglycin und

[1] GRASSMANN, W., O. v. SCHOENEBECK u. G. AUERBACH: H. **210**, 1 (1932).
[2] ABDERHALDEN, E., u. H. HANSON: Fermentforsch. **15**, 382 (1938).
[3] ABDERHALDEN, E., u. R. MERKEL: Fermentforsch. **15**, 1 (1936).
[4] NEUMAN, R. E., and E. L. SMITH: J. biol. Ch. **193**, 97 (1951).
[5] DAVIS, N. C., and E. L. SMITH: J. biol. Ch. **200**, 373 (1953).
[6] DAVIS, N. C., and E. ADAMS: Arch. Biochem. **57**, 301 (1955).
[7] FOLK, J. E., and M. S. BURSTONE: Arch. Biochem. **61**, 257 (1956).
[8] SARID, S., A. BERGER and E. KATCHALSKI: J. biol. Ch. **237**, 2207 (1962).

katalytische Hydrierung mit Palladiumschwarz als Monohydrat dargestellt[1, 2]. Handelspräparate bei Mann Research Laboratories, New York.

L-*Hydroxy-prolylglycin* (Mol.-Gew. 188,17)[3]. Zu 10 g L-Hydroxy-prolinmethylesterhydrochlorid (L-Hydroxy-prolin in 7 Vol. Methanol bei 0° C mit trockenem HCl sättigen, aus Methanol-Äther umkristallisieren, F 163—164° C) in 50 ml Wasser und 100 ml Chloroform werden unter Kühlen und Schütteln 3 g MgO und portionsweise 15 g Carbobenzoxychlorid zugesetzt. 20 min nach der letzten Zugabe werden 2 ml Pyridin und danach 5 n HCl zugefügt, bis die wäßrige Schicht kongosauer reagiert. Die Chloroformschicht wird mit Wasser, Hydrogencarbonat, Wasser und verdünnter HCl gewaschen und über Na_2SO_4 getrocknet. Konzentrierung der Lösung im Vakuum unter wiederholter Zugabe von Alkohol. Der verbleibende Sirup wird in 50 ml absolutem Alkohol gelöst, filtriert, mit 3,8 g Hydrazinhydrat versetzt und die Lösung über Nacht bei Zimmertemperatur stehengelassen. Ein geringer Niederschlag wird abfiltriert und die Lösung im Vakuum unter wiederholter Ätherzugabe eingeengt. Nadeln von Carbobenzoxy-L-hydroxy-prolinhydrazid (5,6 g), die aus Essigester umkristallisiert werden. 5 g des Hydrazids werden in das Azid überführt, indem in 50 ml Wasser + 1 ml konz. HCl + 3 ml Eisessig gelöst wird und unter Kühlen und Schütteln 1,5 g $NaNO_2$ in 5 ml Wasser zugesetzt werden. Die ölige Fällung wird in Essigester aufgenommen, mit kaltem Wasser, Hydrogencarbonat und wieder Wasser gewaschen und getrocknet. Danach wird die Azidlösung zu einer trockenen Essigesterlösung von Glykokollbenzylester, die aus 5,4 g des in möglichst wenig Wasser gelösten Hydrochlorids durch Freisetzung des Esters in der Kälte durch Zugabe von 10 n NaOH über Essigester unter starkem Schütteln und Versetzen mit festem wasserfreiem Na_2CO_3 hergestellt wird, zugegeben und über Nacht bei Zimmertemperatur stehengelassen. Aus der im Vakuum eingeengten Lösung fallen Nadeln von Carbobenzoxy-L-hydroxy-prolylglycinbenzylester (4,7 g) aus. Die Substanz wird zweimal aus Essigester umkristallisiert (F 153° C). 3 g des Carbobenzoxydipeptidbenzylesters werden in üblicher Weise in einer Ganzglasapparatur mit methanolhaltigem Eisessig (2 ml) und 2 ml Wasser katalytisch unter Verwendung von Palladiumschwarz hydriert. Das während der Hydrierung ausfallende Peptid wird durch Zugabe von etwas Wasser gelöst. Die Lösung wird filtriert und im Vakuum unter Zugabe von Methanol eingeengt. Die ausfallenden Nadeln (1,3 g) werden aus Wasser-Methanol umkristallisiert. $[\alpha]_D^{20} = -22,42°$ ($c = 7,7$ % in Wasser).

Prolidase (Imidodipeptidase).

[3.4.3.7.]

Vorkommen. Das Enzym, das als eine Dipeptidase von spezifischer Wirkung auf die Peptidbindung von Dipeptiden zu charakterisieren ist, in der der Stickstoff des L-Prolins oder L-Hydroxy-prolins (oder des Sarkosins) als Imido-N enthalten ist, wurde bisher in Extrakten der Dünndarmschleimhaut[3, 4], in Blutplasma und Serum von Kaninchen[2], in Pferdeerythrocyten[5] und in der Rinde der Schweineniere[6, 7] nachgewiesen. Pankreassaft war gegenüber Glycyl-L-prolin inaktiv[8].

Skeletmuskel von Kaninchen und Ratte sowie Herzmuskel, Uterus und Serum spalteten Glycyl-L-prolin und Glycyl-L-hydroxy-prolin im Verhältnis von etwa 8:1[9].

Darstellung. Es sind 3 Verfahren beschrieben, die die Gewinnung partiell gereinigter Prolidasepräparationen gestatten und die als Ausgangsmaterial Dünndarmschleimhaut

[1] Abderhalden, E., u. H. Nienburg: Fermentforsch. **13**, 573 (1933).
[2] Abderhalden, E., u. H. Hanson: Fermentforsch. **15**, 382 (1938).
[3] Smith, E. L., and M. Bergmann: J. biol. Ch. **153**, 627 (1944).
[4] Bergmann, M., and J. S. Fruton: J. biol. Ch. **117**, 189 (1937).
[5] Adams, E., and E. L. Smith: J. biol. Ch. **198**, 671 (1952).
[6] Davis, N. C., and E. L. Smith: Fed. Proc. **12**, 193 (1953).
[7] Davis, N. C., and E. L. Smith: J. biol. Ch. **224**, 261 (1957).
[8] Bergmann, M., L. Zervas, H. Schleich u. F. Leinert: H. **212**, 72 (1932).
[9] Smith, E. L.: J. biol. Ch. **173**, 553 (1948).

vom Schwein, Schweinenieren oder Pferdeerythrocyten benutzen. Am einfachsten und schnellsten durchzuführen sind die Methoden unter Verwendung von Darmschleimhaut und Pferdeerythrocyten, während die am meisten gereinigten Präparationen bei allerdings sehr niedrigen Ausbeuten im Verhältnis zum eingesetzten Organmaterial aus Schweinenieren zu erzielen sind. Diese Präparationen sind vor allem bei hoher Aktivität gegenüber der —CO—N< -Bindung völlig oder nahezu frei von Di- und Polypeptidasen, die —CO—NH-Bindungen spalten.

I. Darstellung von Prolidase aus Dünndarmschleimhaut nach Smith *und* Bergmann[1].

345 g Dünndarmmucosa, die aus den 60—90 cm langen, oberen Enden von Schweinedünndärmen durch Abschaben des unter der Wasserleitung ausgewaschenen, aufgeschnittenen Darmes zu gewinnen sind, werden mit 35 g Seesand und 350 ml Wasser verrieben und zentrifugiert. Der Bodensatz wird nochmals mit 350 ml Wasser extrahiert und zentrifugiert. Die vereinigten Extrakte (etwa 650 ml mit z.B. 3,98 mg Protein-N/ml) werden stark abgekühlt und mit dem gleichen Volumen kalten Aceton versetzt. Der Niederschlag, der hohe Aktivitäten an Leucinaminopeptidase aufweist, wird abgetrennt, und die Mutterlauge, die die Hauptmenge an Prolidase enthält, wird lyophilisiert. Das danach anfallende Material wird mehrfach mit Äther extrahiert und der Rückstand nach Vakuumtrocknung in Wasser gelöst. Die wäßrige Lösung wird dialysiert und direkt für die Enzymbestimmung benutzt. Über die Substratspezifität der Präparation vgl. Tabelle 25.

Tabelle 25. *Aktivität einer Prolidasepräparation* (dargestellt nach der Acetonfällungsmethode). Die Versuche wurden bei 40° C und p_H 7,8—8,0 (0,1 m Veronalpuffer) ohne und mit (10^{-3} m $MnSO_4$) Mn^{++}-Zusatz ausgeführt; Enzymkonzentration: 0,165 mg Protein-N/ml Ansatz; Substratkonzentration 0,05 m; Titration nach Grassmann und Heyde.

Substrat	Hydrolyse (in %)		
	ohne Mn^{++}	mit Mn^{++}	
	26 Std	2 Std	26 Std
L-Alanylglycin	1	1	8
Glycylglycin	−1	−1	3
L-Leucylglycin	−1	1	12
L-Leucylglycylglycin	1	1	9
L-Prolylglycin	0	−1	4
Carbobenzoxyglycyl-L-prolin	0		0
Glycyl-L-leucin	0		0
Glycyl-L-phenylalanin	0	0	2
Glycyl-L-alanin		13	59
Glycyl-L-prolin	47 (2 Std)	78	

Eine in der Enzymausbeute bessere, in bezug auf den Reinheitsgrad aber ungünstigere Prolidasepräparation ist zu erhalten, wenn obiger, roher, wäßriger Mucosa-Extrakt mit einem im Vorversuch an kleiner Extraktmenge ermittelten Volumen einer gesättigten Bleiacetatlösung versetzt wird, das für maximale Ausfällung notwendig ist. Der Niederschlag wird durch Zentrifugieren entfernt. Zur verbleibenden Lösung wird zur Entfernung des Bleis eine überschüssige Menge Dinatriumphosphat zugegeben. Nach 30 min wird abfiltriert und das klare Filtrat über Nacht gegen Aqua dest. in der Kälte dialysiert. Sodann wird festes Ammoniumsulfat bis zu 40%iger Sättigung zugefügt und der entstehende geringe Niederschlag entfernt. Nun wird durch weitere Zugabe von $(NH_4)_2SO_4$ auf 60% Sättigung erhöht, der Niederschlag abgetrennt, in Wasser gelöst und bis zum Freisein von SO_4^{--} gegen Aqua dest. dialysiert. Die Aktivität dieser Lösung im Vergleich zum rohen, wäßrigen Ausgangsextrakt zeigt Tabelle 26. Sie weist ferner recht hohe

[1] Smith, E. L., and M. Bergmann: J. biol. Ch. **153**, 627 (1944).

Spaltungsaktivitäten gegenüber L-Prolyl- und L-Hydroxy-prolylglycin, Carbobenzoxy-glycyl-L-prolin, Carbobenzoxy-L-prolinamid sowie L-Leucylglycylglycin, Triglycin, Diglycyl-L-prolin und Diglycyl-L-hydroxy-prolin auf.

Tabelle 26. *Aktivität einer Prolidasepräparation* (dargestellt nach dem Bleiacetatverfahren). Versuchsbedingungen wie in Tabelle 25; C_{GP} = proteolytischer Koeffizient der Glycyl-L-prolin-Spaltung; C_{HGP} = proteolytischer Koeffizient für Glycyl-L-hydroxy-prolin-Spaltung.

Enzympräparation	C_{GP}	C_{HGP}
Roher wäßriger Mucosaextrakt	0,015	0,0019
Pb-acetat gereinigte L-Prolidase	0,47	0,065
Pb-acetat gereinigte L-Prolidase ohne Mn^{++} . .	0,075	0,004

II. Darstellung von Prolidase aus Pferdeerythrocyten nach ADAMS *und* SMITH[1].

Frisch entnommenes Pferdeblut, das durch Zugabe von etwa 5 g Natriumcitrat/l Blut ungerinnbar gemacht wird, läßt man 12—24 Std im Kälteraum bei 5° C sedimentieren. Das Citratplasma wird abgehebert. Die Erythrocyten werden durch Zugabe des gleichen Volumens kalten dest. Wassers hämolysiert, gegebenenfalls vorher 1—2mal mit isotonischer Salzlösung gewaschen.

Je Liter Hämolysat werden im Kälteraum 900 ml 90%iger Alkohol und 65 ml Chloroform, beide Flüssigkeiten auf — 30° C abgekühlt, unter kräftigem Rühren zugegeben. Das Hb scheidet sich schnell als schwammige Masse ab, von der dekantiert und abgepreßt werden kann. Nach Filtration unter Verwendung von Celite wird die klare, schwach gelbliche Lösung durch Zugabe von 1 n HCl auf p_H 6,0 eingestellt (durch Messung von Proben mit der Glaselektrode bei Zimmertemperatur nach Verdünnung mit 9 Vol. Wasser). Ein schwacher Niederschlag, der nur geringe Prolidaseaktivität aufweist, wird durch Filtration abgetrennt. Zum Filtrat wird langsam unter Rühren ein gleiches Volumen auf — 30° C vorgekühltes Aceton zugegeben. Ein grobflockiger Niederschlag setzt sich rasch ab. Nach Abheberung der überstehenden Flüssigkeit kann er auf einem mit Celitefilter belegten Büchnertrichter abgesaugt, nacheinander mit Aceton und Äther gewaschen und schnell an der Luft getrocknet werden. Die Enzymaktivität des Pulvers blieb über Wochen erhalten. Weitere Reinigung, allerdings mit geringer Enzymausbeute, kann dadurch erreicht werden, daß celitehaltiges Acetonpulver in Wasser zu einer Lösung mit 0,5—1,0% Protein gelöst und filtriert wird. Durch Sättigung mit $(NH_4)_2SO_4$ bis 0,6 entsteht ein Niederschlag, der abgetrennt und gegen kaltes destilliertes Wasser dialysiert wird. Nach Lyophilisierung sind diese Präparate monatelang haltbar.

Tabelle 27. *Reinigung der Prolidase aus Pferde-Erythrocyten.* Die Enzympräparationen werden mit 0,02 m $MnCl_2$-Lösung bei p_H 7,8 für mehrere Stunden präinkubiert, bevor das Substrat (Glycyl-L-prolin) zugesetzt wird. p_H der Ansätze p_H = 7,8 (0,03 m Veronalpuffer), C_{GP} = proteolytischer Koeffizient für Glycyl-L-prolin; E = Enzymeinheiten.

Präparation	C_{GP}	Ausbeute	
		Gesamt-E	%
Rohes Hämolysat	0,0012	336	100
Acetonpulver	0,18	55	16
Ammoniumsulfatniederschlag . .	0,39	13	4

Für die Gewinnung prolidaseaktiver Präparationen ist wesentlich, daß die Hb-Ausfällung vollständig ist, erkennbar an den schwammigen Massen denaturierten Hb und an dem völlig klaren Filtrat. Ein fein dispergiertes Coagulum und trübe, gefärbte Filtrate sind zu vermeiden.

[1] ADAMS, E., and E. L. SMITH: J. biol. Ch. **198**, 671 (1952).

Über die erzielte Anreicherung und erreichte Ausbeute orientiert Tabelle 27, über die Substratspezifität Tabelle 28.

Tabelle 28. *Wirkung gereinigter Prolidase aus Pferde-Erythrocyten auf verschiedene Peptide.*

Substratkonzentration 0,05 m (bei racemischen Peptiden 0,1 m); p_H der Ansätze 7,8 (0,01 m Veronal- oder 0,04 m Trispuffer). Präinkubation der Enzymlösungen mit 0,02 m $MnCl_2$ mehrere Stunden vor Zugabe der Substrate. Inkubationsdauer 24 (bis 72) Std. E = Enzymmenge (mg Protein-N/ml); C_1 = proteolytischer Koeffizient (K_1/E); Titration nach GRASSMANN und HEYDE.

Peptid	Enzymmenge (mg Protein-N pro ml)	C_1	Bemerkungen
Glycyl-L-prolin	0,006	0,43	
Glycyl-L-hydroxy-prolin	0,006	0,031	
L-Phenylalanyl-L-hydroxy-prolin	0,006	0,068	
L-Prolyl-L-prolin	0,006	0,11	
L-Prolyl-L-hydroxy-prolin	0,006	0,018	
β-Alanyl-L-prolin	0,006	0,0009	
Glycylglycyl-L-prolin	0,042	< 0,0001	Enzympräparation mit C_1 für Glycyl-L-prolin von 0,04
Glycylglycyl-L-hydroxy-prolin	0,042	< 0,0001	
Glycyl-L-prolylglycin	0,042	< 0,0001	
L-Prolinamid	0,042	< 0,0001	
Carbobenzoxyglycyl-L-prolin	0,042	< 0,0001	
Dehydrophenylalanyl-L-prolin	0,042	< 0,0001	
L-Leucinamid	0,057	< 0,0001	Enzympräparation mit C_1 für Glycyl-L-prolin von 0,18
Glycyl-D,L-phenylalanin	0,057	< 0,0001	
L-Prolylglycin (ohne Metall sowie mit Mn^{++} und Cd^{++})	0,057	< 0,0001	
Glycylglycin (0,002 m $CoCl_2$)	0,057	< 0,0001	
Triglycin (ohne Metallaktivator)	0,057	< 0,0001	
Glycyl-L-leucin (ohne Metallaktivator)	0,057	< 0,0001	
Glycyl-D,L-valin (ohne Metallaktivator)	0,057	< 0,0001	
Glycyl-D,L-alanin (ohne Metallaktivator)	0,057	< 0,0001	
D,L-Alanylglycin (ohne Metallaktivator)	0,057	< 0,0001	

III. Darstellung von Prolidase aus Schweineniere nach DAVIS *und* SMITH[1].

Es können hochgereinigte Präparationen erzielt werden, die 12000mal aktiver sind als die rohen, wäßrigen Nierenextrakte. Da das Enzym nur in relativ geringer Menge im Organ vorliegt, müssen entsprechend große Ausgangsmengen an Niere eingesetzt werden. Die Produkte verschiedener Zwischenstufen der Reinigung sind instabil, z.B. das Acetontrockenpulver und lyophilisierte Substanzen späterer Reinigungsstadien. Auch bei Aufbewahrung in tiefgefrorenem Zustand verlieren diese Präparationen die Hälfte ihrer Aktivität im Zeitraum von 4 Wochen bis 6 Monaten. Es ist deshalb unzweckmäßig, größere Mengen davon lagern zu wollen. Die Anwendung schonenderer Reinigungsmethoden (Zonenelektrophorese auf Papier und an Stärkesäulen) führt zwar zu hochgereinigten Präparationen, die aber noch instabiler sind.

Frische gefrorene Schweinenieren (10 kg) werden im Fleischwolf zerkleinert und im Homogenisator in kleinen Anteilen mit insgesamt dem gleichen Volumen (10 l) 53,3 %igem Äthylalkohol bei — 5° C behandelt. Danach werden 4 l 95 %iges Äthanol bei — 20° C zugefügt, so daß die Alkoholkonzentration etwa 40 % beträgt. Weiterhin erfolgt Zugabe von Chloroform (65 ml/kg Gewebe), um das Hb zu entfernen[2]. Das ausgefallene Material, das reichlich andere Peptidasen enthält, wird durch Zentrifugieren bei 0—5° C abgetrennt. Zur überstehenden Flüssigkeit wird bei — 20° C Aceton (250 ml/l) zugesetzt. Nach einstündigem Stehen in der Kälte wird der Niederschlag durch Filtration auf einem Büchnertrichter, der mit einer Celiteauflage versehen ist, abgetrennt. Dem klaren, gelben Filtrat wird bei

[1] DAVIS, N. C., and E. L. SMITH: J. biol. Ch. **224**, 261 (1957).
[2] KEILIN, D., and T. MANN: Biochem. J. **34**, 1163 (1940).

— 20° C weiteres Aceton (750 ml/l) hinzugefügt. Sedimentieren des Niederschlages durch Stehenlassen über Nacht bei 2° C. Nach Abheberung der klaren überstehenden Flüssigkeit wird der Niederschlag abzentrifugiert, auf einem Büchnertrichter mehrfach mit Aceton und anschließend mit Äther gewaschen und an der Luft getrocknet. Es resultieren 30—40 g eines leicht bräunlichgelben Pulvers.

103 g des Acetontrockenpulvers (aus 3 obigen Ansätzen) werden mit 2,5 l 0,02 m $MnCl_2$ bei 40° C 1 Std lang extrahiert. Nach Abzentrifugieren wird die klare dunkelbraune Lösung (p_H 6,0—6,5) auf 0° C abgekühlt und mit festem $(NH_4)_2SO_4$ bis zur Sättigung von 0,5 versetzt (312 g). Nach einstündiger Aufbewahrung bei 2° C wird der Niederschlag abzentrifugiert, in möglichst wenig Wasser gelöst und bis zum Freisein von SO_4^{--} dialysiert. Zur dialysierten Enzymlösung wird festes $MnCl_2$ bis zur Konzentration von 0,002 m zugesetzt, wodurch der p_H-Wert auf 5,4—5,6 absinkt. Die Lösung bleibt 20 min bei 40° C. Ein inaktiver Niederschlag wird durch Zentrifugieren entfernt. Die Lösung wird allmählich auf — 10° C abgekühlt und dann langsam Aceton von — 20° C zugesetzt (30 ml Aceton auf 70 ml Lösung). Nach 1 Std wird abzentrifugiert, in einer kleinen Menge Wasser suspendiert und lyophilisiert. Ausbeute 3—4 g (aus 10 kg Niere), von denen etwa 700—800 mg in 0,02 m $MnCl_2$-Lösung löslich sind.

Die weiteren Reinigungsstufen liefern nicht so sicher reproduzierbare Aktivität der Präparationen wie die oben beschriebenen.

1 g des zuletzt erwähnten lyophilisierten Materials von $C_1 = 20$—28 wird mit 25 ml Wasser extrahiert und zentrifugiert.

Der klare Überstand wird in Bezug auf NaCl 0,02 m und auf p_H 6,0 eingestellt. Ein etwaiger Niederschlag wird abzentrifugiert. Nach Abkühlen auf 1° C wird ein gleiches Volumen 53,3 %iges Äthanol bei — 20° C zugefügt, so daß die Alkoholkonzentration 25 %ig ist. Nach Abzentrifugieren des Niederschlages wird der klare Überstand mit der Hälfte seines Volumens mit kaltem 95 %igem Äthanol versetzt. Nach 1 Std wird der Niederschlag abzentrifugiert, in wenig Wasser suspendiert, gefroren und lyophilisiert. Ausbeute: 350—450 mg.

500 mg dieses lyophilisierten Alkoholpräcipitats werden in 20 ml 0,02 m $MnCl_2$, mit 0,1 n NaOH auf p_H 7,0 eingestellt, gelöst und 15 min bei 40° C inkubiert. Unlösliches Material wird abzentrifugiert, die klare Lösung abgekühlt, durch Zugabe von Aceton von — 20° C auf eine 30 %ige Acetonkonzentration gebracht und 1 Std stehengelassen. Der Niederschlag wird abzentrifugiert, gefroren und lyophilisiert. Ausbeute 250—300 mg.

500 mg dieses lyophilisierten Acetonpräcipitats werden in 10 ml einer Lösung, die in bezug auf $MnCl_2$ 0,02 m und in bezug auf Glutathion 0,002 m ist, suspendiert, hinzugegeben werden 10 ml 0,1 m Trispuffer (p_H 7,8). 30 min bei 40° C stehenlassen, wonach der Niederschlag abzentrifugiert und die überstehende Flüssigkeit gefroren und lyophilisiert wird. Ausbeute: 250—300 mg.

Aus diesem Material können in allerdings geringfügiger Ausbeute und in recht unbeständiger Form entweder durch Fraktionierung in der Kälte zwischen 50 und 70 %iger Sättigung an $(NH_4)_2SO_4$ oder durch Fraktionierung einer 0,02 m Äthylendiamintetraessigsäurelösung der Präparation mit — 20° C kaltem 95 %igem Äthanol noch aktivere Präparate von mikrokristallin erscheinendem Zustand erhalten werden. Ähnlich verhält es sich hinsichtlich der Reinigungs- und Konzentrierungsmöglichkeit und der Enzymstabilität bei Anwendung der Papierelektrophorese, bei der unter Auftragung des lyophilisierten Äthanolpräcipitats bei p_H 8,4—8,6 (Veronalpuffer mit Ionenstärke 0,1) in 18stündiger Laufzeit bei 2° C eine Eiweißbande etwa 6 cm anodenwärts wanderte, aus der unter Elution mit 0,04 m Trispuffer (p_H 8,1) eine hochaktive, sehr labile Prolidasepräparation zu gewinnen ist. Ein entsprechendes Resultat lieferte die Elektrophorese an der Kartoffelstärkesäule [bei 5° C in 0,075 m Veronalpuffer (p_H 8,4—8,6) mit 0,005 m $MnCl_2$, 30 mA, 320 V, 18—21 Std, Gipfel der enzymatischen Aktivität in der Regel im 16.—20. Röhrchen des Fraktionensammlers bei Einsatz von 100—200 mg des lyophilisierten Äthanolpräcipitats].

Über die Aktivität der einzelnen Reinigungsstufen vgl. Tabelle 29 und über die Spezifität gereinigter Prolidasepräparationen vgl. Tabelle 30.

Eigenschaften. Wie die Untersuchungsergebnisse an hochgereinigten Prolidasepräparationen aus Pferde-Erythrocyten (vgl. Tabelle 28) und aus Schweineniere (vgl. Tabelle 30)

Tabelle 29. *Aktivität der verschiedenen Reinigungsstufen von Prolidasepräparationen aus Schweinenieren*[1].

Proben der einzelnen zu untersuchenden Enzympräparationen wurden 1 Std bei 40° C in einer Lösung, die in bezug auf $MnCl_2$ 0,02 m und in bezug auf Trispuffer (p_H 7,8—8,0) 0,04 m war, präinkubiert. Ein geklärter, aliquoter Teil davon wurde zum Hauptversuch zugegeben, der Glycyl-L-prolin in 0,05 m Konzentration sowie Mn^{++} und Tris wie oben enthielt. Volumen des Ansatzes 2,5 ml; titriert jeweils 0,2 ml nach GRASSMANN und HEYDE in der Modifikation nach DAVIS und SMITH[2]; $C_1 = K_1/E$, K_1 = Konstante der Reaktion 1. Ordnung, E = Enzymkonzentration in mg Protein-N/ml Ansatz.

Präparation	C_1	Gesamtmenge (Eichwerte)	Ausbeute %
Roher, wäßriger Extrakt (10 kg Schweinenieren)	0,01	2000	100
Acetonpulver	2—3	2400—2600	120—130*
Lyophilisierte $(NH_4)_2SO_4$-Acetonfraktion	20—30	800—900	40—45
Lyophilisiertes Alkoholpräcipitat	50—52		
Lyophilisiertes Acetonpräcipitat	70—75		
Lyophilisiertes $MnCl_2$-Glutathionpräcipitat . . .	90—95		

* Die über 100 % hinausgehende Ausbeute ergibt sich offenbar durch Beseitigung von Inhibitoren.

Tabelle 30. *Spezifität gereinigter Prolidasepräparationen*[1].

Versuchsbedingungen wie in Tabelle 29; Substratkonzentration von D,L-Verbindungen 0,1 m, Präinkubation der Enzympräparationen für 30 min in 0,02 m $MnCl_2$ und 0,001 m Glutathion bei p_H 7,8 in Trispuffer 0,04 m, Inkubationsdauer für Glycyl-L-prolin 80 min, für die anderen Substrate bis zu 24 Std.

Peptid	Enzym (µg Protein-N pro ml)	C_1	Bemerkungen
Glycyl-L-prolin	0,34	38	
L-Prolylglycin	3,4	0,02	
L-Leucylglycin	3,4	0,01	
Glycyl-L-leucin	3,4	0,02	
Glycylglycin	3,4	0	
Triglycin	3,4	0	
D,L-Alanylglycin	3,4	0	
Glycyl-D,L-alanin	3,4	0,2	
Glycyl-D,L-valin	3,4	0,04	
Glycyl-L-tryptophan	3,4	0,02	
Glycyl-L-tyrosin	3,4	0	
Carbobenzoxyglycyl-L-tryptophan . . .	3,4	0	
Carbobenzoxy-L-glutamyl-L-tyrosin . .	3,4	0	
L-Leucinamid	3,4	0	
Carnosin	3,4	0	
Glycyl-L-hydroxy-prolin	1	15	Prolidasepräparation mit C_1 für Glycyl-L-prolin von 126
Glycyl-L-allo-Hydroxy-prolin	1	40	
Glycyl-L-methoxy-prolin	1	0,2	
Glycylsarkosin	1	11	
L-Phenylalanyl-L-hydroxy-prolin . . .	1	15	
β-Alanyl-L-prolin	1	0,2	
Dehydrophenylalanyl-L-prolin	1	0	
Glycylglycyl-L-prolin	1	0	
Glycyl-L-prolyl-glycin	1	0	
Carbobenzoxyglycyl-L-prolin	1	0	
Carbobenzoxyglycyl-L-hydroxy-prolin .	1	0	

[1] DAVIS, N. C., and E. L. SMITH: J. biol. Ch. **224**, 261 (1957).
[2] DAVIS, N. C., and E. L. SMITH: Meth. biochem. Analysis **2**, 216 (1955).

zeigen, ist die Prolidase als eine Dipeptidase aufzufassen, für deren Wirkung im Substrat eine freie primäre oder sekundäre Aminogruppe und eine COOH-Gruppe in Nachbarschaft zur aufzuspaltenden —CO—N<-Bindung vorhanden sein müssen. Schon die β-Stellung der freien basischen Gruppe setzt die Aufspaltbarkeit wesentlich herab, wie die nur noch sehr schwache Hydrolyse von β-Alanyl-L-prolin zeigt. Ein Dehydropeptid wie Dehydrophenylalanyl-L-prolin wird nicht angegriffen. Eine Proteinasewirkung ist unter den für die Glycyl-L-prolin-Spaltung optimalen Bedingungen in gereinigten Prolidasepräparationen bei Verwendung von Pferde-Hb (3,9 % Prolingehalt) und kristallisiertem menschlichem Serumalbumin (5,1 % Prolingehalt) als Substraten nicht nachzuweisen[1]. Am stärksten angegriffen wird Glycyl-L-prolin. In allen bisher dargestellten Prolidasepräparationen läßt sich der Verlauf der Spaltung nach einer Reaktion 1. Ordnung $\left(K_1 = \frac{1}{t} \times \log \frac{100}{100 - x}\right.$; Erklärung vgl. allgemeinen Teil C 2a, S. 9$\left.\right)$ beschreiben.

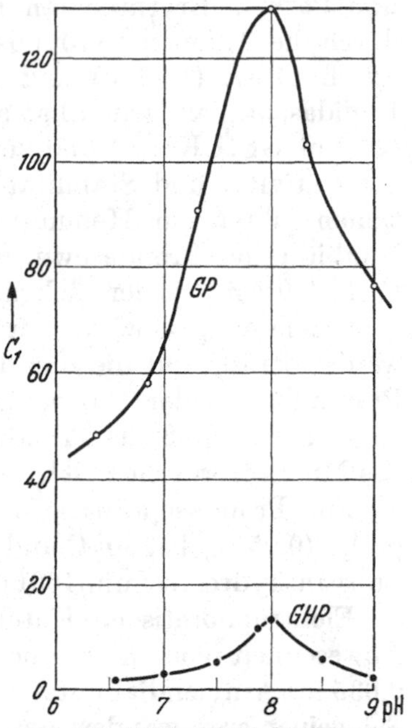

Abb. 12. Abhängigkeit der Schweinenierenprolidase vom p_H für Glycyl-L-prolin (GP) und Glycyl-L-hydroxyprolin (GHP). Substratkonzentration: 0,05 m, 10^{-3} m Mn^{++}, 10^{-4} m Glutathion, 0,04 m Tris-Kakodylatpuffer. Enzymkonzentration: 0,05 μg Protein-N/ml für GP, 0,5 μg für GHP.

Die optimale p_H-Wirkung liegt für die Prolidase bei p_H 7,8—8,0. Als Puffer sind zu verwenden Phosphatpuffer (0,12 m), Veronalpuffer (0,04 m), Tris-Kakodylatpuffer (0,04 m). Über Verlauf der p_H-Kurve vgl. Abb. 12.

Entsprechend ist der Kurvenverlauf für die Prolidase aus Pferde-Erythrocyten mit Mn^{++} und Veronal- und Phosphatpuffer, ohne Glutathion.

Die Prolidasepräparationen sind durch Mn^{++} aktivierbar. Der Kurvenverlauf der Aktivität in Abhängigkeit von der $[Mn^{++}]$ ist aus Abb. 13 ersichtlich. Zur Erzielung eines optimalen Aktivierungseffektes ist eine Präinkubation der Enzymlösung von 15 min (bei höher gereinigten Präparationen bis zu 1 Std) in 10^{-2} m $MnCl_2$ oder $MnSO_4$ erforderlich.

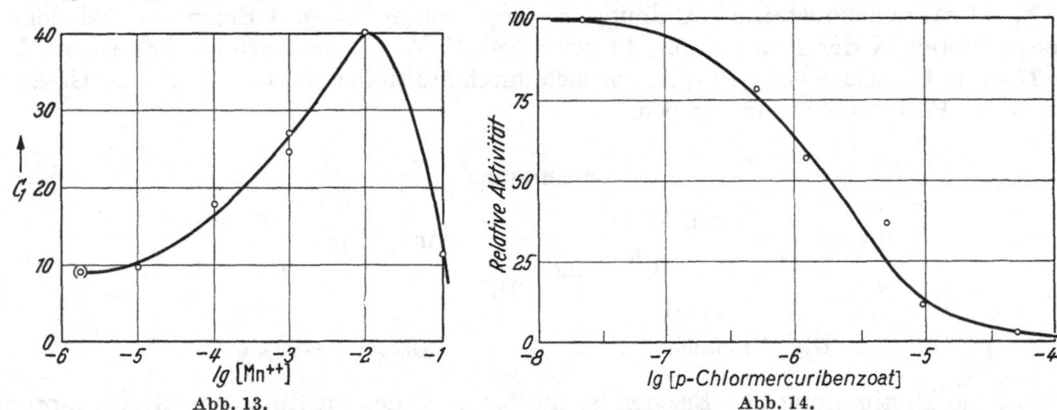

Abb. 13. Prolidaseaktivität als Funktion von $[Mn^{++}]$. Enzymlösung (0,1 μg Protein-N/ml) 30 min bei 40° C in 0,08 m Trispuffer (p_H 7,8) mit verschiedenen Mn^{++}-Konzentrationen präinkubiert. Die Spaltungsansätze wurden mit aliquotem Teil der präinkubierten Enzymlösungen versetzt und enthielten 0,04 m Trispuffer (p_H 7,8), 0,05 m Substrat und $^1/_{10}$ der $[Mn^{++}]$ der Präinkubationslösung. (o) Spaltungsansatz ohne Mn; $t = 40°$ C.

Abb. 14. Wirkung von p-Chlormercuribenzoat auf die Aktivität von Schweinenierenprolidase[2]. Enzymlösung (2,0 μg Protein-N/ml) in 0,01 m $MnCl_2$ 30 min bei 40° C und p_H 7,8 präinkubiert. Aliquote Mengen wurden dem inhibitorhaltigen, noch substratfreien Spaltungsansatz zugesetzt. 5 min später wurde das Substrat zugegeben. Zusammensetzung des Spaltungsansatzes: Enzym = 0,2 μg Protein-N/ml, $Mn^{++} = 10^{-3}$ m; Trispuffer 0,04 m, Glycyl-L-prolin 0,05 m, Inhibitor wie auf Abszisse der Abbildung angegeben. C_1 der Enzympräparation ohne Inhibitor = 140.

Mn^{++}-haltige Prolidaselösungen sind in ihrer Aktivität gegenüber Erwärmung auf 50° C und gegenüber p_H-Änderungen zwischen p_H 5,5 und 8,5 beständiger als Mn^{++}-freie Lösungen[1]. Inkubation der Enzymlösungen mit Mg^{++} oder Fe^{+++} (2×10^{-3} m) ist ohne oder nur

[1] ADAMS, E., and E. L. SMITH: J. biol. Ch. **198**, 671 (1952).

von gering hemmendem Einfluß auf die Aktivität; stark oder völlig hemmend wirken gleiche Konzentrationen von Fe^{++}, Co^{++}, Ni^{++}, Cu^{+}, Cu^{++}, Zn^{++}, Cd^{++}, Ag^{+}, Hg^{++}, Pb^{++} und Pt^{++++}. Erythrocytenprolidase wird bei An- und Abwesenheit von Mn^{++} reversibel durch die Anionen Pyrophosphat (10^{-3} m) und Versene (10^{-2} m) sehr stark (etwa 99%), durch Citrat (10^{-2} m) und Fluorid (10^{-2} m) geringer (39—50%) gehemmt. Für viele Prolidasepräparationen hat sich durch Zugabe von Glutathion zur Präinkubationslösung (10^{-3} m GSH-Konz.) und zum Spaltungsansatz (4×10^{-5} m GSH-Konz.) eine Steigerung der Aktivität und Stabilität der Prolidaselösungen erzielen lassen[2]. Höhere Konzentrationen führen zur Hemmung. Das SH-Reagens p-Chlormercuribenzoat ist ein starker Inhibitor der Prolidasewirkung (vgl. Abb. 14). Seine Wirkung kann durch Zugabe von GSH (10^{-3} m) wieder rückgängig gemacht werden. Durch Jodacetamid (4×10^{-3} m) kann eine Hemmung bewirkt werden, die weder durch GSH noch durch Cystein aufgehoben werden kann, und die nur dann deutlich ist, wenn der Zugabe von Jodacetamid keine Präinkubation der Enzymlösung mit Mn vorausgegangen ist. Aus diesen Befunden ist zu schließen, daß die Prolidase eine essentielle SH-Gruppe besitzt, die für die Bindung des Mn^{++} erforderlich ist[1].

Für Prolidasepräparationen mit C_1 von mindestens 130 ergibt sich für Glycyl-L-prolin (0,05 m) bei 40° C und p_H 8,0 eine sehr hohe Wechselzahl von annähernd 350000 M Substrathydrolyse/min/100000 g Enzym.

Elektrophoretische Untersuchungen des Enzyms erfolgen am zweckmäßigsten bei Abwesenheit von Mn^{++} und GSH in Veronalpuffer (0,1 Ionenstärke; p_H 7,8—7,9, mit 0,035 m Äthylendiamintetraessigsäure). In den reinsten Prolidasepräparationen aus Schweinenieren wandert das Enzym mit der Fraktion, die eine durchschnittliche Beweglichkeit von $-5{,}2\pm 0{,}5\times 10^{-5}$ cm^2 V^{-1} sec^{-1} besitzt. Die besten elektrophoretisch aufgetrennten Präparate mit $C_1 = 120$—125 weisen ungefähr 90% des Proteins als Prolidase auf. In der Ultrazentrifuge (59780 U/min, Veronalpuffer, p_H 7,9; 0,1 oder 0,2 Ionenstärke) ergaben sich für obige, auch elektrophoretisch untersuchte Prolidase ($C_1 = 100$) 2 Komponenten ($s_{20,w} = 6{,}4$ S zu 75% und $s_{20,w} = 4{,}2$ S zu 25%). Für die 6,4 S-Fraktion würde sich ein Mol.-Gew. von etwa 150000 ergeben[1]. Zur zahlenmäßigen Ermittlung der Enzymaktivität ist die Bestimmung des proteolytischen Koeffizienten C_1 geeignet; $C_1 = K_1/E$ (K_1 = Reaktionskonstante 1. Ordnung, E = mg Protein-N/ml). 1 Enzym-E ist diejenige Menge Protein-N der Präparation, die für einen K_1-Wert von 1 erforderlich ist, so daß die Gesamt-Einheiten einer Präparation sich durch Multiplizieren von C_1 mit der Gesamtmenge an Protein-N in mg ergeben.

Bestimmung.

```
                  CH2—CH2                                     CH2—CH2
CH2—CO—N<         |         Enzym    CH2—COOH + HN<           |
|                 CH—CH2   ------>   |                        CH—CH2
NH2               |         +H2O     NH2                      |
                  COOH                                        COOH
        Glycyl-L-prolin                        Glycin + L-Prolin
```

Für die Bestimmung des Enzyms ist die Messung der Spaltung von Glycyl-L-prolin nach einem der im allgemeinen Teil beschriebenen und zur Erfassung von Prolin geeigneten Verfahren am zweckmäßigsten. Die Bedingungen der Versuche, die mit Ansätzen im Mikromaßstab mit 1,0—2,5 ml Gesamtvolumen durchgeführt werden können, sind aus den Legenden der Tabellen 29 und 30 zu ersehen.

Glycyl-L-prolin-Stammlösungen (Glycyl-L-prolin · $^1/_2$ H_2O, z.B. in 0,1 oder 0,125 m Lösung mit 0,1 n NaOH auf p_H 7,8—8,0 eingestellt) können nur wenige Tage im Kühlschrank (2—5° C) aufbewahrt werden, da sich auch in wäßriger Lösung langsam Diketopiperazin bildet. Glycyl-L-prolin ist als Handelspräparat (Serva-Entwicklungslabor,

---

[1] DAVIS, N. C., and E. L. SMITH: J. biol. Ch. 224, 261 (1957).

Heidelberg, Römerstraße 118; Fa. Mann Research Laboratories, 136 Liberty Street, New York 6, N.Y.) zu beziehen.

Die Berechnung von C_1 ergibt sich aus der Bestimmung der prozentualen Spaltung, die in 15 min zwischen 5 und 15% liegen soll (eventuell Enzymlösung verdünnen!), unter Anwendung der im allgemeinen Teil C, S. 9ff. gemachten Angaben.

Carnosinase.

[3.4.3.3 Aminoacyl-L-histidin-Hydrolase.]

Vorkommen. Die Spaltung des Dipeptids β-Alanyl-L-histidin (Carnosin) wird einem bestimmten Ferment, der Carnosinase, zugeschrieben, das in partiell gereinigter Form aus Schweinenieren dargestellt werden kann[1,2]. Enzymatische Hydrolyse des Dipeptids wurde auch in anderen tierischen Organen vor allem Niere, Leber, Milz der Ratte festgestellt[1,3]. Die relativen Aktivitäten dieser Organe, berechnet pro g Frischgewebe und bezogen auf die Reaktionskonstante 0. Ordnung, betragen für Niere $K_0 = 1{,}2$, für Leber 1,5 und für Milz 0,7. Schweinedarmmucosa sowie Skelet, Uterus und Herzmuskel der Ratte sind inaktiv. Dagegen vermögen wäßrige Extrakte von Kabeljau-*(Gadus callarias-)*Muskulatur neben Anserin auch Carnosin zu hydrolysieren[4]. Auch Hefeautolysate sind in der Lage, beide Dipeptide zu spalten[5]. Über eine carnosinaseähnliche Peptidase vgl. [6]. Inwieweit eine Carnosinase von einer Anserinase (vgl. dazu den Abschnitt 1) zu unterscheiden ist, bleibt noch eindeutig zu klären, da auch partiell gereinigte Carnosinasepräparationen Anserin hydrolysieren[7].

Darstellung von Carnosinase aus Schweineniere nach Rosenberg[2].

Frische, von Fett und Bindegewebe befreite und gefrorene Schweinenieren (5,4 kg) werden im Fleischwolf zerkleinert, in 6 l kaltem (5° C) dest. Wasser suspendiert und in einem 6 Liter-Turmix (Type MV) 3 min homogenisiert; 15 min stehenlassen; danach 45 min zentrifugieren bei 2500 ×g. Sediment und Fett werden verworfen. Die verbleibende Lösung wird 2 Std bei 2500 ×g zentrifugiert (5,1 l; 50 mg Protein/ml; $C_0 = 1{,}7$).

Zur Lösung werden $^1/_{10}$ Vol. Toluol (510 ml) und gleichzeitig so viel $MnCl_2$ zugesetzt, daß sie 0,01 m an diesem Salz ist (1,97 g/l). $p_{H\,20°}$ zwischen 6 und 7. Unter kräftigem Rühren wird schnell auf dem siedenden Wasserbad auf 55° C erhitzt und bei dieser Temperatur 20 min gehalten. Danach schnelle Abkühlung auf 5° C in Eis-NaCl-Mischung und unter Rühren Zugabe von $(NH_4)_2SO_4$ (114 g/l). 30 min bei 5° C aufbewahren und 1 Std bei 2500 ×g bei 5° C zentrifugieren. Das Sediment wird verworfen und die trübe Lösung bei 5° C durch Büchner-Trichter abgesaugt: klares, rotgefärbtes Filtrat (2200 ml; 8,7 mg Protein/ml), das anschließend durch Zugabe von 192 g $(NH_4)_2SO_4$/l zu 0,55 mit diesem Salz gesättigt wird. 30 min bei 5° C stehenlassen, über Nacht durch Faltenfilter filtrieren. Der Niederschlag wird 2—3 Tage gegen 30—50 l Aqua dest. dialysiert. Der verbleibende Gefäßinhalt wird dann 30 min bei 12000 ×g zentrifugiert, die überstehende Flüssigkeit verworfen, der Niederschlag in 40 ml 0,15 m NaCl-Lösung suspendiert und 2 Std bei 21000 ×g zentrifugiert. Die bräunlichgelbe, leicht opaleszente überstehende Flüssigkeit enthält 42,3 mg Protein/ml ($C_0 = 15$). Anschließende Zugabe von 1 ml 0,2 m THAM-HCl-Puffer ($p_{H_{20}} = 8{,}05$) und von festem $MnCl_2$ bis 0,01 m, Einstellung des p_H mit 0,01 m NaOH auf p_H 8,05, einstündige Aufbewahrung bei 40° C und zweistündiges Zentrifugieren bei 21000 ×g führt zu einer bräunlichgelben Lösung (42 ml; 30 mg Protein/ml; $C_0 = 24$). Die Präparation wird nun mit 0,15 m NaCl-Lösung, die 0,01 m

[1] Hanson, H. T., and E. L. Smith: J. biol. Ch. **179**, 789 (1949).
[2] Rosenberg, A.: Arch. Biochem. **88**, 83 (1960).
[3] Garkavi, P. G.: Bull. Biol. Med. exp. USSR **4**, 57 (1937).
[4] Jones, N. R.: Biochem. J. **64**, 20P (1956).
[5] Parshin, A. N., u. M. A. Dobrinskaja: Bull. Biol. Med. exp. USSR **4**, 50 (1937).
[6] Miller, P. A., C. T. Gray and M. D. Eaton: J. Bact. **79**, 95 (1960).
[7] Davis, N. C.: J. biol. Ch. **223**, 935 (1956).

$MnCl_2$ enthält und durch THAM-HCl-Puffer auf p_H 8,05 eingestellt ist, auf einen Proteingehalt von 6,25 mg/ml verdünnt, auf 0° C abgekühlt und unter Rühren langsam mit 15 Vol.-% absolutem, — 24° C kaltem Aceton versetzt. Nach einstündigem Stehen bei — 4° C wird 15 min lang bei 1200 × g und 4° C abzentrifugiert. Der Niederschlag wird verworfen und die 2° C nicht überschreitende Lösung nochmals mit 20 Vol.-% kaltem Aceton langsam versetzt. Nach einstündigem Stehen bei — 4° C wird 15 min bei 12000 × g zentrifugiert. Nach Abgießen der überstehenden Lösung werden zum Niederschlag 10 ml Veronalpuffer, p_H 8,05, in 0,025 m NaCl (Gesamtionenstärke 0,075) zugegeben. Die entstandene bräunlichgelbe Lösung wird 1 Std bei 21000 × g zentrifugiert (20 ml; 66 mg Protein/ml; $C_0 = 45$). Die Acetonfraktionierung ist eventuell mit 25 Vol.-% Aceton zu wiederholen. Eine Zonenelektrophorese (1100—1300 V, 120—165 mA, 120—175 Std) in einer Säule von 150 cm Länge und 3 cm Durchmesser bei $p_{H\,20°} = 8,65$ (Veronalpuffer, Ionenstärke 0,05, durch Zugabe von NaCl auf 0,075 gebracht) schließt sich an. 17 ml der Lösung der Acetonfraktion (1150 mg Protein) werden auf die Säule gegeben. Die 10 ml-Fraktionen wurden mit verdünnter HCl unter kräftigem Rühren auf p_H 7,5 eingestellt und mit je 0,1 ml 1 m $MnSO_4$-Lösung versetzt. Die trübe gewordenen Fraktionen bleiben über Nacht bei 4° C stehen und werden dann 2 Std bei 100000 × g zentrifugiert. Alle Fraktionen mit C_0-Werten, die über denen der Ausgangslösung liegen, werden gesammelt. C_0-Werte zwischen 200 und 250; Enzymausbeute 30%. In einer zweiten Zonenelektrophorese (45 cm-Säule, 3 cm Durchmesser, 600 V, 70 mA, 75 Std) werden die vereinigten, im Unterdruckdialysator[1] konzentrierten und durch Zentrifugieren (15 min bei 1200 × g) geklärten Fraktionen der ersten Elektrophorese in einer Menge von 3 ml mit etwa 34 mg Protein bei $p_{H\,20°} = 7,43$ (THAM-HCl-Puffer, p_H 7,45, Ionenstärke 0,02; 0,01 m $MnCl_2$; Gesamtionenstärke 0,05) aufgetrennt. Erneuerung der Elektrolytlösung alle 12 Std. Eluate in 2,5 ml-Fraktionen gesammelt. C_0-Werte hochaktiver Fraktionen: 600 mit 7,9 mg Protein; 70% Enzymausbeute.

Carnosinasepräparationen sind handelsüblich bei Worthington Biochemical Corporation (Freehold, New Jersey): lyophilisierte Präparation; ferner bei Nutritional Biochemicals Corporation (Cleveland 28, Ohio), Mann Research Laboratories (136 Liberty Street, New York 6, N.Y.), Serva-Entwicklungslabor (Heidelberg, Römerstraße 118).

Eigenschaften. Die Lage des p_H-Optimums der Carnosinase erweist sich abhängig von dem Zusatz der aktivierenden Metalle Mn^{++} und Zn^{++}. Das Enzym ohne besondere Zusätze wirkt bei p_H 7,4—7,5 (Phosphatpuffer) optimal, bei Anwesenheit von Zn^{++} (10^{-3} m) liegt das Optimum bei p_H 7,8—7,9 (Phosphat- bzw. Veronalpuffer), während dreistündige Präinkubation des Enzyms mit $MnCl_2$ (0,01 m) in 0,03 m Veronalpuffer (p_H 7,75) bei 40° C vor Zugabe des Substrates (0,05 m) zu optimaler Spaltung bei p_H 8,0—8,4 (Veronal- und Boratpuffer) führt. Die Mn^{++}-aktivierte Hydrolyse, die etwa vierfach stärker ist als in der ohne Mn^{++} gebliebenen Enzymlösung, wird im Vergleich zu Ansätzen mit Veronalpuffer (0,05 m, p_H 8,0) durch Phosphatpuffer (0,08 m; p_H 8,0—8,1) und durch Citratpuffer (0,08 m, p_H 8,0) zu 80—90% gehemmt. Bei Zn-aktiviertem bzw. ohne die Metallzusätze gebliebenem Enzym ist diese Hemmung nicht nachweisbar. Zn wird infolgedessen als der natürliche Enzymaktivator betrachtet. Mit THAM-HCl-Puffer (0,08 m) kann die Mn^{++} (0,002 m)-aktivierte Carnosinase günstiger bei p_H 7,65 als bei p_H 8,0 bestimmt werden, da bei stärker alkalischen p_H-Werten die auftretende MnO_2-Abscheidung stört[2]. Das Mn^{++}-aktivierte Enzym ist allerdings viel stabiler als eine Präparation ohne oder mit Zn^{++}-Zusatz. Das Zn^{++}-Enzym weist bei Abwesenheit des Substrats (Carnosin) nach 4 Std bei 40° C und bei p_H 7,0 nur noch 3%, bei p_H 7,7 63% der Ausgangsaktivität auf, im Gegensatz zum Verhalten bei Gegenwart von Carnosin, das bei Anwesenheit von Zn^{++} durch die Carnosinase offenbar infolge der Schutzwirkung des Substrats zu 30—60% stärker gespalten wird als ohne Zn^{++} (10^{-3} m Zn-acetat).

[1] Sörensen, S. P. L., and M. Hoyrup: Compt. rend. trav. lab. Carlsberg 12, 26 (1917).
[2] Rosenberg, A.: Arch. Biochem. 88, 83 (1960).

Andere Metallionen (10^{-3} m) (Mg^{++}, Cd^{++}, Fe^{++}, Co^{++}, Ca^{++}) haben keine oder eine leicht hemmende Wirkung auf das Enzym[1]. Metallionenfreie Lösungen des Enzyms (durch ÄDTA oder Elektrodialyse) werden durch thermische Denaturierung der Enzymeiweißmoleküle inaktiv. Die stabilisierende Fähigkeit der Metallionen liegt in der Reihenfolge Mn^{++} Ca^{++} Mg^{++} (= Cd^{++} Zn^{++}).

Das Mn^{++}-aktivierte Enzym wird bei konstanter Mn^{++}-Konzentration durch Ca^{++} (10—50 $\times 10^{-3}$ m) gehemmt. Es wird die Existenz von zwei funktionellen Stellen am Enzym angenommen, einer für die Aktivierung und einer für die Stabilisierung[2], s. dazu auch[3]. Stark inhibieren 10^{-3} m Sulfid, 10^{-3} m Cyanid, 10^{-2} m EDTA und 10^{-3} m Cystein, schwache Hemmung, die erst deutlich bei 10^{-2} m wird, zeigen Azid und Fluorid; Jodessigsäure (10^{-3} m) ist ohne Einfluß. Von anderen bekannten Darm- und katheptischen

Tabelle 31. *Substratspezifität von Carnosinasepräparationen verschiedenen Reinheitsgrades*[4].
Substratkonzentration 0,05 m in 0,08 m Tris-(hydroxymethyl)-aminomethan-HCl (THAM-Puffer) mit 0,002 m Mn^{++} bzw. Co^{++}; Titration nach GRASSMANN und HEYDE.

Reinigungsstufe (vgl. Darstellung)	C_0	% Hydrolyse/Std						
		Carnosin pH 7,65	Leucinamid		Gly-gly		Tri-gly	
			$p_{H_{40}}$ = 7,6 Mn^{++}	$p_{H_{40}}$ = 8,6 Mn^{++}	$p_{H_{40}}$ = 7,6 Mn^{++}	pH = 7,6 Co^{++}	$p_{H_{40}}$ = 7,6 Mn^{++}	$p_{H_{40}}$ = 7,0
Wäßriger Extrakt aus Schweinenieren . . .	2	36,4	69	100	100	100	100	100
$(NH_4)_2SO_4$-Fraktionierung	12	67,5	69,5	88,5	39	97	9,5	3
2. Zonenelektrophorese .	550	45,0	4,6	2,4	15	15	2,3	2,2
2. Zonenelektrophorese + 0,01 m ÄDTA (fünfstündige Inkubation) .		< 0,5	< 0,5	< 0,5	< 0,5	< 0,5	< 0,5	< 0,5

Endo- und Exopeptidasen (Darmmucosapeptidasen, Uteruspeptidasen, Pankreascarboxypeptidasen, Kathepsine I—IV, Dehydropeptidasen) ist Carnosinase eindeutig durch ihre Wirkungsbedingungen zu unterscheiden. Die Substratspezifität einer hochgereinigten Präparation der Carnosinase (s. Darstellung) zeigt Tabelle 31.

Die Carnosinase ist als Dipeptidase oder Aminopeptidase zu klassifizieren, eine Carboxypeptidasewirkung ist ihr nicht eigen, Carbobenzoxyderivate werden nicht gespalten. Sie besitzt auch nicht den Charakter einer β-Alanin-Exoaminopeptidase, da sowohl L-Alanyl- als auch D-Alanyl- und Glycyl-L-histidin, nicht jedoch β-Alaninamid und β-Alanylglycin hydrolysiert werden. Von Wichtigkeit ist jedoch die Konfiguration des C-terminalen Histidinrestes, da D-Carnosin (β-Alanyl-D-histidin) nur sehr schwach angegriffen wird[1]. Von Glycyl-L-histidinamid wird Glycin abgesprengt, da eine Hydrolyse ohne NH_3-Freisetzung festzustellen ist. Jedoch ist dieser aminopeptidatische Effekt nicht homospezifisch mit der Leucinaminopeptidase, da eine hochgereinigte Präparation davon Carnosin nicht angreift[5]. Da im β-Alanyl-L-histidyl-glycin mehr als eine Peptidbindung aufgesprengt wird (160% Hydrolyse in 19 Std), ist zu schließen, daß der nach β-Alaninabsprengung verbleibende Rest von L-Histidylglycin durch die den Präparationen beigemengte Leucinaminopeptidase gespalten wird. Ob der Carnosinase eine glycylglycinspaltende Wirkung zukommt, ist noch nicht eindeutig geklärt[4].

Hochgereinigte Carnosinasepräparationen (C_0 550—600) zeigten elektrophoretisch und in der Ultrazentrifuge mindestens 90% homogenes Material. Das Verhältnis der Absorption bei 280 und 260 nm beträgt 1,47. Die Enzymlösung nach der $(NH_4)_2SO_4$-Fraktionierung

[1] HANSON, H. T., and E. L. SMITH: J. biol. Ch. **179**, 789 (1949).
[2] ROSENBERG, A.: Ark. Kemi. **17**, 25, 41 (1961).
[3] ROSENBERG, A.: Biochim. biophys. Acta **45**, 297 (1960).
[4] ROSENBERG, A.: Arch. Biochem. **88**, 83 (1960).
[5] DAVIS, N. C.: J. biol. Ch. **223**, 935 (1956).

(vgl. Darstellung) ist bei 5° C relativ stabil (Aktivitätsabnahme 1—3 % pro Woche, allmählich zunehmender Niederschlag). Nach Acetonfraktionierung ist die Stabilität viel geringer. Mn^{++}-haltige Präparationen werden oberhalb p_H 8,0 und unterhalb 7,0 schnell inaktiv. Nach Lyophilisierung können 70 % der Aktivität erhalten bleiben bei allerdings dann schnellem Aktivitätsverlust (innerhalb 24 Std) des wiederaufgelösten Materials[1].

Die Carnosinhydrolyse durch das Enzym erfolgt bis mindestens 80 % Spaltung nach einer Reaktion 0. Ordnung, für einige andere Substrate läßt sich der Spaltungsverlauf besser nach einer Reaktion 1. Ordnung beschreiben. Als Einheit kann C_0 verwendet werden. 1 Einheit umfaßt die Enzymmenge (mg Protein-N/ml), die K_0-Werte von 1 ergibt.

Bestimmung.

```
CH2—CH2—CO—NH—CH—COOH                         CH2—CH2—COOH
|                |                             |
NH2              CH2                           NH2
                 |            Carnosinase        β-Alanin
                 C—N        ─────────────>         +
                 ||  \CH        +H2O          H2N · CH · COOH
                HC—N/                                |
                     \H                              CH2
                                                     |
                                                     C—N
                                                     ||  \CH
                                                    HC—N/
                                                         \H
                                                  L-Histidin
```

Die Bestimmung kann im Mikromaßstab aus Ansätzen von 1,0—2,5 ml erfolgen. Bei Ermittlung der Aktivität in rohen Organextrakten muß eine 1—3stündige Präinkubation der Enzympräparation vorausgehen: in einem 2,5 ml-Meßkölbchen werden 1 ml 0,2 m Tris- oder 0,1 m Veronalpuffer (p_H 8,0), 0,1 ml 0,01 m $MnCl_2$-Lösung, Enzympräparation und H_2O bis zur Marke einpipettiert. Nach mindestens einstündiger Aufbewahrung bei 40° C wird ein aliquoter Teil der präinkubierten Enzymlösung (0,1—0,5 ml) in ein zweites Meßkölbchen, das die Substratlösung und den gleichen Puffer enthält, überführt[2]. Über Substratkonzentration, Inkubationsdauer, Art der Titration vgl. Tabelle 31.

Die Berechnung von K_0 und C_0 aus der prozentualen Spaltung unter Berücksichtigung der Enzymkonzentration ergibt sich aus den im allgemeinen Teil gemachten Angaben.

Das benötigte Carnosin ist bei den meisten größeren Firmen für Biochemikalien ein handelsübliches Präparat.

Anserinase.

[3.4.3.4 Aminoacyl-1-methyl-L-histidin-Hydrolase.]

Vorkommen. Anserinasewirkung (enzymatische Spaltung des Dipeptids Anserin = β-Alanyl-L-methylhistidin) ist vorhanden in Maceraten, zellfreien Extrakten und Acetonpräcipitaten von Kabeljaumuskel *(Gadus callarias)*[3], ferner in Präparationen partiell gereinigter Schweinenieren-Carnosinase[4] (vgl. auch unter Carnosinase) und in Hefeautolysaten[5]. In der Schweinedarmmucosa, in der Muskulatur von Ratte und Kaninchen sowie einiger Fischspecies (z.B. Seezunge [*Pleuronectes microcephalus*]) konnte das Enzym nicht nachgewiesen werden[6].

Darstellung. Als anserinaseaktive Präparation kann partiell gereinigte, Mn-aktivierte Carnosinase aus Schweineniere verwendet werden[6]. Bezugsquellen dafür vgl. bei Carnosinase, S. 80. Zur Gewinnung partiell gereinigter Anserinasepräparationen aus Kabeljaumuskulatur werden 20 g Muskel von frisch getöteten Tieren in 100 ml Wasser homogenisiert, 10 min bei 2° C und 3500 Umdrehungen zentrifugiert und durch ein Seitz-Filter

[1] ROSENBERG, A.: Arch. Biochem. **88**, 83 (1960).
[2] SMITH, E. L.; in: Colowick-Kaplan, Meth. Enzymol. Bd. II, S. 83.
[3] JONES, N. R.: Biochem. J. **60**, 81 (1955).
[4] DAVIS, N. C.: J. biol. Ch. **223**, 935 (1956).
[5] PARSHIN, A. N., u. M. A. DOBRINSKAYA: Bull. Biol. Méd. exp. USSR **5**, 218 (1938).
[6] JONES, N. R.: Biochem. J. **64**, 20P (1956).

filtriert. Für die Darstellung von Trockenpräparationen trägt man 3 kg Muskel, mit Eis zerkleinert, in 14 l Wasser ein und läßt unter Zugabe von 100 ml Chloroform 4 Std bei 0° C stehen; danach wird durch engmaschigen Mull abgegossen und durch Zentrifugieren bei 24500 U/min geklärt. Die anfallenden 13 l Extrakt werden unter Zusatz von Antischaummittel (Silicon M. S. Antifoam A) bei 15 mm Hg und 18° C auf 1,5 l eingeengt und 20 min bei 0° C und 2800 U/min zentrifugiert. Das überstehende Konzentrat wird gegen 8 l Wasser bei viermaligem Wechsel (also insgesamt gegen 40 l Wasser) unter Zugabe von 0,5 ml Toluol und 0,5 ml Chloroform dialysiert. Ein entstandener weißer Niederschlag wird abzentrifugiert und verworfen. Das nach Gefriertrocknung des Überstandes anfallende weiße Pulver (etwa 90 g) ist leicht löslich und enthält 15,4 % N. Aus einem entsprechend aus 1 kg Muskel mit Eis und 2 l Wasser hergestellten Konzentrat (50 ml) können nach Einstellen auf p_H 7,5 bei 0° C unter Rühren und durch allmähliche Zugabe von Aceton mit Abkühlung auf —4° C anserinaseaktive Präcipitate erhalten werden. Über 90 % der Spaltungsaktivität sind in der Präcipitatfraktion vorhanden, die bei einer Acetonkonzentration von 33—50 % des Gesamtvolumens ausfällt (also nach Abtrennung des Niederschlages aus 50 ml Konzentrat + 25 ml Aceton und weiterem Zusatz von 25 ml Aceton). Die aktive Fällung wird in 25 ml Wasser bei 0° C gelöst, 2 Tage dialysiert und lyophilisiert (300 mg).

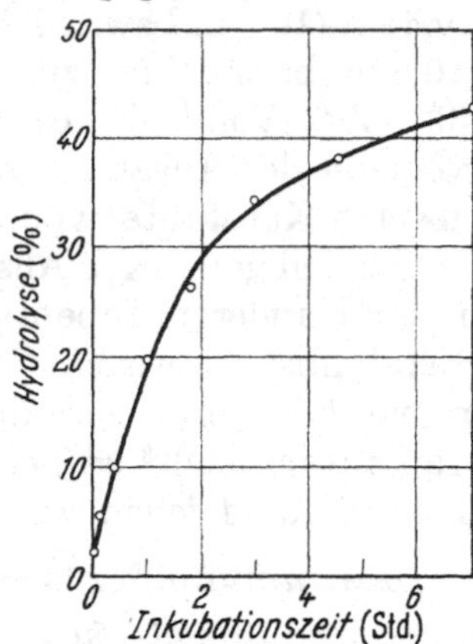

Abb. 15. Anserinhydrolyse durch gefriergetrocknetes Extraktkonzentrat. 5 mg der gefriergetrockneten Enzympräparation mit 2 μM Anserin, mit NaOH auf p_H 7,5 eingestellt und bis 4 ml Gesamtvolumen mit Acetat-Veronalpuffer (0,04 m, p_H 7,54) versetzt, bei 15° C unter Toluol inkubiert. 0,2 ml-Proben periodisch in bestimmten Zeitabständen zur direkten colorimetrischen Bestimmung entnommen.

Eigenschaften. Das p_H-Optimum der Anserinspaltung durch ein gefriergetrocknetes Konzentrat eines Kabeljaumuskelextraktes liegt bei p_H 7,3, wobei die Aktivität bei den ohne Puffer gebliebenen, lediglich durch NaOH oder HCl eingestellten Ansätzen etwas

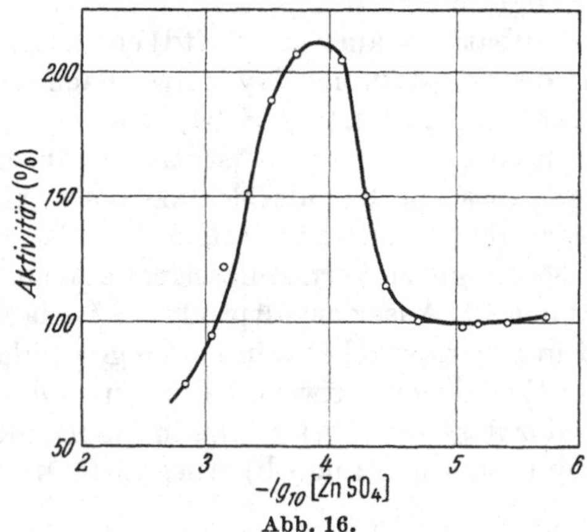

Abb. 16.

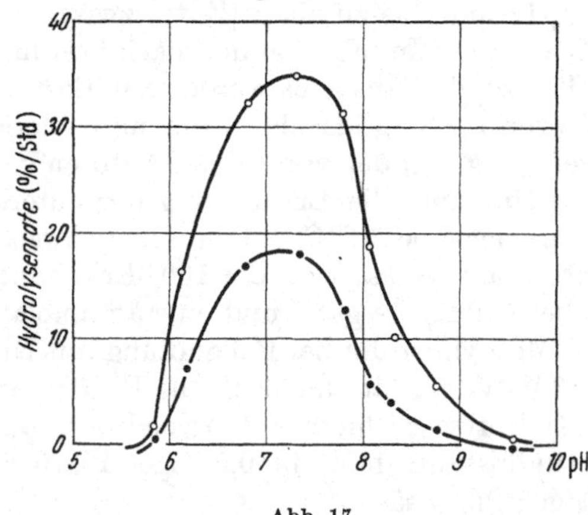

Abb. 17.

Abb. 16. Anserinspaltung durch gefriergetrocknetes Extraktkonzentrat in Abhängigkeit von $[Zn^{++}]$. Versuchsbedingungen, wie in Abb. 15 angegeben. Aktivität in Prozent der Spaltung des nicht mit Zn^{++} versetzten Systems.

Abb. 17. Anserinspaltung durch gefriergetrocknetes Extraktkonzentrat mit (○—○) und ohne (●—●) Zn^{++}-Zusatz in Abhängigkeit vom p_H. $[Zn^{++}] = 10^{-4}$ m. Sonstige Versuchsbedingungen wie in Abb. 15.

höher liegt als bei Versuchen mit Acetat-, Veronal- oder Phosphatpuffer (0,04 m). Wäßrige Extrakte von Kabeljaumuskel, mit $10^{-3,8}$ m Zn^{++} präinkubiert, besitzen auch bei p_H 3,2 eine geringe anserinspaltende Aktivität, die jedoch durch isoelektrische Fällung oder Erwärmung, ohne Beeinträchtigung der Anserinasewirkung bei p_H 7,3—7,5, beseitigt werden kann[1]. Die Abhängigkeit der Hydrolyse von der Inkubationsdauer zeigt Abb. 15.

Über die Beeinflussung der Anserinasewirkung durch Zn^{++} in Abhängigkeit von Zn^{++}-Konzentration (optimale Aktivierung bei $[Zn^{++}] = 10^{-3,7}$ m) und p_H vgl. Abb. 16 und 17.

[1] JONES, N. R.: Biochem. J. 64, 20P (1956).

Von anderen Kationen zeigt bei p_H 7,5 Co^{++} (10^{-4} m) 20%ige Aktivierung der Anserinasewirkung, Pb^{++} (10^{-2} bis 10^{-4} m), Ag^{+} (10^{-3} m), Fe^{+++} (10^{-3} m) deutliche und Mn^{++} (10^{-3} bzw. 10^{-4} m) schwache Hemmung (30 bzw. 5%). K^{+} und Mg^{++} waren ohne Einfluß. Cystein (10^{-3} m bzw. 10^{-4} m) inhibiert zu 90 bzw. 40%, Fluorid (10^{-3} m) zu 10%, Cyanid (10^{-2} m bis 10^{-4} m) zu 100 bis 25%. Für die aktivsten, durch Acetonfraktionierung (33—50% Vol./Vol. Aceton) erhaltenen Präparationen (1,58 mg mit 250 μg N im Gesamtvolumen des Ansatzes von 2 ml) ergibt sich bei Anwesenheit von 10^{-4} m Zn^{++} eine MICHAELIS-Konstante[1] von $3,8 \times 10^{-4}$ M/l.

Partiell gereinigte Anserinasepräparationen besitzen auch Aktivität gegenüber Carnosin und anderen Dipeptiden (Glycylleucin, Leucyltyrosin, Alanylglycin, Leucylglycin). Histidylhistidin wird nicht gespalten. Die Anserinspaltung durch Zn^{++}-aktiviertes Acetonpräparat erweist sich durch Glycylleucin kompetitiv hemmbar[2]. Eine Carnosinasepräparation nach[3] ist bei p_H 8,0 (0,04 m Trispuffer) auch gegenüber Anserin durch Mn^{++} (10^{-2} m) im gleichen Verhältnis aktivierbar wie gegenüber Carnosin.

***Bestimmung der Anserinase-Aktivität nach* JONES[1, 2].**

```
CH—N—CH3                                   CH2CH2—COOH      CH—N—CH3
||    \                                    |                ||    \
||     CH                                  NH2              ||     C—H
||    //                                                    ||    //
C————N                +H2O                                  C————N
|                  ——————————>                      +       |
CH2                 Anserinase                              CH2
|                                                           |
CH—NHCO—CH2—CH2—NH2                                         CH—NH2
|                                                           |
COOH                                                        COOH
```

β-Alanyl-L-1-methylhistidin (L-Anserin) β-Alanin L-1-Methylhistidin

Die Zusammensetzung der Ansätze ergibt sich aus den Angaben der Legenden zu den Abb. 15—17. Die Enzymlösung wird vor der Substratzugabe mit Zn^{++} in Form von $ZnSO_4$-Lösung bis zu einer [Zn^{++}] zwischen $10^{-3,7}$ und 10^{-4} m aktiviert.

Die vor der Inkubation und nach bestimmter Inkubationsdauer (1—2 Std) entnommenen Proben des Ansatzes werden zur Bestimmung der prozentualen Hydrolyse nach dem Verfahren zur Peptidasebestimmung nach SCHWARTZ und ENGEL (vgl. S. 37) analysiert. In Abweichung von der von diesen Autoren gegebenen Originalvorschrift ist für die Anserinasebestimmung die Erwärmung der enteiweißten Ansatzprobe mit MOORE-STEIN-Ninhydrinreagens bei 35° C 120 min lang zweckmäßiger als 20 min-Erhitzung auf 100° C, da Anserin, im Gegensatz zu der 100°-Erhitzung, bei 35° C eine zu vernachlässigende Absorption bei 570 mμ zeigt[2, 3] und eine äquimolare Lösung der Anserinspaltprodukte β-Alanin und 1-Methylhistidin bei Behandlung mit Ninhydrin eine deutliche, wenn auch gegenüber den 100°-Werten um mehr als die Hälfte geringere Extinktion aufweist. Für Aufstellung der Hydrolyse-Eichkurve Verwendung von Standardlösungen: a) β-Alanin (mM) plus 1-Methylhistidin (mM) in 0,5%iger Pikrinsäure und eventuell auch b) Anserin (mM) in 0,5%iger Pikrinsäure[4].

D,L-Anserin ist Handelspräparat (Serva-Entwicklungslabor, Heidelberg, Römerstraße 118; Mann Research Laboratories, 136 Liberty Street, New York 6, N.Y.).

Über die Gewinnung von L-Anserin aus Kaninchenmuskulatur vgl. Bd. III/2, S. 1849; aus Muskulatur des Hechtes (*Esox lucius*)[1].

2. Carboxypeptidasen.

Von Enzymen des Carboxypeptidasetyps kann dann gesprochen werden, wenn in Substraten, die über eine freie COOH-Gruppe verfügen, die zu ihr benachbart stehende

[1] JONES, N. R.: Biochem. J. **60**, 81 (1955).
[2] JONES, N. R.: Biochem. J. **64**, 20P (1956).
[3] DAVIS, N. C.: J. biol. Ch. **223**, 935 (1956).
[4] JONES, N. R.: Biochem. J. **72**, 407 (1959).

Peptid-(oder gegebenenfalls Ester-)bindung gelöst wird und für diesen Effekt eine freie Aminogruppe nicht nur nicht erforderlich ist, sondern die Hydrolysewirkung des Enzyms sogar hemmend beeinflußt. Das Vorkommen von Enzymen dieser allgemeinen Spezifität ist erstmalig im Rinderpankreas nachgewiesen (Pankreas-[oder tryptische]carboxypeptidase)[1] worden.

In der Folgezeit sind Enzyme dieses Typs, wenn auch mit Besonderheiten in bezug auf die Wirkungsbedingungen (p_H, spezifische Effektoren usw.) und auf die Struktur der an der sensitiven Peptidbindung beteiligten Aminosäuren in verschiedenen Organen tierischer und pflanzlicher Species sowie Mikroorganismen festgestellt worden [Carboxypeptidase A, Carboxypeptidase B (Protaminase), katheptische Carboxypeptidase, Aminosäureacylasen, Conjugasen]. Die Enzyme konnten gereinigt und zum Teil in kristallisierter Form dargestellt werden.

Tryptische (Pankreas-) Carboxypeptidase (Carboxypeptidase A).

[3.4.2.1.]

Vorkommen. Das Enzym findet sich in inaktiver Vorstufe (Procarboxypeptidase A) in den Bauchspeicheldrüsen und im Pankreassaft. In diesem (aus Dauerfisteln des Ductus pancreaticus von Stieren) entfallen 19% des enthaltenen Gesamtproteins auf Procarboxypeptidase A[2]. Menschlicher Pankreassaft enthält 3,9 (2,2—6,2) mg-% aktive Carboxypeptidase A. Diese plus Procarboxypeptidase A betragen 52,8 (28,3—134,0) mg-%[3]. In 100 ml menschlichem Duodenalsaft finden sich 125—375 mg Carboxypeptidase A[4, 5].

Im Darm kommt es in aktiver Form vor, in die es durch Trypsin, das aus dem Trypsinogen des Pankreassaftes durch die Enterokinase des Darmsaftes im Darm gebildet wird, übergeführt wird. Aus Pankreasbrei oder dessen Saft kann durch 1—2stündige Aufbewahrung bei 37° C oder durch Zugabe von Trypsin eine Aktivierung erreicht und die Carboxypeptidase in gereinigter oder kristallisierter Form relativ leicht dargestellt werden[6]. Auch gereinigte Procarboxypeptidase, die aus Acetontrockenpulver von Rinderpankreas zu erhalten ist, kann als Ausgangsmaterial für die Gewinnung kristallisierter Carboxypeptidase A benutzt werden[7, 8].

Darstellung. *Kristallisierte Carboxypeptidase* ist handelsüblich. Sie wird meist als dreimal umkristallisiertes Präparat in wäßriger Suspension mit und ohne Toluolzusatz in Mengen von minimal 100 mg abgegeben (Mann Research Laboratories, 136 Liberty Street, New York 6, N.Y.; Nutritional Biochemicals Corporation, Cleveland 28, Ohio; Serva-Entwicklungslabor, Heidelberg, Römerstraße 118; Worthington Biochemical Corporation, Freehold, New Jersey). Um alleinige Carboxypeptidasewirkung frei von etwa als Verunreinigung anhaftenden tryptischen und chymotryptischen Aktivitäten zu erzielen, sind auch mit Diisopropylfluorphosphat (DFP) behandelte, kristallisierte Carboxypeptidasepräparationen käuflich (Serva-Entwicklungslabor, Heidelberg, Römerstraße 118; Worthington Biochem. Corp., Freehold, N.J.).

Ohne Anwendung von DFP kann reine und maximale Carboxypeptidaseaktivität unter Entfernung noch enthaltenen Trypsins oder Chymotrypsins und Carboxypeptidase B durch 5—6—7fache Umkristallisation des Rohkristallisats von Carboxypeptidasepräparationen erreicht werden. Zu diesem Zweck werden die Carboxypeptidasekristalle in wenig kaltem Wasser suspendiert und in der Kälte (0—4° C) tropfenweise mit 0,1 n LiOH unter Rühren bis zu p_H 10 bis höchstens 10,4 versetzt. Es tritt allmähliche Lösung ein. Die

[1] Waldschmidt-Leitz, E., u. A. Purr: B. **62**, 2217 (1929).
[2] Keller, P. J., E. Cohen and H. Neurath: J. biol. Ch. **233**, 344 (1958).
[3] Karpatkin, S., L. Fishman and H. Doubilet: Proc. Soc. exp. Biol. Med. **100**, 358 (1959).
[4] Rick, W.: Kli. Wo. **38**, 408 (1960).
[5] Messer, M., and C. M. Anderson: Clin. chim. Acta, Amsterdam **6**, 276 (1961).
[6] Anson, M. L.: J. gen. Physiol. **20**, 663, 777 (1937).
[7] Keller, P. J., E. Cohen and H. Neurath: J. biol. Ch. **223**, 457 (1956).
[8] Keller, P. J., E. Cohen and H. Neurath: J. biol. Ch. **230**, 905 (1958).

kristalline Abscheidung wird durch tropfenweise, unter Umrühren erfolgende Zugabe von 0,1 n Essigsäure herbeigeführt. Sobald eine beständige, opalescente Trübung auftritt, wird das Ganze zur Vervollständigung der Kristallisation 12—24 Std in der Kälte aufbewahrt. p_H kann bis 7,2 absinken.

Weitere, allerdings mit unter Umständen größeren Enzymverlusten verbundene Reinigungsmöglichkeiten bestehen in der Dialyse der 10 % LiCl enthaltenden Lösung der Carboxypeptidasekristalle gegenüber 5 %iger LiCl-Lösung, die allmählich durch 2 %ige NaCl-Lösung und Wasser ersetzt wird. Es kommt zur Abscheidung der Enzymkristalle in Wasser[1].

Zur Beseitigung anhaftender, bei niedriger Ionenstärke unlöslicher Begleitproteine ist ein Verfahren mit Extraktion der vierfach umkristallisierten Carboxypeptidase durch 0,2 m NaCl-Lösung und mit nach Abzentrifugieren angeschlossener Dialyse gegen Lösungen fallender Salzkonzentrationen und schließlich gegen Wasser beschrieben[2]. Reinigung der kristallisierten Carboxypeptidase von eventuell anhaftendem, durch Wachstum von *Bac. subtilis* in die Kristallsuspension hineingelangtem Subtilisin kann mit Hilfe einer Passage der Carboxypeptidaselösung durch eine Cellulosesäule, die mit überschüssigem Subtilisinantikörper beladen ist, erfolgen[3].

Zur *Herstellung aktiver Enzymlösungen* werden die in wäßriger Suspension vorliegenden Carboxypeptidasekristalle (z.B. etwa 1 mg), nach eventueller Waschung in kaltem dest. Wasser zur Entfernung adsorbierten Materials, in 0,1 %iger $NaHCO_3$-Lösung bei 0—4° C suspendiert. Unter Schütteln wird dann bis zur Lösung 0,1 n NaOH (0,05—0,1 ml) zugegeben und dann schnell durch Zugabe von 0,1 n HCl (0,05—0,1 ml) auf p_H 8,0 eingestellt. Gegebenenfalls kann zur Ausschaltung anhaftender Endopeptidasewirkung 1 Std bei 25° C mit 50fach molarem Überschuß von DFP (15 μl 0,1 m DFP in trockenem Isopropanol/mg Enzym) behandelt werden, bevor die Fermentlösung nach entsprechender Verdünnung in Gebrauch genommen wird.

Die Auflösung der Kristalle kann auch durch Verwendung 10 %iger LiCl-Lösung erreicht werden (Endkonzentration von LiCl in der Enzym-Substratlösung nicht über 1 %)[4]. Eine allmähliche Lösung der Enzymkristalle ist auch durch Suspension der abzentrifugierten, gewaschenen Kristalle in 1 m NaCl-Lösung, die durch 0,02 m Veronal-Na/HCl-Puffer auf p_H 7,5 eingestellt ist, und durch 48stündige Dialyse bei 4° C gegen dieselbe Salzlösung zu bewirken. Der abzentrifugierte Überstand kann als Enzymstammlösung benutzt werden, die sich wie auch die oben erwähnten Enzymlösungen bei 0—4° C bis zu 3—4 Wochen in voller Aktivität hält[5]. Die Stammlösungen werden je nach Bedarf 1:10 bis 1:100 mit 0,1 %iger $NaHCO_3$-Lösung, die in bezug auf NaCl oder LiCl 0,1 m ist, verdünnt. Zur Gehaltsbestimmung derartiger Lösungen an Enzymprotein kann die Extinktion bei 278—280 mμ unter Zugrundelegung von 15,4 % N und eines Mol.-Gewichtes der Carboxypeptidase von 34300 herangezogen werden ($E^{1\,\%}_{1\,\text{cm}} = 19{,}4$).

Zur *Darstellung gereinigter Procarboxypeptidase*[6, 7] wird aus gefrorenen Rinderpankreasdrüsen, die durch Stehenlassen über Nacht im Kälteraum bei 4° C teilweise zum Auftauen gebracht, dann von gröberem Fett- und Bindegewebe befreit und zweimal durch einen abgekühlten Fleischwolf gedreht werden, ein Acetontrockenpulver hergestellt. Zu diesem Zweck wird der Gewebsbrei mit 2 Vol. kaltem Aceton unter ständigem Rühren 6—8 Std im Kälteraum behandelt, die Suspension durch einen Büchnertrichter abfiltriert und so viel Flüssigkeit wie möglich abgepreßt. Der Rückstand wird dann nacheinander

[1] NEURATH, H.; in: Colowick-Kaplan, Meth. Enzymol. Bd. II, S. 77.
[2] SMITH, E. L., D. M. BROWN and H. T. HANSON: J. biol. Ch. **180**, 33 (1949).
[3] STONE, S. S., and R. R. WILLIAMS: Arch. Biochem. **71**, 386 (1957).
[4] FRAENKEL-CONRAT, H., J. I. HARRIS and A. L. LEVY; in: Colowick-Kaplan, Meth. Enzymol. Bd. II, S. 397.
[5] LABOUESSE, J.: Biochim. biophys. Acta **26**, 52 (1957).
[6] KELLER, P. J., E. COHEN and H. NEURATH: J. biol. Ch. **223**, 457 (1956).
[7] KELLER, P. J., E. COHEN and H. NEURATH: J. biol. Ch. **230**, 905 (1958).

wie folgt behandelt: zweimal mit 2 Vol. kaltem Aceton, einmal mit 2 Vol. kaltem Aceton-Äther 1:1 und einmal mit 2 Vol. kaltem Äther extrahiert. Das entfettete Material wird auf Filtrierpapier zum Trocknen bei Zimmertemperatur (22° C) ausgebreitet und anschließend über Silica-Gel aufbewahrt. 1 g getrocknetes Acetonpulver entspricht etwa 5 g Pankreasbrei.

Zur *Herstellung eines wäßrigen Extraktes* — die Verwendung von Salzlösung zur Extraktion wies gegenüber Wasser keine Vorzüge auf[1] — wird das Acetonpulver bei 5° C mit kaltem, dest. Wasser (20 ml/g Pulver) unter Rühren und Zusatz von 1 ml Toluol 24 Std extrahiert. Dann wird 30 min bei 25000—35000 × g zentrifugiert, wobei etwa 18 ml klarer Extrakt/g Pulver resultieren, der gegenüber Carbobenzoxyglycyl-L-phenylalanin (CGP) nur eine sehr niedrige Carboxypeptidaseaktivität aufweisen darf, die sich jedoch nach Zugabe von aktivierendem Trypsin schnell erheblich (20fach) steigern muß.

Die weiteren Arbeitsgänge zur Reinigung der Procarboxypeptidase werden bei 0° C ausgeführt.

Der p_H-Wert obigen, gegenüber CGP praktisch inaktiven Extraktes (um 6,3) wird durch Zugabe von n NaOH (etwa 0,4 ml/100 ml Extrakt) auf p_H 7,2 eingestellt. Unter Rühren wird langsam festes $(NH_4)_2SO_4$ (27,5 g/100 ml Extrakt) zur Erzielung einer Sättigung von 0,39 zugesetzt. p_H zwischen 7,2 und 7,4 muß während der Fraktionierung durch Zugabe von n NaOH erhalten bleiben. Nach 30 min Rühren wird 30 min bei 25000—35000 × g abzentrifugiert, eventuell nach Sedimentierenlassen über Nacht und Dekantieren. Der Niederschlag wird in etwa 10% des Extraktausgangsvolumens in 0,04 m Phosphatpuffer, p_H 7,4, gelöst und über Nacht gegen den gleichen Puffer dialysiert. Danach wird die Proteinkonzentration der Lösung auf etwa 2% eingestellt und eine bei 0° C gesättigte, auf p_H 7,4 eingestellte $(NH_4)_2SO_4$-Lösung langsam unter Rühren bis zu einer Sättigung von 0,32 (ungefähr 47 ml/100 ml Proteinlösung) eingetragen. Ein geringer Niederschlag wird abzentrifugiert und verworfen. Zu je 100 ml der überstehenden Lösung werden 11,5 ml gesättigte $(NH_4)_2SO_4$-Lösung zur Erzielung einer Sättigung von 0,39 zugesetzt. Nach 30 min Rühren wird der Niederschlag abzentrifugiert, in Wasser (ungefähr 5% des Extraktausgangsvolumens) gelöst und über Nacht gegen Wasser dialysiert.

Da die Procarboxypeptidase durch Einstellung ihrer wäßrigen Lösung auf p_H 5,2 minimal löslich wird, kann eine weitere *Reinigung durch isoelektrische Fällung* erfolgen: Obige wäßrige Lösung der Procarboxypeptidase wird bis zu einer Proteinkonzentration von 2% verdünnt. 0,1 n Essigsäure wird tropfenweise unter Rühren bis zu p_H 5,2 zugesetzt. Nach 30 min Rühren wird der Niederschlag abzentrifugiert und in dem gleichen Volumen Wasser suspendiert. Bis zu p_H 6,0 wird unter Rühren 0,2 n $Ba(OH)_2$ zugesetzt und das Turbinieren bei p_H 6,0 mehrere Stunden fortgesetzt. Procarboxypeptidase geht in Lösung, während Begleitproteine ungelöst bleiben. Nach Abzentrifugieren kann der Fällungsvorgang bei p_H 5,2 und der Extraktionsprozeß bei p_H 6,0 wiederholt werden. Als lyophilisierte Pulver können auf diese Weise gewonnene Procarboxypeptidasepräparationen in der Kälte aufbewahrt werden. Die bei den verschiedenen Reinigungsschritten erreichten Reinheitsgrade veranschaulicht Tabelle 32.

Mit Vorteil ist auch ein *chromatographisches Reinigungsverfahren* für die Procarboxypeptidase unter Verwendung des Anionenaustauschers Diäthylaminoäthylcellulose (DEAE-C) anwendbar[2]. Zu diesem Zweck wird der aus der Verarbeitung von 60 g Acetonpulver erhaltene Niederschlag der ersten $(NH_4)_2SO_4$-Fraktionierung (0,0—0,39-Sättigung) in 30 ml 0,005 m Kaliumphosphatpuffer (p_H 8,0) gelöst und bei zweifachem Wechsel gegen je 2 l des gleichen Puffers dialysiert. Danach betrug das Volumen der Proteinlösung 40 ml bei einer Protein-Konzentration von 74 mg/ml.

[1] KELLER, P. J., E. COHEN and H. NEURATH: J. biol. Ch. **223**, 457 (1956).
[2] KELLER, P. J., E. COHEN and H. NEURATH: J. biol. Ch. **230**, 905 (1958).

Tabelle 32. *Reinigung der Procarboxypeptidase.*

Reinigungsstadium (bei Einsatz von 100 g Acetonpulver)	Gesamt-Enzym-einheiten * E	Gesamt-protein ** mg	Spezifische Aktivität E/mg	Elektro-phoretische Homo-genität
1. Wäßriger Extrakt	3480000	21750	169	24
2. Erste $(NH_4)_2SO_4$-Fraktionierung (0,0—0,45)	2700000	4675	557	57
3. Zweite $(NH_4)_2SO_4$-Fraktionierung (0,32—0,39)	1253000	1702	736	73
4. Isoelektrische Fraktionierung	941000	1032	911	90
[5. Procarboxypeptidase (durch Extrapolation)			1000	100]

* Als Carboxypeptidaseeinheiten nach Trypsinaktivierung. $E = K_1 \times 1000$; $K_1 = \frac{1}{\text{min}} \log \frac{a}{a-x}$ (s. S. 9ff).

** Messung bei 280 mμ unter Zugrundelegung des Extinktionskoeffizienten der Carboxypeptidase ($E^{1\%}_{1\,\text{cm}} = 23$) für die Berechnung der Proteinkonzentration.

30 g DEAE-C-Austauscher (0,88 mVal ionisierende Gruppen/g Austauscher) werden bei Zimmertemperatur in 1400 ml 0,005 m K-phosphatpuffer (p_H 8,0) unter gutem Rühren suspendiert und mit konz. H_3PO_4 auf p_H 8,0 titriert, wobei der End-p_H in der überstehenden Flüssigkeit der sedimentierten Suspension gemessen wird. Danach wird auf grobem Filtrierpapier in einem Büchnertrichter filtriert und der Austausch erwieder in 0,005 m K-phosphatpuffer (p_H 8,0) suspendiert. Anschließend wird an der Wasserstrahlpumpe zur Entfernung von Luftblasen evakuiert. Nach Eingeben der Austauscher-Suspension in die Säule erfolgt zunächst durch Schwerkraftsedimentation, dann unter Anwendung von Überdruck Packung des Austauschers (3,5 × 33 cm) mit einer Durchflußrate von etwa 20 ml/Std.

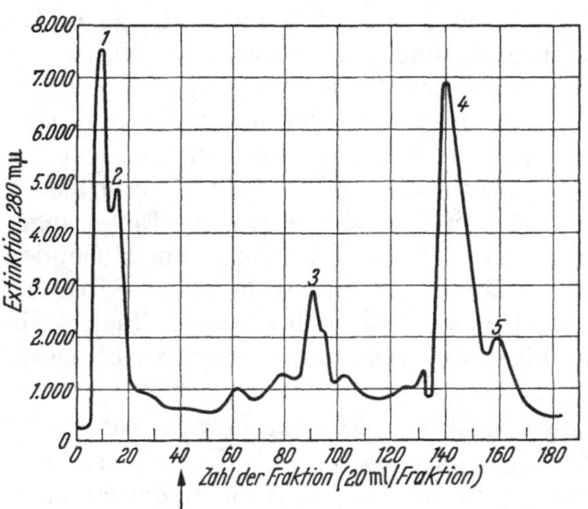

Abb. 18. Elutionsdiagramm der Proteine einer Procarboxypeptidasepräparation, die durch Fällung bis 0,39-Sättigung an $(NH_4)_2SO_4$ erhalten wird. Bei der durch den Pfeil gekennzeichneten Fraktion beginnt die Elution durch den linearen Konzentrationsgradienten des Puffers (vgl. Text).

Die Proteinlösung (etwa 3 g Protein in 40 ml Puffer) wird auf den Austauscher gebracht und die Wandungen der Säule zweimal mit je 5 ml Kaliumphosphatpuffer (0,005 m, p_H 8,0) gewaschen. Auf die Säule wird laufend derselbe Puffer tropfenweise zugegeben. Fraktionen von je 20 ml/Std werden gesammelt und ihre Proteinkonzentration durch Messung der Extinktion bei 280 mμ und ihre Carboxypeptidaseaktivität nach Trypsinaktivierung bestimmt (vgl. Abb. 18 und Tabelle 33). Wenn nach dem ersten Proteingipfel die Proteinkonzentration in den Fraktionen wieder etwa bis zur Basislinie abgefallen ist (bei der 40. Fraktion etwa), wird eine Gradientenelution mit einem linearen Anstieg des Kaliumphosphatpuffers (p_H 8,0) von 0,005 m bis 0,32 m angeschlossen. Die Hauptmenge der Procarboxypeptidase findet sich in der 136.—157. Fraktion (4. Hauptgipfel) und eine kleinere Menge in den Fraktionen 158—170 (5. Gipfel). Die vereinigten Procarboxypeptidase-Fraktionen können ohne Verlust an Carboxypeptidase-Aktivität lyophilisiert werden. Aktive und auch daraus kristallisiert zu gewinnende Carboxypeptidase-Präparationen sind durch Behandlung der hochgereinigten Procarboxypeptidase mit Trypsin bei 37° C zu erhalten (0,1 mg Protein-N der Procarboxypeptidase auf 0,01 mg Trypsin-N/ml in 0,04 m Phosphatpuffer p_H 7,8). Nach 5stündiger Inkubation bei 37° C ist die Aktivierung vollständig. Die Procarboxypeptidase darf vor der Aktivierung nicht mit Diisopropylfluorphosphat in Berührung gekommen sein (Begründung vgl. unter Eigenschaften).

Tabelle 33. *Chromatographische Reinigung der Procarboxypeptidase.*

Präparation	Gesamtprotein * mg	Gesamt-Enzymeinheiten E	Spezifische Aktivität E/mg
Wäßriger Extrakt	7280	1300000	178
1. $(NH_4)_2SO_4$-Niederschlag	2960	1000000	338
Fraktionen 7—13 des 1. Gipfels Abb. 18	313	0	0
Fraktionen 14—19 des 2. Gipfels Abb. 18	199	0	0
Fraktionen 91—95 des 3. Gipfels Abb. 18	125	0	0
Fraktionen 136—157 des 4. Gipfels Abb. 18	860	810120	942
Fraktionen 158—170 des 5. Gipfels Abb. 18	161	151600	942

* Messung bei 280 mμ unter Zugrundelegung des Extinktionskoeffizienten der Procarboxypeptidase ($E_{280}^{1\%} = 19$) für die Berechnung der Proteinkonzentration.

Zur *Darstellung metallfreier Carboxypeptidase (Apocarboxypeptidase; CPD)*[1, 2] werden Lösungen des kristallisierten nativen, Zn-haltigen Enzyms ([(CPD)·Zn]) in 1 m NaCl—0,1 m Trispuffer, p_H 7,0, mit 2×10^{-3} m 1,10-Phenanthrolin (z. B. 6 mg Enzym in 6 ml) bei 0° C gegen denselben Puffer mit Phenanthrolin (100 ml) dialysiert. Der Puffer wurde im Verlauf von 3 Tagen sechsmal gewechselt und anschließend das Chelatagens durch wiederholte Dialyse gegen metall- und phenanthrolinfreien Puffer entfernt. Etwa 5—8 % des Zinkgehaltes und der enzymatischen Aktivität des nativen Enzyms blieben erhalten. Kristallisation erfolgte bei Dialyse gegen Puffer geringer Ionenstärke aus Lösungen von etwa 1 % Proteingehalt. Die umkristallisierte Präparation besitzt 7 % des Zn-Gehaltes des nativen Enzyms und 7 % seiner Aktivität. Praktisch vollständige Reaktivierung (ca. 90—95 %) ist bei der Peptidasebestimmung durch Verdünnung der Stammlösung mit einem 1 m NaCl—0,5 m Trispuffer, p_H 7,5, und 5×10^{-5} m $ZnCl_2$-Lösung zu erzielen, wobei im Spaltungsansatz Zn^{++} in einer Konzentration von 10^{-5} m vorliegt.

Auch durch Dialyse bei p_H-Werten unter 5,5 ohne Phenanthrolinzusatz ist Zn^{++} vom Enzym zu entfernen, jedoch besteht eine größere Gefahr irreversibler Aktivitätsverluste des Enzyms[1].

Über [(CDP)·^{65}Zn] vgl.[1].

Eigenschaften. Die nach den Angaben der S. 86ff. dargestellten, hochgereinigten Procarboxypeptidase-Präparationen besitzen die in der Tabelle 34 vermerkten Eigenschaften hinsichtlich I. P., Sedimentationskonstante s, Diffusionskonstante D, Mol.-Gew., N-Gehalt, Extinktion E, mol. Extinktionskoeffizient ε, spezifische Aktivität[3, 4]. Der Homogenitätsgrad beträgt, elektrophoretisch untersucht (300 min bei 3,36 V/cm in Kakodylat/NaCl-Puffer, p_H 6,75, $\Gamma/_2 = 0{,}2$ oder 380 min bei 2,45 V/cm in 0,04 m Kaliumphosphat — 0,1 m LiCl-Puffer, p_H 7,4), 90—97 %. In wäßriger Lösung liegt die minimale Löslichkeit für Procarboxypeptidase bei p_H 5,2. Über Verhalten gegenüber Wasser, Neutralsalzlösungen, organischen Lösungsmitteln usw. vgl. im vorangehenden Abschnitt über die Darstellung der Procarboxypeptidase, S. 86).

Lösungen des Zymogens (z. B. 0,2 mg N/ml) werden durch Inkubation mit Trypsin (z. B. 0,008 mg N/ml) bei p_H 7,8 und 37° C aktiviert. Zugabe von Sojabohnen-Trypsininhibitor vermag die Aktivierung total zu verhindern. Während der Aktivierung erscheint bei Untersuchung in der Ultrazentrifuge oder mit Hilfe der Elektrophorese unter allmählichem Verschwinden der Procarboxypeptidasebande eine einzige neue Eiweißkomponente, die in der elektrophoretischen Beweglichkeit von der kristallisierten Carboxypeptidase etwas abweicht, in der Größe der Sedimentationskonstante und der spezifischen Aktivität jedoch dem kristallisierten Enzym entspricht (vgl. Tabelle 34). Der vom Zymogen

[1] VALLEE, B. L., J. A. RUPLEY, T. L. COOMBS and H. NEURATH: J. biol. Ch. **235**, 64 (1960).
[2] RUPLEY, J. A., and H. NEURATH: J. biol. Ch. **235**, 609 (1960).
[3] KELLER, P. J., E. COHEN and H. NEURATH: J. biol. Ch. **223**, 457 (1956).
[4] SMITH, E. L., and A. STOCKELL: J. biol. Ch. **207**, 501 (1954).

Tabelle 34. *Physikochemische Eigenschaften von Procarboxypeptidase und kristallisierter Carboxypeptidase A*[1, 2].

Eigenschaften	Procarboxypeptidase	Kristallisierte Carboxypeptidase A
I. P. (monovalenter Puffer; $\Gamma/_2 = 0{,}2$) . . .	$<$ pH 4,5 [1]	pH 6,0 [1]
$s_{20,\omega}$	5,87 S [1]	3,07 S [1]
$D_{20,\omega}$	$6{,}23 \pm 0{,}28 \times 10^{-7}$ cm$^2 \times$ sec^{-1} [2]	$8{,}82 \times 10^{-7}$ cm$^2 \times$ sec^{-1} [3] $8{,}68 \times 10^{-7}$ [4]
Mol.-Gewicht (Strömungsdoppelbrechung)	96000 [1]	
Mol.-Gewicht (Ultrazentrifuge)	96000 [1]	34300 [4]
Mol.-Gewicht (Diffusion)	94000 [2]	
Prozent N	15,9 [1]	15,4 [5]
$E_{280}^{1\%}$	19 [1]	19,4 [4]
ε (molarer Extinktionskoeffizient)	$18{,}2 \times 10^4$ [1]	$7{,}9 \times 10^4$ [1] $8{,}6 \times 10^4$ [6]
Zn-Gehalt		1,9 mg/g [4]
Spezifische Aktivität (0,02 m CGP)	1000 Einheiten/mg [1]	3000 Einheiten/mg [1]
Kristallform.	—	Nadeln oder bootförmige Prismen oder hexagonale Form[1, 7, 8]
$[\alpha]_D^0$		$-18°$ [4]

abgespaltene Rest ist in Trichloressigsäure löslich und macht insgesamt etwa $^2/_3$ des Procarboxypeptidase-Moleküls aus. Der Aktivierungsvorgang läßt sich durch folgende Formulierung kennzeichnen:

$$\underset{1\,\mu\text{M (96 mg)}}{\text{Procarboxypeptidase}} \xrightarrow[\text{Trypsin}]{} \underset{1\,\mu\text{M (34 mg)}}{\text{Carboxypeptidase}} + \underset{(X\,\mu\text{M [62 mg]})}{\text{Bruchstücke}}$$

Aus Tabelle 35 geht hervor, daß die Procarboxypeptidase 68 gegen tryptische Hydrolyse unter Umständen empfindliche Bindungsstellen (36 Arginin-, 32 Lysinreste) enthält. Von diesen sind nach der Aktivierung noch 28 (10 Arginin- und 18 Lysin-Reste) in der Carboxypeptidase enthalten, woraus sich ein maximaler Wert von x in obiger Gleichung von 41 Bruchstücken mit einem durchschnittlichen Mol.-Gewicht von etwa 1500 errechnet.

Tabelle 35. *Gehalt der Procarboxypeptidase und Carboxypeptidase an basischen Aminosäuren*[2].

Aminosäure (Reste/Mol)	Procarboxypeptidase (Mol.-Gew. 96000; N-Gehalt 15,9 %)		Carboxypeptidase (Mol.-Gew. 34000 N-Gehalt 15,4 %)
	24 Std	48 Std	24–70 Std Hydrolyse
Arginin . .	35,7	36,4	10
Lysin . . .	32,0	30,7	18
Histidin. .	17,7	18,2	8

Das Zymogen weist 3 NH_2-terminale Reste auf (Asp oder Asp-NH_2, Lys, Cys/2).

In hochgereinigter Procarboxypeptidase lassen sich zwei trypsinaktivierbare proteolytische Aktivitäten nachweisen: Die eine von Chymotrypsincharakter mit Acetyl-L-tyrosinäthylester (ATÄE) als Substrat und von vorübergehender Wirkung, wenn das Zymogen (0,1 mg N/ml) bei 0° C mit Trypsin (10^{-4} mg Trypsin-N/ml) 1 Std inkubiert wird, wonach eine Carboxypeptidaseaktivität gegenüber Carbobenzoxyglycyl-L-phenylalanin (CGP) noch nicht auftritt, die andere von Carboxypeptidasecharakter mit CGP als Substrat, wenn die Trypsininkubation unter Erhöhung seiner Konzentration (10^{-2} mg Trypsin-N/ml) für 1—2 Std bei 37° C fortgesetzt wird. Einstündige Behandlung der in

[1] Keller, P. J., E. Cohen and H. Neurath: J. biol. Ch. **223**, 457 (1956).
[2] Keller, P. J., E. Cohen and H. Neurath: J. biol. Ch. **230**, 905 (1958).
[3] Smith, E. L., D. M. Brown and H. T. Hanson: J. biol. Ch. **180**, 33 (1949).
[4] Neurath, H.; in: Boyer-Lardy-Myrbäck Bd. IV, S. 11.
[5] Smith, E. L., and A. Stockell: J. biol. Ch. **207**, 501 (1954).
[6] Vallee, B. L., and H. Neurath: J. biol. Ch. **217**, 253 (1955).
[7] Putnam, F. W., and H. Neurath: J. biol. Ch. **166**, 603 (1946).
[8] Anson, M. L.: J. gen. Physiol. **20**, 663, 777 (1937).

der Kälte mit kleinen Trypsinmengen inkubierten Zymogenlösung mit Diisopropylfluorphosphat (DFP) (10^{-3} m) bei 0° C und anschließendes Herausdialysieren überschüssigen DFP läßt auch nach Inkubation mit größeren Trypsinmengen bei 37° C eine Carboxypeptidaseaktivität nicht in Erscheinung treten. Dagegen bewirkt Zugabe katalytischer Mengen von trypsinbehandelter, gegen Acetyltyrosinäthylester (ATÄE-)aktiver, gegen CGP jedoch nichtaktiver Zymogenlösung zu obiger DFP-behandelter Procarboxypeptidaselösung eine völlige Aktivierung zu Carboxypeptidase. Es scheint demnach für die Entstehung der Carboxypeptidase aus dem Zymogen die Bildung der ATÄE-hydrolysierenden Aktivität durch Trypsineinwirkung vorausgehen zu müssen[1]. Es besteht jedoch auch die Möglichkeit, daß das ATÄE-spaltende Enzym und Carboxypeptidase A nicht nacheinander aus dem gleichen Molekül, sondern aus zwei verschiedenen Untereinheiten dieses Moleküls gebildet werden. Denn Procarboxypeptidase A wird durch konz. Harnstoff, durch Pufferlösungen bei p_H 10 und durch Chelatbildner wie 1,10-Phenanthrolin in drei Untereinheiten mit gleichen Sedimentationsgeschwindigkeiten wie Carboxypeptidase A aufgespalten[2].

Die *spezifische Aktivität von Procarboxypeptidase-Präparationen* wird durch die Zahl der Carboxypeptidase-Einheiten ausgedrückt, die nach Aktivierung von 1 mg der Zymogenpräparation erhalten werden. Frische Lösungen von reiner Procarboxypeptidase dürfen nur geringe Aktivität gegen CGP aufweisen (etwa 100 Carboxypeptidase-Einheiten je ml), die erst bei Inkubation mit Trypsin schnell stark (z.B. auf das 20fache in 60 bis 80 min) ansteigen muß.

Physikalisch-chemische Konstanten der kristallisierten tryptischen Carboxypeptidase sind aus Tabelle 34 zu ersehen. Siebenfach umkristallisierte Carboxypeptidase A ist elektrophoretisch bei p_H 8,5 im wesentlichen monodispers, zeigt aber bei p_H 9,3 eine schneller wandernde Komponente, die etwa 20 % des Gesamtproteins ausmacht. Unterhalb p_H 6 ist das Ferment instabil. Bei seinem p_H-Optimum p_H 7,5 ist es jedoch beständig und zeigt auch keine autolytischen Veränderungen an seinem Molekül. Die Grenze der Stabilität liegt bei 0° C bei p_H 10,4. Durch Trocknen oder Lyophilisieren wird es inaktiviert[3]. Röntgenstrahlen wirken inaktivierend durch Bildung von OH-Radikalen[4]. Die thermische Denaturierung des Enzyms, gemessen durch seine Aktivitätsabnahme bei Temperaturen zwischen 45 und 55° C, folgt einer Kinetik 1. Ordnung ($K_{50°} = 1{,}52 \times 10^{-3}$ sec^{-1}; $E = 49600$ cal/Mol, $\Delta H^{+} = 49000$ cal/Mol, $\Delta F^{+} = 23100$ cal/Mol, $\Delta S^{+} = +81$ cal je Mol/Grad). Anwesenheit von Detergentien, z.B. Tween 80, verändert diese Werte praktisch nicht. Anwesenheit von NaCl, KCl (3×10^{-1} m), ebenso $Zn(acetat)_2$ (10^{-3} m) beeinflußt K nicht, dagegen beschleunigen LiCl, $MgCl_2$, $BaCl_2$, $CaCl_2$, $SrCl_2$ die thermische Denaturierung (K etwa verdoppelt). Bei stärkeren Enzymverdünnungen (1 μg Enzym je ml) macht sich eine Inaktivierung durch Grenzflächenkräfte (z.B. schon bei Benetzung großer Glasflächen der Gefäße) von einer Temperatur ab 20° C bemerkbar. Tween 80 (0,05 %) verzögert die Inaktivierung beträchtlich[5]. In 6 m Harnstofflösungen erleidet Carboxypeptidase gegenüber CGP eine 25—50 %ige Aktivitätseinbuße gegenüber der Fermentlösung ohne Harnstoff, jedoch scheint eine schnell fortschreitende Inaktivierung durch Denaturierung nicht einzutreten[6], vielmehr liegt ein Hemmungstyp kompetitiver Art ($K_J = 3{,}5$) vor[7]. In Wasser ist das kristallisierte Enzym praktisch unlöslich, mäßig löst es sich in verdünnten Salzlösungen, am besten in 10%iger LiCl-Lösung in der Kälte.

Von Al_2O_3 C_γ wird Carboxypeptidase A aus Glycerinauszügen von Trockenpankreas (1:10) nach ihrer Verdünnung mit dem gleichen Volumen Wasser bei p_H 4,0 nicht adsorbiert, wohl aber bei p_H 7,0. Mit 0,04 n NH_3 (20 % Glycerin enthaltend) kann das

[1] Keller, P. J., E. Cohen and H. Neurath: J. biol. Ch. **230**, 905 (1958).
[2] Desnuelle, P., and M. Rovery; in: Adv. Protein Chem. **16**, 139 (1961).
[3] Green, N. M., and H. Neurath; in: Neurath-Bailey, Proteins, Bd. II B, S. 1057.
[4] Dale, W. M., J. V. Davies, C. W. Gilbert, J. P. Keene and L. H. Gray: Biochem. J. **51**, 268 (1952).
[5] Labouesse, J.: Biochim. biophys. Acta **26**, 52 (1957).
[6] Halsey, Y. D., and H. Neurath: J. biol. Ch. **217**, 247 (1955).
[7] Rajagopalan, K. V., J. Fridovich and P. Handler: J. biol. Ch. **236**, 1059 (1961).

Tabelle 36. *Aminosäurezusammensetzung der kristallisierten Carboxypeptidase.* (Nach SMITH und STOCKELL[1].)

	Asp	Thr	Ser	Glu	Pro	Gly	Ala	Val	Met	Ileu	Leu	Tyr	Phe	His	Lys	Arg	Try	Cys	NH_3	Summe
g Aminosäure/100 g Protein	11,7	9,21	10,09	10,67	3,66	5,06	5,16	5,58	0,44	7,65	9,41	10,35	7,16	3,47	7,81	5,06	3,62	1,4	0,95	117,5*
Zahl der Aminosäurereste pro Mol Enzym (Mol.-Gewicht 34400) . . . (N-terminal und C-terminal: Asp-NH_2 [2])	30	27	33	25	11	23	20	16	1	20	25	20	15	8	18	10	6	2	19	310*

* Ohne NH_3.

Enzym eluiert werden, allerdings sind in der Lösung außerdem enterokinase-(trypsin-)aktivierbare Procarboxypeptidase- und Protaminase-(Carboxypeptidase B-)Wirkung nachweisbar[3]. Jedoch ist mit diesem Verfahren eine Abtrennung von Aminopeptidasen und Dipeptidasen sowie der Hauptmenge von Endopeptidasen aus Glycerinextrakten möglich.

18—24stündige Hydrolyse bei 105° C mit 6 n HCl führt nicht zur Sprengung sämtlicher Peptidbindungen des Enzymproteins. Auf dem Chromatogramm nachweisbare Peptide sind erst bei längerer, bis zu 70 Std betragender Erhitzungsdauer im bei 12 mm Druck zugeschmolzenen Röhrchen bis auf Spuren verschwunden. Die unter diesen Bedingungen ermittelte Aminosäurezusammensetzung der kristallisierten Carboxypeptidase unter Berücksichtigung der für einige Aminosäuren bestimmten Zerstörungsfaktoren zeigt Tabelle 36.

Als N-terminale Sequenz ist mit Hilfe der FDNB-Methode Asp · (NH_2) · Ser, gefolgt möglicherweise von Threonin, festgestellt[4]. Von anderer Seite wird Threonin als N-terminal angegeben[5]. C-terminale Reste sind weder mit der hydrazinolytischen Methode[6] noch mit der DNP-Reduktionsmethode[7, 8] nachweisbar, jedoch ist aus den Befunden mit der zuletzt genannten Methode zu schließen, daß die COOH-Gruppen von je einem Rest Alanin, Glykokoll und Threonin sowie von zwei Resten Serin in einer Bindung im Enzymprotein vorliegen, die sich von der normalen Peptidbindung durch leichte Reduzierbarkeit durch $LiBH_4$ unterscheidet[9]. In 6—10fach umkristallisierter Carboxypeptidase vom Rind, die durch 2—3stündige Einwirkung einer 0,2%igen wäßrigen Lösung von Na-dodecylsulfat (p_H 7,0) bei Gegenwart von 0,04 m β-Phenylpropionsäure denaturiert und anschließend über Nacht in der Kälte gegen 0,05 m Veronalpuffer, p_H 7,5, dialysiert war, konnte sowohl bei Verdauung mit nativer kristallisierter Carboxypeptidase als auch bei katalytischer Hydrazinolyse als C-terminaler Rest Asparagin (etwa 1 Mol/Mol), gefolgt von Valin, Threonin, Leucin, Glutaminsäure, festgestellt werden[2, 10]. Das Enzym ist entgegen früheren Angaben[11] kein Mg-, sondern ein Zn-haltiges Metallproteid[12], und zwar ist 1 g-Atom Zn pro 1 M Enzym (1,82 mg Zn/g Carboxypeptidase) relativ fest gebunden. Das Metall kann durch 18stündige Dialyse der Enzymlösung gegen Wasser oder 5×10^{-3} m Ammoniak nicht entfernt werden, erst durch Dialyse bei fallenden p_H-Werten zwischen p_H 5,5 und 3,4 (Citratpuffer)

[1] SMITH, E. L., and A. STOCKELL: J. biol. Ch. **207**, 501 (1954).
[2] NEURATH, H.; in: Boyer-Lardy-Myrbäck, Enzymes, Vol. 4, 11 (1960).
[3] WALDSCHMIDT-LEITZ, E., u. A. PURR: B. **62**, 2217 (1929).
[4] THOMPSON, E. O. P.: Biochim biophys. Acta **10**, 633 (1953).
[5] NEURATH, H.; in: Colowick-Kaplan, Meth. Enzymol. Bd. II, S. 77.
[6] AKABORI, S., K. OHNO u. K. NARITA: Bull. chem. Soc. Jap. **25**, 214 (1952).
[7] GRASSMANN, W., H. HÖRMANN u. H. ENDRES: B. **86**, 1477 (1953).
[8] GRASSMANN, W., H. HÖRMANN u. H. ENDRES: B. **88**, 102 (1955).
[9] GRASSMANN, W., u. A. RIEDEL: H. **313**, 227 (1958).
[10] ANDO, T., H. FUJIOKA u. Y. KAWANISHI: Biochim. biophys. Acta **34**, 296 (1959).
[11] SMITH, E. L., and H. T. HANSON: J. biol. Ch. **179**, 803 (1949).
[12] VALLEE, B. L., and H. NEURATH: J. biol. Ch. **217**, 253 (1955).

ist Zn mit zunehmender Geschwindigkeit herauszulösen, desgleichen durch Dialyse gegen 2×10^{-3} m 1,10-Phenanthrolinlösung. Die Enzymaktivität sinkt etwa linear zum Anstieg der herausdialysierten Zn-Mengen und kann durch Zugabe von Zn bis zum Verhältnis 1 g-Atom Zn/Mol Enzym wieder hergestellt werden. Überschüssige Zn-Mengen können hemmend wirken[1–3].

Der Schwefelgehalt des Enzyms beträgt[4] 0,47%. Andere Elemente sind in der Carboxypeptidase in unbedeutenden Mengen (Cu, Fe, Al, Mg, Ca, Ba, Sr, Mn) oder überhaupt nicht (Be, B, Cd, Cr, Co, Pb, Li, Mo, Ni, P, K, Ag, Sn) festgestellt worden[5,6]. In der Zn-freien Apocarboxypeptidase ist eine titrierbare SH-Gruppe nachweisbar. Nur das Apoenzym reagiert pro Mol mit 1 Ag^+ oder p-Chlormercuribenzoat. Bei Behandlung des Apoenzymes mit Zn^{++} wird dieses mit der einem Cysteinrest zugehörigen SH-Gruppe unter Beteiligung einer weiteren wahrscheinlich N-haltigen Gruppe chelatartig gebunden. Es ist anzunehmen, daß das aktive Zentrum des Enzyms durch Mitwirkung von je 1 Atom Schwefel, Stickstoff (als α-Amino-N oder Imidazol-N) und Zn gebildet wird[7–11].

Lösungen des metallfreien Enzyms zeigen das gleiche Sedimentationsverhalten bei p_H 4,5 und 7,0 wie Zn-haltige Carboxypeptidase, elektrophoretisch ist eine Komponente mit gleicher Beweglichkeit wie beim Zn-Enzym zwischen p_H 5,5 und 10,5 neben einer in kleineren Mengen vorhandenen, schneller wandernden, durch Zn nicht wieder reaktivierbaren Komponente nachweisbar. Die spezifischen Drehungen des Apoenzyms und des Zn-Enzymes sind zwischen p_H 6,0 und 11,5 praktisch identisch. Dagegen besteht beim Apoenzym gegenüber Alkali oberhalb p_H 11,6 geringere Stabilität, außerdem ist es nicht imstande, einen kompetitiven Inhibitor des Zn-Enzyms wie Phenylessigsäure zu binden[3].

Kristallisierte Rindercarboxypeptidase hat schwache Antigeneigenschaften. Intravenöse Injektionen von je 10 mg Enzym viermal/Woche 4 Wochen lang führen beim Kaninchen nicht zum Auftreten präcipitierender Antikörper, jedoch werden solche, wenn auch mit niedrigem Titer, nach viermaliger subcutaner Injektion von je 200 mg in 4 ml öliger Suspension [2 Teile Mineralöl, 2 Teile 10%ige Lösung von menschlichem Serumalbumin, 2 Teile Falba (Pfaltz und Bauer, Inc., New York) und 1 Teil Antigen] im Verlauf von 4 Wochen nachweisbar[12]. Das Kaninchenantiserum enthält einen einzigen Antikörper, der langsam mit dem Enzym reagiert und es in nicht kompetitiver, durch die Substratkonzentration unbeeinflußbarer, durch Verdünnung reversibler Reaktion hemmt (als Substrat Carbobenzoxyglycyl-L-tryptophan). Die Präcipitatbildung bei der Antigen-Antikörperreaktion wird durch kompetitive Inhibitoren der Carboxypeptidase (Phenylpropionsäure, Phenylessigsäure, Indolessigsäure) nicht beeinflußt. Das molare Verhältnis Antigen/Antikörper liegt für Temperaturen zwischen 25—39,5° C bei 1,0, für 6,4° C bei 0,5.

Auf Grund von Versuchen, in denen kristallisierte Carboxypeptidase mit den durch das Enzym sehr schwach spaltbaren, im C-terminalen Glycinteil mit ^{15}N markierten Substraten Carbobenzoxyglycyl-^{15}N-glycin und Carbobenzoxy-D,L-tryptophyl-^{15}N-glycin inkubiert wurde, wird angenommen, daß ein N-Austausch zwischen Spaltprodukt und Enzym-N stattfindet. Ob er vor oder nach Freisetzung des Glycins stattfindet und inwieweit er mit der Enzymfunktion der Carboxypeptidase zusammenhängt, ist nicht klar.

---

[1] VALLEE, B. L., J. A. RUPLEY, T. L. COOMBS and H. NEURATH: Am. Soc. **80**, 4750 (1958).
[2] VALLEE, B. L., J. A. RUPLEY, T. L. COOMBS and H. NEURATH: J. biol. Ch. **235**, 64 (1960).
[3] RUPLEY, J. A., and H. NEURATH: J. biol. Ch. **235**, 609 (1960).
[4] ANSON, M. L.: J. gen. Physiol. **20**, 663, 777 (1937).
[5] VALLEE, B. L. and H. NEURATH: J. biol. Ch. **217**, 253 (1955).
[6] VALLEE, B. L.: Adv. Protein Chem. **10**, 317 (1955).
[7] VALLEE, B. L., T. L. COOMBS and F. L. HOCH: J. biol. Ch. **235**, PC 45 (1960).
[8] COLEMAN, J. E., and B. L. VALLEE: Fed. Proc. **20**, 220 (1961).
[9] NEURATH, H.; in: Boyer-Lardy-Myrbäck Bd. IV, S. 11.
[10] DESNUELLE, P., and M. ROVERY; in: Adv. Protein Chem. **16**, 139 (1961).
[11] VALLEE, B. L., R. J. P. WILLIAMS and J. E. COLEMAN: Nature **190**, 633 (1961).
[12] SMITH, E. L., B. V. JAGER, R. LUMRY and R. R. GLANTZ: J. biol. Ch. **199**, 789 (1952).

Tabelle 37. *Aktivität der Carboxypeptidase gegenüber synthetischen Substraten.*

a) Acylierte Dipeptide[1–3]:

$$\underbrace{R}_{I}\text{—CO—}\underbrace{\text{NHCH(R')—CO}}_{II}\,\wr\,\underbrace{\text{NH—CH(R'')—COOH}}_{III}$$

Angegeben sind die proteolytischen Koeffizienten C_1, berechnet aus Messungen bei 25° C und 0,05 m Substratkonzentration bei den optimalen p_H-Werten zwischen 7,3 und 7,7. + Mäßige Spaltung; ± sehr langsame Spaltung. Die angegebenen C_1-Werte sind auch bei eingesetzten Racematen auf die abgespaltene L-Komponente berechnet. K_M und k_3 sind definiert gemäß: Enzym + Substrat $\underset{k_2}{\overset{k_1}{\rightleftarrows}}$ Enzym-Substrat $\xrightarrow{k_3}$ Spaltprodukte + Enzym; $K_M = \frac{k_2 + k_3}{k_1}$; Weiteres zu K_M und k_3 vgl. S. 105 und Tabellen 38, 40, 41, 47. Die Dimensionen von K_M sind Mol/l und von k_3 Mol/l/min/mg Enzym-N pro ml.

I	II	III	C_1	K_M	K_3
Carbobenzoxy	glycyl	L-phenylalanin	12,0—14,0	0,033	2,1
Carbobenzoxy	glycyl	D,L-phenylalanin		0,065	2,23
Carbobenzoxy	glycyl	L-tyrosin	6,2		
Carbobenzoxy	glycyl	L-tryptophan	4,7	0,0051[a]	1,1[a]
Carbobenzoxy	glycyl	L-leucin	2,6	0,027[a]	1,31[a]
				0,093	0,67
Carbobenzoxy	glycyl	methionin	1,2		
Carbobenzoxy	glycyl	isoleucin	0,54		
Carbobenzoxy	glycyl	L-histidin[g]	0,07		
Carbobenzoxy	glycyl	alanin	0,04		
Carbobenzoxy	glycyl	aminoisobuttersäure	0,013		
Carbobenzoxy	glycyl	glycin	< 0,001		
Carbobenzoxy	glycyl	thiazolidin-4-carbonsäure	+		
Benzoyl	glycyl	L-phenylalanin[4; b]		0,011	2,0
Benzoyl	glycyl	phenylglycin	1,0		
Benzoyl	glycyl	lysin[c]	+		
Benzolsulfo	glycyl	phenylalanin		0,014	0,124
Benzoyl	sarkosyl	phenylalanin[4]	+		
Carbobenzoxy	alanyl	phenylalanin	11,3		
Carbobenzoxy	L-histidyl	L-phenylalanin[g, h]	3,8		
Carbobenzoxy	alanyl	tyrosin	6,4		
Carbobenzoxy	methionyl	tyrosin	7,8		
Carbobenzoxy	L-histidyl	L-tyrosin[g, h]	3,0		
Carbobenzoxy	tryptophyl	tyrosin[e]	+		
Carbobenzoxy	tryptophyl	tryptophan[e]	2,3		
Carbobenzoxy	tryptophyl	alanin	0,12		
Carbobenzoxy	tryptophyl	glycin	0,007		
Carbobenzoxy	tryptophyl	prolin	0,002		
Carbobenzoxy	L-histidyl	glycin[g, h]	0,01		
Carbobenzoxy	glutamyl	phenylalanin	0,8		
Carbobenzoxy	glutamyl	tyrosin	0,5		
Carbobenzoxy	glycyl	p-tolylalanin	6,2		
Carbobenzoxy	glycyl	o-fluorphenylalanin	13,0		
Carbobenzoxy	glycyl	m-fluorphenylalanin	13		
Carbobenzoxy	glycyl	p-fluorphenylalanin	6		
Carbobenzoxy	glycyl	p-chlorphenylalanin	6		
Carbobenzoxy	glycyl	β-2-thienylalanin	8,3		
Carbobenzoxy	glycyl	β-3-thienylalanin	8,2		
Carbobenzoxy	glycyl	β-1-naphthylalanin	0,26		
Carbobenzoxy	glycyl	β-2-naphthylalanin	1,1		
Dinitrophenyl	glycyl	L-leucin		$2{,}2 \times 10^{-3}$	(37° C)[5]
Dinitrophenyl	glycyl	D,L-phenylalanin		$0{,}2 \times 10^{-3}$	(37° C)[5]

[a] In 0,007 m Veronalpuffer p_H 7,5, Ionenstärke mit KCl auf 0,5 gebracht.
[b] Als Carboxypeptidasesubstrat der Wahl empfohlen.
[c] Wahrscheinlich Wirkung anhaftender Carboxypeptidase B (s. S. 109ff).

Fortsetzung der Anmerkungen und Literaturzitate s. S. 95 unten.

b) Acylierte Aminosäuren (Erläuterungen vgl. Tabelle 37a).

$$\underbrace{R'\cdot CO}_{I}\{\underbrace{NHCH(R'')\cdot COOH}_{II}$$

I	II	C_1	K_M	k_3	Bemerkungen
Carbobenzoxy	phenylalanin	0,0013			
Carbobenzoxy	tryptophan	0,009			
Carbobenzoxy	tyrosin	0,0011			
Benzoyl	phenylalanin	±			
Chloracetyl	L-phenylalanin	2,22[1]	0,013	0,137	
Chloracetyl	dehydrophenylalanin[2]	0			
Chloracetyl	L-tyrosin	1,65[3]			Bestimmung bei 40°C
Chloracetyl	L-tryptophan	+			
Chloracetyl	L-leucin (0,025 m)	0,348			
Chloracetyl	L-norvalin (0,025 m)	0,174			
Chloracetyl	L-norleucin (0,025 m)	0,165			
Chloracetyl	L-isoleucin (0,025 m)	0,087			
Chloracetyl	L-methionin (0,025 m)	0,065			
Chloracetyl	L-valin (0,025 m)	0,030			
Chloracetyl	L-alanin (0,025 m)	0,006			
Chloracetyl	L-asparaginsäure (0,025 m)	0			} [1]
Trichloracetyl	L-tyrosin (0,025 m)	0,023			0,1295mg Enzym-N/ml
		0,084			0,014 mg Enzym-N/ml
Trichloracetyl	L-leucin (0,025 m)	0,016			
Trichloracetyl	L-norleucin (0,025 m)	+			
Trichloracetyl	L-isoleucin (0,025 m)	0,014			
Trichloracetyl	L-methionin (0,025 m)	+			
Trichloracetyl	L-valin (0,025 m)	0			0,0828 mg Enzym-N/ml
Trichloracetyl	L-alanin (0,025 m)	0			0,0828 mg Enzym-N/ml
Formyl	L-phenylalanin		0,036	0,007	
Acetyl	L-phenylalanin		0,155	0,0023	
Acetyl	L-tryptophan	0,045			Bestimmung bei 40° C
Acetyl	glycin	0[3]			24 Std bei 37° C
Phenylpyruvyl	phenylalanin	±			
Phenylpyruvyl	leucin	±			
Carbonaphthoxy	phenylalanin	(etwa 1)[4]			Substratkonz. $\frac{m}{6000}$
α-Bromisobutyryl-o-aminobenzoesäure		0			
α-Bromisobutyryl-m-aminobenzoesäure		>0			p_H-Optimum 8,4[5]
α-Bromisobutyryl-p-aminobenzoesäure		>0			
N-Acetyl-DL-α-(m-carboxyphenyl-) glycin		0[6]			
N-Chloracetyl-DL-α-(m-carboxyphenyl-) glycin		0[6]			

Anmerkungen und Literatur zu Tabelle 37a. (Literatur zu Tabelle 37b S. 96.)

[e] Nach [6] werden beide Peptidbindungen, jedoch offenbar mit verschiedenen Geschwindigkeiten durch Carboxypeptidase gesprengt. Beide Substrate sind für Carboxypeptidasebestimmungen durch ihre sehr schwere Löslichkeit nur eingeschränkt verwertbar.

[g] $t = 39°$ C [7].

[h] Wegen der geringen Löslichkeit des Substrats in Wasser Ansatz in 35%igem Methanol; C_1 für Carbobenzoxyglycyl-L-phenylalanin in Methanol = 4,1.

[1] NEURATH, H., and G. W. SCHWERT: Chem. Reviews **46**, 69 (1950).
[2] SMITH, E. L.: Adv. Enzymol. **12**, 191 (1951).
[3] GREEN, N. M., and H. NEURATH; in: Neurath-Bailey, Proteins Bd. II B, S. 1057.
[4] SNOKE, J. E., and H. NEURATH: J. biol. Ch. **181**, 789 (1949).
[5] FÉLIX, F., et J. LABOUESSE-MERCOUROFF: Biochim. biophys. Acta **21**, 303 (1956).
[6] SMITH, E. L.: J. biol. Ch. **175**, 39 (1948).
[7] DAVIS, N. C.: J. biol. Ch. **223**, 935 (1956).

c) Estersubstrate (Erläuterungen vgl. Tabelle 37a):

$$\underbrace{\underset{\underset{\displaystyle O}{\|}}{R\cdot C}}_{I}\big\{\underbrace{O\text{—}\underset{\underset{\displaystyle R'}{|}}{CH}\cdot COOH}_{II}$$

I	II	K_M	k_3
Benzoylglycyl	β-phenylmilchsäure	~0	1,72
Acetyl	β-phenylmilchsäure	0,13	0,044
Chloracetyl	β-phenylmilchsäure	~0	1,3
Bromacetyl	β-phenylmilchsäure	0,0016	0,99
n-Heptanoyl	o-hydroxybenzoesäure	keine Spaltung[1]	

Jedenfalls ist der ^{15}N-Gehalt im ermittelten, freien Glycin niedriger als der des mit dem Substrat eingesetzten, und im Enzymprotein ist ^{15}N vermehrt festzustellen[2].

Substratspezifität. Als optimales synthetisches Substrat ist Carbobenzoxyglycyl-L-phenylalanin anzusehen[3], für das sich in 0,05 m Konzentration ein proteolytischer Koeffizient C_1 $(=K_1/E)$ von 12—14 bei Anwendung des kristalisierten Enzyms ergibt. Seine Aktivität gegenüber weiteren an der NH_2-Gruppe acylierten Dipeptiden sowie acylierten Aminosäuren, ferner seine Esterasewirkung gegenüber Esterbindungen zwischen OH-Gruppen von α-Hydroxycarbonsäuren und —COOH-Gruppen der unsubstituierten oder halogen-substituierten Essigsäure oder acylierter α-Aminosäuren ist aus Tabelle 37 zu ersehen. Kennzeichnend und notwendig für alle durch Carboxypeptidase gespaltenen Substrate ist die freie —COOH-Gruppe in α-Stellung zur sensitiven Peptid- oder Esterbindung. Carbobenzoxyglycyl-L-tryptophanamid sowie Carbobenzoxyglycyl-β-alanin und Carbobenzoxy-β-alanyl-β-alanin werden durch Carboxypeptidase nicht hydrolysiert, während Carbobenzoxy-β-alanyl-phenylalanin und Carbobenzoxyglycyl-L-alanin deutlich, wenn auch schwach gespalten werden[4]. Ersatz des H an der sensitiven Peptidbindung durch $—CH_3$ oder Beteiligung eines Ring-N an der Bindung setzen die Angreifbarkeit durch das Enzym wesentlich herab oder heben sie auf. Carbobenzoxyglycylsarkosin, Carbobenzoxyglycyl-L-prolin[3] und Chloracetyl-N-methyltyrosin[5] werden nicht gespalten, Carbobenzoxy-L-tryptophyl-L-prolin wird langsam hydrolysiert[6]. Die Geschwindigkeit einer durch Carboxypeptidase bewirkten Substratspaltung ist bei Verbindungen mit aromatischen Resten an der C-terminalen Aminosäure am höchsten, geringer bei solchen mit größeren aliphatischen Seitenketten, am niedrigsten bei Vorhandensein kleiner aliphatischer Reste. Carbobenzoxyglycylglycin wird etwa 5400mal langsamer gespalten als Carbobenzoxyglycyl-L-phenylalanin. Die Hydrolysenraten liegen bei acylierten Dipeptiden deutlich höher als bei acylierten Aminosäuren, wofür die größere Bindungsstärke der einen sensitiven Peptidbindung der acylierten Aminosäure verantwortlich gemacht wird. Gerade bei letzteren erweist sich auch der Acylrest von wesentlichem Einfluß. Je nach Säurestärke der Acylgruppe, aber offenbar auch aus sterischen

[1] GJESSING, E. C., R. EMERY and J. P. CLEMENTS: J. biol. Ch. **234**, 1098 (1959).
[2] WOOD, T., and E. R. ROBERTS: Biochim. biophys. Acta **15**, 217 (1954).
[3] STAHMANN, M. A., J. S. FRUTON and M. BERGMANN: J. biol. Ch. **164**, 753 (1946).
[4] HANSON, H. T., and E. L. SMITH: J. biol. Ch. **175**, 833 (1948).
[5] BERGMANN, M., L. ZERVAS u. H. SCHLEICH: H. **224**, 45 (1934).
[6] SMITH, E. L.: J. biol. Ch. **175**, 39 (1948).

Literatur zu Tabelle 37b, S. 95.

[1] RONWIN, E.: Am. Soc. **75**, 4026 (1953).
[2] RAO, K. R., S. M. BIRNBAUM and J. P. GREENSTEIN: J. biol. Ch. **203**, 1 (1953).
[3] PUTNAM, F. W., and H. NEURATH: J. biol. Ch. **166**, 603 (1946).
[4] RAVIN, H. A., and A. M. SELIGMAN: J. biol. Ch. **190**, 391 (1951).
[5] SAITO, T., and K. SAITO: J. Biochem. **40**, 261 (1953).
[6] IRREVERRE, F., H. KNY, S. ASEN, J. F. THOMPSON and C. J. MORRIS: J. biol. Ch. **236**, 1093 (1961).

Gründen, ist die Angreifbarkeit durch das Enzym verschieden. So ist, mitbestimmt von der abnehmenden Elektronegativität der Acylgruppen, die Reaktionsgeschwindigkeit der Hydrolyse acylierter Aminosäuren durch Carboxypeptidase in folgender Reihe abfallend: Trifluoracetyl- > Dichloracetyl- > Chloracetyl- > Bromacetyl- > Fluoracetyl- > Jodacetyl- = Trichloracetyl- > Formyl- > Methylmercaptoacetyl- > Acetyl- > Carbobenzoxy-[1, 2]. Allerdings müssen noch andere Faktoren als nur die Säurestärke der Acylreste beteiligt sein, denn sonst bliebe der Befund, daß die trichloracetylacylierten Aminosäuren schwächer gespalten werden, also ungünstigere Carboxypeptidasesubstrate darstellen als die chloracetylacylierten Aminosäuren (vgl. Tabelle 37b), unverständlich[3]. Im Gegensatz z.B. zu Acetyltryptophan, das durch Carboxypeptidase deutlich hydrolysiert wird, zeigt das Enzym auf Acetylglycin keine Wirkung[4]. Allerdings ist auch der Charakter des aromatischen Restes von Einfluß (vgl. dazu Tabelle 37a). Die optische Spezifität des Enzyms ist absolut insofern, als eine im Substrat C-terminal stehende D-Aminosäure nicht abgesprengt wird. Die Konfiguration der Aminosäure, deren Aminogruppe im acylierten Dipeptid besetzt ist, scheint ebenfalls ausschlaggebend für die Angreifbarkeit durch das Enzym, wenngleich diese Frage noch nicht eindeutig geklärt ist. Carbobenzoxy-D-tryptophylglycin ist resistent gegen das Enzym[5]. Glycyl-, Acetyl-, Chloracetyl- und Carbobenzoxyderivate des D-Leucyl-L-tyrosins zeigen ebenfalls fast vollständige Resistenz, während die entsprechenden, acylierten L-Leucylverbindungen 50—200fach stärker gespalten werden als die nicht acylierten Di-peptide L- und D-Leucyl-L-tyrosin, die beide vom Enzym in etwa gleichem Ausmaß hydrolysiert werden[6].

Die Ergebnisse älterer Versuche mit gereinigten, allerdings nicht kristallisierten Carboxypeptidasepräparationen und D,L-Leucylglycyl-L-tyrosin als Substrat lassen die Möglichkeit zu, daß eine Substratspaltung auch dann eintritt, wenn der an der sensitiven Peptidbindung nicht beteiligte Aminosäurerest die D-Konfiguration aufweist[7].

Dieser Befund mit dem Tripeptid wie auch neuere Versuche mit kristallisierter Carboxypeptidase zeigen ferner, daß das Vorhandensein einer freien NH_2-Gruppe in einem Dipeptid oder höheren Peptid die Aufspaltbarkeit durch das Enzym manchmal, aber keineswegs immer ausschließt, jedoch regelmäßig erschwert, wobei eine freie NH_2-Gruppe in Nachbarschaft zur sensitiven Peptidbindung besonders hinderlich wirkt. L-Tyrosyl-L-tyrosin und Glycyl-L-tyrosin werden zwar deutlich gespalten[8], jedoch werden analoge Di-, Tri-, Tetra- usw. -Peptide (Gly_2-Tyr, Gly_3-Tyr usw.) durch Carboxypeptidase in erheblich höherem Umfang hydrolysiert (vgl. Tabelle 38)[9].

Ein N-Thioglykolyltyrosin, an dessen —CH_2SH-Gruppe thioätherartig ein Alaninrest mit freier NH_2- und COOH-Gruppe gebunden ist,

$$\begin{array}{l} \text{HOOC—}\underset{\displaystyle NH_2}{\underset{|}{\text{CH}}}\text{—CH}_2\text{—S—CH}_2\text{—CO—NH—}\underset{\displaystyle C_6H_4OH}{\underset{|}{\underset{\displaystyle CH_2}{\underset{|}{\text{CH}}}}}\text{—COOH} \end{array}$$

wird durch sechsfach umkristallisierte Carboxypeptidase unter Abspaltung von Tyrosin zerlegt ($C_1 = 7{,}2 \times 10^{-2}$ bei p_H 7,7 und 37° C und 0,01 m Substratkonzentration)[10]. Auch das Tetrapeptid Tyr-lys-glu-tyr wird angegriffen[11]. Diglycyl-L-cystin[12] und D,L-Leucyl-

[1] SNOKE, J. E., and H. NEURATH: J. biol. Ch. **181**, 789 (1949).
[2] FONES, W. S. and M. LEE: J. biol. Ch. **201**, 847 (1953).
[3] RONWIN, E.: Am. Soc. **75**, 4026 (1953).
[4] PUTNAM, F. W., and H. NEURATH: J. biol. Ch. **166**, 603 (1946).
[5] HANSON, H. T., and E. L. SMITH: J. biol. Ch. **179**, 815 (1949).
[6] YANARI, S., and M. A. MITZ: Am. Soc. **79**, 1150 (1957).
[7] WALDSCHMIDT-LEITZ, E., u. H. SCHLATTER: Naturwiss. **16**, 1026 (1928).
[8] HOFMANN, K., and M. BERGMANN: J. biol. Ch. **134**, 225 (1940).
[9] IZUMIYA, N., u. H. UCHIO: J. Biochem. **46**, 235 (1959).
[10] HANSON, H., et P. HERMANN: Bull. Soc. Chim. biol. **40**, 1835 (1958).
[11] PLENTL, A. A., and I. H. PAGE: J. biol. Ch. **163**, 49 (1946).
[12] GREENSTEIN, J. P.: J. biol. Ch. **128**, 241 (1939).

Tabelle 38. *Proteolytische Koeffizienten, K_M-, k_3- und C_{max}-Werte für Gly_{1-5}-L-tyr-Peptide.*

Substrat	Proteolytischer Koeffizient bei Substratkonzentration				K_M	k_3[1]	C_{max}[2]
	0,025 m	0,015 m	0,01 m	0,005 m	(10^{-3} m)		
Cbo-gly-L-tyr[3]	8,4[4]	13,3[4]	18,3[4]	27,2[4]	3,8	0,56	64
Gly-L-tyr	0,0023[5]	0,0029[5]	0,0058[5]	0,011[5]	0,68	0,00013	0,083
Gly_2-L-tyr	2,0[6]	3,0[6]	4,2[6]	6,2[6]	3,4	0,129	16,5
Gly_3-L-tyr	2,0[6]	3,0[6]	4,2[6]	6,2[6]	3,3	0,127	16,7
Gly_4-L-tyr	2,1[6]	3,2[6]	4,5[6]	6,4[6]	3,7[6]	0,137	16,1
Gly_5-L-tyr	1,7[6]	3,2[6]	4,1[6]	5,8[6]	3,5[6]	0,136	16,9

pH 8,5 (0,05 m Trispuffer); 0,1 m LiCl; Temperatur 30° C.

[1] In M/l/min/mg N/ml.
[2] $C_{max} = k_3/2{,}3\ K_M$.
[3] pH 7,5 (0,05 m Trispuffer).
[4] Enzymkonzentration 0,000207 mg N/ml.
[5] 0,2 m LiCl; Enzymkonzentration 0,187 mg N/ml.
[6] Enzymkonzentration 0,00235 mg N/ml.

glycin[1] werden nicht angegriffen. Glutathion und S-Methylglutathion[2] werden unter Freisetzung des C-terminalen Glycins gespalten.

Die Wirkung der Carboxypeptidase ist nicht auf Peptide bestimmter Kettenlänge beschränkt. Das zeigen die mannigfachen Beobachtungen der Wirkung auf die C-terminalen Enden von niederen und höheren Peptiden und von Proteinen, worauf das enzy-

Tabelle 39. *Freisetzung von C-terminalen Aminosäuren aus hochmolekularen Peptiden und Proteinen durch Carboxypeptidase.*

Substrat	Mol. Gew.	C-terminaler Rest		Bemerkungen
		Aminosäure	Zahl/Mol Substrat	
Insulin	12000	Alanin	1—3	
		Asparagin	2	
Lysozym	14700	Leucin	1	
Chymotrypsinogen	23000	—	0	
DFP-Chymotrypsin (α, β, γ)	21500	Leucin, Tyrosin	1	
Trypsinogen	24000	—	0	(HCl denaturiert < 1 Lysin)
DFP-Trypsin	24000	—	0	
Tabak-Mosaik-Virus	50 · 10⁶	Threonin	3000 ± 200	
Tabak-Mosaik-Virus-Protein	10000—20000	Threonin	1	[3] (Insulin bis Pepsin)
Ribonuclease	13400	Valin	2	
Ovalbumin	45000	Valin	0	
Clupein	5000—8000	Alanin		
Tropomyosin	53000	Isoleucin		
ACTH (Schwein)	3400	Phenylalanin		
ACTH (Schaf)	4500	Phenylalanin		
Wachstumshormon (STH)	46000	Phenylalanin		
Pepsinogen	42000	Alanin	?	
Pepsin	35000—38000	Alanin	?	
Triosephosphatdehydrogenase (Hefe)	96000	Methionin	2	[4]
Hämoglobine A, B, C, F	68000	Tyrosin, Histidin	je 1	[5-7]
Aldolase	136000	Tyrosin (Alanin 2)	3	[8, 9]
Actin	56000	Phenylalanin		[10]

[1] PUTNAM, F. W., and H. NEURATH: J. biol. Ch. **166**, 603 (1946).
[2] ZACHARIUS, R. M., C. J. MORRIS and J. F. THOMPSON: Arch. Biochem. **80**, 199 (1959).
[3] FRAENKEL-CONRAT, H., J. I. HARRIS and A. L. LEVY; in: Colowick-Kaplan, Meth. Enzymol. Bd. II, S. 397.
[4] HALSEY, Y. D., and H. NEURATH: J. biol. Ch. **217**, 247 (1955).
[5] HUISMAN, T. H. J., and A. DOZY: Biochim. biophys. Acta **20**, 400 (1956).
[6] GUIDOTTI, G.: Biochim. biophys. Acta **42**, 177 (1960).
[7] ANTONINI, E., J. WYMAN, R. ZITO, A. ROSSI-FANELLI and A. CAPUTO: J. biol. Ch. **236**, PC 60 (1961).
[8] DRECHSLER, E. R., P. D. BOYER and A. G. KOWALSKY: J. biol. Ch. **234**, 2627 (1959).
[9] KOWALSKY, A. G., and P. D. BOYER: J. biol. Ch. **235**, 604 (1960).
[10] LAKI, K., and J. STANDAERT: Arch. Biochem. **86**, 16 (1960).

matische Verfahren für die C-terminale Gruppenanalyse und für den stufenweisen Abbau vom COOH-Ende von Peptiden und Proteinen beruht[1]. Eine Aufstellung höhermolekularer Peptide und Proteine, die auf ihre Aufspaltbarkeit durch Carboxypeptidase untersucht wurden, gibt Tabelle 39. Bei Versuchen über die Einwirkung des Enzyms auf Proteine ist zu beachten, daß unter Umständen das native Eiweiß keine oder eine herabgesetzte Angreifbarkeit im Vergleich zum denaturierten besitzt. Kristallisierte, native Triosephosphat-Dehydrogenase aus Hefe erwies sich gegen Carboxypeptidase unempfindlich, während Durchführung des Versuches in 6 m Harnstoff zur Freisetzung von Methionin und in geringerem Umfang von Phenylalanin, Valin und Alanin führte[2]. Die Aktivität der Carboxypeptidase wird in 6 m Harnstofflösung auf etwa 25—50% der Enzymlösung ohne Harnstoff herabgesetzt, ohne jedoch schnell weitere Wirksamkeitseinbuße und Denaturierung zu erleiden. Damit ein Protein durch Carboxypeptidase angegriffen werden kann, muß es über eine oder mehrere offene Polypeptidketten verfügen, ganz abgesehen davon, daß genau wie bei niedermolekularen freien oder acylierten Peptiden die C-terminale Peptidbindung und die anderen mit dem Enzym in Reaktion tretenden Stellen des Substrats den Spezifitätsforderungen des Enzyms genügen müssen (z.B. Seitenketten der die sensitive, C-terminale Peptidbindung aufbauenden Aminosäuren, Peptid-H usw.). So wird aus der C-terminalen Tripeptidsequenz Pro-lys-ala der B-Kette des Insulins durch Carboxypeptidase nur Alanin freigesetzt; die Pro-lys-Bindung vermag anschließend durch das Enzym nicht gelöst zu werden; dagegen kann in der C-terminalen Tetrapeptidsequenz Pro-leu-glu-phe des α-Corticotropins nach Abspaltung von Phe und Glu auch die Pro-leu-Bindung gesprengt werden[1]. Über das nach Carboxypeptidaseeinwirkung erhaltene Restinsulin vgl. [4, 5]. Besondere Vorzüge des Carboxypeptidaseverfahrens zur Bestimmung COOH-terminaler Reste bietet die Anwendung von $H_2{}^{18}O$, da nach Carboxypeptidaseeinwirkung nur der ursprünglich COOH-terminale Rest kein ^{18}O enthält[6], während die nachfolgend freigesetzten Aminosäuren ^{18}O enthalten.

Tabelle 40. *p_H-Wirkung auf K_M und k_3 der Carboxypeptidase für Carbobenzoxyglycyl-L-tryptophan (CGT) und Carbobenzoxyglycyl-D,L-phenylalanin (CGP)* [3].

Substrat	p_H	K_M	$\frac{k_3 \times e^* \text{ bei } p_H \text{ (Spalte 2)}}{k_3 \times e^* \text{ bei } p_H\ 7{,}5}$
CGT . .	7,35	0,0055	1,01
	7,50	0,0052	1,00
	7,70	0,0059	1,03
	7,9	0,0052	1,04
	8,2	0,0061	1,06
	8,4	0,0076	1,05
CGP . .	7,6	0,0064	1,0
	7,8	0,0078	1,0
	8,0	0,0078	1,1
	8,3	0,0080	1,0
	8,5	0,0060	0,8

* *e* Gesamtkonzentration des Enzyms.

Einfluß des p_H. Das Aktivitätsoptimum mit maximalem C_1 (mit 0,05 m Carbobenzoxyglycyl-L-phenylalanin als Substrat) liegt bei p_H 7,5—7,8. Wird C_1 durch Bestimmung von k_3 und K_M ermittelt, so ergibt sich ein C_1-Maximum zwischen p_H 7,5 und 7,8 $\left(C_{1\,max} = \frac{k_3}{2{,}3\,K_M}\right)$, da beide Konstanten ($k_3$ und K_M) zwischen p_H 7,5 und 7,8 bei Verwendung von Carbobenzoxyglycylphenylalanin ein Minimum besitzen, wobei K_M von höheren Werten stärker abfällt als k_3 von niedrigeren. Bei p_H 8,3 haben sowohl k_3 wie K_M ein zweites Maximum; oberhalb dieses p_H-Wertes ist der Verlauf der p_H-Abhängigkeit beider Konstanten bis p_H 9,0, der oberen Grenze der Carboxypeptidasestabilität, parallel abfallend. Spezifische Pufferwirkungen (0,04 m Acetat-, Phosphat-, Veronal-, Boratpuffer) konnten bei diesen Messungen nicht beobachtet werden[7]. Unter Berücksichtigung optimaler

[1] FRAENKEL-CONRAT, H., J.I. HARRIS and A.L. LEVY; in: Colowick-Kaplan, Meth. Enzymol. Bd. II, S.397.
[2] HALSEY, Y. D., and H. NEURATH: J. biol. Ch. 217, 247 (1955).
[3] LUMRY, R., E. L. SMITH and R. R. GLANTZ: Am. Soc. 73, 4330 (1951).
[4] NICOL, D. S. H. W.: Biochem. J. 75, 395 (1960).
[5] SLOBIN, L. I., and F. H. CARPENTER: Biochem. 2, 16 (1963).
[6] KOWALSKY, A., and P. D. BOYER: J. biol. Ch. 235, 604 (1960).
[7] NEURATH, H., and G. W. SCHWERT: Chem. Reviews 46, 69 (1950).

Ionenstärke ($\mu = 0,5$) und einer Substratkonzentration, die eine Substrathemmung des Enzyms ausschließt (0,02 m und darunter), ist der Einfluß des p_H (Veronalpuffer) auf K_M und k_3 in dem p_H-Bereich 7,35—8,3 bei Verwendung von Carbobenzoxyglycyl-L-tryptophan und -D,L-phenylalanin viel geringer (vgl. Tabelle 40)[1].

Einfluß von D_2O. Bei p_D (analog p_H für D^+-Aktivitäten) 7,5 ist der Einfluß von D_2O gering; Anstieg auf p_D 8,3 führt zu einem Abfall von K_M und k_3 von etwa 25% (vgl. Tabelle 41), d.h. beide Konstanten werden in diesem p_D-Bereich im selben Ausmaß beeinflußt. Zur Erklärung wird angenommen, daß k_2 im Verhältnis zu k_3 zu vernachlässigen ist und daß k_1 unabhängig von den Eigenschaften des Wassers unter $p_D = 8,3$ ist. Oberhalb dieses Wertes fällt K_M in D_2O schnell ab, während der relative Wert von k_3 anzusteigen beginnt $\left(K_M = \frac{k_2 + k_3}{k_1}\right)$.[1]

Inhibitoren und Aktivatoren der Carboxypeptidasewirkung. 1. Ionenstärke und Ionen. In Versuchen mit Carbobenzoxyglycyl-L-leucin (0,05 m) als Substrat in 0,04 m Veronalpuffer (p_H 7,5—8,0) erweisen sich bei 12—15stündiger Präinkubation von Enzym und Inhibitor (25° C) folgende Stoffe als hemmend: 0,1 m Citrat (78% Hemmung), 0,1 m Oxalat (94%), 0,01 m Pyrophosphat (100%), 0,01 m Cystein (100%), 0,089 m Orthophosphat (50%), 0,00107 m Cyanid (50%), 0,0037 m Sulfid (50%). 0,1 m Fluorid und Azid sind ohne Einfluß[2]. Die durch 0,2 m Orthophosphat bewirkte 75%ige Hemmung kann durch Verdünnung oder Dialyse rückgängig gemacht werden, die durch Sulfid oder Cyanid durch Zugabe von Pferde-Hämoglobin. Dagegen ist unter Verwendung von Carbobenzoxyglycyl-L-phenylalanin als Substrat und von Orthophosphat in 0,04 m Konzentration dessen hemmende Wirkung nicht festzustellen. Erst bei 0,1 m Phosphat oder höher zeigt sich bei unbeeinflußter initialer Spaltungsgeschwindigkeit mit zunehmender Inkubationsdauer ein Abfall der Spaltungsgeschwindigkeit, was mit der im Verlauf der Hydrolyse zunehmenden Freisetzung von L-Phenylalanin, das als Carboxypeptidaseinhibitor wirkt, in Zusammenhang gebracht wird. Es wird angenommen, daß bei Kombination von Carboxypeptidase mit Orthophosphat die Affinität des Enzyms zum kompetitiven Inhibitor L-Phenylalanin gesteigert wird. In der gleichen Weise wird der Hemmungsmechanismus von Citrat, Oxalat, Cyanid und Pyrophosphat gedeutet[3-5].

Tabelle 41. *Wirkung von D_2O auf die Carboxypeptidase.*

p_D	$\frac{K_M(D_2O)}{M}$	$\frac{K_M(D_2O)}{K_M(H_2O)}$	$\frac{k_3(D_2O)}{k_3(H_2O)}$
7,7	0,0049	0,94	0,94
7,9	0,0044	0,88	0,85
8,0	0,0038	0,73	0,76
8,3	0,0039	0,75	0,78
8,4	0,0029	0,38	0,80
8,7	0,0040	0,45	1,00

D_2O-Konzentration lag zwischen 94 und 99,5%; Veronalpuffer, $\mu = 0,5$, $t = 25°$ C, Substrat: Carbobenzoxyglycyl-L-tryptophan (0,02 m); p_D durch Messung mit der Glaselektrode, korrigiert um + 0,4 p_H-Einheit.

Für die Bestimmung der Carboxypeptidaseaktivität ist auch der Einfluß der Ionenstärke in Betracht zu ziehen. Maximale Aktivität des Enzyms wird erst bei einer Ionenstärke von 0,3 unter Einbeziehung der Substratkonzentration erreicht, Erhöhungen bis 1,0, dem Wert, bis zu welchem vergleichende Messungen vorliegen, sowie die Art der Ionen (Na^+, K^+, Li^+, Mg^{++}, Cl^+, SO_4^{--} usw.) sind ohne Einfluß, jedoch bewirkt Phosphat (0,04 m) bei bezüglich der Ionenstärke optimalen Bedingungen eine Hemmung auch der initialen Hydrolysenrate für Carbobenzoxyglycyl-L-phenylalanin und -L-tryptophan, feststellbar bei Substratkonzentrationen unter 0,03 m[1].

Nach [6] wird die Wirkung bivalenter und monovalenter Kationen erst bei einer Ionenstärke von $\mu = 0,62$ vergleichbar. Bei niedrigen molaren Konzentrationen besitzen die bivalenten Kationen eine stärkere Wirkung als die monovalenten, selbst wenn man den

[1] LUMRY, R., E. L. SMITH and R. R. GLANTZ: Am. Soc. 73, 4330 (1951).
[2] SMITH, E. L., and H. T. HANSON: J. biol. Ch. 179, 803 (1949).
[3] GREEN, N. M., and H. NEURATH; in: Neurath-Bailey, Proteins Bd. II B, S. 1057.
[4] NEURATH, H., and G. W. SCHWERT: Chem. Reviews 46, 69 (1950).
[5] NEURATH, H., and G. DEMARIA: J. biol. Ch. 186, 653 (1950).
[6] GORINI, L., et J. LABOUESSE-MERCOUROFF: Biochim. biophys. Acta 13, 291 (1954).

Effekt der Kationen nicht als Funktion ihrer molaren Konzentration, sondern der im Ansatz resultierenden Ionenstärke vergleicht (vgl. Tabelle 42). Dieselbe maximale Aktivität und noch fast 50% höher ist auch ohne jede zusätzliche Salzzugabe zu erreichen, wenn die Enzymstammlösung mit Detergentien z.B. Tween 20 und 80 ($c = 5$ mg-% im Ansatz) versetzt wird. Die Wirkungen von Detergens und Salz sind nicht additiv. Saponin wirkt nicht so stark. Neben nichtionalen oberflächenaktiven Substanzen haben auch kationische Detergentien aktivitätssteigernde Eigenschaften auf die Carboxypeptidase, anionische dagegen nicht[1, 2]. Zwischen 25 und 37° C ist K_M in Gegenwart von Tween 80 dreimal niedriger als bei Salzzusatz[2]. Im übrigen erhöht Tween 80 nicht die Löslichkeit der Carboxypeptidase, stabilisiert aber ihre gesättigte Lösung, indem es Proteinausfällung und Aktivitätsverlust verhindert.

Tabelle 42. *Einfluß verschiedener Salze auf die Carboxypeptidaseaktivität.*

Zugesetztes Salz	$\mu = 0,02$ Akt.	$\mu = 0,05$		$\mu = 0,32$		$\mu = 0,62$	
		(C)	Akt.	(C)	Akt.	(C)	Akt.
—	4,3						
NaCl . .		3×10^{-2}	14,8	3×10^{-1}	54,0	6×10^{-1}	100
KCl . .		3×10^{-2}	9,6	3×10^{-1}	52,0		
LiCl . .		3×10^{-2}	6,1	3×10^{-1}	47,0		
$MgCl_2$ . .		10^{-2}	52,0	10^{-1}	92,0	2×10^{-1}	102
$CaCl_2$ . .		10^{-2}	42,7	10^{-1}	84,0		
$SrCl_2$ . .		10^{-2}	49,5	10^{-1}	70,5		

Substrat: Benzoylglycyl-D,L-phenylalanin.

μ = Ionenstärke des Spaltungsansatzes; μ ohne besondere Salzzugabe zum Ansatz, der durch Verdünnung der Enzymstammlösung (gesättigte Lösung kristallisierter Carboxypeptidase in m NaCl [0,3 mg Enzym-N/ml]) mit 2×10^{-2} m Veronal-Na/HCl-Puffer p_H 7,5 hergestellt wurde, betrug 0,02.

(C) = Molare Konzentration des zugesetzten Salzes im Spaltungsansatz.

Akt. = Prozent der gemessenen maximalen Aktivität bei $\mu = 0,62$ (NaCl): 30 μM/l/min freigesetztes L-Phenylalanin.

Cu^+ und Pb^{++} in 10^{-4}-Lösung und Fe^{++} wirken hemmend[3, 4]. Über den Einfluß weiterer Kationen auf die Chloracetyltyrosinspaltung durch Carboxypeptidase s. [5].

Das inaktive Zn-freie Apoenzym kann durch Zn^{++}-Zugabe (Mol/Mol) praktisch vollständig zwischen p_H 6 und 10 reaktiviert werden (s. S. 93). Mn^{++}, Fe^{++}, Co^{++}, Ni^{++}, Cd^{++} und Hg^{++} vermögen das Apoenzym ebenfalls, wenn auch verschieden stark, in seiner Wirkung gegenüber Carbobenzoxyglycyl-L-phenylalanin zu reaktivieren. Das Co^{++}-Enzym, mit scharfem Aktivierungsmaximum bei p_H 8,0 wie das Ni^{++}-Enzym, ist aktiver als Zn^{++}-Carboxypeptidase. Die verschiedenen Metallcarboxypeptidasen kristallisieren. Für die Zn- und Co-Enzyme ist ein Austausch gegen das entsprechende Radioisotope durch Dialyse beschrieben. Aus Messungen der enzymatischen Aktivität derartiger Präparationen ist zu schließen, daß beide Metalle das gleiche aktive Zentrum am Enzym besetzen und nicht, was von anderer Seite[6] behauptet wurde, an ganz verschiedenen Stellen des Enzymproteins zu ihrer Funktionsausübung gebunden werden. Dasselbe gilt für Hg und Cd. Zn^{++} ist viel fester an das Enzym gebunden als Co^{++}. Die scheinbaren Dissoziationskonstanten der Metallcarboxypeptidasekomplexe ($K = \frac{[CPD] \times [Me]}{[Me\text{-}CPD]}$) betragen bei p_H 8 und 4° C für Zn-Enzym $K = 5 \times 10^{-9}$ m, für das Co-Enzym $K = 1,5 \times 10^{-6}$ m. Die Stabilitätskonstanten der enzymatisch aktiven Metallkomplexe ergaben die Reihenfolge $Hg^{++} \gg Cd^{++} > Zn^{++} > Ni^{++} > Co^{++} > Mn^{++}$. Die Carboxypeptidasekomplexe von Mangan, Cobalt,

[1] Gorini, L., et J. Labouesse-Mercouroff: Biochim. biophys. Acta 13, 291 (1954).
[2] Labouesse, J.: Biochim. biophys. Acta 28, 341 (1958).
[3] Smith, E. L., and H. T. Hanson: J. biol. Ch. 179, 803 (1949).
[4] Green, N. M., and H. Neurath; in: Neurath-Bailey, Proteins Bd. II B, S. 1057.
[5] Saito, T.: J. Biochem. 40, 265 (1953).
[6] Folk, J. E., and J. A. Gladner: J. biol. Ch. 235, 60 (1960).

Nickel und Zink hydrolysieren sowohl acylierte Dipeptide wie Cbo-gly-L-phe als auch Estersubstrate (Hippuryl-D,L-β-phenyllactat). Die Quecksilber-, Cadmium- und Bleicarboxypeptidasen zeigen deutliche Esteraseaktivität, aber hydrolysieren nicht Peptidsubstrate (Cbo-gly-phe, Cbo-gly-try, Bz-gly-phe)[1, 2].

2. Substrathemmung. Bei Verwendung von Carbobenzoxyglycyl-L-tryptophan und Carbobenzoxyglycyl-D,L-phenylalanin ist bei Konzentrationen oberhalb 0,020 m deutliche Substrathemmung zu beobachten (s. Abb. 19). Mit Carbobenzoxyglycyl-L-leucin ist dies nicht der Fall[3]. Die Substrathemmung ist somit vom Charakter der C-terminalen Aminosäure abhängig. Bei 0,02 m Substratkonzentration ist das Enzym zu etwa 1% durch das Substrat gehemmt, bei 0,025 m zu etwa 2,5%, bei höheren und höchstmöglichen Substratkonzentrationen ist die Enzymaktivität bis etwa zur Hälfte herabgesetzt. Die Spaltung hochempfindlicher Carboxypeptidasesubstrate (Carbobenzoxyglycyl-L-phenylalanin) wird durch relativ

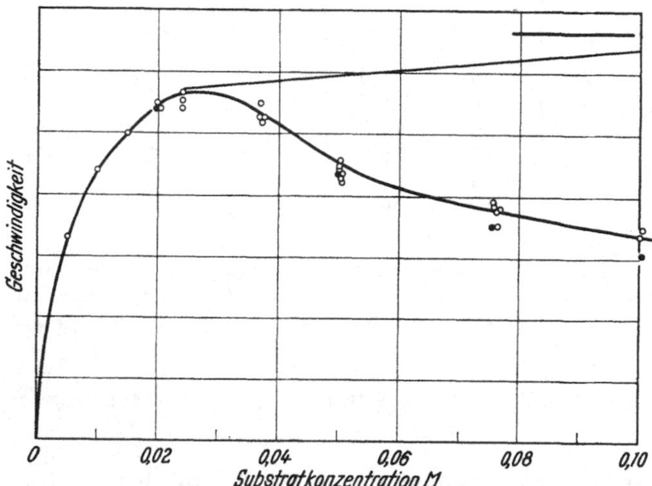

Abb. 19. Spaltungsgeschwindigkeit als Funktion der initialen Konzentration von Carbobenzoxyglycyl-L-tryptophan. Die dünne Linie kennzeichnet die ungehemmte Geschwindigkeit (berechnet aus der Geschwindigkeit bei 0,02 m mit K_M von 0,0052), die oben dick ausgezogene Gerade die maximale ungehemmte Geschwindigkeit. $t = 25°$ C; $p_H = 7,5$ (Veronalpuffer); $\mu = 0,5$. o Bestimmt mit der Ninhydrintechnik; • bestimmt durch titrimetrische Verfahren.

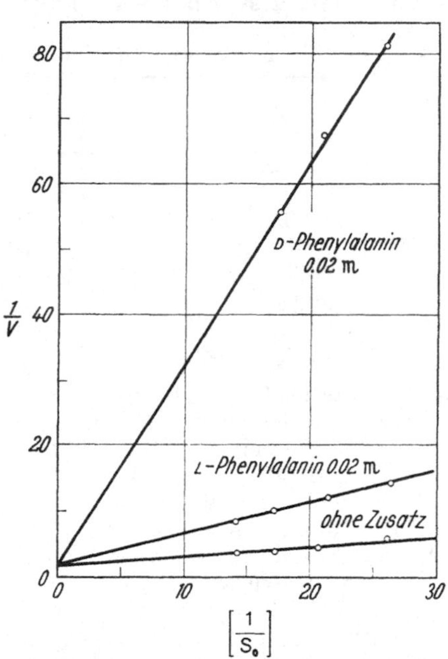

Abb. 20. Kompetitive Hemmung der enzymatischen Hydrolyse von Carbobenzoxyglycyl-L-leucin durch Phenylalanin. $1/V$ = reziproker Wert der Anfangsgeschwindigkeit; $[1/S_0]$ = reziproker Wert der initialen Substratkonzentration; $p_H = 7,5$ (0,2 m Phosphatpuffer); $t = 25°$ C.

Substrate hydrolyseresistente (Carbobenzoxyglycyl-L-alanin, L- und D-Leucyl-L-tyrosin) gehemmt[4,5]. Auch das Estersubstrat Benzoylglycyl-β-phenylmilchsäure ist als Inhibitor für das Enzym beschrieben[6]. Für Chloracetyl-D,L-tyrosin wird bei 0,05 m eine Substrathemmung seiner Hydrolyse gegenüber der Spaltung bei 0,025 m [$t = 25°$ C; p_H 7,5 (0,04 m Phosphat), $\mu = 0,27$ (LiCl), 0,0018—0,0026 mg Enzym-N/ml] angegeben[7].

3. Hemmung durch Spaltprodukte der wichtigsten synthetischen Substrate. Chloressigsäure wirkt hemmend sowohl bei Substraten vom Typ der acylierten Aminosäuren (Chloracetyltyrosin, -phenylalanin) wie der acylierten Dipeptide (Carbobenzoxyglycylphenylalanin) und der Estersubstrate (Chloracetyl-β-phenylmilchsäure). Die Hemmung ist eine solche „unbestimmten" Typs, d.h. der Charakter der Hemmung geht von der „unkompetitiven" Art mit zunehmender Inhibitorkonzentration in eine solche kompetitiver Art

[1] COLEMAN, J. E., and B. L. VALLEE: J. biol. Ch. **235**, 390 (1960).
[2] COLEMAN, J. E., and B. L. VALLEE: J. biol. Ch. **236**, 2244 (1961).
[3] LUMRY, R., E. L. SMITH and R. R. GLANTZ: Am. Soc. **73**, 4330 (1951).
[4] STAHMANN, M. A., J. S. FRUTON and M. BERGMANN: J. biol. Ch. **164**, 753 (1946).
[5] YANARI, S., and M. A. MITZ: Am. Soc. **79**, 1150, 1154 (1957).
[6] SNOKE, J. E., and H. NEURATH: J. biol. Ch. **181**, 789 (1949).
[7] RONWIN, E.: Am. Soc. **75**, 4026 (1953).

über[1]. Das Auftreten der ersten Inhibierungsart ist zu beobachten bei 0,025 m Chloressigsäurekonzentration im Ansatz gegenüber z. B. 0,05—0,025 m Carbobenzoxyglycyl-L-phenylalanin[2] oder Chloracetyltyrosin[3], die zweite bei 0,05 m Chloressigsäure. Bei stärkeren Verdünnungen (0,01—0,001 m) sowohl des Substrats wie des Inhibitors ist die Chloressigsäurewirkung nicht mehr nachweisbar, obwohl die Chloracetyltyrosinspaltung auch bei diesen Konzentrationen noch vom Typ der Reaktion 1. Ordnung abweicht, was möglicherweise mit der Substrathemmung des Enzyms in Zusammenhang zu bringen ist[3,4].

L-Phenylalanin erweist sich bei p_H 9,0, wobei über 40% der Aminosäure in der Anion-Form vorliegen, als ein deutlicher Inhibitor im Gegensatz zur D-Verbindung, die auch bei p_H 7,5 starke Hemmwirkung zeigt (s. Abb. 20). $p_H = 9$ durch 0,04 m Boratpuffer in 0,1 m LiCl, Carbobenzoxyglycyl-L-phenylalanin 0,04—0,019 m, L-Phenylalanin konstant gehalten bei 0,0055 m (in bezug auf Anion-Form 0,00233 m)[2]; p_H 7,5 durch 0,2 m Phosphatpuffer, Carbobenzoxyglycyl-L-leucin 0,04—0,06 m als Substrat, L- bzw. D-Phenylalanin 0,02 m[5].

Über die Abhängigkeit von der Phosphatpufferkonzentration vgl. S. 100.

Andere untersuchte Spaltprodukte (Hippursäure, Carbobenzoxyglycin, 3,7—5,0 $\times 10^{-3}$ m) sind ohne Einfluß auf das Enzym[2].

Tabelle 43. *Hemmung der Carboxypeptidasewirkung auf Carbobenzoxyglycyl-L-phenylalanin durch D-Aminosäuren.*

D-Aminosäure	C/C_i
Phenylalanin .	6,0
Histidin . . .	2,1
Alanin . . .	1,6
Isoleucin . .	1,6
Lysin	1,1

Hemmung $= C/C_i$ (C = proteolytischer Koeffizient ohne D-Aminosäure, C_i=proteolytischer Koeffizient mit 0,01 m D-Aminosäure); Substratkonzentration: 0,0125 m; $t = 25°$ C; $p_H = 7,5$ (0,04 m Phosphat, 0,1 m LiCl).

4. Hemmung durch weitere Aminosäuren und Peptide. Außer den bereits in den vorigen Abschnitten erwähnten Aminosäuren Cystein, L- und D-Phenylalanin wirken, wie Tabelle 43 zeigt, auch andere D-Aminosäuren kompetitiv hemmend[6]. Methylierung am N (N-Methylphenylalanin und N-Dimethylphenylalanin) beseitigt die Inhibitorwirkung des Phenylalanins völlig[2].

Dipeptide, die, wenn überhaupt, dann nur mit niedrigen Hydrolyseraten vom Enzym gespalten werden, erweisen sich in der Anion-Form als deutliche kompetitive Hemmstoffe.

Tabelle 44. *Abhängigkeit der Carboxypeptidasehemmung von der Ionenform der Dipeptide.*

Inhibitor	Inhibitor / Substrat	p_H 9,0		p_H 6,5	
		A/D	Hemmung %	A/D	Hemmung %
N-Acetyl-tyrosin . .	2		5		34
D-Leucyl-L-tyrosin .	2	5	30	1:64	5
Glycyl-L-tyrosin . .	0,5	4	56	1:80	10

Substrat: 0,02 m Carbobenzoxyglycyl-L-phenylalanin; Enzymkonzentration: 0,5 μg Protein-N/ml; 0,1 m LiCl im Ansatz; $p_H = 6,5$ durch 0,05 m Imidazolpuffer; $p_H = 9,0$ durch 0,05 m 2-Amino-2-methyl-1,3-propandiol; $t = 25°$ C, Inkubationsdauer: 12 min; A/D: Verhältnis der Anion-Form zur Dipol-Form. Hydrolyse des Substrats ohne Inhibitor bei p_H 6,5 28%, bei p_H 9,0 21%.

Dies zeigen Versuche bei p_H 9,0 unter Verwendung von D-Leucyl-L-tyrosin und Glycyl-L-tyrosin als Inhibitor und Carbobenzoxyglycyl-L-phenylalanin als Substrat (vgl. Tabelle 44 und Abb. 21)[7].

5. Strukturanaloge Verbindungen spezifischer Carboxypeptidasesubstrate oder ihrer Spaltprodukte als Inhibitoren. Verschiedene Säuren mit freier COOH-Gruppe, jedoch ohne

[1] Neurath, H., and G. W. Schwert: Chem. Reviews 46, 69 (1950).
[2] Elkins-Kaufman, E., and H. Neurath: J. biol. Ch. 178, 645 (1949).
[3] Ronwin, E.: Am. Soc. 75, 4026 (1953).
[4] Hermann, P.: Diss. math.-nat. Halle/Saale 1957.
[5] Neurath, H., and G. DeMaria: J. biol. Ch. 186, 653 (1950).
[6] Elkins-Kaufman, E., and H. Neurath: J. biol. Ch. 175, 893 (1948).
[7] Yanari, S., and M. A. Mitz: Am. Soc. 79, 1154 (1957).

NH_2-Gruppe, vor allem solche, die in ihrem Seitenrest Verwandtschaft zu den C-terminalen Aminosäuren spezifischer Carboxypeptidasesubstrate aufweisen, besitzen kompetitive, manchmal auch unkompetitive oder unbestimmt charakterisierte Hemmungswirkung auf das Enzym (vgl. Tabelle 45 und **46**). Die Notwendigkeit der —COOH-Gruppe für die Inhibitorfunktion ergibt sich aus der fehlenden Wirkung von β-Phenyläthylamin und D,L-α-Phenyläthylamin[1]. β-Phenylpropionsäure besitzt deutlich höhere Affinität zum Enzym als D-Phenylalanin. Hervorzuheben ist, daß trans-Zimtsäure auch bei hohen Konzentrationen keine Inhibitorwirkung besitzt[2]. Wenn bei höheren Substratkonzentrationen, z. B. 0,05 m Carbobenzoxyglycyl-L-tryptophan, der Verlauf der enzymatischen Spaltung einer Reaktion 0. Ordnung gleicht, kann die Hemmung der aufgeführten Säure als nicht kompetitiv erscheinen[3].

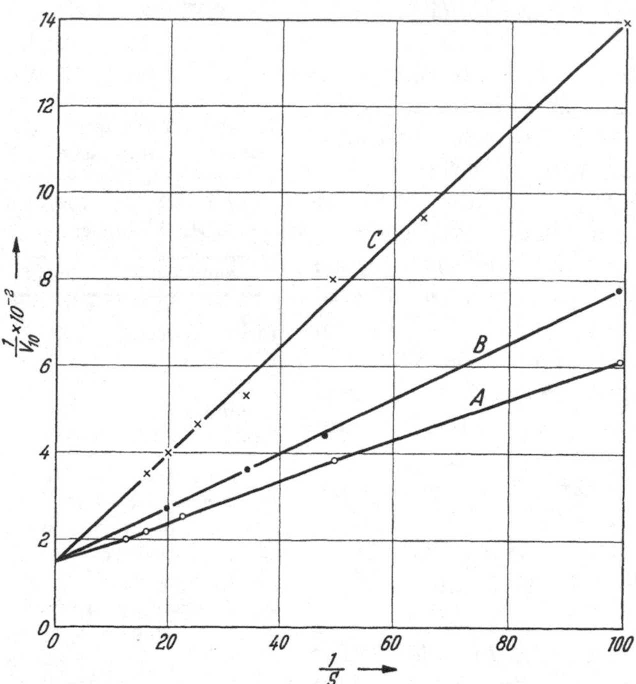

Abb. 21. Kompetitive Carboxypeptidasehemmung durch Dipeptide. Enzymkonzentration: 0,5 µg Protein-N/ml; *A* 0,02 m Substrat (Carbobenzoxyglycyl-L-phenylalanin); *B* Substrat + 0,01 m D-Leucin-L-tyrosin; *C* Substrat + 0,01 m Glycyl-L-tyrosin; $p_H = 9,0$ (0,05 m 2-Amino-2-methyl-1,3-propandiol); $t = 10$—25 min; $1/V_{10}$: reziproker Wert der Spaltungsgeschwindigkeit für 10 min; $1/S$: reziproke Substratkonzentration.

Malonsäure wirkt nur bei weit höheren Konzentrationen schwach hemmend. Essigsäure, Fluoressigsäure, Bernsteinsäure, Glutarsäure sind ohne Einfluß[3]. Von den Säuren der Tabelle 46 werden Benzoesäure als nicht kompetitiv hemmend und Buttersäure und Propionsäure als dem unbestimmten Hemmungstyp zugehörig beschrieben[1, 4].

Tabelle 45. *Enzym-Inhibitor-Dissoziationskonstante* (K_I) *von kompetitiven Inhibitoren der Carboxypeptidase*[1, 4].

Inhibitor	K_I (*M*)	ΔF kcal/Mol
D-Phenylalanin	0,002	3,70
D-Histidin	0,020	2,33
β-Phenylpropionsäure . .	0,000062	5,77
γ-Phenylbuttersäure . . .	0,00113	4,04
Phenylessigsäure	0,00039	4,67
p-Nitrophenylessigsäure . .	0,0025	3,57

Substrat: Carbobenzoxyglycyl-L-phenylalanin; [S] von 0,05—0,0125 m, $t = 30$ min, Temperatur 25° C; p_H 7,5 (0,04 m Phosphatpuffer), 0,1 m LiCl.

6. *Sonstige Substanzen.* Diisopropylfluorphosphat ist ohne Einfluß auf die Carboxypeptidase, Formaldehyd (0,2 ml 40%iger Formaldehyd/ml Substratlösung vor Zugabe des Enzyms) bewirkt sehr starke Hemmung[5].

Kinetik. Der Reaktionsverlauf der Carboxypeptidasewirkung läßt sich bei Bestimmung des proteolytischen Koeffizienten *C* in der Regel nach einer Reaktion 1. Ordnung beschreiben, jedoch ist bei hohen Substratkonzentrationen, vor allem bei gleichzeitigem Vorliegen einer Substrathemmung, mit Annäherung an eine Reaktion 0. Ordnung zu rechnen. Die Charakterisierung der Carboxypeptidasewirkung nach diesem Verfahren, d.h. Ermittlung von *C*, ist jedoch nur anwendbar bei einer einzigen Substratkonzentration,

[1] Elkins-Kaufman, E., and H. Neurath: J. biol. Ch. **178**, 645 (1949).
[2] Smith, E. L., R. Lumry and W. J. Polglase: J. physic. Colloid Chem. **55**, 125 (1951).
[3] Smith, E. L.: Adv. Enzymol. **12**, 191 (1951).
[4] Green, N. M., and H. Neurath; in: Neurath-Bailey, Proteins Bd. II B, S. 1057.
[5] Hofmann, K., and M. Bergmann: J. biol. Ch. **134**, 225 (1940).

Tabelle 46. *Strukturelle Inhibitoren der Carboxypeptidase*[1, 2].

Inhibitor	K_i'	Inhibitor	K_i'	Inhibitor	K_i'
Indolylessigsäure . .	1280	β-Phenylpropionsäure	830	Propionsäure . . .	10
Indolylpropionsäure	180	γ-Phenylbuttersäure .	50	Buttersäure. . . .	200
Indolylbuttersäure .	30	Benzylmalonsäure . .	250	Valeriansäure . . .	370
Benzoesäure	7	Cyclohexylpropionsäure	50	Capronsäure . . .	160
Phenylessigsäure . .	220	Naphthylessigsäure . .	22	Isocapronsäure . .	370

K_i' = Reziproke Werte derjenigen Inhibitorkonzentration, die notwendig ist, um unter den gegebenen Versuchsbedingungen eine 50%ige Hemmung der Substratspaltung zu bewirken. Substrat: 0,05 m Carbobenzoxyglycyl-L-tryptophan; $p_H = 7,5$ (0,04 m Veronalpuffer); $t = 25°$ C.

etwa zur Feststellung der Enzymaktivität in reinen oder komplex zusammengesetzten Pankreascarboxypeptidase-Lösungen durch vergleichende Bestimmung der Spaltung mehrerer spezifischer synthetischer Substrate.

Da sich die Reaktion der kristallisierten Carboxypeptidase mit verschiedenen Substraten (Carbobenzoxyglycylphenylalanin, Benzoylglycylphenylalanin und Benzolsulfoglycylphenylalanin) nach der intregrierten MICHAELIS-MENTEN-Gleichung

$$k_3 \times e \times t = 2,3\, K_M \log \frac{a_0}{a} + (a_0 - a)$$

beschreiben läßt, ist ein Reaktionssystem Carboxypeptidase-Substrat durch die Konstanten k_3 und K_M kinetisch genügend charakterisiert. Andererseits ist bei bekannten k_3 und K_M für ein eingesetztes Substrat e leicht zu bestimmen, sofern bei den Spaltungen die Anfangsgeschwindigkeiten gemessen werden und das Vorliegen kompetitiver Wirkungen ausgeschlossen werden kann (a_0 Anfangs-Substratkonzentration, a Substratkonzentration zur Zeit t[3–5]). Kinetische Daten mit C_1-, K_M- und k_3-Werten Tabelle 37, S. 94, sowie Tabelle 47.

Tabelle 47. *Kinetische und thermodynamische Konstanten der Carboxypeptidase.*

Substrat	k_3		K_M 25—37° C	E 25—37° C	ΔH^+ 25° C	ΔF^+ 25° C	ΔS^+ 25° C
	25° C	37° C					
Carbobenzoxyglycyl-L-phenylalanin	218[a, 6] 189[b, 7]	390[a, 6]	$1,8\times10^{-2}$[a, 6] $1,3\times10^{-2}$[b, 7] (25° C)	8700[a, 6]	8100[a, 6] 8900[b, 7]	14300[a, 6] 15800[b, 7]	— 21[a, 6] — 23[b, 7]
Benzoylglycyl-D,L-phenylalanin[c] . .		201[a, 6]	$2,2\times10^{-3}$[a, 6] (37° C)				
Carbobenzoxyglycyl-L-leucin		24[a, 6]	$6,3\times10^{-3}$[a, 6] (37° C)				

k_3: sec^{-1}; K_M: Mol/l; E (Aktivierungsenergie): cal/Mol; ΔH^+ (Enthalpieänderung) $= E - RT$ (cal/Mol); ΔF^+ (Änderung der freien Energie) $= -2,3\,RT \times \log \frac{K}{RT/Nh}$ (cal/Mol); ΔS^+ (Änderung der Entropie) $= \frac{\Delta H^+ - \Delta F^+}{T}$ (cal/Mol/Grad).

[a] $p_H = 7,5$ (0,02 m Veronalpuffer in 0,5 m NaCl); Substratkonzentrationen: Extremwerte 1:10 ober- und unterhalb von K_M derart, daß jede Hemmung durch Substratüberschuß auszuschließen ist (z.B. zwischen 0,02 und 0,002 m).

[b] $p_H = 7,5$ (0,035 m Veronalpuffer), 0,5 m KCl.

[c] Werte von K_M für die L-Verbindung berechnet.

[1] SMITH, E. L.: Adv. Enzymol. **12**, 191 (1951).
[2] SMITH, E. L., R. LUMRY and W. J. POLGLASE: J. physic. Colloid Chem. **55**, 125 (1951).
[3] GREEN, N. M., and H. NEURATH; in: Neurath-Bailey, Proteins Bd. II B, S. 1057.
[4] ELKINS-KAUFMAN, E., and H. NEURATH: J. biol. Ch. **175**, 893 (1948).
[5] SNOKE, J. E., and H. NEURATH: J. biol. Ch. **181**, 789 (1949).
[6] LABOUESSE, J.: Biochim. biophys. Acta **28**, 341 (1958).
[7] LUMRY, R., and E. L. SMITH: Discuss. Faraday Soc. **20**, 105 (1955).

Aus Untersuchungen mit D_2O (vgl. S. 100)[1] ist zu folgern, daß k_2 im Vergleich zu k_3 sehr klein ist. K_M erweist sich zumindest für die beiden Substrate Carbobenzoxyglycyl-L-tryptophan und -L-tyrosin als temperaturunabhängige Konstante zwischen 5 und 25° C. Da infolge des zu vernachlässigenden k_2 sich für $K_M = k_3/k_1$ ergibt, ist zu folgern, daß der Einfluß der Temperatur bei temperaturkonstantem K_M sich auf k_3 und k_1 in der gleichen Größenordnung auswirkt. Über weitere kinetisch-energetische Konstanten unter Berücksichtigung der neueren Ergebnisse über den Einfluß der Ionenstärke, des Phosphats und von Substrat- und Spaltprodukthemmung vgl. Tabelle 47[2, 3].

Einheiten. Der Gehalt einer Carboxypeptidase A-Präparation an Enzymeinheiten ergibt sich bei Bestimmung der C_1-(proteolytischen Koeffizienten) Werte durch deren Multiplikation mit Protein-N in mg der Gesamtpräparation. Bei Messung der initialen Spaltung (25° C) — und nur diese sollte bestimmt werden — beträgt bei Verwendung kristallisierter Carboxypeptidase C_1 für Carbobenzoxyglycyl-L-phenylalanin 0,05 m als Substrat C_1 etwa 14, bei 0,02 m etwa 20. Als Enzymeinheit ist zu definieren z.B. der Wert $k_1 \times 1000$, wobei k_1 die Reaktionskonstante 1. Ordnung $\left(k_1 = \frac{1}{t} \log \frac{a}{a-x}\right)$ darstellt (zu bestimmen z.B. mit Carbobenzoxyglycyl-L-phenylalanin 0,02 m als Substrat, 0,02 m Veronal-Na-Puffer p_H 7,5 in 0,1 m NaCl bei 25° C[4]). Als Carboxypeptidase-Einheit wird auch diejenige Enzymmenge bezeichnet, die bei 40° C in 1 ml Ansatz, der in bezug auf Carbobenzoxyglycyl-L-phenylalanin 0,05 m ist, bei 7,4 (0,033 m Phosphatpuffer) eine Spaltung mit einer Reaktionskonstante $k_1 = 0{,}002$ bewirkt[5]. In Abhängigkeit von den benutzten Bestimmungsverfahren ist auch die Anwendung anders definierter Aktivitätseinheiten des Enzyms möglich, z. B. bei colorimetrischer Bestimmung des enzymatisch freigesetzten Phenylalanins nach MOORE und STEIN diejenige Carboxypeptidaseaktivität, die unter den gegebenen Versuchsbedingungen eine Zunahme der optischen Dichte von 10^{-3}/min bewirkt[2, 6].

Bestimmung.

$$C_6H_5{-}CO{-}NH{-}CH_2{-}CO{-}NH{-}\underset{\displaystyle COOH}{\overset{\displaystyle C_6H_5{-}CH_2}{CH}} \xrightarrow[\text{Carboxypeptidase}]{+H_2O} R{-}NH{-}CH_2{-}COOH + \underset{\displaystyle \overset{|}{CH}{-}NH_2{-}COOH}{\overset{\displaystyle C_6H_5}{CH_2}}$$

Benzoyl-glycyl-L-phenylalanin — Benzoyl- bzw. Carbobenzoxyglycin — Phenylalanin

(C_6H_5—CH_2O—CO-) (Carbobenzoxy-)

R = C_6H_5—CO-(Benzoyl-) oder C_6H_5—CH_2O—CO-(Carbobenzoxy-)

Die Bestimmung der Pankreascarboxypeptidase A kann entsprechend obiger Reaktionsgleichung nach einem der im allgemeinen Teil beschriebenen Verfahren erfolgen. Bei Verwendung gereinigter Enzymlösungen, die keine starke Eigenfarbe besitzen und bei Zugabe von Alkohol höchstens Trübungen, aber keine Fällungen ergeben, ist das Titrationsverfahren in alkoholischer Lösung nach GRASSMANN und HEYDE (vgl. S. 17) zu empfehlen. Da die für Carboxypeptidase-Bestimmungen eingesetzten Substrate nicht mit Ninhydrin reagieren, gestaltet sich auch das colorimetrische Ninhydrinverfahren relativ einfach (vgl. S. 36, ferner bei Verwendung hochgereinigter bzw. kristallisierter Carboxypeptidasepräparationen[7]). Vorteilhaft besonders zur Erfassung kleiner Enzymaktivitäten

[1] LUMRY, R., E. L. SMITH and R. R. GLANTZ: Am. Soc. **73**, 4330 (1951).
[2] LABOUESSE, J.: Biochim. biophys. Acta **28**, 341 (1958).
[3] LUMRY, R., and E. L. SMITH: Discuss. Faraday Soc. **20**, 105 (1955).
[4] KELLER, P. J., E. COHEN and H. NEURATH: J. biol. Ch. **223**, 457 (1956).
[5] HOFMANN, K., and M. BERGMANN: J. biol. Ch. **134**, 225 (1940).
[6] LABOUESSE, J.: Biochim. biophys. Acta **26**, 52 (1957).
[7] SCHWERT, G. W.: J. biol. Ch. **174**, 411 (1948).

und zur relativ spezifischen Bestimmung der aus dem Substrat freigesetzten Aminosäuren bei sehr sparsamem Substratverbrauch ist die Anwendung des papierchromatographischen Ninhydrinverfahrens[1, 2] (vgl. S. 40). Zur Aktivitätsbestimmung in hochgereinigten Carboxypeptidasepräparationen ist das colorimetrische Verfahren mit dem chromogenen Substrat Carbo-β-naphthoxyphenylalanin geeignet[2, 3]. Diese Methode gestattet auch den Enzymnachweis auf Filtrierpapier nach elektrophoretischer Auftrennung eines Proteingemisches[4].

Zur Herstellung aktiver Enzymlösungen aus kristallisierter Carboxypeptidase und Kontrolle der Enzymproteinkonzentration vgl. S. 86.

Bei der Herstellung der Spaltungsansätze zur Bestimmung der Aktivität von Carboxypeptidase A-Präparationen verschiedenster Herkunft ist zu beachten, daß die Verwendung von Veronal- oder Trispuffer (0,02—0,04 m p_H 7,5) günstiger ist als die von Phosphatpuffer, daß zur Erreichung der optimalen Ionenstärke die LiCl- — oder günstiger — die NaCl- oder KCl-Konzentration im Ansatz zwischen 0,1 und 0,3 m liegen sollte und daß die Substratkonzentration im Ansatz 0,05 m nicht überschreitet, möglichst jedoch zwischen 0,01—0,02 m liegt. Wegen des sauren Charakters der synthetischen Carboxypeptidasesubstrate müssen ihre Stammlösungen bei der Herstellung auf den für den Gesamtansatz vorgesehenen p_H-Wert durch Zugabe von 0,1 n NaOH eingestellt werden, um die Verminderung der Kapazität des zugesetzten Puffers zu vermeiden.

Folgende Zusammensetzung des Spaltungsansatzes kann gewählt werden: 0,1 ml Enzymlösung, 0,4 ml Veronalpuffer in 0,3 m NaCl-Lösung, 0,5 ml 0,02 m Substratstammlösung (z.B. Carbobenzoxyglycyl-L-phenylalanin oder Benzoylglycyl-L-phenylalanin). Je nach dem Bestimmungsverfahren werden zur Zeit t_0 (Nullwertbestimmung) und dann in 10 oder 20 oder 30 min-Abständenn ach Bebrütung bei 25 oder 37° C aliquote Mengen, z. B. 20 μl oder 0,1 oder 0,2 ml, zur Analysierung entnommen. Nach den im allgemeinen Teil dieses Beitrages gemachten Angaben werden aus den Analysenresultaten die prozentuale Spaltung, die Spaltungsrate, k_1, C_1 usw. errechnet.

Bestimmung der Carboxypeptidase A mit dem chromogenen Substrat N-[Carbo-β-naphthoxy]-L-phenylalanin nach Ravin *und* Seligman[3].

Prinzip:

Bei der Spaltung von Carbonaphthoxyphenylalanin (I) durch Carboxypeptidase A decarboxyliert der entstehende Kohlensäure-β-naphthylester (II) unter Bildung von β-Naphthol (III) spontan, das mit tetrazotiertem Di-o-anisidin zu einem unlöslichen Farbstoff (IV) kuppelt. Dieser wird extrahiert und seine Konzentration photometrisch gemessen.

I: $C_{10}H_7$—OCO—NH—CH($CH_2C_6H_5$)—COOH $\xrightarrow[+\text{Carboxypeptidase}]{+H_2O}$

II: $C_{10}H_7$—O—COOH + Phenylalanin

$\downarrow -CO_2$

III: $C_{10}H_7$—OH $\xrightarrow{\text{tetrazotiertes Di-o-anisidin}}$ Farbstoff

IV: (HO)$C_{10}H_6$—N=N—C_6H_3(OCH_3)—C_6H_3(OCH_3)—N=N—$C_{10}H_6$(OH)

[1] Hanson, H., et P. Hermann: Bull. Soc. Chim. biol. **40**, 1835 (1958).
[2] Hanson, H., W. Blech, P. Hermann u. R. Kleine: H. **315**, 181 (1959).
[3] Ravin, H. A., and A. M. Seligman: J. biol. Ch. **190**, 391 (1951).
[4] Grassmann, W., u. A. Riedel: H. **313**, 227 (1958).

Reagentien:

1. Carbonaphthoxy-L-phenylalanin wird aus Carbonaphthoxychlorid und Phenylalanin nach[1] dargestellt (Carbonaphthoxy-D,L-phenylalanin ist handelsüblich bei Serva-Entwicklungslabor, Heidelberg, Römerstr. 118, und Schuchardt, München). 35 mg werden in 15 ml Aceton gelöst. Ein aliquoter Teil dieser Stammlösung wird unmittelbar vor Gebrauch mit 0,1 m Veronalpuffer p_H 7,8 auf das zehnfache verdünnt (etwa 10^{-3} m). Der genaue Substratgehalt wird nach 2 min Kochen einer 0,4 ml-Probe mit 0,5 ml einer gesättigten Hydrogencarbonatlösung und nach Entfernung des überschüssigen HCO_3^- mit einigen Tropfen 5 n HCl und nach Auffüllen auf 6,0 ml mit Veronalpuffer, p_H 7,8 durch Bestimmung des entstandenen β-Naphthols unter Verwendung einer β-Naphthol-Eichkurve ermittelt.
2. 0,05—0,1 m Veronalpuffer, p_H 7,8.
3. Kupplungsreagens: tetrazotiertes Di-o-anisidin (Echtblausalz B der Bayerwerke Leverkusen), 40 mg in 10 ml kaltem Wasser unmittelbar vor Gebrauch lösen.
4. Trichloressigsäure, 80%ig.
5. Essigsäureäthylester (Essigester).
6. β-Naphtholstammlösung (zur Aufstellung der Eichkurve): 50,0 mg β-Naphthol in 1000,0 Wasser gelöst.

Gerät:

20 ml-Reagensgläser mit eingeschliffenem Glasstopfen. Spektrophotometer (540 mμ).

Ausführung:

1,0—2,0 ml der zu untersuchenden Enzymlösung werden in den Schliffstopfenreagensgläsern unter Zusatz von 3 ml Veronalpuffer mit 1 ml der unmittelbar vor Gebrauch hergestellten Substratlösung und mit H_2O ad 6,0 ml versetzt. Bei Notwendigkeit der Aktivierung von Procarboxypeptidase zum Enzym wird 3 min vor der Substratzugabe 1 ml einer carboxypeptidasefreien Lösung mit 0,1 mg kristallisiertem Trypsin zugesetzt. Konzentration des Substrates im Ansatz also etwa 0,000167 m. Inkubation in der Regel 1 Std bei 37° C.

Am Ende der Inkubation wird jedem Ansatz einschließlich eines Kontrollansatzes, in dem sich bei sonst gleichen Bedingungen statt der aktiven das gleiche Volumen der hitzeinaktivierten Enzymlösung befindet, 1 ml Kupplungsreagens zugesetzt. Nach 3 min wird zur Beendigung der Hydrolyse und Erleichterung der nachfolgenden Extraktion 1 ml Trichloressigsäure zugegeben. Anschließend wird mit 10 ml Essigester extrahiert und der Essigesterextrakt bei 540 mμ photometriert. Aus der gefundenen Extinktion wird unter Verwendung einer β-Naphthol-Eichkurve das im Ansatz entstandene β-Naphthol ermittelt, woraus sich nach Abzug der Extinktion des Kontrollansatzes (Eigenhydrolyse des Substrats unter den Inkubationsbedingungen, in 1 Std etwa 7—10%) unter Berücksichtigung der Ausgangssubstratkonzentration und der Eigenhydrolyse die Größe der Substratspaltung ergibt (1 M β-Naphthol entspricht 1 M gespaltenem Carbonaphthoxy-L-phenylalanin).

Die Aufstellung der β-Naphtholeichkurve erfolgt derart, daß in den Reagensgläsern steigende Volumen von 0,2—2,0 ml der β-Naphtholstammlösung (entsprechend 0,01 bis 0,1 mg β-Naphthol) mit der benutzten Menge der Enzymlösung und mit Veronalpuffer ad 6,0 versetzt und dann den gleichen Behandlungsbedingungen mit Kupplungsreagens usw. unterworfen werden wie die eigentlichen Ansätze.

***Direkte kontinuierliche spektrophotometrische Bestimmung der Carboxypeptidase-A-Aktivität nach* Folk *und* Gladner[2].**

Prinzip:

Der Absorptionskoeffizient des Substrates Carbobenzoxyglycyl-L-phenylalanin ist auf Grund der enthaltenen zwei Säureamidbindungen bei 232 mμ größer als der der Spalt-

[1] Wolf, G., and A. M. Seligman: Am. Soc. **73**, 2080 (1951).

[2] Folk, J. E., and J. A. Gladner: J. biol. Ch. **235**, 60 (1960).

produkte Cbo-glycin und Phenylalanin nach Carboxypeptidase A-Einwirkung. Entsprechend der Abnahme des Substrates im Ansatz kommt es zur Verringerung der Absorption bei 232 mμ, die spektralphotometrisch gemessen und zur Enzymwirkung in Beziehung gesetzt werden kann.

Reagentien:

1. 0,01 m Carbobenzoxyglycyl-L-phenylalanin (Substratlösung).
2. 0,02 m Carbobenzoxyglycin.
3. 0,02 m Phenylalanin.
4. 0,0025 m Trispuffer in 0,1 m NaCl; p_H 7,65.

Gerät:

1. Spektralphotometer (232 mμ).
2. 1 cm-Quarz-Küvette.

Ausführung:

3 ml Substratlösung in der Quarz-Küvette werden bei 25° C und 232 mμ gegen eine Leerwertlösung aus gleichen Teilen 0,02 m Carbobenzoxyglycin und Phenylalanin unter Zusatz von 1—10 μl Enzymlösung im Abstand von 1 min eine gewünschte Zeit lang gemessen. Zur Feststellung der prozentualen Spaltung (Substratabnahme) Benutzung einer Eichkurve aus der Messung von Lösungen von insgesamt 0,01 m an Substrat und Spaltprodukten: 0,01 m Substrat allein (0% Spaltung) bis 0,0 m Substrat und je 0,01 m Spaltprodukte (100% Spaltung).

Die Carboxypeptidasesubstrate Benzoylglycyl-L-phenylalanin und Carbobenzoxyglycyl-L-phenylalanin sind handelsüblich bei: Schuchardt, München; Serva-Entwicklungslabor, Heidelberg, Römerstr. 118; Mann Research Laboratories, 136 Liberty Street, New York 6, N.Y.

Pankreas-Carboxypeptidase B.

[3.4.2.2]

Vorkommen. Das Zymogen des Enzyms ist aus frischem Pankreas in hochgereinigter Form darzustellen[1, 2] und kann durch Behandlung der Extrakte mit Trypsin aktiviert werden. Im Pankreassaft (aus operativer Fistel des Ductus pancreaticus von Stieren) entfallen etwa 7% des enthaltenen Gesamtproteins auf Procarboxypeptidase B + Carboxypeptidase B[3]. Im Gegensatz zu kristallisierter Carboxypeptidase A, die basische Aminosäuren wie Lysin aus acylierten Dipeptiden wie Benzoylglycyllysin nicht oder nur sehr langsam und in geringem Umfang freisetzt, spaltet das B-Enzym C-terminal stehende basische Aminosäuren (Lysin, Arginin, Ornithin) aus Proteinen und synthetischen Substraten sehr rasch ab.

Es ist sehr wahrscheinlich, daß die 1931 erstmalig beschriebene Protaminase des Pankreas[4] mit der Carboxypeptidase B identisch ist[5].

Darstellung[6]. Als Ausgangsmaterial zur Gewinnung von Procarboxypeptidase B dient Acetontrockenpulver aus Rinderpankreas, wie es auch zur Gewinnung der Procarboxypeptidase A Verwendung findet (vgl. S. 86). Das Pulver wird mit Wasser (20 ml/g Pulver) unter kräftigem Rühren bei 2° C extrahiert. Unter Beibehaltung dieser Temperatur bei allen weiteren Schritten wird die Suspension 30 min bei 25000 × g zentrifugiert. Zu je 100 ml des klaren, nochmals filtrierten (Whatman Nr. 4 Papier), gelben Extraktes werden 6 g eines Gemisches im Verhältnis 1:2 der Feuchtgewichte von Dowex 50 (oder 50 W-X8) H-Form und von Dowex 2-X10 OH-Form, beide zu

[1] Folk, J. E., J. A. Gladner and K. Laki: Fed. Proc. **16**, 181 (1957).
[2] Folk, J. E.: Am. Soc. **78**, 3541 (1956).
[3] Keller, P. J., E. Cohen and H. Neurath: J. biol. Ch. **233**, 344 (1958).
[4] Waldschmidt-Leitz, E., F. Ziegler, A. Schäffner u. L. Weil: H. **197**, 219 (1931).
[5] Weil, L., T. S. Seibles and M. Telka: Arch. Biochem. **79**, 44 (1959).
[6] Folk, J. E., and J. A. Gladner: J. biol. Ch. **231**, 379 (1958).

50—100 mesh, zugesetzt und so lange kräftig gerührt, bis der p_H-Wert sich zwischen 3,5 und 4,5 stabilisiert. Die kolloide Suspension, die sich unterhalb p_H 5 bildet, wird vom Austauscherharz durch rasches Absaugen unter Verwendung von Whatman Nr. 4-Papier befreit und 5 min bei 25000 × g zentrifugiert. Das erhaltene Präcipitat wird in Wasser (gleiches Volumen wie das des Ausgangsextraktes) fein suspendiert (mit Gewebshomogenisator aus Glas) und tropfenweise unter kräftigem Rühren mit 0,2 m $Ba(OH)_2$ bis zum Erreichen eines p_H von 5,9—6,0 versetzt. Das ungelöst bleibende Material wird durch Zentrifugieren (15 min bei 25000 × g) abgetrennt und zweimal durch Suspendieren in Wasser (gleiches Volumen wie beim Ausgangsextrakt) und anschließendes Abzentrifugieren (je 5 min bei 25000 × g) gewaschen. Das so erhaltene gewaschene Präcipitat wird mit 0,2 m NaCl-Lösung ($^1/_{25}$—$^1/_{50}$ Volumen des Ausgangsextraktes) extrahiert und das ungelöst Bleibende durch Zentrifugieren entfernt. Diese NaCl-Extrakte können kurze Zeit gefroren oder lyophilisiert in der Kälte aufbewahrt werden. Von der Aktivität der enthaltenen Procarboxypeptidase B bleiben auch bei Aufbewahrung bei — 10° C nach 1 Woche nur noch etwa $^2/_3$ erhalten. Die Aktivierung dieser Extrakte zur Carboxypeptidase B erfolgt in der Weise, daß 2,5 ml des das Zymogen B enthaltenden NaCl-Extraktes (mit 4—5 mg Protein/ml) auf p_H 8,0—8,3 durch Zugabe von 10 mg K_2HPO_4 eingestellt werden und Trypsin (6,25 mg in 2,5 ml 10^{-3} m HCl) zugegeben wird. Sodann wird unter Rühren gegen große Mengen 0,2 m NaCl, p_H 8,0 bei 25° C 1 Std lang dialysiert. Die Trypsinwirkung wird durch Versetzen mit einem 200fach molaren Überschuß an Diisopropylfluorphosphat (DFP) beendet und die aktivierte Mischung mit 0,2 m NaCl auf 10,0 ml gebracht. Die Dialyse während der Trypsinaktivierung kann fortfallen, wenn nach der einstündigen Inkubation mit Trypsin die aktivierte Lösung mit 600 mg des oben erwähnten Austauschergemisches 20—30 sec verrührt wird. Nach Entfernung der Austauscher muß der p_H schnell wieder auf 8,0 gebracht und Diisopropylfluorphosphat wie oben zugegeben werden.

Tabelle 48. *Aktivität der verschiedenen Reinigungsstufen der Procarboxypeptidase B*[1].

Reinigungsstufe	Gesamt-Enzym-E *		Gesamt-Protein **	Spez. Aktivität (Enzym-E*/mg)		Insgesamt enthalten	
	Procarboxypeptidase A	Procarboxypeptidase B	mg	Procarboxypeptidase A	Procarboxypeptidase B	Procarboxypeptidase A %	Procarboxypeptidase B %
Acetontrockenpulver (100 g)	2980000	2850000	64000	46	44		
Wäßriger Extrakt	2980000	2824000	16540	180	171	100	99
Niederschlag nach Austauscherbehandlung	2790000	2785000	12400	225	224	94	98
Rückstand nach $Ba(OH)_2$-Extraktion und Auswaschen mit Wasser . .	16400	427500	840	19,5	510	0,55	15
NaCl-Extrakt	16400	402000	436	37,6	920	0,55	14,2

* Einheiten: Procarboxypeptidase A = $K_1 \times 1000$; $K_1 = \frac{1}{\text{min}} \log \frac{a}{a-x}$; als Substrat: Carbobenzoxyglycyl-L-phenylalanin; Procarboxypeptidase B = $K_0 \times 20$; K_0 = Prozent Hydrolyse/min; als Substrat: Carbobenzoxyglycyl-L-arginin.
** Berechnet aus Gesamt-N.

Alle auf diese Weise hergestellten Carboxypeptidase B-Präparationen sind möglichst am gleichen Tage weiter zu verwenden[2]. Sie sind frei von Trypsin- und Chymotrypsinwirkung und weisen nur noch geringe Carboxypeptidase A-Aktivität auf (vgl. Tabelle 48). Eine Aufstellung über die Ergebnisse der verschiedenen Reinigungsstufen zeigt Tabelle 48.

[1] FOLK, J. E., and J. A. GLADNER: J. biol. Ch. **231**, 379 (1958).
[2] GLADNER, J. A., and J. E. FOLK: J. biol. Ch. **231**, 393 (1958).

Eine beständigere Procarboxypeptidase B-Präparation ist zu erhalten, wenn der NaCl-Extrakt der Säulenchromatographie an DEAE-Cellulose unterworfen wird[1, 2]. Dazu werden 40 ml des Extraktes bei 0° C mit 0,1 ml 1 m Diisopropylfluorphosphat (DFP) versetzt, der p_H-Wert mit n NaOH auf 8,0 eingestellt und das Gemisch 40 min unter Rühren in der Kälte aufbewahrt. Darauf wird über Nacht in der Kälte gegen zwei Wechsel 0,005 m Phosphatpuffer, p_H 8,0, der 10^{-3} m an DFP ist, dialysiert. 30 ml vom Inhalt des Dialysiergefäßes (etwa 20 mg Protein) werden auf eine 2,8 × 50 cm DEAE-Cellulose-Austauscher-Säule gebracht und anschließend der Gradientenelution mit Phosphatpuffer, p_H 8,0, 0,005—0,1 m unterworfen. Gesammelt wird in 10 ml-Fraktionen. Bis zur 60. Fraktion wird nur mit 0,005 m Puffer eluiert, dann mit der Pufferkonzentration linear ansteigend, so daß 0,05 m etwa bei der 140. Fraktion erreicht ist. Die Procarboxypeptidase B, gemessen gegenüber Benzoylglycyl-L-lysin nach tryptischer Aktivierung, findet sich unter diesen Bedingungen etwa in den Fraktionen 113—123, die vereinigt, lyophilisiert und gegen 0,01 m Ammoniumacetat, p_H 8,0, nach Auflösung des Trockenrückstandes in 20 ml Wasser dialysiert werden. Bei dieser Reinigungsstufe treten größere Verluste aus unbekannter Ursache auf. Diese Procarboxypeptidase B-Lösung (1,92 mg/ml) behält in gefrorenem Zustand ihre Aktivität für mehrere Wochen. Tryptische (gegen Benzoyl-L-argininäthylester) oder chymotryptische (gegen Acetyl-L-tyrosinäthylester) Aktivität sind in trypsinaktivierten, DFP-behandelten Lösungen nicht nachweisbar.

***Darstellung von gereinigter Carboxypeptidase B aus Schweinepankreas nach* Folk *u. Mitarb.*[3].**

Gefrorene Pankreasdrüsen vom Schwein werden nach Zerschneiden in 5 mm-Stücke und Ausbreitung auf emaillierten Schalen bei Zimmertemperatur 16 Std der Autolyse überlassen. Das gesamte Autolysat wird in der Kälte mit 4 Vol. Aceton 1 min im hochtourigen Waring Blendor extrahiert und danach schnell abgesaugt. Der Rückstand wird im Waring Blendor zweimal mit 4 Vol. Aceton, danach einmal mit 1 Vol. Aceton-Äther (1:1 V/V) und anschließend einmal mit 4 Vol. Äther extrahiert und ausgebreitet bei Zimmertemperatur getrocknet. Diese Präparationen aus autolysiertem Schweinepankreas sind ohne Verluste an Carboxypeptidase B-Aktivität mehrere Monate bei 4° C haltbar. 50 g Pulver werden mit 1 l Wasser durch langsames Rühren bei Zimmertemperatur 15 min lang extrahiert. Danach wird 30 min bei 14600 ×g zentrifugiert. Die anfallenden 960 ml eines klaren, hellgelben Extraktes werden nach Abkühlung auf 0—2° C und Einstellung auf p_H 7,0—7,2 mit n NaOH unter Rühren allmählich mit so viel $(NH_4)_2SO_4$ versetzt, daß 0,35 Sättigung erreicht wird (209 g/l). p_H wird auf 7,0—7,2 durch zugegebene n NaOH gehalten. Nach 30 min Stehen — alles bei 0—2° C — wird der Niederschlag 15 min bei 14600 ×g abzentrifugiert. Die überstehende Flüssigkeit wird auf 0,6 Sättigung an $(NH_4)_2SO_4$ gebracht (Zugabe von 164 g festem Salz/l). 30 min rühren und 30 min zentrifugieren bei 14600 ×g. Der erhaltene Niederschlag wird in 40—50 ml 0,05 m Trispuffer (p_H 7,25) gelöst und über Nacht gegen H_2O dialysiert. Danach wird $^1/_9$ Vol. 0,05 m Trispuffer, p_H 7,25, zur Lösung zugegeben, bei p_H 7,25 25 g DEAE-Cellulose (0,72—0,82 mÄq/g, äquilibriert mit 0,005 m Tris, p_H 7,25, abgesaugt) zugefügt und 20 min gerührt. Das Celluloseadsorbat wird durch Absaugen abgetrennt und viermal 2—3 min mit 150 ml-Portionen 0,005 m Trispuffer (p_H 7,25) gewaschen. Elution des Enzyms erfolgt durch 2—3 min dauerndes Rühren einmal mit 100 ml und zweimal mit je 50 ml 0,1 m NaCl in 0,005 m Trispuffer (p_H 7,25). Die vereinigten Eluate werden zu 0,65 mit $(NH_4)_2SO_4$ gesättigt (43 g Salz/100 ml). Nach 30 min wird der Niederschlag abzentrifugiert (30 min bei 14600 ×g) und in 4—5 ml 0,05 m Trispuffer, p_H 7,25, suspendiert. Nach Dialyse gegen H_2O geht das Protein in Lösung, eventuell nach Entfernung einer kleinen Präcipitatmenge bei längerem Dialysieren (über Nacht) durch Zentrifugieren (10 min bei 10000 ×g).

[1] Keller, P. J., E. Cohen and H. Neurath: J. biol. Ch. **233**, 344 (1958).
[2] Pechère, J.-F., G. H. Dixon, R. H. Maybury and H. Neurath: J. biol. Ch. **233**, 1364 (1958).
[3] Folk, J. E., K. A. Piez, W. A. Carroll and J. A. Gladner: J. biol. Ch. **235**, 2272 (1960).

Bei $-10°$ C konnte die gefrorene Lösung der Carboxypeptidase B 3 Monate lang ohne Aktivitätsverlust aufbewahrt werden. Zur chromatographischen Reinigung an 2×20 cm

Tabelle 48a. *Reinigung der Schweine-Carboxypeptidase B.*

Reinigungsstufe	Enzym-Einheiten*	Gesamt-protein mg	Spezifische Aktivität E/mg	Gesamt-ausbeute %
Wäßriger Extrakt des Acetonpulvers (aus 100 g Acetontrockenpulver des autolysierten Schweinepankreas)	12084000	10742	1125	100
$(NH_4)_2SO_4$-Fällung	7493000	1810	4140	62
DEAE-Cellulose (Bettbehandlung)	5786000	413	14010	48
Überstehende Lösung nach Dialyse	5496000	345	15930	45
Chromatographie an DEAE-Säule	3316000	180	18420	27

* 1 E = % Hydrolyse/min (0,001 m Substratkonzentration).

DEAE-Cellulosesäulen (0,72—0,82 mÄq/g äquilibriert mit 0,005 m Trispuffer, p_H 7,5) werden 5—8 ml der Carboxypeptidase B-Lösung mit 150—200 mg Protein auf die Säule gegeben. Nach Waschen mit mehreren Millilitern des gleichen Puffers wird das Chromatogramm mit 500 ml 0,005 m Trispuffer, p_H 7,5, mit linearem Gradienten an NaCl von 0—0,2 m entwickelt (5 ml-Fraktionen bei Durchlaufgeschwindigkeit von 5 ml je min). Fraktionen mit spezifischer Aktivität von 18000 und darüber werden vereinigt und zu 0,65 mit $(NH_4)_2SO_4$ gesättigt. Der Niederschlag wird abzentrifugiert, in 2—3 ml 0,05 m Trispuffer, p_H 7,25, gelöst und gegen mehrfach gewechseltes H_2O dialysiert. Bei $-10°$ C läßt sich die Carboxypeptidase B-Lösung ohne Aktivitätsverlust mehrere Monate aufbewahren. Bei Lyophilisierung treten 25—45 % Aktivitätsverlust auf, der bei zweiwöchiger Aufbewahrung in der Kälte oder bei Zimmertemperatur nicht ansteigt. Tabelle 48a zeigt Aktivitäten und Ausbeuten an Carboxypeptidase B bei den verschiedenen Reinigungsstufen. Das reinste Präparat zeigt keine Aktivität an Trypsin, Chymotrypsin (mit Estersubstraten) und an Carboxypeptidase A.

Tabelle 48b. *Aminosäurezusammensetzung von Carboxypeptidase B.*

Aminosäure	Mol pro 10^5 g	Reste %	Prozent des Gesamt-N	Mol pro 34300
Asparaginsäure	90,7	10,43	8,19	32,4
Threonin	84,6	8,55	7,64	30,2
Serin	49,0	4,26	4,43	17,5
Glutaminsäure	69,3	8,94	6,26	24,8
Prolin	37,0	3,59	3,34	13,2
Glycin	64,4	3,67	5,82	23,0
Alanin	70,4	5,00	6,36	25,1
Cystein	21,4	2,19	1,93	7,6
Valin	30,3	3,00	2,74	10,8
Methionin	14,4	1,89	1,30	5,1
Isoleucin	48,2	5,45	4,35	17,2
Leucin	63,7	7,20	5,75	22,7
Tyrosin	57,3	9,35	5,18	20,4
Phenylalanin	33,3	4,90	3,01	11,9
Lysin	49,0	6,28	8,85	17,5
Histidin	16,3	2,23	4,38	5,8
Arginin	28,1	4,39	10,16	10,0
Tryptophan	25,9	4,82	4,68	9,2
Amid-N	(77,8)		7,03	(27,8)
Gesamt	853,3	96,14	101,40	304,4

Die Analysenzahlen sind Durchschnittswerte von drei Hydrolysen (24, 48, 72 Std) einer durch Gelfiltration entsalzten, lyophilisierten und bei 105° C getrockneten Carboxypeptidase B-Präparation mit 2,5 % Asche und 15,5 % N. Hydrolyse von 2 mg-Proben in 3 ml dreifach destillierter 6 n HCl unter N_2 bei 105° C. Tryptophan an nicht hydrolysierten Proben durch UV-spektrophotometrische Methode bestimmt.

Eigenschaften. Die aus Schweinepankreas hochgereinigt dargestellte Carboxypeptidase B stellt ein homogenes Protein mit dem Mol.-Gewicht 34600 ± 600 und typischem Proteinabsorptionsspektrum bei 278 nm dar[1]. $E_{278}^{1\%} = 21{,}4$; molarer Extinktionskoeffizient $\varepsilon = 7{,}35 \times 10^4$ für Mol.-Gewicht 34300. $S_{20,\omega} = 3{,}25 \times 10^{-13}$ sec (0,05 m Kaliumphosphatpuffer, p_H 7,02, für 0,35—1,4 %ige Carboxypeptidase B-Lösung). $D_{20,w} = 8{,}16 \times 10^{-7}$ cm^2 sec^{-1} (0,23 und 0,376 % und 0,05 m K-phosphat-Puffer, p_H 7,02). Elektrophorese: eine Bande mit der

[1] Folk, J. E., K. A. Piez, W. A. Carroll, and J. A. Gladner: J. biol. Ch. **235**, 2272 (1960).

Beweglichkeit — $2{,}38 \times 10^{-5}$ cm^2 Volt^{-1} sec^{-1} (1,4%ige Lösung in 0,05 m K-phosphatpuffer, p_H 7,02; 0,7° C; 6,9 V/cm; 340 min). Über Aminosäurezusammensetzung siehe Tabelle 48b. Zu bemerken ist, daß Valin und Isoleucin auch nach 48stündiger Hydrolyse nicht 100%ig freigesetzt werden. Das Enzym besteht aus einer einzigen Peptidkette mit der Sequenz Thr-ser-(val-ser)-asp(NH_2)-thr[1]. Pro Mol Enzym findet sich 1 Grammatom Zn. Die enzymatische Aktivität der gereinigten Carboxypeptidase B wird durch 1,10-Phenanthrolin (60% Hemmung durch $1{,}0 \times 10^{-5}$ m), 8-Hydroxychinolin-5-sulfosäure (62% Hemmung durch $3{,}3 \times 10^{-4}$ m) und 2,2'-Dipyridyl (100% Hemmung durch $6{,}6 \times 10^{-4}$ m) gehemmt. EDTA (10^{-2} m) ist ohne Wirkung[2]. Erschöpfend gegen entionisiertes Wasser dialysierte Lösung von hochgereinigter Carboxypeptidase B besitzt immer noch $0{,}97 \pm 0{,}04$ g-Atome Zn/Mol Enzym und eine spezifische Aktivität (% Hydrolyse/min/mg Protein) gegenüber Hippuryl-L-arginin von 19200. Bei Präinkubation der Enzympräparation (0,84 mg Protein/ml) in 0,1 m Trispuffer, p_H 7,75, mit 0,01 m Co^{++} bei 40° C ergibt sich eine Aktivierung der Carboxypeptidase B, die mit viel geringerer Geschwindigkeit verläuft als die der Carboxypeptidase A (ein 100%iger Anstieg nach 180 min gegenüber 15 min bei A). Die Esteraseaktivität (vgl. unten) der Carboxypeptidase B fällt unter diesen Bedingungen auf 75% des ursprünglichen Wertes ab. Präinkubation des Enzyms mit Cd^{++} (0,01 m bei 25° C) führt zu schnellem Anstieg der Esteraseaktivität auf 200% des Ausgangswertes und zu einem Abfall der Peptidaseaktivität auf 0%. Weder das Co- noch das Cd-Enzym besitzen enzymatische Wirkung gegenüber Glycylglycin, Carbobenzoxyglycyl-L-phenylalanin, Hippuryl-L-phenylmilchsäure, Hippuryl-L-lysinamid und Leucinamid. Bei den mit Co^{++} oder Cd^{++} präinkubierten Carboxypeptidase B-Lösungen kommt es zu einem Zn-Verlust des Enzyms unter Bindung des anderen Metallions in einer Menge bis zu 1 g-Atom/Mol Enzym. Inkubation des Co^{++}-Enzyms (0,6 mg/ml) mit 0,0025 m Zn^{++} bei 25° C in 0,1 m Trispuffer, p_H 7,8, 10 min lang erniedrigt die Peptidaseaktivität auf 94% der Aktivität des nativen Zn-Enzyms, bei Cd^{++}-Enzym steigt unter diesen Bedingungen (bei 40° C) die Peptidaseaktivität auf 90% des Zn-Enzyms an, während die Esteraseaktivität auf 92% des Zn-Enzyms abfällt[3]. Das p_H-Optimum liegt bei 8,2 mit einem Bereich starker Aktivität zwischen p_H 7,5—8,5 (Substrat 0,025 m Benzoylglycyl-L-arginin; Puffer: p_H 5—7,5, 0,025 m Phosphat, p_H 7,4—8,0, 0,025 m Tris, p_H 8,2—9,0, 0,025 m Veronal, p_H 9,2, 0,025 m Borat, Enzymkonzentration 0,0144 mg Procarboxypeptidase B-Protein/ml). Nach Inkubationszeiten über 60 min zeigt das Enzym bei p_H-Werten über 8,0 Aktivitätsverluste. Die Hydrolyse des genannten Substrats verläuft bis etwa 40% Spaltung linear zur Zeit und entspricht dem Verlauf einer Reaktion 0. Ordnung. K_0 ist linear proportional der Enzymkonzentration (gemessen im Bereich bis etwa 15 μg Procarboxypeptidase B-Protein/ml) und zwischen 0,0125—0,05 m Substratkonzentration unabhängig von dieser (0,025 m Trispuffer, p_H 7,65).

Für die peptidatische Wirkung der Carboxypeptidase B gelten die allgemein für die Carboxypeptidasen bestehenden Anforderungen hinsichtlich der Substratspezifität, d.h. das Enzym sprengt die Peptidbindung, die der C-terminalen Aminosäure mit freier COOH-Gruppe benachbart steht; bei Dipeptiden hemmt die freie α-NH_2-Gruppe die enzymatische Hydrolyse total oder sehr erheblich. Zum Unterschied gegenüber Carboxypeptidase A werden aus geeigneten Substraten die C-terminalen basischen Aminosäuren Lysin, Arginin, Ornithin, und zwar die L-Komponenten, nicht dagegen Histidin freigesetzt. Die zweiten Aminogruppen der basischen Aminosäuren dürfen nicht besetzt sein. Über die Aktivität gegenüber verschiedenen synthetischen Substraten mit Peptidbindung orientiert Tabelle 49[4].

Ebenso wie Carboxypeptidase A besitzt auch das B-Enzym Esteraseaktivität. O-Hippuryl-L-argininsäure (Benzoylglycyl-L-α-hydroxy-δ-guanidino-n-valeriansäure) (0,00125 bis 0,01 m) wird durch das Enzym bei 25° C und p_H 8,0 (0,025 m Trispuffer) gespalten,

---

[1] Folk, J. E., R. C. Braunberg and J. A. Gladner: Biochim. biophys. Acta **47**, 595 (1961).
[2] Folk, J. E., K. A. Piez, W. A. Carroll, and J. A. Gladner: J. biol. Ch. **235**, 2272 (1960).
[3] Folk, J. E., and J. A. Gladner: Biochim. biophys. Acta **48**, 139 (1961).
[4] Folk, J. E., and J. A. Gladner: J. biol. Ch. **231**, 379 (1958).

Tabelle 49. *Wirkung der Carboxypeptidase B gegenüber synthetischen Substraten*[1].

Substrat	Enzym-konzentration	K_0	C_0	Relation
Benzoylglycyl-L-lysin	0,0218	1,40	64,3	100
Benzoylglycyl-D-lysin	0,45			0
Benzoylglycyl-L-lysylamid (α)	0,45			0
Benzoylglycyl-ε-carbobenzoxy-L-lysin	0,45			0
Benzoylglycyl-L-arginin	0,0218	1,0	46,0	72
Benzoylglycyl-nitro-L-arginin	0,45			0
Benzoylglycyl-L-ornithin	0,0218	0,415	19,0	30
Benzoylglycyl-δ-carbobenzoxy-L-ornithin	0,45			0
Benzoylglycyl-L-homoarginin	0,218	0,166	0,77	1,2
Carbobenzoxyglycyl-L-histidin	0,218			0
Glycyl-L-lysin	1,09			(5—10% Hydrolyse in 5 Std)
ε-N(Carbobenzoxyglycyl)-L-lysin	0,45			0
Benzoyl-β-alanyl-L-lysin	0,55	1,20	2,18	3,4
Benzoyl-L-prolyl-L-lysin	1,09	0,29	0,266	0,4
Benzoyl-L-lysylglycin	0,45			0

Versuchsbedingungen: 0,025 m Substratkonzentration, 0,025 m Trispuffer in 0,1 m NaCl, p_H 7,65, 0,002 m DFP; $t = 25°$ C, Enzymkonzentration in mg/ml; K_0 = Prozent Hydrolyse/min, $C_0 = K_0$/mg Enzymprotein. 0 = keine Hydrolyse in 5 Std.

während Trypsin, Chymotrypsin und Carboxypeptidase A dieser Verbindung gegenüber inaktiv sind. Der Spaltungsverlauf entspricht allerdings nicht genau dem einer Reaktion 0. Ordnung, da mit ansteigender Substratkonzentration bis 0,005 m die Spaltungsgeschwindigkeit abfällt. Zugabe von 0,0025 m L-Argininsäure zum Ansatz mit 0,0025 m Substrat setzt die Hydrolyserate um 25% herab. Hippursäure, Sojabohnentrypsininhibitor und Diisopropylfluorphosphat sind ohne Einfluß[2].

Zu den *kinetischen Parametern* des Zn-, Co- und Cd-Enzyms unter Anwendung der verschiedenen Substrate s. Tabelle 49a. Hippuryl-D-arginin und Acetyl-D-arginin werden nicht angegriffen. Die Hydrolyse des Esterasesubstrates durch das Zn-Enzym folgt dem erwarteten Verlauf der Kurve (Geschwindigkeit$_{\text{Ord.}}$ gegen Substratkonzentration) bis zu annähernd 4×10^{-4} m. Erhöhung der Substratkonzentration bis zu 20×10^{-4} m bewirkt Abfall der Geschwindigkeit (Ausdruck einer Substrathemmung). Das Geschwindigkeitsoptimum der Hydrolyse von Hippuryl-L-arginin (10^{-4} m) durch das Zn-Enzym liegt bei p_H 7,9—8,0. Die K_M-Werte besitzen bei diesem Wert einen Gipfel, während ein solcher für die k_0-Werte (Geschwindigkeitskonstante für die Dissoziation des Enzymsubstratkomplexes in freies Enzym und Spaltprodukte) bei p_H 7,65 liegt. k_0 bei p_H 8,0 beträgt 95% des Optimums bei p_H 7,65. Hemmungen durch Phosphat- und Citratpuffer sind p_H-abhängig und unterhalb p_H 7,0 am stärksten. Die Hemmung durch diese Puffer ist von gemischtem Typ (weder rein kompetitiv noch nichtkompetitiv). Pyrophosphat und Borat hemmen oberhalb p_H 8,0. Folgende anorganische Salze zeigen in der aufgeführten Reihenfolge abfallende Wirkung als Inhibitoren bei p_H 8,0: NaJ, KSCN, NaBr, $MgSO_4$, NaCl, KCl, $NaNO_3$. Über Inhibitorwirkungen von Arginin, Lysin, Ornithin und Derivaten vgl. Tabelle 49b. Die durch das Cd-Enzym katalysierte Hydrolyse des Estersubstrates wird sowohl durch Hippuryl-L-arginin wie Hippuryl-D-arginin gehemmt. Bei Zugabe von Hippursäure (bis zu 29×10^{-4} m) kommt es nicht zur Hemmung der Hydrolyse von Hippuryl-L-arginin und -argininsäure. Auch der Grad der Hemmung durch Arginin oder Argininsäure wird durch Hippursäurezusatz nicht beeinflußt[3-5].

[1] Folk, J. E., and J. A. Gladner: J. biol. Ch. **231**, 379 (1958).
[2] Folk, J. E., and J. A. Gladner: Biochim. biophys. Acta **33**, 570 (1959).
[3] Folk, J. E.: Am. Soc. **78**, 3541 (1956).
[4] Wolff, E. C., E. W. Schirmer, and J. E. Folk: J. biol. Ch. **237**, 3094 (1962).
[5] Folk, J. E., E. C. Wolff, and E. W. Schirmer: J. biol. Ch. **237**, 3100 (1962).

Tabelle 49a. *Kinetische Konstanten des Zn-, Co- und Cd-Enzyms der Carboxypeptidase B.* Versuchsbedingungen: 0,025 m Tris-Acetatpuffer, p_H 8,0; 23° C.

Substrat	Substrat-konzentration m×10⁴	Metall	Enzym-konzentration mg×10⁴/ml	K_M m×10⁴	k_0 sec⁻¹
Peptide:					
Hippuryl-L-arginin	0,25—30	Zn	2,43	2,0	110
	0,25—30	Co	1,21	2,0	220
	0,5—10	Cd	4,83	nicht hydrolysiert	
Benzoyl-α-L-glutamyl-L-arginin . .	0,25—30	Zn	2,43	1,5	87
Hippuryl-L-lysin	10—100	Zn	15,1	77,0	218
	5—100	Co	15,1	50,0	269
	10—50	Cd	15,1	nicht hydrolysiert	
α-N-Benzoyl-L-lysyl-L-lysin	0,25—30	Zn	2,43	1,8	86
Hippuryl-L-ornithin	50—600	Zn	303,7	1250	255
Acetyl-L-arginin	5—40	Zn	729,0	9,6	0,02
	10—80	Co	72,9	18,2	0,25
	50	Cd	72,9	nicht hydrolysiert	
Ester:					
Hippuryl-L-argininsäure	0,166—20	Zn	1,21	0,4	238
	0,25—10	Co	2,43	0,4	119
	0,166—20	Cd	0,40	3,6	700

Die Bestimmung erfolgt direkt spektrophotometrisch im UV-Bereich (s. Bestimmung).

Der Ersatz des Zn im Enzym durch Co oder Cd erfolgt durch Inkubation der nativen Carboxypeptidase B (z.B. 0,243—0,279 mg Enzym/ml) in 0,02 m $CoCl_2$, 0,2 m Tris-chloridpuffer, p_H 7,8, 1 Std bei 40° C oder in 0,02 m $CdSO_4$, 0,2 m Tris-chloridpuffer, p_H 7,8, 1 Std bei 23° C. Die Metallenzymlösung ist täglich frisch herzustellen und nach der initialen Inkubationsperiode bei 0° C aufzubewahren.

Tabelle 49b. *Konstanten kompetitiver Inhibitoren für Zn-, Co- und Cd-Enzyme der Carboxypeptidase B.* Versuchsbedingungen: 0,025 m Tris-acetatpuffer, p_H 8,0; 23° C. Enzymkonzentration: 2,43 bis $9{,}72\times10^{-4}$ mg/ml. Substratkonzentration: $0{,}25$—$10{,}0\times10^{-4}$ m.

Enzym	Inhibitor	K_I-Werte für die Substrate: Hippuryl-L-arginin m×10⁴	K_I-Werte für die Substrate: Hippuryl-L-argininsäure m×10⁴	Enzym	Inhibitor	K_I-Werte für die Substrate: Hippuryl-L-arginin m×10⁴	K_I-Werte für die Substrate: Hippuryl-L-argininsäure m×10⁴
Zn	L-Arginin	5,0	4,8	Zn	L-α-Chlor-δ-guanidin-n-valeriansäure	12,0	
Co		20,0	18,2				
Cd			22,0	Zn	δ-Guanidin-n-valeriansäure	3,9	
Zn	D-Arginin	5,0					
Zn	N-Acetyl-L-arginin	8,0	8,0	Zn	γ-Guanidin-n-buttersäure	40,0	
Co		17,0	18,0				
Cd			7,8	Zn	β-Guanidinpropionsäure	40,0	
Zn	N-Acetyl-D-arginin	5,5	5,3				
Co		9,1	10,0	Zn	Guanidinessigsäure	160,0	
Cd			0,8	Zn	D,L-Homoarginin	16,0	
Zn	Benzoyl-L-arginin	0,4		Zn	L-Ornithin	150,0	
Zn	L-Aspartyl-L-arginin	2,2		Zn	L-Lysin	130,0	130
Zn	L-Argininsäure	2,6	2,6	Co		510,0	540
Co		10,0	9,1	Zn	ε-Aminocapronsäure	13,0	14,0
Cd			11,0	Co		28,0	28,0
				Zn	α-N-Benzoyl-L-lysin	11,0	

Bei Untersuchung der Peptidase- und Esteraseaktivitäten der nativen Carboxypeptidase B in Gegenwart geringer Mengen von Butanol und anderen Alkoholen ergibt sich, daß bei Anwesenheit von Butanol in den Konzentrationen 0 sowie 0,025, 0,040, 0,1 und 0,33 m im Ansatz die Enzymaktivität gegenüber Hippuryl-L-arginin mit zunehmenden Butanolkonzentrationen ansteigt. Bei 0,33 m Butanol ist V_{max} um mehr als 100%

erhöht. Die K_M-Werte fallen dagegen mit steigendem Butanolgehalt ab, und zwar bei der höchsten Konzentration um mehr als 60%. Andere Alkohole (Methanol, Äthanol Propanol) ergeben gegenüber Hippuryl-L-arginin eine mit zunehmender Kettenlänge des Alkohols stärkere Aktivierung. Gegenüber Hippuryl-L-argininsäure wird mit zunehmender Butanolkonzentration die Aktivität des Enzyms herabgesetzt, ebenso fallen die K_M-Werte ab. V_{max} und K_M betragen in 0,3 m Butanol 15 bzw. 40% der Werte ohne Butanol im Ansatz. Die Ergebnisse lassen bestimmte Schlußfolgerungen über das Verhalten von k_0 in Abhängigkeit von k_s (Dissoziationskonstante des Enzymsubstratkomplexes) zu nach

$$E + S \underset{k_{-1}}{\overset{k_1}{\rightleftharpoons}} ES \xrightarrow{k_0} E + \text{Spaltprodukte} \qquad (k_s = k_{-1}/k)^1.$$

Da das Enzym auch aus höhermolekularen Peptiden und Proteinen C-terminal stehende, basische Aminosäuren (Arginin, Lysin) abzuspalten vermag, kann das Enzym ebenso wie die Carboxypeptidase A zur Strukturaufklärung von Peptiden und Proteinen von der C-terminalen Seite verwendet werden (vgl. Tabelle 50)[2].

Tabelle 50. *Aus Proteinen und Polypeptiden durch Carboxypeptidase A und B freigesetzte Aminosäuren*[2, 3].

Substrat	Carboxypeptidase B	Carboxypeptidase A
Salminsulfat	Arginin	0
durch Trypsin kurz verdautes Myosin	Lysin	0
Synthetisches Poly-L-lysin (46-mer)	Lysin	0
Perameisensäure-oxydiertes Globin	Lysin	Histidin
Handels-Trypsin	Lysin	0
Trypsinogen	0	0
Chymotrypsinogen	0	0
DFP-π-Chymotrypsin	Arginin	0
Aktiviertes Trypsinogen	0	0
Clupein	Arginin	0

Aus reduziertem Insulin (Rind), in dem durch Reaktion mit β-Br-Äthylamin S-(β-Aminoäthyl)-cystein-Reste gebildet werden, erfolgt nach tryptischer Verdauung Freisetzung von S-(β-Aminoäthyl)-cystein durch Carboxypeptidase B[4]. Ebenso vermag „Protaminase" dieses Cysteinderivat aus S-(β-Aminoäthyl)-cystein-α-lactalbumin nach Trypsinvorverdauung neben Lysin und Arginin freizusetzen[5].

Als Einheit der Carboxypeptidase B-Aktivität wird $K_0 \times 20$ benutzt (K_0 = Reaktionskonstante 0. Ordnung; 0,025 m Benzoylglycyl-L-arginin oder Benzoylglycyl-L-lysin, 0,025 m Trispuffer p_H 7,65)[6].

Bestimmung.

```
                                  COOH
                                   |
C6H5—CO—NH—CH2—CO—NH—CH                          C6H5—CO—NH—CH2—COOH
                                   |
                                 (CH2)2             +H2O                   Hippursäure
                                   |          ——————————————→                  +
                                  CH2         Carboxypeptidase B    HOOCCH(CH2)2CH2
                                   |                                      |        |
                              HN—C—NH2                                   NH2   HN—C—NH2
                                  ||                                               ||
                                  NH                                               NH

           Benzoylglycyl-L-arginin                                   Arginin (L-Lysin)
           Benzoylglycyl-L-lysin:
           —HN—CH(CH2)3CH2
               |        |
             COOH      NH2
```

[1] Folk, J. E., E. C. Wolff, E. W. Schirmer and J. Cornfield: J. biol. Ch. **237**, 3105 (1962).
[2] Gladner, J. A., and J. E. Folk: J. biol. Ch. **231**, 393 (1958).
[3] Ando, T., T. Tobita and M. Yamasaki: J. Biochem. **45**, 285 (1958).
[4] Tietze, F., J. A. Gladner and J. E. Folk: Biochim. biophys. Acta **26**, 659 (1957).
[5] Weil, L., T. S. Seibles and M. Telka: Arch. Biochem. **79**, 44 (1959).
[6] Folk, J. E., and J. A. Gladner: J. biol. Ch. **231**, 379 (1958).

Die Zusammensetzung der Spaltungsansätze ergibt sich aus der Legende zu Tabelle 49. Zur Sicherung einer schnellen und umfassenden Aktivierung kann die Zymogenlösung (0,05—0,5 mg Protein-N/ml enthaltend) bei 37° C mit 1,5 mg Trypsin/ml 30 min lang in 0,05 m Trispuffer p_H 7,6 (in 5%iger NaCl-Lösung) vor Bestimmung der Carboxypeptidase B-Aktivität inkubiert werden[1]. Bei diesem Vorgehen kann der NaCl-Zusatz zur Pufferlösung des eigentlichen Spaltungsansatzes wegfallen. Das Gesamtvolumen richtet sich nach dem in Aussicht genommenen Bestimmungsverfahren und kann sich zwischen 1,0—2,0—5,0 ml bewegen. Zu empfehlen ist die Anwendung eines der bei der Carboxypeptidase A-Bestimmung erwähnten (vgl. S. 106ff.) und im allgemeinen Teil eingehender beschriebenen Verfahrens. Aus der ermittelten Hydrolyse in Prozent ist unter Berücksichtigung der Inkubationsdauer (in der Regel 30—60 min) K_0 und daraus die Enzymmenge nach Bestimmung des Protein-N-Gehaltes der Enzympräparation in Einheiten zu errechnen.

***Kontinuierliche Differenzspektrophotometrische Bestimmung der Peptidase- und Esteraseaktivität der Carboxypeptidase B nach* Folk *und Mitarb.*[2-4].**

Prinzip:

Die Bestimmung beruht auf der unterschiedlichen Absorption des Substrates Hippuryl-L-arginin (Peptidasesubstrat) und der äquimolekularen Mischung der Spaltprodukte Hippursäure und L-Arginin bei 254 nm; entsprechend bei Estersubstrat (Hippuryl-L-argininsäure → Hippursäure und L-Argininsäure).

Reagentien:

1. Substratlösungen: 0,001 m Lösungen von Hippuryl-L-arginin in 0,025 m Trispuffer, p_H 7,65, enthaltend 0,1 m NaCl und von Hippuryl-L-argininsäure in 0,1 m Trispuffer, p_H 7,65, enthaltend 0,1 m NaCl.
2. 0,001 m Hippursäure in 0,025 bzw. 0,1 m Trispuffer, p_H 7,65, enthaltend 0,1 m NaCl. (Zur Feststellung und Kontrolle der Differenzabsorption der 0,001 m Substrat- und Hippursäurelösungen bei 254 mμ mit dem jeweils benutzten Gerät.)
3. 0,025 und 0,1 m Trispuffer, p_H 7,65, enthaltend 0,1 m NaCl.

Gerät:

1. Spektrophotometer (254 nm).
2. 1 cm-Quarzküvetten.

Ausführung:

Je 3 ml der Peptidasesubstrat- oder Esterasesubstratlösung werden bei Zimmertemperatur (25° C) in die Quarzküvette gegeben und 5—20 μl Enzymlösung zugesetzt. Danach wird sofort die Extinktion gegen die entsprechende Hippursäurelösung bei 254 nm und Zimmertemperatur (25° C) als Wert zur Zeit 0 abgelesen und jede Minute eine gewünschte Zeit lang weiter bestimmt. Eine Erhöhung der Extinktion um 0,36 entspricht unter den gewählten Bedingungen einer 100%igen Hydrolyse des Peptidasesubstrates. Der Anstieg ist proportional der prozentualen Hydrolyse. 100%ige Spaltung des Estersubstrates führt zu einer Steigerung der Extinktion um 0,32 mit gleichfalls linear proportionaler Beziehung zwischen Extinktion und Hydrolyse in Prozent.

Benzoylglycyl-L-lysin (Hippuryl-L-lysin) ist über Hippuryl-ε-carbobenzoxy-L-lysin (aus Hippursäure und ε-Carbobenzoxy-L-lysinmethylester) nach katalytischer Abhydrierung des Carbobenzoxyrestes mit Pd-Schwarz in 86%iger Ausbeute darzustellen[5]. $[\alpha]_D^{20} = -9{,}92^0$ ($c = 1{,}4$% in Wasser).

---

1 Folk, J. E., and J. A. Gladner: J. biol. Ch. **231**, 379 (1958).
2 Folk, J. E., K. A. Piez, W. A. Carrol and J. A. Gladner: J. biol. Ch. **235**, 2272 (1960).
3 Folk, J. E., and J. A. Gladner: Biochim. biophys. Acta **48**, 139 (1961).
4 Wolff, E. C., E. W. Schirmer and J. E. Folk: J. biol. Ch. **237**, 3094 (1962).
5 Folk, J. E.: Arch. Biochem. **64**, 6 (1956).

Benzoylglycyl-L-arginin (Hippuryl-L-arginin) kann durch katalytische Hydrierung mit Pd aus Hippurylnitro-α-arginin[1] dargestellt werden. F 182—186° C; $[\alpha]_D^{20} = -2{,}8°$ ($c = 2$ % in Methanol)[2].

Benzoyl-L-α-hydroxy-γ-guanidino-n-valeriansäure (Hippuryl-L-argininsäure) ist durch Kupplung von Hippurylchlorid mit L-Argininsäure darzustellen. $[\alpha]_D^{20} = -5{,}6°$ ($c = 1{,}72$ % in Wasser)[3].

Katheptische Carboxypeptidase (Kathepsin IV)

(einschließlich Hefecarboxypeptidase [3.4.2.3] und Bakteriencarboxypeptidasen).

Vorkommen. Ein intracellulär wirkendes Enzym von der Art der Pankreascarboxypeptidase A (s. S. 85ff.), das in Breien, Extrakten und Homogenaten von Organen und Zellen nachweisbar ist, ist auf Grund der festgestellten Spaltung von synthetischen Substraten, die von der kristallisierten Carboxypeptidase A in charakteristischer Weise angegriffen werden, in zahlreichen Organen tierischer Organismen, aber auch in Pflanzen und Mikroorganismen wirksam, allerdings in meist viel geringerer Aktivität, als sie für andere intracelluläre Exopeptidasen (Aminopolypeptidase, Dipeptidase) kennzeichnend ist. Da die katheptische Carboxypeptidase als hochgereinigtes, elektrophoretisch, durch Sedimentation in der Ultrazentrifuge usw. eindeutig zu beschreibendes Enzym nicht bekannt ist, ist das Vorkommen eines solchen Enzyms dann anzunehmen, wenn synthetische Substrate vom Charakter der acylierten Peptide gespalten werden. Der Nachweis der Spaltung einer acylierten Aminosäure durch Breie, Extrakte und Homogenate von Organen wie überhaupt durch noch komplex zusammengesetztes biologisches Material ist für die Schlußfolgerung des Vorliegens der katheptischen Carboxypeptidase nicht ausreichend, da in den Zellen zahlreicher Organe Aminosäureacylasen (vgl. S. 124ff.) nachgewiesen sind bzw. mit ihrem Vorhandensein zu rechnen ist. Enzyme dieser Spezifität sind in ihrer Wirkung bei anderem optimalen p_H und durch andere intracelluläre Verteilung auf verschiedene Zellbestandteile eindeutig von der eigentlichen katheptischen Carboxypeptidase zu unterscheiden, die die Spaltung acylierter Dipeptide katalysiert[4].

Unter Berücksichtigung dieses Sachverhaltes sind in den folgenden Angaben über die katheptische Carboxypeptidase nur jene Befunde berücksichtigt, aus denen auf Grund der eingesetzten Substrate und sonstiger Bedingungen (p_H usw.) mit Sicherheit angenommen werden kann, daß ein beobachteter Spaltungseffekt auf das genannte Enzym zurückzuführen ist. Rückschlüsse, inwieweit festgestellte Spaltungen von acylierten Aminosäuren durch die gleichen Enzympräparationen auf die Anwesenheit von katheptischer Carboxypeptidase bezogen werden können, bedürfen bei derartigen Befunden besonderer Untersuchungen zur Differenzierung Acylase—katheptische Carboxypeptidase (vgl. auch bei „Aminosäureacylasen" S. 124ff.).

Katheptische Carboxypeptidase ist in filtrierten Glycerinauszügen von im Fleischwolf oder in der Latapiemühle zerkleinerten Lebern und Milzen, z.B. vom Schwein (200 g Leber + 600 ml 87 %iges Glycerin 15 Std extrahiert) durch Spaltung von Benzoyldiglycin, Carbäthoxyglycyl-leucin, Phthalyldiglycin, Chloracetyltyrosin mit p_H-Optimum bei 4,2 nachweisbar[1]. Auch der Glycerinauszug aus gepulverter Trockenleber oder Milzextrakt ist aktiv, wenn er vor Inkubation mit dem Substrat durch „Zookinase" aus Leber (alkoholischer Extrakt der Leber) oder durch H_2S oder HCN aktiviert wird[5]. Die Aktivitäten von Präparationen der durch Cystein aktivierten katheptischen Carboxypeptidase aus Milz und Niere vom Rind und Niere vom Schwein im Vergleich zur Aktivität kristallisierter Pankreascarboxypeptidase zeigt Tabelle 51[6].

[1] Hofmann, K., and M. Bergmann: J. biol. Ch. **138**, 243 (1941).
[2] Folk, J. E., and J. A. Gladner: J. biol. Ch. **231**, 379 (1958).
[3] Folk, J. E., and J. A. Gladner: Biochim. biophys. Acta **33**, 570 (1959).
[4] Hanson, H., W. Blech, P. Hermann u. R. Kleine: H. **315**, 181 (1959).
[5] Waldschmidt-Leitz, E., A. Schäffner, J. J. Bek u. E. Blum: H. **188**, 17 (1930).
[6] Bergmann, M.: Adv. Enzymol. **2**, 49 (1942).

Tabelle 51. *Katheptische und Pankreascarboxypeptidase* (nach BERGMANN)[1].

Enzympräparation	Temperatur °C	Aktivator	pH	$C \times 10^3$ Carbobenzoxyglycyl-L-phenylalanin	$C \times 10^3$ Carbobenzoxyglycyl-L-tyrosin	$\frac{C_{CGP}^0}{C_{CGT}}$
Rindermilzcarboxypeptidase . .	40	Cystein 0,01 m	5,0	2,5	1,5	1,7
Rindernierencarboxypeptidase .	40	Cystein 0,01 m	5,1	6,3	4,0	1,6
Schweinenierencarboxypeptidase	40	Cystein 0,01 m	5,0	34	19	1,8
Pankreascarboxypeptidase . .	25	ohne	7,7	6570	3620	1,8

Bei Extraktion von zerkleinerter Haut und Lunge des Kaninchens mit 2%iger NaCl-Lösung ist im filtrierten Extrakt (0,092—0,15 mg Protein-N/ml) gegenüber 0,05 m Carbobenzoxyglycyl-L-phenylalanin, Carbobenzoxy-L-leucylglycylglycin und Carbobenzoxyglycylglycin bei p_H 5,0 (0,02 m Citratpuffer) und p_H 7,6—7,9 (0,02 m Veronalpuffer) mit und ohne 0,01 m Cystein keine oder in 24 Std 1—2% nicht übersteigende Hydrolyse nachweisbar[2]. In rohen wäßrigen Extrakten des quergestreiften Muskels von Kaninchen ist unter etwa gleichen Bedingungen im Verlauf von 26—45 Std eine Hydrolyse des Carbobenzoxyglycyl-L-phenylalanin von höchstens 14% festzustellen, im Rattenmuskel noch weniger; wäßrige Extrakte aus Herzmuskel und Uterus von Kaninchen und Mensch sind in bezug auf Carboxypeptidase inaktiv[3]. Bei Anwendung von Homogenaten von Rattenorganen ergeben sich gegenüber Carbobenzoxyglycyl-L-phenylalanin 0,01 m ohne zusätzliche Aktivierung die Hydrolysenraten (μMol Spaltung/mg Protein-N des Homogenats/Std der Tabelle 52[4].

Tabelle 52. *Hydrolysenraten für katheptische Carboxypeptidase in Homogenaten von Rattenorganen*[4].

Organ	Hydrolysenrate	Organ	Hydrolysenrate	Organ	Hydrolysenrate
Niere	30—50	Lunge	4—17	Herzmuskel . .	0—Spur
Leber	4—10	Milz	4—17	Skeletmuskel .	0—Spur

Die Organe werden mit kalter 0,9%iger NaCl-Lösung blutfrei gespült und im Verhältnis 1:10 in 0,25 m Rohrzuckerlösung homogenisiert. Die Ansätze enthalten bei 1,0 ml Gesamtvolumen 0,1 bis 0,2 ml des Homogenats, 0,01 m Carbobenzoxyglycyl-L-phenylalanin (Substratstammlösung auf p_H 5,0 eingestellt), 0,02 m Veronalpuffer p_H 5,1; $t = 37°$ C; Inkubationsdauer 1 Std. Bestimmung der Hydrolyse durch quantitative Papierchromatographie (vgl. S. 40ff.) in 0,01—0,02 ml des Ansatzes.

Bei Aufteilung der Homogenate von Leber und Niere der Ratte in verschiedene Zellbestandteilfraktionen ergibt sich die in Abb. 22 dargestellte Verteilung der katheptischen Carboxypeptidase[5].

Die Leber besitzt demnach ihre höchsten Carboxypeptidaseaktivitäten in den Mitochondrien (s. dazu auch [6]), die Niere dagegen im Cytoplasma. Im Blutplasma bzw. -serum von Ratten ist normaliter keine Carboxypeptidase vorhanden[4,7].

Aus Bierhefe läßt sich eine partiell gereinigte Carboxypeptidase-Präparation gewinnen, deren p_H-Optimum bei 6,0 liegt, die jedoch gegenüber den Pankreascarboxypeptidasen einige Spezifitätsunterschiede aufweist[8] (vgl. unter Eigenschaften). Bierhefen sind im allgemeinen reicher an Enzym als Bäckerhefen.

Kristallisiertes (Mercuri-) Papain spaltet bei Anwesenheit von 0,005 m Cystein und 0,001 m Versene Carbobenzoxyglycyl-L-tryptophan (0,05 m) optimal bei p_H 4,0

[1] BERGMANN, M.: Adv. Enzymol. 2, 49 (1942).
[2] FRUTON, J. S.: J. biol. Ch. **166**, 721 (1946).
[3] SMITH, E. L.: J. biol. Ch. **173**, 553 (1948).
[4] BLECH, W., P. HERMANN u. R. KLEINE: Acta biol. med. germ. **9**, 126 (1962).
[5] HANSON, H., W. BLECH, P. HERMANN u. R. KLEINE: H. **315**, 181 (1959).
[6] RADEMAKER, W., and J. B. J. SOONS: Biochim. biophys. Acta **24**, 451 (1957).
[7] HERMANN, P.: Diss. math.-nat., Halle/Saale 1957.
[8] FÉLIX, F., et J. LABOUESSE-MERCOUROFF: Biochim. biophys. Acta **21**, 303 (1956).

($C_1 = 0{,}0036$)[1]. Von Gelatine verflüssigenden Bakterien wiesen Macerationssäfte von *Bact. prodigiosum* und Staphylokokken gegenüber Benzoyldiglycin im Verlauf von 24 Std eine Spaltungsaktivität auf (p_H 8,0), Gelatine nicht verflüssigende Bakterien waren diesem Substrat gegenüber inaktiv[2]. Pilze sollen Benzoyl-leucylglycin gut spalten[3].

Darstellung. Präparationen katheptischer Carboxypeptidase sind nur in partiell gereinigter Form bekannt. Eine gewisse Anreicherung des Enzyms aus tierischen Organen unter Befreiung von anderen Gewebsbestandteilen ist durch Herstellung eines Glycerinauszuges aus den frischen Organen möglich, z.B. 415 g frische, zerkleinerte Milz 4 Std bei 37° C (mit 830 ml 87%igem Glycerin + 6,2 ml 20%iger Essigsäure) extrahieren und filtrieren[4] oder 200 g frische, in der Latapiemühle zerkleinerte Schweineleber mit 600 ml 87%igem Glycerin 15 Std extrahieren, anschließend filtrieren[5]. Aktivierung der Enzymlösung durch HCN (Zugabe von KCN) oder Einleiten von H_2S (z.B. 30 min in die neutrale Enzymlösung) ist zweckmäßig. Eine *Trockenpräparation*, bei deren Herstellung der natürliche Aktivator („Zookinase") abgetrennt wird und die deshalb in jedem Fall durch Einwirkung von H_2S, HCN, Cystein oder Glutathion zu aktivieren ist, kann dadurch erzielt werden, daß das zerkleinerte frische Organ, z.B. 750 g Leber, mit dem doppelten Volumen 96%igem Alkohol 1/2 Std unter Kühlung und Rühren versetzt wird. Der Niederschlag wird nochmals mit dem gleichen Volumen 70%igem Alkohol behandelt, anschließend mit Alkohol-Äther und Äther gewaschen, getrocknet und gepulvert. Aus dem Trockenpulver kann durch Zugabe des zehnfachen Volumens 87%igen Glycerins und anschließende Filtration ein Glycerinextrakt erhalten werden, der erst nach Zugabe des natürlichen Aktivators (in der alkoholischen Lösung, vgl. oben) oder von HCN, H_2S, Cystein Carboxypeptidaseaktivität zeigt[5].

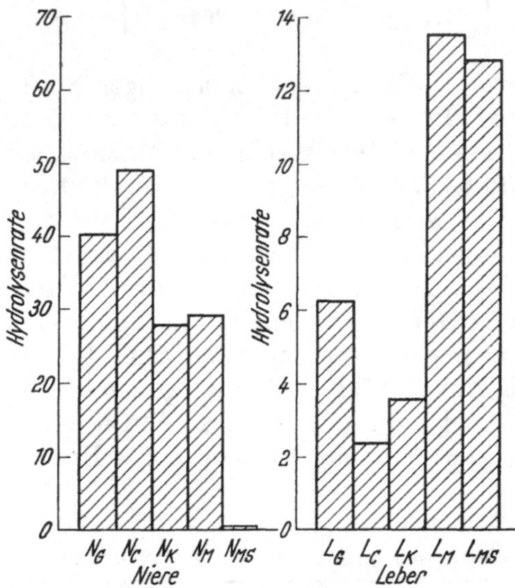

Abb. 22. Verteilung der Aktivität der katheptischen Carboxypeptidase auf die Zellbestandteile von Niere und Leber der Ratte[6]. Hydrolysenrate vgl. Text. Übrige Daten (p_H, Substratkonzentration usw.) vgl. Tabelle 52. N_G, L_G Gesamthomogenat von Niere bzw. Leber; N_C, L_C Cytoplasmafraktion von Niere bzw. Leber (Überstand nach 60 min bei 18000×g); N_K, L_K Kernfraktion von Niere bzw. Leber (Sediment nach 10 min bei 600×g, mehrfach in 0,25 m Rohrzuckerlösung gewaschen, in 10—15 ml dieser Lösung rehomogenisiert); N_M, L_M Mitochondrienfraktion von Niere bzw. Leber (Sediment nach 10 min 8500×g, mehrfach in 0,25 m Rohrzuckerlösung gewaschen und in 10—15 ml dieser Lösung rehomogenisiert); N_{Ms}, L_{Ms} Mikrosomenfraktion von Niere bzw. Leber (Sediment nach 60 min bei 18000×g, mehrfach in 0,25 m Rohrzuckerlösung gewaschen und in 10—15 ml dieser Lösung rehomogenisiert).

Von Vorteil für die Anreicherung des Enzyms sind die Aussalzverfahren unter Verwendung von $(NH_4)_2SO_4$. Dabei kann von Organtrockenpräparaten ausgegangen werden[7, 8], oder es kommt das frische, zerkleinerte Organ in Anwendung, etwa in der Art, daß 1900 g zerkleinerte Rindermilz mit 3800 ml Eiswasser und 200 ml Toluol 2 Std lang verrührt werden, über Nacht bei 5° C stehenbleiben, von Fett- und Toluolschicht befreit und durch Gaze filtriert werden; das Filtrat (etwa 3900 ml) wird unter kräftigem Rühren durch Zugabe von etwa 190 ml n HCl auf p_H 4,0 und durch Versetzen mit $(NH_4)_2SO_4$ auf 0,4-Sättigung eingestellt. Der Niederschlag wird durch Filtration oder Zentrifugieren abgetrennt und das klare Filtrat durch weiteres Zusetzen von $(NH_4)_2SO_4$ zu 0,7 gesättigt.

[1] Kimmel, J. R., and E. L. Smith: J. biol. Ch. **207**, 515 (1954).
[2] Imaizumi, M.: J. Biochem. **27**, 45, 65 (1938).
[3] Otami, H.: Acta Scholae med. Kioto **17**, 330 (1935) [Johnson, M. J., and J. Berger: Adv. Enzymol. **2**, 69 (1942)].
[4] Waldschmidt-Leitz, E., u. W. Deutsch: H. **167**, 285 (1927).
[5] Waldschmidt-Leitz, E., A. Schäffner, J. J. Bek u. E. Blum: H. **188**, 17 (1930).
[6] Hanson, H., W. Blech, P. Hermann u. R. Kleine: H. **315**, 181 (1959).
[7] Müller, H.: Diss. Dresden 1940.
[8] Tallan, H. H., M. E. Jones and J. S. Fruton: J. biol. Ch. **194**, 793 (1952).

Die neue Fällung wird abgetrennt, in Wasser (100 ml) suspendiert, mit n NaOH auf p_H 7,0 eingestellt und über Nacht bei 0° C gegen Wasser dialysiert. Es erfolgt nun Zugabe von so viel gesättigter $(NH_4)_2SO_4$-Lösung (eingestellt auf p_H 7,0), daß die Gesamtlösung 0,45 an Sulfat gesättigt ist. Das Gemisch bleibt 18 Std bei 0° C stehen. Der Niederschlag wird durch Zentrifugieren abgetrennt. Das Überstehende wird durch Zusetzen weiterer gesättigter $(NH_4)_2SO_4$-Lösung auf 0,5-Sättigung gebracht, der Niederschlag wieder abgetrennt usw. bis 0,7-Sättigung. Alle Niederschläge werden mit $(NH_4)_2SO_4$-Lösung (p_H 7,0) der entsprechenden Fällungskonzentration gewaschen, in 2%iger NaCl-Lösung gelöst und bei 0° C gegen 1%ige NaCl-Lösung bis zur Sulfatfreiheit dialysiert. Über die Anreicherung der katheptischen Carboxypeptidase in der Fraktion, die zwischen 0,40 und 0,45 Sättigung an $(NH_4)_2SO_4$ ausfällt, orientiert Tabelle 53.

Tabelle 53. *Ammoniumsulfat-Fraktionierung von Rindermilzkathepsin* (nach TALLAN u. Mitarb.[1]).

Präparation	$(NH_4)_2SO_4$-Sättigung	Kathepsin-E/mg Protein-N				
		Kathepsin II bzw. B*	Kathepsin C*	katheptische Carboxypeptidase*, **	Hb p_H 3,5	Hb p_H 3,5 + Cystein 0,01 m
I A	0,4—0,45	0,66	0,95	0,44	0,29	0,37
I B	0,45—0,5	0,70	0,80	0,03	0,45	0,69
I C	0,52—0,55	0,30	0,77	0	0,56	0,75
I D	0,55—0,60	0,62	0,91	0	0,57	0,79
I E und F . .	0,60—0,70			0		

* Die Ansätze enthalten 0,004 m Cystein.

** Gesamtvolumen des Ansatzes: 2,0 ml; Substrat: Carbobenzoxyglycyl-L-phenylalanin 0,05 m; $t = 38°$ C; p_H 5,0 (0,1 m Citratpuffer); Inkubationsdauer 1—3 Std. Bestimmung der Spaltung nach GRASSMANN und HEYDE; 1 katheptische Carboxypeptidase-Einheit: Enzymmenge, die im 2 ml-Ansatz K_0 (Reaktionskonstante 0. Ordnung) von 1,0 ergibt.

Aus der „Hg-Äthanol"-Fraktion von Kathepsin B der Rindermilz kann durch Anwendung von IRC-50-XE 64 katheptische Carboxypeptidase von Kathepsin B-Aktivitäten getrennt werden, wobei eine 100fache Anreicherung zu erreichen ist. p_H-Optimum des Enzymes zwischen p_H 3,0 und 4,0, getestet mit dem am besten angegriffenen Substrat Carbobenzoxy-α-L-glutamyl-L-tyrosin (0,01 m $K_M = 2,2 \times 10^{-4}$ m) mit Cystein (0,003 m) als Aktivator bei 38° C. (Kathepsin A spaltet das genannte Substrat und auch Carbobenzoxyglycyl-L-phenylalanin ebenfalls, aber mit einem p_H-Optimum bei 5,7 und ohne Aktivierung durch Cystein). Auffällig ist, daß Chloracetyl-L-tyrosin und Chloracetyl-L-leucin durch eine solche Präparation nicht, Chloracetylglycin und Chloracetylglycyl-L-leucin nur sehr schwach gespalten werden. Zn^{++} und Jodessigsäure in niedrigen Konzentrationen hemmen das Enzym, Indolessigsäure und Indolpropionsäure in hohen Konzentrationen[2].

Schließlich bedeutet auch das Verfahren der fraktionierten Zentrifugierung von Zellbestandteilen eine Anreicherung der katheptischen Carboxypeptidase (vgl. dazu Abb. 22, S. 120 und die darauf Bezug nehmenden Ausführungen).

***Darstellung von Carboxypeptidase aus Bierhefe nach* FÉLIX *und* LABOUESSE-MERCOUROFF[3]**

Zur Darstellung der Hefecarboxypeptidase wird von getrockneter und pulverisierter Bierhefe ausgegangen. Das Trockenpräparat wird in der fünffachen Menge seines Gewichtes an Acetatpuffer (0,1 m, p_H 6,0) unter Zugabe von Toluol suspendiert und 30 Std bei 37° C belassen. Dann wird die Autolyse durch Abkühlung auf 0° C gestoppt und bei dieser Temperatur zentrifugiert. Es folgt Dialyse des flüssigen Überstandes gegen den gleichen Puffer (p_H 5,5) 48 Std lang im Eisschrank. Zu 300 ml dieser Rohpräparation werden

[1] TALLAN, H. H., M. E. JONES and J. S. FRUTON: J. biol. Ch. **194**, 793 (1952).
[2] GREENBAUM, L. M., and R. SHERMAN: J. biol. Ch. **237**, 1082 (1962).
[3] FÉLIX, F., et J. LABOUESSE-MERCOUROFF: Biochim. biophys. Acta **21**, 303 (1956).

0,3 ml 10^{-1} m Zinkacetatlösung und 200 ml auf — 15° C abgekühlter 50 %iger Äthylalkohol zugegeben. Durch Stehenlassen bei — 5° C kommt es zur Niederschlagsbildung. Es wird 20 min bei — 5° C und 2600 × g zentrifugiert und der Niederschlag in 30 ml 0,1 m Acetatpuffer, p_H 5,5, resuspendiert. Nach zweistündigem Rühren bei — 5° C wird abzentrifugiert; eine zweite Extraktion des Niederschlages unter den gleichen Bedingungen schließt sich an. Die Extrakte werden vereinigt und der Ausfällungsprozeß mit Alkohol und die doppelte Extraktion durch Puffer unter den gleichen Bedingungen wiederholt. Es resultieren 30 ml einer klaren Lösung, die im Kälteraum gegen den gleichen Puffer dialysiert wird. Die Aktivität einer solchen partiell gereinigten Präparation ist etwa 20fach höher als die des Ausgangs-Hefeautolysates. Die erzielte Reinigung in den einzelnen Stufen veranschaulicht Tabelle 54.

Tabelle 54. *Partielle Reinigung der Hefecarboxypeptidase*[1].

Präparation	Enzym-E		Protein in mg N/ml	Spezifische Aktivität
	pro ml	insgesamt		
Rohpräparation (300 ml)	40	12000	0,745	12,6
Lösung des Niederschlages der 1. Alkoholfällung (60 ml)	135	8100	0,225	140
Lösung des Niederschlages der 2. Alkoholfällung (30 ml)	200		0,205	230

Enzym-E: Enzymmenge, die eine Aktivität von 1 bewirkt, d.h. einen Anstieg der optischen Dichte im Spaltungsansatz (s. unter Bestimmung, S. 124) × 10^3.

$$\text{Spezifische Aktivität} = \frac{\text{Enzym-E/ml}}{\text{mg Protein/ml}}.$$

Eigenschaften. Das p_H-Optimum für die Spaltung acylierter Dipeptide durch katheptische Carboxypeptidase tierischer Organe liegt bei Verwendung von Glycerinauszügen, z.B. der Leber, und von Benzoyldiglycin als Substrat bei p_H 4,3 (Citratpuffer)[2], bei Benutzung von Breien, Homogenaten, Präparationen durch $(NH_4)_2SO_4$-Aussalzung usw. und von Carbobenzoxyglycyl-L-phenylalanin als Substrat bei p_H 5,0—5,1 (Veronalpuffer, Citratpuffer)[3–5], für katheptische Carboxypeptidase aus Kathepsin B der Rindermilz zwischen p_H 3,0 und 4,0[6]. Für optimale Aktivität ist die Anwesenheit eines Aktivators erforderlich, entweder in Form der in dem frischen Organ von Natur aus vorhandenen „Zookinase"[2], identisch mit Glutathion oder ähnlichen Cysteinpeptiden[7], oder durch Zugabe von Sulfhydrylverbindungen, wie Cystein, Glutathion, H_2S, oder von HCN in Form von KCN. Bei Messungen im neutralen oder schwach alkalischen Bereich wird die gegenüber p_H 5,1 herabgesetzte Spaltung durch Cystein noch weiter vermindert, d.h. es tritt hier wie bei Pankreas-Carboxypeptidase eine hemmende Wirkung von Cystein in Erscheinung. Ascorbinsäure hat keine aktivierende Funktion[3]. Phenylhydrazin hemmt die Spaltung von Benzoyldiglycin vollständig[8].

Substrate, die bei Einwirkung von Kathepsinpräparationen durch die enthaltene Carboxypeptidase angegriffen werden, sind in Tabelle 55 aufgeführt[3]. Auffällig ist die im Vergleich zur Wirkung der Pankreas-Carboxypeptidase erhebliche Freisetzung C-terminalen Glycins, die ebenfalls bei Hefecarboxypeptidase festzustellen ist (s. unten).

Carboxypeptidasepräparationen aus Bierhefe besitzen ihr p_H-Optimum für alle untersuchten Substrate bei p_H 6,0. In diesem p_H-Bereich liegt auch das Stabilitätsoptimum des Enzyms; bei p_H 7,5 wird es schnell inaktiv, bei p_H 4,7 tritt Niederschlagsbildung ein. Durch Neutralsalze ist es schwer ausfällbar (gesättigte NaCl- und $MgSO_4$-Lösung,

[1] FÉLIX, F., et J. LABOUESSE-MERCOUROFF: Biochim. biophys. Acta **21**, 303 (1956).
[2] WALDSCHMIDT-LEITZ, E., A. SCHÄFFNER, J. J. BEK u. E. BLUM: H. **188**, 17 (1930).
[3] FRUTON, J. S., and M. BERGMANN: J. biol. Ch. **130**, 19 (1939).
[4] TALLAN, H. H., M. E. JONES and J. S. FRUTON: J. biol. Ch. **194**, 793 (1952).
[5] HANSON, H., W. BLECH, P. HERMANN u. R. KLEINE: H. **315**, 181 (1959).
[6] GREENBAUM, L. M., and R. SHERMAN: J. biol. Ch. **237**, 1082 (1962).
[7] GRASSMANN, W., O. v. SCHOENEBECK u. H. EIBELER: H. **194**, 124 (1931).
[8] MÜLLER, H.: Diss. Dresden 1940.

Tabelle 55. *Spaltung acylierter Dipeptide durch Rindermilzkathepsin*[1] (0,25 mg Protein-N/ml Ansatz).

Substrat (0,05 m)	Zeit (Std, 40° C)	p_H 0,1 m Citrat	Hydrolyse ohne Aktivator %	Hydrolyse mit Cystein 0,004 m %
Carbobenzoxy-glycylglycin	4	4,7	0	35
Carbobenzoxy-triglycin	4	4,7	3	79
Carbobenzoxy-L-leucylglycin	4	4,8	2	51
Carbobenzoxy-L-leucylglycylglycin	2	4,9	4	67
Benzoylglycyl-L-leucylglycin	4	4,8	4	96
Carbobenzoxyglycyl-L-tyrosin	2	4,4	5	33
Carbobenzoxyglycyl-L-sarkosin	12	4,5	3	7
Carbobenzoxyglycyl-L-prolin	12	4,4	2	7

äquimolekulares Gemisch 2,4 m $K_2HPO_4 + KH_2PO_4$, 0,6 gesättigte $(NH_4)_2SO_4$-Lösung). Erst bei 0,8—0,9 $(NH_4)_2SO_4$-Sättigung fällt es zu 50% ohne Anreicherung im Niederschlag aus. Verhalten gegenüber Alkohol vgl. *Darstellung* (S. 120). An Tricalciumphosphatgel ist es bei p_H 6,0 adsorbierbar, jedoch ohne Inaktivierung nicht zu eluieren. Ba^{++}, Ca^{++}, Co^{++}, Mg^{++} und Mn^{++} haben weder auf Aktivität noch Stabilität des Enzyms Einfluß, Zn^{++} vermindert die Löslichkeit; Hg-Acetat (5×10^{-4} m) inaktiviert vollständig.

Die Substrataffinität des Enzyms und Hydrolysenraten der verschiedenen Substrate zeigt Tabelle 56[2]. Bemerkenswert im Vergleich zu Pankreas-Carboxypeptidase ist die leichte Abspaltung C-terminalen Glycins und die relativ geringe von C-terminalem Phenylalanin.

Tabelle 56. *Durch Hefecarboxypeptidase angegriffene Substrate*[2].

Substrat	K_M (Mol/l)	Hydrolysenrate (μMol gespaltenes Substrat/min/mg N 37°)	Bemerkungen
DNP-glycylglycin	$1,2 \times 10^{-3}$	0,240	
Carbobenzoxyglycylglycin	2×10^{-3}	0,435	
DNP-glycyl-L-leucin	$0,5 \times 10^{-3}$	0,100	
Carbobenzoxyglycyl-L-leucin	4×10^{-3}	2,0	
DNP-glycyl-D,L-phenylalanin	$0,1 \times 10^{-3}$	0,025	berechnet für L-Verbindung
Benzoyl-glycyl-D,L-phenylalanin	1×10^{-3}	0,100	berechnet für L-Verbindung

Zur Definition der benutzten Enzymeinheiten der katheptischen und Hefe-Carboxypeptidase vgl. Legenden zu Tabellen 53 und 54, S. 121 bzw. 122.

Bestimmung. Über die der Bestimmung zugrunde liegende Reaktionsgleichung der gebräuchlichsten Substrate sowie über die anwendbaren Methoden s. bei Bestimmung der Pankreas-Carboxypeptidase S. 106. Das Verfahren der quantitativen Papierchromatographie mit Ninhydrin ist, wenn Cystein zur Aktivierung zugesetzt wurde, nur dann zu empfehlen, wenn die infolge Cystein/Cystin-Anwesenheit häufig auftretende Schleppenbildung auf dem Chromatogramm die exakte papierchromatographische Abtrennung und Bestimmung der abgespaltenen Aminosäure nicht stört.

Ein Spaltungsansatz kann bei 1 ml Gesamtvolumen wie folgt zusammengesetzt werden:

0,1—0,2 ml der Enzympräparation (Homogenat, 1:2 mit 1 m NaCl-Lösung verdünnter Gewebsbrei, Glycerinextrakt und sonstige Präparationen; vgl. Abschnitt „Darstellung", S. 120).

0,3—0,4 ml Puffer (0,1 m Citrat- oder Veronal-Acetatpuffer nach MICHAELIS, p_H 5,1 oder 4,0).

0,5 ml 0,02 m Substratlösung, die mit 0,1 n NaOH auf p_H 5,1 oder 4,0 eingestellt wird (Beispiel: 0,2 mM Carbobenzoxyglycyl-L-phenylalanin werden in Wasser suspendiert, mit

[1] FRUTON, J. S., and M. BERGMANN: J. biol. Ch. **130**, 19 (1939).
[2] FÉLIX, F., et J. LABOUESSE-MERCOUROFF: Biochim. biophys. Acta **21**, 303 (1956).

0,1 n NaOH und 0,1 n HCl auf p_H 5,1 eingestellt und Wasser ad 10,0 aufgefüllt, Substrat fällt bei sauren p_H-Werten leicht aus).

(Bei Verwendung von Glycerinauszügen und Benzoyldiglycin als Substrat ist wegen des bei p_H 4,2 angegebenen p_H-Optimums[1] ein Acetat- oder Citratpuffer (0,2 m) entsprechender Wasserstoffzahl zu wählen.)

Bei Aktivierung mit Cystein (0,01 m) wird 0,1 ml des Puffers durch 0,1 ml 0,1 m Cysteinhydrochloridlösung ersetzt, die unmittelbar vor Gebrauch durch Lösen der eingewogenen Substanz in etwas Wasser, Einstellen auf den gewünschten p_H-Wert durch 0,1 n NaOH und Auffüllen mit Wasser hergestellt wird.

Nach Entnahme eines aliquoten Teiles, z.B. 0,1 ml, zur Nullwertbestimmung wird der Ansatz bei 38° C inkubiert, und nach entsprechenden Zeitabständen, z.B. 15, 30, 60 min, werden gleich große Proben wie für die Nullwertbestimmung entnommen, die wie diese dem eigentlichen Bestimmungsverfahren unterworfen werden. Aus der Differenz der beiden Werte, in Beziehung gesetzt zur Substratkonzentration und Menge der Enzympräparation, ergibt sich nach den im allgemeinen Teil abgeleiteten Berechnungsverfahren die prozentuale Spaltung, Hydrolysenrate usw.

Bei der *Bestimmung der Hefecarboxypeptidase* mit DNP-glycyl-L-leucin (4×10^{-4} m) als Substrat bei p_H 6,0 (0,067 m Phosphatpuffer) und 37° C besteht auf Grund der gelben Eigenfarbe von Substrat und DNP-Glykokoll die Möglichkeit, das letztere nach papierchromatographischer Abtrennung direkt colorimetrisch zu bestimmen[2]. In Zeitabständen wird 1 ml des Ansatzes entnommen und 0,2 ml n HCl zum Stoppen der Enzymreaktion zugefügt. DNP-Glykokoll und DNP-Glycyl-L-leucin werden mit Essigester extrahiert und nach Vertreiben des Essigesters und Aufnehmen des Rückstandes in 1 Tropfen Alkohol papierchromatographisch auf Whatman Nr. 1 mit Hilfe eines mit Wasser gesättigten Gemisches von Phenol-Isoamylalkohol getrennt. Die DNP-Glykokoll-Flecke werden ausgeschnitten und bei 37° C 15 min lang mit 5 ml einer 1%igen $NaHCO_3$-Lösung eluiert. Die Konzentration an DNP-Glycin wird durch Messung bei 405 mμ im Photometer bestimmt. Bei Mengen bis zu 0,2 μM DNP-Glycin ist die Extinktion proportional der Konzentration. Die Geschwindigkeit der Hydrolyse wird durch den Anstieg der Extinktion/min $\times 10^3$ ausgedrückt und ist bis zum Wert von 5 der Enzymkonzentration proportional.

Aminosäureacylasen.

Diese Enzyme, häufig auch nur mit der Kurzbezeichnung „*Acylasen*" benannt[3,4], sind zur Gruppe der Carboxypeptidasen zu zählen, da sie wie diese zu ihrer Wirkung ein Substrat mit freier —COOH-Gruppe benötigen, die der Aminosäure angehört, deren Aminogruppe mit der —COOH-Gruppe einer NH_2-freien Säure die durch das Enzym hydrolysierbare Peptidbindung bildet ($R—CO \wr —NH—\overset{R'}{\overset{|}{C}}H—COOH$). Diese Definition muß jedoch hinsichtlich der Notwendigkeit eines Säurerestes R ohne Aminogruppe, zumindest für eine Acylase (Acylase I, vgl. S. 127) eingeschränkt werden, weil hochgereinigte Präparationen dieses Enzyms aus der Niere sich als schwach, aber deutlich aktiv einer größeren Anzahl Glycyl- und L-Alanyl-L-aminosäuren, also Dipeptiden, gegenüber erweisen. Es sei daran erinnert, daß für die kristallisierte Carboxypeptidase A ihre spaltende Wirkung auf Acylaminosäuren erwiesen ist (s. S. 96). Es gibt Acylasen verschiedener Spezifität, die von der die —COOH-Gruppe tragenden Aminosäure bestimmt wird (*α-Acylase I, II, III, ε-Lysinacylase,* L- und D-Acylasen). Das alte Histozym SCHMIEDEBERGs[5], auch

[1] WALDSCHMIDT-LEITZ, E., A. SCHÄFFNER, J. J. BEK u. E. BLUM: H. 188, 17 (1930).
[2] FÉLIX, F., et J. LABOUESSE-MERCOUROFF: Biochim. biophys. Acta 21, 303 (1956).
[3] ABDERHALDEN, E., u. E. SCHWAB: Fermentforsch. 10, 478 (1929).
[4] ABDERHALDEN, E., u. E. v. EHRENWALL: Fermentforsch. 12, 223 (1931).
[5] SCHMIEDEBERG, O.: A. e. P. P. 14, 379 (1881).

Hippuricase oder *Aminoacylase*[1] genannt, ist mit Acylase I identisch[2]. Auf Grund ihrer optischen Spezifität werden die Acylasen benutzt, um in präparativ technischem Maßstab racemische α-Aminosäuren über ihre Acylderivate in die optischen Antipoden aufzutrennen[3, 4].

Tabelle 57. *α-Acylaseaktivität menschlicher und tierischer Organe und Körperflüssigkeiten*[5].

Untersuchtes Organ		Aus dem gemessenen Aciditätszuwachs ergeben sich bei Verwendung von		
		Chloracetyl-L-leucin Spaltung (in %)	Chloracetyl-L-tyrosin Spaltung (in %)	Bemerkungen
Niere	Feten	90		38,0—42 mg
	Erwachsene	95	85—93	Tyrosin ausgefallen
	Greise	95		
Leber	Feten	95	45	
	Erwachsene	97,5	50	
	Greise	95	35	
Lunge	Feten	25	22,5	
	Erwachsene	35	15	
	Greise	32,5	10	
Gehirn	Feten	17,5	15	
	Erwachsene	50	20	
	Greise	52,5	25	
Skeletmuskel	Feten	50	0	
	Erwachsene	55	0	
	Greise	55	0	
Herzmuskel	Feten	30	7,5	
	Erwachsene	37,5	5	
	Greise	37,5	0	
Hoden	Erwachsene	67,5	0	
	Greise	70	0	
Uterus		5	0	
Schilddrüse		100	0	
Nebenniere		70		
Milz		90	42,5	
Thymus (Neugeborenes)		45		
Hypophyse (Rind)		35	0	
Placenta		10	12,5	
Liquor cerebrospinalis		0	0	
Ovarialcystenflüssigkeit		0	0	
Serum		0	0	
Mäuse-Ascites-Zellen		80	25	

Enzymlösung: Glycerinextrakt der mit Seesand zerriebenen Organe (2 ml Glycerin/1 g Frischorgan) zentrifugiert, Überstand mit gleichem Volumen Wasser versetzt, 4 Std bei 37° C, Niederschlag abzentrifugiert. Vom Überstand 1 ml/5 ml-Ansatz. Substratkonzentration: 0,05 m; p_H 7,8/0,2 m Phosphatpuffer; Inkubationsdauer: 20 Std, $t = 37°$ C, titriert jeweils 2 ml des Ansatzes nach WILLSTÄTTER und WALDSCHMIDT-LEITZ mit 0,05 n alkoholischer KOH.

Vorkommen. Aus Schweinenieren sind die aktivsten, gereinigten α-Acylase-Präparationen zu gewinnen (Acylase I und II; fraglich Acylase III)[2, 6, 7]. Werden andere tierische Organe in Form ihrer Homogenate, Breie oder Extrakte auf ihre Fähigkeit,

[1] SMORODINZEW, J. A.: H. **124**, 123 (1923).
[2] BRUNS, F. H., u. C. SCHULZE: B.Z. **336**, 162 (1962).
[3] GREENSTEIN, J. P.: Adv. Protein Chem. **9**, 174 (1954).
[4] GREENSTEIN, J. P.: Colowick-Kaplan, Meth. Enzymol. Bd. III, S. 554.
[5] ABDERHALDEN, E., u. R. ABDERHALDEN: Fermentforsch. **17**, 213 (1945).
[6] BIRNBAUM, S. M., L. LEVINTOW, R. B. KINGSLEY and J. P. GREENSTEIN: J. biol. Ch. **194**, 455 (1952).
[7] ZI TSCHSHEN-U, u. W. N. ORECHOWITSCH: Biochimija, Moskva **22**, 838 (1957).

Acylasesubstrate unter den für diese Enzyme charakteristischen Bedingungen zu spalten, untersucht, so ergibt sich, daß zahlreiche Organe Acylase von verschieden starker Aktivität enthalten (s. Tabelle 57 und 58). In Homogenaten aus Leber und Niere von Kaninchen, Schwein, Rind, Ratte, Maus und Hamster ist Acylase nachgewiesen (1 g Gewebe/2 ml Ringerlösung; p_H 7,4 [Phosphatpuffer], 5 mM Acetyl-D,L-tryptophan ergab L-Tryptophan und Acetyl-D-tryptophan)[1]. Daß im Darm neben der Pankreas-Carboxypeptidase A, die Halogenacylaminosäuren vom Typ des Chloracetyl-L-tyrosins, also mit aromatischem Aminsoäurerest, relativ gut spaltet, auch Acylasen zur Wirkung gelangen, ist auf Grund der unterschiedlichen Spaltung von Chloracetyl-L-alanin und Chloracetyl-L-tyrosin durch gereinigte Erepsinpräparationen und gereinigte Trypsinkomplexpräparationen anzunehmen. Erstere spalten Chloracetyl-L-alanin gut und Chloracetyl-L-tyrosin schlecht, letztere zeigen umgekehrtes Verhalten[2, 3].

Tabelle 58. *α-Acylaseaktivität von Homogenaten aus Rattenorganen*[4].

Organ	Hydrolysenrate
Niere . . .	40—60
Leber . . .	4—6
Milz	2—4
Skeletmuskel	0,7—2,5
Herzmuskel	0,7—2,5
Lunge . . .	3,4—7,0

Ansätze (1 ml): 0,1 ml Gesamthomogenat des blutfrei gespülten Organs, 0,01 m Chloracetyl-L-tyrosin als Substrat; p_H 7,8 (0,1m Veronalpuffer); Inkubation: 60 min bei 37° C; Hydrolysenrate: μMol freigesetztes Tyrosin/Std/mg Protein-N des Ansatzes.

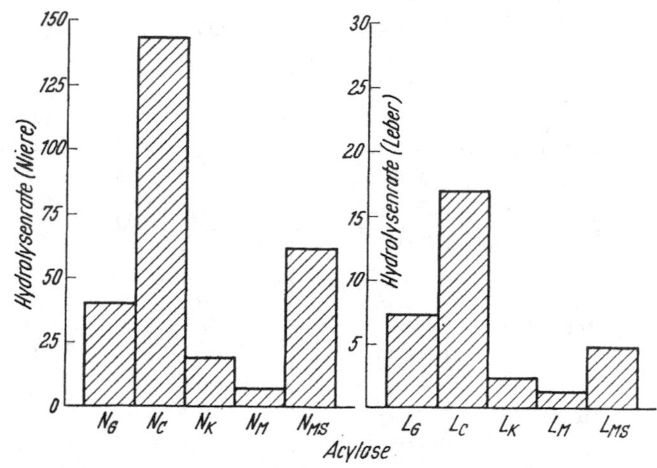

Abb. 23. α-Acylaseverteilung in den Zellbestandteilfraktionen von Leber und Niere der Ratte[5]. N_G, L_G Gesamthomogenat Niere, Leber; N_C, L_C Cytoplasmafraktion Niere, Leber; N_K, L_K Kernfraktion; N_M, L_M Mitochondrienfraktion; N_{MS}, L_{MS} Mikrosomenfraktion (Bedingungen der Zellfraktionierung s. Legende zu Abb. 22, S. 120); sonstige Versuchsbedingungen vgl. Legende Tabelle 58.

Die relative Aktivität der α-Acylase ist auf die Zellfraktionen von Leber und Niere der Ratte, die unter gleichen Bedingungen aus Leber und Niere der Ratte gewonnen werden, im Gegensatz zur Verteilung der katheptischen Carboxypeptidase (vgl. S. 119) etwa gleichsinnig verteilt (vgl. Abb. 23).

Eine ε-Lysinacylase findet sich ebenfalls vorwiegend in der Niere (Ratte), weniger in Leber, Milz, Darm, Herzmuskel[6].

Im menschlichen Blutplasma ist ein Enzym festgestellt, das ε-Biotinyl-L-lysin (Biocytin) zu spalten vermag[7].

Bei Mikroorganismen kann, wenn überhaupt, mit einer im allgemeinen schwachen und unterschiedlichen Acylasewirkung gerechnet werden[8]. Von untersuchten, Gelatine verflüssigenden Bakterien sind die Macerationssäfte von *Bac. subtilis* gegenüber Chloracetylphenylalanin optimal bei p_H 7,0 deutlich aktiv, nicht so intensiv spalten dieses Substrat *Bact. prodigiosum, Proteus vulg., Bac. pyocyaneus, Staphylococcus pyogenes*; Gelatine nicht verflüssigende Mikroorganismen (*Bact. coli, Bact. typhosum, Bact. dysenteriae,*

[1] LANGNER, R. R., and C. M. VOLKMANN: J. biol. Ch. **213**, 433 (1955).
[2] ABDERHALDEN, E., E. v. EHRENWALL, E. SCHWAB u. O. ZUMSTEIN: Fermentforsch. **13**, 408 (1933).
[3] ABDERHALDEN, E., u. E. v. EHRENWALL: Fermentforsch. **12**, 223 (1931).
[4] BLECH, W., P. HERMANN u. R. KLEINE: Acta biol. med. germ. **9**, 126 (1962).
[5] HANSON, H., W. BLECH, P. HERMANN u. R. KLEINE: H. **315**, 181 (1959).
[6] PAIK, W. K., L. BLOCH-FRANKENTHAL, S. M. BIRNBAUM, M. WINITZ and J. P. GREENSTEIN: Arch. Biochem. **69**, 56 (1957).
[7] WRIGHT, L. D., C. A. DRISCOLL and W. P. BOGER: Proc. Soc. exp. Biol. Med. **86**, 335 (1954).
[8] MASCHMANN, E.: Ergebn. Enzymforsch. **9**, 155 (1943).

Bact. enteritidis Gaertner, Sarcina) sind in ihren Macerationssäften gegenüber obiger Halogenacylaminosäure schwach aktiv[1]. *Clostridium histolyticum* ist gegenüber Chloracetyl-L-tyrosin inaktiv[2], Aminosäureacylasen vom Typ der Acylase I, vielleicht auch III und andere (vgll. S. 135ff.) kommen bei *Bact. cadaveris* und *Micrococcus n. sp.* (Acetontrockenpräparat) vor[3]. Gespalten werden bei p_H 7,1 Acetylglycin, Acetyltyrosin, Formylglycin, Formyltyrosin und Hippursäure, dagegen nicht Acetyl- und Chloracetylasparaginsäure. Präparationen aus Takadiastase und *Aspergillus oryzae* hydrolysieren α-Formyl-, α-Acetyl-, α-Chloracetyl-ε-benzoyl-D,L-lysin[4]. Aus handelsüblicher Takadiastase ist in etwa 1000facher Anreicherung eine Acylase zu gewinnen, die Acetyl-D,L-phenylalanin, Chloracetyl-D,L-valin und Chloracetyl-L-tyrosin hydrolysiert, dagegen Carbobenzoxyglycyl-L-leucin nicht angreift[5]. Aus Bodenbakterien *(Pseudomonas sp. KT 83)* sind partiell gereinigte Präparationen zu erhalten, von denen die eine überwiegend Benzoyl-L-phenylalanin (L-Acylase), die andere bevorzugt Benzoyl-D-phenylalanin (D-Acylase) hydrolysiert[6]. Über die enzymatische Hydrolyse der optischen Antipoden bzw. der Racemate der Benzoyl-, Dichloracetyl- und Chloracetylderivate von Phenylalanin, Phenylglycin, p-Nitrophenylalanin, threo- und erythro-Phenylserin, ε-Benzoyllysin, Leucin, Valin, Glutaminsäure, Asparaginsäure, Methionin, Cystin, Serin, Threonin, allo-Threonin, 2,4-Diaminobuttersäure, Ornithin durch Trockenpulver (Aceton oder Tonerdeeluate) oder lebende Zellen der *Pseudomonas sp. KT 84* vgl. [7].

Darstellung. Acylasepräparationen aus Schweineniere sind ohne nähere Angaben ihrer Spezifität und Aktivität handelsüblich bei: Schering AG, Berlin W; Serva-Entwicklungslabor, Heidelberg, Römerstr. 118; Nutritional Biochemicals Corporation Cleveland 28, Ohio, USA; H. M. Chemical Co., Ltd., 1754—22nd. Street Santa Monica, California, USA.

Zur Gewinnung hochgereinigter, in ihrer Spezifität umgrenzter Acylasepräparationen kann von frischer Schweineniere ausgegangen werden.

Acylase I.

Darstellung von Acylase I aus Schweineniere nach Birnbaum *u. Mitarb.*[8]

2,5 kg frische, gefrorene Schweinenieren werden aufgetaut, vom Fettgewebe befreit und mit 2 Vol. Eiswasser homogenisiert. Nach Filtrieren durch Mull wird 20 min bei 2500 U/min zentrifugiert. Die überstehende Flüssigkeit (I) wird auf 0° C abgekühlt und vorsichtig unter Umrühren durch Zugabe von 2 n HCl auf p_H 4,7 eingestellt. Der dicke Niederschlag wird sofort bei 0° C 20 min lang bei 4000 U/min in der Kühlzentrifuge abzentrifugiert. Die klare, rote, überstehende Lösung wird schnell durch 2 n NaOH auf p_H 6,5 eingestellt (II). 266 g festes $(NH_4)_2SO_4$/l Lösung werden zugegeben, worauf der p_H-Wert auf 6,0—6,2 abfällt. Der resultierende Niederschlag, der den größten Teil der Aktivität enthält, wird in der Kühlzentrifuge abgetrennt, nachdem durch Stehenlassen über Nacht bei 5° C der Niederschlag sich abgesetzt hat und durch Abhebern soviel wie möglich von der Flüssigkeit entfernt worden ist. Diese, zusammen mit der durch das Zentrifugieren erhaltenen, kann zur Gewinnung der Acylase II verwendet werden.

Das Sediment wird in 40 ml Eiswasser suspendiert und gegen fließendes Leitungswasser bis zur vollständigen Befreiung von $(NH_4)_2SO_4$ dialysiert. Zur Entfernung inaktiven Proteins wird der Inhalt des Dialysiergefäßes zentrifugiert (III). Darauf wird die klare, fast schwarze Lösung mit verdünnter Essigsäure auf p_H 5,9—6,0 eingestellt und

[1] Imaizumi, M.: J. Biochem. **27**, 45, 65 (1938).
[2] Mandl, I., L. T. Ferguson and S. F. Zaffuto: Arch. Biochem. **69**, 565 (1957).
[3] Shu-Schan Lu: Mikrobiologija, Moskva **26**, 271 (1957).
[4] Utzino, S., T. Yoneya, T. Murachi u. S. Yoshimoto: A. **607**, 190 (1957).
[5] Inouye, M., and S. Akabori: J. Biochem. **48**, 603 (1960).
[6] Kameda, Y., E. Toyoura and Y. Kimura: Nature **181**, 1225 (1958).
[7] Kameda, Y., E. Toyoura, Y. Kimura, K. Matsui, Y. Hotta, T. Kawasaki, K. Saito, Y. Kanaya, K. Noda, K. Yoshimura, J. Ishikawa, A. Nakatani, K. Kawase: I.—VII. Mitt. J. pharmaceut. Soc. Jap. **78**, 748 (1958).
[8] Birnbaum, S. M., L. Levintow, R. B. Kingsley and J. P. Greenstein: J. biol. Ch. **194**, 455 (1952).

bei —10 bis —15° C mit 0,4 Vol. kaltem Aceton versetzt. Der entstandene Niederschlag wird in der Kühlzentrifuge bei — 8° C abzentrifugiert und verworfen. Die klare, strohgelb gefärbte Lösung wird nun bei —10 bis —15° C mit 0,6 Vol. kaltem Aceton, bezogen auf das Ausgangsvolumen, versetzt. Der Niederschlag wird bei — 8° C abzentrifugiert, in kaltem Wasser aufgenommen und wieder zentrifugiert. Die blaßrosa gefärbte Lösung wird schnell gefroren und lyophilisiert (IV). Ausbeute etwa 1—2,0 g; N-Gehalt 16,0%. In trockenem Zustand ist die Präparation gut haltbar. Die erreichte Anreicherung in den obigen Stadien I—IV zeigt Tabelle 59.

***Darstellung von Acylase I aus Schweineniere nach* Zi Tschshen-u *und* Orechowitsch**[1]**.**

2,0 kg gefrorener, vom Fettgewebe befreiter Schweinenieren werden nach Zerkleinerung im Fleischwolf 2 min mit 2—3 Vol. auf — 15° C abgekühltem Aceton homogenisiert. Der Niederschlag wird durch Gaze abfiltriert, mehrmals mit 2 Vol. Aceton von — 15° C homogenisiert, mit kaltem Aceton gewaschen und in dünner Schicht bei Zimmertemperatur getrocknet: etwa 315 g. Die Arbeitsgänge mit Aceton sind möglichst rasch durchzuführen.

Tabelle 59. *Anreicherung und Ausbeute der Acylase I in Präparationen aus Schweinenieren nach*[2].

Präparation	Spezifische Aktivität (hydrolysierte, μMol Substrat/Std/mg Protein-N der Enzympräparation)	Gesamtaktivität der Präparation (hydrolysierte μMol/Std)
I	800	1,8
II	2300	1,5
III	12200	1,1
IV	29000	0,9

Erklärung zu I—IV vgl. Text. Die Bestimmungen werden in 3 ml-Ansätzen durchgeführt: 1 ml Enzymlösung, 1 ml 0,1 m Phosphatpuffer, p_H 7,0, 1 ml 0,05 m neutralisierte Lösung von Acetyl-D,L-methionin als Substrat; $t = 38°$ C.

100 g Acetontrockenpulver werden dreimal mit 500 ml Phosphatpuffer (0,1 m, p_H 7,0) bei 37° C 30 min unter Umrühren extrahiert. Nach jeweiligem Abzentrifugieren werden die 3 Extrakte vereinigt (I). Es folgt Zugabe von $(NH_4)_2SO_4$ bis zu 35% Sättigung (209 g/l). Der entstehende Niederschlag wird durch Zentrifugieren entfernt und zur überstehenden Lösung $(NH_4)_2SO_4$ bis zu 45% Sättigung zugegeben (62 g/l). Der Niederschlag wird abzentrifugiert, in wenig Wasser zu einer rotbraunen Lösung gelöst, die über Nacht gegen Leitungswasser dialysiert wird (II). Nach Abzentrifugieren eines geringen Niederschlages wird die Lösung unter Umrühren 5 min auf 60° erwärmt und anschließend schnell in Eiswasser abgekühlt. Der reichlich gebildete Niederschlag wird abzentrifugiert (III). Der überstehenden Lösung wird tropfenweise gesättigte $(NH_4)_2SO_4$-Lösung bis zu 35% Sättigung in der Gesamtlösung zugesetzt (54 ml/100 ml). Nach Abzentrifugieren des Niederschlages wird weiter $(NH_4)_2SO_4$-Lösung bis zu 45% Sättigung (18 ml/100 ml) zugegeben. Das durch Zentrifugieren abgetrennte Präcipitat wird im gleichen Volumen Wasser gelöst und über Nacht gegen Leitungswasser dialysiert (IV). Die Lösung wird in Eis-Kochsalzmischung so lange gekühlt, bis sich erste Eiskristalle zeigen; darauf wird — 15° C kaltes Aceton tropfenweise bis zu 40%iger Konzentration zugegeben. Ein Niederschlag wird in der Kälte abzentrifugiert und die verbleibende, fast farblose Lösung mit kaltem Aceton bis zu 50%iger Sättigung versetzt. Der bei — 5° C abzentrifugierte Niederschlag wird in wenig kaltem Wasser gelöst und über Nacht in der Kälte gegen dest. Wasser dialysiert, sodann lyophilisiert (V).

Die erreichte Anreicherung und Ausbeute des Enzyms im Vergleich zum zuerst beschriebenen Darstellungsverfahren zeigt Tabelle 60.

***Darstellung von Acylase I aus Schweineniere nach* Bruns *und* Schulze**[3]**.**

750 g von Fett und Bindegewebe befreite Schweinenieren werden im Starmix mit 1500 ml eiskaltem Wasser homogenisiert und 30 min niedertourig zentrifugiert. Der

[1] Zi Tschshen-u und W. N. Orechowitsch: Biochimija, Moskva **22**, 838 (1957).
[2] Birnbaum, S. M., L. Levintow, R. B. Kingsley and J. P. Greenstein: J. biol. Ch. **194**, 455 (1952).
[3] Bruns, F. H., u. C. Schulze: B.Z. **336**, 162 (1962).

Tabelle 60. *Anreicherung und Ausbeute an Acylase I aus Schweineniere nach*[1].

Präparation	Spezifische Aktivität μMol hydrolysiertes Substrat/Std/mg Protein-N	Gesamtaktivität der Präparation Mol/Std	Gesamt-Protein in mg	Ausbeute an Enzym in % Aktivität	Elektrophorese Homogenität in % des Gesamteiweiß als Enzym
I nach[1]	320	2,21	13070	100	
II nach[1]	1032	1,03	6210	47	
III nach[1]	2156	0,75	2170	34	
IV nach[1]	5700	0,74	810	32	
V nach[1]	23400	0,37	98	17	73
IV nach[2]	3200			50	18

Die *Enzymaktivität* wird in 4 ml-Ansätzen gemessen: 1 ml Acylasepräparation, 1 ml 0,2 m Phosphatpuffer p_H 7,1, 2 ml 0,1 m Lösung von Acetyl-D,L-alanin, mit n NaOH neutralisiert. $t = 38°$ C. *Papierelektrophorese:* Veronalpuffer (p_H 8,1); 20 Std bei 15° C; 155 V, 0,3—0,5 mA/cm. 0,015 ml einer 6%igen Enzympräparationslösung. Die am schnellsten wandernde Fraktion besitzt Acylase I-Aktivität.

Überstand (I), durch Mull filtriert, wird 3—4 Tage gegen Wasser bei 4° C dialysiert. Das dabei ausfallende, etwa 50% der gesamten Eiweißmenge betragende, acylase-inaktive Material wird in der Kälte abzentrifugiert und verworfen. Während der Dialyse steigt die Gesamtaktivität um 10—20% an (II). Die dialysierte Lösung (1440 ml), mit n HCl bei 0° C auf p_H 4,8 eingestellt, wird nach 5 min 30 min lang bei 0° C und 13200 × g zentrifugiert. Der klare, rote Überstand wird bei 0° C sofort mit n NaOH auf p_H 7,5 eingestellt (III). Die Enzymlösung (1080 ml) wird in einer Kühlapparatur[3] mit neutralisiertem Cystein bis zu 1×10^{-3} m versetzt, dann im Verlauf von 30 min und unter Rühren Zugabe von 35 g $(NH_4)_2SO_4$ zu je 100 ml Lösung bei allmählicher Abkühlung auf — 10° C. Nach weiteren 30 min wird in der Kühlzentrifuge bei 13200 × g der Niederschlag abgetrennt und in etwa 80 ml Wasser gelöst (20 mg Protein/ml). Es folgt 20stündige Dialyse bei 4° C gegen Wasser bis zur restlosen Entfernung des $(NH_4)_2SO_4$; dabei ausfallendes Protein wird durch Zentrifugieren entfernt und der Überstand sofort auf p_H 7,4—7,5 eingestellt (IV). Zur Enzymlösung (165 ml) wird innerhalb 30 min auf —10° C abgekühltes Äthanol (71 ml) unter Rühren tropfenweise zugesetzt. Der nach weiteren 20 min bei — 10° C anfallende weiße Niederschlag wird in der Kühlzentrifuge bei — 10° C abgetrennt und verworfen. Der Überstand wird sofort unter Fortsetzung der Kühlung in der gleichen Weise mit Äthanol (140 ml auf 200 ml) versetzt. Der abzentrifugierte Niederschlag wird in etwa 40 ml Wasser gelöst (V). Bei nicht ausreichender, d.h. das 100fache nicht erreichender Anreicherung des Enzyms kann eine zweite $(NH_4)_2SO_4$- und Äthanolfällung angeschlossen werden.

Tabelle 60a. *Reinigung von Acylase I aus Schweinenieren nach*[4].

Fraktion	Umsatz (μMol/mg Protein/Std)	Gesamtaktivität (μMol/Std)	Anreicherung	Ausbeute %
I	0,063	4000	—	100
II	0,14	4300	2,2	108
III	0,4	4000	6,4	100
IV	0,7	2700	11	68
V	6,7	800	106	20
VI	18,0	790	290	20

5 ml der Lösung der aktiven Äthanolfraktion (30—60% V/V) mit 20—30 mg Protein werden auf eine mit 0,005 m Phosphatpuffer, p_H 7,0, äquilibrierte DEAE-Zellulose-Säule gegeben. Nachspülung mit 50 ml 0,005 m Phosphatpuffer, p_H 7,0, und Elution von weiterem Begleitprotein durch Aufgeben von 50 ml 0,045 m Phosphatpuffer, p_H 7,0. Nach weiterer Zugabe von 50 ml 0,075 m Phosphatpuffer, aufgefangen in 5 ml-Fraktionen, erscheint das reine Enzym im 2. oder 3. Röhrchen (VI). Die so gewonnene Enzympräparation ist elektrophoretisch, immunelektrophoretisch und im Schwerefeld der Ultrazentrifuge einheitlich. Über Enzymausbeute und erreichte Anreicherung vgl. Tabelle 60a.

[1] ZI TSCHSHEN-U u. W. N. ORECHOWITSCH: Biochimija, Moskva **22**, 838 (1957).
[2] BIRNBAUM, S. M., L. LEVINTOW, R. B. KINGSLEY and J. P. GREENSTEIN: J. biol. Ch. **194**, 455 (1952).
[3] NOLTMANN, E., u. F. H. BRUNS: B.Z. **331**, 436 (1959).
[4] BRUNS, F. H., u. C. SCHULZE: B. Z. **336**, 162 (1962).

Darstellung von Acylase II (Asparaginsäure-Acylase).

Aus der Flüssigkeit, die nach der ersten $(NH_4)_2SO_4$-Fällung der Acylase I-Darstellung nach [1] verbleibt (vgl. S. 127), kann durch weitere Zugabe von 150 g $(NH_4)_2SO_4$ pro l die Acylase II quantitativ zur Abscheidung gebracht werden. Der Niederschlag wird abzentrifugiert, in Wasser gelöst, bis zur Salzfreiheit dialysiert und lyophilisiert: 14 g einer leicht löslichen Präparation.

Über erreichte Reinigung vgl. Tabelle 61.

Tabelle 61. *Acylase II-(Asparaginsäureacylase-) Aktivität im Ausgangshomogenat und der partiell gereinigten Präparation*[1].

Substrat	Spezifische Aktivität (hydrolysiert μMol/Std/mg Protein-N der Präparation)	
	Ausgangs-homogenat	Acylase II
Acetyl-D,L-asparaginsäure	11	27
Chloracetyl-D,L-asparaginsäure	32	142
Chloracetyl-D,L-glutaminsäure	480	6
Acetyl-D,L-methionin	615	9
Chloracetyl-D,L-alanin	440	5
Chloracetyl-D,L-leucin	630	7
Chloracetyl-D,L-serin	455	3

Die Bestimmungen werden in 3 ml-Ansätzen bei 38° C durchgeführt: 1 ml der Enzympräparation, 1 ml 0,1 m Phosphatpuffer p_H 7,0, 1 ml neutralisierte 0,05 m Substratlösung.

Darstellung von ε-Lysin-Acylase nach* PAIK *u. Mitarb.[2].

Frische Nieren von Ratten werden in dem 2,5fachen Wasservolumen des Organgewichts homogenisiert. Das Homogenat (p_H ~6,4) wird sofort in der Kälte 30 min bei 40200 × g zentrifugiert und die fast klare, überstehende Flüssigkeit mit 0,25 Vol. $Ca_3(PO_4)_2$-Gel (37,5 mg Festbestandteile/ml) behandelt. Der p_H-Wert der Suspension wird mit verdünnter NaOH auf p_H 6,9—7,0 eingestellt. Nach einigen min wird abzentrifugiert und das Sediment mit kaltem Wasser einmal gewaschen. Danach wird eluiert mit 0,2 Vol. 0,1 m Phosphatpuffer (p_H 7,2), bezogen auf das Volumen des abzentrifugierten Ausgangshomogenats gleich 1. Das Eluat wird mit 0,8 Vol. bei Zimmertemperatur gesättigter $(NH_4)_2SO_4$-Lösung versetzt, der entstehende Niederschlag nach 10 min abzentrifugiert, in kaltem Wasser gelöst und 3 Std gegen fließendes Leitungswasser dialysiert. Lyophilisierung der resultierenden Lösung ergibt eine fast weiße, stabile Präparation.

Über die erzielbare Anreicherung des Enzyms vgl. Tabelle 62.

Tabelle 62. *Anreicherung von ε-Lysin-Acylase aus Rattenniere*[2].

Präparation	Spezifische Aktivität (μMol Lysin/Std/mg Protein-N)	Gesamtaktivität (μMol/Std)
Homogenat (380 ml)	0,156	481,3
Überstehendes des zentrifugierten Homogenats (260 ml)	0,350	494
Eluat vom $Ca_3(PO_4)_2$-Gel (52 ml)	3,83	346,7
$(NH_4)_2SO_4$-Fällung (130 ml)	15,55	346,7

Zusammensetzung der Spaltungsansätze: 1 Vol. 0,066 m Lösung von ε-Acetyl-L-lysin (als Substrat) + 1 Vol. Enzympräparation in 0,066 m Phosphatpuffer p_H 7,2, inkubiert bei 37° C. Enzymreaktion gestoppt durch Einstellung des p_H auf 6,0 mit HCl und 2—3 min Erhitzen im siedenden Wasserbad. Der Proteinniederschlag wird abzentrifugiert. Im aliquoten Teil des klaren Überstandes wird L-Lysin mit der L-Lysindecarboxylase aus *Bact. cadaveris* bestimmt.

Darstellung von* D*-Acylase aus Pseudomonas sp. KT 83 nach* KAMEDA *u. Mitarb.[3].

Die KT 83-Zellen, die sich in 1 l Bouillon bei 25° C in 2 Tagen gebildet haben, werden abzentrifugiert und mit kaltem Wasser gewaschen. Ausbeute etwa 14 g frische Zellen.

[1] BIRNBAUM, S. M., L. LEVINTOW, R. B. KINGSLEY and J. P. GREENSTEIN: J. biol. Ch. **194**, 455 (1952).
[2] PAIK, W. K., L. BLOCH-FRANKENTHAL, S. M. BIRNBAUM, M. WINITZ and J. P. GREENSTEIN: Arch. Biochem. **69**, 56 (1957).
[3] KAMEDA, Y., E. TOYOURA and Y. KIMURA: Nature **181**, 1225 (1958).

Die mit Al-Pulver zerriebenen Zellen werden mit 40 ml Wasser extrahiert. Der Rohextrakt wird 15 Std gegen kaltes dest. Wasser dialysiert, worauf zu 40 ml des dialysierten Rohextraktes 8 ml einer 1 %igen Protaminsulfatlösung zugegeben werden und der Niederschlag durch Zentrifugieren entfernt wird. Zur klaren, überstehenden Flüssigkeit werden 24 ml der 1 %igen Protaminsulfatlösung zugefügt. Der weiße Niederschlag, der die meiste L-Acylaseaktivität enthält, wird abzentrifugiert. Aus dem Sediment ist durch Lösen in 1,5 m NaCl-Lösung, Dialysieren zuerst 30 Std gegen 1,5 m NaCl-Lösung, dann 20 Std gegen Wasser eine partiell gereinigte L-Acylasepräparation zu erhalten. Aus der überstehenden Flüssigkeit kann durch zunehmende Sättigung durch Zugabe steigender Mengen gesättigter $(NH_4)_2SO_4$-Lösung die aktivste D-Acylasepräparation zwischen 50 und 60 % Sättigung abgetrennt werden, die durch 10stündige Dialyse gegen dest. Wasser frei von $(NH_4)_2SO_4$ zu erhalten ist. Inaktives Protein, das sich während der Dialyse abscheidet, wird abzentrifugiert. Angaben über die erzielbare Anreicherung vgl. Tabelle 63.

Tabelle 63: *Anreicherung von* L- *und* D-*Acylase aus Pseudomonas sp. KT 83.*

Enzympräparation	Spezifische Aktivität (μMol hydrolysiert/Std/mg Protein-N) Benzoyl-phenylalanin		Gesamtaktivität (μMol/Std) Benzoyl-phenylalanin	
	D-Substrat	L-Substrat	D-Substrat	L-Substrat
Rohextrakt	2,3	11,5	1035	5175
Partiell gereinigte L-Acylase .	1,0	23,0	120	2760
Partiell gereinigte D-Acylase .	32,0	< 0,03	520	< 0,5

Die Ansätze enthalten 0,5 ml Enzympräparation, 0,5 ml Wasser, 1 ml 0,05 m, auf p_H 8 eingestelltes Substrat (D- bzw. L-Benzoylphenylalanin); Temperatur 37° C; Titration nach GRASSMANN und HEYDE.

Taka-Acylase. Aus handelsüblicher Takadiastase durch Fällungsreaktion und Zonenelektrophorese an einer Stärkesäule mit etwa 1000facher Anreicherung[1].

Eigenschaften. Acylase I (*mit Dehydropeptidase II identisch,* da Acylase I-Präparationen die Acetyl-, Chloracetyl- und Glycylderivate des Dehydroalanins spalten [vgl. S. 193]). Als Näherungswert des Mol.-Gewichtes einer elektrophoretisch auf Stärke hochgereinigten Acylase I-Präparation aus Schweinenieren wird 119000 angegeben: (S_{20}: 5,6 Svedberg-E; D_{20}: $4{,}41 \times 10^{-7}$ cm² sec⁻¹; I.P. bei p_H 5,1)[2]. Elektrophoretisch, immunelektrophoretisch und in der Ultrazentrifuge einheitliche Acylase I besitzt folgende physikalisch-chemische Eigenschaften: Mol-Gewicht 76500; $s_{20} = 5{,}5 \times 10^{-13}$ sec; $D_{20} = 7{,}02 \times 10^{-7}$ cm² sec⁻¹; $E^{1\%}_{1\,cm,\,280\,nm} = 20{,}5$; molare Extinktion $\varepsilon_{280\,nm} = 15{,}6 \times 10^7$; papierelektrophoretisch bei p_H 8,6 (0,1 m Veronalpuffer) und 100 V in 16 Std Wanderung von 8—9 cm anodisch bei Inaktivierung von etwa 97 % der aufgetragenen Enzymmenge sowohl bei 4° C wie auch 25° C[3]. Der Extinktionskoeffizient (280 mμ) von höchstgereinigter Acylase I (14,3 % N) ist mit 0,996/cm/mg/ml bestimmt[4]. Bei p_H-Werten unter 5 wird das Enzym rasch inaktiviert; in 0,1 m Phosphatpuffer, p_H 7,0, verträgt es einstündige Erwärmung auf 60° C ohne Aktivitätseinbuße[5]. Reine Acylase verliert nach 15—60 min dauernder Erwärmung auf 60° C bei p_H 7,4 20—100 % ihrer Aktivität, in 4—6 Wochen bei 4° C allmählich 30—50 %. In hoher Verdünnung (1—5 μg Protein/ml) gehen innerhalb 24 Std 70 % der Aktivität verloren, wobei Phosphatpuffer höherer Ionenstärke ($\mu = 1{,}5$—$2{,}0$) stabilisierenden Effekt besitzt[3].

Partiell hochgereinigte Acylase I-Präparationen, dargestellt nach [5, 6], besitzen Aktivitäten an D-Aminosäureoxydase[5], Kathepsin (gegenüber Hb bei 4,0)[6], Dialkylfluorphosphatase[7] und möglicherweise auch an Tripeptidase (Hydrolysenraten [Erklärung

[1] INOUYE, M., and SH. AKABORI: J. Biochem. **48**, 603 (1960).
[2] ZI TSCHSHEN-U, u. W. N. ORECHOWITSCH: Biochimija, Moskva **23**, 772 (1958).
[3] BRUNS, F. H., u. C. SCHULZE: B.Z. **336**, 162 (1962).
[4] MITZ, M. A., and R. J. SCHLUETER: Biochim. biophys. Acta **27**, 168 (1958).
[5] BIRNBAUM, S. M., L. LEVINTOW, R. B. KINGSLEY and J. P. GREENSTEIN: J. biol. Ch. **194**, 455 (1952).
[6] ZI TSCHSHEN-U u. W. N. ORECHOWITSCH: Biochimija, Moskva **22**, 838 (1957).
[7] BELL, F. E., and L. A. MOUNTER: J. biol. Ch. **233**, 900 (1958).

Tabelle 64. *Wirkung der Acylase I auf Acylaminosäuren und Dipeptide.*

Substrat	Hydrolysenrate	Bemerkungen
Acetyl-glycin	520	
Chloracetyl-glycin	2640	
Glycyl-glycin	88	
L-Alanyl-glycin	170	
D-Alanyl-glycin	17	
Propionyl-glycin	930	
Butyryl-glycin	etwa 4000	Maximalwert bei 0,015 m Substratkonzentration
Acetyl-D,L-allyl-glycin	8300	
D,L-Chlorpropionyl-glycin	23	
Glycylsarkosin	5	
Glycyl-α,α-diäthylglycin	0	
Chloracetyl-D,L-α-phenylglycin	4500	
Chloracetyl-D,L-α-cyclohexylglycin	4600	
Acetyl-L-alanin	2740	D,L-Verbindung 3200
Chloracetyl-L-alanin	14800	D,L-Verbindung 11600
Glycyl-L-alanin	645	
L-Alanyl-L-alanin	1160	
L-Alanyl-D-alanin	1	
D-Alanyl-D-alanin	0	
Propionyl-L-alanin	3840	
D,L-Chlorpropionyl-L-alanin	59	
Acetyl-D-alanin	0,0	1—3 Std bei 38° C
Chloracetyl-D-alanin	0,5	1—3 Std bei 38° C
α,α-Di-(glycylamino)-propionsäure	0	
Acetyl-dehydroalanin	290[1]	
Chloracetyl-dehydroalanin	740[1]	
Glycyldehydroalanin	70[1]	
α,β-Diacetyl-β-aminoalanin	708	
Chloracetyl-β-cyclohexylalanin	350	
Acetyl-D,L-α-aminobuttersäure	9500	
Chloracetyl-L-α-aminobuttersäure	26000	D,L-Verbindung 33600
Chloracetyl-D-α-aminobuttersäure	0	
Glycyl-L-α-aminobuttersäure	2960	
Chloracetyl-D,L-α-aminoisobuttersäure	11[2]	
Glycyl-aminoisobuttersäure	0[2]	
Chloracetyl-D,L-α-amino-α-methyl-n-buttersäure	37[2]	
Chloracetyl-D,L-α-amino-α-äthyl-n-buttersäure	0[2]	
α,γ-Dichloracetyl-α,γ-diaminobuttersäure	60	
Acetyl-D,L-valin	1660	
Chloracetyl-L-valin	4300	D,L-Verbindung 4970
Glycyl-L-valin	380	
Chloracetyl-D-valin	0	
Chloracetyl-L-isovalin	37	
Glycyl-L-isovalin	0	
Glycyl-D-isovalin	0	
Acetyl-D,L-norvalin	9800	
Chloracetyl-L-norvalin	37000	D,L-Verbindung 40500
Glycyl-L-norvalin	6930	
Chloracetyl-D-norvalin	1	1—3 Std bei 38° C, 1 mg Protein-N[2]
Chloracetyl-δ-hydroxynorvalin	23800	
Chloracetyl-D,L-α-amino-α-methyl-n-valeriansäure	31[2]	
Acetyl-L-leucin	5800	D,L-Verbindung 5400
Acetyl-D-leucin	0	
Chloracetyl-L-leucin	22500	D,L-Verbindung 16500
Glycyl-L-leucin	1040	
Chloracetyl-D-leucin	0,5	1—3 Std bei 38° C, 1 mg Protein-N/ml Enzymlösung[2]
Chloracetyl-D,L-α-amino-α-methyl-isovaleriansäure	3,5[2]	

Tabelle 64 (Fortsetzung).

Substrat	Hydrolysenrate	Bemerkungen
Acetyl-D,L-norleucin	14400	
Chloracetyl-D,L-norleucin	30400	
Glycyl-L-norleucin	5600	
Chloracetyl-ε-hydroxynorleucin	10000	
Chloracetyl-L-isoleucin	1010	
Glycyl-L-isoleucin	132	
Chloracetyl-L-alloisoleucin	950	
Glycyl-L-alloisoleucin	88	
Acetyl-L-isoleucin	340	D,L-Verbindung 376
Acetyl-D-isoleucin	0	
Acetyl-L-alloisoleucin	148	D,L-Verbindung 250
Acetyl-D-alloisoleucin	0	
Chloracetyl-D,L-tert.-leucin	0	12 Std bei 37° C [3]
Acetyl-L-methionin	30000	D,L-Verbindung 24200
Acetyl-D-methionin	3	1—3 Std bei 38° C, 1 mg Protein-N/ml Enzymlösung
Chloracetyl-L-methionin	88000	D,L-Verbindung 100000
Chloracetyl-D-methionin	10	1—3 Std bei 38° C, 1 mg Protein-N/ml Enzymlösung
Glycyl-L-methionin	15000	
Acetyl-D,L-asparaginsäure	5	
Chloracetyl-D,L-asparaginsäure	4	
Glycyl-L-asparaginsäure	4	
Chloracetyl-L-asparagin	129	
Glycyl-L-asparagin	54	
Acetyl-D,L-glutaminsäure	3080	
Chloracetyl-D,L-glutaminsäure	12700	
Glycyl-L-glutaminsäure	490	
Carbobenzoxy-L-glutaminsäure	20	D,L-Verbindung 28
Carbobenzoxy-D-glutaminsäure	0	3 Std bei 38° C, 1 mg Protein-N/ml Enzymlösung
α,δ-Dichloracetyl-D,L-ornithin	304	
α,δ-Dichloracetyl-D-ornithin	0	3 Std bei 38° C, 1 mg Protein-N/ml Enzymlösung
α,ε-Dichloracetyl-D,L-lysin	140	
α,ε-Dichloracetyl-D-lysin	0	3 Std bei 38° C, 1 mg Protein-N/ml Enzymlösung
α-Chloracetyl-ε-carbobenzoxy-δ-hydroxylysin	< 5	
α-Chloracetyl-ε-carbobenzoxy-allo-δ-hydroxylysin	< 5	
Chloracetyl-L-phenylalanin	500	D,L-Verbindung 460
Glycyl-L-phenylalanin	106	
Chloracetyl-D-phenylalanin	< 0,5	3 Std bei 38° C, 1 mg Protein-N/ml Enzymlösung
Acetyl-D,L-phenylalanin	138	
Chloracetyl-L-tyrosin	33	
Glycyl-L-tyrosin	48	
Chloracetyl-D-tyrosin	< 0,5	3 Std bei 38° C, 1 mg Protein-N/ml Enzymlösung
Acetyl-D,L-tryptophan	5	
Chloracetyl-L-tryptophan	12	D,L-Verbindung 12
Glycyl-L-tryptophan	122	
Chloracetyl-D-tryptophan	0	3 Std bei 38° C, 1 mg Protein-N
Acetyl-L-prolin	< 0,5	
Chloracetyl-L-prolin	5	D,L-Verbindung 6
Acetyl-äthionin	15400	
Acetyl-S-benzylcystein	100	
Acetyl-S-benzylhomocystein	170	
Acetyl-histidin	150	
Acetyl-arginin	410	
Chloracetyl-α-aminoadipinsäure	45	

Tabelle 64 (Fortsetzung).

Substrat	Hydrolysenrate	Bemerkungen
Chloracetyl-α-amino-n-heptylsäure	28200	
Chloracetyl-α-amino-n-caprylsäure	7700	
Chloracetyl-α-amino-n-nonylsäure	1600	
Chloracetyl-α-amino-n-decylsäure	120	
Chloracetyl-α-amino-n-undecylsäure	9	
Chloracetyl-serin	11600	
Glycyl-L-serin	505	
Chloracetyl-α-methylserin	20	
Chloracetyl-homoserin	12600	
Chloracetyl-threonin	720	
Glycyl-L-threonin	91	
Chloracetyl-allothreonin	2580	

Die Werte sind den Angaben in [1–4] entnommen. Hydrolysenrate: initiale Spaltungsgeschwindigkeit in μMol hydrolysiertes Substrat/Std/mg Protein-N bei 38° C. Substratkonzentration 0,016 (D,L-Verbindung) bzw. 0,008 m (L- oder D-Verbindung), p_H 7,0 (0,1 m Phosphatpuffer). Wo nichts anderes angegeben, Inkubationsdauer meistens 30 min.

vgl. Legende Tabelle 64] für L-Leucinamid 2,0; D-Leucinamid 0; Glycinamid 0; Triglycin 360; Diglycyl-L-alanin 218; Diglycyl-D-alanin 7; Glycyl-L-alanyl-glycin 500; Glycyl-D-alanylglycin 0; Chloracetyl-L-alanin 9; Chloracetylglycyl-D-alanin 0)[1]. Einheitliche Acylase I nach [5] ist frei von saurer und alkalischer Phosphatase, Lactatdehydrogenase, Aldolase, Phosphoglucoseisomerase, Phosphomannoseisomerase, Phosphoglucomutase, Glutamat-oxalacetat-transaminase, Glutamat-pyruvattransaminase, Kathepsin, Acylase II, Aminopolypeptidase und Dipeptidase. Glycylglycin wird zwar gespalten, Co^{++} wirkt jedoch nicht wie bei Gly-gly-dipeptidase aktivierend, sondern deutlich hemmend. Für die spaltende Wirkung der gereinigten Acylasepräparationen auf Glycyl- und Alanyl-Dipeptide und Acyl-D-Aminosäuren ist offenbar das eigentliche Enzym (Acylase I) verantwortlich zu machen (vgl. unter Spezifität)[2, 4]. Immerhin ist die Anwesenheit einer sehr schwach wirksamen D-Acylase nicht ausgeschlossen[4], die jedoch die Verwendung von Acylase I-Präparationen zur präparativen Racematspaltung der Aminosäuren nicht stört, da optische Reinheitsgrade der L- und D-Aminosäuren von 99,9% und mehr erreicht werden[6]. Auch geringfügige Esteraseaktivität ist in Acylase I-Präparationen nachgewiesen (Hydrolysenrate von Chloracetyl-D,L-alaninäthylester 4)[7].

Das p_H-Optimum der α-Acylase I liegt für acylierte Mono- und Diaminosäuren (z.B. Dichloracetyllysin) bei p_H 7,0—7,2 (0,1 m Phosphatpuffer, 0,033 m Trispuffer), für acylierte Glutaminsäure bei p_H 6,5, für Hippursäure bei p_H 6,4[4, 5]. Über die Spezifität und die Aktivität der Acylase I gegenüber den verschiedenen Substraten vgl. Tabelle 64, ferner im Abschnitt „Dehydropeptidasen" (S. 193). Es ergibt sich daraus, daß bei gleichen Acylradikalen die Spaltungsgeschwindigkeiten stark von der Art der Aminosäure abhängen. Acyl-L-asparaginsäure wird praktisch nicht gespalten, dagegen deutlich Acyl-L-asparagin und Acylderivate der Glutaminsäure. Beste Substrate für Acylase I sind Acetyl- bzw. Chloracetylmethionin. Die Acylverbindungen der einfachen, unverzweigten α-Aminosäuren werden mit zunehmender Kettenlänge bis Norvalin mit steigender Geschwindigkeit gespalten, die bei längeren Ketten dann sehr rasch wieder abfällt. Verzweigung der Aminosäureseitenketten hemmt die Reaktion. Das Chloracetylderivat des tert. Leucins (α-Amino-β, β,β-trimethylpropionsäure) wird durch Acylase nicht angegriffen[3]. Verzweigung am α-C-

[1] Rao, K. R., S. M. Birnbaum and J. P. Greenstein: J. biol. Ch. **203**, 1 (1953).
[2] Rao, K. R., S. M. Birnbaum, R. B. Kingsley and J. P. Greenstein: J. biol. Ch. **198**, 507 (1952).
[3] Izumiya, N., S.-C. J. Fu, S. M. Birnbaum and J. P. Greenstein: J. biol. Ch. **205**, 221 (1953).
[4] Birnbaum, S. M., L. Levintow, R. B. Kingsley and J. P. Greenstein: J. biol. Ch. **194**, 455 (1952).
[5] Bruns, F. H., u. C. Schulze: B.Z. **336**, 162 (1962).
[6] Greenstein, J. P.: Adv. Protein Chem. **9**, 174 (1954).
[7] Fu, S. C. J., and S. M. Birnbaum: Am. Soc. **75**, 918 (1953).

Atom der Aminosäure, d.h. also Verlust des α-H-Atoms, setzt bei Substitution durch eine CH_3-Gruppe die Geschwindigkeit herab; Substitution durch einen Äthylrest hebt die Angreifbarkeit durch das Enzym auf[1]. Bei fehlendem Wasserstoff am α-C-Atom der α-Aminosäure durch Bildung einer Doppelbindung zwischen α- und β-C-Atom greift Acylase I nur Acetyl-, Chloracetyl- und Glycyldehydroalanin an, nicht die entsprechenden Derivate anderer Dehydroaminosäuren (Dehydropeptidase II-Aktivität; vgl. S. 193ff.).

Relativ schwach ist die Hydrolyse der N-Acylderivate der aromatischen Aminosäuren durch Acylase I im Vergleich zu der der acylierten aliphatischen geradkettigen α-Aminosäuren (bei der Carboxypeptidase A ist es umgekehrt). Die Enzymaktivitäten in Acylase I-Präparationen liegen gegenüber acylierten aliphatischen Aminosäuren im allgemeinen 30—35mal so hoch wie im Ausgangshomogenat, gegenüber acylierten aromatischen Aminosäuren (Tyrosin und Tryptophan) nur 3—4mal so hoch. Deshalb bleibt die Möglichkeit offen, ob nicht eine weitere Acylase besonderer Spezifität gegenüber acylierten aromatischen Aminosäuren in den Homogenaten der Organe vorliegt *(Acylase III)*[2,3]. Acetyldijodtyrosin und Acetylhomocysteinthiolacton werden durch Acylase I sehr schwach gespalten[4].

Von wesentlichem Einfluß auf die Spaltungsaktivität der Acylase I ist der Charakter des Acylrestes der Aminosäure. Für die Acylderivate vom Glycin und Alanin steigt die Hydrolysenrate mit zunehmender Kettenlänge des Acylrestes an, z.B. verhält sich für Glycin die Spaltung von Acetylglycin:Propionylglycin: Butyrylglycin wie 1:1,9:6,8. Bei Valin und Leucin sinkt die Spaltung mit zunehmender Kettenlänge des Acylrestes, z.B. für Valin 1:0,04:0,02[5]. Halogensubstitution erhöht, zumindest bei Acetylverbindungen, für F- und Cl-Derivate die Hydrolysenrate, wie die Angaben der Tabelle 65 ausweisen[6,7]. Cl im Propionylrest setzt sowohl für das Alanin- wie das Glycinderivat im Vergleich zu den unsubstituierten Propionylverbindungen die Spaltung durch Acylase I auf den 40.—60. Teil herab[2].

Bemerkenswert ist, daß sich bei einigen trifluoracetylierten Aminosäuren, z.B. Methionin, der bei anderen Acylderivaten so deutliche Unterschied in der Hydrolysenrate zwischen L- und D-Derivat erheblich verringert, offenbar dadurch, daß für die trifluoracetylierte L-Aminosäure die Empfindlichkeit für Acylase I abnimmt und für die entsprechende D-Verbindung zunimmt. So beträgt das Verhältnis der Hydrolysenraten für trifluoracetyliertes L- und D-Methionin nur noch 3, während es bei Acetylverbindungen 10000 ausmacht. Wird eine Aminosäure mit einem L-Acylrest verknüpft, z.B. L-Chlorpropionylglycin, -L-alanin, -L-α-aminobuttersäure, -L-norvalin, -L-phenylalanin, so werden diese Verbindungen mit größerer Geschwindigkeit durch Acylase I gespalten als die den D-Acylrest tragenden. Der Unterschied ist viel ausgeprägter, wenn L- oder D-Alanin N-terminal statt des Chlorpropionylrestes stehen[8].

Acylase I-Präparationen vermögen Glycylaminosäuren etwa mit den gleichen Unterschieden in der Geschwindigkeit zu spalten wie die entsprechenden Chloracetylaminosäuren (vgl. Tabelle 64, S. 132). Letztere werden durch Acylase I etwa 5—20mal stärker gespalten als die entsprechenden Glycylaminosäuren. Für Asparaginsäure, Tyrosin und Tryptophan gilt diese Regel nicht. Anhaltspunkte, daß diese Dipeptide nicht durch die Acylase I, sondern durch ein in der Präparation enthaltenes anderes Enzym gespalten werden, sind bisher nicht gefunden[2]. Für die Wirkung der Acylase I ist außer der freien —COOH-Gruppe — Chloracetyl-D,L-alaninamid wird nicht gespalten — auch der Peptid-H erforderlich. Chloracetylprolin wird sehr schwach, N-Chloracetyl-N-methyl-D,L-alanin und N-Chloracetyl-N-äthyl-D,L-alanin werden nicht gespalten[1].

---

[1] Fu, S.-C. J., and S. M. Birnbaum: Am. Soc. **75**, 918 (1953).
[2] Rao, K. R., S. M. Birnbaum, R. B. Kingsley and J. P. Greenstein: J. biol. Ch. **198**, 507 (1952).
[3] Birnbaum, S. M.; in: Colowick-Kaplan, Meth. Enzymol. Bd. II, S. 115.
[4] Bruns, F. H., u. C. Schulze: B.Z. **336**, 162 (1962).
[5] Mounter, L. A., L. T. H. Dien and F. E. Bell: J. biol. Ch. **233**, 903 (1958).
[6] Fones, W. S., and M. Lee: J. biol. Ch. **201**, 847 (1953).
[7] Fones, W. S., and M. Lee: J. biol. Ch. **210**, 227 (1954).
[8] Fu, S.-C. J., S. M. Birnbaum and J. P. Greenstein: Am. Soc. **76**, 6054 (1954).

Die Aktivität der Acylase I ist in Phosphat- und in Veronalpuffer gegenüber den acylierten Aminosäuren und den Glycylaminosäuren nicht unterschiedlich, auch im Gesamthomogenat der Niere ist bei acylierten Aminosäuren als Substrate kein Puffereffekt erkennbar. Glycylaminosäuren werden jedoch bei Anwendung von Phosphatpuffer durch Gesamthomogenat stärker hydrolysiert als bei Benutzung von Veronalpuffer, bedingt wahrscheinlich durch parallel einwirkende Peptidasen[1, 2]. Die Spaltung von Acetylmethionin durch einheitliche, hochgereinigte Acylase I erfolgt bei p_H 7,0 mit Trispuffer (0,033 m) am stärksten, abfallend bei 0,033 m Phosphat (65% von Tris), 0,033 m Veronal-HCl (48%), 0,033 m Collidin (18%)[3].

Tabelle 65. *Acylase I-Wirkung auf halogensubstituierte Acetylaminosäuren.*

Substrat	Hydrolysenrate (hydrolysierte µMol Substrat/mg Protein-N/Std)
Acetyl-D,L-alanin	2900
Fluoracetyl-D,L-alanin	14700
Chloracetyl-D,L-alanin	11600
Bromacetyl-D,L-alanin	2500
Jodacetyl-D,L-alanin	185
Dichloracetyl-D,L-alanin	180
Trichloracetyl-D,L-alanin	0
Trifluoracetyl-D,L-alanin	18000
Trifluoracetyl-L-alanin	16000
Trifluoracetyl-D-alanin	200
Acetyl-D,L-phenylalanin	170
Fluoracetyl-D,L-phenylalanin	830
Chloracetyl-D,L-phenylalanin	650
Bromacetyl-D,L-phenylalanin	120
Jodacetyl-D,L-phenylalanin	8
Dichloracetyl-D,L-phenylalanin	8
Trichloracetyl-D,L-phenylalanin	0
Trifluoracetyl-D,L-phenylalanin	7100
Trifluoracetyl-L-α-aminobuttersäure	48400
Trifluoracetyl-L-norvalin	21500
Trifluoracetyl-L-norleucin	19500
Trifluoracetyl-L-valin	16400
Trifluoracetyl-L-leucin	57000
Trifluoracetyl-L-α-aminodecylsäure	3200
Trifluoracetyl-L-phenylalanin	11000
α-Trifluoracetyl-ε-benzoyl-L-lysin	100
Trifluoracetyl-L-methionin	15700
Trifluoracetyl-D-α-aminobuttersäure	60
Trifluoracetyl-D-norvalin	145
Trifluoracetyl-D-norleucin	315
Trifluoracetyl-D-valin	0
Trifluoracetyl-D-leucin	9
Trifluoracetyl-D-α-aminodecylsäure	2
Trifluoracetyl-D-phenylalanin	3
α-Trifluoracetyl-ε-benzoyl-D-lysin	0
Trifluoracetyl-D-methionin	5200
Trifluoracetyl-glycin	3700
Trifluoracetyl-D,L-asparaginsäure	330
Perfluorbutyryl-D,L-alanin	470
α-Chloracetyl-ε-benzoyl-L-lysin	4

Die Ansätze enthalten bei 3 ml Gesamtvolumen 1 ml Enzymlösung, 1 ml 0,05 m Phosphatpuffer p_H 7,0 und 1 ml 0,05 m neutralisierte Lösung des Racemats oder 1 ml 0,025 m neutralisierte Lösung der optisch aktiven Verbindung. Temperatur 37° C.

Versene (10^{-3} m) beeinflußt die Acylase I-Aktivität nicht[4], wohl aber übt Co^{++} einen bemerkenswerten Einfluß aus[1, 4]. Acylase I ist offenbar auch ohne Co^{++} aktiv; jedenfalls ist die Asche von Acylase I-Präparationen frei von Co^{++} bei Anwesenheit von Ca^{++}, Mg^{++}, Na^{+}, Zn^{++} und PO_4^{3-} sowie Spuren von Al^{+++}, Cr^{+++}, Mn^{++}, Fe^{+++}, Sr^{++}, Ba^{++}, Si^{++++} [4]. Co^{++} vermag in Abhängigkeit von seiner Konzentration und vom eingesetzten Substrat aktivierend oder hemmend zu wirken, und zwar scheint mit wenigen Ausnahmen der Einfluß auf die Hydrolyse der entsprechenden Chloracetyl- und Glycylaminosäuren gleichsinnig zu sein, dagegen unterschiedlich je nach Höhe der Hydrolysenraten. Die Spaltung derjenigen Chloracetyl-und Glycylaminosäuren, die von Acylase I relativ langsam angegriffen werden, wird bei Anwesenheit auch von hohen Co^{++}-Konzentrationen (10^{-2} m) aktiviert. Die Derivate von Glykokoll, Valin, Threonin, Isoleucin, allo-Isoleucin, Phenylalanin, Tryptophan, Asparagin werden durch Co^{++}-Zugabe um etwa 15—50% mehr hydrolysiert als ohne Co^{++}, von Asparaginsäure um 610—850%. Trotzdem bleiben bei letzterer die Hydrolysenraten immer noch unter den Werten, die mit

[1] RAO, K. R., S. M. BIRNBAUM, R. B. KINGSLEY and J. P. GREENSTEIN: J. biol. Ch. **198**, 507 (1952).
[2] ROBINSON, D. S., S. M. BIRNBAUM and J. P. GREENSTEIN: J. biol. Ch. **202**, 1 (1953).
[3] BRUNS, F. H., u. C. SCHULZE: B. Z. **336**, 162 (1962).
[4] MARSHALL, R., S. M. BIRNBAUM and J. P. GREENSTEIN: Am. Soc. **78**, 4636 (1956).

Acylase II erhalten werden, welche durch Co^{++} nicht beeinflußt wird. Diejenigen Chloracetyl- und Glycylaminosäuren, deren Hydrolysenraten durch Acylase I ohne Co^{++} am höchsten liegen (Methionin, Norleucin, Norvalin), werden in ihrer Spaltung durch Co^{++} in 10^{-2} bis 10^{-4} m-Konzentration gehemmt (um etwa 15—75%). Ähnlich verhalten sich die Lysinderivate mit freier ε-Aminogruppe. Die Derivate der anderen Aminosäuren, die in der Höhe ihrer Hydrolysenraten zwischen denen der ersten und zweiten Gruppe liegen, zeigen gegenüber der Co^{++}-Zugabe unterschiedliches Verhalten. Die Spaltung der Glycylverbindung von Serin, α-Aminobuttersäure, Glutaminsäure, Leucin wird durch 10^{-2} m Co^{++} gehemmt; die Acylasewirkung auf Chloracetyl- und Glycyl-L-alanin bleibt durch diese Co^{++}-Konzentration unbeeinflußt, wird jedoch bei 10^{-3} m Co^{++} bei der Chloracetylverbindung um 69% gehemmt, bei der Glycylverbindung um 56% gesteigert. 10^{-3} m Co^{++} wirkt in dieser Gruppe sonst nicht oder aktivierend. Über den Einfluß verschiedener Co^{++}-Konzentrationen auf die Acylase I-Aktivität verschiedener Acetylaminosäuren vgl. Tabelle 66. Es ergibt sich, daß bei Untersuchungen, die die optische Spezifität der Acylase I berücksichtigen sollen, Co^{++}-Zugabe nicht ratsam ist, da dadurch unter Umständen die Unterschiede in der optischen Spezifität durch Hemmung der Spaltung der Derivate der L-Aminosäure und Steigerung derjenigen der D-Aminosäure geringer werden.

Tabelle 66. *Wirkung verschiedener Co^{++}-Konzentrationen auf die Hydrolysenraten der Acylase I.*

Substrat	Hydrolysenrate *ohne* Co^{++}	% Anstieg oder Abnahme der Hydrolysenrate bei Co^{++}-Zugabe in der Konzentration			
		1×10^{-4} m	1×10^{-3} m	1×10^{-2} m	4×10^{-2} m
Acetyl-L-alanin	5800	+12	+60	+25	−9
Acetyl-D-alanin	2	+350	+440	+270	+20
Acetyl-L-methionin	25800	−7	−19	−26	−62
Acetyl-D-methionin	11	+28	+80	+20	−21
Acetyl-L-isoleucin	970	+124	+240	+280	+82
Acetyl-D-isoleucin	0	0	0	0	0
Acetyl-L-asparaginsäure	3,7	+200	+280	+290	+128
Acetyl-D-asparaginsäure	0	0	0	0	0
Acetyl-L-glutaminsäure	3690	+30	+70	+27	−6
Acetyl-D-glutaminsäure	0	0	0	0	0
Acetyl-L-arginin	1110	−5	−36	−66	−78
Acetyl-D-arginin	0	0	0	0	0
Acetyl-L-histidin	740	+11	+31	−44	−75
Acetyl-D-histidin	0	0	0	0	0

Hydrolysenrate: μMol hydrolysiertes Substrat/Std/mg Protein-N der Enzympräparation bei p_H 7,0 bei 37° C; Substratkonzentration: 0,017 m.

Bei gleichen Co^{++}-Konzentrationen ist die erzielbare Aktivierung bzw. Hemmung von der Enzymkonzentration in weitem Bereich unabhängig. Im allgemeinen wird für Versuche mit Co^{++}-Zusatz (10^{-2} m) eine 2 min-Präinkubation der Enzymlösung mit dem Salz ausreichend sein. Bei geringen Co^{++}-Konzentrationen ist Verlängerung der Präinkubation bis 30 min zu empfehlen. Die Stärke des Co^{++}-Einflusses ist in gewissem Umfang abhängig von der Substratkonzentration.

Werden Acylase I-Lösungen bei p_H 7,0 10 min mit steigenden Mengen Kobaltacetat, z.B. 10^{-4} bis 10^{-1} m, behandelt, so zeigt sich auch nach Ausdialysieren der Lösung ein proportionaler Anstieg des Co-Gehaltes der lyophilisierten Präparation bis etwa 0,26% und parallel dazu bis zu einem Wert von etwa 0,2% gebundenem Co^{++} ein Ansteigen der Hydrolysenrate der getesteten Substrate (s. Tabelle 67). Wenn Acylase I-Präparationen in Mengen von 12—36 mg/ml mit 4×10^{-2} m Kobaltacetat zusammengebracht, dialysiert, zentrifugiert und lyophilisiert werden, so sind Präparationen mit gebundenem Co^{++} zu erhalten, durch die z.B. Acetyl-L-methionin, durch Acylase I bei Zugabe von Co^{++} ohne anschließende Dialyse geringer gespalten als ohne Co^{++}, deutlich stärker hydrolysiert

Tabelle 67. *Aktivität der Acylase I A (Co^{++}-aktivierte und dialysierte Acylase I-Präparationen).*

Zur Acylase I-Präparation zugesetztes Kobaltacetat m	Analyse des aktivierten dialysierten Enzyms N %	Co %	Hydrolysenraten der Acetylderivate von L-Alanin	D-Alanin	L-Methionin	D-Methionin	L-Ornithin
0	15,4	0	6100	2,1	24200	10,4	15,0
10^{-4}	15,8	0,016	8440	5,2	26500	51,0	33,4
10^{-3}	15,6	0,096	10300	9,0	27400	80,7	36,6
10^{-2}	15,6	0,194	12100	9,9	26900	85,8	36,2
$4 \cdot 10^{-2}$	15,5	0,262	11400	10,0	28700	83,9	36,4
10^{-1}	15,6	0,264	11400	10,6	30100	84,9	35,9

Hydrolysenrate und Substratkonzentration s. Legende zu Tabelle 66.

wird als ohne C^{++}o-Vorbehandlung der Acylase I. Diese Co-haltigen Acylase I-Präparationen, durch Versene 10^{-3} m in ihrer Aktivität nicht beeinflußbar, werden auch als *Acylase I A* bezeichnet[1] und stellen eine aktivierte Form der Acylase I dar, von der sich Acylase I in Aktivität und in gewissem Umfang in der Stereospezifität unterscheidet. Acylase I A ist nicht so stark L-gerichtet, jedoch stärker D-gerichtet als Acylase I. Acylase I wird von Cu^{++} und Zn^{++} von 10^{-4} m bis 5×10^{-2} m gehemmt, Mn^{++}, Mg^{++}, Ca^{++} und Ni^{++} sind bei den niedrigen Konzentrationen ohne Einfluß, bei den höheren schwach oder

Tabelle 68. *K_M-Werte für Acylase I und Acylase I A* ($t = 37°$ C).

Substrat	*Acylase I* V_{max} maximale Hydrolysenrate	$K_M \times 10^3$ (Mol/l)	*Acylase I A* V_{max}	$K_M \times 10^3$ (Mol/l)
Acetyl-glycin	6480	40,8; 20,0[7]	6410	9,4
Acetyl-L-alanin	15500	25,6	15600	7,1
Acetyl-L-α-aminobuttersäure .	20700	8,3	19900	5,0
Acetyl-L-norvalin	26900	3,0	25500	1,0
Acetyl-L-norleucin	22300	2,0	19000	sehr klein
Acetyl-L-methionin	30700	3,7; 2,0[7]	32800	1,8
Acetyl-L-methionin		5,2 (25°)[2]		
Acetyl-L-leucin	19500	12,8	25700	5,6
Acetyl-L-valin	10200	30,6	12500	13,2
Acetyl-L-isoleucin	1820	17,8	3770	15,1
Acetyl-L-alloisoleucin			3970	13,9
Acetyl-L-asparaginsäure . . .	44,5	409	142	178
Acetyl-L-glutaminsäure . . .	17900	63,1	17800	28,8
Acetyl-L-arginin			2120	27,6
Acetyl-D-alanin	6,1	34,4		
Acetyl-D-methionin	62	77,8		
Hippursäure[4]		2,4		
Thiophen-2-carboxyglycin[4] . .		5,1		

stärker hemmend[1]. Bei der Spaltung von Acyl-D-aminosäuren und der entsprechenden Racemate (Acetyl-methionin) durch Acylase I erweist sich die freie L-Aminosäure (L-Methionin) als Inhibitor[3]. Bei höheren Substratkonzentrationen von Hippursäure und Thiophen-2-carboxyglycin ist für diese Verbindung ein deutlicher Abfall der maximalen initialen Reaktionsgeschwindigkeit (Substrathemmung) festzustellen. Salyrgan (5×10^{-7} m) hemmt Acylase I zu 95 %. Eine Inhibitorwirkung von J_2 ist erst bei Konzentrationen über 1×10^{-5} m und von Monojodessigsäure oberhalb 1×10^{-3} m festzustellen. Hippursäure hemmt die Spaltung von Acetyl-L-methionin durch Acylase I kompetitiv[4].

[1] Marshall, R., S. M. Birnbaum and J. P. Greenstein: Am. Soc. **78**, 4636 (1956).
[2] Mitz, M. A., and R. J. Schlueter: Biochim. biophys. Acta **27**, 168 (1958).
[3] Birnbaum, S. M., L. Levintow, R. B. Kingsley and J. P. Greenstein: J. biol. Ch. **194**, 455 (1952).
[4] Bruns, F. H., u. C. Schulze: B.Z. **336**, 162 (1962).

Die *Kinetik* der Acylase I-Wirkung entspricht bis zu mindestens 40 % ihrer Spaltung einem Reaktionsverlauf 0. Ordnung, kann jedoch bei manchem Substrat, z. B. Acetyl-L-alanin 0,017 m mit und ohne Co^{++} auch 1. Ordnung sein[1, 2].

Über die K_M-Werte für Acylase I und Acylase I A vgl. Tabelle 68[1]. $\Delta F° = 4300$ cal/Mol, $\Delta H° = 3300$ cal/Mol, $\Delta S° = 3$ cal/Mol/°C [3]. Wechselzahl = 20000 M Acetyl-L-methionin/Mol Protein/min[3].

Acylase II (Asparaginsäureacylase) besitzt ihr p_H-Optimum bei 8,5; bei p_H 7,0 ist die Aktivität etwa 70 % derjenigen bei p_H 8,5[4]. Über Aktivitäts- und Spezifitätsverhältnisse orientiert Tabelle 69[4, 5]. Acylase II wird weder durch Co^{++} noch durch Mn^{++} beeinflußt[5]. β-Methylasparaginsäure wird durch Acylase II gespalten[6].

Tabelle 69. *Aktivität und Spezifität der Acylase II.*

Substrat	Hydrolysenraten (μMol hydrolysiertes Substrat/mg Protein-N der Enzymlösung/Std		
	Nieren-gesamt-homogenat	Acylase I	Acylase II
Acetyl-D,L-asparaginsäure . . .	11		27
Chloracetyl-D,L-asparaginsäure .	32	4	142
Chloracetyl-D,L-glutaminsäure .	480	12700	6
Acetyl-D,L-methionin	615	24200	9
Chloracetyl-D,L-alanin	440	11600	5
Chloracetyl-D,L-leucin.	630	16500	7
Chloracetyl-D,L-serin	455		3
Glycyl-L-asparaginsäure . . .	45	4	2
Glycyl-D-asparaginsäure . . .	0	0	0
Glycyl-L-asparagin	1120	54	19
Glycyl-L-glutaminsäure	310	490	3

p_H 7,0; $t = 38°$ C.

ε-Lysinacylase[7]. Das p_H-Optimum in 0,066 m Phosphatpuffer liegt bei p_H 7,0—7,2. Bei diesen p_H-Werten ist in Citrat-Phosphatpuffer (0,08 m) gegenüber reinem Phosphatpuffer die Aktivität um mehr als die Hälfte herabgesetzt, in Veronalpuffer (0,05 m) auf weniger als $^1/_4$ und in Trispuffer (0,05 m) auf etwa $^1/_8$ des Phosphatpufferwertes. In Veronalpuffer hat Zugabe von Ca^{++}, Co^{++}, Mg^{++}, Ni^{++} (10^{-3} m) in Form der Acetate oder Chloride geringe Aktivitätsanstiege der ohne diese Zusätze in Veronalpuffer erhaltenen Werte zur Folge, Mn^{++} ist ohne Wirkung, Zn^{++} verursacht 75 %ige Hemmung. Cystein, Ascorbinsäure und GSH (5 mg/ml) haben keinen Einfluß. Zur Substratspezifität siehe Tabelle 70.

Tabelle 70. *Spezifität der ε-Lysinacylase.*

Substrat	Relative Hydrolysenrate*	
ε-Chloracetyl-L-lysin	99,4	
ε-Acetyl-L-lysin	61,7	
α,ε-Dichloracetyl-L-lysin . . .	107,7**	
ε-Acetyl-D-lysin	0,0	papierchromatographisch kein Lysin nachweisbar
ε-Carbobenzoxy-L-lysin	0,5	
δ-Chloracetyl-L-ornithin	0,0	
Biocytin (ε-Biotinyl-L-lysin) . .	1,3	

2 ml-Ansätze: Substratkonzentration 0,066 m; 0,066 m Phosphatpuffer p_H 7,2, 10 mg lyophilisierte ε-Lysinacylase. Inkubation 3—4 Std bei 37° C.

* μl CO_2 nach Einwirkung spezifischer Aminosäuredecarboxylase (L-Lysindecarboxylase aus *Bact. cadaveris*, L-Ornithindecarboxylase aus *Clostridium septicum*) am Ende der ε-Lysinacylase-inkubation, berechnet auf 60 min Inkubation.

** Hoher Wert bedingt durch Acylase I-Gehalt der Präparationen.

[1] Marshall, R., S. M. Birnbaum and J. P. Greenstein: Am. Soc. **78**, 4636 (1956).
[2] Mounter, L. A., L. T. H. Dien and F. E. Bell: J. biol. Ch. **233**, 903 (1958).
[3] Bruns, F. H., u. C. Schulze: B. Z. **336**, 162 (1962).
[4] Birnbaum, S. M., L. Levintow, R. B. Kingsley and J. P. Greenstein: J. biol. Ch. **194**, 455 (1952).
[5] Rao, K. R., S. M. Birnbaum, R. B. Kingsley and J. P. Greenstein: J. biol. Ch. **198**, 507 (1952).
[6] Benoiton, L., S. M. Birnbaum, M. Winitz and J. P. Greenstein: Arch. Biochem. **81**, 434 (1959).
[7] Paik, W. K., L. Bloch-Frankenthal, S. M. Birnbaum, M. Winitz and J. P. Greenstein: Arch. Biochem. **69**, 56 (1957).

Acylase I greift ε-Acetyl-L-lysin nicht an. Anhaltspunkte, daß ε-Lysinacylase für ihre Wirkung der Anwesenheit der freien α-Aminogruppe bedarf, liegen nicht vor. Die Kinetik der ε-Lysinacylase entspricht bei der initialen Spaltung einem Reaktionsverlauf 0. Ordnung und zeigt direkte Proportionalität zwischen der Menge an freigesetztem L-Lysin und der verwendeten Enzymkonzentration.

Zu den Eigenschaften der D-*Acylase* aus Bodenbakterien s. im Abschnitt über die Darstellung dieses Enzyms (s. S. 130f.). Gespalten werden auch die N-Dichloracetylverbindungen der D-Isomeren von threo-β-Phenylserin, threo-β-p-Nitrophenylserin und Phenylglycin. Taka-Acylase (über Darstellung s. S. 131) hydrolysiert Acetyl-D,L-phenylalanin, Chloracetyl-D,L-valin und Chloracetyl-L-tyrosin, ist durch Co^{++} aktivierbar, durch andere Metalle in der Reihenfolge $Cu^{++} > Cd^{++} > Fe^{++} > Cr^{+++} > Fe^{+++} > Ni^{++} > Zn^{++} > Mn^{++}$ zu hemmen. Bei Anwesenheit von Na-Acetat oder Na_2SO_4 schützen diese Metalle vor Hitzeinaktivierung. p_H-Optimum bei niedrigen [Co^{++}] bei 8,6, bei höheren bei p_H 8,0 und 10,0. EDTA hemmt vollständig, jedoch durch Co^{++} reversibel. Starke Hemmung durch p-Chlormercuribenzoat, durch Zusatz von Thioglykolsäure reversibel. Aktivierungsenergie 14000 cal bei Gegenwart von Co^{++} [1].

Enzymmengen sind bei allen Acylasen am zweckmäßigsten durch Heranziehung der Hydrolysenraten (μMol hydrolysiertes Substrat pro mg Protein-N der Enzympräparation je Std) zu kennzeichnen.

Bestimmung.

$$R_1{-}CH_2{-}CO{-}NH{-}\underset{\displaystyle R_2}{\underset{|}{CH}}{-}COOH \xrightarrow[+\alpha\text{-Acylase}]{+H_2O} R_1{-}CH_2{-}COOH + H_2N{-}\underset{\displaystyle R_2}{\underset{|}{CH}}{-}COOH$$

R_1 = H, Cl usw. (bei Acylase I auch NH_2)

R_2 = Aminosäurerest (bei Acylase I außer Asparaginsäure, bei Acylase II Asparaginsäurerest)

ε-Lysinacylase:

$$R_1{-}CH_2{-}CO{-}NH{-}CH_2{-}(CH_2)_3{-}\underset{\displaystyle NH{-}R_2}{\underset{|}{CH}}{-}COOH \xrightarrow[+\varepsilon\text{-Lysinacylase}]{+H_2O} R_1{-}CH_2{-}COOH + H_2N{-}CH_2{-}(CH_2)_3{-}\underset{\displaystyle NH{-}R_2}{\underset{|}{CH}}{-}COOH$$

R_1 = H, Cl usw.; R_2 = H, $-OCCH_2R$

Über die Zusammensetzung der Ansätze für die Bestimmung der Acylasen s. die Legenden zu den vorangehenden Tabellen dieses Abschnittes (Aminosäureacylasen). Zweckmäßiges Substrat für Acylase I-Bestimmung: Acetyl- bzw. Chloracetyl-L-methionin (die eigentlichen Bestimmungen können nach einem der im allgemeinen Teil besprochenen Verfahren erfolgen). Zu empfehlen sind, besonders bei Verwendung von ninhydrinnegativen Substraten, die in diesen Fällen leicht durchführbaren colorimetrischen, volumetrischen und manometrischen Ninhydrinverfahren (vgl. S. 26, 36; Beachtung, daß Asparaginsäure mit Ninhydrin 2 M CO_2 bildet).

***Direkte spektrophotometrische Acylase I-Bestimmung bei 238 mμ nach* Mitz *und* Schlueter**[2].

Da die Absorptionskoeffizienten einfacher N-acylierter Aminosäuren unterhalb 240 mμ größer als die der freien Aminosäuren sind, kann durch Differenzspektrophotometrie zwischen N-acylierter Aminosäure und der während der enzymatischen Hydrolyse erwarteten freien Aminosäure der Verlauf der Spaltung kontinuierlich verfolgt werden. Mit partiell gereinigten Enzympräparationen kann eine Enzymbestimmung innerhalb 3—5 min durchgeführt werden.

---

[1] Inouye, M., u. S. Akabori: J. Biochem. 48, 603 (1960).

[2] Mitz, M. A., and R. J. Schlueter: Biochim. biophys. Acta 27, 168 (1958).

Reagentien:

1. 0,025 m Acetyl-L-methionin in 0,1 m Phosphatpuffer, p_H 7,0.
2. 0,025 m L-Methionin in 0,1 m Phosphatpuffer, p_H 7,0.

Gerät:

UV-Spektrophotometer mit Einrichtung zur Konstanthaltung einer Temperatur von 25° C für die 1 cm-Quarzküvetten.

Ausführung:

3 ml der Methioninlösung werden in 1 cm-Quarzküvetten gegeben, in eine entsprechende Vergleichsküvette 3 ml der Acetylmethioninlösung. Die Küvetten werden im Küvettenhalter des Gerätes auf 25° C konstante Temperatur gebracht. Das Gerät wird gegen die Methioninlösung bei 238 mμ kompensiert und die optische Dichte der Acetylmethioninlösung bestimmt. Dieser wird dann zur Zeit „Null" 0,01 ml Acylaselösung mit Mikropipette zugesetzt, worauf einige Sekunden umgerührt wird. Die Extinktion wird sofort und in Abständen von 30 sec gemessen, bis mehrere gleichmäßige Abstufungen der Extinktion zwischen 90 und 60 % Ausgangsextinktion beobachtet sind.

Berechnung:

$$A = \frac{\Delta D \times 60 \times 1000}{E_m \times \text{mg Protein/ml}}$$

A = Hydrolysenrate (μMol gespaltenes Substrat pro mg Protein [Enzym] pro Std); ΔD = Änderung der Extinktion pro min; E_m = molarer Extinktionskoeffizient der Amidbindung des Acetyl-L-methionin (24 bei 238 mμ und 25° C). Proteinkonzentration der Acylasepräparation bei 280 mμ (Extinktionskoeffizient höchstgereinigter Acylase 0,996/cm/mg/ml; 14,3 % N).

ε-Lysinacylase-Bestimmung nach* Paik *u. Mitarb.[1] unter Verwendung von spezifischer L-Lysindecarboxylase im Warburg-Gerät: über die Zusammensetzung der Ansätze und die Versuchsbedingungen vgl. Legende zu Tabelle 62 u. 70. Das Prinzip des Verfahrens und die Durchführung im einzelnen s. S. 34, 130.

Die prozentuale Spaltung bei Acylaseeinwirkung ergibt sich aus der gleich 100 gesetzten μMol-Menge des im Ansatz zu Beginn des Versuches befindlichen Substrats und den festgestellten μMol an freigesetzter Aminosäure, umgerechnet in Prozent μMole des Ausgangssubstrates.

Die meisten Acetyl- und Chloracetylaminosäuren für Acylase I-Bestimmung sind handelsübliche Präparate. *Chloracetyl-L-asparaginsäure (Substrat für Acylase II)* kann durch Lösen von 1 M Asparaginsäure in 1 Äq kalter 4 n NaOH und durch portionsweise Zugabe von 2 M Chloressigsäureanhydrid und 2 Äq 4 n NaOH bei kräftigem Schütteln erhalten werden. Wenn alles Anhydrid zugesetzt ist, wird die Mischung mit konz. HCl auf p_H 1,7 eingestellt und die angesäuerte Lösung 8—12mal mit Essigester extrahiert. Die vereinigten Extrakte werden über Na_2SO_4 getrocknet und anschließend im Vakuum zur Trockne gebracht. Der Rückstand wird zur Entfernung überschüssiger Chloressigsäure mehrfach mit Petroläther extrahiert (verrieben), in einem größeren Volumen Aceton aufgenommen, filtriert und im Vakuum zur Trockne gebracht. Bei Verreiben des Rückstandes mit kaltem Wasser erfolgt meist Kristallisation.

Umkristallisieren aus wenig warmem Wasser. 60 % Ausbeute, Mol.-Gew. 209,6, Schmelzpunkt: 144° C: $(\alpha)_D^{20} = +4°$ (c = 5 % in Wasser); N = 6,6 %.

ε-Acetyl-L-lysin (Substrat für ε-Lysinacylase) kann auf chemisch-präparativem Wege[2] durch Behandlung des Cu-Komplexes von L-Lysin mit Essigsäureanhydrid dargestellt werden.

ε-Acetyl-L-lysin und ε-Chloracetyl-L-lysin sind auch durch Einwirkung von Acylase I auf α,ε-Diacetyl-D,L-lysin bzw. auf α,ε-Dichloracetyl-D,L-lysin dargestellt, wobei die genannten, Acylase I-resistenten ε-acylierten L-Lysinderivate isoliert werden können[1].

[1] Paik, W. K., L. Bloch-Frankenthal, S. M. Birnbaum, M. Winitz and J. P. Greenstein: Arch. Biochem. **69**, 56 (1957).

[2] Neuberger, A., and F. Sanger: Biochem. J. **37**, 515 (1943).

Conjugasen (γ-Glutaminsäure-Carboxypeptidasen, Vitamin B_c-Conjugasen, Folsäure-Conjugasen).

Der größeren Anzahl der in tierischen und pflanzlichen Zellen und auch Mikroorganismen festgestellten Folsäureconjugate (Pteroylpolyglutaminsäuren) stehen in relativ weiter Verbreitung Enzyme von Peptidasecharakter gegenüber, die bei unterschiedlichen Wirkungsbedingungen C-terminal stehende, freie —COOH-Gruppen besitzende Glutaminsäurereste aus γ-peptidischer Bindung zur benachbart stehenden Glutaminsäure abspalten (vgl. Formel S. 146), wodurch letztlich Folsäure in mikrobiologisch wirksamer Form in Erscheinung tritt. Die Wirkung der Conjugasen ist dementsprechend als die von γ-Glutaminsäure-Carboxypeptidasen zu beschreiben[1-5].

Vorkommen. Conjugasen sind in Hefe und zahlreichen tierischen Geweben nachgewiesen und in partiell gereinigter Form dargestellt. Zwei verschiedene Conjugasesysteme sind zu unterscheiden, von denen das eine ein p_H-Optimum um 7,0 besitzt und in Rattenleber[6] und im Hühnerpankreas[7, 8] vorkommt, das andere bei einem p_H-Optimum um 4,5 in zahlreichen anderen Geweben, darunter auch in der Leber und in der Niere zu finden ist. Über die Conjugaseaktivität verschiedener Gewebe vgl. Tabelle 71.

Tabelle 71. *Folsäureconjugase-Aktivität verschiedener Gewebe*[9].

Herkunft des Enzyms	Freigesetzte Folsäure in µg/Std/mg Gewebe		Herkunft des Enzyms	Freigesetzte Folsäure in µg/Std/mg Gewebe	
	p_H 4,5	p_H 7,0		p_H 4,5	p_H 7,0
Hühner-Pankreas	< 400	14800	Rinder-Pankreas	< 15	< 5
Puten-Pankreas	< 1000	14000	Schweine-Leber	420	< 10
Ratten-Pankreas	3680	1430	Hühner-Leber	240	< 50
Mäuse-Pankreas	930	310	Schweine-Niere	240	< 13
Schweine-Pankreas	190	0	Rotes Knochenmark (Rind)	< 20	< 20
Meerschweinchen-Pankreas	58	< 7	Entfettetes Mandelmehl	50	6,5

Je Ansatz: 80 µg Folsäure in Form ihres Conjugates, dargestellt aus Hefeextrakt (aus je 1 g Trockenrückstand durch überschüssige Conjugase nach 16 Std bei 45° C 13 mg Folsäure freigesetzt), 5 ml 0,1 m Acetatpuffer p_H 4,5 bzw. 0,1 m Phosphatpuffer p_H 7,0; 3—4 ml wäßriges Homogenat des Gewebes, Wasser ad 10,0. Inkubation der Proben bis zu 16 Std im Wasserbad bei 45° C. Entnahme von 1 ml-Proben in bestimmten Zeitabständen und 3 min Erhitzung im siedenden Wasserbad, Abkühlung und Auffüllung mit Wasser ad 10,0. Mikrobiologische Folsäurebestimmung mit *Streptococcus faecalis* (18 Std bei 37° C).

Auch Takadiastasepräparationen sind conjugaseaktiv, jedoch für die Freisetzung der Folsäure aus ihren Conjugaten pflanzlichen Ursprungs von zweifelhaftem Wert[10].

Alle Zellbestandteile (Kerne, Mitochondrien, submikroskopische Partikel, überstehende Flüssigkeit) aus Mäuseleberhomogenaten (10%iges Homogenat in 0,88 m Zuckerlösung) enthalten nach Auftrennung durch fraktionierte Zentrifugierung bei 10° C und 60 min bei 130000 × g (submikroskopische Partikel) und Waschung Conjugaseaktivität (18 Std bei 37° C, p_H 7,4, bestimmt als freigesetzte Folsäure und Folinsäure)[11]. In Zellkernen aus Pankreas (Schwein), Niere (Schwein, Hammel) und Leber (Ratte, Schwein) ist bei p_H 4,5

[1] CARTWRIGHT, G. E.: Blood **2**, 11 (1947).
[2] JUKES, H., and E. L. R. STOKSTAD: Physiol. Rev. **28**, 59 (1948).
[3] Stepp-Kühnau-Schroeder, Vitamine 7. Aufl. Bd. I, S. 449.
[4] HOFFMANN-OSTENHOF, O.: Enzymologie. S. 281. Wien 1954.
[5] RABINOWITZ, J. C.; in: Boyer-Lardy-Myrbäck, Enzymes Bd. II, S. 191.
[6] OLSON, O. E., E. E. C. FAGER, R. H. BURRIS and C. A. ELVEHJEM: J. biol. Ch. **174**, 319 (1948).
[7] LASKOWSKI, M., V. MIMS and P. L. DAY: J. biol. Ch. **157**, 731 (1945).
[8] MIMS, V., and M. LASKOWSKI: J. biol. Ch. **160**, 493 (1945).
[9] BIRD, O. D., M. ROBBINS, J. M. VANDENBELT and J. J. PFIFFNER: J. biol. Ch. **163**, 649 (1946).
[10] OLSON, O. E., E. E. C. FAGER, R. H. BURRIS and C. A. ELVEHJEM: Arch. Biochem. **18**, 261 (1948).
[11] SWENDSEID, M. E., F. H. BETHELL and W. W. ACKERMANN: J. biol. Ch. **190**, 791 (1951).

und 8,0 mit und ohne Cystein, Sulfid oder Ascorbinsäure mit Folsäuretriglutamat als Substrat papierchromatographisch keine Conjugasewirkung nachweisbar, jedoch deutlich im zellkernfreien Zentrifugat von Pankreas und Niere[1]. Im Blut von Vögeln, Säugetieren und Mensch sind ebenfalls Conjugasen vorhanden[2], sowohl im Plasma[3] als auch in den Zellen (Leukocyten). Zum Vorkommen von Conjugasen im Eidotter vgl.[4], im Magendarmsaft vgl.[5]. Über Vorkommen in Bakterien vgl.[6].

Darstellung. Partiell gereinigte Conjugasepräparationen aus Schweinenieren sind zu erhalten, indem frische, vom Fett befreite Organe zerschnitten und in 3 ml Wasser/g Niere homogenisiert, bei 5000 U/min zentrifugiert werden und die überstehende Lösung durch eine Super-Cel-Schicht filtriert wird. Das Filtrat, auf Reagensgläser verteilt, wird in eingefrorenem Zustand in Trockeneis bis zum Gebrauch aufbewahrt. Diese Präparationen sind hochaktiv, in gefrorenem Zustand mindestens 5—6 Monate beständig und besitzen einen niedrigen Leerwert an freier Folsäure (1 ml einer derartigen Conjugasepräparation setzt unter den gewählten Bedingungen (vgl. Legende zu Tabelle 71) mindestens 2 μg Folsäure aus dem Substrat (Folsäureconjugat in Form eines Hefeextraktes) frei, weist jedoch nach Inkubation ohne Substrat unter sonst gleichen Bindungen nur 0,005 μg Folsäure auf). Bei Verwendung von kristallisiertem Folsäureconjugat als Substrat (224 μg) vermag eine Schweinenieren-Conjugasepräparation (40 μl im Ansatz von 10 ml, p_H 4,5 [0,05 m Acetatpuffer]) nach einstündiger Inkubation etwa 0,5 μg Folsäure/ml bei weiterem linearen Anstieg der Folsäurebildung bis zu etwa vierstündiger Inkubation freizusetzen. Pro ml Enzympräparation finden sich 150—200 Conjugase-E[7]. Conjugasepräparationen in partiell gereinigter Form aus Hühnerpankreas werden durch Homogenisierung von frischen, gefrorenen Organen in 0,1 m Phosphatpuffer (p_H 7,0; 2 ml Puffer/g Pankreas), anschließende 24stündige Autolyse bei 37° C und Entfernung des Fettes durch Abzentrifugieren hergestellt. Der Extrakt wird auf Röhrchen verteilt und in gefrorenem Zustand aufbewahrt. Er behält, bei — 18° C aufbewahrt, für mehrere Monate seine Aktivität, z.B. 20000—100000 Conjugase-E/mg Protein, mikrobiologisch als aktive Folsäure mit *Streptococcus faecalis R* bestimmt[8-11].

Als aktive Conjugasepräparationen aus *Rattenleber* können Homogenate aus 3 g frischem, gefrorenem Organ/50 ml Wasser, $1^1/_2$ min homogenisiert, verwendet werden[12]. Bei Verdünnung derartiger Homogenate mit 4 Vol. Wasser und Zugabe von 2 ml dieser Lösung zu 5 ml 0,1 m Citrat-Phosphatpuffer (p_H 4,5 bzw. 7,0) + 3 ml einer Lösung mit 10 μg Folsäure in Form eines kristallisierten Folsäureconjugates, anschließender einstündiger Inkubation bei 37° C werden durch die enthaltene Conjugase etwa 9 μg mikrobiologisch wirksame Folsäure bei p_H 4,5 und etwa 3,5 μg bei p_H 7,0 nach Abzug des Folsäureeigenwertes des Homogenats gebildet (vgl. auch unter Eigenschaften der Conjugase).

Eigenschaften. Das p_H-Optimum der Conjugasen ist je nach Herkunft verschieden; offenbar können aber auch in gleichen Organen Conjugasen ungleicher Spezifität und unterschiedlichen p_H-Optimums vorkommen (vgl. Tabelle 71, Abb. 24 und 25). Wie Abb. 25 zeigt, vermag eine Conjugasepräparation aus Rattenleber (5 ml in 10 ml 0,1 m Citratphosphatpuffer) nach einstündiger Autolyse bei 37° C bei p_H 7,0 die maximale Menge

[1] SIEBERT, G., K. LANG, L. MÜLLER, S. LUCIUS, E. MÜLLER u. E. KÜHLE: B. Z. **323**, 532 (1953).
[2] SIMPSON, R. E., and B. S. SCHWEIGERT: Arch. Biochem. **20**, 32 (1949).
[3] WOLFF, R., P. DROUET and R. KARLIN: Science, N.Y. **109**, 612 (1949).
[4] COUCH, J. R., F. PANZER and P. B. PEARSON: Proc. Soc. exp. Biol. Med. **72**, 39 (1949).
[5] BUYZE, H. G., and C. ENGEL: Nature **163**, 135 (1949).
[6] VOLCANI, B. E., and P. MARGALITH: J. Bact. **74**, 646 (1957).
[7] BIRD, O. D., M. ROBBINS, J. M. VANDENBELT and J. J. PFIFFNER: J. biol. Ch. **163**, 649 (1946).
[8] LASKOWSKI, M., V. MIMS and P. L. DAY: J. biol. Ch. **157**, 731 (1945).
[9] MIMS, V., and M. LASKOWSKI: J. biol. Ch. **160**, 493 (1945).
[10] KAZENKO, A., and M. LASKOWSKI: J. biol. Ch. **173**, 217 (1948).
[11] SREENIVASAN, A., A. E. HARPER and C. A. ELVEHJEM: J. biol. Ch. **177**, 117 (1949).
[12] OLSON, O. E., E. E. C. FAGER, R. H. BURRIS and C. A. ELVEHJEM: J. biol. Ch. **174**, 319 (1948).

mikrobiologisch wirksamer Folsäure aus gebundener Form freizusetzen, während dieselbe Präparation (2 ml einer 1:5 Verdünnung mit Wasser) nach Zugabe von 5 ml 0,1 m Citratphosphatpuffer und 3 ml einer Lösung von 10 µg krist. Folsäureconjugat nach einstündiger Inkubation bei 37° C die maximale Menge mikrobiologisch wirksamer Folsäure bei p_H 4,5 entstehen läßt. Während Leberconjugase-Präparation und Hühnerpankreasconjugase bei p_H 7,0 auch aus 3 min im siedenden Wasserbad erhitzten Leberhomogenaten Pteroylglutaminsäure in mikrobiologisch wirksamer Form freisetzen, ist hierzu eine Schweinenierenconjugase-Präparation bei p_H 4,5 nicht in der Lage[1, 2].

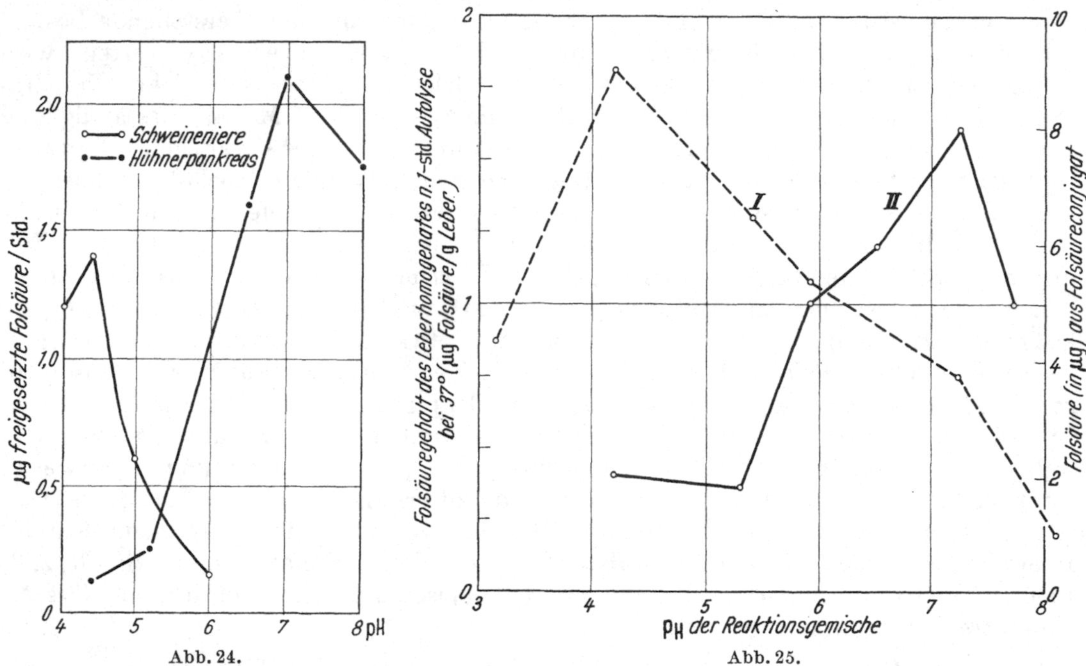

Abb. 24.

Abb. 25.

Abb. 24. Reaktionsgeschwindigkeit der Schweinenieren- und Hühnerpankreas-Conjugase in Abhängigkeit vom p_H[2, 3]. Ansätze: in 1 ml 11,2 µg kristallisiertes Folsäureconjugat, Conjugasepräparation (entsprechend 1 mg Schweineniere bzw. 2 mg Hühnerpankreas), 0,05 m Puffer (unter p_H 4,5 Acetatpuffer, oberhalb Phosphatpuffer). Einstündige Inkubation bei 37° C; danach Ansatzröhrchen 3 min in siedendem Wasserbad erhitzt, auf 10,0 verdünnt und Folsäure mikrobiologisch mit *Streptococcus faecalis* bestimmt.

Abb. 25. Einfluß des p_H auf die Folsäurebildung bei Autolyse eines Rattenleberhomogenats und auf die Conjugaseaktivität dieses Homogenats gegenüber krist. Folsäureconjugat. Autolyseansätze (Kurve II): 5 ml Leberhomogenat (vgl. unter Darstellung) + 10 ml 0,1 m Citrat-Phosphatpuffer. Nach einstündiger Autolyse bei 37° C Ansatz 3 min in siedendes Wasserbad; nach Abkühlung Entnahme von 5 ml; auf 25,0 ml verdünnt, auf p_H 7,0 eingestellt und auf 100,0 aufgefüllt. Nach Filtration mikrobiologische Folsäurebestimmung mit *Streptococcus faecalis*. Ansätze mit krist. Pteroylglutaminsäureconjugat und Leberhomogenat (Conjugase) (Kurve I): 5 ml 0,1 m Citrat-Phosphatpuffer + 3 ml Folsäureconjugatlösung (enthaltend 10 µg Folsäure als Conjugat) + 2 ml verdünntes Rattenleberhomogenat (Conjugase) (1 Vol. Homogenat + 4 Vol. Wasser). Inkubation und Weiterbehandlung der Ansätze wie oben; Entnahme von 1 ml aus dem Ansatz zur Folsäurebestimmung.

Eine solche Nierenconjugase vermag jedoch, ebenso wie eine Leberconjugase, bei p_H 4,5 aus krist. Folsäureconjugat Pteroylglutaminsäure mikrobiologisch erfaßbar werden zu lassen (vgl. Abb. 24 und 25)[2, 3].

Aus dem insgesamt 7 L-Glutaminsäuremoleküle in Peptidbindung enthaltenden Folsäureconjugatmethylester bilden die Conjugasesysteme keine mikrobiologisch nachweisbare Folsäure[4]. —COOH-Gruppen am Substrat sind für die Enzymwirkung also erforderlich.

Aus den Folsäureconjugaten Pteroyltriglutaminsäure und Pteroylheptaglutaminsäure wird durch Schweinenierenconjugase die mikrobiologisch wirksame Folsäure beim Triglutaminsäurederivat zu 100%, aus dem Heptaglutamat nur zu etwa 75% freigesetzt, Pankreasconjugase vermag sogar bei 94%iger Bildung der Folsäure aus dem Triglutamat

[1] Sreenivasan, A., A. E. Harper and C. A. Elvehjem: J. biol. Ch. **177**, 117 (1949).
[2] Olson, O. E., E. E. C. Fager, R. H. Burris and C. A. Elvehjem: J. biol. Ch. **174**, 319 (1948).
[3] Bird, O. D., M. Robbins, J. M. Vandenbelt and J. J. Pfiffner: J. biol. Ch. **163**, 649 (1946).
[4] Pfiffner, J. J., D. G. Calkins, E. S. Bloom and B. L. O'Dell: Am. Soc. **68**, 1392 (1946).

auch bei bis zu 24stündiger Inkubation aus dem Heptaglutamat nur 20—36 % Folsäure zu bilden (Ansätze mit 0,1 μg Folsäure in Form ihrer Conjugate pro 1 ml); kombinierte Einwirkung beider Enzyme macht die in den Conjugaten enthaltene Folsäure zu 100 % frei[1].

Hühnerpankreasconjugase spaltet aus α-L-Glutamyl-L-glutaminsäure, Carbobenzoxy-α-L-glutamyl-L-glutaminsäure, Carbobenzoxy L-phenylalanyl-L-glutaminsäure, Carbobenzoxyglycyl-L-glutaminsäure und aus Peptiden mit N-terminaler Glutaminsäure in γ-Bindung, z.B. Glutathion, keine Glutaminsäure ab, wohl aber aus p-Aminobenzoyl-γ-glutamyl-γ-glutamyl-glutaminsäure, synthetischer Pteroyltriglutaminsäure und natürlichen Folsäureconjugaten. Das Enzym hydrolysiert Peptidbindungen, gebildet aus einem C-terminalen Glutaminsäurerest, dessen beide —COOH-Gruppen frei sind und dessen Aminogruppe mit der γ-COOH-Gruppe eines voranstehenden Glutaminsäurerestes verbunden ist. Deshalb die Kennzeichnung als γ-Glutaminsäurecarboxypeptidase, die zu ihrer Wirkung mindestens 2 terminal und benachbart stehende Glutaminsäuremoleküle in der Peptidkette benötigt. Jedoch werden pro Pteroyltriglutaminsäure nicht 2 Moleküle Glutaminsäure frei, vielmehr ist nach der Conjugasebehandlung das Verhältnis der mikrobiologisch wirksamen Folsäure zu freier Glutaminsäure nicht 1:2, sondern nahezu 1:1, verständlich durch den Befund, daß auch Pteroyldiglutaminsäure wie die Monoglutaminsäure mikrobiologisch wirksam ist. Der Grund, weshalb die Conjugase aus Hühnerpankreas aus Pteroylpolyglutaminsäure praktisch nur ein Glutaminsäuremolekül pro eingesetztes Polyglutaminsäuremolekül absprengt, ist in der hemmenden Wirkung der Glutaminsäure auf die Conjugase zu sehen. Boratpuffer (0,1 m; p_H 7,8) und Anwesenheit von $CaCl_2$ (0,01 m) erweisen sich für dieses Conjugasesystem günstig; Veronalpuffer wirkt inhibierend[2].

Schweinenierenconjugase wird durch SH-Gruppen bindende Substanzen (Jodessigsäure, $HgCl_2$, Arsenbenzolverbindungen usw.) gehemmt. Zugabe von Cystein (0,001 bis 0,04 m) beseitigt die Hemmung und wirkt ohne Inhibitoren aktivierend[3]. Ascorbinsäure und Glutathion haben keinen aktivierenden Effekt; eine gewisse Steigerung der Wirkung üben Homocystein und H_2S aus. Zusatz von Na-thioglykolat hat kompetitiv hemmenden Einfluß auf die Cysteinaktivierung und vermag eine H_2S-Aktivierung nahezu völlig zu unterdrücken. Aus diesen Befunden ist auf eine Beteiligung der Desulfhydrase neben dem Cystein an der Aktivierung der Schweinenierenconjugase zu schließen[4]. In Hefe, z.B. Hefeextrakten, aber auch in pflanzlichen und tierischen Zellen finden sich Conjugaseinhibitoren (sog. Anticonjugasen), die z.B. Schweinenierenconjugase zu hemmen vermögen, weil sie offenbar mit SH-Gruppen des Enzymsystems reagieren. Auch RNS und DNS besitzen Anticonjugasewirkung[5,6]. Vermutlich sind die den Citrovorum-Faktor aus Folinsäure- oder Leukovorin-Conjugaten freisetzenden Conjugasen der tierischen Gewebe (Leber) mit den Folsäureconjugasen identisch[7,8].

Im Verlauf einer vierstündigen Inkubation bei 37° C von 224 μg krist. Folsäureconjugat und 40 μl Schweinenierenconjugase in 10 ml Gesamtvolumen ist die in der Zeiteinheit frei gewordene Folsäuremenge gleich groß. Die Geschwindigkeit der Folsäurebildung aus dem Conjugat (2,8 μg/ml) verläuft linear zur Conjugasekonzentration[5]. Durch Acetonbehandlung geht in frischer Schweineniere die Hälfte der Conjugaseaktivität verloren ohne nennenswerte Anreicherung im Niederschlag. Ebenso wird die Aktivität in großem Ausmaß bei $(NH_4)_2SO_4$-Fraktionierung, bei isoelektrischer Fällung (p_H 4,2—4,5), bei Dialyse der Enzymlösung, bei ihrer Aufbewahrung bei Zimmertemperatur herabgesetzt.

Eine Conjugase-Einheit, z.B. für Conjugase mit p_H-Optimum bei 4,5 aus Schweinenieren oder anderen Geweben, umfaßt diejenige Enzymmenge, die 1 μg Folsäure (Pteroyl-

[1] Sreenivasan, A., A. E. Harper and C. A. Elvehjem: J. biol. Ch. **177**, 117 (1949).
[2] Kazenko, A., and M. Laskowski: J. biol. Ch. **173**, 217 (1948).
[3] Mims, V., M. E. Swendseid and O. D. Bird: J. biol. Ch. **170**, 367 (1947).
[4] Hill, C. H., and M. L. Scott: J. biol. Ch. **189**, 651 (1951).
[5] Bird, O. D., M. Robbins, J. M. Vandenbelt and J. J. Pfiffner: J. biol. Ch. **163**, 649 (1946).
[6] Swendseid, M. E., O. D. Bird, R. A. Brown and F. H. Bethell: J. Lab. clin. Med. **32**, 23 (1947).
[7] Swendseid, M. E., F. H. Bethell and W. W. Ackermann: J. biol. Ch. **190**, 791 (1951).
[8] Dietrich, L. S., W. J. Monson, H. Gwoh and C. A. Elvehjem: J. biol. Ch. **194**, 549 (1952).

glutaminsäure) aus krist. Folsäureconjugat in 1 Std bildet, wenn in 1 ml des Ansatzes eine Conjugatmenge, die 1 μg Folsäure äquivalent ist, vorhanden ist und die Conjugasekonzentration so eingestellt wird, daß 0,2—0,8 μg Folsäure nach einstündiger Inkubation bei 37° C in 0,05 m Puffer, p_H 4,5, freigesetzt werden[1].

Bestimmung.

OH | C N N C C—CH_2—NH—C_6H_4—CO—NH—CH(COOH)—$(CH_2)_2$—CO—[NH—CH(COOH)—$(CH_2)_2$—CO]$_x$—NH—CH(COOH)—$(CH_2)_2$—COOH

H_2N—C C CH N N

$x = 1$: Pteroyltriglutaminsäure
$x = 5$: Pteroylheptaglutaminsäure

$\xrightarrow[+\text{Conjugase}]{+H_2O}$ Pteroyldiglutaminsäure (Formel: $x = 0$)
Pteroylhexaglutaminsäure (Formel: $x = 4$) + H_2N—C(COOH)—H—$(CH_2)_2$—COOH
L-Glutaminsäure

Conjugase ↓ $+H_2O$, —Glutaminsäure

Pteroylglutaminsäure
Pteroylpentaglutaminsäure → eventuell weitere Aufspaltung

Die Conjugasebestimmungen werden in der Mehrzahl, wie aus den vorangehenden Ausführungen ersichtlich, durch mikrobiologische Ermittlung der nach Conjugaseeinwirkung freigesetzten und im *Streptococcus faecalis*-Test quantitativ bestimmbaren Folsäuremenge durchgeführt. Als genau definierte Substrate kommen synthetische Pteroyltriglutaminsäure (Formel vgl. oben) (zu beziehen durch Lederle Labor. Division, American Cyanamid Comp., Pearl River, New York) oder Pteroylheptaglutaminsäure (krist. Folsäureconjugat aus Hefe; Formel vgl. oben) (zu beziehen durch Parke Davis and Comp., Detroit, Michigan) zur Anwendung.

Die quantitative Bestimmung abgespaltener Glutaminsäure für die Feststellung der Conjugasekonzentration einer Präparation zu verwenden, ist beim gegenwärtigen Stand unserer Kenntnisse nur für Pteroyltriglutaminsäure als Substrat möglich, für die am Beispiel der Hühnerpankreasconjugase nachgewiesen ist, daß die bei der Conjugaseeinwirkung aus dem Substrat gebildeten Mengen an mikrobiologisch wirksamer Folsäure und an Glutaminsäure etwa äquimolekular sind[2].

Über die Zusammensetzung der Ansätze vgl. die Angaben zu Tabelle 71, S. 142 und zu den Abb. 24 und 25, S. 144. Zu beachten ist, daß in allen Conjugasepräparationen durch entsprechende Kontrollansätze ohne Substrat (oder durch Erhitzen inaktivierte Conjugasepräparation + Substrat) die eventuell vorhandene Folsäure (oder freie Glutaminsäure) zu bestimmen und von den in den Hauptversuchsansätzen mit Substrat nach Inkubation festgestellten Folsäure-(oder Glutaminsäure-)Mengen abzuziehen ist.

Beispiel ist die ***Hühnerpankreasconjugasebestimmung nach*** **Kazenko *u.* Laskowski**[2] mit Feststellung der gebildeten, mikrobiologisch wirksamen Folsäure und der freien Glutaminsäure aus dem gleichen Ansatz:

Substrat. Pteroyltriglutaminsäure (0,1 m in 0,2 m Boratpuffer p_H 7,8) (oder entsprechende Lösung von p-Aminobenzoyl-γ-glutamyl-γ-glutamyl-glutaminsäure, wenn eine mikrobiologische Bestimmung nicht beabsichtigt ist).

Conjugaselösung. 1—5 mg Protein/ml und in bezug auf $CaCl_2$ 0,02 m gemacht.

Ansatz. Gleiche Volumina, z. B. je 0,5 ml, der Substrat- und Conjugaselösung 2—20 Std bei 32° C inkubiert. Vor und nach Ablauf bestimmter Inkubationszeiten Entnahme von

[1] Bird, O. D., M. Robbins, J. M. Vandenbelt and J. J. Pfiffner: J. biol. Ch. **163**, 649 (1946).
[2] Kazenko, A., and M. Laskowski: J. biol. Ch. **173**, 217 (1948).

0,2 ml-Proben (10 μM Substrat) zur Erfassung frei gewordener —COOH-Gruppen durch Titration in 95 %igem Alkohol nach GRASSMANN und HEYDE (s. S. 17) oder von 0,1 ml-Proben (5 μM Substrat) zur manometrischen spezifischen Bestimmung freier Glutaminsäure nach der Decarboxylasemethode (s. S. 34) oder von 0,1 ml-Proben zur mikrobiologischen Folsäurebestimmung mit Hilfe von *Streptococcus faecalis R* (vgl. Band III, S. 1368f.). Aus den ermittelten μM Folsäure oder Glutaminsäure ergibt sich unter Berücksichtigung der eingesetzten μM Substrat bzw. der benutzten Menge der Präparation (in ml oder mg Protein) die prozentuale Spaltung und der Gehalt an Conjugase-Einheiten.

3. Aminopeptidasen.

Das Kennzeichen dieser Gruppe von Exopeptidasen ist ihr Angreifen am N-terminalen Ende der Peptidkette unter hydrolytischer Aufspaltung der Peptidbindung, die der N-terminalen Aminosäure mit freier α-NH_2-Gruppe benachbart steht. Jedoch kann von bestimmten, in dieser Gruppe zu erörternden Enzymen auch eine N-terminal stehende Aminosäure mit $>$NH-Rest (Prolin oder Aminosäure mit monoalkylierter [methylierter] NH_2-Gruppe) aus der Peptidkette des Substrats gelöst werden, wenn auch meistens mit geringer Geschwindigkeit. Dimethylierte oder acylierte Peptide sind nicht angreifbar. Unter bestimmten Umständen, die hauptsächlich von der Art und Reihenfolge der am N-terminalen Ende der Peptidkette stehenden Aminosäuren und vom Enzym abhängen, kann auch primär die zweite Peptidbindung vom terminalen Kettenende gelöst werden. Eine freie C-terminale —COOH-Gruppe ist in der Regel nicht nur nicht erforderlich, sondern der Enzymwirkung eher hinderlich; bei der Aminotripeptidase mit stark bevorzugter Tripeptidspaltung erhöht ihr Vorhandensein die Spaltungsgeschwindigkeit jedoch ganz außerordentlich. Die Kettenlänge des Substrats ist ein geschwindigkeitsbeeinflussender Faktor; bis auf die erwähnte Aminopeptidase sind sonst Aminopeptidasen auf die Spaltung von Tripeptiden und höheren Polypeptiden bis zu solchen makromolekularen Charakters eingestellt. Ob bestimmte freie Dipeptide durch eine Aminopeptidase angreifbar sind, ist umstritten.

Aminopeptidasen sind im Tier- und Pflanzenreich einschließlich der Mikroorganismen weit verbreitet. Bei Tier und Mensch finden sie sich als sezernierte Enzyme im Darmsaft sowie als intracelluläre Gewebspeptidasen und in den Körperflüssigkeiten (Blutplasma, Harn, Liquor, Galle). Ihre Bestimmung kann mit den entsprechenden Substraten direkt in den Körperflüssigkeiten, in Breien, Homogenaten und wäßrigen oder Glycerinextrakten der Organe und in den daraus durch Fällung mit Aceton usw. sowie durch Adsorption-Elution hergestellten angereicherten Präparationen erfolgen. Auch histochemische Möglichkeiten bestehen in gewissem Umfang. Ebenso wie bei den Dipeptidasen besteht auch für viele Aminopeptidasen zur Erzielung optimaler Wirkung die Notwendigkeit der Anwesenheit von Metallen (Mn^{++}, Mg^{++}, Co^{++} usw.). Zusammenfassende Darstellungen über Aminopeptidasen vgl.[1-8].

Aminopolypeptidase aus Bierhefe.

***Darstellung von Aminopolypeptidase aus Bierhefe nach* GRASSMANN *u. Mitarb.*[9].**

1900 g frische, abzentrifugierte Hefe (Trockengehalt etwa 20 %) werden in etwa 20 min bei dauerndem Rühren mit 150 ml Chloroform verflüssigt, darauf mit 950 ml

[1] GRASSMANN, W., u. H. MÜLLER; in: Flaschenträger-Lehnartz Bd. I, S. 1117.
[2] SMITH, E. L.: Adv. Enzymol. 12, 191 (1951).
[3] SMITH, E. L.; in: Sumner-Myrbäck, Enzymes Bd. I/2, S. 793.
[4] JOHNSON, M. J., and J. BERGER: Adv. Enzymol. 2, 69 (1942).
[5] MASCHMANN, E.: Ergebn. Enzymforsch. 9, 155 (1943).
[6] HOFFMANN-OSTENHOF, O.: Enzymologie. S. 281. Wien 1954.
[7] SMITH, E. L.; in: Colowick-Kaplan, Meth. Enzymol. Bd. II, S. 83.
[8] SMITH, E. L. and R. L. HILL; in: Boyer-Lardy-Myrbäck, Enzymes Bd. IV, S. 37.
[9] GRASSMANN, W., L. EMDEN u. H. SCHNELLER: B. Z. 271, 216 (1934).

Wasser und etwas Toluol vermischt, durch Zusatz von NH_3 schwach alkalisiert (Curcumapapier eben braun) und mit 1,9 g Papain versetzt. Während der anschließenden 48stündigen Verdauung wird der p_H-Wert durch laufende NH_3-Zugabe bei etwa 7,4 gehalten. Die nach Abzentrifugieren erhaltene Rohlösung (1890 ml, Trockengewicht 137 g, 25000 Enzym-E) wird mit 2 n Essigsäure so lange versetzt, bis nur noch eine geringe Trübung und ganz leichte Flockung eintreten, was mit etwa 400 ml 2 n Essigsäure bei p_H zwischen 4,5 und 4,7 zu erreichen ist. Nach raschem Abzentrifugieren der Fällung wird sie mit 1000 ml Wasser (vorher mit einigen Tropfen NH_3 und Essigsäure auf p_H 5,0 gebracht) gewaschen und wieder abzentrifugiert. Das Sediment wird in möglichst wenig Wasser suspendiert und mit NH_3 auf ganz schwach alkalische Reaktion gebracht. Das Enzym geht mit einem Teil der Essigsäurefällung in Lösung. Vom Ungelösten wird abzentrifugiert. Die Lösung (150 ml; 5,05 g Trockengewicht, 16700 Enzym-E) wird mit 60 g Natriumacetat p.a. versetzt und bleibt über Nacht stehen, der entstandene Niederschlag wird abzentrifugiert. Die erhaltene Lösung (14700 Enzym-E) wird mit krist. $(NH_4)_2SO_4$ gesättigt und nach einigen Stunden vom Niederschlag abzentrifugiert. Die Lösung (12000 Enzym-E) wird 24 Std gegen Leitungswasser und anschließend gegen dest. Wasser solange dialysiert, bis die Enzymlösung frei von SO_4^{--} ist. Der Endpunkt der Dialyse ist meist an dem Auftreten einer Trübung der Lösung und an der Bildung feiner weißer Flocken erkennbar. In diesem Stadium ist das Enzym sehr unbeständig, Aktivitätskontrolle während der Dialyse ist zweckmäßig. Die dialysierte Lösung enthält 10000 Enzym-E und hat 0,22 g Trockengewicht.

Die Papainverdauung kann durch Verreiben der Hefe mit Quarzsand in reichlich flüssiger Luft ersetzt werden (1 g Hefe/3 g Sand 15 min verreiben, nach Zusatz von 18 ml 0,2 m Phosphatpuffer, p_H 7,5, rasch abzentrifugieren).

Durch Papainbehandlung erhaltene Präparationen weisen eine etwa 1000fache Anreicherung an Polypeptidase gegenüber dem Ausgangsmaterial auf, spalten Dipeptide (Leucylglycin) etwa 500mal langsamer als Tripeptide (Leucylglycylglycin) und besitzen gegenüber Gelatine nur geringfügige Proteinasewirkung. Obige dialysierte, eisgekühlte Aminopolyptidaselösung kann mit dem gleichen Volumen über $KMnO_4$ destilliertem, auf —10 bis —15° C abgekühltem Aceton gefällt werden, wobei die Temperatur nicht über +2° C ansteigen darf. Der Niederschlag wird abzentrifugiert, je zweimal mit eisgekühltem Aceton und Äther gewaschen und sofort im Exisiccator getrocknet. Diese Trockenpräparationen können ohne Wirksamkeitsverlust mehrere Monate aufbewahrt werden und zeigen ohne Anwesenheit von Chloriden keine Aktivität gegenüber Dipeptiden (Leucylglycin)[1].

Aus einem wäßrigen Extrakt autolysierter Hefe ist durch mehrstufige, fraktionierte Fällungen mit Aceton eine bei Untersuchung in der Ultrazentrifuge und mit Hilfe der Elektrophorese als homogen bezeichnete Aminopeptidasepräparation zu erhalten, die jedoch andere Spezifitätskennzeichen aufweist als die zuerst beschriebene Enzympräparation aus Hefe[2].

Eigenschaften. Das Wirkungsoptimum liegt gegenüber Leucylglycylglycin, Alanylglycylglycin sowie Albuminpepton bei p_H 7,0 (0,033 m Phosphat- und 0,04 m Ammoniumchloridpuffer). Zugabe von Cl^- (in Form von NH_4Cl, KCl, CsCl, LiCl) zu Cl^--freien Polypeptidasepräparationen wirkt aktivitätssteigernd und läßt gleichzeitig vorher nicht nachweisbare Dipeptidaseaktivität in Erscheinung treten. In dem gleichen Sinne wirkt Zusatz von Hefekochsaft[3]. Tabelle 72 orientiert über Substratspezifität[4]. Blausäure und H_2S wirken stark hemmend.

Einheit der Hefepolypeptidase. Das Fünffache derjenigen Enzymmenge, die unter den folgenden Versuchsbedingungen die Hälfte der eingesetzten L-Peptidmenge in Leucin und Glycylglycin zerlegt.

[1] SCHNEIDER, F.: B. Z. **307**, 414 (1940/41).
[2] JOHNSON, M. J.: J. biol. Ch. **137**, 575 (1941).
[3] SCHNEIDER, F.: B. Z. **308**, 247 (1941).
[4] GRASSMANN, W., u. H. DYCKERHOFF: H. **179**, 41 (1928).

Tabelle 72. *Auf Spaltung durch Hefepolypeptidase geprüfte Substrate.*

Gly-gly	Ala-gly	Gly-leu	Gly-tyr	Ala-tyr	Ala-ser	Leu-glu	Leu-gly-gly	Gly-ala-gly	Leu-gly-leu	Ala-digly-gly	Leu-tri-gly-leu	Leu-hepta-gly	Gly-leu-amid	Gly-ala-ester	Gly-decarb-oxy-leu
−	−	−	−	−	−	−	+	+	+	+	+	+	+	+	+

Gly-amid	Leu-amid	Benzoyl-gly-gly	Benzoyl-digly-gly	Naphthalin-sulfo-gly-tyr	Albumin-pepton	Gelatine-pepton (Papain)	Eier-albumin	Fibrin	Casein	Salmin	Glutathion[1]
+	+	−	−	−	+	+	−	−	−	−	−

Versuchsbedingungen. 49 mg D,L-Leucylglycylglycin (0,1 mM L-Peptid), 0,2 ml 0,33 m Phosphatpuffer, p_H 7,0, 0,2 ml 0,4 n NH_3/NH_4Cl-Puffer, p_H 7,0. Vol. 2,0 ml. Substrat und Enzym vorher mit NH_3 auf p_H 7,0 eingestellt: Inkubation 1 Std bei 40° C. Alkoholtitration mit 0,05 n alkoholischer KOH[2].

Die im Abschnitt „Darstellung" S. 148 als homogen beschriebene, durch Acetonfällung wäßriger Hefeautolysate erhältliche Polypeptidasepräparation[3] besitzt bei 20° C eine Sedimentationskonstante von 21,3 Svedberg-E, eine Diffusionskonstante von $3{,}09 \times 10^{-7}$ cm^2 sec^{-1}, entsprechend einem Mol.-Gew. von 670000. 13,5% N, 0,3% P, etwa 5% Kohlenhydrat; I.P.: p_H 4,5—4,8, maximale Stabilität bei p_H 9—10. Wirkungsoptimum gegenüber Leucylglycylglycin p_H 7,9, gegenüber Alanylglycylglycin p_H 6,1, Dipeptide (Leu-gly, Ala-gly, Gly-gly) werden gespalten, ebenso Prolyl-diglycin und N-Methylleucyl-diglycin sowie Leucylmethylalanin. Zn^{++}, Co^{++}, Cl^- wirken aktivitätssteigernd.

Die **Bestimmung** des Enzyms kann nach einem der im allgemeinen Teil beschriebenen Verfahren erfolgen, mit deren Hilfe die durch Sprengung der Peptid-(Säureamid-)bindung freigesetzte N-terminale Aminosäure oder die entstandene —COOH- bzw. —NH_2-Gruppe oder das bei Verwendung von Aminosäureamiden entstandene NH_3 ermittelt werden können. Über die Zusammensetzung der Ansätze, die bezüglich Volumen und Substratkonzentration modifizierbar sind, vgl. die vorstehenden Angaben über die Polypeptidase-Einheit.

Aminopolypeptidase der Darmschleimhaut.

Es sind aus Glycerinextrakten der Darmschleimhaut gut haltbare, sehr aktive Enzympräparationen zu erhalten, die frei von Dipeptidase- und Proteinaseaktivität sind. Das Enzymsystem kommt als von den Darmwanddrüsen stammendes Enzymmaterial im Darmsaft bzw. Darmlumen zur Wirkung.

Darstellung. Es wird zunächst nach den für die Dipeptidasedarstellung gegebenen Verfahren (s. S. 50 u. 61) gearbeitet. Bei Einstellung des p_H-Wertes vor der Tonerde-C_γ-Adsorption sollte wegen der Säureempfindlichkeit auch der Aminopolypeptidase der p_H-Wert von 4,8 nicht unterschritten werden[4]. Die Elution der Aminopolypeptidase und Dipeptidase vom Tonerde-C_γ-Adsorbat erfolgt mit 0,04—0,05 n NH_3-Lösung (17 bis 20% Glycerin enthaltend). Der Adsorptionsvorgang mit Eisenhydroxyd (oder Eisenphosphat)[5] zur Entfernung der Dipeptidase wird 3—5mal durchgeführt.

Weitere Anreicherung ist durch Acetonfällung zu erzielen[6]. 200 ml stark abgekühlte Aminopolypeptidaselösung werden mit 160 ml auf — 10° C gekühltem Aceton versetzt. Es entsteht eine opalescente Fällung, die zusammen mit zugesetzten 700 mg frisch geglühtem

[1] GRASSMANN, W., H. DYCKERHOFF u. H. EIBELER: H. **189**, 112 (1930).
[2] GRASSMANN, W., u. H. DYCKERHOFF: H. **179**, 41 (1928).
[3] JOHNSON, M. J.: J. biol. Ch. **137**, 575 (1941).
[4] WALDSCHMIDT-LEITZ, E., u. L. KELLER: H. **309**, 228 (1958).
[5] BALLS, A. K., u. F. KÖHLER: H. **219**, 128 (1933).
[6] BALLS, A. K., u. F. KÖHLER: H. **205**, 157 (1932).

Kieselgur auf gehärtetem Filter abgesaugt werden kann. Nach Waschen mit 50 ml eisgekühltem 45%igem Aceton und Luftdurchsaugen fällt ein praktisch trockener und acetonfreier Rückstand an, aus dem das Enzym durch 5 min lange Behandlung mit 20 ml Wasser und Filtration gelöst werden kann. Bei 0°C bleibt die Aktivität dieser Lösung einige Tage erhalten, jedoch weniger als in den glycerinhaltigen Präparationen; Dialyse gegen Wasser setzt die Aktivität schnell stark herab, gegen Phosphatpuffer p_H 7,1 viel langsamer[1]. Über die Anreicherung in den verschiedenen Reinigungsstufen s. Tabelle 73.

Tabelle 73. *Reinigung der Aminopolypeptidase aus Darmschleimhaut.*

Präparation	Polypeptidase-E je ml	mg Trockensubstanz je ml	Polypeptidase-E je mg Trockensubstanz	Ausbeute %
1:1 verdünnter Glycerinextrakt	0,01*	6,7**	0,0015	100
Dieselbe nach Essigsäurefällung	0,006*	3,0**	0,002	60
Dieselbe nach Eisenhydroxydadsorption . . .	0,0083	0,4**	0,021	30
Dieselbe nach Eisenhydroxydadsorption und Acetonfällung, in Wasser gelöst	0,0152	0,07	0,22	5,5

* Angabe nur schätzungsweise möglich, da noch Dipeptidase vorhanden.
** Nach Dialyse.

Eigenschaften. Das p_H-Optimum dieser Präparationen, die frei von Dipeptidase, Carboxypeptidase und Proteinase, jedoch in bezug auf die Wirkung verschiedener Aminopolypeptidasen (s. S. 151 u. 154, Tabelle 76) nicht einheitlich sind, liegt im breiten Bereich zwischen p_H 7,2—8,0. Bei Substratkonzentrationen von 0,1 m und darunter ist ein zweigipfliges Optimum (p_H 7,2 und 8,0) feststellbar; die Leucyl-glycyl-glycinester-Spaltung erfolgt optimal bei p_H 8,0. Deutlich gespaltene Substrate: Tri-glycin, L-Leucyl-glycyl-glycin, L-Leucyl-glycyl-L- und -D-tyrosin, Tetra-glycin, Penta-glycin, Hexaglycin, L-Leucyl-glycyl-glycinäthylesterhydrochlorid. Nicht gespalten: Benzoyl-D,L-leucyl-glycin, Carbäthoxy-D,L-leucyl-glycyl-glycin, Chloracetyl-L-tyrosin. Nach[2] wird Glutathion (γ-NH_2-Gruppe der N-terminalen Glutaminsäure!) nicht gespalten. Für die sterische Spezifität des Enzyms ist die L-Konfiguration der an der sensitiven Peptidbindung beteiligten, N-terminalen Aminosäure maßgebend.

Der Reaktionsverlauf der Peptidspaltung ist im oben angegebenen Konzentrationsbereich annähernd linear.

Aminopolypeptidase-Einheit. 1000faches der Enzymmenge, für die unter den gegebenen Versuchsbedingungen (0,245 g D,L-Leucylglycin, 0,05 m Phosphatpuffer, p_H 8,0; Enzymlösung [z.B. 1—5 ml Glycerinextrakt, wäßriger Schleimhautextrakt, Aminopolypeptidaselösung]; Ansatzvolumen 10,0 ml; $t = 30°$ C; Bebrütungsdauer 20—400 min) der Quotient aus Umsatz (ausgedrückt in ml bei titrimetrischer Bestimmung verbrauchter 0,2 n NaOH) und Reaktionsdauer (in min) 10^{-3} ist[3].

Zur Frage einer besonderen Leucinaminopeptidase im Komplex der Darmaminopolypeptidase s. S. 52 (Eigenschaften der Dipeptidase aus Darmschleimhaut) sowie S. 151, 155 (Aminopolypeptidase aus Zellen und Geweben, Leucinaminopeptidase, Aminotripeptidase). Dort auch Angaben über Aktivierungen und Hemmungen durch Metalle usw.

Bestimmung. Entsprechend den Angaben zur Bestimmung der Hefeaminopolypeptidase (s. S. 149). Zur Zusammensetzung der Ansätze s. obige Ausführungen über die Polypeptidase-Einheit.

Bei dipeptidasehaltigen Präparationen, z.B. Glycerinextrakten, frischen Schleimhauthomogenaten usw., sind bei Verwendung von Tripeptiden und höheren Peptiden als

[1] BALLS, A. K., u. F. KÖHLER: H. **219**, 128 (1933).
[2] GRASSMANN, W., H. DYCKERHOFF u. H. EIBELER: H. **189**, 112 (1930).
[3] WALDSCHMIDT-LEITZ, E., u. A. K. BALLS: B. **63**, 1203 (1930).

Substrate die gefundenen Werte durch die eventuell vorhandene Sekundärspaltung der entstandenen Dipeptide zu hoch, was durch gesonderte Dipeptidasebestimmungen, vor allem aber durch Änderung des Substrats (z.B. Einsatz der Amide, β-Naphthylamide, Anilide, Ester von Aminosäuren) oder der Versuchsbedingungen vermieden werden kann. Bei als Substrat eingesetzten Racematen ist zu beachten, daß von dem Enzym nur die Aminosäure mit natürlicher (L-)Konfiguration abgesprengt wird, was bei der Berechnung der prozentualen Spaltung aus den festgestellten Spaltungswerten der Ansätze und der eingesetzten Substratmenge berücksichtigt werden muß.

Aminopolypeptidasen aus Zellen, Geweben und Körperflüssigkeiten.

Vorkommen. Der Nachweis des Vorkommens von Enzymen von Aminopeptidasecharakter in oben genanntem Material beruht in der Hauptsache auf der Feststellung der Spaltung von Substraten, die durch gereinigte Aminopeptidasepräparationen angegriffen, dagegen von Enzymen anderer Spezifität, z. B. Carboxypeptidase, Dipeptidase, Pepsin usw., unangetastet bleiben. Nur in relativ wenigen Fällen ist, wenn man von den voranstehend beschriebenen, partiellen Reinigungen aus Hefe und Darmschleimhaut und den anschließend besprochenen Aminopeptidasen bestimmter Charakteristik (Leucinaminopeptidase und Aminotripeptidase) absieht, die Darstellung spezifisch wirksamer Aminopolypeptidasen aus tierischem, pflanzlichem und mikrobiellem Material durchgeführt. Deutliche Aminopolypeptidasewirkungen, zum Teil ohne, zum Teil mit Metallaktivierung (Mg^{++}, Mn^{++}), sind unter anderem nachgewiesen in Homogenaten, Glycerinextrakten, Acetonfällungen von Milz, Leber, Niere, Blutplasma bzw. Blutserum, Erythrocyten, Leukocyten und Augenlinsen[1-5]. Auch Harn und Galle zeigen Aktivität; bezogen auf die Volumen-Einheit Blutplasma:Harn:Galle = 100:6:3[6]. Unterschiedliche Aktivitäten sind in den Präparationen der Zellbestandteile von Leber und Niere festgestellt worden; in Leber ist die Cytoplasmafraktion am aktivsten, in Niere wirkt die Mikrosomenfraktion stärker[7]. Über die Aminopolypeptidaseaktivität in Pflanzen und Mikroorganismen vgl. [8-10]. Ein L-Ornithinpeptide spaltendes Enzymsystem von Aminopolypeptidasecharakter, durch Mn^{++}, weniger durch Co^{++} aktivierbar, ist in *Bac. brevis* vorhanden[11].

Zu erwähnen sind in diesem Zusammenhang die außerordentlich zahlreichen Beobachtungen über Aminopeptidasewirkungen in Organismen und Organen bei gesunden und pathologischen Zuständen, unter Zuordnung der festgestellten Enzymwirkung zu einer bestimmten Aminopeptidase, obgleich dies auf Grund der eingesetzten Substrate und der sonstigen Versuchsbedingungen nicht ohne weiteres statthaft ist. Vor allem gilt dies für die Untersuchungen mit Leucin-β-naphthylamid als chromogenem Substrat, dessen Spaltung sehr häufig der Wirkung der Leucinaminopeptidase zugeschrieben wird (vgl. u. a. Hydrolyse von Leucin-β-naphthylamid durch Serum, Harn, Galle und Gewebe[12, 13, 14], durch Wandungen von Aorta und anderen Arterien[15], durch Serum bei Schwangerschaft[16],

[1] Waldschmidt-Leitz, E., A. Schäffner, J. J. Bek u. E. Blum: H. **188**, 17 (1930).
[2] Grassmann, W., u. W. Heyde: H. **188**, 69 (1930).
[3] Hanson, H.: Fermentforsch. **14**, 189 (1934).
[4] Maschmann, E.: B. Z. **310**, 28 (1941/42).
[5] Hanson, H., u. J. Methfessel: Acta biol. med. germ. **1**, 414 (1958).
[6] Hanson, H., u. R. J. Haschen: H. **310**, 213, 221 (1958).
[7] Hanson, H., u. W. Blech: H. **315**, 191 (1959).
[8] Berger, J., and M. J. Johnson: J. biol. Ch. **130**, 641, 655 (1939).
[9] Maschmann, E.: Ergebn. Enzymforsch. **9**, 155 (1943).
[10] Mandl, I., L. T. Ferguson and S. F. Zaffuto: Arch. Biochem. **69**, 565 (1957).
[11] Erlanger, B. F.: J. biol. Ch. **224**, 1073 (1957).
[12] Goldbarg, J. A., E. P. Pineda and A. M. Rutenburg: Amer. J. clin. Path. **32**, 571 (1959).
[13] Bastide, P., S. Menier, G. Dastugue et J. Baudon: Ann. Biol. clin., Paris **19**, 459 (1961).
[14] Szász, G.: Kli. Wo. **1962**, 1256.
[15] Levonen, E., J. Raekallio and U. Uotila: Nature **188**, 677 (1960).
[16] Sciarra, J. J., and D. A. Burress: Proc. Soc. exp. Biol. Med. **104**, 712 (1960).

durch Placenten von Ratte[1] und Menschen[2], durch Magenschleimhaut[3] und Magencarcinom[4], durch Spermaliquor[5], durch Blut von Neugeborenen[2,6], Säuglingen[6], Kindern[6,7] und Erwachsenen[6], durch Liquor[6], durch Serumeiweißfraktionen[8], durch Mastzellen des Menschen[9] und des Karpfen[10], durch menschliche Carcinome[11], durch fetale Rattenniere[12], durch Milz von Ratte und Maus[13], durch Brustdrüse der Ratte[14], durch menschliches Serum bei Schäden von Leber und Pankreas[15], durch Rattenserum unter dem Einfluß von Phenothiazinen[16]).

Nach neueren Befunden kann es als gesichert gelten, daß L-Leucin-β-naphthylamid zwar auch durch Leucinaminopeptidase (vgl. S. 155ff.) gespalten wird, daß für die Hydrolyse dieses Substrates wie auch der Naphthylamide und Anilide anderer Aminosäuren weitere Aminopeptidasen noch nicht genügend geklärter Spezifität und Wirkungsbedingungen in Betracht zu ziehen sind, die sowohl in Organen wie auch im Blut, dort in wechselnder Menge in Abhängigkeit von Gesundheit oder von pathologischen Zuständen vorkommen können. Der Ausdruck Leucinaminopeptidase sollte dem in seinen Wirkungsbedingungen genau definierten Enzym vorbehalten bleiben (vgl. S. 155ff.) und nicht zur Kennzeichnung einer allgemeinen Aminopeptidasewirkung verwendet werden. Vielmehr ist in diesen Fällen der nichts präjudizierende Name „Aminopeptidase" angebrachter. Literatur zu dieser Frage vgl. [17–25]. Über den Aminopeptidasecharakter der sog. unspezifischen Ocytocinase vgl. unter Ocytocinase (S. 219ff).

Darstellung. Als Ausgangsmaterial zur Gewinnung von Aminopeptidase, die frei ist von Dipeptidase, katheptischer Carboxypeptidase und Proteinase, können die an diesen Enzymen reichen Organe (Leber, Niere, Milz[26,27]), aber auch Organtrockenpräparate, z.B. durch Aceton- und Ätherbehandlung entfettetes und getrocknetes Pankreaspulver[28], dienen. Ein Gewichtsteil des frischen, zum Brei zerkleinerten Organs wird mit 2 Vol. 87%igem Glycerin, das in bezug auf Essigsäure 0,15%ig durch entsprechende Zugabe eingestellt ist, versetzt und 4 Std auf der Maschine geschüttelt. Vom Ungelösten wird durch Faltenfilter filtriert (Dauer: 2 Tage). Bei Organtrockenpulvern werden diese im Verhältnis 1:10 mit Glycerin verrührt und nach eintägigem Stehen filtriert.

---

[1] Hopsu, V. K., S. Ruponen and S. Talanti: Acta histochem., Jena 12, 305 (1961).
[2] Bashde, P., S. Menier, G. Dastugue et J. Baudon: Ann. Biol. clin., Paris 19, 459 (1961).
[3] Talanti, S., and V. K. Hopsu: Endocrinology 68, 184 (1961).
[4] Hosoda, S., S. Takase and K. Yoshida: Tohoku J. exp. Med. 73, 86 (1960).
[5] Krampitz, G., u. R. Doepfmer: Kli. Wo. **1961**, 1300.
[6] Szász, G.; Kli Wo. **1962**, 1256.
[7] Toro, R. di, S. Cutillo e L. Lupi: Boll. Soc. ital. Biol. sperim. 37, 591 (1961).
[8] Dubbs, C. A., C. Vivonia and J. M. Hilburn: Nature 191, 1203 (1961).
[9] Braun-Falco, O., and K. Salfeld: Nature 183, 51 (1959).
[10] Stolk, A.: Naturwis. 46, 476 (1959).
[11] Fischer, R., u. P. Gedigk: Naturwiss. 46, 433 (1959).
[12] Hopsu, V. K., S. Ruponen and S. Talanti: Exper. 17, 271 (1961).
[13] Korbonen, L. K., u. S. Ruponen: Exper. 18, 364 (1962).
[14] Hopsu, V. K., S. Ruponen u. S. Talanti: Ann. Med. exp. Biol. fenn. 39, 334 (1961).
[15] Notarbartolo, A.: Boll. Soc. ital. Biol. sperim. 37, 12 (1961).
[16] Kusch, T., u. J. Heinrich: Acta biol. med. germ. 8, 538 (1962).
[17] Klaus, D.: Ärztl. Forsch. 15, 548 (1961).
[18] Haschen, R. J.: Clin. chim. Acta, Amsterdam 6, 322 (1961).
[19] Schobel, B., u. F. Wewalka: Kli. Wo. **1962**, 1048.
[20] Nachlas, M. M., T. P. Goldstein and A. M. Seligman: Arch. Biochem. 97, 223 (1962).
[21] Sylvén, B., u. I. Bois: Histochemie 3, 65 (1962).
[22] Glenner, G. G., P. J. McMillan and J. E. Folk: Nature 194, 867 (1962).
[23] Hanson, H., P. Bohley u. H. G. Mannsfeldt: Clin. chim. Acta, Amsterdam 8, 555 (1963).
[24] Behal, F. J., R. D. Hamilton, C. B. Kanavage and E. C. Kelly: Arch. Biochem. 100, 308 (1963).
[25] Robinson, G. B.: Biochem. J. 88, 162 (1963).
[26] Waldschmidt-Leitz, E., A. Schäffner, J. J. Bek u. E. Blum: H. 188, 17 (1930).
[27] Waldschmidt-Leitz, E., u. W. Deutsch: H. 167, 285 (1927).
[28] Waldschmidt-Leitz, E., u. L. Keller: H. 309, 228 (1958).

80 ml Glycerinextrakt werden bei p_H 4,0 (durch Zugabe von 2,0 ml 20%iger Essigsäure) mit 40 ml Kaolinsuspension (mit 3,1 g Kaolin) zur Voradsorption versetzt und nach guter Durchmischung abzentrifugiert. 60 ml der Kaolinrestlösung, auf p_H 4,8 eingestellt, werden zweimal mit je 16 ml einer Tonerde-C_γ-Suspension (mit 0,288 g Al_2O_3) adsorbiert. Die durch Zentrifugieren erhaltenen und vereinigten Adsorbate werden zweimal mit je 20 ml 20%igem Glycerin (mit Essigsäure auf p_H 4,8 eingestellt) gewaschen und anschließend mit 40 ml 0,04 n NH_3 (25% Glycerin enthaltend) eluiert und mit Essigsäure neutralisiert. 50 ml dieser Tonerdeelution, durch Zugabe von 0,2 n Essigsäure oder von 2,5 ml n Acetatpuffer (p_H 3,8) auf p_H 4,5—4,8 eingestellt, werden zur Entfernung von Dipeptidase dreimal der Adsorption mit je 6,0 ml Eisenhydroxysuspension (je 0,196 g Fe_2O_3 enthaltend) unterworfen. Die Restlösung wird neutralisiert, gegebenenfalls vorher zur Beseitigung etwa noch vorhandener Dipeptidaseaktivität 15 Std bei p_H 4,0 bei Zimmertemperatur aufbewahrt. Über erreichbare Reinigung der Aminopolypeptidase aus Schweinemilz vgl. Tabelle 74.

Tabelle 74. *Reinigung der Aminopeptidase aus Schweinemilz.*

Reinigungsstufe	Katheptische Proteinase (Einheiten)	Katheptische Carboxypeptidase (Einheiten)	Aminopolypeptidase (Einheiten)	Dipeptidase (Einheiten)
Glycerinauszug	0,27	0,012	0,017	0,014
Kaolinrestlösung	0,20			0,0074
Tonerdeelution	0,0	0,0	0,0035; 0,028	0,003; 0,023
Restlösung nach 3. Fe_2O_3-Adsorption			0,023	0,006
Restlösung nach 3. Fe_2O_3-Adsorption (15 Std bei p_H 4,0 bei Zimmertemperatur)			0,023	0,0

Als Substrat für katheptische Proteinase: Gelatine; für katheptische Carboxypeptidase: Benzoyl-diglycin; für Aminopolypeptidase: D,L-Leucyl-glycyl-glycin; für Dipeptidase: D,L-Leucyl-glycin.

Auch aus bereits partiell gereinigten Schweinenierenpräparationen („Leucinaminopeptidase" nach [1]) läßt sich durch das geschilderte Adsorptions-Elutionsverfahren mit Eisenhydroxyd die Aminopolypeptidasewirkung von der Dipeptidase abtrennen (vgl. S. 158, Leucinaminopeptidase)[2].

Eigenschaften. Das p_H-Optimum liegt bei p_H 7,8—8,0. Hemmungen von Aminopolypeptidasepräparationen verschiedener Herkunft durch Schwefelwasserstoff, Schwermetalle (Hg^{++}), Blausäure, Cystein, Pyrophosphat sind beobachtet. Andererseits sind häufig zur Erzielung optimaler Wirkungen Metallionen (Mn^{++}, Mg^{++} usw.) notwendig. Vor allem gilt dies für Aminopolypeptidasesubstrate mit N-terminalem Leucin, nicht ausgesprochen für solche mit Glycin[2] (vgl. Tabelle 75). Es zeigt sich, daß die Aktivierungsverhältnisse der Aminopolypeptidasen der Zellen und Organe bei verschiedenen Tripeptidsubstraten (und auch Dipeptiden) von Metall zu Metall verschieden sind und in den Organen nicht gleichsinnig verlaufen[3] (vgl. Tabelle 76). So ist die Spaltung von L-Leucin-β-naphthylamid durch Rinderlinse, Rattenleber- und -nierencytoplasma durch Mn^{++} aktivierbar, dagegen hemmt Mn^{++} die Hydrolyse dieses Substrats durch menschliche Placenta und Serum[4]. L-Leucinamidspaltung durch die genannten Organe wird durch Mn^{++}-Zusatz verstärkt, dagegen bei Verwendung von Serum als Enzymquelle gehemmt[4,5]. Der Grund dafür ist offenbar in der verschiedenen Komplexbildungsneigung der Substrate mit den Metallen und auch darin zu sehen, daß die Aminopolypeptidasewirkungen von Glycerinextrakten oder Homogenaten der Organe oder auch von weiter gereinigten

[1] SPACKMAN, D. H., E. L. SMITH and D. M. BROWN: J. biol. Ch. **212**, 255 (1955).
[2] WALDSCHMIDT-LEITZ, E., u. L. KELLER: H. **309**, 228 (1958).
[3] MASCHMANN, E.: B. Z. **310**, 28 (1941/42).
[4] HANSON, H., P. BOHLEY u. H. G. MANNSFELDT: Clin. chim. Acta, Amsterdam **8**, 555 (1963).
[5] HASCHEN, R. J.: Clin. chim. Acta, Amsterdam **6**, 322 (1961).

Tabelle 75. *Wirkung durch Eisenhydroxydadsorption gereinigter Aminopolypeptidase aus Trockenpräparaten von Pankreas und Schweinenieren* (nach WALDSCHMIDT-LEITZ und KELLER[1]).

Substrat	Spaltungszeit min	Aminopolypeptidase (Adsorptionsrestlösung s. unter Darstellung) Pankreas ohne Mn	Pankreas mit Mn	Niere ohne Mn	Niere mit Mn
Glycyl-glycin . . .	180	0	0	0	0
Alanyl-glycin . . .	60	0	0	0	0
Leucyl-glycin . . .	60	0	0	0	0
Tri-glycin	120	+	+	0,42	0,42
Leucyl-glycyl-glycin	30	+	++	0,36	0,99
Leucin-amid	60	+	++	0,42	1,23

Ansatz: 0,50 ml Enzymlösung + 0,5 ml 0,09 m Substrat + 0,50 ml Wasser oder 0,15 ml 0,02 m $MnSO_4$ + 0,35 ml Wasser; p_H 7,8, $t = 30°$ C. Titration in alkoholischer Lösung nach GRASSMANN und HEYDE (vgl. S. 17). Die angegebenen Zahlen bedeuten den Aciditätszuwachs an ml 0,01 n KOH. + und ++: starke und verstärkte Spaltung, ohne daß Zahlenwerte mitgeteilt sind.

Tabelle 76. *Wirkung der Glycerinauszüge aus Leber, Niere und Dünndarmschleimhaut des Meerschweinchens auf einige Dipeptide und Tripeptide und Einfluß von Metallen (Mg^{++}, Mn^{++}, Co^{++})* (nach MASCHMANN[2]).

Enzympräparation	Zusatz	Spaltung (ml 0,05 n KOH) LG	AG	GG	GL	GA	LGG	AGG	GGG
Glycerinauszug Leber . . .	—	0,40	0,90	0,23	1,20	1,46	0,70	0,81	0,73
	Mg	1,05	1,29	0,33	1,18	1,24	1,30	1,17	0,98
	Mn	1,51	0,38	0,96	0,55	1,09	1,49	1,17	1,06
	Co	0,48	0,15	1,30	0,46	1,23	0,58	1,60	1,40
Glycerinauszug Niere . . .	—	0,76	0,80	0,33	1,07	1,27	0,46	0,68	0,85
	Mg	1,10	1,18	0,43	1,08	1,29	0,63	0,76	0,80
	Mn	1,66	0,48	0,99	0,42	1,02	0,79	0,81	0,81
	Co	0,91	0,42	1,39	0,40	1,20	0,61	0,96	1,50
Glycerinauszug Schleimhaut	—	0,53	0,95	0,24	1,10	1,36	0,64	1,09	0,70
	Mg	0,63	1,25	0,37	1,04	1,05	1,04	1,00	0,86
	Mn	0,77	0,45	0,79	0,46	0,95	1,34	0,93	0,70
	Co	0,24	0,15	1,27	0,40	1,10	0,65	1,33	1,59

Bestimmungen in 5 ml-Ansätzen; Substratkonzentration: 0,05 m. LG = Leucyl-glycin, AG = Alanyl-glycin, GG = Di-glycin, GL = Glycyl-leucin, GA = Glycyl-alanin, LGG = Leucyl-glycyl-glycin, AGG = Alanyl-glycyl-glycin, GGG = Triglycin; bei Zusatz von Mg^{++}: 10^{-2} m $MgSO_4$; bei Zusatz von Mn^{++}: 10^{-3} m $MnSO_4$; bei Zusatz von Co^{++}: 10^{-3} m $CoSO_4$. Zur Prüfung des Verhaltens der Wirksamkeit von Mg^{++}, Mn^{++} und Co^{++}: Zugabe von Leberauszug bei LG 0,05, bei AG 0,01, bei GG, GL, GA 0,015, bei LGG und GGG 0,15, bei AGG 0,05 ml; Zugabe von Nierenauszug bei LG 0,05, bei AG 0,02, bei GG, GL, GA 0,03, bei LGG und GGG 0,15, bei AGG 0,05 ml; Zugabe von Darmschleimhautauszug bei LG 0,05, bei AG 0,02, bei GG, GL, GA 0,03, bei LGG und GGG 0,15, bei AGG 0,05 ml. Inkubation: 1 Std, $t = 40°$ C; p_H 8,0; Titration von 2 ml-Proben in alkoholischer Lösung nach WILLSTÄTTER und WALDSCHMIDT-LEITZ (vgl. S. 17).

Präparationen auf Gemische mehrerer Enzyme von Aminopolypeptidasecharakter oder auf unterschiedliche Neigung der Enzyme, mit den Substratmetallchelaten den für die Spaltung erforderlichen Enzymsubstratkomplex zu bilden, zurückführbar sind. Von wesentlichem Einfluß auf die qualitative und quantitative Aktivität von Aminopolypeptidasepräparationen ist neben der Herkunft (Organart, Tierspecies) auch die Art der Darstellung (frisches oder getrocknetes Ausgangsmaterial, wie getrocknet, welches Extraktions- bzw. Fällungsmittel usw.). Die Schwierigkeiten in der Deutung von Befunden mit noch komplex zusammengesetzten, nicht kristallisierten Enzymsystemen bestehen sowohl für

[1] WALDSCHMIDT-LEITZ, E., u. L. KELLER: H. **309**, 228 (1958).
[2] MASCHMANN, E.: B. Z. **310**, 28 (1941/42).

tierische wie pflanzliche und mikrobielle Aminopolypeptidasepräparationen[1,2]. Für Aminopolypeptidasen obligat anaerober, besonders auch pathogener Bakterien, sog. Anaero-Aminopolypeptidasen bestehen andere Aktivierungsverhältnisse. Vor allem in gealterten Kulturfiltraten (7 Tage) von *B. botulinus* lassen sich bei geringer Spaltung von Dipeptiden bei Zugabe von Cystein und Fe^{++} unter N_2 und Toluol Hydrolysen von Leucyl-glycyl-glycin, Alanyl-glycyl-glycin und deutlich schwächer von Tri-glycin nachweisen. p_H-Optimum 8,2. Die gemeinsame Zugabe beider Substanzen (Cystein und Fe^{++} bzw. Mn^{++}) ist erforderlich, allein sind sie wirkungslos oder hemmen. Die Auftrennung der ohne Zusätze nur schwach aktiven oder inaktiven Aminopolypeptidase in einen Leucyl-glycyl-glycin- und einen nur Tri-glycin spaltenden Anteil ist durch $(NH_4)_2SO_4$- und Methanolfraktionierung möglich[3]. H_2S wirkt hemmend. Die Inaktivität der Kulturfiltrate wird als durch Entzug des als integrierenden Enzymbestandteil aufzufassenden Fe^{++} durch den gebildeten H_2S bedingt angesehen, außerdem unter üblichen aeroben Verhältnissen in der Oxydation des Fe^{++} und des Apoenzyms, die durch Cystein wieder reduziert werden können.

Für tierische Aminopolypeptidase (Milz) ist der Reaktionsverlauf ein linearer, es besteht Proportionalität zwischen Enzymmenge und Reaktionsgeschwindigkeit[4].

Aminopolypeptidase-Einheit: wie für Enzym aus Darmschleimhaut (vgl. S. 150).

Die **Bestimmung** kann mit geeigneten Substraten (vgl. Tabellen 75 und 76) nach einem der im allgemeinen Teil beschriebenen Verfahren erfolgen; s. dazu auch die Ausführungen zur Bestimmung der Aminopolypeptidase aus Hefe (S. 149) und aus Dünndarmschleimhaut (S. 150) sowie die Angaben über die Zusammensetzung der Ansätze in den Tabellen 75 und 76. Über chromogene Substrate vgl. [5,6].

Leucinaminopeptidase.

[3.4.1.1.]

Vorkommen. Wie bereits in den Ausführungen über die Eigenschaften der Di- und Aminopeptidasen aus Darmschleimhaut und Organen erwähnt (vgl. S. 52 und 149, 151), liegen Befunde über die Existenz einer Aminopeptidase vor, die unabhängig von der Kettenlänge des Substrats bevorzugt auf N-terminal stehendes L-Leucin eingestellt ist und dieses abspaltet. In der Folge hat sich herausgestellt, daß dieses Enzym zwar Aminoexopeptidasecharakter besitzt, aber in seiner Wirkung nicht auf die Absprengung N-terminalen Leucins beschränkt ist. Das Enzym besitzt weite Verbreitung in Pflanzen, Tieren und Mikroorganismen. Das sog. Kathepsin III dürfte in seiner Substratspezifität mit ihm identisch sein. Auf Grund der Spaltung von Leucyl-glycin, Leucyl-glycyl-glycin und Leucin-amid und der Aktivierung durch Mn^{++}, geringer durch Mg^{++}, kann das Enzym als eindeutig nachgewiesen betrachtet werden in Schweinedünndarmschleimhaut[7], Rattendünndarm, Hühnerdünndarm, Forellendarm, FLEXNER-JOBLING-Carcinom der Ratte, Malz, Kohl, Spinat, *Proteus vulgaris*[8], Haut von Kaninchen und Mensch, Kaninchenlunge[9], Rinderleber[10], Serum von Meerschweinchen[11] und Ratte[12], quergestreifter Muskulatur, Herzmuskel und Uterusmuskulatur von Kaninchen, Ratte und Mensch[13], in Rinderlinse[14], in

[1] MASCHMANN, E.: B. Z. **313**, 129, 151 (1942/43).
[2] MASCHMANN, E.: Ergebn. Enzymforsch. **9**, 155 (1943).
[3] MASCHMANN, E.: B. Z. **307**, 1 (1940/41).
[4] WALDSCHMIDT-LEITZ, E., A. SCHÄFFNER, J. J. BEK u. E. BLUM: H. **188**, 17 (1930).
[5] TUPPY, H., U. WIESBAUER u. E. WINTERSBERGER: H. **329**, 278 (1962).
[6] GOLDSTEIN, T. P., R. E. PLAPINGER and M. M. NACHLAS: J. med. pharmaceut. Chem. **5**, 852 (1962).
[7] JOHNSON, M. J., G. H. JOHNSON and W. H. PETERSON: J. biol. Ch. **116**, 515 (1936).
[8] BERGER, J., and M. J. JOHNSON: J. biol. Ch. **130**, 641, 655 (1939).
[9] FRUTON, J. S.: J. biol. Ch. **166**, 721 (1946).
[10] VESCIA, A.: Arch. int. Physiol. **57**, 46 (1949).
[11] MASCHMANN, E.: B. Z. **311**, 252 (1941/42).
[12] HANSON, H., u. R. J. HASCHEN: H. **310**, 213, 221 (1958).
[13] SMITH, E. L.: J. biol. Ch. **173**, 553 (1948).
[14] HANSON, H., u. J. METHFESSEL: Acta biol. med. germ. **1**, 414 (1958).

Schweineniere[1] (etwa dreimal so große Aktivität wie in Schweinedünndarmschleimhaut), menschlicher Placenta[2], Rattennebenschilddrüse[3], Mastzellen der Haut und des Mesenteriums[4] u.a. Pilze scheinen es nicht zu produzieren[5], ebenso nicht oder nur sehr mäßig *Clostridium histolyticum*[6].

Zusammenfassende Übersicht[7].

Darstellung. Lyophilisierte Schweinedarmmucosa- und Nierenextrakte als Rohpräparate zur Gewinnung von Leucinaminopeptidase, aber auch anderer Peptidasen sind handelsüblich bei: Serva-Entwicklungslabor, Heidelberg, Römerstr. 118; Mann Research Laboratories, 136 Liberty Street, New York, N.Y. Hochgereinigte Leucinaminopeptidase ist zu gewinnen aus Schweinenieren und Rinderaugenlinsen, aus letzteren auch in kristallisierter Form (handelsüblich bei VEB Arzneimittelwerk Dresden-Radebeul 1).

***Darstellung hochgereinigter Leucinaminopeptidase aus Schweinenieren nach* Hill *und* Smith[1, 8].**

1. Stufe: Zur Gewinnung eines möglichst hämoglobinarmen Acetontrockenpulvers der Niere werden 3000 g frische, gefrorene, vom Fettgewebe befreite Organe in halbaufgetautem Zustand grob im Fleischwolf zerkleinert und in 6 Portionen je 1 min lang mit insgesamt 1500 ml Wasser homogenisiert. Unter Rühren werden 4500 ml 53,3 %iges Äthanol bei 4° C eingetragen. Die Mischung bleibt mindestens 1 Std bei dieser Temperatur stehen, worauf ein Gemisch von 1800 ml 95 %igem Äthanol und 180 ml Chloroform zugefügt wird. Das ganze bleibt 30 min stehen und wird dann über Nacht durch ein Faltenfilter filtriert (Filtrat für Prolidaseherstellung s. S. 74). Der Filterrückstand, die Aminopeptidase enthaltend, wird bei 4° C zu 2 Vol. Aceton gegeben. Nach 2 (bis 12) Std wird auf einem Büchner-Trichter abgesaugt und der Niederschlag in 2 Vol. Aceton bei 4° C resuspendiert. Nach Absaugen und Waschen mit 0,5 Vol. Aceton, 0,25 Vol. Aceton-Äther (50:50, V/V) und 0,25 Vol. Äther wird das aufgelockerte Material an der Luft bei Zimmertemperatur und dann im Vakuum über konz. H_2SO_4 getrocknet. Ausbeute 450 g. Aufbewahrung bei 5° C, innerhalb 8 Monaten keine Aktivitätsverluste.

2. Stufe: Erste $(NH_4)_2SO_4$-Fraktionierung. Das Acetontrockenpulver wird in geeigneter Menge 1 min lang in einem Homogenisator mit 7 Vol. Wasser bei Zimmertemperatur fein suspendiert. Unter Ausführung der weiteren Arbeiten im Kälteraum wird nach 30 min 1 Std lang bei 1200 × g zentrifugiert. Die überstehende Flüssigkeit wird mit derjenigen einer nochmaligen Extraktion des Niederschlages mit 1 Vol. Wasser vereinigt und das Ungelöste verworfen. Die trübe Lösung wird auf p_H 8,0—8,1 mit n NaOH (etwa 12 ml/l) eingestellt und durch Zugabe von 242 g festen $(NH_4)_2SO_4$/l auf 40 %-Sättigung gebracht. Nach 30 min wird der Niederschlag durch Filtration (Faltenfilter oder auf dem Büchner-Trichter unter schwachem Vakuum mit Hilfe von Hyflo-Super-Cel) entfernt. Zur Lösung werden weitere 280 g $(NH_4)_2SO_4$/l zur Erzielung 80 %iger Sättigung zugegeben. Nach 30 min wird der Niederschlag in einer hochtourigen Kühlzentrifuge abgetrennt und die überstehende Lösung verworfen. Das Präcipitat wird gegen 0,005 m Trispuffer bei p_H 8,0 dialysiert (25—30 mg Protein/ml).

3. Stufe: Zweite $(NH_4)_2SO_4$-Fraktionierung. Die Endlösung der 2. Stufe wird bei p_H 8,0—8,1 mit festem $(NH_4)_2SO_4$ (312 g/l) auf 50 %ige Sättigung gebracht. Nach 30 min wird der entstandene Niederschlag abzentrifugiert und verworfen. Sättigung der über-

[1] Spackman, D. H., E. L. Smith and D. M. Brown: J. biol. Ch. **212**, 255 (1955).
[2] Vescia, A.: H. **299**, 54 (1955).
[3] Pearse, A. G. E., and G. Tremblay: Nature **181**, 1532 (1958).
[4] Stolk, A.: Naturwiss. **46**, 476 (1959).
[5] Berger, J., and M. J. Johnson: J. biol. Ch. **133**, 157 (1940).
[6] Mandl, I., L. T. Ferguson and S. F. Zaffuto: Arch. Biochem. **69**, 565 (1957).
[7] Smith, E. L., and R. L. Hill; in: Boyer-Lardy-Myrbäck, Enzymes Bd. IV, S. 37.
[8] Hill, R. L., and E. L. Smith: J. biol. Ch. **228**, 577 (1957).

stehenden Lösung zu 70% durch weitere Zugabe von 135 g $(NH_4)_2SO_4$/l. Abtrennung des Niederschlages und Dialyse wie bei der 2. Stufe.

4. Stufe: Ausfällung mit $MgCl_2$. Die Endlösung der 3. Stufe wird durch n HCl auf p_H 7,0 und durch Zugabe von festem $MgCl_2$ auf 0,01 m an diesem Salz gebracht. Nach 2 Std Entfernung eines inaktiven Niederschlages durch Zentrifugieren, Einstellen der überstehenden Flüssigkeit auf p_H 8,0 mit n NaOH. Bildet sich nach $MgCl_2$-Zugabe kein Niederschlag, so ist die Lösung auf p_H 8,0 einzustellen und mit dem gleichen Volumen 0,005 m Trispuffer (p_H 8,0) zu verdünnen.

5. Stufe: Erhitzung. Die Lösung der 4. Stufe wird in einem glatt polierten Stahlbecher unter mechanischem Rühren in einem Wasserbad von 80° C bis zum Erreichen von 70° C erhitzt und mindestens 4 min bei dieser Temperatur oder insgesamt 10 min vom Beginn der Erwärmung bis zum Erreichen von 70° C gehalten, dann schnelle Abkühlung im Eiswasser-Bad auf 0° C. Entfernung des inaktiven Niederschlages durch Filtration oder Zentrifugieren.

6. Stufe: Acetonfraktionierung. Bei 0—5° C wird die Lösung der 5. Stufe (etwa 2% Protein enthaltend) mit n HCl auf p_H 7,0 eingestellt und durch Zugabe von auf — 60° C abgekühltem Aceton auf einen Gehalt von 30% an diesem gebracht. Abzentrifugieren des Niederschlages, eventuell, wenn Aktivität unter C_1 von 30 liegt (vgl. Tabelle 77), Refraktionierung zwischen 20 und 25% Aceton nach Lösen des Niederschlages in Wasser. Auflösung des Niederschlages in einer Lösung, bestehend aus 0,005 m $MgCl_2$ und 0,005 m Trispuffer p_H 8,0, und zur Entfernung des Acetons Dialyse bei 5° C 16—18 Std lang gegen die gleiche Salz-Puffer-Lösung bei dreimaligem Wechsel.

Tabelle 77. *Reinigung der Leucinaminopeptidase aus Schweineniere (2400 g).* (nach SPACKMAN u. Mitarb.[1]).

Reinigungsstufe	C_1	Gesamtprotein mg	Gesamt-Einheiten	Ausbeute %
Geklärter wäßriger Rohextrakt des Nierenbreis	0,055	293000	2450	100
1. Acetontrockenpulver	0,25	45300	1700	69
2. Erste $(NH_4)_2SO_4$-Fällung	1,1	11600	1900*	78*
3. Zweite $(NH_4)_2SO_4$-Fällung	2,4	4170	1500	61
4. $MgCl_2$-Fällung	3,6	2640	1430	58
5. Erhitzung	5,8	1320	1120	46
6. Acetonfällung	43	105	720	29
7. Alterung	52	87	720	29
8. Papierelektrophorese	88	23	320	14

* Erhöhung vermutlich auf die Entfernung von Inhibitoren in dieser Reinigungsstufe zurückzuführen.

$C_1 = K_1/E$ (K_1: Reaktionskonstante 1. Ordnung; E: Enzymkonzentration in mg Protein-N/ml Ansatz). 0,05 m L-Leucin-amid als Substrat; p_H 8,6 (0,1 m Trispuffer); $t = 40°$ C; Inkubationsdauer 60—90 min; Titration in alkoholischer Lösung mit alkoholischer KOH nach GRASSMANN und HEYDE. Gesamt-Einheiten $= C_1 \times$ mg Protein-N der Präparation (Nierenprotein mit 16% N).

7. Stufe: Alterung (kann unter Umständen auch unterbleiben, da häufig keine nennenswerte Steigerung in der Anreicherung der Aktivität zu erzielen). Verdünnung der Präparationen der 6. Stufe auf eine Proteinkonzentration von 2 mg/ml mit der $MgCl_2$-Trispufferlösung der Stufe 6. 6—10wöchige Aufbewahrung der Präparation unter Toluol im Kühlschrank. Ausgleich eines langsamen und geringen p_H-Abfalls durch wöchentliche Neueinstellung des p_H auf 8,0 mit n NaOH und Entfernung eines allmählich entstehenden, unlöslichen Niederschlages. In manchen Fällen Verdoppelung der Aktivität (vgl. Tabelle 77).

8. Stufe: Elektrophoretische Auftrennung. Weitere Reinigung und Anreicherung kann unter Verwendung der Präparation der 6. oder 7. Stufe für kleinere Enzymmengen durch Papierelektrophorese oder bei größeren Enzymmengen durch Zonenelektrophorese an der Stärkesäule durchgeführt werden.

[1] SPACKMAN, D. H., E. L. SMITH and D. M. BROWN: J. biol. Ch. 212, 255 (1955).

Zur Konzentrierung der Präparationen der 6. bzw. 7. Stufe wird nach Einfüllung der Lösung in einen Cellophandialysiersack ein Luftstrom gegen diesen geblasen, wobei darauf zu achten ist, daß nichts von der Enzympräparation am oberen Begrenzungsrand antrocknet. Die dialysierte Lösung ist dann gegen die Pufferlösung, in der die Elektrophorese durchgeführt wird, im Kälteraum bei 5° C zu dialysieren. Lyophilisierung führt zu beträchtlichem Verlust an Enzymaktivität. Für die Papierelektrophorese[1] (45 × 57 cm-Bögen Whatman Nr. 3 MM) werden bei Durchführung der ganzen Operation im Kälteraum bei 3—5° C 0,5 ml (mit 7,5—10 mg Protein) der gegen die bei der Elektrophorese benutzte Pufferlösung dialysierten Enzympräparation in einer dünnen Mittellinie auf den Papierbogen aufgetragen, der für die eigentliche Elektrophorese auf ein giebeldachartiges Glasstabgestell in einem geeigneten Aquariumgefäß aufgelegt wird (Einzelheiten des Gerätes vgl. [2]). Der Puffer (0,08 m Veronal, p_H 8,5, enthaltend zur Stabilisierung des Enzyms 0,001 m $MgCl_2$) wird zu beiden Seiten der Auftragungslinie gleichmäßig auf das Papier gebracht. Nach 15 min Wartezeit zur Gleichgewichtseinstellung im verschlossenen Gefäß wird für 16 Std der Strom eingeschaltet (0,23 mA/cm, 150 V). Zur Lokalisierung des Proteins auf dem Papier werden 1 cm breite Teststreifen in der Stromrichtung von den Kanten und aus der Mitte des Bogens herausgeschnitten und mit Bromphenolblau angefärbt. Aus den mit Bromphenolblau nicht behandelten Teilen des Bogens werden senkrecht zur Stromrichtung die Teile des Bogens streifenförmig abgeschnitten, die die am schnellsten gewanderte Proteinkomponente enthalten (weisen bei C_1-Werten der Präparationen der 6. bzw. 7. Stufe, die höher als 45 liegen, die größte Enzymmenge auf). Elution vom Papier bei 5° C mit einer Pufferlösung, p_H 8,0 (0,005 m $MgCl_2$ und 0,005 m Tris). Das Enzym ist in diesem Medium in eingefrorenem Zustand monatelang haltbar und verliert auch durch mehrfaches Auftauen und Gefrieren nicht an Aktivität.

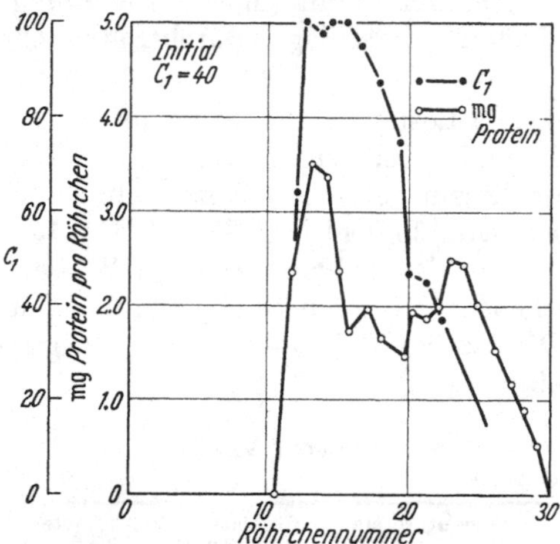

Abb. 26. Elektrophoretische Reinigung der Leucin-aminopeptidase. Aufgetragen 74 mg Protein mit 472 Enzym-Einheiten (C_1 = 40). 43stündige Elektrophorese bei 29 mA. In Röhrchen 12—19 (mit 1,5 ml-Fraktionen) insgesamt 49 mg Protein mit 297 Enzym-E (C_1 = 96).

Bei der Zonenelektrophorese[3] auf der Stärkesäule wird Kartoffelstärke, die trocken ein Sieb von 200 mesh passiert, in das Säulenglasrohr 50 × 3 cm mit unterem Abschluß durch eine grob-poröse Glasfilterplatte eingefüllt (Gerät und Methodik im einzelnen s.[4]). Die Elektrophorese erfolgt im Kälteraum bei + 5° C. Der zur Suspension der Stärke, zur Füllung der Elektrophoresegefäße und zur Elution von der Stärkesäule benutzte Puffer ist ein 0,075 m Veronalpuffer, p_H 8,4—8,6, der zur Stabilisierung des Enzyms in bezug auf $MgCl_2$ 0,005 m ist. Die Elektrophorese wird 24—40 Std bei 320 V mit 30 mA durchgeführt. Nach Beendigung der Elektrophorese wird die Säule über einen automatischen Fraktionensammler mit dem gleichen Puffer unter Auffangen von 1—2 ml-Fraktionen bei einer Durchflußgeschwindigkeit von etwa 10 ml/Std eluiert. Enzym- und Proteinbestimmung in aliquoten Teilen der einzelnen Röhrchen und Vereinigung der leucinaminopeptidaseaktivsten Röhrcheninhalte (Versuchsbeispiel vgl. Abb. 26). Die Stärkefüllung einer Säule kann höchstens für 5—7 Versuche verwendet werden (allmähliche Abnahme der Durchflußgeschwindigkeit).

Die durch $(NH_4)_2SO_4$-Fällung nach [1] erhaltene Leucinaminopeptidasepräparation läßt sich durch Adsorption mit Eisenhydroxyd (20 ml Enzymlösung dreimal mit je 3,0 ml

---

[1] SPACKMAN, D. H., E. L. SMITH and D. M. BROWN: J. biol. Ch. **212**, 255 (1955).
[2] FLYNN, F. V., and P. DE MAYO: Lancet **1951 II**, 235.
[3] HILL, R. L., and E. L. SMITH: J. biol. Ch. **228**, 577 (1957).
[4] FLODIN, P., and J. PORATH: Biochim. biophys. Acta **13**, 175 (1954).

Fe_2O_3 [37,8 mg] bei p_H 4,5) und Elution mit 5,0 ml 1 %igen Na_2HPO_4 in einen tripeptidspaltenden (an Eisenhydroxyd nicht adsorbierten) und einen dipeptidspaltenden (an Eisenhydroxyd adsorbierbaren und eluierbaren) Anteil trennen[1] (vgl. auch diesen Beitrag über Dipeptidase (s. 52) und Aminopolypeptidase aus Zellen und Geweben (S. 153). Zur Darstellung einer Leucinaminopeptidasepräparation aus Schweinenieren durch Acetonfällung und unmittelbar anschließende 14 Tage lange Verdauung des Präcipitats durch proteolytische Enzyme (Pankreatin, Papain), wobei die Aktivitäten sowohl der Leucinaminopeptidase wie auch der Cysteinylglycinase, Phosphatase und Glycyl-glycindipeptidase ansteigen, Alkoholfraktionierungen und Kaolinadsorption, wodurch Trennung der Leucinaminopeptidase und Glycyl-glycindipeptidase zu erreichen ist, vgl. [2].

Ein vereinfachtes, chromatographisches, schnell ausführbares Reinigungsverfahren für Leucinaminopeptidase ist mit Anwendung von DEAE-SF-Anionen-Austauscher-Cellulose beschrieben[3]. Als Ausgangsmaterial dient die frisch hergestellte und gegen Tris-$MgCl_2$-Puffer dialysierte Lösung des Acetonniederschlages (6. Stufe, s. S. 157), etwa 1,5 mg Protein enthaltend, die auf eine 0,9 × 25 cm Säule mit DEAE-SF-Cellulose-Austauscher, vorher mit 0,005 m Tris-HCl-Puffer, p_H 8,0, in 0,005 m $MgCl_2$ äquilibriert gebracht wird. Die Säule wird bei 5° C mit 225 ml des Tris-$MgCl_2$-Puffers mit einem linearen Gradienten von 0—0,3 m NaCl in 3 ml-Fraktionen bei einer Durchflußrate von 60—90 ml je Std eluiert. Unter diesen Bedingungen findet sich die Leucinaminopeptidase-Aktivität, gegen L-Leucinamid oder L-Leucyl-β-naphthylamid gemessen, hauptsächlich in den Fraktionen Nr. 35—45.

***Darstellung von Leucinaminopeptidase nach* Fasold *u. Mitarb.*[4].**

3 kg frische, über Trockeneis gefroren aufbewahrte Schweinenieren werden nach Auftauen zur halbfesten Konsistenz zerschnitten, von Fett befreit, im Fleischwolf zerkleinert und mit der halben Gewichtsmenge schwach ammoniakalischen Wassers in 50 g-Portionen homogenisiert. Der p_H wird unter Kontrolle mit der Glaselektrode durch Zugabe von 1 n Ammoniak auf p_H 8—8,5 gehalten. Bei 4° C wird mit 4,5 l 53 %igem Propanol versetzt, 1 Std stehengelassen und weiterhin Propanol (1,8 l, 10 % Chloroform enthaltend) hinzugefügt. Nach 1 Std erfolgt Filtration durch Faltenfilter über Nacht. Aus dem Niederschlag läßt sich in üblicher Weise (s. S. 156) mit Aceton-Äther leicht ein Trockenpulver herstellen. Aus diesem erfolgt Extraktion des Enzyms mit der zehnfachen Gewichtsmenge Wasser in 15 g-Portionen bei 4° C unter Konstanthalten des p_H bei 8,0—8,2. Unter Rühren bei 4° C wird im Verlauf einiger Stunden durch Einstreuen festen Ammoniumsulfates 0,4 Sättigung hergestellt. Der Niederschlag wird abzentrifugiert, die überstehende Lösung bei 4° C langsam auf 0,8 Sättigung an Ammoniumsulfat gebracht. Der p_H darf dabei nicht unter 8,0 absinken. Der abzentrifugierte Niederschlag wird in möglichst wenig Ammoniakwasser gelöst. Danach Dialyse gegen 0,005 m Tris-HCl-$MgCl_2$-Puffer, p_H 8,0, und Einengung auf ca. 80 ml im Dialysierschlauch durch kalten Luftstrom. Anschließend kontinuierliche Elektrophorese (z.B. am Beckman-Spinco-Gerät Modell CP) mit 0,025 m Tris-HCl-Puffer, p_H 8,0, + 0,005 m $MgCl_2$. Auftragung der Substanzlösung in 36—48 Std (Einführungsgeschwindigkeit 8,5—9,5; Pufferfluß 6). 85 mA, 950 V. Papier (Macherey und Nagel) bei Überladung im Lipoproteidbereich nach 24 Std gewechselt. Vereinigung der aktiven Fraktionen, Dialyse gegen Tris-HCl-$MgCl_2$-Puffer, Einengung auf ca. 25 ml im kalten Luftstrom. Leucinaminopeptidase wandert deutlich anodisch, Lipoproteide laufen geringfügig kathodisch.

Anschließend 1. chromatographischer Reinigungsschritt an Diäthylaminoäthyl-(DÄAÄ-) Cellulosesäulen (1,7 × 25 cm). Äquilibrierung des Austauschers (Kapazität 1,0 mval/g; Maschenzahl ca. 200) mit 0,005 m Tris-HCl-$MgCl_2$-Puffer, p_H 8,0, und Einpressung der Enzymlösung innerhalb 30 min. Elution mit 0,18 m NaCl, im gleichen Puffer gelöst. Durchflußgeschwindigkeit 0,8—1,1 ml/min. Vereinigung der mit einem Tropfen Toluol

[1] Waldschmidt-Leitz, E., u. L. Keller: H. **309**, 228 (1958).
[2] Binkley, F., V. Alexander, F. E. Bell and C. Lea: J. biol. Ch. **228**, 559 (1957).
[3] Folk, J. E., J. A. Gladner and T. Viswanatha: Biochim. biophys. Acta **36**, 256 (1959).
[4] Fasold, H., P. Linhart u. F. Turba: B. Z. **336**, 182 (1962).

konservierten, als aktiv festgestellten Fraktionen, Dialyse gegen den Startpuffer und Einengung im kalten Luftstrom auf 10—15 ml.

Danach 2. chromatographischer Reinigungsschritt an DÄAÄ-Cellulosesäulen (1,5 × 37 cm) durch Gradientenelution. Im magnetisch gerührten Mischgefäß zu Beginn 0,005 m Tris-HCl-$MgCl_2$-Puffer (p_H 8,0); Zumischung von 0,3 m NaCl, Elution des Adsorbats mittels eines logarithmischen Gradienten zwischen 0 und 0,3 m NaCl. Durchflußgeschwindigkeit zur Vermeidung irreversibler Bindung des Enzyms 0,8—1,1 ml/min (Berührungsdauer des Enzyms mit dem Säulenmaterial ca. 120 min). Vereinigung der hochaktiven Fraktionen, Dialyse gegen 0,005 m Tris-HCl-$MgCl_2$-Puffer (p_H 8,2). Lösung (ca. 5 mg Protein/ml) eingefroren und bei — 20° C ohne Aktivitätsverlust über Wochen aufzubewahren. Angaben über Ausbeute und Anreicherung des Enzyms vgl. Tabelle 77a.

Tabelle 77a. *Reinigung und Ausbeute nach*[1] *hochgereinigter Leucinaminopeptidase aus Schweinenieren.*

Reinigungsstufe	C_1	Ausbeute %
Ausgangsmaterial	0,05	
Wäßriger Extrakt aus Acetontrockenpulver	0,5	
Ammoniumsulfatfällung (0,4—0,8 Sättigung)	1,2	
Kontinuierliche Elektrophorese	5	80
1. chromatographischer Reinigungsschritt (Austauschfiltration)	10—15	80—90
2. chromatographischer Reinigungsschritt (Gradientenelution)	40—70	> 80

$C_1 = K_1/E$ (K_1: Reaktionskonstante 1. Ordnung; E: Enzymprotein in mg Protein-N/ml Ansatz); 0,05 m L-Leucinamid als Substrat im Ansatz; p_H 8,5 (Tris-HCl-Puffer); Mn^{++}-Zusatz als Aktivator; $t = 40°$ C; 30 min bis 3 Std Inkubation; Bestimmung des abgespaltenen Ammoniak nach CONWAY.

***Darstellung kristallisierter Leucinaminopeptidase aus Rinderaugenlinsen nach* GLÄSSER *und* HANSON**[2–4].

Geeignete Augenlinsen werden erhalten, indem die Hornhaut der Augen frisch geschlachteter, junger Rinder durch Einschnitt mit einer Rasierklinge unter Durchtrennung der Linsenkapsel gespalten und die Linse durch anschließenden leichten Druck auf den Augapfel zusammen mit Kammerwasser herausgedrückt wird. Die Linsen werden mit der Schere grob zerkleinert und wenige Minuten mit 3—4 ml eisgekühltem Wasser pro Linse homogenisiert. Danach 30—60 min Aufbewahrung bei 4° C. Aus dem Rohhomogenat erhält man durch Abzentrifugieren (30 min bei 36000 × g und 2° C) einen stark opalescierenden Überstand mit 15—20 mg Eiweiß-N/ml. Dieser wird mit Wasser auf 10 mg Eiweiß-N/ml verdünnt. Aus 15—20 Linsen sind 100 ml verdünnter Überstand des Rohhomogenats mit C_1-Werten von 0,16—0,17 zu gewinnen. Eine 15—40fache Anreicherung, die allerdings mit einer nur 15—20% betragenden Ausbeute an Enzymaktivität verbunden ist, gelingt durch Acetonfällung in der Kälte (— 5° C): Bildung des aktiven Niederschlages zwischen 46 und 54% (V/V) Aceton in der Lösung. Für die Anreicherung auch im präparativen Maßstab unter Einsatz der kontinuierlichen Papierelektrophorese ist eine Ammoniumsulfatfraktionierung mit 3—5facher Anreicherung und 60—70%iger Ausbeute geeigneter. Zu diesem Zweck wird der obenerwähnte verdünnte Überstand mit Natronlauge auf p_H 8,0 gebracht, unter ständigem Rühren bei 4° C mit festem Ammoniumsulfat bis zur 38%igen Sättigung versetzt und 30 min bei 4° C stehengelassen. Der inaktive Niederschlag wird in 25 min bei 20000 × g abzentrifugiert und der Überstand durch weitere Zugabe von festem Ammoniumsulfat auf 54% Sättigung gebracht. Der sich dabei bildende aktive Niederschlag wird abzentrifugiert, in wenig Wasser gelöst und mit Natronlauge auf p_H 8,0 eingestellt. Anschließend 24—48stündige Dialyse bei 4° C gegen 5×10^{-3} m Veronal-Na/HCl-Puffer, p_H 8,0, der 10^{-4} m an $MgSO_4$ ist, zur Entfernung von NH_4^+. Zur weiteren Reinigung wird die erhaltene Lösung unter Kühlung der kontinuierlichen Papierelektro-

[1] FASOLD, H., P. LINHART u. F. TURBA: B.Z. **336**, 182 (1962).
[2] GLÄSSER, D., u. H. HANSON: H. **329**, 249 (1962).
[3] GLÄSSER, D., u. H. HANSON: Naturwiss. **50**, 595 (1963).
[4] GLÄSSER, D., u. H. HANSON: Naturwiss. **51**, 110 (1964).

phorese bei p_H 8,5—8,6 unter Verwendung von 0,02 m Veronal-Na/HCl-Puffer, der in bezug auf $MgSO_4$ 5×10^{-3} m ist, unterworfen. Je nach Größe des Trenngerätes können pro Std 1—2 bis 60—80 mg Eiweiß aufgetragen werden (kleines „Va"-Gerät der Fa. Bender & Hobein, München, Schleicher-Schüll-Papier 2040b, 9—10 V/cm, 4° C; großes „VaP"-Gerät der Fa. Bender & Hobein, München, Schleicher-Schüll-Karton 2230; 17 V/cm; Temperatur nicht über 18° C ansteigend). Es ist darauf zu achten, daß nur so viel von der Ammoniumsulfatfraktion mit dem Puffer, p_H 8,5, vermischt wird, wie in etwa 5—10 Std aufgetrennt werden kann. Unter den genannten Bedingungen wandert von den enthaltenen Eiweißfraktionen die Leucinaminopeptidase am weitesten anodisch. Über Anreicherung und Ausbeute an hochgereinigtem Enzym vgl. Tabelle 77b. Außer

Tabelle 77b. *Anreicherung und Ausbeute hochgereinigter Leucinaminopeptidase aus Rinderaugenlinsen*[1].

Fraktion	Aktivität C_1	Protein (mg N)	Gesamt-aktivität (E.E.)	Ausbeute %	Ausbeute bei der Elektro-phorese %
Verdünnter Überstand des Rohhomogenats	0,16	1360	218	100	
Ammoniumsulfatfraktion	0,76	185,5	141	65	100
Elektrophoreseeluat: 18	0,4	2,720	1,09	0,5	0,8
19	4,6	2,990	13,8	6,3	9,8
20	65	1,474	96	44	68
21	34	0,212	7,2	3,3	5
					83,6

Kontinuierliche Elektrophorese im „VaP"-Gerät (Bender-Hobein, München): 700 V; 220 mA; Schleicher-Schüll-Karton 2230; Temperatur auf Trennkarton + 14° C; 75—80 mg Eiweiß/Std aufgetragen. $C_1 = K_1/E$; Enzymeinheit: E.E. $= C_1 \times$ mg Protein-N; $K_1 = \frac{1}{t} \times \log \frac{100}{100-x}$; $x = \%$ Hydrolyse; 0,05 m L-Leucinamid, $2 \cdot 10^{-3}$ m $MnCl_2$, p_H 8,6 (Trispuffer); 30 min Inkubation bei 40° C; Bestimmung von L-Leucin durch quantitative Papierchromatographie (s. S. 40).

starker Aktivität gegenüber L-Leucin-amid besteht unter Optimalbedingungen der Leucinaminopeptidase (Inkubation bei 56° C, p_H 8,6, 2×10^{-3} m Mn^{++}) gegenüber L-Prolyl-glycin geringe Angreifbarkeit und noch geringere gegenüber Diglycin; auch bei starker Erhöhung der Enzymkonzentration und Angleichung der Inkubationsbedingungen an die für bestimmte Gewebspeptidasen optimalen werden folgende Substrate nicht oder nicht sicher meßbar angegriffen: α-Benzoylargininmethylester, D-Leucinamid, Glycyl-D-leucin, Glycyl-L-prolin.

Zum kristallisierten Enzym gelangt man, wenn die bei der kontinuierlichen Elektrophorese anfallenden, stark aktiven Fraktionen (mit C_1-Werten von etwa 30 und darüber) vereinigt, zur Entfernung des Veronals gegen 0,005 m Trispuffer, p_H 8,0, + 0,0002 m Magnesiumsulfat bei 4° C dialysiert und anschließend mit festem Ammoniumsulfat bis zur bestehenbleibenden leichten Trübung versetzt und bei 4° C aufbewahrt werden. Es erfolgt Kristallisation in Form von bootförmigen, leicht hexagonal erscheinenden Kristallen mit C_1-Werten zwischen 50 und 60.

Unter Umgehung der 1. Ammoniumsulfatfraktionierung und der elektrophoretischen Reinigung läßt sich durch Vorreinigung mittels einer modifizierten Zinksulfatfällung nach[2] in einfacher Weise das Enzym kristallisiert erhalten[3]. Beispiel: 12 g Augenlinsen möglichst junger Rinder werden mit 100 ml 0,9%iger NaCl-Lösung in einem Becherglas derart mit einem Rührer gerührt, daß die Rindenanteile der Linsen in Lösung gehen und der festere Kern der Linsen leicht durch Dekantieren oder niedertouriges Zentrifugieren entfernt werden kann. Die Lösung wird unter Kühlung vorsichtig mit 1 m $MnCl_2$ und 1 m $ZnSO_4$ so lange versetzt, bis die Konzentration an diesen beiden Salzen 0,005 m bzw.

[1] GLÄSSER, D., u. H. HANSON: H. **329**, 249 (1962).
[2] SPECTOR, A.: J. biol. Ch. **238**, 1353 (1963).
[3] GLÄSSER, D., u. H. HANSON: Naturwiss. **51**, 110 (1964).

0,006 m ist. (Die Mn^{++}-Zugabe ist zur Kristallisation nicht unbedingt erforderlich.) Der p_H wird mit n NaOH zwischen 7,2 und 7,4 gehalten. Die entstandene starke Eiweißfällung wird in der Kühlzentrifuge in 20 min bei 12000 $\times$ g abzentrifugiert und der Überstand 12 min in ein 54° C warmes Wasserbad gebracht. Der erneut auftretende Proteinniederschlag wird abfiltriert. Durch Zugabe von 0,35 g festem Ammoniumsulfat pro 1 ml Filtrat wird das Enzym zur Kristallisation gebracht. Nach 1—2tägigem Stehen bei 4° C werden die Kristalle abgetrennt und können mit auf p_H 4,8—5,0 eingestelltem Wasser gewaschen werden. Die Lösung der Enzymkristalle erfolgt durch Einstellung des p_H auf 8,0. Die Kristalle sind bootförmig, bipyramidal-oval. C_1-Werte verschiedener Präparationen liegen zwischen 100 und 200, wahrscheinlich in Abhängigkeit von partieller Inaktivierung während der Kristallisation bei schwach saurem p_H, gegen das das Enzym empfindlich ist.

Eigenschaften. Das Enzym ist in Wasser leicht und in relativ stabiler Form löslich, was seinen bequemen Nachweis in fast allen darauf hin untersuchten Zellen, Geweben und biologischen Flüssigkeiten sehr erleichtert. Mg^{++} wirken stark stabilisierend (vgl. dazu S. 156ff.). Am instabilsten ist das Enzym bei p_H 4—5, am stabilsten bei p_H 8,0 bis 8,5. Die elektrophoretische Beweglichkeit des gereinigten Schweinenierenenzyms beträgt bei p_H 8,5 (s. unter Darstellung) $-6{,}0 \times 10^{-5}$ cm²/V/sec und liegt damit sehr nahe der des Serumalbumins. I.P. zwischen p_H 4—5. Bei Enzymaktivitäten mit $C_1 \sim 80$ und darüber ist mit nahezu vollständiger Homogenität zu rechnen. In der Ultrazentrifuge ergibt sich für Präparationen derartigen Reinheitsgrades ein Wert von $s_{20,w} = 12{,}6$ S, was einem Mol.-Gew. von etwa 300000 entspricht. $E_{\max}\left(\frac{1{,}9 \text{ mg Protein/ml}}{280 \text{ m}\mu}\right) = 1{,}6$. Aus den für Proteine charakteristischen Absorptionsquotienten des Enzyms bei 260 und 280 mμ, aus den aus seinem salzsauren Hydrolysat ohne Tryptophan bestimmbaren Aminosäuremengen, die 97,5% der zur Hydrolyse eingesetzten Enzymmenge betragen, sowie aus der Notwendigkeit der Anwesenheit eines Metalls für die Aktivität des Enzyms ist auf einen Metall-Proteincharakter des Enzyms zu schließen[1]. Für Anwesenheit weiterer Substanzen im Enzymmolekül, wie Nucleotide und Kohlenhydrate, finden sich entgegen anders lautenden Befunden[2] keine Anhaltspunkte[3, 4]. Die sekundäre Proteinstruktur kann, verbunden mit einer Herabsetzung der Enzymaktivität, durch Harnstoff und Acetamid in reversibler Weise und durch Guanidin irreversibel beeinflußt werden[5] (vgl. Tabelle 78).

Leucinaminopeptidase-Präparationen, die durch einfache wäßrige Extraktion der Zellen und Organe verschiedenster Herkunft, durch wäßrige Extraktion von Acetonfällungen usw. hergestellt werden und durch Mg^{++}-Zugabe stabilisiert und aktiviert sind, zeigen ein p_H-Optimum um 8,0 mit häufig nur geringem Abfall bis p_H 9,2, dann infolge der $Mg(OH)_2$-Abscheidung im alkalischeren Bereich starke Aktivitätsverminderung[6-8]. Nicht hochgereinigte, Mn^{++}-aktivierte Präparationen, z.B. aus Schweinedarmmucosa durch Extraktion des mit Seesand zerriebenen Materials mit Wasser und weitere Reinigung des wasserlöslichen Anteils durch Aceton- und $(NH_4)_2SO_4$-Fraktionierung[9, 10] oder aus Rinderlinsen[11], zeigen einen raschen Anstieg der Aktivität zwischen p_H 7 und 8,5, die dann auf gleichem Niveau bis zu den höchsten, mit Puffern geprüften Werten um p_H 9,5 erhalten bleibt. Bei hochgereinigten Schweinenierenpräparationen, die in bezug auf das Enzym als homogen anzusehen, durch Mg^{++} stabilisiert und durch Mn^{++} bzw. Mg^{++} aktiviert sind,

[1] Spackman, D. H., E. L. Smith and D. M. Brown: J. biol. Ch. **212**, 255 (1955).
[2] Binkley, F., V. Alexander, F. E. Bell and C. Lea: J. biol. Ch. **228**, 559 (1957).
[3] Matheson, A. T., and C. S. Hanes: Biochim. biophys. Acta **33**, 292 (1959).
[4] Patterson, E. K.: J. biol. Ch. **234**, 2327 (1959).
[5] Hill, R. L., and E. L. Smith: J. biol. Ch. **228**, 577 (1957).
[6] Johnson, M. J., G. H. Johnson and W. H. Peterson: J. biol. Ch. **116**, 515 (1936).
[7] Berger, J., and M. J. Johnson: J. biol. Ch. **130**, 641, 655 (1939).
[8] Berger, J., and M. J. Johnson: J. biol. Ch. **133**, 157 (1940).
[9] Smith, E. L., and W. J. Polglase: J. biol. Ch. **180**, 1209 (1949).
[10] Smith, E. L., D. H. Spackman and W. J. Polglase: J. biol. Ch. **199**, 801 (1952).
[11] Hanson, H., u. J. Methfessel: Acta biol. med. germ. **1**, 414 (1958).

Tabelle 78. *Beeinflussung der Leucinaminopeptidaseaktivität durch Harnstoff, Acetamid und Guanidin.* (nach HILL und SMITH[1]).

Zugesetzte denaturierende Substanz	Konzentration Mol/l	Relative Enzymaktivität A	B	C	D
Kein Zusatz . .	—	100	100	85	100
Harnstoff	2,0	85	63	52	
Harnstoff	6,0	51	39	24	95
Acetamid	2,0	99	85	71	
Acetamid	6,0	58	49	41	100
Guanidin	0,5	42		0	
Guanidin	2,0	0		0	0

Die Enzympräparation (1,0—2,0 μg N/ml; $C_1 = 55$—60) bei 40° C mit 0,005 m $MgCl_2$ in 0,05 m Trispuffer, p_H 8,5, und der denaturierenden Substanz in den in der Tabelle angegebenen Mengen präinkubiert. Aliquote Mengen (z.B. 0,2 ml) nach 30 min (Reihe A), 6 Std (Reihe B) und 20 Std (Reihe C) entnommen und zum eigentlichen Versuchsansatz zugegeben, der bei einem Gesamtvolumen von 2,5 ml bei den Reihen A, B und C 0,05 m L-Leucinamid (1 ml 0,125 m Stammlösung) und die gleichen Konzentrationen an Trispuffer, $MgCl_2$ und denaturierender Substanz wie die Präinkubationsansätze enthält, in Reihe D jedoch nur 0,05 m L-Leucinamid, Trispuffer und $MgCl_2$. Der Spaltungsversuch der Reihe D mit dem Substrat nach 30 min Präinkubationsdauer. Inkubation der Spaltungsansätze bei 40° C 60—90 min. Titration in alkoholischer Lösung mit 0,01 n KOH nach GRASSMANN und HEYDE (vgl. S. 17).

ergibt sich mit Leucinamid als Substrat und bei Mg^{++}-Gegenwart ein Optimum bei p_H 9,3, bei Anwesenheit von Mg^{++} und Mn^{++} bei p_H 9,1 für Leucinamid und für Leucylglycin[2]. Zur Konstanthaltung des p_H sind Tris-, Veronal- und Kakodylatpuffer gleich gut geeignet; spezifische Wirkungen auf die Enzymaktivität sind bei ihnen nicht beobachtet. Für Rohhomogenat aus Rinderaugenlinsen wie auch für das kristallisierte Enzym aus Augenlinsen ergeben sich ohne Verwendung von Puffern bei Konstanthaltung des p_H mit einem p_H-Stat p_H-Optima bei 10,0 für Enzympräparationen ohne Metallionenzusatz, bei 9,7 mit Mg^{++} (10^{-3} m) und bei 9,0 mit Mn^{++} (10^{-3} m)[3].

Die optimale Wirkung alkalischer p_H-Werte ist durch die günstigen Bindungseigenschaften der undissoziierten NH_2-Gruppen am Enzym (α-Amino- und Imidazolgruppe) und am Substrat für die stabilisierenden bzw. aktivierenden Metalle zu erklären.

Die Aktivität des Enzyms wird durch Dialyse der das Metall enthaltenden Enzymlösung gegen 0,02—0,005 m Versene (Äthylendiamintetraessigsäure) bei p_H 8,0 oder durch direkte Zugabe von Versene (0,005—0,01 m in der Enzymlösung) oder von Citrat (0,005 bis 0,034 m in der Enzymlösung) zu einer Mg^{++} oder Mn^{++}, z.B. in 10^{-3} m Konzentration enthaltenden Enzymlösung (p_H 8,0—8,5 durch Trispuffer eingestellt) stark herabgesetzt oder fast aufgehoben. Citrat ist viel schwächer wirksam als Versene. Beseitigung der Inhibitoren durch Dialyse der Enzymlösung gegen Wasser und Wiederzugabe von Mn^{++} stellt die Aktivität nahezu wieder her.

Der zeitliche Verlauf der Aktivierung des Enzyms durch Mn^{++} und Mg^{++} ist ein relativ langsamer und abhängig von der Mn^{++}- bzw. Mg^{++}-Konzentration und vom Reinheitsgrad des Enzyms. Für relativ schwach gereinigte Enzympräparationen, z.B. aus der Darmmucosa, mit C_1-Werten unter 4 ist optimale Aktivität und regelmäßige Kinetik erst nach 3—4stündiger Präinkubation der Enzymlösung bei p_H 8,0 und 40° C mit Mn^{++} zu erreichen. Die Aktivierung durch Mg^{++} erfolgt noch langsamer und erst bei noch höheren Konzentrationen[4]. Eine hochgereinigte Schweinenierenpräparation ($C_1 = 75$—80) zeigt bereits nach 15 min Präinkubation bei 40° C in 0,04 m Trispuffer (p_H 8,0) maximale Aktivität, wobei die stärksten Aktivierungen bei 10^{-3} m Mn^{++} oder 4×10^{-3} m Mg^{++} auftreten. Präinkubation in 4—8×10^{-3} m Mn^{++} führt nach schnell vorübergehender Aktivierung bereits

[1] HILL, R. E., and E. L. SMITH: J. biol. Ch. 228, 577 (1957).
[2] SMITH, E. L., and D. H. SPACKMAN: J. biol. Ch. 212, 271 (1955).
[3] Nach noch unveröffentlichten Versuchen unseres Laboratoriums (GLÄSSER D., u. H. KIRSCHKE).
[4] SMITH, E. L., and M. BERGMANN: J. biol. Ch. 153, 627 (1944).

nach 30 min zu schnell fortschreitender Inaktivierung des Enzyms. 10^{-2} m Mg^{++} hat im Laufe vierstündiger Präinkubation nur geringe Inaktivierung zur Folge; 10^{-3} und 10^{-4} m Mg^{++} bewirken Aktivitätsabfall bei Präinkubation bei 40° C, offenbar infolge nicht ausreichender Stabilisierung des Enzyms. Aus Rinderlinsenhomogenat nach Zinksulfatfällung ohne weitere Metallionenzusätze erhaltene, kristallisierte LAP erreicht bei Präinkubation mit 10^{-1} m Mg^{++} bei p_H 9,0 (Trispuffer) nach 20 min bei 37° C die maximale Aktivität, die bei Ausdehnung der Präinkubation auf 40 min nur mäßig und erst nach 80 min Präinkubation deutlich abfällt. Bei Verwendung von Mn^{++} (5×10^{-3} m) als Aktivator ist eine besondere Präinkubation nicht erforderlich; bereits 1—2 min nach Mn^{++}-Zugabe bei 37° C und p_H 9,0 (Trispuffer) ist die maximale Aktivität vorhanden, die praktisch bis zu 120 min auf gleicher Höhe bleibt[1].

Das aktive Metallenzym dissoziiert bei Verdünnung in seine Komponenten, so daß die Aktivität nur bei großem Mn^{++}- bzw. Mg^{++}-Überschuß der Enzymkonzentration proportional ist. Die Kombination des Me^{++} mit dem Enzymprotein läßt sich bei Annahme, daß ein Me^{++} unter Bildung eines aktiven Zentrums des Enzyms reagiert, nach der Gl. (1) beschreiben (vgl. Tabelle 79).

Tabelle 79. *Konstanten der Me^{++}-Enzym-Beziehung.*

Präparation	p_H	K_a molar^{-1}	Literatur
Hochgereinigte Nierenpräparation + Mg^{++}	8,6	$1{,}2 \times 10^4$	2
Hochgereinigte Nierenpräparation + Mn^{++}	8,6	$3{,}3 \times 10^4$	2
Partiell gereinigte Schweinedarmpräparation + Mn^{++} . . .	8,0	$2{,}5 \times 10^4$	3

$$K_a = \frac{x}{[Me^{++}](a - x)}. \qquad (1)$$

K_a = Assoziationskonstante für die Bildung des aktiven Enzyms; x = Enzymaktivität bei einer gegebenen $[Me^{++}]$; a = maximale Enzymaktivität.

Das Mg^{++}-Enzym hat nach Tabelle 79 nur etwa die halbe Aktivität wie das Mn^{++}-Enzym.

Ca^{++} und Co^{++} (10^{-3} m) haben keinen Einfluß auf die Enzymaktivität; Ni^{++}, Zn^{++}, Fe^{++} (10^{-3} m) wirken etwas hemmend, Cd^{++}, Cu^{++}, Hg^{++}, Pb^{++} sind starke Inhibitoren. Nach[4] übt Fe^{+++} (10^{-2} bis 10^{-4} m) eine starke Hemmung auf die Leucinaminopeptidase aus Leber und Darmschleimhaut aus, die jedoch durch Zugabe von Histidin bei einem Verhältnis Histidin/Fe^{+++} von 20:1 vollständig zu beseitigen ist.

Die Annahme, daß Co^{++} auf Grund einer ionenabhängigen Spezifität der Leucinaminopeptidase die Glycylglycinspaltung in besonderer Weise aktiviere, ist sicherlich auf Versuchsergebnisse bei Verwendung weniger gereinigter Schweinenierenpräparationen zurückzuführen[5] und läßt sich für ungefähr 2000fach gereinigte Leucinaminopeptidase-Präparationen nicht bestätigen[6]. Außer dem bereits erwähnten Citrat und Versene sind auch andere metallbindende Anionen hemmend: Pyrophosphat, Cyanid, Sulfid, wenngleich für die beiden letzteren nicht eindeutig für Leucinaminopeptidase bewiesen wie für die zuerst genannten[7]. Auch Cystein hat eher hemmende Eigenschaften[5, 8], Glutathion ist ohne Wirkung, desgleichen SH-Reagentien (Jodessigsäure, Jodacetamid, p-Chlormercuribenzoat) und Diisopropylfluorphosphat, das besonders zur Ausschaltung von begleitender Proteinasewirkung der Enzymlösung bereits in der Präinkubationsperiode

[1] Nach noch unveröffentlichten Versuchen unseres Laboratoriums (GLÄSSER, D.).
[2] SMITH, E. L., and D. H. SPACKMAN: J. biol. Ch. **212**, 271 (1955).
[3] SMITH, E. L.: J. biol. Ch. **163**, 15 (1946).
[4] VESCIA, A., A. IACONO et A. ALBANO: Enzymologia **15**, 233 (1952/53).
[5] VESCIA, A.: Biochim. biophys. Acta **19**, 174 (1956).
[6] HILL, R. L., and E. L. SMITH: J. biol. Ch. **224**, 209 (1957).
[7] SMITH, E. L.: J. biol. Ch. **173**, 553 (1948).
[8] SMITH, E. L., and M. BERGMANN: J. biol. Ch. **153**, 627 (1944).

zugesetzt und eventuell vor dem eigentlichen Bestimmungsansatz durch Dialyse gegen 0,005 m Trispuffer, p_H 8,0, mit 0,005 m $MgCl_2$ wieder entfernt werden kann[1,2].

Außer den Substanzen, die den relativ unbeständigen Metallprotein-Chelatkomplex durch Entzug des Metalls in seiner enzymatischen Aktivität hemmen (s. oben), sind Inhibitoren bekannt, die die vor allem auf VAN DER WAALSschen Kräften und auf dem hydrophoben Charakter beruhenden Wechselwirkungen zwischen den Seitenketten des Enzymproteins und der N-terminal stehenden Aminosäure des Substrats stören, z.B. aliphatische Alkohole. Auch kombinierte Inhibitoren der Leucinaminopeptidase sind bekannt, die sowohl die Beziehungen der Seitenketten zwischen Enzymprotein und Substrat wie auch die Chelatbindung Enzym-Metall-Substrat durch entsprechende Atomgruppen in ihrem Molekül stören, z.B. aliphatische Aminoalkohole und aliphatische Säureamide[3]. Mit zunehmender Kettenlänge des aliphatischen Alkohols steigt die Hemmung an (s. Abb. 27). Sie ist jedoch selbst bei 30 min dauernder Präinkubation des Enzyms in 0,002 m $MnCl_2$, 0,06 m Trispuffer, p_H 8,5, und hohen Alkoholkonzentrationen (60 Vol.-% Methanol, 30 Vol.-% Äthanol, 10 Vol.-% n-Propanol und 6 Vol.-% n-Butanol) reversibel. Das Ausmaß der Alkohol-(Methanol-)Hemmung bei der Spaltung von Amiden aliphatischer Aminosäuren ist abhängig von der Kettenlänge der Aminosäure: Die Hydrolyse des durch das Enzym am stärksten gespaltenen L-Leucinamids wird durch Methanol am meisten gehemmt, die Inhibierung wird dann zunehmend geringer in der Reihenfolge Norvalinamid, α-Aminobuttersäureamid, Alaninamid und Glycinamid, das in seiner an sich sehr schwachen Spaltung durch das Enzym selbst bei 50%igem Methanolzusatz nur noch wenig beeinflußt wird. Die Spaltung der Amide der Asparaginsäure (Diamid), des Tryptophans und Lysins wird durch Methanol in gleichem Ausmaß erheblich gehemmt. Da verzweigtkettige Alkohole deutlich stärker oder schwächer als die entsprechenden geradkettigen hemmen, wird die durch letztere hervorgerufene Hemmung nicht auf Herabsetzung der Dielektrizitätskonstante des Bestimmungsmediums zurückgeführt, weil deren Beeinflussung durch die entsprechenden gerad- und verzweigtkettigen Alkohole etwa gleich groß ist.

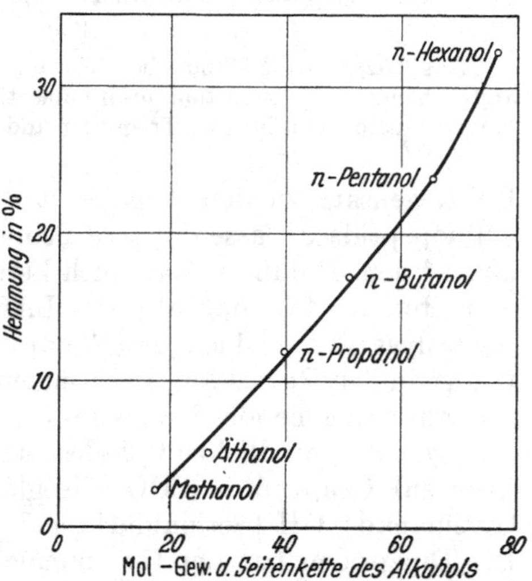

Abb. 27. Hemmung der L-Leucin-amidspaltung durch aliphatische Alkohole (für 0,1 m Konzentration angegeben, interpoliert aus Einzelversuchen mit höheren oder niedrigeren Konzentrationen, je nach Löslichkeit des Alkohols). Die Leucinaminopeptidaselösung 30 min in 0,002 m $MnCl_2$, 0,06 m Trispuffer (p_H 8,5) und in dem jeweiligen Alkohol präinkubiert; Spaltung bestimmt mit L-Leucinamid (0,05 m) in Ansätzen mit gleicher Zusammensetzung an $MnCl_2$, Trispuffer und Alkohol wie in der Präinkubationslösung. Inkubation und Bestimmung vgl. Angaben zu Tabelle 78.

Substanzen mit kombinierter Inhibitorwirkung (Metallbindung und Seitenkettenwechselwirkung) vgl. Tabelle 80. Hervorgehoben sei, daß danach L-Leucin als in Frage kommendes Spaltprodukt sowie α-Hydroxyisocapronsäureamid, das selbst von der Leucinaminopeptidase schwach (Hydrolysenrate L-Leucinamid : α-Hydroxyisocapronsäureamid = 100 : 0,47) gespalten wird, als Inhibitoren der L-Leucinamidspaltung wirken.

Über die Beeinflussung der Leucinaminopeptidase verschiedener Herkunft (Placenta, neoplastische Gewebe) durch L- und D-Aminosäuren vgl.[4,5].

Spezifität. Leucinaminopeptidase spaltet eine Vielzahl von Aminosäureamiden, Peptiden und Peptidamiden mit freier α-Aminogruppe, keineswegs nur solche mit N-terminalem Leucin, jedoch darf der N-terminale Rest nicht die D-Konfiguration besitzen.

[1] HILL, R. L., and E. L. SMITH: J. biol. Ch. **228**, 577 (1957).
[2] HANSON, H., D. GLÄSSER u. R. KLEINE: H. **329**, 257 (1962).
[3] HILL, R. L., and E. L. SMITH: J. biol. Ch. **224**, 209 (1957).
[4] VESCIA, A., A. ALBANO u. A. IACONO: H. **293**, 216 (1953).
[5] VESCIA, A.: H. **299**, 54 (1955).

Tabelle 80. *Hemmung der Leucinaminopeptidase durch L-Leucin und strukturverwandte Verbindungen*[1].

Inhibitorsubstanz	Konzentration M	p_H	Hemmung %	Bemerkungen
L-Leucin	0,05	8,65	45	
	0,05	9,05	62	
L-Leucinol	0,05	8,55	38	
	0,05	9,15	65	
Isocapronsäureamid	0,05	8,55	41	
Isocapronsäure	0,10	8,50	47	
n-Hexylamin	0,10	8,55	0	
α-Ketoisocapronsäureamid	0,025	8,55	21	
D,L-α-Hydroxyisocapronsäureamid	0,05	8,55	68	die angegebene Konzentration ist auf die L-Komponente bezogen

Das Enzym wird 30 min bei 40° C mit 0,002 m $MnCl_2$, 0,06 m Trispuffer und dem Inhibitor in der angegebenen Konzentration präinkubiert. Spaltungsansätze mit 0,05 m L-Leucinamid und gleicher Konzentration von $MnCl_2$, Trispuffer und Inhibitor wie in Tabelle 78 angegeben.

Im Gegensatz zu den Angaben über fehlende Aminosäureesterasewirkung der Leucinaminopeptidase[2] lassen andere Beobachtungen am Enzym aus Niere[3] und Rinderaugenlinsen[4] den Schluß zu, daß auch Ester von Aminosäuren, z.B. Leucinäthylester, deutlich gespalten werden, daß also der LAP auch Esterasewirkung zukommt. Die Stärke der Hydrolyse von Amiden und Peptiden hängt stark von der Natur der Seitenkette des N-terminalen Restes ab. Bei Amiden aliphatischer Aminosäuren nimmt die Hydrolysenrate mit abnehmender Länge des Kohlenwasserstoffrestes ab; aromatische Reste bewirken geringere Empfindlichkeit; Substrate mit N-terminalen Resten in Form von hydrophilen (polaren) Gruppen ($—COO^-$ [Isoglutamin], $—CO—NH_2$ [Asparaginsäurediamid], NH_3^+ [Lysinamid], OH [Serinamid]) sind ebenfalls relativ unempfindlich gegen das Ferment. Bei Dipeptiden hat der C-terminale Rest viel geringeren Einfluß als der N-terminale. Sogar Dipeptide mit C-terminalem Rest in der D-Konfiguration werden schwach gespalten (z.B. L-Leucyl-D-alanin). Die Spaltungsaktivität der hochgereinigten Leucinaminopeptidase gegenüber synthetischen Substraten zeigt Tabelle 81.

Aminosäure- und Peptidanilide[5–7] wie auch das als chromogenes Substrat häufig benutzte L-Leucin-β-naphthylamid[8] können durch Leucinaminopeptidase der Organe und des Blutserums gespalten werden. Unter Hinweis auf die Angaben S. 151ff. sind aber auch Aminopeptidasen anderer Wirkungsbedingungen und Spezifität zur Hydrolyse dieser Verbindungen befähigt.

Auch gegenüber verschiedenen natürlichen Substraten von Polypeptid- bzw. Proteincharakter besitzt hochgereinigte, diisopropylfluorphosphatbehandelte Leucinaminopeptidase ein breites Wirkungsspektrum, indem es verschiedene Aminosäuren vom N-terminalen Ende der Kette her absprengt, ein Befund, der die Leucinaminopeptidase in ähnlicher Weise wie die Carboxypeptidasen A und B zur Strukturermittlung von Proteinen heranzuziehen gestattet[9]. Die Beseitigung sekundärer Strukturen der Proteine (Disulfid- und starke Wasserstoffbindungen) ist für die Angreifbarkeit des Proteins durch das Enzym von Wichtigkeit. Während von der oxydierten B-Kette des Insulins die ersten 6 Aminosäurereste vom N-terminalen Ende her abgesprengt werden und die oxydierte A-Kette eine zwar langsamere, aber in 24 Std Enzymbehandlung noch weitergehende

[1] HILL, R. L., and E. L. SMITH: J. biol. Ch. **224**, 209 (1957).
[2] SMITH, E. L., and D. H. SPACKMAN: J. biol. Ch. **212**, 271 (1955).
[3] SHIPPEY, S. S., u. F. BINKLEY: J. biol. Ch. **230**, 699 (1958).
[4] HANSON, H., D. GLÄSSER u. R. KLEINE: H. **329**, 257 (1962).
[5] HANSON, H., u. M. WENZEL: Naturwiss. **39**, 403 (1952).
[6] HANSON, H., u. M. WENZEL: Kli. Wo. **1953**, 24.
[7] FITTKAU, S., D. GLÄSSER u. H. HANSON: H. **322**, 101 (1960).
[8] GREEN, M. N., K.-C. TSOU, R. BRESSLER and A. M. SELIGMAN: Arch. Biochem. **57**, 458 (1955).
[9] HILL, R. L., and E. L. SMITH: J. biol. Ch. **228**, 577 (1957).

Tabelle 81. *Spaltung von synthetischen Substraten durch Leucinaminopeptidase*[1].

8—15 min Präinkubation der Enzymlösung bei 40° C in 0,04 m Trispuffer, p_H 7,9—8,0, mit 10^{-3} m $MnCl_2$ (bzw. $MnSO_4$) oder 4×10^{-3} m $MgCl_2$ (bzw. $MgSO_4$). Entsprechend der Aktivität gegenüber dem Substrat werden 0,1—0,5 ml der präinkubierten Enzymlösung zu einem Ansatz von 2,5 ml Gesamtvolumen gegeben, der in bezug auf das Substrat 0,05 m ist und Mn^{++} bzw. Mg^{++} und Trispuffer in den gleichen Konzentrationen wie die Präinkubationslösung enthält. Mn^{++}-Ansätze werden bei p_H 8,8—8,9, Mg^{++}-Ansätze bei p_H 9,0—9,2 durchgeführt. $t = 40°$ C; Inkubationsdauer 20—120 min. Titration aliquoter Anteile des Spaltungsansatzes in alkoholischer Lösung nach GRASSMANN und HEYDE (vgl. S. 17). Auch für Substrate, deren Spaltung durch das Enzym in ihrem Gesamtverlauf einer Reaktion 1. oder gemischter Ordnung folgt, sind unter Zugrundelegung der initialen Hydrolysenrate bis zu 15—30%iger Spaltung die proteolytischen Koeffizienten C_0 (K_0/E) berechnet und angegeben (E = mg Protein-N/ml Ansatz). Die Angaben über die relative Spaltungsgeschwindigkeit der einzelnen Substrate sind auf die gleich 100 gesetzte L-Leucinamidhydrolyse bezogen.

Substrate	Mn^{++}-Aktivierung			Mg^{++}-Aktivierung		
	Enzym-konzen-tration µg/ml	C_0	Relative Geschwin-digkeit	Enzym-konzen-tration µg/ml	C_0	Relative Geschwin-digkeit
			Aminosäureamide			
L-Leucinamid ($C_1 = 76$)	0,082	14000	100	0,163	6600	100
D,L-Norleucinamid	0,082	14200	101	0,163	7200	105
D,L-Norvalinamid	0,082	11800	84	0,163	7200	109
D,L-α-Amino-n-buttersäureamid	0,082	5100	36	0,163	5100	77
L-Alaninamid	1,37	470	3,4	3,26	325	4,9
Glycinamid	1,64	18	0,13	3,26	7	0,1
L-Isoleucinamid	0,328	2800	20	0,543	1120	17
L-allo-Isoleucinamid	1,01	1000	7,1			
L-Valinamid	0,328	2400	17			
L-Tryptophanamid	0,328	3400	24			
L-Phenylalaninamid	0,541	3600	26	0,543	1140	17
L-Tyrosinamid	0,328	2200	16			
L-Histidinamid	0,541	2700	19	0,543	680	10
L-Lysinamid	1,37	1000	7,1	3,26	800	12
L-Argininamid	1,01	1000	7,1			
L-Isoglutamin	1,37	310	2,2			
L-Asparaginsäurediamid	1,37	410	2,9	3,26	250	3,8
L-Serinamid	1,64	106	0,76			
L-Prolinamid	1,64	100	0,71			
L-Hydroxyprolinamid	1,64	80	0,57			
D,L-α-Aminocaprylamid	0,082	10500	75			
Tertiäres D,L-Leucinamid	1,64	16	0,11			
α-Aminoisobuttersäureamid	1,64	0	0			
D-Leucinamid	1,64	0	0	3,26	0	0
			Dipeptide			
L-Leucyl-L-leucin	0,137	13900	100	0,163	3500	53
L-Leucyl-D-leucin			0,7			
L-Leucyl-L-isoleucin	0,137	8900	64	0,163	3300	50
L-Leucyl-D-isoleucin	1,64	10	0,07	3,26	0	0
L-Leucyl-L-valin	0,137	7400	53			
L-Leucyl-D-valin	1,64	40	0,29			
L-Leucyl-L-alanin	0,137	9000	64			
L-Leucyl-D-alanin	1,37	340	2,4			
L-Leucylglycin	0,137	12000	86	0,163	4700	71
L-Leucyl-L-phenylalanin	0,541	3600	26	0,543	1160	18
L-Leucyl-D-phenylalanin	1,64	60	0,43	3,26	49	0,7
L-Leucyl-L-tyrosin	0,541	2800	20			
L-Alanyl-L-leucin	0,137	13000	93			
L-Alanylglycin	1,37	1300	9,4			
L-Histidylglycin	0,137	5600	40	0,163	580	9,0
Glycyl-L-leucin	0,274	1400	10			

[1] SMITH, E. L., and D. H. SPACKMAN: J. biol. Ch. 212, 271 (1955).

Tabelle 81 (Fortsetzung).

Substrate	Mn⁺⁺-Aktivierung			Mg⁺⁺-Aktivierung		
	Enzym-konzen-tration µg/ml	C_0	Relative Geschwin-digkeit	Enzym-konzen-tration µg/ml	C_0	Relative Geschwin-digkeit
Glycylglycin	1,64	165	1,1			
Glycyl-L-tryptophan	1,64	260	1,8			
Glycyl-L-tyrosin	1,64	520	3,6			
Glycyl-L-histidin	3,68	420	3,0			
Glycyl-L-prolin	1,64	0	0			
L-Prolylglycin	1,64	330	2,4	3,26	70	1,1
L-Hydroxyprolylglycin	1,01	320	2,3			
β-Alanyl-L-histidin	1,64	0	0			
D-Leucylglycin	1,64	0	0	3,26	0	
D-Leucyl-L-tyrosin	1,64	0	0			
Dipeptidamide, Polypeptide, acylierte Dipeptide u.a.						
Glycyl-L-leucinamid	0,274	6000	43	0,548	6200	94
L-Leucyl-L-alaninamid	0,137	18000	129	0,548	5400	82
L-Leucyl-L-valinamid	0,137	14300	102	0,163	3900	58
L-Alanyl-L-leucinamid	0,137	26000	186	0,082	12300	186
L-Histidylglycylglycin	0,274	5800	41			
Triglycin*	1,64	330	2,4			
L-Leucylglycylglycin	0,137	16800	120	0,082	4600	70
Diglycyl-D,L-leucylglycin	1,64	450	3,2			
Carbobenzoxyglycyl-L-phenylalanin	3,16	0	0			
Acetyl-L-tyrosinamid	3,16	0	0			
Benzoyl-L-argininamid	3,16	0	0			
Acetyl-L-phenylalanyl-L-phenylalanin	3,16	0	0			
α-Hydroxyisocapronsäureamid (p_H 8,5)	0,85	56	0,47			

* Die Triglycinspaltung ist durch 0,025 m Versene vollständig zu hemmen.

Aufspaltung erfährt, ist Zn-Insulin fast enzymresistent. Von Zn-freiem amorphem Insulin (weniger als 0,006% Zn) werden pro Mol Hormon in 24 Std etwa 11 Reste vom N-terminalen Ende der beiden Ketten durch das Enzym freigesetzt. Natives Albumin, Ribonuclease, Lysozym werden nur nach Oxydation mit Perameisensäure abgebaut; natives β-Lactoglobulin und Wachstumshormon werden langsam hydrolysiert, ebenso Oxytocin[1,2]. Auch kristallisiertes Glucagon wird vollständig hydrolysiert[3]. Weitgehenden Abbau ohne enzymatischen Wirkungsverlust der Spaltprodukte zeigt bei Einwirkung relativ großer Leucinaminopeptidasemengen krist. Papain (Mercuripapain)[4]. Aus den Protaminen Clupein und Salmin spaltet das mit Diisopropylfluorphosphat behandelte Enzym vom N-terminalen Ende der Polypeptidkette vor allem Arginin, geringer Alanin und Serin und nur sehr langsam Prolin ab[5].

Über Abbau von Glucagon, Zn-Insulin, Ribonuclease und der A- und B-Ketten des Insulins vom N-terminalen Ende her durch hochgereinigte Linsenaminopeptidase vgl.[6,7].

Kinetik. Von den in Tabelle 81 aufgeführten Substraten, deren Spaltungsverlauf dort für den initialen, praktisch linear verlaufenden Teil einer 15—30%igen Hydrolyse nach einer Reaktion 0. Ordnung berechnet wurde, gilt dieser Reaktionstyp unter den in der Tabelle angegebenen Bedingungen über den ganzen Verlauf der Hydrolyse hinweg

[1] Hill, R. L., and E. L. Smith: J. biol. Ch. **228**, 577 (1957).
[2] Smith, E. L., R. L. Hill and A. Borman: Biochim. biophys. Acta **29**, 207 (1958).
[3] Hill, R. L., and E. L. Smith: Biochim. biophys. Acta **31**, 257 (1959).
[4] Hill, R. L., and E. L. Smith: Biochim. biophys. Acta **19**, 376 (1956).
[5] Ando, T., Y. Nagai and H. Fujioka: J. Biochem. **44**, 779 (1957).
[6] Spector, A.: Exp. Eye Res. **1**, 330 (1962).
[7] Spector, A., and G. Mechanic: J. biol. Ch. **238**, 2358 (1963).

für alle Substrate, außer L-Leucinamid, Norleucinamid, Norvalinamid und Glycyl-L-leucin, die mit Mn^{++}-aktiviertem Enzym nach einer Reaktion 1. Ordnung gespalten werden, für α-Amino-n-buttersäureamid, Alanylleucinamid, deren Hydrolyse mit dem Mg^{++}-aktivierten Enzym ebenfalls nach einer Reaktion 1. Ordnung erfolgt, für Lysinamid, Argininamid und Glycylleucinamid, für die mit dem Mn^{++}-aktivierten Enzym ein gemischter Reaktionsverlauf 0. und 1. Ordnung festzustellen ist, und für Norleucinamid und Norvalinamid, für die mit Mg^{++}-Enzym das gleiche gilt[1]. Aus der initialen Hydrolyse von 0,05 m Leucinamid errechnet sich eine Wechselzahl des Enzyms von 200000 M Substrat/min/100000 g Enzym[2].

Unter den für die Bestimmung der hydrolytischen Wirkung der Leucinaminopeptidase gültigen Bedingungen sind auch bei Gegenwart mehrerer Substrate, z.B. Leucinamid und Argininamid, Valinamid, L-Leucyl-L-valin, L-Leucylglycylglycin keine durch das Enzym katalysierten Transamidierungs- und Transpeptidierungsreaktionen nachweisbar[3].

Einheit. Zur Kennzeichnung der Enzymaktivität pro mg Protein-N dient die Konstante K_1 der Leucinamidspaltung, die durch Bestimmung der prozentualen Substratspaltung in einer bestimmten Zeit in min zu erhalten ist $\left(\text{vgl. S. 9ff}; K_1 = \frac{1}{\text{min}} \log \frac{a}{a-x}\right)$: $C_1 = K_1/E$ (C_1 = proteolytischer Koeffizient; E = mg Protein-N/ml Ansatz). Gesamtenzymaktivität der Präparation: $C_1 \times$ Gesamt-E (in mg). 1 Enzym-Einheit ist diejenige Enzymmenge, die $K_1 = 1$ ergibt.

Die **Bestimmung** erfolgt in der Regel mit L-Leucinamid als Substrat und der mit Mn^{++} oder Mg^{++} präinkubierten Enzymlösung.

$$(H_3C)_2CH{-}CH_2{-}CH(NH_2){-}CO{-}NH_2 \xrightarrow[\text{Leucinaminopeptidase}]{+H_2O} (H_3C)_2CH{-}CH_2{-}CH(NH_2){-}COOH + NH_3$$

Das Verfahren ist aus den Angaben zur Tabelle 81 zu ersehen. Die Dauer der Präinkubation richtet sich nach dem Reinheitsgrad der Enzympräparation (bei hochgereinigten Präparationen 10—15 min, bei rohen Extrakten, Homogenaten usw. 120 min). Zweckmäßig aus Vergleichsgründen ist immer auch die Enzymbestimmung in der mit Metall nicht behandelten Präparation.

Das Volumen der Ansätze ist je nach verwendetem Bestimmungsverfahren (für Leucin oder NH_3) variabel; bei Anwendung von Mikromethoden ist häufig 0,5—1,0 ml für eine Nullwert- und Zeitwertbestimmung voll ausreichend. Auch die Substratkonzentration kann, wenn keine vergleichenden Messungen zu Literaturwerten von K_0 bzw. C_0 beabsichtigt sind, variiert und ohne weiteres bis 0,01 m herabgesetzt werden. Zweckmäßig wird eine 0,1—0,05 m Leucinamidstammlösung, die mit 0,1 n NaOH auf den p_H-Wert der Spaltungsansätze eingestellt wird, verwendet. Es ist nichts dagegen einzuwenden, wenn aus Vereinfachungsgründen die Präinkubation und der eigentliche Ansatz bei gleichem p_H-Wert (p_H 8,0) durchgeführt werden.

Die für den Versuch benutzte Enzympräparation wird dem Ansatz in einer Menge zugesetzt, die in 15—30 min eine Hydrolyse von etwa 15—30% bewirkt.

Alle im allgemeinen Teil beschriebenen Verfahren (vgl. S. 14ff.), die es gestatten, die bei der Spaltung frei werdende Aminosäure-COOH-Gruppe, die Aminosäure selbst oder das aus Leucinamid freigesetzte Ammoniak zu bestimmen, sind zur Enzymbestimmung geeignet.

Leucinamid ist in Form seines Hydrochlorids ein handelsübliches Präparat.

---

[1] SMITH, E. L., and D. H. SPACKMAN: J. biol. Ch. **212**, 271 (1955).
[2] SPACKMAN, D. H., E. L. SMITH and D. M. BROWN: J. biol. Ch. **212**, 255 (1955).
[3] HILL, R. L., and E. L. SMITH: J. biol. Ch. **224**, 209 (1957).

***Colorimetrische Bestimmung der Leucinaminopeptidase mit* L*-Leucyl-β-naphthylamidhydrochlorid nach* Green *u. Mitarb.*[1].**

$(H_3C)_2$>CH—CH_2—CH(NH_2)—CO—NH—$C_{10}H_7$

L-Leucin-β-naphthylamid

↓ + H_2O + Leucinaminopeptidase

$(H_3C)_2$>CH—CH_2—CH(NH_2)—COOH + H_2N—$C_{10}H_7$

L-Leucin β-Naphthylamin

+ tetraazotiertes Di-o-anisidin → Farbstoff

+ HNO_2 + N-(1-Naphthyl)-äthylen-diamin-dihydrochlorid → Farbstoff

Prinzip:

L-Leucyl-β-naphthylamid wird durch Leucinaminopeptidase in L-Leucin und β-Naphthylamin gespalten. Dieses wird entweder mit tetraazotiertem Di-o-anisidin oder mit HNO_2 und N-(1-Naphthyl)-äthylendiamin zu einem Farbstoff gekuppelt, dessen Extinktion gemessen und auf Grund einer Eichkurve mit entsprechend behandeltem β-Naphthylamin ausgewertet wird. 1 M gefundenes β-Naphthylamin entspricht 1 M gespaltenem Substrat (vgl. auch colorimetrische Carboxypeptidasebestimmung S. 107).

Es ist zu beachten, daß L-Leucin-β-naphthylamid kein für Leucinaminopeptidase spezifisches Substrat ist und dementsprechend bei möglicher Anwesenheit weiterer Aminopeptidasen nicht zur spezifischen Bestimmung der Leucinaminopeptidase geeignet ist (vgl. S. 151 und 166).

Reagentien:

(Sämtlich erhältlich bei Dajac Laborator., Borden Chemical Co., 511 Lancaster Street, Leominster, Massachusetts.)

1. Als Substrat L-Leucyl-β-naphthylamidhydrochlorid (handelsüblich bei Serva-Entwicklungslabor, Heidelberg, Römerstr. 118; California Corp. for Biochem. Research; 3625 Medford Street, Los Angeles 63; California).
2. 0,1 m Veronalpuffer, p_H 8,2, oder 0,05 m Trispuffer, p_H 8,2 und 7,8.
3. Tetraazotiertes Di-o-anisidin (Echtblausalz B der Bayerwerke Leverkusen): 1 mg/ml unmittelbar vor Gebrauch in kaltem Wasser lösen.
4. Trichloressigsäure, 80%ig.
5. Essigsäureäthylester.
6. N-(1-Naphthyl)-äthylendiamin-dihydrochloridlösung, 0,1%ig.
7. 0,24 n HCl.
8. $NaNO_2$-Lösung, 0,1%ig.
9. Ammoniumsulfamatlösung, 0,5%ig.
10. Trichloressigsäure, 10%ig.
11. β-Naphthylamin (zur Aufstellung der Eichkurve).

Ausführung:

1 ml Enzympräparation (z.B. Organhomogenat) + 1 ml wäßrige Substratlösung (0,8 mg) + 2 ml Puffer p_H 8,2. Kontrollversuche gleicher Zusammensetzung, jedoch statt Enzympräparation 1 ml Wasser; ein weiterer Kontrollversuch mit 1 ml Wasser statt der Substratlösung. Inkubation z.B. 2 Std bei 37° C.

[1] Green, M. N., K.-C. Tsou, R. Bressler and A. M. Seligman: Arch. Biochem. 57, 458 (1955).

β-Naphthylaminbestimmung mit tetraazotiertem Di-o-anisidin: 1 ml der Inkubationsmischung + 1 ml der Lösung mit tetraazotiertem Di-o-anisidin. Nach 5 min Zugabe von 1 ml 80 %iger Trichloressigsäure zum Stoppen der Enzymreaktion und zur Proteinausfällung. Ausschütteln des Farbstoffes mit 10 ml Essigester, wonach die durch Abzentrifugieren (5 min bei 2500 U/min) zur Abtrennung gebrachte Schicht des Extraktionsmittels dekantiert, ihre Extinktion bei 540 mμ gemessen und aus der β-Naphthylamineichkurve die dazugehörige Menge dieser Substanz entnommen wird.

Bei der Herstellung der β-Naphthylamineichkurve für dieses Verfahren ist zu berücksichtigen, daß bei gleichem Naphthylamingehalt mit zunehmendem Proteingehalt des Ansatzes mehr Farbstoff an Protein gebunden und nicht durch Essigester extrahiert wird. Diese Fehlermöglichkeit ist dadurch zu kompensieren, daß Ansätze wie oben mit Enzympräparation, jedoch ohne Substrat, statt dessen mit β-Naphthylaminmengen zwischen 10 und 100 μg/ml, in dem für das Substrat vorgesehenen Volumen Wasser gelöst, hergestellt und genau gleich wie die Spaltungsversuche behandelt werden.

β-Naphthylaminbestimmung mit Nitrit und N-(1-Naphthyl)-äthylendiamin[1]: 1 Vol. des Spaltungsansatzes + 1 Vol. 10 %iger Trichloressigsäure; Entfernung des Eiweißniederschlages durch Zentrifugieren. 1 ml der überstehenden Flüssigkeit + 9 ml 0,24 n HCl (bei zu erwartenden kleinen β-Naphthylaminmengen eventuell mehr als 1 ml unter entsprechender Kürzung der HCl-Menge) + 1 ml 0,1 %iger $NaNO_2$-Lösung. Nach Durchmischen 3 min stehenlassen, dann zur Beseitigung des Nitritüberschusses Zugabe von 1 ml Ammoniumsulfamatlösung; gründlich mischen und 1 ml der N-(1-Naphthyl)-äthylendiaminlösung zufügen, mischen und 2 Std bei 37° C aufbewahren, bei 560 mμ photometrieren.

Das Verfahren liefert auch bei höheren Proteingehalten (z. B. mit 25 % Serum im Ansatz) keinen nennenswerten Farbstoffverlust durch Adsorption, was die einmalige Aufstellung der β-Naphthylamineichkurve für 5—30 μg auch bei Verwendung von Enzympräparationen mit unterschiedlichem Eiweißgehalt gestattet.

Bestimmung der Leucinaminopeptidase im Serum.

0,4 ml Serum + 0,6 ml Wasser + 2,0 ml 0,05 m Trispuffer (p_H 7,8). Nach Durchmischung Entnahme von je 0,75 ml in 3 Röhrchen; zu 2 Röhrchen 0,25 ml Substratlösung (0,8 mg/ml) und zum 3. Röhrchen 0,25 ml Wasser (Serumkontrolle) zufügen. Entsprechend Substratkontrolle (ohne Serum, nur Pufferlösung). Weitere Durchführung wie oben für das N-(1-Naphthyl)-äthylendiamin-Verfahren beschrieben. Bei der Ermittlung der durch das Enzym freigesetzten β-Naphthylaminmenge müssen von der Extinktion des Hauptansatzes die Extinktionen der Kontrollansätze (Substratkontrolle mit Eigenhydrolyse des Substrats unter den gegebenen Versuchsbedingungen; Enzympräparationskontrolle) in Abzug gebracht werden. Die dann aus den Eichkurven ermittelten β-Naphthylaminmengen entsprechen stöchiometrisch (Mol pro Mol) der Spaltung des eingesetzten Substrats.

Hervorzuheben ist, daß bei Verwendung dieses colorimetrischen Verfahrens im Nierengesamthomogenat bei Zugabe von Mn^{++} (10^{-2} m, 10^{-3} m, 5×10^{-4} m) Hemmung (!) der Enzymaktivität von 95, 70 und 30 %, bei Mg^{++} in den gleichen Konzentrationen solche von 90, 50 und 25 % beobachtet werden[2], ein Hinweis darauf, daß neben Leucinaminopeptidase eine andere Aminopeptidase erfaßt wird (vgl. S. 151, 166, 170). Über die Anwendung dieses Verfahrens auf Niere, Leber, Pankreas, Milz, Magen-Darm vgl. [3], auf Harn und Serum[4]. Zur Anwendung des Prinzips dieses colorimetrischen Verfahrens auf den histochemischen Aminopeptidasenachweis vgl. [5–7]. Es gelten die gleichen, oben hinsichtlich der spezifischen Bestimmung der Leucinaminopeptidase gemachten Einschränkungen.

[1] Bratton, A. C., and E. K. Marshall jr.: J. biol. Ch. **128**, 537 (1939).
[2] Green, M. N., K.-C. Tsou, R. Bressler and A. M. Seligman: Arch. Biochem. **57**, 458 (1955).
[3] Folk, J. E., and M. S. Burstone: Proc. Soc. exp. Biol. Med. **89**, 473 (1955).
[4] Goldberg, J. A., and A. M. Rutenberg: Cancer, N.Y. **11**, 283 (1958).
[5] Burstone, M. S., and J. E. Folk: J. Histochem. **4**, 271 (1956).
[6] Braun-Falco, O.: Derm. Wschr. **134**, 1341 (1956).
[7] Nachlas, M. M., D. T. Crawford and A. M. Seligman: J. Histochem. **5**, 264 (1957).

Aminotripeptidase[1-5].

[3.4.1.3.]

Vorkommen. Ein Enzym von Aminopeptidasecharakter, das fast ausschließlich freie Tripeptide, dagegen Dipeptide oder höhere Peptide, Aminosäure- und Peptidamide, z. B. Leucinamid, nicht oder in nur sehr geringem Umfang zu spalten vermag und im Gegensatz zu Leucinaminopeptidase und Dipeptidasen durch Metall keine Aktivierung erfährt, findet sich in großer Verbreitung bei Tieren, Pflanzen und Mikroorganismen. Es besteht kein Zweifel, daß bei Feststellung von Aminopolypeptidasewirkungen allgemein in rohen oder nicht sehr weitgehend gereinigten Enzympräparationen unter Verwendung entsprechender Substrate, z. B. Alanyldiglycin oder Leucyldiglycin, die größte Aktivität häufig von der neben anderen Aminopeptidasen, z. B. der Leucinaminopeptidase, vorhandenen Aminotripeptidase stammt. Zum Beispiel ist unter der Annahme, daß durch Blutserum des Kaninchens Leucylglycylglycin nur durch Leucinaminopeptidase und Aminotripeptidase gespalten wird, das Verhältnis der Hydrolyse dieses Substrates durch diese Enzyme etwa 18:100 zugunsten der Aminotripeptidase[6].

Aminotripeptidase in oben skizziertem Sinne ist eindeutig nachgewiesen in der Mucosa des Schweinedünndarmes[7], Haut von Kaninchen und Mensch[8, 9], Lunge vom Kaninchen, Thymus vom Kalb[10, 11], Muskulatur der Ratte[12], Serum vom Kaninchen[6, 8] und Mensch[13], Erythrocyten vom Pferd[14] und Mensch[15], Leukocyten, Erythrocyten und Plasma junger und alter Menschen[16, 17], in der Niere der Ratte auf Grund der starken, die Leucylglycylglycinspaltung etwa um das Doppelte übersteigenden Triglycinhydrolyse und der unterschiedlichen Verteilung der leucylglycylglycin- und triglycinspaltenden Aktivitäten in den Zellbestandteilen (Triglycinspaltung in der Mikrosomenfraktion der Niere gegenüber dem Gesamthomogenat des Organs etwa 3—4fach angereichert, Leucylglycylglycinspaltung nur ungefähr zweifach). Die Leber zeigt davon abweichende Verhältnisse[18] (vgl. Tabelle 82).

Über entsprechende Enzyme bei Mikroorganismen vgl.[19-21].

***Darstellung von Aminotripeptidase aus Kalbsthymus nach* Ellis *und* Fruton**[11].

850 g fein zerkleinerter Kalbsthymus werden 21 Std bei 1° C mit 1700 ml 2%iger NaCl-Lösung gerührt; dann wird abzentrifugiert und die überstehende Flüssigkeit mit Hilfe von Hyflo-Super-Cel filtriert (1810 ml Filtrat A). Zu 1800 ml Filtrat werden zur Einstellung auf p_H 5,0 5,4 ml 1 m Natriumacetatpuffer (p_H 4,0) zugesetzt. Nun wird langsam unter schnellem Rühren eine auf — 6° C vorgekühlte Mischung aus 569 ml 95%igem Äthanol, 21,6 ml 1 m Natriumacetatpuffer (p_H 5,0) und 304 ml Wasser zugegeben. Nach einstündigem Stehen bei — 6° C wird bei der gleichen Temperatur abzentrifugiert: 2120 ml

[1] Smith, E. L.: Adv. Enzymol. **12**, 191 (1951).
[2] Smith, E. L.; in: Sumner-Myrbäck, Enzymes Bd. I/2, S. 793.
[3] Hoffmann-Ostenhof, O.: Enzymologie. S. 281. Wien 1954.
[4] Smith, E. L.; in: Colowick-Kaplan, Meth. Enzymol. Bd. II, S. 83.
[5] Smith, E. L.; in: Boyer-Lardy-Myrbäck, Enzymes. Bd. IV, S. 1.
[6] Hanson, H., u. R. J. Haschen: H. **310**, 213, 221 (1958).
[7] Smith, E. L., and M. Bergmann: J. biol. Ch. **153**, 627 (1944).
[8] Fruton, J. S.: J. biol. Ch. **166**, 721 (1946).
[9] Monsaingeon, A., P. Tanret et M. Fouqué: Rev. franç. Ét. clin. biol. **6**, 687 (1961).
[10] Fruton, J. S., V. A. Smith and P. E. Driscoll: J. biol. Ch. **173**, 457 (1948).
[11] Ellis, D., and J. S. Fruton: J. biol. Ch. **191**, 153 (1951).
[12] Hanson, H. T., and E. L. Smith: J. biol. Ch. **175**, 833 (1948).
[13] Haschen, R. J.: Clin. chim. Acta, Amsterdam **6**, 316 (1961).
[14] Adams, E., N. C. Davis and E. L. Smith: J. biol. Ch. **199**, 845 (1952).
[15] Tsuboi, K. K., Z. J. Penefski and P. B. Hudson: Arch. Biochem. **68**, 54 (1957).
[16] Stern, K., M. K. Birmingham, A. M. Cullen and R. Richer: J. clin. Invest. **30**, 84 (1951).
[17] Haschen, R. J.: Acta biol. med. germ. **8**, 209 (1962).
[18] Hanson, H., u. W. Blech: H. **315**, 191 (1959).
[19] Mandl, I., L. T. Ferguson and S. F. Zaffuto: Arch. Biochem. **69**, 565 (1957).
[20] Johnson, M. J., and J. Berger: Adv. Enzymol. **2**, 69 (1942).
[21] Maschmann, E.: Ergebn. Enzymforsch. **9**, 155 (1943).

klare überstehende Lösung (B): p_H 5,0; 0,23 m NaCl, 0,01 m Natriumacetat, 20 % Äthanol, 1,3 % Protein (Protein-N × 6,25). In derselben Weise, wie oben angegeben, wird zu 2100 ml der Lösung B folgendes Lösungsgemisch gegeben: 180 ml 95 %iger Äthanol, 63 ml 4 m Natriumacetat, 210 ml 0,25 m Zinkacetatpuffer (p_H 5,8), 72,6 ml Wasser. Folgende Endbedingungen: p_H 5,8, 0,18 m NaCl, 0,1 m Natriumacetat, 0,02 m Zinkacetat, 22,5 % Äthanol, 0,1 % Protein. Nach Abzentrifugieren (s. oben) wird der Niederschlag mit 75 ml eiskaltem 0,1 m Natriumacetat aufgerührt. Dialyse gegen dest. Wasser bei 1° C 72 Std lang schließt sich an, wonach das unlösliche Material durch Zentrifugieren entfernt wird: 260 ml klare Lösung (C). Zu 255 ml der Lösung wird ein Lösungsgemisch folgender Zusammensetzung bei 0° C zugesetzt: 23 ml 0,25 m Zinkacetatpuffer (p_H 5,8), 5,8 ml 1 m Natriumacetat (p_H 5,8). Nach 20 min bei 0° C wird bei — 5° C folgendes Gemisch zugegeben: 68,5 ml 95 %iger Alkohol, 7,7 ml 0,25 m Zinkacetatpuffer, 2,0 ml 1 m Natriumacetatpuffer, 20,7 ml Wasser (Endbedingungen: p_H 5,8, 0,02 m Natriumacetat, 0,02 m Zinkacetat, 17 % Alkohol, 0,36 % Protein). Nach 75 min bei — 5° C wird abzentrifugiert: 357 ml klare, überstehende Lösung. Zu 350 ml wird bei — 6° C folgende Mischung zugesetzt: 31,9 ml 95 %iger Äthylalkohol, 3,2 ml 0,25 m Zinkacetatpuffer, 0,8 ml m Natriumacetatpuffer, 4,6 ml Wasser (Endbedingungen: p_H 5,8, 0,02 m Natriumacetat, 0,02 m Zinkacetat, 23 % Alkohol, 0,15 % Protein). Nach 1 Std bei — 6° C wird abzentrifugiert, der Niederschlag in einer kleinen Menge 0,1 m Natriumacetat gelöst und 36 Std gegen 1 %ige NaCl-Lösung, dann 24 Std gegen dest. Wasser dialysiert: 18,3 ml Lösung D (diese salzfreie Lösung verliert allmählich an Aktivität).

Tabelle 82. *Spaltung von* D,L-*Leucylglycylglycin und Triglycin durch Homogenate und Zellbestandteilfraktionen der Ratte.*

Organ- bzw. Zellbestandteilfraktion		Hydrolysenrate (μMol abgespaltene Aminosäure/Std/mg Eiweiß-N der Enzympräparation)	
		Leucylglycylglycin	Triglycin
Leber (Tier II):	Gesamthomogenat . . .	140	38,5
	Kernfraktion	0	0
	Cytoplasmafraktion . .	448	138
	Mitochondrienfraktion .	13,9	0
	Mikrosomenfraktion . .	28,1	3,9
Niere (Tier III):	Gesamthomogenat . . .	156	282
	Kernfraktion	19,1	24,8
	Cytoplasmafraktion . .	194	193
	Mitochondrienfraktion .	81,7	428
	Mikrosomenfraktion . .	260	1063

Leucylglycylglycinansätze: 1,0 ml Gesamtvolumen; Veronalpuffer (0,007 m, p_H 8,1), 0,02 m D,L-Leucylglycylglycin (0,01 m bezogen auf L-Komponente), 0,2 ml Enzympräparation. Bestimmung des abgespaltenen Leucins durch quantitative Papierchromatographie (vgl. S. 40). Triglycinansätze: 0,6 ml Gesamtvolumen mit 0,2 ml 0,1 m Veronalpuffer p_H 8,1, 0,2 ml 0,05 m Triglycinlösung (mit Veronalpuffer auf p_H 8,1 eingestellt), 0,2 ml Enzympräparation. Bestimmung des abgespaltenen Glycinrestes nach LONDON u. Mitarb.[1]. Inkubation 30 und 60 min bei 38° C.

Zu 15 ml Lösung D werden bei 0° C 3,71 g $(NH_4)_2SO_4$ zugefügt. Nach 3 Std wird der entstandene Niederschlag abzentrifugiert und zur überstehenden Lösung (16,6 ml) 2,08 g $(NH_4)_2SO_4$ zugegeben. Der abzentrifugierte Niederschlag wird in Wasser gelöst und 96 Std gegen 1 %ige NaCl-Lösung dialysiert: 16,3 ml Lösung E.

Zugabe von Alkohol (bis zu 10 % Alkoholkonzentration) zu Rohextrakten kann eine Aktivitätssteigerung des Enzyms bis zu 50 % zur Folge haben, offenbar durch Denaturierung eines Inhibitors.

Über die erzielte Anreicherung in den verschiedenen Darstellungsstufen vgl. Tabelle 83.

***Darstellung von Aminotripeptidase aus Pferdeerythrocyten nach* ADAMS *u. Mitarb.*[2].**

Mehrere Liter frisches Citrat-Pferdeblut bleiben über Nacht bei + 5° C zur Sedimentierung stehen. Plasma und gelblich gefärbte Leukocytenschicht werden dann abgehebert und die Erythrocyten an der Zentrifuge 1—3mal mit kalter isotonischer NaCl-Lösung

[1] LONDON, M., A. FINE and P. B. HUDSON: Arch. Biochem. **64**, 412 (1956).
[2] ADAMS, E., N. C. DAVIS and E. L. SMITH: J. biol. Ch. **199**, 845 (1952).

gewaschen. Dann werden die Zellen mit dem gleichen Volumen kalten dest. Wasser hämolysiert. Zur Entfernung des Hb wird das Hämolysat durch Zugabe von festem $(NH_4)_2SO_4$ auf 0,4 Sättigung gebracht [242 g $(NH_4)_2SO_4$/l]. Stehenlassen über Nacht bei 5° C und Entfernung des Hb-Niederschlages durch Zentrifugieren und anschließendes Filtrieren der Lösung. Das Filtrat wird durch weitere Zugabe von festem $(NH_4)_2SO_4$ (205 g/l) auf 0,7-Sättigung gebracht und der Niederschlag abzentrifugiert. Er wird in etwa dem halben Volumen (bezogen auf das Ausgangshämolysat) 0,4-gesättigter $(NH_4)_2SO_4$-Lösung resuspendiert und durch Zugabe von $(NH_4)_2SO_4$ bis 0,7-Sättigung wieder ausgefällt. Dieser Vorgang wird 2—3mal wiederholt unter Verwendung kleiner werdender Volumina 0,4-gesättigter $(NH_4)_2SO_4$-Lösung, wobei jeweils die zwischen 0,4- und 0,7-$(NH_4)_2SO_4$-Sättigung ausfallende Fraktion als tripeptidaseaktive Präparation gesammelt und von dem, was bei 0,4-$(NH_4)_2SO_4$-Sättigung unlöslich ist (Hb-Anteil), abfiltriert wird. Der zuletzt bei 0,7-Sättigung erhaltene Niederschlag von blasser orangebrauner Farbe wird gegen kaltes dest. Wasser bis zur SO_4-Freiheit dialysiert und dann lyophilisiert. Es ist beobachtet, daß bei Dialyse durch bestimmte Cellophansorten Inaktivierung des Enzyms auftritt. In solchen Fällen ist anderes Dialysiermaterial oder Zugabe von 0,05—0,5 m Phosphatpuffer, p_H 6,9, oder die Anwendung eines großen Enzymüberschusses im Verhältnis zur Dialysierfläche zu empfehlen. Die Tripeptidase-Trockenpräparationen behalten ihre Aktivität über 1 Jahr. Bei der Lyophilisierung geht etwa die Hälfte der Aktivität verloren.

Tabelle 83. *Aminotripeptidaseanreicherung aus Kalbsthymus.*

Reinigungsstufe	C_0	Einheiten pro ml	Ausbeute %
Filtrat A (1810 ml) .	2,0	4,3	100
Lösung B (2120 ml) .	17,5	3,3	92
Lösung C (260 ml) .	22,5	18,8	64
Lösung D (18,3 ml) .	117	82	20
Lösung E (16,3 ml) .	219	63	18,5

Ansätze: 0,05 m Triglycin, p_H 7,9—8,0 (0,014 m Veronalpuffer), Enzympräparation; $t = 38°$ C; Inkubationsdauer 60—120 min; Titration in alkoholischer Lösung mit alkoholischer KOH nach GRASSMANN und HEYDE (vgl. S. 17). $C_0 = K_0/E$; K_0: Reaktionskonstante 0. Ordnung; E: mg Protein-N/ml. Tripeptidase-Einheit: 1 % Triglycinhydrolyse (1 Peptidbindung) pro min.

C_1-Werte für rohe Hämolysate der Pferdeerythrocyten betragen bei Triglycin als Substrat etwa 0,0009[1]. Bei Tripeptidasepräparationen, nach obiger Vorschrift hergestellt, ergeben sich C_1-Werte (Triglycin) von 0,1—0,6 mit Ausbeuten von 10—30 % der Aktivität des Ausgangshämolysats. In den aktivsten Präparationen ist die aus den hämolysierten Erythrocyten erreichte Reinigung 500—750fach und entspricht damit im Reinheitsgrad etwa der Hälfte der besten Präparationen aus Kalbsthymus (vgl. Tabelle 83). Der Vorteil liegt jedoch in der großen Einfachheit des Verfahrens.

***Darstellung von Aminotripeptidase aus menschlichen Erythrocyten nach* TSUBOI *u. Mitarb.*[2].**

Erythrocyten aus Blutbankblut werden an der Zentrifuge gründlich mit isotonischer NaCl-Lösung gewaschen, dadurch von anhaftenden Leukocyten befreit, dann durch Zugabe von 4 Vol. (bezogen auf das Erythrocyten-Volumen) ionenfreiem Wasser hämolysiert.

Bei Anwendung von 5000 ml eines solchen 1:5-Hämolysats wird eine Voradsorption mit 1000 ml Calciumphosphatgel-Suspension bei starkem Rühren durchgeführt.

Herstellung von Calciumphosphatgel[3]:

Zu 200 ml 0,5 m Na_2HPO_4 werden 6,0 ml 28—30%iger NH_3-Lösung, sofort danach 1500 ml 0,1 m $CaCl_2$ gegeben; der p_H-Wert fällt dabei innerhalb 30 min von 7 auf etwa 6. Nach dieser Zeit wird geringtourig abzentrifugiert und das Sediment mehrmals mit ionenfreiem Wasser bis zur Cl^--Freiheit gewaschen. Das gewaschene Gel wird mit Wasser zu 1 l suspendiert. Es ist sofort, aber auch nach längerer Aufbewahrungszeit im Kühlschrank ohne Wirksamkeitsänderung verwendbar.

[1] ADAMS, E., M. MCFADDEN and E. L. SMITH: J. biol. Ch. **198**, 663 (1952).
[2] TSUBOI, K. K., Z. J. PENEFSKI and P. B. HUDSON: Arch. Biochem. **68**, 54 (1957).
[3] TSUBOI, K. K., and P. B. HUDSON: J. biol. Ch. **224**, 879 (1957).

Die Calciumphosphatgel-Hämolysat-Suspension wird abzentrifugiert. Das Sediment-Gel und eine dünn darüberliegende Schicht von Erythrocyten-Stromata werden einmal durch Resuspendieren in 1 l Wasser und Abzentrifugieren gewaschen. Waschflüssigkeit und ursprünglich überstehende Lösung werden mit 2000 ml Calciumphosphatgel versetzt, an das nun fast das ganze Enzym adsorbiert wird. Durch mehrfaches Abzentrifugieren und Resuspendieren in ionenfreiem Wasser wird das Adsorbat bis zur Farblosigkeit der Waschflüssigkeit gewaschen. Danach wird das Gel zu 2000 ml mit Wasser resuspendiert und mit 10 ml 0,5 m Trinatriumcitrat versetzt. Nach gründlichem Mischen wird abzentrifugiert und das resultierende, klare, rosafarbene Eluat mit 60—70 % der Enzymaktivität des Hämolysats durch 42 g $(NH_4)_2SO_4$/100 ml Eluat ausgefällt, wobei praktisch das Gesamtenzym und etwas mehr als die Hälfte des in der Lösung vorhandenen Proteins gefällt werden. Eine Konzentrierung des Eluats kann auch im Vakuumumlaufverdampfer bei 30° C bei Gegenwart von 10^{-3} m Co^{++} zur Enzymstabilisierung durchgeführt werden. Das Enzymkonzentrat wird zur Entfernung überschüssiger Salze 2 Std lang unter Rühren gegen häufigen Wechsel von 10^{-3} m Mg^{++}-Lösung dialysiert (Cellophan vorher zur Beseitigung von Schwermetallbegleitstoffen in Versenelösung einweichen und waschen). Die Dialyse wird dann 18 Std gegen 4 l neutralisierte 10^{-3} m $ZnCl_2$-Lösung fortgesetzt, wonach ein entstandener Niederschlag denaturierten Proteins durch Zentrifugieren entfernt wird. Zur Beseitigung des Zn^{++} wird dann 6 Std gegen 10^{-3} m Mg^{++} dialysiert. Der dialysierten Enzymlösung wird $^1/_{10}$ Vol. m Trispuffer, p_H 7,5, und anschließend festes $(NH_4)_2SO_4$ (31 g/100 ml Lösung) zugesetzt. Der nach Abzentrifugieren verbleibenden Lösung werden weitere 8 g $(NH_4)_2SO_4$ pro 100 ml zugefügt. Der durch Zentrifugieren abgetrennte Niederschlag wird in einem minimalen Volumen Wasser gelöst und über Nacht gegen 10^{-3} m Mg^{++} dialysiert. Die dialysierte Lösung wird durch Zugabe von $^1/_{10}$ Vol. m Trispuffer auf p_H 7,5 eingestellt und durch $(NH_4)_2SO_4$ refraktioniert, wobei die Fraktionen zwischen 34 und 42 g $(NH_4)_2SO_4$ pro 100 ml Lösung meistens die Hauptmenge des Enzyms enthalten. Diese Präparationen werden zuerst gegen Mg^{++} und dann Co^{++} zur Entfernung des $(NH_4)_2SO_4$ dialysiert.

Über erzielbare Anreicherung der Tripeptidase aus menschlichen Erythrocyten siehe Tabelle 84.

Tabelle 84. *Anreicherung der Aminotripeptidase aus menschlichen Erythrocyten.*

Reinigungsstufe	Protein mg	C_1	Ausbeute %
Hämolysat (5000 ml)	340000	0,001	100
Eluat von Calciumphosphatgel (1800 ml)	3800	0,063	64
Enzymkonzentrat (Dialysat gegen 10^{-3} m Mg^{++}) (55 ml)	1480	0,13	57
Dialysat (gegen 10^{-3} m Zn^{++}, anschließend gegen 10^{-3} m Mg^{++}) (60 ml)	560	0,29	46
1. $(NH_4)_2SO_4$-Fraktionierung (6,0 ml)	136	0,71	27,5
2. $(NH_4)_2SO_4$-Fraktionierung (5,0 ml)	50	1,33	19

Ansätze (0,4 oder 0,8 ml): 0,05 m Triglycin (auf p_H 8,0 eingestellt), 0,05 m Phosphatpuffer, p_H 8,0, 10^{-3} m Co^{++}, 0,05—0,2 ml Enzympräparation je nach Aktivität (z.B. 1 μg Protein/ml); 1 Std bei 37° C; Bestimmung durch Titration in alkoholischer Lösung mit 0,01 n alkoholischer KOH nach GRASSMANN und HEYDE (vgl. S. 17). $C_1 = K_1/E$; E = mg Protein-N/ml Ansatz; K_1 = Reaktionskonstante 1. Ordnung.

Eigenschaften. Aminotripeptidasepräparationen, die sich in der Ultrazentrifuge und elektrophoretisch einheitlich verhalten, sind bisher nicht bekannt. Von einem nur etwa 100fach angereicherten Präparat aus Schweinedarmmucosa ist elektrophoretische Homogenität und I.P bei p_H 4,6 berichtet[1-3]. Über 1000fach angereicherte Präparationen aus menschlichen Erythrocyten (Darstellung, vgl. S. 174) zeigen elektrophoretisch mindestens drei Komponenten. Kontakt des Pferdeerythrocyten-Enzyms mit Cellophan kann, offenbar

[1] ÅGREN, G.: Acta physiol. scand. 8, 369 (1944).
[2] ÅGREN, G.: Acta physiol. scand. 9, 248 (1945).
[3] ÅGREN, G.: Acta physiol. scand. 9, 255 (1945).

je nach dessen Herstellungsart, zur irreversiblen Inaktivierung des Enzyms führen. Länger fortgesetztes Auswaschen des Cellophans mit Wasser oder verschiedenen Puffern ändert diese Cellophaneigenschaft nicht[1]. Gegenüber einem gereinigten Enzym aus menschlichen Erythrocyten bewirkt ein mit Versenelösung behandeltes Cellophan bei Gegenwart von Spuren von bivalenten Kationen (Co^{++}, Mg^{++}, Ba^{++}, Ca^{++}) keine Inaktivierung während der Dialyse[2]. Diesen Metallen kann zumindest für Enzyme aus menschlichen Erythrocyten ein stabilisierender Einfluß zugeschrieben werden, was allerdings auch für die Gegenwart kleiner Versenemengen (10^{-3} m) gilt. Das Enzym zeigt bei Anwesenheit dieser Substanzen eine größere Temperaturresistenz, z.B. bei Erwärmung 1 Std lang auf 50° C bei p_H 7,0 (sehr temperaturlabil oberhalb p_H 9,0 und unterhalb p_H 6). Unterhalb p_H 5 ist das Thymusenzym ebenso wie Aminotripeptidase aus Haut und Serum sehr empfindlich[3,4]. Für das menschliche Erythrocytenenzym wirken SH-Gruppen-Reagentien hemmend, z.B. stark zunehmend bei 1,0—5,0 $\times 10^{-5}$ m p-Chlormercuribenzoat, ferner bei Gegenwart von 0,1 m Trispuffer p_H 8,0 und 5×10^{-4} m Versene, Jodacetamid, Jodessigsäure, o-Jodosobenzoat. Cystein (1—5 $\times 10^{-5}$ m) vermag die Hemmung durch die Mercuriverbindung aufzuheben[2], Kalbsthymusenzym geringeren Reinheitsgrades ($C_0 = 40$) wird durch 10^{-2} m Cystein nicht beeinflußt[4], ein hochgereinigtes Enzym (C_0[Triglycin] $= 205$) zu 75% gehemmt; 10^{-3} m Cystein ist auch hier ohne Einfluß, bewirkt jedoch noch 30%ige Hemmung beim gereinigten Enzym aus Pferdeerythrocyten[5], Jodessigsäure (10^{-3} m) zeigt bei diesem Enzym keine Hemmung, eher geringfügige Steigerung der Aktivität[6].

Das p_H-Optimum der Wirkung liegt für das Enzym aus Thymus und Pferdeerythrocyten bei p_H 7,9, wobei das Pferdeerythrocytenenzym ober- und unterhalb dieses Wertes deutlich rascheren Wirkungsabfall zeigt als das Thymusenzym[1], und das Kalbsthymusenzym in seiner optimalen Wirkung sich bis p_H 7,5 erstreckt[7]. Das Enzym aus menschlichen Erythrocyten zeigt sowohl im Rohhämolysat[8] als auch im gereinigten Zustand[2] ein p_H-Optimum bei 7,0 mit relativ steilem beidseitigem Aktivitätsabfall. Tris- und Veronalpuffer sind auf die Aktivität des Enzyms aus Pferdeerythrocyten und Kalbsthymus ohne Einfluß[1,6]; beim Enzym aus menschlichen Erythrocyten bewirkt Veronalpuffer gegenüber Tris- und Phosphatpuffer eine um 25% (bei Triglycin) bis 50% (bei Alanylglycylglycin) geringere Spaltung[2]. Vom Verhalten der wichtigsten anderen Exopeptidasen abweichend, wird die Aminotripeptidase durch kein einziges bivalentes Kation in deutlichem Ausmaß aktiviert (Mn^{++}, Co^{++}, Zn^{++}, Mg^{++}, Ca^{++}, Cu^{++}, Ni^{++}, Al^{+++}). Auffällig ist die über 90%ige Hemmung durch Cd^{++} (10^{-3} m) bei Thymus- und Pferdeerythrocytenenzym. Cyanid (0,005 m), Sulfid (0,005 m), Citrat (0,005 m) haben keinen Einfluß auf das Enzym[6]. Wie bereits oben erwähnt, hemmt Cystein (10^{-2} bis 10^{-3} m) gereinigte Aminotripeptidase-Präparationen zu etwa 70%. Äthylendiamin-tetraessigsäure (Versene) 0,001—0,005 m beeinflußt das Enzym verschiedener Herkunft nicht signifikant, vielleicht leicht hemmend (etwa 10%). Über den Einfluß von SH-Gruppen-Reagentien vgl. oben. Substanzen, die gewisse strukturelle Ähnlichkeiten mit einem Tripeptid aufweisen (Kette von 8—9 C-Atomen, positiv geladene Gruppe bei p_H 7,8) und von hoher physiologisch-pharmakologischer Wirkung (z.B. Antihistaminwirkung, Anticholinesterasewirkung) sind, wirken auf Aminotripeptidase hemmend (Pyribenzamin $>$ Benadryl $>$ Procain $>$ Eserin $>$ Cocain, Pronestyl); Diisopropylfluorphosphat, Natriumsalicylat und Tetramethylpyrophosphat inhibieren nicht[9]. Die Triglycinspaltung durch

[1] ADAMS, E., N. C. DAVIS and E. L. SMITH: J. biol. Ch. **199**, 845 (1952).
[2] TSUBOI, K. K., Z. J. PENEFSKI and P. B. HUDSON: Arch. Biochem. **68**, 54 (1957).
[3] FRUTON, J. S.: J. biol. Ch. **166**, 721 (1946).
[4] FRUTON, J. S., V. A. SMITH and P. E. DRISCOLL: J. biol. Ch. **173**, 457 (1948).
[5] DAVIS, N. C., and E. L. SMITH: J. biol. Ch. **214**, 209 (1955).
[6] ELLIS, D., and J. S. FRUTON: J. biol. Ch. **191**, 153 (1951).
[7] LONDON, M., A. FINE and P. B. HUDSON: Arch. Biochem. **64**, 412 (1956).
[8] STERN, K., M. K. BIRMINGHAM, A. M. CULLEN and R. RICHER: J. clin. Invest. **30**, 84 (1951).
[9] ZIFF, M., and A. A. SMITH: Proc. Soc. exp. Biol. Med. **80**, 761 (1952).

hochgereinigte Aminotripeptidase aus Pferdeerythrocyten wird durch Benadryl (10^{-3} m) zu 75%, durch Pyribenzamin (10^{-3} m) zu 85% gehemmt (0,05 m Substrat, 0,04 m Trispuffer p_H 8,0)[1].

Spezifität. Trotz gewisser Unterschiede in der Kinetik (vgl. unten) und in der Lage des p_H-Optimums (s. S. 176) in Abhängigkeit von der Herkunft des Enzyms ist offenbar die Substratspezifität einheitlich. Das Enzym hydrolysiert deutlich nur Tripeptide mit freier primärer oder sekundärer α-Aminogruppe, freier terminaler α-COOH-Gruppe und dem Peptid-H an der sensitiven Bindung in Nachbarschaft zur freien α-Aminogruppe (vgl. Formel).

$$\underline{H_2N}—\underset{\displaystyle R}{\underset{|}{CH}}—CO\{\underline{NH}\,\underset{\displaystyle R'}{\underset{|}{CH}}—CO—NH\,\underset{\displaystyle R''}{\underset{|}{CH}}—\underline{COOH}$$

Die N-terminal stehende Aminosäure muß, wenn sie optisch aktiv ist, die L-Konfiguration besitzen. Ist eine D-Aminosäure im Tripeptid mittelständig, so ist die Hydrolyse durch das Enzym ebenfalls sehr gering im Vergleich zur selben Verbindung mit der mittelständigen L-Aminosäure; eine C-terminal stehende D-Aminosäure übt viel geringeren Einfluß aus. Dipeptide und ihre Amide sowie andere für bestimmte Enzyme charakteristische Substrate, z.B. Leucinamid für Leucinaminopeptidase werden durch hochgereinigte Aminotripeptidasepräparationen nicht oder sehr schwach gespalten, obgleich in dem für die Enzymdarstellung verwendeten Ausgangsmaterial (Thymus, Erythrocyten) andere Exopeptidasen vorhanden sind. Die Dipeptide Glycyl-δ-amino-n-valeriansäure und Glycyl-p-aminobenzoesäure werden durch das Enzym aus Pferdeerythrocyten sehr schwach gespalten, ihre Hydrolyse wird durch die Aminotripeptidaseinhibitoren Cd^{++}, Cystein, Benadryl, Pyribenzamin in der gleichen Weise gehemmt wie die von Triglycin[1]. Über die Spezifitätseigenschaften und die relativen Aktivitäten den einzelnen Substraten gegenüber vgl. Tabelle 85.

Für die Präparation aus Humanerythrocyten (vgl. Tabelle 84) werden in Gegenwart von 10^{-3} m Co^{++} Spaltungsgeschwindigkeiten für L-Alanylglycylglycin und L-Leucylglycylglycin angegeben, die etwa 7,0- bzw. 2,5mal höher liegen als die für Triglycin; Glycylglycin wird nicht gespalten.

Kinetik. Die Wirkung der Aminotripeptidase aus Kalbsthymus läßt sich gegenüber Substraten in 0,05 m Konzentration am besten nach einer Reaktion 0. Ordnung beschreiben[2-4], während der Hydrolysenverlauf bei Einwirkung der gereinigten Erythrocytenenzyme auf die Substrate gleicher Konzentration eher einer Reaktion 1. Ordnung entspricht[5,6]. Hämolysate anderer Species zeigen bezüglich ihrer Aminotripeptidaseaktivität ebenfalls eine Kinetik 1. Ordnung[7]. Die Aminotripeptidasen verschiedenen Ursprungs besitzen offenbar für dieselben Substrate verschiedene K_M-Werte. Für das Thymusenzym und Enzyme ähnlicher Kinetik sind kleinere K_M-Werte zu erwarten als für die Enzyme, die wie die Erythrocytenaminotripeptidase entsprechend einer Reaktion 1. Ordnung spalten[5].

Einheiten. Bei Spaltungen entsprechend einem Reaktionsverlauf 0. Ordnung ergibt sich als Aminotripeptidaseeinheit diejenige Enzymmenge, die bei initialer Messung der Spaltung Triglycin (0,05 m) bei p_H 8,0 (0,04 m Trispuffer) und 38° C zu 1% pro min bei einem Ansatzvolumen von 1 ml an der für Tripeptidase sensitiven Peptidbindung hydrolysiert. $C_0 = K_0/E$ (E Protein-N in mg/ml Ansatz). Gesamtaktivität einer Präparation $= C_0 \times$ Gesamt-E.

[1] Davis, N. C., and E. L. Smith: J. biol. Ch. **214**, 209 (1955).
[2] Fruton, J. S., V. A. Smith and P. E. Driscoll: J. biol. Ch. **173**, 457 (1948).
[3] Ellis, D., and J. S. Fruton: J. biol. Ch. **191**, 153 (1951).
[4] London, M., A. Fine and P. B. Hudson: Arch. Biochem. **64**, 412 (1956).
[5] Adams, E., N. C. Davis and E. L. Smith: J. biol. Ch. **199**, 845 (1952).
[6] Tsuboi, K. K., Z. J. Penefski and P. B. Hudson: Arch. Biochem. **68**, 54 (1957).
[7] Adams, E., M. McFadden and E. L. Smith: J. biol. Ch. **198**, 663 (1952).

Tabelle 85. *Wirkung gereinigter Aminotripeptidase-Präparationen aus Kalbsthymus und Pferdeerythrocyten.*

Substrat	Gereinigte Aminotripeptidase-Präparation					
	aus Kalbsthymus[1, 2]			aus Pferdeerythrocyten[3, 4]		
	p_H	E	C_0	p_H	E	C_1
Glycylglycylglycin	8,0	0,0024	208	7,9	0,027	0,20
L-Alanylglycylglycin	8,0	0,0024	225	7,9	0,083	0,35
L-Leucylglycylglycin	7,9	0,0024	183	7,9	0,083	0,16
L-Prolylglycylglycin				7,9	0,013	0,47
Hydroxy-L-prolylglycylglycin				7,9	0,068	0,08
Glycylglycyl-L-leucin	7,7		16,5			
Glycylglycyl-L-prolin				7,9	0,027	0,11
Glycylglycyl-L-hydroxyprolin				7,9	0,027	0,12
Glycylglycyl-β-alanin	7,8	0,0024	18	7,9	0,054	0,054
Glycylglycylsarkosin	7,9		27			
Glycyl-L-leucylglycin	7,9		40			
Glycyl-L-prolylglycin				7,9	0,11	< 0,0001
Glycyl-β-alanylglycin	7,9	0,0024	5	7,9	0,054	0,064
Glycyl-β-alanyl-β-alanin				7,9	0,21	0,0055
L-Alanylsarkosylglycin	8,0		0			
β-Alanylglycylglycin	7,9	0,0024	0	7,9	0,054	< 0,0001
β-Alanyl-glycyl-β-alanin				7,9	0,054	< 0,0001
β-Alanyl-β-alanylglycin				7,9	0,054	< 0,0001
β-Alanyl-β-alanyl-β-alanin				7,9	0,054	< 0,0001
D-Alanylglycylglycin	7,6		0,1			
D-Leucylglycylglycin	7,7		0	7,9	0,21	< 0,0001
Glycyl-D-leucylglycin	7,9		0,1			
Glycyl-glycyl-D-leucin	7,6		3,8			
Glycyl-L-leucyl-D-leucin	7,9	0,0024	10			
Glycylglycin	8,1	0,0024	0	7,9	0,068	0,001
Glycyl-L-leucin	7,9		0,1			
Glycyl-L-prolin	8,2	0,0024	0*	7,9	0,068	0,004
Glycyl-δ-amino-n-valeriansäure				7,8	0,24	0,002
Glycyl-p-aminobenzoesäure				7,8	0,24	0,00067
L-Leucylglycin	8,0		0,1			
L-Prolylglycin				7,9	0,068	0,006
Tetraglycin	7,8	0,0024	5			
Glycylglycyl-L-leucylglycin	7,9	0,0024	0			
Glycyl-L-leucylglycyl-L-leucin	7,8	0,0024	0			
Glycylglycyl-L-glutamylglycin	7,8		0,2			
L-Leucinamid	7,7	0,0024	0*	7,9	0,068	0,001
Glycylglycinamid	8,1	0,0024	0	7,9	0,21	0,0018
Glycyl-L-phenylalaninamid	6,0	0,0024	0**			
Glycyl-L-phenylalaninamid	7,8	0,0024	0			
Diglycylglycinamid	7,6		0,3			
Carbobenzoxyglycyl-L-phenylalanin	7,9	0,0024	0			
Carbobenzoxy-L-leucylglycyl-glycin				7,9	0,21	< 0,0001
Benzoyl-L-argininamid	5,9	0,0024	0**			
Benzoyl-L-argininamid	8,0	0,0024	0			
Glutathion	8,0		0,1			

* Bei Gegenwart von 10^{-3} m Mn^{++}.
** Bei Gegenwart von 10^{-2} m Cystein.

Ansätze: Substratkonzentration 0,05 m; Pufferung: bei Thymusenzym Veronalpuffer (0,014 m); für p_H 6,0 und darunter 0,02 m Citratpuffer; bei Erythrocytenenzym: 0,04 m Trispuffer; Enzymkonzentration E: mg Protein-N/ml des Ansatzes; $C_0 = K_0/E$ (K_0 = Reaktionskonstante 0. Ordnung); $C_1 = K_1/E$ (K_1 = Reaktionskonstante 1. Ordnung); $t = 38$—$40°$ C; Inkubationsdauer 30—60 min; bei schwach oder nicht gespaltenen Substraten bis zu 24 Std. Bestimmung der Spaltung durch Titration in alkoholischer Lösung mit alkoholischer KOH nach GRASSMANN und HEYDE (vgl. S. 17).

[1] FRUTON, J. S., V. A. SMITH and P. E. DRISCOLL: J. biol. Ch. **173**, 457 (1948).
[2] ELLIS, D., and J. S. FRUTON: J. biol. Ch. **191**, 153 (1951).
[3] ADAMS, E., N. C. DAVIS and E. L. SMITH: J. biol. Ch. **199**, 845 (1952).
[4] DAVIS, N. C., and E. L. SMITH: J. biol. Ch. **214**, 209 (1955).

Eine Aminotripeptidaseeinheit unter obigen Bedingungen bei einem Hydrolysenverlauf, der nach einer Reaktion 1. Ordnung zu beschreiben ist, kann als diejenige Enzymmenge definiert werden, die ein $K_1 = 1$ ergibt. $C_1 = K_1/E$. Gesamtaktivität einer Präparation $= C_1 \times$ Gesamt-E.

Bestimmung.

$$H_2N\text{—}\overset{\displaystyle R}{\overset{|}{C}}H\text{—}CO\}NH\text{—}\overset{\displaystyle R'}{\overset{|}{C}}H\text{—}CO\text{—}NH\text{—}\overset{\displaystyle R''}{\overset{|}{C}}H\text{—}COOH \xrightarrow[\text{Aminotripeptidase}]{+H_2O}$$

$$H_2N\text{—}\overset{\displaystyle R}{\overset{|}{C}}H\text{—}COOH + H_2N\text{—}\overset{\displaystyle R'}{\overset{|}{C}}H\text{—}CO\text{—}NH\text{—}\overset{\displaystyle R''}{\overset{|}{C}}H\text{—}COOH$$

Aminosäure + Dipeptid

Bei der Ermittlung der Aminotripeptidase-Aktivitäten in rohen Präparationen, wie Homogenaten, Breien, Glycerinextrakten, Serum und in nicht hochgereinigtem Material aus diesen, ist zu beachten, daß die für den Nachweis hauptsächlich benutzten Tripeptide Triglycin, L-Alanylglycylglycin und L-Leucylglycylglycin auch durch im biologischen Material ebenfalls weit verbreitete andere Aminopeptidasen, z.B. Leucinaminopeptidase, angegriffen werden, daß außerdem zu hohe Tripeptidasewerte durch Sekundärspaltung des nach Absprengung der N-terminalen Aminosäure verbleibenden Dipeptids durch in der Präparation ebenfalls enthaltene Dipeptidasen vorgetäuscht werden können. Zur Ausschaltung dieser Fehlerquellen und zur möglichst spezifischen Erfassung der Aminotripeptidase soll 1. in der Regel nur die initiale Spaltung gemessen werden; 2. die Wirkung der nur in Gegenwart bivalenter Metallionen voll aktiven Di- und Leucinaminopeptidasen durch Bindung der Metalle durch Zusatz von geeigneten Komplexbildnern, z.B. Versene, Cyanid, weitgehend zurückgedrängt werden; 3. durch Wahl geeigneter Bestimmungsmethoden, die eine eingetretene Sekundärspaltung nicht mit erfassen, möglichst nur die Spaltung der für Aminotripeptidase sensitiven Peptidbindung, z.B. durch spezifische Bestimmung der abgesprengten, N-terminalen Aminosäure erfaßt werden.

Bei Zugabe von bivalenten Metallionen (z.B. Mn^{++}, Cd^{++}, Mg^{++}, Co^{++}, Zn^{++}) zu den Ansätzen oder den Enzympräparationen beobachtete Aktivierungseffekte können auf das Vorhandensein metallaktivierbarer Exopeptidasen zurückgeführt werden, die ausschließlich oder neben der Aminotripeptidase vorhanden sind. Über in Betracht kommende Metallionen und Komplexbildner im einzelnen s. unter den in diesem Beitrag beschriebenen Eigenschaften der verschiedenen Dipeptidasen und Aminopeptidasen.

Unter Berücksichtigung dieser für die Aminotripeptidasebestimmung geltenden Gesichtspunkte besitzen diejenigen Verfahren, die ganz allgemein bei der Spaltung freigesetzte —COOH- bzw. —NH_2-Gruppen zu bestimmen gestatten, also z.B. die titrimetrischen und N_2-volumetrisch-manometrischen Verfahren, für nicht hochgereinigte Präparationen keine optimale Eignung, wenngleich sie sehr rasch und einfach durchführbar sind. Günstiger sind Verfahren, die die ursprünglich im Peptid N-terminal stehende Aminosäure getrennt zu erfassen gestatten, z.B. die quantitative Papierchromatographie (vgl. S. 40ff.) oder andere colorimetrische Verfahren, die in einfacher Weise die Abnahme des Substrats ohne Störung durch die Art der gebildeten Spaltprodukte zu bestimmen gestatten (vgl. unten). Über die Zusammensetzung der Ansätze vgl. die Legenden zu den Tabellen 83—85.

***Spektrophotometrische Bestimmung der Aminotripeptidase durch Bildung der Cu-Komplexe der Tripeptidsubstrate nach* London *u. Mitarb.*[1].**

Prinzip:

Die Bestimmung beruht auf dem Farbunterschied zwischen dem Cu-Komplex von Glycylglycylglycin oder anderen als Substrat möglichen Tripeptiden (z.B. Alanylglycyl-

[1] London, M., A. Fine and P. B. Hudson: Arch. Biochem. 64, 412 (1956).

glycin und Leucylglycylglycin) einerseits und den Cu-Komplexen der Spaltprodukte (Aminosäuren, Peptide) andererseits. Im Spaltungsansatz mit Triglycin als Substrat werden durch Schütteln mit $Cu_3(PO_4)_2$-Gel die Cu-Komplexe von nicht gespaltenem Triglycin und von den Spaltprodukten Glycin und Diglycin erzeugt. Das Absorptionsmaximum des Triglycin-Cu-Komplexes liegt bei 550 mμ, das der Cu-Komplexe von Glycin und Diglycin bei 640 mμ (Abb. 28), wobei 2 M Glycin etwa die gleichen Extinktionen zeigen wie 1 M Diglycin. Eine eventuelle Sekundärspaltung des Diglycins während der Inkubation beeinflußt somit nicht die Gesamtextinktion eines Triglycinspaltungsansatzes, die lediglich abhängig ist von der Menge des noch vorhandenen Triglycins und der aus der Triglycinhydrolyse hervorgegangenen Spaltprodukte Glycin + Diglycin. Gemessen wird bei 540 mμ, weil bei dieser Wellenlänge die Absorptionskurve für den Triglycin-Cu-Komplex ihrem Maximalwert noch sehr nahe ist und viel weniger abfällt als die Absorptionskurve für Glycin-Diglycin-Cu. Der prozentuale Abbau von Triglycin kann dabei als lineare Funktion des Extinktionsverlustes bei 540 mμ ($-\Delta$ 540) verfolgt werden (vgl. Abb. 29). Die prozentuale Spaltung läßt sich unmittelbar aus einer Eichkurve ablesen, in der Δ 540-Werte, erhalten aus Lösungen mit Mischungen von Triglycin, Diglycin und Glycin, die bestimmten Hydrolysegraden entsprechen, gegen die Prozent-Spaltung aufgetragen sind (vgl. Abb. 30).

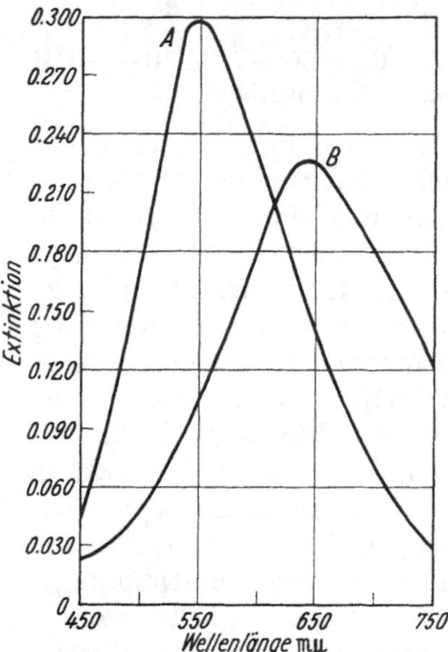

Abb. 28. Absorptionskurve der Cu-Komplexe von Triglycin und von Glycin-Diglycin. Kurve *A*: Cu-Komplex der Triglycinlösung $2{,}0 \times 10^{-3}$ m; Kurve *B*: Cu-Komplex der Lösung von $2{,}0 \times 10^{-3}$ m Diglycin + $2{,}0 \times 10^{-3}$ m Glycin.

Korrekturen auf Grund der Absorption durch den löslichen Anteil von Kupferphosphat sind nicht erforderlich, da diese Absorption sehr gering und in allen Ansätzen gleich groß ist.

Reagentien:

1. Triglycin (reinst; zur Aufstellung und Überprüfung der Eichkurven und als Substrat [0,1 m; auf p_H 8,0 eingestellt oder in Veronalpuffer von diesem p_H gelöst]).
2. Diglycin und Glycin (reinst; zur Aufstellung und Überprüfung der Eichkurven; 0,1 m auf p_H 8,0 eingestellt).

   Eventuell andere Substrate (Alanylglycylglycin, Leucylglycylglycin) und ihre Spaltprodukte zu den Zwecken und in den Konzentrationen wie oben.
3. Gewaschenes Kupferphosphatgel[1]: 40 ml Natriumphosphat-Lösung (68,5 g $Na_3PO_4 \cdot 12\ H_2O$/l wäßrige Lösung) werden unter Umrühren mit 20 ml $CuCl_2$-Lösung (28 g $CuCl_2 \cdot 2\ H_2O$/l wäßrige Lösung) oder äquivalenter $CuSO_4$-Menge versetzt, danach 5 min zentrifugieren und den Niederschlag zweimal mit 60 ml Boratlösung p_H 9,1—9,2 (filtrierte Lösung von 40,3 g wasserfreiem Natriumtetraborat in 4 l Wasser) waschen und nach Abzentrifugieren in 100 ml Boratpuffer unter Zugabe von 6 g NaCl suspendieren.
4. Natriumboratpuffer: 75,6 g $Na_2B_4O_7 \cdot 10\ H_2O$ in 2 l Wasser lösen und filtrieren.
5. Methanol.

Ausführung:

In ein konisch auslaufendes 12 ml-Zentrifugenröhrchen mit Markierung bei 4,0 ml werden 0,1 ml Tripeptidlösung und anschließend 0,1 ml Enzympräparation gegeben. (Zur Vermeidung der Pipettierfehler der kleinen Mengen können ohne Nachteil auch größere

[1] Spies, J. R., and D. C. Chambers: J. biol. Ch. **191**, 787 (1951).

Mengen verdünnter Substrat- und Enzymlösung [Thymusenzym] verwendet werden, da der Reaktionsverlauf dieses Enzyms unabhängig von der Substratkonzentration ist.) Das Gemisch wird bei 37° C 20—120 min inkubiert. Als Puffer ist Triglycin, auf p_H 8,0 eingestellt, gut geeignet. Die Zeit bis zur Erzielung einer 50%igen Hydrolyse ist die günstigste. Dann wird die Enzymreaktion durch Zugabe von 0,3 ml Methanol gestoppt. Die Röhrchen verbleiben zur vollständigen Enzymdenaturierung noch 5 min bei 37° C. Dann wird mit Boratpuffer ad 4,0 aufgefüllt. Zugabe von 1 ml des Kupferphosphatgels und Umschütteln der Röhrchen. Nach 5 min bei Zimmertemperatur (unter gelegentlichem Umschütteln) wird von überschüssigem Gel und adsorbiertem denaturiertem Protein niedertourig abzentrifugiert. In der klaren blau- bis purpurfarbenen überstehenden Lösung wird in der 10 mm-Küvette die Extinktion gegen Wasser bei 540 mμ

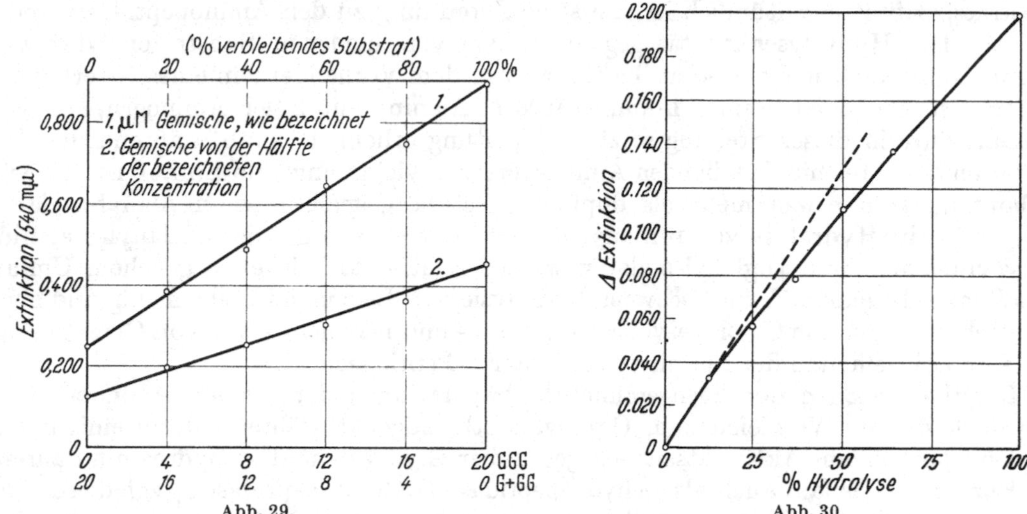

Abb. 29. Absorption der Cu-Komplexe von Lösungsgemischen von Triglycin, Diglycin und Glycin bei 540 mμ. (Über die Komplexbildung vgl. Text). *G* Glycin; *GG* Diglycin; *GGG* Triglycin; *1.* μMol-Gemische wie auf der unteren Abszissenbezeichnung angegeben; *2.* die Hälfte der Konzentration wie bei *1.*

Abb. 30. Eichkurve zur Ablesung der prozentualen Triglycinspaltung. Abnahme der Extinktionen ($-\Delta E$ 540) bei Mischungen abnehmenden Gehaltes an Triglycin (aus 0,1 m Lösung reinsten Triglycins) und zunehmenden Gehaltes an Diglycin + Glycin (je 0,1 m) in entsprechenden Verhältnissen wie in Abb. 29 dargestellt. Zur Bestimmung benutztes Gesamtvolumen von Triglycin und Spaltprodukt: 0,1 ml. Zur Durchführung der Komplexbildung vgl. Text.

gemessen. Ein Kontrollversuch wird in der Weise durchgeführt, daß die Enzympräparation erst nach der Methanolzugabe dem sonst gleich zusammengesetzten und behandelten Ansatz zugesetzt wird. Die Differenz der Extinktion zwischen Hauptansatz und Kontrollversuch entspricht der prozentualen Spaltung, die einer gemäß den Abb. 29 und 30 hergestellten Eichkurve zu entnehmen ist.

Eine gewisse Abwandlung des Verfahrens kann unter Weglassen des Methanols und Benutzung von Trichloressigsäure als Enteiweißungsmittel besonders bei Rohenzympräparationen wie Hämolysaten und Serum eintreten[1]. Ansätze: 0,05 m Triglycin (auf p_H 8,0 oder 7,0 eingestellt), 0,05 m Phosphatpuffer (p_H 7,0 oder 8,0 je nach Enzymoptimum), 0,1—0,3 ml Enzympräparation bei Gesamtvolumen des Ansatzes von 0,8 ml bei Verwendung von rohen oder wenig gereinigten Enzympräparationen und von 0,4 ml, wenn gereinigte Präparationen benutzt werden. Nach Inkubationszeiten von 30 bzw. 60 min bei 37° C wird die Enzymreaktion durch Zugabe des gleichen Volumens 4%iger Trichloressigsäure gestoppt. Danach werden 0,1 m Natriumtetraboratpuffer bis zum Volumen von 5 ml und 2,0 ml frisches Kupferphosphatgel zugegeben. Nach 10 min Stehen wird abzentrifugiert und die überstehende klare Lösung bei 540 mμ gegen eine gleich behandelte Lösung ohne Substrat gemessen.

[1] Tsuboi, K. K., Z. J. Penefski and P. B. Hudson: Arch. Biochem. 68, 54 (1957).

Berechnung:

Aus der der Eichkurve zu entnehmenden prozentualen Spaltung können unter Berücksichtigung der Inkubationszeit die Reaktionskonstanten (K_0, K_1 je nach Enzymkinetik [vgl. S. 177]) und unter Beachtung der für den Ansatz benutzten und insgesamt vorhandenen Menge der Enzympräparation die Gesamtenzymmengen und aus Zeit- und Konzentrationswerten K_M bestimmt werden.

Das für die Bestimmungen einzusetzende Substrat (Triglycin) ist ein handelsübliches Präparat.

Renale Aminopeptidase.

Mit dem Namen dieses Enzymsystems soll zum Ausdruck gebracht werden, daß es in hochgereinigter Form bisher nur aus Niere hat dargestellt werden können und ihm eine Substratspezifität eigentümlich ist, die seine Zuordnung zu den Aminopeptidasen rechtfertigt[1]. Die Hydrolyseaktivität gegenüber den verschiedenen Substraten wird weitgehend, wenn auch nicht absolut, bestimmt von dem Vorhandensein eines N-terminalen Restes von Glycin oder einer L-Aminosäure (L-Alanin) mit freier Aminogruppe. Eine D-Aminosäure in dieser Stellung setzt die Spaltung erheblich herab, während die Konfiguration der C-terminal stehenden Aminosäure von viel geringerem Einfluß ist. So wird L-Alanyl-L-alanin etwas mehr als doppelt so stark gespalten wie L-Alanyl-D-alanin; dagegen ist die Hydrolyse von D-Alanyl-D-alanin nur $^1/_{80}$ von der des L-Alanyl-D-alanins; Diglycyl-L-alanin und Diglycyl-D-alanin werden relativ stark in etwa gleichem Umfang gespalten. L-Leucinamid wird schwach hydrolysiert, D-Leucinamid sehr mäßig und ebenfalls recht schwach die Chloracetylderivate von L- und D-Leucin sowie von Glycyl-L- und -D-alanin (Einzelheiten der Spezifität vgl. unter D-Peptidasen).

Hauptkennzeichen der hochgereinigten Präparationen der renalen Aminopeptidase ist jedoch der im Vergleich zum Organgesamthomogenat während der Reinigung zu erzielende, erhebliche Aktivitätsanstieg gegenüber Glycyl-D- und -dehydroaminosäuren[2]. Das Enzym ist deshalb auch als Dehydropeptidase (Dehydropeptidase I, vgl. diesen Beitrag S. 193) und als D-Peptidase zu kennzeichnen (vgl. unten, dort auch nähere Angaben über Darstellung und Eigenschaften des Enzymsystems).

4. D-Peptidasen[3–5].

Begriffsbestimmung. Die enzymatische Spaltung einer Peptidbindung im Dipeptid- oder Polypeptidverband, in der eine oder beide beteiligten Aminosäuren D-Konfiguration besitzen, wird häufig auf die Wirkung sog. D-Peptidasen zurückgeführt, da erwiesen ist, daß die meisten, bisher in gereinigter Form gewonnenen Peptidasen in absoluter oder sehr stark ausgeprägter sterischer Spezifität auf die Hydrolyse von Peptidbindungen aus zwei oder, wenn die eine Aminosäure optisch inaktiv, z.B. Glycin, ist, einer L-Aminosäure eingestellt sind. Jedoch müssen zu dieser Definition Einschränkungen gemacht werden:

1. Auch eine L-Peptidase vermag eine Peptidbindung mit einer D-Aminosäure zu spalten, wenn der am α-C-Atom der abzuspaltenden D-Aminosäure befindliche Rest die Annäherung der aktiven Stellen von Substrat und Enzym sterisch nicht absolut verhindert. So können D-Alanylglycin und D-Alanylglycylglycin mit der relativ wenig Raum beanspruchenden CH_3-Gruppe des Alanins durch Dipeptidase und Aminopolypeptidase aus Hefe und Darmschleimhaut gespalten werden, wenn auch langsamer als die entsprechenden L-Alanylpeptide. D-Peptide mit großer Seitenkette in der abzuspaltenden D-Aminosäure, z.B. D-Leucylglycin, D-Leucylglycylglycin, werden nicht gespalten[6,7].

[1] ROBINSON, D. S., S. M. BIRNBAUM and J. P. GREENSTEIN: J. biol. Ch. **202**, 1 (1953).
[2] CAMPBELL, B. J., Y.-CH. LIN and M. E. BIRD: J. biol. Ch. **238**, 3632 (1963).
[3] ABDERHALDEN, R.: Fermentforsch. **16**, 486 (1942).
[4] WALDSCHMIDT-LEITZ, E.: Ergebn. Enzymforsch. **9**, 193 (1943).
[5] GRASSMANN, W., u. H. MÜLLER; in: Flaschenträger-Lehnartz Bd. I, S. 1117.
[6] BERGMANN, M., L. ZERVAS, J. S. FRUTON, F. SCHNEIDER u. H. SCHLEICH: J. biol. Ch. **109**, 325 (1935).
[7] BERGMANN, M., and J. S. FRUTON: J. biol. Ch. **117**, 189 (1937).

2. Strukturveränderungen eines optisch inaktiven Säurerestes, der mit einer optisch-aktiven Aminosäure peptidartig verbunden ist, können die optische Spezifität des an sich L-peptidatisch wirksamen Enzyms für ein solches Substrat herabsetzen, eventuell beseitigen. Aminosäureacylase und Pankreascarboxypeptidase spalten weit überwiegend nur Acetyl- und Chloracetyl-L-aminosäuren. Ersatz des Acetyl- oder Chloracetylrestes durch Trifluoracetyl macht auch die entsprechenden D-Aminosäurederivate gegen die genannten Enzyme empfindlich.

3. Es ist bisher nicht gelungen, D-Peptidasepräparationen von absoluter sterischer Spezifität zu erhalten, die frei oder auch nur annähernd frei von L-Peptidase- oder Dehydropeptidasewirkungen sind, während gereinigte L-Peptidasepräparationen, z.B. Dipeptidase, Aminopolypeptidasen usw., praktisch frei von Wirkungen gegenüber den die D-Form der Aminosäure an der entsprechenden Stelle im Peptid aufweisenden Substraten zu gewinnen sind. Auch die Präparationen mit den höchsten D-Peptidasewirkungen weisen L-Peptidase- und Dehydropeptidaseaktivitäten auf, die bei den einander entsprechenden Peptiden in etwa der gleichen Größenordnung liegen, meist aber sogar gegenüber den L- und Dehydropeptiden stärker aktiv sind als gegenüber den D-Peptiden.

Derartige Befunde bezüglich der bisher immer vergesellschaftet festgestellten Aktivität gegenüber L- und D-Peptiden in sog. D-Peptidasepräparationen sind sowohl bei Di- und Tripeptiden mit C-terminaler Stellung der optisch aktiven Aminosäuren, z.B. Glycyl-L- und -D-alanin und Diglycyl-L- und -D-alanin[1], als auch solchen mit N-terminaler, optisch aktiver Aminosäure, z.B. L- und D-Leucylglycin[2] erhoben worden. Von separaten D-Peptidasen, also Enzymen, die sterisch spezifisch auf Peptidbindungen eingestellt sind, an denen D-Aminosäuren beteiligt sind und solche mit L-Aminosäuren unangegriffen lassen, kann somit bisher nicht gesprochen werden. Da auf Grund verschiedener Beobachtungen anzunehmen ist, daß für die Spaltung eines D-Peptids mit der D-Aminosäure in N-terminaler Stellung nicht das gleiche Enzym maßgeblich ist wie für die Hydrolyse des an Aminosäuren gleich zusammengesetzten Peptids, jedoch mit der D-Aminosäure C-terminal, und da auch die Kettenlänge in noch nicht eindeutig zu übersehender Weise von Bedeutung ist, ist es bei der Kennzeichnung einer D-Peptidasewirkung unter Verwendung nur eines D-Peptids (oder sehr weniger D-Peptide) zweckmäßig, nicht allgemein von D-Peptidase oder auch D-Dipeptidase zu sprechen, sondern die gemachte Beobachtung durch Einbeziehung des benutzten Substrats in der Namengebung der Enzymwirkung mit zu berücksichtigen, also z.B. bei Glycyl-D-leucinspaltung nicht von D-Dipeptidase, sondern von Glycyl-D-leucinpeptidase zu sprechen, ohne damit in der Regel aussagen zu können, ob nicht auch andere D-Peptide, zumindest solche mit C-terminaler D-Aminosäure hydrolysiert werden. Die Frage nach Spezifität und Menge des Vorkommens sog. D-Peptidasen ist nach wie vor offen.

Vorkommen. Entgegen den ursprünglichen Vorstellungen, daß das Vorkommen von D-Peptidasen im Blutserum charakteristisch und spezifisch für Träger bösartiger Tumoren (Carcinome) sei[3], sind Enzymwirkungen mit Hydrolysen vor allem von D-Alanyl- und D-Leucylglycin sowie D-Alanyl- und D-Leucylglycylglycin, ferner Glycyl-D-leucin und -D-alanin in weiter Verbreitung bei Mensch, Tieren, Pflanzen und Mikroorganismen festgestellt worden (vgl. Zusammenfassung bei[4,5]). Voraussetzung für den zuverlässigen Nachweis der im Vergleich zur L-Peptidasewirkung immer sehr schwachen D-Peptidaseeffekte ist deren Aktivierung durch Mn^{++}, Co^{++}, Zn^{++} und Sulfhydryl und möglichst auch die Verwendung optisch aktiver Peptide oder bei Benutzung von Racematen die Anwendung von Bestimmungsverfahren, die die spezifische Erfassung der abgesprengten D-Aminosäure gestatten (vgl. darüber in diesem Abschnitt unter Eigenschaften und Bestimmung).

[1] ROBINSON, D. S., S. M. BIRNBAUM and J. P. GREENSTEIN: J. biol. Ch. **202**, 1 (1953).
[2] MASCHMANN, E.: B. Z. **311**, 252 (1941/42).
[3] WALDSCHMIDT-LEITZ, E., K. MAYER u. R. HATSCHEK: H. **263**, 1 (1940).
[4] ABDERHALDEN, R.: Fermentforsch. **16**, 486 (1942).
[5] WALDSCHMIDT-LEITZ, E.: Ergebn. Enzymforsch. **9**, 193 (1943).

Die D-Leucylglycinspaltung durch Glycerinextrakte verschiedener tierischer Gewebe ohne und mit Aktivierung zeigt Tabelle 86.

Tabelle 86. *Wirkung von Glycerinauszügen frischer tierischer Gewebe auf* D-*Leucylglycin.* (nach MASCHMANN[1]).

Gewebe	D-Leucylglycinspaltung (Zuwachs an ml 0,05 n KOH)		
	ohne	mit Mn^{++}	mit Mn^{++} + Cystein
Kaninchenleber	0,03	0,17	0,48
Kaninchenniere	0,06	0,58	1,68
Meerschweinchenleber	0,07	0,66	1,84
Meerschweinchenniere	0,11	0,79	2,00
Rattenleber	0,00	0,18	0,64
Rattenniere	0,02	0,33	0,92
Mäuseleber	0,02	0,21	0,77
Mäuseniere	0,04	0,41	1,23
Hühnerleber	0,02	0,47	1,17
Hühnerembryonen (12 Tage)	0,00	0,15	0,42
Rattenembryonen (15 Tage)	0,01	0,08	0,26
Mäusecarcinom	0,03	0,19	0,51

Ansätze: 5 ml Gesamtvolumen: 0,5 ml Glycerinauszug [nach Entbluten der Tiere frisch entnommene Organe bzw. Embryonen mit Fleischmaschine gemahlen und mit Quarzsand im Mörser zerrieben; mit 2 Teilen Glycerin versetzt, tagsüber öfter geschüttelt; nach zweitägigem Stehen bei Zimmertemperatur 30 min lang bei 12000 U/min abzentrifugiert, durch Schleicher & Schüll 520a (dünn) filtriert], p_H 8,0 (mit Lauge eingestellt; kein Puffer), Mn^{++} 10^{-3} m, Cystein 4×10^{-3} m; Substrat: D-Leucylglycin in einer Konzentration, daß ein Titrationszuwachs von 2,40 ml 0,05 n KOH für eine Titrationsprobe von 2,0 ml 100%iger Spaltung entspricht. Verdrängung der Luft aus den Ansatzkölbchen durch N_2. Toluolüberschichtung, $t = 40°$ C, Inkubation: 2 Std, Titration in alkoholischer Lösung nach WILLSTÄTTER und WALDSCHMIDT-LEITZ (vgl. S. 17).

Tabelle 87. *Wirkung von Glycerinauszügen verschiedener tierischer Organe und Gewebe auf Glycyl-*D,L-*leucin, Glycyl-*D,L-*alanin und* D-*Leucylglycin*[2].

Gewebe	Zuwachs an ml 0.05 n KOH					
	Glycyl-D,L-leucin		Glycyl-D,L-alanin		D-Leucylglycin (+Mn^{++} +Cystein)	
	Menge des verwendeten Glycerinauszuges ml	100% Spaltung =4,80 ml Zuwachs ml	Menge des verwendeten Glycerinauszuges ml	100% Spaltung =4,80 ml Zuwachs ml	Menge des verwendeten Glycerinauszuges ml	100% Spaltung =1,20 ml Zuwachs ml
Kaninchenniere	0,025	4,71	0,025	3,63	0,025	0,78
Kaninchenleber	0,025	4,15	0,25	2,55	0,025	0,87
Meerschweinchenniere	0,025	4,64	0,025	3,45	0,025	0,37
Meerschweinchenleber	0,025	4,55	0,25	2,41	0,025	0,72
Meerschweinchenmuskel	0,10	3,97	0,50	2,77	0,50	0,37
Rattenniere	0,025	4,08	0,025	3,69	0,05	0,82
Rattenleber	0,05	3,66	0,50	3,60	0,10	0,54
Rattensarkom	0,075	4,08	0,50	2,39	0,05	0,42
Rattensarkom (nekrotischer Anteil)	0,25	3,82	0,05	2,14		
Mäuseniere	0,10	4,08	0,10	3,89	0,10	0,66
Mäuseleber	0,10	4,54	0,05	2,27	0,10	0,47
Mäusecarcinom	0,20	4,56	0,20	2,55	0,20	0,71

Ansätze: 5 ml Gesamtvolumen mit den in der Tabelle angegebenen Mengen der Glycerinauszüge Methodik der Versuche wie in Legende zu Tabelle 86 angegeben. [Mn^{++}] $0,7 \times 10^{-3}$ m, Cystein 4×10^{-3} m, Inkubation 20 Std.

Noch intensiver als gegenüber D-Leucylglycin ist die Wirkung von Organextrakten gegenüber Glycyl-D-leucin und -D-alanin, die auch ohne Mn^{++} + Cysteinaktivierung erheb-

[1] MASCHMANN, E.: B. Z. **311**, 252 (1941/42).
[2] MASCHMANN, E.: B. Z. **313**, 129, 151 (1942/43).

lich gespalten werden, wie aus Versuchen unter Einsatz der racemischen Glycyldipeptide im Vergleich zu dem mit angeführten D-Leucylglycin ersichtlich ist[1]. Die Spaltungen

Tabelle 88. *Hydrolyse von Glycyl-L-alanin, Glycyl-D-alanin und Glycyldehydroalanin durch rohe, wäßrige Gewebsextrakte*[2].

Gewebe	Hydrolysenrate (µMol hydrolysiertes Substrat/mg Protein-N/Std)		
	Glycyl-L-alanin	Glycyl-D-alanin	Glycyldehydroalanin
Rattenniere	1240	136	256
Rattenleber	341	2,9	29
Rattenlunge	493	59	116
Rattenmilz	313	0,7	24
Rattenhoden	162	17	50
Rattengehirn	164	0	18
Rattenpankreas	116	15	36
Rattenmuskel	47	0	3,8
Rattenblutserum	4,6	0	5,1
Schweineniere	4350	310	507
Schweinemilz	380	0	39
Schweinepankreas	103	38	27
Pilze	204	0.5	21

Die mit Quarzsand zerriebenen Organe werden mit 5 Vol. 0,15 m Boratpuffer p_H 8,0 extrahiert, leicht zentrifugiert und unmittelbar, eventuell nach Verdünnung für die Ansätze verwendet. Ansätze: 1 ml Gewebsextrakt, 2 ml 0,15 m Boratpuffer p_H 8,0, 1 ml 0,05 m Substrat. $t = 38°$ C; Inkubation 20—60 min. Bestimmung der Spaltung der optisch-aktiven Peptide mit Hilfe der Ninhydrin-VAN SLYKE-Methode (vgl. S. 26), des Dehydropeptids durch Messung bei 250 mµ (vgl. unter Dehydropeptidasebestimmung, S. 198).

Tabelle 89. *Aktivitätsverteilung in durch Zentrifugieren aufgetrennten Rattenorganhomogenaten gegenüber Glycyl-L-alanin, Glycyl-D-alanin und Glycyldehydroalanin*[2].

Organ	Substrat	% der Aktivität des Gesamthomogenats		
		Überstehendes	Sediment	Summe
Niere	Glycyl-L-alanin	51	21	72
	Glycyl-D-alanin	7	80	87
	Glycyldehydroalanin	25	88	113
Leber	Glycyl-L-alanin	61	8	69
	Glycyl-D-alanin	17	79	96
	Glycyldehydroalanin	82	21	103
Lunge	Glycyl-L-alanin	96	13	109
	Glycyl-D-alanin	25	89	114
	Glycyldehydroalanin	80	32	112
Milz	Glycyl-L-alanin	88	12	100
	Glycyl-D-alanin	24	78	102
	Glycyldehydroalanin	74	24	98
Pankreas	Glycyl-L-alanin	111	13	124
	Glycyl-D-alanin	46	76	122
	Glycyldehydroalanin	81	16	97
Hoden	Glycyl-L-alanin	100	12	112
	Glycyl-D-alanin	15	106	121
	Glycyldehydroalanin	98	5	103
Gehirn	Glycyl-L-alanin	85	14	99
	Glycyl-D-alanin	0	0	0
	Glycyldehydroalanin	79	16	95

Rattengewebe in 6 Vol. eiskaltem Wasser homogenisiert, 2 Std bei 0° C und 26000 × g zentrifugiert. Ansätze: 1 ml Überstehendes bzw. Sediment (unter Umständen nach entsprechender Verdünnung), 1 ml 0,15 m Boratpuffer p_H 8,0, 1 ml 0,05 m Substratlösung. Sonstige Bedingungen wie Tabelle 88.

[1] MASCHMANN, E.: B. Z. **313**, 129, 151 (1942/43).
[2] PRICE, V. E., A. MEISTER, J. B. GILBERT, and J. P. GREENSTEIN: J. biol. Ch. **181**, 535 (1949).

erreichen z. B. für das racemische Glycylleucin 75—90 % (vgl. Tabelle 87). Unter Verwendung der optisch aktiven Peptide Glycyl-L- und -D-alanin (sowie dem mitangeführten Glycyldehydroalanin) ergeben sich für rohe wäßrige Gewebsextrakte ohne besonders zugesetzte Aktivatoren etwa die Hydrolysenraten der Tabelle 88[1].

Bei Auftrennung wäßriger Gewebshomogenate durch Zentrifugieren läßt sich eine unterschiedliche Verteilung der Enzymaktivitäten feststellen, und zwar findet sich die Glycyl-L-alaninpeptidase-Wirkung bevorzugt als leicht lösliches Enzym im Überstehenden, wenn auch das Sediment noch deutliche, auch durch mehrfaches Waschen nicht entfernbare L-Aktivitäten aufweist; Glycyl-D-alaninpeptidase ist angereichert im Sediment. Diese Ergebnisse mit unterschiedlichen Verteilungsverhältnissen für Spaltungsaktivitäten der beiden optisch aktiven Peptide lassen den Schluß zu, daß die L-Aktivität mit relativ hoher sterischer Spezifität in den leicht herauslösbaren Anteilen der Zelle vorkommt, während die D-Aktivität unter Berücksichtigung der im Vergleich zur D-Peptidspaltung immer noch sehr hohen L-Aktivität des Sediments (s. dazu die absoluten Spaltungswerte der Tabelle 88) in relativ geringer sterischer Spezifität in diesem lokalisiert ist, und daß somit verschiedene Enzyme vorliegen[1] (vgl. Tabelle 89). Über die Verhältnisse der Glycyldehydroalaninspaltung vgl. diesen Beitrag über Dehydropeptidasen (S. 193ff.).

Bei Verwendung von Racematen der Peptide und von Glycerinextrakten von Leber und Niere des Meerschweinchens werden für die Aufspaltung des jeweiligen L- bzw. D-Peptids unter den für jedes Peptid optimalen Hydrolysebedingungen (durch Zusatz der entsprechenden Aktivatoren) die in Tabelle 90 und 91 enthaltenen Relationen der

Tabelle 90. *Relationen der Spaltungen von* L- *und* D-*Dipeptiden aus ihren Racematen durch Glycerinextrakte aus Leber und Niere von Meerschweinchen*[2].

Eingesetztes racemisches Dipeptid	Spaltungsverhältnis zwischen L- und D-Dipeptiden in	
	Leber L:D	Niere L:D
D,L-Leucylglycin	1000:1	670:1
D,L-Alanylglycin	50:1	100:1
Glycyl-D,L-alanin	16000:1	45:1
Glycyl-D,L-alanin	1000:1	40:1

Die jeweilige D-Peptid spaltende Wirkung ist gleich 1 gesetzt (Zahlenwerte untereinander also nicht vergleichbar!). Die Spaltungswerte der L-Dipeptidasen sind nach einstündiger Inkubation bei 37° C, die der D-Dipeptide nach 20stündiger Inkubation bei 37° C mit je nach Aktivität wechselnden Extraktmengen gewonnen (20 Std-Werte der D-Peptidasewerte mit den 20mal genommenen 1 Std-Werten der L-Peptidasebestimmungen und einer Glycerinextrakt-Volumen-Einheit in einfacher Proportionalitätsrechnung in Beziehung gesetzt).

Ansatzvolumen: 5 ml; Substratkonzentration 0,025 m, p_H 7,8; Glycerinextrakt in wechselnder Menge (0,02—2,0 ml pro Ansatz) (hergestellt durch 48stündige Extraktion der mit Quarzsand zerriebenen Organe mit 2 Teilen 87 %igem Glycerin bei 0° C, Abzentrifugieren und Filtrieren); Aktivatoren: für L-Leucylglycinspaltung durch Leber und Niere Mn^{++} 10^{-3} m, für D-Leucylglycinspaltung durch Leber Mn^{++} 2×10^{-3} m + Cystein 8×10^{-3} m unter anaeroben (N_2)-Bedingungen, durch Niere Co^{++} 10^{-3} m, für L-Alanylglycinspaltung durch Leber Mg 10^{-2} m, durch Niere ohne Aktivator, für D-Alanylglycinhydrolyse durch Leber und Niere Co^{++} 2×10^{-3} m, für Glycyl-L-leucinspaltung durch Leber ohne Aktivator, durch Niere Zn^{++} 10^{-4} m, für Glycyl-D-leucinspaltung durch Leber ohne Aktivator, für Niere Co^{++} 2×10^{-3} m, für Glycyl-L-alaninhydrolyse durch Leber Mg 10^{-2} m, durch Niere ohne Aktivator, für Glycyl-D-alanin durch Leber Co^{++} 2×10^{-3} m, für Niere Mn^{++} 2×10^{-3} m (+ Cystein 8×10^{-3} m).

L-*Peptidasewirkung.* Nach einstündiger Inkubation durch Titration von 2 ml-Proben in alkoholischer Lösung nach WILLSTÄTTER und WALDSCHMIDT-LEITZ mit 0,025 m alkoholischer KOH (vgl. S. 17).

D-*Peptidasewirkung.* Nach 20stündiger Inkubation durch Bestimmung des O_2-Verbrauches in 2 ml einer durch 2 ml Phosphatpufferzugabe (p_H 7,8) auf das Doppelte verdünnten, durch 15 min Erhitzung auf 105° C inaktivierten 2 ml-Probe des Ansatzes unter Verwendung einer D-Dipeptidase-freien D-Aminosäureoxydaselösung (vgl. S. 31).

[1] PRICE, V. E., A. MEISTER, J. B. GILBERT and J. P. GREENSTEIN: J. biol. Ch. **181**, 535 (1949).
[2] MERTEN, R.: B. Z. **318**, 167, 185 (1948).

L- und D-Dipeptidasen angegeben[1]. Über D-Peptidase in Formelementen von Mensch und Tieren s.[1].

In Zellkernen aus Schweineniere ist die D-Leucylglycin spaltende Aktivität etwa nur $^1/_6$ von derjenigen des Resthomogenats, bezogen auf mg Protein-N der Präparation[2].

Über D-Peptidasewirkungen in wachsenden Keimpflanzen und wachsenden Teilen älterer Pflanzen vgl.[3,4]. Zur enzymatischen Hydrolyse von D-Peptiden durch Mikroorganismen (D-Leucylglycyin, D-Leucylglycylglycylglycin durch *Bierhefe*, *Bac. megatherium*, *Clostrid. butylicum*, *Leucon. mesenteroides*, *Pseudomonas fluoresc.*) vgl.[5] (negative Befunde bei L-Alanyl-L-glutamyl-D-alanin, D-Alanyl-L-glutamyl-L-alanin, D-Alanyl-L-glutamyl-D-alanin, L-Glutamyl-D-alanyl-L-alanin, D-Leucyl-L-tyrosin, D-Leucylglycin, Glycyl-D-alanyl-glycin, L-Leucyl-D-phenylalanyl-L-prolin, D-Alanyl-L-phenylalanyl-L-alanin, L-Leucyl-D-phenylalanin, positiv bei L-Alanyl-L-phenylalanyl-D-alanin mit Peptidase aus *Clostrid. histolyticum*[6]).

Tabelle 91. *Relationen der Spaltungen von L- und D-Dipeptiden aus ihren Racematen durch Glycerinextrakte aus Leber und Niere des Meerschweinchens, bezogen auf die D-Leucylglycinspaltung = 1.*

Substrat	Leber L:D	Niere L:D
Leucylglycin . . .	7800:1	667:1
Alanylglycin	2000:40	2000:20
Glycylleucin	2640:0,17	2000:33
Glycylalanin	800:0,68	2000:50

Bedingungen wie in Tabelle 90 angegeben.

Darstellung. Da hochgereinigte D-Peptidasepräparationen mit absoluter oder relativ stark überwiegender sterischer Spezifität nicht bekannt sind, können nur Angaben über die Gewinnung relativ an D-Peptidasewirkung angereicherter Präparationen gemacht werden, in denen jedoch immer noch beträchtliche, zuweilen sogar die D-Peptidasewirkung deutlich überwiegende L-Peptidase- (und Dehydropeptidase-)aktivitäten vorhanden sind.

Tabelle 92. *Anreicherung der D-Leucylglycin spaltenden Aktivität aus Kaninchenniere durch Acetonfraktionierung.*

Substrat	Aktivität als Zuwachs in ml 0,05 n KOH					
	Glycerinauszug			Fraktion I		
	angewendete Menge ml	ml KOH ohne	ml KOH mit Mn++	angewendete Menge ml	ml KOH ohne	ml KOH mit Mn++
D-Leucylglycin	0,5	0,08	1,68 (+ Cystein)	1,0	0,00	0,77 (+ Cystein)
L-Leucylglycin	0,025	0,88	1,74	0,25		0,44
D,L-Alanylglycin (+ Mg^{++} 10^{-2} m) .	0,01	1,86		0,05	0,18	
Glycylglycin (+ Co^{++} 10^{-3} m) . . .	0,01	1,23		0,05	0,05	
D,L-Leucylglycylglycin	0,025		1,77	0,5		0,10
D,L-Alanylglycylglycin	0,025	1,26		0,5	0,04	
Triglycin	0,025	1,05		0,5	0,03	

Inkubation: 2 Std 40° C. Die jeweils optimal wirkenden Aktivatoren sind zugesetzt. Sonstige Versuchsbedingungen entsprechend den Angaben zu Tabelle 86 und 87.

Bezüglich der Herstellung von Homogenaten und Glycerinextrakten mit D-Peptidaseaktivität sei auf die Legenden zu den Tabellen 86, 87, 88, 89 und 90 verwiesen.

***Anreicherung der D-Leucylglycin-Peptidase aus Glycerinauszug von Kaninchennieren nach* Maschmann[7].**

10 ml Glycerinauszug aus Kaninchennieren, dargestellt nach den Angaben der Tabelle 86, werden mit Wasser auf 40 ml (p_H etwa 8) gebracht. Zugabe von 20 ml tief-

[1] MERTEN, R.: B. Z. **318**, 167, 185 (1948).
[2] LANG, K., G. SIEBERT u. L. MÜLLER: Naturwiss. **38**, 528 (1951).
[3] BAMANN, E., u. O. SCHIMKE: B. Z. **310**, 119 (1941/42).
[4] BAMANN, E., u. O. SCHIMKE: B. Z. **310**, 302 (1941/42).
[5] BERGER, J., M. J. JOHNSON and C. A. BAUMANN: J. biol. Ch. **137**, 389 (1941).
[6] MANDL, I., L. T. FERGUSON and S. F. ZAFFUTO: Arch. Biochem. **69**, 565 (1957).
[7] MASCHMANN, E.: B. Z. **311**, 252 (1941/42).

gekühltem Aceton in der Kälte, Niederschlag abgetrennt und verworfen, zur Mutterlauge Zugabe von weiteren 20 ml Aceton; der sich rasch abscheidende, voluminöse Niederschlag wird abzentrifugiert und zur acetonischen Mutterlauge 40 ml Aceton zugesetzt; ein ziemlich rasch ausfallender, feinflockiger Niederschlag wird abgeschleudert, mit Wasser (p_H etwa 8) verrührt, die Suspension geklärt und die Lösung mit Wasser auf 20 ml aufgefüllt (p_H 8): Fraktion I. Erreichte Anreicherung vgl. Tabelle 92.

Auch aus Acetontrockenpulvern der Organe, z.B. 3 g Leberpulver (aus Organbrei + fünffache Menge Aceton zweimal behandelt, Fällung getrocknet und gepulvert) mit 30 ml Wasser extrahiert und der wäßrige Extrakt wie oben mit Aceton gefällt, erhält man mit D-Leucylglycinpeptidase angereicherte Präparationen.

***Anreicherung von D-Peptidaseaktivität gegenüber Glycyl- und L-Alanyl-D-aminosäure aus Schweinenieren nach* Robinson *u. Mitarb.*[1].**

4 kg frische, gefrorene Schweinenieren werden nach Auftauen und Entfernung von Fettgewebe mit 2 Vol. Eiswasser homogenisiert und nach Durchlaufen durch eine Mullschicht bei 1200 × g 20 min zentrifugiert (I). Die überstehende Flüssigkeit wird nach

Tabelle 93. *Anreicherung und Ausbeute der Glycyl-D-alaninpeptidaseaktivität.*

Präparation	Hydrolysenrate *	Aktivität der Gesamtpräparation **
Homogenat (I)	150—250	15×10^6
Suspension (II)	200—300	8×10^6
Dialysat der Butanolfraktionierung (III) . .	22000	$5—6 \times 10^6$
Endpräparation (IV)	120000—140000	4×10^6

* Hydrolysierte μMol Glycyl-D-alanin/mg Protein-N der Enzympräparation/Std.

** Hydrolysenrate × gesamter Protein-N in mg Protein-N der Enzympräparation.

Ansätze: 1 ml 0,1 m Boratpuffer p_H 8,0, 1 ml 0,05 m Glycyl-D-alaninlösung, 1 ml Enzympräparation (eventuell entsprechend verdünnt). Inkubation 30 min bei 37° C; Enzymreaktion gestoppt durch gleiches Volumen gesättigte Pikrinsäurelösung. Werte der Kontrollversuche (ein Versuch statt Substrat Wasser, im zweiten Versuch statt Enzymlösung Wasser) werden von Werten des Hauptversuches abgezogen. Enzymkonzentration im Ansatz so wählen, daß nach der Inkubation die Hydrolyse des Substrates zwischen 10 und 30% liegt. Bestimmung mit dem manometrischen Ninhydrinverfahren nach van Slyke (vgl. S. 26).

Abkühlung auf 0° C durch vorsichtige Zugabe von 2 n HCl auf p_H 5,0 eingestellt und der ausfallende dicke Niederschlag sofort bei 0° C und 3000 × g 30 min lang abzentrifugiert. Das Sediment wird mit dem gleichen Volumen 0,066 m Sörensen-Phosphatpuffer (p_H 7,0) aus den Zentrifugengläsern herausgewaschen unter Entfernung der letzten Eiweißreste durch Ausspülen mit dem gleichen Volumen 0,1 m KCl-Lösung. Phosphatpuffer- und KCl-Lösung werden vereinigt. Die klumpige Suspension wird kurz homogenisiert, bei —10° C eingefroren, nach Auftauen mit 2 n HCl wieder auf p_H 5,0 eingestellt und das Abzentrifugieren, Auswaschen aus den Zentrifugenbechern und Rehomogenisieren unter den gleichen Bedingungen wie beim ersten Mal wiederholt: Suspension II. Zu dieser werden bei p_H 7 und 0° C so viel kaltes Aceton hinzugegeben, daß die Acetonkonzentration 70 vol.-%ig ist. Nach einstündigem Stehen bei 5° C wird die Suspension in großen Büchner-Trichtern, die dünn mit einer Schicht Hyflo-Super-Cel auf Whatman Nr. 4 belegt und bei 5° C vorgekühlt sind, filtriert. Nach einigen min Filtration ist das Filtrat klar. Nach nahezu vollständigem Durchlaufen der Acetonlösung wird der Rückstand auf dem Trichter mit 0,2 m KCl-Lösung, die sehr schonend und langsam aus einem Vorratsgefäß zuläuft, gewaschen. Wegen des schnellen Absinkens der Filtrationsgeschwindigkeit ist es ratsam, das Sediment mit einem Wasserstrahl vom Filter zu waschen, die klumpige Suspension nochmals zu homogenisieren und von neuem auf frisch hergestellte Hyflofilterschicht zu bringen. Nach den ersten Tagen der Filtration wird an Stelle von KCl-Lösung Wasser

[1] Robinson, D. S., S. M. Birnbaum and J. P. Greenstein: J. biol. Ch. **202**, 1 (1953).

als Waschflüssigkeit benutzt. Der Wasch- und Filtrationsprozeß wird mehrere Tage unter täglicher Erneuerung der Filterschichten fortgesetzt, bis in Proben von mindestens 2 Filtraten mit 10%iger Trichloressigsäure kein Protein mehr nachweisbar ist. Das Filtrationsverfahren muß jede Spur löslichen Proteins entfernen, da andernfalls die Endpräparation niedrige Aktivität aufweist. Der das Hyflo einschließende Filterkuchen wird mit 8—10 l Wasser vom Filter heruntergewaschen und kurz homogenisiert. Unter schnellem Rühren wird auf 0° C abgekühltes Butanol bis zu einer Konzentration von 20 Vol.-% zugesetzt. Danach wird 1 Std bei 5° C geschüttelt und 18 Std gegen kaltes Leitungswasser zur Entfernung des Butanols dialysiert. Durch Zugabe von 2 n HCl bei 0° C wird p_H auf

Tabelle 94. *Aktivität von Schweinenierenhomogenat und daraus hergestellter hochgereinigter Präparation gegenüber Glycyl-L-, Glycyl-D- und Glycyldehydroaminosäuren* (renale Aminopeptidase mit D-Peptidase- und Dehydropeptidase I-Aktivität).

C-terminale Aminosäure	Hydrolysenrate L-Peptide		Hydrolysenrate D-Peptide		Hydrolysenrate Dehydropeptide	
	Homogenat	hochgereinigtes Präparat	Homogenat	hochgereinigtes Präparat	Homogenat	hochgereinigtes Präparat
Alanin	1000 bis etwa 5000	128000	200	300000	395	300000
Aminobuttersäure	2380	120000	62	137000	156	188000
Valin	2720	19600	13	25000	227	132000
Norvalin	2850	237000	160	182000	103	122000
Isovalin		91500	21	56000		
Leucin	2690	227000	64	132000	106	110000
Norleucin	3340	206000	156	215000	485	310000
Isoleucin		4300	5	9600	148	154000
allo-Isoleucin		12800	10	52000		
Methionin		350000	156	251000		
Phenylalanin	2180	222000	55	108000	62	69000
Tyrosin		188000	35	86000		
Tryptophan		142000	36	66500		
Serin		128000	64	154000		
Threonin		42500	4	7100		
Asparaginsäure		32500	15	39500		
Glutaminsäure		23000				
Lysin		78000				

Angaben zur Methodik vgl. Legende Tabelle 93.
Die Hydrolyse der Dehydroaminosäuren ermittelt durch Bestimmung des freigesetzten NH_3 nach CONWAY (vgl. S. 20).

5 eingestellt und die Mischung 30 min bei 0° C und 3000 × g zentrifugiert. Das Sediment wird verworfen. Die überstehende Flüssigkeit wird mit 2n NaOH auf p_H 7 eingestellt (III). III (meist etwa 10 l) wird durch Einfüllen der Lösung in Cellophanbeutel und deren Verbringen in einen kräftigen Ventilatorluftstrom auf etwa 500 ml eingeengt. Eine kleine Menge dabei auftretenden unlöslichen Materials wird abzentrifugiert und verworfen.

Zum Konzentrat wird bei p_H 7 und 0° C festes $(NH_4)_2SO_4$ bis zu 50%iger Sättigung (35,3 g/100 ml bei 0° C) zugesetzt und nach einstündigem Stehen das nach 45 min langem Zentrifugieren bei 3000 × g und 0° C anfallende Sediment verworfen. Der überstehenden Flüssigkeit wird festes $(NH_4)_2SO_4$ bis zu 75%iger Sättigung zugefügt und die Suspension nach einigem Stehen bei 3000 × g 1 Std lang abzentrifugiert. Das Sediment wird in einem kleinen Volumen Wasser gelöst und mehrere Stunden dialysiert (IV). Lyophilisierung ergibt ein weißes Pulver (etwa 200 mg) mit 10,8% N, das in Wasser völlig löslich ist. Es ist, mit D,L-Methionin geprüft, frei von D-Aminosäureoxydase.

Angaben über erreichbare Anreicherung an Glycyl-D-alaninpeptidaseaktivität und Enzym-Ausbeuten vgl. Tabelle 93, über sterische Spezifität der Präparation vgl. Tabelle 94 und über die Aktivität gegenüber Peptiden verschiedener Zusammensetzung an Glycin und L- und D-Aminosäuren vgl. Tabelle 95.

Tabelle 95. *Aktivität hochgereinigter Aminopeptidase aus Schweinenieren (D-Peptidase, Dehydropeptidase I) gegenüber Peptiden, Leucinamid und Halogenacylaminosäuren und -peptiden.*

Substrat	Hydrolysenrate	Substrat	Hydrolysenrate
L-Alanyl-L-alanin	370000	α,α-Di-(glycylamino)-propionsäure	14000
L-Alanyl-D-alanin	160000	L-Cystinyldiglycin	138000
D-Alanyl-D-alanin	2000	Chloracetyl-L-leucin	32
L-Alanylglycin	320000	Chloracetyl-D-leucin	43
D-Alanylglycin	143	Glycyl-L-alanylglycin	5000
Glycylglycin	132000	Glycyl-D-alanylglycin	34
Glycylsarkosin	19	Glycylglycyl-L-alanin	4300
Glycylaminoisobuttersäure	142000	Glycylglycyl-D-alanin	3900
Glycyl-α,α-diäthylglycin	4000	Glycylglycylglycin	440
Glycinamid	225	Chloracetylglycyl-L-alanin	30
L-Leucinamid	250	Chloracetylglycyl-D-alanin	9
D-Leucinamid	5		

Angaben zur Methodik vgl. Legende Tabelle 93.

Amidspaltung und Hydrolyse von α,α-Di-(glycylamino)-propionsäure durch Bestimmung des NH_3 nach CONWAY ermittelt; Hydrolysenraten von Cystinyldiglycin und der Tripeptide, ausgedrückt als μM CO_2, freigesetzt pro Std und mg Protein-N der Enzympräparation.

Eigenschaften. Optimale Spaltungen der D-Peptide durch die verschiedenen Enzympräparationen der Gewebe liegen im schwach alkalischen Bereich (p_H 7,4—8,0), für Rattennierenhomogenat gegenüber Glycyl-D-alanin sogar bei p_H 8,8 (für das entsprechende L-Peptid bei 8,3) (Boratpuffer)[1], für die hochgereinigte Präparation aus Schweinenieren (vgl. S. 188ff.) gegenüber Glycyl-D-aminosäure bei p_H 7,7 (Boratpuffer; Optimum der Präparation für Glycyl-L-aminosäure p_H 7,2), so daß die Aktivitäten dieser Präparation gegenüber den D- und L-Peptiden, die sich bei p_H 8,0, dem am meisten benutzten

Tabelle 96. *Kationenwirkung auf die enzymatische Spaltung optisch aktiver Dipeptide durch Organextrakte*[1, 2].

Peptid	L-Peptidspaltung						D-Peptidspaltung					
	Mg^{++}	Fe^{++}	Mn^{++}	Co^{++}	Zn^{++}	Mn^{++} Cystein	Mg^{++}	Fe^{++}	Mn^{++}	Co^{++}	Zn^{++}	Mn^{++} Cystein
Leucylglycin	= [2]	— [2]	++ [2]	— [2]	(+) [2]	+	0 [2]	—	+ [2]	+ [2]	0 [2]	++ [2]
Alanylglycin	(+) [2]	= [2]	— [2]	= [2]	= [2]	=	0 [2]	0	+ [2]	++ [2]	— [2]	+ [2]
Glycylleucin	(+) [2]	— [2]	= [2]	= [2]	— [2]	=	(—) [2]	—	— [2]	(+) [2]	— [2]	(+) [2]
Glycylalanin	(+) [2]	= [2]	0 [2] — [1]	(—)	(—)	— [2]	(—) [2]	0	(+) [2]	+ [2]	— [2]	(+) [2]
	(—) [1]			— [1]	= [1]	— [1]	(—) [1]		(+) [1]	+ [1]	(+) [1]	(+) [1]

Die Konzentration der Metallionen (in Form der Sulfate, Chloride oder Acetate) liegt für Mg^{++} bei 10^{-2} m bis 10^{-3} m, für Mn^{++}, Co^{++}, Fe^{++} bei 1—2×10^{-3} m, für Zn^{++} bei 10^{-3} bis 10^{-4} m, für Cystein bei 3—8×10^{-3} m. Bei Cystein-Versuchen anaerobe Bedingungen (N_2-Durchleitung). Sonstige Bedingungen entsprechend den Angaben zu Tabelle 90 für 2 und zu Tabelle 89 für 1. ++ Starke Aktivierung; + leichte Aktivierung; (+) Spur Aktivierung; = starke Hemmung; — leichte Hemmung; (—) Spur Hemmung; 0 keine Wirkung.

p_H-Wert, wie 2,2:1 (Glycyl-D- zu Glycyl-L-alanin) verhalten, ein Verhältnis von 1,3:1 aufweisen, wenn bei dem für jedes Substrat optimalen p_H untersucht wird. Für die verschiedenen L- und D-Peptide ergeben sich jedoch nicht die gleichen Relationen, z.B. verhalten sich die Werte für Glycyl-D- und Glycyl-L-phenylalanin bei p_H 8,0 wie 1:1,7 und bei den jeweiligen beiden p_H-Optima wie 1:1,9[3]. Die Art des zur Konstanthaltung des p_H gewählten Puffers ist für die Aktivität des Enzyms nicht gleichgültig. Bei p_H 7,0 liegen für das gereinigte Schweinenierenenzym (S. 188) die Hydrolysenraten für Glycyl-D-aminosäuren in Boratpuffer am höchsten, niedriger in Veronalpuffer, betragen jedoch

[1] PRICE, V. E., A. MEISTER, J. B. GILBERT and J. P. GREENSTEIN: J. biol. Ch. **181**, 535 (1949).
[2] MERTEN, R.: B. Z. **318**, 167, 185 (1948).
[3] ROBINSON, D. S., S. M. BIRNBAUM and J. P. GREENSTEIN: J. biol. Ch. **202**, 1 (1953).

in Phosphatpuffer nur etwa $^1/_{20}$—$^1/_{50}$ der Boratpufferwerte[1]. Vor allem bei Zugabe von Metallen als Aktivatoren zu Spaltungsansätzen erfordert die Auswahl des Puffers Beachtung. Verschiedentlich wird deshalb, um sekundäre Einflüsse des Puffers zu vermeiden, ohne solche gearbeitet und der p_H mit NaOH eingestellt[2].

Über die unterschiedliche Wirkung von Kationen und Cystein auf die Spaltung von D- und L-Dipeptiden durch Organextrakte aus Niere und Leber orientiert Tabelle 96.

Die Wirkungen der Metallionen sind offenbar je nach ihrer Konzentration und je nach Glycylaminosäure und nach Herkunft und Reinheitsgrad der Enzympräparation verschieden. Siehe z. B. Tabelle 97 über die Wirkung von Co^{++} auf die Spaltung von Glycyl-L- und -D-aminosäuren durch hochgereinigte Schweinenierenaminopeptidase (s. S. 188). Co^{++} wirkt danach bei 10^{-3} m bis auf Glycyl-L-methionin (leicht hemmend) aktivierend, bei 10^{-2} m teils aktivierend, teils hemmend. Auf die Glycyl-D-alaninspaltung durch dieses Enzym ergeben sich folgende Wirkungen von Metallionen bei 0,000167 m: Co^{++} + 30, Ni^{++} 0, Mn^{++} + 14, Zn^{++} + 15, Cu^{++} — 13, Fe^{++} — 40, Mg^{++} 0, Al^{+++} 0, Cr^{+++} — 20% Aktivierung (+) bzw. Hemmung (—).

Tabelle 97. *Co^{++}-Wirkung auf die Spaltung von Glycyl-L- und -D-Aminosäuren durch Schweinenierenaminopeptidase*[1].

Substrat	Hydrolysenrate ohne Co^{++}	% Aktivitätsänderung mit	
		10^{-2} m Co^{++}	10^{-3} m Co^{++}
Glycyl-L-alanin	94000	+ 65	+ 240
Glycyl-D-alanin	150000	+ 43	+ 120
Glycyldehydroalanin	100000	— 20	0
Glycyl-L-leucin	190000	0	+ 54
Glycyl-D-leucin	112000	— 16	+ 42
Glycyl-L-serin	80000	— 10	+ 170
Glycyl-D-serin	104000	+ 18	+ 52
Glycyl-L-threonin	56000	+ 19	+ 120
Glycyl-D-threonin	14500	+ 118	+ 230
Glycyl-L-asparaginsäure	37000	+ 12	+ 170
Glycyl-D-asparaginsäure	33000	+ 32	+ 290
Glycyl-L-phenylalanin	170000	— 41	+ 11
Glycyl-D-phenylalanin	95000	+ 10	+ 65
Glycyl-L-methionin	400000	— 52	— 6
Glycyl-D-methionin	320000	— 44	+ 10
L-Alanylglycin	110000	+ 12	+ 17

Ansätze: 1 ml 0,1 m Veronal-Acetat-Puffer p_H 7,0; 1 ml $CoSO_4$-Lösung (p_H 7,0; 0,04 oder 0,004 m), 1 ml Enzymlösung; Präinkubation des Gemisches 5 min bei 37° C; dann Zugabe von 1 ml 0,05 m Substratlösung. Inkubation 30 min bei 37° C. Bestimmung entsprechend den Angaben Tabelle 93.

Komplexbildende, metallbindende Anionen wirken hemmend auf die Glycyl-D-alanin- und -D-leucinspaltung durch die verschiedenen Präparationen: Cyanid, Pyrophosphat, Citrat, Cystein, Sulfid, Phosphat[1-3]. Hochgereinigte renale Aminopeptidase mit starker Aktivität für Glycyl-D-aminosäurespaltung (s. S. 188) ist in ihrer Wirksamkeit gegenüber Glycyl-D-phenylalanin weder durch Zugabe von D- noch L-Phenylalanin zu beeinflussen (0,016 m Glycyl-D-phenylalanin, 0,00167 m L- bzw. D-Phenylalanin; $2{,}1 \cdot 10^{-4}$ mg Protein-N der Enzympräparation; 30 min bei 37° C)[1]. Dagegen wird die D-Leucyl- und D-Alanylglycinspaltung durch Extrakte tierischer Organe durch L-Leucin (0,05 m) deutlich gehemmt, praktisch nicht beeinflußt durch Glykokoll, L-Alanin (bis 0,2 m) und L-Glutaminsäure (bis 0,1 m)[4, 5]. In Extrakten pflanzlicher Gewebe ist das Blockierungsvermögen des L-Leucins viel weniger ausgeprägt[6]. Die deutlich hemmende L-Leucinwirkung bei der D-Leucylglycinspaltung durch tierische Gewebe soll jedoch in malignem Gewebe nicht feststellbar sein[7]. Über die Beeinflussung von Aminopeptidasen des Serums Gesunder und Geschwulstkranker durch D-Leucylglycylglycin und D-Leucin vgl. [8].

[1] Robinson, D. S., S. M. Birnbaum and J. P. Greenstein: J. biol. Ch. **202**, 1 (1953).
[2] Maschmann, E.: B. Z. **313**, 129, 151 (1942/43).
[3] Price, V. E., A. Meister, J. B. Gilbert and J. P. Greenstein: J. biol. Ch. **181**, 535 (1949).
[4] Bamann, E., u. O. Schimke: Naturwiss. **29**, 515 (1941).
[5] Schmitz, A., R. Merten u. H. Herken: H. **275**, 44 (1942).
[6] Bamann, E., u. O. Schimke: B. Z. **310**, 119 (1941/42).
[7] Vescia, A., A. Albano u. A. Iacono: H. **293**, 216 (1953).
[8] Haschen, R. J.: H. **325**, 164 (1961).

Wird der renalen Aminopeptidase außer der Glycyl-D-aminosäure, z.B. Glycyl-D-phenylalanin, ein zweites Substrat, z.B. Glycyl-L-phenylalanin oder Glycyl-L-serin oder L-Alanyl-D-alanin oder Glycyl-dehydrophenylalanin, angeboten, so tritt eine Spaltung mit einer Hydrolysenrate ein, die etwa dem arithmetischen Mittel der Hydrolysenraten der einzeln mit den Enzymen inkubierten Substrate entspricht. Daraus wird auf die Anwesenheit von gemeinsamen aktiven Zentren im Enzymmolekül für die Spaltung der L-, D- und Dehydropeptide geschlossen[1].

Es ist bemerkenswert, daß diese hochgereinigte Schweinenierenpräparation (Dehydropeptidase I) (Darstellung vgl. S. 188) bei Aufbewahrung im lyophilisierten Zustand oder in wäßriger Lösung bei 0° C im Laufe der Zeit bis zu 12 Wochen an Aktivität gegenüber Glycyl-D-alanin von Hydrolysenraten von 120000—140000 zu solchen bis zu 365000 ansteigt, dabei ihre Aktivierungsfähigkeit durch Co^{++} behält und im elektrophoretischen Bild keine Veränderungen zeigt. Denselben progressiven Aktivitätsanstieg wie gegenüber Glycyl-D-alanin zeigt die Präparation auch gegenüber Glycyl-L-alanin und Glycyldehydroalanin. Anhaltspunkte für transpeptidierende Eigenschaften der Präparation sind nicht vorhanden.

Das mit Aceton-Äther-Gemisch (2:1) entfettete, lyophilisierte Material ist enzymatisch nicht mehr aktiv, der N-Gehalt ist von 10,6% auf 15,6% nach der Entfettung angestiegen. 70% der extrahierten Lipoide sind offenbar Lecithin- oder Kephalinphosphatide. Das hochaktive lyophilisierte Material zeigt bei elektrophoretischer Untersuchung zwischen p_H 6,0 und 8,2 eine einzige Hauptbande, für die bei Extrapolation auf die Beweglichkeit 0 sich ein I.P. bei p_H 4,6 ergibt. Auch in der Ultrazentrifuge zeigt sich eine einzige Hauptkomponente (0,1 m Acetatpuffer p_H 5,5 nach 36stündiger Dialyse bei 5° C; 1% Proteingehalt). Eine zweite Komponente, die etwa 5% des Gesamtproteins ausmacht, ist in manchen Präparationen festzustellen. Für die Hauptkomponente ergibt sich eine Sedimentationskonstante von $5{,}3 \times 10^{-13}$, dementsprechend ein Mol.-Gew. von 75000—80000. Über die Substratspezifität dieser Präparation vgl. Tabelle 94 und 95. Über die Beeinflussung durch Co^{++} und andere Substanzen vgl. S. 190ff. und Tabelle 97; Erwärmung auf 50° C bei p_H 4,8 (Acetatpuffer) vermindert progressiv die Aktivität gegenüber Glycyl-L- und -D-alanin im selben Ausmaß. K_M für die Spaltung von Glycyl-D-alanin bei Konzentrationen zwischen 0,00125 und 0,0125 m: $3{,}5 \times 10^{-3}$. Mit ansteigender Inkubationstemperatur ergeben sich folgende Hydrolysenraten für Glycyl-D-alanin: 30° C 186000, 40° C 395000, 50° C 1100000, 60° C 1300000 (30 min Inkubation, p_H 8,0 [Boratpuffer], 0,0125 m Substrat). Bei höherer Temperatur rasche Inaktivierung des Enzyms[1].

Im Gegensatz zu diesen Befunden über die relative Stabilität der Aktivität für Glycyl-D-alaninspaltung der renalen Aminopeptidase ist die Hydrolyse von D-Leucylglycin durch Organextrakte aus Niere usw. im Vergleich zur L-Leucylglycinspaltung viel labiler. Nach Erwärmung der angesäuerten Extrakte[2] oder durch sterile Autolyse[3,4] ist die Aktivität gegenüber dem D-Peptid zum Verschwinden zu bringen.

Als Maßeinheit zur Berechnung von D-Peptidaseaktivitäten wird unter den in den entsprechenden Tabellen angegebenen Bedingungen die Hydrolysenrate verwendet (μMol hydrolysiertes Substrat/Std/mg Protein-N der Enzympräparation).

Bestimmung. Zur Erfassung von D-Peptidaseaktivitäten sollten möglichst die optischaktiven Peptide und nicht die Racemate eingesetzt werden, um die sekundären Beeinflussungsmöglichkeiten der D-Peptidaseaktivitäten durch das L-Peptid des Racemats oder seine Spaltprodukte (vgl. unter Eigenschaften) auszuschließen.

Zur Bestimmung sind die im Abschnitt der allgemeinen Methodik (vgl. S. 14ff.) beschriebenen Verfahren bis auf dasjenige der Anwendung der L-Aminosäureoxydase anwendbar.

[1] Robinson, D. S., S. M. Birnbaum and J. P. Greenstein: J. biol. Ch. **202**, 1 (1953).
[2] Bamann, E., u. O. Schimke: Naturwiss. **29**, 558 (1941).
[3] Bayerle, H., u. R. Rieffert: B. Z. **311**, 73 (1941/42).
[4] Bayerle, H., u. G. Borger: B. Z. **313**, 289 (1942/43).

Für die Erfassung maximaler D-Peptidaseaktivitäten oder zur Feststellung des Fehlens D-peptidatischer Wirkungen sind Ansätze unter Zugabe der aktivierenden Metallionen (Co^{++} oder [Mn^{++} + Cystein]) unbedingt erforderlich. Die zu wählenden Konzentrationen sind aus den Legenden der Tabellen 96 und 97 zu ersehen. Bei Verwendung von racemischen Peptiden zum Nachweis von D-Peptidaseaktivität ist unter den üblichen Versuchsbedingungen nur eine sicher über 50% hinausgehende Spaltung des Racemats beweisend. Besondere Vorzüge besitzt in Versuchen mit racemischen Peptiden die Anwendung des D-Aminosäureoxydase-Verfahrens (vgl. S. 31), wobei jedoch die D-Aminosäureoxydase-Präparation auf absolute Freiheit von D-Peptidasewirkung in entsprechenden Testversuchen unter Zusatz der Aktivatormetalle geprüft werden muß.

Über die Zusammensetzung der Ansätze und Versuchsbedingungen im einzelnen s. die Legenden der Tabellen 86—89, 93 und 97.

Die am meisten für D-Peptidaseversuche gebrauchten D-Dipeptide und D-Tripeptide sind handelsüblich bei: Th. Schuchardt, München; Serva, Heidelberg, Römerstr. 118; Hoffmann-La-Roche (Basel; Nutley [N.Y.]; Welwyn Garden City [Großbritannien]; Paris; Mailand; Grenzach/Baden); Nutritional Biochemicals Corporation, Cleveland 28, Ohio; Mann Research Laboratories, 136 Liberty Street, New York 6, N.Y.

Tabelle 98. $[\alpha]_D$-Werte einiger zur Erfassung von D-Peptidasewirkungen gebräuchlicher Di- und Tripeptide.

	$[\alpha]_D$	
Glycyl-D-alanin . . .	+51°	(2% in Wasser, 20° C)
Glycyl-D-leucin[1] . . .	+35,7°	(3% in Wasser, 25° C)
D-Leucyl-glycin[2] . . .	−86,9°	
D-Alanyl-glycin[1] . . .	−50,7°	(4,3% in Wasser, 23° C)
D-Alanylglycylglycin[1]	−31,6°	(10% in Wasser, 25° C)
D-Leucylglycylglycin[3]	−42,3°	(3,3% in H_2O, 20° C)
[L-Leucylglycylglycin[3]	+48,9°	(3,3% in H_2O, 20° C)]

Auf optische Reinheit der Peptide ist besonders zu achten[2].

5. Dehydropeptidasen[4, 5].

Definition. Bei Inkubation von Dehydropeptiden (I) mit wäßrigen Präparationen aus tierischen und pflanzlichen Geweben werden entsprechend der Formulierung (1) 1 M NH_3, 1 M α-Ketosäure (II) (Brenztraubensäure oder Substitutionsprodukt) und 1 M der Säure, die mit ihrer COOH-Gruppe peptidartig mit der Dehydroaminosäure verbunden war, freigesetzt.

$$\underset{\text{(I)}}{R_1\!-\!\underset{\displaystyle R_2}{\underset{|}{CH}}\!-\!CO\!-\!NH\!-\!\underset{\displaystyle \underset{\displaystyle R_3}{\underset{|}{C\!-\!H}}}{\underset{\|}{C}}\!-\!COOH} \xrightarrow[\text{Dehydropeptidase}]{+H_2O} R_1\!-\!\underset{\displaystyle R_2}{\underset{|}{CH}}\!-\!COOH + NH_3 + \underset{\text{(II)}}{O\!=\!\underset{\displaystyle \underset{\displaystyle R_3}{\underset{|}{CH_2}}}{\underset{|}{C}}\!-\!COOH} \qquad (1)$$

(R_1 = H, NH_2 oder Cl; R_2 = H oder Alkyl; R_3 = H, Alkyl oder Aryl.)

Bei Versuchen, Dehydropeptidase-Präparationen frei von Aktivitäten anderer Peptidasen zu erhalten, hat sich gezeigt, daß Acylase I-Präparationen (vgl. S. 131) regelmäßig eine Dehydropeptidasewirkung besitzen und daß in einer hoch gereinigten Präparation aus der Schweineniere (renale Aminopeptidase vgl. S. 182) die Aktivitäten eines charakteristischen, von der mit Acylase I vergesellschafteten Dehydropeptidasewirkung zu differenzierenden Dehydropeptidaseenzyms mit D- und L-Peptidasewirkungen (vgl. S. 188) verknüpft sind. Die Dehydropeptidasefunktion der Acylase I wird auch als Dehydropeptidase II gekennzeichnet, die der (renalen) Aminopeptidase auch als Dehydropeptidase I.

[1] Greenstein, J. P., and M. Winitz: Chemistry of the Amino Acids. Vol. II, S. 1201 (1961).
[2] Maschmann, E.: B. Z. **313**, 129, 151 (1942/43).
[3] Abderhalden, E., u. H. Hanson: Fermentforsch. **15**, 382 (1938).
[4] Greenstein, J. P.: Adv. Enzymol. **8**, 117 (1948).
[5] Greenstein, J. P.; in: Colowick-Kaplan (Hrsg.), Meth. Enzymol. Bd. II, S. 109.

Vorkommen. Die weite Verbreitung von Dehydropeptidaseaktivitäten in tierischen und pflanzlichen Geweben zeigt Tabelle 99, ebenso die relative Empfindlichkeit verschiedener Dehydropeptide gegenüber Enzympräparationen unterschiedlicher Herkunft[1]. Wachsende Kulturen von *E. coli* vermögen Acetyldehydroalanin und Acetyldehydrotyrosin anzugreifen[2]. Lyophilisierte Zellen von *Lactobac. arabinosus* vermögen Glycylderivate von Dehydroalanin, Dehydrovalin, Dehydroleucin und Dehydroisoleucin unter Bildung von NH_3, Glycin und der entsprechenden Ketosäure abzubauen[3].

Tabelle 99. *Dehydropeptidaseaktivitäten in Rattenorganen und pflanzlichem Material gegenüber verschiedenen Dehydropeptidsubstraten.*

Dehydropeptid	Hydrolysenraten × 10 in									
	Niere*	Leber	Pankreas	Gehirn	Milz	Muskel	Pilzen	Hefe	Bohnen	Schoten (Erbsen)
D,L-Alanyldehydroalanin** . .	1350	57	722	230	412	58	750	35	360	401
Glycyldehydroalanin	1620	60	530	72	331	38	150	12	42	72
Glycyldehydrophenylalanin . .	520	12	132	0	23	0	8	0	0	0
D,L-α-Chlorpropionyldehydroalanin**	29	8	3	0	0	0	13	1	0	3
Chloracetyldehydroalanin . . .	100	28	10	0	0	0	40	4	2	7
Chloracetyldehydrophenylalanin	0	0	0	0	0	0	0	0	0	0
Acetyldehydroalanin	18	3	0	0	0	0	0	0	0	0
Acetyldehydroaminobuttersäure	0	0	0	0	0	0	0	0	0	0
Acetyldehydrovalin.	0	0	0	0	0	0	0	0	0	0
Acetyldehydroleucin	0	0	0	0	0	0	0	0	0	0
Acetyldehydrophenylalanin . .	0	0	0	0	0	0	0	0	0	0
Sarkosyldehydroalanin	800	25	280	30	166	16				
Chloracetylglycyldehydroalanin	1580	50	450	40	240	28				
Glycylglycyldehydroalanin . .	1660	60	500	64	320	35				
Chloracetylsarkosyldehydroalanin	0	0	0	0	0	0				
Chloracetylglycyldehydrophenylalanin	0	0	0	0	0	0				
Chloracetyl-D,L-alanyldehydroalanin	85	26	43	18	54	43				

* Unter anaeroben Bedingungen keine anderen Ergebnisse.
** Vom Racemat werden höchstens 50%, vermutlich die L-Form, gespalten[4].
Ansätze: 1 ml wäßriger Gewebsextrakt + 2 ml 0,15 m Boratpuffer p_H 8,1 + 1 ml Wasser (Kontrolle) oder Lösung mit 25 μM Substrat (50 μM bei Racematen). Hydrolyse gemessen als freigesetztes NH_3 unter Abzug des NH_3-Wertes der Kontrollen. Glycin, Glycylglycin, D,L-Alanin liefern bei entsprechender Verdünnung der Gewebsextrakte und bei kurzen Inkubationszeiten (30 min) kein NH_3 aus etwaiger Aminosäureoxydasewirkung.

Für menschliches Serum ergeben sich folgende Durchschnittswerte der Spaltung[1]: von D,L-Alanyldehydroalanin 11,0, von Glycyldehydroalanin 2,0, von Chloracetyldehydroalanin 1,9 (1 ml Serum + 2 ml 0,15 m Boratpuffer p_H 8,1 + 1 ml Wasser oder Lösung von 25 μM Substrat [50 μM Racemat]; Inkubation 2 Std bei 37° C; Chloracetylglycyldehydroalanin wird wie Glycyldehydroalanin gespalten; Chloracetyl-D,L-alanyldehydroalanin wird nicht hydrolysiert).

Die in Tabelle 99 zum Ausdruck kommenden Unterschiede in den Quotienten der Spaltungen verschiedener Substrate, z. B. Glycyldehydroalanin : Chloracetyldehydroalanin in Niere wie 116:1, in Leber wie 2:1, in Pankreas wie 53:1, sind auf unterschiedliche Konzentrationen mehrerer, mindestens 2 Enzyme mit Dehydropeptidaseaktivität nicht identischer Substratspezifitäten zurückzuführen. Vor allem durch Anwendung des Ver-

[1] GREENSTEIN, J. P.: Adv. Enzymol. 8, 117 (1948).
[2] FRUTON, J. S., S. SIMMONDS and V. A. SMITH: J. biol. Ch. **169**, 267 (1947).
[3] MEISTER, A., and J. P. GREENSTEIN: J. biol. Ch. **195**, 849 (1952).
[4] PRICE, V. E., and J. P. GREENSTEIN: J. biol. Ch. **171**, 477 (1947).

fahrens der fraktionierten Zentrifugierung von Organhomogenaten läßt sich nachweisen, daß in der Niere die hohen Aktivitäten gegenüber Glycyl- und Alanyldehydroaminosäuren einem Enzymsystem zuzuordnen sind, das sich mit etwa gleich starker Wirkung gegenüber den entsprechenden Glycyl-L- und -D-Aminosäuren aus der Partikelfraktion isolieren läßt (renale Aminopeptidase bzw. Dehydropeptidase I, vgl. S. 186)[1, 2], während in der überstehenden Fraktion des Nierenhomogenats vorwiegend das Enzymsystem mit spaltender Wirkung gegenüber Acetyl-, Chloracetyl- und Glycyldehydroalanin bei gleichzeitiger hydrolysierender Aktivität gegenüber Acetyl- und Chloracetyl-L-aminosäure lokalisiert ist (Acylase I bzw. Dehydropeptidase II)[3, 4]. Vgl. dazu die Tabellen 88, 89, 94 und 100. Das Sediment, das nach 15 min Abzentrifugieren wäßriger Homogenate von Rinder-

Tabelle 100. *Wirkung von Rohextrakt, Dehydropeptidase I und II aus Rinderniere auf Dipeptide und Glycyl-, Alanyl- und Acyldehydroaminosäuren*[4].

Substrat	Hydrolysenrate		
	Rohextrakt	Dehydropeptidase I	Dehydropeptidase II
Glycyldehydroalanin	230	4200—5750	180
Glycyl-D,L-alanin	5300**	3260**	25000*
Glycyldehydrophenylalanin	(520)	2610	0
D,L-Alanyldehydroalanin	(1350)*	3900*	138*
Chloracetyldehydroalanin	1,5	15	2380
Chloracetyldehydrophenylalanin	0	0	0
Chloracetyl-D,L-alanin	520*	75*	208000*
D,L-α-Chlorpropionyldehydroalanin	(29)	0	0
Acetyldehydroalanin	(18)	0	1560
Acetyldehydrophenylalanin	(0)	0	0
Acetyldehydroleucin		0	0
Acetyldehydrotyrosin		0	0

( ) Werte sind der Tabelle 99 (Rattenniere) entnommen.
* Nur L-Komponente wird hydrolysiert.
** Beide optischen Komponenten werden hydrolysiert.
Ansätze: 0,01 m Substrat (racemisches Substrat 0,02 m), 0,04 m Boratpuffer p_H 8,3. Enzymkonzentration so bemessen, daß nach 30 min Inkubation bei 37° C höchstens bis 50% Spaltung auftreten. Bestimmung der Hydrolyse der Dehydrosubstrate durch Messung der Extinktionsabnahme bei 250 mμ, der gesättigten Substrate durch Titration nach GRASSMANN und HEYDE. Hydrolysenrate: μMol hydrolysiertes Substrat/Std/mg Protein-N der Enzympräparation.

und Rattennieren bei 2000 × g anfällt, besitzt fast keine Dehydropeptidase I-Aktivität. Zentrifugieren bei 20000 × g 2 Std lang läßt 85% der Dehydropeptidase I-Aktivität ins Sediment gehen, während fast die gesamte Dehydropeptidase II sich im Überstand findet. Im Gegensatz dazu enthalten die Überstände der Lebern von Rind und Ratte 80—90% der Dehydropeptidase I (nur geprüft mit Glycyldehydroalanin!) neben der Dehydropeptidase II[4]. Acylase I aus Schweinenieren (Dehydropeptidase II) besitzt gegenüber Glycyldehydroalanin eine Hydrolysenrate von 70, gegenüber Chloracetyldehydroalanin von 740, gegenüber Acetyldehydroalanin von 290; die entsprechenden Dehydroderivate von L-Aminobuttersäure, L-Norvalin, L-Leucin, L-Isoleucin, L-Norleucin, L-Phenylalanin werden durch Acylase I nicht oder fast nicht gespalten. Da in anderen Organen ein Enzymsystem wie die renale Aminopeptidase (Dehydropeptidase I) offenbar nicht oder in viel geringerer Menge und auch mit anderer Lokalisation und Spezifität als in der Niere vorkommt (nicht wie in diesem Organ überwiegend in der Partikelfraktion, sondern im Überstand, jedenfalls in bezug auf die Dehydropeptidaseaktivität; vgl. dazu Tabelle 89), lassen sich in diesen Organen, z. B. Leber, die über eine deutliche, wenn auch im Vergleich

[1] PRICE, V. E., A. MEISTER, J. B. GILBERT and J. P. GREENSTEIN: J. biol. Ch. **181**, 535 (1949).
[2] ROBINSON, D. S., S. M. BIRNBAUM and J. P. GREENSTEIN: J. biol. Ch. **202**, 1 (1953).
[3] RAO, K. R., S. M. BIRNBAUM and J. P. GREENSTEIN: J. biol. Ch. **203**, 1 (1953).
[4] SHACK, J.: J. biol. Ch. **180**, 411 (1949).

zur Niere niedrige Acylasewirkung verfügen, vor allem Dehydropeptidaseaktivitäten des Typs II nachweisen und nur geringe des Typs I (vgl. Tabelle 101)[1].

Tabelle 101. *Wirkung der Homogenate aus Niere und Leber vom Schwein auf Dehydropeptidasesubstrate.*

Substrate für		Hydrolysenrate		Quotient der Werte für Niere/Leber
Dehydropeptidase I	Dehydropeptidase II	Niere	Leber	
Glycyldehydroalanin	Glycyldehydroalanin	310	9,8	32
Glycyldehydroleucin		140	1,0	140
Glycyldehydrophenylalanin		130	0,2	650
	Chloracetyldehydroalanin	20	3,0	7
	Acetyldehydroalanin	10		

Chloracetyldehydrophenylalanin wird weder durch Leber- noch durch Nierenhomogenat gespalten. Ansätze: 1 ml wäßriges Homogenat, 1 ml 0,1 m Phosphatpuffer p_H 7,0, 1 ml Wasser oder 0,025 m neutralisierte Substratlösung. Inkubation bei 38° C bis zu 10—30%iger Substrathydrolyse. Messung der Spaltung durch Feststellung des freigesetzten NH_3. Hydrolysenrate: μMol hydrolysiertes Substrat/Std/mg Protein-N der Enzympräparation.

Immerhin kann die Verknüpfung der Acylase I- mit der Dehydropeptidase II-Wirkung nicht für alle Organe verallgemeinert werden, da Beobachtungen über die Hydrolyse von Chloracetyl-L-alanin bei fehlender Spaltung von Chloracetyldehydroalanin in verschiedenen Geweben vorliegen[2]. Auch in der Leber läßt sich die Chloracetyl-L-alanin spaltende Aktivität eines Homogenatüberstandes durch Inaktivierung bei 60° C von der Chloracetyldehydroalaninspaltung trennen, die bei dieser Temperatur fast vollständig stabil ist. Die Wirkung auf Glycyldehydroalanin wird schon bei Erwärmung auf 48° C zerstört[3].

Darstellung. Zur Gewinnung von Enzympräparationen mit maximaler Dehydropeptidaseaktivität sei für Dehydropeptidase I auf die Angaben zur Darstellung der renalen Aminopeptidase mit hoher D-Peptidaseaktivität (vgl. S. 188 unter D-Peptidasen), für Dehydropeptidase II auf die Angaben zur Darstellung der Nierenacylase I (vgl. unter Acylasen, S. 127) verwiesen.

Über Dehydropeptidase I und II aus Rinderniere durch fraktionierte Zentrifugierung, Trypsinverdauung und Alkoholfraktionierung vgl.[4].

Über Anreicherung Glycyldehydroalanin spaltender Aktivität aus Schweinemilz im Vergleich zur Glycyl-L-alaninspaltung (Alkoholfraktionierung) vgl.[5].

Eigenschaften. Zur Dehydropeptidase I (renale Aminopeptidase) vgl. S. 190ff.

Zur Dehydropeptidase II (Acylase I) vgl. S. 131ff.

Das p_H-Optimum der Dehydropeptidase I-Wirkung der Niere gegenüber Glycyldehydroalanin liegt zwischen 8,2 und 8,5[4-6]. Der am meisten gebräuchliche Puffer ist 0,10—0,15 m Boratpuffer, wenngleich bei p_H 7,0 mit 0,067 m Phosphatpuffer oder 0,1 m Veronalacetatpuffer höhere Spaltungen beobachtet werden als mit Boratpuffer[6]. Für Dehydropeptidase II der Niere wird das p_H-Optimum im breiten Bereich von p_H 6,0 allmählich bis p_H 9,5 ansteigend angegeben (Borat- oder Phosphatpuffer)[4]. Diese p_H-Unterschiede im Verlaufe der Spaltung durch Dehydropeptidasen in Abhängigkeit vom Substrat (Chloracetyldehydroalanin oder Glycyl- bzw. Alanyldehydroaminosäuren) sind auch für Leber gültig[7]. Die Dehydropeptidaseaktivität gegenüber Glycyldehydroalanin in der Partikelfraktion der Niere wird bei p_H 8,0 (0,05 m Boratpuffer) durch 10^{-3} m Co^{++}

[1] Rao, K. R., S. M. Birnbaum and J. P. Greenstein: J. biol. Ch. **203**, 1 (1953).
[2] Greenstein, J. P., P. J. Fodor and F. M. Leuthardt: J. nat. Cancer Inst. **10**, 271 (1949/50).
[3] Birnbaum, S. M., u. J. P. Greenstein: Bull. Israeli Acad. Sci. **4**, 6 (1954).
[4] Shack, J.: J. biol. Ch. **180**, 411 (1949).
[5] Price, V. E., A. Meister, J. B. Gilbert and J. P. Greenstein: J. biol. Ch. **181**, 535 (1949).
[6] Robinson, D. S., S. M. Birnbaum and J. P. Greenstein: J. biol. Ch. **202**, 1 (1953).
[7] Greenstein, J. P., V. E. Price and F. M. Leuthardt: J. biol. Ch. **175**, 953 (1948).

und 10^{-3} m Zn^{++}, beide als Acetat, deutlich gefördert; Mn^{++} und Mg^{++} sind ohne Einfluß; Cystein (3×10^{-3} m), KCN (10^{-2} m), Natriumpyrophosphat ($Na_4P_2O_7$; 10^{-2} m) wirken hemmend; die Cysteinhemmung kann durch Mn^{++} wieder rückgängig gemacht werden[1]. Die Glycyldehydrophenylalaninhydrolyse durch Rattenniere wird ebenfalls durch Cyanid, Cystein und auch durch H_2S gehemmt[2]. Bei p_H 7,0 (Veronal-Acetatpuffer) wird für Co^{++} bei 10^{-2} m eine 20%ige Hemmung und bei 10^{-3} m kein Einfluß auf die Glycyldehydroalaninspaltung durch renale Aminopeptidase (Dehydropeptidase I) berichtet[3]. In Überstandsfraktionen der Homogenate aus der Milz von Ratte, Schwein, Rind wirkt Zn^{++} (10^{-3} m) schwach (Ratte) bis sehr stark hemmend auf die Glycyldehydroalaninspaltung (p_H 8,0)[1]. Die Dehydropeptidasen I und II der Niere werden außer durch Cyanid auch durch Thioglykolat (2×10^{-2} m) gehemmt, 2×10^{-2} m Jodacetat hemmt Dehydropeptidase II vollständig, ist jedoch auf Dehydropeptidase I ohne Wirkung. Dialyse stellt die ursprüngliche Aktivität nahezu wieder her. Natriumazid, KJ, NaF (2×10^{-2} m) sind ohne Einfluß auf beide Enzyme[4]. Kompetitive Hemmung der Dehydropeptidase I durch Chloracetyldehydroalanin bei der Spaltung von Glycyldehydroalanin und der Dehydropeptidase II durch Glycyldehydroalanin ist nicht festgestellt[4].

Über die Substratspezifität der Dehydropeptidasepräparationen vgl. unter Acylase I-Spezifität S. 131ff. und Tabelle 64 und über D-Peptidasen S. 190ff., Tabelle 94 sowie in diesem Abschnitt Tabellen 99—101. Dehydropeptide mit mittelständiger Dehydroaminosäure, z.B. Glycyldehydrophenylalanylglycin werden durch Dehydropeptidasepräparation nicht angegriffen, woraus auf die Notwendigkeit des Vorhandenseins einer freien COOH-Gruppe an der Dehydroaminosäure zu schließen ist[5]. Da Sarkosyl-dehydroalanin gespalten wird, Chloracetyl-sarkosyldehydroalanin nicht, ist zumindest für die Dehydropeptidase I, wenn auch nicht die freie α-Aminogruppe, so aber doch die Anwesenheit eines α-N-Atoms, an dem sich mindestens 1 H-Atom befindet, erforderlich. Für Dehydropeptidase I kommen somit Substrate folgender Struktur in Betracht:

$$\begin{array}{l} R_1\text{—NH—CH}_2\text{—CO—NH—}\underset{\Vert}{\text{C}}\text{—COOH} \\ \qquad\qquad\qquad\qquad\qquad\quad \text{CH} \cdot R_2 \end{array}$$

wobei R_1 ein Acyl- oder Alkyl-Rest oder 1 H-Atom und R_2 ein Alkyl- oder Arylrest sein kann, für Dehydropeptidase II:

$$\begin{array}{l} \text{R—CH}_2\text{—CO—NH—}\underset{\Vert}{\text{C}}\text{—COOH} \\ \qquad\qquad\qquad\qquad\quad \text{CH}_2 \end{array}$$

wobei R ein H- oder Halogen-Atom, Alkyl- oder NH_2-Rest sein kann.

Hochgereinigte Dipeptidase tierischer und pflanzlicher Herkunft, gereinigte Aminopolypeptidase des Darmes, kristallisierte Carboxypeptidase, Pepsin, Trypsin spalten Chloracetyl- und Glycyl-dehydrophenylalanin nicht[5, 6].

Bei niedrigen Substratkonzentrationen (0,0005 m) läßt sich die Spaltung über ihren ganzen Verlauf bis nahezu 100% sowohl für Dehydropeptidase I (Glycyldehydroalanin) wie II (Chloracetyldehydroalanin) nach einer Reaktion 1. Ordnung beschreiben, bestimmt durch Abnahme der Extinktion bei 250 mμ (p_H 8,3; 0,02 m Boratpuffer; $t = 37°$ C; 0,00072 mg Protein-N der Dehydropeptidase I-Präparation/ml; 0,007 mg Protein-N der II-Präparation/ml, $E_1 = 1{,}48$, $E_2 = 0{,}14$ für Glycyldehydroalanin, $E_1 = 1{,}33$, $E_2 = 0{,}10$ für Chloracetyldehydroalanin [E_1 = Extinktion der Lösung zur Zeit 0, E_2 = Extinktion nach vollständiger Hydrolyse]): K_1 für Dehydropeptidase I: $0{,}90 \times 10^{-2}$, für Dehydropeptidase II: $1{,}30 \times 10^{-2}$.

---

1 PRICE, V. E., A. MEISTER, J. B. GILBERT and J. P. GREENSTEIN: J. biol. Ch. **181**, 535 (1949).
2 YUDKIN, W. H., and J. S. FRUTON: J. biol. Ch. **169**, 521 (1947).
3 ROBINSON, D. S., S. M. BIRNBAUM and J. P. GREENSTEIN: J. biol. Ch. **202**, 1 (1953).
4 SHACK, J.: J. biol. Ch. **180**, 411 (1949).
5 BERGMANN, M., u. H. SCHLEICH: H. **205**, 65 (1932).
6 RAO, K. R., S. M. BIRNBAUM and J. P. GREENSTEIN: J. biol. Ch. **203**, 1 (1953).

Bei höheren Substratkonzentrationen (0,01 m) verläuft jedoch die Spaltung linear mit der Zeit bis zu etwa 50% Hydrolyse. Bei Glycyl-dehydrophenylalanin sind Abweichungen von dieser Kinetik beobachtet[1, 2]. Bei fortschreitender enzymatischer Hydrolyse von Glycyl-dehydrophenylalanin wandert in der ersten Zeit der Inkubation (bis etwa 30 min) der Absorptionsgipfel von 275 nm nach 290 nm, entsprechend dem Auftreten einer intermediären Verbindung mit einem Absorptionsmaximum bei 315 nm. Dieses Verhalten wird auf die Funktion der Dehydropeptidase zurückgeführt, die Bildung des Enamins und die Tautomerisierung zum Imin zu katalysieren[3].

1 Enzym-Einheit: Enzymmenge, die 1 μM Substrat/Std hydrolysiert (0,01 m Substratkonzentration, p_H 8,3 (0,04 m Boratpuffer); $t = 37°$ C; Hydrolyse bis 50%)[2].

Bestimmung. Da entsprechend der Formulierung (1) (S. 193) bei jeder Dehydropeptidasewirkung pro Mol Dehydrosubstrat 1 Mol NH_3 freigesetzt wird, ist das gebräuchlichste Verfahren zur Enzymbestimmung die NH_3-Messung. Zur Differenzierung zwischen Dehydropeptidase I und II ist Glycyl-dehydroalanin nicht geeignet, da es von beiden Enzymen angegriffen wird, wenn auch in sehr unterschiedlicher Stärke (Hydrolysenrate für I: etwa 300000; für II: etwa 70). Zur Erfassung der Dehydropeptidase I-Aktivität ist deshalb eine andere Glycyldehydroaminosäure, die von dem II-Enzym nicht angegriffen wird, erforderlich (z.B. Glycyldehydroleucin). Zur Dehydropeptidase II-Bestimmung ist Chloracetyldehydroalanin anzuwenden. Bei Zusatz von Dehydroalaninsubstraten (Acetyl-, Chloracetyl-, Glycyl-, α-Chlorpropionyl-, Alanyl-dehydroalanin) zur Dehydropeptidasebestimmung ist mit Vorteil auch vom spektrophotometrischen Verfahren mit Messung der der enzymatischen Aufspaltung parallelgehenden Abnahme der Extinktion bei 250 mμ (Absorptionsmaximum oben genannter Dehydroalanin-Substrate mit gleichen molaren Extinktionskoeffizienten bei 240 mμ) Gebrauch zu machen[2, 4]. (Die entsprechenden Derivate des Dehydrophenylalanins besitzen ihr Absorptionsmaximum bei 275 mμ und zeigen bei der Aufspaltung [Glycyldehydrophenylalanin] Besonderheiten des Absorptionsverlaufes[3, 5].)

Dehydropeptidase-Bestimmung; Durchführung des Verfahrens unter Bestimmung des NH_3.

Reagentien:

1. 0,1 m Phosphatpuffer p_H 7,0 (in der Regel für Dehydropeptidase II-Bestimmung).
2. 0,1 m Natriumboratpuffer p_H 8,0 (in der Regel für Dehydropeptidase I-Bestimmung).
3. Substratstammlösungen: 0,025 m Glycyl-dehydroleucin (für Dehydropeptidase I-Bestimmung), 0,025 m Chloracetyldehydroalanin (für Dehydropeptidase II-Bestimmung): mit Wasser und 0,1 n NaOH auf p_H 7,0 lösen, mit Wasser zur Marke auffüllen.
4. Reagentien und Geräte für NH_3-Bestimmung nach Conway (vgl. S. 20).

Ausführung:

Enthalten die Enzympräparationen freies NH_3 bzw. Ammoniumsalze, so sind sie zweckmäßigerweise über Nacht bei 3—5° C gegen fließendes dest. Wasser zu dialysieren, um hohe NH_3-Leerwerte der Versuchsansätze zu vermeiden. Auf jeden Fall müssen Kontrollansätze mit der Enzympräparation, die statt der Substratstammlösung Wasser enthalten, mitlaufen, um die Hauptversuchsergebnisse durch Abzug der NH_3-Werte der Kontrollansätze korrigieren zu können.

Über die Zusammensetzung der Ansätze, die, möglichst unter Beibehaltung der Relationen der Einzelkomponenten, auch ein geringeres Gesamtvolumen besitzen können, und sonstige Versuchsbedingungen vgl. die Angaben in den Legenden der Tabellen 99—101.

[1] Yudkin, W. H., and J. S. Fruton: J. biol. Ch. **169**, 521 (1947).
[2] Shack, J.: J. biol. Ch. **180**, 411 (1949).
[3] Campbell, B. J., W. H. Yudkin and I. M. Klotz: Arch. Biochem. **92**, 257 (1961).
[4] Price, V. E., and J. P. Greenstein: J. biol. Ch. **171**, 477 (1947).
[5] Greenstein, J. P.: Adv. Enzymol. **8**, 117 (1948).

Bestimmung der Dehydropeptidasewirkung durch Messung der Extinktionsabnahme bei 250 mμ (vgl. die Angaben auf S. 198).

Bei Durchführung von Ansätzen mit höherer Substratkonzentration (0,01 m) werden aliquote Teile zur Zeit 0 und nach bestimmter Inkubationsdauer bei 37° C entnommen, auf z.B. das 20fache Volumen mit Wasser verdünnt und sofort gegen die entsprechend behandelte Probe aus den Substratkontrollansätzen (wie Hauptansatz zusammengesetzt, jedoch Enzympräparation vorher hitzedenaturiert) bei 250 mμ gemessen.

$$x_t = \frac{100 \times (E_1 - E_x)}{E_1 - E_2} \quad \text{\% Spaltung}$$

E_1 = Extinktion des Ansatzes mit ungespaltenen Dehydroalaninsubstraten; E_2 = Extinktion des Ansatzes mit 100%ig gespaltenem Dehydroalaninsubstrat; E_x = Extinktion des Ansatzes nach der Inkubationszeit t.

Herstellung der Substrate. 1. Chloracetyldehydroalanin[1]: 7,6 g redestilliertes Chloracetonitril werden mit 10,6 g redestillierter Brenztraubensäure vermischt, abgekühlt und mit trockenem HCl-Gas gesättigt. 1 Std bei 5° C stehenlassen, wobei die Mischung zu einer festen Kristallmasse von nahezu reinem Chloracetyl-dehydroalanin erstarrt. Nach weiterer 12stündiger Aufbewahrung in der Kälte wird unter Waschen mit trockenem Äther abgesaugt. Ausbeute 14 g (86% der Theorie, berechnet auf das Nitril). Umkristallisieren aus Aceton (F 162°C, N: 8,6%).

2. Glycyldehydroalanin[1]: Chloracetyldehydroalanin (vgl. oben) wird mit wäßrigem konzentrierten NH_3 aminiert. In 80%iger Ausbeute erhält man Glycyldehydroalanin (F 191°C; N: 19,4%).

3. Glycyldehydroleucin[2]: 7,6 g redestilliertes Chloracetonitril werden mit 22 g frisch dargestellter α-Ketoisocapronsäure (handelsüblich oder im Labormaßstab durch enzymatische oxydative Desaminierung aus Leucin darzustellen[3], eventuell unmittelbar vor Gebrauch im Vakuum destilliert nach vorangehender Lösung des Präparates in Äther, mindestens 12stündiger Trocknung über wasserfreiem Na_2SO_4 und Entfernung des Äthers) vermischt, abgekühlt und mit trockenem HCl-Gas gesättigt. Nach 4—6tägigem Stehen bei 5° C hat sich Chloracetyldehydroleucin in gelblich gefärbter Kristallmasse abgeschieden, die mehrfach mit trockenem Petroläther, dann trockenem Äther gewaschen, abgesaugt und aus möglichst kleiner Menge warmen Acetons unter Versetzen mit Petroläther umkristallisiert wird. Ohne das meist noch anhaftende Chloracetamid zu entfernen, wird das Präparat der direkten Aminierung mit dem 20fachen Volumen des bei 0° C gesättigten wäßrigen NH_3 4 Tage bei 25°C unterworfen. Im Vakuum wird zur Trockne gebracht, der Rückstand mehrfach mit 95%igem Alkohol ausgewaschen und aus Wasser-Alkohol (lösen in möglichst wenig Wasser, Alkoholzugabe bis 80%) mehrfach bis zum Freisein von NH_4^+ umkristallisiert. N: 15,1%. Glycyldehydroleucin zeigt kein charakteristisches Absorptionsmaximum zwischen 210 und 270 mμ.

6. Gluthationase (γ-Glutamyltransferase).

Definition.

```
HOOC—CH—(CH2)2—CO—NH—CH—CO—NH—CH2—COOH
     |                |
     NH2              CH2—SH         | + H2O (oder γ-Glutamylacceptor H2N—R)
  γ-Glutamyl-cysteinyl-glycin        | + Glutathionase (γ-Glutamyltransferase)
                                     ↓
HOOC—CH—(CH2)2—COX + H2N—CH—CO—NH—CH2—COOH                                  (1)
     |                     |
     NH2                   CH2—SH
Glutaminsäure (X = OH)     Cysteinylglycin
γ-Glutamylpeptid (X = HN—R)
```

[1] Price, V. E., and J. P. Greenstein: J. biol. Ch. **171**, 477 (1947).
[2] Meister, A., and J. P. Greenstein: J. biol. Ch. **195**, 849 (1952).
[3] Meister, A.: J. biol. Ch. **197**, 309 (1952).

Der Formulierung (1) entsprechend wird unter Glutathionase ein Enzymsystem verstanden, das die γ-Peptidbindung des GSH unter Bildung von Cysteinylglycin und Glutaminsäure löst. Cysteinylglycin kann durch die Cysteinylglycindipeptidase (s. S. 64) hydrolysiert werden. Freie Glutaminsäure bzw. COOH-Gruppen werden bei der durch Glutamin, Aminosäuren oder Peptide aktivierten Spaltungsreaktion oder bei p_H-Werten höher als 6, nicht wie erwartet in gleicher Menge wie Cysteinylglycin gebildet, sondern weniger. Dies wird auf die in Spaltungsansätzen um p_H 7 und höher beobachtete Bildung von Pyrrolidoncarbonsäure aus Glutaminsäure[1,2], vielleicht allerdings als Artefakt[3], oder auf die Bildung von γ-Glutamylpeptiden bei Anwesenheit von γ-Glutamylacceptoren (einschließlich der Glutaminsäure und des GSH selbst)[3,4] zurückgeführt. Bei Abwesenheit eines Acceptors bleibt hochgereinigte Glutathionase ohne Wirkung[5].

Der Glycinrest aus oxydiertem Glutathion wird durch Carboxypeptidase abgespalten[6].

Vorkommen. Hauptvorkommensort der Glutathionase ist die Niere (Ratte[5,7,8], Schwein[5,7,8], Schaf[3], Kaninchen[9], Hamster[9], Rana pipiens[9], Rind[9], Hund[9]). Die Enzymwirkung ist auch in Zellkernen aus Nieren von Schwein und Hammel, dagegen nicht in Zellkernen von Pankreas und Leber der verschiedenen Tierarten nachzuweisen[10]. In einigen anderen Organen ist geringe Aktivität festgestellt, so in getrocknetem Schweinepankreas[7], in Homogenaten[11] und Partikelfraktionen[12,13] der Leber von Taube[12], Meerschweinchen[11], Kaninchen[11,13], wie auch in gereinigten Präparationen der Kalbsleber[2], ferner in Homogenaten des Rattendünndarmes (allerdings nur als freigesetztes Glycin gemessen)[11] sowie in Gehirn von Ratte[8] und Schaf[2]. In Leber, Milz, Herzmuskel, Skeletmuskel, Testes, Thymus der Ratte ist keine Aktivität festgestellt, ebenso nicht in Schweinedünndarm[7].

Spaltungswerte vgl. die folgenden Tabellen.

Darstellung.

a) Gewinnung einer Glutathionasepräparation aus Schweinenieren unter weitgehender Entfernung der Cysteinylglycindipeptidase nach **Binkley**[5].

Gefrorene Schweinenieren werden bei Zimmertemperatur aufgetaut und vom Bindegewebe befreit. 200 g Nieren werden bei Raumtemperatur in 1 l 0,1 m $MgCl_2$-Lösung homogenisiert, anschließend wird Natriumlaurylsulfat (0,5 mg/ml) zugegeben und das Ganze 2 Std bei 7° C gehalten. Darauf erfolgt 24stündige Aufbewahrung bei 4° C, danach 45 min langes Zentrifugieren (1000 $\times$ g) bei 0° C. Die überstehende Lösung wird 12 Std bei 4° C gegen häufig gewechseltes Aqua dest. dialysiert. Je 100 ml des dialysierten Extraktes werden mit 30 ml kaltem Äthanol versetzt. Der entstehende Niederschlag wird abzentrifugiert und in 0,1 m Trispuffer, p_H 8,0, gelöst. Nach Zugabe von 12,5 g Kaolin zu je 100 ml Lösung wird das Gemisch 15 min geschüttelt und 30 min hochtourig zentrifugiert. Die überstehende Lösung („Kaolin-Überstand“) wird bei 0° C mit dem gleichen Volumen gesättigter $(NH_4)_2SO_4$-Lösung versetzt. Der anfallende Niederschlag wird gesammelt und in minimaler Menge 0,1 m Trispuffer, p_H 8,0, gelöst. Die 40—50fach gereinigte Enzympräparation löst sich in 0,1 m Puffern, p_H 8,0, oder höher. Weitere

---

1 Woodward, G. E., and F. E. Reinhart: J. biol. Ch. **145**, 471 (1942).
2 Fodor, P. J., A. Miller and H. Waelsch: J. biol. Ch. **202**, 551 (1953).
3 Hird, F. J. R., and P. H. Springell: Biochim. biophys. Acta **15**, 31 (1954).
4 Waelsch, H.: Adv. Enzymol. **13**, 237 (1952).
5 Binkley, F.: J. biol. Ch. **236**, 1075 (1961).
6 Grassmann, W., H. Dyckerhoff u. H. Eibeler: H. **189**, 112 (1930).
7 Binkley, F., and K. Nakamura: J. biol. Ch. **173**, 411 (1948).
8 Binkley, F., and C. K. Olson: J. biol. Ch. **188**, 451 (1951).
9 Revel, J. P., and E. G. Ball: J. biol. Ch. **234**, 577 (1959).
10 Siebert, G., K. Lang, L. Müller, S. Lucius, E. Müller u. E. Kühle: B. Z. **323**, 532 (1953).
11 Bray, H. G., T. J. Franklin and S. P. James: Biochem. J. **71**, 690 (1959).
12 Johnston, R. B., and K. Bloch: J. biol. Ch. **188**, 221 (1951).
13 Cliffe, E. E., and S. G. Waley: Biochem. J. **72**, 12P (1959).

Reinigung ist durch Zonenelektrophorese mit Stärke, mit 0,02 m Tris bei p_H 8,0 gepuffert, möglich (Stärketrog $1 \times 7 \times 45$ cm, 1000 V, 10 mA bei 2° C). Nach 3—8 Std wird der Stärkeblock in 1 cm-Stücke zerschnitten und jedes Segment mit 10 ml 0,1 m Tris, p_H 8,0, homogenisiert. Die Stärke wird durch Zentrifugieren entfernt. Das Endprodukt kann bei 0° C in Lösung bis zu 3 Jahren ohne nennenswerten Aktivitätsverlust aufbewahrt werden. Die bei den einzelnen Anreicherungsschritten zu erreichenden Ergebnisse zeigt Tabelle 102. Cysteinyl-glycinaseaktivität ist nicht vorhanden.

Tabelle 102. *Reinigung der Glutathionase aus Schweinenieren.*

Präparation	Volumen ml	Protein mg/ml	Gesamt-aktivität E	Spezifische Aktivität E/mg Protein
Homogenat	1220	21,2	31000	1,2
Extrakt	1140	10,0	30800	2,7
Dialysierter Extrakt	1140	8,0	42000	4,6
Äthanolfällung	750	3,1	28300	12,2
Kaolin-Überstand	670	1,6	29000	27,0
$(NH_4)_2SO_4$-Fällung	300	0,86	13400	52,0
Elektrophoreseprodukt				185

Bestimmung der Glutathionaseaktivität mit 0,003 m GSH, 0,001 m Mg-Acetat in 0,01 m Trispuffer (p_H 8,0), 0,012 m Diglycin als Acceptor. 30 min Inkubation bei 37° C. Abstoppen der Reaktion durch Zugabe von Trichloressigsäure bis zur Endkonzentration von 5%.

E = freigesetzte mM Cystein + Cysteinylglycin (bestimmt nach SULLIVAN und HESS) pro min.

Auch nicht so hoch gereinigte Präparationen aus Niere und Gehirn des Schweines sind praktisch cysteinylglycinasefrei (vgl. Tabelle 103)[1].

***b) Darstellung einer Glutathionasepräparation aus Schafniere nach* FODOR *u. Mitarb.*[2].**

1850 g Schafnierenrinde werden in 1100 ml eiskaltem Phosphatpuffer (0,1 m: p_H 7,5), dann in jeweils 210 ml-Anteilen mit 400 ml auf —15° C abgekühltem n-Butanol 90 sec lang homogenisiert. Die resultierende Emulsion verbleibt 40 min bei —15° C. Die Hauptmenge des Butanols wird dann dekantiert und der Rest durch Zentrifugieren bei $18000 \times g$ und 4° C entfernt. Die wäßrige Phase wird mit 1850 ml einer Lösung aus gleichen Teilen 0,1 m $NaHCO_3$ und 0,1 m Na_2CO_3 vermischt, bei $18000 \times g$ abzentrifugiert und die überstehende Flüssigkeit mit verdünnter Essigsäure auf p_H 5,0 gebracht. Nach Abzentrifugieren wird die überstehende Flüssigkeit mit 0,4 n NaOH auf p_H 6,8 eingestellt, mit $(NH_4)_2SO_4$ gesättigt und 3 Std bei 4° C aufbewahrt. Der Niederschlag wird bei $18000 \times g$ abzentrifugiert, in einer möglichst kleinen Menge 0,01 m Phosphatpuffer (p_H 7) gelöst und gegen denselben Puffer 18 Std bei 4° C dialysiert (Fraktion AS 100).

Tabelle 103. *Glutathionaseaktivität von Präparationen aus Niere und Gehirn von Schwein mit und ohne Cysteinylglycindipeptidase.*

Glutathionase aus	Zugesetzte C-gl-dipeptidase ml	Gebildetes Cysteinylglycin (als mg Cystin)	Gebildetes Cystein (als mg Cystin)
Niere	0	0,6	0,1
Niere	1	0,4	0,4
Niere	2	0,2	0,7
Niere	3	0,0	1,0
Gehirn	0	0,1	0,0
Gehirn	2	0,1	0,7

Ansätze: in 10 ml Gesamtvolumen 10 mg GSH, 5 mg Glutamin (als Aktivator), 0,1 mg N der Enzympräparation, 0,02 m Histidinpuffer (p_H 7,9); 30 min bei 37° C. Cysteinylglycindipeptidase: 0,01 mg N/ml der Präparation.

Die dialysierte Lösung kann durch 35%ige Sättigung mit $(NH_4)_2SO_4$ (4 Std bei 4° C), 70%ige Sättigung (4 Std bei 4° C) und 100%ige Sättigung (16 Std bei 4° C) in 3 Hauptfraktionen unterteilt werden, die durch Lösen und Dialysieren wie oben und neuerliche Sättigung in den der Tabelle 104 angegebenen Graden in Unterfraktionen zerlegt werden können.

[1] BINKLEY, F., and C. K. OLSEN: J. biol. Ch. **188**, 451 (1951).
[2] FODOR, P. J., A. MILLER and H. WAELSCH: J. biol. Ch. **202**, 551 (1953).

Cysteinylglycin wird durch die gereinigten Präparationen nur geringfügig gespalten. Die Präparationen, ebenso wie entsprechend aus Leber zu gewinnende, sind in gefrorenem Zustand relativ haltbar, die aus Gehirn verlieren bereits nach 2 Tagen Aufbewahrung in gefrorenem Zustand den größten Teil ihrer Aktivität.

Über erreichbare Anreicherung und Enzymausbeute bei Herstellung von Präparationen aus Schafniere vgl. Tabelle 104.

Tabelle 104. *Reinigung der Glutathionase aus Schafniere.*

Fraktion	Gesamt-protein g	Gesamt-volumen ı	Spezifische Aktivität mit Zusatz von		Gesamt-Einheiten (mit Glutamin-zusatz)
			Glutamin	Glycylglycin	
Homogenat .			3,4	10	
AS 100 . . .	8,6	430	29	74	250000
AS 35—70 . .	5,4	164	45	98	246000
AS 0—45 . .	1,28	50	56	145	} 205000
AS 45—60 . .	3,65	195	36	97	
AS 40—60 . .	4,0	87	49	125	198000
AS 50—60 . .	2,0	65	103	291	202000
AS 53—56 . .	0,25	25	138	314	} 86300
AS 56—59 . .	0,42	34	140	310	

Ansätze: 3,3 μM GSH, 13,5 μM Glutamin oder Glycylglycin und unterschiedliche Mengen an Enzymlösung in 1 ml 0,1 m Trispuffer (p_H 8,5), der in bezug auf KCN 0,02 m ist. 10 min Inkubation bei 37° C. Freigesetztes Cystein + Cysteinylglycin bestimmt mit der SULLIVAN-Reaktion bei 540 mμ (s. unter Bestimmung). 1 μM Cystein-Äquivalent, nach 60 min Inkubation zu bestimmen: 1 Enzym-E. Spezifische Aktivität: E/mg Protein (Protein nach[1] bestimmt). Die Zahlen hinter dem Index AS geben bei der Fraktionsbezeichnung den Sättigungsgrad an $(NH_4)_2SO_4$ in Prozent an.

***c) Darstellung gereinigter Glutathionase (γ-Glutamyltransferase) aus Schafniere nach* HIRD *und* SPRINGELL[2].**

Aus frischer oder gefrorener Rinde von Schafnieren wird ein 15%iges (Gew./Vol.) Homogenat in eiskaltem 0,2 m Kaliumphosphatpuffer (p_H 7,4) hergestellt. Ein durch 15 min langes Zentrifugieren bei 1500 × g und 0° C anfallendes Sediment wird verworfen. Der überstehende Extrakt wird 60 min bei 0° C und 15000 × g zentrifugiert. Die Partikelfraktion wird in eiskaltem dest. Wasser resuspendiert und in 15 min bei 50000 × g wieder abgeschleudert. Es folgt mehrfaches Waschen des Sedimentes mit Wasser, bis die überstehende Flüssigkeit klar und farblos ist. Die gewaschenen Partikel werden in eiskaltem dest. Wasser (gleiches Volumen wie 1. Überstand) resuspendiert; ein gleiches Volumen eiskaltes n-Butanol wird zugefügt und die Mischung 5 min lang bei 0° C geschüttelt. 20 min lang zentrifugieren bei 1500 × g und 0° C; die oberste Schicht wird verworfen; die unterste Schicht wird sorgfältig, möglichst ohne Niederschlag aus der Mittelschicht, herausgehebert. Diese wird mit 1 Vol. butanolgesättigtem Wasser aufgeschüttelt und die unterste Schicht wie oben herausgehebert und mit der zuerst gewonnenen untersten Schicht vermengt. Nach Gefrieren und Auftauen wird das ungelöste Material durch 1 min langes Zentrifugieren bei 1500 × g entfernt.

Der mit Butanol behandelte Extrakt wird bei 0° C mit NaCl bis zu einem Gehalt von 1% versetzt, 1 Vol. auf — 10° C vorgekühltes Acton unter Umrühren zugefügt. Abtrennen des Niederschlages durch 10 min langes Zentrifugieren bei 1500 × g und 0° C. Er wird zweimal mit Aceton und einmal mit Äther (— 10° C) gewaschen. Trocknung durch N_2-Strom und Vakuum. Bei — 10° C für mindestens 4 Monate beständiges Acetonpulver.

Durch Verreiben mit dest. Wasser (2,5 mg/0,1 ml Wasser) wird das Pulver suspendiert und anschließend 10 min lang bei 1500 × g zentrifugiert. Die Extraktion mit Wasser wird wiederholt. Die vereinigten überstehenden Flüssigkeiten werden durch 20 min langes Zentrifugieren bei 25000 × g geklärt und können auf ein bestimmtes Volumen

[1] LOWRY, O. H., N. J. ROSEBROUGH, A. L. FARR and R. J. RANDALL: J. biol. Ch. **193**, 265 (1951).

[2] HIRD, F. J. R., and P. H. SPRINGELL: Biochim. biophys. Acta **15**, 31 (1954).

(entsprechend 1 ml pro 2,5 mg Pulver) mit Wasser aufgefüllt und bei — 10° C ohne Aktivitätsverlust in 4 Monaten aufbewahrt werden.

Eigenschaften. Die Glutathionase findet sich vorwiegend in der Lipoproteidfraktion der Mikrosomen (Niere), von denen sie durch Behandlung mit Detergentien (Desoxycholat, Natriumlaurylsulfat) abgetrennt werden kann (vgl. Darstellung aus Schweinenieren S. 200)[1, 2]. Gegen proteolytische Enzyme (Trypsin, Chymotrypsin, Papain, Schlangengift) ebenso wie gegen Hyaluronidase und Ribonuclease ist hochgereinigte Glutathionase aus Schweinenieren resistent; eine gewisse Schutzwirkung gegenüber der Glutathionaseaktivität läßt sich feststellen[1]. Ein Absorptionsmaximum weist die Enzympräparation bei 270 mμ auf, was auf die Anwesenheit von Nucleotiden schließen läßt. Bei Beurteilung der Aktivitäts- und Spezifitätseigenschaften des Glutathionasesystems ist zu berücksichtigen, daß infolge der Möglichkeit konkurrierender Reaktionen zwischen Hydrolyse und Transpeptidierung bei Anwesenheit von Aminosäuren und Peptiden einschließlich des Substrates GSH selbst trotz hoher Spaltung der γ-Glutamylbindung des GSH nicht die entsprechende Menge Glutaminsäure festzustellen ist und daß unter Umständen bei Bildung von 1 M des Spaltungsproduktes Cysteinylglycin der Ansatz um mehr als 1 M GSH abnimmt, sofern GSH selbst als γ-Glutamylacceptor unter Bildung von γ-Glutamyl-GSH fungieren kann[3, 4]. Für hochgereinigte Glutathionase aus Schweinenieren ist ihre Transferfunktion erwiesen, da ohne γ-Glutamylacceptor keine Glutathionasewirkung, gemessen am freigesetzten Cystein plus Cysteinylglycin, feststellbar ist (vgl. auch Darstellung a, S. 200)[1].

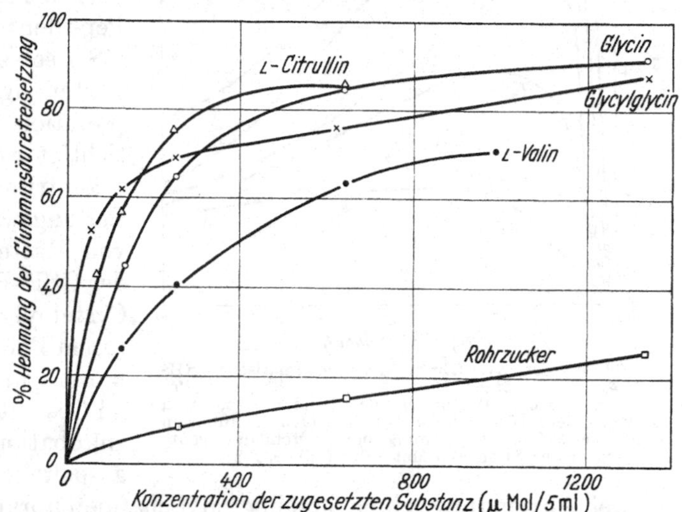

Abb. 31. Wirkung der Zugabe verschiedener Substanzen auf die enzymatische Freisetzung von Glutaminsäure aus GSH. Ansatz: 2 ml 0,2 m Phosphatpuffer, p_H 7,4 (enthaltend die an den Kurven angegebenen Substanzen), 2 ml Enzymlösung (gereinigte Präparation aus Schafniere [Darstellung vgl. S. 202]), 1 ml GSH-Lösung (20,6 μM). Inkubation 2 Std bei 30° C. Reaktion durch Ansäuern gestoppt. Glutaminsäurebestimmung mit Glutaminsäuredecarboxylase (vgl. S. 209).

Zugabe verschiedener Aminosäuren und Peptide zu Spaltungsansätzen mit GSH in Abhängigkeit von ihrer Konzentration und dem p_H vermag bei Verwendung von Glutathionasepräparationen Glutaminsäure in unterschiedlicher Stärke, jedoch geringer als ohne Zusätze frei zu machen[5, 6] (vgl. Abb. 31). γ-Glutamylpeptide aus Glutaminsäure des GSH und der zugesetzten Aminosäure sind neben der freien Glutaminsäure nachweisbar[4, 6]. Gemessen an gebildetem Cysteinlyglycin (+ eventuell Cystein bei Cysteinylglycinpeptidase-Anwesenheit) wirken sich zugegebene Aminosäuren einschließlich Glutamin sowie Peptide deutlich aktivierend auf die enzymatische GSH-Spaltung aus (Abb. 32 und Tabelle 105)[6–8]. Die stärkste relative Glutaminaktivierung ist bei den niedrigsten GSH-Konzentrationen festzustellen[7]. Als Aktivatoren der Glutathionase bzw. Acceptoren für den γ-Glutamylrest sind D-Aminosäuren inaktiv, verschiedene Dipeptide wirken viel stärker

[1] Binkley, F.: J. biol. Ch. **236**, 1075 (1961).
[2] Binkley, F., J. Davenport and F. Eastall: Biochem. biophys. Res. Comm. **1**, 206 (1959).
[3] Waelsch, H.: Adv. Enzymol. **13**, 237 (1952).
[4] Hird, F. J. R., and P. H. Springell: Biochim. J. **56**, 417 (1954).
[5] Hird, F. J. R., and P. H. Springell: Biochim. biophys. Acta **15**, 31 (1954).
[6] Revel, J. P., and E. G. Ball: J. biol. Ch. **234**, 577 (1959).
[7] Binkley, F., and C. K. Olson: J. biol. Ch. **188**, 451 (1951).
[8] Fodor, P. J., A. Miller and H. Waelsch: J. biol. Ch. **202**, 551 (1953).

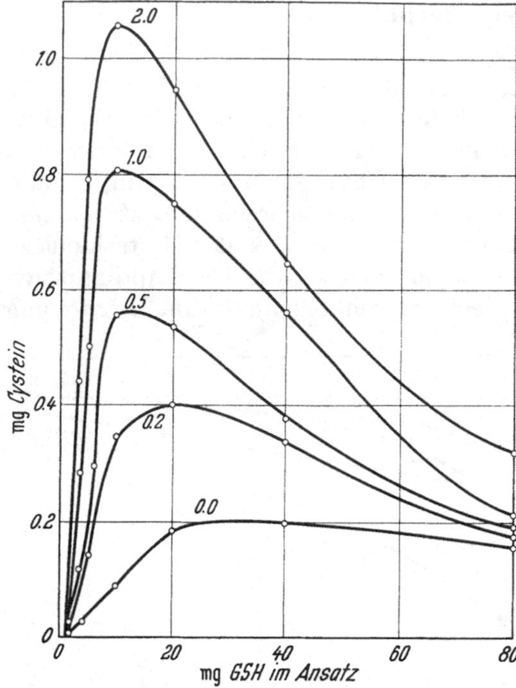

Abb. 32. Wirkung von Glutamin auf enzymatische GSH-Hydrolyse[1]. Ansätze: 10 ml: 0,02 m Phosphatpuffer (p_H 8,0), 0,3 mg Protein-N der Enzympräparation (Schweineniere [Darstellung vgl. S. 200]). Inkubation 30 min bei 37° C. Bestimmung der Cysteinäquivalente nach der SULLIVAN-Methodik (vgl. S. 208).

als die an ihrem Aufbau beteiligten Aminosäuren, z. B. Glycylglycin und Glycin, Leucylglycin und Leucin und Glycin. Höhere Peptide sind, soweit bisher geprüft, wenig oder gar nicht wirksam, z. B. Triglycin[2] (vgl. Tabelle 105).

Diese bei der GSH-Spaltung an der γ-Peptidbindung gegebenen Reaktionsmöglichkeiten — Hydrolyse unter Freisetzung von Glutaminsäure und Cysteinylglycin oder, bei Anwesenheit von Aminosäuren und Peptiden einschließlich des überschüssigen GSH selbst, γ-Glutamylpeptidbildung neben Cysteinylglycin — müssen auch bei der Interpretation der p_H-Aktivitätskurven berücksichtigt werden. In 15 min bei 3000 Touren abzentrifugierten, 2 Std gegen fließendes Leitungswasser dialysierten Homogenaten von Rattennieren zeigt sich ein Optimum der GSH-Hydrolyse, gemessen an gebildetem Cysteinylglycin + Cystein, bei p_H 7,5—8,0 (0,1 m Phosphatpuffer, p_H 7,5; 0,1 m Veronalpuffer, p_H 8,0; N_2-Atmosphäre, 31 μM GSH im Gesamtvolumen des Ansatzes von 10,0 ml; Inkubation 30 min bei 30° C, 10 μM aufgespalten)[3].

Bei Anwendung einer gereinigten Schafnierenpräparation (Darstellung vgl. S. 202) ergibt sich bei einstündiger Inkubation das Optimum der GSH-Spaltung, gemessen an

Tabelle 105. *Enzymatische GSH-Spaltung in Gegenwart von Aminosäuren, Amiden und Peptiden.*

Zusatz	Aktivierung *	Zusatz	Aktivierung *	Zusatz	Aktivierung *
Glutamin	100	D-Serin	0	p-Aminohippursäure	0
L-Arginin	79	L-Glutaminsäure	29	α-Amino-γ-hydroxy-valeriansäure	42
L-Lysin	24	L-Prolin	0	Diglycin	220
D-Lysin	0	L-Hydroxyprolin	0	Triglycin	16
L-Tryptophan	31	L-Ornithin	64	L-Alanylglycin	130
Glykokoll	23	Sarkosin	14	Glycyl-L-alanin	220
L-Alanin	64	γ-Äthylglutamat	125	L-Alanyl-L-alanin	90
D-Alanin	0	L-Citrullin	73	L-Leucylglycin	150
L-Phenylalanin	31	L-Methionin	155	L-Glutaminylglycin	140
L-Tyrosin	27	L-Methioninamid	42	L-Asparaginylglycin	120
L-Leucin	21	L-Äthionin	155	Glycyl-L-asparagin	(34)
D,L-Threonin	0	L-Homocystin	78		
D,L-Serin	38	Hippursäure	0		

* Die Aktivierung ist auf die gleich 100 gesetzte Aktivierung durch Glutamin bezogen. Diese ergibt sich aus der Cysteinäquivalentbildung in Ansätzen ohne Aktivatorsubstanz (etwa 0,08 μM Cysteinäquivalente) und derjenigen aus Versuchen mit Glutaminzugabe (im Durchschnitt 1,5 μM Cysteinäquivalente).

Ansätze: 2 ml 0,1 m Trispuffer (p_H 8,5—8,6) mit 6,6 μM GSH, 27,2 μM des Aktivators (bei racemischen Verbindungen 54,4 μM), 40 μM KCN, 40 μg Protein der gereinigten Enzympräparation aus Schafniere (vgl. S. 202). Inkubation 30 min bei 37° C. Bestimmung der freigesetzten Cysteinäquivalente mit SULLIVAN-Methodik (vgl. S. 208).

[1] BINKLEY, F.; and C. K. OLSEN: J. biol. Ch. **188**, 451 (1951).
[2] BINKLEY, F.: Exp. Cell Res. Suppl. **1952**, 145.
[3] BINKLEY, F., and K. NAKAMURA: J. biol. Ch. **173**, 411 (1948).

der Menge freigesetzter Glutaminsäure, bei p_H 6,0, jedoch wird auch bei p_H-Werten von 7,4—8,5 im Verlauf achtstündiger Inkubation eine etwa 100%ige Hydrolyse erreicht (s. Abb. 33). Die Bildung freier Glutaminsäure ist bei Zugabe z.B. von Glycin zu den Ansätzen herabgesetzt, und zwar am stärksten im alkalischen Bereich, offenbar, weil hier die Voraussetzungen für die Bildung eines γ-Glutamylpeptides am günstigsten sind (vgl. Abb. 33)[1]. Auch bei Verwendung einer Schafnierenpräparation (Darstellung vgl. S. 202) ist die Aktivierung der GSH-Spaltung, gemessen an gebildeten Cysteinäquivalenten (Cystein + Cysteinylglycin), bei Zugabe von Glutamin am stärksten bei p_H 8,5 und von Glycylglycin in noch größerem Ausmaß bei p_H 8,2—7,0 (2 ml Ansätze mit 6,6 μM GSH, 26,4 μM Aktivator, 0,04 mg Protein der Enzympräparation, 0,066 m Phosphatpuffer bis p_H 8,2; 0,1 m Trispuffer bis p_H 8,8; 20 μM KCN; Inkubation 30 min bei 37° C)[2]. Mit ansteigendem p_H ist danach mit einer Zunahme der γ-Glutamyltransferasereaktion und

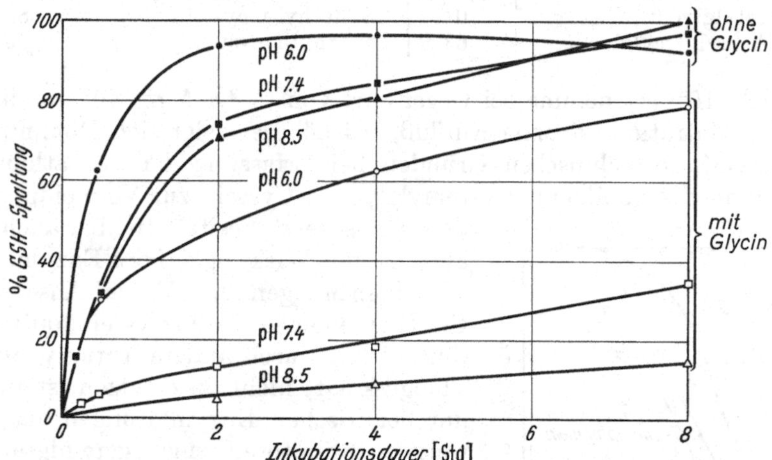

Abb. 33. Die enzymatische GSH-Spaltung in Abhängigkeit von Zeit, p_H und Glycinzugabe[1]. Ansatz: 2 ml 0,2 m Phosphatpuffer der angegebenen p_H-Werte und mit und ohne 660 μM Glycin, 2 ml Enzymlösung (Schafnierenpräparation, vgl. S. 201, 202), 1 ml GSH-Lösung (mit 20,6 μM). $t = 30°$ C; Enzymreaktion durch Ansäuern gestoppt und Glutaminsäure mit spezifischer Glutaminsäuredecarboxylase bestimmt (vgl. S. 34).

Abnahme der hydrolytischen Spaltung zu rechnen[3]. Hochgereinigtes Schweinenierenenzym[4] (vgl. S. 200) zeigt ein starkes Aktivitätsoptimum bei p_H 8,0. Im Gegensatz zu weniger gereinigten Präparationen ist unter p_H 7,0 keine Aktivität mehr feststellbar. Hierbei ist zum Nachweis einer GSH-Spaltung immer die Anwesenheit eines Acceptors in Form einer geeigneten Aminosäure oder eines Peptides erforderlich. Unwirksam, d.h. unter 10% der mit Diglycin erhaltenen Aktivität (vgl. Tabelle 106), sind: L-Alanin, D,L-Alanin, β-Alanin, L-Valin, L-Leucin, L-Isoleucin, D,L-Norleucin, γ-Aminobuttersäure, L-Serin, D,L-Serin, L-Threonin, D,L-Threonin, L-Asparaginsäure, L-Asparagin, L-Glutaminsäure, L-Prolin, L-Hydroxyprolin, L-Lysin, L-Histidin, L-Tyrosin, L-Phenylalanin, D,L-Phenylalanin, L-Tryptophan, D,L-Phenylaminobuttersäure. Über Aktivitätszahlen wirksamer Acceptoren orientiert Tabelle 106. Bei der beobachteten Aktivität ungereinigter Enzympräparationen dürfte es sich um die Anwesenheit endogener Acceptoren handeln[4].

Bei der Glutathionspaltung ist Co^{++} (10^{-3} m) leicht hemmend bei der Anwendung eines dialysierten Rattennierenhomogenats; Mn^{++}, Ca^{++} sind, was die Lösung der γ-Glutamylbindung betrifft, ohne Einfluß[5], Mg^{++} ist für maximale Aktivität wesentlich. In hochgereinigter Glutathionasepräparation aus Schweinenieren[4] (vgl. S. 200) ist bei Abwesenheit von Mg^{++} keine Aktivität feststellbar, maximale Aktivität bei 10^{-3} m Mg^{++}. Andere bivalente Ionen (Zn^{++}, Ni^{++}, Mn^{++}, Co^{++}, Fe^{++}, Cu^{++}) sind unwirksam oder

[1] Hird, F. J. R., and P. H. Springell: Biochim. biophys. Acta **15**, 31 (1954).
[2] Fodor, P. J., A. Miller and H. Waelsch: J. biol. Ch. **202**, 551 (1953).
[3] Revel, J. P., and E. G. Ball: J. biol. Ch. **234**, 577 (1959).
[4] Binkley, F.: J. biol. Ch. **236**, 1075 (1961).
[5] Binkley, F., and K. Nakamura: J. biol. Ch. **173**, 411 (1948).

Tabelle 106. *Aktivität von Acceptoren gegenüber hochgereinigter Schweinenieren-Glutathionase.*

Acceptor (L-Verbindung 0,006 m D,L-Verbindung 0,012 m)	Relative Aktivität in %	Acceptor (L-Verbindung 0,006 m D,L-Verbindung 0,012 m)	Relative Aktivität in %
Glycylglycin	100	D,L-Alanylglycin	60
L-Methionin	71	Glycyl-L-leucin	18
L-Glutamin	53	Glycyl-D,L-Leucin	8
L-Arginin	33	*Methionin-Reihe:*	
Glycin-Reihe:		L-Methionin	100
Glycylglycin	100	D-Methionin	10
Glycin	17	D,L-Methionin	61
Triglycin	10	D,L-Äthionin	100
Sarkosin	0	S-Benzyl-D,L-homocystein	99
Glycinäthylester	0	D,L-Methioninsulfoxyd	76
N-Acetylglycin	0	S-Methyl-L-cystein	85
D,L-Alanylglycylglycin	63	S-Äthyl-L-cystein	95

hemmen. EDTA (10^{-3} m) hemmt bei Gegenwart von 10^{-3} m Mg^{++} vollständig. Phosphat in niedriger Konzentration ist ohne Einfluß, bei höherer zeigt sich Hemmung. Cyanid, häufig aus methodisch-technischen Gründen bei Erfassung der Glutathionasewirkung durch Bestimmung des gebildeten Cysteinylglycin + Cystein zur Vermeidung ihrer Oxydation zugesetzt, besitzt offenbar auch eine gewisse aktivierende Wirkung auf das Enzym, da es bereits in kleinen Mengen (0,1 μM/2 ml-Ansatz mit 16,5 μM GSH) zu einer größeren Cysteinäquivalentbildung führt, dabei durch andere Antioxydantien (Sulfit, Thioglykolat) nicht zu ersetzen ist und sich auch nur bei frischen Enzymlösungen als wirksam erweist[1]. Inhibitoren eines gereinigten Schweinenierenenzyms[2], gemessen an der Cysteinäquivalentfreisetzung aus 15 mg GSH pro 10 ml-Ansatz, sind bei Anwesenheit von Glutamin (5 mg je 10 ml-Ansatz) bei p_H 7,4 (0,02 m Phosphatpuffer) und 30 min langer Inkubation bei 37° C: Bromsulphthalein (100 % Hemmung bei 0,1 mg/ml), Phenolrot (100 %; 0,1 mg/ml), Bromkresolgrün (87 %; 0,1 mg/ml), Thymolblau (61 %; 0,1 mg/ml), Bromthymolblau (59 %; 0,1 mg/ml), Methylenblau (31 %; 0,1 mg/ml), Thymolphthalein (12 %; 0,1 mg/ml), p-Aminohippursäure (59 %; 1,0 mg/ml), Penicillin G (42 %; 1,0 mg/ml), Diodrast (28 %; 1,0 mg/ml). Über Verlauf der Hemmung durch Penicillin und Bromsulphthalein in Abhängigkeit vom p_H mit und ohne Glutamin vgl. Abb. 34[2]. Da durch Erhöhung der GSH- und Enzymkonzentration die Hemmung aufzuheben ist, wird auf kompetitiven Hemmungsmechanismus geschlossen. Jedoch ist bei Erhöhung der GSH-Konzentration mit Substrathemmung zu rechnen, jedenfalls in bezug auf die Cysteinäquivalentbildung[2, 3]. Hochgereinigte Glutathionase aus Schweinenieren[4] (vgl. S. 200) wird durch verschiedene Sulfophthaleine (0,05—0,1 mg/ml) stark gehemmt. Kresolsulphthaleine wirken viel stärker

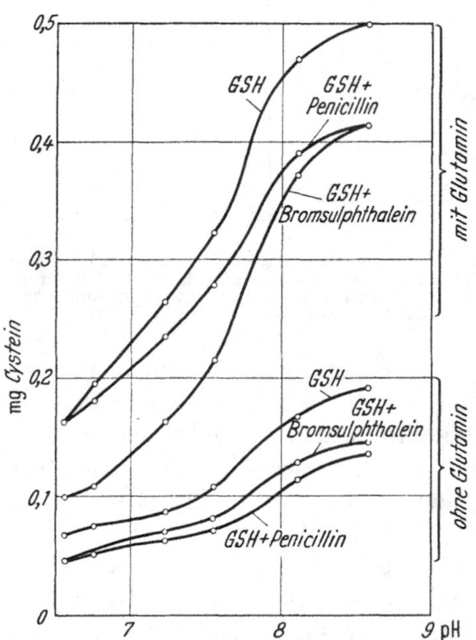

Abb. 34. Wirkung von Penicillin und Bromsulphthalein auf die GSH-Spaltung in Abhängigkeit vom p_H bei Anwesenheit bzw. Abwesenheit von Glutamin. Ansätze: 10 ml Gesamtvolumen mit 15 mg GSH, wo angegeben 5 mg Glutamin, Penicillin (0,1 mg/ml), Bromsulphthalein (0,01 mg/ml); 0,3 mg Protein-N der Enzympräparation/Ansatz; 0,02 m Phosphatpuffer. GSH-Spaltung gemessen in Cysteinäquivalenten nach dem SULLIVAN-Verfahren.

[1] FODOR, P. J., A. MILLER and H. WAELSCH: J. biol. Ch. **202**, 551 (1953).
[2] BINKLEY, F., and C. K. OLSON: J. biol. Ch. **188**, 451 (1951).
[3] BINKLEY, F., and K. NAKAMURA: J. biol. Ch. **173**, 411 (1948).
[4] BINKLEY, F.: J. biol. Ch. **236**, 1075 (1961).

inhibierend als die Phenol- und Thymolverbindungen. Stärkster Inhibitor ist Bromkresolgrün (4—8 $\times 10^{-5}$ m). Phthaleine sind viel weniger wirksam. Bei den geprüften Sulfophthaleinen ist die hemmende Wirkung weitgehend unabhängig von den eingesetzten Acceptoren (Arginin, Glutamin, Methionin oder Glycylglycin). Andere untersuchte Substanzen haben keine oder relativ geringe inhibitorische Effekte (Penicillin, p-Aminobenzoesäure, p-Aminohippursäure, Sulfanilamid, Sulfathiazol, Sulfadiazin, Eserin, Atropin, Protamin, Acetylcholin, Indolbuttersäure, Dijodtyrosin, Serotonin-Kreatininsulfat, p-Fluorphenylalanin [je 1,0 mg/ml]). Bei Inkubation eines gereinigten Schafnierenenzyms (Darstellung vgl. S. 202) mit einem Gemisch von GSH und Aminosäure oder Peptid als Aktivator werden bei Zusatz eines γ-Glutamylpeptids, z.B. γ-Glutamylglycin oder γ-Glutamylalanin, weniger Cysteinäquivalente freigesetzt als ohne γ-Glutamylpeptid. α-Glutamylglycin ist unwirksam. Wird das Enzym 60 min bei 37° C mit Cysteinylglycin und γ-Glutamylglutaminsäure, γ-Glutamylleucin oder γ-Glutamylalanin inkubiert, so kommt es auch bei Gegenwart von KCN zur Abnahme der nach der SULLIVAN-Methode reagierenden Substanzen, also des Cysteinylglycin, z.B. um 25%. Parallel dazu ist mit dem Glyoxalasetest GSH nachweisbar (z.B. 8% des eingesetzten Cysteinylglycin). Wenn auch Nebenreaktionen nicht ausgeschlossen sind, so sprechen diese und andere Befunde für

$$\underset{}{\text{GSH}} + \underset{\substack{\text{(Aminosäure}\\ \text{oder Peptid)}}}{\gamma\text{-Glutamylacceptor}} \rightleftharpoons \underset{\substack{(\gamma\text{-Glutamylaminosäure}\\ \text{oder -peptid)}}}{\gamma\text{-Glutamyldonator}} + \text{Cysteinylglycin}$$

den reversiblen Charakter der Reaktion und für die Verwertbarkeit auch anderer γ-Glutamylpeptide außer GSH bei Transferreaktionen durch das Glutathionaseenzymsystem[1, 2]. Eine Partikelfraktion aus Kaninchenleber setzt die GSH-Spaltung bei Anwesenheit von Ophthalminsäure (γ-Glutamyl-α-aminobutyrylglycin) auf die Hälfte herab und vermag bei gleichzeitiger Anwesenheit von GSH und α-Amino-n-butyrylglycin das γ-Glutamylpeptid des Aminobutyrylglycins zu bilden[3]. Über die kompetitive Beeinflussung der GSH-Spaltungsreaktionen durch die Aminosäuren untereinander vgl.[4]. So vermag ansteigende L-Valinkonzentration (0 bis 1000 μM/5 ml Ansatz) die durch Glutaminzugabe (132 μM/ 5 ml) verstärkte Spaltung von GSH (20 μM/5 ml), gemessen an der Freisetzung von Cysteinyläquivalenten, von 31% Aktivierung auf nur noch 3% herabzusetzen (30 min Inkubation bei 30° C unter N_2). Bei Abwesenheit von GSH im Ansatz, aber Vorhandensein von anderen γ-Glutamylpeptiden vermag offenbar das gleiche Enzym auch diese anzugreifen[5–8].

Oxydiertes Glutathion (GSSG) (6,6 μM/2 ml Ansatz) wird durch das gereinigte Schafnierenenzym (40 μg Protein) auch bei Anwesenheit von 40 μM KCN, 27 μM Glutamin oder Glycylglycin bei p_H 8,5 (0,1 m Trispuffer) viel geringer gespalten als GSH (nur etwa 25% der GSH-Spaltung)[9]. Glutathionasepräparation aus Schweineniere[10] vermag aus S-(p-Chlorbenzyl-)GSH S-p-Chlorbenzylcystein freizusetzen[11].

Der Spaltungsverlauf, bezogen auf Bildung von Cysteinäquivalenten, läßt sich bei niedrigen GSH-Konzentrationen nach einer Reaktion 1. Ordnung, bei höheren Konzentrationen nach einer solchen 0. Ordnung beschreiben[12]. Als Glutathionase-Einheit kann

[1] FODOR, P. J., A. MILLER, A. NEIDLE and H. WAELSCH: J. biol. Ch. **203**, 991 (1953).
[2] HANES, C. S., F. J. R. HIRD and F. A. ISHERWOOD: Biochem. J. **51**, 25 (1952).
[3] CLIFFE, E. E., and S. G. WALEY: Biochem. J. **72**, 12 P (1959).
[4] HIRD, F. J. R., and P. H. SPRINGELL: Biochem. J. **56**, 417 (1954).
[5] GOLDBARG, A. J., O. M. FRIEDMAN, E. P. PINEDA, E. E. SMITH, R. CHATTERJI, E. H. STEIN and A. M. RUTENBURG: Arch. Biochem. **91**, 61 (1960).
[6] ORLOWSKI, M., and A. SZEWCZUK: Acta biochim. pol. **8**, 189 (1961).
[7] ORLOWSKI, M., and A. MEISTER: Biochim. biophys. Acta **73**, 679 (1963).
[8] GLENNER, G. G., and J. E. FOLK: Nature **192**, 338 (1961).
[9] FODOR, P. J., A. MILLER and H. WAELSCH: J. biol. Ch. **202**, 551 (1953).
[10] BINKLEY, F., and C. K. OLSON: J. biol. Ch. **188**, 451 (1951).
[11] BRAY, H. G., T. J. FRANKLIN and S. P. JAMES: Biochem. J. **71**, 690 (1959).
[12] BINKLEY, F., and K. NAKAMURA: J. biol. Ch. **173**, 411 (1948).

die Freisetzung von 1 μM Cysteinäquivalent (Cystein bzw. Cysteinylglycin), bezogen auf eine Inkubationsdauer von 60 min, unter den Bedingungen der Tabelle 104 benutzt werden.

Bestimmung (Reaktionsgleichung vgl. S. 199). Aus den im vorangehenden Abschnitt (Eigenschaften des Glutathionasesystems) ersichtlichen Gründen kann eine Bestimmung der Glutathionase nur unter genau definierten Bedingungen ein zuverlässiges Maß für die vorhandenen Enzymaktivitäten liefern. Diese quantitativ unter Anwendung des spezifischen Glyoxalasetestes zu erfassen, stößt wegen der Hemmung des Testes durch das anfallende Spaltprodukt Cysteinylglycin auf Schwierigkeiten und Fehlermöglichkeiten. Auch eventuell zugesetztes Cyanid müßte vorher entfernt werden[1].

Am gebräuchlichsten ist deshalb die *Enzymbestimmung mit Hilfe der photometrischen Messung der nach* SULLIVAN *umgesetzten, unter definierten Bedingungen die gleiche Farbintensität ergebenden Spaltprodukte* Cysteinylglycin und (bei Anwesenheit von Cysteinylglycin-dipeptidase) Cystein. GSH reagiert dabei nicht mit[2].

***Glutathionasebestimmung unter Verwendung des Sullivan-Verfahrens nach* FODOR *u. Mitarb.*[3].**

Reagentien:

1. SH-Glutathion (GSH).
2. Glutamin (oder Glycylglycin).
3. 0,1 m Trispuffer (p_H 8,5), in bezug auf KCN 0,02 m.
4. Trichloressigsäure, 25 %ig.
5. 2,86 n Phosphorsäure.
6. 6 n NaOH.
7. NaCN-Lösung, 5 %ig in n NaOH.
8. β-naphthochinon-4-sulfosaures Na, 2 %ig.
9. Na_2SO_3-Lösung, 10 %ig in 0,5 n NaOH.
10. Na_2SO_4-Lösung, 2 %ig in 0,5 n NaOH.
11. Cystein-HCl, handelsüblich.

Ausführung:

3,3 μM GSH werden zusammen mit 13,5 μM Glutamin (oder Glycylglycin) und der Enzymlösung in 1 ml Trispuffer 10 min bei 37° C inkubiert. Zu 2,5 ml des Ansatzes (eventuell auf dieses Volumen aufgefüllt oder entsprechend größerer Ansatz, z. B. 5 ml) werden 2,5 ml Trichloressigsäure und 8 ml Wasser zugesetzt. Ein entstehender Niederschlag wird abzentrifugiert. (Bei gereinigten Enzympräparationen meist nicht erforderlich, eine opalescente Trübung verschwindet bei nachfolgender Alkalisierung.) In schneller Folge werden dann zu 2,5 ml der Lösung 0,5 ml Phosphorsäure, 0,5 ml NaOH und 1 ml NaCN-Lösung zugesetzt. Zur Farbentwicklung nach[4] werden folgende Reagentien zugesetzt: 0,5 ml Lösung von β-naphthochinon-4-sulfosaurem Na, 2,5 ml Na_2SO_3-Lösung, 1 ml Na_2SO_4-Lösung. 5 min nach der letzten Zugabe wird die Extinktion bei 540 mμ gegen den Leerwert der Reagensmischungen gemessen.

Die Extinktionen werden aus einer Eichkurve, die mit Cystein unter denselben Bedingungen wie oben aufgestellt wird, in μMol Cystein ausgewertet.

Bei der Anfertigung der Eichkurve ist zur Erzielung reproduzierbarer Ergebnisse wie folgt zu verfahren: Das verwendete Cystein-HCl wird in 5 %iger NaCN-Lösung in n NaOH gelöst. Aliquote Anteile werden entnommen und mit der NaCN-Lösung auf ein Volumen von 2,5 ml gebracht, worauf 6 n NaOH, 2,86 n H_3PO_4 und Trichloressigsäure in der angegebenen Reihenfolge vor Zugabe der für die Farbstoffbildung erforderlichen Reagentien zugesetzt werden. Mengen von 0,1 μM Cystein sind bestimmbar.

[1] FODOR, P. J., A. MILLER, A. NEIDLE and H. WAELSCH: J. biol. Ch. **203**, 991 (1953).
[2] BINKLEY, F., and K. NAKAMURA: J. biol. Ch. **173**, 411 (1948).
[3] FODOR, P. J., A. MILLER and H. WAELSCH: J. biol. Ch. **202**, 551 (1953).
[4] SULLIVAN, M. X., W. C. HESS and H. W. HOWARD: J. biol. Ch. **145**, 621 (1942).

Cystein und Cysteinylglycin besitzen bei 540 mμ nur dann gleiche molare Extinktionen, wenn der p_H-Wert vor Zugabe der farbstofferzeugenden Reagentien über 12,7 liegt, was durch Benutzung der Phosphorsäure und NaOH in oben angegebener Stärke erreicht wird.

Die prozentuale Spaltung errechnet sich aus den ermittelten μÄq Cystein, die, bezogen auf den gesamten Spaltungsansatz, entstanden sind.

Bestimmung von 3,3 μM Cystein im Gesamtansatz würde bei Einsatz von 3,3 μM GSH einer 100 %igen Spaltung entsprechen.

***Glutathionasebestimmung mit Ermittlung der entstandenen freien Glutaminsäure nach* Hird *und* Springell[1].**

Prinzip:

Bei Fehlen von γ-Glutamylacceptor wird die bei GSH-Hydrolyse gebildete Glutaminsäure durch eine spezifische Glutaminsäuredecarboxylase aus *Clostridium welchii SR 12* decarboxyliert und das entstandene CO_2 im Warburg-Gerät gemessen. GSH, oxydiertes Glutathion (GSSG), Pyrrolidoncarbonsäure und alle übrigen Aminosäuren werden nicht decarboxyliert.

$$\text{GSH} \rightarrow \text{Cysteinylglycin} + \text{Glutaminsäure } (\text{HOOC—CH(NH}_2\text{)—(CH}_2)_2\text{—COOH})$$

$$\downarrow \text{Decarboxylase}$$

$$CO_2 + \text{CH}_2(\text{NH}_2)\text{—(CH}_2)_2\text{—COOH}$$

γ-Aminobuttersäure

Reagentien:

1. 0,2 m Phosphatpuffer, p_H 6,0—8,0.
2. SH-Glutathion, auf p_H 6,0 eingestellt.
3. n HCl.
4. Suspension gefriergetrockneter, bei — 10° C aufbewahrter *Clostridium welchii SR 12*-Präparation, 10 mg auf 0,5 ml 0,2 m Acetatpuffer, p_H 3,6.

Ausführung:

Ansatz: im Warburg-Hauptgefäß: 2 ml Enzympräparation; 2 ml 0,2 m Phosphatpuffer p_H 6,0—8,0; 1 ml mit 20,6 μM GSH (auf p_H 6,0 eingestellt). Inkubation: 1 Std bei 30° C.

Enzymreaktion gestoppt durch Einkippen von n HCl aus dem Seitenansatz 1 des Warburg-Gefäßes, wonach der p_H-Wert 3,6 betragen muß (in der Regel sind 0,4 ml ausreichend; die Menge muß eventuell in einem Probeversuch bestimmt werden). Nach eingetretener Äquilibrierung des Manometers wird aus dem Seitenansatz 2 des Warburg-Gefäßes eine Suspension von 10 mg gefriergetrockneter und bei — 10° C aufbewahrter *Clostridium welchii SR 12*-Präparation in 0,5 ml 0,2 m Acetatpuffer p_H 3,6 eingekippt. Nach 60—90 min ist die CO_2-Bildung abgeschlossen. Über Einzelheiten der Decarboxylasemethodik vgl. S. 34.

1 μM gebildetes CO_2 entspricht der Spaltung von 1 μM GSH. GSH ist handelsübliches Präparat.

Über die Verwendung chromogener Substrate (γ-Glutamylnaphthylamid, γ-Glutamyl-p-nitroanilid u.a.) zur Glutathionase-(γ-Glutamyltransferase)-Bestimmung vgl. [2–5].

[1] Hird, F. J. R., and P. H. Springell: Biochim. biophys. Acta 15, 31 (1954).
[2] Goldbarg, A. J., O. M. Friedman, E. P. Pinede, E. E. Smith, R. Chatterji, E. H. Stein and A. Rutenburg: Arch. Biochem. 91, 61 (1960).
[3] Orlowski, M., and A. Szewczuk: Acta biochim. pol. 8, 189 (1961).
[4] Orlowski, M., and A. Meister: Biochim. biophys. Acta 73, 679 (1963).
[5] Glenner, G. G., and J. E. Folk: Nature 192, 338 (1961).

7. Penicillinase[1–3].

[3.5.2.6 Penicillin-Amidohydrolase.]

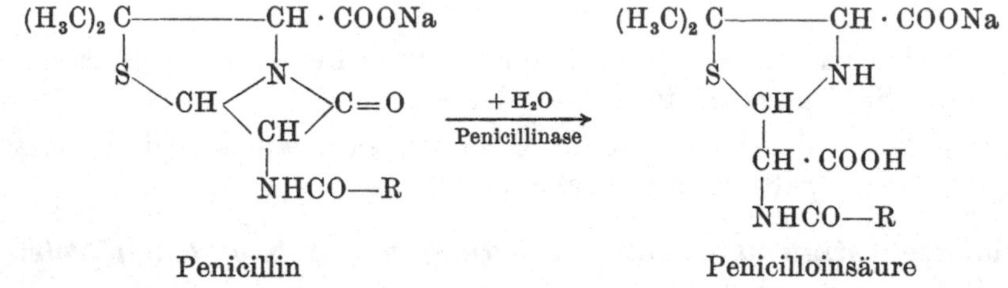

$(H_3C)_2C$—$CH \cdot COONa$; S, N, CH, $C{=}O$, CH, NHCO—R

Penicillin

$\xrightarrow[\text{Penicillinase}]{+H_2O}$

$(H_3C)_2C$—$CH \cdot COONa$; S, NH, CH, $CH \cdot COOH$, NHCO—R

Penicilloinsäure

Definition. Bei den Penicillinasen handelt es sich um Enzyme, deren Substrat Penicillin ist und die dieses Antibioticum in antibiotisch unwirksame Penicilloinsäure überführen (vgl. obige Formulierung) und als Penicillin-β-Lactamase zu kennzeichnen sind. Unter α- oder Exo-Penicillinase wird das von bestimmten Mikroorganismen gebildete und an das Medium abgegebene Enzym verstanden. Von der zellgebundenen Penicillinase der Mikroorganismen verhält sich, vom immunologischen Gesichtspunkt betrachtet, ein Teil wie α-Penicillinase, indem er durch ein spezifisches Anti-α-Penicillinase-Serum neutralisiert wird und auch sonst ähnliche Eigenschaften aufweist: β-Penicillinase. Sie läßt sich durch Behandlung der Zellen mit m NaCl- oder 0,1 m Natriumcitratlösung auswaschen. Die auf diese Weise von der Zellstruktur nicht ablösbare intracelluläre Penicillinase (γ-Penicillinase) ist bei nahezu identischen enzymatischen Eigenschaften (p_H-Optimum, K_M, Aktivität gegenüber verschiedenen Substraten) immunologisch und physikochemisch von der α- und β-Form eines bestimmten Mikroorganismus zu unterscheiden und ist nur durch vollständige Zerstörung der Zellen durch Lyse, mechanisches Zerreiben oder Ultrabeschallung freizusetzen[4]. Ferner ist eine konstitutive Penicillinase, die in Mikroorganismen vorkommen kann, die nicht mit Penicillin in Berührung gekommen sind, zu unterscheiden von einer penicillininduzierten Penicillinase, deren Bildung erst durch Zusatz von Penicillin zum Nährmedium der Mikroorganismen ausgelöst wird.

Vorkommen. Produzenten hoher Exopenicillinase-Aktivitäten sind aerobe, sporenbildende Mikroben (Stämme der *Subtilis-Mesentericus*-Gruppe). Für die Darstellung hochgereinigter Exopenicillinase-Präparationen auch in kristallisierter Form wird die Fähigkeit zur Bildung größerer Enzymmengen durch bestimmte Stämme von *Bacillus cereus* verwendet. So bildet eine Mutante von *Bac. cereus 5 (Bac. cer. 5B)* das Enzym als konstitutive Exopenicillinase, während aus *Bac. cereus NRRL 569* eine penicillininduzierte Exopenicillinase und durch eine Spontanmutation dieses Stammes *(Bac. cereus 569H)* ein konstitutives Enzym zu erhalten ist[5]. In den Zellen des die induzierte Exopenicillinase bildenden Mikroorganismus können als Vorstufen des Enzyms Substanzen nur in einer Menge vorkommen, die höchstens 400 Molekülen Penicillinase entsprechen[4]. *Bac. anthracis* ist Exopenicillinasebildner[1].

Staphylokokken zeigen ein recht verschiedenes Verhalten in bezug auf die Menge des Enzyms, offenbar auch in Abhängigkeit vom Aminosäure- und Kohlenhydratgehalt des Nährmediums[6]. Wenig oder keine Penicillinase ist nachweisbar in penicillinempfindlichen Stämmen, z.B. von *Staph. aureus*. Von Natur aus resistente Staphylokokken besitzen Penicillinaseaktivität (intra- und extracellulär). Unterschiedlich und wenig übersichtlich in bezug auf die Penicillinaseaktivität und -bildung ist das Verhalten bei Staphylo-

---

[1] Abraham, E. P.; in: Sumner-Myrbäck Bd. I/2, S. 1170.
[2] Abraham, E. P.; in: Colowick-Kaplan, Meth. Enzymol. Bd. II, S. 120.
[3] Pollock, M. R.; in: Boyer-Lardy-Myrbäck, Enzymes, 2. Aufl., Bd. 4, S. 269 (1960).
[4] Pollock, M. R., and M. Kramer: Biochem. J. **70**, 665 (1958).
[5] Kogut, M., M. R. Pollock and E. J. Tridgell: Biochem. J. **62**, 391 (1956).
[6] Kaminski, Z. C., A. Bondi, M. de St. Phalle and A. G. Moat: Arch. Biochem. **80**, 283 (1959).

kokkenstämmen mit in vitro oder in vivo induzierter Penicillin-Resistenz. Über Staphylokokken-Penicillinasen vgl. u.a. [1–7].

Penicillinasen intra- und extracellulären Vorkommens sind nachgewiesen in *M. tuberculosis, M. smegmatis*[8], *Pasteurella, E. coli, Paracolon-Bac., S. typhi, Proteusarten*, Stämmen von *Pseudomonas*. Inaktivierung von Penicillin ist festgestellt bei *Micrococcus lysodeicticus, Aerobacter aerogenes, Shigella*. Penicillinase ist nicht festgestellt in penicillinempfindlichen *Streptokokkenstämmen, Clostridien, Hämophil. influenzae* usw. Fraglich ist das Vorkommen in Actinomyceten, Hefen, Pilzen, Pflanzen[9]. Der tierische Organismus verfügt offenbar nicht über Penicillinase; Penicillininaktivierung durch Leber ist berichtet[10].

Darstellung. Standardisierte Penicillinasepräparationen sind handelsüblich bei Serva, Heidelberg, Römerstr. 118; Nutritional Biochemicals Corporation, Cleveland 28, Ohio; Mann Research Laboratories, 136 Liberty Street, New York, N.Y. (1 mg inaktiviert 300—350 Penicillin-Einheiten in 1 Std bei 40° C.)

***Darstellung einer kristallisierten konstitutiven Exopenicillinase nach* Pollock *u. Mitarb.*[11].**

Das Enzym wird aus der zellfreien Kulturflüssigkeit von *B. cereus 5 B*, gezüchtet nach [12], dargestellt.

50 l Nährmedium werden mit 2,5 l einer mit Sporen inoculierten 1 Tag-Kultur beimpft. Zusammensetzung des Nährmediums: 100 g Casaminosäuren (Difco, techn.), 32,5 g KH_2PO_4, 2,0 g $MgSO_4 \cdot 7\,H_2O$; 5 ml 0,1 % $FeSO_4$; KOH bis p_H 7,3, Wasser ad 5,0 l; im Autoklaven sterilisiert. Inkubation bei 35° C mit maximaler Belüftung in großem zylindrischem Kulturgefäß, bis eine Mikrobendichte von 1,9 mg/ml erreicht ist (6 Std), dann kontinuierliches Kulturverfahren mit einem Mediumzufluß von 20 l/Std, solange bis insgesamt 100 l gesammelt sind. Dann Abkühlung und Abzentrifugieren der Zellen bei 14—15° C.

Die zellfreie Kulturflüssigkeit wird durch Vakuumdestillation bei 16° C auf 16 l eingeengt. Unter ständigem Rühren wird langsam 1,63 Vol. (26 l) Aceton von — 10° C zugegeben und das Ganze 18 Std bei dieser Temperatur aufbewahrt. Vom Niederschlag, der neben den Salzen fast die gesamte Penicillinaseaktivität enthält, wird dekantiert und bei + 2° C filtriert. Das Enzym wird durch Zugabe von 2 kg Eis-Wasser-Gemisch, 16stündiges Stehenlassen bei 5° C und Abfiltrieren zu 84 % in Lösung gebracht. Die meisten Salze (Phosphate) bleiben ungelöst. Das Filtrat wird lyophilisiert (86,25 g) und 24 g vom angefallenen Pulver mit 70 ml Wasser vermischt und direkt gegen 0,60 -gesättigte $(NH_4)_2SO_4$ bei p_H 7,0 und 2 Wechseln von 1 l bei + 2° C dialysiert. Nach Äquilibrierung innen und außen wird das ungelöste Material abgetrennt und verworfen. Die enzymhaltige Lösung (90 ml) wird durch Sättigung mit $(NH_4)_2SO_4$ ausgefällt.

Der Niederschlag wird in 30 ml 0,1 m Kaliumphosphatpuffer p_H 7,0 gelöst und durch Dialyse gegen zunehmende Konzentration von $(NH_4)_2SO_4$-Lösung bei + 2° C fraktioniert ausgefällt. Der sich zwischen 0,67 und 0,83 bildende Niederschlag (62 % der Enzymaktivität) wird gesammelt und gegen 0,1 m Kaliumphosphat p_H 7,0 dialysiert.

Die Lösung (7 ml) wird bis zur Bildung von Eiskristallen abgekühlt und dann langsam tropfenweise unter Rühren mit — 20° C kaltem Äthanol bis zu 40 %iger Konzentration

[1] Ferrero, E., e B. Gradnik: Boll. Soc. ital. Biol. sperim. **36**, 1252 (1960).
[2] Moat, A. G., L. N. Ceci and A. Bondi: Proc. Soc. exp. Biol. Med. **107**, 675 (1961).
[3] Novick, R. P.: Biochem. J. **83**, 229 (1962).
[4] Rhodes, H. K., M. Goldner and R. J. Wilson: Canad. J. Microbiol. **7**, 355 (1961).
[5] Dineen, P.: J. Immunol. **86**, 496 (1961).
[6] Wallmark, G., and M. Finland: Proc. Soc. exp. Biol. Med. **106**, 78 (1961).
[7] Kaminski, Z. C.: Arch. Biochem. **97**, 578 (1962).
[8] Muftic, M. K.: Exper. **18**, 17 (1962).
[9] Abraham, E. P.; in: Sumner-Myrbäck Bd. I/2, S. 1170.
[10] Irrgang, K., u. U. Dörnbrack: Z. ges. inn. Med. **3**, 455 (1948).
[11] Pollock, M. R., A. M. Toriani and E. J. Tridgell: Biochem. J. **62**, 387 (1956).
[12] Sneath, P. H. A.: J. gen. Microbiol. **13**, 561 (1955).

(Gew./Vol.) versetzt. Das ausgefällte Enzym wird über Nacht bei — 2° C stehengelassen, dann abzentrifugiert, in Wasser (4 ml Endvolumen) resuspendiert und gerade so viel m Kaliumphosphatpuffer p_H 7,0 zugefügt, um den Niederschlag bei + 2° C in Lösung zu bringen. Diese ist von hellbrauner Farbe, hat 3 % Proteingehalt und bildet bei Abkühlung von + 2 auf — 2° C schnell einen Niederschlag.

Bei langsamem Abkühlen auf — 2° C und zweiwöchigem Stehen bildet sich ein mit Kristallen durchsetzter, amorpher Niederschlag, der sich bei Zimmertemperatur löst. Bei Wiederabkühlung auf — 2° C treten in den folgenden Tagen Kristallabscheidungen auf, die sich bei Zimmertemperatur relativ rasch wieder auflösen. Bei + 2° C abzentrifugierte Kristalle lassen sich in kleinen Mengen eiskalten Wassers waschen und durch Zufügung einer minimalen Menge (0,01 ml) m Kaliumphosphat p_H 7,0 zur wäßrigen Suspension lösen und durch Aufbewahrung bei — 2° C in Alkoholatmosphäre (30 %iger Alkohol) in 8—18 Tagen wieder zur Abscheidung bringen. Über Anreicherung und Ausbeute siehe Tabelle 107.

Tabelle 107. *Reinigungsstufen bei der Darstellung kristallisierter Penicillinase aus Bac. cereus 5 B.*

Reinigungsstufe	Aktivität (Einheit/ml)	Volumen (ml) oder Gewicht (g)	Gesamt-aktivität (Einheit)	Spezifische Aktivität *	Ausbeute %
Zellfreie Kulturflüssigkeit	$2{,}08 \times 10^3$	100000 ml	$2{,}08 \times 10^8$		100
Konzentrat Kulturflüssigkeit	$1{,}25 \times 10^4$	16000 ml	$2{,}01 \times 10^8$		97
Acetonpulver (28 % des gesamten Trockenrückstandes)		24 g	$5{,}0 \times 10^7$	$2{,}83 \times 10^5$	86
In 0,6 gesättigtem $(NH_4)_2SO_4$ bei + 2° C lösliches	$1{,}67 \times 10^6$	30 ml	$5{,}0 \times 10^7$	$8{,}45 \times 10^5$	86
Niederschlag zwischen 0,67 und 0,84 $(NH_4)_2SO_4$-Sättigung bei + 2° C	$4{,}8 \times 10^6$	7 ml	$3{,}37 \times 10^7$	$1{,}34 \times 10^6$	58
Äthanolpräcipitat in 0,1 m Phosphat . . .	$5{,}95 \times 10^6$	4 ml	$2{,}37 \times 10^7$	$1{,}43 \times 10^6$	41
Kristalle				$1{,}59 \times 10^6$	
Nach Umkristallisieren				$1{,}48 \times 10^6$	

* Einheit/mg nicht dialysablen N.
Eine Einheit: Enzymmenge, die 1 μM Penicillin in 1 Std bei p_H 7,0 und 30° C hydrolysiert. Die Penicillinasebestimmung erfolgt manometrisch im WARBURG-Gerät (1 M freigesetztes CO_2 pro 1 M Penicillin).

***Darstellung einer kristallisierten penicillininduzierten Exopenicillinase aus Bac. cereus NRRL 569 nach* KOGUT *u. Mitarb.*[1].**

Penicillin wird zur Kultur von *B. cereus 569* hinzugefügt (1 E/ml), wenn die Zellkonzentration 0,1 mg Mikroben-Trockengewicht/ml erreicht hat, und dann wieder bis zu einer Endkonzentration von 100 E/ml bei Erreichen von 0,25 mg Mikrobentrockengewicht pro ml. Die Kultur aus 100 ml einer mit Sporen inoculierten Peptonbrühe (S-Brühe nach [2]) wird zu 5 l CH/C-Medium gegeben und bei 35° C bis zur Bildung einer Opalescenz geschüttelt (etwa 0,5 mg Trockenmikroben/ml).

CH/C-Medium: 10 g Difco-Casaminosäuren (techn.), 2,72 g KH_2PO_4, 5,88 g Natriumcitrat in 200 ml Wasser gelöst; mit konz. NaOH auf p_H 7,2 eingestellt, Wasser ad 1 l; im Autoklaven sterilisiert. Danach Zugabe von 10 ml einer im Autoklaven sterilisierten Lösung mit 0,51 g $MgSO_4 \cdot 7\, H_2O$ und 3 ml 0,16 %ige Lösung von $(NH_4)_2\, Fe(SO_4)_2 \cdot 6\, H_2O$. Obige opalescente Lösung wird zu 320 l CH/C-Medium zugesetzt und bei 35° C unter schnellem Rühren kräftig belüftet. Wachstum bis zur Zellkonzentration von 1,0—1,5 mg/ml. Als Antischaummittel 20—50 g Silicon A in Petroläther. Ansteigen des p_H über 7,8

[1] KOGUT, M., M. R. POLLOCK and E. J. TRIDGELL: Biochem. J. 62, 391 (1956).
[2] POLLOCK, M. R., and C. J. PERRET: Brit. J. exp. Path. 32, 387 (1951).

durch Zusetzen von konz. HCl verhindern. Nach Abkühlung auf 0° C werden die Zellen abzentrifugiert, etwa 15 % der gesamten Enzymaktivität bleiben mit ihnen verbunden.

Die zellfreie Flüssigkeit wird mit 1 kg Glaspulver zur Adsorption des Enzyms versetzt und unter gelegentlichem Umrühren über Nacht stehengelassen (90—95 % Enzymadsorption nach 3 Std). 1 g Glaspulver adsorbiert etwa 1 mg Penicillinase. Große Mengen anderer Proteine, z.B. 1 % Gelatine, können Adsorption hemmen. Das abzentrifugierte Glaspulver wird mit 500 ml — 20° C kaltem Aceton zur Entfernung der Lipide gewaschen, nach Abzentrifugieren zur Entfernung des Acetons zweimal mit je 1 l 0,02 m Kaliumcitrat p_H 7,0. Elution des Enzyms durch drei aufeinanderfolgende Waschungen mit je 400 ml 0,5-gesättigtem $(NH_4)_2SO_4$, die 0,1 m Kaliumphosphatlösung enthalten und mit wäßrigem NH_3 auf p_H 8,5 gebracht werden. Die Elution erfolgt sehr rasch, so daß sofort nach der Suspension des Glaspulveradsorbates in der $(NH_4)_2SO_4$-Lösung wieder abzentrifugiert werden kann. Das Glaspulver kann zur Wiederverwendung durch Waschen mit dest. Wasser, Erwärmen mit 10 %iger NaOH, bis kein NH_3 mehr frei wird, nachfolgende Auswaschung mit Wasser zur Entfernung der NaOH und Trocknen bei 105° C regeneriert werden.

Aus den vereinigten $(NH_4)_2SO_4$-Eluaten wird bei + 2° C durch Zugabe von $(NH_4)_2SO_4$ bis zur Vollsättigung bei p_H 7,0 die Penicillinase ausgefällt, das Gemisch über Nacht bei — 2° C stehengelassen, auf einem Büchner-Trichter abfiltriert, in einem möglichst kleinen Volumen (etwa 50 ml) 0,1 m Kaliumphosphatpuffer p_H 7,0 gelöst und zur Entfernung des $(NH_4)_2SO_4$ gegen 3 Wechsel 0,01 m Kaliumphosphatpuffer p_H 7,0 dialysiert. Danach wird das angefallene Volumen (etwa 100 ml) gegen $(NH_4)_2SO_4$ p_H 7,0 dialysiert, so daß eine Endsättigung innen und außen von 0,6 erreicht wird. Ein geringer Niederschlag wird abzentrifugiert und verworfen. Nun folgt Dialyse bei p_H 7,0 gegen $(NH_4)_2SO_4$-Lösungen steigender Konzentration (0,67-, 0,75-, 0,83-Sättigung). Die bei 0,67 und 0,75 ausfallenden Fraktionen werden vereinigt (etwa 80 % des Gesamtenzyms), in etwa 10 ml 0,1 m Kaliumphosphatpuffer p_H 7,0 gelöst und zur Entfernung des $(NH_4)_2SO_4$ gegen diesen Puffer dialysiert. Durch Zugabe von Alkohol (— 20° C, 80 % *V/V*) wird das Enzym gefällt, in etwa 4 ml 10^{-2} Kaliumphosphatpuffer p_H 7,0 bei + 2° C gelöst und nach dem bei der Darstellung der konstitutiven Penicillinase erwähnten Verfahren (vgl. S. 211) in Alkoholatmosphäre (Einstellen in verschlossenes Gefäß mit 40 %igem Alkohol) im Verlauf von 28—35 Tagen kristallisiert. Über Anreicherung und Reinigung vgl. Tabelle 108.

Tabelle 108. *Reinigungsstufen bei der Darstellung kristallisierter Penicillinase aus Bac. cereus NRRL 569.*

Reinigungsstufe	Volumen (ml)	Gesamt-aktivität (Einheit)	Spezifische Aktivität	Ausbeute %
Zellfreie Kulturflüssigkeit	320000	$32,6 \times 10^7$	$0,287 \times 10^6$	100
Vereinigte Glaspulvereluate (0,5-gesättigtes $(NH_4)_2SO_4$)	1010	$19,5 \times 10^7$		60
Präcipitat aus gesättigtem $(NH_4)_2SO_4$; gelöst durch Dialyse gegen Phosphatpuffer	199	$16,2 \times 10^7$	$2,25 \times 10^6$	49,8
0,6-$(NH_4)_2SO_4$-gesättigte Enzymlösung	100	$15,0 \times 10^7$		46
Vereinigte Fraktionen bei 0,67- und 0,75-Sättigung mit $(NH_4)_2SO_4$; gelöst und dialysiert in Phosphatpuffer	11,9	$12,9 \times 10^7$	$2,18 \times 10^6$	39,6
Kristalle			$2,02 \times 10^6$	

Erläuterungen vgl. Legende Tabelle 107.

Über Isolierung einer radioaktiv markierten Penicillinase vgl. [1].

Über Darstellung zellfreier Staphylokokken-Penicillinase-Konzentrate vgl. [2].

[1] POLLOCK, M. R., and M. KRAMER: Biochem. J. 70, 665 (1958).

[2] GOLDNER, M., and R. J. WILSON: Canad. J. Microbiol. 7, 45 (1961).

Eigenschaften. Über physikalisch-chemische und Aktivitätseigenschaften hochgereinigter bzw. kristallisierter Penicillinasepräparationen vgl. Tabelle 109.

Tabelle 109. *Physikalisch-chemische und Aktivitätseigenschaften hochgereinigter bzw. kristallisierter Penicillinasepräparationen aus Bac. cereus 569, 569 H und 5 B* (nach KOGUT u. Mitarb.[1]).

Eigenschaft	Konstitutive Penicillinase aus B. cereus 569 H	Induzierte Penicillinase aus B. cereus 569	Konstitutive Penicillinase aus B. cereus 5 B
Elektrophoretische Beweglichkeit ($cm^2/V/sec$), Glykokoll-NaCl, $\mu = 0,2$, p_H 8,4			
aufsteigend	$-1,73 \times 10^{-5}$	$-1,68 \times 10^{-5}$	
absteigend	$-1,65 \times 10^{-5}$	$-1,70 \times 10^{-5}$	$-3,48 \times 10^{-5}$
Acetat, $\mu = 0,2$; p_H 5,5			
aufsteigend	$-0,55 \times 10^{-5}$	$-0,63 \times 10^{-5}$	
absteigend	$-0,45 \times 10^{-5}$	$-0,49 \times 10^{-5}$	
Spezifische Enzym-Aktivität (*E*/mg Protein-N)	$2,11 \times 10^{6}$	$2,02 \times 10^{6}$	$1,53 \times 10^{6}$
Sedimentationskonstante $S_{20\,\omega}$			
0,9% Protein	$2,83 \times 10^{-13}$	$2,68 \times 10^{-13}$	
0,3% Protein	$2,80 \times 10^{-13}$	$2,66 \times 10^{-13}$	$2,82 \times 10^{-13}$
Diffusionskoeffizienten	$9,01 \times 10^{-7}$	$8,28 \times 10^{-7}$	$7,8 \times 10^{-7}$
Mol.-Gewicht	30600	31500	35200
Molekulare Aktivität (hydrolysierte Substratmoleküle je Mol Enzym/min bei 30° C; p_H 7,0) (Wechselzahl)	$1,62 \times 10^{5}$	$1,60 \times 10^{5}$	$1,48 \times 10^{5}$
$E_{1\,cm}^{280\,m\mu}$ (1,0 mg N/ml)	6,35	6,0	7,35

Es zeigt sich, daß die konstitutive Penicillinase des Stammes 569 H, einer Spontanmutation des Stammes 569, von der penicillininduzierten Penicillinase des Stammes 569 nicht signifikant unterschiedlich ist. Der I.P. für beide Enzyme muß etwas unter p_H 5,5 liegen[1]. Dagegen ist die konstitutive Penicillinase von *B. cereus 5 B* physikochemisch deutlich von den beiden anderen zu unterscheiden. Der I.P. wird etwas oberhalb p_H 5,0 angegeben. An Aminosäuren finden sich nach Hydrolyse in 6 n HCl bei 105° C (36 Std) besonders hohe Anteile für Glutaminsäure und Asparaginsäure (zusammen etwa 15% des Gesamtgewichtes) sowie für basische Aminosäuren, jedoch weder Cystin noch Methionin[2]. Verhältnis Leucin/Isoleucin 0,97. Inkorporierung von p-Fluorphenylalanin bei der Biosynthese der Exopenicillinase durch *Bac. cer. 569 H* führt zu etwa 60%iger Herabsetzung der spezifischen Aktivität bei gleicher Bildungsrate des Enzyms[3].

Die Exo-(α)Penicillinase des Stammes 569 H (zur Definition der Namen vgl. S. 210) ist durch homologe Antikörper (Anti-α-Penicillinase-Serum des mit induzierter 569-Exopenicillinase immunisierten Kaninchens [γ-Globulin-Fraktion]) zu neutralisieren[4, 5]. Die zellgebundene γ-Penicillinase desselben Stammes bleibt in Gegenwart des Antiexopenicillinase-Serums aktiv, läßt sich jedoch im Gegensatz zur α-Penicillinase durch 0,0025 m J_2 inaktivieren und besitzt im alkalischen Bereich geringere Aktivität[6]. Die α-Penicillinase kann durch Alkalibehandlung (0,033 n NaOH) oder durch Adsorption an Glaspulver- oder Zelloberflächen in jodempfindliche γ-Penicillinase überführt werden (bei 10 min NaOH-Behandlung reversibel)[7].

[1] KOGUT, M., M. R. POLLOCK and E. J. TRIDGELL: Biochem. J. **62**, 391 (1956).
[2] POLLOCK, M. R., A. M. TORIANI and E. J. TRIDGELL: Biochem. J. **62**, 387 (1956).
[3] RICHMOND, M. H.: Biochem. J. **74**, 8 P (1960).
[4] POLLOCK, M. R.: J. gen. Microbiol. **14**, 90 (1956).
[5] CITRI, N., and G. STREJAN: Nature **190**, 1010 (1961).
[6] POLLOCK, M. R.: J. gen. Microbiol. **15**, 154 (1956).
[7] CITRI, N.: Biochim. biophys. Acta **27**, 277 (1958).

Über die Bedeutung spezifischer Nucleinsäuren bei der induzierten Penicillinasesynthese und den Einfluß von Ribonuclease, Penicillin, Purinen und Pyrimidinen, hierauf vgl. [1–5]. Relativ stabil sind Penicillinasepräparationen bei p_H 7,0; ober- und unterhalb dieses Wertes liegen von Präparation zu Präparation je nach Reinheitsgrad und Herkunft unterschiedliche Empfindlichkeitsgrade vor. Gegenüber Redoxsubstanzen besteht zwischen Redoxpotentialen von 150—600 mV Stabilität. Aktiver H_2, Cystein, H_2O_2, J_2 1 Std auf das Enzym vor der Aktivitätsbestimmung zur Einwirkung gebracht, zerstören das Enzym zu 50—100 % [6]. Papainbehandlung (p_H 5) inaktiviert Penicillinase[6]. Über den Einfluß von Harnstoff und Guanidin-HCl auf die Penicillinaseaktivität vgl. [7, 8]. Verdünnte Lösungen gereinigter Enzympräparationen verlieren relativ rasch an Aktivität, sind jedoch bei 0° C beständiger. Rohpräparationen vertragen manchmal sogar Erwärmung auf 100° C für mehrere min ohne nennenswerten Aktivitätsverlust. Zusatz von Makromolekülen, z.B. 1 %iger Gelatine, übt deutliche Schutzwirkung aus[9]. In der Thermostabilität der Penicillinasen finden sich erhebliche Unterschiede je nach Reinheitsgrad und Herkunft des Enzyms und sonstigen Bedingungen (p_H usw.)[10].

Das p_H-Optimum der Penicillinasen ist je nach Herkunft verschieden. Es wird für die meisten Präparationen um p_H 7,0 in Hydrogencarbonatpuffer angegeben, zuweilen ist bis p_H 8 gute Aktivität festgestellt, während im schwach sauren Bereich (unter p_H 6,5) die Aktivität rasch abfällt[6, 11, 12].

Das Temperaturoptimum der Penicillinasewirkung liegt bei 36° C[6], jedoch sind Enzymbestimmungen auch bei 25° C[13] und 30° C üblich[14]. Q_{10}-Werte liegen niedrig (nicht über 1,56). Aktivierungsenergie für Exopenicillinase *Bac. cer. 569* gegenüber Benzylpenicillin $5{,}3 \pm 0{,}3$ kcal/Mol[15].

Penicillinasepräparationen aus *Bac. cereus NRRL B-569* werden durch folgende Substanzen nicht beeinflußt: Natriumazid (0,15 m), KCN (0,01 m), Diäthyldithiocarbamat (6×10^{-3} m), Äthylurethan (0,8 m), Natriumsulfadiazin (8×10^{-4} m), NaF (0,2 m), Formaldehyd (0,5 m), Natriumthioglykolat ($4{,}4 \times 10^{-3}$ m), Natrium-p-chlormercuribenzoat (10^{-3} m), Jodacetamid (0,05 m), Natriumjodacetat (0,045 m), Hefenucleinsäure (0,001 %), Desoxyribonucleinsäure (0,001 %), Ascorbinsäure (0,05 m), Äthanol (0,01 m), Aceton (8×10^{-3} m), Amylacetat ($3{,}4 \times 10^{-3}$ m), $K_3[Fe(CN)_6]$ (6×10^{-3} m). Fe^{+++} (5—50 μg/ml) bedingt 25—95 %ige Hemmung, ebenso Ca^{++} (12,5 und 25 μg/ml) 30 bzw. 65 %. Bis 100 μg sind Co^{++}, Mg^{++} und Zn^{++} ohne Einfluß, ebenso Methionin (5×10^{-2} m) und D,L-Phenylalanin ($6{,}7 \times 10^{-5}$ bis $1{,}3 \times 10^{-3}$ m)[1]. Dagegen wirken β-Mercaptovalin (Penicillamin) und 2-Benzylglyoxalin hemmend[16]. Dialyse bedingt wenig oder keinen Aktivitätsverlust. Auf Grund der bisher sehr unterschiedlichen Angaben über Aktivatoren und Inhibitoren der Penicillinasen können zuverlässige Rückschlüsse über prosthetische Gruppen, über Bedarf an Coenzym oder essentiellen Aktivatoren nicht gemacht werden[10].

---

[1] Kramer, M., and F. B. Straub: Biochim. biophys. Acta **21**, 401 (1956).
[2] Kramer, M.: Acta physiol. hung. **11**, 125 (1957).
[3] Kramer, M., u. F. B. Straub: Acta physiol. hung. **11**, 133 (1957).
[4] Kramer, M., u. F. B. Straub: Acta physiol. hung. **11**, 139 (1957).
[5] Csányi, V., u. M. Krámer: Acta biol., Budapest, Suppl. **3**, 40 (1959).
[6] Henry, R. J., and R. D. Housewright: J. biol. Ch. **167**, 559 (1947).
[7] Citri, N., and N. Garber: Biochim. biophys. Acta **30**, 664 (1958).
[8] Citri, N., N. Garber and M. Sela: J. biol. Ch. **235**, 3454 (1960).
[9] Manson, E. E. D., and M. R. Pollock: J. gen. Microbiol. **8**, 163 (1953).
[10] Pollock, M. R.; in: Boyer-Lardy-Myrbäck, Enzymes Vol. IV, S. 269.
[11] Banfield, J. E.: Exper. **13**, 403 (1957).
[12] Abraham, E. P.; in: Sumner-Myrbäck Bd. I/2, S. 1170.
[13] Wise, W. S., and G. H. Twigg: Analyst **75**, 106 (1950).
[14] Pollock, M. R.: Brit. J. exp. Path. **31**, 739 (1950).
[15] Abraham, E. P., and G. G. F. Newton: Biochem. J. **63**, 628 (1956).
[16] Behrens, O. K., and L. Garrison: Arch. Biochem. **27**, 94 (1950).

Die Spezifität der Penicillinasewirkung ist offenbar gerichtet auf die Penicillinstruktur mit dem β-Lactam-Thiazolidinringsystem. Vorliegen eines β-Lactamringes allein, z.B.

```
Desthiopenicillin (H3C)2CH—CH—COOH
                            |
                            N
                         /     \
                     H2C         C=O
                         \     /
                           CH
                           |
                           NHCO—R
```

läßt keine Lactamasewirkung der Penicillinase erkennen. Dagegen werden alle Penicilline, die sich im Rest R (Formel, S. 210) unterscheiden, durch das Enzym angegriffen (vgl. Tabelle 110)[1–3]. Über Angreifbarkeit halbsynthetischer Penicilline und ihre die Penicillinasebildung induzierende Wirkung sowie über die Kinetik ihrer Spaltung vgl. [4–8]. Der Penicillin-„Kern“ (6-Aminopenicillansäure) wird durch Penicillinase von *Bac. cer.* zerstört, allerdings viel langsamer als Benzylpenicillin[9]. Über Wechselwirkungen dieser Säure und ihrer Derivate mit Penicillinasen (*Bac. cer.*, *Staphyloc. aur.*) vgl. [10–12].

Tabelle 110. *Penicillinasewirkung auf verschiedene Penicilline.*

-Penicillin, Na-Salz	*K*-Quotient*	-Penicillin, Na-Salz	*K*-Quotient*
Benzyl-	1,00	Isopropylmercaptomethyl-	1,02
p-Hydroxybenzyl-	1,00	Phenylselenomethyl-	1,01
Phenoxymethyl-	1,40	p-Methoxybenzyl-	0,98
β-Phenoxyäthylmercaptomethyl- . .	1,17	Isoamylmercaptomethyl-	0,97
β-Bromallylmercaptomethyl-	1,17	n-Butylmercaptomethyl-	0,92
α-Thiophenmethyl-	1,15	n-Propylmercaptomethyl-	0,92
m-Trifluormethylphenylmercapto-		m-Fluorbenzyl-	0,90
methyl	1,14	p-Tolylmethyl-	0,83
Allylmercaptomethyl-	1,08	Cyclopentylmethyl-	0,79
o-Fluorbenzyl-	1,07	Δ^2-Pentenyl-	0,79
Äthylmercaptomethyl-	1,05	n-Heptyl-	0,59—0,69
p-Brombenzyl-	1,02	p-Aminobenzyl-	< 1

* Verhältnis der Spaltungsgeschwindigkeit der aufgeführten Penicilline zu der des Benzylpenicillins, berechnet nach einem Reaktionsverlauf 0. Ordnung für die Penicillinase und der willkürlich gleich 1 gesetzten Spaltungsgeschwindigkeit des Benzylpenicillins.

Rohe Penicillinasepräparationen aus *Bac. subtilis* können Enzymaktivitäten enthalten, die die Antibiotica Helvolinsäure und Cephalosporin P inaktivieren[13].

Die Wechselzahl der Penicillinasen ist sehr hoch (vgl. Tabelle 109). Die Reaktion ist bei hohem Substratüberschuß (200—3500 E/ml) nach einem Verlauf 0. Ordnung zu beschreiben. Es besteht bis zur annähernden Sättigung des Substrats mit dem Enzym

[1] Henry, R. J., u. R. D. Housewright: J. biol. Ch. **167**, 559 (1947).
[2] Behrens, O. K., and M. J. Kingkade: J. biol. Ch. **176**, 1047 (1948).
[3] Tosoni, A. L., D. G. Glass and L. Goldsmith: Biochem. J. **69**, 476 (1958).
[4] Auhagen, E., u. A. M. Walter: Arzneim.-Forsch. **12**, 733 (1962).
[5] Auhagen, E., C. Gloxhuber, G. Hecht, T. Knott, E. Rauenbusch, J. Schawartz, J. Schmid, W. Scholtan u. A. M. Walter: Arzneim.-Forsch. **12**, 751 (1962).
[6] Auhagen, E., C. Gloxhuber, G. Hecht, T. Knott, H. Otten, E. Rauenbusch, J. Schmid, W. Scholtan, u. A. M. Walter: Arzneim.-Forsch. **12**, 781 (1962).
[7] Rauenbusch, E.: Med. u. Chem. **7**, 466 (1963).
[8] Auhagen, E., u. E. Rauenbusch: H. **333**, 260 (1963).
[9] Batchelor, F. R., F. P. Doyle, J. H. C. Nayler and G. N. Rolinson: Nature **183**, 257 (1959).
[10] Garber, N., and N. Citri: Biochim. biophys. Acta **62**, 385 (1962).
[11] Citri, N., and N. Garber: Biochim. biophys. Acta **67**, 64 (1963).
[12] Crompton, B., M. Jago, K. Crawford, G. G. F. Newton and E. P. Abraham: Biochem. J. **83**, 52 (1962).
[13] Burton, H. S., and E. P. Abraham: Biochem. J. **50**, 168 (1952).

lineare Abhängigkeit zwischen log K (Reaktionsgeschwindigkeit) und log p (Penicillinasekonzentration)[1, 2].

Penicillinase-Einheit. Eine Einheit nach[3]: Enzymmenge, die 1 μM Benzylpenicillin pro Std bei 30° C und p_H 7,0 hydrolysiert. Eine Einheit nach[4]: Enzymmenge, die 0,1 μM (59,3 Oxford-Einheiten oder 35,6 μg Benzylpenicillin-Na) pro Std bei 25° C und p_H 7,0 hydrolysiert.

Bestimmung. Neben mikrobiologischen Bestimmungsverfahren, die auf der Erfassung des durch Penicillinase nicht umgesetzten Penicillins in seiner Wirksamkeit gegenüber penicillinempfindlichen Mikroorganismen beruhen, kommen hauptsächlich zwei chemische Methoden zur Anwendung, die auf der Bestimmung der bei der enzymatischen Penicillinspaltung gebildeten Penicilloinsäure (vgl. Formulierung S. 210) durch Titration oder durch Messung des durch sie aus $NaHCO_3$ freigesetzten CO_2 beruhen:

1. Penicillinasebestimmung durch elektrometrisch-titrimetrische Messung der Penicilloinsäure nach Wise *und* Twigg[5].

Reagentien:

1. Benzylpenicillinlösung, 200—300 Einheiten/ml.
2. 0,01 n NaOH.

Ausführung:

Bei 25° C und unter Durchleiten eines CO_2-freien Luftstromes werden 50 ml einer Benzylpenicillinlösung mit der aus einer Bürette zulaufenden NaOH auf p_H 7,0 eingestellt. Danach wird eine bekannte Menge der auf p_H 7,0 eingestellten Penicillinasepräparation zugegeben. Nun wird laufend 0,01 n NaOH aus der Bürette mit einer Geschwindigkeit zugegeben, daß der p_H-Wert bei 7,0, mit der Glaselektrode gemessen, konstant bleibt. Bürettenablesungen im Abstand von 1 min. Bei der graphischen Aufzeichnung der Bürettenablesungen gegen die Zeit (in Minuten) ist die Steigung der Geraden proportional der Enzymmenge.

1 ml verbrauchte 0,01 n NaOH entspricht der Spaltung von 10 μM Penicillin.

Über Berechnung der Einheiten vgl. oben.

2. Penicillinasebestimmung durch manometrische Messung von CO_2 nach Henry *und* Housewright[1] *sowie* Pollock[6].

Das durch die entstandene Penicilloinsäure aus $NaHCO_3$-Lösung bei p_H 7,0 freigesetzte CO_2 wird manometrisch im Warburg-Gerät gemessen. Die Geschwindigkeit der CO_2-Bildung ist linear zur Penicillinaseaktivität.

Reagentien:

1. 0,043 m $NaHCO_3$-Lösung.
2. Benzylpenicillin, 100000 E/ml.
3. CO_2 (gasförmig).
4. N_2.

Ausführung:

In den Hauptraum des Warburg-Gefäßes werden 1—2 ml der Enzympräparation, deren Hydrogencarbonatgehalt bei Verwendung von Rohpräparationen mit CO_2-bindenden Substanzen, wie Aminosäuren u. a., gegebenenfalls getrennt zu bestimmen und bei der p_H-Einstellung zu berücksichtigen ist, zu 0,5 ml $NaHCO_3$-Lösung gegeben und das Volumen gegebenenfalls zu 2,5 ml mit Wasser aufgefüllt. Der seitliche Ansatz wird mit 0,1 ml

---

[1] Henry, R. J., and R. D. Housewright: J. biol. Ch. **167**, 559 (1947).
[2] Banfield, J. E.: Exper. **13**, 403 (1957).
[3] Pollock, M. R., et A. M. Torriani: Cr. **237**, 276 (1953).
[4] Levy, G. B., Nature **166**, 740 (1950).
[5] Wise, W. S., and G. H. Twigg: Analyst **75**, 106 (1950).
[6] Pollock, M. R.: Brit. J. exp. Path. **31**, 739 (1950).

Lösung von Benzylpenicillin, 0,1 ml $NaHCO_3$-Lösung und 0,3 ml Wasser versehen. Der Gasraum des Manometers wird mit einem Gemisch aus 5% CO_2 und 95% N_2 gefüllt. Nach eingetretener Äquilibrierung der Manometer durch Schütteln der Gefäße bei 30° (etwa 100 Schwingungen/min 20 min lang) wird das System geschlossen und bei Konstanz der Manometerablesungen das Penicillin aus dem seitlichen Ansatz in den Hauptraum eingekippt. Eine konstante, der Penicillinasekonzentration lineare CO_2-Bildung setzt nach 1—4 min Schütteln ein. Die Geschwindigkeit bleibt auf gleicher Höhe, bis ungefähr 75—90% des Penicillins zerstört sind. Bestimmt wird die Geschwindigkeit in μl CO_2/min bei Ablesungen in 5—10 min-Intervallen. 1 μM CO_2 (= 22,4 μl bei 0° C und 760 mm) entspricht der Spaltung von 1 μM Penicillin.

Eine Enzymeinheit unter diesen Bedingungen vgl. S. 217.

Bei Penicillinasebestimmungen in Bakteriensuspensionen kann die Weiterproduktion des Enzyms durch Zugabe von 0,6 ml 0,005 m Oxin zu 3 ml der Suspension gestoppt werden.

Über Penicillinasebestimmung mit jodometrischen Verfahren vgl.[1,2], Mikromethode[3].

Zur Bewertung allgemein verwendeter Methoden zur Bestimmung der Staphylokokken-Penicillinase vgl. [4].

8. Hypertensinase (Angiotensinase)[5,6].

Unter Hypertensinase wird ein Enzym (oder ein Enzymgemisch) von vermutlich Aminopeptidasecharakter verstanden, das die blutdrucksteigernde Form des Hypertensins zu inaktivieren vermag. Derartige Wirkungen sind festgestellt bei zahlreichen Tieren in Serum und Plasma, in Erythrocyten und in Extrakten aus Niere, Leber, Darmschleimhaut, in rohen Reninpräparaten (vgl. Beitrag von LASKOWSKI, S. 300ff.), aber auch in Hefe[7], in Schlangengift von *Bothrops neuwidii* und daraus hergestellten L-Aminosäureoxydasepräparationen[8], verschiedenen Pflanzen[9] und Kulturflüssigkeiten von Pilzen *(Aspergillus, Streptomyces)*[10].

Inwieweit die hypertensin-inaktivierende Wirkung von biologischen Flüssigkeiten und Gewebsextrakten auf ein für Hypertensin spezifisches Enzym oder auf die Anwesenheit anderer proteolytischer Enzyme zurückzuführen ist, bedarf von Fall zu Fall der Untersuchung. Über Inaktivierung verschiedener Angiotensine durch Rattenserum und Humanplasma sowie durch Nierenhomogenat vgl.[11,12]. In Mikrosomen und Mitochondrien der Nieren von Ratte und Schwein ist die Hypertensinaseaktivität zehnmal höher als im Überstand der Organhomogenate[11]. An der Inaktivierung des Hypertensins durch Blutserum sind vermutlich mehrere Aminopeptidasen beteiligt[13]. Zur Abtrennung der Hypertensinasewirkung aus Reninpräparationen vgl. [14].

Das p_H-Optimum der Hypertensininaktivierung liegt je nach Herkunft der Präparation bei verschiedenen Werten (etwa zwischen p_H 4,0 und 9,0). Temperaturoptimum: verschieden (35—45° C).

Eine Hypertensinase-Einheit: Diejenige Enzymmenge, die in 4 Std unter den optimalen Bedingungen von p_H und Temperatur 0,5 Hundeeinheiten Hypertensin zerstört, d.h. biologisch unwirksam macht.

[1] CSÁNYI, V.: Acta physiol. hung. **18**, 261 (1961).
[2] TSCHAIKOWSKAJA, S. M., y. T. G. WENKINA: Antibiotiki, Moskva **7**, 453 (1962).
[3] NOWICK, R. T.: Biochem. J. **83**, 236 (1962).
[4] WOLFF, D. A., and M. HAMBURGER: J. Lab. clin. Med. **59**, 469 (1962).
[5] JUNKMANN, K.; in: Flaschenträger-Lehnartz Bd. II/2b, S. 579.
[6] BRAUN-MENENDEZ, E.: Pharmacol. Rev. **8**, 25 (1956).
[7] CROXATTO, R., and H. CROXATTO: Science, N.Y. **96**, 519 (1942).
[8] CROXATTO, H.: Proc. Soc. exp. Biol. Med. **62**, 146 (1946).
[9] GOLLAN, F., E. RICHARDSON and H. GOLDBLATT: J. exp. Med. **87**, 29 (1948).
[10] BING, J., O. R. HANSEN and S. A. THIEL: Acta physiol. scand. **30**, 115 (1954).
[11] DENGLER, H., u. G. REICHEL: Exper. **16**, 36 (1960).
[12] BRUNNER, H., u. D. REGOLI: Exper. **18**, 504 (1962).
[13] KLAUS, D., H. KAFFARNIK u. H. PFEIL: Kli. Wo. **1963**, 376.
[14] KEMP, E., and I. RUBIN: Arch. Biochem. **96**, 56 (1962).

Die Bestimmung beruht auf der Feststellung der Hypertensinmenge, die nach Inkubation einer Lösung von bekanntem Hypertensingehalt mit der zu bestimmenden Hyper tensinaselösung durch das Enzym zerstört wird. Testung der Hypertensinwirkung: Blutdruckwirkung an der mit Chloralose narkotisierten, mit 0,1 mg Ergotamintartrat vorbehandelten Katze. Zur papierchromatographischen Bestimmung der Serum-Angiotensinase s.[1].

9. Oxytocinase (Ocytocinase)[2, 3].

Definition. Unter Oxytocinase werden die Enzymaktivitäten von Aminopeptidasecharakter verstanden, die die biologische Aktivität des Oxytocins, gemessen am Uterus der Ratte oder an der Milch ejizierenden Wirkung am lactierenden Kaninchen, durch hydrolytische Spaltung der Cysteinyltyrosinbindung des Oxytocins (vgl. Formel) zerstören.

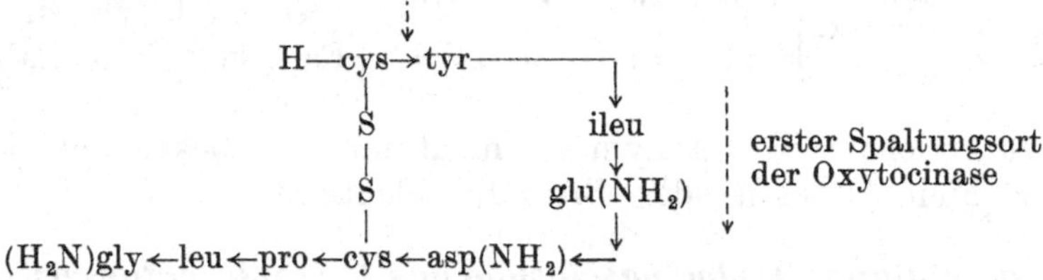

Es kann sich dabei, je nach Herkunft der Enzympräparation aus Leber, Niere, Placenta, Schwangeren- und Normalserum usw., um ein Gemisch mehrerer Aminopeptidasen oder, wie im menschlichen Schwangerenserum, um ein Enzym höherer Spezifität gegenüber Oxytocin handeln. Alle Oxytocinasepräparationen müssen außer zur Oxytocininaktivierung auch zur Spaltung von L-Cystin-di-β-naphthylamid befähigt sein, wobei jedoch nicht jede cystin-di-β-naphthylamid-spaltende Aktivität auf Anwesenheit der sog. Oxytocinase beruht, d.h. Oxytocin inaktiviert[4].

Es ist zweckmäßig, zwischen den sog. Gewebsoxytocinasen der Organe und der Serumoxytocinase der Schwangeren zu unterscheiden, die sich außer im Serum auch im Urin der Schwangeren nachweisen läßt[5]. Fetales Blut sowie Serum von Männern und nichtschwangeren Frauen sind frei von diesen als Cystinaminopeptidasen charakterisierten Enzymen[5].

Vorkommen. Oxytocin inaktivierende Enzymaktivitäten sind festgestellt worden im menschlichen Schwangerenserum bzw. -plasma[6–9] sowie in Organen wie Leber[8, 10, 11], Pankreas[8, 10], Placenta, Uterus[12, 13], Niere[11], Ovarien[14], Milchdrüsen[15], Erythrocyten[8, 12]. Die Serumoxytocinaseaktivität der Kreißenden liegt etwa 1000fach höher als die der nichtschwangeren Frau oder des Mannes[12]. 60facher Anstieg ist zwischen der Serumaktivität bei zweimonatiger Gravidität und Geburt festzustellen[16]. Unter Anwendung

[1] Klaus, D., H. Kaffarnik u. H. Pfeil: Kli. Wo. **1963**, 376.
[2] Tuppy, H.: Enzymic inactivation and degradation of oxytocin and vasopressin; in: Schachter, M. (Hrsg.): Polypeptides. S. 49, New York 1960.
[3] Heller, H.: Inactivation of vasopressin and oxytocin in vivo; in: Schachter, M. (Hrsg.): Polypeptides. S. 59, New York 1960.
[4] Wintersberger, E., u. K. P. Chatterjee: Mh. Chem. **93**, 1268 (1962).
[5] Page, E. W., M. A. Titus, G. Mohun and M. B. Glendening: Amer. J. Obstet. Gynec. **82**, 1090 (1961).
[6] Fekete, K. v.: Endokrinologie **7**, 364 (1930); **10**, 16 (1932).
[7] Werle, E., u. G. Effkemann: Arch. Gynäk. **171**, 286 (1941).
[8] Werle, E., u. K. Semm: Arch. Gynäk. **187**, 449 (1956).
[9] Berankova, Z., I. Rychlik u. F. Šorm: Coll. czech. chem. Comm. **26**, 1708 (1961).
[10] Berankova, Z., I. Rychlik u. F. Šorm: Exper. **15**, 298 (1959).
[11] Gulland, J. M., and T. F. F. Macrae: Biochem. J. **27**, 1383 (1933).
[12] Page, E. W.: Amer. J. Obstet. Gynec. **52**, 1014 (1946).
[13] Werle, E., A. Hevelke u. K. Buthmann: B. Z. **309**, 270 (1941).
[14] Fried, R., u. L. Wüst: Naturwiss. **41**, 238 (1954).
[15] Werle, E., u. L. Maier: Naturwiss. **41**, 380 (1954).
[16] Semm, K.: Kli. Wo. **1955**, 817.

des chromogenen Substrates Cystin-di-β-naphthylamid ist vom Beginn der Schwangerschaft bis zur Geburt ein Anstieg der Oxytocinaseaktivität um das 28fache festgestellt worden[1]. Bei den meisten trächtigen Tieren fehlt der Anstieg der Serumoxytocinase, lediglich bei Primaten und Mensch ist er eindeutig vorhanden (Tabelle 111)[2,3].

Die Gewebsoxytocinasen in Erythrocyten, Schweineovarien und Pankreas sind mit der Serum-Oxytocinase nicht identisch[4].

Auch Extrakte aus Pflanzen besitzen Oxytocin-inaktivierende Fähigkeit. Reichhaltigste Enzymausbeute ist aus Früchten von *Pisum sativum* zu erzielen[5]. Das Enzym ist nicht mit den bekannten proteolytischen Pflanzenenzymen Ficin, Papain oder Bromelin identisch.

Tabelle 111. *Oxytocininkativierung während der Inkubation bei 37° C.*

(40 mE Pitocin zu 1 ml unverdünntem Plasma zugesetzt.)

Art des Plasmas	Prozent Inaktivierung	
	20 min Inkubation	40 min Inkubation
0,9% NaCl-Lösung	—	6,4 ± 3,6
Plasma der Oestrus-Ratte . . .	9,5 ± 4,1	6,3 ± 3,5
Plasma der trächtigen Ratte .	13,0 ± 3,8	10,0 ± 7,1
Plasma der lactierenden Ratte	12,0 ± 4,7	9,0 ± 3,2
Plasma der Frau am letzten Tag der Schwangerschaft	91,0 ± 5,6	97 ± 0,7

Darstellung gereinigter Oxytocinaselösung aus Retroplacentarserum nach **Tuppy *und* Wintersberger**[6].

Zu 1000 ml durch Zentrifugieren von Blutkörperchen befreitem Retroplacentarserum werden 242 g festes Ammoniumsulfat (puriss.) unter gutem Rühren portionsweise zugegeben (40% Sättigung) und danach 10 min weiter gerührt. Sodann Abzentrifugieren des Niederschlages (1 Std, 1000 × g, 0° C), der verworfen wird. Die Lösung (1020 ml) wird durch Zugabe von 124 g Ammoniumsulfat auf 60% Sättigung gebracht und nach 10 min mit 30 g Hyflo-Supercel versetzt. Danach wird unter schwachem Vakuum durch eine Filterschicht (30 g Supercel mit 150 ml 60%ig gesättigtem Ammoniumsulfat zu einem Brei verrührt, auf eine Glassinternutsche G 1 gebracht) abgesaugt. Der so erhaltene Proteinniederschlag wird in 300 ml Wasser aufgeschlämmt, durch Zentrifugieren vom Hyflo-Supercel befreit, das an der Zentrifuge zweimal mit je 100 ml Wasser gewaschen wird. Die vereinigten überstehenden Lösungen werden über Nacht gegen fließendes Leitungswasser und 1 Tag gegen dest. Wasser dialysiert. Danach wird die Lösung mit 200 ml 0,1 m Triäthanolaminpuffer (TRA), p_H 7,4, versetzt und mit dest. Wasser auf 1000 ml aufgefüllt. Unter gutem Rühren erfolgt Zusatz von 200 ml 0,5%iger Lösung von Rivanol (2-Äthoxy-6,9-diamino-acridinlactat, Farbwerke Hoechst). Der Niederschlag wird 10 min bei 1000 × g abzentrifugiert und verworfen, die Lösung durch Zugabe weiterer 200 ml Rivanollösung gefällt. Ein sich absetzender öliger Niederschlag wird nach Dekantieren des Überstandes in 50 ml Phosphatpuffer (0,2, p_H 6,0) gelöst. Verdünnung der Lösung mit 50 ml Wasser und, zur Entfernung des Rivanols sowie eines Teils inaktiver Proteine, Behandlung mit 10 g Bentonit USP. Abzentrifugieren des Adsorbens bei 2500 × g und nochmaliges gutes Einrühren von weiteren 10 g Bentonit. 20 min bei 2500 × g zentrifugieren. Die Lösung (68 ml) wird mit 0,1 n NaOH auf p_H 7,4 gebracht und gegen 0,01 m TRA, p_H 7,4, dialysiert. Anschließend Chromatographie an Hydroxylapatitsäule (4 × 45 cm, mit 0,01 TRA, p_H 7,4, gut gewaschen) (Hydroxylapatit nach[7], jedoch statt Phosphatpuffer von p_H 6,8 solchen von p_H 7,4). Entwickelt wird mit

[1] Tuppy, H.: Enzymic inactivation and degradation of oxytocin and vasopressin; in: Schachter, M. (Hrsg.): Polypeptides. S. 49, New York 1960.
[2] Heller, H.: Inactivation of vasopressin and oxytocin in vivo; in: Schachter, M. (Hrsg.): Polypeptides. S. 59, New York 1960.
[3] Werle, E., K. Semm u. R. Enzenbach: Arch. Gynäk. **177**, 211 (1950).
[4] Werle, E., u. K. Semm: Arch. Gynäk. **187**, 449 (1956).
[5] Semm, K.: Naturwiss. **49**, 59 (1962).
[6] Tuppy, H., u. Wintersberger: Mh. Chem. **91**, 1001 (1960).
[7] Tiselius, A., S. Hjertén and Ö. Levin: Arch. Biochem. **65**, 132 (1956).

0,01 m TRA (p_H 7,4), Durchflußgeschwindigkeit 20 ml/Std. Sammeln von 8 ml-Fraktionen, deren Proteingehalt durch Messung der Extinktion bei 280 nm bestimmt wird. Die ersten drei proteinhaltigen Fraktionen (24 ml) enthalten etwa 11 % der chromatographierten Oxytocinase in reinster Form (4500fach angereichert) (vgl. Tabelle 112). In den folgenden 4—5 Fraktionen ist die Anreicherung etwa 3000fach.

Tabelle 112. *Reinigung der Oxytocinase aus Retroplacentarserum.*

Reinigungsstufe	Volumen ml	mg Protein/ml Lösung	Aktivität (mg freigesetztes β-Naphthylamin/ g Protein/Std)	Anreicherung	Aktivitätsausbeute %
Retroplacentarserum	1000	73	0,8	1	100
Ammoniumsulfatfällung	1000	20	1,8	2,3	63
Rivanolfällung und Behandlung mit Bentonit	68	22	13	162	34
Chromatographie auf Hydroxylapatit. . .	24	0,025	3640	4500	3,8

Substrat: L-Cystin-di-β-naphthylamid. Einzelheiten zur Durchführung der Aktivitätsbestimmungen vgl. diesen Abschnitt unter „Bestimmung" (S. 226).

Die bei der Chromatographie erhaltenen Enzymlösungen können durch Druckfiltration (Ultrafilter-Lsg. 60 der Membranfiltergesellschaft Göttingen) unter N_2-Druck auf $^1/_3$ bis $^1/_5$ des ursprünglichen Volumens konzentriert und mit 0,1 TRA auf p_H 7,4 eingestellt werden.

Herstellung gereinigter Oxytocinasepräparationen aus Schwangerenserum nach Čihař u. Mitarb.[1]

Als Ausgangsmaterial dient Schwangerenserum, das gemäß folgendem Schema nach Cohn u. Mitarb.[2] in Kombination mit dem Verfahren Nitschmann u. Mitarb.[3] fraktioniert wird.

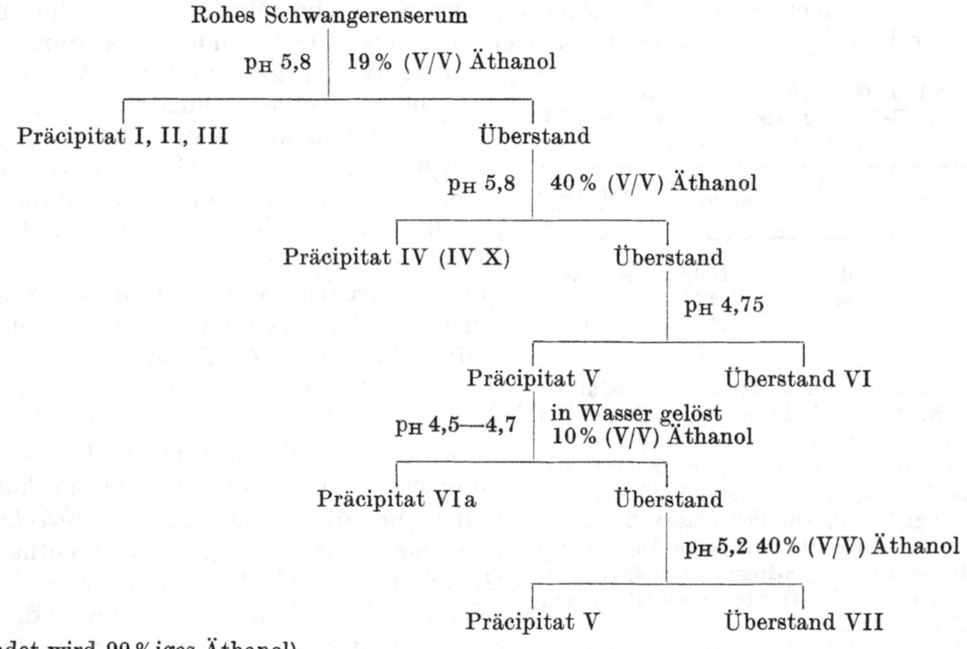

(Verwendet wird 99 %iges Äthanol)

Über die Oxytocinaseaktivitäten der einzelnen Fraktionen vgl. Tabelle 113.

[1] Čihař, M., Z. Berankova, I. Rychlik u. F. Šorm: Coll. czech. chem. Comm. **26**, 2632 (1961).

[2] Cohn, E. J., F. R. N. Gurd, D. M. Surgenor, B. A. Barnes, R. K. Brown, G. Derouaux, J. M. Gillespie, F. W. Kahnt, W. F. Lever, C. H. Liu, D. Mittelman, R. F. Mouton, K. Schmid and E. Uroma: Am. Soc. **72**, 465 (1950).

[3] Nitschmann, H., P. Kistler u. W. Lergier: Helv. **37**, 866 (1954).

Tabelle 113. *Verteilung der Oxytocinaseaktivität in den Fraktionen des Schwangerenserums* (vgl. vorstehendes Schema, S. 221).

Fraktion	Menge ml	Eiweiß pro Fraktion mg	Prozent Eiweiß (Serumprotein = 100 %)	Gesamt-aktivität	Prozent Aktivität (Serumaktivität = 100 %)	Spezifische Aktivität *
Serum	100	7400	100	528	100	0,0815
I, II, III	35	2050	31,6	53,9	9,0	0,0263
IV	80	3040	46,7	246	41	0,081
IV (X)	15	191	2,9	20,4	3,4	0,1066
V	40	745	11,5	105,6	17,6	0,142
VI	144	151	2,3	83,3	13,8	0,551
VIa	15	62	0,9	32,2	5,4	0,52
VII	119	18	0,3	39,3	6,6	2,18

* Spezifische Aktivität = Enzym-Einheiten Oxytocinase/mg Protein.

Bestimmung der Oxytocinaseaktivität: Inkubation der Oxytocinasepräparation bei 37° C in 0,05 m Trispuffer, p_H 7,0, unter Zugabe von Oxytocin (1 IE/ml). Ermittlung der nach Inkubation verbleibenden Restaktivität an Oxytocin am Rattenuterus.

Tabelle 114. *Verteilung der Oxytocinaseaktivität bei Refraktionierung der Fraktion IV.*

Fraktion	Menge ml	Eiweiß pro Fraktion mg	Eiweiß in Relativ-%	Gesamt-aktivität	Spezifische Aktivität	Prozent Aktivität (Fraktion IV = 100 %)
Serum	100	6497	100	578	0,0776	
IV	80	3040	46,7	246	0,081	100
IVB	50	911	14	159	0,174	64,5

Spezifische Aktivität und Bestimmung der Oxytocinaseaktivität vgl. Angaben der Tabelle 113.

Da die Fraktionen IV und V den größten Teil der Oxytocinaseaktivität enthalten, können mit ihnen weitere Anreicherungsschritte durchgeführt werden. Um mit der Fraktion IV mitgefälltes Albumin abzutrennen, kann sie in folgender Weise refraktioniert werden: 64 ml gelöste Fraktion IV werden bei 0° C unter Rühren allmählich mit 10,7 ml 53,3 %igem Äthanol versetzt. Der p_H wird dann auf 4,6 eingestellt. Das abgetrennte Präcipitat wird mit Wasser zu 44 ml gelöst, auf p_H 7,0 eingestellt und in gefrorenem Zustand aufbewahrt (Fraktion IVB) (Tabelle 114). Sie war, elektrophoretisch geprüft, frei von Albumin. Aus dieser Globulinfraktion IVB (20 ml) werden bei Durchlaufen einer *Ecteola*-Cellulosesäule (1 × 20 cm) nur 20 % der Oxytocinaseaktivität adsorbiert. Weitere Reinigung kann an DEAE-Cellulose erfolgen: in 3 ml einer DEAE-Cellulose-Austauschersuspension (60 mg/ml, 0,02 m Phosphatpuffer, p_H 7,0) werden 3 ml über *Ecteola*-Cellulose gereinigter, 180 mg Protein enthaltender Globulinfraktion IVB 20 min im Eisbad geschüttelt. Nach Zentrifugierung wird der Überstand abgetrennt (A) und der Austauscher dreimal mit Puffer gewaschen. Die Elution erfolgt mit 0,2 m Phosphatpuffer, p_H 5,0, unter Nachwaschen mit demselben Puffer (B, B') (Tabelle 115).

Tabelle 115. *Oxytocinase- und Peptidaseaktivität bei Reinigung der Globulinfraktion IV an DEAE-Cellulose.*

Fraktion	Eiweiß %	Ocytocinase-aktivität %	Peptidase-aktivität
IV B (1:1)	100	100	++++
A	46,5	57	++
B	6	30	+
B'	2,3	12	—

Nach Durchlaufen der *Ecteola*-Cellulosesäule wird die Fraktion 1:1 mit 0,01 m Phosphatpuffer, p_H 7,0 verdünnt. A ist die für die Adsorption an DEAE-Cellulose benutzte Lösung, B das erste, B' das zweite Eluat (vgl. Text). Die Peptidaseaktivität visuell durch chromatographische Analyse der Spaltprodukte von S-Benzyl-cysteinyl-tyrosinamid ermittelt. Oxytocinasebestimmung vgl. Tabelle 113.

Die Oxytocinaseaktivität der Albuminfraktion V zeigt anderes Adsorptionsverhalten. Gute Reinigung kann durch Adsorption an *Ecteola*-Cellulose (in 0,01 m Phosphatpuffer, p_H 7,0, suspendiert) erreicht werden, während die Hauptmenge der Ballastproteine unadsorbiert bleibt. 2 ml Fraktion V (mit 36 mg Eiweiß) werden mit 4 ml Austauschersuspension von p_H 7 (30 mg *Ecteola*-Cellulose/ml 0,01 m Phosphatpuffer, p_H 7,0) vermischt und 15 min unter Eiskühlung geschüttelt. Nach Zentrifugieren wird der Überstand (A) entfernt und die Elution mit vier Phosphatpuffergradienten, p_H 5,0 (0,05—0,1—0,15 bis 0,2 m) ausgeführt und mit demselben Puffer jeweils nachgewaschen (B, B', C, C' usw.). Bei Arbeiten an der Säule wird eine solche mit 3 cm Durchmesser und 149 ml Volumen mit der Austauschersuspension (20 g *Ecteola*-Cellulose in 400 ml 0,01 m Phosphatpuffer, p_H 7,0) beschickt und mit 300 ml desselben Puffers gewaschen. Aufgeben von 10 ml Albuminfraktion V (315 mg Eiweiß). Nach Adsorption Nachwaschen mit 10 ml des Puffers und Elution mit Phosphatpuffer, p_H 5, in kontinuierlichem Gradienten von 0,02—0,2 m. Durchflußrate 9,1 ml/Std bei + 1° C. Sammlung von 70 Fraktionen von je 3 ml. Einstellen auf p_H 7,0 unmittelbar nach dem Durchlaufen jeder einzelnen Fraktion (s. Tabelle 116).

Tabelle 116. *Oxytocinaseaktivität nach Behandlung der Albuminfraktion V mit Ecteola-Cellulose.*

Fraktion	Puffer-konzentration m	pH	Eiweiß pro Fraktion mg	Eiweiß * %	Aktivität in 6 ml	Aktivität * %	Spezifische Aktivität
Ohne Austauscher-behandlung	0,2	5	23,48	100	3,3	100	0,147
A	0,01	7	19,4	82,6	0	0	0
B	0,05	5	3,3	14,1	0,43	9,6	0,13
B'	0,05	5	0,68	2,9	1,26	27,5	1,86
C	0,1	5	0,1	0,4	2,89	63	28,9
C'	0,1	5	0	0			
D	0,15	5	0	0			
E	0,2	5	0	0			

* Bezogen auf Eiweißgehalt bzw. Aktivität der Probe ohne Austauscherbehandlung.

Eigenschaften. Gemessen an der Inaktivierung des synthetischen Oxytocins (Syntocinon) im biologischen Test der Milch ejizierenden Wirkung beim lactierenden Kaninchen ist Oxytocinaseaktivität im heparinisierten Plasma von Männern und nichtgraviden Frauen nicht nachweisbar, dagegen schon im frühen Stadium der Schwangerschaft (etwa 10. Woche). Das etwa 20fache dieses Wertes wird am Ende der Schwangerschaft erreicht. Progressiver Abfall erfolgt nach der Geburt[1]. Der Verlauf der Oxytocininaktivierung erfolgt in einer exponentiellen Kurve, die im Anfangsteil einer Reaktion 1. Ordnung entspricht. Je höher die Oxytocinaseaktivität des Plasmas ist, desto kürzer ist die Zeit dieses charakteristischen Reaktionsablaufs (am Ende der Schwangerschaft 10 min, in der Mitte ca. 40—60 min). In der gleichen Weise wirkt sich die Verdünnung des Plasmas aus, weshalb zweckmäßigerweise Plasma in 90%iger Konzentration (V/V) verwendet wird[1]. 60 min dauernde Präinkubation des Plasmas bei 38° C und p_H 7,3 führt zu starker Herabsetzung der Oxytocinaseaktivität, während eine 10 min-Präinkubation nur einen minimalen Aktivitätsverlust bedingt. Es besteht lineare Beziehung zwischen Konzentration des Plasmas und seiner Oxytocinaseaktivität nur bis etwa 50% Plasma im Ansatz. Die Sättigungskonzentration der Oxytocinase des Schwangerenplasmas zur Zeit der Geburt (50% verdünnt) liegt für Oxytocin bei 10^{-4} m, K_M bei 10^{-5} m. Ein solches Plasma in 90%iger Konzentration im Ansatz vermag 50% des zugesetzten Oxytocins in der mittleren Zeit von 4,54 min zu inaktivieren.

Bei Einwirkung von dialysiertem Schwangerenserum auf Oxytocin sind in der mit Trichloressigsäure enteiweißten und mit Perameisensäure behandelten Lösung papierchromatographisch Cysteinsäure und, neben geringeren Mengen anderer freier Aminosäuren, ein Polypeptid nachweisbar, das alle Aminosäuren des oxydierten Oxytocins

[1] MENDEZ-BAUER, C. J., M. A. CARBALLO, H. M. CABOT, C. E. NEGREIROS DE PAIVA and V. H. GONZALEZ-PANIZZA; in: Ocytocin, Proc. int. Sympos., Montevideo 1959; S. 325, New York 1961

enthält (Cys—SO_3H, asp, glu, gly, tyr, pro, leu, ileu). Auf Grund dieses Befundes sowie der Feststellung, daß L-Cystin-di-β-naphthylamid durch Schwangerenserum rund 13mal stärker gespalten wird als durch Serum Nichtschwangerer, während die Naphthylamide von Glycin, Alanin, Cystein, Methionin durch Schwangerenserum nur 1,1—3,5mal stärker hydrolysiert werden, wird der Oxytocinase des Schwangerenserums der Charakter einer L-Cystin-aminopeptidase zugesprochen (Tabelle 117)[1].

Tabelle 117. *Spaltung verschiedener Aminosäure-β-naphthylamide durch die Seren schwangerer und nichtschwangerer Frauen.*

Serum	Spaltung der β-Naphthylamide von					
	Glycin	D,L-Alanin	L-Leucin	L-Cystin	L-Cystein	D,L-Methionin
Schwangere (10. Monat) (S)	17,23	79,3	49,1	5,63	0,63	2,97
Nichtschwangere (N). . . .	8,97	32,2	13,9	0,43	0,51	2,8
S/N	1,9	2,5	3,5	13,1	1,2	1,1

Aktivitätsbestimmung bei p_H 7,4; Angaben in mg freigesetztem β-Naphthylamin/100 ml Serum/Std.

Schwangerenserum und gereinigte Oxytocinase aus Retroplacentarserum (s. Darstellung, S. 220) vermögen auch L-Cystin-bis-p-nitroanilid zu spalten, so daß diese Verbindung als geeignetes Ocytocinasesubstrat gelten kann (K_M $0,5 \times 10^{-5}$)[2]. Die mit diesem Substrat gefundene Reaktionsgeschwindigkeit geht praktisch nur auf die Abspaltung des ersten p-Nitroanilinrestes zurück. Das Optimum der Spaltung liegt zwischen p_H 7,2 und 7,7. Mit steigendem p_H sinkt die Geschwindigkeit für Cystin-di-β-naphthylamid durch Schwangerenserum langsamer ab als die durch Nichtschwangerenserum. Dadurch steigt der Quotient der Aktivitäten von Schwangeren- und Normalserum von 13,1 bei p_H 7,4 auf 23 bei p_H 7,8 an. Die Hydrolysegeschwindigkeit nimmt bei länger dauernder Inkubation (6 Std) etwas ab. Auch bei hohen Substratkonzentrationen (675 μg/ml) ist die Geschwindigkeit der Spaltung der Enzymkonzentration im Ansatz nicht streng proportional. Co^{++} und Ca^{++} (10^{-3} m) bewirken keine Beeinflussung der Aktivität gegenüber Cystin-di-β-naphthylamid, Zn^{++} und Mn^{++} (10^{-3} m) hemmen zu 40 bzw. 30%, ebenso EDTA (10^{-3} m). Oxalat ist ohne Einfluß, ebenso N-Äthylmaleinimid. Cyanid, Ascorbinsäure und Cystein (10^{-3} m) hemmen zu etwa 30%. Da Oxytocin durch Kreißendenserum etwa 1000mal schneller als durch Nichtschwangerenserum inaktiviert, Cystin-di-β-naphthylamid dagegen nur 13—23mal stärker gespalten wird, besteht die Möglichkeit, daß das Serum Nichtschwangerer noch andere Enzyme von Aminopeptidasecharakter mit deutlicher Aktivität gegenüber Cystin-di-β-naphthylamid enthält, die in der Schwangerschaft nicht oder nicht beträchtlich erhöht sind. Den Aminopeptidasecharakter der Oxytocinase mit relativer Spezifität gegenüber der Cysteinyl-tyrosinbindung zeigen die Spaltungen von S-Benzylcysteinylpeptiden durch Schwangerenserum. S-Benzylcysteinyl-tyrosin, sein Amid, sowie S-Benzylcysteinyl-tyrosylglycin werden gut zwischen Cystein- und Tyrosinrest aufgespalten, deutlich schwächer S-Benzylcysteinyl-leucin, -glycin, -O-methyltyrosin. Nicht angegriffen werden S-Benzyl-D-cysteinyl-L-tyrosin und S-Benzylcysteinyl-prolyl-leucyl-glycinamid, wogegen S-Benzylcysteinyl-glycinamid sehr gut gespalten wird[3]. Eine Abgrenzung gegen Leucinaminopeptidase kann dadurch gut erfolgen[1].

Die aus Retroplacentarserum hochgereinigt darstellbare Oxytocinasepräparation (vgl. unter Darstellung, S. 220) ist hitzelabil, gegen p_H-Werte unterhalb p_H 5 empfindlich. Methylcellosolve zu 12,5% im Reaktionsgemisch bewirkt einen Anstieg der Oxytocinaseaktivität, gemessen mit Cystin-di-β-naphthylamid, von 15—20%. Höhere Konzentrationen haben langsames Absinken der Aktivität zur Folge. Eine reversible, bis 90% ausmachende Hemmung des Enzyms ist bei Präinkubation mit EDTA ($6,7 \times 10^{-3}$ m,

[1] Tuppy, H., u. H. Nesvadba: Mh. Chem. 88, 977 (1957).
[2] Tuppy, H., U. Wiesbauer u. E. Wintersberger: H. **329**, 278 (1962).
[3] Berankova, Z., I. Rychlik u. F. Šorm: Col. czech. chem. Comm. **26**, 1708 (1961).

dementsprechend 5×10^{-3} m im Ansatz) zu erreichen. Metallionen (10^{-3} m im Ansatz) hemmen: Cu^{++}, Zn^{++}, Pb^{++}, Ni^{++} zu 83—100%, Co^{++}, Fe^{++}, Mn^{++} zu 15—25%. Mg^{++} und Ca^{++} sind ohne Effekt, ebenso Citrat, Oxalat, Pyrophosphat, Jodacetamid, Diisopropylfluorphosphat. Die Aktivierungsenergie wird mit 9300 cal/Mol angegeben[1].

Bei den Anreicherungsstufen der Oxytocinase aus Retroplacentarserum sind die enzymatischen Aktivitäten gegenüber Oxytocin (getestet am Rattenuterus) und Cystin-di-β-naphthylamid nicht nur nicht voneinander zu trennen, sondern das Verhältnis der Aktivität gegenüber beiden Substraten bleibt auch während des Reinigungsprozesses konstant[2], ein Beweis für Identität der Oxytocinase- und Cystein-di-β-naphthylamid-spaltenden Aktivitäten in der isolierten Präparation. Vasopressin wird in dieser Oxytocinasepräparation ebenso glatt gespalten und inaktiviert wie Oxytocin[2]. Über die Aktivität gereinigter Serumoxytocinase gegenüber verschiedenen Aminosäurenaphthylamiden vgl. Tabelle 118[3].

Tabelle 118. *Aktivität der Serumoxytocinase gegenüber Aminosäure-β-naphthylamiden.*

β-Naphthylamid von	Relative Oxytocinase-aktivität	β-Naphthylamid von	Relative Oxytocinase-aktivität	β-Naphthylamid von	Relative Oxytocinase-aktivität
L-Leucin	100	L-Asparagin	11	L-Valin	2,0
L-Phenylalanin	71	L-Serin	8,8	L-Isoleucin	1,9
L-Lysin	70	L-Histidin	5,5	L-Hydroxyprolin	1,8
L-Norleucin	60	L-Glycin	5,5	D,L-Methionin	1,5
L-Alanin	55	L-Cystin	5,2	O-Acetyl-L-hydroxyprolin	1,1
L-Ornithin	45	L-Prolin	4,3	O-Acetyl-L-serin	0,3
L-Tyrosin	20	D,L-Asparaginsäure	4,2	Benzoyl-D,L-arginin	0
L-Tryptophan	16,5	L-Cystein	2,8	D-Leucin	0
L-Glutamin	12,5				

Die Hydrolysegeschwindigkeit von L-Leucin-β-naphthylamid ist gleich 100 gesetzt. Substratstammlösungen: 5×10^{-3} m in 5×10^{-3} m HCl.

Bestimmung der Aktivität nach der im folgenden Abschnitt für L-Cystin-di-β-naphthylamid beschriebenen Methode (S. 226).

Als kompetitives Substrat der Oxytocinase ist L-Cystinyl-di-L-tyrosinamid zu betrachten. Dieses Peptidamid bewirkt keine Kontraktionen am Rattenuterus noch vermag es die Oxytocinwirkung zu beeinflussen; durch Schwangerenserum wird es gespalten und setzt die Wirksamkeit der Oxytocinase gegenüber Oxytocin wie auch gegenüber L-Cystin-di-β-naphthylamid herab[4]. S-Benzylcysteinyl-L-tyrosinamid wird durch Schwangerenserum rasch gespalten in S-Benzylcystein und Tyrosinamid, hemmt aber kompetitiv die Oxytocininaktivierung, S-Benzylcysteinyl-prolyl-leucyl-glycin und sein Amid bleiben unangegriffen; das erstere erweist sich als spezifischer Inhibitor für die Oxytocininaktivierung ebenso wie Cystinyl-bis-(prolyl-leucyl-glycinamid)[5]. Starke Inhibitoren der Oxytocinasewirkung im Schwangerenserum und Leberzellsaft, gemessen an der Inaktivierung von Oxytocin bei Testung am isolierten Rattenuterus, sind S,S'-Dibenzyldihydrooxytocin und Desthiooxytocin. Beide Peptide besitzen selbst keine uteruskontrahierende Wirkung und vermögen auch nicht, die Oxytocinwirkung auf den Uterus herabzusetzen[6].

Bei elektrophoretischer Trennung des Schwangerenserums auf Acetylcellulosestreifen läßt sich eine gegenüber L-Cystin-di-β-naphthylamid aktive Fraktion auf der kathodischen Seite des α_1-Globulins mit stärkerer Überlappung nach beiden Seiten lokalisieren[7].

[1] Tuppy, H., u. E. Wintersberger: Mh. Chem. **91**, 1001 (1960).
[2] Stoklaska, E., u. E. Wintersberger: A.e.P.P. **236**, 358 (1959).
[3] Tuppy, H., U. Wiesbauer u. E. Wintersberger: Mh. Chem. **94**, 321 (1963).
[4] Wintersberger, E., H. Tuppy u. E. Stoklaska: Mh. Chem. **91**, 577 (1960).
[5] Berankova, Z., I. Rychlik u. F. Šorm: Exper. **15**, 298 (1959).
[6] Berankova, Z., u. F. Šorm: Coll. czech. chem. Comm. **26**, 2557 (1961).
[7] Riad, A. M., and F. J. Scandrett: Nature **193**, 372 (1962).

Die Verteilung dieser „Cystinaminopeptidase“ deckt sich jedoch nicht mit der der biologisch bestimmten Oxytocinase[1]. Stärkegel-Ektrophorese von Schwangerenserum bei p_H 8,7 führt zum Auftreten einer zweiten, langsamer wandernden Aminopeptidase, die neben der anderen, auch im Serum Nichtschwangerer nachweisbaren Aminopeptidase L-Cystin-di-β-naphthylamid zu spalten vermag[2].

Bei Anwendung der vertikalen Stärkegel-Elektrophorese lassen sich im Schwangerenserum, dagegen nicht im Serum nichtschwangerer Individuen, zwei Cystinaminopeptidasen nachweisen, die beide Cystin-di-β-naphthylamid zu spalten und Oxytocin zu inaktivieren vermögen sowie deutlich von der schneller anodenwärts wandernden, auch im Serum nichtschwangerer Tiere und Menschen immer anzutreffenden Leucinaminopeptidase abzugrenzen sind. Sie liegen im Bereich der α- und β-Globuline und sind in ihrer Konzentration im Plasma von der Masse der Placenta abhängig, deren Extrakte starke Aktivität beider Enzyme besitzen. Beide Cystinaminopeptidasen inaktivieren Oxytocin; letzteres vermag die Aktivität gegenüber Cystin-di-β-naphthylamid herabzusetzen. Im fetalen Blut sind sie nicht nachzuweisen[3]. Untersuchung gereinigter, aus Retroplacentarserum dargestellter Oxytocinase unter Anwendung der Stärkegel-Elektrophorese zeigt, daß die Enzympräparation nach Neuraminidaseeinwirkung eine starke Verlangsamung der elektrophoretischen Beweglichkeit unter Erhaltung der Enzymspezifität gegenüber Oxytocin und Aminosäurenaphthylamiden aufweist. Analoge Befunde ergeben sich auch bei Anwendung von Schwangerenserum[4].

Einheiten. Bei Verwendung von L-Cystin-bis-β-naphthylamid als Substrat: 1 Enzymeinheit = Oxytocinasemenge, die bei optimaler Substratkonzentration ($0{,}68 \times 10^{-3}$ m) in 1 min bei 37° C und p_H 7,4 1 μM β-Naphthylamin abspaltet.

Bei Anwendung der biologischen Testung am Rattenuterus unter Benutzung von Oxytocin als Substrat erfolgt Bestimmung der Oxytocininaktivierung mit Hilfe der Geschwindigkeitskonstanten 1. Ordnung[5].

Colorimetrische Bestimmung der Oxytocinaseaktivität mit L-Cystin-di-β-naphthylamid als Substrat nach Tuppy u. Mitarb.[6,7].

Prinzip:

Bei Einwirkung von Oxytocinase wird aus L-Cystin-di-β-naphthylamid (I) β-Naphthylamin freigesetzt, das nach Diazotierung mit N-(1-Naphthyl)-äthylendiamin zu einem blauen Farbstoff gekuppelt wird, der colorimetrisch bestimmbar ist. Weitere Einzelheiten zum Reaktionsablauf des Verfahrens vgl. diesen Beitrag, S. 170).

H_2N—CH—CO↓—NH—
CH$_2$
S
S
CH$_2$
H_2N—CH—CO↑—NH—

(Die Pfeile geben die Spaltungsstellen durch Serumoxytocinase an.)

[1] Werle, E., u. K. Semm: Arch. Gynäk. **187**, 449 (1956).
[2] Wintersberger, E., u. H. Tuppy: Mh. Chem. **91**, 406 (1960).
[3] Page, E. W., M. A. Titus, G. Mohun and M. B. Glendening: Amer. J. Obstet. Gynec. **82**, 1090 (1961).
[4] Tuppy, H., U. Wiesbauer u. E. Wintersberger: Mh. Chem. **94**, 321 (1963).
[5] Page, E. W.: Amer. J. Obstet. Gynec. **52**, 1014 (1946).
[6] Tuppy, H., u. H. Nesvadba: Mh. Chem. **88**, 977 (1957).
[7] Tuppy, H., u. E. Wintersberger: Mh. Chem. **91**, 1001 (1960).

Reagentien:

1. 0,067 m Veronalpuffer (p_H 7,4).
2. 0,0055 m L-Cystin-di-β-naphthylamidlösung (2,70 mg/ml 0,012 n HCl unter schwachem Erwärmen).
3. Trichloressigsäure, 10 %ig.
4. Gemisch von 2 Vol. 0,36 n HCl und 1 Vol. Aceton.
5. $NaNO_2$, 0,1 %ig.
6. Ammoniumsulfamat, 0,5 %ig.
7. 0,1 %ige wäßrige Lösung von N-(1-Naphthyl)-äthylendiamin-di-hydrochlorid.

Ausführung:

0,4 ml nicht hämolytisches Serum werden mit 0,6 ml Wasser und 2 ml Veronalpuffer verdünnt. In zwei Röhrchen werden je 0,75 ml pipettiert und mit 0,25 ml Cystin-di-β-naphthylamidlösung versetzt. In das erste Röhrchen (Blindwert) wird unmittelbar nach der Substratzugabe 1,0 ml 10 %ige Trichloressigsäure zugegeben. Das zweite Röhrchen wird 2—4 Std bei 37° C inkubiert und dann erst mit 1,0 ml Trichloressigsäure versetzt. Das in beiden Röhrchen ausgefallene Eiweiß wird abzentrifugiert. Zu je 1 ml der klaren, überstehenden Lösung werden 9,0 ml der HCl-Aceton-Mischung zugefügt. Unter Ausschluß von Tageslicht (am besten in Dunkelkammer bei Rotlichtbeleuchtung) werden nacheinander bei jedesmaliger guter Durchmischung 1,0 ml $NaNO_2$ (zur Diazotierung des abgespaltenen Naphthylamins), 3 min später 1,0 ml Ammoniumsulfamatlösung (zur Zerstörung überschüssigen Nitrits) und nach weiteren 3 min 1,0 ml der N-(1-Naphthyl)-äthylendiamin-dihydrochloridlösung zugesetzt. Nach dreistündigem Stehen bei 37° C ist die Farbintensität maximal, die dann stundenlang konstant bleibt. Colorimetrische Bestimmung in Spektrophotometer (1—10 cm-Küvette, 565 nm), die abgelesenen Extinktionen (Versuchswert minus Blindwert) ergeben mit Hilfe einer Eichkurve die Menge des enzymatisch freigesetzten Naphthylamins.

Bei Anwendung gereinigter Oxytocinasepräparation aus Retroplacentarserum empfiehlt sich folgender Weg: 2,0 ml 0,1 m Triäthanolaminpuffer (TRÄ), p_H 7,4, + 0,5 ml 12 %ige wäßrige Lösung von Gummiarabicum + 0,5 ml Enzymlösung (bei höherer Anreicherung 0,1 ml Enzymlösung + 0,4 ml Wasser) gemischt. 0,75 ml davon mit 0,25 ml Substratlösung (13,5 mg L-Cystin-di-β-naphthylamid/10 ml 0,005 n HCl) 2 Std bei 37° C inkubiert. Die colorimetrische Bestimmung des abgespaltenen β-Naphthylamins erfolgt wie vorstehend beschrieben.

***Colorimetrische Bestimmung der Oxytocinaseaktivität mit L-Cystin-bis-p-nitroanilid als Substrat nach* TUPPY *u. Mitarb.*[1].**

Prinzip:

Aus dem praktisch farblosen Substrat, das unter den Bedingungen der Oxytocinasebestimmung bei Fehlen des Enzyms keine Spontanhydrolyse zeigt, wird unter Einwirkung des Enzyms gelbes p-Nitroanilin freigesetzt, das durch Messung der Lichtabsorption bei 400 nm bestimmt wird.

Reagentien:

1. 5×10^{-3} m Lösung von L-Cystin-bis-p-nitroanilid in 5×10^{-3} n HCl. Verdünnung eventuell mit 0,1 m Triäthanolaminpuffer, p_H 7,4. Die Lösung ist im Kühlschrank mehrere Monate haltbar. Vor Anwendung muß sie so lange erwärmt werden, bis die trübe Substratpuffermischung klar und die Lichtabsorption konstant ist.
2. 0,1 m Triäthanolaminpuffer, p_H 7,4.

Ausführung:

8 ml Triäthanolaminpuffer werden auf die Meßtemperatur von 30° C erwärmt und mit 2 ml $0,5\times 10^{-3}$ m Substratlösung von 30° C versetzt. 2,5 ml dieser Mischung werden in die 1 cm-Meßküvette pipettiert und während einiger Minuten die Konstanz der Absorption

[1] TUPPY, H., U. WIESBAUER u. E. WINTERSBERGER: H. **329**, 278 (1962).

bei 400 nm geprüft. Danach werden in die Meßküvette und in eine mit 2,5 ml Puffer beschickte Vergleichsküvette je 0,5 ml Serum bzw. Lösung der Oxytocinasepräparation pipettiert. 5 min warten. Danach Bestimmung der Oxytocinaseaktivität durch Messung der Zunahme der Extinktion in bestimmten Zeitabständen (z.B. 5, 10, 20, 30 min). Ermittlung der Enzymmenge in Einheiten mit Hilfe einer Eichkurve, in der ΔE_{400}/min gegen mE/ml aufgetragen werden.

***Biologisches Verfahren zur Bestimmung der Oxytocinaseaktivität unter Verwendung des Rattenuterus nach* Berankova *u. Mitarb.*[1].**

Die Ansätze werden in den Teströhrchen bei 37° C in 0,05 m Trispuffer, p_H 7,0, bei Anwesenheit von Oxytocin (1 IE/ml) inkubiert. Das nach der Inkubation verbleibende Oxytocin wird nach Holton[2] am suspendierten Rattenuterus bestimmt.

***Biologisches Verfahren zur Bestimmung der Oxytocinaseaktivität durch Ermittlung der Milch ejizierenden Wirkung beim lactierenden Kaninchen nach* Mendez-Bauer *u. Mitarb.*[3].**

Unter Vorwärmen auf 38° C werden 9 Vol. frisches heparinisiertes Plasma und 1 Vol. der Lösung von synthetischem Oxytocin gut durchmischt und bei 38° C inkubiert. Nach 1 min werden 0,5 ml in ein Meßkölbchen mit 4,5 ml 90° C heißer Kochsalzlösung zur Inaktivierung der Oxytocinase pipettiert. Inkubationszeiten zählen vom Moment dieser Probeentnahme. Weitere Proben werden nach bestimmten Inkubationszeiten entnommen und ebenso behandelt und dann bei 4° C bis zur Bestimmung der Oxytocinaseaktivität aufbewahrt. Hierzu werden 3—5 kg schwere Kaninchen der 2. Lactationswoche verwendet. Nach Vorbereitung der Tiere durch Chlorpromazin, Atropin und Hydergin (intramuskulär) und 10 ml/kg 50 %igem Äthanol (intragastral) und Vervollständigung der Anaesthesie durch intravenöse Gabe von Barbiturat sowie unter Registrierung der Herztätigkeit wird bei künstlicher Beatmung der intramammäre Druck mittels dünner, in die Milchdrüsenausführungsgänge von mindestens vier Drüsen eingeschobener Polyäthylenkatheter elektromanometrisch gemessen. Die Schwellendosis für intravenös gegebenes Oxytocin liegt gewöhnlich bei 1 mE.

10. Vasopressinase.

Definition. Der Ausdruck „Vasopressinase" umfaßt Enzymwirkungen, die durch enzymatische Spaltung die blutdrucksteigernde und antidiuretische Wirkung des Vasopressins beseitigen, ohne daß bisher mit Sicherheit das Vorkommen von auf Vasopressin spezifisch eingestellten Enzymen erwiesen ist. Sehr wahrscheinlich liegt der enzymatischen Vasopressininaktivierung die Wirkung von Aminopeptidasen zugrunde, ähnlich wie beim Oxytocinaseeffekt. Auf Grund des Vorkommens von Lys-gly- bzw. Arg-gly-Bindungen im Vasopressin vermögen jedoch auch Enzyme tryptischer Spezifität das Hormon zu inaktivieren[4].

Vorkommen und Eigenschaften. Die Fähigkeit, Vasopressin enzymatisch zu inaktivieren, findet sich im Blutserum, vermehrt im Serum von Schwangeren[5]. Auch Leber, Niere, Milz und Muskel[6, 7] wie auch die Milchdrüsen des Rindes greifen Vasopressin an[8].

[1] Berankova, Z., I. Rychlik u. F. Šorm: Coll. szech. chem. Comm. **25**, 2575 (1960) — Cihar, M., Z. Berankova, I. Rychlik u. F. Šorm: Coll. czech. chem. Comm. **26**, 2632 (1961).
[2] Holton, P.: Brit. J. Pharmacol. **3**, 328 (1948).
[3] Mendez-Bauer, C. J., M. A. Carballo, H. M. Cabot, C. E. Negeiros de Paiva, and V. H. Gonzalez-Panizza; in: Ocytocin, Proc. int. Symp., Montevideo, 1959, S. 325. New York 1961.
[4] Tuppy, H.: Enzymic inactivation and degradation of oxytocin and vasopressin; in: Schachter, M. (Hrsg.): Polypeptides. S. 49ff. New York 1960.
[5] Werle, E., u. H. Kalvelage: B. Z. **308**, 405 (1941).
[6] Birnie, E. H.: Endocrinology **52**, 33 (1953).
[7] Dicker, S. E., and A. L. Greenbaum: J. Physiol., London **132**, 199 (1956); **141**, 107 (1958).
[8] Werle, E., u. L. Maier: Naturwiss. **41**, 380 (1954).

Serum inaktiviert Vasopressin (und auch Oxytocin) schneller als Plasma, wahrscheinlich, weil ein proteolytisches System aktiviert ist[1]. Homogenat aus menschlicher Placenta vermag Vasopressin enzymatisch zu inaktivieren[2]. p_H-Optimum der Wirkung bei 6,0 bis 8,0. Das Enzym ist zu zwei Dritteln an die bei 8000—35000 × g sedimentierenden Partikel gebunden. Diese vasopressinasereiche Fraktion besitzt keine ocytocinzerstörende Wirkung, während die Oxytocinase enthaltende lösliche Fraktion in gewissem Umfang auch Vasopressin angreift. Aus der vasopressinasereichen Partikelfraktion der menschlichen Placenta kann durch Suspension in 0,1 m Phosphatpuffer (p_H 8,0), der 0,5 % Na-Cholat enthält, nach zweistündiger Aufbewahrung bei 2° C 46 % der Aktivität freigesetzt werden. Bis 85 % der Enzymaktivität werden frei, wenn durch Zusatz von Trypsin zum cholathaltigen Ansatz die proteolytischen Wirkungen verstärkt werden (2—5 Std bei 2° C)[3]. Vasopressin wird durch Peptidasen der homogenisierten dorsalen und ventralen Wurzeln sowie Ganglien der Lendengegend nicht inaktiviert, Hypothalamusenzyme dagegen greifen Vasopressin an[4]. Die aus Retroplacentarserum angereichert zu gewinnende Oxytocinasepräparation (vgl. diesen Beitrag S. 220) vermag auch Vasopressin abzubauen[5].

Weitere Befunde, die eingehendere Angaben über Eigenschaften, Spezifität, Darstellung und Bestimmung gestatten, liegen noch nicht vor.

Endopeptidases*.

By

Michael Laskowski, Sr., Beatrice Kassell**, Robert J. Peanasky***, and Michael Laskowski, Jr.****.**

With 10 figures.

1. Introduction.

Endopeptidases[6] are defined as enzymes which hydrolyze a specific peptide bond regardless of its location within the protein molecule, and exopeptidases[6] as enzymes which split peptide chains by consecutive liberation of terminal amino acids. (see p. 1).

Of the vast number of endopeptidases, only a few have been obtained in pure form and characterized with respect to their chemical and physical properties and especially with respect to specificity, activation and inhibition. In order to limit the scope of this chapter, only the three major endopeptidases are described in detail (trypsin, chymotrypsin, pepsin). Several others selected arbitrarily are covered briefly. Fortunately, many of the enzymes which had to be omitted resemble the major endopeptidases.

The natural substrates for endopeptidases are proteins. The introduction of synthetic peptides by Bergmann[6,7] and coworkers made it possible to establish for each major

* This article was originally written in the Spring of **1958**, and was revised in the Spring of **1962**.

** Rosswell Park Memorial Institute, Buffalo, New York.

*** Department of Biochemistry, Marquette University School of Medicine, Milwaukee, Wisconsin.

**** Department of Chemistry, Purdue University, Lafayette, Indiana.

1 Heller, H.: Inactivation of vasopressin and ocytocin in vivo; in: Schachter, M. (Hrsg.): Polypeptides, S. 59. New York 1960.

2 Hooper, K. C., and D. C. Jessup: J. Physiol., London **146**, 539 (1959).

3 Hooper, K. C.: Biochem. J. **74**, 297 (1960).

4 Hooper, K. C.: Biochem. J. **86**, 5P (1963); **88**, 398 (1963).

5 Stoklaska, E., u. E. Wintersberger: A.e.P.P. **236**, 358 (1959).

6 Bergmann, M.: Adv. Enzymol. **2**, 49 (1942).

7 Bergmann, M., and J. S. Fruton: J. biol. Ch. **118**, 405 (1937).

proteolytic enzyme the peptide bonds primarily susceptible to its action. Further simplification was achieved when it was found that amides[1] and esters[2] of certain N-substituted amino acids are substrates for trypsin and chymotrypsins. These are now the most commonly used synthetic substrates. The hydrolysis of peptide and ester bonds by proteolytic enzymes has been reviewed[3].

The presence of chymotrypsin greatly accelerates exchange between water ($H_2{}^{18}O$) and the carboxyl oxygen of N-substituted phenylalanine[4] and N-substituted tyrosine[5]. Certain C—C bonds may also be attacked by endopeptidases. Thus α-chymotrypsin splits ethyl-5-(p-hydroxyphenyl)-3-ketovalerate[6],

$$HO\text{-}C_6H_4\text{-}CH_2 \cdot CH_2 \cdot CO \vdots CH_2 \cdot COOC_2H_5,$$

and trypsin hydrolyzes ethyl (8-amino-3-keto) octanoate[7],

$$H_2N \cdot CH_2(CH_2)_4 \cdot CO \vdots CH_2 \cdot COOC_2H_5,$$

between α and β carbon atoms. In addition, it was found that esters of hydroxybenzoic acid are slowly hydrolyzed[8] by chymotrypsin and trypsin. Substrates which have the structural specificity for both trypsin and chymotrypsin have been synthesized; e.g. methyl m-amino-phenyl propionate is readily hydrolyzed, the rate with trypsin being one fourth that with α-chymotrypsin[9]. Some of the many additional unusual substrates which have been tested can be found in the following references[10-26].

The proteolytic enzymes also catalyse transamidation reactions. The simplest of these reactions is represented by the formation of a hydroxamic acid from an N-substituted amino acid amide[27] and hydroxylamine. In addition, hydroxamides[28,29], hydrazides[30], and acetyl-D,L-phenylalanine thioethyl ester[31] are substrates for chymotrypsin.

The endopeptidases need not be regarded as simply hydrolases. More properly they are transferases. Various solvolysis reactions have been demonstrated, e.g. hydrazino-

[1] Fruton, J. S., and M. Bergmann: J. biol. Ch. **145**, 253 (1942).
[2] Schwert, G. W., H. Neurath, S. Kaufman and J. H. Snoke: J. biol. Ch. **172**, 221 (1948).
[3] Neurath, H., and B. S. Hartley: J. cellul. comp. Physiol. **54**, Suppl. **1**, 179 (1959).
[4] Sprinson, D. B., and D. Rittenberg: Nature **167**, 484 (1951).
[5] Doherty, D. G., and F. Vaslow: Am. Soc. **74**, 931 (1952).
[6] Doherty, D. G.: Am. Soc. **77**, 4887 (1955).
[7] Shapira, R., and D. G. Doherty: Fed. Proc. **15**, 352 (1956).
[8] Hofstee, B. H. J.: Biochim. biophys. Acta **24**, 211 (1957).
[9] Doherty, D. G.: Fed. Proc. **21**, 230 (1962).
[10] Bixler, R. L., and C. Niemann: Am. Soc. **80**, 2716 (1958).
[11] Applewhite, T. H., R. B. Martin and C. Niemann: Am. Soc. **80**, 1457 (1958).
[12] Applewhite, T. H., H. Waite and C. Niemann: Am. Soc. **80**, 1465 (1958).
[13] Ebata, M.: J. Biochem. **46**, 397, 407 (1959).
[14] Ebata, M.: J. Biochem. **49**, 110 (1961).
[15] Zeller, E. A., A. Devi and J. A. Carbon: Fed. Proc. **15**, 391 (1956).
[16] Shalitin, Y.: Bull. Res. Council Israel **10**A, 34 (1961).
[17] Carol, A. M., and F. Calvet: An. R. Soc. esp. Física Quím. **54**B, 349 (1958).
[18] Roget, J., and F. Calvet: An. R. Soc. esp. Física Quím. **56**B, 1015 (1960).
[19] Lindley, H.: Nature **178**, 647 (1956).
[20] Avaeva, S., and M. M. Botvinik: Ž. obšč. Chem. **26**, 3066 (1956).
[21] Cohen, S. G., and L. H. Klee: Am. Soc. **82**, 6038 (1960).
[22] Cohen, S. G., and E. Khedouri: Nature **186**, 75 (1960).
[23] Tinoco jr., I.: Arch. Biochem. **76**, 148 (1958).
[24] Lutwack, R., H. F. Mower and C. Niemann: Am. Soc. **79**, 2179 (1957).
[25] McDonald, C. E., and A. K. Balls: J. biol. Ch. **229**, 69 (1957).
[26] Elmore, D. T., and N. J. Baines: Bull. Soc. Chim. biol. **42**, 1305 (1960).
[27] Jones, M. E., W. R. Hearn, M. Fried and J. S. Fruton: J. biol. Ch. **195**, 645 (1952).
[28] Iselin, B. M., H. T. Huang and C. Niemann: J. biol. Ch. **183**, 403 (1950).
[29] Hogness, D. S., and C. Niemann: Am. Soc. **75**, 884 (1953).
[30] MacAllister, R. V., and C. Niemann: Am. Soc. **71**, 3854 (1949).
[31] Goldenberg, V., H. Goldenberg and A. D. McLaren: Am. Soc. **72**, 5317 (1950).

lysis[1] and methanolysis[2]. The specificity towards various hydroxyl compounds is largely unknown; however in a most interesting experiment ISAAK and NIEMANN[3] have resolved enzymatically the stereoisomers of 2-butanol.

After the pioneer work of SANGER, the use of proteolytic enzymes as tools in the study of protein structure led to major accomplishments in modern biochemistry. On the one hand, the enzymatic studies provided strong support to the structure established by chemical degradation; on the other hand, the availability of protein substrates with known structure permitted studies of enzyme specificity with natural substrates. The majority of cleavages observed on proteins conforms to the established specificity, particularly under conditions of limited proteolysis. However, the relative susceptibility of different bonds in proteins is not always the same as expected from synthetic substrates. In general, studies on proteins weaken the concept of absolute specificity for endopeptidases. For example, chymotrypsin hydrolyzes at a lysyl-lysyl bond in α-corticotropin[4] and trypsin at a seryl-X bond in angiotensinogen[5]. In some cases, with protein and natural polypeptide substrates, digestion is affected by the amino acids on both sides of the bond, e.g. lys-pro bonds[6-9] and arg-pro[7,8] bonds are resistant to trypsin and tyr-pro and phe-pro linkages are resistant to chymotrypsin[7,8]; instances of hydrolysis of these bonds exist, however, e.g. phe-pro[9].

A similar conclusion is reached from experiments in which the "chymotryptic activity" of highly purified trypsin was competively inhibited by a specific substrate for trypsin[10]. These experiments suggest that the ability to hydrolyze a "chymotryptic" substrate slowly is an inherent property of the trypsin molecule, and need not be ascribed to a contamination by chymotrypsin. This conclusion has been confirmed by kinetic studies[11], specificity studies on insulin[12,13], and chromatography[14,15].

Some data on the major points of attack on proteins with known structure are summarized in Table 1.

Different aspects of methodology applicable to the determination of proteolytic enzymes have been reviewed[16]. Tables 2 and 3, while not an attempt to cover the literature completely, illustrate the great variety of techniques which have been used. The methods

---

[1] BERNHARD, S. A., W. C. COLES and J. F. NOWELL: Am. Soc. 82, 3043 (1960).
[2] BENDER, M. L., and W. A. GLASSON: Am. Soc. 82, 3337 (1960).
[3] ISAAK, N. S., and C. NIEMANN: Biochim. biophys. Acta 44, 196 (1960).
[4] LEONIS, J., C. H. LI and D. CHUNG: Am. Soc. 81, 419 (1959).
[5] SKEGGS, L. T. jr., J. R. KAHN, K. LENTZ and N. P. SHUMWAY: J. exp. Med. 106, 439 (1957).
[6] LEE, T. H., A. B. LERNER and V. BUETTNER-JANUSCH: J. biol. Ch. 236, 1390 (1961).
[7] SHEPHERD, R. G., S. D. WILLSON, K. S. HOWARD, P. H. BELL, D. S. DAVIES, S. B. DAVIS, E. A. EIGNER and N. E. SHAKESPEARE: Am. Soc. 78, 5067 (1956).
[8] BELL, P. H.: Am. Soc. 76, 5565 (1954).
[9] LI, C. H., J. S. DIXON and D. CHUNG: Biochim. biophys. Acta 46, 324 (1961).
[10] MCFADDEN, M. L., and M. LASKOWSKI jr.: Abstr. amer. chem. Soc. 130th Meet., p. 71C, September 1956.
[11] INAGAMI, T., and J. M. STURTEVANT: J. biol. Ch. 235, 1019 (1960).
[12] YOUNG, J. D., and F. H. CARPENTER: J. biol. Ch. 236, 743 (1961).
[13] KOTAKI, A., F. USUKI and K. SATAKE: J. jap. biochem. Soc. 33, 475 (1961).
[14] COLE, R. D., and J. M. KLINKADE jr.: J. biol. Ch. 236, 2443 (1961).
[15] MAROUX, S., M. ROVERY and P. DESNUELLE: Biochim. biophys. Acta 56, 202 (1962).
[16] Colowick-Kaplan, Meth. Enzymol., Vol. II, p. 1—166, and III (section IV and VII). — DAVIS, N. C., and E. L. SMITH: Meth. biochem. Analysis, 2, 215 (1955). — GREEN, N. M., and H. NEURATH; in: Neurath-Bailey, Proteins, Vol. IIB, p. 1057. — BALLS, A. K., and E. F. JANSEN: Adv. Enzymol. 13, 321 (1952). — SMITH, E. L.: Adv. Enzymol. 12, 191 (1951). — SMITH, E. L., in: Sumner-Myrbäck Vol. I/2, p. 793. — WALLENFELS, K.: B. Z. 321, 189 (1951). — NEURATH, H., and G. W. SCHWERT: Chem. Reviews 46, 69 (1950). — NORTHROP, J. H., M. KUNITZ and R. M. HERRIOTT: Crystalline Enzymes. New York 1948. — BERGMANN, M.: Adv. Enzymol. 2, 49 (1942). — BERGMANN, M., and J. S. FRUTON: Adv. Enzymol. 1, 63 (1941). — BAMANN, E., u. K. MYRBÄCK: Methoden der Fermentforschung. Leipzig 1941 (Nachdruck New York 1955). — JACOBSEN, C. F., J. LÉONIS, K. LINDERSTRØM-LANG and M. OTTESEN: Meth. biochem. Analysis 4, 171 (1957).

Table 1. *Some points of attack by endopeptidases on proteins*[a].

Enzyme	Substrate[b]	Bonds hydrolyzed[c]
Trypsin	Insulin (oxidized B chain)[1]	-Arg-Gly-; -Lys-Ala-
	Insulin (oxidized A chain)[1]	None
	β-Corticotropin[2]	-Arg-Try-; -Lys-Lys-; -Lys-Val-; (-Lys-Arg-); (-Arg-Arg-)
	Ribonuclease (oxidized)[3, 4]	-Lys-Phe-; -Lys-Ser-; -Arg-Asp.NH_2-; -Lys-Asp-; -Lys-Asp.NH_2-; -Lys-His-
	Melanophore-stimulating hormone[5]	-Lys-Met-; -Arg-Try-
	Glucagon[6]	(-Phe-Thr-); -Lys-Tyr-; -Arg-Arg-; (-Arg-Ala-); (-Try-Leu-)
	Vasopressin[7]	-Arg-Gly.NH_2 (bovine); -Lys-Gly.NH_2 (porcine)
	Angiotensin[8]	-Arg-Val-
	Lysozyme[9, d]	-Lys-Val-; -Arg-Cys-; (-Lys-Arg-); -Arg-His-; -Arg-Gly-; -Lys-Phe-; -Arg-Thr-; -Arg-AspNH_2-; -Lys-Lys-; (-Lys-Ileu-); -Lys-Gly-; (-Arg-Leu-)
	Cytochrome c[10, 11]	-Lys-Gly-; -Lys-Lys-; -Lys-Ileu-; -Lys-Cys-; -Lys-His-; -Lys-Thr-; -Lys-AspNH_2-; -Lys-Tyr-; -Lys-Met-; -Lys-Ala-; -Arg-Lys-; -Arg-Glu-
	Bovine adrenocorticotropin[12]	-Arg-Try-; -Lys-Lys-; -Arg-Arg-; -Lys-Val-; -Lys-Arg-
	Porcine melanophore stimulating hormone[13]	-Arg-Try-; (-Lys-Met-); -Lys-Asp- not hydrolyzed
	Tobacco mosaic virus protein[14]	-Arg-Thr-; -Arg-Glu-; -Arg-Phe-; -Arg-Phe-; -Arg-Tyr-; -Arg-AspNH_2-; -Arg-Ileu-; -Arg-Arg-; -Arg-Ser-; -Arg-Gly-; -Lys-Val-
	Monkey melanophore stimulating hormones[15]	-Arg-Met-; -Arg-Try-
	Human hemoglobin[16, 17]	-Lys-Thr-; -Lys-Ala-; -Lys-Val-; -Arg-Met-; -Lys-Gly-; -Lys-Lys-; -Lys-Val-; -Lys-Leu-; -Arg-Val-; -Lys-Phe-; -Lys-Tyr-; -Arg-Phe-; -Arg-Leu-
Chymotrypsin	Insulin (oxidized B chain)[1]	-Tyr-Leu-; -Phe-Tyr-; -Tyr-Thr-; (-Leu-Tyr-)
	Insulin (oxidized A chain)[1]	(-CySO_3H-Ser-); -Tyr-Glu.NH_2-; (-Tyr-CySO_3H-)
	β-Corticotropin[2]	-Tyr-Ser-; Phe-Arg-; -Try-Gly-; (-Lys-Lys-); -Leu-Glu-
	Ribonuclease (oxidized)[4]	-Phe-Glu.NH_2-; -Leu-Thr-; -Tyr-Glu.NH_2-; -Tyr-Lys-
	Melanophore-stimulating hormone[5]	-Tyr-Lys-; -Phe-Arg-; -Tyr-Gly-
	Glucagon[18]	-Phe-Thr-; -Tyr-Ser-; -Tyr-Leu-; -Phe-Val-; -Try-Leu-
	Angiotensin[8]	-Tyr-Val-; -Phe-His-
	Lysozyme[9]	-Phe-Gly-; -Leu-Ala-; (-Met-Lys-); (-Leu-AspNH_2-); -Tyr-Arg-; -Try-Val-; -Phe-Glu-; -Phe-AspNH_2-; -AspNH_2-Arg-; -Tyr-Gly-; -Leu-AspNH_2-; (Leu-Leu-); -Leu-Ser-; -Val-Cys-; -Try-Ileu-
	Cytochrome c[11, 19]	-Phe-Val-; -Phe-Thr-; -Phe-Gly-; -Tyr-Thr-; -Tyr-Leu-; -Tyr-Ileu-; -His-Lys-; -His-Gly-; -AspNH_2-Lys-; -Try-Lys-; -Met-Glu-; -Met-Ileu-; -Leu-Ileu-; -Leu-Lys-
	Bovine adrenocorticotropin[12]	-Tyr-Ser-; -Phe-Arg-; -Try-Gly-; -Val-Lys-; -Phe-Pro-; -Leu-Glu-
	Melanophore stimulating hormones[13, 20]	-Tyr-Lys-; -Phe-Arg-; (-Try-Gly-)
	Tobacco mosaic virus protein[14]	-Phe-Lys-; -Tyr-Arg-; -Val-Asp-; -Phe-Glu-
	Monkey melanophore stimulating hormones[15]	-Tyr-Arg-; -Tyr-Ser-; -Phe-Arg-; -Try-Gly
	Human hemoglobin[16]	-Try-Gly-; -Tyr-Glu-; -Phe-Leu-; -Leu-Ser-; -His-Gly-; -His-Ala-; -Leu-Arg-; -Phe-Lys-; -Leu-Leu-; -Tyr-Arg-
Pepsin	Insulin (oxidized B chain)[1]	(-Phe-Val-); (-Glu.NH_2-His-); -Leu-Val-; (-Glu-Ala-); (-Ala-Leu-); (-Leu-Tyr-); -Tyr-Leu-; (-Gly-Phe-); -Phe-Phe-; -Phe-Tyr-

Table 1 (continued).

Enzyme	Substrate[b]	Bonds hydrolyzed[c]
	Insulin (oxidized A chain)[1]	(-Glu-Glu.NH_2-); (-Val-CySO_3H-); -Leu-Tyr-; (-Tyr-Glu.NH_2-); (-Glu.NH_2-Leu-); -Leu-Glu-; -Glu-Asp.NH_2-
	β-Corticotropin[2]	-Glu-Asp-; -Glu.NH_2-Leu-; -Leu-Ala-; -Phe-Pro-
	Ribonuclease (oxidized)[4, 21]	-Ala-Ala-; -Phe-Glu.NH_2-
	Lysozyme[9]	-AspNH_2-Tyr-; -Gly-Tyr-; -AspNH_2-Try-; Ala-Ala-; -Phe-Glu-; -Phe-AspNH_2-; -Asp-Tyr-; -Tyr-Gly-; -Ala-Try-
	Human hemoglobin[16]	-Try-Gly-; -Met-Phe-; -Phe-Pro-; -Lys-Leu-; -Asp-Phe-

[a] The abbreviations used for the amino acids are those introduced by BRAND, E., L. J. SAIDEL, W. H. GOLDWATER, B. KASSELL and F. J. RYAN: Am. Soc. **67**, 1524 (1945).

[b] The substrates listed in the table are those whose sequences are completely or almost completely established. Additional specificity data may be obtained from other substrates with partially established sequences, e.g. myoglobins, EDMUNDSON, A. B., and C. H. W. HIRS: Nature **190**, 663 (1961). — KENDREW, J. C., H. C. WATSON, B. E. STRANDBERG, R. E. DICKERSON, D. C. PHILLIPS and V. C. SHORE: Nature **190**, 666 (1961). — HOLLEMAN, J. W., and G. BISERTE: Biochim. biophys. Acta **33**, 143 (1959); — papain, LIGHT, A., A. N. GLAZER and E. L. SMITH: J. biol. Ch. **235**, 3159 (1960). — SMITH, E. L., J. R. KIMMEL and A. LIGHT: 5th International Congress of Biochemistry, Moscow, 1961, Symposium IV, preprint No. 47; α-chymotrypsinogen, KEIL, B., B. MELOUN, J. VANĚČEK, V. KOSTKA, Z. PRUSÍK and F. ŠORM: Biochim. biophys. Acta **56**, 595 (1962); and α-chymotrypsin, HARTLEY, B. S.: 5th International Congress of Biochemistry, Moscow, 1961, Symposium IV, Preprint No. 170.

[c] Bonds in parentheses indicate slower points of cleavage.

[d] In the C-terminal sequence of lysozyme: -Gly-Cys-Arg-Leu-, the bond -Arg-Leu- is easily hydrolyzed, but the same bond becomes resistant after lysozyme has been oxidized.

in regular type with literature references in the table will not be described in detail. The methods in heavy type, which we consider most useful for general purposes, are described in detail later in this article, on the page indicated. Many of these procedures have been checked in the authors' laboratories. Since the same analytical principle may

[1] SANGER, F., and H. TUPPY: Biochem. J. **49**, 481 (1951). — SANGER, F., and E. O. P. THOMPSON: Biochem. J. **53**, 366 (1953). — SANGER, F., E. O. P. THOMPSON and R. KITAI: Biochem. J. **59**, 509 (1955). — SANGER, F., and L. F. SMITH: Endeavour **16**, 48 (1957).

[2] BELL, P. H.: Am. Soc. **76**, 5565 (1954). — HOWARD, K. S., R. G. SHEPHERD, E. A. EIGNER, D. S. DAVIES and P. H. BELL: Am. Soc. **77**, 3419 (1955). — SHEPHERD, R. G., S. D. WILLSON, K. S. HOWARD, P. H. BELL, D. S. DAVIES, S. B. DAVIS, E. A. EIGNER, and N. E. SHAKESPEARE: Am. Soc. **78**, 5067 (1956). — BELL, P. H., K. S. HOWARD, R. G. SHEPHERD, B. M. FINN and J. H. MEISENHELDER: Am. Soc. **78**, 5059 (1956).

[3] HIRS, C. H. W., S. MOORE and W. H. STEIN: J. biol. Ch. **219**, 623 (1956).

[4] HIRS, C. H. W., W. H. STEIN and S. MOORE: J. biol. Ch. **221**, 151 (1956).

[5] HARRIS, J. I., and P. ROOS: Nature **178**, 90 (1956).

[6] BROMER, W. W., A. STAUB, L. G. SINN and O. K. BEHRENS: Am. Soc. **79**, 2801 (1957).

[7] DUVIGNEAUD, V., H. C. LAWLER and E. A. POPENOE: Am. Soc. **75**, 4880 (1953). — LAWLER, H. C., and V. DUVIGNEAUD: Proc. Soc. exp. Biol. Med. **84**, 114 (1953).

[8] ELLIOTT, D. F., and W. S. PEART: Biochem. J. **65**, 246 (1957).

[9] JOLLÈS, J., P. JOLLÈS and J. JAUREGUI-ADELL: Bull. Soc. Chim. biol. **62**, 1319 (1960).

[10] KREIL, G., and H. TUPPY: Nature **192**, 1123 (1961).

[11] MARGOLIASH, E., E. L. SMITH, G. KREIL and H. TUPPY: Nature **192**, 1125 (1961).

[12] LI, C. H., J. S. DIXON and D. CHUNG: Biochim. biophys. Acta **46**, 324 (1961).

[13] HARRIS, J. I., and P. ROOS: Biochem. J. **71**, 434 (1959).

[14] TSUGITA, A., D. T. GISH, J. YOUNG, H. FRAENKEL-CONRAT, C. A. KNIGHT and W. M. STANLEY: Proc. nat. Acad. Sci. USA **46**, 1463 (1960).

[15] LEE, T. H., A. B. LERNER and V. BUETTNER-JANUSCH: J. biol. Ch. **236**, 1390 (1961).

[16] HILL, R. J., and W. KONIGSBERG: J. biol. Ch. **235**, PC 21 (1960); **236**, PC 7 (1961).

[17] BRAUNITZER, G., N. HILSCHMANN u. B. WITTMANN-LIEBOLD: H. **325**, 94 (1961).

[18] BROMER, W. W., L. G. SINN and O. K. BEHRENS: Am. Soc. **79**, 2798 (1957).

[19] MARGOLIASH, R., and E. L. SMITH: Nature **192**, 1121 (1961).

[20] GESCHWIND, I. I., C. H. LI and L. BARNAFI: Am. Soc. **79**, 6394 (1957).

[21] BAILEY, J. L., S. MOORE and W. H. STEIN: J. biol. Ch. **221**, 143 (1956).

Table 2. *Assay methods using small synthetic substrates (only one bond involved).*

Basis of method	Change observed	Technique or apparatus	Enzymes determined	Substrate	Ref.
Amidase action	Liberation of NH_3	Titration of NH_3 (Conway technique)	**Trypsin**	**α-N-benzoyl-L-arginine amide**	p. 254
			Chymotrypsin	**glycyl-L-tyrosine amide**	p. 272
			Cathepsin C	**glycyl-L-phenylalanine amide**	p. 285
			Papain	**α-N-benzoyl-L-arginine amide**	p. 288
			Cathepsin B	α-N-benzoyl-L-arginine amide	1
		Ninhydrin reaction[2]	Chymotrypsin	α-N-acetyl-L-tyrosine amide	3
	Titrimetric determination of bonds broken	Titration with NaOH in the presence of formaldehyde (potentiometer)[4, 5]	Trypsin	α-N-benzoyl-L-arginine amide	6
			Ficin	α-N-benzoyl-L-arginine amide	7
		Titration with HCl in the presence of acetone (indicator)[8]	Papain	α-N-benzoyl-L-arginine amide	9
	Heat evolution	Calorimeter[10]	Cathepsin C	glycyl-L-phenylalanine amide	11
			Trypsin	α-N-benzoyl-L-arginine amide	12
			Chymotrypsin	α-N-benzoyl-L-tyrosine amide	13
			Chymotrypsin	α-N-benzoyl-L-tyrosyl-glycinamide	14
	Liberation of chromogenic (β-naphthyl amine) group. Coupling with tetrazotized di-o-anisidine	Colorimetric determination of azo dye	Trypsin	α-N-benzoyl-arginine-β-naphthylamide	15
	Liberation of chromogenic (β-naphthylamine) group. Coupling with naphthylethylenediamine	Colorimetric determination of azo dye	Trypsin Cathepsin B Papain Ficin Bromelin Clostripain	α-N-benzoyl-arginine-β-naphthylamide	16
Esterase action	Liberation of carboxyl groups	Potentiometric titration with NaOH	**Trypsin**	α-N-benzoyl-L-arginine methyl ester	17
				α-N-benzoyl-L-arginine ethyl ester	p. 252
			Chymotrypsin	**N-acetyl-L-tyrosine ethyl ester**	p. 270
			Thrombin	**α-N-(p-toluenesulfonyl)-L-arginine methyl ester**	p. 294
		Titration with NaOH in presence of formaldehyde[4, 5] (potentiometer)	Trypsin	α-N-benzoyl-L-arginine ethyl ester	6, 18
			Ficin	α-N-benzoyl-L-arginine ethyl ester	7
		Titration with NaOH in presence of formaldehyde[4, 5] (indicator)	**Thrombin**	**α-N-(p-toluenesulfonyl)-L-arginine methyl ester**	p. 293
			Plasmin	**α-N-(p-toluenesulfonyl)-L-arginine methyl ester**	p. 296

Esterase action (continued)		Titration with KOH in presence of alcohol[19] (indicator)	Plasmin	L-lysine ethyl ester	[20]
	Liberation of carboxyl groups: shift of p_H in buffered solution	Rate of shift of p_H determined potentiometrically	Chymotrypsin	Methyl hippurate	[21]
	Liberation of carboxyl groups in presence of indicator and buffer	Spectrophotometric: change in color of indicator	Trypsin	α-N-(p-toluenesulfonyl)-L-arginine methyl ester	[22]
		Titration using p_H stat	Chymotrypsin	Methyl hippurate	[23]
	Change in ultraviolet absorption of substrate on liberation of carboxylate ion	Spectrophotometric	**Trypsin**	**α-N-benzoyl-L-arginine ethyl ester**	p. 253
			Trypsin	n-hexyl ester of m-hydroxy benzoic acid	[24]
			Trypsin Thrombin	α-N-(p-toluenesulfonyl)-L-arginine methyl ester	[25]
			Chymotrypsin	**L-Tyrosine ethyl ester**	p. 271
			Chymotrypsin	n-heptyl ester of salicylic acid	[24]
			Chymotrypsin	N-benzoyl-L-tyrosine ethyl ester	p. 271
	Change in ultraviolet absorption on liberation of p-nitrophenol	Spectrophotometric	Chymotrypsin	p-nitrophenyl acetate	[26]
			Chymotrypsin Trypsin Papain Thrombin Plasmin	Carbobenzoxy-L-tyrosine p-nitrophenyl ester	[27]
		Spectrophotometric (stopped flow apparatus)[28]	Chymotrypsin	p-nitrophenyl acetate	[29]
	Free carboxyl groups formed react with hydrogencarbonate buffer	Manometric measurement of CO_2	**Trypsin**	α-N-(p-toluenesulfonyl)-L-arginine methyl ester α-N-benzoyl-L-arginine methyl ester	p. 253
			Chymotrypsin	**L-phenylalanine ethyl ester**	p. 271
	Liberation of carboxyl group. Reaction of unchanged ester with hydroxylamine[30]	Hydroxamide color reaction with $FeCl_3$	Trypsin	L-lysine ethyl ester	[31]
			Cathepsin C	Glycyl-L-phenylalanine ethyl ester Glycyl-L-tyrosine ethyl ester Glycyl glycine ethyl ester	[32, 33]
	Liberation of chromogenic (β-naphthyl) group. Coupling of naphthol with tetrazotized diorthoanisidine	Colorimetric determination of azo dye	Chymotrypsin	α-N-benzoyl-D,L-phenylalanine β-naphthyl ester	[34]
	Liberation of amino acid; complexing with copper	Colorimetric	Trypsin	L-lysine ethyl ester	[35]

Table 2. (continued)

Basis of method	Change observed	Technique or apparatus	Enzymes determined	Substrate	Ref.
Esterase activity (continued)	Ultraviolet absorption of copper complex of reaction product	Spectrophotometric	Trypsin Thrombin Plasmin	α-N-(p-toluenesulfonyl)-L-arginine methyl ester	36
	Liberation of yellow product (p-nitroaniline)	Colorimetric	Trypsin Papain	Benzoyl-D,L-arginine p-nitroanilide	37
	Liberation of yellow product (p-nitroaniline)	Colorimetric	Trypsin	L-lysine p-nitroanilide	37
Hydrolysis of a specific peptide bond	Liberation of amino group	Ninhydrin reaction	**Pepsin**	**N-acetyl-L-phenylalanyl-L-tyrosine**	p. 275
	Decarboxylation of the free amino acid by amino acid decarboxylase	Manometric measurement of CO_2 liberation	Cathepsin C	Carbobenzoxy-L-glutamyl-L-tyrosine	38
Transamidation	Hydroxamic acid formation with hydroxylamine	Colorimetric determination of hydroxamic acid with $FeCl_3$	**Cathepsin C**	**Glycyl-L-phenylalanine amide**	p. 285
Hydrolysis of hydroxamides	Liberation of carboxyl group	Unchanged hydroxamide determined colorimetrically with $FeCl_3$	Chymotrypsin	α-N-acetyl-L-phenylalanine hydroxamide α-N-benzoyl-L-phenylalanine hydroxamide α-N-acetyl-L-tyrosine hydroxamide	39 40
		Titration with NaOH in presence of formaldehyde (potentiometer)[41]	Chymotrypsin	α-N-acetyl-L-phenylalanine hydroxamide α-N-benzoyl-L-phenylalanine hydroxamide	39
		p_H stat	Chymotrypsin	α-N-acetyl-L-tyrosine hydroxamide	42
Hydrolysis of hydrazides	Liberation of carboxyl groups	Titration with NaOH in presence of formaldehyde[41] (potentiometer)	Chymotrypsin	α-N-nicotinyl-L-tyrosine hydrazide	43
	Liberation of carboxyl groups	Titration with KOH in presence of alcohol (indicator)	Chymotrypsin	α-N-acetyl-D,L-phenylalanine hydrazide	44
	Liberation of hydrazine which reduces phosphomolybdate	Colorimetric	Chymotrypsin	α-N-acetyl-D,L-phenylalanine hydrazide	45
	Liberation of hydrazine and reaction with p-dimethyl amino benzaldehyde	Photometric determination of bis-p-dimethyl amino benzalazine	Chymotrypsin	α-N-acylated-L-tyrosine hydrazides	46

be applied to the determination of more than one enzyme, it was decided, when possible, to describe the detailed procedure for trypsin. For other enzymes, only differences from the trypsin procedure are described, and reference is made to the appropriate page of the section on trypsin.

It has not been possible to express the enzyme concentration uniformly. In the past, the following have been used: mg total N, KJELDAHL; mg protein N, KJELDAHL or biuret; mg of tyrosine; total dry weight; total organic material; turbidity with protein precipitants; optical factor. When dealing with an enzyme available as a standard preparation (e.g., trypsin and chymotrypsin), the optical factor is the simplest and most convenient. (*Caution:* it should be measured at the specified p_H.) When dealing with a very crude system, no method is entirely satisfactory, and accurate data cannot be expected.

Literature to Table 2.

[1] GREENBAUM, L. M., and J. S. FRUTON: J. biol. Ch. **226**, 173 (1957).
[2] MOORE, S., and W. H. STEIN: J. biol. Ch. **176**, 367 (1948); **211**, 907 (1954).
[3] GUTFREUND, H., and J. M. STURTEVANT: Proc. nat. Acad. Sci. USA **42**, 719 (1956).
[4] SØRENSEN, S. P. L.: C. R. Lab. Carlsberg, Sér. chim. **7**, 1 (1907). B. Z. **7**, 45 (1908).
[5] TAYLOR, W. H.: Analyst **82**, 488 (1957).
[6] BERNHARD, S. A.: Biochem. J. **59**, 506 (1955).
[7] BERNHARD, S. A., and H. GUTFREUND: Biochem. J. **63**, 61 (1956).
[8] LEVY, M.; in: Colowick-Kaplan, Meth. Enzymol., Vol. III, p. 454.
[9] ZAMECNIK, P. C., D. I. LAVIN and M. BERGMANN: J. biol. Ch. **158**, 537 (1945).
[10] BUZZELL, A., and J. M. STURTEVANT: Am. Soc. **73**, 2454 (1951).
[11] STURTEVANT, J. M.: Am. Soc. **75**, 2016 (1953).
[12] FORREST, W. W., H. GUTFREUND and J. M. STURTEVANT: Am. Soc. **78**, 1349 (1956).
[13] DOBRY, A., and J. M. STURTEVANT: J. biol. Ch. **195**, 141 (1952).
[14] DOBRY, A., J. S. FRUTON and J. M. STURTEVANT: J. biol. Ch. **195**, 149 (1952).
[15] RIEDEL, A., u. E. WÜNSCH: H. **316**, 61 (1959).
[16] BLACKWOOD, C., and I. MANDL: Analyt. Biochem. **2**, 370 (1961).
[17] SCHWERT, G. W., H. NEURATH, S. KAUFMAN and J. E. SNOKE: J. biol. Ch. **172**, 221 (1948).
[18] GUTFREUND, H.: Trans. Faraday Soc. **51**, 441 (1955).
[19] GRASSMANN, W., u. W. HEYDE: H. **183**, 32 (1929).
[20] TROLL, W., S. SHERRY and J. WACHMAN: J. biol. Ch. **208**, 85 (1954).
[21] LANG, J. H., E. FRIEDEN and E. GRUNWALD: Am. Soc. **80**, 4923 (1958).
[22] RHODES, M. B., R. M. HILL and R. E. FEENEY: Analyt. Chem., Washington **29**, 376 (1957).
[23] APPLEWHITE, T. H., R. B. MARTIN and C. NIEMANN: Am. Soc. **80**, 1457 (1958).
[24] HOFSTEE, B. H. J.: Biochim. biophys. Acta **24**, 211 (1957).
[25] HUMMEL, B. C. W.: Canad. J. Biochem. Physiol. **37**, 1393 (1959).
[26] HARTLEY, B. S., and B. A. KILBY: Biochem. J. **50**, 672 (1952); **56**, 288 (1954).
[27] MARTIN, C. J., J. GOLUBOW and A. E. AXELROD: J. biol. Ch. **234**, 294 (1959).
[28] GIBSON, Q. H., and F. J. W. ROUGHTON: Proc. R. Soc. London (B) **143**, 310 (1955).
[29] GUTFREUND, H., and J. M. STURTEVANT: Biochem. J. **63**, 656 (1956).
[30] HESTRIN, S.: J. biol. Ch. **180**, 249 (1949).
[31] WERBIN, H., and A. PALM: Am. Soc. **73**, 1382 (1951).
[32] WIGGANS, D. S., M. WINITZ and J. S. FRUTON: Yale J. Biol. Med. **27**, 11 (1954).
[33] FRUTON, J. S., and M. MYCEK: Arch. Biochem. **65**, 11 (1956).
[34] RAVIN, H. A., P. BERNSTEIN and A. M. SELIGMAN: J. biol. Ch. **208**, 1 (1954).
[35] HAGAN, J. J., F. B. ABLONDI and B. L. HUTCHINGS: Proc. Soc. exp. Biol. Med. **92**, 627 (1956).
[36] RONWIN, E.: Canad. J. Biochem. Physiol. **38**, 57 (1960).
[37] ERLANGER, B. F., N. KOKOWSKY and W. COHEN: Arch. Biochem. **95**, 271 (1961).
[38] ZAMECNIK, P. C., and M. L. STEPHENSON: J. biol. Ch. **169**, 349 (1947).
[39] ISELIN, B. M., H. T. HUANG and C. NIEMANN: J. biol. Ch. **183**, 403 (1950).
[40] HOGNESS, D. S., and C. NIEMANN: Am. Soc. **75**, 884 (1953).
[41] ISELIN, B. M., and C. NIEMANN: J. biol. Ch. **182**, 821 (1950).
[42] KURTZ, A. N., and C. NIEMANN: Biochemistry **1**, 238 (1962).
[43] MACALLISTER, R. V., and C. NIEMANN: Am. Soc. **71**, 3854 (1949).
[44] GOLDENBERG, V., H. GOLDENBERG and A. D. MCLAREN: Am. Soc. **72**, 5317 (1950).
[45] GOLDENBERG, H., V. GOLDENBERG and A. D. MCLAREN: Biochim. biophys. Acta **7**, 110 (1951).
[46] LUTWACK, R., H. F. MOWEN and C. NIEMANN: Am. Soc. **79**, 2179 (1957). — KERR, R. J., and C. NIEMANN: Am. Soc. **80**, 1469 (1958). — BRAUNHOLTZ, J. T., R. J. KERR and C. NIEMANN: Am. Soc. **81**, 2852 (1959).

Table 3. *Assay methods using protein or peptide substrates (any number of bonds involved).*

Basis of method	Change observed	Technique or apparatus	Enzymes determined	Substrate	Ref.
Digestion of protein and determination of separated digestion products	Appearance of trichloroacetic acid soluble peptides containing tyrosine and tryptophan	Ultraviolet absorption of filtrate or colorimetric determination	All	Denatured casein	
			Trypsin	**Denatured casein**	p. 248
			Chymotrypsin	**Denatured casein**	p. 270
			Plasmin	Denatured casein	1
			Pankrin	Denatured casein	2
			All	Denatured crystalline hemoglobin	
			Pepsin	**Denatured crystalline hemoglobin**	p. 275
			Trypsin	**Denatured crystalline hemoglobin**	p. 250
			Papain	**Denatured crystalline hemoglobin**	p. 288
			Cathepsins	Denatured crystalline hemoglobin	3, 4
			Pankrin	Denatured crsytalline hemoglobin	2
	Appearance of trichloroacetic acid soluble peptides	Biuret reaction	Trypsin	Denatured casein	5
			Papain	Denatured casein	
			Thrombin	Denatured casein	
		Total N of filtrate	Thrombin	Fibrinogen	6
	Precipitation of undigested protein with phytic acid	Total N of filtrate	Pepsin	Beef globin	7, 8, 9
			Pepsin	Edestin	10
Digestion of modified proteins	Liberation of dyed small peptides	Colorimetry	Trypsin	Congo red-fibrin	11
			Pepsin	Indigo carmine fibrin	11
			Collagenase	Hide powder combined with azo dye „Azo-coll"	12, 13, 14
			Elastase	Elastin dyed with orcein	15
	Liberation of peptides containing ^{131}I	Radioactivity of nonprotein filtrate	Insulinase	Insulin with ^{131}I incorporated	16, 17
			Pepsin }	Radioactive iodinated human serum	18
			Trypsin }	albumin	19
			Trypsin Chymotrypsin	Casein labeled with ^{131}I	20
Disappearance of protein	Change in turbidity	Nephelometer	Pepsin	Homogenized boiled egg white	21
			Elastase	**Elastin from cattle aorta**	p. 300
	Formation of soluble products	Gravimetric determination of dried residue	**Elastase**	**Elastin from cattle aorta**	p. 299
	Lysis of fibrin clot	Measurement of dissolved zone on Petri dish	Plasmin	Fibrinogen clotted with thrombin	22
	Digestion of substrate incorporated in agar plate	Formation of zone with trichloroacetic acid	Trypsin	Hemoglobin	23
Appearance of new titratable groups	Change in ionization (alcohol)	Titration with KOH (indicator)	Papain	Gelatin	24
			Pepsin	Castor bean globulin	25

	Change in ionization (aqueous medium)	Titration with NaOH (p_H-stat)[26, 27]	Subtilisin	Ovalbumin	28
Formation of biologically active product	Activation of zymogens	Measurement of enzyme activity	**Enterokinase**	**Crystalline trypsinogen**	p. 256
			Mold kinase	Crystalline trypsinogen	29
	Formation of an angiotensin	Increase in blood pressure of test animal	Renin	Plasma or α_2-globulin fraction	30, 31
Clotting	Visible change	Clotting time measurements	Pepsin	Powdered whole milk	3, 32, 33
			Rennin	**Powdered whole milk**	p. 282, 270
			Chymotrypsin	**Powdered whole milk**	p. 270
			Subtilisin	**Powdered skim milk**	p. 291
			Rennin	Powdered skim milk	34
Change in physical properties of substrate	Change in viscosity	Viscometer[35, 36]	Trypsin	Gelatin	37, 38
			Plasmin	Gelatin	39, 40, 41
	Change in volume	Dilatometer[42]	Trypsin	β-Lactoglobulin	43, 44
	Change in optical rotation	Polarimeter	Pepsin	Egg albumin	45
				Trypsinogen	46
			Trypsin	Casein	47, 48
			Chymotrypsin	Casein	47
			Pepsin	Casein	47
			Ficin	Casein	47
			Papain	Casein	47, 48
	Change in refraction	Immersion refractometer	Pepsin	Egg white	49
	Change in absorption spectra	Spectrophotometer	Trypsin	Insulin	50

[1] REMMERT, L. F., and P. P. COHEN: J. biol. Ch. **181**, 431 (1949).

[2] GRANT, N. H., and K. C. ROBBINS: Am. Soc. 78, **5888** (1956).

[3] NORTHROP, J. H., M. KUNITZ and R. M. HERRIOTT: Crystalline Enzymes. p. 303—314, Columbia University Press New York 1948.

[4] TALLAN, H. H., M. E. JONES and J. S. FRUTON: J. biol. Ch. **194**, 793 (1952).

[5] PANTLITSCHKO, M., u. E. GRUNDIG: Mh. Chem. **88**, 259 (1957) [Chem. Abstr. **51**, 13978c].

[6] LASKOWSKI jr., M., T. H. DONNELLY, B. A. VAN TIJN and H. A. SCHERAGA: J. biol. Ch. **222**, 815 (1956).

[7] DUMAZERT, C., C. GHIGLIONE et M. BOZZI-TICHADOU: Bull. Soc. Chim. biol. **38**, 403 (1956).

[8] DUMAZERT, C., C. GHIGLIONE et M. BOZZI-TICHADOU: C. R. Soc. Biol. **150**, 1589 (1956).

[9] DUMAZERT, C., C. GHIGLIONE et M. BOZZI-TICHADOU: Bull. Soc. Pharmacie Marseille **5**, 189, 195, 201 (1956) [Chem. Abstr. **51**, 5141d].

[10] COURTOIS, J. E., et H. VILLIERS-HUIBAN: Ann. pharmaceut. franç. **14**, 639 (1956) [Chem. Abstr. **51**, 8191a].

[11] HESS, G. P., E. I. CIACCIO and W. L. NELSON: Fed. Proc. **16**, 195 (1957).

[12] OAKLEY, C. L., G. H. WARRACK and W. E. VAN HEYNINGEN: J. Path. Bact. **58**, 229 (1946).

[13] BIDWELL, E., and W. E. VAN HEYNINGEN: Biochem. J. **42**, 140 (1948).

[14] BIDWELL, E.: Biochem. J. **46**, 589 (1950).

[15] SACHAR, L. A., K. K. WINTER, N. SICHER and S. FRANKEL: Proc. Soc. exp. Biol. Med. **90**, **323** (1944).

[16] MIRSKY, I. A., G. PERISUTTI and F. J. DIXON: J. biol. Ch. **214**, 397 (1955).

[17] MIRSKY, I. A., and G. PERISUTTI: J. biol. Ch. **228**, 77 (1957).

[18] LOKEN, M. K., K. D. TERRILL, J. F. MARVIN and D. G. MOSSER: J. gen. Physiol. **42**, 251 (1958).

[19] LOKEN, M. K., K. D. TERRILL and D. G. MOSSER: Proc. Soc. exp. Biol. Med. **106**, 239 (1961).

[20] KATCHMAN, B. J., R. E. ZIPF and G. M. HOMER: Nature **185**, 238 (1960).

[21] RIGGS, B. C., and W. C. STADIE: J. biol. Ch. **150**, 463 (1943).

[22] PERMIN, P. M.: Acta physiol. scand. **20**, 388 (1950).

For partially purified enzymes, we have retained the method originally used in the procedure described.

A new method, which eliminates measuring activity and therefore does not require a standard preparation has been proposed by BENDER et al.[1]. The principle is based on an observation of HARTLEY and KILBY[2] which was developed and extended by BALLS and his coworkers[3–5]. The latter authors showed that several compounds react with the active center of α-chymotrypsin to produce monoacyl derivatives. The relative rates of decomposition of some of these derivatives are shown in Table 4 taken from BALLS[5]. The observed variation in rates of decomposition almost bridges the gap between a first class inhibitor like DFP (not shown in the table, since no detectable hydrolysis occurs under these conditions) to a fairly good substrate (β-nitrophenyl hippurate). Using N-*trans* cinnamoylimidazole as an acylating agent, a relatively stable

Table 4. *Rate of hydrolysis of several acyl chymotrypsins* at 28° C, p_H 6.2.

Acyl group	Rate μMol/min/mg enzyme	Relative rate (Acetyl = unity)
Trimethylacetyl . . .	8.4×10^{-5}	0.032
Isobutyryl	9.6×10^{-4}	0.37
Acetyl	2.6×10^{-3}	(1.00)
Hydrocinnamyl	4.1×10^{-2}	16
Hippuryl	0.27	100
(L-Tyrosine ethyl ester)	ca. 47	18000

[1] SCHONBAUM, G. R., B. ZERNER and M. L. BENDER: J. biol. Ch. **236**, 2930 (1961).
[2] HARTLEY, B. S., and B. A. KILBY: Biochem. J. **56**, 288 (1954).
[3] BALLS, A. K., and F. L. ALDRICH jr.: Proc. nat. Acad. Sci. USA **41**, 190 (1955).
[4] BALLS, A. K., and H. N. WOOD: J. biol. Ch. **219**, 245 (1956).
[5] BALLS, A. K.: J. gen. Physiol. **45**, 47 (1962).

Literature of Table 3 (continued).

[23] STANSLY, P. G., and D. S. RAMSEY: J. Lab. clin. Med. **48**, 649 (1956).
[24] GRASSMANN, W., u. W. HEYDE: H. **183**, 32 (1929).
[25] WILLSTÄTTER, R., u. E. WALDSCHMIDT-LEITZ: B. **54**, 2988 (1921). — CHRISTENSEN, L. K.: Scand. J. clin. Lab. Invest. **9**, 380 (1957).
[26] JACOBSEN, C. F., and J. LÉONIS: C. R. Lab. Carlsberg, Sér. chim. **27**, 333 (1951).
[27] JACOBSEN, C. F., J. LÉONIS, K. LINDERSTRØM-LANG and M. OTTESEN: Meth. biochem. Analysis, **4**, 171 (1957).
[28] OTTESEN, M.: Arch. Biochem. **65**, 70 (1956).
[29] KUNITZ, M.: Enzymologia **7**, 1 (1939).
[30] GOLDBLATT, H., Y. J. KATZ, H. A. LEWIS and E. RICHARDSON: J. exp. Med. **77**, 309 (1943).
[31] MUÑOZ, J. M., E. BRAUN-MENÉNDEZ, J. C. FASCIOLO and L. F. LELOIR: Amer. J. med. Sci. **200**, 608 (1940).
[32] KUNITZ, M., J. gen. Physiol. **18**, 459 (1935).
[33] HERRIOTT, R. M.: J. gen. Physiol. **21**, 501 (1938).
[34] BERRIDGE, N. J.; in: Colowick-Kaplan, Meth. Enzymol., Vol. II, p. 69.
[35] MOHR, R.; in: Bamann-Myrbäck, Vol. I, p. 646.
[36] KRUGER, D.; in: Bamann-Myrbäck, Vol. I, p. 944.
[37] DUTHIE, E. S., and L. LORENZ, Biochem. J. **44**, 167 (1949).
[38] HULTIN, E., and G. LUNDBLAD: Acta chem. scand. **9**, 1610 (1955).
[39] KAPLAN, M. H., H. J. TAGNON, C. S. DAVIDSON and F. H. L. TAYLOR: J. clin. Invest. **21**, 533 (1942).
[40] CHRISTENSEN, L. R.: J. gen. Physiol. **28**, 363 (1945).
[41] CHRISTENSEN, L. R.: J. gen. Physiol. **30**, 149 (1946).
[42] LINDERSTRØM-LANG, K.: Bamann-Myrbäck, Vol. I, p. 967.
[43] LINDERSTRØM-LANG, K.: Cold Spring Harbor Symp. quant. Biol. **14**, 117 (1950).
[44] LINDERSTRØM-LANG, K., and C. F. JACOBSEN: C. R. Lab. Carlsberg, Sér. chim. **24**, 1 (1941).
[45] SCHÜTZ, E.: H. **9**, 577 (1885).
[46] NEURATH, H., J. A. RUPLEY and W. J. DREYER: Arch. Biochem. **65**, 243 (1956).
[47] WINNICK, T.: J. biol. Ch. **152**, 465 (1944).
[48] WINNICK, T., and D. M. GREENBERG: J. biol. Ch. **137**, 429 (1941).
[49] GROLL, J. T.: Arch. néerl. Physiol. **28**, 527 (1944).
[50] LASKOWSKI jr., M., J. M. WIDOM, M. L. MCFADDEN and H. A. SCHERAGA: Biochim. biophys. Acta **19**, 581 (1956).

compound is produced. SCHONBAUM, ZERNER and BENDER[1] applied this reagent and determined directly the operational normality of α-chymotrypsin.

$$C_6H_5\text{—CH=CH—}\overset{O}{\overset{\|}{C}}\text{—N}\langle\text{imidazole}\rangle\text{N} + \text{Chymotrypsin-H} \rightarrow$$

$$C_6H_5\text{—CH=CH=}\overset{O}{\overset{\|}{C}}\text{—Chymotrypsin} + \text{N}\langle\text{imidazole}\rangle\text{NH}$$

The reaction is followed by determining absorbance at either 335 or 310 mμ. This method requires either a Beckman DK-2 or Cary spectrophotometer. Since it is known that chymotrypsin contains one active site per molecule, the molarity is determined. The method does not depend on the purity of the enzyme preparation since the inactive protein does not react. This approach is likely to be extended to other enzymes. On the other hand it is quite likely that this method must still be used in conjunction with the rate assay, since the enzyme preparation may contain some damaged but still partly active material. Similarly, the highly active π-chymotrypsin cannot be distinguished from α-chymotrypsin by BENDER's method[1], but can be readily distinguished by rate assay. The method of BENDER and coworkers counts all of the active enzyme molecules equally, however weak their activity ("all-or-none assay"[2]); the rate assay on the other hand counts the partly active molecules less heavily ("efficiency assay").

A typical assay procedure contains some, or all of these four phases:

1. Reaction.
2. Inhibition.
3. Separation.
4. Analysis.

Continuous assay procedures generally eliminate the inhibition and separation steps and combine the reaction and analysis. Continuous procedures have advantages: they are economical of the sample, and allow a large number of experimental points. An example is the potentiometric titration of esterase activity (Table 2). The increasing availability of recording equipment favors these methods.

1. *Reaction.* a) p_H should be held constant. In many proteolytic reactions, hydrogen ion concentration changes by one hydrogen ion per bond broken. When this is not otherwise compensated, the desired buffer capacity should be greater than the molar concentration of the products released. As a precaution, the p_H should be checked not only at the beginning, but also at the end of the reaction.

b) Temperature of the reacting system must be held constant.

c) In routine procedures substrate concentration should be either much greater or much smaller than K_m, to aim for zero or first order reaction. In the intermediate concentration range, the order of the reaction will be fractional and will change with time.

d) Since change in anion and cation binding may result from proteolysis, the ionic strength should be either very low or quite high (swamping). Interfering metal ions should be avoided.

2. *Inhibition* must be very fast compared to the reaction time, and must be essentially complete. Of the 3 methods of inhibition: a) denaturation and/or precipitation of the enzyme; b) addition of an inhibitor; c) addition of a large amount of non-interfering zero order substrate, the most common is the first. The first type is accomplished either by boiling or by addition of strong protein precipitants such as trichloroacetic acid, phytic

[1] SCHONBAUM, G. R., B. ZERNER and M. L. BENDER: J. biol. Ch. 236, 2930 (1961).

[2] RAY jr., W. J., and D. E. KOSHLAND jr.: Personal communication (1962).

acid or phosphotungstic acid. This method of inhibition also serves as a separation step, by precipitating protein and leaving the small digestion products in solution. This will be further discussed under separation. If the substrate is a native protein, at least a partial denaturation of the substrate is almost certain to occur, and since denatured proteins are generally digested more rapidly than native proteins, a small amount of activity remaining may cause a considerable error in the assay.

Addition of a specific, rapidly combining and stoichiometric inhibitor appears to be an attractive method, provided it will not interfere with the separation step. Trypsin inhibitors have been used successfully. Chymotrypsin inhibitor from *Ascaris* may prove useful. On the other hand, isopropyl phosphofluoridate (DFP) and analogs react too slowly. A high concentration of a competitive inhibitor may slow the reaction sufficiently to study the products of the reaction without denaturation.

For a number of enzymes, no specific inhibitors are known. Ocassionally a zero order reaction induced by the addition of a large amount of a synthetic substrate can serve as well. Since an enzyme cannot catalyze a zero order and a first order reaction at the same time, a complete inhibition will be achieved as long as the zero order reaction persists.

3. *Separation* has been mentioned above under inhibition. The apparent extent of hydrolysis of a protein substrate depends partly on the method of separating the protein from the digestion products, and on the final method of assay. For example, in a trichloroacetic acid filtrate, the non-protein nitrogen may not parallel soluble tyrosine peptides at all times. In Table 3, the separation and assay methods are those of the original procedures. The standard curves may not be reproducible if a different precipitation method is substituted. In view of the above difficulties of inhibition and separation, continuous methods which eliminate these steps are vastly preferred.

An additional problem may be mentioned. It is generally assumed that when a peptide bond is broken, two new fragments are produced. In some cases, this is not true. When the peptide bond is a part of a cyclic loop, proteolysis merely opens the loop. When a peptide bond is broken in a non-cyclic chain, the fragment, which is disconnected from the main chain, may still be held to the protein by secondary bonds. In the latter case, an equilibrium will be established between free and bound fragments. The determination of the number of free fragments is affected by the method of separation, since drastic reagents disturb the equilibrium and release free fragments. For a more detailed discussion, see LASKOWSKI and SCHERAGA[1].

4. *Analysis* is the most variable of all phases. On the basis of the nature of the substrate, the assays may be divided into three categories.

Table 2 illustrates methods based on the use of small substrates (almost invariably synthetic), where only one bond is broken and/or formed. With these substrates the same rate constant is obtained regardless of the analytical method used, since all changes in the system are related (and generally are proportional) to the extent of the reaction. Only these substrates should be used for kinetic and inhibition studies of pure enzymes. Synthetic substrates are also useful for determining one protease in the presence of others, although extreme caution in choice of substrates must be exercised.

Table 3 lists methods using protein substrates, where an unknown number of bonds are broken. Denatured proteins are widely used in proteolytic assays. Standard curves are first prepared with purified (if possible, crystalline) enzymes. The principal advantages of these methods are: they are technically simple, sensitive, many assays can be run concurrently, and they are relatively unaffected by the introduction of foreign material. The disavantage is the lack of sharp differentiation between various proteinases; however, different p_H optima and varying rates and/or extent of digestion permit some distinction.

Denatured proteins are the natural substrates and the methods using them have great historical value. However, the reviewers feel that the methods employing ill defined mixtures of denatured proteins as substrates (e.g. casein) can, at present, be recommended

[1] LASKOWSKI jr., M., and H. A. SCHERAGA: Am. Soc. 78, 5793 (1956).

only in 3 cases: 1. when dealing with a naturally occuring inhibitor where the low affinity for the substrate is essential to minimize the displacement of the inhibitor by the substrate, 2. when attempting to purify an endopeptidase of unknown specificity from a crude mixture, 3. when comparing proteolytic activity in clinical materials.

On the other hand purified, denatured single chains of proteins of known amino acid sequence serve as highly valuable substrates for determination of specificity, e.g. B chain of insulin, which during the past few years has been widely used for the study of specificity, and of the preference with which a particular bond is hydrolyzed by a particular enzyme (cf. Table 1).

The third category of substrates is native proteins. They must be used for enzymes for which no other substrates are known, e.g. trypsinogen for the assay of enterokinase. Native proteins must also be used for the study of limited proteolysis, e.g. the action of subtilisin on ovalbumin[1] or ribonuclease[2]. Using such substrates in which the sequence of amino acids is known, not only the location of a cleavage but also the order in which cleavages are inflicted may be studied[3]. Finally native proteins are used for studies in which enzymological and structural problems are interwoven. In these cases the problem dictates the analytical approach. The types of methods may be illustrated as follows:

1. Analysis of the number and/or type of peptide bond broken. a) Release and/or sorption of hydrogen ions owing to breakage of peptide bonds, example, direct potentiometric titration[4]. b) Determination of a new amino group, example, appearance of isoleucine, paralleling the appearance of trypsin during activation of trypsinogen by enterokinase[5]. c) Determination of a new carboxyl group, example, formation of new C-terminal leucine in δ-chymotrypsin[6].

2. Liberation of small fragments. a) After preliminary separation with trichloroacetic acid, phytic acid, phosphotungstic acid etc., example, determination of total N after trichloroacetic acid precipitation during the action of thrombin on fibrinogen[7]. b) Direct determination of free amino acids, example, the use of tyrosine decarboxylase[8].

3. Appearance of new large fragments. a) By physical methods, example, electrophoretic separation of fibrinogen and fibrin monomer[9]. b) By specific methods, when a biologically active material is formed, example, detection of π-chymotrypsin during fast activation of α-chymotrypsinogen by trypsin[10].

4. Disappearance of substrate, example, electrophoretic study of transformation $\pi \rightarrow \gamma$-chymotrypsin[11].

5. Change in physico-chemical properties of the system. a) Changes based on average weight and size, example, approximate molecular weight from surface spreading[12]. b) Changes related to the internal structure of the protein (optical rotation, ultraviolet spectra), example, change in ultraviolet spectra[13], during digestion of insulin by trypsin. c) Changes related to the number of bonds broken, example, volume change in digestion of clupein[14].

[1] LINDERSTRØM-LANG, K., and M. OTTESEN: C. R. Lab. Carlsberg. Sér. chim. **26**, 403 (1949). — OTTESEN, M., and C. VILLEE: C. R. Lab. Carlsberg, Sér. chim. **27**, 421 (1951). — OTTESEN, M., and A. WOLLENBERGER: C. R. Lab. Carlsberg, Sér. chim. **28**, 463 (1953).
[2] RICHARDS, F. M., and P. J. VITHAYATHIL: J. biol. Ch. **234**, 1459 (1959).
[3] ALLENDE, J. E., and F. M. RICHARDS: Biochemistry **1**, 295 (1962).
[4] WALEY, S. G., and J. WATSON: Biochem. J. **55**, 328 (1953).
[5] YAMASHINA, I.: Acta chem. scand. **10**, 739 (1956).
[6] ROVERY, M., M. POILROUX, A. CURNIER and P. DESNUELLE: Biochim. biophys. Acta **17**, 565 (1955).
[7] LASKOWSKI jr., M., T. H. DONNELLY, B. A. VAN TIJN and H. A. SCHERAGA: J. biol. Ch. **222**, 815 (1956).
[8] ZAMECNIK, P. C., and M. L. STEPHENSON: J. biol. Ch. **169**, 349 (1947).
[9] MIHALYI, E.: Acta chem. scand. **4**, 351 (1950).
[10] JACOBSEN, C. J.: C.R. Lab. Carlsberg, Sér. chim. **25**, 325 (1947).
[11] BETTELHEIM, F. R., and H. NEURATH: J. biol. Ch. **212**, 241 (1955).
[12] CURRIE, B. T., and H. B. BULL: J. biol. Ch. **193**, 29 (1951).
[13] LASKOWSKI jr.,, M., J. M. WIDOM, M. L. MCFADDEN and H. A. SCHERAGA: Biochim. biophys. Acta **19**, 581 (1956).
[14] LINDERSTRØM-LANG, K., and C. F. JACOBSEN: C.R. Lab. Carlsberg, Sér. chim. **24**, 1 (1941).

Methods leading to the elucidation of the structure of an enzyme are mentioned here but are considered to lie beyond the scope of this article in spite of the fact that this problem has become one of the central problems of enzymology. For the same reason, general methods evaluating the purity of an enzyme are omitted. Both topics are considered to belong to the various chapters devoted to the structure and purity of proteins. Besides methods of analysis for enzymatic activity, which are the major subjects of this review, some of the methods of preparation are included, particularly for enzymes which are not available commercially.

2. Trypsinogen and trypsin.

[3.4.4.4]

Trypsin and trypsinogen were crystallized by NORTHROP and KUNITZ[1]. Trypsinogen is activated to trypsin either by autocatalysis, by enterokinase, or by the mold kinase[2]. During autoactivation, a peptide is split from the N-terminal end of trypsinogen[3, 4]. This hexapeptide was identified as Val. $(Asp)_4$ Lys[5]. The presence of Ca improves the yield by suppressing the formation of "inert" protein[6] and renders the lys-ileu bond more susceptible to the action of trypsin[7]. This appears to be the only bond split during autoactivation[8]. The rate of appearance of the known N-terminal group of trypsin, isoleucine, during activation by enterokinase, parallels the appearance of activity[9], indicating that enterokinase acts by the same mechanism as autoactivation. Additional confirmation of the activating cleavage is obtained from experiments with mold proteases[10-12]. These enzymes have an advantage in that they activate at an acidic p_H and therefore eliminate autolysis; they have a disadvantage in that they are less specific, so that, besides the activating cleavage, additional cleavages on the trypsin moiety and on the hexapeptide occur. A transitory, partial activation (60%) of trypsinogen may be accomplished with cathepsin B at p_H 3.5[13].

Trypsinogen in which ca. 80% of the ε-amino groups of lysine are acetylated[14] cannot be activated by trypsin, but can be activated by pepsin[15]. Active products thus obtained were reported to have a low molecular weight (ca. 6000)[16, 17]. The implication that all tryptic activity has been eliminated from the acetylated preparations has not been confirmed. The acetylated trypsin is heterogeneous and is composed of highly acetylated, totally inactive products, and partly acetylated, totally active trypsin[18, 19].

---

[1] NORTHROP, J. H., and M. KUNITZ: Science, N.Y. **73**, 262 (1931); **80**, 505 (1934). J. gen. Physiol. **16**, 267 (1932).
[2] KUNITZ, M.: J. gen. Physiol. **21**, 601 (1938).
[3] DAVIE, E. W., and H. NEURATH: Biochim. biophys. Acta **11**, 442 (1953).
[4] ROVERY, M., C. FABRE and P. DESNUELLE: Biochim. biophys. Acta **12**, 547 (1953).
[5] DAVIE, E. W., and H. NEURATH: J. biol. Ch. **212**, 515 (1955).
[6] McDONALD, M. R., and M. KUNITZ: J. gen. Physiol. **29**, 155 (1946).
[7] DESNUELLE, P., and C. GABELOTEAU: Arch. Biochem. **69**, 475 (1957).
[8] PECHÈRE, J. F., and H. NEURATH: J. biol. Ch. **229**, 389 (1957).
[9] YAMASHINA, I.: Acta chem. scand. **10**, 739 (1956).
[10] NAKANISHI, K.: J. Biochem. **46**, 1263, 1553 (1959); **47**, 16 (1960).
[11] GABELOTEAU, C., and P. DESNUELLE: Biochim. biophys. Acta **42**, 230 (1960).
[12] HOFMANN, T.: Biochem. J. **74**, 41P (1960); **76**, 26P (1960). Bull. Soc. Chim. biol. **42**, 1279 (1961).
[13] GREENBAUM, L. M., A. HIRSHKOWITZ and I. SHOICHET: J. biol. Ch. **234**, 2885 (1959).
[14] The acetylation is accomplished by means of acetic anhydride, FRAENKEL-CONRAT, H., R. S. BEAN and H. LINEWEAVER: J. biol. Ch. **177**, 385 (1949). This is an entirely different reaction from the formation of monoacyl derivatives mentioned on p. 4 of this article.
[15] VISWANATHA, T., R. C. WONG and I. E. LIENER: Biochim. biophys. Acta **29**, 174 (1958).
[16] LIENER, I. E., and T. VISWANATHA: Biochim. biophys. Acta **36**, 250 (1959).
[17] VISWANATHA, T., and I. E. LIENER: Biochim. biophys. Acta **37**, 387 (1960).
[18] WOOTTON, J. F., and G. P. HESS: Biochim. biophys. Acta **29**, 435 (1958).
[19] WONG, R. C., and I. E. LIENER: Biochim. biophys. Acta **38**, 80 (1960).

For the past several years, reports describing active fragments of trypsin have been appearing[1-4]. Whereas there seems to be no doubt that fragments smaller than the intact trypsin molecule exhibit a partial activity, it still remains to be shown that uniform fragments with uniform activity can be prepared.

Occurrence[5]. Total proteolytic enzymes in the pancreatic juice of a fasting human adult range from 9 to 139 mg/100 ml. Active proteolytic enzymes range from 0.04 to 16.5 mg/100 ml. However, the accuracy of these values is doubtful. Much more definite is our knowledge with respect to other species. The composition of bovine pancreatic juice is the best known, due to the work of KELLER, COHEN and NEURATH[6]. They cannulated a yearling steer, collected the pancreatic juice and subjected it to chromatography on DEAE-cellulose equilibrated with 0.005 M phosphate, p_H 8. The cationic proteins appeared in a "break-through", the anionic were eluted at the same p_H by a linear concentration gradient from 0.005 to 0.4 M. The cationic proteins were then further fractionated on Amberlite IRC-50 XE 64 using 0.2 M potassium phosphate, p_H 6.0.

The cannulated steer secreted about 1 g of protein per hour. 90% of this protein is accounted for as known enzymes as follows: α-chymotrypsinogen, 16%; chymotrypsinogen B, 16%; trypsinogen, 14%; procarboxypeptidase A, 19%; procarboxypeptidase B, 7%; ribonuclease, 2.4%; deoxyribonuclease, 1.4%; amylase, 2%; lipase, very low. The remaining 10% of the protein in the bovine pancreatic juice is as yet unidentified. The proteolytic activity of the freshly secreted juice is negligible since the major proteolytic enzymes are present as zymogens.

A technique similar to that of KELLER et al. has been applied to other species[7, 8], pig and dog. The results show that significant differences exist in quantitative and qualitative composition of the pancreatic juice of different species.

Preparation. Bovine trypsinogen and bovine trypsin are commercially available (Worthington, Pentex, Armour). They are prepared essentially by the methods of KUNITZ and NORTHROP[9], with a modification of McDONALD and KUNITZ[10] for the activation procedure. Since the crystallization of trypsinogen leads to its activation, commercial preparations are once crystallized. A method for recrystallization in the presence of isopropyl phosphofluoridate (DFP) has been suggested[11] as well as the use of aliphatic amino acids: β-alanine, γ-amino-butyric, δ-amino valeric and ω-amino caprylic acids, which inhibit the autocatalytic activation of trypsinogen in increasing order[12]. These substances also inhibit activation of plasminogen, and the action of enterokinase and plasmin. Chromatographic purification of crystalline trypsinogen[13-15] appears more reliable. Chromatography without crystallization, starting with the precipitate obtained (by adjusting to 80% saturation of ammonium sulfate) from the mother liquor after crystallization

---

1 CHERNIKOV, M. P.: Biochemistry, USSR **21**, 2 (1956).
2 WAINFAN, E., and G. P. HESS: Abstr. amer. chem. Soc. 132nd Meeting, p. 83C, September 1957.
3 HESS, G. P., and E. WAINFAN: Am. Soc. **80**, 501 (1958).
4 BRESLER, S. E., M. CHAMPAGNE and S. YA. FRANKEL: Biochemistry, USSR **26**, 909 (1961). — J. Chim. physique Physico-Chim. biol. **59**, 180 (1962).
5 SPECTOR, W. S. (Editor): Handbook of Biological Data. p. 63, Philadelphia and London 1956.
6 KELLER, P. J., E. COHEN and H. NEURATH: J. biol. Ch. **233**, 344 (1958); **234**, 311 (1959).
7 MARCHIS-MOUREN, G., M. CHARLES, A. BEN ABDELJLIL and P. DESNUELLE: Biochim. biophys. Acta **50**, 186 (1961).
8 DESNUELLE, P., and M. ROVERY: Adv. Protein Chem. **16**, 139 (1961).
9 KUNITZ, M., and J. H. NORTHROP: J. gen. Physiol. **19**, 991 (1936).
10 McDONALD, M. R., and M. KUNITZ: J. gen. Physiol. **29**, 155 (1946).
11 TIETZE, F.: J. biol. Ch. **204**, 1 (1953).
12 GERATZ, J. D.: Biochim. biophys. Acta **59**, 599 (1962).
13 TALLAN, H. H.: Biochim. biophys. Acta **27**, 407 (1958).
14 LIENER, I. E.: Arch. Biochem. **88**, 216 (1960).
15 MAROUX, S., M. ROVERY and P. DESNUELLE: Biochim. biophys. Acta **56**, 202 (1962).

of α-chymotrypsinogen, leads to an equally good or better preparation[1]. The best preparations of trypsinogen are those obtained from the pancreatic juice since the chance for activation is minimized. This method, however, can hardly be adapted to a commercial scale.

Commercial preparations of several times recrystallized trypsin may be obtained. They are electrophoretically heterogeneous[2–6]. Also available are preparations further purified by precipitation with trichloroacetic acid. For special purposes, when the exclusion of other pancreatic enzymes is particularly important, the crystalline trypsin is combined with the crystalline pancreatic inhibitor, the complex is crystallized, dissociated in trichloroacetic acid and trypsin recrystallized[7].

However, no preparation obtained by means of crystallization is chromatographically pure presumably because some autolysis takes place during the process of crystallization.

Table 5. *Summary of properties**, I–V.

	Isoelectric[a] point	Isoionic[b] point	Molecular[c] weight	Optical[d, e] factor	N-terminal[f]	C-terminal
Trypsinogen	—	9.3	24500	—	Valine	None found[g]
Trypsin	10.8	10.1	24000	0.67	Isoleucine	Lysine[h] None found[i]

* The values chosen, appear the most probable at the time of this writing. If the activation scheme is correct the values for the molecular weights of trypsinogen and trypsin differ by 687.

Details may be found in the reviews I–V.

I LASKOWSKI, M., and M. LASKOWSKI jr.: Adv. Protein Chem. **9**, 203 (1954).

II GREEN, N. M., and H. NEURATH; in: Neurath-Bailey, Proteins, Vol. 2B, p. 1057.

III LASKOWSKI, M.; in: Colowick-Kaplan, Meth. Enzymol., Vol. II, p. 26.

IV DESNUELLE, P.; in: Boyer-Lardy-Myrbäck, Enzymes, Vol. IV, p. 119. Adv. Protein Chem. **16**, 139 (1961).

V ROVERY, M., and P. DESNUELLE: V. Int. Congr. Biochem. Moscow, 1961, Symposium IV, No. 210.

and in the original papers, listed under a, b, c, d, f, g, h and i.

a KUNITZ, M., and J. H. NORTHROP: J. gen. Physiol. **16**, 295 (1935). — BIER, M., and F. F. NORD: Arch. Biochem. **33**, 320 (1951). — NORD, F. F., and M. BIER: Biochim. biophys. Acta **12**, 56 (1953).

b NEURATH, H., and W. J. DREYER: Discuss. Faraday Soc. **20**, 32 (1955). — NEURATH, H., and G. W. DIXON: Fed. Proc. **16**, 791 (1957).

c TIETZE, F.: J. biol. Ch. **204**, 1 (1953). — KUNITZ, M., and J. H. NORTHROP: J. gen. Physiol. **19**, 991 (1936). — BULL, H. B.: J. biol. Ch. **185**, 27 (1950). — MISHUCK, E., and F. EIRICH: J. polymer Sci. **7**, 341 (1951). — BERGOLD, V. G.: Z. Naturforsch. **1**, 100 (1946). — POLLARD, E., A. BUZZEAU, C. JEFFREYS and F. FORRO: Arch. Biochem. **33**, 9 (1951). — STEINER, R. F.: Arch. Biochem. **49**, 71 (1954). GUTFREUND, H.: Trans. Faraday Soc. **50**, 624 (1954). — KUNITZ, M.: J. gen. Physiol. **30**, 291 (1947). — JANSEN, E. F., and A. K. BALLS: J. biol. Ch. **194**, 721 (1952). — CUNNINGHAM jr., L. W., F. TIETZE, N. M. GREEN and H. NEURATH: Discuss. Faraday Soc. **13**, 58 (1953). — NORD, F. F., and M. BIER: Biochim. biophys. Acta **12**, 56 (1953). — CUNNINGHAM jr., L. W.: J. biol. Ch. **211**, 13 (1954). — KAY, C. M., L. B. SMILLIE and F. A. HILDERMAN: J. biol. Ch. **236**, 118 (1961).

d KUNITZ, M.: J. gen. Physiol. **30**, 291 (1947). — GREEN, N. M., and H. NEURATH: J. biol. Ch. **204**, 379 (1953). — WU, F. C., and M. LASKOWSKI: J. biol. Ch. **213**, 609 (1955).

e Reciprocal of the absorbance through a 1 cm light path, at 280 mμ, of a solution containing 1 mg of protein per ml.

f ROVERY, M., C. FABRE and P. DESNUELLE: Biochim. biophys. Acta **9**, 702 (1952); **12**, 547 (1953).

g DAVIE, E. W., and H. NEURATH: Am. Soc. **74**, 6305 (1952).

h GLADNER, J. A., J. E. FOLK and K. LAKI: Abstr. amer. chem. Soc. 131st Meeting, p. 42C (1957).

i PECHÈRE, J.-F., and H. NEURATH: J. biol. Ch. **229**, 389 (1957).

1 TALLAN, H. H.: Biochim. biophys. Acta **27**, 407 (1958).

2 NIKKILÄ, E., K. EKHOLM and H. SIVOLA: Acta chem. scand. **6**, 617 (1952).

3 CUNNINGHAM jr., L. W.: J. biol. Ch. **211**, 13 (1954).

4 BIER, M., and F. F. NORD: Arch. Biochem. **33**, 320 (1951).

5 TIMASHEFF, S. N., J. M. STURTEVANT and M. BIER: Arch. Biochem. **63**, 243 (1956).

6 GRASSMANN, W., K. HANNING u. M. SCHLEYER: H. **316**, 71 (1959).

7 MCFADDEN, M. L., and M. LASKOWSKI jr.: Abstr. amer. chem. Soc. 130th Meeting, p. 71C, September 1956.

Several chromatographic methods for the preparation of trypsin have been suggested and lead to a more active trypsin[1–4]. A claim has been made that trypsin free of chymotryptic activity may be obtained by electrophoresis[5]. However, the method used for this determination was rather insensitive[6] and could hardly be expected to detect a weak activity.

Neither trypsinogen nor trypsin of other than bovine origin are available commercially. A method for crystallization of porcine trypsin has been reported[7].

Properties. A summary of physical and chemical properties of the bovine proteins is presented in Table 5.

The amino acid compositions of bovine and porcine trypsinogens are shown in Table 6[8].

Table 6. *Amino acid composition of bovine and porcine trypsinogens**,[a].

Amino acid	Bovine trypsinogen		Porcine trypsinogen[11]	
	[9]	[10]	Residues (10^{-3}) in 100 gm	Residues in 24 900 gm
Alanine	13	—	62.5	15—16
Arginine	2	2	16.5	4
Aspartic acid	24	25	112.1	28
Glutamic acid	10	11	67.7	17
Glycine	21	—	101.2	25
Histidine	3	3	15.3	4
Isoleucine	12	—	60.4	15
Leucine	12	—	64.9	16
Lysine	14	14—15	43.1	11
Methionine	1	—	8.1	2
Phenylalanine	4	3	20.9	5
Proline	7	8	43.5	11
Serine	38	39—40	101.2	25
Threonine	9—11	11	44.3	11
Tyrosine	9	4	32.2	8
Valine	15	—	63.3	16
Half-cystine	—	12	—	12
Amide	23 ± 3	—	—	35
Molecular weight	23 800	23 300	24 909 ± 549[b]	
$E^{1\,cm}_{1\,\%}$ at 280 mμ	13.9	—	13.9	
N %	—	—	16.9	
Isoionic point	9.3	—	—	
NH_2-Terminal residue	Valine		Phenylalanine	

* Taken from DESNUELLE, P., and M. ROVERY: Adv. Protein Chem. **16**, 172 (1961).

[a] Numbers of residues are given per 23 800 gm for bovine trypsinogen. They are given per 24 900 gm for porcine trypsinogen and also per 100 gm, since the molecular weight of this protein calculated from chemical analysis alone is still preliminary.

[b] Preliminary value estimated from chemical analysis.

[1] TALLAN, H. H.: Biochim. biophys. Acta **27**, 407 (1958).

[2] LIENER, I. E.: Arch. Biochem. **88**, 216 (1960).

[3] COLE, R. D., and J. M. KINKADE jr.: J. biol. Ch. **236**, 2445 (1961).

[4] KRAMPITZ, C., and F. KNAPPER: J. Chromatogr. 5, 174 (1961).

[5] GRASSMANN, W., K. HANNING u. M. SCHLEYER: H. **316**, 71 (1959).

[6] RIEDEL, A., u. E. WÜNSCH: H. **316**, 61 (1959).

[7] TRAVIS, J., and I. E. LIENER: Arch. Biochem. **97**, 218 (1962).

[8] DESNUELLE, P., and M. ROVERY: Adv. Protein Chem. **16**, 172 (1961).

[9] GREEN, N. M., and H. NEURATH; in: Neurath-Bailey, Proteins, Vol. 2B, p. 1057.

[10] NEURATH, H., and W. J. DREYER: Discuss. Faraday Soc. No. **20**, 32 (1955).

[11] CHARLES, M., M. ROVERY, S. MAROUX and P. DESNUELLE: Unpublished experiments.

Trypsins from beef, sheep and pig have been compared[1] as to electrophoretic mobility, behavior during chromatography on CM-cellulose, stability and catalytic properties. Porcine trypsin differs in electrophoretic mobility, but otherwise the three enzymes have similar properties.

Trypsin shows preferential specificity toward amides and esters of arginine and lysine. Table 7 shows a few typical trypsin substrates. Recently, nitro derivatives of benzoyl-L-arginine methyl ester have been studied as substrates for trypsin[2]. The position of the nitro group in the benzoyl moiety affects the sensitivity of the substrate to enzymatic digestion. The ortho nitro derivative is hydrolyzed about two and a half times as fast as the parent benzoyl arginine ester, but the meta and para compounds are digested at less than half the rate of the parent compound. Trypsin action on natural substrates is illustrated in Table 1. Additional synthetic substrates are presented in the Introduction, p. 230, and in Table 2. Substituted peptide substrates have been studied extensively. The older literature has been reviewed[9,10]. A few of the newer references are given here[11-19].

Table 7. *Kinetic constants of some trypsin substrates.*

Substrate	K_m	k_3 per sec	Ref.
Carbobenzoxy-L-tyrosine p-nitrophenyl ester	15×10^{-5}	290	3
Benzoyl-L-arginine ethyl ester	4.3×10^{-6}	14.6	4
p-Toluenesulfonyl-L-arginine methyl ester* .	1.3×10^{-5}	60	5
p-Toluenesulfonyl-D-arginine methyl ester* .	2.7×10^{-4}	0.74	5
Acetyl-L-tyrosine ethyl ester	4.2×10^{-2}	14.5	6
p-Nitrophenyl acetate	2.1×10^{-2}	0.013	7
Benzoyl-L-arginine amide	3.1×10^{-3}	0.06	8

* At high substrate concentrations, substrate activation is observed.

Protein substrates.

Determination of proteolytic activity with casein substrate according to **Kunitz**[20]**.**
The method is based on the measurement of trichloroacetic acid soluble peptides following a standard digestion period. Peptides containing tyrosine and tryptophan are determined by their absorbance at 280 mμ, or colorimetrically.

[1] Vithayathil, A. J., F. Buck, M. Bier and F. F. Nord: Arch. Biochem. **92**, 532 (1961).
[2] McDonald, C. E., and A. K. Balls: J. biol. Ch. **229**, 69 (1957).
[3] Martin, C. J., J. Golubow and A. E. Axelrod: J. biol. Ch. **234**, 1718 (1959); p_H 8.0, ionic strength 0.3, 11.7 volume % methanol, 30° C.
[4] Inagami, T., and J. M. Sturtevant: J. biol. Ch. **235**, 1019 (1960); p_H 8.0, 0.025 M $CaCl_2$, 25° C.
[5] Trowbridge, C. G., A. Krehbiel and M. Laskowski jr.: unpublished results; p_H 8.0, 0.05 M $CaCl_2$, 0.20 M KCl, 25° C.
[6] Inagami, T., and J. M. Sturtevant: J. biol. Ch. **235**, 1019 (1960); p_H 8.0, 0.05 M $CaCl_2$, 5% dioxane, 25° C.
[7] Stewart, J. A., and L. Ouellet: Canad. J. Chem. **37**, 751 (1959); 20% (v/v) isopropyl alcohol, 0.025 M phosphate buffer, 25° C.
[8] Bernhard, S. A.: Biochem. J. **59**, 507 (1955); p_H 7.6, 25° C, 0.2 M NaCl.
[9] Bergmann, M.: Adv. Enzymol. **2**, 49 (1942).
[10] Neurath, H., and G. W. Schwert: Chem. Reviews **46**, 59 (1950).
[11] Izumiya, N., H. Okazaki, I. Matsumoto and H. Takiguchi: J. Biochem. **46**, 1347 (1959).
[12] Kitagawa, K., and N. Izumiya: J. Biochem. **46**, 1159 (1959).
[13] Izumiya, N., T. Yamashita, H. Uchino and K. Kitagawa: Arch. Biochem. **90**, 170 (1960).
[14] Theodoropoulos, D., H. Bennich and O. Mellander: Nature **184**, 270 (1959).
[15] Theodoropoulos, D., H. Bennich, G. Fölsch and O. Mellander: Nature **184**, 187 (1959).
[16] Theodoropoulos, D., J. Gazopoulos and I. Souchleris: Nature **188**, 489 (1960).
[17] Levin, Y., A. Berger and E. Katchalski: Biochem. J. **63**, 308 (1956).
[18] Van Orden, A. O., and E. L. Smith: J. biol. Ch. **208**, 751 (1954).
[19] Waley, S. G., and J. Watson: Biochem. J. **55**, 328 (1953).
[20] Kunitz, M.: J. gen. Physiol. **30**, 291 (1947).

The following procedure differs from the original procedure of KUNITZ in these details: Borate buffer, p_H 8.0, is substituted for phosphate buffer, p_H 7.6, so that calcium ions[1] may be included in the digestion mixture. The temperature at which proteolysis occurs is 37° C instead of 35° C.

Reagents:

1. Borate buffer: 0.2 M, p_H 8.0 (dissolve 12.4 g boric acid in about 800 ml of water. Adjust to p_H 8.0 with 2 N NaOH and dilute to 1 l).
2. Borate-0.02 M $CaCl_2$ solution: same buffer, containing 222 mg anhydrous $CaCl_2$ per 100 ml.
3. Casein solution: HAMMERSTEN's casein or casein prepared according to DUNN[2] is used. 1 g is suspended in 100 ml of borate buffer and heated in a boiling water bath for 15 min. The solution is filtered and may be kept for about a week in the refrigerator.
4. Trypsin solution: Dissolve about a mg of the pure crystalline protein in 3—4 ml of 0.0025 M HCl containing 0.02 M $CaCl_2$, and determine the absorbance at 280 mμ with a spectrophotometer (Beckman, model DU, or equivalent). Calculate the protein concentration of the solution (in mg per ml) by multiplying by the optical factor, Table 5. Then dilute the solution to the concentration desired with the same solvent. The original solutions may be kept in the refrigerator for 1—2 days, the diluted solutions only a few hours.

   When buffered solutions of the enzyme are required, dilute the stock solution with the appropriate buffer, containing 0.02 M $CaCl_2$. *Caution:* Dilute immediately before use!
5. Trichloroacetic acid, 5% (w/v) in water.

Procedure:

Pipette the standard trypsin solution and samples to be assayed into a series of 15 ml centrifuge tubes. Adjust the volume of the enzyme solution in each tube to 1 ml with the borate $CaCl_2$ solution. Equilibrate the tubes to the temperature of the bath (37° C). Pipette 1 ml of prewarmed casein solution, into the first tube, and start the stop watch. Allow a regular time interval, e.g., 30 sec, between tubes. Exactly 20 min after the addition of casein, add 3 ml of trichloroacetic acid to each tube and mix. Remove the tubes from the bath, allow to stand about 20 min, and centrifuge until clear. A Servall angle centrifuge and lucite tubes are advantageous; centrifuging for 7 min at 8000 r.p.m. (about 8000 × g) is sufficient. Prepare a blank by mixing the solutions of casein, trichloroacetic acid and trypsin in this order.

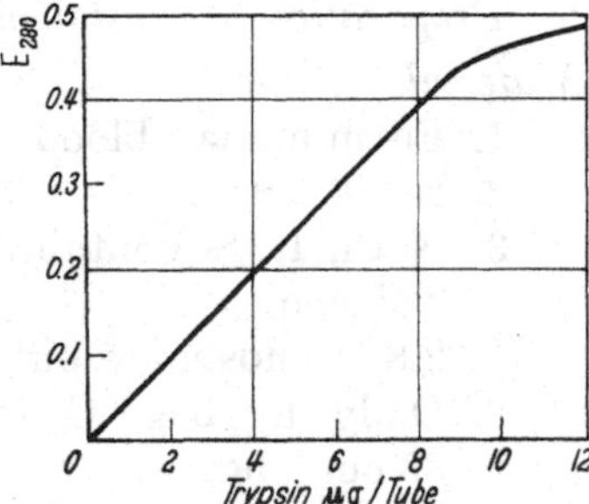

Fig. 1. Standard curve for trypsin determination by the casein method.

Measure the absorbance of the supernatant solutions at 280 mμ through a 1 cm light path and correct each value for the blank. The blank, read against water, should not exceed 0.050.

Prepare a standard curve by using a series of trypsin concentrations with 4—12 μg per tube (this will give a final concentration of 2—6 μg/ml of digestion mixture). This curve (Fig. 1) is slightly higher than the original curve of KUNITZ, owing to the effect of $CaCl_2$. The range of concentration of the unknown should be restricted to the steeper part of the curve (up to 4 μg/ml).

[1] GORINI, L.: Biochim. biophys. Acta **7**, 318 (1951), and independently BIER, M., and F. F. NORD: Arch. Biochem. **33**, 320 (1951) found that the stabilizing effect of Ca on trypsin was reflected as enhanced activity in the majority of assay systems.

[2] DUNN, M. S.: Biochem. Prep. **1**, 22 (1949).

If a spectrophotometer is not available, the trichloroacetic acid soluble peptides are determined colorimetrically[1].

Reagents:

1. FOLIN-CIOCALTEU phenol reagent[2]: Boil 10 hr under reflux, a mixture of 100 g sodium tungstate ($Na_2WO_4 \cdot 2\ H_2O$), 25 g sodium molybdate ($Na_2MoO_4 \cdot H_2O$), 700 ml water, 50 ml 85 % phosphoric acid and 100 ml concentrated HCl. Then add 150 g lithium sulfate, 50 ml water and a few drops of bromine. Remove excess bromine by boiling for 15 min without the condenser. Cool, dilute to 1 l, and filter. Before use, dilute 1 part of reagent with 2 parts of water.
2. 0.0025 M copper sulfate solution (624 mg $CuSO_4 \cdot 5\ H_2O$ per l).
3. 0.5 N sodium hydroxide.

Procedure:

The method for trypsin determination is the same until the trichloroacetic acid supernatant is obtained. Mix 1 ml of this supernatant with 1 ml of copper sulfate solution and 8 ml of 0.5 N NaOH; add 3 ml of the diluted phenol reagent, with mixing, drop by drop at a rapid rate. Compare the absorbance at about 500 mμ after 5—10 min to a standard tyrosine solution treated in the same manner. A standard curve, expressed as tyrosine equivalents of color per μg of trypsin should be prepared by each individual worker.

***Determination of proteolytic activity with hemoglobin substrate according to* ANSON[3].**

The modification by GREEN and WORK[4] of the original method of ANSON[3] is described except that $CaCl_2$ is included in the digestion mixture, and thus borate buffer is substituted for phosphate buffer. Although hemoglobin substrate powders prepared from washed red cells are available commercially (Difco and Pentex), experience in our laboratory indicates that lower blanks are obtained if crystalline hemoglobin, or best of all globin is employed as substrate.

Preparation of crystalline hemoglobin[5].

Materials:

1. Fresh human blood: containing about 0.5 % of sodium citrate dihydrate.
2. NaCl, 0.9 %.
3. NaCl, 1.2 % containing 0.0025 M $AlCl_3$ (12 g NaCl and 0.6 g $AlCl_3 \cdot 6\ H_2O$/l).
4. Toluene.
5. 2.8 M phosphate buffer, pH 6.8 (371 g $K_2HPO_4 \cdot 3\ H_2O$ and 160 g KH_2PO_4/l).
6. Dialyzing bag: Cellulose sausage casing (Visking), about 4 cm in diameter and 33 cm long.

Procedure:

Wash the corpuscles thoroughly and pack by successive mixing and centrifuging, once with 0.9 % NaCl, and three times with 1.2 % NaCl containing $AlCl_3$. Dilute the packed cells with one volume of distilled water, mix thoroughly with 0.4 volume of toluene, and refrigerate overnight. Centrifuge and siphon off the clear, stromafree hemoglobin layer. Transfer the hemoglobin solution to the dialyzing bag, and dialyze against three times its volume of the 2.8 M phosphate buffer, as follows: warm the buffer solution to 37° C, introduce the solution and the dialyzing bag into a cylinder, and place the cylinder in the refrigerator at 4° C. After 6—10 hr dialysis, replace the outer liquid with an equal volume of cold (4° C) phosphate buffer, and continue dialysis for 24 hr

[1] HERRIOTT, R. M.: Proc. Soc. exp. Biol. Med. **46**, 642 (1941).
[2] FOLIN, O., and V. CIOCALTEU: J. biol. Ch. **73**, 627 (1927).
[3] ANSON, M. L.: J. gen. Physiol. **22**, 79 (1938).
[4] GREEN, N. M., and E. WORK: Biochem. J. **54**, 257 (1953).
[5] DRABKIN, D. L.: Arch. Biochem. **21**, 224 (1949). J. biol. Ch. **164**, 703 (1946).

more. Collect the crystals in the bag by centrifuging in the cold, and recrystallize by repeating the same procedure. Dissolve the crystals in a few ml of cold distilled water and dialyze for 18—24 hr against several changes of cold distilled water to remove phosphate. Lyophilize to dryness.

Preparation of globin[1].

Materials:

1. Fresh human blood containing about 0.5% of sodium citrate dihydrate.
2. NaCl, 1.0%.
3. Neutralized ammonium sulfate (prepared by adding 1 ml of saturated NaOH to 1 liter of saturated ammonium sulfate).
4. Dialyzing bags — cellulose sausage casing (Visking 18/32) about 2 cm in diameter and 45 cm long.
5. Acetone.
6. 2 N HCl.
7. 0.0016 M $NaHCO_3$, 0.135 grams of $NaHCO_3$ per liter.
8. 0.02 M phosphate buffer p_H 7.0. (For each liter dissolve 2.72 grams of KH_2PO_4 in 900 ml of distilled water, adjust the p_H 7.0 with 0.5 N KOH and dilute to 1 liter.)

Procedure:

Wash the red cells from 50 ml of citrated human blood six times by suspending them in 1% NaCl and centrifuging them. Dilute the packed cells with 4 volumes of distilled water. Cool. Adjust the hemoglobin solution to 20% saturation with neutralized ammonium sulfate (25 ml for each 100 ml of hemoglobin solution). After 15 min centrifuge at 25000 × g for 1 hr at 2° C. Carefully decant the clear hemoglobin solution into dialysis bags and dialyze for 18 hr against at least two changes of distilled water. Remove any precipitate that forms by filtering or centrifuging at 25000 × g for 30 min. Dilute the supernatant solution to 250 ml with cold distilled water.

Add drop by drop with vigorous stirring 125 ml of the above hemoglobin solution (or 100 ml of a 1 to 3% hemoglobin solution) to 3 liters of acetone at −20° C containing 9 ml of 2 N HCl. Keep the suspension at −20° C for 10 to 20 min. Siphon off as much of the clear supernatant solution as possible and collect the precipitate by centrifuging for 8 min at 5000 × g at −20° C. Dissolve the precipitate in cold distilled water and dialyze at 2° C against cold distilled water for 5 to 6 hr and then against 0.0016 M $NaHCO_3$ until a flocculate of denatured globin appears (about 30 hr). Gentle stirring is essential. In order to reduce dialysis time the bicarbonate solution may be removed after 20 hr and be replaced by 0.02 M phosphate buffer, p_H 7.0. Filter or centrifuge the contents of the dialysis bag. Transfer the clear, nearly colorless globin solution into dialysis bags and dialyze against several changes of cold distilled water for a period of 18—24 hr to remove phosphate. Lyophilize the preparation to dryness.

Solutions for analysis:

1. Urea solution, 33% (w/v) aqueous solution of urea (recrystallized from 95% alcohol).
2. 0.5 M boric acid (30.9 g/l in 33% w/v urea solution).
3. 1 N NaOH.
4. 5 N HCl.
5. 0.2 M borate buffer, p_H 7.5, containing 0.02 M $CaCl_2$ (dissolve 12.4 g of boric acid and 2.22 g anhydrous $CaCl_2$ in about 800 ml water. Adjust to p_H 7.5 with 2 N NaOH and dilute to 1 l).
6. Trichloroacetic acid, 5% (w/v).
7. Trypsin solution, 5—15 μg/ml in 0.0025 M HCl, containing 0.02 M $CaCl_2$ (p. 249).

[1] Rossi-Farelli, A., E. Antonini and A. Caputo: J. biol. Ch. **236**, 391 (1961). Biochim. biophys. Acta **30**, 609 (1958).

Procedure:

Dissolve 3.6 g hemoglobin or globin in 116 ml of urea solution. Add 12 ml N NaOH with stirring and keep the solution at 25° C for 30—60 min to denature the protein. Then add 15 ml of 0.5 M boric acid. Adjust to p_H 7.5 with 5 N HCl, and dilute to 150 ml with water. Filter off any insoluble material.

Pipette the standard trypsin solution and samples to be assayed into a series of 15 ml centrifuge tubes. Adjust the volume to 1 ml with the borate buffer containing $CaCl_2$. Bring the tubes and substrate solution to the temperature of the bath, which may be 25 or 37° C. Add 1 ml of substrate solution (cf. casein method of KUNITZ, p. 249, for timing procedure), and after exactly 5 min, stop digestion with 2 ml of 5% trichloroacetic acid. After 15 min, centrifuge the suspensions until clear (cf. Casein method of KUNITZ). Prepare a blank by mixing the solutions of hemoglobin or globin, trichloroacetic acid and trypsin in this order.

Measure the absorbance of the supernatant solutions in a spectrophotometer at 280 mμ through a 1 cm light path and correct for the value of the blank. With crystalline hemoglobin, the blank is usually below 0.2; with other hemoglobins, it may be somewhat higher. With globin the blank is about 0.1.

Plot the absorbance at 280 mμ against the trypsin concentration. The standard curve for 5 min digestion is linear up to 15 μg of trypsin in the 2 ml digest, but may vary somewhat with different batches of hemoglobin or globin and trypsin.

If a spectrophotometer is not available, the trichloroacetic acid soluble peptides may be determined colorimetrically as described for the method of KUNITZ (p. 250).

Synthetic substrates.

Trypsin liberates carboxyl groups from ester substrates, such as α-N-p-toluenesulfonyl-L-arginine methyl ester (TAME), α-N-benzoyl-L-arginine methyl or ethyl esters (BAME and BAEE), and L-lysine ethyl ester (LEE). These substrates are available commercially (Mann or H.M. Chemical Company). BAEE, BAME, and TAME may be prepared by the method of BERGMANN et al.[1], and LEE by the method of WERBIN and PALM[2].

Determination of the proteolytic activity by potentiometric titration.

The procedure is essentially that of SCHWERT et al.[3], but uses BAEE as substrate as described by ROVERY et al.[4].

Reagents:

1. Buffer: 0.005 M tris (hydroxymethyl) aminomethane (Sigma Chemical Co.), p_H 7.9, containing 0.04 M NaCl and 0.02 M $CaCl_2$ (605 mg tris, 2.34 g NaCl and 2.22 g anhydrous $CaCl_2$, diluted to about 800 ml, adjusted to p_H 7.9 with 0.1 N HCl and diluted to 1 l).
2. Substrate: 0.1 M α-N-benzoyl-L-arginine ethyl ester (BAEE) (342.8 mg of the hydrochloride/10 ml).
3. Trypsin solution, 100 μg/ml in 0.001 M HCl, determined by optical density (Table 5).
4. Standard NaOH: 0.1 N, carbonate-free.

Procedure:

Place a small beaker containing 8 ml of buffer and 1 ml of substrate in a water bath at 25° C. Submerge the external electrodes of a p_H meter (e.g., Beckman, Model G) into the liquid. Stir with a slow stream of nitrogen. Adjust the solution to p_H 8.0 with the standard NaOH from a microburette. Add 1 ml of enzyme solution. The p_H of the

[1] BERGMANN, M., J. S. FRUTON and H. POLLOK: J. biol. Ch. **127**, 643 (1939).
[2] WERBIN, H., and A. PALM: Am. Soc. **73**, 1382 (1951).
[3] SCHWERT, G. W., H. NEURATH, S. KAUFMAN and J. E. SNOKE: J. biol. Ch. **172**, 221 (1948).
[4] ROVERY, M., C. FABRE and P. DESNUELLE: Biochim. biophys. Acta **12**, 547 (1953).

reaction mixture decreases. When p_H 7.9 is reached, record the time, and add approximately 0.01 ml of the NaOH. Record the time of decrease of p_H to 7.9 and the volume of NaOH added each time for 5 or 6 repetitions. Plot the volume of NaOH added as ordinate against time. A straight line is obtained with a slope representing the activity of the trypsin preparation.

Except for routine assays, the use of automatic equipment (p_H stat) is preferred. This procedure generally allows the buffer to be omitted, and variations in substrate concentration, reaction volume, etc. are more readily accommodated by the use of p_H stats.

Spectrophotometric determination of the proteolytic activity.

The method[1] is based on the change in absorbance at 253 mμ when a benzoyl N-substituted amino acid ester is hydrolyzed to the free carboxylate ion. The change in absorbance is measured in a quartz UV spectrophotometer (such as Beckman DU) equipped with a photomultiplier attachment, and with a thermostated cell compartment, through which water at 25° C is circulated.

Reagents:

1. Buffer*: 0.05 M tris (hydroxymethyl) amino methane (Sigma Chemical Co.), p_H 8.0 (6.05 g tris dissolved in about 800 ml of water, adjusted to p_H 8.0 with N HCl and diluted to 1 l).
2. Substrate: 0.001 M α-N-benzoyl-L-arginine ethyl ester (BAEE) (3.43 mg of the hydrochloride/10 ml) in the buffer.
3. Enzyme solution: 15—100 μg trypsin/ml in 0.001 N HCl*, concentration determined spectrometrically (Table 5).

Procedure:

Quartz cuvettes with a 1 cm light path are used. Each cell contains 3.0 ml of 0.001 M BAEE. The spectrophotometer is adjusted to the null point with the control cuvette in the light path. Pipette 0.2 ml of water into the control cuvette and 0.2 ml of trypsin solution into a small polyethylene spoon, made to fit into the cuvette. At zero time, add the enzyme to the experimental cuvette only and mix the contents with the spoon. Measure the rate of increase in optical density (disregarding the initial decrease due to dilution) at 15—30 sec intervals over a period of a few min. Use the control cuvette to adjust drifting of the instrument. The absorbance, plotted against time in sec, gives a straight line whose slope is proportional to trypsin concentration. The reaction follows zero order kinetics for concentrations of trypsin between 1.5 and 20 μg per ml of the reaction mixture.

*Manometric determination of the proteolytic activity***.*

The method of Parks and Plaut[2] for the determination of chymotrypsin has been used in this laboratory with a suitable substrate for trypsin determination[3]. The free carboxyl groups liberated by the enzyme from the ester substrate lead to an evolution of carbon dioxide from the bicarbonate buffer. The rate of CO_2 liberation is measured manometrically in a Warburg apparatus. The method has the advantage that a number of samples may be analyzed concurrently.

---

* In this laboratory, 0.01 M $CaCl_2$ is added to the buffer and to the trypsin solution. This is particularly recommended for determinations of trypsin inhibitors, where it is necessary to mix the trypsin and inhibitor in neutral solution a few minutes before the determination.

** The details of manometric technique may be found by Süllmann, VI/A, p. 255 or in Umbreit, W. W., R. H. Burris and J. F. Stauffer: Manometric Techniques and Tissue Metabolism, p. 18. Minneapolis 1951.

[1] Schwert, G. W., and Y. Takenaka: Biochim. biophys. Acta. **16**, 570 (1955).
[2] Parks jr., R. E., and G. W. E. Plaut: J. biol. Ch. **203**, 755 (1953).
[3] Kassell, B., and M. Laskowski: J. biol. Ch. **219**, 203 (1956).

Reagents:

1. Substrate solution*: 0.4 M α-N-p-toluenesulfonyl-L-arginine methyl ester (TAME). (4.6 g of the ester hydrochloride, freshly dissolved in warm water plus one drop brom thymol blue, neutralized with N NaOH, and diluted to 30 ml.)
2. 0.18 M $NaHCO_3$ solution (15.1 g/l).
3. Trypsin solution, 2—8 μg of trypsin in 0.3 ml 0.05 M borate buffer, p_H 7.6, containing 0.1 M $CaCl_2$ (p. 249).

Procedure:

The assay is performed in 12—15 ml single side arm WARBURG vessels at 30° C. The main compartment of the vessel contains 2 ml of substrate solution and 0.7 ml of sodium bicarbonate solution. The side arm holds the enzyme solution.

Shake the vessels in the bath at 30° C for 10 min, while 100% CO_2 is passed through (final p_H 6.5). Shut off gas and shake for 5 min more for temperature equilibration. Tip the enzyme into the main compartment, leaving a 15 sec interval between successive tippings. Take the first manometer readings 3 min later to eliminate irregularities, and read at 2 min intervals. The rate of gas evolution is constant for at least 15 min. Prepare a standard curve by plotting CO_2 evolution in μl per min against trypsin concentration.

Benzoyl arginine esters may be substituted for TAME. With BAME, the optimal substrate concentration is 0.067 M, and the rate of CO_2 liberation is about one fifth of that for TAME.

Determination of amidase activity by the Conway microdiffusion technique.

Trypsin liberates NH_3 from many α-substituted arginine and lysine amides[1]. The CONWAY procedure[2] for microdetermination of ammonia, as modified by SCHWERT et al.[3] is described. α-Benzoyl-L-arginine amide, BAA (Mann, H.M. Chemical Co., or Schuchardt), or α-p-toluenesulfonyl-L-arginine amide, TAA, is used as substrate; the latter is split by trypsin at about $1^1/_2$ times the rate of the former[3]. Both substrates may be prepared by the method of BERGMANN et al.[4].

Reagents:

1. 0.1 M phosphate buffer, p_H 7.8 (dissolve 13.8 g $NaH_2PO_4 \cdot H_2O$ in about 800 ml water. Adjust to p_H 7.8 with N NaOH and dilute to 1 l).
2. Substrate solution: 0.1 M α-benzoyl-L-arginine amide (BAA) (331.8 mg of the hydrochloride hydrate/10 ml of phosphate buffer) or 0.1 M α-p-toluenesulfonyl-L-arginine amide (TAA) (343.4 mg/10 ml of phosphate buffer).
3. Enzyme solution: about 800 μg of trypsin/ml of the phosphate buffer (Table 4).
4. Boric acid, 2%.
5. K_2CO_3, saturated solution.
6. Standard HCl, 0.01 N.
7. TASHIRO's indicator: dissolve 40 mg methyl red and 10 mg methylene blue in 50 ml of 95% ethanol, add 50 ml of water and neutralize the solution with 0.1 N NaOH.

Procedure:

The CONWAY vessels are prepared as follows:

Smear the lids evenly with petroleum jelly. Place 0.75 ml of 2% boric acid and 1 drop of indicator in the center well. Pipette 1 ml of saturated K_2CO_3 into one side of the outer

* The rather large quantities of TAME used may be recovered by acidification, evaporation of the combined solutions from several analyses, and extraction of the substrate and its hydrolysis product from the salts and trypsin with warm methyl alcohol. The mixture is then re-esterified in cold absolute methyl alcohol saturated with dry HCl gas. The alcohol is evaporated and the product crystallized by the addition of absolute ether in the cold. The esterification and crystallization is then repeated.

[1] BERGMANN, M., and J. S. FRUTON: Adv. Enzymol. 1, 63 (1941); 2, 49 (1942).

[2] CONWAY, E. J.: Microdiffusion Analysis and Volumetric Error. 4th ed. London 1957.

[3] SCHWERT, G. W., H. NEURATH, S. KAUFMAN and J. E. SNOKE: J. biol. Ch. **172**, 221 (1948).

[4] BERGMANN, M., J. S. FRUTON and H. POLLOK: J. biol. Ch. **127**, 643 (1939).

chamber. (Make sure that the ridge of the CONWAY vessel is considerably above the level of solutions in both chambers).

Then, in a small glass stoppered test tube in a 25° C bath, mix the substrate solution with an equal volume of enzyme solution. Withdraw 0.2 ml at once and introduce into the outer chamber of the slightly tilted CONWAY vessel, away from the K_2CO_3 solution. Close the lid. Measure the time from the completion of addition of the trypsin solution to the time at which the K_2CO_3 solution is mixed with the sample, after closing the lid of the CONWAY plate (about 1 min elapses). Remove later samples of 0.2 ml at intervals of 10 min and treat similarly.

The CONWAY plates are allowed to stand 1 hr to permit complete diffusion of the ammonia to the boric acid. Titrate the solution in the inner well with 0.01 N HCl. Since the indicator color varies with the volume of the system at the endpoint, add water to the plates in which the extent of hydrolysis is small in order to equalize the volume for all titrations. A 1 ml microburette should be used for titration.

For the blank determinations, place 0.1 ml each of substrate and enzyme solutions a short distance apart on CONWAY plates, and tip the plates so that the solutions are mixed with the saturated K_2CO_3 solution before they are mixed with each other. The blank is about 0.025 ml.

If a constant temperature room is available, the digestion may be carried out directly in the CONWAY vessel, and the K_2CO_3 solution added last to stop the reaction. This is more convenient and eliminates the danger of loss of NH_3 from the digest solution.

Because K_m is much smaller than the substrate concentration, the reaction approaches zero order kinetics[1] until about 20% of the substrate has been hydrolyzed. The reaction rate then decreases rapidly, presumably due to product inhibition by benzoylarginine[1,2].

3. Enterokinase (Entero peptidase).

[3. 4. 4. 8]

Enterokinase was discovered by SCHEPOVALNIKOFF[3] in PAVLOV's laboratory. The purification method of KUNITZ[4] was in general use until recently, when YAMASHINA[5] described a method which yields a more active preparation.

Preparation[5]. The fluid contents of duodena of freshly killed swine are collected by gentle squeezing, diluted with 3 volumes of tap water, adjusted to p_H 9.0, covered with toluene, and allowed to stand for 2 days, the p_H being maintained by addition of 5 N NaOH when necessary. After 2 days the p_H is lowered to 4.0 with 5 N H_2SO_4, 50 g of Hyflo Super-Cel (Johns Manville) is added per liter, and the suspension is filtered through cheese cloth. The p_H of the filtrate is raised to 8.0 and the ammonium sulfate concentration to 0.8 saturation (p_H is readjusted to 8). The flocculent precipitate rising to the surface is collected, dissolved in water and refractionated with ammonium sulfate between 0.4 and 0.8 saturation. This precipitate is dialyzed against distilled water for 2 days and is lyophilized. At this stage the preparation contains 100 Kunitz units per mg of dry substance and can be stored for several months at − 10° C.

The precipitate is dissolved (20 g/l) in 5% calcium acetate solution and the p_H is adjusted to 4.5 with 5 N acetic acid. Absolute ethanol, precooled to − 10° C, is added slowly (temp. − 5° C) to attain 47% (v/v). The precipitate is removed by centrifugation at − 5° C. The alcohol concentration of the filtrate is raised to 57%, and the precipitate which forms is collected by centrifugation at − 5° C; the liquid is discarded.

The precipitate is dissolved in cold water, zinc acetate is added to 0.01 M concentration and ammonium sulfate to 0.04 M. The p_H is adjusted to 5.5 with acetic acid, and the

[1] SCHWERT, G. W., and M. A. EISENBERG: J. biol. Ch. 179, 665 (1949).
[2] HARMON, K. M., and C. NIEMANN: J. biol. Ch. 178, 743 (1949).
[3] SCHEPOVALNIKOFF, N. P.: Jber. Fortschr. Tierchem. 29, 378 (1900).
[4] KUNITZ, M.: J. gen. Physiol. 22, 447 (1939).
[5] YAMASHINA, I.: Ark. Kemi 7, 539 (1955); 9, 225 (1956).

volume to 1 l. Precooled (— 10° C) 50 % acetone (1 volume of acetone + 1 volume of 0.01 M zinc acetate-acetic acid buffer, p_H 5.9) is added to attain 30 % acetone concentration (temperature kept at 0° C). The precipitate is discarded. The acetone concentration is raised to 45 % by adding precooled acetone (temperature kept at 0° C). The precipitate is collected.

The last step is repeated with the exception that the volume is 500 ml and ammonium sulfate concentration 0.06 M. The fraction 35—45 % is collected, dissolved in water and once again refractioned from a total volume of 300 ml between 37 and 45 % acetone. The final precipitate is dissolved in H_2O, dialyzed for 2 days and lyophilized. It contains 2600 Kunitz units per mg. The preparation shows two peaks on electrophoresis. The major peak (80 %) is isoelectric around p_H 4.0. The preparation contains nearly 30 % carbohydrate of which fucose, mannose, galactose, glucosamine and galactosamine have been identified.

***Determination of Enterokinase activity according to* Kunitz**[1].

Enterokinase is assayed by determination of active trypsin formed under standard conditions at p_H 5.8, where autoactivation of trypsinogen does not occur appreciably. One unit is defined as the amount of enzyme that brings about activation, under standard conditions, of 0.065 mg of crystalline trypsinogen per hour at 5° C and p_H 5.8.

Reagents:

1. 0.1 M phosphate buffer, p_H 5.8 (13.8 g $NaH_2PO_4 \cdot H_2O$ dissolved in about 900 ml of water, adjusted to p_H 5.8 with N NaOH and diluted to 1 l).
2. Trypsinogen solution: 0.065 % crystalline trypsinogen in 0.005 N HCl, 0.1 mg protein N/ml, or the concentration may be determined spectrophotometrically (Table 5, assume the optical factor to be the same as trypsin).
3. Enterokinase solution: 10—30 units/ml, determined by preliminary test.

Procedure:

Pipette 5 ml of trypsinogen solution and 10 ml of buffer into a 50 ml volumetric flask and equilibrate at 5° C. Add 1 ml of enterokinase solution and dilute to volume with precooled water. Remove aliquots at hourly intervals, acidify to p_H 2.0 to stop the reaction, and determine trypsin by any convenient method, e.g., Anson's hemoglobin method (p. 250).

The specificity of enterokinase is apparently quite narrow, since in spite of many efforts[2] no synthetic substrate has been found as yet.

4. Naturally occurring trypsin and chymotrypsin inhibitors.

Several naturally occurring proteins are known to inhibit trypsin, by forming inactive inhibitor-trypsin complexes. Kunitz and Northrop[3] obtained the first complex, and showed that it represents an addition product in which 1 molecule of inhibitor combines with 1 molecule of enzyme. All other complexes obtained so far in highly purified form exist in a 1:1 molar ratio.

The existence of a complex, however, in which 2 molecules of trypsin combine with 1 molecule of inhibitor was deduced from kinetic data[4] and later received additional support from electrophoretic evidence[5]. So far a 2:1 complex has not been isolated. Ovomucoid[6,7] and the inhibitor of Kazal et al.[8], (both of which form 2:1 complexes)

[1] Kunitz, M.: J. gen. Physiol. 22, 429 (1939).
[2] Yamashina, I.: Personal communication.
[3] Kunitz, M., and J. H. Northrop: J. gen. Physiol. 19, 991 (1936).
[4] Laskowski, M., and F. C. Wu: J. biol. Ch. 204, 797 (1953).
[5] Sri-Ram, J., L. Terminiello, M. Bier and F. F. Nord: Arch. Biochem. 52, 452 (1954).
[6] Gorini, L., and L. Audrain: Biochim. biophys. Acta 8, 702 (1952).
[7] Gorini, L., and L. Audrain: Biochim. biophys. Acta 10, 570 (1953).
[8] Kazal, L. A., D. S. Spicer and R. A. Brahinsky: Am. Soc. 70, 3034 (1948).

first cause an almost complete inhibition of trypsin; after a short time tryptic activity slowly reappears. This is caused by digestion of the inhibitor by trypsin[1,2], and is called temporary inhibition[1].

Some of the trypsin inhibitors are capable of inhibiting proteolytic enzymes other than trypsin. It has been reported that soy bean inhibitor inhibits plasmin[3-5], but not thrombin[6,7]. A partially purified inhibitor from ox lung tissue inhibits trypsin, plasmin and chymotrypsin, apparently stoichiometrically[8,9]. Chymotrypsins α and B are partially inhibited[10], by forming highly dissociable complexes with the pancreatic inhibitor of KUNITZ and NORTHROP, soy bean inhibitor, bovine colostrum inhibitor and blood plasma inhibitor. With high concentrations of α-chymotrypsin and low concentrations of the pancreatic inhibitor, one molecule of the inhibitor combines with more than one molecule of enzyme[10]. Recently GREEN[11] presented evidence that an extract from *Ascaris lumbricoides*, in addition to an inhibitor specific for trypsin, contains an independent inhibitor for chymotrypsin, with which it forms a stoichiometric non-dissociable complex. The physiological role of inhibitors has been studied[12-16].

Until 1957 the literature contained only a few vague suggestions indicating the existence of naturally occurring specific inhibitors for chymotrypsin. GREEN[17] was the first to show that extracts of *Ascaris lumbricoides* heated to 80° C with 2.5 % trichloroacetic acid retain the ability to inhibit trypsin but lose the inhibitory activity against chymotrypsin. PEANASKY and LASKOWSKI[18] obtained the chymotrypsin inhibitor from *Ascaris* in a crystalline state. It is devoid of trypsin inhibiting activity. RHODES, BENNETT and FEENEY[19] investigated ovomucoids from different species of birds and found that chicken ovomucoid inhibits only trypsin, ovomucoid of golden pheasant only chymotrypsin, turkey ovomucoid inhibits equimolar amounts of trypsin and chymotrypsin separately, or simultaneously, and duck ovomucoid inhibits twice as much trypsin as chymotrypsin, separately or simultaneously. The trypsin inhibitors are fairly numerous and are reviewed first.

1. Pancreatic inhibitor was crystallized by KUNITZ and NORTHROP[20]. It is available from WORTHINGTON as the crystalline free inhibitor and as the crystalline complex with trypsin but is very expensive. The inhibitor* has a molecular weight around 9000, and has been reported[21] to be homogeneous by electrophoresis and by solubility curve. The isoelectric point is higher than 9.0, the optical factor 1.26. The amino acid composition is known[21]. The inhibitor is extremely resistant to peptic digestion[22].

* The values chosen appear to be the most probable at the time of this writing.

[1] LASKOWSKI, M., and F. C. WU: J. biol. Ch. **204**, 797 (1953).
[2] GORINI, L., and L. AUDRAIN: Biochim. biophys. Acta **10**, 570 (1953).
[3] TAGNON, H. J., and J. P. SOULIER: Proc. Soc. exp. Biol. Med. **61**, 440 (1946).
[4] MIHALYI, E.: J. gen. Physiol. **37**, 139 (1953).
[5] SHERRY, S., W. TROLL and H. GLUECK: Physiol. Rev. **34**, 736 (1954).
[6] TROLL, W., S. SHERRY and J. WACHMAN: J. biol. Ch. **208**, 95 (1954).
[7] EHRENPREIS, S., S. J. LEACH and H. A. SCHERAGA: Am. Soc. **79**, 6086 (1957).
[8] ASTRUP, T.: Acta physiol. scand. **26**, 243 (1952).
[9] ASTRUP, T., and H. STAGE: Acta chem. scand. **10**, 617 (1956).
[10] WU, F. C., and M. LASKOWSKI: J. biol. Ch. **213**, 609 (1955).
[11] GREEN, N. M.: Biochem. J. **66**, 416 (1957).
[12] LASKOWSKI jr., M., and M. LASKOWSKI: J. biol. Ch. **190**, 563 (1951).
[13] BARRACK, E. R., G. MATRONE and J. C. OSBORNE: Proc. Soc. exp. Biol. Med. **87**, 92 (1954).
[14] KASSELL, B., and M. LASKOWSKI: J. biol. Ch. **219**, 203 (1956).
[15] LASKOWSKI, M., B. KASSELL and G. HAGERTY: Biochim. biophys. Acta **24**, 300 (1957).
[16] LASKOWSKI jr., M., H. A. HAESSLER, R. P. MIECH, R. J. PEANASKY and M. LASKOWSKI: Science, N.Y. **127**, 1115 (1958).
[17] GREEN, N. M.: Biochem. J. **66**, 407, 416 (1957).
[18] PEANASKY, R. J., and M. LASKOWSKI: Biochim. biophys. Acta **37**, 167 (1960).
[19] RHODES, M. B., N. BENNETT and R. E. FEENEY: J. biol. Ch. **235**, 1686 (1960).
[20] KUNITZ, M., and J. H. NORTHROP: J. gen. Physiol. **19**, 991 (1936).
[21] GREEN, N. M., and E. WORK: Biochem. J. **54**, 257 (1953).
[22] KASSELL, B., and M. LASKOWSKI: J. biol. Ch. **219**, 203 (1956).

Unlike most of the trypsin inhibitors which react very rapidly with trypsin, the pancreatic inhibitor reacts comparatively slowly[1]: at p_H 7.8, 25° C, ionic strength 0.0085, the second order rate constant is $k' = 4.82 \pm 0.15 \times 10^4$ l/mole/sec. The mol. weight of the complex is about 36000[2], the isoelectric point 10.1, and the optical factor 0.810.

Preparation. *Crystallization of inhibitor-trypsin compound.* The starting material from bovine pancreas, designated "fraction E" in the scheme of KUNITZ and NORTHROP[3], may be prepared after α-chymotrypsinogen and trypsin have been crystallized. The filtrate remaining after the removal of crystalline trypsin is adjusted to p_H 3.0 with 5 N H_2SO_4, and is saturated with $MgSO_4$ at 25° C. The precipitate is collected on a hardened paper. This precipitate, "fraction E," can also be purchased from manufacturers of trypsin (Pentex, Worthington).

Dissolve the precipitate (10 g) in 50 ml 0.0625 M HCl and pour with stirring into a large beaker containing 250 ml 0.0625 M HCl at 90° C. After 1 min, cool in running cold water to 25° C. Dissolve 24.2 g of solid ammonium sulfate in each 100 ml of solution, filter through fluted paper; dissolve 20.5 g of solid ammonium sulfate in each 100 ml of filtrate, refilter with suction. Dissolve the filter cake (3 g) in 12 ml water, cool in ice water, add about 3 ml of 0.4 M borate*, p_H 9.0 in order to bring the solution to p_H 8.0, and pour with stirring into a large beaker containing 75 ml boiling distilled water. A heavy precipitate forms. Cool after 1 min in running cold water to 25° C. Dissolve 24.2 g of solid $(NH_4)_2SO_4$ per each 100 ml and filter with suction through hardened paper. Reject the precipitate. Adjust the filtrate to p_H 3.0 by addition of several drops of 5 N sulfuric acid, then dissolve 20.5 g of solid $(NH_4)_2SO_4$ in each 100 ml of solution, filter with suction on a large funnel, reject the filtrate**. Wash the precipitate with saturated $MgSO_4$.

Dissolve the precipitate (1 g) in 5 ml 0.1 M acetate buffer, p_H 5.5. Adjust to p_H 5.5 with about 1 ml of 0.4 M borate buffer, p_H 9.0. Filter through Whatman No. 42 paper into a flask containing enough crystals of $MgSO_4$ to saturate the solution. Wash the filter paper with 4 ml 0.1 M acetate buffer, p_H 5.5. Stir the solution after completion of filtration. Hexagonal crystals of inhibitor-trypsin compound appear rapidly. Allow to stand for one day at 20° C to complete crystallization. Yield about 0.25 g filter cake.

Recrystallization. Dissolve the filter cake (accumulated from several preparations) in 10 volumes of 0.1 M acetate buffer, p_H 5.5, and filter through Whatman No. 42 fluted paper. Saturate with crystals of $MgSO_4$***. Hexagonal crystals of the inhibitor-trypsin compound rapidly appear. After 1 day at 20—25° C they are filtered off; yield about 60%.

Crystallization of the free trypsin inhibitor. Dissolve 1 g of three times recrystallized inhibitor-trypsin compound in 10 ml water, and add 10 ml 5% trichloroacetic acid; allow to stand at 20° C for 30 min, until precipitation is about complete. Filter with suction (the precipitate may be used for crystallization of trypsin).

Heat the filtrate for 5 min at 80° C, cool to 25° C and filter through fluted Whatman No. 42 paper. Reject the precipitate. Adjust the filtrate to p_H 3.0 with 5 N NaOH. Dissolve 5.6 g of solid $(NH_4)_2SO_4$ per 10 ml, filter with suction. Reject the filtrate.

* Stock borate solution contains 49.6 g of boric acid and 80 ml of 5 N NaOH per 1000 ml of solution; 0.4 M borate buffers, p_H 8.0 and 9.0 are mixtures of 100 parts of stock borate and 78.6 and 17.6 parts of 0.4 M HCl, respectively.

** The quality and the yield of the crystalline complex are improved if this material is subjected to either continuous electrophoresis (PEANASKY, unpublished) or chromatography on Dowex 1 (KASSELL, unpublished). In both cases the solution containing complex is dialyzed against 0.05 M Tris buffer, p_H 9.9. Electrophoresis results in a collection of the complex at the place of charging whereas the impurities are directed toward the negative pole. Chromatography allows the complex to emerge with the starting buffer, whereas the colored impurities are retained.

*** GREEN, N. M., and E. WORK: [Biochem. J. 54, 257 (1953)] recommend 0.7 saturated $MgSO_4$ for recrystallization. The reviewers have successfully used 0.75 saturated $MgSO_4$.

[1] GREEN, N. M.: Biochem. J. **66**, 416 (1957).

[2] LASKOWSKI jr., M., P. H. MARS and M. LASKOWSKI: J. biol. Ch. **198**, 745 (1952).

[3] KUNITZ, M. and J. H. NORTHROP: J. gen. Physiol. **19**, 991 (1936).

Dissolve the precipitate (0.25 g) in 2.5 ml water, adjust to p_H 5.5 with 0.4 M borate, p_H 9.0. Add saturated ammonium sulfate to slight turbidity, filter through No. 42 filter paper. Wash the paper with 0.5 saturated ammonium sulfate. Add more saturated ammonium sulfate to the combined filtrate and washings until a slight precipitate forms. The amorphous precipitate gradually changes into long hexagonal prisms. Allow to stand for two days at 20° C and filter with suction. Yield, 0.15 g inhibitor crystals.

Recrystallization. Dissolve the crystals (0.15 g) in 1.5 ml of 0.1 M acetate buffer, p_H 5.5. Add 7.5 ml of saturated ammonium sulfate. Allow to stand at 20° C for 1 day. Crystals of inhibitor gradually appear. Yield about 0.1 g filter cake*.

A different method for the preparation of the crystalline trypsin-trypsin inhibitor complex and crystalline inhibitor has been described by GREEN and WORK[1]. In this method the residue remaining after the extraction of pancreas for insulin serves as starting material.

2. *A second pancreatic inhibitor* was crystallized by KAZAL, SPICER and BRAHINSKY[2] from pancreatic extracts from which crude insulin had been removed. This inhibitor is not available commercially, and can be prepared only in laboratories capable of processing several thousand kilograms of pancreas. The crystalline inhibitor is electrophoretically heterogeneous, the 3 components having isoelectric points of 4.8, 5.2, 5.9, respectively. The optical factor is 1.54. A complex with trypsin has not been isolated. This inhibitor is susceptible to tryptic digestion and, therefore represents a temporary inhibitor[3]. It has no inhibitory action on chymotrypsins[4]. This or a very similar inhibitor has been found in the pancreatic juice of the rat[5].

3. *Plant inhibitors.* Soy bean inhibitor was discovered independently by HAM and SANDSTEDT[6] and by BOWMAN[7]. It was crystallized by KUNITZ[8]. It is available commercially from Worthington and Pentex. It is homogeneous by electrophoresis, sedimentation and solubility. It has a mol. weight around 20000, an isoelectric point of p_H 4.5, an optical factor of 1.10, and is quite susceptible to digestion by pepsin.

The crystalline soy bean inhibitor-trypsin complex is commercially available (Worthington); mol. weight about 44000, isoelectric point, p_H 5.0, optical factor 0.765.

A second trypsin inhibitor from soybean was first isolated by RACKIS et al.[9,10] and soon thereafter by BIRK[11]. The inhibitor has a molecular weight of about 14000 and is more stable to heat, acid and pepsin than KUNITZ's soybean inhibitor. It inhibits chymotrypsin much more efficiently.

Other crystalline inhibitors from beans have been reported: lima bean[12], Indian field bean and double bean[13]. The crystalline lima bean inhibitor, apparently represents a

* GREEN and WORK[1] recommend the following procedure for recrystallization. 0.6 g of the inhibitor is dissolved in 0.1 M acetate buffer, p_H 6.5 (6 ml), and the solution is saturated with $MgSO_4$. A little of the partially crystalline material which precipitates, is removed. The filtrate is acidified to p_H 3. A precipitate, which forms rapidly, changes into crystals. It is filtered off after standing overnight. Yield 0.3—0.4 g after two recrystallizations.

[1] GREEN, N. M., and E. WORK: Biochem. J. 54, 257 (1953).
[2] KAZAL, A. L., D. S. SPICER and R. A. BRAHINSKY: Am. Soc. 70, 3034 (1948).
[3] LASKOWSKI, M., and F. C. WU: J. biol. Ch. 204, 797 (1953).
[4] WU, F. C., and M. LASKOWSKI: J. biol. Ch. 213, 609 (1955).
[5] GROSSMAN, M. I.: Proc. Soc. exp. Biol. Med. 99, 304 (1958).
[6] HAM, W. R., and R. M. SANDSTEDT: J. biol. Ch. 154, 505 (1944).
[7] BOWMAN, D. E.: Proc. Soc. exp. Biol. Med. 57, 139 (1944).
[8] KUNITZ, M.: Science, N.Y. 101, 668 (1945). J. gen. Physiol. 29, 149 (1946).
[9] RACKIS, J. J., H. A. SASAME, R. L. ANDERSON and A. K. SMITH: Am. Soc. 81, 6265 (1959).
[10] RACKIS, J. J., H. A. SASAME, R. K. MANN, R. L. ANDERSON and A. K. SMITH: Abstr. amer. chem. Soc. 140th Meeting, p. 5C, September 1961.
[11] BIRK, Y.: Biochim. biophys. Acta 54, 378 (1961).
[12] TAUBER, H., B. B. KERSHAW and R. D. WRIGHT: J. biol. Ch. 179, 1155 (1949).
[13] SOHONIE, K., and K. S. AMBE: Nature 175, 508 (1955). — AMBE, K. S., and K. SOHONIE: J. sci. indust. Res., New Delhi (C) 15, 136 (1956).

complex. The inhibitor can be further purified[1], to give an amorphous preparation, homogeneous by electrophoresis and sedimentation. A non-crystalline preparation of lima bean inhibitor is available commercially (Worthington). It was found to be heterogeneous by electrophoresis and chromatography on DEAE-cellulose[2]. Six peaks were obtained, five of which were almost equally active.

Two new crystalline inhibitors from potatoes have been reported[3].

4. Inhibitors from colostrum. Trypsin inhibitor was discovered in bovine colostrum and was obtained in crystalline form[4]. It is not available commercially. Its isoelectric point is 4.2, its optical factor 2.0. It partially inhibits α-chymotrypsin, but has a very slight inhibitory action on chymotrypsin B. It is relatively resistant to peptic digestion.

The crystalline complex was also prepared: isoelectric point, p_H 7.2, optical factor 0.840.

Crystalline inhibitor from swine colostrum[5] was obtained with the aid of chromatographic techniques. It has an optical factor of 1.9, and is very resistant to peptic digestion.

5. Ovomucoid is usually prepared by the method of FREDERICQ and DEUTSCH[6] or by the method of LINEWEAVER and MURRAY[7]. Commercial preparations are available from Worthington. The inhibitor is electrophoretically heterogeneous, showing 5 peaks in 0.01 ionic strength buffers[6,8,9]. Ovomucoid was also found to be heterogeneous by chromatography: out of 3 peaks only the second peak was active, but was still heterogeneous. A simple method of chromatography on triethylaminoethylammonium cellulose is suggested to improve the preparation[10]. Ovomucoid does not inhibit chymotrypsin, except at 5:1 and higher ovomucoid to chymotrypsin ratios[11]. It is a temporary inhibitor of trypsin[12]. It is rapidly digested by pepsin. A second protein capable of inhibiting trypsin has been isolated from egg white and called ovoinhibitor[13]. Besides trypsin it inhibits proteases from *Aspergillus* and *B. subtilis*.

6. Inhibitors from blood plasma. Two different substances capable of inhibiting trypsin have been reported in blood plasma. Neither is available commercially. The two inhibitors are readily separable by electrophoresis[14]. The majority of the inhibitory activity (over 90%) is associated with a heat labile, acid labile substance which has been partially purified from bovine[15–17] and human[18,19] plasma. The bovine plasma inhibitor has been obtained in a crystalline state[20]. Both human and bovine inhibitor are mucoproteins. Both are homogeneous by electrophoresis and by sedimentation. Both have an isoelectric point around p_H 4.0. The reported molecular weights obtained by physical methods and by activity measurements do not agree. The most pronounced difference between bovine and human inhibitor is in the mode of action on chymotrypsin. Bovine inhibitor[20]

[1] FRAENKEL-CONRAT, H., R. C. BEAN, E. D. DUCAY and H. S. OLCOTT: Arch. Biochem. **37**, 393 (1952).
[2] JIRGENSONS, B., T. IKENAKA u. V. GORGURAKI: Makromol. Chem. **39**, 149 (1960).
[3] SOHONIE, K., and K. S. AMBE: Nature **176**, 972 (1955).
[4] LASKOWSKI jr., M., and M. LASKOWSKI: J. biol. Ch. **190**, 563 (1951).
[5] LASKOWSKI, M., B. KASSELL and G. HAGERTY: Biochim. biophys. Acta **24**, 300 (1957).
[6] FREDERICQ, E., and H. F. DEUTSCH: J. biol. Ch. **181**, 499 (1949).
[7] LINEWEAVER, H., and C. W. MURRAY: J. biol. Ch. **171**, 565 (1947).
[8] BIER, M., J. A. DUKE, R. J. GIBBS and F. F. NORD: Arch. Biochem. **37**, 491 (1952).
[9] BIER, M., L. TERMINIELLO, J. A. DUKE, J. R. GIBBS and F. F. NORD: Arch. Biochem. **47**, 465 (1953).
[10] JEVONS, F. R.: Biochim. biophys. Acta **45**, 384 (1960).
[11] WEIL, L., and S. N. TIMASHEFF: Arch. Biochem. **87**, 134 (1960).
[12] GORINI, L., and L. AUDRAIN: Biochim. biophys. Acta **8**, 702 (1952); **10**, 570 (1953).
[13] MATSUSHIMA, K.: Science, N.Y. **127**, 1178 (1958).
[14] JACOBSSEN, B.: Scand. J. clin. Lab. Invest. **7**, 14, 55 (1955).
[15] PEANASKY, R. J., and M. LASKOWSKI: J. biol. Ch. **204**, 153 (1953).
[16] SALE, E. E., S. G. PRIEST and H. JENSEN: J. biol. Ch. **227**, 83 (1957).
[17] GRAY, J. L., S. G. PRIEST, W. F. BLATT, U. WESTPHAL and H. JENSEN: J. biol. Ch. **235**, 56 (1960).
[18] MOLL, F. C., S. F. SUNDEN and J. R. BROWN: J. biol. Ch. **233**, 121 (1958).
[19] BUNDY, H. F., and J. W. MEHL: J. biol. Ch. **234**, 1124 (1959).
[20] WU, F. C., and M. LASKOWSKI: J. biol. Ch. **235**, 1680 (1960).

forms a dissociable complex with chymotrypsin; human inhibitor[1] inhibits chymotrypsin stoichiometrically.

A second inhibitor is present in very low concentration *in blood plasma* and is responsible for not more than 3% of the original inhibitory activity, probably less. This inhibitor was first prepared by SCHMITZ[2], and was considerably purified by SHULMAN[3]. According to SHULMAN, the second blood plasma inhibitor is either identical with or very similar to the inhibitor obtained from urine. In addition to inhibiting trypsin and chymotrypsin, it inhibits blood coagulation probably at the level of the prothrombin to thrombin transformation.

In addition to these two inhibitors from mammalian plasma, an inhibitor has been described[4] in the serum of American king snake *(Lampropeltis getulus floridans)*. It inhibits trypsin, thrombin, plasmin, pit viper venom proteases and a protease of *Pseudomonas aeruginosa*.

7. *An inhibitor from urine* has been considerably purified[3], but is still heterogeneous in electrophoresis although it migrated as a single boundary in the ultracentrifuge. The isoelectric point is near p_H 2.8 and the molecular weight is estimated at 17000. The inhibitor is resistant to acid and heat.

8. *Inhibitors of chymotrypsins.* Since our knowledge of the inhibitors of chymotrypsins is comparatively recent, little may be said about their mode of action and their physical and chemical properties. It is clear, however, that at least some of the chymotrypsin inhibitors form stoichiometric complexes with chymotrypsin, similar to trypsin-trypsin inhibitor complexes. At least some inhibitors are specific for chymotrypsin (*Ascaris*, ovomucoid of golden pheasant) and have no action on trypsin, whereas some others (human blood plasma inhibitor, ovomucoid of turkey, and possibly peak 2 of *Ascaris*, see below) inhibit both enzymes.

***Preparation of chymotrypsin inhibitor from Ascaris according to* PEANASKY *and* LASKOWSKI[5].**

Ascaris lumbricoides var. suis were collected at a slaughterhouse. They were transported to the laboratory in the salt medium of BALDWIN and MOYLE[6], washed and the body walls were dissected away. All subsequent manipulations were carried out at 0° C unless otherwise indicated. Portions of 100 g of body walls (which may be kept frozen for periods of up to one year without loss in activity) were homogenized with 4 vol. of cold water in a Waring blendor and extracted for an additional 15 min. The suspension was centrifuged at 25000 ×g for 20 min and then at 105000 ×g for 2 hr. The clear red supernatant (Step 1) was adjusted to p_H 1.9 with 5 N H_2SO_4 and incubated at 37° C for 75 min. After cooling to 5° C, 5 N NaOH was added to p_H 5.7. A heavy precipitate was removed by filtration with the aid of Celite. The inhibitor was precipitated between 0.5 and 0.8 saturated ammonium sulfate, at p_H 4.7. The precipitate (Step 2) was dissolved in water (0.1 of the vol. used in Step 1) and adjusted to a concentration of 10 mg/ml (biuret[7], read through a 1 cm light path, ×31.5 approximates the number of mg protein in the 10 ml of biuret solution). The concentration of trichloroacetic acid was brought to 7.5% by the addition of 90% (w/v) trichloroacetic acid. After 5 min the suspension was centrifuged at 25000 ×g for 5 min. The clear pale yellow supernatant was brought to a concentration of 20% trichloroacetic acid by addition of the 90% (w/v) solution. The precipitate was obtained as described above and immediately suspended in 0.2 M phosphate buffer, p_H 7.2 (0.2 of the volume

[1] BUNDY, H. F., and J. W. MEHL: J. biol. Ch. **234**, 1124 (1959).
[2] SCHMITZ, A.: H. **255**, 234 (1938).
[3] SHULMAN, N. R.: J. biol. Ch. **213**, 655 (1955).
[4] PHILPOT jr., V. B., and H. F. DEUTSCH: Biochim. biophys. Acta **21**, 524 (1956).
[5] PEANASKY, R. J., and M. LASKOWSKI: Biochim. biophys. Acta **37**, 167 (1960).
[6] BALDWIN, E., and V. MOYLE: J. exp. Biol. **23**, 277 (1947).
[7] GORNALL, A. G., C. J. BARDAWILL and M. M. DAVID: J. biol. Ch. **177**, 751 (1949).

of Step 2). The suspension was dialyzed against 0.07 M acetate, p_H 5.15 (Step 3). The clarified material was subjected to continuous paper electrophoresis. The 520 mg protein accumulated at Step 3 was introduced onto the middle tab of a Beckman-Spinco model CP continuous flow electrophoresis cell equilibrated against 0.07 M acetate buffer, p_H 5.15; protein concentration, about 15 mg/ml; charging rate, 1.5 ml/hr; applied potential, 500 V. Activity was determined by a method in which globin served as substrate (see p. 250), with either 18 μg chymotrypsin or 6 μg trypsin and a digestion time of 5 min (Fig. 2). About 20% of the inhibitory activity against α-chymotrypsin of Step 1 occurs in Fraction 3 (Step 4). Fraction 3 was lyophilized and then dialyzed against water to reduce the acetate concentration. Visking 18/32 dialysis tubing was selected to minimize loss of the inhibitor. The protein was concentrated to a 10% solution by lyophilization. An equal volume of a saturated solution of ammonium sulfate was added. The p_H was adjusted to 7.2 with 5 M ammonia and a drop of 1 M phosphate, p_H 7.2, was added. A saturated solution of ammonium sulfate was added dropwise to the first signs of silkiness. On standing at room temperature for 8 hr, the material crystallized in the form of fine needles. This preparation represents an increase in specific activity towards α-chymotrypsin of 100-fold over Step 1. It inhibits α-chymotrypsin and chymotrypsin B but does not inhibit trypsin. The crystalline material is chromatographically heterogeneous (Peanasky, unpublished).

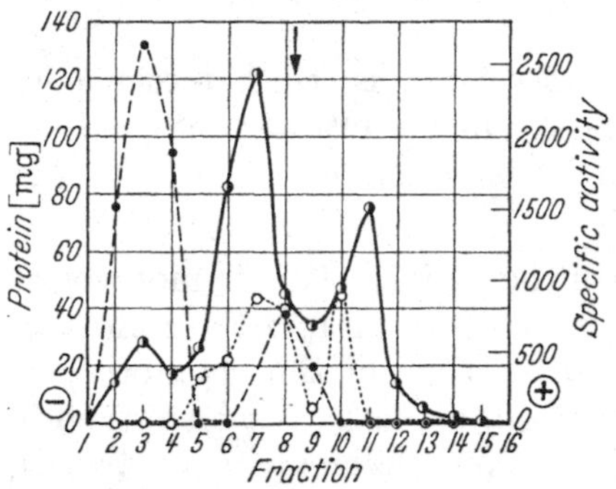

Fig. 2. Specific activity is expressed as μg chymotrypsin or trypsin inhibited/mg protein. o—o distribution of protein in various fractions; ●—● specific activity against chymotrypsin; ○—○ specific activity against trypsin; ↓ point at which protein solution was introduced; ⊕ ⊖ orientation of the electrical field.

Assay. Graded amounts of trypsin inhibitor are added to a solution of trypsin at p_H 7 to 8. The reaction is not instantaneous with pancreatic inhibitor[1]. Residual trypsin activity is determined by any of the methods described for trypsin (p. 248—254). Denatured protein substrates are recommended. *Caution:* ester substrates[2] (e.g., BAEE, p. 252—253) may displace the inhibitor from the enzyme. These methods are recommended for studies of the interaction between the inhibitor and trypsin, but not for the determination of inhibitor.

5. Chymotrypsinogens and chymotrypsins.

[3. 4. 4. 5 and 3. 4. 4. 6]

The classical work of Kunitz and Northrop[3] and Kunitz[4], established the following sequence of events: α-chymotrypsinogen by slow activation with trypsin is transformed into α-chymotrypsin, which changes autocatalytically into β-, then γ-chymotrypsin. All four substances were obtained in crystalline form. Later Jacobsen[5] using a large amount of trypsin (fast activation) found that two intermediate active forms: π and δ-chymotrypsin precede α-chymotrypsin.

By digesting α-chymotrypsinogen with chymotrypsin, Desnuelle and coworkers isolated derivatives which were inactive, but capable of being activated. They named these derivatives neochymotrypsinogens[6-9].

[1] Green, N. M.: Biochem. J. 66, 407 (1957).
[2] Green, N. M.: J. biol. Ch. 205, 535 (1953).
[3] Kunitz, M., and J. H. Northrop: J. gen. Physiol. 18, 433 (1935).
[4] Kunitz, M.: J. gen. Physiol. 22, 207 (1938).
[5] Jacobsen, C. F.: C. R. Lab. Carlsberg, Sér. chim. 25, 325 (1947).
[6] Rovery, M., A. Yoshida and P. Desnuelle: Biochim. biophys. Acta 20, 404 (1956).
[7] Rovery, M., M. Poilroux, A. Yoshida and P. Desnuelle: Biochim. biophys. Acta 23, 608 (1957).
[8] Desnuelle, P.; in: Boyer-Lardy-Myrbäck, Enzymes, Vol. IV, p. 93.
[9] Desnuelle, P., and M. Rovery: Adv. Protein Chem. 16, 139 (1961).

In addition to the "Greek Series" of chymotrypsinogens and chymotrypsins, bovine pancreas contains chymotrypsinogen B capable of being activated to chymotrypsin B[1-4]. The major difference in physical characteristics is the isoelectric point (Table 8).

Since the laboratories of NEURATH and DESNUELLE use a somewhat different terminology, the terminology proposed by DESNUELLE[5] is also presented. The two zymogens are referred to as chymotrypsinogen A (cationic) and B (anionic). The activated forms of A and of B are distinguished by a subscript indicative of the number of splits. Thus π-chymotrypsin is chymotrypsin A_1, α-chymotrypsin is chymotrypsin A_4 (Fig. 3).

The status of β- and γ-chymotrypsins is still uncertain. They have terminal groups[6,7], identical with those of α-chymotrypsin and may represent different crystalline habits of the same protein. It may also be mentioned that VOROBIEV[8] reported a new crystalline form obtained on very slow activation of α-chymotrypsinogen.

The mechanism of activation of α-chymotrypsin has been elucidated[12,13]. It is best illustrated by the following scheme made according to DESNUELLE et al.[5,12-14] (Fig. 3). The same scheme is helpful in the understanding of the terminology proposed by DESNUELLE[5]. It also shows that α-chymotrypsin consists of 3 chains held by the disulfide bridges. Upon oxidation with performic acid the 3 chains can be separated. MEEDOM[15] established that chain A is composed of 13 residues. The first activating split occurs quite close to the N-terminus.

Table 8. *Summary of physical properties*.*

	Isoelectric[9] point	Molecular[10] weight	Optical[11] factors
α-Chymotrypsinogen	9.5 (0.01 μ)	25000	0.500
α-Chymotrypsin	8.6 (0.01 μ)	25000	0.500
Chymotrypsinogen B	5.2 (0.1 μ)	24000	0.55
Chymotrypsin B	4.7 (0.1 μ)	24000	0.54

* The values chosen appear to be the most probable at the time of this writing.

[1] LASKOWSKI, M.: J. biol. Ch. **166**, 555 (1946).
[2] LASKOWSKI, M., and A. KAZENKO: J. biol. Ch. **167**, 617 (1947).
[3] KEITH, C. K., A. KAZENKO and M. LASKOWSKI: J. biol. Ch. **170**, 227 (1947).
[4] BROWN, K. D., R. E. SHUPE and M. LASKOWSKI: J. biol. Ch. **173**, 99 (1949).
[5] DESNUELLE, P., and M. ROVERY: Adv. Protein Chem. **16**, 139 (1961).
[6] ROVERY, M., C. FABRE and P. DESNUELLE: Biochim. biophys. Acta **10**, 481 (1953).
[7] GLADNER, J. A., and H. NEURATH: J. biol. Ch. **206**, 911 (1954).
[8] VOROBIEV, V. L.: Biochemistry, USSR **22**, 651 (1957).
[9] KUNITZ, M., and J. H. NORTHROP: J. gen. Physiol. 18, 433 (1935). — INGRAM, V. M.: Nature **170**, 250 (1952). — ANDERSON, A. E., and R. A. ALBERTY: J. physic. Colloid Chem. **52**, 1345 (1948). — KUBACKI, V., K. D. BROWN and M. LASKOWSKI: J. biol. Ch. **180**, 73 (1949). — DREYER, W. J., R. D. WADE and H. NEURATH: Arch. Biochem. **59**, 145 (1955). — BETTELHEIM, F. R., and H. NEURATH: J. biol. Ch. **212**, 241 (1955). — EGAN, R., O. H. MICHEL, R. SCHLUCHTER and R. J. JANDORF: Arch. Biochem. **66**, 354, 366 (1957).
[10] KUNITZ, M., and J. H. NORTHROP: J. gen. Physiol. **18**, 433 (1935). — SCHWERT, G. W.: J. biol. Ch. **179**, 655 (1949). — SCHWERT, G. W.: J. biol. Ch. **190**, 799, 807 (1951). — SMITH, E. L., D. M. BROWN and M. LASKOWSKI: J. biol. Ch. **191**, 639 (1951). — GUTFREUND, H.: Trans. Faraday Soc. **50**, 624 (1954). — KUNITZ, M.: J. gen. Physiol. **22**, 207 (1938). — FANKUCHEN, I.; in: COHN, E. J., and J. T. EDSALL (Editors): Proteins, Amino Acids and Peptides as Ions and Dipolar Ions. p. 328. New York 1943. — SCHWERT, G. W., and S. KAUFMAN: J. biol. Ch. **190**, 807 (1951). — PALMER, K. J.; quoted from BALLS, A. K., and E. F. JANSEN: Adv. Enzymol. **13**, 321 (1952). — HARTLEY, B. S., and R. A. KILBY: Biochem. J. **56**, 288 (1954). — BALLS, A. K., and E. F. JANSEN: Adv. Enzymol. **13**, 321 (1952). — WILCOX, P. E., J. KRAUT, R. D. WADE and H. NEURATH: Biochim. biophys. Acta **24**, 72 (1957).
[11] KUNITZ, M.: J. gen. Physiol. **30**, 291 (1947). — EISENBERG, M. A., and G. W. SCHWERT: J. gen. Physiol. **34**, 583 (1951). — WU, F. C., and M. LASKOWSKI: J. biol. Ch. **213**, 609 (1955). — WILCOX, P. E., E. COHEN and W. TAN: J. biol. Ch. **228**, 999 (1957).
[12] ROVERY, M., A. YOSHIDA and P. DESNUELLE: Biochim. biophys. Acta **20**, 404 (1956).
[13] ROVERY, M., M. POILROUX, A. YOSHIDA and P. DESNUELLE: Biochim. biophys. Acta **23**, 608 (1957).
[14] DESNUELLE, P.; in: Boyer-Lardy-Myrbäck, Enzymes, Vol. IV, p. 93.
[15] MEEDOM, B.: Acta chem. scand. **10**, 150, 881 (1956).

The amino acid composition of α-chymotrypsinogen has been determined by several different groups of workers[1-4] (see Table 9). Considerable progress has been achieved in elucidating the sequence of amino acids in α-chymotrypsin[5-7] and α-chymotrypsinogen[8].

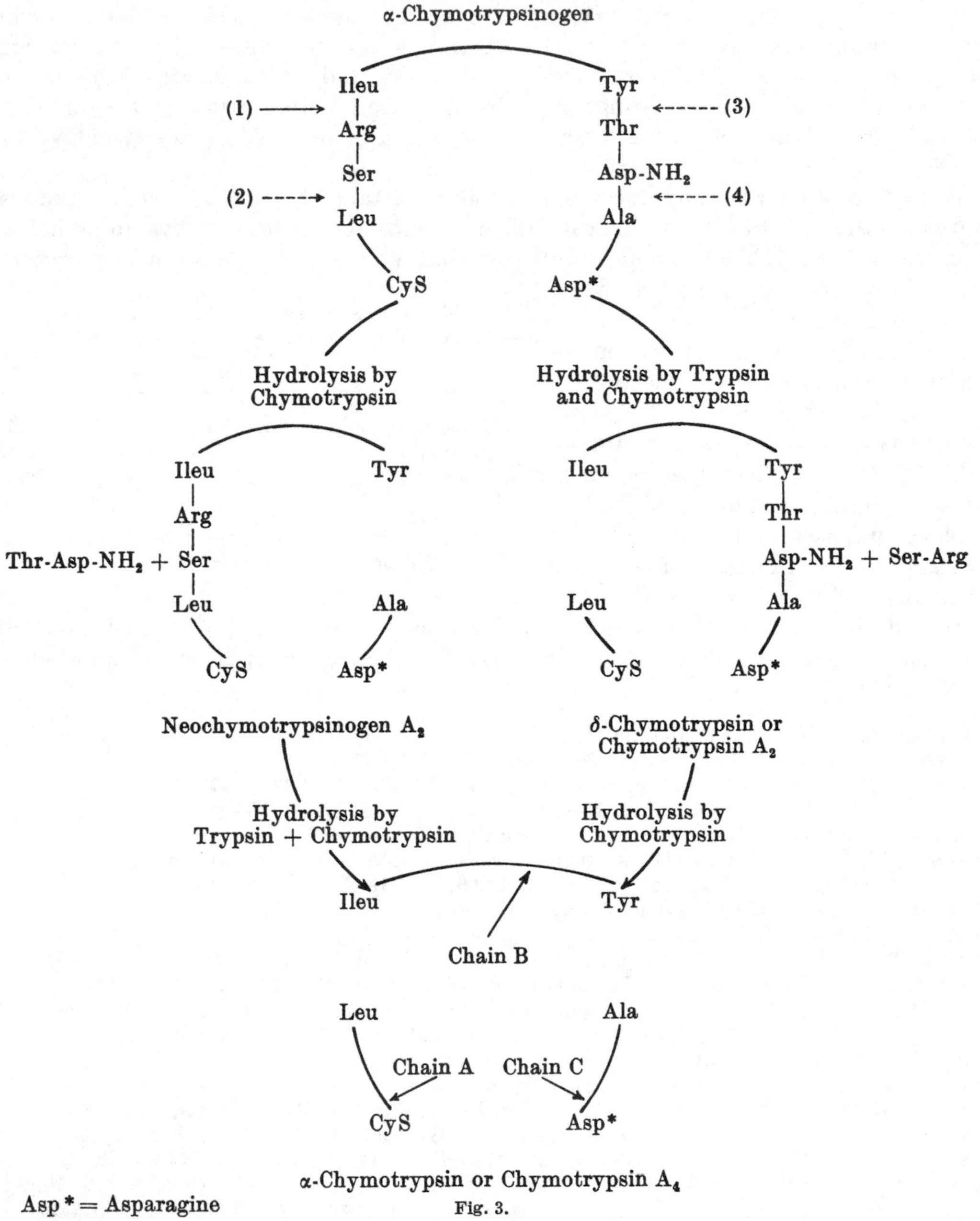

Fig. 3.

Fig. 3. General scheme for α-chymotrypsinogen activation. From DESNUELLE, P., and M. ROVERY: Adv. Prot. Chem. **16**, 139 (1961).

[1] BRAND, E., and B. KASSELL: J. gen. Physiol. **25**, 167 (1941).

[2] LEWIS, J. C., N. S. SNELL, D. J. HIRSCHMANN and H. FRAENKEL-CONRAT: J. biol. Ch. **186**, 23 (1950).

[3] WILCOX, P. H., E. COHEN and W. TAN: J. biol. Ch. **228**, 999 (1957).

[4] ROVERY, M., M. CHARLES, O. GUY, A. GUIDONI and P. DESNUELLE: Bull. Soc. Chim. biol. **42**, 1235 (1960).

[5] MEEDOM, B.: Biochim. biophys. Acta **30**, 265 (1958).

[6] HARTLEY, B. S.: J. cellul. comp. Physiol. **54**, Suppl. **1**, 179 (1959).

[7] HARTLEY, B. S.: 5. Int. Congr. Biochem., Moscow (1961), Symposium No. IV, Preprint No. 170.

[8] KEIL, B., B. MELOUN, J. VANEČEK, V. KOSTKA, Z. PRUSÍK and F. ŠORM: Biochim. biophys. Acta **56**, 595 (1962).

The amino acid sequence in the neighborhood of the serine residue capable of reacting with DFP (active center) is identical in trypsin and α-chymotrypsin, and is very similar for all esterases which are sensitive to DFP.

Table 9. *Amino acid composition of some chymotrypsinogens*[*, a].

Amino acid	Bovine A[b]		Bovine B[c]		Porcine A[d]
	[2]	[3]	[4]	[5]	[3]
Alanine	22	22	18	20—21	20—21
Arginine	4	4	4	5	5
Aspartic acid	22	22	17	19	18
Glutamic acid	14	14	17	16	12
Glycine	23	23	18	20	19
Histidine	2	2	2	2	2
Isoleucine	10	10	8	8	9
Leucine	19	19	15—16	17	17
Lysine	13	13—14	10	10	10
Methionine	2	2	2[e]	4	2[e]
Phenylalanine	6—7	6	6	6	5
Proline	9	9	12	12	12—13
Serine	30	27	17	18—19	21—22
Threonine	23	23	17	20	19
Tyrosine	4	4	3	3	4
Valine	22	23	20	21	22
Tryptophan	7[f]	8[g]	—	6[h]	7[g]
Half-cystine[i]	10	10	—	8	—
Amide	24	23	—	15	14
Molecular weight	25100	—	21380 ± 613[j]	24000[j] 22500[k]	22336 ± 441[j] 21800 ± 3%[l] 22700[l]
$E_{1\%}^{1\,cm}$ at 280 mμ	20.0	21.0	18.0	—	18.0
N %	16.5	16.5	—	16.2	16.1
Isoelectric point	9.1	—	—	5.2	7.2
NH_2-Terminal residue			Half-cystine		

* From Desnuelle, P., and M. Rovery: Adv. Protein Chem. **16**, 139 (1961).

[a] Numbers of residues are given per 25100 gm for bovine chymotrypsinogen A. They are calculated for bovine chymotrypsinogen B and porcine chymotrypsinogen A by using the molecular weight values given by chemical analysis (21400 or 24000 for bovine chymotrypsinogen B; 22300 for porcine chymotrypsinogenA).

[b] Results obtained by ordinary chromatography for the first column and by use of an amino acid analyzer[1] for the second.

[c] Results obtained by use of an amino acid analyzer. Some of the results of the second column have been confirmed by independent methods.

[d] Results obtained by use of an amino acid analyzer.

[e] Not included in the estimation of the molecular weight.

[f] Microbiological technique.

[g] Spectrophotometric technique.

[h] Chromatography after alkaline hydrolysis.

[i] As cysteic acid after performic acid oxidation.

[j] Values estimated from chemical analysis.

[k] Value obtained by sedimentation-diffusion on an impure sample[6].

[l] Values determined by Mr. D. M. Brown and Prof. E. L. Smith on a sample prepared in Desnuelle's laboratory. The values have been obtained, respectively, by the Archibald method of sedimentation equilibrium and by sedimentation-diffusion, assuming a partial specific volume of 0.721 for the protein.

[1] Spackman, D. H., W. H. Stein and S. Moore: Analyt. Chem., Washington **30**, 1190 (1958).

[2] Wilcox, P. E., E. Cohen and W. Tan: J. biol. Ch. **228**, 999 (1957).

[3] Rovery, M., M. Charles, O. Guy, A. Guidoni and P. Desnuelle: Bull. Soc. Chim. biol. **42**, 1235 (1960).

[4] Rovery, M., O. Guy, S. Maroux and P. Desnuelle: Unpublished experiments.

[5] Kassell, B., and M. Laskowski: J. biol. Ch. **236**, 1996 (1961).

[6] Smith, E. L., D. M. Brown and M. Laskowski: J. biol. Ch. **191**, 639 (1951).

Gly-Asp-*Ser*-Gly-Gly-(α-chymotrypsin[1-4])

Gly-Asp-*Ser*-Gly-(Pro-trypsin[5])

The total amino acid composition of chymotrypsinogen B differs considerably[6,7] from that of α-chymotrypsinogen, and as expected chymotrypsinogen B contains fewer amide groups than α-chymotrypsinogen (Table 9). The terminal sequences in chymotrypsinogens B and α are similar, and the first 3 amino acids on each terminus are identical[8].

The presence of both chymotrypsinogens in the freshly secreted pancreatic juice of a cannulated steer has been shown by KELLER, COHEN and NEURATH[9]. However, not all species produce both zymogens. The pancreatic juice of the pig contains only α-chymotrypsinogen[10]. Chymotrypsinogen of the B type has been reported present in the dog by one group of workers[10], and the α-type by another group[18]. It is not known whether human pancreatic juice contains both zymogens, but human pancreas obtained at autopsy contained a chymotrypsin of an acidic character (PEANASKY, unpublished).

During the process of activation changes in optical rotation[19] and in difference spectra[20] have been reported. A partial activation of α-chymotrypsinogen may also be accomplished[21] with subtilisin. The activation is preceded by the formation of an intermediate chymotrypsinogen, different from α-chymotrypsinogen.

Table 10. *Typical α-chymotrypsin substrates*[11].

	Substrate		K_m, M × 10³	k_3,ᵃ × 10³	Refs.
Acetyl	L-Tyrosine	Amide	30.5	2.4	12
Acetyl	L-Tyrosine	Ethyl ester ᵇ	0.7	3060	13
Acetyl	L-Phenylalanine	Amide	34	0.7 (0.8)	14
Glycyl	L-Tyrosine	Amide ᶜ	122	4.1	15
Benzoyl	L-Phenylalanine	Ethyl ester ᵈ	6.0 (5.7)	390	16
Benzoyl	D,L-Methionine	Ethyl ester ᵈ	0.8	8.0	16
	L-Tyrosine	Ethyl ester ᵉ	very low	700	17

[a] k_3 is expressed as moles substrate hydrolyzed/liter/min/mg enzyme N/ml. Unless ortherwise stated, all assays were performed in tris (hydroxymethyl) amino methane hydrochloride buffer.

[b] Reaction in presence of 0.083 M $CaCl_2$.

[c] Reaction in 0.1 M phosphate buffer, p_H 7.8.

[d] Reaction in 0.045 M phosphate buffer, p_H 7.8, containing 30 % methanol.

[e] p_H 6.2, no buffer added.

[1] TURBA, F., u. G. GUNDLACH: B. Z. **327**, 186 (1955).

[2] SCHAFFER, N. K., L. SINET, S. HARSHMAN, R. R. EAGLE and R. W. DRISKO: J. biol. Ch. **225**, 197 (1957).

[3] OOSTERBAAN, R. A., and M. E. VAN ADRICHEM: Biochim. biophys. Acta **27**, 423 (1958).

[4] OOSTERBAAN, R. A., P. KUNST, J. VAN ROTTERDAM and J. A. COHEN: Biochim. biophys. Acta **27**, 549, 556 (1958).

[5] DIXON, G. H., D. L. KAUFMAN and H. NEURATH: Am. Soc. **80**, 1260 (1958).

[6] KASSELL, B., and M. LASKOWSKI Sr.: J. biol. Ch. **236**, 1996 (1961).

[7] ROVERY, M., O. GUY, S. MAROUX and P. DESNUELLE [ROVERY, M., and P. DESNUELLE: Adv. Protein Chem. **16**, 139 (1961)].

[8] KASSELL, B., and M. LASKOWSKI Sr.: J. biol. Ch. **237**, 413 (1962).

[9] KELLER, P. J., E. COHEN and H. NEURATH: J. biol. Ch. **233**, 344 (1958).

[10] MARCHIS-MOUREN, C., M. CHARLES, A. BEN ABDELJLIL and P. DESNUELLE: Biochim. biophys. Acta **50**, 186 (1961).

[11] Taken partly from GREEN, N. M., and H. NEURATH; in: Neurath-Bailey, Proteins, Vol. II B, p. 1117. see also NEURATH, H., and G. W. SCHWERT: Chem. Reviews **46**, 69 (1950). Additional substrates are mentioned in the Introdruction. p. 230, and in Table 2 (p. 234—236).

[12] THOMAS, D. W., R. V. MACALLISTER and C. NIEMANN: Am. Soc. **73**, 1548 (1951).

[13] CUNNINGHAM jr., L. W.: J. biol. Ch. **207**, 443 (1954).

[14] HUANG, H. T., R. J. FOSTER and C. NIEMANN: Am. Soc. **74**, 105 (1952).

[15] KAUFMAN, S., H. NEURATH and G. W. SCHWERT: J. biol. Ch. **177**, 793 (1949).

[16] KAUFMAN, S., and H. NEURATH: Arch. Biochem. **21**, 437 (1949).

[17] JANSEN, E. F., A. L. CURL and A. K. BALLS: J. biol. Ch. **189**, 671 (1951).

[18] SZAFRAN, H., Z. SZAFRAN and J, OLEKSY: Acta biochim. pol. **7**, 51 (1960).

[19] NEURATH, H., J. A. RUPLEY and W. J. DREYER: Arch. Biochem. **65**, 243 (1956).

[20] CHERVENKA, C. H.: Biochim. biophys. Acta **26**, 222 (1957).

[21] BRONFENBRENNER, A., K. LINDERSTRØM-LANG and M. OTTESEN: Biochim. biophys. Acta **20**, 408 (1956).

Tables 1 (p. 232) and 10 illustrate some of the substrates (see also Table 4, p. 240) hydrolyzed by α-chymotrypsin. Transpeptidation reactions have been shown to be of negligible importance in the α-chymotrypsin-catalyzed hydrolysis of L-tyrosine methyl ester, hydroxamide, amide and hydrazide[1]. Chymotrypsin B shows the same specificity on synthetic substrates[2]. The two enzymes differ in the rate of hydrolysis of natural and synthetic substrates[3, 4].

The most striking difference was observed in the rate of hydrolysis of acetyl-L-tryptophan ethyl ester in the presence of 30% methanol. KELLER, COHEN and NEURATH[5] reported that α-chymotrypsin hydrolyzes this substrate 10 times faster than chymotrypsin B. Recently GUY[6] showed that this difference is due to a stronger depressing effect of methanol on chymotrypsin B. When the methanol concentration was reduced to 5% both rates increased, and the difference almost disappeared.

The detailed mechanism of activation of chymotrypsinogen B is not known. However, the first step is hydrolysis of an arginyl-isoleucine bond[7], the same as with α-chymotrypsinogen. As yet no neochymotrypsinogens B have been crystallized, but their existence has been observed[8, 9]. Several active forms have been separated during chromatography on CM and DEAE cellulose (unpublished) and one of these forms has been crystallized[8]. The originally described[10] active form of chymotrypsin B was obtained by slow activation and probably represents an analog to α-chymotrypsin, contaminated with some other stages of activation.

The activity of both chymotrypsins α and B is enhanced by calcium[4,11]. The inclusion of 0.05 M $CaCl_2$ in the medium is recommended for chymotrypsin B and 0.1 M $CaCl_2$ for α-chymotrypsin, except when this causes precipitation of the substrate.

Both chymotrypsins α and B react with several naturally occurring trypsin inhibitors, but in contrast to trypsin, the complexes formed are easily dissociable. Naturally occuring inhibitors reacting specifically and stoichiometrically with chymotrypsins are now known. (See section on Inhibitors.)

Preparation. The preparation of α-chymotrypsinogen and α-chymotrypsin has been described[12,13], and they are available commercially (Worthington, Pentex, Armour). Caution should be exercised in regard to some commercial preparations of α-chymotrypsinogen which may be contaminated with a significant amount of an activated form. Several methods for the chromatographic purification of α-chymotrypsinogen have been described[5, 14]. Chymotrypsinogens of other than bovine origin are not available commercially. Preparations of β- and γ-chymotrypsins[15] are commercially available (Worthington). Preparations of δ-chymotrypsin[16,17] and isopropyl phosphofluoridate (DFP)-inhibited crystalline δ-chymotrypsin[18] have been described, but to our knowledge are not commercially available, nor are preparations of chymotrypsinogen B and chymotrypsin B.

[1] ALMOND, R. H., and C. NIEMANN: Biochemistry **1**, 12 (1962).
[2] FRUTON, J. S.: J. biol. Ch. **173**, 109 (1948).
[3] AMBROSE, J. A., and M. LASKOWSKI: Science, N.Y. **115**, 358 (1952).
[4] WU, F. C., and M. LASKOWSKI: J. biol. Ch. **213**, 609 (1955).
[5] KELLER, P. J., E. COHEN and H. NEURATH: J. biol. Ch. **233**, 344 (1958).
[6] GUY, O.: Unpublished, quoted from DESNUELLE, P., and M. ROVERY: Adv. Protein Chem. **16**, 139 (1961).
[7] KASSELL, B., and M. LASKOWSKI: Fed. Proc. **19**, 332 (1960).
[8] LASKOWSKI, M., and B. KASSELL: Acta biochem. pol. **7**, 253 (1960).
[9] KASSELL, B., and M. LASKOWSKI, Sr.: J. biol. Ch. **236**, 1996 (1961).
[10] BROWN, K. D., R. E. SHUPE and M. LASKOWSKI: J. biol. Ch. **173**, 99 (1948).
[11] GREEN, N. M., J. A. GLADNER, L. W. CUNNINGHAM jr. and H. NEURATH: Am. Soc. **74**, 2122 (1952).
[12] KUNITZ, M., and J. H. NORTHROP: J. gen. Physiol. **18**, 433 (1935).
[13] KUNITZ, M.: J. gen. Physiol. **32**, 265 (1948).
[14] HIRS, C. H. W.: J. biol. Ch. **205**, 93 (1953).
[15] KUNITZ, M.: J. gen. Physiol. **22**, 207 (1938).
[16] JACOBSEN, C. F.: C. R. Lab. Carlsberg, Sér. chim. **25**, 325 (1947).
[17] SCHWERT, G. W., and S. KAUFMAN: J. biol. Ch. **180**, 517 (1949).
[18] ROVERY, M., M. POILROUX and P. DESNUELLE: Biochim. biophys. Acta **14**, 145 (1954).

Preparation of chymotrypsinogen B.

Immerse thirty average size beef pancreas removed immediately after slaughter, in enough 0.25 N sulfuric acid to cover the glands. Remove fat and connective tissue and mince the glands in a meat chopper. Suspend six liters of minced pancreas in 12 l of 0.25 N sulfuric acid at 5° C, allow this suspension to stand at 5° C for 18 to 24 hrs. Strain the suspension through two layers of gauze; wash the precipitate in 3 l of 0.25 N sulfuric acid, and strain through gauze. Combine both extracts; reject the residue.

Add 114 g of ammonium sulfate per liter of extract (0.2 saturation with ammonium sulfate). Suspend 10 g of Celite 545 (Johns Manville) and 10 g of standard Super-Cel (Johns Manville) per liter, and filter the mixture through four large (50 cm) fluted filters (Sargent No. 502). Reject the precipitate. Add 121 g of ammonium sulfate to each liter of filtrate (0.4 saturation with ammonium sulfate). Filter the precipitate which forms through 1 sheet of Whatman No. 1 filter paper on a large Büchner funnel. The liquid is rejected.

Dissolve the precipitate in 5 volumes of water, and add 20 ml of a saturated solution of ammonium sulfate (at 25° C) for each 100 ml of enzyme solution. Remove a small precipitate by filtration through Whatman No. 1 paper. 2 g of standard Super-Cel (Johns Manville) added to each 100 ml of solution will aid filtration. Reject precipitate. To each 100 ml of filtrate add 19 ml of saturated ammonium sulfate (25° C). Collect the precipitate on Whatman No. 50 filter paper (filtration very slow). Reject the filtrate. Dissolve the precipitate in 5 volumes of 0.2 M acetate buffer, p_H 4.0. Readjust and maintain the solution at p_H 4.0 (glass electrode). For each 100 ml of solution add 25 ml of saturated ammonium sulfate solution (25° C). Remove the precipitate by centrifuging (4500 $\times$ g) at 5° C. Wash the precipitate twice with a solution of 0.2 M acetate buffer p_H 4.0—0.2 saturated ammonium sulfate. Use one-half the volume of the previous supernatant for each washing.

Combine the filtrate and washings (measure the volume). Adjust to p_H 6.5 with 5 N NaOH (record the volume added). Immediately add 1 ml of isopropyl phosphofluoridate (DFP) (1:10 in isopropanol) per 50 ml of chymotrypsinogen solution. Add sufficient saturated ammonium sulfate solution to attain 0.4 saturation (33.3 ml for each 100 ml of enzyme solution and 0.67 ml for each ml of NaOH). Collect the precipitate on Whatman No. 50 filter paper. Wash the precipitate with a solution of 0.2 M acetate and 0.4 saturated ammonium sulfate adjusted to p_H 6.5.

Dissolve the washed precipitate in a minimum amount of water kept at p_H 4.0 by a dropwise addition of 1 N HCl. Remove a small amount of insoluble material by centrifuging at 22000 $\times$ g. Add isopropyl phosphofluoridate (DFP) to the enzyme and to the dialyzing liquid, and dialyze the clear supernatant against 0.1 M acetate buffer, p_H 5.5, at 3° C. Stirring and frequent changes of the buffer are recommended. Typical large plates of chymotrypsinogen B appear after several hours. The crystallization is usually complete after 2—3 days.

The preparation thus obtained is still contaminated with 0.2% of active enzyme, and small amounts of neochymotrypsinogens. But preparations containing not more than 0.05 mole of C-terminal tyrosine have been prepared[1], i.e. about 5% of neochymotrypsinogens.

If DFP is omitted, the crystalline preparation contains about 1% of active enzyme, which can be removed by chromatography on CM-cellulose[2]. But without DFP, at best, about 25—30% of the zymogen is in the form of neochymotrypsinogens, which are not separated by chromatography[2].

A chromatographic method of preparation of chymotrypsinogen B has been developed by ROVERY, GUY and DESNUELLE[3]. This method has been checked in our laboratory.

[1] KASSELL, B., and M. LASKOWSKI, Sr.: J. biol. Ch. **236**, 1996 (1961).
[2] LASKOWSKI, M., and B. KASSELL: Acta biochim. pol. 7, 253 (1960).
[3] ROVERY, M., O. GUY and P. DESNUELLE: Biochim. biophys. Acta **42**, 554 (1960).

The preparations also contain about 0.05 mole of C-terminal tyrosine and a small but detectable amount of deoxyribonuclease.

***Preparation of chymotrypsinogen B according to* Rovery, Guy *and* Desnuelle**[1]**.** Extract 2 kg of beef pancreas with 0.25 N H_2SO_4 according to Kunitz, as described in the previous method. Precipitate the protein by saturating the clear liquid with ammonium sulfate at 80% saturation. Dissolve the precipitate in 0.001 N HCl and reprecipitate between 0 and 40% saturation of ammonium sulfate. Dissolve the precipitate in 0.001 N HCl, dialyze against the same acid, and lyophilize. Dissolve a portion of 0.6 g of the lyophilized powder in 20 ml of 0.05 M citrate buffer, p_H 4.2 and chromatograph on a CM-cellulose column (3 × 9 cm), equilibrated with the same buffer. Discard the small inactive peak. Change to 0.05 M citrate, p_H 4.6*. The peak is symmetrical but heterogeneous. Only the fractions showing potency 2.5—2.6** are collected. Rechromatography is performed in the same way. Again fractions with potency 2.5—2.6 are collected; the others are rejected. The yield is 38%, the purification 7-fold.

Preparation of chymotrypsin B. The previously published method[2] of slow activation of chymotrypsinogen B can hardly be recommended at present. It has been shown by end-group analysis[3] and by chromatography that crystalline chymotrypsin B contains more than one species of active enzyme. As yet the sequence of activating steps is unknown and therefore only a suggestion for fast activation of chymotrypsinogen can be made.

Preparation of Isopropyl phosphofluoridate (DFP)-inhibited chymotrypsins. It is often advantageous to prepare inactive derivatives[4].

The recrystallized, salt-free enzyme is dissolved in 0.2 M phosphate buffer, p_H 7.7; the concentration of enzyme in solution is not critical. Isopropyl phosphofluoridate (DFP) is added as a 1 M solution in isopropanol; this is recommended as a safety precaution since DFP is toxic. When working with chymotrypsin α, only a small excess of DFP is recommended (1.2 millimoles of DFP per millimole of enzyme). With trypsin and other forms of chymotrypsins, a greater excess (2 millimoles per millimole of enzyme) is recommended. Desnuelle and co-workers[5] used 5 millimoles of DFP per millimole of δ-chymotrypsin.

The reaction is fast but not instantaneous. Usually, it is allowed to proceed overnight in the cold room or 1—2 hrs at room temperature. The reaction is stopped by adjusting the p_H to 4.0 with 2 N sulfuric acid. The amorphous enzyme derivative is precipitated with ammonium sulfate at 0.8 saturation, and is crystallized according to the method of Kunitz and Northrop[6] described for native α-chymotrypsin. The crystals have the same appearance as those of native chymotrypsin. After two recrystallizations only traces of activity can be detected.

The isopropyl phosphofluoridate (DFP)-inhibited enzyme can be partially reactivated by hydroxylamine[7], but the reaction is very slow. Chymotrypsin inactivated by diethyl-p-nitrophenylphosphate can be reactivated with 2 M hydroxylamine to approximately 45% of the original activity[8].

* In our laboratory buffer, p_H 4.2, is allowed to continue, and chymotrypsinogen B appears after a delay of some 20 tubes.

** By potentiometric determination of esterase activity, see p. 252.

[1] Rovery, M., O. Guy and P. Desnuelle: Biochim. biophys. Acta **42**, 554 (1960).
[2] Brown, K. D., R. E. Shupe and M. Laskowski: J. biol. Ch. **173**, 99 (1948).
[3] Laskowski, M., and B. Kassell: Acta biochim. pol. **7**, 253 (1960).
[4] Balls, A. K., and E. F. Jansen: Adv. Enzymol. **13**, 321 (1952).
[5] Rovery, M., M. Poilroux and P. Desnuelle: Biochim. biophys. Acta **14**, 145 (1954).
[6] Kunitz, M., and J. H. Northrop: J. gen. Physiol. **18**, 433 (1935).
[7] Cunningham jr., L. W., and H. Neurath: Biochim. biophys. Acta **11**, 310 (1953).
[8] Cunningham jr., L. W.: J. biol. Ch. **207**, 443 (1954).

Competitive inhibitors include certain structural analogues[1,2] of specific chymotrypsin substrates. The most active inhibitors[2] are aromatic β-substituted propionic acids (e.g., the β-indole, α-naphthyl, and phenyl derivatives). Competitive inhibitors have been used in the study of the mechanism of action of chymotrypsin[3], and as tools in the study of the activation of α-chymotrypsinogen[4] and trypsinogen[5].

Assay. The principles of the methods for assay of chymotrypsin have already been described (p. 248—250), and only differences from the trypsin procedures are indicated here. The milk clotting method, not applicable to trypsin, is described below.

Determination of proteolytic activity with casein substrate. Prepare a standard curve[6] for α-chymotrypsin by using 4—60 μg per tube (2—30 μg/ml of digestion mixture). For chymotrypsin B, use 4—80 μg per tube (2—40 μg/ml of digestion mixture). α-chymotrypsin digests casein at a faster rate than chymotrypsin B[7].

Determination of the chymotrypsin activity by the milk clotting method[8,9].

Reagents:

1. M acetate buffer, p_H 5.0 (60 g of acetic in 800 ml water. Adjust to p_H 5.0 with 5 N NaOH and dilute to 1 l).
2. "Klim" mixture: Work 20 g of Klim (whole milk powder, Borden Co.) into a paste with water in a mortar. Transfer to a 100 ml graduate, add 10 ml M acetate buffer, p_H 5.0. Dilute to 100 ml with water. The solution may be kept 5 days in the refrigerator.
3. Enzyme solution: containing 0.1—0.5 units/ml. The unit is defined as the amount of enzyme which will clot the Klim-enzyme mixture described in 1 min at 35° C.

Procedure:

Pipette 5 ml of the Klim mixture into a test tube and equilibrate at 35.5° C. Blow 0.5 ml of prewarmed enzyme solution from a pipette held 1 inch (2.5 cm) above the surface of the Klim mixture, and start a stop watch. Mix and leave the tube in the bath until a minute or so before clotting is expected (from preliminary test), then tip and rotate slowly so that a thin film forms. The film thickens and coagulates into small particles just before clotting. The end point is arbitrary. The same endpoint must be chosen for standard and unknown enzyme solutions. (The reciprocal of the observed time in minutes is the units of activity per aliquot of enzyme employed.) The blank without enzyme should not clot in 24 hr, at 35° C.

Esterase activity titrated potentiometrically[10].

N-acetyl-L-tyrosine ethyl ester is the substrate; the initial concentration should be 0.01 M (251 mg/100 ml). The enzyme concentration is 20 μg/ml determined by optical density (Table 8). The initial reaction rate is proportional to the amount of enzyme.

Other tyrosine and phenylalanine esters may also be used as substrates, Table 10. The procedure is the same as that described for trypsin, p. 252.

Determination of esterase activity, spectrophotometric measurement according to **Schwert** ***and*** **Takenaka**[11].

The theory and apparatus have already been described under trypsin, p. 253.

[1] Kaufman, S., and H. Neurath: J. biol. Ch. **181**, 623 (1949).
[2] Neurath, H., and J. A. Gladner: J. biol. Ch. **188**, 407 (1951).
[3] Huang, H. T., and C. Niemann: Am. Soc. **74**, 5963 (1952); **75**, 1395 (1953).
[4] Bettelheim, F. R., and H. Neurath: J. biol. Ch. **212**, 241 (1955).
[5] Pechère, J.-F., and H. Neurath: J. biol. Ch. **229**, 389 (1957).
[6] Wu, F. C., and M. Laskowski: J. biol. Ch. **213**, 609 (1955).
[7] Brown, K. D., R. E. Shupe and M. Laskowski: J. biol. Ch. **173**, 99 (1948).
[8] Herriott, R. M.: J. gen. Physiol. **21**, 501 (1938).
[9] Northrop, J. H., M. Kunitz and R. M. Herriott: Crystalline Enzymes. p. 303. New York 1948.
[10] Rovery, M., C. Fabre and P. Desnuelle: Biochim. biophys. Acta **12**, 547 (1953).
[11] Schwert, G. W., and Y. Takenaka: Biochim. biophys. Acta **16**, 570 (1955).

Reagents:

1. 0.05 M phosphate buffer, p_H 6.5 (6.90 g $NaH_2PO_4 \cdot H_2O$ dissolved in about 900 ml of water, adjusted to p_H 6.5 with N NaOH and diluted to 1 l).
2. Substrate: 0.001 M tyrosine ethyl ester (24.6 mg tyrosine ethyl ester HCl/100 ml) in the buffer.
3. Control: 0.001 M tyrosine (18.1 mg tyrosine/100 ml) in the buffer.
4. Enzyme solution: 65—350 μg of α-chymotrypsin/ml in 0.001 M HCl, concentration determined spectrophotometrically (see Table 8).

Procedure:

Adjust the instrument to the null point at 233.5 mμ with the control cuvette in the light path. The cuvette contains 3 ml of tyrosine solution and 0.2 ml of enzyme solution. The test cuvette contains 3 ml of substrate solution. At zero time, add 0.2 ml of enzyme solution to the test cuvette (see trypsin for details). Determine the absorbance of the test cuvette, which is higher than the control cuvette. Read at 15 sec intervals. As the reaction proceeds, the absorbance decreases. The initial rate of the reaction is proportional to the chymotrypsin concentration between 1.5 and 15 μg/ml.

Determination of esterase activity, spectrophotometric measurement according to Hummel[1].

Reagents:

1. Buffer: Dissolve 10.55 g of $CaCl_2 . 2 H_2O$ in 250 ml of 0.2 M tris (hydroxymethyl) aminomethane (Sigma Chemical Co.), adjust the p_H to 7.8 with HCl and dilute to 1 L with H_2O. To this solution 432 ml of methanol are added, making the final buffer 25.6% methanol (w/w) and 0.05 M in calcium.
2. Substrate: Dissolve 15.7 mg of N-benzoyl-L-tyrosine ethyl ester (Mann Research Laboratories) in 100 ml of buffer with warming to effect complete solution. The concentration of substrate BTEE is 5×10^{-4} M.

Procedure:

A Beckman DU spectrophotometer thermostated to $30 \pm 0.1°$ C is used. Pipette 3 ml of substrate into each of 2 cuvettes. To the first (control) add 150 μl of water, to the second 150 μl of enzyme solution (containing from 1.5 to 9.0 μg of chymotrypsin). Agitate 5—10 sec with a teflon spoon. At 256 mμ read the experimental against the control cuvette every 30 sec for 3 min. Zero order reaction persists until absorbancy of 0.130 is reached, which corresponds approximately to 31% hydrolysis. The specific rate of hydrolysis of chymotrypsin is 3.8×10^{-3} absorbance units/min/μg enzyme/ml or 0.14 μ moles/min/μg enzyme/ml. This method was checked in Milwaukee and found reliable for chymotrypsin.

Determination of esterase activity, manometric measurement[2,3].

Reagents:

1. Substrate solution: 0.0375 M phenylalanine ethyl ester (259 mg of ester hydrochloride/30 ml, adjusted to p_H 6.5 just before use).
2. 0.18 M $NaHCO_3$ solution (15.1 g/l).
3. Enzyme solution: 60—240 μg of α-chymotrypsin or 40—180 μg of chymotrypsin B in 0.3 ml of 0.05 M borate buffer, p_H 7.6, containing 0.05 M $CaCl_2$. Chymotrypsin B reacts more rapidly than α-chymotrypsin with this substrate[3].

Procedure:

The assay is performed as described for trypsin, p. 253.

---

[1] Hummel, B. C. W.: Canad. J. Biochem. Physiol. **37**, 1393 (1959).
[2] Parks jr., R. E., and G. W. E. Plaut: J. biol. Ch. **203**, 755 (1953).
[3] Wu, F. C., and M. Laskowski: J. biol. Ch. **213**, 609 (1955).

Determination of amidase activity.

The chymotrypsins liberate ammonia from synthetic substrates of the type glycyl-L-tyrosine amide and glycyl-L-phenylalanine amide[1].

Reagents:

1. 0.1 M phosphate buffer, p_H 7.8 (same as for trypsin).
2. Substrate solution: 0.1 M solution in 0.1 M phosphate, p_H 7.8 (281 mg glycyl phenylalanine amide acetate/10 ml or 297 mg glycyl tyrosine amide acetate/10 ml).
3. Enzyme solution: 2—8 mg of α-chymotrypsin/ml (determined spectrophotometrically, table 8) in phosphate buffer.
4. Other solutions: same as for trypsin (p. 254).

Procedure:

Same as for trypsin, except that the reaction is slower. Three hours or more are required. The reaction follows first order kinetics to about 70% hydrolysis of the substrate.

6. Pepsin and related enzymes.

a) Pepsin [3.4.4.1].

Pepsin was discovered by SCHWANN[2] and crystallized about a century later by NORTHROP[3]. Pepsinogen, the inactive zymogen, was discovered by LANGLEY[4] and was crystallized by HERRIOTT[5].

Occurrence. Pepsinogen and pepsin occur in gastric mucosa of vertebrates and have been isolated from several species: swine[3,6], cattle[7], chickens (partial purification of both pepsin and pepsinogen)[8], salmon[9,10], tuna[11], shark[12]. Pepsin-like enzymes have been reported in human seminal plasma[13], in blood[14–16], and in urine[16]. So far the blood and urine enzymes have not been isolated in a state of high purity. Evidence that the urine enzyme[16–19] and the blood plasma[14] enzyme originate in gastric mucosa has been presented. Plasma[14] and urine[14,20] levels are increased in patients with duodenal ulcers. Physiological[21] and chemical aspects[22–24] have been reviewed. The content of pepsin in the gastric juice after a test meal in a normal person varies from 3 to 15 mg/ml[25].

---

[1] FRUTON, J. S., and M. BERGMANN: J. biol. Ch. **145**, 253 (1942).
[2] SCHWANN, T.: Arch. Anat. Physiol. wiss. Med. **1836**, 90.
[3] NORTHROP, J. H.: J. gen. Physiol. **13**, 739 (1930).
[4] LANGLEY, J. N.: J. Physiol., London **3**, 246, 269 (1882). Philos. Trans. R. Soc. London **172**, 663 (1881).
[5] HERRIOTT, R. M.: J. gen. Physiol. **21**, 501 (1938).
[6] NORTHROP, J. H.: J. gen. Physiol. **30**, 177 (1946).
[7] NORTHROP, J. H.: J. gen. Physiol. **16**, 615 (1933).
[8] HERRIOTT, R. M., Q. R. BARTZ, J. H. NORTHROP: J. gen. Physiol. **21**, 575 (1938).
[9] NORRIS, E. R., and D. W. ELAM: Science, **90**, N.Y. 399 (1939).
[10] NORRIS, E. R., and D. W. ELAM: J. biol. Ch. **134**, 443 (1940).
[11] NORRIS, E. R., and J. C. MATHIES: J. biol. Ch. **204**, 673 (1953).
[12] SPRISSLER, G. P.: Thesis, Cath. Univ. of America, Washington, D. C. 1942.
[13] LINDQUIST, F., and H. H. SEEDOROFF: Nature **170**, 1115 (1952).
[14] MIRSKY, I. A., P. FUTTERMAN, S. KAPLAN and R. H. BROH-KAHN: J. Lab. clin. Med. **40**, 17 (1952).
[15] HIRSCHOWITZ, B. I.: J. Lab. clin. Med. **46**, 568 (1955).
[16] GOTTLIEB, E.: Skand. Arch. Physiol. **46**, 1 (1925).
[17] BUCHER, G. R., and A. C. IVY: Amer. J. Physiol. **150**, 415 (1947).
[18] BALFOUR, D. C., F. W. PRESTON and J. L. BOLLMAN: Gastroenterology **10**, 880 (1948).
[19] JANOWITZ, H. D., and F. HOLLANDER: J. appl. Physiol. **4**, 53 (1951).
[20] SEGAL, H. L., L. L. MILLER, F. REICHSMAN, E. J. PLUMB and G. L. GLASER: Gastroenterology **33**, 557 (1957).
[21] HIRSCHOWITZ, B. I.: Physiol. Rev. **37**, 475 (1957).
[22] PERLMANN, G. E., and R. DIRINGER: Ann. Rev. **29**, 151 (1960).
[23] BOVEY, F. A., and S. S. YANARI; in: Boyer-Lardy-Myrbäck, Enzymes, Vol. IV, p. 63.
[24] HERRIOTT, R. M.: J. gen. Physiol. **45**, Suppl., 57 (1962).
[25] SPECTOR, W. S. (Editor): Handbook of Biological Data. p. 342. Philadelphia and London 1956.

Preparation. Numerous preparations are available commercially (Armour, Worthington, Pentex). None of the preparations is homogeneous by all criteria and this reflects on the accuracy of physical and chemical characterization. A preparation with constant activity and exhibiting constant solubility in several solvents has been described[1].

Properties. Pepsinogen and pepsin contain one equivalent of phosphate per mole[2,3]. The esterification of the phosphate has been studied[4]. However, only monoesterified phosphoserine has been isolated[8]. Phosphate may be removed without affecting enzymatic activity.

Activation of pepsinogen occurs autocatalytically at p_H values below 5.

Pepsinogen → Pepsin +
Pepsin Inhibitor + Miscellaneous Peptides

Pepsin inhibitor has been crystallized from activated swine pepsinogen preparations[9]. The amino acid composition of pepsinogen[5], pepsin[6], and pepsin inhibitor[5] is shown in Table 11, taken from the review of BOVEY and YANARI[10]. All three substances: pepsinogen, pepsin, and inhibitor show only one N-terminal amino acid and may be regarded as straight chains. The N-terminal group of swine pepsinogen is leu-[5,11] and adjacent sequences have been tentatively determined[5,12]. Swine pepsin's N-terminal group is ileu-[5,13], followed by gly-[5,14], thenasp-asp-his-glu-[14]. The swine pepsin inhibitor has N-terminal leu-glu-[5]. From the amino acid sequence, neither pepsin nor the inhibitor can occupy the N-terminal position in pepsinogen, and the activation process must involve splitting of more than one peptide bond.

Table 11. *Amino acid composition of pepsinogen, pepsin and pepsin inhibitor*.*

Amino acid	Pepsinogen[5]	Pepsin[6]	Inhibitor[7]
Aspartic acid	46	44	4
Glutamic acid	32	27	2
Glycine	36	38	1
Alanine	27	18	2
Valine	27	21	2
Isoleucine	64 (Isoleucine + Leucine)	27	5 (Isoleucine + Leucine)
Leucine		28	
Serine	53	44	2
Threonine	25	28	1
Half-cystine	(6)	6	0
Methionine	5	5	
Proline	20	15	3
Hydroxyproline	—	0.1	—
Phenylalanine	20	14	1
Tyrosine	16	18	1
Tryptophan	(6)	6	
Histidine	4	1	
Lysine	12	1	4
Arginine	3	2	1
Amide NH_3	39	36	
Phosphate	1	1	
Total amino acid residues/mole	402	343	29
Sum of amino acid residue weights	42926	36422	3242

* From BOVEY, S. A., and S. S. YANARI; in: Boyer-Lardy-Myrbäck, Enzymes, Vol. IV, p. 70.

The inhibitor combines reversibly with pepsin in the range p_H 5 to 6. The activity of the inhibitor is best determined by the milk clotting method (p. 270) at p_H 5.7. Below p_H 5, the inhibitor-pepsin complex dissociates, and the inhibitor is digested.

[1] HERRIOTT, R. M., V. DESREUX and J. H. NORTHROP: J. gen. Physiol. **24**, 213 (1940).
[2] NORTHROP, J. H.: J. gen. Physiol. **13**, 739 (1930).
[3] HERRIOTT, R. M.: J. gen. Physiol. **21**, 501 (1938).
[4] PERLMANN, G. E.: Am. Soc. **74**, 6308 (1952). Adv. Protein Chem. **10**, 1 (1955). J. gen. Physiol. **41**, 441 (1958).
[5] VAN VUNAKIS, H., and R. M. HERRIOTT: Biochim. biophys. Acta **23**, 600 (1957).
[6] BLUMENFELD, O. O., and G. E. PERLMANN: J. gen. Physiol. **42**, 553 (1959).
[7] VAN VUNAKIS, H., and R. M. HERRIOTT: Biochim. biophys. Acta **22**, 537 (1956).
[8] FLAVIN, M.: J. biol. Ch. **210**, 771 (1954).
[9] HERRIOTT, R. M.: J. gen. Physiol. **24**, 325 (1941).
[10] BOVEY, S. A., and S. S. YANARI; in: Boyer-Lardy-Myrbäck, Enzymes, Vol. IV, p. 70.
[11] OREKHOVICH, V. N., L. A. LOKSHINA, V. A. MANTEV and O. V. TROITSKAYA: Dokl. Akad. Nauk SSSR **110**, 1041 (1956) [Chem. Abstr. **51**, 6727, g].
[12] LOKSHINA, L. A., and V. N. OREKHOVICH: Proc. Acad. Sci. USSR **133**, 472 (1960).
[13] HEIRWEGH, K., and P. EDMAN: Biochim. biophys. Acta **24**, 219 (1957).
[14] WILLIAMSON, M. B., and J. M. PASSMANN: J. biol. Ch. **222**, 151 (1956).

A substance which inhibits the milk clotting action of pepsin has been reported in pituitary extracts[1].

Molecular weights determined by physical and chemical methods converge to the values: pepsinogen 42500[2], pepsin 34500[3], inhibitor 3100[4]. These values agree with molecular weights based on recent amino acid analysis[5].

Pepsin dissolved in 0.1 N HCl, p_H 1.08, and subjected to an electric field still migrated toward the anode[6,7]. Dephosphorylated pepsin is reported to be isoelectric at p_H 1.7[6].

Pepsinogen is unstable below p_H 6, being autocatalytically converted to pepsin. Neutral, salt-free solutions of pepsinogen may be heated to boiling and then cooled without loss of potential activity. Pepsin is unstable above p_H 6, but is relatively stable in acid media including p_H 1.

The p_H optimum for the hydrolytic activity of pepsin lies between 1.8 and 2 if assayed on hemoglobin and synthetic substrates[8] containing 2 adjacent aromatic amino acids, and at about p_H 4 for other synthetic substrates[9], and some natural substrates like diphtheria antitoxin[10] and pepsin inhibitor[11].

Table 12. *Synthetic substrate specificity of pepsin* *.

No.	Substrate	Reference **	Substrate concentration	Pepsin mg N/ml	Time hr.	Per cent hydrolyzed	k'
1	Cbz-L-glu-L-tyr	B	0.002	0.06	72	12	0.0
2	Cbz-L-glu-L-diiodotyr	B (pc)	0.00025	0.04	24	19	0.2
3	Cbz-L-phe-L-phe-amide	B	0.002	0.1	144	0	0.0
4	Cbz-L-tyr-L-phe	B	0.0005	0.05	5	29	1.4
5	Cbz-O-ac-L-tyr-L-phe	B	0.002	0.12	24	0	0.0
6	N-ac-L-tyr-L-glu	B (pc)	0.003	0.06	72	5	0.0
7	N-ac-L-tyr-L-tyr	B	0.001	0.12	4	34	0.9
8	N-ac-L-phe-L-phe	B	0.0005	0.05	3.25	68	7
9	N-ac-L-phe-L-tyr	B	0.003	0.06	1	56	14
10	N-ac-L-phe-L-tyr	P and H	0.0006	0.012	0.33	6.7	18
11	N-ac-L-phe-L-diiodotyr	B	0.0005	0.012	0.25	100	200
12	N-ac-L-phe-L-diiodotyr	P and H	0.0006	0.012	0.33	44	145
13	N-ac-D-phe-L-diiodotyr	B	0.0005	0.12	48	0	0.0
13a	N-ac-D-phe-L-diiodotyr	P and H	0.0006	0.012	2	0	0.0
14	N-ac-L-diiodotyr-L-glu	B (pc)	0.003	0.06	5	33	1.3
15	N-ac-D,L-diiodotyr-L-leu	B (pc)	0.001	0.04	24	78	1.6

* From HERRIOTT, R. M.: J. gen. Physiol. **45**, Suppl. 57 (1962).

** B, BAKER, L. E.: J. biol. Ch. **193**, 809 (1951); **211**, 701 (1954). B (pc), BAKER, personal communication. P and H, PHARO and HERRIOTT (unpublished results). k' is a first order hydrolysis constant per milligram pepsin N at 37° C and corresponds to BAKER's *ku* [BAKER, L. E.: J. biol. Ch. **211**, 701 (1954)]. In the calculation of k' no correction for differences in substrate concentration has been made.

[1] HILLIARD, J., and P. M. WEST: Endocrinology **60**, 797 (1957).

[2] HERRIOTT, R. M.: J. gen. Physiol. **21**, 501 (1938). — MALLETTE, F.: Unpublished experiments quoted from VAN VUNAKIS, H., and R. M. HERRIOTT: Biochim. biophys. Acta **23**, 600 (1957).

[3] NORTHROP, J. H.: J. gen. Physiol. **13**, 767 (1930). — KERN, H. L.: Diss. Johns Hopkins Univ. Baltimore 1953. — PHILPOT, J. ST. L., and I. B. ERIKSON-QUENSEL: Nature **132**, 932 (1933). — STEINHARDT, J.: J. biol. Ch. **123**, 543 (1938). — NEURATH, H., G. R. COOPER and J. O. ERICKSON: J. biol. Ch. **138**, 411 (1941). — BRAND, E.; in: NORTHROP, J. H., M. KUNITZ and R. M. HERRIOTT (Editors): Crystalline Enzymes. p. 74. New York 1948. — NORTHROP, J. H.: J. gen. Physiol. **13**, 739 (1930). — DIEU, H. A., and H. B. BULL: Am. Soc. **71**, 450 (1949). — BULL, H. B.: J. biol. Ch. **185**, 27 (1950).

[4] VAN VUNAKIS, H., and R. M. HERRIOTT: Biochim. biophys. Acta **22**, 537 (1956). — HERRIOTT, R. M.: J. gen. Physiol. **24**, 325 (1941).

[5] VAN VUNAKIS, H., and R. M. HERRIOTT: Biochim. biophys. Acta **23**, 600 (1957).

[6] PERLMANN, G. E.: Adv. Protein Chem. **10**, 1 (1955).

[7] TISELIUS, A., G. E. HENSCHEN and H. SVENSSON: Biochem. J. **32**, 1814 (1938).

[8] BAKER, L. E.: J. biol. Ch. **193**, 809 (1951).

[9] FRUTON, J. S., and M. BERGMANN: J. biol. Ch. **127**, 627 (1939).

[10] POPE, C. G., and M. F. STEVENS: Brit. J. exp. Path. **32**, 314 (1951).

[11] HERRIOTT, R. M.: J. gen. Physiol. **24**, 325 (1941).

Synthetic substrates. Carbobenzoxy-L-glutamyl-L-tyrosine[1,2], acetyl-L-phenylalanyl-L-diiodotyrosine[3], acetyl-L-phenylalanyl-L-tyrosine[3], acetyl-L-phenylalanyl-L-phenylalanine[3], carbobenzoxy-L-glutamyl-L-tyrosine ethyl ester[4], L-tyrosyl-L-cysteine[5] have been used. Only peptide linkages are hydrolyzed; ester and amide linkages are resistant. The relative activities of these and some other substrates are shown in Table 12, taken from HERRIOTT[6].

The specificity on synthetic substrates and on natural substrates (Table 1, p. 232) does not correspond as well in the case of pepsin as it does with trypsin and chymotrypsin. The specificity on natural substrates is much broader. The discrepancy may still be caused by the heterogeneity of crystalline pepsin.

***Determination of pepsin activity with hemoglobin substrate according to* ANSON[7,8].**

Reagents:

1. Substrate: Hemoglobin is prepared as described above for trypsin (p. 250).
2. Substrate solution: Add 20 ml of 0.3 M HCl to 80 ml of 2.5% hemoglobin solution. Prepare fresh daily.
3. Enzyme solution: 6—20 $\times 10^{-4}$ units/ml in water. The pepsin unit, originally defined in equivalents of tyrosine as determined with the phenol reagent, is now defined in terms of absorbance at 280 mμ. Commercial crystalline pepsin preparations contain about 0.2 units/mg N, determined at 35.5° C.
4. Trichloroacetic acid, 5% (w/v).

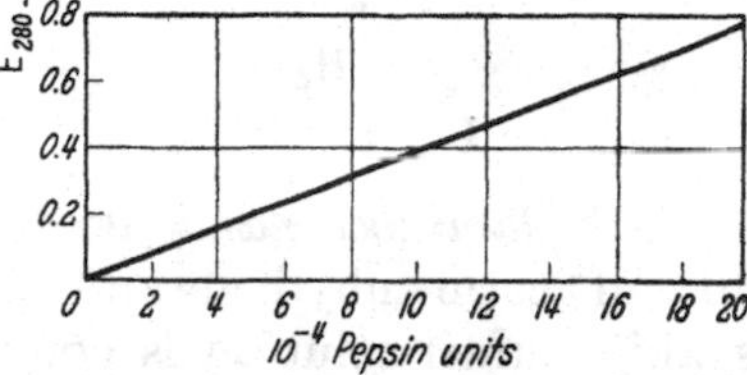

Fig. 4. Standard curve for the determination of pepsin with hemoglobin substrate, from NORTHROP et al.[9].

Procedure:

Pipette 5 ml of hemoglobin solution into a series of 175 × 15 mm test tubes and equilibrate in a water bath at 35.5° C for 5—10 min. Add 1 ml of prewarmed pepsin solution to each tube at intervals noted on a stop watch and mix. After exactly 10 min, add 10 ml of 5% trichloroacetic acid mix, and leave in the water bath for a few min. Filter through Whatman No. 3 paper and dilute 1 part of the clear filtrate with 2 parts of water. Measure the absorbance with a spectrophotometer at 280 mμ.

Prepare a blank by mixing enzyme solution, trichloroacetic acid and hemoglobin solution in this order.

The absorbance, corrected for the blank, is converted to pepsin units from Fig. 4[9].

***Determination with synthetic substrates*[10]*, using the ninhydrin reaction*[11].**

Pepsin hydrolyzes synthetic peptides of the type acetyl-L-phenylalanyl-L-tyrosine, at pH 1.8—2.0. The split occurs between the aromatic amino acids[10]. These substrates are much more sensitive to the action of pepsin than earlier synthetic substrates containing only one aromatic amino acid[1] and their use in the determination of pepsin is advantageous.

The liberated amino groups may be determined with ninhydrin. Amino acids or peptides containing a free α-amino group react with ninhydrin to give a colored derivative,

[1] FRUTON, J. S., and M. BERGMANN: J. biol. Ch. 127, 627 (1939).
[2] BERGMANN, M., and J. S. FRUTON: Adv. Enzymol. 1, 63 (1941).
[3] BAKER, L. E.: J. biol. Ch. 193, 809 (1951).
[4] CASEY, E. J., and K. J. LAIDLER: Am. Soc. 72, 2159 (1950).
[5] HARRINGTON, C. R., and R. V. PITT RIVERS: Biochem. J. 38, 417 (1944).
[6] HERRIOTT, R. M.: J. gen. Physiol. 45, Suppl., 57 (1962).
[7] ANSON, M. L.: J. gen. Physiol. 22, 79 (1938).
[8] NORTHROP, J. H., M. KUNITZ and R. M. HERRIOTT: Crystalline Enzymes. p. 303—307. New York, 1948.
[9] NORTHROP, J. H., M. KUNITZ and R. M. HERRIOTT: Crystalline Enzymes. p. 305. New York 1948.
[10] BAKER, L. E.: J. biol. Ch. 193, 809 (1951); 211, 701 (1954), and personal communication.
[11] TROLL, W., and R. K. CANNAN: J. biol. Ch. 200, 803 (1953).

according to the following equation:

$$R—\underset{\underset{NH_2}{|}}{C}H—COOH + 2\,(\text{ninhydrin: } C_6H_4(CO)_2C(OH)_2) \rightarrow (C_6H_4)(CO)(C(OH))C—N=C(CO)_2(C_6H_4) + RCHO + CO_2 + 3H_2O$$

MOORE and STEIN[1] developed the reaction into a convenient photometric method for the determination of amino acids. TROLL and CANNAN[2] modified the original procedure to produce maximum color yields with all the amino acids except tryptophan (75%) and lysine (110%).

The method described is an application of the TROLL and CANNON ninhydrin procedure[2] to the determination of pepsin according to BAKER[3]. If the automatic equipment of MOORE and STEIN[1] is available, their method may be preferred.

Synthesis of substrate (acetyl-L-phenylalanyl-L-tyrosine)

$$\underset{\text{I}}{C_6H_5—CH=C—CO \; (N=C(CH_3)—O)} + \text{tyrosine} \rightarrow \underset{\text{II}}{C_6H_5—CH=C(NH—COCH_3)—CO—NH—CH(COOH)—CH_2—C_6H_4OH} \xrightarrow{H_2} \text{III} + \text{IV}$$

α-Acetaminocinnamic acid azlactone[4] (I). Heat 20 g glycine with 33 ml benzaldehyde, 100 ml acetic anhydride and 12 g anhydrous sodium acetate, first at 100° C with continuous shaking until solution is complete, then boil gently for 45 min. Decompose the excess acetic anhydride at 20° C with 150 ml water with shaking. The product crystallizes. Wash with ether. Yield 22—25 g. Recrystallize from carbon tetrachloride or from ethyl acetate with petroleum ether.

α-Acetamino-cinnamoyl-L-tyrosine[5] (II). Dissolve 5 g L-tyrosine in a mixture of 27.5 ml N NaOH and 50 ml water; add 100 ml acetone and 5.25 g (I). Shake 2 hr. Filter off undissolved tyrosine (about 1 g). Add 28 ml N HCl to the solution. Discard a small amount of precipitate. Remove most of the acetone and some of the water under reduced pressure. During evaporation, yellow, poorly defined prisms crystallize. Filter, and purify by suspending in 25 ml water, adding concentrated ammonia until the solid dissolves and reprecipitating with HCl. The yield may be 8 g or less.

$[\alpha]_D^{20} = +47.1°$, m.p. 217—218° corr.

N-Acetyl-D-phenylalanyl-L-tyrosine (III) and N-acetyl-L-phenylalanyl-L-tyrosine (IV)[3,5]. Hydrogenate 20 g (II) in 400 ml methyl alcohol with palladium black as catalyst until the theoretical volume of hydrogen is absorbed. Filter off the palladium, add 400 ml of water to the filtrate, and cool for 24 hr at 0° C. Remove the precipitate, which is the D,L-diastereomer. Dilute the filtrate with 400 ml water and cool for another 24 hr at 0° C. Discard the second precipitate, which contains a considerable quantity of the D,L-diastereomer. Evaporate the filtrate to dryness in vacuo, and recrystallize the residue several times from warm methyl alcohol (25 ml/g) by adding an equal volume of water. Acetyl-L-phenylalanyl-L-tyrosine (IV) separates as triangular rods. Yield, 4 g, m.p. 230° C with decomposition. $[\alpha]_D^{27} = +14.5°$ (2% in pyridine). The N-acetyl-D-phenylalanyl-L-tyrosine (III) may be recovered from the filtrate.

[1] MOORE, S., and W. H. STEIN: J. biol. Ch. **176**, 367 (1948); **211**, 907 (1954).
[2] TROLL, W., and R. K. CANNAN: J. biol. Ch. **200**, 803 (1953).
[3] BAKER, L. E.: J. biol. Ch. **193**, 809 (1951); **211**, 701 (1954).
[4] BERGMANN, M., u. F. STERN: A. **448**, 20 (1926).
[5] BERGMANN, M., F. STERN u. C. WITTE: A. **449**, 277 (1926).

Solutions for digestion:

1. 0.5 N NaCl, adjusted to p_H 2.0.
2. 0.5 N NaOH.
3. 0.5 N HCl.
4. 0.01 N HCl.
5. Substrate solution: 0.004 M acetyl-L-phenylalanyl-L-tyrosine (dissolve 14.8 mg in a small amount of 0.5 N NaOH, adjust to p_H 2.0 with 0.5 N HCl and dilute to 10 ml with the NaCl solution).
6. Enzyme solution: 0.2 mg pepsin N/ml, dissolved in 0.05 M acetate buffer, p_H 4.6, and adjusted to p_H 2.0 just before use.

Solutions for color development:

1. Ninhydrin solution: 500 mg ninhydrin in 10 ml absolute ethanol.
2. Phenol solution: Dissolve 80 g of reagent grade phenol in 20 ml of absolute ethanol with gentle heating. Shake the solution with 1 g of Permutit (Permutit Co.) for about 20 min. to remove traces of ammonia, and decant.
3. KCN-pyridine reagent: Dilute 2 ml of 0.01 M KCN to 100 ml with ammonia-free pyridine, prepared by shaking 100 ml of pyridine with 1 g of Permutit for 20 min.
4. Ethanol, 60% by volume.

The reagents may be kept at room temperature one month, but the phenol solution should be shaken with Permutit before use.

Procedure:

Mix equal volumes of prewarmed substrate and enzyme, and incubate in a 37° C bath. At zero time, and at 10 min intervals, transfer aliquots (0.1—0.5 μM/tube is the desirable range for color development) to a 10 ml graduated test tube containing 1 ml of the KCN-pyridine reagent and water to 1.5 ml. Add 1 ml of phenol solution and heat in a boiling water bath. When the mixture has equilibrated with the water bath, add 0.2 ml of the ninhydrin solution, stopper the tube, and boil for 3—5 min. Cool, and dilute to 10 ml with 60% ethanol. Determine the absorbance at 570 mμ.

The substrate has no free amino group and gives no blank. A pepsin blank should be prepared and samples taken as above, to compensate for ninhydrin-positive material. Prepare a standard curve plotting pepsin concentration against the initial velocity. Digestion at this concentration of substrate and enzyme deviates only slightly, up to 50% hydrolysis, from the theoretical curve for a first order reaction[1]. At higher substrate concentrations, the deviation is greater.

b) Related enzymes.

That gastric mucosa is also a source of proteolytic enzymes other than pepsin has been known for many years. One of these enzymes, rennin, has found a wide commercial use in cheese production. Others have been added more recently and assigned various names. These enzymes not only have a similar anatomical origin but also similar properties: they are relatively stable in acid and show optimal activity in the acid range.

c) Gastricsin [3.4.4.22].

One of these enzymes has been obtained in crystalline form and named gastricsin[2-4]. It has an optimum at p_H 3.0 and is homogeneous in the ultracentrifuge and in electrophoresis. It differs from pepsin in p_H optimum, electrophoretic mobility and heat inactivation. It has a lower milk-clotting activity than crystalline rennin.

---

[1] Baker, L. E.: J. biol. Ch. **211**, 701 (1954).

[2] Richmond, V., R. Caputto and S. Wolf: Arch. Biochem. **66**, 155 (1957).

[3] Richmond, V., J. Tang, S. Wolf, R. E. Trucco and R. Caputto: Biochim. biophys. Acta **29**, 453 (1958).

[4] Tang, J., S. Wolf, R. Caputto and R. E. Trucco: J. biol. Ch. **234**, 1174 (1959).

***Preparation of gastricsin according to* Tang *and coll.*[1].**

The resin Amberlite IRC-50 (XE-64) is pretreated according to Hirs, Moore and Stein[2]. A column 4.4 × 15 cm is prepared and adjusted with 0.2 M citrate buffer to p_H 3.0. The flow rate is adjusted to 80 ml/hr. The column is loaded with 2.0 gm of lyophilized gastric juice. After the starting buffer removes the non-absorbed material and the absorbancy at 280 mμ reaches the base line, the eluting buffer is changed to p_H 3.8, then 4.2 and finally to p_H 4.6. Pepsin is eluted when the effluent reaches p_H 4.0, gastricsin at p_H 4.4. The gastricsin solution is lyophilized. Twenty to thirty mg of the powder obtained is dissolved in 2.0 ml water at 4° C and clarified by centrifugation for 5 min. The clear solution is placed in an ice-bath and 0.26 gm of solid $(NH_4)_2SO_4$ is added. The precipitate is collected by centrifugation for 10 min at 2000 rpm, dissolved in 2 ml water, and the procedure is repeated. The precipitate is then dissolved with 2 ml of cold sodium acetate, p_H 5.0. To the clear solution, solid $(NH_4)_2SO_4$ is added until the first indication of cloudiness; about 0.2 gm are required. The tube is kept for 25 min at 20° C; if the turbidity disappears a few drops of saturated solution of $(NH_4)_2SO_4$ are added. The tube is transferred to a 40° C water bath for 5 min; the turbidity should disappear. If not, the insoluble material is removed by centrifugation. The tube is placed in 2 liters of water at 30° C and moved to the cold room. The first precipitate, which forms after 6—8 hr is removed and crystallization is allowed to proceed for 2—3 days. To obtain a second crop of crystals, a few drops of saturated $(NH_4)_2SO_4$ is added to the mother liquor. Yield about 7 mgs, overall purification about 60 fold.

Table 13. *Summary of properties of pepsin and parapepsins I and II*[a].

Substrate for assay	Parapepsin I APD[b]	Parapepsin II hemoglobin	Pepsin both
Units of activity[c]	40	35	23
$S_{20,w}$	3.26	3.32	3.16[d]
Mol. wt.	38600	40700	34500[e]
N-terminal amino acid	Ala	Ser + Leu/Ileu[f]	Ileu[g]
Phosphorus (g atom/mole)	0.03	0.0	1.0[h]
Stability at p_H 6.9	Stable	Unstable	Very unstable[i]
p_H optima	1.8	1.8, 3.0	1.5—2.0
Digestion of bovine plasma albumin	—	+	+++
Milk clotting activity relative to units of activity above	0.12	0.47	1.2
Inhibition by pepsin inhibitor	—	+	+[j]
Gelatin liquifying activity relative to units of activity above	12.1	2.5	0.15

[a] Taken from Ryle, A. P., and R. R. Porter: Biochem. J. 73, 75 (1959).
[b] Acetyl-D,L-phenylalanyl-L-diiodotyrosine.
[c] m [P.U.] $^{Hb}/_{mg}$: milliproteolytic units by reference to a standard curve, prepared with crystalline pepsin by the Anson method [Anson, M. L.: J. gen. Physiol. 22, 79 (1938)].
[d] Dieu, H. A.: Biochem. J. 66, 19p (1957).
[e] Average value. Vunakis, H. van, and R. M. Herriott: Biochim. biophys. Acta 23, 600 (1957).
[f] Isomer not identified.
[g] Vunakis, H. van, and R. M. Herriott: Biochim. biophys. Acta 23, 600 (1957). — Heirwegh, K., and P. Edman: Biochim. biophys. Acta 24, 219 (1957).
[h] Northrop, J. H.: J. gen. Physiol. 13, 739 (1930).
[i] Steinhardt, J. K.: Kgl. danske Vid. Selsk. mat.-fysiske Medd. 14, no. 11 (1937).
[j] Herriott, R. M.: J. gen. Physiol. 24, 325 (1941).

d) Parapepsins I and II (Pepsin B) [3. 4. 4. 2].

From crude preparations of swine pepsin, Ryle and Porter[3] isolated by means of chromatography on DEAE columns two parapepsins (I and II), which were homogeneous

[1] Tang, J., S. Wolf, R. Caputto and R. E. Trucco: J. biol. Ch. 234, 1174 (1959).
[2] Hirs, C. H. W., S. Moore and W. H. Stein: J. biol. Ch. 200, 507 (1953).
[3] Ryle, A. P., and R. R. Porter: Biochem. J. 73, 75 (1959).

by sedimentation and electrophoresis. The properties of the two parapepsins are summarized in Table 13. The cleavages inflicted on the B-chain of insulin are shown in Table 14. The zymogen of parapepsin II was also isolated[1] from extracts of porcine gastric mucosa. The zymogen is readily converted to enzyme at pH 2. The zymogen has an N-terminal serine, whereas the active parapepsin II has two N-terminals, serine and isoleucine. The molecular weights of zymogen and enzyme are similar.

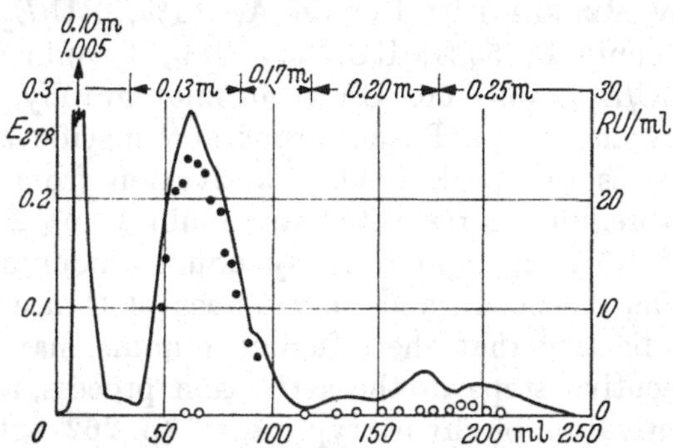

Fig. 5. Chromatography of partly purified prorennin on DEAE-cellulose involving stepwise elution with phosphate buffers of pH 5.8—5.7; 0.10 M, 0.13 M, 0.17 M, 0.20 M, and 0.25 M. Load 20 mg, column 0.9 × 11 cm. Flow rate 4 ml/h; fractions of 2 ml. ○ preformed milk-clotting activity (RU/ml). ● milk-clotting activity after activation. Experimental points have been omitted from the extinction curve of E_{278} for the sake of clarity *.

e) *Rennin* [3. 4. 4. 3].

An enzyme from calf stomach (abomasum) capable of clotting milk is called rennin. It is secreted as prorennin which is activated by exposure to acid; the activation rate is slow at pH 5.0, and fast at pH 1.0. Prorennin has been purified by salt fractionation[2], followed by chromatography on DEAE-cellulose[3] (Fig. 5). N-terminal amino

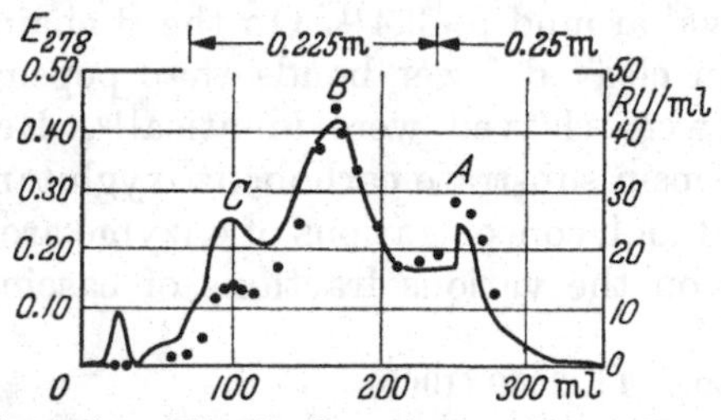

Fig. 6. Chromatography of dissolved rennin crystals on DEAE-cellulose, using stepwise elution with phosphate buffers pH 5.7; 0.20 M, 0.225 M and 0.25 M. Load 40 mg. Column 0.9 × 17 cm. Flow rate 13.5 ml/h, collected in fractions of 4.5 ml. ● milk-clotting activity (RU/ml). Experimental points have been omitted from the extinction curve (E_{278}) for the sake of clarity **.

acid determination by the SANGER method on the chromatographically purified prorennin yielded alanine in quantities indicating a molecular weight of 40000—50000.

* Taken from FOLTMANN, B.: Acta chem. scand. 14, 2247 (1960).
** Taken from FOLTMANN, B.: Acta chem. scand. 14, 2059 (1960).

[1] RYLE, A. P.: Biochem. J. 75, 145 (1960).
[2] FOLTMANN, B.: Acta chem. scand. 12, 343 (1958).
[3] FOLTMANN, B.: Acta chem. scand. 14, 2247 (1960).
[4] SANGER, F., and H. TUPPY: Biochem. J. 49, 481 (1951).

Table 14. *Peptide bonds of the B chain of oxidized insulin hydrolyzed by pepsin, parapepsin I and parapepsin II**.

⇑, Bonds split very rapidly; ↑, other important sites of action; ⇡, bonds split slowly.

Phe - Val - Asp - Glu - His - Leu - $CySO_3H$ - Gly - Ser - His - Leu - Val - Glu - Ala - Leu - Tyr - Leu - Val - $CySO_3H$ - Gly - Glu - Arg - Gly - Phe - Phe - Tyr - Thr - Pro - Lys - Ala
1 2 3 4 5 6 7 8 9 10 11 12 13 14 15 16 17 18 19 20 21 22 23 24 25 26 27 28 29 30

(Asp 3 and Glu 4 carry NH_2.)

Bond	Bonds split by pepsin[4]	Bonds split by parapepsin I	Bonds split by parapepsin II
Phe 1 - Val 2	⇣		
Glu 4 - His 5	⇣		
Leu 11 - Val 12	↓	⇡	↑
Glu 13 - Ala 14	⇣		
Ala 14 - Leu 15	⇣	↑	⇑
Leu 15 - Tyr 16	⇣	↑	⇡
Tyr 16 - Leu 17	↓	↑	⇑
Gly 23 - Phe 24	⇣		
Phe 24 - Phe 25	↓	⇑	↑
Phe 25 - Tyr 26	↓	↑	⇡

* Taken from RYLE, A. P., and R. R. PORTER: Biochem. J. 73, 75 (1959).

Ultracentrifugation gave a slightly asymmetrical peak, with an $S_{20,w}$ value of 3.5. The isoelectric point of prorennin (p_H 4.9) is slightly higher than that of rennin (p_H 4.6). There is evidence that tyrosine-containing peptides are split off during activation at p_H 2.1[1].

Rennin has been crystallized by several investigators[2-11]. The crystallized enzyme is not homogeneous[10], and has been purified further by chromatography on DEAE-cellulose[12,13]. The active material[13] separates into three peaks (Fig. 6) with quantitatively different milk clotting activity (in rennin units, RU, as defined by BERRIDGE[4]): Rennin A, 22%, RU/E_{278} = 125, Rennin B, 55%, RU/E_{278} = 100, Rennin C, 20%, RU/E_{278} = 55—60. On rechromatography (Fig. 7), rennins A and B show constant specific activities across the peaks. When activation from purified prorennin[1] is restricted to 15 min at p_H 2 (instead of 1.5 hr.), approximately equal amounts of rennins A and B, and only traces of C, are formed, indicating that the different rennins may be consecutive steps in the activation process, as in the activation of chymotrypsinogen (p. 262—264).

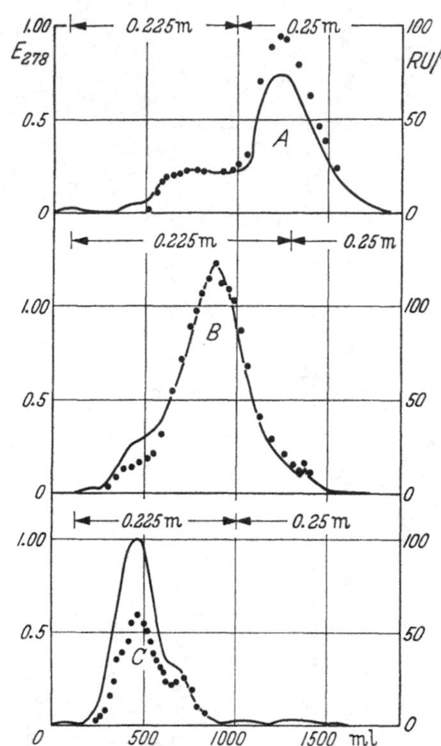

Fig. 7. Rechromatography of pooled fractions containing A, B, and C rennins, respectively. Columns of DEAE-cellulose, 2 × 23 cm. Stepwise elution with phosphate buffers, p_H 5.7; 0.20 M, 0.225 M and 0.25 M. Load 160 to 300 mg per run. Flow rate 25—57 ml/hr, three fractions collected per hour. ● milk-clotting activity (RU/ml). Solid line, optical density 278 mμ *.

Glycine is the N-terminal amino acid and leucine or isoleucine the C-terminus of rennin[12]. The molecular weight is 40000 by sedimentation and diffusion[14] and by determination of the N-terminal amino acid by the SANGER method[12]. The optical rotatory dispersion is abnormal[12], an indication of peculiar structure and configuration. Solutions of crystalline rennin have optimum stability at p_H 5.5 to 6.0, and good stability at p_H 2. However, at p_H around 3.5 and above 6.5, rennin is unstable[11]. Casein is digested by rennin over a wide range of p_H (2—6.5), bovine serum albumin only in a narrow interval around p_H 3.4[11]. On the B chain of insulin, rennin cleaved fewer bonds than pepsin, but those that were cleaved were identical[15]. Rennin splits the pepsin substrate carbobenzoxyglutamyltyrosine at p_H 6; as with pepsin, long incubation and high concentrations of enzyme are required[15]. Numerous studies of the action of rennin on the various fractions of casein have been

* Taken from FOLTMANN, B.: Acta chem. scand. **14**, 2059 (1960).

[1] FOLTMANN, B.: Acta chem. scand. **14**, 2247 (1960).
[2] FOLTMANN, B.: Acta chem. scand. **12**, 343 (1958).
[3] HANKINSON, C. L.: J. Dairy Sci. **26**, 53 (1943).
[4] BERRIDGE, N. J.: Biochem. J. **39**, 179 (1945).
[5] BAUN, R. M. DE, W. M. CONNORS and R. A. SULLIVAN: Arch. Biochem. **43**, 324 (1953).
[6] BERRIDGE, N. J., and C. WOODWARD: J. Dairy Res. **20**, 255 (1953).
[7] ALAIS, C.: Lait **36**, 26 (1956).
[8] OEDA, M.: 14. Int. Dairy Congr. Rome **2** (2) 367 (1956).
[9] HOSTETTLER, H.: Milchwiss. **10**, 40 (1955).
[10] ERNSTROM, C. A.: J. Dairy Sci. **41**, 1663 (1959).
[11] FOLTMANN, B.: Acta chem. scand. **13**, 1927 (1959).
[12] JIRGENSONS, B., T. IKENAKA u. V. GORGURAKI: Makromol. Chem. **28**, 96 (1958).
[13] FOLTMANN, B.: Acta chem scand. **14**, 2059 (1960).
[14] SCHWANDER, H., P. ZAHLER u. N. NITSCHMANN: Helv. **35**, 553 (1952).
[15] FISH, J. C.: Nature **180**, 345 (1957).

published[1-3]. Phosphoamidase activity[4] and phosphatase activity[5] have been reported in crystalline preparations. A later preparation was free from phosphoamidase activity[6].

Unit of activity of rennin. The unit (RU) is defined by BERRIDGE[7] as the rennin activity which clots 10 ml of reconstituted skim milk in 100 sec at 30° C. The substrate consists of 12 g spray-dried skim milk powder reconstituted in 100 ml of 0.01 M $CaCl_2$.

Table 15. *Purification of prorennin* *.

	ml	RU/ml		mg N/ml	RU per mg N after activation	per cent activity recov.
		preformed activity	after activation			
Raw extract (p_H 8.4)	2000	0	220	2.75	80	100
Addition of 100 ml 0.33 M $Al_2(SO_4)_3$. Precipitate discarded*	1600	0	208	1.85	112	75
Addition of 80 ml 0.33 M $Al_2(SO_4)_3$ and 80 ml 1 M Na_2HPO_4. Precipitate discarded** . .	1500	0	184	1.62	114	63
1350 ml saturated with NaCl. Left to stand overnight. Precipitate redissolved in phosphate buffer 0.05 M, p_H 6.3	220	6.6	690	1.35	510	34
215 ml saturated with NaCl. Left to stand overnight. Precipitate redissolved in 100 ml phosphate buffer 0.05 M, p_H 6.3	110	12	1350			
110 ml dialysed*** during 7 hr. against 2 × 2 L distilled water	145	9	1000	1.77	560	33

* Taken from FOLTMANN, B.: Acta chem. scand. **12**, 343 (1958).

** During the clarification operation p_H fluctuated between 6.1 and 6.9.

*** The dialysis was carried out in a rotating bag (Visking Cellulose) at 2° C during 2 hr against 2 l of distilled water, and 5 hr against a further 2 l of distilled water. (The dialysis was not prolonged in order to prevent activation during the experiment. The final product was not, therefore, free of salt. The N-content of the freeze-dried preparation was 84 mg N/g.)

***Prorennin preparation according to* FOLTMANN[8,9].**

Seven dried calf-stomachs (taken from a charge proved to have a high prorennin/rennin value) are finely cut, and extracted with 3 liters of 2% $NaHCO_3$ at room temperature with continuous stirring. After 2 hr the mixture is centrifuged, and the muddy raw extract purified as described in Table 15. Yield, about 4 g of partially purified material, after freeze-drying.

For further purification[9], 425 mg of prorennin is dissolved in 5 ml of 0.01 M phosphate buffer, p_H 6.1, and applied to a column of DEAE-cellulose (2 × 15 cm) previously equilibrated with 0.1 M phosphate buffer, p_H 5.8. The elution is started with 0.1 M phosphate buffer. Most of the inert material appears in the first 150 ml of eluate. After 280 ml of eluate, the concentration of buffer is increased to 0.20 M. A sharp peak is obtained, with concentrations of prorennin up to 3 mg/ml. The fractions containing the prorennin are pooled, dialyzed against 0.001 M phosphate buffer, p_H 6.6, and lyophilized. Yield 150 mg. Fig. 5 shows a small scale preparation. This material is slightly inhomogeneous, and may be rechromatographed under similar conditions (Fig. 8).

***Rennin preparation and crystallization*[10].** Four liters of commercial rennet (Bengers Ltd., Paul-Lewis Lab., or Christian Hansen Lab., Inc.) is saturated with NaCl and filtered

[1] LINDQVIST, B., and T. STORGÅRDS: Acta chem. scand. **13**, 1839 (1959); **14**, 757 (1960).
[2] CERBULIS, J., J. H. CUSTER and C. A. ZITTLE: Arch. Biochem. **84**, 417 (1959).
[3] GIBBONS, R. A., and G. C. CHEESEMAN: Biochim. biophys. Acta **56**, 354 (1962).
[4] HOLTER, H., and S. O. LI: Acta chem. scand. **4**, 1321 (1950).
[5] MATTENHEIMER, H., H. NITSCHMANN u. P. ZAHLER: Helv. **35**, 1970 (1952).
[6] FISH, J. C.: Nature **180**, 345 (1957).
[7] BERRIDGE, N. J.: Biochem. J. **39**, 179 (1945).
[8] FOLTMANN, B.: Acta chem. scand. **12**, 343 (1958).
[9] FOLTMANN, B.: Acta chem. scand. **14**, 2247 (1960).
[10] BERRIDGE, N. J.: Adv. Enzymol. **15**, 423 (1954).

through large fluted Whatman No. 3 filter papers, strengthened at the tip with small No. 54 paper. The filtration is very slow (3 to 7 days). The opalescent filtrate is discarded. The papers containing the precipitate are pulped with about 250 ml of water to make a thick slurry. The imbibed liquid is pressed out by hand. The procedure is repeated four times, yielding about 1 l of extract.

The filtered extract is adjusted to p_H 5.4 and is saturated with NaCl, introducing the salt slowly from a rotating dialyzing bag. Saturation is achieved in 2—3 days. The precipitate is separated by centrifugation and dissolved in 50 ml of water. A piece of thymol is added and the material is left in the refrigerator for 1 to 7 days when crystallization is complete.

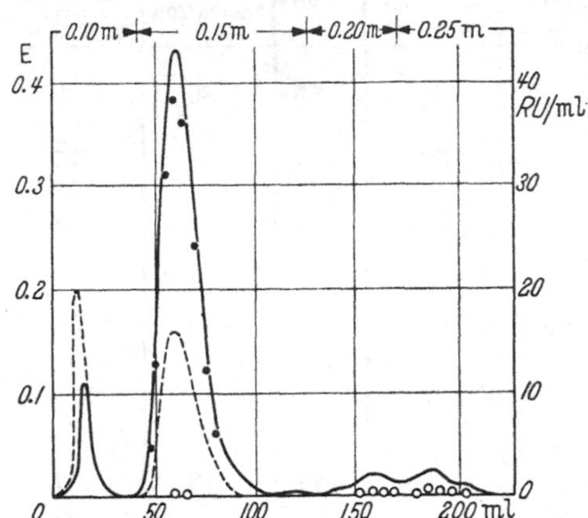

Fig. 8. Rechromatography of chromatographically purified prorennin. Load 16.8 mg, column 0.9 × 11 cm, flow rate 4 ml/hr. Symbols as in Fig. 5. Solid line: Optical density at 278 mμ. Dashed line: Ninhydrin color according to MOORE and STEIN[3] (0.5 ml sample + 0.5 reagent diluted with 10 ml of ethanol)*.

Rennin is recrystallized[1] by dissolving the protein in 0.2 M phosphate, p_H 6.8, removing insoluble material remaining after 30 min by filtration and adjusting the clear filtrate to p_H 5.4. If crystallization does not occur, saturate with NaCl. Dissolve the precipitate in iced distilled water, remove insoluble material, and crystallization will occur.

Further purification by chromatography[2]. Rennin crystals suspended in 4 M NaCl are dialyzed, and 40 mg applied to a column of DEAE-cellulose (0.9 × 17 cm), previously equilibrated with 0.2 M phosphate buffer, p_H 5.7. Elution is carried out by stepwise increase of the phosphate concentration to 0.225 M and 0.25 M. In Fig. 6, the small front peak is inactive material, the other peaks are the three fractions of active rennin indicated above. For further purification, the individual fractions from several runs are pooled, and concentrated. Rechromatography is shown in Fig. 7; each component appears in the same position as in the first chromatography.

Rennin may be assayed by the milk clotting method which has been described under chymotrypsin (p. 270). A more refined procedure has been described by BERRIDGE[4,5].

7. Cathepsins (Catepsin C) [3. 4. 4. 9].

Some of the intracellular proteases of animal origin are called cathepsins. The nomenclature of the cathepsins is reviewed in Table 16 extended from TALLAN et al.[6] and from FRUTON[7]. The purification of cathepsins is hindered by the low concentration of enzymes and the chemical complexity of the tissues in which they occur. Table 16 summarizes some of the properties of cathepsins.

Cathepsins B and C are localized in light mitochondria[8,9] named lysosomes[8], whereas the supernatant solution contains an inhibitor for both of these cathepsins[9]. PLANTA and GRUBER[10] find hemoglobin, serum albumin and glucagon resistant to cathepsin C

* Taken from FOLTMANN, B.: Acta chem. scand. **14**, 2247 (1960).

1 BERRIDGE, N. J.; in: Colowick-Kaplan, Meth. Enzymol. Vol. II, p. 69.
2 FOLTMANN, B.: Acta chem. scand. **14**, 2059 (1960).
3 MOORE, S., and W. H. STEIN: J. biol. Ch. **176**, 367 (1948); **211**, 907 (1954).
4 BERRIDGE, N. J.: J. Dairy Res. **19**, 328 (1952).
5 BERRIDGE, N. J.: Analyst **77**, 57 (1952).
6 TALLAN, H. H., M. E. JONES and J. S. FRUTON: J. biol. Ch. **194**, 793 (1952).
7 FRUTON, J. S.; in: Boyer-Lardy-Myrbäck, Enzymes, Vol. IV, p. 233.
8 DUVE, C. DE, B. C. PRESSMAN, R. GIANETTO, R. WATTIAUX and F. APPELMANS: Biochem. J. **60**, 604 (1955).
9 FINKENSTAEDT, J. T.: Proc. Soc. exp. Biol. Med. **95**, 302 (1957).
10 PLANTA, R. J., and M. GRUBER: Biochim. biophys. Acta **53**, 443 (1961).

Table 16. *Nomenclature of some intracellular hydrolytic enzymes.*

Name used *	Former name *, [1]	Typical substrate	Substrate [1] similarity to	Reported purification	Requires activation with SH	Optimal p_H range
Cathepsin A	Cathepsin I	Carbobenzoxy-L-glutamyl-L-tyrosine	Pepsin		No	about 5***
Cathepsin B	Cathepsin II	Benzoyl-L-argininamide	Trypsin	200 × [2]	Yes	5.3—6.0
Cathepsin C	None	Glycyl-L-phenylaninamide	Chymotrypsin [3]	300 × [4]	Yes	5.1 (4—8)
Leucine Aminopeptidase	Cathepsin III	L-Leucinamide	(intestinal amino peptidase)	**	**	
Catheptic Carboxypeptidase	Cathepsin IV	Carbobenzoxyglycyl-L-phenylalanine	(pancreatic carboxypeptidase A)	**	**	

* Each of these names represents a class of enzymes and may be prefaced by their origin, e.g. beef spleen cathepsin C.

** See section on exopeptidases (p. 1).

*** With protein substrates 3.5—4.5.

prepared according to DE LA HABA et al.[5], β-corticotropin is susceptible, the dipeptide Ser.Tyr being cleaved from the N-terminus. Using the heptapeptide, Gly.Phe.Phe.Tyr. Thr.Pro.Lys, it was shown that the dipeptide Gly.Phe is rapidly liberated and a further slow hydrolysis of the remaining pentapeptide proceeds through a partial liberation of the dipeptide Phe.Tyr. It was suggested that cathepsin C has a peculiar specificity requirement and splits off N-terminal dipeptides in which the second amino acid is either tyrosine or phenylalanine.

An endopeptidase from spleen has been prepared[6] and named *cathepsin D*. The enzyme hydrolyzes denatured hemoglobin but does not attack any of the synthetic substrates susceptible to cathepsins A, B and C. The method of purification is based on chromatography. Several peaks with similar enzymatic characteristics are observed. Five of these peaks have the same specific activity, the same sedimentation value and the same N-terminal amino acid, glycine. When tested on the B-chain of insulin, cathepsin D produces fewer cleavages than pepsin, but those that are produced are identical (Table 17). Cathepsin D does not attack substrates typical for pepsin: carbobenzoxy-L-glutamyl-L-tyrosine, N-acetyl-D,L-phenylalanyl-L-diiodotyrosine, L-tyrosyl-L-cysteine and L-cysteinyl-L-tyrosine. The optimal p_H for hydrolysis of hemoglobin is 3.0; it is 4.2 for albumin. Cathepsin D is not affected by cysteine, iodoacetamide, p-chloromercuribenzoate, ethylenediamine tetraacetate, or *iso*propyl phosphofluoridate. It is heat labile and acid labile (below p_H 2.5). An enzyme with similar properties has been purified from rabbit spleen and found to hydrolyze serum albumin optimally at p_H 3.5[7].

In contradistinction to the work of PRESS et al.[6], LICHTENSTEIN and FRUTON[8] found that crude extracts of beef spleen hydrolyze carbobenzoxy-L-glutamyl-L-tyrosine, at p_H 5.6. They suggested that the activity ascribed to cathepsin D is accounted for by cathepsin A.

Preparation of cathepsin C[5]. One kg of frozen (—20° C) beef spleen is finely ground and stirred with 2 volumes of water containing 0.9 g of sodium ethylene diamine tetraacetate

[1] FRUTON, J. S., G. W. IRVING jr. and M. BERGMANN: J. biol. Ch. **141**, 763 (1941).
[2] GREENBAUM, L. M., and J. S. FRUTON: J. biol. Ch. **226**, 173 (1957).
[3] GUTMANN, H. R., and J. S. FRUTON: J. biol. Ch. **174**, 851 (1948).
[4] HABA, G. DE LA, P. S. CAMMARATA and J. S. FRUTON; in: Colowick-Kaplan, Meth. Enzymol. Vol. II, p. 64. — HABA, G. DE LA, P. S. CAMMARATA and S. N. TIMASHEFF: J. biol. Ch. **234**, 316 (1959).
[5] HABA, G. DE LA, P. S. CAMMARATA and J. S. FRUTON; in: Colowick-Kaplan, Meth. Enzymol. Vol. II, p. 64.
[6] PRESS, E. M., R. R. PORTER and J. CEBRA: Biochem. J. **74**, 501 (1960).
[7] LAPRESLE, C., and T. WEBB: Biochem. J. **76**, 538 (1960).
[8] LICHTENSTEIN, N., and J. S. FRUTON: Proc. nat. Acad. Sci. USA **46**, 787 (1960).

Table 17 *.

```
Bonds split by pepsin

 ¦         NH2   NH2¦                              |           ¦     ¦      ¦     |                                                          ¦       |       |
 ↓          |     |  ↓                             ↓           ↓     ↓      ↓     ↓                                                          ↓       ↓       ↓
Phe - Val - Asp - Glu - His - Leu - Cys - Gly - Ser - His - Leu - Val - Glu - Ala - Leu - Tyr - Leu - Val - Cys - Gly - Glu - Arg - Gly - Phe - Phe - Tyr - Thr - Pro - Lys - Ala
 1     2     3     4     5     6     7     8     9     10    11    12    13    14    15    16    17    18    19    20    21    22    23    24    25    26    27    28    29    30

Bonds split by cathepsin D                                             ⇡           ↑     ⇡                                                          ↑       ↑
```

A comparison of the digestion of the B chain of oxidized insulin by pepsin in 0.01 N HCl[8] and by cathepsin D in 0.04 M acetic acid, p_H 3.0. Bonds marked with unbroken arrows split rapidly; broken arrows indicate bonds that split more slowly.

* Taken from Press, E. M., R. R. Porter and J. Cebra: Biochem. J. **74**, 501 (1960).

(EDTA, Fisher Scientific Co.) per liter (p_H 7.0). The p_H is lowered to exactly 3.5 with 6 N H_2SO_4 and maintained there while the enzyme is extracted for 24 hr at 38° C (3 ml toluene as preservative).

The enzyme is precipitated from the clarified extract by addition of solid $(NH_4)_2SO_4$ to 70 % saturation (474 g/l). The precipitate, filtered at 5° C, is washed with 80 % saturated $(NH_4)_2SO_4$, p_H 4.0. It is dissolved in 100 ml of 0.9 % NaCl and dialyzed against two 6 l changes of 0.9 % NaCl. The solution (protein conc. 15—20 mg/ml) is treated with saturated $(NH_4)_2SO_4$ (adjusted to p_H 4). The fraction which precipitates between 40 and 70 % saturation with ammonium sulfate is collected.

This precipitate is dissolved in 30 ml of 0.02 % NaCl and dialyzed as above against 0.02 % NaCl in the cold room. The protein solution (11 mg/ml) is adjusted to p_H 4.95, and is treated with acetone at − 2° C, collecting fractions from 0—20 % and from 20 to 33 % acetone concentration (v/v). Each of the 2 precipitates is dissolved in 2 % NaCl and the solutions are exposed to 65° C for 40 min, with occasional stirring. The denatured protein is removed from the cooled solutions, and the supernatants are stored at − 20° C. The most active enzyme is usually in the 20—33 % acetone fraction.

Specificity. The hydrolytic specificity of cathepsin C is similar to that of chymotrypsin[1]. Kinetics of cathepsin C have been studied at p_H 5.1, 37° C, on several substrates[2]. The values of K_m for ethyl esters (of glycyl-L-tyrosine, and glycyl-L-phenylalanine) are 0.11×10^{-2} M and 0.13×10^{-2} M, whereas K_m for the corresponding amides are 0.82×10^{-2} M and 1.05×10^{-2} M. Cathepsin C catalyzes transamidation reactions around p_H 7[3-5].

Assay. Cathepsin C catalyzes the hydrolysis of the amide bond of glycyl-L-phenyl-alanine amide to form glycyl-L-phenylalanine and ammonia[6]. The NH_3 may be determined by the Conway microdiffusion procedure. The enzyme also catalyzes a transamidation reaction between glycyl-L-phenylalanine amide and hydroxylamine[4].

$$\text{gly—phe—}NH_2 + NH_2OH \rightleftharpoons \text{gly—phe—}NHOH + NH_3$$

The hydroxamic acid formed may be determined with ferric chloride[7]. Both of these methods are described below.

---

[1] Tallan, H. H., M. E. Jones and J. S. Fruton: J. biol. Ch. **194**, 793 (1952).
[2] Fruton, J. S., and M. J. Mycek: Arch. Biochem. **65**, 11 (1956).
[3] Fruton, J. S., W. R. Hearn, V. M. Ingram, D. S. Wiggans and M. Winitz: J. biol. Ch. **204**, 891 (1953).
[4] Jones, M. E., W. R. Hearn, M. Fried and J. S. Fruton: J. biol. Ch. **195**, 645 (1952).
[5] Würz, H., A. Tanaka and J. S. Fruton: Biochemistry **1**, 19 (1962).
[6] Gutmann, H. R., and J. S. Fruton: J. biol. Ch. **174**, 851 (1948).
[7] Lipmann, F., and L. C. Tuttle: J. biol. Ch. **159**, 21 (1945).
[8] Sanger, F., and H. Tuppy: Biochem. J. **49**, 481 (1951).

The hydroxamic acid method is more rapid. Cathepsin C may also be determined with hemoglobin as substrate by a modification of the ANSON method[1], or by its esterase action[2,3].

***Determination of the amidase activity by the Conway microdiffusion method*[1,4].**

Reagents:

1. 0.1 M citrate buffer, p_H 5.0 (21.01 g citric acid ($C_6H_8O_7 \cdot H_2O$) dissolved in about 800 ml of water, adjusted to p_H 5.0 with N NaOH and diluted to 1 l.
2. Substrate: 0.1 M glycyl-L-phenylalanine amide (Mann) (281 mg of the acetate/10 ml) in citrate buffer.
3. 0.04 M cysteine (63 mg of cysteine HCl/10 ml) in citrate buffer, freshly prepared.
4. Enzyme solution: containing about 1 cathepsin unit/ml in citrate buffer. One unit[1] is equivalent to that amount of enzyme which, in 2 ml of test solution, causes a zero order rate constant of 1.00 (per cent hydrolysis of one CO—NH bond per min). A recent highly purified preparation of IZUMIYA and FRUTON[4] had an activity of 175 units with this substrate, calculated per mg of N.

Procedure:

Mix 1 ml of substrate and 0.2 ml of cysteine solution, and equilibrate at 37° C for 4 min. Add 0.8 ml of enzyme solution and stopper the test tube. At zero time and at 30 min intervals, transfer 0.1 ml aliquots to CONWAY plates, and determine the liberated ammonia as described above for trypsin (p. 254). Prepare a blank as described for trypsin. Hydrolysis values in excess of 30 % are not used in rate calculations.

***Determination of the transamidase activity*[5].**

Reagents:

1. 0.04 M veronal buffer, p_H 7.2 (7.40 g diethyl barbituric acid dissolved in about 800 ml water, adjusted to p_H 7.2 with N NaOH and diluted to 1 l).
2. Substrate: 0.05 M glycyl-L-phenylalanine amide (Mann) (141 mg of the acetate/10 ml) in 0.04 M veronal buffer, p_H adjusted to 7.2.
3. Hydroxylamine: 2 M $NH_2OH \cdot HCl$ (13.9 g/100 ml) adjusted to p_H 7.1 with 10 N NaOH immediately before use.
4. Cysteine 0.25 M (394 mg cysteine · HCl/10 ml), freshly prepared.
5. 0.5 N NaOH.
6. Trichloroacetic acid, 7 % (w/v).
7. Ferric chloride: 5 % $FeCl_3 \cdot 6\,H_2O$ dissolved in 0.1 N HCl.
8. Enzyme solution: containing 4 units/ml or less. One unit is the amount of enzyme, which, under these conditions, produces an increase in absorbance of 0.1 at 550 mμ.

Procedure:

Add to each test tube in order, 0.5 ml substrate, 0.1 ml hydroxylamine, 0.1 ml cysteine and 0.05 ml of 0.5 N NaOH. Equilibrate at 38° C for 4 min. Add 0.25 ml enzyme solution. Exactly 10 min later add 2 ml of trichloroacetic acid to each tube. Handling one tube at a time, add 0.75 ml of $FeCl_3$ and measure the absorbance at once in a spectrophotometer at 550 mμ. Prepare a blank without enzyme.

A satisfactory proportionality between activity and enzyme concentration is attained up to an absorbance of 0.15 (before correction for blank).

---

[1] TALLAN, H. H., M. E. JONES and J. S. FRUTON: J. biol. Ch. 194, 793 (1952).

[2] FRUTON, J. S., and M. J. MYCEK: Arch. Biochem. 65, 11 (1956).

[3] WIGGANS, D. S., M. WINITZ and J. S. FRUTON: Yale J. Biol. Med. 27, 11 (1954).

[4] IZUMIYA, N., and J. S. FRUTON: J. biol. Ch. 218, 59 (1956).

[5] HABA, G. DE LA, P. S. CAMMARATA and J. S. FRUTON; in: Colowick-Kaplan, Meth. Enzymol. Vol. II, p. 64.

Other intracellular proteases.

Since the delineation of cathepsins from other intracellular enzymes is not very sharp; a few references are included to proteinases of skin[1], muscle[2], lung[3], erythrocytes[4], pituitary[5], thyroid[6] and adrenal[7].

The term *insulinase* was first used by MIRSKY and BROH-KAHN[8, 9] to describe an enzymatic system in animal tissues, especially liver, which destroys insulin. Insulinase has been reported in liver, pancreas, and intestine. An inhibitor for insulinase has been described[10]. It is soluble in trichloroacetic acid, 95% ethanol, and acetone. The physiological role of the insulinase-insulinase inhibitor system has been discussed[11]. Insulinase activity has been measured in extracts of tissue by its action on ^{131}I labeled insulin[12,13]. Following enzymatic digestion, the protein is precipitated with trichloroacetic acid and the acid soluble peptides containing ^{131}I are counted.

It is still questionable whether insulinase is a single specific enzyme[14]. TOMIZAWA and HALSEY[15] isolated from beef liver an enzyme which rapidly degrades iodinated insulin. The enzyme is homogeneous by electrophoresis. It requires the presence of glutathione or 2-mercaptoethanol. TOMIZAWA[16] showed that chain A of insulin is the only trichloroacetic acid soluble product formed in the system. If one assumes that this enzyme is the same as originally described by MIRSKY et al., insulinase is not an endopeptidase but an enzyme promoting the cleavage of disulfide bonds.

8. Papain [3. 4. 4. 10].

Papain is chosen as a representative of crystalline plant proteases, e.g., chymopapain[17–19], ficin[20], asclepain[21], mexicain[22], bromelain[23].

Preparation. BALLS and LINEWEAVER were the first to crystallize papain[24] from fresh papaya juice. A modified method, in which the starting material was commercial dried latex of papaya[25], made the crystalline enzyme more generally available. Crystalline

[1] MARTIN, C. J., and A. E. AXELROD: J. biol. Ch. **224**, 309 (1957). — MARTIN, C. J., and A. E. AXELROD: Biochim. biophys. Acta **26**, 490 (1957); **27**, 52 (1958); **27**, 532 (1958); **30**, 79 (1958). — GOLUBOW, J., C. J. MARTIN and A. E. AXELROD: Proc. Soc. exp. Biol. Med. **100**, 142 (1959). — MARTIN, C. J.: J. biol. Ch. **236**, 2672 (1961).
[2] SNOKE, J. E., and H. NEURATH: J. biol. Ch. **187**, 127 (1950). — KOSZALKA, T. R., and L. L. MILLER: J. biol. Ch. **235**, 665, 669 (1960).
[3] DANNENBERG, A. M., and E. L. SMITH: J. biol. Ch. **215**, 45 (1955).
[4] MORRISON, W. L., and H. NEURATH: J. biol. Ch. **200**, 39 (1953).
[5] ELLIS, S.: J. biol. Ch. **235**, 1694 (1960).
[6] LAVER, W. G., and V. M. TRIKOJUS: Biochim. biophys. Acta **16**, 592 (1955); **20**, 444 (1956). — McQUILLAN, M. T., J. D. MATHEWS and V. M. TRIKOJUS: Nature **192**, 333 (1961).
[7] TODD, P. E. E., and V. M. TRIKOJUS: Biochim. biophys. Acta **45**, 234 (1960).
[8] MIRSKY, I. A., and R. H. BROH-KAHN: Arch. Biochem. **20**, 1 (1949).
[9] BROH-KAHN, R. H., and I. A. MIRSKY: Arch. Biochem. **20**, 10 (1949).
[10] MIRSKY, I. A., B. SIMKIN and R. H. BROH-KAHN: Arch. Biochem. **28**, 415 (1950).
[11] MIRSKY, I. A.: Metabolism **5**, 138 (1956).
[12] MIRSKY, I. A., G. PERISUTTI and F. J. DIXON: J. biol. Ch. **214**, 397 (1955).
[13] MIRSKY, I. A., and G. PERISUTTI: J. biol. Ch. **228**, 77 (1957).
[14] STRÄSSLE, R.: Helv. **40**, 1677 (1957).
[15] TOMIZAWA, H. H., and Y. D. HALSEY: J. biol. Ch. **234**, 307 (1959).
[16] TOMIZAWA, H. H.: J. biol. Ch. **237**, 428 (1962).
[17] JANSEN, E. F., and A. K. BALLS: J. biol. Ch. **137**, 459 (1941).
[18] CAYLE, T., and B. LOPEZ-RAMOS: Abstr. amer. chem. Soc. Meeting, Sept. 1961, Div. of Biol. Chem. p. 19c.
[19] EBATA, M., and K. T. YASUNOBU: J. biol. Ch. **237**, 1086 (1962).
[20] WALTI, A.: Am. Soc. **60**, 493 (1938).
[21] CARPENTER, D. C., and F. E. LOVELACE: Am. Soc. **65**, 2364 (1943).
[22] CASTAÑEDA, M., F. F. GAVARRÓN and M. R. BALCAZAR: Science, N.Y. **96**, 365 (1942). — CASTAÑEDA-AGULLÓ, M., A. HERNANDEZ, F. LOAEZA and W. SALAZAR: J. biol. Ch. **159**, 751 (1945).
[23] MURACHI, T., and H. NEURATH: J. biol. Ch. **235**, 99 (1960).
[24] BALLS, A. K., and H. LINEWEAVER: J. biol. Ch. **130**, 669 (1939).
[25] SMITH, E. L., J. R. KIMMEL and D. M. BROWN: J. biol. Ch. **207**, 515 (1954).

mercuripapain (a mercury derivative) has also been prepared[1]. A crystalline preparation of papain is available commercially (Worthington).

Properties. The enzyme is isoelectric at p_H 8.75 in univalent buffers, ionic strength 0.1. The mol weight of the monomer is estimated as 20700[2] from the physical data, and as 20900[3] from the amino acid analysis. Papain contains about 180 amino acid residues[4] (Table 18).

Table 18. *Composition of papain and of the active fragment isolated after degradation by aminopeptidase**.

Amino acid	Fragment	Papain	Amino acid	Fragment	Papain	Amino acid	Fragment	Papain
Alanine . . .	5	13	Histidine . .	1	2	Serine . . .	5	11
Arginine . . .	4	10	Isoleucine . .	4	10	Threonine . .	3	7
Aspartic acid	6	17	Leucine . . .	5	10	Tryptophan .	2	5
Half-cystine .	3	6	Lysine . . .	4	9	Tyrosine . .	4	17
Glutamic acid	7	17	Phenylalanine	2	4	Valine . . .	5	15
Glycine . . .	10	23	Proline . . .	6	9	Total	76	185

* From Hill, R. L., and E. L. Smith: J. biol. Ch. **235**, 2332 (1960).

Approximately 109 amino acid residues have been removed by the action of leucine aminopeptidase from mercuripapain (Table 18). After removal of the mercury, the remaining fragment exhibits the same molar activity toward benzoyl arginine amide (BAA) as the undigested papain[5].

Maximum hydrolytic activity of papain is attained in the presence of cysteine and ethylene diamine tetraacetate (EDTA) in the p_H range 5—7.5[6]. In the presence of metal ions, the activity decreases. The p_H optimum varies with the temperature[7]. For peptide synthesis the optimal p_H is 7—8[8,9], for synthesis of anilides 5.5—6[10].

Specificity. Papain has a broad range of specificity. The earlier studies on partially purified HCN-activated papain, reviewed by Bergmann and Fruton[11], showed that papain hydrolyzes peptides such as leu-gly-leu or carbobenzoxy-L-leu-gly-gly, and also has amidase action on a variety of substrates, such as N-benzoyl amides of arginine, lysine, and glycine, and unsubstituted L-leucine amide. Benzoyl-L-arginine amide (BAA) is the most sensitive amide substrate. N-substituted amides of methionine and leucine are also substrates[12].

More recent studies with crystalline papain[6] have confirmed the earlier work and have shown that papain has esterase action on p-toluenesulfonyl-L-arginine methyl ester (TAME)[6,13], benzoyl-L-arginine methyl ester (BAME)[13], benzoyl glycine methyl ester[13], and o-, m-, and p-nitrobenzoyl-L-arginine methyl esters[14]. Of the esters, the o-nitro compound is the most rapidly hydrolyzed. Some velocity constants are given in Table 19.

[1] Kimmel, J. R., and E. L. Smith: J. biol. Ch. **207**, 515 (1954).
[2] Smith, E. L., J. R. Kimmel and D. M. Brown: J. biol. Ch. **207**, 533 (1954).
[3] Smith, E. L., and J. R. Kimmel; in: Boyer-Lardy-Myrbäck, Enzymes, Vol. IV, p. 133.
[4] Smith, E. L., A. Stockell and J. R. Kimmel: J. biol. Ch. **207**, 551 (1954).
[5] Hill, R. L., and E. L. Smith: Biochim. biophys. Acta **19**, 376 (1956). J. biol. Ch. **235**, 2332 (1960).
[6] Kimmel, J. R., and E. L. Smith: J. biol. Ch. **207**, 515 (1954); see the review of Smith, E. L., and J. R. Kimmel; in: Boyer-Lardy-Myrbäck, Enzymes, Vol. 4, p. 133.
[7] Stockell, A., and E. L. Smith: J. biol. Ch. **227**, 1 (1957).
[8] Johnston, R. B., M. J. Mycek and J. S. Fruton: J. biol. Ch. **185**, 629 (1950).
[9] Fruton, J. S., R. B. Johnson and M. Fried: J. biol. Ch. **190**, 39 (1951).
[10] Fox, S. W., and C. W. Pettinga: Arch. Biochem. **25**, 13 (1950).
[11] Bergmann, M., and J. S. Fruton: Adv. Enzymol. **1**, 63 (1941).
[12] Dekker, C. A., S. P. Taylor jr. and J. S. Fruton: J. biol. Ch. **180**, 155 (1949).
[13] McDonald, C., and A. K. Balls: Fed. Proc. **13**, 262 (1954).
[14] McDonald, C. E., and A. K. Balls: J. biol. Ch. **229**, 69 (1957).

Papain shows less preferential specificity than the major animal proteases. Papain[1] hydrolyzes typical substrates for trypsin (BAA and esters), pepsin (carbobenzoxy-glu-tyr), chymotrypsin (acetyl-tyrosine amide), carboxypeptidase (carbobenzoxy-gly-try) and amino peptidase (leucine amide).

Papain is not inhibited by isopropyl phosphofluoridate[1,2] (DFP). Carbobenzoxy-L-glutamic acid[1-3] and carbobenzoxy-L-aspartic acid[3] are inhibitors.

Transamidation reactions between carbobenzoxy-glycinamide and several dipeptides have been studied[4]. Papain exhibits specificity not only toward the substrate bearing the sensitive CO—NH bond, but also toward the dipeptide used as the replacement agent.

Table 19. *Velocity constants for papain at 38° C*[2].

Substrate	p_H for maximal k_1	Maximal k_1 (mole^{-1} sec^{-1})	k_0 (sec^{-1})
Benzoyl-L-argininamide[3]	5.0—7.1	280	11.0
Benzoyl-L-arginine ethyl ester[5] . .	6.0—6.4	660	12.0
Carbobenzoxy-L-histidinamide[6] . .	6.2	31	4.0*
Hippurylamide[6]	5.9—6.2	3.8	0.6
Carbobenzoxyglycylglycine[6] . . .	5.5—6.0	0.3	0.083

* This value for k_0 is at p_H 6.7 and may not be maximal.

Assay. Papain is pretreated with cyanide as described below or with cysteine (0.005 M) and ethylenediamine tetra-acetic acid (0.001 M EDTA, Versene) before the assay which is performed at 38—40° C. Tosyl-L-arginine methyl ester (TAME) or benzoyl-L-arginine ethyl ester (BAEE) serve as substrate. The p_H stat or the procedure of SCHWERT et al. described in detail for trypsin, p. 252 may be used.

Determination of the papain activity by the hemoglobin method[7,8].

Reagents:

1. 2 M NaCN (9.8 g/100 ml), or cysteine.
2. Enzyme solution: containing about 0.06—0.3 mg of commercial papain (activity may vary with different preparations).
3. Other solutions: same as for trypsin (p. 251).

Procedure:

Add 5 drops of cyanide solution to 0.5 ml of papain solution. Incubate 3 min at 25° C, then dilute to 10 ml with water. If further dilution is necessary, use a solution containing 5 drops of cyanide/10 ml. Continue as for trypsin determination (p. 251).

Determination of the papain activity by the amidase method[1,9].

Reagents:

1. Substrate: 0.125 M benzoyl arginine amide (Mann or H.M. Chemical Co.) (414.7 mg of the hydrochloride hydrate/10 ml in water).
2. 0.1 M citrate buffer, p_H 5.5 (21.01 g citric acid dissolved in about 800 ml of water, adjusted to p_H 5.5 with 5 N NaOH, and diluted to 1 l).
3. 0.05 M cysteine in 0.01 M ethylene diamine tetraacetic acid disodium dihydrate (60.6 mg of cysteine and 37 mg EDTA/10 ml), freshly prepared in water, and adjusted to p_H 5.

---

[1] KIMMEL, J. R., and E. L. SMITH: J. biol. Ch. **207**, 515 (1954).
[2] SMITH, E. L., and J. R. KIMMEL; in: Boyer-Lardy-Myrbäck, Enzymes, Vol.4, p. 133.
[3] STOCKELL, A., and E. L. SMITH: J. biol. Ch. **227**, 1 (1957).
[4] MYCEK, M. J., and J. S. FRUTON: J. biol. Ch. **226**, 165 (1957).
[5] SMITH, E. L., and M. J. PARKER: J. biol. Ch. **233**, 1387 (1958).
[6] SMITH, E. L., V. J. CHAVRE and M. J. PARKER: J. biol. Ch. **230**, 283 (1958).
[7] ANSON, M. L.: J. gen. Physiol. **22**, 79 (1938).
[8] NORTHROP, J. H., M. KUNITZ and R. M. HERRIOTT (Editors): Crystalline Enzymes. p. 312. New York 1948.
[9] IRVING jr., G. W., J. S. FRUTON and M. BERGMANN: J. biol. Ch. **138**, 231 (1941).

4. Enzyme solution: containing 0.05—0.2 mg papain N/ml, depending on activity, dissolved in cysteine-EDTA, p_H 5 (solution 3). Specific activity is expressed as K_1 (first order reaction constant) per mg of protein N per ml of reaction mixture. 1 unit gives $K = 0.0020$.

Procedure:

Measure 1 ml of substrate and 0.5 ml of buffer into a glass stoppered test tube in a 40° C bath. Add 0.25 ml of prewarmed enzyme solution and dilute to 2.5 ml. Transfer 0.2 ml aliquots at once and at intervals of 15—30 min to CONWAY plates, and determine liberated NH_3 as described for trypsin (p. 254).

9. Subtilisin.

[3.4.4.16 Subtilopeptidase A]

Subtilisin is chosen as a representative of the microbial and mold proteases, several of which have been crystallized[1-9]. These enzymes have been reviewed[10]. In general microbial proteases are less specific than pancreatic proteases and degrade a protein to produce a large number of small peptides. However, under controlled conditions a limited proteolysis may be achieved. The discovery by OTTESEN et al.[11-13] that an enzyme, in the media in which *Bacillus subtilis* had been grown, converted ovalbumin to plakalbumin, led to the isolation of subtilisin[14]. An example of a very important limited hydrolysis by subtilisin[15] is the formation of ribonuclease-S. More prolonged digestion produces small peptides[16]. An enzyme with similar properties, originating from the culture media of a related *Bacillus subtilis, strain N* has been crystallized by HAGIHARA et al.[17] and its properties studied[18,19]. It is available commercially under the name of Nagarse (Nagase and Co., Amagasaki Factory, Amagasaki, Japan, or Teikoku Chemical Industry Company, Lts. through Biddle Sawyer Co., N.Y.). A subtilisin different from subtilisin A has been isolated from a different strain of *B. subtilis* and called novoenzyme[20] or subtilisin B[21].

KUNITZ noticed that an enzyme from a species of *Penicillium* was capable of activating trypsinogen at p_H 3.5. An enzyme with similar properties has been purified from *Aspergillus oryzae*[22]. Interestingly this enzyme does not hydrolyze benzoyl-arginine amide, but hydrolyzes carbobenzoxyleucyl-arginine.

[1] CREWTHER, W. G., and F. G. LENNOX: Nature **165**, 680 (1950).
[2] ELLIOTT, S. D.: J. exp. Med. **92**, 201 (1950).
[3] FUKUMOTO, J., and H. NEGORO: Proc. Imp. Acad. Jap. **27**, 441 (1951) [Chem. Abstr. **46**, 7171 f]. Symp. Enzyme Chem., Tokyo **7**, 8 (1952) [Chem. Abstr. **46**, 8160 f].
[4] HAGIHARA, B.: Ann. Rep. sci. Works Fac. Sci. Osaka **2**, 35 (1954) [Chem. Abstr. **49**, 5539 i].
[5] MIYAKE, S., S. YOSHIMURA and K. YAGISHIRA: Sci. Rep. Hyogo Univ. Agric., Ser. agric. Chem. **1**, 47 (1954) [Chem. Abstr. **49**, 1260 f].
[6] YOSHIDA, F.: J. agric. chem. Soc. Jap. **29**, 175 (1955) [Chem. Abstr. **49**, 9078 h]. Bull. agric. chem. Soc. Japan. **20**, 252 (1956).
[7] VISWANATHA, T., and I. E. LIENER: Arch. Biochem. **61**, 410 (1956).
[8] MORIHARA, K.: Bull. agric. chem. Soc. Jap. **21**, 11 (1957).
[9] NOMOTO, M., and Y. MARAHASHI: J. Biochem. **46**, 653 (1959).
[10] HAGIHARA, B.; in: Boyer-Lardy-Myrbäck, Enzymes, Vol. IV, p. 193.
[11] LINDERSTRØM-LANG, K., and M. OTTESEN: C. R. Lab. Carlsberg, Sér. chim. **26**, 403 (1949).
[12] OTTESEN, M., and C. VILLEE: C. R. Lab. Carlsberg. Sér. chim. **27**, 421 (1951).
[13] OTTESEN, M., and A. WOLLENBERGER: C. R. Lab. Carlsberg, Sér. chim. **28**, 463 (1953).
[14] GÜNTELBERG, A. V., and M. OTTESEN: C. R. Lab. Carlsberg, Sér. chim. **29**, 36 (1954).
[15] RICHARDS, F. M., and P. J. VITHAYATHIL: J. biol. Ch. **234**, 1459 (1959).
[16] OTTESEN, M., and M. SZÉKELY: C. R. Lab. Carlsberg **32**, 319 (1962).
[17] HAGIHARA, B., H. MATSUBARA, M. NAKAI and K. OKUNUKI: J. Biochem. **45**, 185 (1958).
[18] HAGIHARA, B., M. NAKAI, H. MATSUBARA, T. KOMAKI, T. YONETANI and K. OKUNUKI: J. Biochem. **45**, 305 (1958).
[19] MATSUBARA, H., and S. NISHIMURA: J. Biochem. **45**, 413, 503 (1958).
[20] OTTESEN, M., and A. SPECTOR: C. R. Lab. Carlsberg **32**, 63 (1960).
[21] HUNT, J. A., and M. OTTESEN: Biochim. biophys. Acta **48**, 411 (1961).
[22] NAKANISHI, K.: J. Biochem. **46**, 1263, 1413, 1533 (1959); **47**, 16 (1960).

Preparation of subtilisin[1,2]. The culture medium (per liter of nutrient solution) is composed of 1.5 g KH_2PO_4, 9 g $Na_2HPO_4 \cdot 12\,H_2O$, 1.5 g Na_2SO_4, 1.5 g NaCl, 0.15 g $MgSO_4 \cdot 7\,H_2O$, 0.45 g $CaCl_2 \cdot 6\,H_2O$, 0.02 g $FeSO_4 \cdot 7\,H_2O$, 0.01 g $MnCl_2 \cdot 4\,H_2O$, 90 g glucose, 120 ml casein digest*, trace elements** and distilled water. The culture medium is prepared as four solutions autoclaved separately for 40 min at 120° C:

I. Calcium, iron, manganese, trace elements, about 45% of the glucose, and about 25% of the water, with one drop of 30% H_3PO_4 per 50 ml of solution to decrease browning.

II. The remaining salts and 25% of the casein digest in about 70% of the water.

III. The remainder of the glucose and about 5% of the water with one drop of 30% H_3PO_4 per 50 ml of solution.

IV. Remainder of the casein digest.

The cultivation apparatus (glass cylinder, inner diameter 17 cm and height 28 cm) is disinfected by standing overnight in 1% formalin. The formalin is poured out immediately before use and the apparatus rinsed out with sterile water. The apparatus accommodates about 3—3.5 l of culture medium. Portions I and II of the culture medium are poured into the apparatus. After equilibrating to 39° C (temperature maintained during experiment) the inoculum amounting to about 1% of the volume of the medium is added. Aeration is started. During the first 12 hr the rate is 1 volume of air per volume of culture medium per min. Thereafter the rate is halved. A special stirrer[2] was devised for this purpose. Portions III and IV of the culture medium are combined and are added dropwise; 80% is added at an increasing rate during the first 7 hr and the remainder by 14 hr. The growing culture is maintained near p_H 6.5.

To decrease foaming, a 2.5% solution of octadecanol in olive oil is added. The production of enzyme is checked by the milk clotting method, and when it reaches a plateau, after about 30 hr. incubation, the cells are removed by centrifugation. The antifoaming agent is removed by adding $^1/_2$% of carbon tetrachloride, stirring vigorously and centrifuging in a high speed continuous operation centrifuge. The almost clear solution is heated to 32° C and 250 g of anhydrous Na_2SO_4 per liter are added. The precipitate is collected on a Büchner funnel with the aid of 5 to 10 g of Hyflo Super Cel (Johns Manville), and is dried in air.

20 g of the crude precipitate is dissolved in water and made up to a volume of 200 ml. 5 M $CaCl_2$ is added to remove the sulfate, and then to attain 0.1 M concentration. An equal volume of acetone is added at room temperature. The colored stringy mucinous precipitate is separated by centrifugation. To the supernatant, acetone is added to attain a concentration of 75% by volume. The precipitate is centrifuged and is dissolved in 100 ml of water; most of the acetone is removed by means of a water aspirator. The p_H is adjusted to 5.5 and Na_2SO_4 solution (30 g/100 ml) is added until a concentration of 5 g/100 ml is reached. The temperature is raised to 30° C and more Na_2SO_4 solution is added with stirring. This induces crystallization of subtilisin. After standing overnight at a Na_2SO_4 concentration of 12 g/100 ml, practically all of the enzyme has crystallized. Recrystallization is accomplished by mechanically stirring the crystals with 170 ml of H_2O at 0° C, removing the small insoluble precipitate, and treating the solution with Na_2SO_4 as in the first crystallization. After 4 recrystallizations the enzyme is dialyzed against distilled water and lyophilized. Yield 1.8 g.

* 100 g of technical casein + 500 ml of 0.25 N NaOH is digested by crude enzyme (2000 subtilisin units/g of casein) for 4 hr at 37° C in a rotating bottle. The solution is autoclaved and the precipitate removed. The colloidal suspension contains 20 mg of N/ml.

** Trace elements are added in parts per million: copper 1, zinc 1, cobalt 0.5, boron 0.05, molybdenum 0.05, bromine 0.1, iodine 0.4.

[1] GÜNTELBERG, A. V., and M. OTTESEN: C. R. Lab. Carlsberg, Sér. chim. 29, 36 (1954).

[2] GÜNTELBERG, A. V.: C. R. Lab. Carlsberg, Sér. chim. 29, 27 (1954).

Properties. At p_H 5.3 or 6.5, 95% of the preparation appears as a single symmetrical boundary on electrophoresis in 0.1 ionic strength buffers. The preparation behaves as a single boundary in the ultracentrifuge. The isoelectric point is at p_H 9.4, $S_{20,W}$ is 2.85. The optimum proteolytic action on casein is around p_H 11.0; the enzyme is unstable below p_H 5.0. Subtilisin is completely inhibited by reaction with 1 mole of isopropyl phosphofluoridate (DFP) per 27400 g of protein[1]. The enzyme consists of a single polypeptide chain with the N-terminal sequence ala-glu-[1].

The action of subtilisin on protein substrates has been studied extensively. Limited proteolysis accompanying the transformation of ovalbumin to plakalbumin, as measured with a p_H-stat, consists of at least 2 steps[2]. The first bond opened is probably -ala-ser-[2,3].

During exhaustive digestion of beef[4] and pork[5] insulin, glucagon[6,7] and ribonuclease[8-10] one fourth to almost half of the total peptide bonds are split by subtilisin. Native hemoglobin is hydrolyzed at about 1/40 the rate of denatured hemoglobin[11].

***Determination of the subtilisin activity by the milk clotting method (modification of the methods of* Kunitz *and* Herriott[12]*) according to* Güntelberg[13].**

Reagents:

1. Milk powder solution: Stir 20 g of dried skim milk powder (Dansk-Maltcentral, 100% soluble) into 100 ml of water. The solution should be stored at 0° C and used within 2 days.
2. Buffer: 1 M acetate buffer, containing 0.03 M $CaCl_2$, p_H 5.1 (60 g of glacial acetic acid, 3.33 g anhydrous $CaCl_2$ and about 700 ml of water adjusted to p_H 5.1 with 5 N NaOH and diluted to 1 l).
3. Enzyme solution: containing 50—100 subtilisin units per ml; 100 units is that amount of enzyme which with the milk powder under conditions specified, gives a coagulation time of 2.75 min.

Procedure:

Preheat solutions to 30° C. Mix 3 ml of milk powder solution with 2 ml of buffer. Timing with a stop watch, add 1 ml of enzyme solution. Continue as described for chymotrypsin (p. 270).

10. Thrombin.

[3.4.4.13]

Traditionally thrombin is discussed as one of the factors in blood coagulation (see vols. IV, p. 264 and VI/C, p. 320). The proteolytic nature of thrombin is now well established[14-18] and this aspect will be discussed here.

[1] Ottesen, M., and C. G. Schellman: C. R. Lab. Carlsberg **30**, 157 (1957).
[2] Ottesen, M.: Arch. Biochem. **65**, 70 (1956).
[3] Ottesen, M.: C. R. Lab. Carlsberg **30**, 211 (1958).
[4] Haugaard, E. S., and N. Haugaard: C.R. Lab. Carlsberg, Sér. chim. **29**, 350 (1955).
[5] Meedom, B.: C.R. Lab. Carlsberg, Sér. chim. **29**, 403 (1955).
[6] Bromer, W. W., L. G. Sinn, A. Staub and O. K. Behrens: Am. Soc. **78**, 3858 (1956).
[7] Sinn, L. G., O. K. Behrens and W. W. Bromer: Am. Soc. **79**, 2805 (1957).
[8] Kalman, S. M., K. Linderstrøm-Lang, M. Ottesen and F. M. Richards: Biochim. biophys. Acta **16**, 297 (1955).
[9] Richards, F. M.: C. R. Lab. Carlsberg, Sér. chim. **29**, 322 (1955).
[10] Ottesen, M., and M. Székely: C. R. Lab. Carlsberg **32**, 319 (1962).
[11] Ottesen, M., and W. A. Schroeder: Acta chem. scand. **15**, 926 (1961).
[12] Northrop, J. H., M. Kunitz and R. M. Herriott: Crystalline Enzymes. p. 303. New York 1948.
[13] Güntelberg, A. V.: C.R. Lab. Carlsberg, Sér. chim. **29**, 27 (1954).
[14] Bailey, K., F. R. Bettelheim, L. Lorand and W. R. Middlebrook: Nature **167**, 233 (1951).
[15] Bettelheim, F. R., and K. Bailey: Biochim. biophys. Acta **9**, 578 (1952).
[16] Lorand, L., and W. R. Middlebrook: Biochem. J. **52**, 196 (1952).
[17] Lorand, L.: Biochem. J. **52**, 200 (1952).
[18] Laskowski jr., M., T. H. Donnelly, B. A. van Tijn and H. A. Scheraga: J. biol. Ch. **222**, 815 (1956).

The enzymatic properties of thrombin[1] including the mechanism of activation of prothrombin and the mechanism of fibrinogen-fibrin transformation have been reviewed[2,3]. Thrombin initiates this transformation by splitting off at least 2 acidic fibrinopeptides[4,5]: A and B, having molecular weights[6-8] of 1890 and 2400 respectively. The amino acid composition and sequence of both peptides have been established[9,10].

Thrombin belongs to the group of enzymes inhibited by DFP[11]. The sequence in the neighborhood of the reactive serine residue has been established[12] as:

```
Gly-Asp-Ser-Gly-(Glu-Ala)-
         |
         DP
```

It is the same as in trypsin, chymotrypsin and plasmin. By using radioactive DFP, a molecular weight of about 13000 is calculated; a similar figure is obtained from amino acid analysis[13].

Preparation (see also p. 320). Commercial preparations of thrombin are available (Parke, Davis and Co., Leo Pharmaceutical Products), but none of high purity. The preparation which has been widely used is that described by SEEGERS and coworkers and involves the preparation of an inactive zymogen, prothrombin[14-16], and its activation by several means including a 25% solution of sodium citrate[17-20]. The amino acid composition and physical properties of thrombin thus obtained have been described[21]. Chromatography of prothrombin on Amberlite IRC-50 separates a small peak containing trans-β-glucosylase[22]. A different method of purification leads[23] to a product which requires the addition of factor VII for activation. The process of activation of prothrombin to thrombin is not clear and involves more than one reaction[20]. The most disquieting aspect is that thrombin fractions having higher specific activities may be obtained[1] by direct purification from serum than by activating purified prothrombin. Chromatography on DEAE-cellulose was reported to differentiate between prothrombin and thrombin[24]. During the process of activation with thromboplastin an intermediate was separated by chromatography, which was inactive but capable of being activated with citrate. The activation of prothrombin by trypsin requires the presence of electrolytes; Ca ions are most effective[25]. Thrombin forms with hirudin[26] a stable complex, with heparin[27] a

---

[1] WAUGH, D. F., D. J. BAUGHMAN and K. D. MILLER; in: Boyer-Lardy-Myrbäck, Enzymes, Vol. IV, p. 215.
[2] SEEGERS, W. H.: Adv. Enzymol. **16**, 23 (1955).
[3] SCHERAGA, H. A., and M. LASKOWSKI, Jr.: Adv. Protein Chem. **12**, 1 (1957).
[4] BAILEY, K., and F. R. BETTELHEIM: Biochim. biophys. Acta **18**, 495 (1955).
[5] BETTELHEIM, F. R.: Biochim. biophys. Acta **19**, 121 (1956).
[6] SJÖQUIST, J.: Acta chem. scand. **13**, 1727 (1959).
[7] GLADNER, J. A., J. E. FOLK, K. LAKI and W. R. CARROLL: J. biol. Ch. **234**, 62 (1959).
[8] FOLK, J. E., J. A. GLADNER and K. LAKI: J. biol. Ch. **234**, 67 (1959).
[9] FOLK, J. E., J. A. GLADNER and Y. LEVIN: J. biol. Ch. **234**, 2317 (1959).
[10] FOLK, J. E., and J. A. GLADNER: Biochim. biophys. Acta **44**, 383 (1960).
[11] GLADNER, J. A., and K. LAKI: Arch. Biochem. **62**, 501 (1956).
[12] GLADNER, J. A., and K. LAKI: Am. Soc. **80**, 1263 (1958).
[13] GLADNER, J. A., and K. LAKI: Biochim. biophys. Acta **27**, 218 (1958).
[14] SEEGERS, W. H., E. C. LOOMIS and J. M. VANDENBELT: Arch. Biochem. **6**, 85 (1945).
[15] WARE, A. G., and W. H. SEEGERS: J. biol. Ch. **174**, 565 (1948).
[16] SEEGERS, W. H., and N. ALKJAERSIG: Amer. J. Physiol. **172**, 731 (1953).
[17] SEEGERS, W. H., R. I. MCCLAUGHRY and J. L. FAHEY: Blood **5**, 421 (1950).
[18] SEEGERS, W. H., R. I. MCCLAUGHRY and E. B. ANDREWS: Proc. Soc. exp. Biol. Med. **75**, 714 (1950).
[19] KLEIN, P. D., and W. H. SEEGERS: Blood **5**, 742 (1950).
[20] LORAND, L., N. ALKJAERSIG and W. H. SEEGERS: Arch. Biochem. **45**, 312 (1953).
[21] HARMISCH, C. R., R. H. LANDABURU and W. H. SEEGERS: J. biol. Ch. **236**, 1693 (1961).
[22] MILLER, K. D.: J. biol. Ch. **231**, 987 (1958).
[23] GOLDSTEIN, R., B. LEBELLOCH, B. ALEXANDER and E. ZONDERMAN: J. biol. Ch. **234**, 2857 (1959).
[24] ASADA, T., Y. MASAKI, K. KITAHARA, R. NAGAYAMA, T. HATASHITA and I. YAMAGISAWA: J. Biochem. **49**, 721 (1961).
[25] RÓKA, L.: H. **323**, 145 (1961).
[26] MARKWARDT, F., u. P. WALSMANN: H. **312**, 85 (1958).
[27] MARKWARDT, F., u. P. WALSMANN: H. **317**, 64 (1959).

highly dissociable one. Crude thrombin may be purified about 5 fold by adsorption (and subsequent elution) on a powdered glass column[1].

A rapid method leading to a considerable purification of commercial thrombin has been described by RASMUSSEN[2]. Amberlite IRC-50, 250 mesh, is treated successively with 2 N HCl, water, 2 N NaOH and water. A column 0.9×15 cm is prepared and conditioned with 0.05 M sodium phosphate buffer, p_H 7.0. Thrombin (Leo Pharmaceutical Products) (100 mg dissolved in 2 ml of the same buffer) is applied, and after the solution has run into the column, the eluting buffer, 0.3 M phosphate, p_H 8.0, is started at a flow rate of about 7 ml per hr. The first peak (from 2 to 20 ml of effluent) appears almost immediately and contains over 90% of the protein and only traces of thrombin. The second, very small peak, appearing between 41 and 51 ml of effluent, contains most of the thrombin. The most active fractions showed a 50-fold purification.

Specificity. Thrombin acts on α-N-substituted esters and amides of arginine[3], and more slowly on lysine ethyl ester[4]. Among the synthetic substrates investigated[3], p-toluenesulfonyl-arginine methyl ester (TAME) is hydrolyzed most rapidly; K_m is of the order 4×10^{-3} M at p_H 9.0 (tris buffer) and 37° C. Like chymotrypsin, thrombin reacts[5] with p-nitrophenyl acyls which range from near inhibitors (p-nitrophenyl acetate) to rather good substrates (p-nitrophenylcarbobenzoxy-L-tyrosinate). p-Toluenesulfonylarginylglycine, not appreciably hydrolyzed by thrombin, decreases the rate of clotting of bovine fibrinogen by thrombin; arginylglycine has no effect[6]. Rabbit myosin and ovalbumin are not attacked by thrombin[7], but the lysyl-alanine bond of the oxidized B chain of insulin is hydrolyzed[4].

Assay. The action of thrombin on synthetic substrates, demonstrated by SHERRY and TROLL[3], provides a useful method for the analysis of thrombin preparations. The substrate is TAME. SHERRY and TROLL measure hydrolysis by titrating the liberated carboxyl groups in the presence of formaldehyde as used by NIEMANN and coworkers[8,9] in their studies of amidase action. EHRENPREIS and SCHERAGA[10] applied the more advantageous potentiometric titration at constant p_H, similar to the SCHWERT method for trypsin[11].

Determination of the thrombin activity by formol titration[3].

Reagents:

1. Buffer: 0.5 M tris (hydroxymethyl) aminomethane (Sigma Co.), p_H 9.0. (Dissolve 60.6 g in water, adjust to p_H 9.0 with N HCl, and dilute to 1 l.)
2. Substrate solution: 0.2 M α-N-p-toluenesulfonyl-L-arginine methyl ester (TAME) (757.7 mg of the hydrochloride, adjusted to p_H 9.0 with NaOH, per 10 ml) (Mann).
3. Enzyme solution: 5—50 units/ml. The unit is defined as the amount of thrombin which will release 1 μmole of acid from the substrate in 10 min under the conditions of the test. This unit is comparable in size to the National Institutes of Health clotting unit[12].
4. Formaldehyde: Reagent grade, 37% aqueous solution, brought to p_H 8.0 with NaOH.
5. Standard NaOH: 0.05 N.
6. Indicator: 0.01% phenol red.

[1] GREEN, J.: Biochem. J. **79**, 13P (1961).
[2] RASMUSSEN, P. S.: Biochim. biophys. Acta **16**, 157 (1955).
[3] SHERRY, S., and W. TROLL: J. biol. Ch. **208**, 95 (1954).
[4] EHRENPREIS, S., S. J. LEACH and H. A. SCHERAGA: Am. Soc. **79**, 6086 (1957).
[5] LORAND, L., W. T. BRANNEN jr., and N. G. RULE: Arch. Biochem. **96**, 147 (1962).
[6] LORAND, L., and E. P. YUDKIN: Biochim. biophys. Acta **25**, 437 (1957).
[7] BAILEY, K., and F. R. BETTELHEIM: Biochim. biophys. Acta **18**, 495 (1955).
[8] ISELIN, B. M., and C. NIEMANN: J. biol. Ch. **182**, 821 (1950).
[9] HUANG, H. T., and C. NIEMANN: Am. Soc. **73**, 1541 (1951).
[10] EHRENPREIS, S., and H. A. SCHERAGA: J. biol. Ch. **227**, 1043 (1957).
[11] SCHWERT, G. W., H. NEURATH, S. KAUFMAN and J. E. SNOKE: J. biol. Ch. **172**, 221 (1948).
[12] National Institutes of Health, Division of Biologics Control: Minimum requirements for dried thrombin. Second revision, Bethesda 1946.

Procedure:

Mix 0.2 ml substrate, 0.2 ml of thrombin solution (1—10 units) and 0.6 ml of tris buffer. Incubate at 37° C for 30 min. Add 1 ml of formaldehyde solution, and 0.2 ml of phenol red, and titrate with 0.05 N NaOH, placing the capillary tip of the microburette under the surface of the solution.

For the blank, add the substrate, thrombin and buffer directly to the formaldehyde at zero time. For a series of determinations, allow at least 5 min between samples, so that the titration is done at once for each sample.

Since the unit is expressed in terms of a 10 min hydrolysis, convert the quantity of NaOH consumed to micromoles of acid liberated and divide by 3.

***Determination of the thrombin activity by potentiometric titration*[1].**

Reagents:

1. 0.15 M KCl (11.2 g/l).
2. Standard NaOH: 0.05 N in 0.15 M KCl.
3. Substrate solution: 0.02 M TAME in 0.15 M KCl (75.8 mg of the hydrochloride/10 ml) (Mann).
4. Thrombin solution: containing about 4—20 TAME units/ml in 0.15 M KCl. The TAME hydrolyzing unit is defined as the amount of thrombin required to liberate 0.1 μmole of acid per min from 1 ml of 0.01 M TAME at p_H 8.0 in 0.15 M KCl at 25° C. This unit, when increased by 25%, is approximately equivalent to the SHERRY and TROLL unit which is determined at 37° C.

Procedure:

Adjust 4 ml of substrate solution to p_H 8.0 with NaOH. Add 1 ml of thrombin solution and 3 ml of KCl to give a final TAME concentration of 0.01 M. Keep the temperature at 25° C and stir with a magnetic stirrer (or stream of N_2). Adjust the p_H to 8.0 with the standard NaOH solution from a 1 ml ultramicroburette. Continue the procedure as described for trypsin (p. 252).

11. Plasmin*.

[3.4.4.14]

Plasmin (fibrinolysin) is a proteolytic enzyme normally present in blood plasma as an inactive zymogen: plasminogen (profibrinolysin). At the time of this writing a controversy exists concerning the mechanism of activation of plasminogen. One view[2-5] is represented by the following:

$$\text{(human) plasminogen} \xrightarrow{\text{streptokinase}} \text{activator} \rightarrow \begin{matrix}\text{plasminogen} \\ \text{(all species)} \\ \downarrow \\ \text{plasmin}\end{matrix}$$

A second scheme requires an additional factor[6-8].

$$\text{(human) proactivator} \xrightarrow{\text{streptokinase}} \text{activator} \rightarrow \begin{matrix}\text{plasminogen} \\ \text{(all species)} \\ \downarrow \\ \text{plasmin}\end{matrix}$$

In the first scheme human proactivator is identical with human plasminogen; in the second scheme human proactivator is a different entity. According to the second scheme, two reactions occur during the activation process in human plasma: proactivator→acti-

* See also under „fibrinolytic system", p. 346.

[1] EHRENPREIS, S., and H. A. SCHERAGA: J. biol. Ch. **227**, 1043 (1957).
[2] KLINE, D. L., and J. B. FISHMAN: Ann. N.Y. Acad. Sci. **68**, 25 (1957).
[3] ABLONDI, F. B., and J. J. HAGAN: Proc. Soc. exp. Biol. Med. **95**, 195 (1957).
[4] ALKJAERSIG, N., A. P. FLETCHER and S. SHERRY: J. biol. Ch. **233**, 86 (1958).
[5] MARKUS, G., and C. M. AMBRUS: J. biol. Ch. **235**, 1673 (1960).
[6] MÜLLERTZ, S.: Ann. N.Y. Acad. Sci. **68**, 38 (1957).
[7] ASTRUP, T.: Blood **11**, 781 (1956).
[8] ABLONDI, F. B., and J. J. HAGAN; in: Boyer-Lardy-Myrbäck, Enzymes, Vol. IV, p. 175.

vator, and plasminogen→plasmin. A method for partial purification of human plasminogen has been described by KLINE[1]. The physicochemical properties of human plasminogen and plasmin have been reported[2]. Since that time, however, a method of preparation leading to twice as potent a preparation of plasminogen has been described[3]. Soybean inhibitor has been suggested[4] to distinguish between plasmin, which is inhibited, and the activator, which is not. A method[5] of purification of plasmin based on chromatography on DEAE cellulose has also been described.

The most important enzyme activators are streptokinase and staphylokinase[6]; the latter activates[7] directly human, rabbit and guinea-pig plasminogens. It does not activate bovine plasminogen with or without the addition of an activator. Activation of human plasminogen can also be accomplished by a protease from human urine[8–10], named urokinase[11] (see also p. 347), which has been partially purified[12], and which shows on synthetic substrates a specificity similar to that of trypsin[13].

Plasmin hydrolyzes esters of lysine and arginine[14]. However, heating plasminogen before activation[15] destroys one of the activities faster than the other. This observation constitutes one of the arguments in favor of the non-identity of plasminogen and proactivator[16]. The action of plasmin on porcine α-corticotropin results in only 2 splits[17]: between Arg 8 and Try 9, and Lys 15 and Lys 16.

TROLL, SHERRY and WACHMAN[14] measured the rates of hydrolysis of α-p-toluenesulfonyl-L-arginine methyl ester (TAME) and L-lysine ethyl ester (LEE), by activated plasminogen from various sources but neither of these rates correlated with the fibrinolytic unit of CHRISTENSEN[18]. Similarly, little correlation was found between the fibrinolysis inducing effect of streptokinase[19] or urokinase[20] and their effect on the induction of esterolytic activity. No esterase unit has been defined, and the results are expressed as increase in micromoles of acid liberated per 30 min under the conditions of the reaction. Plasmin may also be assayed by digestion of casein[21].

A method for the determination of plasminogen using casein as substrate has been described[22], and then modified[23] for use with α_2-casein. Fractionation of casein is accomplished by dissolving 40 g of casein previously precipitated with perchloric acid in 1.5 liter of 6.6 M urea. The solution is diluted with water to a concentration of 4.7 M and the pH adjusted to 4.5. This precipitates α_1-casein. The supernatant is filtered through an EK Seitz filter and diluted with water to a urea concentration of 1.7 M. The precipitate

[1] KLINE, D. L.: J. biol. Ch. **204**, 949 (1953).
[2] SHULMAN, S., N. ALKJAERSIG and S. SHERRY: J. biol. Ch. **233**, 91 (1958). — SHERRY, S., and N. ALKJAERSIG: Ann. N.Y. Acad. Sci. **68**, 52 (1957).
[3] KLINE, D. L., and J. B. FISHMAN: J. biol. Ch. **236**, 3232 (1961).
[4] KLINE, D. L., and J. B. FISHMAN: J. biol. Ch. **236**, 2807 (1961).
[5] WALLEN, P., and K. BERGSTRÖM: Acta chem. scand. **14**, 217 (1960).
[6] KLINE, D. L.; in: Colowick-Kaplan, Meth. Enzymol. Vol. II, p. 165.
[7] DAVIDSON, F. M.: Biochem. J. **76**, 56 (1960).
[8] MACFARLANE, R. G., and J. PILLING: Nature **159**, 779 (1947).
[9] WILLIAMS, J. R. B.: Brit. J. exp. Path. **32**, 530 (1950).
[10] ASTRUP, T., and I. STERNDORFF: Proc. Soc. exp. Biol. Med. **81**, 675 (1952).
[11] SOBEL, G. W., S. R. MOHLER, N. W. JONES, A. B. C. DOWDY and M. M. GUEST: Amer. J. Physiol. **171**, 768 (1952).
[12] PLOUG, J., and N. O. KJELDGAARD: Biochim. biophys. Acta **24**, 278 (1957).
[13] KJELDGAARD, N. O., and J. PLOUG: Biochim. biophys. Acta **24**, 283 (1957).
[14] TROLL, W., S. SHERRY and J. WACHMAN: J. biol. Ch. **208**, 85 (1954).
[15] TROLL, W., and S. SHERRY: J. biol. Ch. **213**, 881 (1955).
[16] TROLL, W.: Ann. N.Y. Acad. Sci. **68**, 36 (1957).
[17] WHITE, W. F., and A. M. GROSS: Am. Soc. **79**, 1141 (1957).
[18] CHRISTENSEN, L. R.: J. clin. Invest. **28**, 163 (1949).
[19] MARKUS, G., and C. M. AMBRUS: J. biol. Ch. **235**, 1673 (1960).
[20] SCHULTZ, R. L., and K. N. v. KAULLA: Biochem. J. **68**, 218 (1958).
[21] REMMERT, L. H., and P. P. COHEN: J. biol. Ch. **181**, 431 (1949).
[22] DERECHIN, M.: Biochem. J. **78**, 443 (1961).
[23] DERECHIN, M.: Biochem. J. **82**, 42 (1962).

is composed of α_2- and β-caseins. They are separated by dissolving the precipitate in 50 ml of phosphate buffer, p_H 8.0, made 6.6 M with respect to urea, and dialyzing for 3 days against three daily changes of 500 ml water. The solution is made up to 400 ml with water, cooled to 0—2° C, adjusted to p_H 4.5. The precipitate which forms is again redissolved in phosphate-urea and the procedure is repeated 5 times. The final preparation contains 91% of α_2-casein and 9% of β-casein.

With α_2-casein as substrate, a straight line is obtained when ΔA_{276}/min is determined. The method differs from the KUNITZ procedure (p. 248) in that the slope of absorbancy at 276 mμ versus time is measured at least at 3 points to ascertain the linearity of the reaction. The precipitant is 1.7 M perchloric acid and the casein concentration is 2 g/100 ml. Human plasminogen (from 0.025 to 0.15 mg/ml) is activated with streptokinase (200 to 660 Lederle's units) at room temperature for 10 min, after which it is assayed with α_2-casein at 40° C, p_H 7.6, phosphate buffer, ionic strength 0.2.

With the aid of this method a new procedure for the purification of plasminogen has been developed[1]. It is based on precipitation with ether at low temperatures at different p_H values, adsorption on DEAE cellulose and elution with 0.2 M lysine. The yield is almost 50%, the purification 300-fold, and the preparation is soluble over a wide range of p_H values.

Esterase activity[2].

Reagents:

1. Substrate solution: 0.1 M α-N-p-toluenesulfonyl-L-arginine methyl ester (TAME) (Mann or H.M. Chemical Co.) (378.9 mg of the hydrochloride adjusted to p_H 9.0 with NaOH and diluted to 10 ml).
2. Streptokinase: 10000 units/ml (Lederle Laboratories Division, American Cyanamid Company) (Varidase).
3. Enzyme solution: about 0.1 ml of plasma or equivalent purified fraction, diluted to 1 ml per tube.
4. Other solutions: same as for thrombin (p. 294).

Procedure:

Mix 1 ml of substrate, 2.5 ml of 0.5 M tris buffer, p_H 9.0, and 0.5 ml of streptokinase. Incubate at 37° C for 5 min, then add 1 ml of plasminogen solution and mix. Withdraw a sample of 1 ml at once and after 15, 30 and 45 min. Add each sample to 1 ml of formaldehyde, and titrate as described under thrombin (p. 294). Prepare a blank without streptokinase and withdraw samples at the same time intervals.

Deduct the NaOH consumed by the blanks and convert the NaOH consumed to micromoles/30 min. The rate of attack against these esters appears to obey zero order kinetics until about 60% of the substrate is split.

Lysine ethyl ester (LEE) may also be used as substrate (concentration in assay 0.04 M); the digestion is carried out at p_H 6.5[2] and the alcohol titration of GRASSMANN and HEYDE[3] is used for assay.

A second method is based on formation of a colored copper-amino acid complex. It is limited to the determination of N-unsubstituted, carboxyl-unsubstituted amino acids. (Esters do not react.)

With L-lysine ethyl ester (LEE) as substrate the method has been applied to trypsin[4] and with L-lysine methyl ester to plasmin[5], and in the latter case the results correlated well with the results obtained with the casein method and with fibrin clot lysis.

---

[1] DERECHIN, M.: Biochem. J. **82**, 241 (1962).
[2] TROLL, W., S. SHERRY and J. WACHMAN: J. biol. Ch. **208**, 85 (1954).
[3] GRASSMANN, W., u. W. HEYDE: H. **183**, 32 (1929).
[4] HAGAN, J. J., F. B. ABLONDI and B. L. HUTCHINGS: Proc. Soc. exp. Biol. Med. **92**, 627 (1956).
[5] KLINE, D. L., and J. B. FISHMAN: J. biol. Ch. **236**, 2807 (1961).

12. Elastase.

[3.4.4.7]

Elastase was discovered by Baló and Banga[1,2], and was characterized by its ability to dissolve elastic fibers of aorta. A crystalline preparation of elastase has been obtained[3]; which is heterogeneous by physical criteria, and contains in addition to the protease, an enzyme capable of hydrolyzing mucopolysaccharide[4-7]. The separation of crude elastase by means of paper electrophoresis into fractions possessing mucolytic and proteolytic activities has been reported[7]. The susceptibility of elastin to proteolytic enzymes has been investigated[8]: elastase, papain, ficin[9], and bromelin digest elastin, but trypsin, chymotrypsin, cathepsin, pepsin do not[8]. Mandl and Cohen isolated an elastase from *Flavobacterium elastolyticum* which appears to be more specific than pancreatic elastase[10]. A slightly modified method of preparation of crystalline elastase, starting with commercial preparations of swine pancreatin or crude trypsin has been described[11]. This preparation is still electrophoretically heterogeneous. By chromatography on diethylaminoethyl (DEAE)-cellulose[12], it was separated into 5 peaks, one of which contained elastase, another insulinase.

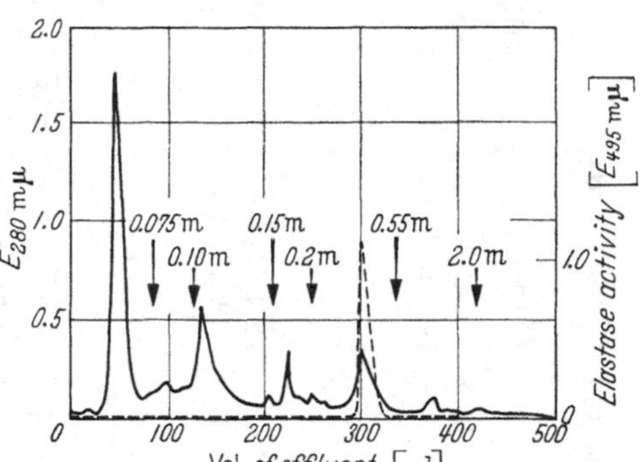

Fig. 9. Chromatography of "euglobin precipitate" on carboxymethylcellulose. Euglobulin precipitate (43 mg) was dissolved in 4.3 ml of 0.05 M ammonium acetate buffer (pH 4.5) and applied to the column (10 × 1.5 cm). The molarity of the buffer was increased in steps by addition as indicated by arrows. —— $E_{280\,m\mu}$; - - - elastase activity, $E_{495\,m\mu}$*.

An electrophoretically homogeneous preparation of elastase has been described[13], and its action on elastin studied[14]. The activity of partially purified elastase has been compared using different assay methods. It was concluded that chromatography separates crude elastase into 2 fractions, one of which shows a high non-specific proteolytic activity[15].

Starting with a crystalline preparation[12] and using chromatography on CM cellulose columns, Naughton and Sanger[16] obtained two peaks. The first peak is inactive, the second contains elastase but is assymmetrical; the elastase activity is preceded by an inactive constituent.

A more active preparation of elastase was obtained by applying the early steps of the method of Lewis et al.[11] to a commercial pancreatin (Nutritional Biochemicals Corp., Cleveland, Ohio, U.S.A.), preparing the euglobulin fraction and chromatographing it on CM cellulose (Fig. 9). The preparation thus obtained is devoid of activity toward benzoyl-L-arginine ethyl ester (free from trypsin) but contains about 1—2% of chymotrypsin-like activity (measured on N-acetyl-L-tyrosine ethyl ester). This activity is probably an inherent property of the elastase molecule.

---

* From Naughton, M. A., and F. Sanger: Biochem. J. 78, 156 (1961).

1 Baló, J., and I. Banga: Schweiz. Z. Path. Bakt. 12, 350 (1949).
2 Baló, J., and I. Banga: Biochem. J. 46, 384 (1950).
3 Banga, I.: Acta physiol. hung. 3, 317 (1952).
4 Hall, D. A., R. Reed and R. E. Tunbridge: Nature 170, 264 (1952).
5 Hall, D. A., and J. E. Gardiner: Biochem. J. 59, 465 (1955).
6 Banga, I., and J. Baló: Nature 178, 310 (1956).
7 Hall, D. A.: Arch. Biochem. 67, 366 (1957).
8 Thomas, J., and S. M. Partridge: Biochem. J. 74, 600 (1960).
9 Yatco-Manzo, E., and J. R. Whitaker: Arch. Biochem. 97, 122 (1962).
10 Mandl, I., and B. B. Cohen: Arch. Biochem. 91, 47 (1960).
11 Lewis, U. J., D. E. Williams and N. G. Brink: J. biol. Ch. 222, 705 (1956).
12 Lewis, U. J., and E. H. Thiele: Am. Soc. 79, 755 (1957).
13 Hall, D. A., and J. W. Czerkawski: Biochem. J. 73, 359 (1959).
14 Hall, D. A., and J. W. Czerkawski: Biochem. J. 80, 128, 134 (1961).
15 Lamy, F., C. P. Craigh and S. Tauber: J. biol. Ch. 236, 86 (1961).
16 Naughton, M. A., and F. Sanger: Biochem. J. 78, 156 (1961).

Table 20. *Cleavages inflicted by elastase on chains of oxidized insulin* *.

Chain A

Gly [1] - Ileu [2] ↓ Val [3] ↓ Glu [4] ↓ Glu(NH$_2$) [5] - Cy-SO_3H [6] - Cy-SO_3H [7] - Ala [8] ↓ Ser [9] ↓ Val [10] - Cy-SO_3H [11] - Ser [12] ↓ Leu [13] ↓ Tyr [14] ↓ Glu(NH$_2$) [15] - Leu [16] ↓ Glu [17] - Asp(NH$_2$) [18] - Tyr [19] - Cy-SO_3H [20] - Asp(NH$_2$) [21]

Chain B

Phe [1] - Val [2] ↑ Asp(NH$_2$) [3] - Glu(NH$_2$) [4] - His [5] - Leu [6] ↑ Cy-SO_3H [7] - Gly [8] - Ser [9] ↑ His [10] - Leu [11] - Val [12] ↑ Glu [13] - Ala [14] ↑ Leu [15] ↑ Tyr [16] - Leu [17] - Val [18] ↑ Cy-SO_3H [19] - Gly [20] - Glu [21] - Arg [22] - Gly [23] ↑ Phe [24] - Phe [25] - Tyr [26] ↑ Thr [27] - Pro [28] - Lys [29] - Ala [30]

* From Naughton, M. A., and F. Sanger: Biochem. J. **78**, 156 (1961).

On chains A and B of oxidized insulin elastase inflicts a number of cleavages between neutral amino acids with large aliphatic chains[1] (Table 20). The amino acid sequence[2,3] around the reactive serine residue (active center) of elastase is -Asp.Ser.Gly-, the same as in trypsin, chymotrypsin, thrombin and plasmin.

The content of elastase has been measured in human pancreas[4]. Individuals who died from accidents had 208 ± 56 units/g, those who died from diseases not involving the vascular system 155 ± 49 units/g, and those with arteriosclerosis 9 ± 6.5 units/g. It has been reported that elastase originates in the α-cells of canine pancreas[5], and that dog pancreas contains a zymogen of elastase, which is activated by either trypsin or duodenal extract[6].

***Preparation of elastase according to* Lewis *et coll.*[7].**

Swine trypsin 1—300 (Nutritional Biochemical Corp.) is the starting material. The trypsin preparation, 100 g, is stirred with 500 ml of sodium acetate buffer, p_H 4.5 ionic strength 0.1, for $^1/_2$ hr, and then centrifuged for 45 min at 2000 rpm. The supernatant fluid is decanted; the precipitate is reextracted with 500 ml of the same buffer. The 2 extracts are combined. The solution is brought to 45% saturation with solid $(NH_4)_2SO_4$, allowed to stand $^1/_2$ hr and centrifuged. The precipitate is washed with three 150 ml portions of acetate buffer 45% saturated with $(NH_4)_2SO_4$. The precipitate is then dissolved in 400 ml of Na_2CO_3-HCl buffer, p_H 8.8, ionic strength 0.1, and the solution is dialyzed against running water for 16 hr.

The precipitate which forms is centrifuged, washed with two 75 ml portions of distilled water and suspended in 100 ml of water. Solid $(NH_4)_2SO_4$ is added to 35% saturation. After $^1/_2$ hr the precipitate is centrifuged and washed with two 50 ml portions of 35% saturated $(NH_4)_2SO_4$. The washed precipitate is dissolved in 20 ml of carbonate buffer, p_H 8.8, and centrifuged. A saturated solution of $(NH_4)_2SO_4$ is added dropwise until cloudiness appears. Crystallization usually occurs within 24 hr. Identical crystals may be obtained from swine pancreatin (Merck) by a slightly modified procedure[7]. Further purification of elastase and separation from

[1] Naughton, M. A., and F. Sanger: Biochem. J. **78**, 156 (1961).
[2] Hartley, B. S., M. A. Naughton and F. Sanger: Biochim. biophys. Acta **34**, 243 (1959).
[3] Naughton, M. A., F. Sanger, B. S. Hartley and D. C. Shaw: Biochem. J. **77**, 149 (1960).
[4] Baló, J., and I. Banga: Acta physiol. hung. **4**, 187 (1953).
[5] Carter, A. E.: Science, N. Y. **123**, 669 (1956).
[6] Grant, N. H., and K. C. Robbins: Proc. Soc. exp. Biol. Med. **90**, 264 (1955).
[7] Lewis, U. J., D. E. Williams and N. G. Brink: J. biol. Ch. **222**, 705 (1956).

insulinase is achieved by chromatography on DEAE-cellulose[1]. A column containing 20 g of DEAE-cellulose is used for 500 mg of the crystalline preparation of elastase. The protein is dialyzed against Na_2CO_3-HCl buffer, p_H 8.8, ionic strength 0.1, and is placed on the column adjusted to the same buffer. The column is developed by increasing the NaCl concentration in the buffer.

***Preparation of elastase according to* Naughton *and* Sanger[2].**

Euglobulin precipitate from pancreatin is prepared essentially according to Lewis et al.[3]. Pancreatin, 25 gm (Nutritional Biochemicals Corp., Cleveland, Ohio) is extracted with stirring with 10 ml/g of ammonium acetate buffer (0.05 M with respect to ammonia) (p_H 4.5) for 3 hr at 5° C. The undissolved material is removed in a high-speed refrigerated centrifuge. The sediment is further extracted with 1/5 of the previous volume of the same buffer and recentrifuged. The pooled supernatant solutions are treated with ammonium sulfate to attain 45% saturation. After 30 min the precipitate is centrifuged, and washed three times with 0.05 M acetate buffer containing ammonium sulfate at 45% saturation. The precipitate is then dissolved in 100 ml of 0.05 M Na_2CO_3—HCl buffer, p_H 8.8, and dialyzed against 5 liters of water for 18 hr at 5° C with two changes of water. The resulting euglobulin precipitate is centrifuged down, washed 3 times with water and lyophilized.

Euglobulin precipitate (43 mg) is dissolved in 4.3 ml of 0.05 M ammonium acetate buffer, p_H 4.3, and applied to a CM cellulose column 10 × 1.5 cm. Stepwise elution with acetate buffers of increasing molarity (Fig. 9) gave several peaks with all the elastase activity eluted in one peak with 0.2 M buffer.

***Determination of elastase activity according to* Lewis *et al.*[3] *and* Banga[4].**

Reagents:

1. Buffer: 0.1 N Na_2CO_3-HCl, p_H 8.8 (dissolve 5.3 g Na_2CO_3 in about 800 ml of water, adjust to p_H 8.8 with N HCl and dilute to 1 l).
2. Substrate: Grind dissected cattle aorta, frozen in dry-ice, in a Wiley mill (E.H. Sargent and Co.). As needed, grind the coarse elastin to a thick paste in a mortar. Suspend the paste in the buffer so that each ml of suspension contains approximately 20 mg of elastin (dry weight), and dialyze against the buffer.

Gravimetric Procedure:

Weigh a 15 ml centrifuge tube, with the stopper. Pipette into it 1 ml of elastin, 1 ml of enzyme solution in buffer, and buffer to make the volume 5 ml. Incubate at 37° C for $^1/_2$ hr. Stir each tube with an individual glass rod to keep the elastin in suspension. Centrifuge, discard the supernatant, wash the precipitate with ethanol, dry the tubes at 110° C for 5 hr, cool the tubes in a dessicator, then stopper and weigh. Control tubes, containing no enzyme, are treated in the same manner. A linear relationship between enzyme concentration and the amount of elastin dissolved exists until 70% of the elastin has been digested.

The *elastase unit* is defined as the quantity of enzyme necessary to dissolve 1 mg of elastin in 30 min.

Alternate preparation of elastin[5] (substrate*). The aorta of a one year old steer is freed from adventitia, minced and homogenized in an electric food mixer (Kenwood Manufacturing Co., England) with water (0.5 ml/g of mince), until a fine pulp is obtained.

* Hall and Czerkawski [Biochem. J. **80**, 121 (1961)] described several methods for solubilization of elastin. They recommend a limited digestion with elastase in the presence of a detergent. During the first stage of the reaction soluble α-elastin is produced, which then may be used as substrate for the further hydrolysis by elastase. With a soluble substrate, a number of analytical procedures may be applied, including the determination of liberated amino groups as their copper complexes.

[1] Lewis, U. J., and E. H. Thiele: Am. Soc. **79**, 755 (1957).
[2] Naughton, M. A., and F. Sanger: Biochem. J. **78**, 156 (1961).
[3] Lewis, U. J., D. E. Williams and N. G. Brinks: J. biol. Ch. **222**, 705 (1956).
[4] Banga, I.: Acta physiol. hung. **3**, 317 (1952).
[5] Banga, I., J. Baló and M. Horvath: Biochem. J. **71**, 544 (1959).

Water is then pressed out through a cloth, and 1 liter of 0.1 N NaOH/kg of the original wet weight is added and the mixture is boiled for 45 min. After cooling and filtering through cheese-cloth, the boiling with alkali is repeated. The residue is washed in water with the addition of a small amount of dilute HCl until the washings become neutral and no salt remains. It is then dehydrated by stirring five times with an excess of acetone and finally dried in air and ground flour-fine in a ball mill.

Four grams of the powdered material is sifted through a 130 mesh sieve and ground by hand in a mortar for about 1 hr while a total of 30 ml of water is added dropwise. This represents a stock suspension. For the measurements, the stock suspension is diluted 10 times with an appropriate buffer. The dilute suspension is stable, its absorbancy does not decrease within 30 sec.

***Nephelometric determination of elastase activity according to* BANGA *et al.*[1].**

A standard curve is prepared by measuring the absorbancy of suspensions containing different concentrations of elastin in a colorimeter with a red filter (650—750 mμ). Five or six standard tubes are each filled with 3 ml of dilute elastin suspension containing 24 mg of elastin; buffer and water are added to reach 8 ml. Another series of tubes containing elastase, from 0.1 mg to 1.0 mg/2 ml is prepared. Both series are preheated at 37° C for 10 min, and mixed at intervals of 1 min. Immediately after mixing (15 sec) the absorbancy is recorded. The tubes are shaken at 37° C for 15 min, and absorbancy recorded again. The amount of solubilized elastin is calculated from a standard curve.

13. Renin.

[3.4.4.15]

Renin is the enzyme of kidney which forms angiotensin (hypertensin, angiotonin*) from part of the α_2-globulin fraction of serum protein[2,3,5,6] (angiotensinogen). It has been the subject of several reviews[7–9].

The nature of the horse renin-angiotensin system has been elucidated by the studies of SKEGGS et al.[10,11].

Renin acts either on angiotensinogen (the natural protein substrate) or on a polypeptide formed *in vitro* by the action of trypsin on angiotensinogen. The sequence of reactions is as follows:

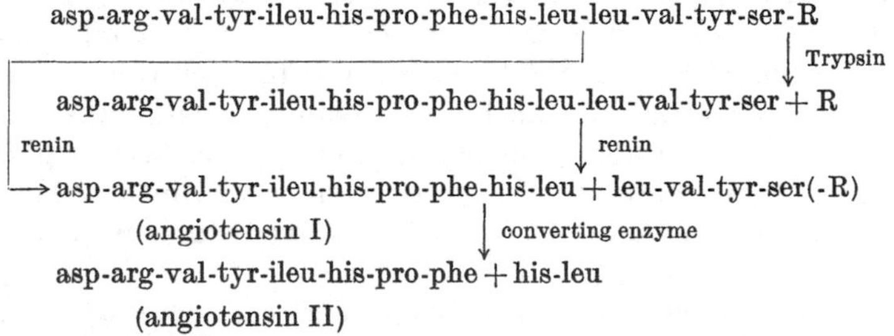

* Angiotensin was formerly called angiotonin by PAGE's group[2] and hypertensin by BRAUN-MENÉNDEZ et al.[3]. A joint publication[4] eliminated the dual nomenclature.

[1] BANGA, I., J. BALÓ and M. HORVATH: Biochem. J. 71, 544 (1959).
[2] PAGE, I. H., and O. H. HELMER: J. exp. Med. 71, 29 (1940).
[3] BRAUN-MENÉNDEZ, E., J. C. FASCIOLO, L. F. LELOIR and J. M. MUÑOZ: J. Physiol., London 98, 283 (1940).
[4] BRAUN-MENÉNDEZ, E., and I. H. PAGE: Science, N.Y. 127, 242 (1958).
[5] PLENTL, A. A., and I. H. PAGE: J. biol. Ch. 147, 135 (1943).
[6] PLENTL, A. A., I. H. PAGE and W. W. DAVIS: J. biol. Ch. 147, 143 (1943).
[7] GOLDBLATT, H.: Physiol. Rev. 27, 120 (1947).
[8] PAGE, I. H.; in: GADDUM, J. H. (Ed.): Polypeptides which Stimulate Plain Muscle. Edinburgh and London 1955.
[9] BRAUN-MENÉNDEZ, E.: Pharmacol. Rev. 8, 25 (1956).
[10] SKEGGS, Jr., L. T., J. R. KAHN, K. LENTZ and N. P. SHUMWAY: J. exp. Med. 106, 439 (1957).
[11] SKEGGS, Jr., L. T., K. E. LENTZ, J. R. KAHN, N. P. SHUMWAY and K. R. WOODS: J. exp. Med. 104, 193 (1956).

Hog angiotensin has been purified[1,2]. Its amino acid composition is identical with horse angiotensin[3,4]. An angiotensin from ox blood differs from horse angiotensin I only by one amino acid: asp-arg-val-tyr-*val*-his-pro-phe-his-leu[5]. The optimum p_H for angiotensin formation by renin action has been reported as 7.5—8.5, with an optimum temperature of 37—39° C[6], or p_H 7.0[7] at 38—40° C.

Occurrence. Renin occurs in numerous species[6]. It is believed to be secreted by the juxtaglomerular cells of the kidney[8,9]. Renin from man, monkey, and baboon acts on the angiotensinogen of all mammals tested, while renins of other animals do not form angiotensins from the angiotensinogens of primates[10]. Renin of birds is specific for avian angiotensinogen. There appears to be no renin in amphibia, reptiles or fish[11].

Renin is detectable in the systemic blood in hemorrhage or shock[12–14]. Angiotensin, but not renin, has been demonstrated in the arterial blood of many patients with hypertensive cardiovascular disease[15] and in dogs with experimental renal hypertension[16].

Preparation. Crude renin may be prepared from various animal species by this generalized procedure[17]: store kidneys at − 24° C for one day and then thaw at room temperature. Repeat the procedure three more times and then grind the kidney. Extract twice at room temperature in 3/4 volume of water. Combine extracts, filter through a sieve and then cool to 0° C. Add 4 N sulfuric acid to p_H 1.6. After 10 min at 0° C add 5 N KOH until the solution is neutralized. The clarified supernatant contains the renin.

A second procedure, designed for the isolation of highly purified renin on a large scale from hog kidney[18,19] (52 kg of starting material), results in a 56000-fold purification. KEMP and RUBIN[20] have studied methods for the separation of angiotensinase (an enzyme which destroys angiotensin) from renin preparations of various species.

Renin is available commercially (General Biochemicals and Nutritional Biochemicals).

Assay. Renin may be assayed directly by its pressor effect on unanesthetized trained dogs[21,22] or indirectly by incubation of angiotensinogen with renin *in vitro* and assay of the angiotensin formed, by its pressor action[23]. For angiotensinase, see p. 218.

Addendum.

Ammonium sulfate concentrations are generally expressed as per cent of saturation, or as a decimal fraction of saturation. In the latter case, the value 1 is assigned to a solution 100 % saturated at a given temperature.

[1] BUMPUS, F. M., and H. SCHWARZ: Unpublished observations, quoted from [2].
[2] PAGE, I. H., and F. M. BUMPUS: Physiol. Rev. **41**, 331 (1961).
[3] BUMPUS, F. M., H. SCHWARZ and I. H. PAGE: Science, N.Y. **125**, 3253 (1957).
[4] BUMPUS, F. M., H. SCHWARZ and I. H. PAGE: Circulation **17**, 664 (1958).
[5] ELLIOTT, D. F., and W. S. PEART: Biochem. J. **65**, 246 (1957).
[6] BRAUN-MENÉNDEZ, E.: Pharmacol. Rev. **8**, 25 (1956).
[7] SEREBROVSKAYA, Y. A.: Biochemistry, USSR **21**, 471 (1956).
[8] HARTROFT, W. S., and P. M. HARTROFT: Fed. Proc. **20**, 845 (1961).
[9] TOBIAN, L.: Circulation **25**, 189 (1962).
[10] FASCIOLO, J. C., L. F. LELOIR, J. M. MUÑOZ and E. BRAUN-MENÉNDEZ: Science, N.Y. **92**, 554 (1940).
[11] BEAN, J. W.: Amer. J. Physiol. **136**, 731 (1942).
[12] HAMILTON, A. S., and D. A. COLLINS: Amer. J. med. Sci. **202**, 914 (1941). Amer. J. Physiol. **136**, 275 (1942).
[13] HUIDOBRO, F., and E. BRAUN-MENÉNDEZ: Amer. J. Physiol. **137**, 47 (1942).
[14] SAPIRSTEIN, L. A., E. OGDEN and F. D. SOUTHARD, Jr.: Proc. Soc. exp. Biol. Med. **48**, 505 (1941).
[15] KAHN, J. R., L. T. SKEGGS, Jr., N. P. SHUMWAY and P. E. WISENBAUGH: J. exp. Med. **95**, 523 (1952).
[16] SKEGGS, Jr., L. T., J. R. KAHN and N. P. SHUMWAY: J. exp. Med. **95**, 241 (1952).
[17] HAAS, E., H. LAMFROM and H. GOLDBLATT: Arch. Biochem. **48**, 256 (1954).
[18] HAAS, E., H. LAMFROM and H. GOLDBLATT: Arch. Biochem. **42**, 368 (1953).
[19] HAAS, E.; in: Colowick-Kaplan, Meth. Enzymol. Vol. II, p. 124.
[20] KEMP, E., and I. RUBIN: Arch. Biochem. **96**, 56 (1962).
[21] GOLDBLATT, H., Y. J. KATZ, H. A. LEWIS and E. RICHARDSON: J. exp. Med. **77**, 309 (1943).
[22] GOLDBLATT, H., H. LAMFROM and E. HAAS: Amer. J. Physiol. **175**, 75 (1953).
[23] MUÑOZ, J. M., E. BRAUN-MENÉNDEZ, J. C. FASCIOLO and L. F. LELOIR: Amer. J. med. Sci. **200**, 608 (1940).

The simplest way to attain a given ammonium sulfate saturation or to change the degree of saturation is to add a saturated solution of the salt (for the desired temperature). The following general relationship may be used if the volume change on mixing is ignored.

$$V_1 S_1 + YA = (V_1 + Y) S_2$$
$$Y(A - S_2) = V_1(S_2 - S_1)$$
$$Y = \frac{V_1 (S_2 - S_1)}{A - S_2}.$$

V_1 = volume of solution whose saturation is to be changed (expressed in ml).

S_1 = saturation of solution of volume V_1 expressed as a decimal fraction of saturation.

S_2 = saturation to which solution of volume V_1 is to be changed, expressed as a decimal fraction of saturation.

Y = volume of solution of concentration A to be added to change solution of volume V_1 from saturation S_1 to S_2. When the solution of concentration A is a saturated solution $A = 1.0$.

The amount of solid ammonium sulfate to be added to attain a given saturation or to change a solution from one saturation to another may be calculated according to the following relationships if it is assumed that one gram of solid salt increases the volume of a solution by the same amount regardless of the degree of saturation.

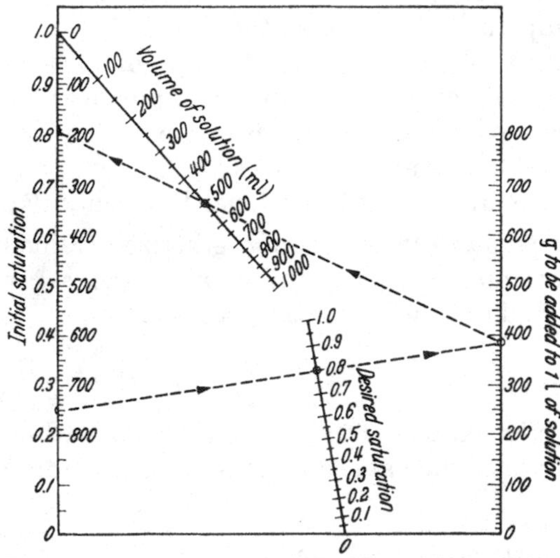

Fig. 10. Nomogram for saturation of ammonium sulfate at room temperature (from DIXON[1]). A straight line through the initial saturation and the desired saturation indicates the amount of solid ammonium sulfate to be added to one liter of solution. A line from this point passing through the volume of the solution indicates the amount of solid salt required.

$$V_1 S_1 A + w = (V_1 + w\bar{v}) S_2 A$$
$$w(1 - \bar{v} S_2 A) = (V_1)(A)(S_2 - S_1)$$
$$w = \frac{(V_1)(A)(S_2 - S_1)}{1 - \bar{v} S_2 A}.$$

V_1, S_1 and S_2 are the same as above.

w = grams of solid ammonium sulfate to be added.

$\bar{v}$ = partial specific volume of a saturated solution of ammonium sulfate at the prescribed temperature.

A = concentration of ammonium sulfate in a saturated solution at the prescribed temperature (expressed as g/ml).

At 0° C[2]: 100% saturated solution (1.0) of ammonium sulfate (A) is prepared by adding 707 grams of ammonium sulfate *to* one liter of water = 3.9 Molar = 0.515 g/ml.

$\bar{v}$ of a saturated solution of ammonium sulfate at 0° C = 0.528 ml/g; $\bar{v}A = 0.272$ and

$$w = \frac{(0.515)(V_1)(S_2 - S_1)}{1 - 0.272\,(S_2)}.$$

Table 21 was calculated from this equation.

At 23° C[3]: 100% saturated solution (1.0) of ammonium sulfate (A) is prepared by adding 762 grams of ammonium sulfate *to* 1 liter of water = 4.04 Molar = 0.533 g/ml;

$\bar{v}$ of a saturated solution of ammonium sulfate at 23° C = 0.565 ml/g; $\bar{v}A = 0.301$ and

$$w = \frac{(0.533)\,(V_1)(S_2 - S_1)}{1 - 0.301\,(S_2)}.$$

[1] DIXON, M.: Biochem. J. 54, 457 (1953).
[2] NODA, L., and S. A. KUBY: J. biol. Ch. 226, 541 (1957).
[3] KUNITZ, M.: J. gen. Physiol. 35, 423 (1952).

At 25° C a saturated solution of ammonium sulfate is 4.1 molar and requires 767 g of ammonium sulfate to 1 l of water. Table 22 was calculated on this basis.

Many investigators have found it convenient to employ the nomogram of DIXON[1] as shown in Fig. 10 for saturation with ammonium sulfate at room temperature.

List of Commercial Suppliers *.

Applied Physics Corporation
362 West Colorado Street
Pasadena 1, California

Armour and Company, Research Division
1425 West 42nd Street
Chicago 9, Illinois

Beckman Instruments, Inc.
1117 California Ave.
Palo Alto, California

Behring-Werke AG
355 Marburg/Lahn, West-Germany

Benger's Ltd.
Holmes Chapel
Cheshire, England

C. F. Boehringer u. Soehne GmbH
68 Mannheim-Waldhof, West-Germany

California Corporation for Biochemical Research
3625 Medford Street
Los Angeles 63, California

Borden Company, Chemical Division
350 Madison Avenue
New York 17, New York

Difco Laboratories Inc.
Detroit, Michigan

Fisher Scientific Company
Fairlawn, New Jersey

General Biochemicals Corp.
Laboratory Park
Chagrin Falls, Ohio

H. M. Chemical Co., Ltd.
1754—22nd Street
Santa Monica, California

Christian Hansen Laboratory Inc.
Milwaukee, Wisconsin

Johns-Manville
Box 158
New York 16, New York

Lederle Laboratories Division
American Cyanamid Company
Pearl River, New York

Leo Pharmaceutical Products
Copenhagen, Denmark

Mann Research Laboratories
136 Liberty Street
New York 6, New York

E. Merck AG
61 Darmstadt, West-Germany

Merck and Company, Inc.
Rahway, New Jersey

Novo Terapeutisk Laboratorium
Copenhagen, Denmark

Nutritional Biochemicals Corporation
21010 Miles Avenue
Cleveland 28, Ohio

Parke, Davis and Company
Detroit 32, Michigan

Paul Lewis Laboratories, Inc.
4215 N. Port Washington Ave.
Milwaukee 12, Wisconsin

Pentex, Inc.
P.O. Box 248
Kankakee, Illinois

Permutit Company, Limited
50 W. 44th Street
New York 36, New York
or
Gunnersbury Avenue
London, England

Radiometer
72 Emdrupvej
Copenhagen NV, Denmark

E. H. Sargent and Company
4647 West Foster Avenue
Chicago 30, Illinois

Dr. Th. Schuchardt
Ainmillerstr. 25
8 München 13, West-Germany

Sigma Chemical Company
3500 De Kalb Street
St. Louis 18, Missouri

Ivan Sorvall Inc.
Norwalk, Connecticut

E. R. Squibb and Son
New Brunswick, New Jersey

Arthur H. Thomas Company
P.O. Box 779
Philadelphia 5, Pennsylvania

The Visking Corporation
Chicago, Illinois

Worthington Biochemical Corporation
Freehold, New Jersey

* This list is provided only for the convenience of the reader in finding the products mentioned in the text. It does not constitute endorsement of these products over similar products made by other companies.

[1] DIXON, M.: Biochem. J. 54, 457, (1953).

Table 21.

Final concentration of ammonium sulfate, % saturation, at 0° C

Initial concentration of ammonium sulfate, % saturation, at 0° C	10	20	25	30	33	35	40	45	50	55	60	65	70	75	80	90	100	Initial concentration of ammonium sulfate, expressed as molarity
	Grams solid ammonium sulfate to be added to 1 liter of solution																	
0	53	109	138	168	187	199	231	264	298	333	369	407	445	485	527	614	707	0
10		54	83	112	130	142	173	205	238	272	308	344	381	421	461	546	637	0.4
20			28	56	74	85	116	147	179	212	246	282	318	356	395	477	566	0.8
25				28	45	57	87	117	149	182	215	250	286	323	362	443	531	1.0
30					17	28	58	88	119	151	185	219	254	291	329	409	495	1.2
33						11	40	70	102	133	166	200	235	272	310	389	474	1.3
35							29	59	89	121	154	188	223	259	296	375	460	1.4
40								29	60	91	123	156	191	226	263	341	424	1.6
45									30	61	92	125	159	194	230	307	389	1.8
50										30	62	94	127	162	198	273	354	2.0
55											31	63	95	129	165	239	318	2.1
60												31	64	97	132	205	283	2.3
65													32	65	99	171	248	2.5
70														32	66	136	212	2.7
75															33	102	177	2.9
80																68	141	3.1
90																	71	3.5
	0.4	0.8	1.0	1.2	1.3	1.4	1.6	1.8	2.0	2.1	2.3	2.5	2.7	2.9	3.1	3.5	3.9	
	Final concentration of ammonium sulfate, expressed as molarity																	

Table 22.

Final concentration of ammonium sulfate, % saturation, at 25° C

Initial concentration of ammonium sulfate, % saturation, at 25° C	10	20	25	30	33	35	40	45	50	55	60	65	70	75	80	90	100	Initial concentration of ammonium sulfate, expressed as molarity
	Grams solid ammonium sulfate to be added to 1 liter of solution																	
0	56	114	144	176	196	209	243	277	313	351	390	430	472	516	561	662	767	0
10		57	86	118	137	150	183	216	251	288	326	365	406	449	494	592	694	0.4
20			29	59	78	91	123	155	189	225	262	300	340	382	424	520	619	0.8
25				30	49	61	93	125	158	193	230	267	307	348	390	485	583	1.0
30					19	30	62	94	127	162	198	235	273	314	356	449	546	1.2
33						12	43	74	107	142	177	214	252	292	333	426	522	1.3
35							31	63	94	129	164	200	238	278	319	411	506	1.4
40								31	63	97	132	168	205	245	285	375	469	1.6
45									32	65	99	134	171	210	250	339	431	1.9
50										33	66	101	137	176	214	302	392	2.1
55											33	67	103	141	179	264	353	2.3
60												34	69	105	143	227	314	2.5
65													34	70	107	190	275	2.7
70														35	72	153	237	2.9
75															36	115	198	3.1
80																77	157	3.3
90																	79	3.7
	0.4	0.8	1.0	1.2	1.3	1.4	1.6	1.9	2.1	2.3	2.5	2.7	2.9	3.1	3.3	3.7	4.1	
	Final concentration of ammonium sulfate, expressed as molarity																	

3.4.4.21 Kallikrein s. Nachtrag S. 645.

Die Gerinnungsfaktoren.

Von

Kurt N. von Kaulla*.

Mit 1 Abbildung.

Im Nachstehenden wird in erster Linie die Bestimmung jener Gerinnungsfaktoren beschrieben, deren individuelle Existenz vom Internationalen Komitee für die Standardisierung der Nomenklatur der Blutgerinnungsfaktoren anerkannt worden ist. Kurze zusätzliche Abschnitte erwähnen in gedrängter Form Gerinnungsfaktoren, welche zwar mehr oder minder klargestellt, aber noch nicht in das anerkannte Schema eingegliedert werden konnten. Daran schließt sich ein Abschnitt über die fibrinolytischen Enzyme an, die dem Gerinnungssystem zuzuordnen sind und deren Aktivität als die vierte Phase der Blutgerinnung bezeichnet wird.

Die Internationale Nomenklatur versucht, individuelle Namen durch römische Zahlen zu ersetzen; hinter den Zahlen wird der dazugehörige Name erwähnt. Im folgenden sind die Faktoren mit ihren Synonymen in Klammern aufgezählt:

Tabelle 1. *Internationale Nomenklatur der Blutgerinnungsfaktoren. Synonyma. Stand September 1963*[1].

I. Fibrinogen
II. Prothrombin
III. Thrombokinase (Thromboplastin der anglo-amerikanischen Literatur) aus a) Lunge; b) Hirn; c) Thrombocyten; d) anderen Geweben
IV. Calcium-Ionen
V. Proaccelerin (labiler Faktor; Plasma-Ac-Globulin; Thrombogen; Prothrombokinase; Plasma-Prothrombinconversion-Faktor; Komponente A von Prothrombin; Prothrombin-Accelerator; Cofaktor von Thromboplastin)
VII. Proconvertin (SPCA-Serum-Prothrombin-Conversionaccelerator; stabiler Faktor; Cofaktor V; Serocym; Kappa-Faktor; Prothrombinogen; Cothromboplastin; Serum-Accelerator; Prothrombin-Conversionfaktor; Prothrombin-Converting-Faktor)
VIII. Antihämophiles Globulin (Antihemophilic Globulin A; AHF-Antihemophilic Factor; PTF-Plasma-thromboplastic factor; Plasma-thromboplastic factor A; TPC-Thromboplastic-Plasma-Component; Facteur antihémophilique A; Thromboplastinogen; Platelet-Cofactor; Plasmokinin; Thrombokatalysin)
IX. Christmas-Faktor (Faktor IX; PTC-Plasma thromboplastic component; Antihemophilic Globulin B; Plasma-thromboplastic factor B; Plasma-factor X; facteur antihémophilique)
X. Stuart Prower-Faktor; Stuart-Faktor; Prower-Faktor
XI. Plasma-Thromboplastin-Antecedent
XII. Hageman-Faktor, Glaskontakt-Faktor
XIII. Fibrin Stabilizing-Faktor, Laki-Lorand-Faktor

Blutgerinnung bzw. Blutgerinnungsfaktoren wurden, speziell vom physio-pathologischen und klinisch-analytischen Standpunkt, in Monographien abgehandelt. Hier sind insbesondere jene von BIGGS und MACFARLANE[2], BRINKHOUS[3], DEUTSCH[4], JÜRGENS und

* Medical Center, University of Colorado, Denver, Colorado (USA).

[1] Nach I. S. WRIGHT, Chairman of the International Committee for the Standardization of the Nomenclature of Blood Clotting Factors. Ann. internal Med. **51**, 841 (1959). Blut 8, 102 (1962).

[2] BIGGS, R., and R. G. MACFARLANE: Human Blood Coagulation. 3rd. Ed. Philadelphia 1962.

[3] Hemophilia and Hemophiloid Diseases. International Symposium. Edit. K. M. BRINKHOUS, Chapel Hill, The University of North Carolina Press 1957.

[4] DEUTSCH, E.: Die Blutgerinnungsfaktoren. Wien 1955.

Tabelle 2. *Biochemische Eigenschaften der wichtigsten Gerinnungsfaktoren**.

Faktor	Körperklasse Bausteine	Mol.-Gewicht	Sedimentationskonstante S 20	Löslichkeit bzw. Eluierbarkeit	Adsorbiert durch	Stabilitätsangaben	Isoelektrischer Punkt	Bemerkungen
I Fibrinogen	Globulin; Aminosäuren[1]; N-terminale Aminosäuren[2]; Kohlenhydrate[3]	Mensch: 330000 Rind: 341000[4]	7,6[4]	Neutralsalzlösungen	Bentonit 5 mg/ml[5]	präzipitiert 56° C	5,5[6]	Intrinsic Viscosität 0,25[4]
II Prothrombin	Glykoproteid[7] 6,5 %; Hexose 1,57 bis 1,68 %; Hexosamin; Pentose; Polymeres von Glucose[8]	62700[9]	4,8	H_2O; 0,85 % NaCl; Citratlösungen	$Mg(OH)_2$; $Ca_3(PO_4)_2$[12]; $BaSO_4$; Ba-citrat	langsamer Abfall in lyophilisierten u. gefrorenen Präparaten; 10 min 56° C zerstört	4,2[12]	
Thrombin	1,6 % Kohlenhydrate[9]; 5,3 % Glutaminsäure[13]	30600 ?[9]	3,9[9] 4[14]	0,3 m Phosphatpuffer pH 8[9]; 0,85 % NaCl; H_2O	Amberlite ICR-50[9]; $Ca_3(PO_4)_2$; $Al(OH)_3$; $Mg(OH)_2$[15]	50 % Glycerin bei 4° C für Wochen	4,5 bis 5[31]	Proteolytisches Enzym
III Thrombokinase (Lunge)	Lipoproteid; Lipoidfraktion: Fett 18 %, Phospholipoid 63 %, Cholesterin 19 %[10]	167×10^6 [11]	330[11]	Boratpuffer pH 8,5[10]	BERKEFELD-Filter[12]	0,02 % Lösung stabil für 20 min 80° C[10]		
Plättchenfaktor 3	Lipoproteid; Lipoidanteile: Sterin, Glutaminsäure, Serin, Äthanolamin, Sphingosin[16]				BERKEFELD-Filter[12]	stabil 30 min 56° C; 30 min 100° C werden 70 % zerstört[38]	5,2[12]	
V Proaccelerin	Pseudoglobulin[17]			H_2O 0,85 % NaCl	$Al(OH)_3$	0° C 8 Tage 20° C 2 Tage 53° C 3 min stabilst in Citrat, dann Oxalat, Heparin; Versene-Plasma[18]	5,5[18]	
VII Proconvertin	Globulin			Citratlösungen[19] H_2O 0,85 % NaCl	$BaSO_4$; $BaCO_3$; $Al(OH)_3$; $Ca_3(PO_4)_2$; 20 % SEITZ-Asbestfilter[19, 20]	zerstört bei 56° C für 2,5 min; in Serum: pH $<5>9$		

Tabelle 2 (Fortsetzung).

Faktor	Körperklasse Bausteine	Mol.-Gewicht	Sedimentationskonstante S 20	Löslichkeit bzw. Eluierbarkeit	Adsorbiert durch	Stabilitätsangaben	Isoelektrischer Punkt	Bemerkungen
VIII Antihämophiles Globulin	β_2-Globulin[21]; 3,6% Kohlenhydrate; Hexosamin +; Tyrosin <2%[22]			H_2O; 0,85% NaCl; 0,5 m Phosphatpuffer p_H 7,5; 0,055 m Citratpuffer + 1 m Glycin + 6,5% C_2H_5OH[23]	Kaolin; Norit[22]; BERKEFELD-Filter[24]; nicht $BaSO_4$	stabil p_H 6,5 bis 7,2; 10 min 30° p_H 7,2; 50% Glycerin, gefroren[22]	6,4[22] 5,4[25]	stabil für 3—4 Monate bei −30 bis −40° C in gefrorenem Frischplasma[41]
IX Christmas-Faktor	β_2-Globulin[26]			1,1 m Na-citrat[27]	$BaSO_4$[33]; $BaCO_3$; $Ca_3(PO_4)_2$; SEITZ-Filter	zerstört 10 min 56° C[12]		
X STUART-PROWER-Faktor		86000 3600[16]	4,23 2,85[16]	0,14 m Na-citrat[28]	$BaSO_4$; $Al(OH)_3$; SEITZ-Filter[29]; $Ca_3(PO_4)_2$[30]	zerstört 10 min 56° C[28]		
XI Plasma-Thromboplastin-Antecedent[42] PTA	wandert mit β_2-Globulin	—	—	löslich in H_2O mit sehr geringer Ionenstärke	Celite 12 mg/ml nicht an $BaSO_4$	für 4 Monate stabil in Plasma oder Serum bei Raumtemperatur; bei −20° C für 2 Jahre	4 bis 5,2 ?	
XII Hageman-Faktor[42]	wandert zwischen β- und γ-Globulin	—	—	Elution von Glaspulver: 0,1 m Boratpuffer, p_H 9,6[45]	Glas, Asbest, Kaolin, Kieselsäure	stabil in Plasma für 12 Wochen bei 4° C		
XIII Fibrin stabilizing Faktor[43]	Globulin	130000[43] 350000[44]	9,9 ± 0,03[44]	benötigt Calcium für Aktivität		stabil für Wochen in Plasma bei 0° C; zerstört in Tagen bei Raumtemperatur und in 10 min bei 60° C[46]	5,4	Gefriertrocknung zerstört gereinigte Substanz[44]
Urokinase	N: 14,11% C: 46,55% H: 7,35% S: 1,5% P: 0,30% ?[32]			1 m KSCN; 3,8% Na-citrat; 0,85% NaCl; p_H 7,4[33]; NH_4OH[32]	$BaSO_4$; Porzellankerzen[33]; Silicagel[32]; Hyflo-Supercel[34]	stabil p_H 1 bis 10 für min[32]	4,5 ?[33]	Mit Uropepsin verunreinigt[35]

Tabelle 2 (Fortsetzung).

Faktor	Körperklasse Bausteine	Mol.-Gewicht	Sedimentationskonstante S 20	Löslichkeit bzw. Eluierbarkeit	Adsorbiert durch	Stabilitätsangaben	Isoelektrischer Punkt	Bemerkungen
Plasminogen	Tyrosin 5,91 % Tryptophan 3,78 % [36]	143000 [36] 83000 [39]	4,28	schwach: neutraler p_H; gut: unter p_H 4, über p_H 8,6 [37]; in 50 % Glycerin p_H 7,6	Sephadex G-200 [47]	gut unter p_H 4, schlecht bei neutralem oder alkalischem p_H [37]	5,6 [36]	Intrinsic Viscosität 0,08 [36]
Plasmin	Tyrosin 6,32 % Tryptophan 4,04 % [36]	108000 [36]	3,56 [36]	ähnlich wie Plasminogen [37]		ähnlich wie Plasminogen [37]	6,2 [36]	

* Die römischen Zahlen entsprechen der internationalen Faktoren-Numerierung.

[1] TISTRAM, G. R.; in: Neurath-Bailey, Proteins Bd. I A, S. 215.
[2] BAILEY, K., and F. R. BETTELHEIM: Biochim. biophys. Acta **18**, 495 (1955).
[3] SCHULTZE, H. E.: Ärztl. Lab. **1**, 81 (1955).
[4] CASPARY, E. A., and R. A. KEKWICK: Biochem. J. **67**, 41 (1957).
[5] SOULIER, J. P.: Rev. franç. Ét. clin. biol. **4**, 156 (1959).
[6] SEEGERS, W. H., M. L. NIEFT and J. M. VANDENBELT: Arch. Biochem. **7**, 15 (1945).
[7] LAMY, F., and D. F. WAUGH: Physiol. Rev. **34**, 722 (1954).
[8] MILLER, D. K., and W. H. SEEGERS: Arch. Biochem. **60**, 398 (1956).
[9] SEEGERS, W. H., W G. LEVINE and R. S. SHEPARD: Canad. J. Biochem. Physiol. **36**, 603 (1958).
[10] CHARGAFF, E., A. BENDICH and S. S. COHEN: J. biol. Ch. **156**, 161 (1944).
[11] CHARGAFF, E., D. H. MOORE and A. J. BENDICH: J. biol. Ch. **145**, 593 (1942).
[12] Nach DEUTSCH, E.: Die Blutgerinnungsfaktoren. Wien 1955.
[13] SEEGERS, W. H., G. CASILLARS, R. S. SHEPHARD, W. R. THOMAS and P. HALIK: Canad. J. Biochem. Physiol. **37**, 775 (1959).
[14] LAMY, F., and D. F. WAUGH: J. biol. Ch. **203**, 489 (1953).
[15] SEEGERS, W. H., S. A. JOHNSON, C. FELL and N. ALKJAERSIG: Amer. J. Physiol. **178**, 1 (1954).
[16] HECHT, E. R., M. H. CHO and W. H. SEEGERS: Amer. J. Physiol. **193**, 584 (1958).
[17] OWREN, P. A.: Biochem. J. **43**, 136 (1948).
[18] LEWIS, M. L., and A. G. WARE: Proc. Soc. exp. Biol. Med. **84**, 640 (1953).
[19] ALEXANDER, B., R. GOLDSTEIN and G. LANDWEHR: J. clin. Invest. **29**, 881 (1950).
[20] VRIES, A. DE, B. ALEXANDER and R. GOLDSTEIN: Blood **4**, 247 (1949).
[21] LORAND, L., and K. LAKI: Biochim. biophys. Acta **13**, 448 (1954).
[22] SEEGERS, W. H., R. H. LANDABURU and R. H. FENICHEL: Amer. J. Physiol. **190**, 1 (1957).
[23] BLOMBAECK, M.: Acta paediat., Uppsala **47**, Suppl. **114** (1958).
[24] ALEXANDER, B.: J. clin. Invest. **26**, 1173 (1947).
[25] SPAET, T., and B. G. KINSELL: Proc. Soc. exp. Biol. Med. **84**, 314 (1953).
[26] AGGELER, P. M., T. H. SPAET and B. E. EMERY: Science, N.Y. **119**, 806 (1954).
[27] DUCKERT, F., B. FLUECKIGER, M. MATTER and F. KOLLER: Proc. Soc. exp. Biol. Med. **90**, 17 (1953).
[28] BACHMANN, F., F. DUCKERT, M. GEIGER, P. BAER and F. KOLLER: Thromb. Diath. haem., Stuttgart **1**, 169 (1957).
[29] HOUGIE, C., S. I. RAPAPORT and J. B. GRAHAM: J. clin. Invest. **36**, 485 (1957).
[30] TEFLER, T. P., K. W. DENSON and D. R. WRIGHT: Brit. J. Haematol. **2**, 308 (1956).
[31] SEEGERS, W. H., R. I. MCCLAUGHRY and E. B. ANDREWS: Proc. Soc. exp. Biol. Med. **75**, 714 (1950).
[32] PLOUG, J., and N. O. KJELDGAARD: Biochim. biophys. Acta **24**, 278, 283 (1957).
[33] KAULLA, K. N. v.: Acta haematol., Basel **16**, 315 (1956). Nature **184**, 1320 (1959).
[34] WALLÉN, P., and K. BERGSTROEM: Acta chim. scand. **11**, 754 (1957).
[35] KICKHOEFEN, B., F. E. STRUVE, B. BRAMSFELD u. O. WESTPHAL: B. Z. **330**, 467 (1958).
[36] SHULMAN, S., N. ALKJAERSIG and S. SHERRY: J. biol. Ch. **233**, 91 (1958).
[37] ALKJAERSIG, N., A. FLETCHER and S. SHERRY: J. biol. Ch. **233**, 81 (1958).
[38] ALKJAERSIG, N., T. ABE and W. H. SEEGERS: Amer. J. Physiol. **181**, 304 (1955).
[39] HAGAN, J. J.: Conference on Thrombolytic Agents. S. 24. Publ. Univ. of North Carolina. Chicago 1960.

BELLER[1], QUICK[2], STEFANINI und DAMESHEK[3], TOCANTINS[4] und RATNOFF[5] zu erwähnen. Diese Monographien enthalten auch Angaben über jene Gerinnungsfaktoren, welche sich zwar biologisch nachweisen lassen, deren chemische Bearbeitung jedoch noch gar nicht oder nur unzureichend erfolgt ist.

Tabelle 2 enthält Angaben über wesentliche Eigenschaften der Gerinnungsfaktoren. Aus der angeführten Literatur können weitere Einzelheiten entnommen werden. Es wurde versucht, jene Ergebnisse zu berücksichtigen, welche als gesichert erscheinen.

Fibrinogen.

Vorkommen. Fibrinogen kommt in Blut und Lymphe vor, es kann in Exsudate, Transsudate und in den Liquor cerebrospinalis übertreten (Transsudate 0—0,8 g-%; Pleuraflüssigkeit 0—0,03; Perikardialflüssigkeit 0,03; Peritonealflüssigkeit 0—0,2; nach[6]). Untersuchungen mit ^{125}J-markiertem Fibrinogen ergaben für den Menschen einen Plasmafibrinogengehalt von 127 mg/kg Körpergewicht und einen extrazirkulären Gehalt von 19 mg/kg[7]. Serum ist nicht ganz frei von Fibrinogen. Es muß in diesem Zusammenhang daran erinnert werden, daß der natürliche Gerinnungsprozeß noch einige Zeit weitergeht, nachdem die sichtbare Gerinnselbildung zum Abschluß gekommen ist.

Tabelle 3. *Fibrinogen-Normalwerte* (in %)[6].

Species	Blut	Plasma
Mensch	0,16	0,29; 0,3—0,5[8]
Pferd		0,29—0,43
Rind	0,72	
Hund	0,42—0,64	
Meerschweinchen	0,33	
Affe	0,25—0,40	

Der Fibrinogengehalt der menschlichen Lymphe (ductus thoracicus) beträgt 0,04 bis 0,2 g-%[9], jener von Gelenkflüssigkeit ist bei Mensch und Rind Null, beim Pferd 0,37 g-%[6]. Beim Menschen nimmt das Plasmafibrinogen mit dem Alter zu, bei Frauen mehr als bei Männern[10].

***Fibrinogen-Reinigung nach* BLOMBAECK *und* BLOMBAECK[11].**

Gegenwärtig ist das beste Ausgangsmaterial für die Herstellung von hochgereinigtem Fibrinogen COHN-Fraktion I, hergestellt nach COHNs Verfahren Nr. 6[12]. Das hier wieder-

[1] JÜRGENS, J., u. F. K. BELLER: Klinische Methoden der Blutgerinnungsanalyse. Stuttgart 1959.
[2] QUICK, J. A.: Hemorrhagic Diseases. Philadelphia 1957.
[3] STEFANINI, M., and W. DAMESHEK: Hemorrhagic Disorders. 2nd Ed., New York 1962.
[4] TOCANTINS, L. M.: The Coagulation of Blood. Methods of Study. New York 1955.
[5] RATNOFF, O. D.: Bleeding Syndromes. Springfield 1960.
[6] SPECTOR, W. S. and W. B. SAUNDERS (Hrsgb.): Handbook of Biological Data. Philadelphia 1956.
[7] TAKEDA, Y.: Physiologist 7, 268 (1964).
[8] SCHULZ, F. H.: Das Fibrinogen. Leipzig 1953.
[9] FANTL, P., and J. E. NELSON: J. Physiol., London 122, 33 (1953).
[10] PERSON, J.: Scand. J. clin. Lab. Invest. 7, 279 (1955).
[11] BLOMBAECK, B., and M. BLOMBAECK: Ark. Kemi 10/29, 415 (1956).
[12] COHN, E. J., L. E. STRONG, W. L. HUGHES jr., D. J. MULFORD, J. N. ASHWORTH, M. MELIN and H. L. TAYLOR: Am. Soc. 68, 459 (1946).

Literatur zu Tabelle 2 (Fortsetzung).

[40] ESNOUF, M. P., u. W. J. WILLIAMS; in: WRIGHT, I. S., F. KOLLER and E. BECK (Hrsgb.): Progress in Coagulation. Thromb. Diath. haem., Stuttgart 7, Suppl. I, 213 (1962).
[41] NOUR-ELDIN, F.: Nature 199, 187 (1963).
[42] Zusammenfassung bei DE NICOLA, P.; in: WRIGHT, I. S., F. KOLLER and E. BECK (Hrsgb.): Progress in Coagulation. Thromb. Diath. haem., Stuttgart 7, Suppl. I, 347 (1962).
[43] LORAND, L.; in: Macmillan, R. L., and J. F. Mustard. (Hrsgb.): Anticoagulants and Fibrinolysins. Philadelphia 1961.
[44] LOEWY, A. G., A. DAHLBERG, K. DUNATHAN, R. KRIEL and H. L. WOLFINGER: J. biol. Ch. 236, 2634 (1961).
[45] HAANEN, C., F. HOMMES, H. BENRAAD and F. MORSELT: Thromb. Diath. haem., Stuttgart 5, 201 (1961).
[46] LORAND, L.: Nature 166, 694 (1950).
[47] BERG, W., and K. KORSAN-BENGSTEN: Thromb. Diath. haem; Stuttgart 9, 151 (1963).

gegebene Fibrinogen-Darstellungsverfahren reinigt diese Fraktion durch sukzessive Extraktion von Nichtfibrinogeneiweißen.

Reagentien:

1. Natriumcitrat ($Na_3C_6H_5O_7 \times 2\,H_2O$), 3,8 %ig.
2. Puffer-Stammlösung: Citratpuffer von p_H 6, Ionenstärke 0,3 wird durch Adjustieren des p_H einer 0,055 m Natriumcitratlösung mit konzentrierter Salzsäure hergestellt.
3. Citratpuffer p_H 6,35, hergestellt durch Adjustieren obiger Stammlösung mit 1 n NaOH.
4. Glycin-Pufferlösung für Extraktionen bei p_H 6: 75 g Glycin und 65 ml absoluter Alkohol werden in Citratpuffer p_H 6 gelöst und mit diesem auf 1000 ml aufgefüllt.
5. Extraktionslösung p_H 7—7,2: Zu einer 0,05 m Trinatriumcitratlösung wird Glycin bis zu einer Konzentration von 1 m und Alkohol bis zu einer Konzentration von 6,5 % zugesetzt.

Ausführung:

Blut wird in einer Natriumcitratlösung aufgefangen, bis das Verhältnis 1 Teil Natriumcitrat zu 9 Teilen Blut hergestellt ist, und bei 1000 × g und 10° C 60 min zentrifugiert. Aus dem überstehenden Plasma wird COHN-Fraktion I (s. oben) möglichst rasch, aber immer innerhalb von 7 Std, hergestellt. Diese Fraktion dient als Ausgangsmaterial für die Fibrinogenreinigung und für Konzentration von antihämophilem Globulin (s. S. 336). Nach Zugabe von Äthanol soll die Mischung bei —3° C unter leichtem Rühren für 1 Std stehen und wird dann in der Kälte zentrifugiert. Ausbeute an Fraktion I (Naßgewicht): 25—30 g/l menschlichen Plasmas und 40—50 g/l Rinderplasma. Die Fraktion enthält 40—50 % gerinnbares Eiweiß. Extraktion I: 100 g Fraktion I werden unter vorsichtigem Rühren während 1 Std mit 1 l Citratpuffer, p_H 6, der Glycin und Alkohol enthält, extrahiert. Abzentrifugieren der Mischung bei 2000 × g für 10—12 min bei —3° C. Die Extraktion wird wiederholt, bei Vorliegen von Rinderplasma jedoch der Puffer von p_H 7,0 bis 7,2 verwandt. In diesem Stadium kann die Fraktion nach folgender Vorbehandlung zur Infusion von Fibrinogen und auch von antihämophilem Globulin beim Menschen benutzt werden: 400 ml Citratpuffer, p_H 6,5, werden für je 100 g Originalfraktion I zugesetzt und die Lösung bei 30° C vorgenommen. Die Eiweißkonzentration beträgt nach 30 min etwa 1,5—2 %. Abzentrifugieren bei 2000 × g und Raumtemperatur und Filtrieren des Überstehenden durch Jenaer Glasfilter G 4 und gleich danach durch Jenaer Glasfilter G 5 M. Gefriertrocknen unter sterilen Bedingungen. Gehalt an gerinnbarem Eiweiß 87—89 %.

Zur weiteren Reinigung wird das in Citratpuffer, p_H 6,35, aufgelöste Material auf eine Eiweißkonzentration von 1,5 % gebracht, durch ein gewöhnliches Papierfilter gefiltert und durch weitere Zugabe von Citratpuffer, in dem eine 1 m Glycinkonzentration hergestellt wurde, weiter verdünnt, bis die Eiweißkonzentration 0,67 % und die Glycinkonzentration 0,2 m beträgt. Für 100 g Trockengewicht der Ausgangsfraktion I beträgt das Endvolumen etwa 1,3 l. Zu 1000 ml dieser Fraktion werden bei 0° C 23,6 ml absoluten Alkohols, 21,7 ml 1 m Glycin in Citratpuffer, p_H 6,5, und 135,7 ml Citratpuffer, p_H 6,35, zusammen also 182 ml, alles gekühlt, während 30—45 min zugegeben. Die resultierende Eiweißkonzentration ist dann 0,57 %, Alkohol 2 %, Glycin 0,12 m und die Ionenstärke ungefähr 0,3. Temperatur wird während 30 min auf 0° C gehalten. Abzentrifugieren bei 0° C und 2000 × g. Verwerfen des Präcipitates, wobei 15—20 % Fibrinogen verlorengehen.

Zu 1000 ml des Überstehenden werden nun 375 ml kalter Citratpuffer, p_H 6,35, welcher 69,4 ml absoluten Alkohol enthält, zugegeben. Die Eiweißkonzentration beträgt jetzt 3,5 %, Alkoholgehalt 6,5 %, Glycin 0,09 m und die Ionenstärke 0,3. Während der Zugabe wird die Temperatur auf —4° C gesenkt und die Suspension für etwa 1 Std gerührt; abzentrifugieren bei 2000 × g für 20 min bei —4° C. Schaumbildung sollte während des ganzen Prozesses vermieden werden. Das resultierende Sediment besteht zu 94—97 % aus Fibrinogen und beträgt etwa 65—75 % des Fibrinogengehaltes von COHNs Fraktion I. Es kann in 0,3 m NaCl gelöst und bei —20° C gelagert oder in Citratpuffer, p_H 6,35, gelöst und gefriergetrocknet werden. Eine weitere Reinigung dieser Fraktion, gelöst in Citratpuffer, p_H 6,35, bei Ionenstärke 0,3 und Eiweißkonzentration von 0,7 % läßt sich wie folgt durchführen (für menschliches Fibrinogen): 2 Teile 0,75 m Glycinlösung werden tropfenweise unter Rühren zugegeben; dadurch wird der p_H auf 6,4—6,5, die Ionenstärke auf 0,1 und die Glycinkonzentration auf 0,5 m gebracht. Bei Kühlung auf 0° C bildet sich ein leichtes Präcipitat, das nicht entfernt wird. Zu 1000 ml dieser verdünnten Fraktion werden bei 0° C 100 ml einer gekühlten 0,5 m Glycinlösung zugegeben, die 8,25 ml absoluten Alkohol enthält. Die Konzentration beträgt dann: Äthanol 0,75 %, Glycin 0,5 m, Eiweiß 0,21 %; p_H 6,5 und Ionenstärke 0,09. Die Mischung steht nun für mindestens 2 Std bei 0° C und wird gelegentlich gerührt. Abzentrifugieren eines mukösen Materials bei 2000 × g 0° C und 10 min. Das Überstehende muß klar sein. Zu 1 l Überstehendem werden 125 ml 53,3 % gekühlten Alkohols tropfenweise zugegeben. Während der Zugabe fällt die Temperatur von 0° auf —4° C. Ein feines weißes Präcipitat formt sich. Die Alkoholkonzentration soll jetzt 6,5 %, Eiweiß 0,14 %, Glycin 0,45 m, p_H 6,5 und Ionenstärke 0,08 betragen. Abzentrifugieren des Präcipitates bei 2000 × g und —4° während 15 min. Das Präcipitat wird in 0,3 m NaCl oder Citratpuffer, p_H 6,35, gelöst. Die Lösung sollte klar sein. Die Ausbeute beträgt jetzt etwa 60—70 % der Fraktion I—2 und der Gehalt an gerinnbarem Eiweiß 98—100 %. Die letzte Reinigungsstufe für Rinderfibrinogen ist von der des menschlichen Fibrinogens etwas abweichend. Fibrinogen, solchermaßen hergestellt, ist noch mit Plasminogen verunreinigt, welches durch Gel-Filtration abgetrennt werden kann[1].

Die Herstellung einer modifizierten COHN-Fraktion I für klinische Zwecke wurde von WINTERSTEIN angegeben[2]. Die Darstellung geht von 1 l menschlichen Citratplasmas aus und liefert im Schnellverfahren injizierbare Lösungen, welche reich an Fibrinogen und antihämophilem Globulin sind.

Kleine Mengen recht reinen menschlichen Fibrinogens lassen sich nach WARE, GUEST und SEEGERS[3] erhalten, indem man die Schwerlöslichkeit von Fibrinogen bei niedrigen Temperaturen ausnutzt. Nach diesem Verfahren wird menschliches Plasma gefroren und bei Temperaturen wenig über dem Gefrierpunkt wieder langsam aufgetaut. Dabei bleibt Fibrinogen ungelöst und kann durch Waschen mit eiskalter physiologischer Kochsalzlösung gereinigt werden. Die Verluste mit dieser Methode sind relativ groß.

Vorwiegend in England wird Äthyläther zur Fraktionierung von Plasma herangezogen. KEKWICK u. Mitarb.[4] berichten über so gewonnene Fibrinogenpräparate mit einer Gerinnbarkeit von 97 %.

Eigenschaften. *Zusammensetzung.* Menschliches Fibrinogen: Alanin 3,7 %; Arginin 7,85 %; Asparagin 13,3 %; Cystin 2,3 %; Glutaminsäure 14,6 %; Glycin 5,6 %; Histidin 2,6 %; Isoleucin 4,8 %; Leucin 7,1 %; Lysin 9,2 %; Methionin 2,5 %; Phenylalanin 4,6 %; Prolin 5,7 %; Serin 6,9 %; Threonin 6,2 %; Thryptophan 3,3 %; Tyrosin 5,4 %; Valin 4,1 %[5]. Die endständigen Aminogruppen sind noch nicht völlig geklärt; bei Rinderfibrinogen kommen nach BAILEY und BETTELHEIM eine Glutamin- und zwei Tyrosin-Endgruppen auf ein Mol Fibrinogen und zwei Tyrosin- plus 2—3 Glycylendgruppen auf ein Mol Fibrin[6]. Es bestehen Artunterschiede, da nach LORAND und MIDDLEBROOK[7] menschliches Fibrinogen Alanyl-Endgruppen aufweist anstelle der Glutamingruppen beim Rind. Weitere Angaben über die Artunterschiede der Fibrinogenbausteine bei BLOMBAECK[8]; dort auch Literatur.

---

[1] BERG, W., and K. KORSAN-BENGSTEN: Thromb. Diath. haem., Stuttgart **9**, 151 (1963).
[2] WINTERSTEIN, A.: Hämorrhagische Diathesen. I. Symposion, Wien 1955.
[3] WARE, A. G., M. M. GUEST and W. H. SEEGERS: Arch. Biochem. **13**, 231 (1947).
[4] KEKWICK, R. A., M. E. MACKAY, M. H. NANCE and B. R. RECORD: Biochem. J. **60**, 671 (1955).
[5] SPECTOR, W. S., and W. B. SAUNDERS (Hrsgb.): Handbook of Biological Data. S. 90/91. Philadelphia, London 1956.
[6] BAILEY, K., and F. R. BETTELHEIM: Biochim. biophys. Acta **18**, 495 (1955).
[7] LORAND, L., and W. R. MIDDLEBROOK: Science, N.Y. **118**, 515 (1953).
[8] BLOMBAECK, B.: Studies on fibrinogen: its purification and conversion into fibrin. Acta physiol. scand. **43**, Suppl. **148** (1958).

Röntgen-Untersuchungen haben ergeben, daß Fibrinogen und Fibrin zu der Keratin-Myosin-Gruppe der Proteine gehören[1]. Röntgen-Bestrahlung selbst kann zu Veränderungen des Fibrinogen-Moleküls Anlaß geben[2]. Das Molekül besitzt die Form eines verlängerten Ellipsoids, 700 Å lang, und ein Axenverhältnis von 18:1; dieses gilt für Strömungsdoppelbrechungs- und Viscositätsmessungen am Rinderfibrinogen[3]. Auf Grund anderer Untersuchungen ergab sich ein etwas längeres Molekül[4]. Der isoelektrische Punkt in physiologischer Kochsalzlösung wird mit p_H 5,5 angegeben und das maximale Säurebindungsvermögen mit 0,06 mg HCl für 1 mg Fibrinogen[5]. Bei der Umwandlung in Fibrin ändert sich die elektrische Ladung etwas, denn der isoelektrische Punkt von Fibrinogen in Harnstofflösung beträgt p_H 5,5 und jener von Fibrin im gleichen Medium 5,6[6]. Fibrinogenlösungen zeigen Spinnbarkeit und eine Viscositätserhöhung, welche größer ist als bei Albumin und Globulin[7].

Fibrinogen wird durch Tyrosinase[8] und durch alle proteolytischen Enzyme angegriffen. Bei Abbau durch Plasmin, das mittels Urokinase aktiviert wurde, treten zunächst neue Endaminogruppen in Erscheinung, während die ursprünglichen keine Veränderungen erleiden[9]. Die biologische Halbwertzeit von Fibrinogen beträgt beim Menschen etwa 6 Tage[10]; nach anderen Angaben 3,2 Tage mit einer Abbaugeschwindigkeit von 31,8 mg/kg/Tag[11]; für weitere Charakteristika s. Tabelle 2.

Plasminogenfreiheit menschlichen Fibrinogens ist für viele Untersuchungen mit fibrinolytischen Enzymen von Wichtigkeit. Ein solches Präparat wird erhalten, wenn eine Lösung menschlichen Fibrinogens in 0,3 m NaCl mit einer Glycinlösung so verdünnt wird, daß eine 0,1 m Glycinkonzentration entsteht und dann Alkohol bis zu einer Konzentration von 7 % zugefügt wird. Das hierbei mit 95 % Ausbeute ausfallende Fibrinogen weist nur noch $^1/_{10}$ der ursprünglich vorhandenen Plasminogenverunreinigung[12] auf.

Proteolytische Spaltprodukte von Fibrinogen, welche durch Einwirkung fibrinolytischer Enzyme in vivo[13] oder in vitro[14] entstehen, besitzen gerinnungshemmende Eigenschaften[14], da sie die Polymerisierung von Fibrinmonomeren verhindern[13]. Eine elektrophoretische Charakterisierung dieser Spaltprodukte wurde von TRIANTAPHYLLOPOULUS durchgeführt[15].

Fibrinogen-Bestimmung in Anlehnung an die Methode von RATNOFF[16].

Prinzip:

Fibrinogen wird als Fibrin bestimmt. Fast allen Methoden liegt eine induzierte und kontrollierte Gerinnung von Fibrinogen zugrunde. Das entstandene Fibrin wird möglichst von anderen Eiweißen isoliert und hydrolysiert. Im Hydrolysat werden mit Phenolreagens die mit diesem Reagens reagierenden Aminosäuren bestimmt und daraus der Fibrinogengehalt berechnet. Der entscheidendste Schritt bei der Methode ist, alles Fibrinogen zur Gerinnung zu bringen, und dafür eignet sich Thrombin besser als Zugabe von Calcium,

---

1 BAILEY, K., W. T. ASTBURY and K. M. RUDALL: Nature **151**, 716 (1943).
2 RIESSER, P., and R. J. RUTMAN: Arch. Biochem. **66**, 247 (1957).
3 EDSALL, J. T., J. F. FOSTER and H. SCHEINBERG: Am. Soc. **69**, 2731 (1947).
4 HOCKING, C. S., M. LASKOWSKI jr. and H. A. SCHERAGA: Am. Soc. **74**, 775 (1952).
5 NORBÖ, R.: B. Z. **190**, 150 (1927).
6 MIHALYI, E.: Acta chem. scand. **4**, 317 (1950).
7 WOEHLISCH, E.: Ergebn. Physiol. **43**, 174 (1940).
8 SIZER, I. W.: Fed. Proc. **9**, 117 (1950).
9 WALLEN, P., and K. BERGSTROEM: Acta chem. scand. **11**, 754 (1957).
10 Nach ASTRUP, T.; in: PAGE, I. H. (Hrsgb.): Connective Tissue, Thrombosis and Atherosclerosis. S. 223. New York, London 1959.
11 TAKEDA, Y.: Physiologist **7**, 268 (1964).
12 MOSESSON, M.: Biochim. biophys. Acta **57**, 204 (1962).
13 FLETCHER, A. P., N. ALKJAERSIG, Z. LATALLO and S. SHERRY: J. clin. Invest. **38**, 1096 (1959).
14 NIEWIAROWSKI, S., u E. KOWALSKI: Bull. Acad. pol. Sci., Ser. Sci. biol. **5**, 169 (1957).
15 TRIANTAPHYLLOPOULOS, E., and D. C. TRIANTAPHYLLOPOULOS: J. Physiol., London **203**, 595 (1962).
16 RATNOFF, O. D.: J. Lab. clin. Med. **37**, 316 (1951).

da Thrombin im Gegensatz zu Calcium direkt die Fibrinogen-Fibrin-Umwandlung in Gang bringt. Die Gerinnung durch Calcium kann viel leichter als die durch Thrombin von Abnormitäten des Gerinnungssystems und speziell von Inhibitoren beeinflußt werden und damit zu niedrigen Werten Anlaß geben. Zur Verwendung gelangt meistens Oxalatplasma; die Ergebnisse mit Citratplasma scheinen etwas weniger zuverlässig zu sein. Der Hemmung der Gerinnung mit Heparin ist zu widerraten, da dieses mit der thrombininduzierten Fibrinogenumwandlung interferieren kann.

Der hier beschriebenen Bestimmung liegt die Methode von RATNOFF[1] zugrunde.

Reagentien:

1. Glaspulver, Partikelgröße nicht über 0,5 mm Durchmesser, chemisch rein.
2. NaCl, 0,85 %.
3. Thrombinlösung. 1000 N.I. Einheiten Thrombin, in 5 ml 50 % Glycerin gelöst. In der Tiefkühltruhe bei ca. $-15°$ C gelagert.
4. NaOH, 10 %.
5. Na_2CO_3, 20 %.
6. FOLIN-CIOCALTEU-Reagens (s. S. 250). Kühl gelagert ($+4°$ C).
7. Tyrosin-Standardlösung: 200 mg in 1 l 0,1 n HCl.

Ausführung:

In ein Zentrifugenglas mit etwa 40 ml Inhalt und rundem Boden werden etwa 0,5 g Glaspulver, 10 ml 0,85 % NaCl und 0,5 ml Thrombinlösung gegeben. Dann werden 0,5 ml Testplasma zugegeben (nötigenfalls genügen auch 0,2 ml); das Zentrifugenglas wird rotierend für etwa 2 min bewegt. Während dieser Zeit kommt es zur Gerinnung. Die Glaspartikel sollten im Gerinnsel suspendiert sein; stehenlassen für 10 min mit gelegentlichem Schütteln. Dann bei 2000 U/min für 10 min zentrifugieren; Überstehendes abgießen und verwerfen. Zugabe von 10 ml 0,85 % NaCl zum Gerinnsel, das mit einem Glasstab gegen die Wand gedrückt und dort ausgepreßt werden soll, um es von Nichtfibrineiweiß zu befreien. Zentrifugieren für 3 min. Überstehendes abgießen und verwerfen. Waschprozeß wird wiederholt. Es ist darauf zu achten, daß keine Gerinnselflocken verworfen werden. Dieses kann besonders dann leicht eintreten, wenn der Fibrinogengehalt von vornherein niedrig ist.

1 ml 10 %ige NaOH wird zum Gerinnsel gegeben, das Zentrifugenröhrchen mit einer großen Glaskugel bedeckt und für 10 min in ein kochendes Wasserbad eingebracht, kühlen, 7 ml Wasser zugeben, dann 3 ml 20 %ige Na_2CO_3 und schließlich 1 ml Phenolreagens. Gut durchmischen und für 10 min bei 37°C inkubieren. Danach abpipettieren von 2 ml und zu 6 ml Wasser zugeben; mischen und die optische Dichte mit einem Rotfilter (z.B. Klett 660) gegen eine Leerprobe ablesen. Die Leerprobe wird genau hergestellt wie im vorstehenden beschrieben, jedoch das Plasma weggelassen.

Standardisierung und Standardleerprobe wie folgt: Zu 1 ml Standardtyrosinlösung werden 1 ml 19 %ige NaOH, 6 ml Wasser, 3 ml Na_2CO_3 und 1 ml Phenolreagens zugegeben (Einhaltung der Zugabeordnung ist wichtig!), gemischt und für 10 min bei 37°C inkubiert. 2 ml dieser Lösung werden zu 6 ml Wasser pipettiert, gemischt und die optische Dichte mit einem Rotfilter gegen eine Leerprobe bestimmt. Leerprobe: 1 ml NaOH, 7 ml Wasser, 3 ml Na_2CO_3, 1 ml Phenolreagens. Inkubieren für 10 min bei 37°C; 2 ml davon werden zu 6 ml Wasser gegeben und gemischt.

Berechnung:

Die Farbentwicklung von 1 ml Tyrosin-Standardlösung entspricht jener von 11,7 mg Fibrinogen. 1 ml Tyrosin-Standard entspricht daher $0{,}2 \times 11{,}7$ mg Fibrinogen oder 2,34 mg Fibrinogen. Optische Dichte Fibrinogen $\times$ 2,34 dividiert durch optische Dichte Tyrosin-Standard entspricht dem Fibrinogengehalt der Plasmaprobe. Berechnung für 0,5 ml Plasma: mg Fibrinogen in % = optische Dichte Fibrinogen $\times$ 2,34 $\times$ 200 dividiert durch

[1] RATNOFF, O. D.: J. Lab. clin. Med. **37**, 316 (1951).

optische Dichte Tyrosin-Standard. Für 0,2 ml Plasma: mg Fibrinogen in % = optische Dichte Fibrinogen × 2,34 × 500 dividiert durch optische Dichte Tyrosin-Standard.

Bemerkungen:

a) Wegen der Fehlergrenze empfiehlt es sich, bei hohen Fibrinogengehalten mit 0,2 ml Plasma zu arbeiten.

b) Auf eine Eichkurve soll besser verzichtet werden, da das Phenolreagens gelegentlich von Tag zu Tag Variationen erkennen läßt.

c) Die Resultate mit dieser Methode sind mit 10 % Fehlergrenze reproduzierbar. Oxalatplasma scheint am besten zu sein. Es empfiehlt sich, eine Mischung von Ammoniumoxalat und Kaliumoxalat zu benutzen (z. B. 4 mg K-oxalat plus 6 mg NH_4-oxalat für 5 ml Blut).

Bedingungen, unter denen die Bestimmung versagen kann: Große Mengen von Antikoagulantien des Heparintypes in der Plasmaprobe können die Gerinnung durch Thrombin ganz oder teilweise verhindern. Dieses scheint besonders dann der Fall zu sein, wenn es sich um Gerinnungsinhibitoren handelt, welche im Patienten selbst entstanden sind (sog. zirkulierende Antikoagulantien). Unter diesen Umständen kann die Analyse gar kein Fibrinogen oder zu geringe Werte angeben. Die Störung der Bestimmung durch Anwesenheit von endogenen Thrombininhibitoren kann durch Zugabe von Calciumchlorid (in Mengen, welche zur Recalcifizierung der Plasmamenge ausreichen würden) aufgehoben oder vermindert werden. Als Alternative wäre gegebenenfalls die Aussalzung von Fibrinogen zu versuchen, wobei allerdings zu bedenken ist, daß dabei andere Proteine mitgerissen werden. Ein zweiter Zustand, bei dem zu geringe Werte gemessen werden können, ist eine starke fibrinolytische Aktivität im Testblut, bei der das Fibrin zu der Messung entgehenden Bruchstücken abgebaut wird. Es wird daher empfohlen, unter keinen Umständen die Verarbeitung des einmal durch Thrombin gebildeten Gerinnsels zu verzögern.

Tabelle 4. *Fibrinogen-Bestimmung*
(Benutzung von 40 ml-Gläsern mit rundem Boden)

	Fibrinogen	Fibrinogen-Leerprobe
Glaspulver Pyrex	0,5 ml	0,5 ml
0,85 % NaCl	10,0 ml	0,25 ml
Thrombinlösung (50 NIH-Einheiten/ml)	0,25 ml	0,25 ml
Plasma	0,5 ml oder 0,2 ml	—

2 min schütteln. Stehenlassen für 10 min bei gelegentlichem Schütteln. 10 min zentrifugieren bei 2000 U/min. Überstehendes abgießen und verwerfen. Mit 10 ml 0,85 % NaCl waschen, Gerinnsel mit Stäbchen auspressen. 3 min zentrifugieren. Überstehendes abgießen, mit 10 ml NaCl wieder waschen. 3 min zentrifugieren, Überstehendes abgießen wie vorher.

(10 % NaOH)	Fibrinogen 1 ml	Leer-Fibrinogen 1 ml	Standard 1 ml	Leer-Standard 1 ml
	10 min erhitzen in kochendem Wasserbad in durch Glaskugel verschlossenem Glas. Kühlen		nicht erhitzen	
Tyrosin-Standard	—	—	1 ml	—
Destilliertes Wasser	7 ml	7 ml	6 ml	7 ml
20 % Na_2CO_3 . .	3 ml	3 ml	3 ml	3 ml
Phenolreagens. .	1 ml	1 ml	1 ml	1 ml

Durch Umkehren gut mischen. 10 min bei 37° C inkubieren. Zugabe von 2 ml der einzelnen obenstehenden Ansätze zu 6 ml Wasser. Mischen und mit Rotfilter ablesen.

$$\text{Berechnung: Fibrinogen} = \frac{\text{abgelesenes Fibrinogen} \times 0{,}2 \times 11{,}7 \times 100}{\text{abgelesener Standard} \times \text{ml benutzten Plasmas}}$$

$$= \frac{\text{optische Dichte Fibrinogenlösung} - \text{optische Dichte Fibrinogen-Leerwert} \times 234}{\text{optische Dichte Standard} - \text{optische Dichte Standard-Leerwert} \times \text{Plasmavolumen in ml}}$$

Von klinischen Gesichtspunkten aus ist eine rasche Orientierung über den Fibrinogengehalt einer Blutprobe oft äußerst wichtig. Verschiedene Fibrinogenbestimmungsmethoden versuchen dem Rechnung zu tragen. In der Methode von GLENDENING[1] wird Oxalatplasma mit Thrombin zur Gerinnung gebracht und das Gerinnsel dann gewogen. Isolierung und Auspressen des Gerinnsels stoßen aber auf Schwierigkeiten, wenn das Gerinnsel klein und zerreißlich oder durch fibrinolytische Enzyme angedaut ist. CLAUSS[2] gibt ein Testsystem an, in dem die Gerinnung von Fibrinogen durch Thrombin nur vom Fibrinogengehalt abhängig sein soll. Hier wird also Fibrinogen durch eine Variation der Thrombinzeit bestimmt; dieses erlaubt, rasch Ergebnisse zu erhalten. Die Genauigkeit einer solchen Methode ist naturgemäß nicht die einer chemischen Bestimmung. Eine weitere Schnellmethode ist die Fibrinogenbestimmung durch Hitzeausfällung nach SCHULZ[3]. Dabei wird das Fibrinogen in Citratplasma, welches in NISSEL-Röhrchen eingebracht wurde, bei 56° C auscoaguliert und das Röhrchen zentrifugiert. Aus der Höhe des Sedimentes wird mit Hilfe von Standardwerten der Fibrinogengehalt berechnet. Diese Methode besitzt vermutlich den Vorteil, von endogenen und exogenen Antikoagulantien nicht beeinflußt zu werden.

Prothrombin.

Vorkommen. Prothrombin kommt in Blut und Lymphe und wahrscheinlich auch in entzündlichen Exsudaten vor. Seine Konzentration in menschlichem Plasma beträgt etwa 20 mg-% oder 300 Einheiten[4]. Der Gehalt im Plasma bei den verschiedenen Species ist unterschiedlich; gemessen mit der Zwei-Stufen-Methode ergibt sich folgende steigende Reihenfolge: Meerschweinchen, Hund, Kaninchen, Katze, Ratte, Rind, Mensch[5]. Beim Hund ist der Prothrombingehalt der Lymphe geringer als der von Plasma und in der Cervicallymphe wiederum geringer als in der Lymphe des Ductus thoracicus[6]. Prothrombin ist in der COHN-Fraktion III—2 enthalten. Das Serum von normalen Individuen weist etwa 5 % des Prothrombingehaltes von Normalplasma auf. Bei Individuen mit mangelnder Thrombokinasebildung (Hämophilie, Thrombocytopenie) ist der Prothrombingehalt von Serum hoch.

***Darstellung von Prothrombin nach* SEEGERS[7].**

Prinzip:

Prothrombin wird nach isoelektrischer Fällung an $Mg(OH)_2$ adsorbiert, dieses zerlegt und Prothrombin durch fraktionierte $(NH_4)_2SO_4$-Fällung und Säurefällung weiter gereinigt.

Reagentien:

1. Oxalatmischung (1,85 % $K_2C_2O_4 \times H_2O$ + 0,5 % $H_2C_2O_4 \times 2\ H_2O$).
2. Essigsäure, 1 %ig.
3. Oxalierte Kochsalzlösung (0,075 g $K_2C_2O_4 \times H_2O$ mit 0,85 g Natriumchlorid in 1 l Wasser gelöst).
4. 1 n NaOH.
5. Magnesiumhydroxyd-Paste (Dow Chemical Company).
6. Ammoniumsulfat.
7. HCl, 0,25 %ig.
8. Bariumcarbonat.
9. Kohlendioxyd-Druckflasche.

---

[1] GLENDENING, M. B., L. OLSON and E. W. PAGE: Amer. J. Obstet. Gynec. **70**, 655 (1955).
[2] CLAUSS, A.: Acta haematol., Basel **17**/4, 237 (1957).
[3] SCHULZ, F. H.: Acta hepatol., Hamburg **3**, 306 (1955).
[4] SEEGERS, W. H., and E. B. ANDREWS: Proc. Soc. exp. Biol. Med. **79**, 112 (1952).
[5] NICOLA, P. DE: Schweiz. med. Wschr. **82**, 355 (1954).
[6] KAULLA, K. N. VON, and E. B. PRATT: Amer. J. Physiol. **187**, 89 (1956).
[7] SEEGERS, W. H.: Rec. chem. Progr. **13**, 143 (1952).

Ausführung:

Erster Tag. 1 l Oxalatmischung wird im Schlachthaus mit 20,5 l Blut gründlich gemischt. Abzentrifugieren des Plasmas, das tiefgefroren mehrere Monate gelagert werden kann. Am ersten Arbeitstag wird ein Teil Plasma mit 14 Teilen eiskalten Wassers verdünnt und gut gemischt; Temperatur 0° C; isoelektrische Fällung bei p_H 5,1—5,2 durch langsame Zugabe verdünnter Essigsäure. Absitzenlassen für 4 Std. Vorsichtiges Absaugen des Überstehenden. Konzentrieren des Präcipitates durch Zentrifugieren bei 180 U/min für 20 min in der Kälte. Das kompakte Präcipitat wird in einen Mixer, der mit Schneidemessern ausgerüstet ist (Waring Blender), eingebracht und dort unter Zugabe von 1 l oxalierter Kochsalzlösung zerkleinert. Überführen in ein Glasgefäß und Weiterrühren der Suspension mit einem mechanischen Rührer. Langsames Adjustieren des p_H mit 0,1 n NaOH auf p_H 6,4. Der Ausgangs-p_H sollte etwa 5,5 betragen. Während aller dieser Prozesse sollte Schäumen vermieden werden. Zentrifugieren der Mischung in der Kälte für 5 min bei 4500 U/min, vorzugsweise in einer Winkelzentrifuge. Filtrieren des Überstehenden durch 6 Lagen kochsalzgewaschener Gaze. Die filtrierte Lösung wird in einem Eisbad gehalten. Nun wird Magnesiumhydroxyd-Paste zugegeben, die vorher mit 1 l destillierten Wassers verrührt worden ist. Es sollte eine gleichmäßig durchgemischte Kreme entstehen. Magnesiumhydroxyd in dieser Form kann in der Kälte aufgehoben werden und sollte $10 \pm 0{,}5$ g Magnesiumhydroxyd pro 100 ml enthalten. (Dieses kann durch Bestimmung des Trockengewichtes bei etwa 100° C festgestellt werden.)

Der Prothrombinlösung werden unter Rühren 225 ml Magnesiumhydroxyd-Suspension zugegeben; der letzte Rest des Magnesiumhydroxyd kann aus dem Meßzylinder mit etwas kalter oxalierter Kochsalzlösung ausgewaschen werden. Es wird dann in der Kälte bei 1500 U/min für 20 min zentrifugiert und das Überstehende abgehoben. Das weiße Präcipitat wird nun in einem Mixer mit 350 ml kalter Kochsalzlösung gewaschen. Zentrifugieren während 5 min bei 3000—4000 U/min. Abgießen des Überstehenden; Einfüllen des Magnesiumhydroxyds in den Mixer unter Nachspülen mit physiologischer Kochsalzlösung. Erneutes Waschen für wenige Sekunden mit 350 ml kalter Kochsalzlösung, immer unter Vermeidung von Schaumbildung. Abzentrifugieren in einer gekühlten Winkelzentrifuge bei 400 U/min für 5 min. Abgießen des Überstehenden. Herstellung einer Suspension im Mixer mittels 400 ml kalter physiologischer Kochsalzlösung. Einbringen der Suspension in eine geeignete Druckflasche und einleiten von Kohlendioxyd, so daß in der Flasche ein Druck von 3 Atm herrscht. Die Druckflasche, angeschlossen an einen CO_2-Tank, wird für 20 min in einer Schüttelmaschine geschüttelt. Abschalten des Kohlendioxyd-Tanks, der Kohlendioxyd-Druck in der Druckflasche sollte aber erhalten bleiben. Einbringen derselben in Eiswasser für 10 min. Langsames Entweichenlassen des CO_2 und Überführen des Flascheninhaltes in einen 1 Liter-Metallbecher. Auswaschen der Druckflasche mit etwas kalter Kochsalzlösung und vereinigen mit Metallbecherinhalt, der über Nacht in den Kühlschrank kommt.

Zweiter Tag. Filtrieren des Metallbecherinhaltes durch 3—6 Lagen chirurgischer Gaze, die vorher sorgfältig mit Kochsalzlösung gewaschen worden ist. Das nicht durch die Gaze gehende solide Material wird in dieser mit gewaschenen Händen ausgequetscht. Herstellung einer Kühllösung von etwa —15° C. Einbringen eines 2 Liter-Metallbechers in diese Kühllösung. Das Volumen der Prothrombinlösung, die durch Auspressen des soliden Materials in der Gaze erhalten wurde, wird gemessen und in den 2 Liter-Becher eingebracht; rühren mit mechanischem Rührer, um Anfrieren an den Wänden zu vermeiden. Wenn die Temperatur der Prothrombinlösung auf 0° C gesunken ist, wird eine gesättigte Ammoniumsulfatlösung zugegeben (gesättigt bei Zimmertemperatur; spezifisches Gewicht 1,26). 1 Vol. Ammoniumsulfatlösung kommt auf 1 Vol. Prothrombinlösung, wobei die Zugabe so zu erfolgen hat, daß keine Erwärmung über 0° C eintritt. Abzentrifugieren des sich bildenden Präcipitates in einer Winkelzentrifuge bei 4000—4500 U/min für 15 min. Abgießen des Überstehenden in einen gekühlten 2 Liter-Metallbecher; das Präcipitat enthält viel Acceleratorglobulin und wird verworfen. Der Metallbecher mit dem Überstehenden kommt wieder in die Gefriermischung, wird mit einem mechanischen Rührer gerührt, und es wird noch einmal eine Ammoniumsulfatmenge zugesetzt, die dem Volumen der Prothrombinlösung entspricht. Dies bringt die Ammoniumsulfatkonzentration auf etwas über 67 %. Nachdem alles zugegeben ist, wird der Becher aus dem Gefrierbad genommen und sein Inhalt in ein 150 ml-Becherglas, das in einem Eiswasserbad steht, überführt. Das Becherglas wird für 20 min bei 0° C belassen. Während dieser Zeit fällt das Prothrombin aus, Magnesiumsalze kristallisieren und sammeln sich am Boden des Becherglases. Nach 20 min wird das Prothrombinpräcipitat durch Überführen der Lösung in kalte 100 ml-Zentrifugengläser gesammelt und in diesen in einer gekühlten Winkelzentrifuge bei 4000—4500 U/min für 20 min zentrifugiert. Es ist wesentlich, während dieser Operation das Prothrombinzentrifugat in die Zentrifugengläser zu bringen und dabei die leicht erkennbaren Magnesiumsalzkristalle zurückzulassen. Abgießen des Überstehenden, Waschen der Wände der umgekehrt gehaltenen Zentrifugengläser mit destilliertem Wasser durch Einspritzen desselben von unten her bei leichter Drehung des Zentrifugenglases. Einbringen der Zentrifugengläser in ein Eisbad und Rühren des Präcipitates mit einigen Milliliter kalten destillierten Wassers. Nach Herstellung einer Suspension wird der gesamte Inhalt der Zentrifugengläser mit einer Spritze aufgezogen und in eine geeignete Dialysiervorrichtung eingebracht, welche ein rasches Dialysieren erlaubt. (Die Originalarbeit enthält die Zeichnung eines Membrandialysierapparates; ein guter Rotationsdialysierapparat oder ähnliches tut denselben Dienst.) Dialysieren gegen kaltes destilliertes Wasser für etwa 3 Std. Der spezifische Widerstand der Prothrombinlösung nach Dialyse sollte 1700 Ohm oder mehr betragen. Überführen der dialysierten Prothrombinlösung in ein 150 ml-Becherglas, das in einem Eisbad gehalten wird. Zugabe von 0,25 %iger Salzsäure, bis der p_H auf 5,35—5,4 gebracht ist. Das sich bildende Präcipitat enthält Unreinheiten, welche bei 4000 U/min während 5 min abzentrifugiert werden. Einbringen des Überstehenden in ein 150 ml-Becherglas im Eisbad. Adjustieren des p_H auf 4,6 unter Rühren und tropfenweiser Zugabe von 0,25 % HCl. Wiederum Abzentrifugieren in gekühlter Zentrifuge bei 2000 U/min für 3 min. Es sollte so vorsichtig zentrifugiert werden, um nachfolgende Schwierigkeiten mit der Auflösung des Präcipitates zu vermeiden. Das Überstehende enthält Prothrombin, das für gewisse Zwecke geeignet ist, aber in dem hier beschriebenen Prozeß nicht verwendet wird. Das Präcipitat wird mit einem Glasstab zerkleinert, tropfenweise destilliertes Wasser zugegeben, und es wird versucht, eine Art Emulsion herzustellen. Dieses wird so lange fortgesetzt, bis etwa 5 ml Wasser hinzugefügt worden sind. Überführen der Lösung in ein 50 ml-Becherglas im Eisbad. Nachspülen der vorverwandten Zentrifugenröhren mit kaltem destilliertem Wasser, das der Prothrombinlösung zugefügt wird. Adjustieren des p_H auf 6,5—7,5 mittels 1 n NaOH, die tropfenweise unter Rühren zugegeben wird. In diesem Stadium ist die Ausbeute von Prothrombin etwa 40—60 % des Ausgangsmaterials, und die spezifische Aktivität in Prothrombineinheiten beträgt durchschnittlich 23450 pro mg Tyrosin. Die Ausbeute, ausgedrückt in Aktivität, kann gelegentlich durch Zugabe von Bariumcarbonat zur wäßrigen, neutralen gereinigten Prothrombinlösung erhöht werden. Beispiel: 20 ml Rinderprothrombinlösung, p_H 7, enthaltend 0,5 % Eiweiß, werden mit 1 g Bariumcarbonat gemischt, das dann durch Zentrifugieren entfernt wird. Anstieg etwa 5—10 %. Eine weitere Aktivierung und eine weitere Reinigung des Prothrombins war nicht möglich. Obwohl die Elektrophorese unterschiedliche Resultate ergab, wird angenommen, daß das so isolierte Präparat sich im wesentlichen nur aus Prothrombin zusammensetzt. Die Veränderungen bei der Elektrophorese können einmal damit erklärt werden, daß das Molekül offenbar während dieser Vorgänge zerstört wird und zum andern, daß unter gewissen Umständen sich Prothrombin in der vorliegenden Form in Thrombin umwandelt, ein Prozeß, der dann optimal verläuft, wenn das gereinigte Prothrombin in einer 25 %igen Natriumcitratlösung aufbewahrt wird. Die Verunreinigung an Acceleratorglobulin im vorstehend beschriebenen Prothrombin ist etwa 0,25 %. Das gereinigte Prothrombin dient als Ausgangssubstanz für die Herstellung gereinigter Thrombinpräparate (s. Thrombin-Abschnitt). Es ist jedoch mit Spuren von Thrombin und Autoprothrombin III verunreinigt. Für eine Methode der Abtrennung von Autoprothrombin III und für Literatur über Prothrombinderivate s. SEEGERS et al.[1].

Die im vorstehenden beschriebene Methode ist besonders zur Herstellung von Präparaten für chemische Untersuchungen geeignet. Viele chemisch-physikalische Erkenntnisse über Prothrombin wurden an mit ihr hergestellten Präparaten gewonnen. Zur Gewinnung kleinerer Chargen wird oft Adsorption an Bariumsulfat oder Aluminiumhydroxyd zugrunde gelegt. Die so erhaltenen Präparate dienen meist gerinnungsphysiologischen Untersuchungen, weisen aber nicht die große Reinheit des SEEGERSschen Präparates auf.

***Reinigung mittels Bariumsulfat nach* KOLLER, LOELIGER *und Mitarb.*[2].**

Rinderoxalatplasma wird durch Asbestfilter gefiltert, um es von Faktor VII zu befreien. Es enthält dann noch 10—20 % Prothrombin (in bezug auf menschliches Plasma). Nach Zugabe von Thrombokinase und Calcium soll bei 37° C keine Gerinnung eintreten. Zu 100 ml filtriertem Rinderplasma werden 5 g Bariumsulfat gegeben und die Mischung unter gelegentlichem Rühren bei 2—5° C gehalten. Abzentrifugieren und zweimaliges Waschen des $BaSO_4$ mit physiologischer NaCl. Zweimaliges Eluieren mit 0,067 m Phosphatpuffer, p_H 8, unter Rühren für 30 min. Vereinigung der Eluate, Dialysieren über Nacht gegen dest. H_2O. Ausbeute 40—50 % des Prothrombingehaltes des durch Seitz-Filter filtrierten Rinderplasmas. Präparate können lyophilisiert oder gefroren werden.

***Reinigung mittels Aluminiumhydroxyd*[3] *nach* BIGGS *und* MACFARLANE[4].**

Plättchenfreien Citratplasma wird mit genügend $Al(OH)_3$ (meist 0,5 ml) adsorbiert, um die Prothrombinzeit auf 1 min zu verlängern. Dafür wird die Mischung für 30 min bei 37° C inkubiert. Anschließend abzentrifugieren, zweimaliges Waschen des $Al(OH)_3$ mit kaltem dest. H_2O und eluieren durch Verrühren des $Al(OH)_3$ mit 5—10 ml Phosphatpuffer p_H 8. Stehenlassen für 1 Std bei 37° C. Abzentrifugieren, Adjustieren des prothrombinhaltigen Überstehenden auf p_H 7 mittels 2 % Essigsäure. Dialysieren über Nacht gegen kalte gerührte Citrat-Kochsalzlösung (9 Teile physiol. NaCl und 1 Teil 3,8 % Trinatriumcitrat).

Eine weitere Reinigung hochaktiver Prothrombinpräparate durch Chromatographie an DEAE-Cellulose gelingt, jedoch weist ein solches Präparat veränderte endständige Aminosäuren auf und läßt sich durch 25 %iges Natriumcitrat nicht mehr aktivieren[5]. Bei Gelfiltration an Sephadex G-75 tritt ebenfalls eine erhebliche weitere Anreicherung ein, aber offenbar ohne eine Veränderung des Prothrombinmoleküls zu bedingen[6].

Eigenschaften. Prothrombin mit einem Molekulargewicht von 62700 besitzt die Molekülform eines länglichen Sphäroids mit einer Länge von 119 Å und einer Dicke von 34 Å. Es ist in seinen Eigenschaften jenen von Albumin sehr ähnlich[7]. In hochgereinigten Präparaten fanden sich 18 Aminosäuren, darunter Cystin und Methionin[8]. Der optimale p_H für die biologische Aktivierung beträgt 7,2. Prothrombin ist zwischen p_H 3,9 und 5,6 unlöslich. Die elektrophoretische Beweglichkeit entspricht ungefähr der eines α_2-Globulins[9]. Die biologische Aktivität von Prothrombin übersteht die Elektrophorese im allgemeinen nicht, jedoch läßt sich bei geeigneter Technik Prothrombin ohne Verlust der biologischen

[1] SEEGERS, W. H., E. R. COLE, N. AOKI and C. R. HARMINSON: Canad. J. Biochem. Physiol. **42**, 229 (1964).
[2] KOLLER, F., A. LOELIGER and F. DUCKERT: Acta haematol., Basel **6**, 1 (1951).
[3] BERTHO, A., u. W. GRASSMANN: Biochemisches Praktikum. Berlin 1936.
[4] BIGGS, R., and R. G. MACFARLANE: Human Blood Coagulation. 2nd Ed. Oxford 1957.
[5] THOMAS, W. R., and W. H. SEEGERS: Biochim. biophys. Acta **42**, 556 (1960).
[6] MAMMEN, E., and A. RAMIEN: Thromb. Diath. haem., Stuttgart **8**, 37 (1962).
[7] LAMY, F., and D. F. WAUGH: J. biol. Ch. **203**, 489 (1953).
[8] LAKI, K., D. R. KOMINZ, P. SYMONDS, L. LORAND and W. H. SEEGERS: Arch. Biochem. **49**, 276 (1954).
[9] SEEGERS, W. H.: Adv. Enzymol. **16**, 23 (1955).

Aktivität durch Stärke-Elektrophorese reinigen[1]. Gefriergetrocknete Präparate verlieren allmählich ihre Aktivierbarkeit und werden langsam unlöslich. Trocknung mit kaltem Aceton scheint sich bewährt zu haben[2]. Die Inaktivierung von Prothrombinlösungen beginnt bei 40° C, ist bei 60° C vollständig, neutrale Lösungen können bei 53° C für 2 Std gehalten werden, Präparate, welche über Adsorption an $Al(OH)_3$ gewonnen wurden, widerstehen Erhitzen auf 56° C für 7 Std und halten selbst Kochen bis zu einem gewissen Grade aus[3]. Das Prothrombin des Plasmas, in Ampullen eingeschmolzen und bei —20° C schnell gefroren und schnell aufgetaut, bleibt für 50 Tage unverändert[4].

Prothrombin kann nichtenzymatisch durch Poly-L-lysinhydrobromid oder -hydrochlorid bei p_H 8—8,5 in biologisch wirksames Thrombin umgewandelt werden. Die Reaktion nimmt bei tiefen Temperaturen zu und wird durch Enzyminhibitoren nicht gehemmt[5]. Lipoide hemmen die Aktivierbarkeit gereinigten Prothrombins[6].

Tyrosinase greift gereinigtes Prothrombin, aber nicht Prothrombin des Plasmas an[7]. Über die proteolytische Umwandlung von Prothrombin in Thrombin s. KOWARZYK[8], über die Umwandlung von Prothrombin in Thrombin durch Trypsin s. KLEINFELD und HABIF[9]. Die gerinnungsphysiologischen Besonderheiten der Prothrombinumwandlung sind einer der genannten Gerinnungsmonographien zu entnehmen.

Als eine *Einheit* Prothrombin wird jene Menge Prothrombin definiert, welche eine Einheit Thrombin liefert.

Bestimmung der Prothrombinaktivität.

Die *Bestimmung der sog. Prothrombinzeit* ist der am häufigsten durchgeführte Gerinnungstest; sein größtes Anwendungsgebiet ist die Kontrolle der Antikoagulantien-Behandlung. Die Reagentien sind im Handel erhältlich. Der Test ist in allen Büchern der medizinischen Laboratoriumstechnik beschrieben. Die Ergebnisse der Prothrombinzeitbestimmung oder „Prothrombinbestimmung" werden jedoch nicht von der Prothrombinaktivität allein beeinflußt, sondern auch, und zwar recht wesentlich, von der Aktivität anderer Faktoren, wie Faktor V, Faktor VII, STUART-PROWER-Faktor, Antithrombin und anderem mehr. Dieser Test kann also trotz seiner großen praktischen klinischen Nützlichkeit nur als ein Gruppentest bezeichnet werden.

Für die isolierte Bestimmung von Prothrombin muß die „Prothrombinzeitbestimmung" so modifiziert werden, daß Prothrombin selbst der einzige variable Faktor bleibt. Dazu sind eine Reihe von Testen angegeben worden; ein verläßliches, nicht so kompliziertes Verfahren ist jenes von KOLLER u. Mitarb.[10]. Es arbeitet nach dem Einstufenprinzip. Die wesentlichen Schritte dieser Methode sind folgende: 0,1 ml Oxalatplasma, verdünnt 1:10 mit MICHAELIS-Puffer; 0,05 ml Tricalciumphosphat (50 mg/ml); Rinderplasma (als Faktor V-Quelle); 0,05 ml oxaliertes, prothrombinfreies (Gerinnung vollständig abgelaufen) Serum (als Faktor VII-Quelle) oder ein gereinigtes Faktor VII-Präparat und 0,1 ml Thrombokinase werden in ein Gläschen bei 37° C pipettiert, nach 20 sec werden 0,1 ml $CaCl_2$ zugegeben und die Gerinnungszeit bestimmt. Normalwerte je nach verwandter Thrombokinase 15—17 sec. Die durch weiteres Verdünnen von Normalplasma erhaltene Standardkurve gibt in einem doppelt-logarithmischen System eine Gerade.

---

[1] LANCHANTIN, G. L.: Amer. J. Physiol. **194**, 7 (1958).
[2] MCCLAUGHRY, R. C., E. B. ANDREWS and W. H. SEEGERS: Proc. Soc. exp. Biol. Med. **75**, 252 (1950).
[3] BIGGS, R., and R. G. MACFARLANE: Human Blood Coagulation. 2nd Ed., S. 42—43. Oxford 1957.
[4] RANDALL, A., and J. P. RANDALL: Science, N.Y. **107**, 399 (1948).
[5] MILLER, K. D.: J. biol. Ch. **235**, PC 64, (1960).
[6] MERZ, H. P., and H. SCHROEDER: Naturwiss. **47**, 84 (1960).
[7] KRUGELIS, E. J., and I. W. SIZER: Blood **9**, 513 (1954).
[8] KOWARZYK, H.: Sang **27**, 275 (1956).
[9] KLEINFELD, G., and D. V. HABIF: Proc. Soc. exp. Biol. Med. **84**, 432 (1953).
[10] KOLLER, F., A. LOELIGER u. F. DUCKERT: Acta haematol., Basel **6**, 1 (1951).

Will man Prothrombin isoliert erfassen und seine Aktivität in Einheiten gebildeten Thrombins ausdrücken, so sei auf die Zweistufenmethode von WAGNER u. Mitarb.[1] hingewiesen. Eine Zweistufenmethode, die mit käuflichen Reagentien arbeitet, wurde von SCHULTZE beschrieben[2].

Thrombin.

[3.4.4.13.]

Eine umfassende Monographie über die Prothrombin-Thrombin-Forschung mit vielen methodologischen Angaben unter Einschluß anderer Gerinnungsfaktoren findet sich bei SEEGERS[3]. Diese Monographie enthält auch zahlreiche Angaben über die verschiedenen Erscheinungsformen von Prothrombin zugleich mit einer Diskussion über die Identität dieser Erscheinungsformen mit anderen Gerinnungsfaktoren.

Vorkommen. Thrombin kommt unter normalen Umständen nur während der Blutgerinnung vor. Es wird ausschließlich während des Gerinnungsvorganges gebildet und bereits während desselben und im Anschluß an dessen Ablauf durch die Antithrombine (s. Tabelle 4) neutralisiert*.

Darstellung. Aus dem im Vorstehenden geschilderten, hochgereinigten Prothrombin läßt sich außerordentlich aktives Thrombin auf zwei verschiedenen Wegen gewinnen (nach SEEGERS u. Mitarb.[4]; s. auch S. 321):

Darstellung von Thrombin nach* SEEGERS *u. Mitarb.*[4]. *Methode 1.

Prinzip der Methode:

Gereinigtes Prothrombin wird unter der Einwirkung von Thrombokinase und Calcium in Thrombin verwandelt und dieses dann an einer Kunstharzionenaustauscherkolonne gereinigt.

Reagentien:

1. Lungenthromboplastin.
2. Calciumchlorid.
3. Kunstharzionenaustauscher IRC-50 (XE-64) Roehm & Haas mit einer Feinheit von 200 Mesh, der vorgängig nach der Methode von HIRS[5] gewaschen und mit Aceton getrocknet wurde.
4. 0,05 m Natriumphosphatpuffer p_H 7.
5. 0,3 m Natriumphosphatpuffer p_H 8.
6. Ammoniumsulfat in Substanz.
7. Aceton.

Ausführung:

Gereinigtes Prothrombin (s. S. 315; Methode SEEGERS) wird mit Lungenthromboplastin (s. S. 323) und in Gegenwart von Calciumionen in Thrombin überführt. Aus der Lösung wird das Lungenthromboplastin durch Zentrifugation bei 104000 $\times$ g entfernt. Zum Überstehenden wird ein gleiches Volumen kalten Acetons zugegeben, das resultierende Präcipitat zweimal mit Aceton gewaschen, im Exsiccator unter Vakuum getrocknet und in diesem belassen. Das Präparat soll in den nächsten Tagen weiter verarbeitet werden. Dazu werden 230 mg Thrombin — hier, weil durch den natürlichen Aktivator Thrombokinase erhalten, Biothrombin genannt — in 2,5 ml Phosphatpuffer, p_H 7, gelöst und an die

* Einschränkend ist zu sagen, daß Hinweise darauf bestehen, daß auch normalerweise kleine Thrombinspuren im Blute vorhanden sind und ihnen unter anderem durch Antithrombine die Waage gehalten wird. Dieser fundamentale Fragenkomplex bedarf jedoch noch weiterer Bearbeitung.

[1] WAGNER, H. R., J. B. GRAHAM, G. D. PENICK and K. M. BRINKHOUS; in: TOCANTINS, L. M. (Hrsgb.): The Coagulation of Blood. New York 1955.

[2] SCHULTZE, H. E.; in: JÜRGENS, J., u. E. BELLER (Hrsgb.): Klinische Methoden der Blutgerinnungsanalyse. Stuttgart 1959, S. 198.

[3] SEEGERS, W. H.: Prothrombin. Cambridge, Mass. 1962.

[4] SEEGERS, W. H., W. G. LEVINE and R. S. SHEPARD: Canad. J. Biochem. Physiol. **36**, 603 (1958).

[5] HIRS, C. H.; in: Colowick-Kaplan, Meth. Enzymol. Bd. I, S. 113.

Säule gegeben. Diese war zuvor mit dem gleichen Puffer äquilibriert worden (Säulenausmaße: 2,2 × 25 cm). Die Elution wird mit Natriumphosphatpuffer p_H 8 vorgenommen. Das Effluent wird fraktioniert aufgefangen; es erscheint sehr rasch ein Eiweißgipfel, der frei von Thrombinaktivität ist. Dieser Gipfel ist von mehreren weiteren Eiweißgipfeln gefolgt. Nach Ausfluß von etwa 330 ml Entwicklungslösung erscheint ein zweiter größerer Eiweißgipfel, dessen Erscheinen mit dem gleichzeitigen Auftreten von Thrombinaktivität begleitet ist. In diesem Zustand ist das Präparat bei 4°C für über 7 Wochen stabil. Seine Aktivität beträgt etwa 46000 Einheiten pro mg Tyrosin; p_H der Ausflußflüssigkeit 6,32. Zur Entfernung der Salze wird die thrombinhaltige Fraktion, sowie sie von der Austauschersäule erhalten wird, mit Ammoniumsulfat in der Kälte bis zu 75%iger Sättigung versetzt. Das ausfallende Thrombin wird abzentrifugiert, in Wasser gelöst und durch Zugabe eines gleichen Volumens tiefgekühlten Acetons erneut gefällt. Die Acetonfällung ist bis zur völligen Beseitigung aller Ammoniumsulfatspuren zu wiederholen. Das Präparat wird nun im Exsiccator getrocknet. Die Aktivität beträgt etwa 4000 Einheiten pro mg Trockengewicht.

Eigenschaften dieses Präparates. In der analytischen Ultrazentrifuge erscheint nach 110 min bei 59780 U/min ein einzelner symmetrischer Gipfel. Die Sedimentationskonstante S ist 3,9; das Molekulargewicht 62700 oder 30600. Das Molekül könnte gegebenenfalls ein Dimeres sein.

Darstellung von Thrombin nach Seegers *u. Mitarb.*[1]. *Methode 2.*

Prinzip:

Die zweite Methode beruht auf der Fähigkeit von Prothrombin, in Gegenwart von 25% Natriumcitrat sich spontan in Thrombin umzuwandeln.

Reagentien:

1. Thrombin.
2. Natriumcitrat.

Ausführung:

Gereinigtes Prothrombin (nach Seegers) wird so in Gegenwart von Natriumcitrat gelöst, daß eine 25%ige Citratlösung mit etwa 17000 Einheiten Prothrombin pro ml entsteht. Dieser Lösung werden etwa 800 Einheiten Thrombin pro ml zugesetzt, und sie wird für 8 Std bei Labortemperatur sich selbst überlassen. Dabei wird das Prothrombin zu 100% in Thrombin umgewandelt, ein Vorgang, der durch die Anwesenheit von Thrombinspuren beschleunigt wurde. Erhöhen der Natriumcitrat-Konzentration auf 30% führt zu Ausfallen von Thrombin, das eine Aktivität von 33000 Einheiten pro ml Tyrosin besitzt. Es kann in diesem Zustand dialysiert und gefriergetrocknet werden. Für die Weiterbearbeitung jedoch wird dieses Präcipitat nicht abgetrennt, sondern die Natriumcitrat-Konzentration auf 36% gebracht; dann wird dialysiert, bis alles Citrat entfernt ist, und mit Aceton getrocknet. Das so erhaltene Präparat kann nun mittels Kunstharzionenaustauscher, wie unter 1. beschrieben, gereinigt werden.

Ein hochaktives, jedoch weniger reines menschliches Thrombin kann nach der folgenden Methode gewonnen werden:

Darstellung von Thrombin nach Biggs *und* Macfarlane[2].

Reagentien:

1. Essigsäure, 2%.
2. Natriumchlorid, 0,85%.
3. Na_2CO_3, 2%.
4. 0,25 m $CaCl_2$.
5. Aceton.

[1] Seegers, W. H., W. G. Levine and R. S. Shepard: Canad. J. Biochem. Physiol. **36**, 603 (1958).
[2] Biggs, R., and R. G. Macfarlane: Human Blood Coagulation. Oxford 1957.

Ausführung:

100 ml menschliches Citrat-Bankplasma werden mit 1000 ml destilliertem Wasser verdünnt und der p_H mit Essigsäure auf 5,3 gebracht; lösen des Präcipitates in 25 ml 0,85% NaCl-Lösung, Adjustieren des p_H auf 7 mit Na_2CO_3, Zugabe von 3 ml $CaCl_2$ und Entfernung des ausfallenden Fibrinogens, während es sich bildet. Zur vollständigen Thrombinbildung stehenlassen für 2 Std, fällen mit einem gleichen Volumen Aceton bei Zimmertemperatur. Extrahieren des abzentrifugierten Präcipitates mit 25 ml Kochsalzlösung. Zentrifugieren und Verwerfen des Ungelösten. Aktivität bis zu 200 Einheiten/ml.

Definition der Thrombin-Einheit. Einer Einheit (NIH-Einheit) entspricht jene Thrombinmenge, welche 1 ml menschlicher COHN-Fraktion I bei 25° C in 45 sec zur Gerinnung bringt.

Eigenschaften. In Gegenwart von Ninhydrin oder bei sehr langer Lagerung verlieren die Thrombine ihre Fähigkeit, Fibrinogen zur Gerinnung zu bringen, während ihre Esterase-Aktivität nicht so rasch verschwindet[1]. In konzentrierter Citratlösung verliert Thrombin seine esterspaltende Aktivität, ohne daß seine gerinnungsfördernde Aktivität verlorengeht. Es ist möglich, daß das Molekül dissoziiert.

Thrombin ist in dest. Wasser und in physiologischer Kochsalzlösung löslich; es wird von Tricalciumphosphat, $Al(OH)_3$ und $Mg(OH)_2$ vollständig adsorbiert, von $BaSO_4$ zu 90%[2]. Seine Lagerungsstabilität wird durch Lösen in 50% Glycerin erheblich gesteigert. Ein praktisch wichtiges Charakteristikum von Thrombin ist seine Inaktivierbarkeit (durch Adsorption) durch Glasoberflächen. Dieses tritt um so mehr in Erscheinung, je schwächer die Thrombinlösung ist. Für Arbeiten mit Thrombinlösungen sollen daher silikonierte Gläser verwandt werden[3]. Tyrosinase inaktiviert Thrombin[4]. Hitzeinaktivierung beginnt bereits bei 40° C und erfolgt schnell bei 56° C (s. auch Tabelle 2, S. 306). Thrombin spaltet bei der Gerinnung Arginyl-Glycin-Bindungen des Fibrinogenmoleküls. Dieses und weiteres über den Wirkungsmechanismus s. LAKI[5].

Gereinigtes Thrombin erleidet keine wesentliche Einbuße seiner fibrinolytischen Aktivität während der Lagerung[1]. Durch Acetylieren mit Essigsäureanhydrid[6] wird ein Thrombinderivat erhalten, das seine Gerinnungseigenschaften verloren hat, stark esterolytisch wirkt und nach intravenöser Injektion beim Hund Fibrinolyse hervorruft[7].

Bestimmung. Die *Bestimmung von Thrombin* kann auf drei Wegen erfolgen. Der gebräuchlichste ist der gerinnungsphysiologische Weg, dem die Umwandlung von Fibrinogen durch Thrombin in Fibrin zugrunde liegt. Die Umwandlungszeit wird unter standardisierten Bedingungen gemessen. Diese Methode wird auch beim NIH-Standard und in zahlreichen Modifikationen bei Gerinnungsstudien angewandt (z.B. Methode SEEGERS und SMITH[8]). Die zweite Methode basiert auf der Eigenschaft von Thrombin, synthetische Aminosäureester, insbesondere Tosylargininmethylester, zu spalten. Diese Eigenschaft erlaubt ein Titrieren der Thrombinaktivität[9]. Schließlich kann auch seine Eigenschaft, Hirudin zu neutralisieren, herangezogen werden. Dieses erlaubt eine Hirudin-Titration von Thrombin[10]. Eigenschaften und Bestimmung von Thrombin als Protease werden S. 291 ff. behandelt.

---

[1] LANDABURU, R. H., and W. H. SEEGERS: Proc. Soc. exp. Biol. Med. **94**, 708 (1957).

[2] SHERRY, S.; in: DEUTSCH, E. (Hrsgb.): Die Blutgerinnungsfaktoren. Wien 1955.

[3] SEEGERS, W. H., K. D. MILLER, E. B. ANDREWS and R. C. MURPHY: Amer. J. Physiol. **169**, 700 (1952).

[4] SIZER, I. W.: Fed. Proc. **9**, 117 (1950).

[5] LAKI, K., J. A. GLADNER, J. E. FOLK and D. R. KOMINZ: Thromb. Diath. haem., Stuttgart **2**, 205 (1958).

[6] LANDABURU, R. H., and W. H. SEEGERS: Canad. J. Biochem. Physiol. **37**, 1361 (1959).

[7] SEEGERS, W. H., R. J. LANDABURU and F. J. JOHNSON: Science., N. Y. **131**, 726 (1960).

[8] SEEGERS, W. H., and H. P. SMITH: Amer. J. Physiol. **137**, 348 (1942).

[9] SHERRY, S., and W. TROLL: J. biol. Ch. **208**, 95 (1954).

[10] MARKWARDT, F.: Arch. Pharmazie **290**, 280 (1957).

Für elektronenmikroskopische Untersuchungen von Prothrombin- und Thrombinmolekülen, gewonnen mit unterschiedlichen Reinigungsverfahren, s. RIDDLE u. Mitarb.[1].

Die Antithrombine.

Thrombin wird biologisch durch Antithrombine inaktiviert. Die klinisch wichtigsten Antithrombine scheinen *Antithrombin II* und *Antithrombin III* zu sein, während *Antithrombin VI* ein Beispiel dafür darstellt, daß ein Gerinnungsfaktor aus einem anderen durch Proteolyse entstehen kann.

Unter gewissen Umständen kann beim Menschen Antithrombin II äußerst rasch auf extreme Werte ansteigen und zu tödlichen Blutungen Anlaß geben. Für eine klinische Schnellmethode zur Bestimmung von Antithrombin II s. bei VON KAULLA und SWAN[2], für prognostische Bedeutung von Antithrombin II in Herzchirurgie s. bei von KAULLA, SWAN und PATON[3].

Tabelle 5 enthält eine Zusammenstellung wichtiger Charakteristika menschlicher Antithrombine.

Thrombokinasen.

Vorkommen. Material mit Thrombokinase-Aktivität liegt in unterschiedlichen Konzentrationen in vielen Geweben vor: „*Gewebsthrombokinase*". Von diesen Gewebsthrombokinasen ist jene Thrombokinase (Thromboplastin der Anglo-Amerikaner) zu unterscheiden, welche während der Gerinnung des Blutes gebildet wird: „*Blutthrombokinase*". Zur Gruppe der Thrombokinasen ist wahrscheinlich auch ein Procoagulant zu rechnen, das mit dem menschlichen Urin ausgeschieden wird. Gewebs- und Blutthrombokinase sind gerinnungsphysiologisch angenähert gleichwertig. Internationale Einheiten für die Definition der Thrombokinase existieren noch nicht. Für eine Abschätzung werden biologische oder pharmakologische Vergleichsteste herangezogen. Die Thrombokinase-Aktivität ist sehr unterschiedlich von Gewebe zu Gewebe, z.B. Leber 10, Placenta 2000[4]. Die menschlichen Erythrocyten enthalten Thrombokinase[5], während die menschlichen Gelenke davon frei sind[6]. Klinische Bedeutung besitzt der Thrombokinasegehalt des Fruchtwassers[7] und der Blutgefäße[8].

Darstellung. Die im Nachstehenden wiedergegebenen 3 Darstellungsverfahren gehen über die Reinheit jener Produkte, wie sie im allgemeinen für gerinnungsphysiologische Teste verwandt werden, weit hinaus. Für die Herstellung von Thrombokinasen als diagnostisches Reagens für Gerinnungsteste s. die einschlägige Literatur, welche in der Einleitung angeführt ist. Für diese Zwecke sind auch zahlreiche Handelsthrombokinasen, meistens aus Hirn und Lunge gewonnen, erhältlich.

Darstellung von thromboplastischem Protein aus Rinderlunge (Gewebsthrombokinase) nach CHARGAFF *und Mitarb.*[9].

Prinzip:

Die Reinigung basiert auf Differentialzentrifugierung, ermöglicht durch das hohe Molekulargewicht des zu isolierenden Lipoproteids.

Reagentien:

1. 0,85% NaCl. 2. 1 m Phosphatpuffer p_H 7. 3. 0,1 m Boratpuffer p_H 8,5.

---

[1] RIDDLE, J. M., M. H. BERNSTEIN and W. H. SEEGERS: Thromb. Diath. haem., Stuttgart **9**, 12 (1963).
[2] KAULLA, K. N. VON, and H. SWAN: J. thorac. Surg. **36**, 519 (1958).
[3] KAULLA, K. N. VON, H. SWAN and B. PATON: J. thorac. cardiovasc. Surg. **40**, 260 (1960).
[4] SEEGERS, W. H., and C. I. SCHNEIDER: Amer. J. Obstet. Gynec. **61A**, 469 (1951).
[5] QUICK, A. J., J. GEORGIADES and C. V. HUSSEY: Amer. J. med. Sci. **228**, 207 (1954).
[6] ASTRUP, T., and K. E. SJOLIN: Proc. Soc. exp. Biol. Med. **97**, 852 (1958).
[7] WILLE, P.: Zbl. Gynäk. **78**, 1514 (1956).
[8] WITTE, S., and D. BRESSEL: Fol. haematol., Basel **2**, 236 (1958).
[9] CHARGAFF, E., A. BENDICH and S. S. COHEN: J. biol. Ch. **156**, 161 (1944).

Tabelle 5. *Biochemie der Antithrombine**.

Antithrombin	Vorkommen	Körperklasse	Wirkungsweise bzw. -eintritt	Neutralisiert durch Protamin	Stabilität resistent	Stabilität zerstört	Nicht adsorbiert durch	$(NH_4)_2SO_4$-Fällbarkeit	Wirkung von Äther
Antithrombin I	Plasma/Serum	Fibrin	adsorbiert Thrombin[1]	—		56° 10 min	—	—	—
Antithrombin II (Thrombininhibitor)	Plasma Lymphe[15]	Albumin[2] α-Globulin[3]	sofort[2]	ja	60° 3 min	70° 5 min	$BaCO_3$[4]	50—70 %[4]	keine[4]
Antithrombin III	Plasma/Serum	(Lipo-) ?Protein	Zeitreaktion, Heparin beschleunigt ?[5]	nein	37° 24 Std 50° 10 min 60° 3 min	70° 5 min	$BaCO_3$[4]; $Ca_3(PO_4)_2$; $BaSO_4$; $Mg(OH)_2$[7]	40—70 %[3]	zerstört[6]
Antithrombin IV ?[8]	Serum	?	sofort	?	60° 3 min	70° 5 min	$BaCO_3$	—	keine (nicht löslich)[4]
Antithrombin V[9]	Plasma/Serum	Protein	sofort	nein	56° 10 min	100° 10 min	—	—	nicht löslich
Antithrombin VI	Fibrinolytisches, inkubiertes Fibrinogen[10] und Plasma[11]	Polypeptid[10]	hemmt Fibrinogenpolymerisation[12]	ja[12]	—	55°[10] Präcipitat	—	30—50 %[10]	—
Immunantithrombin ?[13]	Plasma/Serum	Protein	sofort	—	—	—	—	—	nicht löslich
Hirnlipoid[14]	Hirn	Lipoid	sofort	—	60° 20 min 100° 10 min	4° 1 Monat	—	—	löslich

* Für Bestimmungsmethoden siehe: Deutsch, E.: Blutgerinnungsfaktoren; Wien 1955. — Jürgens, J., u. F. Beller: Klinische Methoden der Blutgerinnungsanalyse. Stuttgart 1959 und die unten zitierte Literatur. Für Antithrombin II-(Thrombininhibitor-)Bestimmung s. v. Kaulla, K. N., u. E. v. Kaulla; in: Tocantins, L. M., and L. A. Kazal (Hrsgb.): Blood Coagulation, Hemorrhage and Thrombosis. Methods of Study. New York 1965. Eine ausgedehnte Diskussion über Antithrombin III (mit Literatur) findet sich bei Hensen, A., und E. A. Loeliger: Antithrombin III, its metabolism and its function in blood coagulation. Thromb. Diath. haem., Stuttgart **9**, Suppl. **1**, 1963.

[1] Klein, P. D., and W. H. Seegers: Blood **5**, 742 (1950).
[2] Astrup, T., and Sv. Darling: Acta physiol. scand. **5**, 13 (1943).
[3] Lyttleton, J. W.: Biochem. J. **58**, 8, 15 (1954).
[4] Fell, C., N. Ivanovic, S. A. Johnson and W. H. Seegers: Proc. Soc. exp. Biol. Med. **85**, 199 (1954).
[5] Markwardt, F., u. P. Walsman: H. **317**, 64 (1959).
[6] Gruening, W.: Naturwiss. **31**, 299 (1943).
[7] Seegers, W. H., and K. D. Miller: J. Lab. clin. Med. **38**, 950 (1951).
[8] Seegers, W. H., J. F. Johnson and C. Fell: Amer. J. Physiol. **176**, 97 (1954).
[9] Loeliger, L., and J. F. Hers: Thromb. Diath. haem., Stuttgart **1**, 499, (1957).

Apparate:

1. Eine Sharples-Superzentrifuge, turbinenangetrieben, mit Kühlvorrichtung.
2. Eine gekühlte Zentrifuge mit Vorrichtung für Höchstumdrehungen.

Ausführung:

Frisch gewonnene Rinderlungen werden von Bronchien, Trachea, großen Gefäßen und Häuten befreit. 3870 g werden mit 3900 ml physiologischer Kochsalzlösung nach sorgfältiger Zerkleinerung während 1 Std bei 4°C extrahiert. Nach Durchpressen der Mischung durch mehrere Lagen Baumwollgaze wird das Filtrat (3320 ml) rasch mit der Sharples-Zentrifuge bei 50000 U/min zentrifugiert. Die Öffnung des Ausflusses ist auf „Weit" gestellt, so daß für den Vorgang etwa 8 min benötigt werden. Die in der Zentrifuge verbliebene Flüssigkeit wird durch 200 ml Kochsalzlösung ausgetrieben. Die kombinierten, auszentrifugierten Flüssigkeiten werden mit 1 m Phosphatpuffer auf eine Phosphatpuffer-Konzentration von 0,067 m gebracht. Das in der Zentrifuge verbliebene Sediment wird in der in ihr verbliebenen Flüssigkeit suspendiert, der p_H mit Puffer auf 7 gebracht und die Mischung in einer gekühlten Winkelzentrifuge bei $2700 \times g$ für 30 min zentrifugiert. Das dabei entstehende Überstehende wird mit dem Zentrifugat der Sharples-Zentrifuge vereinigt und wieder in dieser mit 50000 U/min zentrifugiert. Dabei wird die Ausflußöffnung auf „Fein" gestellt und die Ausflußgeschwindigkeit bei 16 ml pro min gehalten. Zum Schluß wird die Zentrifuge durch Einbringen von 500 ml einer Kochsalz-Phosphatpuffer-Mischung, während sie noch läuft, gewaschen. Nun wird das rosafarbene reichliche Sediment aus der Zentrifuge entfernt und in 200 ml eiskalten 0,1 m Boratpuffers, p_H 8,5, suspendiert. Die Suspension wird anschließend in einer gekühlten Zentrifuge bei $31000 \times g$ für 90 min zentrifugiert. Die resultierenden Sedimente werden in 100 ml Boratpuffer suspendiert und der gleichen Zentrifugierung unterworfen. Dann werden die Sedimente in 500 ml Boratpuffer suspendiert und für 30 min bei $5000 \times g$ zentrifugiert, um das leicht sedimentierbare Material zu entfernen. Diese Fraktion wird zweimal in der Zentrifuge bei $5000 \times g$ mit Boratpuffer gewaschen, in Boratpuffer resuspendiert und von allen groben Partikeln durch Zentrifugieren bei $19000 \times g$ für 30 min befreit. Das Überstehende wird nun für 24 Std gegen laufendes Leitungswasser und für 36 Std gegen eiskaltes destilliertes Wasser dialysiert. Nach Abdunsten des Wassers von der gefrorenen Suspension wird im Vakuum ein Material erhalten, das bei $5000 \times g$ sedimentiert. Das Überstehende von dieser Sedimentation enthält das thromboplastische Eiweiß und wird nun 3 Zentrifugenzyklen von abwechselnd 31000 und $5000 \times g$ unterworfen. Die Endlösung wird mit Boratpuffer auf genau 100 ml gebracht; sie enthält 1,75 mg Stickstoff und 0,38 mg Phosphat pro ml. Gesamtausbeute: 2,2 g. Die Lösung wird für 48 Std gegen laufendes und eiskaltes destilliertes Wasser dialysiert und dann im Vakuum gefriergetrocknet.

Für Reinigung und Identifizierung thromboplastischer Hirn-Phospholipoide s. THERRIAULT u. Mitarb.[1].

Eigenschaften. Es resultiert ein fast weißes Material, das elektrophoretisch einheitlich ist, aber polydispers, wenn mit der analytischen Ultrazentrifuge untersucht. Die elektrophoretische Beweglichkeit in Boratpuffer p_H 8,5 ist $-7,6 \times 10^{-5}$ cm² pro Volt und sec.

[1] THERRIAULT, D., T. NICHOLS and H. JENSEN: J. biol. Ch. **233**, 1041 (1958).

Literatur zu Tabelle 5 (Fortsetzung).

[10] TRIANTAPHYLLOPOULOS, D. C.: Amer. J. Physiol. **197**, 575 (1959).

[11] STORMORKEN, H.: Brit. J. Haematol. **3**, 299 (1957). — NIEWIAROWSKI, S., et E. KOWALSKI: Rev. Hématol. **13**, 320 (1958).

[12] KOWALSKI, E., S. NIEWIAROWSKI, Z. LATALLO and M. KOPEC: 7. Europ. Congr. Haematol. London 1959.

[13] DEUTSCH, E., and H. FUCHS: 6. Europ. Congr. Haematol. Copenhagen 1957. Part I, S. 97. Basel, New York 1958.

[14] DEUTSCH, E., E. WAWERSICH and G. FRANKE: Proc. 6. Int. Congr. Haematol. Boston 1956, S. 477. New York 1958. — NOUR-ELDIN, F., and J. H. WILKINSON: J. Physiol., London **135**, 12 (1957).

[15] KAULLA, K. N. v., and E. B. PRATT: Amer. J. Physiol. **187**, 89 (1956).

Eine thromboplastische Aktivität kann noch mit 0,0003 μg nachgewiesen werden; das Präparat besitzt auch etwas Phosphataseaktivität, ist aber frei von proteolytischer Aktivität. Frieren mit Äther oder Behandlung mit Alkohol führen zu einer Zerstörung der biologischen Wirksamkeit. Extraktion mit heißem Alkohol-Äther bewirkt einen Gewichtsverlust auf etwa die Hälfte, wobei etwa 40—50% der verlorenen Substanz als gereinigte Lipoide wiedergewonnen werden können. Die Lipoidkomponente setzt sich wie folgt zusammen: Cholesterin 19% (fast ausschließlich freies Cholesterin); Fett 18%; Phospholipoide 63% (Lecithin 26%, Kephalin 25% und Sphingomyelin 12%), Acetalphosphatidgehalt etwa 15%. Phosphatgehalt nach Lipoidextraktion 0,38%. Das Lipoproteid verträgt Erwärmen auf 80° C für 20 min mit nur geringem Wirksamkeitsverlust. Dieses ist aber nur der Fall, wenn die Konzentration des Materials 0,02% oder darüber beträgt. Thrombokinase wird durch ein Ferment von *Bacillus cereus*, das es, wenn auf thrombokinasehaltigen Nährböden wachsend, produziert, abgebaut[1]. Einen Vergleich der Eigenschaften von Thrombokinasen verschiedener Herkunft bringt HECHT[2].

Bestimmung der Gewebsthrombokinase. Die Bestimmung kann dadurch erfolgen, daß die geringste Thrombokinasemenge gesucht wird, welche den Prothrombinverbrauch von Hämophilie A-Plasma normalisiert. Die Beschleunigung der Recalcifizierungszeit von Normalplasma durch Gewebsthrombokinase kann ebenfalls zur Bestimmung herangezogen werden. Es ergibt sich eine gerade Linie, wenn der Logarithmus der Gewebsthrombokinase-Konzentration gegen den Logarithmus der Recalcifizierungszeit aufgetragen wird. (Ausnahme: Äußerst geringe Konzentrationen; hier empfiehlt sich die Messung am Prothrombinverbrauch von Hämophilieplasma und hohe Konzentrationen, bei denen sich der Inhibitorgehalt der Präparate bemerkbar macht.) Normalplasma, dem Kochsalzlösung zugesetzt wird, soll den Ausgangswert der willkürlich gewählten Einheiten haben. Die Gewebsextrakte sollen verdünnt (Hirnextrakt z.B. $^1/_{10000}$) in mehreren Konzentrationen zum Test gelangen[3].

***Darstellung von Thrombokinase aus Rinderplasma (Blutthrombokinase) nach* MILSTONE[4].**

Prinzip:

Klären von Plasma mit Diatomaceen-Silica, Adsorption an $BaSO_4$, fraktionierte Elution. Ammoniumsulfat-Fraktionierung. Spontan-Aktivierung, isoelektrische Fällung.

Reagentien:

1. Hyflo Super-Cel.
2. $BaSO_4$, Röntgenqualität.
3. Phosphatpuffer-NaCl p_H 6,7: 4 m NaCl 150 ml; 0,1 m KH_2PO_4 300 ml; 0,1 n NaOH 144 ml; dest. H_2O ad 6 l.
4. 0,1 m Phosphat p_H 6,6: Na_2HPO_4 34,1 g; KH_2PO_4 49,0 g; dest. H_2O ad 6 l.
5. 0,4 m Phosphat p_H 6,6: Na_2HPO_4 170 g; KH_2PO_4 163 g; dest. H_2O ad 6 l.
6. 0,4 m Ammoniumsulfat-Phosphat: 0,4 m Phosphat p_H 6,6 1 l; $(NH_4)_2SO_4$ 242 g.
7. 0,02 m Acetat p_H 5,2: $CH_3COONa \cdot 3H_2O$ 12,520 g; 4 m CH_3COOH 7 ml; dest. H_2O ad 6 l.
8. 1 n NaOH.

Ausführung:

25 kg gefrorenes Rinderoxalatplasma werden innert 80—120 min auf 28° C erwärmt, 2,2 kg Hyflo Super-Cel zugesetzt, gerührt und durch BÜCHNER-Filter gefiltert, die mit Filterpapier plus einer Lage Hyflo versehen sind. Nach Passage des Materials werden die

[1] GOLLUB, S., D. FELDMAN, D. C. SCHECHTER, F. E. KAPLAN and D. R. MERANZE: Proc. Soc. exp. Biol. Med. 83, 858 (1953).
[2] HECHT, E.: B. Z. 326, 225 (1955).
[3] BIGGS, R., and R. G. MACFARLANE: Human Blood Coagulation and its Disorders. 2nd. Ed. S. 66. Oxford 1957.
[4] MILSTONE, J. H.: J. gen. Physiol. 42, 665 (1959).

Hyflo-Schichten im BÜCHNER-Filter mit 1,5 ml Phosphat-Kochsalzlösung, p_H 6,7, gewaschen und diese Lösung mit dem Filtrat vereinigt. Nun werden 1,36 kg Natriumchlorid dem Filtrat zugesetzt, der p_H auf 7,4 gebracht, und dann wird nach Zugabe von 0,44 kg $BaSO_4$ für 10 min gerührt, 0,3 kg Hyflo zugesetzt, eine weitere Minute gerührt und wieder durch, am besten vier, hyflopräparierte BÜCHNER-Filter gefiltert. Dann werden die Hyflo-Schichten mit je 3 l 0,1 m Phosphat, p_H 6,6, zweimal gewaschen, um nichtadsorbiertes Protein und speziell adsorbiertes Prothrombin zu eluieren. Anschließend läßt man durch jeden Filterkuchen 2 l 0,4 m Phosphat, p_H 6,6, innert 20—30 min durchlaufen und diesem zweiten Eluat Ammoniumsulfat bis zu 40% Sättigung zugesetzt. Nach 15 min werden 80 g Hyflo dem Ammoniumsulfat-Eluat zugefügt und die Suspension durch einen hyflopräparierten BÜCHNER-Filter gefiltert. Nun wird das Filter mit 300 ml 0,4 m Ammoniumsulfat-Phosphat gewaschen. Filtrat und Waschflüssigkeit sollen jetzt ein p_H von 6 aufweisen; das Filtrat wird auf 50% Ammoniumsulfat-Sättigung gebracht, gut gerührt und über Nacht bei 4° C stehengelassen. Dann wird die kalte Suspension mit 32 g Hyflo gerührt und wieder durch einen kleinen mit Hyflo beladenen Filter gefiltert. Der Filterkuchen wird auf dem Filter bei Raumtemperatur mit 300 ml 0,4 m Phosphat, p_H 6,6, in etwa 30 min extrahiert. Der Extrakt besitzt ein p_H von 6,2 und wird auf eine Ammoniumsulfat-Sättigung gebracht, die etwas größer als 50% ist. Nach Mischen wird für 10—30 min stehengelassen und der entstandene Niederschlag abzentrifugiert. Der Niederschlag wird nun sorgfältig stufenweise in 5 ml destilliertem Wasser plus 5 ml 1 n NaOH gelöst. Bei jeder Zugabe soll sich alles Protein lösen, um Überalkalisierung zu verhindern. Schließlich wird auf 22 ml mit destilliertem Wasser verdünnt; der p_H soll jetzt 8,8 betragen. Diese Lösung wird während 6—8 Tagen bei 4° C stehengelassen, wobei eine langsame Aktivierung der darin enthaltenen Thrombokinase aus einer Vorstufe stattfindet. Nach einigen Tagen hat die Thrombokinase-Aktivität ein Mehrfaches des Ausgangswertes erreicht. Thrombin bildet sich ebenfalls und nimmt an Aktivität zu, die aber am Ende der Woche wieder abfällt. Nach dieser Zeit wird das aktivierte Konzentrat bei —23° C eingefroren, zum Gebrauch getaut, 4 Std im Schütteldialysator bei 3,5° C gegen destilliertes Wasser dialysiert, mit 0,02 n Acetat, p_H 5,2, verdünnt und der sich nun bildende sehr feine Niederschlag abzentrifugiert. Das Überstehende kann verworfen werden. Der Niederschlag wird in 20 ml 0,05 m NaCl plus 0,02 m Na_2HPO_4, p_H 8,7—9, gelöst, p_H jetzt 7,8, 550 ml kaltes Acetat zugegeben; der ausfallende Niederschlag wird abzentrifugiert, wiederum in 0,05 m NaCl plus 0,02 m Na_2PO_4, p_H 8,7—9, so gelöst, daß ein Endvolumen von 21,2 ml erhalten werden soll. Der p_H beträgt jetzt 7,7—7,8. Aufbewahren bei —22° C. Ausbeute: 1,2 mg pro l Plasma. Das Präparat kann über DEAE-Cellulose und „continuous flow"-Elektrophorese weiter gereinigt werden. Ausbeute: 0,2 mg pro l Rinderplasma[1].

Eigenschaften. Die Lösung enthält konzentrierte Thrombokinase, die, wenn auf das Ursprungsvolumen zurückverdünnt, nach Zugabe von Calcium und Kephalin Prothrombin innert 1 min aktiviert. In diesem Testsystem läßt sich die Aktivität des Präparates noch bei Verdünnungen von 1:2000000 nachweisen. Das Produkt ist aktiver als die Thrombokinase des Ausgangsplasmas, enthält aber nur 0,002% Stickstoff, wenn auf Ausgangsvolumen zurückverdünnt. Wenn man so verdünnt, daß der Stickstoffgehalt pro ml Thrombokinaselösung nur 0,2 μg beträgt, tritt eine langsame Aktivierung von Prothrombin durch das Präparat selbst in Gegenwart von Oxalat und auch bei Abwesenheit anderer Faktoren ein. Das hochgereinigte Präparat ist ein Euglobulin mit geringster Löslichkeit bei p_H 5,0. Seine größte Stabilität liegt bei 7,5—9,5. Es gibt aber auch einen Stabilitätsgipfel bei p_H 1,8. Wenige Tausendstel eines Mikrogramms aktivieren Prothrombin in Gegenwart von $CaCl_2$, Phosphatiden und Accelerator[1].

Blutthrombokinase ist instabil im Blute selbst; 1 Std nach Gerinnung ist der größte Teil der Aktivität aus dem Blute oder Serum verschwunden.

---

[1] MILSTONE, J. H., N. OULIANOFF and V. K. MILSTONE: J. gen. Physiol. 47, 315 (1963).

Bestimmung. Gereinigte Blut- (oder Plasma-)Thrombokinasepräparate können wie Gewebsthrombokinase bestimmt werden. Für Bestimmung und Verfolgen der Thrombokinasebildung während der Gerinnung selbst wird der Thrombokinase-Bildungstest nach BIGGS und DOUGLAS[1] oder eine seiner Modifikationen (s. JÜRGENS und BELLER[2]) herangezogen.

Darstellung von Procoagulant aus menschlichem Urin nach **VON KAULLA[3].**

Prinzip:

Das Procoagulant läßt sich aus dem Urin bei p_H 4,5 an Bariumsulfat adsorbieren. Von dort kann es mit Wasser eluiert und weiter gereinigt werden.

Reagentien:

1. 2 n HCl.
2. Bariumsulfat, Röntgenqualität.
3. 0,01 m Glycinpuffer p_H 9.

Ausführung:

Frischer menschlicher Urin wird mit 2 n HCl unter Rühren auf p_H 4,5 gebracht; 5 g Bariumsulfat werden pro Liter Urin zugesetzt und die Mischung während 15 min bei Raumtemperatur unter Vermeidung von Schaumbildung gerührt. Dabei wird das Procoagulant zusammen mit der Urokinase an das Bariumsulfat adsorbiert. Dieses wird nach Abtrennen des Urins mit destilliertem Wasser zweimal eluiert (1 Teil Wasser für 20 Teile Urin). Es ist günstig, bei der Elution den p_H auf 5,2 einzustellen. Das Bariumsulfat, das noch die Urokinase enthält, wird abgetrennt, die Wassereluate nötigenfalls durch Zentrifugieren geklärt und dann in der Kälte für 1—2 Tage gegen destilliertes Wasser in dünnen Cellophanschläuchen dialysiert. Der sich dabei bildende Niederschlag wird nicht berücksichtigt. Nun wird bei 5°C der p_H auf 3,5 eingestellt, wobei sich ein Präcipitat bildet, das durch Zentrifugierung gewonnen wird und das dann in $^1/_{1000}$ des ursprünglichen Urinvolumens 0,01 m Glycinpuffer, p_H 9, gelöst wird. Rühren für 10 min; stehenlassen für 1 Std. Anschließend zentrifugieren für 30 min bei $20000 \times g$. Das Überstehende wird für 30 min gegen laufendes CO_2-freies Wasser dialysiert, bis ein p_H von nahezu 7 erreicht ist. Die Lösung wird jetzt gefriergetrocknet. Eine Alternative zu dieser Methode ist die Filtration des Sammelurins durch Porzellanfilter mit einer Porengröße von 13,5—15 μ. Der Filter hält das Procoagulant und Urokinase zurück. Das Procoagulant wird durch retrograde Elution mit H_2O, Urokinase durch nachfolgende Elution mit 1 molarem KSCN gewonnen. Das Procoagulant wird mittels isoelektrischer Fällung bei p_H 3,5 weiter gereinigt[4], wie oben angegeben.

Eigenschaften. Weißes, amorphes Material, das sich bis zu etwa 1—2 mg/ml in 0,01 m Glycinpuffer, p_H 9, lösen läßt. Die Lösung ist farblos, viscös und etwas opalescent. Erhitzen für 10 min in verschlossenen Ampullen auf 97°C führt nur zu einem geringen Verlust der Procoagulant-Aktivität. Diese läßt sich gegenüber hämophilem Plasma (A oder B) bereits in einer Konzentration von 1—5 μg/ml nachweisen (Normalisierung des Prothrombinverbrauches). Für die Normalisierung von thrombocytopenischem Plasma sind etwas höhere Mengen erforderlich. *Ausbeute:* 2—3 mg pro ml Urin. Die biologische Aktivität wird durch Behandeln des Präparates mit Äther, Aceton und insbesondere Methanol zerstört.

Wenige Mikrogramm des Procoagulant aus menschlichem Urin, einem Milliliter hämophilen Plasmas zugesetzt, normalisieren dessen Gerinnungsprozeß völlig[4]. Das Präparat normalisiert die Gerinnung menschlichen Plasmas, dessen Gerinnung durch pathologische Antithromboplastine gestört ist[4]. Das Procoagulant aktiviert gereinigtes Rinderprothrombin in Gegenwart von Ca, Faktor V und Plättchenfaktor 3 zu Thrombin[5].

---

[1] BIGGS, R., and A. S. DOUGLAS: J. clin. Path. **6**, 23 (1953).
[2] JÜRGENS, J., u. F. K. BELLER: Klinische Methoden der Blutgerinnungsanalyse. Stuttgart 1959.
[3] KAULLA, K. N. v.: Proc. Soc. exp. Biol. Med. **91**, 543 (1956).
[4] KAULLA, K. N. v., u. E. v. KAULLA: Acta haematol., Basel **30**, 25 (1963).
[5] CALDWELL, J. M., K. N. v. KAULLA, E. v. KAULLA and W. H. SEEGERS: Thromb. Diath. haem., Stuttgart **9**, 53 (1963).

Thrombocytenfaktor 3.

Thrombocytenfaktor 3 ist jener gerinnungsaktive Faktor der Thrombocyten, welcher zusammen mit plasmatischen Faktoren und Calcium zur Thrombokinasebildung während des Gerinnungsvorganges benötigt wird.

Vorkommen. In Blutplättchen, unter normalen Umständen. In einigen pathologischen Zuständen scheinen die Plättchen keinen Plättchenfaktor 3 zu haben oder können ihn nicht abgeben.

***Darstellung des Thrombocytenfaktors 3 aus Rinderblutplättchen nach* ALKJAERSIG *und Mitarb.*[1].**

Reagentien:

1. Natriumoxalat.
2. 0,85 % NaCl.
3. Gereinigtes Thrombin (100 E/ml).
4. Gewaschenes Kaolin.
5. Gewaschene Aktivkohle.

Apparaturen:

1. Spinco-Ultrazentrifuge.
2. Ein Ultraschallgenerator.
3. Winkelzentrifuge.

Ausführung:

Sorgfältig gewonnenes oxaliertes Rinderblut wird einer Differentialzentrifugierung unterworfen; das plättchenreiche Plasma wird bei 15° C in siliconierten Behältern aufgehoben. Die Temperatur sollte nicht unter 15° C sinken, um ein Ausfallen von Fibrinogen zu verhindern. Das Plasma wird dann in einer gekühlten Winkelzentrifuge bei 1500 × g für 10 min zentrifugiert, das Plasma abgegossen und mehr plättchenreiches Plasma zugegeben, bis sich alle Plättchen am Boden der Zentrifugenröhrchen gesammelt haben. Wenn man von 5 l Plasma ausgeht, empfiehlt es sich, diesen Schritt in 100 ml-Zentrifugenröhrchen auszuführen. Die kompakten Plättchen werden dann mit nicht mehr als 20 ml oxalierter Kochsalzlösung pro Zentrifugenglas gerührt. Nachdem eine gleichmäßige Suspension erhalten ist, wird diese in konischen 40 ml-Zentrifugenröhrchen für 50 min bei 250 × g zentrifugiert. Dabei entstehen drei Schichten: eine obere, eine mittlere und eine untere, welche viele Erythrocyten enthält. Die oberste Schicht wird dekantiert, in vier konische Zentrifugenröhrchen überführt und bei 1000 × g zentrifugiert. Das dabei sich am Boden ansammelnde Sediment stellt im wesentlichen ein Plättchensediment von großer Reinheit dar. Aus etwa 9 l Rinderblut erhält man 20 ml kompakte Plättchen[2]. Diese werden nun in Wasser so suspendiert, daß ein Volumen von genau 200 ml erreicht wird. Die Suspension wird, um die Plättchen aufzubrechen, gefroren und getaut und dann für 4 min bei 800 kc einer Ultraschallbehandlung unterworfen. Als nächster Schritt werden aus dem Präparat Fibrinogenspuren entfernt, indem 3 ml gereinigtes Thrombin zugefügt werden. Nachdem das Präparat für 30 min bei Laboratoriumstemperatur stand, wird es, um das Gerinnsel zu zerstören, geschüttelt und dann für 10 min bei 3000 × g zentrifugiert. Hierbei kommt es zu einem deutlichen Volumen- und Aktivitätsverlust. Anschließend werden 85 g gewaschenes Kaolin auf die Zentrifugenröhrchen verteilt und gemischt, um Unreinheiten zu adsorbieren. Die Mischung wird für 20 min bei Raumtemperatur mechanisch geschüttelt und dann zentrifugiert. Hierbei werden viele tyrosin-stickstoffhaltige Substanzen sowie offenbar auch Plättchenfaktoren 1 und 4 an das Kaolin adsorbiert, im Gegensatz zu Plättchenfaktor 3. Um weitere Unreinheiten zu beseitigen, wird die Plättchenpräparation mit 8,5 g gewaschener Aktivkohle bei Raumtemperatur für 20 min in der Schüttelmaschine geschüttelt. Dann wird in der Kälte bei 3000 × g für 10 min abzentrifugiert; die Aktivkohle entfernt nur kleine Mengen von Plättchenfaktor 3, aber große

[1] ALKJAERSIG, N., T. ABE and W. H. SEEGERS: Amer. J. Physiol. 181, 304 (1955).
[2] SEEGERS, W. H., S. A. JOHNSON, C. FELL and N. ALKJAERSIG: Amer. J. Physiol. 178, 1 (1954).

Tabelle 6. *Vergleich chemischer und biologischer Eigenschaften von Präparaten mit thromboplastischer Aktivität* [1].

Versuchsbedingung	Lungen-Thromboplastin (Rind)[2]	Hirnextrakt Thromboplastin (Kaninchen)[3]	Hirnthromboplastin (Kaninchen)[1]	Lipoid-Aktivator Rinderplättchen[1]	Gereinigter Plättchenfaktor 3 (Rind)[4]	Lipoid von Plättchenfaktor 3 (Rind)[1]	Lipoid-Aktivator (verschiedene Species)[1]
Papierchromatographie nach H_2SO_4-Hydrolyse	Eiweiß 6—7 Flecken	Eiweiß 3—4 Flecken 6 Flecken	Nicht-Eiweiß 3 Flecken	Nicht-Eiweiß 5—7 Flecken	Eiweiß 6—7 Flecken	Nicht-Eiweiß 3 Flecken	Nicht-Eiweiß, 4 Flecken 3 Flecken
Biuret-Reaktion	positiv	positiv	negativ	negativ	negativ	negativ	negativ
Umwandlung gereinigten Prothrombins* in Thrombin	ja	ja	ja	nein	ja, in Anwesenheit von Faktor VIII **	nein	nein
Thrombokinase-Bildungstest	(aktiv, keine Bildung oder Abbau)	(aktiv, keine Bildung oder Abbau)	(aktiv, keine Bildung oder Abbau)	Thrombokinase wird gebildet und abgebaut	Thrombokinase wird gebildet und abgebaut	Thrombokinase wird gebildet und abgebaut	Thrombokinase wird gebildet und abgebaut
Prothrombinzeit	sehr aktiv	sehr aktiv	sehr aktiv	schwach wirksam	schwach wirksam	schwach wirksam	schwach wirksam
i.v.-Injektion tödliche Wirkung bei der Maus	ja	ja	ja	nein	nein	nein	nein

* Mit Spuren Faktor V. ** Ohne Faktor VIII: kleine Mengen.

Mengen stickstoff-, tyrosin- und kohlenhydrathaltige Substanzen. Die Lösung, welche den Plättchenfaktor 3 enthält, ist opalescent; das aktive Material kann darauf durch Zentrifugieren bei 106000 × g für 2 Std in einer Spinco-Ultrazentrifuge niedergeschlagen werden. Oft genügt Zentrifugieren für 1 Std. Das Überstehende besitzt keine Aktivität, enthält aber Phosphor und Kohlenhydrate. Der auszentrifugierte Plättchenfaktor 3 kann nun in jedem gewünschten Volumen in Wasser suspendiert werden; er läßt sich auch in Kochsalzlösung suspendieren, und es empfiehlt sich, die Suspension noch einmal für 2 min bei 800 kc mit Ultraschall zu behandeln.

Eigenschaften. Die resultierende Lösung ist opalescent. Frieren und Tauen ändert weder ihr Aussehen noch ihre Aktivität. In physiologischer Kochsalzlösung ist der Faktor 3 bei 56° C für 30 min stabil. Für Vergleich einiger Eigenschaften des Plättchenfaktors 3 mit anderen thromboplastischen Faktoren s. Tabelle 6.

Bestimmung. Die biochemische Bestimmung der Aktivität von Plättchenfaktor 3 kann durch Austesten seiner Fähigkeit, gereinigte Prothrombinpräparate in Gegenwart von Thrombin, Linadryl, Benadryl oder Faktor V (Proaccelerin) in Prothrombin zu überführen[5], erfolgen.

Zu diesem Zweck werden gemischt und bei 28° C inkubiert: 0,5 ml 0,163 m $CaCl_2$ in Imidazolpuffer, 0,5 ml Linadryl 1‰ (Antihistamin, (4-[2-(Benzhydroxyl)-äthyl]-morpho-

[1] Nach Hecht, E. R., M. H. Cho and W. H. Seegers: Amer. J. Physiol. **193**, 584 (1958).

[2] Chargaff, E., A. Bendich and S. S. Cohen: J. biol. Ch. **156**, 161 (1944); s. Thrombokinase, S. 323.

[3] Difco Laboratories, Detroit.

[4] Alkjaersig, N., T. Abe and W. H. Seegers: Amer. J. Physiol. **181**, 304 (1955); s. Plättchenfaktor 3, S. 329.

[5] Alkjaersig, N., T. Abe and W. H. Seegers: Am. J. Physiol. **181**, 304 (1955).

linhydrochlorid), 0,5 ml (zu testender) Plättchenfaktor 3, 0,5 ml Thrombin 100 E/ml und 1 ml Prothrombinlösung 3000 E/ml. In diesem Reaktionsgemisch nimmt die Thrombinbildung in der Zeiteinheit mit der Aktivität oder Menge des zugesetzten Plättchenfaktor 3 zu. Es empfiehlt sich, die Thrombinbildung alle 5 min für 30 min zu verfolgen. Für den Test können die Plättchen abzentrifugiert, in 9 Teilen physiologischer Kochsalzlösung suspendiert, gefroren und aufgetaut und einer Ultraschallbehandlung mit 800 kc für 4 min unterworfen werden.

Die klinische Austestung von Plättchenfaktor 3-Aktivität von Thrombocyten läßt sich am besten im Thrombokinase-Bildungstest oder in geeigneten Modifikationen des Prothrombin-Verbrauchstestes mit plättchenfreiem Plasma durchführen. Dem Thrombokinasebildungstest liegt in diesem Falle das Prinzip zugrunde, alle erforderlichen Komponenten mit Ausnahme der Blutplättchen konstant zu halten.

Für Prothrombin-Verbrauchstest und Thrombokinase-Bildungstest s. eingangs angeführte Bücher sowie Egli und Klesper[1].

Faktor V (Proaccelerin).

Vorkommen. Faktor V, Proaccelerin, kommt in normalem Plasma vor. Seine Konzentration bei verschiedenen Species ist folgende: Schildkröte 3 Einheiten, Huhn 3—5, Mensch 12—17, Meerschweinchen 31—40, Ratte 73, Kaninchen 92—310, Rind 120—140, Katze 127—170, Hund 158—203[2]. Die Thrombocyten weisen Faktor V-Aktivität auf (als Plättchenfaktor 1 bezeichnet), die vermutlich auf Adsorption von Faktor V aus dem Plasma zurückzuführen ist[3].

Darstellung. Faktor V ist in Citratplasma stabiler als in Oxalatplasma und wird daher am besten aus Citratplasma hergestellt.

***Reinigungsmethode für Faktor V nach* Lewis *und* Ware[4].**

Prinzip:

Faktor V kann von Prothrombin abgetrennt werden, da er nicht wie dieses von Bariumcitrat (oder anderen prothrombinadsorbierenden Substanzen) adsorbiert wird.

Reagentien:

1. Natriumcitrat.
2. 1 m Natriumsulfat.
3. Essigsäure, 1 %ig.
4. Physiologische Kochsalzlösung.
5. Ammoniumsulfat.
6. Bariumchlorid.
7. NaOH, konz.

Ausführung:

Zu 100 ml kaltem, nichtlipämischem Citratplasma, das eine Konzentration von 0,02 m Natriumcitrat aufweist, werden in einem 125 ml-Zentrifugenglas 10 ml einer 1 m Bariumchloridlösung tropfenweise unter Schütteln zugegeben. Die Mischung bleibt in der Kälte für 10—15 min stehen und wird dann in einer gekühlten Zentrifuge bei 3000 × g für 25 bis 30 min zentrifugiert. Das ausfallende Bariumcitrat hat Prothrombin adsorbiert und kann auf Prothrombin weiterverarbeitet werden. Das Überstehende enthält das Proaccelerin, welches nun wie folgt gewonnen wird: Zu 10 ml des kalten Überstehenden werden tropfenweise 0,75 ml einer 1 m Natriumsulfatlösung zugesetzt. Das sich bildende Bariumsulfat ist durch hochtouriges Zentrifugieren zu entfernen; das Überstehende wird abgegossen,

---

[1] Egli, H., and R. Klesper: Thromb. Diath. haem., Stuttgart **2**, 39 (1958).
[2] Murphy, R. C., and W. H. Seegers: Amer. J. Physiol. **154**, 134 (1948). — Quick, A. J., and M. Stefanini: J. Lab. clin. Med. **33**, 819 (1948).
[3] Hjort, P., S. I. Rapaport and P. A. Owren: Blood **10**, 1139 (1955).
[4] Lewis, M. L., and G. A. Ware: Proc. Soc. exp. Biol. Med. **84**, 636 (1953).

mit 200 ml destilliertem Wasser verdünnt und dann rasch, aber sorgfältig mit 1%iger Essigsäure auf p_H 5,5 eingestellt. Nach Verwerfen des Überstehenden wird das entstandene Präcipitat in 4,5 ml physiologischer Kochsalzlösung gelöst, und anschließend werden bei Raumtemperatur 7,5 ml einer 40%igen Natriumcitratlösung tropfenweise zugegeben. Wieder abzentrifugieren bei hohen Touren, um eine scharfe Trennung zu erhalten. Das entstandene Präcipitat wird in gekühlter Kochsalzlösung so gelöst, daß ein Volumen von 2 ml entsteht und dann in ein Eisbad überführt, wo 1 ml kalte gesättigte Ammoniumsulfatlösung, welche durch Natriumhydroxyd zuvor auf p_H 7 gebracht wurde, tropfenweise unter Rühren zugegeben wird. Nach Abzentrifugieren in der Kälte wird das Überstehende in ein eisgekühltes Reagensglas gegossen und 1 ml kalte, neutralisierte, gesättigte Ammoniumsulfatlösung wieder tropfenweise zugegeben. Abzentrifugieren in der Kälte bei hoher Umdrehungszahl für 15—20 min. Lösen des Präcipitates in kalter Kochsalzlösung und dialysieren in der Kälte gegen 0,02 m Natriumcitrat, bis Freiheit von Sulfationen erreicht ist. Die Ausbeute des so erhaltenen Faktors V ist etwa 12%, der Eiweißgehalt 0,09 g-%; das Präparat ist frei von Prothrombin und Fibrinogen und ist gegenüber dem Plasma-Faktor V 35mal angereichert.

Eigenschaften von Faktor V. Ein einheitliches Präparat scheint bisher nicht hergestellt worden zu sein. Faktor V ist instabil; s. Tabelle 2, S. 306. Am stabilsten im Bereich p_H 5—9; Calcium-Anwesenheit erhöht Stabilität[1]. Faktor V behält seine Aktivität in gefriergetrocknetem Plasma für lange Zeit[2], verliert sie aber rasch in Blutkonserven[3].

Einstufenbestimmung von Faktor V nach Lewis ***und*** Ware[4].

Die im folgenden wiedergegebene Methode besitzt den Vorteil, daß die mit ihr erzielten Ergebnisse auf einen Standard bezogen werden können, der über Monate stabil ist. Das Substrat wird in größeren Quantitäten aus altem gefriergetrocknetem menschlichem Plasma hergestellt.

Prinzip:

In einem Gerinnungssystem, in dem Prothrombin, Faktor VII, Thrombokinase und Calcium optimal gehalten werden, ist die resultierende Gerinnungszeit von der Aktivität von Faktor V abhängig.

Reagentien:

1. 0,02 m Kaliumoxalat.
2. 0,01 n HCl.
3. 0,05 m Calciumchlorid.
4. Natriumcitrat, 3,2%ig.
5. Physiologische Kochsalzlösung.
6. *Substrat* (das selbst Faktor V-frei ist und an dem der Faktor V-Gehalt des Testplasmas oder der Testlösungen ausgetestet wird); Herstellung: Altes, gefriergetrocknetes menschliches Plasma wird zu etwa zwei Drittel seines Ursprungsvolumens mit physiologischer Kochsalzlösung gelöst, gegen 0,02 m Kaliumoxalat in physiologischer Kochsalzlösung für 2—3 Tage dialysiert und dann bei 4°C aufbewahrt. Fraktionen, bei denen während der Lagerung der Prothrombingehalt, gemessen mit einer Methode für isolierte Prothrombinbestimmung, unter 60% fällt, werden verworfen. Während des Lagerns soll Faktor V verschwinden; das Verschwinden wird mit der hier angegebenen Methode verfolgt. Zu diesem Zweck wird ein kleines Plasmaaliquot (5—10 ml) mit 0,01 n Salzsäure auf p_H 7,4 gebracht und als Substrat getestet. Wenn die Gerinnungszeit unter Ersetzen der Kochsalzlösung für das Testplasma 90 bis 120 sec beträgt, ist das Material für den Test fertig. Im allgemeinen werden etwa 6 Lagertage benötigt. Das Substrat wird dann sorgfältig auf p_H 7,4 gebracht, in

[1] Fahey, J., A. G. Ware and W. H. Seegers: Amer. J. Physiol. **154**, 122 (1948).
[2] Frommeyer, W. B.: J. Lab. clin. Med. **34**, 1356 (1949).
[3] Soulier, J.-P., M. J. Larrieu et O. Wartelle: Sem. Hôp. **1954**, 3117.
[4] Lewis, M. L., and A. G. Ware: Proc. Soc. exp. Biol. Med. **84**, 640 (1953).

der Kälte gegen 0,02 m Natriumcitrat in physiologischer Kochsalzlösung dialysiert und bei —10° C aufgehoben. Das Material ist dann für mehrere Monate verwendbar.

7. Thrombokinase: Als Thrombokinase dient am besten acetongetrocknetes Menschenhirn. Frisches menschliches Hirn wird unter laufendem Wasser von Blutgefäßen und Häuten befreit, dann mit Scheren kleingeschnitten, 2 Vol. Aceton p.a. zugegeben, für 1 min im Mixer homogenisiert, filtriert, erneut mit frischem Aceton für 15 min homogenisiert, gefiltert und luftgetrocknet. Aufbewahren im Exsiccator im Kühlschrank: 2,5 g des Acetontrockenpulvers werden zu 20 ml 0,9 %iger Natriumchloridlösung gegeben, welche 0,4 ml 0,1 m Natriumoxalat enthält und auf 45° C erwärmt wird. Inkubieren für 30 min bei 45° C unter gelegentlichem Umrühren, leichtes Zentrifugieren zum Entfernen größerer Partikel; das Überstehende wird in kleinen Mengen eingefroren und ist bei —10° C für einen Monat oder länger stabil. Für den Test wird ein Teil der Thrombokinaselösung mit 4 Teilen physiologischer Kochsalzlösung verdünnt und mit einem gleichen Volumen 0,05 m Calciumchloridlösung gemischt. Inkubieren bei 37° C für 30 min vor Gebrauch. Beste Resultate werden erzielt, wenn Gerinnungszeit mit Normalplasma 40—50 sec beträgt. Diese kann erforderlichenfalls durch Verdünnen der Thrombokinaselösung erzielt werden.

8. Standardplasma: Unbehandeltes oder prothrombinfreies Rinderplasma wird als Faktor V-haltiges Standardplasma benutzt. Standardisierung erfolgt vorzugsweise gegen Sammelplasmen von 5—10 normalen Individuen. Bei —10° C eingefroren, ist das unverdünnte Rinderplasma für Monate stabil. Wiederholtes Frieren und Tauen ist ungünstig.

Ausführung:

9 Teile Blut werden mit 1 Teil 3,2 %iger Natriumcitratlösung gemischt (anstelle von Blut kann jede andere Testlösung treten) und abzentrifugiert. Der Test sollte sofort vorgenommen werden; ist dieses nicht möglich, so kann die Probe bei 4° C nicht länger als 6 Std aufgehoben werden. Ein Teil Plasma wird mit 19 Teilen physiologischer Kochsalzlösung verdünnt und in ein Wasserbad von 37° C eingebracht. Zu 0,1 ml Substrat kommen 0,1 ml vorgewärmtes verdünntes Plasma und 0,1 ml Thrombokinase-Calcium-Mischung. Bestimmung der Gerinnungszeit. Der Faktor V-Gehalt wird dann an der Standardkurve abgelesen.

Herstellung der Standardkurve. Die Gerinnungszeit von menschlichem Sammelplasma von 5—10 Spendern wird, wie oben beschrieben, bestimmt. Die Durchschnittswerte repräsentieren 100 % Standard. Verdünnung des Sammelnormalplasmas mit Kochsalzlösung 1:100; erneute Bestimmung der Gerinnungszeit im obigen System. Resultate entsprechen 20 % Standard. Es werden nun jene Verdünnungen von Rinderplasma hergestellt, die im gleichen System die gleichen Gerinnungszeiten geben. Dann kann das Rinderplasma als Bezugsstandard benutzt werden. Auf einem doppeltlogarithmischen Papier werden die Prozente des Standards auf der Horizontalen und die Gerinnungszeiten auf der Vertikalen eingetragen. Da die Werte zwischen 10 und 100 % auf eine Gerade fallen, ist es ausreichend, nur zwei Punkte zur Herstellung der Kurve, die im doppeltlogarithmischen System eine Gerade ist, herzustellen. Für Faktor V-Werte, die erheblich über 100 % liegen, muß das Testmaterial verdünnt werden. Alle Testkomponenten, mit Ausnahme des Rinderstandards, der am besten jedesmal mitzutesten ist, sind menschlichen Ursprungs. Der Test ist spezifisch für Faktor V-Aktivität und wird durch große Schwankungen von Prothrombin- und Fibrinogengehalt des Testmaterials nicht beeinflußt. Weitere Testmethoden, die auf den gleichen Prinzipien beruhen, aber etwas vereinfacht sind, finden sich bei Jürgens und Beller[1], Modifikation der Owrenschen Methode z.B. bei Loeliger[2].

[1] Jürgens, J., and F. K. Beller: Klinische Methoden der Blutgerinnungsanalyse. Stuttgart 1959.
[2] Loeliger, A.: Wien. Z. inn. Med. **33**, 169 (1952).

Ein Faktor V-freies Plasma läßt sich auch dadurch erzielen, indem man Plasma mit dem Gift der Russel-Viper und mit Kephalin inkubiert. Dieser Prozeß nimmt nur 4 Std in Anspruch und führt zu einer völligen Zerstörung von Faktor V. Das so erhaltene Plasma ist in gefrorenem Zustand für wenigstens 3 Monate stabil, und die mit ihm durchgeführten Teste weisen wenig Streuungen auf[1].

Faktor VII (Proconvertin).

Vorkommen. Faktor VII kommt in Plasma und Serum vor. Die Aktivität schwankt von Tierart zu Tierart; sie steigt in der Reihenfolge Meerschweinchen, Ratte, Rind, Mensch, Katze, Hund an[2].

Darstellung. Die Reinigung von Faktor VII kann sowohl vom Plasma als vom Serum ausgehen; in letzterem ist Faktor VII jedoch besonders reichlich enthalten.

Prinzip der Methoden. Faktor VII wird aus Plasma oder Serum an Bariumsulfat adsorbiert und von diesem eluiert. Ist Plasma das Ausgangsmaterial, so muß eine Differentialelution zur Abtrennung von Prothrombin vorgenommen werden; dient Serum als Ausgangsmaterial, so kann man diese vernachlässigen, da unter normalen Umständen der Prothrombingehalt von Serum sehr gering ist.

***Darstellung von Faktor VII nach* Duckert *und Mitarb.*[3].**

Reagentien:

1. 0,1 m Natriumoxalat.
2. Bariumsulfat (Merck; feinst gepulvert).
3. Physiologische Kochsalzlösung.
4. Hyflo Super-Cel.
5. 0,14 m Trinatriumcitrat-Citronensäure-Lösung p_H 5,8.
6. 0,14 m Trinatriumcitrat-Lösung p_H 7,8.
7. 0,006 m Trinatriumcitrat-Lösung.

Ausführung:

Alle Reaktionen werden bei 2°C vorgenommen. 10 g Bariumsulfat werden in 200 ml Oxalatplasma (1 Teil Natriumoxalat auf 9 Teile Blut) für 40 min gerührt und dann zentrifugiert. Das Überstehende, welches Fibrinogen und Faktor V enthält, wird verworfen, das Bariumsulfat nun zweimal mit 30 ml physiologischer Kochsalzlösung gewaschen und diese ebenfalls verworfen. Es wird dann eine homogene Suspension von Bariumsulfat 10 g und Hyflo Super-Cel in physiologischer Kochsalzlösung hergestellt und diese in Chromatographieröhrchen eingefüllt. (Die Ausmaße der Säule sind im Original nicht angegeben.) Nach Entfernen der überschüssigen Kochsalzlösung wird Prothrombin durch 150 ml 0,14 m Trinatriumcitrat-Citronensäure-Lösung von p_H 5,8 eluiert. Die Elution wird dann mit 0,14 m Trinatriumcitratlösung von p_H 7,8 fortgesetzt. Der p_H des Eluates steigt nun langsam auf 7,8 an. Im sauren Bereich wird ausschließlich Prothrombin eluiert, im Bereich von p_H 5,8—7,4 ebenfalls etwas Prothrombin und etwa bei 7,8 reiner Faktor VII, der von allen anderen Gerinnungsfaktoren frei ist. Die Elution muß unter Druck mit einer Ausflußgeschwindigkeit von etwa einem Tropfen alle 12 sec durchgeführt werden. Prothrombin-Ausbeute etwa 50%, Faktor VII-Ausbeute 10%. Es kann auch von Serum ausgegangen werden. Dabei sind ebenfalls alle Schritte bei 2—5°C durchzuführen. 9 Teile Serum werden mit 1 Teil Natriumoxalat gemischt, 200 ml dieser Mischung werden mit 20 g Bariumsulfat für 45 min gerührt, zentrifugiert und das Überstehende verworfen. Waschen des Bariumsulfates mit zweimal 30 ml physiologischer Kochsalzlösung und mit einmal 30 ml 0,006 m Natriumcitratlösung. Die Elution wird mit 30 ml 0,14 m Natriumcitrat p_H 7,8 vorgenommen, indem Bariumsulfat mit diesem für 30 min gerührt und dann zentrifugiert wird. Das Überstehende enthält Faktor VII mit einer Ausbeute von 90%.

[1] Borchgrevink, C. F., J. G. Pool and H. Stormorken: J. Lab. clin. Med. **55**, 625 (1960).
[2] Deutsch, E., u. W. Schaden: B. Z. **324**, 266 (1953).
[3] Duckert, F., F. Koller and M. Matter: Proc. Soc. exp. Biol. Med. **82**, 259 (1953).

GOLDSTEIN und ALEXANDER[1] haben die wesentlichen Schritte einer Reinigungsmethode angegeben, die es erlaubt, eine 1500fache Reinigung von Faktor VII herbeizuführen. Auch ihr liegt die Adsorption an Bariumsulfat zugrunde, der eine Fraktionierung mit Ammoniumsulfat und eine Säurefällung folgt. Dabei kann entweder von Serum ausgegangen werden, wobei relativ reiner Faktor VII erhalten wird, oder von Plasma. Bei Plasma wird vorwiegend gereinigtes Prothrombin erhalten, das aber noch Faktor VII und wahrscheinlich auch Faktor IX enthält. Wird das Plasma vorher durch 20%igen Asbest-SEITZ-Filter gefiltert, so wird Faktor VII zurückbehalten und sehr reines Prothrombin erhalten. Der Arbeitsgang besteht im wesentlichen aus folgenden Schritten: Zellfreies Oxalatplasma oder Serum wird an Bariumsulfat adsorbiert (30 mg pro ml); das Bariumsulfat zuerst zweimal mit 0,1 m Natriumoxalat in Kochsalzlösung und einmal mit 0,02 m Acetatpuffer p_H 5,1 gewaschen und dann mit 5%igem Natriumcitrat eluiert, welches gegen destilliertes Wasser dialysiert wird. Herbeiführen einer Ammoniumsulfatsättigung von 50%, verwerfen des Präcipitates, Steigerung der Sättigung auf 66%, lösen des Präcipitates in Wasser und Dialyse des so gelösten Präcipitates gegen destilliertes Wasser. Adjustieren des p_H auf 5,4 mit Salzsäure und Verwerfen des auftretenden Präcipitates, reduzieren des p_H auf 4,6, Lösen des dabei entstehenden Präcipitates in Wasser und adjustieren des p_H auf 7 mit NaOH.

Eigenschaften. Faktor VII wird aus oxaliertem oder nichtoxaliertem Plasma oder Serum von Bariumsulfat, Bariumcarbonat, SEITZ-Asbestfiltern, Aluminiumhydroxyd und Calciumphosphat adsorbiert. Dabei hat Bariumsulfat eine größere Affinität für Faktor VII als für Prothrombin. Es wird leicht durch Citratlösungen eluiert. Faktor VII ist nicht dialysierbar[2], kann bei 37° C für mindestens 4 Std und bei 45° C für 6 min erhitzt werden, wird aber innerhalb $2^1/_2$ min bei 56° C zerstört[2]. Lyophilisiertes Spenderblut wies noch nach 10 Jahren einen wesentlichen Gehalt an Faktor VII auf. Lyophilisierte, gereinigte Fraktionen behalten ihre volle Aktivität bei Kühlschranktemperatur für mindestens 12 Monate[3]. Faktor VII wird nicht mit den Euglobulinen aus Serum und Plasma bei p_H 5—5,2[4] oder p_H 5,7—5,8[2] ausgefällt. Er wird im Serum unter p_H 5 und über p_H 9 zerstört[2]. Der Anteil an Faktor VII beträgt wahrscheinlich 0,07% des Serumeiweißes. Selbst im hochgereinigten Zustand ist das Material in der Ultrazentrifuge polydispers[5]. Für Temperaturresistenzkurven, Differentialadsorption von Prothrombin, Faktor V und VII sowie UV-Absorption von Faktor VII s. [6]. Für Übersichtsarbeit über Physiologie und Pathologie von Faktor VII s. [7].

Bestimmung von Faktor VII nach KOLLER *und Mitarb.*[8].

Prinzip:

Im Gerinnungsreaktionsgemisch werden Prothrombin, Faktor V, Thrombokinase und Calcium konstant gehalten. Die resultierende Gerinnungszeit ist dann von der Konzentration von Faktor VII bestimmt.

Reagentien:

1. Zu testendes Citratplasma (1 Teil 3,8%iges Natriumcitrat auf 9 Teile Blut) oder Oxalatplasma (1 Teil 0,1 m Natriumoxalat und 9 Teile Blut) verdünnt 1:10 mit MICHAELIS-Puffer p_H 7,35.

[1] GOLDSTEIN, R., and B. ALEXANDER; in: BRINKHOUS, K. M. (Hrsgb.): Hemophilia and Hemophiloid Diseases. Chapel Hill, N. C. University of North Carolina 1959.

[2] VRIES, A. DE, B. ALEXANDER and R. GOLDSTEIN: Blood 4, 247 (1949). — ALEXANDER, B., R. GOLDSTEIN and G. LANDWEHR: J. clin. Invest. 29, 881 (1950).

[3] ALEXANDER, B.; in: FLYNN, J. E. (Hrsgb.): Trans. 5. Conf. Blood Clotting and Allied Problems. S. 111. New York 1952.

[4] MANN, D. F., N. W. BARKER and M. HURN: Blood 6, 838 (1951).

[5] ALEXANDER, B.: Trans. 4. Int. Congr. Biochem. Wien 1958. Vol. IX, S. 37. New York 1959.

[6] DEUTSCH, E.: Die Blutgerinnungsfaktoren. Wien 1955.

[7] ALEXANDER, B.: New Engl. J. Med. 260, 1218 (1959).

[8] KOLLER, F., A. LOELIGER and F. DUCKERT: Acta haematol., Basel 6, 1 (1951).

2. SEITZ-Asbest-Filter-Plasma. Dieses, das eigentliche Substrat, enthält Prothrombin und Faktor V, aber keinen Faktor VII. Zu seiner Herstellung wird Oxalatplasma unter Anwendung von Silicon-Technik bei Schonung der Plättchen plättchenfrei zentrifugiert und dann langsam zuerst durch ein SEITZ-Filter* mit 20% Asbest und dann durch ein solches mit 30% Asbest gefiltert. Die ersten 15—20 ml Plasma sind zu verwerfen, da sie zu wenig Prothrombin enthalten.
3. Gewebsthrombokinase (Handelspräparat).
4. 0,025 m Calciumchlorid-Lösung.

Ausführung:

Die Bestimmung wird im Wasserbad bei 37° C und mit vorgewärmten Reagentien vorgenommen. Zu 0,1 ml des 1:10 verdünnten Testplasmas werden hintereinander 0,1 ml SEITZ-Asbestfilter-Plasma, 0,1 ml Thrombokinase und 0,1 ml Calciumchlorid pipettiert. Bei Zugabe von Calciumchlorid wird die Stoppuhr in Gang gesetzt und die sich ergebende Gerinnungszeit, welche für Normalwerte etwa bei 30 sec liegen sollte, abgestoppt. Es kann durch Weiterverdünnen von normalem Testplasma eine Eichkurve aufgestellt werden, die es erlaubt, die erhaltenen Werte in Prozente der Norm zu überführen.

Alle Faktor VII-Bestimmungen erfassen, wie sich neuerdings ergeben hat, nicht nur Faktor VII, sondern einen verwandten, aber biochemisch unterscheidbaren Gerinnungsfaktor, den STUART-PROWER-Faktor. Eine Bestimmung von Faktor VII, die den STUART-PROWER-Faktor nicht erfaßt, kann nur mit Plasma von einem Patienten mit hochgradigem Faktor VII-Mangel als Substrat durchgeführt werden. Ist dieses nicht vorhanden, so kann als Alternative, wenn eine bestimmungstechnische Abtrennung vom STUART-PROWER-Faktor erforderlich ist, in der Probe neben der Faktor VII-Bestimmung auch eine solche des STUART-PROWER-Faktors durchgeführt werden[1].

Faktor VIII (antihämophiles Globulin).

Vorkommen. Faktor VIII findet sich im menschlichen Plasma, aber nicht im Serum; er konnte auch bei Rind, Schwein, Hund und Schaf nachgewiesen werden. Es bestehen beträchtliche Artunterschiede bezüglich Aktivität und Haltbarkeit[2].

Darstellung. COHN-Fraktion I ist neben Fibrinogen sehr reich an antihämophilem Globulin. Dieses kann aus dieser Fraktion angereichert werden durch Erhitzen derselben auf 56° C, wobei Fibrinogen ausfällt und bei $32000 \times g$ abzentrifugiert werden kann[3]. Schonendere Methoden sind fraktionierte Adsorption oder Fällungen. Zwei Beispiele dafür seien gegeben.

1. Methode von BLOMBÄCK[4]. Ausgangsmaterial ist die menschliche Fraktion I—0 (s. Fibrinogen-Darstellung, S. 309). Diese Fraktion ist in Citratpuffer, p_H 6,8, gelöst; in ihr wird eine Fällung von antihämophilem Globulin bei Ionenstärke 0,1, Glycinkonzentration 0,3 m und Alkoholkonzentration 0,5% durchgeführt. Das so ausgefällte antihämophile Globulin ist etwa 100mal gegenüber dem normalen Plasma konzentriert.

2. Methode von SOULIER[5]. Menschliches Oxalat- oder Citratplasma oder COHN-Fraktion I wird auf einen Fibrinogengehalt von $2^0/_{00}$ verdünnt; dann wird Bentonit, 5 mg für 1 ml Lösung, zugefügt und die Adsorption durchgeführt. Diese Menge Bentonit adsorbiert Fibrinogen, aber nicht antihämophiles Globulin, das sich dann in der fibrinogenfreien COHN-Fraktion I oder im Plasma anreichern läßt.

---

* Filtrox, St. Gallen, Schweiz.

[1] BACHMANN, F., F. DUCKERT u. F. KOLLER: Thromb. Diath. haem., Stuttgart 2, 24 (1958).

[2] SPAET, T., and B. G. KINSELL: Proc. Soc. exp. Biol. Med. 84, 314 (1953). — WAGNER, R. H., and M. G. THELIN; in: BRINKHOUS, K. M. (Hrsgb.): Hemophilia and Hemophiloid Diseases. S. 3. Univ. N. Carolina Press 1957.

[3] SHINOWARA, G. Y.: J. Lab. clin. Med. 38, 11, 23 (1951).

[4] BLOMBÄCK, M.: Ark. Kemi 12, 387 (1958) (hier auch erschöpfende Literatur über andere Methoden).

[5] SOULIER, J.-P.: Rev. franç. Ét. clin. biol. 4, 153 (1959).

JANIAK und SOULIER[1] adsorbieren Faktor VIII (mit etwa der Hälfte von Faktor VII und IX) aus Plasma, welches aus frischem Dextrose-Citrat-Bankblut gewonnen wurde, bei p_H 6,0 an Tricalciumphosphat. Elution erfolgt mit 1% NaCl in 0,05 m Natriumcitrat bei p_H 8,2. Zur Stabilisierung von Faktor VIII werden 5 mg/ml ε-Aminocapronsäure zugesetzt. Durch fraktionierte Alkoholfällung wird Faktor VIII weiter gereinigt. Das Endprodukt enthält bei 60% Ausbeute eine 30fache Anreicherung in bezug auf Eiweißgehalt.

Ein hochgereinigtes Präparat aus Rinderplasma haben SEEGERS, LANDABURU und FENICHEL[2] angegeben. Über antihämophiles Globulin aus Rinderplasma, das um ein Vielfaches aktiver ist als menschliches antihämophiles Globulin und das therapeutisch verwendet wurde, berichten MACFARLANE u. Mitarb.[3].

Es darf nicht unerwähnt bleiben, daß sich klinisch bei operativen Eingriffen an Hämophilen Faktor VIII-reiche Präparate menschlichen Fibrinogens (modifizierte Cohn-Fraktion I) besser bewährt haben als Faktor VIII allein[4].

Eigenschaften. Siehe Tabelle 2, S. 307. Ein besonderes Charakteristikum von Faktor VIII ist seine Instabilität. Für detaillierte Vergleichsuntersuchungen über Stabilität von Faktor VIII unterschiedlicher Provenienz s. bei WAGNER[5]. Die Sterilisation wird trotz großer Verluste durch SEITZ-Filtration vorgenommen oder durch Ultraviolettbestrahlung.

Bestimmung. Den meisten Bestimmungsmethoden für antihämophiles Globulin liegen gerinnungsphysiologische analytische Prozeduren zugrunde, in deren Verlauf hämophiles Plasma benötigt wird und an dem in einer der verschiedenen Variationen der Teste (Prothrombinverbrauchstest, Thrombokinasebildungstest u.a.) das zu untersuchende Plasma oder Präparat ausgetestet wird. Eine solche Methode, welcher die partielle Thromboplastinzeit, kombiniert mit maximaler Oberflächenaktivierung durch Kaolin, zugrunde liegt, findet sich bei HARDISTY und MACPHERSON[6]. Hämophiles Plasma ist nicht immer leicht zu beschaffen, und zumeist weist auch hämophiles Plasma, von Individuum zu Individuum schwankend, einen gewissen, wenn auch geringen Gehalt an antihämophilem Globulin auf. Im folgenden ist eine Methode wiedergegeben, die zur Bestimmung von antihämophilem Globulin kein von antihämophilem Globulin freies Plasma benötigt.

Bestimmung des Faktor VIII nach POOL *und* ROBINSON[7].

Prinzip der Methode:

Antihämophiles Globulin ist für die Blutbildung erforderlich. Für seine Bestimmung wird ein Testsystem benötigt, welches alle für die Thrombokinasebildung erforderlichen Gerinnungskomponenten in optimaler Konzentration besitzt, aber das frei von antihämophilem Globulin ist. Das Ausmaß der Thromboplastinbildung hängt in einem solchen System von der Menge des zugeführten antihämophilen Globulins ab. (Dieses gilt nur für einen bestimmten Konzentrationsbereich des antihämophilen Globulins.) Der Test ist eine Zweistufen-Methode; Thrombokinase wird in einem Reaktionsgemisch gebildet und nach standardisierten Zeiten die Thrombokinase in ein sog. Substratplasma überführt. Die Gerinnung des Substratplasmas hängt dann direkt von der Menge der gebildeten Thrombokinase und damit indirekt von der Menge des im Thrombokinase-Bildungsgemisch anwesenden antihämophilen Globulins ab.

---

[1] JANIAK, A., and J.-P. SOULIER: Thromb. Diath. haem., Stuttgart 8, 406 (1962).
[2] SEEGERS, W. H., R. H. LANDABURU and R. L. FENICHEL: Amer. J. Physiol. **190**, 1 (1957).
[3] MACFARLANE, R. G., R. C. MALLAM, L. J. WITTS, E. BIDWELL, R. BIGGS, G. J. FRAENKEL, G. E. HONEY and K. B. TAYLOR: Lancet **273**, 251 (1957).
[4] MILES, J. S., E. v. KAULLA and K. N. v. KAULLA: Surgery **55**, 220 (1964); hier weitere Literatur.
[5] WAGNER, R. H., and M. G. THELIN; in: BRINKHOUS, K. M. (Hrsgb.): Hemophilia and Hemophiloid Diseases. Internat. Sympos. Univ. N. Carolina Press 1957.
[6] HARDISTY, R. M., and J. C. MACPHERSON: Thromb. Diath. haem., Stuttgart **7**, 215 (1962).
[7] POOL, J. G., and J. ROBINSON: Brit. J. Haematol. **5**/1, 17 (1959).

Reagentien:

1. Bariumcarbonat.
2. Trinatriumcitrat, 3,2 %ig.
3. Standard-Aluminiumhydroxydgel (BIGGS und MACFARLANE[1]).
4. Imidazolpuffer p_H 7,3 (MERTZ und OWEN[2]).
5. Kephalin (BELL und ALTON[3]).
6. Ammoniumsulfat, gesättigt.
7. Physiologische Kochsalzlösung.
8. 0,025 m Calciumchlorid.

Standard- und Testplan für antihämophiles Globulin:

Standardplasma wird alle 2 Wochen vom gleichen Spender erhalten. 9 Teile Blut auf 1 Teil 3,2 % Natriumcitrat; zentrifugieren für 10 min bei 3000 U/min. Aufbewahren in Aliquoten von 0,2 ml bei —15° bis —20° C. Jede neue Charge wird im Versuch gegen die vorhergehenden verglichen.

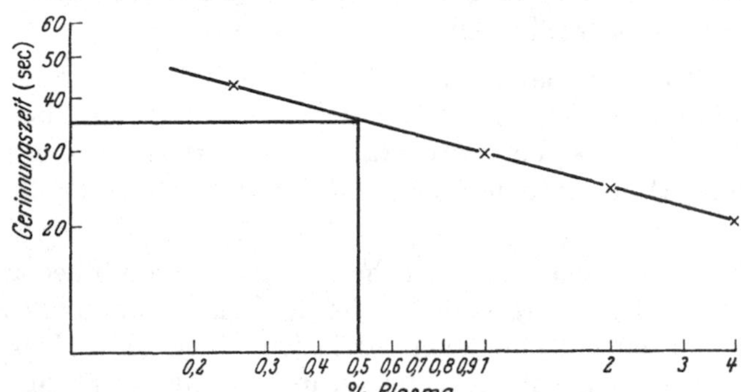

Abb. 1. Standardkurve. Berechnung des Faktor VIII-Gehaltes einer Plasmaprobe. Das unbekannte Plasma, in 2 %iger Konzentration untersucht, ergab eine Gerinnungszeit von 34 sec; das entspricht an der Standardkurve der Gerinnungszeit von 0,5 % Normalplasma.

Aktivität unbekanntes Plasma in Prozent der Norm =

$$\frac{\text{Konzentriertes Normalplasma}}{\text{Konzentriertes unbekanntes Pasma}}.$$

Untenstehendes Beispiel:

$$\frac{0{,}5\,\%}{2{,}0\,\%} \times 100 = 25\,\%.$$

Die Plasmen für den Test werden wie folgt vorbereitet: 0,8 ml physiologische Kochsalzlösung zu 0,2 ml Test- oder Standardplasma. Ein Teil Standard-Aluminiumhydroxydgel wird mit 4 Teilen destillierten Wassers verdünnt und dient als Adsorptionsreagens für das verdünnte Plasma. 1 ml verdünntes Plasma wird bei 37° C für 1 min nach Zugabe von 1 ml verdünnten Gels inkubiert. Schütteln, dann inkubieren für weitere 3 min. Zentrifugieren bei 3000 U/min für 10 min, rasch abgießen des Überstehenden in ein kaltes Reagensröhrchen. Von diesem 20 %igen adsorbierten Plasma werden Verdünnungen mit Kochsalzlösung für die Bestimmungskurve, die in Abb. 1 wiedergegeben ist, gemacht. Das Testplasma wird auf gleiche Weise behandelt. Vom 20 %igen adsorbierten Plasma werden die in Abb. 1 angegebenen Verdünnungen hergestellt.

Serum:

Normales menschliches Serum dient als Faktor VII- und Faktor IX- (Christmas-Factor-) Quelle. 10 ml Aliquoten Blut von 10 Spendern werden bei 37° C für 4 Std inkubiert und dann bei 4° C über Nacht gelagert. Vereinigen der Sera am nächsten Morgen; lyophilisieren von 50 ml dieser Sera und lagern bei —15° bis —20° C. Aktivität stabil für etwa 3 Monate. 50 mg lyophilisiertes Material werden in 10 ml Imidazolpuffer, p_H 7,3, gelöst und bei 4° C, um eine Verdünnungsaktivierung zu gestatten, für 60 Std aufgehoben. Danach bleibt das Präparat für 3 Tage, wenn unter 10° C aufgehoben, aktiv.

Adsorbiertes, gefälltes Rinderserum, Quelle für Faktor V:

Rinderserum wird mit Bariumcarbonat (40 mg/ml) nach WARE und SEEGERS[4] adsorbiert, um Prothrombin, Faktor IX und Faktor VII zu entfernen; um auch Spuren von anti-

---

[1] BIGGS, R., and R. G. MACFARLANE: Human Blood Coagulation and its Disorders. S. 387. Oxford 1957. Originalmethode: BERTHO, A., u. W. GRASSMANN: Biochemisches Praktikum. Berlin 1936.

[2] MERTZ, E. T., and A. C. OWEN: Proc. Soc. exp. Biol. Med. **43**, 204 (1940).

[3] BELL, W. N., and H. G. ALTON: Nature **174**, 880 (1954). — BIGGS, R., R. G. MACFARLANE: Human Blood Coagulation and its Disorders. S. 396. Oxford 1957.

[4] WARE, A. G., and W. H. SEEGERS: Amer. clin. Path. **19**, 471 (1949).

hämophilem Globulin zu beseitigen, wird bei 33 %iger Ammoniumsulfatsättigung gefällt und das Präcipitat verworfen. Jetzt wird die Ammoniumsulfatsättigung auf 50 % gebracht und das Präcipitat in ein Viertel des Serumoriginalvolumens Kochsalzlösung aufgelöst und über Nacht gegen Kochsalzlösung bei 4° C dialysiert. Nach Dialyse kann das Präparat bei —10° bis —20° C gefroren werden und bleibt für ein Jahr stabil. Seine Aktivität wird durch wiederholtes Frieren und Tauen nicht verändert. Das Endvolumen beträgt etwa die Hälfte des Originalserumvolumens, und der Faktor V-Gehalt, bestimmt nach der CAROLL-Modifikation der Methode von LEWIS und WARE[1], beträgt ungefähr 150 % dessen von menschlichem Plasma. Als Faktor V-Quelle für den Versuch wird das Präparat mit Imidazolpuffer auf 5 % verdünnt.

Substrat:

Eine größere Menge plättchenfrei zentrifugiertes, citriertes Rinderplasma (1 Teil 3,2 % Trinatriumcitrat auf 9 Teile Rinderblut) wird in Aliquoten gefroren und dient als Substrat. Es bleibt für etwa 3 Monate stabil und wird für den Versuch mit einem gleichen Volumen Kochsalzlösung kurz vor dem Experiment verdünnt.

Ausführung:

Alle Reagentien werden in Eiswasser aufbewahrt. 0,1 ml von jedem der folgenden Reagentien werden in ein vorgewärmtes Reagensröhrchen, das im 37° C-Wasserbad gehalten wird, einpipettiert: 5 % adsorbiertes gefälltes Rinderserum; verdünntes menschliches Serum, 1:100 Kephalin und 0,025 m $CaCl_2$. Auslösen einer Stoppuhr bei Zugabe von Calciumchlorid. Nach Inkubieren für 6 min Zugabe von 0,2 ml kalten Standard- oder Testplasmas. Leicht schütteln, Einführen einer Pipette. Nun wird ein zweites Reagensröhrchen mit 0,2 ml Calciumchloridlösung in das Wasserbad eingebracht; dieses dient zur Schlußmessung der gebildeten Thrombokinasemenge. 10 min 40 sec nach Auslösen der Stoppuhr werden 0,2 ml der Bildungsmischung zu Calciumchlorid zugegeben und nach 11 min 0,1 ml kalten verdünnten Substrates zugefügt. In diesem Augenblick wird eine zweite Stoppuhr in Gang gesetzt. Durch sukzessives Starten dieser Thrombokinasebildungsröhrchen im Abstand von 45 sec lassen sich fünf weitere hintereinanderliegende Bestimmungen mit je einer der Plasmaverdünnungen innerhalb 16 min durchführen. Für die ganze Bestimmung werden fünf Stoppuhren gebraucht.

Berechnung:

Abb. 1 zeigt die Beziehungen zwischen der Konzentration des Standardplasmas und der Gerinnungszeit des Substrates, wenn auf ein doppellogarithmisches Papier aufgetragen. Zwischen den Plasmakonzentrationen 4 % und 0,5 % wird eine Gerade mit Plateaubildungen an jedem extremen Ende erhalten. Die Kochsalzkontrolle benötigt 55—60 sec, eine einmal erhaltene Standardisierungskurve gilt nur, wenn alle Bestimmungen am gleichen Tage ausgeführt wurden. Es empfiehlt sich, an jedem Bestimmungstage eine Standardkurve mit Normalplasma aufzustellen; dieses ist, da die ganze Reaktion bei vorbereiteten Reagentien 16 min benötigt, nicht umständlich. Die Meßabweichungen für 2 %iges Plasma sollen beim Duplikat nicht mehr als 2 sec betragen. Der Gehalt an antihämophilem Globulin des auszutestenden unbekannten Plasmas wird dadurch erhalten, daß es in seiner Aktivität gegenüber dem Standardplasma verglichen wird. Es wird genauso verdünnt, adsorbiert und dem System zugegeben wie unter Standardplasma beschrieben mit der Ausnahme, daß nur eine Verdünnung gewählt wird, von der erwartet wird, daß die durch sie hervorgerufene Thrombokinasebildungs-Gerinnungszeit auf den geradlinigen Teil der Standardkurve fällt.

Bestimmung im Duplikat. Verwertung des Durchschnittes von beiden Ergebnissen. Mit Hilfe der resultierenden Gerinnungszeit kann von der Kurve abgelesen werden, welcher Verdünnung des Normalplasmas die Aktivität des Testplasmas entspricht. Die Aktivität

[1] CAROLL, T. C.; in: TOCANTINS, L. M. (Hrsgb.): The Coagulation of Blood. Methods of Study. New York 1955.

des Testplasmas in Prozent der Norm wird dann wie folgt berechnet:

$$\frac{\text{Abgelesene Konzentration des Normalplasmas}}{\text{Konzentration des unbekannten Plasmas}} \times 100.$$

Mit Hilfe dieser Methode läßt sich beispielsweise das Verhalten des antihämophilen Globulins beim Menschen nach Frischblutinfusion verfolgen. Wesentlich ist, daß das zu testende Plasma bei der bekannten Labilität des antihämophilen Globulins unmittelbar nach Gewinnung zur Messung gelangt.

In der Literatur finden sich wiederholt Angaben, daß Hämophilie nicht auf einem Mangel an antihämophilem Globulin beruhe, sondern daß ein Hemmkörper vorliege, welcher Faktor VIII hemme. Ein solcher Hemmkörper wurde von MAMMEN[1] aus dem Blut Hämophiler isoliert, und es wurde zugleich gezeigt, daß nach Extrahieren des Hemmkörpers auch bei Hämophilen der Gehalt des Blutes an hämophilem Globulin normal ist. Der Hemmkörper selbst scheint auch noch andere Faktoren des „intrinsic clotting system" zu beeinflussen. Er wird durch Äther, Säuren und Gefriertrocknung zerstört und ist bei Lagern unter Zimmertemperatur labil. Der Hemmkörper ist undialysierbar und wird weder an $BaSO_4$ noch an $Al(OH)_3$ oder Kaolin adsorbiert. Er wird durch 50% $(NH_4)_2SO_4$-Sättigung gefällt.

Faktor IX (Christmas-Faktor).

Vorkommen. Faktor IX findet sich im Plasma und, im Gegensatz zu Faktor VIII (antihämophiles Globulin), reichlich im Serum. Der Faktor ist in den COHN-Fraktionen III, IV und IV—1 enthalten[2].

Darstellung von Faktor IX nach WHITE *und Mitarb.*[3].

Prinzip:

Der Methode liegt die Säurestabilität von Faktor IX sowie seine Adsorbierbarkeit an $BaSO_4$ zugrunde. Es wird am besten vom Serum ausgegangen, da dieses reich an Faktor IX, aber frei von Faktoren II und VIII ist.

Reagentien:

1. Natriumcitrat, 3,2%ig.
2. Natriumcitrat, 5%ig, in 0,9%igem Natriumchlorid.
3. 1 n HCl.
4. 1 n NaOH.
5. Bariumsulfat.
6. NaCl, 0,9%ig.

Ausführung:

9 Teile Serum, die von Blut erhalten wurden, das für 24 Std in Glasgefäßen bei Raumtemperatur aufbewahrt wurde, mischt man mit 1 Vol. 3,2% Natriumcitrat und läßt für 30 min bei 37°C stehen, um sicherzustellen, daß alle verbleibenden Thrombinspuren neutralisiert werden. Der p_H des Serums wird nun unter vorsichtiger tropfenweiser Zugabe von 1 n HCl auf 2,9 eingestellt; dann wird für 2 Std bei 37°C inkubiert. Nun wird durch sorgfältige tropfenweise Zugabe von 1 n NaOH der p_H zum Neutralpunkt zurückgebracht; die p_H-Bestimmungen müssen mit der Glaselektrode vorgenommen werden. Diese Schritte führen zu einer Zerstörung von verbleibendem Prothrombin und Faktor VII (Proconvertin). Die Faktor IX-haltige Fraktion wird nun durch Adsorption des Serums an Bariumsulfat aus diesem entfernt. Dazu werden 50 mg Bariumsulfat auf 1 ml Serum zugegeben und die Mischung unter Rühren für 15 min bei 37°C inkubiert; danach abzentrifugieren bei 3000 U/min für 30 min und verwerfen des Überstehenden. Faktor IX läßt sich nun vom Bariumsulfat eluieren; dazu wird dieses mit jener Menge 5%igem

[1] MAMMEN, E.: Thromb. Diath. haem., Stuttgart 9, 30 (1963). Hier weitere Literatur.
[2] WHITE, S. G., P. M. AGGELER and B. E. EMERY: Proc. Soc. exp. Biol. Med. 83, 69 (1953).
[3] WHITE, G. S., P. M. AGGELER and M. B. GLENDENING: Blood 8, 101 (1953).

Natriumcitrat in 0,9 %iger NaCl bei 37° C für 15 min verrührt, die der Hälfte des Originalserumvolumens entspricht. Abzentrifugieren des Bariumsulfates bei 3000 U/min für 30 min und Dialyse des Überstehenden gegen 0,9 %ige NaCl für 24 Std. Das Dialysat wird dann auf das Originalserumvolumen gebracht und entweder bei —30° C tiefgefroren oder gefriergetrocknet. Die so erhaltenen Präparate sind völlig frei von Prothrombin, Faktor VII und anderen Gerinnungsfaktoren. Wird Blut eines Patienten mit Christmas disease (Faktor IX-Mangel) für die Darstellung verwandt, so erhält man ein biologisch unwirksames Präparat.

Eigenschaften. Faktor IX ist beständig im sauren Bereich, in dem Faktor VII zerstört wird. Faktor IX ist lagerungsbeständig. Nach den Angaben von DEUTSCH[1] wird er durch Erhitzen für 10 min auf 56° C zerstört, nach JÜRGENS und BELLER[2] erträgt der Faktor diese Prozedur. Er wird durch Glasoberflächen aktiviert[3]; s. auch Tabelle 2, S. 307.

Zum *Nachweis von Faktor IX-Mangel* kann eine der Variationen des Prothrombinverbrauchstestes oder des Thrombokinasebildungstestes herangezogen werden. Wird in diesen Testen der Defekt des Patientenplasmas durch $BaSO_4$-adsorbiertes Normalplasma, aber nicht durch normales Serum korrigiert, so liegt Faktor VIII-Mangel (Hämophilie A) vor. Erfolgt Korrektion durch normales Serum, aber nicht $BaSO_4$-adsorbiertes Normalplasma, so handelt es sich um Faktor IX-Mangel (Hämophilie B). Der Zusatz von Normalplasma oder Serum zum Mangelplasma soll im Prothrombinverbrauchstest etwa 5 % betragen.

***Bestimmung des Faktor IX nach* JÜRGENS *und* BELLER[2].**

Reagentien:

1. 0,1 n Natriumoxalat.
2. Hämophilie B-Oxalatplasma, hergestellt durch Vermischen von 1 Teil Natriumoxalat mit 9 Teilen Hämophilie B-Blut unter Zuhilfenahme von silikonierten Geräten.
3. Chloroform-Hirnextrakt nach GEIGER, DUCKERT und KOLLER[4]: Die graue Substanz eines sorgfältig präparierten Menschenhirns wird unter Zerkleinern im Mörser unter mehrfachem Wechseln mit Aceton entwässert und dann luftgetrocknet. 1 g des in verschlossenen Gefäßen im Kühlschrank haltbaren Trockenpulvers wird während 20 min bei Zimmertemperatur mit 20 ml Chloroform gerührt. Filtrieren durch feine Papierfilter. Nachwaschen mit 30 ml Chloroform. Abdampfen des Chloroforms auf heißem Wasserbad; Suspendieren des fertigen Rückstandes in wenigen Tropfen physiologischer Kochsalzlösung; Zugabe von weiterer Kochsalzlösung, bis eine Emulsion von 50 ml entstanden ist, die in Mengen von 0,2 ml tiefgefroren werden.
4. Zu untersuchendes Serum oder Normalserum (Blut 2 Std bei 37° C inkubiert). Bei Normalserum soll der Prothrombinverbrauchstest keine Werte über 3 % ergeben.
5. 0,025 m Calciumchlorid.
6. Veronal-Acetatpuffer p_H 7,6.

Ausführung:

In ein Teströhrchen werden pipettiert:

0,1 ml Hämophilie B-Plasma,
0,1 ml Testserum 1:10 mit Puffer verdünnt,
0,1 ml Chloroform-Hirnextrakt 1:100 verdünnt.

Nach einer Inkubationszeit von 30 sec werden 0,1 ml Calciumchloridlösung zugegeben und die Gerinnungszeit bestimmt.

---

[1] DEUTSCH, E.: Blutgerinnungsfaktoren. Wien 1955.
[2] JÜRGENS, J., u. K. F. BELLER: Klinische Methoden der Blutgerinnungsanalyse. Stuttgart 1959.
[3] RAPPAPORT, S. I., K. AAS and P. A. OWREN: Scand. J. clin. Lab. Invest. 6, 82 (1954).
[4] GEIGER, M., F. DUCKERT u. F. KOLLER: 5. Kongr. Europ. Ges. Haematol. Freiburg 1955; Kongreßbericht. Berlin, Göttingen, Heidelberg 1956.

Berechnung:

Eine Normalserumverdünnung von 1:10 wird als 100% Faktor IX gewertet; durch Weiterverdünnen des Normalserums wird eine Verdünnungskurve angelegt, die bei Auftragen von Konzentration und Gerinnungszeiten in doppellogarithmisches System eine Gerade ergibt. Aus ihr lassen sich dann die Konzentrationen von Faktor IX im Testplasma oder in der Testlösung errechnen.

Faktor X (Stuart-Prower-Faktor).

In jüngerer Zeit wurde beobachtet, daß Mischungen von Plasmaproben von Patienten, bei denen ein Faktor VII-Mangel diagnostiziert wurde, zu einer Normalisierung der Gerinnungsverhältnisse führten. Daraufhin gerichtete Untersuchungen haben ergeben, daß bei einigen dieser Patienten ein Mangel eines neuen und bisher noch nicht erkannten Gerinnungsfaktors vorlag, der bei der Faktor VII-Bestimmung miterfaßt wird und in das Meßergebnis eintritt[1]. Es handelt sich dabei in der Tat um einen individuellen Gerinnungsfaktor, dessen quantitative Erfassung relativ komplizierte Teste voraussetzt. Über seine biochemischen Eigenschaften ist bisher folgendes bekanntgeworden: Er wird an Bariumsulfat, Aluminiumhydroxyd und Calciumphosphat sowie an Asbestfilter adsorbiert und wird bei Erhitzen auf 56° C zerstört. Er ist bei Zimmertemperatur in Plasma oder Serum, in denen er normalerweise vorhanden ist, für Tage relativ stabil; bei 4°C sinkt seine Aktivität in beiden Medien während 8 Wochen etwas ab, in Serum auf 80% und in Plasma auf 50%. Tiefgefroren hält er sich über Jahre. Abgesehen von kongenitalen Mangelzuständen kann dieser Faktor erhebliche Bedeutung erlangen, da er offenbar von gewissen Antikoagulantien therapeutisch beeinflußt wird[2].

***Reinigung von Faktor X nach* Esnouf[3].**

Eine etwa 4000fache Anreicherung von Faktor X wurde durch folgendes Vorgehen erzielt. 100 g Bariumsulfat werden mit 1 l frischem Rinderoxalatplasma verrührt, das abzentrifugierte Bariumsulfat mit Wasser gewaschen und mit $^1/_{10}$ Vol. 0,2 m Natriumcitrat, p_H 6,8, eluiert. Das Eluat wird bei 4° C mit 0,02 m Natriumphosphatpuffer äquilibriert und nach Abzentrifugieren unlöslicher Proteine das dialysierte Eluat an 50 g DEAE-Cellulose gegeben. Das Chromatogramm wird mit 0,02 m Phosphatpuffer, p_H 7,0, der steigende Mengen NaCl (0,15 M, 0,25 M, 0,4 M, 1,0 M) enthält, entwickelt. Faktor X wird mit dem dritten der erscheinenden Hauptgipfel bei 0,4 M NaCl eluiert. Die Fraktion enthält 4 E/μg Protein. Gipfel 3 enthält nur 3% der angegebenen Proteine. Weitere Konzentration wird durch Verdünnen des Eluates mit gleichen Teilen Wasser, Adsorption an Bariumsulfat und Eluieren mit 0,02 m Natriumphosphat, p_H 6,8, erreicht. Das Konzentrat wird gegen 0,1 m NaCl, welches in 0,01 m Tris-HCl-Puffer, p_H 7,3, gelöst ist, dialysiert und gefriergetrocknet. Direkte Gefriertrocknung des Eluates der DEAE-Cellulose-Chromatographiekolonne nach Dialyse gegen destilliertes Wasser führte zu Verlust der Aktivität.

Bestimmung. Die Bestimmung des Faktor X beruht auf der Beobachtung, daß die Werte der Einstufen-Prothrombinbestimmungsmethode mit Hirnthrombokinase und auch mit dem Gift der Russellviper bei Faktor X-Mangel verlängert sind. Unterscheidung von Faktor VII wird durch Normalisierung der Prothrombinzeit mit Russellvipergift bei dieser Abnormität, aber nicht bei Faktor X-Mangel ermöglicht. Siehe Bachmann u. Mitarb.[4] sowie Denson[5]. Für quantitative Teste muß Faktor X-Mangelplasma herangezogen werden[6].

[1] Hougie, C., E. Barrow and J. B. Graham: J. clin. Invest. **36**, 485 (1957).
[2] Hoerder, M. H.: Thromb. Diath. haem., Stuttgart **2**, 170 (1958).
[3] Esnouf, M. P., and W. J. Williams; in: Wright, I. S., F. Koller and E. Beck (Hrsgb.): Progress in Coagulation. Thromb. Diath. haem., Stuttgart **7**, Suppl. I 213 (1962).
[4] Bachmann, F., F. Duckert u. F. Koller: Thromb. Diath. haem., Stuttgart **2**, 24 (1958).
[5] Denson, K. W.: Acta haematol., Basel **25**, 105 (1961).
[6] Sise, H. S., S. M. Lavell and R. Becker: Proc. Soc. exp. Biol. Med. **96**, 662 (1957).

Faktor XI (Plasma-Thromboplastin-Antecedent).

Plasma-Thromboplastin-Antecedent wurde als individueller Gerinnungsfaktor anerkannt, da pathologische Gerinnungszustände bekannt sind, welche durch Mangel irgendeines anderen Gerinnungsfaktors nicht erklärt werden können[1, 2] und weil die bisher ermittelten Eigenschaften von Faktor XI ihn von anderen Faktoren, insbesondere dem verwandten Faktor XII, absondern[3]. Es bestehen jedoch noch manche Unstimmigkeiten, welche die Individualität von Faktor XI als nicht unter allen Umständen gesichert erscheinen lassen. Hier wäre in erster Linie die Normalisierung der Blutgerinnung innerhalb 24 Std in gelagerten Blutproben jener Patienten zu nennen, die einen Faktor XI-Mangel aufweisen[4, 5].

Vorkommen. Faktor XI kommt in menschlichem Plasma und Serum vor; er wird wenig an $BaSO_4$ adsorbiert und bei Erhitzen auf 56° C teilweise zerstört[4]. Faktor XI wird an Celit und Quarzpulver[6] adsorbiert, an Celit besser als Faktor XII[7].

Reinigung. Die Reinigung von Faktor XI ist nicht oft versucht worden. Er kann, zusammen mit Faktor XII bei p_H 6,0—8,5, mittels einer 7% NaCl-Lösung von Celit, mit dem menschliches Plasma behandelt wurde, eluiert werden. Es ist nicht klar, ob nicht ein Kombinationsprodukt von Faktoren XI und XII auf diese Weise erhalten und eluiert wurde[6]. Trennung von Faktor XI und XII wurde durch Chromatographie an Dimethylaminoäthylcellulose bei konstantem p_H 7,12 und Eluierung mit einem NaCl-Gradienten von 0,05—0,3 M erzielt. Faktor XI eluierte mit niederer, Faktor XII mit höherer NaCl-Konzentration[8].

Bestimmung. Der Bestimmung von Faktor XI liegen zwei verwandte Prinzipien zugrunde: Entweder wird das zu analysierende Plasma (oder experimentelle Präparat) mit Plasma eines Patienten mit schwerem Faktor XI-Mangel oder mit einem Plasma, aus dem Faktor XI (häufig zusammen mit Faktor XII) durch Adsorption an Celit entfernt wurde (erschöpftes Plasma)[6], verglichen. 15 mg Celit/ml Citratplasma adsorbieren Faktor XI allein, während 30 mg/ml auch Faktor XII mitentfernen. Zur Bestimmung eignen sich besonders jene Teste, welche die Thrombokinasebildung messen, da Faktor XI zur Bildung der bluteigenen Thrombokinase erforderlich ist. Mit einer quantitativen Methode, der die partielle Thrombokinasebildung in einem pathologischen Faktor XI-armen Plasma bei maximaler Oberflächenaktivierung zugrunde liegt[9], wurde bei normalen Erwachsenen ein Faktor XI-Gehalt von 63—136% gefunden.

Faktor XII (Hageman-Faktor).

Vorkommen. Faktor XII oder Hageman-Faktor kommt in Plasma von Säugern, speziell im menschlichen Plasma in inaktiver Form (aktiviert in Serum) vor. Pferdeplasma jedoch scheint wenig Faktor XII und Entenplasma gar keinen Faktor XII aufzuweisen.

Eigenschaften. Faktor XII wird durch Adsorption an negativ geladene Oberflächen (z.B. Glas) aktiviert und leitet als aktivierter Faktor XII im wesentlichen die Gerinnung ein[10]. Experimentell wird Faktor XII auch durch Fettsäuren[11] und durch extrem kleine

[1] Rosenthal, R. L., O. H. Dreskin and N. Rosenthal: Proc. Soc. exp. Biol. Med. **82**, 171 (1953).
[2] Rapaport, I. S., R. R. Proctor, M. J. Patch and M. Yettra: Blood **18**, 149 (1961).
[3] Wright, I. S.: Blut **8**, 102 (1962); hier Zusammenfassung aller bis 1961 bezüglich Faktor XI bekannten Daten.
[4] Biggs, R., and R. G. Macfarlane: Human Blood Coagulation and its Disorders. 3rd Ed.; S. 93. Philadelphia 1962.
[5] Egeberg, O.: Scand. J. clin. Lab. Invest. **14**, 478 (1962).
[6] Waaler, B. A.: Scand. J. clin. Lab. Invest. **11**, Suppl. **38**, 1654 (1959).
[7] Soulier, J.-P., and O. Prou-Wartelle: Brit. J. Haematol. **6**, 88 (1960).
[8] Schiffman, S., I. S. Rapaport, A. G. Ware and J. W. Mehl: Proc. Soc. exp. Biol. Med. **105**, 453 (1960).
[9] Rapaport, I. S., S. Schiffman, M. J. Patch and A. G. Ware: J. Lab. clin. Med. **57**, 771 (1961).
[10] Ratnoff, O. D., and J. E. Colopy: J. clin. Invest. **34**, 602 (1955).
[11] Margolis, J.: J. Austral. J. exp. Biol. **40**, 505 (1962).

Mengen von Ellaginsäure ($2{,}5 \times 10^{-8}$ m)[1] aktiviert. Faktor XII spielt möglicherweise bei der Aktivierung des fibrinolytischen Systems[2] eine Rolle. Faktor XII besitzt auch eine Reihe pharmakologischer Eigenschaften[3].

Faktor XII ist nicht dialysierbar, er wird nicht an Bariumsulfat oder Aluminiumhydroxyd, wohl aber an Celit (50 mg/ml), Kaolin, Asbest, Kieselsäure, Supercel und insbesondere an Glas adsorbiert. Faktor XII bleibt im Oxalatplasma oder Serum bei 4° C für 4—12 Wochen stabil, wird durch Erwärmen für 30 min auf 50° C nicht beeinflußt, während er bei 60° C rasch inaktiviert zu werden scheint. Über seine Fällbarkeit durch $(NH_4)_2SO_4$ schwanken die Angaben; die optimale Konzentration liegt aber sicher zwischen 25—50 % Sättigung. Faktor XII findet sich in Cohn-Fraktionen III, IV-1 und IV-4; er wandert elektrophoretisch zwischen den β- und γ-Globulinen. Die Plasmakonzentration von Faktor XI wird auf nicht mehr als 0,2 mg-% Eiweiß geschätzt[4].

Reinigung. Die Reinigung von Faktor XII erzielte Präparate mit 3000—5000facher Anreicherung[3, 5]. Einem dieser Verfahren[5] liegen folgende Schritte zugrunde: Als Ausgangsmaterial dient Plasma, welches durch Zentrifugieren von Rindercitratblut in Polystyrenflaschen für 30 min bei 3° C und 9000 × g gewonnen wurde. Das Plasma wurde für 10 min bei 37° C mit $^1/_{10}$ Vol. $Al(OH)_3$-Gel (10 g feuchtes Gel in 40 ml destilliertem Wasser, mechanisch aufgerührt) inkubiert, das Plasma abzentrifugiert und sofort anschließend der Glasadsorption unterworfen. Es wurde nur $Al(OH)_3$-Plasma verwendet, das eine Prothrombinzeit von 15 min und mehr aufwies. Zur Glasadsorption wurden 2000 ml $Al(OH)_3$-Plasma durch eine Kolonne gegeben (7 cm Durchmesser, 90 cm Länge), welche mit Glaspulver P-3 (Pulles and Hanique, Eindhoven/Holland) beschickt war. Anschließend wurde die Kolonne mit 0,15 m NaCl so lange gewaschen, bis der Ausfluß eiweißfrei war. Die Elution erfolgte mit Glycin-Kochsalzpuffer, p_H 9,6, bei einer Ausflußrate von 2,5 ml/min unter Benutzung eines Fraktionskollektors. Das Eluat enthielt 0,5—0,8 mg/ml Eiweiß. Eine 130—1213fache Reinigung und eine Ausbeute von 206 % (durch Glasaktivierung von Faktor XII) wurden erzielt. Die vereinigten konzentrierten Faktor XII-Eluate wurden weiterhin der Alkoholfällung nach Cohns Methode Nr. 6[6] unterworfen. Da die beste Ausbeute und größte Faktor XII-Konzentration in Fraktion IV-4 vorlag (Anreicherung 1825fach, Ausbeute 34 %), wurden Fraktionen I und II/III zusammen ausgefällt. Elektrophorese in Fraktion IV-4 zeigte, daß Faktor XII in der β-Region wandert. Weitere Reinigung kann durch Chromatographie an DEAE-Cellulose erfolgen, wobei zwei Gipfel mit einer 4800fachen Anreicherung und 13,6 bzw. 4,5 % Ausbeute erscheinen. Eine zusätzliche Reinigung wird mit Sephadex G-200 erreicht. Die so erhaltenen, hochgereinigten Präparate korrigieren den Gerinnungsdefekt bei Faktor XII-Mangel und erwiesen sich von Plasma-Thromboplastin-Antecedent und anderen Gerinnungsfaktoren frei.

Bestimmung. Qualitative Bestimmung von Faktor XII beruht auf der Beobachtung, daß Blut von Patienten mit Faktor XII-Mangel in gewöhnlichen Reagenzgläsern langsamer gerinnt als das normaler Individuen, und daß dieser Unterschied bei Benutzung von silikonierten Reagenzgläsern nicht auftritt, da hier keine Glasaktivierung von Faktor XII erfolgt. Semiquantitative Messung ist möglich, wenn das zu testende Plasma (oder Präparat) gegen Faktor XII-Mangelplasma verglichen wird, wobei Teste zugrunde gelegt werden, deren Resultat durch Faktor XII-Aktivität beeinflußt wird (partielle

[1] Ratnoff, O. D., and J. D. Crum: Proc. centr. Soc. clin. Res. **36**, 62 (1963).

[2] Iatridis, S., and J. H. Ferguson: J. clin. Invest. **41**, 1277 (1962).

[3] Ratnoff, O. D., and E. W. Davie: Biochemistry **1**, 967 (1962) (dort weitere Literatur über Faktor XII einschließlich pharmakologischer Untersuchungen).

[4] Wright, I. S.: Blut **8**, 102 (1962). Hier Zusammenfassung aller bis 1961 bezüglich Faktor XII bekannten gerinnungstechnischen Daten.

[5] Schoenmaker, J. G. G., R. M. Kurstjens, C. Haanen u. F. Zilliken: Thromb. Diath. haem., Stuttgart **9**, 546 (1963).

[6] Cohn, E. J., L. T. Strong, W. L. Hughes, D. L. Mulford, J. N. Ashworth, M. Melin and H. L. Taylor: Am. Soc. **68**, 459 (1946).

Thromboplastinzeit, Thrombokinasebildungstest, Prothrombinverbrauchstest). Die Empfindlichkeit wird erhöht, wenn für maximale Oberflächenaktivierung Sorge getragen[1] und dieser Umstand z.B. mit der Ausführung der partiellen Thromboplastinzeit verbunden wird[2]. Quantitative Bestimmung ist möglich, wenn neben einem Faktor XII-Mangelplasma ein hochgereinigtes Faktor XII-Präparat vorliegt und alle Testproben von Faktoren IX und XI frei sind. Dieses kann durch $Al(OH)_3$-Adsorption von Citratplasma erfolgen[3].

Faktor XIII (Fibrin Stabilizing Faktor).

Dieser Faktor, obwohl seit Jahren bekannt, hat in jüngster Zeit praktische Bedeutung erlangt. Der Faktor ist maßgebend für die Beschaffenheit der intermolekularen Struktur von Fibringerinnseln. Seiner Wirkungsweise liegt folgender Mechanismus zugrunde: Thrombin spaltet vom Fibrinmolekül die Fibrinopeptide A und B ab. Damit wird offenbar ein Hindernis für spontane Polymerisation beseitigt. Die Fibrinmonomere lagern sich End zu End und Seite zu Seite aneinander und bilden das primäre, noch lose Fibringerinnsel. Dieses wird durch den fibrinstabilisierenden Faktor[4] des normalen Plasmas in das solide definitive Gerinnsel überführt, wahrscheinlich durch Zufügen covalenter Querbrücken (vermutlich Disulfidbrücken). Teilweiser oder völliger Mangel des Faktor XIII in menschlichem Plasma führt zu einer — vermutlich vererblichen — hämorrhagischen Diathese, welche durch schweres Nachbluten nach geringfügiger Verletzung gekennzeichnet sind[5]. Es wird angenommen, daß diese durch leichtere proteolytische Verflüssigung der unstabilisierten Gerinnsel und durch mangelnde Organisation dieser Gerinnsel durch Fibroblasten bedingt sei[6].

Vorkommen. Faktor XIII kommt vorwiegend in Plasma vor; Serum enthält wenig, da der Faktor an das Gerinnsel adsorbiert wird[7,8].

Eigenschaften. Faktor XIII ist hitzeempfindlich, nicht dialysierbar und benötigt Calcium für seine Aktivität. Er wird als Copolymer[9] oder als Enzym angesehen[10]. Gerinnsel, welche in seiner Anwesenheit gebildet werden (z.B. thrombingeronnenes Fibrinogen), sind in 5 m Harnstoff, 1% Monochloressigsäure und 0,05 m Monojodacetat löslich, während Plasmagerinnsel dieses nicht sind.

Darstellung. Anreicherung aus Plasma stößt auf gewisse Schwierigkeiten, da Faktor XIII sich Fibrinogen und Fibrin gegenüber sehr ähnlich verhält. Eine gefrierbare Fraktion läßt sich gewinnen, indem Plasma zu 33% mit Ammoniumsulfat gesättigt, das Präcipitat mit Trispuffer, p_H 7,5, Ionenstärke 0,18 gelöst und anschließend bei Ionenstärke von 0,5 mit Äthanol bei 6° C fraktioniert wird. Dazu werden 15—20% Alkohol zugegeben, zentrifugiert und dann die Alkoholkonzentration des Überstehenden bei 0° C auf 25—30% gebracht. Das Präcipitat wird durch zwei isoelektrische Fällungen bei p_H 5,4 weiter gereinigt. Weitere Reinigung kann durch Chromatographie an DEAE-Cellulose unter Benutzung eines linearen NaCl-Gradienten in Anwesenheit von Trispuffer, p_H 7,5, bei einer Ionenstärke von 0,09 erfolgen. Anreicherung etwa 500fach[7]. 3000fache Anreicherung durch Kombination von serienmäßiger Ammoniumsulfatfällung bei verschiedenem p_H und nachfolgende Chromatographie an DEAE-Cellulose wurden

---

1 Margolis, J.: J. clin. Path. 11, 406 (1958).
2 Iatridis, S. G., and J. H. Ferguson: Thromb. Diath. haem., Stuttgart 8, 46 (1962).
3 Haanen, C., u. J. G. G. Schoenmaker: Thromb. Diath. haem., Stuttgart 9, 557 (1963).
4 Laki, K., and L. Lorand: Science, N.Y. 108, 280 (1948).
5 Koller, F.: Folia haematol., Leipzig (N.F.) 8, 25 (1963); dort weitere Literatur.
6 Beck, E., F. Duckert u. M. Ernst: Proc. Europ. Soc. Haem. Wien 1961, S. 351, Basel 1962.
7 Lorand, L., and R. C. Dickenman: Proc. Soc. exp. Biol. Med. 89, 45 (1955).
8 Duckert, F., E. Beck, R. Rondez u. A. Vogel: Proc. Europ. Soc. Haem. Wien, S. 406. Basel 1962.
9 Lorand, L.; in: I. S. Wright, F. Koller u. E. Beck (Hrsgb.): Progress in Coagulation. Thromb. Diath. haem., Stuttgart 7, Suppl. I (1962).
10 Loewy, A. L., K. Dunathan, J. A. Gallant and B. Gardener: J. biol. Ch. 236, 2644 (1961).

beschrieben[1]. Fibrinolytische Auflösung des Plasmagerinnsels, um Fibrin zu zerstören, und nachfolgende Ammoniumsulfatfällung scheint ebenfalls gute Präparate zu geben[2].

Bestimmung. Bestimmung der An- oder Abwesenheit von Faktor XIII erfolgt in der einfachsten Weise durch Feststellung, ob sich ein Gerinnsel unter Bebrütung ganz oder teilweise in 5 m Harnstoff in wenigen Stunden auflöst. Für quantitative Bestimmung wurde die Löslichkeit des Gerinnsels in Monochloressigsäure herangezogen[3]. Eine semiquantitative Methode für klinische Zwecke wurde unter Zugrundelegung der Gerinnsellöslichkeit in Monojodacetat ausgearbeitet[4].

Das fibrinolytische System.

Das fibrinolytische Enzymsystem ist funktionell eng mit dem Gerinnungssystem verknüpft: Es bestehen unter anderem Anzeichen dafür, daß die fibrinolytischen Enzyme die unerwünschten Produkte intravasaler Gerinnung zu beseitigen haben[5]. Eine Über- oder Unterfunktion des fibrinolytischen Systems kann zu schweren pathologischen Störungen Anlaß geben. Eine umfassende Darstellung des menschlichen fibrinolytischen Systems, von physiologischen, pathologischen, klinischen, biochemischen und pharmakologischen Gesichtspunkten aus gesehen, findet sich bei v. KAULLA[6]. Zur Protease-Aktivität fibrinolytischer Komponenten s. S. 294ff.

Aktivatoren.

Unter den körpereigenen Plasminogenaktivatoren sind in der ersten Linie die *Gewebsaktivatoren* zu nennen. Ihre Aktivität schwankt von Gewebe zu Gewebe. Der Gehalt menschlicher Organe an Gewebsaktivator in Einheiten ist nach ALBRECHTSEN[7] folgender: Uterus 720, Nebennieren 410, Lymphdrüsen 378, Prostata 334, Schilddrüse 325, Lunge 223, Eierstock 210, Hypophyse 140, Nieren 119, Skeletmuskel 110, Herz 82, Hoden 25, Milz 20, Leber 0. Plasminogenaktivator findet sich auch in menschlicher Milch[8], in Tränen[9], Speichel[10] und Spermaplasma[11] sowie in Zellkulturen[12].

Neben den Gewebsaktivatoren besteht vielleicht noch ein *Plasmaaktivator*, der labiler als die Gewebsaktivatoren zu sein scheint[13], welcher aber noch schlecht charakterisiert ist.

Von besonderem Interesse ist jener Plasminogenaktivator, welcher mit dem Urin ausgeschieden und allgemein als Urokinase bezeichnet wird. Dieser Aktivator ist unschwer zu gewinnen und erlaubt darum in homologen fibrinolytischen Systemen zu arbeiten. Seine biologische Bedeutung wird zur Zeit untersucht.

Das fibrinolytische System menschlichen (aber nicht Rinder-)Plasmas wird durch Auflösen einer Reihe organischer synthetischer Substanzen in demselben aktiviert, sofern gewisse strukturelle Voraussetzungen erfüllt sind. Die Aktivierung ist eine indirekte, da die Substanzen Plasminogen selbst nicht aktivieren[14, 15].

---

[1] LOEWY, A. L., K. DUNATHAN, R. KRIEL and H. L. WOLFINGER: J. biol. Ch. **236**, 2625 (1961).
[2] DUCKERT, F., E. BECK, R. RONDEZ u. A. VOGEL: Proc. Europ. Soc. Haem. Wien, S. 406. Basel 1962.
[3] LORAND, L., and A. JACOBSEN: J. biol. Ch. **230**, 421 (1958).
[4] SIGG, P. E., u. F. DUCKERT: Schweiz. med. Wschr. **93**, 1455 (1963).
[5] ASTRUP, T.: Medizinische **1959**, 1972.
[6] KAULLA, K. N. v.: Chemistry of Thrombolysis: Human Fibrinolytic Enzymes. Springfield 1963.
[7] ALBRECHTSEN, O. K.: Brit. J. Haematol. **3**, 284 (1957).
[8] ASTRUP, T., and I. STERNDORFF: Proc. Soc. exp. Biol. Med. **84**, 605 (1953).
[9] STORM, O.: Scand. J. clin. Lab. Invest. **7**, 55 (1955).
[10] ALBRECHTSEN, O. K., and J. H. THAYSEN: Acta physiol. scand. **35**, 138 (1955).
[11] KAULLA, K. N. v., and L. B. SHETTLES: Proc. Soc. exp. Biol. Med. **83**, 692 (1953).
[12] BARNETT, E. V., and S. BARON: Fed. Proc. **17**, 503 (1958).
[13] ASTRUP, T., and I. STERNDORFF: Acta physiol. scand. **36**, 250 (1956).
[14] KAULLA, K. N. v.: Arch. Biochem. **96**, 4 (1962).
[15] KAULLA, K. N. v.: Thromb. Diath. haem., Stuttgart **7**, 404 (1962).

Urokinase.

Vorkommen. Urokinase wurde bisher aus dem Urin von Katze, Ratte, Rind, Kaninchen, Hund, Hamster und Mensch gewonnen[1].

Darstellung. Eine einfache verläßliche Methode der Urokinase-Darstellung wurde von VON KAULLA[2] beschrieben.

Prinzip:

Es beruht auf der Fähigkeit von Bariumsulfat, Urokinase aus dem Urin bei p_H 4,5 zusammen mit dem Urin-Procoagulant zu adsorbieren. Urinthromboplastin wird mit Wasser und Urokinase nachfolgend mit 3,8%igem Natriumcitrat eluiert.

Ein *hochgereinigtes Präparat* wurde von PLOUG und KJELDGAARD[3] angegeben. Ihm liegen Adsorption an Silicagel, Elution mit NH_4OH, fraktionierte Fällung und Reinigung mit Ionenaustauschern zugrunde.

Herstellung kleiner hochaktiver Urokinasechargen und von Urin-Procoagulant nach **VON KAULLA[4].**

Für zeitsparende Gewinnung ist nachstehende Methode nützlich.

Prinzip:

Bei Durchleitung von Urin durch Kerzen aus Porzellan halten diese Urokinase zusammen mit Urinprocoagulant zurück. Durch „Rückspülen" können beide Substanzen fraktioniert eluiert werden.

Reagens:

1 m KSCN.

Apparatur:

Kerze aus unglasiertem Porzellan*; Länge 20 cm, Durchmesser 2 cm. Porenweite etwa 15 μ.

Ausführung:

Etwa 3 l Urin von gesunden Spendern werden während des Tages gesammelt und in eine mit Bodentubus versehene Flasche eingebracht, die unter der Laboratoriumsdecke aufgehängt wird. Der Tubus der Flasche wird durch einen 3—4 m langen Schlauch mit dem Ansatzstück der Porzellankerze verbunden und der Urin während der Nacht unter seinem eigenen Druck durch die Kerze von innen nach außen laufengelassen. Durchfluß etwa 2,2—2,6 l. Am nächsten Morgen wird die Kerze äußerlich abgewaschen und der in ihr enthaltene Urin abgesaugt. Nun werden von außen nach innen durch die Kerze 140 ml destilliertes Wasser langsam durchgesogen; die ersten 20 ml werden verworfen, die restlichen 120 ml dienen als Ausgangsmaterial für Urin-Procoagulant, es wird nach Klären durch Zentrifugieren und ausgiebiger Dialyse isoelektrisch gefällt und weiter behandelt, wie auf S. 328 oben angegeben. Nach Durchlaufen des destillierten Wassers von außen nach innen werden 140 ml 1 m KSCN-Lösung von außen nach innen durchgesogen. Die ersten 20 ml werden verworfen; die restlichen 120 ml enthalten Urokinase in sehr angereicherter Form. Die Lösung ist häufig trüb und wird durch Zentrifugieren (10 min bei 20000 × g) geklärt. Das Sediment ist zu verwerfen; zur Weiterverarbeitung gelangt das Überstehende. Es kann der Rotationsdialyse gegen Leitungswasser in der Kälte unterworfen werden, bis alles KSCN ausdialysiert ist. Als Resultat liegt eine direkt verwendbare Urokinaselösung vor, die je nach Bedarf noch gegen einen neutralen Puffer dialysiert werden kann. Für Versuche, bei denen höhere Urokinasekonzentrationen erwünscht erscheinen, wird die geklärte dialysierte Urokinaselösung

* Coors Porcelaine Comp., Golden, Colorado, USA.

[1] MOHLER, S. R., D. R. CELANDER and M. M. GUEST: Amer. J. Physiol. **192**, 189 (1958).
[2] KAULLA, K. N. v.: Acta haematol., Basel **16**, 315 (1956).
[3] PLOUG, J., and N. O. KJELDGAARD: Biochim. biophys. Acta **24**, 278 (1957).
[4] KAULLA, K. N. v.: Nature **184**, 1320 (1959).

der Pervaporationskonzentration unterworfen. Dazu wird die Urokinase in den Dialysierschläuchen belassen (Schläuche mit etwa 6—7 mm Durchmesser sind besonders geeignet) und in ein etwa 3 m langes Rohr eingebracht, durch das Luft geblasen wird. Nach Möglichkeit sollten etwa die untersten 20 cm des Dialysierschlauches während der Pervaporationskonzentration einer Dialyse gegen destilliertes Wasser unterworfen werden. Die Urokinaselösung, dialysiert und auf das Zehnfache konzentriert, ist dann für Fibrinolysestudien, auch in Gegenwart starker Inhibitoren (d.h. in menschlichem Plasma), geeignet. Die zehnfach konzentrierte Urokinaselösung kann auch, nachdem sie noch einmal für 4 Std der Rotationsdialyse unterworfen wurde, ohne erheblichen Aktivitätsverlust lyophilisiert werden. Ausbeute: 2—3 mg Urokinase pro Liter Urin. 0,3 mg dieses Präparates, 1 ml menschlichem Citratplasma vor Gerinnung durch Thrombin zugesetzt, sollte zu einer Lyse des Plasmagerinnsels innert 30 min führen.

Eigenschaften. Die so erhaltenen Urokinaselösungen behalten ihre Aktivität, tiefgefroren, über einige Wochen; lyophilisiert und trocken aufbewahrt, ist das Präparat für Monate stabil. Urokinase ist ein Protein; sie wird bei höheren Temperaturen und im alkalischen Bereich inaktiviert. In Urin wird sie rascher im sauren Bereich zerstört, vermutlich durch Pepsin[1]. Der optimale p_H für Plasminogen-Aktivierung durch Urokinase ist 9. Sie spaltet synthetische Aminosäureester[2] (s. auch Tabelle 2).

Bestimmung der Urokinase nach **von Kaulla**[3, 4].

Prinzip:

Urin und Plasma werden zusammengegeben, verdünnt und dialysiert. Die im Urin enthaltene Urokinase aktiviert das Plasma-Plasminogen zu Plasmin. Die Plasmin-Antiplasmin-Verbindungen werden während der Dialyse dissoziiert. Eine nachfolgende Euglobulinfällung präcipitiert Plasmin und trennt dieses endgültig von den Inhibitoren ab, die mit dem Überstehenden verworfen werden. Der Euglobulinfraktion wird Casein zugesetzt, das in ihr enthaltene urinaktivierte Plasmin verdaut Casein, dessen proteolytischer Abbau direkt von der Plasminmenge und damit von dem Urokinasegehalt des Urins abhängt. Casein selbst wird durch Urokinase nicht angegriffen.

Reagentien:

1. 0,067 m Phosphatpuffer p_H 7,42.
2. Casein, Hammarsten, 1%ig, gereinigt in Phosphatpuffer.
3. Natriumhydroxyd, 10%ig.
4. Natriumcarbonat, 20%ig.
5. Phenol-Reagens (Folin-Ciocalteu) „Leitz".
6. Trichloressigsäure, 16%ig.
7. ACD-Blutbankplasma tiefgefroren in Aliquoten, 3—4 Wochen alt.

Apparaturen:

1. CO_2-Tank.
2. Rotationsdialysator oder eine äquivalente Vorrichtung.

Ausführung:

Menschlicher Urin wird ohne Zentrifugieren oder Filtration verwandt; er kann bis zu 48 Std im gefrorenen Zustand aufgehoben werden.

1 ml Urin, 1 ml Blutbankplasma und 19 ml Leitungswasser werden in einen Dialysierschlauch von 6,7 mm Durchmesser eingefüllt und für 90 min in einem Rotationsdialysator gegen laufendes Leitungswasser von 4—7° C dialysiert. Anschließend wird das Dialysiergemisch für etwa 7 min durch Durchleiten von Kohlendioxyd mit diesem gesättigt.

---

[1] Ploug, J., and N. O. Kjeldgaard: Biochim. biophys. Acta 24, 278 (1957).
[2] Ploug, J., and N. O. Kjeldgaard: Biochim. biophys. Acta 24, 283 (1957).
[3] Kaulla, K. N. v.; in: Page, I. R. (Hrsgb.): Connective Tissue, Thrombosis and Atherosclerosis. S. 259. New York, London 1959.
[4] Kaulla, K. N. v., and N. Riggenbach: Thromb. Diath. haem., Stuttgart 5, 162 (1960).

Die ausfallenden Euglobuline werden abzentrifugiert und in 1 ml 0,067 m Phosphatpuffer, p_H 7,5, aufgelöst. 0,6 ml der so gelösten Euglobuline und 0,4 ml Phosphatpuffer werden zu 4 ml gereinigten Caseins in Phosphatpuffer zugegeben. Die Euglobulin-Casein-Mischung wird sodann für 90 min bei 37° C inkubiert; dann wird das Reaktionsgemisch mit gleichen Teilen Trichloressigsäure gefällt und der Tyrosingehalt in 1 ml des Filtrates bestimmt. Zugleich läßt man eine nichtinkubierte Euglobulin-Casein-Leerprobe und eine Phosphatpuffer-Leerprobe mitlaufen.

Die optische Durchlässigkeit der nichtinkubierten Euglobulin-Casein-Leerprobe soll 97 % und darüber betragen, wenn sie gegen die Phosphatpuffer-Leerprobe eingestellt wird. Die erhaltenen Tyrosinwerte werden in μg freigesetzten Tyrosins ausgedrückt. Der Urokinasegehalt des Urins wird wie folgt berechnet:

$$\frac{\mu\text{g Tyrosin freigesetzt} \times 10}{\text{spezifisches Gewicht des Urins} - 1000}\,.$$

Die *Normalwerte* für Männer betragen 11,98 und für Frauen 8,33 mit individuellen Schwankungen von 1,7—22,9 und 1,9—22,8. Extrem niedrige Werte wurden bei chronischer Thrombophlebitis, bei metastasierenden Carcinomen[1] und bei chirurgischen Patienten beobachtet, die nach chirurgischen Eingriffen innert einiger Tage ad exitum kamen[2]. Urokinase-Bestimmung ist von besonderem Wert, wenn täglich über einen gewissen Zeitabschnitt durchgeführt. Plötzliches Ansteigen über ein Vielfaches der Ausgangswerte kann bei spontan fibrinolytischen Zuständen beobachtet werden[3].

Fehlerquellen. Urine, die stark alkalisch sind, scheinen die Urokinase zu zerstören. Verunreinigung mit Faeces führt zu abnorm hohen Werten, und Urine, die viel Mucine enthalten, sollten nicht lange stehen, da beim Stehen die Mucine Urokinase binden.

Plasminogen (Profibrinolysin)

Vorkommen. Plasminogen kommt in Plasma und Serum von Mensch, Rind, Pferd, Schwein, Hund, Kaninchen, Meerschweinchen und anderen Tierarten vor. Beim Menschen wurde es auch in Cerebrospinalliquor, Exsudaten und Transsudaten nachgewiesen[4]; Serum enthält weniger als Plasma, da Fibrin Plasminogen adsorbiert[5]. Plasminogen kann in den eosinophilen Leukocyten nachgewiesen werden und wird dort vermutlich synthetisiert[6].

Darstellung von kristallisiertem menschlichem Plasminogen nach **KLINE**[7].

Prinzip:

Der Methode liegt die Säureextrahierbarkeit und Säurebeständigkeit von menschlichem Plasminogen zugrunde.

Reagentien:

1. 0,05 n H_2SO_4.
2. 1 n NaOH.
3. 0,25 m Phosphatpuffer p_H 6.
4. n HCl.

Ausführung:

Als Ausgangsmaterial dient die COHNsche Plasmafraktion III (American National Red Cross). 10 g dieser Fraktion wird bei Raumtemperatur während 10 min mit 200 ml 0,05 n H_2SO_4 extrahiert und dann die Mischung für 10 min bei 2500 U/min zentrifugiert. Nun sind die gelegentlich an der Oberfläche schwimmenden Lipoide abzuschöpfen, und dann wird

[1] RIGGENBACH, N., and K. N. v. KAULLA: Cancer, N.Y. 14, 889 (1961).
[2] KAULLA, K. N. v., and H. SWAN: J. thorac. Surg. 36, 519 (1958).
[3] KAULLA, K. N. v., H. SWAN and B. PATON: J. thorac. cardiovasc. Surg. 40, 260 (1960).
[4] CHRISTENSEN, L. R.; in: MCCARTY, M. (Hrsgb.): Streptococcal Infections. S. 39. Columbia 1954.
[5] KAULLA, K. N. v.: Kli. Wo. 1957, 667.
[6] BANHART, M. J., and J. M. RIDDLE: Blood 18, 789 (1961).
[7] KLINE, D. L.: J. biol. Ch. 204, 949 (1953).

das Überstehende mit 1 n NaOH unter Schütteln rasch auf p_H 11 gebracht. Unmittelbar danach (der alkalische Zustand soll nicht länger als 3 min andauern, da sonst ein Aktivitätsverlust eintritt) wird mit n Salzsäure, welche unter Schütteln zugetropft wird, um lokale Übersäuerung zu verhüten, der p_H auf 5,3 eingestellt und der Ansatz für mindestens 3 Std im Kühlschrank aufbewahrt, wo er auch unter Umständen ohne Aktivitätsverlust über Nacht belassen werden kann. Anschließend wird der p_H mit n HCl auf 2 erniedrigt und dann für 1 Std bei 2700 U/min zentrifugiert. Wieder sind die Lipoide zu entfernen; danach wird das Überstehende vom gelatinösen Rückstand abgegossen. Diese Plasminogenlösung ist bei p_H 2,5 in der Kälte wenigstens für eine Woche haltbar. Ausbeute: 65%. Anreicherung 14,8 Einheiten[1] pro mg N. Für die weitere Reinigung wird der p_H durch tropfenweise Zugabe von n NaOH auf 8,6 gebracht und der bei p_H 4,5 erscheinende Niederschlag nicht berücksichtigt. Er sollte sich, wenn p_H 8,2 erreicht ist, bis zu einer Opalescenz geklärt haben; wenn nicht, wird der p_H auf 9 erhöht und abzentrifugiert. Das Überstehende wird nun gegen einen 0,25 m Phosphatpuffer von p_H 6 dialysiert. Es erscheint fast unmittelbar ein feines Präcipitat. Nach der Dialyse wird die Lösung für 1 Stunde auf 0° C gebracht und dann abzentrifugiert. Der plasminogenhaltige Rückstand wird in destilliertem Wasser unter Zugabe von 1—2 Tropfen n HCl in Lösung gebracht, wobei sich ein vorheriges Aufbrechen der Rückstandklumpen als vorteilhaft erwiesen hat. Diese Lösung ist für zwei Wochen bei 4°C stabil. Ausbeute etwa 33%. Die Plasminogenkonzentration gegenüber der des Serums ist etwa 425fach. Die Plasminogenausbeute scheint von Fraktion III zu Fraktion III etwas zu schwanken. Wird die Lösung auf p_H 8,2 gebracht, so können nadelförmige Plasminogenkristalle erhalten werden. Durch Lösung derselben in etwas Salzsäure und Rückbringen des p_H auf 8,2 kann weiter umkristallisiert werden.

Für eine einfachere Methode, welche von Serum ausgeht und zu weniger reinen Präparaten führt, s. bei REMMERT[1].

Eigenschaften s. Tabelle 2, S. 307. Plasminogen ist unter p_H 4 und über p_H 8,6 gut löslich, wenig bei neutralem p_H, Löslichkeit bei neutralem p_H wird durch Zugabe von Lysin, ε-Aminocapronsäure und Glycerin erhöht[2]. Plasminogen weist 1% trichloressigsäureunlösliche Hexose auf, welche bei Aktivierung zu Plasmin löslich wird[3]. Während Gerinnung wird relativ viel Plasminogen an Fibrin adsorbiert, und alles Fibrin enthält Plasminogen, wenn es nicht speziell denaturiert wurde[4].

Bestimmung. Plasminogen wird als Plasmin bestimmt (s. Tabelle 7, S. 353 und S. 295/296).

Plasmin (Fibrinolysin)*.

[3.4.4.14.]

Vorkommen. Unter normalen Verhältnissen scheint freies (ungehemmtes) Plasmin nur im menschlichen Spermaplasma vorzukommen[5]. In pathologischen Zuständen können sehr große Mengen freien Plasmins beim Menschen im Kreislauf durch Einschwemmen von Plasminogen-Aktivator gebildet werden. Dieses Plasmin wird jedoch von den Inhibitoren neutralisiert. Die oft extrem erhöhte fibrinolytische Aktivität ist in erster Linie durch Absorption des vermehrten Aktivators an das plasminogenreiche Gerinnsel zu erklären. Dieses kann bei einer großen Anzahl von Erkrankungen und Eingriffen beobachtet werden. Übersichtsarbeit bei FONIO[6]. Für die speziellen Verhältnisse während des extracorporalen Kreislaufes s. bei v. KAULLA[7].

* s. a. S. 294ff.

1 REMMERT, L. F., and P. COHEN: J. biol. Ch. **181**, 431 (1949).

2 ALKJAERSIG, N., A. P. FLETCHER and S. SHERRY: J. biol. Ch. **233**, 81 (1958).

3 SHULMAN, S., N. ALKJAERSIG and SHERRY: J. biol. Ch. **233**, 91, (1958).

4 LASSEN, M.: Acta physiol. scand. **27**, 371 (1952).

5 KAULLA, K. N. v., u. L. B. SHETTLES: Kli. Wo. **1954**, 468.

6 FONIO, A.: Ergebn. Chir. Orthop. **42**, 203 (1959).

7 KAULLA, K. N. v., H. SWAN u. E. v. KAULLA: Kli. Wo. **1958**, 1050.

Darstellung. Eine einfache Methode zur Herstellung von Plasmin aus Schweineplasma wurde von VON KAULLA[1] angegeben. Sie beruht auf der Säureresistenz und der Säure-Aceton-Aktivierbarkeit von Schweineplasminogen. Für die Schnellgewinnung kleiner Mengen fibrinolytischen menschlichen Plasmas (enthält Plasmin plus Urokinase) s. [2]. Herstellung hochgereinigten menschlichen Plasmins: Methode nach FISHMAN und KLINE[3].

Das oben beschriebene Plasminogen dient als Ausgangsmaterial. Um es in aktives Plasmin zu überführen, muß es aktiviert werden. Dazu wird im allgemeinen die Aktivierung mit Streptokinase benutzt. Dies gilt insbesondere für therapeutische Präparate. In neuerer Zeit wurde auch die Spontanaktivierung, welche Plasminogen, das in einem Glycerin-Puffergemisch aufgehoben wurde, in der Kälte im Laufe mehrerer Wochen erleidet[4], herangezogen. In allerjüngster Zeit wurde erfolgreich Aktivierung mit Urokinase versucht[5]. Die letzteren beiden Methoden bieten den Vorteil, das körperfremde Endotoxin Streptokinase zu vermeiden, welches außerdem Plasminogen offenbar mittels eines anderen Mechanismus aktiviert als Urokinase (s. dazu SCHULTZ und VON KAULLA[6]; SHERRY, FLETCHER und ALKJAERSIG[7]).

Der nun folgenden Methode liegt die bewährte Streptokinase-Aktivierung zugrunde.

***Darstellung von Plasmin unter Verwendung von Streptokinase nach* FISHMAN *and* KLINE[3].**

Reagentien:

1. 1 n HCl.
2. Verdünnte NaOH-Lösung.
3. Äthylalkohol.
4. Streptokinase.

Ausführung:

Plasminogen wird in destilliertem Wasser suspendiert und durch Zugabe weniger Tropfen 1 n HCl gelöst. Die Konzentration ist auf 4 mg/ml einzustellen. Der p_H wird auf 6,8 unter sorgfältigster Zugabe von verdünnter NaOH gebracht, und dann werden 5425 Einheiten Streptokinase pro mg Plasminogen zugefügt. Inkubieren während 10 min bei 37,5° C; anschließend adjustieren des p_H auf 8,7 und zentrifugieren. Der p_H wird dann auf 7,6 gebracht und erneut zentrifugiert, wobei eine klare Plasminlösung resultiert. Sie wird nun auf 0° C gekühlt, und im Eisbad wird unter Rühren soviel gekühlter 95 %iger Alkohol zugesetzt, bis eine 10 %ige Konzentration in der Plasminlösung erreicht ist. Das sich bildende Präcipitat läßt man über Nacht bei 4° C absitzen, zentrifugiert am nächsten Tage und löst das Präcipitat in destilliertem Wasser. Eine so hergestellte Plasminlösung ist im gefrorenen Zustande ohne Aktivitätsverlust für mehrere Monate haltbar. Ihre spezifische Aktivität ist mindestens $3^1/_2$mal höher als die des Ausgangsmaterials.

Eine gute Methode, welche ebenfalls von Fraktion III ausgeht, aber zur Aktivierung Urokinase benutzt oder auf Spontanaktivierung abstellt und in beiden Fällen zu sterilen, therapeutisch injizierbaren Präparaten führt, wurde von SGOURIS u. Mitarb. angegeben[8]. Herstellung eines menschlichen Plasminogenpräparates, welches sehr wenig spontane proteolytische Aktivität besitzt[9], sowie weitere Reinigung mittels Celluloseaustauschern und Gelfiltration an Sephadex findet sich bei WALLÉN[10].

---

[1] KAULLA, K. N. v.: Nature **164**, 408 (1949).
[2] KAULLA, K. N. v.: Kli. Wo. **1957**, 667.
[3] FISHMAN, J. B., and D. L. KLINE: Proc. Soc. exp. Biol. Med. **91**, 323 (1956).
[4] ALKJAERSIG, N., A. P. FLETCHER and S. SHERRY: J. biol. Ch. **233**, 81 (1958).
[5] ALKJAERSIG, N., A. P. FLETCHER and S. SHERRY: J. biol. Ch. **233**, 86 (1958).
[6] SCHULTZ, R. L., and K. N. v. KAULLA: Biochem. J. **68**, 218 (1958).
[7] SHERRY, S., A. P. FLETCHER and N. ALKJAERSIG N.: Physiol. Rev. **39**, 343 (1959).
[8] SGOURIS, J. T., J. K. INMAN and K. B. MCCALL: Vox sanguinis, Basel **5**, 357 (1960).
[9] WALLÉN, P. B.: Arkiv Kemi **19**, 451 (1962).
[10] WALLÉN, P. B.: Arkiv Kemi **19**, 469 (1962).

Eigenschaften. Wesentliche Eigenschaften von Plasmin sind ähnlich denen von Plaminogen (s. Tabelle 2, S. 307). Für die proteolytischen Eigenschaften von Plasmin scheint es von Bedeutung zu sein, ob die Aktivierung mit Streptokinase, Urokinase oder auf einem andern Wege erfolgt ist. Unterschiedliche proteolytische Aktivitäten können dann das Resultat solcher unterschiedlicher Aktivierung sein[1]. Näheres zur Protease-Aktivität s. S. 294ff.

Die im folgenden wiedergegebenen Eigenschaften beziehen sich im wesentlichen auf streptokinaseaktivierte Plasminogenpräparate. Plasmin ist ein proteolytisches Enzym mit neutralem p_H-Optimum. Es spaltet Fibrinogen, Fibrin und Faktor V[2], Komponenten vom Komplement[3], ACTH, Wachstumshormon, Glucagon[4], Casein[5], Gelatine[6], β-Lactoglobulin[7] und Azocoll-Hautpulver[8]. Fibrin und andere Proteine werden zuerst zu großen Polypeptiden abgebaut, die noch mit Trichloressigsäure fällbar sind, aber schließlich werden 10—20 % davon in Trichloressigsäure löslich[9]. Es bestehen Anzeichen dafür, daß die Arginin- und Lysinbindungen der Proteine durch Plasmin gespalten werden; synthetische Aminosäureester, insbesondere Tosylargininmethylester, bilden ein ausgezeichnetes Substrat und fungieren auch als kompetitive Inhibitoren für die proteolytischen und fibrinolytischen Aktivitäten dieses Enzyms[10] (s. auch S. 294ff.).

Bestimmung. Für die Bestimmung der Plasmin-Aktivität gibt es eine Reihe von Methoden, die auf unterschiedlichen Grundlagen beruhen. Die wesentlichsten sind in Tabelle 7 zusammengefaßt. Proteolytische Verfahren s. S. 294ff.

Hier ist zu erwähnen, daß proteolytische und fibrinolytische Aktivität eines Systems nicht identisch zu sein brauchen. Die fibrinolytische Aktivität wird durch die Aktivität des Plasminogen-Aktivators mitbestimmt, welcher auch das Plasminogen, das an Fibrin adsorbiert ist, aktiviert. Die aus diesem adsorbierten, aktivierten Plasminogen resultierende Plasmin-Aktivität entzieht sich jedoch der Messung der proteolytischen Aktivität (an Nicht-Fibrin-Substraten), tritt aber in das Meßergebnis der fibrinolytischen Aktivität ein. Ambrus und Markus[11] haben nachgewiesen, daß ausgeprägte fibrinolytische Aktivität bei völliger Abwesenheit von proteolytischer Aktivität vorkommt, weil der fibrinolytische Abbau des Gerinnsels in diesen vor Inhibitoren geschützt abläuft. Klinisch spiegelt daher die Messung der fibrinolytischen Aktivität die Verhältnisse besser wieder als die Messung der proteolytischen Aktivität.

Inhibitoren des fibrinolytischen Systems.

Die Existenz hochaktiver Antifibrinolysine oder Antiplasmine in verschiedenen Körperflüssigkeiten und insbesondere in Blut, Plasma und Serum ist seit langem bekannt. Über die Zahl dieser Hemmkörper und über ihre Eigenschaften besteht keine völlige Einigkeit. In jüngster Zeit hat Norman[12] die Isolierung von zwei Antiplasminen angegeben; bei ihm findet sich auch weitere Literatur. Inhibitoren finden sich auch in Geweben; so konnte ein Inhibitor aus Rinderlunge gewonnen und gereinigt werden[13]. Ein Inhibitor konnte auch aus dem Urin isoliert werden[14]. Die Existenz von Inhibitoren der

---

[1] Schultz, R. L., and K. N. v. Kaulla: Biochem. J. **68**, 218 (1958).
[2] Coon, W. A., and I. V. Duff: J. Lab. clin. Med. **51**, 381 (1958).
[3] Alagille, D., et J.-P. Soulier: Sem. Hôp. **32**, 355 (1956).
[4] Mirsky, I. A., G. Perisutti and N. C. Davis: J. clin. Invest. **38**, 14 (1959).
[5] Christensen, L. R.: Arch. Biochem. **53**, 128 (1954).
[6] Christensen, L. R.: J. gen. Physiol. **28**, 363 (1945).
[7] Christensen, L. R.; in: M. McCarthy (Hrsgb.): Streptococcal Infections. Columbia 1954.
[8] Todd, E. W.: J. exp. Med. **89**, 295 (1949).
[9] Sherry, S., and N. Alkjaersig: Thromb. Diath. haem., Stuttgart **1**, 264 (1957).
[10] Troll, W. S., S. Sherry and J. Wachman: J. biol. Ch. **208**, 85 (1954).
[11] Ambrus, C. M., and G. Markus: Amer. J. Physiol. **199**, 491 (1960).
[12] Norman, P. S.: J. exp. Med. **108**, 53 (1958).
[13] Astrup, T., and A. Stage: Acta chem. scand. **10**, 617 (1956).
[14] Astrup, T.: Scand. J. clin. Lab. Invest. **11**, 181 (1959).

Tabelle 7. *Die Messung fibrinolytischer Aktivität.* (Vergleich gebräuchlicher Methoden.)

Prinzip	Empfindlich für*		Anwendbar in Gegenwart von Heparin**	Besonderheiten	Bemerkungen
	Aktivator	Plasmin			
A. Messung der Lysezeit von spontan geronnenem Blut	ja	ja	nein	Unempfindlich, oft lange Beobachtungszeit	Einfach, klinisch
B. Messung der Lysezeit von thrombingeronnenem Plasma	ja	ja	ja, wenn Konzentration gering	Empfindlicher als A.	Einfach, klinisch
C. Messung der Lysezeit von verdünntem geronnenem Plasma	wenig	ja	ja, wenn Konzentration gering	Angeblich sensitiver als A. und B.	Klinisch. Gelegentlich bei in vivo induzierter Fibrinolyse wenig empfindlich[2]
D. Thrombelastographische Registrierung von Blut- und Plasmalyse[1]	ja	ja	nein	Fortlaufende Registrierung der Kinetik der Gerinnselauflösung	Klinisch und experimentell empfindlicher als A, B. Nicht für gereinigte Systeme***
E. Verdauungszonen auf Fibrinplatten[3]				Empfindlich, geeignet für Abschätzung geringer Aktivitäten	Klinisch und experimentell, auch für gereinigte Systeme
a) unerhitzt	sehr	sehr	ja		
b) erhitzt	nein	sehr	ja		
F. Bestimmung unverdauten Fibrins nach Inkubation[4]	wenig	ja	ja, wenn Konzentration gering	Resultat in mg verdauten Fibrins	Klinisch. Variante von C.
G. Abbau synthetischer Aminosäureester[5]	nein	ja	ja?	Resultat in μMol freigesetzter Aminosäure	Experimentell, unempfindlich für spontan lytisches menschl. Plasma[6]
H. Abbau von Casein[7]	nein	ja	ja	Resultat in proteolytischen Einheiten[8]	Experimentell
I. Abbau gereinigter Fibringerinnsel[9]	wenig	ja	nein	Resultat in Einheiten für große Quantitäten	Experimentell, in gereinigten Systemen
K. Euglobulinlyse[1]	außerordentlich	sehr	ja	Sehr empfindlich	Klinische Schnellmethode

* Dient ein Fibringerinnsel als Substrat, so ist dieses auch für Plasminogen-Aktivatoren empfindlich, da alle Fibringerinnsel Plasminogen enthalten. Das Meßergebnis wird daher in diesen Fällen von Aktivator- und Plasmingehalt der Testlösung beeinflußt.

** Dient ein Fibringerinnsel, das in Gegenwart der fibrinolytischen Lösung gebildet wird, als Substrat, so kann Heparin seine Bildung beeinflussen oder verhindern und damit das Meßergebnis stören. Heparin in hohen Konzentrationen hemmt Plasmin[10].

*** Einzige Methode für Beobachtung von „Parakoagulation", der teilweisen Wiederbildung eines aufgelösten Gerinnsels mit sekundärer Wiederauflösung[11].

[1] Kaulla, K. N. v., and R. L. Schultz: Amer. J. clin. Path. **29**, 104 (1958).
[2] Kaulla, K. N. v.: Circulation, N.Y. **17**, 187 (1958).
[3] Astrup, T., and S. Muellertz: Arch. Biochem. **40**, 346 (1952).
[4] Bidwell, E.: Biochem. J. **55**, 497 (1953).
[5] Troll, W., and S. Sherry: J. biol. Ch. **213**, 881 (1955).
[6] Schultz, R. L., J. A. Moorman, L. O. Matoush and A. F. Lincoln: Proc. Soc. exp. Biol. Med. **94**, 198 (1957).
[7] Kline, D. L.: J. biol. Ch. **204**, 949 (1953).
[8] Remmert, L. F., and P. P. Cohen: J. biol. Ch. **181**, 431 (1949).
[9] Lewis, J. H., and J. Ferguson: Amer. J. Physiol. **170**, 636 (1952).
[10] Kaulla, K. N. v., and T. S. MacDonald: Blood **18**, 811 (1958).
[11] Kaulla, K. N. v.; in: Tocantins, L. M. (Hrsgb.): Progress in Hematology. Vol. III, S. 218. New York, London 1962.

Plasminogen-Aktivierung wird vermutet, aber wenig wurde bisher in dieser Richtung unternommen. Einige Hinweise auf Urokinasehemmung durch Plasma wurden jüngst erbracht[1].

Eine ausgiebige Diskussion des Inhibitoren-Fragenkomplexes findet sich bei SHERRY u. Mitarb.[2] sowie bei v. KAULLA[3]. Für den Nachweis, daß für die Auflösung eines menschlichen Gerinnsels Plasminogenaktivator allein erforderlich ist, s. v. KAULLA[4].

The amidases.

By

David M. Greenberg*.

Under this heading there is generally grouped a heterogeneous collection of enzymes that catalyse the hydrolysis of the carbon-nitrogen bond of certain chemically dissimilar compounds. The following enzymes of this category will be discussed in this work: arginase, urease, and the enzymes that hydrolyse certain carboxylic acid and amino acid amides, in particular, asparaginase and glutaminase. Treatment of other enzymes commonly grouped with the amidases, namely, hippuricase, and the enzymes decomposing histidine are omitted because they represent a mixture of enzymes, or are too poorly characterized at present to be included in this work. Allantoinase and allantoicase see p. 368ff.

Arginase.

[3.5.3.1 L-arginine ureohydrolase.]

The enzyme arginase catalyzes the decomposition of arginine to ornithine and urea. The equation for this is:

$$HOOC-CH(NH_2)-CH_2-CH_2-CH_2-NH-\overset{\overset{NH}{\|}}{C}-NH_2 + H_2O \rightarrow$$

$$HOOC-CH(NH_2)-CH_2-CH_2-CH_2-NH_2 + NH_2-\overset{\overset{O}{\|}}{C}-NH_2$$

The richest source of arginase is the liver of the mammal[5], with the mammary gland as the second best source[6]. Lesser amounts to traces are found in all tissues and fluids of the body. The rule proposed by CLEMENTI[7] that arginase occurs in the livers of vertebrates that have a ureotelic metabolism and not in the livers of animals having a uricotelic metabolism has been amply verified. This rule is readily understandable in view of the place arginase occupies in the formation of urea through the operation of the KREBS-HENSELEIT[8] ornithine-urea cycle.

Purification. The most highly purified preparation of arginase reported appears to be that of the author and his associates[9]. Active preparations of liver arginase can be

* Department of Biochemistry, University of California School of Medicine, San Francisco, California.

[1] KOLMEN, S. N., M. M. GUEST and R. D. CELANDER: Arch. Biochem. **85**, 334 (1959).
[2] SHERRY, S., A. P. FLETCHER and N. ALKJAERSIG: Physiol. Rev. **39**, 343 (1959).
[3] KAULLA, K. N. v.: Chemistry of Thrombolysis: Human Fibrinolytic Enzymes. Springfield 1963.
[4] KAULLA, K. N. v.: Kli. Wo. **1957**, 667. Nature **184**, 1320 (1959).
[5] FUCHS, B.: H. **114**, 301 (1921).
[6] GREENBAUM, A. L., and S. J. FOLLEY: Biochem. J. **40**, 46 (1946).
[7] CLEMENTI, A.: Atti R. Accad. Lincei, R. C. (5) **23**, 612; **27**, 299 (1914).
[8] KREBS, H. A., u. K. HENSELEIT: H. **210**, 33 (1932).
[9] GREENBERG, D. M.; in: Colowick-Kaplan, Meth. Enzymol. Vol. II, p. 386.

prepared simply by extracting fresh ground liver with water, adjusting the p_H of the solution to 7.6 with 0.1 N NaOH, and removing the cellular debris by filtration or centrifugation. To activate and increase the stability of the arginase, $MnSO_4$ should be added to the extraction medium in a concentration of 0.05 M.

About a 10 fold increase in purity can be achieved by precipitating the arginase with an equal volume of redistilled cold acetone and collecting the precipitate by centrifugation. This is extracted with 0.05 M sodium maleate — 0.05 M $MnSO_4$ solution and the suspended material centrifuged down. This extract is heated for 20 min in a 60° C water bath with constant agitation. The material is then cooled under tap water and the extract filtered on a Buchner funnel or centrifuged. Further purification can be achieved by $(NH_4)_2SO_4$ and methanol fractionation.

A recently published procedure for the purification of arginase by ROBBINS and SHIELDS[1] employs ethanol precipitation, isoelectric precipitation, and also heat denaturation of protein impurities.

With the recent development of chromatographic methods for enzyme purification[2-5], it appears quite probable that these can be effectively applied to achieve the final stages in the total purification of arginase. The reason for such optimism is that arginase is a comparatively stable enzyme and thus is less likely to become inactivated by these procedures than more labile enzymes.

Properties. The purified horse liver arginase of GREENBERG, BAGOT and ROHOLT[6] gave a sedimentation constant of $S = 5.95 \times 10^{-13}$ sec at 20° C, and $D = 4.19 \times 10^{-7}$ cm²/sec. From these data the molecular weight was calculated to be 138000. When activated with Mn^{++}, the p_H optimum was found to be at p_H 10.2 and the turnover number as 1.3×10^5 molecules of arginine hydrolyzed per minute per molecule of enzyme at 25° C[7].

Determination of arginase activity. A major deterrent in the purification and characterization of arginase has been the lack of a sufficiently simple and rapid assay method. The theory of enzyme kinetics predicts that at a sufficiently high substrate concentration, where zero order kinetics prevail with respect to the substrate, the reaction velocity is proportional to the enzyme concentration. Conversely at low substrate concentrations; where the kinetics are first order with respect to the substrate concentration, the magnitude of the velocity constant is proportional to the enzyme concentration.

In recent years the trend has been to define unite of enzyme activity under conditions where the reaction is zero order.

The requirement for a useful enzyme method may be very different when it is employed for the determination of the arginase activity of crude tissue extracts than when it is intended for use in the purification of the enzyme and for the accurate characterization of its kinetic and molecular properties. In crude tissue preparations, the tendency toward inactivation caused by high dilution of the protein content, the increasing enzyme instability that generally goes with high purification, and the more prominent effects of ionic strength usually are suppressed by the complexity of the material. On the other hand, work with crude preparations can lead to problems of the presence of natural inhibitors, failure to secure maximum activation, the possible action of associated enzymes on both substrate and products, and the problems of analysis posed by the large bulk of foreign proteins.

Various investigators have defined arginase units based upon zero order kinetics. The most widely known is that of VAN SLYKE and ARCHIBALD[8].

---

[1] ROBBINS, K. C., and J. SHIELDS: Arch. Biochem. **62**, 55 (1956).
[2] SCHWIMMER, S.: Nature **171**, 443 (1953).
[3] PETERSON, E. A., and H. A. SOBER: Am. Soc. **78**, 751, 756 (1956).
[4] BOMAN, H. G., and L. E. WESTLUND: Arch. Biochem. **64**, 217 (1956).
[5] TISELIUS, A., S. HJERTÉN and Ö. LEVIN: Arch. Biochem. **65**, 132 (1956).
[6] GREENBERG, D. M., A. E. BAGOT and O. A. ROHOLT jr.: Arch. Biochem. **62**, 446 (1956).
[7] ROHOLT jr., O. A., and D. M. GREENBERG: Arch. Biochem. **62**, 454 (1956).
[8] SLYKE, D. D. VAN, and R. M. ARCHIBALD: J. biol. Ch. **165**, 293 (1946).

Arginase unit. Van Slyke and Archibald define a unit of arginase activity as the amount of enzyme which in 1 min at 25° C and p_H 9.5 (glass electrode) and at a substrate concentration of 0.285 M arginine will liberate 1 μmole (0.06 mg) of urea. The unit of Folley and Greenbaum[1] differs from the above in that the temperature employed is 37° C, the p_H is 9.45 and the substrate concentration 0.227 M. Because of the higher temperature this unit is numerically about twice as large as the one of van Slyke and Archibald.

To utilize the above enzyme units for arginase assay requires that one of the products of the reaction, either ornithine or urea be analytically determined. The decrease in arginine at the high concentration required is too small to permit good analytical accuracy. Determination of urea is what is usually employed, since there is no satisfactory procedure for ornithine.

A variety of methods exist for the determination of urea but all of them are far from ideal for purposes of assaying arginase activity. Determination of urea however, has been the major means of assay and the chief of these methods are described below.

***Xanthydrol-urea method for arginase assay according to* Greenberg[2].**

This procedure has been utilized in the authors laboratory[2]. It suffers from several possible sources of error mentioned below and in addition it requires a long wait (12—18 hr) to secure complete precipitation of the dixanthylurea. The details of the procedure are as follows:

Reagents:

1. 0.85 M arginine solution, p_H 9.5. To 9.00 g of arginine monohydrochloride add 1.6 ml of 18 M NaOH (CO_2-free) and make up to a volume of 50 ml with H_2O. Check the p_H with a glass electrode.
2. Acetic acid, 87 % by volume.
3. Sulfuric acid, 50 % by volume
4. Maleic acid — $MnSO_4$ solution. Dissolve 5.8 g of maleic acid in 400 to 500 ml of H_2O and adjust the p_H to 9.7 to 9.8 with 0.1 M NaOH. Slowly add to this solution, with mixing, 25 ml of 2 M $MnSO_4$ in a 1 l volumetric flask and make the volume up to the liter mark. The p_H will be at about 7.0. The maleate keeps high concentrations of Mn^{++} in solution, preventing deposition of MnO_2.
5. Xanthydrol reagent. Xanthydrol is prepared from xanthone according to the procedure of Werner[3]. Mix 1.0 g of xanthone[4] and 1.5 g of zinc dust in 15 ml of 95 % ethanol. To this add 1.4 ml of saturated NaOH and 0.6 ml of H_2O. Heat the mixture in a water bath at 70° C for 15 min, then filter into about 100 ml of cold water and allow to stand in the refrigerator overnight in order to precipitate the xanthydrol. Filter into a weighted filter paper and dry on the paper *in vacuo* over calcium chloride or P_2O_5. After weighing, scrape the xanthydrol from the paper into a small volume of methanol, filter the solution into a glass-stoppered 50 ml volumetric cylinder to remove the paper fibers, and add additional methanol to adjust the concentration to 5 %. Store in the refrigerator. (A slight yellow color may appear, or a few, small, yellowish cubical crystals may form on standing in the refrigerator. These do not interfere with the determination.) The xanthydrol solution should be made up fresh about every two weeks.
6. Dixanthylurea wash solution. In each of four 50 ml centrifuge tubes place 5 ml of a solution containing about 0.6 mg of urea. 5 ml of glacial acetic acid, and 1 ml of the 5 % xanthydrol reagent. Stir, and allow to stand for 30 min, then add 20 ml

[1] Folley, S. J., and A. L. Greenbaum: Biochem. J. **43**, 337 (1948).
[2] Greenberg, D. M.; in: Colowick-Kaplan, Meth. Enzymol. Vol. II, p. 386.
[3] Werner, A. E.: The Chemistry of Urea. p. 187. London 1923.
[4] Commercial xanthydrol can be made suitable for use in the analysis by being completely reduced in the same manner.

of methanol, stir the solution, and centrifuge. Wash the precipitate with 20 ml of methanol, centrifuge, and decant. This precipitate should be sufficient to saturate 1 l each of methanol and 3:1 methanol-water at room temperature.

Procedure:

The enzyme preparation should contain not less than about 0.1% protein. The enzyme is activated before assay by incubation at about 37° C for 3 to 4 hours in the presence of Mn^{++} (0.05 M $MnSO_4$, 0.05 M maleate at p_H 7). For assay, the activated enzyme is diluted 1:50 with the stock maleate-manganous sulfate solution. The enzyme solution to be assayed should contain between 0.03 to 0.3 units/ml. As soon as this dilution is made, 1 ml of it is added to 0.5 ml of 0.85 M arginine at p_H 9.5 in a 15 × 125 mm Pyrex test tube previously brought to 25° C in a constant temperature bath. The reaction is stopped by the addition of 2.0 ml of 87% acetic acid, and the urea determined as described below. A control for the reagent blank is prepared by adding the acid to the arginine before, instead of after, the addition of arginase. In our hands a linear rate of hydrolysis was obtained in the enzyme concentration range given, where the maximal hydrolysis was only 0.7%. VAN SLYKE and ARCHIBALD show a nearly direct proportionality between enzyme and urea formed up to 3.0 arginase units per 1.5 ml of reaction mixture.

Determination of urea. It is desirable to determine urea directly rather than first to hydrolyze it to ammonia with urease, as is commonly done. The reasons for this are that urease preparations are apt to contain argininolytic activity, and heat inactivation of the arginase in the samples being assayed causes increased enzyme activity with resultant further hydrolysis, whereas acid inactivation followed by readjustment to p_H 6.8 and addition of KCN for good urease action has a number of undesirable features.

The colorimetric determination of urea by the procedure of ENGEL and ENGEL[1] suffers from two sources of error, namely, the general unsuitability of commercial xanthydrol and the mechanical loss of dixanthylurea during washing. These sources of error are reduced by employing purified xanthydrol as described above and by carrying out the entire procedure in 15 × 125 mm Pyrex test tubes rather than centrifuge tubes.

After stopping the arginase action with acetic acid, add 0.2 ml of the 5% xanthydrol reagent in methanol directly to the acetic acid mixture. Mix the contents of each tube well, taking care to keep it from getting up on the side of the tube. Then place the tube in a refrigerator for 12 to 18 hours. After removal from the refrigerator, allow the tubes to warm to room temperature, add 2 volumes of filtered methanol, saturated with dixanthyl urea (by standing over solid dixanthylurea), and stir frequently for 15 min. The contents of the tubes should present a silky appearance. Care must be taken that the wash solution does not deposit dixanthylurea through evaporation following filtration.

Centrifuge the tubes in a large horizontal head of an International No. 2 centrifuge for 10 min at 2500 r.p.m., and siphon off the supernatant fluid carefully down to about 0.5 ml with a capillary tube, employing a slight vacuum. Wash the precipitate twice more in a similar fashion using, however, 10 ml of a 3:1 methyl alcohol-water solution saturated with dixanthylurea as above.

The small volume of wash solution remaining in each tube after the last wash can be removed in a few hours by placing all tubes at an angle in a desiccator attached to a vacuum and suitably trapped. To each tube then add 10 ml of 50% sulfuric acid (a dispensing buret is convenient). Stir the contents well, and allow to stand for 20 to 30 min. Read the color intensities in standard colorimeter tubes in a Klett-Summerson photoelectric colorimeter with a blue filter or in a Coleman Junior spectrophotometer. For a blank, 50% sulfuric acid is employed. Colorimeter readings should not be below 100 or above 500 to 600 for accurate results. A calibration curve made from known amounts of urea gave a straight line plot having the equation

Urea (μg) = 0.21 × colorimeter reading (KLETT-SUMMERSON).

---

[1] ENGEL, M. G., and F. L. ENGEL: J. biol. Ch. **167**, 535 (1946).

The nitrogen content of the arginase preparation is determined by a micro-Kjeldahl method, the ammonia being titrated in cruder preparations and being distilled and determined by nesslerization in preparations of high activity.

Determination with urease[1, 2]. The defects in the urease method have already been mentioned. Probably the most accurate of these procedures is the manometric method of VAN SLYKE and ARCHIBALD[1]. The description of this is too lengthly to devote the space required for it here. The reader is referred to the original publication for details. The assay can be performed in test tubes by combining certain features of the methods of HUNTER and DOWNS[2] and of VAN SLYKE and ARCHIBALD as described below.

Reagents:

1. The same arginine solution is prepared as with the xanthydrol method.
2. Phosphate buffer. 1.6 M $KNaHPO_4$, 21.8 g of KH_2PO_4 + 10.5 ml of 18 N (CO_2-free) NaOH made up to 100 ml with H_2O.
3. Urease. 10% solution of SQUIBB's double strength urease in 50% glycerol.
4. Brom-thymol blue. 0 4% aqueous solution.
5. 1.2 N H_2SO_4.
6. 5 N NaOH.

Procedure:

Carry out the incubation as described under the xanthydrol method. At the end of the incubation add exactly 0.5 ml of 1.2 N H_2SO_4 and 2 drops of brom-thymol blue. This lowers the p_H to 2.3 and irreversibly inactivates the enzymes. Now add 0.5 ml of the phosphate buffer. This should raise the p_H to 6.8 as indicated by the indicator having a slight green tinge. This is followed by 0.5 ml of 10% urease solution. After allowing 5 min for reaction, 0.5 ml of 1.2 N H_2SO_4 is added. The ammonia formed is determined with NESSLER's reagent as described under urease (p. 362). With each series of determinations a blank is run by adding the H_2SO_4 to the arginine-arginase mixture at the start of the incubation.

Isonitrosopropiophenone procedure[1, 3, 4]. The handicaps of this method are the photolability of the colored reaction product to light, and the prolonged period of heating required to secure the complete development of the color.

Reagents:

1. Arginine solution, same as for xanthydrol method.
2. Metaphosphoric acid, 15% solution.
3. α-Isonitrosopropiophenone, 3% solution in 95% ethanol.
4. Sulfuric acid-phosphoric acid mixture. 90 ml of conc. H_2SO_4 C. P. and 270 ml of syrupy H_3PO_4 (reagent grade) are poured in 600 ml of water in a Pyrex glass container. The volume is then adjusted to 1 liter.
5. Stock standard solution of urea. (4 mM). Dilute 1 volume of stock urea solution to 10 volumes with the H_2SO_4—H_3PO_4 mixture on the same day as to be used. The working standard should contain 0.4 μmole of urea per ml.

Procedure:

0.5 ml portions of arginine solution are pipetted into 5 ml test tubes. To these are added 1 ml portions of appropriately diluted and activated arginase. The contents are mixed and incubated for 10 min at 25° C. At the end of the incubation add 1 ml of 15% metaphosphoric acid (to crude enzyme material). After 15 min standing the mixture is centrifuged and the supernatant is decanted into a clean test tube. To a 2 ml portion of the supernatant there is added 15 ml of the H_2SO_4—H_3PO_4 acid solution and the filtrate saved.

---

[1] SLYKE, D. D. VAN, and R. M. ARCHIBALD: J. biol. Ch. **165**, 293 (1946).
[2] HUNTER, A., and C. E. DOWNS: J. biol. Ch. **155**, 173 (1944).
[3] ROBBINS, K. C., and J. SHIELDS: Arch. Biochem. **62**, 55 (1956).
[4] FOLLEY, S. J., and A. L. GREENBAUM: Biochem. J. **43**, 337 (1948).

Photometric measurement. 10 ml portions of the filtrate, and the controls are pipetted into 20 ml test tubes.

Standards are prepared by adding to the 20 ml test tubes, 1, 3, 5, 7, and 9 ml of the working standard and 8, 6, 4, 2, and 0 ml respectively, of the $H_2SO_4-H_3PO_4$ mixture. To each standard is then added 1 ml of acidic arginine solution prepared by diluting 1.15 ml of the 0.85 M arginine to 5 ml with the $H_2SO_4-H_3PO_4$ mixture. The standards contain 0.4, 1.2, 2.0, 2.8, and 3.6 μmoles of urea per 10 ml.

To each tube containing an aliquot of filtrate, or a standard, 0.5 ml of the 3% solution of α-isonitrosopropiophenone is added. After the contents are mixed, the tubes are stoppered[1] and heated for 1 hour in a boiling water bath from which light is excluded. The water in the bath should reach just above the level of the liquid in the tubes. The tubes are cooled in the dark (by being placed in a covered kettle, the lid of which has been painted black) and kept protected from light. The optical density is read at a wave length of 540 mμ against the reagent blank set at zero.

The 10 ml aliquot of the control, treated as above, serves as the reagent blank.

From the observed optical density of the unknown, U, the number of μmoles of urea in the 10 ml aliquot is read off from the standard calibration curve. The arginase activity, E, in units per ml of the original arginase solution is:

$$E = 0.212\, U\, V,$$

where U is the μmoles of urea per 10 ml aliquot and V is the dilution factor.

Modifications of isonitrosopropiophenone method. As already mentioned FOLLEY and GREENBAUM[2] incubate at 37° C and use a lower arginine concentration (0.227 M). In their procedure the reaction mixture consists of 2.5 ml of glycine buffer (p_H 9.45) and 0.3 ml of suitably diluted tissue homogenate. The buffer substrate is preheated to 37° C, and the homogenate (kept at room temperature if it contains no added Mn^{++}) is diluted, if necessary, with saline at 37° C immediately before mixing with the buffer substrate. The reaction is stopped at the desired time (usually 5 min) by the addition of freshly prepared 30% (*w*/*v*) HPO_3, and the precipitate of protein filtered off after standing 30 min at room temperature. The color is then developed as described above, 2.0 ml of filtrate being used. An enzyme blank is set up and treated exactly in the same way, except that the HPO_3 is added before the homogenate.

If fully activated arginase is desired, sufficient $MnSO_4$ solution to give a final concentration of 2 mg Mn^{++}/ml of homogenate is pipetted into a test tube and evaporated to dryness. The diluted homogenate is then added to this and incubated at 37° C for 1 hour.

If more than 1% of the substrate is hydrolyzed, the observed urea production is no longer linearly related to the enzyme concentration and an enzyme calibration curve must be employed.

In the procedure of ROBBINS and SHIELDS[3] the reaction mixture contains 25 ml of 0.425 M arginine solution, p_H 9.5 (final concentration 0.268 M substrate), 1.0 ml of glycine buffer of the same p_H, 0,4 ml of a suitable dilution of the enzyme in 1% bovine plasma (usually 0.1—0.2 ml of enzyme and 0.2—0.3 ml of 0.15 M NaCl) and 0.1 ml of 0.1 M $MnCl_2$. The enzyme solution was first incubated with $MnCl_2$ and the glycine buffer for 75 min at 37° C to secure complete activation. The samples were cooled to room temperature the substrate solution was then added and the mixture was incubated for 10 min at 37° C. The reaction was stopped by rapidly cooling the tubes to 1° and adding 1.0 ml of 30% HPO_3. Blanks were run by adding the HPO_3 to the enzyme solution before addition of the substrate. After standing at room temperature for 30 min, the samples were filtered, and the urea determined on 1.0 ml of the filtrate. The percent transmission was read

[1] These consist of 1—hole rubber stoppers in which are inserted heavy walled glass capillary tubes of 0.5 to 1.0 mm bore.

[2] FOLLEY, S. J., and A. L. GREENBAUM: Biochem. J. **43**, 337 (1948).

[3] ROBBINS, K. C., and J. SHIELDS: Arch. Biochem. **62**, 55 (1956).

in a Coleman spectrophotometer (Model 14) at 540 mμ (PC 4 filter) against a reagent blank set at 100%. A standard urea curve was prepared after adding to each standard tube 0.02 ml of 0.1 M $MnCl_2$. Color development in the presence of the Mn^{++} was found to give higher activity values than were actually present. The standard curve, prepared as above, was used to calculate enzyme activities.

The assay is said to be valid up to 9% hydrolysis of substrate.

Assay methods by determination of arginine. Methods for the analysis of arginine can be employed to assay for arginase activity. A condition for this is that the arginine concentration be kept low. It is therefore best to employ assay conditions that will yield first order kinetics, the magnitude of the reaction constant can then be employed as a measure of the enzyme activity. These methods require a low substrate concentration of arginine, 0.05 M or lower.

The percent hydrolysis of the arginine must be kept low to secure valid results because of the high inhibiting potency of the ornithine formed. HUNTER and DOWNS[1] determined the ornithine-arginase dissociation constant to be 0.004 and the arginine-arginase constant to be 0.0116. From these constants it can be roughly estimated that each 1% hydrolysis of substrate will lead to about a 1% inhibition of the reaction rate.

Assay by colorimetric determination of arginine[2,3]. Numerous attempts have been made to develop an assay method for arginase by utilizing the Sakaguchi reaction, including one very recently[2]. The color in this reaction fades too rapidly to give reliable results.

Recently there was published a sensitive method for the determination of arginine based on the color given by substituted guanidines with diacetyl and α-naphthol in alkaline solution[3]. This analytical procedure has been employed in our laboratory in an arginase assay, based on first order kinetics[4].

Reagents for incubation:

1. L-Arginine monohydrochloride. 1.3167 g of the compound are weighed out, introduced into a 500 ml volumetric flask and the flask about $^2/_3$ filled. The p_H is adjusted to 9.5 with a little alkali, and the volumetric flask is then filled to the graduation mark and mixed. 8 ml of this solution in the total 10 ml of incubation medium gives a final concentration of 10 μmoles per ml (0.01 M).
2. Buffer solution. 7.51 g glycine, 8.00 g of sodium maleate, and 0.845 g $MnSO_4 \cdot H_2O$ are weighed out and made up to a volume of 500 ml in a volumetric flask, after adjusting the p_H to 9.5. One ml of this buffer solution in the incubation medium gives the following concentrations: glycine, 0.02 M, sodium maleate, 0.01 M, and $MnSO_4$, 0.001 M.
3. 7.5 N NaOH.

Reagents for arginine determination:

1. n-Propanol. This is purified by distillation after refluxing over NaOH and Al powder.
2. α-Naphthol. The material is purified by two steam distillations from 2 N H_2SO_4. It is then dried *in vacuo* at 60° C and dissolved in n-propanol to give a 25% (*w/v*) solution, and stored in a dark bottle at −20° C.
3. Stock diacetyl solution. This was prepared by adding to 1 g of dimethylglyoxime, 100 ml of H_2O and about 20 ml of 50% H_2SO_4. The mixture was gently distilled and the first 50 ml coming off was collected.

Procedure:

The arginase sample is incubated for 5 min at 25° C in a total volume of 10 ml. To the incubation mixture was added 8 ml of 0.0125 M arginine monohydrochloride solution,

[1] HUNTER, A., and C. E. DOWNS: J. biol. Ch. **155**, 173 (1944).
[2] GILBOE, D. D., and J. N. WILLIAMS jr.: Proc. Soc. exp. Biol. Med. **91**, 537 (1956).
[3] ROSENBERG, H., A. H. ENNOR and J. F. MORRISON: Biochem. J. **63**, 153 (1956).
[4] Unpublished work.

adjusted to p_H 9.5, 1 ml of a buffer solution of the same p_H composed of 0.2 M glycine, 0,01 M $MnSO_4$, and 0.1 M sodium maleate. These components gave final concentrations in the incubation medium of 0.01 M arginine, 0.02 M glycine, 0.001 M $MnSO_4$, and 0.01 M sodium maleate at a p_H 9.5. The enzyme sample was diluted for assay with a solution of 0.01 M sodium maleate, 0.001 M $MnSO_4$, at p_H 6.8. The other components of the incubation were combined and prewarmed in the water bath, then the required amount of enzyme solution was added, and, if required, sufficient water to make the volume 10 ml.

After mixing the tubes were incubated in a rocking test tube rack in the constant temperature bath.

25 sec before the end of the incubation period, a 1 ml aliquot of the incubation mixtures were sucked up in a volumetric pipette and, as the incubation ended, the sample was allowed to drain into a 25 ml volumetric flask containing 10 ml of 7.5 N NaOH. The flasks were agitated and filled to the mark with water.

Colorimetric determination. The method is valid for arginine in amounts of 0.05 to 0.6 μmoles (8—100 μg). One ml aliquots of the 1:25 dilution of the incubation mixture were pipetted from the volumetric flasks and introduced into 10 ml graduated test tubes, except for the zero blank tube. In this tube there was pipetted 1 ml of 3 N NaOH. At exactly 1 min intervals, 2 ml of the color-developing reagent was pipetted into the test tubes. The tubes were quickly mixed by agitation by being held against a short rubber-covered metal rod inserted in a "mix master". The tubes were then filled to the 10 ml mark with water and placed in a small portable water bath kept at 30° C. The tubes were agitated in a motor driven shaker in order to mix the alcoholic color developer with the basic solution below. Without mechanical agitation, this mixing did not occur.

The portable water bath was carried to the photometer, since some of the tubes were still developing their color while others were being read. About 24 tubes was the maximum number that could be assayed at one time with this method, as the first tube had to be read in 25 min from the start of the run and the others at successive 1 min intervals.

Even with the mechanical mixing, a slight degree of layering still occurred in the tubes and it was necessary to pour the contents back and forth from test tube to the reading tube at least four times to ensure a steady color value.

The tubes were read in a Coleman jr. spectrophotometer at 555 mμ, the machine being run at 6.8 volts by means of a constant voltage power supply, instead of the normal 6.3 volts. This was necessary because of the very high absorption in the solution due to the high arginine concentrations. The increased light intensity produced by the higher voltage enabled a better standardization of the zero blank, and eliminated drift in the instrument, which occured when it was operated on a battery. It also permitted the use of only one zero time blank per run rather than one for every 4 tubes.

Assay of arginase from first order velocity constants, employing colorimetric determination of arginine

Protein content mg	Velocity constant, $K \times 10^3$ found	calculated
0.1	0,27	0,27
0.4	1.1	1.08
1.0	2.7	2.7
2.0	4.9	5.4
3.0	5.8	8.1

The optical density found was converted to μmoles of L-arginine per tube by interpolating from a standard curve run with known concentrations of arginine. This value multiplied by 25 gives the μmoles of substrate present per ml of incubate.

The velocity constants can be calculated from the equation

$$k = \frac{2.3 \log}{5} \frac{a}{a - x}.$$

One enzyme unit is defined as the amount of arginase that gives a velocity constant of 0.001.

Another means of estimating the enzyme activities was to plot the logs of the μmoles of substrate per ml of incubate against the volume of enzyme in the incubation mixture. This method visualizes the regions of the assay that retain first order kinetics. The velocity constants are calculated from these plots and the values converted to correspond to the weight of protein (mg) employed in the assay. This method is useful when a series of enzyme dilutions is being tested. Representative results obtained on a lyophilized arginase powder is contained in the table below.

From the data in the table it will be noted that the values are proportional to the enzyme protein concentration over a nearly 20 fold range. Arginine can also be determined by decarboxylation with extracts of *Escherichia coli* and determining the CO_2 evolved[1].

Urease.

[3.5.1.5 Urea amidohydrolase.]

The main sources of urease are the leguminous plants and various microorganisms. The latter include many species of bacteria, yeasts and molds[2].

Urease was the first enzyme to be crystallized[3]. The molecular weight has been determined to be 473000. Its isoelectric point is at p_H 5.0—5.1 and the turnover was calculated to be 4.6×10^5 molecules of urea split per minute per molecule of enzyme at 20° C. The optimum activity is in the region of p_H 7.0, but varies greatly with the nature of the buffer.

***Preparation of crystalline urease from jack bean meal according to* Sumner[4] *and* Dounce[5].**

Only a material high in urease content should be used, otherwise the procedure fails. Jack bean meal containing 175 units of urease per g gave good yields of urease crystals, but no crystals were obtained from samples of meal containing 91 units per g[2].

The procedure for *crystallization* described by Sumner is as follows[4]: Place 100 g of finely powdered Jack bean meal in a 1 liter beaker. Add 500 ml of 32% freshly distilled acetone at 28° C. Stir immediately for 3 to 4 min, with a plastic spatula. Pour the mixture on a 32-cm Whatman No. 1 pleated filter paper. When 100 to 150 ml of the extract has filtered through, place the filtering material in a refrigerator at 0 to 5° C, and allow to filter over night. The following day centrifuge off the urease crystals in the filtrate with a refrigerated centrifuge. Decant off the supernatant liquid, and dissolve the urease crystals in Pyrex glass-distilled water.

Recrystallization[5]. Dissolve the crude urease crystals by adding 3 ml of water for each 100 g of Jack bean meal. Centrifuge in a refrigerated centrifuge until the urease solution is nearly clear. Then add 1 ml of 0.5 M citrate buffer, p_H 6.0, for every 20 ml of urease solution. Next add with stirring 0.2 volumes of freshly redistilled acetone. Place the preparation in a refrigerator. Crystallization of the urease will be complete in about 30 min. The crop of urease crystals can be increased by adding acetone, dropwise, until the acetone concentration is about 25%. The yield should be about 25—30 mg of crude urease per 100 g Jack bean meal.

The most active crystalline urease has been found to have an activity of 133 urease units per mg of enzyme.

***Determination of urease activity according to* Sumner *et al.*[4, 6].**

For the assay of crystalline urease Sumner[4] describes the following method:

Reagents:

1. Urea, 3%.
2. Phosphate buffer, 9.6%, p_H 7.0.
3. 1 N HCl.
4. Nessler's solution.

[1] Taylor, E. S., and E. F. Gale: Biochem. J. **39**, 52 (1945).
[2] Sumner, J. B.; in: Sumner-Myrbäck, Vol. I/2, p. 873.
[3] Sumner, J. B.: J. biol. Ch. **69**, 435 (1926).
[4] Sumner, J. B.; in: Colowick-Kaplan, Meth. Enzymol. Vol. II, p. 378.
[5] Dounce, A. L.: J. biol. Ch. **140**, 307 (1941).
[6] Sumner, J. B., and V. A. Graham: Proc. Soc. exp. Biol. Med. **22**, 504 (1925).

Procedure:

Place 1 ml of properly diluted crystalline urease in a test tube that is free from heavy metals. Immerse the tube in a 20°C constant temperature bath. Then from a 1 ml pipette blow into the urease solution 1 ml of 3 % urea, 9.6 % phosphate buffer, which has been adjusted to the 20° temperature, starting a stop watch at this time. Mix and incubate for 5 min. At the end of the 5 min add 1 ml of 1 N HCl, and mix. Transfer the solution to a 200 ml volumetric flask, dilute to about 150 ml, and add 10 ml of NESSLER's solution. Dilute to the mark, mix, and read in a photoelectric colorimeter, using a green glass filter, or in a spectrophotometer at the wave length of 480 mμ. The number of mg of ammonia nitrogen present represents the urease units. The amount present should be from 0.2—0.5 mg.

Urease Activity Unit. SUMNER and GRAHAM[1] proposed the definition of one unit of urease activity, as the amount liberating 1 mg of ammonia nitrogen in 5 min at 20° C, in a urea solution buffered with phosphate at p_H 7.0.

VAN SLYKE and ARCHIBALD[1] have published *manometric, titrimetric and colorimetric methods* for assaying urease activity. These authors point out that the more active preparations of urease now available require the use of solutions with low protein content for assay. This dilution tends to induce inactivation of the enzyme. To overcome this, the above authors dissolve the urease for assay in 5 % egg albumin solution. Urease, also, is an SH enzyme, and this is sensitive to the presence of heavy metals. Protection against these can be afforded by the addition of sulfite, or of an SH compound, e.g. 2-mercaptoethanol.

The manometric procedures are too space consuming to be described here. The procedure by aeration-titration is a generally useful method for determining the urease activity of crude material and is described below.

***Determination of urease activity by aeration-titration procedure according to* VAN SLYKE *and* ARCHIBALD[1].**

Reagents:

1. Urea-buffer mixture, p_H 6.8. 3 g of urea, 1.10 g of K_2HPO_4, and 0.85 g of $NaH_2PO_4 \cdot H_2O$ are diluted to 100 ml with water.
2. Bromcresol green, 0,1 %.
3. Egg albumin, 10 %.
4. Boric acid, 4 % (approx.).
5. Saturated K_2CO_3. 90 g per 100 ml.
6. Caprylic alcohol.
7. H_2SO_4, 5 %.

Procedure:

A 0.2 % urease solution in 5 % egg albumin, is prepared by diluting 1 ml of 5 % urease and 12.5 ml of 10 % albumin to 2.5 ml with water.

The urea-buffer solution is brought to 20° C in a water bath[2] and 5 ml portions are measured into each of two aeration tubes (Tubes A[3]). One tube serves as the incubation tube, the other as a blank.

Two receiving tubes (Tubes B) are each charged with 25 ml of 4 % boric acid solution and 2 drops of bromcresol green solution.

In the tubes with the urea-buffer solution are put 2 drops of caprylic alcohol, and into each boric acid tube 1 drop.

To the incubation tube there is now added 1 ml of the 0.2 % urease solution, the contents of tube are mixed, and the measurement of time is started. The tubes are stoppered and the digestion allowed to proceed for 15 min. At the end of the incubation

[1] SLYKE, D. D. VAN, and R. M. ARCHIBALD: J. biol. Ch. **154**, 623 (1944).

[2] If temperatures other than 20° C are employed, corrections factors to adjust to the 20° C value are given by D. D. VAN SLYKE and R. M. ARCHIBALD: J. biol. Ch. **154**, 630 (1944).

[3] SLYKE, D. D. VAN, and G. E. CULLEN: J. biol. Ch. **19**, 211 (1914).

period, the stopper is quickly removed and 10 ml of saturated K_2CO_3 is quickly added and the stopper reinserted to prevent loss of ammonia. After mixing, the incubation tube is connected with its boric acid receiving tube.

While the enzyme reaction is proceeding, 10 ml of saturated K_2CO_3 is added to the blank and mixed with the urea-buffer solution. This is followed by the addition of 1 ml 0.2 % urease solution.

At the end of the incubation both the digestion tube and the blank are connected with their boric acid receiving tubes, and the ammonia formed is aerated into the boric acid tubes. The room air is freed from traces of ammonia by passage through 5 % H_2SO_4, placed in an extra tube in the train.

To assist in ascertaining the end-point of the titration a control solution is prepared by measuring 25 ml of the 4 % boric acid and 25 ml of water into a tube with the dimensions of the receiving tubes, and adding 2 drops of bromcresol green solution. The volume is then made up to approximately 50 ml with water and 0.01 N acid is added until the titrated solution matches the control.

If the titration requires less than 10 or more than 25 ml of 0.01 N acid, the determination is repeated with a different concentration of urease.

The *Sumner units of urease* are calculated by multiplying the titration value (ml of 0.01 N acid required to titrate the incubation tube minus the blank) by the factor 0.0467. To obtain the units per mg of urease, the total number of units are divided by the mg of urease in the incubation mixture.

The True Acid Amidases.

Enzymes that hydrolyze the primary amides of carboxylic acids are widely distributed in natural material. The acid amides hydrolyzed include those of the amino acids. Distinct and specific enzymes appear to exist that decompose the important and widely present amino acid amides, asparagine and glutamine. The degree of individuality of the enzymes acting on a wide variety of amide substrates would be difficult to decide, because of the crudeness of the enzyme material that has so far been employed in their study. The subject has been reviewed by ZITTLE[1].

Methods of analysis. The most common practice is to determine the ammonia liberated. This can be done colorimetrically with NESSLER's reagent or by titration. Procedures for this are described under urease (s. p. 363). With a low protein content the incubation medium can be nesslerized directly. If the protein content is sufficient to interfere with the determination, the ammonia must be separated from the incubate by aeration or distillation. Instead of aeration the ammonia can also be isolated by diffusion, employing Conway cells.

Alternatively, the ammonia can be trapped in standard acid and titrated, as described under urease.

Titration of the liberated carboxyl group, particularly of amino acids, has also been employed for assay of amidases[2]. GRASSMANN and HEYDE employed a microtitration in alcoholic solution. About 0.2 ml of the amino acid is introduced into a glass-stoppered titration flask along with 2 drops of a 0.1 % alcoholic solution of thymolphthalein. Standard alkali (0.01 N KOH in 90 % ethanol) is run in until the indicator gives a blue color. There is now added 9 times the volume of the unknown (1.8 ml) of absolute ethanol with a pipette, which causes the blue color to vanish. The solution is now titrated with the standard alkali to a yellowish blue color, which is the true end point, not the blue. As a color comparison standard a solution of 0,0025 M $CuCl_2$ in excess ammonia is used.

---

[1] ZITTLE, C. A.; in: Sumner-Myrbäck, Vol. I/2, p. 922.
[2] GRASSMANN, W., u. W. HEYDE: H. **183**, 32 (1929).

Amidases.

Asparaginase[1].

[3.5.1.1 L-asparaginase amidohydrolase.]

Asparaginase has been extracted from guinea pig serum[1] and yeast[2].

***Preparation from serum according to* MEISTER[1].**

To isolate the enzyme from serum, 100 ml of fresh guinea pig serum is mixed with an equal volume of 30% Na_2SO_4 and allowed to stand at room temperature (25° C) for 30 min. It is then centrifuged at 1000× g for 1 hour and the supernatant fluid discarded. The precipitate is dissolved in 50 ml of cold water and mixed with the solid obtained by centrifuging an equal volume of calcium phosphate gel (15 mg dry wt. per ml). After shaking at room temperature for 30 min, the gel is removed by centrifugation. The solution, if stored frozen, retains its activity for several weeks.

GRASSMANN and MAYER[2] prepared *asparaginase from yeast* by autolyzing the yeast under conditions that prevented the medium from becoming acid.

***Preparation of asparaginase from yeast according to* GRASSMANN *and* MAYER[2].**

400 g of fresh pressed beer yeast (water content, 75%) was stirred with 50 ml of toluol. After complete dispersion of the yeast (time, 1 hr.), the volume is made up to 400 ml with water and 2 N NH_3 added, to adjust the p_H to 7.5—8.5. This is allowed to stand for 1.5 hours and the mixture is then centrifuged and washed twice with water. The enzyme remains in the yeast residue. This is suspended in a 400 ml volume with water and adjusted to p_H 8.5 with ammonia. The suspension is allowed to stand at room temperature for 48 hours. The p_H is determined at about 12 hour intervals and readjusted to p_H 8.0. At the end of the period the solution is centrifuged and the supernatant fluid, which contains the enzyme, is retained. 0.2 ml of this solution hydrolyzes 0.1 millimole of L-asparagine to the extent of 80% in 2 hours.

The asparaginase can be partially separated from accompanying peptidases by adsorption from a slightly acid solution (p_H 5.0—5.5) on kaolin. For assay purposes the activity of the accompanying peptidases can be suppressed by heavy metal-binding agents (HCN, H_2S or pyrophosphate).

Determination. To determine this enzyme, 0.5 ml of enzyme, 0.5 ml of 0.04 M L-asparagine monohydrate, and 1.0 ml of 0.01 M sodium borate buffer, p_H 8.5, are mixed and incubated for 5 to 60 min at 37° C. The reaction is stopped by the addition of 0.5 ml of 15% trichloroacetic acid, and the ammonia is determined as described under urease (p. 363). One unit of asparaginase is defined as the quantity of enzyme which causes the liberation of one μmole of ammonia per hour under the conditions of the assay.

Benzamidase[3, 4].

This enzyme, which actively hydrolyzes the amides of benzoic and certain substituted benzoic acids, has been discovered in rabbit and dog liver. The amides most rapidly hydrolyzed are *p*-nitrobenzamide and benzamide. By means of its stability to precipitation with acetone, and heating to 50° C, as well as on the basis of differential distribution in various animal tissues, it was determined that this enzyme is distinct from asparaginase, glutaminase and hippuricase.

[1] MEISTER, A.: in; Colowick-Kaplan, Meth. Enzymol., Vol. II, p. 380.
[2] GRASSMANN, W., u. O. MAYER: H. **214**, 185 (1932/33).
[3] BRAY, H. G., S. P. JAMES, B. E. RYMAN and W. V. THORPE: Biochem. J. **42**, 274 (1948).
[4] BRAY, H. G., S. P. JAMES, I. M. RAFFAN, B. E. RYMAN and W. V. THORPE: Biochem. J. **44**, 618 (1949).

Glutaminase.

[3.5.1.2 L-glutamine amidohydrolase.]

Enzymes which hydrolyze L-glutamine have been obtained from animal tissues, particularly liver, kidney, and from a number of microorganisms. Glutaminase from microorganisms have their optimum activity at p_H 4.5—5.0, while that from animal tissues is at about p_H 7.5—8.0. Bacterial glutaminase is assayed by MEISTER[1] by incubating 0.25 ml of the enzyme solution and 0.25 ml of 0.08 M L-glutamine solution in 0.1 M sodium acetate buffer (p_H 4.9) for 5 to 60 min at 37° C. The reaction is stopped by the addition of 0.5 ml of 15% trichloroacetic acid and the ammonia determined by aeration. One glutaminase *unit* is defined as the quantity of enzyme which causes the liberation of 1 μmole of ammonia per hour. For use in the assay of mammalian material it is necessary to employ borate or phosphate buffer.

Glutaminase has been prepared from cells of *E. coli* (Strain W)[1], harvested in a Sharples centrifuge, washed with water, and lyophilized. The dried cells are ground in a mortar with 3 parts of alumina for about 30 min. The ground material is then vigorously shaken with cold water on a shaking machine at 5° C and the mixture is then centrifuged. The resulting turbid supernatant fluid contains most of the enzyme activity. Solid calcium phosphate gel, (1.5 g), obtained by centrifugation of a suspension, is mixed with the extract from 5 g of bacterial cells and shaken for 30 minutes at room temperature (25° C). The material is then centrifuged, the supernatant fluid is discarded, and the gel is thoroughly mixed with 40 ml of 0.1 M KH_2PO_4, p_H 4.5. The mixture is shaken for 20 min and then centrifuged. Elution with phosphate is repeated twice more and the eluates are combined and lyophilized. The activity of the lyophilized material keeps for several months if it is stored cool.

The above treatment results in a 15 to 20 fold purification of the enzyme, with about a 70% loss of enzyme.

The *specific activity* of the above preparation may be doubled by suspending 50 mg of lyophilized powder in 5 ml of saturated Na_2SO_4 solution, shaking for 20 min and centrifuging. The precipitate contains the enriched glutaminase.

Glutaminase has been fractionated from *Clostridium welchii*[2] by fractional precipitation with acetic acid at p_H 4.0, treatment with safranine, and dialysis.

A true glutaminase is found in liver and kidney associated with the particulate matter of the cell[3]. It exhibits activity in the presence of phosphate or arsenate. This has been separated from an enzyme which deaminates glutamine in the presence of α-keto acids by differential centrifugation and fractionation with ethanol. OTEY et al.[4] succeeded in solubilizing this glutaminase by the *n*-butanol procedure of MORTON[5].

An aqueous homogenate of hog kidney was centrifuged at 850 × g and the sediment discarded. It was then centrifuged at 42000 × g and the sedimented material saved and lyophilized. 18 g of the lyophilized powder was mixed in a blender with 1100 ml of *n*-butanol for 2 min, at 0° C. The mixture was filtered with suction, and the precipitate washed with cold acetone, then ether, and dried *in vacuo*. The resulting powder was extracted with cold distilled water, and the extract centrifuged at 105000 × g for 1 hr. The clear, yellowish supernatant fluid, contained the enzyme. It is inactive unless phosphate or arsenate is added. Phosphate activates the enzyme, but does not stabilize it against inactivation or standing in solution, while borate stabilizes the enzyme but is not activating.

---

[1] MEISTER, A.; in: Colowick-Kaplan, Meth. Enzymol., Vol. II, p. 380.
[2] HUGHES, D. E., and D. H. WILLIAMSON: Biochem. J. 51, 45 (1952).
[3] ERRERA, M.: J. biol. Ch. 178, 483 (1949).
[4] OTEY, M. C., S. M. BIRNBAUM and J. P. GREENSTEIN: Arch. Biochem. 49, 245 (1954).
[5] MORTON, R. R.: Nature 166, 1092 (1950).

α-Keto acid-ω-amidase[1].

GREENSTEIN and coworkers observed deamidation of glutamine in the presence of α-keto acids. This is now attributed to the transamination of the glutamine and deamidation by ω-amidase of the α-keto glutaramate formed thereby[2]. The enzyme has been purified about 35 fold by MEISTER from rat liver[1] by differential heat denaturation, and adsorption and elution from calcium phosphate gel. Substrates for this enzyme are sodium α-ketoglutaramate or α-ketosuccinamate. The p_H optimum is at 8.5—9.0.

Amino acid amidase[3].

[3.5.1.4 Acylamide amidohydrolase.]

This enzyme hydrolyzes a wide range of L-amino acid amides and dipeptide amides. The presence of a free amino group is essential for its activity. Purified enzyme preparations are activated about 5-fold by Mn^{++}, although crude homogenates are not.

The assay is carried out by mixing 0.7 ml of 0.2 M Tris buffer, p_H 8, 0.3 ml of 0.1 M $MnCl_2$ and 1.0 ml of enzyme solution, adjusting the temperature to 37° C and then adding 1.0 ml of 0.05 M L-amino acid amide solution, p_H 8, as substrate. The contents are incubated for 1 hour. At the end of the incubation 0.4 ml of 1 M acetic acid is added to stop the reaction and, at the same time, a control blank is prepared by adding 1 ml of substrate and the acetic acid to a tube containing buffer, $MnCl_2$ and enzyme solution. The assay tubes and blanks are heated in a boiling water bath for 10 min, cooled, and the ammonia separated and determined. If aeration is employed in the separation, nitrogen must be used to avoid decomposition of the amides in the presence of the Mn^{++} by oxygen.

The enzyme can be prepared from fresh frozen hog kidney by homogenization with water, removing the cellular debris, and precipitating associated protein from the chilled supernatant liquid by adjusting the p_H to 5.0 with 2 N HCl. After centrifugation at 0°C at 4400 r.p.m. for 30 min, the clear, red supernatant is decanted and brought to p_H 6.5 with 2 N NaOH.

Further purification is achieved by adding 350 g per liter of solid ammonium sulfate to the liquid, allowing to stand at 5° C for about 1 hour, and removing the precipitate by centrifugation. An additional 220 g of solid ammonium sulfate is now added to each liter of supernatant liquid, the mixture is allowed to stand at low temperature for 1 hour, and the precipitated isolated by centrifugation. It is dissolved in a small amount of cold water, dialyzed free of ammonia, and lyophilized. This procedure accomplishes a 16 fold enrichment of the enzyme.

Addendum.

Important publications since the preparation of this manuscript are briefly discussed in order to bring the article up to date.

General. The enzymes discussed in this chapter have been freshly reviewed in volume 4 of the 2nd edition of The Enzymes, 1960, edited by BOYER, LARDY and MYRBÄCK.

An elegant method for determining ammonia by diffusion is that of SELIGSON and SELIGSON[4]. This procedure employs small bottles sealed with a stopper containing a glass rod that holds a film of 1 N H_2SO_4. The diffusion is facilitated by rotating the bottles on a rotating wheel. At the end the film on the rod is washed into a cuvette and the ammonia determined by nesslerization.

[1] MEISTER, A.; in: Colowick-Kaplan, Meth. Enzymol., Bol. II, p. 380.
[2] MEISTER, A., and S. V. TICE: J. biol. Ch. **187**, 173 (1950).
[3] BIRNBAUM, S. M.; in: Colowick-Kaplan, Meth. Enzymol., Vol. II, p. 397.
[4] SELIGSON, D., and H. SELIGSON: Analyt. Chem., Washington **23**, 1877 (1951). J. Lab. Clin. Med. **38**, 324 (1951).

Arginase. Crystallization of arginase from beef, sheep and horse liver has been reported by Bach and Killip[1]. Grassmann et al.[2] prepared what appears to be completely pure arginase by employing continuous electrophoresis on a paper column in addition to the usual purification steps. These authors also report an accurate analysis of the amino acid composition of arginase.

Urease. A richer source of urease than jack bean meal is *Bacillus pasteurii*, which contains up to 1% of its dry weight of enzyme[3]. The bacterial urease has been purified to the highest specific activity attained, namely, 150 to 190 units/mg protein[3].

Glutaminase. Important papers on the purification of glutaminase from kidney cortex have been published[4, 5]. The glutaminase of kidney tissue is associated with the mitochondria. It is difficult to solubilize and is very labile. Phosphate ions were found to be required for enzyme activity and borate ions stabilized the enzyme activity.

A glutaminase has been purified 100 fold from a strain of *Pseudomonas* in the author's laboratory[6]. This enzyme exhibits glutaminase activity over the p_H range of 5 to 8, with a peak at p_H 6.7. The enzyme preparation also hydrolyzes asparagine. It is active in the absence of electrolytes, but it is increased in activity by the divalent anions: phosphate, borate and sulfate and by the divalent cations, Ca^{++} and Mg^{++}.

3.5.1.10 10-Formyltetrahydrofolat-Amidohydrolase s. Bd. VI/B, S. 194.

Allantoinase und Allantoicase*.

[3.5.2.5 Allantoin-Amidohydrolase.]

[3.5.3.4 Allantoat-Ureohydrolase.]

Von

Wilhelm Franke.**

Allgemeines und Spezifität. *Allantoinase* bewirkt die hydrolytische Aufspaltung des Hydantoinrings im Allantoin (I), *Allantoicase* die Hydrolyse der Allantoinsäure (II) zu Glyoxylsäure (III) und Harnstoff (IV):

```
H2N8                           H2N        NH2                              NH2
 |7   4     3                   |    /OH   |                    /OH         |
OC   CO—NH\ 2   Allantoinase   OC   C      CO   Allantoicase   C      + 2  CO
 |6   |5   1 >CO  ---------->   |    \\O   |    ---------->    |\\O         |
HN—CH—NH/                      HN—CH————NH                    CHO          NH2
      I                              II                        III          IV
```

Die letztere Reaktion ist nach Untersuchungen an Pilzextrakten merklich reversibel[7].

* Kurze allgemeine Übersicht bei Laskowski, M.: Sumner-Myrbäck, Bd. I, S. 946.

** Institut für Biochemie der Universität Köln.

[1] Bach, S. J., and J. D. Killip: Biochim. biophys. Acta **29**, 273 (1958); **47**, 336 (1961).

[2] Grassmann, W., H. Hormann u. O. Janowsky: H. **312**, 273 (1958).

[3] Larson, A. D., and R. E. Dallio: J. Bact. **68**, 67 (1954).

[4] Klingman, J. D., and P. Handler: J. biol. Ch. **232**, 369 (1958).

[5] Sayre, F. W., and E. Roberts: J. biol. Ch. **233**, 1128 (1958).

[6] Ramadan, M.-E. A., F. El Asmar, and D. M. Greenberg: Arch. Biochem. **108**, 143 (1964).

[7] Brunel, A., et G. Brunel-Capelle: Cr. **232**, 1130 (1951). — Nach Reinbothe [Flora, Jena **150**, 474 (1961)] ist Bildung von *Ureidoglykolsäure* (Glyoxylsäure-monoureid) und von *Allantoinsäure* aus ^{14}C-markiertem Harnstoff und Glyoxylsäure schon ohne Enzym nachweisbar; verstärkt erfolgt sie in sog. Allantoinsäurepflanzen (z.B. Ahorn, Roßkastanie).

Beide Hydrolysen lassen sich auch nichtenzymatisch durchführen, die des Allantoins mit starkem Alkali, die der Allantoinsäure mit Säure; dagegen ist Allantoin gegen Säure, Allantoinsäure gegen Alkali relativ beständig. Diese Verhältnisse bilden eine Grundlage der analytischen Verfolgung beider Enzymreaktionen.

In gewissen fakultativ anaeroben, allantoinverwertenden *Bakterien* (z.B. *Streptococcus allantoicus, Arthrobacter allantoicus, Esch. coli*) erfolgt die Allantoinsäure-Hydrolyse mehrstufig. *Ureidoglycin* (H_2N—CH(COOH)—NH—CO—NH_2)[1] und *Ureidoglykolsäure* [HOCH(COOH)—NH—CO—NH_2][1,2] wurden als Zwischenstufen nachgewiesen.

Die *Spezifität* der *Allantoinase* ist streng: 3-Methyl-allantoin und 5-Methyl-allantoin (Homoallantoin) werden nicht gespalten[3,4]; nach eigenen orientierenden Versuchen[5] werden außer 3-Methylallantoin auch 1,3- und 1,8-Dimethylallantoin sowie 1,3,8-Trimethylallantoin von Soja-Enzym nicht angegriffen. Hydantoinase ist von Allantoinase verschieden[6]. *Allantoicase* hydrolysiert Allantoinsäure-äthylester und ω-N-Methylallantoinsäure langsam, α-Methylallantoinsäure (Homoallantoinsäure) und Uroxansäure (α-Carboxyallantoinsäure, s. Formel V) nicht[3,4].

$$\left(\begin{array}{l}H_2N\text{—CO—NH}\\ H_2N\text{—CO—NH}\end{array}\right\rangle C\left\langle\begin{array}{l}COOH\\ COOH\end{array}\right) \qquad \text{V}$$

Allantoin hat ein asymmetrisches C-Atom [C (5) in Formel I]; käufliches Allantoin, gewöhnlich durch Permanganatoxydation von Harnsäure dargestellt (vgl. Bd. III, S. 1327), stellt das (ziemlich schwerlösliche) *Racemat* dar. Die Literaturangaben über die *Stereospezifität* der Allantoinase sind widersprechend. Nach FOSSE, THOMAS und DE GRAEVE[7] hydrolysiert Allantoinase pflanzlicher und tierischer Herkunft nur die (leichtlösliche) *rechts*drehende Form des Allantoins; *links*drehendes Allantoin konnte aus solchen Ansätzen rein isoliert werden ($\alpha_D^{22} = -93°$). An gereinigtem Soja-Enzym wurde die d-Spezifität neuerdings bestätigt[5]. Andere Befunde an tierischem[3], pflanzlichem[8-10] und Bakterien-Enzym[1,11] sprechen jedoch für eine *vollständige* Spaltung käuflichen Allantoins. Zum Teil spielt hier wohl die Versuchsdauer mit (z.B. bei Pflanzenenzym, vgl. Tabelle 3); die Annahme einer enzymatischen *Racemisierung* liegt nahe.

Schon nichtenzymatisch wird (—)-Allantoin in neutraler Lösung nach halbstündigem Kochen, in alkalischer Lösung (0,1 n) nach etwa vierstündigem Aufenthalt bei Zimmertemperatur praktisch vollständig racemisiert; in saurem Milieu (0,01 n HCl) bleibt es auch bei halbstündigem Kochen nahezu unverändert[7].

Prinzip der Bestimmungsmethoden. a) Die am häufigsten angewandten Bestimmungsverfahren für Allantoinase und Allantoicase basieren auf der sehr empfindlichen roten *Farbreaktion* (bisweilen als RIMINI-SCHRYVER-Reaktion[12] bezeichnet[13]), die *Glyoxylsäurephenylhydrazon* mit Hexacyanoferrat(III) in stark salzsaurer Lösung ergibt; bei einer Variante des Verfahrens wird H_2O_2 als Oxydationsmittel verwendet[14]. FOSSE u. Mitarb.[15] haben die Reaktion zuerst für die Bestimmung von Allantoin und Allantoinsäure vorgeschlagen. Allantoin wird durch aufeinanderfolgende Alkali- und Säurebehandlung in

[1] VOGELS, G. D.: Diss. Techn. Hochschule Delft 1963.
[2] VALENTINE, R. C., R. BOJANOWSKI, E. GAUDY and R. S. WOLFE: J. biol. Ch. **237**, 2271 (1962).
[3] BRUNEL, A.: Bull. Soc. Chim. biol. **19**, 805, 1027 (1937).
[4] BRUNEL, A.: Bull. Soc. Chim. biol. **21**, 388 (1939).
[5] FRANKE, W., A. THIEMANN u. C. A. REMILY: Unveröffentlicht.
[6] EADIE, G. S., F. BERNHEIM and M. L. C. BERNHEIM: J. biol. Ch. **181**, 449 (1949).
[7] FOSSE, R., P.-E. THOMAS et P. DE GRAEVE: Cr. **198**, 689, 1374, 1953 (1934).
[8] FOSSE, R., A. BRUNEL, P. DE GRAEVE, P.-E. THOMAS et J. SARAZIN: Cr. **191**, 1388 (1930). — FOSSE, R., A. BRUNEL et P.-E. THOMAS: Cr. **192**, 1615 (1931).
[9] FLORKIN, M., et G. DUCHÂTEAU-BOSSON: Enzymologia **9**, 5 (1940).
[10] NAGAI, Y., and S. FUNAHASHI: Agric. biol. Chem., Tokyo **25**, 265 (1961).
[11] FRANKE, W., u. G. E. HAHN: H. **299**, 15 (1955).
[12] SCHRYVER, S. B.: Proc. R. Soc. London (B) **82**, 226 (1910).
[13] YOUNG, E. G., and C. F. CONWAY: J. biol. Ch. **142**, 839 (1942).
[14] RO, K.: J. Biochem. **14**, 391 (1932).
[15] FOSSE, R., et V. BOSSUYT: Cr. **188**, 106 (1929). — FOSSE, R., A. BRUNEL et P.-E. THOMAS: Cr. **192**, 1615 (1931).

der Hitze, Allantoinsäure durch Säurebehandlung allein in Glyoxylsäure übergeführt; die Säurebehandlung erfolgt bereits in Gegenwart von Phenylhydrazin, andernfalls werden leicht zu niedrige Glyoxylsäurewerte erhalten[1]. Die Bestimmungsmethode liefert für *Allantoin* nur bei strikter Einhaltung definierter Reaktionsbedingungen reproduzierbare Resultate; der kritische Reaktionsschritt scheint die alkalische Hydrolyse zu sein. Eine ausgearbeitete, neuerdings häufig verwendete Methode der Allantoin-Bestimmung (z.B. in Blut) ist die (auf älteren Angaben von YOUNG und CONWAY [l.c.[13] S. 369] basierende) von CHRISTMAN, FOSTER und ESTERER[2], bei der Mengen von 2,5—25 μg/ml mit einer Genauigkeit von einigen Prozent erfaßt werden (Näheres Bd. III, S. 1331).

Leichter und genauer als die Bestimmung von Allantoin ist diejenige von *Allantoinsäure* durchzuführen, nämlich durch Säurehydrolyse in Gegenwart von Phenylhydrazin. Es ist das gegebene Verfahren für die Bestimmung der *Allantoinase*-Wirkung. Man arbeitet entweder nach dem entsprechend abgekürzten Verfahren von CHRISTMAN, FOSTER und ESTERER[2] oder nach einer neueren Vorschrift von VELLAS und BRUNEL[3]; auch ein Submikroverfahren für Mengen von 0,5—5 μg/0,5 ml ist angegeben worden[4]. Analog wird die *Allantoicase*-Wirkung auf Grund der freigesetzten *Glyoxylsäure* bestimmt, auf die sich die RIMINI-SCHRYVER-Reaktion direkt anwenden läßt. Anwesenheit von Allantoicase stört die Allantoinase-Bestimmung nicht, da Allantoinsäure und Glyoxylsäure für die letztere gleichwertig sind. Auch Anwesenheit von *Urease* ist belanglos.

Bei der Allantoicase-Bestimmung kann bei längeren Versuchszeiten eine Komplikation dadurch entstehen, daß die sehr reaktionsfähige Glyoxylsäure sekundär mit Extraktkomponenten weiterreagiert[5] (z.B. mit Aminosäuren[6]). Für diesen Fall ist ein „Abfangverfahren" vorgeschlagen worden, indem man bereits die Enzymreaktion in Gegenwart von Phenylhydrazin ablaufen läßt (z.B. in der Konzentration 0,006 m bei einer Allantoinsäure-Konzentration von 0,002 m)[7]. Es wird hier allerdings in jedem Falle bei kürzeren Versuchszeiten zu prüfen sein, ob keine wesentliche Enzymhemmung eintritt. Wahrscheinlich läßt sich der störende Glyoxylatschwund auch durch Verwendung wenigstens *dialysierter* Enzymlösungen beheben bzw. stark reduzieren[6] (vgl. jedoch Bakterien-Enzym Tabelle 3).

b) Die durch Allantoicase freigesetzte Glyoxylsäure kann auch durch Oxydation mit alkalischer Jodlösung (zu Oxalsäure) *titrimetrisch* bestimmt werden; Allantoin und Allantoinsäure werden nicht angegriffen[1].

c) Neuerdings ist eine *spektrophotometrische* Bestimmung der Glyoxylsäure als Phenylhydrazon durch Absorptionsmessung bei 340 mμ und $p_H \gtreqless 2$ angegeben worden[8]; Phenylhydrazin-hydrochlorid zeigt unter diesen Bedingungen keine Absorption.

d) Statt Glyoxylsäure kann auch das andere Produkt der *Allantoicase*-Reaktion, der *Harnstoff*, bestimmt werden, z.B. durch Fällung mit *Xanthydrol* als schwerlöslicher Dixanthylharnstoff[9]

2 O CH—OH + H_2N—CO—NH_2 → O CH—NH—CO—NH—HC O

oder als NH_3 nach *Urease*spaltung (vgl. Bd. III, S. 1083f.). Die Anwendung dieser Verfahren ist natürlich nur möglich bei Abwesenheit von Urease in den verwendeten Enzym-

[1] FRANKE, W., u. A. THIEMANN: Unveröffentlicht.
[2] CHRISTMAN, A. A., P. W. FOSTER and M. B. ESTERER: J. biol. Ch. **155**, 161 (1944).
[3] VELLAS, F., et A. BRUNEL: Cr. **250**, 2424 (1960).
[4] FLORKIN, M., et G. BOSSON: Bull. Soc. Chim. biol. **21**, 665 (1939).
[5] Vgl. BRUNEL-CAPELLE, G.: Cr. **234**, 1466 (1952). — LATCHÉ, J.-C.: Cr. **252**, 1647 (1961).
[6] Vgl. FRANKE, W., G. JILGE u. G. EICHHORN: Arch. Mikrobiol., Berlin **39**, 58 (1961). — LATCHÉ, J.-C.: Cr. **254**, 2813 (1962).
[7] BRUNEL-CAPELLE, G.: Cr. **230**, 1979, 2224 (1950).
[8] DURAND, G.: Cr. **252**, 3479 (1961).
[9] FOSSE, R.: Cr. **157**, 948 (1913); **158**, 1076, 1432 (1914); **176**, 1799 (1922); **177**, 199 (1923).

präparaten, wie sie z.B. bei Kaltblütern gegeben ist[1]. Ist andererseits der Ureasegehalt so hoch, daß praktisch vollständige Aufspaltung primär gebildeten Harnstoffs erfolgt, wie z.B. bei zahlreichen Pilzen[2,3], dann kann Allantoicase in der Art bestimmt werden, daß nichtumgesetzte Allantoinsäure mit Mineralsäure in der Hitze hydrolysiert und der entstandene Harnstoff quantitativ erfaßt wird (z.B. als Dixanthylharnstoff[2]).

In ureasefreien Kaltblütern kann analog auch *Allantoinase* bestimmt werden, indem man die entstandene Allantoinsäure durch Säurehydrolyse in Harnstoff (+ Glyoxylsäure) überführt[1].

e) Als aussichtsreiches, modernes Verfahren für den Nachweis von Allantoinase und Allantoicase nebeneinander, das allerdings noch nicht quantitativ durchgearbeitet ist, erscheint die *papierelektrophoretische Trennung* von Allantoin, Allantoinsäure, Glyoxylsäure und Harnstoff[4]. Bei p_H 8 wandert Harnstoff langsam kathodisch, Allantoin < Allantoinsäure < Glyoxylsäure wandern zunehmend rasch anodisch. Allantoin, Allantoinsäure und Harnstoff lassen sich durch Besprühen mit EHRLICHs Reagens (p-Dimethylaminobenzaldehyd) als *gelbe*, Allantoinsäure und Glyoxylsäure nach Besprühen mit angesäuerter Phenylhydrazin-Lösung und Erwärmung auf 100° C durch Besprühen mit Hexacyanoferrat(III)-Lösung als *rote* Flecke nachweisen (vgl. unter a). Auf die Möglichkeit einer quantitativen Bestimmung von Allantoinsäure und Glyoxylsäure nach ihrer Elution wird hingewiesen.

Vorkommen. Allantoinase und Allantoicase sind in Mikroorganismen und Pflanzen, in Invertebraten und poikilothermen Wirbeltieren, nicht dagegen in Warmblütern nachgewiesen. Auch in jenen Organismengruppen ist die Verbreitung keineswegs ubiquitär, sondern eher sporadisch. Für Allantoinase liegen nicht nur wesentlich mehr Angaben vor als für Allantoicase, sie ist tatsächlich auch verbreiteter als die letztere; das gilt insbesondere für chlorophyllhaltige Pflanzen. Für höhere Pflanzen (Angiospermen)[5] und für Tiere[6,7] liegen systematische tabellarische Zusammenstellungen über die Enzymverbreitung mit Literaturangaben vor. Tabelle 1 bringt einen Auszug unter Beschränkung auf Gattungen mit allantoinasepositiven Vertretern. Weitere Literaturangaben für Bakterien, Pilze, Algen, Moose und Invertebraten sind mit eingeschlossen (+ Enzym vorhanden, — Enzym fehlend, ± Enzymaktivität gering oder widersprechende Angaben).

Dort, wo der größte Teil von zahlreichen untersuchten Arten sich als allantoinasepositiv erwies, wie bei *Basidiomyceten*, *Algen* und *Muscheln* (aus Meer- und Süßwasser), wurde auf die Angabe einzelner Gattungen verzichtet.

Wo positive Angaben nur für *Allantoicase* vorliegen, kann im allgemeinen auch auf das Vorhandensein von Allantoinase geschlossen werden (während das Umgekehrte keineswegs gilt).

Bei *Wirbeltieren* ist die Hauptenzymquelle die *Leber*; Muskel und Milz sind enzymfrei[8]. Eine ähnliche Rolle wie die Leber spielt in vielen Wirbellosen das *Hepatopankreas*[6]; aber auch andere Organe und Zellen wurden, soweit untersucht, enzympositiv befunden, bei *Sipunculus* z.B. Darm, Nephridien, Hämatien[9].

Wo in Tabelle 1 bei *Bakterien* die Kombination Allantoinase +, Allantoicase — vorkommt, erfolgt nach VOGELS[10] der Allantoinsäure-Abbau durch die vereinigte Wirkung von *Allantoat-amidohydrolase* (→ Ureidoglycin + CO_2 + NH_3), *Ureidoglycin-aminohydrolase* (→ Ureidoglykolsäure + NH_3) und *Ureidoglykolat-ureohydrolase* (→ Glyoxylsäure + Harnstoff). Diese speziellen Bakterienenzyme werden im methodischen Teil später nicht berücksichtigt.

Die Angaben der Tabelle 1 für *Basidiomyceten* beziehen sich auf ganze *Fruchtkörper*; vor der Fruchtkörperanlage war im Mycel kein Enzym nachweisbar[11]. Der Enzymgehalt nimmt in der

[1] BRUNEL, A.: Bull. Soc. Chim. biol. 19, 805, 1027 (1937).
[2] BRUNEL, A.: Bull. Soc. Chim. biol. 21, 380 (1939).
[3] BRUNEL, A.: Bull. Soc. Chim. biol. 29, 427 (1947).
[4] ZIMMERMANN, R.: Naturwiss. 43, 399 (1956).
[5] TRACEY, M. V.; in: Moderne Meth. Pfl.-Analyse (PAECH-TRACEY), Bd. IV, S. 119f.
[6] FLORKIN, M., et G. DUCHÂTEAU: Arch. int. Physiol. 53, 267 (1943).
[7] LASKOWSKI, M.; in: Sumner-Myrbäck, Bd. I, S. 946.
[8] BRUNEL, A.: Bull. Soc. Chim. biol. 19, 1027, 1683 (1937).
[9] FLORKIN, M., et G. DUCHÂTEAU: Arch. int. Physiol. 52, 261 (1942).
[10] VOGELS, G. D.: Diss. Techn. Hochschule Delft 1963.
[11] BRUNEL, A.: Bull. Soc. Chim. biol. 19, 747 (1937). Vgl. dagegen ARPIN, N.: Cr. 255, 1459 (1962).

Tabelle 1. *Vorkommen von Allantoinase (Alln) und Allantoicase (Allc).*

Organismen	Alln	Allc	Organismen	Alln	Allc	Organismen	Alln	Allc
			Bakterien.					
Ps. aeruginosa[1] .	+	+	Proteus vulgaris[5]	+		Mycobakterien[7,7a]		
Ps. fluorescens[2] .	+	+	Streptoc. allantoicus[2,6] . . .	+	—	M. smegmatis,	+	+
Pseudomonas spp.[3,4]	+	+	Arthrob. ureafaciens[2] . . .	+	+	M. phlei,	+	+
Esch. coli[2,5]. . .	+	—	Arthrob. allantoicus[2]	+	—	M. fortuitum,	+	+
Esch. freundii[2] .	+	—				M. thamnopheos	+	+
Aerob. aerogenes[5]	+					M. tuberculosis		
			Pflanzen.					
			Pilze.					
Ascomyceten			Asp. niger[9,10] . .	±	+	Pen. notatum[2] .	+	+
Sacch. cerevisiae[8]	+		Asp. phoenicis[9] .	±	+	Pen. citreo-viride[2]	+	+
Basidiomyceten[11–13] Zahlreiche Gattungen und Arten von *Holobasidiomyceten*							+	meist +
			Algen[14].					
Zahlreiche Gattungen und Arten von *Cyanophyceen, Chlorophyceen, Xanthophyceen, Diatomeen (Bacillariophyceen), Phaeophyceen* und *Rhodophyceen*							+	meist —
			Laubmoose[13].					
Polytrichum . .	+		Atrichum	+				
			Angiospermen.					
Rosaceen			*Leguminosen*			*Umbelliferen*		
Fragraria . . .	+		(Forts.)			Daucus . . .	+	
Geum	+		Medicago . . .	+		Foeniculum . .	+	
Persica	+		Melilotus . . .	+		*Urticaceen*		
Prunus	+		Mimosa . . .	+		Cannabis . . .	+	
Potentilla. . .	+		Ononis	+		Humulus . . .	+	
Leguminosen			Phaseolus. . .	+		*Caryophyllaceen*		
Acacia	+		Pisum	+		Agrostemma .	+	—
Anthyllis . . .	+		Scorpiurus . .	+		*Chenopodiaceen*		
Astragalus . .	+		Trifolium . . .	+	±	Atriplex . . .	+	
Cercis	+		Trigonella . .	+		Beta	+	
Cicer	+		Vicia	+		Spinacia . . .	+	
Colutea. . . .	+		*Cruciferen*			*Solanaceen*		
Coronilla . . .	+		Brassica . . .	+		Nicotiana . .	+	
Faba	+		*Malvaceen*			*Cucurbitaceen*		
Genista . . .	+		Althaea . . .	+		Cucumis . . .	+	
Glycine . . .	+	±	*Rutaceen*			Cucurbita. . .	+	
Lathyrus . . .	+		Ruta	+		*Compositen*		
Lens	+		*Aceraceen*			Tanacetum . .	+	
Lotus	+		Acer	+				
Lupinus . . .	+	—						
			Wirbellose Tiere.					
			Würmer.					
Sipunculus . . .	+	+						
			Mollusken.					
Zahlreiche Gattungen und Arten von *Muscheln (Lamellibranchiern)*, sowohl *Proto-* wie *Heteroconchen*[15,16]							+	+
			Arthropoden.					
Crustaceen[15]								
Astacus . . .	+	+	Homarus . . .	+	+			
Insekten								
Xenylta[17]. . .	+	+	Dytiscus[15] . .	+	—	Notonecta[19] .	+	—
Carausius[18] . .	+	±	Nepa[19]	+	—			

Tabelle 1 (Fortsetzung).

Organismen	Alln	Allc	Organismen	Alln	Allc	Organismen	Alln	Allc
			Wirbeltiere.					
			Fische.					
Elasmobranchier			*Ganoiden*			*Teleostier* (Forts.)		
(Selachier)[20]			Calamychtis[15] .	+	+	Gadus	+	–
Raja	+	+	*Dipneusten*			Merlangus . .	+	–
Scoliodon . .		+	Protopterus[15] .	+	+	Merluccius . .	+	+
Carcharinus . .		+	*Teleostier*[21]			Pleuronectes .	+	–
Dasybatus . .		+	Salmo	+	–	Solea	+	–
Narcine . . .		+	Cyprinus . . .	+	+	Rhombus . . .	+	–
			Tinca[22]	+	+	Perca[22]	+	+
			Barbus[22]	+	+			
Cestracion . .		+	Leuciscus . . .	+	+	Mullus	+	–
Chiloscyllium .		+	Esox	+	+	Scomber . . .	+	–
Stegostoma . .		+	Anguilla . . .	+	–	Zeus	+	–
Rynchobatus .		+	Conger	+	–			
Atelomycterus		+						
			Amphibien[23].					
Triton	+	+	Rana	+	+	Bufo	+	+

Reihenfolge Hymenium > Stiel > Peridium ab. In alten Fruchtkörpern sinkt die Enzymaktivität stark; das gleiche gilt für *Schimmelpilz*-Mycel nach der Sporulation[9].

Bei *Angiospermen* wurden in den allermeisten Fällen nur *Samen* untersucht; ganz wenige positive Angaben beziehen sich auf Keimlinge und junge Blätter.

Darstellung. Systematische Anreicherungsversuche liegen nur für pflanzliche *Allantoinase* vor; Reinpräparate sind nicht bekannt. Obwohl bereits PRZYLECKI[24], der Entdecker der Ureidhydrolasen, die Herstellung wirksamer Enzymlösungen angegeben hatte, ist in der Folgezeit häufig nur mit Aceton-[25] und Alkohol-Äther-Trockenpräparaten[26,27] tierischer Gewebe (meist Leber) oder mit Vakuum-Trockenpulvern von Pilzen[9,12]

[1] FRANKE, W., u. G. E. HAHN: H. **301**, 90 (1955).
[2] VOGELS, G. D.: Diss. Techn. Hochschule Delft (1963).
[3] CAMPBELL jr., L. L.: J. Bact. **68**, 598 (1954).
[4] BACHRACH, U.: J. gen. Microbiol. **17**, 1 (1957).
[5] YOUNG, E. G., and W. W. HAWKINS: J. Bact. **47**, 351 (1944).
[6] BARKER, H. A.: J. Bact. **46**, 251 (1943).
[7] DI FONZO, M.: Amer. Rev. Tuberc. **66**, 240 (1952).
[7a] BÖNICKE, R.: Zbl. Bakt. (I) **178**, 186, 209, 223 (1960).
[8] DI CARLO, F. J., A. S. SCHULTZ and A. M. KENT: Arch. Biochem. **44**, 468 (1953).
[9] BRUNEL, A.: Bull. Soc. Chim. biol. **21**, 380 (1939).
[10] FRANKE, W., u. L. KRIEG: B. **85**, 779 (1952).
[11] BRUNEL, A.: Cr. **192**, 442 (1931).
[12] BRUNEL, A.: Bull. Soc. Chim. biol. **19**, 747 (1937).
[13] BRUNEL, A., et G. CAPELLE: Bull. Soc. Chim. biol. **29**, 427 (1947).
[14] VILLERET, S.: Cr. **241**, 90 (1955); **246**, 1452 (1958).
[15] FLORKIN, M., et G. DUCHÂTEAU: Arch. int. Physiol. **53**, 267 (1943).
[16] BRUNEL, A., et P. H. FISCHER: Bull. Lab. marit. Dinard **40**, 33 (1954) [Chem. Abstr. **51**, 2191].
[17] RAZET, P.: Cr. **234**, 2566 (1952).
[18] POISSON, R., et P. RAZET: Cr. **234**, 1804 (1952).
[19] POISSON, R., et P. RAZET: Cr. **237**, 1362 (1953).
[20] BRUNEL, A.: Bull. Soc. Chim. biol. **19**, 805 (1937). — BRUNEL-CAPELLE, G.: Cr. **230**, 1979 (1950).
[21] BRUNEL, A.: Bull. Soc. Chim. biol. **19**, 1027 (1937).
[22] VELLAS, F.: Cr. **256**, 4740 (1963).
[23] BRUNEL, A.: Bull. Soc. Chim. biol. **19**, 1682 (1937).
[24] PRZYLECKI, S. J.: Arch. int. Physiol. **24**, 238 (1925). — Vgl. auch PRZYLECKI, S. J. v., u. R. TRUSZKOWSKI: Bamann-Myrbäck Bd. III, S. 2489.
[25] STRANSKY, E.: B. Z. **266**, 287 (1933).
[26] FLORKIN, M., et G. DUCHÂTEAU: Arch. int. Physiol. **52**, 261 (1942).
[27] BRUNEL, A.: Bull. Soc. Chim. biol. **19**, 805, 1027 (1937).

gearbeitet worden; auf die bekannte Herstellung solcher Präparate braucht hier nicht näher eingegangen zu werden, ebensowenig wie auf die gelegentlich (z.B. bei höheren Pilzen[1]) angewandte Extraktion (18 Std) mit Glycerinwasser (Gewebe: Glycerin: Wasser 1:1:1). Nachstehend folgen einige Vorschriften für die Gewinnung von Enzymlösungen verschiedener Herkunft, wobei, soweit überhaupt eine Reinigung versucht wurde, die jeweils beste Vorschrift angegeben wurde.

***Darstellung von Allantoinase aus Leber nach* Przylecki[2].**

500 g Leber-(eventuell anderer Gewebe-)Brei werden mit der gleichen Menge Glycerin, 50 ml Chloroform und 100—300 ml Wasser unter gelegentlichem Umschütteln 2—3 Tage inkubiert. Es wird filtriert (zentrifugiert) und die Lösung (zweckmäßigerweise unter Kühlung, siehe b) mit dem gleichen Volumen Aceton gefällt. Der filtrierte (abzentrifugierte) Niederschlag wird im Ventilator-Luftstrom (besser Vakuum) getrocknet und in verdünnter NaCl-Lösung aufgenommen. Filtrieren (Zentrifugieren) liefert eine schwach opalescierende Lösung, die noch 30—60 % vom Allantoinase-Gehalt des Gewebebreis enthält. Angaben über den Anreicherungsgrad fehlen.

***Darstellung von Allantoinase aus Phaseolus mungo nach* Nagai *und* Funahashi[3].**

Käufliche Mungobohnen *(Phaseolus mungo)* werden nach Quellung über Nacht 2—3 Tage bei 27° C in Petrischalen keimen gelassen. Alle folgenden Operationen werden bei 0—5° C ausgeführt. (In Klammern wird jeweils die relative Aktivität A angegeben.)

100 g Keimlinge werden mit gewaschenem Quarzsand und 200 ml dest. Wasser verrieben, durch Leinen filtriert und 15 min bei 10000 $\times$g zentrifugiert. Der Überstand (220 ml, $A = 1{,}0$) wird mit 70 ml Calciumphosphatgel-Suspension[4] (3,7 %ig) unter Rühren versetzt und nach 20 min wieder abzentrifugiert. Zum Überstand (260 ml, $A = 2{,}1$) wird festes Ammoniumsulfat bis zum Sättigungsgrad 35 % gegeben, die Fällung abzentrifugiert und verworfen; die Restlösung wird mit Ammoniumsulfat bis zur Sättigung versetzt, wobei der p_H zwischen 5,8 und 6,2 gehalten wurde. Der abzentrifugierte Niederschlag wurde in 30 ml Wasser aufgenommen und 24 Std gegen Leitungswasser von 2° C dialysiert ($A = 8{,}1$). Die nach 3—4tägigem Stehen im Eisschrank klarzentrifugierte Lösung ($A = 14{,}5$) wird bei 0° C langsam mit kaltem Aceton bis zu 25 % Gehalt versetzt und die vom Niederschlag durch Zentrifugieren bei 10000 $\times$g (15 min) befreite Lösung auf einen Acetongehalt von 50 % gebracht. Nach 20 min langem Stehen bei 0° C wird zentrifugiert und der Rückstand in 30 ml Wasser aufgenommen ($A = 39{,}5$). Die mit einem Enzymverlust von nur 22 % gegenüber dem Rohextrakt angereicherte Allantoinase-Lösung hält sich im Eisschrank mehrere Wochen.

Nach eigenen, zeitlich vor der Veröffentlichung der japanischen Autoren liegenden Orientierungsversuchen[5] zeigen Wasserextrakte aus präpariertem (entfettetem) *Sojabohnen*-Mehl (Merck) gute Allantoinase-Aktivität. 18stündiges Dialysieren des zentrifugierten Extrakts gegen Leitungswasser, anschließendes 5 min langes Erhitzen auf 75° C und Zentrifugieren führt bereits zu 6—8facher Aktivitätssteigerung. Sowohl bei der *Ammoniumsulfat*-Fraktionierung (Hauptfraktion zwischen 60 und 90 % Sättigung) als auch bei der *Alkohol*-Fraktionierung (Hauptfraktion zwischen 25 und 50 % Alkoholgehalt) trat weitere 2—3fache Anreicherung ein.

Käufliches Jackbohnen-Mehl (Nutritional Biochemicals Co., Cleveland) erwies sich als ein sehr viel schlechteres Ausgangsmaterial als Sojabohnen-Mehl.

---

[1] Brunel, A.: Cr. **192**, 442 (1931).

[2] Przylecki, S. J.: Arch. int. Physiol. **24**, 238 (1925). — Vgl. auch Przylecki, S. J. v., u. R. Truszkowski: Bamann-Myrbäck Bd. III, S. 2489.

[3] Nagai, Y., and S. Funahashi: Agric. biol. Chem., Tokyo **25**, 265 (1961).

[4] Nach D. Keilin u. E. F. Hartree [Biochem. J. **49**, 88 (1951)]: Zu 1 l Leitungswasser in 10 l-Gefäß 250 ml 0,6 m $CaCl_2$ und 250 ml 0,4 m Na_3PO_4 unter Rühren zugeben, p_H mit n Essigsäure auf etwa 7,3 einstellen, Gefäß mit Wasser auffüllen, dekantieren und dieses noch fünfmal wiederholen; Niederschlag zuletzt zentrifugieren und in 400 ml Leitungswasser suspendieren.

[5] Franke, W., F. Kretschmar u. C. A. Remily: Unveröffentlicht.

***Darstellung von Allantoinase aus Hefe nach* DI CARLO *u. Mitarb.*[1].**

Bäcker-Trockenhefe wird mit der fünffachen Menge Leitungswasser 4 Std bei 5° C gerührt und anschließend 10 min bei 5000 U/min zentrifugiert. Die Allantoinase-Aktivität des Überstandes ist gering[1].

Darstellung von Allantoinase aus Bakterien.

Einige einschlägige Versuche liegen für *Pseudomonas*-Arten[2,3] und neuerdings für *Streptoc. allantoicus*[4,5] und *Arthrob. allantoicus*[5] vor. Geeignete Nährlösungen für die ersteren enthalten im Liter (in g)

I.		
Allantoin	3	CAMPBELL
„Difco"-Hefeextrakt	1	
K_2HPO_4	1	
pH auf 7,2		

II.		
Allantoin	2	FRANKE und DE BOER
Glucose	10	
K_2HPO_4	0,5	
$CaCl_2$	0,5	
$MgSO_4 \cdot 7\,H_2O$	0,2	
pH auf 7,5		

Die Züchtung kann auf flüssigem oder festem Nährboden (mit 2% Agar) erfolgen; Inkubationszeit: 18—24 Std bei 30—37° C.

Für *Streptoc. allantoicus* und *Arthrob. allantoicus* verwendet VOGELS[5] folgendes Medium, das eine Verbesserung einer älteren, unter anderem auch von VALENTINE u. Mitarb.[4] für *Streptoc. allantoicus* benutzten Nährlösung von BARKER[6] darstellt (Angaben in g bzw. ml):

Allantoin	10	$Na_2S \cdot 9\,H_2O$	0,1	Leitungswasser	200
„Difco"-Hefeextrakt	0,5	Biotin	2×10^{-5}	n KOH	4
K_2HPO_4	1	dest. Wasser	800	pH 7,3	
$MgSO_4 \cdot 7\,H_2O$	0,1				

Für das Lösen des Allantoins wird Anwärmen auf 40—45° C, für die Sterilisation Filtration durch Seitz-Filter empfohlen. Inkubation: 16—18 Std bei 30° C in vollständig gefüllten Glasstopfenflaschen.

Die abzentrifugierte Zellmasse von *Pseudomonas* wird 2—3mal mit physiologischer NaCl-Lösung oder 0,01 m Phosphatpuffer, pH 7, gewaschen und wieder abzentrifugiert. VOGELS wäscht nur einmal mit 0,015 m Phosphatpuffer, pH 7,3, der je 0,2% KCl und NaCl enthält. Das erhaltene Zellmaterial wird entweder mechanisch (α) oder mit Ultraschall (β) desintegriert. Nach beiden Verfahren können fast klare, viscose, gelbliche Extrakte gewonnen werden.

α) Die Zellen werden mit dem doppelten Gewicht Aluminiumoxyd („Levigated Alumina") bei etwa 0° C 5—10 min verrieben. Auch 30 min lange Desintegration in der HUGHES-Presse[7] bei −20 bis −27° C ist angewandt worden[4,5]. Hierauf wird mit dem doppelten Volumen des ursprünglichen Bakteriengewichts (feucht) an 0,01 m Phosphatpuffer, pH 7 bzw. 7,3, extrahiert und in der Kühlzentrifuge 15 min bei 6000—30000 ×g zentrifugiert. Wenn störend, kann die hohe Viscosität der Extrakte durch Behandlung mit Desoxyribonuclease (z.B. 1,5 μg/ml) mit oder ohne $MgSO_4$-Zusatz (z.B. 0.01 m) verringert werden[4,5].

β) Die Zellpaste wird in dem 3—10fachen Gewicht 0,01 m Phosphatpuffer aufgenommen und in einem geeigneten Ultraschallgerät (Raytheon 10 Kc, Schoeller-Frankfurt u.ä.) unter Wasserkühlung 10—20 min beschallt, hierauf wie oben hochtourig abzentrifugiert.

---

1 DI CARLO, F. J., A. B. SCHULTZ and A. M. KENT: Arch. Biochem. **44**, 468 (1953).
2 CAMPBELL jr., L. L.: J. Bact. **68**, 598 (1954).
3 FRANKE, W., u. W. DE BOER: Unveröffentlicht.
4 VALENTINE, R. C., R. BOJANOWSKY, E. GAUDY and R. S. WOLFE: Biochem. J. **237**, 2271 (1962).
5 VOGELS, G. D.: Diss. Techn. Hochschule Delft 1963.
6 BARKER, H. A.: J. Bact. **46**, 251 (1943).
7 HUGHES, D. E.: J. exp. Path. **32**, 97 (1951).

Nach Orientierungsversuchen an *Ps. aeruginosa*[1] ist die im Überstand enthaltene Allantoicase-Menge wenigstens fünfmal größer als die in intakten Bakterien nachweisbare, was höchstwahrscheinlich durch limitierende Zellpermeabilität zu erklären ist.

Eine *Fraktionierung* von Bakterien-Rohextrakten haben nur VALENTINE u. Mitarb.[2] versucht; sie verwenden die durch Ammoniumsulfatfällung zwischen den Sättigungsgraden 45 und 65% erhaltene Fraktion, die sie 2 Std gegen 0,05 m Phosphatpuffer (p_H 7,0) mit einem Gehalt von 0,1 mg Mercaptoacetat/ml dialysieren. Ob das Verfahren eine Anreicherung bewirkt, ist nicht belegt, nach den Angaben von Tabelle 2 und 3 sehr zweifelhaft. VOGELS[3] fand bei zehnstündiger Dialyse von Bakterienextrakten gegen dest. Wasser von 3° C fast völlige Inaktivierung; Zusatz von 0,01% Na_2S verbesserte das Resultat nicht, reduziertes Glutathion reaktivierte das inaktivierte Enzym nur in geringem Umfang.

Wirksamkeit der verschiedenen Präparate.

Tabelle 2 orientiert über die Aktivität der bisher verwendeten rohen oder gereinigten Präparate. Als *Aktivitätsmaß* wird der Ausdruck

$$Q = \frac{\text{Substratumsatz in } \mu\text{Mol}}{\text{Std} \times \text{mg Trockengewicht}}$$

gewählt.

Tabelle 2. *Aktivität (Q) verschiedener Allantoinase- und Allantoicase-Präparate.*

Zellmaterial	Präparat	p_H	Temperatur °C	Substratkonzentration m	Q Allantoinase	Q Allantoicase
Ps. aeruginosa	Rohextrakt (Ultraschall)[1]	7,5	30	0,004		2,5
Streptoc. allantoicus	Rohextrakt (HUGHES-Presse)[3]	8,0	30	0,025	44	
	Ammoniumsulfat-Fraktion, dialysiert[2]	8,0	30	0,015	11	
Arthrob. allantoicus	Rohextrakt (HUGHES-Presse)[3]	8,0	30	0,025	2,9	
	Rohextrakt (HUGHES-Presse)[3]	8,5	30	0,025	47	
Aspergillen:						
Asp. niger (33 Std)	Trockenpulver (Vakuum)[4]	7,3	38	0,006		0,4
Asp. phoenicis (33 Std)	Trockenpulver (Vakuum)[4]	7,3	38	0,006		0,3
Verschiedene Basidiomyceten (des Waldes)	Trockenpulver (Vakuum)[5]	7,2 bis 7,6	39	0,006*	~0,1	
Sojabohnen	Ammoniumsulfat- oder Alkohol-Fällung[6]	7,5	30	0,01	7—10	
Mungobohnen, gekeimt	Ammoniumsulfat- und Aceton-Fällung[7]	8,0	30	0,025	18,5	
Fische:						
Rochen	Trockenpulver (Alkohol-Äther)[8]	7,6	39	0,006	0,4	
Rochen	Trockenpulver (Alkohol-Äther)[8]	7,0	39	0,006		0,5
Forelle	Trockenpulver (Alkohol-Äther)[8]	7,6	39	0,006	0,3	
Karpfen	Trockenpulver (Alkohol-Äther)[9]	7,0	34	0,02		0,9

* Aus der Originalangabe berechnet sich 0,0006 m, was beim gewählten Aktivitätsmaß (% Umsatz) auch den Q-Wert auf $^1/_{10}$ reduzieren würde; da BRUNEL in allen anderen Arbeiten jedoch stets die Konzentration 0,006 m wählt, handelt es sich wahrscheinlich um einen Irrtum.

Eigenschaften. In Tabelle 3 ist das Wesentliche, das über Eigenschaften der beiden Enzyme bekannt ist, zusammengestellt. Die Angaben beziehen sich auf die Enzympräparate der Tabelle 2.

[1] FRANKE, W., u. W. DE BOER: Unveröffentlicht.
[2] VALENTINE, R. C., R. BOJANOWSKY, E. GAUDY and R. S. WOLFE: Biochem. J. **237**, 2271 (1962).
[3] VOGELS, G. D.: Diss. Techn. Hochschule Delft 1963.
[4] BRUNEL, A.: Bull. Soc. Chim. biol. **21**, 380 (1939).
[5] BRUNEL, A.: Bull. Soc. Chim. biol. **19**, 747 (1937).
[6] FRANKE, W., F. KRETSCHMAR u. C. A. REMILY: Unveröffentlicht.
[7] NAGAI, Y., and S. FUNAHASHI: Agric. biol. Chem., Tokyo **25**, 265 (1961).
[8] BRUNEL, A.: Bull. Soc. Chim. biol. **19**, 805, 1027 (1937).
[9] VELLAS, F.: Cr. **253**, 2262 (1961).

Tabelle 3. *Eigenschaften von Allantoinase und Allantoicase.*

Eigenschaften	Allantoinase	Allantoicase
Optimale Substratkonzentration	Arthrob., Streptoc.: 0,025 m[1] Soja-B.: 0,02 m[2] Mungo-B.: ∼0,04 m[3]	Karpfen: 0,02 m[4]
MICHAELIS-Konstante K_M	Arthrob.: 0,0165 m[1] Streptoc.: 0,00475 m[1] Soja-B.: 0,0012 m *[2] Mungo-B.: 0,040 m[3]	
p_H-Optimum	Arthrob.: 8,5[1] Streptoc.: 8,3[1] Basidiomyc.: 7,2—7,6[6] Soja-B.: 7,8[2] Mungo-B.: 8,0[3] Rochen: 7,6[7]	Aspergillus: 7,3[5] Rochen, Karpfen: 7,0[4,7]
Temperatur-Optimum	Basidiomyc.: 40° C[6] Soja-B.: 60° C[8]	Aspergillus: 38° C[5] Karpfen: 35° C[4]
Enzymstabilität bei Temperaturen ≦ 0° C	Arthrob.: gut[1] Streptoc.: mäßig[1] Soja-B.: gut[2] Mungo-B.: gut[3]	
Thermolabilität (Tötungstemperatur **)	Arthrob.: ≪ 70° C[1] Soja-B.: 79—80° C[2,8]	
Stereospezifische Wirkung	Arthrob., Streptoc.: nein[1] Soja-B.: ja (d) †[2,9] Mungo-B.: nein ††[3] Rochen, Forelle: nein[7]	
Reaktionsordnung	Soja-B.: monomolekular[2,8]	
Verhalten bei Dialyse	Soja-B., Mungo-B.: beständig[2,3] Pseudomonas: beständig[10] Arthrob., Streptoc.: unbeständig[1]	Pseudomonas: beständig[10]
Einfluß von Zusätzen:		
Cystein, SH-Glutathion (4×10^{-3} m)	Arthrob.: 225 % Aktivg.[1] Streptoc.: keine Wirkung[1]	
Mn^{++} (10^{-3} m)	Arthrob.: 107 % Aktivg.[1] Streptoc.: 34 % Aktivg.[1] Mungo-B.: keine Wirkung[3]	
Zn^{++}, Cd^{++}, Co^{++} (10^{-3} m)	Arthrob.: 80—90 % Hemmung[1] Streptoc.: keine Wirkung[1] Mungo-B.: keine Wirkung[3]	
Fe^{++} (10^{-3} m)	Arthrob.: 25 % Hemmung[1] Streptoc.: keine Wirkung[1]	
Cu^{++} (10^{-3} m)	Arthrob.: 92 % Hemmung[1] Streptoc.: 55 % Hemmung[1] Mungo-B.: 32 % Hemmung[3]	

* Unter Berücksichtigung des Umsatzes nur *eines* Stereoisomeren berechnet.
** Temperatur, bei deren halbstündiger Einwirkung 50 % Aktivitätsverlust eintritt (H. v. EULER 1925).
† Versuchsdauer 1 Std. †† Versuchsdauer 24 Std.

Tabelle 3 (Fortsetzung).

Eigenschaften	Allantoinase	Allantoicase
Äthylendiamintetraessigsäure (10^{-3} m)	Arthrob.: 88% Hemmung[1] Streptoc.: keine Wirkung[1] Mungo-B.: keine Wirkung[3]	
p-Chlormercuribenzoesäure (10^{-4} m)	Soja-B.: 40% Hemmung[2] Mungo-B.: < 20% Hemmung[3]	
Mapharsen(4-Hydroxy-3-amino-phenyl-arsinoxyd) (10^{-3} m)	Soja-B.: 30% Hemmung[2]	
Jodacetamid (5×10^{-3} m)	Soja-B.: 52% Hemmung[2]	
Alloxan (5×10^{-3} m)	Soja-B.: 49% Hemmung[2]	

Literatur zu Tabelle 3.

[1] VOGELS, G. D.: Diss. Techn. Hochschule Delft 1963.
[2] FRANKE, W., F. KRETSCHMAR u. C. A. REMILY: Unveröffentlicht.
[3] NAGAI, Y., and S. FUNAHASHI: Agric. biol. Chem., Tokyo **25**, 265 (1961).
[4] VELLAS, F.: Cr. **253**, 2262 (1961).
[5] BRUNEL, A.: Bull. Soc. Chim. biol. **21**, 380 (1939).
[6] BRUNEL, A.: Bull. Soc. Chim. biol. **19**, 747 (1937).
[7] BRUNEL, A.: Bull. Soc. Chim. biol. **19**, 805, 1027 (1937).
[8] RO, K.: J. Biochem. **14**, 405 (1932).
[9] FOSSE, R., P.-E. THOMAS et P. DE GRAEVE: Cr. **198**, 689, 1374, 1953 (1934).
[10] CAMPBELL, L. L. jr.: J. Bact. **68**, 598 (1954).

Bestimmungsmethoden. Das Prinzipielle ist schon früher (S. 369f.) erörtert worden. Auch ist nochmals an die Säureempfindlichkeit der Allantoinsäure, die Alkaliempfindlichkeit des Allantoins zu erinnern (S. 369). Letztere macht sich nach dreistündiger Inkubation bei 39° C schon bei p_H 7,6 bemerkbar[1] und nimmt mit steigendem p_H stark zu, was bei der Aufstellung von Aktivitäts-p_H-Kurven durch enzymfreie Kontrollansätze zu berücksichtigen ist[2]; unnötig lange Versuchszeiten sind zu vermeiden.

Substrate. Von den Substraten bzw. Reaktionsprodukten der Allantoinase und Allantoicase sind (racemisches) *Allantoin* (z.B. Merck, Schuchardt, Hoffmann-La Roche) und *Glyoxylsäure* bzw. *Natriumglyoxylat* (FLUKA) in ausreichender Reinheit im Handel; das ziemlich teure Natriumglyoxylat läßt sich nötigenfalls nach einer neueren Vorschrift[3] durch Perjodsäure-Oxydation von Weinsäure unschwer selbst darstellen. Es hat vakuumtrocken die Zusammensetzung CHO—COONa · H_2O und ist bei Aufbewahrung im Exsiccator recht beständig. Sein Gehalt, der die Basis aller photometrischen Eichkurven (auch von Allantoin und Allantoinsäure) darstellt, kann nach der *Hydrogensulfit-Jod-Methode* von CLIFT und COOK[4] (s. Bd. III, S. 561) oder nach der leicht abgewandelten *Hypojodit-Methode* von WIELAND und WINGLER[5] (ursprünglich für Brenztraubensäure angegeben) bestimmt werden.

***Jodometrische Bestimmung von Glyoxylsäure nach* FRANKE *und* THIEMANN[6].**

Reagentien:

1. Etwa n NaOH.
2. Etwa 2 n H_2SO_4.
3. 0,1 n Jodlösung.
4. 0,1 n Thiosulfat.
5. Stärkelösung.

---

[1] BRUNEL, A.: Bull. Soc. Chim. biol. **19**, 805, 1027 (1937).
[2] Vgl. hierzu RO, K.: J. Biochem. **14**, 405 (1932).
[3] METZLER, D. E., J. OLIVARD and E. E. SNELL: Am. Soc. **76**, 644 (1954).
[4] CLIFT, F. P., and R. P. COOK: Biochem. J. **26**, 1788 (1932).
[5] WIELAND, H., u. A. WINGLER: A. **436**, 229 (1924).
[6] FRANKE, W., u. A. THIEMANN: Unveröffentlicht.

Ausführung:

Eine 0,1—0,2 mM Glyoxylsäure enthaltende Probe wird mit 10,0 ml 0,1 n Jodlösung und 5 ml n NaOH versetzt und 30 min im Dunkeln stehengelassen, wobei quantitative Oxydation zu Oxalsäure erfolgt. Dann wird mit 2 n H_2SO_4 angesäuert und das nicht verbrauchte Jod mit 0,1 n $Na_2S_2O_3$ und Stärkelösung als Indicator zurücktitriert. Ein Leeransatz ohne Glyoxylsäure läuft mit. 1 ml 0,1 n Jod entspricht 3,70 mg Glyoxylsäure bzw. 5,70 mg Natriumglyoxylat · H_2O.

Bei Versuchen mit *Allantoin* als Substrat ist die relativ geringe Löslichkeit des Racemats zu berücksichtigen; die Löslichkeitsangaben der Literatur variieren zwischen 0,53 und 0,76% bei Zimmertemperatur (0,0335 bzw. 0,048 m entsprechend).

Zu Versuchen über Allantoicase kann das nach Young und Conway[1] durch Alkalispaltung von Allantoin darstellbare *Kalium-allantoinat* (vgl. Bd. III, S. 1331) Verwendung finden. Ein reineres Präparat von *Natrium-allantoinat* erhält man bei der Darstellung über die freie Allantoinsäure (die nicht im Handel ist)[2]:

Eine Lösung von 10 g Allantoin in 20 ml 30%iger KOH läßt man 17—20 Std bei 25° C stehen, verdünnt mit 3 Vol. Wasser und versetzt bei 0° C mit 2—3 n H_2SO_4 bis zur Erreichung von p_H 2,6—2,8, wobei sich ein Niederschlag bildet, der nach dem Filtrieren, Waschen mit Wasser und Trocknen im Vakuum 70—85% Allantoinsäure liefert (F 168° C). Man löst in starker NaOH, neutralisiert den Überschuß mit Essigsäure und fällt die filtrierte Lösung mit 8—10 Vol. 96%igen Alkohols. Beim Stehen bilden sich große Kristalle von *Natrium-allantoinat,* die im Vakuum getrocknet und aufbewahrt werden (um eine langsame Spaltung in Glyoxylsäure und Harnstoff zu verhindern).

Reine *Allantoinsäure* (F 161—162° C) kann durch nochmalige Säurefällung der alkalischen Lösung, Abfiltrieren und wiederholtes Nachwaschen mit kleinen Mengen Eiswasser und schließlich Alkohol erhalten werden[3]. Das Verfahren ist verlustreich, die freie Säure zudem viel weniger beständig als die Salze; Trocknung und Aufbewahrung im Vakuum sind unbedingt erforderlich[4].

Molekulargewichte. Allantoin 158,1, Allantoinsäure 176,1, Natrium-allantoinat 198,1, Kalium-allantoinat 214,2, Glyoxylsäure 74,1, Natriumglyoxylat · H_2O 114,1.

Photometrische Bestimmung der Allantoinase nach Christman und Mitarb.[5] (abgekürzt und leicht modifiziert[6]).

Versuchsansatz:

2 ml Enzymlösung[7].
2 ml 0,025 m Allantoin (= 7,9 mg)[8].
2 ml 0,2 m Phosphatpuffer p_H 7,5.
4 ml Wasser.

---

[1] Young, E. G., and C. F. Conway: J. biol. Ch. **142**, 839 (1942).
[2] Hermanowicz, W.: Roczn. Chem. **22**, 159 (1948) [Chem. Abstr. **44**, 1418].
[3] Franke, W., u. A. Thiemann: Unveröffentlicht.
[4] Ein lufttrocken in der Flasche aufbewahrtes Präparat war nach 1/2 Jahr zu 90% in Glyoxylsäure übergegangen (Beobachtung von W. Franke u. C. A. Remily).
[5] Christman, A. A., P. W. Foster and M. B. Esterer: J. biol. Ch. **155**, 161 (1944).
[6] Unter Verwertung eigener Erfahrungen zunächst am Bakterienenzym [Franke, W., u. G. E. Hahn: H. **299**, 15 (1955)]. Die dort erwähnte Zerstörung (Disproportionierung) von Glyoxylat unter den Bedingungen der alkalischen Allantoinhydrolyse ist nach späterer Nachprüfung (Franke, W., u. A. Thiemann: Unveröffentlicht) zu streichen; sie spielt bei der oben angegebenen Methode auch keine Rolle. Die obige Methode hat sich auch beim Soja-Enzym bewährt.
[7] Diese hier und später (S. 381) angegebene Enzymmenge gilt nur für Rohextrakte; von gereinigten Enzymlösungen ist ein kleineres Volumen auf 2 ml zu verdünnen.
[8] Die hier verwendete Allantoin-Gesamtkonzentration von 0,005 m ergibt beim Soja-Enzym rund 3/4 der maximalen Reaktionsgeschwindigkeit; die letztere wird fast erreicht, wenn die 4 ml Wasser des Ansatzes ebenfalls durch Allantoinlösung ersetzt werden.

Reagentien:

1. Natriumwolframat, 10%ig (eventuell Natriummetaphosphat, 5%ig).
2. 0,67 n H_2SO_4.
3. 0,5 n HCl.
4. Phenylhydrazin-hydrochlorid, 0,33%ig (täglich frisch zu bereiten).
5. 10 n HCl.
6. Trikalium-hexacyanoferrat, 1,64%ig.

Ausführung:

Man mischt bei einer Temperatur zwischen 25 und 37° C den obigen Ansatz, wobei als letztes entweder Allantoin- oder Enzymlösung zugegeben wird. Sofort ($t = 0$) wird eine Pipettenprobe von 2 ml entnommen, die man in eine Mischung von 0,4 ml Natriumwolframat + 2,2 ml Wasser einlaufen läßt, worauf unter Schütteln 0,4 ml H_2SO_4 zugegeben wird. Nach 5 min wird zentrifugiert und 0,5 ml Überstand mit 0,5 ml 0,5 n HCl und 1 ml Phenylhydrazin-Lösung versetzt. Die Mischung wird 2 min in ein siedendes Wasserbad eingestellt und hierauf für 10 min in Eiswasser gebracht. Man gibt 4 ml gekühlter 10 n HCl und nach 1 min bei Zimmertemperatur 1 ml Trikaliumhexacyanoferrat-Lösung zu und füllt mit Wasser auf 10 ml auf. Nach 10 min langem Stehen wird die Extinktion bei 530 mμ im Photometer gemessen. In dieser Weise wird der Nullwert der Reaktion ermittelt. Analog wird nach bestimmten Inkubationszeiten in weiteren 1 ml-Proben die Zunahme der Extinktion bestimmt. Die Auswertung erfolgt an Hand einer Eichkurve mit Allantoinsäure-Mengen zwischen 0,1 und 1 μM. Bei der angegebenen Versuchsausführung kann in der Einzelbestimmung maximal 1,0 μM Allantoinsäure gebildet worden sein, falls das *gesamte* eingesetzte Allantoin gespalten worden ist (vgl. jedoch S. 369 und Tabelle 3).

Da bei der obigen Enteiweißung nach FOLIN und WU[1] bisweilen störende Trübungen hinterbleiben, ziehen VELLAS und BRUNEL[2] die Enteiweißung mit Metaphosphorsäure vor. In diesem Falle wäre die Pipettenprobe von 2 ml z.B. mit 0,4 ml Natriummetaphosphat (5%ig) und 0,3 ml 0,67 n H_2SO_4 zu versetzen und mit Wasser auf 5 ml aufzufüllen. Bei der großen Empfindlichkeit der verwendeten Farbreaktion ist in vielen Fällen, besonders bei Verwendung von gereinigtem Enzym, eine Enteiweißung überhaupt entbehrlich; in diesem Falle kann die Bestimmung mit jeweils 0,2 ml des Versuchsansatzes durchgeführt werden.

So konnte bei eigenen orientierenden Versuchen mit dialysiertem oder ammoniumsulfat- bzw. alkoholgefälltem Soja-Enzym (S. 374) auf Enteiweißung verzichtet werden. Auch RO[3] hat bei Verwendung einer Soja-Acetonfällung nicht enteiweißt und auch keine Störung der Farbreaktion durch Protein gefunden. Er verwendet übrigens eine Modifikation der obigen Methode, indem er das Glyoxylsäurephenylhydrazon statt mit Hexacyanoferrat(III) mit 0,5 ml 0,1 m H_2O_2 oxydiert. Hierzu wird in Gegenwart von 1,5 ml rauchender HCl 20 min bei 30° C gehalten; anschließend wird mit 5 ml Amylalkohol ausgeschüttelt und die Lösungsmittelphase photometriert. Ein Vorteil dieses Verfahrens mag darin bestehen, daß auch stärkere Proteintrübungen der Wasserphase die Colorimetrie nicht stören würden; doch dürfte mit dem gleichen Zeitaufwand bei der obigen Methode auch eine Enteiweißung durchgeführt sein.

Gravimetrische Bestimmung der Allantoinase nach BRUNEL[4].

Prinzip:

Das Verfahren basiert auf der Überführung von Allantoinsäure in Dixanthylharnstoff (S. 370). Allantoicase stört nicht, wohl aber Allantoicase + Urease.

Versuchsansatz:

Wie bei der photometrischen Bestimmung (S. 379), jedoch fünffach.

[1] FOLIN, O., and H. WU: J. biol. Ch. **38**, 81 (1919).
[2] VELLAS, F., et A. BRUNEL: Cr. **250**, 2424 (1960).
[3] RO, K.: J. Biochem. **14**, 391, 405 (1932).
[4] BRUNEL, A.: Bull. Soc. Chim. biol. **21**, 380 (1939). — Vgl. auch BRUNEL, A.: Bull. Soc. Chim. biol. **19**, 805, 1027 (1937).

Reagentien:

1. n HCl.
2. 5 n NaOH.
3. Enteiweißungslösung nach TANRET-FOSSE (5,4 g $HgCl_2$, 14,4 g KJ, 66,6 ml Eisessig, Wasser ad 100 ml).
4. Xanthydrol, 10%ig in Methanol*.

Ausführung:

Für eine Bestimmung werden jeweils 10 ml benötigt. Es wird nach Zugabe einiger Tropfen Methylorange mit n HCl eben angesäuert und hierauf noch mit 0,5 ml n HCl versetzt. Es wird 30 min lang im Wasserbad von 60° C gehalten, abgekühlt und mit 5 n NaOH schwach alkalisch gemacht. Man fügt 0,5—1,5 ml Enteiweißungsreagens hinzu, schüttelt und filtriert in einen Meßzylinder; man wäscht dreimal nach, so daß ein Endvolumen von 15—17 ml resultiert. Hierauf wird das doppelte Volumen an Eisessig und $^1/_{20}$ des Filtratvolumens an Xanthydrollösung hinzugefügt und die Mischung 3 Std der Kondensation überlassen. Der Niederschlag von Dixanthylharnstoff wird in einem Glasfiltertiegel abfiltriert und nach dem Trocknen bei 100° C gewogen. Es gilt:

$$\text{mg Allantoinsäure} = \text{mg Dixanthylharnstoff} \times 0{,}2095.$$

Maximal können 44,0 mg Dixanthylharnstoff entsprechend 8,8 mg Allantoinsäure gebildet werden.

Dixanthylharnstoff kann auch nach dem Aufnehmen in 50%iger H_2SO_4 bei 420 mμ photometriert werden. Die früher (Bd. III, S. 1087) gegebene Vorschrift für die Bestimmung von Harnstoff in Blut[1] kann wahrscheinlich mit Vorteil statt der obigen verwendet werden, wenn zwischen Enteiweißung (mit Wolframsäure) und Xanthydrolfällung die oben beschriebene Hydrolyse der Allantoinsäure mit 0,05 n HCl eingeschaltet wird.

Bei der *Allantoicase*-Bestimmung sind wegen der Säureempfindlichkeit des Substrats saure Enteiweißungsmittel zu vermeiden. Nachstehend wird die Enteiweißung mit *Uranylacetat* angewandt[2]; doch kommen sicher auch andere neutrale oder alkalische Verfahren [z.B. mit $Zn(OH)_2$ [3] oder $Cd(OH)_2$ [4]] in Betracht. Bei der sehr empfindlichen photometrischen Bestimmungsmethode kann auf Enteiweißung häufig verzichtet werden (vgl. S. 380).

Photometrische Bestimmung der Allantoicase nach FRANKE *und* DE BOER[5].

Versuchsansatz:

2 ml Enzymlösung.
2 ml 0,025 m Natrium- oder Kalium-allantoinat (= 9,9 bzw. 10,7 mg).
2 ml 0,2 m Phosphatpuffer p_H 7,2.
4 ml Wasser.

Reagentien:

1. Uranylacetat, 1,6%ig.
2. Phenylhydrazin-hydrochlorid, 0,33%ig (täglich frisch zu bereiten).
3. 10 n HCl.
4. Trikalium-hexacyanoferrat, 1,64%ig.

---

* Bei Merck, Schuchardt und Fluka in dieser Form käuflich, bei Fluka und Riedel-de Haën auch in Substanz.

[1] LEE, M. H., and E. M. WIDDOWSON: Biochem. J. **31**, 2035 (1937).
[2] FLORKIN, M., et G. BOSSON: Bull. Soc. Chim. biol. **21**, 665 (1939).
[3] SOMOGYI, M.: J. biol. Ch. **86**, 655 (1930).
[4] FUJITA, A., u. I. IWATAKE: B. Z. **242**, 43 (1931).
[5] FRANKE, W., u. W. DE BOER: unveröffentlicht.

Ausführung:

Man mischt bei einer Temperatur zwischen 25 und 37° C obigen Ansatz, wobei als letztes Allantoinat- oder Enzymlösung zugegeben wird. Sofort ($t = 0$) wird eine Pipettenprobe von 2 ml entnommen, die man mit 1 ml Uranylacetat versetzt, worauf man 5 min schüttelt und 5 min stehenläßt. Man zentrifugiert (filtriert) und bringt die Lösung auf 5,0 ml. Man versetzt 0,5 ml davon mit 0,5 ml Wasser und hält nach Zugabe von 1 ml Phenylhydrazinlösung 5 min im Eisbad. Hierauf wird mit 4 ml gekühlter 10 n HCl und 1 ml Trikaliumhexacyanoferrat-Lösung versetzt, mit Wasser auf 10 ml aufgefüllt und nach 10 min bei 530 mμ photometriert. In dieser Weise wird der Nullwert der Reaktion ermittelt. Analog wird nach bestimmten Inkubationszeiten in weiteren 2 ml-Proben die Zunahme der Extinktion bestimmt. Es wird an Hand einer Eichkurve mit Glyoxylsäuremengen zwischen 0,1 und 1,0 μM ausgewertet. Bei der Einzelbestimmung kann maximal 1 μM Glyoxylsäure gebildet werden.

Im Prinzip ähnlich verfährt VELLAS[1] nach einem von DURAND[2] angegebenen Verfahren (offenbar ohne Enteiweißung). Es wird dort 2 min im Wasserbad von 38° C (statt im Eisbad) gehalten.

Über eine Störung der Allantoicase-Reaktion und ihre Ausschaltung s. S. 370.

Jodometrische Bestimmung der Allantoicase nach FRANKE *und* THIEMANN[3].

Zur Vermeidung hoher Leerwerte empfiehlt sich die Verwendung zum wenigsten *dialysierter* Enzymlösungen (soweit möglich, vgl. Tabelle 3).

Versuchsansatz:

Wie bei der photometrischen Bestimmung (S. 381), jedoch 2,5fach.

Reagentien:

1. Uranylacetat, 1,6 %ig.
2. 0,1 n NaOH.
3. 0,01 n Jodlösung.
4. 0,01 n Thiosulfat.
5. n H_2SO_4.
6. Stärkelösung.

Ausführung:

Man verfährt zunächst, wie oben angegeben, jedoch werden 5 ml-Pipettenproben entnommen und dementsprechend auch die Enteiweißungszusätze auf 2,5 ml erhöht. Von dem Überstand der Enteiweißung versetzt man 5,0 ml mit 5,0 ml 0,01 n Jodlösung und 2,5 ml 0,1 n NaOH und läßt 30 min im Dunkeln stehen. Dann wird mit 0,5 ml n H_2SO_4 versetzt und das verbliebene Jod mit 0,01 n $Na_2S_2O_3$, zuletzt unter Stärkezusatz, zurücktitriert. Nach der Nullwertsprobe werden zu bestimmten Zeiten weitere 5 ml-Proben entnommen. 1 Äquivalent Glyoxylsäure verbraucht 2 Äquivalente Jod. Unter den Versuchsbedingungen können maximal 10,0 μM Glyoxylsäure, entsprechend 2,00 ml 0,01 n $Na_2S_2O_3$, gebildet werden.

Gravimetrische Bestimmung der Allantoicase nach BRUNEL[4,5].

Versuchsansatz:

Wie bei der photometrischen Bestimmung (S. 381), jedoch fünffach.

Reagentien:

Wie bei der gravimetrischen Bestimmung der Allantoinase (S. 380/381).

Ausführung:

Es sind 2 Fälle zu unterscheiden:

---

[1] VELLAS, F.: Cr. **253**, 2262 (1961).
[2] DURAND, G.: Cr. **252**, 3479 (1961).
[3] FRANKE, W., u. A. THIEMANN: Unveröffentlicht.
[4] BRUNEL, A.: Bull. Soc. Chim. biol. **19**, 805 (1937).
[5] BRUNEL, A.: Bull. Soc. Chim. biol. **21**, 380 (1939).

1. Die Enzymlösung enthält reichlich Urease, so daß primär gebildeter Harnstoff in der Versuchszeit praktisch vollständig gespalten wurde. In diesem Falle kann die nicht gespaltene *Allantoinsäure* nach dem früher bei Allantoinase angegebenen Verfahren (S. 381) bestimmt werden[1].

2. Die Enzymlösung ist frei von Urease. In diesem Falle wird der gebildete *Harnstoff* bestimmt[2]. Es gilt wieder das S. 381 geschilderte Verfahren der gravimetrischen Allantoinase-Bestimmung, jedoch unter Weglassung der sauren Hydrolyse. Es wird sofort mit der Enteiweißung begonnen.

Da diese in nur schwach essigsaurer Lösung erfolgt, erscheint sie unbedenklich. Wohl aber erheben sich Bedenken gegen die anschließende rund dreistündige Einwirkung von Xanthydrol in 65%iger Essigsäure. BRUNEL[2] gibt zwar an, daß (negative) enzymfreie Kontrollen mitgelaufen seien, doch fällt auf, daß seine für Fischenzym aufgestellte Aktivitäts-p_H-Kurve viel flacher verläuft als eine neuerdings von VELLAS[3] nach der photometrischen Methode (S. 381/382) erhaltene.

Die im vorausgehenden erwähnten, eigenen Orientierungsversuche wurden mit Unterstützung der *Deutschen Forschungsgemeinschaft* durchgeführt.

3.5.2.6 Penicillin-Amidohydrolase s. S. 210.

3.5.3.1 L-Arginin-Ureohydrolase s. S. 354.

Deaminases of purines, pyrimidines, nucleosides and nucleotides.

By

Hans Weil-Malherbe*.

Introduction.

The enzymes comprising this group catalyse the hydrolytic cleavage of the amino group in aminopurines and aminopyrimidines. Most of these enzymes possess a high degree of specificity, not only with regard to the particular purine or pyrimidine base, but also depending on whether the substrate is present in the form of the free base, or in combined form as a nucleoside or nucleotide.

Adenine (I), guanine (II) and cytosine (III) are predominant among the naturally occurring amino-purines and -pyrimidines. They are constituents of both ribo- and deoxyribonucleic acids. Small amounts of several other amino-bases have been found in nucleic acids of various origin, such as 5-methylcytosine[4], 5-hydroxymethylcytosine[5], 2-methyladenine[6], 6-methylaminopurine[6,7] and 6-dimethylaminopurine[6,8]. Little is known about their deamination either in free or combined form.

---

* Clinical Neuropharmacology Research Center, St. Elisabeths Hospital, Washington.

[1] BRUNEL, A.: Bull. Soc. Chim. biol. 21, 380 (1939).
[2] BRUNEL, AL.: Bull. Soc. Chim. biol. 19, 805 (1937).
[3] VELLAS, F.: Cr. 253, 2262 (1961).
[4] WYATT, G. R.: Biochem. J. 48, 584 (1951).
[5] WYATT, G. R., and S. S. COHEN: Biochem. J. 55, 774 (1953).
[6] LITTLEFIELD, J. W., and D. B. DUNN: Biochem. J. 70, 642 (1958).
[7] DUNN, D. B., and J. D. SMITH: Biochem. J. 68, 627 (1958).
[8] WALLER, C. W., P. W. FRYTH, B. L. HUTCHINGS and J. H. WILLIAMS: Am. Soc. 75, 2025 (1953).

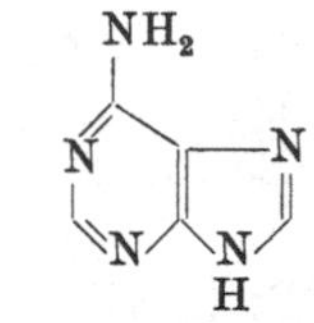

I 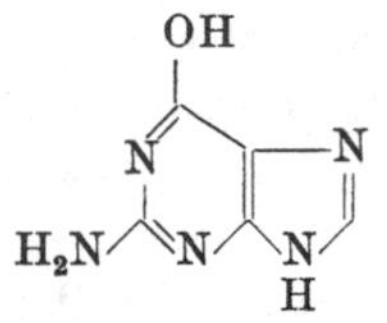 II 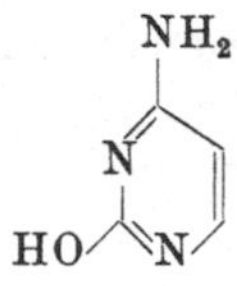 III

When the deamination of a nucleotide or nucleoside is observed the question usually arises whether the action is due to the combined action of nucleotidase and/or nucleosidase and deaminase or whether deamination occurs without prior hydrolysis of the ester or glycosidic bond. A decision is sometimes possible by comparing the rate of deamination with the speed at which the phosphate ester- or N-glycoside-bonds are split, particularly after the addition of specific inhibitors of these latter reactions, but for rigorous proof the isolation and purification of the deaminating enzyme is usually required.

General methods of assay.

Deaminase activity may be measured (a) by following the rate of ammonia formation, (b) by spectrophotometric observations and (c) by the determination of the product of deamination, preferably coupled with the determination of the residual amino-base.

The estimation of the ammonia liberated is the oldest and simplest method. It is subject to few possibilities of error and these can be guarded against by suitable controls. Ammonia formation from sources other than the substrate under investigation may be allowed for by a control without substrate. Ammonia utilization is usually negligible in unfortified tissue extracts or homogenates; it, too, may be tested in a sample to which a small amount of an ammonium salt but no substrate has been added. The estimation of ammonia is carried out in a suitable aliquot after deproteinisation and filtration; for technical details see Vol. III, p. 11—19.

The evolution of ammonia may be followed manometrically if the reaction is allowed to proceed in a bicarbonate-carbon dioxide buffer in the Warburg apparatus[1-3]. The increase in basicity upon the conversion of the amino group into the ammonium ion results in the absorption of close to 1 equivalent of CO_2. Small corrections are necessary for the undissociated part of ammonia ($pK=9.26$) which does not absorb CO_2, and, on the other hand, for the acidity of the hydroxyl group formed by deamination. Since the pK of inosine $= 8.75$, 0.07 equivalents of CO_2 are liberated at p_H 7.62 for each equivalent of adenosine deaminated[1]. To avoid complications due to absorption of oxygen the manometer should be filled with purified nitrogen containing the requisite concentration of CO_2. The manometric method is useful for the kinetic study of the deamination reaction in a turbid medium.

The spectrophotometric methods, introduced by KALCKAR[4], are based on the difference in the absorption spectra of the amino-base and the deaminated product. On a molar basis the absorption change, at any given wave length, is the same for adenosine and adenosine phosphates[5]. Data for the changes of absorption are given in Table 1.

From the values for the molar extinction coefficients of adenylic and inosinic acids at 240 and 265 mμ the following equations were derived by SMILLIE[6]:

$$10^4\,[\mathrm{IMP}] = 1.29\,D_{240} - 0.58\,D_{265}$$

$$10^4\,[\mathrm{AMP}] = 0.98\,D_{265} - 0.53\,D_{240}$$

---

[1] ZITTLE, C. A.: J. biol. Ch. **166**, 499 (1946).
[2] WEIL-MALHERBE, H., and A. D. BONE: Biochem. J. **49**, 339 (1951).
[3] TERNER, D.: Biochem. J. **64**, 523 (1956).
[4] KALCKAR, H. M.: J. biol. Ch. **167**, 429, 445, 461 (1947).
[5] ALBAUM, H. G., and R. LIPSHITZ: Arch. Biochem. **27**, 102 (1950).
[6] SMILLIE, R. M.: Arch. Biochem. **67**, 213 (1957).

Table 1. *Changes of molecular absorption coefficients (ε).*

Substrate	Reaction	Wave length (mμ)	$\Delta\varepsilon \times 10^{-3}$	Percent change	pH	Derivation	Ref.
Adenine . .	Deamination	265	−6.2	−51.5	6—7	Calculated*	1
		260	−5.1	−39	7.0		
		240	+2.5	+20.8			
Adenine . .	Deamination followed by oxidation to uric acid	290	+12.0	∼+6000	7.0	Observed	2
Adenosine .	Deamination	265	−8.1	−60.0	6—6.4	Calculated*	1
		240	+4.2	+31.1			
Adenosine .	Deamination	265	−7.7		7.0	Observed	3
		240	+5.5				
Adenosine and Adenylic Acid	Deamination	265	−7.9		6.0	Observed	4
		240	+4.3				
Guanine . .	Deamination	245	−5.9	−57.5	7.0	Observed	5
Guanosine .	Deamination	245	−2.4	−19.9	6—8	Calculated*	1
Guanine . .	Deamination, followed by oxidation to uric acid	290	+7.25	+147	∼8	Observed	4
		270	−3.8	−48.8			
Cytidine . .	Deamination	282	−3.3	−55	7.8	Observed	6
		282	−3.4	−55	7.2	Calculated*	1
Deoxy-5′-cytidylic acid	Deamination	250	+4.6		7.2	Observed	7
		280	−8.6				
5-Methyl-deoxy-5′-cytidylic acid . . .	Deamination	260	+5.2		7.2	Observed	7
		290	−9.1				

* Calculated from the curves of Beaven, Holiday and Johnson[1].

where [IMP] stands for the molar concentration of inosinic acid and inosine and [AMP] for that of total adenosine phosphates+adenosine. D_{240} and D_{265} signify optical densities at 240 and 265 mμ, respectively. These equations are useful as controls of the results obtained by the observation of density changes.

The deamination of guanine and guanosine may be followed by observing the decrease of absorption at 245 mμ. According to Roush and Norris[5] the change amounts to almost 60%; however, from the curves of Beaven et al.[1] a change of only about 20% is calculated (Table 1). Kalckar[4] recommended the addition of purified xanthine oxidase to the reaction mixture. Guanine is thereby converted into uric acid, resulting in a large increase of optical density at 290 mμ (147%) and a smaller decrease at 270 mμ (Table 1). If the method is employed in work with crude tissue preparations the absence of uricase activity has to be ascertained. If uricase is present the reaction may be followed at 270 mμ where the optical density change is unaffected by the action of uricase.

If the enzyme preparation is sufficiently purified, free from turbidity and having a low background absorption in relation to the observed density changes, then the optical method may be applied directly to the mixture. This is a very convenient way of following the kinetics of the reaction. If these conditions are not satisfied, the solutions have to be deproteinized with 2—3% of perchloric acid. Trichloroacetic acid is unsuitable owing to its absorption in the spectral region at which the measurements are performed. A moderate degree of optical impurity is not necessarily an obstacle to the direct observation of density changes. Changes in turbidity during the course of the reaction may be checked

[1] Beaven, G. H., E. R. Holiday and E. A. Johnson: Chargaff-Davidson, Nucleic Acids, Vol. I, p. 493.
[2] Heppel, L. A., J. Hurwitz and B. L. Horecker: Am. Soc. 79, 630 (1957).
[3] Mitchell, H. K., and W. D. McElroy: Arch. Biochem. 10, 343 (1946).
[4] Kalckar, H. M.: J. biol. Ch. 167, 429, 445, 461 (1947).
[5] Roush, A., and E. J. Norris: Arch. Biochem. 29, 124 (1950).
[6] Wang, T. P., H. Z. Sable and J. O. Lampen: J. biol. Ch. 184, 17 (1950).
[7] Scarano, E.: J. biol. Ch. 235, 706 (1960).

at a wave length remote from the absorption band of the purines or pyrimidines investigated, e.g. at 320 mμ.

Finally, the determination or isolation of the reaction product may be desirable for establishing reaction mechanisms or for preparative purposes. In addition to the classical methods of fractionation ion exchange chromatography, paper chromatography and paper electrophoresis have been employed in more recent work[1-14]. Paper chromatography is particularly useful for the detection of weak enzyme activities in crude extracts or for work on a microscale: KREAM and CHARGAFF[9] developed a method in which deaminase and substrate are jointly deposited on a sheet of chromatography paper; after a period of incubation in a moist chamber the reaction is stopped by heating at 100° and the paper irrigated with a suitable solvent.

Description of the different enzymes.

In accordance with the scope of the Handbuch emphasis is laid on enzymes of animal origin. However, in view of its potential value as an analytical tool, a bacterial adenase has been included; an unspecific adenyl deaminase of fungal origin has also been described because of its usefulness for the preparation of deaminated derivatives of adenine nucleotides.

Adenase.

[3.5.4.2 Adenine aminohydrolase (Adenine deaminase).]

This enzyme which converts adenine into hypoxanthine and ammonia has been found in bacteria[9, 14-16] yeast[17] and in the tissues of molluscs[18], crustaceans[19] and insects[20]. A weak adenase activity has been found in the blood of the fowl[21] and rat[22], but does not seem to occur elsewhere in vertebrate tissues.

***Preparation of adenase from azotobacter Vinelandii according to* HEPPEL *and coll.*[14].**

One part cells (for culture and harvesting see [23]) is ground with 2 parts (*w/w*) alumina for about 10 min and the paste diluted with 4 parts* (*w/v*) water. The mixture is centrifuged for 10 min at 13000×g and the residue washed with 2 parts* (*w/v*) water. Subsequent steps are at 0—2° C. The combined supernatant fluids are diluted with an equal volume of water and treated with 0.04 vol. of protamine sulfate solution (Nutritional Biochemicals Corp., Cleveland 28, Ohio, USA; 20 mg/ml in 0.2 M acetate buffer, p_H 5.0). After centrifuging the supernatant solution is mixed with 0.4775 parts (*w/v*) of solid ammonium

* Relative to the original weight of cells.

1 SMILLIE, R. M.: Arch. Biochem. **67**, 213 (1957).
2 DEUTSCH, A., and R. NILSSON: Acta chem. scand. **8**, 1898 (1954).
3 WEBSTER, H. L.: Nature **172**, 453 (1953).
4 MUNTZ, J. A.: J. biol. Ch. **201**, 221 (1953).
5 WEIL-MALHERBE, H., and R. H. GREEN: Biochem. J. **61**, 218 (1955).
6 MENDICINO, J., and J. A. MUNTZ: J. biol. Ch. **233**, 178 (1958).
7 BENDALL, J. R., and C. L. DAVEY: Biochim. biophys. Acta **26**, 93 (1957).
8 CERLETTI, P., P. L. IPATA and G. TANCREDI: Biochim. biophys. Acta, **34**, 539 (1959).
9 KREAM, J., and E. CHARGAFF: Am. Soc. **74**, 4274 (1952).
10 ROBERTS, D. W. A.: J. biol. Ch. **222**, 259 (1956).
11 RABINOWITZ, J. C., and H. A. BARKER: J. biol. Ch. **218**, 161 (1956).
12 SCARANO, E.: Biochim. biophys. Acta **29**, 459 (1958).
13 SCARANO, E., and R. MAGGIO: Arch. Biochem. **79**, 392 (1959).
14 HEPPEL, L. A., J. HURWITZ and B. L. HORECKER: Am. Soc. **79**, 630 (1957).
15 LUTWAK-MANN, C.: Biochem. J. **30**, 1405 (1936).
16 FRANKE, W., u. G. E. HAHN: H. **301**, 90 (1955).
17 ROUSH, A. H.: Arch. Biochem. **50**, 510 (1954).
18 DUCHATEAU, G., M. FLORKIN et G. FRAPPEZ: C. R. Soc. Biol. **133**, 433 (1940).
19 DUCHATEAU, G., M. FLORKIN et G. FRAPPEZ: C. R. Soc. Biol. **133**, 274 (1940).
20 DUCHATEAU, G., M. FLORKIN et G. FRAPPEZ: C. R. Soc. Biol. **133**, 436 (1940).
21 CONWAY, E. J., and R. COOKE: Biochem. J. **33**, 457 (1939).
22 BLAUCH, M. B., F. C. KOCH and M. E. HANKE: J. biol. Ch. **130**, 471 (1939).
23 GRUNBERG-MANAGO, M., P. J. ORTIZ and S. OCHOA: Biochim. biophys. Acta **20**, 269 (1956).

sulfate. The precipitate is spun off and dissolved in about 10 volumes of water. The solution is warmed to 55° C over a period of 2 min and held at this temperature for 5 min. Denatured protein is removed by centrifugation and washed with water.

The enzyme solution is now diluted to a protein concentration of 1.5 mg/ml and an equal volume of acetone (cooled to −10° C) added rapidly. The mixture is centrifuged for 3 min at 13000×g. The supernatant solution is mixed with 0.667 volumes of acetone, the precipitate collected and dissolved in water. The resulting solution is treated with 0.667 volumes of saturated ammonium sulfate solution (p_H 7.4). The precipitate is discarded and 0.725 volumes of saturated ammonium sulfate added to the supernatant solution. The precipitate which contains the purified enzyme is dissolved in water.

The procedure may be interrupted after the heating step and the heated fraction stored for weeks at −15° C.

The overall purification is 35-fold with a 50% yield.

***Assay of adenase according to* Heppel *and coll.*[1].**

Reagents:

1. 0,1 M potassium phosphate buffer, p_H 7.0.
2. 0.01 M adenine sulfate.
3. Enzyme solution.

Procedure:

The incubation mixture contains 0.07 ml of 0.1 M potassium phosphate buffer, p_H 7.0, 0.04 ml of 0.01 M adenine sulfate, enzyme and water to a total volume of 0.2 ml. After 15 min at 37.5° C the mixture is diluted to 3.0 ml with 0.03 M potassium phosphate buffer, p_H 7.0, and the optical density at 260 mμ read in a spectrophotometer. Allowance is made for the absorptions observed in a control containing substrate and buffer and in one containing enzyme and buffer.

A unit of activity is defined as that amount of enzyme which catalyses the deamination of 1 μmole of adenine per hour.

Properties. *Specificity.* The enzyme is specific for adenine. The following compounds are not deaminated: guanine, cytosine, guanosine, cytidine, adenosine, adenosine 2′-phosphate, adenosine 3′-phosphate, adenosine-2′,3′-phosphate, adenosine 5′-phosphate, adenosine 5′-diphosphate, adenosine 5′-triphosphate and guanosine 5′-phosphate. Hypoxanthine oxidase activity is also absent.

p_H-*Optimum.* Broad, from 6.7 to 7.7.

Michaelis constant. Less than 10^{-6} mole/litre.

Inhibitors. 0.01 M $MnCl_2$ causes nearly complete inhibition. The reaction rate is not affected by the presence of guanine, cytosine or uracil.

Application. This is the only enzyme preparation which deaminates adenine without attacking guanine. As pointed out by Heppel et al.[1] it should therefore be useful for the quantitative microestimation of adenine in a nucleotide hydrolysate. If adenine is converted to uric acid by the combined action of adenase and xanthine oxidase the resulting change in optical density is sufficiently large to allow the estimation of 0.7 μg adenine with an accuracy of 10%.

Unspecific adenyl deaminase from takadiastase[2-4].

***Preparation of unspecific adenyl deaminase from takadiastase according to* Kaplan[4].**

Step 1. One hundred grams of takadiastase (obtainable from Parke, Davis and Co.) is suspended in 2 l of water and 200 g of permutit is added. The mixture is centrifuged

[1] Heppel, L. A., J. Hurwitz and B. L. Horecker: Am. Soc. 79, 630 (1957).
[2] Mitchell, H. K., and W. D. McElroy: Arch. Biochem. 10, 351 (1946).
[3] Kaplan, N. O., S. P. Colowick and M. M. Ciotti: J. biol. Ch. 194, 579 (1952).
[4] Kaplan, N. O.: Colowick-Kaplan, Meth. Enzymol., Vol. II, 475.

and the precipitate washed with 300 ml of water. Ethanol is added at 0° C to the combined supernatants to a concentration of 33% (*v*/*v*). After centrifuging off the inactive precipitate the concentration of ethanol is increased to 65%. The mixture is left for 30 min and centrifuged at 0° C. The precipitate is dissolved in 500 ml water. The solution is now passed through a layer of a mixture of 60 g of charcoal and 60 g of permutit and washed through with 250 ml of water. Step 1 results in an 8-fold purification and a recovery of 43%.

Step 2. Acetone is added to the solution from Step 1 at 0° C to a concentration of 23% (*v*/*v*). The inactive precipitate is discarded and the activity is precipitated by increasing the concentration of acetone to 40%. The precipitate is dissolved in 100 ml water.

Purification 55 fold. Yield 13.5%.

Step 3. Ethanol is added to the solution from Step 2 to 10% at 0° C. The inactive precipitate is removed. Cooling to −12° C produces a further precipitation containing the enzyme. The precipitate is dissolved in 25 ml of 0.1 M phosphate buffer, p_H 6.8. Purification 150 fold. Yield 6.2%.

Step 4. Further purification (about 280 fold) is obtained by fractionation with ammonium sulfate between 70 and 100% saturation. The yield however, is low (1.5%). This step removes phosphatase which still contaminates the product obtained in Step 3.

Assay of unspecific adenyl deaminase according to Kaplan *and coll.*[1].

Reagents:

1. 0.1 M phosphate buffer, p_H 6.8.
2. 0.004 M adenosine.
3. Enzyme solution in phosphate buffer.

Procedure:

To 3 ml of phosphate buffer add 0.05 ml of adenosine solution. Start the reaction by the addition of approximately 20 units of enzyme.

The reaction is followed by observing the absorption at 265 mμ, either directly, or, if the sample is turbid or pigmented, after deproteinisation.

A unit of activity corresponds to a change in optical density of 0.010 in the interval from 15 to 120 seconds after the addition of enzyme.

Properties. *Specificity.* The enzyme has a wide range of specificity and deaminates adenosine, adenosine 5′-phosphate, adenosine 3′-phosphate, ATP, ADP, oxidized and reduced DPN, and adenosine diphosphate-ribose at rates decreasing in that order. Adenine, TPN, adenosine 2′-phosphate and adenosine 2′,5′-diphosphate do not react.

p_H-*Optimum.* The enzyme has a broad optimum in phosphate buffer between p_H 5 and 8. In succinate buffer a sharp optimum is observed at p_H 6.3.

Michaelis constants. The following values for K_M (in $M \times 10^{-3}$) were reported by Kaplan et al.[1]: adenosine 0.6, ADP 0.7, adenosine 5′-phosphate 0.8, ATP 1.2, adenosine-diphosphate-ribose 1.5, adenosine 3′-phosphate 1.7, DPN 1.8.

Activation energy. $\mu = 12000$ cal/mole[2].

Heat of denaturation. $\Delta H = 75000$ cal/mole[2].

Application. For the preparation of desamino-DPN, inosine triphosphate, inosine 3′-phosphate, etc.[1].

Animal adenosine deaminase.

[3.5.4.4 Adenosine aminohydrolase.]

Occurrence. Adenosine deaminase is widely distributed in animal tissues. Among 36 tissues of the rabbit examined by Conway and Cooke[3] the enzyme was absent only

[1] Kaplan, N. O., S. P. Colowick and M. M. Ciotti: J. biol. Ch. **194**, 579 (1952).
[2] Mitchell, H. K., and W. D. McElroy: Arch. Biochem. **10**, 351 (1946).
[3] Conway, E. J., and R. Cooke: Biochem. J. **33**, 479 (1939).

in skin and bone. The highest concentrations were found in the appendix and the jejunum with activities of 60 and 53 units/g, respectively (1 unit = 1 μg N/min).

Adenosine deaminase is contained in the cytoplasmic fraction and to some extent in the cell nucleus, though it is easily washed out of liver cell nuclei by an aqueous sucrose medium[1-4].

Both blood and plasma have adenosine deaminase activity. According to CONWAY and COOKE[5] only adenosine out of 51 substances tested gave rise to ammonia formation when incubated with mammalian blood. These authors assume that the formation of ammonia which is observed in shed blood is largely due to the deamination of adenosine. Elevated levels of adenosine deaminase have been reported in the plasma of cancer patients[6,7].

Preparation. The preparation of intestinal phosphatase obtained by the method of SCHMIDT and THANNHAUSER[8] (see also Vol. III, p. 533) is rich in adenosine deaminase. It is therefore a convenient starting material. If the enzyme is to be used for the estimation of adenosine in the presence of adenine nucleotides phosphatase activity has to be eliminated. KORNBERG and PRICER[9] use a 1 % (w/v) solution of Armour intestinal phosphatase in 0.02 M ammonium acetate, p_H 8.0, dialysed against 0.04 M sodium acetate for 3 hours at 2° C. The preparation can be stored at − 15° C. When tested in the presence of 0.05 M phosphate buffer, p_H 7.4, the deamination of adenosine is rapid, while phosphatase activity is not detectable. The same result, according to ZITTLE[10], is obtained if the reaction is carried out at p_H 5.9.

Since many phosphatases, 5′-nucleotidase among others, are activated by traces of magnesium ions, the addition of a chelating agent, e.g. ethylenediaminetetraacetate, may also be advisable.

Separation of the deaminase from phosphatases was achieved by KALCKAR[11] who made use of the greater affinity of the former to aluminum hydroxide. The adsorption of impurities by this reagent is one of the final steps in the preparation of intestinal phosphatase (cf. Vol. III, p. 533). After dissolving the second ammonium sulfate precipitate and dialysing, KALCKAR adds 0.1 vol. alumina cream, containing 25 mg $Al(OH)_3$/ml; the mixture is stirred for 10 min and centrifuged. A further amount of 0.05 vol. of alumina cream is stirred with the supernatant. The two precipitates are combined, eluted with 0.2 M phosphate buffer, p_H 8, and dialysed for 24 hours against 0.02 M ammonium acetate, p_H 8.

Assay of adenosine deaminase. Spectrophotometric method of **KALCKAR**[11]**.**

Reagents:

1. 0.5 M stock solution of glycylglycine buffer, p_H 7.6. Dissolve 26.4 g glycylglycine in 300 ml, add 2 N NaOH to p_H 7.6, dilute to 400 ml.
2. 0,05 M glycylglycine buffer, p_H 7.6.
3. 0.05 M phosphate buffer, p_H 7.6.
4. Substrate solution: 12 μg adenosine per ml of 0.05 M buffer, p_H 7.6 (glycylglycine or phosphate).

---

[1] SMILLIE, R. M.: Arch. Biochem. **67**, 213 (1957).
[2] STERN, H., V. ALLFREY, A. E. MIRSKY and H. SAETREN: J. gen. Physiol. **35**, 559 (1952).
[3] STERN, H., and A. E. MIRSKY: J. gen. Physiol. **37**, 177 (1953).
[4] JORDAN, W. K., R. MARCH, O. B. HOUCHIN and E. POPP: J. Neurochem. **4**, 170 (1959).
[5] CONWAY, E. J., and R. COOKE: Biochem. J. **33**, 457 (1939).
[6] STRAUB, F. B., O. STEPHANECK and G. ACS: Biochimija, Moskva **22**, 111 (1957).
[7] SCHWARTZ, M. K., and O. BODANSKY: Proc. Soc. exp. Biol. Med. **101**, 560 (1959).
[8] SCHMIDT, G., and S. J. THANNHAUSER: J. biol. Ch. **149**, 369 (1943).
[9] KORNBERG, A., and W. E. PRICER jr.: J. biol. Ch. **193**, 481 (1951).
[10] ZITTLE, C. A.: J. biol. Ch. **166**, 499 (1946).
[11] KALCKAR, H. M.: J. biol. Ch. **167**, 429, 445, 461 (1947).

5. Enzyme: 0.6 μg protein per ml.

The change of density at 265 mμ is observed.

One unit of activity has been defined by BRADY[1] to equal 1 mg NH_3-N liberated per minute at 18° C; this unit is 1000 times as great as the unit used by CONWAY and COOKE[2].

***Assay of serum adenosine deaminase according to* SCHWARTZ *and* BODANSKY[3].**

Reagents:

1. 0.014 M adenosine (0.374 g/100 ml).
2. 1.33 M phosphate buffer, p_H 7.8.

Procedure:

To 2 ml serum are added 0.9 ml of adenosine solution and 0.1 ml of phosphate buffer. The mixture is incubated for 1 hour at 37° C and the ammonia released determined by nesslerization. One unit of activity is defined as equal to 1 μg of NH_3-N liberated per hour. The mean value for normal persons was found to be 10.5 ± 2.1 units/ml.

Properties. *Specificity.* Deoxyadenosine is deaminated at the same rate as adenosine by the purified enzyme from calf intestinal mucosa, but at only 50 % of that rate by fresh rabbit tissues[1]. Simultaneous addition of both substrates does not result in a summation of ammonia production suggesting that only one enzyme is involved[1]. No other nucleoside has been found to serve as a substrate for the enzyme.

p_H-Optimum. Maximum activity is found at p_H 7.0; the p_H-activity curve shows a broad plateau on both sides of the maximum[4].

Inhibitors. The enzyme is sensitive to heavy metals[1]. Silver ions, at 4×10^{-7} M, cause 50 % inhibition[4].

Although the formation of ammonia in shed blood is markedly inhibited by carbonic acid[5, 6], adenosine deaminase activity is not affected by this agent[2, 7]; on the other hand, silver ions which strongly inhibit adenosine deaminase do not suppress ammonia evolution in blood[8]. It is doubtful, therefore, whether the ammonia formation in shed blood may be attributed to this enzyme.

Adenylic deaminases.

[**3.5.4.6** Adenosine monophosphate aminohydrolase.]

Occurrence. An enzyme which converts adenosine 5′-phosphate (muscle adenylic acid, AMP) into inosinic acid (IMP) and ammonia has been found in muscle, brain, peripheral nerve, the auricle of the heart, red blood cells[2], mammary tissue[9], spleen, liver and kidney[10]. Skeletal muscle possesses by far the highest activity, 1145 units/g (1 unit = 1 μg N/min), compared with 108 units/g in diaphragm and 16 units/g in cerebral cortex (rabbit tissues[5]). Very low concentrations are present in the muscle of stomach and heart[5]; none has been found in locust muscle[11].

The adenylic deaminase of skeletal muscle is closely associated with myosin and even crystalline myosin has an adenylic deaminase activity which is at least equal to its adenosine triphosphatase activity. This association is probably merely a consequence of the similarity in the solubilities of the two proteins, rather than the result of their chemical combination.

[1] BRADY, T.: Biochem. J. **36**, 478 (1942).
[2] CONWAY, E. J., and R. COOKE: Biochem. J. **33**, 479 (1939).
[3] SCHWARTZ, M. K., and O. BODANSKY: Proc. Soc. exp. Biol. Med. **101**, 560 (1959).
[4] ZITTLE, C. A.: J. biol. Ch. **166**, 499 (1946).
[5] CONWAY, E. J., and R. COOKE: Biochem. J. **33**, 457 (1939).
[6] NATHAN, D. G., and F. L. RODKEY: J. Lab. clin. Med. **49**, 779 (1957).
[7] KALCKAR, H. M.: J. biol. Ch. **167**, 429, 445, 461 (1947).
[8] WHITE, L. P., E. A. PHEAR, W. H. J. SUMMERSKILL and S. SHERLOCK: J. clin. Invest. **34**, 158 (1955).
[9] TERNER, D.: Biochem. J. **64**, 523 (1956).
[10] WAKABAYASI, Y.: J. Biochem. **29**, 247 (1939).
[11] GILMOUR, D., and J. H. CALABY: Enzymologia **16**, 23 (1953).

or even their identity. Although 40—50% of the total deaminase activity of rabbit psoas remains firmly associated with the myofibrillar fraction upon homogenizing in 0.25 M sucrose, in pigeon breast muscle only 10% of the deaminase activity is found in this fraction and myosin prepared from pigeon breast muscle has little or no deaminase activity[1]. Although adenylic deaminase cannot be removed from myofibril suspensions by extensive washing, the addition of ATP which causes the fibrils to contract also leads to the appearance of adenylic deaminase in the suspension medium. The release is however only partial[2].

In brain[3-5] and peripheral nerve[6] the enzyme is associated with particulate structures, probably largely mitochondria. Microsomes prepared from muscle, brain, kidney, liver and peripheral nerve of the rat were also found to contain the enzyme[7]. FONNESU and DAVIES[8], however, found no activity in liver mitochondria.

According to WAKABAYASI[9] tissues of the rabbit and cat contain a deaminase which acts on adenosine 3′-phosphate without prior hydrolysis of the phosphate ester bond. He found that in homogenates of spleen, kidney and liver, with yeast adenylic acid as substrate, the liberation of ammonia far exceeded that of inorganic phosphate. Treatment of the crude enzyme extract with Lloyd's reagent removed most of the phosphatase activity, while leaving 70% or more of the deaminase in solution.

***Preparation of crystalline 5′-adenylic deaminase from rabbit muscle according to* LEE[10].**

This enzyme, first described by SCHMIDT[11] has been obtained in crystalline form by LEE[10].

Extraction of muscle. The back and leg muscles are excised and chilled in ice. The muscle is passed through a chilled meat chopper and then homogenized for 1 min in a Waring blendor with 3.5 volumes of a solution containing 0.3 M KCl, 0.09 M KH_2PO_4 and 0.06 M K_2HPO_4, at p_H 6.5. The deaminase is extracted with efficient stirring at 3° C for 1 hour and centrifuged at 1500×g for 30 min. The residue is reextracted with 2 vol. of the same buffer for 1 hour at 3° C. The combined extracts are passed through two layers of cheesecloth to remove the lipid layer.

Low salt fractionation. The extract is diluted with 9 volumes of chilled water with stirring over 15 min at 3° C and stirring is continued for 10 min more. The suspension is centrifuged (Sharpless Centrifuge) or, alternatively, is allowed to stand in the cold room overnight and the clear supernatant fluid is syphoned off and the lower layer centrifuged. The residue is dissolved in 0.5 M KCl (usually about 200 ml/100 g of original ground muscle), and the protein concentration adjusted to 1.5% by addition of 0.5 M KCl.

Heat fractionation. The resulting viscous cloudy solution is brought to 0.02 M $MgCl_2$ by the addition of 1 M $MgCl_2$ solution and the p_H of the solution adjusted to 6.8 with 1 M K_2HPO_4 solution. 1000 ml portions of this solution, efficiently stirred, are heated in a 2 liter stainless steel beaker to 50±1° C by running warm water (57±2° C). This requires about 3 min. The suspension is maintained at 50±1° C for 2 min and then chilled in a −10° C alcohol bath until the temperature drops to 3° C. The denatured protein is centrifuged at 1500×g for 30 min. The precipitate is suspended in 0.5 M KCl solution

[1] PERRY, S. V.: Physiol. Rev. **36**, 1 (1956).
[2] GREEN, I., I. R. C. BROWN and W. F. H. M. MOMMAERTS: J. biol. Ch. **205**, 493 (1953).
[3] SMILLIE, R. M.: Arch. Biochem. **67**, 213 (1957).
[4] JORDAN, W. K., R. MARCH, O. B. HOUCHIN and E. POPP: J. Neurochem. **4**, 170 (1959).
[5] WEIL-MALHERBE, H., and R. H. GREEN: Biochem. J. **61**, 210 (1955).
[6] ABOOD, L. G., and R. W. GERARD: J. cellul. comp. Physiol. **43**, 379 (1954).
[7] ABOOD, L. G., and L. ROMANCHEK: Exp. Cell Res. **8**, 459 (1955).
[8] FONNESU, A., and R. E. DAVIES: Biochem. J. **64**, 769 (1956).
[9] WAKABAYASI, Y.: J. Biochem. **29**, 247 (1939).
[10] LEE, Y.-P.: J. biol. Ch. **227**, 987 (1957).
[11] SCHMIDT, G.: H. **179**, 243 (1928); **208**, 185 (1932); **219**, 191 (1933).

(100 ml per 100 g of original ground muscle) and then heated to 45° C. The coagulated elastic protein is quickly filtered through one layer of cheesecloth. The supernatant fluid and filtrate are combined.

Ethanol fractionation. The p_H of the combined cloudy solution is adjusted to 6.5 with 0.5 N acetic acid and chilled to — 2° C in a — 10° C bath. 95% ethanol is slowly added to 7% (*v/v*) at such a rate that a temperature of — 2° C is maintained. The suspension is centrifuged at 1500×g at — 2° C for 30 min. The supernatant liquid is filtered through a thin layer of Celite on a Buchner funnel under mild suction. The precipitate is again centrifuged at 19000×g for 10 min. The slightly opalescent filtrate and the supernatant liquid are combined and brought to 23% (*v/v*) with 95% ethanol at — 5° C at such a rate that the temperature stays at — 5° C in a — 10° C bath. After the temperature has dropped to — 10° C, the suspension is centrifuged at 1500×g at — 10° C for 30 min. The precipitate is dissolved in 0.5 M KCl (about 20 ml per 100 g of original ground muscle), to give a protein concentration of about 0.5%.

Ammonium sulfate fractionation. Most of the deaminase activity is obtained between 1.26 and 2.26 M ammonium sulfate by the addition of solid ammonium sulfate at p_H 6.5 and 3° C. The precipitate, collected by centrifugation, is dissolved in 0.5 M KCl (about 10 ml/100 g of original ground muscle) to give a protein concentration of about 0.5%.

Low salt fractionation. The ammonium sulfate fraction is adjusted to p_H 6.5 and dialysed against 10 volumes of 0.02 M KCl solution with stirring at 3° C for 8 hours. The precipitate is dissolved in 0.5 M KCl (about 5 ml/100 g of original ground muscle) to give a protein concentration of 0.5%.

Calcium phosphate gel fractionation. Two ml of calcium phosphate gel (prepared according to KEILIN and HARTREE[1]), containing 20 mg of dry weight/ml, is added to each 10 ml of the low salt fraction. The suspension is adjusted to p_H 6.5 with 0.5 N acetic acid, stirred for 30 min at 3° C and centrifuged. If all of the enzyme has not been adsorbed, successive small amounts of Ca phosphate gel (0.3 ml of gel suspension per 10 ml of initial solution) are added and collected by centrifugation. Each of the gel fractions is washed individually with 0.3 M KCl solution (equal to the volume of the gel suspension added) and then eluted twice with 0.08 M K_2HPO_4, p_H 8.5 (half volume of the gel suspension which was added), at 3° C for 2 hours in each elution. The combined residues are eluted with 0.1 M K_2HPO_4, p_H 8.5, overnight.

Crystalline deaminase. The eluates of high specific activity (more than 4000 units per mg; see assay) are pooled and the p_H of the clear solution adjusted to 8.0. The solution is chilled to — 3° C in a — 10° C bath and 0.15 volume of 95% ethanol is added slowly with mild stirring. After the temperature has been allowed to drop to — 8° C, the suspension is centrifuged at 19000×g at — 8° C for 10 min. A small amount of 0.5 M KCl solution is added to the resulting precipitate to make a saturated protein solution at room temperature (22 ± 2° C). This clear viscous solution is cooled very slowly with mild stirring. Crystals start to form during cooling. After standing at 0° C overnight crystals are collected by centrifugation and then washed with 2 volumes of 0.1 M KCl solution. The packed crystals are stored at 0° C. More crystals can be obtained from the mother liquid, the 0.15 volume ethanol supernatant fraction and the Ca phosphate gel eluates of lower specific activity by repeating the fractionation with ethanol described in this step. The results of a fractionation are summarized in Table 2. The overall purification is about 800-fold after correcting for inhibition by the phosphate present in the initial KCl potassium phosphate muscle extract.

Assay method[2,3]. Enzyme activity is measured by the spectrophotometric method. The reaction mixture contains 4.5×10^{-5} M 5′-adenylic acid, 0.1 M succinate buffer,

[1] KEILIN, D., and E. F. HARTREE: Proc. R. Soc. London (B) **124**, 397 (1937—38).
[2] LEE, Y.-P.: J. biol. Ch. **227**, 993 (1957).
[3] LEE, Y.-P.: J. biol. Ch. **227**, 999 (1957).

Table 2. *Purification of 5'-adenylic deaminase.*
(3 kg of rabbit skeletal muscle.)

Fraction No.		Total Protein mg	Total Units	Units per mg	Purification	Yield %
1	Muscle extract	340000	3730000	11*	1	(100)
2	Low Salt ppt.	168000	3360000	20	1.8	90
3	Heat-treated fraction	49500	2470000	50	4.5	66
4	Ethanol fraction	3960	1270000	320	29	34
5	Ammonium sulfate fraction	1320	960000	720	65.5	25.5
6	Low salt fraction	850	930000	1100	100	24
7	Ca phosphate gel eluate	120	540000	4500	410	14.5
8	Crystals (1st crop only)	18	183000	10200	920	

* Value not corrected for inhibition by phosphate.

p_H 6.4, and water to 2.9 ml. The reaction which is carried out at 30° C, is started by the addition of enzyme solution diluted with 0.5 M KCl solution. Ten units are defined as that amount of enzyme which catalyses an optical density change from 0.55 to 0.40 in 1 min at 265 mμ.

Properties[1, 2]. The crystalline deaminase was shown to behave as a homogeneous single protein during electrophoresis, sedimentation and diffusion. It was free from other enzymatic activities. Its isoelectric point is approximately at p_H 5.6. Other constants are as follows: sedimentation constant 12.29×10^{-13} sec, diffusion coefficient 3.76×10^{-7} $cm^2 \times sec^{-1}$, molecular weight 3.2×10^5. The protein contains 16.5% N. It has an absorption maximum at 276 mμ at p_H 8. The ultraviolet absorption properties of the crystalline enzyme indicate the probable presence of bound nucleic acid or nucleotide in the molecule[1].

Stability. Solutions of crystalline deaminase containing 20 μg of protein/ml, kept at 3° C in 0.3 M succinate buffer p_H 6.8, are fairly stable; about 50% of the activity remains after 25 days. Enzyme preparations may be kept frozen or in the dried state for at least a month with little loss of activity.

Specificity. 5'-Deoxyadenylic acid is slowly deaminated by the crystalline enzyme at an initial rate equal to about 1% of that of the reaction with 5'-adenylic acid. No other adenine compound was deaminated.

p_H-*Optimum.* At 6.4 in 0.1 M succinate buffer.

Energy of activation. Approximately 10500 cal/mole.

Energy of denaturation. Approximately 96000 cal/mole.

Michaelis Constant. $K_M = 1.4 \times 10^{-3}$ M.

Maximum turnover number. 598000 moles/mole enzyme/min.

Activators. The activity of the purified enzyme is not affected by prolonged dialysis against 0.5 M KCl at 3° C. The bound nucleotidic material which is responsible for the absorption at 260 mμ is not essential for the activity of the enzyme. The addition of ATP and other nucleotides or nucleosides is without effect on activity. There is no evidence for a specific metal requirement.

Inhibitors. Orthophosphate and pyrophosphate inhibit competitively, fluoride inhibits non-competitively. The enzyme is also inhibited by bicarbonate[3], veronal[3], thiopentone[4] and heparin[5]. Heavy metals, particularly Zn^{++}, are strong inhibitors. p-Mercuribenzene sulfonic acid (10^{-4} M) causes strong inhibition, but iodoacetate (2.7×10^{-3} M) is without effect[2].

[1] LEE, Y.-P.: J. biol. Ch. **227**, 993 (1957).
[2] LEE, Y.-P.: J. biol. Ch. **227**, 999 (1957).
[3] CONWAY, E. J., and R. COOKE: Biochem. J. **33**, 479 (1939).
[4] DAWSON, R. M. C.: Biochem. J. **49**, 138 (1951).
[5] DIMOND, E. G.: J. Lab. clin. Med. **46**, 807 (1955).

***Partial purification of muscle adenylic deaminase according to* Ito *and* Grisolia[1].**

The following method is convenient and rapid and leads to a preparation of sufficient purity for most purposes. Residues of adenosine triphosphatase or myokinase activity may be eliminated by the addition of ethylenediaminetetraacetate to the reaction mixture.

Rabbit muscle is homogenized in the Waring blendor at low speed for 1 min with 5 parts of chilled isotonic KCl. The tissue is suspended twice more in 5 volumes of cold isotonic KCl. The filtrates are discarded. The washed mince is mixed with a small volume of cold isotonic KCl and mixed with 10 to 15 vol. of cold (−20° C) acetone. The tissue is separated on a Buchner funnel, re-suspended in cold acetone on the funnel, and sucked dry. The powder is freed from traces of acetone in a vacuum desiccator over alumina at 0° C for 24 hours. The preparation is stable for over 1 year when kept at 0° C in a desiccator.

The acetone powder is extracted for periods of ten minutes first with 10 volumes (*w*/*v*) of water then with 10 volumes of 0.2 M KCl. The extracts are discarded. The residue is now extracted twice with 10 vol. of 1 M KCl. To the combined extracts is added 0.25 vol.* of 0.6 M Na_2HPO_4 and 0.33 vol.* of saturated ammonium sulfate, p_H 7.4. The precipitate is discarded and the enzyme precipitated by the addition of 0.67 vol.* of saturated ammonium sulfate. All steps are carried out at 0° C. The purity of this preparation approximately corresponds to the heat-treated fraction of Lee[2].

Brain adenylic deaminase.

This enzyme differs from the deaminase of muscle by the fact that it is strongly and specifically activated by ATP[3–5]. The mode of action of ATP in this reaction is obscure since it is recovered unchanged. Activity in the absence of ATP is slight, but definite.

Two methods of purification have been described, both using acetone powders as starting material. One method in which beef brain is used[4] leads to a particulate enzyme; the other using dog brain[5] provides a soluble enzyme. The degree of purification is about the same for both methods but the particulate enzyme seems to be less unstable than the soluble one.

***Preparation of brain adenylic deaminase (particulate enzyme) according to* Weil-Malherbe *and* Green[4].**

Acetone powder of beef brain is extracted for 15 min with 10 parts (*w*/*v*) water at 0° C. The mixture is centrifuged at about 2000 × g until the solids are firmly packed. The aqueous extract is brought to 30 % saturation by the addition of 0.426 vol. of saturated ammonium sulfate. The precipitate is dissolved in a small amount of water and reprecipitated by solid ammonium sulfate sufficient to reach 40 % saturation. The precipitate, after centrifugation and solution in water, is dialysed at 3° C against running distilled water and shaken with a sufficient volume of a preparation of alumina $C\gamma$ at p_H 7.0 to adsorb about 80 % of the protein content. The gel is removed by a short centrifugation at 1500 × g. The supernatant is now centrifuged for 15 min at 15000 × g and the residue suspended in 0.1 M succinate buffer p_H 6.2 (one-third of the volume before high-speed centrifugation). The fraction may be freeze-dried with little loss of activity.

***Preparation of brain adenylic deaminase (soluble enzyme) according to* Mendicino *and* Muntz[5].**

Acetone powder of dog brain is extracted with 10 parts (*w*/*v*) of water and centrifuged at 2° C, first at 100 × g for 15 min, then at 105000 × g for 30 min. Finely ground sodium

* Volumes refer to the initial volume of the crude KCl extract.

[1] Ito, N., and S. Grisolia: Exper. **13**, 442 (1957).

[2] Lee, Y.-P.: J. biol. Ch. **227**, 987 (1957).

[3] Muntz, J. A.: J. biol. Ch. **201**, 221 (1953).

[4] Weil-Malherbe, H., and R. H. Green: Biochem. J. **61**, 218 (1955).

[5] Mendicino, J., and J. A. Muntz: J. biol. Ch. **233**, 178 (1958).

sulfate (0.15 g/ml) is added slowly at 15—20° C. The mixture is centrifuged at 15° C and the precipitate dissolved in 0.05 M "Tris" (tris [hydroxymethyl] aminomethane) buffer, p_H 7.0 (volume equal to that of original crude extract). The enzyme is precipitated a second time with 0.2 g/ml of Na_2SO_4 and the precipitate again dissolved in 1 volume of 0.05 M Tris buffer. The enzyme is very unstable and loses activity over night, even at — 10° C.

***Assay of brain adenylic deaminase according to* WEIL-MALHERBE *and* GREEN[1].**

The test solution contains 0.0033 M AMP, 0.0033 M ATP, 0.02 M sodium succinate buffer, p_H 6.2, and 0.01 M sodium ethylenediamine tetraacetate, p_H 6.8, in a total volume of 1.5 ml. The p_H of the solution is about 6.7. The reaction is started by the addition of the enzyme. The incubation is carried out at 30° C. Activity is measured spectrophotometrically or by ammonia estimation.

For the spectrophotometric assay the solutions are deproteinized with $HClO_4$ at a final concentration of 3% (*w/v*) and the filtrates diluted to contain 0.3—1 $\times 10^{-4}$ M total nucleotides.

Properties. p_H-*Optimum.* The p_H-activity curve has a broad plateau between p_H 6.2 and 7.0[1].

K_M *for ATP*: 2×10^{-4} M[2].

K_M *for AMP*: 2×10^{-3} M[2].

Inhibitors. Like muscle adenylic deaminase, the brain enzyme is inhibited by phosphate, pyrophosphate and fluoride[1]. Most di- and trivalent cations, with the exception of Ca^{++}, are inhibitory at 10^{-3} to 10^{-2} M concentration[1] (see also[3]). p-Chloromercuribenzoate (10^{-3} M) and octan-2-ol (saturated sol.) are also inhibitors of the particulate enzyme[1].

Adenosine diphosphate deaminase.

[3.5.4.7 Adenosine diphosphate aminohydrolase.]

WEBSTER[4] and DEUTSCH and NILSSON[5, 6] have shown that suspensions of rabbit muscle fibres, preparations of actomyosin gel and partially purified preparations of muscle adenylic deaminase at high concentration (5 mg protein/ml) bring about the direct deamination of ADP. The product of deamination, IDP, was identified by paper chromatography, paper electrophoresis and by isolation after ion exchange fractionation. The reaction is strongly activated by 0.01 M cysteine.

Guanase.

[3.5.4.3 Guanine aminohydrolase.]

Occurrence. Guanase, which brings about the conversion of guanine to xanthine and ammonia, is widely distributed in animal tissues, in marked contrast to the virtual absence of adenase[7, 8]. The highest concentrations are found in liver, brain, intestinal mucosa and skeletal muscle, in that order (rabbit tissues[8]). Slight guanase activity has been found in the blood of the rabbit[8], rat[9] and fowl[10]. Guanase is located in the cellular nuclei as well as in the cytoplasm of the liver of horse and rat[11].

[1] WEIL-MALHERBE, H., and R. H. GREEN: Biochem. J. **61**, 218 (1955).
[2] MENDICINO, J., and J. A. MUNTZ: J. biol. Ch. **233**, 178 (1958).
[3] STONER, H. B., and H. N. GREEN: Biochem. J. **39**, 474 (1945).
[4] WEBSTER, H. L.: Nature **172**, 453 (1953).
[5] DEUTSCH, A., and R. NILSSON: Acta chem. scand. **8**, 1898 (1954).
[6] DEUTSCH, A., and R. NILSSON: Acta chem. scand. **8**, 1106, (1954).
[7] GREENSTEIN, J. P., C. E. CARTER, H. W. CHALKLEY and I. M. LEUTHARDT: J. nat. Cancer Inst. **7**, 9 (1946).
[8] WAKABAYASI, Y.: J. Biochem. **28**, 185 (1938).
[9] BLAUCH, M. B., F. C. KOCH and M. E. HANKE: J. biol. Ch. **130**, 471 (1939).
[10] CONWAY, E. J., and R. COOKE: Biochem. J. **33**, 457 (1939).
[11] STERN, H., V. ALLFREY, A. E. MIRSKY and H. SAETREN: J. gen. Physiol. **35**, 559 (1952).

Preparation. The purification of guanase has not yet been systematically studied. WAKABAYASI[1] noticed that nucleosidases can be removed from rabbit liver extract by treatment with dialysed iron hydroxide. When he treated the filtrate with alumina C_γ at p_H 5 guanase was adsorbed and could be eluted with disodium phosphate solution. A very similar method of purification which was not described in detail was used by HITCHINGS and FALCO[2]. The following procedure is that given by KALCKAR[3].

Rat liver is homogenized in 2 volumes of cold water and shaken for 15 min. The extract is centrifuged, first for 5 min at 2000 r.p.m., then for 20 min at 15000 r.p.m. The supernatant solution is fractionated with ammonium sulfate and the fraction precipitated between 0.4 and 0.6 saturation collected. The precipitate contains guanase together with nucleosidase. To remove the nucleosidase the precipitate is dissolved in a small volume of water and 0.3 volumes of 0.1 M succinate-acetate buffer, p_H 5.5, are added. The mixture is cooled to $-5°$ C and chilled ethanol is added to a concentration of 15%. The precipitate which possesses guanase and nucleosidase activities is discarded. More ethanol is added to the solution at $-5°$ C up to a concentration of 40%. The resulting precipitate is extracted with 0.1 M glycine buffer, p_H 9.1. The extract still has slight nucleosidase activity, but at concentrations of inorganic phosphate below 0.5 μg/ml this activity is negligible; guanine can therefore be measured in the presence of guanosine. If it is desired to determine the sum of guanine + guanosine the assay is carried out in a higher concentration of phosphate (100 μg/ml).

Assay. Enzyme activity is determined in glycylglycine or "Tris" buffer, p_H 8.0 (final concentration 0.05—0.1 M). For the optical assay according to KALCKAR[3] in which guanine is oxidized to uric acid by xanthine oxidase the concentration of guanine should be of the order of 1 μg/ml. For the assay according to ROUSH and NORRIS[4] where the density decrease at 245 mμ is observed the guanine concentration should be about 10 μg/ml.

Properties. *Specificity.* In addition to guanine the enzyme deaminates 1-methylguanine[5] and 8-aza-guanine[4].

p_H-*Optimum.* With guanine as substrate the p_H-activity curve shows a flat peak at p_H 8[4].

K_M in 0.05 M phosphate buffer, p_H 6.5: 5×10^{-6} M[4].

Guanosine deaminase.

Evidence for the deamination of guanosine without a preceding split of the glycosidic bond has been found in several tissues, such as fowl's blood[6], rat muscle[7] and brain and liver of rabbit, cat and pig[1]. The enzyme has not yet been studied in detail.

Enzymes deaminating cytosine and cytidine.

An enzyme which converts cytosine to uracil and 5-methylcytosine to thymine occurs in yeast[5,8,9] and bacteria[10]. The deamination of cytidine and cytosine-deoxyriboside,

---

[1] WAKABAYASI, Y.: J. Biochem. **28**, 185 (1938).
[2] HITCHINGS, G. H., and E. A. FALCO: Proc. nat. Acad. Sci. USA **30**, 294 (1944).
[3] KALCKAR, H. M.: J. biol. Ch. **167**, 429, 445, 461 (1947).
[4] ROUSH, A., and E. R. NORRIS: Arch. Biochem. **29**, 124 (1950).
[5] KREAM, J., and E. CHARGAFF: Am. Soc. **74**, 5157 (1952).
[6] CONWAY, E. J., and R. COOKE: Biochem. J. **33**, 457 (1939).
[7] GREENSTEIN, J. P., C. E. CARTER, H. W. CHALKLEY and I. M. LEUTHARDT: J. nat. Cancer Inst. **7**, 9 (1946).
[8] HAHN, A., u. W. LINTZEL: Z. Biol. **79**, 179 (1923).
[9] HAHN, A., u. W. HAARMANN: Z. Biol. **85**, 275 (1926).
[10] HAYAISHI, O., and A. KORNBERG: J. biol. Ch. **197**, 717 (1952).

without prior liberation of cytosine, has been observed in yeast[1], bacteria[2] and higher plants[3] and also in fowl's blood[4] and mouse kidney[5].

Cytosine deaminase from baker's yeast[1].

[3.5.4.1 Cytosine aminohydrolase.]

Preparation. An aqueous extract prepared from crushed cells of baker's yeast is brought to 70 % saturation with ammonium sulfate. The precipitate is separated, dissolved in water and dialysed. The solution is again fractionated by precipitation with ammonium sulfate between 25 and 70 % saturation. The precipitate is dissolved, dialysed and lyophilized.

Assay[1]. The enzyme is added to a 45 mM solution of cytosine in 0.1 M phosphate buffer, p_H 7.0. Enzyme action is stopped by heating or deproteinization and aliquots of the filtrate are fractionated by paper chromatography, n-butanol saturated with water being used as solvent. The spots are located in ultraviolet light and extracted with 0.01 M phosphate buffer, p_H 7.0. The pyrimidines extracted are determined by spectrophotometry.

Properties. p_H-*Optimum.* The enzyme has a well-defined peak of activity at p_H 6.9.

MICHAELIS *constant for cytosine.* $K_M = 8.4 \times 10^{-3}$ M.

Activation energy. $\mu = 19\,500$ cal/mole.

Deoxycytidylic deaminase.

Occurrence. The conversion of deoxycytidylic acid (dCMP) to deoxyuridylic acid (dUMP) has been observed in homogenates of fertilized and unfertilized sea urchin eggs[6], tissues from rat, hamster and chicken embryos[7, 8], regenerating liver[9, 10], proliferating bile duct epithelium[11] and neoplasms[7, 11]. The activity of embryonic rat tissues disappears rapidly after birth, persisting only in thymus and bone marrow. Slight activity was found in adult livers of rats[9], rabbits[12], chickens, monkeys and man[7]. The enzyme which is absent in uninfected cells of *Escherichia coli* was found to appear 3—5 min after infection with T 2 bacteriophage reaching a maximum approximately 12 min after infection[13].

Preparation. 30—50 % Homogenates are prepared in isotonic KCl and centrifuged at $31\,000 \times g$ for 30 min. The enzymes is present in the soluble fraction; it can also be extracted from acetone powders of tissues. The enzyme has been purified from sea urchin eggs[14].

***Assay of deoxycytidylic deaminase according to* MALEY *and* MALEY[7].**

1. 0.25 ml enzyme, 10 μmoles dCMP, 3 μmoles $MgCl_2$, 6 μmoles NaF, 10 μmoles "Tris" buffer p_H 8.0, in a total volume of 0.5 ml, are incubated at 37° C for a suitable period, then

---

[1] WANG, T. P., H. Z. SABLE and J. A. LAMPEN: J. biol. Ch. **184**, 17 (1950).
[2] POWELL, J. F., and J. R. HUNTER: Biochem. J. **62**, 381 (1956).
[3] ROBERTS, D. W. A.: J. biol. Ch. **222**, 259 (1956).
[4] CONWAY, E. J., and R. COOKE: Biochem J. **33**, 457 (1939).
[5] GREENSTEIN, J. P., C. E. CARTER, H. W. CHALKLEY and I. M. LEUTHARDT: J. nat. Cancer Inst. **7**, 9 (1946).
[6] SCARANO, E.: Biochim. biophys. Acta **29**, 459 (1958).
[7] MALEY, G. F., and F. MALEY: J. biol. Ch. **234**, 2975 (1959).
[8] SCARANO, E., M. TALARICO and G. CASERTA: Boll. soc. ital. Biol. sperim. **35**, 788 (1959).
[9] MALEY, F., and G. F. MALEY: J. biol. Ch. **235**, 2968 (1960).
[10] DE VINCENTIIS, E., B. DE PETROCELLIS and E. SCARANO: Boll. soc. ital. Biol. sperim. **35**, 786 (1959).
[11] PITOT, H. C., and V. R. POTTER: Biochim. biophys. Acta **40**, 537 (1960).
[12] SCARANO, E., and M. TALARICO: Boll. soc. ital. Biol. sperim.. **35**, 97 (1959).
[13] KECK, K., H. R. MAHLER and D. FRASER: Arch. Biochem. **86**, 85 (1960).
[14] SCARANO, E., L. BONADUCE and B. DE PETROCELLIS: J. biol. Ch. **235**, 3556 (1960).

heated to 100° C for 3 min and centrifuged. 0.05 ml of the clear supernatant is analyzed by paper electrophoresis on Whatman No. 3 MM paper in 1 % sodium tetraborate at 17.5 V/cm for 2 hours. The spots are located by inspection in u.v. light[1]

2. 0.3 ml enzyme, 5—6 μmoles dCMP, 100 μmoles "Tris" buffer p_H 8.0, 15 μmoles NaF, in a total volume of 0.5 ml, are incubated. The mixture is deproteinized with 1.5 ml 5 % trichloracetic acid and centrifuged. 0.1 ml of the supernatant is diluted to 5 ml and the optical density determined at 290 mμ. The molar extinction coefficient of cytidine compounds $\varepsilon = 1.0 \times 10^4$; uridine compounds have a negligible absorption at the concentrations usually present[2, 3].

3. The deproteinized mixture, at p_H 8.0, may be passed through a cation exchange resin (Dowex 50 — H^+) which retains dCMP and cytidine, but not dUMP or uridine[3] or through an anion exchange resin (Dowex 1 — formate) from which the two nucleotides are fractionally eluted[4-6]. Sodium fluoride is added to the incubation mixture to inhibit interfering phosphatases.

Properties. *Specificity.* The enzyme from embryonic rat liver did not deaminate deoxycytidine diphosphate, deoxycytidine triphosphate, deoxycytidine, cytidylic acid or cytidine. Adenylic and deoxyadenylic acids were deaminated by the preparation, but it is uncertain whether one enzyme was responsible for both activities[2]. Sea urchin eggs, embryonic tissues and regenerating liver were found to deaminate 5-methyl-5'-deoxycytidylic acid to thymidylic acid[5, 7, 8].

p_H-*Optimum.* 7.9—8.6.

Inhibitors and activators. Deoxyuridylic acid and deoxythymidylic acid inhibit (42 and 69 % inhibition at 4×10^{-3} M concentration).

Addendum.

List of relevant papers published after the completion of this article.

CHILSON, O. P., and J. R. FISHER: Some comparative studies of calf and chicken adenosine deaminase. Arch. Biochem. **102**, 77 (1963).

CREASEY, W. A.: Studies on the metabolism of 5-iodo-2'-deoxycytidine in vitro. Purification of nucleoside deaminase from mouse kidney. J. biol. Ch. **238**, 1772 (1963).

KALDOR, G.: Studies on the 5'-adenylic acid deaminase of the myofibrils. Proc. Soc. exp. Biol. Med. **110**, 21 (1962).

SMITH, K. C.: Catabolism of derivatives of uracil and cytosine by rat tissues. J. Neurochem. **9**, 277 (1962).

MALEY, F., and G. F. MALEY: On the nature of a sparing effect by thymidine on the utilization of deoxycytidine. Biochemistry **1**, 847 (1962).

MALEY, F., and G. F. MALEY: Further studies on deoxycytidylate deaminase. Fed. Proc. **22**, 292 (1963).

MALEY, G. F., and F. MALEY: Feedback control of purified deoxycytidylate deaminase. Science, N.Y. **141**, 1278 (1963).

---

[1] WANG, T. P., H. Z. SABLE and J. A. LAMPEN: J. biol. Ch. **184**, 17 (1950).
[2] MALEY, G. F., and F. MALEY: J. biol. Ch. **234**, 2975 (1959).
[3] MALEY, F., and G. F. MALEY: J. biol. Ch. **235**, 2968 (1960).
[4] SCARANO, D.: Biochim. biophys. Acta **29**, 459 (1958).
[5] SCARANO, E., and R. MAGGIO: Arch. Biochem. **79**, 392 (1959).
[6] PITOT, H. C., and V. R. POTTER: Biochim. biophys. Acta **40**, 537 (1960).
[7] SCARANO, E., M. TALARICO and G. CASERTA: Boll. Soc. ital. Biol. sperim. **35**, 788 (1959).
[8] DE VINCENTIIS, E., B. DE PETROCELLIS and E. SCARANO: Boll. soc. ital. Biol. sperim. **35**, 786 (1959).

3.5.4.9 5,10-Methylentetrahydrofolat-5-Hydrolase (decyclisierend) s. S. 201

Anhydrid-hydrolysierende Enzyme* und Phosphoamidase.

Von

Otto Hoffmann-Ostenhof**.

In diesem Kapitel sollen Enzyme behandelt werden, welche Derivate der Phosphorsäure, die keine Phosphorsäure-Ester sind, hydrolytisch spalten. Unter den Substraten dieser Enzyme sind die einfachen kondensierten Phosphate (Pyrophosphat, Polyphosphate, Tri- und Tetrametaphosphat) und deren Substitutionsprodukte (Nucleosiddi- und triphosphate), die Acylphosphate und schließlich die Phosphoamide vom Typus des Kreatinphosphats und Argininphosphats zu nennen.

Unter diesen Enzymen werden diejenigen, die für Adenosintriphosphat spezifisch sind, entsprechend ihrer großen biologischen Bedeutung in gesonderten Kapiteln behandelt (s. S. 413, 224, 439).

In der offiziellen Liste der Enzymkommission werden die anhydrid-hydrolysierenden Enzyme in der Gruppe 3.6 zusammengefaßt; die Phosphoamidase ist der einzige bisher bekannte Vertreter der als Gruppe 3.9 klassifizierten Enzyme, die P—N-Bindungen hydrolytisch spalten.

Pyrophosphatase.

[3.6.1.1 Pyrophosphat-Phosphohydrolase.]

Spezifität und Einteilung. Alle bisher an höher gereinigten Enzymen dieses Typus aus den verschiedensten Ausgangsmaterialien angestellten Untersuchungen scheinen eindeutig zu zeigen, daß die Spezifität absolut ist, d.h. daß Pyrophosphat das einzige Substrat ist, das hydrolysiert wird. Dies gilt vor allem für die von KUNITZ[1] kristallin erhaltene Pyrophosphatase aus Hefe, aber auch für Präparate tierischen Ursprungs, wie z.B. das Enzym aus Schweinehirn, das von SEAL und BINKLEY[2] weitgehend gereinigt wurde.

Trotzdem scheinen aber noch nicht alle Spezifitätsfragen bei der Pyrophosphatase eindeutig gelöst zu sein. Für Enzyme dieses Typus mit alkalischem Wirkungsoptimum wird diskutiert, daß das wahre Substrat das Magnesiumsalz des Pyrophosphats ist[3,4]; kinetische Daten — vor allem die Tatsache, daß freies Pyrophosphat eine starke Hemmwirkung auf das Enzym ausübt, während das Magnesiumsalz nur ganz schwach hemmt — sprechen für diese Theorie. Allerdings sind auch andere Deutungen möglich, so daß die Frage noch als offen angesehen werden muß.

Vor kurzem berichtete RAFTER[5], daß ein Enzym aus Rattenleber-Mitochondrien, welches wahrscheinlich mit der Pyrophosphatase identisch ist, die Bildung von Glucose-6-phosphat aus Glucose und Pyrophosphat katalysiert. Das würde dafür sprechen, daß zumindest im Falle dieser Pyrophosphatase nur die Donatorspezifität absolut ist; wohl ist Wasser der bevorzugte Acceptor für den Phosphorylrest, doch können auch andere Hydroxylverbindungen, wie eben Glucose, als Acceptoren fungieren. Es würde sich hier um eine Transferase-Wirkung der Pyrophosphatase handeln; analoge Effekte sind von vielen anderen Enzymen wohl bekannt.

Die absolute Spezifität der Pyrophosphatasen gegenüber ihrem Substrat macht es verständlicherweise unmöglich, die verschiedenen Typen dieses Enzyms nach Spezifitätsunterschieden zu klassifizieren. Hingegen geben andere Eigenschaften, insbesondere die

* Vgl. dazu den neueren Handbuchartikel: KIELLEY, W. W.; in: Boyer-Lardy-Myrbäck, Enzymes Bd. V, S. 149.

** Organisch-chemisches Institut der Universität, Wien (Österreich).

[1] KUNITZ, M.: J. gen. Physiol. **35**, 432 (1952).

[2] SEAL, U. S., and F. BINKLEY: J. biol. Ch. **228**, 193 (1957).

[3] ROBBINS, E. A., M. P. STULBERG and P. D. BOYER: Arch. Biochem. **54**, 215 (1955).

[4] BLOCH-FRANKENTHAL, L.: Biochem. J. **57**, 87 (1954).

[5] RAFTER, G. W.: J. biol. Ch. **235**, 2475 (1960).

optimalen Wirkungsbedingungen, die Möglichkeit, eine Unterteilung der Pyrophosphatasen in verschiedene Typen vorzunehmen. Auf Grund der Beobachtung, daß in Leberhomogenat drei verschiedene optimale p_H-Bereiche der Pyrophosphatase-Aktivität existieren, denen wahrscheinlich drei „isodyname" Enzyme entsprechen[1], und weil ähnliche Verhältnisse auch in anderen biologischen Materialien vorgefunden wurden — im Serum[2] und auch in der Rattenleber[3] gibt es sogar vier p_H-Optima der Pyrophosphatase-Wirkung — haben seinerzeit BAMANN und GALL[1] eine Einteilung der Pyrophosphatasen nach dem p_H-Optimum der Wirkung vorgeschlagen, die, obwohl Übergänge zwischen den einzelnen Gruppen existieren, doch einen gewissen Wert als ordnendes Prinzip besitzt.

Dabei werden drei Typen unterschieden: *Typus I* findet sich vor allem in tierischen Geweben, aber auch in vielen anderen biologischen Materialien. Die Enzyme dieses Typus zeigen p_H-Optima im Bereich zwischen dem Neutralpunkt und 8,2; die meisten von ihnen sind gegen Säure sehr empfindlich und werden von Mg^{++} aktiviert. Andere divalente Ionen (Mn^{++}, Co^{++}, Ca^{++}) zeigen bei manchen Enzymen dieses Typus ebenfalls eine aktivierende Wirkung, während sie bei anderen hemmen. Die Gruppe ist überhaupt nicht sehr homogen; nach ELLIOTT[4] findet sich in Lebermikrosomen eine Pyrophosphatase mit einem p_H-Optimum von 7,4, welche in Anwesenheit von Fluorid durch Mg^{++} stark gehemmt wird. Ohne Fluorid bewirkt Mg^{++} nur eine schwache Aktivierung.

Typus II mit p_H-Wirkungsoptimum zwischen 5,0 und 5,5 läßt sich ebenfalls in vielen tierischen Geweben nachweisen; diese Enzyme werden durch Mg^{++} nicht aktiviert.

Für den *Typus III* der Pyrophosphatasen wird ein p_H-Optimum zwischen 3,2 und 4,0 angegeben; es liegen bisher nur wenig Daten über diese Enzyme, welche ebenfalls in tierischem Material nachweisbar sind, vor.

Vorkommen. Pyrophosphatasen scheinen absolut ubiquitär vorzukommen, wie das ja auf Grund der für sie postulierten biologischen Rolle[5,6] verständlich ist. Ihre Aufgabe sei es, das bei zahlreichen biosynthetischen Reaktionen entstehende Pyrophosphat zu beseitigen und damit das Gleichgewicht dieser Vorgänge in Richtung der Biosynthese zu verschieben. Jedenfalls wurde in jedem biologischen Material Pyrophosphatase-Aktivität gefunden.

Nach SWANSON[7] soll allerdings im Zellkern die Pyrophosphatase-Aktivität im Gegensatz zu allen anderen Zellelementen und zum Cytoplasma sehr gering sein.

Darstellung. Bereits 1952 ist es KUNITZ[8] gelungen, die Pyrophosphatase der Hefe in kristallinem Zustand darzustellen. Die dafür verwendete Methode ist allerdings sehr mühevoll und wurde deshalb seither nur selten wiederholt, auch insbesondere deshalb, weil in einer Arbeit von HEPPEL und HILMOE[9] eine Vorschrift zur Herstellung einer Pyrophosphatase-Präparation aus Hefe gegeben wird, die wohl nicht kristallin ist, aber trotz der weitaus einfacheren Darstellungsweise fast die gleiche Aktivität aufweist wie das kristalline Enzym von KUNITZ. Die Vorschrift von HEPPEL und HILMOE ist in Bd. III, S. 533 dieses Handbuchs wiedergegeben.

Die wohl am weitesten vorgetriebene Reinigung eines tierischen Enzyms dieser Spezifität wurde von SEAL und BINKLEY[10] beschrieben. Es handelt sich um eine Pyrophosphatase des Schweinehirns; die gereinigte Präparation hat etwa die 165fache Aktivität

[1] BAMANN, E., u. H. GALL: B. Z. **202**, 466 (1937).
[2] EBEL, J.-P., et L. MEHR: Bull. Soc. Chim. biol. **39**, 1535 (1957).
[3] NORBERG, B.: Acta chem. scand. **4**, 601 (1957).
[4] ELLIOTT, W. H.: Biochem. J. **65**, 315 (1957).
[5] KORNBERG, A.: Adv. Enzymol. **18**, 191 (1957).
[6] HOFFMANN-OSTENHOF, O., and L. ŠLECHTA: Proc. int. Symp. Enzyme Chem., Tokyo and Kyoto 1957, S. 180.
[7] SWANSON, M. A.: J. biol. Ch. **194**, 685 (1950).
[8] KUNITZ, M.: J. gen. Physiol. **35**, 432 (1952).
[9] HEPPEL, L. A., and R. J. HILMOE: J. biol. Ch. **192**, 87 (1951).
[10] SEAL, U. S., and F. BINKLEY: J. biol. Ch. **228**, 193 (1957).

des Ausgangsmaterials, und außerdem sind darin weder ATPase noch Phosphomonoesterase-Aktivitäten nachweisbar.

***Darstellung der Pyrophosphatase aus Schweinehirn nach* Seal *und* Binkley[1].**

Als Ausgangsmaterial werden aus dem Schlachthaus bezogene gefrorene Schweinehirne benützt, die bei $-20°$ C aufbewahrt werden. Bei einer derartigen Lagerung ist im Verlauf von 2 Jahren keine Verminderung der Aktivität festzustellen.

1. Stufe. Etwa 2 kg Hirngewebe werden teilweise auftauen gelassen. Davon werden je 200 g-Portionen im Waring-Blendor 45 sec mit 500 ml 0,1 m $MgCl_2$-Lösung homogenisiert. Man läßt dann das Homogenat 24 Std bei etwa 7° C stehen. Danach zentrifugiert man 20 min bei $1000 \times g$ in einer gekühlten Zentrifuge bei 0° C. Der Niederschlag, der 85% der ATPase-Aktivität des Homogenats enthält, wird verworfen; die im Niederschlag verbliebenen geringen Mengen Pyrophosphatase können durch Waschen des Niederschlages mit 0,1 m $MgCl_2$-Lösung daraus wiedergewonnen werden.

2. Stufe. Zu der so gewonnenen überstehenden Lösung werden je Liter 0,1 M festes $MgCl_2$ und 500 mg Natriumlaurylsulfat hinzugesetzt. Man inkubiert die Mischung 1 Std bei 37° C, kühlt dann ab, zentrifugiert und verwirft den Niederschlag.

3. Stufe. Zu jedem Liter der zuletzt erhaltenen überstehenden Lösung werden 100 ml einer Chloroform-n-Octanol-Mischung (95 Volumenteile Chloroform, 5 Volumenteile n-Octanol) zugegeben und die Mischung 20 min mechanisch geschüttelt. Darauf zentrifugiert man wieder und verwirft den Rückstand. Zu jedem Liter der überstehenden Lösung werden je 15 g Hyflo-Super-Cel (Johns-Manville) und 5 g Fullererde (Lloyds Reagens) hinzugefügt und die Mischung dann durch große Nutschen unter schwachem Saugen abfiltriert.

4. Stufe. Zu jedem Liter der gesammelten Filtrate werden je 75 ml Aluminiumhydroxyd-Gel gegeben, die Mischung 20 min gerührt, dann zentrifugiert und die überstehende Lösung verworfen. Von dieser Reinigungsstufe an darf nur mehr glasdestilliertes Wasser verwendet werden. Das Gel wird einmal mit dem fünffachen Wasservolumen (pro Gelvolumen) gewaschen, dann wird eine gleichartige Waschung mit 5 Volumenteilen 0,05 m Pyrophosphatlösung, p_H 5,2, durchgeführt. Schließlich wird die Pyrophosphatase-Aktivität mit zwei Protionen von je 2 Volumenteilen 0,1 m Pyrophosphat, p_H 6,5, eluiert. Diese Eluate können bis zu 6 Monaten im Kühlschrank aufbewahrt werden, ohne ihre Aktivität zu verlieren.

Tabelle 1. *Übersicht über die Reinigung der Pyrophosphatase aus Schweinehirn.*

Stufe		Volumen ml	Einheiten gesamt*	Protein-Stickstoff	Spezifische Aktivität*	Ausbeute %
I	Homogenat	13200	3520	35244	0,10	
	Überstehende Lösung	10120	2700	6776	0,40	76
II	Na-laurylsulfat	9900	2440	2970	0,82	59
III	Chloroform-Octanol	9900	2510	2574	0,97	60
IV	Eluat von $Al(OH)_3$	1470	1860	308	6,03	39
V	$(NH_4)_2SO_4$-Fällung	132	1770	106	16,7	37

* Die Autoren definieren ihre Pyrophosphatase-Einheit als diejenige Enzymmenge, welche in 1 min 1 mg Orthophosphat-P bei 37° C unter Standardbedingungen freisetzt. Die spezifische Aktivität bezieht sich auf Einheiten pro mg Protein-Stickstoff.

5. Stufe. Die zwei Eluate werden getrennt einer fraktionierten Fällung mit Ammoniumsulfat unterzogen. Pro 100 ml Eluat werden zuerst 30 g festes Ammoniumsulfat hinzugefügt; nach 30 min Stehen wird zentrifugiert und der Rückstand verworfen. Zu der überstehenden Lösung werden weitere 35 g festes Ammoniumsulfat zugesetzt, wiederum nach 30 min Stehenlassen zentrifugiert und diesmal die überstehende Lösung verworfen.

[1] Seal, U. S., and F. Binkley: J. biol. Ch. 228, 193 (1957).

Man läßt die Zentrifugengläser mit der Öffnung nach unten abtropfen und löst dann den Rückstand in 10 ml eines 0,01 m Phosphatpuffers vom p_H 6,5 (pro 100 ml ursprüngliches Eluat). Ungelöste Anteile werden nach 2 Tagen durch Zentrifugieren abgetrennt und verworfen.

Die so erhaltene Lösung hat gegenüber dem ursprünglichen Homogenat die 165fache spezifische Pyrophosphatase-Aktivität. Sie ist völlig frei von ATPase, alkalischer Phosphomonoesterase, saurer Phosphomonoesterase, Pyrophosphatase mit saurem Wirkungsbereich und 5'-Nucleotidase.

Bestimmungsmethoden. Die für die Pyrophosphatase-Wirkung angegegebenen Meßmethoden beruhen alle darauf, daß man das durch die Reaktion freigesetzte Orthophosphat mit einem der vielen für diesen Zweck angegebenen Verfahren bestimmt. Die von HEPPEL[1] für die Pyrophosphatase der Hefe angegebene Methode dürfte sich wohl in den meisten Fällen bewähren; bei abweichendem p_H-Optimum eines Enzyms ist natürlich eine entsprechende Modifikation vorzunehmen.

***Bestimmung der Pyrophosphatase-Wirkung nach* HEPPEL[1].**

Prinzip:

Es wird das aus Pyrophosphat gebildete Orthophosphat mit Hilfe des Verfahrens von FISKE und SUBBAROW[2] (vgl. Bd. III, S. 465) bestimmt.

Reagentien:

1. 0,1 m Veronal-HCl-Pufferlösung, p_H 7,2; bei 36° C aufzubewahren.
2. 0,01 m Natriumpyrophosphat-Lösung.
3. 0,01 m $MgCl_2$-Lösung.
4. Reduktionsreagens nach FISKE und SUBBAROW.
5. H_2SO_4, 10 n.
6. Ammoniummolybdat, 2,5 %ig.

Ausführung:

Die Inkubationsmischung enthält 4 ml der Pufferlösung, 1 ml der Natriumpyrophosphat-Lösung, 1 ml der $MgCl_2$-Lösung und 1 ml des Enzyms in 0,02 m Pufferlösung, p_H 7,2. Man inkubiert 30 min und pipettiert dann 1 ml in 15 ml-Erlenmeyer-Kolben, die 1 ml n H_2SO_4 und 5 ml Wasser enthalten. Mit diesen Proben wird die Orthophosphat-Bestimmung nach FISKE und SUBBAROW durchgeführt.

Bemerkungen. Die Bestimmung des Orthophosphats kann natürlich auch mit jeder anderen Phosphatbestimmungsmethode erfolgen, vorausgesetzt, daß unter den Bedingungen der Analyse das durch die Enzymwirkung nicht gespaltene Pyrophosphat keiner Hydrolyse unterliegt.

Für Pyrophosphatasen mit abweichenden p_H-Optimum wird man natürlich die Methode durch Verwendung einer anderen Pufferlösung derart modifizieren, daß Optimalbedingungen erreicht werden; bei Pyrophosphatasen, von denen es bekannt ist, daß für ihre Wirkung keine Mg^{++}-Ionen erforderlich sind, wird man die $MgCl_2$-Lösung im Reaktionsgemisch weglassen bzw. durch die gleiche Menge Pufferlösung ersetzen.

Eine Standardvorschrift zur Bestimmung der übertragenden Wirkung einer Pyrophosphatase existiert bisher noch nicht. RAFTER[3], der eine solche Wirkung wahrscheinlich machte, arbeitete mit einer Reaktionsmischung, die an Pyrophosphat 0,008 molar und an Glucose, dem Phosphatacceptor, 0,036 molar war. Die Lösung war, entsprechend dem p_H-Optimum seines Enzyms, durch einen 0,08 m Natriumacetat-Puffer auf p_H 5,2 eingestellt. Das entstandene Glucose-6-phosphat wurde durch Bestimmung der Bildung von $NADPH_2$ bei Einwirkung von Glucose-6-phosphat:NADP-Oxydoreductase (Glucose-6-phosphat-Dehydrogenase) aus Hefe gemessen.

---

[1] HEPPEL, L. A.; in: Colowick-Kaplan, Meth. Enzymol. Bd. II, S. 570.
[2] FISKE, C. H., and Y. SUBBAROW: J. biol. Ch. **66**, 375 (1925).
[3] RAFTER, G. W.: J. biol. Ch. **235**, 2475 (1960).

Eigenschaften. Im Vergleich zu der wohluntersuchten Pyrophosphatase aus Hefe, deren Eigenschaften in einem jüngst erschienenen Handbuchartikel[1] ausführlich beschrieben werden, ist über die Pyrophosphatasen tierischen Ursprungs wesentlich weniger bekannt. Da es sich hier offenbar um voneinander sehr verschiedene Enzyme handelt, die verschiedenen Typen angehören, sollen hier die wichtigsten Eigenschaften der etwas besser charakterisierten Pyrophosphatasen tierischen Ursprungs kurz beschrieben werden.

1. Pyrophosphatase aus Hirn. Dieses Enzym, dessen weitgehende Reinigung oben beschrieben wurde, zeigt ein breites p_H-Optimum zwischen 7,6 und 7,8, welches durch Zugabe von Cystein oder Äthylendiamintetraacetat nicht verschoben wird. Im Homogenat aus Hirn und in weniger gereinigten Präparationen findet sich neben diesem p_H-Optimum noch ein zweites bei 5,0, also eine „saure“ Pyrophosphatase, die bereits von LOWRY[2] beschrieben wurde.

Das Enzym benötigt für seine Wirkung die Anwesenheit von Mg^{++}. Keine anderen polyvalenten Ionen können diese Aktivierung ausüben; in Anwesenheit von Mg^{++} bewirken andere polyvalente Ionen (außer Barium) eine mehr oder minder starke Hemmung[3]. Die Rolle der Mg^{++}-Ionen bei der Aktivierung des Enzyms wird im Abschnitt über die Reaktionskinetik (S. 404) noch diskutiert werden.

Die Pyrophosphatase des Hirns ist ein ausgesprochenes Sulfhydrylenzym. Sie wird durch p-Chlormercuribenzoat stark gehemmt; Cystein und Glutathion können diesen Effekt zumindest zum Teil aufheben. So wird das Enzym durch 10^{-4} m p-Chlormercuribenzoat zu 90% gehemmt; die Reaktivierung durch 10^{-2} m Cystein beträgt 75%. Cystein und andere Sulfhydrylverbindungen bewirken auch eine Aktivierung des Enzyms, die durch die Bindung von Schwermetallspuren erklärt werden kann. Höhere Konzentrationen von Äthylendiamintetraacetat (bis 2×10^{-3} m) zeigen ebenfalls aktivierende Effekte. Fluorid hemmt deutlich; 2×10^{-5} m Fluoridkonzentration bewirkt 50%ige Inhibition[3].

2. Partikelgebundene Pyrophosphatase aus Mäuseleber. Das Enzym aus Mäuseleber, das von RAFTER[4] näher untersucht wurde, unterscheidet sich sehr deutlich von dem oben beschriebenen aus Schweinehirn. Das p_H-Optimum liegt bei 5,3; es handelt sich somit um eine „saure“ Pyrophosphatase.

Sie ist ein typisches partikelgebundenes Enzym. Wohl ist es möglich, das Enzym durch Zerstören der Partikel im Homogenisator teilweise in Lösung zu bringen; die spezifische Aktivität des Homogenats ist aber beträchtlich geringer als diejenige der Partikel. Die Spezifität des partikelgebundenen Enzyms ist nicht absolut; außer Pyrophosphat werden auch Tripolyphosphat, Adenosintriphosphat, Trimetaphosphat und β-Glycerinphosphat hydrolysiert. Inwieweit diese Wirkungen der Pyrophosphatase oder anderen in denselben Partikeln lokalisierten Enzymen zuzuschreiben ist, läßt sich auf Grund der vorliegenden Befunde nicht entscheiden, wenngleich das letztere wahrscheinlicher ist.

In Abwesenheit von Substrat wird das Enzym sehr rasch bei p_H 5,0 und 30° C inaktiviert, während bei p_H 7 oder bei 0° C die Wirksamkeit erhalten bleibt. Als Inhibitoren sind zu nennen: Orthophosphat, Arsenat, Fluorid, Jodessigsäure und p-Chlormercuribenzoat. Auf Grund von Versuchen mit markiertem Phosphat schließt RAFTER[4], daß die Hemmung durch Orthophosphat nicht durch eine einfache Umkehrung der Pyrophosphat-Hydrolyse bedingt ist. Die Hemmung durch Jodacetat und p-Chlormercuribenzoat zeigt deutlich, daß das Enzym für seine Wirkung essentielle Sulfhydrylgruppen enthält. Die Fluoridhemmung würde nach allgemeiner Auffassung annehmen lassen, daß Mg^{++} für das Stattfinden der Reaktion erforderlich ist; dies ist aber anscheinend nicht der Fall,

[1] KUNITZ, M., and P. W. ROBBINS; in: Boyer-Lardy-Myrbäck, Enzymes Bd. V, S. 169.
[2] LOWRY, O. H.; in: WAELSCH, H.: Biochemistry of the Developing Nervous System. S. 355, New York 1955.
[3] SEAL, U. S., and F. BINKLEY: J. biol. Ch. **228**, 193 (1957).
[4] RAFTER, G. W.: J. biol. Ch. **230**, 643 (1958).

da der Zusatz von Mg^{++} zur Reaktionsmischung keinen oder unter ganz bestimmten Umständen sogar einen leichten Hemmeffekt zur Folge hat. Zur Erklärung dieser Verhältnisse nimmt RAFTER[1] an, daß partikelgebundenes Mg^{++} vorhanden ist, welches die Mg^{++}-Erfordernisse der Reaktion deckt. In diese Richtung deuten auch Versuche mit einem Homogenat aus Schafleberpartikeln, die dieselbe Aktivität zeigten; während die partikelgebundene Pyrophosphatase kein Mg^{++} für ihre Wirksamkeit benötigte, war Mg^{++} erforderlich, sobald man die Partikel durch Homogenisieren zerstörte.

Kinetik. Sowohl an Pyrophosphatase aus Hirn als auch an solcher aus Erythrocyten wurden eingehende kinetische Studien durchgeführt, deren Zweck es vor allem war, die Rolle der Mg^{++}-Ionen bei der Reaktion zu klären[2,3]. Im folgenden sollen die Gedankengänge von ROBBINS u. Mitarb.[2] wiedergegeben werden, die nach Ansicht des Autors ein verhältnismäßig klares Bild der kinetischen Beziehungen geben.

Bereits 1937 postulierte BAUER[4], daß das wahre Substrat der von ihm entdeckten Pyrophosphatase des Hirns das Magnesiumsalz der Pyrophosphorsäure sei. Dem muß allerdings entgegengehalten werden, daß ein Enzym, welches nicht mit dem freien Metall oder mit dem freien Substrat reagiert, sondern für seine Wirkung das Metallsubstrat benötigt, bezüglich der Reaktionsgeschwindigkeit in gleicher Weise von der Konzentration des zugesetzten Metallions und des Substrats abhängig sein sollte[5]. Es konnte aber gezeigt werden, daß bei den Pyrophosphatasen aus Hirn und Erythrocyten die optimalen Konzentrationen von Pyrophosphat und Mg^{++} 5×10^{-4} bzw. 2×10^{-2} m sind; d.h. daß anscheinend etwa die 40fache Menge Mg^{++} von der des Pyrophosphats benötigt wird[6,7]. Diese Ergebnisse würden darauf schließen lassen, daß Mg^{++} durch direkte Kombination mit dem Enzym, also unabhängig von seiner Fähigkeit, mit Pyrophosphorsäure ein Salz zu bilden, aktivierend wirkt.

Die Ergebnisse von ROBBINS u. Mitarb.[2] bestätigen die oben geschilderten Befunde, erweitern sie aber in einer solchen Weise, daß die ursprüngliche Vorstellung von Magnesiumpyrophosphat als wahrem Substrat der Pyrophosphatase wieder plausibler erscheint. Die Untersuchungen der Autoren scheinen deutlich zu zeigen, daß freies Pyrophosphat ein starker Hemmstoff für das Enzym ist; am Enzym gebundenes freies Pyrophosphat kann aber kompetitiv durch Magnesiumpyrophosphat verdrängt werden. Überschüssiges Magnesiumpyrophosphat zeigt ebenfalls eine Hemmwirkung; diese sollte dadurch entstehen, daß die aktive Enzym-Magnesiumpyrophosphat-Zwischenverbindung durch Bindung des zusätzlichen Magnesiumpyrophosphats inaktiviert wird. Überschüssiges Mg^{++} hat keine Hemmwirkung. Diese Beziehungen lassen sich durch folgendes Schema darstellen:

$$\begin{array}{ccccc} \mathrm{E} + \mathrm{MgPP} & \rightleftharpoons & \mathrm{E\text{-}MgPP} & \rightleftharpoons & \mathrm{E} + \mathrm{Mg} + 2\,\mathrm{P} \\ {\scriptstyle \pm\mathrm{PP}}\updownarrow & & \text{aktiv} & & \\ \mathrm{E\text{-}PP} & & {\scriptstyle \pm\mathrm{MgPP}}\updownarrow & & \\ \text{inaktiv} & & \mathrm{E(MgPP)_2} & & \\ & & \text{inaktiv} & & \end{array}$$

Die anfängliche Reaktionsgeschwindigkeit ist von der Konzentration von Substrat und Inhibitoren in einer Weise abhängig, die nach folgender Gleichung berechnet werden kann:

$$\frac{v_0}{V} = \frac{[\mathrm{MgPP}]}{K_M\left(1 + \frac{[\mathrm{PP}]}{K_I}\right) + [\mathrm{MgPP}]\left(1 + \frac{[\mathrm{MgPP}]}{K_{I'}}\right)}.$$

[1] RAFTER, G. W.: J. biol. Ch. **230**, 643 (1958).
[2] ROBBINS, E. A., M. P. STULBERG and P. D. BOYER: Arch. Biochem. **54**, 215 (1955).
[3] BLOCH-FRANKENTHAL, L.: Biochem. J. **57**, 87 (1954).
[4] BAUER, E.: H. **238**, 213 (1937).
[5] SEGAL, H. L., J. F. KACHMAR and P. D. BOYER: Enzymologia **15**, 187 (1952).
[6] NAGANNA, B., and V. K. N. MENON: J. biol. Ch. **174**, 501 (1948).
[7] GORDON, J. J.: Biochem. J. **46**, 96 (1950).

In dieser Gleichung ist nunmehr v_0 die Anfangsgeschwindigkeit der Reaktion, V ihre Maximalgeschwindigkeit und K_M die MICHAELIS-Konstante für Magnesiumpyrophosphat als Substrat. Die beiden Inhibitorkonstanten K_I und $K_{I'}$ werden durch die Gleichungen

$$K_I = \frac{[E][PP]}{[E\text{-}PP]} \quad \text{und} \quad K_{I'} = \frac{[E\text{-}MgPP][MgPP]}{[E\text{-}(MgPP)_2]}$$

definiert. Aus den experimentellen Daten konnten V_m mit 31,9 mM P/Std, $K_M = 1{,}72 \times 10^{-4}$ M/l, $K_{I'} = 1{,}78 \times 10^{-3}$ M/l und $K_I = 5{,}0 \times 10^{-5}$ M/l berechnet werden.

Mit Hilfe dieser Daten wurden theoretische Kurven für entsprechende experimentelle Bedingungen berechnet, die mit den tatsächlich gefundenen eine befriedigende Übereinstimmung zeigen; diese ist aber nicht absolut.

Jedenfalls scheinen diese Ergebnisse deutlich zu zeigen, daß freies Pyrophosphat mit dem Enzym eine schwach dissoziierende Verbindung gibt, während Mg^{++} offenbar keine feste Bindung mit dem aktiven Zentrum des Enzyms eingeht. Obwohl Mg^{++} für das Zusammentreten von Pyrophosphat und Enzym nicht unbedingt erforderlich ist, ist es vorstellbar, daß die Bindung von Magnesiumpyrophosphat an das Enzym zumindest an einer Stelle über das Magnesiumatom des Magnesiumpyrophosphats erfolgt.

Die Autoren halten es für wahrscheinlich, daß eine Erhöhung des elektrophilen Charakters eines Phosphoratoms im Pyrophosphat infolge der Verbindung des Pyrophosphatmoleküls mit dem kleinen, positiv geladenen Mg^{++} eintritt. Eine Elektronendefizienz an einem Phosphoratom würde dieses für den Sauerstoff des Wassers leichter angreifbar machen und somit die Spaltung einer O—P-Bindung bewirken.

Die vorliegende Theorie scheint die Kinetik der Pyrophosphatase befriedigend zu deuten; die unvollständige Übereinstimmung der experimentell gefundenen Daten mit den theoretisch errechneten Kurven kann allerdings bedeuten, daß die geschilderten Annahmen nicht alle Faktoren berücksichtigen, welche die Reaktionsgeschwindigkeit bestimmen. Es ist andererseits auch durchaus möglich, daß dafür Meßfehler oder ungenaue Berechnungen der tatsächlichen Konzentrationen von Reaktionspartnern verantwortlich sind.

Inwieweit die beschriebenen Gedankengänge auf andere Pyrophosphatasen als derjenigen des Hirns zu übertragen sind, kann zur Zeit nicht gesagt werden. Die zitierte Arbeit von BLOCH-FRANKENTHAL[1] über die Kinetik der Erythrocyten-Pyrophosphatase scheint, obwohl die Autorin nicht exakt zu den gleichen Ergebnissen und Vorstellungen gekommen ist, dahin zu deuten, daß das Enzym der Erythrocyten sich weitgehend ähnlich verhält wie dasjenige des Hirns. Es muß aber als unwahrscheinlich angesehen werden, daß in ihren Eigenschaften sehr verschiedene Pyrophosphatasen, wie z.B. das oben beschriebene partikelgebundene Enzym aus Mäuseleber, in der Kinetik der von ihnen katalysierten Reaktion den gleichen Gesetzen gehorchen; vor allem ist kaum anzunehmen, daß auch hier Magnesiumpyrophosphat das wahre Substrat darstellt.

Polyphosphatasen und Metaphosphatasen.

Auf höhere kondensierte Phosphate einwirkende Enzyme scheinen in der Natur sehr weit verbreitet zu sein. Allerdings sind nur wenige dieser Enzyme bisher so weit charakterisiert worden, daß ihre Individualität feststeht. Dies gilt insbesondere von Polyphosphatasen und Metaphosphatasen aus tierischem Material; hier kann zur Zeit bestenfalls festgestellt werden, daß es solche Enzyme geben muß, aber über ihre Eigenschaften und ihre Spezifität ist so gut wie nichts bekannt.

MATTENHEIMER[2] untersuchte Extrakte aus Rattenorganen auf ihre Wirkungen gegenüber Tripolyphosphat, Trimetaphosphat und das sog. GRAHAMsche Salz, das ein Gemisch

[1] BLOCH-FRANKENTHAL, L.: Biochem. J. 57, 87 (1954).

[2] MATTENHEIMER, H.; in: Kondensierte Phosphate in Lebensmitteln. S. 45. Berlin, Göttingen, Heidelberg 1958.

hochpolymerer Polyphosphate darstellt. Nach seinen wohl mehr als qualitativ zu klassifizierenden Versuchen sind Homogenate bzw. Extrakte aus Ratten-Dünndarmschleimhaut nur zur Hydrolyse von Tripolyphosphat imstande, während Trimetaphosphat und das hochpolymere GRAHAMsche Salz nicht angegriffen werden; Extrakte aus Rattenleber, Milz und Niere sind hingegen bei mehrstündiger Inkubation auch imstande, Trimetaphosphat und höhere polymere kondensierte Phosphate zu hydrolysieren. Besonders der Extrakt aus Milz erwies sich hier vergleichsweise aktiv.

Eine Hydrolyse von Triphosphat durch Enzyme in Sarkomen aus Ratten und Hühnern sowie menschlichem Tumorgewebe wurde auch bereits von FRANKENTHAL und NEUBERG[1] berichtet. In späterer Zeit gelang FODOR und LEHRMAN[2] bei Versuchen mit Rattenleber-Homogenaten eine Abtrennung der Triphosphatase-Aktivität von der ATPase. Die Rattenleber-Homogenate wurden auf p_H 5,6 gebracht und dann mit $25000 \times g$ zentrifugiert. Im Sediment fand sich sowohl ATPase als auch Triphosphatase, während in der überstehenden Lösung ausschließlich Triphosphatase-Aktivität nachweisbar war. Den Untersuchungen dieser Autoren zufolge dürfte die Triphosphatase-Aktivität der überstehenden Lösung durch zwei verschiedene Enzyme bedingt sein; das eine von ihnen läßt sich mit Cystein aktivieren und wird durch N-Äthylmaleinimid gehemmt, während das andere von beiden Effektoren nicht beeinflußt wird.

Nach BERG[3] wirkt ein Extrakt aus der Dünndarmschleimhaut des Frosches hydrolysierend auf Polyphosphate mit einem Polymerisationsgrad, der höher ist als 4. Der Autor fand zwei p_H-Optima dieser Wirkung, nämlich bei 4,2 und bei 7,4, was es wahrscheinlich macht, daß es sich um zwei verschiedene Enzyme handelt.

Vom Standpunkt der Systematik sei hier vermerkt, daß die Enzymkommission zwei Enzyme dieses Typus als genügend charakterisiert ansieht, um in ihre Liste aufgenommen zu werden. Es sind dies: die *Trimetaphosphatase* (systematischer Name: Trimetaphosphat-Phosphohydrolase, EC 3.6.1.2) und die *Polymetaphosphatase* (systematischer Name: Polyphosphat-Polyphosphohydrolase, EC 3.6.1.10). Die der Klassifikation zugrunde liegenden Arbeiten beschäftigen sich aber mit Enzymen aus Mikroorganismen. Auf Grund von Untersuchungen über derartige Enzyme aus Hefe, die allerdings in mancher Hinsicht wohl einer Bestätigung bedürfen, teilt MATTENHEIMER[4] die Enzyme, welche kondensierte Phosphate (inklusive Pyrophosphat) angreifen, in folgender Weise ein:

I. Polyphosphatasen:
   a) Oligophosphatasen; Pyrophosphatasen; Tripolyphosphatasen; Tetrapolyphosphatasen (und weitere spezifische Enzyme für Substrate mit $n = 5$—10 ?);
   b) Polyphosphat-Depolymerasen; mehrere Enzyme ?

II. Metaphosphatasen (Cyclophosphatasen):
   Trimetaphosphatasen; Tetrametaphosphatasen.

Der Beweis, daß tatsächlich individuelle Enzyme dieser verschiedenen Spezifitäten existieren, wird allerdings erst erbracht werden müssen.

Nucleosid-Diphosphatase*.

[3.6.1.6 Nucleosiddiphosphat-Phosphohydrolase.]

Allgemeines und Spezitität. Bereits 1943 berichtete LAKI[5] über ein Enzymsystem aus Muskel, das ADP in Abwesenheit von Adenylat-Kinase zu Inosinsäure, Ammoniak und Orthophosphat abbaut. Dieser Befund, der auch später von anderen Bearbeitern aus

* Siehe auch S. 461.

[1] FRANKENTHAL, L., and C. NEUBERG: Exp. Med. Surg. 1, 386 (1943).
[2] FODOR, P. J., and A. LEHRMAN: Arch. Biochem. 69, 277 (1957).
[3] BERG, G. G.: J. cellul. comp. Physiol. 45, 435 (1955).
[4] MATTENHEIMER, H.: H. 303, 107, 115, 127 (1956).
[5] LAKI, K.: Stud. Inst. med. Chem. Szeged 3, 16 (1943).

demselben Laboratorium[1] bestätigt wurde, deutet auf die Existenz einer Nucleosid-Diphosphatase im Muskel hin. Es liegt aber keine weitere Charakterisierung der dabei beteiligten Enzyme vor; möglich wäre es, daß primär ADP hydrolytisch desaminiert wird und das entstandene Inosindiphosphat dann dephosphoryliert wird oder daß die Desaminierung der Dephosphorylierung zu AMP folgt.

Ein Enzym einer wesentlich besser definierten Spezifität wurde fast gleichzeitig in Kalbsleber[2], Ratten- und Ochsenleber[3,4] und in Schweinenieren[5] nachgewiesen. Es scheint in den Mitochondrien lokalisiert zu sein. Das Enzym dephosphoryliert mit fast gleicher Geschwindigkeit Inosindiphosphat, UDP und GDP zu den entsprechenden Monophosphaten, hat aber keine Wirkung auf ADP und CDP. Außer den genannten Nucleosiddiphosphaten wird Ribose-5-pyrophosphat angegriffen[6] (s. hierzu auch S. 461).

Darstellung. Methoden zur Reindarstellung der Nucleosid-Diphosphatase wurden bereits von Plaut[3] und Gibson u. Mitarb.[5] berichtet. Da das Enzym in der Zwischenzeit eine gewisse Bedeutung für den Nachweis anderer Enzyme, nämlich der Nucleosidmonophosphat-Kinasen (EC 2.7.4.4), erhalten hat, erschien es wichtig, Präparationen dieses Enzyms zu gewinnen, die frei von jeder Kinase-Aktivität sind. Eine neuere Methode zur Darstellung einer solchen hochgereinigten Präparation aus Kalbsleber-Acetontrockenpulver wird im folgenden beschrieben.

***Darstellung einer gereinigten Nucleosid-Diphosphatase aus Kalbsleber nach* Heppel *u. Mitarb.*[7].**

Herstellung des Acetontrockenpulvers aus Kalbsleber[8]. Leber, die von frisch geschlachteten Kälbern erhalten wird, wird in dünne Streifen geschnitten und dann in zerschlagenem Eis gekühlt. 100 g-Portionen davon werden mit je 500 ml auf $-10°$ C abgekühltem Aceton im Waring-Blendor homogenisiert. Die Rückstände werden durch Saugfiltration isoliert, noch einmal mit kaltem Aceton homogenisiert, abfiltriert und bei Zimmertemperatur getrocknet. Das Trockenpulver wird bei 2° C aufbewahrt und innerhalb von 2 Wochen verwendet.

Extraktion des Trockenpulvers. Alle weiteren Schritte werden, wenn nicht anders angegeben, bei 0—3° C ausgeführt. 30 g des Trockenpulvers werden mit 600 ml kaltem destilliertem Wasser 30 min lang unter sanftem Rühren extrahiert. Das Gemisch wird dann mit 13000 $\times$ g zentrifugiert und der Rückstand verworfen.

Erste saure Ammoniumsulfat-Fraktionierung. Der so erhaltene Extrakt (535 ml) wird mit 100 ml 0,1 n Essigsäure auf p_H 5,0 gebracht, wobei mechanisch gerührt wird. Das dabei entstehende Präcipitat wird durch Zentrifugieren von der überstehenden Lösung (Lösung A, 605 ml) abgetrennt, dann durch Mischen mit 0,05 m Natriumacetat-Lösung extrahiert und der p_H-Wert mit NH_4OH auf 7,0 eingestellt. Dabei erfolgt teilweise Lösung; der Rückstand wird abgetrennt und verworfen. Der Extrakt (etwa 104 ml) wird als Fraktion Ia bezeichnet.

Die überstehende Lösung A (605 ml) wird mit 100 g festem Ammoniumsulfat auf 0,3fache Sättigung gebracht. Dabei entsteht ein Niederschlag, der durch Zentrifugieren abgetrennt wird. Dieser Niederschlag wird, wie oben beschrieben, mit 0,05 m Natriumacetat und NH_4OH bei p_H 7,0 extrahiert, wobei 72 ml Extrakt erhalten werden (Fraktion Ib). Die Fraktionen Ia und Ib werden vereinigt (Fraktion I).

---

[1] Banga, I., and G. Josepovits; in: Szent-Györgyi, A.: Chemistry of Muscular Contraction. S. 51. New York 1947.
[2] Strominger, J. L., L. A. Heppel and E. S. Maxwell: Arch. Biochem. **52**, 488 (1954).
[3] Plaut, G. W. E.: J. biol. Ch. **217**, 235 (1955).
[4] Gregory, J. D.: Fed. Proc. **14**, 221 (1955).
[5] Gibson, D. M., P. Ayengar and D. R. Sanadi: Biochim. biophys. Acta **16**, 536 (1955).
[6] Horecker, B. L., J. Hurwitz and L. A. Heppel: Am. Soc. **79**, 701 (1957).
[7] Heppel, L. A., J. L. Strominger and E. S. Maxwell: Biochim. biophys. Acta **32**, 422 (1959).
[8] Horecker, B. L.: J. biol. Ch. **183**, 593 (1950).

Zweite saure Ammoniumsulfat-Fraktionierung. 176 ml der Fraktion I werden mit 29 g festem Ammoniumsulfat vermischt und dadurch auf 0,3fache Sättigung gebracht. Dabei entsteht ein inaktiver Niederschlag, der durch Zentrifugieren entfernt wird. Der p_H-Wert der überstehenden Lösung wird mit 13,8 ml n Essigsäure auf 4,6 gebracht. Nach 10 min Stehen wird das entstandene Präcipitat durch Zentrifugieren abgetrennt und dann, wie vorher beschrieben, mit 0,05 m Natriumacetat und NH_4OH bei p_H 7 behandelt, wobei 30,4 ml Extrakt entstehen (Fraktion II).

Alkalische Ammoniumsulfat-Fraktionierung. Fraktion II wird mit 71 ml destilliertem Wasser und 16,7 g Ammoniumsulfat vermischt, wodurch wieder 0,3fache Sättigung erreicht wird. Durch Zugabe von 1 ml einer 1 n NH_4OH-Lösung, die ebenfalls 16,7 g Ammoniumsulfat pro 100 ml enthalten muß, wird der p_H-Wert auf 8,0 gebracht. Dann werden 15,2 ml gesättigte Ammoniumsulfat-Lösung hinzugefügt, wodurch 0,39fache Sättigung erreicht wird; die dafür verwendete gesättigte Ammoniumsulfat-Lösung enthält 3,7 ml konz. NH_4OH pro Liter, und ihr p_H-Wert nach fünffacher Verdünnung mit Wasser muß 8,0 betragen. 15 min nach der Zugabe wird ein entstandener Niederschlag durch Zentrifugieren abgetrennt und verworfen. Zur überstehenden Lösung werden 165 ml der gesättigten Ammoniumsulfat-Lösung hinzugefügt (0,75fache Sättigung). Man gewinnt den ausgeschiedenen Niederschlag durch Zentrifugieren, löst in 0,05 m Acetatpuffer-Lösung, p_H 6, und dialysiert 6 Std gegen fließendes destilliertes Wasser (Fraktion III, 71 ml).

Tabelle 2. *Reinigung der Nucleosid-Diphosphatase.*

Fraktion	Einheiten gesamt	Ausbeute %	Spezifische Aktivität (Einheiten/mg Protein)*
Ausgangs-Extrakt	354000	100	61
I	172800	49	114
II	103000	29	330
III	67500	19	520
IV	30000	8,5	570
V	33500	9,5	1630

* Eine Einheit der Aktivität wird von den Autoren definiert als diejenige Enzymmenge, welche die Bildung von 1 μM anorganischem Phosphat in 1 Std katalysiert; diese Einheit wäre somit 1/60 der internationalen Einheit der Enzymwirkung.

Äthanol-Fraktionierung. Fraktion III wird mit destilliertem Wasser auf 113 ml verdünnt und dann durch Zugabe von 0,5 ml 0,1 n Essigsäure auf p_H 5,2 gebracht. Dabei bildet sich ein Niederschlag, der durch Zentrifugieren abgetrennt und in 0,05 m Natriumacetat-Lösung aufgelöst wird (Fraktion IV, 71 ml). Die überstehende Lösung wird mit 1,7 ml 2 m Acetatpuffer-Lösung, p_H 5,2, vermischt und dann unter Abkühlung auf — 4° C 13,9 ml absoluter Äthanol hinzugegeben (Äthanol-Konz. 11%). Nach 10 min wird die so erhaltene Mischung 3 min bei 13000 $\times$ g zentrifugiert; der entstandene Niederschlag wird bei — 8° C getrocknet und dann ebenfalls in 0,05 m Natriumacetat-Lösung gelöst (Fraktion V, 71 ml).

Die Ergebnisse der Reinigung werden in Tabelle 2 dargestellt.

Bemerkungen. Während die Fraktionen I—III ebenso wie der ursprüngliche Extrakt noch Nucleosidmonophosphat-Kinase enthalten, sind die Fraktionen IV und V völlig frei von dieser Verunreinigung. Die Enzymfraktionen können bei — 15° C mehrere Wochen ohne Aktivitätsverlust aufbewahrt werden; die Autoren berichten, daß Fraktion V unter diesen Bedingungen 3 Jahre lang völlig beständig ist.

Bestimmung. Grundsätzlich kann jedes Verfahren, welches das im Verlauf der Enzymreaktion freigesetzte Orthophosphat zu messen erlaubt, für die Bestimmung der Nucleosid-Diphosphatase angewandt werden. HEPPEL u. Mitarb.[1] arbeiten mit einer Inkubationsmischung, die im Gesamtvolumen von 0,08 ml 1,5 μM eines Veronal-Acetatpuffers, p_H 7,0, 0,8 μM $MgCl_2$, 1,6 μM reduziertes Glutathion, 0,01 μM EDTA, 0,03 mg kristallines Rinderserum-Albumin und 0,7 μM Inosindiphosphat enthält. Zwei Röhrchen mit dieser Inkubationsmischung, von welcher nur eine die Enzympräparation enthält, werden 30 min bei 37° C inkubiert; darauf werden 0,2 ml 2,5%ige Perchlorsäure zugesetzt

[1] HEPPEL, L. A., J. L. STROMINGER and E. S. MAXWELL: Biochim. biophys. Acta **32**, 422 (1959).

und das freigesetzte Orthophosphat nach FISKE und SUBBAROW[1] (vgl. Bd. III, S. 495ff.) bestimmt.

Eigenschaften. Nucleosid-Diphosphatase benötigt für ihre Wirkung die Anwesenheit von Mg^{++}, das auch durch Mn^{++} oder Ca^{++} ersetzt werden kann, während Be^{++} und Sr^{++} keine Wirkung haben[2]. Die Aktivität gereinigter Fraktionen wird durch Zusatz von Albumin auf etwa das Doppelte gesteigert[3].

Das Enzym wird durch 0,1 m Kaliumfluorid zu 75% gehemmt; ebenso wirken ATP und ADP als Hemmstoffe, während ITP keine derartigen Effekte hervorruft[4].

Die MICHAELIS-Konstante K_M des Enzyms aus Leber mit Inosindiphosphat als Substrat[4] liegt bei p_H 7,4 etwa bei 5×10^{-4} m.

Nucleotid-Pyrophosphatase.

[3.6.1.9 Dinucleotid-Nucleotidohydrolase.]

In der Literatur finden sich wohl einige Hinweise darauf, daß Enzyme, welche die Pyrophosphat-Bindung in den verschiedenen Coenzym-Dinucleotiden und analogen Verbindungen hydrolysieren, auch in tierischem Material (Geweben und besonders Schlangengiften[5-7]) vorkommen; im Gegensatz zu den pflanzlichen und bakteriellen Nucleotid-Pyrophosphatasen, die bereits einer ausführlichen Bearbeitung unterzogen wurden[8,9], ist aber über die Enzyme tierischen Ursprungs mit ähnlicher Spezifität noch wenig bekannt.

Nucleotid-Pyrophosphatase aus Kartoffeln[8] und aus *Proteus vulgaris*[9] hydrolysiert die Pyrophosphat-Bindungen in den Dinucleotiden NAD, NADP, FAD, UDP-Glucose, ADP-Ribose und CoA; dasselbe Enzym scheint auch imstande zu sein, ATP zu AMP und Pyrophosphat zu hydrolysieren. Über die Spezifität der tierischen Enzyme dieses Typus ist noch kaum etwas bekannt.

Eine Methode zur Bestimmung der Aktivität von Nucleotidpyrophosphatase, die auf der spektrophotometrischen Messung des während der Reaktion abgebauten NAD beruht, wird von KORNBERG[10] berichtet; sie ist allerdings in dieser Form, d.h. ohne weitere Kontrollen, nur bei gereinigten Enzympräparationen verwendbar. Ein Standardverfahren für die Bestimmung des Enzyms, das auch für Extrakte aus tierischem Material in Frage kommt, scheint noch nicht ausgearbeitet worden zu sein.

Eine ausführliche Behandlung der Nucleotid-Pyrophosphatasen wird in einem gesonderten Beitrag gegeben (s. S. 466).

Acylphosphatase.

[3.6.1.7 Acylphosphat-Phosphohydrolase.]

Allgemeines und Spezifität. Acylphosphatase ist ein Enzym, von dem man ursprünglich annahm, daß es für die Hydrolyse von Acetylphosphat spezifisch ist, das aber offensichtlich eine viel breitere Spezifität aufweist. Es scheint ziemlich ubiquitär vorzukommen und ist jedenfalls in allen bisher untersuchten tierischen Geweben nachweisbar.

Das Enzym bewirkt die hydrolytische Spaltung gemischter Anhydride zwischen Orthophosphorsäure und Carbonsäuren; unter seinen Substraten sind zu nennen: Acetylphosphat, Propionylphosphat, Butyrylphosphat, Succinylphosphat, Octanoylphosphat,

---

[1] FISKE, C. H., and Y. SUBBAROW: J. biol. Ch. **66**, 375 (1925).
[2] GREGORY, J. D.: Fed. Proc. **14**, 221 (1955).
[3] HEPPEL, L. A., J. L. STROMINGER and E. S. MAXWELL: Biochim. biophys. Acta **32**, 422 (1959)
[4] PLAUT, G. W. E.: J. biol. Ch. **217**, 235 (1955).
[5] CHAIN, E.: Biochem. J. **33**, 407 (1939).
[6] WANG, T. P., and N. O. KAPLAN: J. biol. Ch. **206**, 311 (1954).
[7] BUTLER, G. C.; in: Colowick-Kaplan, Meth. Enzymol. Bd. II, S. 564.
[8] KORNBERG, A., and W. E. PRICER jr.: J. biol. Ch. **182**, 763 (1950).
[9] SWARZ, M. N., N. O. KAPLAN and M. E. FRESH: Science, N.Y. **123**, 50 (1956).
[10] KORNBERG, A.; in: Colowick-Kaplan, Meth. Enzymol. Bd. II, S. 655.

Palmitylphosphat[1,2], 1,3-Diphosphoglycerinsäure[3], Carbamylphosphat[4] und möglicherweise Acetyladenylat[3].

Nach HARARY[3] scheinen zwei verschiedene Formen von Acylphosphatase in verschiedenen Geweben zu existieren, von denen die eine weitgehend säure- und hitzebeständig ist, während die andere diese für Enzyme außergewöhnliche Eigenschaft nicht besitzt. Im Muskel ist vornehmlich die hitzestabile Form vorhanden, während in der Leber die hitzelabile Form vorwiegt. Im Gegensatz zur hitzelabilen Form wird die hitzestabile Form durch Orthophosphat gehemmt.

Darstellung. Eine Methode zur Darstellung von hitzestabiler Acetylphosphatase aus Pferdefleisch, die im wesentlichen dem ursprünglich von LIPMANN[1] angegebenen Verfahren folgt, wird von KOSHLAND[5] berichtet.

***Darstellung von Acylphosphatase aus Pferdefleisch nach* LIPMANN[1], *modifiziert von* KOSHLAND[5].**

2,5 kg zerkleinertes Pferdefleisch werden in 7,5 l einer kochenden Lösung, die 1% KCl enthält und in bezug auf HCl 0,067 molar ist, eingerührt; der p_H-Wert der Mischung soll etwa 3,0 sein. Nach 10 min wird die Lösung so schnell wie möglich auf Zimmertemperatur abgekühlt und dann durch ein Tuch filtriert. Das Filtrat wird mit 1 m Natriumbicarbonat-Lösung neutralisiert; das sich dabei bildende Präcipitat wird abzentrifugiert und verworfen. Darauf kühlt man auf 5° C ab, setzt 400 ml einer 50%igen Trichloressigsäure-Lösung unter Rühren zu und läßt 1 Std lang stehen, wobei sich ein Niederschlag absetzt. Durch Dekantieren entfernt man den größten Teil der überstehenden Lösung; der Rest, in dem sich der Niederschlag befindet, wird mit Natriumcarbonat auf p_H 6,5 gebracht. Dann wird der Niederschlag in der Kälte abzentrifugiert. Man löst dann in ungefähr 120 ml 0,1 m Essigsäure und entfernt das Unlösliche durch Zentrifugieren. Die so erhaltene Lösung enthält etwa 50% der im ursprünglichen Extrakt vorhandenen Acylphosphatase; die spezifische Aktivität ist etwa auf das 37fache erhöht worden.

Eine Methode zur Herstellung einer Acylphosphatase aus Kälberhirn, die zu einer weitergehenden Reinigung des Enzyms führt, wird von GRISOLIA u. Mitarb.[4] angegeben.

***Darstellung von Acylphosphatase aus Kälberhirn nach* GRISOLIA *u. Mitarb.*[4].**

Zerkleinertes Kälberhirn (Fleischwolf) wird 1—2 min mit 7 Volumenteilen eiskaltem Wasser im Waring-Blendor behandelt. Man bringt mit kalter 0,1 n HCl auf p_H 4,0 und entfernt das sich dabei bildende Präcipitat durch Zentrifugieren (20 min bei 4000 $\times g$ bei 0° C). Die überstehende Lösung (Fraktion I) wird mit 0,2 Volumenteilen 0,04 m Natriumpikrat-Lösung, p_H 2,0, versetzt und zentrifugiert (wie oben). Der Niederschlag wird in wenig Wasser ($^1/_{10}$ des Volumens von Fraktion I) aufgenommen und mit kalter 0,1 n NaOH auf p_H 7,0 gebracht. Diese Mischung wird mit 4 Volumenteilen auf —40° C abgekühltem Aceton versetzt und der entstandene Niederschlag bei —20° C abzentrifugiert. Dieser wird darauf in wenig Wasser ($^1/_{50}$ Volumenteilen von Fraktion I) aufgenommen und das darin unlösliche Material durch Zentrifugieren bei 0° C entfernt. Zur überstehenden Lösung (Fraktion II) werden pro ml 0,4 ml kalte 0,15 m Natriumsulfosalicylat-Lösung, p_H 2,0, unter Rühren hinzugefügt, der entstehende Niederschlag bei 0° C abzentrifugiert und die überstehende Lösung mit 0,1 n NaOH auf p_H 8,4 eingestellt. Dazu werden unter Rühren 2 Volumenteile auf —40° C abgekühltes Aceton gegeben, der entstehende Niederschlag durch Zentrifugieren bei —20° C abgetrennt und in wenig Wasser ($^1/_{10}$ Volumenteil von Fraktion II) gelöst. Durch Entfernen des unlöslich gebliebenen Materials in der Zentrifuge erhält man Fraktion III. Eine Übersicht über

[1] LIPMANN, F.: Adv. Enzymol. **6**, 231 (1946).
[2] LEHNINGER, A. L.: J. biol. Ch. **162**, 340 (1946).
[3] HARARY, I.: Biochim. biophys. Acta **26**, 434 (1957).
[4] GRISOLIA, S., J. CARAVACA and B. K. JOYCE: Biochim. biophys. Acta **29**, 432 (1958).
[5] KOSHLAND jr., D. E.; in: Colowick-Kaplan, Meth. Enzymol. Bd. II, S. 555.

diese Reinigungsmethode wird in Tabelle 3 gegeben; die von den Autoren angegebenen Einheiten entsprechen 0,05 internationalen Enzymeinheiten.

Bestimmungsmethode. Eine Standardmethode für Acylphosphatase scheint bisher noch nicht ausgearbeitet zu sein. Alle Autoren verwenden bevorzugt Acetylphosphat als Substrat. KOSHLAND[1] arbeitet mit einer 0,006 m Acetylphosphat-Lösung in 0,066 m Acetatpuffer, p_H 5,4, bei 37° C. Bei den Arbeiten über die Acylphosphatase aus Kälberhirn erfolgt die Inkubation in einem Gesamtvolumen von 0,4 ml; die Lösung enthält 8 μM Acetylphosphat, 20 μM Acetatpuffer, p_H 6,0, und die zu prüfende Enzympräparation[2].

Die Aktivitätsbestimmung wird allgemein durch Messung des unzerstörten Substrats mit Hilfe der Hydroxamsäure-Methode von LIPMANN und TUTTLE[3] vorgenommen (vgl. Bd. III, S. 496).

Tabelle 3. *Übersicht über die Reinigung der Acylphosphatase aus Kälberhirn.*

Fraktion	Volumen ml	Gesamt-protein mg	Einheiten insgesamt	Spezifische Aktivität	Ausbeute %
Homogenat	4550	89600	140000	1,5	100
Fraktion I	4370	3060	61000	20,0	41
Fraktion II	94	724	40000	55,2	29
Fraktion III	10	165	28000	170,0	20

Eigenschaften. Die bemerkenswerte Säure- und Hitzestabilität mancher Acylphosphatase-Fraktionen wurde bereits besprochen. Die Frage, ob Mg^{++} für die Reaktion erforderlich ist, scheint noch nicht völlig geklärt zu sein. LEHNINGER[4] berichtet, daß durch Dialyse inaktivierte Enzympräparationen durch Mg^{++} reaktiviert werden; andererseits finden GRISOLIA u. Mitarb.[2] keine Aktivierung durch Mg^{++}, Mn^{++}, EDTA und Pb^{++}. Zn^{++}, UO_2^{++}, Citrat, Sulfat, Oxalat und Pyrophosphat hemmen in bestimmten Konzentrationen; Orthophosphat hemmt sehr stark, während Fluorid nur wenig hemmt.

Ein besonders interessanter Hemmeffekt wurde von HARARY[5] berichtet. Dieser Autor zeigte, daß L-Thyroxin Acylphosphatase stark hemmt, besonders wenn man das Enzym vor seiner Einwirkung auf sein Substrat mit Thyroxin 30 min inkubiert. Quantitative Untersuchungen dieses Effektes lassen sich als eine stöchiometrische Reaktion zwischen dem Enzym und dem Inhibitor deuten; in einem auffallenden Gegensatz zu diesem Befund steht die Beobachtung desselben Autors[6], daß Ratten, die mit Thyroxin behandelt wurden, wesentlich höhere Acylphosphatase-Aktivität sowohl im Muskel als auch in der Leber aufweisen.

Auf die interessanten Untersuchungen zur Aufklärung des Mechanismus der enzymatischen und nichtenzymatischen Hydrolyse von Acylphosphaten, insbesondere Acetylphosphat, kann an dieser Stelle nur kurz hingewiesen werden. Versuche mit $H_2{}^{18}O$, welche von BENTLEY[7] durchgeführt wurden, deuten darauf hin, daß die enzymatische Spaltung nach folgendem Schema vor sich geht:

$$\mathrm{CH_3\overset{\overset{\displaystyle O}{\|}}{C}-O\,\vdots\,\underset{\underset{\displaystyle O^-}{|}}{\overset{\overset{\displaystyle O^-}{|}}{P^+}}-O^- \;\rightarrow\; CH_3\overset{\overset{\displaystyle O}{\|}}{C}-O^- + H^{18}O-\underset{\underset{\displaystyle O^-}{|}}{\overset{\overset{\displaystyle O}{\|}}{P}}-O^- + H^+}$$
$$\mathrm{H\,\vdots\,{}^{18}OH}$$

[1] KOSHLAND jr., D. E.; in: Colowick-Kaplan, Meth. Enzymol. Bd. II, S. 555.
[2] GRISOLIA, S., J. CARAVACA and B. K. JOYCE: Biochim. biophys. Acta **29**, 432 (1958).
[3] LIPMANN, F., and L. C. TUTTLE: J. biol. Ch. **159**, 21 (1945).
[4] LEHNINGER, A. L.: J. biol. Ch. **162**, 340 (1946).
[5] HARARY, I.: Biochim. biophys. Acta **25**, 193 (1957).
[6] HARARY, I.: Biochim. biophys. Acta **29**, 432 (1958).
[7] BENTLEY, R.: Am. Soc. **71**, 2765 (1946).

Analoge Untersuchungen über die nichtenzymatische Spaltung von Acetylphosphat unter verschiedenen Bedingungen wurden von KOSHLAND[1,2] durchgeführt, welcher daraus interessante Rückschlüsse über den Wirkungsmechanismus der Acylphosphatase und der möglichen Beteiligung von Mg^{++} an der katalysierten Reaktion zieht.

Phosphoamidase.

[3.9.1.1 Phosphoamid-Hydrolase.]

Die enzymatische Spaltung von Phosphoamiden vom Typus des Kreatinphosphats oder des Argininphosphats wurde bereits frühzeitig beobachtet[3,4]. Trotzdem kann bis heute nicht mit Sicherheit behauptet werden, daß es sich dabei tatsächlich um ein selbständiges Enzymindividuum handelt, da verschiedene andere Enzyme als Nebenwirkung Phosphoamide hydrolysieren. So wird von zahlreichen Autoren[5-9] berichtet, daß mehr oder minder gereinigte Präparationen gruppenspezifischer Phosphomonoesterasen (alkalische und saure Phosphatasen) die Fähigkeit, C—N-Bindungen zu spalten, besitzen. In allen diesen Fällen ist es durchaus möglich, daß die Phosphoamidase-Wirkung nicht der Phosphatase, sondern einem in der Präparation vorhandenen selbständigen Enzym zuzuschreiben ist. Auch über die Phosphoamidase-Wirkung von proteolytischen Enzymen (Pepsin, Trypsin und Rennin) wird berichtet[10]; diese Befunde konnten aber von anderen Autoren nicht bestätigt werden[11].

Neuere Untersuchungen lassen eine Identität der Phosphoamidase mit der Phosphoproteidphosphatase (systematischer Name: Phosphoproteid-Phosphohydrolase, EC 3.1.3.16; vgl. Bd. VI/B, S. 1000) annehmen. Bei der weitgehenden Reinigung dieses Enzyms[12-14] zeigt sich in allen Schritten eine weitgehende Parallelität zwischen den Phosphoproteidphosphatase- und den Phosphoamidase-Aktivitäten.

Außer den bereits genannten natürlichen Substraten Kreatinphosphat und Argininphosphat werden zum Nachweis der Phosphoamidase-Wirkung auch das Phosphoamidat sowie N-(p-Chlorphenyl)-diamidophosphat und N-(p-Methoxyphenyl)-amidophosphat verwendet.

SINGER und FRUTON[12] bestimmen die Phosphoamidase-Aktivität in einer Reaktionsmischung, die im Gesamtvolumen von 1 ml in bezug auf Natriumphosphoamidat 0,006 molar, in bezug auf β-Mercaptoäthanol 0,02 molar, in bezug auf Acetatpuffer (p_H 6,0) 0,1 molar ist und die zu prüfende Enzympräparation enthält. Zu Beginn und nach 10 min Inkubation bei 38° C werden 0,2 ml entnommen und der entstandene Ammoniak mit der Mikrodiffusionsmethode von CONWAY[15] (vgl. Bd. III, S. 17) bestimmt. Als Kontrollversuch wird ein gleichartiger Ansatz, der aber kein Enzym enthält, ebenfalls nach 0 min und nach 10 min Inkubation analysiert; die auf diese Weise erhaltenen Werte dienen zur Korrektur der bei den Enzymversuchen erhaltenen Ergebnisse; sie geben das Maß der langsamen Spontanhydrolyse von Phosphoamidat bei p_H 6,0. SINGER und FRUTON[12] definieren ihre Einheit der Enzymwirkung als diejenige Menge, die 1 μM NH_3 unter den

---

[1] KOSHLAND, D. E.; in: McElroy-Glass, Phosphorus Metabolism, Bd. I, S. 536.
[2] KOSHLAND jr., D. E.: Am. Soc. **74**, 2286 (1952).
[3] ICHIHARA, M.: J. Biochem., Tokyo **18**, 87 (1933).
[4] WALDSCHMIDT-LEITZ, E.: B. Z. **258**, 360 (1933).
[5] WINNICK, T., and E. M. SCOTT: Arch. Biochem. **12**, 201, 209 (1947).
[6] MEYERHOF, O., and H. GREEN: J. biol. Ch. **178**, 655 (1949); **183**, 377 (1950).
[7] PERLMANN, G. E.; in: McElroy-Glass, Phosphorus Metabolism, Bd. II, S. 167.
[8] MORTON, R. K.: Nature **172**, 65 (1953).
[9] MØLLER, K. M.: Biochim. biophys. Acta **16**, 162 (1955).
[10] HOLTER, H., and SI-OH-LI: Acta chem. scand. **4**, 1321 (1950).
[11] GÜNTELBERG, A. V., and M. OTTESEN: C. R. Lab. Carlsberg, Sér. chim. **29**, 36 (1954).
[12] SINGER, M. F., and J. S. FRUTON: J. biol. Ch. **229**, 111 (1957).
[13] HOFMAN, T.: Biochem. J. **69**, 139 (1958).
[14] GLOMSET, J. A.: Biochim. biophys. Acta **32**, 349 (1959).
[15] CONWAY, E. J.: Biochem. J. **29**, 2755 (1935).

geschilderten Bedingungen innerhalb 10 min freisetzt; diese Einheit würde $^1/_{10}$ einer internationalen Standardeinheit entsprechen.

Methoden zum histochemischen Nachweis der Phosphoamidase-Wirkung wurden von GOMORI[1] und von MEYER und WEINMANN[2] ausgearbeitet. Die Spezifität der mit diesen Verfahren erhaltenen Effekte muß allerdings als fraglich bezeichnet werden[3].

Contractile Adenosintriphosphatasen.

[3.6.1.3 Contractile ATP-Phosphohydrolasen.]

Von

Wilhelm Hasselbach und Hans Hermann Weber*.

Definition der „contractilen" ATPasen.

Es ist im ganzen Reich des Lebens nur eine Eiweißstruktur bekannt, die sich kontrahiert, während sie ATP spaltet. Diese Eiweißstruktur, die Actomyosinstruktur**, ist infolgedessen die „contractile" ATPase im genauen Sinn des Wortes. Die Actomyosinstruktur ist anscheinend das einzige contractile System aller Muskeln und sehr vieler beweglicher Einzelzellen[4].

Die Actomyosinstruktur ist komplex. Da sie unter geeigneten Bedingungen dissoziiert (vgl. S. 418 ff.), können aus dem Komplex die Komponenten isoliert werden. Die eine Komponente, das L-Myosin** oder kürzer, aber unklarer das Myosin**, spaltet auch in isoliertem Zustand ATP. Wir bezeichnen es infolgedessen als L-Myosin-ATPase. Die andere Komponente, das F-Actin, besitzt in isoliertem Zustand keine ATPase-Aktivität. Dagegen ist das F-Actin im Actomyosinkomplex durch eine Interaktion mit dem L-Myosin an der ATP-Spaltung entscheidend beteiligt. Infolgedessen verhalten sich die Actomyosin-ATPase und die L-Myosin-ATPase in ihren Eigenschaften verschieden (vgl. S. 414 ff.), so daß auch zwei verschiedene enzymatische Mechanismen angenommen werden müssen[5,6].

Strukturen, die aus reinem L-Myosin bestehen, sind nicht in der Lage, sich während der ATP-Spaltung aktiv zu kontrahieren. Man kann aber auch die L-Myosin-ATPase zu den contractilen ATPasen rechnen, wenn die Bezeichnung nur sagen soll, daß die ATP-Spaltung durch das betreffende Protein im normalen Kontraktionscyclus vorkommt. Der Kontraktionscyclus aber sieht so aus: Solange ATP vorhanden ist und Actin und L-Myosin zu Actomyosin assoziiert sind, wird das ATP von der Actomyosin-ATPase gespalten, und Kontraktion findet statt (Kontraktionsphase des Cyclus). Wenn aber der Actomyosinkomplex im Muskel dissoziiert, so daß die ATP-Spaltung von der L-Myosin-ATPase übernommen werden muß, tritt Erschlaffung ein (Erschlaffungsphase). Die Aktivität der Actomyosin-ATPase ist also mit der Kontraktionsphase und die Aktivität der L-Myosin-ATPase mit der Erschlaffungsphase des Kontraktionscyclus verbunden.

* Institut für Physiologie im Max Planck-Institut für medizinische Forschung, Heidelberg.

** Für Actomyosin wird nicht selten die Bezeichnung Myosin B und für L-Myosin die Bezeichnung Myosin A gebraucht. (Weitere seltener angewandte Bezeichnungen für Actomyosin und L-Myosin sind im Abschnitt PENDL und FELIX[5] zu finden.)

[1] GOMORI, G.: Proc. Soc. exp. Biol. Med. **69**, 407 (1948). Microscopic Histochemistry. Chicago 1952.
[2] MEYER, J., and J. P. WEINMANN: J. Histochem. Cytochem. **3**, 134 (1955).
[3] Vgl. dazu auch DEANE, H. W., R. J. BARNETT and A. M. SELIGMAN; in: Handb. Histochem. (GRAUMANN-NEUMANN) Bd. VII/1, S. 151.
[4] Vgl. WEBER, H. H.: The Motility of Muscle and Cells. Cambridge, Mass. 1958.
[5] PENDL, J., u. K. FELIX: Dieses Handbuch, Bd. IV/1, S. 496.
[6] SZENT-GYÖRGYI, A.: Chemistry of Muscular Contraction. New York 1951.

Das bedeutet ferner, daß es sinnlos ist, die L-Myosin-ATPase zu studieren, falls man die Beziehungen zwischen Kontraktionsvorgang und ATP-Spaltung analysieren will. Dies ist häufig übersehen worden.

Aus der L-Myosin-ATPase lassen sich durch milde Proteolyse (vgl. S. 417) noch einige weitere ATPasen herstellen: die ATPasen der verschiedenen H-Meromyosine. Das Molekül des L-Myosin ist nämlich so groß — es werden Molekülgewichte zwischen 400000 und 800000 diskutiert[1] —, daß nur begrenzte Teile dieses Moleküls Sitz der ATPase-Aktivität sind. Diese enzymatisch aktiven Teile lassen sich als sog. H-Meromyosine proteolytisch von den inaktiven Teilen, den L-Meromyosinen, abspalten und anschließend isolieren[2,3]. Nahezu die ganze ATPase-Aktivität des L-Myosin findet sich dann in den H-Meromyosinen. Auch die H-Meromyosine werden in diesem Beitrag behandelt, weil sie aus „contractilen" ATPasen hergestellt sind, obwohl sie weder mit dem Kontraktionsvorgang noch mit dem Kontraktionscyclus unmittelbar etwas zu tun haben.

Die Aktivierung und die Unterschiede der ATP-Spaltung durch Actomyosin, L-Myosin und H-Meromyosin.

Für Versuche mit Actomyosinpräparaten ist es wichtig, die Unterschiede im Verhalten der Actomyosin-ATPase und der L-Myosin-ATPase zu kennen. Denn Actomyosinpräparate besitzen nur dann Actomyosin-ATPase-Aktivität, wenn Actin und L-Myosin assoziiert sind, und zeigen L-Myosin-ATPase-Aktivität, wenn die Komponenten dissoziiert sind (vgl. S. 418 ff.). Da wahrscheinlich die Bedingungen des assoziierten und dissoziierten Zustandes noch keineswegs vollständig bekannt sind, ist es bei neuartigen Versuchsansätzen notwendig, zu prüfen, welche Art der ATPase-Aktivität das Actomyosinpräparat unter den gegebenen Umständen ausübt. Das ist möglich, weil beide ATPasen sowohl in ihren Aktivitätsbedingungen wie in ihrer Kinetik verschieden sind.

Die Actomyosin-ATPase ist optimal aktiviert bei etwa physiologischer Ionenstärke (etwa 10^{-2} m Magnesium[4,5], $\gtrsim 10^{-6}$ m freie Ca^{++} [6] p_H 7—8[7,8], $\mu \sim 0{,}1$[7,9]), während unter den gleichen Bedingungen die L-Myosin-ATPase weitgehend gehemmt ist (vgl. S. 421, Tabelle 1b). Durch Magnesium wird die Aktivität der L-Myosin-ATPase im übrigen auch bei hoher Ionenstärke stark gehemmt. Die beiden p_H-Optima der L-Myosin-ATPase liegen abseits des physiologischen Wertes bei p_H 6—6,5 und $p_H > 9$[10].

Wenn in Abwesenheit des Magnesium, das im lebenden Muskel reichlich vorhanden ist (1×10^{-2} m), als Erdalkali 10^{-2} m Calcium (Calcium im Muskel $\sim 10^{-3}$ m) anwesend ist, werden sowohl die Actomyosin-ATPase wie auch die L-Myosin-ATPase stark aktiviert, und zwar beide annähernd gleich stark[11,12] (vgl. auch S. 421, Tabelle 1b). Wenn Magnesium und Calcium nebeneinander anwesend sind, verläuft die ATP-Spaltung durch beide ATPasen so, als wäre nur Magnesium anwesend, solange die Calciumkonzentration nicht mindestens zehnmal größer ist als die Magnesiumkonzentration[13].

Durch Erdalkalikomplexbildner wie EDTA oder sog. Hexametaphosphat wird die Actomyosin-ATPase stark gehemmt[9,14–16].

1 Vgl. Szent-Györgyi, A. G.: Structure and Function of Muscle. Bd. II. New York 1960.
2 Szent-Györgyi, A. G.: Arch. Biochem. **42**, 305 (1953).
3 Gergely, J., M. A. Gouvea and D. Karibian: J. biol. Ch. **212**, 165 (1955).
4 Hasselbach, W.: Biochim. biophys. Acta **20**, 355 (1956).
5 Perry, S. V., and T. C. Grey: Biochem. J. **64**, 184 (1956).
6 Weber, A., and R. Herz: J. biol. Ch. **238**, 599 (1963).
7 Sarkar, N. K., A. G. Szent-Györgyi u. L. Varga: Enzymologia **14**, 267 (1950).
8 Bárány, M., and K. Bárány: Biochim. biophys. Acta **41**, 204 (1960).
9 Hasselbach, W.: Biochim. biophys. Acta **25**, 365 (1957).
10 Mommaerts, W. F. H. M., and I. Green: J. biol. Ch. **208**, 833 (1954).
11 Hasselbach, W.: Z. Naturforsch. **7b**, 163 (1952).
12 Nanninga, L. B.: Biochim. biophys. Acta **36**, 191 (1959).
13 Ulbrecht, M.: Biochim. biophys. Acta **57**, 438 (1962).
14 Perry, S. V., and T. C. Grey: Biochem. J. **64**, P 5 (1956).
15 Bendall, J. R.: Arch. Biochem. **73**, 283 (1958).
16 Ebashi, S., F. Ebashi and Y. Fujie: J. Biochem. **47**, 54 (1960).

Die L-Myosin-ATPase wird bei hoher Ionenstärke (0,4 μ) durch EDTA stark gefördert, bei niedriger Ionenstärke wird dagegen auch die L-Myosin-ATPase durch EDTA deutlich gehemmt[1].

Ferner hängt die Intensität des Einflusses der Komplexbildner für die L-Myosin-ATPase anscheinend stark von der Art der anwesenden einwertigen Kationen ab: Der Einfluß ist z.B. für K^+ oder NH_4^+ einerseits und für Na^+ oder Li^+ andererseits sehr verschieden[2].

Schließlich ergibt sich ein weiterer charakteristischer Unterschied der beiden ATPasen, wenn neben der Spaltungsgeschwindigkeit des ATP auch die Spaltungsgeschwindigkeiten der übrigen Nucleosidtriphosphate (NTP) berücksichtigt werden. Im *Actomyosin-Gel* nimmt sowohl bei Calcium- als auch bei Magnesiumaktivierung die Spaltungsgeschwindigkeit vom Diacetyl-ATP (Acetylierung an der Ribose) über ATP, CTP, UTP, ITP bis zum GTP ab. Im L-Myosin-Sol oder L-Myosin-Gel nimmt die Spaltung der NTP in der gleichen Reihenfolge nicht ab, sondern zu, und zwar sowohl bei Calcium- als auch bei Magnesiumaktivierung[3].

Beide ATPasen spalten ATP bis zu einem Umsatz von 50% mit gleichförmiger Geschwindigkeit (Kinetik nullter Ordnung), wenn die Spaltung über längere Zeit verfolgt wird. In sehr kurzfristigen Versuchen zeigt sich dagegen, daß die ATP-Spaltung explosiv mit einer Geschwindigkeit einsetzt, die 3—6mal so groß ist wie die stationäre Spaltungsgeschwindigkeit[4,5]. Diese Anfangsspaltung sinkt in $\sim$1 min auf die konstante Spaltungsgeschwindigkeit der Reaktion nullter Ordnung ab.

Über die Aktivierungsbedingungen und die Kinetik der Meromyosine ist viel weniger bekannt als über die der L-Myosin- und Actomyosin-ATPasen. In der Magnesiumhemmung, der Aktivierung durch EDTA oder Calcium und ihrer p_H-Abhängigkeit verhalten sich die H-Meromyosin-ATPasen ähnlich wie die L-Myosin-ATPase, von der sie ja auch abstammen[6].

Die Präparation von Actomyosin, L-Myosin und H-Meromyosin.

Die Mehrzahl der Verfahren, mit denen Actomyosin und L-Myosin extrahiert und getrennt werden, ist in dem Abschnitt „Eiweiß, deskriptiver Teil, Muskelproteine" (J. Pendl u. K. Felix, Bd. IV/1, S. 496) beschrieben. Es werden deshalb nur drei neuere Trennungsverfahren ergänzend angegeben.

1. Es ist möglich, Actomyosinlösungen bei einer Ionenstärke von 0,6 μ durch Magnesium-ATP oder Magnesiumpyrophosphat zur vollständigen Dissoziation zu bringen und das F-Actin durch präparatives Ultrazentrifugieren zu sedimentieren. Der Überstand enthält reines L-Myosin. Das Verfahren ist aufwendig und ergibt aus technischen Gründen nur kleine Mengen von L-Myosin[7].

2. Actomyosinlösungen können auf eine Kaliumjodidkonzentration von 0,6 m gebracht werden. Dadurch wird das F-Actin des Actomyosin zu G-Actin depolymerisiert und das G-Actin denaturiert, ohne unlöslich zu werden[8]. Wenn dann die Kaliumjodidkonzentration durch Dialyse oder Verdünnung auf 0,1 m herabgesetzt wird, fällt L-Myosin aus, das recht rein zu sein scheint. Das Verfahren gestattet die Präparation größerer L-Myosinmengen.

3. Man kann aus Actomyosinpräparaten nicht nur L-Myosinpräparate herstellen, sondern zusätzlich auch das Actin isolieren nach einem Verfahren von Bárány[9].

[1] Friess, E. T.: Arch. Biochem. **51**, 17 (1954).
[2] Kielley, W. W., H. M. Kalckar and L. B. Bradley: J. biol. Ch. **219**, 95 (1956).
[3] Hasselbach, W.: Biochim. biophys. Acta **20**, 355 (1956).
[4] Weber, A., and W. Hasselbach: Biochim. biophys. Acta **15**, 237 (1954).
[5] Tonomura, Y., and S. Kitagawa: Biochim. biophys. Acta **40**, 135 (1960).
[6] Gergely, J., M. A. Gouvea and D. Karibian: J. biol. Ch. **212**, 165 (1955).
[7] Weber, A.: Biochim. biophys. Acta **19**, 345 (1956).
[8] Szent-Györgyi, A. G.: J. biol. Ch. **192**, 361 (1951).
[9] Bárány, M., and K. Bárány: Biochim. biophys. Acta **41**, 204 (1960).

Actomyosinflocken werden bei niedriger Ionenstärke mit einem Interaktionsinhibitor (vgl. S. 418 ff.) und ATP versetzt. Unter diesen Umständen dissoziiert das Actomyosin der Flocken in wasserlösliches F-Actin und unlösliches L-Myosin, die durch Zentrifugation voneinander getrennt werden können[1].

Die drei genannten Verfahren sind dann von Bedeutung, wenn es nicht gelingt, aus dem Muskel Extrakte herzustellen, die neben Actomyosin auch größere Mengen an L-Myosin enthalten. Die Herstellung von Extrakten, die reich an L-Myosin sind, hat sich bei vielen glatten Muskeln — Uterus[2,3], Schließmuskel der Muscheln[4] — sowie bei Herzmuskulatur[5] und der Skeletmuskulatur der Fische[6] als schwierig oder unmöglich erwiesen. Denn aus allen diesen Muskeln wird Actin, in Gegensatz zu den Skeletmuskeln der Warmblüter, offenbar ebenso schnell oder schneller extrahiert als L-Myosin. Für den präparativen Nachweis, daß auch in solchen Extrakten L-Myosin als Komponente des extrahierten Actomyosins enthalten ist, sind die drei genannten Methoden unentbehrlich. Tatsächlich benutzt wurde bisher für solche Zwecke allerdings nur das erste Verfahren.

Bei allen Verfahren der Präparation von Actomyosin und L-Myosin, auch bei den klassischen Verfahren[7], muß auf einen Punkt geachtet werden, dessen Gewicht erst in jüngster Zeit bekanntgeworden ist.

Bei der Extraktion der contractilen Proteine aus den Muskeln und erst recht bei Verwendung von Muskelfasern und -fibrillen als APTase sind die Präparate immer mehr oder minder mit ATPasen granulärer Elemente verunreinigt. Diese Verunreinigung ist klein, wenn als Ausgangsmaterial Skeletmuskulatur der Wirbeltiere verwendet wird. Sie ist sehr viel größer, wenn es sich um Herzmuskel oder glatte Muskeln wie die Uterusmuskulatur[2,8] handelt. Die Verunreinigung ist außerordentlich groß und beherrscht das Bild der ATP-Spaltung, wenn Actomyosin aus beweglichen Einzelzellen extrahiert wird[9].

Es ist deshalb für viele Untersuchungen der ATPase-Aktivität notwendig, die Grana zu entfernen. Hierfür wird der Muskel zunächst sehr fein zerkleinert (5 min mit einem Homogenisator bei 0° C, eventuell in Etappen, unterbrochen durch Kühlungsperioden). Die kleinen Fibrillenbruchstücke werden mindestens fünfmal auf der Zentrifuge bei niedriger g-Zahl gewaschen. Der Hauptteil der Grana bleibt in dem Überstand. Ein Teil der Grana sitzt aber an und zwischen den Fibrillen fest. Die ATPase-Aktivität dieser Grana kann vernachlässigt werden, wenn es sich um Skeletmuskulatur handelt, die sehr viel Fibrillen und außerdem Fibrillen mit einer hohen ATPase-Aktivität enthält. Die ATP-Spaltung der contractilen Proteine der Herzmuskulatur, der Uterusmuskulatur[8] und ganz besonders der beweglichen Einzelzellen wird dagegen durch die ATPase-Aktivität der anhaftenden Granareste sehr stark verzerrt (z.B. Herz), ja völlig überdeckt (z.B. bewegliche Einzelzellen)[9].

Die Grana werden weit vollständiger beseitigt, wenn anschließend an die Waschungen das Actomyosin aus den Fibrillen extrahiert und dann 2—3mal umgefällt wird[10]. Man erhält auf diese Weise praktisch granafreie Präparate, wenn als Ausgangsmaterial Skeletmuskulatur verwendet wurde. Präparate aus glatter Muskulatur enthalten auch dann noch geringfügige Granaverunreinigungen, die aber in erträglichen Grenzen bleiben. Das Verfahren hat den Nachteil, daß labile Actomyosinpräparate aus glatten Muskeln und Herzmuskeln durch mehrmalige Umfällungen oft geschädigt werden.

---

[1] BÁRÁNY, M., and K. BÁRÁNY: Biochim. biophys. Acta **41**, 204 (1960).
[2] LEDERMAIR, O.: Arch. Gynäk. **192**, 109 (1959).
[3] HUYS, J.: Arch. int. Physiol. **68**, 445 (1960).
[4] RÜEGG, J. C.: Proc. Roy. Soc. B **154**, 209 (1961).
[5] ELLENBOGEN, E., R. IYENGAR, H. STERN and R. T. OLSON: J. biol. Ch. **235**, 2642 (1960).
[6] CONNELL, J. J.: Biochem. J. **70**, 81 (1958).
[7] PENDL, J., u. K. FELIX: Dieses Handbuch, Bd. IV/1, S. 496.
[8] NEEDHAM, D. M., and J. M. CAWKWELL: Biochem. J. **63**, 337 (1956).
[9] HOFFMANN-BERLING, H.: Biochim. biophys. Acta **19**, 453 (1956).
[10] ULBRECHT, M.: Biochim. biophys. Acta **57**, 438 (1962).

In solchen Fällen empfiehlt es sich, den Extrakt der fünfmal gewaschenen Fibrillen auf eine Proteinkonzentration von 0,3—0,5% zu verdünnen und die Grana aus der Eiweißlösung hochtourig abzuzentrifugieren (1 Std mit 100000 $\times g$). Während der langen Zentrifugation sedimentieren nicht nur die Grana, sondern auch die schweren Komponenten des Actomyosin. Diese befinden sich als gallertige Masse unmittelbar über den fest zusammenzentrifugierten Grana im unteren Drittel der Zentrifugenröhrchen. Auch der gallertige Anteil des Actomyosin kann zusammen mit dem Überstand abgegossen werden, wenn man das Zentrifugenglas zuvor ein wenig schüttelt und es dann einige Minuten auslaufen läßt.

Wenn die contractilen Proteine ohne vorherige ausgiebige Waschungen des zerkleinerten Muskels extrahiert werden, enthalten die Extrakte die Majorität der Grana. Aus einem solchen granareichen Ausgangsmaterial werden die Grana auch durch zahlreiche Umfällungen nur unvollständig entfernt. Selbst nach 7—8 Umfällungen ist der Granagehalt der Proteinlösungen noch von etwa der gleichen Größe wie in den vielfach gewaschenen Fibrillen ohne Extraktion. Infolgedessen müssen überall da, wo es auf sehr weitgehende Entfernung der Grana ankommt (Uterus, Herz), Waschungen des feinzerkleinerten Muskels und Reinigung des Extraktes mit einem der oben angegebenen Verfahren kombiniert werden. Dieses aufwendige Verfahren ist selbst bei Skeletmuskel notwendig, wenn in den ATPase-Studien nicht nur der ATP-Umsatz, sondern z.B. auch der Phosphataustausch zwischen ATP und ADP studiert werden soll. Denn der Austausch durch die Grana ist außerordentlich groß und durch die contractilen Proteine sehr klein oder Null[1].

Der Erfolg der Reinigungsverfahren kann kontrolliert werden durch Salyrganvergiftung der Actomyosinpräparate. In Anwesenheit von 10^{-3} m Salyrgan ist die Actomyosin-ATPase vollständig vergiftet[2], während von den Grana-ATPasen nur etwa die Hälfte vergiftet wird[3]. Ein unvergiftbarer Rest von ATPase-Aktivität von 3% würde also die Anwesenheit einer totalen Grana-ATPase-Aktivität von 6% anzeigen. Ein empfindlicheres, aber sehr viel aufwendigeres Testverfahren besteht in der Prüfung des Phosphataustausches zwischen ATP und AD^{32}P, weil nur die Grana einen solchen Austausch bewirken (vgl. oben)[1].

H-Meromyosine entstehen durch Verdauung von hochgereinigten L-Myosinen mit Proteasen, wie Trypsin[4], Chymotrypsin[5], Subtilisin und Proteasen[6] von Schlangengiften. Die Eigenschaften der jeweilig entstehenden Meromyosine werden von den Autoren als einigermaßen gleich angesehen. Wirklich gründlich untersucht sind die H-Meromyosine durch Trypsin- und Chymotrypsin-Proteolyse. Eine einigermaßen erschöpfende Aufteilung in ATPase-aktive H-Meromyosine und inaktive L-Meromyosine tritt nur ein, wenn die Proteolyse in den Anfangsstadien unterbrochen wird. Weitergehende Verdauung führt zu einer Unterteilung in wesentlich mehr Fraktionen, von denen allerdings immer noch die eine oder andere Unterfraktion ATPase-Aktivität besitzt[7].

Die rechtzeitige Unterbrechung der Andauung mit Trypsin oder Chymotrypsin wird viscosimetrisch kontrolliert. Die Viscositätskurve fällt während der Entstehung der Meromyosine sehr steil ab und biegt hinterher mit einem scharfen Knick in einen nur noch wenig abfallenden Kurventeil um. Die Zeitdauer bis zu diesem Knick der Kurve und die Höhe der Viscosität an dem Knick der Kurve hängen so stark von den individuellen Bedingungen des Ansatzes ab, daß dafür keine eindeutigen Zahlenwerte gegeben werden können. Es muß also jeweils in einem Vorversuch geklärt werden, nach welcher

[1] ULBRECHT, M.: Biochim. biophys. Acta **57**, 438 (1962).
[2] WEBER, A., and W. HASSELBACH: Biochim. biophys. Acta **15**, 237 (1954).
[3] HOFFMANN-BERLING, H.: Biochim. biophys. Acta **19**, 453 (1956).
[4] MIHÁLYI, E., and A. G. SZENT-GYÖRGYI: J. biol. Ch. **201**, 189 (1953).
[5] GERGELY, J., M. A. GOUVEA and D. KARIBIAN: J. biol. Ch. **212**, 165 (1955).
[6] Vgl. SZENT-GYÖRGYI, A. G.: Structure and Function of Muscle. Bd. II, S. 1. New York 1960.
[7] MUELLER, H., and S. V. PERRY: Biochem. J. **80**, 217 (1961).

Zeit und bei welcher Viscosität der Knick auftritt. Bei der Präparation wird dann der Viscositätsabfall in einem gleichartigen Ansatz für die Spaltungszeit bis zur Viscositätshöhe des Kurvenknickes verfolgt und dann die Spaltung unterbrochen. Für Chymotrypsin wird empfohlen, eine 1%ige Myosinlösung bei p_H 7,5 5 min mit 0,06 mg Chymotrypsin pro ml bei 25° C zu verdauen. Das Chymotrypsin wird mit Diisopropylfluorphosphat (10^{-4} m) inaktiviert[1]. Für Trypsin wird empfohlen, eine 1%ige Myosinlösung mit 0,05 mg pro ml Trypsin bei p_H 8,8 und Zimmertemperatur etwa 10—12 min zu verdauen. Inaktivierung des Trypsins erfolgt durch Trypsininhibitor (2 Teile Trypsininhibitor auf 1 Teil Trypsin)[2].

Die Bedingungen der Dissoziation von Actomyosin und deren Folgen für die ATP-Spaltung.

Reine L-Myosin-Präparate geben Auskunft über die Eigenschaften der L-Myosin-ATPase. Reine Actomyosinpräparate geben dagegen nur dann Auskunft über die Actomyosin-ATPase, wenn Actin und L-Myosin assoziiert sind. Im entgegengesetzten Fall wird auch mit *Actomyosin* die *L-Myosin*-ATPase untersucht. Deshalb muß in jedem Fall der Zustand des Actomyosin bekannt sein. Hierfür gilt:

1. Das Actomyosin dissoziiert, wenn die Konzentration des Substrates ATP einen bestimmten oberen Grenzwert überschreitet.

2. Die Höhe dieses Grenzwertes ist beträchtlich, wenn die Ionenstärke niedrig ist[3], und sie ist außerordentlich klein, wenn die Ionenstärke größer als 0,3 μ ist[4].

3. Diese Grenzkonzentration kann um Größenordnungen erniedrigt werden, wenn sog. Interaktionsinhibitoren zugegen sind (z.B. Erschlaffungsfaktor)[3].

Weil Argumente dafür vorhanden sind, daß die Dissoziationsneigung von Actomyosin und damit die ATP-Konzentration, die zur Dissoziation führt, von der Temperatur abhängen, werden wir im folgenden im wesentlichen die Situation bei Zimmertemperatur beschreiben.

Zu 1. und 2. Wenn die Ionenstärke des Systems $>0,4\,\mu$ ist (meist werden 0,5 oder 0,6 m KCl oder KCl-Phosphatgemische von 0,6 μ verwendet), tritt bereits in Anwesenheit von 5×10^{-6} m ATP[4] vollständige Dissoziation ein. Die Dissoziation ist unabhängig davon, ob zu Zwecken der Aktivierung dem Ansatz Magnesium- oder Calciumionen oder überhaupt keine Erdalkaliionen hinzugefügt werden. Zusammengefaßt heißt das: In Lösungen einer Ionenstärke $>0,4\,\mu$ ist die ATP-Spaltung durch gelöstes Actomyosin immer eine Spaltung durch L-Myosin. Dies gilt dagegen nicht, wenn das ATP als Substrat durch einige andere Nucleosidtriphosphate, wie z.B. Inosintriphosphat (ITP) und Guanosintriphosphat (GTP), ersetzt wird. Denn diese Substrate bringen das Actomyosin nur in hoher Konzentration zu vollständiger Dissoziation[5,6].

Bei Ionenstärken von etwa 0,1 μ in Ansätzen, die frei sind von ATPase-Giften oder Interaktionsinhibitoren, hängt die Dissoziation von Actomyosin durch ATP in komplizierter Weise von der Konzentration des zugesetzten Magnesium ab[7,8]. Man erhält immer dann eine reine Actomyosin-ATPase-Aktivität, wenn die zugesetzte Menge an Magnesium und ATP gleich ist — auch bei hohen ATP-Konzentrationen ($\gtrsim 10^{-2}$ m). In Gegenwart solcher äquivalenter Mengen von Magnesium und ATP ist die Spaltungsgeschwindigkeit zwischen 10^{-3} m und 10^{-2} m Magnesium-ATP praktisch gleich und maximal (0,3 bis 0,5 μM × mg Actomyosin × $\min^{-1}$).

[1] Gergely, J., M. A. Gouvea and D. Karibian: J. biol. Ch. **212**, 165 (1955).
[2] Szent-Györgyi, A. G., C. Cohen and D. E. Philpott: J. mol. Biol. **2**, 133 (1960).
[3] Bárány, M., and F. Jaisle: Biochim. biophys. Acta **41**, 192 (1960).
[4] Mommaerts, W. F. H. M., and J. Hanson: J. gen. Physiol. **39**, 831 (1956).
[5] Hasselbach, W.: Biochim. biophys. Acta **25**, 365 (1957).
[6] Mommaerts, W. F. H. M.: J. gen. Physiol. **31**, 361 (1948).
[7] Geske, G., M. Ulbrecht u. H. H. Weber: A.e.P.P. **230**, 301 (1957).
[8] Perry, S. V., and T. C. Grey: Biochem. J. **64**, 184 (1956).

Wird dagegen in der einzelnen Versuchsreihe die Konzentration des zugegebenen Mg konstant gehalten und nur die ATP-Konzentration variiert, so erhält man ein schmales ATP-Optimum. Diese Optima liegen in jeder Versuchsreihe verschieden je nach der Mg-Konzentration, und zwar immer bei Äquivalenz der Magnesium- und ATP-Konzentration[1,2].

Dieses unübersichtliche Verhalten beruht darauf, daß Magnesium und ATP hochaffine Komplexe bilden[3,4], so daß keine einfache Beziehung zwischen den zugegebenen und den „aktuellen" Konzentrationen besteht, wenn Mg und ATP nebeneinander zugegeben werden. (Für die Berechnung der „aktuellen" Konzentrationen und weitere Einzelheiten vgl. S. 422f.)

Ein verhältnismäßig einfaches Bild des Bereiches der ATP-Konzentration, in dem ATP die Dissoziation von Actomyosin bewirkt, ergibt sich, wenn der Abfall der ATP-Spaltung, d.h. die Zunahme der Actomyosin-Dissoziation, über der Abszisse „Molarität der freien ATP-Ionen" aufgetragen wird[1]. Dann beginnt der Abfall der Spaltungsgeschwindigkeit von der Aktivität der Actomyosin-ATPase auf die Aktivität der L-Myosin-ATPase bei einer Konzentration des freien ATP $\sim 10^{-3}$ m und ist vollständig bei einer Konzentration $\sim 10^{-2}$ m. Dieses Ergebnis ist weitgehend unabhängig von der Gesamtkonzentration des zugesetzten ATP und des zugesetzten Magnesium.

Zu 3. Als Interaktionsinhibitoren sind in systematischen Studien der Actomyosindissoziation bisher definiert[5,6]:

a) Polykationen, wie Protamin und Polylysin.

b) Polyanionen, wie EDTA und die Polysulfonsäuren von Fuadin bis Heparin und Polyäthensulfonat. Einige Glieder dieser Reihe senken nicht nur die ATP-Schwelle, bei der die Actomyosin-ATPase dissoziiert, sondern vergiften zusätzlich auch noch die L-Myosin-ATPase, die durch die Dissoziation geschaffen wird[5]. Ob das so ist, muß im Einzelfall aus der Literatur oder im eigenen Experiment festgestellt werden. Die Polyanionen und die Polykationen sind oft schon in erstaunlich niedrigen Konzentrationen sehr wirksam.

c) Schließlich gehören zu den Interaktionsinhibitoren auch noch fast alle Säureamide, wenn sie in höherer Konzentration anwesend sind, und

d) der physiologische Erschlaffungsfaktor, der sich nur in granahaltigen Präparaten findet. Der Erschlaffungsfaktor hat für die richtige Anlage von Versuchen über ATP-Spaltung deshalb eine besondere Bedeutung, weil er der einzige Interaktionsinhibitor ist, der ohne Wissen und gegen den Willen des Experimentators anwesend sein kann.

Wie die Grana und damit auch der Erschlaffungsfaktor präparativ beseitigt werden können, ist in dem vorigen Abschnitt (S. 415ff.) gesagt. Auch in Präparaten aus Skeletmuskeln, in denen die *ATPase-Aktivität* der Grana (im Gegensatz zu den Präparaten aus Herz und Uterus, vgl. S. 415ff.) immer vernachlässigt werden kann, kann die *Erschlaffungswirkung* der Grana keineswegs vernachlässigt werden. Trotzdem können die immer granahaltigen zerkleinerten Fasern und Fibrillen der Skeletmuskulatur (vgl. S. 415ff.) als Actomyosin-ATPase verwendet werden, falls die Grana durch lange Aufbewahrung oder geeignete Vorbehandlung inaktiv geworden sind. Der einfachste Weg, Erschlaffungswirkung der Grana auszuschalten, ist die Zugabe kleiner Konzentrationen von Calciumionen ($\sim 10^{-4}$ m)[7]. Denn der Erschlaffungsfaktor ist außerordentlich empfindlich gegen Calcium, während diese geringen Calciumkonzentrationen die ATP-Spaltung durch die contractilen ATPasen in Anwesenheit von Magnesium kaum beeinflussen. Der Calciumzusatz gibt gleichzeitig eine Kontrolle über die Anwesenheit oder die Abwesenheit von

[1] GESKE, G., M. ULBRECHT u. H. H. WEBER: A.e.P.P. **230**, 301 (1957).
[2] PERRY, S. V., and T. C. GREY: Biochem. J. **64**, 184 (1956).
[3] MARTELL, A. E., u. G. SCHWARZENBACH: Helv. **39**, 653 (1956).
[4] BURTON, K.: Biochem. J. **71**, 388 (1959).
[5] BÁRÁNY, M., and K. BÁRÁNY: Biochim. biophys. Acta **41**, 204 (1960).
[6] BÁRÁNY, M., and F. JAISLE: Biochim. biophys. Acta **41**, 192 (1960).
[7] MARSH, B. B.: Biochim. biophys. Acta **9**, 247 (1952).

Erschlaffungsfaktor. Wenn die ATP-Spaltung auf Calciumzusatz nicht steigt, ist von vornherein kein Erschlaffungsfaktor vorhanden.

Zusammenfassend bedeuten die Angaben dieses Abschnittes, daß man das Verhalten der Actomyosin-ATPase einwandfrei nur studieren kann, wenn folgende Bedingungen erfüllt sind:

1. Die Ionenstärke muß niedrig sein, am besten $\leqq 0,1\ \mu$.
2. Die Aktivierung des Enzyms muß durch Magnesium und nicht durch Calcium erfolgen.
3. Die ATP-Konzentration darf nicht zu hoch sein (als Faustregel kann man sagen, die zugegebene Gesamtkonzentration an ATP soll 10^{-2} m nicht überschreiten).
4. Um maximale Spaltungsraten zu erzielen, empfiehlt es sich, die Magnesium- und ATP-Konzentration äquivalent zu machen.
5. Es muß gesichert sein, daß keine Interaktionsinhibitoren in wirksamer Konzentration anwesend sind.

Die Warburgsche Grenzschichtdicke und die Messung der ATPase-Aktivität bei niedriger Ionenstärke.

Die ATPase-Aktivität des *Actomyosinkomplexes* kann überhaupt nur bei niedriger Ionenstärke, d.h. im Gelzustand des Protein gemessen werden, und die L-Myosin-ATPase befindet sich nur im Gelzustand unter physiologischen Bedingungen. Infolgedessen muß berücksichtigt werden, daß im Gelzustand die Substratkonzentration auf dem Diffusionsweg von der Oberfläche zur Mitte der Gelpartikel kontinuierlich durch ATP-Spaltung abnimmt. Die Abnahme der Substratkonzentration führt zu einer falschen Berechnung der ATPase-Aktivität, wenn im Zentrum der Partikel (Fasern, Fibrillen, Eiweißflocken) ein substratfreier Kern vorhanden ist, d.h. wenn die Warburgsche „Grenzdicke" des Gelteilchens überschritten ist.

Die Warburgsche Grenzdicke ($2\,R'$) kann für die jeweiligen Versuchsbedingungen berechnet werden nach der Formel $R' = z \times c_0 \frac{D}{A}$. Hier bedeutet c_0 die Substrat-Molarität „außen". A ist die Substrat-Molarität, die in 1 sec umgesetzt wird (als Maß der ATPase-Aktivität), D die Diffusionskonstante in $cm^2 \times sec^{-1}$ und R' die halbe Grenzdicke, d.h. der halbe erlaubte Durchmesser des Teilchens in cm. z ist eine Zahl, die für Scheiben $= 2$ (Warburg[1]), für Zylinder $= 4$ (Schulz und Meyerhof[2]) und für Kugeln $= 6$ (Harvey[3]) ist. Muskelschnitte werden als Scheiben, extrahierte Fasern und Fibrillen und „faserige" Actomyosinflocken als Zylinder, andere Flocken als Kugeln in die Rechnung eingeführt (mikroskopische Kontrolle von Teilchenform und Teilchendurchmesser).

Tabelle 1a. *Die Geschwindigkeit der ATP-Spaltung in isolierten contractilen Strukturen.*
$Mg = ATP = 3$—5×10^{-3} m
$p_H = 7,0$, $T = 20°$ C, $\mu = 0,1$

Gewaschene Fibrillensuspension aus	Gespaltene Molarität pro sec $A = \frac{\text{mMol P}}{\text{g} \times \text{sec}}$
Skeletmuskel, Kaninchen	$0,7$—$1,0 \times 10^{-3}$
Herzmuskel, Hund . . .	$0,3 \times 10^{-3}$
Uterus, Rind	$0,03 \times 10^{-3}$

Wenn das berechnete R' gleich oder größer ist als der halbe wirkliche Durchmesser der untersuchten Gelteilchen, ist die Grenzschichtdicke nicht überschritten. Die ATPase-Aktivität wird korrekt gemessen.

Die Substratkonzentration „außen" ist dem Experimentator bekannt. Die durch Diffusion nicht beeinflußte ATPase-Aktivität ermittelt der Untersucher, indem er die Dispersität des Systems — etwa mit dem Waring-Blendor — so lange verfeinert, bis die Spaltungsrate bei weiterer Zerkleinerung nicht mehr zunimmt. Er kann statt dessen auch den ATP-Spiegel „innen" erhöhen, indem er dem Ansatz ATP-restituierende Systeme

[1] Warburg, O.: B. Z. **142**, 317 (1923).
[2] Meyerhof, O., u. W. Schulz: Pflügers Arch. **217**, 547 (1927).
[3] Harvey, E. N.: J. gen. Physiol. **11**, 469 (1928).

(s. unten) hinzufügt, bis die ATP-Spaltung auf weitere Erhöhung der Konzentration des „restituierenden Systems" nicht mehr ansteigt. Die durch Diffusion nicht beeinflußte Aktivität einiger contractiler ATPasen ist außerdem in Tabelle 1a und 1b angegeben.

Tabelle 1b. *Die ATP-Spaltung durch isolierte und gereinigte contractile Proteine.*
ATP = 3×10^{-3} m, Mg = 3×10^{-3} m oder Ca = 10^{-2} m, T = 20° C, p_H = 7,0, Ionenstärke = 0,1 μ

Präparate aus	1 mg Protein spaltet $\frac{\mu\text{Mol ATP}}{\text{sec}}$			
	Mg-Aktivierung		Ca-Aktivierung	
	Actomyosin	L-Myosin	Actomyosin	L-Myosin
Skeletmuskel, Kaninchen .	$0{,}7\times10^{-2}$	$0{,}07\times10^{-2}$	$1{,}0\times10^{-2}$	$1{,}0\times10^{-2}$
Herzmuskel, Hund . . .	$0{,}2\times10^{-2}$	$0{,}02\times10^{-2}$	$0{,}3\times10^{-2}$	—
Uterusmuskel, Rind . . .	$0{,}02\times10^{-2}$	—	$0{,}02\times10^{-2}$	—

Da die Werte in μMol pro mg Eiweiß angegeben sind und nicht in Molarität (mMol/g Gel), muß A aus den angegebenen Werten unter Berücksichtigung des Eiweißgehaltes der Actomyosinflocken oder -fäden berechnet werden. In der Regel beträgt dieser Eiweißgehalt etwa 20 (10—30) mg/ml.

Die Diffusionskonstante beträgt für ATP im Skeletmuskel der Säugetiere 3×10^{-8} und ist damit etwa 100mal kleiner als bei freier Diffusion[1]. Diese Konstante kann auch für andere Muskeln verwendet werden, weil die meisten anderen Muskeln feinfaseriger und weniger eiweißreich sind als die Skeletmuskeln der Säuger. Man benutzt daher in der Regel mit der Diffusionskonstanten 3×10^{-8} eine zu kleine Diffusionskonstante und erhält infolgedessen eine zu kleine Grenzschichtdicke und damit einen Sicherheitsfaktor gegen einen eiweißfreien Kern des Partikels.

Für reine Actomyosinsysteme (Flocken und Fäden aus gereinigtem Actomyosin mit einer Eiweißkonzentration von etwa 3%) beträgt die Diffusionskonstante 8—10×10^{-7} [2]. Sie ist also infolge der geringen Eiweißdichte etwa 25mal größer als in der Muskelfibrille. (Infolgedessen überschreiten feine Flocken, wie sie bei der Verdünnung einer 0,4 m KCl-Actomyosin-Stammlösung auf 0,1 m KCl entstehen, die Grenzschichtdicke meist nicht, falls die ATP-Konzentration $\geqq 10^{-3}$ m ist.)

Aus den zitierten Formeln geht hervor, daß die Grenzschichtdicke um so kleiner und damit experimentell um so unbequemer wird, je niedriger die ATP-Konzentration „außen" ist. Es ist also zweckmäßig, mit nicht zu kleiner Konzentration ($\geqq 10^{-3}$ m ATP) zu arbeiten, wenn es die Fragestellung erlaubt. Andernfalls kann man sich helfen, indem dem Ansatz ATP-restituierende Systeme (z. B. Kreatinphosphat + Kreatinphosphokinase, Phosphoenolpyruvat + Pyruvatkinase, und zwar die energiereichen Phosphate in 5×10^{-3} bis 10^{-2} M) zugesetzt werden. Bei Verwendung frischer Muskelfasern brauchen die Kinasen unter günstigen Bedingungen nicht zugesetzt zu werden, sondern nur die energiereichen Phosphate, weil nach kurzer Glycerinextraktion noch genügend bodenständige Kinasen vorhanden sind. Wenn solche restituierenden Systeme hinzugefügt sind, muß in den Formeln für die Grenzschichtdicke statt der *ATP-Konzentration* „außen" die *Summe der Konzentrationen* von ATP „außen" und restituierendem, energiereichem Phosphat „außen" eingesetzt werden. Denn die Diffusionsgeschwindigkeit der anderen energiereichen Phosphate im Muskel und Actomyosin-Gel geht etwa ebenso schnell — meist sogar etwas schneller — als die Diffusion von ATP.

Auch wenn die Grenzschichtdicke nicht überschritten ist, kann in der Regel nicht angegeben werden, auf welche ATP-Konzentration sich die nun richtig gemessene ATPase-Aktivität bezieht. Denn wenn auch in dem Partikel kein eiweißfreier Kern vorhanden ist, ist doch die ATP-Konzentration „innen" um einen unbekannten Betrag kleiner als die allein bekannte Konzentration „außen". Die ATP-Konzentration „innen" wird aber

[1] HASSELBACH, W.: Z. Naturforsch. 7b, 334 (1952).
[2] MAKINOSE, M., and W. HASSELBACH: Biochim. biophys. Acta 43, 239 (1960).

der Außenkonzentration annähernd gleich, wenn durch genügende Feinheit der Partikel — gegebenenfalls in Kombination mit reichlichem Zusatz von „ATP-restituierendem System" ($\sim 10^{-2}$ m an energiereichem Phosphat) — dafür gesorgt wird, daß die ATP-Konzentration im Zentrum des Partikels nicht mehr als 20% hinter der Konzentration „außen" zurückbleibt. Ob dieses Ziel erreicht ist, ergibt sich aus folgender Formel:

$$c_0 = \frac{A}{zD} \times R^2 + J\,^1.$$

Hier bedeutet c_0 die ATP-Konzentration „außen", A, z und D haben die gleiche Bedeutung wie in der Formel für die Grenzschichtdicke, $R(R')$ aber ist der halbe *wirkliche* Durchmesser der Partikel (z.B. Fibrillen) und nicht wie R' die berechnete halbe Grenzschichtdicke. J ist unter diesen Bedingungen die einzige Unbekannte. Wird sie aus der Gleichung berechnet, so ergibt ihr Wert die ATP-Konzentration im Zentrum des Partikels.

Die Berechnung der aktuellen Konzentrationen an Erdalkali- und ATP-Ionen und an ATP-Erdalkali-Komplex-Ionen aus den zugesetzten Konzentrationen.

Der außerordentliche Einfluß der Erdalkaliionen auf die Aktivität der contractilen ATPasen ist auf S. 414f. dargestellt. Die Bedeutung der Erdalkalien für die Unterscheidung der L-Myosin-ATPase-Aktivität und der Actomyosin-ATPase-Aktivität in Actomyosin-Präparaten findet sich auf S. 418f. Das Verständnis für diese und ähnliche Effekte der Erdalkaliionen setzt die Kenntnis der „aktuellen" Konzentrationen an Erdalkali- und ATP-Ionen und an ATP-Erdalkali-Komplex-Ionen im Ansatz voraus.

Diese aktuellen Konzentrationen können aus den zugegebenen Erdalkali- und ATP-Konzentrationen berechnet werden mit Hilfe folgender Formeln:

$$\frac{\mathrm{MeATP}^-}{\mathrm{Me}^{++} \times \mathrm{ATP}^{\equiv}} = K \qquad (1)$$

$$\mathrm{Me}_z = \mathrm{Me}^{++} + \mathrm{MeATP}^- \qquad (1\,a)$$

$$\mathrm{ATP}_z = \mathrm{ATP}^{\equiv} + \mathrm{MeATP}^- \qquad (1\,b)$$

(Me_z und ATP_z = Gesamtkonzentrationen des *zugesetzten* Erdalkali und ATP. Me^{++} und $\mathrm{ATP}^{\equiv}$ = Konzentrationen der *freien* Ionen, MeATP^- = Konzentration und K = Affinitätskonstante des Erdalkali-ATP-Komplexes.)

Mit Hilfe der Gleichungen 1a und 1b werden in die Gleichung 1 die zugesetzten Konzentrationen in geeigneter Weise eingeführt. Die Gleichung 1 wird dadurch zu einer Gleichung mit nur einer Unbekannten (entweder Me^{++}, $\mathrm{ATP}^{\equiv}$ oder MeATP^-). Infolgedessen ist es möglich, die aktuellen Konzentrationen aller Teilchenarten aus den zugesetzten Konzentrationen von Me^{++} und ATP mit Hilfe der Affinitätskonstanten des Erdalkali-ATP-Komplexes (Tabelle 2) zu berechnen.

Tabelle 2. *Die Komplexkonstanten zwischen ATP und Erdalkali.*
$T = \sim 25°$ C

In Gegenwart von	MgATP	CaATP	Autoren
0,1 m Alkali	1×10^4	$0{,}4 \times 10^4$	MARTELL u. SCHWARZENBACH[2]
K+, Na+	$1{,}1 \times 10^4$	$0{,}6 \times 10^4$	WALAAS[3]
0,1 m Tributyläthylammoniumbromid + Triäthanolamin	$3{,}8 \times 10^4$	—	BURTON[4]
0,1 m $(C_2H_5)_4NBr$	$2{,}7 \times 10^4$	$0{,}8 \times 10^4$	NANNINGA[5]

[1] MEYERHOF, O.: Die chemischen Vorgänge im Muskel. Monogr. Physiol. Pfl. u. Tiere, Bd. XXII, S. 6. Berlin 1930.
[2] MARTELL, A. E., u. G. SCHWARZENBACH: Helv. **39**, 653 (1956).
[3] WALAAS, E.: Acta chem. scand. **12**, 528 (1958).
[4] BURTON, K.: Biochem. J. **71**, 388 (1959).
[5] NANNINGA, L. B.: Biochim. biophys. Acta **54**, 330 (1961).

Wenn der Einfluß der „aktuellen“ Konzentration einer bestimmten Teilchenart auf einen enzymatischen Vorgang untersucht werden soll, so wird die Konzentration dieser Teilchenart systematisch variiert, während die Konzentration aller anderen Teilchenarten konstant gehalten wird. Dieses Verfahren ist für die ATPase-Aktivität in Anwesenheit von Erdalkali und ATP nur in Annäherung möglich: Die aktuelle Konzentration einer Art der drei koexistierenden Teilchenarten (Me^{++}, ATP^{--}, $MeATP^{-}$) kann konstant gehalten werden, aber mit der systematischen Variation der zweiten Teilchenart, deren Einfluß untersucht werden soll, wird auch die dritte Teilchenart zwangsläufig mitvariiert. Das folgt aus der gegenseitigen Abhängigkeit der aktuellen Konzentrationen, die aus der Massenwirkungsformel (1) hervorgeht. Aber auch das „angenäherte“ Verfahren führt häufig zu einer klaren Entscheidung, welche Teilchenarten die ATPase-Aktivität beeinflussen und in welcher Konzentration sie das tun. Das ist z.B. immer der Fall, wenn nur zwei der drei Teilchenarten auf die ATPase wirken.

Die Vorausberechnung einer Versuchsreihe, in der die aktuelle Konzentration einer Teilchenart konstant bleibt und die einer zweiten Art systematisch variiert wird, ist besonders einfach: Es soll z.B. die aktuelle Konzentration des Erdalkali in der Versuchsreihe konstant sein (k) und die aktuelle Konzentration des Erdalkali-Magnesium-Komplexes variiert werden, indem sie auf die Werte a, $2a$, $3a$ usw. eingestellt wird. Es soll berechnet werden, welche Konzentrationen an ATP (ATP_z) und an Erdalkali (Me_z) zu diesem Zweck zugegeben werden müssen.

Für die aktuellen Konzentrationen k und a ergibt sich dann durch Kombination der Gleichungen (1) und (1a)

$$\frac{(ATP_z - a)\, k}{a} = K \tag{2}$$

und unter Berücksichtigung der Gleichung (1b)

$$\frac{(ATP_z - a)\,(Me_z - a)}{a} = K. \tag{2a}$$

Aus Gleichung (2) ergibt sich zunächst ATP_z und mit diesem Wert dann aus (2a) Me_z (analog für 2a, 3a usw.). Soll die aktuelle Konzentration einer anderen Teilchenart konstant gehalten und einer anderen Teilchenart willkürlich variiert werden, so sind k und a (bzw. 2a, 3a) in entsprechender Weise für die aktuellen Konzentrationen der betreffenden Teilchenarten in Gleichung (1) einzusetzen.

Technik der Bestimmung der Spaltungsgeschwindigkeit von ATP und anderen Nucleosidtriphosphaten.

Die Spaltungsgeschwindigkeit aller Nucleosidtriphosphate ergibt sich aus dem Zuwachs des anorganischen Phosphates während der Spaltung. Die hierfür üblichen Verfahren sind im Bd. III, S. 159—166 und S. 459 angegeben.

Die Bestimmung des Zuwachses an Phosphat schließt die Verwendung von Phosphatpuffern mehr oder minder aus. Es empfiehlt sich infolgedessen, für die üblichen Spaltungsversuche bei neutraler Reaktion Histidin- oder Imidazolpuffer zu verwenden, deren Pufferkapazität bei p_H-Werten >6 in der Regel ausreichend ist, wenn die Puffer in Konzentrationen $\geqq 10^{-2}$ m angewendet werden.

Die Feststellung der Anfangsgeschwindigkeit der ATP-Spaltung bringt es mit sich, daß das Endprodukt Phosphat in der Regel in Anwesenheit von mehrfach größeren ATP-Konzentrationen bestimmt wird. Infolgedessen muß gegebenenfalls bei der Verdünnung der Originallösung darauf geachtet werden, daß die Absolutkonzentration des ATP im molybdänsäurehaltigen Ansatz nicht $>1 \times 10^{-3}$ m ist. Der andernfalls auftretende ATP-bedingte colorimetrische Fehler wird von einer Reihe von Autoren dadurch verhindert, daß der Molybdänphosphorsäurekomplex in Benzol-Isobutanolgemisch oder Isobutanol durch Ausschütteln überführt wird. Die Einzelheiten der Prozedur müssen in Bd. III, S. 165ff. und S. 460 nachgelesen werden.

Die ATP-Spaltung durch die contractilen ATPasen setzt mit einer übergroßen Anfangsspaltung während der ersten Sekunde ein. Es ist infolgedessen zu empfehlen, die Zeit-Umsatzkurve durch 4—5 Einzelbestimmungen in Abständen von 2—5 min aufzunehmen. Für die Berechnung der Umsatzgeschwindigkeit wird der geradlinige Teil der Kurve etwa von der zweiten Minute an verwendet.

An Stelle des Phosphatzuwachses kann für den Sonderfall der ATP-Spaltung auch der spaltungsbedingte Zuwachs an ADP bestimmt werden. Das Verfahren ist bequem und elegant, wenn der Ansatz kein ADP enthält. Durch Zugabe eines Überschusses an Phosphoenolpyruvatkinase, Phosphoenolbrenztraubensäure, Milchsäuredehydrogenase und DPNH wird das entstandene ADP zu ATP restituiert und gleichzeitig DPNH in DPN verwandelt. Einzelheiten der Methode finden sich S. 441f. beschrieben. Die sehr bequeme Methode ist nur genau für die Messung relativ kleiner ATP-Umsätze. Die Methode gestattet fortlaufende Ablesung des Umsatzes in einer einzigen Probe und Anwendung des physiologischen Phosphatpuffers.

Adenosine triphosphatase activity of mitochondria.

[3.6.1.4 ATP phosphohydrolase of mitochondria.]

By

Masahiro Chiga*.

It was shown a number of years ago that rat liver mitochondria contained an activity which can liberate inorganic phosphate from ATP[1]. Since then, numerous studies dealing with this mitochondrial ATPase activity have established that its action is different from that of other phosphatases. The extensive study of the mitochondrial ATPase activity has been motivated by the assumption that mitochondrial ATPase may be a part of the enzyme system involved in oxidative phosphorylation[2-5].

However, neither the mechanism of oxidative phosphorylation nor that of mitochondrial ATPase is well understood. Hence, in the present discussion, ATPase merely denotes a system catalyzing the overall reaction,

$$ATP + H_2O \rightarrow ADP + Pi$$

regardless of the mechanism or number of enzymes involved. The hydrolytic cleavage occurs between the terminal phosphorus atom and the oxygen atom, which links the β- and γ-phosphorus atoms, in the case of the 2,4-dinitrophenol activated mitochondrial ATPase[6].

* From the Department of Pathology, University of Utah, College of Medicine, Salt Lake City, Utah.

Abbreviations: ATP, adenosine triphosphate; ATPase, adenosine triphosphatase; ADP, adenosine diphosphate; Pi, orthophosphate; DNP, 2,4-dinitrophenol; Mw, mitochondria; EDTA, ethylenediaminetetraacetate; ITP, inosine triphosphate; GTP, guanosine triphosphate; UTP, uridine triphosphate; CTP, cytidine triphosphate; AMP, adenosine 5′-monophosphate; Tris, trishydroxymethylaminomethane; DPN and DPNH, diphosphopyridine nucleotide, oxidized form and reduced form; FAD, flavin adenine dinucleotide; FMN, flavin mononucleotide; DOC, deoxycholate; pCMB, p-chloromercuribenzoate; DCPIP, 2,6-dichlorophenolindophenol.

[1] Schneider, W. C.: J. biol. Ch. **165**, 585 (1946).
[2] Hunter, F. E. jr.; in: McElroy-Glass, Phosphorus Metabolism. Vol. 1, p. 297.
[3] Kielley, W. W., and R. K. Kielley: J. biol. Ch. **191**, 485 (1951).
[4] Lardy, H. A., and H. Wellman: J. biol. Ch. **201**, 357 (1953).
[5] Potter, V. R., P. Siekevitz and H. C. Simonson: J. biol. Ch. **205**, 893 (1953).
[6] Drysdale, G. R., and M. Cohn: J. biol. Ch. **233**, 1574 (1958).

Classification and specificity.

Classification. The multiplicity of ATPase has been a matter of considerable controversy, and the question has not been settled yet. Therefore, the classification to follow is merely an abbreviated summary of what has been reported.

1. DNP activated ATPase and Mg^{++} activated ATPase. KIELLEY and KIELLEY[1] found that fresh mouse liver mitochondria, which have been carefully prepared in 0.25 M

Table 1. *ATPase activity of various mitochondria, and mitochondrial subparticles and extracts.* Activity is expressed as μmoles Pi liberated per min per mg protein at 25° C and about neutral p_H*.

Preparation	Activator			
	None	DNP $1-5\times10^{-4}$ M	Mg^{++} $1-8\times10^{-3}$ M	DNP + Mg^{++}
Fresh Mw, rat liver[2]	0.003	0.11	0.01	0.11
Fresh Mw, pigeon breast muscle[3]	0.032		0.51	
Fresh Mw, beef heart[4]			0.097	0.10
Fresh Mw, rabbit heart[5]			0.16	0.36
Fresh Mw, rat lymphosarcoma[6]			0.048	0.103
Melanin granules, mouse melanoma[7]	0.04	0.11	0.045	
Aged Mw, rat liver[2]	0.03	0.03	0.07	0.1
Aged Mw, rabbit heart[5]			0.086	0.105
Aged Mw, rat lymphosarcoma[6]			0.126	0.137
Frozen-thawed Mw, rat liver[8]	0.01		0.035	
Frozen-thawed Mw, rat Yoshida sarcoma[8]	0.003		0.008	
Digitonin particles**, rat liver[9]	0.063	0.268	0.450	0.447
Digitonin particles**, rat liver[10]		0.071	0.315	0.778
Digitonin particles**, rat liver[11]†	0.015	0.089	0.037	
Sonic particles**, rat liver[12]	0		1.28	
Sonic particles**, rat liver[10]		0	0.89	1.48
Mickle particles**, rat liver[10]		0	0.99	1.84
Blendor particles**, mouse liver[13]	0.144		2.92	
Acetone powder extracts, rat liver[2]	0.03	0.1	0.1	0.18
Soluble enzyme, beef heart[4] ††	0	0	12.0	15.0

* The experimental conditions of various investigations from which the composite data are derived are not exactly comparable, and the figures given are recalculated approximate ones as defined to obtain a general idea as to the activity of different mitochondrial preparations from a variety of sources.

** These submitochondrial particles are prepared by using digitonin, sonic oscillator, Mickle tissue disintegrator with glass beads, and Waring blendor respectively. These methods are described in the text.

† In this study[11], digitonin particles were prepared by the method of DEVLIN and LEHNINGER's modification rather than the original method described in the text.

†† Various specific activities of this enzyme were found in this paper[4] presumably due to the differences in enzyme preparations and assay methods. The highest activity reported was 114 μmoles Pi liberated per min per mg protein at 30° C and p_H 7.4 as assayed with an ATP regenerating system in the presence of both DNP and Mg^{++}.

[1] KIELLEY, W. W., and R. K. KIELLEY: J. biol. Ch. **191**, 485 (1951).
[2] LARDY, H. A., and H. WELLMAN: J. biol. Ch. **201**, 357 (1953).
[3] CHAPPELL, J. B., and S. V. PERRY: Biochem. J. **55**, 586 (1953).
[4] PULLMAN, M. E., H. S. PENEFSKY, A. DATTA and E. RACKER: J. biol. Ch. **235**, 3322 (1960).
[5] VON KORFF, R. W.: Science, N.Y. **126**, 308 (1957).
[6] BLECHER, M., and A. WHITE: J. biol. Ch. **235**, 3404 (1960).
[7] DORNER, M., and E. REICH: Biochim. biophys. Acta **48**, 534 (1961).
[8] BRAGANCA, B. M., and I. ARAVINDAKSHAN: Biochem. biophys. Res. Comm. **3**, 484 (1960).
[9] COOPER, C., and A. L. LEHNINGER: J. biol. Ch. **224**, 547 (1957).
[10] COOPER, C.: J. biol. Ch. **235**, 1815 (1960).
[11] WADKINS, C. L.: J. biol. Ch. **235**, 3300 (1960).
[12] BRONK, J. R., and W. W. KIELLEY: Biochim. biophys. Acta **24**, 440 (1957).
[13] KIELLEY, W. W., and R. K. KIELLEY: J. biol. Ch. **200**, 213 (1953).

sucrose solution, show little ATPase activity. Similar results were obtained with rat liver mitochondria[1,2], and such mitochondria were said to contain "inactive" ATPase[3] or "latent" ATPase[2]. DNP and certain other uncoupling agents of oxidative phosphorylation activate the latent ATPase of fresh mitochondria, whereas, Mg^{++} and some other divalent cations have practically no effect. There are various conditions and agents which damage mitochondria, e.g., preincubation of mitochondria without substrate ("aging"), treatment with hypertonic or hypotonic solution, detergent, and fragmentation of mitochondria. After mitochondria are damaged, ATPase is activated effectively by Mg^{++}, but DNP effect is reduced. Because of these findings, it was proposed that there are separate ATPase activities: DNP activated ATPase and Mg^{++} activated ATPase[4,5]. The presence of these different ATPases in the submitochondrial particles prepared with digitonin was also proposed[6]. The different activating effects of DNP and Mg^{++} on mitochondria and their subparticles and extracts from various sources are shown in Table 1. There are several other characteristics attributed to these apparently different enzyme activities. These are summarized in Table 2. Furthermore, it will be seen later that various inhibitors have different effects on DNP-ATPase and Mg^{++}-ATPase.

Table 2. *Different attributes of DNP-ATPase and Mg^{++}-ATPase of liver mitochondria.*

Attributes	Preparation	DNP-ATPase	Mg^{++}-ATPase
Inhibition* by sucrose, 0.3 M[6]	Digitonin particles	90	10
Inhibition* by methylene blue, 0.4 mM[4]	Fresh Mw	73	0**
Inhibition* by UV radiation, 10 min[5]	Fresh Mw	60	0**
Optimum p_H[6]	Digitonin particles	7—7.5	9
Specificity for nucleoside triphosphates[6]	Digitonin particles	ATP specific	not specific for ATP
Riboflavin deprivation feeding, rats[7]	Fresh Mw	elevated	no consistent change**
Galactoflavin feeding plus riboflavin deprivation, rats[7]	Fresh Mw	elevated	depressed**

* The degree of inhibition is expressed as % in all cases. Complete inhibition equals 100%.

** In these cases, Mg^{++}-ATPase was assayed by using deoxycholate treatment as described by Siekevitz et al.[4].

There are different views regarding DNP-ATPase and Mg^{++}-ATPase activities. For instance, Cooper[8] proposed that DNP stimulates Mg^{++}-ATPase rather than another ATPase. One of the evidences in favor of such a proposal is that the complete dependency of the DNP activation of ATPase on the addition of Mg^{++} has been found with aged digitonin particles[8], submitochondrial particles prepared by sonic vibration (by Kielley and Bronk, as quoted in[8]), and soluble ATPases[9,10]. Pullman et al.[9] reported that over 100-fold purification of ATPase did not change the ratio of activity with DNP to that without DNP. This indicated that the same protein catalyzed the hydrolysis of ATP activated by either Mg^{++} or Mg^{++} plus DNP. In his further study, Cooper[11] ascribed the role of DNP in the activation of ATPase to the blocking of an inhibitor at the active site of ATPase.

---

[1] Lardy, H. A., and H. Wellman: J. biol. Ch. **201**, 357 (1953).
[2] Potter, V. R., P. Siekevitz and H. C. Simonson: J. biol. Ch. **205**, 893 (1953).
[3] Kielley, W. W., and R. K. Kielley: J. biol. Ch. **191**, 485 (1951).
[4] Siekevitz, P., H. Löw, L. Ernster and O. Lindberg: Biochim. biophys. Acta **29**, 378 (1958).
[5] Beyer, R. E.: Biochim. biophys. Acta **32**, 588 (1959).
[6] Cooper, C., and A. L. Lehninger: J. biol. Ch. **224**, 547 (1957).
[7] Beyer, R. E., S. L. Lamberg and M. A. Neyman: Canad. J. Biochem. Physiol. **39**, 73 (1961)
[8] Cooper, C.: Biochim. biophys. Acta **30**, 484 (1958).
[9] Pullman, M. E., H. S. Penefsky, A. Datta and E. Racker: J. biol. Ch. **235**, 3322 (1960).
[10] Beyer, R. E.: Biochim. biophys. Acta **41**, 552 (1960).
[11] Cooper, C.: J. biol. Ch. **235**, 1815 (1960).

2. Enzymes with different p_H optima. MYERS and SLATER[1] reported that ATPases of rat liver mitochondria have four distinct p_H optima (p_H 6.3, 7.4, 8.5, and 9.4). The enzyme with an optimum activity at p_H 9.4 did not respond to DNP and the other three required successively higher concentrations of DNP for maximum activation. PENNIALL[2] studied the extracts of mitochondrial acetone powder prepared according to the method of LARDY and WELLMAN[3]. He noticed peak ATPase activities at DNP concentrations of 1×10^{-8} M, 1×10^{-5} M, and 1×10^{-3} M while the p_H was constant at 8.5, though LARDY and WELLMAN[3] did not report such peaks in their earlier study. PENNIALL[2] suggested that his findings indicate the occurrence of three different ATPases which correspond to the three DNP responsive ATPases of MYERS and SLATER[1].

However, these proposals were not based on the actual separation of different proteins with ATPase activity but on the analyses of activity curves relative to p_H [1] and DNP concentration[2], and the interpretation may be modified. Thus COOPER[4], and HEMKER and HÜLSMANN[5] did not subscribe to the idea of multiple ATPases with different p_H optima and assigned a single optimum at p_H 7.0 and 6.9, respectively, to the DNP-ATPase in digitonin particles and whole mitochondria.

3. Cation requirement. In aged mitochondria and mitochondrial extracts of liver, ATPase can be activated by Mg^{++}, but not by Ca^{++} [3,6]. However, frozen and thawed mitochondria of YOSHIDA rat sarcoma[7] and a purified ATPase from beef heart muscle mitochondria[8] are activated by both Mg^{++} and Ca^{++}. In the case of the tumor mitochondria, there were indications for two ATPases activated by Mg^{++} and Ca^{++} respectively[7]. Ca^{++} was about one third as effective as Mg^{++} for the activation of fresh pigeon breast muscle mitochondria[9]. Since the mitochondria prepared in sucrose solution without EDTA in this study did not contain latent ATPase, this Ca^{++} activation could be regarded as analogous to the Mg^{++} activation of ATPase in aged mitochondria of liver. These findings suggest the occurrence of ATPases with different cation requirements.

BEYER[10,11] recently reported the presence of two soluble ATPases in rat liver mitochondria, one requiring Mg^{++} and the other not. Upon treatment of mitochondria with sonic vibration, the Mg^{++} activated ATPase was released first, and the enzyme not requiring Mg^{++} was liberated when the treatment was prolonged. While both ATPases were far less sensitive to UV radiation than the DNP-ATPase of fresh mitochondria, the Mg^{++}-ATPase was less resistant to UV radiation than the non-magnesium-requiring ATPase. Furthermore, the Mg^{++}-ATPase was greatly inhibited by EDTA while the inhibition of the other was far less, and the Mg^{++}-ATPase seemed to require reducible flavin for activity.

The uncertainty about the multiplicity of ATPase in mitochondria appears to be due to the variation of experimental conditions which have been used and the difficulty in obtaining a rigorously purified enzyme(s).

Specificity. The ATPase activity is specific for the removal of the terminal phosphate group of ATP; ADP is not attacked[12]. The specificity for nucleoside triphosphates

[1] MYERS, D. K., and E. C. SLATER: Biochem. J. **67**, 558 (1957).
[2] PENNIALL, R.: Biochim. biophys. Acta **44**, 395 (1960).
[3] LARDY, H. A., and H. WELLMAN: J. biol. Ch. **201**, 357 (1953).
[4] COOPER, C.: Biochim. biophys. Acta **30**, 484 (1958).
[5] HEMKER, H. C., and W. C. HÜLSMANN: Biochim. biophys. Acta **48**, 221 (1961).
[6] POTTER, V. R., P. SIEKEVITZ and H. C. SIMONSON: J. biol. Ch. **205**, 893 (1953).
[7] BRAGANCA, B. M., and I. ARAVINDAKSHAN: Biochem. biophys. Res. Comm. **3**, 484 (1960).
[8] PULLMAN, M. E., H. S. PENEFSKY, A. DATTA and E. RACKER: J. biol. Ch. **235**, 3322 (1960).
[9] CHAPPELL, J. B., and S. V. PERRY: Biochem. J. **55**, 586 (1953).
[10] BEYER, R. E.: Biochim. biophys. Acta **41**, 552 (1960).
[11] BEYER, R. E.: Exp. Cell Res. **21**, 217 (1960).
[12] KIELLEY, W. W., and R. K. KIELLEY: J. biol. Ch. **200**, 213 (1953).

is somewhat uncertain. The action of different enzyme preparations on various nucleoside triphosphates studied by several investigators is summarized in Table 3. ATP does not

Table 3. *Nucleoside triphosphate specificity of the ATPase activity of mitochondria**.
Activity is expressed as mμmoles Pi liberated per min per mg protein at 25° C and about neutral p_H.

Preparation	Activator		Substrate				
	DNP mM	Mg++ mM	ATP	ITP	GTP	UTP	CTP
Blendor particles, mouse liver[1] . . .		5	2920	670			
Digitonin particles, rat liver[2] . . .		4		770			
	0.4	4		1030**			
Digitonin particles, rat liver[3] . . .			63	8	12	6	4
	0.4		268	10	10	10	2
		3	450	272	152	53	20
	0.4	3	447	282	174	77	32
Mickle particles, rat liver[4]			13	13	8	7	9
	0.4		17				
		2	308	280	145	45	26
	0.4	2	632				
Soluble enzyme, beef heart[5]		3	6700	8300	5000	4160	0
	0.5	3	8750	7500	4600	4600	0

* Activity is a recalculated approximate one as in Table 1.

** COOPER[2] demonstrated the stimulation of ITP hydrolysis by DNP at the concentration of ITP, 0.02—0.04 M, though at 0.006 M no stimulation by DNP was observed.

appear to be a specific substrate. However, various studies[3, 5, 6] have shown that stimulation by DNP occurred only when ATP was the substrate. It should be noted that COOPER[2] reported DNP stimulation of ITP hydrolysis (Table 3). In such studies, the possible presence of nucleoside diphosphokinase[7] in the preparation has to be considered, for nucleoside triphosphates other than ATP may be hydrolyzed by way of ATP by the combined action of nucleoside diphosphokinase and ATPase. PULLMAN et al.[5] ruled out the presence of nucleoside diphosphokinase in their preparation. It is noteworthy in this connection that their preparation did not catalyze an ATP-ADP exchange reaction which was reported to be catalyzed by partially purified liver nucleoside diphosphokinase[8]. Thus the studies with the purified ATPase indicate a lack of specificity for nucleoside triphosphates. However, it is significant that with this preparation the DNP stimulation of ATPase activity still occurred only when ATP was the substrate.

Enzyme preparation.

Mitochondria. The conventional procedures for the preparation of mitochondria are well known and will not be described here. It should, however, be noted that modifications of homogenizing solution may result in alterations of the ATPase under study. For instance, CHAPPELL and PERRY[9] reported that pigeon breast muscle mitochondria prepared in 0.25 M sucrose failed to respond to DNP, but those prepared in a solution

[1] KIELLEY, W. W., and R. K. KIELLEY: J. biol. Ch. **200**, 213 (1953).
[2] COOPER, C.: Biochim. biophys. Acta **30**, 484 (1958).
[3] COOPER, C., and A. L. LEHNINGER: J. biol. Ch. **224**, 547 (1957).
[4] GAMBLE jr., J. L., and A. L. LEHNINGER: J. biol. Ch. **223**, 921 (1956).
[5] PULLMAN, M. E., H. S. PENEFSKY, A. DATTA and E. RACKER: J. biol. Ch. **235**, 3322 (1960).
[6] LARDY, H. A., and H. WELLMAN: J. biol. Ch. **201**, 357 (1953).
[7] BERG, P., and W. K. JOKLIK: J. biol. Ch. **210**, 657 (1954).
[8] CHIGA, M., and G. W. E. PLAUT: J. biol. Ch. **234**, 3059 (1959).
[9] CHAPPELL, J. B., and S. V. PERRY: Biochem. J. **55**, 586 (1953).

consisting of 0.25 M sucrose and 0.001 M EDTA showed DNP stimulation. Therefore, depending upon a specific objective, different homogenizing solutions may have to be used. Modifications worth mentioning in this regard are the one by NOVIKOFF[1] (polyvinylpyrrolidone 7.3 gm in 100 ml of 0.25 M sucrose, p_H 7.6—7.8) and that of GREGG et al.[2]. The latter contains 0.25 M sucrose, 0.05 M Tris, 0.1 M phosphate, 0.003 M EDTA, 0.003 M $MgCl_2$, and 0.006 M each of citrate, succinate, and pyruvate. The p_H of this solution is 7.4. This solution was reported to be suitable for preparing well preserved insect mitochondria[3]. The treatment of mitochondria with deoxycholate was often used to study Mg^{++}-ATPase. Therefore, the method of SIEKEVITZ et al.[4] is described here. A mitochondrial suspension (mitochondria from one gram wet weight liver in each 1 ml of 0.25 M sucrose solution) is mixed with 0.44 M sucrose. Suitable amount of 0.5% deoxycholate solution, p_H 7.5—7.7, is added to give a desired final deoxycholate concentration (i.e. 0.1%) and also a final sucrose concentration of 0.33 M. The mitochondrial suspension thus prepared is used for assay.

Submitochondrial particles. A number of surface-active agents and mechanical means have been used to obtain mitochondrial fragments. Some of these particles have been used for the study of ATPase. A few of them are described here.

1. Digitonin particles. Though later modification was reported by DEVLIN and LEHNINGER[5], the particles prepared by the original method of COOPER and LEHNINGER[6] given here appear to give higher ATPase activity (Table 1).

Batches of six livers from *well fed* male rats (average body weight, 200 gm) are processed. Mitochondria are isolated from 15% homogenates of rat liver in 0.25 M sucrose by the method of HOGEBOOM et al.[7]. After washing twice, the mitochondria are resuspended in 0.25 M sucrose, the residual nuclei and cells are removed and the mitochondria are resedimented. The mitochondrial pellet, obtained from six rat livers, is suspended in 7.5 ml of cold 1.0% recrystallized digitonin in water and the suspension is kept at 0° C for 20 min.

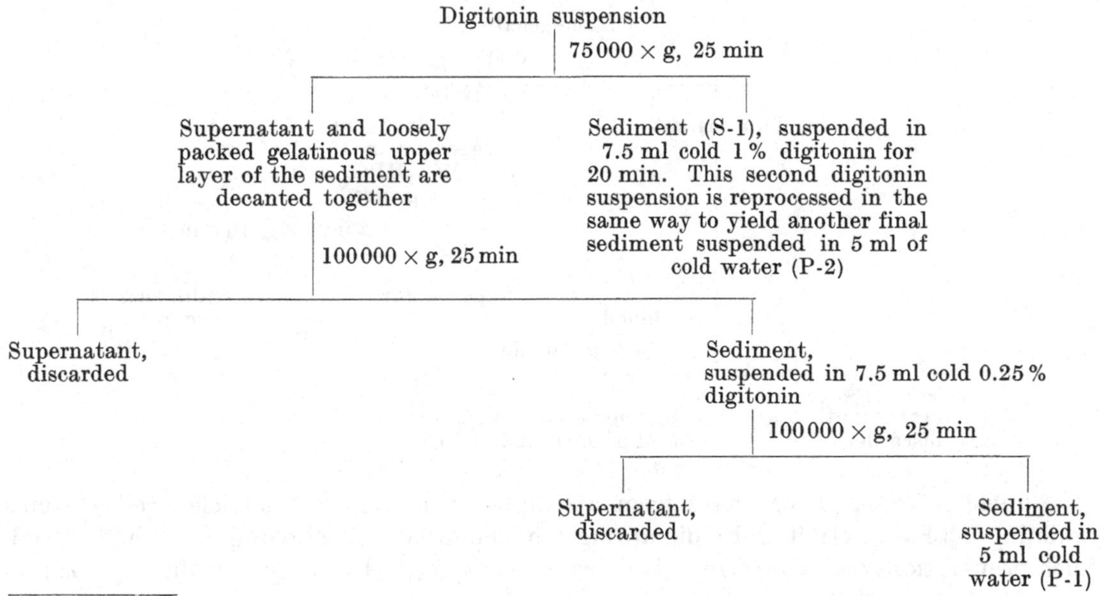

[1] NOVIKOFF, A. B.: 3. Int. Congr. Biochem. Bruxelles 1956, p. 315.
[2] GREGG, C. T., C. R. HEISLER and L. F. REMMERT: Biochim. biophys. Acta **31**, 593 (1959).
[3] GREGG, C. T., C. R. HEISLER and L. F. REMMERT: Biochim. biophys. Acta **45**, 561 (1960).
[4] SIEKEVITZ, P., H. LÖW, L. ERNSTER and O. LINDBERG: Biochim. biophys. Acta **29**, 378 (1958).
[5] DEVLIN, T. M., and A. L. LEHNINGER: J. biol. Ch. **233**, 1586 (1958).
[6] COOPER, C., and A. L. LEHNINGER: J. biol. Ch. **219**, 489 (1956).
[7] HOGEBOOM, G. H., W. C. SCHNEIDER and G. E. PALLADE: J. biol. Ch. **172**, 619 (1948).

2. Particles prepared by sonic vibration. This procedure is taken from the studies by KIELLEY and BRONK[1] and BRONK and KIELLEY[2]. Rat liver mitochondria are isolated in 0.25 M sucrose solution as described by KIELLEY and KIELLEY[3]. They are washed twice with sucrose solution, washed once with 0.03 M phosphate (potassium) p_H 7.0, and resuspended in 0.03 M phosphate solution. The suspension is treated in a 9 KC Raytheon sonic oscillator for 30 sec and centrifuged at 30000 × g for 20 min. The supernatant fluid is centrifuged at 100000 × g for 30 min; the sediment is suspended in 0.03 M phosphate and it is centrifuged at 100000 × g for 30 min. The pellet is suspended in 0.03 M phosphate solution.

3. Fragmentation with glass beads. The method of GAMBLE and LEHNINGER[4] is given. Mitochondria are isolated by the method of SCHNEIDER[5] from the livers of male rats (average body weight, 200 gm) and washed three times with 0.25 M sucrose solution. To the lower chamber (4 ml in total volume) of a drawn out test tube (15 mm, inside diameter) 2 gm of Ballottini glass beads, 0.6 mm in diameter (The English Glass Co., Leicester, England), are added followed by 1.0—2 ml of a pellet of washed mitochondria. The tube is placed in an ice bath and evacuated until active boiling of mitochondrial suspension occurs. The lower chamber is sealed off and placed on a Mickle tissue disintegrator (C. A. Brinkmann and Co., Great Neck, New York, U.S.A.). The shaker is operated in a cold room, and the vibration is continued for 10 min at 10 mm excursion and 50 cycles per sec. The temperature rise in this step is no more than 5° C. The active particles are in the fraction, 25000—100000 × g, by differential centrifugation (25 to 30 min for each run). The Mickle particles in Table 1 were of the fraction, 50000—100000 × g[6].

4. Particles prepared in a Waring blendor. This is the method of KIELLEY and KIELLEY[7]. Mitochondria from 6 to 7 gm of mouse liver are prepared in 0.25 M sucrose solution as described by KIELLEY and KIELLEY[3]. They are suspended in 20 ml of 0.003 M K_2HPO_4. The mitochondria are homogenized in a chilled stainless steel micro Waring blendor for 2 min. The homogenate is processed as follows:

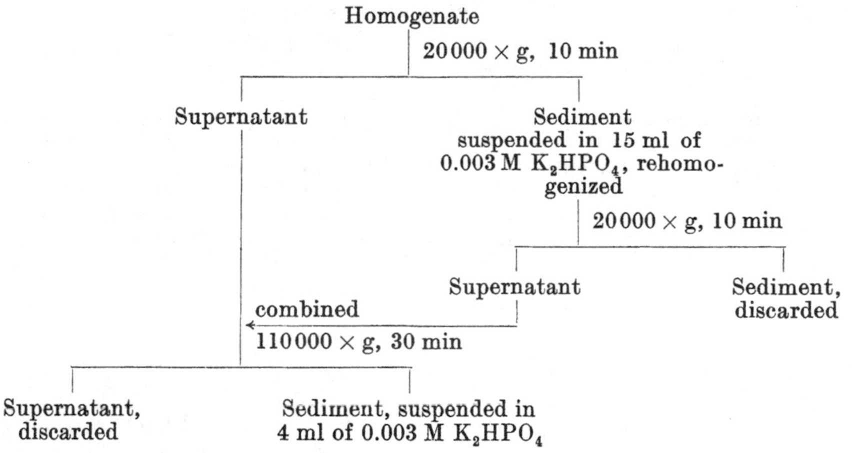

Soluble ATPase. There have been attempts at obtaining "particle-free" systems retaining ATPase activities by disrupting mitochondria and centrifuging at high speed. Such preparations are arbitrarily called "soluble enzyme". However, the characterization

[1] KIELLEY, W. W., and J. R. BRONK: Biochim. biophys. Acta **23**, 448 (1957).
[2] BRONK, J. R., and W. W. KIELLEY: Biochim. biophys. Acta **24**, 440 (1957).
[3] KIELLEY, W. W., and R. K. KIELLEY: J. biol. Ch. **191**, 485 (1951).
[4] GAMBLE jr., J. L., and A. L. LEHNINGER: J. biol. Ch. **223**, 921 (1956).
[5] SCHNEIDER, W. C.: J. biol. Ch. **176**, 259 (1948).
[6] COOPER, C.: J. biol. Ch. **235**, 1815 (1960).
[7] KIELLEY, W. W., and R. K. KIELLEY: J. biol. Ch. **200**, 213 (1953).

of the enzyme protein is usually lacking, and the distinction between "soluble enzyme" and "submitochondrial particles" is often vague.

LARDY and WELLMAN[1] obtained enzyme extracts by homogenizing the acetone desiccated mitochondria of rat liver with water or 0.25 M sucrose. The suspension was let stand for 20 min and centrifuged at 18000 × g for 30 min at 0° C. ATPase activities remained in the supernatant layer, but much of the activity which responds to DNP could be sedimented by centrifugation at 144000 × g for 1 hour. As shown in Table 1, this preparation was activated by DNP as well as Mg^{++}. PENNIALL[2] reported that 0.25 M sucrose extracts of acetone powder of mitochondria contained an ATPase activity which was not sedimented by centrifugation at 105000 × g for 1 hour. TABATA et al.[3] precipitated ATPase activities from the aqueous extracts of mitochondrial acetone powder at 0.45 saturation of ammonium sulfate. In connection with the use of organic solvents for the purification of ATPase, it should be noted that the possible lipoprotein nature of ATPase was suggested[4,5].

PETRUSHKA et al.[6] reported the release of soluble ATPase from mitochondria upon treatment with heated snake venom retaining phospholipase A.

Mechanical disruption of mitochondria results in the release of "soluble" ATPase. For example, BEYER[7] disrupted mitochondria in 0.25 M sucrose by using sonic vibration and the suspension was centrifuged at 105000 × g for 2—4 hours. The supernatant contained ATPase activities.

Among various "soluble" ATPase preparations, the one by PULLMAN et al.[4] had the highest specific activity so far reported (Table 1) and this method[4,8] is described.

1. Fragmentation of mitochondria and crude extract. Beef heart mitochondria are prepared by the method of GREEN et al.[9]. Suspensions of mitochondrial fraction are prepared from beef heart muscle as described by CRANE et al.[10] and diluted with 0.25 M sucrose to a protein concentration of 20—24 mg per ml. The p_H is adjusted to 7.1, the suspensions are homogenized at low speed in a glass and teflon-pestle homogenizer and centrifuged at 12550 × g for 10 min. The upper, light-colored, gelatinous layer of the sediment is sloughed off by adding sufficient 0.25 M sucrose to cover the sediment and agitating with a fast rotating metal pestle. The lower well-packed layer is suspended in 0.25 M sucrose. The process is repeated to remove the gelatinous layer completely. The "heavy mitochondria" thus obtained are processed in batches of 300 mg each. The mitochondria, 300 mg, are suspended in 0.25 M sucrose and 0.002 M EDTA, p_H 7.4, in the final volume of 9.5 ml. The suspension is placed in a chilled Nossal tube[11] followed by 7.5 ml of chilled glass beads, Superbrite, 0.28 mm diameter (Minnesota Mining and Manufacturing Co., Ridgefield, N.J., U.S.A.). The glass beads which have been chilled at 4° C for more than 5 min are added slowly and mixed gently to minimize the trapping of air. Vacuum grease is applied to the rim of the Nossal tube and the cap is placed askew. The tube and cap are placed in a somewhat larger Plexiglass cylinder with a side arm. The cylinder is closed with rubber stoppers and evacuated through the side arm for 3—4 min. The cap, which has been placed askew, is now put on snugly by manipulating a probe fitted into one of the rubber stoppers. The evacuated Nossal tube is shaken in a Nossal shaker[11] at 4° C for 10 sec. The tube is removed and cooled in ice for 1 min.

---

[1] LARDY, H. A., and H. WELLMAN: J. biol. Ch. **201**, 357 (1953).
[2] PENNIALL, R.: Biochim. biophys. Acta **44**, 395 (1960).
[3] TABATA, T., D. SZAFARZ and L. WYSSMANN: Bull. Soc. Chim. biol. **41**, 1605 (1959).
[4] PULLMAN, M. E., H. S. PENEFSKY, A. DATTA and E. RACKER: J. biol. Ch. **235**, 3322 (1960).
[5] BRAGANCA, B. M., and I. ARAVINDAKSHAN: Biochem. biophys. Res. Comm. **3**, 484 (1960).
[6] PETRUSHKA, E., J. H. QUASTEL and P. G. SCHOLEFIELD: Canad. J. Biochem. Physiol. **37**, 989 (1959).
[7] BEYER, R. E.: Biochim. biophys. Acta **41**, 552 (1960).
[8] PENEFSKY, H. S., M. E. PULLMAN, A. DATTA and E. RACKER: J. biol. Ch. **235**, 3330 (1960).
[9] GREEN, D. E., R. L. LESTER and D. M. ZIEGLER: Biochim. biophys. Acta **23**, 516 (1957).
[10] CRANE, F. L., J. L. GLENN and D. E. GREEN: Biochim. biophys. Acta **22**, 475 (1956).
[11] NOSSAL, P. M.: Austral. J. exp. Biol. med. Sci. **31**, 583 (1953).

This process of shaking and cooling is repeated 6 times (total shaking time, 1 min). The suspension is fractionated centrifugally as follows:

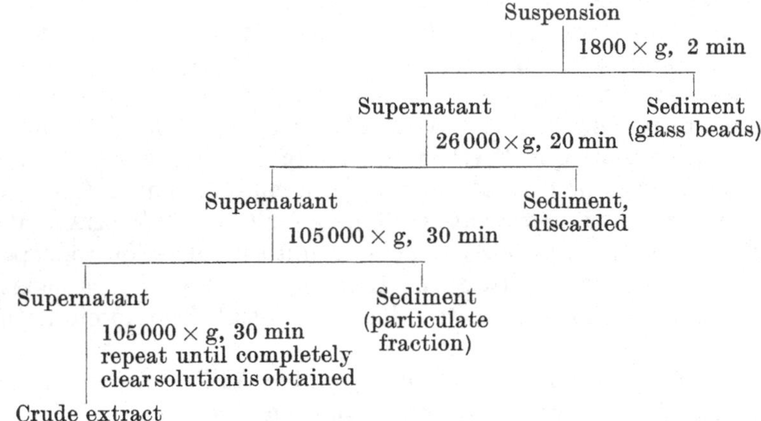

2. Removal of inert protein at p_H *5.4.* The crude extract, 392 mg protein in 90 ml of 0.25 M sucrose—0.002 M EDTA, p_H 7.4, is brought to p_H 5.4 at 4° C with 1 N acetic acid. It is centrifuged at 18000 × g for 15 min at 4° C. The supernatant is retained and its p_H is adjusted to 6.7 with 0.1 ml of 2 M Tris, p_H 10.7 (Fraction 2).

3. Fractionation with protamine. Protamine preparations show considerable variation in the adsorption and elution of the desired protein. Preliminary experiments may be necessary in choosing a suitable preparation. A protamine solution is made by dissolving 1 gm of protamine sulfate in 50 ml of water. The solution is adjusted to p_H 7.0 with 1 N KOH, the turbid solution is diluted to 100 ml with water and chilled in ice for 20 min. It is centrifuged at 10000 × g for 10 min; the supernatant is retained and diluted with an equal volume of water.

The protamine solution is slowly added to Fraction 2 at 4° C with gentle mechanical stirring. The amount of protamine solution to be added is 0.2 ml for each 10 mg of protein in Fraction 2. The stirring is continued for 15 min after the addition of protamine, and the mixture is centrifuged at 10000 × g for 15 min. The supernatant solution can be treated again with protamine in the same amount as added initially for the recovery of residual enzyme. It has been reported that sometimes as much as 30% of the activity is recovered from the second precipitate, though usually 95% or more of the activity is recovered from the first precipitate. When two precipitates are obtained, they are processed separately.

The precipitate is dissolved at room temperature* in a solution containing 0.4 M ammonium sulfate, p_H 7.4, 0.25 M sucrose, 0.01 M Tris, p_H 7.4, and 0.001 M EDTA, p_H 7.4, to a protein concentration of 3—4 mg per ml. Insoluble particles are removed by centrifugation. To the supernatant solution, an equal volume of saturated ammonium sulfate solution, p_H 5.5, is added with gentle stirring. The suspension is kept at 4° C for 15 min and centrifuged. The precipitates are dissolved in the sucrose-Tris-EDTA solution as above at room temperature, and the enzyme is reprecipitated with equal volume of saturated ammonium sulfate solution resulting in an enzyme suspension. If two enzyme suspensions are obtained (from the double protamine precipitation), they are combined. The enzyme suspension is stored at 4° C (Fraction 3).

4. Heating at 65° C. Fraction 3 is centrifuged and the precipitate is dissolved in the sucrose-Tris-EDTA solution as above to a protein concentration of 15 mg per ml. To this solution, 0.02 ml of 0.2 M ATP, p_H 7.4, is added for each one ml of the solution, and the

* The enzyme is now cold-labile and the procedures hereafter are carried out at room temperature unless specified otherwise.

mixture is placed in a 65° C water bath for 2 min. It is cooled in a 25° C water bath and centrifuged at room temperature to remove denatured protein. To the supernatant, an equal volume of saturated ammonium sulfate solution is added resulting in the precipitation of the enzyme. The enzyme precipitate is dissolved in sucrose-Tris-EDTA and precipitated again at half saturation of ammonium sulfate as before. This reprecipitation will facilitate the later removal of most of the added ATP upon centrifugation. At this stage, the enzyme, which is suspended in 50% saturation of ammonium sulfate, may be kept at 4° C for 3 weeks without appreciable loss in activity (final product).

Immediately before experimental use, the final product is centrifuged; the supernatant is decanted and the inside wall of the tube is blotted to remove ammonium sulfate as much as possible. The enzyme is dissolved at room temperature in sucrose-Tris-EDTA. It must be kept at room temperature, because it is cold-labile. If this solution has to be kept for more than 3 hours, 1 μmole of ATP per ml is added. This treatment will stabilize the enzyme for over 30 hours.

The final product represents a 50—60-fold purification over that of "crude extract" with a yield of over 200%. The increase in total activity is presumably due to the alteration of the enzyme or the removal of inhibitors. The increase in total activity which is accompanied by a great purification occurs at the heating step. The purified enzyme preparation is inactivated at ice bath temperature. The most significant property of this enzyme is that the combination of this preparation with non-phosphorylating mitochondrial subparticles (washed "particulate fraction" retained in the preparation of the crude extract) results in the restoration of oxidative phosphorylation[1].

Properties.

Because of the diversity of experimental conditions and enzyme preparations which have been used, the information on the properties of the enzyme shows a great deal of variation.

Activities. The activities of some of the mitochondria, and mitochondrial subparticles and extracts are shown in Table 1 under several conditions of activation.

p_H optima and K_M. Various p_H optima have already been described in regard to the multiplicity of ATPase. Some other reports on p_H optima are summarized in Table 4 (p. 434). Contrary to p_H optima, K_M values are in reasonable agreement as shown in Table 4.

Activators. For the matter of convenience, activators are divided into three categories. The first group comprises those agents which *in effect* introduce water as a phosphate acceptor into unknown transphosphorylation reactions in mitochondria thus causing the hydrolysis of ATP[2,3]. These agents activate the "latent" ATPase of intact liver mitochondria. It was suggested that such agents may not act by merely increasing the accessibility of ATP and/or water to the enzyme site through structural alterations such as "swelling"[2,3]. Indeed, mitochondrial swelling and contraction are now regarded as reflections of the state of the respiratory and energy-coupling mechanisms[4]. The second group is composed of various cations which are required for the ATPase activity of disintegrated mitochondria and extracts of them. The third is flavin adenine dinucleotide.

Activators of latent ATPase. Some of the activators of latent ATPase are listed in Table 5. The mechanism of action of DNP is still obscure in spite of the study using 2,4-dinitrophenol-^{18}OH, Pi-^{18}O and $H_2{}^{18}O$[5]. Recently, Cooper postulated that DNP as well as $AgNO_3$ blocks some unknown inhibitor group, and these agents, in the presence

[1] Penefsky, H. S., M. E. Pullman, A. Datta and E. Racker: J. biol. Ch. **235**, 3330 (1960).
[2] Lardy, H. A., and H. Wellman: J. biol. Ch. **201**, 357 (1953).
[3] Hunter jr., F. M.: 3. Int. Congr. Biochem. Bruxelles 1956, p. 298.
[4] Lehninger, A. L.: Fed. Proc. **19**, 952 (1960).
[5] Drysdale, G. R., and M. Cohn: J. biol. Ch. **233**, 1574 (1958).

Table 4. *Optimum p_H and K_M of ATPase.*

Preparation	Activator			Optimum p_H	K_M
	DNP mM	Arsenate mM	Mg^{++} mM		
Fresh Mw, rat liver[1]		10	2	6.5, 7.5 (two peaks)	1.5×10^{-3} M
Fresh Mw, fly flight muscle[2]			0.6		2.78×10^{-3} M
Digitonin particles, rat liver[1]		10	2	7.0—7.5	2×10^{-3} M
Digitonin particles, rat liver[3]				9	2.5×10^{-4} M
			3	8.5	3×10^{-3} M
	0.4			7.0	2×10^{-3} M
Blendor particles, mouse liver[4]			2.5*	8.5	
			5*	8.5	
			10*	7.1	
Soluble enzyme, beef heart[5]			3	9	
			3	8.5	

* In this experiment, the concentration of ATP was constant at 5×10^{-3} M and that of Mg^{++} was varied. This variation resulted in a shift of optimum p_H.

Table 5. *Activators of latent ATPase*.*

Substance	Concentration mM	Activation %	Substance	Concentration mM	Activation %
DNP[6] **	0.1	100	Salicylate[12]	1	56
Ag^{+} [7]	0.01	200	Thyroxine[13]	0.1	70
Pentachlorophenol[8]	0.01	73	Triiodothyroacetic acid[10]	0.1	28
Pentachlorophenol[8]	0.1	15	Progesterone[14]	0.6	103
Dicumarol[9]	0.1	100	11-deoxycorticosterone[14]	0.6	62
Gramicidin[9]	0.05	55	Δ'-cortisone[14]	0.6	22
Arsenate[9]	10	93	Estradiol[14]	0.6	42
Oleate[9]	0.5	93	Testosterone[14].	0.6	14
Caprylate[6]	3	53	Cholesterol[14]	0.6	4
Deoxycholate[10]	100 μg/ml	55	Ca^{++} [6]	7.5	13
Cetyl trimethyl ammonium chloride[11]	0.05	42	Ca^{++} [10]	1	70

* The effectiveness of activators is expressed as % relative to that of DNP. The increase of ATPase activity stimulated by DNP, 1×10^{-4} M, equals 100%. Nearly maximum stimulation was achieved at this concentration of DNP[6].

** KCl, 4.5×10^{-2} M, enhanced nearly 4-fold the DNP activation of the latent ATPase of fresh rat liver mitochondria, and NaCl gave similar results[6].

of added Mg^{++}, maximally activate the ATPase activity of digitonin particles[15]. In this connection, it is noteworthy that CHAPPELL and GREVILLE[7] reported the Ag^{+} activation

[1] WADKINS, C. L.: J. biol. Ch. **235**, 3300 (1960).
[2] SACKTOR, B.: J. gen. Physiol. **36**, 371 (1953).
[3] COOPER, C., and A. L. LEHNINGER: J. biol. Ch. **224**, 547 (1957).
[4] KIELLEY, W. W., and R. K. KIELLEY: J. biol. Ch. **200**, 213 (1953).
[5] PULLMAN, M. E., H. S. PENEFSKY, A. DATTA and E. RACKER: J. biol. Ch. **235**, 3322 (1960).
[6] LARDY, H. A., and H. WELLMAN: J. biol. Ch. **201**, 357 (1953).
[7] CHAPPELL, J. B., and G. D. GREVILLE: Nature **174**, 930 (1954).
[8] WEINBACH, E. C.: J. biol. Ch. **221**, 609 (1956).
[9] WADKINS, C. L.: J. biol. Ch. **236**, 221 (1961).
[10] LARDY, H. A., D. JOHNSON and W. C. MCMURRAY: Arch. Biochem. **78**, 587 (1958).
[11] WITTER, R. F., and W. MINK: J. biophys. biochem. Cytol. **4**, 73 (1958).
[12] PENNIALL, R.: Biochim. biophys. Acta **30**, 247 (1958).
[13] KLEMPERER, H. G.: Biochim. biophys. Acta **23**, 404 (1957).
[14] BLECHER, M., and A. WHITE: J. biol. Ch. **235**, 3404 (1960).
[15] COOPER, C.: J. biol. Ch. **235**, 1815 (1960).

of ATPase of pigeon breast muscle mitochondria. The dependency of the DNP activation of ATPase on the addition of Mg^{++} in some ATPase preparations has been mentioned. A question arises as to the source of Mg^{++} when the DNP activation of ATPase occurs without added Mg^{++} in the reaction medium. In such a case, ATPase preparations themselves may contain Mg^{++}; for example, 8 to 30 $m\mu$-atoms of Mg per mg of protein were found in submitochondrial particles[1]. Arsenolysis[2] is an interesting observation since its mode of action with other enzyme reactions has been elucidated. For instance, evidences for the formation of unstable arsenate ester or anhydride were reported in the studies with arsenate-^{18}O[3]. The arsenate effect was competitively reversed by Pi and its stimulating effect on the ATPase activity of digitonin particles requires the addition of Mg^{++}[2]. Oleate effect is interesting in that PRESSMAN and LARDY[4], starting from the observation of the latent ATPase activating effect of microsomal extract, identified the active principle as long chain fatty acids. Octanoate, myristate and stearate were also effective according to them. Furthermore, such fatty acids may be the active principle in mitochrome[5,6] and other mitochondrial extracts[7-9] which are ATPase activators or oxydative phosphorylation uncouplers. Though Ca^{++} is not a metal activator of liver mitochondrial ATPase as defined in the next section, Ca^{++} activates the latent ATPase of intact liver mitochondria[10,11].

Metal activators. The cations reported to be active with aged or fragmented rat liver mitochondria are Mg^{++}, Mn^{++}, Co^{++}, Fe^{++}, and Sn^{++}; reports on Zn^{++} are not in agreement. Al^{+++}, Fe^{+++}, Cu^{++}, Ba^{++}, Ca^{++}, and Rb^{+} are inactive; and Fe^{+++} and Cu^{++} inhibit Mg^{++} activation[12-14]. These ions are used usually at 1—3 mM. With different mitochondrial preparations, the results may vary. ATPase of horse heart sarcosomal fragments was reported to be activated by Cd^{++}, Ni^{++} and Be^{++} also[14]. Ca^{++} activation of some ATPases and non-magnesium requiring ATPase have been mentioned in the section of classification.

Flavin adenine dinucleotide. One interesting report is that FAD, 4.4×10^{-4} M, but not FMN, stimulated both the DNP- and Mg^{++}-ATPase activities of the extracts of mitochondrial acetone powder[15]. However, BEYER[16] reported no effect of FAD (10^{-4} M), FMN (10^{-4} M), Vitamin K, and Coenzyme Q_{10}-ubiquinone on a soluble ATPase.

Inhibitors. Some of the innumerable inhibitors reported are listed in Table 6. It is to be noted that several inhibitors actually stimulate ATPase under certain experimental conditions. Some sulfhydryl binding agents are inhibitory. However, the failure of cysteine to reverse this inhibition[2] and no, or even stimulatory, effect of pCMB on a purified ATPase activated by Mg^{++}[17] are noteworthy. Less striking inhibition of DNP-ATPase by pCMB in the presence of Mg^{++} was also reported[10].

The inhibition of DNP-ATPase by atebrin, acryflavin and promazines, which stimulated at lower concentrations, was potentiated by amytal (2 mM) and partially reversed

---

1 COOPER, C.: J. biol. Ch. **235**, 1815 (1960).
2 WADKINS, C. L.: J. biol. Ch. **235**, 3300 (1960).
3 SLOCUM, D. H., and J. E. VARNER: J. biol. Ch. **235**, 492 (1960).
4 PRESSMAN, B. C., and H. A. LARDY: Biochim. biophys. Acta **21**, 458 (1956).
5 POLIS, B. D., and H. W. SHMUKLER: J. biol. Ch. **227**, 419 (1957).
6 HÜLSMANN, W. C., W. B. ELLIOT and E. C. SLATER: Biochim. biophys. Acta **39**, 267 (1960).
7 LEHNINGER, A. L., and L. F. REMMERT: J. biol. Ch. **234**, 2459 (1959).
8 LEWIS, S. E., and K. S. FOWLER: Biochim. biophys. Acta **38**, 564 (1960).
9 WOJTCZAK, L., and A. B. WOJTCZAK: Biochim. biophys. Acta **39**, 277 (1960).
10 LARDY, H. A., and H. WELLMAN: J. biol. Ch. **201**, 357 (1953).
11 POTTER, V. R., P. SIEKEVITZ and H. C. SIMONSON: J. biol. Ch. **205**, 893 (1953).
12 COOPER, C., and A. L. LEHNINGER: J. biol. Ch. **224**, 547 (1957).
13 BRONK, J. R., and W. W. KIELLEY: Biochim. biophys. Acta **24**, 440 (1957).
14 MYERS, D. K., and E. C. SLATER: Biochem. J. **67**, 558 (1957).
15 PENNIALL, R.: Am. Soc. **82**, 6195 (1960).
16 BEYER, R. E.: Biochim. biophys. Acta **41**, 552 (1960).
17 PULLMAN, M. E., H. S. PENEFSKY, A. DATTA and E. RACKER: J. biol. Ch. **235**, 3322 (1960).

Table 6. *Inhibition of ATPase by various agents**.

Inhibitor		Enzyme preparation and activator								
		Fresh Mw		Aged or DOC treated Mw		Fragments			Soluble	
Agent	Concentration mM	DNP	Arsenate	DNP	Mg^{++}	DNP	Arsenate	Mg^{++}	DNP+Mg^{++}	Mg^{++}
Azide[1-3]	5	89	75		84		100		51 (0.04)**	83 (0.04)
Guanidine[1, 3]	5	10			31				55 (20)	78 (20)
Oligomycin[4]	2—3 µg/ml	85				73		98		
Antimycin A[1]	0.5 µg/ml	0			0					
pCMB[1, 3, 5]	0.1	99			94				29 (0.5)	0 (0.5)
Phenylmercuric acetate[2].	0.003		70				65			
Phenylmercuric acetate + cysteine[2]	0.003 + 1		75				70			
Iodosobenzoate[3, 5] . . .		0			0				0 (5)	0 (5)
Iodoacetate[3, 5]	0.3	5—30							8 (5)	0 (5)
N-Ethylmaleimide[3] . . .	5								0	0
Diphenyliodonium chloride[5]	0.3	5—30								
Arsenate[1]	5	34			4					
Fluoride[1-3, 5]	7.5—20	69	33	25	42		20		32	17
Amytal[1, 6]	4	40								7 (0.5)
Atebrin[6, 7]	4	90			98					76
Chloropromazine[6, 8] . . .	0.5	96			83 (0.2)					80
Acryflavin[7]	0.5	59								
DCPIP, oxydized[1] . . .	0.1	50			3					
DCPIP, reduced[1]	0.1	11			11					
Methylene blue[1]	0.4	73			0					
Vitamin K_3, oxydized[1] .	0.1	30			8					
Vitamin K_3, reduced[1] . .	0.1	45			20					
Cytochrome c[9]	0.07	0			0					
DPN or DPNH[9]	0.1	0			0					
Dithionite[9]	1				+100***					
Glutathione[9]	1				13					
Ascorbic acid[9]	1				26					
Ferro or ferricyanide[9] . .	1				0					
Dodecyl sulfate[10]	0.5	65			+ 90***					
Polyoxyethylene[10] monooleate	0.4 mg/ml	79			0					
Bilirubin[3]	0.32								56	49
Biliverdin[3].	0.32								24	17
EDTA[1]	5	17			36					
n-Butyl-3,5-diiodo-4-hydroxybenzoate[3] . .	0.1									72
Benzyloxy-3,5-diiodo-benzoic acid[3].	0.3									72
KCN[5].	0.1	2—25		2—37						
AMP[1]	2	13			43					
ADP[1]	2	23			54					
Oxalacetate[5]	30	42		30						
Malate[5]	30	38		48						
Succinate[5].	30	34		52						
Butyrate[5]	5	15		39						
Caprylate[5].	3	29		20						
Crotonate[5]	5	50		25						
Cinnamate[5]	5	35		30						
Malonate[9]	10	0								

* The degree of inhibition is expressed as %. Complete inhibition equals 100%.

** When the inhibitor concentration used is different from that shown in the column, such a concentration (in mM) is specified in the parentheses immediately following the figure for % inhibition.

*** The sign, +, indicates stimulation.

by FMN or FAD (7 mM)[1,2]. The inhibition of Mg^{++}-ATPase by these agents, however, was not reversed by the flavin compounds; it was partially reversed by dithionite (0.5—1 mM)[1,2]. These findings and the effects of oxidizing and reducing agents and oxidizable metabolites on ATPase, indicate a close relationship of some flavoproteins to the ATPase activity of mitochondria. Other related findings, such as inactivation of a soluble ATPase by UV light with attendant decrease of reducible flavin[3], stimulating effect of FAD on the extracts of mitochondrial acetone powder[4] and the suppressing effect of galactoflavin feeding on the Mg^{++}-ATPase of liver mitochondria[5], have also been described in the previous sections.

The inhibition of a purified ATPase by thyroxine analogues[6] is very noteworthy. The inhibition by ADP was noted with mitochondrial fragments[7] and a purified enzyme[6], and the inhibition was not exactly a competitive type[7]. ADP is a relatively specific inhibitor in that ADP inhibited the hydrolysis of ITP as well as ATP[7], and other nucleoside diphosphates were much less effective than ADP or not inhibitory at all[6,7]. Contrary to myosin-ATPase which could be activated by EDTA as much as 30-fold[8], EDTA appears to be slightly inhibitory with mitochondrial ATPase[9,10]. However, it should be noted that the EDTA activation of myosin-ATPase requires the presence of KCl at high concentrations, e.g. 0.17—1.0 M[8].

Assay methods.

Assay without an ATP regenerating system. ATP is incubated with the enzyme preparation, buffer and other additions, and the product, usually Pi, is determined. To establish the fact that only one mole of Pi is cleaved from one mole of ATP, control samples should be run in which ADP and AMP, respectively, replace ATP. In such control samples Pi formation should be negligible or considerably lower than with ATP. Determination of the stoichiometry of the ATPase reaction by appropriate chromatographic separation of the products is also desirable.

The reaction mixture may have to be modified depending upon the specific enzyme preparation under study. For instance, K^+ and Na^+ enhance the DNP-ATPase activity of fresh liver mitochondria[11,12], and Na^+ activates the latent ATPase of rat lymphosarcoma

[1] Löw, H.: Biochim. biophys. Acta **32**, 1 (1959).
[2] Löw, H.: Biochim. biophys. Acta **32**, 11 (1959).
[3] Beyer, R. E.: Exp. Cell Res. **21**, 217 (1960).
[4] Penniall, R.: Am. Soc. **82**, 6195 (1960).
[5] Beyer, R. E., S. L. Lamberg and M. A. Neyman: Canad. J. Biochem. Physiol. **39**, 73 (1961).
[6] Pullman, M. E., H. S. Penefsky, A. Datta and E. Racker: J. biol. Ch. **235**, 3322 (1960).
[7] Kielley, W. W., and R. K. Kielley: J. biol. Ch. **200**, 213 (1953).
[8] Bowen, W. J., and T. D. Kerwin: J. biol. Ch. **211**, 237 (1954).
[9] Siekevitz, P., H. Löw, L. Ernster and O. Lindberg: Biochim. biophys. Acta **29**, 378 (1958).
[10] Chappell, J. B., and S. V. Perry: Biochem. J. **55**, 586 (1953).
[11] Lardy, H. A., and H. Wellman: J. biol. Ch. **201**, 357 (1953).
[12] Myers, D. K., and E. C. Slater: Biochem. J. **67**, 558 (1957).

Literature to Table 6.

[1] Siekevitz, P., H. Löw, L. Ernster and O. Lindberg: Biochim. biophys. Acta **29**, 378 (1958).
[2] Wadkins, C. L.: J. biol. Ch. **235**, 3300 (1960).
[3] Pullman, M. E., H. S. Penefsky, A. Datta and E. Racker: J. biol. Ch. **235**, 3322 (1960).
[4] Lardy, H. A., D. Johnson and W. C. Mc Murray: Arch. Biochem. **78**, 587 (1958).
[5] Lardy, H. A., and H. Wellman: J. biol. Ch. **201**, 357 (1953).
[6] Beyer, R. E.: Biochim. biophys. Acta **41**, 552 (1960).
[7] Löw, H.: Biochim. biophys. Acta **32**, 1 (1959).
[8] Löw, H.: Biochim. biophys. Acta **32**, 11 (1959).
[9] Myers, D. K., and E. C. Slater: Biochem. J. **67**, 572 (1957).
[10] Witter, R. F., and W. Mink: J. biophys. biochem. Cytol. **4**, 73 (1958).

mitochondria[1]. Addition of 2 to 12 mg/ml of bovine serum albumin has been found necessary to demonstrate the latency of ATPase of rat lymphosarcoma mitochondria[1]. Sucrose has been added to the reaction mixture when a certain osmolarity is desired.

The assay method by KIELLEY and KIELLEY[2] is given as an example.

Reaction mixture			
	Histidine, p_H 7.5	50 μmoles	
	KCl	33 μmoles	
	$MgCl_2$	5 μmoles	
	ATP	5 μmoles	Final volume 1 ml

The reaction mixture is incubated at 28° C for 5 min; the reaction is stopped by adding 1 ml of 5% perchloric acid. An aliquot of the deproteinized supernatant layer is assayed for Pi.

Where Pi determination is not feasible (for example in the presence of high concentration of Pi or arsenate), ATP, labeled with ^{32}P in the terminal phosphate group, can be used[3,4]. The ^{32}Pi produced from $AT^{32}P$ is converted to phosphomolybdate and extracted into an organic solvent mixture, for instance isobutanol-benzene[5]. The amount of ^{32}Pi produced can be estimated from the radioactive counts of the organic phase.

Assay with an ATP regenerating system. It was reported that the presence of an ATP regenerating system enabled the reaction to proceed in proportion to the enzyme concentration and time and enhanced the ATPase activity greatly[6]. These effects are presumably due to the removal of the inhibitory product, ADP[2,6].

The method used by PULLMAN et al.[6] is as follows:

Reaction mixture	
Tris-acetic acid, p_H 7.4	50 μmoles
ATP, sodium, p_H 7.4	6 μmoles
$MgCl_2$	3 μmoles
Phosphoenolpyruvate potassium, p_H 7.4	5 μmoles
Pyruvate kinase diluted in 0.01 M Tris buffer, p_H 7.4	32 μg
	Final volume 1 ml

The mixture is equilibrated for 5 min at 30° C. ATPase then is added and incubation is continued for 10 min. The reaction is stopped with 0.1 ml of 50% trichloroacetic acid. After deproteinization, 0.5 ml aliquots of supernatant are analyzed for Pi.

The reaction in this system can also be estimated by measuring pyruvic acid liberated, since it and Pi are formed in equimolar amounts. Pyruvic acid is determined in the presence of DPNH and lactic acid dehydrogenase. This spectrophotometric method is suitable for determination of initial reaction rates and can be used in the presence of high concentrations of Pi[6].

Reaction mixture			
	Tris-acetate buffer, p_H 7.4	50 μmoles	
	$MgCl_2$	1 μmole	
	DPNH	0.2 μmole	
	Phosphoenolpyruvate	2 μmoles	
	ATP, p_H 7.4	2 μmoles	
	Lactic acid dehydrogenase	13 μg	
	Pyruvate kinase	32 μg	Final volume 1 ml

[1] BLECHER, M., and A. WHITE: J. biol. Ch. **235**, 3404 (1960).
[2] KIELLEY, W. W., and R. K. KIELLEY: J. biol. Ch. **200**, 213 (1953).
[3] COOPER, C., and A. L. LEHNINGER: J. biol. Ch. **224**, 547 (1957).
[4] WADKINS, C. L.: J. biol. Ch. **235**, 3300 (1960).
[5] MARTIN, J. B., and D. M. DOTY: Analyt. Chem., Washington **21**, 965 (1949).
[6] PULLMAN, M. E., H. S. PENEFSKY, A. DATTA, and E. RACKER: J. biol. Ch. **235**, 3322 (1960).

Andere Adenosintriphosphatasen (Nucleosidtriphosphatasen).

(Nucleosid-5'-triphosphat-Phosphohydrolasen.)

Von

Günther Siebert*.

Allgemeines. *Abgrenzung des Gebietes.* Nachdem voranstehend contractile Adenosintriphosphatasen (S. 413ff.) und mitochondriale Adenosintriphosphatasen (S. 424ff.) behandelt worden sind, ist es Aufgabe dieses Kapitels, weitere Enzyme zu behandeln, die ATP und andere Nucleosidtriphosphate hydrolytisch spalten, jedoch nicht zu den beiden eben genannten Gruppen gehören.

In der Literatur findet man eine Fülle von Angaben zur ATP-Spaltung in ungereinigten Gewebspräparaten und biologischen Flüssigkeiten. Solche Reaktionen werden meist an Hand des Zuwachses von Orthophosphat während der Inkubationszeit verfolgt. Es ist jedoch zu bedenken, daß gar nicht selten aus dem Zusammenwirken zweier grundverschiedener Reaktionen in der Bilanz eine ATP-Spaltung resultiert, ohne daß eine wahre Adenosintriphosphatase (ATP-Phosphohydrolase) vorliegt. Zum Beispiel würde sich aus der Hexokinase (I)- und der Glucose-6-Phosphatase (II)-Reaktion in der Bilanz (III) eine

$$\text{ATP} + \text{Glucose} \xrightarrow{\text{Hexokinase}} \text{ADP} + \text{Glucose-6-phosphat} \quad \text{(I)}$$

$$\text{Glucose-6-phosphat} + H_2O \xrightarrow{\text{Glucose-6-Phosphatase}} \text{Glucose} + \text{Orthophosphat} \quad \text{(II)}$$

$$\text{Bilanz:} \quad \text{ATP} + H_2O \rightarrow \text{ADP} + \text{Orthophosphat} \quad \text{(III)}$$

ATP-Spaltung ergeben, die nichts mit einer Adenosintriphosphatase-Wirkung zu tun hat. Derartige zusammengesetzte Reaktionen sind in Gewebspräparaten, in denen weitere endogene Substrate vorhanden sind, sicher häufiger als man gemeinhin annimmt, und Beispiele für ATP-Spaltungen dieser Art sind in der Stoffwechsel-Literatur weit verbreitet.

Abkürzungen.

ADP	Adenosin-5'-diphosphat
AMP	Adenosin-5'-monophosphat
AtetraP	Adenosin-tetraphosphat
ATP	Adenosin-5'-triphosphat
ATPase	Adenosintriphosphatase
5-Brom-desoxyCTP	5-Brom-desoxycytidin-5'-triphosphat
5-Brom-desoxyUTP	5-Brom-desoxyuridin-5'-triphosphat
CTP	Cytidin-5'-triphosphat
DesoxyATP	Desoxyadenosin-5'-triphosphat
DesoxyCMP	Desoxycytidin-5'-monophosphat
DesoxyCDP	Desoxycytidin-5'-diphosphat
DesoxyCTP	Desoxycytidin-5'-triphosphat
DesoxyGTP	Desoxyguanosin-5'-triphosphat
Desoxy-hydroxymethylCTP	Hydroxymethyl-desoxycytidin-5'-triphosphat
DesoxyUMP	Desoxyuridin-5'-monophosphat
DesoxyUTP	Desoxyuridin-5'-triphosphat
DNS	Desoxyribonucleinsäure
DPN	Diphosphopyridinnucleotid = Nicotinamid-adenin-dinucleotid
DPNH	Dihydro-diphosphopyridinnucleotid = Dihydronicotinamid-adenin-dinucleotid
GDP	Guanosin-5'-diphosphat
GTP	Guanosin-5'-triphosphat
ITP	Inosin-5'-triphosphat
NDP	Nucleosid-5'-diphosphat
NTP	Nucleosid-5'-triphosphat
TSH	Schilddrüsen stimulierendes Hormon
TTP	Thymidin-5'-triphosphat
UTP	Uridin-5'-triphosphat

* Physiologisch-Chemisches Institut der Johannes Gutenberg-Universität Mainz.

Das Vorkommen einer wahren Adenosintriphosphatase kann, wie sich aus den Gl. (I) bis (III) ergibt, auch durch analytische Bilanzierung der Reaktion (III) meist nicht bewiesen werden; vielmehr bedarf es einer hinreichend weit vorangetriebenen Reinigung des Enzyms und gegebenenfalls auch Kontrollversuche mit Kochsaft, ehe eine ATP-Spaltung im Sinne der Gl. (III) einer echten ATP-Phosphohydrolase zugeschrieben werden kann.

Weiterhin ist, besonders bei der Untersuchung der Nucleotidspezifität von Adenosintriphosphatasen, daran zu denken, daß Reaktionen nach Art der Nucleosid-Diphosphokinase (Bd. VI/B, S. 558ff.) ATP liefern können, welches dann das eigentliche gespaltene Substrat

$$\text{ADP} + \text{XTP} \xrightarrow{\text{Nucleosid-Diphosphokinase}} \text{ATP} + \text{XDP}$$

(X = Inosin, Guanosin, Cytidin, Uridin usw.)

ist. Ein eleganter Weg, solche Fehlerquellen auszuschalten, besteht in der Zugabe des kompletten Hexokinasesystems (Glucose + Mg^{++} + Hexokinase); Hexokinase reagiert nur mit ATP, so daß eventuell aus Nebenreaktionen entstehendes ATP abgefangen und der hydrolytischen Spaltung entzogen wird. Das Verfahren, ATP mittels der Hexokinasereaktion abzufangen, ist zuerst wohl von SLATER[2] ausgearbeitet und für Adenosintriphosphatase-Studien von SACKTOR und COCHRAN[3] verwendet, später auch intensiv von der RACKERschen Schule[4] benutzt worden. Es basiert auf der Nucleotidspezifität der Hexokinase für ATP, die jedoch nicht absolut ist; z.B. werden auch DesoxyATP[5], ITP[6] sowie weitere Nucleosidtriphosphate[1] zur Phosphorylierung von ATP ausgenutzt (siehe Tabelle 1).

Tabelle 1. *Nucleotidspezifität von Hefe-Hexokinase*[1].

Nucleotid	Spezifische Aktivität (μM/min/mg Protein)
ATP . . .	800
DesoxyATP	400
ITP	23
UTP	3
CTP	1
GTP	0,6
DesoxyCTP	0,002
DesoxyGTP	0,002
AtetraP . .	0

Ein weiterer Grund, der das Verfahren des ATP-Abfangs mit Hexokinase nicht allgemein anwendbar macht, liegt in den Reaktionserfordernissen der Hexokinase: relativ hohe Mg^{++}-Konzentration; p_H-Optimum[7] bei p_H 8—9. Störeffekte von Nucleosid-Diphosphokinase und verwandten Enzymen können daher auf diesem Wege nicht ausgeschlossen werden, wenn sich eine Adenosintriphosphatase als hemmbar durch die erforderlichen Mg^{++}-Konzentrationen erweist[8].

Abhilfe ist möglich, wenn man ein anderes Enzym zum Abfangen von ATP einsetzt, wie z.B. Kreatinkinase (Bd. VI/B, S. 562ff.), dessen Nucleotidspezifität allerdings noch nicht gründlich untersucht ist; auch kann man bei Versuchen zur Spaltung des Substrats XTP noch ADP in Substratmengen zusetzen und prüfen, ob die Spaltungsrate ansteigt[8]. Schließlich kann in einer Enzympräparation ein eventueller endogener Gehalt an ADP leicht durch enzymatische Bestimmung mittels Phosphoenolpyruvat, Pyruvatkinase, DPNH und Lactatdehydrogenase ermittelt werden (S. 441)[9], so daß auch auf diesem Wege eine Entscheidung über das Vorliegen einer Störreaktion gelingt[8].

In diesem Kapitel werden nur Adenosintriphosphatasen behandelt, die den eben erörterten Kriterien genügen und daher als eigene Enzymindividuen anerkannt werden können: Na^+-K^+-stimulierte Adenosintriphosphatase, Zellkern-Nucleosidtriphosphatasen sowie einige Nucleosidtriphosphatasen mit ausgeprägterer Substratspezifität.

---

[1] DARROW, R. A., and S. P. COLOWICK; in: Colowick-Kaplan, Meth. Enzymol., Bd. V. S. 226ff.
[2] SLATER, E. C.: Biochem. J. **53**, 521 (1953).
[3] SACKTOR, B., and D. G. COCHRAN: J. biol. Ch. **226**, 241 (1957).
[4] PULLMAN, M. E., H. S. PENEFSKY, A. DATTA and E. RACKER: J. biol. Ch. **235**, 3322 (1960).
[5] SIEBERT, G., u. R. BEYER: B. Z. **335**, 14 (1961).
[6] MARTINEZ, R. J.: Arch. Biochem. **93**, 508 (1961).
[7] DIXON, M., and D. M. NEEDHAM: Nature **158**, 432 (1946).
[8] SIEBERT, G., u. I. BAUER: Unveröffentlicht.
[9] ADAM, H.; in: BERGMEYER, H. U. (Hrsg.): Methoden der enzymatischen Analyse. S. 573ff. Weinheim 1962.

Bestimmungsmethoden. Seit den Angaben von DuBois und Potter[1] wird meist der Zuwachs an Orthophosphat als Maß der Adenosintriphosphatase-Wirkung genommen. Die Bestimmung von Orthophosphat mit dem Ausschüttelungsverfahren von Martin und Doty[2] ist bewährt und wird empfohlen; Beschreibung der Methode s. Bd. III, S. 466. Angaben zu den Reaktionsbedingungen werden bei den einzelnen Enzymen gemacht.

Daneben existiert eine optische Methode der Adenosintriphosphatase-Messung, die alle Vorteile der spektrophotometrischen Enzymtests aufweist. Man macht davon Gebrauch, daß das bei der ATP-Spaltung entstehende ADP mittels Phosphoenolpyruvat und Pyruvatkinase wieder zu ATP rephosphoryliert wird[3,4]. Dadurch entfällt die Produkthemmung durch ADP, so daß höhere Aktivitäten gemessen werden[3]; zugleich arbeitet man bei konstanten Substratkonzentrationen, wodurch die Kinetik wesentlich übersichtlicher wird[4]. Statt in dieser Versuchsanordnung freigesetztes Orthophosphat zu bestimmen[3], wird das bei der Rephosphorylierung von ADP anfallende Pyruvat mit DPNH und Lactatdehydrogenase umgesetzt[4,5]; diese Hilfsreaktion wird im Spektralphotometer gemessen.

***Bestimmung der Adenosintriphosphatase-Aktivität nach* Fischer *u. Mitarb.*[4].**

Prinzip:

Es laufen folgende Reaktionen ab:

$$\text{ATP} + H_2O \xrightarrow{\text{Adenosintriphosphatase}} \text{ADP} + \text{Orthophosphat}$$

$$\text{ADP} + \text{Phosphoenolpyruvat} \xrightarrow{\text{Pyruvatkinase}} \text{ATP} + \text{Pyruvat}$$

$$\text{Pyruvat} + \text{DPNH} + H^+ \xrightarrow{\text{Lactatdehydrogenase}} \text{Lactat} + \text{DPN}^+$$

Pro Mol gespaltenes ATP wird 1 M DPNH verbraucht.

Reagentien:

1. 0,3 m Trispuffer, pH zwischen 7,2 und 8,6.
2. $1{,}2 \times 10^{-1}$ m ATP, mit n KOH auf etwa pH 7 eingestellt.
3. $1{,}65 \times 10^{-2}$ m Phosphoenolpyruvat, pH 7.
4. 6×10^{-1} m KCl.
5. $3{,}75 \times 10^{-1}$ m $MgCl_2$.
6. 6×10^{-3} m DPNH, in obiger Pufferlösung gelöst.
7. Lactatdehydrogenase, krist. (Boehringer).
8. Pyruvatkinase, krist. (Boehringer).
9. Myokinase, krist. (Boehringer).

Ausführung:

Man füllt eine Cuvette von 1 cm Lichtweg mit der für ein Endvolumen von 3,00 ml benötigten Menge bidest. Wassers und pipettiert dann in der angegebenen Reihenfolge 0,5 ml Pufferlösung, 0,2 ml ATP-Lösung, 0,2 ml Phosphoenolpyruvat, 0,5 ml KCl (bei Versuchen mit Myosin-ATPase 1,0 ml), 0,2 ml Mg^{++}-Salz, 0,2 ml DPNH-Lösung, 20 μl Lactatdehydrogenase, 20 μl Pyruvatkinase und 20 μl Myokinase. Spuren von ADP und AMP in der ATP-Lösung sowie Spuren von Pyruvat in der Phosphoenolpyruvat-Lösung reagieren jetzt ab. Wenn sich die Extinktion nicht mehr ändert, wird die Reaktion durch Zugabe der Enzymlösung in Gang gesetzt. Da auch die Enzymlösung gegebenenfalls Pyruvat, AMP oder ADP enthalten kann, läßt man 2—3 min vergehen, bis die Reaktionsgeschwindigkeit linear mit der Zeit geworden ist, und liest einige min lang die Extinktionsänderung bei 340 oder 366 mμ ab. Proportionalität zu Zeit und Enzymmenge besteht

[1] DuBois, K. P., and V. R. Potter: J. biol. Ch. **150**, 185 (1943).
[2] Martin, J. B., and D. M. Doty: Analyt. Chem., Washington **21**, 965 (1949).
[3] Gatt, S., and E. Racker: J. biol. Ch. **234**, 1015 (1959).
[4] Fischer, F., G. Siebert u. E. Adloff: B. Z. **332**, 131 (1959).
[5] Pullman, M. E., H. S. Penefsky, A. Datta and E. Racker: J. biol. Ch. **235**, 3322 (1960).

in relativ weiten Grenzen; Kontrollversuche zeigen, daß äquimolar zum DPNH-Verbrauch Orthophosphat auftritt.

Bei diesen Versuchen ist auf folgendes zu achten: 1. Man benötigt einen Kontrollversuch ohne ATP; wenn hierbei eine Extinktionsabnahme auftritt, beruht sie auf Phosphoenolpyruvatspaltung durch die Enzymlösung verunreinigende Phosphatasen[1]. In extrem phosphatasereichen Geweben wie der Darmschleimhaut wird die Messung der Adenosintriphosphatase kritisch. — 2. Rohextrakte von Geweben, die relativ viel Nucleosiddiphosphate und Nucleosidmonophosphate, die nicht zur Adenosinreihe gehören, enthalten, geben leicht eine zu hohe Adenosintriphosphatase-Aktivität, da Pyruvatkinase nicht absolut spezifisch für ADP ist (s. auch [2]). Man erkennt solche Störungen an der unregelmäßigen Kinetik der Pyruvatkinase-Reaktion, und beseitigt sie am besten durch eine Ammoniumsulfatfällung der Enzymlösung zwischen 0 und 3 m Salzkonzentration. — 3. Der Zusatz von Myokinase ist zweckmäßig, da Spuren von Myokinase häufig in Adenosintriphosphatase-Lösungen als Verunreinigung auftreten und beim Vorliegen von AMP-Spuren in der ATP-Lösung oder Enzymlösung falsche Werte liefern würden. Ein bis zu 300facher Aktivitätsüberschuß von Myokinase über Adenosintriphosphatase ist ohne Einfluß auf die Genauigkeit der Messung, sofern die angegebene Pyruvatkinasemenge nicht unterschritten wird. Ist in der Enzymlösung zusätzlich eine Apyrase vorhanden ($ATP + H_2O \rightarrow AMP +$ Pyrophosphat), so wird sie bei Myokinasezusatz mitgemessen. — 4. Die angegebene Menge an Pyruvatkinase reicht für Messungen zwischen pH 7,2 und 8,6 aus; außerhalb dieses pH-Bereiches muß geprüft werden, ob Erhöhung des Pyruvatkinasezusatzes zur vollständigen Erfassung von ADP erforderlich ist. Die angegebene Menge an Lactatdehydrogenase gestattet Messungen zwischen pH 6,0 und 9,5. — 5. Bei Verwendung von Zellpartikeln, die nach den Mitochondrien sedimentieren, ist gegebenenfalls auf die Anwesenheit einer Dinucleotid-Pyrophosphatase zu achten, die DPNH abbaut, ohne daß sich die Extinktion bei 340 mμ ändert[3].

Na^+-K^+-stimulierte Adenosintriphosphatase.

Definition. Unter Na^+-K^+-stimulierten Adenosintriphosphatasen werden Enzyme verstanden, die ATP hydrolytisch spalten:

$$ATP + H_2O \rightarrow ADP + \text{Orthophosphat}$$

Sie sind von anderen Adenosintriphosphatasen abgegrenzt durch 1. Vorkommen an Zellgrenzflächen wie z.B. Erythrocyten-Membranen oder der Membranfraktion der Mikrosomen; 2. Aktivierung bei gleichzeitiger Anwesenheit von Na^+ und K^+; 3. Hemmbarkeit durch Strophanthin und andere Herzglykoside.

Enzympräparate, bei denen diese Eigenschaften nicht bestimmt wurden (z.B. eine 500fach gereinigte Erythrocyten-Adenosintriphosphatase[4]) oder keine Stimulierbarkeit durch Na^+ plus K^+ gefunden wurde (z.B. Nucleosidtriphosphatase aus Rattenleber-Mikrosomen[5] oder Adenosintriphosphatase aus Membranen des Rattenskeletmuskels[6]), werden in diesem Beitrag nicht berücksichtigt.

Entdeckung. Nachdem UTTER[7] bereits Na^+-Effekte auf die Glykolyse auf eine Beeinflussung der ATP-Spaltung in Gehirnhomogenaten der Baumwollratte zurückgeführt hatte, ist es das Verdienst von SKOU[8], die Na^+-K^+-stimulierte Adenosintriphosphatase erstmals als separates Enzym charakterisiert zu haben.

---

[1] SIEBERT, G.: Angew. Chem. **71**, 385 (1959).
[2] SIEBERT, G., u. R. BEYER: B. Z. **335**, 14 (1961).
[3] SIEBERT, G., u. K. KESSELRING: H. **337**, 79 (1964).
[4] CAFFREY, R. W., R. TREMBLAY, B. W. GABRIO and F. M. HUENNEKENS: J. biol. Ch. **223**, 1 (1956).
[5] ERNSTER, L., and L. C. JONES: J. Cell Biol. **15**, 563 (1962).
[6] KONO, T., and S. P. COLOWICK: Arch. Biochem. **93**, 520 (1961).
[7] UTTER, M. F.: J. biol. Ch. **185**, 499 (1950).
[8] SKOU, J. C.: Biochim. biophys. Acta **23**, 394 (1957).

Vorkommen. Das Enzym ist in den letzten Jahren in einer Vielzahl von Geweben entdeckt worden, so in Erythrocyten des Menschen[1–3], im elektrischen Organ des *Electrophorus electricus*[4], in Gehirn[5–8], Niere[1] und Darm[9] des Meerschweinchens, in Gehirn[10, 11],

Tabelle 2. *Vorkommen der Na^+-K^+-stimulierten Adenosintriphosphatase in tierischen Geweben nach* BONTING *u. Mitarb.*[12, 13].

(Angaben als μM gespaltenes ATP/Std/g Frischgewicht bei 37° C.)

Gewebe	Na^+-K^+-stimulierte Adenosintriphosphatase	Prozent der gesamten ATP-Spaltung
Gehirn, graue Substanz (Katze)	1520	75
Gehirn, weiße Substanz (Katze)	340	68
Gehirn (Meerschweinchen)	1825	73
Gehirn, Rinde (Kaninchen)	1750	71
Chorioidplexus (Katze)	98	39
N. opticus (Katze)	130	8
N. ischiadicus (Katze)	41	10
Ganglion cervicale superius (Katze)	4,6	10
Riesenaxon, Scheide (Tintenfisch)	239*	25
Retina (Katze)	420	72
Retina (Mensch)	410	85
Ciliarkörper (Mensch)	59	31
Ciliarkörper (Katze)	43	23
Ciliarkörper (Kaninchen)	62	40
M. sphincter iridis (Katze)	23	33
Chorioidea (Katze)	64	33
Sklera (Katze)	1,6	32
Cornea, gesamt (Katze)	1,6	36
Cornea, Stroma (Katze)	0	—
Cornea, Epithel (Katze)	13	5
Cornea, Endothel (Katze)	6,9	33
Linse, gesamt (Katze)	0	—
Linse (Kalb)	84	65
Linse, Kapsel + Epithel (Katze)	11	50
Linse, Kapsel (Katze)	0	—
Linse, Fasern (Katze)	0	—
Glaskörper (Katze)	0	—
Niere, Rinde (Katze)	220	35
Niere, Mark (Katze)	440	54
Niere, Papille (Katze)	34	20
Niere, gesamt (Huhn)	245	16
Niere, Rinde (Hund)	274	28
Niere, Mark (Hund)	477	36
Niere, Rinde (Kaninchen)	1210	65
Nebenniere (Katze)	79	20
Leber (Katze)	74	25
Milz (Katze)	88	17
Herzmuskel (Katze)	30	6
Herzmuskel (Frosch)	86	15
Herzmuskel (Hund)	134	15
Herzmuskel, Atrium (Kaninchen)	82	15
Herzmuskel (Meerschweinchen)	109	9
Muskel, quergestreift (Katze)	28	32
Muskel, quergestreift (Frosch)	121	26
Aorta, Muskel (Katze)	87	29
Magen, Muskel (Katze)	5,4	1
Uterus, Muskel (Kaninchen)	26	7
Haut (Frosch)	14	64
Lunge (Katze)	110	21
Magen, Schleimhaut (Katze)	20	54
Submaxillardrüse (Katze)	19	7
Fettgewebe (Katze)	0	—
Erythrocyten (Mensch)	2,2	52**
Erythrocyten (Katze)	0,27	23
Leukocyten (Mensch)	84*	18
Ascites-Carcinomzellen (Maus)	384*	11

* Die Angabe bezieht sich auf das Trockengewicht.

** Die Angabe bezieht sich auf die Erythrocytenmembran; bezogen auf die ganze Zelle, lautet die Zahl 8%.

[1] POST, R. L., C. R. MERRITT, C. R. KINSOLVING and C. D. ALBRIGHT: J. biol. Ch. **235**, 1796 (1960).
[2] DUNHAM, E. T., and I. M. GLYNN: J. Physiol., London **156**, 274 (1961).
[3] WHITTAM, R.: Biochem. J. **84**, 110 (1962).
[4] GLYNN, I. M.: Biochem. J. **84**, 75P (1962).
[5] McILWAIN, H., and S. BALAKRISHNAN: Biochem. J. **79**, 1P (1961).
[6] DEUL, D. H., and H. McILWAIN: Biochem. J. **80**, 19P (1961).
[7] SCHWARTZ, A., H. S. BACHELARD and H. McILWAIN: Biochem. J. **84**, 626 (1962).
[8] YOSHIDA, H., and H. FUJISAWA: Biochim. biophys. Acta **60**, 443 (1962).
[9] TAYLOR, C. B.: Biochim. biophys. Acta **60**, 437 (1962).
[10] CUMMINS, J., and H. HYDÉN: Biochim. biophys. Acta **60**, 271 (1962).
[11] SKOU, J. C.: Symposium on Membrane Transport and Metabolism. Prag 1960. S. 228.
[12] BONTING, S. L., K. A. SIMON and N. M. HAWKINS: Arch. Biochem. **95**, 416 (1961).
[13] BONTING, S. L., L. L. CARAVAGGIO and N. M. HAWKINS: Arch. Biochem. **98**, 413 (1962).

Herz[1] und Niere[2,3] des Kaninchens, in Gehirn und Muskel[4] sowie Darm[5] der Ratte und in peripheren Nerven von *Carcinus maenas*[6], ferner in der Froschhaut[3], im Riesenaxon des Tintenfisches[7] und in Zellmembranen der Kalbsschilddrüse[8]. Systematische Studien über das Vorkommen der Na^+-K^+-stimulierten Adenosintriphosphatase stammen von BONTING u. Mitarb.[9,10] und sind in Tabelle 2 zusammengefaßt.

Intracelluläre Verteilung. Gemäß der oben gegebenen Definition ist das Enzym vorzugsweise an (äußeren oder inneren) Zellgrenzflächen lokalisiert; einschlägige Angaben sind in Tabelle 3 zusammengestellt.

Tabelle 3. *Intracelluläre Verteilung der Na^+-K^+-stimulierten Adenosintriphosphatase in tierischen Geweben.*

Zellfraktion	Gehirn			Leber
	Meerschweinchen[11]	Ratte[10]	Ratte[1]	Ratte[10]
Homogenat	402	1006	—	36
Zellkerne	5	299	—	38
Mitochondrien	110	87	5,6	1,5
Mitochondrien (2. Fraktion) .	4	—	—	—
Mikrosomen	328	522	23	1,5
Mikrosomen (leichte Fraktion)	—	—	11	—
Überstand	0	1,5	—	0
	*	*	**	*

* μM gespaltenes ATP/g Gewebe/Std/37° C.
** μM gespaltenes ATP/mg Zellfraktion/Std/30° C.

Demnach findet sich das Enzym vorzugsweise in der Mikrosomenfraktion, was auch für das Kaninchenherz[1] und den Rattendarm[5] angegeben wird.

Biologische Bedeutung. Die Na^+-K^+-stimulierte Adenosintriphosphatase ist offenbar für die aktiven Transportprozesse von Na^+ und K^+ an Zellgrenzflächen verantwortlich. Das hierüber vorliegende, umfangreiche Versuchsmaterial kann im Rahmen dieses Beitrags nicht ausführlich erörtert werden; man findet Näheres darüber in der hier zitierten Literatur.

Darstellung. Hochgereinigte Enzympräparationen sind bisher nicht bekannt. Wegen der Beteiligung der Na^+-K^+-stimulierten Adenosintriphosphatase an aktiven Transportprozessen ist es fraglich, ob eine Ablösung des Enzyms von Zellstrukturen — normalerweise die Voraussetzung für eine erfolgreiche Enzymanreicherung — überhaupt durchführbar ist, ohne daß der Charakter der Alkaliionen-Stimulierung verlorengeht. So verliert das Enzym aus Meerschweinchengehirn-Mikrosomen nach Behandlung mit Lubrol W oder Desoxycholat in der löslichen Fraktion die Stimulierbarkeit durch Na^+, behält sie jedoch in gewissem Ausmaß nach Digitoninbehandlung[11].

Nicht alle Vorschriften zur Darstellung von Mikrosomen eignen sich zur Gewinnung aktiver Na^+-K^+-stimulierter Adenosintriphosphatase, da z.B. die Präparationen nach SIEKEVITZ[12] oder ERNSTER[13] aus Rattenleber keine Alkaliionen-Stimulierung zeigen. Auch

[1] AUDITORE, J. V., and L. MURRAY: Arch. Biochem. **99**, 372 (1962).
[2] WHITTAM, R., and K. P. WHEELER: Biochim. biophys. Acta **51**, 622 (1961).
[3] SKOU, J. C.: Symposium on Membrane Transport and Metabolism. Prag 1960. S. 228.
[4] JÄRNEFELT, J.: Biochim. biophys. Acta **59**, 643 (1962).
[5] TAYLOR, C. B.: J. Physiol., London **165**, 199 (1963).
[6] SKOU, J. C.: Biochim. biophys. Acta **23**, 394 (1957).
[7] BONTING, S. L., and L. L. CARAVAGGIO: Nature **194**, 1180 (1962).
[8] TURKINGTON, R. W.: Biochim. biophys. Acta **65**, 386 (1962).
[9] BONTING, S. L., K. A. SIMON and N. M. HAWKINS: Arch. Biochem. **95**, 416 (1961).
[10] BONTING, S. L., L. L. CARAVAGGIO and N. M. HAWKINS: Arch. Biochem. **98**, 413 (1962).
[11] SCHWARTZ, A., H. S. BACHELARD and H. McILWAIN: Biochem. J. **84**, 626 (1962).
[12] SIEKEVITZ, P.; in: Colowick-Kaplan, Meth. Enzymol., Bd. V. S. 61ff.
[13] ERNSTER, L., P. SIEKEVITZ and G. E. PALADE: J. Cell Biol. **15**, 541 (1962).

Mikrosomen aus Ehrlich-Asciteszellen zeigen keinen Einfluß von Na^+ und K^+ auf die ATP-Spaltung[1]. Die nachfolgenden Darstellungsvorschriften beschränken sich daher auf eine Mikrosomenpräparation aus Gehirn und auf die Gewinnung von Erythrocytenmembranen, ferner auf die Gewinnung von Enzympräparationen aus Gehirn und Niere unter weitestgehend möglicher Abtrennung von nicht durch Na^+ und K^+ stimulierbaren Adenosintriphosphatasen.

Darstellung von Mikrosomen aus Meerschweinchengehirn nach Schwartz ***u. Mitarb.***[2].

Innerhalb 3 min nach dem Tod der Tiere wird die graue Substanz in einem eiskalten Teflon-Homogenisator (Spaltweite 0,13—0,18 mm) in 9 Vol. 0,32 m Rohrzuckerlösung, mit KOH auf pH 7,4 eingestellt, homogenisiert; dabei wird während 20 sec bei 2300 U/min zehnmal auf und ab bewegt. Zellkerne werden während 10 min bei 600 × g, Mitochondrien während 15 min bei 10000 × g entfernt; die Mikrosomen werden dann in 60 min bei 20000 × g sedimentiert. Nach Resuspension wird erneut 15 min bei 10000 × g zur Entfernung von Mitochondrien zentrifugiert. Die so gereinigte Mikrosomenfraktion enthält $^3/_4$ der Na^+-K^+-stimulierten Adenosintriphosphatase-Aktivität des Gewebes und $^1/_7$ der ursprünglichen Proteinmenge des Homogenats.

Darstellung von Erythrocytenmembranen nach Post ***u. Mitarb.***[3].

6 ml frische (oder Blutbank-) Erythrocyten des Menschen werden bei Zimmertemperatur dreimal mit je 36 ml 0,15 m NaCl gewaschen. Alle weiteren Schritte erfolgen bei 2° C. Die Zellen werden leicht sedimentiert und der Überstand wird verworfen. 30 ml destilliertes Wasser werden mittels einer Spritze durch kräftigen Druck zugegeben, so daß das Mischen rascher als die Hämolyse erfolgt. Man mischt sofort durch mehrmaliges Umdrehen des verschlossenen Glases *(Hämolysat)* und zentrifugiert 20 min bei 20000 × g. Der Überstand wird sorgfältig abgesaugt und verworfen; der Bodensatz wird mit 5×10^{-4} m Histidin-Imidazolpuffer, der auf pH 7,1 mit $2{,}5 \times 10^{-4}$ n HCl eingestellt ist, auf 40 ml aufgefüllt und 10 min bei 10000 × g zentrifugiert. Resuspension mit dieser Pufferlösung und Zentrifugierung werden sechsmal oder mehr wiederholt, bis der Überstand farblos ist. Das leicht gepackte, rötliche Sediment wird durch Dekantieren von einer kleinen Menge fester gepackten, dunklen Sedimentes getrennt *(Membranen)*. Die Membranfraktion wird mit 4 ml 0,1 m Tris-Glycylglycinpuffer, pH 8,1, versetzt. Nach Durchmischen wird mit destilliertem Wasser auf 40 ml aufgefüllt und 10 min bei 16000 × g zentrifugiert. Der Bodensatz wird sechsmal mehr mit je 36 ml 5×10^{-4} m Tris-Glycylglycinpuffer, pH 8, gewaschen, bis der Überstand farblos ist oder sich das Sediment nicht mehr vollständig absetzt *(Enzym)*. Die Enzympräparation wird bei pH 7 in der Kälte aufbewahrt und kann gegen Bakterienbefall durch je 100 μg Chloromycetin und Tetracyclin-hydrochlorid pro ml geschützt werden. Die Antibiotica sind ohne Einfluß auf die Enzymaktivität. Reinigungserfolg und Ausbeute der Methode sind aus Tabelle 4 zu ersehen.

Tabelle 4. *Gewinnung von Na^+-K^+-stimulierter Adenosintriphosphatase aus Menschen-Erythrocyten nach* Post u. Mitarb.[3].

Fraktion	Spezifische Aktivität (μM/Std/mg Trockengewicht; $T=40°$ C)	Ausbeute %	Hämoglobingehalt (Prozent vom Trockengewicht)
Hämolysat	0,0126	100	95
Membranen	0,020	8	59
Enzym	0,18	21	10

Die spezifische Aktivität der nicht von Na^+ plus K^+ abhängigen ATP-Spaltung beträgt in der Membranfraktion knapp das Dreifache, in der Enzymfraktion kaum mehr als die der Na^+-K^+-stimulierten Adenosintriphosphatase.

[1] Wallach, D. F. H., and D. Ullrey: Biochim. biophys. Acta **64**, 526 (1962).
[2] Schwartz, A., H. S. Bachelard and H. McIlwain: Biochem. J. **84**, 626 (1962).
[3] Post, R. L., C. R. Merritt, C. R. Kinsolving and C. D. Albright: J. biol. Ch. **235**, 1796 (1960).

Darstellung von Erythrocytenmembranen nach Dunham *und* Glynn[1].

Menschliches Blut wird unter Zusatz von 50 E Heparin/ml aufgefangen und zur Entfernung von Plasma und Leukocyten dreimal mit isotonischer Salzlösung gewaschen. (Alternative: Man verwendet isotonische $MgCl_2$-Lösung zum Waschen, wodurch Spuren von Ca^{++} besser entfernt werden.) Die Hämolyse erfolgt durch Einrühren der Erythrocyten-Suspension in 10 Vol. redest. Wasser von 0° C, das 1×10^{-4} m Cystein enthält. Nach 10 min Stehen wird 6 min bei 16000 ×g zentrifugiert und dreimal mit 6 Vol. redest. Wasser, Cystein wie oben enthaltend und auf pH 7,0—7,2 eingestellt, gewaschen. (Alternative: Nach der Hämolyse wird vor dem Waschen einmal mit $MgCl_2$-Lösung isotonisch gemacht.) Nach dem Waschen ist der Überstand farblos, das Sediment aber noch rötlich gefärbt. Zur Vermeidung von Verklumpungen gibt man dem resuspendierten Sediment etwas Salz (etwa $^1/_3$ isotonisch) zu und pipettiert aliquots für die Enzymversuche ab. (Alternative: Vor der letzten Salzzugabe wird die Membranfraktion durch einen zweimaligen Gefrier-Tau-Cyclus geführt, um eventuelle Permeabilitätsbarrieren aufzuheben.)

Darstellung von Erythrocytenmembranen nach Whittam[2].

Diese Methode gestattet es, durch gesteuerte Hämolyse Erythrocyten-„ghosts" zu erhalten, die ihre Kationen-Impermeabilität noch weitgehend besitzen; je nach den Darstellungsbedingungen kann so das Innere der „Erythrocyten" mit Na^+ bzw. mit K^+ aufgeladen oder der Kationenbestand durch Tris ersetzt werden.

Menschenblut, das nicht älter als 3 Wochen ist, wird zentrifugiert, so daß die Leukocytenschicht abgehoben werden kann. Die Erythrocyten werden zweimal im Na^+-freien Cholinmedium gewaschen; diese Lösung ist 0,147 m an Cholinchlorid, 0,010 m an KCl, 2×10^{-3} m an $MgCl_2$ und 0,010 m an Tris-HCl vom pH 7,6. Je nach Versuchszweck werden 25 ml dieser Erythrocytensuspension in 5 Vol. Wasser oder in 5 Vol. einer Lösung gespritzt, die 4×10^{-3} m an Na_2-ATP und 4×10^{-3} m an $MgCl_2$ ist. Nach 2—3 min gibt man je nach Versuchszweck 3 m Lösungen von NaCl, KCl oder Tris-HCl, pH 7,4, zu; 6,4 ml der 3 m Lösungen bringen 125 ml Hämolysemedium auf einen osmotischen Druck von ungefähr 0,3 osmolar. Unter gelegentlichem Schütteln wird das jetzt mit Plasma isoosmotische Hämolysat 30 min bei 37° C inkubiert; hierdurch gewinnen die Membranen wieder die Impermeabilität gegen Na^+ und K^+ [3].

Nach der Inkubation werden die „ghosts" durch 5 min Zentrifugieren bei 16000 ×g sedimentiert; der klare Überstand wird abgesaugt. Die Membranen werden einmal in dem Medium gewaschen, in welchem sie später inkubiert werden sollen, und dann so resuspendiert, daß 11—12 ml sedimentierte Membranen (aus 25 ml sedimentierten Erythrocyten) in 52 ml enthalten sind.

Darstellung von Na^+-K^+-stimulierter Adenosintriphosphatase aus Kaninchengeweben nach Skou[4].

Die nachstehend beschriebenen Präparationen führen zu Enzymlösungen, bei denen das Verhältnis von Na^+-K^+-stimulierter Adenosintriphosphatase-Aktivität zu gesamter Adenosintriphosphatase-Aktivität, beide in Gegenwart von Mg^{++} gemessen, möglichst weit zugunsten der Na^+-K^+-stimulierten Adenosintriphosphatase liegt.

Gehirngewebe wird sofort nach der Entnahme in einer Lösung gekühlt, die 0,25 m an Rohrzucker, 0,03 m an Histidin, 0,005 m an Äthylendiamintetraacetat und 0,1 %ig an Desoxycholat ist und pH 6,8 aufweist. Nach Entfernung von Bindegewebe und grober Zerkleinerung mit der Schere wird das Gewebe in 10 Vol. dieser Lösung homogenisiert; nach 15 min Zentrifugieren bei 10000× g wird der Überstand 60 min bei 20000× g zentrifugiert. Das Sediment wird in der Hälfte des ursprünglichen Volumens einer

[1] Dunham, E. T., and I. M. Glynn: J. Physiol., London **156**, 274 (1961).
[2] Whittam, R.: Biochem. J. **84**, 110 (1962).
[3] Hoffman, J. F., D. C. Tosteson and R. Whittam: Nature **185**, 186 (1960).
[4] Skou, J. C.: Biochim. biophys. Acta **58**, 314 (1962).

Lösung suspendiert, die 0,25 m an Rohrzucker, 0,03 m an Histidin, 0,001 m an Äthylendiamintetraacetat und 0,05 %ig an Desoxycholat ist und p_H 6,8 aufweist. In dieser Suspension wird schrittweise je 30 min bei folgenden g-Werten zentrifugiert: 20000, 85000, 250000. Die beste Fraktion erhält man gewöhnlich im Sediment nach 30 min bei 85000 × g (s. Tabelle 5).

Nierengewebe wird sofort nach der Entnahme zunächst, wie oben für Gehirngewebe beschrieben, aufgearbeitet; der in 60 min bei 20000 × g erhaltene Niederschlag wird jedoch in der Hälfte des ursprünglichen Volumens einer Lösung suspendiert, die 0,25 m an Rohrzucker, 0,03 m an Histidin, 0,001 m an Äthylendiamintetraacetat und 0,1 %ig an Desoxycholat ist und p_H 6,8 aufweist. In dieser Suspension wird wieder wie oben zentrifugiert; die beste Fraktion erhält man im Überstand nach 30 min bei 250000 × g (s. Tabelle 5).

Tabelle 5. *Gewinnung von Na^+-K^+-stimulierter Adenosintriphosphatase aus Kaninchengeweben nach* SKOU[1].

Fraktion	Aktivitätsverhältnis A : B	Spezifische Aktivität (µMol P/Std/mg N)	
		A	A—B
Kaninchengehirn			
Sediment nach 20000 × g	3,7	751	551
Sediment nach 85000 × g	8,1	1130	992
Kaninchenniere			
Sediment nach 20000 × g	1,5	502	163
Überstand nach 250000 × g	6,1	620	519

A = Aktivität in Gegenwart von 6×10^{-3} m Mg^{++}, 0,1 m Na^+ und 0,02 m K^+.

B = Aktivität in Gegenwart von 3×10^{-3} m Mg^{++}.

Eigenschaften. *p_H-Optimum.* Das p_H-Optimum der Na^+-K^+-stimulierten Adenosintriphosphatase liegt in fast allen Fällen am Neutralpunkt; einige Werte der Literatur sind in Tabelle **6** zusammengestellt.

Tabelle 6. *p_H-Optima der Na^+-K^+-stimulierten Adenosintriphosphatase.*

Enzymquelle	p_H-Optimum	Literatur	Enzymquelle	p_H-Optimum	Literatur
Meerschweinchen, Gehirn	7,5	2	Kaninchen, Niere	7,8—8,1	7
Katze, viele Gewebe . .	7,5	3	Kaninchen, isolierte Neuronen	7,4	8
Krebs, Nerv	7,2	4	Kaninchen, Glia	8,0	8
Mensch, Erythrocyten	7,5	5	Meerschweinchen, Darm . . .	7,5—8,0	9
Meerschweinchen, Herz	7,5	6			

Zweiwertige Kationen. Es herrscht allgemeine Übereinstimmung, daß Na^+-K^+-stimulierte Adenosintriphosphatase Mg^{++} benötigt[1, 2, 4–6, 10–14].

Ca^{++} hemmt; das Enzym aus dem Meerschweinchenherz wird oberhalb 2×10^{-4} m Ca^{++} gehemmt[6], das Enzym aus Rattenhirn erfährt halbmaximale Hemmung durch 5×10^{-4} m Ca^{++} [12]. Die Na^+-K^+-stimulierte Adenosintriphosphatase aus menschlichen Erythrocyten wird bei 2×10^{-3} m Mg^{++} durch Ca^{++}-Konzentrationen von 5 bis 20×10^{-5} m aktiviert, bei höheren Ca^{++}-Konzentrationen dagegen gehemmt.

[1] SKOU, J. C.: Biochim. biophys. Acta **58**, 314 (1962).
[2] SCHWARTZ, A., H. S. BACHELARD and H. MCILWAIN: Biochem. J. **84**, 626 (1962).
[3] BONTING, S. L., K. A. SIMON and N. M. HAWKINS: Arch. Biochem. **95**, 416 (1961).
[4] SKOU, J. C.: Biochim. biophys. Acta **23**, 394 (1957).
[5] DUNHAM, E. T., and I. M. GLYNN: J. Physiol., London **156**, 274 (1961).
[6] AUDITORE, J. V., and L. MURRAY: Arch. Biochem. **99**, 372 (1962).
[7] WHITTAM, R., and K. P. WHEELER: Biochim. biophys. Acta **51**, 622 (1961).
[8] CUMMINS, J., and H. HYDÉN: Biochim. biophys. Acta **60**, 271 (1962).
[9] TAYLOR, C. B.: Biochim. biophys. Acta **60**, 437 (1962).
[10] POST, R. L., C. R. MERRITT, C. R. KINSOLVING and C. D. ALBRIGHT: J. biol. Ch. **235**, 1796 (1960).
[11] TURKINGTON, R. W.: Biochim. biophys. Acta **65**, 386 (1962).
[12] JÄRNEFELT, J.: Biochim. biophys. Acta **59**, 643 (1962).
[13] TAYLOR, C. B.: J. Physiol., London **165**, 199 (1963).
[14] LARIS, P. C., and P. E. LETCHWORTH: J. cellul. comp. Physiol. **61**, 235 (1963).

Der Bedarf an Mg^{++} hängt offenbar damit zusammen, daß das eigentliche Substrat des Enzyms Mg-ATP ist (s. auch bei K_M-Werten).

Einwertige Kationen. Generell scheint für die Na^+-K^+-stimulierte Adenosintriphosphatase zu gelten, daß Na^+ und K^+ gleichzeitig vorhanden sein müssen; Ausnahmen sind beschrieben[1,2]. K^+ kann durch NH_4^+ [1,3-5] ersetzt werden, desgleichen durch Li^+ [5,6], Rb^+ [5] und Cs^+ [5]. Na^+ dagegen kann von Cholin vertreten werden[4,7].

Optimalkonzentrationen der beiden Kationen Na^+ und K^+ werden zwar für Enzyme aus verschiedenen Quellen angegeben (z.B. 0,1 m Na^+ für Meerschweinchengehirn[8] und für menschliche Erythrocyten[1,7], $6{,}4 \times 10^{-2}$ m Na^+ [9] bzw. 5×10^{-2} m Na^+ [2] für menschliche Erythrocyten, 8×10^{-2} m Na^+ für Meerschweinchendarm[10]; 1×10^{-2} m[1,7] bzw. $1{,}6 \times 10^{-2}$ m K^+ [9] bzw. 5×10^{-2} m K^+ [2] für menschliche Erythrocyten, 5×10^{-3} m K^+ und 0,15 m Na^+ für Rinder-Erythrocyten[1], 2×10^{-2} m K^+ für Meerschweinchendarm[10], 2×10^{-2} m K^+ und 0,1 m Na^+ für Kaninchenherz[5] und $1{,}4 \times 10^{-2}$ m K^+ bei 0,14 m Na^+ für Meerschweinchenherz[3]). Doch muß berücksichtigt werden, daß überschüssiges Na^+ [8] ebenso wie überschüssiges K^+ [3] hemmen; K_i beträgt für K^+ am Meerschweinchenherz 8×10^{-3} m. Die statt der Absolutkonzentrationen wichtigere Relation zwischen Na^+- und K^+-Konzentrationen ist bisher nur in wenigen Fällen gründlich studiert worden[2]; so wird für das Meerschweinchenherz Na^+ zu K^+ wie 10:1 angegeben[3]. Weitere Daten können aus den K_M-Werten (s. unten) entnommen werden.

Tabelle 7. *Na^+- und K^+-Konzentrationen zur halbmaximalen Aktivierung der Na^+-K^+-stimulierten Adenosintriphosphatase verschiedener Gewebe.*

Enzymquelle	Na^+	K^+	Literatur
Kaninchengehirn	4×10^{-4} m (wenn $K^+ = 0$)	1×10^{-3} m (wenn $Na^+ = 0{,}15$ m)	5
Kaninchenniere	6×10^{-4} m (wenn $K^+ = 0$)	5×10^{-4} m (wenn $Na^+ = 0{,}15$ m)	5
Meerschweinchengehirn	$1{,}5 \times 10^{-2}$ m		8
Rattengehirn	1×10^{-2} m	5×10^{-4} m	11
Menschen-Erythrocyten	$2{,}4 \times 10^{-2}$ m	3×10^{-3} m	4
	NH_4^+ 8×10^{-3} m		4
	Na^+ und K^+ verhalten sich kompetitiv zueinander		4
	4×10^{-3} m (wenn $K^+ = 1{,}6 \times 10^{-2}$ m)	1×10^{-3} m (wenn $Na^+ = 6 \times 10^{-2}$ m)	9
	7×10^{-3} m (wenn $K^+ = 0$)	3×10^{-3} m (wenn $Na^+ = 0$)	2
Meerschweinchenherz	$5{,}6 \times 10^{-2}$ m	1×10^{-3} m	3
	NH_4^+ $9{,}5 \times 10^{-3}$ m		3
Meerschweinchendarm	1×10^{-2} m	5×10^{-4} m	10
Kalbsschilddrüse	$2{,}5 \times 10^{-2}$ m	3×10^{-3} m	12

Schließlich ist von Bedeutung, daß es an Erythrocyten, welche nach Hämolyse wieder mit Kationen beladen worden sind und die für intakte Zellen typische Impermeabilität zeigen, möglich ist, die Effekte hoher oder niedriger Außen- oder Innenkonzentrationen an Na^+ oder K^+ zu studieren. Dabei zeigt sich, daß Na^+ außen für die Aktivität der Na^+-K^+-stimulierten Adenosintriphosphatase ohne Bedeutung ist, daß dagegen Na^+ innen und K^+ außen (dies auch, wenn zusätzlich K^+ innen vorhanden) unbedingt vorhanden sein

[1] Laris, P. C., and P. E. Letchworth: J. cellul. comp. Physiol. **61**, 235 (1963).
[2] Askari, A., and J. C. Fratantoni: Biochim. biophys. Acta **71**, 232 (1963).
[3] Auditore, J. V., and L. Murray: Arch. Biochem. **99**, 372 (1962).
[4] Post, R. L., C. R. Merritt, C. R. Kinsolving and C. D. Albright: J. biol. Ch. **235**, 1796 (1960).
[5] Skou, J. C.: Biochim. biophys. Acta **58**, 314 (1962).
[6] Skou, J. C.: Biochim. biophys. Acta **23**, 394 (1957).
[7] Whittam, R.: Biochem. J. **84**, 110 (1962).
[8] Schwartz, A., H. S. Bachelard and H. McIlwain: Biochem. J. **84**, 626 (1962).
[9] Dunham, E. T., and I. M. Glynn: J. Physiol., London **156**, 274 (1961).
[10] Taylor, C. B.: Biochim. biophys. Acta **60**, 437 (1962).
[11] Järnefelt, J.: Biochim. biophys. Acta **59**, 643 (1962).
[12] Turkington, R. W.: Biochim. biophys. Acta **65**, 386 (1962).

müssen[1,2]. Diese lokalisatorischen Phänomene der Kationenwirkung stehen in ausgezeichneter Übereinstimmung mit den Bedingungen des aktiven Transports von Na^+ und K^+ an Erythrocyten.

K_M-Werte für Na^+ und K^+. Kationenkonzentrationen, die zu halbmaximaler Aktivität des Enzyms führen, sind relativ häufig bestimmt worden; einige Daten sind in Tabelle 7 zusammengestellt.

K_M-Werte für ATP und Nucleotidspezifität. Am Meerschweinchengehirn beträgt K_M für ATP ohne Na^+ 2×10^{-2} m, mit Na^+ dagegen $8{,}7 \times 10^{-3}$ m[3]; für die Kaninchenniere wird K_M für ATP zu 8×10^{-4} m angegeben[4]. Die K_M-Werte für Mg-ATP betragen beim Meerschweinchenherz 1×10^{-4} m[5] und bei menschlichen Erythrocyten 5×10^{-4} m[6].

Die Nucleotidspezifität der Na^+-K^+-stimulierten Adenosintriphosphatase ist außer beim Schilddrüsenenzym, das auch ITP hydrolysiert[7], nur beim Enzym aus Rattengehirn näher untersucht worden[8]; bezogen auf ATP gleich 100%, betragen die Raten für CTP 53%, GTP 100%, ITP 104% und UTP 92%.

Hemmung durch Strophanthin. Die Strukturerfordernisse der Hemmung der Na^+-K^+-stimulierten Adenosintriphosphatase durch Herzglykoside verlangen einen β-orientierten, α,β-ungesättigten Lactonring am C-17 des Steroidskelets; demgemäß ist neben Strophanthin auch Scillaren A wirksam[9,10], 17α-Cymarin, Hexahydroscillaren A und Dihydrostrophanthidin dagegen sind wirkungslos[9].

Tabelle 8. *Hemmung der Na^+-K^+-stimulierten Adenosintriphosphatase durch Strophanthin.*

Enzymquelle	Strophanthin-Konzentration	Hemmung %	Literatur
Katze, Chorioidplexus	$1{,}3 \times 10^{-6}$ m	50	9
Kaninchen, Linsenepithel	$1{,}2 \times 10^{-6}$ m	50	9
Kaninchen, Ciliarkörper	$1{,}0 \times 10^{-6}$ m	50	9
Meerschweinchen, Gehirn	$4{,}5 \times 10^{-7}$ m	50	9
Katze, Ciliarkörper	$2{,}7 \times 10^{-7}$ m	50	9
Kalb, Linsenepithel	$7{,}8 \times 10^{-8}$ m	50	9
Mensch, Erythrocyten	$2{,}4 \times 10^{-4}$ m	100	1
Mensch, Erythrocyten (Scillaren A)	$3{,}4 \times 10^{-5}$ m	100	10
Mensch, Erythrocyten	10^{-7} m	50	6
Mensch, Erythrocyten	10^{-6} m	100	1
Mensch, Erythrocytenfragmente	10^{-5} m	20	11
Rind, Erythrocyten	10^{-6} m	50	12
Meerschweinchen, Gehirn	10^{-7} m	19	3
Meerschweinchen, Gehirn	10^{-4} m	50	3
Kaninchen, Neuronenmembran	10^{-6} m	50	13
Kaninchen, Neuronenmembran	10^{-5} m	100	13
Kaninchen, Gehirn	2×10^{-7} m	50	14
Meerschweinchen, Herz	$6{,}3 \times 10^{-7}$ m	50	5
Meerschweinchen, Herz	10^{-5} m	100	5
Meerschweinchen, Darm	10^{-6} m	50	15
Kalb, Schilddrüse	10^{-6} m	50	7
Kaninchen, Niere	10^{-5} m	50	4
Kaninchen, Niere	1×10^{-6} m	50	14
Electrophorus electricus, elektrisches Organ	10^{-5} m	100	16

[1] WHITTAM, R.: Biochem. J. **84**, 110 (1962).
[2] WHITTAM, R., and M. E. AGER: Biochim. biophys. Acta **65**, 383 (1962).
[3] SCHWARTZ, A., H. S. BACHELARD and H. MCILWAIN: Biochem. J. **84**, 626 (1962).
[4] WHITTAM, R., and K. P. WHEELER: Biochim. biophys. Acta **51**, 622 (1961).
[5] AUDITORE, J. V., and L. MURRAY: Arch. Biochem. **99**, 372 (1962).
[6] POST, R. L., C. R. MERRITT, C. R. KINSOLVING and C. D. ALBRIGHT: J. biol. Ch. **235**, 1796 (1960).
[7] TURKINGTON, R. W.: Biochim. biophys. Acta **65**, 386 (1962).
[8] JÄRNEFELT, J.: Biochim. biophys. Acta **59**, 643 (1962).
[9] BONTING, S. L., L. L. CARAVAGGIO and N. M. HAWKINS: Arch. Biochem. **98**, 413 (1962).
[10] DUNHAM, E. T., and I. M. GLYNN: J. Physiol., London **156**, 274 (1961).
[11] ASKARI, A., and J. C. FRATANTONI: Biochim. biophys. Acta **71**, 232 (1963).
[12] LARIS, P. C., and P. E. LETCHWORTH: J. cellul. comp. Physiol. **61**, 235 (1963).
[13] CUMMINS, J., and H. HYDÉN: Biochim. biophys. Acta **60**, 271 (1962).
[14] SKOU, J. C.: Biochim. biophys. Acta **58**, 314 (1962).
[15] TAYLOR, C. B.: Biochim. biophys. Acta **60**, 437 (1962).
[16] GLYNN, I. M.: Biochem. J. **84**, 75P (1962).

In allen bisher untersuchten Fällen hängt ferner die Hemmwirkung von Strophanthin von der gleichzeitigen Anwesenheit von Na^+ *und* K^+ ab. Einzeldaten sind in Tabelle 8 zusammenfaßt. Strophanthin hemmt die Na^+-K^+-stimulierte Adenosintriphosphatase auch in vivo; so findet sich nach 65 μg Ouabain/kg bei Retina und Ciliarkörper der Katze eine rund 40%ige Hemmung der vor Herzglykosid-Injektion gemessenen Enzymaktivität[1].

Bei nicht zu hoher Strophanthin-Konzentration kann seine Hemmwirkung durch Zugabe von K^+ aufgehoben werden; dies geht aus der nachfolgenden Aufstellung hervor:

Strophanthin	K^+	Hemmung %	Strophanthin	K^+	Hemmung %
1×10^{-7} m	$2{,}5 \times 10^{-4}$ m	86	1×10^{-7} m	4×10^{-3} m	20
1×10^{-7} m	5×10^{-4} m	63	1×10^{-7} m	$3{,}2 \times 10^{-2}$ m	7
1×10^{-7} m	1×10^{-3} m	53	2×10^{-7} m	$2{,}5 \times 10^{-4}$ m	90
1×10^{-7} m	2×10^{-3} m	36	2×10^{-7} m	8×10^{-3} m	18

Diese Daten sind an menschlichen Erythrocyten gewonnen worden[2].

Andere Inhibitoren. Andere Hemmstoffe außer den Herzglykosiden lassen bisher keine systematische Wirkung auf die Na^+-K^+-stimulierte Adenosintriphosphatase erkennen. Einige Daten sind in Tabelle 9 zusammengestellt.

Aktivatoren. Für die Na^+-K^+-stimulierte Adenosintriphosphatase aus Meerschweinchengehirn wird angegeben[3], daß basische Proteine und Polypeptide wie Clupein, Salmin und Poly-L-lysin bei Abwesenheit von Na^+ in Konzentrationen von 0,25—0,5 mg/ml die Reaktion zu aktivieren vermögen. Auch eine ganze Reihe von nichtionischen Netzmitteln, darunter Lubrol und Digitonin, aktiviert dieses Enzym[4]; Freisetzung des Enzyms aus Strukturbindung und Aktivierung werden von verschiedenen Polyoxyäthylenäthern verschieden gut bewirkt, offenbar abhängig von der Detergens-Struktur[4]. Die Aktivierung erfordert die Gegenwart von Na^+.

Ferner findet sich eine beträchtliche Aktivierung des Enzyms aus Kalbsschilddrüse[5] durch thyreotropes Hormon, wenn die Enzympräparation 5 min mit dem Hormon in vitro vorinkubiert wird; 0,5 E TSH/ml aktivieren um 100%, 0,1 E/ml sind unwirksam. Dieser Hormoneffekt wird durch Strophanthin aufgehoben.

Lecithinaseeinwirkung vermindert die Enzymaktivität von Erythrocyten[6] und Krebsnervengranula[7] um mehr als 50%.

Bestimmung. Definitionsgemäß ist die Aktivität der Na^+-K^+-stimulierten Adenosintriphosphatase erfaßbar aus der Differenz der Spaltungsraten, die in Anwesenheit und in Abwesenheit von Na^+ plus K^+ erhalten werden. Besondere Sorgfalt erfordert die Messung in Homogenaten und anderen ungereinigten Systemen; hierfür empfiehlt sich das Verfahren von BONTING u. Mitarb. (s. unten). Für einfachere Routinezwecke wird die Methode von POST u. Mitarb. unten beschrieben.

Voraussetzung für jegliche Messung ist ein ATP-Präparat, das natriumfrei ist. Am besten wird ATP in das Trissalz überführt.

***Umsalzung von Na-ATP in Tris-ATP nach* SCHWARTZ *u. Mitarb.*[3].**

Man präpariert zwei Chargen von Dowex 50 (H^+-Form) von je 2,5 g, indem nacheinander mit je 50 ml n HCl, Wasser, n NH_4OH, Wasser, n HCl und Wasser in Bechergläsern gewaschen wird. Dann wird auf der Nutsche unter Saugen bis zur Neutralität mit Wasser gewaschen. Die Harzproben werden in 15 ml-Erlenmeyer-Kolben überführt; im Kühlraum wird eine Charge mit 2 ml einer wäßrigen Lösung von 500 mg Dinatrium-adenosin-

[1] SIMON, K. A., S. L. BONTING and N. M. HAWKINS: Exp. Eye Res. **1**, 253 (1962).
[2] DUNHAM, E. T., and I. M. GLYNN: J. Physiol., London **156**, 274 (1961).
[3] SCHWARTZ, A., H. S. BACHELARD and H. MCILWAIN: Biochem. J. **84**, 626 (1962).
[4] SWANSON, P. O., and H. MCILWAIN: Biochem. J. **88**, 68P (1963).
[5] TURKINGTON, R. W.: Biochim. biophys. Acta **65**, 386 (1962).
[6] SCHATZMANN, H. J.: Nature **196**, 677 (1962).
[7] SKOU, J. C.: Symposium on Membrane Transport and Metabolism. S. 228. Prag 1961.

Tabelle 9. *Inhibitoren der Na^+-K^+-stimulierten Adenosintriphosphatase.*

Enzymquelle	Inhibitor	Hemmung %	Literatur
Meerschweinchen, Gehirn	Orthophosphat, 2×10^{-4} m ohne Na^+	21	1
	Orthophosphat, 2×10^{-4} m mit Na^+	0	1
	ADP, 3×10^{-4} m	0	1
	ADP, 8×10^{-4} m ohne Na^+	0	1
	ADP, 8×10^{-4} m mit Na^+	22	1
	ADP, $1{,}5 \times 10^{-3}$ m ohne Na^+	11	1
	ADP, $1{,}5 \times 10^{-3}$ m mit Na^+	31	1
	Germanin, $3{,}4 \times 10^{-4}$ m	70	1
	2,4,6-Trinitrobenzolsulfonat, 1×10^{-4} m	30	1
	2×10^{-4} m	50	1
	Ganglioside	keine Angabe	2
	Desoxycholat	,,	3
	Cetyltrimethylammoniumbromid	,,	3
	Digitonin (ohne Na^+!)	,,	3
	Polyoxyäthylen-äther (ohne Na^+!)	,,	3
Ratte, Gehirn	Pyridinaldoxim-dodecyljodid, 1×10^{-4} m	50	4
	Amytal, 5×10^{-3} m	24	4
	Atebrin, 2×10^{-3} m	26	4
	Oligomycin, 10 μg/ml	18	4
	Desoxycholat, 5×10^{-4} m	44	5
	Desoxycholat, 1×10^{-3} m	46	5
	Desoxycholat, 2×10^{-3} m	84	5
Electrophorus electricus, elektrisches Organ	Natriumlaurylsulfat, 0,5 %ig	100	6
	Oligomycin, 10 μg/ml	70	6
	Dithionit, 10^{-3} m	25	6
	Ascorbinsäure, 10^{-2} m	25	6
	dito plus p-Phenylendiamin, 10^{-3} m	25	6
	KBH_4, $1{,}3 \times 10^{-3}$ m	25	6
	H_2O_2, 5×10^{-3} m	65	6
Mensch, Erythrocyten	Promethazin, 1×10^{-4} m	45	7
	Diphenhydramin, 5×10^{-4} m	36	7
	Chlorpromazin, 1×10^{-4} m	42	7
	Promazin, 1×10^{-4} m	48	7
	Nupercain, 3×10^{-4} m	40	7
	Chinin, 3×10^{-4} m	50	7
	Atebrin, 3×10^{-4} m	50	7
	Mersalyl, 4×10^{-6} m	50	8
Ratte, Darm	Cetyltrimethylammoniumbromid, 1×10^{-4} m	50	9

triphosphat versetzt und 15 min gerührt; man saugt ab und wäscht das Herz zweimal mit je 1 ml Wasser. Filtrat und Waschwasser werden in gleicher Weise mit der zweiten Harzprobe behandelt. Das Filtrat wird mit m Trislösung auf pH 7,4 eingestellt. Die Ausbeute beträgt 85—95 %, der Na^+-Wert ist auf 1,0 bis $1{,}4 \times 10^{-4}$ m gesunken, der Gehalt an Orthophosphat liegt unter 1×10^{-4} m. Die gewünschte Konzentration wird an Hand der Extinktion bei 260 mμ eingestellt.

TAYLOR[10] benutzt statt Dowex 50 die H^+-Form von Amberlite IR-120.

[1] SCHWARTZ, A., H. S. BACHELARD and H. MCILWAIN: Biochem. J. **84**, 626 (1962).
[2] DEUL, D. H., and H. MCILWAIN: Biochem. J. **80**, 19P (1961).
[3] SWANSON, P. D., and H. MCILWAIN: Biochem. J. **88**, 68P (1963).
[4] JÄRNEFELT, J.: Biochim. biophys. Acta **59**, 643 (1962).
[5] JÄRNEFELT, J.: Biochim. biophys. Acta **59**, 655 (1962).
[6] GLYNN, I. M.: Biochem. J. **84**, 75P (1962).
[7] JUDAH, J. D.: Fed. Proc. **21**, 1097 (1962).
[8] SCHATZMANN, H. J.: Nature **196**, 677 (1962).
[9] TAYLOR, C. B.: J. Physiol., London **165**, 199 (1963).
[10] TAYLOR, C. B.: Biochim. biophys. Acta **60**, 437 (1962).

Aktivitätsbestimmung der Na^+-K^+-stimulierten Adenosintriphosphatase nach **Bonting** ***u. Mitarb.***[1].

Prinzip:

Aus ATP freigesetztes Orthophosphat wird photometrisch bestimmt. Die Verwendung unterschiedlicher Inkubationsmedien erlaubt Inkubationen unter der Bedingung optimaler Aktivierung bzw. vollständiger Hemmung.

Reagentien:

1. Inkubationsmedien werden entsprechend den Angaben der nachfolgenden Aufstellung angesetzt; alle Konzentrationen sind als 10^{-3} m angegeben; Anion ist durchgehend Chlorid.

Substanz	Medium					
	A	B	C	D	E	F
ATP	2	2	2	2	2	2
Mg^{++}	1	1	1	1	1	1
K^+	5	5	—	—	5	5
Na^+	58	58	14	14	58	58
CN^-	10	10	10	10	10	10
Äthylendiamintetraacetat	0,1	0,1	0,1	0,1	0,1	0,1
Tris	92	91	146	144	91	90
Strophanthin	—	0,1	—	0,1	—	0,1
Ca^{++}	—	—	—	—	1	1
Osmolarität (mOsm)	314	312	322	320	314	312
pH	7,5	7,5	7,5	7,5	7,5	7,5

2. Trichloressigsäure, 10%ig.
3. Reagentien zur Phosphatbestimmung s. Bd. III, S. 466.

Ausführung:

Man verwendet im allgemeinen 10%ige Homogenate, die auch lyophilisiert aufbewahrt werden können. Diese werden so mit einem der Inkubationsmedien verdünnt, daß Werte zwischen 0,5 und 35 mg Frischgewebe/ml (je nach Aktivität) resultieren. 0,1 ml dieser Mischungen werden 1 Std bei 37° C inkubiert und dann mit 0,5 ml Trichloressigsäure enteiweißt. Ein aliquoter Teil des klaren Zentrifugats dient zur Phosphatbestimmung.

Inkubation in Medium A führt zu maximaler Aktivität der Na^+-K^+-stimulierten Adenosintriphosphatase, erfaßt aber daneben auch noch einen gewissen Teil anderer Adenosintriphosphatasen. In den Medien B, C und D ist die Na^+-K^+-stimulierte Adenosintriphosphatase vollständig gehemmt, im Medium B durch Strophanthin, im Medium C durch Fehlen von K^+, im Medium D durch Fehlen von K^+ und Anwesenheit von Strophanthin. Medium E und F dienen zur Erkennung der Wirkungen von Ca^{++}. Will man Zusätze, z.B. Hormone, auf ihre Wirkung prüfen, so sind die Medien A und C zu verwenden. Ein Effekt in Medium A ist dann auf die Na^+-K^+-stimulierte Adenosintriphosphatase zu beziehen, wenn er in Medium C nicht eintritt.

Berechnung:

Die Auswertung der Messungen wird am besten an einem Beispiel der Originalarbeit demonstriert. Die Meßergebnisse lauten (in mM/Std/g Gewebe) z.B. für graue Substanz:

Medium A	2,04	Medium C	0,525	Medium E	0,856
Medium B	0,530	Medium D	0,514	Medium F	0,561

Danach ist die Gesamtaktivität der Adenosintriphosphatasen (A) 2,04, der Mittelwert der nicht durch Na^+ plus K^+ stimulierten Adenosintriphosphatasen (B + C + D) 0,523 und die Aktivität der Na^+-K^+-stimulierten Adenosintriphosphatase daher 1,517 mM/Std/g Gewebe gleich 74% der Gesamtaktivität. Ca^{++} hemmt um 58% (E), Ca^{++} plus Strophanthin um 72% (F).

[1] Bonting, S. L., K. A. Simon and N. M. Hawkins: Arch. Biochem. **95**, 416 (1961).

***Aktivitätsbestimmung der Na^+-K^+-stimulierten Adenosintriphosphatase nach* Post *u. Mitarb.*[1].**

Prinzip:

Siehe oben.

Reagentien:

1. $1{,}0 \times 10^{-2}$ m Tris-ATP (Darstellung s. oben).
2. $2{,}5 \times 10^{-2}$ m $MgCl_2$.
3. Salzlösung, enthaltend 0,4 m NaCl und 0,165 m KCl.
4. Pufferlösung, pH 7,1, enthaltend 0,1 m Imidazol, 0,1 m Histidin und 0,05 n HCl.
5. Perchlorsäure, 8 %ig.
6. Reagentien zur Phosphatbestimmung s. Bd. III, S. 466.

Ausführung:

0,5 ml ATP-Lösung, 0,2 ml Mg^{++}-Lösung, 0,5 ml Salzlösung und 1,0 ml Pufferlösung werden mit 0,3 ml Wasser oder weiteren Zusätzen ad 2,5 ml ergänzt und 1 Std bei 40° C mit der Enzympräparation inkubiert. Die Reaktion wird durch Zugabe von 1,5 ml Perchlorsäure unterbrochen; in aliquoten Teilen des Filtrats wird Orthophosphat bestimmt.

Zellkern-Nucleosidtriphosphatasen.

Definition. Diese Gruppe von Enzymen, häufig als Adenosintriphosphatasen bezeichnet, katalysiert die hydrolytische Spaltung von Nucleosidtriphosphaten nach folgender Gleichung:

$$\text{NTP} + H_2O \xrightarrow{\text{Nucleosidtriphosphatase}} \text{NDP} + \text{Orthophosphat}$$

Die Enzyme dieser Gruppe unterscheiden sich von Enzymen gleicher Wirkungsart aus Mitochondrien (S. 424 ff.), Muskeln (S. 413 ff.) und Zellgrenzflächen (S. 442 ff.) durch a) ihre Lokalisation in Zellkernen tierischer Gewebe; b) ihre optimalen Wirkungsbedingungen (pH, Metallbedarf, Ionenstärke); c) ihre Nucleotidspezifität.

Einzelheiten dieser Unterscheidungsmerkmale werden unten im Abschnitt Eigenschaften behandelt.

Entdeckung. Nucleosidtriphosphatasen aus Zellkernen sind zuerst in der Leber von Mäusen[2], Ratten[3,4] und Schweinen[4], in der Niere von Ratten[4] und Schweinen[4] und im Kalbsthymus[5] entdeckt worden. Eine eingehendere Untersuchung der Enzymeigenschaften stammt von Siebert u. Mitarb.[6].

Vorkommen. Außer den im vorangehenden Abschnitt genannten Arbeiten gibt es Angaben zum Vorkommen für die Rattenleber[7–9], Mäuseleber[10], Hühnerleber[11], Hepatom[8,12,13], Rattenhirn[14], Mäusemilz[15], Taubenmuskel[16], Carcinome[17] und HeLa-Zellen[18].

---

[1] Post, R. L., C. R. Merritt, C. R. Kinsolving and C. D. Albright: J. biol. Ch. **235**, 1796 (1960).

[2] Schneider, W. C.: J. biol. Ch. **165**, 585 (1946).

[3] Novikoff, A. B., E. Podber and J. Ryan: Fed. Proc. **9**, 210 (1950).

[4] Lang, K., u. G. Siebert: B. Z. **322**, 196 (1951).

[5] Stern, K. G., G. Goldstein and H. G. Albaum: J. biol. Ch. **188**, 273 (1951).

[6] Fischer, F., G. Siebert u. E. Adloff: B. Z. **332**, 131 (1959). — Siebert, G., u. E. Adloff: B. Z. **333**, 202 (1960).

[7] Allard, C., and A. Cantero: Canad. J. med. Sci. **30**, 295 (1952).

[8] Novikoff, A. B., E. Podber and J. Ryan: J. biol. Ch. **203**, 665 (1953).

[9] Lardy, H. A., and H. Wellman: J. biol. Ch. **201**, 357 (1953).

[10] Schneider, W. C., G. H. Hogeboom and H. E. Ross: J. nat. Cancer Inst. **10**, 977 (1950).

[11] Johnson, R. B., and W. W. Ackermann: J. biol. Ch. **200**, 263 (1953).

[12] Allard, C., G. de Lamirande and A. Cantero: Cancer Res. **17**, 862 (1957).

[13] Novikoff, A. B.: Cancer Res. **17**, 1010 (1957).

[14] Abood, L. G., R. W. Gerard, J. Banks and R. D. Tschirgi: Amer. J. Physiol. **168**, 728 (1952).

[15] Maxwell, E., and G. Ashwell: Arch. Biochem. **43**, 389 (1953).

[16] Kitiyakara, A., and J. W. Harman: J. exp. Med. **97**, 553 (1953).

[17] Miller, L. A., and A. Goldfeder: Cancer Res. **21**, 64 (1961).

[18] Magee, W. E., and M. J. Burrous: Biochim. biophys. Acta **49**, 393 (1961).

Es ist unbekannt, ob diese Enzyme ausschließlich im Zellkern vorkommen oder auf verschiedene Fraktionen verteilt sind, da bisher keine Versuche bekanntgeworden sind, das eventuell gleichzeitige Vorliegen mehrerer verschiedener Adenosintriphosphatasen in einer Zellfraktion zu messen. An der intranucleären Lokalisation besteht jedoch trotz anfänglicher Bedenken seitens der Histochemiker kein Zweifel.

Darstellung. Die Gewinnung der Zellkerne kann in wäßrigen Suspensionsmedien (s. Bd. II, S. 566ff.) oder in Gemischen organischer Lösungsmittel[1] geschehen, da die Nucleosidtriphosphatasen hochgradig unlöslich sind.

Eine eingehende Reinigung der Enzyme ist noch nicht beschrieben. In Schweineniere und Rattenleber kommen zwei verschiedene Nucleosidtriphosphatasen vor, die A und B genannt werden[2]. Verfahren, diese beiden Enzyme oder Enzymgruppen präparativ zu trennen, werden im nächsten Abschnitt beschrieben. Spezifitätsuntersuchungen an Rattenleber- und Schweinenieren-Zellkern-Nucleosidtriphosphatasen[3] (s. unten) machen es höchst wahrscheinlich, daß in der Gruppe der Nucleosidtriphosphatasen A mehrere Enzyme ausgeprägter Nucleotidspezifität enthalten sind; die präparative Abtrennung einer Guanosintriphosphatase A wird ebenfalls im nächsten Abschnitt beschrieben.

Abtrennung der Schweinenieren-Zellkern-Nucleosidtriphosphatase A von der Nucleosidtriphosphatase B nach SIEBERT *und* BAUER[3].

Hierzu gibt es zwei Möglichkeiten: entweder eine kombinierte Säure-Dialyse-Fraktionierung oder eine Acetonfraktionierung. In jedem Fall werden trockene Zellkerne im Verhältnis 1:20 mit 0,014 m KCl bei 0° C gründlich homogenisiert und nach 30 min Stehen für 20 min bei 16000 ×g zentrifugiert. Der Extrakt enthält nur einen Bruchteil der Aktivität; er wird weiterverarbeitet.

Zur Säure-Dialyse-Fraktionierung wird der Extrakt mit 2 n Essigsäure auf pH 4,4 gebracht (pH-Papier), 5 min bei 0° C stehengelassen und dann 10 min bei 16000 ×g zentrifugiert. Der Überstand wird 2 Std bei 0° C gegen 250 Vol. 0,01 m Acetat, pH 5,5, dialysiert und von einem feinen Niederschlag durch 10 min Zentrifugieren bei 16000 ×g befreit. Man erhält Nucleosidtriphosphatase A mit 55% Ausbeute und zweifacher Reinigung, die frei von Nucleosidtriphosphatase B ist.

Zur Acetonfraktionierung wird der Extrakt bei —5° C mit 90%igem Aceton zwischen 33 und 50 Vol.-% Aceton fraktioniert. Das nach hochtourigem Zentrifugieren bei —5° C erhaltene Sediment wird in 0,01 m Acetat, pH 5,5, aufgenommen, wie oben dialysiert und klar zentrifugiert. Es enthält Nucleosidtriphosphatase A mit 20% Ausbeute bei etwa achtfacher Reinigung; Nucleosidtriphosphatase B-Aktivität fehlt.

Verfahren, Nucleosidtriphosphatase B frei von Nucleosidtriphosphatase A zu erhalten, sind noch nicht sehr gut ausgearbeitet[3]. Die beste Ausbeute von rund 45% erhält man, wenn die Schweinenieren-Zellkerne im Verhältnis 1:25 mit folgender Lösung extrahiert werden: 1% Cholat + 5×10^{-4} m Äthylendiamintetraacetat + 2×10^{-3} m Mg^{++} + $1,6 \times 10^{-3}$ m Ca^{++} + $1,6 \times 10^{-4}$ m ATP. Der nach 30 min Stehen bei 0° C für 20 min bei 16000 ×g klarzentrifugierte Extrakt wird 30 min bei 45° C gehalten und wieder klar zentrifugiert; Nucleosidtriphosphatase B befindet sich im Überstand und ist frei von Nucleosidtriphosphatase A-Aktivität.

Darstellung von Schweinenieren-Zellkern-Guanosintriphosphatase A nach SIEBERT *und* BAUER[3].

Man geht von der dialysierten Acetonfraktion aus, die oben beschrieben worden ist. Diese wird auf eine Säule aus Carboxymethylcellulose gegeben, die mit 0,01 m Acetat, pH 5,5, äquilibriert ist; die Säule wird bei 0° C mit diesem Puffer und ansteigenden NaCl-Konzentrationen entwickelt. Bei 5—10 mg Protein verwendet man eine Säule von 0,8 ×

[1] SIEBERT, G.; in: Rauen, Biochem. Taschenb. 2. Aufl., Bd. II, S. 541 ff. 1964.
[2] FISCHER, F., G. SIEBERT u. E. ADLOFF: B. Z. **332**, 131 (1959).
[3] SIEBERT, G., u. I. BAUER: Unveröffentlicht.

12 cm und fängt Fraktionen von 2 ml auf. Nach einem Durchbruchsgipfel erscheinen bei etwa 0,15—0,2 m NaCl zwei Fraktionen, die Guanosintriphosphatase A-Aktivität enthalten, jedoch mit üblichen analytischen Methoden (UV-Absorption bei 280 mμ; Methode nach LOWRY u. Mitarb.[1]) kein Protein erkennen lassen. Unter Berücksichtigung der Empfindlichkeit dieser Proteinnachweise ergibt sich eine mindestens 1000fache Anreicherung gegenüber dem Zellkernextrakt bei etwa 2 % Ausbeute. Der Chromatographieschritt allein arbeitet mit etwa 20 % Ausbeute bei rund 200facher Anreicherung.

Oberhalb 0,3 m NaCl werden Proteinfraktionen eluiert, die gegen GTP inaktiv sind, jedoch Adenosintriphosphatase A-Aktivität enthalten; in der besten Fraktion ist Adenosintriphosphatase A mit etwa 10 % Ausbeute rund 250fach gegenüber dem Zellkernextrakt angereichert. In diesen Adenosintriphosphatase A-Fraktionen ist der Aktivitätsquotient ATP/CTP praktisch der gleiche wie im Zellkernextrakt, der Quotient ATP/UTP jedoch stark zuungunsten von UTP verschoben, so daß die Möglichkeit besteht, daß in den Zellkernextrakten noch eine besondere Uridintriphosphatase A enthalten ist.

Die beschriebenen Darstellungsverfahren sind bisher nicht sehr gut reproduzierbar, so daß jede einzelne Eluatfraktion auf Aktivität gegenüber ATP und GTP, gegebenenfalls auch noch UTP getestet werden muß.

Eigenschaften. *pH-Optimum.* Nucleosidtriphosphatase A aus Schweinenieren-Zellkernen[2] hat ein pH-Optimum bei pH 5,9, Nucleosidtriphosphatase B bei pH 8,4.

Kationeneffekte. Nucleosidtriphosphatase A aus Schweinenieren-Zellkernen wird optimal durch 3×10^{-3} m Mg^{++} aktiviert[2]; eine schwächere Aktivierung zeigen auch 1×10^{-3} m Zn^{++} und Mn^{++}. Geringere Konzentrationen an Zn^{++} und Mn^{++} sind wirkungslos, desgleichen Co^{++}. Nucleosidtriphosphatase B erfährt optimale Aktivierung durch 5×10^{-3} m Ca^{++} in Gegenwart von 1×10^{-4} m Äthylendiamintetraacetat, das offenbar Spuren von Schwermetallen abfängt. Ebenfalls aktivierend wirken 1×10^{-3} m Mn^{++} (+ 50 %) und 5×10^{-4} m Mn^{++} (+ 25 %), jedoch wesentlich schwächer als Ca^{++}; Co^{++} ist ohne Effekt, Zn^{++} hemmt. $2,5 \times 10^{-3}$ m Äthylendiamintetraacetat hemmt zu 95 %.

K_M-Werte. Nucleosidtriphosphatase A aus Schweinenieren-Zellkernen hat K_M für ATP von $2,6 \times 10^{-3}$ m, für DesoxyATP von $1,7 \times 10^{-4}$ m; die entsprechenden Werte für Nucleosidtriphosphatase B lauten für ATP $3,1 \times 10^{-4}$ m, für DesoxyATP $6,1 \times 10^{-5}$ m. Diese Werte sind an löslich gemachten Enzympräparaten gewonnen[2,3].

Löslichkeit. Beide Nucleosidtriphosphatasen aus Schweinenieren-Zellkernen sind hochgradig strukturgebunden und können nur mit energischen Maßnahmen partiell in Lösung gebracht werden[2,4]; ähnliche Befunde hat auch STERN[5] an der Zellkern-Adenosintriphosphatase aus Kalbsthymus beobachtet. Die Unlöslichkeit ist nicht durch die Darstellungsmethode der Zellkerne bedingt und beruht nicht auf Lipoproteid- oder Nucleoproteidbindung der Enzyme.

Folgende Maßnahmen bedingen keine Extraktion der Nucleosidtriphosphatasen A und B aus Schweinenieren-Zellkernen: 0,1 m Pufferlösungen mit unterschiedlichen Kationen, Anionen und pH-Werten; Glycerin; Gefrieren/Tauen; thermische Alterung; Acetonbehandlung der trockenen Zellkerne; Digitonin; Schlangengift; Ultraschall; Ribonuclease; Desoxyribonuclease; Serumalbumin. Die Enzyme gehen in „Lösung", wenn die Zellkerne im Verhältnis 1:50 oder mehr mit redest. Wasser extrahiert werden; man erhält ein hochviscöses, nicht zu handhabendes Material, das nicht zentrifugiert werden kann. Ferner gehen die Enzyme in Lösung, wenn im Verhältnis 1:50 oder mehr mit 1 m NaCl-Lösung extrahiert wird; bei Herabsetzung der NaCl-Konzentration auf 0,14 m durch Zugabe von destilliertem Wasser fallen die Enzymaktivitäten zusammen mit den

[1] LOWRY, O. H., N. J. ROSEBROUGH, A. L. FARR and R. J. RANDALL: J. biol. Ch. **193**, 265 (1951).
[2] FISCHER, F., G. SIEBERT u. E. ADLOFF: B. Z. **332**, 131 (1959).
[3] SIEBERT, G., u. E. ADLOFF: B. Z. **333**, 202 (1960).
[4] SIEBERT, G., u. I. BAUER: Unveröffentlicht.
[5] STERN, K. G., G. GOLDSTEIN and H. G. ALBAUM: J. biol. Ch. **188**, 273 (1951).

Nucleoproteiden aus und können 1—2mal umgefällt werden, ohne daß die Enzyme löslich werden. Ribonuclease- bzw. Desoxyribonuclease-Behandlung solcher umgefällter Nucleoproteide beläßt die Nucleosidtriphosphatasen im unlöslichen Zustand. Es wird daher angenommen, daß die Enzyme im Zellkern in enger Bindung an Chromatinmaterial vorliegen[1].

Zur Gewinnung löslicher Nucleosidtriphosphatasen aus Schweinenieren-Zellkernen gibt es verschiedene Möglichkeiten; Kriterium der Löslichkeit ist die Nichtsedimentierbarkeit der Enzymaktivität bei 6×10^6 g $\times$ min. Nucleosidtriphosphatase A wird mit 70% Ausbeute extrahiert durch 1%ige Cholatlösung, pH 5,9, bei 0° C in 20 min, mit 70% Ausbeute durch 0,2%ige Human-Serumalbuminlösung, pH 7,0, bei 37° C in 60 min, mit 100% Ausbeute durch 0,6%ige, wäßrige Triton X-100-Lösung in 0,14 m KCl bei 0° C in 20 min, und mit 80—100% Ausbeute durch 0,01—0,001 n HCl bei 0° C in 20 min. Nucleosidtriphosphatase B aus Schweinenieren-Zellkernen wird mit 75% Ausbeute durch 1%ige Cholatlösung, pH 8,4, bei 0° C in 20 min in Lösung gebracht.

Nucleotidspezifität. Die nachfolgend aufgeführten Daten sind an Zellkern-Suspensionen bzw. ungereinigten Extrakten gewonnen. Eine Störung der Aktivitätsmessungen durch andere, Nucleosidtriphosphate umsetzende Enzyme wird entsprechend den S. 440 gemachten Angaben vermieden. Die im Abschnitt „Darstellung" erwähnte Existenz einer besonderen Guanosintriphosphatase A und die Möglichkeit, daß in Zellkernen weitere spezifische Nucleosidtriphosphatasen enthalten sind, z.B. Uridintriphosphatase A, sind in den nachfolgenden Daten nicht berücksichtigt. Spezifitätsangaben für Nucleosidtriphosphatase A sind in Tabelle 10, für Nucleosidtriphosphatase B in Tabelle 11 enthalten.

Tabelle 10. *Nucleotidspezifität der Nucleosidtriphosphatase A aus Zellkernen von Rattenleber und Schweineniere*[2, 3].

Aktivität gleich μM gespaltenes Nucleosidtriphosphat pro Std und g Zellkerntrockengewicht.

Substrat	Schweineniere		Rattenleber		Rattenleber, regenerierend			
					16 Std		31 Std	
	Aktivität	Prozent von ATP	Aktivität	Prozent von ATP	Aktivität	Prozent von ATP	Aktivität	Prozent von ATP
ATP . . .	459	100	335	100	564	100	348	100
ITP	456	99	480	144	1100	194	915	265
GTP	582	127	355	106	840	148	738	212
CTP	553	121	322	96	455	81	278	80
UTP	472	103	345	103	958	170	896	258
DesoxyATP	471	103	335	100	625	111	371	107
		Prozent von DesoxyATP		Prozent von DesoxyATP		Prozent von DesoxyATP		Prozent von DesoxyATP
DesoxyATP	471	100	335	100	625	100	371	100
DesoxyGTP	863	186	585	176	1360	218	1035	279
DesoxyCTP	502	108	285	85	442	71	323	87
TTP	456	98	254	76	390	63	261	70

Die Spezifitätsangaben für die regenerierende Rattenleber zeigen im Vergleich mit normaler Rattenleber beträchtliche Verschiebungen der auf ATP bezogenen relativen Aktivitäten bei GTP, UTP und DesoxyGTP für beide Nucleosidtriphosphatasen; dies steht im Einklang mit den oben (S. 454f.) erwähnten Angaben für eine spezifische Guanosintriphosphatase A und der Möglichkeit der Existenz einer Uridintriphosphatase A in Schweinenieren-Zellkernen.

Bestimmung. Nachstehend werden die in umfangreichen Untersuchungen ausgearbeiteten Optimalbedingungen für die Spaltung von ATP durch Nucleosidtriphosphatasen A

[1] Siebert, G.: Exp. Cell Res., Suppl. 9, 389 (1963).
[2] Siebert, G., u. E. Adloff: B. Z. 333, 202 (1960).
[3] Siebert, G., u. I. Bauer: Unveröffentlicht.

Tabelle 11. *Nucleotidspezifität der Nucleosidtriphosphatase B aus Zellkernen von Rattenleber und Schweineniere*[1,2].

Aktivität gleich μM gespaltenes Nucleosidtriphosphat pro Std und g Zellkerntrockengewicht.

Substrat	Schweineniere		Rattenleber		Rattenleber, regenerierend			
					16 Std		31 Std	
	Aktivität	Prozent von ATP	Aktivität	Prozent von ATP	Aktivität	Prozent von ATP	Aktivität	Prozent von ATP
ATP . . .	484	100	325	100	705	100	440	100
ITP	438	90	460	142	1025	144	930	212
GTP	706	146	355	110	1120	159	852	194
CTP	679	140	229	71	518	74	339	77
UTP	576	119	362	112	960	136	900	205
DesoxyATP	356	73	301	93	675	96	442	100
		Prozent von DesoxyATP		Prozent von DesoxyATP		Prozent von DesoxyATP		Prozent von DesoxyATP
DesoxyATP	356	100	301	100	675	100	442	100
DesoxyGTP	582	146	319	106	890	132	755	171
DesoxyCTP	352	88	220	73	530	79	416	94
TTP	330	82	180	60	337	50	177	40

und B aus Schweinenieren-Zellkernen wiedergegeben[3]. Ob diese Bedingungen für die Hydrolyse anderer Nucleosidtriphosphate als ATP optimal sind, ist bisher nicht untersucht; für DesoxyATP z.B. verläuft die pH-Optimumskurve etwas anders als für ATP[1].

***Bestimmung der Nucleosidtriphosphatase A-Aktivität nach* Fischer *u. Mitarb.*[3].**

Prinzip:

Aus ATP freigesetztes Orthophosphat wird chemisch bestimmt.

Reagentien:

1. 0,14 m KCl.
2. 0,012 m $MgCl_2$.
3. 0,2 m Trismaleat, pH 5,9.
4. 0,02 m ATP.
5. $HClO_4$, 5 %ig.
6. Reagentien zur Phosphatbestimmung s. Bd. III, S. 466.

Ausführung:

Je nach zu erwartender Aktivität werden 10—50 mg Zellkerne in 1 ml 0,14 m KCl suspendiert. Man pipettiert 0,1 ml Zellkernsuspension, 0,1 ml Mg^{++}-Lösung und 0,1 ml Pufferlösung in ein kleines Zentrifugenglas und wärmt im Wasserbad auf 37° C an; die Reaktion wird durch Zugabe von 0,1 ml ATP-Lösung gestartet. Nach 10—30 min Inkubation wird mit 1,2 ml $HClO_4$ enteiweißt, abgekühlt, zentrifugiert und ein Aliquot von 0,8 ml zur Phosphatbestimmung verwendet. Die Reaktion ist proportional zu Zeit und Enzymmenge, wenn nicht mehr als 8 % des vorgelegten Substrats hydrolysiert sind. Der Leerwert wird angesetzt, indem $HClO_4$ vor der ATP-Lösung einpipettiert wird.

***Bestimmung der Nucleosidtriphosphatase B-Aktivität nach* Fischer *u. Mitarb.*[3].**

Prinzip:

Siehe oben.

Reagentien:

1. 0,02 m $CaCl_2$, 4×10^{-4} m Äthylendiamintetraacetat enthaltend.
2. 0,2 m Tris-HCl, pH 8,4.
3. 0,02 m ATP.

[1] Siebert, G., u. E. Adloff: B. Z. **333**, 202 (1960).
[2] Siebert, G., u. I. Bauer: Unveröffentlicht.
[3] Fischer, F., G. Siebert u. E. Adloff: B. Z. **332**, 131 (1959).

4. $HClO_4$, 5%ig.
5. Reagentien zur Phosphatbestimmung s. Bd. III, S. 466.

Ausführung:

Je nach zu erwartender Aktivität werden 10—50 mg Zellkerne in 1 ml quarzdestilliertem Wasser suspendiert. Man pipettiert 0,1 ml Zellkernsuspension, 0,1 ml Ca^{++}-Lösung und 0,1 ml Pufferlösung in ein kleines Zentrifugenglas, wärmt auf 37° C an und beginnt die Reaktion durch Zugabe von 0,1 ml ATP-Lösung. Das weitere Vorgehen entspricht den oben gemachten Angaben für Nucleosidtriphosphatase A.

Desoxyguanosintriphosphatase aus *E. coli.*

Einleitung. Das Enzym katalysiert die Reaktion[1]

$$\text{DesoxyGTP} + H_2O \rightarrow \text{Desoxyguanosin} + \text{Tripolyphosphat}$$

Darstellung. Das Enzym wird aus der gegenüber dem Rohextrakt 800fach angereicherten Fraktion VI der DNS-Polymerase-Darstellung[2] gewonnen, indem 1 ml dieser Fraktion mit 1 ml 0,02 m Kaliumphosphat, pH 7,2, und 0,05 ml 1 m Natriumacetatpuffer, pH 4,0, versetzt wird. Zu dieser Mischung gibt man bei —15° C 0,5 ml Äthanol von —15° C, rührt 2 min, läßt die Temperatur auf —2° C steigen und zentrifugiert 2 min. Der Niederschlag wird in 1 ml 0,02 m Kaliumphosphat, pH 7,2, gelöst. Die Äthanolfällung bedingt eine 3,5fache Anreicherung bei 80% Ausbeute aus Fraktion VI.

Angaben zur Aktivität dieses Enzyms im Rohextrakt sind wegen der Interferenz zahlreicher, auf anderen Wegen DesoxyGTP abbauender Enzyme nicht zu machen.

Eigenschaften. Das Enzym ist relativ spezifisch für DesoxyGTP; die Spaltungsrate — für dieses Substrat gleich 100% gesetzt — beträgt unter vergleichbaren Bedingungen für DesoxyUTP 2%, DesoxyATP 1%, DesoxyCTP 6%, TTP 0,6% und GTP 40%.

Das Enzym benötigt Mg^{++}. Das pH-Optimum ist wenig ausgeprägt, da zwischen pH 7,5 und 8,5 gleich hohe Aktivitäten gemessen werden; die Reaktionsgeschwindigkeit fällt auf 70% bei pH 9,2.

Die K_M-Werte betragen $2{,}2 \times 10^{-6}$ m für DesoxyGTP und $1{,}5 \times 10^{-4}$ m für GTP.

GTP hemmt die Spaltung von DesoxyGTP mit $K_i = 1 \times 10^{-4}$ m. GDP ist Inhibitor mit $K_i = 3{,}3 \times 10^{-4}$ m gegenüber $1{,}7 \times 10^{-6}$ m DesoxyGTP.

Bestimmung der Desoxyguanosintriphosphatase nach KORNBERG *u. Mitarb.*[1].

Prinzip:

Ausgehend von ^{32}P-markiertem Substrat, wird nach beendeter Inkubation mit Norit behandelt; Nucleoside und Nucleotide werden adsorbiert, nichtnucleotidische Phosphatverbindungen bleiben löslich; deren Radioaktivität wird gemessen.

Reagentien:

1. 0,2 m Glycinpuffer, pH 8,5.
2. 0,04 m $MgCl_2$.
3. 1×10^{-4} m $DesoxyGT^{32}P$.
4. Albumin-Tripolyphosphatlösung: 1,5 mg kristallisiertes Serumalbumin und 2,1 mg Natriumtripolyphosphat im ml.
5. 0,1 n HCl.
6. Norit, säuregewaschen, 20%ige Suspension.

Ausführung:

Man inkubiert 0,1 ml Pufferlösung, 0,05 ml Mg^{++}-Lösung, 0,05 ml Substratlösung und Enzymlösung im Gesamtvolumen von 0,3 ml 20 min bei 37° C. Dann werden 0,4 ml

[1] KORNBERG, S. R., I. R. LEHMAN, M. J. BESSMAN, E. S. SIMMS and A. KORNBERG: J. biol. Ch. **233**, 159 (1958).

[2] LEHMAN, I. R., M. J. BESSMAN, E. S. SIMMS and A. KORNBERG: J. biol. Ch. **233**, 163 (1958).

Albumin-Tripolyphosphatlösung und danach 0,2 ml HCl zugegeben. Nach Zusatz von 0,1 ml Noritsuspension wird zentrifugiert und in einem Aliquot des klaren Zentrifugats die Radioaktivität gemessen.

Desoxycytidintriphosphatase aus phageninfizierten *E. coli*.

Einleitung. Bei Infektion von *E. coli* mit geradzahligen Phagen (T_2, T_4, T_6) tritt in der Phagen-Desoxyribonucleinsäure Hydroxymethylcytosin statt Cytosin auf. Es hat sich gezeigt, daß DesoxyCTP dadurch von der Polymerasereaktion ausgeschlossen wird, daß es hydrolytisch durch ein Enzym

$$\text{DesoxyCTP} + H_2O \rightarrow \text{DesoxyCMP} + \text{Pyrophosphat}$$

gespalten wird, welches innerhalb weniger min nach der Phageninfektion auftritt. Dadurch wird Desoxy-hydroxymethylcytidintriphosphat, das gleichzeitig in der Reihe der „early events" synthetisiert wird, für die Polymerasereaktion verfügbar. Desoxycytidintriphosphatase steuert also die Basenzusammensetzung neusynthetisierter Desoxyribonucleinsäure.

Das DesoxyCTP spaltende Enzym wurde von KORNBERG u. Mitarb. sowie von KOERNER und BUCHANAN entdeckt. Neben Kurzmitteilungen liegen drei Originalarbeiten vor[1-3].

Darstellung. Man benötigt phageninfizierte *E. coli*. Eine ausführliche Beschreibung der Enzymgewinnung überschreitet den Rahmen dieses Beitrags. Die erzielten Reinigungsfaktoren sind 85fach[1], 8fach[2] und 67fach[3]; die Ausbeuten betragen 17[2] bzw. 12%[3].

Eigenschaften. Das pH-Optimum wird mit 9,5[2] bzw. 9[3] angegeben. Das Enzym benötigt Mg^{++}; nach KOERNER u. Mitarb.[2] ergeben 0,01 m 100% Aktivität, 0,003 m 90% und 0,001 m 60%; nach ZIMMERMAN und KORNBERG[3] beträgt K_M für Mg^{++} je nach Art des Puffers 5 bis 10×10^{-4} m.

Im Gegensatz zu den Angaben von KOERNER u. Mitarb.[2], die DesoxyCDP nicht mit dem Enzym hydrolysieren konnten, geben ZIMMERMAN und KORNBERG[3] an, daß neben DesoxyCTP auch DesoxyCDP gespalten wird; V_{max} DesoxyCTP/V_{max} DesoxyCDP beträgt 1,9—2,4. Im Falle des Triphosphats wird Pyrophosphat, beim Diphosphat Orthophosphat in stöchiometrischen Mengen zum auftretenden Monophosphat gefunden.

Die K_M-Werte sind in Tabelle 12 verzeichnet[3]; gleichzeitig eingetragen sind K_i-Werte, da DesoxyCTP kompetitiv die Spaltung von DesoxyCDP und umgekehrt DesoxyCDP kompetitiv die Spaltung von DesoxyCTP hemmt.

Tabelle 12. *K_M-Werte der Desoxycytidintriphosphatase*[3].

K_M DesoxyCDP	2,2—2,5 × 10^{-6} m
K_M DesoxyCTP	3,1—4,5 × 10^{-6} m
K_i DesoxyCMP mit DesoxyCDP	1,4 × 10^{-4} m
K_i DesoxyCMP mit DesoxyCTP	2,0 × 10^{-4} m
K_i DesoxyCDP mit DesoxyCTP	2,7 × 10^{-6} m
K_i DesoxyCTP mit DesoxyCDP	4,2 × 10^{-6} m

Die Nucleotidspezifität des Enzyms ist recht ausgesprochen; nach[2] werden CTP, DesoxyCDP und TTP nicht, Desoxyhydroxymethylcytidintriphosphat mit 0,3% der Rate von DesoxyCTP gespalten. Nach[3] werden TTP, DesoxyGTP, DesoxyATP, ATP, GTP, CTP, UTP, DesoxyhydroxymethylCTP, 5-Brom-desoxyCTP und 5-Brom-desoxyUTP praktisch nicht gespalten, hemmen aber die Spaltung von DesoxyCTP zum Teil ganz erheblich.

Fluorid ist ein wirksamer Inhibitor; 1×10^{-4} m hemmt die Hydrolyse von DesoxyCDP um 73% und von DesoxyCTP um 65%; die entsprechenden Zahlen für 4×10^{-4} m F^- lauten 86 bzw. 78%[3].

---

[1] KORNBERG, A., S. B. ZIMMERMAN, S. R. KORNBERG and J. JOSSE: Proc. nat. Acad. Sci. USA **45**, 772 (1959).
[2] KOERNER, J. F., M. S. SMITH and J. M. BUCHANAN: J. biol. Ch. **235**, 2691 (1960).
[3] ZIMMERMAN, S. B., and A. KORNBERG: J. biol. Ch. **236**, 1480 (1961).

Bestimmung. Nach ZIMMERMAN und KORNBERG[1] dienen pyrophosphatmarkiertes DesoxyCTP-^{32}P bzw. terminal markiertes DesoxyCDP-^{32}P als Substrate; gemessen wird die Zunahme von nicht an Norit adsorbierbarer Radioaktivität. Eine mikrochemische Methode beschreiben KOERNER u. Mitarb.[2].

***Bestimmung der Desoxycytidintriphosphatase-Aktivität nach* KOERNER *u. Mitarb.*[2].**

Prinzip:

Das Spaltprodukt DesoxyCMP wird chromatographisch abgetrennt und an Hand seiner UV-Absorption bestimmt.

Reagentien:

1. $4{,}5 \times 10^{-3}$ m Desoxycytidintriphosphat.
2. 3×10^{-2} m Magnesiumacetat.
3. Ammoniumformiatpuffer, pH 9,5, insgesamt 0,1 m an Ammoniumionen.
4. Dowex 1—8X, Formiatform; 200—400 mesh.
5. 0,01 m Ammoniumformiatpuffer, pH 4,3.
6. 0,06 m Ammoniumformiatpuffer, pH 2,8.

Ausführung:

0,1 ml Substratlösung, 0,1 ml Mg^{++}-Lösung, 0,2 ml Pufferlösung und Enzymlösung werden auf 1 ml gebracht und 30 min bei 37° C inkubiert. Die Reaktion wird durch 1,5minütiges Erhitzen in einem kochenden Wasserbad unterbrochen und die erhaltene Lösung auf eine Dowexsäule $0{,}3 \times 3$ cm gegeben. Die Säule wird mit 3 ml Puffer von pH 4,3 gewaschen und das DesoxyCMP dann mit 3 ml Puffer von pH 2,8 eluiert. Die Extinktion des Eluats wird bei 280 mμ gemessen ($\varepsilon_{280\,m\mu}$ in 0,1 n HCl $= 12{,}3 \times 10^3$ nach [3]).

Desoxyuridintriphosphatase aus *E. coli.*

Einleitung. *Escherichia coli B* enthält ein Enzym, das folgende Reaktion katalysiert[4]:

$$\text{DesoxyUTP} + H_2O \rightarrow \text{DesoxyUMP} + \text{Pyrophosphat}$$

Es wird angenommen, daß dieses Enzym den Einbau von Desoxyuridinmonophosphat-Resten in Desoxyribonucleinsäure verhindert.

Darstellung. Bakterienextrakt[5] wird mit 0,3 mg Streptomycin pro mg Protein behandelt. Nach Zentrifugieren wird mit m Essigsäure auf pH 5,0 angesäuert und erneut zentrifugiert. Der Niederschlag wird gelöst, an DEAE-Cellulose chromatographiert und mit 0,3 m Phosphat, pH 6,9, eluiert. Diese Fraktion wird zwischen 45 und 55% Sättigung an Ammoniumsulfat fraktioniert.

Eigenschaften. Das Enzym benötigt kein Mg^{++}. Es spaltet nicht UTP, CTP, TTP oder Desoxy-CTP.

Bestimmung. Man inkubiert 0,2 μM DesoxyUTP, 5 μM Tris-HCl, pH 7,65, 1 μM Mercaptoäthanol und 0,6 mg Enzymfraktion in 0,1 ml Gesamtvolumen für 1 Std bei 37° C. Die Reaktion wird in einem kochenden Wasserbad unterbrochen, und Aliquots der klaren Lösung werden auf Papier chromatographiert[6]. Die Flecken von DesoxyUMP und DesoxyUTP werden ausgeschnitten, eluiert und durch UV-Messung analysiert. Ein weiteres Aliquot der klaren Lösung wird mit $HClO_4$ angesäuert, zur Entfernung der Nucleotide über Norit gegeben und zur Bestimmung von Orthophosphat und Pyrophosphat verwendet.

---

[1] ZIMMERMAN, S. B., and A. KORNBERG: J. biol. Ch. **236**, 1480 (1961).
[2] KOERNER, J. F., M. S. SMITH and J. M. BUCHANAN: J. biol. Ch. **235**, 2691 (1960).
[3] BEAVEN, G. H., E. R. HOLIDAY and E. A. JOHNSON; in: Chargaff-Davidson, Nucleic Acids, Bd I S. 493ff.
[4] BERTANI, L. E., A. HÄGGMARK and P. REICHARD: J. biol. Ch. **236**, PC 67 (1961).
[5] REICHARD, P., A. BALDESTEN and L. RUTBERG: J. biol. Ch. **236**, 1150 (1961).
[6] KREBS, H. A., and R. HEMS: Biochim. biophys. Acta **12**, 172 (1953).

Inosine diphosphatase (nucleoside diphosphatase) from mammalian tissues.

[3.6.1.6 Nucleosiddiphosphate phosphohydrolase.]

By

Gerhard W. E. Plaut*.

The discovery of this enzyme was announced almost simultaneously from several laboratories[1–4]. STROMINGER et al.[1] found that a water extract of calf liver acetone powder dephosphorylated uridine triphosphate 50 times faster than adenosine triphosphate. Evidence was presented that the dephosphorylation of uridine triphosphate occurred by a series of reactions involving the enzymes adenosine triphosphate-uridine monophosphate transphorylase, nucleoside diphosphokinase, and adenosine triphosphate-adenosine monophosphate transphosphorylase, as well as a new phosphatase which hydrolyzed uridine diphosphate to uridine monophosphate and orthophosphate. PLAUT[2] detected a similar phosphatase in aqueous extracts of acetone desiccated mitochondria from rat liver, and of acetone powders of washed residues from beef liver. Studies with the purified enzyme from beef liver showed that inosine diphosphate is hydrolyzed to 5′-inosinic acid and orthophosphate.

Inosine diphosphate + H_2O → inosine 5′-monophosphate + orthophosphate[1].

The purified enzyme from beef liver also hydrolyzed uridine diphosphate or guanosine diphosphate to the corresponding nucleoside monophosphate and orthophosphate, but cytidine diphosphate and adenosine diphosphate were not attacked. A purified enzyme preparation from calf liver[5] had the same specificity as the beef liver enzyme; HORECKER et al.[6] found the former would also hydrolyze ribose 5-pyrophosphate. A preparation from lamb liver has been reported to hydrolyze thiamine pyrophosphate slowly[3]. The purified enzymes from beef or calf liver do not catalyze the dephosphorylation of adenosine triphosphate, inosine triphosphate, ribose 5-triphosphate, inosine 5′-monophosphate, adenosine 5′-monophosphate, adenosine diphosphate, or cytidine diphosphate. The relative activities with various substrates for the enzyme preparations from beef liver, calf liver, and hog kidney are given in Table 1.

Table 1. *Relative activities of purified nucleoside diphosphatases from different sources.*

Substrate	Source*		
	Beef liver[2]**	Calf liver[5]**	Hog kidney[4]
Inosine diphosphate . .	1.0	1.0	1.0
Uridine diphosphate . .	1.7	0.6	0.7
Guanosine diphosphate	1.6	0.8	0.8
Ribose-5-pyrophosphate	—	0.6	—
Adenosine diphosphate.	0.0	0.0	0.02
Cytidine diphosphate .	0.0	0.0	—

* The rates of dephosphorylation are relative to that of inosine diphosphate with each enzyme preparation.

** It is not certain to what factors one can attribute the quantitative differences in reaction rates with purified enzyme preparations from livers of the same species. A number of variables will have to be evaluated to resolve this problem. Among these are the following: (1) the age of the animals, (2) differences in the method of enzyme purification and their effect on the specificity of the final preparation, (3) temperature of incubation and p_H of the reaction mixture.

* Laboratory for the Study of Hereditary and Metabolic Disorders and Departments of Biological Chemistry and Medicine, University of Utah College of Medicine, Salt Lake City, Utah.

[1] STROMINGER, J. L., L. A. HEPPEL and E. S. MAXWELL: Arch. Biochem. **52**, 488 (1954).

[2] PLAUT, G. W. E.: J. biol. Ch. **217**, 235 (1955).

[3] GREGORY, J. D.: Fed. Proc. **14**, 221 (1955).

[4] GIBSON, D. M., P. AYENGAR and D. R. SANADI: Biochim. biophys. Acta **16**, 536 (1955).

[5] HEPPEL, L. A., J. L. STROMINGER and E. S. MAXWELL: Biochim. biophys. Acta **32**, 422 (1959).

[6] HORECKER, B. L., J. HURWITZ and L. A. HEPPEL: Am. Soc. **79**, 701 (1957).

Occurrence. The enzyme has been detected in livers of the rat[1] calf[2], ox[1], lamb[3], and in hog kidney[4]. However, it does not appear to be present in cardiac muscle since no activity could be detected in aqueous extracts of acetone powders from rat, guinea pig, or cattle heart[5].

Activators and inhibitors. Mg^{++} activates inosine diphosphatase[1, 6]. Other divalent ions (Mn^{++} and Ca^{++}) appear to be active but Ba^{++} and Sr^{++} are ineffective[3]. High concentrations of fluoride inhibit the beef liver enzyme (75 % inhibition with 0.1 M KF). Adenosine triphosphate and adenosine diphosphate inhibit the hydrolysis of inosine diphosphate; for example, in the presence of 0.0025 M inosine diphosphate 22 and 48 % inhibition were obtained by 0.0048 M and 0.0096 M adenosine triphosphate, respectively. With the same concentration of substrate, 0.0048 M and 0.0096 M adenosine diphosphate gave 11 and 37 % inhibition respectively. 0.005 M inosine triphosphate had no effect under these conditions[1].

p_H Optimum and affinity constants. Optimal activity of beef liver enzyme with inosine diphosphate occurs at p_H 6.9; however, the activity at p_H 6.45 or 7.4 is only 10—15 % lower than that at the optimum. The K_M for inosine diphosphate with enzyme protein at half maximal rate is approximately 5×10^{-4} M at p_H 7.4[1]. The p_H optimum of the enzyme from calf liver is approximately p_H 7.0[6].

Purification of inosine diphosphatase from beef liver.

Preparation of acetone powder. Fresh beef liver (1000 g) is ground for 1 min in a WARING blendor in a medium (2.25 l) containing 0.25 M sucrose and 0.03 M dipotassium phosphate. The suspension is centrifuged at $1000 \times g$ for 10 min. The residue is discarded, the supernatant solution is acidified to p_H 5.9 with 3 M acetic acid and centrifuged at $4500 \times g$ for 20 min. The supernatant fluid is discarded and the semi-fluid residue recentrifuged at $18000 \times g$ for 30 min. This residue is suspended in 450 ml of 0.25 M sucrose and centrifuged at $18000 \times g$ for 30 min. The residue is converted to acetone-dried powder. Yield 30—35 g.

Subsequent steps of the fractionation are indicated in Table 2. All operations are conducted at 2—5° C. The method results in a 30 to 40-fold purification of the enzyme as compared to the acetone powder extract. The yield is 20 to 30 %. The final preparation can be stored frozen; it is free of nucleoside diphosphokinase.

Purification of inosine diphosphatase from whole calf liver.

Acetone powders are prepared from the livers of freshly slaughtered calves by the method of HORECKER[7]. The purification of the enzyme is described in Table 3. All steps are performed at 0 to 3° C except as noted.

HEPPEL et al.[6] have shown that the purified enzyme can be stored without loss of activity for three years at — 15° C. A twofold enhancement of the activity of the purified fraction by inclusion of albumin in the reaction mixture has been noted.

Purification of inosine diphosphatase from hog kidney cortex.

The procedure[4] has been summarized in Table 4.

Heating of the enzyme in tris(hydroxymethyl)aminomethane buffer at p_H 7.0 at 40, 50 and 60° C for 2 min has been reported to result in 7, 31 and 96 % loss in enzymic

[1] PLAUT, G. W. E.: J. biol. Ch. **217**, 235 (1955).
[2] STROMINGER, J. L., L. A. HEPPEL and E. S. MAXWELL: Arch. Biochem. **52**, 488 (1954).
[3] GREGORY, J. D.: Fed. Proc. **14**, 221 (1955).
[4] GIBSON, D. M., P. AYENGAR and D. R. SANADI: Biochim. biophys. Acta **16**, 536 (1955).
[5] PLAUT, G. W. E.: Unpublished observations, 1955.
[6] HEPPEL, L. A., J. L. STROMINGER and E. S. MAXWELL: Biochim. biophys. Acta **32**, 422 (1959).
[7] HORECKER, B. L.: J. biol. Ch. **183**, 593 (1950).

Table 2. *Purification of inosine diphosphatase from beef liver particles (from* PLAUT[1]*).*

10 g acetone powder + 100 ml H_2O stirred 15 min. Centrifuge at $18000 \times g$ for 1 hour

Residue (discard)	*Supernatant* [576*, 0.25**] a) Dilute to 100 ml with H_2O. b) Add 110 ml $Ca_3(PO_4)_2$ gel [16.9 mg $Ca_3(PO_4)_2$ per ml]. Stir 20 min. Centrifuge at $5000 \times g$ for 10 min
Supernatant (discard)	*Residue* Suspend in 100 ml of 0.125 M phosphate, p_H 5.4. Centrifuge
Supernatant (discard)	*Residue* Suspend in 100 ml of 0.125 M phosphate, p_H 5.9. Centrifuge
Supernatant (discard)	*Residue* Suspend in 100 ml phosphate, p_H 7.05. Centrifuge
Residue (discard)	*Supernatant* Add 54 g $(NH_4)_2SO_4$ (0.8 saturation). Centrifuge
Supernatant (discard)	*Residue* a) Dissolve in 0.01 M Tris, p_H 7.4 [315*, 1.31**]. b) Add saturated $(NH_4)_2SO_4$ solution to 0.45 saturation. Centrifuge
Residue (discard)	*Supernatant* Add saturated $(NH_4)_2SO_4$ solution to 0.6 saturation. Centrifuge
Supernatant (discard)	*Residue* a) Add 10 ml 0.2 M Tris, p_H 7.4 [202*, 3.54**]. b) Add 10 ml $Ca_3(PO_4)_2$ gel [16.9 mg $Ca_3(PO_4)_2$ per ml]. Centrifuge
Supernatant (discard)	*Residue* Suspend in 10 ml 0.125 M phosphate, p_H 5.4. Centrifuge
Supernatant (discard)	*Residue* Suspend in 10 ml 0.125 M phosphate, p_H 5.9. Centrifuge
Supernatant (discard)	*Residue* Suspend in 10 ml 0.125 M phosphate, p_H 7.05. Centrifuge
Residue (discard)	*Supernatant* Add solid $(NH_4)_2SO_4$ to 0.7 saturation. Centrifuge
Supernatant (discard)	*Residue* Dissolve in 5 ml 0.1 M Tris, p_H 7.4 [182*, 10.7**]

* Total units. The assays were done at 20° C [1].

** Specific activity as units per mg protein.

[1] PLAUT, G. W. E.: J. biol. Ch. **217**, 235 (1955).

Table 3. *Purification of inosine diphosphatase from whole calf liver* (from HEPPEL et al.[1]).

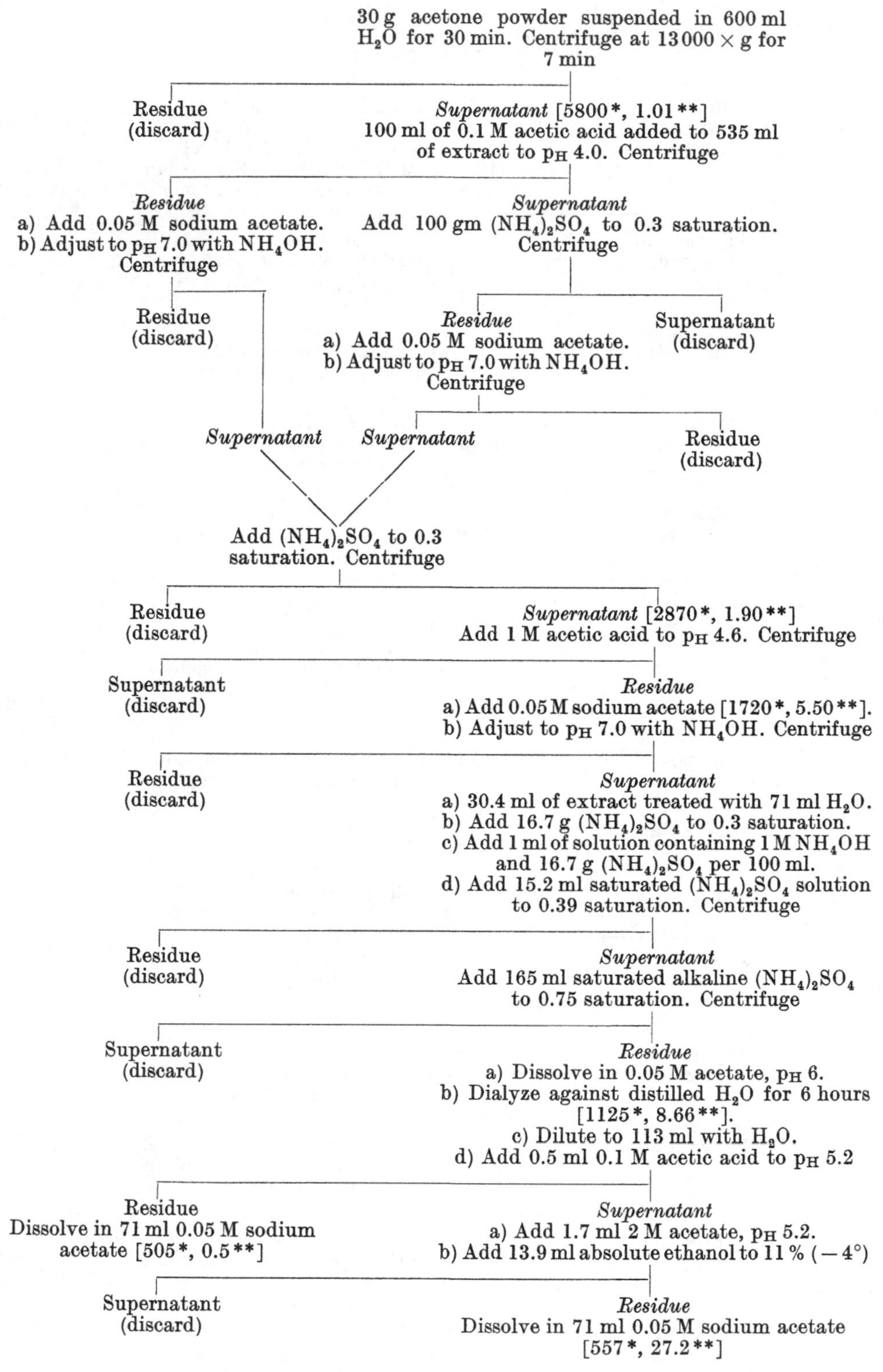

* Total units. The assays were done at 37° C [1].
** Specific activity as units per mg protein.

[1] HEPPEL, L. A., J. L. STROMINGER and E. S. MAXWELL: Biochim. biophys. Acta **32**, 422 (1959).

Table 4. *Preparation of inosine diphosphatase from hog kidney cortex* (from D. M. GIBSON et al.[1]).

Mitochondrial acetone powder extracted with 0.02 M $KHCO_3$.
Centrifuged

Residue (discard)	*Supernatant* Add 30 g $(NH_4)_2SO_4$ per 100 ml extract
Residue (discard)	*Supernatant* Add 30 g $(NH_4)_2SO_4$ per 100 ml
Supernatant (discard)	*Residue* a) Dissolved in 0.02 M phosphate, p_H 5.8. b) Add ethanol at $-3°$ to $-14°C$. c) Utilize fractions between 10% to 30% v/v ethanol. Final activity: *0.6 units per mg protein at 38°C.*

activity, respectively. Adenylic kinase activity in the final preparation survived heat treatment at 60° C[1].

Assay methods. *Principle.* Measurement of the enzymic liberation of orthophosphate from a susceptible nucleoside diphosphate is the simplest method of determination, and has been used by all investigators. Inosine diphosphate is the most suitable substrate for routine assay of the enzyme, since it is readily available and less expensive than other hydrolyzable phosphates. Under certain conditions, it is also advantageous that its product, inosine 5′-monophosphate, is not a substrate of adenosine triphosphate-nucleoside monophosphate transphosphorylases. This is in contrast to the nucleoside monophosphates formed from uridine diphosphate or guanosine diphosphate which are substrates for this group of enzymes.

Under certain conditions it may be desirable to determine the stoichiometry of the reaction. Substrate disappearance and formation of the other product of the dephosphorylation, the nucleoside monophosphate, can be measured spectrophotometrically after preliminary separation of the components on a short column of an anion exchange resin.

Reaction mixture for the assay of the enzyme. The reaction mixture contains 0.04 M tris(hydroxymethyl)aminomethane buffer, 0.005 M $MgSO_4$, 0.005 M inosine diphosphate, and enzyme in a volume of 1 ml. All reagents are adjusted to p_H 7.4.

The enzyme is diluted with 0.1 M tris(hydroxymethyl)aminomethane at p_H 7.4 to a concentration which will cause the liberation of no more than 2 μmoles of orthophosphate per ml of reaction mixture during the incubation period.

Incubation procedure and determination of orthophosphate. All reaction components except enzyme are placed in a 15 ml conical centrifuge tube and incubated in a water bath at 20° C. After 5 min, the enzyme is added and incubation is continued for 10 min. Ice-cold 10% trichloroacetic acid (1.0 ml) is added to stop the reaction. Non-incubated controls identical in composition to incubated tubes accompany the run. Trichloroacetic acid is added prior to the enzyme in the control tubes. All values are corrected for zero-time orthophosphate content. Coagulated protein is removed by centrifugation and inorganic phosphate is determined by the method of FISKE and SUBBAROW[2] (see also vol. III, p. 159 and 465).

The determination of nucleotides. The following method has been used for determination of the stoichiometry of the hydrolysis of inosine diphosphate[3]. The enzyme is incubated as described above; however, the reaction is stopped by placing the incubated tubes in

[1] GIBSON, D. M., P. AYENGAR and D. R. SANADI: Biochim. biophys. Acta **16**, 536 (1955).
[2] FISKE, C. H., and Y. SUBBAROW: J. biol. Ch. **66**, 375 (1925).
[3] PLAUT, G. W. E.: J. biol. Ch. **217**, 235 (1955).

a boiling water bath for 10 min. In the controls, the enzyme is destroyed by boiling for 10 min prior to addition to the other components. Coagulated protein is removed by centrifugation. The resulting supernatant fluid (0.8 ml) is diluted to 50 ml with water and 0.5 ml of concentrated ammonium hydroxide is added. This solution is percolated through a column of the anion exchange resin Dowex* 1×10 (200—400 mesh) in the formate form (1.0 cm in diameter and 4 cm in height). The column is washed with 50 ml of water, and 5'-inosinic acid is then eluted in two 50 ml portions of 0.15 M sodium formate-0.01 M formic acid. If desired, inosine diphosphate can then be eluted in four 50 ml portions of 0.3 M sodium formate-0.01 M formic acid. The inosine nucleotides in the effluents are determined by measurement at 250 mμ (α_M, 13200).

Both inosine and 5'-inosinic acid will be present in the column effluent containing 0.15 M sodium formate and 0.01 M formic acid. In order to separate this nucleoside from the nucleotide, a different system of ion exchange chromatography can be used. The procedure of BERGKVIST and DEUTSCH[1] is suitable for this purpose.

Definition of units and specific activity. One unit of enzyme is the amount which catalyzes the formation of 1.0 μmole of inorganic phosphate per ml of reaction mixture per min under the conditions of the assay. Specific activity is expressed as units per mg of protein.

3.6.1.7 Acylphosphat-Phosphohydrolase s. S. 409.

Dinucleotid-Pyrophosphatasen.

[3.6.1.9 Dinucleotid-Nucleotidohydrolase.]

Von

Hans Kröger.**

Mit 3 Abbildungen.

Einleitung. Sog. Dinucleotide, die über Pyrophosphat miteinander verbunden sind, werden an dieser Bindung durch die Dinucleotid-Pyrophosphatase gespalten. Es ent-

Abkürzungen:

AMP	Adenosinmonophosphat	GluDH	Glutaminsäure-Dehydrogenase
ADP	Adenosindiphosphat	G-6-P	Glucose-6-phosphat
ATP	Adenosintriphosphat	NMN	oxydiertes Nicotinsäureamidmononucleotid
ARPPR	Adenosindiphosphatribose	NMNH	reduziertes Nicotinsäureamidmononucleotid
ADH	Alkohol-Dehydrogenase	NR	Nicotinsäureamidribosid
CoA	Coenzym A	NSA	Nicotinsäureamid
DPN	oxydiertes Diphosphopyridinnucleotid	Pi	anorganisches Phosphat
DPNH	reduziertes Diphosphopyridinnucleotid	TPN	oxydiertes Triphosphopyridinnucleotid
DPNase	DPN-Nucleosidase	TPNH	reduziertes Triphosphopyridinnucleotid
FAD	Flavinadenindinucleotid		
FMN	Flavinadeninmononucleotid		
GDH	α-Glycerophosphat-Dehydrogenase		

Zusammenfassende Literatur: SCHLENK, F.: Adv. Enzymol. **5**, 207 (1945). — KORNBERG, A.: The metabolism of phosphorus containing coenzymes; in: McElroy-Glass, Phosphorus Metabolism, Bd. I, S. 392. — ZELLER, E. A.; in: Sumner-Myrbäck, Enzymes Bd. I/2, S. 986. — SINGER, T. P., and E.B. KEARNEY: Adv. Enzymol. **15**, 79 (1954). — BROWN, G. M.: Physiol. Rev. **40**, 331 (1960). — STROMINGER, J. L.: Physiol. Rev. **40**, 55 (1960).

* Dowex ion exchange resins are products of the Dow Chemical Company, Midland, Michigan, USA.

** Biochemisches Institut der Universität Freiburg i. Br.

[1] BERGKVIST, R., and A. DEUTSCH: Acta chem. scand. **8**, 1877 (1954).

stehen die entsprechenden Mononucleotide. Die allgemeine Reaktion dieser Hydrolyse ist folgende[1]:

$$R-O-\underset{OH}{\overset{O}{\overset{\|}{P}}}-O-\underset{OH}{\overset{O}{\overset{\|}{P}}}-O-R' + H_2O \rightarrow R-O-\underset{OH}{\overset{O}{\overset{\|}{P}}}-OH + HO-\underset{OH}{\overset{O}{\overset{\|}{P}}}-O-R'$$

Außer Dinucleotiden dieser Art werden auch andere Substanzen mit Pyrophosphatbindungen gespalten.

Angereicherte Dinucleotid-Pyrophosphatasen sind mit Erfolg zur Strukturaufklärung von Coenzymen eingesetzt worden.

DPN-Pyrophosphatase.

Vorkommen. Eine Spaltung des DPN-Moleküls an der Pyrophosphat-Bindung (s. Abb. 1) wurde erstmalig von KORNBERG und LINDBERG gezeigt[2]. Sie fanden bei der Inkubation von DPN mit gewaschenen Partikeln aus Kaninchennieren eine Ansammlung von AMP und NMN. Diese Reaktion wird — im Gegensatz zu der DPNase-Wirkung, die das DPN-Molekül an der Nicotinamidribosid-Bindung spaltet — nicht durch NSA beeinflußt[2].

Die DPN-Pyrophosphatase konnte außer in Nierenpartikeln noch in anderen tierischen Geweben[3,4], weiter in Schlangengift[5], Bakterien[6] und besonders in Kartoffeln[7-9] gefunden werden. In Extrakten von *Proteus vulgaris*, *Staphylococcus aureus* und *Bacillus subtilis*[6,10] kann eine DPN-Pyrophosphatase erst nach kurzzeitigem Erhitzen bei 100° C nachgewiesen werden.

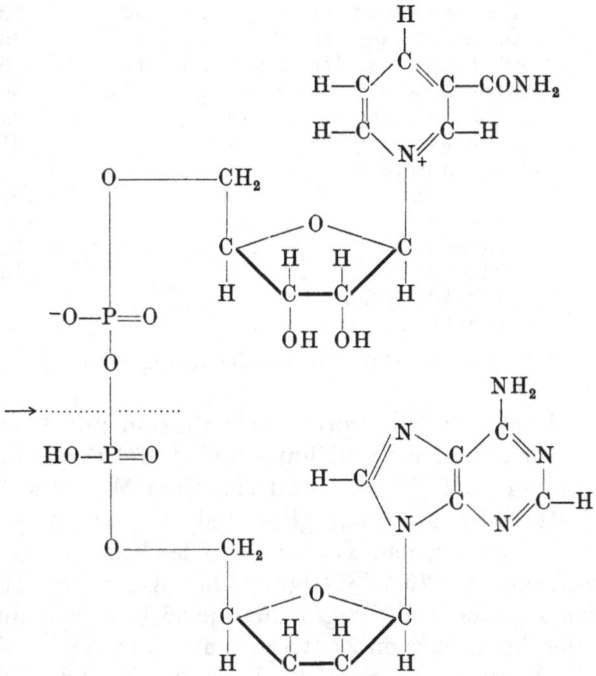

Abb. 1. Formel der Pyridinnucleotide. DPN: R=H; TPN: R=H_2PO_3; ⟶ Angriff durch DPN-Pyrophospha ase.

***Darstellung der DPN-Pyrophosphatase aus Kartoffeln nach* KORNBERG *und* PRICER[8,9].**

200 g geschälte Kartoffeln werden mit 400 ml Ammoniumsulfatlösung (40% Sättigung) oder mit 2 Vol. Wasser für 90 sec im Starmix homogenisiert. Zu 10 l filtrierten Homogenats werden 2 kg festes Ammoniumsulfat gegeben. Der entstehende braune Niederschlag wird abfiltriert und in 550 ml Wasser aufgelöst. Nach 90 min Dialyse gegen laufendes Leitungswasser werden vier solche Portionen mit Essigsäure (1 m) auf p_H 4,4 eingestellt. Man kühlt

[1] HOFFMANN-OSTENHOF, O.: Adv. Enzymol. **14**, 219 (1953).
[2] KORNBERG, A., and O. LINDBERG: Fed. Proc. **7**, 165 (1948). J. biol. Ch. **176**, 665 (1948).
[3] TERNER, C.: Biochem. J. **52**, 229 (1952).
[4] JACOBSON, K. B., and N. O. KAPLAN: J. biophys. biochem. Cytol. **3**, 31 (1957).
[5] CHAIN, E.: Biochem. J. **33**, 407 (1939).
[6] SWARTZ, M. N., P. H. BLACK, and J. MERSELIS: Nature **190**, 516 (1961).
[7] KORNBERG, A.: J. biol. Ch. **174**, 1051 (1948).
[8] KORNBERG, A., and W. E. PRICER jr.: J. biol. Ch. **182**, 763 (1950).
[9] KORNBERG, A.; in: Colowick-Kaplan, Meth. Enzymol. Bd. II, S. 655.
[10] SWARTZ, M. N., N. O. KAPLAN, and M. F. LAMBORG: J. biol. Ch. **232**, 1051 (1958).

dann auf —0,5° C ab, setzt unter Rühren eine kleine Menge kalten Äthanols (95%) zu und senkt die Temperatur der Lösung bis auf —5° C, ehe mehr Alkohol hinzugefügt wird. Die Präcipitate, bei 0° C abzentrifugiert, werden in Wasser aufgelöst. Man fraktioniert den Überstand von neuem und vereinigt die Fraktionen Nr. 2c—3, 4, 5 (s. Tabelle 1) für die Weiterverarbeitung.

Tabelle 1. *Anreicherung der DPN-Pyrophosphatase aus Kartoffeln* (nach KORNBERG und PRICER[1]).

	ml Äthanol (95 %)	Volumen (ml)	Gesamt-Aktivität (Einheiten)	Ausbeute (in %)	Spezifische Aktivität *
Wäßriger Extrakt			350000		2,9
Ammoniumsulfat		2750	317000	91	5,4
Alkohol-Fällung I—1 . . .	397	1000	58500	18	1,8
Alkohol-Fällung I—2 . . .	438	680	230000	72	15,5
Alkohol-Fällung II—2a. . .	41	178	15850	7	2,0
Alkohol-Fällung II—2b . .	27	160	61000	27	15,6
Alkohol-Fällung II—2c . .	30	162	125000	54	84,7
Alkohol-Fällung III—2c—1 .	44	36	13300	11	18,8
Alkohol-Fällung III—2c—2 .	11	36	34000	27	76,5
Alkohol-Fällung III—2c—3 .	5,5	30	30700	24	202
Alkohol-Fällung III—2c—4 .		25	21400	17	278
Alkohol-Fällung III—2c—5 .		21	25700	20	216
1. Gel-Adsorption					
Fraktionen 2c—3,4,5 . . .		254	77500		220
Eluat 1		100	52000	67	1625
Eluat 2		100	7700	10	1065
Eluat 3		100	910	1	530
2. Gel-Adsorption					
Eluat		75	38300	74	2200

* Spezifische Aktivität = Einheiten/mg Protein.

Nachdem die Proteinkonzentration mit Wasser auf 1,5 mg/ml gebracht worden ist, gibt man 202 ml Calciumphosphat-Gel (2 Monate alt, 7,9 mg/ml Trockengewicht; Herstellung nach [2]) hinzu und rührt die Mischung 5 min bei Zimmertemperatur. Das Präcipitat wird abzentrifugiert und viermal mit je 100 ml Kaliumphosphat-Puffer (0,1 m, p_H 7,4) gewaschen. Danach wird das Enzym mit drei Portionen von je 100 ml Ammoniumsulfatlösung (20% Sättigung; mit Ammoniak-Wasser auf p_H 7,4 eingestellt) eluiert. Zu den Eluaten 1 und 2 gibt man je 36 g festes Ammoniumsulfat, gewinnt die Präcipitate in einer hochtourigen Zentrifuge und löst sie in Wasser bis zu einer Proteinkonzentration von 2 mg/ml auf. Schließlich werden 15 ml des Ammoniumsulfatkonzentrats der Elution 1 mit Wasser auf 300 ml verdünnt, mit 15 ml Calciumphosphat-Gel (s. oben) versetzt und dreimal mit 150 ml Kaliumphosphat-Puffer (0,05 m, p_H 7,0) gewaschen. Mit 75 ml Ammoniumsulfatlösung (20% Sättigung, p_H 7,5) wird das Enzym wieder eluiert. (Wo nicht anders vermerkt, werden alle Operationen bei 2° C ausgeführt.)

Eigenschaften. *p_H-Optimum:* 6,5—8,5.

MICHAELIS-*Konstanten:*

Tabelle 2. MICHAELIS-*Konstanten der DPN-Pyrophosphatase aus Kartoffeln* (nach KORNBERG und PRICER[1]).

Substrat	K_M (Mol/l)	Substrat	K_M (Mol/l)
DPN	$1,5 \times 10^{-4}$	Thiaminpyrophosphat	$2,6 \times 10^{-3}$
TPN	$3,0 \times 10^{-3}$	ATP	$2,0 \times 10^{-3}$

[1] KORNBERG, A., and W. E. PRICER jr.: J. biol. Ch. **182**, 763 (1950).
[2] KEILIN, D., and E. F. HARTREE: Proc. R. Soc. London (B) **124**, 397 (1938).

Inhibitoren:

Tabelle 3. *Einfluß verschiedener Substanzen auf die Spaltungsgeschwindigkeit von DPN durch DPN-Pyrophosphatase* (nach KORNBERG und PRICER[1]).

Die Untersuchungen wurden, wenn nicht besonders angeführt, in Glycylglycin-Puffer (0,05 m; p_H 7,4) angestellt.

Substanz	% Hemmung gegenüber Kontrolle	Substanz	% Hemmung gegenüber Kontrolle	Substanz	% Hemmung gegenüber Kontrolle
5'-AMP (0,04 m)	49	Cu^{++} (0,01 m)	54	Ca^{++} (0,01 m)	0
NSA (0,1 m)	19	Fe^{++} (0,01 m)	24	F^- (0,1 m)	0
NMN (0,04 m)	10	Co^{++} (0,01 m)	22	F^- (0,1 m)	43
3'-AMP (0,04 m)	0	Mn^{++} (0,01 m)	9		in Phosphat-Puffer
G-6-P (0,04 m)	0	Mg^{++} (0,01 m)	0		(0,05 m; p_H 7,4)
Al^{+++} (0,01 m)	59				

Spezifität. DPN wird in der Hälfte der Zeit gespalten wie DPNH. Außerdem greift das Enzym noch CoA[2,3] und andere Substanzen an (s. Tabellen 4 und 5).

Tabelle 4. *Aktivität der DPN-Pyrophosphatase aus Kartoffeln gegenüber verschiedenen Substraten* (nach KORNBERG und PRICER[1]).

Die Aktivität wurde angegeben als Verhältnis von DPN-Spaltung zur Spaltung der angeführten Substanz.

Spezifische Aktivität für die DPN-Spaltung (Einheiten/mg Protein)	TPN	FAD *	ATP	ADP	Thiamin-pyrophosphat
2200	5,0	1,5	3,7	4,6	4,7

* Von YAMAWAKI wurde eine spezifische alkalische FAD-Pyrophosphatase angereichert, die durch Ca^{++} und Mg^{++} nicht beeinflußt wird[4].

Stabilität. Bei einer Temperatur von 0—5° C ist das Enzym 6 Jahre stabil. Verdünnte Lösungen, etwa 50 μg/ml Protein, verlieren allerdings 50% ihrer Aktivität innerhalb von 5 Tagen. Dialysieren gegen laufendes destilliertes Wasser über 9 Std und Frieren hat keinen Einfluß auf die Aktivität des Enzyms.

***Darstellung der DPN-Pyrophosphatase aus Schlangengift nach* BUTLER[5] *sowie* KAPLAN *und* STOLZENBACH[6].**

Das Enzym wird mit Hilfe einer Cellulose-Säule angereichert, die man in folgender Weise herstellt: 15 Blatt Whatman Nr. 5 Papier (Durchmesser 12,5 cm) werden in kleine Stücke zerschnitten und mit 700 ml Wasser 1 min im Starmix homogenisiert. Die Suspension wird in ein Glasrohr (Größe 3,5 ×50 cm) gegeben, dessen Boden durch eine Glasfritte abgeschlossen ist. Um eine feste Säule zu gewährleisten, werden die Papierstücke mit Wasser unter Luftdruck zusammengepreßt. Danach bedeckt man die Säule mit einem Blatt Papier sowie einem Gewicht von 500 g und drückt die Säule bis zu einer Höhe von 15 cm zusammen. Während dieses Prozesses sollte das Säulenmaterial stets unter Wasser gehalten werden.

100 mg Schlangengift *(Crotalus adamanteus)** werden in 100 ml Wasser suspendiert und das unlösliche Material abzentrifugiert. Man gibt den Überstand auf die Cellulose-Säule und sammelt die abtropfende Flüssigkeit. Danach wird die Säule mit 100 ml Wasser

* Zu beziehen von Ross Allen's Reptile Institute, Silver Springs, Florida, USA.

[1] KORNBERG, A., and W. E. PRICER jr.: J. biol. Ch. **182**, 763 (1950).

[2] NOVELLI, G. D., F. J. SCHMETZ jr., and N. O. KAPLAN: J. biol. Ch. **206**, 533 (1954).

[3] WANG, T. P., L. SHUSTER, and N. O. KAPLAN: J. biol. Ch. **206**, 299 (1954).

[4] YAMAWAKI, S.: J. Biochem. **43**, 683 (1956).

[5] BUTLER, G. C.; in: Colowick-Kaplan, Meth. Enzymol. Bd. II, S. 561.

[6] KAPLAN, N. O., and F. E. STOLZENBACH; in: Colowick-Kaplan, Meth. Enzymol. Bd. III, S. 899.

gewaschen. Anschließend wird das Enzym mit 100 ml 0,1 %iger NaCl-Lösung und 100 ml 1 %iger NaCl-Lösung eluiert und die abtropfende Flüssigkeit in 20 ml Portionen aufgefangen. Die DPN-Pyrophosphatase ist gewöhnlich in der 2.—5. 0,1 %igen und in der 1. 1 %igen NaCl-Fraktion. Diese Lösungen werden lyophilisiert. Sie sind so gut wie frei von 5'-Nucleotidase-Aktivität (Bestimmung s. Bd. VI/B, S. 1054ff.).

Eigenschaften. *p_H-Optimum:* 9,0.

Spezifität. Die DPN-Pyrophosphatase aus Schlangengift oder auch aus Kartoffeln ist in der Lage, neben den Dinucleotiden (s. S. 469) andere Substanzen zu spalten (s. Tabelle 5).

Tabelle 5. *Hydrolyse von Substanzen durch DPN-Pyrophosphatase.*

Substanz	Abkürzung	Literatur
Uridindiphosphat-glucose	UDPG	1–5
Uridindiphosphat-glucuronsäure	UDP-Glucuronsäure	5
Cytidindiphosphat-cholin	CDP-Cholin	6–8
Cytidindiphosphat-ribit	CDP-Ribit	9
Cytidindiphosphat-glycerin	CDP-Glycerin	10
Uridindiphosphat-pentose	UDP-Pentose	11
Uridindiphosphat-dihydroxyaceton	UDP-Dihydroxyaceton	12

***Darstellung der DPN-Pyrophosphatase aus Proteus vulgaris nach* Swartz *u. Mitarb.*[13].**

Zellen von *Proteus vulgaris OX 19 (ATCC 6380)* werden in einem Minimum-Nährboden unter Belüftung in großen Flaschen gezüchtet (in Anlehnung an [14]). Nach 24 Std Inkubation bei 30° C erntet man die Zellen in der Überlauf-Zentrifuge und wäscht sie zweimal mit KCl (0,9 %). 3 g Zellen (Frischgewicht) werden in 18 ml destilliertem Wasser suspendiert und im Raytheon-Ultraschall-Gerät bei 9000 KC für 30 min beschallt. Diesen Rohextrakt kann man im Kälteraum über mehrere Wochen ohne Aktivitätsverlust aufbewahren. Zu 210 ml des Extraktes werden 420 ml Tris-Puffer (0,04 m, p_H 7,5 mit 0,2 % Protaminsulfat) hinzugegeben. Man läßt die Lösung 1 Std in der Kälte stehen und zentrifugiert das Präcipitat ab.

Zu 132 ml des Überstandes werden 4 ml Natriumpyrophosphat gegeben (0,2 m, p_H 7,5), die Lösung wird dann 3 min im kochenden Wasser erhitzt und wieder schnell in Eis abgekühlt. Den so behandelten Extrakt versetzt man langsam unter Rühren mit 90 ml kaltem Aceton und entfernt das Präcipitat durch Zentrifugieren (15 min bei 20000 $\times$ g). Zum Überstand werden erneut 74 ml Aceton gegeben; die Lösung läßt man 30 min in der Kälte stehen und zentrifugiert das Präcipitat ab. Man löst es dann in 136 ml destilliertem Wasser auf und entfernt das unlösliche Material durch Zentrifugieren.

Zu 135 ml des aufgelösten Präcipitates gibt man 18,2 ml gealtertes Calciumphosphat-Gel (Trockengewicht 20,8 mg/ml; Herstellung nach [15]). Nachdem 1 Std langsam

[1] Cardini, C. E., A. C. Paladini, R. Caputto, and L. F. Leloir: Nature **165**, 191 (1950).
[2] Park, J. T.: J. biol. Ch. **194**, 885 (1952).
[3] Leloir, L. F.: Adv. Enzymol. **14**, 193 (1953).
[4] Gander, J. E., W. E. Petersen, and P. D. Boyer: Arch. Biochem. **60**, 259 (1956).
[5] Leloir, L. F., and C. E. Cardini; in: Boyer-Lardy-Myrbäck, Enzymes Bd. II, S. 39.
[6] Kennedy, E. P.: J. biol. Ch. **222**, 185 (1956).
[7] Lieberman, I., L. Berger, and W. T. Gimenez: Science, N.Y. **124**, 81 (1956).
[8] Kennedy, E. P.; in: Boyer-Lardy-Myrbäck, Enzymes Bd. II, S. 63.
[9] Baddiley, J., J. G. Buchanan, B. Carss, and A. P. Mathias: Biochim. biophys. Acta **21**, 191 (1956).
[10] Baddiley, J., J. G. Buchanan, B. Carss, A. P. Mathias, and A. R. Sanderson: Biochem. J. **63**, 15p (1956).
[11] Feingold, D. S., E. F. Neufeld, and W. Z. Hassid: J. biol. Ch. **234**, 488 (1959).
[12] Smith, E. E. B., B. Galloway, and G. T. Mills: Biochem. biophys. Res. Comm. **5**, 148 (1961).
[13] Swartz, M. N., N. O. Kaplan, and M. F. Lamborg: J. biol. Ch. **232**, 1051 (1958).
[14] Lwoff, A., and A. Querido: C. R. Soc. Biol. **129**, 1039 (1938).
[15] Keilin, D., and E. F. Hartree: Proc. R. Soc. London (B) **124**, 397 (1938).

gerührt wurde, zentrifugiert man das Gel ab und eluiert das Enzym daraus durch Rühren mit 132 ml Natriumphosphat-Puffer (0,01 m, p_H 6,5). Das Gel wird durch Zentrifugieren entfernt (s. Tabelle 6).

Eigenschaften. *p_H-Optimum:* 7,5.

Aktivatoren. Co^{++} stimuliert die Aktivität des Enzyms optimal bei einer Konzentration von 10^{-4} m. Nur Mn^{++} kann Co^{++} in geringem Umfang ersetzen. Ca^{++}, Cu^{++} und Zn^{++} hemmen die Aktivität des Co^{++}. Auch Versen und hohe Konzentrationen Pyrophosphat (0,09 m) schränken die Aktivität des Enzyms ein. Weiterhin wird das Enzym durch einen hitzelabilen Faktor gehemmt, der im Rohextrakt zum Enzym gebunden ist.

Tabelle 6. *Anreicherung der DPN-Pyrophosphatase aus Proteus vulgaris* (nach SWARTZ u. Mitarb.[1]).

	Einheiten*/ml	Gesamt-Einheiten	Einheiten/mg Protein
Rohextrakt.	13,00	2730	0,97
Protaminsulfat-Fällung	5,83	3265	1,98
Aceton-Fällung	2,80	1615	
Gel-Adsorption	1,27	710	37,40

* Eine Einheit ist die Enzymmenge, die 1 μM DPN in 10 min bei 37° C und p_H 7,5 spaltet.

Spezifität. Die DPN-Pyrophosphatase aus *Proteus vulgaris* hydrolysiert DPNH, 3-Acetylpyridin-DPN und Desamino-DPN etwa ebenso schnell wie das DPN selbst. TPN wird dagegen nur zu 8% wie das DPN gespalten. Ebenfalls hydrolysiert werden ARPPR, ADP, ATP und anorganisches Pyrophosphat. Nicht angegriffen werden Thiamin-pyrophosphat und Trimetaphosphat.

Bestimmung der DPN-Pyrophosphatase-Aktivität.

Prinzip:

DPN wird mit dem Enzym inkubiert und danach die verbleibende DPN-Menge bestimmt.

1. *Inkubationsansatz* (nach KORNBERG und PRICER[2]):

In einem Gesamtvolumen von 1 ml sind enthalten:
2 μM DPN (Lösung p_H 6,0)
100 μM Kaliumphosphat-Puffer (p_H 7,0)
1—5 Einheiten DPN-Pyrophosphatase.
Es wird 20 min bei 37° C inkubiert.

Von JACOBSON und KAPLAN[3] wurde empfohlen, zum Inkubationsansatz NSA hinzuzusetzen, um die Wirkung der DPNase auszuschalten.

2. *Bestimmung der DPN-Konzentration.*

a) Optischer Test.

Zum Prinzip des optischen Tests s. Bd. VI/A, S. 293. Man ermittelt hier meistens mit Hilfe von Alkohol-Dehydrogenase[4-8] den DPN-Gehalt, z.B. in folgendem Ansatz:

600 μM Na-glycin-Puffer (p_H 9,0)
30 μM Semicarbazid-HCl
0,3 ml Äthanol (96%ig)
0,02 ml ADH (6 mg/ml Protein)*
Gesamtvolumen = 3 ml; $d = 1$; $T = 19 - 23°$ C.

* Zu beziehen von Firma Boehringer, Mannheim.

[1] SWARTZ, M. N., N. O. KAPLAN, and M. F. LAMBORG: J. biol. Ch. **232**, 1051 (1958).
[2] KORNBERG, A., and W. E. PRICER jr.: J. biol. Ch. **182**, 763 (1950).
[3] JACOBSON, K. B., and N. O. KAPLAN: J. biophys. biochem. Cytol. **3**, 31 (1957).
[4] CIOTTI, M. M., and N. O. KAPLAN; in: Colowick-Kaplan, Meth. Enzymol. Bd. III, S. 890.
[5] RACKER, E.: J. biol. Ch. **184**, 313 (1950).
[6] KORNBERG, A.: J. biol. Ch. **182**, 779 (1950).
[7] PETERSEN, K. F., H. KRÖGER u. H. W. ROTTHAUWE: Z. Hyg. **147**, 350 (1961).
[8] HOLZER, H., S. GOLDSCHMIDT, W. LAMPRECHT u. E. HELMREICH: H. **297**, 1 (1954).

***b) Cyanid-Methode nach* Colowick *u. Mitarb.*[1].**

Prinzip:

Zugabe von KCN zu DPN oder auch TPN führt zu einem Additionsprodukt, das ein neues Absorptions-Maximum bei 325 mμ hat. Während NMN und NR in gleicher Weise reagieren, wirkt KCN nicht auf die reduzierten Pyridinnucleotide.

Reagentien:

1,0 m KCN.

Ausführung:

Ein Aliquot von ungefähr 0,1—0,5 ml mit ungefähr 0,1—0,8 μM oxydiertem Pyridinnucleotid wird in einer Küvette mit 1 m KCN auf ein Volumen von 3 ml gebracht. Nach 1 min wird gegen einen Blindwert bei 325 mμ gemessen.

Berechnung. Der millimolare Extinktions-Koeffizient für den Cyanidkomplex der oxydierten Pyridinnucleotide sowie NMN und NR beträgt 6,3. Um die oxydierten Pyridinnucleotide von NMN und NR abzugrenzen, sollte man bei Verwendung dieser Methode jeweils eine Probe vor und nach Behandlung mit DPNase messen. Man gewinnt die DPNase am besten aus *Neurospora crassa*[2]. Dieses Enzym spaltet nämlich DPN und TPN an der Nicotinamidribosid-Bindung, greift jedoch nicht NMN und NR an[2]. Man läßt die DPNase auf ein Aliquot der Lösung in 0,5 ml Acetat-Puffer (0,1 m; p_H 5,4) einwirken bei 37° C über 7,5 min, ehe man 1 m KCN hinzusetzt.

***c) Fluorometrische Methode mit Hilfe von Alkali nach* Carpenter *u. Mitarb.*[3] *sowie* Kaplan *u. Mitarb.*[4].**

Prinzip:

Die oxydierten Pyridinnucleotide sowie NMN und NR bilden auf Zusatz von starkem Alkali einen fluorescierenden Komplex.

Reagentien:

5 n KOH oder 5 n NaOH.

Ausführung:

Eine Probe (Volumen nicht über 1 ml) wird mit 5 n Alkali auf 8 ml gebracht. Diese Lösung wird 5 min im kochenden Wasser erhitzt und ihre Fluorescenz gemessen (z. B. im Photometer Eppendorf oder im Zeiss PMQ II).

Berechnung. Die Ermittlung der unbekannten Pyridinnucleotid-Konzentration erfolgt mit einer vorher bestimmten Standardkurve. Es können auf diese Weise 4—20 μg DPN bzw. TPN bestimmt werden. Um die durch NMN und NR bedingte Fluorescenz auszuschalten, muß man auch hier wieder mit DPNase inkubieren (s. oben).

***d) Fluorometrische Methode mit Hilfe von Methyläthylketon nach* Ciotti *und* Kaplan[5].**

Prinzip:

Oxydiertes DPN und TPN sowie NMN und NR ergeben mit Methyläthylketon eine fluorescierende Substanz.

Reagentien:

1. Methyläthylketon (technisch).
2. 0,1 m Manganchlorid.
3. 3,5 n NaOH.
4. 0,4 n HCl.

Ausführung:

Eine Probe wird mit 0,6 ml NaOH und 0,2 ml einer Verdünnung von $MnCl_2$ 1:500 in Methyläthylketon gemischt. Nach Inkubation für 5 min bei Zimmertemperatur wird

[1] Colowick, S. P., N. O. Kaplan, and M. M. Ciotti: J. biol. Ch. **191**, 447 (1951).
[2] Kaplan, N. O., S. P. Colowick, and A. Nason: J. biol. Ch. **191**, 473 (1951).
[3] Carpenter, K. J., and E. Kodicek: Biochem. J. **46**, 421 (1950).
[4] Kaplan, N. O., S. P. Colowick, and C. C. Barnes: J. biol. Ch. **191**, 461 (1951).
[5] Ciotti, M. M., and N. O. Kaplan; in: Colowick-Kaplan, Meth. Enzymol. Bd. III, S. 890.

HCl bis zum Volumen von 8 ml hinzugegeben, die Lösung 5 min im kochenden Wasser erhitzt und dann nach Abkühlung im Fluorometer (s. oben) gemessen. Da der Komplex sich nicht bildet, wenn der p_H-Wert über 3,0 liegt, sollte der p_H vor der Erhitzung geprüft werden.

Berechnung. Die DPN-Menge wird in der gleichen Weise ermittelt wie unter c. Der Meßbereich dieser Methode liegt bei 1—10 μg oxydiertem Pyridinnucleotid. Die Korrektur für NMN und NR erfolgt wieder wie unter c.

***e) Monoesterase-Methode nach* Jacobson *und* Kaplan[1].**

Prinzip:

Durch Einwirkung der DPN-Pyrophosphatase entstehen zwei Mononucleotide mit zwei Monoesterphosphat-Gruppen. Diese Phosphat-Gruppen können durch eine Monoesterase abgespalten werden; es entstehen 2 M anorganisches Phosphat:

$$\text{DPN} \xrightarrow{\text{Pyrophosphatase}} \text{AMP} + \text{NMN} \tag{1}$$

$$\text{AMP} \xrightarrow{\text{Monoesterase}} \text{Adenosin} + \text{Pi} \tag{2}$$

$$\text{NMN} \xrightarrow{\text{Monoesterase}} \text{NR} + \text{Pi} \tag{3}$$

Ausführung:

Man setzt dem Inkubationsansatz mit DPN-Pyrophosphatase (s. S. 471) einen Überschuß an Prostata-phosphatase (Herstellung nach [2]) zu und mißt am Ende der Inkubation den Gehalt an anorganischem Phosphat z.B. nach [3].

Die Bestimmung der DPN-Pyrophosphatase-Aktivität gegenüber anderen Substanzen erfolgt nach dem gleichen Prinzip wie die Messung der DPN-Spaltung. Die Ermittlung der Konzentration dieser Substanzen ist in folgenden Arbeiten ausführlich beschrieben:

TPN[4–9]; FAD[10–16]; ATP[17]; ADP[17]; Thiaminpyrophosphat[18]; Nucleotidzucker[19–22].

DPNH-Pyrophosphatase.

Vorkommen. Viele Gewebshomogenate spalten neben DPN auch das DPNH. Jacobson und Kaplan[23] fraktionierten tierische Gewebe (nach [24]) und untersuchten die Pyrophosphatase-Aktivität in den einzelnen Zellbestandteilen (s. Tabelle 7).

[1] Jacobson, K. B., and N. O. Kaplan: J. biol. Ch. **226**, 427 (1957).
[2] Markham, R., and J. D. Smith: Biochem. J. **52**, 558 (1952).
[3] King, E. J.: Biochem. J. **26**, 292 (1932).
[4] Colowick, S. P., N. O. Kaplan, and M. M. Ciotti: J. biol. Ch. **191**, 447 (1951).
[5] Carpenter, K. J., and E. Kodicek: Biochem. J. **46**, 421 (1950).
[6] Kaplan, N. O., S. P. Colowick, and C. C. Barnes: J. biol. Ch. **191**, 461 (1951).
[7] Ochoa, S.: J. biol. Ch. **174**, 133 (1948).
[8] Heppel, L. A., P. R. Whitfeld, and R. Markham: Biochem. J. **60**, 19 (1955).
[9] Holzer, H., D. Busch u. H. Kröger: H. **313**, 184 (1958).
[10] Warburg, O., u. W. Christian: B. Z. **298**, 150 (1938).
[11] Negelein, E., u. H. Brömel: B. Z. **300**, 225 (1939).
[12] Comline, R. S., and F. R. Whatley: Nature **161**, 350 (1948).
[13] Burch, H. B., O. A. Bessey, and O. H. Lowry: J. biol. Ch. **175**, 457 (1948).
[14] Bessey, O. A., O. H. Lowry, and R. H. Love: J. biol. Ch. **180**, 755 (1949).
[15] Huennekens, F. M., and S. P. Felton; in: Colowick-Kaplan, Meth. Enzymol. Bd. III, S. 950.
[16] Burch, H. B.; in: Colowick-Kaplan, Meth. Enzymol. Bd. III. S. 960.
[17] Thorn, W., G. Pfleiderer, R. A. Frowein u. I. Ross: Pflügers Arch. **261**, 334 (1955).
[18] Kornberg, A., and W. E. Pricer jr.: J. biol. Ch. **182**, 763 (1950).
[19] Strominger, J. L., H. M. Kalckar, J. Axelrod, and E. S. Maxwell: J. Amer. chem. Soc. **76**, 6411 (1954).
[20] Strominger, J. L., E. S. Maxwell, and H. M. Kalckar; in: Colowick-Kaplan, Meth. Enzymol. Bd. III, S. 974.
[21] Leloir, L. F., and A. C. Paladini; in: Colowick-Kaplan, Meth. Enzymol. Bd. III, S. 968.
[22] Strominger, J. L.: Physiol. Rev. **40**, 55 (1960).
[23] Jacobson, K. B., and N. O. Kaplan: J. biophys. biochem. Cytol. **3**, 31 (1957).
[24] Dounce, A. L., R. F. Witter, K. J. Monty, S. Pate, and M. A. Cottone: J. biophys. biochem. Cytol. **1**, 139 (1955).

Tabelle 7. *Verteilung der DPNH-Pyrophosphatase in Zellbestandteilen verschiedener Gewebe* (nach JACOBSON und KAPLAN[1]).
Angegeben ist die spezifische Aktivität: μM gespaltenes DPNH/60 min/g Frischgewicht.

Organ	Homogenat	Kerne	Mitochondrien	Mikrosomen	Lösliche Fraktion
Taubenleber 1 . .	0,143	0,034	0	0,151	0,205
Taubenleber 2 . .	0,173	0,176	0,063	0,259	0,243
Taubenleber 3 . .	0,091	0,081	0,014	0,131	0,160
Rattenleber 1 . .	0,397	0,990	0,091	0,916	0,054
Rattenleber 3 . .	—	0,640	0,056	0,448	0,006
Mäuseleber . . .	0,210	0,472	0,154	0,378	0,041
Hamsterleber . .	0,152	0	0,051	0,500	0,076
Kaninchenleber .	0,124	0,160	0,059	0,286	0,101
Kaninchenniere .	0,470	0,254	0,596	1,520	0,075
Kaninchengehirn	0	0	0	0	0

***Darstellung von DPNH-Pyrophosphatase aus Taubenleber nach* JACOBSON *und* KAPLAN[2].**

5 g Acetonpulver aus Taubenleber (Herstellung nach [3]) werden mit 70 ml $NaHCO_3$-Lösung (0,02 m) verrührt und die unlöslichen Partikel abzentrifugiert. Man bringt den p_H mit HCl (0,5 n) auf 6,0, erwärmt die Mischung auf 63—65° C in einem Wasserbad von 80° C und zentrifugiert das entstehende Präcipitat ab.

Der Überstand wird dann im Verhältnis 1:1,5 mit Protaminsulfatlösung (0,2% in Tris-Puffer, 0,04 m, p_H 7,5) versetzt. Falls im Überstand noch Aktivität zu finden sein sollte, setzt man noch mehr Protaminsulfatlösung zu. Das Präcipitat wird abzentrifugiert und das aktive Protein mit Acetat-Puffer (0,2 m, p_H 4,8) herausgelöst. Normalerweise sind zwei Elutionen mit je $^1/_{10}$ des Volumens vom Originalextrakt ausreichend, um die gesamte Aktivität zu gewinnen. Zu dem Eluat gibt man ein halbes Volumen Aluminium-$C\gamma$-Gel (Trockengewicht 15 mg/ml), rührt einige min und zentrifugiert. Danach wird das Enzym mit einer 5%igen Ammoniumsulfatlösung bei p_H 8,5 vom Gel eluiert. Nach drei Elutionen (Gesamtvolumen ein Viertel des Originalextraktes) erhält man fast alle Aktivität zurück. Die vereinigten Eluate werden mit Ammoniumsulfat gesättigt und das Präcipitat wird in Tris-Puffer (0,1 m, p_H 7,5; eventuell auch mit Zusatz von 0,01 m $MgCl_2$) aufgelöst (s. Tabelle 8).

Tabelle 8. *Anreicherung der DPNH-Pyrophosphatase* (nach JACOBSON und KAPLAN[2]).

	Volumen (in ml)	Spezifische Aktivität	Gesamt-Aktivität	Ausbeute (in %)
Bicarbonat-Extrakt	53	57	92400	100
Überstand nach Erhitzung	43	83	44900	49
Vereinigte Acetat-Eluate	11	720	21340	23
Vereinigte Ammoniumsulfat-Eluate	17	1485	11520	12
Ammoniumsulfat-Präcipitat	2,5	1040	6900	7,5

Eigenschaften. *p_H-Optimum:* 8,0—8,5.

MICHAELIS-*Konstante* für DPNH beträgt $1{,}0 \times 10^{-4}$ m.

Aktivatoren. Die gereinigte DPNH-Pyrophosphatase ist bei Abwesenheit von Metallen fast unwirksam. Bei 1×10^{-3} m DPNH als Substrat wird durch 6×10^{-3} m $MgCl_2$ maximale Stimulierung erzielt. In Abwesenheit von Mg^{++} ist nur noch 1% der Maximalaktivität vorhanden.

[1] JACOBSON, K. B., and N. O. KAPLAN: J. biophys. biochem. Cytol. **3**, 31 (1957).
[2] JACOBSON, K. B., and N. O. KAPLAN: J. biol. Ch. **226**, 427 (1957).
[3] TABOR, H., A. H. MEHLER, and E. R. STADTMAN: J. biol. Ch. **204**, 127 (1953).

Inhibitoren:

Tabelle 9. *Hemmung der DPNH-Pyrophosphatase-Aktivität* (nach JACOBSON und KAPLAN[1]).

Inhibitor	Inhibitor-Konzentration (10^{-3} m)	Hemmung (in %)	Inhibitor	Inhibitor-Konzentration (10^{-3} m)	Hemmung (in %)
5′-AMP	2	73	DPN	2	14
ADP	2	54	Adenosin	2	0
ATP	2	46	NaF	10	82
ARPPR	0,5	47	Natriumpyrophosphat	25	66

Spezifität:

Tabelle 10. *Relative Aktivität der DPNH-Pyrophosphatase gegenüber verschiedenen Substraten* (nach JACOBSON und KAPLAN[1]).

Substrat	Aktivität (in %)	Substrat	Aktivität (in %)
DPNH	100	α-Isomeres von DPN	23
3-Acetylpyridin-DPNH	216	DPN	0
ARPPR	195	TPN	0
TPNH	99	Desamino-DPN	0
Diadenosin-5′-pyrophosphat	62	3-Acetylpyridin-DPN	0
FAD	50	ADP	0
Desamino-DPNH	45	ATP	0
α-Isomeres von DPNH	28		

Bestimmung der DPNH-Pyrophosphatase-Aktivität.

Das Prinzip ist das gleiche wie bei der Messung der Aktivität der DPN-Pyrophosphatase (s. S. 471).

1. *Inkubationsansatz* (nach KORNBERG und PRICER[2]).

In einem Gesamtvolumen von 0,25 ml sind enthalten:

0,5 μM DPNH (Lösung p_H 7,4),
25 μM Kaliumphosphat-Puffer (p_H 7,0),
1—4 Einheiten DPNH-Pyrophosphatase.

Nach 20 min Inkubation bei 38° C wird das verbliebene DPNH in dem Inkubationsansatz bestimmt. — JACOBSON und KAPLAN[3] empfehlen, dem Ansatz zur Hemmung der DPNH-Oxydase noch KCN (0,01 m) oder NSA (0,1 m) zuzusetzen.

2. *Bestimmung der DPNH-Konzentration.*

a) Optischer Test.

Zum Prinzip des optischen Tests s. Bd. VI/A, S. 293ff. DPNH kann in dieser Testanordnung mit Hilfe von Acetaldehyd und Alkohol-dehydrogenase gemessen werden[4]. Eine einfache Methode, um DPNH zusammen mit TPNH zu bestimmen, ist folgende (nach HOLZER u. Mitarb. [5]):

In einem Gesamtvolumen von 3 ml ($d = 1$; $T = 19 - 23°$ C) inkubiert man
550 μM Triäthanolamin (p_H 7,5),
80 μM Ammoniumsulfat,
30 μM Natrium-α-ketoglutarat*,

* Zu beziehen von Firma Boehringer, Mannheim.

[1] JACOBSON, K. B., and N. O. KAPLAN: J. biol. Ch. **226**, 427 (1957).
[2] KORNBERG, A., and W. E. PRICER jr.: J. biol. Ch. **182**, 763 (1950).
[3] JACOBSON, K. B., and N. O. KAPLAN: J. biophys. biochem. Cytol. **3**, 31 (1957).
[4] RACKER, E.: J. biol. Ch. **184**, 313 (1950).
[5] HOLZER, H., D. BUSCH u. H. KRÖGER: H. **313**, 184 (1958).

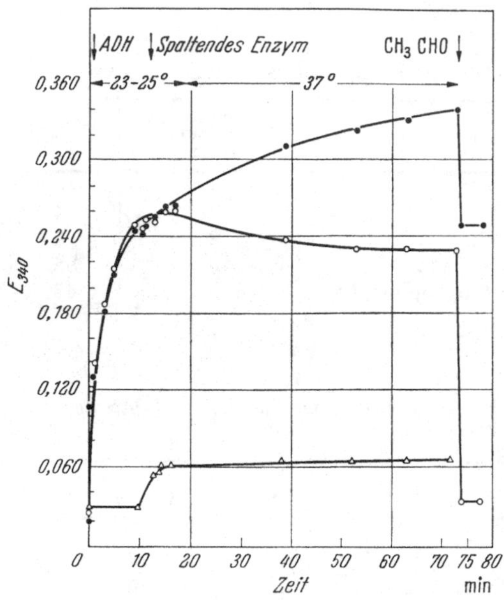

Abb. 2. Einfluß von gereinigter DPNH-Pyrophosphatase auf das durch Alkohol-Dehydrogenase bedingte Gleichgewicht zwischen DPN und DPNH (nach [2]). ●——● Komplettes System; ○——○ ohne Zusatz von Pyrophosphatase; △——△ ohne Zusatz von Pyrophosphatase und Alkohol-Dehydrogenase.

0,06 ml Triosephosphatlösung (hergestellt nach [1]),
0,02 ml GDH (0,7 mg/ml Protein)*,
0,02 ml GluDH (4 mg/ml Protein)*.

Zunächst wird GDH zum Ansatz zugefügt. Wenn keine Änderung in der Extinktion mehr eintritt, ist sämtliches DPNH oxydiert. Die dann eingesetzte GluDH bringt das TPNH zur Reaktion.

In einer etwas abgewandelten Form des optischen Tests wurde von JACOBSON und KAPLAN[2] der Einfluß von DPNH-Pyrophosphatase auf das durch Alkohol-Dehydrogenase bewirkte Gleichgewicht studiert. Man gibt nur so viel Alkohol in einen Ansatz, daß sich ein Gleichgewicht zwischen DPN und DPNH einstellt (s. Abb. 2). Dieses Gleichgewicht wird nach Zusatz von DPNH-Pyrophosphatase auf Grund der verminderten DPNH-Konzentration verschoben. Am Ende der Inkubation kann durch Zusatz von Acetaldehyd ermittelt werden, wieviel DPNH zu NMNH gespalten wurde (s. Abb. 2).

b) Monoesterase-Methode.

Auf diese Weise wird die DPNH-Konzentration genauso ermittelt wie die des DPN (s. S. 473).

c) Weitere Methoden zur Bestimmung der reduzierten Pyridinnucleotide (siehe bei [3–6]).

CoA-Pyrophosphatase.

Vorkommen. Viele pflanzliche und tierische Gewebshomogenate enthalten ein Enzym, das CoA an der Pyrophosphat-Bindung spaltet (s. Abb. 3). Dieses Enzym wurde sowohl aus Kartoffeln als auch aus Schlangengift angereichert[7]. NOVELLI et al.[7] schließen aus ihren Untersuchungen, daß es sich um eine Pyrophosphatase handelt, die von den anderen Dinucleotid-Pyrophosphatasen zu unterscheiden ist.

Tabelle 11. *Aktivität der CoA-Pyrophosphatase in verschiedenen Extrakten* (nach NOVELLI u. Mitarb.[7]). Angegeben ist die Aktivität als Einheiten/mg Protein.

	pH 4,6		5,0	pH 7,5
Ratten-Herz	0,18	Crotalus adamanteus	0,80	5,80
Ratten-Niere	0,13	Crotalus terrificus	—	6,80
Ratten-Leber	0,05	Bothrops jararaca	1,60	3,00
Schweine-Niere	0,14	Agkistrodon piscivorus	—	2,60
Hefe	0,25	Cobra	2,40	1,00
E. coli	0,00			
Clostridium butilicum	0,00			

* Zu beziehen von Firma Boehringer, Mannheim.

1 MEYERHOF, O.: Bull. Soc. Chim. biol. **20**, 1045 (1938).
2 JACOBSON, K. B., and N. O. KAPLAN: J. biol. Ch. **226**, 427 (1957).
3 HORECKER, B. L.: J. biol. Ch. **183**, 593 (1950).
4 MAPSON, L. W., and D. R. GODDARD: Biochem. J. **49**, 592 (1951).
5 GLOCK, G. E., and P. MCLEAN: Biochem. J. **61**, 381 (1955).
6 WEBER, G.: Nature **180**, 1409 (1957).
7 NOVELLI, G. D., F. J. SCHMETZ jr., and N. O. KAPLAN: J. biol. Ch. **206**, 533 (1954).

***Darstellung der CoA-Pyrophosphatase aus Kartoffeln nach* Novelli *u. Mitarb.*[1].**

Ähnlich wie die DPN-Pyrophosphatase aus Kartoffeln wird auch dieses Enzym angereichert (Methoden s. S. 467). Jedoch schließt man die Calciumphosphat-Gel-Behandlung sofort an die Ammoniumsulfat-Fraktionierung an. Auf diese Weise kann das Enzym 19,3fach angereichert werden.

```
                CH3
                 |
H2C------------C--CH(OH)--CO--NHCH2--CH2--CO--NHCH2--CH2--SH
 |               |
 O              CH3
 |
HO--P=O
    |                                  NH2
    O                                   |
    |                         N         C
--> |.......            HC//    \    C     \\N
    |                        \      ||      |
HO--P--OCH2                   \     C      C--H
    ||    |                    N         N//
    O     |                    |
          |        O           |
          C                    C
          |     H     H        |
          H      C----C        H
                 |    |
                 O    OH
                 |
           HO--P--OH
                ||
                O
```

Abb. 3. Formel von Coenzym A. ⟶ Angriff durch Dinucleotid-Pyrophosphatase.

Eigenschaften. *p_H-Optimum:* 5,0. Es steht somit im Gegensatz zu den Eigenschaften der von Kornberg und Pricer[2] isolierten DPN-Pyrophosphatase aus Kartoffeln. Novelli et al.[1] nehmen aus diesem Grunde an, daß es sich um zwei verschiedene Enzyme handeln muß.

Die *Spaltungsgeschwindigkeit* des CoA ist linear und fällt erst ab, wenn 80% des CoA hydrolysiert sind.

Inhibitoren. Das Enzym wird erst durch NaF gehemmt, wenn die Konzentration über 0,05 m beträgt.

***Darstellung der CoA-Pyrophosphatase aus Schlangengift nach* Novelli *u. Mitarb.*[1].**

Aus Tabelle 11 geht hervor, daß CoA besonders stark durch Schlangengift gespalten wird. Die Aktivität der Pyrophosphatase ist aber sehr unterschiedlich in den einzelnen Schlangenspecies.

Zur Isolierung des Enzyms werden 280 mg getrocknetes Schlangengift *(Crotalus terrificus)** in 28 ml destilliertem Wasser aufgelöst und mit wenig festem $KHCO_3$ der p_H auf 7,0 eingestellt. Man gibt 3 ml Protaminsulfat (2%ig) zu, zentrifugiert und verwirft den Niederschlag. Der Überstand wird mit festem Ammoniumsulfat gesättigt, das Präcipitat abzentrifugiert und in 5 ml Wasser aufgelöst. Man dialysiert die Lösung und fraktioniert sie anschließend mit Ammoniumsulfat. Die Fraktion zwischen 40 und 60% Sättigung enthält den größten Teil der Aktivität (spezifische Aktivität = 600). In dieser Fraktion ist keine Phosphomonoesterase enthalten (Test s. 473 und Bd. VI/B, S. 970ff.).

Bestimmung der CoA-Pyrophosphatase-Aktivität.

Das Prinzip ist das gleiche wie bei der Messung der Aktivität der DPN-Pyrophosphatase (s. S. 471).

* Zu beziehen von Dr. L. Comette Taborda, Instituto Butantãn, São Paulo, Brasilien.

[1] Novelli, G. D., F. J. Schmetz jr., and N. O. Kaplan: J. biol. Ch. **206**, 533 (1954).

[2] Kornberg, A., and W. E. Pricer jr.: J. biol. Ch. **182**, 763 (1950).

1. Inkubationsansatz (nach NOVELLI u. Mitarb.[1]*).*

In einem Gesamtvolumen von 1 ml sind enthalten:

20 μM Acetat-Puffer (p_H 4,6),

20 Einheiten CoA (Bestimmung s. [2]),

30—40 Einheiten Prostata-phosphatase* (Herstellung nach [3]),

Extrakt mit CoA-Pyrophosphatase.

Der Ansatz wird 1 Std lang bei 37° C inkubiert und dann 5 min im kochenden Wasserbad erhitzt. Nach dem Abkühlen bestimmt man die verbliebene CoA-Menge.

2. Bestimmung der CoA-Konzentration (s. auch Bd. VI/B, S. 7ff.).

a) Mit Sulfanilamid (nach NOVELLI [4]*).*

Prinzip:

Extrakte aus Taubenleber katalysieren in Gegenwart von ATP, CoA und Acetat die Acetylierung von Sulfanilamid. Diese Reaktion wird durch das Verschwinden von Sulfanilamid gemessen[4,5].

Reagentien:

1. Bestimmungslösung, bestehend aus: 25 ml 0,2 m Natriumcitrat, 5,6 ml 0,02 m Sulfanilamid, 6,25 ml 1 m Natriumacetat, 20 ml 0,05 m ATP, 69,4 ml destilliertem Wasser.
   Diese Bestimmungslösung wird auf 10 ml-Portionen verteilt und bei — 10° C aufbewahrt.
2. 0,2 m Cystein-HCl, Aufbewahrung bei — 10° C.
3. 0,1 m Tris-Puffer, p_H 8,0—8,4.
4. Reagentien zur Bestimmung von Sulfanilamid[6,7].
5. Enzym aus Acetonpulver von Taubenleber[8].
6. Trichloressigsäure, 5%ig.
7. 0,2 m HCl.
8. Natriumnitrit, 0,1%ig.
9. Ammoniumsulfamat, 0,5%ig.
10. N(1'-Naphtyl)-Äthylendiam, 0,1%ig in HCl.

Ausführung:

Steigende Mengen des erhitzten Extraktes werden zu Röhrchen gegeben, die enthalten 0,15 ml Tris-Puffer, 0,05 ml Cysteinlösung und 0,5 ml Bestimmungslösung. Eine Standardlösung von CoA (am besten 0,75—1,50 Einheiten CoA) wird in gleicher Weise angesetzt. Falls die vorliegende CoA-Lösung nicht standardisiert ist, kann die Eichung mit der von NOVELLI[9] beschriebenen Methode vorgenommen werden.

Nach Zusatz von 0,1—0,3 ml Taubenleber-Enzym wird mit Wasser auf 1,0—1,5 ml aufgefüllt. Die Röhrchen werden 90 min bei 37° C inkubiert und die Reaktion wird durch Zusatz von 4,0 ml Trichloressigsäure (5%) abgestoppt. Nachdem man das koagulierte Protein abzentrifugiert hat, bestimmt man in 1 ml Überstand die verbliebene Menge an Sulfanilamid[6,10].

---

* Der Zusatz von Prostata-phosphatase erwies sich als notwendig, weil zumindest im Rohextrakt ein Enzym-System vorhanden ist, das CoA resynthetisiert. Die Prostata-phosphatase baut das durch Pyrophosphatase bewirkte Spaltprodukt von CoA weiter ab und macht somit eine Neusynthese unmöglich. Die Prostata-phosphatase führt unter diesen Bedingungen allein nicht zur Inaktivierung von CoA.

[1] NOVELLI, G. D., F. J. SCHMETZ jr., and N. O. KAPLAN: J. biol. Ch. **206**, 533 (1954).

[2] LIPMANN, F., N. O. KAPLAN, G. D. NOVELLI, L. C. TUTTLE, and B. M. GUIRARD: J. biol. Ch. **186**, 235 (1950).

[3] MARKHAM, R., and J. D. SMITH: Biochem. J. **52**, 558 (1952).

[4] NOVELLI, G. D.; in: Colowick-Kaplan, Meth. Enzymol. Bd. III, S. 913.

[5] KAPLAN, N. O., and F. LIPMANN: J. biol. Ch. **174**, 37 (1948).

[6] BRATTON, A. C., and E. K. MARSHALL: J. biol. Ch. **128**, 537 (1939).

[7] STADTMAN, E. R.; in: Colowick-Kaplan, Meth. Enzymol. Bd. I, S. 596.

[8] TABOR, H., A. H. MEHLER, and E. R. STADTMAN: J. biol. Ch. **204**, 127 (1953).

[9] NOVELLI, G. D.; in: Colowick-Kaplan, Meth. Enzymol. Bd. III, S. 913.

[10] DECKER, K.: Die aktivierte Essigsäure. Stuttgart 1959.

Berechnung:

$$\frac{\mu g \text{ Sulfanilamid acetyliert in der unbekannten Probe}}{\mu g \text{ Sulfanilamid acetyliert durch eine Einheit CoA}} = \text{CoA Einheiten in unbekannter Probe.}$$

Weitere Methoden zur Bestimmung von CoA.

b) Mit Hilfe von Phospho-Transacetylase[1] (s. Bd. VI/B, S. 55ff).

c) Durch Oxydation der α-Ketoglutarsäure[2]. Diese ursprünglich von KORFF[3] eingeführte Methode beruht auf der Tatsache, daß bei der Oxydation der α-Ketoglutarsäure sowohl DPN als auch CoA benötigt werden. Die Reaktion wird im optischen Test verfolgt.

d) Durch Freisetzung von Pantothensäure[4,5]. *Lactobacillus arabinosus* kann nicht CoA, jedoch Panthothensäure verwerten. Daher wird Pantothensäure aus CoA mit Hilfe zweier Enzyme freigesetzt und dann im mikrobiologischen Test mit *L. arabinosus* bestimmt (s. auch Bd. IV, S. 1431ff.).

Präparative Verwendung der Dinucleotid-Pyrophosphatasen.

1. Herstellung von Nicotinsäureamidmononucleotid.

a) Mit Hilfe von Schlangengift-Pyrophosphatase nach KAPLAN und STOLZENBACH[6].

1,5 g DPN werden in 20 ml Wasser aufgelöst und die Lösung mit NaOH auf p_H 8,0 eingestellt. Man setzt dann 7,5 ml $NaHCO_3$-Lösung (1 m), 2,5 ml $MgCl_2$ (0,3 m) und 0,01 mg der Schlangengiftpräparation zu (s. S. 469) und inkubiert diesen Ansatz bei 37° C. Während der Inkubation muß der p_H mit NaOH auf 8,2 gehalten werden. Man kontrolliert die Enzymreaktion am besten mit Hilfe von Alkohol-Dehydrogenase[7]. Für die völlige Zerstörung dieser DPN-Menge ist eine Inkubation von 18—36 Std nötig; manchmal muß sogar erneut Enzym zugesetzt werden. Zur Isolierung des NMN wird die Mischung auf eine Dowex 1-Formiat-Säule gegeben (Größe für 1,5 g DPN = 3,5 × 8,0 cm). Das AMP bleibt an der Säule hängen, während das NMN mit Wasser eluiert werden kann. Durch Messung der Extinktion bei 260 mμ verfolgt man die Elution des NMN. Alle NMN-haltigen Flüssigkeiten werden vereinigt und lyophilisiert.

b) Mit Hilfe von Kartoffel-Pyrophosphatase nach KRÖGER und Mitarb.[8].

100 mg DPN werden in 6 ml 1,3 %iger $NaHCO_3$-Lösung (p_H 7,5) aufgelöst. Zu diesem Ansatz gibt man soviel DPN-Pyrophosphatase, daß das mit Alkohol-Dehydrogenase erfaßbare DPN innerhalb von 20 min bei 37° C gespalten wird. Danach wird das Enzym durch Erhitzen (2 min) bei 100° C ausgefällt und abzentrifugiert. Der Überstand wird mit NH_4OH auf p_H 7,5 eingestellt und auf eine Dowex 1-Cl-Säule gegeben (Größe 1,2 × 10 cm). Die Säule wird solange mit Wasser gewaschen, bis die Absorption bei 260 mμ verschwunden ist. Die Waschflüssigkeit wird lyophilisiert oder im evakuierten Rotationsverdampfer (37° C Badtemperatur) eingeengt. Falls das NMN noch nicht rein ist (Prüfung nach [8]), wird es auf eine Dowex 1-Formiat-Säule (Größe 1,2 × 10 cm) gegeben, diese Säule wiederum bis zum Verschwinden der Absorption bei 260 mμ mit Wasser eluiert und das Waschwasser wie oben eingeengt.

Ein weiteres Verfahren zur Gewinnung von NMN wurde von SHUSTER und GOLDIN[9] beschrieben.

---

[1] STADTMAN, E. R.; in: Colowick-Kaplan, Meth. Enzymol. Bd. I, S. 596.
[2] NOVELLI, G. D.; in: Colowick-Kaplan, Meth. Enzymol. Bd. III, S. 913.
[3] KORFF, R. W. v.: J. biol. Ch. **200**, 401 (1953).
[4] NOVELLI, G. D., N. O. KAPLAN, and F. LIPMANN: J. biol. Ch. **177**, 97 (1949).
[5] JÄNICKE, L., and F. LYNEN; in: Boyer-Lardy-Myrbäck, Enzymes, Bd. III, S. 3.
[6] KAPLAN, N. O., and F. E. STOLZENBACH; in: Colowick-Kaplan, Meth. Enzymol. Bd. III, S. 899.
[7] HOLZER, H., S. GOLDSCHMIDT, W. LAMPRECHT u. E. HELMREICH: H. **297**, 1 (1954).
[8] KRÖGER, H., H. W. ROTTHAUWE, B. ULRICH u. H. HOLZER: B. Z. **333**, 155 (1960).
[9] SHUSTER, L., and A. GOLDIN: J. biol. Ch. **230**, 873 (1958).

2. Herstellung von 2′,5′-Diphosphoadenosinnucleotid mit Hilfe von Schlangengift-Pyrophosphatase nach* Wang *u. Mitarb. [1, 2].

50 mg TPN werden mit 20 μM $MgCl_2$, 300 μM Tris-Puffer (p_H 9,5) und 2 ml Schlangengift-Pyrophosphatase (Herstellung s. S. 469) in einem Volumen von 3 ml bei 37° C inkubiert. Innerhalb von 2,5 Std ist das gesamte TPN gespalten (Kontrolle z.B. nach [3]). Die Reaktionsmischung wird dann auf eine Dowex 1-Formiat-Säule (Größe 0,8 × 5 cm) gegeben, die man zweimal mit 3 ml Wasser wäscht. Danach eluiert man mit einer Mischung von HNO_3 (0,02 m) und $NaNO_3$ (0,02 m). Nachdem ungefähr 60 ml dieser Lösung durchgeflossen sind, erscheint das 2′,5′-Diphosphoadenosin, welches durch seine Absorption bei 260 mμ erfaßt werden kann. Die Eluate werden vereinigt und mit 1 ml 20 %igem Quecksilberacetat (in 0,1 n Essigsäure) versetzt. Nachdem die Mischung 4 Std in der Kühltruhe gestanden hat, wird das Präcipitat abzentrifugiert, zweimal mit Wasser gewaschen und in 2 ml Wasser suspendiert. Das Quecksilbersalz wird dann mit einem H_2S-Strom zerstört und das Präcipitat von HgS abzentrifugiert. Zur Entfernung des überschüssigen H_2S belüftet man die Lösung.

***3. Herstellung von FMN mit Hilfe von Kartoffel-Pyrophosphatase nach* Schrecker *und* Kronberg** [4].

FMN wird aus FAD hergestellt, indem 0,2 μM FAD und 250 μM Phosphat-Puffer (p_H 7,5) mit 0,015 mg gereinigter Kartoffel-Pyrophosphatase (Herstellung s. S. 467) bei 37° C in 0,5 ml inkubiert werden. Man stoppt die Reaktion gewöhnlich nach 25 min durch 3 min Erhitzen im kochenden Wasserbad ab und füllt mit Wasser auf 2 ml auf. Der Abbau des FAD wird mit den unter [5–11] angegebenen Methoden kontrolliert.

Man kann das FMN von dem verbliebenen FAD am besten mit einer Dowex 1-Cl-Säule abtrennen [12]. Während das FMN mit 0,07 m NaCl in 1×10^{-5} n HCl eluiert werden kann, erscheint das FAD erst bei Verwendung von 0,09 m NaCl in 1×10^{-4} n HCl.

4. Herstellung von 3′,5′-Diphosphoadenosinnucleotid mit Hilfe von Schlangengift-Pyrophosphatase nach* Wang *u. Mitarb. [1, 13].

50 mg CoA werden mit 20 μM $MgCl_2$, 300 μM Tris-Puffer (p_H 9,5) und 2 ml Schlangengift-Pyrophosphatase (Herstellung s. S. 469) in einem Volumen von 3 ml inkubiert. Der Abbau von CoA wird mit den unter [14] angegebenen Methoden verfolgt. Die angesetzte CoA-Menge ist etwa nach 5 Std Inkubation bei 37° C gespalten.

Man gibt die Inkubationsmischung auf eine Dowex 1-Formiat-Säule (Größe 0,8 × 5 cm), wäscht zweimal mit je 3 ml Wasser und eluiert danach mit einer Mischung von HNO_3 (0,02 m) und $NaNO_3$ (0,02 m). Das 3′,5′-Diphosphoadenosin erscheint, wenn etwa 60 ml der Elutionslösung durchgeflossen sind. Zu den vereinigten Eluaten werden 0,5 ml einer 25 %igen Lösung von basischem Bleiacetat gegeben. Die Mischung wird 4 Std in der Kühltruhe belassen, dann zentrifugiert und zweimal mit je 2 ml Wasser gewaschen. Danach suspendiert man das Material in 2 ml Wasser und zerlegt das Bleisalz mit H_2S. Nach dem Abzentrifugieren des PbS wird Luft durch die Lösung geleitet.

---

[1] Wang, T. P., L. Shuster, and N. O. Kaplan: J. biol. Ch. **206**, 299 (1954).
[2] Wang, T. P.; in: Colowick-Kaplan, Meth. Enzymol. Bd. III, S. 905.
[3] Holzer, H., D. Busch u. H. Kröger: H. **313**, 184 (1958).
[4] Schrecker, A. W., and A. Kornberg: J. biol. Ch. **182**, 795 (1950).
[5] Warburg, O., u. W. Christian: B. Z. **298**, 150 (1938).
[6] Negelein, E., u. H. Brömel: B. Z. **300**, 225 (1939).
[7] Comline, R. S., and F. R. Whatley: Nature **161**, 350 (1948).
[8] Burch, H. B., O. A. Bessey, and O. H. Lowry: J. biol. Ch. **175**, 457 (1948).
[9] Bessey, O. A., O. H. Lowry, and R. H. Love: J. biol. Ch. **180**, 755 (1949).
[10] Huennekens, F. M., and S. P. Felton; in: Colowick-Kaplan, Meth. Enzymol. Bd. III, S. 950.
[11] Burch, H. B.; in: Colowick-Kaplan, Meth. Enzymol. Bd. III. S. 960.
[12] Cerletti, P., and R. Strom: G. Biochim. **9**, 361 (1960).
[13] Wang, T. P.; in: Colowick-Kaplan, Meth. Enzymol. Bd. III, S. 929.
[14] Novelli, G. D.; in: Colowick-Kaplan, Meth. Enzymol. Bd. III, S. 913.

3.6.1.10 Polyphosphat-Polyphosphohydrolase s. S. 405.

3.7.1.2 4-Fumarylacetacetat-Fumarylhydrolase s. Bd. VI/B, S. 805.

3.9.1.1 Phosphoamid-Hydrolase s. S. 412.

Lyasen.

Thiaminpyrophosphat enthaltende Enzyme*.

Von

Friedrich H. Bruns**.

Einführung. AUHAGEN[1] konnte im Jahre 1932 zeigen, daß die von NEUBERG und KARCZAG[2] entdeckte anaerobe Pyruvat-Decarboxylase ihre Aktivität in Trockenhefe während des Waschens mit alkalischer Phosphatlösung verliert und daß diese sich durch Zugabe der Waschflüssigkeit wiederherstellen läßt. In der Folge fand SIMOLA[3] Vitamin B_1-Aktivität in den Cocarboxylase-Präparaten AUHAGENS. Die Aufklärung der chemischen Natur des Coenzyms gelang LOHMANN und SCHUSTER[4], indem sie aus Hefe den Pyrophosphatester des Aneurins (Thiaminpyrophosphat = TPP, Aneurinpyrophosphat, Diphosphothiamin) isolierten und nachweisen konnten, daß er als Coenzym der Pyruvat-Decarboxylierung wirksam ist.

```
          H
          C
       N⁄  ⸌C—CH₂—N⁺——C—CH₃                OH     OH
       ‖    |        ‖     ‖                 |      |
  H₃C—C     C—NH₂   HC     C—CH₂—CH₂—O—P—O—P—OH
        ⸌N⁄           ⸌S⁄                    ‖      ‖
                                             O      O
```

Über die enzymatische Synthese von TPP aus Thiamin und Adenosintriphosphat s.[5-8].

Neben der anaeroben Pyruvat-Decarboxylase z. B. der Hefe sind die beiden oxydativen Decarboxylierungen des Citronensäurecyclus TPP-abhängig: der Abbau von Pyruvat zu „aktivierter“ Essigsäure und der Abbau von α-Ketoglutarat zu Succinat. Bei diesen oxydativen Reaktionen ist jedoch TPP nicht das einzige Coenzym, sondern wirkt in Verbindung mit α-Liponsäure, DPN und Coenzym A. Eine weitere die Anwesenheit von TPP erfordernde Reaktion ist die Acyloinspaltung von Xylulose-5-phosphat durch Transketolase zu Glycerinaldehyd-3-phosphat und „aktiviertem Glykolaldehyd“, der gleichzeitig auf einen Acceptoraldehyd, z. B. unter Bildung von Sedoheptulose-7-phosphat, auf Ribose-5-phosphat übertragen wird. Den TPP-abhängigen enzymatischen Katalysen

* *Professor* BRUNS *hat Ergänzungen und Korrekturen zu diesem Beitrag in sichere Aussicht gestellt, aber keine Zusage eingehalten und es den Herausgebern überlassen, die dringendsten Korrekturen auszuführen und einige neue Literatur nachzutragen. Herausgeber und Verlag.*

** Institut für Physiologische Chemie der Universität Düsseldorf.

[1] AUHAGEN, E.: H. **204**, 149; **209**, 20 (1932). B. Z. **258**, 330 (1933).
[2] NEUBERG, C., u. L. KARCZAG: B. Z. **36**, 68 (1911).
[3] SIMOLA, P. E.: B. Z. **254**, 229 (1932).
[4] LOHMANN, K., u. P. SCHUSTER: B. Z. **294**, 188 (1937).
[5] WEIL-MALHERBE, H.: Biochem. J. **33**, 1997 (1939).
[6] NIELSEN, H., u. F. LEUTHARDT: Helv. **35**, 1196 (1952).
[7] STEYN-PARVÉ, E. P.: Biochim. biophys. Acta **8**, 310 (1952).
[8] STEYN-PARVÉ, E. P., u. H. G. K. WESTENBRINK: Z. Vit.-Forsch. **15**, 1 (1944/45).

ist die Lösung der Bindung zwischen einer Carbonylgruppe und dem benachbarten Kohlenstoffatom gemeinsam. Ist TPP Coenzym, so geht die Carbonylgruppe in eine Aldehydgruppe über (anaerobe Pyruvat-Decarboxylase der Hefe, Transketolase, Benzoylformiat-Decarboxylase aus *Pseudomonas fluorescens*). Wirkt außerdem α-Liponsäure mit, so entsteht eine S-Acylbindung (Pyruvat- und α-Ketoglutarat-Oxydase).

Für Einzelheiten sei der Leser auf drei ausgezeichnete Übersichten verwiesen[1–3], ferner auf Bd. VI/B, S. 25ff.

Pyruvat-Decarboxylasen (Carboxylasen).

[4.1.1.1 2-Ketosäure-Carboxy-Lyase.]

Enzyme dieses Typus katalysieren die Reaktion

$$CH_3—CO—COOH \rightarrow CH_3—CHO + CO_2$$

Sie kommen vornehmlich im Pflanzenreich vor[4]. Besonders das Enzym aus Hefen[5–7] und Weizenkeimlingen[8] ist eingehend untersucht worden. Aber auch im Samen der Sojabohne[9, 10], in Mehl[11] und in Wurzeln der Erbse[12], in Dicotyledonen[13], Fusarien[14] und *Acetobacter suboxydans*[15] wurde Pyruvat-Decarboxylase nachgewiesen. In Geweben höherer Tiere hat man dagegen Carboxylase-Aktivität bisher nicht beobachtet. Über die Gesamtaktivität im biologischen Material lassen sich nur schwer verläßliche Angaben machen. Dies liegt zum Teil daran, daß die meisten Untersuchungen an rohen Extrakten oder teilgereinigten Enzympräparaten vorgenommen wurden. Nach neueren Untersuchungen von Holzer u. Mitarb.[6] schädigt Trocknung und Acetonbehandlung von Bierhefe das Enzym. Am zweckmäßigsten ist offenbar für die Aktivitätsmessung der Aufschluß mit flüssiger Luft[6, 16]. Da auch die Konzentration von Hefesuspensionen für die Enzymausbeute von erheblichemEinfluß ist und es mit keinem der bekannten Aufschlußverfahren gelingt, das Enzym quantitativ aus den Zellen herauszulösen, lassen sich exakte Gehaltsbestimmungen kaum durchführen. Dagegen ist sichergestellt, daß Carboxylase in lebenden Zellen die gleiche Aktivität aufweist wie in mit flüssiger Luft vorbehandelten Zellsuspensionen.

***Darstellung der Pyruvat-Decarboxylase aus getrockneter Bierhefe nach* Holzer *und Mitarb.*[6].**

Für die Reinigungsschritte und die Ammoniumsulfat-Fraktionierungen wurde die von Bücher u. Mitarb.[17] beschriebene Technik verwendet.

Macerationssaft aus getrockneter Bierhefe (ein Teil Trockenhefe mit zwei Teilen Wasser 3 Std bei 37° C inkubiert, dann 1 Std bei 2000×g zentrifugiert) wird bei 0° C mit 59 ml Aceton je 100 ml Saft versetzt. Man läßt 1 Std bei 0° C stehen, zentrifugiert

[1] Metzler, D. E.; in: Boyer-Lardy-Myrbäck, Enzymes, Bd. II, S. 295ff.
[2] Reed, L. J.; in: Boyer-Lardy-Myrbäck, Enzymes, Bd. III, S. 195ff.
[3] Jencks, W. P.; in: Boyer-Lardy-Myrbäck, Enzymes, Bd. VI, S. 339ff.
[4] Franke, W.: Handb. Enzymol. (Nord-Weidenhagen) Bd. II, S. 769.
[5] Neuberg, C., u. L. Karczag: B. Z. **36**, 68 (1911).
[6] Holzer, H., G. Schultz, C. Villar-Palasi u. J. Jüntgen-Sell: B. Z. **327**, 331 (1956).
[7] Green, D. E., D. Herbert and V. Subrahmanyan: J. biol. Ch. **138**, 327 (1941).
[8] Singer, T. P., and J. Pensky: J. biol. Ch. **196**, 375 (1952).
[9] Cohen, P. P.: J. biol. Ch. **164**, 685 (1946).
[10] Mee, S.: Arch. Biochem. **22**, 139 (1949).
[11] Tanko, B., u. L. Munk: H. **262**, 144 (1939).
[12] Horowitz, N. H., and E. Heegaard: J. biol. Ch. **137**, 475 (1941).
[13] Vennesland, B., and R. Z. Felsher: Arch. Biochem. **11**, 279 (1946).
[14] Tytell, A. A., and B. S. Gould: J. Bact. **42**, 513 (1941).
[15] King, T. E., and V. H. Cheldelin: J. biol. Ch. **208**, 821 (1954).
[16] Lynen, F.: A. **539**, 1 (1939).
[17] Beisenherz, G., H. J. Boltze, T. Bücher, R. Czok, K. H. Garbade, E. Meyer-Ahrendt u. G. Pfleiderer: Z. Naturforsch. **8b**, 555 (1953).

und fügt zu je 100 ml Überstand weitere 15 ml eiskaltes Aceton. Danach wird sofort zentrifugiert, das Gefällte in 5% Glycerin-Wasser suspendiert und mit dem Glasstab gleichmäßig verteilt. Hierauf wird bei 2000×g 1 Std zentrifugiert und die Proteinkonzentration im Überstand durch Zusatz von 5% Glycerin-Wasser auf 40 mg Protein/ml gebracht. Bei 0° C läßt man sodann zu je 100 ml Lösung 50 ml absolutes Äthanol eintropfen. Es wird 15 min bei 2000×g zentrifugiert, zu je 100 ml Überstand werden sodann weitere 28 ml Äthanol getropft. Sofort wird 10 min bei 2000×g zentrifugiert und das Sediment wiederum in 5% Glycerin-Wasser aufgenommen. Die Proteinkonzentration wird wiederum auf 40 mg/ml eingestellt, und zu je 100 ml Lösung werden nun 39,6 g Ammoniumsulfat zugesetzt. Der Niederschlag wird durch Zentrifugieren bei 2000×g abgetrennt, bei 15000×g konzentriert und danach mit wenig 2,5 m Ammoniumsulfatlösung auf der Zentrifuge gewaschen. Das Sediment wird mit 1,9 m Ammoniumsulfatlösung zu einer Proteinkonzentration von 40 mg/ml suspendiert und 30 min bei 0° C gleichmäßig und ohne Schaumbildung mit dem Glasstab verteilt. Nach 20 min Zentrifugieren bei 6000×g wird aus dem Überstand durch Zusatz von 7 g Ammoniumsulfat je 100 ml Lösung die Pyruvat-Decarboxylase präzipitiert. Die Fällung wird scharf zentrifugiert und als Paste bei −15 bis −20° C aufbewahrt. Das Präparat hält sich mehrere Monate ohne Wirkungsverlust. Wäßrige oder Ammoniumsulfat enthaltende Lösungen des Enzyms verlieren nach Angaben der Autoren bei 0° C pro Tag etwa 5—10% der Aktivität. Der Q_{CO_2}-Wert (μl CO_2/Std/mg Trockengewicht) guter Präparate beträgt $6{,}1 \times 10^4$ und stimmt mit den Angaben von KUBOWITZ und LÜTTGENS[1] überein.

Darstellung der Pyruvat-Decarboxylase aus Weizenkeimlingen nach **SINGER** ***und*** **PENSKY**[2].

Weizenkeimlinge werden mit dem 10fachen Volumen eiskalten Acetons bei −10° C entfettet. Ein Teil des Acetons wird zum Homogenisieren benutzt, die Suspension anschließend zu dem restlichen Aceton gegeben. Es wird 10 min umgerührt, schnell filtriert und der Wasch- und Filtrationsvorgang wiederholt. Die noch feuchten Keimlinge werden anschließend im Vakuumexsiccator über Schwefelsäure in der Kälte getrocknet. — 1 kg Acetonpulver wird bei 5—7° C mit 5 l H_2O unter kräftigem Rühren 15 min extrahiert, dann wird 30—45 min bei 2600 U/min zentrifugiert. Der trübe Überstand (2 l) enthält die gesamte Enzymaktivität (750000—780000 E, 1 E = 1 μl CO_2/5 min unter Standardbedingungen). Der wäßrige Extrakt wird mit n Essigsäure unter Umrühren bei 0—4° C exakt auf p_H 5,2 eingestellt. Die Suspension wird anschließend sofort wie beim erstenmal zentrifugiert, der klare, gelbe Überstand wird sodann auf 3° C gebracht und das Enzym durch Einstellung auf p_H 4,9 mit weiteren Portionen n Essigsäure gefällt. Die Suspension wird über Nacht bei 0° C gehalten, um die Fällung zu vervollkommnen. Bei diesem Arbeitsschritt ist das Enzym sehr unempfindlich, da es bei p_H 4,9 unlöslich ist; es ist bei p_H 5,2 weit weniger stabil. Die Suspension wird 30 min bei 2600 U/min zentrifugiert und der Niederschlag in 900 ml Succinatpuffer (0,1 m; p_H 6,0) suspendiert (Glas-Homogenisator) und 20 min umgerührt. Nach dem Zentrifugieren (5000 U/min; 30 min) resultiert eine klare gelbe Lösung, die etwa 530000—612000 Enzymeinheiten enthält. — Die Enzymlösung wird auf 0° C gebracht und mit n Essigsäure auf p_H 5,5 eingestellt. Nun wird Äthanol (95%ig), − 15° C unter Umrühren langsam eingetropft, bis die Alkoholkonzentration 15 Vol.-% beträgt, die Enzymlösung wird bei 0—1° C gehalten. Sodann wird noch 15 min gerührt und bei 0° C zentrifugiert. Der Niederschlag wird bei 0° C über Schwefelsäure im Hochvakuum getrocknet. Das trockene Pulver behält seine Aktivität über Monate, wenn man es in der Kälte aufbewahrt. Man erhält etwa 530 mg Pulver mit 490000—560000 E/kg Acetonpulver. — Das getrocknete Enzym wird in 0,05 m Tris-Puffer (p_H 7,7) bei 6° C gelöst (20 ml Puffer je 100 mg Pulver). Das

---

[1] KUBOWITZ, F., u. W. LÜTTGENS: B. Z. **307**, 170 (1941).
[2] SINGER, T. P., and J. PENSKY: J. biol. Ch. **196**, 375 (1952).

Unlösliche wird durch Zentrifugieren entfernt. Der Überstand wird wiederum mit Essigsäure bei 0° C auf p_H 6 gebracht, das Enzym sodann durch tropfenweise Zugabe gesättigter Ammoniumsulfatlösung bei 33 % Sättigung gefällt. Es wird 15 min umgerührt und 45 min bei 5000 U/min zentrifugiert. Man suspendiert das Präcipitat in etwa 10 ml H_2O je kg Ausgangsmaterial und dialysiert 24—48 Std gegen glasdestilliertes Aqua dest. Während der Dialyse fällt das Enzym quantitativ aus. Nach kurzem Zentrifugieren bei 5000 U/min wird der Niederschlag bei 5° C in Imidazolpuffer (0,1 m; p_H 6,8; 10 ml je 100 mg Präcipitat) gelöst. Unlösliches Protein wird durch Zentrifugieren bei 18000 U/min entfernt. Gute Präparate enthalten bis zu 75 % der Ausgangsmenge an Enzym und bis zu 560000 E/kg Acetonpulver. Bei Ausbeuten von 400000 E läßt sich die spezifische Aktivität durch Behandlung mit Calciumphosphatgel steigern. Die Reinigung ist mit einem 2700fachen Anstieg der spezifischen Aktivität verbunden. Konzentrierte Enzymlösungen sind in Imidazolpuffer bei 5° C etwa 1 Woche haltbar. Nach erneuter Fällung mit Ammoniumsulfat oder nach Dialyse gegen Wasser bleibt die Aktivität mehrere Wochen erhalten. Einfrieren oder Gefriertrocknung verursachen dagegen beträchtliche Einbußen. Am zweckmäßigsten ist es, hochgereinigte Enzympräparate nach Alkoholfällung (s. o.) als trockenes Pulver aufzubewahren.

Auf diesem Wege erhaltene Enzympräparate verhalten sich in der Tiselius-Apparatur einheitlich, in der Ultrazentrifuge ließ sich eine etwa 10 % der Gesamtproteinmenge betragende zweite Proteinkomponente abtrennen. Der Q_{CO_2}-Wert für hochgereinigte Präparate beträgt $6{,}6 \times 10^4$ und entspricht damit ungefähr den für hochgereinigte Hefe-Carboxylase angegebenen Werten[1, 2]. Dennoch bestehen verschiedene Unterschiede zwischen den beiden Enzymen. Das gereinigte Hefeenzym enthält fest an das Enzymprotein gebundenes TPP und Mg^{++} und kann ohne Aktivitätsverlust bei 0° C gegen 18 %iges Äthanol dialysiert werden. Vom Weizenenzym werden dagegen schon während der ersten Reinigungsschritte oder durch kurzdauernde Dialyse bei p_H 6 beide Reaktionspartner abgespalten. Weiterhin aktiviert Ca^{++} nur das Hefeenzym.

***Darstellung einer Apocarboxylase-Lösung nach* Holzer *und* Goedde[3].**

Zu einem Gemisch von 3 ml 10 %iger Glycin-Lösung, 54 ml 5×10^{-1} m Na_2HPO_4-Lösung und 0,3 ml 2 n NaOH werden 3 ml Pyruvat-Decarboxylase-Lösung[1] gegeben. Dieses Gemisch läßt man 30 min bei 0° C stehen. Dann wird langsam Ammoniumsulfat (45 g) im Verlaufe weiterer 15 min zugegeben und schließlich 25 min bei 16000 U/min zentrifugiert. Das Sediment wird bei —20° C aufbewahrt und für die Teste eine entsprechende Menge in 20 %iger Ammoniumsulfat-Lösung aufgelöst. Der Proteingehalt der auf diese Weise hergestellten Apocarboxylase-Lösung betrug 1,8 mg/ml.

Bei p_H 5—6 sind Protein, TPP und Mg^{++} fest miteinander verbunden. Kubowitz und Lüttgens[2] konnten die Cofaktoren bei p_H 8,1 mit Phosphatpuffer abspalten, Green u. Mitarb.[4] verwendeten ammoniakalische Ammoniumsulfat-Lösung. Bei alkalischem p_H besitzt Carboxylase keine Enzymwirkung, doch läßt sich das Protein nach Ansäuern durch Ammoniumsulfat fällen und durch Zusatz von TPP und Mg^{++} zu 85 % reaktivieren. Die Reaktion der Cofaktoren mit dem Protein benötigt jedoch Zeit und erheblich mehr TPP und Mg^{++} als ursprünglich an das nicht dissoziierte Protein gebunden sind[1, 2]. Die gleichen Autoren fanden in ihren aktivsten Präparaten 1 Grammatom Mg und 1 M TPP je 75000 g Protein. Das Mol-Gewicht des Hefeenzyms wird mit 141000, der isoelektrische Punkt mit p_H 5,1 angegeben. Weizen-Carboxylase hat nach Singer und Pensky[5] ein Mol-Gewicht von $>10^6$. Die p_H-Wirkungskurve beider Enzyme zeigt ein Optimum zwischen 6,0 und 6,5[1, 5]. Die Halbsättigungs-Konzentration (Michaelis-

[1] Holzer, H., G. Schultz, C. Villar-Palasi u. J. Jüntgen-Sell: B. Z. **327**, 331 (1956).
[2] Kubowitz, F., u. W. Lüttgens: B. Z. **307**, 170 (1941).
[3] Holzer, H., u. H. W. Goedde: B. Z. **329**, 192 (1957).
[4] Green, D. E., D. Herbert and V. Subrahmanyan: J. biol. Ch. **138**, 327 (1941).
[5] Singer, T. P., and J. Pensky: J. biol. Ch. **196**, 375 (1952).

MENTEN-Konstante) für Pyruvat beträgt beim Hefeenzym $0{,}5\times10^{-3}$ M/l (10° C) bzw. 1×10^{-3} M/l (25° C)[1]. Die Spezifität der Pyruvat-Decarboxylase gegenüber Pyruvat ist nicht sehr hoch, da außerdem die meisten höheren Homologen gespalten werden. Dabei nimmt die Reaktionsgeschwindigkeit mit der Kettenlänge ab (Tabelle 1).

Tabelle 1. *Reaktion der Pyruvat-Decarboxylase aus Hefe mit verschiedenen Substraten.*

Substrate	Relative Reaktionsgeschwindigkeit	
	KOBAYASI[2]	GREEN u. Mitarb.[3]
Pyruvat	77	596
α-Ketobutyrat	62	—
α-Ketovalerat	44	—
α-Ketoisovalerat	20	525
α-Ketocapronat	12	—
α-Ketoisocapronat	—	24
Phenylglyoxylat	0	—
Phenylpyruvat	0,2	0
p-Hydroxyphenylpyruvat	—	0
Phenyl-α-ketobutyrat	5,3	—
Oxalacetat	41,7	191
α-Ketoglutarat	2,7	8
Acetoacetat	1,2	0

Ein direkter Vergleich der Messungen von KOBAYASI[2] und von GREEN u. Mitarb.[3] ist nicht möglich, da die Messungen unter verschiedenen äußeren Bedingungen durchgeführt wurden. Auch Hydroxypyruvat (MICHAELIS-MENTEN-Konstante $=0{,}3\times10^{-3}$ M/l) wird zu Glykolaldehyd und CO_2 gespalten, wobei sich die Geschwindigkeit im Verhältnis zu Pyruvat wie 1:76 verhält[4]. Die verschiedenen Substrate können mit dem Weizen- und dem Hefe-Enzym und Dichlorphenolindophenol (DCP) oxydiert werden[4, 5]:

$$R{-}CO{-}COOH + DCP + H_2O \rightarrow R{-}COOH + CO_2 + DCP{-}H_2.$$

Ferricyanid als unphysiologischer Wasserstoffacceptor reagiert dagegen nur mit tierischen und bakteriellen Pyruvat-Oxydasen, nicht dagegen mit den sog. anaeroben Carboxylasen[4, 5]. Tabelle 2 enthält die maximalen Reaktionsgeschwindigkeiten der Pyruvat-Decarboxylase mit verschiedenen Substraten, in Tabelle 3 sind die MICHAELIS-MENTEN-Konstanten für verschiedene Substrate wiedergegeben.

Tabelle 2. *Maximale Reaktionsgeschwindigkeiten der Hefe-Pyruvat-Decarboxylase mit verschiedenen Substraten* (nach HOLZER und GOEDDE[6]).

Substrat	Substrat-konzentration Mol/Liter	Reaktionsgeschwindigkeit bezogen auf Pyruvat = 100		
		*	**	***
Pyruvat	$2{,}0\times10^{-2}$	100	100	100
α-Ketobutyrat	$2{,}0\times10^{-2}$	51	51	—
α-Ketoglutarat	$6{,}6\times10^{-2}$	20	—	3,7
Glyoxylat	$2{,}0\times10^{-2}$	12	—	4,3
Hydroxypyruvat	$2{,}5\times10^{-2}$	5,5	1,3	1,5
Acetaldehyd	20×10^{-2}	2,6	—	—
Glykolaldehyd	20×10^{-2}	1,1	—	—

* Oxydase-Test mit Dichlorphenolindophenol.
** Pyruvat-Decarboxylase-Test mit Alkoholdehydrogenase und DPNH.
*** Manometrischer Pyruvat-Decarboxylase-Test.

Für TPP wurde K_M bei Messungen am Enzym aus Weizenkeimlingen mit $1{,}35\times10^{-6}$ M je Liter ermittelt[7]. Monophosphothiamin und Triphosphothiamin können TPP nicht ersetzen[8, 9]. Gegensätzliche Befunde[10]

[1] HOLZER, H., G. SCHULTZ, C. VILLAR-PALASI u. J. JÜNTGEN-SELL: B. Z. **327**, 331 (1956).
[2] KOBAYASI, S.: J. Biochem. **33**, 301 (1941).
[3] GREEN, D. E., D. HERBERT and V. SUBRAHMANYAN: J. biol. Ch. **138**, 327 (1941).
[4] HOLZER, H., H. W. GOEDDE u. S. SCHNEIDER: B. Z. **327**, 245 (1955).
[5] SINGER, T. P., and J. PENSKY: Biochim. biophys. Acta **9**, 316 (1952).
[6] HOLZER, H., u. H. W. GOEDDE: B. Z. **329**, 192 (1957).
[7] SINGER, T. P., and J. PENSKY: J. biol. Ch. **196**, 375 (1952).
[8] DE LA FUENTE, G., and R. DIAZ-CADAVIECO: Nature **174**, 1014 (1954).
[9] ROSSI-FANELLI, A., N. SILIPRANDI, D. SILIPRANDI and P. CICCARONE: Arch. Biochem. **58**, 237 (1955).
[10] HERBAIN, M.: Bull. Soc. Chim. biol. **32**, 784 (1950).

hinsichtlich Triphosphothiamin sind wohl durch die Phosphataseaktivität der verwendeten Enzympräparate zu erklären. Triphosphooxythiamin hemmt die CO_2-Bildung durch Pyruvat-Decarboxylase stark, freies Oxythiamin hat keine hemmende Wirkung[1, 2]. Auch Diphosphooxythiamin ist ein starker Inhibitor der Weizen-Pyruvat-Decarboxylase, das Ausmaß der Hemmung ist stark von der Reihenfolge der Zugabe des Inhibitors und von TPP zum Apoenzym abhängig. Neopyrithiamin ist ohne Wirkung[2]. Über den Einfluß von Polyphosphorsäure-Estern und Amiden des Thiamins sowie von Polyphosphaten s.[4]. TPP-disulfid scheint als Coenzym unwirksam zu sein[5].

Tabelle 3. MICHAELIS-MENTEN-*Konstanten verschiedener Substrate im Oxydase-Test mit 2,6-Dichlorphenolindophenol und im Pyruvat-Decarboxylase-Test mit Alkoholdehydrogenase und hydriertem Diphosphopyridinnucleotid* (nach HOLZER und GOEDDE[3]).

Substrate	MICHAELIS-MENTEN-Konstanten (Mol/Liter)	
	Oxydase-Test	Pyruvat-decarboxylase-Test
Glyoxylat . . .	$0{,}05\times10^{-3}$	—
Pyruvat	$1{,}6\times10^{-3}$	$1{,}0\times10^{-3}$
Hydroxypyruvat	$2{,}5\times10^{-3}$	$0{,}3\times10^{-3}$
α-Ketobutyrat .	$3{,}8\times10^{-3}$	$0{,}48\times10^{-3}$
α-Ketoglutarat .	30×10^{-3}	—
Glykolaldehyd .	30×10^{-3}	—
Acetaldehyd . .	60×10^{-3}	—

Metallaktivierung. Obgleich Mg das natürliche Metall der Pyruvat-Decarboxylase von Hefen und Weizenkeimlingen ist, vermögen eine Reihe anderer divalenter Kationen Mg^{++} zu ersetzen. GREEN u. Mitarb.[6] geben für das Hefeenzym eine abnehmende Wirkung in folgender Reihe an: Mg^{++}, Mn^{++}, Co^{++}, Cd^{++}, Zn^{++}, Ca^{++}, Fe^{++}. Bisweilen ist die Aktivierung mit Mn^{++} größer als Mg^{++}. Be^{++} kann Mg^{++} nicht ersetzen und bewirkt ab 1×10^{-3} m Fällung und Aktivitätsverlust[7]. Die MICHAELIS-MENTEN-Konstanten verschiedener Metallionen mit dem Weizenenzym enthält Tabelle 4.

Tabelle 4. *Metallaktivierung der Pyruvat-Decarboxylase aus Weizenkeimlingen* (nach SINGER und PENSKY[8]).

Metall	V_{max}*	MICHAELIS-MENTEN-Konstante (Mol/l)
Mg^{++}	100	$10{,}2\times10^{-5}$
Co^{++}	104	$1{,}9\times10^{-5}$
Zn^{++}	99	$1{,}3\times10^{-5}$
Fe^{++}	84	$4{,}5\times10^{-6}$
Mn^{++}	78	$7{,}9\times10^{-6}$
Ni^{++}	53	
Cd^{++}	37	

Ba^{++}, Ca^{++} und Sr^{++} sind inaktiv; Al^{+++} und Fe^{+++} hemmen.

* Maximale Reaktionsgeschwindigkeit bei optimaler Metallkonzentration; die Aktivität mit Mg^{++} ist = 100 gesetzt.

Inhibitoren. Acetaldehyd, das Reaktionsprodukt der Pyruvatdecarboxylierung, hemmt das Enzym schon bei geringen Konzentrationen[6, 9–11], so daß die Reaktionsgeschwindigkeit mit der Zeit abfällt. Formaldehyd hemmt weniger stark als Acetaldehyd[12, 13], Butyraldehyd hemmt kaum[13]. Pyruvat-Decarboxylasen verschiedener Herkunft sind SH-Enzyme und werden durch Schwermetalle, Oxydationsmittel und alkylierende Substanzen (z. B. Monojodacetat) gehemmt, wobei Schwermetalle die stärkste, alkylierende Stoffe die schwächste Hemmwirkung besitzen[14, 15]. Das inaktivierte Enzym läßt sich durch Cystein, SH-Glutathion und 2,3-Dimercaptopropanol[15] entgiften. Das gereinigte Enzym wird durch Cystein aktiviert[16].

[1] VELLUZ, L., and M. HERBAIN: J. biol. Ch. **190**, 241 (1951).
[2] EICH, S., and L. R. CERECEDO: J. biol. Ch. **207**, 295 (1954).
[3] HOLZER, H., u. H. W. GOEDDE: B. Z. **329**, 192 (1957).
[4] ROUX, H., et A. CALLANDRE: Bull. Soc. Chim. biol. **32**, 793 (1950).
[5] HOLT, C. v., E. O. WIETHOFF, B. KRÖNER, W. LEPPLA u. L. v. HOLT: B. Z. **329**, 119 (1957).
[6] GREEN, D. E., D. HERBERT and V. SUBRAHMANYAN: J. biol. Ch. **138**, 327 (1941).
[7] KLEMPERER, F. W.: J. biol. Ch. **187**, 189 (1950).
[8] SINGER, T. P., and J. PENSKY: J. biol. Ch. **196**, 375 (1952).
[9] LOHMANN, K., u. P. SCHUSTER: B. Z. **294**, 188 (1937).
[10] HOLZER, H., G. SCHULTZ, C. VILLAR-PALASI u. J. JÜNTGEN-SELL: B. Z. **327**, 331 (1956).
[11] KING, T. E., and V. H. CHELDELIN: J. biol. Ch. **208**, 821 (1954).
[12] AXMACHER, F., u. H. BERGSTERMANN: B. Z. **272**, 259 (1934).
[13] WETZEL, K.: Planta, Berlin **15**, 697 (1931).
[14] BARRON, E. S. G., and T. P. SINGER: Science, N.Y. **97**, 356 (1943). J. biol. Ch. **157**, 221 (1945).
[15] STOPPANI, A. O. M., A. S. ACTIS, J. O. DEFERRARI and E. L. GONZALEZ: Biochem. J. **54**, 378 (1953).
[16] CAJORI, F. A.: J. biol. Ch. **143**, 357 (1942).

Allerdings dürfte sich dieser Effekt nur bei hoher Pyruvatkonzentration zeigen, d. h. wenn durch die Bildung des Thiazolidinderivates aus Pyruvat und Cystein die Pyruvatkonzentration nicht wesentlich vermindert wird. Hydrogensulfit hemmt die Decarboxylierung durch die Bildung eines Pyruvat-Hydrogensulfit-Komplexes, der vom Enzym nur schwer angegriffen wird. Die Hemmung durch Chinone kommt wahrscheinlich über eine Reaktion mit den SH-Gruppen des Enzymproteins zustande[1]. Eine Vielzahl von Stoffen, die wohl über verschiedene Mechanismen wirksam werden, sind u. a. als Inhibitoren der Pyruvat-Decarboxylasen erkannt worden. Acetat und Phosphat hemmen bei kleiner Pyruvatkonzentration, was wahrscheinlich Ausdruck einer Konkurrenz zwischen Hemmstoff und Pyruvat ist[2]. Auch Pyrophosphat hemmt infolge Konkurrenz mit TPP am Enzymprotein[3]. Als Inhibitoren sind weiterhin Salicylate[4, 5] und Sulfonamide[6–8] beschrieben worden. Besonders Sulfathiazol, welches eine strukturelle Ähnlichkeit mit TPP hat, ist als Hemmkörper wirksam. Die Hemmung kann durch TPP teilweise rückgängig gemacht werden[8]. Auch Tetracyclin und seine Derivate sowie Bacitracin, Polymyxin B, Tyrothrycin, Chloromycetin sowie Penicilline sind Inhibitoren[9]. Unter bestimmten Bedingungen vermögen Testosteron[10] sowie Desoxycorticosteron[11] die Decarboxylierung von Pyruvat durch Hefesuspensionen zu aktivieren.

***Bestimmung der Pyruvat-Decarboxylase-Aktivität im optischen Test nach* Holzer *u. Mitarb.*[2].**

Reagentien:

1. 0,48 m Citrat, p_H 6,0.
2. 0,5 m Pyruvat.
3. DPNH, 5 mg/ml.
4. Alkoholdehydrogenase.

Ausführung:

Ein Gesamtvolumen von 3,0 ml enthält 1,0 ml Citrat, 0,1 ml Pyruvat, 0,1 ml DPNH und 0,02 mg Alkoholdehydrogenase. Die Reaktion wird gestartet durch Zusatz der Pyruvat-Decarboxylase. Meßgröße ist die Lichtschwächung bei 340 bzw. 366 mμ. $T = 20°$ C. Nach Holzer u. Mitarb.[2] wird die Aktivität 1 auf eine Enzymmenge bezogen, die in einem Testansatz von 1 ml bei 1 cm Schichtdicke in 100 sec eine Extinktionsdifferenz von 0,1 bei 366 mμ bewirkt.

***Bestimmung der Pyruvat-Decarboxylase-Aktivität mit der* Warburg*-Methode nach* Singer *und* Pensky[12].**

Reagentien:

1. 0,2 m Succinat-Puffer, p_H 6.
2. Dimedon-Lösung, wäßrig, gesättigt, p_H 6.
3. $5{,}8 \times 10^{-4}$ m Thiaminpyrophosphat-Lösung (TPP).
4. Rinderserumalbumin (Fraktion V von Armour).
5. 0,01 m $MgSO_4$.
6. 0,5 m Natriumpyruvat.

---

[1] Kuhn, R., u. H. Beinert: B. **80**, 101 (1947).
[2] Holzer, H., G. Schultz, C. Villar-Palasi u. J. Jüntgen-Sell: B. Z. **327**, 331 (1956).
[3] Wiethoff, E. O., W. Leppla u. C. v. Holt: B. Z. **328**, 576 (1957).
[4] Lutwak-Mann, C.: Biochem. J. **36**, 706 (1942).
[5] v. Euler, H., o L. Ahlström: Ark. Kemi, Mineral. Geol. **16**B, No 16 (1943).
[6] Lohmann, K., u. P. Schuster: B. Z. **294**, 188 (1937).
[7] Sevag, M. G., M. Shelburne and S. Mudd: J. gen. Physiol. **25**, 805 (1942). J. Bact. **49**, 65 (1945).
[8] Buchman, E. R., E. Heegaard and J. Bonner: Proc. nat. Acad. Sci. USA **26**, 561 (1940).
[9] Martín-Hernández, D., G. de la Fuente-Sanchez y A. Santos-Ruiz: Rev. esp. Fisiol. **12**, 93, 143, 225 (1956).
[10] Dirscherl, W., u. H. Höfermann: B. Z. **322**, 280 (1952).
[11] Hayano, M., R. I. Dorfman and E. Y. Yamada: J. biol. Ch. **186**, 603 (1950).
[12] Singer, T. P., and J. Pensky: J. biol. Ch. **196**, 375 (1952).

Ausführung:

Das Gesamtreaktionsgemisch von 3,0 ml enthält die Enzymlösung, 1 ml Succinat-Puffer, 0,6 ml Dimedon-Lösung, 0,1 ml TPP-Lösung (= etwa 30 μg), 1 mg Rinderserumalbumin, 0,1 ml 0,01 m $MgSO_4$ sowie 0,2 ml 0,5 m Natriumpyruvat. Der Zusatz von Dimedon und Serumalbumin dient zum Abfangen der Hauptmenge des freigesetzten Acetaldehyds. Gasphase: 95% N_2 + 5% CO_2. Gemessen wird die freigesetzte CO_2-Menge, die bis zu 50 μl/5 min der Enzymkonzentration proportional ist. SINGER und PENSKY[1] definieren als 1 Enzymeinheit die Enzymmenge, welche 1 μl CO_2 je mg Protein in 5 min freisetzt. $T = 30°$ C.

Die Carboligase-Reaktion. Bei der enzymatischen Decarboxylierung von Pyruvat beobachtet man außer der Entstehung von freiem Acetaldehyd auch die Bildung von Acyloinen, z. B. entsteht Acetoin, wenn neben Pyruvat ein Überschuß von Acetaldehyd vorliegt. NEUBERG u. Mitarb. schlossen aus der Synthese von Phenylacetylcarbinol während des Pyruvatabbaues durch frische Hefezellen in Gegenwart von Benzaldehyd[2, 3] sowie aus der Entstehung von Acetylmethylcarbinol während der Vergärung von Pyruvat[3] auf die Existenz einer besonderen Carboligase. Es erscheint jedoch sehr unwahrscheinlich, daß für Acyloinkondensationen eine Carboligase notwendig ist[4], vielmehr scheint Pyruvat-Decarboxylase nicht nur als spaltendes, sondern auch als gruppenübertragendes Enzym zu wirken. Es ist bis heute selbst an hoch gereinigten Enzympräparaten aus Erbsenmehl[5], Weizenkeimlingen[6, 7], Hefe[8–10] sowie Bakterien[11] nicht gelungen, die Carboligase-Reaktion von der enzymatischen Pyruvat-decarboxylierung abzutrennen. Beide Reaktionen benötigen TPP als Coenzym[9].

Enzympräparate gewisser Bakterien *(Aerobacter aerogenes)* übertragen Acetaldehyd zunächst auf Pyruvat. Das entstehende α-Acetolactat wird durch ein zweites Enzym zu Acetoin und CO_2 zerlegt[10, 12–14].

Analyse von Acetoin s.[15–19].

α-Ketoglutarat-Decarboxylase.

An einem Enzympräparat aus Schweineherzmuskel konnten GREEN, WESTERFELD, VENNESLAND und KNOX[20] eine der anaeroben Pyruvatdecarboxylierung analoge Reaktion demonstrieren: die Decarboxylierung von α-Ketoglutarat zu Bernsteinsäuresemialdehyd und CO_2:

$$COOH—CH_2—CH_2—CO—COOH \rightarrow COOH—CH_2—CH_2—CHO + CO_2.$$

[1] SINGER, T. P., and J. PENSKY: J. biol. Ch. **196**, 375 (1952).
[2] NEUBERG, C., u. J. HIRSCH: B. Z. **115**, 282 (1921).
[3] NEUBERG, C., u. H. OHLE: B. Z. **127**, 327 (1922).
[4] DIRSCHERL, W.: H. **188**, 225 (1930); **201**, 47, 78 (1931); **219**, 177 (1933). — DIRSCHERL, W., u. A. SCHÖLLIG: H. **252**, 53, 70 (1938). — DIRSCHERL, W., u. J. PÜTTER: H. **305**, 257 (1956).
[5] TANKÓ, B., u. L. MUNK: H. **262**, 144 (1939).
[6] SINGER, T. P., and J. PENSKY: Biochim. biophys. Acta **9**, 316 (1952).
[7] SINGER, T. P., and J. PENSKY: Arch. Biochem. **31**, 457 (1951).
[8] JUNI, E.: J. biol. Ch. **195**, 727 (1952).
[9] LANGENBECK, W., u. G. FAUST: H. **292**, 73 (1953).
[10] HANČ, O., u. B. KAKÁČ: Naturwiss. **43**, 498 (1956).
[11] JUNI, E.: J. biol. Ch. **195**, 715 (1952).
[12] WATT, D., and L. O. KRAMPITZ: Fed. Proc. **6**, 301 (1947).
[13] OCHOA, S., and J. R. STERN: Ann. Rev. **21**, 547 (1952).
[14] LELOIR, L. F., and C. E. CARDINI: Ann. Rev. **22**, 179 (1953).
[15] LANGENBECK, W., H. WREDE u. W. SCHLOCKERMANN: H. **227**, 263 (1934).
[16] NEUBERG, C., and E. STRAUSS: Arch. Biochem. **7**, 211 (1945).
[17] HAPPOLD, F. C., and C. P. SPENCER: Biochim. biophys. Acta **8**, 18 (1952).
[18] WESTERFELD, W. W.: J. biol. Ch. **161**, 495 (1945).
[19] EGGLETON, P., S. R. ELSDEN and N. GOUGH: Biochem. J. **37**, 526 (1943).
[20] GREEN, D. E., W. W. WESTERFELD, B. VENNESLAND and W. E. KNOX: J. biol. Ch. **145**, 69 (1942).

***Darstellung eines α-Ketoglutarat-Decarboxylase-Präparates nach* Green *u. Mitarb.*[1].**

Frischer Schweineherzmuskel wird zweimal im Fleischwolf zermahlen und anschließend fünfmal mit einem zehnfachen Volumen Wasser gewaschen. 80 g des ausgepreßten Fleischbreies werden anschließend mit 40 ml 0,5 m β-Glycerophosphat-Puffer, p_H 6,0, und 240 g zerstoßenem Eis 10 min homogenisiert. Die Suspension wird zentrifugiert. Sodann wird der trübe Überstand dekantiert und mit $^1/_2$ Vol. zerkleinertem Eis versetzt. Mit Eisessig wird auf p_H 4,6 eingestellt, das Präcipitat möglichst schnell durch Zentrifugieren in der Kälte abgetrennt und danach in einer Mischung von 10 ml 0,5 m Phosphat-Puffer p_H 6,0 und 2 ml 0,5 m $NaHCO_3$ resuspendiert. Es wird auf ein Volumen von 20 ml aufgefüllt, der p_H-Wert soll bei 6 liegen. Die Suspension wird für den Enzymtest benutzt.

Optimale Bedingungen für die Aktivitätsmessung scheinen noch nicht ausgearbeitet worden zu sein. Green u. Mitarb.[1] haben die CO_2-Entwicklung mit α-Ketoglutarat als Substrat unter verschiedenen Bedingungen manometrisch gemessen (Gasphase 95% N_2; 5% CO_2 oder 95% O_2; 5% CO_2). Ochoa[2] hat den entstandenen Bernsteinsäuresemialdehyd in Anlehnung an das Verfahren zur Pyruvatbestimmung von Friedemann und Haugen[3] bestimmt.

Das Enzym ist im Gegensatz zu Pyruvat-Decarboxylase auch bei p_H 8 wirksam, wird durch Phosphat aktiviert und entwickelt mit α-Ketoglutarat als Substrat schneller CO_2 als mit Pyruvat. Außerdem entsteht mit Pyruvat kein freier Acetaldehyd. Mg^{++} und TPP sind als Cofaktoren erforderlich. Obwohl α-Ketoglutarat-Decarboxylase sich in verschiedener Hinsicht von Pyruvat-Decarboxylasen pflanzlicher oder bakterieller Herkunft unterscheidet, ist noch ungewiß, welche Rolle Enzyme dieses Typus spielen, zumal Ochoa gezeigt hat, daß die Decarboxylierung von α-Ketoglutarat unter physiologischen Bedingungen nicht über Bernsteinsäuresemialdehyd und nachfolgende Oxydation durch Xanthinoxydase zu Bernsteinsäure verläuft[2].

Benzoylformiat-Decarboxylase.

[4.1.1.7 Benzoylformiat-Carboxy-Lyase.]

Gunsalus, Stanier und Gunsalus[4] haben aus Extrakten von *Pseudomonas fluorescens* ein Enzym angereichert, welches als Teilreaktion des Abbaues von D(—)- bzw. L(+)-Mandelat zu Benzoat die Decarboxylierung von Benzoylformiat zu Benzaldehyd und CO_2 katalysiert;

$$C_6H_5—CO—COOH \rightarrow C_6H_5—CHO + CO_2.$$

Das Enzym wird nur in auf Mandelat enthaltenden Nährböden gewachsenen Zellen angetroffen. In Tabelle 5 ist die Anreicherung des Enzyms aus wäßrigen Extrakten zusammengefaßt.

Tabelle 5. *Anreicherung von Benzoylformiat-Decarboxylase aus wäßrigen Extrakten von Pseudomonas fluorescens.*

Fraktion	Gesamtaktivität*	Ausbeute in %	Q_{CO_2}
1. Wasserlösliche Proteinfraktion	110000	100	930
2. Nach Protaminfällung**	84000	77	1580
3. Ammoniumsulfatfällung (40—70% Sättigung)	62000	56	3650
4. Ammoniumsulfatfällung (50—70% Sättigung)	20000	18	5650
5. Hitzebehandlung (45 min bei 50° C)	19000	17	6100

* 1 Enzymeinheit = 1 μM CO_2/Std/30° C in 0,1 m Phosphatpuffer p_H 6.

** Zugabe von 0,1 Vol. Protaminsulfatlösung mit 20 mg/ml, p_H 5,0. Proteingehalt der wäßrigen Extrakte: 8—12 mg/ml.

[1] Green, D. E., W. W. Westerfeld, B. Vennesland and W. E. Knox: J. biol. Ch. **145**, 69 (1942).
[2] Ochoa, S.: J. biol. Ch. **155, 87** (1944).
[3] Friedemann, T. E., and G. E. Haugen: J. biol. Ch. **147**, 415 (1943).
[4] Gunsalus, C. F., R. Y. Stanier and I. C. Gunsalus: J. Bact. **66**, 548 (1953).

Benzoylformiat-Decarboxylase ist ein relativ unempfindliches Enzym, welches durch den in Tabelle 5 niedergelegten Arbeitsgang frei von Mandelat-Racemase und TPN-Benzaldehyd-Dehydrogenase gewonnen werden kann. Eine geringe Aktivität von DPN-Benzaldehyd-Dehydrogenase bleibt in dem etwa siebenfach angereicherten Präparat zurück. Das Enzym ist TPP-abhängig (MICHAELIS-MENTEN-Konstante $= 4 \times 10^{-6}$ M/l), benötigt jedoch für die Enzymwirkung keine zweiwertigen Metallionen. Das Coenzym kann durch 24stündige Dialyse gegen 0,02 m Pyrophosphatpuffer, p_H 8,5, und nachfolgende 12stündige Dialyse gegen Aqua dest. vollständig entfernt werden. Pyruvat, α-Ketoglutarat und α-Ketobutyrat werden nicht angegriffen (5% der Reaktionsgeschwindigkeit mit Benzoylformiat). Die Affinität von Benzoylformiat zum Enzym ist relativ groß (MICHAELIS-MENTEN-Konstante $= 9 \times 10^{-4}$ M/l). Wahrscheinlich wird auch p-Hydroxybenzoylformiat zu p-Hydroxybenzaldehyd und CO_2 decarboxyliert. Das p_H-Optimum liegt bei 6.

Aktivitätsmessung. Die enzymatische Decarboxylierung von Benzoylformiat kann manometrisch bestimmt werden[1]: ein Gesamtvolumen von 2,5 ml enthält 100 μg TPP, 50 μM Benzoylformiat (Natriumsalz) und 0,1 m Phosphatpuffer, p_H 6,0. Meßgröße ist die freigesetzte CO_2-Menge. $T = 30°$ C.

Pyruvat-Oxydase-Systeme.

Enzyme bzw. Enzymsysteme dieses Typus kommen praktisch in allen Lebewesen vor, die in der Lage sind, während der anaeroben Stoffwechselphase anfallendes Pyruvat oxydativ abzubauen. Die Bruttoreaktion läßt sich in folgender Weise formulieren:

$$2\,CH_3\text{—}CO\text{—}COOH + O_2 \rightarrow 2\,CH_3\text{—}COOH + 2\,CO_2$$

Der Mechanismus dieser Reaktion ist wesentlich verwickelter und schwerer überschaubar als derjenige der anaeroben Pyruvatdecarboxylierung. Der erste Schritt des Pyruvatabbaues scheint bei dem oxydativ und dem anaerob arbeitenden Enzym identisch zu sein und in der Decarboxylierung zu bestehen, wobei anaerob freier Acetaldehyd, oxydativ als Intermediärprodukt ein Acetaldehyd-Enzym-Komplex entsteht („aktivierter Acetaldehyd")[2-6].

$$R\text{—}C\begin{matrix}\nearrow O\\ \searrow COOH\end{matrix} \xrightarrow{\text{TPP, Mg}^{++}} \left[R\text{—}C\begin{matrix}\nearrow O\\ \searrow H\end{matrix}\right] + CO_2 \qquad (I)$$

Die Identität beider Prozesse läßt sich zwar nicht direkt beweisen, doch lassen Analogieschlüsse diese Annahme als gerechtfertigt erscheinen. Der „aktivierte Acetaldehyd" kann sowohl bei den anaerob wirksamen Decarboxylasen als auch bei Oxydasen mit unphysiologischen Wasserstoffacceptoren bzw. Oxydationsmitteln reagieren, wobei Essigsäure entsteht. Diese Oxydation erfolgt wahrscheinlich unter dem katalytischen Einfluß des Enzymproteins, sonst wäre die Tatsache unerklärlich, daß die anaerobe Pyruvatdecarboxylasen aus Weizenkeimlingen[7] und Hefe[8] nicht mit Ferricyanid reagieren, während Pyruvat-Oxydase aus Taubenbrustmuskel mit diesem Oxydans reagiert[9]. Pyruvatdecarboxylase aus Hefe hingegen und Pyruvat-oxydase aus Taubenbrustmuskel[10] reagieren mit Dichlorphenolindophenol, die Oxydasen aus Schweineherzmuskel und Hefemito-

---

[1] GUNSALUS, C. F., R. Y. STANIER and I. C. GUNSALUS: J. Bact. **66**, 548 (1953).
[2] STRECKER, H. J., and S. OCHOA: J. biol. Ch. **209**, 313 (1954).
[3] KORKES, S., A. DEL CAMPILLO, I. C. GUNSALUS and S. OCHOA: J. biol. Ch. **193**, 721 (1951).
[4] SCHWEET, R. S., M. FULD, K. CHESLOCK and M. H. PAUL; in: McElroy-Glass, Phosphorus Metabolism. Vol. I, S. 246.
[5] KORKES, S.; in: McElroy-Glass, Phosphorus Metabolism, Vol. I, S. 259.
[6] RACKER, E.; in: MCELROY, W. D., and B. GLASS (Hrsgb.): The Mechanism of Enzyme Action. S. 470. Baltimore 1954.
[7] SINGER, T. P., and J. PENSKY: J. biol. Ch. **196**, 375 (1952).
[8] HOLZER, H., u. H. W. GOEDDE: B. Z. **329**, 192 (1957).
[9] STUMPF, P. K., K. ZARUDNAYA, and D. E. GREEN: J. biol. Ch. **167**, 817 (1947).
[10] JAGANNATHAN, V., and R. S. SCHWEET: J. biol. Ch. **196**, 551 (1952).

chondrien[1] sind mit diesem Elektronenacceptor ohne Wirkung. Alle diese Systeme benötigen für die Enzymwirkung TPP und Mg^{++} oder ein anderes zweiwertiges Kation. Auch für den Einbau von CO_2 in Pyruvat ist TPP erforderlich, nicht dagegen Coenzym A oder DPN[2]. Pyruvat-Decarboxylasen und Pyruvat-Oxydasen sind zur Acetoin-Bildung befähigt.

Der nächste Schritt besteht in der reduktiven Spaltung der S—S-Bindung der Liponsäure, wobei die S-Acetylverbindung der reduzierten Liponsäure entsteht (Reaktion II). Die stöchiometrische Beziehung zwischen der CO_2-Entwicklung aus Pyruvat und den

$$\left[\mathrm{RC}\begin{matrix}\nearrow \mathrm{O}\\ \searrow \mathrm{H}\end{matrix}\right] + \begin{matrix}\mathrm{S}\\ |\\ \mathrm{S}\end{matrix}\!\!>\!\mathrm{R} \rightleftharpoons \begin{matrix}\mathrm{R{-}C{-}S}\\ \| \quad\;\;\\ \mathrm{O\;\; HS}\end{matrix}\!\!>\!\mathrm{R} \qquad \text{(II)}$$

entstehenden SH-Gruppen und die gleichzeitige Bildung eines Thiolesters (Hydroxylamin-Reaktion) sind wichtige Kriterien für diesen Reaktionsmechanismus. Schritt III besteht in der Übertragung der Acylgruppe auf Coenzym A. Bei Reaktion IV wird die reduzierte Liponsäure reoxydiert[3–5].

$$\begin{matrix}\mathrm{R{-}C{-}S}\\ \| \quad\;\;\\ \mathrm{O\;\; HS}\end{matrix}\!\!>\!\mathrm{R} + \mathrm{CoA} \rightleftharpoons \begin{matrix}\mathrm{HS}\\ \mathrm{HS}\end{matrix}\!\!>\!\mathrm{R} + \text{Acetyl-CoA} \qquad \text{(III)}$$

$$\mathrm{DPN^+} + \begin{matrix}\mathrm{HS}\\ \mathrm{HS}\end{matrix}\!\!>\!\mathrm{R} \rightleftharpoons \begin{matrix}\mathrm{S}\\ |\\ \mathrm{S}\end{matrix}\!\!>\!\mathrm{R} + \mathrm{DPNH} + \mathrm{H^+} \qquad \text{(IV)}$$

Die Frage, ob die gesamte Reaktionsfolge durch ein Enzym katalysiert wird, kann heute noch nicht abschließend beantwortet werden. Einerseits wäre dies auf Grund so verschiedenartiger Teilreaktionen überraschend — es könnte sich in diesem Falle um ein Enzym mit mehreren spezifischen Wirkungszentren handeln. Andererseits haben JAGANNATHAN und SCHWEET ein Pyruvat-Oxydase-Präparat aus Taubenbrustmuskel dargestellt[6], welches sich elektrophoretisch und auf Grund der Sedimentationsgeschwindigkeit im Zentrifugalfeld als einheitliches Protein verhielt, und die Oxydation von Pyruvat zu Acetat, bei Anwesenheit von Coenzym A zu Acetyl-Coenzym A, Acetoinbildung und die Dismutation von Diacetyl zu Acetoin und Essigsäure katalysierte.

Nach den Beobachtungen einer Oxydation von Pyruvat zu Acetat in Gonokokken-Suspensionen[7,8] und tierischen Geweben[9] ist die Reaktion vorwiegend an mehr oder weniger gereinigten Enzympräparaten bakterieller, aber auch tierischer Herkunft studiert worden (*Lactobacillus delbrückii*[7–11], *Escherichia coli*[12–16], *Proteus vulgaris*[17,18], *Clostridium*

1 HOLZER, H., u. H. W. GOEDDE: B. Z. **329**, 192 (1957).
2 GOLDBERG, M., and D. R. SANADI: Am. Soc. **74**, 4972 (1952).
3 METZLER, D. E.; in: Boyer-Lardy-Myrbäck, Enzymes, Bd. II, S. 295ff.
4 REED, L. J.; in: Boyer-Lardy-Myrbäck, Enzymes, Bd. III, S. 195ff.
5 JENCKS, W. P.; in: Boyer-Lardy-Myrbäck, Enzymes, Bd. VI, S. 339ff.
6 JAGANNATHAN, V., and R. S. SCHWEET: J. biol. Ch. **196**, 551 (1952).
7 BARRON, E. S. G., and C. P. MILLER: J. biol. Ch. **97**, 691 (1932).
8 BARRON, E. S. G.: J. biol. Ch. **113**, 695 (1936).
9 KREBS, H. A., and W. A. JOHNSON: Biochem. J. **31**, 645 (1937).
10 LIPMANN, F.: Enzymologia **4**, 65 (1937). Nature **143**, 281, 436; **144**, 381 (1939). Cold Spring Harbor Symp. quant. Biol. **7**, 248 (1939).
11 LIPMANN, F.: J. biol. Ch. **155**, 55 (1944).
12 KORKES, S., A. DEL CAMPILLO, I. C. GUNSALUS and S. OCHOA: J. biol. Ch. **193**, 721 (1951).
13 CHEN, H. K., and P. S. TANG: J. cellul. comp. Physiol. **16**, 293 (1940).
14 STILL, J. L.: Biochem. J. **35**, 380 (1941).
15 KALNITSKY, G., and C. H. WERKMAN: Arch. Biochem. **2**, 113 (1943).
16 UTTER, M. F., and C. H. WERKMAN: Arch. Biochem. **2**, 491 (1943); **5**, 413 (1944).
17 STUMPF, P. K.: J. biol. Ch. **159**, 529 (1945).
18 MOYED, H. S., and D. J. O'KANE: Arch. Biochem. **39**, 457 (1952). J. biol. Ch. **195**, 375 (1952); **218**, 831 (1956).

butylicum[1, 2], *Pseudomonas pyocyaneus*[3], *Staphyloccus aureus*[3], *Saccharomyces cerevisiae*[3], *Micrococcus pyogenes var. aureus*[4], *Tetrahymena pyriformis*[5], *Streptococcus faecalis*[6], *Clostridium saccharobutyricum*[7], Hefe-Mitochondrien[8], Taubenhirn[9], Muskel und Niere[10], Taubenbrustmuskel[11–14], Schweineherzmuskel[15]).

***Darstellung der Pyruvat-Oxydase aus Taubenbrustmuskel nach* Jagannathan *und* Schweet**[12].

Gefrorener Brustmuskel von 12 Tauben (700 g) wird zerkleinert, in 3—4 l eiskaltem redestilliertem Aqua dest. suspendiert, mehrmals mit der gleichen Wassermenge gewaschen und schließlich durch vorsichtiges Pressen durch eine Mullage vom Wasser befreit. Der gewaschene Muskel wird in 3 l 0,01 m Phosphatpuffer, p_H 7,5, suspendiert und im „Waring blendor“ 2 min homogenisiert. Dabei soll der Homogenisator zur Vermeidung von Schaumbildung gut gefüllt sein. $T = 0$—5° C. Das Homogenat wird sodann 1 Std bei 4000 × g zentrifugiert, der Überstand, der nur eine schwache Trübung aufweisen soll, wird wiederum durch ein Tuch filtriert, um Fettsubstanzen zu entfernen. Das Unlösliche wird verworfen. Nach dem Protokoll der Autoren besitzt der Überstand (1900 ml) eine spezifische Aktivität von 0,1—0,3; Ausbeute: 10000—12000 E.

Der Extrakt (p_H 6,5) wird durch Zugabe 10%iger Essigsäure, die tropfenweise unter Umrühren zugesetzt wird, auf p_H 5,4 gebracht. Hierbei muß die Lösung wegen der Labilität des Enzyms bei 0° C gehalten werden. Es wird 30 min bei 4000 × g zentrifugiert. Der Überstand wird verworfen, der Niederschlag in 50 ml 0,01 m Phosphatpuffer, p_H 7,5, aufgenommen und danach durch Zusatz von 1 n NaOH auf p_H 6,5 eingestellt. Die grobe Suspension wird sodann in einem Glas-Homogenisator fein verteilt (Protokoll: 70 ml, spezifische Aktivität = 0,5—1,5; Ausbeute: 8000—10000 E).

Die Suspension wird nun mehrmals bei —15° C eingefroren und wieder aufgetaut. Durch diese Behandlung geht der zähflüssige ursprüngliche Niederschlag in ein Präcipitat über, welches sich durch Zentrifugieren (30 min bei 20000 × g) sedimentieren läßt und verworfen wird. Unlösliche Fettpartikel werden von dem sonst klaren Überstand durch Filtrieren entfernt (50,0 ml spezifische Aktivität = 5,0—7,0; Ausbeute: 7000—9000 E).

Mit 1%iger Essigsäure wird auf p_H 5,4 eingestellt und 20 min bei 4000 × g zentrifugiert. Der Überstand wird verworfen und der Niederschlag in so viel 0,1 m Phosphatpuffer, p_H 6,3, und Aqua dest. aufgenommen, daß die Phosphat-Konzentration der Lösung 0,05 m ist und die Enzym-Konzentration 500—550 E/ml beträgt (p_H 6,2—6,3). Die dicke, sahneartige Suspension wird über Nacht eingefroren und nach dem Auftauen 30 min bei 20000 × g zentrifugiert. Das Präcipitat wird verworfen, der viscöse, gelbliche Überstand enthält das Enzym (15 ml; spezifische Aktivität = 8,0—10,0; Ausbeute: 6000—8000 E).

Mit Aqua dest. wird auf 50 ml aufgefüllt, die Enzym-Konzentration soll dann etwa 150 E/ml betragen. Sodann wird 24—36 Std gegen 0,01 m Phosphatpuffer, p_H 5,9, dialysiert. Man benötigt etwa vier Portionen von je 500 ml Puffer. Außerdem ist es erforderlich, die Lösungen während der Dialyse vorsichtig und ohne Schaumbildung um-

[1] Koepsell, H. J., and M. J. Johnson: J. biol. Ch. **145**, 379 (1942).
[2] Koepsell, H. J., M. J. Johnson and J. S. Meek: J. biol. Ch. **154**, 535 (1944).
[3] Chen, H. K., and P. S. Tang: J. cellul. comp. Physiol. **16**, 293 (1940).
[4] Stedman, R. L., and E. Kravitz: Arch. Biochem. **59**, 260 (1955).
[5] Seaman, G. R.: J. gen. Microbiol. **11**, 300 (1954).
[6] Dolin, M. I., and I. C. Gunsalus: Fed. Proc. **11**, 203 (1952).
[7] Nisman, B., and J. Mager: Nature **169**, 709 (1952).
[8] Holzer, H., u. H. W. Goedde: B. Z. **329**, 175 (1957).
[9] Long, C., and R. A. Peters: Biochem. J. **33**, 759 (1939).
[10] Martius, C.: H. **279**, 96 (1943).
[11] Stumpf, P. K., K. Zarudnaya and D. E. Green: J. biol. Ch. **167**, 817 (1947).
[12] Jagannathan, V., and R. S. Schweet: J. biol. Ch. **196**, 551 (1952).
[13] Schweet, R. S., B. Katchman, R. M. Bock and V. Jagannathan: J. biol. Ch. **196**, 563 (1952).
[14] Schweet, R. S., and K. Cheslock: J. biol. Ch. **199**, 749 (1952).
[15] Korkes, S., A. del Campillo and S. Ochoa: J. biol. Ch. **195**, 541 (1952).

zurühren. Das ausgefällte Begleitprotein wird durch Zentrifugieren (30 min, $4000 \times g$) entfernt (50 ml Überstand; spezifische Aktivität 17—20; Ausbeute: 4000—5000 E).

Der Überstand wird nun durch Zugabe von 1 m Phosphatpuffer, p_H 5,9, auf eine Phosphat-Konzentration von 0,1 m gebracht. Sodann wird 0,1 m Phosphorsäure tropfenweise und unter schnellem Umrühren zugesetzt, bis die ersten Anzeichen eines Präcipitates sichtbar werden (p_H 5,65—5,7). Die Lösung wird 15 min bei $5000 \times g$ zentrifugiert. Der Niederschlag wird in 10 ml 0,01 m Phosphatpuffer, p_H 7,5, aufgenommen und der Überstand durch weitere Zugabe von Phosphorsäure auf p_H 5,4 gebracht. Das nunmehr erscheinende Präcipitat besitzt einen besonders hohen Reinheitsgrad, es wird durch Zentrifugieren entfernt und in der gleichen Weise in Phosphatpuffer gelöst (10 ml; spezifische Aktivität 35—50; Ausbeute: 1500—2500 E).

Auf diese Weise gewonnene Präparate oxydieren Pyruvat zu Acetat und CO_2 und sind außerdem zur nichtoxydativen Acetoinbildung befähigt. Das p_H-Optimum liegt bei Verwendung von Ferricyanid als Elektronenacceptor bei 6,4, bei Verwendung von molekularem Sauerstoff zwischen 7,5 und 8,0. Die MICHAELIS-MENTEN-Konstante beträgt 2×10^{-5} M Pyruvat/l. Coenzym A und DPN sind für die Enzymaktion nicht erforderlich, jedoch läuft die Reaktion nur bei Anwesenheit von TPP und Mg^{++} ab. Das Enzympräparat verhält sich elektrophoretisch und in der Ultrazentrifuge wie ein einheitliches Protein, das Molekulargewicht liegt bei 4000000.

Bestimmung der Pyruvat-Oxydase nach JAGANNATHAN *und* SCHWEET[1].

Prinzip:

Mit Ferricyanid als Elektronenacceptor läßt sich die Enzymaktivität über die CO_2-Bildung manometrisch in der WARBURG-Apparatur messen.

Reagentien:

1. 0,2 m Lithiumpyruvat.
2. 0,5 m $NaHCO_3$.
3. 0,2 m $MgCl_2$.
4. Thiaminpyrophosphat-Lösung (TPP), 0,2%ig, unmittelbar vor Gebrauch auf p_H 6,0 eingestellt.
5. 0,5 m Kaliumcyanoferrat (III).

Ausführung:

Mischlösung. 0,5 ml Lithiumpyruvat, 0,1 ml $NaHCO_3$, 0,1 ml $MgCl_2$ und 0,1 ml TPP-Lösung werden gemischt und mit CO_2 gesättigt. 0,8 ml dieser Lösung werden mit der Enzymlösung, die etwa 50 E enthält, in den Hauptraum eines WARBURG-Gefäßes gegeben. Die Reaktion wird durch Zugabe von 0,2 ml Kaliumcyanoferrat(III), welches in den Seitenarm eingefüllt wird, gestartet. Gasphase: 100% CO_2. $T = 38°$ C. End-p_H-Wert $= 6,0$.

Als *Enzymeinheit* wird die Enzymmenge bezeichnet, welche ein μM CO_2/Std freisetzt. Spezifische Aktivität: μMol CO_2/Std/mg Protein.

Der Mechanismus der Pyruvatoxydation und die Art der benötigten Cofaktoren sind bei der Oxydation durch Enzympräparate verschiedener Herkunft sehr unterschiedlich. Das Pyruvat-Oxydase-System von *Lactobacillus delbrückii* erfordert für die Wirksamkeit außer TPP und Mg^{++}, Mn^{++} oder Co^{++} zusätzlich anorganisches Phosphat oder Arsenat und Flavinadenindinucleotid[2,3]. Die oxydative Decarboxylierung verläuft phosphoroklastisch in folgender Reaktion[2,4]:

$$CH_3—CO—COO^- + (OH)_2 PO_2^- + O_2 \rightarrow CH_3—COOPO_3^{--} + CO_2$$

[1] JAGANNATHAN, V., and R. S. SCHWEET: J. biol. Ch. **196**, 551 (1952).

[2] LIPMANN, F.: Enzymologia **4**, 65 (1937). Nature **143**, 281, 436; **144**, 381 (1939). Cold Spring Harbor Symp. quant. Biol. **7**, 248 (1939).

[3] HAGER, L. P., D. M. GELLER and F. LIPMANN: Fed. Proc. **13**, 734 (1954).

[4] LIPMANN, F.: J. biol. Ch. **155**, 55 (1944).

Bei *Escherichia coli* wird Pyruvat ebenfalls phosphoroklastisch oxydiert unter Bildung von Acetylphosphat und Ameisensäure[1-5]:

$$CH_3{-}CO{-}COO^- + (OH)_2PO_2^- \rightarrow CH_3{-}COOPO_3^{--} + HCOO^- + H^+$$

Das Enzym bzw. Enzymsystem läßt sich mit Ammoniumsulfat zwischen 40 und 62% Sättigung präcipitieren[6] und benötigt für die Aktivität neben TPP und Mg^{++} oder Mn^{++} anorganisches Phosphat.

Das Oxydase-System aus *Clostridium butylicum* katalysiert ebenfalls einen phosphoroklastischen Typ der oxydativen Pyruvatdecarboxylierung[7, 8]:

$$CH_3{-}CO{-}COO^- + (OH)_2PO_2^- \rightarrow CH_3 - COOPO_3^{--} + H_2 + CO_2$$

Der phosphoroklastische Abbau ist kein Charakteristikum für Enzyme bakterieller Herkunft. Das System von *Proteus vulgaris*[9] oxydiert Pyruvat zu Acetat und CO_2 und läßt sich nach Ultraschall-Behandlung[10] oder mechanischer Zerstörung der Zellen (Booth-Green mill[11]) entweder durch hochtouriges Zentrifugieren gewinnen oder durch Essigsäure bei p_H 4,3 fällen. Mit einem solchen Enzympräparat, welches ohne Zusatz von TPP ohne Wirkung ist, da das Coenzym während der Präparation vom Enzym abgetrennt wird, besitzt Methylenblau als Elektronenacceptor etwa 10% der Wirksamkeit von molekularem Sauerstoff. Das für die Enzymwirkung erforderliche zweiwertige Kation — wahrscheinlich Mg^{++} — ist dagegen im Enzympräparat enthalten und läßt sich durch Dialyse bei p_H 4,0 und 0° C entfernen. Als Cofaktor wirken mit abnehmender Wirkung folgende Metalle: Mn^{++}, Mg^{++}, $Fe^{++} = Ni^{++}$, Zn^{++}, Co^{++}. Ohne Wirkung sind: Ca^{++}, Ba^{++}, Cd^{++}, Al^{+++} und Fe^{+++}. Nach MOYED und O'KANE besteht das Enzym-System aus zumindest zwei hitzelabilen Fraktionen[12].

Inhibitoren. Wie eine starke Hemmung der Pyruvatoxydation durch das Enzym-System von *Proteus vulgaris* unter Einwirkung von Hg anzeigt, handelt es sich wahrscheinlich um ein SH-abhängiges Enzym[12]. Weitere Inhibitoren sind 3-Fluor-pyruvat (Enzym aus Taubenbrustmuskel[13,14]), 2,2-Dichlor-propionat (*Streptococcus faecalis* und *Proteus vulgaris*[15]), Furacin (Taubenleber[16], Rattenhoden[16], Taubenbrustmuskel[17]) sowie das Gift der Kobra und der Russel-Viper[18].

α-Ketoglutarat-Oxydase-Systeme.

Der Mechanismus der oxydativen Decarboxylierung von α-Ketoglutarat ist demjenigen von Pyruvat sehr ähnlich (s. S. 490f.). Beide enzymatischen Reaktionen benötigen α-Lipon-

---

[1] KALNITSKY, G., and C. H. WERKMAN: Arch. Biochem. **2**, 113 (1943).
[2] UTTER, M. F., and C. H. WERKMAN: Arch. Biochem. **2**, 491 (1943); **5**, 413 (1944).
[3] UTTER, M. F., F. LIPMANN and C. H. WERKMAN: J. biol. Ch. **158**, 521 (1945).
[4] STRECKER, H. J., H. G. WOOD and L. O. KRAMPITZ: J. biol. Ch. **182**, 525 (1950).
[5] CHANTRENNE, H., and F. LIPMANN: J. biol. Ch. **187**, 757 (1950).
[6] STILL, J. L.: Biochem. J. **35**, 380 (1941).
[7] KOEPSELL, H. J., and M. J. JOHNSON: J. biol. Ch. **145**, 379 (1942).
[8] KOEPSELL, H. J., M. J. JOHNSON and J. S. MEEK: J. biol. Ch. **154**, 535 (1944).
[9] STUMPF, P. K.: J. biol. Ch. **159**, 529 (1945).
[10] STUMPF, P. K., and D. E. GREEN: J. biol. Ch. **153**, 387 (1944).
[11] BOOTH, V. H., and D. E. GREEN: Biochem. J. **32**, 855 (1938).
[12] MOYED, H. S., and D. J. O'KANE: Arch. Biochem. **39**, 457 (1952). J. biol. Ch. **195**, 375 (1952); **218**, 831 (1956).
[13] PETERS, R. A.: Bull. Johns Hopkins Hosp. **97**, 21 (1955).
[14] GAL, E. M., A. S. FAIRHURST and R. E. SMITH: Biochim. biophys. Acta **20**, 583 (1956).
[15] REDEMANN, C. T., and R. W. MEIKLE: Arch. Biochem. **59**, 106 (1955).
[16] PAUL, M. F., H. E. PAUL, F. KOPKO, M. J. BRYSON and C. HARRINGTON: J. biol. Ch. **206**, 491 (1954).
[17] PAUL, M. F., M. J. BRYSON and C. HARRINGTON: J. biol. Ch. **219**, 463 (1956).
[18] BRAGANCA, B. M., and J. H. QUASTEL: Biochem. J. **53**, 88 (1953).

säure und TPP sowie ein zweiwertiges Metallkation als Cofaktoren. Die Reaktion entspricht folgender Gleichung[1,3]:

$$\alpha\text{-Ketoglutarat} + \text{Coenzym A} + \text{DPN} \rightarrow \text{Succinyl-Coenzym A} + CO_2 + \text{DPNH} + H^+.$$

SANADI und LITTLEFIELD haben Succinyl-Coenzym A isoliert[4]. Wie bei Pyruvatoxydasen wird der Wasserstoff über α-Liponsäure auf DPN übertragen[5]. Bei Abwesenheit von Coenzym A entsteht Bernsteinsäure, DPN läßt sich wie auch bei der oxydativen Pyruvatdecarboxylierung durch unphysiologische Elektronenacceptoren wie Dichlorphenolindophenol oder Ferricyanid ersetzen. α-Ketoglutaratoxydase katalysiert eine Teilreaktion des Citronensäurecyclus, wodurch sich die weite Verbreitung des Enzyms bzw. Enzymsystems erklärt. Wie OCHOA zeigen konnte, hemmt Malonsäure die weitere Oxydation der Bernsteinsäure, hierdurch ist es möglich, die Enzymaktivität auch in rohen Enzympräparaten und Geweben bei Anwesenheit von Malonat ohne wesentliche störende Begleitreaktionen zu messen. Näher untersucht wurde das Oxydasesystem von Herzmuskel[1,6], Taubenbrustmuskel[1,7] sowie verschiedenen Geweben der Maus[8] (Tabelle 6).

Tabelle 6. *α-Ketoglutarat-Oxydase-Aktivitäten von Geweben der Maus* (nach ACKERMANN[8]).

Die Messungen (s. Methodik) wurden an Homogenaten manometrisch vorgenommen. Es wird der Sauerstoffverbrauch in μl je 20 mg Feuchtgewicht/10 min angegeben.

Gewebe	O_2-Verbrauch
Leber . .	17,0 ± 3,0
Herzmuskel	31,5 ± 4,0
Niere . . .	18,5 ± 2,0
Hirn . . .	6,0 ± 2,0
Milz . . .	2,4 ± 1,0
Lunge . .	0,6 ± 1,0

***Darstellung der α-Ketoglutarat-Oxydase aus Schweineherzmuskel und Taubenbrustmuskel nach* SANADI *u. Mitarb.*[2].**

Sämtliche Operationen werden bei 0—5° C durchgeführt, es wird ausschließlich über Glas destilliertes Wasser verwendet. — In Würfel geschnittener Herzmuskel (1,5 kg) wird mit 4,5 l Phosphatpuffer (0,03 m, p_H 7,2) 2 min homogenisiert (Waring blendor). Nach dem Zentrifugieren (2000×g; 30 min) wird der Überstand durch Zugabe 10%iger Essigsäure auf p_H 5,4 gebracht und wiederum 20 min zentrifugiert. Man wäscht das Präcipitat durch Suspendieren in 300 ml Aqua dest. mit Hilfe eines Glas-Homogenisators und zentrifugiert 10 min bei 4000×g. Der Waschprozeß wird mit 100 ml Aqua dest. wiederholt, der p_H durch Zugabe von 1 n NaOH auf 7,0 eingestellt und das Volumen auf 250 ml gebracht. Die Suspension wird eingefroren und während einer Zeitspanne von 24 oder mehr Stunden zumindest zweimal aufgetaut. Das koagulierte Protein wird durch Zentrifugieren (18000×g; 20 min) entfernt. Der rötliche Überstand wird mit Ammoniumacetat (38,5 g je 100 ml) versetzt und frühestens nach 10 min für 20 min bei 18000×g zentrifugiert. Die gleiche Menge Ammoniumacetat wird nun im Überstand gelöst, sodann wird wie vorhin beschrieben zentrifugiert. Man löst das Präcipitat in 10 ml 0,01 m Natriumhydrogencarbonat oder 0,02 m Phosphat, p_H 7,2—8,0 und dialysiert die Lösung 6—8 Std gegen den gleichen Puffer. Mit diesem Verfahren wird eine 230—350fache Reinigung mit 9—13%iger Ausbeute erzielt.

Die spezifische Aktivität kann durch weitere Fällungen bei verschiedenem p_H oder durch Fraktionierung mit Ammoniumacetat, Ammoniumsulfat oder Natriumsulfat nicht weiter gesteigert werden. Das Enzym wird quantitativ durch Natriumsulfat (15 g je 100 ml) gefällt und kann anschließend durch Zentrifugieren (144000×g; 2 Std) gewonnen werden. Von diesem Verhalten kann man Gebrauch machen, um kleine Mengen von

[1] KAUFMAN, S.; in: McElroy-Glass, Phosphorus Metabolism. Bd. I, S. 370.
[2] SANADI, D. R., J. W. LITTLEFIELD and R. M. BOCK: J. biol. Ch. **197**, 851 (1952).
[3] KAUFMAN, S., C. GILVARG, O. CORI and S. OCHOA: J. biol. Ch. **203**, 869 (1953).
[4] SANADI, D. R., and J. W. LITTLEFIELD: J. biol. Ch. **193**, 683 (1951); **201**, 103 (1953).
[5] SANADI, D. R., and R. L. SEARLS: Biochim. biophys. Acta **24**, 220 (1957).
[6] OCHOA, S.: J. biol. Ch. **155**, 87 (1944).
[7] STUMPF, P. K., K. ZARUDNAYA and D. E. GREEN: J. biol. Ch. **167**, 817 (1947).
[8] ACKERMANN, W. W.: J. biol. Ch. **184**, 557 (1950).

Verunreinigungen mit niedrigerem Molekulargewicht abzutrennen oder für die weitere Reinigung von Enzympräparaten, welche am Ende des Arbeitsganges noch nicht den erwarteten Reinheitsgrad besitzen. Das Enzym wird zweckmäßigerweise in 0,02 m Phosphatpuffer, p_H 8,0, bei —10° C eingefroren und in diesem Zustande aufbewahrt. Nach einem anfänglichen Abfall der Aktivität behalten die Enzympräparate meist etwa $^2/_3$ der ursprünglichen Aktivität über einen Zeitraum von 2 Monaten.

Das *Enzym aus Taubenbrustmuskel* kann in ganz ähnlicher Weise dargestellt werden. Die Proteinfällung, welche man zwischen 23 und 77 g Ammoniumacetat je 100 ml Überstand nach dem Einfrieren und Auftauen erhält, besitzt eine Aktivität von ungefähr 57 E/mg Protein. Zwischen den Enzympräparaten verschiedener Herkunft scheinen wesentliche physikalische und chemische Unterschiede nicht zu bestehen. Die einzigen Verunreinigungen, welche in den hochgereinigten Präparaten noch nachgewiesen werden können, sind Pyruvat-Oxydase und Diaphorase, welche jedoch nicht mehr als 1—2% der gesamten Proteinmenge ausmachen.

Lösungen des gereinigten Enzyms besitzen eine gelbliche Farbe, das Absorptionsspektrum zeigt ein Maximum bei 410 mμ — wahrscheinlich infolge von Verunreinigungen mit Hämoproteiden. Ein nach dem beschriebenen Verfahren dargestelltes Enzympräparat aus Schweineherzmuskel verhielt sich elektrophoretisch (Tiselius-Apparatur) und in der Ultrazentrifuge zu etwa 90% wie ein einheitliches Protein. Die Diffusionskonstante lag bei 20° C zwischen 1,54 und $1{,}76\times10^{-7}$. Das Molekulargewicht beträgt 2000000.

Das p_H-Optimum liegt bei Verwendung von Ferricyanid als Elektronenacceptor und Hydrogencarbonat als Puffersystem bei 6,9. Bei diesem p_H ist das Enzym bei manometrischer Messung in 5% CO_2 — 95% N_2 etwa halb so wirksam wie in reiner CO_2-Atmosphäre. Die MICHAELIS-MENTEN-Konstante für α-Ketoglutarat (Dichlorphenolindophenol-Methode) wurde nach LINEWEAVER und BURK[1] mit $8{,}5\times10^{-6}$ ermittelt. Bei Konzentrationen über 0,002 m erfolgt Substrathemmung. Das Gleichgewicht liegt weit auf der Seite von Succinyl-Coenzym A. Während unlösliche Enzympräparate aus Taubenbrustmuskel[2] und *Acetobacter vinelandii*[3] TPP benötigen, ist das Enzym aus Schweineherzmuskel ohne besonderen Zusatz von Coenzym voll aktiv. Hochgereinigte Enzympräparate enthalten je Mol Protein 1 M TPP und 6 M α-Liponsäure in gebundener Form, jedoch kein Coenzym A oder DPN. Selbst nach 8stündiger Dialyse gegen Pyrophosphat, p_H 8,5, oder Umfällung bei p_H 5,4 oder Fällung mit ammoniakalischem Ammoniumsulfat wird das Enzym durch TPP oder Mg^{++} nicht aktiviert (Methodik: Dichlorphenolindophenol oder DPN als Wasserstoffacceptor). Neuerdings haben SANADI und SEARLS[4] ebenfalls an einem Enzympräparat aus Schweineherzmuskel zeigen können, daß (+)-Thioctat als Wasserstoffüberträger wirksam ist, nicht dagegen die linksdrehende Form. Da auch Thioctamid mit wesentlich größerer Affinität (MICHAELIS-MENTEN-Konstante $= 6\times10^{-4}$) zu α-Ketoglutarat-Oxydase als Thioctat (MICHAELIS-MENTEN-Konstante $= 6\times10^{-3}$) wirksam ist, ist es wahrscheinlich, daß das Säureamid der eigentliche Cofaktor ist, zumal auch das p_H-Optimum mit dem Amid bei 7,1 liegt, also näher an dem des α-Ketoglutarat-Oxydase-Komplexes. Mit Thioctat liegt das p_H-Optimum bei p_H 6,0[4]. Die aerobe Oxydation von α-Ketoglutarat wird durch kleine Konzentrationen Arsenit und p-Chlormercuribenzoat gehemmt[2, 5]. Das gereinigte Enzym wird bei einer Vorinkubation von 10 min bei 37° C mit verschiedenen Inhibitoren durch Monojodacetat (bis 0,01 m) nicht gehemmt, erst ab 0,03 m kommt es zu einer geringen Herabsetzung der Aktivität, ganz ähnliche Effekte werden unter der Einwirkung von Arsenit beobachtet[6].

[1] LINEWEAVER, H., and D. BURK: Am. Soc. **56**, 658 (1934).
[2] STUMPF, P. K., K. ZARUDNAYA and D. E. GREEN: J. biol. Ch. **167**, 817 (1947).
[3] LINDSTROM, E.: Persönl. Mitt. an die Autoren von Zitat[6].
[4] SANADI, D. R., and R. L. SEARLS: Biochim. biophys. Acta **24**, 220 (1957).
[5] BARRON, E. S. G., and T. P. SINGER: Science, N.Y. **97**, 356 (1943). J. biol. Ch. **157**, 221 (1945).
[6] SANADI, D. R., J. W. LITTLEFIELD and R. M. BOCK: J. biol. Ch. **197**, 851 (1952).

7×10^{-5} m p-Chlormercuribenzoat hemmt die Enzymaktivität zu 50%, ab 2×10^{-4} m ist die Hemmung vollständig.

***Manometrische Aktivitätsmessung von α-Ketoglutarat-Oxydase in Gewebshomogenaten nach* Ackermann[1].**

Reagentien:

1. KCl.
2. α-Ketoglutarat.
3. Thiaminpyrophosphat (TPP).
4. DPN.
5. Mg-Salz.
6. Phosphat.
7. ATP.
8. Cytochrom c.
9. Malonat.

Ausführung:

Man verwendet ein 5%iges Homogenat, welches in einem Glas-Homogenisator mit isotonischer KCl-Lösung hergestellt wird und 20—30 mg Frischorgan enthält, p_H 7,1 bis 7,3; $T = 38°$ C. Gemessen wird die Sauerstoffaufnahme. Wird die weitere Oxydation von Bernsteinsäure durch Malonatzugabe verhindert, so entspricht die Entwicklung von 1 M CO_2 der Aufnahme von 0,5 M O_2. Maximale Geschwindigkeiten erhielt der Autor bei Anwesenheit von $0{,}9 \times 10^{-2}$ m α-Ketoglutarat, 16,7 μg TPP je ml Ansatz, 16,7 μg DPN je ml Ansatz, $1{,}67 \times 10^{-3}$ m Mg^{++}, $6{,}67 \times 10^{-3}$ m Phosphat, 1×10^{-3} m ATP und $1{,}33 \times 10^{-5}$ m Cytochrom c. Malonat-Konzentration: 3×10^{-3} m. Unter diesen Bedingungen wurden die Aktivitäten von Homogenaten erhalten, die in Tabelle 6, S. 495, zusammengestellt sind.

Es scheint jedoch, daß die optimalen Reaktionsbedingungen bei Verwendung ungereinigter Systeme von Fall zu Fall festgelegt werden müssen. So schwankt z. B. die optimale DPN-Konzentration je nach dem verwendeten Gewebe — wahrscheinlich wegen der unterschiedlichen DPN-Konzentration der Gewebe oder infolge verschiedener DPNase-Aktivität. Andere Autoren haben über eine ungenügende Kongruenz von O_2-Aufnahme und CO_2-Entwicklung in dem beschriebenen System berichtet[2].

***Manometrische Aktivitätsmessung von gereinigter α-Ketoglutarat-Oxydase nach* Sanadi *u. Mitarb.*[3].**

Reagentien:

1. 0,5 m Kaliumcyanoferrat(III).
2. α-Ketoglutarat.
3. $NaHCO_3$.
4. Thiaminpyrophosphat (TPP).
5. $MgCl_2$.
6. Plasmaalbumin.

Ausführung:

In den Seitenarm eines Warburg-Troges gibt man 0,1 ml 0,5 m Kaliumcyanoferrat(III), die Hauptkammer enthält 50 μM α-Ketoglutarat, 400 μM Natriumhydrogencarbonat, 200 μg TPP, 20 μM $MgCl_2$, 30 mg Plasmaalbumin und die Enzymlösung. Gesamtvolumen des Gemisches im Hauptraum = 2,9 ml. Das System wird 5 min mit CO_2 gesättigt und weitere 5 min bei 37° C gehalten. Die Reaktion wird dann durch Überführen von Cyanoferrat(III) in den Hauptraum gestartet. Die CO_2-Entwicklung ist während der ersten 10 min der Enzymkonzentration proportional. Als Enzymeinheit wird die Menge Enzymprotein angegeben, welche je Std 1 μM CO_2 freisetzt. Eine Enzymeinheit entspricht annähernd einer Abnahme der Extinktion um 0,011 je min bei der Dichlorphenolindophenol-Methode.

Bei Abwesenheit von Albumin ist die initiale Geschwindigkeit der CO_2-Entwicklung geringer. Außerdem besteht keine Proportionalität zwischen Reaktionsgeschwindigkeit und Enzym-Konzentration. Der optimale Albumineffekt wird bei einer Konzentration von 10 mg/ml erreicht. Eine ähnliche „Aktivierung" bewirken auch DPN und Hefe- sowie Muskel-Adenylsäure. Da diese Wirkung bei der Oxydation von α-Ketoglutarat

[1] Ackermann, W. W.: J. biol. Ch. **184**, 557 (1950).
[2] Grafflin, A. L., N. M. Gray and E. H. Bayley: Bull. Johns Hopkins Hosp. **91**, 137 (1952).
[3] Sanadi, D. R., J. W. Littlefield and R. M. Bock: J. biol. Ch. **197**, 851 (1952).

mit Dichlorphenolindophenol als Elektronenacceptor vermißt wird, handelt es sich wohl um eine Stabilisierung des Enzyms durch die genannten Substanzen.

Photometrische Aktivitätsmessung von α-Ketoglutarat-Oxydase mit 2,6-Dichlorphenolindophenol als Elektronenacceptor nach Sanadi ***und*** Littlefield[1].

Reagentien:

1. α-Ketoglutarat.
2. $MgCl_2$.
3. Thiaminpyrophosphat (TPP).
4. Phosphat.
5. Dichlorphenolindophenol.

Ausführung:

Die Reduktion des Farbstoffs wird in einem Photometer bei 600 mμ verfolgt. Man startet die Reaktion durch Zugabe der Enzymlösung zu einem Gemisch aus α-Ketoglutarat (20 μM), $MgCl_2$ (20 μM), TPP (200 μg), Phosphat (200 μM) und Dichlorphenolindophenol (Start bei E = 0,400). Endvolumen = 3,0 ml; p_H 6,8; $T = 30°$ C. Der Blindwert enthält kein α-Ketoglutarat. Die Ablesungen werden im Abstand von 30 sec für 3 min vorgenommen, die Lichtschwächung verläuft für ungefähr 2 min linear mit der Zeit. Der Lichtschwächung 0,010 bei 600 mμ (Beckman-Spektralphotometer) in der ersten Minute entspricht annähernd die Oxydation von 0,1 μM α-Ketoglutarat/Std.

Oxalacetic decarboxylase and related enzymes.

By

Merton F. Utter*.

This section will deal with methods for determining enzymes which decarboxylate oxalacetate (OA) or form the latter substance by CO_2 fixation. Three types of enzymes will be considered: (a) those enzymes which decarboxylate OA to pyruvate and CO_2 (Reaction 1) and which may be considered true decarboxylases, (b) the plant and bacterial enzyme which catalyzes the irreversible formation of OA from phosphoenolpyruvate (PEP) and CO_2 (Reaction 2), and which is termed here PEP carboxylase, and (c) the enzyme from animal tissues or microorganisms which catalyzes the reversible formation of OA from PEP, CO_2, and a nucleotide diphosphate (Reaction 3) and which is called here PEP carboxykinase.

$$\text{Oxalacetate} \xrightarrow[\text{or Mg}^{++}]{\text{Mn}^{++}} \text{Pyruvate} + CO_2 \quad (1)$$

$$\text{Phosphoenolpyruvate} \xrightarrow[\text{or Mn}^{++}]{\text{Mg}^{++}} \text{Oxalacetate} + P_i \quad (2)$$

$$\text{Phosphoenolpyruvate} + \begin{matrix}\text{GDP}\\ \text{or}\\ \text{ADP}\end{matrix} + CO_2 \underset{\text{or Mg}^{++}}{\overset{\text{Mn}^{++}}{\rightleftharpoons}} \text{Oxalacetate} + \begin{matrix}\text{GTP}\\ \text{or}\\ \text{ATP}\end{matrix} \quad (3)$$

In most cases, the methods which have been used to detect the presence of these reactions are qualitative or semi-quantitative, especially in relatively unpurified systems and this section will consider the methods mainly in this light although in many cases, the methods can be adapted for use in a quantitative manner by appropriate attention

* Department of Biochemistry, Western Reserve University School of Medicine, Cleveland, Ohio.

Abbreviations: ADP adenosine diphosphate; ATP adenosine triphosphate; ATPase adenosine triphosphatase; DPNH reduced diphosphopyridine nucleotide; GDP guanosine diphosphate GSH reduced glutathione; GTP guanosine triphosphate; IDP inosine diphosphate; IDPase inosine diphosphatase; ITP inosine triphosphate; OA oxalacetate; PEP phosphoenolpyruvate; P_i inorganic phosphate.

[1] Sanadi, D. R., and J. W. Littlefield: J. biol. Ch. **193**, 683 (1951); **201**, 103 (1953).

to the experimental details necessary for obtaining maximal initial reaction velocities. In the case of most of the methods discussed, different workers have employed slightly different experimental conditions and it should be clear that the details given here are chosen only as examples.

Crude extracts may contain more than one of the types of enzymes under discussion and special measures may be required to distinguish between Reactions 1 and 3 and between Reactions 2 and 3. The occurrence of both Reaction 1[1] and Reaction 3 [2,3] in liver mitochondria has been reported and the simultaneous occurrence of Reactions 2 and 3 has been noted in wheat germ[4].

Two other enzymes which form oxaloacetate by CO_2 fixation have been described recently[5] and the possible presence of these enzymes must also be taken into consideration.

Oxalacetic decarboxylase.

[4.1.1.3 Oxaloacetate carboxy-lyase.]

Determination. Oxalacetic decarboxylases have ordinarily been detected by manometric measurement of CO_2 evolution[6-8] although pyruvate formation and detection as the 2,4-dinitro-phenylhydrazone can also be used[1]. The usual components of the reaction mixture are: 1×10^{-2} M OA (carefully neutralized just before use), 1×10^{-3} M Mg^{++} or Mn^{++}, and buffers which have ranged from p_H 5.4 to 7.5. The more acid p_H range has the advantage that the CO_2 evolution can be measured at several time intervals while at neutral p_H values it is necessary to acidify the reaction mixture at the end of the incubation time to determine actual CO_2 production. The acid p_H has the disadvantage that malic enzyme also decarboxylates OA in this range[9] and that the non-enzymatic decarboxylation of OA is accelerated[10]. The incubation period is preferably short (10—15 min) and a temperature of 30° C has usually been chosen. Since non-enzymatic decarboxylation of OA is appreciable especially in the presence of metal ions[10], it is necessary to run careful non-enzymatic controls. The decarboxylation of OA is also catalyzed by compounds containing amino groups[11], including amino acids, peptides, and presumably proteins. For example, crystalline globulin obtained from *Cucurbita*[12] catalyzes Reaction 1. It is not easy to know which proteins should be called OA decarboxylases but ideally, the name would be reserved for proteins whose major catalytic function is concerned with this reaction and whose turnover number on this substrate is high. It might be noted that the turnover number of OA decarboxylase from *Micrococcus lysodeikticus*[8] is about 90000 (moles of $CO_2/10^5$ g protein/min at 30° C) while that of crystalline globulin from *Cucurbita* is about 15 when expressed on the same basis[12].

An alternative type of assay is available with at least one enzyme of this group, the OA decarboxylase from *M. lysodeikticus* which exchanges C^*O_2 with a pool of OA[13]. This method was not applied on a small scale in this instance but could undoubtedly be adapted for routine assays. Presumably, the only requirements for demonstration of the reaction in addition to the enzyme are OA, Mg^{++} or Mn^{++}, isotopic CO_2, and buffer.

From a consideration of Reaction 3, it is apparent that OA decarboxylation can also occur by this mechanism but that ATP or GTP is required for this reaction. Accordingly,

1 Corwin, L. M.: J. biol. Ch. **234**, 1338 (1959).
2 Bandurski, R. S., and F. Lipmann: J. biol. Ch. **219**, 741 (1956).
3 Kurahashi, K., R. J. Pennington and M. F. Utter: J. biol. Ch. **226**, 1059 (1957).
4 Tchen, T. T., and B. Vennesland: J. biol. Ch. **213**, 533 (1955).
5 cf. Addendum, p. 502.
6 Krampitz, L. O., and C. H. Werkman: Biochem. J. **35**, 595 (1941).
7 Plaut, G. W. E., and H. A. Lardy: J. biol. Ch. **180**, 13 (1949).
8 Herbert, D.: Symp. Soc. exp. Biol. **5**, 52 (1951).
9 Ochoa, S., A. H. Mehler and A. Kornberg: J. biol. Ch. **174**, 979 (1948).
10 Krebs, H. A.: Biochem. J. **36**, 303 (1942).
11 Ostern, P.: H. **218**, 160 (1933).
12 Byerrum, R. U., and A. M. Rothschild: Arch. Biochem. **39**, 147 (1952).
13 Krampitz, L. O., H. G. Wood and C. H. Werkman: J. biol. Ch. **147**, 243 (1943).

the removal of nucleotide derivatives by appropriate means such as dialysis, treatment with anion exchange resins, or precipitation of the protein with $(NH_4)_2SO_4$ may be required to show definitively that OA decarboxylation is occurring *via* Reaction 1.

Phosphoenolpyruvate carboxylase.

[4.1.1.31 Orthophosphate: oxaloacetate carboxy-lyase (phosphorylating).]

Determination. The activity of this enzyme has been estimated by measuring the amount of $^{14}CO_2$ fixed in OA or by measuring the amount of OA or P_i formed. For measurement of $^{14}CO_2$ incorporated in OA, the following system has been used[1]: 4×10^{-3} M PEP, 4×10^{-2} M tris(hydroxymethyl)aminomethane buffer (Tris), p_H 7.5, 1.4×10^{-2} Mg^{++}, 1.4×10^{-2} M reduced glutathione (GSH) and 1.3×10^{-3} M $NaH^{14}CO_3$ in a total volume of 1.4 ml. After incubation in a closed tube for 1000 sec at 37° C, the reaction was stopped by addition of 0.25 ml of 2 N HCl and the remaining $^{14}CO_2$ removed by aeration. The OA was then decarboxylated in a Warburg vessel containing Al^{+++} and phthalate buffer[2] and the liberated $^{14}CO_2$ collected in KOH in the center well for counting. This method probably gives somewhat low values since OA formed may be removed by further reactions. During the reaction period, OA may be decarboxylated to pyruvate by enzymatic or non-enzymatic means or the OA may be further converted to malate, aspartate, and other products in unfractionated extracts.

Reaction 2 has also been measured by following the formation of P_i from PEP and CO_2[3] under experimental conditions somewhat similar to those mentioned in the preceding paragraph. This method is also not very specific in crude extracts since P_i may be formed from PEP by other means such as the combined action of pyruvic kinase and ATPase and endogenous formation of P_i must also be considered.

PEP carboxylase has been measured most frequently by determining OA formation by manometric, colorimetric, or enzymatic means. For the first two of these means, the following procedure has been used[4]: 5×10^{-3} M PEP, 1.4×10^{-2} M GSH, 4×10^{-2} M Tris buffer (p_H 7.5), 1.4×10^{-3} M Mg^{++}, and 1.8×10^{-2} M $NaHCO_3$ in a total volume of 1.4 ml. The reaction was carried out for 1000 sec at 37° C in stoppered tubes, after flushing with 10% CO_2—90% N_2. After stopping the reaction with 2 ml of 5% trichloroacetic acid, OA was determined manometrically as described above[2] or colorimetrically as the complex with Fe^{+++}[5]. The formation of OA can also be determined spectrophotometrically by coupling with malic dehydrogenase[3,4,6] (Reaction 4).

$$\text{Oxalacetate} + \text{DPNH} + \text{H}^+ \xrightarrow[\text{dehydrogenase}]{\text{Malic}} \text{Malate} + \text{DPN}^+. \quad (4)$$

The spectrophotometric assay is a very rapid and sensitive method but has been used mainly on partially purified preparations. A typical assay used[3]: 3.3×10^{-4} M PEP, 1×10^{-3} M Mg^{++}, 7×10^{-5} M DPNH, and Tris buffer, p_H 7.4, in a total volume of 3.0 ml. Although the affinity of enzyme for CO_2 is so high ($K_M = 2 \times 10^{-4}$ M) that it is not always necessary to add CO_2 to the reaction medium, the rate of the reaction will be stimulated by addition of CO_2 up to about 1×10^{-3} M. Thus far, all of the plant extracts assayed in this manner have contained malic dehydrogenase in excess so it has not been necessary to add this enzyme for the spectrophotometric assay but under many circumstances it will be necessary to add the dehydrogenase. While extracts of spinach were not active when Mn^{++} was substituted for Mg^{++}[4], the extracts of succulent plants showed about equal activity with both metal ions[3]. The presence of P_i up to about 1×10^{-3} M is somewhat stimulatory although high concentrations inhibit[3].

---

[1] Bandurski, R. S., and C. M. Greiner: J. biol. Ch. **204**, 781 (1953).
[2] Krebs, H. A., and L. V. Eggleston: Biochem. J. **39**, 408 (1945).
[3] Walker, D. A.: Biochem. J. **67**, 73, 79 (1957).
[4] Bandurski, R. S.: J. biol. Ch. **217**, 137 (1955).
[5] Nossal, P. M.: Austral. J. exp. Biol. med. Sci. **27**, 313 (1949).
[6] Tchen, T. T., and B. Vennesland: J. biol. Ch. **213**, 533 (1955).

From a comparison of Reactions 2 and 3, it will be seen that OA can be formed from PEP and CO_2 by either mechanism, so the formation of OA by crude extracts cannot be considered as specific evidence for either reaction until the effect of nucleotide diphosphates on the reaction has been ascertained. The removal of nucleotide derivatives from the enzyme preparations by appropriate procedures such as mentioned in the section on oxalacetic decarboxylase is indicated.

Phosphoenolpyruvate carboxykinase.

[6.4.1.1 Pyruvate:CO_2 ligase (ADP).]

Determination. The action of this enzyme has been detected isotopically by the exchange reaction of $^{14}CO_2$ with a pool of OA[1-3], chemically by formation of PEP from OA and ITP[4], and spectrophotometrically by coupling OA formation with malic dehydrogenase[5] as discussed in the previous section.

PEP carboxykinase from animal tissues catalyzes the exchange of $^{14}CO_2$ with a pool of OA in the presence of ITP[1-3]. The test has been carried out in Warburg vessels containing 2—6 $\times 10^{-2}$ M OA (freshly neutralized to p_H 6.2), 2×10^{-3} M ITP, 2×10^{-3} M Mn^{++}, 2.5×10^{-3} M GSH, and 2.5×10^{-2} M $NaH^{14}CO_3$ in a total volume of 1.0 ml. The enzyme fraction to be tested was placed in one side-bulb and the $NaH^{14}CO_3$ in a second side-bulb and these were mixed with the other components after equilibration at 37° C. The reaction was stopped after 5 min by the addition of 0.1 ml of 10 N H_2SO_4 and the ^{14}C content of the OA determined after placing 0.1 ml of the reaction mixture on a paper disc in a planchet and drying overnight at 0° C *in vacuo* over $CaCl_2$. The planchets should be counted reasonably quickly after removal from the desiccator.

The $^{14}CO_2$-exchange method is not specific for PEP carboxykinase since PEP carboxylase and at least some OA decarboxylases can also fix CO_2 under these conditions. With crude extracts, reasonably satisfactory controls are obtained by omitting ITP from the reaction mixture. It should be noted that PEP carboxykinases from yeast[6] and from other microorganisms[7] probably are specific for ATP rather than ITP or GTP as is the case with the animal enzyme.

The formation of PEP from OA and ITP has also been used to estimate PEP carboxykinase[4]. The reaction mixture contained: 6.7×10^{-3} M OA, 3.3×10^{-3} M ITP, 2.5×10^{-3} M Mg^{++}, 1.6×10^{-3} M GSH, and 1.25×10^{-2} M Tris buffer (p_H 7.5) in a total volume of 1.0 ml. After 45 min at 30° C, the reaction was stopped by a deproteinating agent, and PEP determined as the difference between alkali-labile and hypoiodite-labile P_i[8]. It seems probable that this reaction is not linear for a period of 45 min, and that some of the PEP formed may be removed by conversion to 3-phosphoglycerate, pyruvic kinase activity, etc. Accordingly, the values obtained are probably somewhat low.

With partially purified preparations, PEP carboxykinase is measured most easily by spectrophotometric means employing the coupled reaction with malic dehydrogenase to detect OA formation[5]. The reaction mixture contained: 3×10^{-4} M PEP, 3×10^{-4} M IDP, 1.6×10^{-2} M $NaHCO_3$ (p_H 7.4), 6×10^{-4} M Mn^{++}, phosphate or Tris buffer at p_H 7.4, 1×10^{-4} M DPNH, and 0.8 units of malic dehydrogenase where a unit equals 1 μmole of DPNH oxidation per min at 30° C, in a total volume of 3.0 ml. The reaction was started by addition of PEP and IDP and run for 2—5 min at 30° C. The presence of DPNH oxidase or pyruvic kinase and lactic dehydrogenase will interfere since they also cause oxidation of DPNH. A control from which $NaHCO_3$ has been omitted serves to measure these possible interfering reactions. Liver extracts contain a very active IDPase[4]

[1] Tchen, T. T., and B. Vennesland: J. biol. Ch. **213**, 533 (1955).
[2] Kurahashi, K., R. J. Pennington and M. F. Utter: J. biol. Ch. **226**, 1059 (1957).
[3] Utter, M. F., and K. Kurahashi: J. biol. Ch. **207**, 787 (1954).
[4] Bandurski, R. S., and F. Lipmann: J. biol. Ch. **219**, 741 (1956).
[5] Utter, M. F., and K. Kurahashi: J. biol. Ch. **207**, 821 (1954).
[6] Cannata, J., and A. O. M. Stoppani: Biochim. biophys. Acta **32**, 284 (1959).
[7] Pomerantz, S. H.: Fed. Proc. **17**, 290 (1958).
[8] Lohmann, K., u. O. Meyerhof: B. Z. **273**, 60 (1934).

(see p. 461) which will also interfere if the IDP is present with the enzyme extract for an appreciable period of time before readings are initiated.

Addendum. Two additional enzymes which form oxaloacetate from CO_2 and a three-carbon precursor have been described recently. These are pyruvate carboxylase (Reaction 4)[1, 2] and PEP carboxytransphosphorylase (Reaction 5)[3].

$$\text{Pyruvate} + CO_2 + \text{ATP} \xrightleftharpoons{\text{Acetyl CoA}} \text{Oxaloacetate} + \text{ADP} + P_i \quad (4)$$

$$\text{Phosphoenolpyruvate} + \text{P-}P_i + CO_2 \rightleftharpoons \text{Oxaloacetate} + P_i \quad (5)$$

Pyruvate carboxylase has been measured in crude preparations by the incorporation of $^{14}CO_2$ into oxaloacetate[4] or citrate[5] and in purified preparations by spectrophotometric methods involving coupling with malic dehydrogenase[4]. Pyruvate carboxylase from liver is completely dependent upon the presence of acetyl CoA for activity[1] and omission of this component serves as a fairly specific control for this enzyme. The analogous enzyme from a *pseudomonas*[2] does not require acetyl CoA, however, but both the animal and bacterial enzymes are sensitive to inhibition by avidin. PEP carboxytransphosphorylase has also been measured by incorporation of $^{14}CO_2$ or coupling with malic dehydrogenase[3].

Aminosäuredecarboxylasen und verwandte Aminosäure-Lyasen*.

Von

Helmut Schievelbein und Eugen Werle.**

Mit 2 Abbildungen.

Decarboxylierungsprodukte von Aminosäuren sind um die Jahrhundertwende meist als Produkte der bakteriellen Fäulnis aufgefunden worden[6]. Das systematische Studium der sie erzeugenden Enzyme begann mit der Auffindung von Aminosäuredecarboxylasen in tierischen und pflanzlichen Geweben[7–9].

* **Zusammenfassende Darstellungen:** GUGGENHEIM, M.: Die biogenen Amine. Basel, New York 1951. — HOLTZ, P.: Ergebn. Physiol. **44**, 230 (1941). Bamann-Myrbäck Bd. III, S. 2547. — LAINE, T., u. A. I. VIRTANEN: Bamann-Myrbäck Bd. III, S. 2541. — WERLE, E.: Fermentforsch. **17**, 103 (1943). — BLASCHKO, H.: Adv. Enzymol. **5**, 67 (1945). — GALE, E. F.: Adv. Enzymol. **6**, 1 (1946). — KARRER, P.: Schweiz. Z. Path. Bakt. **10**, 351 (1947). — WERLE, E.: Vit.-Horm.-Ferm.-Forsch. **1**, 504 (1947/48). — GUNSALUS, I. C.: Fed. Proc. **9**, 556 (1950). — SCHALES, O.: Sumner-Myrbäck, Enzymes Bd. II/1, S. 216. — CLARK, W. G.; in: HOCHSTER, R. M., and J. H. QUASTEL (Hrsgb.): Metabolic Inhibitors. Bd. I, S. 315. New York 1963. — BRAUNSTEIN, A. E.: Boyer-Lardy-Myrbäck, Enzymes Bd. II, S. 113. — GALE, E. F.: Meth. biochem. Analysis **4**, 285 (1957). — CLARK, W. G.: Pharmacol. Rev. **11**, 330 (1959). — UTTER, M. F.: Boyer-Lardy-Myrbäck, Enzymes Bd. V, S. 319.

** Klinisch-Chemisches Institut an der Chirurgischen Klinik der Universität München.

[1] UTTER, N. F., and D. B. KEECH: J. biol. Ch. **235**, PC 17 (1960).
[2] SEUBERT, W., u. U. REMBERGER: B.Z. **334**, 401 (1961).
[3] SIU, P. N. L., and H. G. WOOD: J. biol. Ch. **237**, 3044 (1962).
[4] UTTER, M. F., and D. B. KEECH: J. biol. Ch. **238**, 2603 (1963).
[5] HENNING, H. V., I. SEIFFERT and W. SEUBERT: Biochim. biophys. Acta **77**, 345 (1963).
[6] GUGGENHEIM, M.: Die biogenen Amine. Basel, New York 1951.
[7] WERLE, E.: B. Z. **288**, 292 (1936).
[8] WERLE, E., u. H. HERRMANN: B. Z. **291**, 105 (1937).
[9] OKUNUKI, K.: Bot. Mag., Tokyo **51**, 270 (1937).

Wirkungs- und Substratspezifität. Die Aminosäuredecarboxylasen von Tieren, Pflanzen und Mikroorganismen decarboxylieren *freie* L-α-Aminosäuren nach folgendem Schema:

$$\underset{\displaystyle |\atop \displaystyle COOH}{R—CH—NH_2} \rightarrow R—CH_2—NH_2 + CO_2$$

In der Regel werden Aminosäuren decarboxyliert, die außer der NH_2- und COOH- noch eine dritte polare Gruppe an dem der COOH-Gruppe entgegengesetzten Molekülende besitzen.

Bei dieser dritten Gruppe handelt es sich um eine OH-, Carboxyl- oder Sulfosäuregruppe wie im Falle der aromatischen Aminosäuren, der Aminodicarbonsäuren bzw. der Cysteinsäure. Serin wird jedoch nicht decarboxyliert, offenbar weil der Abstand der dritten funktionellen Gruppe von der COOH-Gruppe zu gering ist, dagegen wird Serinphosphorsäureester zu Colamin decarboxyliert. Das Cysteamin des Coenzyms A entsteht wahrscheinlich durch Decarboxylierung des mit Phosphorsäure anhydridartig verbundenen Cysteins.

Decarboxylierung tritt in der Regel nur dann ein, wenn die drei polaren Gruppen völlig frei sind. So werden z.B. am Stickstoff methylierte Aminosäuren nicht angegriffen[1]. Der Wasserstoff an dem die NH_2-Gruppe tragenden C-Atom kann durch die Methylgruppe ersetzt sein, da z.B. α-Methyl-3,4-Dopa, α-Methyl-5-hydroxytryptophan und α-Methyltryptophan decarboxyliert werden, wenn auch etwa 100mal langsamer als die zugehörigen freien Aminosäuren[2] (s. auch S. 540, 593). Damit bestätigt sich die theoretisch begründete Ansicht von MANDELES u. Mitarb.[3], daß der α-Wasserstoff für die Decarboxylierung nicht notwendig ist. Die Decarboxylierung einer peptidgebundenen Aminosäure ist bisher nicht beobachtet worden[4, 5].

Folgende Besonderheiten seien hier erwähnt: N-(L-Pantothenoyl)-L-cystein wird zu Pantethin decarboxyliert, obwohl die Aminogruppe des Cysteins mit der COOH-Gruppe des β-Alanins in Peptidbindung vorliegt.

Carbamoylaspartat wird durch ein Bakterienenzym zu Carbamoyl-β-alanin decarboxyliert und Orotidin-5'-phosphat durch ein Hefe-Enzym zum Uridin-5'-phosphat, obwohl in beiden Fällen die Aminogruppe nicht frei vorliegt. Schließlich wird noch 5'-Phosphoribosyl-5-amino-4-imidazolcarboxylat zu 5'-Phosphoribosyl-5-aminoimidazol decarboxyliert. Eine weitere Besonderheit besteht in der Decarboxylierung der p- oder o-Aminobenzoesäure zu Anilin durch ein Bakterienenzym.

Es gibt Decarboxylasen, die streng spezifisch auf eine einzige Aminosäure eingestellt sind, wie z.B. die Glutaminsäuredecarboxylase. Andere, wie die Dopa-Decarboxylase tierischer Gewebe decarboxylieren so verschieden gebaute Substrate wie Dopa, 5-HTP und möglicherweise auch Histidin.

Für die Angreifbarkeit aliphatischer Aminosäuren durch ein bestimmtes Enzym ist die Kettenlänge entscheidend. Es werden daher z.B. Ornithin, Lysin und α,ε-Diaminopimelinsäure durch drei verschiedene streng substratspezifische (Bakterien-)Decarboxylasen angegriffen (s. S. 583—585). Asparaginsäure wird durch Decarboxylasen aus Tieren,

Abkürzungen

5-HTP = 5-Hydroxytryptophan
Dopa = 3,4-Dihydroxyphenylalanin
5-HT = 5-Hydroxytryptamin (Serotonin)
PLP = Pyridoxal-5'-phosphat
DHPS = Dihydroxyphenylserin
HPS = Hydroxyphenylserin
EDTA = Äthylendiamintetraessigsäure
BAL = 2,3-Dithiopropanol (Britisches Anti-Lewisit)
GDC = Glutaminsäuredecarboxylase
GABA = γ-Aminobuttersäure
HDC = Histidindecarboxylase

[1] EPPS, H. M. R.: Biochem. J. 38, 242 (1942).
[2] WEISSBACH, W., W. LOVENBERG and S. UDENFRIEND: Biochem. biophys. Res. Comm. 3, 225 (1960).
[3] MANDELES, S., R. KOPPELMAN and M. E. HANKE: J. biol. Ch. 209, 327 (1954).
[4] EPPS, H. M. R.: Biochem. J. 39, 42 (1945).
[5] GEIGER, E.: Arch. Biochem. 17, 391 (1948).

Pflanzen und Mikroorganismen zu β-Alanin decarboxyliert. Doch gibt es auch Mikroorganismen (Leguminosebakterien und Clostridienarten), welche die β-ständige COOH-Gruppe abspalten und α-Alanin entstehen lassen*. Aus Glutaminsäure bilden diese Mikroorganismen, ferner pflanzliche und tierische Decarboxylasen *nur* γ-Aminobuttersäure. Wird die negative Ladung ihrer γ-ständigen COOH-Gruppe durch Veresterung oder Amidierung herabgesetzt oder aufgehoben, so sinkt die Decarboxylierungsgeschwindigkeit bei diesen Verbindungen stark ab[1]. Neuerdings erscheint gesichert, daß alle natürlichen aromatischen und cyclischen L-Aminosäuren, wie Dopa, 5-Hydroxytryptophan, Tryptophan, Tyrosin, Phenylalanin und Histidin, durch ein und dieselbe tierische Decarboxylase angegriffen werden. Doch gibt es darüber hinaus für Histidin ein streng spezifisches Enzym, das sich gegen die pluripotente Decarboxylase scharf abgrenzen läßt[2] (s. S. 515).

Dihydroxyphenylalanin wird durch verschiedene Bakterienarten und, wie erwähnt, durch tierische Gewebe zu Dopamin decarboxyliert. Dabei sind zwei verschiedene Enzyme wirksam, nämlich die p-Tyrosindecarboxylase der Bakterien bzw. die m-Tyrosindecarboxylase des tierischen Organismus[3]. Das Hinzutreten einer zweiten OH-Gruppe in m- bzw. in p-Stellung — in beiden Fällen resultiert Dopa — beeinträchtigt die Decarboxylierbarkeit durch das Bakterienenzym wenig, begünstigt sie aber sehr stark im Falle des tierischen Enzyms. Entgegen früheren Feststellungen[3] kann die Dopa-Decarboxylase auch Tyrosin angreifen, wenn auch mit nur sehr geringer Geschwindigkeit (s. dazu die Kapitel Dopa- und Tyrosindecarboxylase). Die Einführung einer OH-Gruppe in die Seitenkette des Tyrosin und Dihydroxyphenylalanin, die zu den entsprechenden Serin-Derivaten führt, setzt die Decarboxylierungsgeschwindigkeit stark herab, hebt sie aber nicht auf[4]. Hydroxylysin und Lysin werden durch das gleiche Enzym[5], Glutaminsäure und β-Hydroxyglutaminsäure durch zwei verschiedene Bakterienenzyme decarboxyliert[6].

Allgemeine Bestimmungsmethoden für Decarboxylasen. Die enzymatische Decarboxylierung von Aminosäuren ist unter physiologischen Bedingungen nicht reversibel. Das gebildete CO_2 kann daher als Maß für die Aktivität der Decarboxylasen herangezogen werden und in Ansätzen mit einem p_H kleiner als 5,0 direkt manometrisch gemessen werden. Oberhalb p_H 5 wird das CO_2 im Versuchsansatz als Bicarbonat gebunden und wird am Versuchsende durch Einkippen von Schwefelsäure freigesetzt. Das Verfahren ist besonders bei den hochaktiven Enzymen der Bakterien anwendbar. Für viele Decarboxylasen aus tierischen Geweben ist es zu unempfindlich. In diesen Fällen kann die Aktivität erfaßt werden durch Verwendung von Aminosäuren mit ^{14}C-markierter Carboxylgruppe (s. S. 513).

Bei der Decarboxylierung einiger Aminosäuren, z. B. von Histidin, Tyrosin, Dihydroxyphenylserin und 5-Hydroxytryptophan entstehen pharmakologisch hochaktive Substanzen; ihre quantitative biologische Bestimmung kann zur Aktivitätsmessung der zugehörigen, unter Umständen wenig aktiven Decarboxylasen herangezogen werden. Die beiden letztgenannten Verfahren haben besondere Bedeutung, z. B. bei der Messung von Enzymaktivitäten in sehr kleinen Gewebsproben.

Berechnung der Aktivität. Die Aktivitäten werden ausgedrückt in Q_{CO_2}-Werten ($=\mu$l CO_2/Std/mg Frisch- oder Trockengewebe) oder in $Q^N_{CO_2}$ ($=\mu$l CO_2/Std/mg Proteinstickstoff).

---

* α-Alanin könnte auch durch Übertragung der Aminogruppe der Asparaginsäure auf Brenztraubensäure entstehen. Dieser Weg konnte aber für die genannten Mikroorganismen ausgeschlossen werden. Bei Zugabe von ^{14}C-haltiger Brenztraubensäure ergab sich nämlich kein radioaktives Alanin (MEISTER, A., H. A. SOBER and S. V. TICE: J. biol. Ch. **189**, 577 (1951).

[1] MEISTER, A., A. SOBER and S. V. TICE: J. biol. Ch. **189**, 591 (1951).
[2] UDENFRIEND, S., W. LOVENBERG and H. WEISSBACH: Fed. Proc. **19**, 7 (1960).
[3] BLASCHKO, H.: Biochim. biophys. Acta **4**, 130 (1950).
[4] WERLE, E., u. J. SELL: B. Z. **326**, 110 (1954).
[5] LINDSTEDT, S.: Acta chem. scand. **5**, 486 (1951).
[6] UMBREIT, W. W., and P. HENEAGE: J. biol. Ch. **201**, 15 (1953).

Man verwendet die CO_2-Werte der ersten 10 min für die Berechnung der Aktivitäten und extrapoliert auf 1 Std. Dieser Wert ist in der Regel beträchtlich höher als der nach 1 Std gemessene. Von AWAPARA u. Mitarb.[1] wurden Methoden für die quantitative Trennung von Aminen und Aminosäuren und für die Fraktionierung von Amingemischen durch Verteilungschromatographie an Cellulosesäulen und Filterpapier angegeben. In die Lösung von Aminosäuren und Aminen wird Amberlite IRC-50 (H^+-Form) im Überschuß eingetragen und 1 Std lang geschüttelt. Der Austauscher nimmt die Amine und die basischen Aminosäuren auf. Wird das ganze Gemisch in Säulenform gebracht und mit Wasser gewaschen, so finden sich die Aminomonocarbonsäuren quantitativ im Durchfluß. Die Amine werden quantitativ zurückgehalten und zusammen mit den basischen Aminosäuren mit 4 n Essigsäure eluiert. Zur säulenchromatographischen Trennung eines Gemisches von Aminen werden die Amine auf eine Säule von Cellulosepulver aufgetragen, die mit dem Lösungsmittelgemisch gewaschen wurde. Mit dem gleichen Lösungsmittelgemisch wird dann unter Verwendung eines Fraktionsschneiders eluiert. Gute Resultate werden mit dem Gemisch Butanol-Eisessig-Wasser 4:1:1 oder 4:1:1,6 erzielt. Für die Trennung bestimmter aromatischer Amine ist die weniger polare Lösung besser geeignet. Am besten gelingt die Trennung der Amine mit einem Gemisch aus 2-Butanon-Propionsäure-Wasser (3:1:1,2), das sich auch für die papierchromatographische Trennung der Amine am besten eignet.

Aminosäuredecarboxylasen des tierischen Organismus.

Für folgende Aminosäuren sind Decarboxylasen in tierischen Geweben bisher nachgewiesen worden: Glutaminsäure, Aminomalonsäure, Cysteinsäure, Cysteinsulfinsäure, Dihydroxyphenylalanin, Dihydroxyphenylserin, 5-HTP, Histidin, Leucin, Isoleucin und Valin.

Lokalisation in der Zelle: Bisher gibt es nur einen Hinweis auf strukturgebundene Decarboxylasen; es handelt sich also wohl fast ausschließlich um lösliche Zellplasmaenzyme.

p_H-Optimum: Die Wirkungsoptima der Decarboxylasen liegen im schwach alkalischen Bereich mit Ausnahme der Glutaminsäuredecarboxylase mit einem p_H-Optimum bei 6,5.

Das Coenzym: Bei allen Aminosäuredecarboxylasen und einigen der spezifischen Histidindecarboxylasen ist PLP Coenzym. PLP vermag in Gegenwart von dreiwertigen Metallionen, wie Fe und Al, Decarboxylierungen und Transaminierungen zu katalysieren. Es gibt aber keinen Hinweis dafür, daß auch bei den enzymatischen Decarboxylierungen einem Metallatom eine zusätzliche funktionelle Bedeutung zukommt. Jedenfalls haben Metallchelatbildner z. B. auf die Dopa-Decarboxylaseaktivität keinen Einfluß (s. S. 553). Ein besonders eindrucksvoller Beweis für die Einheitlichkeit des Coenzyms ist die Tatsache, daß das Coenzym einer beliebigen Aminosäuredecarboxylase befähigt ist, das Apoenzym einer beliebigen Decarboxylase zum aktiven Holoenzym zu ergänzen. Es ist also die Substratspezifität der Decarboxylase jeweils durch das *Apoenzym* bestimmt.

Aminomalonsäuredecarboxylase.

[4.1.1.10 Aminomalonat-Carboxy-Lyase.]

Aminomalonsäure → Glycin + CO_2

Aminomalonsäure wurde 1864 durch BAEYER[2] entdeckt, KNOOP[3] vermutete die intermediäre Bildung dieser Aminosäure bei der Biosynthese von Glycin. Die Aminomalonsäuredecarboxylase wurde von SHIMURA[4] 1956 entdeckt und näher beschrieben.

Vorkommen. Das Enzym wurde in den hinteren Seidendrüsen der Seidenraupe und in Rattenleber nachgewiesen.

Darstellung aus Seidenraupen. Die hinteren Seidendrüsen der Seidenraupe im 5. Stadium werden in 3 Vol. 0,15 m KCl homogenisiert; vom Ungelösten wird abzentrifugiert.

[1] AWAPARA, J., V. E. DAVIS and O. GRAHAM: J. Chromatogr. **3**, 11 (1960).
[2] BAEYER, A.: A. **131**, 291 (1864).
[3] KNOOP, F.: H. **89**, 151 (1914).
[4] SHIMURA, K., H. NAGAYAMA and A. KUKUSHI: Nature **177**, 935 (1956).

Eigenschaften. p_H-Optimum der Decarboxylierung: 5,9—6,1. Durch 10 min langes Erwärmen auf 70° C oder 5 min bei 100° C wird die Aktivität des Enzyms zerstört. Das Enzym wird durch 10^{-3} m Hydroxylamin oder durch 10^{-2} m KCN total gehemmt. Bei dreitägiger Dialyse bei 0—4° C gegen dest. Wasser nimmt die Aktivität des Enzyms nicht ab. Das Enzym der Rohextrakte kann durch fraktionierte Fällung mit $(NH_4)_2SO_4$, Adsorption an und Elution aus $Al(OH)_3$-C_γ auf das 14fache angereichert werden.

Tabelle 1. *Verteilung der Glutaminsäuredecarboxylase im tierischen Organismus.*

Im folgenden sind die Enzymaktivitäten durch 1—3 Kreuze angedeutet. Umsätze und Reaktionsbedingungen sind aus den folgenden Tabellen zu ersehen.

Gesamthirn . . .	Maus[1–6], Ratte[2, 3], Meerschweinchen[2], Kaninchen[2, 3], Frosch[2, 5], Salamander[5], Küken[5, 7], Affe[3, 8], Mensch[2, 9, 10], alle +++
Hirnregion	
weiße Substanz	Kaninchen[3, 4] ±, Affe[3] ±
graue Substanz	Kaninchen[3, 4], Affe[3], Hund[4], Katze[4], Biene[6], alle +++
Cortex	Kaninchen[3] ++, Affe[3, 8] ++, Küken[5, 7] +, Hund[11] ++
Lobus opticus bzw. Sehrinde	Küken[5, 7] +++, Biene[6] ++, Affe[3, 8] +++
Cerebellum . . .	Kaninchen[3] +, Küken[5, 7] +, Affe[3, 8] ++
Diencephalon . .	Kaninchen[3] ++, Küken[5, 7] +++, Affe[8] +++
Mesencephalon	Kaninchen[3] ++, Affe[8] +++
Nachhirn . . .	Kaninchen[3] +, Küken[7] +, Affe[3, 8] +
Liquor	Mensch[12] +
Niere	Maus[1], Ratte, Rind, Pferd, Schwein[13], alle +
Leber	Maus[1, 2, 14] +
Muskel	Maus[1, 2, 14] +
Tumor	Maus[2, 14] +

Bestimmungsmethode. Messung der CO_2-Entwicklung in der WARBURG-Apparatur. Die Ansätze enthalten 0,5 ml Aminomalonsäurelösung (88 μM Ammoniumsalz pro ml). 1,0 ml Phosphat- oder Acetatpuffer und 1,0 ml Enzymlösung. Die gebildete Glycinmenge wird aus einem aliquoten Teil des Ansatzes in folgender Weise bestimmt: Enteiweißung durch Zugabe von $^1/_3$ Vol. Alkohol. 1 min langes Kochen im Wasserbad. Die Filtrate werden zur quantitativen Papierchromatographie verwendet. Das Glycin wurde auch als 2,4-Dinitrophenyl-Derivat bestimmt.

Q_{CO_2} 60 min 320. Reaktion nullter Ordnung für eine begrenzte Zeit. MICHAELIS-Konstante $6{,}5 \times 10^{-2}$.

Glutaminsäuredecarboxylase.*

[4.1.1.15 L-Glutamat-Carboxy-Lyase.]

$$\text{Glutaminsäure} \longrightarrow \gamma\text{-Aminobuttersäure} + CO_2$$

Die Glutaminsäuredecarboxylase (GDC) wurde von OKUNUKI[15] in höheren Pflanzen entdeckt. ROBERTS und FRANKEL[1] fanden das Enzym auch in tierischen Geweben.

* Unter Mitarbeit von WILFRIED LORENZ, Klinisch-Chemisches Institut an der Chirurgischen Klinik der Universität München.

[1] ROBERTS, E., and S. FRANKEL: J. biol. Ch. **187**, 55 (1950).
[2] ROBERTS, E., and S. FRANKEL: J. biol. Ch. **190**, 505 (1951).
[3] LOWE, I. P., E. ROBINS and G. S. EYERMAN: J. Neurochem. **3**, 8 (1958).
[4] ROBERTS, E., P. J. HAMANN and S. FRANKEL: Proc. Soc. exp. Biol. Med. **78**, 799 (1951).
[5] SISKEN, B., E. ROBERTS and C. F. BAXTER; in ROBERTS, E. (Hrsg.): Inhibition in the Nervous System and γ-Aminobutyric acid. S. 219. New York 1960.
[6] FRONTALI, N.: Nature **191**, 178 (1961).
[7] SISKEN, B., K. SANO and E. ROBERTS: J. biol. Ch. **236**, 503 (1961).
[8] ALBERS, R. W., and R. O. BRADY: J. biol. Ch. **234**, 926 (1959).
[9] ACKERMANN, H., u. H. LANGEMANN: Helv. physiol. Acta **18**, 5 (1960).
[10] HOLTZ, P., u. E. WESTERMANN: A.e.P.P. **231**, 311 (1957).
[11] JOUANY, J. M.: Aggressologie **2**, 173 (1960).
[12] VATES, T., D. AGRANOFF, and L. SOKOLOFF: Fed. Proc. **18**, 164 (1959).
[13] ROBERTS, E., and S. FRANKEL: J. biol. Ch. **191**, 277 (1951).
[14] ROBERTS, E., and S. FRANKEL: J. biol. Ch. **188**, 789 (1951).
[15] OKUNUKI, K.: Bot. Mag., Tokyo **51**, 270 (1937).

Das Decarboxylierungsprodukt γ-Aminobuttersäure wurde lange vorher als Produkt des Stoffwechsels von Bakterien von ACKERMANN[1] isoliert; es wurde von ROBERTS und FRANKEL in Hirnhomogenaten aufgefunden.

Tabelle 2. *Verteilung der Glutaminsäuredecarboxylase in den großen Regionen des zentralen Nervensystems von Rhesusaffen*[2].

Region des ZNS	Aktivität*	Region des ZNS	Aktivität*
Ganzes Gehirn	44	Frontalhirn	70
Zwischenhirn	100	Motorische Rinde . .	62
Hypothalamus	96	Rhinencephalon . .	60
Thalamus	85	Pons und Medulla . .	34
Occipitalhirn	84	Lendenmark	15
Cerebellum	79		

* Ausgedrückt in mM Glutaminsäure decarboxyliert/kg Protein/Std.

Vorkommen im tierischen Organismus.

Die GDC wurde erstmals im Gehirn von Mäusen nachgewiesen[3,4]. Bei allen untersuchten Arten fand sich eine so hohe Aktivität im ZNS, daß eine funktionelle Bedeutung des Enzyms für den Gehirnstoffwechsel vermutet wurde.

Tabelle 3. *Glutaminsäuredecarboxylase im Rückenmark und Nebennierenmark von Rhesusaffen*[2].

Region	Aktivität*	T/D**
Graue Substanz im Lendenmark:		
A	6,8±3,1	29
B	11,5±1,5	18
C	16,9±1,5	14
D	25,6±5,9	12
Substantia gelatinosa . . .	19,9±1,7	
Nucleus proprius dorsalis .	20,2±6,1	
Laterale Pyramidenbahn . .	0	
Ventrale Wurzel	2,5±1,0	
Dorsale Wurzel	1,6±1,2	
Dorsales Ganglion	1,6±1,6	
Ganglion cervicale superius	1,2±1,0	
Nebennierenmark	1,8±0,6	

Tabelle 4. *Glutaminsäuredecarboxylase in corticalen Strukturen von Rhesusaffen*[2].

Hirnregion	Aktivität*	T/D**
Cerebellum		
Molekularschicht . . .	53,9±11,0	2,8
Körnerschicht	46,4± 2,1	1,6
Hippocampus		
Alveus hippocampi . .	17,1± 6,5	
Pyramidenzellschicht .	32,9± 4,3	2,1
Zona radiata	25,0± 6,7	2,6
Körnerschicht	35,5± 2,2	2,6
Occipitalhirn		
Schicht 1—2	25,0	
Schicht 3—4a	57,7± 5,0	
Schicht 4b—5	19,4± 4,9	
Schicht 6	13,3± 3,8	
weiße Substanz . . .	0	

* Ausgedrückt in mM Glutaminsäure decarboxyliert/kg Protein/Std.
** Verhältnis der GOT-Aktivität zur Glutaminsäure-Decarboxylaseaktivität.

Nennenswerte GDC-Aktivität findet sich nur im ZNS und Rückenmark. Die GDC-Aktivität ist besonders hoch im Diencephalon und im Lobus opticus, außerdem noch in einigen weiteren Cortexregionen des Kaninchens[5,6]. Das Maximum der Aktivität im Verlaufe der Entwicklung variiert von Tierart zu Tierart und wird z.B. bei der Maus 90 Tage nach der Geburt erreicht[5,7,8]. Beim Küken ist das Enzym schon am 4. Tag

[1] ACKERMANN, D., u. E. KUTSCHER: H. **69**, 265 (1910).— ACKERMANN, D.: H. **69**, 273 (1910).
[2] ALBERS, R. W., and R. O. BRADY; J. biol. Ch. **234**, 926 (1959).
[3] ROBERTS, E., and S. FRANKEL: J. biol. Ch. **187**, 55 (1950).
[4] ROBERTS, E., and S. FRANKEL: J. biol. Ch. **190**, 505 (1951).
[5] SCHADÉ, J., and C. F. BAXTER; in: ROBERTS, E. (Hrsg.): Inhibition in the Nervous System and γ-Aminobutyric Acid. S. 207 Oxford 1960.
[6] BAXTER, C. F., J. P. SCHADÉ u. E. ROBERTS; in: ROBERTS, E. (Hrsg.): Inhibition in the Nervous System and γ-Aminobutyric Acid. S. 214. Oxford 1960.
[7] SISKEN, B., E. ROBERTS and C. F. BAXTER; in: ROBERTS, E. (Hrsg.): Inhibition in the Nervous System and γ-Aminobutyrci Acid. S. 214 u. 219. Oxford 1960.
[8] SISKEN, B., K. SANO and E. ROBERTS: J. biol. Ch. **236**, 503 (1961).

der Bebrütung nachweisbar[1]. Die Aktivitätszunahme geht während der Entwicklung parallel mit der Zunahme der Reifung von Kernmassen und Faserzügen des ZNS, was in Beziehung zur Funktion der GABA — sie wird als neuronaler Hemmstoff angesehen — gebracht wird. Differenzierte Untersuchungen über die GDC-Aktivität im Gehirn stammen von ALBERS[2] und LOWE et al.[3]. ALBERS untersuchte beim Rhesusaffen die großen Regionen des ZNS (s. Tabelle 2), die einzelnen Regionen des Rückenmarks (s. Tabelle 3) und die verschiedenen corticalen Strukturen (s. Tabelle 4); bei den letzteren wurden Messungen auch in einzelnen Schichten vorgenommen.

Tabelle 5. *Glutaminsäuredecarboxylase in subcorticalen Strukturen von Rhesusaffen*[2].

Hirnregion	Aktivität*	T/D**	Hirnregion	Aktivität*	T/D**
Substantia nigra			Laterale graue Substanz		
Zona reticularis	68,4 ± 14,1	1,4	Nucleus thalamicus anterior	14,8 ± 2,1	10,0
Zona compacta	65,8 ± 12,4	3,5	Globus pallidus	14,3 ± 7	3,6
Formatio reticularis	32,4 ± 5,3	3,1	Zentrales Höhlengrau	10,9 ± 2,8	7,3
Nucleus supraopticus	23,3 ± 5,2		Nucleus thalamicus lateralis	8,3 ± 2,3	6,4
Nucleus ruber			Nucleus originis N. abducentis	7,6 ± 0,9	27
kleinzelliger Teil	20,1 ± 4,1	3,1	Nucleus olivaris inferior	5,7 ± 0,2	52
großzelliger Teil	16,1 ± 4,8		Colliculus inferior	5,3 ± 0,8	52
			Hypophysenhinterlappen	1,5 ± 0,7	
Zwischenhirn	15,6 ± 0,3	6,8	Zirbeldrüse	0	

* Ausgedrückt in mM Glutaminsäure decarboxyliert/kg Protein/Std.
** Siehe Legende zu Tabelle 3.

Tabelle 6. *Glutaminsäuredecarboxylase-Aktivität im Gehirn verschiedener Tiere*[3].

Tierart und Hirnregion	Aktivität*
Cerebellum vom Affen	
Molekularschicht	50,4 ± 3,5
Körnerschicht	61,0 ± 2,2
darunterliegende weiße Substanz	< 0,1
Kaninchen	
Tractus opticus	< 0,1
Nervus opticus	< 0,1
Tractus habenulopeduncularis	6,99 ± 2,2
Cerebellum der Ratte	
darunterliegende weiße Substanz	< 0,1

* Ausgedrückt in mM γ-Aminobuttersäure/kg Trockengewicht/Std.

In Tabelle 5 ist die Aktivität des Enzyms im subcorticalen Bereich verzeichnet.

Aus den Tabellen 1—5 geht hervor, daß das Enzym fast ausschließlich in der grauen Substanz lokalisiert ist; im Rückenmark fällt die Aktivität von ventral nach dorsal ab, im Gegensatz zur Aktivität der Transaminase. Das Verhältnis Transaminase- zu Decarboxylase-Aktivität (T/D) war in allen untersuchten Gebieten größer als 1. Die histochemische Untersuchung der Verteilung der GDC-Aktivität mit Hilfe der fluorometrischen Methode ergab bei gefriergetrockneten Schnitten die in Tabelle 6 verzeichneten Aktivitäten (Mittelwerte mehrerer Schnitte), wobei jeweils ein Tier einer Art untersucht wurde.

Bei der folgenden Differenzierung einzelner Regionen der grauen und weißen Substanz wurden Homogenate verwendet. Dabei wurden zwei Affen- und ein Kaninchenhirn untersucht (s. Tabelle 7).

Auch aus dieser Tabelle geht hervor, daß die GDC fast ausschließlich in der grauen Substanz lokalisiert ist. Die höchste Aktivität in der weißen Substanz beträgt nur etwa 2% von der des Gesamthirns. Die GDC findet sich nur in neuronalem Gewebe, nicht im Myelin oder in der Glia[3,4].

[1] ROBERTS, E., I. P. LOWE, L. GUTH and B. JELINECK: J. exp. Zool. 138, 313 (1958).
[2] ALBERS, R. W., and R. O. BRADY: J. biol. Ch. 234, 926 (1959).
[3] LOWE, I. P., E. ROBINS and G. S. EYERMAN: J. Neurochem. 3, 8 (1958).
[4] ALBERS, R. W.; in: BRADY, R. O., and D. B. TOWER (Hrsgb.): Neurochemistry of Nucleotides and Amino Acids. S. 146. New York 1960.

Tabelle 7. *Glutaminsäuredecarboxylase-Aktivität im ZNS von Affe und Kaninchen in mM GABA gebildet/kg Trockengewicht/Std*[1].

Hirnregion	Affe	Kaninchen	Hirnregion	Affe	Kaninchen
Ganzes Gehirn	10,5	19,7	Corpus geniculatum laterale	6,5	
Graue Substanz			Medulla oblongata	4,8	11,3
Globus pallidus	33,2		Rückenmark im Cervicalbereich	1,4	2,3
Colliculus superior	21,0	36,9	Weiße Substanz		
Hypothalamus	20,5	26,7	Cerebellum	1,0	
Sehrinde	18,4		Pedunculus cerebri	1,0	
Cerebrale Rinde nicht spezifiziert		16,2	Großhirn (subcortical) . . .	0,29	2,8
Putamen	16,4		Pyramide der Medulla oblongata	0,28	
Kopf des Nucleus caudatus	16,2	21,7	Innere Kapsel	0,23	
Uncus und Nucleus amygdaleus	14,7		Weiße Substanz des Rückenmarks (Cervical-Bereich)	0,13	
Motorische Rinde	13,3		Corpus callosum	0,1	
Thalamus	13,2		Brachium pontis	0,1	
Substantia reticularis des Mittelhirns	11,1		Nervus opticus	0,1	
Ammonshorn	9,9	16,6	Dorsales Ganglion	0,61	
Cerebellum, im ganzen . .	9,7	11,8	Nervus ischiadicus		0,16

Gewinnung der Glutaminsäuredecarboxylase aus E. coli.

Ein stabiles Aceton-Trockenpulver aus *E. coli Stamm 26* erhält man nach Shukuya und Schwert[2] auf folgende Weise: Die durch Zentrifugieren angereicherte Coli-Kultur wird mit 9 Vol. Aceton versetzt. Der Niederschlag wird abfiltriert und noch feucht auf dem Filter mit 1 Vol. Äther gewaschen; dann wird 5—10 min trockengesaugt. Dieses Trockenpulver verliert an Aktivität, sogar im Vakuumexsiccator bei —20° C. Zur Stabilisierung des Enzyms gibt man nach Roberts und Simonson[3] zu je 700 ml Aceton von —20° C, die zur Fällung der Bakteriensuspension verwendet werden, 10 mg Glutathion und 5 mg PLP. Die so gewonnenen Präparate sind unbegrenzt haltbar. Man kann auch das Acetonpulver in 0,0263 m Natriumphosphatpuffer, p_H 6,2, mit 50 μg PLP und 0,01 m Glutathion (in 0,05 m Natriumphosphatpuffer, p_H 6,4) lösen[3]. An Stelle von Glutathion kann Mercaptoäthanol (0,01 m) oder Cystein verwendet werden. Anreicherungen des Bakterienenzyms wurden von Taylor und Gale[4], Umbreit und Gunsalus[5] und Najjar und Fisher[6] beschrieben (s. S. 583). Shukuya und Schwert[2] gewannen aus *E. coli*-Trockenpulver ein nahezu einheitliches GDC-Präparat auf folgende Weise: 5—7 g Trockenpulver wurden in je 100 ml destilliertem Wasser suspendiert und für 24—48 Std bei Raumtemperatur der Autolyse überlassen. Dabei wurde durch periodische Zugabe von 0,1 n NaOH ein p_H von 6,0—6,5 gehalten. Das Ungelöste wurde bei 16300 × g 30 min abzentrifugiert. Der Überstand wurde mit 2%iger wäßriger Protaminlösung langsam unter mechanischem Rühren versetzt, bis er 0,1—0,15 mg Protaminsulfat pro mg Protein enthielt. Der Niederschlag wurde abzentrifugiert (bei 16300 × g und 4° C, 20 min) und verworfen. Der Überstand wurde mit Ammoniumsulfat zu 26% gesättigt, Niederschlag, wie beschrieben, abzentrifugiert und verworfen. Der bei 70% Ammoniumsulfat erhaltene Niederschlag, der das Enzym enthielt, wurde in 2 ml H_2O/g Acetonpulver aufgenommen. Unlösliches wurde abzentrifugiert und verworfen. Die rohe Enzymlösung, die nach Verdünnen mit Wasser 1% Protein enthielt, wurde bei 36° C 1 Std inkubiert. Das entstandene Präcipitat wurde durch Zentrifugieren entfernt und

[1] Lowe, I. P., E. Robins and G. S. Eyerman: J. Neurochem. **3**, 8 (1958).
[2] Shukuya, R., and G. W. Schwert: J. biol. Ch. **235**, 1649 (1960).
[3] Roberts, E., and D. G. Simonson: Biochem. Pharmacol. **12**, 113 (1963).
[4] Taylor, G., and E. F. Gale: Biochem. J. **39**, 52 (1945).
[5] Umbreit, W. W., and I. C. Gunsalus: J. biol. Ch. **159**, 333 (1945).
[6] Najjar, K. A., and J. Fisher: J. biol. Ch. **206**, 215 (1954).

der Überstand zwischen 30 und 65% Sättigung mit Ammoniumsulfat refraktioniert. Der Niederschlag wurde, wie beschrieben, wieder in Wasser gelöst. Die Ammoniumsulfatkonzentration wurde durch Rührdialyse über Nacht bei 4° C gegen 1 l Pyridinpuffer (Ionenstärke 0,1) reduziert. Das Präcipitat, das dabei entstand, wurde verworfen. Das Pyridin wurde dann durch Dialyse gegen 0,04 m Acetatpuffer, p_H 4,4, entfernt. Nach Dialyse über Nacht bei 4° C gegen 0,05 m Natriumphosphatpuffer, p_H 6,0, wurde die Enzymlösung auf eine DEAE-Cellulose-Säule gebracht, die mit demselben Puffer äquilibriert war. Eluierung des Enzyms durch Gradientenelution mit 250 ml 0,05 m und 0,3 m Natriumphosphatpuffer, p_H 6,0. Sammeln in 10—12 ml-Fraktionen. Die vereinigten Fraktionen mit einer spezifischen Aktivität von mehr als 10000 wurden durch Zugabe von festem Ammoniumsulfat zu 60% gesättigt. Der Niederschlag, der das Enzym enthielt, wurde in destilliertem Wasser gelöst. In einer Konzentration von 10—15 mg Protein/ml war das Enzym bei 4° C für ca. 1 Monat stabil; bei 0,1 mg/ml verlor es rasch an Aktivität. Zur weiteren Reinigung wurde das Enzym an der Säule rechromatographiert, mit einem linearen Gradienten zwischen 0,05 und 0,35 m Natriumphosphatpuffer, p_H 6,5. Fraktionen mit einer spez. Aktivität höher als 14000 (μl CO_2/10 min/mg Protein) wurden vereinigt und nochmals, wie nach der Gradientenelution beschrieben, behandelt. Die Analyse auf der Ultrazentrifuge ergab noch 8% Fremdprotein mit einer niedrigeren Sedimentationskonstanten als die der Hauptmenge. Sedimentationskonstante bei 0% Proteinkonzentration $12{,}82 \pm 0{,}09$ SVEDBERG-Einheiten. Auch bei der Elektrophorese war das Enzym nahezu homogen.

Reinigung der Glutaminsäuredecarboxylase aus Mäusehirn.

Je 1 g Aceton-Trockenpulver aus Mäusehirn wird nach ROBERTS und SIMONSON[1] in 80 ml kalter Lösung von 0,01 m KCl und Glutathion, welche vorher auf p_H 6,4 eingestellt und mit N_2 in einem geschlossenen Gefäß durchströmt wurde, suspendiert. Nach 15 min Zentrifugieren bei 17000 × g wird der Überstand mit Ammoniumsulfat zu 45% gesättigt, wobei der p_H auf 6,8 gehalten wird. Es bleiben 72% der Aktivität im Überstand, Reinigung dreifach.

MAKINO u. Mitarb.[2] haben das Enzym auf folgende Weise angereichert: 7 g Mäusehirn werden mit 70 ml Wasser homogenisiert und bei 20000 × g 30 min zentrifugiert. Der Überstand wird mit 2 ml 0,5 m Phosphatpuffer, p_H 7,2, und 1 ml 1 m Calciumacetatlösung versetzt. Das Calciumphosphat-Gel-Adsorbat wird abzentrifugiert. Der Überstand wird mit Ammoniumsulfat 15% gesättigt, dann wird 20 min bei 20000 × g zentrifugiert. Der Niederschlag nach 35% Ammoniumsulfatsättigung, der die GDC enthält, wird in 12 ml 0,05 m Phosphatpuffer, p_H 6,2, gelöst und gegen 1 l Puffer (dreimal wechseln) in der Kälte dialysiert. Bei dieser Reinigung werden 85—90% des Pyridoxalphosphats entfernt. Es wird also in der Hauptsache das Apoenzym gewonnen.

---

[1] ROBERTS, E., and D. G. SIMONSON: Biochem. Pharmacol. 12, 113 (1963).

[2] MAKINO, K., Y. OOI, M. MATSUDA, M. TSUJI, M. MATSUMOTO and T. KUZODA: Biochem. biophys. Res. Comm. 9, 246 (1962).

Literatur zur Tabelle 8.

1 OKUNUKI, K.: Bot. Mag., Tokyo 51, 270 (1937).
2 ROBERTS, E., and S. FRANKEL: J. biol. Ch. 190, 505 (1951).
3 SHUKUYA, R., and G. W. SCHWERT: J. biol. Ch. 235, 1649 (1960).
4 ROBERTS, E., and D. G. SIMONSON: Biochem. Pharmacol. 12, 113 (1963).
5 TIEN-CHA KOO, HUA-LOU HUANG, and LIANG LI: Acta biochim. biophys. sin. 2, 226 (1962).
6 ROBERTS, E., and S. FRANKEL: J. biol. Ch. 188, 789 (1951).
7 ROBERTS, E., F. YOUNGER and S. FRANKEL: J. biol. Ch. 191, 277 (1951).
8 UMBREIT, W. W., and I. C. GUNSALUS: J. biol. Ch. 159, 333 (1945).
9 GOULD, B. J., A. K. HUGGINS and M. J. SMITH: Biochem. J. 88, 346 (1963).
10 LOWE, I. P., E. ROBINS and G. S. EYERMAN: J. Neurochem. 3, 8 (1958).
11 FRONTALI, N.: Nature 191, 178 (1961).

Eigenschaften.

Tabelle 8. *Eigenschaften der Glutaminsäuredecarboxylase.*

Eigenschaften und Literatur		Enzymquelle
Spezifität	nur L-Glutaminsäure wird decarboxyliert[1–5], D-Glutaminsäure hemmt	Pflanzen, Mäusehirn, Bact. coli
Coenzym	Pyridoxalphosphat	Mäusehirn[2,6], Rattenhirn[7], Bakterien[3,8,9]
pH-Optimum	6,4 und 9,0[10]	Affenhirn
	7,2 und 8,0[11]	Bienenhirn
	6,8[12]	Rattenhirn
	6,4[2,4]	Mäusehirn
	6,0[1]	Pflanzen
	5,0[13]	E. coli
	5,1[5]	E. coli
	3,8[3]	E. coli
	4,5[14]	Clostridium welchii
	4,0—4,5[15]	Bakterien-Suspension bzw. zellfreier Bakterien-Extrakt
MICHAELIS-Konstante	$6,4 \times 10^{-3}$ m[2]	Mäusehirn
	$2,1 \times 10^{-2}$ m[12]	Rattenhirn
	$2,69 \times 10^{-3}$ m[16]	E. coli
	$4,5 \times 10^{-3}$ m[13]	E. coli
	$8,2 \times 10^{-4}$ m[3]	E. coli
	$4,3 \times 10^{-3}$ m[5]	E. coli
	$5,0 \times 10^{-3}$ m[15]	Suspension bzw. zellfreier Extrakt von Bakterien
	$2,7 \times 10^{-3}$ m[15]	
	mit PLP-Zusatz: $5,5 \times 10^{-7}$ m[17]	Mäusehirn
	mit INPP*-Zusatz: $1,1 \times 10^{-5}$ m[17]	Mäusehirn
Reaktionsart	nullte Ordnung[6]	Mäusehirn
Molekulargewicht	ca. 300000[3]	E. coli
Diffusionskonstante	$4,20 \pm 0,03 \times 10^{-7}$ cm²/sec	E. coli
Maximale Reaktionsgeschwindigkeit unter Pyridoxalphosphatzusatz	23,4 Mol/min/300000 g Protein	E. coli
Optimale Temperatur	37° C[2,5]	Mäusehirn, E. coli
Optimale Pyridoxalphosphat-Konzentration	4×10^{-4} bis 10^{-3} m[11]	Bienenhirn
	$0,5 \times 10^{-3}$ m[10]	Affenhirn
	$3,3 \times 10^{-5}$ m[4]	Mäusehirn
Zeit-Aktivitätskurve	in den ersten 20 min linear[11]	Bienenhirn
	in den ersten 30 min linear[10]	Affenhirn, Kaninchenhirn, Mäusehirn

* Isonicotinylhydrazon des PLP.

Nach ROBERTS[5] reduziert O_2 die Aktivität des Enzyms um 50% gegenüber Luft; höchste Aktivität wird unter N_2-Atmosphäre erreicht. So erklärt sich auch die „Aktivierung" durch Glutathion, das die Oxydation der empfindlichen Sulfhydrylgruppen verhindert. Auch Pufferionen beeinflussen die Aktivität. In Tabelle 9 sind die Aktivitäten der gleichen Enzymmenge in Abhängigkeit von der Pufferart zusammengestellt.

Literatur zu Tabelle 8 (Fortsetzung von S. 510).

12 ROBERTS, E., and S. FRANKEL: J. biol. Ch. **187**, 55 (1950).

13 NAJJAR, K. A., and J. FISHER: J. biol. Ch. **206**, 215 (1954).

14 WERLE, E.: B. Z. **288**, 292 (1936).

15 GALE, E. F., and F. F. WOOD: Adv. Enzymol. **2**, 1 (1940).

16 ROBERTS, E.: J. biol. Ch. **198**, 495 (1957).

17 MAKINO, K., Y. OOI, M. MATSUDA, M. TSUJI, M. MATSUMOTO and T. KUZODA: Biochem. biophys. Res. Comm. **9**, 246 (1962).

Bicarbonat, $9{,}1 \times 10^{-4}$ m, ist besser als Phosphatpuffer; die Aktivität blieb bei verschiedenen Konzentrationen gleich[1]. Phosphat hemmte bei 0,1 m leicht und kompetitiv, bei 0,2 m dagegen stärker und nicht kompetitiv.

Coenzym der GDC ist PLP. Pyridoxal, Pyridoxin, 4-Desoxypyridoxin, 4-Methoxymethylpyridoxin und Pyridoxamin sind ohne Einfluß auf die Aktivität[2]. Die aktivitätssteigernde Wirkung von PLP im Gehirnhomogenat wird durch ATP-Zusatz erhöht. Pyridoxalphosphat-hydrazon, -semicarbazon und -isonicotinsäurehydrazon können als Coenzym fungieren. ATP aktiviert nur, wenn Fluorid die Phosphatase hemmt. Es kommt demnach zur Coenzymsynthese im Gehirn. Im Trockenpulver ist ATP ohne Einfluß. Bei Ratten sinkt die GDC-Aktivität bei B_6-freier Diät innerhalb von 90 Tagen um 50 % ab. Der Apoenzymgehalt ist unverändert; denn Vitamin B_6-Zufütterung führt die Aktivität rasch zur Norm zurück[3].

Tabelle 9. *Aktivität der GDC in Abhängigkeit vom Medium*[1].

Molarität	Puffer	% Aktivität
0,0263	Phosphatpuffer	100
0,0263	Citratpuffer	72
0,0132	Maleatpuffer	81
0,0132	Arsenatpuffer	87
0,0132	Imidazolpuffer	86
	Substrat allein	83

Aktivatoren. Halogenionen, besonders Chlorid, aktivieren die Bakterien-GDC[4,5]. Die Hirn-GDC von Mäusen bleibt bei Konzentrationen von $1{,}1 \times 10^{-4}$ bis $1{,}1 \times 10^{-2}$ m unbeeinflußt[1]. Ohne Wirkung sind auch Sulfat (10^{-5} m), NH_4^+, Al^{+++}, Ca^{++}, Mn^{++}, Ni^{++}, Zn^{++} bei 0,01 m Konzentration[1]. Dagegen aktivieren K-Ionen die GDC des Gehirns[6]. Auch Detergentien, wie Cetaflon und andere[7,8], aktivieren bei 0,3 %iger Konzentration und einem p_H von 3,8—4,0 die Bakterien-GDC, ebenso Na-dodecylsulfat[8] ($0{,}25$—$0{,}45 \times 10^{-2}$ m). Die Hirn-GDC wird vor allem durch Adrenochrom-Abkömmlinge, wie Adrenochrommonosemicarbazon und Adrenochromacetylhydrazon[9] bei 2×10^{-6} bis 2×10^{-4} m Konzentration zu 200—490 % aktiviert.

Methoden zur Aktivitätsbestimmung. 1. Manometrisch nach ROBERTS und FRANKEL[2,3,10]: Man verwendet meist Homogenate aus 250 mg Frischgewebe/ml, 0,05 m Phosphatpuffer, p_H 5,9, oder Acetontrockenpulver (s. oben) als Enzymquelle und inkubiert in der WARBURG-Apparatur. Endvolumen der Ansätze 3,0 ml, N_2-Atmosphäre, 38° C. Beim Gehirnenzym wird Puffer p_H 6,3—6,4 verwendet.

Ansätze. Hauptgefäß: 2,0 ml Enzymlösung und Puffer mit Pyridoxalphosphat (8×10^{-5} m). Im 1. Seitenarm: 0,5 ml Glutaminsäure (p_H 7,0—7,4), Endkonzentration 0,05 bzw. 0,1 m. Im 2. Seitenarm: 0,5 ml 1,2 n H_2SO_4. Kontrollansätze werden mit Kalilaugepapier versehen, um sicher zu gehen, daß die Änderung des Gasdruckes allein auf CO_2-Bildung beruht. Nach 12 min wird die Glutaminsäure und nach 72 min die H_2SO_4 zum Stoppen der Reaktion eingekippt.

2. Colorimetrisch nach MAMELAK und QUASTEL[11] und HADO[12]: Nach der Papierchromatographie der Ansätze nach ROBERTS[13] wird das Chromatogramm zur Ortung der γ-Aminobuttersäure mit 0,1 %iger Ninhydrinlösung in H_2O-gesättigtem Butanol und darauf mit 5 %iger Ninhydrinlösung in mit 0,1 m Citratpuffer gesättigtem Butanol be-

[1] ROBERTS, E., and D. G. SIMONSON: Biochem. Pharmacol. **12**, 113 (1963).
[2] ROBERTS, E., and S. FRANKEL: J. biol. Ch. **190**, 505 (1951).
[3] ROBERTS, E., F. JOUNGER and S. FRANKEL: J. biol. Ch. **191**, 277 (1951).
[4] SHUKUYA, R., and G. W. SCHWERT: J. biol. Ch. **235**, 1649 (1960).
[5] SAITO, T.: J. jap. biochem. Soc. **29**, 849 (1958).
[6] QUASTEL, J. H.: 4. Int. Congr. Biochem. Wien 1958, Symp. III, Rep. 7.
[7] HUGHES, D. E.: Biochem. J. **45**, 325 (1949).
[8] KREBS, A.: Biochem. J. **47**, 605 (1950).
[9] DELTOUR, G. H., J. M. GHUSSEN and A. CLAUS: Biochem. Pharmacol. **1**, 267 (1959).
[10] ROBERTS, E., and S. FRANKEL: J. biol. Ch. **188**, 789 (1951).
[11] MAMELAK, R., and J. H. QUASTEL: Biochim. biophys. Acta **12**, 103 (1953).
[12] HADO, T.: Nagoya med. J. **5**, 45 (1959).
[13] ROBERTS, E., and S. FRANKEL: J. biol. Ch. **187**, 55 (1950).

sprüht. Nach 15 min Stehen bei Raumtemperatur wird durch Erhitzen auf 80—90° C für 45 min die Farbe entwickelt. Der Farbfleck wird mit 75 %igem Aceton extrahiert und bei 570 mμ gemessen.

Ein weiteres Verfahren, das sich auf eine Farbreaktion mit Ninhydrin gründet, stammt von BEGUM und BACHHAVAT[1].

3. Bei der Methode von LOWE u. Mitarb.[2] wird die Fluorescenz des Kondensationsproduktes von γ-Aminobuttersäure mit Ninhydrin gemessen. Mit diesem Verfahren sind zwar noch 10^{-7} M γ-Aminobuttersäure meßbar, so daß man die GDC-Aktivität von 3 μg Trockengewebe noch bestimmen könnte, doch soll das Verfahren sehr aufwendig und wenig spezifisch sein.

4. *Isotopenmethoden.* Als erste beschrieben ALBERS und BRADY[3] eine Isotopenmethode zur Bestimmung des bei der Decarboxylierung von Aminosäuren frei werdenden $^{14}CO_2$. Mit dieser Methode sind noch 10^{-11} M $^{14}CO_2$ meßbar. Das von ROBERTS u. Mitarb.[4] modifizierte Verfahren wird im folgenden beschrieben.

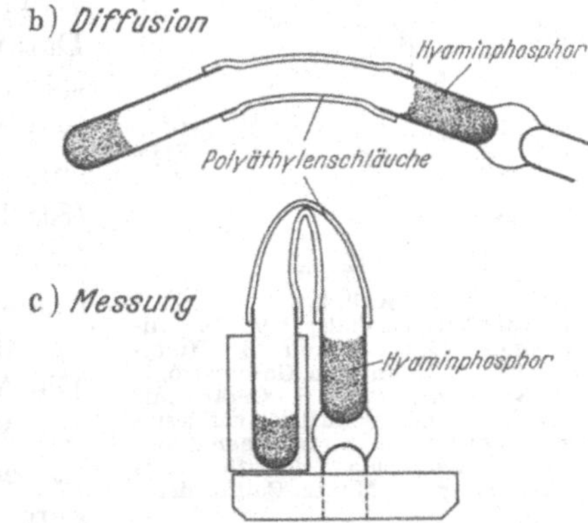

Abb. 1. a) Reaktionsröhrchen mit Substrat, Puffer und Enzym, darüber H_2SO_4. b) Meßröhrchen mit Hyaminphosphor, durch ein Polyäthylenverbindungsstück an das Reaktionsröhrchen angeschlossen. c) Die Röhrchen in der Meß-Stellung. (Aus ALBERS und BRADY[3].)

***Bestimmung der Glutaminsäuredecarboxylase-Aktivität mit der Isotopenmethode nach* ROBERTS *und* SIMONSON[4].**

Reagentien:

1. Rinderserum-Albumin, 0,3 %ig.
2. 0,1 m L-Glutaminsäure-U-^{14}C (durchmarkiert) (2,8 μC/μM).
3. 0,1 m Kaliumphosphatpuffer, p_H 6,8.
4. 5×10^{-4} m PLP.
5. 5 n H_2SO_4.
6. 0,05 m Hyamin (s. unten).
7. Methanol, 1 %ig (v/v).
8. β-Bis-(2)-phenoxazolylbenzol, 0,001 %ig (w/v).
9. 2,5-Diphenyloxazol, 0,4 %ig in Toluol (w/v).

Apparatur (s. Abb. 1):

Die Reaktionsgefäße bestehen aus Glasröhrchen 4 × 35 mm. Zum Halten des Reaktionsgefäßes wurde ein Brinkmann-MP-V-Mikromanipulator verwendet, zum Halten der Substratpipette ein Brinkmann-RP-III-Mikromanipulator. Die Scintillationszählung wurde im Packard Tricarb-Modell A ausgeführt.

Substratlösung:

0,1 m L-Glutaminsäure-U-^{14}C (durchmarkiert) (2,8 μC/μM), gepuffert mit 0,1 m Kaliumphosphatpuffer, p_H 6,8, und 5×10^{-4} m PLP.

Absorptionsmedium:

Hyamin [p-(Diisobutylkresoxy-äthoxyäthyl)-dibenzylammoniumchlorid] als freie Base, hergestellt nach PASSMAN u. Mitarb.[5].

[1] BEGUM, A., and B. K. BACHHAVAT: J. sci. indust. Res., New Dehli C **19**, 25 (1960).
[2] LOWE, I. P., E. ROBINS and J. J. EYERMAN: J. Neurochem. **3**, 8 (1958).
[3] ALBERS, R. W., and R. O. BRADY: J. biol. Ch. **234**, 926 (1959).
[4] ROBERTS, E., and D. G. SIMONSON: Biochem. Pharmacol. **12**, 113 (1963).
[5] PASSMAN, J. M., N. S. RADIN and J. A. D. COOPER: Analyt. Chem., Washington **28**, 484 (1956).

Scintillatorflüssigkeit:

0,05 m Hyamin, 1%iges (v/v) Methanol, 0,001%iges (w/v) β-Bis-(2)-phenoxazolylbenzol, 0,4%iges (w/v) 2,5-Diphenyloxazol in Toluol.

Ausführung:

Gefriergetrocknete histologische Schnitte (3—15 μg) werden sorgfältig zerschnitten, auf einer Quarzfadenwaage gewogen, in die Reagensröhrchen gebracht, die, mit Parafilm verschlossen, bei —20° C bis zur Analyse aufbewahrt werden. Ansätze: 1. 2 μl 0,3%ige Rinderserum-Albuminlösung, 2. 2,5 μl Puffer-Substratlösung (unter Verwendung eines Mikromanipulators und eines Stereomikroskops, um eine Berührung der Wand des Reagensröhrchens zu vermeiden), 3. 10—15 μl 5 n H_2SO_4, Inkubationsgefäß s. Abb. 1. Die Röhrchen werden mit Parafilm verschlossen und 2 Std bei 38° C inkubiert. Danach werden zu jedem Zählröhrchen 50 μl Scintillationsflüssigkeit zugegeben. Die Parafilmkappe vom Inkubationsröhrchen entfernen und dieses mit dem Polyäthylenverbindungsstück an das Zählröhrchen anschließen. Darauf die H_2SO_4-Lösung in die Inkubationsmischung einschütteln. Zur Diffusion der $^{14}CO_2$ in die Absorptionsflüssigkeit 2 Std bei 38° C lagern (Stellung b, Abb. 1). Zur Messung der Scintillationen werden die Röhrchen parallel gestellt (Stellung c, Abb. 1), wobei durch schwarzes Papier um das Reaktionsröhrchen Meßfehler (durch Phosphorverunreinigungen in der Reaktionsmischung) ausgeschlossen werden.

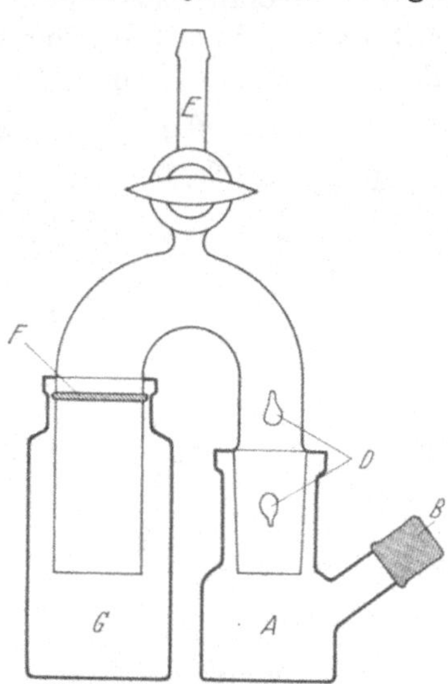

Abb. 2.
A Inkubationsgefäß; *B* Gummistopfen; *D* Glashaken für Haltefedern; *E* Hahn zum Gaseinstrom; *F* Neopren-Ring; *G* Gefäß mit Hyamin und Scintillationsflüssigkeit zum Messen. Zu beziehen durch die Fa. California Scientific Glass Company, El Monte, California.

Als Leerwert verwendet man einen Ansatz ohne Gewebe. Die Aktivität wird in μl CO_2/kg Protein/1 Std ausgedrückt. Die Methode ist hochspezifisch und vermag die Glutaminsäuredecarboxylaseaktivität von 3—15 μg gefriergetrocknetem Gewebe noch zu erfassen.

Das Verfahren wurde durch ROBERTS u. Mitarb.[1] insbesondere hinsichtlich der Apparatur modifiziert (s. Abb. 2 aus SISKEN, SANO und ROBERTS[2]).

Aktivitätsbestimmung der Glutaminsäuredecarboxylase nach FRONTALI[3].

Prinzip:

Bei dieser Methode wird die radioaktive γ-Aminobuttersäure bestimmt. Durch zweidimensionale Papierchromatographie wird die γ-Aminobuttersäure isoliert, der Fleck eluiert und mit nichtmarkierter γ-Aminobuttersäure co-chromatographiert. Es ergibt sich Superposition bei Anfärbung mit Ninhydrin.

Reagentien:

1. 0,0005 m Pyridoxalphosphat.
2. 0,025 m L-Glutaminsäure-U-^{14}C.
3. 0,1 m Phosphatpuffer, p_H 6,4.
4. N_2 (gasförmig).
5. Äthanol, 99%ig.
6. Chromatographiemedium: Phenol/H_2O/konzentriertes Ammoniak (77,5:21,5:1).

Ausführung:

Kleine Teströhrchen (30 × 6 mm) werden in Eis vorgekühlt und mit 20 μl des Reaktionsgemisches beschickt, das aus 0,0005 m PLP und 0,025 m L-Glutaminsäure besteht (pro Röhrchen 0,2 μC durchmarkierte Glutaminsäure). Dazu werden 20 μl Hirnhomogenat

[1] ROBERTS, E., and D. G. SIMONSON: Biochem. Pharmacol. **12**, 113 (1963).
[2] SISKEN, B., K. SANO and E. ROBERTS: J. biol. Ch. **236**, 503 (1961).
[3] FRONTALI, N.: Nature **191**, 178 (1961).

gegeben (1:5 in 0,1 m Phosphatpuffer, p_H 6,4). Die Röhrchen werden mit Gummi verschlossen und mit zwei Injektionsnadeln zum Ein- und Ausströmen von N_2 (2 min lang) versehen. Inkubation im Wasserbad bei 38° C. Nach 20 min wird das Inkubat auf Eis sofort mit 100 μl 99 %igem Alkohol deproteinisiert. Der Leerwert wird erhalten durch Enteiweißen vor der Inkubation.

Messung. Nach Zentrifugieren werden gemessene Volumina des Überstandes in Phenol/H_2O/konz. Ammoniak (77,5:21,5:1) chromatographiert. Die Radioaktivität wird quantitativ nach BELOFF-CHAIN u. Mitarb.[1] gemessen. Die Ergebnisse dieser Methode stimmen mit der manometrischen Methode nach ROBERTS[2] überein.

Histidindecarboxylase*.

[4.1.1.22 L-Histidin-Carboxy-Lyase.]

Histidin → β-Imidazolyläthylamin (= Histamin) + CO_2.

Die Histidindecarboxylase (HDC) des tierischen Organismus wurde fast gleichzeitig durch WERLE[3,4] und HOLTZ[5] in Nieren und Leber von Kaninchen und Meerschweinchen entdeckt. Später fanden WEISSBACH u. Mitarb.[6], daß es mindestens zwei verschiedene Enzyme im Organismus gibt, die Histidin decarboxylieren können:

1. Die *spezifische* HDC; sie decarboxyliert ausschließlich L-Histidin. Ihr p_H-Optimum liegt bei tierischen Geweben zwischen 6,5 und 7,2. MICHAELIS-Konstante 10^{-3}m.

2. Die *unspezifische* HDC; sie vermag außer L-Histidin noch Tryptophan, 5-HTP, Tyrosin, Phenylalanin und Dopa mit in dieser Reihenfolge stark ansteigender Aktivität anzugreifen. Ihr p_H-Optimum liegt für Histidin zwischen 8 und 9. Das Enzym ist wahrscheinlich identisch mit der Dopa-Decarboxylase.

Vorkommen in tierischen Geweben. Die Bedingungen, unter denen von zahlreichen Autoren die HDC-Aktivität gemessen wurde, sind so verschieden, daß keine exakten Vergleiche möglich sind. Die Aktivitäten werden daher in der Tabelle 10 nur qualitativ angegeben. Bei der unspezifischen HDC bedeutet selbst „hoch", daß per Gramm Frischgewebe nur geringe Mengen, z. B. 30 μg, Histidin bei dreistündiger Inkubation unter optimalen Bedingungen decarboxyliert werden.

In der Leber (bei Schwein, Schaf und Rind) findet sich nach GRAHAM[7,8] die Hauptmenge des Enzyms in der Kapsel, wobei es sich wegen ihres Mastzellreichtums um die spezifische HDC handeln dürfte (s. unten). Auch das Hepatom der Ratte „F-Hep" enthält eine sehr wirksame spezifische Decarboxylase[9,10], die mit dem schnellen Wachstum der Tumoren in Beziehung gebracht wird[10–12]. In anderen Tumoren der Ratte und in Tumoren des Menschen wurde keine oder nur eine geringe HDC-Aktivität angetroffen[13–15].

* Unter Mitarbeit von WILFRIED LORENZ, Klinisch-Chemisches Institut an der Chirurgischen Klinik der Universität München.

[1] BELOFF-CHAIN, A., R. CATANZARA, E. B. CHAIN, J. MASI, F. POCCHIANI and C. ROSSI: Proc. R. Soc. London (B) **143**, 481 (1955).
[2] ROBERTS, E., and S. FRANKEL: J. biol. Ch. **187**, 55 (1950).
[3] WERLE, E.: B. Z. **288**, 292 (1936).
[4] WERLE, E., u. H. HERRMANN: B. Z. **291**, 105 (1937).
[5] HOLTZ, P., u. R. HEISE: A. e. P. P. **186**, 377 (1937).
[6] WEISSBACH, H., W. LOVENBERG and S. UDENFRIEND: Biochim. biophys. Acta **50**, 177 (1961).
[7] GRAHAM, H. T., T. D. HANNEGAN and C. MULLER NOURSE: Biochim. biophys. Acta **20**, 243 (1956).
[8] LOWRY, O. H., H. T. GRAHAM, F. B. HARRIS, M. K. PRIEBAT, A. R. MARKS u. R. U. BREGMAN: J. Pharmacol. exp. Therap. **112**, 116 (1954).
[9] MACKAY, D., P. B. MARSHALL and J. F. RILEY: J. Physiol., London **153**, 31 (1960).
[10] KAMESWARAN, L., and G. B. WEST: J. Pharmacy Pharmacol. **13**, 191 (1961).
[11] KAMESWARAN, L., J. M. TELFORD and G. B. WEST: J. Physiol., London **157**, 23 (1961).
[12] KAHLSON, G.: Int. Sympos. Physiol. Leyden (1962).
[13] BUTTLE, G. A. H., J. EPERON, L. KAMESWARAN and G. B. WEST: Brit. J. Cancer **16**, 131 (1962).
[14] HÅKANSSON, R.: Exper. **17**, 402 (1961).
[15] HALLENBECK, G. A., and C. F. CODE: J. Physiol., London **159**, 66 (1961).

Tabelle 10. *Histidindecarboxylase in Geweben erwachsener Säuger.*
Aktivität: ± fraglich; + gering; ++ mittel; +++ hoch.

Gewebe	Tierart und Literatur
Niere . . .	Meerschweinchen +++ [1–5], Kaninchen +++ [1–7], Maus +++ [7,8], Hamster ++ [8], Ratte + [3,6,7,9–11], Katze + [12], Huhn + [4], Schaf + [4,8], Ziege + [4], Schwein + [4,5], Affe + [5], Mensch + [12]
Leber . . .	Meerschweinchen ++ [1–4,7], Kaninchen ++ [1–5,7], Maus + [7,8], Ratte + [3,7,9,10], Hamster + [8], Huhn + [4,8], Katze + [12], Hund + [5], Schwein + [4,5], Schaf + [4,5], Ziege + [4], Rind + [5]
Darm . . .	Kaninchen + [3,12], Duodenum von Meerschweinchen ++ [7], Ratte + [7,9,10], Maus + [7], Kaninchen + [7], Dünndarm von Meerschweinchen ++ [4,7,12,13], Kaninchen + [3,7,12], Affe + [5], Ratte ± [7,9], Coecum und Colon und Rectum von Meerschweinchen + [7,12,13], Peritoneum und Peritonealflüssigkeit der Ratte ++ [6,14–16]
Magen . .	Ratte +++ [6,7,9,10,12,17], Maus ++ [7], Kaninchen ++ [7,8,12], Meerschweinchen + [7,12], Schwein + [12], Mensch + [12]
Pankreas .	Meerschweinchen + [8], Hamster + [8], Kaninchen + [8]
Lunge . . .	Katze + [7], Meerschweinchen + [5,8,13], Ratte ± [7,10], Kaninchen ± [5], Rind, Hund, Affe + [5]
Milz . . .	Meerschweinchen, Kaninchen, Ratte und Hund ± [5,7,13]
Haut . . .	Ratte + [6,9,18], Bauchhaut der Ratte ++ [7,9]
Quergestreifte Muskulatur	Ratte ± [7]
Prostata .	Hund + [12]
Giftapparat	Biene + [19]

Die höchste Aktivität aller Säugetiergewebe besitzt nach SCHAYER[20] der Pylorus der Ratte. Reich an unspezifischer Decarboxylase sind Niere und Leber einiger Säuger; spezifische Decarboxylase enthalten vor allem mastzellreiche Gewebe, z.B. die serösen Häute.

Größere Decarboxylase-Aktivität wurde auch in peripheren Nerven (WERLE und PALM[21], WERLE und WEICKEN[22]) und im ZNS nachgewiesen. Die höchste Aktivität besitzt der Augennerv des Rindes[23]. Ferner wurde die HDC bei Kaninchen und Rind in Milznerven, Sympathicusgrenzstrang, N. vagus[23], im Ganglion stellatum[24] und N. phrenicus[21] nachgewiesen. Die Aktivität war in den Milznerven am größten und nahm ab in der Reihenfolge: Grenzstrang des Sympathicus, N. vagus, Plexus brachialis und N. ischiadicus.

[1] WERLE, E.: B. Z. **288**, 292 (1936).
[2] WERLE, E., u. H. HERRMANN: B. Z. **291**, 105 (1937).
[3] HOLTZ, P., u. R. HEISE: A. e. P. P. **186**, 377 (1937).
[4] HOLTZ, P., K. CREDNER u. H. WALTER: H. **262**, 111 (1939).
[5] GRAHAM, H. T., T. D. HANNEGAN and C. MULLER NOURSE: Biochim. biophys. Acta **20**, 243 (1956).
[6] SCHAYER, R. W.: Amer. J. Physiol. **189**, 533 (1957).
[7] WATON, N. G.: Brit. J. Pharmacol. **11**, 119 (1956).
[8] WERLE, E., u. K. KRAUTZUN: B. Z. **296**, 315 (1938).
[9] TELFORD, J. M., and G. B. WEST: J. Pharmacy Pharmacol. **13**, 75 (1961).
[10] TELFORD, J. M., and G. B. WEST: J. Physiol., London **157**, 306 (1961).
[11] BURKHALTER, A.: Biochem. Pharmacol. **11**, 315 (1962).
[12] WERLE, E., u. H. ZEISBERGER: Kli. Wo. **1952**, 45.
[13] GADDUM, I. H.; in: WOLSTENHOLME, G. E. W., and C. M. O'CONNOR (Hrsgb.): Histamine. London 1956
[14] ROTHSCHILD, A., and R. W. SCHAYER: Biochim. biophys. Acta **34**, 392 (1959).
[15] ROTHSCHILD, A., and R. W. SCHAYER: Fed. Proc. **17**, 136 (1958).
[16] SCHAYER, R. W.: Amer. J. Physiol. **186**, 199 (1956).
[17] SCHAYER, R. W.: Amer. J. Physiol. **187**, 63 (1956).
[18] SCHAYER, R. W., Z. ROTHSCHILD and P. BIZONY: Amer. J. Physiol. **196**, 295 (1959).
[19] WERLE, E., u. R. GLEISSNER: Z. Vit.-, Horm.-Ferm.-Forsch. **4**, 450 (1951).
[20] SCHAYER, R. W.: Amer. J. Physiol. **189**, 533 (1955).
[21] WERLE, E., u. D. PALM: B. Z. **320**, 322 (1950).
[22] WERLE, E., u. G. WEICKEN: B. Z. **319**, 457 (1949).
[23] WERLE, E., u. A. SCHAUER: Z. ges. exp. Med. **127**, 16 (1956).
[24] WERLE, E., A. SCHAUER u. H. BÜHLER: Arch. int. Pharmacodyn. Thérap. **145**, 198 (1963).

Einzelne Hirnteile wurden beim Rind[1, 2, 3], bei Katze[4], Hund und Schwein[4] untersucht. Unter gleichen Versuchsbedingungen wurden durch 1 g Nervengewebe vom Rind folgende Mengen (in μg) Histamin gebildet: von Milznerven 68, Ganglion stellatum 46, N. phrenicus 16, N. vagus 11, Rückenmark 7, Stammhirn 5, Gehirnrinde 1[1]. Im Gesamtgehirn der Ratte wies SCHAYER[5, 6] die spezifische HDC nach; p_H-Optimum 7,2. Die intracelluläre Verteilung im Großhirn des Rindes ergab: 50 % in Mitochondrien, 30—40 % im Zellkern, der Rest im Zellplasma, Methodik s.[7, 8].

Vorkommen in embryonalem Gewebe. Bei Rattenfeten (Stämme: Wistar, Hooded-Lister, August und Long-Evans) wurde eine extrem hohe Histaminbildung (500—1250 μg/g Frischgewebe in 3 Std) in den letzten 3 Tagen der Tragzeit beobachtet, wobei 80 % der HDC-Aktivität in der Leber lokalisiert waren[9–12]. In Magen, Darm, Lunge oder Nieren war bei dem Stamm „August" keine Aktivität festzustellen, bei „Hooded-Lister" fehlte sie im Magen[9, 11]. Nach BURKHALTER[13] war im Pankreas 5 % der Aktivität der Leber vorhanden, in Herz, Lunge, Milz, Hirn, Niere, Nebenniere, Haut, Dünndarm, Magen und Skeletmuskel weniger als 1 %. Bei Feten von Mäusen, Hamstern, Kaninchen und Meerschweinchen war die Aktivität wesentlich niedriger[11, 14], beim menschlichen Embryo dagegen hoch[10]. Keine Decarboxylierung fand sich bei Feten von Katzen, Schweinen, Kühen und Frettchen. Bei der fetalen Ratte handelt es sich um die spezifische HDC, bei Hamster, Kaninchen und Meerschweinchen dagegen um das unspezifische Enzym. Auch in der menschlichen Placenta wurde HDC-Aktivität[15] nachgewiesen.

Nach KAHLSON et al.[16-22] enthalten außer embryonalen Organen auch andere rasch wachsende Gewebe mit hohen Mitoseraten, wie jugendliches Knochenmark, Tumoren, ferner Wundgranulationsgewebe eine spezifische HDC in hoher Konzentration.

Vorkommen im Blut. Nach SCHAYER und KOBAYASHI[23] enthalten Thrombocyten von Kaninchen eine hochaktive spezifische HDC, die nach HARTMANN, CLARK et al.[24] beim Menschen fehlt. Beim Menschen enthalten die basophilen Leukocyten das Enzym[25]. Bei chronischer myeloischer Leukämie wird ein Substratumsatz bis zu 3 % beobachtet. Bei chronischer Lymphadenose oder akuter myeloischer Leukämie fehlt in den Lymphocyten bzw. Leukocyten die HDC. Die unreifen Formen der Basophilen des Knochenmarks weisen eine höhere Decarboxylaseaktivität auf als die reifen Basophilen des Blutes[25, 26]. Außerdem findet sich eine direkte Beziehung von der Zahl reifer Basophilen

[1] HOLTZ, P., u. E. WESTERMANN: Naturwiss. **43**, 37 (1956).
[2] NAITO, T., u. K. KURIAKI: A. e. P. P. **232**, 481 (1958).
[3] HOLTZ, P., u. E. WESTERMANN: Naturwiss. **42**, 647 (1955).
[4] WHITE, T.: J. Physiol., London **149**, 34 (1959).
[5] SCHAYER, R. W.: Amer. J. Physiol. **187**, 63 (1956).
[6] SCHAYER, R. W., K. I. DAVIS and R. L. SMILEY: Amer. J. Physiol. **182**, 54 (1955).
[7] SCHNEIDER, W. C., A. CLAUDE and G. H. HOGEBOOM: J. biol. Ch. **172**, 451 (1948).
[8] COPERHAVER, J. H., M. E. NAGHI and I. GOTH: J. Pharmacy Pharmacol. **109**, 401 (1953).
[9] TELFORD, J. M., and G. B. WEST: J. Physiol., London **157**, 306 (1961).
[10] KAHLSON, G., E. ROSENGREN and T. WHITE: J. Physiol., London **151**, 131 (1960).
[11] KAMESWARAN, L., J. M. TELFORD and G. B. WEST: J. Physiol., London **157**, 23 (1961).
[12] HÅKANSSON, R.: Biochem. Pharmacol. **12**, 1289 (1963).
[13] BURKHALTER, A.: Biochem. Pharmacol. **11**, 315 (1962).
[14] KAMESWARAN, L., and G. B. WEST: J. Physiol., London **160**, 564 (1962).
[15] KYANG, H.: Gynaecologia, Basel **145**, 222 (1958).
[16] KAHLSON, G.: Lancet **1960 I**, 67.
[17] KAHLSON, G., K. NILSSON, E. ROSENGREN and B. ZEDERFELDT: Lancet **1960 II**, 230.
[18] KAHLSON, G., E. ROSENGREN and C. STEINHARDT: Nature **194**, 380 (1960).
[19] KAHLSON, G., E. ROSENGREN and C. STEINHARDT: J. Physiol., London **160**, 12 (1961).
[20] KAHLSON, G.: 22. Int. Congr. Physiol. Leiden, Bd. I, S. 856 (1962).
[21] ROSENGREN, E.: Exper. **18**, 176 (1962).
[22] KAHLSON, G., u. E. ROSENGREN: Exper. **19**, 182 (1963).
[23] SCHAYER, R. W., and Y. KOBAYASHI: Proc. Soc. exp. Biol. Med. **92**, 653 (1956).
[24] HARTMANN, W. J., W. G. CLARK and S. O. CYR: Proc. Soc. exp. Biol. Med. **107**, 123 (1961).
[25] AURES, D., G. W. CLARK, E. HANSSON and G. WINQUIST: Fed. Proc. **22**, 424 (1963).
[26] ALBANUS, L., and G. WINQUIST: Acta haematol., Basel **26**, 365 (1961).

und Histaminbildung im Blut bei Polycythämie, Eosinophilie und Urticaria pigmentosa[1].

Vorkommen in Mastzellen. Eine spezifische HDC ist auch in den Mastzellen lokalisiert[2]. Daher besitzen Mastocytome von Hunden und Mäusen eine hohe HDC-Aktivität[3-6].

Die induzierbare Histidindecarboxylase. Nach SCHAYER[6] enthalten viele Gewebe der Säugetiere und des Menschen eine induzierbare Histidindecarboxylase, die in oder in der Nähe der Gefäßendothelzellen lokalisiert ist. Sie bildet nach SCHAYER[6] Histamin, das im Gewebe nicht fixiert, also nicht angereichert, sondern mit dem Saftstrom weggewaschen und zum Teil in unveränderter Form im Harn ausgeschieden wird. Es stellt sich dabei eine physiologischerweise sehr niedrige „steady state"-Konzentration an aktivem Histamin ein, die nur meßbar ist, wenn im Experiment radioaktiv markiertes Histidin eingesetzt wurde. Die Aktivität der HDC und damit die Histaminmenge wird nach SCHAYER[6] den jeweiligen Blutbedürfnissen der Gewebe angepaßt. Sie wird erhöht, wenn ein Gewebe Einflüssen unterworfen wird, die man mit SELYE als Stress bezeichnet, und geht mit dem Nachlassen des Reizes wieder auf das physiologische Maß zurück. Stress[7-11] kann ausgelöst werden z.B. durch Verbrennungs- oder Kältereiz, Röntgenstrahlen, ferner durch Bakterientoxine und durch Verabreichung von Adrenalin, Histamin und Serotonin[9]. Auch die Verabreichung von Thyroxin[12-15] und von Sexualhormonen[16] regt die Histaminbildung an; Cortison stimuliert sie elektiv in der Magenschleimhaut[17].

Gewinnung der unspezifischen Histidindecarboxylase aus Kaninchenniere.

Die frischen Nieren werden bei 0° C homogenisiert mit 2—4 Vol. Wasser[18] oder mit 0,1 m Phosphatpuffer, p_H 8,0[19], 20 min extrahiert und zentrifugiert. Als Extraktionsflüssigkeiten können auch verwendet werden: Tyrodelösung, Dinatriumhydrogenphosphat (0,1 m) oder 0,2% Glucose enthaltender Phosphatpuffer[20]. In diesen Extrakten ist das Enzym wenig beständig. Beim Trocknen der Organe oder Extrahieren mit Aceton-Äther bei Zimmertemperatur wird es zerstört. Ein begrenzt haltbares Trockenpulver kann durch Lyophilisierung von frischen Organen gewonnen werden. Auch kann man das Enzym in den Lösungen durch Halbsättigung mit Ammoniumsulfat stabilisieren[21].

Eine *Anreicherung* des Enzyms kann z.B. auf folgende Weise erreicht werden:

Kaninchennierenextrakt wird mit Kaolin (Merck) (10 ml Extrakt + 1,5 g Kaolin) 10 min kräftig durchgeschüttelt und abzentrifugiert. Im Überstehenden wiederholt man den

---

[1] ALBANUS, L., and G. WINQUIST: Acta haematol., Basel **26**, 365 (1961).
[2] SCHAYER, R. W.: Amer. J. Physiol. **186**, 199 (1956).
[3] HAGEN, P., N. WEINER, S. ONO and FU-LI-LEE: J. Pharmacol. exp. Therap. **130**, 9 (1960).
[4] LINDELL, S. E., H. ROSSMAN and H. WESTLING: Exper. **15**, 31 (1959). Acta allergol., København **16**, 216 (1961).
[5] WERLE, E., A. SCHAUER u. H. BÜHLER: Arch. int. Pharmacodyn. Thérap. **145**, 198 (1963).
[6] SCHAYER, R. W.: Chemotherapia, Basel **3**, 128 (1961).
[7] SCHAYER, R. W., Z. ROTHSCHILD and P. BIZONY: Amer. J. Physiol. **196**, 295 (1959).
[8] SCHAYER, R. W., and O. GANLEY: Amer. J. Physiol. **197**, 721 (1959). J. Allerg. **32**, 204 (1961).
[9] SCHAYER, R. W.: Amer. J. Physiol. **198**, 1187 (1960).
[10] JOHANNSON, M. B., and H. WETTERQUIST: Med. exp., Basel **8**, 251 (1961).
[11] TAKEO, I., O. IKUYA and I. GOZI: Nippon Univ. J. Med. **2**, 199 (1960).
[12] BJURO, T., H. WESTLING and H. WETTERQUIST: Brit. J. Pharmacol. **17**, 479 (1961).
[13] PARRAT, I. R., and G. B. WEST: Int. Arch. Allergy **16**, 288 (1960).
[14] GOTZL, F. R., and C. A. DRAGSTEDT: Proc. Soc. exp. Biol. Med. **45**, 688 (1940).
[15] FELDBERG, W., and A. A. LOESER: J. Physiol., London **126**, 286 (1954).
[16] KIM, K. S.: Amer. J. Physiol. **197**, 1258 (1959); **201**, 740 (1961). Nature **191**, 1368 (1961).
[17] TELFORD, J. M., and G. B. WEST: Brit. J. Pharmacol. **15**, 532 (1960); **16**, 360 (1961).
[18] WERLE, E., u. H. HERRMANN: B. Z. **291**, 105 (1937).
[19] HOLTZ, P.: Kli. Wo. **1937 II**, 1561.
[20] SCHAYER, R. W.: Amer. J. Physiol. **189**, 533 (1957).
[21] WERLE, E., u. K. KRAUTZUN: B. Z. **296**, 315 (1938).

Vorgang noch zweimal. Dann wird das Enzym bei pH 4,7 an Aluminiumhydroxyd-Gel C_γ adsorbiert (je 1 ml Lösung und 5 ml Aluminiumhydroxyd, entsprechend 6,0 mg Al_2O_3 pro ml). Das Adsorbat wird auf der Zentrifuge mit Aqua dest. gewaschen und mit 10 ml 0,2 m Na_2HPO_4-Lösung eluiert; Reinigung bis 34fach[1].

***Anreicherung der spezifischen Histidindecarboxylase nach* Håkansson[2].**

Rattenfeten werden in 2 Vol. 0,1 m Natriumacetatpuffer, pH 4,5, homogenisiert. Anschließend wird bei 20000 × g zentrifugiert. Im Überstand wird die HDC über einen Hitzeschritt (55° C) und über Ammoniumsulfatfraktionierung (25—40% Sättigung) auf das 200fache des Reinheitsgrades nach dem Hitzeschritt angereichert. Ausbeute 50%. Bei einem Proteingehalt von 0,4% ist die Lösung mehrere Tage stabil.

Eigenschaften. *Unterschiede zwischen spezifischer und unspezifischer HDC.* Sehr wahrscheinlich gibt es zwei Enzyme, welche Histidin zu Histamin zu decarboxylieren vermögen[3]. Die unspezifische HDC ist vor allem in der Niere und Leber erwachsener Säuger zu finden (Werle[4]), die spezifische HDC z. B. in den Mastzellen (Schayer[5]) (s. auch S. 515).

Tabelle 11. *Eigenschaften der spezifischen und der unspezifischen Histidindecarboxylase.*

Spezifische HDC	Unspezifische HDC
Spezifität	
Nur L-Histidin wird decarboxyliert[3,6,7], nach[8] wird auch 5-Hydroxytryptophan angegriffen	Alle natürlich vorkommenden aromatischen L-Aminosäuren[3], insbesondere Dopa und 5-Hydroxytryptophan und einige Derivate dieser Verbindungen[3,9]
pH-*Optimum*	
Variiert von 6,0—7,2 (s. unten)	Variiert von 7,5—9,5 (s. unten)
Michaelis-*Konstante*	
10^{-5}—10^{-3} [2, 3, 6, 7, 10–13]	10^{-2}—10^{-1} [3, 10, 13]
Aktivität bei überoptimalen Substratkonzentrationen	
Vermindert[14]	Nicht vermindert[15]
Verhalten beim Erhitzen	
Stabil bis 50° C für 3 min[6]	Wird bei 51—55° C rasch zerstört[16, 17]
In Geweben mit Histamin vergesellschaftet	
Ja[14]	Nein[14]

Außer der spezifischen und unspezifischen gibt es nach Schayer[14] sowie nach Telford und West[18] noch eine dritte HDC.

[1] Werle, E., u. K. Heitzer: B. Z. 299, 421 (1938).
[2] Håkansson, R.: Biochem. Pharmacol. 12, 1289 (1963).
[3] Weissbach, H., W. M. Lovenberg and S. Udenfriend: Biochim. biophys. Acta 50, 177 (1961).
[4] Werle, E., u. H. Herrmann: B. Z. 291, 105 (1937).
[5] Schayer, R. W.: Chemotherapia, Basel 3, 128 (1961).
[6] Burkhalter, A.: Biochem. Pharmacol. 11, 315 (1962).
[7] Mackay, D., and D. M. Shepherd: Nature 191, 1311 (1961).
[8] Kameswaran, L., and G. B. West: J. Pharmacy Pharmacol. 13, 191 (1961).
[9] Holtz, P., K. Credner u. H. Walter: H. 262, 111 (1939).
[10] Ganrot, P. O., A. M. Rosengren and E. Rosengren: Exper. 17, 263 (1961).
[11] Schayer, R. W.: Amer. J. Physiol. 186, 199 (1956).
[12] Hagen, P., N. Weiner, S. Ono and Fu-Li-Lee: J. Pharmacol. exp. Therap. 130, 9 (1960).
[13] Mackay, D., J. F. Riley and D. M. Shepherd: J. Pharmacy Pharmacol. 13, 257 (1961).
[14] Schayer, R. W.: Amer. J. Physiol. 189, 533 (1957).
[15] Werle, E.: B. Z. 311, 270 (1942).
[16] Werle, E., u. K. Krautzun: B. Z. 296, 315 (1938).
[17] Werle, E., u. D. Aures: H. 316, 45 (1959).
[18] Telford, J. M., and G. B. West: Brit. J. Pharmacol. 16, 360 (1961).

Werle et al.[1] konnten zeigen, daß in einzelnen Geweben zwei Enzyme zugleich Histidin decarboxylieren können. Bei Enterokokken[1] wurde Dopa-Decarboxylase neben der spezifischen HDC (Optimum bei p_H 5,5) nachgewiesen.

Werle[2] vermutete im Gegensatz zu Holtz[3], daß das unspezifische Enzym mit der Dopa-Decarboxylase identisch sei. Rosengren[4] bestätigte dies für das Enzym der Kaninchennieren, Weissbach für das der Meerschweinchenniere[5, 6]. Ganrot und Mitarb.[7] wiesen darauf hin, daß L-Histidin die Dopa-Decarboxylase so stark hemmt, wie bei einem gleichzeitigen Abbau von L-Histidin und L-Dopa erwartet werden kann. Beide Aktivitäten können aber nicht getrennt werden (z.B. beim Fällen mit Ammoniumsulfat oder Chromatographieren auf DEAE)[7], bei einem Hitzeschritt[8, 9] geht während der Reinigung die histidindecarboxylierende Wirkung elektiv verloren. Unterschiede in den Michaelis-Konstanten der beiden oben beschriebenen Enzyme hängen von verschiedenen Faktoren ab[10], z.B. vom p_H-Wert oder vom Benzolzusatz, wobei zum sauren p_H hin und nach Benzolzusatz die K_M-Werte steigen. Das gilt für Meerschweinchenniere und das Rattenhepatom, nach Håkansson[11] auch für die fetale Ratte. Da aber das p_H-Optimum von der Substratkonzentration abhängig ist[11], ergeben sich hier Variationen, die viele Unterschiede in den Versuchsergebnissen der einzelnen Autoren erklären. Benzol aktiviert durch Erhöhung der Konzentration der wirksamen Enzymmoleküle möglicherweise durch ihre Ablösung von einer lipoidlöslichen blockierenden Gruppe[12].

Nach Telford[13] ist in Decarboxylierungsansätzen das Maximum der Histaminbildung innerhalb 3 Std erreicht, aber nach 30 min sind bereits 60 % des Maximums gebildet. Legt man den 30 min-Wert der Aktivitätsberechnung zugrunde, so ergibt sich eine Decarboxylaseaktivität, die dreimal so hoch ist, wie der gemessene 3 Std-Wert.

Stabilität. Die Aktivität des unspezifischen Enzyms und der spezifischen HDC aus Kaninchenthrombocyten nimmt selbst bei tagelangem Dialysieren gegen fließendes Wasser nicht oder nur sehr wenig ab[14, 15], im Gegensatz zum Enzym aus Mastzellen[16] oder Mastocytomen[17], welches zur Wiederherstellung der Aktivität PLP benötigt[16]. Aus demselben Grund tritt bei Vitamin B_6-Mangeldiät ein Aktivitätsverlust im Gewebe auf. Bei Mäusemastocytomen ist die Pyridoxalbindung etwas fester, denn erst nach 24stündiger Dialyse findet man hier eine Aktivitätsabnahme[18].

Die unspezifische HDC ist gegen Säure und Lauge sehr empfindlich[14, 19]. Das Enzym ist bei p_H 9 2 Std bei 0° C beständig[14]. Durch Aceton-Äthertrocknung bei Raumtemperatur wird das unspezifische Enzym inaktiviert[19]. Bei Gefriertrocknung im Vakuum bleibt die Aktivität dagegen für eine begrenzte Dauer erhalten. In Phosphatpufferextrakten (p_H 6,8) wird durch Halbsättigung der Lösungen mit Ammoniumsulfat eine gewisse Stabilisierung erreicht[19]. Die Aufbewahrung des Trockenpulvers im Vakuum über $CaCl_2$ führt bei Kaninchenniere innerhalb von 6 Wochen zu einem Aktivitätsverlust

[1] Werle, E., A. Schauer u. H. Bühler: Arch. int. Pharmacodyn. Thérap. **145**, 198 (1963).
[2] Werle, E., u. H. Herrmann: B. Z. **291**, 105 (1937).
[3] Holtz, P., K. Credner u. H. Walter: H. **262**, 111 (1939).
[4] Rosengren, E.: Acta physiol. scand. **49**, 364 (1961).
[5] Weissbach, H., W. M. Lovenberg and S. Udenfriend: Biochim. biophys. Acta **50**, 177 (1961).
[6] Udenfriend, S., W. M. Lovenberg and H. Weissbach: Fed. Proc. **19**, 7 (1960).
[7] Ganrot, P. O., A. M. Rosengren and E. Rosengren: Exper. **17**, 263 (1961).
[8] Werle, E., u. D. Aures: H. **316**, 45 (1959).
[9] Awapara, J., R. P. Sandman and C. Stanley: Arch. Biochem. **98**, 520 (1962).
[10] Mackay, D., J. F. Riley and D. M. Shepherd: J. Pharmacy Pharmacol. **13**, 257 (1961).
[11] Håkansson, R.: Biochem. Pharmacol. **12**, 1289 (1963).
[12] Telford, J. M., and G. B. West: Brit. J. Pharmacol. **16**, 360 (1961).
[13] Telford, J. M.: Nature **197**, 701 (1963).
[14] Werle, E., u. K. Krautzun: B. Z. **296**, 315 (1938).
[15] Werle, E.: B. Z. **304**, 201 (1940).
[16] Rothschild, A., and R. W. Schayer: Fed. Proc. **17**, 136 (1958).
[17] Hagen, P., N. Weiner, S. Ono and Fu-Li-Lee: J. Pharmacol. exp. Therap. **130**, 9 (1960).
[18] Ono, S., and P. Hagen: Nature **184**, 1143 (1959).
[19] Werle, E., u. K. Heitzer: B. Z. **299**, 421 (1938).

von rund 50 %. Das Enzym der Meerschweinchenniere ist deutlich stabiler. Von absolutem Glycerin wird das unspezifische Enzym nur wenig aufgenommen, von 86 %igem Glycerin etwas mehr; doch setzt Glycerin die Aktivität des Enzyms erheblich herab (etwa um 80 %)[1].

Das aus Mastzellen gewonnene spezifische Enzym ist nach SCHAYER[2] nach Lyophilisierung bei —15° C relativ stabil. Das nicht lyophilisierte Enzym verliert innerhalb von 44 Tagen 25 % der Aktivität.

Das Coenzym ist mit größter Wahrscheinlichkeit PLP (s. oben). Der Nachweis einer Carbonylgruppe gelang WERLE und HEITZER[3] durch Hemmung mittels HCN, Hydroxylamin und Semicarbazid. Nach WERLE und KOCH[4] aktivieren 25—75 μg PLP/Ansatz die HDC der Meerschweinchenniere zu 40—100 %. Kleine Dosen von Pyridoxin aktivieren das Enzym der Schweine- und Meerschweinchenniere, höhere Dosen hemmen[4,5]. Die Hemmung des Enzyms durch α-Methyl-dopa wird durch PLP aufgehoben[6]. Die Aktivierung durch PLP wurde von HOLTZ[5] und GUIRARD[7] bestätigt.

PLP ist auch Coenzym der spezifischen HDC. Nach ROTHSCHILD und SCHAYER[8] wird nach Dialyse die abgesunkene Aktivität des Mastzellenzyms durch PLP wiederhergestellt (0,12 μM/ml). Die Aktivierung gegenüber dem dialysierten Extrakt betrug etwa das Zwölffache. Nach Einfrieren über 18 Std bewirkte PLP eine Aktivierung auf das Doppelte. Physiologischerweise scheint das Enzym nicht völlig mit PLP abgesättigt zu sein[8], wofür Phosphatasen verantwortlich gemacht werden. Die Hemmung durch Hydroxylamin wird durch PLP aufgehoben[8], ebenso die durch Semicarbazid[9]. Vitamin B_6-Mangeldiät senkt die HDC-Konzentration bei Ratten; Zusatz von PLP in vitro oder Vitamin B_6-Fütterung läßt sie wieder zur Norm ansteigen[8]. Auch die Aktivität der HDC von Mastocytomen[10] wird durch PLP-Zusatz signifikant gesteigert, ferner die von Rattenhepatomen und von fetaler Rattenleber[9, 11–13]. GANROT et al.[14] konnten zeigen, daß α-Methyl-dopa mit PLP reagiert. Hierdurch wird das Enzym gehemmt. Die Verbindung wurde spektrophotometrisch nachgewiesen. Zum gleichen Ergebnis kamen BURKHALTER[13] und MACKAY[15].

Weitere Daten zur unspezifischen HDC:

Durch Papain und Trypsin sowie durch Behandeln mit Aceton in wäßrigen Lösungen bei Zimmertemperatur wird das unspezifische Enzym zerstört[3].

Im folgenden seien die von verschiedenen Autoren in verschiedenen Geweben unter den verschiedensten Bedingungen gemessenen p_H-Optima der unspezifischen HDC aufgezählt:

Leber: Ratte 7,5—8,5[16, 17], 8,0[18], Maus, Hamster, Kaninchen, Meerschweinchen 7,5—8,5[16, 17]; *fetale Leber:* Hamster, Kaninchen, Meerschweinchen 8,0[17], 9,0[19]; *Niere:*

[1] WERLE, E., u. K. KRAUTZUN: B. Z. **296**, 315 (1938).
[2] SCHAYER, R. W.: Amer. J. Physiol. **189**, 533 (1957).
[3] WERLE, E., u. K. HEITZER: B. Z. **299**, 421 (1938).
[4] WERLE, E., u. W. KOCH: B. Z. **319**, 305 (1949).
[5] HOLTZ, P., A. ENGELHARDT u. G. THIELECKE: Naturwiss. **39**, 266 (1952).
[6] WERLE, E.: Naturwiss. **48**, 54 (1961).
[7] GUIRARD, B. M., and E. E. SNELL: Am. Soc. **76**, 4745 (1954).
[8] ROTHSCHILD, A., and R. W. SCHAYER: Fed. Proc. **17**, 136 (1958).
[9] HÅKANSSON, R.: Biochem. Pharmacol. **12**, 1289 (1963).
[10] WERLE, E., A. SCHAUER u. H. BÜHLER: Arch. int. Pharmacodyn. Thérap. **145**, 198 (1963).
[11] MACKAY, D., P. B. MARSHALL and J. F. RILEY: J. Physiol., London **153**, 31 (1960).
[12] MACKAY, D., J. F. RILEY and D. M. SHEPHERD: J. Pharmacy Pharmacol. **13**, 257 (1961).
[13] BURKHALTER, A.: Biochem. Pharmacol. **11**, 315 (1962).
[14] GANROT, P. O., A. M. ROSENGREN u. E. ROSENGREN: Exper. **17**, 263 (1961).
[15] MACKAY, D., and D. M. SHEPHERD: Biochim. biophys. Acta **59**, 553 (1962).
[16] KAMESWARAN, L., and G. B. WEST: J. Pharmacy Pharmacol. **13**, 191 (1961).
[17] KAMESWARAN, L., and G. B. WEST: J. Physiol., London **160**, 564 (1962).
[18] TELFORD, J. M., and G. B. WEST: J. Pharmacy Pharmacol. **13**, 75 (1961).
[19] MACKAY, D., and D. M. SHEPHERD: Nature **191**, 1311 (1961).

Ratte 7,5[1], Meerschweinchen 8,0[2], 9,0—9,5[3], 9,0[4]; *Duodenum:* Ratte 7,5[1], Meerschweinchen 8,0[5].

Für die spezifische HDC ergaben sich folgende p_H-Optima:

Bei der Ratte: Haut 7,2[2]; Hirn 7,2[2]; Magen: Fundus 7,2[2], Pylorus 7,2[2]; Gesamtmagen 7,0[1]; fetale Leber 6,5[6,7], 6,6[8], 6,4—7,2[9]; regenerierende Leber 6,7—7,0[8]; Hepatom 6,0—6,5[10], 6,5[6], 6,7—7,0[11]; Mastzellen 7,0[12,13].

Maus: Fet 6,5[7], 7,2[14]; Leber postnatal 6,5[7]; Niere der trächtigen Maus 7,2[14]; Mastocytom 6,0[15,16].

Hund: Mastocytom 6,0[15,16].

Bestimmung der Histidindecarboxylase.

Methoden in vitro. Zur Aktivitätsbestimmung kann in den meistenFällen ein Homogenat verwendet werden, das im Verhältnis 1:3 mit Wasser oder Puffer hergestellt und bei 5000 U/min zentrifugiert wurde.

Beispiel:

Nach WATON[17] wird das fein zerriebene Gewebe in physiologischer NaCl-Lösung (10 ml/g Gewebe) suspendiert, 10 min bei 2500 ×g zentrifugiert und der Überstand für die Ansätze verwendet. Nach SCHAYER[2] wird das Gewebe nochmals eingefroren und aufgetaut, homogenisiert und bei 25000 ×g zentrifugiert.

Nach GANROT u. Mitarb.[18] wird die Enzymlösung mit Ammoniumsulfat gefällt und gegen destilliertes Wasser bei 4° C über Nacht dialysiert, um vorhandene Amine abzutrennen. Nach HAGEN[19] wird zur Anreicherung der spezifischen HDC von Mäuse-Mastocytomen das Gewebe 1:2 oder 1:4 in 0,3 m Rohrzuckerlösung homogenisiert, 30 min bei niedriger Tourenzahl zentrifugiert, der Überstand wird 30 min bei 11000 ×g zentrifugiert. Das so erhaltene Sediment der großen Granula wird in 0,3 m Rohrzuckerlösung resuspendiert, auf das Volumen des Homogenats aufgefüllt und 1 Std bei 140000 ×g zentrifugiert. Das aus Mikrosomen bestehende Sediment enthält die HDC-Aktivität. Zum Ansatz wird es in 0,3 m Rohrzuckerlösung resuspendiert und auf das Homogenatvolumen aufgefüllt.

Nach BURKHALTER[8] wird das Gewebe 1:10 oder 1:20 in kalter isotonischer KCl-Lösung homogenisiert und bei 100000 ×g 1 Std zentrifugiert. Der Überstand dient zur Enzymbestimmung. Nach HOLTZ[20] kann aus Kaninchennierenextrakten die Histaminase durch selektive Adsorption an Kaolin abgetrennt werden, nicht aber bei Schweinenieren. Bei der Extraktion mit Phosphatpuffer geht die HDC wesentlich leichter in Lösung als die Histaminase[21].

---

[1] TELFORD, J. M., and G. B. WEST: J. Pharmacy Pharmacol. **13**, 75 (1961).
[2] SCHAYER, R. W.: Amer. J. Physiol. **189**, 533 (1957).
[3] WERLE, E., u. H. HERRMANN: B. Z. **291**, 105 (1937).
[4] MACKAY, D., J. F. RILEY and D. M. SHEPHERD: J. Pharmacy Pharmacol. **13**, 257 (1961).
[5] WATON, N. G.: Brit. J. Pharmacol. **11**, 119 (1956).
[6] KAMESWARAN, L., and G. B. WEST: J. Pharmacy Pharmacol. **13**, 191 (1961).
[7] KAMESWARAN, L., and G. B. WEST: J. Physiol., London **160**, 564 (1962).
[8] BURKHALTER, A.: Biochem. Pharmacol. **11**, 315 (1962).
[9] HÅKANSSON, R.: Biochem. Pharmacol. **12**, 1289 (1963).
[10] BUTTLE, G. A. H., J. EPERON, L. KAMESWARAN and G. B. WEST: Brit. J. Cancer **16**, 131 (1962).
[11] SCHAYER, R. W., K. L. DAVIS and R. L. SMILEY: Amer. J. Physiol. **182**, 54 (1955).
[12] HAGEN, P., N. WEINER, S. ONO and FU-LI-LEE: J. Pharmacol. exp. Therap. **130**, 9 (1960).
[13] ROSENGREN, E.: Acta physiol. scand. **49**, 364 (1961).
[14] ROSENGREN, E.: Exper. **18**, 176 (1962).
[15] MACKAY, D., and D. M. SHEPHERD: Nature **191**, 1311 (1961).
[16] WEISSBACH, H., W. M. LOVENBERG and S. UDENFRIEND: Biochim. biophys. Acta **50**, 177 (1961).
[17] WATON, N. G.: Biochem. J. **64**, 318 (1956).
[18] GANROT, P. O., A. M. ROSENGREN u. E. ROSENGREN: Exper. **17**, 263 (1961).
[19] HAGEN, P., N. WEINER, S. ONO and FU-LI-LEE: J. Pharmacol. exp. Therap. **130**, 9 (1960).
[20] HOLTZ, P., H. HEISE u. W. SPREYER: A. e. P. P. **188**, 580 (1938).
[21] WERLE, E., u. K. HEITZER: B. Z. **299**, 421 (1938).

Ansätze. Als Maß für die Enzymaktivität dient meist die gebildete Histaminmenge. Sie wird biologisch, colorimetrisch, fluorometrisch oder mit Hilfe einer Isotopenmethode bestimmt. Bei der hochaktiven HDC von Bakterien kann das entwickelte CO_2 manometrisch bestimmt werden (s. Dopa-Decarboxylase S. 546 und GALE[1]).

Ansatz nach WERLE und HEITZER[2].

Reagentien:

1. L-Histidin, 20 mg in 10 ml Aqua dest. oder Puffer.
2. 0,066 m Phosphatpuffer nach SÖRENSEN.
3. Aminoguanidinsulfat, 38 mg in 10 ml.
4. Toluol.

Ausführung:

1. Kontrollansatz. 4 ml Homogenat (s. oben); 0,2 ml Aminoguanidinlösung (Endkonzentration 10^{-4} m); 1,8 ml Phosphatpuffer; (mit 0,3 ml Toluol überschichten).

2. Hauptansatz. 4 ml Homogenat; 0,2 ml Aminoguanidinlösung; 0,8 ml Phosphatpuffer; 1,0 ml Histidinlösung; 0,3 ml Toluol.

Die Ansätze werden kurz durchgeschüttelt und 3 Std bei 37° C unter O_2-freiem N_2 inkubiert. Für die unspezifische HDC muß ein p_H von 8,0—8,5 eingestellt werden, für die spezifische HDC ein p_H von 6,0—7,2 (s. auch unten!). Es empfiehlt sich, für jedes Gewebe erst das p_H-Optimum festzustellen. Der Zusatz von Aminoguanidin (10^{-4} m) verhindert den Abbau des Histamins, der in Gegenwart von Histaminase und unvermeidbaren O_2-Spuren eintreten kann. Eine 10^{-3} m Lösung von Aminoguanidin würde auch die HDC beträchtlich hemmen[3]. LOWRY und GRAHAM[4] verwenden an Stelle von Aminoguanidin Natriumthiosulfat.

Toluol, Benzol und Pyridin (1 Tropfen/Ansatz) bewirken eine zusätzliche Freilegung des unspezifischen Enzyms[5,6]. Die Aktivität wird so um das 4—12fache gesteigert. Schwächer wirken Chloroform, Chlorbenzol, Petroleum (S.P. 80—100° C) und Cyclohexan; Amylalkohol ist wirkungslos. Das Maximum der Ausbeute wird bei 0,35—0,81 mg Benzol (volle Sättigung der wäßrigen Phase) oder 0,1—3,8 mg Pyridin/ml Ansatz erzielt.

Die Ansätze wurden von vielen Autoren modifiziert. Nach WATON[5,6] werden größere Substratmengen (15 mg Histidin/ml Ansatz) verwendet. Nach TELFORD und WEST[7] wird in Tyrode-Lösung homogenisiert und als Puffer 0,05 m K_2HPO_4 und 10 mg Histidin/ml Ansatz zugesetzt. Nach SCHAYER[8] wird homogenisiert in isotonischem Phosphatpuffer, p_H 7,4, der 0,2% Glucose enthält; Substrat: 10—20 μg ^{14}C-Histidin/ml. Das entstandene Histamin (wird als Dipikrat oder bei niedriger Decarboxylase-Aktivität als Dibenzosulfonylhistamin bestimmt. Leerwert: Inkubat mit hitzeinaktiviertem Enzym. Manche Autoren[9] setzen 10—50 μg PLP/ml Ansatz zu.

Die Reaktion wird durch Enteiweißen der Ansätze nach 3 Std mit 10% Trichloressigsäure (5 ml/g Gewebe) gestoppt. Die Trichloressigsäure wird ausgeäthert oder durch Kochen mit HCl zerstört[10]. Letzteres Verfahren ist ungeeignet in Gegenwart von 5—10 mg Histidinhydrochlorid/100 ml und mehr, weil durch Kochen auf dem Wasserbad $2{,}06 \pm 0{,}52\,\mu g$ Histamin entstehen[11]. Der Histidingehalt der Organe und des Blutes liegt bei 0,1—0,2 mg pro 10 ml, so daß er keine Fehlerquelle bildet. Das in der Skeletmuskulatur vorhandene

[1] GALE, E. F.: Adv. Enzymol. **6**, 1 (1946).
[2] WERLE, E., u. K. HEITZER: B. Z. **299**, 421 (1938).
[3] WERLE, E., A. SCHAUER u. H. BÜHLER: Arch. int. Pharmacodyn. Thérap. **145**, 198 (1963).
[4] LOWRY, O. H., H. T. GRAHAM, F. B. HARRIS, M. K. PRIEBAT, A. R. MARKS and R. U. BREGMAN: J. Pharmacol. exp. Therap. **112**, 116 (1954).
[5] WATON, N. G.: Brit. J. Pharmacol. **11**, 119 (1956).
[6] WATON, N. G.: Biochem. J. **64**, 318 (1956).
[7] TELFORD, J. M., and G. B. WEST: J. Pharmacy Pharmacol. **13**, 75 (1961).
[8] SCHAYER, R. W.: Amer. J. Physiol. **189**, 533 (1957).
[9] BURKHALTER, A.: Biochem. Pharmacol. **11**, 315 (1962).
[10] CODE, C. F.: J. Physiol., London **89**, 257 (1937).
[11] HUGHES, D. E., E. SALVIN and D. R. WOOD: J. Physiol., London **113**, 218 (1951).

Carnosin soll beim Kochen mit Trichloressigsäure vermehrt Histamin bilden[1]. Auch Ansäuern mit $HClO_4$ oder kurzes Aufkochen mit 1,0 n HCl kann zur Enteiweißung dienen. Für die biologische Bestimmung des Histamins ist der Ansatz mit 1,0 n NaOH zu neutralisieren.

Sterilität der Ansätze. Nach HARTMANN und CLARK[2] werden die Gefäßzugänge mit UV-Licht bestrahlt, nicht der Ansatz selbst, da das Enzym strahlenempfindlich ist. Außerdem wird Toluol oder ein Antibioticum zugegeben, z. B. Tetracyclin (ca. 80—100 μg/ml).

Bestimmung des gebildeten Histamins. Ausführliche Beschreibung der biologischen und chemischen Methoden s. CODE[3]. Spektrophotometrische und radioaktive Methoden haben in neuester Zeit, vor allem wegen ihrer großen Empfindlichkeit, die größere Bedeutung erlangt.

Biologische Bestimmungsmethoden.

a) Am isolierten Meerschweinchenileum nach BARSOUM und GADDUM[4].

Prinzip: Das in Tyrodelösung suspendierte Meerschweinchenileum wird durch Histamin zur Kontraktion erregt. An Hand von Standardlösungen wird die unbekannte Histaminmenge bestimmt. Histaminmengen von 0,01 μg/ml können genau erfaßt werden. Antihistaminica blockieren das Testobjekt für Histamin in spezifischer Weise, so daß eine Abgrenzung von Histamin gegenüber Stoffen mit ähnlicher pharmakologischer Wirkung möglich ist. Ausführliche Beschreibung der Methode s. [3, 5–7].

b) Histaminbestimmung am Blutdruck der narkotisierten Katze[3, 8].

Prinzip: Intravenöse Injektion von Histamin verursacht einen Blutdruckabfall bei der Katze, dessen Grad mit der verabreichten Histaminmenge zunimmt. Die Empfindlichkeit gegenüber Histamin bleibt über Stunden gleich. Der Histamingehalt einer unbekannten Lösung wird an Hand einer Histaminstandardlösung ermittelt. Die Methode ist nicht so empfindlich wie die Bestimmung am Meerschweinchenileum, auch kann Histamin nur bis zu einem gewissen Grad mit Hilfe von Antihistaminsubstanzen gegen andere blutdrucksenkende Stoffe abgegrenzt werden. Eingehende Beschreibung bei CODE[3].

Chemische Bestimmungsmethoden.

a) Histamin wird mit diazotierten aromatischen Aminen, am geeignetsten ist p-Nitroanilin, zu Azofarbstoffen gekuppelt, die nach Reinigung spektrophotometrisch bestimmt werden[9–13]. Der Ort der Kupplung am Histaminmolekül ist nicht bekannt.

b) Histamin wird mit 2-Dinitrofluorbenzol (DNFB) nach GRAHAM[14] bzw. McINTIRE[15] gekoppelt[12, 14]. Die Methoden der beiden Autoren sind im Prinzip gleich.

Prinzip: Histamin gibt mit DNFB zwei Derivate[15]: 1. N-α-(2,4)-Dinitrophenylhistamin, 2. N-α,N'-Bis-(2,4)-dinitrophenylhistamin. Diese Verbindungen, von denen in der Hauptsache die 1. entsteht, haben ein ausgeprägtes Absorptionsmaximum bei 355—360 mμ und lassen sich spektrophotometrisch bestimmen. Eine genaue Beschreibung der sehr aufwendigen Verfahren, die heute nicht mehr verwendet werden, findet sich bei CODE[3].

[1] HUGHES, D. E., E. SALVIN and D. R. WOOD: J. Physiol., London **113**, 218 (1951).
[2] HARTMANN, W. J., W. G. CLARK and S. O. CYR: Proc. Soc. exp. Biol. Med. **107**, 123 (1961).
[3] CODE, C. F., and C. F. McINTIRE: Meth. biochem. Analysis **3**, 49 (1956).
[4] BARSOUM, G. S., and I. H. GADDUM: J. Physiol., London **85**, 1 (1935).
[5] BOUSA, A., I. L. MONGAR and H. O. SCHILD: Brit. J. Pharmacol. **9**, 24 (1954).
[6] GADDUM, I. H.: Brit. J. Pharmacol. **8**, 321 (1953).
[7] SCHILD, H. O.: J. Physiol., London **101**, 115 (1942).
[8] CODE, C. F.: J. Physiol., London **89**, 257 (1937).
[9] BARRAUD, J., L. GENEVOIS, G. MANDILLON et G. RINGENBACH: Cr. **222**, 760 (1946).
[10] GEBAUER-FÜLLNEGG, E.: H. **191**, 222 (1930).
[11] HANKE, M. F., and K. K. KOESSLER: J. biol. Ch. **43**, 543 (1920).
[12] LUBSCHEZ, R.: J. biol. Ch. **183**, 731 (1950).
[13] ROSENTHAL, S. M., and H. J. TABOR: J. Pharmacol. exp. Therap. **92**, 425 (1948).
[14] LOWRY, O. H., H. T. GRAHAM, F. B. HARRIS, M. K. PRIEBAT, A. R. MARKS and R. U. BREGMAN: J. Pharmacol. exp. Therap. **112**, 116 (1954).
[15] McINTIRE, F. C., F. B. WHITE and M. SPROULL: Arch. Biochem. **29**, 376 (1950).

Chromatographische Methode zur quantitativen Trennung von Aminen und deren Identifizierung nach AWAPARA[1].

Prinzip:

Trennung der Amine von den zugehörigen Aminosäuren und Fraktionierung der Amingemische durch Verteilungschromatographie an Cellulose und Filterpapier.

Ausführung:

In das Aminosäuren-Amingemisch wird Amberlite IRC-50 (+) im Überschuß eingetragen und 1 Std geschüttelt. Das Harz nimmt die Amine und basischen Aminosäuren auf. Das Gemisch wird in eine Säule eingebracht und mit H_2O gewaschen; die Aminomonocarbonsäuren finden sich quantitativ im Waschwasser. Die Amine werden mit den basischen Aminosäuren mit 4 n Essigsäure eluiert und auf eine Cellulosesäule aufgezogen, die mit dem unten angegebenen Lösungsmittel gewaschen worden war. Mit diesem werden auch die Amine auf dem Fraktionsschneider eluiert.

Lösungsmittel. Butanol-Eisessig-H_2O 4:1:1 oder Butanol-Eisessig-H_2O 4:1:1,6.

Für aromatische Amine sind besser weniger polare Lösungen, also etwa 2-Butanon-Propionsäure-H_2O 3:1:1,2, geeignet. Statt auf einer Cellulosesäule kann man auch sehr gut durch Papierchromatographie trennen. Diese allgemein anwendbare Methode ist auch für Histamin geeignet.

Spektrofluorometrische Methode nach SHORE *u. Mitarb.*[2].

Prinzip:

Histamin wird mit o-Phthaldialdehyd kondensiert, und es entsteht ein Fluorophor; optimale Fluorescenz bei 450 mμ. Die Intensität der ausgesandten Strahlung ist in einem Bereich von 0,005—0,5 μg/ml proportional der Histaminmenge.

Vorteile der Methode: Geringer Zeitaufwand, relative Einfachheit, sehr große Empfindlichkeit und Spezifität. Sie eignet sich für alle Gewebe, Blut und Urin. 85—90% der vorhandenen Histaminmengen werden erfaßt.

Apparatur und Reagentien:

1. Spektrofluorimeter mit zwei Monochromatoren und Eichstandard (Fluorescenzglas, Chininsulfat, Natriumfluorescin).
2. Erlenmeyer-Kolben mit Schliffstopfen (25 ml, 50 ml) oder Zentrifugengläser mit Schliff und Stopfen.
3. o-Phthaldialdehyd*, 1%ige Lösung. Umkristallisieren aus Petroläther erforderlich[3]. Eine 1%ige Lösung in Methanol ist in der Kälte, in dunklem Glas aufbewahrt, ca. 14 Tage lang haltbar.
4. Die unten genannten *organischen* Lösungsmittel sollen möglichst die Aufschrift „für Spektroskopie" tragen, denn geringe Mengen an Aldehyden und anderen Beimengungen verringern die Ausbeute oft empfindlich.

Extraktion des Histamins. Die Gewebe werden in neun Teilen 0,4 n Perchlorsäure homogenisiert. Nach 10 min wird das Homogenat zentrifugiert und 4 ml des Überstehenden in einen 25 ml-Erlenmeyer-Kolben mit Schliffstopfen gebracht, der 0,5 ml 5 n NaOH, 1,5 g festes NaCl und 10 ml n-Butanol enthält. Nach 5 min Schütteln zur Überführung des Histamins in die Butanolphase und Zentrifugieren wird die organische Phase in einem Erlenmeyer-Kolben mit 5 ml salzgesättigter 0,1 n NaOH 1 min geschüttelt, um alles Histidin zu entfernen. Dann wird zentrifugiert und 8 ml der Butanolphase in einen 50 ml-Erlenmeyer-Kolben gebracht, der 2,5—4,5 ml 0,1 n HCl, 15 ml n-Heptan enthält. Schütteln für 1 min und zentrifugieren. Die Säurephase wird zur Histaminbestimmung verwendet.

---

* Zu beziehen durch Fa. Fluka, Buchs/SG.

[1] AWAPARA, J., V. E. DAVIS and O. GRAHAM: J. Chromatogr. 3, 11 (1960).

[2] SHORE, P. A., A. BURKHALTER and V. H. COHN jr.: J. Pharmacol. exp. Therap. 127, 182 (1959).

[3] UDENFRIEND, S.: Fluorescence Assay in Medicine and Biology. p. 177. New York, London 1962.

Bei dieser Extraktion werden etwa 92 % des Histamins in die Butanolphase übergeführt, nach dem Waschen mit 0,1 n NaOH (salzgesättigt) verbleiben noch 85 % im Butanol. Geringe Volumenänderungen in den verschiedenen Phasen durch die Lösung von Wasser in Butanol kommen vor. Zur Korrektur der Verluste werden während des Versuches Standardlösungen hergestellt, die bekannte Mengen Histamin enthalten, die man der Perchlorsäure bzw. dem denaturierten Homogenat zusetzt. Man findet dabei 90—100 % des zugesetzten Histamins wieder.

Bestimmung des Histamingehaltes. 2 ml der HCl-Phase werden mit 0,4 ml n NaOH und 0,1 ml o-Phthaldialdehydlösung versetzt. Nach 4 min werden 0,2 ml 3 n HCl zugegeben. Die Messung erfolgt in Glasküvetten im Fluorometer. Anregung bei 360 mμ, Fluorescenzmessung bei 450 mμ. In saurer Lösung ist die Fluorescenz mindestens $^1/_2$ Std lang stabil.

Korrekturen. Kleine Fluorescenzleerwerte erhält man auch, wenn man den Kondensationsschritt wegläßt. Man gibt zwar alle Reagentien zum Gewebsextrakt, aber unter Umkehrung der Reihenfolge der Zugabe von o-Phthaldialdehyd und 3 n HCl, denn die Reaktion läuft im Sauren nicht ab. Der Leerwert wird vom Ergebnis abgezogen.

Bei den Fluorescenzmaxima des Histaminkondensats ergeben die folgenden Verbindungen keine signifikante Fluorescenz: Acetylhistamin, 1-Methyl-4-(aminoäthyl)-imidazol, 1,4-Methylhistamin, N-Alkylhistamin (Seitenkette), n-Propyl-methylhistidin, 1,4-Methylimidazolessigsäure, Urocaninsäure, Carnosin, Anserin, Serotonin, Dopamin, Adrenalin, Spermin, Spermidin, Ammoniak in kleineren Konzentrationen als 4 μg/ml.

Fluorophore mit ähnlichen Spektralmaxima ergeben Histidin und Histidylhistidin, sie werden aber aus alkalischer Lösung nicht in das Butanol übergeführt. Auch ist die Intensität der Fluorescenzstrahlung bei diesen Substanzen sehr gering.

Ammoniak gibt ab 4 μg eine Fluorescenz, es wird vollständig in das Butanol extrahiert. Man muß sich aber bei allen wasserlöslichen Substanzen informieren, ob sie nicht in der HCl-Phase erscheinen und bei den Spektralmaxima des Histaminkondensats fluorescieren. Das gilt z.B. für Nicotin, das mitextrahiert wird und auch fluoresciert, mit Histamin zusammen gibt es einen quenching-Effekt. Hemmstoffe der HDC, wie α-Methyldopa oder α-Methylhistidin, stören nicht, ebensowenig PLP und Aminoguanidin. Die Reaktion ist zwar bemerkenswert spezifisch für N-nichtsubstituierte Imidazoläthylamine in den meisten Säugetiergeweben, im Zweifelsfall aber empfiehlt es sich, im biologischen Test mit Hilfe von Antistin oder anderen Antihistaminica die Spezifität zu überprüfen.

Modifikationen. Für die Bestimmung von *Histamin und Histidin* in Extrakten und Hydrolysaten von Peptiden empfehlen Pisano et al.[1] eine Isolierung aus den Gemischen auf Dowex 50 (H^+). Nach Waschen der Säule mit H_2O wird mit 4 n Ammoniak eluiert, das Eluat getrocknet und der Rückstand in H_2O aufgenommen. Histidin wird folgendermaßen gemessen:

2 ml Extrakt mit 0,01—0,06 μM Histidin werden mit 0,4 ml 1 n NaOH und 0,1 ml o-Phthaldialdehyd versetzt. Nach 4 min werden 0,2 ml 3 n HCl zugegeben. Die Fluorescenzmessung erfolgt nach Anregung bei 340 mμ bei 480 mμ.

Zur Messung des *Histamingehalts im Blut* werden 5 ml Oxalatblut mit 4,5 ml Aqua bidest. und 0,5 ml 10—12 n $HClO_4$ hämolysiert. Das Gemisch wird dann 10 min geschüttelt, wie oben extrahiert und gemessen.

Im *Urin* sind verschiedene Substanzen vorhanden, die mit der oben beschriebenen Methode interferieren. Oates et al.[2] haben zu diesem Zweck einen Isolierungsschritt mittels Chromatographie eingeführt. Etwa 15—25 ml Urin werden auf p_H 6,5 eingestellt, auf 30 ml mit 0,25 m Phosphatpuffer aufgefüllt und über eine IRC-50-Typ I-Säule (Na^+) geschickt, welche auf p_H 6,5 gepuffert ist. Die Säule wird mit zwei Teilen (10 und 5 ml) 0,5 m Acetatpuffer gewaschen, und Histamin wird mit 5 ml 0,1 n HCl eluiert. Die Bestimmung erfolgt wie oben.

---

[1] Pisano, J. J., C. Mitoma and S. Udenfriend: Nature **180**, 1125 (1957).

[2] Oates, J. A., E. B. Marsh and A. Sjoerdsma: zit. nach: Udenfriend, S.: Fluorescence Assay in Medicine and Biology. p. 177. New York, London 1962.

Eine Möglichkeit, *Histamin und Serotonin* zugleich im Blut zu bestimmen, haben WEISSBACH et al.[1] angegeben. Speziell für die Bestimmung der HDC-Aktivität empfiehlt BURKHALTER[2] statt 10 ml n-Butanol 4 ml Chloroform und 6 ml n-Butanol zu verwenden, da auf diese Weise die hohen Histidinmengen in den Ansätzen sicherer abgetrennt werden (statt 3 % Histidin in der HCl-Phase nurmehr 0,3 %). Auch HÅKANSSON[3] variierte vor allem die Menge der Reagentien erheblich.

Nach KREMZNER und WILSON[4] stören neben Histidin auch Glycin, Glutamin, Glutaminsäure, Phenylalanin und Tyrosin in Konzentrationen von wenigen μg/ml die Histaminbestimmung nach SHORE[5]. In Geweben befinden sich aber von diesen Stoffen wesentlich höhere Mengen. Es wird ein Austausch mit basischen Anionenharzen vorgeschlagen (Dowex 1 $\times$ 8, Bio Rad 1 $\times$8, IRA-410). Die Messung erfolgt in Phosphatpuffer und nach 1,2 ml 2,5 m H_3PO_4-Zugabe; Anregung bei 345 mμ, Messung bei 445 mμ. Die Ergebnisse dieser Methode stimmen mit denen nach SHORE[5] gut überein.

Isotopenmethoden.

a) Messung von radioaktiv markiertem ^{14}C-Histamin nach SCHAYER[6].

SCHAYER[7–10] hat als erster diese Methode beschrieben. Sie basiert auf der Reaktion von Histamin mit ^{131}J-p-Jodsulfonyl-(pipsyl-)chlorid[11] oder mit Dibenzolsulfonylchlorid. Die markierten Reaktionsprodukte werden mit einem großen Überschuß von nichtmarkierten gemischt, und ihre Lösung wird in einem Scintillationszähler gemessen. Diese Methode verlangt zwar einen großen Arbeitsaufwand, ist aber absolut spezifisch und erlaubt vor allem, sehr geringe Mengen ^{14}C-Histidin in vitro oder in vivo zu verwenden (10—20 μg oder auch wesentlich weniger), die physiologischen Konzentrationen eher entsprechen. Es können sehr geringe HDC-Aktivitäten erfaßt werden.

b) Bestimmung der Histidindecarboxylase-Aktivität durch Bestimmung von $^{14}CO_2$ nach KOBAYASHI[12].

Man verwendet in der Carboxylgruppe markiertes L-Histidin. Der Ansatz erfolgt in der WARBURG-Apparatur, wobei das entstehende $^{14}CO_2$ von Hyaminhydroxyd (s. S. 513) absorbiert wird, das auf Filterpapierstückchen aufgesprüht worden war. Nach 2 Std wird die Reaktion mit Citronensäure gestoppt und meist zur quantitativen Absorption des CO_2 eine weitere Stunde in Hyaminhydroxyd geschüttelt. Dem Ansatz wird 15 ml Scintillationsflüssigkeit zugegeben, die aus Dioxan, Anisol, Diphenyloxazol und 1,4-Bis-2,5-phenoloxazolyl-benzol in bestimmtem Verhältnis besteht. Mit dieser Methode gewonnene Ergebnisse stimmen mit denen der Methode nach SCHAYER (s. oben) gut überein. Es läßt sich noch eine Decarboxylierung von 0,001 μg L-Histidin nachweisen.

Bestimmung der Histidindecarboxylase in vivo.

Zur HDC-Bestimmung in vivo mißt man die Ausscheidung von Histamin im Urin nach Verabreichung eines in vivo hemmenden Stoffes für die Histaminase und nach Histidinapplikation auf oralem oder parenteralem Weg mit den bereits erwähnten Methoden[5] (s. S. 524). Nach ^{14}C-Histidingabe per os mißt man die Menge des radioaktiven Histamins im Urin nach der Methode von SCHAYER[7].

[1] WEISSBACH, H., T. P. WAALKES and S. UDENFRIEND: J. biol. Ch. **230**, 865 (1958).
[2] BURKHALTER, A.: Biochem. Pharmacol. **11**, 315 (1962).
[3] HÅKANSSON, R.: Biochem. Pharmacol. **12**, 1289 (1963).
[4] KREMZNER, L. T., and J. B. WILSON: Biochim. biophys. Acta **50**, 364 (1961).
[5] SHORE, P. A., A. BURKHALTER and V. H. COHN jr.: J. Pharmacol. exp. Therap. **127**, 182 (1959).
[6] SCHAYER, R. W.: J. biol. Ch. **199**, 245 (1952).
[7] SCHAYER, R. W.: Amer. J. Physiol. **189**, 533 (1957).
[8] SCHAYER, R. W.: Amer. J. Physiol. **187**, 63 (1956).
[9] SCHAYER, R. W., and Y. KOBAYASHI: Proc. Soc. exp. Biol. Med. **92**, 653 (1956).
[10] SCHAYER, R. W., K. L. DAVIS and R. L. SMILEY: Amer. J. Physiol. **182**, 54 (1955).
[11] ROBINSON, B., and D. M. SHEPHERD: J. Pharmacy Pharmacol. **14**, 9 (1962).
[12] KOBAYASHI, Y.: Analyt. Biochem. **5**, 284 (1963).

Bestimmung der Histidindecarboxylase in Mastzellen und Blut.

Man verwendet freie *Mastzellen* der Peritonealflüssigkeit[1]. Ratten werden nach intraperitonealer Injektion von 4 ml Salzlösung mit Heparinzusatz dekapitiert und entblutet. Der Bauch wird zur Mobilisierung der freien Peritonealzellen massiert, die Zellsuspension wird nach Eröffnung der Bauchhöhle mit einer Tropfpipette gewonnen und zentrifugiert; das Sediment wird in isotonischem Phosphatpuffer (p_H 7,4) mit 0,2 % Glucose resuspendiert, 5—6mal eingefroren und aufgetaut und zur Entfernung der Zellfragmente zentrifugiert. Die Bestimmung der HDC-Aktivität erfolgt im Überstand.

Zur Bestimmung der HDC-Aktivität in Leukocyten werden nach HARTMANN und CLARK[2] die Zellen in einer Lösung von Citrat und Polyvinylpyrrolidon gesammelt (25 ml steril entnommenes Blut in 25 ml Lösung von 5 % Polyvinylpyrrolidon und 0,5 % Trinatriumcitrat nach [3]). Zur Sedimentation der Erythrocyten wird 30—60 min zentrifugiert, der Überstand mit den Leukocyten in eine Spritze aufgezogen und bei 29000 × g 10 min zentrifugiert. Nach Entfernung des Plasmas werden 0,1—0,2 ml der Zellen mit isotonischer Tyrodelösung gewaschen, rezentrifugiert und in 1 ml eisgekühltem H_2O homogenisiert. Als Substrat werden zu diesem Homogenat 16 μg/100 ml ^{14}C-Histidin zugegeben. Die Ansätze werden vervollständigt durch Zugabe von 40 μg Pyridoxalphosphat, Aminoguanidin und 0,1 m Kaliumphosphatpuffer (p_H 7,4).

Dopa-Decarboxylase.

[4.1.1.26 3,4-Dihydroxy-L-phenylalanin-Carboxy-Lyase.]

(3,4-Dihydroxyphenylalanin-Decarboxylase.)

5 HTP-Decarboxylase.

[4.1.1.28 5-Hydroxy-L-tryptophan-Carboxy-Lyase.]

(5-Hydroxytryptophandecarboxylase.)

Nach dem gegenwärtigen Stand unserer Kenntnis sind Dopa-Decarboxylase und 5-Hydroxytryptophandecarboxylase identisch. Das Enzym katalysiert mit abnehmender Geschwindigkeit die folgenden Reaktionen:

3,4-Dihydroxy-L-phenylalanin (Dopa) → Dihydroxyphenyläthylamin + CO_2 und

5-Hydroxy-L-tryptophan (5-HTP) → 5-Hydroxytryptamin + CO_2 und eventuell

L-Histidin → Histamin + CO_2.

Für die Identität sprechen folgende Tatsachen:

1. In den Geweben, in denen Dopa-Decarboxylase vorkommt, ist auch 5-HTP-Decarboxylase anzutreffen[4–6], nach KUNTZMAN u. Mitarb.[7] ist die Verteilung von Dopa-Decarboxylase und 5-HTP-Decarboxylase in Gehirnregionen gleich.

2. Organe mit hoher Dopa-Decarboxylaseaktivität decarboxylieren auch 5-HTP stark. Organe, die Dopa nicht angreifen, wirken auch nicht auf 5-HTP[4].

3. Während der Anreicherung der Dopa-Decarboxylase bleibt das Aktivitätsverhältnis gegenüber Dopa und 5-HTP konstant[5,6]. Verschiebungen in dem Aktivitätsquotienten zwischen beiden Enzymen beruhen auf einem verschiedenen Sättigungsgrad mit Coenzym.

4. In Schweinegehirnhomogenaten wird die Decarboxylierung von Dopa durch 5-HTP kompetitiv gehemmt und umgekehrt[8]. α-Methyl-Dopa hemmt stark die Dopa- und die

[1] ROTHSCHILD, A., and R. W. SCHAYER: Biochim. biophys. Acta 34, 392 (1959).
[2] HARTMANN, W, J., W. G. CLARK and S. O. CYR: Proc. Soc. exp. Biol. Med. 107, 123 (1961).
[3] HAGEN, P., N. WEINER, S. ONO and FU-LI-LEE: J. Pharmacol. exp. Therap. 130, 9 (1960).
[4] WESTERMANN, E., H. BALZER u. J. KNELL: A. e. P. P. 234, 194 (1958).
[5] ROSENGREN, E.: Acta physiol. scand. 49, 364 (1960).
[6] WERLE, E., u. D. AURES: Psychiat. Neurol., Basel 140, 227 (1960).
[7] KUNTZMAN, R., P. A. SHORE, D. F. BOGDANSKI and B. B. BRODIE: J. Neurochem. 6, 226 (1961).
[8] BERTLER, Å., and E. ROSENGREN: Exper. 15, 382 (1959).

5-HTP-Decarboxylierung[1]. Nach YUWILER[2] sprechen die Ergebnisse mit weiteren Inhibitoren auch für die Identität beider Enzyme. Bei der kompetitiven Hemmung durch die Substrate sind die Inhibitorkonstanten gleich. Die gegenseitige kompetitive Hemmung der beiden Aminosäuren als Substrate bleibt auch bei der Anreicherung des Enzyms erhalten[3] und das Aktivitätsverhältnis gegenüber Dopa und 5-HTP ist bei rund 80facher Anreicherung des Meerschweinchennierenenzyms über eine Reihe von Reinigungsschritten konstant[4], auch sind die Inhibitorkonstanten für die kompetitive Hemmung der Decarboxylierung beider Aminosäuren, z.B. durch o-Tyrosin gleich groß, nämlich 7×10^{-4} M[5].

5. Bei Behandlung von Schweinenierenextrakt mit Bolus alba bleibt die Dopa- und die 5-HTP-Decarboxylaseaktivität erhalten[1].

6. Phäochromocytome, die kein 5-Hydroxytryptamin (5-HT, Serotonin) enthalten, decarboxylieren 5-HT ebensogut wie Dopa. Darmcarcinoide, die Serotonin, aber kein Dopamin enthalten, decarboxylieren Dopa und 5-HTP gleich gut. Die Decarboxylierung beider Aminosäuren wird durch α-Methyl-dopa in gleichem Ausmaß blockiert[6].

Nach REID und SEPHERD[7] nimmt die Konzentration der drei obengenannten Enzyme in Organen von Tieren, welche mit einer Tryptophanmangeldiät ernährt wurden, im gleichen Verhältnis ab. Es gibt aber auch mehrere Hinweise auf die Verschiedenheit der Dopa- bzw. der 5-HTP-Decarboxylase von der Histidindecarboxylase; so wird bei der Behandlung von Schweinenierenextrakt mit Kaolin die Histidindecarboxylase absorbiert, nicht aber die Dopa-Decarboxylase[1].

Bei der Reinigung der Dopa-Decarboxylase nach WERLE und AURES[4] geht beim Hitzeschritt die Aktivität der Histidindecarboxylase verloren (s. S. 535), während diejenige der Dopa-Decarboxylase erhalten bleibt. Nach Untersuchungen von AWAPARA u. Mitarb.[8], welche die Aktivität der Dopa-Decarboxylase in Meerschweinchennieren mit Hilfe von radioaktiv markierten Substraten untersuchten, ist die Aktivität des Enzyms gegenüber Dopa etwa 50mal größer als gegenüber p-Tyrosin und Phenylalanin. Ihre Ergebnisse stimmen mit den Untersuchungen von HAGEN[9] überein, welcher keine Aktivität gegenüber Histidin fand. So ist die Frage, ob *ein* Enzym für die Decarboxylierung von aromatischen Aminosäuren im Säugetierorganismus verantwortlich ist, bisher nicht endgültig entschieden, doch dürften die Beweise für die Identität der Dopa- und der 5-HTP-Decarboxylase als ausreichend anzusehen sein.

Möglicherweise gibt es aber, wie bei anderen Enzymen, auch auf dem Gebiet der Decarboxylasen Isoenzyme, die bei gleicher Substratspezifität ein unterschiedliches Aktivitätsverhältnis gegenüber Dopa, 5-HTP und Histidin aufweisen. Finden sich Isoenzyme in ein und demselben Extrakt und wird die Anreicherung für ein bestimmtes Hauptsubstrat, z.B. Dopa, angestrebt, so werden sich im Laufe der Anreicherung die Aktivitätsquotienten, z.B. für Dopa:5-HTP ändern. Dies ist z.B. in den Untersuchungen von HARTMAN, CLARK u. Mitarb.[10] am Beispiel der 5-HTP-Decarboxylase-Anreicherung aus den hinteren Speicheldrüsen von *Octopus apollyon* zu erkennen. Auch ist eine stark wechselnde Aktivierbarkeit durch PLP-Zusatz zu beobachten (s. S. 530). Der Aktivitätsquotient Dopa: 5-HTP scheint sich besonders bei dem Enzym aus Gehirn zugunsten des 5-HTP zu verschieben. Das gilt auch in bezug auf die Spaltbarkeit von Verbindungen

---

1 WESTERMANN, E., H. BALZER u. J. KNELL: A. e. P. P. **234**, 194 (1958).
2 YUWILER, A., E. GELLER and S. EIDUSON: Arch. Biochem. **89**, 143 (1960).
3 FELLMAN, J. H.: Enzymologia **20**, 366 (1959).
4 WERLE, E., u. D. AURES: Psychiat. Neurol., Basel **140**, 227 (1960).
5 ROSENGREN, E.: Acta physiol. scand. **49**, 364 (1960).
6 HOLTZ, P.: Psychiat. Neurol., Basel **140**, 175 (1960).
7 REID, J. D., and D. M. SHEPHERD: Biochim. biophys. Acta **81**, 560 (1964).
8 AWAPARA, J., T. L. PERRY, C. HANLY and E. PECK: Clin. chim. Acta **10**, 286 (1964).
9 HAGEN, P.: Brit. J. Pharmacol. **18**, 175 (1962).
10 HARTMAN, W. J., W. G. CLARK, S. CYR, A. L. JORDON and R. A. LEIBHOLD: Ann. N. Y. Acad. Sci. **90**, 637 (1960).

innerhalb der gleichen Gruppe von Substraten. So wird z. B. 2,3-Dopa durch die Dopa-Decarboxylase der Meerschweinchenniere relativ rasch, durch das Enzym der Schweineniere sehr langsam decarboxyliert.

Tabelle 12. *Decarboxylierung von Dopa und 5-HTP durch Organextrakte*[1].

Tierart	Organ	Ohne PLP		Dopa/5-HTP	Mit PLP		Dopa/5-HTP
		Dopa	5-HTP		Dopa	5-HTP	
Meerschweinchen	Niere	288	134	2,15	416	160	2,60
	Leber	186	82	2,27	334	152	2,20
	Ileum	74	78	0,95	274	138	2,00
	Magen	58	58	1,00	178	72	2,48
	Coecum	52	44	1,18	106	70	1,52
	Colon	24	30	0,80	114	48	2,38
Kaninchen . . .	Niere	183	130	1,41	274	135	2,03
	Ileum	13	2		18	4	
	Coecum	0	0		0	0	
	Colon	0	0		0	0	

Enzymaktivität ausgedrückt in μl CO_2/60 min/1 g Frischgewebe.

Ansätze: 2,5 ml Organextrakt (gewonnen durch Homogenisierung der Organe in der 2—3fachen Gewichtsmenge 0,067 m Na-phosphatpuffer (p_H 6,5—8,1), Zentrifugierung bei 3000 × g), p_H 8,1 + 0,4 ml einer 0,025 m Lösung von Dopa bzw. 5-HTP, + 20 μg PLP in 0,2 ml Aqua dest., Leerwerte sind abgezogen.

Tabelle 13. *Gehalt an 5-HTP-Decarboxylase von Geweben verschiedener Tiere*[2].

In Klammern Zahl der Versuche. Werte in μg 5-HT/g Gewebe.

Gewebe	μg 5-HT/g gebildet			
	Meerschweinchen	Ratte	Kaninchen	Mensch
Niere	200 (9)	120 (3)	45 (3)	—
Leber	25 (3)	20	15	—
Magen	33 (4)	—	—	—
Milz	3,3	1,02	4,65	—
Plasma und Thrombocyten	0	—	0	0
Knochenmark	0	—	0,65	0

Tabelle 14. *Gehalt an 5-HTP-Decarboxylase im Gastrointestinaltrakt des Meerschweinchens*[2].

In Klammern Zahl der Ansätze.

Gewebe	μg 5-HT gebildet	Gewebe	μg 5-HT gebildet
Magen, gesamt .	33 (4)	Duodenum . . .	127,5
Fundus . . .	88,0 (4)	Ileum	88,4
Corpus	50,3 (4)	Coecum	110,0
Pylorus . . .	112,5 (4)	Colon	15,0

Vorkommen in Organen von Menschen und Säugetieren. Die Existenz der Dopa-Decarboxylase in Geweben von Säugetieren wurde zuerst von HOLTZ u. Mitarb. (1938)[3], die der 5-HTP-Decarboxylase von UDENFRIEND u. Mitarb. (1953)[4] beschrieben.

Nachdem 5-HT von ERSPAMER[5] als physiologischer Bestandteil der hinteren Speicheldrüsen von *Octopus vulgaris* erkannt worden war, konnten HARTMANN, CLARK u. Mitarb.[6] in diesen Drüsen Dopa-Decarboxylase nachweisen. Vorkommen des Enzyms bei verschiedenen Tierarten in verschiedenen Organen und Tumoren endokriner Organe s. Tabellen 12—16.

In der Rattenniere erscheint das Enzym erst kurz nach der Geburt. Die Aktivität nimmt innerhalb einiger Wochen langsam zu, bis die der Erwachsenen-Niere erreicht ist. Der Zusatz von PLP zum Homogenat von fetaler oder Neugeborenenniere hat nur einen geringen, bei der Erwachsenenniere einen erheblichen aktivitätssteigernden Effekt[7].

[1] WESTERMANN, E., H. BALZER u. J. KNELL: A. e. P. P. **234**, 194 (1958).
[2] GADDUM, J. H., and N. J. GIARMAN: Brit. J. Pharmacol. **11**, 88 (1956).
[3] HOLTZ, P., R. HEISE u. K. LÜDTKE: A. e. P. P. **191**, 87 (1938).
[4] UDENFRIEND, S., C. T. CLARK and E. TITUS: Am. Soc. **75**, 501 (1953).
[5] ERSPAMER, V.: Arch. Sci. biol. **26**, 296 (1940).
[6] HARTMAN, W. J., W. G. CLARK, S. CYR, A. L. JORDON and R. A. LEIBHOLD: Ann. N. Y. Acad. Sci. **90**, 637 (1960).
[7] HUANG, I., S. TANNENBAUM and D. YI-YUNG HSIA: Nature **186**, 717 (1960).

Der Gehalt an 5-HTP-Decarboxylase ist bei der Meerschweinchenniere am höchsten (Tabellen 12 und 13). Milz, Knochenmark und Serum enthalten keine oder fast keine Aktivität. Im Gastrointestinaltrakt ist die Aktivität des Enzyms verhältnismäßig hoch.

Eine ähnliche Verteilung der Aktivität in Meerschweinchenorganen fanden auch MÜLLER und LANGEMANN[1] (Niere 161, Leber 15—20, Gehirn 2,4 und Herz 0,5 μM Dopamin, gebildet pro M Gewebestickstoff und Std).

Im Nierenvenenblut ist der 5-HT-Gehalt höher als im übrigen Blut; besonders deutlich soll dies nach 5-HTP-Injektion sein. Daraus kann geschlossen werden, daß 5-HTP hauptsächlich in der Niere decarboxyliert wird.

Bei Mäusen wurde die höchste Aktivität in der Leber festgestellt. Es folgten Niere und Gehirn (μl CO_2/mg Frischgewebe/Std bei Leber 0,51, bei Niere 0,07 und bei Gehirn 0,06; Homogenat der Organe mit 0,067 m Phosphatpuffer, p_H 6,5, Überstehendes nach Zentrifugieren bei 27000 × g [BLASCHKO[2]]).

Tabelle 15. *Dopa-Decarboxylase-Aktivität in verschiedenen Mäuseorganen*[5].

Organ	Aktivität*	Organ	Aktivität*
Niere . . .	1,530	Lunge . .	0,272
Leber . .	1,070	Testis . .	0,166
Gehirn . .	0,490	Muskel .	0,074

Erwachsene ♂ Mäuse (Stamm C 57).

* Mittelwerte von je zehn Einzelwerten, ausgedrückt in μl CO_2, freigesetzt pro mg Gewebstrockengewicht pro Stunde (extrapoliert nach 15minütiger Inkubationszeit).

Die Dopa-Decarboxylase kommt nicht nur in für den Aminosäurestoffwechsel wichtigen Organen vor, sondern auch an den Stellen im Organismus, an denen das Produkt der Enzymwirkung, nämlich Dopamin als solches oder als Muttersubstanz für die Noradrenalin- und Adrenalinbildung, benötigt wird: im Nebennierenmark[3] und in den sympathischen Nerven und sympathischen Ganglien. Dies kann aus Untersuchungen von ANDÉN u. Mitarb.[4] geschlossen werden, da die Durchtrennung des Rückenmarks bei Kaninchen und Katzen zu einer Verminderung der Aktivität der Dopa-Decarboxylase in den kaudalen Teilen um 75—95% führt und die Aktivität in der Rattenmilz nach Excision des Ganglion coeliacum ebenfalls erheblich vermindert ist. Ähnliches gilt für das 5-HTP der enterochromaffinen Zellen und bestimmter Gehirngebiete. Die Tatsache, daß 5-HT in diesen Geweben im Nebennierenmark und in sympathischen Ganglien fehlt, spricht nicht gegen die Identität von Dopa- und 5-HTP-Decarboxylase. Diese Gewebe können Tryptophan nicht zu 5-HTP hydroxylieren.

Tabelle 16. *Decarboxylase-Aktivität von Extrakten aus Nebennierenmark, Phäochromocytom und Dünndarmcarcinoid*[6].

Organ	Ohne PLP-Zusatz		Mit PLP-Zusatz	
	Dopa	5-HTP	Dopa	5-HTP
Nebennierenmark	47	53	117	60
Phäochromocytom	8	8	177	30
Darmcarcinoid . .	6	9	52	12
Lebermetastasen des Carcinoids .	21	8	166	21

Enzymaktivität berechnet als μl CO_2/60 min. Organextrakte (Herstellung s. Tabelle 12) p_H 6,5. Rindernebennierenmark (2,5 ml 1:3), Phäochromocytom (2,0 ml 1:2), Dünndarmcarcinoid (1,5 ml 1:10), Lebermetastasen des Carcinoids (2,5 ml 1:3). Dopa bzw. 5-HTP 0,4 ml einer 0,025 m Lösung. PLP 20 μg in 0,2 ml. (Leerwerte sind in Abzug gebracht.)

In der Placenta konnte nach Zusatz von 5-HTP keine 5-HT-Bildung beobachtet werden[7], dagegen gelang KYANG[8] der histochemische Nachweis von Dopa-Decarboxylase.

HÅKANSSON und MÖLLER[9] wiesen Dopa-Decarboxylase in der Haut von Menschen, Kaninchen, Ratten und Mäusen nach.

[1] MÜLLER, P. B., u. H. LANGEMANN: Kli. Wo. **1962**,, 911.
[2] BLASCHKO, H., and T. L. CHRUSCIEL: J. Physiol., London **151**, 272 (1960).
[3] LANGEMANN, H.: Brit. J. Pharmacol. **6**, 318 (1951).
[4] ANDÉN, N. E., T. MAGNUSSON and E. ROSENGREN: Exper. **20**, 328 (1964).
[5] DIETRICH, L. S.: J. biol. Ch. **204**, 587 (1953).
[6] WESTERMANN, E., H. BALZER u. J. KNELL: A. e. P. P. **234**, 194 (1958).
[7] KUSS, E., u. R. JÄGER: Kli. Wo. **1962**, 917.
[8] KYANG, H.: Gynecologia, Basel **145**, 145, 222 (1958).
[9] HÅKANSSON, R., and H. MÖLLER: Acta derm.-venereol., Stockholm **43**, 485 (1963).

Vorkommen des Enzyms im Gehirn, im zentralen und peripheren Nervensystem. Die 5-HTP-Decarboxylase ist bereits im fetalen Gehirn nachweisbar; bei der Geburt haben die Gehirne von Ratten und Meerschweinchen nahezu dieselben Enzym-Konzentrationen wie die von ausgewachsenen Tieren. Der 5-HT-Gehalt verhält sich entsprechend[1].

Sekundäre Schlüsse auf das Vorhandensein der Dopa-Decarboxylase im Gehirn lassen sich aus der Verteilung von Dopamin bzw. 5-HT in verschiedenen Gehirnteilen nach Injektion von Dopa oder 5-HTP bei Ratten ziehen. Die höchsten Dopamin- bzw. 5-HT-Mengen finden sich im Nucleus caudatus und im Hypothalamus; sie nehmen in der Reihe Gehirnstamm, Hemisphären und Kleinhirn stark ab[2]. Die Tabellen 17—22 geben eine Übersicht über das Vorkommen der Dopa-Decarboxylase und der 5-HTP-Decarboxylase in Gehirnen verschiedener Tierspecies.

Tabelle 17. *Gehalt an 5-HTP-Decarboxylase im Gehirn von verschiedenen Tieren*[3].

Gewebe	μg 5-HT gebildet/g Gewebe			Gewebe	μg 5-HT gebildet/g Gewebe		
	Hund	Rind	Schwein		Hund	Rind	Schwein
Sympathisches Ganglion	16,6	44,7	—	Boden des 4. Ventrikels	—	—	1,5
Pedunculi	—	6,7	—	Kleinhirnrinde	0	—	—
Pons	—	2,6	—	Motorische und prämotorische Felder	0	—	—
Medulla (gesamt)	4,7	2,6	—	Area postrema	—	0	0
Nucleus caudatus	—	0,6	12,7				
Hypothalamus	—	0,45	1,72				

Tabelle 18. *Dopa-Decarboxylase-Aktivität verschiedener Regionen des Katzengehirns*[4].

Region	Aktivität in μg Dopamin gebildet/g Gewebe in 3 Std	Region	Aktivität in μg Dopamin gebildet/g Gewebe in 3 Std
Telencephalon		Hypothalamus (als Ganzes)	750
Cerebrum, graue und weiße Substanz (Durchschnitt)	51	Vorderes Drittel	780
Neopallium (Durchschnitt)	39	Nucleus supraopticus	780
Sehrinde (Area striata)	51	Hinteres Drittel	732
Hörsphäre	69	Mittleres Drittel	792
Corpus callosum	120	Ventrale Hälfte	600
Nucleus caudatus	1260	Dorsale Hälfte	870
		Hypophyse	159
Rhinencephalon		*Mesencephalon*	
Tractus olfactorius	69	Mittelhirn (als Ganzes)	648
Bulbus olfactorius	930	Formatio reticularis	810
Lobus pyriformis	159	Nucleus ruber	540
Nucleus amygdaleus	291	Zentrales Höhlengrau	522
Gyrus cinguli	51	Obere Vierhügel	201
Hippocampus	81	Untere Vierhügel	201
Fornix	129	*Metencephalon*	
Septum	420	Cerebellum	21
Diencephalon		Pons (Durchschnitt)	300
Thalamus (als Ganzes)	400	Formatio reticularis pontis	381
Intralaminäre Kerne	660	*Myelencephalon*	
Region des unteren Thalamus	531	Medulla (Durchschnitt)	219
Schlafzentrum nach HESS	261	Weiße Substanz	120
Pulvinar	159	Formatio reticularis medullae oblongatae	351
Corpus geniculatum mediale	129	Nucleus cochlearis	90
Corpus geniculatum laterale	99		

[1] SMITH, S. E., R. S. STACEY and J. M. YOUNG: Biochem. Pharmacol. 8, 32 (1961).
[2] BERTLER, A., and E. ROSENGREN: Exper. 15, 382 (1959).
[3] GADDUM, J. H., and N. J. GIARMAN: Brit. J. Pharmacol. 11, 88 (1956).
[4] KUNTZMAN, R., P. A. SHORE, D. BOGDANSKI and B. B. BRODIE: J. Neurochem. 6, 226 (1961).

Tabelle 19. *Verhältnis der Aktivität von Dopa- zu 5-HTP-Decarboxylase in verschiedenen Regionen des Katzengehirns*[1].

Region	Decarboxylase-Aktivität			Region	Decarboxylase-Aktivität		
	Dopa µg Dopamin gebildet/g in 3 Std	5-HTP µg 5-HT gebildet/g in 1 Std	Verhältnis		Dopa µg Dopamin gebildet/g in 3 Std	5-HTP µg 5-HT gebildet/g in 1 Std	Verhältnis
Nucleus caudatus .	1260	300	4,2	Corpus geniculatum mediale	129	30	4,2
Hypothalamus . .	750	160	4,8	Hippocampus . .	99	23	4,2
Region des unteren Thalamus . . .	660	135	4,8	Nucleus cochlearis	90	20	4,5
Intralaminäre Kerne	400	80	5,1	Hörsphäre . . .	69	15	4,5
Untere Vierhügel .	201	40	5,1				

Mittelwerte aus je vier Katzengehirnen.

Tabelle 20. *Aktivität der Dopa- und 5-HTP-Decarboxylase und Konzentration von Noradrenalin (NA) und 5-HT in verschiedenen Regionen des Katzengehirns*[1].

Region	Konzentration in µg/g		Decarboxylase-Aktivität *		Region	Konzentration in µg/g		Decarboxylase-Aktivität *	
	NA	5-HT	Dopa	5-HTP		NA	5-HT	Dopa	5-HTP
Vorderer Hypothalamus	3,6	2,4	750	185	Schlafzone nach HESS	0,45	1,8	261	45
Hinterer Hypothalamus	2,0	2,5	896	175	Nucleus amygdaleus	0,30	1,6	291	35
Septum	1,5	2,0	420	—	Nucleus caudatus .	0,36	1,6	1260	300
Formatio reticularis	1,4				Lobus pyriformis .	0,35	1,4	159	20
mesencephali . .	1,4	2,6	810	85	Hörsphäre	0,35	0,41	51	—
Zentrales Höhlengrau	1,2	1,6	519	—	Nucleus cochlearis .	0,32	—	90	20
Bulbus olfactorius .	0,95	2,0	930	264	Untere Vierhügel . .	0,26	0,76	201	40
Formatio reticularis pontis	0,97	0,89	383	85	Thalamus (ganz) . .	0,17	0,43	231	50
Corpus geniculatum mediale	0,50	—	129	30	Pons	0,25	0,33	300	40
Neopallium	0,49	0,69	39	—	Intralaminäre Kerne	0,40	0,56	400	80
					Basale Region des Thalamus	1,00	0,88	660	135
					Gyrus cinguli . . .	0,35	0,41	51	—

Mittelwerte aus 2—6 Katzengehirnen.

* Wie bei Tabelle 19 gemessen.

Tabelle 21. *Aktivität der Dopa-Decarboxylase in einigen spezifischen sensorischen Leitungsbahnen des Katzengehirns*[1].

Gewebe	Dopa-Decarboxylase-Aktivität in µg Dopamin gebildet/g Gewebe in 3 Std Mittelwert von je 3 Katzen	Gewebe	Dopa-Decarboxylase-Aktivität in µg Dopamin gebildet/g Gewebe in 3 Std Mittelwert von je 3 Katzen
Hörbahn		Sehbahn	
Nucleus cochlearis	90	Nervus opticus .	51
Colliculus inferior	201	Colliculus superior	201
Corpus geniculatum mediale	129	Corpus geniculatum laterale	99
Hörsphäre . . .	69	Sehsphäre . . .	51
		Pulvinar	159
		Bulbus olfactorius	69

Aus Tabelle 19 ist ersichtlich, daß das Verhältnis der Aktivität gegenüber Dopa und 5-HTP in den verschiedenen Gehirnregionen, soweit untersucht, praktisch konstant ist. Im allgemeinen gehen auch die Mengen an Noradrenalin und 5-HT in den einzelnen Gehirnregionen mit der Dopa-Decarboxylase-Aktivität parallel[1] (s. Tabelle 20).

[1] KUNTZMAN, R., P. A. SHORE, D. BOGDANSKI and B. B. BRODIE: J. Neurochem. 6, 226 (1961).

Tabelle 22. *Verteilung von 5-HTP-Decarboxylase im Hundegehirn*[1].

Gewebe	Zahl der Tiere	Aktivität in μg 5-HT gebildet in 1 Std durch 1 g Gewebe	Gewebe	Zahl der Tiere	Aktivität in μg 5-HT gebildet in 1 Std durch 1 g Gewebe
Nucleus amygdaleus	6	18±2	Cortex (graue und weiße Substanz)	2	—
Hypothalamus	7	117±25	Cerebellum	3	<9
Septum	4	109±24	Corpus callosum + Capsula interna *	4	4±1
Mittelhirn	3	98±7	Corpus geniculatum laterale *	4	8±3
Lobus pyriformis	4	16±1	Corpus geniculatum mediale *	4	7±1
Nucleus caudatus	9	306±37	Fornix *	4	9±2
Medulla	3	32±3	Tractus opticus *	4	7±3
Thalamus	6	38±7			
Hippocampus	3	16±3			
Pons	3	28±7			
Bulbus olfactorius	3	5			
Graue Substanz der Rinde	3	7±2			

* Selbst nach Vereinigung der Gewebe von zwei Tieren war bei 550 mμ (Maximum der 5-HT-Fluorescenz) kein Gipfel nachweisbar.

Ansätze: 1 ml Homogenat (1 g Gewebe homogenisiert in 2 ml Wasser) inkubiert bei 37° C und geschüttelt mit 0,3 ml Phosphatpuffer (p_H 8,1), 1 μM 5-HTP, p-Tolylcholinäther 10^{-2} m und 0,1 ml Octylalkohol.

Bei der Katze findet sich die Hauptmenge der Dopa-Decarboxylase in der grauen Substanz, doch ist sie in ihr nicht gleichmäßig verteilt, z. B. fehlt sie fast vollständig in der grauen Substanz des Kleinhirns und des Neocortex. Die höchste Aktivität findet sich wiederum im Nucleus caudatus; einige Teile des Rhinencephalon, des Bulbus olfactorius, ferner Septum und N. amygdalae besitzen hohe Aktivität. Andere Teile des Rhinencephalon, der Lobus pyriformis, der Hippocampus, der Gyrus cinguli, der Fornix und der Tractus olfactorius haben niedrigere Aktivität (s. Tabelle 18).

Ackermann und Langemann[2] bestimmten die Aktivität der Dopa- und der 5-HTP-Decarboxylase im menschlichen Gehirn. Sie fanden Werte in verschiedenen Hirnteilen (Cortex, Striatum, Thalamus, Hypothalamus, Cerebellum, Medulla oblongata) bei L-Dopa als Substrat von 0,2—3,5 und für 5-HTP als Substrat von 2. Diese Werte sind berechnet als μM CO_2/mM Gewebestickstoff innerhalb einer Inkubationszeit von 60 min.

Zusammenfassend ist folgendes festzustellen: Die höchste Aktivität der Dopa-Decarboxylase findet sich jeweils im Nebennierenmark und in den peripheren Strukturen des sympathischen Nervensystems: in den postganglionären Neuronen, z. B. den Milznerven, in den sympathischen Ganglien, z. B. im G. stellatum, und im Grenzstrang. Im Rückenmark und im Gehirn ist die Aktivität geringer. Die weiße Substanz ist praktisch enzymfrei. Hypothalamus, Thalamus und Nucleus caudatus sind enzymreicher als die Hirnrinde.

Intracelluläre Lokalisation. Müller und Langemann[3] untersuchten die intracelluläre Lokalisation der Dopa-Decarboxylase in Meerschweinchenherzen. Sie stellten fest, daß die gesamte Aktivität im Überstehenden der 25000 ×g Zentrifugation vorhanden war; in Mitochondrien, Granula, Myofibrillen, Kernen und Zelltrümmern wurde keine Aktivität gefunden. Da auch nach Zentrifugation bei 120000 ×g praktisch die gesamte Aktivität im Überstehenden war, handelt es sich bei der Dopa-Decarboxylase um ein nicht partikelgebundenes Enzym.

Auch die Decarboxylase der Mastzellen des Rattenperitoneums fand sich vollständig im Überstehenden nach einstündigem Zentrifugieren bei 140000 ×g[4].

[1] Bogdanski, D. F., H. Weissbach and S. Udenfriend: J. Neurochem. **1**, 272 (1957).
[2] Ackermann, H., u. H. Langemann: Helv. physiol. Acta **18**, C 5 (1960).
[3] Müller, P. B., u. H. Langemann: Kli. Wo. **1962**, 911.
[4] Blaschko, H., P. Hagen and A. D. Welch: J. Physiol., London **129**, 27 (1955).

***Anreicherung der Dopa-Decarboxylase aus Meerschweinchennieren nach* WERLE *und* AURES[1].**

Frische oder eingefrorene Meerschweinchennieren im Fleischwolf zerkleinern (Homogenate sind für den Reinigungsweg weniger geeignet). Je 1 g Niere in je 2 ml eiskaltem Wasser und 2 ml TEORELL-STENHAGEN-Puffer[2] von p_H 5,5 suspendieren und 2—12 Std bei 0° C extrahieren; Extrakt durch dichtes Nylontuch abpressen.

Den Rohextrakt unter Rühren mit 1 n HCl auf p_H 5,7 einstellen, im Wasserbad von 60—70° C unter Rühren schnell auf 50—51° C erhitzen und 5 min bei dieser Temperatur belassen. Dann rasch im Eis-NaCl-Gemisch auf 0° C abkühlen. In einer Probe (nach Abzentrifugieren des ausgefallenen Proteins) wird der Q_{CO_2}-Wert ermittelt. Beim Hitzeschritt geht die Fähigkeit zur Histidindecarboxylierung verloren.

Zur eisgekühlten Enzymlösung bidest. Glycerin bis zu einer Endkonzentration von 1 m geben. In diese Mischung pro 100 ml Lösung 15 g Kieselgur (Fa. Merck; mit HCl gewaschen und geglüht), vermischt mit 30 ml 1 m Glycerinlösung einrühren. Nach $^1/_2$stündigem Rühren bei 0° C 15 min bei 8000 $\times$g zentrifugieren; Niederschlag verwerfen.

Den klaren gelbrot- bis rotgefärbten Überstand der Kieselguradsorption mit Äthylendiamintetraacetat (Trilon B, Fa. Merck) bis zu einer Endkonzentration von 10^{-3} versetzen und mit einigen Tropfen 0,5 n HCl auf p_H 5,6 einstellen. Unter Eiskühlung und ständigem Rühren mit Ammoniumsulfat zu 55% sättigen. Danach noch 30 min lang rühren, dann bei 8000 $\times$g 15 min lang zentrifugieren; Überstand verwerfen.

Ammoniumsulfatniederschlag in $^1/_{10}$ des zur Ammoniumsulfatfällung eingesetzten Volumens einer 0,35 gesättigten, eisgekühlten mit TEORELL-STENHAGEN-Puffer auf p_H 4,9 eingestellten Ammoniumsulfatlösung suspendieren. Überstand enthält etwa 50% des Proteins und höchstens 10% der Enzymaktivität (Fraktion a). Rückstand in einer 0,26 gesättigten, mit TEORELL-STENHAGEN-Puffer auf p_H 5,6 eingestellten Ammoniumsulfatlösung ($^1/_{10}$ Volumen der zur Ammoniumsulfatfraktionierung eingesetzten Enzymlösung) suspendieren, vom Ungelösten abzentrifugieren. Überstand enthält das Enzym (Fraktion b). Rückstand in wenig Wasser suspendieren (Fraktion c). Fraktionen a, b und c gegen das 20fache Volumen einer 10^{-3} m Trilon B-Lösung, die mehrmals gewechselt wird, dialysieren, Trilon durch Dialyse gegen bidest. Wasser entfernen.

Das Präparat wird weiter gereinigt durch Adsorption an anionotropes Aluminiumoxyd.

Bereitung des Adsorbens. 1 kg Al_2O_3 (Brockmann) mit 2 l siedender 1 n HCl übergießen, $2^1/_2$ Std im kochenden Wasserbad erhitzen, nach dem Abkühlen 10mal mit 5 l bidest. Wasser waschen. p_H der Waschflüssigkeit nach dem letzten Auswaschen 3,8. Das Aluminiumoxyd abfiltrieren und bei 37° C trocknen.

Anreicherung an Al_2O_3. Vorgereinigte Dopa-Decarboxylaselösungen an Al_2O_3 adsorbieren; fraktioniert eluieren mit 0,1 m Phosphatpuffer, p_H 6,2. Höchster Q_{CO_2}-Dopa-Wert: 4250. Reinigung gegenüber Rohhomogenat 80fach.

Gewinnung von Apo-Dopa-Decarboxylase. Gereinigte Enzymlösung (Fraktion b der Ammoniumsulfatfällung) bei 0° C 2 Tage lang gegen 0,2%ige Trilon B-Lösung dialysieren. Dialysierflüssigkeit mehrmals erneuern. Anschließend dialysieren gegen bidest. Wasser, das öfter gewechselt wird. Das Enzymprotein kann durch Zugabe von PLP zu etwa 90% reaktiviert werden. MICHAELIS-Konstante der Co-Enzym-Apo-Enzym-Verbindung: 9×10^{-8} [1]. Größere Apo-Enzymverluste treten auf, wenn die vorgereinigte Enzymlösung bei 0° C 4 Tage lang gegen 0,002 m Ammoniak dialysiert wird.

Die 18—32fach angereicherten Enzympräparate (Fraktion b der Ammoniumsulfatfällung) sind relativ stabil: Bei —15° C aufbewahrt, waren sie 4 Monate lang haltbar. Nach 12 Monaten war eine Aktivitätsabnahme von 20% eingetreten. Das Enzym ist gegen öfteres Auftauen empfindlich. Es kann durch Versetzen mit Glycerin (Endkonzentration 1 m) stabilisiert werden.

---

[1] WERLE, E., u. D. AURES: Psychiat. Neurol., Basel **140**, 227 (1960).

[2] Biochem. Taschenb. (RAUEN), S. 651 u. 654.

Das an Aluminiumoxyd gereinigte Enzym ist sehr instabil. Es verliert bei 0° C innerhalb von 2 Tagen seine Aktivität fast vollkommen. Wie aus dem Vergleich der UV-Absorptionsspektren von aktiven Enzympräparaten vor und nach der Chromatographie hervorgeht, werden bei der Behandlung mit Aluminiumoxyd Nucleinsäuren abgetrennt.

***Gewinnung eines haltbaren Dopa-Decarboxylase-Trockenpulvers nach* SCHALES *und* SCHALES[1].**

30 g frische Niere in 100—120 ml eiskaltem Wasser 4 min bei Zimmertemperatur homogenisieren. Homogenat 1 Std im Kühlschrank belassen; dann 15 min bei etwa 3500 × g zentrifugieren. Überstehende Flüssigkeit lyophilisieren. Trockenpulver (Gewicht etwa 10% vom Organfrischgewicht) über $CaCl_2$ im Vakuum bei Raumtemperatur aufbewahren. Aktivität bei Kaninchenniere 75%, bei Meerschweinchenniere 45—60% derjenigen des Frischorgans. Das Trockenpulver aus Meerschweinchenniere war 4 Monate völlig beständig; nach 8 Monaten 50% Aktivitätsverlust; bei Kaninchenniere Aktivitätsverlust in 6 Wochen rund 50%[2].

Rohpräparate sind in mit Ammoniumsulfat halbgesättigten Lösungen einigermaßen haltbar[3].

***Reinigung der Dopa-Decarboxylase aus Nebennieren nach* FELLMAN[4].**

Das Mark von 50 frischen Rindernebennieren (95—105 g) sorgfältig präparieren und 1 min bei 0° bis +2° C mit dem gleichen Volumen von 0,1 m Phosphatpuffer, p_H 6,8, welcher 1 μg/ml EDTA enthält, homogenisieren. Das Homogenat bei 3000 × g 30 min zentrifugieren. Das Überstehende 18 Std lang gegen 250 ml des Puffers, welcher viermal gewechselt wird, dialysieren, dann 2 Std bei 105000 × g zentrifugieren.

Überstehendes mit steigenden Mengen gesättigter Ammoniumsulfatlösung behandeln, welche auf p_H 7,0 mit Ammoniumhydroxyd eingestellt ist. Die Fraktion der 25 und 30% Sättigung besitzt keine Aktivität; sie findet sich im Niederschlag der 35—40% Sättigung.

Die „40% Fraktion" in 10 ml des Phosphatpuffers aufnehmen und auf 29% Sättigung durch Zufügung von 11 ml gesättigter Ammoniumsulfatlösung einstellen. Niederschlag verwerfen; das Überstehende mit 1,35 ml gesättigter Ammoniumsulfatlösung versetzen. Endkonzentration 35%. Den entstehenden Niederschlag nach Zentrifugieren in 5 ml Puffer und 5 ml dest. Wasser auflösen. Diese Enzymlösung unter 10 min langem Rühren mit 1,0 ml Calciumphosphatgel behandeln, welches 22,7 mg $Ca_3(PO_4)_2$/ml enthält. Nach dem Abzentrifugieren des Gels das Überstehende nochmals, wie beschrieben, mit 1,0 ml Gel behandeln. Das Überstehende enthält nahezu die gesamte Aktivität. Nach Zufügen von 1 mg Glutathion pro ml Enzymlösung mit 0,5 n Essigsäure auf p_H 4,9 einstellen. Den entstehenden Niederschlag abzentrifugieren und verwerfen, und das Überstehende mit 2 m K_2HPO_4 auf p_H 6,8 einstellen. Diese Manipulationen sehr schnell durchführen, da das Enzym in saurer Lösung instabil ist. Die zuletzt erhaltene Lösung mit gesättigtem Ammoniumsulfat auf 35% Sättigung einstellen. Den nach Zentrifugierung erhaltenen Niederschlag in 0,1 m Phosphatpuffer, p_H 6,8, welcher 1 mg/ml Glutathion enthält, auflösen. Die Lösung kann bei +4° C für einige Tage ohne wesentlichen Aktivitätsverlust aufbewahrt werden. Es wurden 36 mg Enzymprotein erhalten. Spezifische Aktivität, ausgedrückt in μl CO_2/mg Protein/Std, gegenüber o-Tyrosin 76,0; Dopa 158,0 und 5-HTP 10,7.

Das Enzym erwies sich bei Papierelektrophorese in Barbituratpuffer, p_H 8,6, Ionenstärke 0,075 und auf der analytischen Ultrazentrifuge bei 50740 U/min in 0,1 m Phosphatpuffer als einheitlich. Sedimentationskonstante: Mittelwerte aus drei Läufen mit 5,14 mg Protein/ml, $S_{w\,20^\circ} = 6{,}59$, bei unendlicher Verdünnung $S_{w\,20^\circ} = 6{,}9 \cdot 10^{-13}$ sec.

[1] SCHALES, O., and S. S. SCHALES: Arch. Biochem. **24**, 83 (1949).
[2] SOURKES, T. L., P. HENEAGE and Y. TRANO: Arch. Biochem. **40**, 185 (1952).
[3] GREEN, D. E., L. F. LELOIR and V. NOCITO: J. biol. Ch. **161**, 559 (1945).
[4] FELLMAN, J. H.: Enzymologia **20**, 366 (1959).

Zur besonderen Charakterisierung des Enzyms wurden von FELLMAN[1] die in der Tabelle 23 verzeichneten Hemmkörper eingesetzt.

Tabelle 23. *Hemmkörper der nach* FELLMAN[1] *teilweise gereinigten Dopa-Decarboxylase aus Rindernebennierenmark.*

Q_{CO_2}-Dopa = 45 μl CO_2/mg Protein/Std.

Verbindung	Konzentration des Inhibitors m	Hemmung %	Verbindung	Konzentration des Inhibitors m	Hemmung %
Semicarbazid	$1{,}8 \times 10^{-3}$	50	N-Äthylmaleinimid .	$5{,}0 \times 10^{-4}$	100
Noradrenalin	$1{,}0 \times 10^{-2}$	80	Ca^{++}	$1{,}0 \times 10^{-3}$	0*
	$1{,}0 \times 10^{-3}$	62	Cd^{++}	$1{,}0 \times 10^{-3}$	83
Adrenalin	$1{,}0 \times 10^{-2}$	0	Co^{++}	$1{,}0 \times 10^{-3}$	0*
	$5{,}0 \times 10^{-3}$	0	Fe^{+++}	$1{,}0 \times 10^{-3}$	16
3-Hydroxytyramin . .	$1{,}0 \times 10^{-2}$	88	Hg^{++}	$5{,}0 \times 10^{-4}$	100
EDTA	$1{,}0 \times 10^{-3}$	0	Mg^{++}	$1{,}0 \times 10^{-3}$	0*
8-Hydroxychinolin . .	$1{,}0 \times 10^{-3}$	0	Zn^{++}	$1{,}0 \times 10^{-3}$	50

* Keine Aktivierung im Konzentrationsbereich 1×10^{-5} bis 1×10^{-3} m.

Ansätze: Enzymfraktion + 200 μg PLP in 2 ml 0,1 m Phosphatpuffer, p_H 6,8, welcher 1 μg EDTA/ml enthält.

Substrat: 5 μM L-Dopa.

Reinigung der Dopa-Decarboxylase aus Rattenleber nach AWAPARA[2].

Eine Reinigung der Dopa-Decarboxylase auf das rund 80fache aus Rattenleber hat AWAPARA über Hitzeschritt, Ammoniumsulfatfraktionierung und Reinigung an DEAE-Sephadexsäulen durchgeführt. Reinigungsgang s. Tabelle 24.

Tabelle 24. *Reinigung der Dopa-Decarboxylase aus Rattenleber*[2].

Reinigungsschritt	Gesamtvolumen ml	Einheiten gesamt	Gesamtprotein mg	Spezifische Aktivität	Ausbeute %	Reinigung
Homogenat	280	5587	23550	0,24	100	
Überstehendes aus dem erhitzten Homogenat	296	3061	5290	0,58	55	2,4
Ammoniumsulfatfällung (40—50%) nach Sephadexfiltration G-25	25	2240	951	2,36	41	9,8
DEAE-Sephadex-A-50 0,2 m Phosphatpuffer-Eluat	80	1638	301	5,44	33	22,6
DEAE-Sephadex-A-50 0,075 m Phosphatpuffer-Eluat:						
Fraktion 3	10	124	10,7	11,6		48,4
Fraktion 4	10	232	12,2	19,0		79,3
Fraktion 5	10	199	10,7	18,6		77,5
Fraktion 6	10	133	8,6	15,5		64,5

Substrat: o-Tyrosin; Einheiten = μM Amin, gebildet in 1 Std.

Reinigung der 5-HTP-Decarboxylase nach ROSENGREN[3].

Extrakt aus Rattennierenrinde (Herstellung s. BERTLER[4]) wird bei 60000 ×g 2 Std zentrifugiert. Das Überstehende wird mit Ammoniumsulfat zu 35% gesättigt, auf p_H 8 eingestellt und abzentrifugiert. Das Überstehende wird mit Ammoniumsulfat bis zu 47% gesättigt. Das aktive Enzym findet sich im Niederschlag der letzten Fällung. Dieser wird in einigen ml Phosphatpuffer aufgenommen und gegen bidest. Wasser bei 4° C 8 Std dialysiert. Die Enzymlösung wird auf eine DEAE-Cellulose-Säule (18 × 20 cm) aufgezogen.

[1] FELLMAN, J. H.: Enzymologia **20**, 366 (1959).
[2] AWAPARA, J., R. P. SANDMAN and C. HANLY: Arch. Biochem. **98**, 520 (1962).
[3] ROSENGREN, E.: Acta physiol. scand. **49**, 364 (1960).
[4] BERTLER, A., and E. ROSENGREN: Acta physiol. scand. **47**, 350 (1959).

Gradienten-Elution nach FAHEY[1]. Die Eluate werden in 7,3 ml-Fraktionen gesammelt und in ihnen Dopa- und 5-HTP-Decarboxylase bestimmt. Das Verhältnis der Decarboxylierungsgeschwindigkeit von Dopa und 5-HTP war in allen aktiven Fraktionen gleich.

Anreicherung der 5-HTP-Decarboxylase nach WESTERMANN[2].

Ein teilweise gereinigtes Enzympräparat erhält man durch 2 min Schütteln bei 0° C von Organhomogenaten oder -extrakten mit Kaolin (gereinigt, eisenfrei; Riedel de Haen) bzw. Bolus alba (pulv. subt. DAB 6, 1 g/10 ml). Zentrifugieren (5 min bei 2000 $\times$g). Im Überstehenden kann der Prozeß bis zu fünfmal wiederholt werden. Die mit einem solchen Präparat erhaltenen Aktivitäten sind in Tabelle 12 enthalten[2].

Eigenschaften. *Löslichkeit.* Bei fraktioniertem Zentrifugieren von Gehirnsubstanz und Magenschleimhaut in 0,88 m Saccharoselösung war die 5-HTP-Decarboxylase in den löslichen Fraktionen[3]. Sie ist also ein cytoplasmatisches Enzym. Siehe auch S. 534 „intracelluläre Lokalisation".

Beständigkeit. In Rohextrakten ist die Dopa-Decarboxylase wenig haltbar. Beständiger sind mit Ammoniumsulfat halbgesättigte Lösungen[4]. Beim Trocknen der Organe oder Extrakte mit Aceton-Äther geht die Aktivität verloren[4]. Durch Erhitzen auf 80° C wird das Enzym rasch zerstört. Bei der Dialyse gegen fließendes Wasser nimmt die Aktivität nicht ab[5]. Gealterte Enzymlösungen werden durch Zusatz von PLP teilweise reaktiviert.

Die Aktivität des nach SCHALES und SCHALES[6] lyophilisierten Präparates nahm bei —20° C in 4 Monaten ungefähr um 50% ab. Die frischen Nieren konnten 30 Tage bei —20° C, 7 Tage bei 0° oder 0,3 Tage bei 25° C ohne Abnahme der Aktivität aufbewahrt werden[7].

0,002 m Ammoniak inaktiviert in etwa 8 Std bei 5° C das Enzym nur teilweise. Das ungepufferte dialysierte Enzym verliert nach 5 min bei 55° C etwa 40% der Aktivität. Die 5-HTP-Decarboxylase-Aktivität von acetongetrockneten Lungen- und Nierenpulvern ist etwa 1 Monat lang beständig[8]. Das Enzym ist bei saurer Reaktion sehr instabil, bei p_H 5,2 und 5° C verliert es innerhalb von 1 min seine Aktivität fast vollständig.

Die Aktivität eines Enzympräparates aus Rattenhaut wird durch 15 min langes Erhitzen auf 60° C zerstört[9].

p_H-Optimum. Das p_H-Optimum ist abhängig von der Enzymquelle, mit Dopa als Substrat liegt es im allgemeinen bei p_H 6,8, mit 5-HTP bei p_H 8,1[8].

p_H-Optimum für ein Enzympräparat aus Rattenhaut mit 5-HTP als Substrat p_H 7,2, für ein Enzym aus Peritonealzellen (Mastzellen) von Ratten 7,6[9]; aus Mastzellen der Haut der Rattenpfote 7,2[9] und aus Rattenleber 7,2.

MICHAELIS-*Konstanten.* K_M für Dopa $5{,}3 \times 10^{-4}$ [10]; für 5-HTP $1{,}7 \times 10^{-4}$ bei p_H 6,8 und $4{,}0 \times 10^{-5}$ bei p_H 8[11]. Beim Enzym aus Rindernebennieren für Dopa $5{,}4 \times 10^{-4}$, für o-Tyrosin $6{,}0 \times 10^{-4}$ [12].

Optimum der Substratkonzentration. Im Ansatz von 5 ml sind 300 μg 5-HTP optimal[13]. Überoptimale Substratkonzentration führt zu Hemmung. Diese kann durch Zugabe von

[1] FAHEY, J. L., P. F. MCCOY and M. GAULIAN: J. clin. Invest. **37**, 272 (1958).
[2] WESTERMANN, E., H. BALZER u. J. KNELL: A. e. P. P. **234**, 194 (1958).
[3] BOGDANSKI, D. F., H. WEISSBACH and S. UDENFRIEND: J. Neurochem. **1**, 272 (1957).
[4] GREEN, D. E., L. F. LELOIR and V. NOCITO: J. biol. Ch. **161**, 559 (1945).
[5] HOLTZ, P.: Ergebn. Physiol. **44**, 230 (1941).
[6] SCHALES, O., and S. S. SCHALES: Arch. Biochem. **24**, 83 (1949).
[7] HARTMAN, W. J., W. G. CLARK, S. CYR, A. L. JORDON and R. A. LEIBHOLD: Ann. N. Y. Acad. Sci. **90**, 637 (1960).
[8] CLARK, C. T., H. WEISSBACH and S. UDENFRIEND: J. biol. Ch. **210**, 139 (1954).
[9] LAGUNOFF, D., K. B. LAM, E. ROEPER and E. P. BENDITT: Fed. Proc. **16**, 363 (1957).
[10] SCHOTT, H. F., and W. G. CLARK: J. biol. Ch. **196**, 449 (1952).
[11] YUWILER, A., E. GELLER and S. EIDUSON: Arch. Biochem. **89**, 143 (1960).
[12] FELLMAN, J. H.: Enzymologia **20**, 366 (1959).
[13] PRICE, S. A. P., and G. B. WEST: J. Pharmacy Pharmacol. **12**, 617 (1960).

PLP verhindert werden. Der Substratüberschuß bindet offenbar das Co-Enzym in atypischer Weise[1].

Prosthetische Gruppe. Die Dopa-Decarboxylase ist ohne Zweifel ein PLP-Enzym; dafür spricht, daß die 5-HTP-Decarboxylase der Rattenniere bei Pyridoxinmangeltieren bei p_H 8 in vitro durch Zugabe von PLP 2—3fach und die von Normaltieren nur um etwa 30% gesteigert wird.

Bezüglich der Festigkeit der Coenzymbindung an das Apoenzym lassen sich Dopa-Decarboxylasen verschiedener Herkunft unterscheiden. So wird das Coenzym des Enzyms aus Rattenniere, nicht aber desjenigen aus Meerschweinchenniere, durch zwölfstündige Dialyse gegen dest. Wasser zu 75% abgetrennt[2].

Das Enzym ist nicht in allen Geweben mit PLP abgesättigt, deshalb wird in vielen Organextrakten die Dopa-Decarboxylase-Aktivität durch PLP-Zusatz gesteigert. Es empfiehlt sich daher in jedem Fall PLP zuzugeben. In drei verschiedenen Schweinenieren-extrakten war das Enzym nur zu 22, 32 und 47% mit PLP gesättigt[3]. Eine Abtrennung des Coenzyms unter weitgehender Erhaltung des funktionsfähigen Apoenzyms gelingt durch zweitägige Dialyse des gereinigten Enzyms aus Meerschweinchenniere gegen Trilon B. Bei der Ergänzung des Apoenzyms mit PLP zum Holoenzym ist ein größerer Überschuß an PLP zu vermeiden, da bei überoptimaler PLP-Konzentration die Enzym-aktivität wieder absinkt, und zwar um so stärker, je niedriger die Substratkonzen-tration ist.

Das aktive Zentrum des Enzyms. Über das aktive Zentrum ist bisher wenig bekannt. Es gibt einige Hinweise dafür, daß das Enzym im aktiven Zentrum eine essentielle Thiol-gruppe besitzt. So wird das Enzym vollständig durch gleichzeitige Gabe von Substrat und 4-Chlormercuribenzoat (10^{-4} m) gehemmt. Glutathion schützt vor dieser Hemmung.

Weitere Hinweise für das Vorhandensein von funktionell wichtigen Sulfhydrylgruppen siehe [4]. Oxophenarsinhydrochlorid (6-Hydroxy-3-amino-phenylarsen-3-oxyd) 10^{-4} m hemmt die Enzymaktivität zu 74%,

HO—⟨benzene ring⟩—AsO, with NH_2 on the ring

wenn es mit dem Enzym vor Zugabe des Substrates inkubiert wird; auch diese Hemmung wird durch Glutathion verhindert[5]. Es hemmen ferner Hg-Ionen und N-Äthylmaleinimid.

Substratspezifität. *Phenylalanin und Derivate.* Ursprünglich wurde angenommen, daß die Dopa-Decarboxylase nur L-Dihydroxyphenylalanin angreift, doch wird es immer wahr-scheinlicher, daß die Dopa-Decarboxylase ein Enzym darstellt, dessen Spezifitätsbereich größer ist. Eine auf das 10—20fache aus Meerschweinchenniere angereicherte Decarb-oxylaselösung ergab folgende spezifische Aktivitäten (μg/mg Protein/Std) gegenüber Dopa 8000, 5-HTP 2930, Tryptophan 300, Tyrosin 15, α-Methyldopa 95, α-Methyl-5-HTP 38, α-Methyltryptophan 16 (s. auch S. 529).

Bakterien, welche Dopa decarboxylieren, enthalten ein Enzym, das mit der Dopa-Decarboxylase der tierischen Gewebe nicht identisch ist. Dieses kann zunächst als ein Enzym aufgefaßt werden, das m- oder o-Hydroxyphenylalanin zu decarboxylieren vermag. Tritt zur m- oder o-Hydroxylgruppe eine weitere Hydroxylgruppe in Nachbarstellung, so wird die Affinität zum Enzym erhöht, so daß Dopa rascher gespalten wird als m-Hydroxy-phenylalanin. Bei dem Bakterienenzym handelt es sich um eine Tyrosin-Decarboxylase, die neben Tyrosin m-Hydroxyphenylalanin, nicht aber o-Hydroxyphenylalanin zu decarb-oxylieren vermag. Tritt zur p-Hydroxylgruppe eine weitere in m-Stellung, so daß Dopa

[1] GADDUM, J. H., and N. J. GIARMAN: Brit. J. Pharmacol. **11**, 88 (1956).
[2] WEISSBACH, H., D. F. BOGDANSKI, B. G. REDFIELD and S. UDENFRIEND: J. biol. Ch. **227**, 617 (1957).
[3] SOURKES, T. L., P. HENEAGE and Y. TRANO: Arch. Biochem. **40**, 185 (1952).
[4] FELLMAN, J. H.: Enzymologia **20**, 366 (1959).
[5] HARTMAN, W. J., R. I. AKAWIE and W. G. CLARK: J. biol. Ch. **216**, 507 (1955).

resultiert, so ist die Decarboxylierbarkeit deutlich beeinträchtigt. Die Tyrosin-Decarboxylase der Bakterien, d.h. ein Enzym, das bevorzugt Tyrosin decarboxyliert, fehlt im Säugetierorganismus[1, 2], s. auch WERLE (1952)[3].

Die folgenden drei Chlorphenylalanine werden weder durch Dopa- noch durch Tyrosin-Decarboxylase angegriffen:

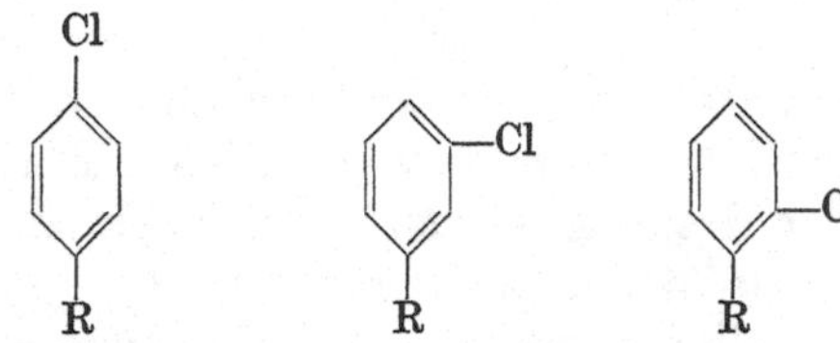

Cl

—Cl

—Cl

R R R

Gewisse Bakterien (z.B. *Streptococcus faecalis R*) können Phenylalanin decarboxylieren; o- und m-Hydroxyphenylalanin werden nicht angegriffen.

Der Unterschied in der Decarboxylierungsgeschwindigkeit verschiedener Isomeren ist nicht dadurch erklärbar, daß jede der zwei phenolischen Hydroxylgruppen die Decarboxylierungsgeschwindigkeit der zugehörigen Verbindungen beeinflußt. So hat 3,5-Dopa zwei Hydroxylgruppen in m-Stellung, von denen nur *eine* genügt, um die Wirkung eines der Enzyme zu garantieren. Doch wird es langsamer decarboxyliert als 2,4-Dopa. Ebenso führt eine zweite phenolische Gruppe am Tyrosinmolekül (3,4-Dopa) zu einer Verminderung der Decarboxylierungsgeschwindigkeit durch das Bakterien-Enzym. Deshalb ist die Stellung der phenolischen Gruppe und ihre gegenseitige Beeinflussung wichtig in bezug auf die Enzym-Substrat-Vereinigung und damit der Decarboxylierungsgeschwindigkeit. 2,6-Dopa, bei dem zwei phenolische Gruppen in o-Stellung zu der Seitenkette stehen, wird *nur* durch das Säugetier-Enzym angegriffen. Das Säugetier-Enzym decarboxyliert also alle sechs möglichen Dopa-Isomeren, da alle eine m- oder o-Hydroxylgruppe tragen. Das Bakterien-Enzym decarboxyliert 2,6-Dopa nicht und 2,5- und 3,6-Dopa nur sehr langsam[4]. 2,4- und 3,4-Dimethoxyderivate werden nicht decarboxyliert. Das spricht für die Bedeutung einer Wasserstoffbrücke zwischen Substrat und Enzym. 3-Methoxy-4-hydroxyphenylalanin (=3-Methoxytyrosin), welches die p-OH-Gruppe besitzt, die für die Wirkung des Bakterien-Enzyms notwendig ist, wird, wenn auch nur sehr langsam, durch *Streptococcus faecalis* decarboxyliert. Wahrscheinlich hindert die benachbarte Methoxygruppe die Bildung des Enzym-Substrat-Komplexes, indem es eine Anziehung auf das Proton der Phenolgruppe ausübt und so gewissermaßen mit dem Apoenzym konkurriert. Eine Übersicht über die Decarboxylierbarkeit von verschiedenen Phenylalaninderivaten gibt die Tabelle 24a.

In bezug auf die Seitenkettenstruktur wurde die Notwendigkeit einer unsubstituierten α-Aminogruppe mit einem neuen 3,4-Dopa-Derivat, das eine 2-Cyanoäthylgruppe trägt, bestätigt. In Gegenwart einer alkoholischen Gruppe am β-Kohlenstoff-Atom verringert sich die Decarboxylierungsgeschwindigkeit beträchtlich, doch nicht völlig durch Nieren-, Nebennierenmark- und Bakterien-Enzym.

Phenylserin und Derivate. Die enzymatische Decarboxylierbarkeit der Hydroxyphenylserin-Derivate (Dihydroxyphenylserin =DHPS, Hydroxyphenylserin =HPS) unterliegt der gleichen Gesetzmäßigkeit wie die Decarboxylierbarkeit der hydroxylierten Phenylalanine. Es werden also decarboxyliert durch Nierenextrakte vom Meerschweinchen, Kaninchen, Schwein und Rind: m-erythro-HPS, nicht aber m-threo-, p-threo- und p-erythro-HPS. Umsatz im Höchstfall 10%[5].

3,4-threo- und 3,4-erythro-DHPS werden durch Meerschweinchen-, Schweine- und Rindernieren sowie durch Rinderleber und Meerschweinchendarmextrakt decarboxyliert.

---

[1] BLASCHKO, H., and I. STIVEN: Biochem. J. **46**, 88 (1950).
[2] SOURKES, T. L., and P. HENEAGE: Fed. Proc. **11**, 298 (1952).
[3] WERLE, E.: Angew. Chem. **64**, 311 (1952).
[4] SOURKES, T. L.: Canad. J. Biochem. Physiol. **32**, 515 (1954).
[5] WERLE, E., u. J. SELL: B. Z. **326**, 110 (1954).

Der Umsatz erreicht im Höchstfall 24 %. Die Decarboxylierung von 3,4-threo-DHPS führt unmittelbar zur Bildung von L-Noradrenalin[1].

Tabelle 24a. *Relative Decarboxylierungsgeschwindigkeiten von Phenylalaninderivaten durch Säugetier-Dopa-Decarboxylase*[1].

Substrat (PA = Phenylalanin)	Enzymquelle	
	Meerschweinchenniere	Mäusegehirn
3,4-Dopa	100	100
3-Hydroxy-4-methoxy-PA	89	<10
3-Hydroxy-4-methyl-PA	84	114
3-Methoxy-4-hydroxy-PA	<10	<10
3-Methoxy-4-methyl-PA	<10	—
3-Methoxy-4-methoxy-PA	<10	<10
2,3-Dopa	90	80
2-Hydroxy-3-methoxy-PA	12	20
2-Methoxy-3-hydroxy-PA	<10	—
2-Methoxy-3-methoxy-PA	<10	—
2,4-Dopa	88	84
2-Hydroxy-4-methoxy-PA	46	25
2-Methoxy-4-hydroxy-PA	<10	<10
2-Methoxy-4-methoxy-PA	<10	—
2,5-Dopa	83	76
2-Hydroxy-5-methoxy-PA	<10	—
2-Methoxy-5-hydroxy-PA	<10	—
2-Methoxy-5-methoxy-PA	<10	—
2,6-Dopa	77	39
2-Hydroxy-6-methoxy-PA	<10	—
2-Methoxy-6-methoxy-PA	<10	—
3,5-Dopa	76	57
3-Hydroxy-5-methoxy-PA	<10	—
3-Methoxy-5-methoxy-PA	<10	—
3,4,5-Trihydroxy-PA . .	86	46
o-Tyrosin	102	—
m-Tyrosin	100	—
p-Tyrosin	<10	—

Versuchsbedingungen: Homogenate der entsprechenden Gewebe, zentrifugiert bei 22620 × g. Inkubation im Warburg-Apparat bei p_H 7,4 und 38° C. Ansatz: 4 μM D,L-Aminosäure als Substrat, 50 μg PLP, 0,07 μM Phosphatpuffer, p_H 7,4, und 2 ml Enzympräparat. Werte in μl CO_2 nach $^1/_2$ Std Inkubation.

Durch *Streptococcus faecalis R* werden decarboxyliert: p-erythro-, p-threo- sowie 3,4-threo- und 3,4-erythro-Mono- und DHPS, sehr viel schwächer m-threo- und m-erythro-HPS. Die Frage der Existenz einer besonderen Hydroxyphenylserindecarboxylase wurde von WERLE und SELL[1] untersucht. Die Tatsache, daß bei verschiedenen Organen der gleichen Tierart und bei den gleichen Organen verschiedener Tierarten das Verhältnis der Decarboxylierungsgeschwindigkeit von Dopa zu der von DHPS großen Schwankungen unterliegt, konnte am Beispiel der Meerschweinchenniere größtenteils auf das Ineinandergreifen folgender Reaktionen zurückgeführt werden:

$$\text{Apoenzym} + \text{Pyridoxalphosphat} \rightleftharpoons \text{Holoenzym};\ \text{Holoenzym} + \text{Substrat} \rightarrow \text{Amin} + CO_2;$$
$$\text{Substrat} + \text{Pyridoxalphosphat} \rightarrow \text{Hemmstoff};\ \text{Amin} + \text{Pyridoxalphosphat} \rightarrow \text{Hemmstoff}.$$

Da ferner im Verlauf von Reinigungsoperationen das Aktivitätsverhältnis der Präparate gegenüber Dopa und 3,4-DHPS konstant bleibt, nämlich wie 30:1, wie übrigens auch gegenüber 5-HTP, und bei gleichzeitigem Einsatz von Dopa und DHPS sich niemals eine Addition der Decarboxylaseaktivität ergab[2,3], dürften die Hydroxyphenylserine in den Spezifitätsbereich der Dopa-Decarboxylase fallen. Eine gesonderte Hydroxyphenylserin-Decarboxylase existiert also wohl nicht.

Das p_H-Optimum bei Dopa als Substrat liegt zwischen p_H 7,0 und 7,8 mit Phosphatpuffer, bei Verwendung von TEORELL-STENHAGEN-Puffer zwischen p_H 7,0 und 9,2. Die entsprechenden Werte für DHPS als Substrat liegen zwischen p_H 7,6 und 8,0 bzw. p_H 8,3 und 8,9.

Über Abhängigkeit der Dopa-Decarboxylaseaktivität von den angewandten Puffersystemen s. [2].

[1] WERLE, E., u. J. SELL: B. Z. **326**, 110 (1954).
[2] WERLE, E., u. D. AURES: H. **316**, 45 (1959).
[3] HOLTZ, P., u. E. WESTERMANN: A. e. P. P. **227**, 538 (1956). B. Z. **327**, 502 (1956).

Die 3,4-DHPS-, nicht aber die 3-HPS-Decarboxylierung wird durch Boratpuffer gehemmt, da Brenzcatechinderivate mit Borationen Komplexe bilden[1,2]. Die Dopa-Decarboxylierung wird auch bei großem Boratüberschuß nicht beeinflußt. Es ist also die Affinität von Dopa zum Enzym größer als die zum Borat. Wird PLP mit Borat in großem Überschuß (Mol-Verhältnis 1:400) vorinkubiert, so vermag es die Dopa-Apo-Decarboxylase nicht mehr zu aktivieren.

Tabelle 25. *Substrate der Dopa-Decarboxylase*[3].

Verbindung Nr.	Position Nr. 2	3	4	5	6	β	CO_2 μl
1	OH	H	H	H	H	H	96
2	H	OH	H	H	H	H	83
3	OH	OH	H	H	H	H	118
4	OH	H	OH	H	H	H	53
5	OH	H	H	OH	H	H	72
6	H	OH	OH	H	H	H	91
7	CH_3	OH	OH	H	H	H	17
8	H	OH	OH	H	CH_3	H	42
9	H	OH	H	H	H	OH	25*
10	H	OH	OH	H	H	OH	60*

(Strukturformel im Tabellenkopf: Phenylring mit Positionen 2, 3, 4, 5, 6 — C(H)(β) — C(H)(NH₂) — C(=O)—OH)

Versuchsansatz: Hauptraum 15 mg Nierentrockenpulver, 2 ml 0,1 m Phosphatpuffer, p_H 6,8, 40 μg PLP, Wasser ad 4,5 ml. Seitenarm 1: 10 μM Substrat; Seitenarm 2: 0,2 ml 3 n H_2SO_4; N_2, 37° C, 7 min.

* 1,5 Std.

Zur Kinetik der Decarboxylierung von Dopa, DHPS und m-HPS s.[4,5].

Ausgedehnte Untersuchungen über die Substratspezifität der Dopa-Decarboxylase stammen von HARTMANN, CLARK u. Mitarb.[3]. Die Tabellen 25—27 geben einen Überblick über Substrate und Nichtsubstrate sowie die relative Geschwindigkeit der Decarboxylierung von Dopa-Isomeren[3,6].

Tyrosin und Derivate. Das sehr weitgehend gereinigte Enzym von FELLMAN[7] aus Rindernebennieren decarboxyliert L-Dopa und o-Tyrosin, aber greift D-Dopa oder p-Tyrosin nicht an. m-Tyrosin wird langsam umgesetzt. Auch 5-HTP wird nur wenig angegriffen, wie aus Tabelle 28 ersichtlich. Nach WESTERMANN u. Mitarb[8]. greifen Extrakte aus Hunde- und Meerschweinchennieren Tryptophan, 7-Hydroxytryptophan und Tyrosin nicht an.

Setzt man die Decarboxylierungsgeschwindigkeit für Dopa durch Mäuseleber- und Nierenextrakt gleich 1, so sind die Werte für m-Tyrosin 0,95, für 2,3-Dopa 0,87 und für 2,5-Dopa 0,91. Das gleiche Aktivitätsverhältnis gilt für Rattenleber und Meerschweinchenniere[9].

Das nach AWAPARA[10] gereinigte Enzym (s. S. 537) decarboxyliert o-Tyrosin, m-Tyrosin, Dopa und 5-HTP, es decarboxyliert nicht p-Tyrosin, Histidin oder Tryptophan.

Tryptophan und Derivate. ERSPAMER[11] prüfte 22 Tryptophanderivate auf ihre Angreifbarkeit durch verschiedene Gewebe aus Meerschweinchen. Tabelle 29 zeigt die Decarboxylierungsgeschwindigkeit dieser Derivate im Vergleich mit der von Dopa.

Es wurden folgende Substanzen eingesetzt:

1. L-Tryptophan, 2. D,L-5-Hydroxytryptophan, 3. D,L-4-Hydroxytryptophan, 4. D,L-6-Hydroxytryptophan, 5. D,L-7-Hydroxytryptophan, 6. D,L-2-Hydroxytryptophan, 7. D,L-α-iso-5-Hydroxytryptophan, 8. D,L-5-Methyltryptophan, 9. D,L-5-Methoxytryptophan, 10. D,L-5-Benzyloxytryptophan, 11. D,L-5-Nitrotryptophan, 12. D,L-5-Aminotryptophan, 13. D,L-5-Hydroxy-β-methyltryptophan, 14. D,L-5-Hydroxy-N,N-dimethyltryptophan,

[1] WERLE, E., u. F. ROEWER: B. Z. **322**, 320 (1952).
[2] ZIPF, H. F.: A. e. P. P. **207**, 540 (1949).
[3] HARTMAN, W. J., R. I. AKAWIE and W. G. CLARK: J. biol. Ch. **216**, 507 (1955).
[4] WERLE, E., u. D. AURES: H. **316**, 45 (1959).
[5] SOURKES, T. L., P. HENEAGE and Y. TRANO: Arch. Biochem. **40**, 185 (1952).
[6] SOURKES, T. L.: Rev. canad. Biol. **14**, 49 (1955).
[7] FELLMAN, J. H.: Enzymologia **20**, 366 (1959).
[8] WESTERMANN, E., H. BALZER u. J. KNELL: A. e. P. P. **234**, 194 (1958).
[9] BLASCHKO, H., and T. L. CHRUSCIEL: J. Physiol., London **151**, 272 (1960).
[10] AWAPARA, J., R. P. SANDMAN and C. HANLY: Arch. Biochem. **98**, 520 (1962).
[11] ERSPAMER, V., A. GLÄSSER, C. PASINI and G. STOPPANI: Nature **189**, 483 (1961).

Tabelle 26. *Nichtdecarboxylierbare Substratanaloge der Dopa-Decarboxylase*[1].

Verbindung Nr.	Position Nr. 2	3	4	5	β	α
1	H	H	H	H	H	NH_2
2	H	CH_3	H	H	H	NH_2
3	H	H	F	H	H	NH_2
4	H	H	NO_2	H	H	NH_2
5	Cl	H	Cl	H	H	NH_2
6	H	Cl	Cl	H	H	NH_2
7	H	H	NH_2	H	H	NH_2
8	H	H	CH_3O	H	H	NH_2
9	C_2H_5O	H	H	NO_2	H	NH_2
10	OH	H	H	NO_2	H	NH_2
11	H	H	OH	H	H	NH_2
12	H	CH_3	OH	H	H	NH_2
13	H	NO_2	OH	H	H	NH_2
14	H	F	OH	H	H	NH_2
15	H	NH_2	OH	H	H	NH_2
16	H	J	OH	J	H	NH_2
17	H	OH	OH	CH_3	H	NH_2
18	H	OH	OH	H	H	$NHCH_3$
19	H	H	OH	H	H	NHCHO
20	H	H	OH	H	H	$NHCOCH_3$
21	H	CH_3O	CH_3O	H	H	$NHCOC_6H_5$
22	H	H	H	H	C_6H_5	NH_2
23	H	H	H	H	OH	NH_2 (threo)
24	Cl	H	H	H	OH	NH_2
25	H	H	Cl	H	OH	NH_2
26	H	NO_2	H	H	OH	NH_2 (erythro)
27	H	H	NO_2	H	OH	NH_2 (threo)
28	H	H	NH_2	H	OH	NH_2 (erythro)
29	H	OH	H	H	OH	NH_2 (threo*)
30	H	H	OH	H	OH	NH_2 (threo*)
31	H	OH	OH	H	OH	NH_2 (threo*)
32	H	OH	H	H	NH_2	H
33	2-(3-Hydroxyphenyl)-glycin					
34	2-(4-Hydroxyphenyl)-glycin					
35	2-(3,4-Dihydroxyphenyl)-glycin					
36	2-(3-Methoxy-4-hydroxyphenyl)-glycin					
37	*o*-Phenyldialanin					
38	Thyroxin					
39	1,2,3,4-Tetrahydroisochinolin-3-carboxylsäure					
40	Histidin					
41	5-Hydroxytryptophan					
42	Leucenol					
43	3-(2-Thienyl)-serin					
44	3-(2-Furyl)-serin					
45	α-Acetamido-3-hydroxyzimtsäure					
46	4-Hydroxyphenylbrenztraubensäure					

(Grundstruktur: Benzolring mit Positionen 2, 3, 4, 5, 6 – C(β)H – C(α)H – C(=O)–OH)

Versuchsbedingungen wie für Tabelle 25.

* 1,5 Std.

15. D,L-5-Hydroxy-2-methyltryptophan, 16. D,L-5-Hydroxy-6-methoxytryptophan, 17. D,L-5-Benzyloxy-6-methoxytryptophan, 18. D,L-5-Hydroxy-N-acetyltryptophan, 19. D,L-

[1] Hartman, W. J., R. I. Akawie and W. G. Clark: J. biol. Ch. **216**, 507 (1955).

Tabelle 27. *Relative Geschwindigkeit der Decarboxylierung von Dopa-Isomeren*[1].

Dopa-Isomeres	Tyrosin-Decarboxylase aus S. faecalis	Nieren-Dopa-Decarboxylase		Dopa-Isomeres	Tyrosin-Decarboxylase aus S. faecalis	Nieren-Dopa-Decarboxylase	
		Schwein	Meerschweinchen			Schwein	Meerschweinchen
2,3	53	—	165	2,6	0	48	53
2,4	113	71	42	3,4	100	100	100
2,5	4	88	112	3,5	18	24	23

5-Acetoxy-N-acetyltryptophan, 20. D,L-4-Methyltryptophan, 21. D,L-4-Benzyloxytryptophan, 22. D,L-6-Benzyloxytryptophan.

Von diesen Substanzen wurden nur Nr. 2, 3, 18 und 19 decarboxyliert, beurteilt nach der nicht sehr empfindlichen WARBURG-Technik. Bei in vivo-Untersuchungen konnte aber bewiesen werden, daß Nr. 18 und 19 vor der Decarboxylierung zu 5-HTP hydrolysiert wurden, so daß als Substrate nur 5- und 4-HTP übrigbleiben. Nach Versuchen in vivo wird 4-HTP auch vom menschlichen Organismus decarboxyliert. Dabei konnte wahrscheinlich gemacht werden, daß 4-HTP zum größten Teil in der Darmschleimhaut und in der Leber, zum Teil auch in der Niere abgebaut wird[3].

Tabelle 28. *Spezifische Aktivität bei Reinigung der Dopa-Decarboxylase aus Rindernebennieren*[2].

Enzymfraktion	Spezifische Aktivität (μl CO_2/mg Protein/Std)			Protein
	o-Tyrosin	Dopa	5-HTP	mg
Überstehendes nach „high speed centrifugation“	4,3	10,4	—	4150
25 % Ammoniumsulfatsättigung	2,0	5,2	—	719
30 % Ammoniumsulfatsättigung	8,6	15,2	—	365
35 % Ammoniumsulfatsättigung	20,9	45,2	3,9	272
40 % Ammoniumsulfatsättigung	21,0	45,0	4,9	275
50 % Ammoniumsulfatsättigung	—	22,0	1,9	290
$Ca_3(PO_4)_2$-Überstand	—	138,0	8,3	92
Letzter saurer Überstand . . .	76,0	158,0	10,7	36

Reinigungsgang s. S. 536.

Nach Infusion von D-5-HTP beim Menschen erfolgt eine Erhöhung der Ausscheidung von 5-HT (etwa 8 % der infundierten Menge). 70—90 % der D-Aminosäure werden unverändert wieder ausgeschieden. Bei Inkubation mit teilweise gereinigter aromatischer L-Aminosäuredecarboxylase aus Meerschweinchenniere erfolgt aber kein Abbau zu 5-HT, so daß geschlossen werden muß, daß die Decarboxylierung in vivo die Umwandlung in die L-Form voraussetzt[5].

Tabelle 29. *In vitro-Decarboxylierung von 5-HTP, Dopa und 4-HTP durch Enzympräparate von verschiedenen Geweben*[4].

Enzymquelle	Substrat	μl CO_2 entwickelt in 30 min	Enzymquelle	Substrat	μl CO_2 entwickelt in 30 min
Meerschweinchenleber . .	5-HTP	32,0	Rattendarm	5-HTP	0
Meerschweinchenleber . .	4-HTP	39,0	Rattendarm	4-HTP	0
Meerschweinchenniere . .	5-HTP	42,0	Rattendarm	Dopa	0
Meerschweinchenniere . .	4-HTP	33,0	Mäusegehirn	5-HTP	12,5
Meerschweinchenniere . .	Dopa	41,5	Mäusegehirn	4-HTP	20,0
Meerschweinchendarm .	5-HTP	37,5	Kaninchenlunge	5-HTP	0
Meerschweinchendarm .	4-HTP	36,5	Kaninchenlunge	4-HTP	0
Meerschweinchendarm .	Dopa	40,0			

Reaktionsbedingungen: Überstehendes von Homogenaten, die bei 15000 U/min zentrifugiert worden waren; Inkubation in WARBURG-Gefäßen, 38° C, p_H 7,4. Die Gefäße enthielten 4 μM Substrat.

[1] SOURKES, T. L.: Rev. canad. Biol. **14**, 49 (1955).
[2] FELLMAN, J. H.: Enzymologia **20**, 366 (1959).
[3] ERSPAMER, V., and M. B. NOBILI: Arch. int. Pharmacodyn. Thérap. **137**, 24 (1962).
[4] ERSPAMER, V., A. GLÄSSER, C. PASINI and G. STOPPANI: Nature **189**, 483 (1961).
[5] OATES, J. A., and A. SJOERDSMA: Proc. Soc. exp. Biol. Med. **108**, 346 (1961).

Durch Meerschweinchennieren wird nur die L-Form des 5-HTP angegriffen. Nur die Verabreichung der L-Form erhöht den 5-HT-Gehalt des Gehirns von Mäusen[1].

A. Methoden zur Bestimmung der Decarboxylaseaktivität in vitro.

(Allgemeine Bemerkungen zur Bestimmung der Decarboxylaseaktivität s. S. 546.)

1. Manometrische Methode zur Bestimmung der Decarboxylaseaktivität in Homogenaten und Gewebeextrakten s. S. 546.
2. Bestimmung der Dopa-Decarboxylase im Gehirn nach KUNTZMAN u. Mitarb.[2] s. S. 547.
3. Bestimmung der 5-HTP-Decarboxylase im Gehirn nach KUNTZMAN u. Mitarb.[2] s. S. 548.
4. Messung der Enzymaktivität durch Bestimmung der gebildeten Amine.

a) *Chemisch:*

α) Colorimetrische Bestimmung von Dopamin nach DIETRICH[3] s. S. 548.

β) Spektrophotometrische Bestimmung der gebildeten Amine s. S. 548.

γ) Colorimetrische Bestimmung von Adrenalin (A) und Noradrenalin (NA) s. [4].

δ) Fluorometrische Bestimmung von Adrenalin und Noradrenalin s.[4]. Beschreibung der Bestimmung kleinster Mengen von NA im Gehirn s. S. 549.
Zur Bestimmung von A und NA im Blut s. MANGER[5].
Bestimmung von A und NA in Plasma s. auch: WEIL-MALHERBE[6].
Gleichzeitige Bestimmung von A, NA und Dopamin in Geweben und Harn s. WEIL-MALHERBE[6].
Zur Bestimmung von Catecholaminen und Metaboliten durch Differenzspektrophotofluorometrie s. SOURKES[7].

ε) Colorimetrische Bestimmung von 5-Hydroxytryptamin (5-HT) s. UDENFRIEND, WEISSBACH und BRODIE[8].

ζ) Fluorometrische Bestimmung von 5-HT[8]; Bestimmung von kleinen Mengen 5-HT im Gehirn s. S. 549.
Bestimmung von Tryptamin, 5-HT und Tyramin im Harn s. OATES[9].
Extraktion von 5-HT und colorimetrische und fluorometrische Bestimmung von 5-HT in Geweben und anderem biologischem Material s. [8, 10].

η) Fluorometrische Bestimmung von Tryptamin s. HESS[11].

b) *Biologisch:*

α) Bestimmung von Dopamin mit Hilfe der Blutdruckmessung bei decerebrierten Ratten s. [12].
Bestimmung von Dopamin auf Grund der Blutdrucksenkung bei Meerschweinchen s. [13].

β) Extraktionsmethoden und Bestimmung von A und NA am Blutdruck der Katze und der Ratte[12, 14].

---

[1] FRETER, K., H. WEISSBACH, S. UDENFRIEND and B. WITKOP: Proc. Soc. exp. Biol. Med. 94, 725 (1957).
[2] KUNTZMAN, R., P. A. SHORE, D. F. BOGDANSKI and B. B. BRODIE: J. Neurochem. 6, 226 (1961).
[3] DIETRICH, L. S.: J. biol. Ch. 204, 587 (1953).
[4] PERSKY, H.: Meth. biochem. Analysis 2, 57ff. (1955).
[5] MANGER, W. M.: Chemical Quantitation of Epinephrine and Norepinephrine in Plasma. Springfield 1959.
[6] WEIL-MALHERBE, H.: Meth. med. Res. 9, 130ff. (1961).
[7] SOURKES, T. L., and G. F. MURPHY: Meth. med. Res. 9, 147ff. (1961).
[8] UDENFRIEND, S., H. WEISSBACH and B. B. BRODIE: Meth. biochem. Analysis 6, 95ff. (1958).
[9] OATES, J.: Meth. med. Res. 9, 169ff. (1961).
[10] WEISSBACH, H.: Meth. med. Res. 9, 178ff. (1961).
[11] HESS, S. M.: Meth. med. Res. 9, 175ff. (1961).
[12] EADE, N. R.: Meth. med. Res. 9, 159ff. (1961).
[13] SCHÜMANN, H. J.: A. e. P. P. 227, 566 (1956).
[14] BURN, J. H., D. J. FINNEY and L. G. GOODWIN: Biological Standardization. S. 215, Oxford 1952.

Zur Bestimmung von A und NA am Uterus von Katze, Ratte und Kaninchen sowie am Rattencolon und am Hühnercoecum s. [1].

Zur Bestimmung von A und NA und zur Unterscheidung zwischen beiden Aminen s. auch [2].

γ) Bestimmung von 5-HT am isolierten Herz der Muschel *Venus mercenaria* s. [3, 4],
„ „ „ am Fundusstreifen des Rattenmagens s. [3, 5],
„ „ „ am Rattenuterus im Oestrus s. [3, 6, 7],
„ „ „ am atropinisierten Rattencolon s. [8, 9],
„ „ „ am isolierten Meerschweinchenileum s. [9, 10].

5. Methode zur Bestimmung der Aktivität des Enzyms mit Hilfe radioaktiv markierter Aminosäuren s. S. 550.

B. Methoden zur Bestimmung der Aktivität des Enzyms am Ganztier.

1. Bestimmung der Aktivität der 5-HTP-Decarboxylase im Rattengehirn s. S. 552.
2. Messung der Aktivität der Dopa-Decarboxylase mit Hilfe der ischämischen Niere s. S. 552.
3. Messung der Aktivität der Dopa-Decarboxylase auf Grund der Blutdruckwirkung von Dopa s. S. 552.
4. Messung der Aktivität mit Hilfe des Nachweises von im Harn ausgeschiedenen Metaboliten s. S. 552.
5. Bestimmung der Decarboxylase-Aktivität mit Hilfe von radioaktiv markierten Aminosäuren am Ganztier s. S. 553.

Vorbemerkungen. Nach Horita[11] vermag neben der Monoaminoxydase (MO) auch Cytochromoxydase 5-HT abzubauen. Es muß deshalb bei Verwendung von Herz- oder Nierenhomogenat von Ratte oder Maus unter Sauerstoffausschluß, am besten unter Stickstoff gearbeitet werden, um die MO und Cytochromoxydase auszuschalten. In Geweben, die wenig Cytochromoxydase enthalten, wie z.B. Leber, Darmschleimhaut und Gehirn von Ratten und Meerschweinchen und Niere von Meerschweinchen, genügt es, MO-Inhibitoren einzusetzen.

Es ist zu berücksichtigen, daß die zur vollen Aktivierung benötigte Menge von Pyridoxalphosphat bei verschiedenen Enzymquellen und bei verschiedenen Substraten stark wechselt (s. auch [12] und Abschnitt Coenzym, S. 555).

Die Tatsache, daß Pyridoxalphosphat das Enzym von Rattenniere in Phosphat- oder Pyrophosphatpuffer stark aktiviert, nicht aber in Tris- oder Glycinpuffer, beruht darauf, daß in letzteren die zugefügte Co-Decarboxylase durch Bildung Schiffscher Basen mit Glycylglycin bzw. Tris-hydroxymethylaminomethan, die in großem Überschuß vorliegen, abgefangen wird.

A 1. Manometrische Methode zur Bestimmung der Decarboxylaseaktivität.

Im folgenden wird ein Standardansatz und eine Standardarbeitsweise zur Bestimmung der Aktivität der Dopa-Decarboxylase und der 5-HTP-Decarboxylase angegeben[13, 14].

[1] Eade, N. R.: Meth. med. Res. **9**, 159ff. (1961).
[2] Gaddum, J. H.: Pharmacol. Rev. **11**, 233 (1959).
[3] Twarog, B. M.; in: Meth. med. Res. **9**, 183 (1961).
[4] Welsh, J. H., and B. M. Twarog; in: Meth. med. Res. **8**, 187 (1961).
[5] Vane, J. R.: Brit. J. Pharmacol. **12**, 344 (1957).
[6] Amin A. H.: J. Physiol., London **126**, 596 (1954).
[7] Correale, P.: J Neurochem. **1**, 22 (1956).
[8] Dalgliesh, C. E , C. C. Toh and T. S. Work: J. Physiol., London **120**, 298 (1953).
[9] Feldberg, W., and C. C. Toh: J. Physiol., London **119**, 352 (1953).
[10] Cambridge, G. W., and J. A. Holgate: Brit. J. Pharmacol. **10**, 326 (1955).
[11] Horita, A.: Biochem. Pharmacol. **11**, 672 (1962).
[12] Awapara, J., R. P. Sandman and C. Hanly: Arch. Biochem. **98**, 520 (1962).
[13] Hartman, W. J., W. G. Clark, S. Cyr, A. L. Jordon and R. A. Leibhold: Ann. N. Y. Acad. Sci. **90**, 637 (1960).
[14] Hartman, W. J., R. I. Akawie and W. G. Clark: J. biol. Ch. **216**, 507 (1955).

Ausführung:

Es werden WARBURG-Gefäße mit einem Hauptraum und zwei Ansatzbirnen empfohlen. Im Hauptraum befindet sich das Enzympräparat, z. B. Homogenat, Gewebsextrakt, oder die Lösung eines Lyophilisats (etwa 15 mg). In den Hauptraum werden 1,5—2,5 ml 0,1 m Phosphatpuffer (p_H für Dopa 6,8; p_H für 5-HTP 8,1), 40 μg PLP ($1,5 \times 10^{-4}$ m) und Wasser bis zum Endvolumen von 4,5 ml zugegeben.

Die eine Ansatzbirne enthält 10 μM Substrat (z. B. 1,98 mg Dopa in 0,5 ml H_2O), die andere 0,2 ml 3 n H_2SO_4 oder $HClO_4$.

Inkubationstemperatur 37° C; die Gefäße werden mit sauerstofffreiem Stickstoff durchströmt. Nach Temperaturausgleich und Ablesung des Leerwertes (Zeit 0) wird das Substrat eingekippt und das entwickelte CO_2 in bestimmten Zeitabständen bis zu 2—3 Std abgelesen. Danach wird die Säure in den Reaktionsraum gekippt. 10—15 min später wird nochmals abgelesen.

Berechnung der Aktivität:

Die endgültigen CO_2-Werte ergeben sich durch Multiplikation der abgelesenen Werte mit der jeweiligen Gefäßkonstante, durch welche Volumen, Temperatur- und Absorptionskoeffizienten in die Rechnung eingehen, nach Abzug des Leerwertes. Die Aktivitäten werden in Q_{CO_2}-Werten ausgedrückt = μl CO_2 pro Std pro mg Frischgewebe oder mg Trockensubstanz. Es kann auf Proteingehalt oder Proteinstickstoff der Enzymlösung Bezug genommen werden. Man verwendet gewöhnlich Anfangsgeschwindigkeiten (10 min-Wert) für die Berechnung der Aktivitäten und ermittelt daraus die hypothetische Kohlensäureproduktion pro Std. Dieser Wert ist in der Regel beträchtlich höher als der nach einstündiger Reaktionsdauer tatsächlich gemessene Wert.

Nach HARTMAN[1] wird für Dopa ein durchschnittlicher Q_{CO_2}-Wert von 57 μl/mg/Std bei Schweinenierenhomogenat gefunden, wobei die eingesetzte Dopa-Menge in 7 min zu 50% decarboxyliert wird.

Werden Amine als Endprodukte der Reaktion bestimmt, so werden zur Hemmung der Diaminoxydase bzw. Monoaminoxydase 100 μg Aminoguanidin und/oder 100 μg Isobutylisonicotinsäurehydrazid in den Hauptraum gegeben.

Wegen der Bedeutung, welche dem Enzym in bezug auf den Stoffwechsel von biogenen Aminen im Gehirn zukommt, sei im folgenden die Methode von KUNTZMAN[2] zur Aktivitätsbestimmung der Dopa-Decarboxylase im Gehirn beschrieben.

A 2. Bestimmung der Dopa-Decarboxylase im Gehirn nach KUNTZMAN *u. Mitarb.*[2].

20—100 mg Gewebe werden in 0,25 m Saccharoselösung homogenisiert und auf ein Volumen von 0,6 ml aufgefüllt; das Homogenat wird in ein 20 ml-Becherglas übergeführt, der Homogenisator mit 1,2 ml Wasser nachgewaschen und die Waschflüssigkeit dem Homogenat zugefügt. Zu dieser Mischung werden 1,0 ml 0,5 m Phosphatpuffer, p_H 6,9, und 20 μg PLP in 0,1 ml Lösung gegeben. Nach Vorinkubation der Mischung für 20 min in einem Schüttelgefäß bei 37° C in Stickstoffatmosphäre werden 0,2 mg L-Dopa in 0,1 ml Lösung zugefügt und 1 Std inkubiert. Zur Bestimmung des gebildeten Dopamins wird die Inkubationsmischung in einen 60 ml-Meßzylinder mit Schliffstopfen übergeführt, der 3 g NaCl und 30 ml Butanol* enthält. Nach 5 min langem Schütteln wird zentrifugiert und 25 ml der Butanolschicht in ein 125 ml-Gefäß mit Schliffstopfen übergeführt, welches 35 ml Heptan und 4 ml 0,1 n HCl enthält. 5 min schütteln und zentrifugieren; zur fluorometrischen Messung werden 3 ml der Säurephase in eine Quarzkuvette übergeführt. Es wird bei 280 mμ angeregt und bei 340 mμ gemessen. 50 μg Dopamin werden nach KUNTZMAN u. Mitarb.[2] zu 80—95% wiedergefunden.

* Das Butanol wird mit 2 Vol. 0,01 n HCl und wiederholt mit Wasser gewaschen, bis das Waschwasser p_H 7 ergibt. Das letzte Waschwasser wird in derselben Flasche wie das Butanol belassen und mit NaCl gesättigt. Es ist wichtig, daß das Butanol säurefrei ist, sonst extrahiert man neben Dopamin auch Dopa, das selbst fluoresciert.

[1] HARTMAN, W. J., R. I. AKAWIE and W. G. CLARK: J. biol. Ch. **216**, 507 (1955).

[2] KUNTZMAN, R., P. A. SHORE, D. F. BOGDANSKI and B. B. BRODIE: J. Neurochem. **6**, 226 (1961).

A 3. Bestimmung der 5-HTP-Decarboxylase im Gehirn nach* Kuntzman *u. Mitarb.*[1] *(Modifikation der Methode von* Bogdanski *u. Mitarb.*[2]*).

30—120 mg Gehirn werden in 0,25 m Saccharoselösung homogenisiert und auf ein Volumen von 1 ml aufgefüllt. Das Homogenat wird in ein 20 ml-Becherglas übergeführt. Der Homogenisator wird mit 2 ml Wasser gewaschen und die Waschflüssigkeit dem Homogenat zugefügt. Zu der Mischung werden 0,3 ml 1 m Phosphatpuffer, p_H 8,0, und 20 μg PLP in 0,1 ml zugegeben. Nach Vorinkubation in einem Schüttelgefäß während 20 min bei 37° C in Stickstoffatmosphäre wird 1 mg D,L-5-HTP in 0,1 ml Lösung zugefügt und 2 Std inkubiert.

Zur Bestimmung des gebildeten 5-HT wird die Mischung nach beendeter Inkubation in ein 60 ml-Gefäß mit Glasstopfen, welches 3 g NaCl, 3 ml Boratpuffer, p_H 10, und 20 ml Butanol enthält, übergeführt. Nach 10 min langem Schütteln wird zentrifugiert und soviel wie möglich von der Butanolphase in eine 50 ml-Glasstopfenflasche übergeführt. Die Butanolphase wird zweimal gewaschen mit je 10 ml Boratpuffer, p_H 10, um 5-HTP vollständig zu entfernen. Dann werden 15 ml der Butanolphase in eine 60 ml-Glasstopfenflasche eingebracht, welche 30 ml Heptan und 3 ml 0,1 n HCl enthält. Es wird 5 min geschüttelt, dann zentrifugiert. Zur fluorometrischen Bestimmung werden 2 ml der Säurephase in eine Quarzkuvette übertragen, welche 0,6 ml konz. HCl enthält. Es wird angeregt bei 300 mμ und abgelesen bei 540 mμ.

***A 4. a α) Messung der Dopa-Decarboxylaseaktivität mittels colorimetrischer Bestimmung des Dopamins nach* Dietrich[3].**

Prinzip:

Nach Zentrifugation des (durch Kochen) inaktivierten Ansatzes wird ein aliquoter Teil (1 ml) des Überstehenden durch eine Säule aus Permutit geschickt, das Amin eluiert und colorimetrisch bestimmt.

Reagentien:

1. 0,03 m Kalium-Natriumphosphatpuffer, p_H 6,9, mit Octylalkohol gesättigt.
2. Dopaminstandard (10 mg Dopaminhydrochlorid in 100 ml Reagens *1* gelöst).
3. Folinsches Phenolreagens mit Lithiumsulfat. Herstellung s. Bd. V, S. 178.
4. KCl-Lösung, 20%ig.
5. 1 n NaOH.
6. Aktivierter Permutit: Permutit wird 1 Std in 20%iger KCl-Lösung gekocht, welche 5% Essigsäure enthält. Die Flüssigkeit wird dekantiert, es wird nochmals mit derselben Lösung gekocht, wieder dekantiert, dann mit heißem chloridfreiem Wasser bis zur Chloridfreiheit gewaschen und bei 100° C getrocknet.

Ausführung:

Nach Zentrifugieren wird ein aliquoter Anteil (1 ml) des Überstehenden durch eine Säule aus 0,5 g aktiviertem Permutit geschickt. Säule dreimal mit 4 ml heißem destilliertem Wasser waschen und das Amin mit 5 ml 20%iger KCl-Lösung eluieren (20—30 Tropfen/min). Nach Zufügung von 0,05 ml Phenolreagens nach Folin und Ciocalteu und 1 ml 1 n NaOH zum Eluat Flüssigkeitsvolumen mit Wasser auf 6 ml ergänzen und die Farbintensität am Spektrophotometer messen (Rotfilter). Der Dopamingehalt wird an Hand von Eichkurven abgelesen, wobei die Dopaminlösungen die gleiche Behandlung erfahren wie die Versuchsansätze.

***A 4. a β) Spektrophotometrische Methode zur Bestimmung der o-Tyrosin-, m-Tyrosin-, Dopa- und 5-Hydroxytryptophan-Decarboxylase nach* Davis *und* Awapara[4].**

Prinzip:

Chromatographische Trennung der gebildeten Amine von den Aminosäuren durch Ionenaustauscher (Amberlite). Bestimmung der Amine bei 279 mμ.

[1] Kuntzman, R., P. A. Shore, D. Bogdanski and B. B. Brodie: J. Neurochem. **6**, 226 (1961).
[2] Bogdanski, D. F., H. Weissbach and S. Udenfriend: J. Neurochem. **1**, 272 (1957).
[3] Dietrich, L. S.: J. biol. Ch. **204**, 587 (1953).
[4] Davis, V. E., and I. Awapara: J. biol. Ch. **235**, 124 (1960).

Ausführung:

Nach Inkubation wird die Reaktion mit 7 ml Alkohol und Erhitzen in siedendem Wasser (1 min lang) gestoppt. Nach Zentrifugieren wird der Überstand mit 1 g Amberlite CG-50 H^+ in einem 50 ml-Erlenmeyer-Kolben mit N_2 durchströmt; der Kolben wird mit Paraffin verschlossen und 1 Std geschüttelt. Das Gemisch wird auf eine Säule, die mit Glaswolle und darüber mit 1 g Amberlite beschickt ist, aufgebracht (Spülen der Kolben mit 2mal 5 ml Aqua dest., Waschen der Säule mit 100 ml H_2O). Eluieren mit 4 n Essigsäure. Die Amine werden durch Ultraviolettspektroskopie bei 279 mμ bestimmt.

Vorteile: Möglichkeit weiterer Chromatographie, Erfassen sehr geringer Mengen Amin, Möglichkeit anschließender Fluorometrie und biologischer Bestimmung.

Ungeeignet für basische und saure Aminosäuren.

***A 4. a δ) Fluorometrische Bestimmung kleiner Mengen von Noradrenalin im Gehirn nach* SHORE *und* OLIN[1], *in der Modifikation von* KUNTZMAN *u. Mitarb.*[2].**

Prinzip:

Das Amin wird aus kochsalzgesättigtem Homogenat durch Butanol ausgeschüttelt; aus diesem wird es in schwache HCl übergeführt und in der wäßrigen Phase mit Jod oxydiert. Überschüssiges Jod wird mit Natriumthiosulfat entfärbt und der entstandene Fluorophor gemessen.

Ausführung:

50—200 mg Gewebe werden in 0,01 n HCl in einem 15 ml-Schüttelkolben mit Schliffstopfen in einem Gesamtvolumen von 0,6 ml homogenisiert. Zugefügt werden 0,7 g NaCl und 6 ml Butanol. Die Mischung wird 1 Std geschüttelt, dann zentrifugiert. 5 ml der Butanolphase werden in einen 25 ml-Schüttelkolben übergeführt, welcher 0,8 ml 0,01 n HCl und 10 ml Heptan enthält. Es wird 15 min geschüttelt, bei niedriger Drehzahl zentrifugiert und 0,5 ml der Säurephase in ein kleines Reagensglas übergeführt, dazu werden 0,2 ml Acetatpuffer, p_H 5, und 0,02 ml einer 0,1 n Jodlösung gegeben. Nach 6 min werden 0,04 ml einer 0,05 n Natriumthiosulfatlösung hinzugefügt. Nach gründlichem Mischen werden 0,2 ml einer NaOH-Ascorbinsäurelösung zugefügt. Nach 30 min wird die Lösung in eine Quarzmikrokuvette $20 \times 3 \times 3$ mm gegeben. Zur fluorometrischen Bestimmung wird bei 400 mμ aktiviert und bei 510 mμ abgelesen. Standardlösungen werden durch die ganze Prozedur mitgeführt. Die Ausbeute reicht nach den Autoren[2] bei Zufügung von 0,040—0,200 μg zu Gewebe zugesetztem NA von 85—100 %.

***A 4. a ζ) Modifikation der Methode von* BOGDANSKI *u. Mitarb.*[3] *zur Bestimmung kleinster Mengen von 5-Hydroxytryptamin im Gehirn*[2].**

Prinzip:

5-HT wird aus dem Gewebe extrahiert und im Extrakt fluorometrisch bestimmt.

Ausführung:

100—200 mg Gewebe werden in 0,1 n HCl in einem 15 ml-Schüttelkölbchen mit Schliffstopfen homogenisiert und mit Wasser auf ein Volumen von 1,0 ml aufgefüllt. Mit wasserfreiem Na_2CO_3 wird auf etwa p_H 10 eingestellt. Dann werden 0,2 ml Boratpuffer, p_H 10,0, 0,7 g NaCl und 4 ml Butanol zu der Mischung gegeben. Es wird 30 min geschüttelt, zentrifugiert und 3 ml der Butanolphase in ein 15 ml-Kölbchen übergeführt, welches 6 ml Heptan und 0,5 ml 0,1 n HCl enthält. Es wird geschüttelt und zentrifugiert. Zur fluorometrischen Bestimmung werden 0,3 ml der Säurephase in kleine Reagensgläschen übergeführt und 0,09 ml konz. HCl zugefügt. Das ganze wird in eine Quarzmikrokuvette gegeben. Es wird bei 300 mμ aktiviert und bei 540 mμ gemessen. Standardlösungen werden mitgeführt. Ausbeute nach Zugabe von 0,5 μg zu Gewebe 90—100 %.

[1] SHORE, P. A., and J. S. OLIN: J. Pharmacol. exp. Therap. **122**, 295 (1958).
[2] KUNTZMAN, R., P. A. SHORE, D. F. BOGDANSKI and B. B. BRODIE: J. Neurochem. **6**, 226 (1961).
[3] BOGDANSKI, D. F., H. WEISSBACH and S. UDENFRIEND: J. Neurochem. **1**, 272 (1957).

A 5. a) Methode zur Bestimmung der Aktivität des Enzyms mit Hilfe radioaktiv markierter Aminosäuren nach HARTMAN *u. Mitarb.*[1].

Gewebshomogenate (Verff. verwendeten Homogenate aus den hinteren Speicheldrüsen von *Octopus apollyon* und *Octopus bimaculatus*) werden 3 Std bei 37° C mit folgenden Substraten geschüttelt: L-Dopa-3-^{14}C und D,L-5-HTP-2-^{14}C. Dem Ansatz werden 40 μg PLP und 100 μg Isobutylisonicotinylhydrazid zugefügt. Nach Inkubation wird durch Zugabe von zwei Tropfen Perchlorsäure enteiweißt (Endkonzentration an Perchlorsäure 0,4 n). Der Niederschlag wird mit 0,2 n $HClO_4$ gewaschen, zentrifugiert und das Überstehende abgekühlt. In der Kälte wird das Überstehende dann mit 5 n K_2CO_3 langsam auf p_H 4 gebracht. Der $KClO_4$-Niederschlag wird gewaschen und verworfen. Das Überstehende, welches die Amine enthält, wird mit Ammoniumacetat und Ammoniak auf p_H 6,1 eingestellt und langsam durch eine Säule mit Dowex CG-50 geschickt (Abmessungen der Säule: 1 × 20 cm). Die Säule wird mit 0,4 m Ammoniumacetat, p_H 5, in einem Fraktionsschneider eluiert, Geschwindigkeit 3—8 ml/Std und 1—3 ml pro Reagensglas. Der Inhalt derjenigen Gläser, die eine hohe optische Dichte bei 279 mμ besitzen, wird vereinigt und lyophilisiert, in kleinen Volumina Wasser oder Alkohol aufgenommen, auf Whatman Nr. 1 in dem folgenden System chromatographiert: Isopropanol-Essigsäure-Wasser (70:5:25 v/v/v). Die Systeme: Butanol, gesättigt mit 1 n HCl, und Phenol, gesättigt mit 1 n HCl-SO_2, können ebenfalls verwendet werden. Zur Entwicklung kann benutzt werden: diazotierte Sulfanilsäure; Kaliumferricyanid-Eisen(III)-sulfat-HCl; N-(2,6)-Trichlor-p-benzochinonimin 0,1 % w/v in wasserfreiem Äthanol oder Methanol, gefolgt von 2 % Boratpuffer, p_H 9,5; Ninhydrin 0,5 % in 90:10 v/v Pyridin-Eisessig.

Nach der Entwicklung wird das Papier getrocknet und 2 cm breite Streifen der Länge nach aus dem Papier geschnitten und diese Streifen in 1 cm lange Stücke geschnitten. Jeder 1 × 2 cm-Abschnitt wird auf dem Restchromatogramm angezeichnet, welches die unentwickelten unbekannten Substanzen und die Standardsubstanzen enthält. Die Aktivität der 1 × 2 cm-Stückchen wird in einem automatischen Probenwechsler gezählt und die gemessenen cpm gegen die Streifennummer aufgetragen. Die Streifen werden dann auf dem Originalchromatogramm wieder zusammengesetzt und das Chromatogramm besprüht.

A 5. b) Bestimmung der 5-Hydroxytryptophandecarboxylase-Aktivität nach SNYDER *und* AXELROD[2].

Prinzip:

Das Verfahren beruht auf der Messung von ^{14}C-Serotonin, das aus D,L-5-Hydroxytryptophan-^{14}C gebildet wird. Das Verfahren kann routinemäßig zur Bestimmung von 5-HTPD-Aktivitäten verwendet werden, die in der Stunde nur 5 mg des radioaktiven Amins bilden, und erlaubt die Bestimmung von 50 oder mehr Proben innerhalb 3 Std.

Reagentien:

1. 0,05 m Phosphatpuffer, p_H 7,4.
2. Iproniazid-Lösung, 100 mg-%ig.
3. Pyridoxalphosphat-Lösung, 100 μg/ml.
4. D,L-5-Hydroxytryptophan-^{14}C, 2,64 mC/mM.
5. 0,5 m Boratpuffer, p_H 10.
6. NaCl.
7. Extraktionsmischung: 1-Butanol-Chloroform, 3:2.
8. 0,05 m Boratpuffer, p_H 10.
9. Äthanol.

[1] HARTMAN, W. J., W. G. CLARK, S. CYR, A. L. JORDON and R. A. LEIBHOLD: Ann. N. Y. Acad. Sci. **90**, 637 (1960).

[2] SNYDER, S. H., and J. AXELROD: Biochem. Pharmacol. **13**, 805 (1964).

10. Scintillatorflüssigkeit (Beispiel s. S. 514).
11. 1-Propanol-1 n NH_4OH, 75:25.
12. 1-Propanol-1 n Essigsäure, 75:25.

Ausführung:

Gewebsproben werden in eiskaltem 0,05 m Phosphatpuffer, p_H 7,4, homogenisiert. Ansätze, bestehend aus Enzympräparat (0,1—0,6 ml), 0,1 ml Phosphatpuffer, 0,1 ml einer 1 mg/ml enthaltenden Lösung von Iproniazid, 0,1 ml einer 100 μg/ml Pyridoxalphosphat enthaltenden Lösung und Wasser bis zu einem Endvolumen von 0,9 ml, werden in einem mit Glasstopfen versehenen 15 ml-Zentrifugenglas unter Luft bei 37° C inkubiert. Nach 3 min Vorinkubation werden 11,4 mμM D,L-5-Hydroxytryptophan-^{14}C (36000 cpm, 2,64 mC/mM) hinzugefügt und der Ansatz 30 min weiter inkubiert. Die Reaktion wird durch Zufügung von 0,5 ml 0,5 m Boratpuffer, p_H 10, gestoppt. Die Mischung wird gesättigt mit Natriumchlorid und das gebildete ^{14}C-Serotonin durch Schütteln in 6 ml einer 3:2-Mischung von 1-Butanol und Chloroform extrahiert. Nach dem Zentrifugieren wird die wäßrige Schicht abgezogen und die organische Phase mit 1 ml 0,05 m Boratpuffer, p_H 10, gewaschen. 2 ml der resultierenden organischen Phase werden in ein Zählgefäß übergeführt und in einem Strom heißer Luft zur Trockne verdampft. Die Radioaktivität wird in einem Flüssigkeitsscintillations-Spektrometer nach Zufügung von 3 ml Äthanol und 10 ml Szintillatorflüssigkeit gemessen. — Die Radioaktivität kann auch in 1 ml der organischen Phase direkt nach Zufügen von 3 ml Äthanol und 10 ml Szintillatorflüssigkeit bestimmt werden. In diesem Fall wird eine Korrektur für etwa 20% quenching effect angebracht. Unter diesen Bedingungen werden etwa 90% ± 4% ^{14}C-Serotonin, das Geweben zugefügt wurde, wieder gefunden, während weniger als 0,5% von zugefügtem D,L-5-Hydroxytryptophan-^{14}C extrahiert wurden. Alle Werte wurden an Hand erhitzter Enzymleeransätze korrigiert. Die Reaktion verläuft mindestens 2 Std linear und ist bei allen untersuchten Geweben proportional der Gewebskonzentration (bei Leber innerhalb eines fünffachen Konzentrationsbereiches). Bei hohen Gewebskonzentrationen war die enzymatische Aktivität nicht linear. Das Produkt der enzymatischen Aktivität wurde als ^{14}C-Serotonin identifiziert durch Co-Chromatographie mit der authentischen Verbindung in 1-Propanol-1-n-NH_4OH (75:25) und 1-Propanol-1-n-Essigsäure (75:25).

Tabelle 30.

Leber mg Frischgewicht	cpm	^{14}C-Serotonin (mμM gebildet je mg/Std
0,2	261 ± 8	3,92
0,4	536 ± 9	4,02
0,6	798 ± 21	3,99
1,0	1226 ± 5	3,68
2,0	1800 ± 13	2,70
4,0	2268 ± 40	1,70

Tabelle 31. *5-HTPD-Aktivität in verschiedenen Organen*[1].

Organ	^{14}C-Serotonin (mμM gebildet je g/Std)
Rattenleber	3952
Rattenduodenum	0
Rattenjejunum	1628
Rattenileum	1675
Rattenuterus	16
Rattenauge	6
Rattenspeicheldrüsen	2
Rattenzirbeldrüse	12960
Rinderzirbeldrüse	6020
Wachtelzirbeldrüse	5340

Versuchsbedingungen zu Tabellen 30 und 31: Enzympräparat, 50 mμM Pyridoxalphosphat, 0,5 μM Iproniazid und 50 μM Phosphatpuffer, p_H 7,4, wurden 3 min bei 37° C in einem Totalvolumen von 0,5 ml vorinkubiert. 11,4 mμM D,L-5-Hydroxytryptophan-^{14}C wurden zugefügt und die Inkubation 30 min lang fortgesetzt. Die Ergebnisse wurden für Leerwerte (150 cpm), die bei Inkubation von D,L-5-Hydroxytryptophan-^{14}C mit erhitztem Enzym erzielt wurden, korrigiert. Die cpm sind als Mittelwerte ± mittlere Abweichung von Doppelbestimmungen angegeben.

Die *Spezifität* wurde durch Messung der 5-HTPD der Leber in Gegenwart von Dihydroxyphenylalanin, einem kompetitiven Inhibitor der 5-HTPD bestimmt. 90% und 63% Hemmung wurde bei 10^{-3} bzw. 10^{-4} molarer Konzentration des Inhibitors gemessen.

Unter den untersuchten Geweben besaß die Zirbeldrüse die höchste 5-HTPD-Aktivität; sie war bei der Zirbeldrüse der Ratte höher als bei der des Rindes und der

[1] SNYDER, S. H., and J. AXELROD: Biochem. Pharmacol. 13, 805 (1964).

Wachtel. Diese Ergebnisse stehen in Übereinstimmung mit den extrem hohen Werten für Serotonin, die bei der Rattenzirbeldrüse festgestellt worden sind. Das Rattenduodenum enthält keine 5-HTPD-Aktivität, während das Jejunum und Ileum hohe Werte aufweisen. Nach GADDUM und GIARMAN[1] besitzt beim Meerschweinchen das Duodenum den höchsten Gehalt. Im Rattenuterus, der normalerweise keine meßbaren Mengen von Serotonin enthält, ist 5-HTPD nachweisbar. Der Einfluß der Gewebskonzentration auf die enzymatische Bildung von ^{14}C-Serotonin wird durch Tabelle 30 belegt.

B. Methoden zur Bestimmung der Enzymaktivität am Ganztier.

1. Die Enzymaktivität im Gehirn kann gemessen werden, z. B. bei Ratten nach Tötung der Tiere und Entnahme des Gehirns. Auf diese Weise kann die Hemmwirkung von Inhibitoren in vivo gemessen werden[2].

Nach PLETSCHER und GEY[3] geht die Decarboxylierung post mortem im Gehirngewebe weiter. Diese Autoren injizierten fastenden Ratten 75 mg D,L-5-HTP/kg und töteten die Tiere nach $^1/_2$ Std. Die Köpfe wurden 2 Std in einer feuchten Kammer bei 37° C inkubiert, danach das Gehirn entnommen und der Gehalt an 5-HT bestimmt. Der 5-HT-Gehalt war dann höher als zur Zeit der Tötung. Dieses Vorgehen hat folgende Vorteile: Es wird die Aktivität der Decarboxylase in der intakten Struktur gemessen. Die Monoaminoxydase stört nicht, da nahezu anaerobe Bedingungen gegeben sind. Eine pharmakologische Hemmung der MO erübrigt sich also.

2. Nach der Methode von BING und ZUCKER[4,5], modifiziert durch BEYER[6] wird Dopa in die ischämische Niere in vivo injiziert und der Anstieg des Blutdrucks nach Freigabe der renalen Zirkulation gemessen.

3. Injektion von Dopa bei decerebrierten, cocainisierten und narkotisierten Katzen oder Ratten. Frühere Untersucher berichteten, daß die intravenöse Injektion von Dopa bei normalen Tieren keinen Blutdruckanstieg hervorrufe[5–9], obwohl zahlreiche Autoren[10–16] eine typische, lange anhaltende Blutdrucksteigerung bei verschiedenen Tieren beobachteten. Allerdings reagieren Meerschweinchen und Kaninchen auf die Injektion von Dopa mit einer Blutdrucksenkung wie auch nach Dopamin. Wenn 1—5 oder mehr mg/kg L-Dopa intravenös bei decerebrierten Katzen, Ratten oder Hunden, welche mit Hexamethonium vorbehandelt sind, verabreicht werden, erfolgt ein langsames Ansteigen des Blutdrucks, das durch Cocain verstärkt wird. Der Blutdruckanstieg hält einige Minuten an und ist von einer Tachykardie begleitet.

4. Man kann Dopa injizieren und das im Harn ausgeschiedene Dopamin quantitativ bestimmen[10].

---

[1] GADDUM, J. H., and N. J. GIARMAN: Brit. J. Pharmacol. **11**, 88 (1956).
[2] BURKARD, W. P., K. F. GEY and A. PLETSCHER: Exper. **18**, 411 (1962).
[3] PLETSCHER, A., and K. F. GEY: Nature **190**, 918 (1961).
[4] BING, R. J.: Amer. J. Physiol. **132**, 497 (1941).
[5] BING, R. J., and M. B. ZUCKER: Amer. J. Physiol. **133**, 214 (1941). J. exp. Med. **74**, 235 (1941). Proc. Soc. exp. Biol. Med. **46**, 343 (1941).
[6] BEYER, K. H., in: Symposium on Chemical Factors in Hypertension. San Francisco 1949. S. 37ff. Washington 1950.
[7] FUNK, C.: J. Physiol., London **43**, 4 P (1911/12).
[8] GUGGENHEIM, M.: H. **88**, 276 (1913).
[9] OSTER, K. A., and S. Z. SORKIN: Proc. Soc. exp. Biol. Med. **51**, 67 (1942).
[10] CLARK, W. G.: Pharmacol. Rev. **11**, 330 (1959).
[11] HOLTZ, P.: Kli. Wo. **1946**, 65.
[12] HOLTZ, P., K. CREDNER u. W. KOEPP: A. e. P. P. **200**, 356 (1942).
[13] PAGE, E. W., and R. REED: Amer. J. Physiol. **143**, 122 (1945).
[14] CLARK, W. G., R. S. POGRUND, R. I. AKAWIE, W. DRELL and W. J. HARTMAN: 20. Int. Congr. Physiol., Brüssel 1955, S. 179.
[15] POGRUND, R. S., and W. G. CLARK: 19. Int. Congr. Physiol., Montreal 1953, S. 682; Fed. Proc. **15**, 145 (1956).
[16] POGRUND, R. S., W. DRELL and W. G. CLARK: Fed. Proc. **14**, 116 (1955).

5. Bestimmung der Decarboxylase-Aktivität mit Hilfe von radioaktiv markierten Substanzen in vivo nach HANSSON *und* CLARK[1].

Männliche Albinomäuse (18—22 g schwer) oder DBA-Mäuse werden in einen Plastikkäfig gesetzt. Der Schwanz bleibt außerhalb des Käfigs. In die Schwanzvene werden 0,2 ml einer Lösung von in der Carboxylgruppe mit ^{14}C markiertem Dopa (New England Nuclear Corp. Boston, Mass.) mit einer spezifischen Aktivität von 1,89 mC/mM injiziert. Die injizierte Dopa-Menge soll ungefähr eine Aktivität von 0,04 μc besitzen (etwa 4 μg). Nach der Injektion wird der Schwanz in den Käfig gebracht und der Käfig luftdicht verschlossen. Luft wird durch ein Natriumcarbonatfilter mit Hilfe einer Vakuumpumpe in den Käfig gesaugt und nach dem Passieren einer Kühlfalle durch eine Absorptionslösung gesaugt. Diese Lösung besteht aus den folgenden Komponenten: 27 ml Methanol, 500 mg 2,5-Diphenyl-oxazol, 10 mg 1,4-Bis-2-(5-phenyloxazolyl)-benzol (Packard Instr. La Grange, Ill.), Phenyläthylamin 27 ml und Toluol ad 100 ml. Phenyläthylamin absorbiert CO_2 vollständig und das Carbamat, welches sich durch die Reaktion mit CO_2 bildet, hat nur einen sehr geringen quenching effect. Die Kühlfalle ist notwendig, um Wasser aus der Ausatmungsluft zu eliminieren, sie wird mit Trockeneis beschickt. Ebenso wird die Absorptionslösung im Eisbad gehalten, um die Verdunstung so klein wie möglich zu halten. Die Absorptionslösung wird nach Beendigung des Versuchs in ein Zählgefäß übergeführt, und mit einem geeigneten Gerät werden Aktivitäten gezählt. Quantitative Daten werden durch Auszählen eines Standards erhalten.

Die Verff. injizierten Substanzen, die sie auf ihre Wirkung auf die Dopa-Decarboxylase prüfen wollten, intraperitoneal 15 min vor der Dopa-Injektion oder unmittelbar vor der intravenösen Injektion von Dopa. Die Ausatmungsluft wird während 45 min aufgefangen. Es ist auch möglich, den Harn zu sammeln und dessen Radioaktivität zu bestimmen.

Hemmstoffe der Aminosäuredecarboxylasen*.

Metallionen und Chelatbildner. Eine spezifische Hemmung wurde bisher nicht beobachtet, außer im Falle von Hg-Ionen, die das Enzym aus dem Nebennierenmark in $5{,}0 \times 10^{-4}$ m Lösung zu 100% hemmen[2]. Im folgenden sind in Klammern die Hemmwerte für 10^{-3} m Lösungen für eine Reihe von Metallionen in Prozent der Ausgangsaktivität angegeben: Ca^{++} (0), Cd^{++} (83), Co^{++} (0), Fe^{+++} (16), Mg^{++} (0), Zn^{++} (50)[3].

Ohne Einfluß auf Dopa- und Histidindecarboxylase aus Säugetierorganen sind Pyrophosphat[4–7], Metaphosphat[5], Fluorid[4, 8], Arsenit, Jodid, Sulfat[4], Azid[9], Rhodanid[5].

Aktivierung durch anorganische Ionen: Phosphat und Arsenationen sollen aktivieren[4,8].

Die Hemmung durch Hg-Ionen deutet auf essentielle SH-Gruppen hin. Glutathion verhindert die Hemmung oder kehrt sie um[4]. Metallchelatbildner sind ohne Einfluß[4, 5], doch soll Zn^{++} Cofaktor sein[10].

Kohlenstoffmonoxyd hat nach WERLE und HEITZER[11] keinen Einfluß auf die Säugetierhistidindecarboxylase, ein Hinweis dafür, daß Eisen oder Kupfer vom Enzym nicht benötigt wird. Sulfit hemmt die Histidindecarboxylase aus Säugetierorganen[12].

---

* Nach G. W. CLARK: Pharmacol. Rev. **11**, 330 (1959); und in: HOCHSTER, R. M., and J. H. QUASTEL (Hrsgb.): Metabolic Inhibitors. Bd. I, S. 315ff. New York 1963.

[1] HANSSON, E., and W. G. CLARK: Proc. Soc. exp. Biol. Med. **111**, 793 (1962).
[2] FELLMAN, J. H.: Enzymologia **20**, 366 (1959).
[3] WERLE, E., u. K. KRAUTZUN: B. Z. **295**, 315 (1938).
[4] HARTMAN, W. J., R. I. AKAWIE and W. G. CLARK: J. biol. Ch. **216**, 507 (1955).
[5] PERRY, H. M., S. TEITELBAUM and P. L. SCHWARZ: Fed. Proc. **14**, 113 (1955).
[6] CLARK, W. G.: Pharmacol. Rev. **11**, 330 (1959).
[7] WERLE, E.: Fermentforsch. **17**, 103 (1943).
[8] GONNARD, P.: Bull. Soc. Chim. biol. **33**, 14 (1951).
[9] BLASCHKO, H.: J. Physiol., London **101**, 337 (1942).
[10] STEENSHOLT, G., M. FLIKKE et P. E. JOUER: 3. Int. Congr. Biochem. Bruxelles. 1955, S. 38.
[11] WERLE, E., u. K. HEITZER: B. Z. **299**, 420 (1938).
[12] WERLE, E.: Z. Vit.-, Horm.- u. Fermentforsch. **1**, 504 (1947).

Zur Hemmung bakterieller Decarboxylasen s. Tabelle 32.

Reduzierende Verbindungen. Reduzierende Verbindungen wie Bisulfit[1, 2], Aldehyde und reduziertes Glutathion wurden von GONNARD[3, 4] als Hemmkörper des Enzyms aus

Tabelle 32. *Hemmung bakterieller Aminosäuredecarboxylasen*[5, 6].

Inhibitor	pI^a	Aminosäuredecarboxylase					
		Lysin	Tyrosin	Arginin	Ornithin	Histidin	Glutaminsäure
$AgNO_3$	5	98			98	13	4
	4	100		35	100	100	20
	3	100	39	100	100	100	81
	2	100	99	100	100	100	100
$HgCl_2$	5	98		14			
	4	100		100	35	58	27
	3	100		100	100	94	100
	2	100	97	100	100	100	100
$CuSO_4$	6				27		
	5				100		
	4	46		7	100		4
	3	89	98	51	100	61	10
	2	98	100	100	100	92	33
$FeSO_4$	4	30			16		
	3	82	26	23	32		0
	2	100	66	54	67	15	0
$KMnO_4$	5	10	24		53		6
	4	100	100	17	98	15	41
	3	100	100	100	100	94	100
KCN	4	81		22	40		93
	3	93	64	98	77	20	100
	2	100	93	100	96	97	100
NaN_3	4	61		7	36		
	3	98		21	51		10
	2	100	0	100	97	0	27
$NH_2 \cdot NH_2$	5	95		62	80		
	4	100	30	71	92		0
	3	100	98	95	100		13
	2	100	100	100	100	10	43
NH_2OH	5	95	43	91	50		7
	4	100	97	95	98	54	42
	3	100	100	100	100	100	96
Semicarbazid	6	42				0	
	5	76	90	45	77	33	0
	4	98	98	78	97	52	3
	3	100	100	94	100	77	6
	2	100	100	100	100	89	24
Sulfanilamid	2	15	9	21	35	51	0
Codecarboxylase im Enzym vorhanden		+	+	+	+	—	—

pI^a = negativer Logarithmus der molaren Inhibitorkonzentration, Hemmung in %.

Meerschweinchenniere bezeichnet, aber HARTMAN et al.[7] fanden mit den beiden letzten Verbindungen keine Hemmung. Thiopropionat hatte keine Wirkung[8], während Methylen-

[1] IMIYA, T.: J. Osaka med. Soc. **40**, 1494 (1941).
[2] TOMOKICHI, I.: J. Osaka med. Soc. **40**, 1494 (1941).
[3] GONNARD, P.: Bull. Soc. Chim. biol. **33**, 14 (1951).
[4] GONNARD, P.: Bull. Soc. Chim. biol. **31**, 194 (1949).
[5] TAYLOR, E. S., and E. F. GALE: Biochem. J. **39**, 52 (1945).
[6] GALE, E. F.: Adv. Enzymol. **6**, 1 (1946).
[7] HARTMAN, W. J., R. I. AKAWIE and W. G. CLARK: J. biol. Ch. **216**, 507 (1955).
[8] PERRY, H. M., S. TEITELBAUM and P. L. SCHWARZ: Fed. Proc. **14**, 113 (1955).

blau eine Hemmung verursachte[1]. Ascorbinsäure bewirkt nach übereinstimmenden Beobachtungen mehrerer Autoren[1–5] in relativ hohen Konzentrationen eine leichte Hemmung des Enzyms aus Säugetiergeweben. GONNARD[1] postulierte einen intermediären oxydativen Schritt in der Aminosäuredecarboxylierung, bei welchem eine chinoide Form des Substrats als Katalysator bei der Bildung einer SCHIFFschen Base fungieren sollte. Er vermutete, daß Ascorbinsäure, Glutathion und Aldehyde die Decarboxylase bei dieser Stufe hemmen könnten. Diese Theorie ist bisher nicht bestätigt worden. Nach HARTMAN et al.[6] sind mäßige Konzentrationen von Ascorbinsäure, ferner Cystein oder Glutathion bei der Dopa-Decarboxylase aus Schweinenieren ohne Einfluß.

Ohne Wirkung sind ferner: Harnstoff, Urethan, Acetamid, Malonat[2], o-Toluidin[7], CO[8], 2,4-Dinitrophenol[6], Anilin, Pyridin und Octylalkohol, auch p-Phenylendiamin[9], obwohl es mit Dopa reagiert[10, 11].

Mit dem Coenzym reagierende Stoffe. Substratüberschuß oder das Reaktionsprodukt oder verschiedene Substratanaloge hemmen die Dopa-Decarboxylase[7, 8, 12–18]; auch ein Überschuß an Cofaktor hemmt[19]. Nach SCHOTT und CLARK[15, 20] beruht die Hemmung auf der stöchiometrischen Reaktion solcher Analogen mit PLP. Sie bilden durch Ringschluß der Seitenkette mit der Aldehydgruppe des Coenzyms ein Tetrahydroisochinolin. Ist das Coenzym im Überschuß, so wird das Substrat gebunden. Diese Reaktion geht am besten vor sich mit m-Hydroxyphenylalkylamin und Aminosäuren[16, 17]. Dies gilt auch für Glutaminsäuredecarboxylase[21], für 5-HTP-Decarboxylase[18] und auch für Dopa-Decarboxylase (s. BUZARD und NYTCH[22], Tabelle 33).

Folsäureantagonisten. Nach MARTIN und BEILER[23] wird die Dopa-Decarboxylierung durch Säugetiergewebe in vitro durch 7-Methylfolsäure (30—300 μg/ml Endkonzentration) und durch das Asparaginsäureanaloge der Folsäure gehemmt.

Nach Versuchen von SCHALES und SCHALES[24] mit Meerschweinchen- und Kaninchennierenextrakt verursachen in vitro folgende Folsäureantagonisten leichte bis mäßige Hemmung: 7-Methylfolsäure, 2,4-Diamino-6,7-bis-(p-sulfinomethylaminophenyl)-pteridin und 2-Amino-4-hydroxypteridinaldehyd bei Konzentrationen von 0,4—2,5 mM/l; nach GONNARD[2] ferner: Aminofolsäure, Xanthopterincarboxylsäure und Isoxanthopterincarboxylsäure.

---

[1] GONNARD, P.: Bull. Soc. Chim. biol. **31**, 194 (1949).
[2] GONNARD, P.: Bull. Soc. Chim. biol. **33**, 14 (1951).
[3] MARTIN, G. J., M. GRAFF, R. BRENDEL and J. M. BEILER: Arch. Biochem. **21**, 177 (1949).
[4] GÁBOR, M., I. SZÓRÁDY u. Z. DIRNER: Acta physiol. hung. **3**, 595 (1952). Kisérl. Orvostud. **4**, 100 (1952).
[5] PARROT, J., et J. REUSE: J. Physiol., Paris **46**, 99 (1954).
[6] HARTMAN, W. J., R. I. AKAWIE and W. G. CLARK: J. biol. Ch. **216**, 507 (1955).
[7] GONNARD, P.: Bull. Soc. Chim. biol. **32**, 535 (1950).
[8] BLASCHKO, H.: J. Physiol., London **101**, 337 (1942).
[9] MARTIN, G. J., O. T. ICHNIOWSKI, W. A. WISANSKY and S. ANSBACHER: Amer. J. Physiol. **136**, 66 (1942).
[10] RILEY, V.: Proc. Soc. exp. Biol. Med. **97**, 169 (1958).
[11] RILEY, V.: Proc. Soc. exp. Biol. Med. **98**, 57 (1958).
[12] LANGEMANN, H.: Brit. J. Pharmacol. **6**, 318 (1951).
[13] POLONOVSKI, M., G. SCHAPIRA and P. GONNARD: Bull. Soc. Chim. biol. **28**, 735 (1946).
[14] SCHAPIRA, G.: C. R. Soc. Biol. **140**, 173 (1946).
[15] SCHOTT, H. F.: Fed. Proc. **10**, 121 (1951).
[16] SOURKES, T. L.: Arch. Biochem. **51**, 444 (1954).
[17] SOURKES, T. L.: Rev. canad. Biol. **14**, 49 (1955).
[18] YUWILER, A., E. GELLER and S. EIDUSON: Arch. Biochem. **80**, 162 (1959).
[19] HOLTZ, P., K. CREDNER u. W. KOEPP: A. e. P. P. **200**, 356 (1942).
[20] SCHOTT, H. F., and W. G. CLARK: J. biol. Ch. **196**, 449 (1952).
[21] HOLTZ, P., u. E. WESTERMANN: A. e. P. P. **231**, 311 (1957).
[22] BUZARD, J. A., and P. D. NYTCH: J. biol. Ch. **234**, 884 (1959).
[23] MARTIN, G. J., and J. M. BEILER: Arch. Biochem. **15**, 201 (1947).
[24] SCHALES, O., and S. S. SCHALES: Arch. Biochem. **24**, 83 (1949).

Tabelle 33. *Reaktion von substituierten Phenyläthylaminen mit Codecarboxylase und die Hemmung der Decarboxylase*[1].

Versuchsbedingungen. Die Reaktion der Substanzen mit PLP wurde bestimmt durch die Abnahme der Extinktion bei 390 mμ, wenn 0,2 μM von PLP und der Testsubstanz für 2 Std unter N_2 zusammen bei Raumtemperatur inkubiert werden in 0,1 m Natriumpyrophosphatpuffer, p_H 8,0.

Enzymansatz: 0,1 m Natriumpyrophosphatpuffer, p_H 8,0, 270 μM; 0,1 μM PLP und Homogenat (20—25 mg Trockengewicht). Endvolumen 3 ml. Die Aktivität der Kontrollhomogenate bewegte sich zwischen 3,24 und 4,66 μM 5-HT, gebildet pro 100 mg/Std.

Verbindung	R_1—$C_6H_3(R_2)$—CH(R_3)—CH(R_4)—NH(R_5)					Reaktion mit PLP	Hemmung der 5-HTP-Decarboxylase	
	R_1	R_2	R_3	R_4	R_5	ΔE^{390}	1×10^{-3} m %	5×10^{-3} m %
Phenyläthylamin	H	H	H	H	H	0,013	keine	
Tyramin	OH	H	H	H	H	0,035	keine	
m-Hydroxytyramin	OH	OH	H	H	H	0,224	39	53
Noradrenalin	OH	OH	OH	H	H	0,275	33	52
Adrenalin	OH	OH	OH	H	CH_3	0,017	keine	keine
Phenylpropanolamin	H	H	OH	CH_3	H	0	keine	
m-Hydroxyphenyl-propanolamin	H	OH	OH	CH_3	H	0,254	29	63
3,4-Dihydroxyphenylalanin	OH	OH	H	COOH	H	0,216	57	78
Amphetamin	H	H	H	CH_3	H	0,050	keine	

Carbonylgruppenreagentien. Alle bisher untersuchten Aminosäuredecarboxylasen aus Bakterien und anderen Mikroorganismen, einschließlich der Hefe, werden durch Carbonylgruppenreagentien infolge PLP-Inaktivierung meistens reversibel gehemmt, z. B. durch Bisulfit, Thiosulfat, Hydroxylamin, Oxime, Hydrazine, Carbazide und ihre Derivate, einschließlich der Hydrazide, welche auch die Monoaminoxydase hemmen. Das Ausmaß der Hemmung variiert sehr stark und hängt von der Coenzym-Apoenzymaffinität ab[2–32].

[1] Buzard, J. A., and P. D. Nytch: J. biol. Ch. **234**, 884 (1959).
[2] Cattanéo-Lacombe, J., et J. C. Senez: C. R. Soc. Biol. **150**, 748 (1956).
[3] Crawford, L. V.: Biochem. J. **68**, 221 (1958).
[4] Dewey, D. L., D. S. Hoare and E. Work: Biochem. J. **58**, 523 (1954).
[5] Ehrismann, O., u. E. Werle: B. Z. **318**, 560 (1948).
[6] Ekladius, L., H. K. King and C. R. Sutton: J. gen. Microbiol. **17**, 602 (1957).
[7] Ekladius, L., and H. K. King: Biochem. J. **62**, 7P (1956).
[8] Epps, H. M. R.: Biochem. J. **39**, 42 (1945).
[9] Gale, E. F.: Biochem. J. **35**, 66 (1941).
[10] Gale, E. F., and H. M. R. Epps: Biochem. J. **38**, 232 (1944).
[11] Gangadharam, P. R. J., and M. Sirsi: J. ind. Inst. Sci. **38** A, 33 (1956).
[12] Hicks, R. M., and P. H. Clarke: Enzymologia **21**, 169 (1959).
[13] Hoare, D. S.: Biochim. biophys. Acta **19**, 141 (1956).
[14] Kating, H.: Naturwiss. **41**, 188 (1954).
[15] Knivett, V. A.: Biochem. J. **58**, 480 (1954).
[16] Krebs, H. A.: Biochem. J. **47**, 605 (1950).
[17] Krishnaswamy, P. R., and K. V. Giri: Biochem. J. **62**, 301 (1956).
[18] Aoki, T.: Kekkaku **32**, 418 (1957).
[19] Mauron, J., and E. Bujard: 4. Int. Congr. Biochem. Wien 1958. Bd. XV, S. 94 (1960).
[20] Miyaki, K., M. Hayashi, T. Wada and Y. Matsumato: Chem. pharmaceut. Bull., Tokyo **7**, 62 (1959).
[21] Nash, J. B.: Texas Rep. Biol. Med. **10**, 639 (1952).
[22] Roberts, E.: J. biol. Ch. **198**, 495 (1952).
[23] Saito, T.: Seikagaku **29**, 346 (1957).
[24] Schormüller, J., u. L. Leichter: Z. Lebensm.-Unters. **102**, 13, 97 (1955).
[25] Senez, J. C., J. Cattanéo-Lacombe and P. Beaumond: 4. Int. Congr. Biochem. Wien 1958. Bd. XV, S. 96 (1960).
[26] Shukuya, R., and G. W. Schwert: J. biol. Ch. **235**, 1649 (1960).
[27] Sutton, C. R., and H. K. King: Biochem. J. **73**, 43P (1960).
[28] Taylor, E. S., and E. F. Gale: Biochem. J. **39**, 52 (1945).
[29] Wachi, T., T. Matsumoto and N. Kita: Kekkaku **34**, 659 (1959).
[30] Willett, H. P.: Proc. Soc. exp. Biol. Med. **99**, 177 (1958).
[31] Yamagami, A.: Osaka Daigaku Igaku Zasshi **10**, 417 (1958).
[32] Yoneda, M., and N. Asano: Science, N.Y. **117**, 277 (1953).

Die Glutaminsäuredecarboxylase aus *E. coli* (Stamm C_4) mit einer K_M von $4,89 \times 10^{-3}$ wurde von den folgenden Substanzen gehemmt: Hydroxylamin ($1,47 \times 10^{-5}$), Phenylhydrazin ($7,04 \times 10^{-4}$), Hydrazin ($6,73 \times 10^{-3}$) und Semicarbazid ($1,48 \times 10^{-2}$) (in Klammern die Dissoziationskonstanten)[1]. Die Glutaminsäuredecarboxylase sowie die Histidindecarboxylase aus Pflanzen wird ebenfalls durch Hydrazide, Hydrazine, Hydroxylamin und Bisulfit gehemmt[2–11].

Cyanid hemmt Dopa-Decarboxylase[12–18] möglicherweise durch Inaktivierung des Cofaktors durch Bildung von Cyanhydrin[19, 20].

Die Säugetier-Dopa-Decarboxylase wird außerdem gehemmt durch Bisulfit[16], Semicarbazid[13, 21–23], Hydroxylamin[24, 25], Hydrazin[26] und INH[25, 27]. Hydrazinderivate, die als Monoaminoxydasehemmstoffe bekannt sind, z. B. Iproniazid[28] und 1-Phenyl-2-hydrazinopropan (JB-516, Catron)[29, 30] hemmen auch die Dopa-Decarboxylase. Hydroxylamin und Semicarbazid hemmen die Histidindecarboxylase der Insekten[31], sie hemmen auch die tierische Cystein- und Cysteinsäuredecarboxylase in vitro und in vivo[4, 25, 28, 32]. NADKARNI und SCREENIVASAN[33] beobachteten eine Hemmung der Serindecarboxylase im Rattenleberhomogenat durch diese Substanzen. WERLE und HEITZER[34] und WERLE[35] berichteten über eine Hemmung der tierischen Histidindecarboxylase durch Hydroxylamin, Semicarbazid, Bisulfit und eine Reihe von Hydraziden, darunter GIRARDs Reagens, Hydrazin und Guanylhydrazonderivate.

Dopa-Decarboxylase wird in vitro gehemmt durch antihypertensive Substanzen vom Typ der Hydrazinophthalazine wie 1-Hydrazinophthalazin (Apresolin), 1,4-Dihydrazinophthalazin (Nepresol) und 2-Hydrazino-5-phenylpyridizin. WERLE et al.[36] erweiterten

[1] KODAMA, T., K. OSHIMA, S. SUGAWARA, S. KOBAYASHI u. I. YOSHIMU: Vitamins, Kyoto **14**, 807 (1958).
[2] OKUNUKI, K.: Kakagu, Tokyo **12**, 221 (1942).
[3] OKUNUKI, K.: Acta phytochim., Tokyo **13**, 155 (1943).
[4] WERLE, E., u. S. BRÜNINGHAUS: B. Z. **321**, 492 (1951).
[5] SCHALES, O., and S. S. SCHALES: Arch. Biochem. **11**, 155 (1946).
[6] BEEVERS, A.: Biochem. J. **48**, 132 (1951).
[7] MATSUDA, G., Y. NISHIOKA, Y. OKAMURA, I. KIYA and A. IWASAKI: Nagasaki Igakkai Zasshi **30**, 142 (1955).
[8] ROHRLICH, M., u. R. RASMUS: Naturwiss. **43**, 88 (1956).
[9] ROHRLICH, M.: Z. Lebensm.-Unters.-Forsch. **105**, 189 (1957).
[10] CHENG, Y., P. LINKO and M. MILNER: Plant Physiol. **35**, 68 (1960).
[11] WERLE, E., u. A. RAUB: B. Z. **318**, 538 (1948).
[12] BLASCHKO, H.: J. Physiol., London **101**, 337 (1942).
[13] CLEGG, R. E., and R. R. SEALOCK: J. biol. Ch. **179**, 1037 (1949).
[14] HOLTZ, P., R. HEISE u. K. LÜDTKE: A. e. P. P. **191**, 87 (1938).
[15] HOLTZ, P., A. REINHOLD u. K. CREDNER: H. **261**, 278 (1939).
[16] IMIYA, T.: J. Osaka med. Soc. **40**, 1494 (1941).
[17] TOMOKICHI, I.: J. Osaka med. Soc. **40**, 1494 (1941).
[18] HOLTZ, P., u. R. HEISE: A. e. P. P. **191**, 87 (1938).
[19] COHEN, P. P.: Biochem. J. **33**, 1478 (1939).
[20] SCARDI, V., e V. BONAVITA: Acta vitaminol., Milano **11**, 117 (1957).
[21] WERLE, E.: Fermentforsch. **17**, 103 (1943).
[22] FELLMAN, J. H.: Enzymologia **20**, 366 (1959).
[23] LANGEMANN, H.: Brit. J. Pharmacol. **6**, 318 (1951).
[24] SCHALES, O., and S. S. SCHALES: Arch. Biochem. **24**, 83 (1949).
[25] DAVISON, A. N.: Biochim. biophys. Acta **19**, 131 (1956).
[26] GONNARD, P.: Bull. Soc. Chim. biol. **33**, 14 (1951).
[27] PALM, D.: A. e. P. P. **234**, 206 (1958).
[28] DAVISON, A. N.: Biochem. J. **64**, 546 (1956).
[29] BRODIE, B. B., S. SPECTOR, R. G. KUNTZMAN and P. A. SHORE: Naturwiss. **45**, 243 (1958).
[30] BRODIE, B. B., S. SPECTOR and P. A. SHORE: Pharmacol. Rev. **11**, 548 (1959).
[31] WERLE, E., u. R. GLEISSNER: Z. Vit.-, Horm.-Ferm.-Forsch. **4**, 450 (1951).
[32] CANAL, N., u. S. GARATTINI: Arzneim.-Forsch. **7**, 158 (1957).
[33] NADKARNI, G. B., and A. SCREENIVASAN: Proc. ind. Acad. Sci. **46** B, 138 (1957).
[34] WERLE, E., u. K. HEITZER: B. Z. **299**, 420 (1938).
[35] WERLE, E.: B. Z. **304**, 201 (1940).
[36] WERLE, E., A. SCHAUER u. G. HARTUNG: Kli. Wo. **1955**, 562.

diese Beobachtung und verglichen die Wirkung dieser Stoffe bei der Decarboxylierung von Dopa und Histidin (s. Tabelle 34). Erwartungsgemäß war die Inhibitorwirkung die ser Stoffe bei der Decarboxylierung von Histidin 10—100mal so groß wie bei der Decarboxylierung von Dopa. Nach SCHAYER u. Mitarb.[1] hemmt Aminoguanidin in vitro die Histidindecarboxylase nicht, YUWILER et al.[3] berichteten aber über eine Hemmung der 5-HTP-Decarboxylase durch Aminoguanidin. Nach SCHULER und WYSS[4] verursachten ungefähr die Hälfte von 75 untersuchten Hydrazinderivaten in vitro eine schwache bis mäßige Hemmung der Dopa-Decarboxylase.

Tabelle 34. *Hemmung der Dopa- und Histidindecarboxylase durch verschiedene Phthalazin-Derivate*[2].

Hemmstoff	Molare Konzentration für 50%ige Hemmung der Decarboxylierung von	
	Dopa	Histidin
2,4-Dihydrazino-chinazolin	$2,5 \times 10^{-4}$	$3,3 \times 10^{-5}$
1-Hydrazino-phthalazin (Apresolin)	9×10^{-4}	6×10^{-5}
1,4-Dihydrazino-phthalazin (Nepresol)	4×10^{-4}	
1-Hydrazino-isochinazolin	2×10^{-3}	
1-Hydrazino-4-methyl-phthalazin	6×10^{-4}	3×10^{-5}
2-Hydrazino-chinolin	$3,5 \times 10^{-3}$	
Aminoguanidin	$2,5 \times 10^{-3}$	10^{-2}
Isonicotinsäurehydrazid (INH)		7×10^{-4}
1-Hydrazino-isochinolin		$1,7 \times 10^{-5}$

Isonicotinoylhydrazid bei einer Konzentration von 5×10^{-5} m bewirkte eine 50%ige Hemmung der 5-HTP-Decarboxylase aus Rattenleber in vitro. In vivo bewirkte eine einzige intraperitoneale Injektion von 200 mg der Verbindung/kg innerhalb 1 Std 75% Hemmung des Enzyms im Gehirn und 40% Hemmung des Enzyms der Leber[5].

Cycloserin (4-Amino-3-isoxazolidon). Die tuberkulostatische Substanz Cycloserin hemmt bakterielle Vitamin B_6-Enzyme, wie z.B. Transaminasen, Tryptophanase und Glutaminsäuredecarboxylase[6,7]. Nach DENGLER et al.[8] wird auch Dopa-Decarboxylase aus Meerschweinchennieren und Rattengehirn gehemmt. D- und L-Cycloserin hemmen gleich stark. Eine 50%ige Hemmung wird durch eine 6×10^{-3} m Lösung bewirkt. Cycloserin greift Apodecarboxylase nicht an. Zugabe von PLP reaktiviert das Enzym. Cycloserin bildet mit PLP einen Komplex, welcher mit freiem PLP um das Apoenzym konkurriert. Das Reaktionsprodukt ist ein substituiertes Oxim (I).

CH=N—O—CH$_2$—CH—NH$_2$ / COO$^-$; $^-$O—, CH$_3$—, —CH$_2$OPO$_3$H$_2$, N

(I)

Die Dopa-Decarboxylase, die aus Rattennieren nach der intravenösen Injektion von 50 mg/kg Cycloserin gewonnen wurde, war zu 100% gehemmt.

Penicillamin. Nach ROBERTS[9] ist Penicillamin ein Hemmkörper der Glutaminsäuredecarboxylase aus Säugetiergewebe. Die Hemmung durch Penicillamin wird bewirkt durch eine nichtenzymatische Reaktion der Carbonylgruppe des PLP unter Bildung eines Thiazolidins[10–12].

[1] SCHAYER, R. W., K. J. DAVIS and R. L. SMILEY: Amer. J. Physiol. **182**, 54 (1955).
[2] WERLE, E., A. SCHAUER u. G. HARTUNG: Kli. Wo. **1955**, 562.
[3] YUWILER, A., E. GELLER and S. EIDUSON: Arch. Biochem. **80**, 162 (1959).
[4] SCHULER, W., and E. WYSS: Arch. int. Pharmacodyn. Thérap. **128**, 431 (1960).
[5] CANAL, N., and A. MAFFEI-FACCIOLI: Rev. esp. Fisiol. **16**, Suppl. **2**, 235 (1960).
[6] AOKI, T.: Kekkaku **32**, 418, 544, 605 (1957).
[7] YAMANAKA, T.: Vitamins, Kyoto **13**, 422 (1957).
[8] DENGLER, H. J., E. RAUCH u. W. RUMMEL: A. e. P. P. **243**, 366 (1962).
[9] ROBERTS, E.: Amer. J. Orthopsychiat. **30**, 15 (1960).
[10] WILSON, J. E., and V. DU VIGNEAUD: J. biol. Ch. **184**, 63 (1950).
[11] VIGNEAUD V. DU, E. J. KUCHINSKAS and A. HORVATH: Arch. Biochem. **69**, 130 (1957).
[12] MARDASHEW, S. R., and L. A. SEMINA: Biochimija, Moskva **26**, 31 (1961).

Sulfonylharnstoffe. Die Blutzucker senkenden Substanzen Carbutamid (N-Sulfanilyl-N-butyl-carbamid) und Tolbutamid (N-(p-Tolylsulfonyl)-N-butylcarbamid) hemmen die Dopa-Decarboxylase aus Meerschweinchenniere[1].

Cystein und 2,3-Dimercapto-1-propanol (BAL). Nach WERLE und HEITZER[2] wird durch $4{,}2 \times 10^{-4}$ m Cystein die Säugetierhistidindecarboxylase in vitro fast zu 100% gehemmt. Cystin hat eine geringere Wirkung. BERGERET u. Mitarb.[3] fanden, daß Cystein und BAL die Cystein-, Cysteinsäure- und Glutaminsäuredecarboxylase aus tierischem Gewebe in vitro hemmen. Sie vermuteten, daß Cystein mit PLP unter Bildung eines Oxazolidins nichtenzymatisch reagiert. MARDASHEW und CHAO[4] konnten nachweisen, daß die Hemmung der bakteriellen Decarboxylasen durch L-Cystein und D,L-Homocystein auf einer nichtenzymatischen Reaktion der Carbonylgruppe des PLP mit diesen Substanzen unter Bildung eines Thiazolidins bzw. Thiazans beruht.

Amine. GONNARD[5] hat die Hemmwirkung von cyclischen und acyclischen Aminen eingehend untersucht: Bei den cyclischen Aminen scheint die Stellung der Ringsubstituenten ohne Einfluß auf die Hemmungsaktivität zu sein. Die drei untersuchten isomeren Mono-hydroxyphenyläthylamine sind in ihrer Wirkung gleich; so auch 2- bzw. 3- bzw. 4-Methoxyphenyläthyldimethylamin und die Monomethoxyphenyläthylamine. Eine Anhäufung von Methoxy-Gruppen (Mescalin) vermindert die Hemmwirkung. Noradrenalin als primäres, Sympatol als sekundäres, Hordenin als tertiäres Amin haben gleichen Hemmeffekt. Auch scheint die Substitution am α-C-Atom ohne Einfluß zu sein, da Isopropylphenyläthylamin und β-Phenyläthylamin gleich stark hemmen. Bei den aliphatischen Aminen ergibt sich folgendes: Langkettige Amine sind stärkere Hemmkörper als kurzkettige. Eine Doppelbindung verstärkt das Hemmvermögen. Sekundäre Amine hemmen stärker als primäre, quartäre hemmen nicht. Nach GONNARD wird die Dopa-Decarboxylase nur von solchen Aminen gehemmt, die Substrate der Aminoxydasen darstellen (s. Tabelle 35).

Zur Hemmung der Dopa-Decarboxylase aus Rattenniere und der Glutaminsäuredecarboxylase aus Rattengehirn durch Methylamin, Dimethylamin, Äthylamin, Phenyläthylamin, Tyramin und Dopamin s. YOUNG und WOOTTON[6].

Kompetitive Inhibitoren (Substratanaloge). Die Decarboxylierung von Glutaminsäure durch intakte Zellen oder durch Extrakte aus verschiedenen Bakterien wird durch Asparaginsäure gehemmt[7]. Asparaginsäure übt aber keinen oder nur einen geringen Einfluß auf die Decarboxylierung von anderen Aminosäuren durch Pflanzenextrakte aus[8, 9].

Die nichtspezifische Histidindecarboxylase wird durch Dopa[2, 10, 11] und α-Methyl-Dopa[12] sehr stark gehemmt. D-Dopa hemmt stärker als L-Dopa[13]. Weitere, aber weit schwächere Hemmungen bewirken: Adrenalin und Noradrenalin, D-Histidin, Imidazol und Benzylimidazol (Priscol), β-3-Thienylalanin, Methylhistidin, Tyrosin, Tryptophan und 5-HTP[14].

---

[1] GONNARD, P., et J. P. NGUYEN CHI: Bull. Soc. Chim. biol. **40**, 485 (1958); **41**, 1455 (1959). Enzymologia **20**, 237 (1959).
[2] WERLE, E., u. K. HEITZER: B. Z. **299**, 420 (1938).
[3] BERGERET, B., F. CHATAGNER et C. FROMAGEOT: Biochim. biophys. Acta **22**, 239 (1956).
[4] MARDASHEW, S. R., and T. CHAO: Dokl. Akad. Nauk SSSR **133**, 230 (1960).
[5] GONNARD, P.: Bull. Soc. Chim. biol. **32**, 535 (1950).
[6] YOUNG, D. S., and I. D. P. WOOTTON: Clin. chim. Acta **9**, 503 (1964).
[7] STORCK, R.: Rev. Ferment. Indust. aliment. **6**, 185 (1951).
[8] OKUNUKI, K.: Bot. Mag., Tokyo **51**, 270 (1937).
[9] SCHALES, O., and S. S. SCHALES: Arch. Biochem. **11**, 445 (1946).
[10] WERLE, E., u. W. KOCH: B. Z. **319**, 305 (1949).
[11] GANROT, P. O., A. M. ROSENGREN and E. ROSENGREN: Exper. **17**, 263 (1961).
[12] WERLE, E.: Naturwiss. **48**, 54 (1961).
[13] WERLE, E.: B. Z. **311**, 270 (1941).
[14] SCHAYER, R. W.: Amer. J. Physiol. **186**, 199 (1956).

Tabelle 35. *Hemmung der Dopa-Decarboxylase durch Amine nach* GONNARD[1] (Erklärung s. S. 562).

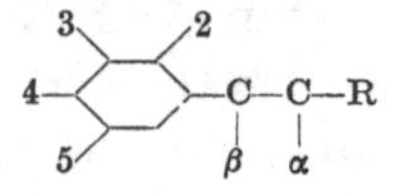

		4	3	5	2	β	α	R	Prozentuale Hemmung
	A. Cyclische Amine								
1.	2,5-Dimethoxyphenyläthylamin	H	H	OCH_3	OCH_3	H	NH_2	H	100
2.	3,4-Dimethoxyphenyläthylamin	OCH_3	OCH_3	H	H	H	NH_2	H	90
3.	3-Methoxyphenyläthyldimethylamin	H	H	OCH_3	H	H	$N(CH_3)_2$	H	88
4.	4-Methoxyphenyläthyldimethylamin	OCH_3	H	H	H	H	$N(CH_3)_2$	H	85
5.	Phenyläthyldimethylamin	H	H	H	H	H	$N(CH_3)_2$	H	85
6.	2-Methoxyphenyläthyldimethylamin	H	H	H	OCH_3	H	$N(CH_3)_2$	H	83
7.	2,3-Dimethoxyphenyläthylamin	H	OCH_3	H	OCH_3	H	NH_2	H	79
8.	Isopropylphenyläthylamin	H	H	H	H	H	NH_2	C_2H_5	77
9.	β-Phenyläthylamin	H	H	H	H	H	NH_2	H	75
10.	3-Methoxyphenyläthylamin	H	OCH_3	H	H	H	NH_2	H	73
11.	4-Methoxyphenyläthylamin	OCH_3	H	H	H	H	NH_2	H	71
12.	2-Methoxyphenyläthylamin	H	H	H	OCH_3	H	NH_2	H	71
13.	Hordenin	OH	H	H	H	H	$N(CH_3)_2$	H	67
14.	Noradrenalin	OH	OH	H	H	OH	NH_2	H	65
15.	Sympatol	OH	H	H	H	OH	$NHCH_3$	H	64
16.	Benzedrin	H	H	H	H	H	NH_2	CH_3	64
17.	2-Hydroxyphenyläthylamin	H	H	H	OH	H	NH_2	H	61
18.	3-Hydroxyphenyläthylamin	H	OH	H	H	H	NH_2	H	61
19.	4-Hydroxyphenyläthylamin (= Tyramin)	OH	H	H	H	H	NH_2	H	61
20.	Ephedrin	H	H	H	H	OH	$NHCH_3$	CH_3	41
21.	3,4-Dihydroxyphenyläthylamin (= Dopamin)	OH	OH	H	H	H	NH_2	H	35
22.	3,4,5-Trimethoxyphenyläthylamin (= Mescalin)	OCH_3	OCH_3	OCH_3	H	H	NH_2	H	34
23.	3,3,5-Trimethylcyclohexyläthylamin	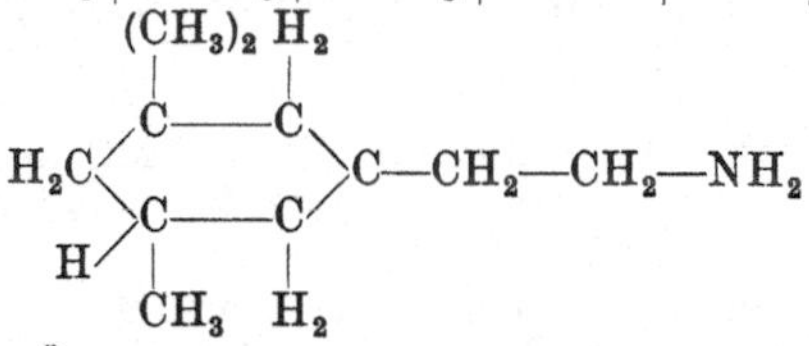							83
24.	Tryptamin	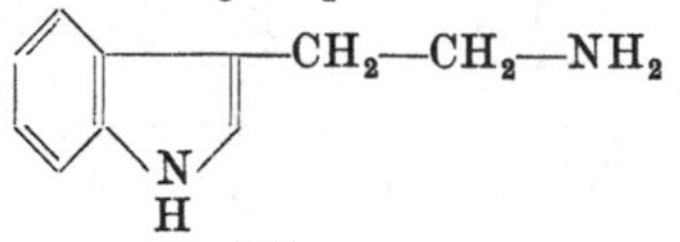							72
25.	Bornylamin	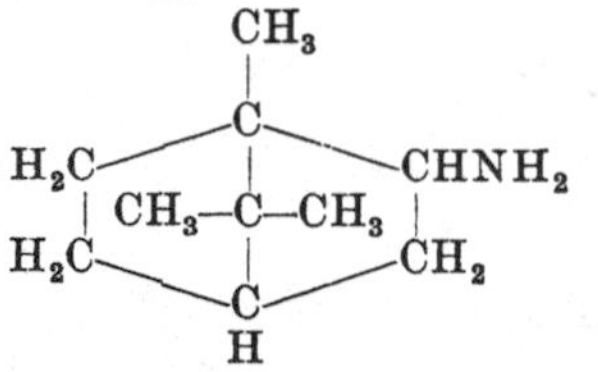							61

[1] GONNARD, P.: Bull. Soc. Chim. biol. **32**, 535 (1950).

Tabelle 35 (Fortsetzung).

		4	3	5	2	β	α	R	Prozentuale Hemmung
26.	p-Toluidin	$CH_3-C_6H_4-NH_2$							47
27.	o-Toluidin	CH_3 / $C_6H_4-NH_2$							0
28.	Anilin	$C_6H_5-NH_2$							0
	B. Aliphatische Amine								
1.	Dodecylamin	$C_{12}H_{25}NH_2$							76
2.	Tetradecylendiamin .	$C_{14}H_{28}(NH_2)_2$							76
3.	Octadecylamin	$C_{18}H_{37}NH_2$							75
4.	Allylamin	$CH_2=CH-CH_2-NH_2$							43
5.	Äthylendiamin	$NH_2-CH_2-CH_2-NH_2$							42
6.	Diisoamylamin	$(CH_3-CH_2-CH(CH_3)-CH_2)_2NH$							29
7.	Histamin	$HC\langle{}^{NH-C-CH_2-NH_2}_{N=CH}$ (NH—C—CH_2—NH_2, C═CH, N——CH)							28
8.	Octadecylendiamin . .	$C_{18}H_{36}(NH_2)_2$							23
9.	Methylamin	CH_3-NH_2							21
10.	Isoamylamin	$CH_3-CH_2-CH(CH_3)-CH_2-NH_2$							18
11.	Äthylamin	$CH_3-CH_2-NH_2$							15
12.	Glucosamin	$HOCH_2-CHOH-CHOH-CHOH-CH(NH_2)-C(=O)H$							15
13.	Putrescin	$NH_2-CH_2-CH_2-CH_2-CH_2-NH_2$							14
14.	Cadaverin	$NH_2-CH_2-CH_2-CH_2-CH_2-CH_2-NH_2$							13
15.	Agmatin	$NH_2-C(=NH)-NH-CH_2-CH_2-CH_2-CH_2-NH_2$							13
16.	Diäthylamin	$(CH_3-CH_2)_2-NH$							12
17.	Colamin	$HO-CH_2-CH_2-NH_2$							10
18.	Taurin	$HSO_3-CH_2-CH_2-NH_2$							2
	C. Quartäre Amine								
1.	Neurin	$[CH_2=CH-N(CH_3)_3]^+OH^-$							5
2.	Cholin	$[HO-CH_2-CH_2-N(CH_3)_3]^+OH^-$							4
	D. Aminosäuren								
1.	Lysin								18
2.	Arginin								15
3.	Leucin								5
4.	Tyrosin								5
5.	Phenylalanin								0
6.	Histidin								0

Über die Hemmung der Dopa-Decarboxylase durch Phenylalaninderivate berichtete SOURKES[1] (s. Tabelle 36).

Tabelle 36. *Phenylalanin-(PA)-Derivate, welche die Dopa-Decarboxylierung in tierischem Gewebe hemmen (α-Methylphenylalanin-Derivate)*[1].

		Strukturformel (Positionen 4, 3, 5, 6, 2, β, α; –C(H)(β)–C(NH₂)(α)–COOH)							Molarität (-log)	Hemmung
		4	3	5	6	2	β	α		%
1.	α-Methyl-PA	H	H	H	H	H	H	CH_3	2,7	6
2.	α-Methyl-4-hydroxy-PA . .	OH	H	H	H	H	H	CH_3	2,3	16
3.	α-Methyl-3-hydroxy-PA . .	H	OH	H	H	H	H	CH_3	4,3	45
									3,3	74
									2,3	95
4.	α-Methyl-3,4-dihydroxy-PA .	OH	OH	H	H	H	H	CH_3	4,0	71
									3,3	98
5.	α-Methyl-3-methoxy-PA . .	H	OCH_3	H	H	H	H	CH_3	2,3	18
6.	α-Methyl-3-hydroxy-4-methoxy-PA	OCH_3	OH	H	H	H	H	CH_3	2,4	92
7.	α-Methyl-3,4-dimethoxy-PA	OCH_3	OCH_3	H	H	H	H	CH_3	5,0	16
									4,0	20
									3,0	27

Versuchsansätze: 20—50 mg Trockenpulver aus Niere nach SCHALES und SCHALES[2], Phosphatpuffer, p_H 6,8, Endkonzentration 0,053 m, Dopa = 0,005 m, Hemmkörper in angegebener Molarität.

HARTMAN und CLARK[3] prüften etwa 200 Dopa-Analoge auf ihre kompetitive Hemmwirkung gegenüber Dopa-Decarboxylase. Es ergab sich, daß die wirksamsten Inhibitoren die folgende Struktur besitzen (II):

HO
(HO)–C₆H₃–C(H)=C(H)–C(=O)–R

(II)

in welcher R gleich OH, O-Alkyl oder -Aryl sein kann; die Hemmwirkung nimmt in dieser Reihenfolge zu.

5-(3,4-Dihydroxycinnamoyl)-salicylsäure (Synonym: 3,4,4′-Trihydroxy-3′-carboxychalkon) (III) hemmt bei einer

(HO)₂C₆H₃–CH=CH–C(=O)–C₆H₃(COOH)–OH

(III)

[1] SOURKES, T. L.: Rev. canad. Biol. **14**, 49 (1955).
[2] SCHALES, O., and S. S. SCHALES: Arch. Biochem. **11**, 155 (1946).
[3] HARTMAN, W. J., and W. G. CLARK: Fed. Proc. **12**, 62 (1953).

Erklärung zu Tabelle 35.

Versuchsbedingungen: Substrat und Meerschweinchennieren-Extrakt wurden 15 min bei Zimmertemperatur aerob vorinkubiert, dann wurden die Reaktionsansätze in den WARBURG-Apparat gebracht, die Luft durch N_2 ersetzt und 1 Std bei 37° C inkubiert. Die Reaktion wurde durch Schwefelsäure gestoppt.

Ansätze: 2 mg Dopa, 1,5 ml Meerschweinchennieren-Extrakt, 0,066 m Phosphatpuffer, Hemmstoff in äquimolarer Menge zum Substrat, p_H 7,7. (Octadecylendiamin und Octadecylamin sind schwer löslich und wurden in $^1/_3$—$^1/_2$ der üblichen Konzentration verwendet — hier wurde auch die Dopa-Menge äquimolar reduziert.)

Tabelle 37. *Hemmung der Dopa-Decarboxylase durch Zimtsäure und Derivate*[1].

Verbindung Nr.	Position Nr. 2	3	4	5	6	α	R	Relative Molarität	Hemmung %
1	H	H	H	H	H	H	OH	1,0	0
2	OH	H	H	H	H	H	OH	1,0	52
3	OH	Br	H	Br	H	H	OH	0,2	65
4	H	OH	H	H	H	H	OH	0,2	37
5	H	OH	H	H	H	CH_3	OH	0,2	31
6	H	OH	H	H	H	C_2H_5	OH	0,2	27
7	H	OH	H	H	H	$NHCOCH_3$	OH	0,2	7
8	H	OH	H	H	SO_3H	H	OH	0,2	31
9	H	H	OH	H	H	H	OH	0,2	7
10	OCH_3	OCH_3	H	H	H	H	OH	1.0	8
11	OH	H	OH	H	H	H	OH	1,0	9
12	OH	H	H	H	OH	H	OH	0,1	84
13	H	OC_2H_5	OC_2H_5	H	H	H	OH	1,0	5
14	H	OH	OCH_3	H	H	H	OH	1,0	19
15	H	OCH_3	OH	H	H	H	OH	1,0	5
16	H	OC_2H_5	OH	H	H	H	OH	1,0	0
17	H	OH	OH	H	H	H	OH	0,2	74
18	H	CH_3COO	CH_3COO	H	H	H	OH	0,2	60
19	H	SH	H	H	H	H	OH	0,05	78
20	Cl	H	H	H	H	H	OH	1,0	36
21	H	H	Cl	H	H	H	OH	1,0	8
22	Cl	H	Cl	H	H	H	OH	1,0	41
23	H	H	CN	H	H	H	OH	1,0	17
24	H	NH_2	H	H	H	H	OH	1,0	10
25	H	NO_2	H	H	H	H	OH	1,0	15
26	H	NO_2	H	H	H	C_2H_5	OH	1,0	0
27*	H	OH	H	H	H	H	OCH_3	0,2	60
28*	H	OH	OCH_3	H	H	H	OCH_3	1,0	37
29*	H	OH	OH	H	H	H	OC_2H_5	0,15	90
30	H	OH	OH	H	H	H	O-Chinasäure	0,1	70
31	H	CH_3COO	CH_3COO	H	H	H	$OCH_2CH_2N(CH_3)_2$	0,2	55
32	Cl	H	H	H	H	H	$OCH_2CH_2N(CH_3)_2$	1,0	17
33*	H	OH	H	H	H	H	NH_2	0,2	19
34*	H	OH	H	H	H	H	$NHCH_2COOH$	0,2	24
35*	OH	H	H	H	H	H	CH_3	0,1	31
36*	H	OH	H	H	H	H	CH_3	0,1	30

* Aufgelöst in 0,2 ml Propylenglykol.

Versuchsbedingungen: Im Hauptraum 15 mg Nierentrockenpulver 2,0 ml 0,1 m Phosphatpuffer, p_H 6,8, 40 mg PLP, Wasser ad 4,5 ml. 1. Seitenarm: 10 mM Substrat (L-Dopa), Inhibitor neutralisiert mit 0,1n NaOH. 2. Seitenarm: 0,2 ml 3n H_2SO_4.

molaren Konzentration, die 1000mal geringer ist als die des Substrates Dopa, zu 90%[2] (s. Tabelle 37). Keine Hemmung wurde beobachtet bei bakterieller Tyrosindecarboxylase, Histidindecarboxylase und Glutaminsäuredecarboxylase[2].

Die Decarboxylierung von Dopa, 5-HTP und erythro-D,L-3,4-DHPS ist bei der Verwendung der gleichen Inhibitoren bei gleichen molaren Konzentrationen von der gleichen Größenordnung[3] und HARTMAN zit. nach [4].

[1] HARTMAN, W. J., R. I. AKAWIE and W. G. CLARK: J. biol. Ch. **216**, 507 (1955).
[2] HARTMAN, W. J., and W. G. CLARK: Fed. Proc. **12**, 62 (1953).
[3] YUWILER, A., E. GELLER and S. EIDUSON: Arch. Biochem. **80**, 162 (1959).
[4] CLARK, W. G.; in: HOCHSTER, R. M., and J. H. QUASTEL (Hrsgb.): Metabolic Inhibitors. Bd. I. S. 315ff. New York 1963.

Wird o-Tyrosin als Substrat verwendet, so ist die Hemmwirkung der kompetitiven Inhibitoren verstärkt. Die Enzym-Substrat-Dissoziationskonstante ist für o-Tyrosin ungefähr 6mal größer als die für Dopa (Schott zit. nach [1]). Die Hemmwirkung der kompetitiven Inhibitoren o-Hydroxyzimtsäure, m-Hydroxyzimtsäure, 3,4-Dihydroxyzimtsäure (Kaffeesäure) und ihres Chinasäureesters (Chlorogensäure) nahm gegenüber Dopa und o-Tyrosin in der gleichen Reihenfolge zu. Andererseits war die nichtkompetitiv hemmende p-Hydroxyphenylbrenztraubensäure in relativ hohen Konzentrationen bei o-Tyrosin, m-Tyrosin und Dopa als Substrat gleich wirksam.

Die meta-Hydroxylgruppe (oder Mercaptogruppe) ist essentiell, da andere metasubstituierte Zimtsäuren, wie m-Methyl-, m-Amino-, m-Halogen- und m-Methoxyderivate, nicht hemmen.

Eine α,β-Doppelbindung erhöht die Hemmaktivität über die der gesättigten Analogen, obwohl z.B. β-(3-Hydroxyphenyl)-propionsäure ohne Hemmwirkung war, hemmte 3-Hydroxyzimtsäure (bei einer molaren Konzentration von 0,4 von der des Substrates) zu 48%. β-(3,4-Dihydroxyphenyl)-propionsäure war ebenso aktiv wie 3,4-Dihydroxyzimtsäure (Kaffeesäure).

Sourkes berichtete 1954 [2] über Hemmung der Dopa-Decarboxylase durch 22 Substratanaloge. Er fand die höchste Hemmaktivität bei α-Methyl-Dopa und α-Methyl-3-hydroxyphenylalanin. Bei Konzentrationen niedriger als 10^{-5} m stimulierten diese zwei Verbindungen die Decarboxylierung durch einen unbekannten Mechanismus.

Sletzinger u. Mitarb.[3] untersuchten eine Reihe von α-Methyl-Dopa-Analogen auf ihre Fähigkeit, die Dopa-Decarboxylase zu hemmen. Sie fanden, daß Verbindungen, bei denen die α-Aminogruppe durch α-Hydroxy- oder α-Hydrazinogruppen substituiert sind, wirkungsvolle Inhibitoren darstellen. Die Verbindung D,L-α-Hydrazino-α-(3,4-dihydroxybenzyl)-propionsäure besaß z.B. eine Hemmwirkung, die etwa 1000fach größer war als die von α-Methyl-Dopa. In vivo hemmt diese Verbindung sehr stark die Bildung von 5-HT. Eine blutdrucksenkende Wirkung wie α-Methyl-Dopa besitzt diese Substanz jedoch nicht.

Nach Fellman [4] hemmen Phenylbrenztraubensäure, Phenylmilchsäure und Phenylessigsäure die Dopa-Decarboxylase aus Rindernebennieren. 3,4-Dihydroxyphenylessigsäure hemmte zu 88% bei einer Konzentration, die äquimolar zu der des Substrates war; Phenylessigsäure oder 3-Hydroxyphenylessigsäure hemmen bei dieser Konzentration praktisch nicht. Nach Davison und Sandler [5] hemmen dieselben Verbindungen, die Fellman benutzte, auch die 5-HTP-Decarboxylase.

Hanson [6] fand, daß die Glutaminsäuredecarboxylase des Gehirns durch p-Hydroxyphenylessigsäure, Phenylbrenztraubensäure, p-Hydroxyphenylbrenztraubensäure in Konzentrationen von 25—100 μM/ml in obiger Reihenfolge in vitro gehemmt wird. Phenylmilchsäure und Phenylalanin hatten keine Wirkung.

Tashian [7] beobachtete, daß die Decarboxylierung von Glutaminsäure durch Rattengehirnhomogenate und Trockenpulver aus *E. coli* kompetitiv durch Phenylbrenztraubensäure, p-Hydroxyphenylbrenztraubensäure, Phenylessigsäure, p-Hydroxyphenylessigsäure, o-Hydroxyphenylessigsäure und Derivate von Valin und Leucin gehemmt wird.

Nach Waksman [8] hemmt α-Methylglutaminsäure die Decarboxylierung von Glutaminsäure durch ein Acetontrockenpulver aus *Torulopsis utilis*.

---

[1] Clark, W. G.; in: Hochster, R. M., and J. H. Quastel (Hrsgb.): Metabolic Inhibitors. Bd. I. S. 315ff. New York 1963.
[2] Sourkes, T. L.: Arch. Biochem. **51**, 444 (1954).
[3] Sletzinger, M., J. M. Chemerda and F. W. Bollinger: J. med. Chem. **6**, 101 (1963).
[4] Fellman, J. H.: Pro. Soc. exp. Biol. **93**, 413 (1956).
[5] Davison, A. N., and M. Sandler: Nature **181**, 186 (1958).
[6] Hanson, A.: Naturwiss. **45**, 423 (1958). Acta chem. scand. **13**, 1366 (1959).
[7] Tashian, R. E.: Metabolism **10**, 393 (1961).
[8] Waksman, A.: Arch. int. Physiol. **65**, 171 (1957).

α-Methyl-Dopa hemmt die spezifische L-Histidindecarboxylase aus Mastzellen, Rattenfundus und embryonalem Gewebe nicht[1–3].

SIMMONET u. Mitarb.[4] berichteten über eine Hemmung der Cysteinsäuredecarboxylase aus Hühnerembryonen in vitro durch D,L-α-Methylcysteinsäure in einer Konzentration von $1,5 \times 10^{-3}$ m.

Nach Untersuchungen von HUANG und HSIA[5] zur Kinetik der Hemmung der 5-HTP-Decarboxylase in Rattennieren ist die Hemmung durch die erwähnten Phenylalaninanalogen kompetitiv.

Nach FELLMAN[6] hemmt 5-HTP die Decarboxylierung von Dopa kompetitiv. Während der Reinigung des Enzyms blieb das Verhältnis der Dopa-, o-Tyrosin- und 5-HTP-Decarboxylierung konstant, weshalb man ein einheitliches Enzym annimmt (s. auch S. 528). ROSENGREN[7] bestätigte die Befunde von FELLMAN und fand zusätzlich, daß sich die Dopa- und 5-HTP-Decarboxylasen gegenseitig hemmen und auch durch m-Tyrosin, o-Tyrosin und Kaffeesäure (Bestätigung der Befunde von HARTMAN et al.[8]) gehemmt werden. WERLE und AURES[9] fanden ebenfalls eine Hemmung durch Kaffeesäure, Chlorogensäure und 5-(3-Hydroxycinnamoyl)-salicylsäure.

Soweit sie untersucht wurden, hemmten die Inhibitoren der Dopa-Decarboxylierung auch die 5-HTP-Decarboxylierung kompetitiv, z.B. bei dem Enzym aus Rattenhirn.

Die Decarboxylierung von 5-HTP wird durch Tryptophan, 7-Hydroxytryptophan oder 5-HT bis zu 10^{-2} m nicht gehemmt. 5-Benzoxytryptophan hemmte 10^{-3} m (FRETER et al.[10]). Unter weiteren 5-HT- und 5-HTP-Analogen hatte 2,5-Dihydroxytryptophan die stärkste Hemmwirkung. N-Methyltetrahydroharman hatte keinen Einfluß. ERSPAMER et al.[11] prüften 22 Tryptophananaloge als Substrate der 5-HTP-Decarboxylase aus Meerschweinchennierenextrakt und fanden eine ausgeprägte Hemmung bei p_H 6,8 durch 8 μM Kaffeesäure und 1,4-Bis-(3,4-dihydroxycinnamoyl)-chinasäure (1,4-Dicaffeylchinasäure, „Cynarine"). Die Hemmung der Decarboxylierung von 5-HTP war vollständiger als die von 4-HTP.

GREIG et al.[12, 13] untersuchten die Hemmwirkung von relativ hohen Konzentrationen (10^{-2} m) einer Serie von α-Alkyltryptaminen auf die 5-HTP-Decarboxylase in vitro und in vivo. Sie fanden eine Hemmung in vitro durch 5-Hydroxy-α-methyltryptamin-kreatininsulfat und α-Methyltryptamin, aber nicht durch α-Äthyltryptamin (Etryptamin, Monase). Das 5-Hydroxyanaloge ist ein starker Inhibitor. Iproniazid hemmte bei 5×10^{-3} m-Konzentration. Nach VAN METER et al.[14] hemmt α-Methyltryptamin die 5-HTP-Decarboxylase des Gehirns in vivo.

WEISSBACH u. Mitarb.[3, 15, 16] zeigten, daß α-Methyl-Dopa die Decarboxylierung von 5-HTP, Dopa, Tryptophan, Phenylalanin, Tyrosin und Histidin durch ein gereinigtes Meerschweinchennierenpräparat hemmen und daß mehrere der α-Methylanalogen selbst decarboxyliert werden. Dies beweist, daß ein Wasserstoffatom an dem α-C-Atom für die

---

1 GANROT, P. O., A. M. ROSENGREN and E. ROSENGREN: Exper. **17**, 263 (1961).
2 BURKHALTER, A.: Biochem. Pharmacol. **11**, 1 (1962).
3 WEISSBACH, H., W. M. LOVENBERG and S. UDENFRIEND: Biochim. biophys. Acta **50**, 177 (1961).
4 SIMMONET, G., F. CHAPEVILLE et P. FROMAGEOT: Bull. Soc. Chim. biol. **42**, 891 (1960).
5 HUANG, I., and D. YI-YUNG HSIA: Proc. Soc. exp. Biol. Med. **112**, 81 (1963).
6 FELLMAN, J. H.: Enzymologia **20**, 366 (1959).
7 ROSENGREN, E.: Acta physiol. scand. **49**, 364 (1960).
8 HARTMAN, W. J., R. I. AKAWIE and W. G. CLARK: J. biol. Ch. **216**, 507 (1955).
9 WERLE, E., u. D. AURES: Psychiat. Neurol., Basel **140**, 226 (1960).
10 FRETER, K., H. WEISSBACH, B. REDFIELD, S. UDENFRIEND and B. WITKOP: Am. Soc. **80**, 983 (1958).
11 ERSPAMER, V., A. GLÄSSER, C. PASINI and G. STOPPANI: Nature **189**, 483 (1961).
12 GREIG, M. E., R. A. WALK and A. J. GIBBONS: J. Pharmacol. exp. Therap. **127**, 110 (1959).
13 GREIG, M. E., P. H. SEAY and W. A. FREYBURGER: J. Neuropsychiat. **2**, Suppl. **1**, 131 (1961).
14 VAN METER, W. G., G. F. AVALA, E. COSTA and H. E. HIMWICH: Fed. Proc. **19**, 265 (1960).
15 WEISSBACH, H., W. M. LOVENBERG and S. UDENFRIEND: Biochem. biophys. Res. Comm. **3**, 225 (1960).
16 LOVENBERG, W. M., H. WEISSBACH and S. UDENFRIEND: J. biol. Ch. **237**, 89 (1962).

Decarboxylierung nicht notwendig ist. Sie vermuten, daß ein einziges Enzym für alle diese Reaktionen verantwortlich ist, und schlagen vor, es als „allgemeine Aminosäuredecarboxylase" zu bezeichnen (s. auch S. 515 und 519).

ERSPAMER[1] sowie COOPER und MELCER[2] bestätigten die Hemmwirkung von α-Methyl-Dopa gegenüber der 5-HTP-Decarboxylase in vitro. Die Hemmung der Decarboxylierung von 4-HTP war weniger ausgeprägt.

Über die Hemmung der Dopa-Decarboxylase in vivo nach intravenöser Injektion von Hemmstoffen, wie D,L-α-Methyl-Dopa, L-α-Methyl-Dopa, D,L-α-Methyl-m-tyrosin, D,L-α-Methyl-5-hydroxytrytophan, D,L-α-Methyltryptophan, D,L-α-Methyl-3-methoxyphenylalanin, D,L-α-Methylhistidin berichteten HANSSON und CLARK[3]. Die Autoren bestimmten

Tabelle 38. *Hemmung der Dopa-Decarboxylase durch Chalkon-Derivate*[4].

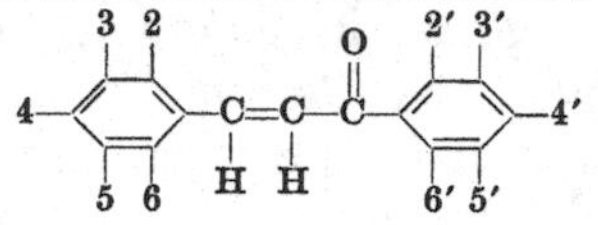

Verbindung Nr.	Position Nr. 2	3	4	5	2′	3′	4′	5′	Relative Molarität (M Inhibitor entsprechend 1,0 M Dopa)	Hemmung %
1	H	H	H	H	OH	OH	OH	H	1,0	24
2	OH	H	H	H	H	H	CN	H	0,2	0
3	OH	H	H	H	OH	H	H	OH	0,1	35
4	OH	Br	H	Br	H	COOH	OH	H	0,1	65
5	H	OH	H	H	H	H	H	H	0,1	100
									0,01	24
6	H	OH	H	H	H	H	OCH_2COOH	H	0,1	34
7	H	OH	H	H	H	COOH	OH	H	0,01	85
									0,001	27
8	H	CH_3COO	H	H	H	COOH	CH_3COO	H	0,01	50
9	H	H	OH	H	H	H	OH	H	0,2	16
10	OH	H	OH	H	H	COOH	OH	H	0,1	10
11	H	OCH_3	OH	H	OH	H	H	H	1,0	15
12	H	OH	OH	H	H	H	H	H	0,1	100
									0,05	85
13	H	OH	OH	H	OH	H	H	H	0,1	90
14	H	OH	OH	H	OH	H	H	H*	0,1	65
15	H	OH	OH	H	OH	H	OH	H	0,1	100
									0,05	85
16	H	OH	OH	H	OH	H	OH	H**	0,1	82
17	H	OH	OH	H	OH	H	CH_3COO	H	0,1	75
18	H	OH	OH	H	H	COOH	OH	H	0,001	87
19	H	OH	OH	H	H	$COOC_2H_5$	OH	H	0,01	30
20	H	CH_3COO	CH_3COO	H	H	COOH	CH_3COO	H	0,001	64
21	H	OH	H	H	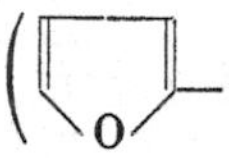 (Furanring) an Stelle von 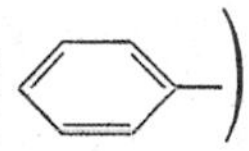 (Phenylring)				0,1	50
22	H	OH	H	H	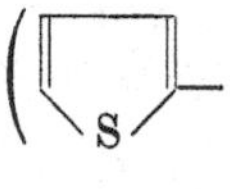 (Thiophenring) an Stelle von 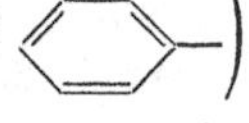 (Phenylring)				0,1	50

Versuchsbedingungen wie Tabelle 37.

Aufgelöst in 0,2 ml Propylenglykol: 1, 2, 3, 5, 6, 9—17, 21, 22
in 0,2 ml Polyäthylenglykol: 19
in 0,2 ml Wasser: 4, 7, 8, 18, 20

* + Sulfosäure. ** + Glykosid (Coreopsin).

[1] ERSPAMER, V., A. GLÄSSER, C. PASINI and G. STOPPANI: Nature **189**, 483 (1961).
[2] COOPER, J. R., and I. MELCER: J. Pharmacol. exp. Therap. **132**, 265 (1961).
[3] HANSSON, E., and W. G. CLARK: Proc. Soc. exp. Biol. Med. **111**, 793 (1962).
[4] HARTMAN, W. J., R. I. AKAWIE and W. G. CLARK: J. biol. Ch. **216**, 507 (1955).

Tabelle 39. *Hemmung der Dopa-Decarboxylase durch Flavon-Derivate*[1].

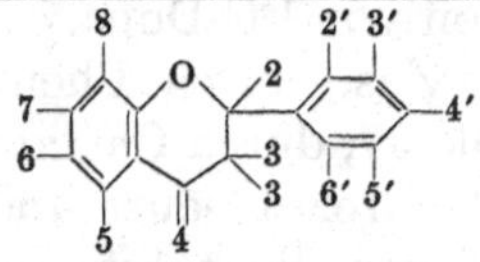

Verbindung Nr.	Position Nr.										Relative Molarität (M Inhibitor entsprechend 1,0 M Dopa)	Hemmung
	2	3	3	4	5	7	8	3′	4′	6′		%
1	*	*	H	O	H	H	H	H	H	H	0,2	0
2	*	*	H	O	H	H	H	OH	OH	H	0,1	90
											0,01	59
3	*	*	OH	O	OH	OH	H	OH	OH	SO_3H	0,05	55
4	*	*	OH	O	OH	OH	O (Glucose)	OH	OH	H	0,1	77
5	*	*	O (Rutinose)	O	OH	OH	H	OH	OH	H	0,1	5
6	H	H	H	O	OH	OH	H	OH	OH	H	0,1	86
7	H	H	H	O	OH	OH	H	OH	OCH_3	H	1,0	86
8	H	H	H	O	OH	OH	H	OCH_3	OH	H	1,0	61
9	H	H	OH	H_2	OH	OH	H	OH	OH	H	0,1	50

Versuchsbedingungen wie Tabelle 37. Alle Verbindungen in 0,2 ml Propylenglykol gelöst.
* Doppelbindung in 2,3-Stellung.

Tabelle 40. *Hemmung der Dopa-Decarboxylase durch Hydrozimtsäure und Derivate*[1].

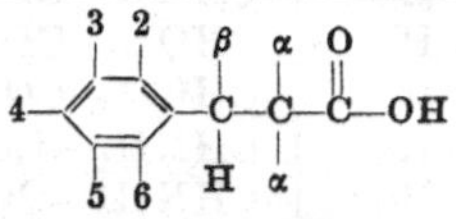

Verbindung Nr.	Position Nr.								Relative Molarität (M Inhibitor entsprechend 1,0 M Dopa)	Hemmung
	2	3	4	5	6	β	α	α		%
1	H	H	H	H	H	H	H	H	1,0	0
2	H	OH	H	H	H	H	H	H	1,0	0
3	H	H	OH	H	H	H	H	H	1,0	9
4	H	OH	OH	H	H	H	H	H	0,22	63
5	Cl	H	Cl	H	H	H	H	H	1,0	38
6	J	OH	J	H	J	H	H	H	0,1	90
7	J	OH	J	H	J	H	H	CH_3	0,2	91
8	J	OH	J	H	J	H	H	C_2H_5	0,2	71
9	OH	J	H	J	H	H	H	C_6H_5	0,2	100
10	J	OH	J	H	H	H	H	C_6H_5	0,2	78
11	H	OH	J	H	J	H	H	C_2H_5	0,2	69
12	J	NH_2	J	H	J	H	H	C_2H_5	0,1	22
13	H	H	H	H	H	H	OH	H	1,0	0
14	H	H	OH	H	H	H	OH	H	1,0	24
15	H	OCH_3	H	H	H	H	NH_2	CH_3	1,0	13
16	H	OCH_3	OCH_3	H	H	H	NH_2	CH_3	1,0	0
17	H	OH	OCH_3	H	H	H	NH_2	CH_3	1,0	49
18	H	OH	OH	H	H	H	NH_2	CH_3	0,1	37
19	H	OCH_3	OCH_3	H	H	H	$NHCOC_6H_5$	H	1,0	0
20	H	OH	H	H	H	NH_2	H	H	1,0	0
21	OH	Br	H	Br	H	SO_3H	H	H	0,2	39
22	H	H	H	H	H	H	—O—*		1,0	60
23	H	OH	H	H	H	H	—O—		0,5	72
24	H	H	OH	H	H	H	—O—		1,0	60
25	OH	H	H	OH	H	H	—O—		1,0	60
26	H	OH	OH	H	H	H	—O—		0,1	60
27	NO_2	H	H	H	H	H	—O—		1,0	58
28	H	H	H	H	H	H	—S—		1,0	67

Versuchsbedingungen wie Tabelle 37. * Phenylbrenztraubensäure.

[1] Hartman, W. J., R. I. Akawie and W. G. Clark: J. biol. Ch. **216**, 507 (1955).

die Dopa-Decarboxylase-Aktivität in vivo an Hand der Messung von $^{14}CO_2$ in der Ausatmungsluft nach intravenöser Injektion von ^{14}C-Dopa.

Zur Hemmung der Dopa-Decarboxylase durch Phenylalaninderivate s. Tabelle 36, durch Zimtsäure und Derivate s. Tabelle 37, durch Chalkon-Derivate s. Tabelle 38, durch Flavon-Derivate s. Tabelle 39, durch Hydrozimtsäure und Derivate s. Tabelle 40, durch substituierte Phenole s. Tabelle 41, durch Benzoesäure-Derivate s. Tabelle 42, durch

Tabelle 41. *Hemmung der Dopa-Decarboxylase durch substituierte Phenole mit 2-C-Seitenketten*[1].

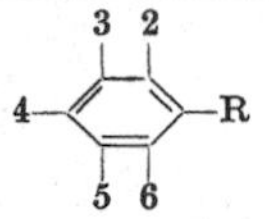

Verbindung Nr.	Position Nr. 2	3	4	5	R	Relative Molarität (M Inhibitor entsprechend 1,0 M Dopa)	Hemmung %
1	H	H	H	H	CH_2—COOH	1,0	0
2	H	OH	H	H	CH_2—COOH	1,0	11
3	H	F	OH	H	CH_2—COOH	1,0	0
4	OH	H	H	OH	CH_2—COOH	1,0	28
5	OCH_3	H	H	OCH_3	CH_2—COOH	1,0	16
6	H	OH	OH	H	CH_2—COOH	1,0	88
7	H	OCH_3	OCH_3	H	CH_2—COOH	1,0	18
8	H	H	H	H	CHOH—COOH	1,0	0
9	H	OH	OH	H	CHOH—$COOC_2H_5$	1,0	0
10	H	—O—CH_2—O—		H	CHOH—COOH	1,0	0
11	H	H	H	H	$CHNH_2$—COOH	1,0	0
12	H	OH	H	H	$CHNH_2$—COOH	1,0	0
13	H	H	OH	H	$CHNH_2$—COOH	1,0	0
14	H	OCH_3	OH	H	$CHNH_2$—COOH	1,0	0
15	H	OH	OH	H	$CHNH_2$—COOH	1,0	16
16	H	H	H	H	CO—CH_3	1,0	0
17	OH	H	H	H	CO—CH_3	1,0	0
18	H	OH	H	H	CO—CH_3	1,0	17
19	H	NH_2	H	H	CO—CH_3	0,2	8
20	H	OH	H	H	O—CH_2—COOH	1,0	32
21	H	H	CH_3CO	H	O—CH_2—COOH	1,0	0
22	H	OH	H	H	CH=CH—NO_2	1,0	73

Versuchsbedingungen wie Tabelle 37.
Verbindungen Nr. 9, 16—19 in 0,2 ml Propylenglykol gelöst.

weitere Verbindungen s. Tabelle 43; Übersicht über in vitro- und in vivo-Hemmung der Dopa-Decarboxylase durch verschiedene Verbindungen s. Tabelle 44.

Nach Versuchen von Porter u. Mitarb.[2] mit wäßrigen Extrakten aus Schweinenieren hemmen Hydrazinoanaloge von α-Methyl-Dopa, α-Hydrazino-β-3,4-dihydroxyphenylpropionsäure, D,L-α-Methyl-α-hydrazino-β-3,4-dihydroxyphenylpropionsäure und α-Hydrazino-3-hydroxyphenylpropionsäure 80 bzw. 60mal stärker als α-Methyl-Dopa.

Chinone und potentielle Chinoide. Über eine Hemmung der Säugetier-Dopa-Decarboxylase und der Histidindecarboxylase in vitro durch Chinone und potentielle Chinoide wurde von verschiedenen Autoren berichtet, so für Chinon, Hydrochinon, Brenzcatechin, Pyrogallol, Dopa, Catecholamine, o-Dihydrophenole, Flavonoide, Anthocyanine, Hämatoxylin und verwandte Verbindungen[1,3-16].

[1] Hartman, W. J., R. I. Akawie and W. G. Clark: J. biol. Ch. **216**, 507 (1955).
[2] Porter, C. C., L. S. Watton, D. C. Titus, J. A. Totaro and S. S. Byer: Biochem. Pharmacol. **11**, 1067 (1962).
[3] Werle, E.: B. Z. **311**, 270 (1941).
[4] Werle, E., u. W. Koch: B. Z. **319**, 305 (1949).
[5] Malkiel, S., and M. D. Werle: Science, N.Y. **114**, 98 (1951).
[6] Werle, E., u. D. Aures: Psychiat. Neurol., Basel **140**, 226 (1960).
[7] Imiya, T.: J. Osaka med. Soc. **40**, 1494 (1941).

Durch Mono- und Dicarbonsäuren wird nach OHNO[2] die Glutaminsäuredecarboxylase von Kürbisbrei gehemmt. Die Hemmung nimmt mit der Kettenlänge der Mono- und Dicarbonsäuren zu. Seitenketten bedingen Abnahme der Hemmung, ebenso funktionelle Gruppen (Hydroxyl-, Carbonyl- und Aminogruppen). p-Toluolsulfonyl- und Carbobenzoxyglutaminsäure hemmen ebenfalls, cis-Säuren hemmen stärker als trans-Säuren. Bei einer Hemmstoffkonzentration von $1{,}36 \times 10^{-2}$ m beträgt die Hemmung allerdings im Höchstfall nur 32%. Eine Ausnahme von der angegebenen Regel macht die Essigsäure, die trotz der geringen Kettenlänge zu 42% hemmt.

Es wird angenommen, daß die genannten Säuren die γ-CO_2-Gruppe der Glutaminsäure von der Haftstelle am Enzym kompetitiv verdrängen.

Tabelle 42. *Hemmung der Dopa-Decarboxylase durch Benzoesäure-Derivate*[1].

Verbindung Nr.	Position Nr. (4-[Ring mit 3, 2, 5, 6]-COOH) 2	3	4	5	6	Relative Molarität (M Inhibitor entsprechend 1,0 M Dopa)	Hemmung %
1	OH	H	OH	H	H	1,0	0
2	OH	H	H	OH	H	1,0	21
3	H	OH	OH	H	H	1,0	0
4	OH	H	OH	H	OH	1,0	16
5	H	OH	OH	OH	H	1,0	42
6	OH	H	NH_2	H	H	1,0	0
7	OH	H	H	NH_2	H	1,0	28
8	NH_2	OH	H	H	H	1,0	17
9	OH	NO_2	H	H	H	1,0	0
10	OH	H	NO_2	H	H	1,0	26
11	OH	H	H	NO_2	H	1,0	0
12	OH	NO_2	H	NO_2	H	0,1	22
13	OH	H	H	Br	H	1,0	0
14	OH	Br	H	Br	H	0,1	33
15	H	OH	Br	H	Br	1,0	36
16	OH	J	H	J	H	0,1	47
17	H	J	OH	J	H	1,0	0
18	OH	C_6H_5	H	H	H	1,0	77
19	OH	H	H	CH_3CO	H	1,0	0
20	SH	H	H	H	H	1,0	50
21	NH_2	H	NO_2	H	H	1,0	0
22	NH_2	H	H	NO_2	H	1,0	28
23	NH_2	J	H	J	H	0,2	59
24	H	NO_2	H	NO_2	H	0,1	10
25	Cl	H	H	NO_2	H	1,0	0
26	Cl	H	Cl	H	H	1,0	4
27	Cl	H	H	Cl	H	1,0	0
28	H	Cl	Cl	H	H	1,0	17
29	H	Br	H	Br	H	0,1	10
30	J	J	H	J	H	1,0	83

Versuchsbedingungen wie Tabelle 37.

Organische Lösungsmittel. WATON[3] machte die interessante Beobachtung, daß verschiedene organische Lösungsmittel die nichtspezifische tierische Histidindecarboxylase aus Kaninchenniere aktivieren. Benzol, Pyridin, Toluol, Chlorbenzol und Petroläther bewirkten eine Erhöhung der Decarboxylierungsrate von Histidin auf das 6—9fache; Chloroform, Cyclohexan, Nitrobenzol, Anilin, Äther und Tetrachlorkohlenstoff auf das 2—3fache; Penta-1-ol und Aceton aktivierten nur leicht; keine Wirkung hatten: Amylalkohol, Cyclohexanon, Tetrachloräthan und Butanol. Äthylacetat, Methyljodid und Chinolin hemmten. Auf einer antibakteriellen Wirkung kann diese

[1] HARTMAN, W. J., R. I. AKAWIE and W. G. CLARK: J. biol. Ch. **216**, 507 (1955).
[2] OHNO, M.: Nippon Nogeikagaku Kaishi **36**, 49 (1962).
[3] WATON, N. G.: Biochem. J. **64**, 318 (1956). Brit. J. Pharmacol. **11**, 119 (1956).

Literatur zu S. 568 (Fortsetzung).

[8] MARTIN, G. J., M. GRAFF, R. BRENDEL and J. M. BEILER: Arch. Biochem. **21**, 177 (1949).
[9] MARTIN, G. J., O. T. ICHNIOWSKI, W. A. WISANSKY and S. ANSBACHER: Amer. J. Physiol. **136**, 66 (1942).
[10] MARTIN, G. J.: Biological Antagonism. The Theory of Biological Relativity. Philadelphia and Toronto (1951).
[11] BARGONI, N.: Boll. Soc. ital. Biol. sperim. **22**, 336 (1946).
[12] GONNARD, P.: Bull. Soc. Chim. biol. **33**, 14 (1951).
[13] GÁBOR, M., I. SZÓRÁDY u. Z. DIRNER: Acta physiol. hung. **3**, 595 (1952). Kisérl. Orvostud. **4**, 100 (1952).
[14] PARROT, J., et J. REUSE: J. Physiol., Paris **46**, 99 (1954).
[15] HARTMAN, W. J., R. I. AKAWIE and W. G. CLARK: J. biol. Ch. **216**, 507 (1955).
[16] KIMURA, K., S. KUWANO and H. HIKINO: Yakugaku Zasshi 78, 236 (1958).

Aktivierung nicht beruhen; denn die Inkubationszeiten waren im allgemeinen 1 Std oder kürzer. Es ist möglich, daß die Lösungsmittel vorhandene aktive Zentren des Enzyms durch Entfernung von Lipoproteidschranken verfügbar machen. SCHAYER[1] fand ebenfalls, daß Benzol die Histidindecarboxylase in zellfreien Extrakten aus Rattenniere verstärkt, aber das Enzym aus Rattenmagen wurde stark gehemmt. ROTHSCHILD und SCHAYER[2] fanden, daß die Histidindecarboxylase aus peritonealen Mastzellen von Ratten genauso reagierte wie die aus Rattenmagen. Diese Beobachtung und die verschiedenen p_H-Optima führten zu der Postulierung von zwei verschiedenen Enzymen (s. auch S. 519).

Tabelle 43. *Hemmung der Dopa-Decarboxylase durch verschiedenartige Verbindungen*[3].

Verbindung Nr.		Relative Molarität*	Hemmung %
1	Phenol	0,4	6
2	Catechol	3,0	50
3	Resorcin	0,4	13
4	Hydrochinon	0,1	0
5	Phloroglucin	1,0	45
6	4-Chlorresorcin	1,0	58
7	2,4-Dinitrophenol	1,0	13
8	1-Hydroxy-2-naphthoesäure	1,0	61
9	3-Hydroxy-7-sulfo-2-naphthoesäure	1,0	31
10	3,5-Dihydroxy-2-napthoesäure	1,0	83
11	Propiophenon	1,0	0
12	Phenylaceton	1,0	0
13	Phenylbuttersäure	1,0	10
14	Benzalbrenztraubensäure	1,0	0
15	Cumarin	1,0	0
16	3-Hydroxycumarin	0,1	0
17	3-Methylumbelliferon	1,0	33
18	Äsculetin-4-carboxylsäure	1,0	35
19	Äsculin	1,0	0
20	Phloretin	1,0	97
21	Leptosin	0,1	48
22	β-(2-Thienyl)-acrylsäure	1,0	0
23	3-Hydroxy-2-phenylcinchoninsäure	1,0	74
24	Chinasäure	1,0	0
25	Dithiosalicylsäure	1,0	78
26	1,2-Naphthochinon-4-sulfonsäure	0,1	71

Versuchsbedingungen wie bei Tabelle 37.
Verbindungen Nr. 11, 12, 15—17, 19—21 wurden in 0,2 ml Propylenglykol gelöst.
* M Inhibitor entsprechend 1,0 M Dopa.

Verschiedene Hemmkörper. Die hinteren Speicheldrüsen von *Octopus bimaculatus* enthalten einen hitzelabilen, hochmolekularen Hemmkörper für Dopa-Decarboxylase und 5-HTP-Decarboxylase[4].

Reserpin hat keinen Einfluß auf Dopa- und 5-HTP-Decarboxylase[5–9]. Dopa-Decarboxylase wird durch den Tranquilizer N-(3′-Phenyl-propyl-(2′))-1,1-diphenyl-propyl-(3)-amin bis 5×10^{-3} m nicht gehemmt[10].

[1] SCHAYER, R. W.: Amer. J. Physiol. **189**, 533 (1957).
[2] ROTHSCHILD, A. M., and R. W. SCHAYER: Biochim. biophys. Acta **34**, 392 (1959).
[3] HARTMANN, W. J., R. I. AKAWIE and W. G. CLARK: J. biol. Ch. **216**, 507 (1955).
[4] HARTMAN, W. J., W. G. CLARK, S. CYR, A. L. JORDON and R. A. LEIBHOLD: Ann. N.Y. Acad. Sci. **90**, 637 (1960).
[5] HAVERBACK, B. J., A. SJOERDSMA and L. L. TERRY: New Engl. J. Med. **255**, 270 (1956).
[6] ERSPAMER, V., and C. CICERI: Exper. **13**, 87 (1957).
[7] BRODIE, B. B., E. G. TOMICH, R. KUNTZMAN and P. A. SHORE: J. Pharmacol. exp. Therap. **119**, 461 (1957).
[8] BARTLET, A. L.: Brit. J. Pharmacol. **15**, 140 (1960).
[9] BERTLER, A.: Acta physiol. scand. **51**, 75 (1961).
[10] SCHÖNE, H.-H., u. E. LINDNER: Kli. Wo. **1962**, 1197.

Tabelle 44. *Hemmung der Dopa-Decarboxylase*[1].

	in vitro	
	Relative Molarität*	Hemmung %
A. Verbindungen, welche in vivo hemmen		
5-(3,4-Dihydroxyzimtsäure)-salicylat	0,001	85
5-(3,4-Diacetoxyzimtsäure)-acetylsalicylat	0,001	62
5-(3-Hydroxyzimtsäure)-salicylat	0,01	84
5-(3-Acetoxyzimtsäure)-acetylsalicylat	0,01	50
3-Mercaptozimtsäure	0,05	78
5-(3-Hydroxy-4-nitrozimtsäure)-salicylat	0,1	87
3,4-Dihydroxyzimtsäure (Kaffeesäure)	0,22	74
Chlorogensäure	0,1	70
3,4-Dihydroxyhydrozimtsäure	0,22	63
3,4-Diacetoxyzimtsäure	0,2	31
Dimethylaminoäthyl-3,4-diacetoxyzimtsäure	0,2	55
3,4-Dihydroxyphenylessigsäure	0,1	70
3-Hydroxy-4-methoxyzimtsäure (Isoferulasäure)	1,0	19
3-Hydroxyzimtsäure	0,4	48
3-Hydroxyhydrozimtsäure	1,0	0
α-Äthyl-3-hydroxyzimtsäure	0,2	27
α-Methyl-3-hydroxyzimtsäure	0,2	31
3-Hydroxyphenoxyessigsäure	0,1	30
3-Hydroxy-ω-nitrostyrol	1,0	73
3-Hydroxyphenylessigsäure	1,0	11
3,5-Dibromsalicylsäure	0,1	33
3,5-Dibrom-2-hydroxyzimtsäure	0,2	65
d-Catechin (3,5,7,3′,4′-Pentahydroxyflavan)	0,1	50
d-Epicatechin (Isomeres des vorhergehenden)	0,1	50
Gossypin (3,5,7,8,3′,4′-Hexahydroxyflavan-8-glucosid)	0,1	70
B. Verbindungen, welche in vivo nicht hemmen		
2′,3,4-Trihydroxychalkon	0,1	90
5-(2-Hydroxy-3,5-dibromzimtsäure)-salicylat	0,1	65
α-Phenyl-3,5-dijod-2-hydroxy-hydrozimtsäure	0,2	100
Cynarin (1,4-Dikaffeesäureester der Chinasäure)	0,1	45
3′-Amino-3-hydroxychalkon	0,1	30
3-Hydroxybenzoesäure	1,5	0
4-Hydroxyzimtsäure	0,25	7
Zimtsäure	1,0	0
Acetylsalicylsäure	—	—
4-Hydroxyphenylbrenztraubensäure	1,0	60
Quercetin-6′-sulfonsäure (3,3′,4′,5,7-Pentahydroxyflavon-6-sulfonsäure	0,05	60
3-Methoxy-4-hydroxyzimtsäure (Ferulasäure)	1,0	5
Protocatechusäure	1,0	0
4-Methoxyzimtsäure	—	—
2,4-Dihydroxyzimtsäure	1,0	9
Phenylbuttersäure	1,0	10
Phenylessigsäure	1,0	0
2,4-Dihydroxyhydrozimtsäure	1,0	75
3-Hydroxychalkon	0,01	24
3-Hydroxychalkon	0,001	8
3,3′-Dithiozimtsäure	0,1	51
Hydrozimtsäure	1,0	8
4-Hydroxyhydrozimtsäure	1,0	9
4-Hydroxyphenylmilchsäure	1,0	24
3-Hydroxyphenylessigsäure	1,0	11
Phenylmilchsäure	1,0	0

[1] Hartman, W. J., R. I. Akawie and W. G. Clark: J. biol. Ch. **216**, 507 (1955).

Tabelle 44 (Fortsetzung).

	in vitro	
	Relative Molarität*	Hemmung %
α-Aminophenylessigsäure	1,0	0
o-Cumarinsäure	1,0	52
(+)-3-Hydroxyphenylhydroacrylsäure	—	—
(—)-3-Hydroxyphenylhydroacrylsäure	—	—
β-N-(3-Hydroxy-6-pyridon)-α-aminopropionsäure (Leucenol)	1,0	0—18
β-(3-Hydroxyphenyl)-β-alanin	4,0	0
β-(2-Thienyl)-acrylsäure	1,0	0
3-Nitro-L-tyrosin	1,0	0
2,3,3′,4,4′,5,7-Heptahydroxyflavanglucosid	—	—
4-Hydroxyisophthalsäure	—	—
Histidin	1,0	0
Rutin ((3,3′,4′,5,7-Pentahydroxyflavon-3-rutinosid)-piperazin)	—	—
Flavonoide aus Citronenschalenextrakt	—	—
„Hesperidinmethylchalkon“	—	—
3,4-Dihydroxyphenylglycin	1,0	6
Hydroferulasäure	—	—
Epimerisiertes d-Catechin (80% d-Catechin + 20% d-Epicatechin)	—	—
3-Fluortyrosin	1,0	0
3-Aminotyrosin-HCl	1,0	0
4-Chlorzimtsäure	1,0	8
β-(2-Furyl)-serin	1,0	6
erythro-3-Nitrophenylserin	1,0	0
3,4-Dimethoxyphenylessigsäure	1,0	18
3,4-Methylendihydroxymandelsäure	1,0	0

Versuchsbedingungen in vitro:
Schweinenierenrindenextrakt, lyophilisiertes Trockenpräparat nach SCHALES und SCHALES[1], gemessen in WARBURG-Ansätzen. Hauptraum: 15 mg Enzym + 2 ml 0,1 m Phosphatpuffer, p_H 6,8, 40 μg PLP-Ca, dest. Wasser ad 4,5 ml. 1. Seitenarm: 10 μM L-Dopa (1,98 mg) und 0,01—10 μM neutralisierter Inhibitor. 2. Seitenarm: 0,2 ml 3 n H_2SO_4.

* M Inhibitor entsprechend 1,0 M Dopa. Verbindungen mit — wurden nur in vivo untersucht.

Cysteinsäuredecarboxylase.

[4.1.1.29 L-Cysteinsulfinat-Carboxy-Lyase.]

L-Cysteinsäure → Taurin + CO_2
L-Cysteinsulfinat → Hypotaurin + CO_2

Die enzymatische Decarboxylierung von Cysteinsäure wurde von BLASCHKO 1942[2] und diejenige von Cysteinsulfinsäure durch BERGERET u. Mitarb. 1954[3] entdeckt. Nach BLASCHKO und HOPE[4] werden beide Reaktionen durch das gleiche Enzym katalysiert. Nach intravenöser Injektion von L-Cysteinsulfinsäure erfolgt bei Ratten in der Leber eine Bildung von Hypotaurin[5, 6].

Vorkommen. Das Enzym ist in der Leber von Hund[7], Ratte[8], Meerschweinchen und Schwein, ferner im Gehirn von Ratten[8] und in der Darmwand von Meerschweinchen[9]

[1] SCHALES, O., and S. S. SCHALES: Arch. Biochem. **11**, 155 (1946).
[2] BLASCHKO, H.: J. Physiol., London **101**, 6P (1942).
[3] CHATAGNER, F., H. TABECHIAN et B. BERGERET: Biochim. biophys. Acta **13**, 313 (1954).
[4] BLASCHKO, H., and D. B. HOPE: J. Physiol., London **126**, 52P (1954).
[5] BERGERET, B., et F. CHATAGNER: Biochim. biophys. Acta **9**, 141 (1952).
[6] BERGERET, B., F. CHATAGNER et C. FROMAGEOT: Biochim. biophys. Acta **9**, 147 (1952).
[7] ANDREWS, I. C., and I. F. R. KUCK jr.: J. Elisha Mitchell sci. Soc. **69**, 35 (1953).
[8] JACOBSEN, J. G., LINDA L. THOMAS and L. H. SMITH jr.: Biochim. biophys. Acta **85**, 103 (1964).
[9] WERLE, E., u. S. BRÜNINGHAUS: B. Z. **321**, 492 (1951).

nachgewiesen worden. Es fehlt in Herz, Leber und Niere von Katzen[1], Kaninchen, Pferden, Rindern, Kabeljau und Mollusken[2]. Auch in *E. coli* wurde das Enzym[3] nachgewiesen. Cysteinsulfinsäure wird durch Kaninchenleberextrakt decarboxyliert[4].

Reinigung. Die Cysteinsäuredecarboxylase kann wie die übrigen Decarboxylasen extrahiert und angereichert werden. Bei p_H 4,5 kann inaktives Material ausgefällt und die überstehende Enzymlösung durch Behandlung mit Aceton in ein aktives Trockenpulver übergeführt werden[5]. WERLE und BRÜNINGHAUS[3] benutzten mit 0,1 m Phosphatpuffer, p_H 7,4, extrahierte Enzymlösungen, die auch kurz dialysiert werden konnten.

Spezifität. Die Cysteinsäuredecarboxylase ist streng spezifisch auf die Decarboxylierung von L-Cysteinsäure und L-Cysteinsulfinsäure eingestellt[6]. L-Homocysteinsäure hat zwar Affinität zum Enzym und hemmt die Decarboxylierung von Cysteinsäure kompetitiv, wird aber nicht angegriffen. Asparaginsäure, welche in bezug auf den Gehalt an polaren Gruppen und ihren räumlichen Abständen der Cysteinsäure nahesteht, hat keine Affinität zur Cysteinsäuredecarboxylase[7]. Überoptimale Substratkonzentration hemmt die Decarboxylierung.

Eigenschaften[2, 3]. Das Enzym ist in Lösung wenig haltbar. Bei der Dialyse nimmt die Aktivität rasch ab, sie kann durch das eingeengte Außendialysat und durch PLP teilweise wieder hergestellt werden. Die Cysteinsäuredecarboxylase gehört also zu den leicht dissoziierenden PLP-Enzymen. Bei vitamin-B_6-frei ernährten Ratten sinkt die Aktivität in der Leber ab[8], sie wird durch Zusatz von PLP zum Leberextrakt dann wieder hergestellt, wenn die Tiere nicht länger als 10—14 Tage vitamin-B_6-frei ernährt worden waren[1].

Hemmstoffe. Das Enzym wird durch HCN, Hydroxylamin und Semicarbazid stark gehemmt[3].

Bestimmung. Die Aktivität des Enzyms wird an Hand der gebildeten CO_2-Menge bestimmt.

Versuchsansatz nach WERLE und BRÜNINGHAUS[3]: Im Hauptraum des WARBURG-Gefäßes: 2 ml Enzymlösung, im Seitenarm: 0,002 m (1 mg) Cysteinsäure, Endvolumen der Ansätze 3 ml. $Q^{N}_{CO_2}$-Werte aus Hunde-, Ratten-, Meerschweinchen- und Schweineleber nach[3]: 0,2 (0,1), 0,12 (0,16), 0,048 (0,045), 0,09 (0,08); Werte in Klammern sind Ergebnisse von BLASCHKO[2]. ANDREWS und KUCK[9] weisen das gebildete Taurin colorimetrisch und die Abnahme der Cysteinsäure papierchromatographisch nach.

Leucindecarboxylase.

Außer in Bakterien kommt auch in Säugetierorganen ein Enzym vor, welches Leucin, Isoleucin und Valin decarboxyliert[10]. Das Enzym ist nachgewiesen in Niere, Leber, Muskel, Gehirn, Placenta und Leber von Meerschweinchen und in Leukocyten sowie im Nabelschnurblut vom Menschen[11]. In der menschlichen Placenta, in Erythrocyten und Muskelgewebe fehlt das Enzym[11]. Das Enzym der Meerschweinchenleber ist in den Mitochondrien lokalisiert[11].

---

[1] HOPE, D. B.: Biochem. J. **59**, 497 (1955).
[2] BLASCHKO, H.: Biochem. J. **36**, 571 (1942).
[3] WERLE, E., u. S. BRÜNINGHAUS: B. Z. **321**, 492 (1951).
[4] CHATAGNER, F., et B. BERGERET: Cr. **232**, 448 (1951).
[5] BLASCHKO, H.: Biochem. J. **39**, 76 (1945).
[6] JACOBSEN, J. G., LINDA L. THOMAS and L. H. SMITH jr.: Biochim. biophys. Acta **85**, 103 (1964).
[7] AWAPARA, J., and W. J. WINGO: J. biol. Ch. **203**, 189 (1953).
[8] BLASCHKO, H., S. P. DATTA and H. HARRIS: Brit. J. Nutrit. **7**, 364 (1953).
[9] ANDREWS, I. C., and I. F. R. KUCK jr.: J. Elisha Mitchell sci. Soc. **69**, 35 (1953).
[10] KINNORY, D. S., Y. TAKEDA and D. M. GREENBERG: J. biol. Ch. **212**, 385 (1955).
[11] DANCIS, J., J. HUTZLER and M. LEVITZ: Biochim. biophys. Acta **52**, 60 (1961).

Aminosäuredecarboxylasen in Mikroorganismen[1–4].

Hanke und Koessler[5] untersuchten 1922 die Aminbildung bei verschiedenen Mikroorganismen und fanden, daß verschiedene Stämme sich in der Fähigkeit, Aminosäuren zu decarboxylieren, unterschieden. Von 29 Stämmen von *E. coli* konnten z.B. nur 6 Histidin decarboxylieren. Von den untersuchten Bakterien konnten diejenigen, welche Histamin bildeten, Tyrosin nicht decarboxylieren und umgekehrt[6]. Hirai[7] isolierte jedoch einen Colistamm, welcher Histidin, Tyrosin und Arginin decarboxyliert.

Übersicht über bisher aufgefundene Aminosäuredecarboxylasen in Bakterien s. Tabelle 43.

Zur Substratspezifität. Die Aminosäuren L-Arginin, L-Histidin, L-Lysin, L-Ornithin, L-Tyrosin und L-Glutaminsäure haben eine dritte polare Gruppe zusätzlich zur α-Carboxyl- und zur α-Aminogruppe. Eine Decarboxylierung findet nicht statt, wenn diese dritte polare Gruppe fehlt oder substituiert ist. Die Tyrosindecarboxylase greift Tyrosin nicht an, wenn die Hydroxylgruppe im Tyrosin methyliert oder benzyliert ist (die Einführung einer zweiten Hydroxylgruppe stört die Decarboxylierung nicht, d.h. das Enzym decarboxyliert auch Dopa[8]). (Siehe dazu die Tyrosin- und Dopa-Decarboxylierung durch Enzyme der Säugetiere, S. 528.) Bakterielle Lysindecarboxylase greift auch Hydroxylysin an[9], das für Glutaminsäure spezifische Enzym decarboxyliert auch β-Hydroxyglutaminsäure. Demnach verhindert die Einführung einer Hydroxylgruppe in das Substratmolekül den Angriff der Enzyme nicht, setzt aber in den meisten Fällen die Reaktionsgeschwindigkeit herab. Es gibt mehrere Abweichungen von der Regel, nach der als Substrate nur Aminosäuren mit drei polaren Gruppen gelten sollen, da Bakterienenzyme Valin, Leucin und Phenylalanin decarboxylieren können[10].

Nach Geiger u. Mitarb.[11, 12] werden Histidinderivate, welche acyliert sind (z.B. Acetyl- und Benzoylhistidin), durch das bakterielle Enzym nicht angegriffen, ebensowenig Peptide, welche Histidin enthalten, z.B. Aspartyl-histidin und Histidyl-histidin[13].

Nach Werle[14] gibt es einen Bakterienstamm, der sowohl L- als auch D-Histidin zu decarboxylieren vermag.

Bedingungen für die Enzymbildung in Mikroorganismen. Sie werden von Gale[15] folgendermaßen zusammengefaßt:

1. Der Mikroorganismus muß die Fähigkeit zur Bildung der Enzyme in seiner enzymatischen Konstitution vorgebildet haben.

2. Das Wachstum muß in Gegenwart des spezifischen Substrats stattfinden (s. Tabelle 46).

3. Der Organismus muß zur Synthese der Codecarboxylase befähigt sein, wenn nicht, muß das Nährmedium Faktoren enthalten, welche für die Synthese des Coenzyms notwendig sind.

---

[1] Schales, O.: Amino Acid Decarboxylases; in: Sumner-Myrbäck, Bd. II/1, S. 216.
[2] Gale, E. F.: Meth. biochem. Analysis **4**, 285 (1957).
[3] Werle, E.: Fermentforsch. **17**, 104 (1943). Z. Vit.-, Horm.-Ferm.-Forsch. **1**, 504 (1947/48). Angew. Chem. **63**, 550 (1951); **64**, 311 (1952).
[4] Werle, E., u. W. Koch: B. Z. **319**, 305 (1949).
[5] Hanke, M. T., and K. K. Koessler: J. biol. Ch. **50**, 131 (1922).
[6] Hanke, M. T., and K. K. Koessler: J. biol. Ch. **59**, 867 (1924).
[7] Hirai, K.: B. Z. **267**, 1 (1933); **283**, 390 (1936).
[8] Epps, H. M. R.: Biochem. J. **38**, 242 (1944).
[9] Gale, E. F., and H. M. R. Epps: Biochem. J. **38**, 232 (1944).
[10] King, H. K.: Biochem. J. **54**, xi (1953).
[11] Geiger, E., G. Courtney and G. Schnakenberg: Arch. Biochem. **3**, 311 (1944).
[12] Geiger, E.: Proc. Soc. exp. Biol. Med. **55**, 11 (1944).
[13] Geiger, E.: Arch. Biochem. **17**, 391 (1948).
[14] Werle, E.: B. Z. **309**, 61 (1941).
[15] Gale, E. F.: Adv. Enzymol. **6**, 1 (1946).

Tabelle 45. *Vorkommen von Aminosäuredecarboxylasen in Bakterien nach* SANTOS-RUIZ[1].

EC-Nr.	EC-Name	Trivialname	Reaktionsprodukt	Vorkommen
4.1.1.11	L-Asparagin-säure-1-Carb-oxy-Lyase	Asparaginsäure-1-Decarboxy-lase	β-Alanin	Azotobact. vinelandii[2], Rhizobium trifolium[3], Rhizobium leguminosarum[2], „Pseudomycobacterium"[4], Cl. welchii var. SR 12 N.C.T.C. 6784, Pseudomonas reptilivora[5], E. coli[3]
4.1.1.12	L-Asparagin-säure-4-Carb-oxy-Lyase	Asparaginsäure-4-Decarboxy-lase	α-Alanin	Cl. welchii SR 12[6], Desulfovibrio desulfuricans N.C.I.B. 8380[7], Cl. perfringens[6], Nocardia globerula[8]
4.1.1.14	L-Valin-Carb-oxy-Lyase	Valindecarboxy-lase	Isobutylamin	Pseudomonas reptilivora[5] (auch Norvalin), Proteus vulgaris[9]
4.1.1.15	L-Glutamat-1-Carboxy-Lyase	Glutaminsäure-decarboxylase	4-Aminobutter-säure	Proteus vulgaris[10], E. coli ATCC 4157, E. coli ATTC 11246, Desulfovibrio desulfuricans N.C.I.B. 8380[7], Cl. aerofoetidum 505[11], Cl. welchii SR 12 N.C.T.C. 6784, Shigella dysenteriae[12], Shigella paradysenteriae[12], Shigella sonnei[12], Proteus morganii[12], Proteus rettgeri[12], Providencia[12], Intermedium Typ IV[12], Betabact. 290[13], Betabact. 295[13], Betabact. 297[13], Betabact. Buchneri[13], Betabact. breve[13], Betabact. fermenti[13], Fusarien[14], Pseudomonas reptilivora[5], Proteus vulgaris[3], Lactobacillus spp.[3], Mycobacterium[15–17]
4.1.1.16	L-3-Hydroxy-glutamat-1-Carboxy-Lyase	Hydroxyglut-aminsäure-decarboxylase	3-Hydroxy-4-aminobutter-säure	Proteus vulgaris[18], E. coli[18]
4.1.1.17	L-Ornithin-Carboxy-Lyase	Ornithin-decarboxylase	Putrescin	Proteus vulgaris[3], Cl. septicum N.C.T.C. 547[11], E. coli[10], E. coli faecal. B[19], S. paratyphi A[12], S. gallinarum[12], andere Salmonellen[12], Arizona[12], E. coli[12], Cloaca[12], Hafnia[12], Shigella sonnei[12], Proteus mirabilis[12], Proteus morganii[12], Serratia[12], Intermedium Typ I[12], Intermedium Typ II[12], Intermedium Typ IV[12], E. coli 217[19], E. coli 86[19], Kl. pneumoniae[19], Pseudomonas reptilivora[5], Lactobacillus spp.[3]
4.1.1.18	L-Lysin-Carboxy-Lyase	Lysin-decarboxylase	Cadaverin	E. coli N.C.T.C. 6758 und 86, E. coli B[20], E. coli N.C.T.C. 7020[21], B. cadaveris N.C.T.C. 6578, Pseudomonas reptilivora[5], Lactobac. spp.[3], E. coli 217[19], E. coli 86[19], E. coli 210[19], E. coli 201[19], Kl. pneumoniae[19], S. paratyphi A[12], S. typhi[12], S. gallinarum[12], Arizona[12], verschiedene Klebsiella-Stämme[12], Cloaca[12], Hafnia[12], Proteus morganii[12], Serratia[12], Intermedium Typ I[12], Intermedium Typ II[12], Intermedium Typ IV[12]
4.1.1.19	L-Arginin-Carboxy-Lyase	Arginin-decarboxylase	Agmatin	E. coli 217[19], E. coli B[20], E. coli N.C.T.C. 7020[21], E. coli 86[19], E. coli 210[19], Lactobac. spp.[3], Betabact. M 290[13], Betabact. M 295[13], Betabact.

Tabelle 45 (Fortsetzung).

EC-Nr.	EC-Name	Trivialname	Reaktionsprodukt	Vorkommen
				M 297[13], Betabact. Buchneri[13], Betabact. breve[13], Betabact. fermenti[13], Pseudomonas reptilivora[5], S. paratyphi[12], S. typhi[12], S. gallinarum[12], andere Salmonellen[12], Arizona[12], E. freundii[12], Cloaca[12], Hafnia[12], Shigella dysenteriae[12], Shigella paradysenteriae[12], Shigella sonnei[12], Intermedium Typ II[12], Intermedium Typ IV[12]
4.1.1.20	meso-2,6-Diaminopimelinsäure-Carboxy-Lyase	Diaminopimelinsäuredecarboxylase	L-Lysin	Bac. sphaericus asporogenes[22, 23], E. coli ATCC 9637, „Coliformer Organismus“[24], Lactobacillus arabinosus[25], E. coli 9637[26], Staph. aureus[26], M. tuberculosis[27], Aerobacter aerogenes[22, 23]
4.1.1.22	L-Histidin-Carboxy-Lyase	Histidindecarboxylase	Histamin	E. coli N.C.T.C. 7020[21], Cl. welchii BW 21 N.C.T.C. 6785, Lactobacillus spp.[3, 28], „Micrococcus-Art“[29], E. coli 217[19], E. coli 86[19], E. coli 210[19], Kl. pneumoniae[19, 30], Lactobacillus 30a[31], E. coli[3, 30, 32], Bac. enterotoxicus (Fränkel 56)[33], (Fränkel 58)[33], (Fränkel 71)[33], Bac. enterotoxicus 14[33], Bac. enterotoxicus 15[33], Bac. enterotoxicus Göttingen[33], Proteus morganii[30, 34–36], Pseudomonas reptilivora[5], Cl. fallax[3], Pseudoruhr (Flexner, sehr schwach)[32], Pseudoruhr (Sonne E)[32], Paratyphus B[32], Enteritidis Breslau[32], Paratyphus A[32], Typhus[32], ein „marine bacteria“, gezüchtet aus pazifischen Sardinen[37], B. enteritidis[30], B. dysenteriae (Shiga Kruse)[30], B. Kruse-Sonne E[30], B. aerogenes[30], B. putrificus[30], B. phlegmonis emphysematosae[30], B. Rauschbrand[30], B. Pararauschbrand[30], Vibrio Calcutta[30], Vibrio Finkler[30], B. fluorescens[36], B. pyocyaneum[36]
4.1.1.24	Aminobenzoat-Carboxy-Lyase	Aminobenzoesäuredecarboxylase	Anilin	E. coli 0111: B_4[38], E. coli[39]
4.1.1.25	L-Tyrosin-Carboxy-Lyase	Tyrosindecarboxylase	Tyramin	Str. faecalis ATCC 8043, Str. faecalis NCTC 6783[40], Cl. aerofoetidum 505[11], Str. faecalis R[41], Str. faecalis NCTC 6782, E. coli[10], Str. haemolyticus, Str. faecalis sargent[40], Betabact. breve[13], Betabact. fermenti[13], Pseudomonas reptilivora[5]
4.1.1.26	3,4-Dihydroxy-L-Phenylalanin-Carboxy-Lyase	Dopa-Decarboxylase	Dihydroxy-phenyl-äthylamin	Str. faecalis R[41]
4.1.1.27	L-Tryptophan-Carboxy-Lyase	Tryptophandecarboxylase	Tryptamin	E. coli communior[42], α-hämolytischer Str.[43], Str. faecalis ATCC 8043

Tabelle 45 (Fortsetzung).

EC-Nr.	EC-Name	Trivialname	Reaktionsprodukt	Vorkommen
		Leucin-decarboxylase	2-Methylbutyl-amin	Proteus vulgaris[9], Pseudomonas reptilivora[5]
		Isoleucin-decarboxylase	3-Methylbutyl-amin	Proteus vulgaris[9], Pseudomonas reptilivora[5]
		α-Aminobutter-säuredecarb-oxylase	Propylamin	Proteus vulgaris[9]
		Cysteinsäure-decarboxylase	Taurin	E. coli[44]
		Phenylalanin-decarboxylase	Phenyläthyl-amin	Pseudomonas reptilivora[5], Str. faecalis[3, 45]
		Glutamin-decarboxylase		Cl. welchii[46]
		Alanin-decarboxylase		Pseudomonas reptilivora[5]
		Glycin-decarboxylase		Pseudomonas reptilivora[5]
		Prolin-decarboxylase		Pseudomonas reptilivora[5]
		Hydroxyprolin-decarboxylase		Pseudomonas reptilivora[5]
		Serindecarboxy-lase		Pseudomonas reptilivora[5]
		Threonin-decarboxylase		Pseudomonas reptilivora[5]
		γ-Hydroxyargi-nindecarboxy-lase	Hydroxy-agmatin	E. coli 7020[47]
		Canavanin-decarboxylase	γ-Guanidinooxy-propylamin	E. coli 7020[47]

1 Santos-Ruiz, A.: Bull. Soc. Chim. biol. **44**, 571 (1962).
2 Virtanen, A. I., and T. Laine: Enzymologia **3**, 266 (1937).
3 Gale, E. F.: Brit. med. Bull. **9**, 135 (1953).
4 Mardashev, S. R., L. A. Semina, R. N. Etinoff i A. I. Baliasnaia: Biochimija, Moskva **14**, 44 (1949).
5 Seaman, G. R.: J. Bact. **80**, 830 (1960).
6 Meister, A., H. A. Sober and S. V. Tice: J. biol. Ch. **189**, 577, 591 (1951).
7 Cattanéo-Lacombe, J., J. C. Senez et P. Beaumont: Biochim. biophys. Acta **30**, 458 (1958).
8 Nishimura, J. S., J. M. Manning and A. Meister: Biochemistry **1**, 594 (1962).
9 Haughton, B. G., and H. K. King: Biochem. J. **69**, 48P (1958).
10 Gale, E. F.: The Chemical Activities of Bacteria. S. 115. London 1947
11 Gale, E. F.: Biochem. J. **35**, 66 (1941).
12 Møller, V.: Acta path. microbiol. scand. **36**, 158 (1955).
13 Meyer, V.: Veröff. Inst. Meeresforsch. Bremerhaven **4**, 1 (1956).
14 Natarajan, S.: Current Sci., Bangalore **27**, 210 (1958).
15 Umbreit, W. W., and I. C. Gunsalus: J. biol. Ch. **159**, 333 (1945).
16 Najjar, V. A., and J. Fisher: J. biol. Ch. **206**, 215 (1954).
17 Halpern, Y. S., and N. Grossowicz: Proc. Soc. exp. Biol. Med. **91**, 370 (1956).
18 Umbreit, W. W., and P. Heneage: J. biol. Ch. **201**, 15 (1953).
19 Gale, E. F.: Biochem. J. **34**, 392 (1940).
20 Sher, I. H., and M. F. Mallette: J. biol. Ch. **200**, 257 (1953).
21 Taylor, E. S., and E. F. Gale: Biochem. J. **39**, 52 (1945).
22 Dewey, D. L., D. S. Hoare and E. Work: Biochem. J. **58**, 523 (1954).
23 Meadow, P., and E. Work: Biochim. biophys. Acta **29**, 180 (1958).
24 Hirai, K.: B. Z. **267**, 1 (1933).
25 Ikawa, M., and J. S. O'Barr: J. biol. Ch. **213**, 877 (1955).
26 White, P. J.: Biochem. J. **82**, 39P (1962).
27 Willett, H. P.: Amer. Rev. respirat. Dis. **81**, 653 (1960).
28 Rodwell, A. W.: J. gen. Microbiol. **8**, 224, 233 (1953).
29 Gladkowa, W. N., S. R. Mardashew i L. A. Ssemina: Mikrobiol., Moskva **22**, 141 (1953).

Tabelle 46. *Adaptative Bildung von Aminosäuredecarboxylasen in E. coli*[1].

Decarboxylase für:	E. coli-Stamm	Zusatz zum Kulturmedium							
		kein	Lysin	Arginin	Ornithin	Glutaminsäure	Histidin	Tyrosin	Caseinhydrolysat
L-Lysin	86	4	210	—	4	—	—	—	194
L-Arginin . . .	86	0	—	27	—	—	—	—	330
L-Ornithin . .	86	3	—	—	225	—	—	—	145
L-Glutaminsäure	TY	45	—	—	—	88	—	—	100
L-Histidin . . .	86	0	—	—	—	—	7	—	18
L-Tyrosin . . .	HE	0	—	—	—	—	—	60	63

Nährkultur: Mischung aus anorganischen Salzen, $(NH_4)_2HPO_4$, 2% Glucose und Zusätze (1%ig), wie in Tabelle verzeichnet. Aktivität in Q_{CO_2}-Werten bei 30° C und bei optimalem p_H.

4. Das Nährmedium muß sauer sein. Es ist offenbar die undissoziierte Carboxylgruppe für die Induktion der Enzymsynthese wesentlich; nur bei saurer Reaktion ist die Säurekonzentration gleich der Menge von freier Aminosäure; bei neutraler Reaktion, bei der die Carboxylgruppe praktisch völlig dissoziiert ist, erfolgt nur eine sehr geringe Enzymbildung[2].

5. Bei gewissen Mikroorganismen werden die Decarboxylasen in merklichem Maße nur gebildet, wenn das Wachstum unterhalb 30° C erfolgt. Die Enzyme werden in den Organismen erst gegen Ende der aktiven Zellteilung gebildet.

Züchtung aktiver Mikroorganismen. In Tabelle 47 und 48 sind geeignete Züchtungsbedingungen und Eigenschaften für Mikroorganismen angegeben. NCTC Nr. bedeutet, daß die betreffenden Stämme zu beziehen sind durch: National Collection of Type Cultures, Chemical Research Laboratory, Teddington, Middlesex, England. Diese Tabellen sind dem Beitrag von GALE[3] entnommen, welcher ausführliche Angaben zur Bestimmung der Aminosäuren mit Hilfe der spezifischen Bakteriendecarboxylasen enthält. Ansätze zur Bestimmung der Aminosäuren sind ausführlich dargestellt in Bd. III/2, S. 1707ff., so daß hier auf eine eingehende Schilderung verzichtet werden kann.

Zur Bestimmung der Aktivität der Decarboxylasen aus Bakterien[4]**.** In den Fällen, in denen ein spezifisches Enzym so dargestellt werden kann, daß es frei von anderen CO_2-

[1] GALE, E. F.: Adv. Enzymol. **6**, 1 (1946).
[2] GUNSALUS, I. C.: Fed. Proc. **9**, 556 (1950).
[3] GALE, E. F.: Meth. biochem. Analysis **4**, 285 (1957).
[4] UMBARGER, H. E., and B. BROWN: J. Bact. **73**, 105 (1957).

Literatur zu Tabelle 43 (Fortsetzung).

[30] EHRISMANN, O., u. E. WERLE: B. Z. **318**, 560 (1948).
[31] RODWELL, A. W.: J. gen. Microbiol. **8**, 233 (1953).
[32] WERLE, E.: B. Z. **309**, 61 (1941).
[33] KOSLOWSKI, L., H. H. SCHNEIDER u. C. HEISE: Kli. Wo. **1951**, 29.
[34] TANAKA, S.: Jap. J. Bact. **13**, 1000 (1958).
[35] ANDO, S.: J. Biochem. **47**, 787 (1960).
[36] WERLE, E.: Angew. Chem. **63**, 550 (1951); **64**, 311 (1952).
[37] GEIGER, E.: Arch. Biochem. **17**, 391 (1948).
[38] MCCULLOUGH, V. G., J. T. PILIGIAN and J. DANIEL: Am. Soc. **79**, 628 (1957).
[39] DIEZ-TALADRIZ, A., F. MAYOR y A. SANTOS RUIZ: Actas V. Reunion Soc. esp. Cienc. fisiol. Madrid 1959.
[40] GALE, E. F.: Biochem. J. **34**, 846 (1940).
[41] BLASCHKO, H.: Bull. Soc. Chim. biol. **40**, 1817 (1959).
[42] YAMADA, K., S. SAWAKI and C. YAZAKI: J. Vitaminol., Kyoto **5**, 249 (1959).
[43] MITOMA, C., and S. UDENFRIEND: Biochim. biophys. Acta **37**, 356 (1960).
[44] WERLE, E., u. S. BRÜNINGHAUS: B. Z. **321**, 492 (1951).
[45] MCGILVERY, R. W., and P. P. COHEN: J. biol. Ch. **174**, 813 (1948).
[46] KREBS, H. A.: Biochem. J. **43**, 51 (1948).
[47] MAKISUMI, S.: J. Biochem. **49**, 292 (1961).

Tabelle 47. *Ansätze mit Aminosäuredecarboxylasen aus Bakterien zur Bestimmung von Aminosäuren*[1].

Aminosäure	Ansätze		Berechnung: mg Aminosäure	100 µl CO_2 entstehen aus mg Aminosäure-N
	Puffer	CO_2-Entwicklung in Prozent der theoretischen Ausbeute		
Lysin	0,2 m Phosphat p_H 6,0, + kleine Menge Säure	(92) 98	0,652	0,125
Arginin	0,2 m Phosphat-Citrat, p_H 5,2	95	0,775	0,249
Histidin	0,2 m Acetat, p_H 4,5	96	0,692	0,188
Ornithin	0,2 m Phosphat-Citrat, p_H 5,5, + kleine Menge Säure	98	0,590	0,125
Tyrosin	0,2 m Phosphat-Citrat, p_H 5,5	96	0,81	0,063
Glutaminsäure	0,2 m Acetat, p_H 4,5	98	0,656	0,063
Asparaginsäure	0,2 m Acetat, p_H 4,9, + Pyruvat	96	0,596	0,063
Diaminopimelinsäure	0,1 m Phosphat, p_H 7,2, + kleine Menge Säure	94	0,85	0,125

Tabelle 48. *Herstellung und Eigenschaften von Aminosäuredecarboxylasepräparaten*[1].

Aminosäure	Mikroorganismus (NCTC Nr.)	Wachstumsbedingungen				Präparat	Mögliche Aufbewahrungsdauer
		Medium	Temperatur in °C	Zeit in Std	p_H nach Wachstum		
Lysin	Bact. cadaveris (6578)	Casein-Hydrolysat, Glucose	25	30	5,0—5,3	Acetonpulver, 10 mg/Ansatz	1—3 Monate im Exsiccator
Arginin	E. coli (70207)	Casein-Hydrolysat, Glucose	25	30	5,0—5,3	Acetonpulver, 10 mg/Ansatz	1—3 Monate im Exsiccator
Histidin	Cl. welchii var. BW 21 (6785)	Casein-Hydrolysat, Glucose, Hefeextrakt, Muskelbrei	37	16	4,0—4,3	Acetonpulver, 30 mg/Ansatz oder Extrakt	2—3 Monate im Exsiccator
Ornithin	Cl. septicum Pasteur (547)	Casein-Hydrolysat, Glucose, Hefeextrakt, Muskelbrei	37	16	5,3—5,5	Zellsuspension, 20—30 mg pro Ansatz	2—3 Tage im Kühlschrank
Tyrosin	S. faecalis (6782)	Casein-Hydrolysat, Glucose, Hefeextrakt	37	16	4,8—5,0	Acetonpulver, 10 mg/Ansatz	2—6 Wochen im Exsiccator
Glutaminsäure	Cl. welchii var. SR 12 (6784)	Casein-Hydrolysat, Glucose, Hefeextrakt, Muskelbrei	37	16	4,0—4,5	Zellsuspension, 20 mg/Ansatz	1 Monat im Kühlschrank
	E. coli ATC Nr. 4157	Casein-Hydrolysat, Glucose, Hefeextrakt	30	20	5,0—5,3	Acetonpulver, 30 mg/Ansatz	1—3 Monate im Exsiccator
Asparaginsäure	Cl. welchii var. SR 12	wie bei Glutaminsäuredecarboxylase					
Diaminopimelinsäure*	E. coli ATCC Nr. 9637	Salzlösung, Glucose (0,2%)	37	18		Acetonpulver, 40 mg/Ansatz	

* Saures Milieu nicht erforderlich, im Gegensatz zu allen anderen aufgeführten Enzymen.

freisetzenden Enzymen ist, und in welchen das Gleichgewicht der Reaktion weit auf der Seite des Reaktionsproduktes liegt oder bis zu einem konstanten Wert der theoretischen Ausbeute läuft, kann die Bestimmung des freigesetzten CO_2 zur Messung der Aktivität verwendet werden. Viele der bakteriellen Decarboxylasen besitzen ein sehr scharfes p_H-Optimum, und ein Abweichen des p_H, z.B. um 1,0, kann bereits eine Herabsetzung der Decarboxylierungsgeschwindigkeit um ca. 80% bewirken. Die p_H-Optima liegen zwischen

[1] GALE, E. F.: Meth. biochem. Analysis 4, 285 (1957).

4 und 7. Die meisten der Aminosäuredecarboxylasen werden durch die Gegenwart von O_2 nicht beeinflußt, aber in einigen Fällen enthalten die Präparationen autoxydable Substanzen; dann muß unter N_2 inkubiert werden.

Bis jetzt ist keine Decarboxylierungsreaktion beobachtet worden, die reversibel verläuft, daher sollte die CO_2-Entwicklung der theoretisch möglichen Menge entsprechen; sie beträgt tatsächlich günstigstenfalls 98%.

Eine Methode zur Verwendung von radioaktiv markierten Aminosäuren wird von GALE[1] folgendermaßen beschrieben: Die Decarboxylierung wird in einem CONWAY-Gefäß vorgenommen. Ein Uhrglas, welches 0,1—0,2 ml einer Standardbarytlösung (annähernd 0,2 n) enthält, wird in den zentralen Raum des CONWAY-Gefäßes gesetzt. Entsprechende Mengen von Puffer- und Enzymlösung werden in die äußere Kammer gegeben; der Deckel wird eingefettet und aufgesetzt. Dann wird das Substrat in die äußere Kammer rasch einpipettiert und bei 37° C inkubiert. Die Aktivität des absorbierten radioaktiven CO_2 wird in üblicher Weise gemessen. Die Zugabe von Thymolphthalein zum Barytwasser zeigt an, ob die Bindungskapazität während der Inkubation für CO_2 ausreichend war.

Gewinnung zellfreier Lösungen von Aminosäuredecarboxylasen. Werden die Bakterien mit Aceton getrocknet, so bleiben die Decarboxylasen meist erhalten und können dann mit Pufferlösung extrahiert und weiter angereichert werden. Zellfreie Präparate, die nur *eine* Decarboxylase enthalten, können in der Weise gewonnen werden, daß man von einem Mikroorganismus ausgeht, der nur *eine* Decarboxylase zu produzieren vermag. Eine interessante Methode, Decarboxylasen aus Bakterien freizusetzen, besteht darin, die Bakterien durch geeignete Bakteriophagen aufzulösen. Auf diese Weise konnten SHER und MALLETTE[2] Lysin- und Arginindecarboxylase aus *E. coli* B gewinnen.

Asparaginsäuredecarboxylase.

[4.1.1.11 L-Aspartat-1-Carboxy-Lyase.]

$$\text{L-Asparaginsäure} = \beta\text{-Alanin} + CO_2$$

[4.1.1.12 L-Aspartat-4-Carboxy-Lyase.]

$$\text{L-Asparaginsäure} = \text{L-Alanin} + CO_2$$

Die α-Decarboxylierung wurde erstmals von VIRTANEN und LAINE[3] bei *Rhizobium leguminosarum* beobachtet. Es handelt sich um eine sehr langsam verlaufende Reaktion, bei der mehrere Tage lang inkubiert werden muß, um meßbare Umsätze zu erzielen. MARDASHEV u. Mitarb.[4] berichteten über ein aktives Enzym in Acetonpulverpräparaten eines „*Pseudomycobakteriums*". Nach MEISTER, SOBER und TICE[5] katalysieren gewaschene Suspensionen von *Cl. welchii SR 12* die γ-Decarboxylierung (ergibt α-Alanin). Die Reaktion wird beschleunigt durch die Gegenwart kleiner Mengen von Ketosäuren wie α-Ketoglutarsäure und wird durch Semicarbazid gehemmt. Die Bildung von β-Alanin ist für eine Reihe von Bakterien beschrieben worden; die Umsatzgeschwindigkeiten sind sehr niedrig, so daß sich mit Hilfe dieser Decarboxylase keine Asparaginsäurebestimmung durchführen läßt.

WILSON[6], WILSON und KORNBERG[7] isolierten und kristallisierten Asparaginsäuredecarboxylase aus *Achromobacter sp.* Sie hat ein Molekulargewicht von 760000. Umsatz-

[1] GALE, E. F.: Meth. biochem. Analysis 4, 285 (1957).
[2] SHER, I. H., and M. F. MALLETTE: J. biol. Ch. **200**, 257 (1953).
[3] VIRTANEN, A. I., and T. LAINE: Enzymologia **3**, 266 (1937).
[4] MARDASHEV, S. R., L. A. SEMINA, R. N. ETINOFF i A. I. BALIASNAIA: Biochimija, Moskva **14**, 44 (1949).
[5] MEISTER, A., H. A. SOBER and S. V. TICE: J. biol. Ch. **189**, 577, 591 (1951).
[6] WILSON, E. M.: Biochim. biophys. Acta **67**, 345 (1963).
[7] WILSON, E. M., and H. L. KORNBERG: Biochem. J. **88**, 578 (1963).

geschwindigkeit für Asparaginat: 69300 M/min. K_M für L-Asparaginat 8×10^{-5}. Das kristalline Enzym besitzt ein Absorptionsmaximum bei 360 mμ bei p_H 7,0. Dieses Maximum ist bisher bei keinem PLP-Enzym beobachtet worden.

Die Präparate, die von GALE[1] und KREBS[2] als Quelle für Glutaminsäuredecarboxylase benutzt worden sind, wirken nur in Gegenwart von Ketosäuren auf Asparaginsäure (MEISTER u. Mitarb.[3]). Glutaminsäuredecarboxylase wird bereitet wie unten beschrieben und in 0,2 m Acetatpuffer, p_H 4,8, suspendiert, dazu kommt 0,1 ml (50 μM) Natriumpyruvat und Acetatpuffer bis zur Endkonzentration von 0,5 m. Auch eine gereinigte Asparaginsäure-β-Decarboxylase aus *Clostridium perfringens* ist durch PLP und α-Ketosäuren aktivierbar[4].

***Reinigung der Asparaginsäure-4-Decarboxylase aus Desulfovibrio desulfuricans nach* CATTANÉO-LACOMBE *u. Mitarb.*[5].**

Nährlösung für *D. desulfuricans (Stamm El Agheila Z, NCIB 8380):* NH_4Cl 2 g; $MgSO_4 \cdot 7\,H_2O$ 2 g; Na_2SO_4 10 g; K_2HPO_4 1 g; Natriumlactat 20 g; Difco Hefeextrakt 5 g; $CaCl_2 \cdot 2\,H_2O$ 0,05 g; NaCl 20 g; 1 l dest. Wasser, p_H eingestellt auf 6,5; Sterilisation 15 min bei 120° C. Bei der Ernte darf die Drehzahl 18000 U/min nicht übersteigen, da sonst die Rohextrakte weniger aktiv werden. Die getrockneten Organismen (ungefähr 4 g) werden in homogener Suspension in 60 ml dest. Wasser und 4 Std bei 32° C autolysiert. Zelltrümmer werden durch Zentrifugieren (29000 × g; + 4° C, 10 min) entfernt. Der Rohextrakt enthält ungefähr 5 mg Protein/ml. Dem Rohextrakt werden 4 mg/ml Streptomycinsulfat zugegeben. Nach 1 Std bei 4° C bildet sich ein Niederschlag, welcher abzentrifugiert wird. Das Überstehende wird 1 Std gegen dest. Wasser dialysiert und auf p_H 5,0 eingestellt durch Zugabe von 0,1 Vol. Acetatpuffer 1,0 m, p_H 5,0. Es bildet sich ein Niederschlag, welcher abzentrifugiert (3000 U/min + 4° C, 10 min) und verworfen wird. Bei diesem Stadium der Reinigung enthält der Extrakt neben der Asparaginsäure-4-Decarboxylase noch eine Aspartat-Glutamat-Transaminase und eine L-Glutaminsäuredecarboxylase, welche L-Glutaminsäure in γ-Aminobuttersäure überführt.

Durch Ammoniumsulfatfällung kann zwischen 0 und 60% Sättigung die Glutaminsäuredecarboxylase abgetrennt werden. Die Asparaginsäuredecarboxylase und die erwähnte Transaminase fallen zwischen 60 und 80% Sättigung aus. Diese Fraktion wird durch Zentrifugieren (29000 × g, + 4° C, 10 min) gewonnen, in Phosphatpuffer 10^{-3} m, p_H 6,8, aufgenommen und gegen 1 l desselben Puffers 1 Std dialysiert. Das Endvolumen der Lösung wird dann auf 12 ml eingestellt.

Chromatographie an Calciumphosphat-Gel. 500 ml $CaCl_2$ 0,5 m werden langsam (4 bis 5 ml/min) in 500 ml Natriumphosphat 0,5 m eingerührt. Der kristallographische Zustand des Gels kann durch Röntgendiagramme kontrolliert werden*. Säulen mit 20 mm Innendurchmesser werden innerhalb von 12 Std mit 130 ml Gel gefüllt. Um Aktivitätsverluste zu vermeiden, sind die Säulen auf 0° C zu halten. Es sollen nicht mehr als 10 ml und 13—15 mg Protein auf eine Säule aufgetragen werden. Eluiert wird bei konstantem p_H (6,8) und steigender Ionenstärke durch Verwendung von Phosphatpuffer 0,1 m, 0,15 m, 0,2 m und 0,3 m. Es werden 10 ml Fraktionen mit dem Fraktionsschneider gewonnen. In den ersten Fraktionen (zwischen 0,1 und 0,15 m Puffer) befindet sich die Hauptmenge des Proteins und die Transaminase. Die Aktivität der Asparaginsäuredecarboxylase findet sich in den Fraktionen zwischen 0,2 und 0,3 m Puffer. Es kann auf diese Weise eine 120—160fache Reinigung erreicht werden mit einer Ausbeute von 20% der Ausgangsaktivität.

---

* Das Gel soll ca. 1—2 Monate vor dem Gebrauch hergestellt werden.

[1] GALE, E. F.: Meth. biochem. Analysis **4**, 285 (1957).

[2] KREBS, H. A.: Biochem. J. **43**, 51 (1948); **47**, 605 (1950).

[3] MEISTER, A., H. A. SOBER and S. V. TICE: J. biol. Ch. **189**, 577, 591 (1951).

[4] NISHIMURA, J. S., J. M. MANNING and A. MEISTER: Biochemistry **1**, 442 (1962).

[5] CATTANÉO-LACOMBE, J., J. C. SENEZ et P. BEAUMONT: Biochim. biophys. Acta **30**, 458 (1958).

Bestimmung der Asparaginsäuredecarboxylase.

L-Asparaginsäure 10 μM; α-Ketoglutarat 0,3 μM; Pyridoxalphosphat 50 μg; 1 ml Enzymlösung, Acetatpuffer, 1,0 m, pH 5,0, 1,0 ml; Gesamtvolumen 3 ml. Berechnet wird als μl CO_2/Std/mg Protein.

Valindecarboxylase. Leucindecarboxylase.

[4.1.1.14 L-Valin-Carboxy-Lyase.]

L-Valin = Isobutylamin + CO_2
L-Leucin = Isoamylamin + CO_2

KING[1] berichtete 1953, daß Stämme von *Proteus vulgaris* Valin und Leucin decarboxylieren können. Außderdem ist *Proteus vulgaris* fähig, auch L-Isoleucin und α-Amino-n-buttersäure zu decarboxylieren[2]. Die Anwesenheit der Substrate im Kulturmedium fördert die Enzymbildung und das Wachstum. D,L-Alanin erhöht ebenfalls die Enzymbildung, ist aber weder Substrat noch Inhibitor der Decarboxylase. D-Valin, L-Lysin, D,L-γ-Amino-n-buttersäure und D,L-Aminoisobuttersäure sind weder Substrate noch Inhibitoren des Enzyms, sie fördern auch nicht die Enzymbildung. Phenylalanin ist weder Inhibitor noch Substrat, hemmt aber die durch Leucin induzierte Enzymbildung. 1962 berichteten SUTTON und KING[3] über die teilweise Reinigung des Enzyms. Das Präparat wurde gehemmt durch Jodacetat. Das Coenzym PLP schützte gegen diese Hemmung, wenn es vor oder gleichzeitig mit Jodacetat dem Ansatz zugegeben wurde. Die Hemmung durch Jodacetat wurde aber durch PLP nicht aufgehoben. Analoge von PLP, denen entweder die 4-CHO-Gruppe oder die 5-$CH_2OPO_3H_2$-Gruppe fehlte, schützten das Enzym gegen Jodacetat nicht. Leucin, Valin, Norvalin, Isoleucin und α-Aminobutyrat potenzierten die Wirkung des Jodacetats. Die Hemmung durch Jodacetat wurde als kompetitiv in bezug auf PLP und nicht kompetitiv in bezug auf die Substrate angesehen. p-Chlormercuribenzoat hemmte das Enzym ebenso, doch waren die Charakteristika nicht die gleichen wie für die Hemmung durch Jodacetat.

Glutaminsäuredecarboxylase.

[4.1.1.15 L-Glutamat-1-Carboxy-Lyase.]

L-Glutamat = 4-Aminobutyrat + CO_2

pH-Optimum bei intakten Organismen[4, 5], bei *E. coli* 4,0 und bei Clostridiumstämmen 3,5—4,5. Der Temperaturkoeffizient ist 1,9 *(Cl. welchii BW 21)* und 2,7 *(Cl. aerofoetidum 505)*; die MICHAELIS-Konstante ist $5{,}4 \times 10^{-4}$ *(E. coli)*. Ein Stamm von *Cl. welchii (N.C.T.C. Nr. 6784)* ist spezifisch für die Decarboxylierung von L-Glutaminsäure, ist aber für die Herstellung eines Trockenpulvers nicht verwendbar, da die Behandlung mit Aceton die Aktivität des Enzyms fast vollständig zersört[6]. Ein zellfreies Präparat wurde aber erhalten aus einer Kultur von *E. coli* auf demselben Weg, der für die Reinigung der Arginindecarboxylase[7] angegeben wurde. Dieser Extrakt enthielt Decarboxylasen für L-Glutaminsäure, L-Arginin und L-Lysin. Die Aktivität gegenüber den beiden letzteren Enzymen verschwand bei 7—8tägigem Stehen bei 4° C, die Glutaminsäuredecarboxylase war dagegen 14—20 Tage lang stabil. Durch Cetyltrimethylammoniumbromid oder Handelspräparate dieser Substanz (Cetavlon, CTAB) in einer Konzentration von 0,25 % wird die Decarboxylierung von Asparaginsäure gehemmt, die von Glutaminsäure aktiviert[7].

[1] KING, H. K.: Biochem. J. **54**, xi (1953).
[2] HAUGHTON, B. G., and H. K. KING: Biochem. J. **69**, 48P (1958).
[3] SUTTON, C. R., and H. K. KING: Arch. Biochem. **96**, 360 (1962).
[4] KREBS, H. A.: Biochem. J. **47**, 605 (1950).
[5] GALE, E. F.: Biochem. J. **35**, 66 (1941).
[6] GALE, E. F.: Biochem. J. **39**, 46 (1945).
[7] TAYLOR, E. S., and E. F. GALE: Biochem. J. **39**, 52 (1945).

***Reinigung der* L-*Glutaminsäuredecarboxylase aus E. coli nach* NAJJAR[1].**

Eine Kultur von *E. coli A.T.T.C. 11246* wird in 6 l 3 %iger „trypticase soy broth" (Baltimore Biol. Laboratory, Baltimore, Md.) 18 Std lang bei 37° C bebrütet. Die Bakterien werden durch Zentrifugieren geerntet und mit Aluminium bei 6—8° C zerrieben. Das Material wird dann extrahiert mit 50 ml kaltem Wasser, zentrifugiert und das Überstehende abgetrennt. Die Extraktion wird mit 30 ml kaltem Wasser wiederholt. Zu den vereinigten Extrakten wird bei 6° C Ammoniumsulfatlösung schrittweise bis zur Halbsättigung zugegeben und der Niederschlag abzentrifugiert. Er wird in 10 ml kaltem Wasser gelöst und gegen destilliertes Wasser 4 Std bei 6° C dialysiert. Die Trübung wird abzentrifugiert und das Überstehende mit Ammoniumsulfat wieder fraktioniert. Die Fraktion, die bei 0,4—0,5 Sättigung gesammelt wird, enthielt 7 % der Aktivität, Reinigung achtfach. Das so erhaltene Präparat besitzt noch etwas Lysin- und Arginindecarboxylaseaktivität. Daraus können Acetontrockenpulver bereitet werden, die nur noch Glutaminsäuredecarboxylase enthalten. Maximal 20 % ihrer Aktivität können mit Wasser extrahiert werden. Weder das Acetonpulver noch der wäßrige Extrakt besitzt Glutaminaseaktivität. Das Maximum der Enzymaktivität während des Wachsens der Kultur ist nach 4 Std erreicht und bleibt 24 Std lang erhalten. Das Enzym ist spezifisch für L-Glutaminsäure und greift die α-Carboxylgruppe an, es liefert stöchiometrische Mengen von CO_2 und γ-Aminobuttersäure. Es greift Glutaminsäurederivate wie etwa γ-Methylamid, γ-Äthylester oder Acetyl- oder Carbamylglutaminsäure nicht an. Die Aktivität ist unter den beschriebenen Bedingungen proportional der Enzymkonzentration, wenn das Enzym mit Substrat gesättigt ist.

Eigenschaften. p_H-Optimum 5,0. Das Enzym zeigt noch etwas Aktivität unterhalb p_H 4,0, aber keine oberhalb 5,9. MICHAELIS-Konstanten bei p_H 4 und 5 und 5,6 sind 16,6, 4,5 und $14,3 \times 10^{-3}$.

β-Hydroxyglutaminsäuredecarboxylase.

[4.1.1.16 L-3-Hydroxy-Glutamat-1-Carboxy-Lyase.]

L-3-Hydroxyglutamat = 3-Hydroxy-4-aminobutyrat + CO_2

Die Präparate, welche Glutaminsäure decarboxylieren, setzen auch CO_2 aus bestimmten Isomeren von β-Hydroxyglutaminsäure frei[2]. Nach UMBREIT und HENEAGE[3] ist das Enzym, welches die Hydroxysäure decarboxyliert, mit der Glutaminsäuredecarboxylase nicht identisch.

Ornithindecarboxylase.

[4.1.1.17 L-Ornithin-Carboxy-Lyase.]

L-Ornithin = Putrescin + CO_2

p_H-Optimum ist bei intakten *E. coli* 5,0 und die MICHAELIS-Konstante 3×10^{-3} [4]. *Clostridium septicum (N.C.T.C. Nr. 547)* decarboxyliert nur Ornithin, andere Aminosäuren werden nicht angegriffen. p_H-Optimum 5,5. Dies ist der höchste Wert für irgendeine Aminosäuredecarboxylase in intakten Zellen. Der Temperaturkoeffizient in *Cl. septicum* ist 2,45, die MICHAELIS-Konstante ist etwa $2,8 \times 10^{-3}$ [2]. Trocknen der Organismen mit Aceton zerstört die Aktivität fast völlig[5]. Zellfreie Präparate können durch Zerreiben von *Cl. septicum* und Zentrifugation gewonnen werden, z.B. aus *Stamm P III (N.C.T.C. Nr. 547)*. Das Enzym befindet sich im Überstehenden, ist aber sehr instabil und wird beim Stehen innerhalb von 24 Std zu 75 % zerstört. Die Aktivität kann jedoch durch Zugabe von PLP wiederhergestellt werden. Das zellfreie Enzym zeigt ein p_H-Optimum bei 5,25, die MICHAELIS-Konstante ist 4×10^{-3}.

[1] NAJJAR, V. A.: Colowick-Kaplan, Meth. Enzymol. **2**, 185 (1955).
[2] GALE, E. F.: Biochem. J. **35**, 66 (1941).
[3] UMBREIT, W. W., and P. HENEAGE: J. biol. Ch. **201**, 15 (1953).
[4] GALE, E. F.: Biochem. J. **34**, 392 (1940).
[5] GALE, E. F.: Biochem. J. **39**, 46 (1945).

Lysindecarboxylase.

[4.1.1.18 L-Lysin-Carboxy-Lyase.]

L-Lysin = Cadaverin + CO_2

Reinigung[1]. *Bacterium cadaveris (N.C.T.C. Nr. 6578)* oder *E. coli* wird in 3% Caseinhydrolysat und 2% Glucose gezüchtet. Zellfreie Präparate werden durch zweistündiges Extrahieren acetongetrockneter Zellen mit 0,022 m Boratpuffer, p_H 8,5, bei 37° C erhalten. Zu dem Extrakt werden 20% Äthanol gegeben, der p_H wird auf 5,5—6,0 mit Essigsäure eingestellt und das Enzym dann an Aluminiumoxyd C_γ adsorbiert, und zwar 8 bis 10 mg/ml des ursprünglichen Extraktes. Es wird zweimal mit 0,2 m Phosphatpuffer, p_H 7,0, eluiert, mit je 0,5 ml pro ml des Originalextraktes. Dann wird festes Ammoniumsulfat zugegeben (50 g/100 ml Eluat). Der Proteinniederschlag wird abzentrifugiert und in Wasser aufgenommen. Es wird mit gesättigter Ammoniumsulfatlösung fraktioniert. Die Fraktion zwischen 0,4 und 0,56 Sättigung wird in Wasser gelöst und wieder mit Ammoniumsulfat fraktioniert. Die 0,4—0,47 Fraktion wird gesammelt und die Refraktionierung wie vorher wiederholt. Die Fraktion, die zwischen 0,41 und 0,47 Sättigung erhalten wird, ist bei *B. cadaveris* 15fach und bei *E. coli* etwa 25fach gegenüber dem rohen Acetonpulver-Extrakt angereichert. p_H-Optimum des Enzyms aus beiden Bakterienarten 6,0, MICHAELIS-Konstante etwa $1{,}5 \times 10^{-3}$.

DICKERMAN und CARTER[2] entwickelten eine Methode zur Bestimmung des gebildeten Cadaverins und untersuchten mit Hilfe dieser Methode die Eigenschaften des Enzyms aus *B. cadaveris;* ω-Aminocaprylsäure, Tyrosin, Histidin und Prolin hemmen das Enzym.

Gewaschene Suspensionen von *E. coli* enthalten Decarboxylasen für Arginin, Lysin, Histidin und Ornithin. Das letztere Enzym wird durch die Acetontrocknung zerstört, aber die drei anderen Enzyme bleiben intakt. Die Zufügung von Äthanol (20% Endkonzentration) zu rohen Extrakten, gefolgt durch Ansäuern auf p_H 5,5—6,0, fällt den größten Teil der Lysindecarboxylase, aber nur wenig von der Arginindecarboxylase[3]. *B. cadaveris* enthält eine sehr aktive Lysindecarboxylase und keine weitere Aminosäuredecarboxylase. Das Arginin decarboxylierende Enzym wird durch Behandlung mit Eisessig in alkoholischer Lösung (20%) vollständig zerstört. Das endgültige Eluat aus Aluminiumoxyd C_γ ist spezifisch für Lysin. Das Enzym kann durch wiederholte Fällung bei p_H 9,0 mit 0,66 gesättigter Ammoniumsulfatlösung in Gegenwart von 10% NH_3 in Apoenzym und Coenzym getrennt werden.

Arginindecarboxylase.

[4.1.1.19 L-Arginin-Carboxy-Lyase.]

L-Arginin = Agmatin + CO_2

p_H-Optimum 4,0, Temperaturkoeffizient 2, MICHAELIS-Konstante $5{,}6 \times 10^{-4}$ bei intakten Mikroorganismen *(E. coli)*[4]. Zellfreie Präparate können gewonnen werden durch Acetonbehandlung von *E. coli (N.C.T.C. Nr. 7020)*, diese Behandlung zerstört die Ornithindecarboxylase. Dann wird das Trockenpulver mit 0,022 m Boratpuffer, p_H 8,5, 2 Std bei 37° C extrahiert. Der Extrakt enthält noch Lysin- und Histidindecarboxylase. Das p_H-Optimum des zellfreien Enzyms für Arginin ist 5,2, MICHAELIS-Konstante $7{,}5 \times 10^{-4}$. Behandlung mit $(NH_4)_2SO_4$ in ammoniakalischer Lösung führt zur Ausfällung eines Proteins, dessen spezifische Aktivität gegenüber Arginin in Gegenwart von einem Überschuß an Coenzym um 330% vermehrt ist[5]. Die zwei Stämme von *E. coli (N.C.T.C. Nr. 7020 und 7021)* decarboxylieren auch γ-Hydroxyarginin zu γ-Hydroxyagmatin

[1] NAJJAR, V. A.: Colowick-Kaplan, Meth. Enzymol. **2**, 185 (1955).
[2] DICKERMAN, H. W., and MARY L. CARTER: Analyt. Biochem. **3**, 195 (1962).
[3] GALE, E. F., and H. M. R. EPPS: Biochem. J. **38**, 232 (1944).
[4] GALE, E. F.: Biochem. J. **34**, 392 (1940).
[5] TAYLOR, E. S., and E. F. GALE: Biochem. J. **39**, 52 (1945).

(δ-Guanidino-γ-hydroxy-butylamin) und Canavanin [α-Amino-(O-guanidyl)-γ-hydroxy-buttersäure] zu γ-Guanidinooxypropylamin[1].

Diaminopimelinsäuredecarboxylase.

[4.1.1.20 meso-2,6-Diaminopimelat-Carboxy-Lyase.]

meso-2,6-Diaminopimelat = L-Lysin + CO_2

Zum Unterschied von den bisher bekannten Bakteriendecarboxylasen wird die Diaminopimelinsäuredecarboxylase im neutralen Nährmedium optimal gebildet und hat ihr p_H-Optimum im neutralen Bereich. Sie kommt meist zusammen mit Lysindecarboxylase vor, so daß Diaminopimelinsäure unter Freisetzung von 2 Molekülen CO_2 pro Mol zu Cadaverin decarboxyliert wird. Die Bildung von Lysindecarboxylase kann unterdrückt werden durch Züchtung in einem lysinfreien Medium bei neutraler Reaktion. Günstiges Medium nach DEWEY et al.[2]:

K_2HPO_4, 7 g; KH_2PO_4, 3 g; Trinatriumcitrat 0,5 g; $(NH_4)_2SO_4$, 1,0 g; $MgSO_4 \cdot 7 H_2O$, 0,01 g; $FeSO_4 \cdot 7 H_2O$, Spuren; Glucose, 2,0 g; Wasser ad 1 l, p_H 7,4.

DEWEY und WORK[3] konnten das Enzym in *E. coli* nachweisen. Diaminopimelinsäuredecarboxylase greift meso-Diaminopimelinsäure an; da aber die meisten Präparate eine Diaminopimelinsäure-Racemase enthalten, findet meistens eine CO_2-Entwicklung aus meso- und L,L-Formen statt[4].

Das Substrat α,α'-Diaminopimelinsäure (meso-Konfiguration), wurde von IKAWA und O'BARR[5] aus *Lactobacillus arabinosus* isoliert. Die Bildung von Diaminopimelinsäuredecarboxylase in *E. coli* kann durch die Zugabe von L-Lysin zur Kultur unterdrückt werden[6] (s. oben). Diese Repression durch Lysin wurde auch bei *Staphylococcus aureus* und *E. coli 9637* beobachtet[7]. WILLETT[8] gewann aus *M. tuberculosis (Stämme R1Rv, H37Rv und H37Ra)* einen zellfreien Extrakt, der Diaminopimelinsäure decarboxyliert. Reaktionsprodukte waren L-Lysin und CO_2. Sie sah keinen Unterschied in der Aktivität zwischen virulenten und avirulenten Stämmen. p_H-Optimum 7,2. PLP war für die Aktivität nicht notwendig, doch stimulierte der Zusatz von PLP die Bildung von L-Lysin. Isoniazid hemmte das Enzym, die Hemmung konnte durch PLP aufgehoben werden.

Histidindecarboxylase.

[4.1.1.22 L-Histidin-Carboxy-Lyase.]

L-Histidin = Histamin + CO_2

p_H-Optimum ist 4,0, Temperaturkoeffizient 6 und MICHAELIS-Konstante $7,5 \times 10^{-4}$ bei intakten Organismen von *E. coli*[9], bei intakten Organismen von *Cl. welchii BW 21*, p_H-Optimum 2,5 und Temperaturkoeffizient 2,1.

Reinigung der Histidindecarboxylase.

Cl. welchii BW 21 (N.C.T.C. 6785) werden in 3%igem Caseinhydrolysat und 2%iger Glucose mit Herzmuskelextrakt bei 37° C 16 Std gezüchtet. Acetongetrocknete Zellen werden mit 0,05 m Boratpuffer, p_H 8,5, bei 37° C extrahiert. Reinigung durch Adsorption des Enzyms bei p_H 5,0 an neutrales Aluminiumhydroxyd C_γ. Das Adsorbat wird gewaschen, dann zweimal mit halbgesättigter Ammoniumsulfatlösung bei Zimmertemperatur

[1] MAKISUMI, S.: J. Biochem. **49**, 292 (1961).
[2] DEWEY, D. L., D. S. HOARE and E. WORK: Biochem. J. **58**, 523 (1954).
[3] DEWEY, D. L., and E. WORK: Nature **169**, 533 (1952).
[4] HOARE, D. S., and E. WORK: Biochem. J. **61**, 562 (1955).
[5] IKAWA, M., and J. S. O'BARR: J. biol. Ch. **213**, 877 (1955).
[6] PATTE, J.-C., T. LOVINY and G. N. COHEN: Biochim. biophys. Acta **58**, 359 (1962).
[7] WHITE, P. J.: Biochem. J. **82**, 39P (1962).
[8] WILLETT, H. P.: Amer. Rev. respirat. Dis. **81**, 653 (1960).
[9] GALE, E. F.: Biochem. J. **34**, 392 (1940).

eluiert. Das Enzym wird durch Zufügen von 1,5 Vol. gesättigter Ammoniumsulfatlösung niedergeschlagen, der Niederschlag in Wasser gelöst, und dann mit gesättigter Ammoniumsulfatlösung weiter fraktioniert. Die Fraktion, die zwischen 0,5 und 0,75 Sättigung ausfällt, enthält das Enzym auf das Fünffache gereinigt. p_H-Optimum 4,5, MICHAELIS-Konstante $7{,}5 \times 10^{-4}$.

Ein Präparat, welches zehnmal aktiver ist als das Enzym aus *Cl. welchii*, wurde von RODWELL[1] beschrieben, welcher *Lactobacillus sp.* als Quelle benutzte. Die intakten Zellen besitzen Aktivität gegenüber Histidin, Lysin und Ornithin. Der *Lactobacillus 30a* von RODWELL zeigte auf einem Nährboden mit D-Alanin und Vitamin B_6 bei steigender Zugabe von PLP zunehmendes Wachstum und parallel dazu steigende Histidindecarboxylaseaktivität. Aktivität gegenüber Ornithin trat erst bei weit über den für maximale Histidindecarboxylaseaktivität notwendigen Mengen Vitamin B_6 auf. Nach Zerstörung durch Ultraschall war in einer Fraktion, welche bei 45 % Ammoniumsulfat löslich und bei 55 % Ammoniumsulfat unlöslich war, die Histidindecarboxylaseaktivität gegenüber derjenigen der intakten Organismen ca. 100fach angereichert. Dialyse bei p_H 3,8 führte zu fast vollständigem Aktivitätsverlust. Zusatz von Fe^{+++} oder Al^{+++} und PLP stellte die Aktivität wieder her. Ein Mikroorganismus, welcher eine nur für L-Histidin spezifische Decarboxylase enthält, wurde von GLADKOWA u. Mitarb.[2] gezüchtet. Es handelt sich um eine *Actinomyces Micrococcus*-Art, die dem *Micrococcus candidus* nahesteht. Zur Spezifität der Histidindecarboxylase aus Enterococcen und *Cl. welchii* s. WERLE u. Mitarb.[3].

p-Aminobenzoatdecarboxylase.

[4.1.1.24 Aminobenzoat-Carboxy-Lyase.]

p-(oder o-)Aminobenzoat = Anilin + CO_2

MCCULLOUGH[4] u. Mitarb. wiesen 1957 in *E. coli 0111:B4* ein Enzym nach, welches p-Aminobenzoesäure und Anthranilsäure decarboxyliert. Das Produkt der Reaktion ist im Fall der Decarboxylierung von p-Aminobenzoesäure Anilin. PLP und Fe^{+++} sind notwendige Co-Faktoren[5].

Tyrosindecarboxylase.

[4.1.1.25 L-Tyrosin-Carboxy-Lyase.]

L-Tyrosin = Tyramin + CO_2

Dieses Enzym scheint die einzige Decarboxylase zu sein, die von *Streptococcus faecalis* gebildet wird[6]. Sie kommt auch vor in *Cl. aerofoetidum 505* zusammen mit Glutaminsäuredecarboxylase[7] und in einigen Stämmen von *E. coli.*

Reinigung[8]. *Streptococcus faecalis (N.C.T.C. 6783)* wird in 3 %igem Caseinhydrolysat und 2 %iger Glucose gezüchtet. Zellfreie Extrakte werden erhalten durch 21stündige Extraktion acetongetrockneter Zellen mit 0,022 m Phosphatpuffer, p_H 5,5, bei 37° C. Der p_H wird dann auf 5,5 gebracht und das Enzym an eine Suspension von neutralem $Ca_3(PO_4)_2$ adsorbiert (3 ml Suspension/10 ml Extrakt). Das gewaschene Adsorbat wird dann zweimal mit halbgesättigter Ammoniumsulfatlösung eluiert (1 ml/20 mg Adsorbat). Zu den vereinigten Eluaten wird ein gleiches Volumen halbgesättigter Ammoniumsulfatlösung gegeben. Dann wird das Enzym durch Zugabe von 40 g festem Ammoniumsulfat pro 100 ml Enzymlösung niedergeschlagen. Der Niederschlag wird in Wasser aufgenommen und mit gesättigter Ammoniumsulfatlösung fraktioniert. Die bei 0,5—0,65 Sätti-

[1] RODWELL, A. W.: J. gen. Microbiol. 8, 224, 233 (1953).
[2] GLADKOWA, W. N., S. R. MARDASHEW i L. A. SSEMINA: Mikrobiol., Moskva 22, 141 (1953).
[3] WERLE, E., A. SCHAUER u. H. W. BÜHLER: Arch. int. Pharmacodyn. Thérap. 145, 198 (1963).
[4] MCCULLOUGH, W. G., I. T. PILIGIAN and I. J. DANIEL: Am. Soc. 79, 628 (1957).
[5] SANTOS-RUIZ, A.: Bull. Soc. Chim. biol. 44, 571 (1962).
[6] GALE, E. F.: Biochem. J. 34, 846 (1940).
[7] GALE, E. F.: Biochem. J. 35, 66 (1941).
[8] NAJJAR, V. A.: Colowick-Kaplan, Meth. Enzymol. II, 185 (1955).

gung niedergeschlagene Fraktion wird in Wasser aufgenommen und wie beschrieben fraktioniert. Die bei 0,52—0,58 Sättigung erhaltene Fraktion wird in Wasser gelöst, mit Acetatpuffer auf p_H 5,0 eingestellt, wieder an Calciumphosphat adsorbiert (1 ml/ 15 mg Calciumsalz) und mit 0,25 gesättigter Ammoniumsulfatlösung eluiert. Die Reinigung des Endproduktes ist etwa 100fach gegenüber dem Ausgangsmaterial. p_H-Optimum für das gereinigte Produkt 5,5. Es scheint spezifisch für L-Tyrosin und Dopa zu sein. McGilvery und Cohen[1] beobachteten eine sehr langsame Decarboxylierung von Phenylalanin durch *Streptococcus faecalis*, doch konnte nicht entschieden werden, ob dies durch Tyrosindecarboxylase geschah oder durch ein anderes Enzym.

Von Blaschko[2] wurde die Decarboxylierung verschiedener Hydroxyphenylalanine durch Acetontrockenpräparate und Zellsuspensionen von *Streptococcus faecalis R* untersucht bei p_H 5,0—5,5 (28° C, N_2). L-Tyrosin, L-3,4-Dihydroxyphenylalanin und D,L-2,4-Dihydroxyphenylalanin wurden durch Suspensionen lebender Zellen und durch Acetontrockenpulver decarboxyliert. m-Hydroxyphenylalanin, D,L-2,3-Dihydroxyphenylalanin und D,L-3,5-Dihydroxyphenylalanin wurden leicht durch Trockenpulver, aber nicht durch Zellsuspensionen decarboxyliert. Halogenierte Phenylalaninderivate, z. B. 2,4-Dichlorphenylalanin, p-Chlor- und p-Bromphenylalanin, hemmen die Decarboxylasen des *Streptococcus faecalis*. Sie werden selbst nicht angegriffen.

Eine Übersicht über die Decarboxylierbarkeit von verschiedenen Dopa-Isomeren und Phenylalaninderivaten durch die bakterielle Tyrosindecarboxylase gibt Tabelle 49.

L-Tyrosindecarboxylase aus *Streptococcus faecalis* ist käuflich: Nutrional Biochemicals Corp., Cleveland 28, Ohio, und Worthington Biochemical Corp. Freehold, New Jersey, USA.

Tabelle 49. *Relative Decarboxylierungsgeschwindigkeiten von Dopaderivaten durch bakterielle Tyrosindecarboxylase*[3].

Substrat (PA = Phenylalanin)	Decarboxylierung in µl CO_2
p-Tyrosin	100
m-Tyrosin	75
o-Tyrosin	5
3,4-Dopa	20
3-Hydroxy-4-methoxy-PA	<5
3-Hydroxy-4-methyl-PA	<5
3-Methoxy-4-hydroxy-PA	<5
3-Methoxy-4-methyl-PA	<5
3-Methoxy-4-methoxy-PA	<5
2,3-Dopa	30
2-Hydroxy-3-methoxy-PA	<5
2-Methoxy-3-hydroxy-PA	<5
2-Methoxy-3-methoxy-PA	<5
2,4-Dopa	60
2-Hydroxy-4-methoxy-PA	<5
2-Methoxy-4-hydroxy-PA	<5
2-Methoxy-4-methoxy-PA	<5
2,5-Dopa	<5
2-Hydroxy-5-methoxy-PA	<5
2-Methoxy-5-hydroxy-PA	—
2-Methoxy-5-methoxy-PA	<5
2,6-Dopa	<5
2-Hydroxy-6-methoxy-PA	—
2-Methoxy-6-methoxy-PA	—
3,5-Dopa	5
3-Hydroxy-5-methoxy-PA	5
3-Methoxy-5-methoxy-PA	<5
3,4,5-Trihydroxy-PA . .	25

Versuchsbedingungen: 1 mg getrocknete Zellen (als Suspension in dest. Wasser); 0,2 ml 1,0 m Acetatpuffer, p_H 5,5; 1,0 ml Pyridoxal-HCl-Lösung (10 µg Pyridoxal); 0,1 ml ATP-Lösung (1 mg), Wasser ad 3 ml.

Das Coenzym der Decarboxylasen von Bakterien. Untersuchungen über die Bildung von Tyrosindecarboxylase ergaben, daß das Enzym durch *Streptococcus faecalis* nur dann gebildet wurde, wenn das Wachstum in Gegenwart von einem Überschuß an Pyridoxin erfolgte[4]. Gale[5] konnte Präparate von Lysin- oder Tyrosindecarboxylase durch Behandlung mit ammoniakalischer Ammoniumsulfatlösung in Apo- und Coenzymlösungen zerlegen und die inaktiven Apoenzyme durch Zugabe des thermostabilen Coenzyms aus Kulturen reaktivieren. Es konnte der Nachweis erbracht werden, daß PLP bei allen bakteriellen Decarboxylasen als Coenzym fungiert, mit Ausnahme der Histidindecarboxylase. Rodwell (1953) züchtete *Lactobacilli* in einem Nährmedium, das völlig frei war

[1] McGilvery, R. W., and P. P. Cohen: J. biol. Ch. **174**, 813 (1948).
[2] Blaschko, H.: Bull. Soc. Chim. biol. **40**, 1817 (1959).
[3] Ferrini, R., and A. Glässer: Biochem. Pharmacol. **13**, 798 (1964).
[4] Bellamy, W. D., and I. C. Gunsalus: J. Bact. **48**, 191 (1944).
[5] Gale, E. F.: Brit. med. Bull. **9**, 135 (1953).

von PLP. Danach waren alle Decarboxylasen inaktiv, überraschenderweise aber war die Histidindecarboxylaseaktivität in diesen Zellen höher als in Lactobacillen, die unter Zusatz von PLP gezüchtet worden waren.

Weitere Angaben zum PLP als Coenzym der Decarboxylasen s. S. 582ff.

Tryptophandecarboxylase.

[4.1.1.27 L-Tryptophan-Carboxy-Lyase.]

L-Tryptophan = Tryptamin + CO_2

Tryptophandecarboxylase läßt sich aus *E. coli communior*-Kulturen, welche in Gegenwart von L-Tryptophan gezüchtet wurden, gewinnen. Eine Enzymlösung kann folgendermaßen bereitet werden: Geerntete Zellen werden lyophilisiert, mit Quarzsand zerrieben und mit physiologischer Kochsalzlösung extrahiert. Die Lösung wird mit Essigsäure auf p_H 5,0 eingestellt und abzentrifugiert. Der Niederschlag wird in 0,066 m Phosphatpuffer (p_H 7,8) aufgelöst und 24 Std bei 5° C dialysiert. Diese Enzymlösung enthielt 4 mg Protein/ml[1]. Das Enzym wurde vollständig gehemmt durch Parotin, Wachstumshormon und Thyroxin; ACTH, Hydrocortison und Insulin hatten keinen Einfluß. Die Hemmung durch Thyroxin konnte durch PLP aufgehoben werden, nicht aber die durch Parotin und Wachstumshormon. Das Enzym wird gehemmt durch Cycloserin. Die Hemmung ist reversibel, da mit zunehmender Konzentration an PLP die Hemmung wieder aufgehoben wird[2]. MITOMA und UDENFRIEND[3] züchteten aus dem Stuhl eines Patienten mit idiopathischer Sprue einen reinen, grampositiven, nicht beweglichen *Streptococcus*-Stamm der α-hämolytischen Gruppe, welcher eine hohe Tryptophandecarboxylaseaktivität besitzt. p_H-Optimum des Enzyms zwischen 5,5 und 5,75. Für das Auftreten des Enzyms ist ein saures Wachstumsmedium Bedingung. Das zellfreie Präparat wird durch PLP aktiviert. D-Tryptophan wurde nicht angegriffen. Die Decarboxylierung von Tryptophan scheint nur bei Streptokokken vorzukommen. Die käufliche Tyrosindecarboxylase aus *Streptococcus faecalis R (A.T.C.C. 8043)* besitzt Tryptophandecarboxylaseaktivität. K_M für Tryptophan = 0,013.

Verschiedenes.

Nach SEAMAN[4] sollen durch *Pseudomonas reptilivora* Alanin, Glycin, Hydroxyprolin, Norvalin, Prolin, Serin und Threonin decarboxyliert werden.

Kynureninase ist von JAKOBY und BONNER[5] in *Pseudomonas fluorescens* und *Neurospora crassa*[6] nachgewiesen und isoliert worden. Das Enzym wurde zusammen mit dem tierischen Enzym in Bd. VI/B, S. 838ff. abgehandelt.

Glutamindecarboxylase.

Suspensionen aus *Cl. welchii* decarboxylieren Glutamin unter Freisetzung von CO_2 und NH_3. Wahrscheinlich wird dabei zuerst durch eine Glutaminase Glutamin zu Glutaminsäure desamidiert[7].

Aminosäuredecarboxylasen in Pilzen, niederen und höheren Pflanzen.

NAGATA und HAYASHI[8] beobachteten in *Corticium*, besonders in *C. Sasakii* während des Wachstums die Bildung von L-Tyrosindecarboxylase. Tyramin als Reaktionsprodukt

[1] YAMADA, K., S. SAWAKI and C. YAZAKI: J. Vitaminol., Kyoto **5**, 249 (1959).
[2] YAMADA, K., S. SAWAKI and S. HAYAMI: J. Vitaminol., Kyoto **3**, 68 (1957).
[3] MITOMA, C., and S. UDENFRIEND: Biochim. biophys. Acta **37**, 356 (1960).
[4] SEAMAN, G. R.: J. Bact. **80**, 830 (1960).
[5] JAKOBY, W. B., and D. M. BONNER: J. biol. Ch. **205**, 699 (1953).
[6] SARAN, A.: Biochem. J. **70**, 182 (1958).
[7] KREBS, H. A.: Biochem. J. **43**, 51 (1948).
[8] NAGATA, Y., and K. HAYASHI: Seikagaku **33**, 31 (1961).

des Enzyms wurde chromatographisch nachgewiesen. Die Verfasser reinigten das Enzym auf folgende Weise[1]: Das Mycel wurde zerrieben in 0,022 m Phosphatpuffer, p_H 5,3, und verschiedenen Fällungen bei verschiedenen Sättigungsgraden mit Ammoniumsulfat unterworfen. Eine aktive Fraktion ergab sich bei 0,4 Sättigung mit Ammoniumsulfat. Das Enzym decarboxyliert auch Phenylalanin; das Verhältnis der Decarboxylierung von L-Tyrosin zu Phenylalanin war 1,4. p_H-Optimum 5,0. MICHAELIS-Konstante für Phenylalanin ungefähr 0,0012. Die Enzymaktivität war nach Erhitzen auf 60° C für 15 min bei p_H 5,0 um 50 % vermindert. $AgNO_3$, NH_2OH und $HgCl_2$ hemmten die Decarboxylierung von Tyrosin und Phenylalanin. NaN_3 (10^{-3} m) hemmte die Decarboxylierung von L-Phenylalanin um 80—90 %, nicht aber die von Tyrosin. In zellfreien Extrakten von *Claviceps purpurea* konnte nur Glutaminsäuredecarboxylase nachgewiesen werden[2]. Die spezifische Aktivität des teilweise gereinigten Extraktes war 111 μl CO_2/10 min/mg Protein. Die Reaktionsprodukte und andere Eigenschaften stimmten mit denjenigen der Glutaminsäuredecarboxylase aus *E. coli* überein. Das p_H-Optimum war 4,8—5,2. Unterhalb p_H 4,5 war das Enzym sehr instabil.

Glutaminsäuredecarboxylase.

OKUNUKI[3] entdeckte 1937 in höheren Pflanzen ein Enzym, welches spezifisch auf Glutaminsäure eingestellt ist. Er konnte das Enzym nicht von der cellulären Struktur trennen. Dies gelang SCHALES und MIMS[4], die einen klaren aktiven Extrakt gewannen. Seitdem ist das Enzym in vielen Pflanzenarten nachgewiesen worden (s. Tabelle 50, S. 590). Die Glutaminsäuredecarboxylase aus Karotten besitzt ein p_H-Optimum zwischen 5,5 und 5,8. Jenseits von p_H 4,0 und 7,5 ist das Enzym inaktiv. MICHAELIS-Konstante $3,6 \times 10^{-3}$. Hydroxylamin 3×10^{-5} m hemmt die initiale Decarboxylierungsgeschwindigkeit um 50 %. Zum Vorkommen von Glutaminsäuredecarboxylase in *Chlorella* s. WARBURG u. Mitarb.[5], in *Triticum vulgare (var. Ridean)* s. WEINBERGER und GODIN[6].

Reinigung des Enzyms aus Kürbis.

90 g Kürbis werden mit 300 ml Wasser 4 min lang homogenisiert. Stehenlassen im Kühlschrank 1 Std, dann 15 min zentrifugieren. Die leicht trübe Flüssigkeit wird rasch gefroren und im Vakuum getrocknet. Gelber Kürbis liefert 3,5—4,5 g Trockenpulver, weißer Kürbis ca. 2,1—2,6 g. Das sehr hygroskopische Trockenpulver behält, über Calciumchlorid aufbewahrt, selbst bei Zimmertemperatur innerhalb 1 Jahres seine Aktivität. Trockenpulver ergeben $Q^{N_2}_{CO_2}$-Werte von 20—50, die nach Zugabe von PLP auf 30—60 ansteigen. Eine weitere Reinigung ist möglich durch Auflösen des Trockenpulvers und Ammoniumsulfatfällung.

Die folgenden Pflanzen enthalten nach SANTOS-RUIZ keine Glutaminsäuredecarboxylaseaktivität[7]:

Blaue Lupine	Rosenkohl
Lauch	Kartoffel
Hafer (Avena sativa [var.]) (Samen)	Erbsen (Samen)
Johannisbrot (Samen) (Vicia sativa [var.])	Schwarze Kichererbse (Cicer ariëtinum [var.]) (Samen)
Chérimole (Anona cherimolia [var.])	Hirse (Samen)
Granatapfel	Reis (Samen)
Pilze	

Das Enzym aus Meerrettichsaft verlor bei 24 Std Dialyse gegen fließendes Wasser rund 90 % seiner Aktivität. Es konnte durch Rettich-Kochsaft oder durch das eingeengte

[1] NAGATA, Y., and K. HAYASHI: Seikagaku 33, 63 (1961).
[2] ANDERSON, J. A., V. H. CHELDELIN and T. E. KING: J. Bact. 82, 354 (1961).
[3] OKUNUKI, K.: Bot. Mag., Tokyo 51, 270 (1937).
[4] SCHALES, O., V. MIMS and S. S. SCHALES: Arch. Biochem. 10, 455 (1946).
[5] WARBURG, O., H. KLOTZSCH u. G. KRIPPAHL: Z. Naturforsch. 12b, 622 (1957).
[6] WEINBERGER, P., and C. GODIN: Canad. J. Bot. 42, 329 (1964).
[7] SANTOS-RUIZ, A.: Bull. Soc. Chim. biol. 44, 571 (1962).

Tabelle 50. *Vorkommen von Glutaminsäuredecarboxylase in Pflanzen* nach SCHALES[1] und SANTOS-RUIZ[2].

Quelle	Q_{CO_2}	$\mu l\ CO_2$ 15 min/g Gewebe	$\mu l\ CO_2$ 30 min/g Gewebe
Weiße Lupine	5,4	1132	—
Pfebenkürbis, gelb (yellow squash)	1,2—3,0	—	350—860
Pfebenkürbis (ital.)	2,59	—	845
Pfebenkürbis, weiß (white squash)	1,9—2,8	—	510—780
Avocado	1,2—1,7	—	455—535
Pfeffer, grün (Capsicum annuum)	1,425	284	494
	1,54		
Banane (Fleisch)	1,872	415	—
Kalebasse (Crescentia cujete)	1,734	359	—
Pfeffer, rot (Capsicum annuum)	1,572	343	292
	0,97		
Banane	1,455	335	—
Radieschen	0,732	164	300
	0,85		
Petersilie (Spitzen)	0,81	—	274
Mandarinen (Schalen)	1,28	267	—
Rotklee (Samen)	1,267	262	—
Gurke	0,741	157	260
	0,87		
Schwarze Bohnen (Samen)	1,116	250	—
Weiße Akazie (Samen)	1,140	232	—
Aubergine (Solanum melongena)	1,105	225	108
	0,35		
Spargel (Spitzen)	0,63	—	223
Karotte	0,372	76	222
	0,68		
Citrone (Schale)	1,0	207	—
Gerste (Samen)	1,02	204	—
Kürbis (Curcurbita pepo)	0,906	204	—
Grüne Bohnen (Samen)	0,93	196	—
Sellerie (Spitzen)	0,60	—	189
Pastinak (Parsnips)	0,62	—	180
Bohnen, gefleckt (Phaseolus vulgaris var., Samen)	0,74	—	153
Grüne Erbsen	0,50	—	149
Weißer Mais (Zea mays) (Samen)	0,729	141	—
Luzerne (Samen)	0,606	120	—
Rübe (turnip)	0,182	40	120
	0,33		
Grüne Bohnen	0,553	116	102
	0,31		
Orange	0,558	114	—
Mandarinen	0,537	109	—
Melone (ganz)	0,487	105	—
Mandeln	0,51	99	—
Artischocke	0,29	—	95
Kohl, grüne Blätter	0,15	—	31—93
Saubohne (Samen)	0,427	81	—
Runkelrübe (Wurzel)	0,402	80	48
	0,15		
Chayote (vegetable pear)	0,29	—	77
Lattich	0,21	—	64
Spinat	0,301	64	58
	0,20		
Senf (grüne Pflanze)	0,16	—	45
Linsen	0,228	40	—

[1] SCHALES, O.: Amino acid decarboxylases; in: Sumner-Myrbäck, Bd. II/1, S. 216.
[2] SANTOS-RUIZ, A.: Bull. Soc. Chim. biol. **44**, 571 (1962).

Tabelle 50 (Fortsetzung).

Quelle	Q_{CO_2}	µl CO_2 15 min/g Gewebe	µl CO_2 30 min/g Gewebe
Erdartischocke (ground artichoke) . .	0,13	—	29
Meerrettich	0,08	—	28
Getreide (corn)	0,12	—	25
Abelmoschus (Okra) (Abelmoschus esculentus)	0,09	—	23
Tomate	0,12	—	21
Banane (Schale)	0,102	19	—
Weintraube	0,100	19	—
Melone (Samen)	0,081	16	—
Kohl, weiße Blätter	0,08	—	13—15
Rutabaga	0,03—0,08	—	8—13
Avocado (Samen)	0,07	—	12
Rosenkohl	0,06	—	8
Süße Kartoffeln	0,05	—	8
Sonnenblume (Samen)	0,03	—	8
Blumenkohl	0,05	—	4
Orange (Schale)	2	—	—
Piniennuß (Pinnus pinnae var.) . . .	Spuren		
Kastanie (Castanea vulgaris)	Spuren		
Spanische Akazie	Spuren		
Citrone (Fleisch)	Spuren		
Zwiebel (Knolle)	Spuren		
Knoblauch (Knolle)	Spuren		
Haselnuß	Spuren		
Walnuß	Spuren		
Kichererbse	Spuren		
Mais (Samen)	Spuren		

Außendialysat weitgehend reaktiviert werden. 0,001 m Semicarbazid oder Hydroxylamin hemmten zu 100%[1].

FREIMUTH[2] beschrieb eine Reinigung von Glutaminsäuredecarboxylase aus Rettich.

Der frische Preßsaft wird bei 0° C mit dem gleichen Volumen 0,13 m Phosphatpuffer, p_H 5,8, gemischt, filtriert und zentrifugiert. Das Überstehende wird mit 30 Vol.-% Aceton behandelt und 20 min bei 3000 U/min bei —10 bis —16° C zentrifugiert. Das Überstehende wird mit 50 Vol.-% Aceton behandelt und ebenso zentrifugiert. Die vereinigten Niederschläge werden im Vakuum über P_2O_5 getrocknet. Das getrocknete Enzym ist stabil, salzfrei und sehr aktiv, die Aktivität war ca. 300mal größer als im Preßsaft. Fraktionierung mit Ammoniumsulfat ergab schlechtere Ausbeuten.

WERLE und RAUB[3] konnten 1948 Histidindecarboxylase in Spinatkeimlingen nachweisen.

Glutaminsäuredecarboxylase wurde teilweise gereinigt aus *Lupinus albus*[4] und *Fusarium vasenfectum*[5]. Die Eigenschaften der beiden Präparate waren ähnlich. Beide Enzyme benötigen PLP und haben ein p_H-Optimum bei 4,5.

SIMON[6] wies in Extrakten aus den Blütenkolben von *Arum maculatum* ein Enzym nach, das Valin zu decarboxylieren vermag. Isobutylamin, der Duftstoff der Blüten, wurde als Reaktionsprodukt nachgewiesen; nichtduftende Blüten enthielten keine Enzymaktivität.

[1] WERLE, E., u. S. BRÜNINGHAUS: B. Z. **321**, 492 (1951).
[2] FREIMUTH, U., K. BIALON u. W. MOSCH: Nahrung **6**, 198 (1962).
[3] WERLE, E., u. A. RAUB: B. Z. **318**, 538 (1948).
[4] MAYOR, F., M. CASCALES, F. MARCOS and A. SANTOS-RUIZ: Rev. esp. Fisiol. **18**, 77 (1962).
[5] NATARJAN, S.: J. Indian Botan. Soc. **41**, 440 (1962).
[6] SIMON, E. W.: J. exp. Bot. **13**, 1 (1962).

Tryptophansynthetase (Tryptophansynthase).

[4.2.1.10 L-Serin-Hydro-Lyase (Indol zufügend).]

$$\text{Indol} + \text{L-Serin} \rightarrow \text{L-Tryptophan} \tag{I}$$

$$\text{Indol-3-glycerin-phosphat} \rightleftharpoons \text{Indol} + \text{Triosephosphat} \tag{II}$$

$$\text{Indol-3-glycerin-phosphat} + \text{L-Serin} \rightleftharpoons \text{L-Tryptophan} + \text{Triosephosphat} \tag{III}$$

TATUM und BONNER[1] wiesen 1944 die Synthese von Tryptophan aus Indol und Serin in *Neurospora crassa* nach. Aus *Neurospora sitophila* gewannen UMBREIT u. Mitarb.[2] ein Präparat, welches unter Zufügung von PLP Tryptophan synthetisiert. Nach YANOFSKY[3] kann aus *Neurospora crassa (Wildtyp, Stamm Em-5297a)* ein Enzym extrahiert werden, welches aus einem einheitlichen Protein besteht. SMITH und YANOFSKY[4] beschrieben ein Enzym aus *E. coli*, welches aus zwei Proteinkomponenten besteht. Nach HOGNES und MITCHELL[5] bildet der *Neurospora-Stamm C-84* 2—3mal größere Enzymmengen als normal, wenn Histidin im Kulturmedium zugegen ist.

***Reinigung der Komponente A aus E. coli (T 41, T 84) nach* SMITH *und* YANOFSKY[4].**

Unter Verwendung von mit Ultraschall behandelten Organismen alle Reinigungsschritte ausführen bei 2—4° C. Extrakte bereiten in 0,1 m Trispuffer, p_H 7,8, mit Proteinkonzentrationen von 25—35 mg pro ml. $^1/_{20}$ Vol. von 0,1 m $MnCl_2$ zugeben, 10 min rühren. Zentrifugieren. Niederschlag mit kleinem Volumen kalten Wassers waschen und mit Überstehendem vereinigen. Präcipitat verwerfen. Zu Überstehendem langsam 1,0 m Acetatpuffer, p_H 3,2, zufügen unter Rühren, bis der p_H auf 4,7—5,0 abgesunken ist. Zentrifugieren, Präcipitat mit einem kleinen Volumen Wasser waschen, Waschwasser mit Überstehendem vereinigen und Acetatpuffer zufügen bis auf p_H 4,0. Zentrifugieren, Niederschlag verwerfen. Zugabe von festem Ammoniumsulfat zum Überstehenden bis zu 43% Sättigung, 15 min rühren, zentrifugieren, Niederschlag aufnehmen in 0,1 m Trispuffer, p_H 7,8. p_H auf 7,0—7,8 einstellen mit 1 n KOH. Dieses Präparat kann bis zu 2 Wochen ohne Verlust der Aktivität aufbewahrt werden.

Chromatographie an DEAE-Cellulose. Eine Suspension von DEAE Selectacel (Phosphat, regeneriert bei p_H 7,0) in $2{,}3 \times 100$ cm Säule einfüllen und bis auf 90 cm Höhe absetzen lassen. Ca. 100 ml 0,01 m Phosphatpuffer, p_H 7,0, in Geschwindigkeit von 0,5 ml pro min durchlaufen lassen. Das, wie oben beschrieben, teilweise gereinigte Präparat der Komponente A wird 5 Std gegen den gleichen Puffer dialysiert und dann auf die Säule aufgezogen. Waschen mit 20—50 ml 0,01 m Puffer und eluieren mit einem linearen Gradienten (0,01 m Phosphatpuffer, p_H 7,0, in der ersten und 0,3 m Phosphatpuffer, p_H 8,0, in der zweiten Flasche). Fraktionen von 10 oder 15 ml werden aufgefangen. Die Aktivität der Komponente A erscheint in den Fraktionen 40—60. Der Gipfel ist ziemlich scharf mit über 60% der Aktivität in vier Gläschen. Die Gipfelfraktionen werden vereinigt, mit Ammoniumsulfat (60% Sättigung) gefällt, in einem kleinen Volumen Trispuffer 0,1 m, p_H 7,8, aufgenommen und bei $144000 \times g$ 30 min zentrifugiert. Dieses Präparat war elektrophoretisch und in der Ultrazentrifuge homogen. Die Reinigung ist über 50fach. Das Präparat ist bei Aufbewahrung bei 4° C wenigstens 1 Monat lang stabil.

***Reinigung der Komponente B aus E. coli nach* SMITH *und* YANOFSKY[4].**

Als Enzymquelle wird *E. coli T 8, T 106* verwendet.

Der erste Schritt besteht in der Behandlung mit $MnCl_2$ wie bei der Reinigung der Komponente A. Das Überstehende dann auf p_H 6,2—6,3 bringen durch Zugabe von 1,0 m Acetatpuffer, p_H 4,5, und festes Ammoniumsulfat zugeben bis 33% Sättigung. Zentrifugieren, Präcipitat verwerfen, Ammoniumsulfat zum Überstehenden geben bis 43%

[1] TATUM, E. L., u. D. BONNER: Proc. nat. Acad. Sci. USA **30**, 30 (1944).
[2] UMBREIT, W. W., W. A. WOOD and I. C. GUNSALUS: J. biol. Ch. **165**, 731 (1946).
[3] YANOFSKY, C.; in: Colowick-Kaplan, Meth. Enzymol., Bd. II, S. 233.
[4] SMITH, O. H., and C. YANOFSKY; in: Colowick-Kaplan, Meth. Enzymol., Bd. V, S. 801.
[5] HOGNES, D., and H. K. MITCHELL: J. gen. Microbiol. **11**, 401 (1954).

Sättigung. 15 min rühren, zentrifugieren, Niederschlag in kleinem Volumen 0,1 m Phosphatpuffer, p_H 7,0, welcher 2×10^{-5} m PLP und Glutathion 10^{-4} m enthält, aufnehmen. Dialysieren 2—3 Std gegen denselben Puffer und chromatogaphieren an DEAE-Cellulose, wie für Komponente A beschrieben. Eluieren wie bei Komponente A, aber PLP und Glutathion in obiger Konzentration zugeben. Statt 0,3 m Phosphatpuffer wie bei Komponente A wird bei Komponente B 0,5 m Phosphatpuffer verwendet. Komponente B erscheint in Röhrchen 70—100. Das Ausgangsmaterial hatte eine spezifische Aktivität von 30, das eluierte Präparat eine solche von 1000.

***Reinigung der Tryptophansynthetase aus Neurospora crassa nach* Yanofsky[1].**

Als Enzymquelle wird der *Typ Em-5297a* verwendet.

Schritt 1. Herstellung von Rohextrakten. 5 l-Gefäße, von denen jedes 3 l des Minimalmediums nach Beadle und Tatum[2] enthält, werden mit einer Conidien-Suspension des Stammes 5297 beimpft. Die Gefäße werden bei einer konstanten Raumtemperatur von 30° C inkubiert. Es wird durch sterile Baumwolle filtrierte Luft durch das Medium geleitet. Nach 48—72 Std wird der Inhalt eines jeden Gefäßes durch Nesseltücher filtriert und das erhaltene Mycel zweimal mit destilliertem Wasser gewaschen. Die gewaschenen Mycelien werden gefroren und lyophilisiert. 5 g des lyophilisierten Mycels werden mit 80 ml kaltem 1 m Phosphatpuffer, p_H 7,8, welcher 10^{-3} m Glutathion enthält, in einer Bakterienmühle zermahlen. Danach wird durch Nesseltücher auf einem Büchnertrichter filtriert. Die filtrierte Suspension wird im Kälteraum bei 12000 U/min etwa 30 min lang zentrifugiert. Das schwach trübe Überstehende wird abgesaugt und bei — 15° C aufbewahrt.

Schritt 2. Behandlung mit Protaminsulfat. Man fügt kalte 1 n Essigsäure zu dem aufgetauten Extrakt, bis der p_H auf 6,6 abgesunken ist. Dann wird 1 ml Protaminsulfatlösung zugegeben (15 mg/ml) für je 100 mg Extrakt-Protein; rühren und 15 min stehenlassen. Der Niederschlag wird dann durch Zentrifugieren entfernt.

Schritt 3. Ammoniumsulfatfraktionierung. Der p_H der überstehenden Lösung wird mit 1 n Essigsäure auf 5,8 eingestellt. Es werden unter konstantem Rühren, pro 100 ml Lösung, 15 g Ammoniumsulfat zugefügt. Nach der Lösung des Ammoniumsulfats wird die Suspension unter gelegentlichem Rühren 20 min belassen. Der Niederschlag wird durch Zentrifugieren gesammelt und in 0,1 m Phosphatpuffer, p_H 7,8, aufgenommen, der 10^{-3} m Glutathion enthält. Es werden 15 ml Puffer für je 100 ml Extrakt, der mit Protaminsulfat behandelt wurde, verwendet.

Schritt 4. Calciumphosphat-Gel-Behandlung. Für je 10 mg Protein der Endlösung von Schritt 3 werden 6 mg Calciumphosphat-Gel (30 mg Trockengewicht/ml) zugefügt und 5 min lang gerührt. Dann wird das Gel durch Zentrifugieren entfernt und die Behandlung wiederholt, indem man 10 mg Gel für je 10 mg Protein anwendet. Das Gel wird durch Zentrifugieren entfernt.

Schritt 5. Ammoniumsulfatfraktionierung. Zu je 50 ml überstehender Lösung des vorhergehenden Schrittes werden 7,2 g Ammoniumsulfat zugefügt. Nach 20 min wird der Niederschlag durch Zentrifugieren entfernt und weitere 4,3 g Ammoniumsulfat zugefügt. Nach 20 min wird der Niederschlag durch Zentrifugieren gesammelt und in 0,01 m Phosphatpuffer bei p_H 6,8 (13 ml für je 50 ml der überstehenden Lösung) aufgelöst. Dann wird Glutathion bis zu einer Endkonzentration von 10^{-3} m und 20 μg/ml PLP zugefügt. Die Lösung wird gegen denselben Puffer (5×10^{-4} m Glutathion und 2 μg PLP/ml enthaltend) 2 Std lang unter mechanischem Rühren des Inhalts der Dialysebeutel dialysiert. Ein etwa entstehender Niederschlag wird durch Zentrifugieren entfernt.

Schritt 6. Calciumphosphat-Gel-Behandlung. Die Lösung von Schritt 5 wird zweimal mit Calciumphosphat-Gel (1 mg Gel/mg Protein, s. Schritt 4) behandelt. Die überstehende Lösung wird bei — 15° C aufbewahrt.

[1] Yanofsky, C.; in: Colowick-Kaplan, Meth. Enzymol., Bd. II, S. 233.
[2] Beadle, G. W., and E. L. Tatum: Amer. J. Bot. 32, 678 (1941).

Die Rohextraktion ist von SUSKIND[1] verbessert worden: Zu 5 g des lyophilisierten Mycels werden 80 ml 0,1 m Phosphatpuffer, p_H 7,8, von 4° C gegeben. Das Mycel wird von Hand vorsichtig gerührt, bis alles trockene Mycel gerade durch den Puffer angefeuchtet ist und dann bei 4° C 30 min stehengelassen. Zentrifugieren. Die spezifische Aktivität des so extrahierten Enzyms ist 3—5mal größer als nach dem Schütteln des Mycels mit Glaskugeln.

Spezifität. Die gereinigten Komponenten A und B aus *E. coli* wandeln 5- oder 6-Methylindol in die entsprechenden methylierten Tryptophanderivate um, greifen aber N-Acetylindol oder 3-Methylindol nicht an. Die gereinigten Präparate scheinen noch einige andere Indolderivate zusätzlich in Indolglycerinphosphat überzuführen, wenn sie mit Indol, Hexosediphosphat und Aldolase inkubiert werden. Es ist möglich, daß die gereinigten Komponenten beide Triosen als Substrate akzeptieren und so Indol-3-acetonphosphat neben Indolglycerinphosphat bilden können. Das Enzym aus *Neurospora* kann wie die beiden Komponenten aus *E. coli* die Reaktionen I, II und III katalysieren. Das gereinigte Enzym aus *Neurospora* benötigt L-Serin, das durch D-Serin, Glycin, D,L-Alanin, L-Cystein, L-Cystin, D,L-Threonin, D,L-Methionin, L-Aspartat, L-Glutamat, Acetat, Pyruvat, Succinat oder Malat nicht ersetzt werden kann. MICHAELIS-Konstante für Serin: $3,4 \times 10^{-3}$. Das Enzym ist nicht spezifisch auf Indol eingestellt. 6-Methylindol und 7-Hydroxyindol werden ebenso umgesetzt, doch wird bei äquimolaren Konzentrationen keines dieser Indolderivate so rasch aufgenommen wie das Indol. MICHAELIS-Konstante des Indols bei der Tryptophansynthese: $5,6 \times 10^{-5}$.

Hemmstoffe. Die Tryptophansynthetase wird wie andere PLP-Enzyme durch Hydroxylamin und Cyanid gehemmt, ebenso durch Cystein und L-Tryptophan. Das metallbindende 8-Hydroxychinolin und EDTA sind unwirksam. Co^{++}, Zn^{++}, Cu^{++} und p-Chlormercuribenzoat hemmen das Enzym. Die Hemmung durch p-Chlormercuribenzoat wird durch Glutathion vollkommen aufgehoben. D-Serin, 6×10^{-2} m, hemmt nicht.

Eigenschaften. Coenzym der Synthetase ist PLP. Pilzmycel aus *Neurospora*, das vor Extraktion in gefrorenem Zustand mehrere Wochen aufbewahrt wird, hat einen erhöhten Bedarf an PLP. Bei der Fraktionierung des Enzyms mit Ammoniumsulfat wird PLP zum großen Teil abgetrennt. Die PLP-Konzentration, welche notwendig ist, um die halbmaximale Geschwindigkeit wiederherzustellen, beträgt 1×10^{-6} m. PLP kann durch Pyridoxaminphosphat nicht ersetzt werden. Für die Umwandlung von Indolglycerinphosphat zu Tryptophan durch das Enzym aus *E. coli* wird PLP benötigt, ebenso für die Überführung von Indol in Tryptophan; PLP ist jedoch für die Reaktion: Indolglycerinphosphat $\rightleftharpoons$ Indol + Triose nicht erforderlich[2]. Physikalische Assoziation der Komponenten A und B aus *E. coli* scheint für die zu katalysierenden Reaktionen notwendig zu sein[3]. Jede Komponente besitzt aber eine geringe eigene Aktivität. Komponente A katalysiert die Umwandlung von Indol in Indolglycerinphosphat, aber nur in einem Umfang, der ungefähr 0,5—1 % des Umsatzes beträgt, wenn Komponente B im Überschuß vorhanden ist. Die Komponente B überführt Indol in Tryptophan in einem Umfang von nur 1—3 % derjenigen Geschwindigkeit, die erreicht wird, wenn Komponente A vorhanden ist.

Stabilität. Rohe Synthetasepräparate aus *Neurospora*, die ohne Zugabe von Glutathion hergestellt wurden, sind relativ unstabil. Sie verlieren die Hälfte ihrer Aktivität innerhalb 24 Std, wenn sie bei 2° C aufbewahrt werden. Wenn bei — 15° C aufbewahrt, bleibt die volle Aktivität über mehrere Monate erhalten. Synthetasepräparate, denen reduziertes Glutathion und PLP zugesetzt wurden, sind bei 2° C wochenlang haltbar. Für die Stabilisierung des Enzyms werden etwa 20 μg/ml PLP und 10^{-3} m Glutathion benötigt. Cystein kann Glutathion nicht ersetzen.

[1] SUSKIND, S. R.: J. Bact. **74**, 308 (1957).
[2] SMITH, O. H., and C. YANOFSKY; in: Colowick-Kaplan, Meth. Enzymol., Bd. V, S. 801.
[3] CRAWFORD, I. P., and C. YANOFSKY: Proc. nat. Acad. Sci. USA **44**, 1161 (1958).

pH-Optimum. Das Enzym aus *Neurospora* hat eine maximale Aktivität bei pH 7,8 in Phosphatpuffer, doch ändert sich im Bereich von 7,5—8,4 die Aktivität nur wenig. Unterhalb von 7,0 nimmt die Aktivität rasch ab. Für die Enzymsynthese benötigt *Neurospora* Zink. Die Tryptophansynthetasebildung bei *Aerobacter aerogenes* wird durch Indol und Tryptophan gehemmt, durch Phenylalanin, Methionin und verschiedene andere Aminosäuren angeregt. Auch bei *Neurospora* wird die Tryptophansynthetasebildung durch Tryptophan gehemmt.

Kinetik. Die Affinität der beiden Komponenten aus *E. coli* und des AB-Komplexes für die verschiedenen Substrate Indol, Indolglycerinphosphat, Serin und Triosephosphat und für das Coenzym PLP sind bis jetzt noch nicht genau bestimmt worden. Es ist aber bekannt, daß die Affinität des Enzyms in der Reihe Indol, Indolglycerinphosphat, Serin abnimmt.

***Bestimmung der Tryptophansynthetase nach* Smith *und* Yanofsky[1].**

Prinzip:

Die Aktivität wird am besten colorimetrisch durch Verfolgung des Verschwindens von Indol bei der Reaktion zwischen Serin und Indol gemessen. Bei den Reaktionen, an welchen Indolglycerinphosphat beteiligt ist, kann diese Verbindung einfach und genau durch Oxydation zu Indol-3-aldehyd mit Metaperjodsäure bestimmt werden. Die gebildete Verbindung kann mit Essigester extrahiert und die Absorption bei 290 mμ gemessen werden. In Ansätzen mit Präparaten aus *E. coli* werden beide Proteine benötigt, um jede der drei Reaktionen ablaufen zu lassen. Es wird ein genügend hoher Überschuß (gewöhnlich dreifach) einer der Komponenten benötigt.

Reagentien:

1. 0,05 m Indollösung.
2. 0,002 m Indol-3-glycerinphosphatlösung.
3. 0,2 m D,L-Serinlösung.
4. 0,05 Fructose-1,6-diphosphatlösung (Na- oder K-Salz).
5. 0,0003 m PLP-Lösung.
6. 1 m Trispuffer.
7. NaCl-Lösung, gesättigt.
8. Indolreagens: 9 g p-Dimethylaminobenzaldehyd werden in 200 ml Äthanol aufgelöst; 45 ml konz. HCl werden zugefügt, dann mit Äthanol auf 250 ml aufgefüllt.

Durchführung:

$$\text{Indol} + \text{L-Serin} \rightarrow \text{L-Tryptophan} \qquad \text{(I)}$$

Inkubationsmischung. 0,4 μM Indol, 80 μM D,L-Serin, 0,03 μM PLP, 100 μM Trispuffer, pH 7,8, 0,03 ml gesättigte NaCl-Lösung, Endvolumen 1,0 ml. Beide Komponenten können in dieser Reaktion angesetzt werden. Ein Kontrollansatz wird mit 10 Einheiten von Komponente B mitgeführt, da Spuren von Aktivität in Abwesenheit von A vorhanden sind. Außerdem wird ein Substratstandard ohne Enzym mitgeführt. 20 min bei 37° C inkubieren. 0,1 ml n NaOH und 0,4 ml Toluol zufügen. 5—10mal schütteln, 1,0 ml der Toluolphase wird in 4 ml 95 %iges Äthanol pipettiert, 2 ml Indolreagens zufügen. Nach 20 min ablesen. Tryptophan kann in der wäßrigen Phase mit einer geeigneten Methode bestimmt werden; nach Smith und Yanofsky[1] ist keine zufriedenstellend.

$$\text{Indolglycerinphosphat} \rightarrow \text{Indol} + \text{Triosephosphat} \qquad \text{(IIa)}$$

Inkubationsmischung. Indol-3-glycerinphosphat 0,3 μM; 100 μM Phosphatpuffer, pH 7,0, und Komponente A oder B im Überschuß; Endvolumen 0,5 ml. Bei rohen Extrakten werden 2 μM NH_2OH zugefügt, da diese Serin enthalten können. NH_2OH hemmt Reaktion I und III vollständig. 20 min inkubieren bei 37° C. Enzymkontrollen sind nicht notwendig, da weder A noch B eigene Aktivität besitzt. Indol- und Indolglycerin-

[1] Smith, O. H., and C. Yanofsky; in: Colowick-Kaplan, Meth. Enzymol., Bd. V, S. 801.

phosphat-Standards mitführen. Bedingung der Reaktion und Extraktion des Indols wie oben beschrieben. Es ist günstig, etwas weniger Toluol (2 ml) zu verwenden, da dadurch die Konzentration an Indol größer wird. In einem aliquoten Teil der wäßrigen Phase kann Indolglycerinphosphat bestimmt werden[1].

$$\text{Indol} + \text{Triosephosphat} \rightarrow \text{Indolglycerinphosphat} \qquad \text{(IIb)}$$

Inkubationsmischung. 0,5 μM Indol, 2,5 μM Hexosediphosphat, 40 μg Aldolase (z. B. Worthington Biochemical Inc.), 100 μM Phosphatpuffer, p_H 7,0. Endvolumen 0,8 ml. Inkubieren 20 min bei 37° C. Extrahieren des Indols mit Äthylacetat (4 ml). Bestimmung des Indols in Äthylacetat. Das verbleibende Äthylacetat wird entfernt, und die wäßrige Phase wird zweimal mit Äthylacetat extrahiert. In einem aliquoten Teil der wäßrigen Phase wird dann Indolglycerinphosphat mit der Perjodatmethode bestimmt.

$$\text{Indolglycerinphosphat} + \text{L-Serin} \rightarrow \text{L-Tryptophan} + \text{Triosephosphat} \qquad \text{(III)}$$

Inkubationsansatz und Bedingungen wie bei Reaktion I mit der Ausnahme, daß 0,4 μM Indolglycerinphosphat an Stelle von Indol zugegeben werden. Nach Beendigung der Inkubation kann in einem aliquoten Teil der wäßrigen Phase das verbleibende Indolglycerinphosphat oder auch Tryptophan bestimmt werden. Auch eine mikrobiologische Bestimmung von Tryptophan ist möglich[2]. Diese Bestimmungsmethoden können auch bei rohen Extrakten angewendet werden.

Definition der Einheit. Eine Einheit der Komponente A oder B ist definiert als die Menge Enzym, welche das Verschwinden von 0,1 μM Substrat oder die Bildung von 0,1 μM Produkt in 20 min unter Standardbedingungen in Gegenwart von einem Überschuß der anderen Komponente bewirkt. Spezifische Aktivität: Einheiten pro mg Protein.

Serindehydratase[3] (L-Serindehydrase).

[4.2.1.13 L-Serin-Hydrolyase (desaminierend).]

$$\text{L-Serin} + H_2O = \text{Pyruvat} + NH_3 + H_2O$$

Homoserindehydratase[3] (Homoserindehydrase, Cysthionase).

[4.2.1.15 L-Homoserin-Hydrolyase (desaminierend).]

$$\text{L-Homoserin} + H_2O = \text{2-Ketobutyrat} + NH_3 + H_2O$$

Threonindehydratase[3] (Threonindehydrase).

[4.2.1.16 L-Threonin-Hydrolyase (desaminierend).]

$$\text{L-Threonin} + H_2O = \text{2-Ketobutyrat} + NH_3 + H_2O$$

Die Enzyme führen anaerob Serin bzw. Homoserin unter Wasseraufnahme über in Brenztraubensäure bzw. Ketobutyrat und Ammoniak bzw. Threonin in α-Ketobuttersäure und NH_3, wobei eine instabile, ungesättigte Aminosäurestufe durchlaufen wird, die hydrolysiert wird[4]. Diese enzymatischen Reaktionen wurden erstmals durch GALE und STEPHENSON[5] in Bakterien nachgewiesen. BINKLEY gewann aus *E. coli* einen zellfreien Extrakt der Serindehydratase. In *E. coli* ist die Existenz zweier verschiedener L-Threonindehydratasen nachgewiesen worden[6]. Das eine Enzym wurde als „biosynthetische Threonin-Desaminase" bezeichnet und ist bei der Biosynthese von Isoleucin aus Threonin auf dem Weg über α-Ketobutyrat beteiligt[7]. Beide Enzyme werden durch PLP aktiviert und beide besitzen L-Serindehydrataseaktivität. Präparate mit L-Threonindehydrataseaktivität, welche L-Serin nicht

[1] SMITH, O. H., and C. YANOFSKY; in: Colowick-Kaplan, Meth. Enzymol., Bd. V, S. 801.
[2] YANOFSKY, C.: J. Bact. **68**, 577 (1954).
[3] GREENBERG, D. M.; in: Boyer-Lardy-Myrbäck, Bd. V, S. 563ff.
[4] CHARGAFF, E., and D. B. SPRINSON: J. biol. Ch. **148**, 249 (1943).
[5] GALE, E. F., and M. STEPHENSON: Biochem. J. **32**, 392 (1938).
[6] UMBARGER, H. E., and B. BROWN: J. Bact. **73**, 105 (1957).
[7] ADELBERG, E. A.; in: MCELROY, W. D., and B. GLASS (Hrsgb.): Amino Acid Metabolism. S. 419. Baltimore 1955.

angreifen, sind bisher nicht bekanntgeworden. Die Coenzymnatur von PLP wurde für alle hier besprochenen Enzyme durch GREENBERG u. Mitarb.[1–3] nachgewiesen.

Vorkommen. Das Enzym kommt in Bakterien und in tierischen Geweben vor.

Reinigung der Serindehydratase aus Neurospora crassa (Stamm Em 5297a) nach YANOFSKY und REISSIG[4].

Schritt 1. Neurospora crassa wird unter Belüftung in minimalem *Neurospora*-Medium bei 30° C 72 Std bebrütet. Das Mycel wird angereichert durch Filtern durch Nesseltücher, zweimal mit destilliertem Wasser gewaschen und lyophilisiert. Das gepulverte, lyophilisierte Material wird mit der 16fachen Menge des Gewichtes an 0,1 m Phosphatpuffer von p_H 7,8 bei 2—4° C unter konstantem Schütteln 2—3 Std extrahiert. Die Mischung wird durch Nesseltücher filtriert und das Filtrat bei 12000 U/min 30 min zentrifugiert. Das trübe Überstehende wird bei —15° C aufbewahrt.

Schritt 2. Behandeln mit Protaminsulfat. Rohextrakte von Schritt 1 (12—15 mg Protein/ml) werden auf p_H 7,2 eingestellt, 1 ml Protaminsulfatlösung (15 mg/ml 1 m Phosphatpuffer, p_H 7,2) wird zugefügt pro 100 mg Extraktprotein. Die Mischung wird einige min lang gerührt, dann wird zentrifugiert und die überstehende Lösung zurückbehalten.

Schritt 3. Erste Ammoniumsulfatfällung. Die überstehende Lösung von Schritt 2 wird 0,34 gesättigt mit Ammoniumsulfat, gerührt und zentrifugiert. Der Niederschlag wird zurückbehalten und in der Hälfte des ursprünglichen Volumens in 0,02 m Phosphatpuffer, p_H 7,2, gelöst.

Schritt 4. Erste Calciumphosphat-Gel-Behandlung. Zu der Lösung des vorausgehenden Schrittes werden 40 mg Calciumphosphat-Gel (40 mg Trockengewicht/ml) hinzugefügt, auf je 80 mg Protein. Die Mischung wird gerührt und dann zentrifugiert. Die überstehende Lösung wird dann mit dem doppelten der vorausgehenden Menge von Calciumphosphat-Gel behandelt und wieder zentrifugiert.

Schritt 5. Zweite Ammoniumsulfatbehandlung. Die überstehende Lösung von Schritt 4 wird 0,24 mit Ammoniumsulfat gesättigt, nach 25 min wird der Niederschlag durch Zentrifugieren entfernt und verworfen. Die überstehende Lösung wird 0,33 gesättigt mit Ammoniumsulfat. Nach 25 min wird der Niederschlag durch Zentrifugieren gesammelt und in 0,02 m Phosphatpuffer, p_H 7,2, in $^1/_5$ des ursprünglichen Volumens des Rohextraktes gelöst.

Schritt 6. Zweite Calciumphosphat-Gel-Behandlung. Die Lösung von Schritt 5 wird mit 4 mg Calciumphosphat-Gel pro 10 mg Protein behandelt. Nachdem 10 min gerührt worden war, wird das Gel entfernt und die Behandlung wiederholt. Die überstehende Lösung wird dann gegen 0,05 m Phosphatpuffer, p_H 7,8, 3 Std dialysiert.

Eigenschaften. Das Enzym ist optimal aktiv in Pyrophosphatpuffer bei p_H 9,3 und in Boratpuffer bei einem etwas höheren Wert. Die Aktivität fällt ziemlich scharf nach der sauren Seite des Optimums ab. D-Serin oder D-Threonin werden nicht angegriffen. PLP ist Coenzym. Die PLP-Menge, die benötigt wird, um halbmaximale Aktivität zu erzielen, beträgt 4×10^{-7} m. Die K_M-Werte sind $5{,}5 \times 10^{-3}$ für L-Serin und $3{,}3 \times 10^{-3}$ für L-Threonin.

Reinigung der Threonindehydratase aus Schafsleber nach SAYRE und GREENBERG[2].

Schafsleber wird nach Entfernung der größeren Gefäße und des Bindegewebes gekühlt und $^1/_2$ min lang in 2 Vol. 0,1 m Phosphatpuffer, p_H 7,2, homogenisiert. Kleine Anteile werden zentrifugiert und auf Threonin- und Serindehydratase-Aktivität untersucht. Die gefundenen Werte dienen als Ausgangsbasis. Fraktionierung: kontrollierte Hitzedenaturierung. Das rohe Homogenat wird in Proben von 500 ml auf 70° C in einem kochenden

---

[1] SELIM, A. S. M., and D. M. GREENBERG: J. biol. Ch. **234**, 1474 (1959).
[2] SAYRE, F. W., and D. M. GREENBERG: J. biol. Ch. **220**, 787 (1956).
[3] MATSUO, Y., and D. M. GREENBERG: J. biol. Ch. **230**, 545, 561 (1958); **234**, 507, 516 (1959).
[4] YANOFSKY, C., and J. L. REISSIG: J. biol. Ch. **202**, 567 (1953).

Wasserbad erhitzt und nach Erreichen dieser Temperatur sofort abgekühlt. Die Hitzedenaturierung führt zu Koagulierung von vielen verunreinigenden Proteinen, ohne das Enzym zu beeinflussen. In höher gereinigtem Zustand tritt jedoch bei 5 min langem Erhitzen auf 70° C ein Aktivitätsverlust von 50% auf. Es wird in 250 ml-Proben bei $1340 \times g$ 20 min zentrifugiert. Der Niederschlag wird verworfen, das Überstehende mit Ammoniumsulfat fraktioniert. Der Hauptteil der Serindehydratase fällt bei 30—35% Ammoniumsulfatsättigung, der Hauptteil der Threonindehydratase bei 45—50% Ammoniumsulfatsättigung aus. Der letzte Schritt der Reinigung der Threonindehydratase besteht in einer Ammoniumsulfat-Konzentrationsgradienten-Elution aus einer Hyflosupercelsäule. Diese Technik führt zu einer 620fachen Reinigung gegenüber dem Ausgangsmaterial. Das Protein wurde in Form einer Suspension des Ammoniumsulfatniederschlags auf die Hyflosupercelsäule aufgetragen und mit einer gradiellen Verdünnung einer 65% gesättigten Ammoniumsulfatlösung, p_H 7,2, eluiert. Auf diese Weise wurde also das suspendierte Protein und Enzym bei stetig abnehmender Ammoniumsulfatkonzentration eluiert. Die Fraktionen wurden in einem Fraktionsschneider zu je 125 Tropfen gesammelt.

Reinigung der Serindehydratase aus Rattenleber s. [1, 2].

Die einzelnen Enzyme wurden von Greenberg u. Mitarb. mit Hilfe dieser und anderer Methoden isoliert. Es gelang, die Homoserindehydratase zu kristallisieren und eine 575fache Reinigung gegenüber dem ursprünglichen Rattenleberhomogenat zu erreichen[3]. Die Serindehydratase konnte 150fach[4] und die Threonindehydratase 1500fach angereichert werden[5].

Eigenschaften. Das Enzym hat eine Sedimentationskonstante bei der Proteinkonzentration 0 von 8,5—8,75 Svedberg-Einheiten und eine Diffusionskonstante von $4,1 \times 10^{-7}$ cm^2/sec^{-1}. Aus diesen Daten wurde ein Molekulargewicht für die Homoserindehydratase von 190000 errechnet[3]. Aus diesen Werten und aus der Berechnung der PLP-Bindungskapazität geht hervor, daß jedes Enzymmolekül 4 Moleküle Coenzym enthält.

Spezifität. Serindehydratase kann auch Cystathionin aus Serin und Homocystein synthetisieren, und Homoserindehydratase kann Cystathionin in Cystein und α-Ketobutyrat spalten. Threonindehydratase greift auch L-Serin an. Homoserindehydratase und Serindehydratase bauen auch L-Threonin ab. D-Serin und D-Threonin werden nicht angegriffen; ebensowenig andere Aminosäuren einschließlich Cystein. Gegenüber Tryptophan soll eine geringe Aktivität bestehen. Zur eventuellen Identität der Homoserindehydratase mit der Cysteindesulfhydrase s. S. 604.

p_H-Optimum. Für Serindehydratase ist das p_H-Optimum ungefähr 8,3, für Threonindehydratase 8,4 und für Homoserindehydratase 8,0.

Michaelis-*Konstanten.* Die Enzyme besitzen die folgenden Michaelis-Konstanten: L-Homoserindesaminierung 2×10^{-2}; Cystathioninabbau 3×10^{-3}; L-Serindesaminierung $8,4 \times 10^{-2}$ mit Homoserindehydratase; Cystathioninsynthese $8,4 \times 10^{-2}$ (Serin), $2,6 \times 10^{-2}$ (L-Homocystein) mit Serindehydratase; Threonindesaminierung $8,0 \times 10^{-3}$ mit Threonindehydratase. Umsatzgeschwindigkeit (V_{max}) für Homoserindesaminierung ist 2020 μM/Std pro mg Protein, und Umsatzzahl: 6400 M pro min/M Enzym; für Cystathionabbau $V_{max} = 738$ μM/Std/mg Protein, Umsatzzahl 2340 M/min/M Enzym.

Wirkung von Metallionen. Benziman u. Mitarb.[6] berichteten über eine 12fache Aktivierung der spezifischen L-Serindehydratase aus *Clostridium acidi urici* durch Fe^{++}, doch konnten keine zweiwertigen Ionen in kristalliner Homoserindehydratase nach Ver-

---

[1] Selim, A. S. M., and D. M. Greenberg: J. biol. Ch. **234**, 1417 (1959). Arch. Biochem. **42**, 211 (1960).
[2] Greenberg, D. M.; in: Colowick-Kaplan, Meth. Enzymol., Bd. V, S. 942.
[3] Matsuo, Y., and D. M. Greenberg: J. biol. Ch. **230**, 545, 561 (1958); **234**, 507, 516 (1959).
[4] Selim, A. S. M., and D. M. Greenberg: J. biol. Ch. **234**, 1474 (1959).
[5] Nishimura, J.: Ph. D. Thesis, zit. nach [7].
[6] Benziman, M., R. Sagers and I. C. Gunsalus: J. Bact. **79**, 474 (1960).
[7] Greenberg, M.; in: Boyer-Lardy-Myrbäck, Bd. V, S. 563ff.

aschung festgestellt werden[1]. Quecksilber, Silber, Cadmium und Kupfer wirken hemmend. Durch monovalente Ionen werden die Enzyme aktiviert, die Reihenfolge der Aktivierung ist: K^+, NH_4^+, Rb^+, Li^+, Na^+. Die Wirkung ist am größten bei Serindehydratase und am schwächsten bei Homoserindehydratase. Das von MATSUO und GREENBERG[2] kristallisierte Enzym wird stark gehemmt durch Cu^{++}, Hg^{++}, Cd^{++} (5×10^{-5} m), weniger stark durch Fe^{++}, Fe^{+++}, Ca^{++}, Mg^{++}, Mn^{++}, Co^{++}, Ni^{++}, Zn^{++} und Cr^{+++} (10^{-4} m).

Hemmstoffe. Alle drei Enzyme benötigen freie SH-Gruppen. Sie werden gehemmt durch die bekannten SH-Reagentien, p-Chlormercuribenzoat, Jodosobenzoat und N-Äthylmaleinimid, aber nicht durch Jodacetat. Diese Hemmung wird im Falle der Homoserindehydratase durch BAL teilweise aufgehoben. Die Hemmung der Threonindehydratase durch diese Substanzen wurde durch keines der SH-Gruppen-Reagentien aufgehoben[1]. Carbonylgruppenreagentien, z.B. Cyanid und Hydroxylamin, hemmen die drei Enzyme. Cystein hemmt sehr stark den Abbau von Cystathionin und auch die Desaminierung von Serin. Serin hemmt stark die Desaminierung von Threonin. Zum Reaktionsmechanismus s. [1].

Bestimmung. Die Dehydrataseaktivität der Enzyme kann durch Bestimmung der Menge gebildeter Ketosäure nach FRIEDEMANN und HAUGEN[3], welche auf der Messung der Farbintensität der 2,4-Dinitrophenylhydrazone der Ketosäuren in alkalischer Lösung beruht, gemessen werden. SAYRE und GREENBERG[4] fanden, daß der Zusatz von 20% Äthanol nach Beendigung der Dinitrophenolhydrazin-Reaktion das Auftreten von Trübungen verhindert. Wenn Zusätze, welche die Ketosäurebestimmung stören, verwendet werden, kann die NH_3-Entwicklung als Maß für die Enzymaktivität benutzt werden. Nach GREENBERG[1] entspricht diejenige Menge der Enzyme einer Einheit, welche in 1 Std 1 μM Ketosäure produziert. Für die Messung der Spaltung von Cystathionin ist die Bestimmung der Ketosäure befriedigend. Als Maß für die Cystathioninsynthese kann die Menge an verbrauchtem Serin dienen, wobei die Perjodatoxydation unter Abzug der Menge des gebildeten Pyruvates als Maß genommen werden kann.

***Bestimmung der Threonindehydratase nach* YANOFSKY *und* REISSIG[5].**

Reagentien:

1. L-Threonin (oder L-Serin).
2. Calciumpyridoxalphosphat.
3. 0,1 m Pyrophosphat, p_H 9,3.
4. Trichloressigsäure, 10%ig.

Ausführung:

Die Bestimmung wird in einem Volumen von 1 ml ausgeführt, enthaltend 3×10^{-2} m L-Threonin (oder 6×10^{-2} m L-Serin), 10 μg Calciumpyridoxalphosphat, 0,5 ml 0,1 m Pyrophosphat von p_H 9,3 und Enzymlösung. Die Ansätze werden gewöhnlich 20 min bei 37° C inkubiert. Die Reaktion wird durch Zugabe von 1 ml 10%iger Trichloressigsäure zu allen Ansätzen unterbrochen und der Niederschlag durch Zentrifugieren abgetrennt. 1 ml des Überstehenden wird entweder zur Pyruvat- oder Ketobutyratbestimmung verwendet. In einigen Fällen kann der ganze Ansatz analysiert werden, weil das Alkali, das bei der colorimetrischen Bestimmung zugefügt wird, genügt, um den ganzen Eiweißniederschlag aufzulösen. Ein Kontrollgefäß enthält PLP und Substrat, ein weiteres einen Kontrollansatz mit Enzym allein.

Eine *Einheit* des Enzyms ist die Menge, die in 20 min unter den beschriebenen Bedingungen 0,1 μM α-Ketobutyrat oder Pyruvat zu bilden vermag. Spezifische Aktivität: Einheiten pro mg Protein.

[1] GREENBERG, D. M.; in: Boyer-Lardy-Myrbäck, Bd. V, S. 563ff.
[2] MATSUO, Y., and D. M. GREENBERG: J. biol. Ch. **230**, 545, 561 (1958); **234**, 507, 516 (1959).
[3] FRIEDEMANN, T. E., and G. E. HAUGEN: J. biol. Ch. **147**, 415 (1943).
[4] SAYRE, F. W., and D. M. GREENBERG: J. biol. Ch. **220**, 787 (1956).
[5] YANOFSKY, C., and J. L. REISSIG: J. biol. Ch. **202**, 567 (1953).

D-Serindehydratase[1] (D-Serinhydrase).

[4.2.1.14 D-Serin-Hydrolyase (desaminierend).]

D-Serin + H_2O = Pyruvat + NH_3 + H_2O

D-Threonindehydratase (D-Threonindehydrase).

Das Enzym wirkt in gleicher Weise wie die L-Serin- und L-Threonindehydratase. Es ist in *Neurospora crassa* und *E. coli* neben der L-Serin- und L-Threonindehydratase nachgewiesen worden.

Spezifität. Das Enzym ist gegenüber L-Serin oder L-Threonin unwirksam. Die Umsetzung von D-Threonin erfolgt beträchtlich langsamer als die von D-Serin. Ketosäuren werden gebildet aus D,L-Glutaminsäure und D,L-Asparaginsäure, aber nicht aus den L-Formen dieser Säuren. Pyridoxalphosphat ist bei der Reaktion mit den 2-basischen Säuren ohne Einfluß. D-Aminosäureoxydase scheint nicht zugegen zu sein, da eine Reihe anderer D-Aminosäuren nicht angegriffen wird.

Eigenschaften. Coenzym ist Pyridoxalphosphat. Die Konzentration an Pyridoxalphosphat, welche halbmaximale Aktivität ergibt, beträgt K_M 3×10^{-6} für das *Neurospora*-Enzym und 1×10^{-6} für das von *E. coli*. Pyridoxalfreie Präparate des Enzyms werden erhalten, wenn das Mycel mehrere Wochen bei $-15°$ C aufbewahrt wird. Andere Aktivatoren sind unbekannt. K_M für D-Serin ist $2{,}6 \times 10^{-4}$ für das *Neurospora*-Enzym und 3×10^{-4} für das aus *E. coli*.

Hemmstoffe. Die Wirkung des Enzyms wird stark gehemmt durch Hydroxylamin, Cyanid, L-Cystein, 8-Hydroxychinolin und Metallionen, wie Zink, Kupfer und Kobalt.

Bestimmungsmethoden. Da die bei der Spaltung der Substanzen auftretenden Produkte genau dieselben sind wie bei dem L-Threonin- und Serin-spaltenden Enzym, kann die Aktivitätsbestimmung in der oben beschriebenen Weise vorgenommen werden unter Verwendung von D-Serin oder D-Threonin als Substrat.

Serinsulfhydrase (Cysteinsynthetase).

[4.2.1.22 L-Serin-Hydrolyase (H_2S zufügend).]

L-Serin + H_2S = L-Cystein + H_2O

Von Schlossmann und Lynen[2] wurde in Hefezellen ein Enzym nachgewiesen, das unter Mitwirkung von PLP die Biosynthese des Cysteins aus Serin und H_2S katalysiert. Das Vorkommen dieses Enzyms konnte auch in Mikroorganismen nachgewiesen werden, die zur Sulfatverwertung befähigt sind, so auch in *E. coli*[3,4].

Vorkommen. In Hefe[2], in: *E. coli*, *Aerobacter aerogenes*, *Micrococcus aureus*, *Bacillus subtilis*, *Aspergillus niger*[5], ferner in Spinat[5], in Leber, Niere, Hirn, Magen, Muskel, Milz von Meerschweinchen und Ratte sowie in Pankreas und Herz des Meerschweinchens[5]. Ferner konnte das Enzym in Extrakten aus roten und weißen Blutkörperchen vom Huhn nachgewiesen werden.

Anreicherung aus Spinat s. [5], Anreicherung aus Hühnerleber s. [5].

Coenzym. Durch Dialyse des Extraktes gegen gealtertes Aluminiumhydroxyd-Gel läßt sich das Coenzym fast vollständig entfernen[5]. Das Enzym ist PLP-abhängig[5].

***Bestimmung der Serinsulfhydrase nach* Brüggemann *u. Mitarb.*[5].**

Inkubationsansatz. 0,1 ml Serinlösung mit 13 μM Serin; 0,05 ml PLP-Lösung mit 25 μg; 0,1—0,3 ml Enzymextrakt; 0,2 ml Natriumsulfidlösung mit 17 μM Sulfid, gelöst

[1] Smythe, C. V.; in: Colowick-Kaplan, Meth. Enzymol., Bd. II, S. 322.

[2] Schlossmann, K., u. F. Lynen: B. Z. **328**, 591 (1957).

[3] Lampen, J. O., R. R. Roepke and M. J. Jones: Arch. Biochem. **13**, 55 (1947).

[4] Roberts, R. B., P. H. Abelson, D. B. Cowie, E. T. Breton and R. J. Britten: Studies of Biosynthesis in Escherichia coli. Carnegie Institution of Washington, D.C. 1955.

[5] Brüggemann, J., K. Schlossmann, M. Merkenschlager u. M. Waldschmidt: B.Z. **335**, 392 (1962).

in 0,2 m Trispuffer, p_H 9,3, welcher zugleich 0,1 m an NaOH ist. Serin und PLP werden in Trispuffer, p_H 8,0, der zugleich 5×10^{-3} m an EDTA ist, gelöst; Auffüllen des Ansatzes mit Trispuffer auf 0,65 ml.

Ausführung: Inkubation 3 Std bei 37° C, Zugabe von 0,25 ml H_2O und 0,1 ml 30 %iger Metaphosphorsäure. Eiweiß abzentrifugieren, überschüssigen Schwefelwasserstoff durch CO_2 austreiben.

Modifizierte Cysteinbestimmung nach GRUNERT und PHILLIPS[1]: In 1 cm-Küvette nacheinander folgende eisgekühlte Lösungen einpipettieren: 1,5 ml gesättigte NaCl-Lösung, zugleich 0,45 %ig an Metaphosphorsäure; 0,25 ml 1,5 m Na_2CO_3-Lösung, zugleich 0,067 m an KCN, 0,25 ml 2 %ige Natriumnitroprussidlösung; 0,001 m EDTA ad 2,5 ml; 0,05 bis 0,3 ml der cysteinhaltigen Lösung. Sofort nach Zugabe der cysteinhaltigen Lösung messen (Eppendorf-Filter Cd 509). Bestimmung des Cysteins nach VASSEL[2] ist ebenfalls möglich.

Threoninsynthetase.

[4.2.99.2 o-Phosphohomoserin-Phospho-Lyase (H_2O zufügend).]

o-Phosphohomoserin + H_2O = Threonin + Phosphat

Für die Umwandlung von Homoserin in Threonin sind nach WATANABE u. Mitarb.[3-5] in Hefe wenigstens zwei Enzyme verantwortlich: Homoserin-Kinase katalysiert die Phosphorylierung der Hydroxylgruppe des Homoserins durch ATP, und die Threoninsynthetase katalysiert die Abspaltung von Orthophosphat zu Threonin. An dieser zweiten Reaktion ist ein PLP-Enzym beteiligt.

Vorkommen. Das Enzym ist in Extrakten aus Bäckerhefe, in *Neurospora*[3] und in *E. coli* nachgewiesen worden[6, 7]. Es fehlt in einer *Neurospora*-Mutante, welche Threonin im Nährmedium benötigt. Bei *Neurospora*-Wildtypen wird die Konzentration des Enzyms nicht erhöht, wenn das Kulturmedium D,L-Homoserin oder Threonin enthält[8].

Reinigung der Threoninsynthetase nach FLAVIN[9].

Wachstumsbedingungen und Ultrazentrifugation der Extrakte sind die kritischen Punkte beim Reinigungsgang und müssen besonders sorgfältig durchgeführt werden.

Neurosporakultur. Neurospora Wildtyp 5297 aus Reinkultur überimpfen auf Agar[10]. Bei 30° C inkubieren, bis profuses Wachstum erfolgt (1 Woche). Die Kultur kann dann bei + 2° C aufbewahrt werden. 15 l Nährmedium in Glasballon beimpfen und Schütteln mit sterilisierter Sucrose-Biotin-Lösung; inkubieren 24—30 Std bei 25° C unter starker Belüftung.

Ausbeute. 150—300 g Feuchtgewicht. Zellen ernten durch Abfiltrieren auf Büchnertrichter mit Nesseltuch, waschen mit destilliertem Wasser und einfrieren in dünnen Schichten. In dieser Form können die Zellen monatelang aufbewahrt werden.

Schritt 1. Extraktbereitung. Trockeneisstücke in einen vorgekühlten Homogenisator geben, die gefrorenen *Neurospora*-Platten in kleine Stücke brechen und kurz homogenisieren. Im Kühlraum bei — 15° C arbeiten. Das gefrorene Pulver auftauen und gleiches Volumen kaltes Wasser zusetzen und 5 min bei + 2° C homogenisieren. p_H einstellen auf 8,5 mit 1,0 n NH_4OH. 2 Std rühren bei 0° C, 20 min bei 15000 U/min zentrifugieren. Überstehendes durch Nesseltuch dekantieren und auf p_H 7,3 einstellen. Glycylglycin,

[1] GRUNERT, R. R., and P. H. PHILLIPS: Arch. Biochem. **30**, 217 (1951).
[2] VASSEL, B.: J. biol. Ch. **140**, 323 (1941).
[3] WATANABE, Y., S. KONISHI and K. SHIMURA: J. Biochem. **42**, 837 (1955).
[4] WATANABE, Y., and K. SHIMURA: J. Biochem. **43**, 283 (1956).
[5] WATANABE, Y., S. KONISHI and K. SHIMURA: J. Biochem. **44**, 299 (1957).
[6] COHEN, G. N., M. L. HIRSCH, S. B. WIESENDANGER et M. B. NISMAN: Cr. **238**, 1746 (1954).
[7] WORMSER, E. H., and A. B. PARDEE: Arch. Biochem. **78**, 416 (1958).
[8] FLAVIN, M., and C. SLAUGHTER: J. biol. Ch. **235**, 1103 (1960).
[9] FLAVIN, M.; in: Colowick-Kaplan, Meth. Enzymol., Bd. V, S. 951.
[10] HOROWITZ, N. H.: J. biol. Ch. **171**, 255 (1947).

p_H 7,3, zufügen, Endkonzentration 0,04 m. Dieser rohe Extrakt kann eingefroren werden. Bei Weiterverarbeitung 2 Std zentrifugieren bei 100000 U/min, Überstehendes mit Spritze abziehen. Das Enzym befindet sich im Überstehenden. Extrakt nach Einstellen des p_H auf 7,7 mit kristalliner Pankreasribonuclease (3 mg/100 ml) 30 min bei 30° C inkubieren.

Schritt 2. Acetonfraktionierung. p_H auf 8,5 einstellen und 1,0 m Tris-HCl-Puffer, p_H 8,5, zufügen bis 0,04 m Endkonzentration; kaltes Wasser zufügen bis Proteinkonzentration 6,5 mg/ml. Lösung bei 0° C rühren. Aceton zufügen bis zu 45 % (Volumen) innerhalb von 20 min. Gleichzeitig Temperatur senken bis auf —10° C, 10 min weiter rühren. Zentrifugieren 7 min bei 3000 U/min und —10° C. Niederschlag verwerfen. Acetonzugabe zum Überstehenden wiederholen in einem —15° C-Bad bis zur Konzentration von 58 %. Zentrifugieren bei —15° C, Überstehendes verwerfen und Niederschlag sofort aufnehmen in einer 0,02 m Glycylglycin- und 0,001 m Glutathionlösung von p_H 7,3.

Schritt 3. Ammoniumsulfatfraktionierung. Acetonfraktion einstellen auf p_H 7,3 mit 1 n Essigsäure und Glycylglycinlösung zufügen bis zu einer Proteinkonzentration von 8 mg/ml. Innerhalb 20 min festes Ammoniumsulfat zufügen bis zu 44 % Sättigung, unter Rühren bei 0° C. 20 min rühren. Zentrifugieren, Niederschlag verwerfen. p_H öfter überprüfen und mit NH_4OH auf 7,3 halten. Ammoniumsulfat zufügen bis 57 % Sättigung, zentrifugieren, Niederschlag in kleinem Volumen Glycylglycinlösung aufnehmen. Diese Fraktion mehrere Stunden gegen 2 l destilliertes Wasser, dann über Nacht gegen 0,01 m Glycylglycinlösung, p_H 7,3, dialysieren.

Schritt 4a. Reinigung an DEAE-Cellulose. 300 g DEAE-Cellulose (mesh 100—230) mehrmals mit Wasser waschen. Waschen mit 1 n NaOH (2 × mit je 3 l 30 min), Wasser, 1 n HCl (3 l, 20 min), mit NaOH wie vorher und exzessiv mit Wasser auf einem großen Büchner-Trichter. Dann zweimal 30 min mit 1,5 l 1,0 m Kaliumformiat, p_H 7,3, rühren. Mit viel Wasser waschen, mit 0,01 m Glycylglycin, p_H 7,3 rühren und in diesem Puffer resuspendieren. KOH zufügen bis p_H im Überstehenden 7,3. Säule (2 × 15 cm) unter Druck packen und die dialysierte Ammoniumsulfatfraktion (150—200 mg Protein) aufziehen. Eluieren mit einem logarithmischen Formiatgradienten über Nacht bei + 2° C, 15 ml Fraktionen sammeln (1 ml/min). Das Mischgefäß enthält anfänglich 550 ml 0,02 m Glycylglycin und 0,08 m Kaliumformiat; das Reservoir enthält 800 ml 0,02 m Glycylglycin und 0,3 m Kaliumformiat. Beide Lösungen haben p_H 7,3 und enthalten 7×10^{-5} m PLP. Das Enzym erscheint in Fraktionen zwischen 500 und 800 ml, manchmal nach dem Erscheinen des letzten nachweisbaren Proteins.

Schritt 4b. Konzentrierung des DEAE-Eluats. Die gesammelten Enzymfraktionen sofort durch Ultrafiltration über Nacht konzentrieren[1]. 30—40 ml werden in jedes Filtrationsrohr eingefüllt und bis auf 0,5—1,0 ml mit einem Vakuum von ungefähr 80 mm Hg konzentriert, unter gleichzeitiger Dialyse gegen mehrere Portionen von 500 ml 0,02 m Glycylglycin- oder Kaliumdimethylglutaratlösung, p_H 7,3, in einem 800 ml-Becherglas innerhalb des Exsikkators, der als Filtrationsgefäß benutzt wird[1]. Durch dieses Vorgehen wird eine 200—500fache Reinigung erzielt.

Stabilität[2]. Apo- und Holoenzympräparate sind nach allen Reinigungsschritten, ausgenommen bei Schritt 4a, monatelang haltbar, wenn sie nach Dialyse bei —15° C aufbewahrt werden. Das Enzym fällt aus und wird inaktiv bei p_H 5,2 und darunter.

Cofaktoren und Hemmstoffe[2]. Im Gegensatz zu dem Enzym aus Hefe[3] und *E. coli*[4] benötigt das Enzym aus *Neurospora* PLP als Cofaktor[5]. Die Aktivität einiger Fraktionen aus Schritt 3 ist vollständig von der Gegenwart von PLP abhängig. Schritt 4 ergibt nur Holoenzym, wenn PLP in der Elutionsflüssigkeit enthalten ist. Die Enzymreaktion wird durch Hydroxylamin, Cyanid und Orthophosphat gehemmt.

---

[1] Sober, H. A., F. J. Gutter, M. M. Wyckoff and E. A. Peterson: Am. Soc. 78, 756 (1956).
[2] Flavin, M.; in: Colowick-Kaplan, Meth. Enzymol., Bd. V, S. 951.
[3] Watanabe, Y., S. Konishi and K. Shimura: J. Biochem. **44**, 299 (1957).
[4] Wormser, E. H., and A. B. Pardee: Arch. Biochem. 78, 416 (1958).
[5] Flavin, M., and C. Slaughter: Analyt. Chem., Washington **31**, 1983 (1959).

Spezifität und Reaktionsmechanismus. Gereinigtes Enzym greift O-Phosphothreonin nicht an[1]. Untersuchungen mit radioaktiv markiertem Sauerstoff[1] und Wasserstoff[2] haben gezeigt, daß das Phosphat durch eine nichthydrolytische C—O-Spaltung entfernt wird, welche durch einen Wechsel in den konjugierten Doppelbindungen in der resultierenden SCHIFFschen Base zwischen Vinylglycin und PLP und nach Zufügung von Wasser erfolgt. In dem vorgeschlagenen Mechanismus[2] beschleunigt das Coenzym alle drei Reaktionsstufen.

***Bestimmung der Threoninsynthetase nach* FLAVIN[3].**

Prinzip:

Die Methode basiert auf der Bestimmung der Geschwindigkeit der Threoninbildung aus O-Phosphohomoserin. Das Substrat wird mit Hilfe der Homoserinkinase aus Hefe hergestellt[4]. Der Acetaldehyd, der durch die Perjodatoxydation von Threonin freigesetzt wird, kann nach Reduzierung des überschüssigen Perjodats mit Mercaptan durch Messung der Menge DPNH, welche in Gegenwart von Alkoholdehydrogenase oxydiert wird[5], bestimmt werden.

Reagentien:

1. 0,5 m Glycylglycin-KOH-Puffer, p_H 7,3.
2. 0,01 m PLP.
3. 0,01 m O-Phosphohomoserin, Kaliumsalz (Herstellung s. [3]).
4. Enzymlösung. Eine Menge von 0,001—0,02 Einheiten (s. unten) ist für den Ansatz ausreichend. Die Enzymlösung kann, wenn notwendig, mit Wasser verdünnt werden.
5. 1,0 m Kaliumphosphatpuffer, p_H 7,5.
6. Natrium-metaperjodat, 4%ig.
7. β-Mercaptopropionat, 10%ige wäßrige Lösung (v/v), eingestellt auf p_H 6 mit KOH (kann 1 Woche eingefroren aufbewahrt werden).
8. 0,0025 m DPNH, p_H 7,5.
9. Alkoholdehydrogenase; der Einsatz an Enzym soll groß genug sein, um die Acetaldehydreduzierung innerhalb von 1—3 min zu vollziehen. Folgende Lösung wird empfohlen: handelsübliche kristalline Alkoholdehydrogenase aus Hefe suspendiert in $(NH_4)_2SO_4$ mit 60 mg/ml, spezifische Aktivität 40000, wird verdünnt 1:100 mit einer Lösung, welche die folgenden Bestandteile enthält: 0,1 % Rinderserumalbumin, 0,01 m reduziertes neutrales Glutathion und 0,02 m Kaliumpyrophosphat, p_H 7,5.

Ausführung:

Inkubationsmischung: 0,06 ml Glycylglycinpuffer, 0,06 ml O-Phosphohomoserinlösung, 0,01 ml PLP, aliquoter Teil der Enzymlösung und Wasser ad 0,6 ml. Inkubieren 30 min bei 30° C. Stoppen der Reaktion durch Einstellen des Zentrifugenröhrchens für 10 min in ein kochendes Wasserbad. Proteinniederschlag durch Zentrifugieren entfernen. 0,1 bis 0,3 ml in eine 1 ml, 1 cm-Lichtweg-Quarzküvette pipettieren, gefolgt von 0,1 ml Phosphatpuffer und destilliertem Wasser ad 1,0 ml. Zufügen von 0,02 ml Perjodat. Gut mischen und 30 sec reagieren lassen. Dann 0,03 ml Mercaptopropionat zugeben und 30 sec rühren. 0,04 oder 0,05 ml DPNH zugeben, zweimal nacheinander ablesen bei 340 mμ gegen Wasser. Tritt eine Abnahme der Absorption ein, so war die Reduktion des Perjodats durch das Mercaptan nicht vollständig. Dann 0,02 oder 0,03 ml der verdünnten Alkoholdehydrogenaselösung zugeben. Die Oxydation von DPNH wird bei 340 mμ verfolgt, bis zwei aufeinanderfolgende Ablesungen keine weitere Abnahme der Absorption ergeben. Es

[1] FLAVIN, M., and T. KONO: J. biol. Ch. **235**, 1109 (1960).
[2] FLAVIN, M., and C. SLAUGHTER: J. biol. Ch. **235**, 1112 (1960).
[3] FLAVIN, M.; in: Colowick-Kaplan, Meth. Enzymol., Bd. V, S. 951.
[4] WATANABE, Y., S. KONISHI and K. SHIMURA: J. Biochem. 44, 299 (1957).
[5] FLAVIN, M., and C. SLAUGHTER: Analyt. Chem., Washington **31**, 1983 (1959).

ist empfehlenswert, gelegentlich eine Referenzküvette mit einem bekannten Threoningehalt mitlaufen zu lassen, da die Absorptionsänderung per 0,1 μM Threonin verschiedener Herkunft zwischen 0,40 und 0,47 schwankt. Kontrollküvetten ohne O-Phosphohomoserin sind nicht notwendig, außer man arbeitet mit undialysierten rohen Extrakten.

Definition der Einheit. Eine Einheit des Enzyms ist definiert als die Menge, welche unter den obengenannten Bedingungen 1 μM Threonin in 1 min bildet. Spezifische Aktivität wird ausgedrückt in Einheiten per mg Protein.

Cysteindesulfhydrase.

[4.4.1.1 L-Cystein-Hydrogensulfid-Lyase.]

$$\text{L-Cystein} + H_2O = \text{Pyruvat} + NH_3 + H_2S$$

Ein Enzym aus *Proteus vulgaris*, welches Cystein unter Bildung von Schwefelwasserstoff zersetzt, wurde von TARR 1934[1] in zellfreie Lösung gebracht. FROMAGEOT u. Mitarb.[2] wiesen ein gleichartig wirkendes Enzym in der Leber des Hundes nach. Die Cysteindesulfhydrasen spalten ihre Substrate reversibel nach der Reaktion:

$$RCHSH \cdot CHNH_2COOH \rightleftharpoons (RCH{=}CNH_2COOH) + H_2S$$
$$\downarrow$$
$$RCH_2CO \cdot COOH + NH_3$$

Es entsteht also Schwefelwasserstoff und eine ungesättigte Aminosäure: im Falle der Spaltung des Cysteins α-Amino-acrylsäure, die unbeständig ist und hydrolytisch in Ammoniak und Brenztraubensäure zerfällt. Nur der erste Schritt ist enzymatisch verursacht. Weitere Angaben s. S. 681 ff.

Vorkommen. Das Enzym kommt in allen untersuchten höheren Tieren vor, in der Hauptsache in der Leber. Niere und Pankreas enthalten geringere Mengen des Enzyms, andere Gewebe sehr wenig oder keine Desulfhydrase. In Tumoren fehlt das Enzym. Es kommt wahrscheinlich in allen Mikroorganismen vor, die aus eiweißhaltigen Nährböden Schwefelwasserstoff freisetzen.

Von GMELIN[3] wurde auch im Samen von *Albizzia lophantha Bent. (Micosaceae)* eine Cysteinsulfhydrase nachgewiesen, welche nur S-Methyl-L-cystein, nicht aber S-Methyl-D-cystein spaltet. Cystathionin und Lanthionin werden in gleicher Weise gespalten. Das Enzym wird durch Carbonylreagentien gehemmt.

Gewinnung der Cysteindesulfhydrase aus Rattenleber nach SMYTHE[4].

Schritt 1. Ein Rohextrakt wird gewonnen durch Zermahlen von frischer Rattenleber mit dem doppelten ihres Gewichtes an 0,9 %iger Natriumchlorid- oder Ringer-Phosphatlösung. Dann wird zentrifugiert und man erhält einen Extrakt, der das Enzym in aktiver Form enthält. Das Enzym ist stabil, wenn der Extrakt bei 0° C aufbewahrt wird.

Schritt 2. Chloroformbehandlung des Extraktes nach SEVAG. Der rohe Salzextrakt wird mit dem gleichen Volumen Chloroform versetzt, und die Mischung wird 20 min lang bei Zimmertemperatur kräftig geschüttelt. Nach dem Zentrifugieren wird die wäßrige Schicht abdekantiert.

Schritt 3. Fällung mit Aceton. Der chloroformbehandelte Extrakt wird mit 2 Vol. Aceton bei — 5° C versetzt. Der Niederschlag wird abfiltriert, mit kaltem Äther gewaschen und im Vakuum getrocknet. Das Trockenpulver ist relativ stabil; aktive Enzymlösungen werden aus ihm durch Extraktion mit Wasser, Salzlösung oder Phosphatpuffer erhalten.

Schritt 4. Adsorption an Calciumphosphat-Gel. Das Enzym wird aus der Lösung, die bei Schritt 3 anfällt, adsorbiert. Beträgt das Volumen der Lösung etwa die Hälfte des Rohextraktes, aus welchem der Niederschlag erhalten worden war, so genügen etwa

[1] TARR, H. L. A.: Biochem. J. 28, 192 (1934).
[2] FROMAGEOT, C., E. WOOKEY et P. CHAIX: Enzymologia 9, 198 (1940).
[3] GMELIN, R., G. HASENMAIER u. G. STRAUSS: Z. Naturforsch. 12b, 687 (1957).
[4] SMYTHE, C. V.; in: Colowick-Kaplan, Meth. Enzymol., Bd. II, S. 315.

12 mg Calciumphosphat-Gel/ml zur Adsorption. Das Enzym wird mit 80 %igem Glycerin bei p_H 8,0 eluiert.

Eigenschaften. p_H-Optimum zwischen 7,4 und 7,6. Die Aktivität nimmt nach beiden Seiten hin allmählich ab. Coenzym ist PLP, wie BRAUNSTEIN[1] und KALLIO[2] festgestellt haben. Nach BINKLEY[3] wird die Cysteindesulfhydrase durch Dialyse inaktiviert, ihre Wirksamkeit kann durch Zugabe von Zink-, Magnesium- oder Manganionen wiederhergestellt werden.

Spezifität. Die Cystein-Desulfhydrase produziert Schwefelwasserstoff aus L-Cystein, aber auch aus L-Cystin. Wahrscheinlich wird das Cystin zuerst reduziert. Auch Homocystein wird angegriffen, allerdings kann hier eine Verunreinigung mit einem zweiten Enzym vorliegen. Die Spezifität des Enzyms wechselt mit den Ausgangsmaterialien. Die Enzyme von *E. coli* und *Bacillus subtilis* greifen nur L-Cystein an[4]. Das Enzym au *Propionibacterium pentosaceum* greift L- und D-Cystein an[5]. Bei Enzymen aus tierischen Geweben soll die optische Spezifität von Art zu Art, aber auch von Präparat zu Präparat verschieden sein[5]. Nicht angegriffen werden D-Cystein, D-Cystin, Methionin, Glutathion, Thioglykolsäure oder α-Amino-β-thio-buttersäure. Die Schwefelwasserstoffabspaltung aus Cystein ist reversibel. Nach Untersuchungen von MONDOVÌ u. Mitarb.[6] ist das Enzym mit der Cystathionase oder L-Homoserin-Hydrolyase (s. S. 596) identisch, da beide Aktivitäten auch bei größerer Reinigung erhalten bleiben.

Bestimmungsmethoden. Eine colorimetrische Methode beruht auf der Messung des Methylenblau, welches gebildet wird bei der Reaktion des Sulfids mit p-Aminodimethylanilin, oder sie beruht auf der Messung der Lichtstreuung durch entstehendes Bleisulfid.

***Bestimmung der Cysteindesulfhydrase nach* SMYTHE[7].**

Prinzip:

Das gebildete H_2S wird in Cadmiumacetat-Lösung absorbiert, wodurch unlösliches Cadmiumsulfid entsteht. Das Sulfid wird in Säure gelöst und durch Jod zu freiem Schwefel oxydiert. Die verbrauchte Jodmenge wird gemessen

Reagentien:

1. 1,0 m Cadmiumacetat.
2. 0,2 n Jod in Kaliumjodidlösung.
3. 1,0 n Salzsäure.
4. 0,01 n $Na_2S_2O_3$.
5. 0,10 m L-Cystein-hydrochloridlösung.
6. 0,066 m Phosphatpuffer, p_H 7,5.
7. Enzymlösung: Konzentration mit Phosphatpuffer so einstellen, daß sich 25—200 Einheiten pro ml ergeben.

   Einer Einheit entspricht die Enzymmenge, die unter den unten angegebenen Bedingungen 1 μg Schwefelwasserstoff bildet. *Spezifische Aktivität:* Enzym-Einheiten pro mg Protein-N.

Ausführung:

2 ml des Enzyms werden in den Hauptraum eines WARBURG-Gefäßes gegeben. 0,2 ml 0,1 m L-Cystein-hydrochlorid, in Wasser gelöst, werden in den Kipper pipettiert. Das Manometer wird mit Stickstoff gefüllt. Nach Temperaturausgleich bei 37° C Einkippen der Lösung. Reaktionsdauer 2 Std bei 37° C. Das Zentralgefäß, das mit Cadmiumacetat beschickt war, enthält nun gelbes Cadmiumsulfid. Zum Zentralgefäß werden nun 0,2 ml

[1] BRAUNSTEIN, A. E., i R. M. ASARCH: Dokl. Akad. Nauk SSSR **71**, 93 (1950); **85**, 173 (1952).
[2] KALLIO, R. E.: J. biol. Ch. **192**, 371 (1951).
[3] BINKLEY, F.: J. biol. Ch. **150**, 261 (1943).
[4] DESNUELLE, P.: Enzymologia **6**, 387 (1939).
[5] DESNUELLE, P., E. WOOKEY et C. FROMAGEOT: Enzymologia **8**, 225 (1940).
[6] MONDOVÌ, B., A. SCIOSCIA-SANTORO and D. CAVALLINI: Arch. Biochem. **101**, 363 (1963).
[7] SMYTHE, C. V.; in: Colowick-Kaplan, Meth. Enzymol., Bd. II, S. 315.

0,2 n Jodlösung und 0,1 ml 1,0 n Salzsäure gegeben. Es wird gemischt und die Reaktion bis zur Auflösung des Cadmiumsulfids fortgeführt. Der Inhalt der Zentralgefäße wird mit einer Pipette in einen kleinen Titrationskolben gebracht. Die Zentralgefäße werden mit Wasser gewaschen und die Waschwasser in das Titrationsgefäß gegeben. Der Überschuß an Jod wird mit 0,01 n Natriumthiosulfat zurücktitriert. Die Titrationsdifferenz zwischen Leerversuch und Hauptversuch entspricht der Jodmenge, die zur Oxydation des Sulfids zu freiem Schwefel verbraucht wurde. Die Differenz von 1 ml 0,01 n $Na_2S_2O_3$ bei der Titration entspricht 170 μg H_2S. Die Lösung des Hauptraumes der Gefäße enthält die beiden anderen Reaktionsprodukte. Die Reaktion kann durch Erniedrigen des p_H auf 5,0 oder durch Zufügen von Trichloressigsäure zu einer Konzentration von 5% gestoppt werden. Der Ammoniak wird nach dem Übertreiben aus der alkalischen deproteinisierten Lösung in Salzsäurelösung in bekannter Weise mit NESSLERs Reagens bestimmt. Die Brenztraubensäure kann nach FRIEDEMANN und HAUGEN als Hydrazon (S. 599) oder enzymatisch, mit Hilfe der Lactatdehydrogenase, bestimmt werden.

Hemmstoffe. Ein gereinigtes Enzym aus Katzenleber wurde durch Cu, Ag, Hg und Co, auch in Gegenwart von PLP, gehemmt. Die Hemmung durch Fe, Zn und Pb konnte durch PLP teilweise aufgehoben werden. NH_4, Li-, Mg-, Al-, K-, Ca-, Sr-, Ba-, Mn- und Cd-Ionen waren ohne Einfluß[1]. Mercaptoäthanol hat einen starken Hemmeffekt. Die Hemmung wird erklärt durch eine Reduzierung von Cystein während der Inkubation[2].

Homocysteindesulfhydrase.

[4.4.1.2 L-Homocystein-Hydrogensulfid-Lyase.]

FROMAGEOT und DESNUELLE[3] nehmen an, daß die Cysteindesulfhydrase von der Homocysteindesulfhydrase verschieden ist, und zwar aus folgenden Gründen: Mehrere Präparate aus verschiedenen tierischen Quellen hatten beträchtlich variierende Verhältnisse der Aktivität gegenüber Cystein und Homocystein. Außerdem waren einige Präparate aktiv gegenüber Cystein, aber inaktiv gegenüber Homocystein. KALLIO[4] gewann zellfreie Extrakte aus *Proteus morganii*, die viel aktiver gegenüber Homocystein als gegenüber Cystein waren, obwohl die Zellen, aus welchen die Extrakte gewonnen worden waren, das umgekehrte Aktivitätsverhältnis aufwiesen. Er zeigte ferner, daß die Substrat-Sättigungskurven verschieden waren und schloß auf das Vorliegen zweier Enzyme. Coenzym für beide ist PLP. Homocysteindesulfhydrase-Lösungen werden in gleicher Weise gewonnen, wie für Cysteindesulfhydrase beschrieben, auch ist die Bestimmungsmethode für das Enzym die gleiche wie für die Cysteindesulfhydrase.

Alliin-Lyase[5] (Alliinase).

[4.4.1.4 Alliin-Allylsulfenat-Lyase.]

In *Allium sativum* (Knoblauch) kommt eine geruchlose schwefelhaltige Substanz vor, die bei der Aufarbeitung der Pflanze enzymatisch leicht gespalten wird, wobei diejenigen Stoffe entstehen, welche für den typischen Knoblauchgeruch verantwortlich sind. Die ursprüngliche Substanz, Alliin, ist eine Sulfoxyverbindung, welche bei der enzymatischen Spaltung in Allicin und Brenztraubensäure übergeht. Das dafür verantwortliche Enzym wurde von STOLL und SEEBECK[5] Alliinase genannt. Die Spezifität der Alliinase ist ziemlich streng; nur Sulfoxyde, die dem Alliin strukturell sehr nahe verwandt sind, werden angegriffen. Racemisches Alliin wird zur Hälfte gespalten, was für eine absolute optische

[1] MÁDLO, Z.: Coll. czech. chem. Comm. **25**, 729 (1960).
[2] CAVALLINI, D., B. MONDOVÌ, C. DE MARCO and A. SCIOSCIA-SANTORO: Arch. Biochem. **96**, 456 (1962).
[3] FROMAGEOT, C., et P. DESNUELLE: Bull. Soc. Chim. biol. **24**, 1269 (1942).
[4] KALLIO, R. E.: J. biol. Ch. **192**, 371 (1951).
[5] STOLL, A., and E. SEEBECK: Adv. Enzymol. **11**, 377 (1951).

Spezifität spricht. Das Enzym läßt sich leicht aus gemahlenen Knoblauchzwiebeln extrahieren. Es besitzt ein breites Wirkungsoptimum zwischen p_H 4,8 und 8,2. PLP fungiert als Coenzym[1].

Exocystindesulfhydrase[2, 3].

Ob ein Enzym existiert, das aus Peptiden, welche eine terminale Cystingruppe besitzen, Schwefelwasserstoff abspaltet, ist nicht entschieden. Möglicherweise erfolgt zuerst Peptidhydrolyse und dann Wirkung der schon beschriebenen Cysteindesulfhydrase. Eine Exocystindesulfhydrase ist bisher noch nicht in gereinigter Form bearbeitet worden. Rohextrakte können in üblicher Weise gewonnen werden.

4.1.1.30 N-(L-Pantothenoyl)-cystein-Carboxy-Lyase s. Bd. VI/B, S. 16

Aldolasen.

[4.1.2 Aldehyd-Lyasen.]

Von

Franz Leuthardt*.

Einleitung. Der Name „Aldolase" wurde von MEYERHOF, LOHMANN und SCHUSTER[4] für das Enzym vorgeschlagen, welches das Hexosediphosphat in Phosphoglycerinaldehyd und Phosphodihydroxyaceton spaltet.

$$\begin{array}{l} CH_2{-}O{-}PO_3^{--} \\ | \\ C{=}O \\ | \\ HOCH \\ | \\ HCOH \\ | \\ HCOH \\ | \\ CH_2{-}O{-}PO_3^{--} \end{array} \rightleftarrows \begin{array}{l} CH_2{-}O{-}PO_3^{--} \\ | \\ C{=}O \\ | \\ CH_2OH \end{array} + \begin{array}{l} C(=O)H \\ | \\ HCOH \\ | \\ CH_2{-}O{-}PO_3^{--} \end{array}$$

Fructose-1,6-diphosphat (FDP) Phosphodihydroxyaceton (DHAP) Phosphoglycerinaldehyd (PGA)

Das in rohen Enzymextrakten aus Muskel oder Hefe vorhandene Enzym, das Hexosediphosphat spaltet und als Spaltprodukt im wesentlichen Phosphodihydroxyaceton liefert, wurde ursprünglich als *Zymohexase* bezeichnet. Es handelt sich hier aber um die kombinierte Wirkung der Aldolase und der Triosephosphatisomerase (vgl. MEYERHOF[5]).

* Biochemisches Institut der Universität Zürich.

Abkürzungen:

DHAP Phosphodihydroxyaceton
FDP Fructose-1,6-diphosphat
F-1-P Fructose-1-phosphat
PGA Phosphoglycerinaldehyd

[1] GORYATSCHENKOWA, E. W.: Dokl. Akad. Nauk SSSR **87**, 457 (1952).
[2] GREENSTEIN, J. P., and F. M. LEUTHARDT: J. nat. Cancer Inst. **5**, 209 (1944).
[3] LEUTHARDT, F. M., and J. P. GREENSTEIN: Science, N.Y. **101**, 19 (1945).
[4] MEYERHOF, O., K. LOHMANN u. P. SCHUSTER: B. Z. **286**, 301, 319 (1936).
[5] MEYERHOF, O.; in: Sumner-Myrbäck, Bd. II/1, S. 162.

Aldolase wurde erstmals 1943 von WARBURG und CHRISTIAN[1] aus Rattenmuskel in kristallisiertem Zustand dargestellt. Die Aldolase aus Hefe konnte 1948 von WARBURG[2] soweit gereinigt werden, daß sie die gleiche spezifische Aktivität aufwies wie die Muskelaldolase. Ihre Kristallisation gelang 1954 WARBURG und GAWEHN[3] und seither auch anderen Autoren[4].

Ein von der „klassischen" Muskelaldolase verschiedenes Enzym kommt in der Leber und wahrscheinlich auch in anderen Organen (Niere, Darmschleimhaut) vor. Auf seine Verschiedenheit von der Muskelaldolase haben erstmals LEUTHARDT, TESTA und WOLF[5] hingewiesen. Leberextrakte spalten ebenfalls Hexosediphosphat; sie greifen aber das Fructose-1-phosphat mit wesentlich größerer Geschwindigkeit an, als die Muskelaldolase dies tut, welche für das letztgenannte Substrat nur eine geringe Affinität besitzt. Das Leberenzym wurde als *1-Phosphofructaldolase* bezeichnet, weil der charakteristische Unterschied gegenüber der „klassischen" Muskelaldolase (der 1,6-Diphosphofructaldolase) darin besteht, daß es außer dem Hexosediphosphat auch das Fructose-1-phosphat angreift. Die Spaltprodukte sind hier Phosphodihydroxyaceton und nicht phosphorylierter D-Glycerinaldehyd.

$$\begin{array}{c} CH_2{-}O{-}PO_3^{--} \\ | \\ C{=}O \\ | \\ HOCH \\ | \\ HCOH \\ | \\ HCOH \\ | \\ CH_2OH \end{array} \rightleftarrows \begin{array}{c} CH_2{-}O{-}PO_3^{--} \\ | \\ C{=}O \\ | \\ CH_2OH \end{array} + \begin{array}{c} C{\overset{O}{\ll}}_{H} \\ | \\ HCOH \\ | \\ CH_2OH \end{array}$$

Fructose-1-phosphat — Phosphodihydroxyaceton — D-Glycerinaldehyd

Eine Leberaldolase, die sowohl Hexosediphosphat als auch Fructose-1-phosphat angreift, ist von PEANASKY und LARDY[6] aus Rinderleber und später von GÖSCHKE und LEUTHARDT[7] und anderen aus Kaninchenleber in kristallisiertem Zustand dargestellt worden. Näheres über die Spezifität dieses Enzyms wird weiter unten mitgeteilt.

Die Aldolasereaktion ist umkehrbar. Sie vermag daher aus den Triosephosphaten Hexosediphosphat zu bilden. MEYERHOF, LOHMANN und SCHUSTER stellten fest, daß Muskelextrakte das Phosphodihydroxyaceton auch mit nichtphosphorylierten Aldehyden zu den entsprechenden Ketohexose-1-phosphaten kondensieren. Dasselbe gilt vor allem auch für die Leberaldolase (LEUTHARDT und WOLF[8]).

Vorkommen. Die Aldolasen sind sehr weit verbreitete Enzyme. Es findet sich naturgemäß in allen Zellen, welche die Kohlenhydrate durch die EMBDEN-MEYERHOFsche Reaktionskette abbauen. Das beste Ausgangsmaterial zur Darstellung der „klassischen" Aldolase ist der Muskel.

Die 1-Phosphofructaldolase der Leber nimmt eine Schlüsselstellung beim Abbau der Fructose ein (HERS und KUSAKA[9]; HERS[10]; LEUTHARDT und STUHLFAUTH[11]; LEUTHARDT,

---

[1] WARBURG, O., u. W. CHRISTIAN: B. Z. **314**, 149 (1943).
[2] WARBURG, O.: Wasserstoffübertragende Fermente. S. 51. Berlin 1948.
[3] WARBURG, O., u. K. GAWEHN: Z. Naturforsch. **9**b, 206 (1954).
[4] VANDERHEIDEN, B. S., and E. G. KREBS [RUTTER, W. J.; in: Boyer-Lardy-Myrbäck, Enzymes. Bd. V, S. 353].
[5] LEUTHARDT, F., E. TESTA u. H. P. WOLF: Helv. **36**, 227 (1953).
[6] PEANASKY, R. J., and H. A. LARDY: J. biol. Ch. **233**, 315 (1958).
[7] GÖSCHKE, H., u. F. LEUTHARDT: Helv. **46**, 1791 (1963).
[8] LEUTHARDT, F., u. H. P. WOLF: Helv. **37**, 1734 (1954).
[9] HERS, H. G., et T. KUSAKA: Biochim. biophys. Acta **11**, 427 (1953).
[10] HERS, H. G.: Le métabolisme du fructose. Bruxelles 1957.
[11] LEUTHARDT, F., u. K. STUHLFAUTH; in: BAUER, K. F. (Hrsg.): Medizinische Grundlagenforschung. Bd. III, S. 415. Stuttgart 1960.

Testa und Wolf[1]; Leuthardt[2]). Von den pflanzlichen Aldolasen sind die Enzyme aus Erbsen (Hough und Jones[3, 4]), der Jackbohne, *Canavalia ensiformis* (Cardini[5]) und *Aspergillus niger* (Jagannathan u. Mitarb.[6,7]) genauer untersucht worden.

Spezifität. Die Frage der Spezifität der Aldolasen wurde in der Einleitung bereits angeschnitten. Es hat sich gezeigt, daß neben Hexosediphosphat und Fructose-1-phosphat noch folgende Ketosephosphate angegriffen werden: Sorbose-1,6-diphosphat durch Muskelaldolase (Tung u. Mitarb.[8]); durch Hefealdolase (Richards und Rutter[9]); Tagatose-1,6-diphosphat durch Muskelaldolase (Tung u. Mitarb.[8]) und durch Hefealdolase (Richards und Rutter[9]). Wegen der besseren Zugänglichkeit der Substrate (Phosphodihydroxyaceton und Aldehyd) ist die der Spaltung entgegengesetzte Reaktion, die oben erwähnte Kondensation von Aldehyden mit Phosphodihydroxyaceton, zur Feststellung der Spezifität der Aldolasen besonders gut geeignet. Außer dem D-Phosphoglycerinaldehyd haben sich folgende Aldehyde durch Aldolasen mit Phosphodihydroxyaceton zu den entsprechenden Ketose-1-phosphaten kondensieren lassen: L-Glycerinaldehyd-3-phosphat (zu L-Sorbose-1,6-diphosphat, Tung u. Mitarb.[8]); D-Glycerinaldehyd (zu Fructose-1-phosphat, Meyerhof, Lohmann und Schuster[10]); D-Erythrose-4-phosphat (zu D-Sedoheptulose-1,7-diphosphat, Smyrniotis und Horecker[11], Ballou u. Mitarb.[12]); D-Erythrose (zu D-Sedoheptulose-1-phosphat, Leuthardt und Wolf[13], Horecker und Smyrniotis[14], Hough und Jones[4]); L-Erythrose (zu L-Guloheptulose-1-phosphat, Gorin und Jones[15], Jones und Kelley[16]); D- und L-Threose (zu D-Idoheptulose bzw. L-Galaktoheptulose, Gorin und Jones[15], Jones und Kelley[16]); D,L-Lactaldehyd (zu D-Rhamnulose-1-phosphat und 6-Desoxy-L-sorbose-1-phosphat, Huang und Miller[17], Hough und Jones[3]); Propionaldehyd (zu 5,6-Didesoxyhexulose-1-phosphat, Lehninger und Sicé[18], Gorin, Hough und Jones[19]); Glykolaldehyd-2-phosphat (zu D-Xylulose-1,5-diphosphat, Byrne und Lardy[20]); Glykolaldehyd (zu D-Xylulose-1-phosphat, Leuthardt und Wolf[13], Byrne und Lardy[20]); Acetaldehyd (zu 5-Desoxy-D-xylulose-1-phosphat, Meyerhof, Lohmann und Schuster[10], Gorin, Hough und Jones[19]); Formaldehyd (zu D-Erythrulose-1-phosphat, Peanasky und Lardy[21], Charalampous und Mueller[22], Charalampous[23]). Acetolphosphat wird kaum gespalten (Richards und Rutter[9]). Fructose-6-phosphat wird von keiner Aldolase angegriffen. Durch Aldolase wird weder nichtphosphoryliertes Dihydroxyaceton (Richards und Rutter[9]) noch α-Glycerophosphat

---

[1] Leuthardt, F., E. Testa u. H. P. Wolf: Helv. **36**, 227 (1953).
[2] Leuthardt, F.; in: Neuere Ergebnisse aus Chemie und Stoffwechsel der Kohlenhydrate. 8. Mosbacher Coll. 1958. S. 1.
[3] Hough, L., and J. K. N. Jones: Soc. **1952**, 4047, 4053.
[4] Hough, L., and J. K. N. Jones: Soc. **1953**, 342.
[5] Cardini, C. E.: Enzymologia **15**, 303 (1952).
[6] Jagannathan, V., and K. Singh: Biochim. biophys. Acta **15**, 138 (1954).
[7] Jagannathan, V., K. Singh and M. Damadoran: Biochem. J. **63**, 94 (1956).
[8] Tung, T.-C., K.-H. Ling, W. L. Byrne and H. A. Lardy: Biochim. biophys. Acta **14**, 488 (1954).
[9] Richards, O. C., and W. J. Rutter [Rutter, W. J.; in: Boyer-Lardy-Myrbäck Bd. V, S. 353].
[10] Meyerhof, O., K. Lohmann u. P. Schuster: B. Z. **286**, 301, 319 (1936).
[11] Smyrniotis, P. Z., and B. L. Horecker: J. biol. Ch. **218**, 745 (1956).
[12] Ballou, C. E., H. O. L. Fischer and D. L. McDonald: Am. Soc. **77**, 5967 (1955).
[13] Leuthardt, F., u. H. P. Wolf: Helv. **37**, 1734 (1954).
[14] Horecker, B. L., and P. Z. Smyrniotis: Am. Soc. **74**, 2123 (1952).
[15] Gorin, P. A. J., and J. K. N. Jones: Soc. **1953**, 1537.
[16] Jones, J. K. N., and R. B. Kelley: Canad. J. Chem. **34**, 95 (1956).
[17] Huang, P.-C., and O. N. Miller: J. biol. Ch. **230**, 805 (1958).
[18] Lehninger, A. L., and J. Sicé: Am. Soc. **77**, 5343 (1955).
[19] Gorin, P. A. J., L. Hough and J. K. N. Jones: Soc. **1953**, 2140.
[20] Byrne, W. L., and H. A. Lardy: Biochim. biophys. Acta **14**, 495 (1954).
[21] Peanasky, R. J., and H. A. Lardy: J. biol. Ch. **233**, 315 (1958).
[22] Charalampous, F. C., and G. C. Mueller: J. biol. Ch. **201**, 161 (1953).
[23] Charalampous, F. C.: J. biol. Ch. **211**, 249 (1954).

(RUTTER und LING[1]) mit Phosphoglycerinaldehyd kondensiert. Eine Zusammenstellung mit Angaben über die Herkunft von Aldolasen, bei denen die Spezifität untersucht wurde, sowie über die relative Aktivität verschiedener Aldolasen findet man bei RUTTER[2]. Wir wissen noch nicht genau, welche Beziehungen zwischen den in verschiedenen Organismen vorkommenden Aldolasen bestehen. Dies gilt besonders auch für das Verhältnis der Enzyme pflanzlicher Herkunft zu den Aldolasen der tierischen Gewebe.

Die obige Übersicht zeigt, daß eine ganze Reihe verschiedenartiger, nichtphosphorylierter und phosphorylierter Aldehyde durch Aldolase zur Kondensation gebracht werden. Die Kondensation verläuft sterisch spezifisch. Soviel wir wissen, wird am 3. und 4. C-Atom in den meisten Fällen die Konfiguration

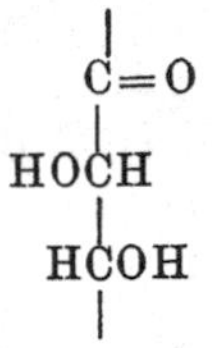

$$\begin{array}{c} | \\ C{=}O \\ | \\ HOCH \\ | \\ HCOH \\ | \end{array}$$

gebildet. Bei der chemischen Kondensation von Dihydroxyaceton und D-Glycerinaldehyd durch Bariumhydroxyd entstehen nach FISCHER und BAER nebeneinander D-Fructose und D-Sorbose, nicht aber die beiden anderen möglichen Isomeren D-Psicose und D-Tagatose (Formeln s. unten). Es ist also schon bei der durch Hydroxylionen katalysierten Kondensation die trans-Stellung der beiden Hydroxyle bevorzugt. Bei der enzymatischen Reaktion entsteht aber nur die eine der beiden trans-Konfigurationen.

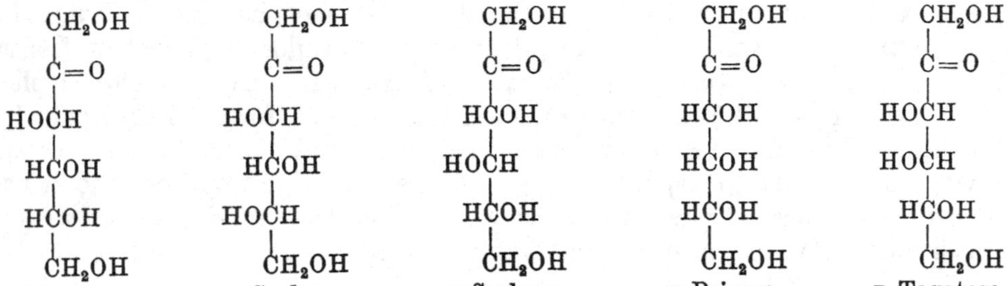

D-Fructose	L-Sorbose	D-Sorbose	D-Psicose	D-Tagatose
CH_2OH	CH_2OH	CH_2OH	CH_2OH	CH_2OH
C=O	C=O	C=O	C=O	C=O
HOCH	HOCH	HCOH	HCOH	HOCH
HCOH	HCOH	HOCH	HCOH	HOCH
HCOH	HOCH	HCOH	HCOH	HCOH
CH_2OH	CH_2OH	CH_2OH	CH_2OH	CH_2OH

Sowohl die Spaltungsversuche mit bekannten Substraten als auch Versuche über die Kondensation von Aldehyden mit Phosphodihydroxyaceton, bei welchen das Reaktionsprodukt eindeutig identifiziert werden konnte, weisen darauf hin, daß die Aldolasen solche Ketose-1-phosphate angreifen, denen die nachstehende Konstitution zukommt.

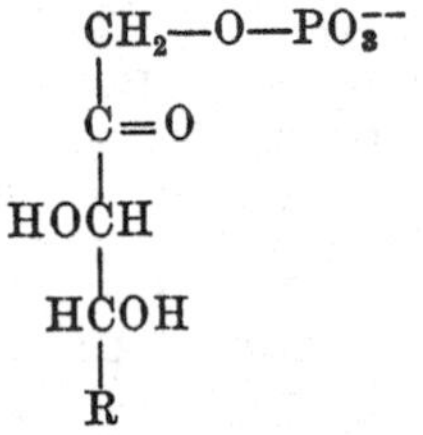

$$\begin{array}{c} CH_2—O—PO_3^{--} \\ | \\ C{=}O \\ | \\ HOCH \\ | \\ HCOH \\ | \\ R \end{array}$$

R kann, wie die oben angeführte Liste der zur Kondensation geeigneten Aldehyde zeigt, stark variieren.

Tagatose-1,6-diphosphat wird angegriffen, obwohl hier an C-3 und C-4 cis-Konfiguration besteht. Die Phosphatgruppe in Stellung C-1 ist unentbehrlich, ebenso die

[1] RUTTER, W. J., and K.-H. LING: Biochim. biophys. Acta **30**, 71 (1958).
[2] RUTTER, W. J.; in: Boyer-Lardy-Myrbäck Bd. V, S. 353.

Hydroxylgruppe am C-Atom 3; Acetolphosphat (an Stelle des Phosphodihydroxyacetons) reagiert nicht (RICHARDS und RUTTER[1]).

Die Leberaldolase unterscheidet sich von der Muskelaldolase dadurch, daß sie eine wesentlich größere Aktivität gegen Fructose-1-phosphat zeigt als die letztere (LEUTHARDT u. Mitarb.[2], HERS und JACQUES[3]). PEANASKY und LARDY[4] haben aus Ochsenleber die oben schon erwähnte kristallisierte Aldolase erhalten, welche sowohl Fructose-1,6-diphosphat als auch Fructose-1-phosphat spaltet, ersteres etwa dreimal schneller als letzteres. Das gleiche Enzym kondensiert auch Formaldehyd mit Phosphodihydroxyaceton; es ist wahrscheinlich mit dem von CHARALAMPOUS und MUELLER[5] erstmals beschriebenen Leberenzym identisch.

Die Frage, ob eine oder mehrere Leberaldolasen existieren, ist noch nicht endgültig geklärt. GMÜNDER, WOLF und LEUTHARDT[6] haben durch Fraktionierung von Leberextrakten an DEAE-Kolonnen Fraktionen erhalten, welche gegenüber dem Fructose-1-phosphat wesentlich aktiver sind als gegenüber Hexosediphosphat. DAHLQVIST[7] vermutet, daß die schwache Aktivität dieser Proteinfraktion gegen das letztgenannte Substrat auf einer Hemmung der Aldolase durch den bei der Spaltung entstehenden Phosphoglycerinaldehyd beruht; doch reicht dieser Hemmeffekt zur Erklärung der niedrigen Aktivität nicht aus*.

Darstellung. Die Darstellung des Enzyms aus Muskel geht meistens vom wäßrigen Extrakt aus. WARBURG und CHRISTIAN[8] haben aus dem Rattenmuskel zuerst ein Acetontrockenpulver hergestellt. Die Abtrennung des Enzyms von den übrigen Proteinen beruht im wesentlichen auf der fraktionierten Fällung durch Ammoniumsulfat. Das Enzym läßt sich auch durch Aceton ausfällen. Zur Entfernung von Fremdproteinen oder auch zur Abtrennung des Enzyms von den übrigen Proteinen ist bei einzelnen Methoden eine Adsorption an Aluminiumhydroxyd eingeschaltet worden. Bei der Reinigung der Aldolase aus Rinderleber (PEANASKY und LARDY[4]) wird das Proteingemisch zuerst in der Kälte durch Methanol fraktioniert. GÖSCHKE und LEUTHARDT haben die Aldolase aus Kaninchenleber durch Ammoniumsulfatfraktionierung gewonnen[9]. Was die Einzelheiten der Darstellungsmethoden und der Arbeitsvorschriften betrifft, müssen wir auf die Originalarbeiten verweisen. Es sind außerdem verschiedene zusammenfassende Darstellungen erschienen. Wir möchten besonders auf die gründliche und ausgezeichnete Arbeit von CZOK und BÜCHER[10] verweisen, in welcher die Methoden zur Darstellung der Enzyme aus dem Myogen des Muskels eingehend beschrieben und kommentiert werden, ferner auf BEISENHERZ u. Mitarb.[11].

* Von großem Interesse sind in diesem Zusammenhang die Beobachtungen, welche bei der von FROESCH, PRADER u. Mitarb. [Helv. paediat. Acta **14**, 99 (1959)] beschriebenen Fructoseintoleranz gemacht worden sind. Bei dieser angeborenen Stoffwechselstörung sinkt nämlich die Aktivität des Leberextrakts (Leberpunktate) gegen Fructose-1-phosphat auf einen Wert von wenigen Prozent der normalen Aktivität ab, während die Aktivität gegen Hexosediphosphat sich nur auf 25—50% vermindert [HERS, H. G.: Chem. Wbl. **57**, 437 (1961); WOLF, H. P., u. R. FROESCH: B. Z. **337**, 328 (1963)]. Entweder existieren also zwei verschiedene Aldolasen, von denen durch die Mutation hauptsächlich diejenige betroffen wird, welche für die Spaltung des Fructose-1-phosphats verantwortlich ist; oder es existiert in der Leber ein einziges Enzym, welches durch die Mutation derart verändert ist, daß es nur die Aktivität gegen Fructose-1-phosphat verloren hat.

[1] RICHARDS, O. C., and W. J. RUTTER [RUTTER, W. J.; in: Boyer-Lardy-Myrbäck Bd. V, S. 353].
[2] LEUTHARDT, F., E. TESTA u. H. P. WOLF: Helv. **36**, 227 (1953).
[3] HERS, H. G., et P. JACQUES: Arch. int. Physiol. **61**, 260 (1953).
[4] PEANASKY, R. J., and H. A. LARDY: J. biol. Ch. **233**, 315 (1958).
[5] CHARALAMPOUS, F. C., and G. C. MUELLER: J. biol. Ch. **201**, 161 (1953).
[6] GMÜNDER-KALETTA, U., H. P. WOLF u. F. LEUTHARDT: Helv. **40**, 1027 (1957).
[7] DAHLQVIST, A., and R. K. CRANE: Biochim. biophys. Acta **85**, 132 (1964).
[8] WARBURG, O., u. W. CHRISTIAN: B. Z. **314**, 149 (1943).
[9] GÖSCHKE, M., and F. LEUTHARDT: Helv. **46**, 1791 (1963).
[10] CZOK, R., and T. BÜCHER: Adv. Protein Chem. **15**, 315 (1960).
[11] BEISENHERZ, C., H. J. BOLTZE, T. BÜCHER, R. CZOK, K. H. GARBADE, E. MEYER-ARENDT u. G. PFLEIDERER: Z. Naturforsch. **8b**, 555 (1953).

Die Muskelaldolase kann in verschiedenen Kristallformen auftreten, die unter bestimmten Bedingungen ineinander übergehen können. Bei p_H-Werten zwischen 5,8 und 6,8 entstehen bei tiefer Temperatur die typischen hexagonalen Bipyramiden, wie sie bereits von BARANOWSKI beschrieben wurden und wie sie bei der Darstellungsmethode des BÜCHERschen Laboratoriums stets erhalten werden. Hält man aber die Kristallsuspension bei Zimmertemperatur (23° C), so verwandeln sich die Bipyramiden in Nadeln. Dieser Vorgang ist reversibel, d.h. bei tiefer Temperatur erscheinen an Stelle der Nadeln wieder die Bipyramiden (WOLF und LEUTHARDT[1]). Bei höheren p_H-Werten (p_H 7,5) erhält man dagegen immer Nadeln (Darstellungsmethode des CORIschen Laboratoriums: TAYLOR u. Mitarb.[2]). Wahrscheinlich entstehen bei der Kristallisation immer zuerst Nadeln als Zwischenstufe (kenntlich am „Seidenglanz", der sich in den Lösungen beim Rühren zeigt); je nach p_H und Temperatur bleiben die Nadeln bestehen oder verwandeln sich in Bipyramiden. TAYLOR u. Mitarb.[2] haben auch das Auftreten hexagonaler Platten beobachtet.

Wie CZOK und BÜCHER[3] gezeigt haben, nimmt die Löslichkeit der Nadeln mit steigender Temperatur ab; diese Kristallform der Aldolase besitzt also eine negative Lösungswärme. Dagegen nimmt die Löslichkeit der Bipyramiden mit steigender Temperatur stark zu. Diese Feststellungen erklären die unten erwähnte reversible Umwandlung der Bipyramiden in Nadeln bei Temperaturerhöhung.

Kristallisierte Aldolase aus Kaninchenmuskel ist käuflich erhältlich (C. F. Boehringer u. Soehne, Mannheim).

Eigenschaften. MICHAELIS-*Konstanten und Wechselzahlen.* Das wichtigste Substrat der Muskelaldolase ist das Hexosediphosphat. Nach neueren Messungen hat die MICHAELIS-Konstante der Muskelaldolase in bezug auf Hexosediphosphat den Wert $6—8 \times 10^{-5}$ M/l (WOLF und LEUTHARDT[1]; Zusammenstellung der von verschiedenen Autoren erhaltenen Werte bei WOLF und LEUTHARDT[1] und bei RUTTER[4]).

Die Affinität der Muskelaldolase zum Fructose-1-phosphat ist um mehrere Größenordnungen geringer. Die MICHAELIS-Konstante hat hier den Wert von 5×10^{-2} M/l (WOLF und LEUTHARDT[1]). Die Spaltung dieses Substrats durch Muskelaldolase verläuft bei Sättigungskonzentration etwa 30mal langsamer als die Spaltung des Hexosediphosphats. Da die in den Zellen möglichen Konzentrationen des Fructose-1-phosphats diese Sättigungskonzentration längst nicht erreichen, dürfte unter physiologischen Bedingungen Muskelaldolase gegenüber diesem Substrat unwirksam sein.

Für die Aldolasen aus Kaninchenleber und Rinderleber sind die Werte der MICHAELIS-Konstanten von verschiedenen Autoren bestimmt worden (PEANASKY u. LARDY[5], CHRISTEN u. Mitarb.[6]). Sie sind in Tabelle 1 zusammengestellt.

Die Umsatzzahl der kristallisierten Muskelaldolase ist von BEISENHERZ u. Mitarb.[7] bei 25° C zu 2285 M Hexosediphosphat pro 100000 g Protein pro min ermittelt worden. Wenn man das Molekulargewicht der Muskelaldolase zu 149000 annimmt (TAYLOR u. Mitarb.[2]), ergibt sich daraus eine Wechselzahl von 3400. PEANASKY und LARDY[5] geben für ihre kristallisierte Leberaldolase eine Wechselzahl von 3250 an. Die Wechselzahl der Leberaldolase für Fructose-1-phosphat scheint wesentlich kleiner zu sein.

---

[1] WOLF, H. P., u. F. LEUTHARDT: Helv. **40**, 237 (1956).
[2] TAYLOR, J. F., A. A. GREEN and G. T. CORI: J. biol. Ch. **173**, 591 (1948).
[3] CZOK, R., and T. BÜCHER: Adv. Protein Chem. **15**, 315 (1960).
[4] RUTTER, W. J.; in: Boyer-Lardy-Myrbäck Bd. V, S. 353. Acta chem. scand. **17**, 226 (1963).
[5] PEANASKY, R. J., and H. A. LARDY: J. biol. Ch. **233**, 315 (1958).
[6] CHRISTEN, PH., H. GÖSCHKE, F. LEUTHARDT u. A. SCHMID: Helv. **48**, 1050 (1965).
[7] BEISENHERZ, C., H. J. BOLTZE, T. BÜCHER, R. CZOK, K. H. GARBADE, E. MEYER-ARENDT u. G. PFLEIDERER: Z. Naturforsch. **8b**, 555 (1953).

Die genannten Autoren haben bei einer Substratkonzentration von 8×10^{-3} M/l einen Wert von 163 M pro 159000 g Protein pro min gefunden. Da die MICHAELIS-Konstante des Enzyms für Fructose-1-phosphat nicht genau bekannt ist, läßt sich nicht sagen, ob diese Zahl den maximalen Umsatz darstellt.

Für die MICHAELIS-Konstante der Hefealdolase gegen Fructosediphosphat wurde der Wert 3—9×10^{-4} M/l gefunden (RICHARDS und RUTTER[1]). Fructose- und Sorbose-1-phosphat werden von diesem Enzym im Verhältnis 1:100 langsamer gespalten als das Hexosediphosphat.

Bei den bisher genannten Enzymen sind auch die MICHAELIS-Konstanten der Spaltstücke, Phosphoglycerinaldehyd und Phosphodihydroxyaceton bestimmt worden[2].

Tabelle 1. MICHAELIS-*Konstanten und Wechselzahlen der Kaninchenleberaldolase mit FDP resp. F-1-P als Substrat (bei 25° C).*

Substrat	MICHAELIS-Konstante			Wechselzahl (Mol gespaltenes Substrat pro Mol Enzym und min)
	nach LINEWEAVER-BURK	nach EADIE	Mittelwert	
F-1-P . .	$5{,}3 \times 10^{-4}$	$5{,}6 \times 10^{-4}$	$6 \times 10^{+4}$	520
	$6{,}0 \times 10^{-4}$	$6{,}9 \times 10^{-4}$		
FDP . .	$5{,}0 \times 10^{-7}$	$5{,}7 \times 10^{-7}$	$5 \times 10^{+7}$	570
	$4{,}4 \times 10^{-7}$	$5{,}1 \times 10^{-7}$		

Substratgleichgewichte. Die Gleichgewichte zwischen dem FDP und den beiden Spaltprodukten GAP und DHAP sind bereits von MEYERHOF eingehend untersucht worden[3,4]. Es sind drei Gleichgewichtskonstanten, die hier eine Rolle spielen:

1. Gleichgewicht der Aldolasespaltung:

$$k_1 = \frac{(\mathrm{GAP})(\mathrm{DHAP})}{(\mathrm{FDP})}.$$

2. Gleichgewicht zwischen den Triosephosphaten (Triosephosphatisomerase):

$$k_2 = \frac{(\mathrm{DHAP})}{(\mathrm{GAP})}.$$

3. Gleichgewicht der „Zymohexasereaktion" in einem System, das sowohl Aldolase als auch Triosephosphatisomerase enthält:

$$k_3 = k_1 \times k_2 = \frac{(\mathrm{DHAP})^2}{(\mathrm{FDP})}$$

bzw.

$$k_3' = \frac{k_1}{k_2} = \frac{(\mathrm{GAP})^2}{(\mathrm{FDP})}.$$

Wenn man das Gleichgewicht in Abwesenheit von Triosephosphatisomerase bestimmt, so ist (GAP)=(DHAP) und jede dieser Konzentrationen demnach gleich der halben

[1] RICHARDS, O. C., and W. J. RUTTER [RUTTER, W. J.; in: Boyer-Lardy-Myrbäck Bd. V, S. 353].
[2] RUTTER, W. J.; in: Boyer-Lardy-Myrbäck Bd. V, S. 353.
[3] MEYERHOF, O.; in: Sumner-Myrbäck, Bd. II/1, S. 162.
[4] MEYERHOF, O.: B. Z. 277, 77 (1935).

Konzentration der gesamten Triosephosphate, wie sie sich z.B. durch Bestimmung des alkalilabilen Phosphats ergibt (GAP) = (DHAP) = $^1/_2$ (Triosephosphat).

Unter diesen Bedingungen ergibt sich:

$$k_1 = \frac{^1/_4\,(\text{Triosephosphat})^2}{(\text{FDP})}.$$

Im Gleichgewichtszustand hat das Verhältnis der beiden Triosephosphate (DHAP) zu (GAP) = k_2 den Wert 22 (rund 96 % Ketose und 4 % Aldose), der nicht von der Temperatur abhängig ist. Die Isomerisierung der Triosephosphate verläuft also ohne meßbare Wärmetönung. Für k_1 hat sich bei 37° C der Wert $k_1 = 1{,}2 \times 10^{-4}$ ergeben.

Wenn wir die Konzentration des FDP z.B. bei 0,01 m festhalten, so ergibt sich für das totale Triosephosphat (bei Abwesenheit von Triosephosphatisomerase) eine Konzentration $2{,}2 \times 10^{-3}$; d.h. vom ursprünglich vorhandenen FDP sind 10 % gespalten worden. Enthält der Ansatz Triosephosphatisomerase, so gilt auf Grund des oben angegebenen Wertes von k_2 die folgende Gleichgewichtsbedingung

$$k_1 = \frac{0{,}96 \times 0{,}04\,(\text{Triosephosphat})^2}{(\text{FDP})}.$$

Da der Faktor, der hier vor das Quadrat der Triosephosphatkonzentration tritt ($0{,}96 \times 0{,}04 = 0{,}038$), etwa sechsmal kleiner ist als der Faktor 0,25, der für das Gleichgewicht ohne Isomerase gilt, ist bei Gegenwart von Triosephosphatisomerase das Verhältnis: gesamtes Triosephosphat zu FDP etwa 2,5 ($=\sqrt{6}$) mal größer als im erstgenannten Fall. Wird die Konzentration des nicht gespaltenen FDP wieder bei 0,01 m festgehalten, so ergibt sich, daß unter diesen Bedingungen vom ursprünglich zugesetzten FDP ungefähr 22 % gespalten worden sind.

Aus k_3 und der Temperaturabhängigkeit dieser Konstanten lassen sich die Normalwerte der freien Energie und Enthalpie der Aldolasespaltung berechnen (vgl. MEYERHOF[1]; RUTTER[2]).

Für das Gleichgewicht

$$\text{F-1-P} \rightleftharpoons \text{DHAP} + \text{GA}$$

hat die Konstante

$$k_1 = \frac{(\text{DHAP})\,(\text{GA})}{(\text{F-1-P})}$$

den Wert $k_1 = 2{,}8 \times 10^{-6}$ (LEHNINGER u. Mitarb.[3]). Das Gleichgewicht liegt also hier ganz auf der Seite des nicht gespaltenen Ketose-1-phosphats. Die Reaktion verläuft nur dann in Richtung der Spaltung, wenn eines der Reaktionsprodukte aus dem Gleichgewicht entfernt wird, sei es durch Abfangen, sei es durch Reaktion mit einer Dehydrogenase, wie im optischen Test.

Zwischen der Konstitution der Phosphate und der Gleichgewichtskonstante k_1 hat sich ein interessanter Zusammenhang ergeben. k_1 ist um so größer, je weniger das Zuckerphosphat durch Bildung des Cyclohalbacetals stabilisiert ist (LEHNINGER u. Mitarb.[3]). Im Fructose-1-phosphat (I) liegt der stabile Pyranosering vor, im Fructosediphosphat (II) der weniger stabile Furanosering, während das 5,6-Didesoxyfructose-1-phosphat (III), das durch Kondensation von DHAP mit Propionaldehyd entsteht, überhaupt nicht zur Ringbildung befähigt ist.

---

[1] MEYERHOF, O.; in: Sumner-Myrbäck Bd. II/1, S. 162.
[2] RUTTER, W. J.; in: Boyer-Lardy-Myrbäck Bd. V, S. 353.
[3] LEHNINGER, A. L., J. SICÉ and E. V. JENSEN: Biochim. biophys. Acta 17, 285 (1955).

$$\begin{array}{ccc}
\begin{array}{l} CH_2{-}O{-}PO_3^{--} \\ C(OH) \\ HOCH \\ HCOH \\ HCOH \\ CH_2 \end{array} &
\begin{array}{l} CH_2{-}O{-}PO_3^{--} \\ C(OH) \\ HOCH \\ HCH \\ HC \\ CH_2{-}O{-}PO_3^{--} \end{array} &
\begin{array}{l} CH_2{-}O{-}PO_3^{--} \\ C{=}O \\ HOCH \\ HCOH \\ CH_2 \\ CH_3 \end{array} \\
\text{I} & \text{II} & \text{III}
\end{array}$$

Dementsprechend hat, wie Tabelle 2 zeigt, k_1 für F-1-P den kleinsten, für das Didesoxyfructose-1-phosphat den größten Wert.

Auf den Wirkungsmechanismus der Aldolase können wir hier nur kurz eingehen. Wir verweisen auf die Darstellung von RUTTER[1].

Metallabhängige Aldolasen. Es gibt eine Reihe pflanzlicher Aldolasen, welche durch Komplexbildner gehemmt oder durch Zusatz von Metallen aktiviert werden. Die Aldolasen der Hefe und des *Aspergillus niger* sind Zinkproteide (WARBURG und CHRISTIAN[2], JAGANNATHAN u. Mitarb.[4,5]).

Tabelle 2.
Werte von k_1 für verschiedene Ketose-1-phosphate (nach LEHNINGER u. Mitarb.[3]).

	k_1
D-Fructopyranose-1-phosphat . .	2,8×10⁻⁶ M/l
D-Fructofuranose-1,6-diphosphat	1,18×10⁻⁴ M/l
5,6-Didesoxyfructose-1-phosphat	6,9×10⁻³ M/l

Zu den metallabhängigen Aldolasen gehören außerdem die Enzyme aus *Clostridium perfringens* (BARD und GUNSALUS[6]), *Lactobacillus bifidus* (KUHN und TIEDEMANN[7], *Brucella suis* (GARY[8]) und *Escherichia coli* (KNOX u. Mitarb.[9]). Unter den pflanzlichen Enzymen scheint die Aldolase der Erbse kein Metallenzym zu sein.

Aber auch bei den metallabhängigen Aldolasen gehört wahrscheinlich das Metall nicht der Wirkungsgruppe an, sondern ist irgendwie für die Konstellation des Enzymmoleküls von Bedeutung (vgl. RUTTER[1]). Man kann sich vorstellen, daß die Konformation der Polypeptidketten durch Chelatbildung fixiert wird.

Einwirkung der Carboxypolypeptidase. Für die Kenntnis der Wirkungsgruppe der Aldolase sind Versuche von DRECHSLER u. Mitarb.[10] und später von anderen Autoren[11] über den Abbau von Muskelaldolase durch die Carboxypeptidase von Bedeutung. Setzt man die Aldolase der Wirkung der Peptidase aus, so werden pro Molekül Aldolase drei Moleküle Tyrosin und zwei Moleküle Alanin freigesetzt. Das abgebaute Protein kann immer noch zur Kristallisation gebracht werden; aber parallel der Tyrosinabspaltung sinkt die Aktivität gegen Hexosediphosphat auf 7% des ursprünglichen Wertes ab. Dagegen bleibt die Aktivität gegen Fructose-1-phosphat unverändert. Ähnliche Versuche mit der kristallisierten Leberaldolase wurden von RUTTER, RICHARDS und WOODFIN durchgeführt. Die Aktivität gegen Hexosediphosphat wurde auf ca. 50%, diejenige gegen Fructose-1-phosphat nur wenig herabgesetzt[11].

---

[1] RUTTER, W. J.; in: Boyer-Lardy-Myrbäck Bd. V, S. 353.
[2] WARBURG, O., u. W. CHRISTIAN: B. Z. **314**, 149 (1943).
[3] LEHNINGER, A. L., J. SICÉ and E. V. JENSEN: Biochim. biophys. Acta **17**, 285 (1955).
[4] JAGANNATHAN, V., and K. SINGH: Biochim. biophys. Acta **15**, 138 (1954).
[5] JAGANNATHAN, V., K. SINGH and M. DAMADORAN: Biochem. J. **63**, 94 (1956).
[6] BARD, R. C., and I. C. GUNSALUS: J. Bact. **62**, 499 (1950).
[7] KUHN, R., u. H. TIEDEMANN: Z. Naturforsch. **8b**, 428 (1953).
[8] GARY, N. D., L. L. KUPFERBERG and L. H. GRAF: J. Bact. **69**, 478 (1955).
[9] KNOX, W. E., P. K. STUMPF, D. E. GREEN and V. H. AUERBACH: J. Bact. **55**, 451 (1948).
[10] DRECHSLER, E. R., P. D. BOYER and A. G. KOWALEWSKY: J. biol. Ch. **234**, 2627 (1959).
[11] RUTTER, W. S., O. C. RICHARDS and B. M. WOODFIN: J. biol. Ch. **236**, 3193 (1961). — MEHLER, M.: J. biol. Ch. **238**, 100 (1963).

Kristallisation der Aldolasen. Im Muskel ist die Aldolase ein Bestandteil des Muskelpreßsaftes, der als „Myogen"-Fraktion bezeichnet wird. BARANOWSKI[1] erhielt 1939 daraus ein in hexagonalen Bipyramiden kristallisierendes Protein, das sog. Myogen A, das sich später als eine mit andern Proteinen verunreinigte Aldolase erwies.

Die Kristallisation der reinen Muskelaldolase („Zymohexase") aus Rattenmuskel ist, wie oben bereits erwähnt wurde, erstmals WARBURG und CHRISTIAN 1943 gelungen[2]. Später wurden modifizierte Methoden zur Darstellung des Enzyms von TAYLOR u. Mitarb.[3] sowie von BEISENHERZ u. Mitarb.[4] beschrieben.

Die Aldolase der Hefe wurde von WARBURG und GAWEHN 1954[5] als Quecksilbersalz kristallisiert. Neuerdings haben auch VANDERHEIDEN und KREBS[6] kristallisierte Präparate dargestellt. Eine hochgereinigte Aldolase aus Hefe wurde auch von RICHARDS und RUTTER[7] beschrieben.

Aus der Rinderleber haben PEANASKY und LARDY 1958[8] ein kristallisiertes Enzymprotein erhalten, das neben dem Hexosediphosphat auch Fructose-1-phosphat mit ungefähr gleicher Geschwindigkeit spaltet. Ein ähnliches Enzym haben GÖSCHKE und LEUTHARDT aus Kaninchenleber kristallisiert.

Alle diese Enzyme können auf Grund der elektrophoretischen Analyse und der Sedimentation als einheitliche Proteine betrachtet werden. Die Molekulargewichte und die auf Molekulargewicht bezogenen Wechselzahlen sind der Tabelle 3 zu entnehmen.

Tabelle 3.
Molekulargewicht und Aktivität verschiedener Aldolasen.

Aldolase	MG	Wechselzahl
Kaninchenmuskel	149000[9]	5700 (p_H 7,6; 30°)[10] 3400 (p_H 7,6; 25°)[10]
Rinderleber . . .	159000[11]	3250 (p_H 9,4; 30,5°)[12]
Hefe	65000—75000[13]	6800 (30°)[13]

In konzentrierter Harnstofflösung und bei saurer Reaktion zerfällt das Aldolasemolekül in drei Untereinheiten[14].

Eine Zusammenstellung der physikalisch-chemischen Daten (Sedimentation, Elektrophorese), die bei verschiedenen als Reinproteine vorliegenden Aldolasen gewonnen wurden, findet man bei RUTTER[15]. Aminosäurenanalysen der Aldolase aus Kaninchenmuskel und Rinderleber wurde von verschiedenen Autoren[16] durchgeführt.

Bestimmung der Aldolasen.

Allgemeine Übersicht über die Methoden. Die meisten Methoden zur Messung der Aktivität der Aldolasen beruhen auf der Bestimmung eines der Spaltprodukte: Phosphoglycerinaldehyd oder Phosphodihydroxyaceton. Die Triosephosphate werden durch ein

[1] BARANOWSKI, T., and T. R. NIEDERLAND: J. biol. Ch. **180**, 543 (1949).
[2] WARBURG, O., u. W. CHRISTIAN: B. Z. **314**, 149 (1943).
[3] TAYLOR, J. F., A. A. GREEN and G. T. CORI: J. biol. Ch. **173**, 591 (1948).
[4] BEISENHERZ, C., H. J. BOLTZE, T. BÜCHER, R. CZOK, K. H. GARBADE, E. MEYER-ARENDT u. G. PFLEIDERER: Z. Naturforsch. **8**b, 555 (1953).
[5] WARBURG, O., u. K. GAWEHN: Z. Naturforsch. **9**b, 206 (1954).
[6] VANDERHEIDEN, B. S., and E. G. KREBS [RUTTER, W. J.; in: Boyer-Lardy-Myrbäck Bd. V, S. 353].
[7] RICHARDS, O. C., and W. J. RUTTER: J. biol. Ch. **236**, 3177 (1961).
[8] PEANASKY, R. J., and H. A. LARDY: J. biol. Ch. **233**, 315 (1958).
[9] TAYLOR, J. F., and C. LOWRY: Biochim. biophys. Acta **20**, 109 (1956).
[10] BEISENHERZ, G.: Z. Naturforsch. **8**b, 555 (1954).
[11] PEANASKY, R. J., and H. A. LARDY: J. biol. Ch. **233**, 365 (1958).
[12] Für unendlich hohe Substratkonzentration berechnet; PEANASKY u. LARDY l.c.
[13] RUTTER, W. J.; in: Boyer-Lardy-Myrbäck Bd. V, S. 347.
[14] STELLWAGEN, E., and H. K. SCHACHMANN: Biochemistry **1**, 1056 (1962). — DEAL, W. C., W. J. RUTTER and K. E. VAN HOLDE: Biochemistry **2**, 246 (1963). — HASS, F. L., and M. S. LEWIS: Biochemistry **2**, 1368 (1963). — CHRISTEN, PH., H. GÖSCHKE, F. LEUTHARDT u. A. SCHMID: Helv. **48**, 1050 (1965).
[15] RUTTER, W. J.; in: Boyer-Lardy-Myrbäck Bd. V, S. 353.
[16] VELICK, S. F., and E. RONZONI: J. biol. Ch. **173**, 627 (1948). — RUTTER, W. J., B. H. WOODFIN and R. A. BLOSTEIN: Acta chem. scand. **17**, 226 (1963).

geeignetes Reagens abgefangen oder durch Dehydrogenasen mit DPN bzw. DPNH zur Reaktion gebracht (optischer Test WARBURGs).

Man kann auch die umgekehrte Reaktion, die Kondensation der Triosephosphate zur Bestimmung des Enzyms benützen.

Wir zählen zunächst die wichtigsten Methoden auf:

1. Bestimmung des alkalilabilen Phosphats in Gegenwart von Cyanid (MEYERHOF und LOHMANN[1], HERBERT u. Mitarb.[2]). Die durch Spaltung des Hexosediphosphats entstehenden Triosephosphate bilden in Gegenwart von Cyanid Cyanhydrine. Aus denselben wird das Phosphat bei Behandlung mit 1 n NaOH während 20 min abgespalten und kann als anorganischer Phosphat bestimmt werden. Hexosediphosphat wird nicht mitbestimmt.

2. Colorimetrische Bestimmung der Triosephosphate in Form der Dinitrophenylhydrazone in alkalischer Lösung (SIBLEY und LEHNINGER[3], BECK[4]). Die Spaltprodukte werden nach Enteiweißung mit Trichloressigsäure mit 2,4-Dinitrophenylhydrazin behandelt. Die Hydrazone geben nach Zusatz von Lauge eine intensive Rotfärbung, mit Absorptionsmaximum bei 540 mμ.

3. Bestimmung der Zunahme der Extinktion bei 240 mμ, die eintritt, wenn Fructosediphosphat mit Aldolase und Hydrazin inkubiert wird und auf der Bildung der Hydrazone beruht (JAGANNATHAN u. Mitarb.[5]).

4. Enzymatische Dehydrierung des bei der Spaltung des FDP gebildeten Phosphoglycerinaldehyds durch das oxydierende Gärungsferment (Phosphoglyceraldehyddehydrogenase) in Gegenwart von NAD. Gemessen wird die Zunahme der Lichtabsorption bei 340 mμ, welche durch die Hydrierung des NAD bedingt ist (WARBURGscher optischer Test[6]; Reaktionsgleichung s. S. 618). Die Reaktion wird in Gegenwart von Arseniat durchgeführt. Während normalerweise als Intermediärprodukt unter Aufnahme von Phosphat 1,3-Diphosphoglycerinsäure (NEGELEIN-Ester) gebildet wird, entsteht bei Gegenwart von Arsenat die instabile 1-Arseno-3-phosphoglycerinsäure, die unter Abspaltung des Arsenats spontan in 3-Phosphoglycerinsäure übergeht. Die Reaktion wird dadurch in Richtung der Dehydrierung des Aldehyds zu Ende getrieben.

5. Enzymatische Hydrierung des bei der Spaltung des FDP gebildeten Phosphodihydroxyacetons durch die α-Glycerophosphatdehydrogenase (BARANOWSKI-Ferment) in Gegenwart von NADH. Man mißt die Abnahme der Lichtabsorption bei 340 mμ (RACKER[7] BARANOWSKI und NIEDERLAND[8], BEISENHERZ u. Mitarb.[9]. Reaktionsgleichung s. S. 618.

Von den genannten Methoden werden wir nur auf die unter 2., 4. und 5. genannten etwas näher eingehen. Es sind in letzter Zeit verschiedene monographische Darstellungen erschienen, denen weitere Einzelheiten und genauere Arbeitsvorschriften zu entnehmen sind[10].

Substrate, Hilfsenzyme und Coenzyme. Die zur Bestimmung der Aldolaseaktivität benötigten Substrate, Fructose-1,6-diphosphat und Fructose-1-phosphat sind heute im Handel erhältlich (z.B. bei C. F. Boehringer u. Soehne, Mannheim; Sigma Laboratories, St. Louis/USA usw.).

FDP ist als Ba-Salz im Handel, das allerdings nie völlig rein ist, aber für die meisten Zwecke genügt. Ein analysenreines Präparat kann über das Strychninsalz hergestellt

---

[1] MEYERHOF, O., u. K. LOHMANN: B. Z. **271**, 89 (1934).
[2] HERBERT, D., H. GORDON, V. SUBRAHMANYAN and D. E. GREEN: Biochem. J. **34**, 1108 (1940).
[3] SIBLEY, I. A., and A. LEHNINGER: J. biol. Ch. **177**, 859 (1949).
[4] BECK, W. S.: J. biol. Ch. **212**, 847 (1955).
[5] JAGANNATHAN, V., K. SINGH and M. DAMADORAN: Biochem. J. **63**, 94 (1956).
[6] WARBURG, O.: Wasserstoffübertragende Fermente. S. 51. Berlin 1948.
[7] RACKER, E.: J. biol. Ch. **167**, 843 (1947).
[8] BARANOWSKI, T., and T. R. NIEDERLAND: J. biol. Ch. **180**, 543 (1949).
[9] BEISENHERZ, C., H. J. BOLTZE, T. BÜCHER, R. CZOK, K. H. GARBADE, E. MEYER-ARENDT u. G. PFLEIDERER: Z. Naturforsch. 8b, 555 (1953).
[10] Colowick-Kaplan, Meth. Enzymol. Bd. I. S. 310—322; Bd. III, S. 202, 206.

werden, das in vielen Fällen auch direkt verwendet werden kann[1]. F-1-P ist ebenfalls als Ba-Salz im Handel erhältlich. Es wird synthetisch dargestellt (Lit. vgl. LEUTHARDT und TESTA[2]). NAD und NADH können von verschiedenen Firmen bezogen werden (C. F. Boehringer u. Soehne, Mannheim; Pabst Laboratories, Milwaukee/USA; Sigma Laboratories, St. Louis/USA).

Im übrigen sei, was die Darstellungsmethoden der Substrate und Coenzyme betrifft, auf die einschlägigen Handbücher sowie auf die Originalliteratur verwiesen[3].

Die für die optischen Tests notwendigen Enzyme können nach einer Vorschrift von BEISENHERZ, BÜCHER u. Mitarb.[4] hergestellt werden. Sie können auch bei Boehringer u. Soehne, Mannheim, sowie von verschiedenen Firmen in den USA bezogen werden.

Optischer Test auf Aldolasen. Die hier angeführten optischen Tests haben die Oxydation oder Reduktion des NADH bzw. NAD durch die bei der FDP-Spaltung entstehenden Produkte zur Grundlage.

Die reduzierte Form der Cozymase besitzt bekanntlich eine starke Absorptionsbande, deren Maximum bei 340 mμ liegt. Die oxydierte Form zeigt in diesem Gebiet nur eine sehr geringe Lichtabsorption. Bei Verwendung des „Eppendorf"-Photometers mißt man nicht im Maximum der Bande, sondern benützt die herausgefilterte Quecksilberlinie 366 mμ. Die optische Bestimmung der Aldolase erfordert Hilfsenzyme, welche den Wasserstoff zwischen den Spaltprodukten und dem Pyridincoenzym verschieben. Als solche werden verwendet:

1. α-Glycerinphosphatdehydrogenase (BARANOWSKI-*Ferment*), welche den Wasserstoff vom reduzierten Coenzym auf das bei der Spaltung entstehende Phosphodihydroxyaceton überträgt (Gleichung I).

2. Phosphoglycerinaldehyddehydrogenase, welche in Gegenwart von Arseniat das Coenzym durch den Wasserstoff des Phosphoglycerinaldehyds reduziert (Gleichung II).

$$\text{(I)}\quad \begin{array}{l} CH_2{-}O{-}PO_3^{--} \\ | \\ C{=}O \\ | \\ CH_2OH \end{array} + NADH + H^+ \xrightarrow[\text{Ferment}]{\text{BARANOWSKI-}} \begin{array}{l} CH_2{-}O{-}PO_3^{--} \\ | \\ HCOH \\ | \\ CH_2OH \end{array} + NAD^+$$

$$\text{(II)}\quad \begin{array}{l} CHO \\ | \\ HCOH \\ | \\ CH_2{-}O{-}PO_3^{--} \end{array} + NAD^+ \xrightarrow[\text{Phosphoglycerin-aldehyddehydrogenase}]{\text{Arseniat}} \begin{array}{l} COOH \\ | \\ HCOH \\ | \\ CH_2{-}O{-}PO_3^{++} \end{array} + NADH + H^+$$

Die Zahl der pro Molekül gespaltenen Hexosediphosphats hydrierten oder dehydrierten Moleküle Cozymase hängt davon ab, ob Triosephosphatisomerase zugegen ist oder nicht. Benützt man im Test mit Glycerophosphatdehydrogenase als weiteres Hilfsenzym die Triosephosphatisomerase oder ist dieselbe im Enzymextrakt bereits enthalten, so werden pro Molekül FDP zwei Moleküle NADH oxydiert, da beide Spaltstücke des FDP in die Reaktion einbezogen werden.

Die Molekularextinktion der reduzierten Cozymase beträgt:

bei 340 mμ = $6{,}22 \times 10^3$ mM^{-1} ml^{-1},

bei 366 mμ = $3{,}4 \times 10^3$ mM^{-1} ml^{-1}.

Die μMol umgesetztes FDP berechnet sich nach

$$\frac{\Delta E}{6{,}22} = \text{umgesetzte } \mu\text{Mol/ml (bei Wellenlänge 340 m}\mu\text{);}$$

$$\frac{\Delta E}{3{,}4} = \text{umgesetzte } \mu\text{Mol/ml (bei Wellenlänge 366 m}\mu\text{).}$$

---

[1] Biochem. Prep. Bd. II, S. 52 (1952).

[2] LEUTHARDT, F., u. E. TESTA: Helv. **34**, 931 (1951).

[3] Colowick-Kaplan, Meth. Enzymol. Bd. I. S. 310—322; Bd. III, S. 202, 206.

[4] BEISENHERZ, C., H. J. BOLTZE, T. BÜCHER, R. CZOK, K. H. GARBADE, E. MEYER-ARENDT u. G. PFLEIDERER: Z. Naturforsch. **8b**, 555 (1953).

Bei Gegenwart von Triosephosphatisomerase im Test mit Glycerophosphatdehydrogenase sind diese Werte durch 2 zu dividieren, da pro Mol umgesetztes FDP 2 Mol reduzierbare Spaltprodukte entstehen.

Ohne Triosephosphatisomerase kann man nur dann arbeiten, wenn reine Enzyme vorliegen, die keine Isomerase mehr enthalten. Man erhält sonst wegen der noch vorhandenen Spuren dieses Enzyms Resultate, die zwischen dem einfachen und dem doppelten Wert liegen.

Beim Test mit BARANOWSKI-Ferment kann sowohl die Spaltung des FDP als auch die Spaltung des F-1-P gemessen werden. Dient das letztere als Substrat, so wird auch bei Gegenwart von Triosephosphatisomerase pro Molekül Substrat nur ein Molekül NADH oxydiert. Mit Phosphoglycerinaldehyddehydrogenase als Hilfsenzym kann die Aktivität der Aldolase gegen F-1-P nicht gemessen werden.

Definition der Enzymeinheiten. Es empfiehlt sich, nach BEISENHERZ, BÜCHER u. Mitarb.[1] für Dehydrogenasen und solche Enzyme, die mit Dehydrogenasen als Hilfsenzymen nachgewiesen werden können (also auch die Aldolasen mit den Hilfsenzymen Glycerophosphatdehydrogenase oder Phosphoglycerinaldehyddehydrogenase) die Enzymeinheit in folgender Weise zu definieren:

Als Einheit wird diejenige Enzymmenge angenommen, die in 1 ml gelöst, bei einer Schichtdicke von 1 cm und einer Temperatur von 25° C in 100 sec eine Änderung der bei 366 mμ gemessenen Extinktion von 0,1 bewirkt.

Der Definition der Extinktion liegt der dekadische Logarithmus zugrunde. Die Substratkonzentration ist so hoch zu wählen, daß das Enzymprotein mit dem Substrat gesättigt ist. Die Extinktionsänderung von 0,1 entspricht einem Umsatz von 0,029 m M/ml NAD bzw. NADH. Man mißt nahe der Ausgangslage bei „fliegendem Start" mit der Stoppuhr die sec t, die der Lichtzeiger zum Durchlaufen der Extinktionsdifferenz $\Delta E = 0{,}1$ braucht (theoretische Begründung der Methode s. BEISENHERZ, BÜCHER u. Mitarb.[1]). Man erhält also:

$$\text{Einheiten pro ml} = \frac{100}{t}.$$

Die spezifische Aktivität des Enzyms ist die Zahl der Einheiten pro mg Protein.

Man erhält so die Gesamtaktivität eines Präparates (z. B. Rohextrakt aus Gewebe) als die spezifische Aktivität multipliziert mit der Proteinmenge des Präparates in mg.

Man kann auch die Gesamtaktivität einer Lösung sofort bestimmen und daraus die spezifische Aktivität berechnen. Beträgt das Volumen der Lösung V_{tot} und hat man davon das Volumen V zur Testlösung pipettiert, deren Endvolumen V_{Test} beträgt, so erhält man:

$$\text{Gesamtaktivität} = \frac{100}{t}\,\frac{V_{\text{tot}}\,V_{\text{Test}}}{V}\ \text{Einheiten}.$$

Ist die Lösung für den Test vorverdünnt worden, so bedeutet natürlich V immer das Volumen der in der Testlösung vorhandenen unverdünnten Lösung.

Bei genauen Messungen sollten die Cuvetten mit einer Vorrichtung zur Konstanthaltung der Temperatur versehen sein. Steht eine solche nicht zur Verfügung, so ist insbesondere darauf zu achten, daß die im Kälteschrank aufbewahrten Lösungen vor Gebrauch Zimmertemperatur angenommen haben.

Eine weitere, häufig verwendete Größe ist die Umsatzzahl. Darunter versteht man die Zahl der von 100000 g Enzymprotein pro min umgesetzten Mol Substrat. Enthält eine Lösung pro ml u Einheiten Enzym (gemäß der obigen Definition) und c mg Enzymprotein pro ml, so erhält man

$$\text{Umsatzzahl} = \frac{1}{2} \times \frac{0{,}1}{3{,}4} \times \frac{60}{100} \times \frac{u}{c} \times 10^8 = 8{,}8 \times 10^5 \times \frac{u}{c}$$

[1] BEISENHERZ, C., H. J. BOLTZE, T. BÜCHER, R. CZOK, K. H. GARBADE, E. MEYER-ARENDT u. G. PFLEIDERER: Z. Naturforsch. 8b, 555 (1953).

Unter der Wechselzahl des Enzyms versteht man die von einem Grammolekül Enzymprotein pro min umgesetzten Mol Substrat. Sie gibt also die Zahl der Substratmoleküle an, mit denen ein Enzymmolekül pro min reagiert. Ihre Berechnung setzt die Kenntnis des Molekulargewichts des Enzyms voraus. Wenn das Molekulargewicht nicht allzuweit vom Wert 100000 abweicht, gibt die oben definierte Umsatzzahl die Größenordnung der Wechselzahl wieder. Enthält eine Lösung u Einheiten Enzym und c mg Enzymprotein pro ml und hat das Molekulargewicht des letzteren den Wert M, so ist die

$$\text{Wechselzahl} = 8{,}8 \times \frac{u}{c} \times M\,.$$

Die Aktivitätseinheiten nach BÜCHER für 1,6-Diphosphofructaldolase beziehen sich stets auf eine Testlösung, die genügend Triosephosphatisomerase enthält, so daß die Umsetzung des Phosphoglycerinaldehyds in Phosphodihydroxyaceton nicht geschwindigkeitsbegrenzend ist. Da Phosphoglycerinaldehyd die Aldolasereaktion hemmt, kann man in Ansätzen ohne Trioseisomerase zu kleine Werte erhalten (DAHLQVIST[1]). Bei Fructose-1-phosphat als Substrat fällt der Faktor $^1/_2$ weg (1 Mol Fructose-1-phosphat = 1 Mol NADH).

Optischer Test auf 1,6-Diphosphofructaldolase und 1-Phosphofructaldolase mit α-Glycerinphosphatdehydrogenase (BARANOWSKI-Ferment) und DPNH als Hilfsenzym nach RACKER[2].

Die Anwendbarkeit dieses Testes erstreckt sich vom Rohextrakt bis zu den reinsten Produkten. Die erhaltenen Resultate über Aldolaseaktivitäten sind sehr genau. Arbeitet man mit Rohextrakten oder nur teilweise gereinigten Kristallisationen, muß Triosephosphatisomerase zugegeben werden, damit beide Hälften des gespaltenen FDP-Moleküls völlig und rasch genug umgesetzt werden. Verwendet man hochgereinigte, bestimmt triosephosphatisomerasefreie Präparate, kann man die erhaltenen Werte mit 2 multiplizieren, um die Enzymeinheiten nach der BÜCHERschen Definition zu erhalten (s. oben). Das gleiche gilt für die Spaltung von F-1-P, da hier nur das eine Spaltprodukt (das Phosphodihydroxyaceton) reagiert.

Die dem Test zugrunde liegenden Reaktionen sind die folgenden:

$$\text{FDP} \xrightarrow[\text{Aldolase}]{} \text{DHAP} + \text{PGA}$$

$$\text{PGA} \xrightarrow[\text{Trioseisomerase}]{} \text{DHAP}$$

$$\text{DHAP} + \text{NADH} + \text{H}^+ \rightarrow \alpha\text{-Glycerophosphat} + \text{NAD}^+$$

Die Extinktionsabnahme durch Oxydation des reduzierten NAD pro Zeiteinheit ist der Enzymaktivität proportional (s. oben).

Beispiel für einen Ansatz:

0,5 ml FDP-Lösung 0,02 m* (Endkonzentration 4 μM/ml)
0,2 ml NADH-Lösung 0,002 m (Endkonzentration 0,16 μM/ml)
0,01 ml BARANOWSKI-Ferment + Triosephosphatisomerase-Lösung, enthaltend 2 mg Protein/ml**
0,1 ml Trispuffer 1,25 m, p_H 7,5
Aldolaselösung je nach Aktivität
Wasser (enthaltend 0,5 g Komplexon/l), so viel, daß das Endvolumen 2,5 ml beträgt.

Die Reaktion wird durch die Aldolase ausgelöst (bei reinen Präparaten 0,5—2 μg Aldolase).

* Über Bestimmung des Gehalts von FDP-Lösungen s. S. 622.

** Im Präparat von Boehringer ist das Verhältnis der Proteinmengen BARANOWSKI-Ferment zu Triosephosphatisomerase = 10:1, das entsprechend Verhältnis der Aktivitäten wie 1:3.

[1] DAHLQVIST, A., and R. K. CRANE: Biochim. biophys. Acta 85, 132 (1964).

[2] RACKER, E.: J. biol. Ch. 167, 843 (1947).

Beispiel für die Berechnung (bei Zusatz von Triosephosphatisomerase):

Zeit für $\Delta E = 0{,}1:40$ sec

Eingesetzte Proteinmenge: 1,3 μg/ml

$\frac{100}{40} = 2{,}5$ Einheiten in 1,3 μg Protein, ergibt eine spezifische Aktivität von $1{,}9 \times 10^3$ Einheiten/mg Protein.

Mit der obigen Reaktion kann auch die Spaltung des F-1-P durch Aldolase gemessen werden. Allerdings ist bei der Muskelaldolase die MICHAELIS-Konstante so groß (vgl. S. 613), daß die Sättigungskonzentration kaum zu erreichen ist. Auch für die Leberaldolase steht die Sättigungskonzentration noch nicht mit Sicherheit fest (vgl. PEANASKY und LARDY[1]).

Optischer Test auf 1,6-Diphosphofructaldolase mit oxydierendem Gärungsenzym als Hilfsenzym nach WARBURG *und* CHRISTIAN[2-4].

Das Hilfsenzym ist hier die Phosphoglycerinaldehyd-Dehydrogenase (oxydierendes Gärungsenzym).

Normale Reaktion des Hilfsenzyms:

$$\text{D-3-Phosphoglycerinaldehyd} + \text{Phosphat} + \text{NAD}^+ \rightarrow \text{D-1,3-Diphosphoglycerinsäure} + \text{NADH} + \text{H}^+$$

Damit die entstehende 1,3-Diphosphoglycerinsäure sofort aus dem Gleichgewicht entfernt wird, verwendet man an Stelle des Phosphats im optischen Test Arsenat, da die entstehende 1-Arseno-3-phosphoglycerinsäure spontan in 3-Phosphoglycerinsäure und Arsenat zerfällt. Unter dieser Bedingung lautet die Reaktionsgleichung:

$$\text{D-3-Phosphoglycerinaldehyd} + \text{NAD}^+ \rightarrow \text{D-3-Phosphoglycerinsäure} + \text{NADH} + \text{H}^+$$

Die Konzentration des oxydierenden Gärungsenzyms muß, wie die aller Hilfsenzyme, in zusammengesetzten optischen Tests, so groß sein, daß die Spaltprodukte schnell umgesetzt werden und die Spaltungsreaktion der Aldolase allein geschwindigkeitsbestimmend ist.

Dieser Test eignet sich nur für Bestimmungen, bei denen mit reiner Aldolase und mit reinen Hilfsenzymen gearbeitet wird. Verunreinigungen mit Triosephosphatisomerase oder BARANOWSKI-Ferment (α-Glycerophosphatdehydrogenase) fälschen die Ergebnisse unter Umständen wesentlich (BEISENHERZ u. Mitarb.[5]).

Der Test eignet sich auch nur zum Nachweis der Spaltung von FDP, da keines der Spaltstücke des F-1-P mit oxydierendem Gärungsenzym reagiert.

Beispiel für einen Arsenattest mit Phosphoglycerinaldehyd-Dehydrogenase:

0,1 ml NAD (20 mg NAD 75% pro ml Stammlösung)

0,1 ml Na-arsenat, 6%ig

50 μg Glycerinaldehyd-Dehydrogenase

0,1 ml FDP-Lösung (enthaltend 70 μM FDP/ml*)

1,4 ml Trispuffer 0,05 m, p_H 7,5.

Nachdem man sich überzeugt hat, daß die Extinktion während einiger Zeit konstant bleibt, löst man mit der Aldolase die Reaktion aus. Bei der Berechnung der Einheiten ist zu berücksichtigen, daß bei dieser Reaktion pro Molekül FDP nur ein Molekül DPN hydriert wird. Da die BÜCHERsche Aldolaseeinheit auf Grund eines Tests definiert ist,

---

* Über Gehaltsbestimmung der FDP-Lösung s. S. 622.

[1] PEANASKY, R. J., and H. A. LARDY: J. biol. Ch. **233**, 315 (1958).

[2] WARBURG, O.: Wasserstoffübertragende Fermente. S. 51. Berlin 1948.

[3] WARBURG, O., u. W. CHRISTIAN: B. Z. **287**, 291 (1936).

[4] WARBURG, O., u. W. CHRISTIAN: B. Z. **303**, 40 (1939).

[5] BEISENHERZ, C., H. J. BOLTZE, T. BÜCHER, R. CZOK, K. H. GARBADE, E. MEYER-ARENDT u. G. PFLEIDERER: Z. Naturforsch. 8b, 555 (1953).

bei welchem Triosephosphatisomerase zugegen ist, bei dem also zwei Moleküle NADH pro Molekül FDP umgesetzt werden, ergibt sich beim Arseniattest:

$$\text{Zahl der Einheiten} = \frac{200}{t}.$$

Bestimmung der Substratkonzentrationen durch den optischen Test.

Da FDP und F-1-P meist nicht rein zur Verfügung stehen, müssen die Konzentrationen der verwendeten Lösungen erst bestimmt werden.

a) Bestimmung des Fructosediphosphats. Man kann zur Bestimmung der FDP-Konzentration sowohl die Phosphoglycerinaldehyd-Dehydrogenase als auch das BARANOWSKI-Ferment verwenden. Beide reagieren mit den Spaltstücken der Aldolasereaktion in spezifischer Weise.

Arsenattest mit Phosphoglycerinaldehyd-Dehydrogenase. Der Test wird ausgelöst durch reine Muskelaldolase. Die Konzentration des FDP soll so sein, daß die Extinktionszunahme zwischen 0,3 und 0,4 liegt.

Hält man das Volumen in der Cuvette auf 1,7 ml, so ist wegen des Werts Molekularextinktion bei 366 mμ ($3{,}4 \times 10^3$ M^{-1} ml^{-1}) die Extinktionsänderung ΔE dividiert durch 2 gleich der Anzahl Mol in der einpipettierten Menge:

$$\mu\text{Mol FDP im Ansatz} = \frac{\Delta E}{2}.$$

Test mit dem BARANOWSKI-*Ferment.* In analoger Weise kann der Test mit BARANOWSKI-Ferment (α-Glycerophosphatdehydrogenase) zur Bestimmung der FDP-Konzentration verwendet werden. Hier mißt man die Extinktionsabnahme: Die Berechnung bleibt gleich wie oben, wenn Enzyme verwendet werden, die von Triosephosphatisomerase frei sind. Stehen solche nicht zur Verfügung, so ist es günstig, Triosephosphatisomerase in genügender Menge zuzusetzen, so daß die Reaktion der beiden Spaltstücke in nützlicher Zeit vollständig zu Ende geht. Bei einem Volumen des Testansatzes von 1,7 ml und Messung bei 366 mμ, ergibt sich:

$$\mu\text{Mol FDP im Ansatz} = \frac{\Delta E}{4}.$$

b) Bestimmung des Fructose-1-phosphats. Da die F-1-P spaltende Leberaldolase in reinem Zustand noch nicht allgemein zugänglich ist, kann die F-1-P-Konzentration optisch noch nicht exakt bestimmt werden. Die aus Leber durch fraktionierte Ammoniumsulfatfällung gewonnenen Fraktionen sind verhältnismäßig wenig aktiv und geben vielfach schon bei Zusatz von NADH eine Änderung der Extinktion. Man bestimmt hier am besten das säurelabile Phosphat durch Hydrolyse der Probe in 1 n HCl während 20 min.

Colorimetrische Methode.

***Bestimmung der Aldolaseaktivität mit 2,4-Dinitrophenylhydrazin nach* SIBLEY *und* LEHNINGER[1], *in der Modifikation nach* BECK[2].**

Prinzip:

Aldolase und Substrat werden zusammen mit Hydrazin inkubiert. Der mit Trichloressigsäure enteiweißte Ansatz wird alkalisch gemacht und dann saure 2,4-Dinitrophenylhydrazinlösung zugegeben. Macht man dann erneut alkalisch, erscheint eine charakteristische Farbe, deren maximale Absorption bei 540 mμ liegt. Die Farbintensität ist proportional der Enzymkonzentration, wenn FDP im Überschuß verwendet wird.

Die Methode von SIBLEY und LEHNINGER[1] wurde von BECK[2] verbessert. Während bei der alten Methode die Standardkurve jeweils auf alkalilabiles Phosphat bezogen

[1] SIBLEY, I. A., and A. LEHNINGER: J. biol. Ch. **177**, 859 (1949).
[2] BECK, W. S.: J. biol. Ch. **212**, 847 (1955).

wurde, hat BECK diese zeitraubende Bestimmung durch Verwendung von reinem D,L-Glycerinaldehyd umgangen.

Beispiel eines Ansatzes:

1,0 ml Puffer (z.B. 0,1 m Trispuffer, p_H 8,6)
0,25 ml FDP-Lösung
0,25 ml 0,56 m Hydrazinlösung, p_H 8,6 (Hydrazinsulfat auf p_H 8,6 mit NaOH eingestellt und verdünnt auf 0,56 m)
0,2 ml Enzymlösung
0,8 ml Wasser
Totales Volumen 2,5 ml.

Inkubation 15 min bei 38° C (längere Inkubation ist nicht empfehlenswert, da sonst zuviel Triosephosphat hydrolysiert wird und auch die Enzymaktivität sich ändert).

Die Reaktion wird durch 2 ml 10%iger Trichloressigsäure unterbrochen. Zum Blindwert wird FDP erst *nach* Enteiweißung zugegeben. Die gefällten Proteine werden abzentrifugiert. Je 1 ml des Überstehenden wird in Colorimeterröhrchen pipettiert. Man gibt 1 ml 0,75 n NaOH zu und läßt 10 min bei Zimmertemperatur stehen. Man pipettiert 1 ml 2,4-Dinitrophenylhydrazinlösung (1 g Dinitrophenylhydrazin gelöst in 1 l 2 n HCl) zu und stellt die Röhrchen 60 min bei 38° C ins Wasserbad. Bei hohen Enzymkonzentrationen kann ein Niederschlag entstehen. Die Fällung geht aber nachher wieder in Lösung. Dann wird mit 0,75 n NaOH auf 10 ml aufgefüllt. Nach 10 min wird die entstandene Färbung gemessen.

Standard. Es ist nur einmal nötig, die verwendete Glycerinaldehydlösung gegen das bei der Aldolasereaktion entstehende alkalilabile (Triose-)Phosphat einzustellen und den Vergleichsfaktor genau zu bestimmen. Die einmal bereitete Glycerinaldehydlösung kann dann immer mit dem gleichen Faktor verwendet werden (die wäßrige Lösung von D,L-Glycerinaldehyd muß vor der ersten Bestimmung 2—4 Tage stehen, damit die Depolymerisation vollständig ist).

Die Methode eignet sich gut zur Bestimmung der Aldolase im Serum nach BRUNS[1] und ihre Verwendung ist dort angezeigt, wo man nur relative Werte messen will. In allen anderen Fällen dürften die vorher beschriebenen optischen Tests überlegen sein. Die Methode von SIBLEY und LEHNINGER muß auch dann angewendet werden, wenn in rohen Extrakten (Leber) die Pyridincoenzyme von anderen Enzymen zerstört werden, oder wenn sie in Nebenreaktionen eingehen.

Klinische Bedeutung der Aldolasebestimmung im Blut. Es gibt verschiedene Zustände, bei denen Aldolase in vermehrter Menge ins Blut übergeht, so z.B. bei Erkrankungen des Leberparenchyms (BRUNS u. Mitarb.[1]). Außer gegen FDP zeigt das Blutserum aber auch Aktivität gegen F-1-P. Bei Parenchymschäden der Leber ist auch diese Aktivität stark erhöht und man kann annehmen, daß unter diesen Bedingungen die 1-Phosphofructaldolase vermehrt ins Blut übertritt (WOLF u. Mitarb.[2], FORSTER und JENNY[3], SCHAPIRA[4]). Der Anstieg dieser Aldolase scheint ein noch spezifischerer Indicator für die Leberschädigung zu sein als der Übertritt der FDP-Aldolase ins Blut. Die Aldolaseaktivität des Blutserums kann mit dem optischen Test (BARANOWSKI-Ferment) oder auch mit der Methode von SIBLEY und LEHNINGER[5] bestimmt werden. Über die Durchführung des Enzymtests s. WOLF[6].

---

[1] BRUNS, F.: B. Z. 325, 156 (1954).
[2] WOLF, H. P., G. FORSTER u. F. LEUTHARDT: Gastroenterol., Basel 87, 172 (1957).
[3] FORSTER, G., u. E. JENNY: Helv. med. Acta 26, 673 (1959).
[4] SCHAPIRA, F.: Cr. 247, 157 (1958).
[5] SIBLEY, I. A., and A. LEHNINGER: J. biol. Ch. 177, 859 (1949).
[6] WOLF, H. P.; in: BERGMEYER H. U. (Hrsg.): Methoden der enzymatischen Analyse. Weinheim 1962. S. 732.

Phosphoketolase.

[4.1.2.9 D-Xylulose-5-phosphat-D-Glyceraldehyd-3-phosphat-Lyase (Phosphat acetylierend).]

Von

Friedrich H. Bruns und Hans Reinauer*.

Mit 1 Abbildung

Phosphoketolase[1] bewirkt unter Aufnahme von anorganischem Phosphat die Spaltung von Ketosen nach folgender allgemeiner Formel[2]:

$$CH_2OH—CO—RH + HPO_4^{--} \rightarrow CH_3—CO—OPO_3^{--} + H_2O + R$$

R bedeutet bei Fructose-6-phosphat als Substrat Erythrose-4-phosphat, bei Xylulose-5-phosphat als Substrat Glycerinaldehyd-3-phosphat, bei Hydroxypyruvat als Substrat CO_2.

Der „aktive Glykolaldehyd" wird hier — im Unterschied zur Transketolase-Reaktion — nicht auf einen anderen Zucker, sondern auf Orthophosphat übertragen. Das entstehende Acetylphosphat kann durch eine in Mikroorganismen vorkommende Acetokinase zu ATP und Acetat umgesetzt werden oder direkt in den Citratcyclus eingehen[3]. Die Phosphoketolase bedarf zu ihrer Wirkung der Anwesenheit von Thiaminpyrophosphat und Magnesiumionen.

Bereits FRED et al.[4] hatten gezeigt, daß *Lactobacillus pentosus* (Synonym: *Lactobacillus plantarum*) bestimmte Pentosen quantitativ zu äquimolaren Mengen Milchsäure und Essigsäure abbauen kann, aber erst in Isotopenversuchen[5-9] wurde nachgewiesen, daß *Lactobacillus pentoaceticus* D-Xylose-1-^{14}C[6] und L-Arabinose-1-^{14}C[7] und ebenso *Lactobacillus pentosus* Ribose-1-^{14}C[9] zwischen dem 2. und 3. C-Atom aufspalten, wobei aus C_1 und C_2 Acetylphosphat und aus C_3 bis C_5 Lactat entsteht. Bevor die Bakterien D-Xylose aufspalten, wird dieser Zucker in Pentosephosphat überführt[10]. In *Escherichia coli* wird D-Arabinose über D-Ribulose abgebaut[11]. MITSUHASHI und LAMPEN[12] zeigten an auf Xylose wachsendem *Lactobacillus pentosus*, daß diese Bakterien die Umwandlung von D-Xylose in D-Xylulose katalysieren. Auch in anderen Mikroorganismen wurden

Abkürzungen.

PKL	Phosphoketolase	F-1,6-DP	Fructose-1,6-diphosphat
PRI	Phosphoribose-Isomerase	Ga-3-P	Glycerinaldehyd-3-phosphat
PKPE	Phosphoketopentose-Epimerase	TPP	Thiaminpyrophosphat
Xu-5-P	Xylulose-5-phosphat	EDTA	Äthylendiamintetraacetat
R-5-P	Ribose-5-phosphat	ATP, ADP	Adenosintri- bzw. -diphosphat
E-4-P	Erythrose-4-phosphat	P_i	anorganisches Phosphat
S-7-P	Sedoheptulose-7-phosphat	EK	Endkonzentration

* Institut für Physiologische Chemie der Universität Düsseldorf.

[1] HEATH, E. C., J. HURWITZ and B. L. HORECKER: Am. Soc. 78, 5449 (1956).
[2] HOLZER, H., u. H. SCHRÖTER: 14. Mosbacher Coll. S. 255. 1963.
[3] SCHRAMM, M., and E. RACKER: Nature 179, 1349 (1957).
[4] FRED, E. B., W. H. PETERSON and J. A. ANDERSON: J. biol. Ch. 48, 385 (1921).
[5] RACKER, E.: Colowick-Kaplan, Meth. Enzymol., Bd. V, S. 276.
[6] LAMPEN, J. O., H. GEST and J. C. SOWDEN: J. Bact. 61, 97 (1951).
[7] RAPPOPORT, D. A., H. A. BARKER and W. Z. HASSID: Arch. Biochem. 31, 326 (1951).
[8] GEST, H., and J. O. LAMPEN: J. biol. Ch. 194, 555 (1952).
[9] BERNSTEIN, I. A.: J. biol. Ch. 205, 309 (1953).
[10] LAMPEN, J. O., and H. R. PETERJOHN: J. Bact. 62, 281 (1951).
[11] COHEN, S. S.: J. biol. Ch. 201, 71 (1953).
[12] MITSUHASHI, S., and J. O. LAMPEN: J. biol. Ch. 204, 1011 (1953).

derartige Isomerase-Reaktionen nachgewiesen[1-3]. Erst mit dem Nachweis[1,4] und der Reinigung[5] von Xylulokinase und Phosphoketopentose-3-Epimerase[5] war der Abbauweg der Pentosen bis zum Substrat der PKL, deren erstmalige Reinigung aus *Lactobacillus plantarum* HEATH, HURWITZ und HORECKER[6] gelang, aufgeklärt.

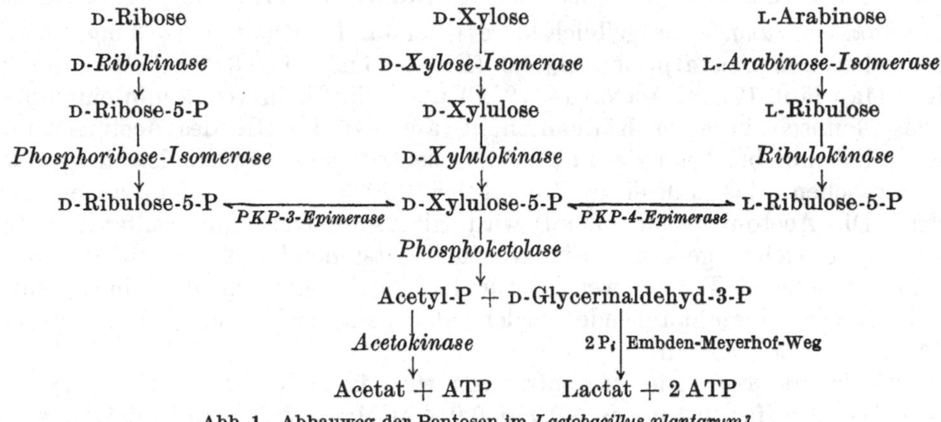

Abb. 1. Abbauweg der Pentosen im *Lactobacillus plantarum*[7].

Das Enzym Phosphoketolase wurde bisher nur in Bakterien nachgewiesen, so z. B. in *Lactobacillus pentosus* bzw. *plantarum*[6-8], *Leuconostoc mesenteroides*[9, 10], *Acetobacter xylinum*[11, 12] und *Aerobacter aerogenes*[13]. In einigen Bakterienarten muß die Bildung des Enzyms durch Züchtung auf Pentosenährböden induziert werden[6, 8]. Die Energieausbeute aus dem Abbau von Pentose- oder Hexosephosphaten über die PKL entspricht derjenigen der Glykolyse[6,11,12].

Reinigung der Phosphoketolase nach HEATH *u. Mitarb.*[7].

Lactobacillus plantarum, Stamm 124-2 (ATCC 8041), wird auf einem 1 %igen Pentosenährboden (D-Xylose oder L-Arabinose) mit 0,1 % Glucose gezüchtet. Das Kulturmedium enthält 0,4 % Difco-Hefeextrakt, 1 % Difco-Nährbrühe, 1 % Natriumacetat, 1 % D-Xylose, 0,1 % Glucose, 0,02 % $MgSO_4 \cdot 7\,H_2O$, 0,001 % NaCl, 0,001 % $FeSO_4 \cdot 7\,H_2O$ und 0,001 % $MnSO_4 \cdot 4\,H_2O$. Die Kohlenhydrate werden als 50 %ige Lösung sterilisiert und dem sterilen Nährmedium zugesetzt, die Dauerkulturen als Stichkulturen auf festen Nährböden gehalten. Von hieraus erfolgt eine wiederholte Übertragung auf einen 2 %igen Agarnährboden mit 1 % Xylose und 0,1 % Glucose. Bevor man die Bakterien auf das endgültige Nährmedium zur Gewinnung der Zellen überimpft, werden 3—5 flüssige Subkulturen dazwischengeschaltet. Schließlich werden die Bakterien in 3000 ml flüssigem Nährmedium (überimpfte Menge aus der Subkultur 100 ml) 24 Std bei 37° C gezüchtet, durch Zentrifugieren vom Nährmedium getrennt, in 0,02 m $NaHCO_3$ gewaschen und bei —16° C als Zellpaste gelagert. Zellfreie Extrakte erhält man durch mechanische Zertrümmerung der Zellen (Schütteln mit kleinen Glasperlen) unter fortwährender Kühlung. Die Zelltrümmer

[1] LAMPEN, J. O.: J. biol. Ch. **204**, 999 (1953).
[2] SLEIN, W. M.: Am. Soc. **77**, 1663 (1955).
[3] HOCHSTER, R. M.: Canad. J. Microbiol. **1**, 346 (1954/55).
[4] HOCHSTER, R. M., and R. W. WATSON: Arch. Biochem. **48**, 120 (1954).
[5] STUMPF, P. K., and B. L. HORECKER: J. biol. Ch. **218**, 753 (1956).
[6] HEATH, E. C., J. HURWITZ and B. L. HORECKER: Am. Soc. **78**, 5449 (1956).
[7] HEATH, E. C., J. HURWITZ, B. L. HORECKER and A. GINSBURG: J. biol. Ch. **231**, 1009 (1958).
[8] HOLZER, H., u. W. SCHRÖTER: Biochim. biophys. Acta **65**, 271 (1962).
[9] HURWITZ, J.: Pers. Mitt. [HEATH et al.: Am. Soc. **78**, 5449 (1956)].
[10] GOLDBERG, M. L., and E. RACKER: J. biol. Ch. **237**, 3841 (1962).
[11] SCHRAMM, M., and E. RACKER: Nature **179**, 1349 (1957).
[12] SCHRAMM, M., V. KLYBAS and E. RACKER: J. biol. Ch. **233**, 1283 (1958).
[13] KRITSCHEVSKY, M., and M. WOOD: Pers. Mitt. [HEATH et al.: Am. Soc. **78**, 5449 (1956)].

werden abzentrifugiert (10 min bei 25000 $\times$g), mit 4 ml Aqua dest. nachgewaschen und verworfen. Die Überstände werden vereinigt (Rohextrakt).

Manganchloridfraktionierung. 700 ml Rohextrakt, gewonnen aus 50 g Zellpaste, wird mit 1/20 Volumen 1 m $MnCl_2$-Lösung versetzt, 30 min bei 0° C belassen und danach 10 min bei 25000 $\times$g zentrifugiert. Der Niederschlag wird verworfen ($MnCl_2$-Fraktion, 690 ml).

Acetonfraktionierung. Der gelblich-klare Überstand enthält etwa 3 mg Protein/ml; diesem werden 2 m Acetatpuffer, p_H 5,0 (EK 0,05 m) und 0,69 ml Mercaptoäthanol zugesetzt. Man läßt 177 ml Aceton (—10° C) über die Dauer von 2 min eintropfen und bringt das Gemisch in einer Kältemischung auf —5° C (EK des Acetons 20% v/v). Danach wird 5 min bei 1600 $\times$g und —10° C zentrifugiert, der Niederschlag mit 80 ml Wasser gewaschen, das unlösliche Protein bei 25000 $\times$g in 10 min abgetrennt und verworfen. Die Acetonfraktion (83 ml) wird mit 24,1 g Ammoniumsulfat versetzt und 20 min bei 0° C stehen gelassen. Ein eventuell entstehender Niederschlag wird durch Zentrifugieren entfernt. Danach werden erneut 15,3 g Ammoniumsulfat eingestreut. Nach 20 min (0° C) wird der entstehende Niederschlag gesammelt und in 10 ml Aqua dest. gelöst (Acetonfraktion 11,5 ml).

Äthanolfraktionierung. Die Acetonfraktion wird über Nacht bei 2° C gegen 350 ml fließenden Acetatpuffer (0,1 m, p_H 5,0 mit 0,014 m Mercaptoäthanol) dialysiert (12 ml). Danach wird mit 0,1 m Acetat p_H 5,0 (etwa 41 ml) auf eine Proteinkonzentration von 4 mg/ml verdünnt. Diese Lösung wird in einer Kältemischung gekühlt und innerhalb 1 min mit 5,9 ml absolutem Alkohol versetzt. Die Lösung soll schließlich die Temperatur von —3° C erreichen. Sofort danach zentrifugiert man (1 min) den Niederschlag ab und löst ihn in 5,0 ml Succinatpuffer, 0,05 m, p_H 6,0. Auf die gleiche Weise werden durch Zugabe von weiteren 2,0 bzw. 3,7 ml absolutem Alkohol zwei weitere Fraktionen gewonnen. Die beiden ersten Fraktionen enthalten meist die gesamte Aktivität; sie werden vereinigt (Äthanolfraktion 10,8 ml).

Ammoniumsulfatfraktionierung. 10,5 ml der Äthanolfraktion werden mit 12,8 ml kalter, gesättigter Ammoniumsulfatlösung versetzt. Den Niederschlag trennt man ab, zum Überstand gibt man 1,42 g Ammoniumsulfat und erhält erneut einen Niederschlag, den man abtrennt. In einem dritten Schritt gibt man 1,47 g Ammoniumsulfat zum Überstand und trennt den entstehenden Niederschlag wieder ab. Die Niederschläge einer jeden Fraktion werden in 1,0 ml Succinatpuffer, 0,05 m, p_H 6,0, gelöst. Die Fraktionen 2 und 3, die das Enzym enthalten, werden vereinigt. Für die Reinigungsschritte ergibt sich demnach folgende Übersicht:

Fraktion	Gesamt-aktivität	Spezifische Aktivität
Rohextrakt	35700	4,1
Manganchloridfraktion	37300	18
Acetonfraktion	16300	64
Äthanolfraktion	9400	153
Ammoniumsulfatfraktion	6900	181

Spezifische Aktivität: Enzymeinheiten/mg Protein.

Eine *Phosphoketolase-Einheit* entspricht der Enzymmenge, die im zusammengesetzten optischen Test bei 340 mμ eine Extinktionsänderung von 1,0 je min bewirkt (entspricht 0,16 μM Triosephosphat)[1].

Die *Reaktionsgeschwindigkeit* ist der zugesetzten Enzymmenge mit Xu-5-P als Substrat proportional, aber auch mit R-5-P, wenn zugleich PRI und PKPE im Überschuß vorhanden sind.

Stabilität. Der Rohextrakt kann bei geringem Enzymverlust über Nacht bei 2° C gehalten werden. Während die Zwischenfraktionen bei der Enzymreinigung unbeständig sind, ist die Ammoniumsulfatfraktion bei —16° C relativ stabil.

[1] Heath, E. C., J. Hurwitz, B. L. Horecker and A. Ginsburg: J. biol. Ch. **231**, 1009 (1958).

Verunreinigungen. Sowohl im Rohextrakt als auch im gereinigten Enzympräparat konnte keine Transketolaseaktivität nachgewiesen werden. Mit geringer Abänderung kann aus der Acetonfraktion PKPE gewonnen werden.

***Reinigung der Fructose-6-phosphat-Phosphoketolase nach* SCHRAMM *u. Mitarb.*[1, 2].**

Bakterienkultur. Eine Mutante von *Acetobacter xylinum*, ohne Cellulosebildung wachsend, wird in folgendem Nährmedium gezüchtet:

Bakterienpepton (Difco) 0,5%, Hefeextrakt (Difco) 0,5%, primäres Natriumphosphat 0,1%, Glucose 2%. Diese Lösungen werden mit entmineralisiertem Wasser bereitet und mit HCl auf p_H 5,5 gebracht. Die Bakterien wachsen bei 30° C 24 Std unter fortwährendem Schütteln (Frequenz: 64/min). Für die Gewinnung der Zellpaste werden in einer 25 l-Flasche 5 l Nährmedium mit 500 ml einer 48 Std-Kultur beimpft und 80 Std angezüchtet. Danach wird das Nährmedium durch Zentrifugieren abgetrennt, die Zellen werden zweimal mit Aqua dest. gewaschen. Die Ausbeute beträgt 100—150 mg Bakterientrockengewicht je Liter Nährlösung.

Alle weiteren Arbeitsschritte werden bei 1—3° C ausgeführt. 20 g Bakterien (Feuchtgewicht) und 30 g „Alumina A-301" (Tonerde) werden in einem gekühlten Mörser 10 min verrieben. Die gummiartige Paste wird mit 48 ml Histidin-Puffer, 0,07 m, p_H 6,5, mit 0,3% KCl verdünnt. Nach 10 min Rühren wird 20 min bei 13000 ×g zentrifugiert. Der Überstand wird dekantiert, das Zentrifugat mit 20 ml Histidin-Puffer-KCl nachgewaschen und erneut zentrifugiert. Die Überstände werden vereinigt.

Manganchloridfraktionierung. Der Rohextrakt wird mit 1 m $MnCl_2$-Lösung, p_H 6,0, auf eine Endkonzentration von 0,1 m gebracht. Nach 10 min Stehen bei Zimmertemperatur wird der trübe Extrakt zentrifugiert (15 min, 13000 ×g) und der Überstand über Nacht gegen das 30fache Volumen Aqua dest. dialysiert. Der dialysierte Extrakt wird 15 min bei 13000 ×g zentrifugiert und das Präcipitat verworfen.

Säurefällung. Unter Kontrolle des p_H und Umrühren gibt man 0,1 n HCl zum Überstand. Der bei p_H 5,2 und 4,6 gebildete Niederschlag wird durch Zentrifugieren bei 13000 ×g und 15 min abgetrennt. Der Überstand wird danach schnell mit 0,1 n NaOH auf p_H 6,2 gebracht. Die Präcipitate werden in Aqua dest. suspendiert (1/10 Vol. des dialysierten Extraktes), das Eiweiß wird durch Einstellen des p_H auf 6,2 in Lösung gebracht. Man mißt die Aktivität der drei Fraktionen. Gewöhnlich bleibt die Hauptaktivität im Überstand. Findet man sie dagegen im Niederschlag, so kann man auf die nachfolgende Ammoniumsulfatfällung verzichten.

1. Ammoniumsulfatfällung. Der Überstand wird mit 60,3 g Ammoniumsulfat/100 ml versetzt. Der p_H wird durch Zugabe von 1 n Ammoniak auf 7,0 gebracht. Nach 15 min trennt man den Niederschlag durch Zentrifugieren (15 min bei 13000 ×g) ab, löst ihn in einem möglichst kleinen Volumen Aqua dest. und dialysiert 2 Std unter Rühren gegen 4 l Aqua dest.

Protaminsulfatfällung. Zu je 10 mg Protein gibt man 1,1 mg Protaminsulfat (als 1%ige frisch bereitete Lösung, p_H 6,0), zentrifugiert den Niederschlag nach 15 min Stehen im Eis ab und verwirft ihn.

Geladsorption. Bei Zimmertemperatur wird die überstehende Lösung bis zu einem Proteingehalt von 10—15 mg/ml verdünnt. Zu je 10 mg Protein gibt man 0,44 ml C_γ-Gel (11,5 mg Trockengewicht/ml), mischt die Suspension und zentrifugiert. Das Enzym wird vollständig adsorbiert. Man wäscht mit Aqua dest. (1 ml/10 mg Gel) und eluiert mit 4 ml Phosphatpuffer (0,01 m, p_H 7,5, Na^+ und K^+) je 10 mg Gel. Die Elution wird mit der halben Menge Phosphatpuffer wiederholt. Die Eluate werden vereinigt.

2. Ammoniumsulfatfällung. In je 100 ml Lösung streut man vorsichtig 25,8 g Ammoniumsulfat ein, wobei der p_H durch Zugabe von 1 n Ammoniak auf 7,0 gehalten wird. Der Niederschlag wird durch Zentrifugieren (15 min bei 13000 ×g) abgetrennt, in einer

[1] SCHRAMM, M., V. KLYBAS and E. RACKER: J. biol. Ch. **233**, 1283 (1958).
[2] RACKER, E.; in: Colowick-Kaplan, Meth. Enzymol., Bd. V, S. 276.

sehr kleinen Menge Aqua dest. gelöst und 3 Std gegen 4 l Aqua dest. unter Rühren dialysiert. Zu dem dialysierten Enzym gibt man bis zu einer EK von 5×10^{-3} m Histidin-Puffer, p_H 6,0. Das gereinigte Enzym wird bis zum Gebrauch eingefroren. Für die Reinigung der F-6-P-Phosphoketolase ergibt sich folgende Übersicht:

Fraktion	Gesamt-aktivität	Spezifische Aktivität	Ausbeute in %
Rohextrakt aus 4 g Bakterien	26,7	0,013	100
$MnCl_2$-Fällung und Dialyse .	23,7	0,030	89
Säurefällung	14,7	0,074	55
1. Ammoniumsulfatfällung .	10,0	0,074	38
C_γ-Gel-Eluat	6,1	0,150	23
2. Ammoniumsulfatfällung .	5,3	0,267	20

Eine Enzymeinheit entspricht der Enzymmenge, die die Umwandlung von 1 μM Substrat/min unter den angegebenen Versuchsbedingungen katalysiert.

Von GOLDBERG und RACKER[1] wurde die PKL aus *Leuconostoc mesenteroides* kristallin dargestellt. Obgleich die Eigenschaften des kristallinen Enzyms weitgehend beschrieben werden, fehlt bisher eine Darstellung der Präparationsschritte, deren Veröffentlichung in Aussicht gestellt ist. Das kristalline Enzym besaß eine spezifische Aktivität von 1100 M Xylulose-5-P/Mol Enzym/min[1]. Eine 15—20fache Anreicherung aus *Acetobacter xylinum*[2,3] und eine 20fache Anreicherung des Enzyms aus *Leuconostoc mesenteroides*[4] ist beschrieben worden. Ein brauchbares Enzympräparat, das noch ausreichende Mengen an PRI und PKPE enthält, um Aktivitätsmessungen mit R-5-P als Substrat zu ermöglichen, wird von HOLZER und SCHRÖTER[5] angegeben.

Eigenschaften. In der Ultrazentrifuge zeigt das gereinigte Enzympräparat von HEATH et al.[6] drei Fraktionen, von denen die größere und schneller sedimentierende ($S_{20,w}=24{,}2$) die Enzymaktivität in sich vereinigt. Nach Abtrennung dieser Fraktion steigt die Enzymaktivität auf 300—700 Einheiten je mg Protein. Das Molekulargewicht wird mit etwa 550000 angegeben[6]. Das kristalline Enzym aus *Leuconostoc mesenteroides* verhält sich in der Ultrazentrifuge einheitlich und hat einen Sedimentationskoeffizienten von 7,79 in 0,01 m Succinatpuffer und 0,012 m Thioglycerin bei 20° C. Daraus errechnet sich ein Molekulargewicht von 124000[1]. Das p_H-Optimum liegt bei 5,3—5,8[3] bzw. in der Nähe von 6,0[5,6]. Oberhalb von p_H 7,0 sinkt die Enzymaktivität erheblich. Phosphoketolasen aus verschiedenen Bakterienstämmen unterscheiden sich bezüglich ihrer Substratspezifität. Die unterschiedlichen Befunde erklären sich zum Teil durch den verschiedenen Reinheitsgrad der Enzyme und durch den geringen Umsatz einiger Substrate. Als Substrat der PKL aus *Lactobacillus plantarum* wurde Xu-5-P ermittelt[7], während andere Untersucher daneben auch einen Umsatz mit F-6-P und Hydroxypyruvat festgestellt haben (im Verhältnis 100:14:57)[5]. Das Enzym aus *Acetobacter xylinum* setzt Xu-5-P und F-6-P um[2,3], nicht dagegen Glykolaldehydphosphat, Hydroxypyruvat, E-4-P, S-7-P und F-1,6-DP. Das gereinigte Enzym aus *Leuconostoc mesenteroides* spaltet Xu-5-P[4], das kristalline Enzym aus dem gleichen Bakterienstamm baut sowohl Xu-5-P als auch F-6-P phosphorolytisch ab[1]. Kristalline PKL katalysiert zwei weitere Reaktionen: In Gegenwart von Phosphat und Glykolaldehyd entsteht Acetylphosphat, in Gegenwart von Ferricyanid Glykolat[1]. Ob Hydroxypyruvat ein physiologisches Substrat der PKL ist, erscheint bei der geringen Affinität zum Enzym und der niedrigen Konzentration von Hydroxypyruvat in biologischem Material noch fraglich[5]. Für die einzelnen Substrate werden folgende MICHAELIS-MENTEN-*Konstanten* angegeben:

[1] GOLDBERG, M. L., and E. RACKER: J. biol. Ch. **237**, 3841 (1962).
[2] SCHRAMM, M., and E. RACKER: Nature **179**, 1349 (1957).
[3] SCHRAMM, M., V. KLYBAS and E. RACKER: J. biol. Ch. **233**, 1283 (1958).
[4] HURWITZ, J.: Biochim. biophys. Acta **28**, 599 (1958).
[5] HOLZER, H., u. W. SCHRÖTER: Biochim. biophys. Acta **65**, 271 (1962).
[6] HEATH, E. C., J. HURWITZ, B. L. HORECKER and A. GINSBURG: J. biol. Ch. **231**, 1009 (1958).
[7] HEATH, E. D., J. HURWITZ and B. L. HORECKER: Am. Soc. **78**, 5449 (1956).

Gereinigte PKL aus *Lactobacillus plantarum*[1]: $K_M = 1{,}9 \times 10^{-4}$ M/l für Pentosephosphate (in Gegenwart von PRI und PKPE). $K_M = 8{,}3 \times 10^{-4}$ M/l für Xu-5-P. $K_M = 1{,}3 \times 10^{-3}$ M/l für F-6-P. $K_M = 3{,}1 \times 10^{-3}$ M/l für Hydroxypyruvat.

Gereinigte PKL aus *Acetobacter xylinum*[2]: $K_M = 2{,}5 \times 10^{-3}$ M/l für F-6-P bei p_H 5,7 in Gegenwart von $P_i = 10^{-2}$ m.

Mn^{++} hemmt die PKL oberhalb einer Konzentration von 10^{-3} m[3]. p-Chlormercuribenzoat hemmt in einer Konzentration von 10^{-4} m die Enzymaktivität zu 80 %; offenbar sind freie SH-Gruppen zur Enzymwirkung erforderlich. Chelatbildner sind ohne Effekt[2]. Weiter hemmen: Hydroxylamin (2×10^{-2} m zu 65 %), Natriumpyrophosphat (1×10^{-2} m zu 64 %), Ammoniumsulfat (1×10^{-1} m zu 42 %)[2]. Die alterungsbedingte Aktivitätsminderung des Enzyms kann mit SH-Verbindungen rückgängig gemacht werden[4].

Für die Aktivität der PKL sind TPP, Mg^{++} und anorganisches Phosphat erforderlich. Während sich durch Adsorption an Kohle TPP nicht vom Enzym abtrennen läßt[2], kann durch Dialyse gegen EDTA (besonders im alkalischen Milieu) das Enzym von TPP befreit werden[1,2,5]. Durch Zugabe der Cofaktoren erfolgt partielle Reaktivierung[1,2,5]. Die MICHAELIS-MENTEN-Konstante des Enzyms mit TPP wird mit $K_M = 2{,}1 \times 10^{-6}$ M/l[3] bzw. mit $K_M = 2 \times 10^{-5}$ M/l[1] angegeben. Die Aktivierung des Enzyms durch Mg^{++} ist selten höher als 2—3fach. Ähnliche Werte erzielt man mit Mn^{++} und Ca^{++}, wobei Mn^{++} oberhalb einer Konzentration von 10^{-3} m hemmt[6]. Anorganisches Phosphat ist schon bei sehr niedrigen Konzentrationen wirksam. Die MICHAELIS-MENTEN-Konstante für anorganisches Phosphat wird mit $K_M = 8{,}7 \times 10^{-4}$ M/l bei p_H 5,7 und mit F-6-P als Substrat (10^{-2} m) angegeben[2]. Auch Arsenat ist wirksam ($K_M \approx 2{,}6 \times 10^{-3}$ M/l)[3]. Ersetzt man anorganisches Phosphat durch Arsenat, so bildet sich Acetat anstatt Acetylphosphat[2]. ^{32}P hat dieselbe Aktivität wie anorganisches Phosphat[3].

Der Wirkungsmechanismus von TPP bei der TK- und PKL-Reaktion ist in neueren Untersuchungen weitgehend aufgeklärt worden. BRESLOW[7-9] hatte in Modellreaktionen das C_2-Atom des Thiazolringes von TPP als Carbanion erkannt, dessen Reaktivität derjenigen des Cyanidions ähnelt. Diese Befunde konnten bestätigt werden[10-13]. Als Zwischenprodukte der PKL-Reaktion wurden gefordert: TPP-aktivierte Substrate[4], TPP-aktiver Glykolaldehyd[1-6], 2-(1-Hydroxyvinyl)-TPP und 2-Acetyl-TPP[1,9,10]. Diese Zwischenprodukte konnten bis auf 2-Acetyl-TPP, das als energiereiche Verbindung durch Phosphorolyse Acetylphosphat liefert[9,10], identifiziert werden[1,2,4].

GOLDBERG und RACKER[4] geben für die Reaktionen der PKL folgendes Schema an:

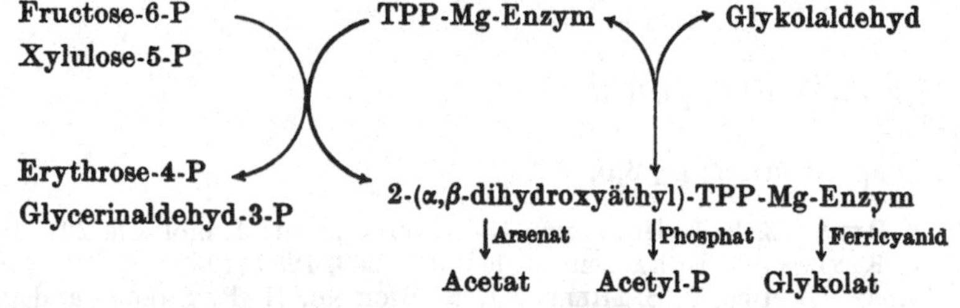

[1] HOLZER, H., u. W. SCHRÖTER: Biochim. biophys. Acta **65**, 271 (1962).
[2] SCHRAMM, M., V. KLYBAS and E. RACKER: J. biol. Ch. **233**, 1283 (1958).
[3] HEATH, E. C., J. HURWITZ, B. L. HORECKER and A. GINSBURG: J. biol. Ch. **231**, 1009 (1958).
[4] GOLDBERG, M. L., and E. RACKER: J. biol. Ch. **237**, 3841 (1962).
[5] SCHRAMM, M., and E. RACKER: Nature **179**, 1349 (1957).
[6] HEATH, E. C., J. HURWITZ and B. L. HORECKER: Am. Soc. **78**, 5449 (1956).
[7] BRESLOW, R.: Am. Soc. **80**, 3719 (1958).
[8] BRESLOW, R.: J. cellul. comp. Physiol. **54**, Suppl. 1, 100 (1959).
[9] BRESLOW, R., and E. MCNELIS: Am. Soc. **82**, 2394 (1960).
[10] WHITE, F. G., and L. L. INGRAHAM: Am. Soc. **82**, 4114 (1960).
[11] KRAMPITZ, L. O., G. GREULL, C. S. MILLER, J. B. BICKING, H. R. SHEGGS and J. M. SPRAGUE: Am. Soc. **80**, 5893 (1958).
[12] KRAMPITZ, L. O., G. GREULL and I. SUZUKI: Fed. Proc. **18**, 266 (1959).
[13] HOLZER, H.: Angew. Chem. **73**, 721 (1961).

Eine Umkehr der Reaktionen, d.h. die Bildung von Xu-5-P aus Acetyl-P und Ga-3-P wird nicht erreicht[1,2]. Das Enzym katalysiert auch nicht die Austauschreaktion zwischen Acetyl-P und anorganischem Phosphat, ebensowenig die Arsenolyse von Acetyl-P[1].

Messung der Enzymaktivität. Bei der Wirkung der PKL entstehen äquimolare Mengen Acetyl-P und Ga-3-P bzw. E-4-P. Die quantitative Analyse von Ga-3-P kann enzymatisch mit Hilfe von Triosephosphatisomerase und α-Glycerophosphatdehydrogenase mit DPNH als Meßgröße erfolgen[3-5].

Die Bestimmung von E-4-P kann entweder enzymatisch im zusammengesetzten optischen Test mit Transaldolase, Triosephosphatisomerase und α-Glycerophosphatdehydrogenase durchgeführt werden[6] oder colorimetrisch nach Dische und Dische mit konzentrierter Schwefelsäure und Cystein[7].

Für die Bestimmung von Acetyl-P stehen mehrere Methoden zur Verfügung:

1. Die Bestimmung mit Hydroxylamin und Ferrichlorid nach Lipmann und Tuttle[8].
2. Die Bestimmung mit Transacetylase, Coenzym A und ‚condensing enzyme' nach Cooper et al.[9].
3. Die Bestimmung mit Acetokinase und ADP im zusammengesetzten optischen Test in Gegenwart von Glucose, Hexokinase und G-6-P-Dehydrogenase[10].
4. Die Bestimmung durch Übertragung des Phosphatrestes auf p-Nitroanilin mit Hilfe von Transacetylase[11].
5. Die Bestimmung von Acetat nach Hydrolyse von Acetyl-P nach Rose et al.[12].

Eine weitere Methode zur Aktivitätsmessung hat sich aus der Beobachtung ergeben, daß Ferricyanid durch Vermittlung von Enzymen den „aktiven Glykolaldehyd" [2-(α,β-Dihydroxyäthyl)-TPP] zu Glykolyl-TPP oxydiert, das seinerseits zu Glykolsäure und TPP hydrolysiert wird[13]. Dabei werden je Mol Glykolat 2 M Ferricyanid reduziert. Die Reduktion von Ferricyanid läßt sich spektralphotometrisch bei 405 mμ verfolgen. Die PKL-Aktivität wird allerdings bei höherer Ferricyanid-Konzentration (über 6—8 $\times 10^{-4}$m) gehemmt. Bei dieser Aktivitätsmessung muß eine Verunreinigung durch Transketolase ausgeschlossen werden[13].

Aktivitätsmessung der Phosphoketolase nach Racker[14].

Prinzip:

Das Prinzip beruht auf der Messung von Acetyl-P, das als Carbonsäureanhydrid mit Hydroxylamin Acethydroxamsäure bildet; diese bildet in stark saurer Lösung mit Ferrichlorid einen roten Komplex, der photometrisch zwischen 480—540 mμ gemessen werden kann.

Reagentien:

1. 0,15 m Histidin-Puffer, p_H 6,0.
2. 0,12 m F-6-P.
3. 0,12 m Phosphatpuffer, p_H 6,0.

[1] Heath, E. C., J. Hurwitz, B. L. Horecker and A. Ginsburg: J. biol. Ch. **231**, 1009 (1958).
[2] Schramm, M., V. Klybas and E. Racker: J. biol. Ch. **233**, 1283 (1958).
[3] Krampitz, L. O., G. Greull, C. S. Miller, J. B. Bicking, H. R. Sheggs and J. M. Sprague: Am. Soc. **80**, 5893 (1958).
[4] Slater, E. C.: Biochem. J. **53**, 157 (1953).
[5] Bücher, T., u. H. J. Hohorst; in: Bergmeyer H. U. (Hrsg.): Methoden der enzymatischen Analyse. S. 246. Weinheim 1962.
[6] Stern, J. R., B. Shapiro, E. R. Stadtman and S. Ochoa: J. biol. Ch. **193**, 703 (1951).
[7] Dische, Z., and M. R. Dische: Biochim. biophys. Acta **27**, 184 (1958).
[8] Lipmann, F., and L. C. Tuttle: J. biol. Ch. **159**, 21 (1945).
[9] Cooper, J., P. A. Srere, M. Tabachnick and E. Racker: Arch. Biochem. **74**, 306 (1958).
[10] Kornberg, A.: J. biol. Ch. **182**, 805 (1950).
[11] Tabor, H., A. H. Mehler and E. R. Stadtman: J. biol. Ch. **204**, 127 (1953).
[12] Rose, I. A., M. Grunberg-Manago, S. R. Korey and S. Ochoa: J. biol. Ch. **211**, 737 (1958).
[13] Holzer, H., and W. Schröter: Biochim. biophys. Acta **65**, 271 (1962).
[14] Racker, E.: Colowick-Kaplan, Meth. Enzymol., Bd. V, S. 276.

4. 0,06 m Monojodacetat (Natriumsalz).
5. 0,2 m NaF.
6. $FeCl_3 \cdot 6\ H_2O$, 5 %ig in 0,1 n HCl.
7. 4 n HCl.
8. Trichloressigsäure, 50 %ig.
9. 2 m Hydroxylamin. Eine 28 %ige Lösung von Hydroxylaminhydrochlorid (4 m) wird mit 3,5 n NaOH auf p_H 5,4 eingestellt und dann mit Aqua dest. auf eine EK von 2 m gebracht.

Ausführung:

In ein 12 ml fassendes Zentrifugenröhrchen gibt man: 0,2 ml Histidinpuffer, 0,05 ml F-6-P-Lösung, 0,05 ml Phosphatpuffer, 0,05 ml NaF-Lösung, 0,05 ml Monojodacetat und 0,1 ml Enzymlösung.

Der Ansatz wird 30 min bei 30° C inkubiert. Danach wird die Reaktion durch Zugabe von 0,5 ml Hydroxylaminlösung unterbrochen. Nach 10 min ist Acetyl-P in Hydroxamsäure überführt. Man versetzt mit 1 ml eines Gemisches aus 1 ml Trichloressigsäure, 3,5 ml Ferrichlorid, 3,5 ml Salzsäure und 2,5 ml Aqua dest., zentrifugiert und mißt die Extinktion bei 540 mμ.

Bemerkungen. Da Acetyl-P unbeständig ist, empfiehlt es sich, die Enteiweißung stets nach der Zugabe von Hydroxylamin vorzunehmen. Die Acethydroxamsäure ist stabil. Die Farbe kann nach 5—30 min gemessen werden; bei längerem Stehen nimmt die Extinktion ab. Neben Acetyl-P können auch andere Carbonsäureanhydride reagieren (Propionyl- und Butyrylphosphat). Der Nachweis wird durch Fluorid gestört ($>8\ \mu$M je 2 ml Ansatz). Es empfiehlt sich, bei jeder Bestimmungsserie einen Acetyl-P-Standard (oder Propionyl-P-Standard) mitlaufen zu lassen.

In vielen Bakterien- und Gewebsextrakten wird Acetyl-P weiter abgebaut. Daher ist es in diesen Fällen günstiger, nach völliger Säurehydrolyse von Acetyl-P ($t^1/_2 = 11$ min bei 40° C in 0,5 n HCl) Acetat nach der Methode von ROSE et al.[1] zu bestimmen:

Prinzip:

Acetat wird enzymatisch zu Acetyl-P phosphoryliert[1]. Das entstandene Acetyl-P wird seinerseits nach der Methode von LIPMANN und TUTTLE[2] quantitativ bestimmt.

Ansatz:

50 μM Trispuffer, p_H 7,4.
10 μM $MgCl_2$.
10 μM ATP.
750 μM Hydroxylamin.
6—12 E Acetokinase und Extrakt, auf p_H 7,4 eingestellt, sowie Aqua dest. ad 1,0 ml.

Der Ansatz wird 1 Std bei 30° C inkubiert. Danach wird mit 10 %iger Trichloressigsäure enteiweißt und die Hydroxamsäure nach LIPMANN und TUTTLE[2] bestimmt. Die Methode ist sehr spezifisch und reicht zur Bestimmung von Acetat zwischen 0,5 und 2,5 μM. Acetokinase kann aus *Escherichia coli* präpariert werden (vgl. Bd. VI/B, S. 535/36).

Verwendung der PKL. Die PKL kann bei einem Überschuß an anorganischem Phosphat zur quantitativen Bestimmung von Xu-5-P verwendet werden.

[1] ROSE, I. A., M. GRUNBERG-MANAGO, S. R. KOREY and S. OCHOA: J. biol. Ch. **211**, 737 (1951).
[2] LIPMANN, F., and L. C. TUTTLE: J. biol. Ch. **159**, 21 (1945).

4.1.3.2 L-Malat-Glyoxylat-Lyase (CoA-acetylierend) s. Bd. VI/B, S. 85

4.1.3.3 N-Acetylneuraminat-Pyruvat-Lyase s. Bd. VI/B, S. 1259

4.1.3.4 3-Hydroxy-3-methylglutaryl-CoA-Acetoacetat-Lyase s. Bd. VI/B, S. 146

4.1.3.5 **3-Hydroxy-3-methylglutaryl-CoA-Acetoacetyl-CoA-Lyase (CoA-acety-lierend** s. Bd. VI/B, S. 142

4.1.3.7 **Citrat-Oxalacetat-Lyase (CoA-acetylierend)** s. Bd. VI/B, S. 79

Kohlensäureanhydratase.

[4.2.1.1 Carbonat-Hydrolyase.]

(Kohlensäureanhydrase, Carbonatanhydratase, Carbonic anhydrase.)

Von

Gerhard Bratfisch und Heinz Gibian*.

Mit 5 Abbildungen.

Einführung[1]. Die Kohlensäureanhydratase** ist ein Enzym, das an der Grenze zwischen anorganischem und organischem Stoffbereich entscheidende Hilfestellung für den normalen Ablauf physiologischer Vorgänge gibt. Das Enzym katalysiert die CO_2-Hydratation und die H_2CO_3-Dehydratation.

Bei 0° C und 760 mm Hg löst 1 Vol. Wasser 2 Vol. CO_2. Hiervon ist größenordnungsmäßig nur $^1/_{1000}$ zu Kohlensäure hydratisiert, der Rest physikalisch gelöst.

$$CO_2 + H_2O \underset{\text{langsam}}{\overset{\text{I}}{\rightleftharpoons}} H_2CO_3 \underset{\text{schnell}}{\overset{\text{II}}{\rightleftharpoons}} H^+ + HCO_3^-.$$

Das Gleichgewicht liegt also weit auf der linken Seite. Trotz schneller und weitgehender elektrolytischer Dissoziation nach II ist die Kohlensäure daher *scheinbar* eine schwache Säure.

Verschiedene Anionen katalysieren die Reaktion I erheblich, z.B. HPO_4^{--}, $H_2BO_3^-$, SeO_3^{--}, TeO_4^{--}, AsO_3^{---} bzw. AsO_2^{--}, OBr^-, OCl^-, ferner Cl_2 und Br_2, cyclische N-Basen wie Imidazol, Dimethylimidazol und Nicotin. Bei reaktionskinetischen Messungen in Pufferlösungen müssen daher diese Einflüsse durch geeignete Korrekturfaktoren oder Extrapolation auf die Salzkonzentration Null eliminiert werden[2].

Die katalytische Wirkung der Kohlensäureanhydratase übersteigt die Wirkungen der genannten Anionen und Moleküle, auf gleiches Gewicht umgerechnet, um das mehr als 1000fache.

Eine Reaktion nach $CO_2 + OH^- \rightleftharpoons HCO_3^-$ wird nicht von der Kohlensäureanhydratase beeinflußt.

Mit aliphatischen N-Basen setzt sich CO_2 zu Carbamaten um:

$$CO_2 + RNH_2 \rightleftharpoons R(NH)COOH \rightleftharpoons R(NH)COO^- + H^+.$$

* Schering AG., Berlin.

** Anmerkung: Zur Nomenklatur der Enzyme schlägt Hoffmann-Ostenhof (Enzymologie, S. 109 u. 653, Wien 1954) vor, das Wort „Säure" bei der Bildung von Enzymnamen auszulassen und dafür eine vom Namen des entsprechenden Salzes abgeleitete Bezeichnung zu verwenden: „Carbonatanhydratase". Wir haben bewußt für das besprochene Enzym den Namen Kohlensäureanhydratase belassen, da ja gerade die Dehydratation der undissoziierten Kohlensäure und nicht eine Umsetzung des Carbonat-Ions katalysiert wird!! — „Anhydrase" sollte keinesfalls gebraucht werden, wegen der Verwechslungsmöglichkeit mit einer wasserstoffabspaltenden Dehydrogenase!

[1] Gibian, H.: Angew. Chem. **66**, 249 (1954). — Goor, H. van: Enzymologia **13**, 73 (1948). — Roughton, F. J. W., and A. M. Clark; in: Sumner-Myrbäck Bd. I/2, 1250.

[2] Roughton, F. J. W., and V. H. Booth: Biochem. J. **32**, 2049 (1938).

Auch hierauf wirkt Kohlensäureanhydratase nicht ein.

Vorkommen. Die Kohlensäureanhydratase ist im Tierreich weit verbreitet. Ein ähnliches Enzym wird auch im Pflanzenreich gefunden[1].

Mensch und höhere Tiere. Die Verteilung der Kohlensäureanhydratase beim Menschen und bei höheren Tieren entspricht der physiologischen Funktion[2]: Die höchste Kohlensäureanhydratase-Konzentration findet sich in den roten Blutkörperchen[3]; sie ermöglicht hier einen schnellen Abtransport des bei der Zellatmung gebildeten molekularen CO_2 vom Ort der Bildung zur Lunge.

Der Gehalt des Blutes an Kohlensäureanhydratase ist bei Frauen geringer als bei Männern, bei Jugendlichen geringer als bei Erwachsenen. bei Neugeborenen beträgt er nur etwa die Hälfte, bei Frühgeburten ein Viertel der Erwachsenen-Norm[4, 5].

Tabelle 1. *Relative Kohlensäureanhydratase-Aktivität des Blutes von Mensch und verschiedenen Tierarten*[5].

Mensch . .	1,0	Schwein .	1,8	Rind . .	2,3	Wal . . .	2,8
Pferd . . .	1,3	Kaninchen	2,1	Ziege . .	2,6	Ratte . .	3,4

Im Plasma der höheren Tierarten kommt nie Kohlensäureanhydratase vor, wenn sie nicht durch Zerfall der Erythrocyten freigesetzt wurde. Auch andere Körperflüssigkeiten wie Harn, Galle, Lymphe, Milch usw. enthalten keine Kohlensäureanhydratase[6]; nur im Speichel können geringe Enzymaktivitäten auftreten.

Im allgemeinen spielt die Kohlensäureanhydratase eine wichtige Rolle zur Aufrechterhaltung des Säure-Basen-Gleichgewichts im Körper, z.B. besonders bei der Säureproduktion im Magen und bei Rückresorptionsvorgängen in der Niere. So enthalten viele Organe Kohlensäureanhydratase in verschiedener Konzentration, z.B. *Ohrspeicheldrüse*[7], *Magenwand*[8], *Pankreas*[9] (Jedoch nicht bei Fischen! Für das Fehlen im Pankreas mag das Auftreten des Enzyms in einigen Abschnitten des Darmtraktes bei verschiedenen Fischen Ersatz sein.), *Niere*[10] (Das Ausmaß des Kohlensäureanhydratase-Vorkommens ist verschieden je nach Tierart, besonders wenig anscheinend bei der Ratte, viel beim Frosch. Die Lokalisation innerhalb der Niere [Rinde, Mark] scheint bisher nicht

[1] Day, R., and J. Franklin: Science, N.Y. **104**, 363 (1946). — Lucas, E. H.: Diss., Univ. Ann Arbor (Mich./USA.) S. 1—105 (1952).

[2] Gibian, H.: Angew. Chem. **66**, 249 (1954). — Goor, H. van: Enzymologia **13**, 73 (1948). — Roughton, F. J. W., and A. M. Clark; in: Sumner-Myrbäck Bd. I/2, 1250. — Davis, R. P.; in: Boyer-Lardy-Myrbäck Bd. V, S. 545.

[3] Roughton, F. J. W.: Harvey Lectures (1941/42) **39**, 96 (1943). — Keilin, D., and T. Mann: Nature **148**, 493 (1941). — Smirnow, A. A.: Biochimija, Moskva **18**, 1 (1953) [Chem. Abstr. **47**, 8211. C. **1953**, 6904].

[4] Altschule, M. D., and C. A. Smith: Pediatrics **6**, 717 (1950) [Chem. Abstr. **46**, 8736[a]]. — Berfenstam, R.: Acta paediat., Uppsala, Suppl. **77**, 124—125 (1949 [Chem. Abstr. **44**, 9535[g]]; **87**, 1 (1952). — Jones, P. E. H., and R. A. McCance: Biochem. J. **45**, 464 (1949). — Lawrence, W. J.: Med. J. Australia **34**, 587 (1947) [Chem. Abstr. **43**, 3508[g]].

[5] Goor, H. van: Enzymologia **13**, 73 (1948).

[6] Robertson, K., and J. K. W. Ferguson: Amer. J. Physiol. **116**, 130 (1936).

[7] Goor, H. van, u. J. C. E. Bruens: Acta brev. neerl. Physiol. **15**, 65 (1947) [Chem. Abstr. **48**, 10088[b]].

[8] Clinton, E.: Gastroenterology **28**, 519 (1955) [Chem. Abstr. **50**, 2839[b]]. — Davies, R. E.: Biochem. J. **42**, 609 (1948). — Davies, R. E., and J. Edelman: Biochem. J. **50**, 190 (1951). — Janowitz, H. D., u. M. Halpern: Trans. N.Y. Acad. Sci. **15**, 54 (1952).

[9] Dreiling, D. A., u. H. D. Janowitz u. M. Halpern: Gastroenterology **29**, 262 (1955) [Chem. Abstr. 50, 2841[b]]. — Birnbaum, D., and F. Hollander: Proc. Soc. exp. Biol Med. **81**, 23 (1952). — Hollander, F., and D. Birnbaum: Trans. N.Y. Acad. Sci. **15**, 56 (1952).

[10] Durand, P., R. Bruni, E. Soraru, F. Cusmano u. B. de Marco: Helv. paediat. Acta **10**, 199 (1955) [Chem. Abstr. **50**, 2866[g]]. — Braun-Falco, O.: Acta histochem., Jena **2**, 39 (1955) [Chem. Abstr. **50**, 2718[f]]. — Reber, K.: Helv. med. Acta **22**, 184 (1955) [C. **1955**, 10564]. — Kinzelmeier, H., u. K. H. Kimbel: Kli. Wo. **1954**, 523. — Berliner, R. W., T. J. Kennedy and J. Orloff: Amer. J. Med. **11**, 274 (1951).

eindeutig geklärt zu sein.) und *Zentralnervensystem*[1]. Ein Vorkommen des Enzyms in *Leber*, *Milz* und *Muskeln* scheint noch nicht gesichert zu sein.

Bei verschiedenen Tierarten (besonders bei Augentieren wie Vögeln und bestimmten Knochenfischen) wurden in den *Augen*[2], vor allem in Netzhaut, Hornhaut und Linsen, größere Enzymmengen gefunden. Das Enzym fehlt in den Augen von blindgeborenen Tieren. Über den Bildungsort der Augen-Kohlensäureanhydratase herrscht noch Unsicherheit. Für gewisse Knochenfische soll das Enzym aus den sog. Pseudobranchien (zurückgebildete Kiementeile) stammen, da sie die Augen mit Blut versorgen. Weiterhin enthalten die *Schwimmblasen*[3] der Physoclisten (Knochenfische mit geschlossener Schwimmblase) und *Kiemen* (besonders von Knochenfischen) im Gegensatz zu den Lungen anderer Tiere größere Mengen an Kohlensäureanhydratase.

Schließlich konnte auch im *Eileiter* der Henne und im *Uterus* z.B. des Kaninchens etwas Kohlensäureanhydratase nachgewiesen werden[4]. Sowohl die Eischalenbildung als auch bei Ratten- und Mäusefeten die Knochenbildung können durch Kohlensäureanhydratasehemmer gestört werden, woraus auf ein Enzymvorkommen geschlossen werden könnte. Allerdings ist die Signifikanz dieser Versuche fraglich.

Tabelle 2. *Vorkommen von Kohlensäureanhydratase bei niederen Tieren nach* van Goor[5].

Species	Gewebe	Kohlensäure-anhydratase-gehalt
Anthozoen (Korallentiere, Blumentiere wie Seeanemonen)	Gesamtkörper Kiemen Körperflüssigkeit	++ +++ —
Hydrozoen (Nesseltiere)	Gesamtkörper	—
Echinodermen (Stachelhäuter)	Verdauungstrakt Körperflüssigkeit	+ —
Tunikaten (Manteltiere)	Gesamtkörper	—
Crustaceen (Krebstiere)	Gesamtkörper Kiemen Muskel Blut	++ +++ ++ —
Polychäten (Vielborster; Borstenwürmer; insbesondere der Borstenwurm Arenicola stellt den einzigartigen Fall dar, daß Farbstoff und Kohlensäureanhydratase extracellulär im Blutplasma vorkommen)	Blutplasma (!)	+++
Nemertinen (Schnurwürmer)	Gesamtkörper	+
Insekten	Gesamtkörper Blut	+ —
Mollusken[6] (Weichtiere, Schnecken)	Kiemen Blut	++ —

[1] Ashby, W.: Amer. J. Psychiat. **106**, 491 (1950) [Chem. Abstr. **44**, 4573[a]]. — Ashby, W.: J. nerv. ment. Dis. **114**, 391 (1951). — Ashby, W.: Amer. J. Physiol. **170**, 116 (1952). — Chenykaeva, E. Yu.: Fiziol. Ž. SSSR **40**, 70 (1954) [Chem. Abstr. **48**, 6534]. — Kreps, E. M.: Fiziol. Ž. SSSR **36**, 97 (1950) [Chem. Abstr. **44**, 7413[a]].

[2] Becker, B.: Amer. J. Ophthalmol. **37**, 13 (1954). — Herken, H.: Ärztl. Wschr. **1955**, 773.

[3] Leiner, M.: Naturwiss. **28**, 165 (1940). — Leiner, M.: Die Physiologie der Fischatmung. Leipzig 1938. — Maetz, J.: C. R. Soc. Biol. **147**, 204, 207, 291 (1953). — Skinazi, L.: C. R. Soc. Biol. **147**, 295 (1953).

[4] Lutwak-Mann, C., and H. Laser: Nature **173**, 268 (1954). — Lutwak-Mann, C.: J. Endocrinol. **11**, 11 (1954); **15**, 43 (1957).

[5] Goor, H. van: Enzymologia **13**, 73 (1948).

[6] Wilbur, K. M.: Biol. Bull. **98**, 19 (1950) [Chem. Abstr. **44**, 4593].

Tabelle 3. *Eigenschaften der Kohlensäureanhydratase aus Rinder-Erythrocyten.*

Molekulargewicht	30000 (Ultrazentrifuge)
Sedimentationskonstante[1]	$2{,}8\times10^{-13}$ (cm dyn^{-1} sec^{-1})
Diffusionskonstante[1]	9×10^{-7} (cm$^2\times$sec^{-1})
Zn-Gehalt[2]	0,33% für höchstgereinigte Präparate. Dies entspricht 2 Zn-Atomen/Mol. Die Abspaltung von Zn führt zu irreversibler Inaktivierung
Isoelektrischer Punkt	$p_H \sim 5{,}3$
Gesamt-N	15,9%
Polysaccharide, P- und SH-Gruppen	Sollen fehlen
Aminosäuren	Keine vollständige Analyse, Cystein 1,3%, Tyrosin 4,1%
Stabilität	*a) Trockenpräparate* sind praktisch unbegrenzt haltbar. *b) Lösungen* in Wasser sind je nach Konzentration, Reinheitsgrad und Temperatur weniger stabil: Schnelle Zerstörung des Enzyms tritt ein bei folgender Behandlung: 65°/30 min; p_H unter 3 und über 13. — Für etwa 30 min soll das Enzym in Pufferlösungen von p_H 4 oder 11 noch haltbar sein
Trennung in Apo- und Coenzym	Soll möglich sein durch Adsorption[3] an Ca-phosphat oder Dialyse, wobei ein thermostabiler Anteil (Coenzym) reversibel entfernt wird. Der zurückbleibende Teil ist thermolabil. Trennung auch durch irreversible Denaturierung[4] des Apoenzyms und Isolierung des „Coenzyms" als Ba-Komplex. Eindeutige Beweise fehlen aber noch
p_H-Optimum	Bemerkenswerterweise kein p_H-Optimum! Die biologische Aktivität des Enzyms steigt praktisch linear an von p_H 6—10. Bei höheren p_H-Werten tritt die katalytische Wirkung der OH^--Ionen bzw. die Nebenreaktion $CO_2+OH^-\rightarrow HCO_3^-$ in den Vordergrund
Temperaturkoeffizient	Q_{10} ist zwischen 0 und 35° C für die durch das Enzym katalysierte Reaktion 1,4; für die unkatalysierte Reaktion dagegen 2,9. Man mißt also bei höherer Temperatur *scheinbar* geringere Fermentaktivitäten
Enzymkonzentration	Die spezifische Aktivität der Kohlensäureanhydratase (pro Gewichtseinheit) ist von der angewandten Enzymkonzentration bei Benutzung verdünnter, nicht zu hoch gereinigter Präparate normalerweise nicht abhängig. Bei Verwendung von hochgereinigten Präparaten in höherer Verdünnung kann eine scheinbar geringere Aktivität gefunden werden, was auf Instabilität oder Adsorptionseffekten beruhen mag
Substratkonzentration:	
a) Michaelis-Konstante K_M (0° C)	$0{,}009\pm0{,}001$ m CO_2 (unabhängig vom p_H). Das heißt erst bei einer (praktisch nicht erreichbaren!) Konzentration von über 0,1 m würde die Reaktion annähernd substratunabhängig werden
b) Zerfallskonstante des Enzym-Substratkomplexes K_E (0° C und p_H 7,3)	Etwa $1{,}6\times10^6$ (p_H-abhängig, steigt linear an zwischen p_H 6,5 bis 10,0). Die Kohlensäureanhydratase gehört damit zu den wirksamsten bekannten Enzymen überhaupt. Experimentell wurde z.B. gefunden, daß unter den betreffenden Bedingungen pro Zn-Atom und sec etwa 45000 Moleküle CO_2 umgesetzt werden (Katalase setzt 100000, Peroxydase 54000 mol/sec/Fe um)
Einheit der Enzymwirksamkeit	Keine internationale Standardauswertungstechnik, damit keine Standard-Einheit. Gebräuchliche Einheiten: Meldrum-Roughton-Einheit, Keilin-Einheit, Schering-Einheit. (Näheres hierüber s. Abschnitt V über Bestimmungsmethoden)

Tabelle 3 (Fortsetzung).

	Nach eigenen vorsichtigen Schätzungen besitzt das reinste Enzympräparat bei einem Gehalt von 0,33 % Zn eine Aktivität von 900—1000 Schering-Einheiten. Nach eigenen Erfahrungen steht der gefundene Zn-Wert nicht immer in der richtigen Relation zur biologischen Aktivität, da doch bei der Darstellung des Fermentes ein größerer Teil als bisher angenommen partiell inaktiviert wird, offenbar ohne dabei seinen Zn-Gehalt einzubüßen. Um die Ergebnisse verschiedener Autoren miteinander vergleichen zu können, ist es zweckmäßig, die Angaben über die in der hämolysierten Blutkörperchenlösung gefundenen Aktivitäten zueinander in Beziehung zu setzen, da wohl deren absolute Größe in Grenzen als einigermaßen konstant angesehen werden kann. In Zukunft wäre es zweckmäßig, sich stets auf ein mitzutestendes, käufliches, standardisiertes Enzympräparat zu beziehen
Aktivatoren (Stabilisatoren)	Nach älteren Angaben sollen thermostabile Plasmabestandteile, Gewebsextrakte, niedere Proteine wie Protamin, Edestin, Gelatine, Pepton, aber auch verschiedene Aminosäuren und Stickstoffverbindungen aktivieren. Diese Befunde werden aber für fragwürdig gehalten[5, 6], da es sich hierbei wahrscheinlich um Stabilisierungen handelt, die besonders an höher gereinigten und stärker verdünnten Präparaten wirksam werden
Inhibitoren Anionen	Als Inhibitoren wirken verschiedene Gruppen von Reagentien: Cl^-, Br^-, J^-, NO_3^-, $RCOO^-$, CO_3^{--}, ClO_3^-, BrO_3^-, HPO_4^{--}, $H_2BO_3^-$. Hemmung tritt erst bei relativ starker Konzentration auf: 50 %ige Hemmung im Bereich von 10^{-1} bis 10^{-2} molar. Für Cl^- ist eine p_H-Abhängigkeit gefunden worden; so ist über p_H 8,2 keine Hemmung mehr feststellbar. $PtCl_6^{--}$ und Pyrophosphat sind unwirksam. *Hemmung bei der Auswertung berücksichtigen*!
Schwermetallgifte	Sulfide, Cyanide und Azide bewirken 50 %ige Hemmung im Konzentrationsbereich von 10^{-4} bis 10^{-5} molar. Hemmung wahrscheinlich durch Verbindung mit dem aktiven Metallzentrum.
Kationen	Cu, Ag, Au, Hg, Zn (!) und Vd bewirken 50 %ige Hemmung im Konzentrationsbereich von 10^{-3} bis 10^{-4} molar Hemmung erfolgt vielleicht durch Proteinausfällung. In gleicher Konzentration hemmen *nicht:* Cd, Ce, Al, Ti, Pb, Cr, Mn, Fe, Co, Ni, auch nicht die Kationen der Alkalien und Erdalkalien
Oxydierende Agentien	J_2 und $KMnO_4$ hemmen in Konzentrationen von 10^{-4} bis 10^{-5} molar, wieder aufhebbar z.B. durch Ascorbinsäure. — Perjodat, Perchlorat wirken erst in höheren Konzentrationen. Unklar ist die Wirkungsweise von Thiocyanat[7], von DDT[8] und anderen krampferzeugenden Pharmaka (krampfhemmende Stoffe sollen aktivieren[9]). Die Ergebnisse mit CO sind widersprechend. Durch Belichtung soll die Hemmung wieder aufgehoben werden. Andere Gase wie O_2, H_2, N_2 sind ohne Wirkung
Natürliche Inhibitoren	Sind im Plasma bzw. Serum verschiedener Tierarten enthalten. Wirkungsweise und Bedeutung dieser thermolabilen pseudoglobulinähnlichen Proteine sind unklar
Inhibitoren aus den Klassen der Benzol-[10] und heterocyclischen Sulfonamide[11, 12]	Die große Bedeutung dieses Inhibitortyps liegt in der spezifischen und starken Wirkung auf die Kohlensäureanhydratase. Eine ähnliche Wirkung ist sonst nur noch gegen Phosphatasen bekannt. Einfachster Vertreter dieser Gruppe ist das *Sulfanilamid.* Bei den heterocyclischen Sulfonamiden handelt es sich um Derivate des Imidazols, Triazols, Thiodiazols, Tetrazols, Pyrimidins, Pyrazins oder Benzothiazols (wobei hier der $—SO_2NH_2$-Rest im heterocyclischen Seitenring steht). Als Voraussetzung der Wirksamkeit dieser Substanzen gilt, daß die Sulfonamidgruppierung $—SO_2NH_2$ nicht substituiert sein darf.

Tabelle 3 (Fortsetzung).

	Als klinisch gebrauchter Inhibitor (Diureticum) ist im Handel erhältlich „*Diamox*“ (2-Acetylamino-1,3,4-thiodiazol-5-sulfonamid; Firmen Lederle und Chemie Grünenthal). Als weiteres Beispiel sehr wirksamer Kohlensäureanhydratasehemmer dieser Klasse wurden die Benzo-thiodiazindioxyde erkannt.

N—N, C, C, CH_3CONH, S, SO_2NH_2 — Diamox

N, C·R, NH, H_2NO_2S, SO_2 — R = Formyl bis Hexanoyl — Benzo-thiodiazindioxyde

Die Wirksamkeit dieser Substanzen liegt in vitro in der Größenordnung von 10^{-6} bis 10^{-7} m und ist abhängig von der Temperatur, Enzymkonzentration, Inkubationszeit und Anwesenheit anderer Proteine

Literatur zu Tabelle 3.

[1] PETERMANN, M. L., and N. V. HAKALA: J. biol. Ch. **145**, 701 (1942).

[2] KELLER, H., P. GOTTWALD and N. WENDLING: Biochem. biophys. Res. Com. **3**, 24 (1960).

[3] GOOR, H. VAN: Onderz. physiol. Lab. Utrecht, Ser. 8, **3**, 80 (1943). Recu. Trav. chim. Pays-Bas **64**, 5 (1944) [Angew. Chem. **66**, 249 (1954)]. — LEINER, M.: Naturwiss. **28**, 316 (1940). — LEINER, M., u. G. LEINER: Biol. Zbl. **60**, 449 (1940).

[4] KELLER, H.: DBP. Nr. 936205 Kl. 6a Gr. 2207.

[5] GIBIAN, H.: Angew. Chem. **66**. 249 (1954). — GOOR, H. VAN: Enzymologia **13**, 73 (1948). — ROUGHTON, F. J. W., and A. M. CLARK; in: Sumner-Myrbäck Bd. I/2, 1250.

[6] CLARK, A. M., et D. D. PERRIN: Bull. Soc. Chim. biol. **33**, 337 (1951) [C. **1952 I**, 1668]. — CLARK, A. M.: Biochem. J. **48**, 495 (1951). — LEINER, M.: Naturwiss. **44**, 182 (1957). — ROUGHTON, F. J. W.: Harvey Lectures (1941/42) **39**, 96 (1943).

[7] HOVE, E., u. C. A. ELVEHJEM and E. B. BART: J. biol. Ch. **136**, 425 (1940).

[8] KELLER, H.: Naturwiss. **39**, 109 (1952). — KELLER, H.: Z. Vit., Horm.- u. Ferm.-Forsch. **2**, 297 (1958).

[9] TORDA, C., and H. G. WOLFF: J. Pharmacol. exp. Therap. **95**, 444 (1949).

[10] KEILIN, D., and T. MANN: Nature **146**, 164 (1940). — KREBS, H. A.: Biochem. J. **43**, 525 (1948).

[11] BERLINER, R. W., and J. ORLOFF: Pharmacol. Rev. **8**, 137 (1956). — KELLER, H.: H. **299**, 85 (1955). — MAREN, T. H.: J. Pharmacol. exp. Therap. **117**, 385 (1956). — MAYER, E., B. C. WADSWORTH, V. I. ASH, E. M. BAILEY, E. K. YALE and L. G. ALONSO: Bull. Johns Hopkins Hospital **95**, 199, 244, 277 (1954. — MARTIN, G. J., CH. P. BALANT, S. ARAKAIN and J. M. BEILER: Arch. int. Pharmacodyn. **98**, 284 (1954) [Chem. Abstr. **49**, 1112[a]]. — MILLER, W. H., A. M. DESSERT and R. O. ROBLIN: Am. Soc. **72**, 4893 (1950). — ROBLIN, R. O., and J. W. CLAPP: Am. Soc. **72**, 4890 (1950). — VAUGHAN, J. R., and J. A. EICHLER: US. Pat. 2721204 (1955) 915809 Kl. 12p.

[12] NOVELLO, F. C., and J. M. SPRAGNE: Am. Soc. **79**, 2028—2029 (1957). — DATTA, P. K., and T. H. SHEPARD: Arch. Biochem. **79**, 136 (1959). — KORSMAN, J.: J. org. Chem. **23**, 1768 (1958).

Niedere Tiere. Die Bedeutung der Kohlensäureanhydratase im Blut niederer Tiere dürfte die gleiche wie bei den höheren Tieren sein; ähnliches gilt für das häufige Auftreten in den Kiemen und auch in gewissen Regionen des Verdauungstraktes.

Darstellung. Die leichtest zugängliche und ergiebigste Quelle zur Darstellung von Kohlensäureanhydratase sind die roten Blutkörperchen, z. B. des Rindes[1]. Es sind mehrere gereinigte Enzympräparate im Handel: „*Cartase*“ (Schering AG. Berlin-West); das Präparat ist standardisiert in Schering-Einheiten (200—300 E/mg). „*Carbonic anhydrase*“ (Nutritional Biochemicals Corp., Cleveland, Ohio, und Worthington Biochemicals Corp., Freehold, New Jersey); die Wirksamkeit dieses Präparates wird von der Herstellerfirma nur größenordnungsmäßig in Keilin-Einheiten angegeben (etwa 100 E/mg).

---

[1] GIBIAN, H.: Angew. Chem. **66**, 249 (1954). — GOOR, H. VAN: Enzymologia **13**, 73 (1948). — ROUGHTON. F. J. W., and A. M. CLARK; in: Sumner-Myrbäck Bd I/2, 1250. — LINDSKOG, J.: Biochim. biophys. Acta **39**, 218 (1960).

Eigenschaften. Die Kohlensäureanhydratase ist ein zinkhaltiges, relativ niedrig molekulares, elektrophoretisch einheitlich gewinnbares Protein. Über die Natur der Bindung des Zn, Vorliegen einer prosthetischen Gruppe oder die Aminosäurezusammensetzung bzw. Sequenz ist wenig bekannt.

Bestimmungsmethoden[1]. Die Bestimmung der Aktivität von Kohlensäureanhydratase Präparaten kann nach zweierlei Prinzipien erfolgen:

1. Verfolgung des CO_2-Verbrauchs oder der CO_2-Bildung (Teil I der Reaktionsgleichung [S. 632]).

2. Indirekte Verfolgung des CO_2-Umsatzes durch p_H-Messung (Benutzung des Teils II der Reaktionsgleichung als Indicator für den eigentlich katalysierten I. Teil!).

Allgemeine Bemerkung. Unabhängig von der Art der angewandten Meßmethode oder der Berechnungsweise der Einheiten ist es unerläßlich, die Aktivität eines Standard-Enzympräparates jeden Tag mitzubestimmen; nur so kann beurteilt werden, ob die an verschiedenen Tagen durchgeführten Untersuchungen überhaupt miteinander ohne Korrekturfaktor vergleichbar sind.

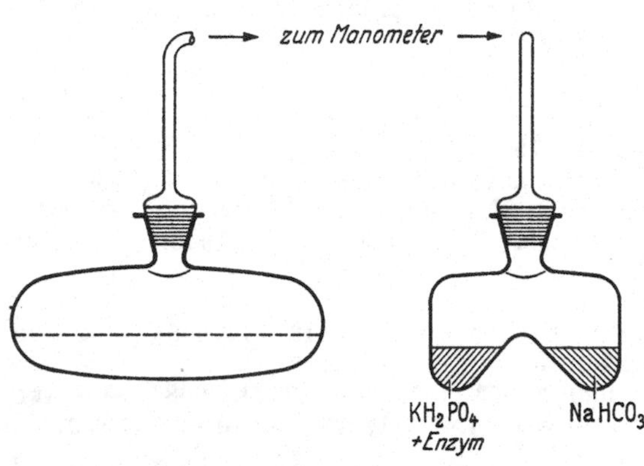

Abb. 1. Apparatur zur Bestimmung der Kohlensäureanhydratase nach ROUGHTON und BOOTH[3].

1. Methoden zur Verfolgung des CO_2-Verbrauchs oder der CO_2-Bildung.

Es kann manometrisch oder volumetrisch[2] gearbeitet werden. Hierzu wird ein Warburg-Apparat mit einem sog. Schiffchen („Boat"-Methode) oder mit üblichen Gefäßen benutzt.

***Bestimmung der Kohlensäureanhydratase nach* ROUGHTON *und* BOOTH**[3].

Prinzip:

Es wird manometrisch die CO_2-Entwicklung bei plötzlicher Mischung von Phosphatpuffer (mit/ohne Kohlensäureanhydratase) mit Hydrogencarbonatlösung bestimmt. Hierbei besitzt auch bereits die unkatalysierte Reaktion (ohne Enzym) eine merkliche Geschwindigkeit.

Reagentien:

1. Phosphatpuffer, hergestellt aus gleichen Volumina 0,1 m KH_2PO_4 und 0,1 m Na_2HPO_4.
2. Hydrogencarbonatlösung (0,2 m $NaHCO_3$ gelöst in 0,04 n NaOH).
3. Enzym gelöst in (1), geeignet verdünnt.

Ansatz:

2 ml (1) bzw. (3) + 2 ml (2) bei 15° C.

Apparatur:

Das Reaktionsgefäß besteht aus einem langhalsigen Glastrog in Schiffchenform (s. Abb. 1). Inhalt: 15—70 ml. Das Schiffchen wird vorsichtig in einen Thermostaten gebracht, an einem Halter befestigt und mit einem Manometer verbunden. Das Reaktionsgefäß wird während der Reaktion konstant geschüttelt, die Schüttelfrequenz beträgt etwa 300 pro min.

Ausführung der Bestimmung:

Die Reaktionslösungen (1) bzw. (3) und (2) werden sorgfältig getrennt voneinander in die Abteilungen des Reaktionsgefäßes pipettiert. Durch das Schütteln werden die

[1] HÄUSLER, G.: Histochem. **1**, 29 (1958). — MAREN, T.: J. Pharmacol. exp. Therap. **130**, 26 (1960). — OGAWA, Y.: Endocrinology **67**, 551 (1960). — RASHKOVAN, B. A.: Sborn. nauch. Rabot. Vitebsk. med. Inst. **8**, 119 (1957) [Chem. Abstr. **52**, 18610 (1958)].

[2] GOOR, H. VAN: Arch. int. Physiol. **45**, 491 (1937) [Angew. Chem. **66**, 249 (1954)].

[3] ROUGHTON, F. J. W., and V. H. BOOTH: Biochem. J. **40**, 309 (1946).

beiden Lösungen innerhalb von 2—3 sec vollständig gemischt und CO_2 wird stetig entwickelt. Laufende Manometerablesungen.

Berechnung:

Unter geeigneten Bedingungen ist die Reaktionsgeschwindigkeit während der ersten Minuten konstant. Zweckmäßigerweise benutzt man die während des zweiten Viertels der Gesamtreaktion ermittelte Reaktionsgeschwindigkeit zur Berechnung der Aktivität (s. Abb. 2).

$$\text{Wirksamkeit } x = \frac{R_x - R_0}{R_0} = \frac{t_0 - t_x}{t_x} \tag{1}$$

R = Reaktionsgeschwindigkeit = $1/t$; t = Reaktionszeit des zweiten Viertels der Gesamtreaktion. Index 0 für die unkatalysierte, Index x für die durch die Enzymmenge x katalysierte Reaktion.

Definition der Meldrum-Roughton-Einheit:

Eine Einheit ist die Enzymmenge, die unter den beschriebenen Bedingungen* eine Verdoppelung der Reaktionsgeschwindigkeit bewirkt, d.h. für die der obenstehende Ausdruck gleich 1 wird.

Methodische Bemerkungen. Für exakte reaktionskinetische Untersuchungen und absolute Aktivitätsbestimmungen müssen eine Reihe von Umständen beachtet bzw. Bedingungen erfüllt sein.

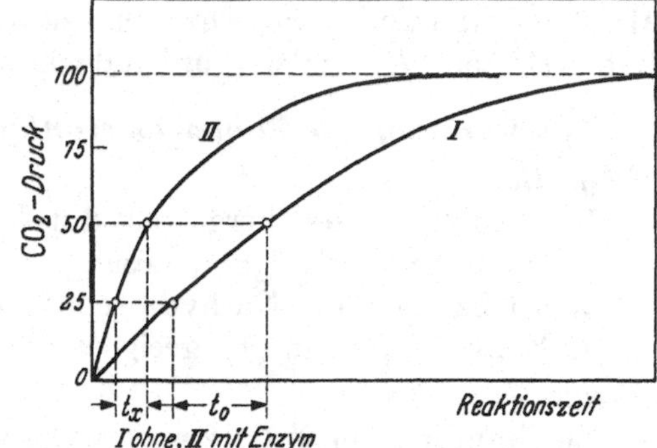

Abb. 2. Reaktionsverlauf ohne (I) und mit Enzym (II).

1. Die Diffusion des CO_2 als limitierender Effekt muß apparativ durch hohe und sehr konstante Schüttelgeschwindigkeit und ferner noch rechnerisch berücksichtigt werden. Bei einer Schüttelamplitude von etwa 7 cm ist die Schüttelfrequenz von etwa 300 pro min groß genug, daß das Manometer der CO_2-Entwicklung folgt. Es wird zweckmäßig mit Enzymmengen gearbeitet, die die unkatalysierte Reaktion etwa auf das Dreifache beschleunigen, um zwischen Wirkung und zugesetzter Enzymmenge im Versuchsbereich eine lineare Relation sicherzustellen.

2. Empfindlichkeit und Genauigkeit der Methode lassen sich fast verdoppeln, wenn bei vermindertem Druck, wie z.B. 0,2 Atmosphären gearbeitet wird.

3. Diese Methode ist geeignet zur Bestimmung der CO_2-Bildung im p_H-Bereich von 5,5—7,5 und des CO_2-Verbrauchs im p_H-Bereich von 6,5—10,0. Hier verwandte Puffer:

p_H 5,5—6,5: Kakodylsäure/Na-kakodylatpuffer
p_H 6,3—7,7: Sørensen-Phosphatpuffer
p_H 7,6—8,5: Barbitursäure/Na-barbituratpuffer
p_H 8,5—9,5: Dimethylglyoxalinpuffer/CO_2-freie NaOH

Es muß der hemmende Einfluß der Pufferionen beachtet werden, indem sie zur p_H-Konstanthaltung in minimal möglicher Konzentration verwandt werden; eventuell ist mittels Reihenversuchen auf die Pufferkonzentration 0 zu extrapolieren. Bei Pufferkonzentrationen unter 0,05 m kann die Hemmwirkung vernachlässigt werden.

4. Wegen der katalytischen Wirkung von HPO_4^{--}-Ionen schon auf den enzymfreien Reaktionsansatz ist es notwendig, immer mit der gleichen Standard-Phosphatkonzentration zu arbeiten.

* Anmerkung: In der ursprünglichen Arbeit[1] wurden bei Festlegung der Einheit etwas andere Konzentrationen der Reaktionslösungen verwandt: (1) 0,2 m Phosphatpuffer, hergestellt durch Mischen gleicher Volumina von 0,2 m Na_2HPO_4 und 0,2 m KH_2PO_4. (2) 0,2 m $NaHCO_3$ in 0,02 n NaOH gelöst. — Die Meldrum-Roughton-Einheit hat den Vorteil, daß 1 μl Rinderblut etwa 1 Einheit enthält.

[1] Meldrum, N. V., and F. J. W. Roughton: J. Physiol., London 80, 113 (1933).

5. Bei höher gereinigten Enzympräparaten ist während der Bestimmung der zunehmenden Inaktivierung des Enzyms durch Extrapolation auf die Zeit 0 Rechnung zu tragen.

6. Die katalysierte und die nicht katalysierte Reaktion besitzen verschiedene Temperaturquotienten! (vgl. Abschnitt IV.).

7. Vermeidung von störenden Verunreinigungen (wie z.B. Metallspuren).

Für gewisse Fälle lassen sich die recht komplizierten Formeln auf folgende abkürzen[1, 2]:

$$R = \frac{R_m \times R_x}{R_m - R_x} = \frac{1}{t_x - t_m}. \tag{2}$$

Hierbei bedeutet R die wahre, korrigierte Reaktionsgeschwindigkeit, der die Aktivität der eingesetzten Enzymmenge direkt proportional ist, der Index m bezieht sich auf einen Versuch mit maximaler Geschwindigkeit bei Zusatz eines Enzymüberschusses. Die anderen Bezeichnungen sind dieselben wie bei Gl. (1).

Eine andere, mit graphischer Auswertung arbeitende Methode benutzt die Formel:

$$K = \frac{1}{c}(K_c - K_0). \tag{3}$$

Hierbei bedeuten c die Enzymkonzentrationen, K_c die Geschwindigkeitskonstante der katalysierten, K_0 die der unkatalysierten Reaktion und K die Aktivität des Enzyms.

***Bestimmung der Kohlensäureanhydratase nach* Krebs *und* Roughton[3].**

Reagentien:

1. Phosphatpuffer, hergestellt durch Mischen von 300 ml 0,1 m Na_2HPO_4-Lösung mit 200 ml 0,1 m KH_2PO_4-Lösung.
2. 0,1 bzw. 0,05 m Na-hydrogencarbonatlösung.
3. Enzym gelöst in (1), geeignet verdünnt.

Ansatz:

Bestimmung bei 0° C: 2 ml (1), 0,2 ml (3) + 1 ml 0,1 m (2). Bestimmung bei 15 bis 40° C: 1 ml (1), 0,2 ml (3) + 1 ml 0,05 m (2).

Apparatur:

Warburg-Apparatur, Schüttelamplitude etwa 7 cm.

Berechnung:

Unter geeigneten Bedingungen ist der Reaktionsablauf in den ersten min konstant, so daß die Umsatzzunahme, d.h. die zusätzliche CO_2-Bildung direkt als Aktivitätsmaß genommen werden kann.

2. Methoden zur indirekten Verfolgung des CO_2-Umsatzes durch p_H-Messungen.

Prinzip: Bei Reaktion einer CO_2-Lösung mit einer Hydrogencarbonatlösung tritt eine p_H-Änderung in einer bestimmten Zeit ein; die p_H-Änderung wird entweder mittels eines Indicators angezeigt oder direkt mit einem Ionometer gemessen.

Reaktionskinetische Untersuchungen können mit den nachstehend beschriebenen Methoden natürlich nicht durchgeführt werden. Für vergleichende Aktivitätsbestimmungen (mit einem Standard-Enzympräparat!) der Praxis sind diese Methoden jedoch gut geeignet.

***Bestimmung der Kohlensäureanhydratase nach* Leiner[4].**

Reagentien:

1. 0,005 m CO_2-Lösung, hergestellt durch Zusatz von 5 ml 0,1 n HCl zu 5 ml einer 0,1 m $NaHCO_3$-Lösung in etwa 90 ml ausgekochtem bidestilliertem Wasser und Auffüllen auf 100 ml. Die Lösung muß unter Luftabschluß aufbewahrt werden.

[1] Roughton, F. J. W., and V. H. Booth: Biochem. J. **40**, 309 (1946).
[2] Mitchell, C. A., U. C. Pozzani and U. R. W. Fessenden: J. biol. Ch. **160**, 283 (1945).
[3] Krebs, H. A., and F. J. W. Rougton: Biochem. J. **43**, 550 (1948).
[4] Leiner, M.: Z. vgl. Physiol. **26**, 416 (1939) [Bamann-Myrbäck Bd. III, S. 2557].

2. 1000 ml einer 0,02 m $NaHCO_3$-Lösung werden mit 60 ml einer 0,02 m Na_2CO_3-Lösung und 40 mg Phenolrot versetzt. Aufbewahrung wie (1).
3. 0,015 m NaH_2PO_4-Lösung + 0,1 % Phenolrot.
4. 0,1 bzw. 0,05 m $NaHCO_3$-Lösung.
5. Enzym gelöst in Wasser.

Ansatz:

Hydratation: 1 ml (1) und 0,05 ml (5) bzw. Wasser oder (5) nach Hitzeinaktivierung + 1 ml (2) und 0,05 ml Wasser bei 0° C. Dehydratation (schlecht meßbar): 1 ml (3) und 0,05 ml (5) bzw. Wasser oder hitzeinaktiviertes (5) + 1 ml (4) und 0,05 ml Wasser bei 0° C.

Apparatur:

Reaktionsgefäß: BRINKMANsche Y-Röhrchen (s. Abb. 3).

Der untere Teil des Röhrchens enthält Hg (etwa 2 ml). Die beiden Schenkel enthalten die beiden Reaktionslösungen; sie sollen bis dicht unter die Glasstopfen gefüllt sein.

Ausführung:

Die Reaktionslösungen werden getrennt voneinander je in einen Schenkel des Y-Röhrchens pipettiert. Nach Verschließen der beiden Schenkel wird das Rohr 10 min in Eiswasser getaucht. Reaktion tritt ein durch Umdrehen des Rohres und anschließendes kräftiges Schütteln. Gestoppt wird die Zeit vom Vermischen der Reaktionslösungen bis zum Umschlag des Indicators. *Ohne* Anwesenheit eines Enzyms soll diese Zeit (t_0) etwa 120 sec sein. Die Enzymmenge ist so zu wählen, daß die Umschlagszeit (t_x) zwischen 10 und 40 sec liegt.

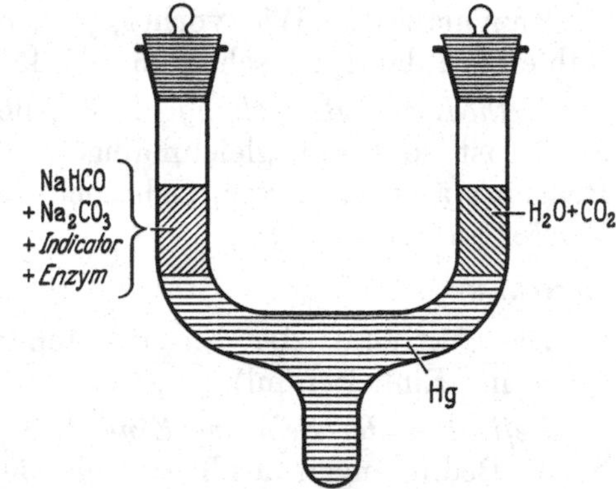

Abb. 3. Brinkmansches Y-Röhrchen.

Berechnung:

$$\text{Wirksamkeit } x = \frac{t_0 - t_x}{t_x}.$$

t_0 ist die Reaktionszeit bis zum Umschlag des Indicators *ohne* Enzym; t_x die Reaktionszeit mit Enzym.

Durch Multiplikation dieser Wirkungsangabe mit einem Faktor von 0,2 erhält man die Aktivität größenordnungsmäßig in Meldrum-Roughton-Einheiten.

***Schnellmethode zur Bestimmung der Kohlensäureanhydratase nach* GIBIAN *und* BRATFISCH** (in Anlehnung an die Bestimmungen nach LEINER[1] sowie PHILPOT und PHILPOT[2]).

Prinzip:

Es wird die Zeit bestimmt, die unter definierten Bedingungen bis zu einer bestimmten pH-Änderung einer Pufferlösung nach Zugabe von gasförmigem CO_2 verstreicht.

Reagentien:

1. Pufferlösung pH 9,2—9,4 aus 1,7 g $NaHCO_3$ sicc. DAB 6 und 2,8 ml n NaOH, aufgefüllt auf 1000 ml.
2. Phenolphthalein, 0,1 %ig in Äthanol.
3. CO_2 aus Bombe mit vorgelegter Waschflasche mit Wasser.
4. Enzymlösung, geeignet mit Wasser verdünnt.

Apparatur:

Wasserbad; Überlaufbürette verbunden mit Vorratsflasche für die Pufferlösung (1), versehen mit einem Natronkalkröhrchen; Reagensgläser mit Gummistopfen. — Ein Wasserbad wird mit Eis und Wasser so weit gefüllt, daß normale Reagensgläser bis

[1] LEINER, M.: Z. vgl. Physiol. **26**, 416 (1939) [Bamann-Myrbäck Bd. III, S. 2557].

[2] PHILPOT, F. J., and J. S. L. PHILPOT: Biochem. J. **30**, 2191 (1936) [Bamann-Myrbäck Bd. III, S. 2558].

höchstens 2 cm unter dem Rand darin stehen können. Die Temperatur des Eis/Wasserbades darf $+2^\circ$ C nicht übersteigen.

Aus der Bürette werden je 5 ml (1) in Reagensgläser abgefüllt, dazu drei Tropfen (2) gegeben, die Gläser mit einem Gummistopfen verschlossen und in das Eis/Wasserbad gestellt.

Die CO_2-Bombe wird an die mit destilliertem Wasser etwa auf $^1/_3$ Volumen gefüllte Waschflasche angeschlossen. Das Einleitungsröhrchen an der Waschflasche muß sehr fein ausgezogen sein. Der CO_2-Druck wird auf $\sim$1 Atm eingestellt; die in die Waschflasche einströmenden Gasbläschen werden mit einem Quetschhahn so reguliert, daß sie gut zu zählen sind.

Ausführung:

In ein vorgekühltes Reagensglas mit Pufferlösung (1) werden etwa 10—12 CO_2-Blasen eingeleitet (das Rohr darf hierbei nicht in die Flüssigkeit eintauchen!). Das Reagensglas wird danach sofort mit einem Gummistopfen verschlossen und gleichmäßig bis zur völligen Entfärbung der roten Reaktionslösung mit der Hand geschüttelt. Die Größe und Zahl der Gasblasen ist so einzurichten, daß t_1, die Zeit bis zur Entfärbung des Indicators, 90—120 sec beträgt. Benutzt wird der Mittelwert aus mehreren Bestimmungen.

Enzymansatz: Wie vorher, jedoch Zusatz von 0,1 ml (4), deren Verdünnung so zu wählen ist, daß t_2 zwischen 25 und 45 sec zu liegen kommt.

Methodische Bemerkungen. 1. Alle t_1- bzw. t_2-Werte sind mehrmals zu bestimmen. 2. Es ist sehr auf gleichmäßiges, nicht zu überhastetes Schütteln zu achten. 3. Die Reagensgläser sind vor Gebrauch mit Chrom-Schwefelsäure, die Gummistopfen mit Wasser auszukochen!

Berechnung:

Die Aktivität der auszuwertenden Enzymlösung beträgt: $\frac{t_1 - t_2}{t_2} \times$ Verdünnung (Schering-Einheiten/ml).

Definition der Schering-Einheit. $^1/_{10}$ Schering-Einheit verdoppelt unter den beschriebenen Bedingungen des Testes die Geschwindigkeit der CO_2-Absorption.

Relation zu anderen Wirkungseinheiten. Etwa 4 Meldrum-Roughton-Einheiten dürften einer Schering-Einheit entsprechen. Wegen anderer Testmethodik ist eine exakte Angabe nicht möglich. Gleiches gilt für die Keilin-Einheiten[1] (Methode von PHILPOT und PHILPOT*): 1 Keilin-Einheit enthält die Menge an Enzym, die unter den Bedingungen des Testes die Geschwindigkeit der unkatalysierten Reaktion von 65—75 sec auf 25—30 sec herabsetzt. Auf Grund von in Keilin-Einheiten deklarierten, allerdings nicht standardisierten amerikanischen Enzympräparaten sollten 2 Schering-Einheiten etwa 1 Keilin-Einheit ausmachen.

Photoelektrische Bestimmung der Kohlensäureanhydratase nach **MAREN**[2] (in Anlehnung an die Bestimmung nach PHILPOT und PHILPOT[3]).

Prinzip:

Eine Erhöhung der Genauigkeit der PHILPOTschen Methode kann einmal durch eine verringerte Reaktionsgeschwindigkeit der unkatalysierten Reaktion (t_1, vgl. Schnellmethode b) oder zum anderen durch Steigerung der Ablesegenauigkeit des Endpunktes der Reaktion durch ein Photometer erreicht werden.

Reagentien:

1. 1000 ml 0,0026 m $NaHCO_3$-Lösung, enthaltend 12,5 mg Phenolrot.

* Die Bestimmung nach PHILPOT und PHILPOT ist auf Grund der verhältnismäßig großen Geschwindigkeit der unkatalysierten Reaktion von 65 sec verhältnismäßig unempfindlich.

[1] KEILIN, D., and T. MANN: Biochem. J. **34**, 1163 (1940).

[2] MAREN, T., V. I. ASH and E. M. BAILEY: Bull. Johns Hopkins Hosp. **95**, 244 (1954).

[3] PHILPOT, F. J., and J. ST. L. PHILPOT: Biochem. J. **30**, 2191 (1936) [Bamann-Myrbäck Bd. III, S. 2558].

2. 300 ml 1 m Na_2CO_3 werden zu 206 ml 1 m $NaHCO_3$ gegeben und auf 1000 ml mit destilliertem Wasser aufgefüllt.
3. Enzymlösung in Wasser, geeignet verdünnt. Alle Lösungen werden auf + 0,4° C temperiert.

Apparatur:

Das Reaktionsgefäß (s. Abb. 4) besteht aus einem 20 × 150 mm-Glasrohr mit angesetztem Capillarröhrchen (*K*; 2 mm ⌀), das in einer Spitze im Reaktionsgefäß ausläuft (1 mm ⌀). Vom Boden zweigt ein Seitenarm (*S*; 2 mm ⌀) ab, der zum Absaugen der Flüssigkeit dient. Photometer und „Corning"-Farbfilter Nr. 3486 „H. R. Yellow Shade Yellow" und Nr. 9782, „Blue-green". CO_2-Bombe mit angeschlossener, halb mit Wasser gefüllter Waschflasche. Temperaturbad, gefüllt mit Äthylenglykol (0,4° C).

Ausführung:

Im Reaktionsgefäß werden 5 ml (1) + 1 ml (3) bzw. Wasser vorgelegt. Durch *K* perlt das auf + 0,4° C vorgekühlte CO_2 mit konstanter Strömungsgeschwindigkeit (etwa

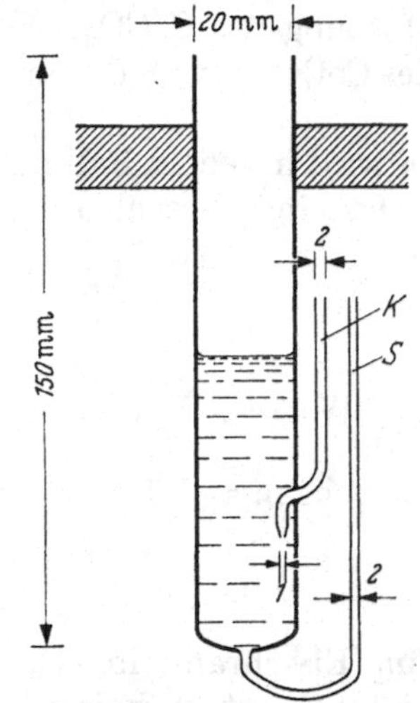

Abb. 4. Reaktionsgefäß nach MAREN.

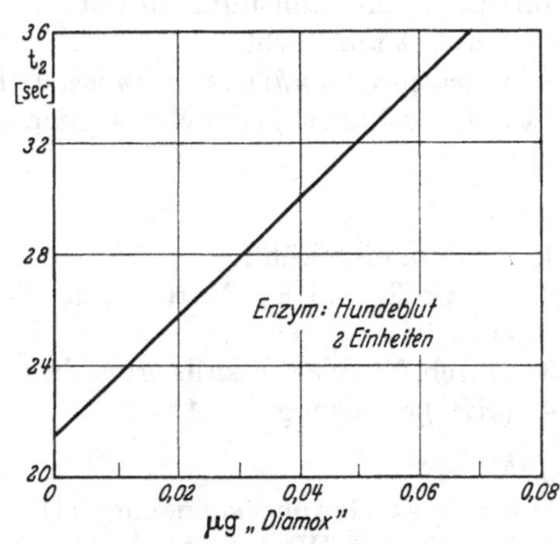

Abb. 5. Beispiel einer Standardkurve.

600 ml/min) durch die Lösung; der Indicator ist gelb gefärbt. Hiernach wird 1 ml (2) zugefügt, die Lösung färbt sich infolge des alkalischen p_H sofort rot (Startpunkt, Zeit 0). Durch Hydratation des CO_2 und nachfolgende Dissoziation schlägt die rote Farbe des Indicators nach einer bestimmten Zeit wieder in gelb um. Dieser Farbumschlag wird von der Photozelle registriert. Die Hydratationszeit (t_1) ohne Enzymzusatz beträgt etwa 70 sec.

Berechnung:

$$\text{Wirksamkeit } x = \frac{t_1 - t_2}{t_2} \times \text{Verdünnung.}$$

t_1 = Hydratationszeit ohne Enzym; t_2 = Hydratationszeit mit Enzym.

Definition der Einheit. Eine Einheit enthält die Menge an Enzym, die unter den beschriebenen Testbedingungen die Reaktionsgeschwindigkeit auf das Doppelte erhöht. (Die Größenordnung dieser Einheit dürfte etwa der Keilin-Einheit entsprechen. Als Anhalt wird angegeben, daß 0,24 ml einer 1:100 mit Wasser verdünnten Suspension von heparinisiertem *Hunde*blut 2 Einheiten enthalten soll.)

Bestimmung von Inhibitoren mit dieser Methode. Zur Bestimmung unbekannter Mengen eines bestimmten Inhibitors (z.B. Diamox) wird eine Standardkurve aufgenommen (s. Abb. 5): Zur Lösung (1) werden bestimmte Mengen des Inhibitors bei konstanter Enzymmenge zugesetzt.

Aus der Kurve können dann unbekannte Mengen des gleichen Inhibitors direkt oder Äquivalente anderer Inhibitoren bestimmt werden.

Histochemische Bestimmung der Kohlensäureanhydratase[1].

Prinzip:

a) $CoCl_2 + 2\,NaHCO_3 \rightarrow Co(HCO_3)_2 + 2\,NaCl$.

b) $Co(HCO_3)_2 \overset{(p_H)}{\rightleftharpoons} CoCO_3 + H_2CO_3$.

c) $H_2CO_3 \overset{\text{Enzym}}{\rightleftharpoons} CO_2 + H_2O$.

Als Enzym dienen Gewebsschnitte, als Substrat eine (labile!) Kobalthydrogencarbonatlösung. Aus letzterer bildet sich bei geeignetem p_H langsam Kobaltcarbonat (Reaktion b), eine Reaktion, die als solche nicht durch die Kohlensäureanhydratase katalysiert wird! Nur die Reaktion c kann durch in den Gewebsschnitten etwa vorhandene Kohlensäureanhydratase beschleunigt werden; dadurch kann neues $CoCO_3$ nachgebildet werden. Das Enzym katalysiert also nur *indirekt* die Bildung des $CoCO_3$. Durch Inkubation mit Ammoniumsulfid wird durch Umwandlung des $CoCO_3$ in CoS die entsprechende Stelle schwarz angefärbt.

Zu beachten ist nochmals folgendes: Bei geeignetem p_H wird in jedem Fall nach längerer Zeit $CoCO_3$ gebildet. Gesucht werden muß also der Ort einer beschleunigten $CoCO_3$-Bildung.

Reagentien:

1. Aceton, eisgekühlt.
2. 1 g $CoCl_2$ und 8 g $NaHCO_3$ in 100 ml destilliertem Wasser. Vor Gebrauch zu filtrieren!
3. Durch $NaHCO_3$ alkalisiertes destilliertes Wasser (p_H 8—8,5).
4. $(NH_4)_2S$-Lösung, 2—4 %ig.

Ausführung:

Unfixiertes Gewebe schneiden (15—20 μ), 1 Std im Eisschrank in (1), dann kurz über destilliertem Wasser belassen*. Danach 1 Std bei 37° C mit (2) bebrüten; waschen mit (3), aber nicht zu lange! Hiernach werden die Schnitte in (4) gelegt. An den aktiven Stellen im Gewebe tritt sofort Schwarzfärbung ein. Die Schnitte werden nochmals mit (3) gespült, entwässert, eingedeckt und sofort beurteilt!

Etwas abgewandelt: Vor (4)-Behandlung auswaschen in mehrmals gewechseltem destilliertem Wasser für 2 min. Nach (4)-Behandlung zweimal auswaschen in Leitungswasser für 1 min, dann über die aufsteigende Alkoholreihe und Xylol (je 1 min) in Canadabalsam eindecken*.

Beurteilung:

An Orten der Enzymaktivität finden sich Ablagerungen von schwarzem Kobaltsulfid (Erythrocyten, Tubulusepithelien der Niere, Belegzellen der Magenschleimhaut usw.). Der übrige Schnitt zeigt eine diffuse gelbliche Färbung, die durch Ablagerung von Kobalt an unvollständig fixiertes Eiweiß bedingt sein dürfte. Eine ähnliche Färbung ist auch bei inaktiven Schnitten vorhanden.

---

* Nach Angaben von Dr. SUCHOWSKI (Farmitalia) ist es vorteilhaft, das Fixieren des Gewebes in Aceton und Wasser fortzulassen und gleich zu bebrüten, da durch die Acetonbehandlung doch eventuell eine partielle Inaktivierung des Enzyms eintreten kann.

Versuchstiere, von denen Gewebsschnitte entnommen werden sollen, dürfen nicht durch Anaesthesie (Chloroform!), sondern müssen durch Dekapitation getötet werden.

[1] BRAUN-FALCO, O., u. B. RATHJENS: Arch. klin. exp. Derm. **201**, 73 (1955). — KURATA, Y.: Stain Technol. **28**, 231 (1953). — GOEBEL, A., u. H. PUCHTLER: Naturwiss. **41**, 531 (1954). — PUCHTLER, H., u. K. RANNIGER: Naturwiss. **42**, 297 (1955).

Fumarase.

[4.2.1.2 L-Malat-Hydrolyase (Fumarathydrolase; Fumarathydratase).]

By

Robert A. Alberty*.

Fumarase catalyzes the reaction

$$\text{fumarate} + H_2O \rightleftharpoons \text{L-malate}. \quad (1)$$

It is an enzyme of the Krebs tricarboxylic acid cycle, and its presence can be demonstrated in any organism with an aerobic metabolism.

No substrates other than fumarate and L-malate have been found for the enzyme[1, 2], but the reaction is inhibited by a large number of compounds related to the two substrates.

Occurrence and normal concentration. Since fumarase is a soluble enzyme and has a rather high turnover number good estimates of total amounts in tissues may be obtained by assaying diluted extracts by the ultraviolet absorption method. The values in the following table have been obtained by assuming that the fumarases in these sources have the same specific activity as pig heart fumarase.

It has been found[3] that the concentration of fumarase in acetone powders prepared from rat heart, liver, kidney and hepatoma tissue are in the ratio 96:66:62:133.

Preparation. Pig heart fumarase was first crystallized in 1951 by Massey[4]. His procedure[5] involves adsorption on calcium phosphate gel. The following procedure which has been developed in our laboratory avoids the use of an adsorbent.

***Preparation of crystalline pig heart fumarase according to* Frieden *and coll.*[6].**

Twenty pig hearts are chilled in cracked ice immediately after the kill and freed of fat and connective tissue with help of large scissors. The meat is ground in a meat grinder through a face-plate with $^1/_8$ inch holes. The ground tissue is then washed with six 8 to 10 liter volumes of 5° C distilled water, all possible water being removed after each washing by squeezing in cheese cloth or spinning in a basket centrifuge.

Tabelle 1. *Milligrams of fumarase per kilogram of wet tissue*[7].

Pig heart	50
Mitochondria of beef heart and liver (per kg original tissue)	5
Azotobacter Vinelandii	1000
Torula yeast (per kg dry)	1000
Baker's yeast (per kg dry)	2
Lupin seeds	1
Cucumber	0.3
Tomato leaf	0.1

Extraction of crude enzyme. The washed tissue is extracted with 6 liters of 0.01 M sodium phosphate buffer, p_H 7.3, which has been preheated to 60° C so that the final temperature of the slurry will be 35° C. The warm buffer is added slowly with thorough mixing to prevent local overheating. The slurry is then stirred continuously for ten minutes and filtered through cheese cloth on a funnel. The extract, which contains the crude fumarase, is chilled as rapidly as possible to 5° C with the aid of added cracked ice. A second ten minute extraction is performed, this time with 4 liters of buffer preheated to 35° C, and the tissue is once again filtered through cheese cloth.

* Chemistry Department University of Wisconsin, Madison, Wis.

1 Massey, V.: Biochem. J. **55**, 172 (1953).
2 Frieden, C.: Ph. D. Thesis, Univ. Wisconsin 1956.
3 Wenner, C. E., M. A. Spirtes and S. Weinhouse: Cancer Res. **12**, 44 (1952).
4 Massey, V.: Nature **167**, 769 (1951).
5 Massey, V.: Biochem. J. **51**, 490 (1952).
6 Frieden, C., R. M. Bock and R. A. Alberty: Am. Soc. **76**, 2482 (1952).
7 Personal communication of Prof. R. M. Bock and Miss Selma Hayman.

p_H *fractionation.* The control of p_H in this step is extremely critical. The pooled, chilled extracts are adjusted to p_H 6.0—6.1 (measured at 25° C) by the slow addition of 1 M acetate buffer, p_H 4.6. This usually requires 15—20 ml of buffer. The precipitate, which contains very little fumarase, is centrifuged off in a 0—5° C laboratory size Sharples Supercentrifuge, at 17000 RPM, and discarded. The supernatant is adjusted to p_H 5.3 with the same buffer, and the precipitated fumarase is collected using a Sharples centrifuge.

Ammonium sulfate fractionation. The p_H 5.3 precipitate is suspended in 200 ml of 0.01 M phosphate buffer of p_H 7.3. The suspension is best accomplished by scraping the precipitate into a mortar and thoroughly mixing the gummy material after each small addition of buffer. When suspension is complete, the slurry is allowed to stand at room temperature for about 0.5 hour. Two hundred ml of 70% saturated ammonium sulfate (prepared by diluting saturated ammonium sulfate at 5° C with 0.01 M phosphate buffer, p_H 7.3) are added slowly at 5° C, and the mixture is stirred occasionally for about 1 hour. The precipitated protein is centrifuged down in a high speed centrifuge at 16000 × g and discarded. The supernatant is dialyzed against ammonium sulfate of such concentration that the solution at equilibrium will be 65% saturated. A convenient total volume is 1600 ml.

Sample Calculation:

Volume of supernatant = 400 ml
ammonium sulfate concentration in supernatant = 35% of saturation;
desired total volume = 1600 ml;
desired final ammonium sulfate concentration = 65% of saturation;
x = % saturated ammonium sulfate in outside phase

$$400 \times 0.35 + 1200x = 1600 \times 0.65$$
$$x = 75\% \text{ of saturation.}$$

The precipitate at 65% saturation is spun down and suspended in 15% saturated ammonium sulfate. This solution is now dialyzed for at least six hours to a final ammonium sulfate concentration of 45%. The supernatant from this dialysis contains the enzyme and is dialyzed overnight to 60% saturated ammonium sulfate.

Crystallization. The precipitate from this dialysis is dissolved in 25 ml of 0.01 M phosphate buffer, p_H 7.3, and dialyzed against such a concentration of ammonium sulfate that the equilibrium solutions will be 50% saturated. The dialysis is allowed to proceed for 2 hours while a heavy precipitate forms. The precipitate is discarded, and the dialysis continued for 2 or more days. The precipitate, which contains crystalline fumarase, is suspended in 15% saturated ammonium sulfate and allowed to stand at room temperature for 1.5—3 hours. Inert protein is dissolved by this means. The crystals are then apparent by the silkiness of the solution when it is swirled. Recrystallization is accomplished by spinning down the crystals, redissolving them in 0.01 M phosphate buffer, recentrifuging to clear the solution, and redialyzing to 50% saturated ammonium sulfate.

Properties of pig heart fumarase. The sedimentation coefficient S_w^{20} [1-3] of crystalline fumarase extrapolated to zero protein concentration is 9.09×10^{-13} sec^{-1}. Combining this with a diffusion coefficient of 4.05×10^{-7} cm^2 sec^{-1} and an assumed partial specific volume of 0.75 ml g^{-1} leads to a molecular weight of 220000. The ultraviolet absorption spectrum is that of a simple protein. The number of catalytically active sites is six or less[4]. The equilibrium ratio of L-malate to fumarate[5] is 4.4 at 25° C, 0.01 ionic strength and p_H >6.5.

[1] CECIL, R., and G. OGSTON: Biochem. J. **51**, 494 (1952).
[2] FRIEDEN, C., R. M. BOCK and R. A. ALBERTY: Am. Soc. **76**, 2482 (1954).
[3] JOHNSON, P., and V. MASSEY: Biochim. biophys. Acta **23**, 544 (1957).
[4] SHAVIT, N., R. WOLFE and R. A. ALBERTY: J. biol. Ch. **233**, 1382 (1958).
[5] BOCK, R. M., and R. A. ALBERTY: Am. Soc. **75**, 1921 (1953).

Table 2. *Isolation of crystalline pig heart fumarase.*

Step	Total units*** AV × 10^{-6}	Specific activity+	Purity %
Washes 1—6	13.5	40	
Original extract	5.3	130	0.04
Re-extraction p_H 6.0 S*	4.5	190	0.06
P**	0		
p_H 5.3 S	0.8	50	
P	3.0	440	0.13
$(NH_4)_2SO_4$ fractionation			
1. 0—35 % P	0.37	108	
35—65 % P	1.4	3500	1.0
65 % S	0.29	265	
2. 15—45 % P	0.2	800	
45—60 % P	1.3	6100	1.8
60 % S	0.04	680	
3. 50 % P (A)	0.12	2000	
50 % P (B)	1.1	50000	15
50 % S	0.05	500	
B suspended in 15 % saturated			
$(NH_4)_2SO_4$ S	0.24	4000	
P	1.1	330000	
Recrystallized	1.1	336000	100

* Supernatant.

** Precipitate.

*** One unit of fumarase produces an absorbancy change of 1×10^{-3} at 250 mμ per 10 sec in 3 ml volume solution under the standard assay conditions.

\+ The specific activity is defined as the ratio of units in aliquot of enzyme solution to absorbancy at 250 mμ of same aliquot.

This value permits the study of the kinetics of both the forward and reverse reactions. At lower p_H values the apparent equilibrium constant increases because the second ionization constant of fumarate ($10^{-41.5}$ at 25° C) is less than that of malate ($10^{-4.73}$ at 25° C)[1]. The equilibrium constant increases somewhat with increasing ionic strength. The effect of temperature on the equilibrium constant at p_H 7.3 is given quite well by the enthalpy change of −3960 ± 100 cal mole^{-1}.

The kinetic properties of crystalline pig heart fumarase have been studied in considerable detail[2-5]. The p_H optima for the forward and reverse directions are different, and both depend upon the composition of buffer and the ionic strength. The dependence of the Michaelis constants on p_H is such that plots of maximum velocity divided by Michaelis constant versus p_H are the same for the forward and reverse reactions. A summary of maximum initial velocities and Michaelis constants obtained using tris-(hydroxymethyl)-aminomethane

Table 3. *Kinetic parameters for the fumarase reaction in "tris" acetate buffers at 25° C.*

Ionic Strength	0.001	0.005	0.01	0.02	0.05	0.10*
pK_{aE}	6.5	6.3	6.2	6.3	—	7.4
pK'_{aEF}	6.5	5.8	5.3	5.6	5.7	6.9
pK'_{aEM}	7.1	7.1	6.6	6.8	6.9	7.7
pK_{bE}	6.9	6.8	6.8	6.9	—	7.4
pK'_{bEF}	7.1	6.9	7.3	7.3	7.4	7.8
pK'_{bEM}	8.5	8.3	8.5	8.7	8.4	9.0
$V'_F \times 10^{-3}$ (sec^{-1})	1.2	2.0	2.3	3.2	3.8	2.2
$V'_M \times 10^{-3}$ (sec^{-1})	1.2	1.8	1.7	1.8	2.3	1.8
$K'_F \times 10^6$ (M) . .	1.8	1.9	2.6	4.5	—	40
$K'_M \times 10^6$ (M) . .	7.9	8.1	9.0	11.1	—	145

* The buffer contained 0.09 M NaCl and 0.01 ionic strength "tris" acetate.

[1] KREBS, H. A.: Biochem. J. **54**, 78 (1953).

[2] BOCK, R. M., and R. A. ALBERTY: Am. Soc. **75**, 1921 (1953).

[3] ALBERTY, R. A., V. MASSEY, C. FRIEDEN and A. R. FUHLBRIGGE: Am. Soc. **76**, 2485 (1954).

[4] FRIEDEN, C., and R. A. ALBERTY: J. biol. Ch. **212**, 859 (1955).

[5] FRIEDEN, C., R. G. WOLFE jr. and R. A. ALBERTY: Am. Soc. **79**, 1523 (1957).

acetate buffer is most conveniently given in terms of the values of the parameters in the following equations for the maximum initial velocity V_S and Michaelis constant (K_S).

$$V_S = \frac{V'_S(E)_0}{1 + (H^+)/K'_{aES} + K'_{bES}/(H^+)}$$

$$K_S = K'_S \frac{1 + (H^+)/K_{aE} + K_{bE}/(H^+)}{1 + (H^+)/K'_{aES} + K'_{bES}/H^+)}$$

Fumarase is competitively inhibited by di- and tricarboxylic acids such as D-malate, mesotartrate, aconitate and succinate[1]. Succinate may also produce activation[2]. Fumarase is both activated and inhibited by phosphate buffers, depending upon the concentration. Various other cations, such as sulfate, are also inhibitory. As the substrate concentration is increased in ordinary initial rate experiments, marked positive deviations from the Michaelis equation are obtained. These deviations indicate activation by the substrates themselves.

Assay methods. The enzymes which catalyze the hydration of double bonds, fumarase, aconitase (see p. 649), enolase (see p. 657), acyl CoA hydrase (see vol. VI/B, p. 112) may all be assayed by the same general methods. These include the titration of the unsaturated compound with permanganate[3], determination of the optical rotation produced by the formation of an asymmetric center[4, 5], polarography, and determination of absorption of ultraviolet light[6]. The latter method is the most sensitive and makes possible rapid and continuous measurements.

Because of the extremely high turnover number of fumarase it may be assayed in very dilute solutions. Thus, unless malic dehydrogenase or aspartase are present in high concentration, it is possible to assay fumarase readily in a crude extract. However, the fumarase reaction is strongly inhibited by various anions, such as sulfate, and it may be necessary to remove these by dialysis before an assay.

The spectrophotometric method using an ultraviolet spectrophotometer[7] has proved most useful in this laboratory. Since fumarate absorbs strongly in the ultraviolet whereas the ultraviolet absorption of malate is negligible, the reaction can readily be followed.

A recording spectrophotometer equipped with an 80—100% transmission scale is most useful, but the reaction can also be followed at lower enzyme concentration using a manually operated spectrophotometer. Although the rate of reaction is usually expressed as change in absorbancy per 10 seconds at 250 mμ, the reaction may be followed at any convenient wave length from 210 to 300 mμ and converted by 250 mμ by use of known fumarate extinction coefficients. To indicate the range of values the molar absorbancy index of disodium fumarate is 1.45×10^3 M^{-1} cm^{-1} at 250 mμ and 16.6×10^3 M^{-1} cm^{-1} at 205 mμ which gives the maximum absorbancy.

Reagents:

1. 0.35 M disodium L-malate in 0.05 M phosphate buffer of p_H 7.3.
2. Enzyme solution diluted appropriately in 0.05 M phosphate buffer of p_H 7.3.

Apparatus:

Ultraviolet spectrophotometer. (A recording instrument is very useful especially if it is equipped to record 0—0.1 absorbancy.) It is desirable to have the cell compartment thermostated.

---

[1] MASSEY, V.: Biochem. J. **55**, 172 (1953).
[2] ALBERTY, R. A., and R. M. BOCK: Proc. nat. Acad. Sci. USA **39**, 895 (1953).
[3] SCOTT, E. M., and R. POWELL: Am. Soc. **70**, 1104 (1948).
[4] DAKIN, H. D.: J. biol. Ch. **52**, 183 (1922).
[5] CLUTTERBUCK, P. W.: Biochem. J. **21**, 512 (1927); **22**, 1193 (1928).
[6] RACKER, E.: Biochim. biophys. Acta **4**, 20 (1950).
[7] FRIEDEN, C., R. M. BOCK and R. A. ALBERTY: Am. Soc. **76**, 2482 (1954).

Procedure:

Three ml of enzyme solution in 0.05 M phosphate buffer are pipetted into a 1 cm cuvette. One-half ml of malate solution is added rapidly, the solution is mixed and placed in the spectrophotometer. The initial velocity is calculated from the initial linear portion of the plot of absorbancy versus time.

Calculation:

The number of units of fumarase in 3 ml of assay solution is equal to the change in absorbancy $\times 10^3$ per 10 sec at 250 mμ due to formation of fumarate under the assay conditions. The units may be converted to mg of fumarase by use of the turnover number of fumarase. One mg of fumarase per milliliter will cause an absorbancy change at 250 mμ of 110 in 10 sec. Thus, 1 mg in 3.5 ml would give an absorbancy change of 31.5 in 10 sec in a 1 cm cuvette. To calculate the number of mg in the original enzyme solution, the following equation is useful.

$$\text{Number of mg} = \frac{\text{Activity units}}{31500} \times \frac{\text{Volume of original enzyme solution}}{\text{Volume of aliquot used to test activity}}$$

***Determination by permanganate titration according to* Scott *and* Powell[1].**

Reagents:

1. Reacting solution containing phosphate buffer, p_H 7.29, ionic strength 0.2; 0.1 M disodium fumarate or malate and enzyme (10 ml).
2. 2 N HCl.
3. 0.02 M $KMnO_4$.

Procedure:

One ml aliquots of the reacting solution are removed at intervals, added to 10 ml of water containing HCl, and titrated with 0.02 M $KMnO_4$. The end-point is taken when one drop of $KMnO_4$ gave a pink color lasting 60 sec. The initial rate is obtained from an extrapolation of the experimental rates. However, because of the lack of sensitivity of this method it is difficult to obtain truly initial velocities.

Aconitase.

[4.2.1.3 Citrat (Isocitrat)-Hydrolyase (Aconitat-Hydratase).]

By

John Francis Morrison*.

With 2 figures.

The enzyme which catalyses the equilibrium expressed by the reaction

$$\begin{array}{ccccc} \text{CH}_2\text{—COOH} & & \text{CH—COOH} & & \text{CH(OH)—COOH} \\ | & & \| & & | \\ \text{HO—C—COOH} & \overset{\mp H_2O}{\rightleftharpoons} & \text{C—COOH} & \overset{\mp H_2O}{\rightleftharpoons} & \text{H—C—COOH} \\ | & & | & & | \\ \text{CH}_2\text{—COOH} & & \text{CH}_2\text{—COOH} & & \text{CH}_2\text{—COOH} \\ \text{citric acid} & & \textit{cis}\text{-aconitic acid} & & \text{L}_s\text{-}\textit{iso}\text{citric acid} \end{array}$$

* Department of Biochemistry, John Curtin School of Medical Research, The Australian National University. Canberra. A.C.T. Australia.

[1] Scott, E. M., and R. Powell: Am. Soc. 70, 1104 (1948).

was discovered by MARTIUS and KNOOP[1] and named aconitase by BREUSCH[2]. It has been suggested that two enzymes are concerned in catalysing this reaction[3–8], but although aconitase has not been isolated in the pure state, the available evidence indicates that only a single enzyme is involved[9–16]. Recently, it has been established that of the four stereoisomers of *iso*citric acid only the dextrorotatory L_s isomers occurs naturally[17]. (L_s corresponds to the configuration of the α carbon of naturally occurring serine.)

Distribution. It would seem that aconitase is ubiquitous in nature; it has been shown to occur in animal tissues (skeletal muscle, kidney, liver[18], heart muscle[9], brain[19], appendix[20], placenta[21], prostate[22], spermatazoa[23], blood[24, 25], bone [26], neoplastic tissue[27, 28]), cold blooded animals[29, 30], plants (cucurbits, peas, beans, cabbage, rice, wheat, corn, rye[30], cucumber seeds[18, 31], rhubarb[32], potato[33], tomato stem[34], *Lupinus albus*[35], *Avena coleoptile*[8]) and microorganisms (*Saccharomyces cerevisiae*[36, 37], *Serratia marcescens*[38], *Aspergillus niger*[6, 39], *E. coli*[30, 40], *Pasteurella pestis*[41], *Brucella bronchiseptica, Hemophilus pertussis, Bacillus parapertussis*[42], *Pseudomonas aeruginosa*[7], *Corynebacterium diphtheriae*[43], *Salmonella typhosa, Salmonella paratyphi A*[44], *B. prodigiosus, B. pyocyaneus*[31]). For preparative purposes muscle, heart, liver and kidney are good sources of the enzyme.

---

[1] MARTIUS, C., u. F. KNOOP: Vorl. Mitt. H. **246**, 1 (1937).
[2] BREUSCH, F. L.: H. **250**, 262 (1937).
[3] JACOBSOHN, K. P., et M. SOARES: C.R. Soc. Biol. **133**, 112 (1940).
[4] JACOBSOHN, K. P., M. SOARES et J. TAPADINHAS: Bull. Soc. Chim. biol. **22**, 48 (1940).
[5] RACKER, E.: Biochim. biophys. Acta **4**, 211 (1950).
[6] NEILSON, E.: Biochim. biophys. Acta **17**, 139 (1955).
[7] CAMPBELL, J. J. R., R. A. SMITH and B. A. EAGLES: Biochim. biophys. Acta **11**, 594 (1953).
[8] BERGER, A., and G. S. AVERY: Amer. J. Bot. **31**, 11 (1944).
[9] BUCHANAN, J. M., and C. B. ANFINSEN: J. biol. Ch. **180**, 47 (1949).
[10] MORRISON, J. F.: Biochem. J. **56**, 99 (1954).
[11] MORRISON, J. F.: Austral. J. exp. Biol. med. Sci. **32**, 867 (1954).
[12] MORRISON, J. F.: Austral. J. exp. Biol. med. Sci. **32**, 877 (1954).
[13] FRIEDRICH-FRESKA, H., u. C. MARTIUS: Z. Naturforsch. **6**b, 296 (1951).
[14] TOMIZAWA, J.: J. Biochem. **40**, 339 (1953).
[15] TOMIZAWA, J.: J. Biochem. **40**, 351 (1953).
[16] SPEYER, J. F., and S. R. DICKMAN: J. biol. Ch. **220**, 193 (1956).
[17] WINITZ, M., S. M. BIRNBAUM and J. P. GREENSTEIN: Am. Soc. **77**, 716 (1955).
[18] JOHNSON, W. A.: Biochem. J. **33**, 1046 (1939).
[19] SHEPHARD, J. A., and G. KALNITSKY: J. biol. Ch. **207**, 605 (1954).
[20] REDFIELD, R. R., and E. S. G. BARRON: Arch. Biochem. **26**, 275 (1950).
[21] CUNHA, D. P. DA, et K. P. JACOBSOHN: C.R. Soc. Biol. **131**, 649 (1939).
[22] BARRON, E. S. G., and C. HUGGINS: Proc. Soc. exp. Biol. Med. **62**, 195 (1946).
[23] HUMPHREY, G. F., and T. MANN: Biochem. J. **44**, 97 (1949).
[24] JACOBSOHN, K. P.: Arch. port. Sci. biol. **7**, 49 (1945).
[25] RUBENSTEIN, D., and O. F. DENSTEDT: J. biol. Ch. **204**, 623 (1953).
[26] DIXON, T. F., and H. R. PERKINS: Biochem. J. **52**, 260 (1952).
[27] WENNER, C. E., M. A. SPIRTES and S. WEINHOUSE: Am. Soc. **72**, 433 (1950).
[28] WENNER, C. E., M. A. SPIRTES and S. WEINHOUSE: Cancer Res. **12**, 44 (1952).
[29] JACOBSOHN, K. P., et J. TAPADINHAS: C.R. Soc. Biol. **133**, 109 (1940).
[30] JACOBSOHN, K. P.: Enzymologia **8**, 327 (1940).
[31] MARTIUS, C.: H. **257**, 29 (1939).
[32] MORRISON, J. F., and J. L. STILL: Austral. J. Sci. **9**, 150 (1947).
[33] BARRON, E. S. G., G. K. K. LINK and R. M. KLEIN: Arch. Biochem. **28**, 377 (1950).
[34] LINK, G. K. K., R. M. KLEIN and E. S. G. BARRON: J. exp. Bot. **3**, 216 (1952).
[35] BRUMMOND, D. O., and R. H. BURRIS: J. biol. Ch. **209**, 755 (1954).
[36] SLONIMSKI, P. P., et H. M. HIRSCH: Cr. **235**, 741 (1952).
[37] HIRSCH, H. M.: Biochim. biophys. Acta **9**, 674 (1952).
[38] LINNANE, A. W., and J. L. STILL: Biochim. biophys. Acta **16**, 305 (1955).
[39] RAMAKRISHNAN, C. V.: Enzymologia **17**, 169 (1954).
[40] WHEAT, R. W., J. RUST and S. J. AJL: J. cellul. comp. Physiol. **47**, 317 (1956).
[41] SANTER, M., and S. J. AJL: J. Bact. **67**, 379 (1954).
[42] FUKUMI, H., E. SAYAMA, J. TOMIZAWA and T. UCHIDA: Jap. J. med. Sci. Biol. **6**, 587 (1953).
[43] JANNES, L.: Ann. Acad. Sci. fenn. (A II) No. 61 (1954).
[44] SAYAMA, E., H. FUKUMI and R. NAKAYA: Jap. J. med. Sci. Biol. **6**, 523 (1953).

OCHOA[1] has tabulated the relative aconitase activites of a number of animal tissue extracts, but the majority of work on the distribution of this enzyme, especially in the case of plants and microorganisms, has concerned only the demonstration of its presence. In any case, the values quoted for aconitase activity are of doubtful significance as they were determined before it was known that Fe^{++} and cysteine were required for maximum activity[2, 3]. Thus enzymic activity will be dependent on the concentration of Fe^{++} and reducing agents present in the tissue extracts and the effect of other components of the extract on the dissociation of the Fe^{++}-enzyme complex.

Studies on the intracellular distribution of aconitase have indicated that aconitase activity is associated with the mitochondrial fraction of animal tissues[4, 5], the granular fraction of yeast extracts[6], the particulate fraction of extracts of green leaves[7] and the cytoplasmic fraction of erythrocyte haemolysates[8].

Preparation. The method of MORRISON[9] described below is a modification and extension of the procedure developed by BUCHANAN and ANFINSEN[10].

***Preparation of Aconitase from pig heart muscle according to* MORRISON[9].**

Extraction of tissue. Pig hearts are removed immediately after the death of the animal, cut into strips about 1 cm thick, freed of fat and connective tissue and placed in ice for transport to the laboratory. The tissue is then minced coarsely and may either be processed immediately or stored for some months at —15° C without loss of enzyme activity. A 1 kg sample of the minced muscle in 200 g portions is treated for 2 min in a pre-cooled Waring blendor with 600 ml of 0.004 M citrate buffer (p_H 4.7) and 130 ml of $CHCl_3$ at 2° C. The product is centrifuged at —1° C for 15 min at 1000 g. The clear red-amber supernatant is poured off and filtered (Whatman No. 531 paper).

First ethanol fractionation. For convenience, the supernatant is divided into two and the two halves fractionated simultaneously. All the operations from this stage onwards should be carried out in the coldroom (2° C). The supernatant is brought to 0° C in a dry ice-ethanol bath and 90 % (*v/v*) ethanol* is added with mechanical stirring at the rate of 250—300 ml/hr.** to a concentration of 15 % (*v/v*). During the addition of ethanol, the temperature is lowered to —5° C. It is important that the solution should not freeze as this leads to loss of enzyme activity. Hyflo Supercel (5 g/l) is added and the mixture filtered slowly on a Buchner funnel (Whatman no. 30 paper). To the clear red-amber filtrate saturated NaCl (1.25 ml/100 ml of filtrate) is added and the ethanol concentration brought to 45 % (*v/v*) whilst the temperature is gradually lowered to —10° C. The mixture is allowed to stand overnight at —10° C.

Second ethanol fractionation. The precipitate is collected by centrifugation at —10° C and stored at this temperature whilst another 1 kg sample of heart muscle is treated as above. The two precipitates are then combined and dissolved in 800 ml of ice-cold water. Any insoluble matter is removed by centrifugation. The clear deep red solution is brought to 0° C and ethanol added to a concentration of 10 % (*v/v*), the temperature being lowered to —4° C. (The ethanol already present in the solution is neglected). A small white precipitate is centrifuged off at —4° C. The p_H of the supernatant which is about 5.6, is now

* 90 % (*v/v*) ethanol is used throughout.

** All additions of ethanol are made at this rate.

1 OCHOA, S.; in: Sumner-Myrbäck, Bd. I, S. 1217.

2 DICKMAN, S. R., and A. A. CLOUTIER: J. biol. Ch. **188**, 379 (1951).

3 MORRISON, J. F.: Biochem. J. **58**, 685 (1954).

4 SHEPHARD, J. A., and G. KALNITSKY: J. biol. Ch. **207**, 605 (1954).

5 DICKMAN, S. R., and J. F. SPEYER: J. biol. Ch. **206**, 67 (1954).

6 NOSSAL, P. M.: Biochem. J. **57**, 62 (1954).

7 BRUMMOND, D. O., and R. H. BURRIS: J. biol. Ch. **209**, 755 (1954).

8 RUBENSTEIN, D., and O. F. DENSTEDT: J. biol. Ch. **204**, 623 (1953).

9 MORRISON, J. F.: Biochem. J. **56**, 99 (1954).

10 BUCHANAN, J. M., and C. B. ANFINSEN: J. biol. Ch. **180**, 47 (1949).

adjusted to p_H 6.8 with 5% (*w/v*) sodium carbonate solution. Ethanol is added to a concentration of 23% (*v/v*) whilst the temperature is lowered to $-10°$ C. The precipitate is collected by centrifugation at the same temperature and dissolved in 100 ml of ice-cold water.

Ammonium sulphate fractionation. The aqueous solution is diluted 2.5 times with 0.125 M citrate buffer (p_H 6.8) and $(NH_4)_2SO_4$ (36.7 g/100 ml of solution) is added slowly, the temperature being lowered to $-6°$ C. The yellow precipitate is centrifuged off at $-6°$ C for 10 min at 5000 g. To the supernatant $(NH_4)_2SO_4$ (9.2 g/100 ml of supernatant) is added slowly, the temperature being lowered to $-10°$ C. The precipitate is removed by centrifugation at $-10°$ C for 15 min at 5000 × g and dissolved in 90 ml of 0.004 M citrate buffer (p_H 5.7) to give a deep amber solution. This solution is dialysed overnight against the same buffer.

Heat fractionation. The dialysed solution in 20—25 ml lots is heated in a water bath for 15 min at 50° C and then cooled rapidly in an ice bath. The white flocculent precipitate which forms is collected by centrifugation and discarded.

Ethanol fractionation at p_H 8.0. The supernatant is cooled to 0° C and ethanol added to a concentration of 20% (*v/v*), the temperature being lowered to $-5°$ C. The precipitate is removed by centrifugation at $-5°$ C and discarded. The supernatant is then adjusted to p_H 8.0 with a saturated solution of $NaHCO_3$ and ethanol added to a concentration of 50% (*v/v*). (Care should be taken to avoid contamination of the protein solution at alkaline p_H by CO_2 from the dry ice-ethanol bath.) During the addition of ethanol, the temperature is lowered to $-12°$ C. The red precipitate is centrifuged off from a cloudy supernatant, due to the presence of $NaHCO_3$, and dissolved in 20 ml of 0.004 M citrate buffer (p_H 5.7).

Alkaline ammonium sulphate fractionation. Ammonia solution (17 N) is added to a saturated solution of $(NH_4)_2SO_4$ at 5° C so that when diluted 1 in 10, the p_H is 8.5. This solution is added dropwise to the enzyme solution, adjusted to p_H 8.5 with NH_3, until the saturation is 0.65. The temperature is gradually lowered to $-10°$ C. The precipitate is removed by centrifugation at $-10°$ C for 15 min at 5000 × g, dissolved in 10 ml of 0.004 M citrate buffer (p_H 5.7) and dialysed overnight against the same buffer. The solution is amber in colour.

This procedure which is illustrated in a flow diagram (Fig. 1) brings about a 24-fold increase in the purity of the enzyme with an overall recovery of 12% (Table 1).

Table 1. *Summary of yields and specific activities of fractions obtained during the purification of aconitase from 2 kg of pig heart.*

Fraction	Volume ml	Total protein g	Total units	Specific activity	Yield %
Extract	6240	39.3	437000	11.1	100
First ethanol ppt.	832	5.3	260000	49	60
Second ethanol ppt.	112	2.2	212000	96	49
Dialysed ammonium sulphate ppt.	116	0.98	157000	168	36
Supernatant after heating at 50°	102	0.72	135000	188	31
p_H 8.0 ethanol ppt.	25	0.41	96000	232	22
p_H 8.5 ammonium sulphate ppt.	15	0.19	50400	265	12

Enzymic activity was determined as described in method (a), page 654.

As judged from electrophoretic analysis at p_H 8.6, the product is 75—80% pure[1]. The enzyme solution can be stored at $-10°$ C without loss of activity and is unaffected by repeated freezing and thawing.

[1] MORRISON, J. F.: Biochem. J. 56, 99 (1954).

Determination of aconitase activity.

Activation of aconitase. In order to obtain a true estimate of aconitase activity, activation of the enzyme by pre-incubation with Fe^{++} and a reducing agent is essential[1, 2].

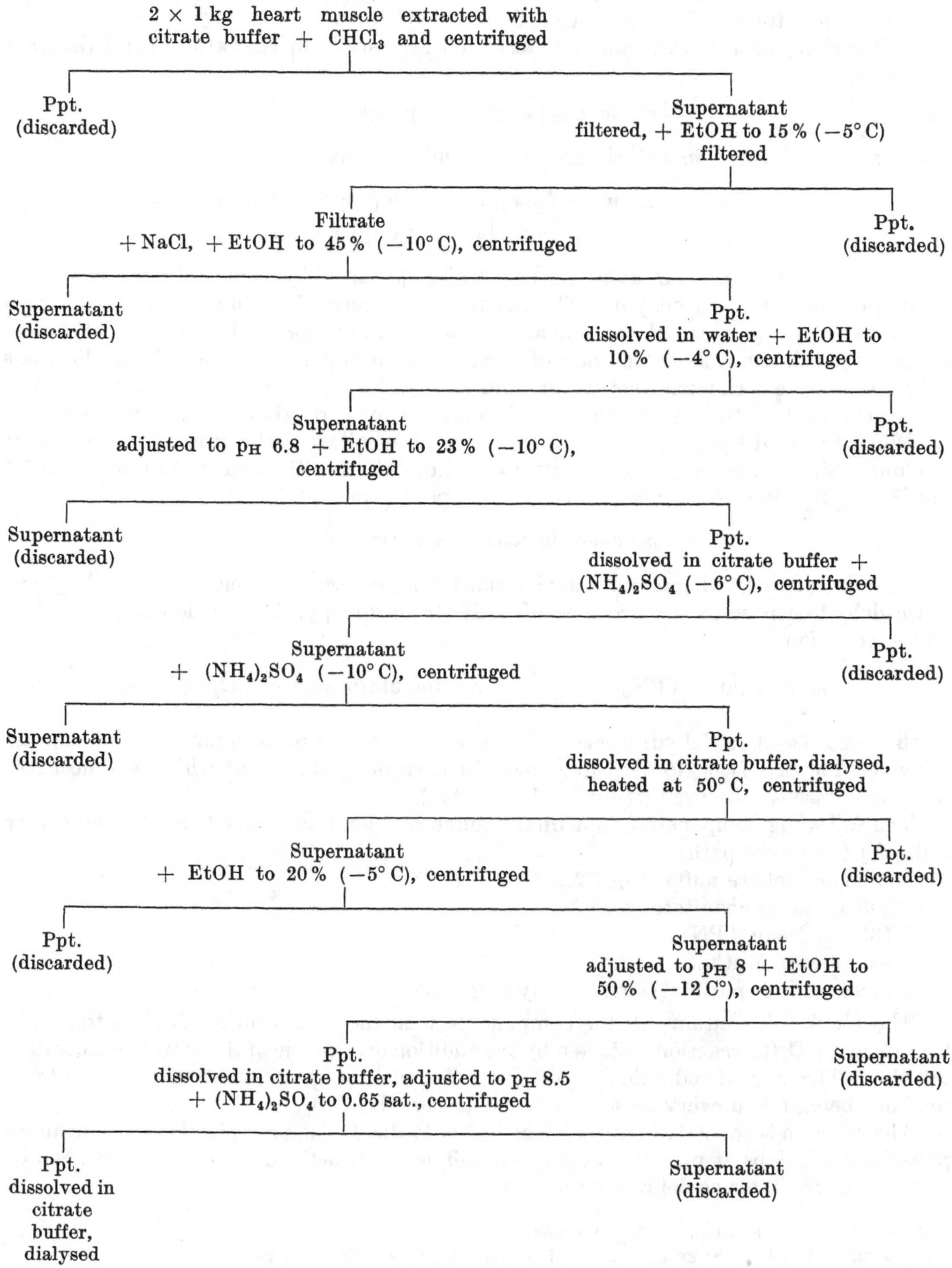

Fig. 1. Flow diagram of the method for the purification of aconitase from heart muscle.

[1] DICKMAN, S. R., and A. A. CLOUTIER: J. biol. Ch. 188, 379 (1951).
[2] MORRISON, J. F.: Biochem. J. 58, 685 (1954).

A suitable sample of the enzyme solution is measured into a test tube which is placed in an ice bath. Ferrous ammonium sulphate (0.5 ml of a 0.01 M solution) and cysteine (1.0 ml of a 0.1 M solution, p_H 7.7) are added. The mixture is diluted with cold water, adjusted to p_H 7.7 with N NaOH using a glass electrode and made to 10.0 ml. It is allowed to stand for 1 hr. before the aconitase activity is determined[1].

The activity of aconitase can be determined by a study of the rate of three different reactions.

(a) *cis*-aconitic acid → citric acid

The reaction mixture[1], in a final volume of 5.0 ml contains

0.5 ml of Na *cis*-aconitate (4×10^{-3} M, p_H 7.7),
2.5 ml of phosphate buffer (0.1 M, p_H 7.7).

After equilibration for 5 min at 30° C, the reaction is started by the addition of a suitable sample of the activated enzyme. The reaction is stopped after 15 min by the addition of 0.5 ml of 50% (*w*/*v*) trichloroacetic acid. If a precipitate forms, it is filtered off before a sample is taken for the estimation of citric acid. Although a number of modifications of the original colorimetric method of PUCHER et al.[2] are available for the estimation of citric acid, that of BUFFA and PETERS[3] has proved most reliable in the author's hands.

When the above procedure is used, one unit of aconitase activity is taken to be that amount which forms one μmole of citric acid from *cis*-aconitic acid in 15 min at p_H 7.7 and 30° C. Specific activity is defined as units per mg of protein.

(b) *cis*-aconitic acid → *iso*citric acid

In this method[4], the *iso*citric acid formed from *cis*-aconitic acid is oxidised by *iso*-citric dehydrogenase in the presence of TPN (triphosphopyridine nucleotide) according to the equation

$$\textit{iso}\text{citric acid} + \text{TPN}_{\text{ox}} \xrightarrow[\text{dehydrogenase}]{\text{isocitric}} \alpha\text{-ketoglutaric acid} + \text{CO}_2 + \text{TPN}_{\text{red}}$$

With excess *iso*citric dehydrogenase, the reaction rate is proportional to the aconitase activity. Purified *iso*citric dehydrogenase[5] or a crude preparation[6] which is almost free from aconitase can be used (see vol. VI/A, p. 414).

The following components, in a final volume of 3.0 ml, are added to silica or quartz cells of 1.0 cm light path:

0.05 M phosphate buffer (p_H 7.2),
0.005 M Na *cis*-aconitate (p_H 7.2),
0.135 μmoles of TPN,
1.8 μmoles of $MnCl_2$.
Excess crude or purified *iso*citric dehydrogenase.

The blank cell contains all the components with the exception of TPN. After eqilibration at 25° C, the reaction is started by the addition of a sample of the activated aconitase solution. The rate of reduction of TPN is followed in a spectrophotometer at 340 mμ, readings being taken every 30 sec over a 5 min period.

The reaction is carried out at p_H 7.2 as turbidity due to the precipitation of manganous phosphate develops at p_H 7.7. An enzyme unit was not defined by OCHOA[4], but can be taken to be the same as defined for method (c).

---

[1] MORRISON, J. F.: Biochem. J. **56**, 99 (1954).
[2] PUCHER, G. W., C. C. SHERMAN and H. B. VICKERY: J. biol. Ch. **113**, 235 (1936).
[3] BUFFA, P., and R. A. PETERS: J. Physiol., London **110**, 488 (1949).
[4] OCHOA, S.; in: Sumner-Myrbäck, Bd. I, S. 1217.
[5] MOYLE, J., and M. DIXON: Biochem. J. **63**, 548 (1956).
[6] OCHOA, S.: J. biol. Ch. **174**, 133 (1948).

(c) *iso*citric* or citric acid → *cis*-aconitic acid

The method of RACKER[1] for the estimation of *cis*-aconitic acid takes advantage of the high molecular extinction value of this acid at 240 mμ.

The following components, in a final volume of 3.0 ml, are added to quartz cells with a 1.0 cm light path:

0.05 M phosphate buffer (p_H 7.7),

0.005 M Na L_s-*iso*citrate or Na citrate (p_H 7.7).

The substrate is omitted from the blank cell. After equilibration of the cells at 25° C, the reaction is started by the addition of a sample of the activated enzyme. The rate of increase in light absorption is followed in a spectrophotometer (240 mμ) at 30 sec intervals between the second and fifth minute.

The above procedure is the simplest for the determination of aconitase activity, but care must be taken to make allowance for the increase in light absorption due to a non-enzymic reaction between Fe^{++} and the substrates. On addition of the activated enzyme (containing Fe^{++} and cysteine) to the reaction mixture, there is a rapid, non-linear increase in the extinction coefficient. This continues for 1 min with *iso*citric acid and for 2 min with citric acid as substrate after which the reaction rate is linear and proportional to the enzyme concentration. Thus measurements are made between the second and fifth minute. This effect, first noted by MORRISON and PETERS[2], has been explained by HERR et al.[3] as being due to the non-enzymic interaction of Fe^{++} with the substrates of aconitase to form a Fe^{++}-tricarboxylic acid chelate. This is then converted to a Fe^{+++}-tricarboxylic acid chelate which absorbs light at 240 mμ. The rate of formation of *cis*-aconitic acid from *iso*citric acid is about three times faster than from citric acid[4].

One unit of aconitase activity is defined as that amount which causes an increase in optical density of 0.001 per min at p_H 7.7 and 25° C. Specific activity is taken as units per mg of protein.

It is not possible to determine the aconitase activity from a study of the initial rates of the conversion of citric acid to *iso*citric acid or *vice versa* since a lag period occurs with both reactions.

Determination of aconitase activity in crude extracts.

Previous work on the assay of aconitase activity has been carried out using phosphate buffer extracts of tissues[5,6]. As phosphate causes inactivation of aconitase in the absence of substrate[7] and prevents reactivation[8], tissues should be extracted with citrate buffer (see Preparation). Usually any one of the above procedures can be used to determine the activity of the enzyme. However, if large samples of extract are required, difficulty may be encountered with method (c) because of high blank values. With methods (b) and (c), opalescent extracts should be clarified by centrifugation. When method (a) is used, the concentration of citric acid in the enzyme sample must also be determined.

---

* *Iso*citric acid, prepared by the method of FITTIG and MILLER[9], contains 50% of the naturally occurring isomer.

[1] RACKER, E.: Biochim. biophys. Acta 4, 211 (1950).
[2] MORRISON, J. F., and R. A. PETERS: Biochem. J. 58, 473 (1954).
[3] HERR, E. B., J. B. SUMNER and D. W. YESAIR: Biochim. biophys. Acta **20**, 310 (1956).
[4] MORRISON, J. F.: Austral. J. exp. Biol. med. Sci. **32**, 867 (1954).
[5] JOHNSON, W. A.: Biochem. J. **33**, 1046 (1939).
[6] JACOBSOHN, K. P., et J. TAPADINHAS: C.R. Soc. Biol. **133**, 109 (1940).
[7] MORRISON, J. F.: Austral. J. exp. Biol. med. Sci. **32**, 877 (1954).
[8] DICKMAN, S. R., and A. A. CLOUTIER: J. biol. Ch. **188**, 379 (1951).
[9] FITTIG, R., u. H. E. MILLER: A. **255**, 43 (1889).

Properties. *Stability and activation.* There are a number of reports concerning the instability of aconitase[1-3]. The work of DICKMAN and CLOUTIER[4] and MORRISON[5] has shown that the instability is not due to denaturation of the apoenzyme, but rather to the loss of prosthetic group(s). The activity of dialysed preparations can be restored by the addition of Fe^{++} and a reducing agent. Loss of enzymic activity can also be prevented by the addition of citric acid[1].

Table 2. *Relative concentrations of the substrates of aconitase at equilibrium.*

Conditions			Substrate concentration (%)			
Phosphate buffer (M)	pH	Temp. (°C)	citric acid	*cis*-aconitic acid	*iso*citric acid	Ref.
0.025	7.4	37	89.2	3.1	7.7	7
0.025	6.8	38	89.5	4.3	6.2	8
*	7.4	25	90.9	2.9	6.2	9

* $NaHCO_3$ (0.03 M) —CO_2 (5%) buffer.

The enzymic activity of purified aconitase can be increased 15-fold by the addition of Fe^{++} (5×10^{-4} M) and 70-fold by the addition of both Fe^{++} and cysteine (0.01 M)[6]. The enzyme is also activated by the combination of Fe^{++} with other reducing agents, although none is as effective as cysteine. The order of activation is cysteine > thioglycollate > ascorbate > glutathione at a concentration of 0.01 M and cysteine > thioglycollate = glutathione > ascorbate at a concentration of 0.025 M. There is no activation by reducing agents alone. The enzyme activity is not increased when the activation and test are carried out under N_2, but rapid shaking in air of the reaction mixture causes a small loss of activity[6].

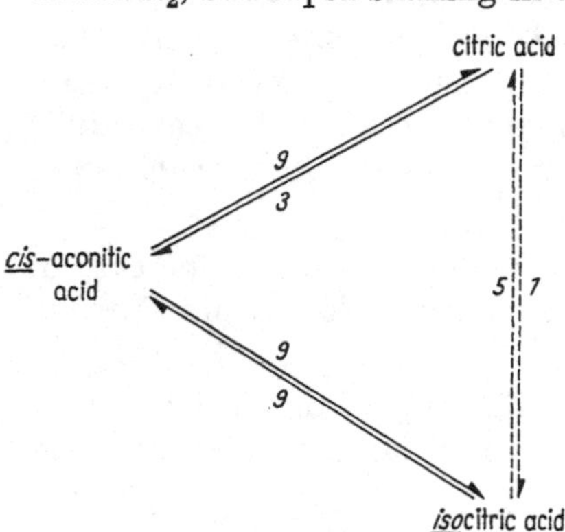

Fig. 2. Relative rates of the reactions catalysed by aconitase.

Substrate specificity. Aconitase will not hydrate citraconic acid[10], *trans*-aconitic acid[11] or any of the three isomeric monomethyl esters of *cis*-aconitic acid[12]. Dimethyl citric, itaconic and tricarballylic acids are not acted upon by aconitase[13].

Equilibrium. The equilibrium of the reaction catalysed by aconitase (Table 2) lies predominantly towards citric acid. Temperature and pH have only a slight effect on the equilibrium[8, 9], but Mg^{++} further shifts it towards citric acid[8, 14] apparently as a result of the formation of a Mg-citrate complex.

Course of the reaction. The rates of the individual reactions (Fig. 2) responsible for the attainment of equilibrium vary greatly[15]. As a result, when the reaction is started with *cis*-aconitic acid, *iso*citric acid reaches a maximum value of 30% and only then falls to the equilibrium value. When *iso*citric acid is used to start the reaction, *cis*-aconitic acid reaches a maximum value of 15%[7] (cf. Table 2).

Inhibitors. Aconitase is inhibited by Cu^{++}, Hg^{++}, Na_2S, pyrophosphate, alloxan[3], p-chloromercuribenzoate[16], o-phenanthroline, α:α'-dipyridyl[4] and Versene[17] The latter

1 BUCHANAN, J. M., and C. B. ANFINSEN: J. biol. Ch. **180**, 47 (1949).
2 OCHOA, S.: J. biol. Ch. **174**, 133 (1948).
3 KREBS, H. A., and L. V. EGGLESTON: Biochem. J. **38**, 426 (1944).
4 DICKMAN, S. R., and A. A. CLOUTIER: J. biol. Ch. **188**, 379 (1951).
5 MORRISON, J. F.: Biochem. J. **56**, 99 (1954).
6 MORRISON, J. F.: Biochem. J. **58**, 685 (1954).
7 MARTIUS, C., u. H. LEONHARDT: H. **278**, 208 (1943).
8 KREBS, H. A., and L. V. EGGLESTON: Biochem. J. **37**, 334 (1943).
9 KREBS, H. A.: Biochem. J. **54**, 78 (1953).
10 JACOBSOHN, K. P., et M. SOARES: C.R. Soc. Biol. **131**, 652 (1939).
11 SAFFRAN, M., and J. L. PRADO: J. biol. Ch. **180**, 1301 (1949).
12 SPEYER, J. F., and S. R. DICKMAN: J. biol. Ch. **220**, 193 (1956).
13 BERGER, A., and G. S. AVERY: Amer. J. Bot. **31**, 11 (1944).
14 JACOBSOHN, K. P.: Enzymologia **8**, 327 (1940).
15 MORRISON, J. F.: Austral. J. exp. Biol. med. Sci. **32**, 867 (1954).
16 GRISOLIA, S.: Rev. esp. Fisiol. **6**, 219 (1950).
17 MORRISON, J. F.: Unpublished experiments.

three compounds inhibit only when pre-incubated with the enzyme in the absence of substrate. The inhibition by p-chloromercuribenzoate can be reversed by both glutathione and B.A.L. (2:3-dimercaptopropanol). Thus thiol groups are essential for activity. The enzyme is not inhibited by cyanide or azide[1]. *Trans*-aconitic acid[2] and fluorocitric acid (isolated from kidney preparations incubated with fluoroacetic acid) and the synthetic compound[3] inhibit aconitase competitively. Synthetic fluorocitric acid can also give rise to a non-competitive inhibition[3].

Other properties. The p_H optimum of aconitase is influenced by the composition of the buffer in which the reaction is carried out[4]. Thus the optimum in glycerophosphate is p_H 7.5; in phosphate, p_H 7.7; in N-ethyl morpholine, p_H 8.1 and veronal acetate, p_H 8.6. In a particular buffer, the same p_H optimum is found irrespective of the reaction studied[4].

Table 3. *Michaelis constants of aconitase.*

Substrate	Conditions			Michaelis constant (moles/l)	Ref.
	Phosphate buffer(M)	pH	Temp. (°C)		
Citric acid . . .	0.05	7.7	22	3.6×10^{-3}	5
	0.05	7.4	25	1.1×10^{-3}	6
	0.01	7.4	25	0.9×10^{-3}	7
cis-aconitic acid	0.05	7.7	22	1.2×10^{-4}	5
	0.01	7.4	25	0.9×10^{-4}	7
iso-citric acid .	0.05	7.7	22	4.8×10^{-4}	5
	0.05	7.4	25	4.0×10^{-4}	6
	0.01	7.4	25	3.2×10^{-4}	7

The Michaelis constants of aconitase for citric acid, *cis*-aconitic acid and *iso*citric acid are shown in Table 3.

Phosphopyruvat-Hydratase.

[4.2.1.11 D-2-Phosphoglycerat-Hydrolyase (Enolase).]

Von

Rudolf Czok*.

Mit 1 Abbildung.

Einführung. Die enzymatisch katalysierte Reaktion

$$\text{D-2-Phosphoglycerat} \xrightleftharpoons{Mg^{++}} \text{Phosphoenolpyruvat} + H_2O$$

wurde von LOHMANN und MEYERHOF[8] mit dialysiertem Muskelsaft entdeckt. WARBURG und CHRISTIAN kristallisierten das Enzymprotein aus Hefe als Quecksilbersalz[9]. Isolierung

* Physiologisch-chemisches Labor, Farbwerke Hoechst AG, Frankfurt-Höchst.

Abkürzungen: ÄDTA = Na_2-Äthylendiamintetraacetat; E = Einheiten, definiert nach BEISENHERZ et al.[10], s. S. 671; PEP = Phosphoenolpyruvat; 2-PG = D-2-Phosphoglycerat; Pyr = Pyruvat; Lac = Lactat; DPN und DPNH = oxydiertes und reduziertes Diphosphopyridin-nucleotid; ADP und ATP = Adenosindiphosphat und Adenosintriphosphat; EN = Enolase; TIM = Triosephosphat-Isomerase; PGK = Phosphoglyceratkinase; GAPDH = Glyceraldehydphosphatdehydrogenase.

[1] MORRISON, J. F.: Unpublished experiments.
[2] SAFFRAN, M., and J. L. PRADO: J. biol. Ch. 180, 1301 (1949).
[3] MORRISON, J. F., and R. A. PETERS: Biochem. J. 58, 473 (1954).
[4] MORRISON, J. F.: Austral. J. exp. Biol. med. Sci. 32, 877 (1954).
[5] MORRISON, J. F.: Austral. J. exp. Biol. med. Sci. 32, 867 (1954).
[6] RACKER, E.: Biochim. biophys. Acta 4, 211 (1950).
[7] TOMIZAWA, J.: J. Biochem. 40, 339 (1953).
[8] LOHMANN, K., u. O. MEYERHOF: B. Z. 273, 60 (1934).
[9] WARBURG, O., u. W. CHRISTIAN: B. Z. 310, 384 (1941).
[10] BEISENHERZ, G., H. J. BOLTZE, T. BÜCHER, R. CZOK, K. H. GARBADE, E. MEYER-ARENDT u. G. PFLEIDERER: Z. Naturforsch. 8b, 555 (1953).

und Kristallisation der Phosphopyruvat-Hydratase, im folgenden Text der Kürze wegen Enolase genannt, aus Kaninchenskeletmuskulatur gelangen BEALING et al.[1].

Spezifität. Die bisherigen Untersuchungen umfassen die in Tabelle 1 angeführten substratähnlichen Verbindungen. Keine dieser Substanzen zeigt einen Umsatz, der zu Reaktionsprodukten mit einer Absorption bei 240 mμ führt. Die kompetitive Hemmung durch Analoge und Homologe der 2-Phosphoglycerinsäure läßt auf die Bindung von Phosphatestern der Hydroxycarbonsäuren schließen. Zur Bindung an die Wirkungsgruppe des Enzyms sind sowohl eine Carboxyl- als auch eine phosphatveresterte Hydroxylgruppierung nötig. Stehen beide Gruppen benachbart, so erhöht sich die hemmende Wirkung.

Enolase setzt nur die D-Komponente des racemischen 2-Phosphoglycerates um[2]. Eine Aktivitätsminderung bei hohen Konzentrationen des Racemates wurde von MALMSTRÖM auf eine kompetitive Hemmung durch L-2-Phosphoglycerat bezogen. Diese Annahme ist nicht haltbar, weil hohe Konzentrationen von D-2-Phosphoglycerat die gleiche Wirkung auf Hefeenolase und Muskelenolase ausüben[1,3,4]. WOLD und BALLOU[3] nehmen die Bindung eines zweiten Substratmoleküls in der Nachbarschaft der Wirkungsgruppe der Enolase an.

Tabelle 1. *Hemmung der Enolase durch Analoge des D-2-Phosphoglycerates*[5].

Substanz	Hemmung	K_i [mM]
β-Glycerophosphat	keine	
Dihydroxyacetonphosphat	keine	
D-Glyceraldehyd-3-phosphat	keine	
L-Lactat	keine	
L-Phospholactat	kompetitiv	0,35
β-Hydroxypropionsäurephosphat	kompetitiv	0,45
D-3-Phosphoglycerat	kompetitiv	0,45
D-erythro-2,3-Dihydroxy-butyrat-2-phosphat	kompetitiv	0,60
D-erythro-2,3-Dihydroxy-butyrat-3-phosphat	kompetitiv	3,3

Aus diesen Untersuchungen folgt, daß sich die Enolase durch eine strenge Spezifität für die natürlichen Substrate D-2-Phosphoglycerat und Phosphoenolpyruvat auszeichnet.

Vorkommen. Untersuchungen verschiedener Arbeitskreise können nur so weit miteinander verglichen werden, wie die Testbedingungen gleich oder nur wenig voneinander verschieden sind. In Tabelle 2 sind Daten der Literatur wiedergegeben, die nach dem Testprinzip B (s. S. 672) gewonnen wurden.

In allen bisher untersuchten Organen wurde Enolase nachgewiesen, wenn auch mit Aktivitätsdifferenzen von zwei Größenordnungen. Selbst in anatomisch und funktionell sehr ähnlichen Geweben wie der roten und weißen quergestreiften Muskulatur des Kaninchens ist der Unterschied der Aktivitäten, bezogen auf g Frischgewicht, beträchtlich. Es ist also wichtig, bei einem Vergleich auf eine möglichst genaue Differenzierung des Ausgangsgewebes und auf die Abgrenzung gegen „Fremdgewebe" zu achten. Dies gilt ganz besonders für Untersuchungen an Blutzellen, von denen Leukocyten eine 500mal so hohe Aktivität aufweisen wie Erythrocyten.

Die Extrahierbarkeit des größten Teils der Enolase-Aktivität aus Geweben unter mechanisch und osmotisch schonenden Bedingungen, wie sie zur Isolierung intakter Mitochondrien angewandt werden, bedeutet die Lokalisation dieses Enzyms im cytoplasmatischen Raum der Zellen. Eine Ausnahme bildet möglicherweise das Gehirngewebe, in dessen mitochondrialer Fraktion in Übereinstimmung mit Beobachtungen an der intakten Glykolyse isolierter Mitochondrien[6] Enolase-Aktivität gefunden wurde[7].

[1] BEALING, J. F., R. CZOK, L. ECKERT u. I. JÄGER: Unveröffentlicht.
[2] LOHMANN, K., u. O. MEYERHOF: B. Z. **273**, 60 (1934).
[3] WOLD, F., and C. E. BALLOU: J. biol. Ch. **227**, 313 (1957).
[4] BOSER, H.: H. **315**, 163 (1959).
[5] WOLD, F., and C. E. BALLOU: J. biol. Ch. **227**, 301 (1957).
[6] BALÁZS, R., and J. R. LAGNADO: J. Neurochem. **5**, 1 (1959).
[7] PETTE, D., u. W. LUH: unveröffentlicht.

Tabelle 2. *Enolase-Aktivität tierischer Organe sowie menschlichen Operations- und Sektionsmaterials, angegeben in μMol 2-Phosphoglycerat-Umsatz pro Std und g Gewebe (feucht) bzw. pro 10^{11}-Blutzellen.*

Gewebe	Aktivität	Lit.	Gewebe bzw. Zellart	Aktivität	Lit.
Skelet-Muskulatur			Nierenrinde, Mensch	245*	2
M. soleus (rot), Kaninchen	1260	1	Nierenmark, Mensch	196*	2
M. add. mag. (weiß), Kaninchen	16600	1	Leber, Kaninchen	1420	1
M. add. mag., Ratte	10350	1	Leber, Ratte	930	1
M. rectus abd., Mensch	1280	2	Leber, Mensch	875	2
Brustmuskel, Taube	10000	1	Pankreas, Mensch	207*	2
indirekter Flugmuskel, Locusta migratoria	3200	1	Lunge, Mensch	157*	2
Sprungmuskeln Locusta migr.			Magenmucosa, Mensch	383	2
Flexor tibiae	2830	1	Fettgewebe, Mensch	96	2
Extensor tibiae	5000	1	Lymphknoten, Mensch	640	2
Herz-Muskulatur			Erythrocyten, Mensch	900	2
Ratte	1220	1		935	1
Ochse	1250	1		1032	3
Mensch	100*	2	Leukocyten, Mensch	393000	4
Glatte Muskulatur,			Granulocyten, Mensch	184600	5
Uterus, Mensch			Thrombocyten, Mensch	1290	3
in Ruhe	200	2	Lymphocyten, Mensch	59000	5
während der Geburt	250	2	Erythroblasten, Mensch (Leukämie)	134000	5
Pansen, Rind	470	1	Paramyeloblasten, Mensch (Leukämie)	123000	5
Magen, Mensch	310	2	Lymphocyten, Mensch (chronische Leukämie)	42900	5
Gehirn			Serum (normal), Mensch	0,17	6
Großhirn, Ratte	790	1			
Großhirnrinde, Mensch	630*	2			
Großhirnmark, Mensch	460*	2			
Kleinhirnhemisphäre, Mensch	740*	2			

Der Einfluß der Konzentrationen von Wasserstoffionen, D-2-Phosphoglycerat- und Magnesiumionen auf die Aktivität wird weiter unten an Hand der Tabelle 5 besprochen. An dieser Stelle soll nur bemerkt werden, daß bei höheren Substratkonzentrationen die Aktivitäten bis aufs Doppelte der in Tabelle 2 angegebenen Werte steigen können[6]. (Beispiel: M. rectus abdominis des Menschen[2].)

Es ist weiterhin wichtig, auf die Extrahierbarkeit der Enolase mit verschiedenen Medien und die Haltbarkeit in rohen Extrakten zu achten sowie die hemmende Wirkung von Phosphationen im Test zu berücksichtigen[2]. ÄDTA wirkt im allgemeinen auf die Enzymaktivitäten stabilisierend. Es vermindert im Leberextrakt jedoch die Enolase-aktivität um 30% und führt innerhalb von 20 Std zu einer weiteren Inaktivierung um 20%[6].

Niedermolekulare Substanzen aus Lebermitochondrien inaktivieren die Enolase sowohl in Extrakten aus der Bauchdeckenmuskulatur und der Leber als auch in kristallisierten Präparaten aus Kaninchenskeletmuskulatur[6]. In einem Leberextrakt, der unter völliger Zerstörung der Mitochondrien bereitet wird, ist die Aktivität der Enolase geringer als in einem solchen, bei dessen Herstellung die meisten Mitochondrien unverletzt erhalten geblieben sein dürften. Andere cytoplasmatische Enzyme werden nicht inaktiviert[2].

Wird Enolase im Vergleich mit Glyceraldehydphosphat-Dehydrogenase betrachtet, so ergibt sich eine bemerkenswert konstante Relation der Aktivitäten dieser Enzyme wie

[1] PETTE, D., u. W. LUH: Unveröffentlicht.
[2] SCHMIDT, E., u. F. W. SCHMIDT: Kli. Wo. **1960**, 957.
[3] GRIGNANI, F., u. G. W. LÖHR: Kli. Wo. **1960**, 796.
[4] LÖHR, G. W., u. H. D. WALLER: Kli. Wo. **1959**, 833.
[5] LÖHR, G. W., H. D. WALLER u. H. E. BOCK: Verh. dtsch. Ges. inn. Med. **66**, 1045 (1960).
[6] SCHMIDT, E., u. F. W. SCHMIDT: Unveröffentlicht.

auch derjenigen der Triosephosphat-Isomerase, Phosphoglycerat-Kinase und Phosphoglycerat-Mutase. Diese Beobachtung veranlaßte BÜCHER[1], den Begriff „Triosephosphat-Phosphoglycerat-Gruppe" zu prägen.

Enolase als Bestandteil des Muskelproteins. 60—70% des Proteins, das bei niederer Ionenkonzentration als Myogen aus dem Muskel extrahiert werden kann, entfallen auf die kristallisierbaren Enzyme der Glykolyse. Der Prozentanteil eines Enzymproteins ist als

$$\text{relative spezifische Aktivität } (\%) = \frac{\text{spezifische Aktivität des extrahierten Proteins} \times 100}{\text{spezifische Aktivität des kristallisierten Enzyms}}$$

zu berechnen[2]. Enolase macht 9,2% des Kaninchenmuskel-Myogens aus, wenn die Daten der Tabelle 3 hier eingesetzt werden. Dieser Wert ist um 3% kleiner als der vor kurzem angegebene[3], weil die Reinheit des kristallisierten Enzyms im Verlauf neuerer Präparationen von 2400 auf 3400 Einheiten pro mg Protein erhöht werden konnte[4].

Darstellung. Die Präparationsvorschrift von WARBURG und CHRISTIAN[5] zur Kristallisation der Enolase aus Bierhefe wurde von MALMSTRÖM[6] unter Beibehalten der ersten Schritte durch Verwendung von Zonenelektrophorese und Ionenaustauschchromatographie modifiziert. Da der zweite Weg größeren apparativen Aufwand erfordert, prinzipiell aber einfacher ist, seien beide Verfahren beschrieben.

Bei der Präparation der Enolase aus Kaninchenmuskulatur werden Proteinfraktionen gewonnen, die als Ausgangsmaterial für die Kristallisation von acht weiteren Enzymen der Glykolyse verwandt werden können[3].

***Darstellung von kristallisierter Enolase aus Bierhefe nach* WARBURG *und* CHRISTIAN[5].**

Sofern nicht anders angegeben, werden alle Schritte der Präparation in schneller Aufeinanderfolge bei einer Temperatur von 0° C ausgeführt. Lösungen, die zum Fällen des Proteins zugesetzt werden, sind auf 0° C zu kühlen.

Extraktion. 3,3 kg gewaschene und an der Luft getrocknete Bierhefe werden $2^1/_2$ Std bei 38° C in 10 l Wasser gerührt. Die Hefezellen werden abzentrifugiert. Vor der weiteren Verarbeitung bleibt der Überstand (5,1 l) 24 Std bei 0° C stehen.

Acetonfällung. Unter schnellem Rühren werden 2550 ml Aceton hinzugefügt; der entstehende Niederschlag wird abzentrifugiert und verworfen. Auf den Zusatz von weiteren 2550 ml Aceton fällt das aktive Protein aus und wird durch Zentrifugation vom Überstand abgetrennt. Das Sediment wird mit 2500 ml Wasser aufgenommen, ungelöstes Protein wird abzentrifugiert.

Erste Fraktionierung mit Alkohol. Die 2390 ml des Überstandes werden mit 1 n Essigsäure (etwa 127 ml) auf p_H 4,76 angesäuert, inaktives Protein wird mit 1960 ml Äthanol gefällt, abzentrifugiert und verworfen. Das Enzymprotein wird mit weiteren 910 ml Äthanol gefällt, abzentrifugiert, mit 1 l Wasser verrührt und durch Zentrifugieren vom ungelösten Protein getrennt.

Zweite Fraktionierung mit Alkohol. Zu 1100 ml des klaren Überstandes werden 635 ml Äthanol gegeben, die entstehende Trübung wird abzentrifugiert und verworfen. Aus dem Überstand wird mit 310 ml Äthanol das aktive Protein gefällt. Nach dem Zentrifugieren wird das Enzymprotein in 900 ml Wasser gelöst und vom Ungelösten durch Zentrifugieren befreit.

Fällung mit Nucleinsäure. Zu 900 ml der Lösung werden 22 ml 1 m Acetatpuffer (p_H 4,5) hinzugesetzt, und mit 0,1 n Essigsäure (94 ml) wird ein p_H-Wert von 4,65

[1] BÜCHER, T.: Vortrag, „Fondazione Bottazzi", Montecatini 1960.
[2] BEISENHERZ, G., H. J. BOLTZE, T. BÜCHER, R. CZOK, K. H. GARBADE, E. MEYER-ARENDT u. G. PFLEIDERER: Z. Naturforsch. 8b, 555 (1953).
[3] CZOK, R., u. T. BÜCHER: Adv. Protein Chem. **15**, 315 (1960).
[4] CZOK, R., L. ECKERT u. I. JÄGER: Unveröffentlicht.
[5] WARBURG, O., u. W. CHRISTIAN: B. Z. **310**, 384 (1941).
[6] MALMSTRÖM, B. G.: Arch. Biochem. **70**, 58 (1957).

eingestellt. Mit 120 ml Nucleinsäurelösung (1 g Hefenucleinsäure Merck in 39 ml Wasser suspendiert und mit 1,2 ml 1 n Natronlauge bei p_H 4,5 gelöst) fällt das Enzymprotein aus, wird abzentrifugiert und zweimal mit 400 ml 0,02 m Acetatpuffer (p_H 4,5) durch Zentrifugieren gewaschen.

Entfernen der Nucleinsäure mit Protamin. Das Sediment wird in 300 ml Wasser fein zerteilt und mit 0,1 n Natronlauge (24 ml) bis zur schwach sauren Reaktion gegen Lackmus gelöst. Zuviel Natronlauge bedingt eine Inaktivierung des Enzyms und führt im nächsten Schritt infolge der Mitfällung aktiven Proteins zu größeren Verlusten. 26 ml 5%ige Sturinsulfatlösung, schwach sauer gegen Lackmus, fällen bei p_H 4,6 die Nucleinsäure aus, die abzentrifugiert wird. Der Überstand wird mit 0,1 n Natronlauge auf p_H 6,2 gebracht, eine entstehende Trübung wird entfernt.

Erhitzen auf 53° C. Nach dem Zusatz von 20 g $MgSO_4 \times 7\,H_2O$ bleibt die Lösung 17 Std bei 38° C stehen und wird dann 15 min auf 53° C erhitzt. Das hitzedenaturierte Protein wird abzentrifugiert.

Erste Dialyse. Der Überstand wird 24 Std lang gegen 20 l 1 mM Ammoniak dialysiert, die auftretende Trübung wird abzentrifugiert und die überstehende Lösung gefriergetrocknet. Das Trockenpräparat, aus dem die Enolase kristallisiert werden kann (s. unten), hat eine Reinheit von 0,5.

Zweite Dialyse. 8,8 g des Trockenpräparates werden in 88 ml Wasser gelöst, eine Trübung wird abzentrifugiert. Man dialysiert 7 Tage gegen eine 18 vol.-%ige Äthanollösung und lyophilisiert. Das Trockenpräparat mit einer Reinheit von 0,75 ist frei von Phosphoglycerat-Mutase und ist, über Calciumchlorid bei 0° C aufbewahrt, ohne Wirkungsverlust monatelang haltbar.

Kristallisation der Enolase. Von dem Trockenpräparat, das nach der ersten Dialyse gewonnen wurde, werden 2 g in 20 ml Wasser gelöst. Die Trübung wird entfernt und das Enzymprotein mit 60 ml gesättigter Ammoniumsulfatlösung gefällt. Der Niederschlag, mit einer hochtourigen Zentrifuge abgetrennt, wird mit 20 ml halbgesättigter Ammoniumsulfatlösung, die 0,1 m Ammoniak enthält, suspendiert. Man gibt tropfenweise Wasser hinzu, bis alles eben gelöst ist. 1,2 g Faserton (Merck) werden 40 ml der Lösung hinzugefügt, die Suspension wird 5 min bei Zimmertemperatur gerührt. Nach dem Zentrifugieren wird $^1/_{10}$ Volumen $HgSO_4$-Lösung (1,5 g/100 ml, mit Ammoniak schwach alkalisch gemacht) dem Überstand hinzugefügt, so daß eine Lösung mit etwa 1 mg Hg/ml zustande kommt. 44 ml der klaren Lösung werden mit 2,2 ml 1 n Ammoniak versetzt und einige Stunden bei Zimmertemperatur stehengelassen, dann wird unter Rühren bis zur eben beginnenden Trübung gesättigte Ammoniumsulfatlösung langsam hinzugegeben. Tropfenweise fügt man darauf unter ständigem Rühren und Abwarten nach jedem Zusatz Wasser hinzu, bis die Trübung eben verschwindet. In einer offenen Schale über Kieselgel beginnt bei Zimmertemperatur im Exsiccator (ohne Vakuum) in wenigen Stunden die Kristallisation in Nadeln, die nach 17 Std vollständig ist.

Bei zweimaligem Waschen durch Zentrifugieren mit 0,65-gesättigter Ammoniumsulfatlösung werden Reste der Nucleinsäure entfernt. Das Kristallisat hat die höchste Reinheit. Aus dem inaktiven Hg-proteinat werden durch die nachfolgende Dialyse das Quecksilber entfernt und das enzymaktive Protein freigesetzt. 800 mg Protein, in 30 ml ammoniakalischem, halbgesättigtem Ammoniumsulfat gelöst, werden gegen 2000 ml halbgesättigte Ammoniumsulfatlösung (0,1 n an NH_3 und 0,01 n an KCN) dialysiert. Die Außenlösung wird nach 17 Std und nochmals nach weiteren 10 Std ausgewechselt. Das so erhaltene Protein hat die Reinheit 1,0 und einen Molumsatz von 9900 M D-2-Phosphoglycerat pro 100000 g Protein in 1 min bei 20° C.

Nach dieser Vorschrift ist von BÜCHER[1] und MALMSTRÖM[2] mehrfach die Enolase kristallisiert worden. MALMSTRÖM[3] zeigt die Einheitlichkeit des Proteins in der

[1] BÜCHER, T.: Colowick-Kaplan, Meth. Enzymol. Bd. I, S. 427.
[2] MALMSTRÖM, B. G.: Arch. Biochem. **70**, 58 (1957).
[3] MALMSTRÖM, B. G.: Arch. Biochem. **46**, 345 (1953).

Elektrophorese und der Ultrazentrifugation, weist aber auf Schwierigkeiten der Präparation hin[1]. Sie sollen durch die Flüchtigkeit des Ammoniaks, hierdurch bedingte p_H-Verschiebungen und daraus folgende Ungenauigkeiten der Hg^{++}-Konzentration bei der Kristallisation sowie durch andere Faktoren verursacht sein und zu Präparaten führen, die elektrophoretisch nicht immer einheitlich sind. Deshalb ist das zweite Verfahren ausgearbeitet worden.

Reinigung der Enolase aus Bierhefe nach MALMSTRÖM[1].

Vorbereitung der Hefe. 10 kg gewaschene und ausgepreßte Hefe werden in einer 3 cm dicken Schicht auf Filterpapier ausgebreitet und bei Zimmertemperatur im Luftstrom getrocknet.

Extraktion. 3 kg Trockenhefe werden in 9 l dest. Wasser suspendiert und 3 Std bei 38° C gehalten. Dann werden die Hefezellen bei 2500 × g in 60 min sedimentiert.

Die folgenden Präparationsschritte werden im Kühlraum bei 4° C ausgeführt.

Fraktionierung mit Aceton. Zu 4200 ml des Extraktes werden langsam unter ständigem Rühren 2100 ml Aceton hinzugesetzt. Die entstehende Fällung wird nach Abzentrifugieren verworfen. Mit weiteren 2100 ml Aceton wird das Enzymprotein ausgefällt, in der Zentrifuge sedimentiert und mit 2000 ml Wasser gelöst. Ungelöstes Material wird entfernt und verworfen.

Fraktionierung mit Alkohol. Mit 1 n Essigsäure (105 ml) stellt man den Überstand auf p_H 4,8 ein und fügt langsam unter ständigem Rühren 1240 ml 95%iges Äthanol hinzu. Inaktives, ausfallendes Protein wird verworfen. Dem Zentrifugationsüberstand setzt man erneut 1240 ml Äthanol zu. Das aktive Protein fällt aus, wird abzentrifugiert, in 800 ml Wasser gelöst und 15 Std gegen 10 l dest. Wasser dialysiert. Nach dem Abtrennen der Trübung wird die Lösung gefriergetrocknet und ergibt das *Trockenpräparat 1* mit einer Reinheit von 0,19 und mindestens fünf elektrophoretisch differenzierbaren Proteinkomponenten.

Zonenelektrophorese. Als Träger wird Baumwolle verwendet, die folgendermaßen vorbereitet ist: Reine Baumwolle guter Qualität wird 24 Std in absolutem Äthanol, das durch Einleiten von Chlorwasserstoffgas oder durch Reaktion mit Acetylchlorid 1 m an HCl gemacht wurde, unter dem Rückflußkühler erhitzt (115 g Baumwolle mit 4 l äthanolischem Chlorwasserstoff). Das zurückbleibende Material wäscht man mehrfach mit Äthanol, bis der Überstand farblos geworden ist; nach Waschen mit Wasser und Resuspension in Äthanol wird das Pulver getrocknet.

Die Elektrophoreseapparatur entspricht dem Prinzip der von PORATH[2] angegebenen. Die Säule ist 60 cm lang und hat einen Durchmesser von 3 cm. Mit ihr kann bis zu 1 g des Trockenpräparates 1 elektrophoretisch aufgetrennt werden. Der Puffer von p_H 8,2 und der Ionenstärke 0,05 besteht aus 15,4 mM NaH_2PO_4 und 11,5 mM $Na_2B_4O_7$.

1 g des Trockenpräparates 1 wird in 6 ml Puffer gelöst und bei 4° C auf die Säule aufgetragen. Eine gelbgefärbte Komponente der Lösung, die eine etwas größere elektrophoretische Beweglichkeit aufweist, ermöglicht die Orientierung über das Verhalten der Enolase während der Elektrophorese. Die Zone des aufgetragenen Proteins wird mit durchlaufendem Puffer 3 cm weit in die Cellulosesäule hineingewaschen, bevor die eigentliche elektrophoretische Auftrennung bei 55 mA beginnt. Nach 59 Std hat die gelbe Komponente das untere Ende der Säule erreicht. Schnellere Proteine sind bereits in die Pufferwanne übergetreten. Mit einer Geschwindigkeit von 1 ml/min wird das Enolaseprotein mit durchlaufendem Puffer eluiert und mit einem automatischen Sammler fraktioniert aufgefangen. Drei Proteinkomponenten zeigen Enolaseaktivität; die zuletzt erscheinende und quantitativ größte entspricht dem nach WARBURG und CHRISTIAN[3] kristallisierten Protein. Nur diese Fraktion wird weiter gereinigt. Nach einer Dialyse

---

[1] MALMSTRÖM, B. G.: Arch. Biochem. **70**, 58 (1957).
[2] PORATH, J.: Acta chem. scand. **8**, 1813 (1954).
[3] WARBURG, O., u. W. CHRISTIAN: B. Z. **310**, 384 (1941).

gegen 1 mM $MgSO_4$ und Gefriertrocknung erhält man das *Trockenpräparat 2* mit 45% der gesamten eingesetzten Aktivität und einem Reinheitsgrad von 0,75.

Ionenaustauschchromatographie. Sulfomethylcellulose mit einer Austauschkapazität von 0,4 mÄq (1 g trockener Austauscher) wird in eine Säule von 1 cm Durchmesser und 12 cm Länge gefüllt, mit 20 ml 1 m $MgSO_4$ beladen und mit 20 ml Wasser von überschüssigen Magnesiumionen befreit. Bis zu 15 mg der Trockenfraktion 2, gelöst in 1,5 ml Wasser, können auf die Säule aufgetragen werden. Die Lösung hat einen p_H-Wert von etwa 6; eine Pufferung erhöht den Elektrolytgehalt so weit, daß die Kapazität des Austauschers merklich beeinflußt wird. Mit 20 ml Wasser werden inaktive Proteine ausgewaschen, und anschließend wird mit 25 ml 1 m KCl das aktive Protein eluiert. Die ersten 6 ml, die dem Volumen der flüssigen Phase der Säule entsprechen, sind frei von Protein und werden verworfen, die folgenden 6 ml enthalten 75% der aufgetragenen Aktivität mit 57% des Proteins. Die quantitativ geringe Leistungsfähigkeit des beschriebenen Verfahrens wird durch seine Einfachheit und Schnelligkeit aufgewogen. Es ist möglich, mit derselben Säule mehrmals an einem Tag Trennungen auszuführen. Nach fünf aufeinanderfolgenden Trennungsgängen muß die Säule mit 25 ml 0,1 n Natronlauge regeneriert werden.

Die so gewonnenen Proteinfraktionen (30 ml) werden vereinigt, gegen 2 l Wasser dialysiert und gefriergetrocknet. Das *Trockenpräparat 3* hat eine Reinheit von 0,83 und kann durch eine Wiederholung der Zonenelektrophorese von 5% inaktivem Protein befreit werden. In der Ultrazentrifuge sedimentiert es einheitlich.

***Kristallisation der Enolase aus Kaninchenskeletmuskulatur nach* BEALING *u. Mitarb.*[1].**

Die Präparation wird ausschließlich im Kühlraum (4° C) ausgeführt. Das Wasser ist aus Quarzgefäßen destilliert worden und enthält einen Zusatz von ÄDTA (1,5 mM). Das verwendete Ammoniumsulfat wurde aus ÄDTA-haltiger Lösung umkristallisiert[2].

Extraktion. Das weitgehend fett- und sehnenfreie Muskelmaterial wird mit einem Fleischwolf zerkleinert und mit 2 l Wasser pro kg Muskelgewebe mit einem Starmix oder Ultraturrax (Jancke u. Kunkel, Staufen/Breisgau, Type TP 18/2) in 90 sec homogenisiert. Nach halbstündigem Rühren werden der Brei zentrifugiert (15 min, $2200 \times g$), der Überstand durch Glaswolle filtriert und das Sediment noch einmal mit 1 l Wasser pro kg des Ausgangsmaterials wie oben angegeben homogenisiert, gerührt und zentrifugiert. Die vereinigten Überstände ergeben den Gesamtextrakt.

Ammoniumsulfatfraktionierung[2]. Die erforderlichen Mengen festen Ammoniumsulfates werden nach den von BEISENHERZ et al.[2] angegebenen Formeln errechnet. Die Zugabe muß langsam und kontinuierlich mit Hilfe eines Salzstreuers unter ständigem Rühren geschehen. Die genannten p_H-Werte müssen eingehalten werden, gegebenenfalls korrigiert man sie mit 50%iger Essigsäure oder mit konzentriertem Ammoniak. Vor der Zentrifugation des Präcipitates ist nach dem Ende der Salzzugabe etwa 30 min zu warten. Mit der ersten Salzportion soll die Molarität 1,75, p_H 5,8, erreicht werden. Die Hälfte des berechneten Ammoniumsulfates wird innerhalb von 40 min mit der Hand zugegeben, der Rest im Laufe von 3 Std mit dem Salzstreuer. Das ausgefallene Protein wird bei $2200 \times g$ in 15 min abzentrifugiert und verworfen.

Für die zweite Fraktionierung wird die Ammoniumsulfatmolarität in 130 min auf 2,4 m, p_H 5,7, erhöht. Der Proteinniederschlag wird abzentrifugiert. Er enthält Aldolase, α-Glycerophosphatdehydrogenase, Phosphoglyceratmutase, Anteile der Lactatdehydrogenase und Pyruvatkinase. Diese Enzyme können daraus kristallisiert werden[2-4].

---

[1] BEALING, J. F., R. CZOK, L. ECKERT u. I. JÄGER: Unveröffentlicht.
[2] BEISENHERZ, G., H. J. BOLTZE, T. BÜCHER, R. CZOK, K. H. GARBADE, E. MEYER-ARENDT u. G. PFLEIDERER: Z. Naturforsch. 8b, 555 (1953).
[3] CZOK, R., u. T. BÜCHER: Adv. Protein Chem. 15, 315 (1960).
[4] CZOK, R., L. ECKERT u. I. JÄGER: Unveröffentlicht.

Dritte Fraktionierung: Im Laufe 1 Std wird Ammoniumsulfat bis zur Molarität 2,6 zugesetzt (p_H 5,8). Die Reste der Lactatdehydrogenase und Pyruvatkinase fallen aus und werden bei 2200 × g in 45 min abzentrifugiert. Sie können aus dem sedimentierenden Protein kristallisiert werden[1].

Mit der nächsten, der vierten Fraktionierung wird das Enolase-Protein zusammen mit den Resten der Phosphoglyceratmutase und Anteilen der Phosphoglyceratkinase und Triosephosphatisomerase amorph gefällt. Die Molarität wird von 2,6 in 110 min auf 3,2 (p_H 5,7) erhöht. Die Fällung sedimentiert in 60 min bei 2200 × g. Im Überstand bleiben Triosephosphatisomerase, Phosphoglyceratkinase und Glyceraldehydphosphatdehydrogenase, die in weiteren Fraktionierungen gewonnen werden können[1, 2].

Kristallisation der Enolase. Das gefällte Protein der vierten Fraktionierung (= Fraktion 4; 46,4 g) wird mit Ammoniumsulfat (2 m) bis zu einer Proteinkonzentration von 30 mg pro ml gelöst (1,5 l). Man erhöht die Ammoniumsulfatkonzentration im Laufe von 2 Std langsam auf 2,55 durch die Zugabe umkristallisierten, trockenen Ammoniumsulfates (79,5 g). Die Lösung soll einen p_H-Wert von 5,2 haben. Das ausfallende Protein (6,2 g) enthält die Phosphoglyceratmutase-Aktivität, läßt sich in 30 min bei 2200 × g abzentrifugieren und kann zur Kristallisation dieses Enzyms verwendet werden[3]. Bei gleichem p_H-Wert entsteht unter langsamer Ammoniumsulfatzugabe (3 Std) bei der Molarität 2,75 (33 g Salz) ein leichter Seidenglanz, der die Kristallisation der Enolase anzeigt. Die Kristalle sind mikroskopisch bei 1000facher Vergrößerung im Dunkelfeld eben erkennbar, jedoch noch so klein, daß sie bei 22000 × g nur zu einem geringen Anteil sedimentieren, auch wenn man 2 Std zentrifugiert. Sie wachsen im Verlauf von 2 Tagen und haben das Aussehen, das in Abb. 1a wiedergegeben ist.

Mehrfache Umkristallisationen erhöhen die spezifische Aktivität und erniedrigen den Anteil der Enzyme, die neben der Enolase im Rohkristallisat vorhanden sind (Tabelle 3). Das Kristallisat wird 1 Std bei 22000 × g zentrifugiert, das Sediment in 2,5 m Ammoniumsulfat, 5 mM an ÄDTA, suspendiert und durch langsamen Wasserzusatz gelöst. Eine unter Umständen bei 2,2 m Ammoniumsulfat noch zurückbleibende Trübung wird abzentrifugiert und verworfen. Den Überstand bringt man bei p_H 5,3 im Laufe von 3 Std mittels Zugabe festen Ammoniumsulfates auf die Molarität 2,75, wobei die Enolase kristallisiert. Ein Versuchsprotokoll ist mit der Tabelle 3 wiedergegeben.

Tabelle 3. *Kristallisation der Enolase aus 4 kg Kaninchenskeletmuskulatur.*

	Enolase				TIM	PGK	GAPDH
	Protein [g]	Aktivität [E* × 10⁻⁶]	spezifische Aktivität [E* pro mg Protein]	Ausbeute [in %]	[E* pro mg Protein]		
Gesamtextrakt	147,0	46	313	100	8750	540	450
Fraktion 4	46,2	30	650	65	13700	1190	150
Rohkristallisat	23,5	27	1150	59	12400	940	42
1. Umkristallisation bei p_H 5,3	12,4	24	1930	52	3870	320	40
2. Umkristallisation bei p_H 5,3	9,5	20	2120	44	840	84	31
3. Umkristallisation bei p_H 5,3	6,9	17	2400	37	140	29	29
4. Umkristallisation bei p_H 5,3	5,2	13	2480	28	72	40	9
Umkristallisation bei p_H 6,4	1,8	6	3400	13	4	1	< 0,01

* E = Einheiten, definiert nach BEISENHERZ et al.: Z. Naturforsch. 8b, 555 (1953), s. S. 672.

Weitere Umkristallisationen bei p_H 5,3 führen zu einem Präparat mit geringeren Aktivitäten begleitender Enzyme ohne wesentlichen Anstieg der Enolaseaktivität. Das

[1] BEISENHERZ, G., H. J. BOLTZE, T. BÜCHER, R. CZOK, K. H. GARBADE, E. MEYER-ARENDT u. G. PFLEIDERER: Z. Naturforsch. 8b, 555 (1953).

[2] CZOK, R., u. T. BÜCHER: Adv. Protein Chem. 15, 315 (1960).

[3] CZOK, R., L. ECKERT u. I. JÄGER: Unveröffentlicht.

Protein sedimentiert einheitlich in der Ultrazentrifuge und enthält drei elektrophoretisch nachweisbare Komponenten, deren größte 75% des Proteins enthält (s. unten).

Bei p_H 6,4 kristallisiert die Enolase mit den größeren, in Abb. 1b wiedergegebenen Platten. Die Reinheit steigt auf 3400 Einheiten je mg Protein bei gleichzeitiger Verminderung der Aktivität von Triosephosphatisomerase, Phosphoglyceratkinase und Glyceraldehydphosphatdehydrogenase. Das vorige Kristallisat wird zentrifugiert. Das Sediment wird mit 2 m Ammoniumsulfat bis zu einer Proteinkonzentration von etwa 30 mg je ml gelöst und durch Ammoniak (3 m) auf p_H 6,4 eingestellt. Beim Erhöhen der Molarität durch Ammoniumsulfat bis auf 2,8 im Verlauf von 3—4 Std tritt ein Seidenglanz auf, und die Enolase kristallisiert in den oben angegebenen Formen. Nach etwa 24 Std ist der Kristallisationsprozeß abgeschlossen.

Eigenschaften. *Protein.* MALMSTRÖM fand in einigen seiner Kristallisate nach WARBURG[1] und in Präparaten, die aus seiner Trockenfraktion 1 kristallisiert worden waren, mit der Zonenelektrophorese 3 Hefeenolasefraktionen von verschiedener Beweglichkeit, jedoch mit gleicher spezifischer Aktivität, gleicher Sedimentationskonstanten und denselben Aminosäureendgruppen. Die Unterschiede mögen in der Anzahl der Säureamidgruppierungen liegen[2].

Tabelle 4. *Eigenschaften des Hefe-Enolase-Proteins.*

Sedimentationskonstante $s_{20,W}$ [10^{-13} sec]	5,73	2
	5,59	3
	5,82	4
Diffusionskonstante D [$cm^2 \times 10^{-7}$]	8,08	3
Molekulargewicht [g], berechnet aus		
$s_{20,W}$ und D	63700	3
8 M (Methionin-)S	67300	5, 6
Hg-Gehalt	64000—68000	5
Lichtzerstreuung	66000	7
terminalem Alanin	63500	6
NH_2-terminale Aminosäure	Alanin	6, 8
COOH-terminale Aminosäure	Leucin	8
Extinktion bei 280 mμ [cm^2/mg Protein]	0,9	5
Extinktionsquotient 280 mμ/260 mμ	1,7	2, 5
	1,75	4
Stickstoffgehalt [%]	17,3	5

Die bei p_H 5,3 kristallisierte Muskelenolase sedimentiert einheitlich. In der freien Elektrophorese bei p_H 8,2 (1° C, Ionenstärke 0,1) in Veronal-Natriumacetat-Puffer wandert das Protein in 3 Fraktionen von 78, 13 und 9%, deren langsamste und zugleich größte eine Beweglichkeit von $0{,}6 \times 10^{-5}\ cm^2 \times Volt^{-1} \times sec^{-1}$ hat[9]. Über die Aktivität der einzelnen Proteine liegen keine Untersuchungen vor.

Zum Vergleich mit den sehr ausführlichen Angaben über die Hefeenolase (Tabelle 4) stehen bislang nur wenige Daten vom Muskelenzym zur Verfügung. Dessen Sedimentationskonstante ist zu $s_{20\,W}^{1,5} = 5{,}8\ S$ bestimmt worden[9]. Die Extinktion beträgt bei 280 mμ 0,622 [cm^2/mg]; aus den Extinktionen bei 280 und 260 mμ ergibt sich ein Quotient von 1,89. Das Muskelenolaseprotein enthält 17,1% Stickstoff.

Das Hefeenolaseprotein besteht aus einer Peptidkette, an deren Carboxylende Leucin[8] und an deren Aminoende Alanin stehen. Dem Alanin benachbart sind Glykokoll und Lysin oder Valin[6]. Bemerkenswert ist das Fehlen von Cystin und Cystein, das erklärt, warum Quecksilber reversibel gebunden sein kann, ohne die Aktivität zu zerstören. Der gesamte Schwefel[1] ist in 8 M Methionin pro 67250 g Protein enthalten[6].

[1] WARBURG, O., u. W. CHRISTIAN: B. Z. **273**, 60 (1934).
[2] MALMSTRÖM, B. G.: Arch. Biochem. **70**, 58 (1957).
[3] BERGOLD, G.: Z. Naturforsch. **1**, 100 (1946).
[4] MALMSTRÖM, B. G.: Arch. Biochem. **46**, 345 (1953).
[5] WARBURG, O., u. W. CHRISTIAN: B. Z. **310**, 384 (1941).
[6] MALMSTRÖM, B. G., J. R. KIMMEL and E. L. SMITH: J. biol. Ch. **234**, 1108 (1959).
[7] BÜCHER, T.: Biochim. biophys. Acta **1**, 467 (1947).
[8] NYLANDER, O., and B. G. MALMSTRÖM: Biochim. biophys. Acta **34**, 196 (1959).
[9] ANKEL, H., T. BÜCHER, R. CZOK, R. SCHMIEDTBERGER u. H. E. SCHULTZE: Unveröffentlicht.

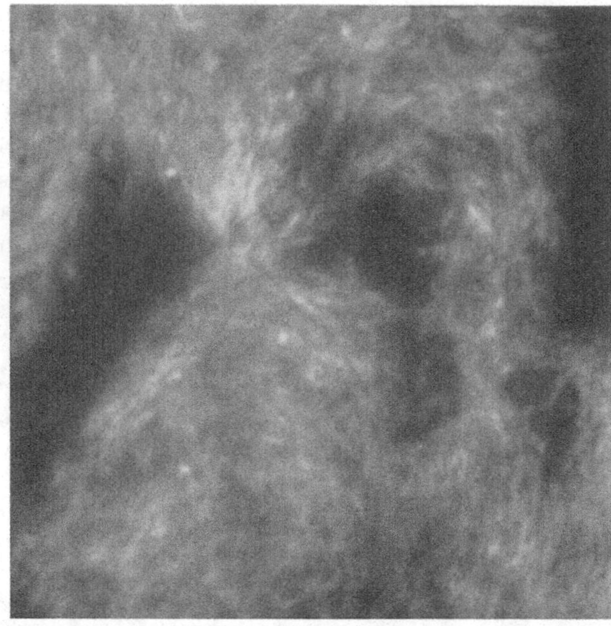

a

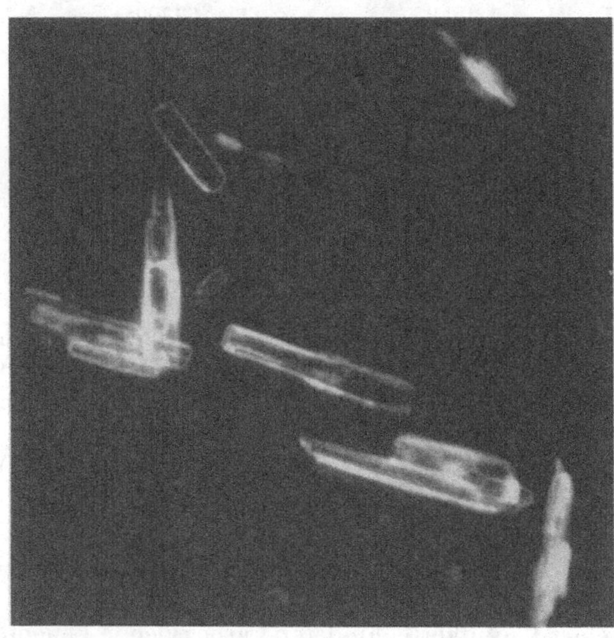

b

Abb. 1a—c. Kristallisierte Enolase aus Kaninchen-Skeletmuskulatur. a Kristallisation bei p_H 5,3. Vergr. 1100 ×. b Kristallisation bei p_H 6,4. Vergr. 500 ×.

Der Gesamtzahl von 72 anionischen Gruppen, die aus der Aminosäurezusammensetzung zu berechnen sind, stehen 86 kationische gegenüber. Obwohl die basischen Gruppen überwiegen, wurde der isoelektrische Punkt zu p_H 5,5 bestimmt[1]. Die geringe elektrophoretische Beweglichkeit[2], die mit steigendem p_H-Wert nicht wesentlich größer wird[3], läßt eine innermolekulare Bindung der basischen Gruppen über Wasserstoffbrücken vermuten[4].

Durch Exopeptidasen können vom Carboxyl- und vom Aminoende des Proteins bei gleichbleibender Enzymaktivität und unter gleichzeitiger Erniedrigung der Sedimentationskonstanten um 10—15% etwa 150 Aminosäuren abgespalten werden[5].

Die Enolase aus Kaninchenskeletmuskulatur kristallisiert aus Ammoniumsulfat in Abhängigkeit vom p_H-Wert in verschiedenen Formen mit differierenden Löslichkeitskonstanten[6] (p_H 5,3: $K_s = 0{,}81$, $\beta = 7{,}2$; p_H 7,8: $K_s = 1{,}1$, $\beta = 8{,}9$[7]). Den Löslichkeitsminima bei p_H 5,3, 6,4 und 7,5 sind die abgebildeten Kristallisate (Abb. 1a—c) zuzuordnen. Ein Maximum der Löslichkeit liegt bei p_H 5,9.

Enzymaktivität. Den Konstanten der Tabelle 5 sind die wesentlichsten Versuchsbedingungen vorangestellt, unter denen die Messungen ausgeführt wurden. Phosphatpuffer übt einen hemmenden Einfluß aus, der nicht allein in der Bindung aktivierenden Magnesiums besteht. WOLD und BALLOU[8] geben eine Phosphat-Inhibitorkonstante von 6,4 mM an. Der Temperaturkoeffizient der Hefeenolaseaktivität ist für eine Temperaturerhöhung um 10° C zu 2,3 bestimmt worden. Das entspricht einer Aktivierungsenergie von 14700 Kalorien pro Mol[9].

---

[1] MEYERHOF, O.; in: Sumner-Myrbäck, Enzymes Bd. I, S. 1210.
[2] MALMSTRÖM, B. G.: Arch. Biochem. **46**, 345 (1953).
[3] MALMSTRÖM, B. G., and L. E. WESTLUND: Arch. Biochem. **61**, 186 (1956).
[4] MALMSTRÖM, B. G., J. R. KIMMEL and E. L. SMITH: J. biol. Ch. **234**, 1108 (1959).
[5] NYLANDER, O., and B. G. MALMSTRÖM: Biochim. biophys. Acta **34**, 196 (1959).
[6] COHN, E. J.: Physiol. Rev. **5**, 349 (1925).
[7] CZOK, R., u. T. BÜCHER: Adv. Protein Chem. **15**, 315 (1960).
[8] WOLD, F., and C. E. BALLOU: J. biol. Ch. **227**, 313 (1957).
[9] WESTHEAD, E. W., and B. G. MALMSTRÖM: J. biol. Ch. **228**, 655 (1957).

Die niedrige Umsatzzahl für die Kaninchenmuskelenolase, die von BOSER[1] gefunden wurde, ist durch die hohe Phosphoglyceratkonzentration (2,7 mM) bedingt, bei der bereits eine Substrathemmung zu beobachten ist[1, 2].

Das p_H-Optimum ist relativ scharf begrenzt und liegt für die Enolasen verschiedener Herkunft nicht an der gleichen Stelle. Für den Umsatz von 2-Phosphoglycerat zu Phosphoenolpyruvat liegt das p_H-Optimum der Kaninchenmuskelenolase bei p_H 6,7, für die umgekehrte Reaktion bei 6,2. WOLD und BALLOU haben an der Hefeenolase zeigen können, daß die maximalen Umsatzgeschwindigkeiten, extrapoliert aus dem „Lineweaver-Burk-plot", bei p_H-Werten unter 7 für beide Substrate konstant bleiben. Der „saure Schenkel" der p_H-Optimumkurve ist also nicht durch die H^+-Konzentration, sondern durch den Dissoziationsgrad der Substrate bestimmt. Die Differenzen zwischen den p_H-Optima und den pK-Werten sind für beide Substrate gleich groß (vgl. Tabelle 7). (D-2-Phosphoglycerat)$^{3-}$ und (Phosphoenolpyruvat)$^{3-}$ sind die eigentlichen Substrate der Enolase. Der „basische Schenkel" der Optimumkurve gibt die Dissoziation einer enzymeigenen, die Aktivität bestimmenden Gruppierung vom $pK \sim 7{,}5$ wieder[3]. Sollten diese Überlegungen, die sich auf die Experimente an Hefeenolase gründen, auch für Enolasen anderer Herkunft gültig sein, und wird eine gleiche wirksame Gruppe in allen Enzymen angenommen, so bleibt die verschiedene Lage der p_H-Optima unerklärt. Die Dissoziation der Wirkungsgruppe könnte allerdings durch benachbarte Gruppierungen beeinflußt sein.

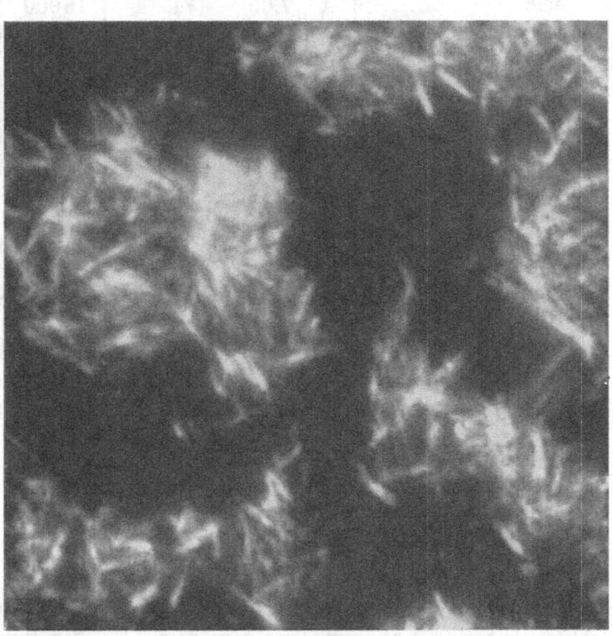

Abb. 1c. Kristallisation bei p_H 7,8. Vergr. 1100 ×.

Die MICHAELIS-Konstanten für 2-Phosphoglycerat und für die aktivierenden Metallionen weisen bei Enolasen verschiedener Herkunft Unterschiede bis zu einer Größenordnung auf und erlauben unter Umständen die Differenzierung nach dem Ausgangsmaterial. Dies wird besonders deutlich im Falle der Kartoffelenolase, die durch Magnesium noch in solchen Konzentrationen aktiviert wird, die auf andere Enolasen bereits hemmend wirken.

Für die Halbsättigung der Enolase in Phosphatpuffer sind höhere Konzentrationen an 2-Phosphoglycerat und Mg^{++} nötig, da Phosphationen, wie oben erwähnt, hemmende Wirkung haben und zugleich Mg^{++} binden. Im „zusammengesetzten optischen Test" B, in dem 2-Phosphoglycerat bis zu Lactat umgesetzt wird (s. S. 672), ist die Rückreaktion weitgehend ausgeschlossen; die MICHAELIS-Konstante erniedrigt sich auf ein Drittel[2]. Die optimalen Konzentrationen für 2-Phosphoglycerat und die aktivierenden Metallionen sind für die einzelnen Enolasen derart verschieden, daß auf diese Testbedingungen bei vergleichenden Untersuchungen an verschiedenem Ausgangsmaterial geachtet werden muß. So wurde z.B. bei einer Erhöhung der 2-Phosphoglyceratkonzentration von 0,6 auf 3 mM in Extrakten aus menschlichem Muskel die doppelte Aktivität gemessen[4]. Der Bereich der optimalen Konzentrationen und die Hemmung durch höhere Konzentrationen sind für die Enolasen verschieden groß. Bei einer Steigerung der

[1] BOSER, H.: H. **315**, 163 (1959).
[2] BEALING, J. F., R. CZOK, L. ECKERT u. I. JÄGER: Unveröffentlicht.
[3] WOLD, F., and C. E. BALLOU: J. biol. Ch. **227**, 313 (1957).
[4] SCHMIDT, E., u. F. W. SCHMIDT: Kli. Wo. **1960**, 957.

Tabelle 5. *Kinetische Konstanten für Enolasen verschiedener Herkunft.*

Enolase aus	Testbedingungen				Umsatzzahl [Mol 2-PG je 10^5 g × min]	p_H-Optimum [2-PG → PEP]	MICHAELIS-Konstante [μM]			Optimum [mM]			Lit.
	Test[a]	p_H	t [°C]	Puffer[b]			2-PG	Mg^{++}	Mn^{++}	2-PG	Mg^{++}	Mn^{++}	
Bierhefe, K[c]	A	6,38	20	BKP				3700					1
	A	7,35	20	BKP	9900			610					1
	A	6,74	20	P			150	2800					1
	A	6,80	22	P	13000		820			1,3		0,1	2
	A	5,50	23	P				5400					3
	A	7,03	23	P				1800					3
	A	7,00	23	Tris				240					3
	A	7,80	23	Tris		7,8		290		4	6		3, 4
	A	7,00		I	18000	7,8	200			2	1,5	0,02	5
Kaninchenskeletmuskel, K	A	7,3	25	I	6000	6,7[d]	58[e]	133	7,3	0,6	0,5	0,01	6
	B	7,3		TRAP	6000		19						6
	A	7,3	25	BKP	3300		230	160		0,6	0,8		7
M. rect. abdom. (Mensch), H . . .	B	7,4	25	TRAP						3,0			8
Uterus (Mensch), H	B	7,4	25	TRAP						4,5			8
Leber (Mensch), H .	B	7,4	25	TRAP		7,2	111			0,5			8, 9
Hepatitisserum. . .	B	7,4	25	TRAP			50			1,2			8
Erythrocyten (Mensch), H . . .	B	7,4	25	TRAP			40			0,5			10
Kartoffeln (70fach angereichert). . .	A	7,3		BKP	210		830	1220		1,5	5		7

[a] A = Umsatz 2-PG → PEP; B = Umsatz 2-PG → Lactat, s. unter Testmethoden S. 671.

[b] Abkürzungen für Puffer: BKP = Hydrogencarbonat-Kohlensäure-Puffer; P = Phosphatpuffer; TRAP = Triäthanolamin-HCl-Puffer; I = Imidazol-HCl-Puffer; Tris = Trishydroxymethylaminomethan-HCl-Puffer.

[c] K = kristallisiertes Protein; H = Homogenat bzw. Hämolysat.

[d] Das p_H-Optimum für den Umsatz PEP → 2-PG wurde zu 6,2 bestimmt.

[e] Für PEP = 92 μM.

2-Phosphoglyceratkonzentration auf das Dreifache des Optimalen vermindert sich die Aktivität der Leberenolase um nur 3%, die der Hefeenolase dagegen um 15%.

Aktivierung der Hefeenolase durch Metallionen. WARBURG und CHRISTIAN[1] haben die aktivierende Wirkung von Magnesium-, Mangan- und Zinkionen auf die Hefeenolase gezeigt. In späteren Untersuchungen wurden von MALMSTRÖM[11] die aktivierende Eigenschaft von Eisen(II)-salzen und von WOLD und BALLOU[5] die Aktivierung durch Kobalt-, Nickel- und Cadmiumionen gefunden. Beryllium- und Calciumionen dagegen wirken als Inhibitoren[11]. Wegen der Bindung zweiwertiger Metallionen an die Substrate der Enolase[12, 13] ergeben sich zwei Möglichkeiten für den Mechanismus der Aktivierung: Die Kationen treten mit dem Enzymprotein zum aktivierten Komplex zusammen, oder sie werden vom Substrat gebunden und ergeben erst in dieser Kombination das enzymatisch

[1] WARBURG, O., u. W. CHRISTIAN: B. Z. **310**, 384 (1941).
[2] MALMSTRÖM, B. G.: Arch. Biochem. **46**, 345 (1953).
[3] MALMSTRÖM, B. G., and L. E. WESTLUND: Arch. Biochem. **61**, 186 (1956).
[4] WESTHEAD, E. W., and B. G. MALMSTRÖM: J. biol. Ch. **228**, 655 (1957).
[5] WOLD, F., and C. E. BALLOU: J. biol. Ch. **227**, 313 (1957).
[6] BEALING, J. F., R. CZOK, L. ECKERT u. I. JÄGER: Unveröffentlicht.
[7] BOSER, H.: H. **315**, 163 (1959).
[8] SCHMIDT, E., u. F. W. SCHMIDT: Unveröffentlicht.
[9] SCHMIDT, E., u. F. W. SCHMIDT: Kli. Wo. **1960**, 957.
[10] LÖHR, G. W.: Unveröffentlicht.
[11] MALMSTRÖM, B. G.: Arch. Biochem. **58**, 381 (1955).
[12] WOLD, F., and C. E. BALLOU: J. biol. Ch. **227**, 301 (1957).
[13] MALMSTRÖM, B. G.: Arch. Biochem. **49**, 335 (1954).

umsetzbare Substrat. Die Bindung von Magnesium- und Zinkionen an Enolase ohne 2-Phosphoglycerat macht die erste Annahme wahrscheinlich[1,2], und die Untersuchungen von WOLD und BALLOU[3] schließen die zweite Möglichkeit aus.

In Tabelle 6 sind die physikalischen Eigenschaften einiger Metallionen ihrer Wirkung auf die Aktivität der Enolase gegenübergestellt. Weder aus der Elektronegativität noch aus Unterschieden der Ionenradien allein lassen sich Aktivierung oder Hemmung erklären. Nickel, das den gleichen Ionenradius wie Magnesium hat, vermag nur gering zu aktivieren; es zeigt den hemmenden Einfluß der wesentlich höheren Elektronegativität. Ähnliche Verhältnisse finden sich bei Kobalt und Eisen. Die Hemmung durch Blei wird von WOLD und BALLOU auf die Bildung eines schwerlöslichen Salzes mit den Substraten bezogen[3]; für Calcium und Barium, die ähnlich elektronegativ wie Magnesium sind, darf die gleiche Erklärung herangezogen werden. Bei gleicher Elektronegativität von Zink, Cadmium und Beryllium wird der Einfluß der Ionengröße deutlich, die, von Zink zu Cadmium ansteigend, eine geringere Aktivierung zur Folge hat; Beryllium mit seinem im Verhältnis zu Magnesium sehr kleinen Ionenradius hat eine ausgesprochene Hemmwirkung[4].

Tabelle 6. *Eigenschaften zweiwertiger Metallionen*[3,4].

Metall	Elektronegativität	Ionenradius	Relative Aktivierung von Hefe-Enolase *	Relative Aktivierung von Muskel-Enolase[7]
Ca^{++}	1,0	0,99	H	
Sr^{++}	1,0	1,27	H[8]	
Ba^{++}	1,1	1,43	H	
Mg^{++}	1,2	0,78	1,0	1,0
Mn^{++}	1,4	0,62	0,23 0,29	0,19
Zn^{++}	1,5	0,83	0,73 0,30	0,42
Cd^{++}	1,5	1,03	0,08	0,14
Be^{++}	1,5	0,34	H	
Pb^{++}	1,6	0,84	H	
Fe^{++}	1,65	0,84	0,09	
Co^{++}	1,7	0,82	A	
Ni^{++}	1,7	0,78	A	0,03
Hg^{++}	1,9	1,12	H	
Cu^{++}	2,0	0,70	H	

* Hemmende Wirkung ist durch H gekennzeichnet, aktivierende durch A, sofern nicht quantitative Angaben vorliegen.

Fluoridhemmung. Die Gärungshemmung durch Fluorid[5] konnte von LOHMANN und MEYERHOF[6] auf eine Inaktivierung der Enolase zurückgeführt werden. WARBURG und CHRISTIAN[1] untersuchten diesen Effekt an der kristallisierten Hefeenolase und fanden, daß Phosphat neben Magnesium und Fluorid dafür verantwortlich ist. Im Konzentrationsbereich von 10^{-2} bis 10^{-4} Fluorid gilt die folgende Beziehung:

$$c_{Mg^{++}} \times c_{HPO_4^{--}} \times c^2_{F^-} \times \frac{\text{Wirkungsrest}}{\text{Wirkungshemmung}} = K = 3{,}2 \times 10^{-12}\ [M^4].$$

Das Magnesiumfluorphosphat wirkt nach einer Induktionszeit von Minuten reversibel hemmend. An die Stelle des Phosphates kann Arsenat treten, nicht dagegen Pyrophosphat. Zink- und manganaktivierte Enolase wird ebenfalls durch Fluorid gehemmt, doch sind zur 50%igen Hemmung 50 bzw. 10mal so hohe Konzentrationen wie beim Magnesium nötig.

Gleichgewichtskonstanten. Das Gleichgewicht Phosphoenolpyruvat/2-Phosphoglycerat wird von WARBURG und CHRISTIAN[1] mit 1,43 und von MALMSTRÖM[4] mit 2,5 angegeben. Beiden Berechnungen liegt für Phosphoenolpyruvat ein Extinktionskoeffizient von $1{,}70 \times 10^6$ [cm² pro Mol] (240 mμ) zugrunde[1].

[1] WARBURG, O., u. W. CHRISTIAN: B. Z. **310**, 384 (1941).
[2] MALMSTRÖM, B. G., and L. E. WESTLUND: Arch. Biochem. **61**, 186 (1956).
[3] WOLD, F., and C. E. BALLOU: J. biol. Ch. **227**, 301 (1957).
[4] MALMSTRÖM, B. G.: Arch. Biochem. **58**, 381 (1955).
[5] EFFRONT, J.: Bull. Soc. Chim. France (3) **4**, 337 (1890).
[6] LOHMANN, K., u. O. MEYERHOF: B. Z. **273**, 60 (1934).
[7] BEALING, J. F., R. CZOK, L. ECKERT u. I. JÄGER: Unveröffentlicht.
[8] OHLMEYER, P., u. R. DUFFAIT: Naturwiss. **29**, 672 (1941).

Wegen der entscheidenden Bedeutung des Extinktionskoeffizienten für diese Untersuchungen haben WOLD und BALLOU an analytisch reinem Phosphoenolpyruvat neue Bestimmungen ausgeführt mit dem Ergebnis, daß für p_H 7,0 (8 mM Mg^{++}, 0,4 m KCl in 0,05 m Imidazolpuffer) der Extinktionskoeffizient bei $1{,}36 \times 10^6$ [cm² pro Mol] liegt. In eigenen Messungen wurde von 2-Phosphoglycerat ausgegangen, Enolase hinzugesetzt, die Extinktionszunahme bei 240 mμ gemessen und das in der Reaktion entstandene Phosphoenolpyruvat enzymatisch bestimmt. Ein Extinktionskoeffizient von $1{,}31 \times 10^6$ [cm² pro Mol] für p_H 7,0, 8 mM Mg^{++}, wurde errechnet[1].

Die Extinktion ist von der Wasserstoffionenkonzentration abhängig. Die theoretische Beziehung zwischen der gemessenen und der p_H-unabhängigen Extinktion wird durch die folgende Gleichung wiedergegeben[2]:

$$E_{\text{gemessen}} = \frac{E_1 + (c_{H^+}/K'_A)\, E_2}{1 + (c_{H^+}/K'_A)}.$$

In dieser stehen E_1 für den Extinktionskoeffizienten (Phosphoenolpyruvat)$^{3-}$ von $1{,}52 \times 10^6$, E_2 für den Extinktionskoeffizienten (Phosphoenolpyruvat)$^{2-}$ von $0{,}675 \times 10^6$ [cm²/Mol], K'_A für die Dissoziationskonstante (Tabelle 7) und c_{H^+} für die Wasserstoffionenkonzentration.

Das meßbare Gleichgewicht zwischen Phosphoenolpyruvat und D-2-Phosphoglycerat ändert sich mit dem p_H-Wert und der Magnesiumionenkonzentration. Die unabhängige Konstante $K = \frac{PEP^{3-}}{2\text{-}PG^{3-}}$ ist nach WOLD und BALLOU[2] aus dem gemessenen Gleichgewicht K' nach der Formel

$$K' = K \times \frac{1 + c_{H^+}/K_{PEP} + D_{PEP} \times c_{Me^{++}}}{1 + c_{H^+}/K_{2\text{-}PG} + D_{2\text{-}PG} \times c_{Me^{++}}}$$

zu errechnen. K_{PEP} und $K_{2\text{-}PG}$ stehen für die Dissoziationskonstanten der Substrate, D_{PEP} und $D_{2\text{-}PG}$ für ihre Metallbindungskonstanten (Tabelle 7).

In der Tabelle 7 sind die Dissoziations- und Bindungskonstanten für die Substrate der Enolase wiedergegeben. WOLD und BALLOU[2] bestimmten sie durch Titration mit Tetra-n-propylammonium bei gleichbleibender Ionenstärke nach der Methode von SMITH und ALBERTY[3]. Wegen der geringeren Bindung des Kations an die titrierte Säure wurden kleinere Werte als früher veröffentlicht[4] gefunden.

Tabelle 7[2].

Dissoziationskonstanten $K'_A = \frac{cA^- \times cH^+}{c_{AH}}$ *von 2-PG und PEP (bestimmt bei 2 Ionenstärken).*

A		Ionenstärke 0,1	Ionenstärke 0,4
2-PG	pK'_2	3,55	3,6
	pK'_3	7,0	7,1
PEP	pK'_2	3,4	3,5
	pK'_3	6,35	6,4

c_A = Konzentration des Säureanions.

Bindungskonstanten $D = \frac{c_{A\,Me}}{c_A \times c_{Me}}$ *für Komplexe aus 2-PG und PEP mit verschiedenen Metallen.*

Me	$D_{2\text{-}PG}$ [l/Mol]	D_{PEP} [l/Mol]
Kalium	15	12
Magnesium	280	180
Mangan	1225	560
Zink	2500	920
Cadmium	2500	920
Kobalt	920	350
Nickel	760	220

c_{Me} = Konzentration des Metallions.

WOLD und BALLOU[2] bestimmten mit Hefeenolase eine Gleichgewichtskonstante von $K = 6{,}3$, eigene Messungen[1] mit Muskelenolase ergaben einen Wert von $K = 6{,}7$.

[1] BEALING, J. F., R. CZOK, L. ECKERT u. I. JÄGER: Unveröffentlicht.
[2] WOLD, F., and C. E. BALLOU: J. biol. Ch. **227**, 301 (1957).
[3] SMITH, R. M., and R. A. ALBERTY: J. physic. Chem. **60**, 180 (1956). Am. Soc. **78**, 2376 (1956).
[4] MALMSTRÖM, B. G.: Arch. Biochem. **49**, 335 (1954).

Wirkungsgruppe der Enolase. Der Enzym-Substrat-Komplex dissoziiert mit einem pK-Wert von 7,5[1]. Mit steigendem p_H-Wert nimmt die zur Halbsättigung nötige Magnesiumkonzentration ab, und unter gleichen Bedingungen wird mehr Zink an das Protein gebunden[2]. Hieraus folgt, daß die Hefeenolase in der Wirkungsgruppe wahrscheinlich eine dissoziierende Aminosäuregruppierung mit einem pK-Wert zwischen 7 und 8 enthält. Cystin und Cystein fehlen dem Hefeprotein. Als weitere Aminosäure mit einer dissoziierenden Gruppe in diesem p_H-Bereich käme Histidin in Betracht. Bekannt ist, daß Imidazol zweiwertige Metallionen, besonders Zn^{++}, stark bindet[2].

Mit der Photooxydation der Hefeenolase tritt bis zur völligen Inaktivierung ein Verlust von 8 M Histidin und von 2—3 M Tryptophan ein[1, 3]. Diese Befunde machen die Beteiligung von Histidin an der Wirkungsgruppe wahrscheinlich. Weil aber mehr als ein Mol Histidin bei der Inaktivierung durch die Photooxydation verlorengeht, ist der Beweis dafür nicht zwingend erbracht. Die gleichzeitige Veränderung der Diffusions- und Sedimentationskonstanten läßt einen Wandel der Tertiärstruktur vermuten[3].

Bestimmung.

A. D-2-Phosphoglycerat $\underset{Mg^{++}}{\overset{\text{Enolase}}{\rightleftharpoons}}$ Phosphoenolpyruvat.

In dem von WARBURG und CHRISTIAN[4] angegebenen Test wird die Geschwindigkeit, mit der sich das Gleichgewicht der Reaktion einstellt, gemessen. Die Testlösung enthält 1,5 mM D-2-Phosphoglycerat, 50 mM $NaHCO_3$, 27 mM Glykokoll, 2,7 mM Magnesiumsulfat; $d = 10$ mm, Temperatur = 25° C, Meßstrahlung = 240 mμ. Wird die Mischung von 10 Vol.-% CO_2 in O_2 durchströmt, so hat sie einen p_H-Wert von 7,34. Statt Hydrogencarbonat-Kohlensäure kann Imidazol als Puffersubstanz genommen werden. Auf den Zusatz von Enolase steigt die Extinktion bei 240 mμ infolge des Entstehens von Phosphoenolpyruvat an und erreicht nach Einstellung des Gleichgewichtes einen konstanten Wert. Die Reaktionskinetik läßt sich durch die Formel[4]

$$k = \frac{1}{\Delta t} \ln \frac{c_g - c_{t_1}}{c_g - c_{t_2}} \; [\text{min}^{-1}]$$

wiedergeben. Die Konstante k ist der Enzymaktivität proportional. Die Zeit Δt zwischen zwei Meßpunkten, die Phosphoenolpyruvatkonzentration c_g im Gleichgewichtszustand und die Konzentrationen zu den Zeiten t_1 und t_2, c_{t_1} und c_{t_2}, gehen als Meßwerte in die Berechnung von k ein. Für die Konzentrationen können die Extinktionen eingesetzt werden, so daß sich ergibt:

$$k = \frac{1}{\Delta t} \ln \frac{E_g - E_1}{E_g - E_2} \; [\text{min}^{-1}].$$

Die Auswertung geschieht am zweckmäßigsten durch Auftragen von $E_g - E_t$ (logarithmisch) gegen die Zeit t (linear)[5]. k ist aus der Halbwertszeit $t_{\frac{1}{2}}$ zu errechnen:

$$k = \frac{0{,}693}{t_{\frac{1}{2}}} \; [\text{min}^{-1}].$$

Der Nachteil dieser Testmethode besteht in erster Linie darin, daß die Extinktion am steil ansteigenden Schenkel der Absorptionskurve von Phosphoenolpyruvat gemessen wird und nicht im Maximum (etwa 230 mμ). Reproduzierbare Werte sind daher nur zu erwarten, wenn die Meßstrahlung von hoher spezifischer Reinheit ist und die Ionenkonzentration und der p_H-Wert konstant gehalten werden. Im rohen Extrakt wirken sich außerdem begleitende Fremdsubstanzen störend aus, die im Meßbereich Licht absorbieren. Ferner nimmt die Umsatzgeschwindigkeit schon in der ersten Minute ab, so daß die

[1] WOLD, F., and C. E. BALLOU: J. biol. Ch. **227**, 313 (1957).
[2] MALMSTRÖM, B. G., and L. E. WESTLUND: Arch. Biochem. **61**, 186 (1956).
[3] BRAKE, J. M., and F. WOLD: Biochim. biophys. Acta **40**, 171 (1960).
[4] WARBURG, O., u. W. CHRISTIAN: B. Z. **310**, 384 (1941).
[5] BÜCHER, T.: Colowick-Kaplan, Meth. Enzymol. Bd. I, S. 427.

Anfangsgeschwindigkeit ohne Berechnung nicht zu ermitteln ist. Wegen der Substrathemmung kann die 2-Phosphoglycerat-Konzentration nicht beliebig erhöht werden.

B. Im „zusammengesetzten optischen Test“[1] reagiert mit Hilfe von Pyruvatkinase und Lactatdehydrogenase das entstandene Phosphoenolpyruvat weiter bis zum Lactat.

$$\text{2-PG} \xrightarrow[\text{Mg}^{++} \searrow \text{H}_2\text{O}]{\text{Enolase}} \text{PEP} \xrightarrow[\text{Mg}^{++},\, \text{K}^{+};\ \text{ADP} \to \text{ATP}]{\text{Pyruvat-Kinase}} \text{Pyr} \xrightarrow[\text{DPNH} \to \text{DPN}]{\text{Lactat-Dehydrogenase}} \text{Lac.}$$

Die Oxydation des DPNH ist durch die Extinktionsabnahme des reduzierten DPN bei 366 mμ zu messen und ist dem Umsatz von 2-Phosphoglycerat äquivalent.

Testzusammensetzung: 0,6 mM 2-PG, 0,2 mM DPNH, 0,3 mM ADP, 8 mM $MgSO_4$, 75 mM KCl, 50 mM Triäthanolamin-HCl-Puffer, 5 mM ÄDTA, je 100 E pro ml Pyruvatkinase und Lactatdehydrogenase; $p_H = 7{,}3$, Temperatur $= 25°$ C, Meßstrahlung 366 mμ, $d = 10$ mm.

Die Geschwindigkeit der Extinktionsabnahme bleibt während einiger Minuten konstant, wenn die Extinktion um nicht mehr als 0,1 in 40 sec abfällt.

Nach Beisenherz et al.[2] ist eine Einheit (Bücher-Einheit) definiert als die Enolasemenge, die unter den angegebenen Bedingungen eine Extinktionsänderung von 0,1 in 100 sec herbeiführt. Sie entspricht einem Umsatz von $1{,}09 \times 10^{-6}$ M 2-PG in 1 Std.

Nachtrag.

Bis zur Korrektur dieses Artikels sind einige Arbeiten erschienen, die wesentlich zur Kenntnis der Eigenschaften des Enolaseproteins beitragen und zwei neue Präparationsvorschriften für die Kaninchenmuskelenolase enthalten. Die ukrainische Arbeit von Fedorchenko[3] über die Kristallisation aus Kaninchen-Skeletmuskel wurde bei der Abfassung des Manuskriptes übersehen.

Ein Vergleich der nach den verschiedenen Vorschriften gewonnenen Enolasekristallisate aus dem Skeletmuskel ist nur auf Grund der veröffentlichten Daten möglich, weil der Autor dieses Artikels kurz nach der Niederschrift dieses Manuskriptes die Experimente am Enolaseprotein abschließen mußte.

Malmström[4] hat 1961 in einer Übersicht die Reinheit, die physikalischen Eigenschaften und die chemische Zusammensetzung des Enolaseproteins aus Hefe, präpariert nach der auf den Seiten 660 und 662 gegebenen Vorschrift, ausführlich besprochen. Im Zusammenhang mit der Wirkgruppe wird die Bindung von Metallionen an Protein in besonderem Maße diskutiert.

Holt und Wold[5] haben 1961 über die Kristallisation aus Kaninchen-Skeletmuskel berichtet. Ihre Präparation schließt eine Acetonfällung ein, auf die in Gegenwart von Magnesium-Ionen eine Hitzebehandlung und Ammoniumsulfat-Fraktionierungen folgen. Mg-Ionen erhöhen die Hitzestabilität und begünstigen die Kristallisation.

1962 hat auch Malmström[6] eine Arbeit über die Kristallisation der Enolase aus dem gleichen Ausgangsmaterial veröffentlicht. Das Verfahren ist dem auf den S. 663—664 beschriebenen ähnlich, besteht also ausschließlich aus Ammoniumsulfat-Fraktionierungen. Nach dieser Vorschrift erübrigt sich die fraktionierte Fällung von anderen Proteinen bis einschließlich „dritte Fraktionierung“ (S. 664).

Schließlich hat Wood 1964[7] die Reinigung der Enolase aus Ochsenhirn beschrieben. Auf Acetonfällung, Hitzedenaturierung und Ammoniumsulfat-Fraktionierung folgt eine

[1] Bealing, J. F., R. Czok, L. Eckert u. I. Jäger: Unveröffentlicht.
[2] Beisenherz, G., H. J. Boltze, T. Bücher, R. Czok, K. H. Garbade, E. Meyer-Arendt u. G. Pfleiderer: Z. Naturforsch. **8** b, 555 (1953).
[3] Fedorchenko, E. Y.: Ukrain. Biokhim. Zhur. **30**, 552 (1958).
[4] Malmström, B. G.: Boyer-Lardy-Myrbäck, Enzymes, Bd. V S. 471 (1961).
[5] Holt, A., and F. Wold: J. biol. Ch. **236**, 3227 (1961).
[6] Malmström, B. G.: Arch. Biochem. Suppl. **1**, 247 (1962).
[7] Wood, T.: Biochem. J. **91**, 453 (1964).

Säulenchromatographie an DEAE-Sephadex A 50. Das reinste Protein ist ohne Kristallisation gegenüber dem Ausgangsextrakt 36fach angereichert.

Die Tabelle 8 vermittelt einen Überblick über die spezifischen Aktivitäten der Enolasepräparate. Die Testbedingungen der einzelnen Autoren weichen so voneinander ab, daß ein Vergleich nur bedingt möglich ist. Die höhere Aktivität der von WARBURG und CHRISTIAN kristallisierten Hefeenolase ist nach MALMSTRÖM[2] die Folge der Testauswertung mit Hilfe der auf S. 671 angeführten Formel; sie soll nur in einem mittleren Bereich der Kinetik zwischen Reaktionsbeginn und Reaktionsgleichgewicht die „Anfangsgeschwindigkeit" korrekt zu berechnen erlauben.

Die spezifische Aktivität von 6200 M/10^5 g Protein × min[4] wurde nach Rekristallisation bei p_H 6,4 der früher bei 5,3 kristallisierten Enolase[3] erreicht (vgl. Tabelle 3). Das Optimum für den 2-PG-Umsatz liegt nach HOLT und WOLD[5] sowie nach eigenen Messungen zwischen p_H 6,7 und 6,8. Die Aktivität in diesem Bereich ist 1,3mal so hoch wie bei p_H 7,3. Wird diese Tatsache berücksichtigt, dann sind die Aktivitäten von 6200[4] und 8500[5] einander annähernd gleich.

MALMSTRÖM[2] bezieht den Substratumsatz auf die Proteinextinktion bei 280 mμ in Trispuffer bei p_H 7,4. Seine Extinktion ist mit 0,885 pro mg Protein (N-Gehalt) und ml größer als der von CZOK und BÜCHER[3] bei p_H 7,0 in 50 mM Phosphatpuffer mit 0,662 pro mg Trockensubstanz und ml gemessene Wert. Darin mögen die Unterschiede in der spezifischen Aktivität der Präparate der Autoren ihre Ursache haben. Allerdings geben auch HOLT und WOLD[5] eine Extinktion von 0,9 pro mg Protein und ml an, ohne den Puffer und den p_H-Wert zu nennen.

MALMSTRÖM[6] hat zeigen können, wie wichtig die Gegenwart von ÄDTA zum Schutz der Enolaseaktivität ist; es kann Präparate mit verminderter Aktivität reaktivieren. In der Zonenelektrophorese tritt eine zweite Proteinkomponente auf, wenn kein Komplexbildner hinzugefügt wird. Es sei hier darauf hingewiesen, daß in der Arbeitsgruppe von BÜCHER alle Enzympräparationen und Aktivitätsmessungen unter ÄDTA-Schutz ausgeführt wurden[3,8].

Tabelle 8. *Die Umsatzzahlen verschiedener Enolase-Präparate.*

	μMol Umsatz / 10^5 g Protein × min	p_H	Puffer	2-Phosphoglycerat	Mg^{++} mM	ÄDTA	KCl mM	Temperatur °C	
Hefe	9900	7,3	50 mM Hydrogencarbonat-CO_2	1,5 mM D-	2,7	*	—	25	WARBURG und CHRISTIAN 1941[1]
	8100	7,4	50 mM Tris-HCl	2,4 mM D,L-	1,0	0,01	—	22	MALMSTRÖM 1961[2]
Kaninchen-Skeletmuskel	4500**	7,3	50 mM TRAP-HCl	0,6 mM D,L-	8,0	5	75	25	CZOK und BÜCHER 1960[3];
	6200**								CZOK 1961[4]
	8500	6,7	50 mM Imidazol-HCl	1,0 mM D-	1,0	—	400	25	HOLT und WOLD 1961[5]
	7700	7,4	50 mM Tris-HCl	2,4 mM D,L-	1,0	0,1	500	25	MALMSTRÖM 1962[6]
Ochsenhirn	3000	7,2	50 mM Imidazol-HCl	2,0 mM D,L-	1,0	0,01	400	20	WOOD 1964[7]

* 27 mM Glycin ** Im „zusammengesetzten optischen Test" mit DPNH, PK und LDH, (s. S. 672) gemessen!

[1] WARBURG, O., u. W. CHRISTIAN: B. Z. **310**, 384 (1941).
[2] MALMSTRÖM, B. G.: Boyer-Lardy-Myrbäck, Enzymes Bd. V, S. 471 (1961).
[3] CZOK, R., u. T. BÜCHER: Adv. Protein Chem. **15**, 315 (1960).
[4] CZOK, R.: Habil.-Schrift, Marburg 1961.
[5] HOLT, A., F. WOLD: J. biol. Ch. **236**, 3227 (1961).
[6] MALMSTRÖM, B. G.: Arch. Biochem. Suppl. **1**, 247 (1962).
[7] WOOD, T.: Biochem. J. **91**, 453 (1964).
[8] BEISENHERZ, G., H. J. BOLTZE, T. BÜCHER, R. CZOK, K. H. GARBADE, E. MEYER-ARENDT u. G. PFLEIDERER: Z. Naturforsch. **8b**, 555 (1953).

Ein wertvolles Kriterium für die Reinheit ist mit der Höhe der Aktivität anderer, verunreinigender Enzyme gegeben. Wie die Tabelle 3 erkennen läßt, ist die Triosephosphat-Isomerase-Aktivität in den angereicherten Proteinen der Fraktion 4 20mal so groß wie die der Enolase; in dem reinsten Kristallisat ist sie auf ein Tausendstel der Enolaseaktivität gesunken. Da das verunreinigende Triosephosphat-Isomerase-Protein die außerordentlich hohe spezifische Aktivität von 300000 Einheiten pro mg Protein hat, beträgt die Verunreinigung also nur etwa 0,01 μg pro mg Enolaseprotein. Weder HOLT und WOLD[1] noch MALMSTRÖM[2] teilen Fremdaktivitäten ihrer Enolasepräparate mit, die sich mit denen der Tabelle 4 vergleichen lassen. HOLT und WOLD[1] geben lediglich an, daß in ihrer Enolase weder Pyruvatkinase noch Phosphoglyceratmutase nachweisbar waren.

Einheitliches Sedimentieren bei der Ultrazentrifugation ist für alle drei Enolasepräparate gefunden worden. Die Sedimentationskonstanten $s_{20,w}$ wurden unter verschiedenen Bedingungen gemessen und stimmen nicht überein: 5,5—5,6[1]; 5,4[2]; 5,8[3]. Aus Sedimentations- und Diffusionskonstanten errechneten HOLT und WOLD[1] ein Molekulargewicht von 85000.

Über die Aktivierung der Muskelenolase berichten sowohl HOLT und WOLD[1] als auch MALMSTRÖM[2]. Erstere erhielten unter sehr ähnlichen Versuchsbedingungen Aktivierungen, wie sie auch in Tabelle 6 angeführt sind (Imidazolpuffer, p_H 7,2 bzw. 7,0). MALMSTRÖM fand unter Verwendung von Trispuffer, p_H 7,4, abweichende Werte.

Eingehende Modellversuche zur Bindung von Metallionen an Muskelenolase konnte MALMSTRÖM[2] nicht mit Zink ausführen, weil dieses in höheren Konzentrationen das Protein irreversibel ausfällt. Aus Versuchen bei niedriger Zinkionenkonzentration und in Gegenwart von Harnstoff wird jedoch auf eine Bindung aktivierender Ionen an Imidazolgruppierungen geschlossen, wie sie für das Hefeenzym nachgewiesen ist. Die Sulfhydrylgruppen der Muskelenolase binden unspezifische zusätzliche Zn^{++}- oder Mn^{++}-Ionen, die das Protein denaturieren.

Von besonderem Interesse ist die Aminosäurezusammensetzung der Muskelenolase. Aller Schwefel der Hefeenolase wurde im Methionin gefunden[4], das Muskelenzym dagegen enthält nach HOLT und WOLD[1] 6,4 M Cystin-Halbe pro 85000 g Protein und außerdem 12,9 M Methionin. MALMSTRÖM[2] nennt 11,2 M Cystein bei gleichem Methioningehalt. In einer orientierenden Analyse nach STEIN und MOORE fand GEROK nach vorangegangener Oxydation des Proteins 8,2 M Cysteinsäure.

Wenn auch die Absolutwerte des chromatographisch ermittelten Cysteingehaltes sehr verschieden sind, so ist doch das Vorhandensein des Cysteins im Muskelenzym sicher. Mit PClMB reagieren pro 85000 g Protein nach MALMSTRÖM[5] 12,1—12,4 M SH-Gruppen (Acetatpuffer, p_H 5,0; 4 M Harnstoff), nach CZOK[6] 8,0 M SH-Gruppen (Phosphatpuffer, p_H 6,9; 6 M Harnstoff).

Über die Bedeutung der Sulfhydrylgruppen für die Aktivität sind die Meinungen geteilt. Nach BOSER[7] wird die Muskelenolase durch PClMB gehemmt, HOLT und WOLD[1] sahen keinen Einfluß bei 10^{-5} M PClMB. Nach übereinstimmenden Experimenten von MALMSTRÖM[5] und CZOK[6] reagieren im Überschuß von PClMB etwa zwei der SH-Gruppen sofort, die weiteren langsamer, sofern das Protein nicht durch Harnstoff denaturiert ist. Beide Autoren haben während der schnellen Reaktion Aktivitätseinbußen festgestellt. MALMSTRÖM[5] nimmt keinen unmittelbaren Zusammenhang zwischen der Sulfhydrylgruppenreaktion und dem Aktivitätsverlust an. Eine sorgfältige Analyse der Reaktions-

---

[1] HOLT, A., and F. WOLD: J. biol. Ch. **236**, 3227 (1961).
[2] MALMSTRÖM, B. G.: Arch. Biochem. Suppl. **1**, 247 (1962).
[3] CZOK, R., u. T. BÜCHER: Adv. Protein Chem. **15**, 315 (1960).
[4] MALMSTRÖM, B. G., J. R. KIMMEL and E. L. SMITH: J. biol. Ch. **234**, 1108 (1959).
[5] MALMSTRÖM, B. G.: Boyer-Lardy-Myrbäck, Enzymes, Bd. V, S. 471 (1961).
[6] CZOK, R.: Habil.-Schrift Marburg 1961.
[7] BOSER, H.: H. **315**, 163 (1959).

kinetik von PClMB-Addition und Inaktivierung wird erschwert, weil im Experiment bereits bei einem Verhältnis von 10 M PClMB zu 1 M Protein eine zunehmende Trübung eintritt, die zu fehlerhafter Deutung führen kann.

Erste Untersuchungen zur Tertiärstruktur der Hefeenolase wurden von DEAL et al.[1] im Zusammenhang mit Experimenten an dimerisierenden Enzymproteinen ausgeführt. Bei p_H 2,6—2,9 nimmt die Sedimentationskonstante von 5,8 bis auf 2,3 ab, woraus auf eine Verdoppelung des Molekulargewichtes geschlossen wird. Das bei diesem p_H-Wert inaktivierte Enzym erhält 80% seiner Aktivität zurück, wenn es auf neutralen p_H-Wert gebracht wird. Diese zeitabhängige Reaktivierung bleibt jedoch schon bei solchen Harnstoffkonzentrationen aus, die das aktive Protein noch nicht verändern. Über ähnliche Untersuchungen berichtet ROSENBERG[2].

Nach MALMSTRÖM[3] schützen Magnesiumionen Muskelenolase vor der Inaktivierung durch Harnstoff in gewissen Konzentrationen. Höher konzentrierter Harnstoff denaturiert das Protein völlig; Differenzspektren im ultravioletten Bereich und die optische Drehung sind verändert und machen eine Wandlung der Tertiärstruktur sichtbar.

Die Enolase von WOOD[4] aus Ochsenhirn ist in der reinsten Form außerordentlich labil und verliert in wenigen Wochen beträchtlich an Aktivität. Gleichzeitig tritt neben dem aktiven Protein eine Fraktion auf, die schneller sedimentiert und eine geringere elektrophoretische Beweglichkeit aufweist als dieses. Auch diese Erscheinungen werden in Analogie zu den Schlußfolgerungen von DEAL et al.[1] auf Veränderungen der Tertiärstruktur zurückgeführt.

---

[1] DEAL, W. C., W. J. RUTTER, V. MASSEY and K. E. VAN HOLDE: Biochem. biophys. Res. Comm. 10, 49 (1963).
[2] ROSENBERG, A.: Fed. Proc. 22, 346 (1963).
[3] MALMSTRÖM, B. G.: Boyer-Lardy-Myrbäck, Enzymes, Bd. V, S. 471 (1961).
[4] WOOD, T.: Biochem. J. 91, 453 (1964).

4.2.1.13	**L-Serin-Hydrolyase (desaminierend)**	s. S. 596
4.2.1.14	**D-Serin-Hydrolyase (desaminierend)**	s. S. 600
4.2.1.15	**L-Homoserin-Hydrolyase (desaminierend)**	s. S. 596
4.2.1.16	**L-Threonin-Hydrolyase (desaminierend)**	s. S. 596
4.2.1.17	**L-3-Hydroxyacyl-CoA-Hydrolyase**	s. Bd. VI/B, S. 112
4.2.1.18	**3-Hydroxy-3-methylglutaryl-CoA-Hydrolyase**	s. Bd. VI/B, S. 159
4.2.1.20	**L-Serin-Hydrolyase (Indol hinzufügend)**	s. Bd. VI/B, S. 808
4.2.1.22	**L-Serin-Hydrolyase (H_2S hinzufügend)**	s. S. 600
4.2.99.1	**Hyaluronat-Lyase**	s. Bd. VI/B, S. 1216
4.2.99.2	**O-Phosphohomoserin-Phospholyase (H_2O hinzufügend)**	s. S. 601
4.3.1.4	**5-Formiminotetrahydrofolat-Ammoniak-Lyase (cyclisierend)**	s. Bd. VI/B, S. 201
4.4.1.1	**L-Cystein-Hydrogensulfid-Lyase (desaminierend)**	s. S. 604
4.4.1.2	**L-Homocystein-Hydrogensulfid-Lyase (desaminierend)**	s. S. 606
4.4.1.4	**Alliin-Allylsulfenat-Lyase**	s. S. 606

Die Glyoxalasen.

Von

Gerhard Pfleiderer *.

Vorkommen. Glyoxalaseaktivität ist in fast allen tierischen Zellen (Vertebraten und Invertebraten) nachgewiesen worden[1]. Nur im Pankreas soll sie nach Angaben von DÖRR[2] fehlen. Auch in zahlreichen höheren Pflanzen. Hefe und Bakterien[3] sind die beiden Glyoxalasen enthalten. Bei Untersuchungen über die intracelluläre Verteilung der Glyoxalasen fand man die gesamte Aktivität im Cytoplasma (Rattenleber)[4].

Einteilung. Das Glyoxalasesystem besteht aus zwei Komponenten, wie zuerst HOPKINS u. MORGAN[5] entdeckt haben. RACKER[6] gelang die Trennung und weitgehende Isolierung der beiden Enzyme, die Glyoxalase I und II genannt werden. In den meisten Fällen werden sie bei der Untersuchung lebender Zellen oder Zellextrakte zusammen bestimmt, da ihre physiologischen Reaktionen ineinander übergehen.

Bestimmungsmethoden für das gesamte Glyoxalasesystem. Hierzu kann eine manometrische Technik benützt werden, die darauf basiert, daß das Substrat Methylglyoxal durch eine intramolekulare Redoxreaktion in Gegenwart von reduziertem Glutathion in Milchsäure übergeführt wird, die aus Hydrogencarbonatpuffer CO_2 austreibt. Nach PLATT u. SCHRÖDER[7] werden die Messungen am besten bei 25° C in Gegenwart relativ niedriger Glutathion- und Methylglyoxalmengen durchgeführt. Unter diesen Bedingungen ist die Geschwindigkeit der CO_2-Entwicklung konstant, unabhängig von der Methylglyoxalkonzentration und direkt proportional der Enzymmenge.

Im Hauptraum eines WARBURG-Gefäßes sollen sich befinden: 1—2 mg Methylglyoxal, 0,4 ml 0,2 m $NaHCO_3$ und die Enzymlösung, im Nebenraum 0,250 mg Glutathion. Mit Wasser wird auf ein Gesamtvolumen von 2 ml aufgefüllt. Lösung und Gasraum werden mit 95 % N_2 und 5 % CO_2 durchgespült.

Eine andere sehr empfindliche Methode verfolgt die Abnahme des Methylglyoxals in Gegenwart der Glyoxalasen[8]. Die Inkubationslösung enthält: 0,6 mg Methylglyoxal in 0,5 ml Wasser, 0,050 mg Glutathion in 0,2 ml Wasser, 0,3 ml 1,3 %ige $NaHCO_3$-Lösung und 0,5 ml Enzymlösung. Die Gasphase ist mit Stickstoff/CO_2-Gemisch (s. oben) gesättigt. Nach definierten Zeiten werden 0,5 ml Testlösung zu 8,5 ml 0,083 m Schwefelsäure gegeben und 1 ml 3 %ige $Na_2WO_4 \cdot 2\ H_2O$-Lösung zugesetzt. Nach dem Zentrifugieren wird im Überstand das restliche Methylglyoxal bestimmt und mit der ursprünglich eingesetzten Menge verglichen. Hierzu entnimmt man der zu analysierenden Lösung einen aliquoten Teil, bringt mit destilliertem Wasser auf ein Volumen von 3 ml und fügt 0,1 ml Arsenowolframatreagens, 0,1 ml 1 m NaCN und 0,3 ml 1 m Na_2CO_3-Lösung zu. Das Arsenowolframatreagens wird auf folgende Weise hergestellt (ARIYAMA[9]): 100 g reines Natriumwolframat werden in 600 ml Wasser gelöst und 50 g reines Arsenpentoxyd, 25 ml 85 %ige Phosphorsäure und 20 ml konz. HCl der Reihe nach zugegeben. Die Mischung wird 20 min gekocht und anschließend auf 1 l aufgefüllt. Sollte eine grünblaue Farbe entstehen, so kann sie durch Kochen mit einem Tropfen Brom zum Verschwinden gebracht werden.

---

* Institut für Biochemie der Johann Wolfgang Goethe-Universität Frankfurt a. M.

[1] HOPKINS, F. G., and E. J. MORGAN: Biochem. J. **39**, 320 (1945).
[2] DÖRR, W.: S.-B. heidelberg. Akad. Wiss., math.-naturwiss. Kl. **49**, Abh. 7, 112 (1949)
[3] STILL, J. L.: Biochem. J. **35**, 390 (1941).
[4] KUN, E.: Euclides, Madrid **10**, 251 (1950).
[5] HOPKINS, F. G., and E. J. MORGAN: Biochem. J. **42**, 23 (1948).
[6] RACKER, E.: J. biol. Ch. **190**, 685 (1951).
[7] PLATT, M. E., and E. F. SCHRÖDER: J. biol. Ch. **104**, 281 (1934).
[8] MCKINNEY, G. R., and D. J. GOCKE: J. biol. Ch. **219**, 605 (1956).
[9] ARIYAMA, N.: J. biol. Ch. **77**, 359 (1928).

Die Blindprobe enthält an Stelle der Analysenlösung 3 ml Wasser. Man läßt 60 min bei Raumtemperatur stehen und mißt die Extinktion bei 705 mμ.

Glyoxalase I.

[4.4.1.5 S-Lactoyl-Glutathion-Methylglyoxal-Lyase (isomevizierend)]

Darstellung kristallisierter Glyoxalase I aus Bäckerhefe nach Racker[1].

300 g Trockenpulver aus Bäckerhefe werden mit 900 ml 0,066 m Dinatriumphosphat zuerst 2 Std bei 37° C, dann 3 Std bei Zimmertemperatur unter gelegentlichem Umrühren extrahiert. Die dünnflüssige Lösung wird hierauf 80 min bei 3000 U/min zentrifugiert und der Überstand abdekantiert. Der Rückstand kann nochmals mit 300 ml Dinatriumphosphatlösung 2 Std extrahiert werden, wodurch man nach erneutem Zentrifugieren neuen Überstand gewinnt.

Zu jeweils 100 ml der vereinigten Extrakte werden langsam 50 ml eiskalten Acetons zugetropft, wobei die Mischung durch ein Kältebad auf — 20° C gehalten wird.

Die hierbei auftretende Fällung wird bei 0° C abzentrifugiert und verworfen. Auf je 100 ml Ausgangsextrakt werden bei — 2° C weitere 50 ml kalten Acetons zugefügt (insgesamt also 50 Vol.-%). Die in der Kälte durch Zentrifugation gewonnene Fällung enthält das Enzym. Sie wird in etwa 150 ml kalten Wassers suspendiert und die Lösung über Nacht gegen fließendes Leitungswasser dialysiert. Eine eventuell auftretende Trübung wird abzentrifugiert und der klare Überstand in der Kühltruhe bei — 20° C aufbewahrt.

Nach dem Auftauen kann das Enzym durch langsame Zugabe eines gleichen Volumenteils 95%igen Äthylalkohols bei — 6° C gefällt werden. Der in der Kälte abzentrifugierte Niederschlag wird in etwa 60 ml kalten Wassers aufgenommen und 15 min bei Zimmertemperatur extrahiert. Nach folgender Sedimentation bei hoher Tourenzahl wird der Niederschlag mit 20 ml Wasser nachextrahiert. Die vereinigten Extrakte bringt man in einem Wasserbad rasch auf 45° C und hält diese Temperatur 5 min lang. Danach kühlt man rasch ab, zentrifugiert den voluminösen Niederschlag und wäscht ihn nochmals mit 20 ml Wasser.

Mit den vereinigten Überständen wird die erste Alkoholfällung und anschließende Extraktion wiederholt mit dem Unterschied, daß auf 100 ml Überstand nur 80 ml Alkohol verwandt werden, die Fällung in 30 ml Wasser aufgenommen wird und der Erhitzungsschritt bei 50° C durchgeführt wird. Fällung und Extraktion werden schließlich ein drittes Mal wiederholt mit 50 ml Alkohol auf 100 ml Überstand, mit 15 ml Wasser zum Extrahieren und 5 ml zum Waschen sowie 8 min langem Erhitzen auf 54° C. In diesem Zustand ist das Enzym mehrere Monate lang bei — 20° C mit geringen Aktivitätsverlusten haltbar. Die Reinheit des Enzyms kann durch nachfolgende Adsorption an Aluminiumhydroxyd C_γ und anschließende Elution bei guter Ausbeute verdoppelt werden. Hierzu verdünnt man die Enzymlösung bis zu einem Eiweißgehalt von 15 mg/ml und fügt dann 35 ml Aluminiumhydroxyd C_γ (20 mg Trockengewicht/ml) auf je 100 ml Lösung zu. Nach 5 min langem Umrühren zentrifugiert man im Kühlraum ab und wäscht den Niederschlag einmal mit 60 ml (je 100 ml Lösung) 0,01 m Kaliumphosphatpuffer vom p_H 7,4. Das Waschwasser wird verworfen. Das Enzym wird durch zweimaliges Eluieren mit je 30 ml und dreimaliges Eluieren mit 20 ml Puffer nahezu quantitativ abgelöst.

Je 100 ml der vereinigten Eluate werden mit 40 g festem Ammoniumsulfat versetzt. Nach 15 min langem Stehen wird hochtourig zentrifugiert, die Fällung, die vielfach kristallisierte Alkoholdehydrogenase enthält, verworfen. Auf je 100 ml Ausgangslösung werden weitere 30 g Ammoniumsulfat zugefügt, wodurch die Lösung an Ammoniumsulfat gesättigt ist. Man läßt über Nacht bei — 20° C stehen und zentrifugiert dann hochtourig in der Kälte. Die Fällung wird in wenig Wasser aufgenommen und mit ammoniakalischer Ammoniumsulfatlösung vom p_H 8,0 versetzt, bis eine schwache Trübung erscheint. Beim

[1] Racker, E.: J. biol. Ch. **190**, 685 (1951).

Stehen im Kühlschrank über Nacht bilden sich Kristalle. Aus Tabelle 1 sind Ausbeute und Reinheitsgrad der einzelnen Isolierungsschritte zu entnehmen.

Eigenschaften. Glyoxalase I hat ein breites Aktivitätsoptimum zwischen p_H 6 und 8. Das Enzym ist beim Aufbewahren in gefrorenem Zustand (— 20° C) lange Zeit stabil. Hochverdünnte Enzymlösungen sind jedoch wenig haltbar und müssen durch Zusatz von inaktivem Fremdprotein wie Rinderserumalbumin geschützt werden (100 μg/ml). Das Enzym ist gegenüber Temperaturen von unter 60° C unempfindlich, über 65° C tritt jedoch rasch Inaktivierung ein. Die Umsatzzahl des kristallisierten Enzyms beträgt 35000 Mole Methylglyoxal/min, bezogen auf 100000 g Protein. Die MICHAELIS-Konstante[1] für Glutathion ist $0{,}46 \times 10^{-3}$ M.

Tabelle 1. *Isolierung von Glyoxalase I aus Hefe.*

Fraktion	Gesamt-einheiten	Spezifische Aktivität	Ausbeute %
Vereinigte Rohextrakte	65000000	1500	100
2. Acetonfällung	48000000	4000	74
1. Alkoholfällung	35000000	8000	54
2. Alkoholfällung	26000000	27000	40
3. Alkoholfällung nach Hitzeschritt	21000000	43000	32
Vereinigte Eluate	15000000	85000	23
2. Ammoniumsulfatfällung	11000000	250000	17
Kristallisierte Fällung	6500000	350000	10

Spezifität. Außer Methylglyoxal kann das Enzym auch Phenylglyoxal und Hydroxybrenztraubenaldehyd umsetzen. Das Coenzym Glutathion, dessen Bedeutung für die Glyoxalasereaktion erstmals von LOHMANN[2] erkannt wurde, kann durch homologe Tripeptide und Tetrapeptide des Cysteins ersetzt werden[3-5]. In Tabelle 2 sind die relativen Reaktionsgeschwindigkeiten verschiedener Mercaptane in der Glyoxalase I-Reaktion aufgeführt.

Tabelle 2.

Substrat	Relative Umsatzzahl
L-Cystein	0
L-Cysteinyl-glycin	3
γ-D,L-Glutamyl-L-cystein . . .	2
α-D,L-Glutamyl-L-cystein . . .	0
γ-L-Glutamyl-L-cysteinyl-glycin	100
γ-D-Glutamyl-L-cysteinyl-glycin	65
α-L-Glutamyl-L-cysteinyl-glycin	32
β-L-Aspartyl-L-cysteinyl-glycin .	67
N-Acetyl-glutathion	4
N-D,L-Alanyl-glutathion	51
N-D,L-Valyl-glutathion	47

Unwirksam sind weiterhin Glutathiondisulfid und Thioglykolsäure. Kompetitive Hemmung wurde beobachtet mit S-(N-Äthylsuccinimido)-glutathion, S-Methylglutathion, L-Glutamyl-L,β-sulfoalanyl-glycin[1] und Ophthalminsäure (L-Glutamyl-amino-n-butyryl-glycin)[6].

Bestimmungsmethoden. Glyoxalase I katalysiert folgende Reaktion:

$$CH_3-\overset{O}{\overset{\|}{C}}-\overset{H}{\overset{/}{C}}=O + GSH^* \rightarrow GS-\underset{O}{\underset{\|}{C}}-\overset{H}{\underset{OH}{C}}-CH_3$$

Die Bildung von S-Lactyl-glutathion kann durch das Auftreten eines für die CO—S-Bindung charakteristischen Absorptionsmaximums bei 235—240 mμ spektrophotometrisch verfolgt werden. RACKER hat das enzymatisch gebildete Produkt isoliert und auf seine Identität mit dem chemisch synthetisierten Produkt[1] hingewiesen. Den exakten chemischen und biochemischen Beweis brachten neuerdings WIELAND u. Mitarb.[7], die S-D-Lactylglutathion nahezu rein darstellten. Das UV- und IR-Spektrum wie auch die enzymatische Aktivität im Glyoxalase II-Test (s. dort) waren exakt identisch mit dem enzymatischen Reaktionsprodukt.

* Reduziertes Glutathion = GSH.

[1] KERMACK, W. O., and N. A. MATHESON: Biochem. J. **65**, 48 (1957).
[2] LOHMANN, K.: B. Z. **254**, 332 (1932).
[3] BEHRENS, O. K.: J. biol. Ch. **141**, 503 (1941).
[4] KÖGL, F., et A. M. AKKERMAN: Recu. Trav. chim. Pays-bas **65**, 225 (1946).
[5] WIELAND, T., G. PFLEIDERER u. H. H. LAU: B. Z. **327**, 393 (1956).
[6] WALEY, S. G.: Biochem. J. **68**, 37P (1958).
[7] WIELAND, T., u. H. KÖPPE: A. **581**, 1 (1953).

***Bestimmung der Glyoxalase I nach* Racker[1].**

Reagentien:

1. m Kaliumphosphatpuffer, p_H 6,6.
2. Glutathion, 2 %ig, neutralisiert.
3. Methylglyoxal, 2,5 %ig.
4. 0,01 m Kaliumphosphatpuffer, p_H 7,4.
5. Rinderserumalbumin.

Ausführung:

Testzusammensetzung: In Quarzküvetten eines Spektralphotometers werden pipettiert: 2,7 ml Wasser, 0,1 ml 1 m Kaliumphosphatpuffer vom p_H 6,6, 0,05 ml Glutathionlösung und 0,05 ml Methylglyoxallösung. Nach dem Mischen und Stabilisieren vor dem Photometer werden 0,1 ml einer verdünnten Enzymlösung in 0,01 m Kaliumphosphatpuffer vom p_H 7,4 mit 100 μg Rinderserumalbumin pro ml zugefügt. Nach dem Mischen wird der Extinktionsanstieg in 30 sec-Intervallen bei 240 mμ verfolgt. Eine Enzymeinheit ist definiert als die Enzymmenge, die eine Zunahme der Extinktion bei 240 mμ um 0,001 pro min bewirkt.

In Anwesenheit von Glyoxalase II kann der optische Test nicht benützt werden. In diesen Fällen muß man die manometrische Bestimmung anwenden, wobei Methylglyoxal, Glutathion und gereinigte Glyoxalase II im Überschuß vorhanden sind, so daß Glyoxalase I der begrenzende Faktor der Reaktion ist.

Glyoxalase II.

[3.1.2.6 S-2-Hydroxyacylglutathion-Hydrolyase]

***Darstellung von Glyoxalase II aus Pferdeleber nach* Racker[1].**

40 g Acetontrockenpulver von Pferdeleber werden bei Raumtemperatur mit 8 Vol. 0,02 m Phosphatpuffer vom p_H 7,4 45 min extrahiert. Nach dem Abtrennen der unlöslichen Rückstände in der Zentrifuge werden auf je 100 ml Überstand 40 g Ammoniumsulfat zugegeben. Nach 15 min langem Stehen bei Raumtemperatur wird 30 min hochtourig zentrifugiert und der Überstand verworfen. Die Fällung extrahiert man mit 100 ml 30 % gesättigter Ammoniumsulfatlösung vom p_H 8,0. Nach erneutem hochtourigem Zentrifugieren bringt man den Überstand durch Zugabe gesättigter Ammoniumsulfatlösung auf eine Dichte von 1,150. Der Niederschlag wird in 50 ml Wasser aufgenommen und 3 Std gegen fließendes Leitungswasser dialysiert.

Tabelle 3. *Isolierung von Glyoxalase II aus Pferdeleber.*

Fraktion	Gesamteinheiten	Spezifische Aktivität	Ausbeute %
Rohextrakt	9000000	540	100
Nach Ammoniumsulfatfällung	5000000	1200	55
Nach Hitzeschritt.	3000000	2100	33
Nach Alkoholfällung	1400000	4000	15
C_γ-Eluate	800000	11000	9

Die dialysierte Lösung wird 5 min auf 54° C erhitzt, dann wieder rasch abgekühlt und zentrifugiert. Man versetzt den klaren Überstand mit 0,5 Vol. Äthylalkohol, bewahrt die Mischung im Kältebad auf und zentrifugiert dann bei — 10° C. Die Fällung wird in 0,01 m Phosphatpuffer vom p_H 7,2 aufgenommen und die Proteinlösung mit Puffer bis zu einer Endkonzentration von 6 mg pro ml verdünnt.

Das verdünnte Enzym läßt sich schließlich an 0,3 Vol. Aluminiumhydroxyd C_γ (20 mg Trockengewicht pro ml) adsorbieren und durch dreimaliges Behandeln mit 0,5 Vol. 0,1 m Phosphatpuffer vom p_H 7,4 eluieren. Die vereinigten Eluate werden 3 Std gegen destilliertes Wasser dialysiert und in der Tiefkühltruhe aufbewahrt. Als Adsorptionsmittel kann im letzten Reinigungsschritt auch Calciumphosphatgel benützt werden. In Tabelle 3 sind wieder Ausbeute und Reinheitssteigerung für die einzelnen Aufarbeitungsschritte angegeben.

---

[1] Racker, E.: J. biol. Ch. **190**, 685 (1951).

Eigenschaften. Glyoxalase II ist sehr viel weniger stabil als Glyoxalase I. Sogar beim Aufbewahren im eingefrorenen Zustand kann die Aktivität von Rohpräparaten rasch absinken. Auffallend ist die Instabilität in ammoniumsulfathaltiger Lösung. Die Spaltung verschiedener Thioester wird durch Phosphationen und überschüssiges Glutathion wie auch durch das Disulfid gehemmt[1].

Spezifität. Die Spezifität bezüglich des Acylrestes ist nicht sehr groß[1, 2]. So werden Thioester des Glutathions mit Fettsäuren, Hydroxysäuren und Aminosäuren durch das Enzym gespalten, wobei jedoch ein Unterschied in der Spaltungsgeschwindigkeit von Antipoden zu beobachten ist. Am schnellsten wird das natürliche Substrat, das in der Hauptsache aus S-D-Lactylglutathion besteht[3], hydrolysiert. Auch homologe Tetrapeptide des Glutathions sind als Mercaptankomponente noch aktiv, wie aus den Daten der Tabelle 4 hervorgeht. Umstritten ist noch die Frage, ob die mehrfach in der Literatur beschriebene Thioesterase mit Glyoxalase II identisch ist oder nicht[4, 5].

Tabelle 4. *Relative Geschwindigkeit der Spaltung verschiedener S-Acyl-glutathionderivate durch Glyoxalase II. 0,067 m Phosphatpuffer* p_H *7,4, T 20° C.*

Substrat	Relative Geschwindigkeit
S-Acetyl-GSH	100
S-L-Lactyl-GSH	46
S-Lactyl-GSH (natürlich)	280
S-D-Lactyl-GSH	300
S-L-Alanyl-GSH	100
S-D-Alanyl-GSH	196
S-D,L-Alanyl-GSH	159
S-β-Alanyl-GSH	87
S-Dimethylglycyl-GSH	58
S-D,L-Valyl-GSH	15
S-D,L-Isoleucyl-GSH	16
S-D,L-Alanyl-N-acetyl-GSH	22
S-D,L-Alanyl-N-D,L-alanyl-GSH	88
S-L-Alanyl-N-D,L-valyl-GSH	53
S-D,L-Valyl-N-D,L-alanyl-GSH	12

Bestimmungsmethoden. Glyoxalase II katalysiert die Spaltung des durch die Glyoxalase I-Reaktion gebildeten S-Lactyl-glutathion

$$GS-\overset{O}{\overset{\|}{C}}-\underset{OH}{\underset{|}{\overset{H}{\overset{|}{C}}}}-CH_3 + H_2O \rightarrow GSH + CH_3-\underset{OH}{\underset{|}{\overset{H}{\overset{|}{C}}}}-COOH$$

Darstellung des natürlichen Substrates[6]. Zu 9 ml einer neutralisierten 2 %igen Glutathionlösung fügt man 2 mg hochgereinigte Glyoxalase I, 1,5 ml 5 %iges Methylglyoxal und 0,5 ml 1 m Natriumacetat. Nach 20 min langem Stehen bei Raumtemperatur ist die Reaktion gewöhnlich zu Ende (spektrophotometrisch verfolgbar bei 240 mμ). Dann tropft man 0,6 ml 50 %ige Trichloressigsäure zu, kühlt die Mischung und zentrifugiert. Der Überstand wird mit NaOH auf p_H 5,0 gebracht. Nach Zugabe von 2 ml m Bariumacetatlösung wird die Mischung nochmals zentrifugiert. Zu dem klaren Überstand gibt man 5 Vol. Alkohol, läßt 1 Std stehen und zentrifugiert den Niederschlag ab. Dieser wird mit Alkohol und Äther gewaschen und im Vakuumexsiccator getrocknet. Das getrocknete Material löst man in 15 ml Wasser und versetzt die Lösung mit 2 Vol. Alkohol. Bei dieser Gelegenheit fällt die Hauptmenge des nicht umgesetzten Glutathions aus. Nach dem Zentrifugieren wird der Überstand nochmals mit 1 Vol. Alkohol versetzt, der hierbei auftretende Niederschlag abzentrifugiert und nach dem Waschen getrocknet (s. oben). Vor der Benützung im Glyoxalasetest muß das wasserlösliche Bariumsalz durch Natriumsulfat in das Natriumsalz übergeführt werden. Wieland u. Mitarb.[1] haben das enzymatisch gebildete Produkt durch Gefriertrocknung eingeengt, mit der Hochspannungselektrophorese auf Papier präparativ abgetrennt und nach Elution mit Aceton gefällt (91 % Reinheit). Durch chemische Synthese nach Wieland und Köppe[7] kann ebenfalls S-Lactylglutathion dargestellt werden.

[1] Wieland, T., G. Pfleiderer u. H. H. Lau: B. Z. **327**, 393 (1956).
[2] Wieland, T., u. H. Köppe: A. **588**, 15 (1954).
[3] Wieland, T., B. Sandmann u. G. Pfleiderer: B. Z. **328**, 239 (1956).
[4] Kielley, W., and L. B. Bradley: J. biol. Ch. **206**, 327 (1954).
[5] Strecker, H. J., P. Mela and H. Waelsch: J. biol. Ch. **212**, 223 (1955).
[6] Racker, E.: J. biol. Ch. **190**, 685 (1951).
[7] Wieland, T, u. H. Köppe: A. **581**, 1 (1953).

Spektrophotometrischer Test auf Glyoxalase II nach **Racker**[1].

In eine Quarzküvette eines Spektralphotometers werden gebracht: 2,7 ml Wasser, 0,1 ml 1 m Kaliumphosphatpuffer vom p_H 6,6, 0,1 ml 0,012 m Substratlösung und 0,1 ml Enzym. Man verfolgt in 30 sec-Intervallen die Extinktionsabnahme bei 240 mμ.

Bei Gewebsextrakten ist es oft unmöglich, wegen des hohen Enzymblindwertes spektrophotometrische Messungen durchzuführen. In diesen Fällen kann die Abnahme der Thioesterkonzentration durch die in Gegenwart von Hydroxylamin bewirkte Hydroxamsäurebildung verfolgt werden. Als energiereiche Acylverbindungen reagieren Thioester rasch mit Hydroxylamin und können nach der Eisenchloridreaktion colorimetrisch gemessen werden[2].

Les enzymes du catabolisme de la cystéine et de ses dérivés.

Par

Fernande Chatagner*.

Avec 4 Figures.

Si les étapes essentielles de la dégradation de la cystéine et des produits intermédiaires auxquels elle donne naissance sont maintenant établies de façon satisfaisante, du moins dans l'ensemble, les propriétés des enzymes qui effectuent ces réactions et les mécanismes mis en jeu sont encore loin d'être clairement déterminés. Dans des revues[3-7] relativement récentes, les connaissances acquises à propos du catabolisme de la cystéine et de ses principaux dérivés ont été regroupées; il serait inutile de les exposer à nouveau de manière détaillée. L'objet de ce travail sera surtout de discuter, après un bref rappel des réactions établies, ce que l'on connait actuellement des propriétés des enzymes effectuant ces réactions et des mécanismes intervenant dans la dégradation de la cystéine. Je précise également qu'il sera, avant tout, question ici des phénomènes dégradatifs ayant lieu chez les animaux, cependant certaines étapes du métabolisme de la cystéine chez les bactéries seront rapidement décrites, mais ceci seulement dans la mesure où les résultats obtenus avec les microorganismes ont permis d'aider à la compréhension des mécanismes mis en jeu chez les animaux.

Le schéma 1 représente les principales étapes connues de la dégradation de la cystéine chez les animaux.

On constate d'abord sur ce schéma que les produits soufrés terminaux du catabolisme de la cystéine sont le sulfate et la taurine, ensuite qu'il est possible de distinguer deux groupes de réactions: l'un ayant trait au détachement du soufre non encore oxydé de la molécule organique, c'est-à-dire mettant en jeu les dégradations qui conduisent d'abord à l'hydrogène sulfuré, l'autre concernant l'oxydation du soufre encore lié à la chaîne carbonée et le catabolisme de certains dérivés d'oxydation de la cystéine tels que l'acide cystéinesulfinique et l'acide cystéique.

* Laboratoire de Chimie biologique de la Faculté des Sciences, Paris.

[1] Racker, E.: J. biol. Ch. **190**, 685 (1951).
[2] Lipmann, F., and L. C. Tuttle: J. biol. Ch. **159**, 21 (1945).
[3] Chatagner, F., et B. Bergeret: Ann. Nutrit. Aliment. **9**, 93 (1955).
[4] Singer, T. P., and E. B. Kearney dans: W. D. McElroy and B. Glass (Edit.): Amino Acid Metabolism. p. 558. Baltimore 1955.
[5] Meister, A.: Biochemistry of the Amino Acids. p. 316. New York 1957.
[6] Young, L., and G. A. Maw: The Metabolism of Sulphur Compounds. London 1958.
[7] Kun, E.; dans: Metabolic Pathways, édité par D. M. Greenberg. Vol. II, p. 237. New York 1961.

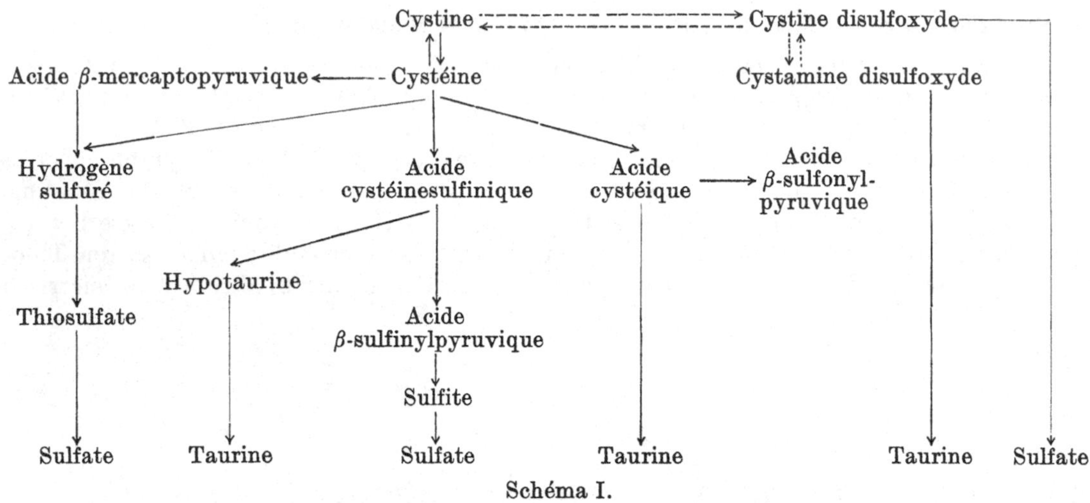

Schéma I.

— Réaction mise en évidence; ---- réaction dont l'existence est postulée.

Réactions produisant d'abord de l'hydrogène sulfuré.

1. Production d'hydrogène sulfuré à partir de la cystéine.

Ce phénomène qui a été étudié pour la première fois chez les bactéries par TARR[1] et observé chez les animaux par FROMAGEOT et coll.[2] a donné lieu à de très nombreux travaux. Bien souvent les mêmes auteurs ont effectué des recherches parallèles en utilisant d'une part des organes d'animaux et d'autre part des bactéries; leurs conclusions sont fondées sur les résultats obtenus aussi bien avec une préparation qu'avec l'autre, il sera donc nécessaire ici d'examiner le problème et chez les animaux et chez les bactéries. La formation d'hydrogène sulfuré à partir de cystéine se produit chez un nombre important de microorganismes qu'il serait fastidieux d'énumérer mais des indications bibliographiques détaillées à ce propos peuvent être trouvées dans deux revues[3, 4]; elle existe également chez les levures[5]; chez les animaux, la production enzymatique d'hydrogène sulfuré semble limitée au foie[6, 7].

***Technique pour la mesure de la désulfuration enzymatique de la cystéine par des préparations de foies d'après* JOHNSON *et coll*[8].**

Réactifs:

1. 0,05 M Tampon phosphate p_H 7.2.
2. 0.5 M chlorhydrate de cystéine.
3. 12 N acide sulfurique.
4. 1 M Acétate de cadmium.
5. 0,002 M iode.
6. 6 N acide chlorhydrique.
7. 0,01 N thiosulfate de sodium.

Appareil:

Appareil de WARBURG; Cellules à 2 ampoules latérales et puits centra.

---

[1] TARR, H. L. A.: Biochem. J. **27**, 759 (1933).
[2] FROMAGEOT, C., E. WOOKEY et P. CHAIX: Cr. **209**, 1019 (1939).
[3] CHATAGNER, F., et B. BERGERET: Ann. Nutrit. Aliment. **9**, 93 (1955).
[4] HANSON, H. dans: La Biochimie du soufre. Editions du CNRS. p. 11. Paris 1956.
[5] BINKLEY, F.: J. biol. Ch. **150**, 261 (1943).
[6] FROMAGEOT, C., E. WOOKEY et P. CHAIX: Enzymologia **9**, 198 (1940).
[7] MADLO, Z.: Physiol. bohemoslov. 8, 8 (1959) [Chem. Abstr. **53**, 13313h].
[8] JOHNSON, R. M., S. ALBERT and A. REEVES: Proc. Soc. exp. Biol. Med. **88**, 594 (1955).

Conditions du dosage:

Compartiment principal: préparation enzymatique dans tampon phosphate p_H 7,2.

Première ampoule latérale: 0,5 ml chlorhydrate de cystéine.

Deuxième ampoule latérale: 0,2 ml acide sulfurique.

Puits central: papier filtre + 0,5 ml acétate de cadmium.

Atmosphère: N_2; température: 37° C; durée de la réaction enzymatique: 90 min; durée du dégagement de l'hydrogène sulfuré après acidification: 30 min.

Dosage hydrogène sulfuré: liquide et papier du puits central sont prélevés et transférés dans 10 à 20 ml d'iode 0,002 M; on ajoute 1 à 2 ml d'acide chlorhydrique 6 N et on titre l'excès d'iode par du thiosulfate de sodium 0,01 N.

Si l'existence du phénomène est bien admise, le mécanisme de la réaction, qui n'est d'ailleurs pas encore définitivement connu, a provoqué d'abondantes controverses. En effet, d'après les produits formés parallèlement à l'hydrogène sulfuré et qui varient selon les préparations utilisées, les auteurs ont postulé l'intervention de divers schémas de dégradation. Pour simplifier le texte, je précise que le terme «désulfuration de la cystéine» sera toujours employé ici dans le sens suivant: production enzymatique d'hydrogène sulfuré à partir de la cystéine, sans préjuger du mécanisme mis en jeu.

Détermination des produits formés parallèlement à l'hydrogène sulfuré. D'après l'ensemble des résultats obtenus par les différents chercheurs, les produits formés parallèlement à l'hydrogène sulfuré sont principalement l'acide pyruvique, l'alanine et, dans certains cas, l'ammoniaque. Lors de la désulfuration par les microorganismes, une production d'ammoniaque en quantité équimoléculaire à l'hydrogène sulfuré formé a été observée[1-6] ce qui a conduit à établir une relation entre désamination de la cystéine et désulfuration. Par contre, d'autres auteurs[7] ne trouvent pas de formation d'ammoniaque. Chez les animaux, FROMAGEOT et coll.[8] avaient souligné qu'il n'y a pas de formation d'ammoniaque lorsqu'on utilise un homogénat de foie, ce phénomène a été retrouvé par CHATAGNER et coll.[9]; par contre, SMYTHE[10] constate une production d'ammoniaque mais il emploie une préparation hépatique traitée par le chloroforme; SUDA et coll.[11] précisent que, lors de la désulfuration de la cystéine par un enzyme purifié à partir du foie de rat, la libération d'ammoniaque se produit avant la formation d'hydrogène sulfuré. SAIGO[12] signale également une production d'ammoniaque d'ailleurs non équimoléculaire à la quantité d'hydrogène sulfuré apparu. Une formation d'acide pyruvique au cours de la désulfuration bactérienne de la cystéine a été observée par divers auteurs[2,5-7,13]. BINKLEY[14] la retrouve chez les levures. Ce phénomène a lieu également dans des préparations de foie[9,11,12]. L'alanine a été décelée comme produit de la réaction tant chez les bactéries[7] que dans le foie[9,10,12,15].

Propriétés des systèmes enzymatiques désulfurant la cystéine. D'une manière générale, les auteurs sont d'accord pour attribuer un p_H optimum de 7 à 8 à la désulfuration.

---

1 TARR, H. L. A.: Biochem. J. **27**, 759 (1933).
2 DESNUELLE, P., et L. GRAND: Bull. Soc. Chim. biol. **25**, 1133 (1943).
3 TAMIYA, N.: J. Biochem. **41**, 199, 297 (1954).
4 HANSON, H., u. E. MANTEL: H. **295**, 141 (1953).
5 ITO, F., J. SAKAI and M. YUASA: Kekkaku **30**, 569 (1955) [Chem. Abstr. **50**, 1951i].
6 KRISHNA MARTI, C. R., and D. L. SHRIVASTAVA: J. sci. indust. Res., New Delhi **15**C, 9 (1956) [Chem. Abstr. **51**, 16713i].
7 OHIGASHI, K., A. TSUNETOSHI, M. UCHIDA and K. ICHIHARA: J. Biochem. **39**, 211 (1952).
8 FROMAGEOT, C., E. WOOKEY et P. CHAIX: Enzymologia **9**, 198 (1940).
9 CHATAGNER, F., et G. SAURET-IGNAZI: Bull. Soc. Chim. biol. **38**, 415 (1956).
10 SMYTHE, C. V.: J. biol. Ch. **142**, 387 (1942).
11 SUDA, M., Y. KIZU, T. SAIGO et A. ICHIHARA: Med. J. Osaka Univ. **3**, 469 (1953).
12 SAIGO, T.: Osaka Daigaku Igaku Zasshi **10**, 2139 (1958) [Chem. Abstr. **53**, 6324c].
13 KALLIO, R. E., and J. R. PORTER: J. Bact. **60**, 607 (1950).
14 BINKLEY, F.: J. biol. Ch. **150**, 261 (1943).
15 FROMAGEOT, C., et R. GRAND: Bull. Soc. Chim. biol. **25**, 1128 (1943).

Plusieurs recherches ont eu pour objet l'étude des inhibiteurs de la désulfuration; les substances inhibitrices de cette réaction sont essentiellement les réactifs des groupements carbonyles (hydroxylamine, semicarbazide, hydrazine)[1-10].

L'arséniate[11-14], l'iodoacétate[15] et le cyanure[3] inhibent aussi la désulfuration. Cependant, on peut remarquer que, dans beaucoup de travaux, la durée de la réaction (qui varie de une à deux heures) est probablement trop longue pour que l'on se trouve dans des conditions où la vitesse de réaction est constante et, par suite, certains résultats obtenus dans les mesures des inhibitions peuvent être entachés d'erreurs. La présence de tampon phosphate semble absolument nécessaire pour que la désulfuration ait lieu[11,16,17]; les tampons borate inhibent la réaction[11]. La nécessité du phosphate de pyridoxal pour la désulfuration de la cystéine tant par le foie des animaux[12,13,18-22] que par les bactéries[3,6,14,23,24] est certainement un des faits les mieux établis à propos de cette réaction. On peut souligner que cette nécessité du phosphate de pyridoxal est tout à fait en accord avec l'effet inhibiteur présenté par les réactifs des groupements carbonyles.

Tableau 1. *Inhibiteurs de la désulfuration*[7].
Extrait fermentaire: foie de chien; H_2S (Moyen) produit dans les tubes témoins: 414 μg.

Substance introduite	Concentration Mol/l	H_2S produit (μg)	Inhibition %
Hydroxylamine . .	10^{-3}	0	100
Hydroxylamine . .	10^{-4}	6	99
Hydroxylamine . .	2×10^{-5}	42	90
Hydroxylamine . .	10^{-5}	99	76
Hydroxylamine . .	2×10^{-6}	408	0
Hydrazine	10^{-3}	0	100
Hydrazine	10^{-4}	99	76
Hydrazine	2×10^{-5}	243	42
Hydrazine	10^{-5}	310	25
Phénylhydrazine .	10^{-2}	0	100
Phénylhydrazine .	10^{-3}	12	97
Phénylhydrazine .	10^{-4}	376	9

D'après MADLO[25] la liaison entre le phosphate de pyridoxal et l'apoenzyme est une liaison non ionique. Au cours de la dialyse contre l'eau il y a non seulement perte du coenzyme mais aussi inactivation partielle de l'apoenzyme, ce dernier phénomène peut être évité si la dialyse est faite contre du tampon phosphate. L'enzyme n'est pas un métallo-enzyme et la présence d'un métal n'est pas nécessaire pour que l'activité ait lieu. On a remarqué également que, chez les animaux, la teneur du régime en protéines influe sur le niveau de la désulfuration: un régime pauvre en protéines entraîne une diminution de la

[1] DESNUELLE, P., et L. GRAND: Bull. Soc. Chim. biol. **25**, 1133 (1943).
[2] TAMIYA, N.: J. Biochem. **41**, 199, 297 (1954).
[3] OHIGASHI, K., A. TSUNETOSHI, M. UCHIDA and K. ICHIHARA: J. Biochem. **39**, 211 (1952).
[4] KALLIO, R. E., and J. R. PORTER: J. Bact. **60**, 607 (1950).
[5] BERNHEIM, F., et N. E. DE TURK: Enzymologia **16**, 69 (1953).
[6] DELWICHE, E. A.: J. Bact. **62**, 717 (1951).
[7] FROMAGEOT, C., et R. GRAND: Enzymologia **11**, 81 (1943).
[8] FROMAGEOT, C., et P. K. TCHEN: Bull. Soc. Chim. biol. **25**, 1141 (1943).
[9] LAWRENCE, J. M., and C. V. SMYTHE: Arch. Biochem. **2**, 225 (1943).
[10] MASSART, C., et L. VANDENDRIESSCHE: Enzymologia **11**, 266 (1944).
[11] ITO, F., J. SAKAI and M. YUASA: Kekkaku **30**, 569 (1955) [Chem. Abstr. **50** 1951i].
[12] CHATAGNER, F., et G. SAURET-IGNAZI: Bull. Soc. Chim. biol. **38**, 415 (1956).
[13] SUDA, M., Y. KIZU, T. SAIGO et A. ICHIHARA: Med. J. Osaka Univ. **3**, 469 (1953).
[14] YAMADA, K., et K. TOKUYAMA: Koso Kagaku Shihpojiumu **12**, 237 (1957) [Chem. Abstr. **52**, 5450e].
[15] KRISHNA MARTI, C. R., and D. L. SHRIVASTAVA: J. sci. indust. Res., New Delhi **15**C, 9 (1956) [Chem. Abstr. **51**, 16713i].
[16] HANSON, H. dans: La Biochimie du soufre. Editions du CNRS. p. 11. Paris 1956.
[17] SUDA, M., T. SAIGO et K. ICHIARA: Med. J. Osaka Univ. **5**, 127 (1954).
[18] MADLO, Z.: Physiol. bohemoslov. **8**, 8 (1959) [Chem. Abstr. **53**, 13313h].
[19] BRAUNSTEIN, A. E., i R. M. AZARKH: Dokl. Akad. Nauk SSSR **71**, 93 (1950) [Chem. Abstr. **44**, 7900b].
[20] MEISTER, A., H. P. MORRIS and S. V. TICE: Proc. Soc. exp. Biol. Med. **82**, 301 (1952).
[21] THOMPSON, R. Q., and N. B. GUERRANT: J. Nutrit. **50**, 161 (1953).
[22] GOSWAMI, M. N. D., A. R. ROBBLEE and L. W. MCELROY: Arch. Biochem. **70**, 80 (1957).
[23] KALLIO, R. E.: J. biol. Ch. **192**, 371 (1951).
[24] AZARKH, R. M., i V. N. GLADKOVA: Dokl. Akad. Nauk SSSR **85**, 173 (1952) [Chem. Abstr. **46**, 11266b].
[25] MADLO, Z.: Coll. czech. chem. Comm. **25**, 729 (1960).

quantité d'enzyme dans le foie[1,2]. D'autre part, des injections de L-histidine, de L-cystéine, de cortisone ou d'histamine[2] à un poulet font augmenter l'activité désulfurante du foie, il s'agirait donc dans ce cas d'un enzyme adaptatif. L'introduction de thyroprotéine dans l'alimentation du poulet fait diminuer l'activité désulfurante du foie[2]. Des injections de thyroxine[3,4] à un rat provoquent une diminution de l'activité enzymatique; au contraire, après thyroïdectomie, le niveau de l'activité dans le foie du rat est très significativement élevé[4].

Essais de purification des enzymes désulfurant la cystéine. Les divers auteurs qui se sont préoccupés de la désulfuration de la cystéine ont évidemment tenté de purifier l'enzyme responsable de ce phénomène. LASKOWSKI et FROMAGEOT[5] ont, les premiers, constaté qu'il est possible d'adsorber la désulfurase sur gel de phosphate tricalcique et de l'en éluer par du tampon phosphate, mais ils ont précisé que la purification reste faible. Cette méthode d'adsorption sur gel de phosphate tricalcique suivie d'élution a été abondamment utilisée par la suite et se retrouve dans la plupart des méthodes de purification décrites jusqu'ici[6,7]. Une autre technique a consisté dans le traitement des extraits enzymatiques par les solvants organiques (chloroforme, acétone, alcool) procédé utilisé d'abord par SMYTHE[8]. Souvent, ces deux méthodes ont été associées, par exemple par SUDA et coll.[9] pour la purification de la désulfurase à partir du foie de rat. Des précipitations fractionnées par le sulfate d'ammonium ont également été employées dans divers travaux[5,6,10,11]. Récemment, MADLO[11] a décrit une méthode de purification de l'enzyme à partir du foie de chat, méthode qui permet d'augmenter de 300 fois l'activité spécifique, ceci au moyen des techniques classiques décrites précédemment, puis d'une précipitation de l'enzyme par les ions Cu^{++}.

Tableau 2. *Isolement de la cystéine désulfhydrase à partir de foie de chat*[11].
L'incubation est faite à 37° C pendant 2 heures.
Matériel de départ: extrait acétonique d'un homogénat de foie.

Fraction	mg N par ml de fraction	Volume des fractions (ml)	Activité spécifique	Augmentation de l'activité	Rendement %
Extrait.	3,842	420	2,4	1 ×	100
Précipité par la chaleur	1,150	320	14,0	5,7×	129
Précipité éthanolique I	0,825	80	80,0	33,0×	137
Précipité éthanolique II	0,275	80	193,0	81,0×	110
Précipité par $CuSO_4$	0,046	80	521,0	217,0×	50

Quelques remarques semblent nécessaires après cet examen des principaux faits connus concernant la désulfuration de la cystéine. Tout d'abord il me semble utile de souligner que DELWICHE[12] a précisé qu'il trouvait l'activité désulfurante associée aux débris cellulaires lors d'une centrifugation fractionnée de cellules de *E. coli* traitées aux ultra-sons, et que l'addition d'acide α-cétoglutarique augmentait la désulfuration dans cette préparation. Dans un travail ultérieur[13] METAXAS et DELWICHE ont obtenu une

[1] MADLO, Z.: Physiol. bohemoslov. **8**, 8 (1959 [Chem. Abstr. **53**, 13313h].
[2] GOSWAMI, M. N. D., A. R. ROBBLEE and L. W. MCELROY: J. Nutrit. **68**, 671 (1959).
[3] HORVATH, A.: Nature **79**, 968 (1957).
[4] JOLLÈS-BERGERET, B., J. LABOUESSE et F. CHATAGNER: Bull. Soc. Chim. biol. **42**, 51 (1960).
[5] LASKOWSKI, M., and C. FROMAGEOT: J. biol. Ch. **140**, 663 (1941).
[6] SAIGO, T.: Osaka Daigaku Igaku Zasshi **10**, 2139 (1958) [Chem. Abstr. **53**, 6324c).
[7] YAMADA, M.: Osaka Daigaku Igaku Zasshi **9**, 485 (1957) [Chem. Abstr. **52**, 2988c].
[8] SMYTHE, C. V.: J. biol. Ch. **142**, 387 (1942).
[9] SUDA, M., Y. KIZU, T. SAIGO et A. ICHIHARA: Med. J. Osaka Univ. **3**, 469 (1953).
[10] OHIGASHI, K., A. TSUNETOSHI, M. UCHIDA and K. ICHIHARA: J. Biochem. **39**, 211 (1952).
[11] MADLO, Z.: Coll. czech. chem. Comm. **25**, 729 (1960).
[12] DELWICHE, E. A.: J. Bact. **62**, 717 (1951).
[13] METAXAS, M. A., and E. A. DELWICHE: J. Bact. **70**, 735 (1955).

désulfurase soluble, donc existant dans le surnageant préparé à partir de cellules de *E. coli* et, dans ce cas, non seulement l'acide α-cétoglutarique n'active pas la réaction, mais au contraire il l'inhibe. D'autre part, JOHNSON et coll.[1] purifiant la désulfurase à partir de foie de rat trouvent l'activité dans le surnageant cytoplasmique mais constatent une augmentation d'activité par addition au surnageant des microsomes et ils précisent que cette augmentation d'activité est proportionelle à la quantité de microsomes ajoutée. Or, la diversité des résultats trouvés, aussi bien avec des préparations bactériennes qu'avec des préparations de foie, et les différents mécanismes postulés d'après les produits apparus en même temps que l'hydrogène sulfuré amènent à reconsidérer le problème de la formation enzymatique d'hydrogène sulfuré à partir de la cystéine. On peut en particulier se demander s'il n'existerait pas deux mécanismes permettant la désulfuration de la cystéine. L'un de ces mécanismes se produirait dans le surnageant, et ceci dans le foie[1] et dans les préparations bactériennes[2], l'autre aurait lieu dans les fractions particulées du foie ou des bactéries[1, 2]. Selon les méthodes de purification employées par les divers auteurs on aurait affaire à l'un ou l'autre de ces mécanismes, le premier n'est pas accéléré par l'acide α-cétoglutarique[2, 3] alors que l'autre l'est de manière importante[4, 5]. Le premier mécanisme serait donc probablement une désulfuration directe, le second ferait intervenir une transamination de la cystéine. L'existence de ces deux systèmes enzymatiques a pu être mise en évidence dans le foie du rat[3], et confirmée[6]. Il se pourrait aussi que, dans certains cas, le matériel biologique employé ne possède que l'un ou l'autre de ces types d'activité; par exemple CHAPEVILLE et FROMAGEOT[7] ont montré qu'il existe dans une préparation enzymatique obtenue à partir de sacs vitellins d'oeufs embryonnés de poule une désulfuration réversible de la cystéine qui donne, à partir de cystéine, de l'hydrogène sulfuré, de l'ammoniaque et de l'acide pyruvique; le produit intermédiaire est probablement l'acide α-aminoacrylique; le phosphate de pyridoxal est le coenzyme de la réaction et les acides α-cétoniques inhibent cette désulfuration. Toutefois, cet enzyme catalyse aussi des réactions différentes de celles effectuées par les désulfhydrases décrites jusqu'ici puisqu'il est capable de synthétiser de l'acide cystéique à partir de cystéine et de sulfite, et également d'échanger le soufre du groupement sulfhydrile de la cystéine avec le soufre du sulfure minéral du milieu[8]; le nom de cystéine lyase a été proposé pour cet enzyme[9].

La cystéine désulfhydrase du jaune d'œufs incubés, d'embryons de poulets et de foie de poulets a été étudiée récemment par SOLOMON[10]. Si l'activité de cet enzyme est très faible dans le jaune d'œufs incubés et dans les embryons entiers, elle augmente rapidement dans l'aire opaque au cours du développement du sac vitellin et atteint un niveau maximum après 7 à 11 jours d'incubation. Une observation intéressante a été faite: dans les homogénats de sacs vitellins, le niveau d'activité de l'enzyme reste le même, que les mesures de désulfuration soient faites en présence ou en absence de phosphate de pyridoxal ajouté *in vitro;* ceci représente une différence importance avec le foie de poulet qui, comme le foie de rat d'ailleurs, est toujours déficient en phosphate de pyridoxal et dont les homogénats présentent toujours une activité désulfurante plus forte en présence de phosphate de pyridoxal. La désulfurase du foie varie selon le régime alimentaire administré au poulet; enfin, chez des poulets ayant reçu plusieurs injections de cystéine on observe une

[1] JOHNSON, R. M., S. ALBERT and A. REEVES: Proc. Soc. exp. Biol. Med. **88**, 594 (1955).
[2] METAXAS, M. A., and E. A. DELWICHE: J. Bact. **70**, 735 (1955).
[3] CHATAGNER, F., B. JOLLÈS-BERGERET et J. LABOUESSE: Cr. **251**, 3097 (1960).
[4] CHATAGNER, F., et G. SAURET-IGNAZI: Bull. Soc. Chim. biol. **38**, 415 (1956).
[5] DELWICHE, E. A.: J. Bact. **62**, 717 (1951).
[6] GORYACHENKOVA, E. V.: Biochimija, Moskva **26**, 541 (1961) [Chem. Abstr. **55**, 22428f.].
[7] CHAPEVILLE, F., et P. FROMAGEOT: Biochim. biophys. Acta **26**, 538 (1957). Bull. Soc. Chim. biol. **40**, 283 (1958).
[8] CHAPEVILLE, F., et P. FROMAGEOT: Bull. Soc. Chim. biol. **40**, 1965 (1958).
[9] CHAPEVILLE, F., et P. FROMAGEOT: Biochim. biophys. Acta **49**, 328 (1961).
[10] SOLOMON, J. B.: J. Embryol. exp. Morph. **11**, 591 (1963).

augmentation de la désulfurase du foie. Ces deux derniers résultats sont en accord avec les observations faites précédemment par GOSWAMI et coll.[1].

Tableau 3. *Mise en évidence de deux mécanismes de désulfuration de la cystéine dans le foie de rat*[2].

1. *Homogénat:* foie de rat perfusé par NaCl 0,9 % et broyé dans 3 fois son volume d'une solution de saccharose 8,5 % à froid.
2. *Surnageant:* obtenu en centrifugeant un volume déterminé de l'homogénat pendant 2 h 30 à 25000×g à froid.
3. *Culot:* préparation obtenue à partir du résidu de la première centrifugation par lavage avec du saccharose et nouvelle centrifugation.

Culot et surnageant sont ramenés, avec la solution de saccharose, au volume initial d'homogénat employé.

Détermination de H_2S d'après une méthode voisine de celle de JOHNSON[3].

Durée de la réaction enzymatique: 30 min.

Exp. N°	Homogénat				Culot				Surnageant			
	Cyst.	+PLP	+α-c to	+α-céto +PLP	Cyst.	+PLP	+α-céto	+α-céto +PLP	Cyst.	+PLP	+α-céto	+α-céto +PLP
I	50	87	94	132	7	9	91	104	27	61	25	55
II	32	71	89	112	8	8	83	95	24	36	24	40
III	43	70	69	100	18	10	72	83	27	31	22	35
IV	38	78	72	99	—	—	—	—	45	75	46	69

Cyst.: mesure de la désulfuration en présence de cystéine seule; +PLP: mesure de la désulfuration en présence de cystéine + phosphate de pyridoxal; +α-céto: mesure de la désulfuration en présence de cystéine + acide α-cétoglutarique; +α-céto +PLP: mesure de la désulfuration en présence de cystéine + acide α-cétoglutarique + phosphate de pyridoxal.

Les chiffres indiquent la quantité de H_2S (en μg) produite par un même volume de chaque préparation.

Spécificité optique des enzymes désulfurant la cystéine. Toutes les recherches mentionnées jusqu'ici ont porté sur la désulfuration de la L-cystéine; d'une manière générale, les enzymes présentent vis-àvis du substrat une spécificité optique très étroite. Cependant, dès 1940, DESNUELLE et coll.[4] ont constaté que *Propionibacterium pentosaceum* attaque également la L- et la D-cystéine; peut-être cette bactérie possède-t-elle deux enzymes distincts. SAZ et BROWNELL[5] ont montré l'existence, dans une souche de *E. coli*, d'une désulfurase spécifique de la D-cystéine qui produit en quantité équimoléculaire de l'hydrogène sulfuré, de l'ammoniaque et de l'acide pyruvique à partir de D-cystéine et n'agit pratiquement pas sur la L-cystéine. L'addition de phosphate de pyridoxal à des extraits enzymatiques n'accélère pas la désulfuration. Ces extraits produisent également de l'hydrogène sulfuré à partir de L- et de D-cystine.

2. Production d'hydrogène sulfuré à partir de l'acide β-mercaptopyruvique.

COHEN[6] avait signalé que la cystéine est susceptible, dans le foie, de subir une transamination enzymatique avec l'acide α-cétoglutarique, ce qui donne de l'acide glutamique et de l'acide β-mercaptopyruvique (HOOC—CO—CH_2—SH). Ultérieurement, MEISTER et coll.[7] ont montré qu'une préparation purifiée de foie de rat catalyse une formation équimoléculaire de soufre et d'acide pyruvique à partir de l'acide β-mercaptopyruvique. La réaction se produit en aérobiose et en anaérobiose. En présence de réducteurs tels

[1] GOSWAMI, M. N. D., A. R. ROBBLEE and L. W. MCELROY: J. Nutrit. **68**, 671 (1959).
[2] CHATAGNER, F., B. JOLLES-BERGERET et J. LABOUESSE: Cr. **251**, 3097 (1960).
[3] JOHNSON, R. M., S. ALBERT and A. REEVES: Proc. Soc. exp. Biol. Med. **88**, 594 (1955).
[4] DESNUELLE, P., E. WOOKEY et C. FROMAGEOT: Enzymologia **8**, 225 (1940).
[5] SAZ, A. K., and L. W. BROWNELL: Arch. Biochem. **52**, 291 (1954).
[6] COHEN, P. P.: J. biol. Ch. **133**, XX (1940). — CAMMARATA, P. S., and P. P. COHEN: J. biol. Ch. **187**, 439 (1950).
[7] MEISTER, A., P. E. FRASER and S. V. TICE: J. biol. Ch. **206**, 561 (1954).

que le β-mercaptoéthanol, il y a production non plus de soufre mais d'hydrogène sulfuré; la présence de β-mercaptoéthanol favorise la formation d'acide pyruvique à partir de l'acide β-mercaptopyruvique. Ce système enzymatique est différent de la désulfurase de la cystéine, ce qui a également été souligné par HANSON[1]. MEISTER et coll. ont indiqué que la désulfuration est inhibée par le pyruvate et la cystéine; elle n'est pas affectée par le cyanure de potassium, l'hydrogène sulfuré, les phosphates de pyridoxal et de pyridoxamine et l'acide éthylènediamine-tétracétique. KONDO et coll.[2] ont purifié l'enzyme présent chez *E. coli* et ont obtenu des extraits qui forment du soufre et de l'acide pyruvique tandis que les cellules entières donnent de l'hydrogène sulfuré et de l'acide pyruvique; d'après ces auteurs le cyanure et l'arsénite inhibent la désulfuration. KUN et FANSHIER[3] ont isolé la désulfurase du foie de rat et déterminé ses propriétés physiques et chimiques.

Tableau 4. *Purification de la désulfurase de l'acide β-mercaptopyruvique du foie de rat*[3].

F_{IIA}, F_{IIB}, F_{IIC} sont des fractions purifiées obtenues par électrophorèse de F_{II}, F_{II} résultant d'une précipitation de l'extrait de poudre acétonique par $SO_4(NH_4)_2$.

Préparation	Protéines mg	Activité spécifique	Activité totale
Homogénat de foie	1800	10,3	18500
Extrait de poudre acétonique	635	39,0	24700
F_{II}	424	45,5	19100
F_{IIA}	276	62,3	17200
F_{IIB}	194	86,0	16700
F_{IIC}	—	86,5	—

Propriétés physiques de l'enzyme purifié: point isoélectrique: 7,4; S_{20}: 2,7; D: $5,2 \times 10^{-6}$ cm^2 sec^{-1}. Poids moléculaire (d'après S_{20} et D): 35000—40000; Absorption maxima: 280 mμ et 415 mμ; $E_{280 m\mu}/E_{415 m\mu}$: 15,7; $E_{415 m\mu}$: 56.

La protéine enzymatique dont le poids moléculaire est de 35000 à 40000 contient un atome de cuivre et 4 atomes de soufre par molécule; elle possède deux groupements —SH et est inhibée par les ions cuivriques et ferriques, cette inhibition pouvant être renversée par l'acide éthylènediaminetétracétique. La perte de l'atome de cuivre provoquée lorsque la préparation est placée à un p_H inférieur à 5 inactive irréversiblement l'enzyme; cet enzyme est donc un métalloenzyme dont le centre actif est un système thiol-disulfure-cuivre. La β-mercaptodésulfurase est inhibée par les agents de chélation tels que la 8-hydroxyquinoline et la 1-10-*0* phénanthroline[4]. L'enzyme n'attaque pas la cystéine. Le soufre atomique libéré par l'enzyme peut se polymériser en soufre élémentaire ou, en présence de réducteurs, donner de l'hydrogène sulfuré (phénomène de désulfuration) ou bien être fixé par des substrats accepteurs (phénomène de transulfuration). D'après KUN et FANSHIER, ces deux activités sont associées à la même protéine pure. D'après ces mêmes auteurs, la β-mercaptodésulfurase catalyse le transfert du soufre au cyanure aussi bien qu'au sulfite[5]. La transulfuration du soufre de l'acide β-mercaptopyruvique avait été observée par SÖRBO[6]. Lors de l'incubation d'une préparation de foie avec du β-mercaptopyruvate et du sulfite, SÖRBO a obtenu une formation enzymatique de pyruvate et de thiosulfate; lorsque le sulfite est remplacé par l'acide L-cystéinesulfinique il y a formation d'acide alanine-thiosulfonique [HS_2O_2—CH_2—$CH(NH_2)$—COOH); lorsque le sulfite est remplacé par l'hypotaurine il y a formation de thiotaurine (HS_2O_3—CH_2—$CH_2(NH_2)$]. On connaît mal actuellement le rôle biologique de ces thiosulfonates. Des recherches ultérieures[7] ont montré que l'acide D-cystéinesulfinique peut, comme le dérivé L-, servir d'accepteur de soufre. D'après WOOD et coll.[8,9] la transulfuration pourrait donner naissance à des polysulfures. Cependant, on peut se demander si, dans la

[1] HANSON, H. dans: La Biochimie du soufre. Editions du CNRS. p. 11. Paris 1956.
[2] KONDO, Y., T. KAMEYAMA and N. TAMIYA: J. Biochem. **43**, 749 (1956).
[3] KUN, E., et D. W. FANSHIER: Biochim. biophys. Acta **27**, 659 (1958); **32**, 338 (1959).
[4] KUN, E., and D. W. FANSHIER: Biochim. biophys. Acta **48**, 187 (1961).
[5] KUN, E., and D. W. FANSHIER: Biochim. biophys. Acta **33**, 26 (1959).
[6] SÖRBO, B.: Biochim. biophys. Acta **24**, 324 (1957).
[7] WILDY, J.: Résultats non publiés.
[8] FIEDLER, H., and J. L. WOOD: J. biol. Ch. **222**, 387 (1956).
[9] HYLIN, J. W., and J. L. WOOD: J. biol. Ch. **234**, 2141 (1959).

transulfuration, le transfert du soufre est une étape enzymatique ou si seule la désulfuration est effectuée par un enzyme. Les résultats de KUN[1] et de WILDY[2] permettent de penser que seule la désulfuration est enzymatique. Une comparaison des propriétés de la désulfurase de l'acide β-mercaptopyruvique du foie et de la désulfurase de ce même acide de *E. coli* a été faite par HYLIN et coll.[3]. Ces auteurs ont observé que l'enzyme bactérien est relativement thermostable alors que celui du foie est très sensible à la chaleur, que l'enzyme bactérien n'est pas oxydé par l'air alors que celui du foie est inactivé par ce traitement, que l'enzyme bactérien est inhibé par le cyanure (ce qui est en accord avec les résultats de KONDO et coll.) et que l'enzyme du foie ne l'est pas (ce qui est en accord avec les résultats de MEISTER et coll.). Signalons aussi que la production d'hydrogène sulfuré à partir d'acide β-mercaptopyruvique placé en présence d'agents réducteurs convenables et d'une préparation de foie de rat carencé en vitamine B_6 est la même que celle obtenue avec du foie de rat normal[4] alors que la désulfuration de la cystéine est différente en intensité chez ces deux groupes d'animaux; le premier résultat est en accord avec les conclusions de MEISTER concernant la non participation du phosphate de pyridoxal à la désulfuration de l'acide β-mercaptopyruvique[5]. Dès la mise en évidence de cette désulfuration, MEISTER a envisagé la possibilité d'une production d'hydrogène sulfuré chez les animaux et les bactéries à partir de la cystéine par l'intermédiaire de l'acide β-mercaptopyruvique. DELWICHE[6] n'avait pas retenu cette possibilité car la transaminase alanine-acide glutamique purifiée selon GREEN ne stimule pas la réaction chez *E. coli*; il se pourrait cependant qu'il s'agisse d'une transaminase différente de cette dernière; on sait que des préparations de *E. coli* forment de la cystéine à partir de β-mercaptopyruvate et d'acide glutamique[7]. En conclusion, on peut dire que la désulfuration de l'acide β-mercaptopyruvique représente, au moins dans certains cas, une des voies possibles de genèse de l'hydrogène sulfuré à partir de la cystéine. Dans ce mécanisme, le phosphate de pyridoxal n'interviendrait qu'au stade de la formation de l'acide β-mercaptopyruvique, c'est-à-dire lors de la transamination de la cystéine[4].

Etant donnée l'existence de deux modes de désulfuration, le schéma des deux voies principales de production d'hydrogène sulfuré à partir de la cystéine peut être écrit comme suit:

$$\text{A}\quad \text{Cystéine} \xrightarrow[\text{phosphate de pyridoxal}]{\text{foie, bactéries, sac vitellin de l'oeuf}} \text{ammoniaque} + \text{hydrogène sulfuré} + \text{acide pyruvique}$$

$$\text{B}\left\{\begin{array}{l} \text{1. Cystéine} \xrightarrow[\text{phosphate de pyridoxal}]{\text{foie, bactéries}} \text{acide } \beta\text{-mercaptopyruvique} \\ \text{2. Acide } \beta\text{-mercaptopyruvique} \xrightarrow{\text{foie, bactéries}} \text{soufre} + \text{acide pyruvique} \\ \text{3. Soufre} \xrightarrow[\text{agents réducteurs}]{\text{foie, bactéries}} \text{hydrogène sulfuré.} \end{array}\right.$$

La réaction A est catalysée par l'enzyme qui, compte tenu de sa localisation intracellulaire, a été appelé par CHATAGNER et coll.[8] désulfurase «soluble».

SNELL et coll.[9] et BRAUNSTEIN[10] ont proposé un mécanisme chimique général des réactions catalysées par le pyridoxal; d'après des réactions non enzymatiques modèles, ces auteurs établissent des schémas d'après lesquels les réactions enzymatiques catalysées

[1] KUN, E., et D. W. FANSHIER: Biochim. biophys. Acta **27**, 659 (1958); **32**, 338 (1959).
[2] WILDY, J.: Résultats non publiés.
[3] HYLIN, J. W., H. FIEDLER and J. L. WOOD: Proc. Soc. exp. Biol. Med. **100**, 165 (1959).
[4] CHATAGNER, F., et G. SAURET-IGNAZI: Bull. Soc. Chim. biol. **38**, 415 (1956).
[5] MEISTER, A., P. E. FRASER and S. V. TICE: J. biol. Ch. **206**, 561 (1954).
[6] DELWICHE, E. A.: J. Bact. **62**, 717 (1951).
[7] ANDERRSON, K. E., and J. R. RANSFORD: Sci. Stud. St. Bonaventure Univ., **15**, 87 (1953) [C. A. **48**, 7109g].
[8] CHATAGNER, F., B. JOLLÈS-BERGERET et J. LABOUESSE: Cr. **251**, 3097 (1960).
[9] METZLER, E., M. IKAWA and E. SNELL: Am. Soc. **76**, 648 (1954). — SNELL, E. E.: Vitamins & Hormones **16**, 77 (1958).
[10] BRAUNSTEIN, A. E.; dans: Boyer-Lardy-Myrbäck, Vol. II, p. 113.

par les enzymes à phosphate de pyridoxal (en particulier la transamination et la désulfuration de la cystéine) pourraient avoir lieu. BERGEL et coll.[1] ont aussi décrit un système modèle permettant la formation d'hydrogène sulfuré à partir de la cystéine et nécessitant le phosphate de pyridoxal et un sel de vanadium.

Identité de la désulfurase «soluble» et de la cystathionase.

En 1950, BINKLEY et OKESON[2] ont obtenu, à partir de foie de rat, une préparation enzymatique purifiée qui est dans action sur la sérine et l'homosérine, mais catalyse la dégradation de la cystathionine et catalyse aussi la désulfhydration de la cystéine. BINKLEY dès cette date, a suggéré qu'un seul enzyme, qu'il propose d'appeler thionase[3], serait responsable de ces deux réactions. Un enzyme qui décompose la cystathionine en ammoniac, acide α-cétobutyrique et cystéine a été obtenu, à l'état cristallisé, par MATSUO et GREENBERG[4]; ces auteurs ont constaté que l'activité d'homosérine désaminase (formation d'acide α-cétobutyrique et d'ammoniac à partir d'homosérine) ne peut pas être séparée de l'activité de cystathionase et ils ont conclu à l'existence d'une seule protéine: la cystathionase-homosérine désaminase, douée des deux activités enzymatiques. De plus ils ont observé que l'enzyme cristallisé décompose aussi d'autres substances telles que la lanthionine, l'acide djenkolique et la cystéine, mais que, par contre, il est sans action sur l'acide β-mercaptopyruvique. Enfin, ils ont souligné que la décomposition de la cystéine par cet enzyme donne naissance à des quantités équimoléculaires de H_2S, ammoniac et acide pyruvique, et que l'activité spécifique de la cystathionase-homosérine désaminase vis-à-vis de la L-cystéine est très supérieure à celle des préparations de cystéine désulfhydrase ou cystéine désulfurase décrites jusqu'à cette date.

De nouveaux arguments en faveur de l'identité de la cystathionase et de la cystéine désulfurase «soluble» ont été apportés récemment. En effet, si GORYACHENKOVA[5] qui a confirmé l'existence dans le foie du rat des deux voies de formation d'hydrogène sulfuré décrites par CHATAGNER et coll.[6] et purifié l'enzyme désulfurant qui ne nécessite pas les acides α-cétoniques (et qui est donc la cystéine désulfurase «soluble») conclut que, bien que cet enzyme possède aussi une activité de cystathionase, il existe cependant dans le foie du rat une cystéine désulfurase «vraie», à spécificité plus étroite que la cystathionase, les résultats apportés par CHATAGNER et coll. et CAVALLINI et coll. conduisent à penser que les deux activités de cystathionase et de cystéine désulfurase sont associées à la même protéine.

En effet, CAVALLINI et coll.[7, 8] ont observé que, au cours de chromatographies sur colonnes de DEAE cellulose et de CM cellulose et au cours d'électrophorèses d'extraits de foie de rats, les deux activités de cystathionase et cystéine désulfurase ne sont pas séparées. CHATAGNER et coll.[9–11] ont constaté que les rapports des activités spécifiques vis-à-vis de la cystathionine et de la cystéine demeurent sensiblement constants au cours d'une purification, faite à partir de foies de rats et conduisant à une préparation enzymatique homogène à l'ultracentrifugation. La détermination du poids moléculaire et de quelques propriétés physiques de cette préparation a donné des résultats[11] qui sont très voisins de ceux rapportés par MATSUO et GREENBERG[4].

[1] BERGEL, F., R. C. BRAY and K. R. HARRAP: Nature **181**, 1654 (1958).
[2] BINKLEY, F., and K. OKESON: J. biol. Ch. **182**, 273 (1950).
[3] BINKLEY, F.: J. biol. Ch. **186**, 287 (1950).
[4] MATSUO, Y., and D. M. GREENBERG: J. biol. Ch. **230**, 545, 561 (1958); **234**, 507, 516 (1959).
[5] GORYATSCHENKOWA, E. W.: Biochimija, Moskva **21**, 541 (1961) [Chem. Abstr. **55**, 22428f].
[6] CHATAGNER, F., B. JOLLÈS-BERGERET et J. LABOUESSE: Cr. **251**, 3097 (1960).
[7] CAVALLINI, D., B. MONDOVI, C. DE MARCO et A. SCIOSCIA SANTORO: Enzymologia **24**, 253 (1962).
[8] CAVALLINI, D., B. MONDOVI and C. DE MARCO: Chemica land Biological Aspects of Pyridoxal Catalysis, édité par E. E. SNELL, P. M. FASELLA, A. E. BRAUNSTEIN and A. ROSSI-FANELLI. London p. 361, 1963.
[9] CHATAGNER, F., J. LABOUESSE, O. TRAUTMANN et B. JOLLÈS-BERGERET: Cr. **253**, 742 (1961).
[10] JOLLÈS-BERGERET, B., B. BRUN, J. LABOUESSE et F. CHATAGNER: Bull. Soc. Chim. biol. **45**, 397 (1963).
[11] LOISELET, J., et F. CHATAGNER: Bull. Soc. Chim. biol. **45**, 33 (1965).

Toutefois, si ces deux groupes de chercheurs sont d'accord sur l'existence d'un seul enzyme, à propos du mécanisme de production de l'hydrogène sulfuré à partir de la cystéine leurs opinions divergent. Pour CAVALLINI et coll., qui avaient observé que la cystathionase catalyse la dégradation de la cystine[1] en donnant de l'ammoniac, de l'acide pyruvique et de la thiocystéine[2] (HOOC—CH(NH_2)—CH_2—S—SH), seule la L-cystine serait substrat et la formation d'hydrogène sulfuré à partir de la L-cystéine aurait lieu selon le schéma suivant:

2 cystéine → cystine

$$\text{cystine} \xrightarrow[\text{cystathionase}]{} \text{ammoniac} + \text{acide pyruvique} + \text{thiocystéine}$$

$$\text{Thiocystéine} + \text{cystéine} \xrightarrow[\text{réaction spontanée}]{} \text{cystine} + \text{hydrogène sulfuré}$$

CAVALLINI et coll. justifient cette conclusion par deux observations: la cystine est un meilleur substrat que la cystéine et elle est plus rapidement dégradée par la cystathionase[1]; l'addition de substances réductrices, telles que le mercaptoéthanol (ME) inhibe la désulfhydration de la cystéine[3, 4]. D'après ces auteurs, ce dernier résultat serait dû à ce que l'oxydation de la cystéine en cystine est empêchée par la présence de ME. Or, la seconde observation est en désaccord avec les résultats obtenus par JOLLÈS-BERGERET et CHATAGNER[5] qui ont constaté que ME accélère la désulfuration de la cystéine par une préparation purifiée de cystathionase. D'autre part, LOISELET et CHATAGNER[6] ont mesuré les vitesses de dégradation de la L-cystine et de la L-cystéine par un échantillon de cystathionase homogène à l'ultracentrifugation, et parallèlement ils ont dosé la cystine présente dans les solutions de cystéine maintenues dans des conditions strictes d'anaérobiose, et leurs résultats conduisent à exclure que seule la cystine soit substrat de la cystathionase.

L'analyse des produits formés au cours de l'action sur la L-cystéine de divers échantillons de cystathionase partiellement purifiés soit selon la méthode de MATSUO et GREENBERG[7], soit selon le procédé décrit par JOLLÈS-BERGERET et coll.[8], a fait apparaître les résultats suivants: lorsque la concentration initiale en L-cystéine est de l'ordre de 10^{-3} M, il se forme des quantités équimoléculaires d'hydrogène sulfuré et d'ammoniac et l'on observe également une apparition d'acide pyruvique, mais lorsque la concentration en L-cystéine est plus élevée (10^{-1} M), il y a production d'ammoniac, d'hydrogène sulfuré, d'acide pyruvique et d'alanine. Il a été démontré que l'alanine ne provient pas d'une réaction secondaire consommant l'acide pyruvique.

De ces résultats, il a été conclu que l'enzyme est susceptible d'effectuer deux réactions simultanées selon les équations globales suivantes:

Cystéine ↗ Hydrogène sulfuré + Ammoniac + Acide pyruvique
Cystéine ↘ Hydrogène sulfuré + Alanine

Un tel schéma est en accord avec celui proposé par BRÜGGEMANN et WALDSCHMIDT[9] et qui est le suivant:

Cystéine → Hydrogène sulfuré + Acide α-amino acrylique

Acide α-amino acrylique —(Hydrolyse)→ Ammoniac + Acide pyruvique
Acide α-amino acrylique —(Réduction)→ Alanine
Acide α-amino acrylique —(Hydratation)→ Sérine

[1] CAVALLINI, D., C. DE MARCO, B. MONDOVI et B. G. MORI: Enzymologia **22**, 11 (1960).
[2] MONDOVI, B., et C. DE MARCO: Enzymologia **23**, 156 (1961).
[3] CAVALLINI, D., B. MONDOVI, C. DE MARCO et A. SCIOSCIA SANTORO: Enzymologia **24**, 253 (1962).
[4] CAVALLINI, D., B. MONDOVI, C. DE MARCO et A. SCIOSCIA-SANTORO: Arch. Biochem. **96**, 456 (1962).
[5] JOLLÈS-BERGERET, B., et F. CHATAGNER: Arch. Biochem. **105**, 640 (1964).
[6] LOISELET, J., et F. CHATAGNER: Biochim. biophys. Acta **89**, 330 (1964).
[7] MATSUO, Y., and D. M. GREENBERG: J. biol. Ch. **230**, 545, 561 (1958); **234**, 507, 516 (1959).
[8] JOLLÈS-BERGERET, B., B. BRUN, J. LABOUESSE et F. CHATAGNER: Bull. Soc. Chim. biol. **45**, 397 (1963).
[9] BRÜGGEMANN, J., u. M. WALDSCHMIDT: B. Z. **335**, 408 (1962).

Toujours d'après ces auteurs, la dernière réaction se produit surtout dans le foie du poulet et elle est catalysée par la sérine sulfhydrase.

Production d'hydrogène sulfuré par la sérine sulfhydrase. SCHLOSSMANN et LYNEN avaient mis en évidence, en 1957, l'existence dans la levure de boulangerie d'un enzyme, la sérine sulfhydrase, qui nécessite le phosphate de pyridoxal comme coenzyme et qui synthétise la L-cystéine à partir de L-sérine et d'hydrogène sulfuré[1]. BRÜGGEMANN et coll.[2] ont montré que l'enzyme existe aussi chez les animaux et en particulier dans le foie du poulet. L'enzyme a été fortement purifié et plusieurs de ses propriétés ont été déterminées[1,2]; en particulier cet enzyme a été comparé à la cystéine désulfhydrase du foie de rat, et cette étude a montré qu'il s'agit de deux enzymes distincts[3]. Enfin, il a été démontré[3] que, dans le foie du poulet, la sérine sulfhydrase catalyse la réaction inverse, c'est-à-dire:

L-cystéine → L-sérine + hydrogène sulfuré.

Cette observation met donc en évidence une nouvelle voie de désulfuration (ou désulfhydration) de la cystéine.

Influence de divers facteurs sur le niveau de la cystathionase du foie du rat (v. p. 694, Fig. 1). Des injeosctin de L-méthionine et de D,L-homosérine provoquent une augmentation significative de la cystathionase du foie du rat[4]. Selon la teneur en protéi nes du régime, le taux de l'enzyme varie dans le foie du rat[5]; d'une manière plus précise, l'accroissement du taux de protéines fait augmenter le niveau de l'enzyme et l'accroissement du taux de méthionine dans le régime conduit au même résultat. Récemment, il a été constaté que l'introduction de D,L-éthionine dans le régime des rats provoque une augmentation spectaculaire du taux de la cystathionase dans le foie[6]. Enfin, la cystathionasee st fortement diminuée dans le foie du rat thyrotoxique et nettement augmentée dans le foie du rat thyroïdectomisé[7]. L'inhibition *in vitro* de la cystathionase par la thyroxine et les iodothyronines a été observée[8,9].

3. Oxydation de l'hydrogène sulfuré.

GARABÉDIAN et FROMAGEOT[10] ont observé que des homogénats de tissus animaux produisent du thiosulfate à partir du sulfure. BAXTER, VAN REEN et coll.[11] d'une part, SÖRBO[12] d'autre part ont étudié de manière détaillée l'oxydation du sulfure en thiosulfate par le foie du rat. Cette oxydation est inhibée par le cyanure, l'iodoacétate et l'acétaldéhyde; elle n'est pas affectée par le fluorure et l'azoture de sodium et elle est stimulée par les agents de chélation; le système oxydant a pu être séparé en deux composés, l'un stable à la chaleur et l'autre thermolabile; ce dernier a été purifié, les substances qui affectent l'oxydation dans l'extrait enzymatique brut présentent la même action sur la préparation purifiée. La ferritine[11], et l'hémoglobine dénaturée[12] oxydent également le sulfure en thiosulfate. ICHIHARA[13] a aussi purifié à partir de foie de boeuf le système oxydant le sulfure en thiosulfate et constaté qu'une portion de la préparation active est thermostable et

---

1 SCHLOSSMANN, K., u. F. LYNEN: B. Z. **328**, 591 (1957).
2 BRÜGGEMANN, J., K. SCHLOSSMANN, M. MERCKENSCHLAGER u. M. WALDSCHMIDT: B. Z. **335**, 392 (1962).
3 BRÜGGEMANN, J., u. M. WALDSCHMIDT: B. Z. **335**, 408 (1962).
4 CHATAGNER, F., et O. TRAUTMANN: Nature **194**, 1281 (1962).
5 TRAUTMANN, O., et F. CHATAGNER: Bull. Soc. Chim. biol. **46**, 129 (1964).
6 CHATAGNER, F., et O. TRAUTMANN: Nature **200**, 75 (1963).
7 CHATAGNER, F., B. JOLLÈS-BERGERET et O. TRAUTMANN: Biochim. biophys. Acta **59**, 744 (1962).
8 FERNANDEZ, J., et A. HORVATH: Enzymologia **26**, 113 (1963).
9 GONZALEZ, E., et A. HORVATH: Enzymologia **26**, 364 (1964).
10 DER GARABÉDIAN, M. A., et C. FROMAGEOT: Cr. **216**, 216 (1943).
11 BAXTER, C. F., R. VAN REEN and C. ROSENBERG: Proc. Soc. exp. Biol. Med. **96**, 159 (1957). — BAXTER, C. F., R. VAN REEN, P. B. PEARSON and C. ROSENBERG: Biochim. biophys. Acta **27**, 584 (1958). — BAXTER, C. F., and R. VAN REEN: Biochim. biophys. Acta **28**, 567, 573 (1958).
12 SÖRBO, B.: Biochim. biophys. Acta **21**, 393 (1956); **27**, 324 (1958); **38**, 349 (1960).
13 ICHIHARA, A.: Mem. Inst. Protein Res. Osaka Univ. **1**, 177 (1959) [C. A. **54**, 7803c].

l'autre thermolabile; là encore, la ferritine stimule la réaction et la formation de thiosulfate est inhibée par le cyanure. Actuellement donc, l'oxydation de l'hydrogène sulfuré en thiosulfate par le foie est un fait bien démontré et cette oxydation peut être effectuée par des fractions thermostables et par des fractions thermolabiles de cet organe. Le thiosulfate présent dans l'urine provient bien du métabolisme propre de l'animal[1], l'excrétion de thiosulfate varie selon la teneur du régime en protéines[2]. DE MARCO et coll.[3] ont montré que, chez le rat, la thiotaurine, l'acide alanine-thiosulfonique, l'acide cystéine sulfinique et le cystéamine sulfonate, sont des précurseurs du thiosulfate.

Le thiosulfate participe, chez les animaux, à la réaction de détoxication du cyanure, réaction catalysée par un enzyme, la rhodanèse, qui donne du sulfate en transformant le cyanure en thiocyanate. Cette réaction a été étudiée de manière détaillée par SÖRBO qui a réussi à cristalliser la rhodanèse et a proposé un mécanisme de la réaction enzymatique[4], qui est le suivant:

$$\left[\text{Enzyme}\right]\begin{matrix}-S\\ |\\ -S\end{matrix} + SSO_3^{--} \rightleftharpoons \left[\text{Enzyme}\right]\begin{matrix}-S-S-SO_3^-\\ \\ -S^-\end{matrix}$$

$$\upharpoonleft\!\downharpoonright CN^-$$

$$\left[\text{Enzyme}\right]\begin{matrix}-S\\ |\\ -S\end{matrix} + SCN^- \rightleftharpoons \left[\text{Enzyme}\right]\begin{matrix}-S-CN\\ \\ -S^-\end{matrix} + SO_3^{--}$$

La composition en acides aminés, et particulièrement en acides aminés soufrés, de la rhodanèse cristallisée a été déterminée[5], l'enzyme, dont le poids moléculaire est de 37100 contient 5 méthionine et 4 cystéine. Cependant, WESTLEY et coll.[6,7] proposent un autre schéma pour le mécanisme d'action de la rhodanèse:

$$\text{Rhodanèse} + 2\,S{-}SO_3^- \rightarrow \text{Rhodanèse}{-}S_2 + 2\,SO_3^{--}$$
$$\text{Rhodanèse}{-}S_2 + 2\,CN^- \rightarrow \text{Rhodanèse} + 2\,SCN$$

D'après ces auteurs, l'enzyme cristallisé par SÖRBO serait l'intermédiaire rhodanèse—S_2.

L'oxydation du thiosulfate en sulfate était mal connue jusqu'à ces dernières années; elle avait été observée cependant par PIRIE[8]. D'autre part, DZIEWIATKOWSKI[9] avait retrouvé du ^{35}S-sulfate dans l'urine de rat ayant reçu des injections de ^{35}S-sulfure. Un résultat analogue, chez le chien, avait été rapporté par GUNINA[10]. Récemment[11] il a été montré que le groupement sulfite du thiosulfate donne, chez l'animal, rapidement du sulfate et ceci de manière complète; au contraire, l'autre atome de soufre ne donne que peu de sulfate et cette réaction est lente. Récemment, SÖRBO[12] a étudié l'oxydation du thiosulfate en sulfate chez les animaux et il a observé que cette oxydation est accélérée par les substances à groupements sulfhydriles, et aussi par le dihydrolipoate. Il a conclu de ces résultats qu'il existe deux voies d'oxydation du thiosulfate: l'une, catalysée par la thiosulfate réductase, enzyme découvert dans les levures par KAJI et MCELROY[13], qui nécessite le glutathion et qui existe aussi dans le foie des animaux, l'autre, catalysée

[1] FROMAGEOT, C., et A. ROYER: Enzymologia **11**, 253 (1944).
[2] GAST, J. H., K. ARAI and F. L. ALDRICH: J. biol. Ch. **196**, 875 (1952).
[3] MARCO, C. DE, M. COLETTA, B. MONDOVI e D. CAVALLINI: Ital. J. Biochem. **9**, 3 (1960).
[4] SÖRBO, B. H.: Acta chem. scand. **5**, 724, 1218 (1951); **7**, 32, 238, 1129, 1137 (1953); **8**, 694 (1954).
[5] SÖRBO, B.: Acta chem. scand. **17**, 2205 (1963).
[6] GREEN, J. R., and J. WESTLEY: J. biol. Ch. **236**, 3047 (1961).
[7] WESTLEY, J., and T. NAKAMOTO: J. biol. Ch. **237**, 547 (1962).
[8] PIRIE, N. W.: Biochem. J. **28**, 1063 (1934).
[9] DZIEWIATKOWSKI, D. D.: J. biol. Ch. **161**, 723 (1945).
[10] GUNINA, A. I.: Dokl. Akad. Nauk SSSR **112**, 902 (1957) [Chem. Abstr. **51**, 12279i].
[11] SHARYNSKI, B., T. W. SZCZEPKOWSKI and M. WEBER: Nature **184**, 994 (1959).
[12] SÖRBO, B.: Acta chem. scand. **18**, 821 (1964).
[13] KAJI, A., and W. D. MCELROY: J. Bact. **77**, 630 (1959).

par la rhodanèse, et qui fait intervenir le dihydrolipoate. L'oxydation du thiosulfate en sulfite par la rhodanèse en présence de dihydrolipoate avait été observée par VILLAREJO et WESTLEY[1]. — D'autres informations sur des enzymes transaminants cystéine et ses dérivés dans le chapitre sur „Transaminasen", Vol. VI/B, p. 408—411.

4. Propriétés de la sulfite oxydase.

La formation enzymatique de sulfate à partir du sulfite par le foie des mammifères a été découverte et étudiée par HANDLER et coll.[2,3]. La sulfite oxydase du foie de rat et de chien a été partiellement purifiée à partir de poudre acétonique. L'enzyme se trouve parmi les protéines insolubles dans le sulfate d'ammonium à demi saturation. Cette fraction catalyse l'oxydation du sulfite (p_H optimum 9,3) et aussi celle de certains composés d'addition du sulfite avec des substances à groupements aldéhydique ou cétonique, mais ici le p_H optimum est différent et il y a un temps de latence avant l'oxydation; il se pourrait donc que, dans ce cas, la première réaction soit une hydrolyse de ces composés par une desmolase; celle-ci a pu être éliminée par traitement des préparations enzymatiques par le sulfate de protamine. Cette dernière préparation purifiée est inactivée par dialyse mais l'activité peut être restaurée par addition d'un cofacteur thermostable qui s'est révélé être l'hypoxanthine; sans expliquer ce phénomène, HANDLER et coll. ont constaté que ce besoin en hypoxanthine est manifesté par des préparations de foie de chien et de rat lorsque l'oxydation du sulfite est mesurée manométriquement, et seulement par le foie de chien lorsque l'oxydation du sulfite est mesurée, en anaérobiose, par détermination de la réduction du bleu de méthylène. L'acide lipoïque est également nécessaire, là encore avec une préparation de foie de chien mais pas avec une préparation de foie de rat. L'acide lipoïque interviendrait en permettant, grâce à son groupe disulfure, la formation d'un thiosulfonate dont l'hydrolyse donnerait le sulfate et un composé sulfhydryle. La formation d'un thiosulfonate serait donc la première étape de l'oxydation du sulfite.

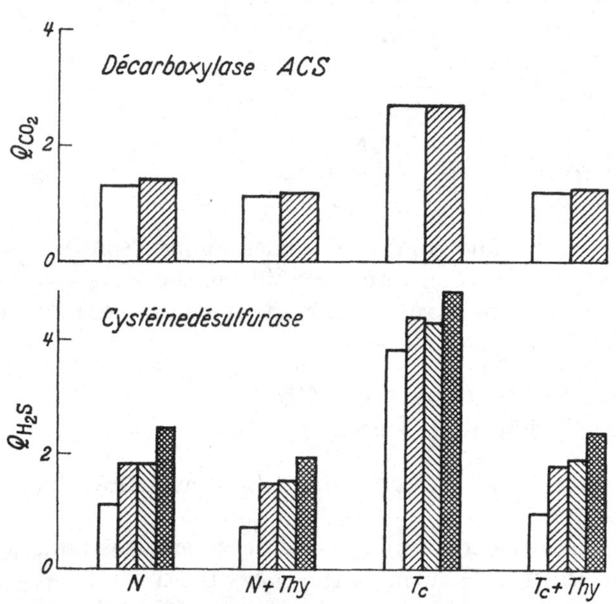

Fig. 1. Influence d'injections de 10 μg de D,L-thyroxine sur deux systèmes enzymatiques à phosphate de pyridoxal dans le foie du rat femelle normal et du rat femelle thyroïdectomisé[4]. ▭ mesure en présence de substrat seul; ▨ mesure en présence de substrat+PLP; ▧ mesure en présence de substrat+α-céto; ▩ mesure en présence du substrat+PLP+α-céto. N = rat témoin; N + Thy = rat injecté de thyroxine; Tc = rat thyroïdectomisé; Tc + Thy = rat thyroïdectomisé injecté de thyroxine. Chaque colonne représente les Q_{CO_2} ou Q_{H_2S} moyens mesurés sur 7 à 8 animaux.

Tableau 5. *Purification de la sulfite oxydase du foie de rat*[2,3].

A: extrait dialysé de poudre acétonique. *B*: précipité [50% saturation $SO_4(NH_4)_2$] obtenu à partir de *A*. *C*: surnageant de *B* traité par chaleur. *D*: précipité alcoolique (44—74%) de *C*. *E*: précipité [50% saturation $SO_4(NH_4)_2$] obtenu à partir de *D*. *F*: éluat d'un gel de phosphate de calcium ajouté à *E*. *G*: précipité [42—63% saturation $SO_4(NH_4)_2$] obtenu à partir de *F*.

Etapes	Activité spécifique	Rendement %
A	0,35	100
B	0,61	—
C	0,90	78
D	2,4	56
E	3,9	—
F	13,8	23
G	17,8	15

[1] VILLAREJO, M., and J. WESTLEY: J. biol. Ch. **238**, P. C. 1185, 4016 (1963).
[2] HEIMBERG, M., I. FRIDOVICH and P. HANDLER: J. biol. Ch. **204**, 913 (1953). — FRIDOVICH, I., and P. HANDLER: J. biol. Ch. **221**, 323 (1956); **223**, 321 (1956); **228**, 67 (1957). — P. HANDLER dans: La Biochimie du Soufre, Editions du CNRS. p. 83. Paris 1956.
[3] FRIDOVICH, I., W. FARKAS et P. HANDLER: Bull. Soc. Chim. biol. **40**, 113 (1958).
[4] JOLLÈS-BERGERET, B., J. LABOUESSE et F. CHATAGNER: Bull. Soc. Chim. biol. **42**, 51 (1960).

Un mécanisme analogue a été proposé par SÖRBO[1] pour expliquer l'action de la rhodanèse; cependant HANDLER et coll. ont montré que la sulfite oxydase et la rhodanèse sont des enzymes différents. La sulfite oxydase est inhibée par l'acide éthylènediaminetétracétique, la cystéine, le glutathion, le thiosulfate, les réactifs des groupements —SH et l'hydroxylamine. L'incubation des préparations avec la xanthine oxydase inhibe l'oxydation du sulfite. La sulfite oxydase purifiée a une forte affinité pour le sulfite et ceci que la préparation soit faite à partir de foie de chien ou à partir de foie de rat.

De nouvelles études ont conduit à une purification très importante de la sulfite oxydase[2]. L'enzyme est très stable à des p_H allant de 7 à 9,5; l'oxydation du sulfite, couplée à la réduction du cytochrome c, a été formulée ainsi:

$$SO_3^{--} + H_2O + 2\ \text{ferricytochrome c} \rightarrow SO_4^{--} + 2\ H^+ + 2\ \text{ferrocytochrome c}$$

La sulfite oxydase est une hémoprotéine présente dans les microsomes. Enfin, le rôle de l'hypoxanthine a été élucidé[3]: la stimulation provoquée par l'hypoxanthine n'est pas reliée à l'oxydation du sulfite par la sulfite oxydase, mais s'explique par l'initiation, par la xanthine oxydase, d'une chaîne de réactions entre le sulfite et l'oxygène, où interviennent des radicaux libres, et qui provoquent l'oxydation du sulfite.

En conclusion de ce rapide examen des dégradations enzymatiques subies par la cystéine et ses principaux dérivés, il est possible de dire que, si les étapes essentielles du catabolisme de ces substances sont bien établies, il serait nécessaire cependant, dane beaucoup de cas, de s'efforcer d'obtenir des indications plus précises à propos des enzymes responsables du métabolisme de ces substances soufrées.

Réactions d'oxydation du soufre encore lié à la chaîne carbonée.

1. Formation de dérivés d'oxydation de la cystéine.

Si certaines étapes de formation du sulfate et de la taurine à partir de dérivés d'oxydation de la cystéine sont établies de façon très claire, le mécanisme de l'oxydation de la cystéine en ces dérivés intermédiaires reste obscur. Disons tout d'abord que l'on admet maintenant, à la suite de divers travaux, que la cystine est réduite en cystéine avant d'être oxydée; l'enzyme effectuant cette réaction, la cystine réductase, existe dans des extraits de foie de porc, de graines de pois, de levure[4] et de tumeur de souris[5]; il fonctionne avec DPNH. Deux autres substances voisines, la cystéamine et la cystamine, doivent être signalées ici étant donné leur parenté avec la cystéine et la cystine. On ne connaît que peu de choses à propos de leur biosynthèse et de leur dégradation. Signalons cependant qu'il a été observé[6] que la cystamine donne naissance à l'hypotaurine et à la taurine, la thiocystéamine étant probablement un intermédiaire dans ces réactions. D'autres auteurs[7, 8] ont constaté que la cystéamine se transforme en taurine et en sulfate; enfin, récemment, il a été signalé[9] que, à côté de ces substances, on retrouve aussi de l'acide cystéique dans l'urine de rats ayant reçu des injections de cystéamine. D'autre part, la cystamine est oxydée par la diamine oxydase, et cette réaction donne naissance à la cystaldimine[10–12]. Des revues d'ensemble des connaissances acquises dans ces domaines

[1] SÖRBO, B. H.: Acta chem. scand. **5**, 724, 1218 (1951); **7**, 32, 238, 1129, 1137 (1953); **8**, 694 (1954).
[2] MCLEOD, R. M., W. FARKAS, I. FRIDOVICH and P. HANDLER: J. biol. Ch. **236**, 1841 (1961).
[3] FRIDOVICH, I., and P. HANDLER: J. biol. Ch. **236**, 1836, 1847 (1961).
[4] ROMANO, A. H., and W. J. NICHERSON: J. biol. Ch. **208**, 409 (1954).
[5] STEKOL, J. A., S. WEISS and E. I. ANDERSON: J. biol. Ch. **233**, 936 (1958).
[6] CAVALLINI, D., C. DE MARCO et B. MONDOVI: Enzymologia **23**, 101 (1961).
[7] ELDJARN, L.: J. biol. Ch. **206**, 483 (1954). Scand. J. clin. Lab. Invest., Suppl. **6**, 13 (1954).
[8] SALVADOR, R. A., C. DAVISON and P. K. SMITH: J. Pharmacol. exper. Therap. **121**, 258 (1957) [Chem. Abstr. 52, 3137d].
[9] GENSICKE, F., E. SPODE u. P. VENKER: Strahlentherapie **118**, 561 (1962).
[10] CAVALLINI, D., C. DE MARCO et B. MONDOVI: Biochim. biophys. Acta **24**, 358 (1957).
[11] BERGERET, B., and H. BLASCHKO: Brit. J. Pharmacol. **12**, 513 (1957).
[12] MARCO, C. DE: Chemical and Biological Aspects of Pyridoxal Catalysis. Edité par E. E. SNELL, P. M. FASELLA, A. E. BRAUNSTEIN and A. ROSSI-FANELLI, p. 403. London 1963.

ont été faites par CAVALLINI[1] et ELDJARN et PIHL[2]. L'intérêt suscité par ces substances provient surtout de leur rôle d'agents protecteurs contre les rayons X. Parmi les dérivés d'oxydation de la cystéine, on a envisagé la formation de cystine disulfoxyde, de cystamine disulfoxide, de thiosulfonates, d'acide cystéinesulfinique, et d'acide cystéinesulfonique également appelé acide cystéique. Une discussion des résultats concernant la production de ces diverses substances ne sera pas refaite ici, mais on peut trouver à ce sujet des indications bibliographiques détaillées dans trois revues[3-5]. On ne connaît pratiquement rien sur le rôle biologique éventuel du cystine disulfoxyde et du cystamine disulfoxyde, on sait seulement que le rat métabolise ces deux substances en sulfate ou taurine[6]. A propos des thiosulfonates, CAVALLINI et coll.[7] trouvent de la thiotaurine dans l'urine du rat nourri avec un régime enrichi en cystine.

L'acide cystéinesulfinique $HOOC—CH(NH_2)—CH_2—SO_2H$ occupe une place particulièrement importante parmi les dérivés d'oxydation de la cystéine. Le métabolisme de cette substance, *in vitro*, dans des organes de lapin et de rat et, *in vivo*, après injection intraveineuse chez le rat, a été déterminé dans le laboratoire de C. FROMAGEOT[8] avant qu'il ne soit établi que cet acide est véritablement un intermédiaire dans la dégradation de la cystéine en sulfate et taurine. On savait donc, dès 1952, que l'acide cystéinesulfinique peut, *in vivo* et *in vitro*, donner du sulfite et de l'hypotaurine: $CH_2(NH_2)—CH_2—SO_2H$. AWAPARA et coll.[9] ont étudié la formation d'acide cystéinesulfinique à partir de la cystéine et ont pu montrer, au moyen d'injections intraveineuses de ^{35}S-cystéine à un rat, qu'il y a apparition dans le foie de cet animal de ^{35}S-hypotaurine. CHAPEVILLE et FROMAGEOT[10] par une technique voisine, ont réussi à démontrer la formation d'acide cystéinesulfinique lui-même. La présence de cet acide dans le cerveau du rat normal a pu être mise en évidence par BERGERET et CHATAGNER[11]. Cet ensemble de résultats a donc fait apparaître de manière indiscutable que l'acide cystéinesulfinique est un intermédiaire véritable lors de l'oxydation de la cystéine. D'après AWAPARA[9] l'acide cystéique $HOOC—CH(NH_2)—CH_2—SO_3H$ se forme également *in vivo* chez le rat mais seulement lorsque des quantités très importantes de L-cystéine ont été injectées. Chez *Proteus vulgaris*[12], l'acide cystéinesulfinique subit deux types de dégradation qui sont compétitifs, l'un est une oxydation en acide cystéique, l'autre une transamination donnant de l'acide β-sulfinylpyruvique: $HOOC—CO—CH_2—SO_2H$ qui est rapidement désulfiné en sulfite et acide pyruvique; cette désulfination est accélérée par les ions Mn^{++}; l'acide cystéique est également transaminé en acide β-sulfonylpyruvique: $HOOC—CO—CH_2—SO_3H$. Chez l'animal, l'acide cystéinesulfinique est décarboxylé en hypotaurine et désulfiné après transamination[8]; l'acide cystéique est décarboxylé en taurine[13] et transaminé en acide β-sulfonylpyruvique qui n'est pas ultérieurement métabolisé dans une préparation de foie[14]. Donc, les deux substrats peuvent donner par

[1] CAVALLINI, D., dans: La Biochimie du soufre. Editions du CNRS, p. 197. Paris 1956.

[2] ELDJARN, L., et A. PIHL: dans: La Biochimie du soufre. Editions du CNRS, p. 217. Paris 1956.

[3] CHATAGNER, F., et B. BERGERET: Ann. Nutrit. Aliment. **9**, 93 (1957).

[4] SINGER, T. P., and E. B. KEARNEY dans: W. D. MCELROY and B. GLASS (Edit.): Amino Acid Metabolism. p. 558. Baltimore 1955.

[5] MEISTER, A.: Biochemistry of the Amino Acids. p. 316. New York 1957.

[6] MEDES, G.: Biochem. J. **31**, 1330 (1937). — MEDES, G., and N. F. FLOYD: Biochem. J. **36**, 259 (1942).

[7] CAVALLINI, D., C. DE MARCO and B. MONDOVI: J. biol. Ch. **234**, 854 (1959).

[8] FROMAGEOT, C., F. CHATAGNER et B. BERGERET: Biochim. biophys. Acta **2**, 294 (1948). — CHATAGNER, F., et B. BERGERET: Cr. **232**, 448 (1951). — BERGERET, B., et F. CHATAGNER: Biochim. biophys. Acta **9**, 141 (1952). — BERGERET, B., F. CHATAGNER et C. FROMAGEOT: Biochim. biophys. Acta **9**, 147 (1952). — CHATAGNER, F., B. BERGERET, T. SÉJOURNÉ et C. FROMAGEOT: Biochim. biophys. Acta **9**, 340 (1952).

[9] AWAPARA, J.: J. biol. Ch. **203**, 183 (1953). — AWAPARA, J., et W. J. WINGO: J. biol. Ch. **203**, 189 (1953). — AWAPARA, J., et V. M. DOCTOR: Arch. Biochem. **58**, 506 (1955).

[10] CHAPEVILLE, F., et P. FROMAGEOT: Biochim. biophys. Acta **17**, 275 (1955).

[11] BERGERET, B., et F. CHATAGNER: Biochim. biophys. Acta **14**, 297 (1954).

[12] KEARNEY, E. B., and T. P. SINGER: Biochim. biophys. Acta **8**, 692 (1952); **11**, 270, 276 (1953).

[13] BLASCHKO, H.: Biochem. J. **36**, 571 (1942).

[14] CHATAGNER, F., B. BERGERET et C. FROMAGEOT: Ann. Acad. Sci. fenn. A II (Chemica) **60**, 393 (1955).

décarboxylation de la taurine, l'un (l'acide cystéique) directement, l'autre (l'acide cystéinesulfinique) indirectement par l'intermédiaire de l'oxydation de l'hypotaurine qui a été montrée *in vivo* mais n'a pu être mise en évidence *in vitro*[1, 2] alors que seul l'acide cystéinesulfinique peut donner du sulfate grâce à l'oxydation du sulfite en sulfate.

Des recherches plus récentes ont fait apparaître l'existence d'une autre voie de désulfination de l'acide cystéinesulfinique. En effet, d'après SUMIZU[3] une préparation purifiée de foie de rat contient un enzyme dont le p_H optimum est 6,25 (tampon acétate), qui nécessite le phosphate de pyridoxal comme cofacteur et qui, à partir de l'acide cystéinesulfinique, donne naissance à l'alanine et au sulfite, sans que les acides α-cétoniques interviennent. Il s'agit donc d'une désulfination directe. Enfin, d'après le même auteur[4], il existe dans le foie du rat une hypotaurine déshydrogénase qui oxyde l'hypotaurine en taurine et nécessite DPN^+ comme coenzyme. Cet enzyme est activé par la cystéine, le BAL et la 2-mercaptoéthanolamine, et il est inhibé par le cyanure et par de fortes concentrations en phosphate.

Il est de quelque intérêt de signaler que SODA et coll.[5] ont montré récemment qu'une préparation très fortement purifiée de la β-décarboxylase de l'acide aspartique, obtenue à partir d'*Alcaligenes faecalis*, catalyse la désulfination de l'acide cystéinesulfinique en alanine et sulfite; cette désulfination, comme d'ailleurs la β-décarboxylation de l'acide aspartique, est activée par les acides α-cétoniques. L'enzyme nécessite le phosphate de pyridoxal comme coenzyme; l'activation par les acides α-cétoniques est expliquée par la transformation de l'enzyme-pyridoxaminephosphate en enzyme-pyridoxal-phosphate. La désulfination est inhibée, de manière compétitive, par l'aspartate.

2. Propriétés des enzymes décarboxylant l'acide L-cystéinesulfinique et l'acide L-cystéique*.

La décarboxylation de ces deux substances se produit à un p_H voisin de la neutralité dans des préparations de foie et de cerveau de rat, de lapin et de chien[6–11]. L'acide D-cystéinesulfinique n'est absolument pas décarboxylé dans le foie[12]. Il n'est pas possible de dire s'il existe, dans le foie, un enzyme spécifique de chaque substrat ou si les deux acides sont décarboxylés par le même enzyme. D'après certains auteurs[8–10], il s'agirait d'un même enzyme, d'après d'autres[11] chaque substrat serait attaqué par un enzyme spécifique. Signalons que dans l'oeuf embryonné[13] seul l'acide cystéique est décarboxylé et que l'acide cystéinesulfinique est un inhibiteur compétitif dans cette réaction. Remarquons aussi que, lorsque les deux substrats sont décarboxylés dans un tissu animal, l'intensité de la réaction portant sur l'acide cystéinesulfinique est toujours plus élevée que celle se produisant avec l'acide cystéique. Les décarboxylases de l'acide cystéinesulfinique et de l'acide cystéique sont des enzymes nécessitant le phosphate de pyridoxal comme coenzyme; l'intégrité de certains groupements —SH de la protéine semble

* Vois aussi le paragraph sur „Cysteinsäuredecarboxylase", p. 572.

1 CAVALLINI, D., C. DE MARCO, B. MONDOVI et F. STIRPE: Biochim. biophys. Acta **15**, 301 (1954).
2 ELDJARN, L., A. PIHL and A. SVERDRUP: J. biol. Ch. **223**, 353 (1956).
3 SUMIZU, K.: Biochim. biophys. Acta **53**, 435 (1961). J. Biochem., **52**, 383 (1962).
4 SUMIZU, K.: Biochim. biophys. Acta **63**, 210 (1962).
5 SODA, K., A. NOVOGRODSKY and A. MEISTER: Biochemistry **3**, 1450 (1964).
6 FROMAGEOT, C., F. CHATAGNER et B. BERGERET: Biochim. biophys. Acta **2**, 294 (1948). — CHATAGNER, F., et B. BERGERET: Cr. **232**, 448 (1951). — BERGERET, B., et F. CHATAGNER: Biochim. biophys. Acta **9**, 141 (1952). — BERGERET, B., F. CHATAGNER et C. FROMAGEOT: Biochim. biophys. Acta **9**, 147 (1952). — CHATAGNER, F., B. BERGERET, T. SÉJOURNÉ et C. FROMAGEOT: Biochim. biophys. Acta **9**, 340 (1952).
7 BLASCHKO, H.: Biochem. J. **36**, 571 (1942).
8 BLASCHKO, H., and D. B. HOPE: J. Physiol., London **126**, 52P (1954).
9 HOPE, D. B.: Biochem. J. **59**, 497 (1955).
10 DAVISON, A. N.: Biochim. biophys. Acta **19**, 66 (1956).
11 SÖRBO, B., and T. HEYMAN: Biochim. biophys. Acta **23**, 624 (1957).
12 WILDY, J.: Résultats non publiés.
13 CHAPEVILLE, F., et P. FROMAGEOT: Bull. Soc. Chim. biol. **38**, 1143 (1956).

également indispensable[1-5]. Ces enzymes ont été purifiés à partir de foie de chien[6] et de rat[2]. Lors d'une carence en vitamine B_6 chez le rat, l'hypotaurine et la taurine qui sont normalement présentes dans l'urine de cet animal disparaissent[3, 4]. Dans une préparation de foie de rat carencé en vitamine B_6 la décarboxylation de ces deux substrats est supprimée et ne peut être restaurée par addition de phosphate de pyridoxal; au contraire, dans le cerveau, où ces réactions sont également supprimées, l'addition de phosphate de pyridoxal permet de retrouver une activité décarboxylante normale[5]. La décarboxylation de l'un et l'autre de ces substrats présente, dans le foie, mais pas dans le cerveau, une ampleur différente chez le rat mâle adulte et le rat femelle adulte; elle est significativement plus élevée chez le mâle[7, 8], les réactions ayant la même intensité chez l'animal impubère mâle ou femelle[9]. Après ovariectomie, le niveau des décarboxylations s'élève

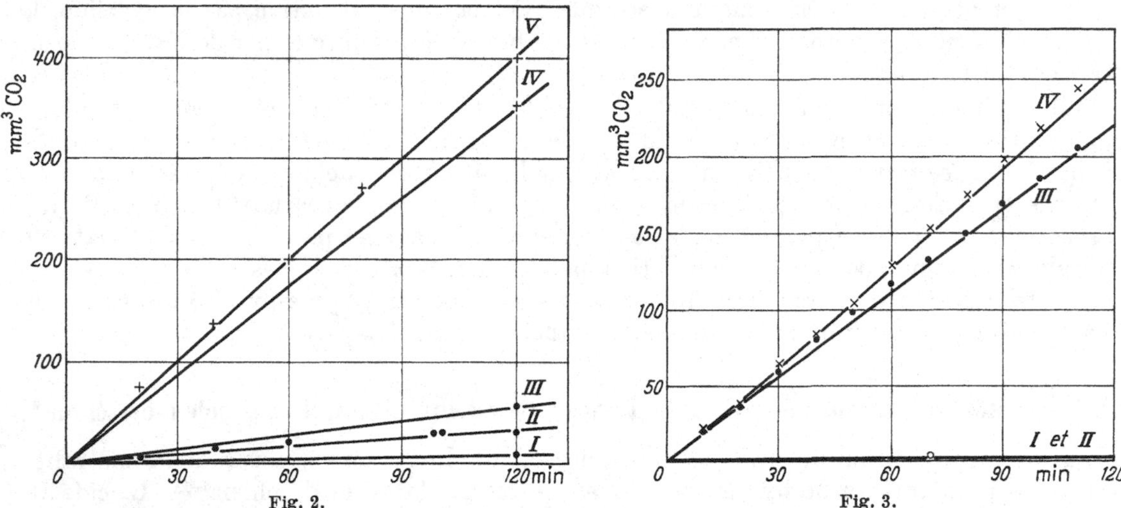

Fig. 2.

Fig. 3.

Fig. 2. *Décarboxylation de l'acide cystéinesulfinique, de l'acide cystéique et de l'acide glutamique par le foie du rat normal*[8]. Solution tampon phosphates 0.067 M; homogénat de foie 200 mg (poids frais); substrats 0.01 M. I = Acide glutamique à pH 6.8; II = Acide cystéique à pH 6.8; III = Acide cystéique à pH 7.3; IV = Acide cystéinesulfinique à pH 7.3; V = Acide cystéinesulfinique à pH 6.8.

Fig. 3. *Décarboxylation de l'acide cystéinesulfinique par le foie du rat témoin et du rat carencé en vitamine B_6, avec ou sans addition de phosphate de pyridoxal*[5]. Solution tampon phosphates 0.067 M pH = 6.8; homogénat de foie 450 mg (poids frais); acide cystéinesulfinique 0.01 M; I = foie de rat carencé; II = foie de rat carencé additionné de 100 μg de sel de calcium de phosphate de pyridoxal; III = foie de rat témoin; IV = foie de rat témoin additionné de 100 μg de sel de calcium de phosphate de pyridoxal.

chez la femelle[7, 8]; l'injection d'oestrone[7] ou d'oestradiol[10] à l'animal ovariectomisé et aussi à l'animal normal[9] fait diminuer le niveau des décarboxylations. On a également constaté que les décarboxylations des deux substrats, dans le foie seulement, sont nettement diminuées chez l'animal thyrotoxique[11, 12] et que la décarboxylation de l'acide cystéinesulfinique est augmentée chez l'animal thyroïdectomisé[13], les régulations par

[1] HOPE, D. B.: Biochem. J. **59**, 497 (1955).
[2] DAVISON, A. N.: Biochim. biophys. Acta **19**, 66 (1956).
[3] BLASCHKO, H., C. W. CARTER, J. R. P. O'BRIEN and G. H. SLOANE STANLEY: J. Physiol., London **107**, 18P (1948). — BLASCHKO, H., S. P. DATTA and H. HARRIS: Biochem. J. **54**, XVII (1953). Brit. J. Nutrit. **7**, 364 (1953).
[4] CHATAGNER, F., H. TABÉCHIAN et B. BERGERET: Biochim. biophys. Acta **13**, 313 (1954).
[5] BERGERET, B., F. CHATAGNER et C. FROMAGEOT: Biochim. biophys. Acta **17**, 128 (1955); **22**, 329 (1956).
[6] SÖRBO, B., and T. HEYMAN: Biochim. biophys. Acta **23**, 624 (1957).
[7] SLOANE STANLEY, G. H.: Biochem. J. **45**, 556 (1949).
[8] CHATAGNER, F., et B. BERGERET: Bull. Soc. Chim. biol. **38**, 1159 (1956).
[9] LABOUESSE, J., F. CHATAGNER et B. BERGERET: Biochim. biophys. Acta **35**, 226 (1959).
[10] CHATAGNER, F., et B. BERGERET: Cr. **224**, 1322 (1957).
[11] CANAL, N., e L. TESSARI: Boll. Soc. ital. Biol. sperim. **33**, 1472 (1957).
[12] CHATAGNER, F., B. BERGERET et J. LABOUESSE: Biochim. biophys. Acta **30**, 422 (1958).
[13] BERGERET, B., J. LABOUESSE et F. CHATAGNER: Bull. Soc. Chim. biol. **40**, 1923 (1958).

la thyroxine et par l'oestradiol étant indépendantes l'une de l'autre[1]. L'influence de la teneur en protéines du régime sur le niveau de l'enzyme dans le foie du rat a été déterminée: un taux élevé de protéines (60% de caséine) provoque l'établissement d'une activité enzymatique qui est environ la moitié de celle observée chez des animaux recevant un régime contenant 18% de caséine; l'introduction d'une certaine quantité de méthionine dans ce dernier régime conduit au même résultat, et l'éthionine provoque, dans tous les cas, une chute considérable du taux de l'enzyme[2]. Enfin, les décarboxylations de l'acide cystéinesulfinique 1-^{14}C et de l'acide cystéique 1-^{14}C par des préparations de foie et de cerveau humains ont été étudiées et comparées aux mêmes décarboxylations catalysées par des préparations de foie et de cerveau de chien et de rat. Le foie humain ne décarboxyle ni l'une ni l'autre de ces substances tandis que le cerveau humain décarboxyle l'acide cystéinesulfinique[3].

3. Propriétés des enzymes transaminant l'acide L-cystéinesulfinique et l'acide L-cystéique.

Aussi bien chez *Proteus vulgaris*[4] que dans le foie du rat et du lapin[5] les deux substrats sont transaminés avec les acides α-cétoglutarique, oxalacétique et pyruvique. Les transaminases n'ont pas encore été purifiées de manière appréciable. Lors d'une carence en vitamine B_6 chez le rat, la transamination acide cystéinesulfinique-acide α-cétoglutarique n'est pas diminuée alors que la transamination acide cystéinesulfinique-acide pyruvique l'est fortement; il semble donc que ces deux réactions sont effectuées par des enzymes distincts dont le second, au moins, nécessite le phosphate de pyridoxal comme coenzyme[5]. La principale différence observée entre les deux substrats aussi bien chez *Proteus vulgaris* que dans le foie du rat est la suivante: dans le cas des transaminations de l'acide cystéinesulfinique il n'est pas possible de mettre en évidence la formation d'acide β-sulfinylpyruvique, celui-ci est immédiatement désulfiné par une réaction, enzymatique ou non, et il y a apparition de sulfite[4,5,7]; au contraire, dans le cas des transaminations de l'acide cystéique, le dérivé cétonique formé n'est dégradé ni par l'animal supérieur, ni par *Proteus vulgaris*.

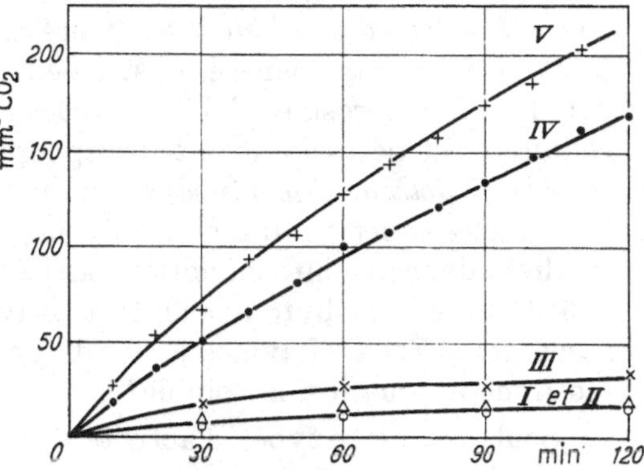

Fig. 4. *Décarboxylation de l'acide cystéinesulfinique par le cerveau du rat témoin et du rat carencé en vitamine B_6, avec ou sans addition de phosphate de pyridoxal*[6]. Solution tampon phosphates 0.067 M pH 6.8; homogénat de cerveau 228 mg (poids frais); acide cystéinesulfinique 0.01 M; I = cerveau sans acide cystéinesulfinique; II = cerveau de rat carencé; III = cerveau de rat témoin; IV = cerveau de rat témoin additionné de 100 μg de sel de calcium de phosphate de pyridoxal; V = cerveau de rat carencé additionné de 100 μg de sel de calcium de phosphate de pyridoxal.

Je tiens à remercier très vivement Dr. Bernadette Jollès-Bergeret de l'aide qu'elle m'a apportée dans la rédaction de ce manuscrit.

Les expériences personnelles, relatées dans ce travail, ont été facilitées par des subventions de la Foundation Rockefeller et du National Institute of Arthritis and Metabolic Diseases Grant AM 07249 (United States Public Health Service) auxquels nous exprimons notre gratidude.

[1] Chatagner, F., B. Bergeret et J. Labouesse: Biochim. biophys. Acta 35, 231 (1959).
[2] Chatagner, F.: Biochim. biophys. Acta 81, 400 (1964).
[3] Jacobsen, J. G., and L. H. Smith jr.: Nature 200, 575 (1963).
[4] Kearney, E. B., and T. P. Singer: Biochim. biophys. Acta 8, 692 (1952); 11, 270, 276 (1953).
[5] Chatagner, F., B. Bergeret et C. Fromageot: Ann. Acad. Sci. fenn. A II (Chemica) 60, 393 (1955).
[6] Bergeret, B., F. Chatagner et C. Fromageot: Biochim. biophys. Acta 17, 128 (1955); 22, 329 (1956).
[7] Fromageot, C., F. Chatagner et B. Bergeret: Biochim. biophys. Acta 2, 294 (1948). — Chatagner, F., et B. Bergeret: Cr. 232, 448 (1951). — Bergeret, B., et F. Chatagner: Biochim. biophys. Acta 9, 141 (1952). — Bergeret, B., F. Chatagner et C. Fromageot: Biochim. biophys. Acta 9, 147 (1952). — Chatagner, F., B. Bergeret, T. Séjourné et C. Fromageot: Biochim. biophys. Acta 9, 340 (1952).

Déshalogénases.

Par

Serge Lissitzky* et Raymond Michel.**

Classification et spécifité. Alors que la deshalogénation de nombreux dérivés bromés et chlorés par les tissus animaux est connue depuis assez longtemps[1], la connaissance des enzyme capables de désioder les acides aminés iodés naturels est plus récente[2]. Ces enzymes sont de deux types différents:

*1. L'iodotyrosine-désiodase**** présente dans la glande thyroïde et de nombreux tissus tels que foie, rein, pancréas est spécifique des iodotyrosines [3-iodo-L-tyrosine (MIT) et 3:5-di-iodo-L-tyrosine (DIT)], localisée dans la fraction microsomale des homogénats cellulaires et nécessitant le triphosphopyridinenucléotide réduit[3,4] (TPNH).

2. L'iodothyronine-désiodase (ou thyroxine-désiodase)****, présente dans le foie, le rein, les muscles squelettiques et cardiaque, le cerveau[5] mais absente du corps thyroïde, est localisée dans les mitochondries[6], assez spécifique des iodothyronines [L-thyroxine (T_4) et 3:5:3'-tri-iodo-L-thyronine (T_3)] et activée spécifiquement par les flavines [flavine mononucléotide (FMN), flavineadénine dinucléotide (FAD) et riboflavine]. Il a pu être obtenu récemment sous forme soluble[6,7].

Seuls ces deux types d'activité deshalogénante seront envisagés dans cet article.

Iodotyrosine-désiodase.

Préparations enzymatiques. Trois types peuvent être utilisés: *a) Coupes de tissus*, réalisées à la main à l'aide d'une lame de rasoir (0,5 mm d'épaisseur environ) ou avec un appareil semi-automatique (Stadie-Riggs), sont maintenues en survie dans une solution physiologique équilibrée du type Krebs-Ringer phosphatée[8] sans $CaCl_2$ préalablement refroidie à 0° C et maintenue à cette température. Elles sont soigneusement séchées sur papier filtre fin avant d'être pesées et utilisées pour les expériences.

b) Des homogénats au 1/10e dans le saccharose 0,25 M ou 0,38 M contenant nicotinamide 0,05 M et tampon Tris-HCl 0,1 M de p_H 7,3 sont obtenus avec un homogénéiseur en verre de Potter-Elvehjem après avoir été traités préalablement pendant quelques secondes dans un Omni-mixer Servall dans le cas de la thyroïde. Toutes les opérations sont conduites à 0° C.

c) Des fractions acellulaires obtenues par centrifugation différentielle des homogénats précédents dans les conditions décrites par Hogeboom[9].

---

* Biochimie Médicale, Faculté de Médecine et de Pharmacie, Marseille.

** Biochimie Générale et Comparée, Collège de France, Paris.

*** L'enzyme est actif également sur les dérivés bromés de la tyrosine. Le terme d'iodotyrosine-déshalogénase a été également proposé. Cependant, seuls les dérivés iodés étant des substrats naturels, il parait plus expressif, bien que moins généralement descriptif, de parler de désiodases plutôt que déshalogénases.

**** Mêmes remarques que pour l'iodotyrosine-désiodase (cf. note précédente), l'enzyme étant égalementa ctif sur les dérivés bromés de la thyronine.

[1] Heppel, L. A., and V. P. Porterfield: J. biol. Ch. **176**, 763 (1948).

[2] Roche, J., R. Michel, O. Michel et S. Lissitzky: Biochim. biophys. Acta **9**, 161 (1952).

[3] Stanbury, J. B.: J. biol. Ch. **228**, 801 (1957).

[4] Stanbury, J. B., and M. L. Morris: J. biol. Ch. **233**, 106 (1958).

[5] Lissitzky, S.: Bull. Soc. Chim. biol. **42**, 1187 (1960).

[6] Lissitzky, S., M. T. Benevent et M. Roques: C. R. Soc. Biol. **154**, 755 (1960).

[7] Tata, J. R.: Biochem. J. **77**, 214 (1960).

[8] Umbreit, W. W., R. H. Burris and J. F. Staufer: Manometric Techniques and Tissue metabolism. Minneapolis 1949.

[9] Hogeboom, G. H.; in: Colowick-Kaplan, Meth. Enzymol. Bd. I, S. 16 (1955).

Les organes utilisés pour ces préparations (thyroide, foie, rein, glandes salivaires etc.) peuvent être prélevés sur des animaux de laboratoire (rat, lapin, souris, cobaye) immédiatement après leur sacrifice ou sur des animaux d'abattoir. Dans ce cas, les organes sont prélevés immédiatement après l'abattage et conservés sur la glace jusqu'à l'utilisation qui doit être aussi rapide que possible.

Substrats. Etant données les doses extrêmement faibles de substrat à utiliser pour que les phénomènes étudiés conservent leur signification physiologique, la préparation de substrats marqués par les halogènes radioactifs s'est révélée indispensable. Les acides aminés halogénés suivants sont utilisés: 3-iodo-L-tyrosine, 3:5-di-iodo-L-tyrosine et leur analogues bromés, marqués avec ^{131}I ou ^{82}Br.

a) Iodation de la L-*tyrosine.* Différentes méthodes ont été analysées récemment[1]. Une méthode simple et utilisable couramment au laboratoire consiste à ioder la L-tyrosine en milieu alcalin (ammoniaque concentré ou diethylamine) avec un mélange $^{131}I_2+^{127}I_2$ obtenu par échange entre une solution chloroformique de $^{127}I_2$ et une solution de $Na^{131}I$ sans entraîneur et ne contenant pas de réducteurs, amenée préalablement à p_H 4—5[2]. L'échange est pratiquement instantané et la solution chloroformique est versée dans la solution ammoniacale de l'acide aminé à ioder. La séparation des dérivés iodés de celui-ci est obtenue par chromatographie sur papier ou sur colonne de cellulose en utilisant un solvant approprié.

La L-thyroxine et la 3:5:3'-tri-iodo-L-thyronine peuvent être obtenues dans les mêmes conditions par iodation de la 3:5-di-iodo-L-thyronine. L'activité spécifique des produits obtenus peut atteindre 80 $\mu c/\mu g$.

b) Bromation de la L-*tyrosine et de la 3:5-di-bromo-*L-*thyronine.* Elle est conduite dans l'acide acétique concentré en utilisant $Na^{82}Br$ [3]. L'activité spécifique des produits obtenus est plus faible que dans le cas des dérivés iodés.

Les solutions stock des dérivés bromés ou iodés à la concentration convenable sont préparées dans le propane-1:2-diol au 1/10e dans l'eau (v/v).

Propriétés des préparations enzymatiques[4]. L'iodotyrosine-désiodase est un enzyme microsomal dont l'activité dépend du triphosphopyridinenucléotide réduit[5,6]. Il a été trouvé dans la thyroïde, le foie et le rein de rat, de mouton, de lapin et de l'homme.

a) Spécificité. Il est spécifique des halogénotyrosines. La désiodation de DIT est réalisée avec une vitesse plus lente que celle de MIT[7].

b) p_H. L'activité désiodante d'extraits thyroïdiens (mouton, rat, cobaye) vis-à-vis de la 3:5-di-iodotyrosine présente un p_H optimum de 6,8[8].

c) K_M[5,6]. La constante de MICHAELIS pour la 3-iodotyrosine et le tissu thyroidien est de 9.2×10^{-7} M. Elle est de 3.7×10^{-7} M pour la 3:5-diiodotyrosine. Les vitesses maximum ont été trouvées être très variables d'un lot de thyroïde à l'autre.

d) Action de la chaleur. Dans le cas de l'enzyme thyroïdien, 5 min de chauffage à 100° C ou 8 min à 55° C inactivent complètement les préparations (coupes, homogénats ou fraction microsomale).

e) Effecteurs. L'acide monoiodoacétique[9] et le p-chloromercuribenzoate[5] inhibent fortement l'enzyme. L'exclusion d'oxygène, l'addition de métaux (Cu, Fe)[7] ou de

---

[1] TAUROG, A., et I. L. CHAIKOFF; in: Colowick-Kaplan, Meth. Enzymol. Bd. IV, S. 856 (1955).
[2] LISSITZKY, S., et M. ROQUES: C. R. Soc. Biol. **150**, 536 (1956).
[3] YAGI, Y., R. MICHEL et J. ROCHE: Ann. pharmaceut. franç. **11**, 30 (1953).
[4] LISSITZKY, S.: Expos. ann. Biochim. méd. **23**, 189 (1961).
[5] STANBURY, J. B.: J. biol. Ch. **228**, 801 (1957).
[6] STANBURY, J. B., and M. L. MORRIS: J. biol. Ch. **233**, 106 (1958).
[7] LISSITZKY, S., M. T. BENEVENT, M. ROQUES et J. ROCHE: Bull. Soc. Chim. biol. **41**, 1329 (1959).
[8] ROCHE, J., O. MICHEL, R. MICHEL, A. GORBMAN et S. LISSITZKY: Biochim. biophys. Acta **12**, 570 (1953).
[9] ROCHE, J., R. MICHEL, O. MICHEL et S. LISSITZKY: Biochim. biophys. Acta **9**, 161 (1952).

formateurs de complexes (versene, citrate)[1,2] sont sans effets. Le propylthiouracile a un effect activateur net[3]. Le TPNH enfin est un activateur spécifique des préparations microsomales[1,2].

f) Produits formés[3]. La désiodation enzymatique de la 3:5-di-iodotyrosine et de la 3-iodotyrosine conduisent à la formation de tyrosine et d'iodure inorganique. Dans le cas de la 3:5-di-iodotyrosine, la 3-iodotyrosine est un produit intermédiaire de la réaction de désiodation.

Mesure de l'activité enzymatique. L'iodotyrosine-désiodase catalysant la libération de l'iode ou du brome des iodotyrosines ou bromotyrosines en iodure et bromure inorganiques, les méthodes de mesure de l'activité enzymatique consistent à mesurer le taux des halogénures formés ou du substrat disparu.

Protocole expérimental. À 150 mg de coupes minces du tissu choisi (ou l'homogénat ou les fractions acellulaires correspondant à ce poids de tissu en suspension dans le tampon et un volume de 1 ml), sont ajoutés 0,1 ml de la solution de MIT ou de DIT marquées par ^{131}I (10 à 30 mμmole). Le volume est complété à 4 ml avec la solution de KREBS-RINGER phosphatée de p_H 7,2. L'incubation est conduite à 37° C pendant 20 à 60 min. Au bout de ce temps la réaction est arrêtée soit par congélation rapide soit par acidification. Un témoin est réalisé avec les tissus ou fractions tissulaires préalablement chauffés pendant 5 min à 100° C.

La solution de KREBS-RINGER phosphatée peut être remplacée par le tampon TRIS-HCl 0,1 M de p_H 7,3 contenant 25 μmoles de nicotinamide pour un volume de 4 ml. Ce milieu a été utilisé pour la mesure de l'activité désiodante des systèmes acellulaires[1,2].

Les méthodes de dosage des halogénures formés sont de deux types et chacune d'elles pourra être utilisée selon les cas pour déterminer l'activité de la préparation.

1. Méthodes chimiques. Le mélange incubé est additionné d'un réactif de défécation des protéines[4] et filtré*. L'activité du filtrat est mesurée avec un compteur GEIGER-MÜLLER pour liquides. Une plus grande spécificité est donnée par la méthode suivante où le microdosage des iodures (ou des bromures) est également précédé par l'élimination des protéines en solution au moyen de l'acide trichloracétique[5,6].

À 10 ml de solution à analyser on ajoute 100 à 200 μg d'INa entraîneur et 2.5 ml d'acide trichloracétique à 20 p. 100, on agite et centrifuge. Après décantation du liquide surnageant le précipité est lavé 3 fois en le divisant finement avec 2,5 ml de la même solution d'acide trichloracétique. Les liquides de lavage sont rassemblés et réunis au liquide précédent. On ajoute alors 2,5 ml de H_2SO_4 2 N, 2,5 ml de solution saturée de $FeCl_3$, puis 10 ml de sulfure de carbone. On agite énergiquement à la machine à agiter pendant 30 min, puis on centrifuge. La phase organique, colorée en rose par l'iode entraîneur, est décantée et filtrée sur filtre à plis de façon à être débarassée de toute trace de la phase aqueuse colorée en jaune par $FeCl_3$. 5 ml du filtrat sont prélevés et agités en présence de 3 ml de $Na_2S_2O_3$ 0,1 N, ce qui retransforme l'iode en iodure qui passe dans la phase aqueuse. Le sulfure de carbone est éliminé et la radioactivité d'une partie aliquote de la phase aqueuse déterminée au compteur de GEIGER-MÜLLER. Un calcul simple permet de connaître la radioactivité présente sous forme d'iodures dans la prise d'essai. La précision est de $\pm 3\%$.

---

* Les méthodes de titration électrométriques utilisées par HARTMANN[7] pour doser les ions I^- et Br^- ne sont plus utilisées, étant donnés leur faible sensibilité et leur manque de spécificité.

[1] STANBURY, J. B.: J. biol. Ch. **228**, 801 (1957).
[2] STANBURY, J. B., and M. L. MORRIS: J. biol. Ch. **233**, 106 (1958).
[3] LISSITZKY, S., M. T. BENEVENT, M. ROQUES et J. ROCHE: Bull. Soc. Chim. biol. **41**, 1329 (1959).
[4] SPROTT, W. E., and N. F. MACLAGAN: Biochem. J. **59**, 288 (1955).
[5] ROCHE, J., R. MICHEL, O. MICHEL et S. LISSITZKY: Biochim. biophys. Acta **9**, 161 (1952).
[6] YAGI, Y., R. MICHEL et J. ROCHE: Bull. Soc. Chim. biol. **35**, 289 (1953).
[7] HARTMANN, N.: H. **285**, 1 (1950).

2. *Méthodes chromatographiques**. Elles sont beaucoup plus spécifiques que les précédentes, car outre l'iodure, elles permettent de doser le bromure et les autres autres composés (intermédiaires ou finaux) formés après action des préparations enzymatiques sur un acide aminé halogéné donné, et de suivre la dispartition de ce dernier au cours de l'action enzymatique.

Une partie aliquote (20 à 50 μl) du milieu d'incubation enzymatique est soumise directement à l'analyse chromatographique sur papier dans un solvant approprié. La chromatographie peut être réalisée par voie ascendante ou descendante; lorsque l'on veut déterminer le % d'iodures marqués présents, on s'adressera au mélange n-butanol-acide acétique-eau (78:5:17) car dans ce solvant ceux-ci ont un R_f très différent (0,21) des acides aminés iodés dont ils peuvent provenir par suite de l'action enzymatique (R_f DIT $= 0{,}59$, R_f MIT $= 0{,}45$). La migration est poursuivie pendant 20 heures environ de telle sorte que le front du solvant ait parcouru 30 à 35 cm. La migration terminée, les chromatogrammes sont séchés à l'air ou sous courant d'air tiède.

La position des acides aminés radioactifs sera repérée grâce à l'addition de corps entraîneurs (iodures, MIT et DIT) qui seront révélés grâce à une réaction colorée spécifique**.

La répartition de la radioactivité sur les bandes chromatographiques pourra être déterminée grâce à deux procédés:

a) Après repérage, les taches correspondant aux différents composés radioactifs sont découpées, placées dans un tube et leur radioactivité mesurée dans un compteur à scintillation à cristal gamma creux[1]. Ce procédé est relativement peu précis car il faut tenir compte, en calculant la fraction du substrat (MIT ou DIT) convertie en iodure, des coups au dessus du mouvement propre observés dans les zones du papier qui ne correspondent pas aux taches d'entraineurs révélées. Les mesures doivent aussi être corrigées de la petite quantité d'iodure marqué (ou de bromure marqué) contenue dans l'échantillon d'halogénotyrosine marquée utilisée.

b) Radiochromatographie[2]: La bande chromatographique est déplacée manuellement derrière une fenêtre rectangulaire de dimension adéquate (3 × 1 cm) ouverte dans une plaque d'aluminium de 3 mm d'épaisseur, sur laquelle repose un compteur GEIGER-MÜLLER, dont le centre correspond exactement au centre de la fenêtre. On détermine la radioactivité de la surface ainsi définie, pendant un temps donné, puis on déplace le chromatogramme d'une largeur de fenêtre. Cette opération est répétée jusqu'à ce que tout le chromatogramme ait été parcouru. On trace alors la courbe représentant la radioactivité du chromatogramme en fonction de la distance. A chaque composé radioactif correspondra un pic dont la surface est proportionelle à la radioactivité.

* On trouvera dans ROCHE, J., S. LISSITZKY et R. MICHEL: Meth. biochem. Analysis **1**, 242 (1954) tous renseignements complémentaires concernant la chromatographie des composés organiques marqués par ^{131}I.

** Iodure et bromure: pulvériser sur le papier une solution de $AgNO_3$ 0,1 N à laquelle on a ajouté NH_4OH concentrée jusqu'à redissolution du précipité. On laisse sécher à la température du laboratoire. Les halogénures apparaissent en jaune virant au noir sur fond blanc. Il est utile si l'on désire conserver les papiers de laver abondamment à l'eau distillée afin d'éliminer l'excès de réactif.

Acides aminés halogénés: tremper le chromatogramme d'une manière homogène dans une solution de ninhydrine à 0,25% dans l'acétone; l'acétone est éliminée par séchage à froid puis le chromatogramme est porté à l'étuve à 100° C pendant 3 min. Les halogénotyrosines donnent des taches violet ou violet-gris. On peut également pratiquer la réaction de PAULY à l'acide sulfanilique diazoté selon les modalités décrites par AMES and MITCHELL[3]. Les acides aminés iodés et l'iodure peuvent être révélés avec la réaction au sulfate cérique-arsénite de sodium selon BOWDEN, MACLAGAN and WILKINSON[4].

[1] STANBURY, J. B.: J. biol. Ch. **228**, 801 (1957).
[2] LISSITZKY, S., et R. MICHEL: Bull. Soc. chim. France, **1952**, 891.
[3] AMES, B. N., and H. K. MITCHELL: Am. Soc. **74**, 252 (1952).
[4] BOWDEN, C. H., N. F. MACLAGAN and J. H. WILKINSON: Biochem. J. **59**, 93 (1955).

De nombreux dispositifs d'enregistrement automatique existent à l'heure actuelle. Le compteur GEIGER-MÜLLER sous lequel défile le chromatogramme est relié à un intégrateur actionnant un milliampèremètre enregistreur dont la feuille se déplace à la même vitesse que la bande chromatographique[1]. La courbe obtenue (radiochromatogramme) définit des pics dont la surface au-dessus du mouvement propre est mesurée par planimétrie ou grâce à un intégrateur automatique de surface fonctionnant en synchronisme avec le dispositif de mesure de la radioactivité.

Quelque soit la méthode de dosage utilisée, les résultats seront exprimés soit en mμmole de substrat désiodé par mg de tissu frais ou par mg d'azote pour un temps donné, soit en pourcentage d'halogénure formé par mg de tissu frais ou par mg d'azote, pour un temps et une quantité de substrat donnés.

Iodothyronine-désiodase

(thyroxine-désiodase).

De nombreux tissus (foie, rein, muscle, cerveau) à l'exception du tissu thyroïdien sont capables de désioder les iodothyronines hormonales (T_4 et T_3). On trouvera dans des articles récents[2,3] une revue sur les nombreux travaux réalisés sur cette question.

La plupart de ceux-ci ont été réalisés avec des coupes ou homogénats de tissu. Cependant une préparation soluble de l'enzyme a pu être obtenue récemment[4-6]. Les propriétés et la mesure de l'activité de cette préparation seront seuls décrits dans cet article.

Préparation de l'iodothyronine-désiodase. Elle a été réalisée à partir des muscles squelettiques de lapin[4]. Toutes les opérations sont conduites à 0—2° C. 250 g de muscles squelettiques de lapin provenant d'un animal préalablement saigné par ponction carotidienne sous anesthésie à l'éther sont homogénéisés pendant 1 min dans un Omni-Mixer Servall puis dans un homogénéiseur en verre de Potter-Elvehjem en présence de 1000 ml de solution de saccharose 0,25 M. Deux homogénéisations successives d'une minute chacune sont nécessaires: l'une dans un homogénèiseur ou l'intervalle entre le piston et le tube est relativement grand (de l'ordre du mm), l'autre dans un appareil à intervalle habituel (0,1 à 0,15 mm). On centrifuge à 9000 g pendant 120 min et le précipité est éliminé. Le surnageant brut est dialysé pendant 24 h contre 10 volumes d'une solution de KREBS-RINGER phosphaté de $p_H = 6,4$ (KRP 6,4) 0,01 M en changeant 4 fois les eaux de dialyse. Le précipité inactif est alors éliminé par centrifugation (9000 × g pendant 20 min). Le surnageant limpide est porté à 40—44° C pendant 4 min puis refroidi rapidement (+ 20° C) et le précipité de protéines inertes éliminé par centrifugation. Le surnageant après dialyse est fractionné par le sulfate d'ammonium ($p_H = 6,4$). Les protéines précipitant entre 45 et 56 % de la saturation en $(NH_4)_2SO_4$ à 0° C sont recueillies par centrifugation, reprises par le minimum d'eau et dialysées pendant 48 h contre KRP 6,4, 0,01 M. Les protéines inertes ayant précipité à la dialyse sont éliminées par centrifugation (20000 g pendant 15 min) . Le surnageant est placé sur une colonne (2,5 × 40 cm) de DEAE-cellulose équilibrée avec un tampon phosphate 0,005 M de $p_H = 8,5$ et mise en œuvre selon PETERSON et SOBER[7]. On recueille la fraction de l'éluat qui ne s'adsorbe pas dans ces conditions. Elle contient la majeure partie de l'activité thyroxine-désiodante. L'enzyme purifié est lyophilisé après dialyse extensive contre KRP 6,4, 0,01 M.

Une autre méthode de préparation a été proposée[5] comportant les étapes suivantes: homogénéisation, réduction de la force ionique, traitement par la chaleur, fractionnement

[1] VIGNE, J., et S. LISSITZKY: J. Chromatogr. 1, 309 (1958).
[2] LISSITZKY, S.: Bull. Soc. Chim. biol. 42, 1187 (1960).
[3] LISSITZKY, S.: Expos. ann. Biochim. méd. 23, 189, (1961).
[4] LISSITZKY, S., M. T. BENEVENT et M. ROQUES: C. R. Soc. Biol. 154, 755 (1960).
[5] TATA, J. R.: Biochem. J. 77, 214 (1960).
[6] LISSITZKY, S., M. ROQUES et M. T. BENEVENT: Bull. Soc. Chim. biol. 43, 727 (1961).
[7] PETERSON, E. A., and H. A. SOBER: Am. Soc. 78, 751 (1956).

par $(NH_4)_2SO_4$ (48 % de la saturation), adsorption sur gel de phosphate de calcium et second fractionnement par $(NH_4)_2SO_4$.

Dans les deux cas la purification obtenue a été de 70 à 80 fois par rapport à l'homogénat.

L'enzyme lyophilisé se présente sous la forme d'une poudre blanche très soluble dans l'eau. Il peut être conservé sous cette forme pendant plusieurs mois.

Substrats. La L-thyroxine et la 3:5:3'-tri-iodo-L-thyronine marquées par ^{131}I ou leurs analogues bromés par ^{82}Br peuvent être obtenus grâce aux méthodes précédemment décrites.

Les iodothyronines sont couramment obtenues avec une activité spécifique de 20 à 50 μc/μg.

Propriétés de l'iodothyronine-désiodase[1,2]. L'enzyme parait être localisé dans la cellule, essentiellement dans les mitochondries. La préparation soluble n'est active qu'en présence de flavines, de lumière et d'oxygène. Il a pu être purifié à partir des muscles squelettiques et du foie de rat et de lapin. Les enzymes de ces 2 tissus paraissent être identiques.

a) Spécificité. L'enzyme soluble est 3 fois plus actif sur la L-thyroxine que sur la 3:5:3'-tri-iodo-L-thyronine. Les iodotyrosines sont désiodées avec une vitesse 20 fois plus faible. Il est également actif bien qu'à un moindre degré sur les bromothyronines et les bromotyrosines[2].

b) p_H. Le p_H optimum d'action est aux environs de 6,4 pour la thyroxine et de 7,3 pour la tri-iodothyronine.

c) Action de la chaleur. L'enzyme soluble est inactivé par un chauffage de 10 min à 100° C. Par contre l'activité désiodante de coupes ou d'homogénats de différents tissus vis-à-vis de la L-thyroxine résiste à un chauffage de 120 min à 100° C[3,4]. Les raisons de ce phénomène sont encore inconnues.

d) K_M. Deux valeurs de la constante de MICHAELIS avec la L-thyroxine comme substrat ont été données: $1{,}7 \times 10^{-6}$ M[2] et 2×10^{-7} M[5]. Les valeurs de K_M pour d'autres substrats ont également été déterminées.

e) Effecteurs. Les flavines sont des activateurs spécifiques ainsi que les ions ferreux pour certaines préparations[2]. Les ions Hg^{++}, les formateurs de complexes, les réducteurs (cystéine, acide ascorbique, hydrosulfite) et les estrogènes sont inactivateurs. Les antithyroïdiens sont sans action.

L'addition de sérum ou de protéines sériques ou tissulaires capables de fixer la thyroxine inhibent la désiodation enzymatique de la thyroxine. Le degré de l'inhibition est proportionnel à la quantité du substrat uni aux protéines capables de fixer l'hormone.

La thyroxine-désiodase attaque seulement les substrats libres. L'oxygène et la lumière sont indispensables à l'activité enzymatique de la préparation soluble[6]. Par contre la lumière n'est pas nécessaire pour la désiodation des hormones thyroïdiennes par des coupes, homogénats ou la fraction mitochondriale de foie ou de muscle squelettique[7].

f) Produits de la réaction[5]. Le produit principal formé au cours de la désiodation enzymatique de T_4 et T_3 par la préparation soluble et par des coupes ou des homogénats est l'iodure. Cependant 30 à 50 % de l'iode libéré est retrouvé combiné à des protéines présentes dans les préparations enzymatiques. La 3:5:3'-tri-iodothyronine n'est pas un produit intermédiaire de la désiodation partielle de la thyroxine. Par contre, la thyronine peut être caractérisée comme produit final de la réaction.

---

[1] LISSITZKY, S., M. T. BENEVENT et M. ROQUES: Bull. Soc. Chim. biol. **43**, 743 (1961).
[2] TATA, J. R.: Biochem. J. **77**, 214 (1960).
[3] SPROTT, W. E., and N. F. MACLAGAN: Biochem. J. **59**, 288 (1955).
[4] LISSITZKY, S., R. MICHEL, M. ROQUES et J. ROCHE: Bull. Soc. Chim. biol. **38**, 1413 (1956).
[5] LISSITZKY, S.: Bull. Soc. Chim. biol. **42**, 1187 (1960).
[6] LISSITZKY, S., M. ROQUES et M. T. BENEVENT: Bull. Soc. Chim. biol. **43**, 727 (1961).
[7] LISSITZKY, S., M. T. BENEVENT et M. ROQUES: Bull. Soc. Chim. biol. **45**, 1299 (1963).

L'étude comparée des vitesses de désiodation de diverses iodothyronines indique que les atomes d'iode en 3 et 5 quittent vraisemblablement les premiers la molécule de T_4. Le premier intermédiaire formé est dès lors la 3:3':5'-tri-iodothyronine puis la 3':5'-di-iodothyronine.

Mesure de l'activité enzymatique[1]. L'enzyme est incubé à 37° C dans des fioles de 15 ml en milieu aérobie sous agitation douce et continue. Une illumination régulière et constante est nécessaire pour obtenir des résultats reproductibles. Le milieu (volume final: 2 ml) est constitué par l'enzyme et le flavinemononucléotide (concentration finale 5×10^{-5} M à 1×10^{-4} M), dissous dans la solution de KREBS-RINGER phosphatée p_H 6,4 ou le tampon TRIS-HCl 0,1 M de p_H 6,4. Le substrat L-thyroxine ou 3:5:3'-tri-iodo-thyronine marquées par ^{131}I (0,5 à 5 μc) est ajouté en dernier dans le propane-1:2-diol à 10% pour obtenir une concentration finale de 2,5 à $6,4 \times 10^{-6}$ M.

Après un temps suffisant d'incubation la réaction est arrêtée par addition de 0,2 ml de plasma humain*, et une partie aliquote du milieu (0,020 à 0,050 ml) est déposée sur une bande de papier chromatographique Whatman no. 1 avec des entraîneurs non radio-actifs [iodure (1 μg), T_4 et T_3 (5 μg)]. Après développement en n-butanol-acide acétique-eau (78:5:17) ou en amylol tertiaire saturé de NH_4OH 2 N et séchage, la répartition de la radioactivité sur le chromatogramme est déterminée soit avec un dispositif automatique enregistreur soit avec une des techniques manuelles décrites précédemment. La nature des différents pics est définie par révélation des entraîneurs avec un réactif approprié.

Les témoins sont constitués par le milieu ou l'enzyme a été, soit omis, soit préalablement chauffé à 100° C pendant 20 min. Ils sont incubés, traités et analysés dans les mêmes conditions que les essais.

Comme pour l'iodotyrosine-désiodase les résultats seront exprimés en μmoles de substrat déshalogéné par mg d'azote et pour un temps donné d'incubation.

Isomerasen.

Aminosäure-Racemasen.

Von

Helmut Schievelbein und Eugen Werle.**

Obwohl schlüssige Beweise für die Notwendigkeit für PLP als Cofaktor nur in einigen Fällen erbracht worden sind[2–5], ist es wahrscheinlich, daß die meisten, wenn nicht alle, Aminosäureracemasen PLP-Enzyme sind[6]. Eine nichtenzymatische Racemisierung wird oberhalb von p_H 9 durch PLP in Gegenwart von Cu^{++}, Al^{+++} oder Fe^{+++} bewirkt[7].

* Il a été montré que les protéines sériques capables de fixer la thyroxine (thyroxine-binding proteins) inhibaient la désiodation de l'hormone proportionnellement à la quantité qu'elles fixent.

** Klinisch-Chemisches Institut an der Chirurgischen Klinik der Universität München.

[1] LISSITZKY, S., M. ROQUES et M. T. BENEVENT: Bull. Soc. Chim. biol. **43**, 727 (1961).
[2] WOOD, W. A., and I. C. GUNSALUS: J. biol. Ch. **190**, 403 (1951).
[3] NARROD, S. A., and W. A. WOOD: Arch. Biochem. **35**, 462 (1952).
[4] KALLIO, R. E., and A. D. LARSON; in: MCELROY, W. D., and B. GLASS (Hrsgb.): A Symposium on Amino Acid Metabolism. S. 616. Baltimore 1955.
[5] THORNE, C. B.; in: MCELROY, W. D., and B. GLASS (Hrsgb.): A Symposium on Amino Acid Metabolism. Baltimore 1955.
[6] BRAUNSTEIN, A. E.; in: Boyer-Lardy-Myrbäck, The Enzymes, Bd. II, S. 155.
[7] OLIVARD, J., D. E. METZLER and E. E. SNELL: J. biol. Ch. **199**, 669 (1952).

Alaninracemase[1].

[5.1.1.1 Alaninracemase]

L-Alanin → D,L-Alanin ← D-Alanin[1]

Nach WOOD und GUNSALUS[2] enthalten Bakterien der verschiedensten Gruppen, nicht aber Schimmelpilze und Hefen, ein Enzym, das D-Alanin und auch L-Alanin zu racemischen Gemischen umwandeln kann.

Vorkommen. Alaninracemase wurde in einer großen Anzahl von Bakterienarten nachgewiesen. Eine bemerkenswert hohe Konzentration wird in Sporen des *Genus-Bacillus* gefunden. In den Sporen wird das Enzym durch zweistündiges Erhitzen auf 80° C nicht zerstört.

Von DIVEN u. Mitarb.[3] wurde eine Alaninracemase aus *B. subtilis* isoliert, welche FAD an Stelle von PLP als Coenzym enthält.

***Darstellung der Alaninracemase nach* DOLIN[4].**

Schritt 1. Bereitung eines Rohextraktes. 16 g acetongetrockneter *Streptococcus faecalis, Stamm 10 CL,* und 16 g Aluminium (A 301—325 mesh „Alcoa") werden in 320 ml 0,02 m Phosphatpuffer, p_H 8,0, suspendiert. 20 ml Anteile werden 30 min lang mit 9 KC beschallt. Die Zelltrümmer werden durch Zentrifugieren bei 18000 × g und 0° C entfernt. Gesamtvolumen des Extraktes 318 ml. Bei allen folgenden Schritten werden die Präparate auf 0° C gehalten. Zentrifugieren bei 18000 × g.

Schritt 2. Fraktionierung mit Ammoniumsulfat. Festes Ammoniumsulfat wird bis zur 28 % Sättigung (69 g) zugefügt. Der Niederschlag wird durch Zentrifugieren entfernt und verworfen. Festes Ammoniumsulfat wird zur überstehenden Flüssigkeit bis zur 60 % Sättigung (77,5 g) zugefügt. Der durch Zentrifugieren erhaltene Niederschlag wird in 160 ml 0,02 m Phosphatpuffer, p_H 8,0, wieder gelöst. An diesem Punkt wird, wenn nötig, Wasser zugefügt, um die Proteinkonzentration auf etwa 10 mg/ml zu bringen.

Schritt 3. Protaminfällung der Nucleinsäuren. Die Nucleinsäuren werden durch Hinzufügen von 50 ml 2 %iger Protaminlösung entfernt; 1 Std stehenlassen, anschließend zentrifugieren. Das 280:260 mμ-Absorptionsverhältnis der überstehenden Flüssigkeit entspricht 0,81. Mit 0,02 m Phosphatpuffer, p_H 8,0, wird das Volumen auf 318 ml gebracht.

Schritt 4. Fraktionierung mit Ammoniumsulfat. Festes Ammoniumsulfat wird bis zur 37 % Sättigung hinzugefügt (88 g) und der Niederschlag durch Zentrifugieren entfernt. 30 g festes Ammoniumsulfat werden zu der überstehenden Flüssigkeit bis zu 48 % Sättigung zugefügt. Der Niederschlag wird durch Zentrifugieren abgetrennt und in 160 ml 0,02 m Phosphatpuffer, p_H 8,0 (280:260-Verhältnis = 1,23) wieder aufgelöst. Die überstehende Flüssigkeit wird verworfen.

Schritt 5. Adsorption an Calciumphosphat-Gel. 2,9 ml 2 m Acetatpuffer, p_H 4,5, werden zugefügt, um den p_H auf 5,6 einzustellen. $^1/_{10}$ Vol. (16 ml) Calciumphosphat-Gel wird tropfenweise unter Rühren zugefügt. Das Rühren wird weitere 15 min fortgesetzt und das Gel dann durch Zentrifugieren entfernt. 45 ml Calciumphosphat-Gel werden zur überstehenden Flüssigkeit in der gleichen Weise hinzugefügt, dann abzentrifugiert. Das sedimentierte Gel wird mit 80 ml 0,02 m Phosphatpuffer, p_H 5,7, 15 min bei 0° C behandelt. Das Gel wird durch Zentrifugieren abgetrennt und die überstehende Flüssigkeit verworfen. Die Racemase-Aktivität wird durch 15 min langes Behandeln des Gels mit 80 ml 0,1 m Phosphatpuffer, p_H 5,7, bei 0° C eluiert.

Spezifität. Das gereinigte Enzym ist spezifisch für Alanin. Die anderen Aminosäuren, die durch D-Aminosäureoxydase angegriffen werden, einschließlich α-Aminobutyrat, werden nicht racemisiert.

Coenzym. PLP wird als Coenzym benötigt. In den gereinigten Präparaten sind etwa 90 % des PLP abgetrennt. Volle Aktivität wird erhalten durch Zufügen von 2—3 μg

[1] WOOD, W. A.; in: Colowick-Kaplan, Meth. Enzymol. Bd. II, S. 212.
[2] WOOD, W. A., and I. C. GUNSALUS: J. biol. Ch. 190, 403 (1951).
[3] DIVEN, W. F., J. J. SCHOLZ and R. B. JOHNSTON: Fed. Proc. 22, 535 (1963).
[4] DOLIN, M. I.: Ph. D. Thesis, Indiana Univ. 1950, zit. nach [1].

PLP/ml. Etwa 0,9 μg/ml sind notwendig für eine halbmaximale Geschwindigkeit ($K_M = 2 \times 10^{-6}$). Auch Glutathion ist zur maximalen Aktivität notwendig. Das Enzym hat eine niedrige Affinität für das Substrat, da die maximale Geschwindigkeit mit 27 μM L-Alanin/ml nicht erreicht wird. Etwa 8 μM Alanin/ml werden benötigt für eine halbmaximale Geschwindigkeit ($K_M = 8{,}5 \times 10^{-3}$). Das p_H-Optimum ist etwa 8,5.

***Bestimmung der Alaninracemase nach* Wood *und* Gunsalus**[1].

Prinzip:

Alle Bestimmungsmethoden sind auf die Messung eines Stereoisomeren des Alanins gegründet, da Substrat und Endprodukt sich nur in der Konfiguration unterscheiden. Bei der hier beschriebenen Methode wird die Racemisierungsgeschwindigkeit mit L-Alanin als Substrat und einem Überschuß an D-Aminosäureoxydase manometrisch gemessen. Unter diesen Bedingungen ist die Geschwindigkeit der Racemisierung durch die Geschwindigkeit der Sauerstoffaufnahme begrenzt. Außerdem verhindert die Entfernung des Reaktionsproduktes die Bildung eines racemischen Gemisches, bei dessen Annäherung die Reaktionsgeschwindigkeit herabgesetzt ist. Die Stöchiometrie der Reaktion hängt ab von der Gegenwart von Katalase. In Gegenwart von Katalase ist 1 μM D-Alanin äquivalent 11,2 μl Sauerstoff, während bei Abwesenheit von Katalase 1 μM D-Alanin mit 22,4 μl Sauerstoff äquivalent ist.

Reagentien:

1. 0,2 m L-Alanin.
2. 1,0 m Phosphatpuffer, p_H 8,1, 100 μg Calcium-PLP pro ml.
3. 20%ige KOH.
4. Alaninracemasepräparat wird verdünnt, so daß 1—8 Einheiten/ml gelöst sind.
5. D-Aminosäureoxydasepräparat. *Reinigung* der D-Aminosäureoxydase aus acetongetrockneter Schweineniere nach Negelein und Brömel[2].

Ausführung:

In den Hauptraum eines 15 ml fassenden, mit 2 Kippern versehenen Warburg-Gefäßes werden 0,3 ml Phosphatpuffer, 0,1 ml PLP, 0,2 ml Glutathion, 1,0 ml Enzymlösung und Wasser bis auf ein Gesamtvolumen von 1,6 ml gegeben. Es werden 0,4 ml (80 μM) L-Alanin in den einen Kipper gegeben, 1 ml D-Aminosäureoxydase in den zweiten Kipper, 0,15 ml 20%ige KOH auf einen Streifen Filterpapier in das Zentralgefäß. Nach 5 min langem Schütteln bei 37° C wird der Inhalt beider Seitengefäße eingekippt, Reaktionsdauer 10 min. Dann wird der Glasstopfen geschlossen und die Geschwindigkeit der Sauerstoffaufnahme über die nächste 30 min-Periode gemessen.

Definition der Einheit und der spezifischen Aktivität. Eine Einheit ist die Menge Enzym, welche die Aufnahme von 1 μl Sauerstoff pro min in dem obigen Versuchssystem ergibt.

Spezifische Aktivität: Einheiten/mg Protein.

Diese Racemase-Bestimmungsmethode kann bei getrockneten Zellen von Bakterien, Sporen und rohen Bakterienextrakten verwendet werden. Zur Messung der Racemisierungsgeschwindigkeit in solchen Präparaten ist es notwendig, die endogene Sauerstoffaufnahme abzuziehen, die in Abwesenheit des Substrats erhalten wird. Die Gegenwart eines aktiven L-Aminosäureoxydase-Systems, wie in Rattenleber, interferiert mit der Racemasebestimmung.

Glutaminsäureracemase aus Lactobacillus arabinosus[3].

[5.1.1.3 Glutamatracemase.]

L-Glutamat → D,L-Glutamat ← D-Glutamat

Spezifität. Eine gereinigte Alaninracemase aus *Streptococcus faecalis* racemisiert Glutamat nicht. Eine Glutaminsäureracemase ist bisher noch nicht angereichert worden.

[1] Wood, W. A., and I. C. Gunsalus: J. biol. Ch. **190**, 403 (1951).
[2] Negelein, E., u. H. Brömel: B. Z. **300**, 225 (1938/39).
[3] Wood, W. A.; in: Colowick-Kaplan, Meth. Enzymol., Bd. II, S. 212.

Eigenschaften. Das p_H-Optimum für die Racemisierung liegt bei 6,8 oder bei 8,0. PLP erhöht die Geschwindigkeit der Racemisierung durch getrocknete Zellen auf das Dreifache. Glutamin beeinflußt die Geschwindigkeit der Racemisierung nicht.

***Bestimmung der Glutaminsäureracemase nach* WOOD[1].**

Prinzip:

Die Racemisierungsgeschwindigkeit wird gemessen mit Hilfe der Geschwindigkeit der L-Glutamatbildung aus D-Glutamat. Aliquote Anteile der Reaktionsmischung werden in gewünschten Intervallen zur manometrischen Bestimmung des L-Glutamat mit L-Glutaminsäuredecarboxylase verwendet.

Reagentien:

1. 0,1 m Phosphatpuffer, p_H 6,8.
2. Ca-PLP 100 μg/ml.
3. 0,1 m D-Glutaminsäure (neutralisiert).
4. 0,07 Kaliumphthalat-NaOH-Puffer, p_H 5,5.
5. Enzymlösungen: 1. getrocknete Zellen von *L. arabinosus*, 2. Glutaminsäuredecarboxylase (vakuumgetrocknete Zellen von *E. coli*, *Stamm Crooks ATCC 8739*), bereitet, wie von UMBREIT und GUNSALUS[2] beschrieben, als Enzym-Quelle (Q_{CO_2} 550—600); s. S. 509.

Ausführung:

Die Bestimmungen werden in Reagensgläsern bei 37° C ausgeführt. Die Reaktionsmischung enthält 0,8 ml PLP, 0,8 ml D-Glutamat, 1,0 ml Phosphatpuffer, getrocknete Zellen oder Enzymlösung und Wasser ad 4 ml. Nach Temperaturausgleich bei 37° C wird die Racemisierung eingeleitet durch Zufügen von D-Glutamat. 1 ml-Anteile werden entnommen (nach je 1 oder 2 Std) und 5 min gekocht, um die Reaktion zu stoppen. Der p_H wird mit verdünnter HCl auf 5,5 eingestellt und das Volumen mit Wasser auf 2 ml aufgefüllt. Nach Entfernen des coagulierten Proteins durch Zentrifugieren wird der L-Glutamatgehalt manometrisch bestimmt. 1 ml der angesäuerten und verdünnten Probe wird in einen Kipper eines WARBURG-Gefäßes gegeben. 1 ml Phthalatpuffer, 5 mg Glutaminsäuredecarboxylasepräparat und Wasser auf 2 ml werden dem Hauptraum zugefügt. Nach 10 min Temperaturausgleich auf 37° C wird der Inhalt des Seitengefäßes eingekippt und die entwickelte CO_2-Menge gemessen. 22,4 μl CO_2 sind äquivalent 1 μM L-Glutamat. Die Methode ist geeignet für die Bestimmung des Enzyms aus acetonoder vakuumgetrockneten Bakterien oder durch Ultraschall gewonnenen Extrakten. Kontrollbestimmungen müssen angesetzt werden, um den L-Glutamatgehalt der rohen Präparate zu berücksichtigen.

Diaminopimelinsäureracemase[3].

[5.1.1.7 2,6-L,L-Diaminopimelinsäure-2-Epimerase.]

L,L-α-Diaminopimelinsäure $\rightleftharpoons$ meso-α,ε-Diaminopimelinsäure

Diese Racemase ist nur in Bakterien nachgewiesen worden.

Darstellung. Eine befriedigende Reinigung des Enzyms ist bisher noch nicht erreicht worden, es ist ein sehr instabiles Sulfhydryl-Enzym. Es kann aber bis zu einem gewissen Grad durch Überführung in das Quecksilberderivat stabilisiert werden.

Es sollte ein Organismus gewählt werden, welcher frei von Diaminopimelinsäuredecarboxylase ist. Eine Mutante von *E. coli (Stamm 26—26)*, welche Lysin benötigt, erfüllt diese Bedingung. *Bacillus cereus (Stamm 569)* ergibt sehr aktive Präparate, sie sind aber nicht sehr stabil, selbst nicht in Form der Quecksilberverbindung. *E. coli*

[1] WOOD, W. A.: In: Colwick-Kaplan, Meth. Enzymol., Bd. II, S. 212.
[2] UMBREIT, W. W., and I. C. GUNSALUS: J. biol. Ch. 159, 333 (1945).
[3] WORK, E.; in: Colowick-Kaplan, Meth. Enzymol., Bd. V, S. 858.

(Stamm 26—26) wird bei 37° C unter Belüftung 24 Std auf einem Glucose (0,5 %)-Salz-Medium, welches 30 mg L-Lysin/l enthält, gezüchtet. Die Zellen werden gewaschen, acetongetrocknet und bei — 10° C aufbewahrt.

Darstellung von Diaminopimelinsäureracemase nach **Work**[1].

Herstellung des Rohextraktes. Getrocknete Zellen (1,0 g) in 40 ml kaltem 0,01 m Phosphatpuffer, p_H 6,8, suspendieren. Die Bakterien werden zertrümmert durch Pressen unter Druck durch eine Düse[2] oder durch Vermahlen mit Celit[3]. Zentrifugieren. Der zellfreie Extrakt wird entweder sofort benutzt oder durch Zugabe von Quecksilberchlorid ($^1/_{20}$ Vol. einer 3×10^{-3} m Lösung) stabilisiert und bei — 10° C aufbewahrt.

Weitere Reinigung. Zugabe von Streptomycin (10 mg/ml Extrakt) oder Einstellen auf p_H 4,8 führt zu einem Niederschlag, welcher in leicht alkalischem Puffer aufgenommen werden kann. Diese Enzymlösungen können gegen 10^{-2} m Phosphatpuffer, p_H 5,8—6,8, 24 Std dialysiert werden, sind dann stabil und können bei — 10° C aufgehoben werden.

Spezifität. Das Enzym ist inaktiv gegenüber D,D-Diaminopimelinsäure. Die streptomycingefällte Racemase enthält etwas Alanin-Racemase-Aktivität. Vollständiges Gleichgewicht der Racemisierung wurde mit einem Präparat innerhalb 40 min erreicht.

Aktivatoren und Inhibitoren. Zellfreie Extrakte, welche in 24 Std einen Teil der Aktivität eingebüßt hatten, konnten durch Thiole vollständig reaktiviert werden. Eine Inaktivierung nach längerem Aufbewahren ist irreversibel. PLP hat keinen Einfluß, weder hinsichtlich einer Reaktivierung noch einer Stimulierung. Schwermetallsalze hemmen in niedrigen Konzentrationen. Carbonylgruppen-Reagentien, wie Hydroxylamin, Hydrazin und Semicarbazid ferner Isonicotinsäurehydrazid hemmen. Die Wirkung dieser Substanzen kann aufgehoben werden durch Thiole, aber nicht durch PLP. Dies läßt vermuten, daß das Enzym wie andere Aminosäureracemasen fest gebundenes PLP enthält. Cyanid hemmt nicht. D,D-Diaminopimelinsäure, D- oder L-Lysin sind ohne Einfluß.

p_H-Optimum. Das p_H-Optimum liegt zwischen 7,7 und 8,3; bei p_H 6,8 ist die Aktivität nur gering abgeschwächt.

Bestimmung der Diaminopimelinsäureracemase nach **Work**[1].

Prinzip:

Die qualitative Ermittlung der Enzymaktivität wird durch papierchromatographischen Nachweis eines Isomeren aus einer Mischung von L,L- und meso-Diaminopimelinsäure vorgenommen.

Reagentien:

1. 0,1 m Boratpuffer, p_H 8,5.
2. 0,1 m Natriumsulfid.
3. Diaminopimelinsäure, 2 mg/ml (kann eingefroren aufbewahrt werden). Das meso-Isomere wird gewöhnlich als Substrat benutzt, aber unter bestimmten Bedingungen sollte das L,L-Isomere eingesetzt werden.
4. Enzym s. unter Reinigung.

   Es ist bidestilliertes Wasser zu verwenden.
5. Lösungsmittel für die Chromatographie: Methanol-Wasser-10 n HCl-Pyridin (80:17,5:2,5:10 Volumenteile). Diese Substanzen werden in der angeführten Reihenfolge zusammengegeben. Papier: Whatman Nr. 1. Entwickler: Ninhydrin (0,1 %ig, w/v) in Aceton, kann bei + 2° C aufbewahrt werden.
6. Standardlösungen: Mischung von meso- und L,L-Diaminopimelinsäuren, 0,5 mg pro ml einer 20 % (v/v) wäßrigen Isopropanollösung. Isopropanol kann fehlen, wenn die Lösung eingefroren aufbewahrt wird.

---

[1] Work, E.: In: Colowick-Kaplan, Meth. Enzymol., Bd. V, S. 858.

[2] Milner, H. W., N. S. Lawrence and C. S. French: Science, N.Y. 111, 633 (1950).

[3] Dewey, D. L., D. S. Hoare and E. Work: Biochem. J. 58, 523 (1954).

Ausführung:

In einem kleinen Reagensglas wird folgende Mischung bereitet: 0,25 ml stabilisiertes Enzym, 0,25 ml Puffer und 0,1 ml Natriumsulfid. Das Natriumsulfid wird weggelassen, wenn das Enzym nicht mit Quecksilber stabilisiert wurde. Stehenlassen 15 min bei Zimmertemperatur, 0,15 ml Substrat zufügen und sofort 0,1 ml der Mischung in 0,2 ml Äthanol überführen als Null-Zeit-Probe. Inkubation bei 37° C im Wasserbad. Nach verschiedenen Zeiten werden 0,1 ml-Proben in 0,2 ml Äthanollösung übergeführt. Nach 20 min zentrifugieren werden 0,1 ml der überstehenden Lösung auf Papier aufgetragen und getrocknet in Flecken, die nicht mehr als 1 cm Durchmesser haben sollen. Standardsubstanzen in 20 μl auftragen. Absteigend chromatographieren. Nach dem Lauf wird das Chromatogramm getrocknet, wobei die Temperatur 50° C nicht übersteigen darf. Es wird mit Ninhydrin entwickelt und 5 min bei 100° C getrocknet. Die Diaminopimelinsäureflecken sind olivgrün, bei längerem Stehen werden sie gelb. Diaminopimelinsäure hat die geringste Wanderungsgeschwindigkeit aller natürlich vorkommenden Aminosäuren. Das meso-Isomere wandert über Nacht ca. 17 cm, das L,L-Isomere ungefähr 22 cm.

Ein Gleichgewicht zwischen beiden Isomeren wird im allgemeinen innerhalb 10 min erreicht. Wenn nach 2 Std kein L,L-Isomeres auf dem Chromatogramm zu sehen ist, ist das Enzym inaktiv.

Einheiten sind bisher nicht definiert worden.

5.1.3.1 D-Ribulose-5-phosphat-3-Epimerase s. S. 730

5.1.3.2 UDPglucose-4-Epimerase s. S. 737

Mutarotase.

[5.1.3.3 Aldose 1-epimerase.]

By

Albert S. Keston*.

Alpha sugar $\rightleftharpoons$ Beta sugar

Occurrence. BENTLEY and NEUBERGER[1] presented evidence in 1949 for the existence of a catalyst possessing mutarotational activity for glucose in glucose oxidase (notatin) preparations. In the examination of two purified samples of notatin, KEILIN and HARTREE[2] found that while the activity against equilibrium glucose was virtually the same, the activity against α-glucose was much higher for one of the preparations. This difference was ascribed to the presence of a mutarotational catalyst unrelated to glucose oxidase activity. KESTON[3] found mutarotase in various animal tissues. Kidneys of animals which reabsorb glucose in large amounts contain largest amounts of this enzyme[4-6] while the kidneys of aglomerular fish[5,7], which do not reabsorb glucose, contain very

* Institute for Medical Research and Studies, New York 1 (N.Y.).

[1] BENTLEY, R., and A. NEUBERGER: Biochem. J. 45, 584 (1949).
[2] KEILIN, D., and E. F. HARTREE: Biochem. J. 50, 341 (1952).
[3] KESTON, A. S.: Science, N.Y. 120, 355 (1954).
[4] KESTON, A. S.: Fed. Proc. 16, 203 (1957).
[5] KESTON, A. S.: J. biol. Ch. 239, 3241 (1964).
[6] KESTON, A. S.: 6. Int. Congr. Biochem. New York 8, 655 (1964).
[7] KESTON, A. S.: Fed. Proc. 14, 234 (1955).

little mutarotase. Kidney cortex contains more of the enzyme than the medulla[1, 2]. Retina, brain, tumor tissue[3–5] and intestine[6–8] also have considerable amounts of the enzyme. The enzyme is reported to be distributed mainly in the mucosa of the intestine[2]. In general, the amount of mutarotase present correlates with the amount of transport of glucose (kidneys) or glycolysis (other tissues)[3–5]. KESTON has proposed a unitary theory of glucose transport and reabsorption based on mutarotase[9].

Purification. KEILIN and HARTREE[10] reported a three-fold concentration of mutarotase from a notatin preparation using $(NH_4)_2SO_4$ precipitation and adsorption on calcium phosphate gel. BHATE and BENTLEY[11] purified mutarotase as follows: "Mutarotase is obtained by fractionation of culture fluids of *P. notatum* grown for 14 days on CZAPEK-DOX medium containing 2% corn steep liquor. The following steps give a ten-fold purification with 50% recovery of activity: 1. precipitation with aluminium sulfate and extraction of the precipitate with 0.2 M phosphate buffer, p_H 5.6; 2. treatment at 20° C and p_H 9.2 for 30 min to inactivate notatin; 3. addition of ammonium sulfate to 34% saturation and removal of an inactive precipitate; 4. final precipitation with aluminium sulfate and extraction into 0.2 M phosphate buffer, p_H 5.6. The final preparation migrates as a single peak on ultracentrifugal analysis and produces 100 micromoles of β-glucose per mg of protein per 20 min." A similar technique yielded a preparation with 2.8 times this activity[12].

***Purification of mutarotase from hog kidney according to* KESTON[1].**

Mutarotase is purified by homogenizing in a Waring Blendor, 120 g hog kidney cortex with 120 ml 0.1 M warm phosphate buffer (53° C) p_H 5.8 and 50 ml chloroform (53° C). The temperature reaches 42° C after $2\frac{1}{2}$ min of homogenization. The supernatant 1 from the denatured protein is dialyzed 2 hr. and treated several times with 5 g calcium phosphate and 1 g magnesium trisilicate and once with 8 ml calcium phosphate gel. Extracts now typically contain 2 units of mutarotase/ml and about 4—5 mg protein/ml (biuret). A procedure which results in a further purification[13] is: 100 ml of supernatant 1 was treated with 22 g of $(NH_4)_2SO_4$ and the precipitate discarded. The new supernatant was treated with 18 g of $(NH_4)_2SO_4$ per 100 ml. The resulting precipitate was dissolved in minimal amounts of phosphate buffer (0.025 M, p_H 7.2) and dialyzed against the buffer for two hours. It was then fractionated on a column consisting of $^1/_4$ of its height of DEAE cellulose and the remainder Sephadex G-75. The elution solvent was 0.005 M sodium phosphate buffer, p_H 8. The band immediately following the colored (hemoglobin, etc.) band contained the mutarotase in highest concentration and purity. Typically the purest samples obtained by this means possess a specific activity of 4—5 units per mg of protein. Samples thus prepared are the most active preparations of mutarotase thus far obtained.

LU-KU LI and CHASE[14] have presented evidence that hog kidney mutarotase activity moves in the ultracentrifuge together with a protein which possesses a molecular weight of

[1] KESTON, A. S.: Fed. Proc. **14**, 234 (1955).
[2] BAILEY, J. M., and P. G. PENTCHEV: Biochem. biophys. Res. Comm. **14**, 161 (1964).
[3] KESTON, A. S.: Fed. Proc. **16**, 203 (1957).
[4] KESTON, A. S.: J. biol. Ch. **239**, 3241 (1964).
[5] KESTON, A. S.: 6. Int. Congr. Biochem. New York **8**, 655 (1964).
[6] SALEGUI, M. DE, and A. S. KESTON: Unpublished data, 1961.
[7] KESTON, A. S.: Fed. Proc. **22**, 416 (1963) and presentation 47th Ann. Meet. Fed. amer. Soc. exper. Biol., Atlantic City, N. J., April, 1963.
[8] KESTON, A. S.: Science, N.Y. **143**, 698 (1964).
[9] KESTON, A. S.: Science, N.Y. **120**, 355 (1954).
[10] KEILIN, D., and E. F. HARTREE: Biochem. J. **50**, 341 (1952).
[11] BHATE, D. S., and R. BENTLEY: Fed. Proc. **16**, 154 (1957).
[12] BENTLEY, R., and D. S. BHATE: J. biol. Ch. **235**, 1219 (1960).
[13] KESTON, A. S., M. TAN and G. MECHANIC: Unpublished data.
[14] LU-KU LI and A. M. CHASE: Fed. Proc. **23**, 162 (1964).

Table 1. *Substrates of mutarotase*

Substrates	Non substrates	Substrates	Non substrates
Mold mutarotase		*Kidney mutarotase*[4–7]	
D-glucose[1, 2]	2-deoxy-D-glucose[3]	D-glucose	D-mannose
D-xylose[2]	D-mannose[2]	D-galactose	D-arabinose
D-galactose[2]	D-glucosamine[2]	D-xylose	L-rhamnose
cellobiose[3]	D-fructose* [2]	L-arabinose	3-O-methyl-D-glucose
D-glycero-D-galacto-heptopyranose[3]	L-xylose[8]	D-fucose	sucrose
	D-arabinose[8]		raffinose
lactose[2]			mannitol
maltose[2]			sorbitol
			D-fructose
			L-xylose
			L-galactose
			L-glucose
			L-fucose

54000 and $s_{20} = 3.40$ S. The catalytic coefficient is defined as the mutarotation constant for a molar solution of the enzyme. The high C.C. for unfractionated kidney cortex protein is noteworthy. Aqueous extracts of hog kidney cortex exhibit, prior to any purification, a higher catalytic coefficient than highly purified samples of mutarotase prepared from notatin[9]. Based on the ultracentrifugal sedimentation diagrams[10] of the glucose oxidase used, which indicated an impurity of 10% with a M. W. of 75000, presumed to be mutarotase, KEILIN and HARTREE[1] calculated a C. C. of 2×10^5 for mutarotase (4% glucose). These values are significantly higher than that for hydroxyl ion (8.8×10^3) previously the most powerful mutarotational catalyst known.

Table 2. *Relative activity of mutarotase substrates.*

Relative activity =

$$\frac{(K_{\text{measured}} - K_{\text{spontaneous}})\ (\text{for sugar})}{(K_{\text{measured}} - K_{\text{spontaneous}})\ (\text{for glucose})} \times 100.$$

	Mold mutarotase pH 4.7[2]
D-glucose	100
D-xylose	30
D-galactose	130
lactose	25
maltose	6
fructose*	10

Mechanism of action. BENTLEY and BHATE[3,11] found that spontaneous or mutarotase catalyzed mutarotation of glucose in D_2O does not introduce carbon bound deuterium. Neither reaction removed ^{18}O from glucose-1-^{18}O. This excludes mutarotation mechanisms based on dehydration or dehydrogenation of carbon bound H between C-1 and C-2. Mutarotation constants for glucose and galactose were determined in D_2O and H_2O and K_{H_2O}/K_{D_2O} calculated.

For the spontaneous reaction, the ratios were about 3.6 and 3.8 for glucose and galactose respectively, while for the enzyme catalyzed reaction the ratios were lower (1.9 and 1.8). For glucose this ratio approaches that for strong acid catalysis (1.37).

* Although LEVY and COOK state that the configuration in C-2 is decisive, their data leaves some doubt as to whether D-fructose is a substrate for mold mutarotase.

1 KEILIN, D., and E. F. HARTREE: Biochem. J. 50, 341 (1952).
2 LEVY, G. B., and E. S. COOK: Biochem. J. 57, 50 (1954).
3 BENTLEY, R., and D. S. BHATE: Fed. Proc. 18, 190 (1959).
4 KESTON, A. S.: Science, N.Y. 120, 355 (1954).
5 KESTON, A. S.: Fed. Proc. 14, 234 (1955).
6 KESTON, A. S.: Arch. Biochem. 102, 306 (1963).
7 KESTON, A. S.: Analyt. Biochem. 9, 228 (1964).
8 BENTLEY, R., and D. S. BHATE: J. biol. Ch. 235, 1219 (1960).
9 BHATE, D. S., and R. BENTLEY: Fed. Proc. 16, 154 (1957).
10 CECIL, R., and A. G. OGSTON: Biochem. J. 42, 229 (1948).
11 BENTLEY, R., and D. S. BHATE: J. biol. Ch. 235, 1225 (1960).

A factor which should be considered in using these ratios in formulation of reaction mechanism is the effect of exchange of hydrogen by deuterium in the enzyme itself (BLOOM[1]).

Configurational requirements for substrates. LEVY and COOK[2] pointed out that mold mutarotase substrates must possess the same configuration on C-2 as glucose since mannose and glucosamine were not substrates. Since rhamnose is not a substrate, and L-arabinose is, the configurational requirements for kidney mutarotase substrates require the same configuration as glucose on C-3 as well[3]. According to BENTLEY and BHATE[4], all known substrates of mutarotase contain a reducing pyranose ring in C-1 conformation, with equatorial hydroxyls at C-2 and probably C-3. The C-4-OH can be axial, and various equatorial substituents are possible at C-5.

Table 3. *Inhibitors of mutarotase.*

Inhibitor	C α-glucose %	Moles inhib./moles gluc.	% inhib.
Mold mutarotase[5]			
β-methyl glucoside . .	2.2	4	86.7
α-methyl glucoside . .	2.2	4	63.5
sorbitol	2.2	4	46.5
Equilibrium sugars likewise inhibit:			
D-xylose	2.2	4	83
maltose	2.2	4	65
lactose	2.2	4	35
D-fructose	2.2	4	29.8
D-glucose*	2.2	4	78

* KEILIN and HARTREE[5] interpret the lowering of the mutarotation constant of glucose by the presence of equilibrium glucose as an inhibition of mutarotase. Mutarotase may be, however, acting on all the glucose present with only the glucose originally present as α-glucose contributing to the change in rotation. The total action of mutarotase, therefore, is not correctly measured here by changes in optical rotation.

LEVY and COOK based their evaluation of the relative activity of the mutarotase substrates on the ratio of the mutarotation constants for the catalyzed and spontaneous reactions[2]. On this basis they come to the conclusion that a large depression of activity is caused by lack of the sixth carbon or by linking with a second sugar. This reviewer is of the opinion that the mutarotase activity is better expressed by the difference between these mutarotation constants rather than by their ratio, since the net catalyzed K is the product of this difference by the concentration of substrate. This view leads to different conclusions.

p_H optimum. The data of LEVY and COOK[2] show increases of mutarotase activity up to p_H 5.8 indicating the p_H optimum is higher than this value.

Inhibitors, inhibitor constants and Michaelis-Menten constants. K_M values have been determined for rabbit lens mutarotase as follows[6]: D-glucose, 0.014 M; D-xylose, 0.015 M; L-arabinose, 0.008 M; D-galactose, 0.004 M; and K_i (inhibitor constant) values for: xylitol, 0.040 M; dulcitol, 0.043 M; D-sorbitol, 0.098 M. For hamster intestinal mutarotase[7] the K_M for glucose was found to be 0.025 M, and the K_i for 1.5-anhydro-D-glucitol, 0.026 M.

Other values[8-10] of hamster intestinal mutarotase: K_M for 6-deoxyglucose, 5.7 mM; K_M for galactose, 8.4 mM; and K_i for phlorizin, 0.1 mM. For rat intestinal mutarotase: K_M for glucose, 25 mM; and K_i for phlorizin, 0.1 mM[9]. For rabbit kidney cortex: K_M for glucose, 12 mM; K_M for galactose, 3.6 mM; and K_i for phlorizin is about 0.3 mM[8-10].

[1] BLOOM, B.: Discussion following presentation of reference[11].
[2] LEVY, G. B., and E. S. COOK: Biochem. J. **57**, 50 (1954).
[3] KESTON, A. S.: Fed. Proc. **14**, 234 (1955).
[4] BENTLEY, R., and D. S. BHATE: J. biol. Ch. **235**, 1219 (1960).
[5] KEILIN, D., and E. F. HARTREE: Biochem. J. **50**, 341 (1952).
[6] KESTON, A. S.: Arch. Biochem. **102**, 306 (1963).
[7] KESTON, A. S.: Science, N.Y. **143**, 698 (1964).
[8] KESTON, A. S.: Fed. Proc. **22**, 416 (1963) and presentation 47th Ann. Meet. Fed. amer. Soc. exper. Biol., Atlantic City, N. J., April, 1963.
[9] KESTON, A. S.: 6. Int. Congr. Biochem. New York **8**, 655 (1964).
[10] KESTON, A. S.: J. biol. Ch. **239**, 3241 (1964).
[11] BENTLEY, R., and D. S. BHATE: Fed. Proc. **18**, 190 (1959).

Other inhibitors of kidney and intestinal mutarotase[1] are in decreasing order of inhibitory power L-fucose, L-galactose, L-xylose, L-glucose and D-arabinose.

Biological significance. The role of mutarotase in intermediary metabolism has not yet clearly been established. It has been suggested that it is involved in glucose transport and metabolism[2]. The distribution of mutarotase follows *pari passu* the transport of glucose by kidney and the rate of glycolysis of tissues such as retina, brain, etc.[3-5]. Furthermore, the K_M's and K_i's for various biological transport systems is in concordance with the K_M's and K_i's of the corresponding mutarotases[3-6]. Phlorizin which inhibits transport of sugars also inhibits kidney and intestinal mutarotase[2-4, 6]. An objection to the mutarotase theory has been made[7] on the basis that 1,5-anhydro-D-glucitol (1-deoxy-D-glucose) which cannot mutarotate is allegedly transported by the same system that transports glucose[8]. KESTON[6, 9] has pointed out that CRANE's data does not support his contention. In addition, 1-deoxy-D-glucose is an inhibitor of mutarotase[6, 9]. It has also been pointed out by KESTON[6, 9] that mutarotation may not be required to be a property of a substance for passive transport via the mutarotase system. Inhibitors may be carried by systems which could conceivably carry both substrates and inhibitors[4, 6, 9, 10].

In accordance with this view to actively transport a nonmutarotating substance by way of mutarotase, a second step dependent on energy would be required[6, 9]. BAILEY and PENTCHEV[11] subsequently expressed a view that by itself the binding of an inhibitor to mutarotase is associated with active transport of the inhibitor and that catalyzed mutarotation may be coincidental with this binding. Contrary to their point of view many inhibitors, for example, L-fucose, L-galactose, L-xylose, etc. inhibit mutarotase strongly but despite this binding to the enzyme[1] they are not mutarotase substrates and they are furthermore reported[12] to be not actively transported by intestine against a concentration gradient.

Polarimetric assays. KEILIN and HARTREE[13] used a manual polarimeter in the assay of mutarotase present in notatin samples using glucose as a substrate. Because of the oxidative action of glucose by notatin, anaerobic conditions were necessary. LEVY and COOK[14] employed an automatic recording polarimeter[15] in their assays. Anaerobic conditions were employed. The mutarotational constant K is given by the equation

$$K = \frac{2.303}{t_2 - t_1} \log_{10} \frac{\text{divisions } (t_\infty) - \text{divisions } (t_2)}{\text{divisions } (t_\infty) - \text{divisions } (t_1)}$$

where the number of divisions is proportional to the optical rotation. Anaerobic conditions are not necessary in these assays if notatin is not present or, if notatin be present, nonsubstrates of notatin are employed in the assay[2, 16].

---

[1] KESTON, A. S.: Analyt. Biochem. **9**, 228 (1964).
[2] KESTON, A. S.: Science, N.Y. **120**, 355 (1954).
[3] KESTON, A. S.: 6. Int. Congr. Biochem. New York 8, 655 (1964).
[4] KESTON, A. S.: J. biol. Ch. **239**, 3241 (1964).
[5] KESTON, A. S.: Fed. Proc. **16**, 203 (1957).
[6] KESTON, A. S.: Fed. Proc. **22**, 416 (1963) and presentation 47th Ann. Meet. Fed. amer. Soc. exper. Biol., Atlantic City, N. J., April, 1963.
[7] CRANE, R. K., and S. M. KRANE: Biochim. biophys. Acta **20**, 568 (1956).
[8] CRANE, R. K.: Biochim. biophys. Acta **45**, 477 (1960).
[9] KESTON, A. S.: Science N.Y. **143**, 698 (1964).
[10] WIDDAS, W. F.: J. Physiol., London **125**, 163 (1954).
[11] BAILEY, J. M., and P. G. PENTCHEV: Biochem. biophys. Res. Comm. **14**, 161 (1964).
[12] WILSON, T. H., and B. R. LANDAU: Amer. J. Physiol. **198**, 99 (1960).
[13] KEILIN, D., and E. F. HARTREE: Biochem. J. **50**, 341 (1952).
[14] LEVY, G. B., and E. S. COOK: Biochem. J. **57**, 50 (1954).
[15] LEVY, G. B., P. SCHWED and D. FERGUS: Rev. sci. Instr. **21**, 693 (1950).
[16] KESTON, A. S.: Fed. Proc. **14**, 234 (1955).

KESTON used a photoelectric polarimetric unit[1-3] which attaches to the Beckman DU or Zeiss PMQ spectrophotometers, etc. between the 1 cm cell compartment and the phototube housing. Successive readings require only a few seconds so that rapid reactions may be followed. The unit[3,4] of mutarotase equals that quantity of enzyme for which

$$1/t_{\frac{1}{2}\,\mathrm{cat}} = 1/t_{\frac{1}{2}\,\mathrm{measured}} - 1/t_{\frac{1}{2}\,\mathrm{spontaneous}} = 1\,.$$

The system is 25 ml of 0.025 M phosphate buffer, B/A = 2; (24° C) to which is added 0.21 g of solid α-glucose at $t = 0$; t is time in min. In actual practice, much smaller volumes are used with corresponding amounts of glucose. The unitage corresponds to a net catalyzed mutarotation constant $K = 0.69\ \mathrm{min}^{-1}$, since $t_{\frac{1}{2}} = 0.69/K$. Polarimetric assays in general yield the mutarotation constant K* which is the sum of the reaction velocity constants for the forward and backward rates of reaction. First order reaction rates are observed[3,5-7]. KEILIN and HARTREE[5] have shown that the relationship between concentration of mutarotase and mutarotation constant is linear. Incidentally, KEILIN and HARTREE[5] show considerable differences in the mutarotation constants for the action of mutarotase on α- and β-glucose. Inasmuch as the mutarotation constant is the sum of the reaction velocity constants for the forward and backward reaction, this is puzzling.

The portion of the mutarotation reaction velocity due to the enzyme (net catalyzed K) is $V = (K_e - K_s)\,S$, where K_e and K_s are the mutarotation coefficients of the reactions carried out in the presence and absence of the enzyme respectively[3,4]. The initial rate of the enzyme-catalyzed portion of the forward component of the reaction α-glucose ⇌ β-glucose is given by $v = VE_q/(1 + E_q)$. $E_q =$ (equilibrium constant).

KEILIN and HARTREE[5] and CHASE et al.[8] apparently used mutarotation coefficients as a measure of reaction velocity instead of the product of this quantity and the substrate concentration. As a result, they came to the conclusion that excess glucose inhibits the action of mutarotase even at low concentrations of glucose. Recalculation of KEILIN and HARTREE's values of the reaction velocity exhibit no inhibition by β-glucose at 5.65% glucose while the slightly lower rate (7% lower) for α-glucose at 5.65% relative to the 4% value is probably within their experimental error. Cf. BENTLEY[9].

The behavior of glucose with kidney, lens, and intestinal mutarotase is quite classical in its adherence to the Michaelis-Menten kinetics. This is shown by the normal type of Lineweaver-Burk curves obtained[3,7,10].

KESTON has introduced a sensitive polarimetric assay of mutarotase involving racemic sugars[11,12]. 100 mg of D,L-xylose or D,L-arabinose etc. are dissolved in 5.5 ml of a buffer (0.030 M cacodylate solution B/A = 2; p_H = ca. 6.5, which contained 15 mg of Geigy Sequestrene NA3T and 5 mg of Sequestrene NA2). Changes in the optical rotation of the racemic mixture may be ascribed only to reactions involving asymmetrical environments. The optical rotatory changes encountered in this method are thus primarily a response to the presence of the enzyme alone and the effect of spontaneous reaction is nullified. Non-specific effects and slight variations of temperature of p_H are of little or no consequence.

* K based on natural logarithms.

[1] KESTON, A. S.: Abstr. amer. chem. Soc. 127th Meet., Cincinnati, 18C (1955).
[2] KESTON, A. S., and J. LOSPALLUTO: Fed. Proc. **12**, 229 (1953).
[3] KESTON, A. S.: Arch. Biochem. **102**, 306 (1963).
[4] KESTON, A. S.: Fed. Proc. **14**, 234 (1955).
[5] KEILIN, D., and E. F. HARTREE: Biochem. J. **50**, 341 (1952).
[6] LEVY, G. B., and E. S. COOK: Biochem. J. **57**, 50 (1954).
[7] KESTON. A. S.: J. biol. Ch. **239**, 3241 (1964).
[8] CHASE, A. M., S. L. LAPEDES and H. C. VON MEIER: J. cellul. comp. Physiol. **181**, 61 (1963).
[9] BENTLEY, R.: Colowick-Kaplan, Meth. Enzymol., Vol. V, p. 219.
[10] KESTON, A. S.: Science, N.Y. **143**, 698 (1964).
[11] KESTON, A. S.: Fed. Proc. **23**, 224 (1964).
[12] KESTON, A. S.: Analyt. Biochem. **9**, 228 (1964).

Manometric assay. Manometric assay was used by Keilin and Hartree[1]. Since notatin is highly specific for β-glucose, the rate of oxidation of α-glucose by notatin is accelerated by mutarotase. Reactions were carried out in 0.2 M phosphate buffer, p_H 5.6 at 20° C, with catalase present. 3.0 mg of α-glucose was used in about a volume of 0.35 ml.

Colorimetric assay. Bhate and Bentley[2,3] take advantage of the fact that β-glucose is oxidized by bromine at a much higher rate than the α-glucose. "Mutarotase preparations are incubated with freshly prepared 1.0% α-glucose in 0.1 M phosphate buffer, p_H 5.6 for 20 min at 20° C. The β-glucose produced is oxidized by immediate addition of an aliquot of the incubation mixture to an ice cold, 40% saturated solution of bromine in 0.4 M phosphate buffer, p_H 5.6. After standing for 8 min at 0° C, excess bromine is removed with corn oil and the residual glucose is determined. Using pure glucose anomers under these oxidation conditions, 86% of the β-glucose is oxidized, but only 14% of the α-glucose. Suitable corrections can be made for this incomplete oxidation of β-glucose, and for spontaneous mutarotation (determined with a boiled sample of enzyme)."

Keston and Brandt have described an enzymatic method involving glucose oxidase for analysis of glucose anomers using conditions which will destroy the β form quantitatively yet leave over 99% of the α form[4].

Keston has reported a colorimetric reagent for mutarotase which is based on an enzymatic reagent specific for β-glucose[5]. When α-glucose is added to this reagent, the rate of color development depends on the mutarotase content. Mutarotase reagent[6] contains 1000 U glucose oxidase, 15 mg horseradish peroxidase P. Z. 465, 0.065 ml catalase (15000 U/ml) in 100 ml of 0.02 M acetate buffer, p_H 5.5. The chromogen solution (1% recrystallized o-dianisidine in ethanol) is added just before assay (0.025 ml/ml reaction mixture). To assay a tissue or solution for mutarotase, 0.2 ml tissue extract plus 1 ml of mutarotase reagent (without chromogen) are mixed and incubated for 2 hr. at 37° C to destroy any glucose present. Catalase is present to destroy hydrogen peroxide formed during oxidation of endogenous glucose. 1 ml of the resultant solution is then added to 25 λ of chromogen solution. To this is added 0.25 ml of 0.0067% α-glucose (prepared from solid α-glucose just prior to addition). The reaction is stopped at a predetermined time with 250 μl of 6N H_2SO_4 and the color read at 500 mμ against the blank which is a similar mixture without mutarotase. Mutarotase is detectable on papergrams by spraying with this or similar reagent to which α-glucose has been added just prior to spraying.

The reviewer's research on mutarotase referred in this article was supported by grant No. AM 03568 and NB-05075 from the U.S. Public Health Service.

[1] Keilin, D., and E. F. Hartree: Biochem. J. 50, 341 (1952).
[2] Bhate, D. S., and R. Bentley: Fed. Proc. 16, 154 (1957).
[3] Bentley, R., and D. S. Bhate: J. biol. Ch. 235, 1219 (1960).
[4] Keston, A. S., and R. Brandt: Analyt. Biochem. 6, 461 (1963).
[5] Keston, A. S.: Abstr. amer. chem. Soc., 129th Meet., Dallas, 31C (1956).
[6] Keston, A. S.: Fed. Proc. 17, 253 (1958).

5.2.1.2 4-Maleylacetoacetat cis-trans-Isomerase

s. Bd. VI/B, S. 804

Isomerases.

By

Ranwel Caputto*.

The isomerizations considered in this chapter can be divided in two groups: those which catalyze the transformation aldose—ketose and those which catalyze the inversion of an hydroxyl group. There are indications of definite differences between the mechanisms of both processes and eventually they will have to be separated. As a matter of convenience, however, the different isomerases have been ordered in this chapter according to the number of carbon atoms in the carbohydrates on which they act.

Triosephosphate isomerase.

[5.3.1.1 D-Glyceraldehyde-3-phosphate ketol-isomerase].

$$\begin{array}{ccc} CH_2OH & & CHO \\ | & & | \\ C{=}O & \rightleftharpoons & HCOH \\ | & & | \\ CH_2OPO_3 & & CH_2OPO_3 \end{array}$$

The zymohexase reaction (hexosediphosphate ⇌ 2 triose-phosphate) was described by MEYERHOF and LOHMANN[1] and later was found by MEYERHOF, LOHMANN and SCHUSTER[2] to be composed of two partial reactions: the aldolase and the triose-phosphate isomerase reactions. MEYERHOF and coworkers determined the isomerase by measuring the alkali labile phosphate before and after treatment with weakly alkaline iodine. In 1943 WARBURG and CHRISTIAN[3] first applied the principle of the optical test for the determination of this enzyme. The enzyme was purified by MEYERHOF and BECK[4] and crystallized by MEYER-ARENDT, BEISENHERZ and BÜCHER in 1953[5].

Purification and crystallization of triosephosphate isomerase after **BEISENHERZ**[6].

Calf muscle from a recently killed animal is cooled to 3° C, freed from tendons, ground and weighed. One kilogram of the ground muscle is homogenized in a chilled blendor with 1600 ml of a solution of 0.5 g of disodium ethylenediaminetetraacetate (EDTA) per liter of quartz distilled water. The homogenate is then extracted for 30 min and centrifuged for another 30 min at 2200 × g. The supernatant is collected and the sediment extracted with another 1000 ml of the same solution as before. Both supernatants make about 2500 ml of extract.

Acetone precipitation. The extract is put in an ice bath provided with mechanical stirrer. Acetone is then added slowly (takes about 45 min) from a separatory funnel (3 parts acetone for 7 parts extract). After the addition of acetone is finished the stirring

Abbreviations.

DHA-P	Dihydroxyacetone phosphate	G-3-P	Glyceraldehyde-3-phosphate
EDTA	Ethylenediaminetetraacetate	GSH	Glutathione
G-1-P	Glucose-1-phosphate	R-5-P	Ribose-5-phosphate
G-1,6-P	Glucose-1,6-phosphate	Ru-5-P	Ribulose-5-phosphate
G-6-P	Glucose-6-phosphate	TCA	Trichloroacetic acid
Gal-1-P	Galactose-1-phosphate	Xu-5-P	Xylulose-5-phosphate

* Instituto de Ciencias Quimicas, Departamento de Quimica Biologica, Ciudad Universitaria Cordoba.

[1] MEYERHOF, O., u. K. LOHMANN: B. Z. **211**, 89 (1934).
[2] MEYERHOF, O., K. LOHMANN u. W. SCHUSTER: B. Z. **286**, 319 (1936).
[3] WARBURG, O., u. W. CHRISTIAN: B. Z. **314**, 149 (1943).
[4] MEYERHOF, O., and L. V. BECK: J. biol. Ch. **156**, 109 (1944).
[5] MEYER-ARENDT, E., G. BEISENHERZ u. T. BÜCHER: Naturwiss. **40**, 59 (1953).
[6] BEISENHERZ, G.; in: Colowick-Kaplan, Meth. Enzymol., vol. 1, p. 387.

continues for 15 min. The precipitate is centrifuged (30 min at 2500 × g) and to the supernatant 2/5 acetone is added slowly as above. The precipitate is again centrifuged off and to the supernatant another 1/5 vol. of acetone is added over a 45 min period followed by 15 min stirring. The precipitate is then collected by centrifugation at 2500 × g and dissolved in 8 parts of the EDTA solution mentioned above. The suspension is cleared by centrifugation at 15000 r.p.m. and any precipitate discarded. The p_H of the solution is 7.1.

Ammonium sulfate fractionation. To 130 ml of the previous supernatant 56 g of ammonium sulfate (recrystallized from hot saturated solution containing 2 g EDTA per liter) is added with vigorous stirring during 3 min (p_H 7.1). The precipitate is centrifuged 30 min at 15000 r.p.m. and discarded. To 140 ml of supernatant 9.6 g of ammonium sulfate is added over 3 min and the resulting precipitate is centrifuged down at 15000 r.p.m. during 15 min. The precipitate is dissolved in the minimum possible amount of EDTA solution and the resulting solution cleared of any turbidity by centrifugation.

Crystallization. Powdered, recrystallized ammonium sulfate is added to the clear solution until a delicate silky luster appears. The ammonium sulfate precipitate is carefully brought to completion in several hours. Under the microscope the crystals appear as fine, long, rectangular prisms. These crystals can be washed with 3 M ammonium sulfate. For recrystallization the crystals are collected by centrifugation, dissolved in the minimum amount of EDTA solution and the precipitation with ammonium sulfate repeated as above.

Assay methods. Meyerhof and coworkers[1, 2] have determined the amount of glyceraldehydephosphate by determining the alkali labile phosphate before and after oxidation with weakly alkaline iodine. It also can be determined[3] by measuring the change in optical rotation in the presence of molybdate. This latter method is based on the fact that the D-3-phosphoglyceric acid formed in the oxidation by iodine, is strongly laevorotatory ($[\alpha]_D = -740$). These two methods have the disadvantage that many substances (including oxidized glutathione, phosphate, and ammonium sulfate[4]) interfere with the oxidation of phosphoglyceraldehyde.

The polarimetric method has been applied to the assay of this enzyme, starting with any of the two possible substrates.

Determination of triosephosphate isomerase using dihydroxyacetone phosphate after Oesper *and* Meyerhof[2].

Reagents:

1. Dihydroxyacetone phosphate. One gram of Ba-triosephosphate (glyceraldehyde phosphate can be obtained commercially) is dissolved, the barium precipitated and the neutral solution brought to 60 ml. To this, 20 ml of veronal-acetate buffer p_H 7.5 and 2 ml of isomerase (sufficient to turn over 300 mg of P per min) were added and the mixture incubated 10 min at 25° C. The reaction is stopped with 7 ml of 40% trichloroacetic acid and the protein centrifuged off. The supernatant is analyzed for glyceraldehyde phosphate and 2 ml of 1 N iodine (20% excess) in alkaline solution is added to oxidize the remaining glyceraldehyde phosphate. After 20—30 min the solution is acidified, the iodine discharged with hydrogensulfite and the sulfate precipitated with barium acetate. The solution was neutralized and the barium salts centrifuged off. Two fractions of dihydroxyacetone phosphate are collected, the first one by adding 27% alcohol and 1% ether (by volume) and the second by bringing the alcohol concentration to 40% and adding 100%

[1] Meyerhof, O., u. W. Kiessling: B. Z. **279**, 40 (1935).
[2] Oesper, P., and O. Meyerhof: Arch. Biochem. **27**, 223 (1950).
[3] Meyerhof, O., and R. Junowicz-Kocholaty: J. biol. Ch. **149**, 71 (1943).
[4] Meyerhof, O., and L. V. Beck: J. biol. Ch. **156**, 109 (1944).

acetone. The second fraction is usually more abundant in dihydroxyacetone phosphate and less in inorganic phosphate. Other impurities are: phosphoglyceric acid, methyl glyoxal and some unidentified products that do not interfere with the isomerase determination. Some glyceraldehyde phosphate which may remain is destroyed during the determination of the isomerase, before the enzyme itself is added.

2. Veronal-acetate buffer, p_H 7.5.
3. Na_2HAsO_4, 5.4%.
4. DPN.
5. Triosephosphate dehydrogenase.

Procedure:

In each of two cuvettes of a spectrophotometer the following solutions are added in the order described. Triose phosphate is not added to the blank cuvette.

Veronal-acetate buffer, enough to complete	3.5 ml
Na_2HAsO_4	0.4 ml
DPN	1.5 μM
Triosephosphate dehydrogenase	large excess
Triosephosphate	2.2 μM

Wait until the displacement in optical density reaches equilibrium.

Isomerase preparation	enough to produce a displacement of about 0.10 of optical density per min.

The reaction is followed at 340 mμ wave length.

Calculation. The constant of the first order reaction is calculated from the following equation:

$$\frac{2.3 \log d\alpha - do}{d\alpha - dt} = Kt$$

where $d\alpha$, do and dt are the optical densities at $t\alpha$, to and t respectively. K measures the activity of the enzyme and the term $d\alpha$—do measures the dihydroxyacetone phosphate.

***Spectrophotometric determination of triosephosphate isomerase starting with α-glyceraldehyde phosphate after* Beisenherz**[1].

Assay mixture:

Triethanol-amine-HCl buffer p_H 7.5	2.0×10^{-2} M
DPNH	8.5×10^{-5} M
D,L-glyceraldehyde-3-phosphate	1.5×10^{-4} M (of the D-isomer)
α-glycerophosphate dehydrogenase (4000 units/mg)	2 mg/l

Temperature 25° C. Wave length 366 mμ (mercury vapor line) or 340 mμ can be used. Conversion of the values obtained with any of these wave lengths can be done by using this equation:

εDPNH 340/εDPNH 366 = 6.3/3.4. The enzyme activity is calculated from the time required to decrease the optical density by 0.100 after the first minute of the activity of the enzyme, during which period the rate of activity rises when impure preparations of isomerase are used. This method is free of known interferences in the absence of phosphate; in the presence of phosphate, glyceraldehydephosphate-dehydrogenase will interfere.

***Colorimetric determination of triosephosphate isomerase starting with α-glyceraldehyde phosphate after* Beck**[2].

This method is based in the difference of the rate of production of the colored derivatives of 3-phosphoglyceraldehyde and dihydroxyacetone-phosphates with 2.4-dinitro-

[1] Beisenherz, G.: in: Colowick-Kaplan, Meth. Enzymol., vol. 1, p. 387.
[2] Beck, W. S.: Arch. Biochem. 60, 1 (1956).

phenylhydrazine. Both triosephosphates produce methyl glyoxal 2.4-dinitrophenylosazone with a small mixture of pyruvic 2.4-dinitrophenylosazone but at a faster rate with dihydroxyacetone phosphate than with its aldehyde triose phosphate.

Reagents:

1. Tris buffer, p_H 7.4, 100 μM per ml.
2. Glyceraldehyde phosphate.
3. 0.22 M Hydrazine sulfate.
4. Trichloroacetic acid (TCA), 10%.
5. Dihydroxyacetone phosphate (prep. p. 719).
6. 0.75 N NaOH.
7. 2.4-Dinitrophenylhydrazine solution, 5 μM in 1 ml 2 N HCl.

Procedure:

Tris buffer	1 ml
Glyceraldehyde phosphate (0.7 μM)	0.2 ml
Enzyme	0.2 ml

The mixture is incubated 5 min and 0.2 ml of hydrazine sulfate and 2.0 ml of TCA are added in quick succession. Parallel tubes are run containing G-3-P added after hydrazine-TCA inactivation of the incubated homogenate, G-3-P without homogenate, DHA-P without homogenate, and water-buffer without homogenate or substrate (blank). One ml of protein free filtrate is transferred to a 1 cm cuvette and 1.0 ml of 0.75 N NaOH was added. The cuvettes were warmed to 38°C in a bath thermostat and 1.0 ml of 2,4-dinitrophenylhydrazine solution was added with mixing. The tubes were allowed to stand at 38°C for exactly 10 min and 7 ml of 0.75 N NaOH was then added. After 10 min at room temperature, they were read at 550 mμ. Alkali labile phosphate is determined in separate aliquots of protein-free filtrates (see vol. III, p. 459).

Calculation: The respective amount of color produced by the G-3-P and DHA-P derivatives at 10 min are given in the following equations:

$$a(\varepsilon mM^{\text{G-3-P chromogen}}) + b(\varepsilon mM^{\text{DHA-P chromogen}}) = \text{observed } D \text{ (per } \mu M/\text{ml in cuvette)}$$

$$a + b = 1$$

Where a and b are respectively the mole fraction as G-3-P and DHA-P respectively; the values for $\varepsilon\, mM^{\text{G-3-P chromogen}}$ and $\varepsilon\, mM^{\text{DHA-P chromogen}}$ are determined in the corresponding tubes without homogenates.

Table 1. *Distribution of phosphotriose-isomerase in various tissues* (Values per gram of fresh tissues 38° C).

Tissues *	K_1	K_2
Brain	750	39
Brain	479	25
Yeast	5320	280
Rat sarcoma	478	25
Mouse tumor	251	13
Angioma from pituitary (rat)	294	16
Muscle	2050	107

K_1 = first order constant of the reaction using D-glyceraldehydephosphate as substrate. K_2 = first order constant of the reaction using dihydroxyacetonephosphate as substrate.

* The determinations were made in the supernatant of tissue homogenates except for yeast where the cells in suspension were disrupted by ultrasonic vibration and the debris centrifuged out.

As the calculation of the result assumes that all the G-3-P is found either as G-3-P or DHA-P any non isomerase disappearance of G-3-P will interfere with this method.

Properties. The p_H optimum is between 7 and 7.8. No activator has been described. Phosphate inhibits[1] and the activity in hydrogen carbonate—CO_2 buffer is less than in triethanolamine-HCl buffer[2]. The Michaelis constant for α-glyceraldehyde phosphate is 3.9×10^{-4} mole/liter. At 26° C when saturated with substrate this enzyme will catalyze the transformation of 945000 mole/min/10^5 g of protein. At 37° C the activity is doubled[3].

[1] MEYERHOF, O., and R. JUNOWICZ-KOCHOLATY: J. biol. Ch. **149**, 71 (1943).
[2] BEISENHERZ, G.; in: Colowick-Kaplan, Meth. Enzymol., vol. 1, p. 387.
[3] MEYER-ARENDT, E., G. BEISENHERZ u. T. BÜCHER: Naturwiss. **40**, 59 (1953).

Equilibrium of the reaction: MEYERHOF and JUNOWICZ-KOCHOLATY[1] in ten measurements at temperatures between 60° C and 20° C obtained for glyceraldehyde phosphate a mean of 4.2%, with variations from 2.2 to 8%.

Distribution. OESPER and MEYERHOF[2] studied the distribution by using both substrates. Results are shown in table 1.

Xylose xylulose isomerase.

[5.3.1.5 D-Xylose ketol-isomerase].

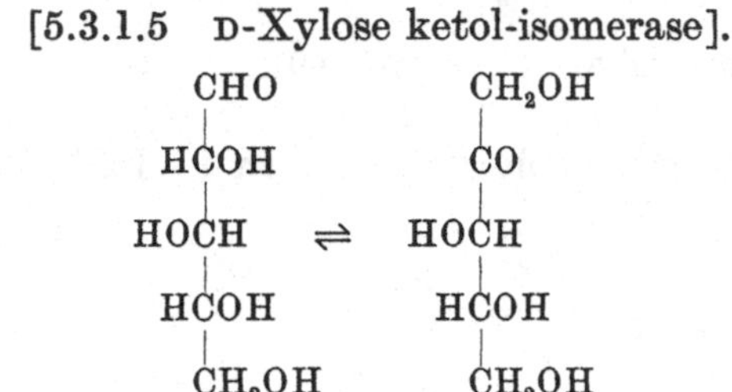

The occurrence of this enzyme was first reported by LAMPEN[3] in *Lactobacillus pentosus.* Almost simultaneously HOCHSTER and WATSON[4] found it in *Pseudomonas hydrophila* and later SLEIN[5] found it in certain non-virulent strains of *Pasteurella pestis.* A more detailed study of the lactobacillus enzyme was made by MITSUHASHI and LAMPEN[6].

Preparations of xylose xylulose isomerase from Lactobacillus pentosus after LAMPEN ***and cowork.***[3, 6–8].

From *L. pentosus* (strain 124—2 Dept. of Bacteriology, University Wisconsin, American Type Culture Collection No. 8041[3, 6–8]). The culture medium consists of (per 100 ml): 0.4 g Difco yeast extract, 1 g Difco Nutrient broth, 1 g sodium acetate; 1 g xylose; 0.02 g $MgSO_4 \cdot 7\, H_2O$; 0.01 g NaCl; 0.001 g $FeSO_4 \cdot 7\, H_2O$ and 0.001 g $MnSO_4 \cdot 4\, H_2O$. In order to prevent charring of the medium, sugars are autoclaved separately as 10% solution. All incubations are at 37° C. Stab culture are maintained in the same medium but to which 2% agar is added.

To obtain cells for the preparation of enzyme, transfers are made from the stab culture into a glucose medium and then to one containing xylose. Five ml of this culture is added to 100 ml of medium and 24 hours later this entire culture is used to inoculate 1 L of medium. Yield is around 2 g/L in 48 hours.

Cell free extracts are prepared by grinding with alumina or by sonic treatment. Alumina A-303 (supplied by Aluminum Co. of America, Pittsburgh, Pennsylvania) is used. The ground cell paste is extracted with 5 ml of 0.05 ml phosphate buffer p_H 7.0 or of 0.05 ml $NaHCO_3$, per g of wet cell. For the sonic treatment 1 ml of buffer is added per g of wet cells and the suspension placed in a magnetostriction sonic oscillator (type R-22-3 of the Raytheon Manufacturing Co.). Rupture of the cells is almost complete in 1 hour. Cells debris are removed by centrifugation for 10 min at 4000 × g.

To remove the nucleoproteins[7], 0.05 ml of 1 M $MnCl_2$ is added per ml of extract and the solution stirred at 0° for 30 min. The precipitated nucleoproteins are removed by centrifugation at 19000 × g for 15 min and the salts removed by dialysis against distilled water for $3^1/_2$ hours at 4° C. The flocculent precipitate is centrifuged off at 19000×g for 30 min.

---

[1] MEYERHOF, O., and R. JUNOWICZ-KOCHOLATY: J. biol. Ch. **149**, 71 (1943).
[2] OESPER, P., and O. MEYERHOF: Arch. Biochem. **27**, 223 (1950).
[3] LAMPEN, J. O.: J. biol. Ch. **204**, 999 (1953).
[4] HOCHSTER, R. M., and R. W. WATSON: Am. Soc. **75**, 3284 (1953).
[5] SLEIN, M. W.: Am. Soc. **77**, 1663 (1955).
[6] MITSUHASHI, S., and J. O. LAMPEN: J. biol. Ch. **204**, 1011 (1953).
[7] LAMPEN, J. O., and H. R. PETERJOHN: J. Bact. **62**, 281 (1951).
[8] HOFFMAN, C. E., and J. O. LAMPEN: J. biol. Ch. **198**, 885 (1952).

If ATP is added these extracts will degrade some pentoses; the extent of these degradations is less for the extracts prepared in hydrogencarbonate than for those prepared in phosphate. The degrading activity of the extracts indicates that they still contain some ribose-5-phosphate ribulose-5-phosphate isomerase.

***Preparation of xylose xylulose isomerase from Pseudomonas hydrophila after* Hochster *and* Watson[1].**

Ps. hydrophila (National Research Council, Canada, 492) is grown during 24 hours in shake culture at 30° C on a medium composed of: 20 g of xylose, 6 g diammonium hydrogen phosphate, 0.2 g of potassium dihydrogen phosphate and 0.25 g crystalline magnesium sulfate per liter of solution. Sugars and salts are sterilized separately. The p_H of the medium starts at 6.6 and drops to 6.0 following the 24 hour period of growth. Average yield 5.4 g per liter.

The cells are washed three times with 0.9% NaCl and separated into several lots of 20 g wet weight. To each portion is added 50 ml of a solution of reduced glutathione (0.75 g glutathione in 150 ml of water brought to p_H 7.5 with hydrogencarbonate) and the suspension is kept in ice. The cells in each lot are then ruptured by sonic vibration (Raytheon Magnetostriction oscillator) at a frequency of 10 Kc with a power output of 1.0 amp. for 10 min in a water cooled chamber. Any remaining intact cell as well as the cell debris are centrifuged at 10000 r.p.m. for 10 min. The uppermost layer of each portion is pipetted out. These supernatant solutions are combined and slowly added with gentle stirring to 7 vol. of cold acetone and then stirred for 2 min. The precipitate of protein is allowed to settle down for several minutes and then centrifuged down at 1200 r.p.m. for 5 min, washed 5 times with cold acetone, dried quickly in a Buchner funnel, ground to a fine powder in an agate mortar and finally dried in vacuum over $CaCl_2$. The resulting fine, white powder does not lose xylose isomerase activity when stored at 4° C in vacuum over $CaCl_2$ for over 1 year. The enzyme preparation is obtained by grinding in a mortar the acetone powder in distilled water.

***Preparation of xylose xylulose isomerase from Pasteurella pestis after* Slein[2].**

The avirulent strain A-1222 isolated by Jawetz and Meyer[3] is used. Cells are cultivated in a liquid casein digest medium p_H 7, containing 1% α-xylose, for 24 hours at 37° C. The cells are harvested, washed twice with 0.85% NaCl and suspended in water to make a thin slurry which is treated in a Raytheon sonic oscillator for 30 min at 2° C at 9000 cycles per sec. The material is centrifuged at 10000 r.p.m. and the clear supernatant is used as the enzyme. Certain degrees of purification can be obtained by treatment with protamine sulfate. The extract containing about 10 mg of protein per ml is cooled down in an ice bath and treated with 0.25 vol. of 2% protamine sulfate, centrifuged and the supernatant dialyzed against 0.02 M phosphate buffer p_H 7.5 for 30 hours. This treatment doubles the specific activity of the preparation with 75% recovery.

Assay methods. The methods used for the determination of this enzyme consist in determining by the method of Dische and Borenfreund[4] the xylulose formed when D-xylose is incubated with the enzyme preparations.

Incubation mixtures:

Mitsuhashi and Lampen[5]:
D-xylose 100 μ moles
Enzyme preparation from *L. pentosus* 0.5 ml
0.015 M phosphate buffer p_H 7.0, to complete 2.0 ml
Incubated at 37° C.

[1] Hochster, R. M., and R. W. Watson: Arch. Biochem. 48, 120 (1954).
[2] Slein, M. W.: Am. Soc. 77, 1663 (1955).
[3] Jawetz, E., and K. F. Meyer: J. infect. Dis. 73, 124 (1943).
[4] Dische, Z., and E. Borenfreund: J. biol. Ch. 192, 583 (1951).
[5] Mitsuhashi, S., and J. O. Lampen: J. biol. Ch. 204, 1011 (1953).

HOCHSTER and WATSON[1]:
0.022 M phosphate buffer p_H 7.0; 0.0033 M $MgCl_2$
0.02 M NaF
0.02 M D-xylose and 40 mg acetone powder from *Ps. hydrophila*
Total volume 3 ml incubated in aerobiosis at 24° C.

SLEIN[2]:

0.1 M phosphate buffer p_H 7.0	0.5 ml
0.02 M $MgCl_2$	0.1 ml
0.1 M cysteine p_H 7.5	0.1 ml
0.01 M D-xylose	0.1 ml
dist. water	0.1 ml
Enzyme preparation	0.1 ml

Incubated at 30° C. The determination of the xylulose is carried out in 0.2 ml aliquots which are inactivated by adding to 0.8 ml of dilute sulfuric acid.

***The determination of keto-sugars by the method of* DISCHE *and* BORENFREUND[3].**

Reagents:

1. Cysteine hydrochloride, 1.5%.
2. H_2SO_4 (450 ml conc. H_2SO_4 and 190 ml water).
3. Carbazole, 0.12% alcoholic solution.

Procedure:

To 1.0 ml of a solution containing 1 to 50 μg of a keto-sugar is added 0.2 ml of the solution of cysteine hydrochloride. To this, 6 ml of sulfuric acid are added and immediately 0.2 ml of the solution of carbazole. The mixture is shaken and left standing at room temperature. Trioses or glycolic aldehyde also give the reaction. For enzymatic determinations two blanks are advisable: One with xylose alone and the other with the rest of components without xylose.

The absorption curve of the reaction product when the reaction is carried out with trioses has a maximum at 650 mμ; for keto pentoses the maximum is at 540 mμ; and for keto hexoses this is at 560 mμ[4]. SLEIN[2] states that at 540 mμ the reaction product from xylulose has a molecular extinction coefficient of 3×10^7 cm^2 per mol as compared with a value of 7×10^5 cm^2 per mol for the case of xylose. COHEN[5] found that color development for D-ribulose or L-ribulose is complete in 15 min while maximal readings for D-xylulose are obtained only after one hour (LAMPEN)[6]. At this time the E_{540} values obtained with 10 mg of L-ribulose or D-xylulose are identical. For the determination of D-xylulose-1-phosphate, 20 hours are required to obtain maximal development of color.

Oxidation of aldopentose with bromine: MITSUHASHI and LAMPEN[7] used this method to follow the activity of xylose isomerase. Samples of 50 μg to 100 μg of pentoses in 0.25 ml of 1.2% bromine solution and 20 mg of $BaCO_3$ were incubated at 25° C for 20 min. The excess bromine was eliminated by gassing with nitrogen and the samples filtered and assayed for residual pentoses by the method of MEJBAUM[8] slightly modified.

Identification of pentoses by paper and resin chromatographies and by some physical constants of derivatives: Table 2 shows the values obtained by different authors for the R_F of pentoses run on paper with various solvents. LAMPEN[6] used the ion-exchange resin

[1] HOCHSTER, R. M., and R. W. WATSON: Am. Soc. **75**, 3284 (1953).
[2] SLEIN, M. W.: Am. Soc. **77**, 1663 (1955).
[3] DISCHE, Z., and E. BORENFREUND: J. biol. Ch. **192**, 583 (1951).
[4] JAWETZ, E., and K. F. MEYER: J. infect. Dis. **73**, 124 (1943).
[5] COHEN, S. S.: J. biol. Ch. **201**, 71 (1953).
[6] LAMPEN, J. O.: J. biol. Ch. **204**, 999 (1953).
[7] MITSUHASHI, S., and J. O. LAMPEN: J. biol. Ch. **204**, 1011 (1953).
[8] MEJBAUM, W. Z.: H. **258**, 117 (1939).

Table 2. *Identification of pentoses by paper chromatography.*

Solvents	Arabinose	Lyxose	Ribose	Ribulose	Xylulose	Xylose
Acetone[a]	0.47	0.55	0.58	0.62	0.64	0.55
Phenol[b]	0.51	0.48	0.57	0.62	0.57	0.46
Collidine[c]	0.45	0.36	0.62	0.63	0.67	0.53
Alcohol[d]	0.21	0.28	0.32	0.33	0.34	0.24
Acetone-Boric acid[e]	0.61	—	0.84	0.73	0.68	0.72
Ethylacetate-Acetic acid[f]	0.40	—	0.48	0.53	0.51	0.41
Ethanol-Citrate-Boric acid[g]	0.45	—	0.58	—	—	—
Propanol-Water[h]	0.46	—	0.68	—	—	—
Ethanol-Water[i]	0.65	—	0.77	—	—	—

[a] 77% acetone in water; [b] 76% (*v/v*) phenol in water; [c] 2,4,6-Trimethyl-pyridine saturated with water; [d] 1-butanol: ethanol: water (4:1:5); [e] (ascending) water:acetone (3:10), mixture saturated with boric acid; [f] Ethyl acetate:acetic acid:water (3:3:1); [g] Ethanol:citrate:boric acid (9:1) 0.01 citrate buffer p_H 3.5 containing 0.01 M boric acid; [h] 2-propanol:water (9:1); [i] ethanol:water (9.5:0.5).

References: [a-d 1]; [e 2]; [f 3]; [g-i 4].

Sprays: SLEIN[1] used a mixture of 1 ml 0.12% carbazole in ethanol, 1 ml of 1.5% cysteine · HCl, 5 ml ethanol and 0.25 ml of approx. 25 M H_2SO_4. Dry and heat 5 min at 65—70° C, 3 μg of ketopentose gives a violet spot which changes to gray rather fast. 15 μg of aldopentose gives only faint color. Spraying with aniline hydrogen phthalate (PARTRIDGE[5]) gives pink color with the aldoses and brown with the ketoses.

Dowex 1 (borate) according to KHYM and ZILL[6] and obtained good separations of xylose, arabinose and (in separated experiment) of ribulose and xylulose. MITSUHASHI and LAMPEN[7] with the same procedure got a neat separation of xylulose from xylose after incubation with the preparation from *L. pentosus*. HOCHSTER and WATSON[8] used a cellulose column[9] to separate xylulose from the enzymatic mixture.

Table 3. *Optical rotation and melting points of pentoses or its hydrazones used in the identification of the products resulting from the activity of pentoses isomerases.*

Ref.		Optical rotation	Ref.		Melting Points
2	α-D-Xylose	$[\alpha]_D^{27} = +18$	11	D-Arabinose-diphenylhydrazone	205.5—206°
2	D-Xylulose	$[\alpha]_D^{27} = -33$	2	D-Xylose-p-bromophenylhydrazone	128—129°
10	D-Xylulose	$[\alpha]_D^{25} = -32.2$	2	D-Xylulose-p-bromophenylhydrazone	124—125°
11	Ribulose-o-nitro-phenylhydrazone	$[\alpha]_D^{20} = -52 \pm 5$	10	Xylulose-p-bromophenylhydrazone	128—129°
			12	Ribulose-o-nitrophenylhydrazone	165—166°
12	D-Ribose-benzyl-phenylhydrazone	$[\alpha]_D^{20} = -39 \pm 2$	12	D-Ribose-benzylphenylhydrazone	125.5—126.5°

Table 3 shows some physical constants of pentose and its hydrazone derivatives which have been used to identify pentoses resulting as products of enzymatic activities.

Specificity of xylose isomerase. The preparation from *L. pentosus* was assayed with negative results with D-xylose, D-ribose (activity less than 1/10 of that with xylose),

[1] SLEIN, M. W.: Am. Soc. **77**, 1663 (1955).
[2] LAMPEN, J. O.: J. biol. Ch. **204**, 999 (1953).
[3] HOFFMAN, C. E., and J. O. LAMPEN: J. biol. Ch. **198**, 885 (1952).
[4] HORECKER, B. L., P. Z. SMYRNIOTIS and J. E. SEEGMILLER: J. biol. Ch. **193**, 383 (1951).
[5] PARTRIDGE, S. M.: Nature **164**, 443 (1949).
[6] KHYM, J. X., and L. P. ZILL: Am. Soc. **74**, 2090 (1952).
[7] MITSUHASHI, S., and J. O. LAMPEN: J. biol. Ch. **204**, 1011 (1953).
[8] HOCHSTER, R. M., and R. W. WATSON: Arch. Biochem. **48**, 120 (1954).
[9] HOUGH, L., J. K. N. JONES and W. H. WADMAN: Soc. **1949**, 2511.
[10] HOFFMAN, C. E., and J. O. LAMPEN: J. biol. Ch. **198**, 885 (1952).
[11] DISCHE, Z., and E. BORENFREUND: J. biol. Ch. **192**, 583 (1951).
[12] HORECKER, B. L., P. Z. SMYRNIOTIS and J. E. SEEGMILLER: J. biol. Ch. **193**, 383 (1951).

D-arabinose, L-arabinose, D-glucose (less than 1/100), L-xylose (less than 1/50) and D-xylose-5-phosphate. The same strict specificity has been shown for the enzymes from *P. pestis* and *Ps. hydrophila*. The optimum p_H for xylose isomerase has been reported to be 7.5 for the enzyme from *Ps. hydrophila* and p_H 8 for that from *P. pestis*.

Equilibrium. The equilibrium of the reaction is reached when about 16% of xylulose is formed. The reversibility of the reaction was shown by converting xylulose into xylose (LAMPEN[1]).

Borate has a definite effect in trapping xylulose and apparently displacing the equilibrium of the reaction. In the presence of 0.062 M borate, HOCHSTER and WATSON[2] obtained 81.5% xylulose.

Activators and inhibitors. Dialysis against distilled water inactivates almost completely the enzyme from *Ps. hydrophila*. Magnesium at a concentration of 0.01 M and still more efficiently 0.01 M Mn^{++} reactivates it. Xylose isomerase from *P. pestis* is not reactivable when dialyzed against distilled water but its activity is restored by Mg^{++} or Mn^{++} when it had been dialyzed against 0.02 M phosphate buffer p_H 7.5. The dissociation constants for Mn- and Mg-enzyme complexes are respectively 1.1×10^{-5} and 2.8×10^{-4} M. The activity of the same amount of enzyme was also found to be 20 to 50% higher with an optimal concentration of Mn^{++} than with Mg^{++}.

p-Chloromercuribenzoate, ethylmaleinimide and iodoacetate inhibit the enzymes from *P. pestis* and *Ps. hydrophila*[3]. Cysteine and glutathione are able to reverse only the inhibition produced by p-chloromercuribenzoate. Cysteine is also able to increase the activity of the enzyme from *P. pestis* even if it had been inactivated previously.

Tris (hydroxymethyl) aminomethane at the concentration of 0.05 M produces 65% inhibition of the activity. 2-amino-2-methyl-1,3-propanediol (a compound related to "tris") is a less effective inhibitor.

Arabinose ribulose isomerase.

[5.3.1.4 L-Arabinose ketol-isomerase]

(Arabinose isomerase).

$$\begin{array}{ccc} CHO & & CH_2OH \\ | & & | \\ HOCH & & CO \\ | & & | \\ HCOH & \rightleftharpoons & HCOH \\ | & & | \\ HCOH & & HCOH \\ | & & | \\ CH_2OH & & CH_2OH \\ \text{D-Arabinose} & & \text{D-Ribulose} \end{array}$$

COHEN[4] observed that when a certain strain of *Escherichia coli* (Strain Ba 15) was grown in glucose it did not ferment D-arabinose or ribulose. Strain (Br 1) grown in glucose or ribose was also inactive on D-arabinose or ribulose. However, when these cells were grown in D-arabinose they were able to ferment both D-arabinose and ribulose, being the production of acid slower with the latter. Cell-free extracts of strain Ba 15 grown in D-arabinose also transphosphorylate from ATP to ribulose and moreover, ribulose disappears from the reaction mixture in the absence of ATP. These findings led to the discoveries of an adaptive D-arabinose-ribulose isomerase and to a ribulose-kinase.

Preparation of arabinose ribulose isomerase from Escherichia coli after COHEN[4].

E. coli strain Ba 15 was obtained by subculturing from agar slant into a medium of the following composition in per cent: arabinose, 0.2; Na_2HPO_4, 1.65; KH_2PO_4,

[1] LAMPEN, J. O.: J. biol. Ch. **204**, 999 (1953).
[2] HOCHSTER, R. M., and R. W. WATSON: Arch. Biochem. 48, 120 (1954).
[3] HOCHSTER, R. M.: Canad. J. Microbiol. 1, 589 (1955).
[4] COHEN, S. S.: J. biol. Ch. 177, 607 (1949).

0.2; $MgSO_4 \cdot 7\,H_2O$, 0.02; $CaCl_2$, 0.001 and $FeSO_4 \cdot 7\,H_2O$, 0.0005. At a desired level of exponential growth the organisms are harvested by centrifugation and washed twice with mineral medium or 0.85 % saline. The wet pellets (of the order of 1 g) of bacteria were weighed and mixed with 2.5 times its weight of a fine alumina powder (No. A-301 of Aluminum Corp. of America). The mixture is transferred to a chilled mortar and ground vigorously by hand for 2 or 3 min. The gelatinous paste was suspended in cold 0.01 M phosphate buffer p_H 7.0 and sedimented for 30 min at 5000 r.p.m. More than 90 % of the protein appears in the eluate after this treatment; three elutions suffice to extract most of the activity. These extracts are rich in glucose-6-phosphate dehydrogenase and 6-phosphogluconate dehydrogenase. Arabo-isomerase is relatively stable at 4° C, the activity falling to approximately half in a week. It was precipitated by $(NH_4)_2SO_4$ at p_H 7.6 without loss of activity. Most of the enzyme precipitates between 0.50 and 0.75 saturation of $(NH_4)_2SO_4$.

***Determination of arabinose ribulose isomerase after* Cohen[1].**

Incubation mixture: 0.1 % D-arabinose in 0.1 N glycylglycine buffer p_H 8.5.
Enzyme preparation.

After incubation at 37° C for various intervals of time up to 20 min, 0.1 aliquots are removed to 0.9 ml of 0.1 N HCl to stop the reaction. The determination of the ketopentoses is carried out by the method of Dische and Borenfreund[2] (see p. 724). There is no need for the precipitation of the proteins.

At the concentration of 1 mg of arabinose per ml, a constant rate of reaction is obtained for the first quarter of the reaction or for about 3—4 % of the arabinose concentration. In the presence of 0.1 M borate at p_H 8.0 this is extended to about 30 % of the arabinose. In the absence of borate and in 0.05 M glycylglycine the rate of ribulose formation is proportional to the amount of enzyme in the range of 0 to 4 μg of ribulose formed.

Cohen has also measured the disappearance of ribulose; in this case 0.01 % of ribulose is incubated with the enzyme. Ribulose, which is not commercially available at present, was prepared by epimerization of D-arabinose according to the method of Glatthaar and Reichstein[3].

A *unit* of arabinose isomerase is the amount of enzyme producing 1 mg of ribulose per min in the conditions of the test described above.

Equilibrium of the reaction. The equilibrium of the reaction when it is carried out between p_H 6 and 8 is reached with the formation of 13 to 17 % of ribulose. At p_H 9 the equilibrium is at 35 % ribulose but the rate of the reaction is only 40 % of that at p_H 8.0. Borate traps the ribulose generated by the action of the enzyme and displaces the equilibrium. Starting with 1 mg of arabinose per ml in 0.1 M borate buffer p_H 8.2, 70 to 90 % ribulose is produced. Higher concentrations of borate inhibit the production of excess ribulose.

Ribose-5-phosphate ribulose-5-phosphate isomerase.

[5.3.1.6 D-Ribose-5-phosphate ketol-isomerase]
(Ribosephosphate isomerase).

Scott and Cohen[4] analyzed the products of oxidation of 6-phosphogluconate by extracts of *E. coli* and found arabinose-5-phosphate, ribose-5-phosphate, phosphoglyceraldehyde and an unidentified pentose ester. Horecker, Smyrniotis and Seegmiller[5]

---

[1] Cohen, S. S.: J. biol. Ch. **201**, 71 (1953).
[2] Dische, Z., and E. Borenfreund: J. biol. Ch. **192**, 583 (1951).
[3] Glatthaar, C., u. T. Reichstein: Helv. **18**, 80 (1935).
[4] Scott, B. D. M., and S. S. Cohen: J. biol. Ch. **188**, 509 (1951).
[5] Horecker, B. L., P. Z. Smyrniotis and J. E. Seegmiller: J. biol. Ch. **193**, 383 (1951); see also Horecker, B. L., and P. Z. Smyrniotes: J. biol. Ch. **193**, 371 (1951).

with a purified preparation from yeast showed that the product of oxidation of 6-phosphogluconate is a mixture of ribulose-5- and ribose-5-phosphates. As ribulose-5-phosphate appears first and then is converted to the ribose ester, they suggested the following mechanism for the whole process:

$$\begin{array}{c} COOH \\ | \\ HCOH \\ | \\ HOCH \\ | \\ HCOH \\ | \\ HCOH \\ | \\ H_2COPO_3H_2 \\ \text{6-Phosphogluconic} \\ \text{acid} \end{array} \xrightarrow{-2\,H} \begin{array}{c} COOH \\ | \\ HCOH \\ | \\ CO \\ | \\ HCOH \\ | \\ HCOH \\ | \\ H_2COPO_3H_2 \\ \text{3-Keto-6-phospho-} \\ \text{gluconic acid} \end{array} \xrightarrow{-CO_2} \begin{array}{c} H_2COH \\ | \\ CO \\ | \\ HCOH \\ | \\ HCOH \\ | \\ H_2COPO_3H_2 \\ \text{Ribulose-5-phos-} \\ \text{phoric acid} \end{array} \rightleftharpoons \begin{array}{c} CHO \\ | \\ HCOH \\ | \\ HCOH \\ | \\ HCOH \\ | \\ H_2COPO_3H_2 \\ \text{Ribose-5-} \\ \text{phosphoric acid} \end{array}$$

The enzyme which catalyzes the reaction ribulose-5-phosphate→ribose-5-phosphate was called pentose-phosphate isomerase. A similar enzyme was later described in alfalfa and other plants by AXELROD and JANG[1].

***Preparation of ribose-5-phosphate ribulose-5-phosphate isomerase after* HORECKER *et al.*[2].**

Anheusser-Busch brewer's yeast, dried at low temperature is autolyzed for $4^1/_2$ hours at 34° C with 3 volume of 0.1 M $NaHCO_3$ and the autolyzate cooled and centrifuged. Subsequent operations are carried out at 0—3° C. From 120 g of yeast, 210 ml of extract are obtained.

The extract is diluted with 1260 ml of cold water and brought to p_H 4.8 by the addition of about 26 ml of 2 N acetic acid. The resulting precipitate is immediately centrifuged

Table 4. *Purification of phosphoriboisomerase*[1].

	Volume ml	Activity units	Units per mg protein N	Recovery %
Alfalfa press juice; heat 1 min to 60—63° C, cool, filter	7100	47×10^5	380	100
Heated filtrate; make 0.7 saturated with solid $(NH_4)_2SO_4$; centrifuge; suspend ppt. in 300 ml H_2O; dialyze 15 hrs. vs. running tap H_2O	6000	31×10^5	3860	67
Dialysate, 0.7 saturated; make 0.35 saturated with solid $(NH_4)_2SO_4$; centrifuge; adjust supernatant to 0.55 saturated, centrifuge, dissolve gummy ppt. in H_2O	920	28×10^5	6600	59
Fraction, 0.35—0.55; add 2 N H_2SO_4 to p_H 4.5, centrifuge, discard ppt.; adjust p_H of supernatant to p_H 5.0 with 2 N NaOH; make 0.35 saturated with $(NH_4)_2SO_4$ and centrifuge; dissolve ppt. in H_2O	150	26×10^5	12000	57
Ppt., 0.35; make 0.30 saturated with solid $(NH_4)_2SO_4$; centrifuge, discard supernatant; dissolve ppt. in 150 ml H_2O; adjust to p_H 7.0; fractionate between 0.40 and 0.50 saturation with saturated $(NH_4)_2SO_4$ solution, p_H 7.0; dissolve ppt. in about 15 ml H_2O; dialyze 4 hrs. against running tap H_2O, then 15 hrs. against 300 vol. distilled H_2O	40	13×10^5	16900	29
Fraction, 0.40—0.50, dialyzed; make 0.6 saturated with solid $(NH_4)_2SO_4$; filter suspension through column (2.5×3.6 cm) of Celite previously wetted with 0.6 saturated $(NH_4)_2SO_4$ and collect eluates in 1 ml fractions	26	4.7×10^5	34500	10
Eluate, Fraction 16	1	1.31×10^5	145000	2.8

[1] AXELROD, B., and R. JANG: J. biol. Ch. **209**, 847 (1954).

[2] HORECKER, B. L., P. Z. SMYRNIOTIS and J. E. SEEGMILLER: J. biol. Ch. **193**, 383 (1951); see also HORECKER, B. L., and P. Z. SMYRNIOTIS: J. biol. Ch. **193**, 371 (1951).

at 2° C and discarded. To the supernatant solution (1460 ml) are added 686 ml of 50% acetone previously chilled to 10° C. During the addition, which is done in about 6 min, the mixture is cooled to 8° C. After 10 min at this temperature, the solution is centrifuged and the precipitate dissolved in 120 ml of 0.01 M phosphate buffer p_H 6.4. The p_H is brought to 6.2 by the addition of 2.6 ml of 0.1 N NaOH.

The solution obtained in the previous step is treated with 125 mg of protamine sulfate (Lilly) dissolved in 12.5 ml of water, and the precipitate formed discarded. The supernatant (134 ml) is treated with 48.4 g of ammonium sulfate and the p_H adjusted to 5.0 by the addition of 0.5 ml of 1 N acetic acid. The resulting precipitate is centrifuged and the supernatant fluid brought to p_H 4.5 with 1—2 ml of 1 N acetic acid. The precipitate is collected by centrifugation and dissolved in 12 ml of 0.25 M glycylglycine buffer p_H 7.5.

The previous solution (12.5 ml) is diluted with 125 ml of water and adsorbed on 80 ml of aluminum hydroxide C_γ gel containing 910 mg of dry weight. The gel with the enzyme adsorbed is centrifuged and the latter eluted with six 20 ml portions of 0.05 M phosphate buffer p_H 7.0. The specific activity (units per mg) passed from 0.3 in the yeast extract to 15.6 in the eluates from aluminum hydroxide with a total recovery of approximately 17%.

Preparation from alfalfa: Table 4 shows the outline of the purification procedure of AXELROD and JANG[1].

***Determination of ribose-5-phosphate ribulose-5-phosphate isomerase after* AXELROD *and* JANG[1].**

Reagents:

1. Barium ribose-5-phosphate can be prepared by the method of LE PAGE and UMBREIT[2] (in U.S.A. it is now available commercially). It is unstable, with tendency to be transformed into a ribulose containing compound and so, it should be kept in the solid state and in the cold.
2. 0.1 M tris buffer p_H 7.0.
3. H_2SO_4 (225 ml conc. H_2SO_4 and 95 ml water).
4. Cysteine hydrochloride, 1.5%.
5. Carbazole, 0.12% alcoholic solution.

Procedure:

The incubation mixture consists of 5 mg of Ba-ribose-5-phosphate dissolved in 0.5 ml tris buffer to which 0.1 ml (0.2 units to 0.6 units) of enzyme is added. After 10 min at 37° C, 6 ml of H_2SO_4 is added and followed by 0.2 ml of cysteine hydrochloride and 0.2 ml carbazole. The addition should be completed in 40 sec. The color is allowed to develop 30 min at 37° C and read at 540 mμ. A tube with all the components of the above system but to which the enzyme is added after the sulfuric acid, is used as a control. Most of the color in the control comes from the blank, the enzyme preparation having no contribution. Since pure ribulose-5-phosphate is not easily available to be used as standard in this determination, AXELROD and JANG have advised the use of the equilibrium mixture of the same reaction. In this mixture, ribulose-5-phosphate: ribose-5-phosphate = 0.323. From this,

$$\text{ribulose-5-phosphate} = \frac{0.323 \times \text{initial amount ribose-5-phosphate}}{1.323}$$

Phosphatases or transketolases interfere with this determination but the activity of the isomerase in the purified preparation is such as to render this interference negligible.

Unit and p_H optimum. One unit of ribose-5-phosphate isomerase has been defined as 10 times the amount of enzyme which catalyzes the formation of 0.1 μM of ribulose-5-phosphate in the conditions of the test described above. Optimum p_H is 7.0. The enzyme is

[1] AXELROD, B., and R. JANG: J. biol. Ch. **209**, 847 (1954).

[2] LE PAGE, G. A., and W. W. UMBREIT: J. biol. Ch. **148**, 255 (1943).

stable between p_H 4.5 and 8.0 at 25° C for 2.5 hours. In dilute solution it is more labile than in concentrated solution and the addition of trisbuffer affords some protection.

Equilibrium. AXELROD and JANG[1] measured the equilibrium of the reaction starting with ribose-5-phosphate. The amount of ribulose-5-phosphate in the equilibrium mixture was determined by measuring the rate of liberation of inorganic phosphate by hydrolysis in N HCl at 100° C. Concerning the rates of hydrolysis it was assumed that the two esters do not influence one another. The following equation was applied:

$$U = \frac{T - (A \times f_t)}{1 - f_t}.$$

Where U amount of phosphate derived from ribulose-5-phosphate;
T amount of phosphate liberated on hydrolysis;
A amount of phosphate esterified present before hydrolysis;
f_t fraction of ribose-5-phosphate hydrolyzed at time.

For the determination of ribose-5-phosphate the same procedure was followed except that the enzyme was omitted. According to this determination, equilibrium was attained with 24.4% ribulose-5-phosphate. By measuring colorimetrically the ribulose split from the equilibrium mixture by prostatic phosphatase, the value found was 26.8%. Ribulose-o-nitrophenylhydrazone was used as standard for the colorimetric test.

HORECKER et al.[2] measured the same equilibrium in a system where the substrate pentose-phosphate was provided through the oxidative decarboxylation of 6-phosphogluconate; this TPN requiring system was coupled with the reduction of pyruvate. The overall reaction is formulated as follows:

6-Phosphogluconate + pyruvate $\xrightarrow{\text{TPN}}$ pentose-phosphate + CO_2 + lactate. The pentose esters were separated by ion exchange chromatography in a column of Dowex 1 (formate form) and their concentrations determined by optical rotation. The specific rotation of ribose-5-phosphate is +23 and that of ribulose-5-phosphate was assumed to be −40. By this method HORECKER et al. found 70 to 80% of ribose-5-phosphate in the equilibrium mixture.

Free energy. AXELROD and JANG[1] found that the equilibrium constants at 37, 25 and 0° C were respectively 0.323, 0.264 and 0.164. From these values was calculated $\Delta H = -3060$ calories per mol and $\Delta F°$, at 37° C, +700 calories. The entropy change at this temperature, −12.1 entropy units per mol. This rather big change in entropy is supposed to be due to the fact that ribose-5-phosphate can exist in the furanose form while ribulose-5-phosphate can not form a ring.

D-Xylulose-5-phosphate ribulose-5-phosphate isomerase

[5.1.3.1 D-Ribulose-5-phosphate 3-epimerase]
(C-3 epimerase, Phosphoketo-pento-epimerase).

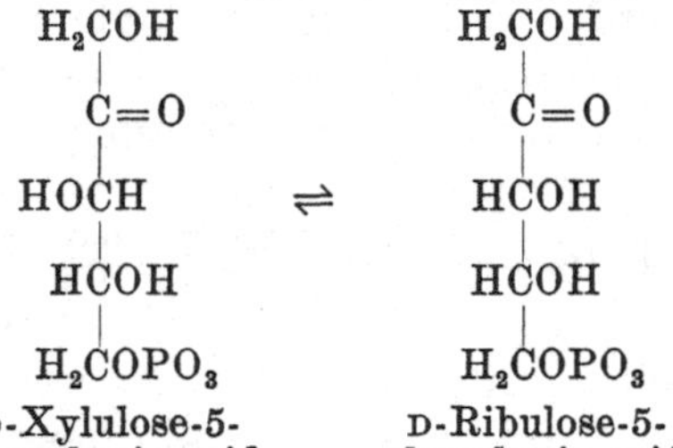

```
 H2COH              H2COH
   |                  |
   C=O                C=O
   |                  |
 HOCH       ⇌       HCOH
   |                  |
 HCOH               HCOH
   |                  |
 H2COPO3            H2COPO3
D-Xylulose-5-      D-Ribulose-5-
phosphoric acid    phosphoric acid
```

STUMPF and HORECKER[3] obtained an enzyme from *Lactobacillus pentosus* which catalyzes this reaction. This enzyme was purified from the same source by HURWITZ and

[1] AXELROD, B., and R. JANG: J. biol. Ch. **209**, 847 (1954).
[2] HORECKER, B. L., P. Z. SMYRNIOTIS and J. E. SEEGMILLER: J. biol. Ch. **193**, 383 (1951).
[3] STUMPF, P. K., and B. L. HORECKER: J. biol. Ch. **218**, 753 (1956).

HORECKER[1]. DICKENS and WILLIAMSON[2] and SRERE, COOPER, KLYBAS and RACKER[3] found it in muscle.

***Purification of D-xylulose-5-phosphate ribulose-5-phosphate isomerase after* HURWITZ *and* HORECKER[1].**

L. pentosus strain 124-2 (ATCC 8041)[2] is grown in a medium containing 0.4% Difco yeast extract, 1% Difco nutrient broth, 1% sodium acetate, 1% D-xylose, 0,1% glucose, 0.02% $MgSO_4 \cdot 7\,H_2O$, 0.001% NaCl, 0.001% $FeSO_4 \cdot 7\,H_2O$, and 0.001% $MnSO_4 \cdot 4\,H_2O$. D-Xylose was autoclaved separately as a 10% solution and then added aseptically to a sterilized medium. Incubations were for 24 hours at 37° C. The cells are harvested and washed twice with 0.02 M $NaHCO_3$. The washed cells were stable indefinitely when stored at 16° C.

Crude extract. 30 g of cells (wet weight) are suspended in 60 ml of 0.02 M $NaHCO_3$ and exposed to a 9 kc. Raytheon sonic Oscillator for 1 hour. The suspension is centrifuged for 30 min at 15000 × g. The residue is resuspended in 60 ml of 0.02 M $NaHCO_3$ and again treated in the oscillator for 1 hour. The extracts are combined ("crude extract", 140 ml). This extract could be stored at −16° C without loss.

Manganous chloride precipitation. 140 ml of the crude extract are treated with 0.5 volume of 1 M $MnCl_2$ and after 30 min at 0° C, the voluminous precipitate is removed by centrifugation and discarded ("Mn fraction", 133 ml).

Ammonium sulfate I. The supernatant solution (133 ml) is treated with 247 ml of saturated ammonium sulfate (saturated at room temperature and adjusted to p_H 7.5 with concentrated NH_3). The precipitate is collected by centrifugation and dissolved in water ("Ammonium sulfate I", 65 ml).

Table 5. *Purification of D-xylulose-5-phosphate ribulose-5-phosphate isomerase*[1].

Fraction	Total units* µmoles per 5 min	Specific activity** units per mg
Crude extract	4200	0.5
Mn fraction	2920	2.4
Ammonium sulfate I . . .	2200	3.9
Ammonium sulfate II . . .	2720	17.3
Calcium phosphate gel eluate	2100	32
Ammonium sulfate III . .	2300	110
Heated fraction	200†	345

* A unit was defined as the amount of enzyme which formed 1 µmole of alkali stable pentose in 5 min under the conditions specified in "Assay methods".

** Protein was determined by the method of BÜCHER [Biochim. biophys. Acta 1, 292 (1947)].

† This step is carried out with small aliquots. The recovery of activity on heating is about 85%.

Ammonium sulfate II. The ammonium sulfate fraction is heated by immersion in a water bath at 70° C. Approximately 5 min are required to reach 65—68° C; the solution is rapidly cooled, diluted with 15 ml of water and centrifuged. The supernatant solution (75 ml) is treated with 32 ml of ammonium sulfate solution (saturated at 0° C, not neutralized). The precipitate is removed by centrifugation and dissolved in water ("Ammonium sulfate II", 17 ml).

Adsorption on calcium phosphate gel. The ammonium sulfate fraction is diluted with 9 volumes of cold water and treated with 119 ml of calcium phosphate gel (17.9 mg per ml). After 10 min, the mixture is centrifuged and the gel washed with 170 ml of 0.01 M sodium acetate, adjusted to p_H 7.7. The enzyme is eluted with 170 ml of 0.1 M phosphate buffer, p_H 7.4 ("calcium phosphate gel eluate", 170 ml).

Ammonium sulfate III. To the gel eluate, 33 g of solid ammonium sulfate and 31.3 ml of saturated ammonium sulfate solution (0° C, not neutralized) are added. The precipitate is discarded and the supernatant solution treated with 57.1 ml of saturated ammonium sulfate and dissolved in water ("Ammonium sulfate III", 11 ml).

---

[1] HURWITZ, J., and B. L. HORECKER: J. biol. Ch. **223**, 993 (1957).

[2] DICKENS, F., and D. H. WILLIAMSON: Nature **176**, 400 (1955).

[3] SRERE, P. A., J. R. COOPER, V. KLYBAS and E. RACKER: Arch. Biochem. **59**, 535 (1955).

Heating step. This step is carried out only with small aliquots heated for 5 min at 70° C and cooled; this procedure resulted in no visible precipitation. To this solution 0.11 ml of 2 M acetate buffer, p_H 5.0 is added, and the mixture is again heated for 5 min at 70° C. A voluminous precipitate formed which is removed by centrifugation ("heated fraction", 1.0 ml).

The above procedure results in an over-all purification of about 700-fold with a final yield of 50% (Table 5). The ammonium sulfate II and ammonium sulfate III fractions are stable over a 2 month period at 10° C. Enzyme preparations at the stage of ammonium sulfate II are suitable for equilibrium measurements and for the preparation of Xu-5P. These preparations are completely free of isomerase which is destroyed by the heat treatment. The instability of *L. pentosus* isomerase to heat is in contrast to the behavior of enzyme preparations from alfalfa and spinach which are relatively stable to this treatment. The preparations carried through ammonium sulfate II are free of transketolase, ATPase, and aldolase and show no detectable phosphatase activity.

***Determination of D-xylulose-5-phosphate ribulose-5-phosphate isomerase after* HURWITZ *and* HORECKER[1].**

This method is based on the relative stability of ribose-5-phosphate to alkali, compared to the keto pentose esters. The method measures the amount of ribose-5-phosphate formed in the presence of the epimerase and isomerase, according to the following equations:

$$\text{Xu-5-P} \rightleftharpoons \text{Ru-5-P} \rightleftharpoons \text{R-5-P}$$

Reaction mixture[2]*:*

Tris buffer p_H 7.5	0.18 μmoles
Phosphoribo-isomerase	15 units
Epimerase	0.004 to 0.04 units
Xylulose-5-phosphate	0.16 μM (preparation see above).

After incubation for 5 min at 25° C the reaction is stopped by addition of 0.2 ml of 2 N KOH. The mixture is kept at room temperature for 15 min and the residual orcinol reactive material is measured. Control is run without epimerase.

For the determination of the orcinol reactive material, to 3 ml of the inactivated enzymic mixture, 3 ml of a ferric chloride solution ($FeCl_3$, 100 mg, in 100 ml of conc. HCl) are added followed by 0,3 ml of a freshly prepared orcinol solution (orcinol, 100 mg, in 1 ml of 95 per cent ethanol). The total is heated in a boiling water bath for 40 min and read at 670 mμ.

Preparation of xylulose-5-phosphate[1]. Four mmoles of potassium-ribose-5-phosphate in 40 ml of water are adjusted to p_H 7.5 and treated with 1 ml of phosphoribo-isomerase (30000 units) and 5 ml of epimerase (800 units, ammonium sulfate II). After 5 min at 38° C there is no further decrease in concentration of R-5-P and 2.5 mmoles disappeared. Ten ml of 10% TCA are added. To this solution 15 ml of M barium acetate is added and the $BaSO_4$ removed by centrifugation. The supernatant is adjusted to p_H 5.5 with 2 N KOH and 4 vol. of ethanol added. After 2 hours at 0° C, the precipitated barium salts are collected by centrifugation, washed with 80% ethanol and dried "in vacuo" over KOH and $CaCl_2$. Two g of an amorphous white powder is obtained, which contains approximately 50% of the total pentose as Ru-5-P. The remainder is Xu-5-P. The preparation is dissolved in water with the aid of sufficient HCl to bring the p_H to 4—5. Barium is removed by the addition of slight excess K_2SO_4 and centrifugation. To the 37 ml supernatant were added 3500 μmole of ATP, 1500 μmole of $MgCl_2$ and 500 μmoles of GSH. Final volume is 50 ml. The p_H 5 adjusted to 7.9 with 2NKOH and treated with 1.5 ml of phospho-ribulokinase (3000 units). The p_H is maintained at 7.8—7.9 by addition of 1.0 N KOH. At 50 min the rate of acid

[1] HURWITZ, J., and B. L. HORECKER: J. biol. Ch. **223**, 993 (1957).
[2] STUMPF, P. K., and B. L. HORECKER: J. biol. Ch. **218**, 753 (1956).

production had leveled off and the reaction stopped by adding 20 ml of 10% TCA. The solution is adjusted to pH 2 with 6NHCl and 20 g of charcoal is added. The mixture is stirred for 15 min at 2° C and filtered with suction. The charcoal is washed three times with 100 ml portions of water and filtered with suction each time. The combined solution (525 ml) is treated with 5.0 ml of 1 M barium acetate and $BaSO_4$ removed by filtration. The filtrate is brought to pH 6.0 by slow addition of saturated NaOH with mechanical stirring. Ethanol ($^1/_3$ volume) is added to precipitate barium ribulose-diphosphate completely, the flocculent precipitate is collected by centrifugation. The barium salt of xylulose-5-phosphate is precipitated from the supernatant solution by the addition of 3 volumes of absolute ethanol (2100 ml). The mixture is allowed to stand for 2 hours at 0° C and the precipitate collected by centrifugation. Each precipitate is washed with 100 ml of cold 80% ethanol and dried in vacuo over KOH and $CaSO_4$. Yield: 1.0 g of dibarium salt of ribulose-di-phosphate and 0.7 g of the barium salt of xylulose-5-phosphate.

Properties. pH optimum is between 7.0 and 8.0; Ks for Xu-5-P is 5.0×10^{-4} M and for Ru-5-P is 1×10^{-3}. Specificity: Tagatose-6-phosphate is not converted to fructose-6-phosphate and xylulose-diphosphate is not converted to ribulose-diphosphate. Equilibrium was found to be Xu-5-P: Ru-5-P = 1.05 by DICKENS and WILLIAMSON[1] and Xu-5-P: Ru-5-P = 1.5 by HURWITZ and HORECKER[2].

L-Ribulose-5-phosphate D-xylulose-5-phosphate isomerase (C-4 isomerase).

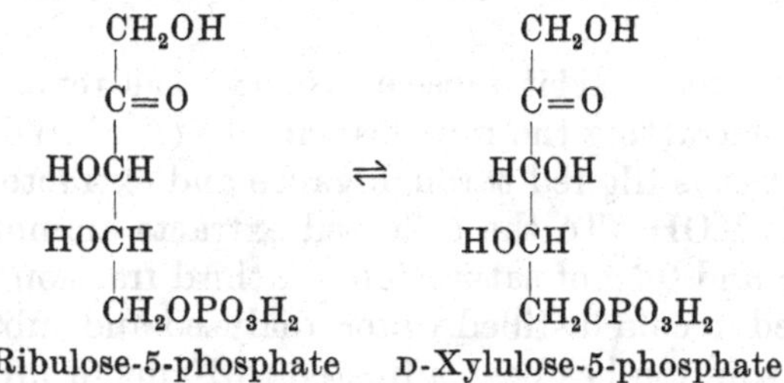

WOLIN, SIMPSON and WOOD[3] identified this enzyme in extracts of *Aerobacter aerogenes*. The detection of the activity is based on the reduction of DPN in a system that besides L-ribulose-5-phosphate contains D-ribose-5-phosphate, transketolase, and glyceraldehyde dehydrogenase. The sequence of reactions is as follows:

D-xylulose-5-P + D-ribose-5-P → D-sedoheptulose-7-P + D-glyceraldehyde-3-P
D-glyceraldehyde-3-P + DPN → D-3-phosphoglyceric acid + DPNH

Incubation mixture:
5 μM glycylglycine pH 7.5.
5 μM glutathione.
8.5 μM Na arsenate.
0.2 μM cocarboxylase.
0.25 μM DPN.
2 μM $MgCl_2$.
2 μM D-ribose-5-phosphate.
0.68 μM L-ribulose-5-phosphate.
0.53 units of spinach transketolase.
135 μg crystalline muscle phosphoglyceraldehyde dehydrogenase.
7.8 mg C_4 stereoisomerase.
0.5 ml water.

[1] DICKENS, F., and D. H. WILLIAMSON: Nature **176**, 400 (1955).
[2] HURWITZ, J., and B. L. HORECKER: J. biol. Ch. **223**, 993 (1957).
[3] WOLIN, M. J., F. J. SIMPSON and W. A. WOOD: Biochim. biophys. Acta **24**, 635 (1957).

The activity is followed by changes of optical density at 340 mμ. The same authors have followed the activity of this enzyme by determining the formation of L-ribulose-5-phosphate from D-xylulose-5-phosphate in the presence of C_3 epimerase. Ribulose-5-phosphate is specifically phosphorylated by ATP in the presence of phosphoribulokinase[1]; the ADP originated in this reaction is determined by the pyruvate kinase — lactic dehydrogenase method of KORNBERG and PRICER[2].

Phosphoglucoisomerase.

[5.3.1.9 D-Glucose-6-phosphate ketol-isomerase]
(Glucosephosphate isomerase).

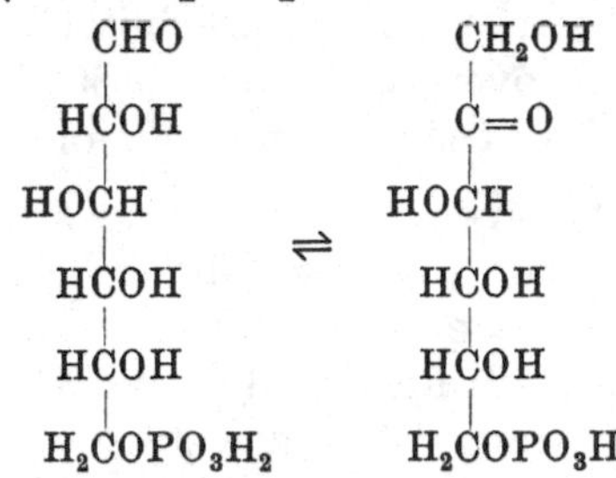

This enzyme was discovered by LOHMANN in 1933 who also showed its wide distribution in animal tissues[3]. In 1945 SOMERS and COSBY[4] demonstrated its presence in plant tissues.

Enzyme preparation from rabbit muscle. SLEIN[5] has reported a purification procedure which consists in extracting the muscles with 1 vol. of cold 0.02 M KOH for 15 min with stirring. The extract is filtered through gauze and extracted a second time with the same amount of 0.02 M KOH. To the collected extracts ammonium sulfate is added to make successively 0.45 and 0.55 of saturation. A third fraction is obtained at 0.65 saturation which is dissolved in cold distilled water, dialyzed and subfractionated with ammonium sulfate, after the solution has been adjusted to 10 mg of protein per ml. The richest fraction obtained in the previous step (0.60—0.65 saturation) is dissolved and treated with alumina C_γ or Ca-phosphate gel to adsorb impurities. The supernatant is precipitated again with 0.65 saturated ammonium sulfate. This precipitate contains about 2.5% of the original activity in the KOH extracts with a specific activity about seven times higher.

Enzyme preparation from schistosoma mansoni (BUEDING and MACKINNON[6]). Worm pairs of *schistosomas* are placed in K-glycylglycine buffer (0.01 M, p_H 7.5; 1 ml buffer for 40 pairs), cut with scissors for 2 min, stirred 5 min, and centrifuged at 4000 r.p.m. for 10 min; 230 mg of ammonium sulfate are added per ml of extract and the mixture centrifuged for 15 min at 7000 r.p.m. To each ml of the resulting supernatant fluid 300 mg of ammonium sulfate is added with stirring; the mixture is centrifuged 15 min at 10000 r.p.m. and the residue is dissolved in a volume of glycylglycine buffer (0.025 M, p_H 7.5) equivalent to $^1/_4$ of the original worm extract. To this solution 0.04 vol. of a suspension of Ca phosphate gel (14 mg of dry weight per ml) is added with stirring. The suspension is centrifuged and the supernatant fluid is used as the source of enzyme. All operations are carried out at temperature between 0 and 4° C.

Colorimetric determination of phosphogluco-isomerase after SLEIN[5].

Glucose-6-phosphate is transformed into fructose-6-phosphate which is measured by the resorcinol reaction for ketoses.

[1] HURWITZ, J., A. WEISBACH, B. L. HORECKER and P. Z. SMYRNIOTIS: J. biol. Ch. **218**, 769 (1956).
[2] KORNBERG, A., and W. E. PRICER: J. biol. Ch. **193**, 481 (1951).
[3] LOHMANN, K.: B. Z. **262**, 137 (1933).
[4] SOMERS, G. F., and E. L. COSBY: Arch. Biochem. **6**, 295 (1945).
[5] SLEIN, M.; in: Colowick-Kaplan, Meth. Enzymol., vol. I, p. 304.
[6] BUEDING, E., and J. A. MACKINNON: J. biol. Ch. **215**, 507 (1955).

Reagents:

1. 0.02 M glucose-6-phosphate.
2. 0.02 M tris buffer, p_H 9.0.
3. HCl, 30% (5 parts of conc. HCl, sp. gr. 1.19 to 1 part of dist. water).
4. Resorcinol, 0.1% in ethyl alcohol.

Incubation mixture:

0.02 M glucose-6-phosphate	0.1 ml
0.02 M tris buffer p_H 9.0	0.3 ml
Enzyme dilution	0.1 ml

5 min at 25° C. The reaction is stopped by the addition of conc. HCl (see below). For blank the same system is used but the glucose-6-phosphate is added after the addition of HCl.

Color reaction (ROE[1]):

To the incubation mixture 6 ml of 30% HCl is added followed by 2 ml of 0.1% resorcinol in ethyl alcohol. Heated 8 min in a water bath at 80° C. Cooled and read at 540 mμ.

Fructose can be used for standard when fructose-6-phosphate is not available. SLEIN[2] states that the ester gives 79% of the color given by free fructose when heated 10 min at 80° C.

***Spectrophotometric determination of phosphogluco-isomerase after* BUEDING *and* MACKINNON[3].**

The formation of glucose-6-phosphate is determined by following the reduction of TPN in the presence of an excess of Zwischenferment.

The *assay mixture* contains per ml:

Fructose-6-phosphate	8.0×10^{-4} mmole
$MgCl_2$	1.5×10^{-2} mmole
Glycylglycine buffer p_H 9.0	0.03 mmole
Zwischenferment	0.05 Kornberg's unit
TPN	1.5×10^{-5} mmole

The reaction is followed at 340 mμ. As fructose-6-phosphate usually contains traces of glucose-6-phosphate, the system is incubated without isomerase until it reaches equilibrium or a constant slow rate of reduction of TPN; this later activity is due to traces of isomerase in the Zwischenferment preparation and is corrected by running a blank with all the components but isomerase.

Unit (BUEDING and MACKINNON[3]). 1 unit is the amount of phosphoglucoisomerase which brings about the reduction of 1 mμmole of TPN per min.

Optimal p_H for the rabbit muscle enzyme is 8.6. The Michaelis constant for fructose-6-phosphate is 1×10^{-4}. Both values are identical for the *S. mansoni* enzyme. However, there is immunological evidence that the two enzymes are not identical with each other. A specific antiserum which inhibit the *schistosoma* isomerase did not inhibit the rabbit muscle enzyme[3].

Equilibrium. LOHMANN showed that the equilibrium is established with around 30% of the ketose ester. This has been generally confirmed[2-4] but SLEIN has shown that in preparations from muscle the situation is complicated by the concurrent presence of phosphomannoisomerase which establishes an equilibrium between the three esters: fructose-6-, glucose-6- and mannose-6-phosphates (see below).

---

[1] ROE, J. H.: J. biol. Ch. **107**, 15 (1934).
[2] SLEIN, M. W.: J. biol. Ch. **186**, 753 (1950).
[3] BUEDING, E., and J. A. MACKINNON: J. biol. Ch. **215**, 507 (1955).
[4] SOMERS, G. F., and E. L. COSBY: Arch. Biochem. **6**, 295 (1945).

Phosphomannose isomerase.

[5.3.1.8 D-Mannose-6-phosphate ketol-isomerase]
(Mannosephosphate isomerase).

SLEIN[1] described this enzyme obtained from skeletal rabbit muscle. The preparations so far reported contain phosphogluco-isomerase and so fructose-6- and glucose-phosphates are found in the reaction products. The following equations probably describe the course of the reactions:

Mannose-6-phosphate ⇌ fructose-6-phosphate ⇌ glucose-6-phosphate.

Enzyme preparation (SLEIN[1, 2]). Rabbit skeletal muscle is ground in the cold and extracted twice with 1 vol. each time of cold 0.02 M KOH and strained through gauze. Ammonium sulfate saturated at 25° C and brought to p_H 7.5 with conc. ammonia was used for the fractionation. The fraction that precipitates between 0.45 and 0.55 saturated in ammonium sulfate usually has the highest activity. By taking this fraction into solution and precipitating with 0.5 saturated ammonium sulfate the specific activity improves to about twice and by repeating the same process to 0.45 saturation with ammonium sulfate the precipitate obtained has a specific activity about 6 times that of the original extract.

Assay methods. SLEIN[1] obtained mannose-6-phosphate by applying the reaction catalyzed by hexokinase, with the crystalline enzyme from yeast.

A method based on the colorimetric determination of ketoses similar to the one applied for the determination of phosphogluco-isomerase can be applied for the assay of this enzyme. Mannose-6-phosphate (1 μM) is used instead of the glucose ester and 0.06 M acetate buffer p_H 5.5 substitutes the tris buffer. ALVARADO and SOLS[3] advise the use of borate (0.1 M) to complex the fructose-6-phosphate formed: the reaction goes in this way to 100% of ketose ester formation from the aldose added, independently of the p_H of the incubation mixture.

Table 6. *Equilibrium established in the presence of phosphoglucose- and phosphomannose-isomerase at p_H 7.4** [1].

Ester added	Per cent at equilibrium		
	G6P	F6P	M6P
G6P	56.4	26.0	17.6
M6P	55.7	25.7	18.6
F6P	60.0	24.7	15.3
Average	57.4	25.5	17.1

* G6P, M6P and F6P refer to glucose-, mannose-, and fructose-6-phosphate, respectively.

***Spectrophotometric method for determination of phosphomannose isomerase after* SLEIN[1].**

The following *test mixture* is used:

0.05 M Veronal buffer p_H 8.0	1.0 ml
0.03 M TPN	0.1 ml
0.1 M $MgCl_2$	0.2 ml
Zwischenferment	0.2 ml
Phosphomannose isomerase	0.1 ml
Dist. water	1.35 ml

In cases where pure phosphomannose-isomerase is used it may be necessary to add purified phosphogluco-isomerase.

0.02 M mannose-6-phosphate 0.05 ml

The rate of TPN reduction is followed at 340 mμ; a slight lag period occurs in most tests, but the rate is constant after 2 min. A blank without the assayed enzyme should be run.

One unit is the amount of enzyme that produces a change in log Io/I 1×10^{-3} per min when maximum velocity has been attained in the system described above. Optimal p_H of the muscle enzyme is 5.5 in acetate buffer[1]. At p_H 4.75 and p_H 7.5 the activities are about half maximal.

[1] SLEIN, M. W.: J. biol. Ch. **186**, 753 (1950).
[2] SLEIN, M.; in: Colowick-Kaplan, Meth. Enzymol., Vol. 1, p. 304.
[3] ALVARADO, F., and A. SOLS: Biochim. biophys. Acta **25**, 75 (1957).

Equilibrium. With pure phosphomannoseisomerase the equilibrium is reached with approximately 40 % of the mannose ester. When phosphoglucose-isomerase is also present the equilibrium showed in table 6 is attained.

Galacto-waldenase

[5.1.3.2 UDP glucose 4-epimerase]

(UDP glucose epimerase, UDP Gal-waldenase, UDP Gal-4-epimerase).

$$\text{Gal-1-P} + \text{UDPG} \rightarrow \text{UDP gal} + \text{G-1-P} \quad (1)$$
$$\text{UDP gal} \rightleftharpoons \text{UDPG} \quad (2)$$
$$\text{Gal-1-P} \rightleftharpoons \text{G-1-P}$$

In 1949 CAPUTTO et al.[1] showed that extracts of *Saccharomyces fragilis* catalyze the transformation of galactose-1-phosphate into glucose-1-phosphate; they also showed that the reaction requires a coenzyme which later was identified as uridine-diphosphoglucose[2,3]. LELOIR[4] later showed that the reaction is accomplished in the two steps indicated above as reactions[5] uridyl-transferase and[1] UDP gal-waldenase. The works of KALCKAR and coworkers[6–8] and HANSEN and coworkers[9] have confirmed and extended these findings.

***Preparation of Galacto-waldenase from S. fragilis according to* CAPUTTO *et al.*[3,10].**

Culture of *S. fragilis*. Skimmed milk is acidified to p_H 5 with HCl and dry yeast added (5 g per liter). This medium is heated 15 min at 115° C in an autoclave; the precipitated casein is filtered off through a cloth bag with filter aid and the filtrate is adjusted to p_H 6 and sterilized again. The *S. fragilis* is inoculated and incubated with good aeration at 30° C during 3 days. The yeast is collected by centrifugation, washed and dried at room temperature for 4—5 days. Yield of the *S. fragilis* culture: around 10 g per liter of medium.

The dried yeast is extracted with 3 vol. of diammonium phosphate at 5° C for 24 hours with occasional stirring and the insoluble is centrifuged off. The enzyme is very stable in this extract: in the frozen state keeps active for an indefinite period of time.

***Purification of uridine diphosphogalactose-4-epimerase from calf liver according to* MAXWELL *et al.*[7].**

Acetone powder from liver of freshly slaughtered calves is prepared according to HORECKER[11]. The enzyme is stable in the dry powder stored at −10° C for at least 1 month. The purification procedure is carried out 0—5° C, except as otherwise noted.

Water extract of acetone powder. 50 g of acetone powder is extracted with 1000 ml of water by light grinding in a mortar, followed by stirring for 30 min. The suspension is centrifuged and the residue discarded.

Fractionation with acetone (0 to 25 %). The water extract (910 ml) is adjusted to p_H 5.4 with 1 M acetic acid. The precipitate is centrifuged immediately and discarded. The solution is cooled to 0° C and 295 ml of acetone (−15° C) is added dropwise over a period

[1] CAPUTTO, R., L. F. LELOIR, A. C. PALADINI, R. E. TRUCCO and C. E. CARDINI: J. biol. Ch. **179**, 497 (1949).
[2] CARDINI, C. E., A. C. PALADINI, R. CAPUTTO and L. F. LELOIR: Nature **165**, 191 (1950).
[3] CAPUTTO, R., L. F. LELOIR, A. C. PALADINI and C. E. CARDINI: J. biol. Ch. **184**, 333 (1950).
[4] LELOIR, L. F.: Arch. Biochem. **33**, 186 (1951).
[5] SLEIN, M. W.: J. biol. Ch. **186**, 753 (1950).
[6] KALCKAR, H. M., B. M. BRAGANZA and A. MUNCH-PETERSEN: Nature **172**, 1038 (1953).
[7] MAXWELL, E. S., H. M. KALCKAR and R. M. BURTON: Biochim. biophys. Acta **18**, 444 (1955).
[8] MAXWELL, E. S.: J. biol. Ch. **229**, 139 (1957).
[9] HANSEN, R. G., and R. A. FREEDLAND: J. biol. Ch. **216**, 303 (1955).
[10] CAPUTTO, R., L. F. LELOIR and R. E. TRUCCO: Enzymologia **12**, 350 (1948).
[11] HORECKER, B. L.: J. biol. Ch. **183**, 593 (1950).

of 30 min, the solution being stirred continuously during the addition and the temperature kept between 0° C and 2° C. The precipitate is centrifuged and dissolved in 300 ml of 0.1 M glycine buffer, p_H 8.0.

Precipitation with alkaline ammonium sulfate (between 45 and 65% saturation). To 300 ml of the dissolved precipitate from Step 2 is added 245 ml of alkaline ammonium sulfate (p_H 8.0, when diluted 5-fold, prepared by adding 3.7 ml of concentrated NH_4OH to 1 liter of saturated ammonium sulfate). The precipitate is centrifuged and discarded. 315 ml of alkaline ammonium sulfate is added to the supernatant fraction. The precipitate is centrifuged and dissolved in 80 ml of distilled water; the solution is stored at 20° C overnight.

Precipitation at p_H 4.6. To 80 ml of the solution from Step 3 is added 80 ml of 0.5 M acetate buffer, p_H 4.6, in 50% saturated ammonium sulfate (prepared by adding 50 ml of 1 M sodium acetate buffer, p_H 4.6 to 50 ml of saturated ammonium sulfate). After being allowed to stand for 10 min, the precipitate is centrifuged and dissolved in 80 ml of 0.05 M glycine, p_H 8.7.

Table 7. *Purification of uridine diphosphogalactose-4-epimerase*[1].

Step No.	Total activity, units* ×10⁻³	Units per mg protein	ratio, transferase* / 4-epimerase
1	840	77	1.3
2	1000	410	0.11
3	900	1200	0.04
4	560	2800	0.04
5	650	6880	
6	520	16200	0.006

* Assayed spectrophotometrically by the rate of appearance of TPNH in the presence of an excess of both phosphoglucomutase and glucose-6-phosphate dehydrogenase.

Adsorption and elution from calcium phosphate gel. The solution from step 4 is diluted to 160 ml with distilled water, and 65 ml of calcium phosphate gel (17.9 mg per ml) is added to the diluted solution. The suspension is stirred for 10 min and centrifuged. The supernatant solution is discarded and the gel is suspended in 100 ml of 0.1 M phosphate buffer, p_H 7.5. After being stirred for 10 min, the gel is centrifuged and discarded.

Precipitation with ammonium sulfate (between 45 and 65% saturation). 26 g of ammonium sulfate is added to the clear solution from step 5, and the precipitate is centrifuged and discarded. 14 g of ammonium sulfate is added to the supernatant solution and the precipitate is centrifuged and dissolved in 20 ml of 0.25 M glycyl glycine buffer, p_H 7.5. The solution is lyophilized and stored at 20° C.

The results of the purification procedure are shown in Table 7. Assays for gal-1-P uridyl transferase are carried out at some stages and the ratios of the two activities are given.

Assay methods. α-Galactose-1-phosphate can be prepared by the methods of COLOWICK[2] or KOSTERLITZ[3]. Uridine-diphospho-glucose is now commercially available. It can be obtained from yeast by the original method[4] or by the chromatographic method of CABIB and LELOIR[5]. Glucose-1,6-diphosphate may be prepared from yeast[6] or synthetically[7]. For determination of galacto-waldenase in non-purified tissue extracts, yeast "kochsaft" can be used in most cases to provide both coenzymes without introducing any complications.

Colorimetric determination of the over all reaction[4]. Through the combined action of reaction 1 and 2 Gal-1-P is transformed into G-1-P; this is then transformed by the action of phosphoglucomutase into G-6-P which is measured by its reducing power.

[1] MAXWELL, E. S.: J. biol. Ch. **229**, 139 (1957).
[2] COLOWICK, S. P.: J. biol. Ch. **124**, 557 (1938).
[3] KOSTERLITZ, H. W.: Biochem. J. **33**, 1087 (1939).
[4] CAPUTTO, R., L. F. LELOIR, A. C. PALADINI and C. E. CARDINI: J. biol. Ch. **184**, 333 (1950).
[5] CABIB, E., and L. F. LELOIR: J. biol. Ch. **206**, 779 (1954).
[6] CARDINI, C. E., A. C. PALADINI, R. CAPUTTO, J. F. LELOIR and R. E. TRUCCO: Arch. Biochem. **22**, 87 (1949).
[7] POSTERNAK, T.: J. biol. Ch. **180**, 1269 (1949).

Assay mixture:

0.02 M Gal-1-P p_H 7.5	0.10 ml	1×10^{-2} M MgCl	0.02 ml
1×10^{-4} M G-1,6-P	0.02 ml	Galacto-waldenase	
1×10^{-3} M UDPG	0.02 ml	Water to complete	0.2 ml

Reagents:

1. Copper reagent (SOMOGYI[1]):

$CuSO_4 \cdot 5\,H_2O$	4 g	$NaHCO_3$	16 g
Na_2CO_3 (anhydrous)	24 g	Rochelle salt	12 g
		Na_2SO_4 (anhydrous)	120 g

   The $CuSO_4$ in 40% solution is added to the solution of Na_2CO_3, $NaHCO_3$ and Rochelle salt. The Na_2SO_4 is dissolved separately in 500 ml of water, boiled and when cooled mixed with the rest of the solution. Make up to 1 L.

2. Arsenomolybdate reagent (NELSON[2]).
   To a solution of 25 g of ammonium molybdate in 450 ml of water add 21 ml of conc. H_2SO_4 and then 3 g of $Na_2HAsO_4 \cdot 7\,H_2O$ in 25 ml of water. Incubate 24 to 48 hours at 37° C and dilute with the same volume of 1.5 N H_2SO_4. Store in glass stoppered, brown bottles.

The assay mixture is incubated 20 min at 37° C. The reaction is stopped by adding 1.5 ml of the copper reagent for the determination of the reducing power; the volume is made up to 3 ml with water and placed in a boiling water bath for 10 min. Cooled and 1.5 ml of Nelson reagent added. Complete to 10 ml with water and read at 520 mμ.

Deproteinization is not necessary with the *S. fragilis* enzyme; when deproteinization is necessary, heating and trichloroacetic acid (followed by neutralization) should be successively tried as the most convenient methods. Methods of deproteinization by adsorption should be avoided because they may precipitate phosphoric esters along with proteins. In the blank all the components are incubated but Gal-1-P which is added after the addition of copper reagent. No case is known where phosphatase activity has interfered with this method but the possibility exists when testing new materials.

***Spectrophotometric method according to* MAXWELL *et al.*[3].**

Through the action of UDP-Gal-waldenase UDP-Gal is transformed into UDPG which in the presence of a specific dehydrogenase[4] will reduce DPN.

Materials. UDP-Gal is obtained from UDPG according to reaction 1; liver uridyl transferase was used; to displace the equilibrium, G-1-P is transformed into G-6-P by the action of phosphoglucomutase and G-6-P oxidized with Zwischenferment.

Assay mixture:

UPD-Gal	0.5 μM
DPN	0.5 μM
Cysteine in 0.1 M glycine buffer p_H 8.6	5 μM
UDPG dehydrogenase	
UDP-Gal-waldenase	

Before adding the galacto-waldenase about 5 min must be allowed for the system to reach equilibrium. The reaction is linear up to about 60 to 70% of the DPN has been consumed.

Distribution. Besides *S. fragilis* galacto-waldenase has been found in *Lactobacillus bulgaricus*[5], *H. influenza* and *E. coli*[3]. In animal tissues it is present in mammary gland[6] and liver[3].

[1] SOMOGYI, M.: J. biol. Ch. **195**, 19 (1952).
[2] NELSON, N.: J. biol. Ch. **153**, 375 (1944).
[3] MAXWELL, E. S., H. M. KALCKAR and R. M. BURTON: Biochim. biophys. Acta **18**, 444 (1955).
[4] STROMINGER, J., H. KALCKAR, J. AXELROD and E. MAXWELL: Am. Soc. **76**, 6411 (1954).
[5] RUTTER, W. J., and R. G. HANSEN: J. biol. Ch. **202**, 323 (1953).
[6] CAPUTTO, R., and R. E. TRUCCO: Nature **169**, 1061 (1952).

5.3.2.1	**Phenylpyruvat Keto-Enol-Isomerase**	s. Bd. VI/B, S. 797
5.4.2.1	**D-Phosphoglycerat-2,3-Phosphomutase**	s. Bd. VI/B, S. 645

Ligasen.

6.1.1.1	**L-Tyrosin: sRNA-Ligase (AMP)**	s. Bd. VI/B, S. 587
6.1.1.10	**L-Methionin: sRNA-Ligase (AMP)**	s. Bd. VI/B, S. 586
6.1.1.11	**L-Serin: sRNA-Ligase (AMP)**	s. Bd. VI/B, S. 588
6.2.1.1	**Acetat: CoA-Ligase (AMP)**	s. Bd. VI/B, S. 67
6.2.1.2	**Fettsäure: CoA-Ligase (AMP)**	s. Bd. VI/B, S. 72

Glutamine synthetase and transferase.

[6.3.1.2 L-glutamate: ammonia ligase (ADP).]

By

Abel Lajtha*.

This enzyme (or enzymes) catalyzes the following reactions:

1. Glutamate + ATP + NH_3 → glutamine + ADP + P_i (glutamine synthesis).
2. Glutamine + NH_2OH → γ-glutamylhydroxamate + NH_3 (glutamyl transfer reaction).
3. Glutamine + $H_2O \xrightarrow{As_i}$ Glutamate + NH_3 (arsenolysis of glutamine).

Identity of the enzyme. Most workers agree[1-3] that a single enzyme catalyzes the above three reactions in most organisms, although the enzymes may differ somewhat in their properties[4]. In bacteria enzymes have been described that catalyze reaction 2 but not reaction 1[5]. The arguments for the identity of synthetase [6.3.1.2] and transferase rest on the observations that the enzyme preparations catalyze both the synthetic and transfer reactions and that the ratio of synthetic to transfer activity stays essentially unchanged during purification. It must be noted, however, that this ratio of enzymic activities is dependent on the source of the enzyme, the relative rates of the reactions under standard test conditions varying from 1:1 to 1:5 according to the material used to prepare

* From the Department of Biochemistry, College of Physicians and Surgeons, Columbia University, New York and the New York State Research Institute for Neurochemistry and Drug Addiction, New York.

[1] LEVINTOW, L., and A. MEISTER: J. biol. Ch. **209**, 265 (1954).
[2] VARNER, J. E., D. H. SLOCUM and G. C. WEBSTER: Arch. Biochem. **73**, 508 (1958).
[3] MEISTER, A.; in: Boyer-Lardy-Myrbäck, Enzymes, Bd. VI, S. 443.
[4] EHRENFELD, E., S. J. MARBLE and A. MEISTER: J. biol. Ch. **238**, 3711 (1963).
[5] WAELSCH, H.; in: McElroy-Glass, Phosphorus metabolism Bd. II, S. 109.

the enzymes. The two reactions also differ in their activators, enzyme-substrate affinities, and requirements for their optimal activities.

The bacterial transferase devoid of synthetic ability will be called transferase B in the following discussion.

Occurrence. Synthetase has been shown to be present in, among other places, sheep brain, rabbit kidney, mealworms *(Tenebrio molitor)*, baker's yeast, seedlings of *Lupinus albus*, *Lupinus augustifolius*[1], pigeon liver[2,3], HeLa cells[4], tumor tissue[5], hen heart[6], and in the following bacteria: *Micrococcus pyogenes*, *Bacterium cadaveris*, *Clostridium welchii*, *Escherichia coli*, *Lactobacillus casei*, *Leuconostoc mesenteroides*, *Proteus vulgaris*, *Streptococcus faecalis*[7].

The presence of transferase has been shown in sheep brain, liver, kidney, pigeon liver, mouse liver, mouse sarcoma 180[8], pumpkin seedlings[9,10], and chick embryo organs[11].

Transferase B has been studied mainly in *Proteus vulgaris*[12].

***Preparation of glutamine synthetase from sheep brain according to* ELLIOTT[13].** Acetone dried cortex is extracted for 10 min with 10 vol. of distilled water with gentle stirring; the mixture is centrifuged and the supernatant cooled to 0° C; 0.2 vol. of 0.1 M acetate buffer, p_H 4.2, is added to the supernatant; the precipitate is centrifuged, washed twice by resuspending in cold, distilled water, and redissolved in water by careful addition of 0.1 N NaOH to p_H 6.8. Another simple preparation is the precipitation of the enzyme with ammonium sulfate[14]. Sheep brain cortex is homogenized with 3 vol. 0.06 M p_H 7.5 phosphate buffer, stirred in the cold for 30 min, then centrifuged. The enzyme is precipitated after adjusting the p_H to 6.0 with acetic acid between 20 and 50 % saturation of ammonium sulfate. Further purification is achieved by reprecipitation between 25 and 40 % ammonium sulfate.

Transferase B is prepared from lyophilized *Proteus vulgaris* X-19[15]. The dry cells are shaken with an equal volume of glass beads at 440 revolutions per min for 1 hr. then suspended in water at 4° C and centrifuged in the cold at 13000 r.p.m.

Highly purified enzyme has been prepared from pea seeds[13,16] and from sheep brain[17].

***Preparation of highly purified glutamine synthetase from pea seeds according to* ELLIOTT[13,16].** Dry green pea seeds (dwarf Blue Bantam) are pulverized and 18 kg stirred with 144 l cold 0.1 M $NaHCO_3$ for 30 min. Then 3.7 l of 2 M $MgSO_4$ is added and the mixture is centrifuged. The supernatant is adjusted to p_H 6.5 with 2 M KH_2PO_4, ammonium sulfate (300 g/l) is added, and the mixture is left overnight. The precipitate is collected and suspended in 6 l water, the p_H is adjusted to 7.2 with 2 M K_2HPO_4, and the suspension is dialyzed for 36 hr. against three changes of 20 l of distilled water at 0° C. The dialyzed extract is treated with 2 % protamine sulfate (about 2 l) until no further precipitate is formed. The precipitate is discarded after centrifugation. To 1 l of the

[1] ELLIOT, W. H.: Biochem. J. **49**, 106 (1951).
[2] SPECK, J. F.: J. biol. Ch. **179**, 1387 (1949).
[3] SPECK, J. F.: J. biol. Ch. **179**, 1405 (1949).
[4] DE MARS, R.: Biochim. biophys. Acta **27**, 435 (1958).
[5] LEVINTOW, L.: J. nat. Cancer Inst. **15**, 347 (1954).
[6] GOTHOSKAR, B. P., P. N. RAINA and C. V. RAMAKRISHNAN: Biochim. biophys. Acta **37**, 477 (1960).
[7] FRY, B. A.: Biochem. J. **59**, 579 (1955).
[8] SCHOU, M., N. GROSSOWICZ, A. LAJTHA and H. WAELSCH: Nature **167**, 818 (1951).
[9] DELWICHE, C. C., W. D. LOOMIS and P. K. STUMPF: Arch. Biochem. **33**, 333 (1951).
[10] STUMPF, P. K., W. D. LOOMIS and C. MICHELSON: Arch. Biochem. **30**, 126 (1951).
[11] RUDNICK, D., P. MELA and H. WAELSCH: J. exp. Zool. **126**, 296 (1954).
[12] WAELSCH, H., P. OWADES, E. BOREK, N. GROSSOWICZ and M. SCHOU: Arch. Biochem. **27**, 237 (1950).
[13] ELLIOTT, W. H.; in: Colowick-Kaplan, Meth. Enzymol. Bd. II, S. 337.
[14] LAJTHA, A., P. MELA and H. WAELSCH: J. biol. Ch. **205**, 553 (1953).
[15] GROSSOWICZ, N., E. WAINFAN, E. BOREK and H. WAELSCH: J. biol. Ch. **187**, 111 (1950).
[16] ELLIOTT, W. H.: J. biol. Ch. **201**, 661 (1953).
[17] PAMILJANS, V., P. R. KRISHNASWAMY, G. DUMVILLE and A. MEISTER: Biochemistry **1**, 153 (1962).

supernatant (at 0° C) 10 ml M acetic acid is added (to p_H 5.1), then 60 ml 2% nucleic acid solution adjusted to p_H 5.5 with KOH. (A trial fractionation should be carried out to determine the minimum amount of nucleic acid for complete enzyme precipitation.) The precipitate is centrifuged, then finely suspended in 20 ml water, the p_H is adjusted to 7.3 with M K_2HPO_4 and the suspension is stirred for 15 min. After centrifugation the precipitate is re-extracted with 20 ml 0.01 M K_2HPO_4. To 400 ml of the combined supernatants, 16 ml M potassium phosphate, p_H 7.4, is added, followed by 288 ml of saturated ammonium sulfate solution at 0° C. After 15 min the precipitate is removed by centrifugation and a further 240 ml of ammonium sulfate is added to the supernatant. After 20 min the mixture is centrifuged; the precipitate is redissolved in cold water and the p_H adjusted to 7.3 with a few drops of K_2HPO_4. This solution is dialyzed at 0° C against three changes of 4 l distilled water for 24 hr. and centrifuged, and the supernatant is collected. 70 ml of this solution is treated at 0° C with 7 ml 1% potassium nucleate (trial fractionation) followed by 13 ml 0.2 M acetic acid. The precipitate is collected and dissolved in 0.1 M p_H 7.3 phosphate buffer.

Table 1. *Purification from pea seeds.*

Steps	Specific activity	Recovery %
Extraction	0.1	
First $(NH_4)_2SO_4$ precipitation	0.23	30
Protamine fractionation	0.53	37
First nucleic acid precipitation	5.7	27
Second $(NH_4)_2SO_4$ precipitation	97	13
Second nucleic acid precipitation	220	11

***Preparation of a highly purified glutamine synthetase from sheep brain acetone powder according to* Meister *et al.*[1].**

Four hundred g of acetone powder is extracted, 200 g at a time, with a total of 4 liters of 0.005 M 2-mercaptoethanol containing 0.15 M KCl, stirred at 26° C for 10 min, and centrifuged at 4° C at 13000 × g for 15 min. The supernatant is filtered at 4° C through a thin layer of cotton, cooled at 0° C and adjusted to p_H 4.2 with 1.0 M acetic acid. The precipitate is centrifuged at 13000 × g for 15 min, washed with 1 liter and 0.5 liter of 0.005 M 2-mercaptoethanol and suspended in 200 ml of 0.005 M 2-mercaptoethanol containing 0.15 M potassium chloride; the p_H is adjusted to 6.8 with N NaOH at 0° C. The mixture is stirred for 30 min at 0° C and centrifuged at 13000 × g for 30 min. The precipitate is re-extracted in the same manner, and the supernatant solutions are combined. The following solutions are added to the supernatant solution: 45 ml of 0.5 M imidazole-HCl buffer (p_H 7.2) containing 0.5 M $MgCl_2$ and 20 ml of an aqueous solution of 2.72 g of ATP · 3 H_2O adjusted to p_H 7 with sodium hydroxide. (The final concentrations of imidazole, ATP, and $MgCl_2$ were 0.05, 0.01, and 0.05 M respectively.) The solution is placed in an 800 ml beaker immersed in a water bath maintained at 80° C and is stirred mechanically until the temperature inside the beaker reaches 58° C (approximately 4 min). This temperature is maintained for 6 min; the solution is then cooled rapidly and centrifuged at 13000 × g for 15 min.

The supernatant solution is adjusted to p_H 4.8 with 1.0 M acetic acid at 0° C. The precipitate which forms is removed by centrifugation at 13000 × g for 15 min and discarded. The p_H of the supernatant solution is adjusted to 4.2 with 1.0 M acetic acid. The mixture is stirred mechanically for 30 min and then centrifuged at 15000 × g for 30 min. The precipitate is washed with 200 ml of 0.005 M 2-mercaptoethanol, and dissolved in 5 to 10 ml of 0.005 M 2-mercaptoethanol. The p_H is adjusted to 7.0 by addition of 0.1 N sodium hydroxide. This solution is dialyzed at 4° C for 18 hours against 6 liters of 0.005 M 2-mercaptoethanol containing 0.001 M ethylene-diaminetetraacetic acid (p_H 7.0). The dialyzed solution is treated with calcium phosphate gel (3 mg per mg of protein); after gentle shaking at 4° C for 30 min, the gel is centrifuged and washed successively with 30 ml of water, 30 ml of 0.05 M potassium phosphate buffer (p_H 6.6) and

[1] Pamiljans, V., P. R. Krishnaswamy, G. Dumville and A. Meister: Biochemistry 1, 153 (1962).

(three times) with 30 ml of 0.1 M potassium phosphate buffer (p_H 6.6), all five wash fluids containing 0.005 M 2-mercaptoethanol. The enzyme is eluted with 30 ml of 0.5 M potassium phosphate buffer containing 0.005 M 2-mercaptoethanol and treated with saturated ammonium sulfate (adjusted to p_H 6.6) containing 0.005 M 2-mercaptoethanol in a concentration equivalent to 0.25 saturation. After 30 min of stirring, the precipitate is removed by centrifugation at 17000 × g for 15 min. The supernatant solution is adjusted to 0.5 saturation with respect to ammonium sulfate, and the mixture is stirred for 30 min and then centrifuged. The precipitate is dissolved in 2 ml of 0.02 M potassium phosphate buffer (p_H 7.30) containing 0.15 M NaCl and 0.005 M 2-mercaptoethanol, and dialyzed at 4° C for 18 hr. against two changes of 500 ml each of the same buffer. In electrophoresis a protein component representing about 30 % of the total protein moved toward the anode more rapidly than did the enzyme. Additional enzyme is obtained by re-electrophoresis of the impurity.

Table 2. *Purification from sheep brain.*

Steps	Total protein mg	Total activity units	Specific activity units/mg	Yield %
Acetone powder extract	39100	92500	2.37	(100)
p_H fractionation . . .	6010	51700	8.60	56
Heat inactivation . . .	2360	40700	17.2	44
Ca phosphate gel elution	264	18500	70.0	20
$(NH_4)_2SO_4$ fractionation	138	12000	87.0	13
Electrophoresis	44.1	6700	152	7.2

Properties. *Activators.* Transferase and synthetase need Mg^{++} or Mn^{++} and PO_4^- or AsO_4 for activity; for synthetase ATP is required. The optimal concentrations are the following: for synthetase, Mg^{++} = 0.004 M at p_H 7.2 and Mn^{++} = 0.02 M at p_H 4.5; for transferase, Mn^{++} = 0.006 M at p_H 5.5 (there is low activity with transferase with 0.01 M Mg at p_H 7.2)[1-3]. The optimal p_H is dependent on the metal concentration[3]. Transferase B is activated by Cu^{++} (1×10^{-3} M at p_H 8.0)[4]. For optimal activity transferase requires ATP or ADP (10^{-5} M) and phosphate or arsenate (5×10^{-3} M), arsenate being the more effective activator[5,6].

Inhibitors. Synthetase is inhibited by ADP (0.01 M 80 %); fluoride (5×10^{-5} M 50 %); p-chloromercuribenzoate (10^{-3} M 50 %); and methionine sulfoxide (0.07 M 50 %)[7]. The last two compounds also inhibit transferase B[8]. Heat inactivates synthetase (1 min at 45° C 55 %)[2].

Constants. The sedimentation constant of the purified enzyme is 14.9 Svedberg units, the molecular weight is 450000, and the equilibrium constant is 1.2×10^{-3} at p_H 7.0 and 37° C[9].

Substrates. A number of dicarboxylic acids can be substituted for L-glutamic acid these include D-glutamic acid[10], α-, β-, or γ-methylglutamate[11, 12], γ-methylene-, β-hydroxy-, and allo-β-hydroxy-glutamate[12], and α-aminoadipate[13]. The amine can be ammonia[14, 15], hydroxylamine, hydrazine[4, 5, 7], or methylamine[10], but not glutamine[16]. The following compounds were found to be inactive: L-isoglutamine, L-aspartate, nicotinic acid, ethanolamine, urea, glycine, glycine ethylester, p-aminobenzoic acid, aniline, phenyl-

[1] Speck, J. F.: J. biol. Ch. **179**, 1387 (1949).
[2] Elliott, W. H.: J. biol. Ch. **201**, 661 (1953).
[3] Greenberg, J., and N. Lichtenstein: J. biol. Ch. **234**, 2337 (1959).
[4] Schou, M., N. Grossowicz and H. Waelsch: J. biol. Ch. **192**, 187 (1951).
[5] Lajtha, A., P. Mela and H. Waelsch: J. biol. Ch. **205**, 553 (1953).
[6] Waelsch, H.; in: Colowick-Kaplan, Meth. Enzymol. Bd. II, S. 267.
[7] Elliott, W. H.: Biochem. J. **49**, 106 (1951).
[8] Fry, B. A.: Biochem. J. **59**, 579 (1955).
[9] Meister, A.; in: Boyer-Lardy-Myrbäck, Enzymes, Bd. VI, S. 443.
[10] Levintow, L., and A. Meister: J. biol. Ch. **209**, 265 (1954).
[11] Lichtenstein, N., H. E. Ross and P. P. Cohen: J. biol. Ch. **201**, 117 (1953).
[12] Levintow, L., A. Meister, E. L. Kuff and G. H. Hogeboom: Am. Soc. **77**, 5304 (1955).
[13] Levintow, L., and A. Meister: Am. Soc. **75**, 3039 (1953).
[14] Delwiche, C. C., W. D. Loomis and P. K. Stumpf: Arch. Biochem. **33**, 333 (1951).
[15] Waelsch, H., P. Owades, E. Borek, N. Grossowicz and M. Schou: Arch. Biochem. **27**, 237 (1950).
[16] Speck, J. F.: J. biol. Ch. **179**, 1405 (1949).

hydrazine, phenyl isopropylamine[1], alanine, asparagine[2], acetamide pyrrolidone carboxylic acid, nicotinamide, α-carbamyl glutamine, 1-N-(γ-glutamyl) methylamine, polyglutamic polyamide, parabamic acid, semicarbazide, hydantoic acid, hydantoin, allantoin, malonamide, succinamide, butyramide, glutathione[3]. Other nucleoside triphosphates are much less effective than ATP[4]. In the transfer reaction, α-methylglutamine is active[5], D-glutamine only slightly[6]; methylamine can substitute for hydroxylamine[7]. A scheme for the enzymatic mechanism has been proposed[8–10].

***Determination of glutamine synthetase and transferase activity according to* Lajtha *et al.*[11].**

Principle:

Glutamohydroxamic acid is formed enzymatically from glutamic acid or glutamine and hydroxylamine and the color of the ferric hydroxamate[12] determined.

Reagents:

1. 0.5 M acetate buffer, p_H 5.5.
2. 0.2 M glutamine.
3. 0.2 M hydroxylamine (freshly made up and the p_H adjusted to 5.5 each day with NaOH from a stock solution of 4 M hydroxylamine hydrochloride).
4. 0.1 M $MnCl_2$.
5. 0.1 M Na_3AsO_4.
6. 1×10^{-3} adenosine diphosphate (sodium salt).
7. Ferric chloride solution containing 1 vol. 15 % trichloroacetic acid, 1 vol. 2.5 N HCl and 1 vol. 5 % $FeCl_3$ in 0.1 M HCl.
8. Glutamohydroxamic acid[13].

Procedure:

0.2 ml buffer, 0.2 ml glutamine, 0.1 ml each of hydroxylamine, $MnCl_2$, Na_3AsO_4 and ADP are added in this sequence, then water and an amount of enzyme (to form 0.5 to 4 μM of hydroxamate during 10—15 min incubation at 37° C) to a final volume of 2 ml, and the mixture is incubated with shaking at 37° C. After the incubation time, 1.5 ml ferric chloride solution is added, the mixture centrifuged, and the light absorption of the supernatant determined between 460—560 mμ (optimum at 500 mμ). Synthetic glutamohydroxamic acid[13] is used for the standard.

[1] Elliott, W. H.: Biochem. J. **49**, 106 (1951).
[2] Delwiche, C. C., W. D. Loomis and P. K. Stumpf: Arch. Biochem. **33**, 333 (1951).
[3] Stumpf, P. K., D. Loomis and C. Michelson: Arch. Biochem. **30**, 126 (1951).
[4] Levintow, L., A. Meister, E. L. Kuff and G. H. Hogeboom: Am. Soc. **77**, 5304 (1955).
[5] Lichtenstein, N., H. E. Ross and P. P. Cohen: J. biol. Ch. **201**, 117 (1953).
[6] Levintow, L., and A. Meister: Am. Soc. **75**, 3039 (1953).
[7] Levintow, L., and A. Meister: J. biol. Ch. **209**, 265 (1954).
[8] Krishnaswamy, P. R., V. Pamiljans and A. Meister: J. biol. Ch. **237**, 2932 (1962).
[9] Ehrenfeld, E., S. J. Marble and A. Meister: J. biol. Ch. **238**, 3711 (1963).
[10] Graves, D. J., and P. D. Boyer: Biochemistry **1**, 739 (1962).
[11] Lajtha, A., P. Mela and H. Waelsch: J. biol. Ch. **205**, 553 (1953).
[12] Lipmann, F., and C. L. Tuttle: J. biol. Ch. **159**, 21 (1945).
[13] Grossowicz, N., E. Wainfan, E. Borek and H. Waelsch: J. biol. Ch. **187**, 111 (1950).

6.3.2.5	**Phosphopantothenoylcystein-Synthetase**	s. Bd. VI/B, S. 16
6.3.4.3	**Formiat: Tetrahydrofolat-Ligase (ADP)**	s. Bd. VI/B, S. 192
6.4.1.1	**Pruvate: CO_2-Ligase (ADP)**	s. S. 501
6.4.1.2	**Acetyl-CoA: CO_2-Ligase (ADP)**	s. Bd. VI/B, S. 130
6.4.1.3	**Propionyl-CoA: CO_2-Ligase (ADP)**	s. Bd. VI/B, S. 171
6.4.1.4	**3-Methylcrotonyl-CoA: CO_2-Ligase (ADP)**	s. Bd. VI/B, S. 164

Nachträge.

Kallikrein*

[3.4.4.21].

Von

Eugen Werle und Ivar Trautschold.**

Kallikrein gehört zur Gruppe der Kininogenasen, die aus einem α_2-Globulin des Blutplasmas, dem Kininogen, die sog. Plasmakinine*** herausspalten. Kallikrein ist im Harn und in Speicheldrüsen von Säugetieren in aktiver Form und im Pankreas (griechisch „kallikreas") und Blutplasma als „pre-enzyme" enthalten. Die Kallikreine aus Harn, Speicheldrüsen und Pankreas verhalten sich wie Isoenzyme und setzen aus ihrem physiologischen Substrat, dem Kininogen, das Dekapeptid Kallidin frei. Die Kallikreine sind streng spezifische Enzyme, die nur das Kininogenmolekül proteolytisch angreifen. Das Kallikrein aus Blutplasma steht in seinen Eigenschaften dem Trypsin näher und vermag wie dieses aus Kininogen das Nonapeptid Bradykinin freizulegen. Es besitzt darüber hinaus auch eine geringe unspezifische proteolytische Aktivität. Die Angriffspunkte der verschiedenen Kallikreine am Kallidinogen sind aus dem folgenden Schema zu ersehen:

R...Met-Lys-Arg-Pro-Pro-Gly-Phe-Ser-Pro-Phe-Arg-Ser-Val-GluNH_2-Val-R
(↑ 1 zwischen Met und Lys; ↑ 2 zwischen Lys und Arg; ↑ 1 und 2 zwischen Arg und Ser)

Angriffspunkte der Kallikreine am Kallidinogen (zum Teil nach HABERMANN). ↑1 = Kallikrein aus Pankreas, Submaxillaris und Harn; ↑2 = Plasmakallikrein.

Daneben besitzen alle Kallikreine eine esterolytische Aktivität, die sich vorwiegend gegen Ester des Arginins richtet (Beispiel: Benzoylargininäthylester) und mit der kininbildenden Aktivität stets parallel geht.

Isolierung. Auf Grund der negativen Ladung des Enzymproteins lassen sich die Kallikreine aus Organen und Körperflüssigkeiten, z. B. ausgehend von Acetontrockenpulvern, durch Chromatographie an basischen Austauschern, besonders Celluloseaustauschern, und durch elektrophoretische Verfahren anreichern.

Quantitative Bestimmung. Früher wurde die Kallikrein-Aktivität ausschließlich biologisch bestimmt. Eine biologische Einheit entspricht, gemessen an der blutdrucksenkenden Wirkung, der Menge Kallikrein, die in 5 ml Urin von Menschen enthalten ist, sofern er einer Sammelprobe von mindestens 50 l entnommen wurde. Neuerdings wird zur quantitativen Bestimmung des Kallikreins die Spaltung von Benzoyl-arginin-äthylester (BAEE) herangezogen[1]. Neben einer direkten Messung der Esterolyse an Hand der

* Lit. bis 1950 s. die Monographie von FREY, E. K., H. KRAUT u. E. WERLE: Kallikrein. Stuttgart 1950.

Neuere Literatur: WERLE, E., and I. TRAUTSCHOLD: Ann. N.Y. Acad. Sci. **104**, 117 (1963). — WERLE, E.: A.e.P.P. **245**, 254 (1963). — TRAUTSCHOLD, I., u. G. RÜDEL: Kli. Wo. **1963**, 297. — HABERMANN, E., G. BLENNEMANN u. B. MÜLLER: A.e.P.P. **253**, 444 (1966).

** Klinisch-Chemisches Institut an der Chirurgischen Klinik der Universität München.

*** Plasmakinine sind Polypeptide, die den Blutdruck senken, Blutgefäße erweitern, die Permeabilität von Capillaren erhöhen, glattmuskuläre Organe wie Darm und Uterus zur Kontraktion erregen und schmerzerzeugend wirken.

[1] TRAUTSCHOLD, I., u. E. WERLE; in: BERGMEYER, H. U. (Hrsg.): Methoden der enzymatischen Analyse. S. 880. Weinheim 1962.

Extinktionsänderung bei 253 mμ hat sich besonders die enzymatische Bestimmung des bei der Spaltung des BAEE freigesetzten Äthanols als brauchbare Methode zur Aktivitätsbestimmung der Kallikreine erwiesen[1].

***Bestimmung der Kalikrein-Aktivität nach* TRAUTSCHOLD *und* WERLE[1,2].**

Prinzip:

Enzymatische Bestimmung des bei der Spaltung von Benzoyl-arginin-äthylester freigesetzten Äthanols.

Reagentien:

1. NAD-Lösung (20 mg NAD/ml bidest. H_2O).
2. Pyrophosphat-Semicarbazid-Glycinpuffer, p_H 8,7 (44,6 g $Na_4P_2O_7 \cdot 10\,H_2O + 11{,}1$ g Semicarbazid + 2,0 g Glycin in bidest. H_2O lösen, mit 2 n NaOH auf p_H 8,7 einstellen und auf 500 ml auffüllen).
3. ADH-Lösung (30 mg Enzymprotein/ml).
4. Benzoyl-arginin-äthylester in wäßriger Lösung.

Ausführung:

Es werden nacheinander in die Meßküvette pipettiert: 0,1 ml NAD-Lösung, Pyrophosphat-Semicarbazid-Glycinpuffer so viel, daß ein Küvettenendvolumen von 3,0 ml erreicht wird, 0,02 ml ADH-Lösung (30 mg Enzymprotein/ml) und ein Volumen der Kallikreinlösung, das etwa 0,1 biologische Kallikrein-Einheit bzw. 10 mE (internationale Milli-Einheiten) enthält.

Der Ansatz wird 5 min bei 25° C inkubiert und die Reaktion durch Zugabe von 0,5 ml wäßriger BAEE-Lösung (6×10^{-3} M) gestartet. Nach etwa 3 min wird der Ausgangswert der Extinktion bei 366 mμ, Schichtdicke 1,0 cm und 25° C abgelesen. Meßzeit 10 min. Die Ablesung erfolgt gegen eine Vergleichsküvette ohne Zusatz der Kallikreinlösung und Ausgleich des Volumens durch Pufferzugabe.

Bei einem Küvettenvolumen von 3,0 ml entspricht 1 mE Enzymaktivität einer Extinktionsänderung von 0,0011 ΔE/min, d.h. dem Umsatz von 1 mμMol Substrat/min.

Zur Bestimmung von Kallikrein-Inhibitoren ist es erforderlich, eine Vorinkubation (10 min) der Kallikreinlösung mit dem Inhibitor z.B. in Triäthanolaminpuffer, p_H 7,8, vorzunehmen, da der Meßpuffer die Enzym-Inhibitor-Komplexbildung beeinträchtigt. Die Messung der verbleibenden Enzymaktivität, die nicht weniger als 50% der eingesetzten Enzymmenge betragen soll, erfolgt dann wie oben angegeben, da der einmal gebildete Enzym-Inhibitor-Komplex durch den Meßpuffer nicht mehr beeinflußt wird.

Als eine Einheit der Inhibitorlösung wird die Inhibitormenge bezeichnet, welche die Enzymaktivität um 1 mE verringert. Diese Einheit ist mit der auf die biologische Aktivität des Enzyms bezogene Inhibitoraktivität nicht direkt vergleichbar.

Inhibitoren für Kallikreine. Natürliche spezifische Inhibitoren für Kallikreine finden sich im Blutplasma; sie sind hochmolekular und thermolabil. Ein weiterer reversibel wirkender Inhibitor ist in Organen von Rindern und einigen anderen Wiederkäuern enthalten, der auch Trypsin, Chymotrypsin und Plasmin zu hemmen vermag. Dieser Inhibitor ist ein Polypeptid, das z.B. unter der Bezeichnung Trasylol® bekannt ist; seine Aminosäuren-Sequenz ist aufgeklärt. Wie andere esterolytisch *und* proteolytisch wirksame Enzyme werden die Kallikreine auch durch organische Phosphorsäureester wie z.B. Diisopropylfluorphosphat blockiert.

Die physiologische Funktion der Kallikreine dürfte auf der Kininfreisetzung beruhen, die physiologischerweise eine verstärkte Durchblutung von Geweben, pathologischerweise Blutdruckabfall und Ödembildung nach sich zieht.

---

[1] TRAUTSCHOLD, I., u. E. WERLE: H. **325**, 48 (1961).

[2] TRAUTSCHOLD, I., u. E. WERLE; in: H. U. Bergmeyer (Hrsg.): Methoden der enzymatischen Analyse, S. 880. Weinheim 1962.

Ergänzungen zu den Beiträgen „Carboxylester-Hydrolasen" und „Phosphoester-Hydrolasen".

Von

Otto Hoffmann-Ostenhof* und Richard Ehrenreich.**

Seit der Drucklegung der beiden genannten Kapitel, die im Bandteil B erschienen sind, sind zahlreiche weitere wichtige Befunde auf den behandelten Gebieten bekanntgeworden, welche aus technischen Gründen bei der Korrektur der Kapitel nicht mehr eingefügt werden konnten. Im folgenden wird eine Auswahl neuerer Ergebnisse kurz berichtet, welche den Referenten als besonders bedeutsam erschienen.

Carboxylester-Hydrolasen.

Vorkommen und Eigenschaften

(vgl. Bd. VI/B, S. 880ff.).

Wie schon seinerzeit erwähnt, kann für jede Species ein artspezifischer Satz von Serumesterasen nachgewiesen werden[1]. In den letzten Jahren wurde nun mit Hilfe neuer Trennmethoden gezeigt, daß auch diese einzelnen Serumesterasen in den verschiedenen Arten in mehreren Formen vorkommen[2]; ähnliche Verhältnisse liegen auch bei den Gewebeesterasen vor[3]. Die Kompliziertheit der Verhältnisse wird durch das Beispiel von Extrakten aus menschlichen Zellkulturen illustriert, in welchen durch Stärkegelelektrophorese[4] 17 Esterasen unterschieden werden konnten[5]. Mit Hilfe der letztgenannten Methode und der Immunelektrophorese[6] wurden in menschlichem Serum 5 Esterase-Isoenzyme vorgefunden, die durch ihre Substratspezifität und ihr Verhalten gegen Inhibitoren differenziert werden konnten[5].

1. Blutserum (vgl. Bd. VI/B, S. 880).

Nach Angaben von Pilz[7] und Augustinsson[2] ist die sog. „A-Esterase" (vgl. Bandteil B, S. 881) kein einheitliches Enzym. Nach dem elektrophoretischen Verhalten unterscheidet Pilz zwischen einer Arylesterase I, welche mit der Albuminfraktion wandert, und einer Arylesterase II, deren Wanderungsgeschwindigkeit zwischen derjenigen der Albumine und der α_1-Globulinfraktion liegt. Die beiden Enzyme unterscheiden sich nicht in ihrer Substratspezifität; auch das p_H-Wirkungsoptimum ist gleich. Hingegen ist Arylesterase I etwa um eine Größenordnung aktiver als Arylesterase II; sie ist weiter gegenüber E 605 unempfindlich, das Arylesterase II stark hemmt.

Über die Genabhängigkeit der A-Esterase und die Beeinflussung ihrer Aktivität durch männliche Sexualhormone wird von Augustinsson und seiner Schule berichtet[8].

---

* Organisch-Chemisches Institut der Universität Wien.

** Medizinisch-Chemisches Laboratorium der Internen Abteilung der Allgemeinen Poliklinik der Stadt Wien.

[1] Augustinsson, K. B., and B. Olson: Hereditas, Lund 47, 1 (1961).

[2] Augustinsson, K. B.: Ann. N.Y. Acad. Sci. 94, 844 (1961).

[3] Paul, J., and P. Forttrell: Biochem. J. 78, 418 (1961).

[4] Hess, A. R., R. W. Angel, K. D. Barron and J. Bernsohn: Clin. chim. Acta, Amsterdam 8, 656 (1963).

[5] Komma, D. J.: J. Histochem. 11, 619 (1963).

[6] Uriel, J.: Ann. Inst. Pasteur 101, 105 (1961).

[7] Pilz, W.: H. 328, 1, 247 (1962).

[8] Augustinsson, K. B., and B. Olsson: Biochem. J. 71, 484 (1959). Nature 187, 924 (1960); 192, 969 (1961). Hereditas, Lund 47, 1 (1961). — Augustinsson, K. B., and M. Barr: Clin. chim. Acta, Amsterdam 8, 568 (1963).

Für die Spaltung eines Substrats durch die A-Esterase des Serums ist das Vorhandensein einer C=C-Doppelbindung an jenem Atom, das das alkoholische Sauerstoffatom trägt, erforderlich. So wird von allen Substraten Phenylacetat am raschesten gespalten, während dessen alicyclisches Analogon, Cyclohexylacetat, überhaupt nicht, dessen Δ^1-Derivat Cyclohexenylacetat hingegen mit beachtlicher Geschwindigkeit hydrolysiert wird. Ebenso wird Isopropenylacetat angegriffen, während Isopropylacetat nicht hydrolysiert wird. Offensichtlich aus sterischen Gründen werden die Ester des β-Naphthols rascher hydrolysiert als diejenigen des α-Naphthols[1].

2. *Milch* (vgl. Bd. VI/B, S. 883).

Durch Chromatographie an Sephadex G-200 konnten vier Esterasen in der Kuhmilch unterschieden werden[2].

3. *Gehirn* (vgl. Bd. VI/B, S. 884).

In Homogenaten aus Hirngewebe findet sich ein leicht löslicher Anteil an Esterasen neben einem solchen, der fester an die Gewebebestandteile gebunden ist; diese Fraktion ist größer und gegenüber Hemmung durch E 605 wesentlich empfindlicher als die gelösten Esterasen[3]. Durch Behandlung mit dem oberflächenaktiven Stoff Triton X-100 läßt sich auch der gewebegebundene Teil in Lösung bringen, zeigt aber dann Eigenschaften, die von denjenigen des ursprünglich gelösten Anteils stark abweichen[4]. Die lösliche Fraktion wurde durch Stärkegelelektrophorese gegen die Substrate α-Naphthylacetat und Naphthyl-AS-acetat in viele Esterasefraktionen aufgetrennt[5].

4. *Leber* (vgl. Bd. VI/B, S. 884).

Bei Auftrennungsversuchen an wäßrigen Extrakten aus Leberhomogenaten menschlichen Ursprungs mit Hilfe der Stärkegelelektrophorese wurden zumindest drei verschiedene Esterasen erkannt, von welchen keine mit einer der Esterasen des menschlichen Serums identisch zu sein scheint[6]. Die drei Fraktionen wurden auf ihr Verhalten gegenüber zwei Typen von Organophosphorverbindungen geprüft; dabei erwies sich Fraktion L-2 gegenüber allen derartigen Inhibitoren als sensibel, während L-1 durch Phosphothioester und L-3 durch Phosphoester wesentlich stärker hemmbar waren[7].

Auf Grund von Untersuchungen über die Wirkung von Metallionen auf eine weitgehend gereinigte Esterase aus Schweineleber postulieren KEAY und KROOK[8], daß das aktive Zentrum des Enzyms neben einer Serin- auch eine Imidazolgruppe enthält.

5. *Darmschleimhaut* (vgl. Bd. VI/B, S. 885).

Nach SENIOR und ISSELBACHER[9] findet sich in der Darmschleimhaut ein lipaseartiges Enzym, das sich von der Pankreaslipase durch seine Spezifität unterscheidet, da es bevorzugt Monoglyceride der Kettenlänge C_8 bis C_{12} hydrolysiert. Auch DI NELLA u. Mitarb.[10] finden sowohl in bezug auf die Substratspezifität als auch hinsichtlich des Verhaltens gegenüber Inhibitoren wesentliche Unterschiede der Lipasen der Darmschleimhaut gegenüber der Pankreaslipase. Nach den zuletzt genannten Autoren ist das Enzym vorwiegend an Zellelementen (Mitochondrien und Mikrosomen) lokalisiert, läßt sich aber durch alkalischen Puffer oder durch Serum in Lösung bringen.

[1] AUGUSTINSSON, K. B., and G. EKEDAHL: Acta chem. scand. **16**, 240 (1962).
[2] DOWNEY, W. K., and P. ANDREWS: Biochem. J. **94**, 642 (1965).
[3] BARRON, K. D., I. J. BERNSOHN and A. HESS: J. Histochem. Cytochem. **9**, 656 (1961).
[4] BERNSOHN, J., K. D. BARRON and H. NORGELLO: Biochem. J. **91**, 24c (1964).
[5] BARRON, K. D., I. J. BERNSOHN and A. HESS: J. Histochem. **11**, 193 (1963).
[6] ECOBICHON, D. J., and W. KALOW: Canad. J. Biochem. Physiol. **39**, 1329 (1961).
[7] ECOBICHON, D. J., and W. KALOW: Canad. J. Biochem. Physiol. **41**, 1537 (1963).
[8] KEAY, L., and E. M. KROOK: Arch. Biochem. **111**, 626 (1965).
[9] SENIOR, J. R., and K. J. ISSELBACHER: J. clin. Invest. **42**, 187 (1963).
[10] DI NELLA, R. R., H. C. MENG and C. R. PARK: J. biol. Ch. **235**, 3076 (1960).

6. *Pankreas* (vgl. Bd. VI/B, S. 885).

Nach BORGSTRÖM[1] verschieben Gallensalze das p_H-Optimum der Pankreaslipase, das in ihrer Abwesenheit zwischen 8 und 9 liegt, in jenen schwach sauren Bereich, der im oberen Teil des Dünndarms vorherrscht. Es kommt dabei zu einer Anhäufung von Monoglyceriden im Reaktionsgemisch und damit zu einer ständigen Versorgung der sog. „brush cells" der Darmschleimhaut mit Monoglyceriden und freien Fettsäuren[2].

Im Pankreassekret und im Duodenalsaft des Menschen finden sich neben der Lipase noch Esterasen, wobei es sich zumindest um zwei verschiedene Enzyme handelt. Bei Phenolestern verschiedener Carbonsäuren findet man zwei Aktivitätsoptima, von denen das eine beim Butyrat und das andere beim Caprinat liegt. Auch durch die Empfindlichkeit gegenüber Organophosphorverbindungen lassen sich die beiden Enzyme differenzieren[3].

Das gegen längerkettige aromatische Ester wirksame Enzym ist in seiner Wirksamkeit durch einen in der Schleimhaut der Gallenblasenwand enthaltenen Aktivator, der ein Peptid sein dürfte, merklich aktivierbar[4].

7. *Harn* (vgl. Bd. VI/B, S. 885).

Es wurde mit Sicherheit das Vorkommen mehrerer Esterasen im Harn nachgewiesen, die sich sowohl immunelektrophoretisch[5] als auch durch ihr Verhalten gegenüber Substraten und Hemmstoffen unterscheiden lassen[6]. So konnte neben einem Enzym, das β-Naphthylacetat gut hydrolysiert und sich durch seine Resistenz gegenüber Eserin von den Cholinesterasen unterscheidet, ein anderes Enzym nachgewiesen werden, das β-Naphthyllaurat spaltet. Dieses Enzym gleicht in seiner Unempfindlichkeit gegenüber Diisopropylfluorphosphat, seiner Aktivierbarkeit durch Taurocholat und seiner Abhängigkeit von Ernährungseinflüssen einer seinerzeit von MYERS u. Mitarb.[7] beschriebenen Pankreasesterase.

Auf immunologischem Wege konnte nachgewiesen werden, daß die auf Grund verschiedener elektrophoretischen Wanderungsgeschwindigkeiten differenzierbaren Harnesterasen ihren Ursprung im Nierengewebe — also nicht im Serum — haben[5].

Darstellung.

Lipolytische Enzyme reichern sich in der Grenzschicht zwischen organischem Lösungsmittel und wäßriger Lösung an, was BASKYS u. Mitarb.[8] zu einer Verbesserung des Reinigungsverfahrens für die Lipase aus Schweinepankreas benützten. Dabei kamen sie bei einer 37%igen Ausbeute auf eine 315fache Reinigung des Enzyms, was das Verfahren der in Bd. VI/B, S. 886, referierten Methode wesentlich überlegen macht.

Die so erhaltene Enzympräparation ist zwar in der Ultrazentrifuge und bei der Elektrophorese einheitlich, läßt sich aber durch Chromatographie an DEAE-Cellulose in mehrere Fraktionen auftrennen.

Bestimmungsmethoden.

Die Bestimmung der aus dem Pankreas stammenden Anteile der Serumlipase gewinnt immer größere diagnostische Bedeutung. Die Serumlipase ist meist längere Zeit erhöht als die meist nur im akuten Schub zu hohen Werten ansteigende Serum- oder Harnamylase. Sie wird somit als besonders wichtiger klinisch-chemisch zugänglicher Indicator subakuter oder chronischer Pankreaserkrankungen gewertet.

[1] BORGSTRÖM, B.: Biochim. biophys. Acta **13**, 149 (1954).
[2] BORGSTRÖM, B.: J. Lipid Res. **5**, 522 (1964).
[3] SZAFRAN, H., Z. SZAFRAN and T. POPIELA: Clin. chim. Acta, Amsterdam **9**, 190 (1964).
[4] GRÜNEIS, P., u. R. EHRENREICH: Wien. Z. inn. Med. **43**, 475 (1962).
[5] DE WAUX SAINT-CYR, C., G. HERMANN et N. TALAL: Rev. franç. Ét. clin. biol. **8**, 241 (1963).
[6] EHRENREICH, R., u. E. DEL POZO: Wien. Z. inn. Med. **43**, 463 (1962).
[7] MYERS, D. K., A. SCHOTTE, H. BOER and H. BORSJE-BAKKER: Biochem. J. **61**, 521 (1955).
[8] BASKYS, B., E. KLEIN and W. F. LEVER: Arch. Biochem. **99**, 25 (1962).

Als spezifisches Substrat hat sich dabei nach Ansicht der meisten Autoren eine mit Gummi arabicum stabilisierte Emulsion aus Olivenöl, Trispuffer und Wasser erwiesen. Das in Bd. VI/B, S. 896, beschriebene Verfahren von TIETZ u. Mitarb.[1] wurde mehrfach modifiziert, vor allem um seine Empfindlichkeit zu erhöhen. So erreichten MACDONALD und LE FAVE[2] eine etwa 30%ige Erhöhung der Hydrolysengeschwindigkeit dadurch, daß sie Magnesiumacetat und Äthylendiamintetraacetat dem Versuchsansatz beigaben[2a].

Eine von WEBER[3] ausgearbeitete Modifikation beschränkt die Serummenge auf 0,2 ml (sonst meist 1 ml), wodurch der Umschlagspunkt der Titration schärfer ausfällt, da die Pufferkapazität des zugesetzten Serums geringer ist. Bei einer Inkubationszeit von 4 Std und besonderer Sorgfalt bei der Herstellung der Emulsion und bei der Titration wird eine große Genauigkeit der Bestimmung — die Werte werden in internationalen Einheiten angegeben — erreicht.

Mit Hilfe dieser Modifikation konnten WEBER und WEGMAN[4] die bereits bekannte Tatsache, daß Lipase- und Amylaseaktivität des Serums nicht immer parallel gehen, bestätigen; weiters beobachteten sie auch eine erhöhte Lipaseaktivität bei chronischem Alkoholismus, was vermutlich auf die dabei immer bestehende chronische Pankreatitis zurückzuführen ist.

Allen bisher beschriebenen Bestimmungsmethoden ist aber der Nachteil der langen Inkubationsdauer (3 Std und mehr) gemeinsam. Bei Einlieferung eines Patienten mit akutem Abdomen kann aber die Frage, ob das Pankreas mitbeteiligt ist, für die Entscheidung, ob eine Operation notwendig ist, wichtig sein. Unter Umständen kann somit die Reaktionszeit der Lipasebestimmung der limitierende Faktor für den Operationsbeginn darstellen. Aus diesem Grund haben ROEU und BYLER[5] ein Verfahren ausgearbeitet, bei dem die Reaktionszeit nur 1 Std beträgt und das sowohl acidimetrisch als auch als potentiometrische Titration durchgeführt werden kann.

***Bestimmung der Serumlipase mit nur einstündiger Inkubationszeit nach* ROEU *und* BYLER[5].**

Prinzip:

Die aus einer Olivenölemulsion durch enzymatische Hydrolyse freigesetzten Fettsäuren werden durch Titration gemessen; zum Unterschied von ähnlichen Verfahren liegt der Anfangs-p_H-Wert der Substrat-Puffermischung bei p_H 8,5, also stärker im alkalischen Bereich als sonst üblich.

Reagentien:

1. Substrat-Puffermischung. 1,21 g Tris und 1 g Natriumbenzoat werden in 500 ml Wasser gelöst und die Mischung in einem Mixer nach Zugabe von 10 g Gummi arabicum und 50 ml Olivenöl 10 min homogenisiert. Zur Gleichgewichtseinstellung läßt man 4 Std stehen und stellt dann durch tropfenweisen Zusatz von 1 n HCl auf p_H 8,5 ein. Die Emulsion läßt sich gut im Kühlschrank aufbewahren; es wird empfohlen, den p_H-Wert gelegentlich zu überprüfen und zu korrigieren. Vor Beginn der Analyse sollte ein so aufbewahrtes Präparat kurz nachhomogenisiert werden.
2. 0,01 n NaOH oder 0,01 n KOH (Standard-Alkalilösung).
3. Alkoholische Phenolphthaleinlösung, 4%ig: 1 g Phenolphthalein wird in 25 ml 95%igem Äthanol gelöst.

Ausführung:

Indicatortitration. In zwei breiten Reagensgläsern werden je 10 ml der Substrat-Pufferlösung auf 37° C vorgewärmt; nach Temperaturangleichung wird eines der beiden Reagensgläser mit 1 ml des zu untersuchenden Serums versetzt. Zur gleichen Zeit pipet-

[1] TIETZ, N. W., T. BORDEN and J. D. STEPLETON: Amer. J. clin. Path. **31**, 148 (1959).
[2] MACDONALD, R. P., and O. LE FAVE: Clin. Chem. **8**, 509 (1962).
[2a] Vgl. auch TIETZ, N. W., and E. A. FIERECK: Clin. chim. Acta Amsterdam **13**, 352 (1966).
[3] WEBER, H.: D.m.W. **1965**, 1170.
[4] WEBER, H., u. T. WEGMAN: D.m.W. **1965**, 1203.
[5] ROEU, E. H., and R. E. BYLER: Analyt. Biochem. **6**, 451 (1963).

tiert man 1 ml des Serums in ein 150 ml-Becherglas und stellt dieses in den Kühlschrank. Nach genau 1 Std wird der Inhalt des Reagensglases, in dem sich Serum und Substrat befinden, in ein 150 ml-Becherglas, das 30 ml 95%iges Äthanol enthält, geleert. Das ursprünglich im Kühlschrank abgestellte Becherglas wird nunmehr mit 30 ml Äthanol und dem Inhalt des nicht mit Serum versetzten Reagensglases gefüllt, wobei man, um eine gute Durchmischung zu erreichen, mehrmals vom Becherglas in das Reagensglas und umgekehrt umleert. Man versetzt dann beide Bechergläser mit 3 Tropfen Phenolphthaleinlösung und titriert unter Verwendung eines Magnetrührers mit 10^{-2} n Lauge bis zur schwachen Rosafärbung.

Berechnung:

Als Einheit wird die Menge Mikromole Fettsäure, welche durch 1 ml Serum in 1 Std aus dem Substrat freigesetzt wird, definiert. Der Unterschied des Laugenverbrauchs in ml zwischen Probe und Blindwert multipliziert mit 10 ergibt die Enzymaktivität in den genannten Einheiten.

Elektrometrische Titration. Es wird ein p_H-Gerät benötigt, das die Ablesung von 0,01 p_H-Einheiten ermöglicht. Der p_H-Wert der Probe wird vor und nach der einstündigen Inkubation (37° C, Wasserbad) bei Zimmertemperatur gemessen und die durch die Enzymwirkung eingetretene p_H-Verschiebung durch Zusatz von 10^{-2} n Lauge aus einer Mikrobürette ausgeglichen. Dabei erübrigt sich der Zusatz von Äthanol als Enzyminhibitor, da die Messung nur sehr wenig Zeit benötigt. Zur Kontrolle wird ein Leerwert (10 ml Olivenölemulsion, die 1 Std inkubiert und danach mit 1 ml Serum versetzt wird) mitgemessen. Die Berechnung der Einheiten erfolgt wie bei der Indicatortitration.

Normalwert: 2—12 Einheiten.

Colorimetrische Verfahren. Das in Bd. VI/B, S. 901, erwähnte und an anderer Stelle dieses Handbuchs (Bd. V, S. 173) beschriebene Verfahren zur Bestimmung von Esterase- und Lipaseaktivität mit Hilfe von Naphtholestern nach SELIGMAN und NACHLAS[1] wurde mehrfach modifiziert; es gelang aber nicht, auf dieser Basis eine brauchbare colorimetrische Bestimmungsmethode für klinische Zwecke zu entwickeln. Zur Erfassung der Pankreaslipase im Serum eignen sich Naphthylnonanoate besser als die bisher verwendeten Laurylester des Naphthols[2]; als Aktivator ist Natriumcholat dem Natriumtaurocholat vorzuziehen[3].

Nach PILZ[4] können die dem Verfahren von SELIGMAN und NACHLAS[1] anhaftenden methodischen Fehler — Nichtbefolgung des Gesetzes von LAMBERT und BEER, Flüchtigkeit und Hemmwirkung der verwendeten organischen Lösungsmittel sowie inhomogene Herstellung der Substratemulsion — durch verschiedene Modifikationen vermieden werden. Sein Verfahren, das zur Messung geringer Mengen freigesetzten β-Naphthols in Gegenwart großer Mengen von β-Naphtholester geeignet ist, läßt sich allgemein für die Bestimmung der sog. aromatischen Esterasen (A-Esterasen) anwenden[5]. Nach der Erfahrung eines der beiden Referenten ergibt es verläßliche und gut reproduzierbare Ergebnisse. PILZ[6] hat daraus auch eine Methode zur Bestimmung zur vergleichenden Messung der Aktivität der Serumesterasen und der Acetylcholinesterasen der Erythrocyten entwickelt, wobei für die einzelnen Enzyme verschiedene Substrate zur Anwendung kommen. Dieses heute noch recht aufwendige Verfahren wurde zur Vermeidung von Narkosezwischenfällen bei der Anaesthesie mit Succinylcholin ausgearbeitet; Patienten, die zu einer verlängerten Apnoe neigen, weisen gegenüber den Normalwerten veränderte Esteraseaktivitäten auf.

---

[1] SELIGMAN, A. M., and M. M. NACHLAS: J. clin. Invest. **29**, 31 (1950).
[2] KRAMER, S. P., L. D. ARONSON, M. G. ROSENFELD, M. D. SULKIN, A. CHANG and A. M. SELIGMAN: Arch. Biochem. **102**, 1 (1963).
[3] KRAMER, S. P., M. BARTALOS, J. N. KARPA, J. S. MINDL, A. CHANG and A. M. SELIGMAN: J. surg. Res. **4**, 23 (1964).
[4] PILZ, W.: Mikrochim. Acta **1961**, 614.
[5] PILZ, W.: H. **328**, 1 (1962).
[6] PILZ, W.: Z. klin. Chem. **3**, 89 (1965).

Lipoproteidlipase

(vgl. Bd. VI/B, S. 904ff.).

Die Freisetzung der Post-Heparin-Lipoproteidlipase in das Plasma nach der Injektion von Heparin erreicht nach 15 min einen Höhepunkt, nach dessen Überschreitung die Konzentration des Enzyms exponentiell wieder absinkt. Nach 90 min ist das Enzym fast völlig verschwunden[1, 2].

SHORE und SHORE[3] berichten über Befunde, welche die Einheitlichkeit des durch Heparinwirkung ins Plasma ausgeschütteten Enzyms in Frage stellen.

Das Verfahren der Anreicherung lipolytischer Enzyme in der Grenzschicht zwischen organischem Lösungsmittel und wäßriger Lösung wurde von BASKYS u. Mitarb.[4] auch zur Reinigung von Lipoproteidlipase herangezogen. Mit einer Ausbeute von 77% der ursprünglichen Enzymaktivität und einer 66fachen Konzentrierung des Enzyms ist dieses Verfahren dem in Bd. VI/B, S. 905, erwähnten deutlich überlegen.

Wie in Bd. VI/B, S. 906, erwähnt wurde, kommt im Serum — im vermehrten Ausmaß im hyperlipämischen Serum — ein Inhibitor der Lipoproteidlipase vor. Ein Verfahren zu dessen quantitativer Bestimmung wurde von WOLFF u. Mitarb.[5] mitgeteilt.

Von klinischem Interesse ist die Beobachtung, daß die Aktivität des Enzyms bei Lebercirrhose verringert ist[6]; über das Verhalten bei Gravidität berichten BRAUNSTEINER u. Mitarb.[7].

Eine wesentlich verbesserte Bestimmung der Aktivität von Lipoproteidlipase erlaubt ein von BOBERG und CARLSON[2] ausgearbeitetes Verfahren, das sich eines kommerziell erhältlichen Substrats (Intralipid®, A. B. Vitrum, Stockholm, Schweden) bedient. Die Vorteile bestehen darin, daß die Reaktionsgeschwindigkeit bei optimaler Substratkonzentration und in einem Zeitbereich, in dem die Säurefreisetzung linear verläuft, erfolgt.

Phospholipase A

[3.1.1.4 Phosphatid-Acylhydrolase]

(vgl. Bd. VI/B, S. 909ff.).

In Ergänzung zu den in Bd. VI/B, S. 910ff., referierten Bestimmungsmethoden für Phospholipase A wurden einige Verfahren entwickelt, welche Vereinfachungen und Verbesserungen aufweisen. THOMPSON u. Mitarb.[8] messen die Aktivität von Phospholipase durch Bestimmung der Abnahme an Acylesterbindungen im Verlauf der Umwandlung von Lecithin zu Lysolecithin. Dabei wird die Hydroxamsäure-Methode von STERN und SHAPIRO[9] verwendet.

Für die Bestimmung der Phospholipase-Aktivität in Schlangengift ist ein wäßriges System aus 2,4,6-Collidinpuffer und Äther vorteilhaft, weil darin Lecithin rascher und vollständiger in Lysolecithin umgewandelt wird als in anderen Systemen. Für das Enzym aus menschlichem Pankreas ist ein in wäßriger Lösung vorliegendes Substrat — Ovolecithin, das durch Natriumdesoxycholat löslich gemacht wird, in Glycylglycinpuffer — vorzuziehen[8]. Dieselben Autoren berichten auch über eine relativ einfache Methode zur Anreicherung des Enzyms aus Pankreas, wobei eine 100fache Konzentrierung erreicht

---

[1] YOSHITOSHI, Y., C. N. NAITO, H. OKANIWA, M. USUI, T. MOGAMI and T. TOMONO: J. clin. Invest. **42**, 707 (1963).

[2] BOBERG, J., and L. A. CARLSON: Clin. chim. Acta, Amsterdam **10**, 420 (1964).

[3] SHORE, B., and V. SHORE: Amer. J. Physiol. **201**, 915 (1961). Nature **193**, 163 (1963).

[4] BASKYS, B., E. KLEIN and W. F. LEVER: Arch. Biochem. **99**, 25 (1962).

[5] WOLFF, R., J. J. BRIGNON et M. SCHEMBERG: C. R. Soc. Biol. **155**, 575, 1533 (1961).

[6] DATTA, D. V.: Proc. Soc. exp. Biol. Med. **112**, 1006 (1963).

[7] SANDHOFER, F., S. SEILER, H. BRAUNSTEINER u. H. BREITENBERG: Wien. klin. Wschr. **73**, 392 (1961). — BRAUNSTEINER, H., S. SEILER u. F. SANDHOFER: Wien. Z. inn. Med. **43**, 7 (1962).

[8] MAGEE, W. L., and R. H. S. THOMPSON: Biochem. J. **77**, 526 (1960). — MAGEE, W. L., J. GALLAI-HATCHARD, H. SANDERS and R. H. S. THOMPSON: Biochem. J. **83**, 17 (1962).

[9] STERN, I., and B. SHAPIRO: Brit. J. clin. Path. **6**, 159 (1953).

wird. Dabei muß das Enzym mit Hilfe von wäßrigem Glycerin aus dem Pankreasgewebe in Lösung gebracht werden.

Ein anderes Verfahren zur Aktivitätsbestimmung, das auf der Messung der aus Lecithin freigesetzten Fettsäuren beruht, wurde von VOGEL und ZIEVE[1] zu einer klinisch brauchbaren Meßmethode entwickelt. Ein weiteres Verfahren, das zur serienmäßigen Aktivitätsbestimmung nach chromatographischer Fraktionierung geeignet ist, wurde von VOGT und STEGEMANN[2] angegeben.

Es ist bekannt, daß das aus Lecithin durch die Wirkung von pankreatischer Phospholipase A entstehende Lysolecithin dasjenige Isomere ist, welches den Acylrest an der 1-Stellung des Glycerins trägt; die Phospholipasen A anderer Gewebe bilden aber ein Gemisch von 1- und 2-Isomeren[3].

Bei pankreatischer Phospholipase A haben SH-Reagentien keinen Einfluß auf die Enzymwirkung; Desoxycholat und andere Salze von Gallensäuren wirken als Aktivatoren[4].

Bei akuter Pankreatitis ist die Aktivität der Phospholipase A im Duodenalsaft und im Serum bis auf das Zehnfache gesteigert[4].

Sterinester-Hydrolase (Cholesterinesterase) (vgl. Bd. VI/B, S. 915ff.).

Durch Adsorption an Calciumphosphat-Gel konnte die hydrolytische Aktivität der Sterinester-Hydrolase von der esterifizierenden Wirkung abgetrennt werden[5]. Die gleichen Autoren berichten über Verschiedenheiten der Cholesterinesterasen aus Pankreas und Dünndarm der Ratte. So spaltet das Enzym aus Pankreas Cholesterinoleat optimal bei p_H 8,6, während dasjenige aus Dünndarmschleimhaut ein p_H-Optimum der Wirkung bei 6,1 zeigt. Auch im Verhalten gegenüber Inhibitoren sind Unterschiede zu bemerken; generell ist das Enzym aus Dünndarmschleimhaut gegen Hemmstoffe empfindlicher.

Phosphoester-Hydrolasen.

Gruppenspezifische Phosphomonoesterasen (vgl. Bd. VI/B, S. 963ff.).

Einteilung und Spezifität. Durch die im folgenden berichtete Entdeckung sehr zahlreicher Isoenzyme unter den Phosphomonoesterasen, die sich nicht nur durch ihr Verhalten bei der Elektrophorese, sondern auch in ihrer Spezifität, in ihrer Beeinflußbarkeit durch Inhibitoren und in anderen charakteristischen Eigenschaften unterscheiden, ist der in Bd. VI/B, S. 964, gegebenen Einteilung nach FOLLEY und KAY heute wohl nur mehr heuristischer Wert zuzubilligen. Die von der Enzymkommission getroffene Unterscheidung zwischen alkalischer und saurer Phosphatase (3.1.3.1 und 3.1.3.2) behält ihre Gültigkeit nur dann, wenn man sich jederzeit bewußt bleibt, daß unter diesen beiden Bezeichnungen viele, teilweise recht gut charakterisierte, in ihren Eigenschaften weitgehend verschiedene Enzymtypen zusammengefaßt werden, denen nur in groben Zügen Substratspezifität und p_H-Optima gemeinsam sind.

Vorkommen. 1. Saure Phosphatasen. Arbeiten aus neuerer Zeit ergeben, daß die saure Phosphatase des Serums nicht nur, wie seinerzeit angenommen wurde, aus einem Gemisch des Typus II und des Typus IV nach FOLLEY und KAY besteht, sondern daß hier ein viel umfangreicheres Gemisch von Isoenzymen vorliegt, von denen mehrere ihrer Herkunft entsprechend verschiedenen Organen des Organismus zugeordnet werden können. Als Unterscheidungskriterien kommen hier vor allem in Frage: 1. das Verhalten bei der Stärkegelelektrophorese; 2. die Spaltungsgeschwindigkeit verschiedener Substrate; 3. die

[1] VOGEL, W. C., and L. ZIEVE: J. clin. Invest. 39, 1295 (1960).
[2] VOGT, W., u. H. STEGEMANN: Exper. 20, 293 (1964).
[3] VAN DEN BOSCH, H., and L. L. M. VAN DEENEN: Biochim. biophys. Acta 84, 234 (1964).
[4] ZIEVE, L., and W. C. VOGEL: J. Lab. clin. Med. 57, 586 (1961).
[5] MURTHY, S. K., and J. GANGULY: Biochem. J. 83, 460 (1962).

Beeinflußbarkeit durch verschiedene Effektoren, darunter vor allem Tartrat, Formaldehyd, Fluorid, Kupferionen, Cystein und Äthylendiamintetraacetat (EDTA).

Diese Verhältnisse sind zum Teil auch von großer klinischer Bedeutung. In einer systematischen Untersuchung, in der auch ältere Befunde ausführlich diskutiert werden, berichten GRÜNDIG u. Mitarb.[1] über Untersuchungen, die an Seren von Patienten mit primärem Hyperparathyreoidismus, Osteoporose, Morbus Gaucher oder metastasierendem Prostatacarcinom erkrankt waren, vorgenommen wurden. Dabei konnten allgemein 2 bzw. 3 p_H-Optima der Wirkung im sauren Bereich aufgefunden werden. In allen Seren wird sowohl mit β-Glycerophosphat als auch mit Phenylphosphat ein Optimum zwischen p_H 5,1 und 5,4 beobachtet. Ein zweites p_H-Optimum für beide Substrate liegt bei 4,3 bis 4,8, während unter Verwendung von Phenylphosphat noch ein drittes Optimum bei p_H 3,8 nachweisbar wird.

Tabelle 1. *Spaltung von Phenylphosphat, α-Glycerophosphat und β-Glycerophosphat durch saure Phosphoesterasen aus Plasma, das von Personen mit verschiedenen Krankheitszuständen erhalten wurde bei verschiedenen p_H-Werten, angegeben in Molen Substrat, die von 100 ml Plasma in 1 Std beim angegebenen, p_H-Wert gespalten werden* (nach GRÜNDIG, CZITOBER und SCHOBEL[1]).

Diagnose	p_H	Phenyl-phosphat	α-Glycero-phosphat	β-Glycero-phosphat
Morbus Gaucher	3,85	163	wenig	140
	5,1	170	—	153
Osteoporose	3,85	177	150	137
	4,65	204	—	75
Primärer Hyperpara-	4,3	102	170	30
thyreoidismus	5,1	125	170	160
Prostata-Carcinom mit	4,3	526	12	279
Knochenmetastasen	4,8	555	—	258
	5,3	505	58	394

Die Substratspezifität gegenüber Phenylphosphat, α- und β-Glycerophosphat bei verschiedenen p_H-Werten ist bei den einzelnen genannten Krankheitszuständen sehr verschieden; die Verhältnisse sind in Tabelle 1 wiedergegeben.

Bei dem Versuch, die sauren Phosphatasen mit Hilfe der Stärkegelelektrophorese aufzutrennen, können bei Normalserum, primärem Hyperparathyreoidismus und Osteoporose 3 Fraktionen, bei Prostatacarcinom 4 und bei Morbus Gaucher 5 Fraktionen unterschieden werden.

Auch das Verhalten gegenüber Effektoren ist deutlich verschieden: L-Tartrat (5×10^{-3}m) inaktiviert bei Prostatacarcinom zu 90%, bei Osteoporose zu 40%, während bei den anderen Seren die Hemmung sehr gering ist. 10^{-4} m Cystein wirkt bei p_H 5,1 bei Osteoporose als Aktivator, während es bei Morbus Gaucher und Prostatacarcinom aktiviert. $2{,}5 \times 10^{-3}$ m EDTA aktiviert bei primärem Hyperparathyreoidismus, während es auf andere Seren keinen Einfluß hat (Tabelle 2).

Auf Grund der in der Literatur vorliegenden Daten geben CZITOBER u. Mitarb.[2] eine Zusammenstellung über die Eigenschaften der bisher bekannten sauren Phosphatasen aus verschiedenen Organen, auf welche hier verwiesen wird.

2. Alkalische Phosphatasen. Über die Auffindung von Isoenzymen der alkalischen Serumphosphatase wurde schon in Bd. VI/B, S. 966, kurz berichtet. In letzter Zeit sind von klinisch-chemischer Seite verschiedene elektrophoretische Arbeitstechniken entwickelt worden, welche Auftrennungen in Isoenzyme ermöglichen. Dabei wurden Unterschiede gegenüber dem Normalverhalten bei verschiedenen Knochen- und Lebererkrankungen festgestellt, die zwar nicht sehr prägnant sind, aber manchmal zur Unterstützung der

[1] GRÜNDIG, E., H. CZITOBER u. B. SCHOBEL: Clin. chim. Acta, Amsterdam 12, 157 (1965).
[2] CZITOBER, H., E. GRÜNDIG u. R. SCHOBEL: Kli. Wo. 1964, 1179.

Differentialdiagnose herangezogen werden können[1–5]. Während im allgemeinen 3 Isoenzyme unterschieden werden können, ist nach TASWELL und JEFFERS[5] die Auftrennung in 8 Zonen möglich.

Ein anderer Weg zur Auftrennung der Isoenzyme der alkalischen Serumphosphatasen bedient sich der Chromatographie an DEAE-Sephadex[6].

Eine Auftrennung der Isoenzyme des Serums mit Hilfe von (organ-)spezifischen Hemmstoffen, wie das bei der sauren Serumphosphatase mit Tartrat möglich ist, war das Ziel ausgedehnter Reihenuntersuchungen an Rattenserum und verschiedenen Rattengeweben[7]. Bei der Untersuchung von 130 verschiedenen Effektoren konnte zwischen solchen unterschieden werden, die eine gleichartige Wirkung gegenüber allen Enzymen verschiedener Herkunft entfalten, solchen, deren Effekt auf die alkalische Phosphatase eines einzelnen Organs beschränkt ist, und schließlich auch solchen, die alle alkalischen Phosphatasen bis auf diejenige eines einzelnen Organs beeinflussen.

So erwies sich L-Phenylalanin als spezifischer Inhibitor der alkalischen Phosphatase der Dünndarmschleimhaut, während kein Enzym anderer Herkunft durch diese Substanz beeinflußt wird[8, 9]. Die Hemmung ist stereospezifisch, d.h. D-Phenylalanin ist unwirksam; sie ist von dem verwendeten Substrat (Phenylphosphat, β-Glycerophosphat) unabhängig.

Die Inhibitoren Cyanid, Thioglykolat, S-Carbamylcystein und L-Cysteinäthylester wirken nur auf die alkalische Phosphatase aus Leber.

Durch Kombination der Verwendung derartiger spezifischer Hemmstoffe mit anderen Methoden ist es möglich, über die Herkunft der einzelnen Isoenzyme der alkalischen Phosphatase im Serum quantitative Angaben zu machen.

Über das Vorkommen eines Isoenzyms der alkalischen Phosphatase in der Lymphflüssigkeit, die im menschlichen Serum nicht nachgewiesen werden kann, während sie in der Gallenblasenflüssigkeit in sehr geringer Menge vorkommt, wird von KEIDING[10] berichtet.

Nach BUTTERWORTH u. Mitarb.[11] stammt die alkalische Phosphatase des Harns aus der Niere; in Nierenzellen, die vermutlich aus den Tubuli stammen und die nach Gabe von Aspirin ausgeschwemmt werden, ist eine Phosphatase enthalten, welche die gleiche Wanderungsgeschwindigkeit im Stärkegel aufweist wie die alkalische Phosphatase des Harns. Bei Patienten mit akuten Nierenerkrankungen werden oft erhöhte Werte an alkalischer Phosphatase beobachtet[12].

Bestimmungsmethoden (vgl. Bd. VI/B, S. 967ff.). Es sei hier besonders auf die bereits kurz erwähnte Methode von CAMPBELL und MOSS[13] hingewiesen (Bd. VI/B, S. 971), die sich der spektralfluorometrischen Bestimmung des aus α-Naphthylphosphat freigesetzten Naphthols bedient und die Messung kleinster Mengen dieser Substanz neben großen Mengen des Substrats erlaubt. Das Verfahren ist einfach und allgemein anwendbar; wegen der allgemeinen Zugänglichkeit der Literaturstelle wird auf eine Wiedergabe der Vorschrift verzichtet.

[1] HAIJE, W. G., and M. DE JONG: Clin. chim. Acta, Amsterdam 8, 620 (1963).
[2] HODSON, A. W., A. L. LATNER and R. LAUREN-RAINE: Clin. chim. Acta, Amsterdam 7, 255 (1962).
[3] NORDENTOFT-JENSEN, B.: Clin. Sci., N.Y. 26, 299 (1964).
[4] KEIDING, N. R.: Scand. J. clin. Lab. Invest. 11, 106 (1959).
[5] TASWELL, H. F., and D. M. JEFFERS: Amer. J. clin. Path. 40, 349 (1963).
[6] KOTZAUREK, R., u. B. SCHOBEL: Kli. Wo. 1963, 956.
[7] FISHMAN, W. H., S. GREEN and N. I. INGLIS: Biochim. biophys. Acta 62, 363 (1962).
[8] FISHMAN, W. H., S. GREEN and N. I. INGLIS: Nature 198, 685 (1963).
[9] KREISHER, J. H., V. A. CLOSE and W. H. FISHMAN: Clin. chim. Acta, Amsterdam 11, 122 (1965).
[10] KEIDING, N. R.: Clin. Sci. 26, 291 (1964).
[11] BUTTERWORTH, P. J., D. W. MOSS, E. PITKANEN and A. PRINGLE: Clin. chim. Acta, Amsterdam 11, 220 (1965).
[12] BUTTERWORTH, P. J., D. W. MOSS, E. PITKANEN and A. PRINGLE: Clin. chim. Acta, Amsterdam 11, 212 (1965).
[13] CAMPBELL, D. M., and D. W. MOSS: Clin. chim. Acta, Amsterdam 6, 307 (1961).

Tabelle 2. *Hemmung* (−) *oder Aktivierung* (+) *der Aktivität der sauren Plasma-*

	Fluorid			Formaldehyd		
	Konz. M	p_H 3,85 %	p_H 5,1 %	Konz. M	p_H 3,85 %	p_H 5,1 %
Morbus Gaucher	10^{-3}	−100	—	0,16	—	−33
	10^{-4}	−77	−70	10^{-3}	−61	−23
	10^{-5}	−15	−47	10^{-4}	−34	−15
Osteoporose				0,16	−22	−26
(ALBERS-SCHÖNBERG)	10^{-3}	−79	−55	10^{-3}	−15	−12
	10^{-4}	−52	−21	10^{-4}	−3	−9
	10^{-5}	−8	−10	10^{-5}	0	—
		pH 4,3 %	pH 5,1 %		pH 4,3 %	pH 5,1 %
Primärer Hyperparathyreoidismus	10^{-3}	−65	−26	0,16	−10	−17
(RECKLINGHAUSEN)	10^{-4}	−21	—	10^{-3}	0	0
	10^{-5}	−6	−9	10^{-4}	0	0
		pH 4,3 %	pH 5,3 %		pH 4,3 %	pH 5,3 %
Prostatacarcinom mit Knochen-	10^{-3}	−90	−74	0,16	−45	−24
metastasen	10^{-4}	−38	−17	10^{-3}	−4	0
	10^{-5}	−18	0	10^{-4}	0	—

Das Verfahren wurde vor kurzem von McCoy u. Mitarb.[1] für die Bestimmung der alkalischen Phosphatase aus Leukocyten modifiziert, ein Enzym, das bisher vorwiegend mit Hilfe histochemischer Methoden nachgewiesen wurde. Dies ist von klinischem Interesse, da bei verschiedenen Erkrankungen Veränderungen der Aktivität des Enzyms nachgewiesen wurden: Bei infektiöser Mononucleose[2] und chronischer myelogener Leukämie[3] ist die Aktivität verringert, bei akuten bakteriellen Infektionen, Schwangerschaft und mongoloiden Kindern erhöht[4–7].

Kinetische Untersuchungen (vgl. Bd. VI/B, S. 987). Das kinetische Verhalten der alkalischen Phosphatase aus Darmschleimhaut wurde am Substrat 4-Methylumbelliferylphosphat untersucht[8]. Der auswertbare Konzentrationsbereich reicht bei diesem Substrat bis zu 0,1 mM. Aus den Daten konnte eine Beziehung zwischen K_M und $V_{\max}$ aufgestellt werden: $V_{\max} = \beta/(1 + \alpha K_M)$; in dieser Gleichung sind α und β p_H-unabhängige, aber von Temperatur und Ionenstärke abhängige Konstanten, die durch ein statistisches Verfahren ermittelt werden.

Auf Grund der Ergebnisse nehmen die Autoren an, daß zwischen zwei Formen des Enzyms E-1 und E-2 ein p_H-abhängiges Gleichgewicht besteht. Von diesen beiden Formen kann nur E-1 mit dem Substrat in Bindung treten, während nur E-2 anorganisches Phosphat freisetzt.

Glucose-6-phosphatase

[3.1.3.9 Glucose-6-phosphat-Phosphohydrolase]

(vgl. Bd. VI/B, S. 991ff.).

Untersuchungen aus den letzten Jahren[9–11], die sich mit der Natur der mikrosomalen Glucose-6-phosphatase aus Rattenleber und Niere beschäftigen, machen es wahrschein-

[1] McCoy, E. E., J. Park and J. England: Clin. chim. Acta, Amsterdam **12**, 453 (1965).
[2] Kemp, J. A., J. W. Herndon and C. S. Wright: Southern Med. J. **55**, 281 (1962).
[3] Meisslin, A. G., S. L. Lee and L. R. Wassermann: Cancer **12**, 760 (1959).
[4] Harer jr., W. B., and H. J. Quigley: Obstet. & Gynec. **17**, 238 (1961).
[5] Mitus, W. J., J. B. Mednicoff and W. Dameshek: New Engl. J. Med. **260**, 1131 (1959).
[6] Trubowitz, S., D. Kirman and B. Masek: Lancet **1962 II**, 486.
[7] Alter, A. A., S. L. Lee, M. Pourfar and G. Dobkin: Blood **22**, 165 (1963).
[8] Fernley, H. N., and P. G. Walker: Biochem. J. **97**, 95 (1965).
[9] Nordlie, R. C., and W. J. Arion: J. biol. Ch. **239**, 1680 (1964).
[10] Arion, W. J., and R. C. Nordlie: J. biol. Ch. **239**, 2752 (1964).
[11] Stetten, M. R., and H. L. Taft: J. biol. Ch. **239**, 4041 (1964).

Phosphoesterasen durch verschiedene Effektoren bei verschiedenen Krankheitszuständen.

Tartrat Konz. M	pH 3,85 %	pH 5,1 %	Cu++ Konz. M	pH 3,85 %	pH 5,1 %	Cystein Konz. M	pH 3,85 %	pH 5,1 %	EDTA Konz. M	pH 3,85 %	pH 5,1 %
0,1	− 9	− 17				10^{-3}	—	—	10^{-1}	+ 6	+ 10
			10^{-4}	− 4	− 37	10^{-4}	+ 8	+ 70	10^{-2}	0	+ 3
						10^{-5}	+ 8	+ 70	10^{-3}	0	—
						10^{-3}	− 50	− 100	$2,5 \times 10^{-3}$	+ 5	− 5
0,2	− 39	− 39	10^{-4}	0	− 17	10^{-4}	—	− 64	$2,5 \times 10^{-4}$	+ 2	0
						10^{-5}	+ 90	− 40	$2,5 \times 10^{-5}$	+ 4	—
	pH 4,3 %	pH 5,1 %		pH 4,3 %	pH 5,1 %		pH 4,3 %	pH 5,1 %		pH 4,3 %	pH 5,1 %
									$2,5 \times 10^{-3}$	+ 42	+ 70
0,2	− 9,5	− 33	10^{-4}	—	− 7		(+)	(+)	$2,5 \times 10^{-4}$	0	
	pH 4,3 %	pH 5,3 %		pH 4,3 %	pH 5,3 %		pH 4,3 %	pH 5,3 %		pH 4,3 %	pH 5,3 %
0,2	− 90	− 92				10^{-3}	− 19	− 32	$2,5 \times 10^{-3}$	0	− 6
			10^{-4}	0	− 65	10^{-4}	—	—	$2,5 \times 10^{-4}$	0	0
						10^{-5}	—	+ 30			

lich, daß dieses Enzym nicht nur die Spezifität einer Glucose-6-phosphatase besitzt, sondern daneben auch gleichzeitig eine Pyrophosphatase, eine Pyrophosphat: Glucose-6-Phosphotransferase und eine Mannose-6-phosphat: Glucose-6-Phosphotransferase ist. Das gleiche Enzym soll somit die folgenden Reaktionen katalysieren:

1. Glucose-6-phosphat + $H_2O \rightarrow$ Glucose + Orthophosphat.
2. Pyrophosphat + $H_2O \rightarrow$ 2 Orthophosphat.
3. Pyrophosphat + Glucose → Glucose-6-phosphat + Orthophosphat.
4. Mannose-6-phosphat + Glucose → Glucose-6-phosphat + Mannose.

Die genannten Aktivitäten verhalten sich in intakten Mikrosomen, in Rohextrakten und in partiell inaktivierten Enzympräparationen völlig parallel; auch kinetische Untersuchungen machen die Identität wahrscheinlich. Es dürfte sich dabei um das von RAFTER[1] untersuchte Enzym, bei welchem bereits dieser Autor neben einer Pyrophosphatase-Wirkung auch eine Phosphotransferase-Aktivität nachgewiesen hatte (vgl. S. 399 und 402), handeln. Die derart multiple Spezifität eines Enzymproteins ist eine bisher nur selten beobachtete Erscheinung, die wohl weitere Untersuchungen rechtfertigen sollte.

Fructose-1,6-diphosphatase

[3.1.3.11 D-Fructose-1,6-biphosphat-1-Phosphohydrolase]

(vgl. Bd. VI/B, S. 994).

Fructose-1,6-diphosphatase aus Kaninchenleber wurde von PONTREMOLI u. Mitarb.[2] als einheitliches Enzymprotein hergestellt. Im folgenden wird die Reinigungsmethode wiedergegeben.

Darstellung der Fructose-1,6-diphosphatase aus Kaninchenleber[2].

Sämtliche Schritte wurden, wenn nicht anders angegeben, bei 2° C durchgeführt.

1. Acetonpulverextrakt. Sieben Kaninchenlebern (800 g, entweder frisch gefroren oder sofort nach der Entnahme bei —30° C aufbewahrt) wurden in Stücke zerbröckelt und 2 min im Waring-Blendor mit der vierfachen Menge (w/v) kaltem Aceton homogenisiert. Die entstandene Suspension wurde über einen Büchner-Trichter abfiltriert und der Filterrückstand noch einmal mit Aceton, wie beschrieben, 1 min homogenisiert. Das so

[1] RAFTER, G. W.: J. biol. Ch. **235**, 2475 (1960).
[2] PONTREMOLI, S., S. TRANIELLO, B. LUPPIS and W. W. WOOD: J. biol. Ch. **240**, 3459 (1965).

entfettete Material wurde ausgebreitet, bei Raumtemperatur getrocknet und schließlich im Vakuumexsiccator aufbewahrt. Um daraus einen Rohextrakt zu erhalten, extrahierte man unter ständigem Rühren das Trockenpulver 10 min lang mit dem sechsfachen Volumen von 0,01 m Natriumphosphatpufferlösung, p_H 8,0. Die so erhaltene Suspension wurde dann mit 20000 × g zentrifugiert und der Rückstand verworfen (Fraktion I, 740 ml).

2. Säurefraktionierung. Die überstehende Lösung stellte man mit 5 m Milchsäure auf p_H 3,7 ein. Dann wurde 10 min bei 20000 × g zentrifugiert und darauf die überstehende Lösung mit Hilfe von 5 n NaOH auf p_H 6,5 gebracht. Ein schweres, dabei entstandenes Präcipitat wurde wiederum durch Zentrifugieren (10 min, 20000 × g) entfernt (Fraktion II, 625 ml).

3. Ammoniumsulfat-Fraktionierung. Die so erhaltene überstehende Lösung wurde mit 5 m Essigsäure auf p_H 4,2 gebracht, worauf noch 2 m Acetatpufferlösung bis zu einer Endkonzentration von 10^{-2} m Acetat hinzugefügt wurden (Gesamtvolumen 650 ml). Man setzte 180 g Ammoniumsulfat zu; nach 10 min wurde die Suspension zentrifugiert und der Rückstand verworfen. Dann wurden zur überstehenden Lösung weitere 18,9 g Ammoniumsulfat hinzugegeben, der Niederschlag wieder verworfen und schließlich der erhaltene Überstand mit 39,7 g Ammoniumsulfat behandelt. Der so entstandene Niederschlag wurde in Wasser gelöst (Fraktion III, 160 ml).

4. Hitzefraktionierung. Um eine geeignete Proteinkonzentration (8 mg/ml) zu erhalten, wurde Fraktion III mit Wasser auf 175 ml aufgefüllt. Diese Lösung wurde in einem 250 ml-Erlenmeyerkolben in einem 10 l-Wasserbad auf 50° C erhitzt, 5 min auf dieser Temperatur gehalten und dann auf 2° C abgekühlt. Der entstandene Niederschlag wurde durch 5 min Zentrifugieren mit 30000 × g entfernt (Fraktion IV, 175 ml).

5. Erste Adsorption an einer CM-Cellulosesäule. Fraktion IV wurde 4—5 Std gegen 5 mM Malonat-Pufferlösung, p_H 6,0, dialysiert und dann auf eine CM-Cellulosesäule (2 × 13 cm), welche mit dem gleichen Malonatpuffer äquilibriert war, aufgebracht. Die Säule wurde mit der Pufferlösung so lange nachgewaschen, bis in der ausfließenden Lösung keine Proteine mehr nachweisbar waren. Man eluierte mit einer 0,5 mM Lösung von Fructose-1,6-diphosphat in 5 mM Malonatpuffer, p_H 6,3. Bei einer Durchflußgeschwindigkeit von 1,5—1,7 ml pro min wurden 5 ml-Fraktionen aufgefangen. Diejenigen Fraktionen, welche Fructose-1,6-diphosphatase enthielten, wurden vereinigt und bei niedrigem Druck im Rotationsverdampfer eingeengt (Fraktion V, 7 ml).

6. Zweite Adsorption an einer CM-Cellulosesäule. Fraktion V wurde gegen 5 millimolare Malonat-Pufferlösung, p_H 6,0, dialysiert und dann in gleicher Weise, wie bei dem vorhergehenden Schritt beschrieben, auf eine CM-Cellulosesäule (1 × 13 cm) aufgebracht. Alle weiteren Operationen waren identisch wie bei der vorhergehenden Stufe, nur wurde für die Elution eine millimolare Lösung von Fructose-1,6-diphosphat verwendet (Fraktion VI, 3,5 ml).

7. Chromatographie an Sephadex G-75. Fraktion VI wurde auf eine 2 × 40 cm-Säule von Sephadex G-75, welche vorher mit 5 mM Malonatpuffer, p_H 6,0, ins Gleichgewicht gesetzt worden war, chromatographiert; die Durchflußgeschwindigkeit war 2,0 ml pro Std. Es wurden 1 ml-Fraktionen aufgefangen; die Fraktionen 50—60 enthielten den Hauptteil der Fructose-1,6-phosphatase-Aktivität. Sie wurden vereinigt und im Vakuum mit Hilfe eines Rotationsverdampfers eingeengt (Fraktion VII, 3,5 ml).

8. Kristallisation der Fructose-1,6-diphosphatase. 0,7 ml von Fraktion VIII (7 mg Protein/ml; spez. Aktivität 125) in 0,05 molarem Malonatpuffer, p_H 6,0, wurden mit 0,1 ml 0,05 m $MnSO_4$ behandelt, worauf 1,3 ml einer gesättigten Ammoniumsulfatlösung hinzugegeben wurden. Man ließ die schwach getrübte Lösung die Zimmertemperatur annehmen. Nach wenigen Minuten wurde eine seidenglänzende Doppelbrechung beobachtet. Die Suspension ließ man dann langsam von 23 auf 4° C in einem 500 ml-Wasserbad, das ursprünglich 23° C hatte, im Kühlraum abkühlen. Nach 6 Std, während welchen die Bildung eines kristallinen Niederschlags immer stärker wurde, zeigte eine mikroskopische Untersuchung das Auftreten feiner Nadeln. Die Kristalle wurden durch Zentrifugieren abgetrennt. Die Aktivität läßt sich nach Wiederauflösen in 0,05 mM Malonatpuffer, p_H 6,0, bei — 30° C sehr gut konservieren; hingegen ist eine Kristallsuspension in Ammoniumsulfatlösung bei 2° C nicht haltbar.

Die Gesamtreinigung führt zu einer Konzentration des Enzyms auf etwa das 1000fache; eine Zusammenstellung der einzelnen Reinigungsschritte ist in Tabelle 3 gegeben.

Tabelle 3. *Reinigung von Fructose-1,6-diphosphatase aus Kaninchenleber.*

Fraktion und Schritt	Gesamtaktivität in willkürlich gewählten Einheiten	Prozente der ursprünglichen Aktivität	Spezifische Aktivität
I. Acetonpulver-Extrakt	11000		0,15
II. Nach Säurefraktionierung	8750	78	0,70
III. Nach Ammoniumsulfat-Fraktionierung	4550	41	3,14
IV. Nach Hitzefraktionierung	4400	40	9,6
V. Nach erster Adsorption an CM-Cellulose	2100	19	62
VI. Nach zweiter Adsorption an CM-Cellulose	1200	11	105
VII. Nach Chromatographie an Sephadex G-75	1200	11	140

Die Enzympräparation erwies sich als elektrophoretisch einheitlich; aus Sedimentationsanalysen ließ sich ein ungefähres Molekulargewicht von 130000 berechnen.

Spezifität. Bereits frühere Arbeiten[1–3] hatten es wahrscheinlich gemacht, daß Fructose-1,6-diphosphatase auch für die Hydrolyse von Sedoheptulose-1,7-diphosphat verantwortlich ist; die Aktivität gegenüber beiden Substraten ist fast gleich hoch, wenngleich die K_M-Werte insofern differieren, als K_M für Fructose-1,6-diphosphat wesentlich höher ist. Auch die obenberichteten Untersuchungen über die Reinigung und Kristallisation von Fructose-1,6-diphosphatase bestätigen die Auffassung, daß beide Aktivitäten von einem einzigen Enzymprotein verursacht werden; das Verhältnis der beiden Aktivitäten blieb während aller Reinigungsstufen annähernd konstant[4]. Untersuchungen über die Wirkung des Enzyms auf Fructose-1,6-diphosphat in $H_2{}^{18}O$ zeigen, daß es die O—P-Bindung ist, welche vom Enzym gespalten wird; in dieser Hinsicht verhält sich Fructose-1,6-diphosphatase analog zu anderen Phosphatasen.

Effektoren. Durch Behandlung mit Diisopropylfluorphosphat wird das Enzym in seiner Wirksamkeit nicht beeinträchtigt[4].

Wie bereits berichtet (Bd. VI/B, S. 995), wird das Enzym durch kurze Behandlung mit Papain aktiviert. Ebenso wirkt auch Harnstoff[5].

Ein besonders interessanter Effekt wird von PONTREMOLI u. Mitarb.[6] beschrieben. Durch Behandlung von gereinigter Fructose-1,6-diphosphatase mit Dinitrofluorbenzol bei p_H 7,5 wird die Wirkung des Enzyms insoweit modifiziert, daß das p_H-Optimum für die Spaltung seiner Substrate verschoben wird. Die Aktivität wird über den p_H-Bereich von 7,5—9,5 etwa konstant, während das unbehandelte Enzym ein ziemlich deutliches p_H-Optimum bei 9,5 besitzt. Nach eingehenden Untersuchungen derselben Autoren[7] soll es sich dabei um eine Dinitrophenylierung einer einzigen SH-Gruppe eines Cysteinrestes des Enzymproteins handeln. Fructose-1,6-diphosphat kann diese Modifikation verhindern.

[1] BYRNE, W. L.; in: MCGILVERY, R. W., and B. M. POGELL (Hrsg.): Fructose-1,6-diphosphatase and Its Role in Gluconeogenesis, S. 89. Washington 1961.

[2] BONSIGNORE, A., S. PONTREMOLI, G. MANGIAROTTI, A. DE FLORA e M. MANGIAROTTI: G. Biochim. 11, 69 (1962).

[3] BONSIGNORE, A., G. MANGIAROTTI, M. MANGIAROTTI, A. DE FLORA and S. PONTREMOLI: J. biol. Ch. 238, 3151 (1963).

[4] PONTREMOLI, S., S. TRANIELLO, B. LUPPIS and W. W. WOOD: J. biol. Ch. 240, 3459 (1965).

[5] MANGIAROTTI, G., and S. PONTREMOLI: Biochem. biophys. Res. Comm. 12, 305 (1963).

[6] PONTREMOLI, S., B. LUPPIS, W. A. WOOD, S. TRANIELLO and B. L. HORECKER: J. biol. Ch. 240, 3464 (1965).

[7] PONTREMOLI, S., B. LUPPIS, S. TRANIELLO, W. A. WOOD and B. L. HORECKER: J. biol. Ch. 240, 3469 (1965).

Sedoheptulose-1,7-diphosphat wirkt als kompetitiver Inhibitor für die Spaltung von Fructose-1,6-diphosphat, wobei K_I des Heptulose-1,7-diphosphat gleich groß ist wie K_M des Enzyms für dieselbe Substanz, wenn sie als Substrat fungiert[1].

AMP und auch Desoxyadenosin-5'-phosphat wirken als spezifische, reversible und nichtkompetitive Inhibitoren von Fructose-1,6-diphosphatase; durch Papain kann die Hemmung aufgehoben werden[2].

Triphosphoinositid-Phosphomonoesterase.

Bei ihren Studien über den Abbau von Triphosphoinositid in Gehirngewebe fanden THOMPSON und DAWSON[3] zwei Enzyme, welche dieses Substrat angreifen. Von diesen ist das eine eine spezifische Phosphomonoesterase, das andere hingegen eine Phosphodiesterase.

Es gelang, die Phosphomonoesterase in einem gereinigten Zustand, nur mehr wenig verunreinigt durch die Phosphodiesterase, aus Ochsenhirn herzustellen[4]. Das Enzym hydrolysiert die beiden unsubstituierten Phosphatgruppen aus Triphosphoinositid; als Intermediärprodukt entsteht Diphosphoinositid, das ebenfalls als Substrat dienen kann. Triphospho-myo-inosit wird mit weitaus geringerer Geschwindigkeit gespalten. Das p_H-Optimum der Wirkung liegt bei 6,8; Mg^{++} ist für die Wirkung unbedingt erforderlich. Zur Erreichung der vollen Aktivität des Enzyms ist die Gegenwart von reduziertem Glutathion oder Cystein erforderlich. Hg^{++}, p-Chlormercuribenzoat und Phenylmercuriacetat sind bereits in geringen Konzentrationen Hemmstoffe, während Jodacetat, Jodacetamid und N-Äthylmaleinimid keine Wirkung zeigen.

Phosphoinositid-Phosphodiesterase.

In der Leber[5] und im Pankreas[6] finden sich Enzyme, welche Phosphoinositid zu Diglycerid und meso-Inositphosphat hydrolysieren. Obwohl bereits eine 50fache Anreicherung des Enzyms aus Rattenleber gelungen ist[7], handelt es sich dabei kaum um eine reine Präparation; der erhaltene Extrakt ist nämlich imstande, neben der oben beschriebenen Phosphodiesterase-Wirkung auch noch eine Abspaltung der beiden Acylreste zu katalysieren, wobei aus Phosphoinositid Glycerylphosphoryl-myo-inosit und die beiden den Acylresten entsprechenden Fettsäuren als Spaltungsprodukte aufscheinen.

Triphosphoinositid-Phosphodiesterase.

Wie oben bereits erwähnt, konnten THOMPSON und DAWSON[3] nachweisen, daß am Abbau von Triphosphoinositid auch eine Phosphodiesterase beteiligt ist. Eine Abtrennung von der Phosphoinositid-Phosphomonoesterase gelang durch Behandlung eines Rohextraktes aus einem Hirn-Acetontrockenpulver bei 50° C; dadurch wird die viel hitzeempfindlichere Phosphomonoesterase denaturiert[8].

Die Wirkung der Phosphodiesterase beschränkt sich auf die beiden Substrate Triphosphoinositid und Diphosphoinositid, aus welchen α,β-Diglycerid freigesetzt wird. Das Enzym benötigt keinen Zusatz von Metallionen; die Tatsache, daß EDTA bereits in geringen Mengen hemmt, läßt allerdings eine Beteiligung von Metallionen als wahrscheinlich gelten.

---

[1] BONSIGNORE, A., G. MANGIAROTTI, A. DE FLORA and S. PONTREMOLI: J. biol. Ch. **238**, 3151 (1963).
[2] TAKETA, K., and B. M. POGELL: J. biol. Ch. **240**, 651 (1965).
[3] THOMPSON, W., and R. M. C. DAWSON: Biochem. J. **91**, 233 (1964).
[4] DAWSON, R. M. C., and W. THOMPSON: Biochem. J. **91**, 244 (1964).
[5] HAWTHORNE, J. N.; in: DAWSON, R. M. C., and D. N. RHODES (Hrsg.): Metabolism and Physiological Significance of Lipids, S. 197. London 1964.
[6] DAWSON, R. M. C.: Biochim. biophys. Acta **33**, 68 (1959).
[7] KEMP, P., G. HÜBSCHER and J. N. HAWTHORNE: Biochem. J. **79**, 193 (1961).
[8] THOMPSON, W., and R. M. C. DAWSON: Biochem. J. **91**, 237 (1964).

Namenverzeichnis.

Die vor den Seitenzahlen **halbfett** gesetzten Buchstaben **A**, **B**, **C** bezeichnen die einzelnen Teile des Bandes.

Sachverzeichnis.

Die vor den Seitenzahlen stehenden Buchstaben A, B und C bezeichnen die entsprechenden Bandteile.

Printed in the United States
By Bookmasters